TRAITÉ

DE

BOTANIQUE

CORBEIL, typ. et stér. de CRÊTE FILS.

TRAITÉ

DE

BOTANIQUE

CORBEIL, typ. et stér. de CRÈTE FILS.

TRAITÉ

DE

BOTANIQUE

CONFORME A L'ÉTAT PRÉSENT DE LA SCIENCE

PAR

J. SACHS

PROFESSEUR DE BOTANIQUE A L'UNIVERSITÉ DE WURTZBOURG

Traduit de l'allemand sur la 3ᵉ édition et annoté

PAR

PH. VAN TIEGHEM

Maître de Conférences de botanique à l'École normale supérieure
Professeur à l'École Centrale des arts et manufactures.

AVEC 500 GRAVURES DANS LE TEXTE

PARIS

LIBRAIRIE F. SAVY

24, RUE HAUTEFEUILLE, 24

—

1874

AVERTISSEMENT

Ce Traité de Botanique mettra l'élève au courant de l'état présent de notre science et lui fera connaître non-seulement les faits bien établis concernant la vie des plantes, mais encore les théories et les problèmes qui font aujourd'hui l'objet principal des recherches des botanistes. La disposition des matières, la division de l'ouvrage tout entier, le mode d'exposition des diverses parties, tout y a été calculé exclusivement dans ce double but. J'ai évité à dessein d'entrer dans des explications étendues sur des questions d'intérêt secondaire, afin de ne pas altérer la netteté des contours du tableau que je me proposais de tracer ; c'est seulement quand il s'est agi d'établir des faits ou de motiver des opinions d'une importance fondamentale, que je me suis permis çà et là quelques remarques critiques.

Suivant moi, l'histoire des opinions et des doctrines botaniques n'est pas à sa place dans un Traité classique ; elle ne fait que compliquer l'exposition et détruire l'enchaînement logique des idées et des faits.

Il eût été superflu, par conséquent, de citer ici des travaux scientifiques qui n'ont plus aujourd'hui qu'un intérêt historique. Je me suis, au contraire, appliqué dans mes citations à signaler à l'attention de l'élève les écrits où il trouvera une étude plus détaillée des sujets que je ne pouvais ici qu'effleurer. Parfois aussi je n'ai cité les travaux des autres que parce qu'ils défendent des opinions contraires aux miennes ; le lecteur pourra se former ainsi un jugement indépendant. Enfin une partie des citations a pour objet de nommer les autorités sur lesquelles je m'appuie dans l'exposé des faits que je n'ai pu étudier par moi-même ou que mes recherches personnelles ne m'ont fait connaître qu'imparfaitement. D'ailleurs l'élève qui lira attentivement mes notes bibliographiques, apprendra facilement le nom et la valeur des botanistes qui, surtout dans ces derniers temps, ont fait faire à la science des progrès importants.

Les figures intercalées dans le texte sont en très-grande majorité originales, et beaucoup d'entre elles sont le fruit de longues recherches. Quelques-unes sont des copies ; dans ce cas, le nom de l'auteur à qui elles sont empruntées est toujours cité dans l'explication de la figure. Je n'ai d'ailleurs fait appel à des dessins étrangers que quand les objets en question et précisément les plus instructifs n'ont pas été mis à ma disposition, ou quand il m'a semblé impossible de mieux faire.

La marche générale des idées est suffisamment exposée dans la Table des matières qui précède ce livre. La Table alphabétique qui le termine aidera à y retrouver un grand nombre de faits particuliers. L'élève remarquera, en outre, que cette table alphabétique lui donnera facilement la signification des expressions techniques qui se trouvent parfois employées dans le cours de l'ouvrage avant qu'on ait pu en donner l'explication.

Juin 1868.

AVERTISSEMENT DE LA TROISIÈME ÉDITION

En préparant la troisième édition de ce Traité, non-seulement j'ai utilisé et cité avec soin les divers mémoires parus depuis la publication de la seconde édition, mais encore j'ai rapporté plusieurs travaux importants de date plus ancienne et dont l'étude peut offrir à l'élève un intérêt particulier.

La Morphologie générale, ainsi que la théorie des Phanérogames ayant déjà subi dans la seconde édition un remaniement complet, j'ai pu me borner cette fois, en ce qui concerne les deux premiers Livres, à introduire dans l'étude des cellules et des tissus et dans la Morphologie spéciale des Cryptogames vasculaires, les changements de détail nécessités par les progrès incessants de la science.

Ma tâche a été tout autre pour le troisième Livre, celui qui traite de la Physiologie des plantes. Dans les deux premières éditions de ce Traité, les premiers chapitres de la Physiologie, jusqu'à celui qui étudie la Sexualité, ont été très-brièvement résumés ; je venais, en effet, d'exposer en détail, peu d'années auparavant, ces mêmes questions dans mon *Manuel de Physiologie expérimentale* (1865). Aujourd'hui j'ai cru devoir donner à ce troisième Livre une plus grande étendue, et cela pour deux motifs : d'abord afin de rétablir une juste proportion entre les diverses parties de ce Traité, mais surtout parce que, sur plusieurs importantes questions de physiologie, mes vues se sont modifiées ou développées soit à cause des récents travaux publiés par d'autres auteurs, soit principalement à la suite des recherches personnelles que j'ai poursuivies dans ces dernières années et qui m'ont fait mieux comprendre les phénomènes mécaniques de l'accroissement et la nature de la tension des tissus. C'est ainsi que les quelques notions contenues d'abord dans le § 2 sont devenues la matière de deux chapitres entiers, à savoir, des chap. IV et V de cette nouvelle édition.

Je suis loin d'ailleurs de méconnaître le danger que court l'auteur d'un Traité, quand il expose, sous une forme laconique et condensée, des vues nouvelles d'une importance tout à fait fondamentale, surtout quand ces vues contredisent des idées anciennes qu'il a lui-même en partie professées auparavant. L'espace étroit dont il dispose ne lui permet pas, en effet, de motiver en détail chacune de ses assertions nouvelles, et d'autre part la précision de langage nécessaire dans un Traité classique l'oblige à donner des formules décisives là où une exposition sagement mesurée serait mieux à sa place. J'espère néanmoins que les botanistes apprécieront ces circonstances et reconnaîtront que cet essai peut rendre quelque service à la science, en facilitant non-seulement les recherches spéciales, mais encore les expositions générales où l'on cherche à mettre en évidence le lien qui unit des phénomènes nombreux et variés.

Pour satisfaire un désir plusieurs fois exprimé, je signale ici les diverses parties de cette troisième édition qui ont subi soit des modifications essentielles, soit un remaniement complet, en laissant de côté un grand nombre de petites additions et de changements de texte.

1. Rôle du noyau pendant la division cellulaire, p. 25.
2. Grains d'aleurone (entièrement nouveau), p. 71.
3. Cristaux, p. 87.
4. Épiderme, p. 109.
5. Tissu fondamental, p. 137.
6. Glandes, p. 153.
7. Radicelles, p. 194.
8. Hépatiques (entièrement nouveau), p. 405.
9. Lycopodiacées (entièrement nouveau), p. 527.
10. Inflorescences (additions), p. 675.
11. Cellules artificielles de M. Traube, p. 776.
12. Mouvement de l'eau dans la plante (en partie nouveau), p. 781.

13. Action de la chaleur (additions), p. 850.
14. Action de la lumière (entièrement nouveau), p. 865.
15. Action de la pesanteur (entièrement nouveau), p. 902.
16. Mécanisme de l'accroissement (chapitre IV, entièrement nouveau), p. 906.
17. Mouvements périodiques des organes développés et mouvements qu'on peut y exciter (chapitre V, entièrement nouveau), p. 1025.

Par ces diverses additions, l'ouvrage se trouve accru de plus de 200 pages, dont 170 environ se répartissent entre les cinq premiers chapitres de la Physiologie.

Pour la seconde édition, MM. Hanstein et Millardet m'avaient communiqué d'importantes découvertes non encore publiées et des figures également inédites. Cette fois, je dois une pareille marque de confiance à M. Pfeffer pour l'aleurone, l'asparagine et la sensibilité des feuilles, à M. Leitgeb pour les Hépatiques, à M. H. de Vries pour les plantes volubiles et grimpantes, à M. Kraus pour la chlorophylle, à M. Warming pour les cellules mères primordiales du pollen, à M. Prantl pour l'accroissement des feuilles, enfin à M. de Wolkoff pour l'héliotropisme négatif.

Au cours de l'impression, qui n'a pas duré moins de dix mois, il a été publié quelques travaux importants que je n'ai malheureusement pas pu consulter. Je citerai notamment : J.-B. MARTINET : Organes de sécrétion des végétaux (Ann. des Sc. nat., 5ᵉ série, XIV, 1872); — OSCAR BREFELD : Botanische Untersuchungen über Schimmelpilze (Leipzig, 1872); — STRASBURGER : Die Coniferen und Gnetaceen (Iéna, 1872); — JANCZEWSKI : Vergleichende Untersuchungen über die Entwickelungsgeschichte des Archegoniums (Botanische Zeitung, 1872) ; — HEGELMAIER : Ueber *Lycopodium* (ibid., 1872). — Je regrette que le grand travail de M. PH. VAN TIEGHEM : Recherches sur la symétrie de structure des plantes vasculaires. Introduction. Premier Mémoire : la Racine (Annales des Sc. nat., 5ᵉ série, XIII, 1871), me soit parvenu trop tard pour que je pusse encore l'utiliser (1).

Wurtzbourg, 5 novembre 1872.

(1) Par quelques notes ajoutées au bas des pages et dont on trouvera l'indication à la suite de la Table des matières, p. XLI, le traducteur s'est efforcé de combler ces diverses lacunes et plusieurs autres, de façon à maintenir ce Traité au courant des travaux les plus récents.

(*Trad.*)

TABLE DES MATIÈRES

LIVRE PREMIER

MORPHOLOGIE GÉNÉRALE

CHAPITRE PREMIER

MORPHOLOGIE DE LA CELLULE

CHAPITRE DEUXIÈME

MORPHOLOGIE DES TISSUS

CHAPITRE TROISIÈME

MORPHOLOGIE DES MEMBRES DE LA PLANTE

LIVRE SECOND

MORPHOLOGIE SPÉCIALE

ET TRAITS FONDAMENTAUX DE LA CLASSIFICATION NATURELLE

PREMIER GROUPE

CLASSE 1

CLASSE 2

DEUXIÈME GROUPE

LES CHARACÉES

CLASSE 3

Les Characées 383

TROISIÈME GROUPE

LES MUSCINÉES 400

QUATRIEME GROUPE

CLASSE 6

CLASSE 7

CLASSE 8

CLASSE 9

CLASSE 10

Les Lycopodiacées............. 526

CINQUIÉME GROUPE

LES PHANÉROGAMES 550

CLASSE II.

CLASSE 12

Les Monocotylédones...................... 707

CLASSE 13

Les Dicotylédones 728

LIVRE TROISIÈME

PHYSIOLOGIE

CHAPITRE PREMIER

LES FORCES MOLÉCULAIRES DANS LA PLANTE

CHAPITRE SECOND

LES PHÉNOMÈNES CHIMIQUES DANS LA PLANTE

CHAPITRE TROISIÈME

CONDITIONS GÉNÉRALES DE LA VIE DES PLANTES

CHAPITRE QUATRIÈME

MÉCANISME DE L'ACCROISSEMENT

CHAPITRE CINQUIÈME

MOUVEMENTS PÉRIODIQUES DES ORGANES DÉVELOPPÉS ET MOUVEMENTS QU'ON PEUT Y EXCITER

CHAPITRE SIXIÈME

LA SEXUALITÉ

CHAPITRE SEPTIÈME

GENÈSE DES FORMES VÉGÉTALES

FIN DE LA TABLE DES MATIÈRES.

TABLE

DES NOTES DU TRADUCTEUR

FIN DE LA TABLE DES NOTES.

TRAITÉ

DE BOTANIQUE

LIVRE PREMIER

MORPHOLOGIE GÉNÉRALE

CHAPITRE PREMIER

MORPHOLOGIE DE LA CELLULE

§ 1.

Notions préliminaires sur la nature de la cellule.

La substance des plantes n'est pas homogène, mais composée de petits corps distincts et le plus souvent invisibles à l'œil nu. Considéré en soi, chacun de ces petits corps constitue, au moins pendant un certain temps, un tout fermé, dans lequel sont rangées concentriquement de dehors en dedans des couches solides, molles et liquides de nature chimique différente. Ce sont ces petits corps que l'on nomme des *cellules*. D'ordinaire ils sont juxtaposés en grand nombre et intimement unis, de manière à former ce qu'on appelle un *tissu cellulaire*. Mais dans le cycle complet du développement de la plante il arrive toujours au moins une fois, un moment où, à de certains endroits déterminés, certaines cellules se séparent de l'ensemble et s'isolent pour vivre d'une vie propre (spores, grains de pollen, oospores).

Comme la configuration et la grandeur de la plante tout entière, la forme, la structure et la dimension des cellules qui la composent subissent des changements continus et réguliers. Pour connaître la cellule, il ne suffit donc pas de considérer isolément un des états qu'elle traverse, il faut parcourir toute la série de ses transformations successives et étudier ainsi ce qu'on peut appeler sa biographie.

De plus, toutes les cellules ne sont pas semblables. Comme chacune d'elles joue dans l'économie de la plante un rôle déterminé, c'est-à-dire atteint de préférence un certain but chimique ou mécanique, elles ne manquent pas de présenter une diversité de formes en rapport avec ces différentes fonctions. Mais ces différences n'apparaissent d'ordinaire que lorsque les cellules ont abandonné leur état de première jeunesse; les plus jeunes cellules d'une plante diffèrent fort peu l'une de l'autre.

C'est donc pendant la jeunesse des cellules que la loi générale qui préside à leur composition se manifeste dans toute sa simplicité. Plus elles parviennent, en poursuivant leur développement propre, à s'adapter à la tâche spéciale qu'elles ont à remplir, plus cette loi devient méconnaissable. Nous allons maintenant exposer en détail cette loi morphologique des cellules, déjà brièvement indiquée plus haut.

Loi de composition de la cellule. — La grande majorité des cellules qui composent les parties vivantes et charnues des plantes, par exemple les jeunes racines, les jeunes feuilles, les jeunes fruits, sont formées de trois couches concentriques. A l'extérieur se trouve une membrane solide et élastique, fermée de toutes parts, que l'on appelle la *membrane cellulaire*, la *paroi cellulaire*; elle est formée d'une substance qui lui est propre et qu'on a nommée pour cette raison la *cellulose*. Étroitement appliquée contre la face interne de cette membrane, se voit une seconde couche, également close de toutes parts, dont la substance molle et non élastique contient toujours des matières albuminoïdes; cette substance a été appelée par Hugo de Mohl, qui l'a découverte, du nom très-significatif de *protoplasma* (1). Dans l'état de la cellule que nous considérons ici, le protoplasma forme un sac enveloppé par la paroi cellulaire et dans lequel s'étendent souvent d'autres portions de protoplasma, sous forme de lames et de cordons (fig. 1, *C*, *p*). Enveloppé dans le protoplasma, on distingue un corps arrondi dont la substance est fort semblable à celle du protoplasma lui-même; c'est le *noyau* de la cellule (fig. 1, *C*, *k*). Il manque dans beaucoup de végétaux inférieurs, mais se rencontre sans exception dans toutes les plantes élevées. La cavité entourée par le sac protoplasmique est remplie par un liquide aqueux que l'on nomme le *suc cellulaire* (fig. 1, *C*, *s*). En outre, il est très-fréquent de rencontrer encore à l'intérieur de la cellule des formations granuleuses; mais nous pouvons pour le moment les passer sous silence.

Au degré de développement que nous considérons ici, les cellules consistent donc en une membrane solide, en un protoplasma mou enveloppant un noyau, et en un suc cellulaire liquide. Mais à l'origine le suc cellulaire manque. Examinées, en effet, à une phase très-primitive de leur développement, ces mêmes cellules sont plus petites (fig. 1, *A*); leur membrane est plus mince; leur protoplasma forme un corps solide au milieu duquel se trouve un noyau relativement très-grand (*k*) et il remplit toute la cellule. Le suc cellulaire n'apparaît que lorsque le volume total de la cellule augmente rapidement (fig. 1, *B*); il se présente d'abord à l'intérieur du protoplasma sous forme de gouttelettes isolées que l'on nomme *vacuoles* (fig. 1, *B*, *s*); plus tard ces gouttes ou vacuoles se

(1) Hugo v. Mohl., *Ueber die Saftbewegungen im Inneren der Zellen*, Botanische Zeitung, 1846, p. 73.

réunissent d'ordinaire et se fondent en une masse liquide unique (fig. 1, *C*, *s*), entourée par le protoplasma qui a pris maintenant la forme d'un sac creux.

Dans leur première jeunesse, les cellules du bois et du liége des arbres présentent aussi des phases de développement qui, pour tous les points essentiels, répondent à ceux que représente la figure 1. Mais, dans ces cellules, l'introduction du suc cellulaire est bientôt suivie d'une nouvelle transformation; le protoplasma y disparaît avec le noyau qu'il renferme et laisse la membrane cellulaire remplie soit d'eau, soit d'air. Le bois âgé et le liége qui a terminé son développement ne sont donc pas autre chose que des échafaudages de membranes cellulaires.

Mais entre les cellules qui contiennent un protoplasma et celles d'où ce protoplasma a disparu, se révèle une différence importante. Les premières seules sont en état de croître, de produire de nouvelles combinaisons chimiques et de former, dans des circonstances favorables, de nouvelles cellules. Les autres sont désormais incapables de tout développement ultérieur; elles ne servent plus à la plante que par leur solidité, par leur pouvoir d'imbibition pour l'eau, et par leur forme

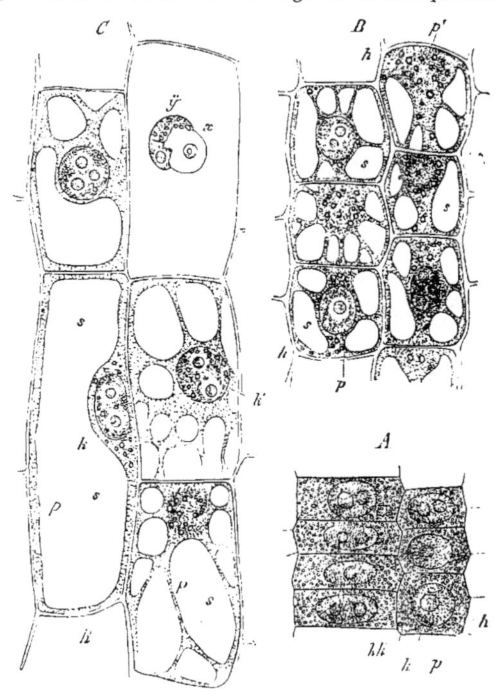

Fig. 1. — Cellules prises dans la zone moyenne du parenchyme cortical de la racine du *Fritillaria imperialis*. Section longitudinale grossie 550 fois. A, très-jeunes cellules encore dépourvues de suc cellulaire, situées immédiatement au-dessus du sommet de la racine. B, les mêmes cellules à 2 millimètres de la pointe de la racine : le suc cellulaire *s* forme dans le protoplasma *p* des gouttelettes isolées, séparées par des murs de protoplasma. C, les mêmes cellules à environ 7-8 millimètres de la pointe : les deux cellules inférieures de droite sont vues par leur face antérieure ; la grande cellule inférieure de gauche est vue en section ; la cellule supérieure de droite a été ouverte par le rasoir et son noyau présente, sous l'influence de l'eau qui a pénétré par l'ouverture, un phénomène particulier de gonflement (*xy*).

particulière, comme le bois, ou bien encore, comme le liége, en lui constituant une enveloppe protectrice, qui entoure les masses cellulaires charnues et vivantes.

Le protoplasma est le corps vivant de la cellule. — De ce fait, que les cellules abandonnées par le protoplasma ne donnent plus lieu à aucun phénomène ultérieur de développement, nous pouvons déjà conclure que c'est le protoplasma qui est la cause prochaine de ce genre de phénomènes. Nous verrons en effet, dans un paragraphe suivant, que le développement de toute cellule commence par la formation d'une masse protoplasmique et que c'est cette masse qui produit ultérieurement la membrane cellulaire. Mais où le rôle que joue le protoplasma dans la formation des cellules apparaît de la manière la plus saisissante, c'est quand il vit un certain temps à l'état libre, sous la forme d'un corps solide à contour nettement limité, pour ne se revêtir d'une membrane et ne s'approprier de suc cellulaire que plus tard. La reproduction des Fucacées nous en offre un exemple bien clair.

Sur les branches fructifères de ces grandes Algues marines, parmi lesquelles nous prenons pour exemple le *Fucus vesiculosus*, se forment, dans des cavités particulières, de grandes cellules nommées *oogones* (fig. 2, *I*, *Og*). Chacune d'elles

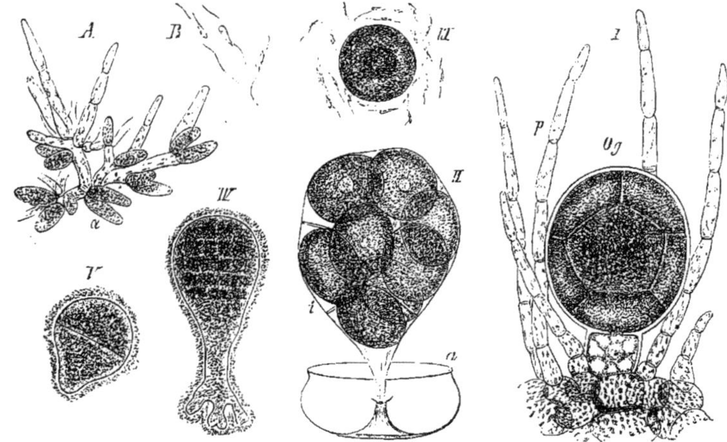

Fig. 2. — Reproduction sexuée du *Fucus vesiculosus*. — A, poils qui portent les anthéridies; B, anthérozoïdes. I, Oogone *Og* avec paraphyses *p*; II, la membrane externe *a* de l'oogone s'est rompue, la membrane interne *i* fait saillie, elle renferme les oosphères; III, une oosphère libre, entourée d'anthérozoïdes; V, première partition de l'oosphère fécondée ou oospore; IV, jeune *Fucus*, issu du développement de l'oospore (d'après M. Thuret: Ann. des sc. nat. 1854, 4e série, t. II. — B est grossi 330 fois, tout le reste 160 fois.)

est entièrement remplie par un protoplasma finement granuleux, d'abord homogène, mais qui se divise à la fin en huit portions fortement pressées l'une contre l'autre et par conséquent polyédriques. La paroi de l'oogone est formée de deux couches : l'extérieure se rompt et l'intérieure s'en échappe sous la forme d'un sac qui se dilate en absorbant de l'eau. Dans ce sac ainsi élargi les huit portions du protoplasma s'arrondissent (fig. 2, *II*); puis ce sac se déchire à son tour et met en liberté les masses protoplasmiques devenues maintenant parfaitement sphériques. Ces *oosphères*, comme on les appelle, sont ensuite, par l'action fécondante d'autres petits corps protoplasmiques appelés *anthérozoïdes*, excités à un développement ultérieur (B, *III*). De la substance même de l'oosphère, ainsi fécondée et devenue ce qu'on appelle une *oospore*, se sépare d'abord une matière incolore qui s'accumule à la périphérie et y durcit en formant une membrane formée de toutes parts. La cellule nouvelle s'accroît ensuite inégalement dans deux directions différentes et produit, par une série de transformations ultérieures, un jeune *Fucus* (fig. 2, *V* et *IV*).

L'autonomie du protoplasma se manifeste plus clairement encore pendant la formation des zoospores des Algues et de plusieurs Champignons. Ici, le sac protoplasmique d'une cellule remplie de suc cellulaire se contracte, comme on le voit dans le *Stigeoclonium insigne* (fig. 3, *B*, *a*), expulse l'eau du suc cellulaire et forme une pelote solide qui s'échappe ensuite par une ouverture de la paroi, et, mue par une force intérieure, nage dans le liquide ambiant (*C*). Pendant qu'elle traverse la membrane, la masse protoplasmique témoigne, par ses mouvements et ses changements de forme, qu'elle est molle et extensible ; mais, une fois délivrée, elle prend une forme spécifiquement déterminée et qui lui est imposée par des forces intérieures. Enfin, après quelques heures le plus souvent, la zoospore s'arrête et devient immobile. Si on la tue à ce moment par des moyens appropriés, son protoplasma se contracte (*E*, *F*, *p*) et laisse apercevoir une fine membrane qu'il ne possédait pas pendant sa sortie, ni aux débuts de son mouvement. Une fois au repos, il change aussi de forme et son volume augmente, tandis qu'un suc cellulaire liquide pénètre et s'amasse dans son intérieur. La cellule ainsi formée se développe ensuite d'une manière qui est déterminée par la nature spécifique de la plante, après quoi de nouveaux changements s'y manifestent. Dans notre exemple, c'est surtout en longueur qu'elle s'accroît (fig. 3, *D* et *H*), et il s'y opère bientôt des divisions successives.

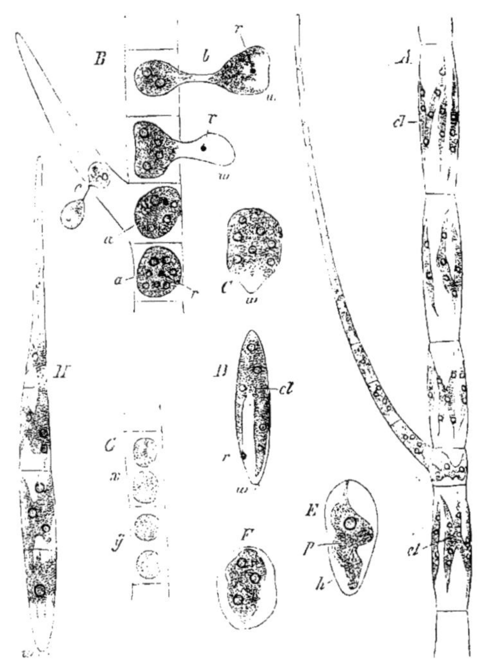

Fig. 3. — *Stigeoclonium insigne* (d'après M. Nägeli. Pflanzenphysiolog. Untersuchungen, Heft I). A, une branche de l'Algue, formée d'une seule série de cellules et munie d'un rameau latéral ; *cl* sont des masses protoplasmiques colorées en vert (chlorophylle) qui sont plongées dans le sac protoplasmique de chaque cellule, lequel est incolore et invisible sur le dessin. B, dans chaque cellule tout le protoplasma se contracte en une seule masse, puis s'échappe au dehors par une ouverture de la membrane. C, zoospore encore privée de membrane. D, zoospore arrivée à l'état de repos, tuée en E et F ; le protoplasma *p* se contracte et laisse apercevoir la membrane nouvellement formée *h*. H, une jeune plante issue d'une zoospore. G, deux cellules d'un filament en voie de partition ; le protoplasma de chaque cellule (*x* et *y*) s'est d'abord divisé en deux parties égales, qui ont été ensuite contractées par l'addition d'un réactif.

Ces exemples, et beaucoup d'autres, nous montrent que c'est le protoplasma qui produit la cellule. La cellule, dans le sens défini plus haut, n'est évidemment qu'une forme plus avancée du développement du protoplasma ; c'est du protoplasma qu'émanent les forces plastiques. On s'est donc habitué à regarder le protoplasma comme étant en lui-même une cellule, et à le désigner par les noms de *cellule nue*, de *cellule primordiale*. Il est à la cellule complète, pourvue de membrane et de suc cellulaire, à peu près ce qu'est la larve à l'insecte parfait.

Toutes les autres parties de la cellule dérivent du protoplasma. — Le développement d'une zoospore, comme celui d'une oospore de *Fucus*, nous montre, et cela se voit d'ailleurs nettement aussi dans toute autre cellule, que la substance dont se forme la membrane cellulaire était contenue d'abord dans le protoplasma sous quelque forme cachée. La production de la membrane cellulaire doit donc se concevoir comme une séparation de matières mêlées auparavant au protoplasma. Il en est de même du suc cellulaire. L'eau qu'il renferme lui vient, il est vrai, du dehors; mais, une fois introduite dans le protoplasma où elle s'accumule, elle ne manque pas de s'emparer des substances solubles qui s'y trouvent. La formation du suc cellulaire apparaît donc aussi comme une séparation de substances mélangées auparavant dans le protoplasma. Nous verrons plus tard que la substance du noyau, là où le noyau existe, se trouvait primitivement répartie dans le protoplasma, et que le noyau se forme par la condensation de certaines particules protoplasmiques autour du centre de la cellule à venir. Ainsi donc la cellule munie d'une membrane, d'un noyau et d'un suc cellulaire, la cellule complétement développée, nous apparaît comme le résultat d'une différenciation progressive des particules de substance confondues auparavant dans la masse du protoplasma.

Le point essentiel à noter, c'est que cette différenciation conduit toujours à la formation de couches concentriques, dont la plus externe, la membrane cellulaire, est solide et élastique, tandis que la moyenne, le sac protoplasmique, est molle et non élastique. Si la cellule est, comme il arrive d'habitude à son début, dépourvue de suc, le protoplasma est plus mou et plus aqueux en son milieu, ou bien il se forme à cette place un noyau qui, au moins dans les jeunes cellules, est toujours plus aqueux que le protoplasma qui l'entoure. Quand enfin le suc cellulaire apparaît, l'intérieur de la cellule se remplit d'un véritable liquide; le noyau entouré de protoplasma y conserve souvent encore une position centrale, mais d'ordinaire il se retire, en même temps que le protoplasma, à la périphérie de l'espace réservé au suc, et devient pariétal.

On se bornait autrefois à observer un seul des états de développement de la cellule, l'état qui se présente le plus souvent, celui où elle apparaît comme une cavité remplie par un liquide et limitée par une membrane; on paraissait donc fondé à définir la cellule comme une simple vésicule. Mais il est évident que cette définition ne convient pas à beaucoup de vraies cellules, par exemple aux cellules des jeunes tissus (fig. 1, *A*), dont on se représenterait d'une manière très-peu exacte la véritable nature si on voulait les concevoir comme des vésicules. Cette expression convient beaucoup moins encore à la structure des zoospores, et à celle des oosphères de *Fucus*.

§ 2.

Diversité de forme et de constitution des cellules.

Il est rare que, dans leur développement, les cellules s'arrêtent aux états que nous avons décrits dans le paragraphe précédent. Ordinairement elles subissent encore, dans leur ensemble et dans chacune de leurs parties constituantes, des changements de forme ultérieurs.

Développements ultérieurs des cellules. — La cellule tout entière continue souvent à s'agrandir, pendant un temps plus ou moins long, sous l'influence de l'accumulation progressive du suc cellulaire, et il n'est pas rare que son volume définitif atteigne cent et même mille fois celui qu'elle possédait lors de sa formation. Pendant cet agrandissement, la configuration générale de la cellule se transforme ; elle était d'abord arrondie ou polyédrique, elle peut plus tard s'étendre en longueur en forme de filament, de tube ou de prisme, ou s'aplatir en forme de large table, ou se ramifier en plusieurs branches.

La membrane cellulaire peut s'épaissir notablement. Cet épaississement est d'ordinaire inégal ; certaines places restent minces, tandis que dans d'autres la membrane épaissie fait saillie en dedans ou en dehors et présente des proéminences en forme de rubans, de pointes, de bosses, etc. Dans la substance même de la membrane se manifestent des changements qui tendent à lui donner, soit plus de solidité, d'élasticité, de dureté, soit inversement plus de mollesse et de flexibilité.

Pendant ces transformations, le protoplasma peut se réduire toujours davantage, tellement qu'à la fin il ne forme plus qu'une pellicule extrêmement mince, si étroitement appliquée contre la paroi cellulaire, que, pour la rendre visible, il faut la contracter par un réactif. Il peut même disparaître entièrement lorsque l'accroissement de la membrane cellulaire est achevé. Mais dans beaucoup d'autres cas, le protoplasma se développe au contraire à mesure que la cellule s'agrandit ; il forme un sac à paroi épaisse dont la substance est en mouvement continuel et qui envoie des prolongements en forme de filaments ou de bandes à travers le suc cellulaire.

Les cellules vertes doivent leur coloration à de petites parties du protoplasma qui se séparent de l'ensemble et à l'intérieur desquelles se développe une matière colorante verte appelée *chlorophylle*. Ces masses protoplasmiques teintes en vert par la chlorophylle peuvent affecter la forme de rubans, d'étoiles, de pelotes irrégulières ; mais ordinairement elles forment de nombreux grains arrondis, qu'on appelle, pour abréger, des *grains de chlorophylle*. Quelquefois à la matière colorante verte qui teint ces grains de protoplasma sont mélangés des pigments de couleur différente, rouges (Floridées), bleus (Oscillaires) ou jaunes (Diatomées) ; ou bien ce sont les grains de chlorophylle euxmêmes qui, par une transformation tardive de leur propre matière colorante, prennent une autre teinte, presque toujours jaune ou rouge.

Le suc cellulaire peut également renfermer en dissolution des principes colorants. Les autres combinaisons chimiques, que la cellule engendre en très-grand nombre, sont aussi le plus souvent dissoutes dans le suc cellulaire et échappent ainsi à l'observation directe. Quelques-unes d'entre elles cependant prennent une forme définie qui permet de les reconnaître immédiatement : tels sont les grains de matière grasse, les gouttes d'huile, les vrais cristaux, les corps cristalloïdes ; tels sont surtout les grains d'amidon, qui constituent la substance granuleuse la plus répandue, puisqu'on la rencontre dans toutes les plantes, à l'exception des Champignons et de quelques Algues et Lichens, et qu'elle se trouve souvent accumulée dans les cellules en une quantité qui l'emporte sur toutes les autres matières.

Structure complexe des cellules dans quelques plantes inférieures. — C'est dans quelques familles d'Algues : les Conjuguées, les Siphonées et les Diatomées, que les cellules acquièrent leur développement le plus complet. Là, en effet, une seule et même cellule réunit en elle les organes de toutes les fonctions végétatives, et comme, en même temps, il y règne une certaine diversité dans les manifestations de la vie, la cellule tout entière atteint un haut degré de différenciation, et ses parties constituantes, la membrane, le protoplasma avec ses divers contenus, offrent une organisation tellement variée, qu'on ne saurait la retrouver ailleurs au même instant, dans une seule et même cellule. De plus, la cellule de ces plantes a à traverser les métamorphoses les plus variées, de sorte qu'outre son organisation si diversifiée dans l'espace, elle présente encore dans le temps toute une série de changements de forme. De là vient que ces types d'Algues sont devenus si importants à étudier, pour peu que l'on veuille se faire une idée exacte de la nature de la cellule (voir livre II, Algues). Ces cellules sont encore remarquables entre toutes, parce que, après avoir atteint leur plus haut degré de complication, elles demeurent en état de se diviser et de se multiplier, parce qu'elles peuvent tôt ou tard se dépouiller de leur membrane, rassembler en une seule masse leur protoplasma avec tout son contenu utilisable : amidon, huile, chlorophylle, etc., en expulser le suc cellulaire et constituer enfin une cellule nouvelle.

Spécialisation des cellules dans les plantes supérieures. — Passons sur ces innombrables formes de transition et arrivons de suite à l'autre extrémité du règne végétal, chez les Cryptogames vasculaires et les Phanérogames, où un seul individu renferme le plus souvent des milliers et des millions de cellules et où, en même temps, les diverses parties de la plante acquièrent un développement morphologique différent, de manière à s'adapter aux fonctions différentes qu'elles ont à remplir pour la conservation de l'ensemble.

Là, nous verrons certaines cellules n'atteindre jamais leur complet développement et demeurer toujours dans l'état de jeunesse représenté par notre figure 1, *A*. Leur rôle dans l'ensemble est de produire sans cesse, par voie de division, des cellules nouvelles, qui poursuivent de leur côté un nouveau développement. De pareilles cellules, consacrées exclusivement à la génération de cellules nouvelles, se rencontrent à l'extrémité de toute racine et de toute branche, souvent aussi à la base des feuilles. Suivant leur situation, les cellules nouvelles se développent ensuite d'une manière différente, et en général de telle sorte que tout un ensemble de cellules disposées soit en couche circulaire, soit en faisceau, suive la même voie.

Les unes croissent rapidement dans toutes les directions, leur paroi demeure mince, la plus grande partie de leur protoplasma se consacre à la formation de grains de chlorophylle ; elles sont riches en suc cellulaire et servent, comme nous le verrons plus tard, à l'assimilation, c'est-à-dire à la production de nouvelle substance organique aux dépens des éléments nutritifs absorbés. — A d'autres places de la même plante, les cellules s'étendent beaucoup en longueur, leur diamètre transversal demeure petit, elles ne forment pas de chlorophylle. Mais ces cellules allongées ne se comportent pas toutes de la même manière. Les unes demeurent gorgées de sucs et servent à conduire certaines substances assimilées. D'autres, appartenant au même faisceau, épaississent rapidement leurs parois et ces épaississements présentent des caractères variés ; leurs cloisons transverses se résorbent de sorte que les cellules d'une même file verticale communiquent librement et forment un long tube appelé *vaisseau ;* le protoplasma et le suc cellulaire ont disparu de ces vaisseaux, qui ne servent plus désormais que comme canaux aérifères pour distribuer l'air dans l'intérieur de la plante. — Dans le voisinage des vaisseaux se forment les cellules ligneuses. Elles sont le plus souvent fibreuses, leur paroi est fortement épaissie et sa substance même a subi une transformation chimique qu'on exprime en disant qu'elle s'est lignifiée. Toutes ensemble, elles constituent un échafaudage solide qui soutient tous les autres tissus, qui donne de la fermeté et de l'élasticité aux organes, et qui enfin est éminemment propre à conduire rapidement l'eau à travers le corps de la plante. — Dans le tissu des tubercules, des bulbes et des graines, la plupart des cellules conservent leur paroi mince ; elles emmagasinent des substances albuminoïdes, de l'amidon, de l'inuline, des matières grasses, etc., pour les restituer plus tard, quand de nouveaux organes se formeront, et faire servir ces matériaux à l'édification des cellules nouvelles.

Nous pourrions citer encore une remarquable série d'autres tissus : le liége, les enveloppes des graines, les noyaux des fruits, etc. ; ils acquièrent tous, et c'est leur caractère commun, la dureté et la force de résistance qui leur sont indispensables pour servir d'enveloppes protectrices aux masses cellulaires encore en voie de développement, par le moyen d'un accroissement, d'une transformation particulière de leurs membranes cellulaires. Le contenu des cellules y disparaît dès que les parois ont acquis cette propriété et que ce but est atteint.

Chacune de ces diverses formes cellulaires, que nous venons de signaler dans une seule et même plante, sert donc principalement ou même exclusivement à une seule fin. Suivant le but à atteindre, c'est ou la membrane cellulaire, ou le protoplasma, ou la chlorophylle, ou le suc cellulaire, ou les formations granuleuses qu'il renferme, qui se développent d'une façon prédominante et dans une seule direction. Ainsi spécialisées, ces cellules perdent ordinairement la propriété de se reproduire, de se multiplier par division, et, quand elles ont rempli leur fonction, ou bien elles périssent entièrement, ou bien il ne reste d'elles qu'un échafaudage de membranes lignifiées. La plante n'en continue pas moins de vivre, puisqu'elle possède, à des places déterminées, des cellules génératrices qui, le moment venu, produisent de nouvelles masses cellulaires aptes à remplir de nouveau et temporairement toutes ces mêmes fonctions.

§ 3.

Genèse des cellules (1).

La naissance d'une cellule commence toujours par la condensation nouvelle d'une masse de protoplasma autour d'un nouveau centre de formation. La substance nécessaire à cette condensation est toujours fournie par un protoplasma préexistant. Le protoplasma nouvellement constitué se revêt tôt ou tard d'une membrane cellulaire. Ces phénomènes sont les seuls qui soient communs à toutes les nouvelles formations de cellules. Dès qu'on veut pénétrer plus profondément dans la question, de grandes différences se manifestent, et il devient nécessaire de distinguer de suite différents cas, si l'on ne veut pas être conduit à des généralisations inexactes.

Divers modes de formation des cellules. — Il me semble utile et naturel de distinguer trois types principaux : 1° le *renouvellement* ou le *rajeunissement* d'une cellule, c'est-à-dire la formation d'une seule cellule nouvelle aux dépens de la masse tout entière du protoplasma d'une cellule préexistante ; 2° la *conjugaison* ou la formation d'une cellule par la fusion de deux ou de plusieurs masses protoplasmiques en une seule ; 3° la *multiplication* d'une cellule par la production de deux ou de plusieurs masses protoplasmiques aux dépens d'une seule. Chacun de ces types présente de nombreuses modifications secondaires et de nombreuses transitions vers les deux autres.

C'est surtout dans le troisième type, dans la multiplication cellulaire, que l'on observe la plus grande diversité. Il y a d'abord deux cas à y distinguer, suivant qu'une partie seulement du protoplasma de la cellule mère est employée à la formation des cellules nouvelles (*formation cellulaire libre*), ou que la masse tout entière du protoplasma primitif passe dans les cellules filles (*division*). Ce dernier cas, c'est-à-dire la division cellulaire, est de beaucoup le plus fréquent et il présente à son tour des modifications secondaires suivant que, oui ou non, les masses protoplasmiques qui se rassemblent autour des nouveaux centres se contractent et s'arrondissent en expulsant l'eau qu'elles renfermaient ; suivant que la membrane cellulaire se forme pendant la division même du protoplasma ou seulement après qu'elle est accomplie ; enfin, suivant le mode d'apparition du suc cellulaire et des noyaux.

Une même plante emploie tour à tour, dans le cours de sa végétation, ces différents modes de formation des cellules. De la genèse des cellules par divi-

<hr>

(1) H. v. Mohl. : Vermischte Schriften botanischen Inhalts. Tübingen, 1845, p. 67, 84, 362. — Schleiden in Müller's Archiv, 1838, p. 137. — Unger, Botanische Zeitung, 1844, p. 489. — H. v. Mohl., Botanische Zeitung, 1844, p. 273. — Naegeli, Zeitschrift für wiss. Botanik, I, 1844, p. 34, III, IV, 1846, p. 50. — A. Braun. Verjüngung in der Natur. Freiburg, 1850, p. 129. — Hofmeister, Vergleichende Untersuchungen über die Embryobildung der Kryptog. und Conif. Leipzig, 1851. — De Bary, Untersuchungen über die Familie der Conjugaten. Leipzig, 1858. — Naegeli, Pflanzenphysiologische Untersuchungen, Heft I. — Pringsheim, Jahrbücher für wiss. Botanik, I, 1858, p. 1, 284. II, p. 1. — Hofmeister, Lehre von der Pflanzenzelle. Leipzig, 1867.

sion dépend tout le développement du système végétatif, c'est-à-dire la production du *tissu cellulaire*. La genèse par formation libre se rencontre dans la production des ascospores des Champignons et des Lichens, ainsi que dans le sac embryonnaire des Phanérogames. La genèse par conjugaison est, comme nous le verrons tout à l'heure, limitée, dans sa forme typique, à certains groupes d'Algues et de Champignons, où elle sert à la reproduction. Le renouvellement ou le rajeunissement des cellules se trouve réalisé, chez certaines Algues, par la formation d'une seule zoospore aux dépens du contenu tout entier d'une cellule végétative, et des phénomènes analogues se présentent dans la reproduction sexuelle des Cryptogames.

Nous allons maintenant, suivant les principes énoncés plus haut, donner une description sommaire des différents modes de formation des cellules. On nous pardonnera si, vu la brièveté nécessaire dans un traité général, nous passons sous silence les développements étendus qu'exigerait une étude plus approfondie du sujet.

Formation d'une cellule par renouvellement ou rajeunissement d'une cellule préexistante. — La formation des zoospores du *Stigeoclonium insigne* (fig. 3, § 1) nous en offre un bel exemple. Le contenu tout entier d'une cellule végétative d'un filament se concentre, en expulsant une portion de son suc cellulaire. L'arrangement des diverses parties de la masse protoplasmique est changé et les bandes de chlorophylle s'effacent. La configuration du protoplasma se transforme, en même temps qu'il abandonne sa membrane cellulaire. Une fois mis en liberté, ce corps, d'abord cylindrique, maintenant ovoïde, a l'une de ses extrémités large et verte, l'autre étroite et hyaline. Quand il a terminé son mouvement, c'est par cette dernière qu'il se fixe, tandis que l'extrémité verte se développe seule par voie d'accroissement terminal, dès que la nouvelle cellule s'est entourée d'une membrane.

Les observations analogues de M. Pringsheim sur les *OEdogonium* montrent que la direction d'accroissement de la cellule rajeunie est perpendiculaire à sa direction d'accroissement avant son rajeunissement. L'extrémité hyaline de la zoospore, par laquelle elle se fixe plus tard et qu'on appelle son extrémité radicale, se forme en effet (fig. 4, *A*, *E*) non pas en haut ou en bas, mais bien sur le côté de la masse protoplasmique. Le protoplasma nouveau a donc dans l'espace une orientation essentiellement différente de l'ancien, puisque la section transversale de la cellule ancienne se trouve être la section longitudinale de la cellule nouvelle et de la plante qui en provient. La matière, autant du moins qu'il est possible d'en juger, demeure la même, mais son arrangement est différent. Ce caractère est décisif au point de vue morphologique, et toute formation nouvelle de cellule n'est au fond que le résultat de l'arrangement nouveau d'un protoplasma préexistant. C'est pourquoi le rajeunissement d'une cellule peut et doit être considéré morphologiquement comme la formation d'une cellule nouvelle.

Formation d'une cellule par conjugaison. — Dans ce mode, les masses protoplasmiques de deux ou de plusieurs cellules se fondent en une masse unique, qui s'entoure d'une membrane et constitue une cellule douée de propriétés différentes.

Conjugaison proprement dite. — Pour expliquer ce phénomène, qui présente de nombreuses modifications, considérons la conjugaison d'une de nos Algues filamenteuses les plus communes, le *Spirogyra longata* (fig. 5 et 6). Le filament consiste (fig. 5) en une rangée de cellules cylindriques, toutes semblables, et qui contiennent chacune un sac protoplasmique. Celui-ci renferme une assez grande quantité de suc cellulaire, au milieu duquel flotte un noyau, qui est enveloppé par une petite pelote de protoplasma et rattaché au sac par des filaments protoplasmiques. La paroi du sac renferme un ruban de chlorophylle enroulé en spirale et contenant à des places déterminées des grains d'amidon. Dans cet exemple, la conjugaison a toujours lieu entre deux cellules opposées de deux filaments qui se sont placés plus ou moins parallèlement l'un contre l'autre. Pour la préparer, les cellules émettent en regard l'une de l'autre des saillies latérales (comme en *a*, fig. 5), qui s'allongent jusqu'à se rencontrer (*b*). Ensuite, le sac protoplasmique de chacune des deux cellules se contracte, se sépare entièrement de la membrane qui l'entoure, s'arrondit en forme d'ellipsoïde et se rassemble en une masse de plus en plus compacte en expulsant progressivement le suc cellulaire qu'il renfermait. Ces phénomènes s'opèrent simultanément dans les deux cellules en regard. Puis la paroi cellulaire se perce au point de contact des deux proéminences (fig. 6, *a*), et l'une des deux masses ellipsoïdales de protoplasma s'introduit dans le canal de communication ainsi établi et se glisse lentement dans l'autre cellule.

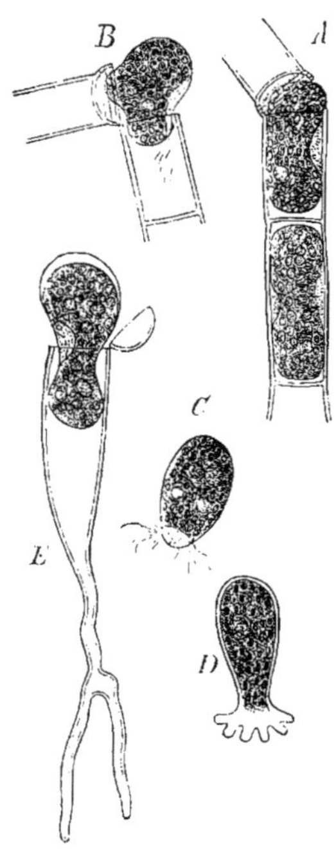

Fig. 4. — A, B, sortie des zoospores d'un *Œdogonium*; C, une zoospore libre en mouvement; D, la même après qu'elle s'est fixée et qu'elle a formé son disque d'adhésion; E, sortie du protoplasma tout entier d'un jeune plant d'*Œdogonium*, sous forme d'une zoospore (350). D'après M. Pringsheim, Jahrb. f. wiss. Bot., I, Taf. I.

Dès qu'elle arrive au contact de la masse protoplasmique qui s'y trouve, elle se fond avec elle (fig. 6, *a*). Cette fusion une fois accomplie (fig. 6, *b*), la masse unique qui en provient reprend la forme d'un ellipsoïde et elle est à peine plus grande que l'une des deux masses qui la composent, preuve évidente qu'il y a eu pendant la réunion une nouvelle contraction et une nouvelle expulsion d'eau. Cette réunion fait sur l'observateur l'impression de deux gouttes liquides qui se fondraient l'une dans l'autre. Le protoplasma n'est cependant jamais un liquide, et, sans compter plusieurs autres circonstances, le fait suivant témoigne qu'il entre ici en jeu des forces toutes particulières qu'aucun liquide ne possède. En effet, pendant la contraction de chacune des deux masses protoplasmiques qui se conjuguent, le ruban spiralé de chlorophylle conserve son caractère, seulement il est étroitement resserré, et, au moment de leur réunion, les deux rubans de chlorophylle ajustent leurs extrémités de manière à se continuer l'un l'autre et à ne former qu'un seul et même ruban spiralé. Quoi qu'il en soit, la masse protoplasmique conjuguée se revêt ensuite d'une membrane et forme ce qu'on appelle une *zygospore*. Après un repos de plusieurs mois cette zygospore germe et produit un nouveau filament de Spirogyre.

C'est suivant ce type que la conjugaison s'opère, avec de plus ou moins

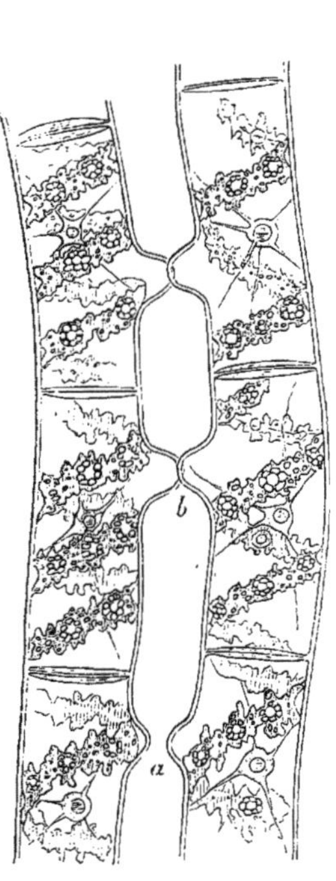

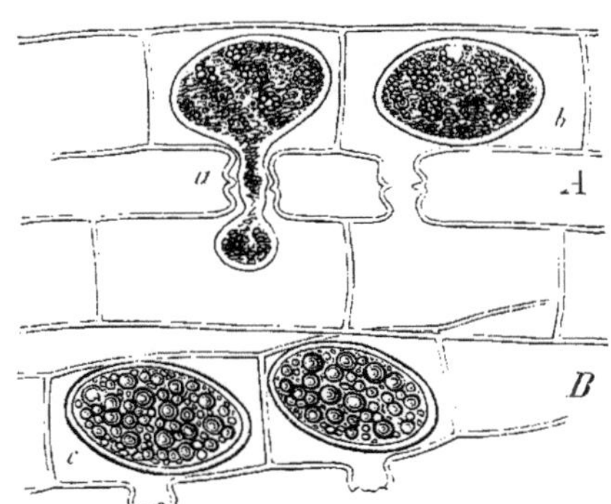

Fig. 5 et 6. — *Spirogyra longata*. — Fig. 5. Quelques cellules de deux filaments qui se préparent à la conjugaison ; elles montrent les rubans de chorophylle enroulés en spirale et dans lesquels sont plongés en différentes places des grains d'amidon disposés en étoiles, et de petites gouttelettes d'huile (voir § 6) ; ainsi se comporte la chlorophylle après l'action d'un brillant soleil. En outre, on voit dans chaque cellule un noyau entouré d'une couche de protoplasma de laquelle se détachent çà et là des courants filamenteux qui vont se rattacher à la paroi ; *a* et *b* sont les protubérances qui préparent la conjugaison. — Fig. 6. A, cellules en voie de conjugaison ; en *a*, la masse protoplasmique d'une cellule est en train de se glisser dans l'autre cellule ; en *b*, la fusion est accomplie et le ruban de chlorophylle avec ses grains d'amidon se reconnaît encore en partie. B, les jeunes zygospores revêtues d'une membrane ; leur protoplasma renferme de nombreuses gouttes d'huile (550).

grandes différences secondaires, dans les nombreuses espèces d'Algues de la famille des Conjuguées parmi lesquelles il faut compter les Diatomées, et dans plusieurs Champignons. Ces derniers cependant offrent déjà quelques différences plus importantes (*Sporodinia, Rhizopus*). Dans le *Spirogyra nitida*, il arrive quelquefois (d'après M. de Bary : Conjuguées, p. 6) qu'une cellule se conjugue avec deux autres et en absorbe les deux masses protoplasmiques : la zygospore provient alors de la fusion de trois contenus cellulaires. Chez les Champignons gélatineux appelés Myxomycètes, les zoospores, douées d'un mouvement particulier analogue à celui des amibes et qui les a fait nommer *myxoamibes,* se confondent progressivement en grand nombre et constituent finalement de grandes masses protoplasmiques sans membrane, mobiles, appelées *plasmodies,* qui plus tard se transforment en nombreuses cellules.

Fécondation. — Dans les cas que nous avons traités jusqu'à présent, les masses protoplasmiques qui se réunissent sont également grandes. Le phénomène de la fécondation de beaucoup de Cryptogames ne diffère de ce mode de conjugaison, que parce que les masses protoplasmiques qui se fondent ensemble sont de taille très-inégale et possèdent des propriétés différentes. En étudiant, dans le livre II, la reproduction des Cryptogames, nous reviendrons avec détail sur ce point. Bornons-nous à faire remarquer ici que les corps fécondants mâles et mobiles des Cryptogames, les anthérozoïdes, comme on les appelle, sont des corps protoplasmiques nus, à chacun desquels on doit reconnaître la valeur d'une cellule primordiale. Dans l'organe femelle de ces plantes se trouve une cellule qui s'ouvre au dehors : elle renferme une sphère protoplasmique appelée oosphère, qui est fécondée par les anthérozoïdes. Dans des cas bien observés (*Œdogonium*, *Vaucheria*), on a vu les anthérozoïdes se fondre dans le protoplasma femelle, dans l'oosphère, et c'est à la suite de cette fusion qu'une nouvelle cellule est produite. Ici, comme dans la conjugaison des Conjuguées et de plusieurs Champignons, la cellule née de la fusion est une cellule reproductrice, et par elle commence la formation d'un nouvel individu végétal. Dans la fécondation, l'un des deux corps en présence est évidemment très-différent de l'autre; on peut donc supposer que, dans la simple conjugaison, les cellules qui se fusionnent présentent aussi quelque différence cachée.

Formation cellulaire libre. — Dans la genèse des cellules par formation libre, il apparaît, dans la masse protoplasmique, de nouveaux centres de formation autour de chacun desquels une portion du protoplasma se condense pour constituer une cellule nouvelle. Une autre partie du protoplasma demeure sans emploi et représente le protoplasma de la cellule mère qui continue de vivre pendant un temps plus ou moins long. Les nouveaux centres de formation peuvent, ou non, être indiqués au dehors par l'apparition préalable d'autant de noyaux.

Ordinairement le nombre des cellules filles ainsi produites est assez grand. Je vais prendre pour premier exemple la formation des spores d'un petit Champignon de la famille des Ascomycètes, d'une Pézize (1) (fig. 7). Les cellules mères des spores, allongées en forme de tubes, sont à l'origine (en *a*) totalement remplies de protoplasma et possèdent chacune un petit noyau. Ce noyau disparaît, c'est-à-dire que sa substance se répand dans celle du protoplasma, qui devient comme écumeux par l'apparition de gouttes liquides arrondies (en *b* et *c*). Quand le moment de la formation des spores approche, le protoplasma se condense dans la région supérieure du tube et demeure écumeux dans la partie inférieure (en *e* et *f*). Dans cet exemple particulier, aucune apparition de noyaux ne précède la formation des spores, et les spores elles-mêmes en demeurent toujours dépourvues. Cette circonstance est d'autant plus instructive que chez d'autres Pézizes (par exemple le *P. confluens*, d'après M. de Bary) des noyaux apparaissent de suite, autour

---

(1) Cette Pézize est fréquente à Bonn sur la terre au bord des chemins des bois, parmi les *Phascum*, au mois de mars. Sa coupe est large de 1 à 2 millimètres, rouge-brique, sessile, à bord peu proéminent; d'après M. Rabenhorst, Deutschland's Kryptogamenflora, 1844, p. 363, ce pourrait être le *Peziza convexula*.

de chacun desquels se rassemble une pelote de protoplasma qui devient
ensuite la spore (1). Les spores naissent ici au nombre de huit dans chaque tube, à l'intérieur du protoplasma compacte de la région supérieure : c'est-à-dire qu'autour de huit points une portion de ce dernier se rassemble en une masse ellipsoïde (*d*). Chacune de ces masses est formée à l'origine d'un protoplasma à gros granules entouré par une zone transparente. Une certaine quantité de protoplasma finement granuleux constitue la substance fondamentale dans laquelle les spores sont plongées. Plus tard chaque spore acquiert un contour plus net, la zone transparente disparaît (en *e*), sa substance elle-même devient finement granuleuse, plus claire, et l'un de ses foyers est occupé par une vacuole, c'est-à-dire par une gouttelette liquide transparente. Enfin chaque spore s'entoure d'une membrane solide, la vacuole focale disparaît, et au centre se développe une grosse goutte d'une huile très-réfringente, entourée de nombreuses gouttelettes.

Genèse des cellules par division d'une cellule mère. — Dans ce mode de formation, il se produit encore, dans le protoplasma d'une cellule, de nouveaux centres d'action, autour de chacun desquels se rassemble une portion du protoplasma de la cellule mère pour constituer une nouvelle cellule ; mais *le protoplasma tout entier de la cellule mère est complétement employé* et il ne reste d'elle que sa membrane, quand elle en possédait une, ce qui n'est pas toujours le cas. Si cette cellule mère a un noyau, ou bien ce noyau se dissout dans le protoplasma (2) et il se reforme ensuite autant de nouveaux noyaux qu'il y aura de cel-

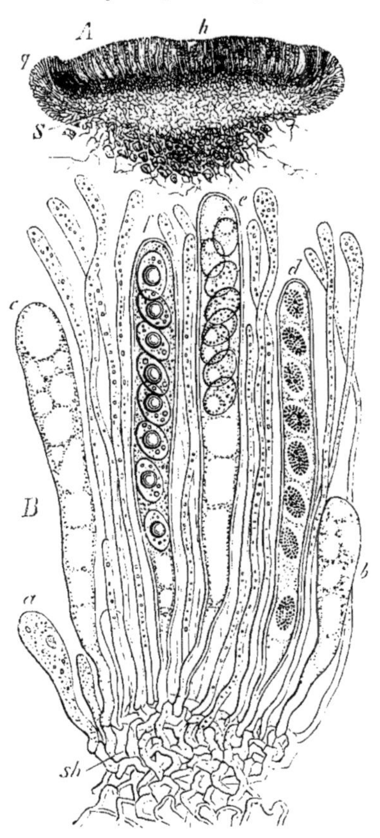

Fig. 7. — *Peziza convexula.* — A, section verticale de la plante entière, grossie environ 20 fois ; *h*, *hyménium*, c'est-à-dire la couche au milieu de laquelle se trouvent les tubes générateurs des spores ; *s*, le corps du tissu du Champignon qui sur le bord *q* forme cupule autour de l'hyménium ; à la base il s'échappe du tissu *s* des filaments ténus qui se développent entre les grains de terre. — B, une petite partie de l'hyménium, au grossissement de 550 fois : *sh*, couche sous-hyméniale de filaments cellulaires étroitement feutrés ; *a*, *f*, tubes générateurs des spores : ils sont entremêlés de tubes plus minces munis de petits grains rouges et qu'on appelle des *paraphyses*.

(1) Dans le sac embryonnaire des Phanérogames, il se forme de nouveaux noyaux dans le protoplasma, et autour de chaque noyau une cellule (voir livre II, Conifères, Monocotylédones, Dicotylédones).

(2) Excepté dans l'*Anthoceros*, où le noyau de la cellule mère n'est pas encore dissous, quand déjà quatre nouveaux noyaux sont formés.

lules filles (1), ou bien, comme l'a montré M. Hanstein (voir ci-dessous), il se divise en deux noyaux pendant que le protoplasma se sépare en deux portions.

Comme nous l'avons dit plus haut, il y a ici deux cas à distinguer, et chacun de ces cas présente à son tour deux modifications.

PREMIER CAS. — DIVISION CELLULAIRE AVEC CONTRACTION ET ARRONDISSEMENT DES CELLULES FILLES.

a. *La membrane ne se développe qu'après la complète division et l'isolement des cellules filles.* — La formation des oosphères de l'*Achlya* (fig. 8) nous en offre

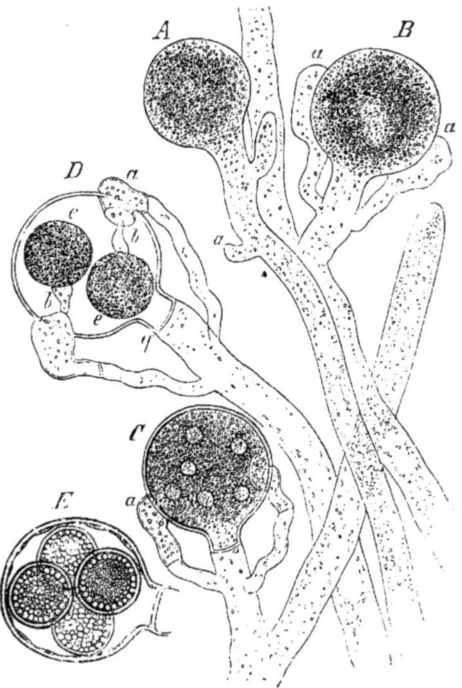

Fig. 8. — Oogones et anthéridies de l'*Achlya lignicola* (vivant sur le bois immergé). Les lettres A-E, indiquent la suite du développement, *a* l'anthéridie, *b* le tube qu'elle introduit dans l'oogone (550). Voir le texte.

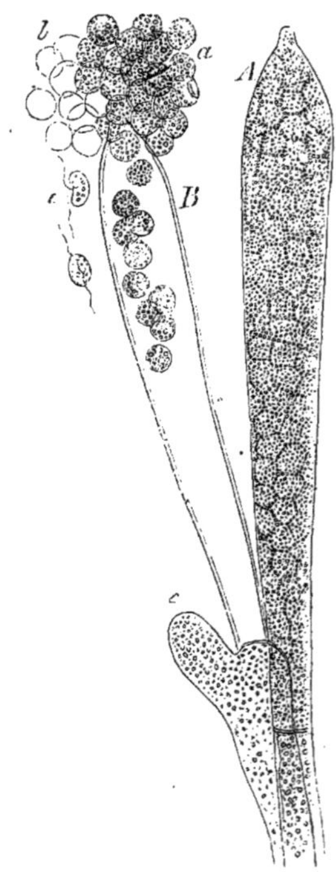

Fig. 9. — Zoosporanges d'un *Achlya* (550) : A, encore fermé; B, laissant échapper les zoospores, et formant au-dessous de lui un rameau latéral *e*; *a*, les zoospores qui viennent de sortir; *b*, membranes abandonnées par les zoospores en mouvement; *c*, zoospores nageant.

(1) Dans les *Spirogyra*, *Mougeotia*, *Craterospermum*, les nouveaux noyaux n'apparaissent que pendant la division progressive du protoplasma (DE BARY, die Familie der Conjugaten. Leipzig, 1858). Pendant la formation des stomates du *Hyacinthus orientalis*, je n'ai pu, en aucune façon, ni avant, ni pendant, ni immédiatement après la division du protoplasma de la cellule mère, apercevoir un noyau; le noyau n'apparaît dans chaque cellule stomatique qu'un certain temps après la division.

un exemple. Le protoplasma s'accumule à l'extrémité d'une cellule tubuleuse
ou d'une de ses branches ; cette extrémité même se renfle en forme de sphère
(*A*, *B*) et se sépare du tube par une cloison (*C*) pour devenir une cellule autonome, qui est l'oogone. Parfois de petits corps semblables à des noyaux apparaissent dans le protoplasma, comme en *C*, mais ce n'est pas le cas ordinaire. La
masse protoplasmique tout entière se sépare ensuite en deux, trois, quatre parties ou davantage, qui s'arrondissent très-promptement en sphères parfaites ;
de nombreuses observations ne m'ont jamais montré de forme de transition
entre *C* et *D*. Ces oosphères (*e*, *e* en *D*) se condensent très-fortement pendant
leur séparation, c'est-à-dire que leur protoplasma se contracte en expulsant de
plus en plus l'eau qu'il renferme. Aussitôt après qu'elles ont été fécondées par
les tubes anthéridiens (*a*, *b* en *D*), elles s'enveloppent d'une membrane.

Ce mode de division cellulaire a évidemment, dans toute sa marche, une
grande ressemblance avec la formation cellulaire libre ; il n'en diffère que par
cette seule circonstance qu'ici *tout* le protoplasma se condense autour des
nouveaux centres. Si, chose qui arrive dans certains cas, la masse protoplasmique tout entière se condensait autour d'un seul centre, ne formait
qu'une seule oosphère, on aurait un phénomène analogue au renouvellement ou rajeunissement de la cellule. Si les oosphères s'enveloppaient déjà,
pendant leur séparation même, d'une abondante sécrétion de cellulose, le
phénomène acquerrait une grande ressemblance avec la formation du pollen
de beaucoup de Dicotylédones (voir plus loin).

D'ailleurs cette même plante, pour former ses zoospores, présente une modification de ce phénomène de division (fig. 9). Le protoplasma qui s'est accumulé à l'extrémité d'un filament, renflée cette fois en massue, se divise en un
grand nombre de petites portions (*A*), qui, dès qu'elles sont sorties du sporange
(*B*), s'arrondissent complétement (*a*) et s'entourent d'une mince membrane,
qu'elles abandonnent bientôt après (*b*), pour se disperser en nageant dans le
liquide ambiant (*c*).

La formation des spores des Mousses et des Cryptogames vasculaires, ainsi
que le développement du pollen des Phanérogames, s'opèrent partout par la
division du protoplasma des cellules mères en quatre parties, soit par deux
bipartitions successives, soit simultanément. C'est le caractère commun de
ces organes, qui sont d'ailleurs morphologiquement alliés. Mais dans les particularités du phénomène de division, il se produit de nombreuses divergences.
Ainsi, dans les Mousses, par exemple dans le *Funaria hygrometrica* (voir livre
II), la formation des spores dans la cellule mère s'opère essentiellement suivant
le type que nous considérons ici. La masse protoplasmique de la cellule mère
se partage en quatre pelotes qui s'arrondissent promptement, se contractent
et ne s'entourent d'une membrane qu'après leur séparation complète. Quatre
petites cellules se trouvent alors emboîtées dans la membrane de la cellule
mère, tout comme les oospores de l'*Achlya* le sont dans l'oogone, seulement
cette membrane est dans ce cas promptement résorbée.

Les spores des Équisétacées, de l'*Equisetum limosum*, par exemple, se forment aussi d'après le même type, mais les quatre cellules sœurs nouvellement
produites n'y sont pas renfermées dans une membrane commune, attendu

que la cellule mère ne possède généralement pas de membrane avant sa division. Ce cas mérite d'être étudié d'un peu plus près, car il nous révèle clairement le rôle du noyau pendant la division, et les autres phénomènes s'y passent avec une rare évidence.

A une certaine époque les cellules mères des spores flottent dans le liquide qui remplit la cavité du sporange et y forment, suivant leur origine, des groupes de quatre ou de deux cellules sœurs (fig. 10, *a* et *b*). Au début, chaque cellule mère consiste en un grand noyau sphérique pourvu d'un nucléole et entouré d'un protoplasma sombre, finement granuleux, qui est nettement limité à l'extérieur, mais dépourvu de membrane. C'est ce qu'atteste aussi clairement que possible une dissolution alcoolique d'iode, ou tout autre moyen de contraction; pendant le retrait de la masse protoplasmique, à aucune phase de sa division, on n'aperçoit de membrane, si mince qu'elle puisse être. Comme premier indice de division, le protoplasma de la cellule mère s'éclaircit (*b*) par l'accumulation d'un groupe de granules jaunes verdâtres sur la face du noyau qui regarde la cellule sœur; le noyau disparaît ensuite et ces granules se disposent en un disque qui passe par le centre de la cellule mère sphérique (*c*), en même temps que le protoplasma devient homogène et transparent comme une goutte d'huile. Mais bientôt le voilà qui s'assombrit de nouveau

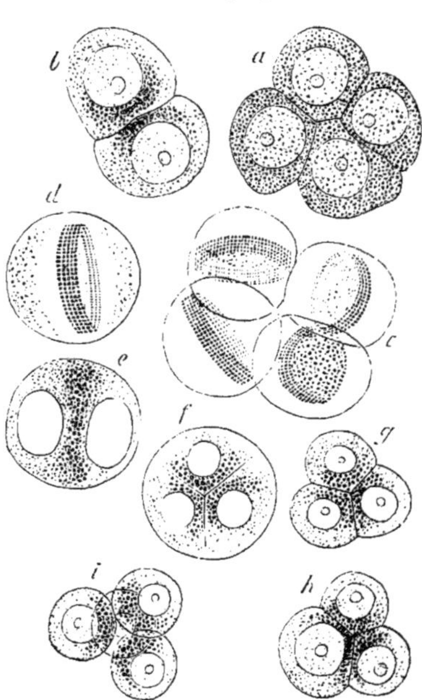

Fig. 10. — Formation des spores de l'*Equisetum limosum*, au grossissement de 550 fois : *a*, groupe de quatre; *b*, groupe de deux cellules mères; *c* et *d*, cellules mères se préparant à la bipartition; *e*, une cellule mère avec 2 noyaux; *f, g, i*, divisée en quatre spores; *h*, formation anormale de trois spores dans une cellule mère.

(*d*) à droite et à gauche du disque granuleux; de petits granules naissent aux deux pôles de la cellule mère et s'étendent progressivement, jusqu'à ne laisser plus enfin, à droite et à gauche, qu'un espace clair de forme ellipsoïde (*e*); ces places dépourvues de granules sont deux noyaux. La plaque granuleuse commence ensuite à se déplacer, les deux gros noyaux ellipsoïdaux disparaissent de nouveau, et à leur place apparaissent, disposés aux angles d'un tétraèdre, quatre noyaux plus petits (*f*); chacun de ces derniers est entouré, sur la face qui regarde ses congénères, par une partie des granules jaunes verdâtres qui formaient auparavant la plaque granuleuse. Bientôt partent du centre des lignes qui indiquent le début de la séparation des quatre masses protoplasmiques (*f*); elles progressent vers l'extérieur pendant que les cellules filles s'arrondissent en sphères et que leurs noyaux acquièrent chacun un petit noyau central ou nucléole. Enfin les jeunes spores sont tout à fait isolées (*i*) et adhèrent seulement l'une à l'autre. Ici, comme dans beaucoup d'autres cas, la formation de la tétrade est donc préparée par une bipartition, tout au moins indiquée (*e*); mais la cellule mère, bien avant que cette bipartition soit achevée, s'achemine déjà vers la division en quatre. Les jeunes spores, au moment où elles se séparent, sont encore nues, mais elles s'entourent bientôt d'une membrane dont nous étudierons en son lieu le développement singulier (livre II, Équisétacées).

b. *Les cellules filles, qui se contractent, sécrètent de la cellulose pendant leur séparation.* — Dans ce cas, comme la cellule mère est elle-même déjà revêtue de cellulose, le phénomène produit souvent la même impression que si la membrane de cette cellule mère s'accroissait vers l'intérieur en forme de bande en étranglant le protoplasma et finalement en le séparant.

Les exemples les plus clairs de ce mode sont fournis par la formation du pollen de beaucoup de Dicotylédones. La figure 11 montre les différentes phases du phénomène dans la petite Capucine (*Tropæolum minus*). En *a* et *b* quatre noyaux viennent d'apparaître dans le protoplasma de la cellule mère, dont la membrane est en deux points remarquablement épaissie; ils sont disposés aux angles d'un tétraèdre, arrangement fréquent, mais qui n'est cependant pas sans offrir d'exceptions. Sur des exemplaires frais, il semble que le protoplasma soit déjà partagé en quatre pelotes arrondies; mais, en le contractant ·par une dissolution alcoolique d'iode (*f*, *g*, *h*, *k*), on reconnaît que ces pelotes sont encore unies en une seule masse au centre et que la membrane pénètre dans les entailles sous forme de crêtes aiguës. Cette division progressive de dehors en dedans, accompagnée de la contraction et de l'arrondissement des masses proto-

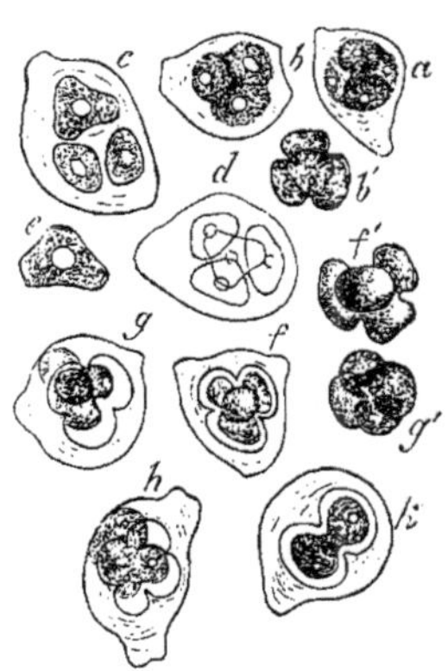

Fig. 11. — *Tropæolum minus.* Formation du pollen, au grossissement de 550 fois.

plasmiques, devient encore plus évidente si, par pression (*b'*, *f'*), ou par dissolution de la membrane dans l'acide sulfurique, on met ces masses en liberté; on les voit alors partagées en quatre lobes. La division continuant atteint enfin le centre et isole les quatre lobes; mais comme le développement des crêtes intérieures de la membrane progresse en même temps, chacune des quatre masses se trouve maintenant enfermée dans une chambre membraneuse (*c*). Plus tard chaque masse protoplasmique, qui est un jeune grain de pollen, forme autour de soi une nouvelle membrane; l'épaisse membrane commune se résorbe et les quatre grains de pollen sont mis en liberté.

SECOND CAS. — DIVISION CELLULAIRE SANS CONTRACTION NI ARRONDISSEMENT SENSIBLE DES CELLULES FILLES (1).

La cavité de la cellule mère demeure, dans ce second cas, totalement remplie par les cellules filles qui ne sont par conséquent pas arrondies et qui paraissent n'être que des segments de la cellule mère.

Comme dans le cas précédent, il y a ici une distinction à établir suivant que la membrane n'est formée qu'après la division accomplie, ou qu'elle se constitue et progresse de dehors en dedans pendant la division même. Dans ces deux modifications, la membrane nouvellement produite fait ici l'effet d'une lamelle qui se glisse entre les cellules filles et qui vient se rattacher à la membrane de la cellule mère ; on a l'habitude de la désigner sous le nom de *cloison*. La direction et la position de cette cloison sont de la plus grande importance en morphologie; toujours elle est perpendiculaire à la ligne qui joint les centres des nouvelles cellules. A quelques exceptions près (2), ce mode de division cellulaire se réduit à une bipartition. Cette bipartition est le phénomène général dans la formation du tissu, mais elle se présente aussi, quoique moins nettement exprimée, dans la production des spores et du pollen.

a. *La membrane de cellulose ne se forme qu'après la division du protoplasma, et simultanément.* — Dans cette première modification, le protoplasma se sépare, à l'intérieur de la cellule mère, en deux portions dont la surface limite est déjà bien nette avant que la cloison de cellulose ne se soit formée. Celle-ci apparaît simultanément en tous les points de la surface limite comme une mince pellicule. Ce n'est que dans son épaississement ultérieur que cette cloison se sépare quelquefois en deux lamelles et que chaque cellule sœur a la sienne (3).

Ce mode de formation cellulaire s'observe très-nettement pendant la formation du pollen de beaucoup de Monocotylédones. La figure 12 montre la succession des phénomènes dans le *Funkia ovata*. En *i* le contenu protoplasmique de la cellule mère a perdu son noyau et vient de se diviser. Autour de deux nouveaux noyaux, qui occupent les foyers de l'ellipsoïde formé par la cellule mère, le protoplasma s'est rassemblé de telle sorte qu'une surface limite,

(1) M. Hofmeister (Handbuch der physiolog. Botanik, I, p. 86) admet, il est vrai, ici aussi une contraction du contenu, tout au moins au voisinage de la place qui sera occupée par la cloison. Comme les molécules qui composent cette cloison proviennent du protoplasma lui-même, il se produit en effet un léger retrait dans son voisinage immédiat, mais il paraît douteux que cela suffise à ramener nécessairement ce cas à celui des figures 8 et 11.

(2) Dans certains poils, ceux des *Tradescantia* par exemple, on observe une division simultanée en plus de deux cellules filles disposées en une série (A. Weis, Die Pflanzenhaare, in Karsten's Botanische Untersuchungen, p. 494).

(3) Remarquons par avance que, dans les cellules du tissu, la paroi de séparation de deux cellules contiguës est aussi une lamelle commune aux deux, et dont l'accroissement et la différenciation interne s'opèrent ordinairement de la même manière des deux côtés (voir § 4).

plane et claire, perpendiculaire à la ligne qui joint les noyaux, atteste seule cette double condensation. L'état suivant est représenté par *II*, où l'on voit la

cellule coupée en deux par une lamelle membraneuse qui remplace le plan limite clair signalé en *I*. Aux points de jonction de cette cloison avec la membrane de la cellule mère, la paroi s'épaissit bientôt plus fortement qu'ailleurs, et les deux cellules filles s'arrondissent encore. Les deux noyaux sont en *II* allongés comme leurs cellules elles-mêmes; ils se dissolvent bientôt (*III*), et à leur place apparaissent, aussitôt après, deux nouveaux noyaux aux foyers de chaque cellule fille ellipsoïdale (*IV*). Parfois cette préparation à une bipartition nouvelle ne s'opère pas dans l'une des deux cellules filles (*V*). Entre ces deux noyaux tertiaires apparaît soudain une nouvelle cloison (*VI*). Le noyau de chacun des quatre jeunes grains de pollen continue ensuite son développement; il devient transparent et laisse apercevoir un nucléole. Les phénomènes ultérieurs concordent avec ceux que nous a présentés la formation du pollen des Dicotylédones, c'est-à-dire que la membrane commune se ramollit à partir de l'intérieur (*x* en *VII*), et fina-

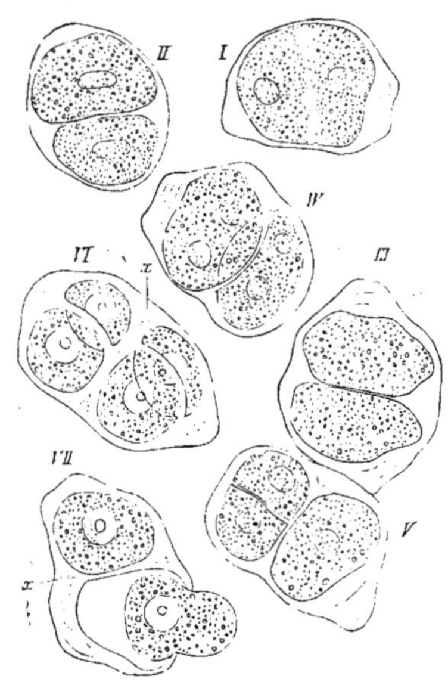

Fig. 12. — *Funkia ovata*. Formation du pollen, au grossissement de 550 fois (voir le texte). En VII la membrane d'une cellule fille a crevé sous l'influence de l'eau; sa masse protoplasmique s'échappe par la fente et demeure à côté, arrondie en forme de sphère.

lement se dissout, pendant qu'une nouvelle membrane plus solide se forme autour de chaque cellule partielle.

Dans ce cas, il ne m'est pas arrivé de séparer par contraction les deux moitiés de la masse protoplasmique (*I*) (1); mais dans le *Canna* cette séparation se produit, même après que la seconde partition s'est déjà opérée. On voit alors les quatre pelotes protoplasmiques entièrement distinctes; elles ne sont pas arrondies, mais leur forme est celle qu'on obtiendrait en coupant la masse primitive par deux sections perpendiculaires. Les cloisons apparaissent ensuite tout à coup entre ces cellules primordiales.

Dans la formation des cellules du tissu, il arrive aussi parfois qu'on peut, par une contraction au moyen des réactifs, séparer entièrement les deux cellules filles avant qu'une cloison se soit produite entre elles; il en est ainsi dans les premières divisions de la jeune anthéridie des Characées (fig. 13, *B*). Mais

(1) L'étroite connexion des deux cellules filles avant la formation de la cloison se présente aussi ailleurs, par exemple dans les *OEdogonium* (voir HOFMEISTER, *loc. cit.*, p. 81 et 162). L'apparition de la cloison n'est pas toujours annoncée par la formation d'un disque granuleux, comme le montre la formation du pollen du *Funkia* et des spores du *Funaria* (voir HOFMEISTER, *loc. cit.*, fig. 20).

d'ordinaire, en particulier dans la formation du tissu des plantes supérieures, le développement de la cloison suit de si près l'apparition des deux noyaux, qu'on parvient rarement à saisir l'instant où les cellules filles sont déjà distinctes,

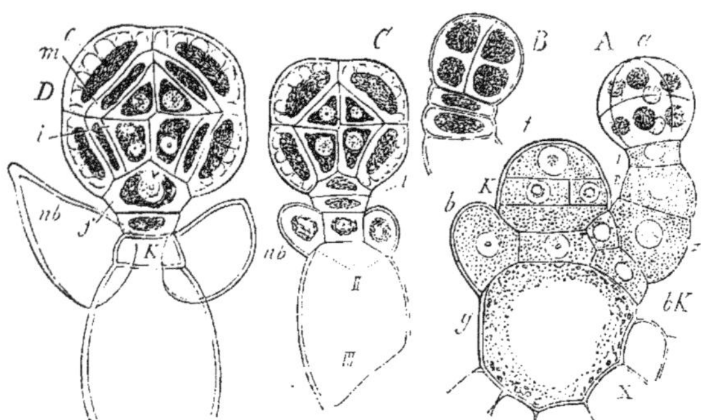

Fig. 13. — Développement de l'anthéridie du *Nitella flexilis* (voir le livre II).

mais sans être encore séparées par une cloison. Quand on étudie le point végétatif des racines et des tiges, on voit d'un seul coup d'œil des centaines de cellules toutes en voie de division ; cependant il est rare d'en obtenir une à l'état dont nous parlons ; toutes les fois que cela se présente, la cloison y apparaît toujours à la fois sur toute la surface limite. Si elle se développait de dehors en dedans, la facilité avec laquelle on observe tous les états du développement permettrait certainement de le voir, et l'on rencontrerait çà et là

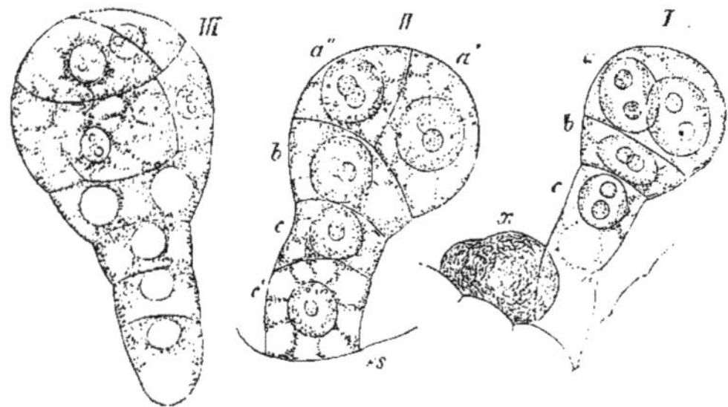

Fig. 14. — Embryons d'*Allium Cepa* dans le sac embryonnaire ; les cellules renferment de gros noyaux pourvus chacun de deux nucléoles. En *I*, la cellule terminale arrondie contient deux noyaux (en *a*) ; en *II*, elle vient de se diviser et la cellule *a* en a formé deux autres *a'* et *a"* ; de même la cellule *c* de *I*, en a donné deux, *c* et *c'*, en *II*.

des cloisons à demi formées. Il en est de même dans les premières divisions cellulaires de l'embryon à l'intérieur du sac embryonnaire. Ici, les circonstances sont singulièrement propices, cependant l'état qui suit immédiatement l'apparition des deux noyaux (fig. 14, *I*) est déjà caractérisé par la présence d'une cloison mince et complète (*II*). Il m'est arrivé cependant d'écraser dans une dissolution d'iodure de potassium un embryon d'*Allium Cepa* comme

celui de la figure 14, *III*, de manière à voir clairement les cellules filles déjà
nettement distinctes, mais non encore séparées par une cloison.

b. *La membrane se forme pendant la division même de la masse protoplasmique,
et de dehors en dedans.* — Dans ce cas, une bande de cellulose émanée de la
membrane de la cellule mère pénètre progressivement dans la fente de scission
de la masse protoplasmique (1).

Les grandes espèces du genre
Spirogyra nous en offrent un
exemple net et bien des fois étudié. Pour y observer les divisions,
il est nécessaire de saisir, vers
minuit, des filaments en voie de
végétation active et de les placer
dans de l'alcool étendu pour les
étudier plus tard, car c'est seulement la nuit que s'opère la segmentation des cellules. La figure 15
montre une cellule vivante d'un
filament de *Spirogyra longata*, le
jour; de *B* à *E*, on parcourt les
états successifs de la division pendant la nuit; les sacs protoplasmiques des cellules sont contrac-
tés par l'alcool qui les a tués.

Les cellules *B* et *C* montrent en
q et *q'* l'étranglement médian du
sac protoplasmique et la bande
annulaire de cellulose qui y pénètre. Cette lamelle s'avance vers
l'intérieur à mesure que le pli circulaire du protoplasma s'appro-
fondit; enfin, elle se rejoint et

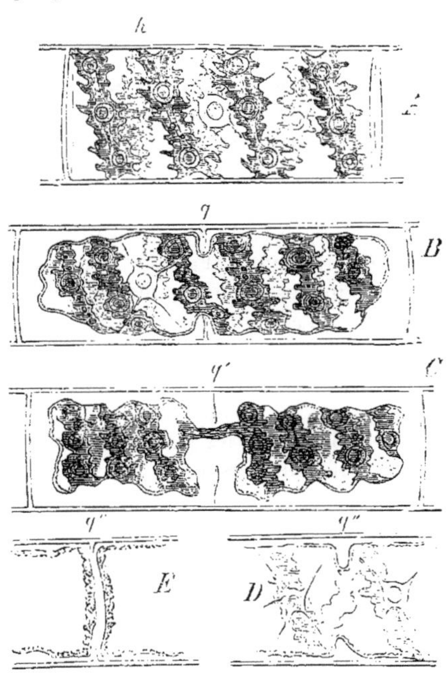

Fig. 15. — *Spirogyra longata* (550). A, une cellule vivante; B, C, cellules surprises la nuit en voie de division
et placées dans l'alcool étendu; D, E, région médiane de
cellules en voie de division.

l'anneau devient un disque plein qui forme cloison entre les deux nouveaux
sacs protoplasmiques entièrement clos. Parfois l'étranglement du protoplasma
progresse plus vite, et s'achève jusqu'à sa complète séparation en deux sacs,
avant que la cloison de cellulose ait commencé à se former (en *D* et *E*, *q'* et
q'''), anomalie qui montre clairement que ce n'est pas l'anneau de cellulose
qui détermine le pli circulaire du protoplasma, mais que celui-ci s'étrangle
par son développement propre et indépendamment de toute production de
membrane. La manière dont se comporte le noyau, comme aussi l'arrangement des particules protoplasmiques pendant la division, s'écartent un peu
de ce qui a lieu dans d'autres cas semblables; notons seulement qu'ici la for-

(1) De tous les phénomènes de formation cellulaire, celui-ci a été le premier exactement observé : H. de Mohl l'a décrit le premier dans le *Conferva glomerata*, dès l'année 1835 (H. v°
MOHL, Vermischte Schriften bot. Inhalts. Tübingen, 1845).

mation de deux noyaux et leur établissement au milieu des deux nouvelles cellules ne précèdent pas la division, mais s'accomplissent en même temps qu'elle. C'est en effet seulement au début de l'étranglement qui s'opère à l'entour du noyau central que l'on remarque, au milieu de la masse protoplasmique, deux nouveaux noyaux ; à mesure que l'étranglement progresse, ils s'écartent lentement l'un de l'autre, enveloppés chacun de protoplasma, de manière qu'après la division accomplie, ils occupent le centre des nouvelles cellules.

La formation de cellules par bourgeonnement est une division. — Il s'opère dans bien des cas des divisions cellulaires qui, au premier abord, paraissent différer essentiellement de toutes celles que nous venons de décrire jusqu'ici ; je citerai la formation des basidiospores des Champignons de la famille des Basidiomycètes, notamment des Agarics et des Bolets. Mais une étude plus approfondie montre que ce genre de phénomènes se rattache plus ou moins étroitement à l'un des types que nous considérons. C'est ainsi, par exemple, que les Champignons eux-mêmes nous offrent, depuis la division ordinaire jusqu'au singulier étranglement des spores des Agarics, toutes les transitions possibles. On peut encore le faire voir en prenant pour principe de classification, non plus la marche que suit la division elle-même, mais la manière dont se comportent ensuite les deux cellules filles. Il y a alors plusieurs cas à considérer : je les signalerai très-brièvement.

Les cellules filles issues de la bipartition peuvent être semblables ou dissemblables. Dans le premier cas, elles peuvent être tellement semblables à la cellule mère, qu'elles n'ont qu'à s'accroître perpendiculairement à la cloison pour lui devenir identiques (*Spirogyra*); mais elles peuvent aussi être très-différentes de la cellule mère, ce qui est possible de bien des manières, et cette différence peut se prononcer ensuite de plus en plus. Dans le second cas, si les cellules filles sont dès l'origine dissemblables, cette dissemblance s'accuse d'ordinaire de plus en plus : c'est ce qui a lieu en particulier dans la formation des spores des Champignons dont nous parlons. Un petit fragment d'une longue cellule, situé vers son extrémité, se sépare par division ; la cloison se fend en deux lamelles et le fragment désarticulé se détache, c'est la basidiospore. Le grand fragment, demeuré attaché à la plante, laisse à peine apercevoir un changement et il peut reproduire encore très-souvent le même phénomène, il constitue la baside. Ce grand fragment de la cellule mère, cette baside fixe, n'en est pas moins devenu maintenant, aussi bien que le petit fragment tombé, la spore, une cellule fille ; seulement, tandis que l'une des deux cellules filles, la spore, est très-différente de la cellule mère, l'autre, la baside, lui demeure identique. On se trouve ainsi conduit à exprimer le phénomène en disant que la baside forme progressivement plusieurs spores ; expression excusable, mais inexacte. En réalité, l'étranglement de chaque spore est une bipartition, et chaque fois la baside est une cellule fille au même titre que la spore (voy. livre II, Champignons).

De même, la cellule qui termine une tige en voie d'allongement est la cellule sœur du segment qui vient de naître ; seulement, comme elle régénère toujours des segments semblables, on peut, pour plus de commodité, exprimer

le phénomène en disant que la cellule terminale demeure toujours la même
et que tous les segments sont ses produits.

Rôle du noyau pendant la division. — Quand la division cellulaire est accompagnée de la concentration et de l'arrondissement des portions de protoplasma nouvellement produites, comme dans la genèse des spores et des grains
de pollen, il est de règle que les nouveaux noyaux apparaissent au centre des
futures cellules filles, soit que, comme d'ordinaire, le noyau de la cellule
mère ait préalablement disparu, ou qu'il persiste comme dans la formation
des spores de l'*Anthoceros*. Partant de ces cas particulièrement favorables à une
observation nette, on admettait, jusqu'à présent, que dans la bipartition des
cellules du tissu des organes végétatifs, le noyau de la cellule mère se dissout
aussi dans le protoplasma, et que deux nouveaux noyaux y apparaissent ensuite au centre des deux futures cellules. Mais déjà dans la bipartition des cellules de Spirogyre (p. 23), cette hypothèse ne se vérifie pas, puisque les deux
nouveaux noyaux s'y éloignent lentement l'un de l'autre pendant l'étranglement
du sac protoplasmique ; qu'ils se soient formés à nouveau après la dissolution du
noyau de la cellule mère ou qu'ils proviennent de la division de celui-ci, c'est
un point encore douteux.

D'après les nouvelles recherches de M. Hanstein (1), la division du noyau
de la cellule mère précède toujours la bipartition dans les cellules de la
moelle des Dicotylédones (*Sambucus*, *Helianthus*, *Lysimachia*, *Polygonum*,
Silene). Une pelote de protoplasma, contenant le noyau primitif, se place au
milieu de la cellule mère. Dès avant la division, le noyau possède au moins
deux nucléoles, et bientôt une ligne mince le partage en deux moitiés. « Aussitôt après, ou en même temps, toute la couche de protoplasma qui l'entoure
se montre traversée par un plan de séparation dans lequel se produit ensuite,
en tous les points à la fois, la nouvelle cloison de cellulose. » Les noyaux des
deux cellules sœurs sont donc, immédiatement après leur production, accolés
dos à dos contre la cloison, mais d'habitude ils quittent bientôt cette position.
Très-souvent ils se meuvent dans des directions opposées le long de la paroi,
jusqu'à venir se placer en face de leur point d'origine, contre les cloisons plus
âgées, où ils s'établissent en repos temporaire. Comme ces cellules se divisent
ordinairement en séries régulières, on trouve deux noyaux nouvellement formés, mais d'origine différente, adossés à chaque cloison plus âgée.

Ces phénomènes se présentent-ils aussi dans le parenchyme primitif de
ces mêmes plantes, sont-ils communs à tous les tissus ? M. Hanstein ne s'est
pas, jusqu'à présent, nettement prononcé sur ces points.

§ 4.

La membrane cellulaire (2).

La substance constitutive de la membrane cellulaire est sécrétée par le
protoplasma. Sous quelle forme y était-elle contenue immédiatement avant

(1) Sitzungsberichte der niederrhein. Gesellschaft in Bonn, 19 déc. 1870, p. 230.
(2) H. v. Mohl, Vermischte Schriften botanischen Inhalts. Tübingen, 1845 (nombreux mémoi-

sa séparation ? C'est ce qui n'est pas encore connu avec certitude. En tout cas, elle s'en échappe à l'état de dissolution pour venir se solidifier, s'organiser à la surface en une mince membrane. La substance capable de former une membrane cellulaire consiste toujours en un mélange d'eau, de cellulose, et de matières incombustibles qui sont les éléments constitutifs des cendres, mais elle peut subir plus tard diverses transformations chimiques.

Caractères généraux de structure, d'accroissement et de transformation de la membrane cellulaire. — Le protoplasma continuant à sécréter de la substance membraniforme qui se loge entre les molécules de la membrane déjà formée, celle-ci s'accroît par conséquent et de telle sorte que sa surface et son épaisseur augmentent à la fois. La manière dont s'opère ce double phénomène d'accroissement dépend de la nature spécifique de la cellule et du rôle qu'elle a à jouer dans la vie de la plante ; elle varie donc presque indéfiniment. Au début, c'est d'ordinaire l'accroissement superficiel qui prédomine ; plus tard, c'est l'accroissement en épaisseur. Ni l'un ni l'autre ne s'opèrent également en tous les points de la membrane, et par conséquent la cellule, à mesure qu'elle s'accroît, change aussi de forme. L'accroissement de la membrane ne se poursuit d'ailleurs qu'aussi longtemps que sa face interne se trouve en contact direct avec le protoplasma.

L'inégalité de l'accroissement superficiel aux différents points de la périphérie fait que des cellules qui, au début, sont sphériques, ovoïdes ou polyédriques, deviennent plus tard cylindriques, coniques, tubuleuses, tabulaires, ondulées, etc. De son côté, l'inégalité de l'accroissement en épaisseur engendre une sculpture, ordinairement très-caractéristique, de la surface. Les places épaissies peuvent proéminer en dehors ou en dedans : c'est en dehors d'habitude, si la surface externe de la cellule est libre; c'est en dedans, si elle est appliquée contre des cellules voisines. Les épaississements qui proéminent à l'extérieur se présentent sous forme de tubercules, de gibbosités, d'épines, de rubans. Ceux qui font saillie à l'intérieur ont des formes beaucoup plus variées. Ce sont rarement des proéminences coniques, bien plus souvent des bandes annulaires ou des rubans enroulés en spirale ; ces rubans peuvent s'anastomoser en réseau de manière à laisser entre eux des mailles polygonales où la membrane demeure mince. Ou bien les surfaces épaissies s'étendent davantage et les places minces n'apparaissent plus sur l'épaisse membrane que comme des fentes, ou des ponctuations arrondies. Si la membrane est très-épaisse, ces ponctuations deviennent des canaux qui la traversent entièrement ou en partie, et il n'est pas rare de voir la mince membrane qui, à l'origine, ferme ces canaux vers l'extérieur, se résorber plus tard ; la membrane cellulaire est alors perforée. Quand les cellules sont groupées en tissu, la cloison qui sépare deux cellules voisines s'épaissit ordinairement de la même manière sur ses deux faces. Les ponc-

res). — Schacht, Lehrbuch der Anat. und Phys. der Gewächse, 1856. — Nägeli, Sitzung-berichte der Münchener Akademie, 1864, mai et juillet. — Hofmeister, die Lehre von der Pflanzenzelle. Leipzig, 1867. — En outre, de nombreux mémoires publiés dans le Botanische Zeitung.

tuations et les canalicules se correspondent donc d'une cellule à l'autre, et si la mince membrane qui les sépare se résorbe, il s'établit entre les deux cavités cellulaires un canal de communication (ponctuations aréolées, cloisons transverses perforées des vaisseaux).

Pendant que la membrane s'accroît en surface et en épaisseur par l'interposition, à la fois en direction tangentielle et radiale, de nouvelle substance entre les molécules préexistantes, sa structure interne se complique et il y apparaît des couches et des stries. Ces couches et ces stries traduisent à l'extérieur les inégalités, régulièrement alternes, qui s'introduisent dans la distribution relative de l'eau et de la substance solide à l'intérieur de la membrane. En tout point de la membrane se trouvent réunies de l'eau et de la cellulose, mais en proportion différente ; des places plus pauvres en eau, plus denses par conséquent, alternent avec des places plus riches en eau et moins denses. Il en résulte, dans toute membrane cellulaire notablement épaisse, l'apparition d'un système de couches concentriques ; la couche la plus externe et la plus interne sont toujours plus denses et elles sont séparées par une série de strates alternativement plus et moins aqueuses. La stratification est visible sur les sections transversale et longitudinale de la membrane. Les stries se voient aussi de face, et c'est de face qu'on les aperçoit d'ordinaire le plus nettement ; elles sont souvent plus difficiles à voir que les couches. Ces stries proviennent de l'existence, dans la membrane, de lamelles alternativement plus denses et plus molles qui coupent sa surface sous un certain angle. Le plus souvent on reconnaît deux systèmes de semblables lamelles qui se croisent. Il y a, en résumé, dans une membrane trois systèmes de stratification, un concentrique et deux perpendiculaires ou obliques à la surface, qui se coupent et se traversent, comme les plans de clivage d'un cristal qui se clive suivant trois directions (M. Nägeli) ; et comme les clivages aussi, la stratification et les stries sont plus nettes, suivant les cas, dans telle ou telle direction.

Indépendamment de cette structure interne, la membrane cellulaire subit des transformations chimiques qui n'en intéressent jamais également toute la masse, mais qui la partagent d'ordinaire en zones concentriques douées de propriétés chimiques et physiques différentes. Ces différenciations chimiques, toujours liées à un changement dans les propriétés physiques, offrent une grande diversité, mais peuvent cependant être ramenées à trois catégories : la cuticularisation ou subérification, la lignification, et la gélification ou transformation en mucilage. La cuticularisation est une transformation des couches les plus externes de la membrane en une substance extensible, très-élastique, imperméable ou très-peu perméable à l'eau, ne se gonflant pas (couche externe de l'épiderme, grains de pollen et spores, liége). La lignification amène dans la membrane une augmentation de dureté, une diminution d'extensibilité et une grande perméabilité pour l'eau sans gonflement appréciable (bois). La transformation en mucilage enfin rend la membrane capable d'absorber de grandes masses d'eau, d'augmenter de volume en proportion, et de prendre une consistance gélatineuse ; une fois desséchées, ces sortes de membranes sont dures, cassantes ou flexibles comme de la corne (membrane cellulaire de beaucoup d'Algues, substance dite intercellulaire de l'albumen du *Ceratonia siliqua*, graines de lin et gelée de coing). Plusieurs de ces métamorphoses différentes peuvent se produire à la fois dans la même membrane cellulaire, dont les couches externes, par exemple, se lignifient, tandis que les internes se transforment en gelée (cellules ligneuses de la racine des *Phaseolus*).

Outre ces transformations, qu'il n'est pas rare de voir accompagnées par des colorations particulières, les propriétés physico-chimiques de la membrane cellulaire peuvent être encore modifiées par l'introduction entre ses molécules d'une grande quantité de substances minérales, principalement de chaux et de silice. Si ce dépôt minéral est très-développé, la membrane subsiste, après la combustion de ses principes organiques, sous forme d'un squelette de cendres.

Accroissement superficiel de la membrane cellulaire. — L'accroissement superficiel de la membrane cellulaire ne provoque pas seulement l'extension du contour de la cellule, mais encore des changements de forme, toutes les fois du moins qu'il ne s'opère pas également aux divers points de la périphérie. Des cellules dissemblables à l'origine peuvent donc par un accroissement inégal devenir semblables ; mais bien plus souvent c'est le contraire qui arrive, et les cellules, de même forme au début, deviennent plus tard très-différentes. C'est le cas ordinaire dans les organes multicellulaires des plantes supérieures : les feuilles, les tiges, les racines. Les plus jeunes cellules peuvent à peine s'y distinguer l'une de l'autre, tandis que dans l'organe développé on trouve côte à côte les formes les plus diverses (fig. 16).

Il est rare que l'accroissement superficiel soit assez également réparti sur tout le contour, pour que, malgré une grande augmentation de volume, la forme originelle de la cellule soit à peu près conservée ; on en voit cependant des exemples dans l'accroissement de beaucoup de spores et de grains de pollen (pollen des *Cucurbita*, *Althæa*). Encore cette égalité n'y est-elle que temporaire, car les grains de pollen développent plus tard leurs tubes, les spores germent, et dans les deux cas l'accroissement se localise sur une certaine région de la couche interne de la membrane. On voit en même temps par là que l'accroissement superficiel d'une membrane cellulaire peut être différent à des époques différentes, et c'est là en réalité le cas ordinaire.

A cause de la diversité indéfinie que présente l'accroissement superficiel des membranes cellulaires, il est commode pour l'exposition des faits de rattacher les divers cas à quelques types et de désigner ces types par des noms (1). C'est ainsi que l'on distingue l'accroissement terminal de l'accroissement intercalaire.

Accroissement terminal. — L'accroissement terminal se rencontre lorsque, en un point quelconque de la périphérie, l'augmentation de surface produite par l'interposition de nouvelles particules de membrane atteint un maxi-

---

(1 Une bonne classification des phénomènes d'accroissement est naturellement plus importante encore pour l'étude du mécanisme même de l'accroissement. On a peu fait encore dans cette voie, nous devons donc en faire abstraction.

mum, tandis qu'à partir de ce point l'intensité du phénomène décroît de
tous côtés pour atteindre à une certaine distance un minimum. Ce point
proémine alors comme une pointe ou comme l'extrémité arrondie d'une
excroissance ou d'un tube cylindrique (poils,
Algues filamenteuses). Si la cellule, primitivement ronde, possède plusieurs maxima, plusieurs points d'accroissement terminal, elle devient étoilée (fig. 16); s'il se produit, au-dessous
du sommet d'un tube en voie d'allongement, de
nouveaux centres d'accroissement terminal, le

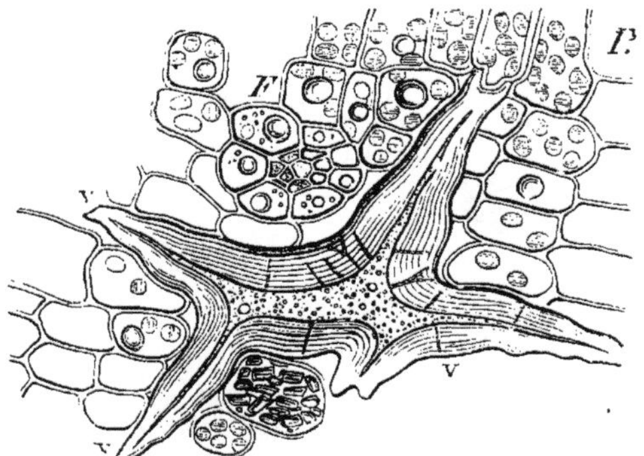

Fig. 16. — Fragment de coupe transversale d'une feuille de *Camellia japonica*. P, cellules du parenchyme avec grains de chlorophylle et gouttes d'huile ; F, un très-mince faisceau vasculaire ;
VV, une grande cellule rameuse à paroi épaisse, qui glisse ses
branches entre les cellules du parenchyme.

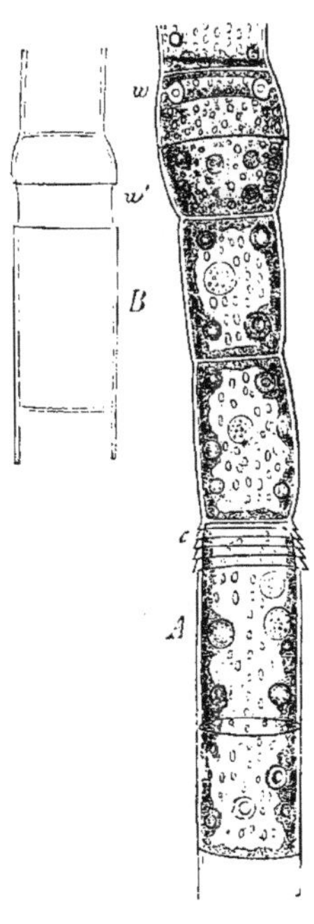

Fig. 17.

tube se ramifie (beaucoup d'Algues filamenteuses : *Vaucheria*, *Bryopsis*, etc. ;
filaments des Champignons). M. Hofmeister (1) distingue encore, comme forme
particulière d'accroissement terminal, le cas où le maximum de développement se localise, non en un point, mais suivant une ligne, qui proémine dès
lors comme la ligne de faîte ou la ligne d'intersection d'une voûte.

Accroissement intercalaire. — L'accroissement intercalaire de la membrane
cellulaire trouve son expression typique dans le cas où l'introduction de nouvelle substance est localisée dans une certaine zone de la paroi, zone qui seule
s'étend et compose peu à peu une pièce nouvelle intercalée aux anciennes.
C'est à ce cas que se rattache le phénomène fréquemment présenté par une
cellule cubique, tabulaire ou cylindrique qui s'accroît par toute sa surface
latérale, comme le font, par exemple, les cellules des Spirogyres et les cellules
du parenchyme des racines et des tiges des Phanérogames en voie de dévelop-
ment (voy. fig. 1).

Les Œdogoniées offrent un cas tout particulier d'accroissement intercalaire
(fig. 17). Au-dessous de la cloison transverse se forme un dépôt annulaire

(1) Handbuch der physiol. Botanik, I, p. 162.

de cellulose, qui fait saillie à l'intérieur en forme de bourrelet (*w* en *A*); à cet endroit la membrane cellulaire se fend circulairement, et se sépare en deux portions qui s'écartent progressivement l'une de l'autre, en demeurant reliées par une zone membraneuse (*w'* en *B*) produite par la dilatation du bour-

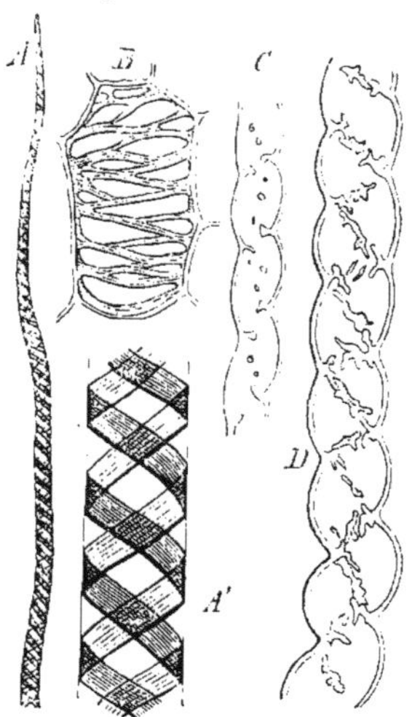

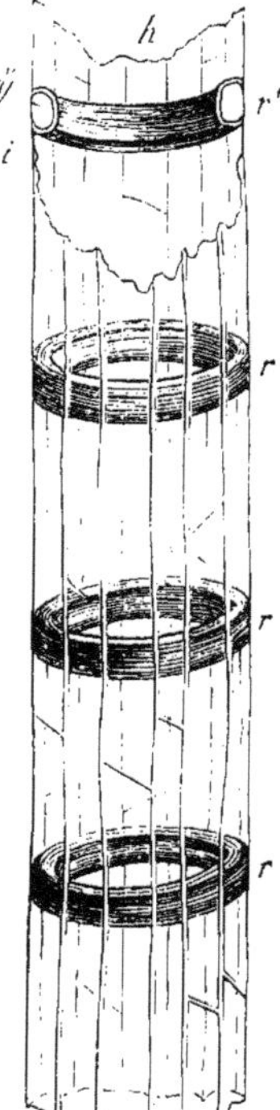

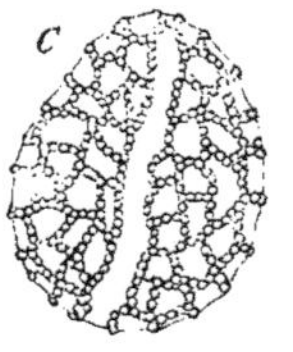

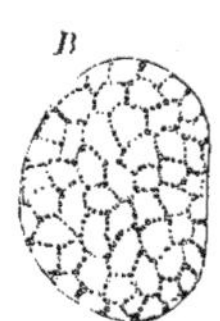

Fig. 19. — B, une jeune cellule pollinique de *Funkia ovata*; les épaississements mamelonnés qui font saillie à l'extérieur sont encore petits. Ils sont plus gros dans la cellule plus âgée C; ils sont disposés suivant des lignes anastomosées en réseau.

Fig. 18. — Formes de cellules du *Marchantia polymorpha* (une Hépatique), munies d'épaississements saillants vers l'intérieur : A, moitié d'une élatère, extraite du sporange, avec deux rubans spiralés, en A' une partie de cette élatère plus fortement grossie ; B, une cellule du parenchyme de la partie moyenne du thalle avec des épaississements internes réticulés ; C, un mince poil radical avec des épaississements internes disposés sur un sillon spiralé de la membrane ; en D, un poil radical plus gros, les appendices internes sont plus gros et rameux et leur disposition spiralée est encore plus nette.

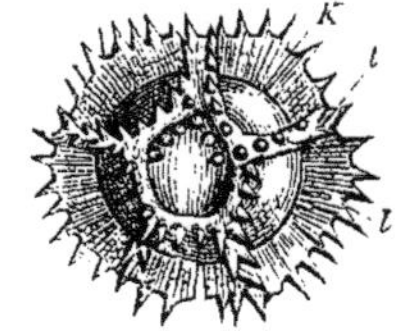

Fig. 20. — Grain de pollen mûr de *Cichorium Intybus*. La membrane, presque sphérique, est couverte de bandes d'épaississement réticulées, et chacune de ces bandes porte à son tour des épaississements épineux : on dirait les dents d'un peigne.

Fig. 18 *bis*. — Fragment d'un vaisseau annelé extrait d'un faisceau fibro-vasculaire de la tige du *Zea Mais* (350). *hh*, la mince membrane du vaisseau sur laquelle se voient nettement les lignes de séparation des cellules voisines ; *r,r*, les anneaux d'épaississement de la paroi du vaisseau ; *y*, la substance interne d'un de ces anneaux coupé en travers ; *i*, la couche la plus dense qui recouvre l'anneau sur sa face interne par laquelle il proémine dans la cavité du vaisseau.

relet *w*. Après l'intercalation de cette zone cylindrique de nouvelle formation, la cellule se divise. La production fréquemment répétée du même phénomène amène l'aspect représenté en *A, c;* c'est ce que l'on appelle la formation des chapes (1).

(1) Pour plus de détails sur ces phénomènes assez compliqués, voir : PRINGSHEIM, Jahrbücher f. wissensch. Bot., I; HOFMEISTER, Handbuch der phys. Bot.,I, p. 154, et NAEGELI et SCHWENDENER, Mikroskop., II, p. 549.

Accroissement en épaisseur de la membrane cellulaire. — L'accroissement en épaisseur de la membrane cellulaire est d'ordinaire étroitement localisé, de sorte que les parties épaissies se dressent le plus souvent comme autant de saillies très-abruptes sur le fond mince de la membrane, soit sur sa face externe, soit sur sa face interne. L'aspect d'ensemble de la sculpture dépend alors essentiellement du mode d'accroissement superficiel ; il n'est pas le même si c'est l'extension superficielle des parties minces ou celle des parties épaissies qui prédomine.

Le fond de la membrane demeure mince : épines, rubans annulaires et spiralés, etc.

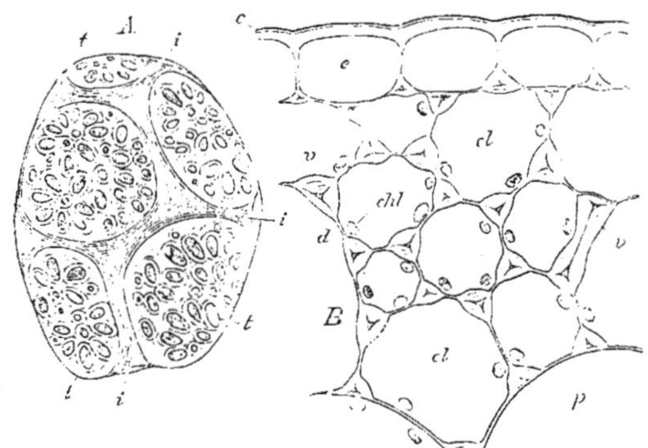

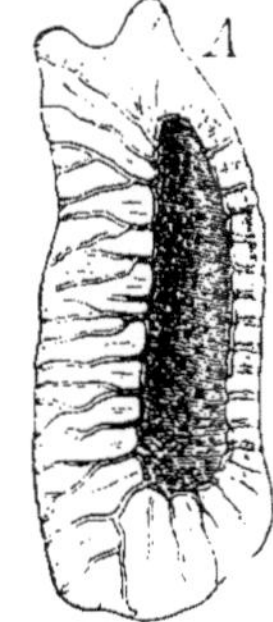

Fig. 21. — A, une cellule du parenchyme cotylédonaire du *Phaseolus multiflorus*, isolée par la macération ; *i,i*, les places de la membrane où elle confinait aux méats intercellulaires ; *tt*, la membrane peu épaissie et munie de nombreuses ponctuations simples ; l'endroit le plus mince de la ponctuation est ombré. — B, épiderme *e* et collenchyme *cl* du pétiole de la feuille d'un *Begonia :* les cellules épidermiques ont leur paroi externe également épaissie ; là où elles s'appuient contre le collenchyme, elles sont épaissies dans les angles comme ce collenchyme lui-même ; ces épaississements se gonflent très-aisément ; *chl*, grains de chlorophylle ; *p*, cellules parenchymateuses (550).

Fig. 22. — Une cellule sous-épidermique de la tige souterraine du *Pteris aquilina*, isolée par l'ébullition dans un mélange de chlorate de potasse et d'acide nitrique : elle est plus fortement épaissie du côté gauche, les places non épaissies paraissent ici comme des canaux ramifiés (550).

— Considérons d'abord le premier cas. Si l'épaississement se manifeste avec vigueur en quelques points isolés, il en résulte la formation vers l'extérieur (fig. 19) ou vers l'intérieur (fig. 18, *C, D*) de verrues, de cônes ou de pointes proéminentes. S'il se concentre en des points disposés sur la membrane en lignes ou en rubans continus, on a des bourrelets, des bandes, des rubans, des crêtes, soit en dehors, soit en dedans. Ces proéminences en forme de bandes peuvent former, sur la face intérieure ou sur la face extérieure de la membrane, des réseaux (fig. 18, *B ;* fig. 20, *l*), ou des anneaux (fig. 18 *bis*), ou des rubans spiralés (fig. 18, A, A′), phénomène qui se produit fréquemment sur les épaississements internes de certaines cellules des tissus. Si ces anneaux et ces rubans spiralés sont épais et solides, tandis que les portions de membrane qui les séparent sont minces et se résorbent facilement, ils peuvent devenir libres déjà dans l'intérieur de la plante, où on les rencontre, sous forme de cordons isolés de cellulose, dans les lacunes du tissu (vaisseaux annelés dans le faisceau fibro-vasculaire des *Equisetum*, du *Zea Maïs*, etc.). Ces épaississements spiralés peuvent aussi être étirés souvent, sur de grandes longueurs, en forme de fils isolés; on en trouve de beaux exemples dans ce qu'on appelle les vaisseaux spiralés déroulables (axe d'inflorescence du *Ricinus communis*, feuilles de l'*Agapanthus*).

Le fond de la membrane s'épaissit : ponctuations. — Dans le second cas, l'épaississement de la membrane porte sur des surfaces plus étendues et ne laisse minces, non épaissies, que des places relativement petites. Ces places

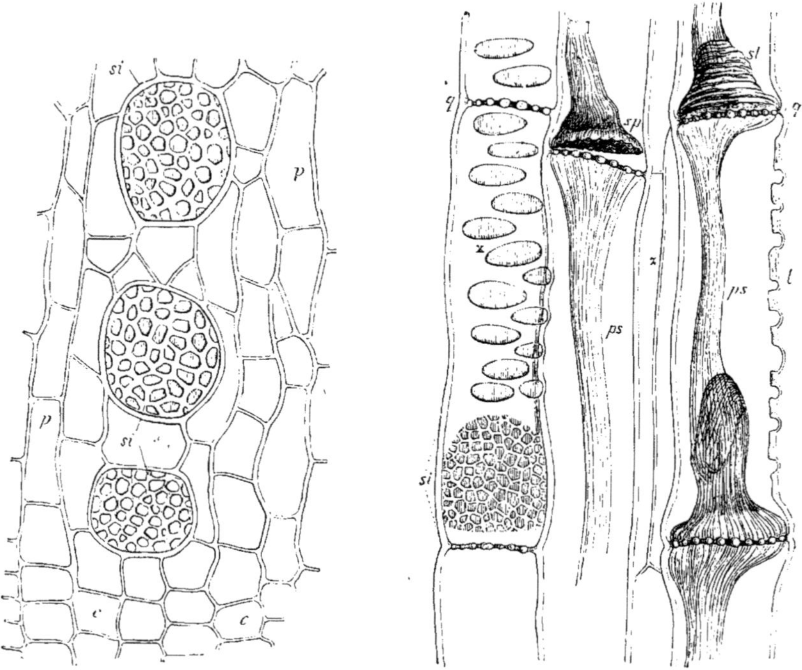

Fig. 23 et 24. — Jeunes cellules grillagées de *Cucurbita Pepo* (550); les préparations ont été faites dans des fragments de tige qui avaient séjourné longtemps dans l'alcool absolu et qui permettaient de pratiquer des sections extraordinairement nettes. Les plaques grillagées ne montrent rien encore de la structure compliquée qu'elles prennent plus tard, comme on peut le voir dans Nägeli, *loc. cit.*; l'ouverture des pores n'y a pas commencé; ils sont encore, comme l'atteste la figure 24, *sp*, entièrement fermés, et les contenus des deux cellules ne sont pas encore reliés ensemble. — Fig. 23, section transversale: *cc*, cambium; *p*, parenchyme; *si*, cloisons transverses des cellules grillagées se développant en plaques criblées. — Fig. 24, section longitudinale : *q*, coupe de la cloison transverse grillagée; *si*, une plaque grillagée sur la paroi latérale; *x*, endroits amincis de la paroi longitudinale, vus en coupe en *l*: il s'y forme plus tard un grand nombre de petites ponctuations, mais actuellement ils sont encore homogènes; *ps*, le sac protoplasmique contracté, séparé en *sp* de la cloison transverse; *z*, cellules parenchymateuses qui séparent les cellules grillagées.

minces apparaissent alors comme des ponctuations de formes très-diverses, arrondies (fig. 21, A) ou allongées en forme de fentes, ou bien, si l'épaississement de la membrane est considérable, comme des canaux qui la traversent de part en part (fig. 22). Ce mode d'épaississement ne se fait d'habitude que sur la face interne de la membrane; les canaux rayonnent par conséquent de la cavité cellulaire vers l'extérieur où ils sont fermés par une mince membrane (1). Celle-ci se résorbe souvent quand la cellule a perdu son protoplasma, quand elle est morte; la ponctuation, ou le canal, est alors ouverte, comme dans les *Sphagnum* et dans beaucoup de cellules ligneuses. Sur les cellules allongées, les ponctuations sont d'ordinaire disposées en séries spiralées; dans d'autres cas, on les y trouve groupées d'une façon particulière (fig. 21, *A*).

Ponctuations grillagées. — Un mode de groupement particulièrement singulier, désigné sous le nom de *grillage* ou de *crible*, se rencontre dans certaines cellules constitutives des faisceaux des plantes vasculaires appelées, à cause de ce caractère, cellules *grillagées*, cellules *criblées*. Ces grillages se trouvent le plus souvent sur les cloisons transverses, mais parfois aussi sur les faces latérales. Dans le cas le plus simple, les places minces, les ponctuations, sont étroitement rapprochées et seulement séparées par des bandes d'épaississement polygonales (fig. 23, 24, *s, i*); souvent elles paraissent comme des groupes nettement circonscrits de nombreux points; la surface tout entière d'un tel groupe peut alors être elle-même déjà plus mince que le reste de la membrane. Dans beaucoup de cas, les places minces de ces ponctuations se résorbent et les contenus protoplasmiques des cellules voisines entrent en communication par ces étroits canaux (fig. 86). Parfois la structure de ces plaques criblées devient plus tard, par un épaississement ultérieur et un gonflement de la masse épaissie, très-particulière et très-compliquée, par exemple dans le *Cucurbita Pepo* (2).

Ponctuations aréolées. — Il est une forme particulière d'épaississements internes, qui se présente très-fréquemment dans les cellules ligneuses et dans les vaisseaux, et qui mérite ici une description plus détaillée; je veux parler des *ponctuations aréolées* (3).

Il se fait une ponctuation aréolée toutes les fois qu'au début de l'épaississement d'assez larges espaces demeurent minces (fig. 25, *t*; fig. 26, *B, t*), et que, par ses progrès, la région épaissie, acquérant une surface plus grande, arrive à surplomber les parties minces de la paroi (fig. 25, *a-e*; fig. 26, *C* et *F*). Le contour des parties minces, vues de face, est circulaire dans le bois du *Pinus sylvestris* et le bord de la région épaissie qui les surplombe s'y accroît également en un cercle de plus en plus étroit. Ces ponctuations, vues de face, y présentent par conséquent deux cercles concentriques : le plus large est le contour primitif de la place mince (fig. 25, *cb* en *t*), l'autre est le bord circulaire de l'épaississement qui se rétrécit de plus en plus (fig. 25, *a-e*; fig. 26, *C, D*). Et comme ce phénomène se produit de la même manière sur les deux faces de la paroi de séparation de deux cellules, les deux voûtes opposées limitent un espace lenticulaire que la fine lame de la membrane primitive divise en deux

(1) Parfois les parois cellulaires très-épaissies et munies de canaux poreux ramifiés possèdent une structure très-compliquée, par exemple dans les enveloppes dures de la graine du *Bertholletia*. Voir MILLARDET, Ann. des sc. nat., 5ᵉ série, t. VI.

(2) Voy. NÄGELI, Ueber die Siebröhren von *Cucurbita*, Sitzungsberichte der K. bayer. Akademie der Wissensch. München, 1861, et J. HANSTEIN, die Milchsaftgefässe. Berlin, 1864.

(3) Schacht a le premier fait connaître exactement le développement de ces ponctuations : De maculis in plantarum vasis, etc. Bonn, 1860.

moitiés égales (fig. 26, *F*, *w*); chaque moitié de l'espace lenticulaire est en libre communication avec la cavité cellulaire correspondante. Quand les cellules ligneuses perdent leur protoplasma et se remplissent d'eau et d'air, cette mince membrane se détruit, comme dans la figure 26; l'espace lenticulaire de

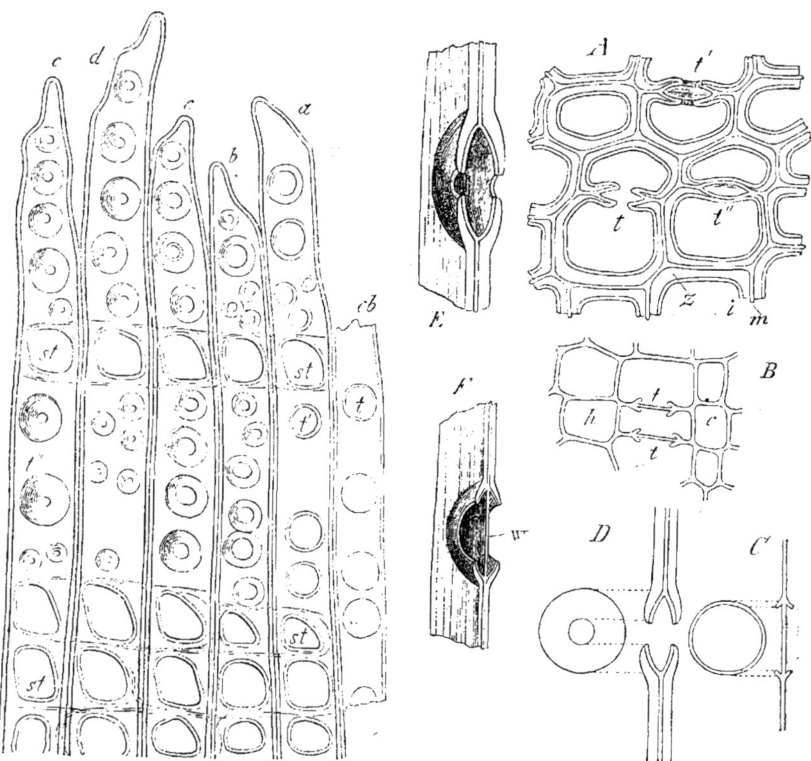

Fig. 25. — *Pinus sylvestris.* Coupe longitudinale radiale à travers le bois d'une branche puissante : *c*, *b*, jeunes cellules ligneuses ; *a-e*, cellules ligneuses plus âgées ; *t*, *t'*, *t"*, ponctuations aréolées des cellules ligneuses, s'accroissant par les progrès de l'âge ; *st*, larges ponctuations où les cellules d'un rayon médullaire touchent les cellules ligneuses (550).

Fig. 26. — *Pinus sylvestris. A*, section transversale de cellules ligneuses âgées (800) ; *m*, couche médiane de la paroi commune ; *i*, couche intérieure tapissant la cavité ; *z* couche intermédiaire de la paroi ; *t*, une ponctuation âgée coupée en son milieu ; *t'*, de même, mais à un endroit plus épais de la section, la partie inférieure de la ponctuation se voit en perspective ; *t"*, une ponctuation coupée au-dessous de son ouverture intérieure. — *B*, section transversale du cambium (800) : *c*, cambium ; *h*, cellules ligneuses encore jeunes; *t,t*, deux très-jeunes cellules ligneuses avec ponctuations commençantes. — C-F, figures théoriques.

la ponctuation forme alors une seule cavité, enfermée entre les épaississements en forme de voûte de la paroi, et reliée à droite et à gauche par une ouverture circulaire aux cavités des cellules voisines (fig. 26, *A*, *D*, *E*).

Dans le *Pinus sylvestris*, où les ponctuations sont grandes et très-écartées l'une de l'autre, il est facile de suivre pas à pas la marche du phénomène. Mais ce dernier présente au contraire quelque chose d'insolite quand les ponctuations sont très-rapprochées l'une de l'autre, comme dans les vaisseaux ponctués. Dans ce cas l'épaississement se produit d'abord sous la forme d'un réseau dont les places minces occupent les mailles arrondies ou polygonales, comme on le voit très-facilement, par exemple, dans les jeunes racines de Maïs. La figure 27, *A*, montre un fragment de la paroi latérale d'un pareil vaisseau (1) complétement développé, pris dans le tubercule de Dahlia. Les

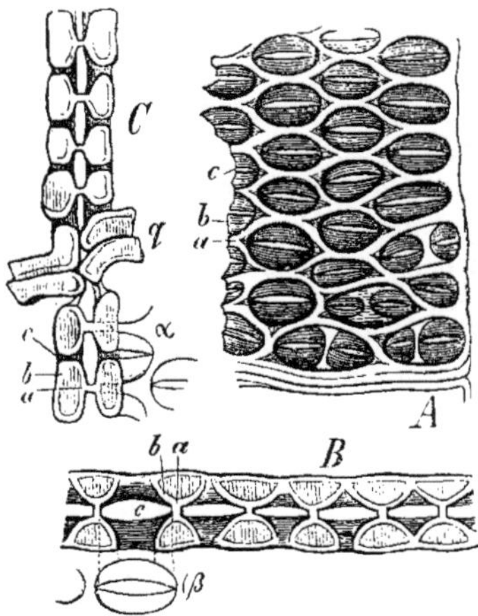

Fig. 27. — *Dahlia variabilis*, paroi d'un vaisseau muni de ponctuations aréolées, extrait d'un tubercule charnu : *A*, un fragment de la paroi du vaisseau vu par sa face externe ; *B*, coupe transversale de cette paroi ; *C*, coupe longitudinale de cette paroi ; *q*, cloison transverse ; *a*, les premières bandes minces d'épaississement ; *b*, la partie ultérieurement formée de ces bandes, élargie et s'étendant en voûte au-dessus de la ponctuation ; *c*, la fente par laquelle l'espace lenticulaire de la ponctuation communique avec la cavité cellulaire. En α et β, projection de la ponctuation sur la face (800).

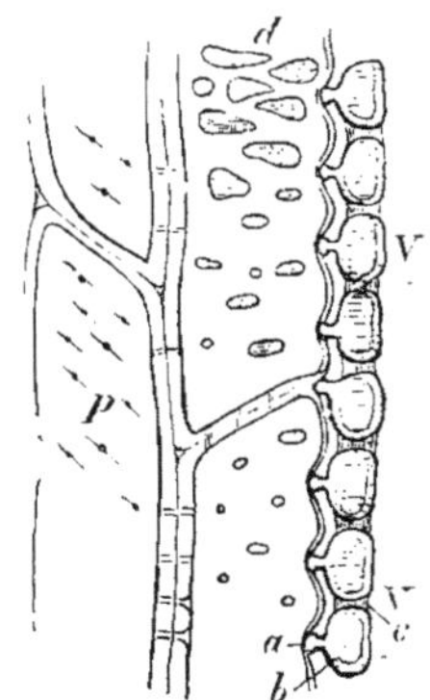

Fig. 28. — *Dahlia variabilis*, cellules d'une racine tuberculeuse : *P*, cellule du parenchyme ligneux ; *V*, fragment d'une paroi de vaisseau, en contact avec les cellules du parenchyme ligneux : *ab*, l'épaississement de la paroi ; *c*, la fente de la ponctuation ; *d*, ponctuations simples sur les cellules du parenchyme ligneux (800).

bandes qui apparaissent d'abord sur la paroi mince sont désignées par *a* et laissées en blanc ; elles enferment des mailles elliptiques à extrémités pointues. Par les progrès de l'épaississement, chaque bande conserve sa largeur là où elle touche la membrane mince, mais son bord libre, à mesure qu'il proémine davantage vers l'intérieur, s'élargit et forme voûte au-dessus de la maille mince. Dans ce cas, le bord de la voûte ne s'accroît pas circulairement, mais de manière à former en définitive une petite fente horizontale (*c* en *A* et *B*). Ici aussi, quand deux cellules pareilles se touchent, le phénomène se produit de la même manière des deux côtés de la paroi commune, et il se forme entre

(1) Pour la signification du mot vaisseau, voir le chapitre II.

les deux voûtes des espaces lenticulaires partagés en deux à l'origine par la mince membrane primitive. Ici aussi, cette mince lamelle se résorbe plus tard et les cavités cellulaires se trouvent mises en communication directe à chaque ponctuation aréolée ; le canal qui les réunit, c'est-à-dire la ponctuation aréolée, est élargi au milieu et s'ouvre par une fente étroite dans la cellule de droite et dans celle de gauche (fig. 27, *B, C*). Au contraire, si une cellule vasculaire de cette sorte confine à une cellule parenchymateuse, qui demeure toujours fermée et pleine de sève, l'épaississement en voûte des ponctuations ne se produit que du côté de la cellule vasculaire (fig. 28, *V*), les endroits minces de la membrane ne se résorbent pas (1) et les ponctuations aréolées demeurent closes ; de la cavité intérieure du vaisseau, une fente étroite (*c*) pratiquée entre les lèvres épaissies de la ponctuation (*b*), conduit dans un espace plus large, plan-convexe, limité latéralement par une étroite bande d'épaississement (*a*) et en dehors par la membrane primitive. Ces détails de structure ne peuvent être observés que sur des coupes d'une finesse extraordinaire. Pour obtenir facilement de pareilles coupes, il faut plonger pendant plusieurs mois dans l'alcool absolu les fragments d'organes qu'on veut étudier ; on les retire au moment de s'en servir et on laisse l'alcool s'évaporer. Ces fragments ont acquis par là de la dureté, de la ténacité, et ils se coupent admirablement bien si le rasoir est finement aiguisé.

Ponctuations aréolées scalariformes. — Dans les vaisseaux dont la paroi s'épaissit en forme d'échelle ou d'escalier, vaisseaux appelés *scalariformes* et qui atteignent leur développement le plus complet dans les Cryptogames vasculaires, les ponctuations aréolées ont la forme de fentes ; elles sont souvent aussi larges que la paroi commune des deux cellules voisines, mais très-étroites dans la direction du grand axe de la cellule. La figure 29 montre la moitié inférieure d'une cellule vasculaire de cette sorte, *A*, avec ses ponctuations en forme de fentes, entre lesquelles les épaississements de la paroi se succèdent comme les échelons d'une échelle; les grands espaces clairs sont les arêtes de contact de la cellule vasculaire avec les cellules voisines. La formation de cet épaississement scalariforme commence par la production, sur la très-mince membrane primitive qui sépare deux cellules vasculaires, de bandes transversales d'épaississement (*v*), qui se réunissent à droite et à gauche et viennent se confondre dans l'épaississement de l'arête. Le premier état se voit de face en *C*, et en coupe en *D*. Dans l'état définitif, la mince lamelle (*s'*) est résorbée (*cc*, en *B*); les bandes épaissies, en s'accroissant vers l'intérieur, se sont élargies en formant voûte et leurs bords se sont rapprochés de manière à ne laisser entre eux qu'une fente étroite (*d*, *B*); en s'accroissant davantage vers l'intérieur, ces bandes se sont de nouveau rétrécies. Les cavités des deux vais-

---

(1) Ces endroits minces de la paroi, qui ferment la ponctuation aréolée, peuvent à la suite d'un accroissement superficiel très-actif former des poches qui s'introduisent dans la cavité du vaisseau à travers le pore de la ponctuation, s'y développent, s'y divisent par des cloisons transverses et y forment ainsi un tissu de cellules à parois minces qui remplit fréquemment toute la capacité du vaisseau. Ces formations sont depuis longtemps connues sous le nom de *tylles ;* on les rencontre facilement et en grand nombre dans les vieilles racines de *Cucurbita,* dans le bois du *Robinia pseudoacacia*, etc.

seaux voisins communiquent donc par un grand nombre de larges fentes minces (*s* en *B*), et les échelons parallèles qui séparent ces fentes ont une forme particulière que l'on voit en section en *B*, *cc* et de face en *B*, *e*. Si la paroi du vaisseau confine à une cellule parenchymateuse (*E*), l'épaississement scalariforme ne se produit que sur la face du vaisseau (*g*), l'autre face n'en présente pas (*p*). Dans ce cas la mince

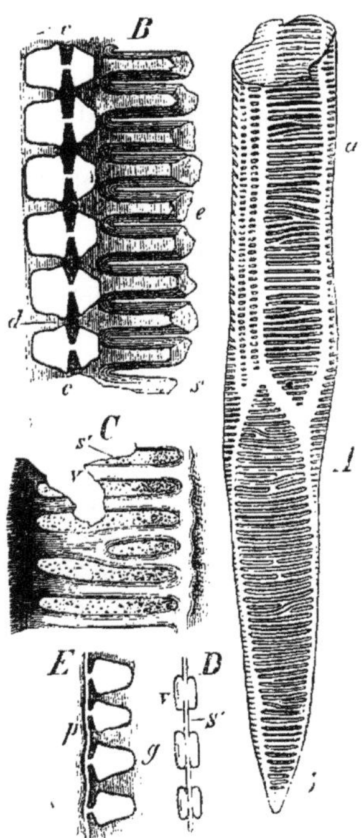

Fig. 29. — *Pteris aquilina*, vaisseau scalariforme de la tige souterraine. — *A*, moitié d'une cellule vasculaire isolée par la macération de Schultze ; *B-D* ont été obtenus sur des fragments de tige durcis par un long séjour dans l'alcool absolu. *B* est un dessin à demi théorique fait d'après des coupes très-nettes ; à droite la paroi du vaisseau est vue par sa face interne *e*, à gauche elle est vue en section *ce* ; *C*, paroi d'un jeune vaisseau vue de face ; D, la même en section ; E, endroit où un vaisseau s'appuie contre une cellule séveuse, section perpendiculaire aux bandes d'épaississement *g* du vaisseau (800).

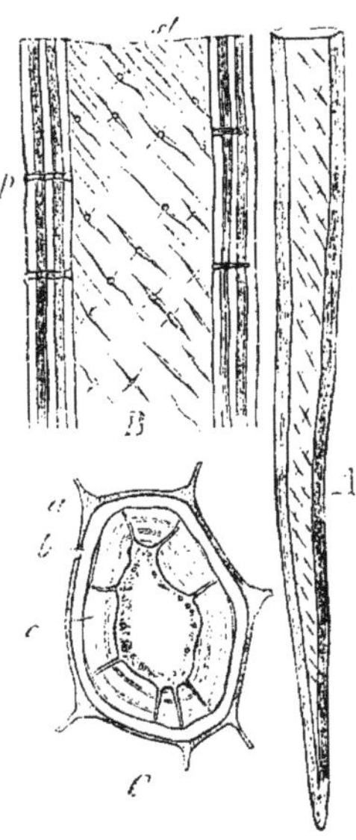

Fig. 30. — Cellules à parois brunes de la tige du *Pteris aquilina*. — *A*, une moitié de cellule isolée et colorée par la macération de Schultze ; *B*, une partie de cette cellule plus fortement grossie (550) ; les ponctuations en fente sont croisées, c'est-à-dire que la fente tourne pendant que l'épaississement augmente ; *p*, vue latérale d'une fente qui paraît être un simple canal parce qu'elle ne se montre que par son petit côté; *C*, section transversale de cette cellule.

membrane primitive se conserve encore et ferme à l'extérieur le large espace de la ponctuation aréolée fendue.

Nous sommes bien loin d'avoir, par les exemples qui précèdent, épuisé la variété des formes de ponctuations, mais aussi ne pouvons-nous traiter ici tous les cas qui se présentent ; citons-en seulement encore quelques-uns.

Ponctuations tournantes. — Nous avons vu dans la formation des vaisseaux du Dahlia (fig. 27), comment la ponctuation embrasse d'abord un large espace arrondi, pour se terminer par une fente en épaississant ses bords en forme de voûte. Par une légère transformation de ce même phénomène, la fente interne peut acquérir une longueur beaucoup plus grande que le diamètre de la surface externe de la ponctuation. Vue de face, celle-ci paraît alors comme une ouverture ronde traversée par une longue fente (fig. 28 en *P*). Il arrive aussi que la fente interne change de direction par les progrès de l'épaississement, de manière que la ponctuation, vue de face, présente deux fentes en croix (fig. 30, *A* et *B*, *s*). Il est toutefois nécessaire de s'assurer que ces deux fentes appartiennent bien à la membrane d'une seule et même cellule, en isolant cette cellule par la macération. On obtient souvent, en effet, une image semblable quand on examine de face la membrane commune à deux cellules voisines; mais elle provient alors de ce que la fente d'une ponctuation est dirigée à droite dans l'une des cellules et à gauche dans la ponctuation correspondante de la cellule voisine; vue de face, la double ponctuation a ainsi deux fentes en croix (1).

Le mode d'épaississement peut varier le long de la même cellule. — Dans les cellules des tissus, la paroi de séparation n'est toujours à l'origine qu'une simple lamelle très-mince, sur laquelle la suite du développement fait proéminer des épaississements à droite et à gauche dans les cavités cellulaires voisines. Comme nous l'avons déjà vu, ces épaississements se correspondent sur les deux faces de la paroi; la formation des ponctuations nous a montré très-clairement cette correspondance, puisque les canaux poreux des deux cellules voisines s'y établissent dans le prolongement l'un de l'autre. Il en résulte, puisqu'une cellule d'un tissu confine souvent par ses divers côtés à des cellules voisines très-différentes, que l'on pourra observer sur les diverses faces d'une seule et même cellule différents modes d'épaississement, notamment différentes formes de ponctuations. L'ensemble de l'épaississement peut même varier beaucoup suivant les faces : ainsi, par exemple, les cellules épidermiques sont généralement très-épaissies sur leur face externe libre, tandis que leur face interne, qui confine aux cellules parenchymateuses, est, ou très-mince, ou sculptée à la façon des voisines.

La correspondance d'accroissement des deux parois en contact diminue d'ailleurs quand les épaississements prennent une structure spiralée, quand ils forment d'épais rubans enroulés en hélice, comme dans les cellules spiralées. En effet, si sur chacune des deux cellules en contact un ou plusieurs rubans spiralés s'enroulent dans le même sens, ils doivent nécessairement se croiser sur la paroi commune.

Couches et stries de la membrane cellulaire (2). — Quand la membrane

---

(1) Une description très-claire d'une ponctuation tournante, dont la fente externe et la fente interne se croisent sur la même membrane, a été donnée par M. Nägeli (Berichte der Münchener Akademie, 9 juillet 1867, pl. V, fig. 45).

(2) MOHL, Botanische Zeitung, 1858, p. 1, 9. — NÄGELI, Ueber den inneren Bau der vegetabilischen Zellenmembran, Sitzungsberichte der Münchener Akademie der Wissensch., mai et juillet 1864. — HOFMEISTER, Lehre von der Pflanzenzelle, p. 197.

cellulaire a acquis une certaine extension superficielle et une certaine épaisseur, des couches et des stries y apparaissent avec plus ou moins de netteté. A
la suite du développement des couches, la membrane paraît composée de membranes très-minces, emboîtées l'une dans l'autre
et en contact intime ; ces couches se voient donc
bien sur les sections tant longitudinale (fig. 33) que
transversale (fig. 31). C'est de face, au contraire,
que les stries s'aperçoivent d'ordinaire le plus nettement ; elles constituent à la surface de la cellule deux systèmes croisés de lignes parallèles
(fig. 32); parfois même il semble y en avoir davantage. Un examen plus attentif fait voir que la
structure révélée par les stries n'appartient pas
seulement à la surface de la membrane ou à quelqu'une de ses couches, mais que ces stries traversent toute l'épaisseur de la membrane et qu'elles
sont, par conséquent, des lamelles obliques à la
surface et qui s'étendent de part en part à travers
toutes les couches concentriques. Quand les stries

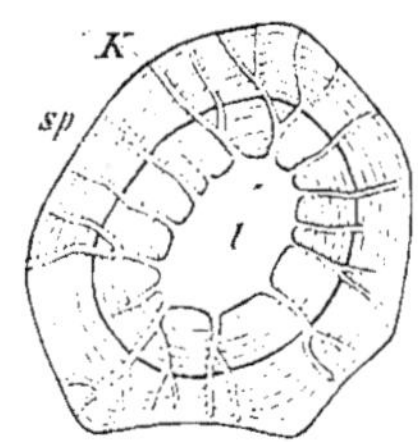

Fig. 31. — Section transversale d'une cellule libérienne du tubercule du *Dahlia variabilis* (800) : *l*, cavité cellulaire ; K, ponctuations canaliculées qui traversent les couches concentriques ; *sp*, un intervalle par lequel le système intérieur de couches s'est séparé du système extérieur.

sont fortement accusées et à peu près parallèles au grand axe de la cellule,
on les reconnaît aussi sur les sections transversales sous forme de lignes qui
traversent les zones concentriques. On ne les aperçoit nettement sur les sections
longitudinales que quand, vues de face, elles enveloppent la cellule à peu
près perpendiculairement à son grand axe.

Chaque système de couches et chaque système de stries consiste en lamelles
d'épaisseur sensible et de pouvoir réfringent différent, disposées de manière
qu'une couche, qu'une lamelle plus fortement réfringente alterne toujours
avec une couche, avec une lamelle plus faiblement réfringente. Cette différence
dans le pouvoir réfringent provient de l'inégale répartition de l'eau et des particules solides de cellulose dans l'intérieur de la membrane ; les lamelles moins
réfringentes sont plus riches en eau, plus pauvres en cellulose, par conséquent
moins denses ; les lamelles plus réfringentes et plus denses contiennent peu
d'eau et plus de cellulose. Aussi les strates et les stries disparaissent-elles quand
la membrane se dessèche entièrement ou quand, au contraire, elle se gonfle
fortement sous l'action de l'eau : dans le premier cas, en effet, les couches riches en eau deviennent pauvres comme les autres; dans le second, ce sont les
couches pauvres qui sont ramenées à l'état des plus riches. Au contraire, les
strates et les stries apparaissent avec la plus grande netteté possible, quand
l'eau est distribuée dans la membrane de manière que la différence entre les
couches denses et les couches molles soit la plus grande possible. On peut souvent amener ce résultat par l'action des acides ou des alcalis, qui provoquent un
gonflement modéré de la membrane. Si les strates denses sont très-denses et
les molles très-aqueuses, comme dans beaucoup de cellules ligneuses, celles
du *Pinus sylvestris* par exemple, la stratification deviendra plus nette par la
dessiccation qui fait prédominer les couches denses et s'affaisser les molles.

Les deux systèmes de stries et le système de couches d'une membrane se traversent l'un l'autre comme les plans de clivage d'un cristal clivable suivant trois directions. Les stries et les couches étant des lamelles d'épaisseur mesurable, formées d'une substance alternativement plus dense et plus molle, la membrane cellulaire se trouve donc composée de petits parallélipipèdes qui diffèrent entre eux par la proportion d'eau qu'ils renferment. Faisons pour un instant abstraction des couches et supposons qu'il y ait deux systèmes croisés de stries parallèles; aux points de rencontre de deux stries denses, se trouveront les places les plus denses, les plus pauvres en eau, aux points de croisement de deux stries molles, les places les plus molles et les plus aqueuses, enfin aux points d'intersection d'une strie dense et d'une strie molle, les places de moyenne densité. Toutes ces intersections de lamelles forment dans la membrane des prismes perpendiculaires ou obliques à sa surface; si les couches concentriques sont fortement accusées, chaque prisme se trouve découpé parallèlement à sa base en tranches alternativement denses et molles; si la stratification est faiblement développée, la structure prismatique de la membrane est parfois très-nette. La singulière structure interne de l'exospore des Rhizocarpées (fig. 35), et l'organisation encore plus diverse de l'exine de beaucoup de grains de pollen, peuvent être rapportées à un développement ultérieur du

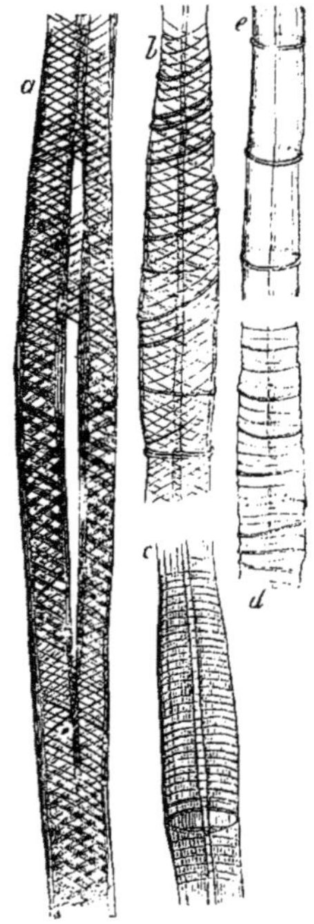

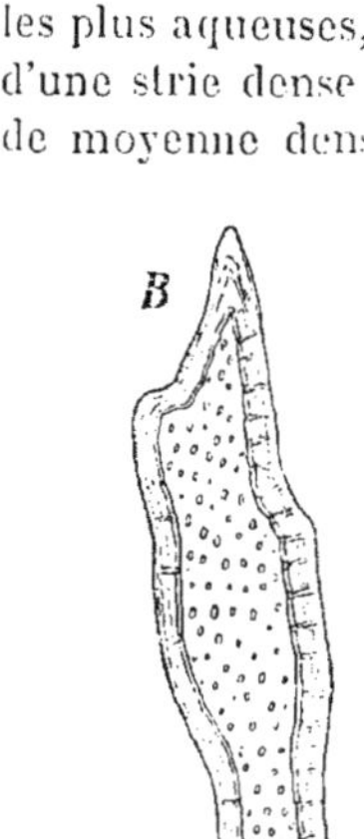

Fig. 32. — Cellules libériennes de la feuille du *Hoya carnosa* (860), montrant les stries; celles-ci sont dans la nature beaucoup moins marquées, mais aussi nettes. *a*, section longitudinale des stries annulaires croisées; *b*, vue extérieure de la face où les anneaux se croisent ; *c*, vue extérieure de la face où ils ne se croisent pas; *d*, de même; *e*, un fragment de membrane où l'on ne voit que quelques stries annulaires très-espacées.

Fig. 33. — Une cellule sous-épidermique de la tige du *Pteris aquilina*, isolée par la macération de Schultze. La paroi est vue en coupe longitudinale, elle montre une couche interne très-dense, une couche moyenne molle, marquée à droite par les traits sombres, et enveloppée par deux couches denses. Ces couches sont traversées par des canaux poreux que l'on voit en section sur la face postérieure.

phénomène que nous étudions, mais ce n'est pas ici le lieu d'entrer à cet égard dans une exposition détaillée.

Les lamelles qui se traduisent au dehors par les stries, peuvent avoir la forme d'anneaux fermés (fig. 32, *d,e*), c'est-à-dire ressembler à des sections minces de la cellule, ou bien encore s'enrouler en hélice autour de l'axe de la cellule (fig. 34, *A*). On distingue donc des stries annulaires et des stries spiralées ; il est souvent très-difficile de décider à laquelle de ces deux espèces on a affaire. Toutes deux se présentent parfois en différents endroits sur la même membrane.

L'un des deux systèmes de stries est quelquefois méconnaissable, l'autre est alors d'autant plus fortement accusé. Ou bien encore, l'un des deux systèmes est plus fortement développé dans une couche de la membrane, et l'autre dans une autre couche, phénomène qui dépend de la même cause que la rotation des fentes des ponctuations signalée plus haut.

C'est dans les cellules à surface large et également épaissie que les stries se voient avec le plus de netteté (*Valonia utricularis*, poils des *Opuntia*, cellules de la moelle des tubercules de *Dahlia* où elles sont extrêmement nettes); mais on peut les reconnaître aussi sur des membranes ornées de sculptures compliquées, par exemple sur les très-larges vaisseaux du *Cucurbita Pepo*, dont la paroi est munie de petites ponctuations aréolées serrées les unes contre les autres; les vaisseaux de la racine, surtout, isolés par la macération de Schultze, c'est-à-dire par l'ébullition dans un mélange de chlorate de potasse et d'acide nitrique, présentent deux systèmes très-nets de stries croisées.

Les stries peuvent même donner lieu à des différences de niveau, à des saillies internes. Parfois, en effet, les lamelles plus denses proéminent un peu sur la face interne de la membrane (fig. 34, *B*), ou bien une seule des lamelles d'un système fait saillie dans la cavité; ce dernier cas se présente dans le *Taxus baccata*, par exemple, où la face interne des cellules ligneuses présente une fine bande spiralée qui se croise quelquefois avec une autre bande enroulée en sens inverse.

Quand la membrane possède des ponctuations longuement fendues disposées en spirale, on y rencontre ordinairement aussi un système de stries enroulées dans la même direction.

Les quelques détails où nous venons d'entrer doivent suffire à montrer aux commençants la nature des couches et des stries et leurs rapports avec la sculpture de la membrane; des développements plus étendus dépasseraient les limites de ce traité (1).

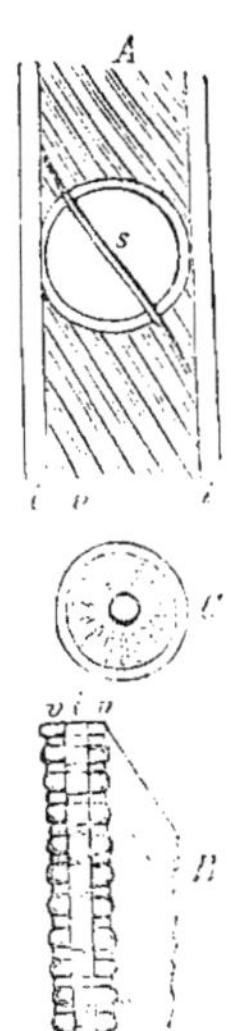

Fig. 34. — Stries de cellules ligneuses du *Pinus Strobus*. A, jeune cellule vue de face: la ponctuation aréolée encore jeune est traversée par une fente qui correspond aux stries spiralées. B, paroi vue en section, avec une partie vue de face: i, lamelle moyenne de la paroi commune à deux cellules; e, e, ses couches d'épaississement; celles-ci sont striées, et les stries se montrent comme des lames traversant toute l'épaisseur de la paroi commune; les lames denses (claires sur la figure) proéminent dans les deux cavités. C, une ponctuation aréolée vue de face, les stries y apparaissent comme des places plus minces disposées en étoile, Sap.

(1) Les stries se voient très-facilement et très-bien à de faibles grossissements dans les grandes cellules médullaires des tubercules de *Dahlia*, dans les poils des Opuntiées, dans le *Valonia utricularis*. Dans les cellules ligneuses des Pins, dans les fibres libériennes, etc., elles exigent généralement de très-forts grossissements. Un des exemples le plus anciennement connus se rencontre dans les cellules libériennes des Apocynées pourvues de renflements et d'étranglements alternatifs (fig. 32) (Mohl, Vegetabilische Zelle, fig. 27).

**L'intussusception est la cause de l'accroissement en surface et en épais-
seur de la membrane cellulaire.** — L'accroissement en surface de la membrane cellulaire ne peut être compris que comme le résultat de l'introduction, entre les particules préexistantes, de particules nouvelles qui les séparent
les unes des autres. Il est très-vraisemblable que la formation des lamelles
des stries est due à ce phénomène, comme les couches concentriques des

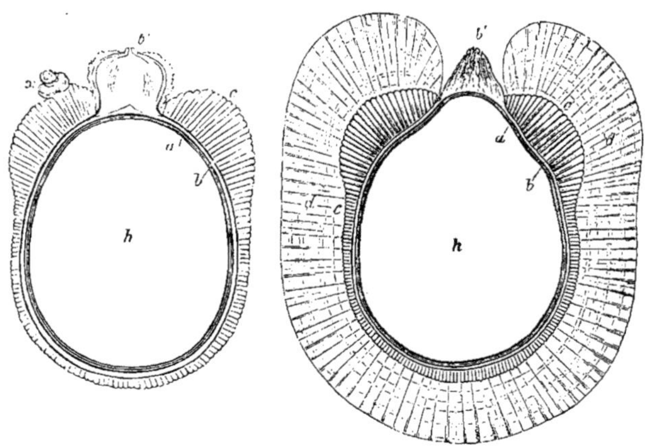

Fig. 35. — Macrospores de *Pilularia globulifera*, en section longitudinale; à gauche une spore non encore mûre
dont la membrane ne possède pas encore la couche gélatineuse extérieure que l'on voit dans la spore mûre de
droite ; les deux couches extérieures de cette dernière (*c* et *d*), ont pris une structure prismatique qui est surtout remarquablement nette en *c* ; *d* montre en même temps des couches concentriques faiblement marquées.
Vus de face, les prismes ont l'aspect d'aréoles; les faces limites des prismes sont, dans la couche correspondante
des macrospores du *Marsilia salvatrix*, plus solides et cuticularisées, ce qui donne à la membrane l'aspect d'un
gâteau de miel (voir J. HANSTEIN, Berliner Monatsberichte, 6 février 1862, fig. 17, et livre II, Rhizocarpées).

grains d'amidon sont, d'après **M.** Nägeli, provoquées par leur mode d'accroissement.

L'accroissement en épaisseur de la membrane cellulaire a été conçu pendant
longtemps comme le résultat du dépôt répété, de l'apposition sur la face intérieure de la mince membrane primitive, de couches concentriques dont la plus
interne était par conséquent toujours la plus jeune. De cette façon, les strates de
la membrane s'expliquaient très-simplement, et la différenciation chimique
des membranes épaissies venait apporter encore à cette manière de voir un
singulier appui. Cependant, le pouvoir de pénétration plus grand des nouveaux
microscopes a révélé une série de faits en désaccord complet avec la théorie de
l'apposition. D'abord, comme nous l'avons vu, la stratification des cellules
épaissies n'est pas une superposition de couches semblables, mais bien une alternance de couches dissemblables. Des raisons, que ce n'est pas ici le lieu de
développer, portent déjà à conclure que cette alternance de couches plus riches et plus pauvres en eau ne peut être le résultat d'une apposition, et
qu'elle provient bien plutôt de la différenciation interne d'une membrane déjà

formée. Mais nous savons encore, et ce fait est décisif, que la face interne de toute membrane cellulaire est, à toute époque, occupée par une couche dense, pauvre en eau. Si l'accroissement en épaisseur était dû au dépôt successif de couches alternativement plus denses et moins denses, la couche la plus interne et la plus jeune serait, selon le moment de l'observation, tantôt une strate dense, tantôt une strate molle, ce qui n'a jamais lieu. D'ailleurs le développement de ces épaississements qui proéminent à l'extérieur de la cellule, comme les épines et les crêtes dentelées qui ornent les grains de pollen, est incompatible avec l'apposition et ne peut s'expliquer que par intussusception.

L'accroissement par intussusception ne peut se concevoir que comme l'infiltration, par voie de diffusion, d'une dissolution aqueuse issue du protoplasma, entre les molécules de la membrane. De quelle nature est cette dissolution? C'est ce qu'on ne peut actuellement préciser avec certitude ; selon toute probabilité, elle renferme quelque hydrate de carbone, qui se transforme facilement en cellulose. Cette substance forme ensuite, entre les molécules de la membrane, de nouvelles molécules solides de cellulose. La marche même de l'accroissement, jointe à la structure interne de la membrane, à la faculté qu'elle a de se gonfler, et à certains phénomènes que la lumière polarisée y provoque, porte à conclure que la membrane est composée de molécules solides de forme déterminée, entourées chacune et séparées par une enveloppe d'eau. Plus une couche ou une lamelle membraneuse est aqueuse, plus petites sont, d'après les principes établis par M. Nägeli (1), les molécules solides, plus épaisses en revanche les atmosphères d'eau qui les entourent.

Il résulte de ce qui précède, qu'une certaine quantité d'eau est aussi indispensable au développement et à l'organisation interne de la membrane cellulaire que la cellulose elle-même. On peut regarder cette eau comme de l'*eau d'organisation* dans le sens que l'on attache à ce mot en cristallographie : là, elle est indispensable à l'édification de beaucoup de cristaux, ici elle ne l'est pas moins à l'organisation de la membrane cellulaire. C'est d'ailleurs, comme nous le verrons, une propriété générale de tous les corps organisés, de renfermer, aussi longtemps du moins qu'ils s'accroissent, de l'eau d'organisation, précisément parce qu'ils s'accroissent tous par intussusception.

De tout ce que nous venons de dire, on conclut aisément que la formation de couches concentriques dans une membrane cellulaire qui s'accroît par intussusception, diffère essentiellement de la production répétée de membranes successives autour d'une seule et même masse protoplasmique. Dans ce dernier cas, les membranes indépendantes, emboîtées l'une dans l'autre, ne peuvent pas être regardées comme les diverses couches concentriques d'une seule et même membrane. Ce dernier phénomène est très-commun dans la formation des grains de pollen des Phanérogames; là, à l'intérieur de chacun des systèmes de couches membraneuses que l'on a l'habitude de désigner sous

(1) La théorie de l'accroissement de la membrane cellulaire, et en général de tous les corps organisés, par voie d'intussusception, a été établie par M. Nägeli, et tout d'abord dans son grand travail sur les grains d'amidon, en 1858. Voy. aussi J. Sachs, Handbuch der experimental Physiologie der Pflanzen, § 114.

le nom de *cellules mères spéciales*, chaque masse protoplasmique s'enveloppe d'une nouvelle membrane avant la destruction de la membrane de la cellule mère (fig. 36).

Le renouvellement de la membrane d'une cellule peut aussi être amené par

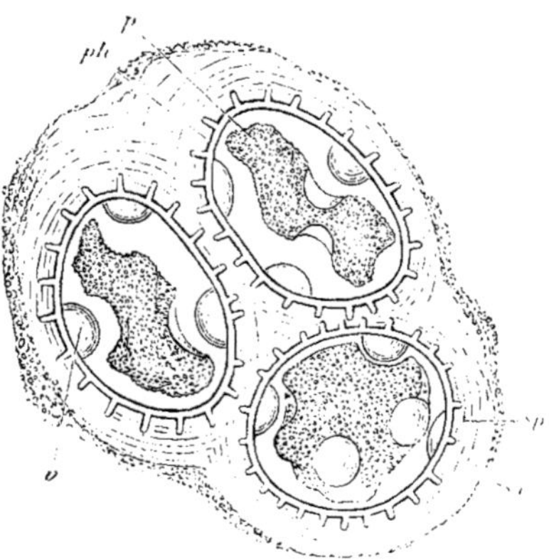

Fig. 36. — Cellule mère du pollen de *Cucurbita Pepo*: *sg*, couches extérieures communes de la cellule mère en voie de résorption ; *sp*, les cellules mères spéciales formées par l'ensemble des couches de la cellule mère qui entourent les jeunes cellules polliniques ; elles sont aussi résorbées plus tard ; *ph*, la membrane de la cellule pollinique dont les pointes, en se développant vers l'extérieur, percent la membrane de la cellule mère spéciale ; *r*, épaississements hémisphériques de cellulose, situés sur la face interne de la cellule et qui forment plus tard les tubes polliniques ; *p*, la masse protoplasmique contractée de la cellule pollinique (la préparation a été obtenue par la section d'anthères placées depuis des mois dans l'alcool absolu. [550].

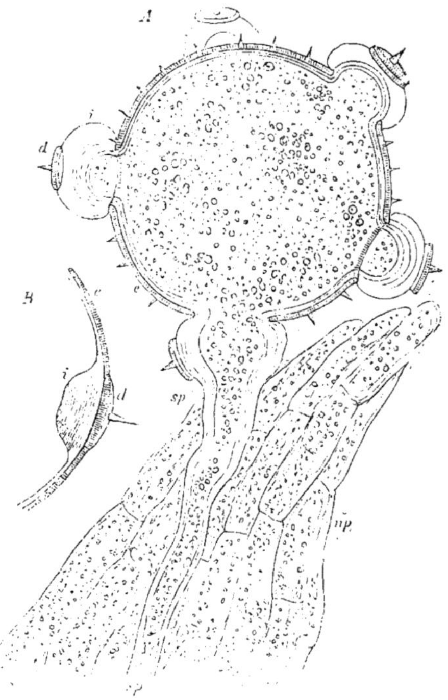

Fig. 37. — *A*, un grain de pollen de *Cucurbita Pepo*, en voie de germination ; il a insinué un tube pollinique, *sp*, dans une papille du stigmate, *np*. La membrane du grain de pollen se compose d'une exine cuticularisée, *e*, et d'une intine capable de développement ultérieur, *i* ; cette dernière est en des places déterminées très-épaissie, *B*, *i* : en regard de chacune de ces masses d'épaississement, l'exine forme un couvercle rond *d*. Quand le grain se prépare à germer, les places épaissies de l'intine, *i*, se gonflent et font hernie au dehors en soulevant le couvercle de l'exine ; une ou deux de ces masses d'épaississement forment ainsi des tubes polliniques (550).

cette circonstance, que l'ensemble des couches externes ne prend plus de développement ultérieur pendant que les couches internes de la même membrane continuent de s'agrandir par intussusception. Ainsi la membrane cellulaire des spores et des grains de pollen est à l'origine un tout s'accroissant par voie d'interposition; mais il s'y opère plus tard une différenciation interne qui la divise en systèmes de couches, ou enveloppes, de propriétés chimiques et physiques différentes. L'enveloppe externe, solide et cuticularisée, l'*exospore*, l'*exine*, demeure plus tard sans changement et est rejetée comme un manteau, pendant que le système de couches intérieur, l'enveloppe intérieure, *endospore* dans un cas, *intine* dans l'autre, commence, par la germination des spores et des grains de pollen, un nouveau développement (fig. 37). Le phénomène est le même dans beaucoup d'Algues filamenteuses (Rivulariées et Scytonémées), où il se forme peu à peu un grand nombre de membranes cellulaires emboîtées l'une dans l'autre, parce que, de temps en temps, le plus ancien système de couches cesse de croître et est traversé par le filament qui s'allonge en formant de nouvelles couches (Voy. Nægeli et Schwendener, Das Mikroskop, II, p. 531). Il est à peine nécessaire d'ajouter que ces phénomènes ne sont pas incompatibles avec l'accroissement de la membrane par intussusception, et qu'ils ne constituent que des modifications particulières de la vie cellulaire.

Différenciation de la membrane cellulaire en systèmes de couches doués de propriétés chimiques et physiques différentes. Formation d'enveloppes. — Toutes les membranes cellulaires très-jeunes et très-minces, encore en voie d'accroissement rapide, comme aussi beaucoup de membranes plus âgées, sont formées dans toute leur épaisseur de ce qu'on appelle de la cellulose pure, c'est-à-dire qu'elles sont très-perméables à l'eau, peu extensibles, se gonflant difficilement, très-élastiques, incolores, solubles dans l'acide sulfurique. L'iode et l'acide sulfurique, le chlorure de zinc iodé, plus rarement les solutions iodées seules (tubes générateurs des spores des Lichens) les colorent en bleu intense. Outre ces propriétés communes, elles peuvent encore, suivant la nature propre de la cellule, présenter bien des réactions particulières. Ainsi se comportent, parmi les cellules âgées et complétement développées, le plus grand nombre des cellules parenchymateuses, pleines de séve et à parois minces des plantes supérieures, les cellules épaissies de beaucoup d'Algues, et aussi, à l'exception du bleuissement par l'iode et l'acide sulfurique ou par le chlorure de zinc iodé, les filaments de la plupart des Champignons et Lichens.

Dans les cellules fortement épaissies, rarement dans celles qui demeurent assez minces comme beaucoup de cellules de liége, les couches concentriques se groupent, au contraire, en systèmes doués de propriétés chimiques et physiques différentes, de telle sorte que la membrane tout entière se trouve partagée en deux ou plusieurs *enveloppes* (1), dont chacune peut à son tour présenter de nombreuses couches concentriques et les deux systèmes de stries que nous avons étudiés plus haut. Les cellules libres et qui ont besoin de protection (grains de pollen, spores), ou celles qui jouent elles-mêmes un rôle protecteur à l'égard d'autres tissus (liége), ont une enveloppe externe plus ou moins épaisse, subérifiée ou cuticularisée. Les cellules sont-elles destinées au contraire à former un échafaudage interne ou un étui solide (cellules ligneuses), l'ensemble de leurs couches externes est alors lignifié. Ailleurs enfin les couches externes, rarement les internes, sont transformées en mucilage. Dans les trois cas, la membrane conserve d'ordinaire une couche interne qui continue de manifester ce qu'on appelle les réactions de la cel-

---

(1) Il faut n'employer le mot *couches* que dans le sens indiqué plus haut, c'est-à-dire quand il ne s'agit, comme dans les lamelles des stries, que d'une différence régulièrement alterne dans la répartition de l'eau à l'intérieur de la membrane. On doit donc donner un autre nom à ces *ensembles* de couches caractérisés par une propriété chimique ou physique commune ; l'expression *enveloppes* me paraît parfaitement appropriée.

lulose. Subérifiée ou lignifiée, l'enveloppe externe de la membrane cellulaire peut être amenée, au moyen d'un traitement préalable par les alcalis ou l'acide nitrique, à présenter de nouveau ces réactions; transformée en mucilage, elle en est désormais, le plus souvent, incapable.

Beaucoup des relations morphologiques signalées ici ne devant trouver leur explication que dans l'étude des tissus, je ne m'arrêterai pas ici à caractériser les propriétés chimiques de la membrane cellulaire. Les réactions indiquées plus haut seront donc, non pas à proprement parler des caractères chimiques, mais seulement des moyens de reconnaître une différenciation morphologique. La description de quelques exemples particuliers suffira d'ailleurs à guider les commençants.

Exemples de formation d'enveloppes cuticularisées. — Le pollen du *Thunbergia alata* (fig. 38) montre que la différence de développement des deux systèmes de couches d'une même membrane peut aller assez loin pour que l'enveloppe cuticularisée, qu'on appelle ici l'*exine*, se sépare réellement de l'enveloppe non cuticularisée et encore capable de développement, qu'on désigne sous le nom d'*intine*, après quoi elle se déchire, le long d'une fente préalablement formée, en un ou deux rubans spiralés. On peut provoquer artificiellement ce phénomène en plaçant ces grains de pollen dans l'acide sulfurique concentré ou dans une solution de potasse; l'exine se colore aussitôt en très beau rouge pendant que l'intine, dans le premier cas se dissout, et dans le second se gonfle un peu en demeurant incolore. Dans la germination de beaucoup de spores (*Spirogyra*, Mousses, etc.), l'exospore

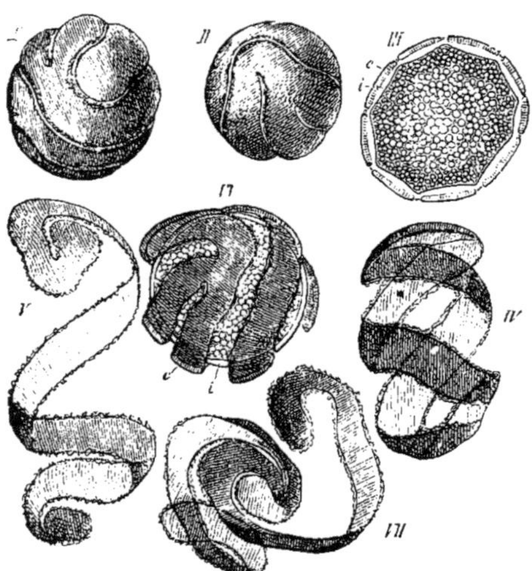

Fig. 38. — Pollen du *Thunbergia alata* (550). *I* et *II* dans l'acide sulfurique concentré; *IV*, *V* et *VII*, dans le même liquide, après la dissolution de l'intine; parfois les fentes de l'exine sont disposées de façon que des fragments isolés s'en détachent, à peu près comme les couvercles de l'exine d'autres grains de pollen, par ex. de *Cucurbita*. *III*, dans une dissolution de chloriodure de zinc, section transversale. *VI*, dans une dissolution concentrée de potasse : *e*, exine; *i*, intine. — Les fentes de l'exine naissent visiblement par une différenciation interne ultérieure, comme dans la formation des élatères, comme dans ce qu'on appelle les cellules mères spéciales des spores des *Equisetum* (voy. livre II, Équisétacées).

cuticularisée se déchire et se sépare entièrement de l'endospore qui continue son développement; le mode de formation de ces deux enveloppes montre cependant qu'elles ne sont, comme l'exine et l'intine des grains de pollen, que deux systèmes de couches d'une seule et même membrane ayant acquis des propriétés physico-chimiques différentes.

Dans les cellules épidermiques, la cuticularisation, tantôt se limite à la face externe des cellules, tantôt envahit aussi leurs faces latérales comme cela se voit très-nettement par exemple à la surface inférieure des nervures des feuilles du Houx (*Ilex aquifolium*). Traite-t-on une coupe transversale très-mince (fig. 39, *A*) par une dissolution de chloriodure de zinc, on voit, en employant un très-fort grossissement (800 fois), la membrane de chaque cellule épidermique, composée de deux enveloppes, dont l'intérieure plus molle, plus gonflée (*c*) se colore en bleu sombre, pendant que l'enveloppe externe ne prend pas cette coloration. Cette dernière se décompose à son tour en deux zones chimiquement distinctes : une intérieure (*b*) qui se colore en jaune et pénètre latéralement entre les cellules (*b'*), et une extérieure qui demeure incolore (*a*) et s'étend sans discontinuité sur toutes les cellules en formant ce qu'on appelle la *vraie cuticule*. Entre ces deux zones *a* et *b* on remarque encore une zone intermédiaire qui, dans certaines positions du microscope, se dessine comme une ombre. L'enveloppe interne qui se colore en bleu, aussi bien que l'enveloppe cuticularisée, se subdivise en plusieurs couches, dans le sens que nous sommes convenus de donner à ce mot; chacune de ces enveloppes est un ensemble, un système de couches. L'enveloppe cuticularisée présente, en outre, des stries radiales, une structure lamelleuse très-nette, comme le montre la figure 39 *A*, en *a-b ;* ces lignes radiales ne sont pas, comme on le croyait autrefois, des ponctuations, des pores, mais bien des sections de lamelles. Quand on regarde la cuticule de face (fig. 39, *B*, *s*), ces lamelles se voient comme des stries qui, suivant la longueur des nervures, se prolongent par-dessus les cloisons transversales des cellules (*q*).

Exemples de formation d'enveloppes lignifiées. — Un exemple de paroi cellulaire fortement lignifiée et partagée en trois enveloppes nous est offert par ces cellules à parois brunes qui composent les rubans solides interposés aux faisceaux vasculaires dans la tige du *Pteris aquilina* (fig. 40). La paroi très-épaisse qui sépare deux cellules contient une lame moyenne, dure, colorée en brun sombre (*a*); celle-ci est suivie de chaque côté par une enveloppe brun clair, de consistance cornée (*b*), qui enferme à son tour une troisième enveloppe également brun clair. L'ébullition dans un mélange d'acide nitrique et de chlorate de potasse dissout la première lame (*a*), et

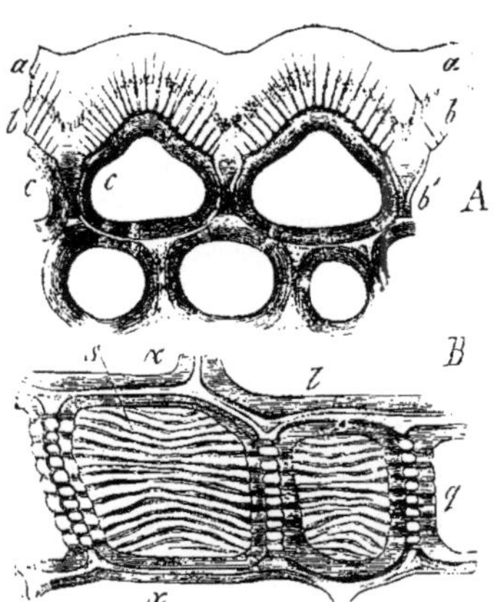

Fig. 39. — Épiderme de la nervure médiane de la feuille de l'*Ilex aquifolium*. *A*, section transversale ; *B*, vue extérieure de face (voir le texte).

isole par conséquent les cellules (voir fig. 30); les deux autres enveloppes de la paroi (*b* et *c*) ne sont pas altérées par cette macération, mais seulement décolorées, et cela permet de voir que l'enveloppe *c* est composée de plusieurs couches alternativement plus et moins aqueuses (fig. 30, *C*, *c*). Traitées par l'acide sulfurique concentré, les trois enveloppes se comportent aussi d'une façon différente : a devient d'un rouge brun foncé et se gonfle très-peu ou pas du tout; b se gonfle en direction radiale et devient plus épaisse; c se gonfle dans les trois directions, radiale, tangentielle et longitudinale (voir fig. 40, C, c et D, c). Sur les sections transversales, l'enveloppe c se sépare de b et se replie sur elle-même (C); sur les coupes longitudinales, elle est ondulée en divers sens (D).

Dans les véritables cellules ligneuses, dans celles du *Pinus sylvestris* (fig. 26, A), par exemple, on distingue également d'ordinaire trois enveloppes : une médiane (fig. 26, A, m) commune à deux cellules voisines, une seconde plus épaisse (z) et une intérieure (i). Les deux extérieures se colorent en jaune par les solutions iodées et par l'iode et l'acide sulfurique, l'intérieure devient bleue par ce dernier réactif. Les enveloppes z et i sont dissoutes par l'acide sulfurique concentré, qui n'attaque pas la lame moyenne m. Cette lame moyenne m est, au contraire, seule dissoute par l'ébullition dans le mélange d'acide nitrique et de chlorate de potasse, et les cellules, ainsi isolées, ne possèdent plus que leurs deux enveloppes internes. Dans beaucoup de cellules ligneuses (fibres libriformes de M. Sanio), les couches d'épaississement intérieures forment une enveloppe de consistance cartilagineuse ou gélatineuse; il en est ainsi, par exemple, dans le bois de beaucoup de Papilionacées.

Exemples de formation d'enveloppes mucilagineuses. — Quand les couches extérieures de cellules réunies en tissu deviennent gélatineuses, leurs lignes de séparation s'effacent aisément, et il semble alors que les cellules, entourées par l'enveloppe interne non gélifiée, soient plongées dans une masse gélatineuse homogène. C'est cette masse gélatineuse générale qui a donné lieu autrefois à la théorie de la « substance intercellulaire », sur laquelle nous aurons encore à revenir. Ainsi se comporte le tissu de beaucoup de Fucacées,

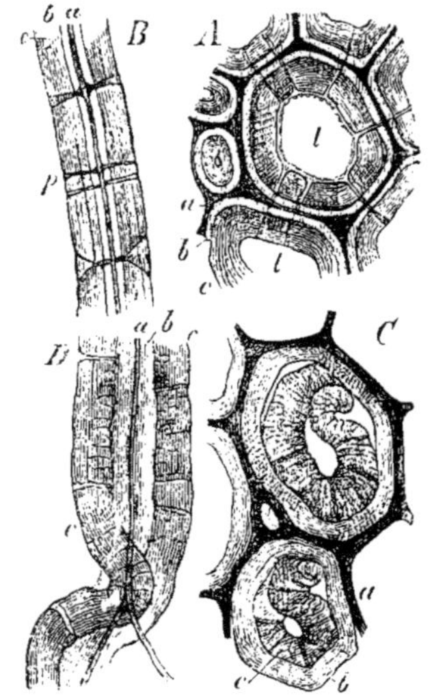

Fig. 40. — *Pteris aquilina*, structure des cellules à parois brunes de la tige (350). A, coupe transversale mince et fraîche; B, la paroi longitudinale qui sépare deux cellules, fraîche; dans la région inférieure, la section traverse une ponctuation canaliculée; C, section transversale dans l'acide sulfurique concentré; D, section longitudinale de la paroi dans l'acide sulfurique : a, lame moyenne de la paroi; b, deuxième enveloppe; c, troisième enveloppe, enveloppe intérieure de la membrane; p, canaux poreux; l, cavité de la cellule.

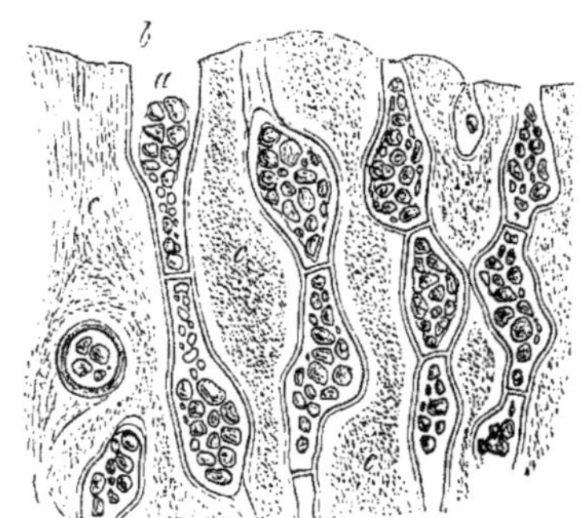

Fig. 41. — Section de l'albumen du Caroubier (*Ceratonia siliqua*).

comme aussi l'albumen du Caroubier (*Ceratonia siliqua*) (fig. 41); *c, c* sont les couches extérieures, entièrement gélifiées et confondues, des membranes des cellules *a*, dont la couche interne se distingue comme une enveloppe très-réfringente. Desséchée, la masse gélatineuse a une consistance presque cornée; elle se gonfle fortement dans une solution étendue de potasse; l'iode et l'acide sulfurique ne la colorent pas, tandis que la couche interne nettement limitée *b* devient bleue.

Des cellules libres peuvent aussi transformer en une enveloppe mucilagineuse un grand nombre des couches de leurs membranes; les spores des *Pilularia* (fig. 35) et des *Marsilia* nous en offrent de remarquables exemples. Dans le fruit de ces plantes, se rencontrent certaines masses parenchymateuses dont les membranes se transforment en mucilage sur leur face interne; desséchées, ces masses gélifiées sont solides et cornées, mais placées au contact de l'eau, elles en absorbent une quantité telle que leur volume devient plusieurs centaines de fois plus grand et qu'elles font éclater l'enveloppe du fruit (voir livre II, Rhizocarpées). La formation du mucilage des graines de lin et de coing est due à une transformation analogue des couches internes des membranes cellulaires, pendant que l'enveloppe externe des cellules demeure mince et résistante en se cuticularisant. Les épaississements internes des cellules épidermiques de ces graines, ainsi transformés en mucilage, attirent l'eau ambiante avec une grande puissance, se gonflent fortement, déchirent la cuticule non extensible et, s'il y a peu d'eau, forment au dehors une couche hyaline enveloppant la graine; si l'eau est abondante, cette couche s'y dilue peu à peu en formant une gelée claire. Le même phénomène se produit dans beaucoup d'autres graines, comme celles du *Teesdalia nudicaulis*, du *Plantago Psyllium*, dans les poils des graines des Ruelliées, dans l'enveloppe du fruit des *Salvia*. La gomme adragant provient de la transformation des cellules de la moelle et des rayons médullaires des *Astragalus creticus*, *A. Tragacantha* et autres espèces. Quand les membranes de ces cellules se sont transformées en mucilage et se sont gonflées sous l'influence de l'eau, elles s'échappent au dehors par des fentes de la tige sous forme d'une masse onctueuse, qui ne tarde pas à se dessécher en une substance cornée, capable de se gonfler de nouveau au contact de l'eau. Le mucilage des plantes peut d'ailleurs prendre naissance encore d'autres façons (1).

Interposition de substances minérales dans la membrane cellulaire. — Dans le cours de son développement, des substances minérales s'introduisent à l'intérieur de toute membrane cellulaire. Parmi ces substances, la chaux et la silice s'aperçoivent directement; mais il n'est pas douteux que la potasse, la soude, la magnésie, le fer, l'acide sulfurique, etc., ne s'y rencontrent aussi en petite quantité. Avec l'âge, ce sont surtout les sels de chaux et les silicates qui s'y accumulent. L'interposition peut avoir lieu de deux manières. Ordinairement de très-petites particules de substance minérale se trouvent régulièrement et uniformément interposées entre les molécules de la substance organi-

____

(1) Voir, pour plus de détails : Frank, Ueber die anatomische Bedeutung und die Entstehung der vegetab. Schleime, Jahrb. für wiss. Botanik, V, 1866.

que de la membrane, ce que l'on reconnaît à ce caractère qu'après l'incinération les cendres conservent la forme organisée de la membrane cellulaire et constituent en quelque sorte le squelette de la cellule. Mais en outre, les sels calcaires peuvent être contenus dans la membrane sous la forme d'un grand nombre de très-petits cristaux ; ces cristaux sont alors plongés dans la substance même de la membrane, parfois dans de remarquables excroissances de cette membrane qui proéminent dans la cavité et ont été désignées sous le nom de *cystolithes* (voir § 11).

On obtient des squelettes cellulaires formés d'une substance soluble dans les acides faibles (1) et que l'on regarde ordinairement comme étant de la chaux, par la combustion de tranches très-minces de divers tissus sur une lame de verre ou de platine. Ils se présentent trop généralement pour qu'il soit utile d'en citer des exemples ; j'ai obtenu ainsi de beaux squelettes calcaires de cellules vasculaires tout entières du *Cucurbita Pepo*.

On obtient le plus souvent les squelettes siliceux en se servant des cellules épidermiques et des Diatomées. Toutefois on rencontre aussi des membranes silicifiées à l'intérieur des tissus (feuilles des *Ficus Sycomorus*, *Fagus sylvatica*, *Quercus suber*, *Deutzia scabra*, *Phragmites communis*, *Ceratonia siliqua*, *Magnolia grandiflora*, etc., d'après H. de Mohl (2)). La silicification n'envahit pas d'ordinaire toute l'épaisseur de la membrane, mais seulement son enveloppe externe : par exemple, dans les cellules épidermiques, la partie cuticularisée. Pour obtenir de beaux squelettes, il est nécessaire de laver d'abord à l'acide nitrique ou chlorhydrique les cellules épidermiques arrachées, ou les coupes minces, avant de les calciner sur la lame de platine. Je me suis mieux trouvé encore d'une autre méthode : je place de gros fragments du tissu, par exemple de feuilles de Graminées, de tiges d'*Equisetum*, etc., sur la lame de platine dans une grosse goutte d'acide sulfurique concentré et je chauffe dans la flamme ; l'acide noircit aussitôt et il se fait un vif dégagement de gaz ; on chauffe jusqu'à ce qu'il ne reste qu'une cendre pure et bien blanche. Ce résultat s'obtient ici très-vite, tandis que l'incinération ordinaire est très-longue et ne produit souvent que des squelettes de médiocre blancheur. (Pour les cristaux que l'on trouve parfois logés dans la membrane cellulaire, voir plus loin, § 11.)

§ 5.

Le protoplasma et le noyau (3).

Nous savons déjà que le protoplasma est le corps vivant de la cellule, nous allons maintenant étudier ses propriétés chimiques et physiques, sa structure et ses mouvements.

(1) Les sels que l'on trouve dans les cendres sont en partie des produits de combustion. Les carbonates peuvent en effet provenir de la combustion des sels formés par les acides végétaux. Comme il est nécessaire d'employer une forte chaleur rouge, des chlorures volatils (chlorures de sodium et de potassium) peuvent avoir disparu des cendres, etc.

(2) H. v. Mohl : Ueber das Kieselskelet lebender Pflanzenzellen, Botanische Zeitung, 1861. — Rosanoff : Botan. Zeit., 1871.

(3) H. v. Mohl : Botan. Zeitg., 1844, p. 273, et 1855, p. 689. — Unger : Anatomie und Physio-

Caractères généraux du protoplasma. — *Propriétés physico-chimiques.* — Le protoplasma est un mélange de diverses matières albuminoïdes avec de l'eau et une petite quantité de matières minérales. Dans la plupart des cas il renferme encore, comme le prouvent ses propriétés physiologiques, de notables proportions d'autres combinaisons organiques qui appartiennent probablement à la série des hydrates de carbone et à celle des corps gras. Ces substances sont répandues dans sa masse sous une forme invisible; il n'est pas rare cependant d'y trouver renfermés des granules d'amidon et de matière grasse, qui peuvent tôt ou tard disparaître ou s'accroître. C'est ainsi que très-ordinairement le protoplasma en voie de végétation active, tout en étant par lui-même incolore et hyalin, est troublé par d'innombrables petits granules qui sont probablement de très-petites gouttes d'huile. Tel qu'on le rencontre d'ordinaire, le protoplasma doit donc être considéré comme un mélange de vrai protoplasma avec des proportions variables de diverses substances plastiques; il constitue le *métaplasma* de M. Hanstein.

La consistance du protoplasma est très-variable suivant les cas, et dans un même corps protoplasmique suivant les époques où on le considère. C'est souvent une matière molle, plastique, tenace, non élastique et très-extensible; d'autres fois il est plus gélatineux, parfois au contraire roide et cassant comme dans les embryons des graines à l'état de repos, mais très-souvent il produit au dehors l'effet d'un liquide. Ces divers états dépendent essentiellement de la quantité d'eau qu'il a absorbée. Mais si grande que puisse être la quantité d'eau qu'il renferme et par conséquent sa ressemblance avec un liquide, le protoplasma n'est cependant jamais un liquide; même les états pâteux, mucilagineux, gélatineux des corps ordinaires n'ont avec lui qu'une ressemblance toute superficielle. Le protoplasma vivant ou capable de vivre est animé, en effet, par des forces internes, et ces forces lui impriment une mobilité intérieure et extérieure qui manque à tous les autres corps connus. Les forces moléculaires qui agissent en lui ne peuvent pas, sans autres explications, être assimilées à celles qui sont en jeu dans toute autre substance (1). La propriété que possède le protoplasma de pouvoir, sous l'action des forces qui agissent librement en lui, revêtir des formes extérieures déterminées et les changer, ainsi que la faculté qu'il a de séparer de sa masse, suivant des lois déterminées, des substances chimiquement et physiquement différentes, sont la cause prochaine de la formation des cellules, comme de tout phénomène organisateur.

Le protoplasma, considéré en pleine activité vitale, et en général abondamment pourvu d'eau, présente d'une part une différenciation interne de sa substance en couches et portions de consistance et de propriétés chimiques différentes; d'autre part il prend une certaine configuration, il se limite par

<hr>

logie der Pflanzen, 1855, p. 274. — NÆGELI : Pflanzenphysiol. Untersuchungen, Zürich. Heft I. — BRÜCKE : Wiener Akad. Berichte, 1861, p. 408 et suiv. — MAX SCHULTZE : Ueber das Protoplasma der Rhizopoden und Pflanzenzellen, Leipzig, 1863. — DE BARY : Die Mycetozoen, Leipzig, 1864. — HOFMEISTER : die Lehre von der Pflanzenzelle, Leipzig, 1867. — HANSTEIN : Sitzungsberichte der niederrhein. Gesellschaft in Bonn. 19 déc. 1870.

(1) Pour ces explications, voir livre III et mon Manuel de physiologie expérimentale. Trad. française, Paris, 1868, § 116.

des surfaces de forme déterminée et le plus souvent mobile et changeante.

Structure et différenciation internes. — La différenciation interne du protoplasma se manifeste, en général, par la formation à sa périphérie d'une couche hyaline, en apparence plus solide, le plus souvent très-mince; cette couche entoure la masse intérieure, mais de manière à demeurer avec elle en parfaite continuité; chaque portion d'un corps protoplasmique, dès qu'elle s'est isolée, se recouvre aussitôt d'une pareille *couche membraneuse.* C'est aussi un caractère général qu'une certaine quantité du suc liquide qui imbibe d'abord toute la substance du protoplasma, s'en sépare sous forme de gouttes ou de vacuoles; si la cellule est en voie d'accroissement, ces vacuoles grandissent à mesure qu'elle se développe et la masse protoplasmique se réduit bientôt à un sac rempli par un suc aqueux.

Une des différenciations internes les plus fréquentes, s'opérant dans la masse protoplasmique jeune au moment où elle se constitue à l'état d'individu distinct, se traduit au dehors par la formation du noyau. La substance du noyau est à l'origine mélangée au reste du protoplasma et sa formation n'est, au fond, pas autre chose que la condensation de certaines particules protoplasmiques autour d'un centre, qui est le plus souvent aussi le centre de la masse protoplasmique tout entière. Une fois formé, ce noyau, dont les propriétés chimiques, autant du moins qu'on les connaît, sont encore très-analogues à celles du protoplasma, peut se limiter par un contour plus vif, il peut même se revêtir d'une *couche membraneuse* et former dans sa masse des vacuoles et des grains que l'on appelle des nucléoles. Il n'en demeure pas moins toujours une partie constituante du protoplasma; il est toujours enveloppé par lui; très-souvent, après une courte existence autonome, il s'y redissout, c'est-à-dire que sa substance se mélange de nouveau à celle du protoplasma, par exemple dans les cellules qui se divisent plusieurs fois, comme nous l'avons vu, page 18. Dans les tubes des Characées, le noyau disparaît pour toujours dès que les courants du protoplasma commencent.

Une autre différenciation, également très-fréquente, de la substance du protoplasma consiste en ce que certaines portions isolées de sa masse, se séparent en prenant une forme déterminée, se colorent en vert et constituent ce qu'on appelle les grains de chlorophylle. Comme le noyau, ces grains de chlorophylle, non-seulement naissent du protoplasma, mais encore en demeurent toujours des parties intégrantes. Comme ils méritent une étude plus approfondie, nous ne faisons que les signaler ici; le paragraphe suivant leur sera spécialement consacré.

La configuration extérieure du protoplasma en un corps de forme déterminée peut être obtenue de deux manières. Ou bien les petites particules isolées qui le constituent tendent à se grouper concentriquement autour d'un centre commun, ou bien il se développe un mouvement intérieur qui a pour résultat de détruire cet arrangement centripète et d'allonger la masse protoplasmique dans toutes les directions. Le premier cas se présente généralement pendant la formation des nouvelles cellules, le second pendant l'accroissement des cellules déjà formées.

Mouvements divers. — Les mouvements des petites particules du protoplasma, qui déterminent son groupement et sa configuration pendant la formation et l'accroissement des cellules, sont d'ordinaire si lents qu'on ne réussit pas à les voir même avec les plus forts grossissements. Dans les cellules déjà formées au contraire, et dont l'accroissement, ou n'a pas encore commencé comme dans les zoospores, ou est à peu près terminé, le protoplasma se montre animé de mouvements actifs et qui paraissent rapides si l'on emploie de très-forts grossissements. En s'en tenant à l'apparence extérieure, on peut distinguer dans ces mouvements les formes suivantes :

a. *Mouvements de masses protoplasmiques nues, dépourvues de membrane.*

1. *Natation des zoospores et des anthérozoïdes.* — Ce mouvement est caractérisé par ce fait que la masse protoplasmique nue, la zoospore ou l'anthérozoïde, ne change pas sa forme extérieure, tandis que des cils vibratiles, qui ne sont euxmêmes probablement que de minces filaments de protoplasma, lui impriment dans l'eau un double mouvement de rotation autour de son axe et de translation.

2. *Mouvement amiboïde.* — Il consiste en des changements actifs dans le contour extérieur de corps protoplasmiques nus, comme les myxoamibes et les plasmodies; ces corps, appuyés contre un support solide, sous l'eau ou dans l'air humide, coulent pour ainsi dire, glissent et rampent sur ce support. En même temps on observe, aussi bien dans leur masse principale que dans les prolongements qu'elle émet, un mouvement en forme de courants.

b. *Mouvements du protoplasma à l'intérieur de la membrane cellulaire.* — Ils commencent quand la masse protoplasmique de la cellule a formé une grande cavité pleine de suc cellulaire, et ils durent souvent, après que l'accroissement est terminé, jusqu'à la mort de la cellule.

3. *Circulation du protoplasma.* — On appelle ainsi les mouvements qui s'opèrent quand des rubans ou cordons, tendus librement à travers le suc cellulaire, rattachent le protoplasma pariétal à celui qui enveloppe le noyau, et l'on y distingue les mouvements d'ensemble des grandes masses protoplasmiques, des mouvements particuliers en forme de courants qui s'opèrent à l'intérieur de ces masses. Les premiers consistent en accumulation ou amoindrissement du protoplasma pariétal tantôt en un point, tantôt en un autre, en déplacements, dans différentes directions, de la pelote centrale qui renferme le noyau et en changements correspondants dans la disposition des cordons. Les seconds sont des courants internes qui agitent sans cesse la masse du protoplasma dans les trois parties qui la constituent, notamment dans les cordons ; ces courants se manifestent par le mouvement des granules qu'ils charrient, et l'on voit souvent deux courants de sens contraire dans le même cordon. Dans les cellules des plantes inférieures et supérieures qui sont abondamment pourvues de protoplasma et de suc, mais contiennent peu de formations granuleuses, la circulation est un phénomène très-répandu, et il est particulièrement net dans les poils.

4. *Rotation du protoplasma.* — On nomme ainsi le mouvement circulaire qui anime la masse protoplasmique pariétale tout entière d'une cellule, quand elle se meut le long de la paroi, à la manière d'un courant fermé, en entraînant avec elle tous les grains et granules qu'elle renferme. On en voit des exemples

dans beaucoup de plantes submergées: Characées, *Vallisneria*, poils des racines de l'*Hydrocharis*, etc.

Réactions chimiques du protoplasma. — Le protoplasma se montre sous deux états, qu'on peut appeler l'état vivant et l'état mort ; les actions chimiques et mécaniques les plus diverses le font passer du premier au second. Les réactions chimiques du protoplasma vivant sont essentiellement différentes de celles du protoplasma mort, ce qu'on ne peut constater toutefois qu'au moyen de réactifs qui ne le tuent pas instantanément. Des dissolutions de diverses matières colorantes, par exemple les solutions aqueuses des principes colorants des fleurs et des fruits, ou l'extrait de cochenille dissous dans l'acide acétique faible, sont impuissants à colorer le protoplasma vivant (1). Mais si on le tue auparavant, ou si l'action prolongée du réactif lui-même lui fait perdre ses propriétés vitales, il absorbe alors la matière colorante et même en proportion plus grande que la dissolution ; sa coloration est, en effet, beaucoup plus intense que celle du réactif. Les dissolutions d'iode dans l'eau, dans l'alcool, dans l'iodure de potassium, dans la glycérine, agissent de la même manière ; elles donnent toutes au protoplasma une coloration jaune ou brune, plus intense que la leur.

Traité d'abord par l'acide nitrique et lavé pour enlever l'excès d'acide, le protoplasma se colore par la potasse en jaune foncé ; imbibé d'une solution de sulfate de cuivre et traité ensuite par la potasse, il devient d'un beau violet sombre. S'il est pauvre en eau, il se colore, par l'action d'une grande quantité d'acide sulfurique anglais concentré, en beau rose rouge, sans changer d'abord de forme : plus tard cette coloration s'efface, en même temps qu'il perd sa forme et difflue. Une solution étendue de potasse et parfois aussi d'ammoniaque, dissout le protoplasma ou détruit au moins sa forme en le rendant homogène et transparent. Laisse-t-on, au contraire, séjourner dans une dissolution concentrée de potasse des cellules dont le protoplasma est doué d'une forme caractéristique, cette forme se conserve pendant des semaines, mais une addition d'eau la détruit immédiatement. L'ensemble de ces réactions caractérise précisément les véritables matières albuminoïdes, comme la caséine, la fibrine, l'albumine ; on est donc en droit de supposer que des substances de ce genre sont toujours contenues dans le protoplasma. Il est bon de remarquer toutefois que dans les cellules où le suc abonde, le sac protoplasmique, à mesure qu'il devient plus mince, acquiert une plus grande fermeté et résiste plus ou moins longtemps à l'action des réactifs. Sous d'autres rapports encore, le protoplasma se comporte comme les matières albuminoïdes ; chauffé au delà de 50 degrés, il se trouble, se roidit et meurt comme coagulé ; l'alcool et les acides minéraux étendus le coagulent aussi. Quant au noyau, soumis à tous ces réactifs colorants, dissolvants et coagulants, il se comporte comme un protoplasma plein de vie et abondamment pourvu d'eau ; jeune il s'y montre même plus sensible, âgé il peut devenir plus résistant.

(1) On conçoit donc pourquoi dans les cellules vivantes dont le suc est coloré, le protoplasma et le noyau demeurent incolores. Dans d'autres cas, c'est au contraire le protoplasma qui est teint par un principe colorant soluble dans l'eau, qui ne se trouve pas dans le suc cellulaire (Floridées, fleurs des Composées d'après M. Askenasy).

Substance fondamentale du protoplasma. — Tous les corps protoplasmiques sont réunis probablement par une substance fondamentale incolore, homogène, dépourvue de granules visibles. C'est à elle seule peut-être que convient réellement le nom de protoplasma, ou du moins on doit la distinguer comme étant la substance fondamentale du protoplasma. Les fins granules qui s'y trouvent si souvent mélangés, et que plusieurs personnes ont pris pour quelque chose d'essentiel, sont probablement des substances nutritives assimilées finement divisées, qui subissent dans le protoplasma des transformations chimiques ultérieures ; car entre les plus petits de ces granules et les plus grands auxquels on reconnaît nettement les caractères de la matière grasse et de l'amidon, il y a toutes les transitions possibles. On trouve, en effet, un protoplasma homogène et dépourvu de granules dans les cotylédons de l'embryon de l'*Helianthus*, ainsi que dans les feuilles primordiales de celui du *Phaseolus ;* il s'y forme plus tard de la chlorophylle. Dans ces exemples, le protoplasma renferme peu d'eau, il est vrai, mais celui des cellules de l'*allisneria*, qui est très-aqueux et animé d'une rotation active, n'en est pas moins dépourvu de granules ; on n'y voit que le noyau et des grains de chlorophylle. Pendant le développement des spores des *Equisetum* (fig. 10), les fins granules se séparent à plusieurs reprises du protoplasma homogène, pour s'y répandre ensuite de nouveau. Mais dans beaucoup de cas, le protoplasma est tellement surchargé de matières granuleuses et colorées que l'on ne peut plus y distinguer la substance fondamentale incolore et hyaline ; il en est ainsi, par exemple, dans les oosphères des *Fucus* (fig. 2), dans les zygospores des Spirogyres (fig. 6), dans beaucoup de spores enfin et de grains de pollen (1). Dans les cellules remplies d'aliments de réserve des graines sèches, par exemple des cotylédons du Haricot et de la Fève, le protoplasma lui-même est souvent contracté en petits grains arrondis, entre lesquels sont logés les grains d'amidon ; cet état du protoplasma sera l'objet d'une étude ultérieure.

Couche membraneuse du protoplasma. — Les masses protoplasmiques nues, comme les plasmodies des Myxomycètes et beaucoup de zoospores, par exemple celles des *Vaucheria*, laissent apercevoir à un grossissement suffisant une bordure hyaline qui est leur *couche membraneuse*. Dans les zoospores des *Vaucheria*, elle est nettement pourvue de stries radiales, tout comme beaucoup de membranes cellulaires. M. Hofmeister a signalé le même fait dans les plasmodies de l'*Aethalium* (Handbuch, I, p. 25). Il est probable que cette couche membraneuse n'est pas autre chose que la substance fondamentale du protoplasma elle-même, homogène, dépourvue de granules, qui s'étend dans toute la masse, mais qui y est masquée, à partir d'une certaine profondeur, par les granules et les grains qu'elle renferme. Cela paraît résulter de ce fait que pendant les mouvements amiboïdes des plasmodies, les nouveaux prolongements sont toujours à l'origine formés par la couche membraneuse seule ; ce n'est que lorsqu'ils s'accroissent, que la substance granuleuse y apparaît. Le même phénomène se produit avec plus de netteté encore, quand la masse protoplasmique d'un tube

(1) M. J. Hanstein désigne sous le nom de *métaplasma* l'ensemble de ces substances qui sont mélangées au vrai protoplasma et qui y subissent des transformations diverses. Botanische Zeitung, 1868, p. 710.

brisé de *Vaucheria* s'échappe dans l'eau ; ses fragments s'arrondissent souvent
aussitôt en sphères, mais il n'est pas rare de les voir animés pendant une
demi-heure ou même une heure d'un mouvement amiboïde semblable à celui
des plasmodies (fig. 42). Cette manière de concevoir la couche membraneuse,
n'empêche nullement qu'elle ne soit plus dense que la substance fondamen-

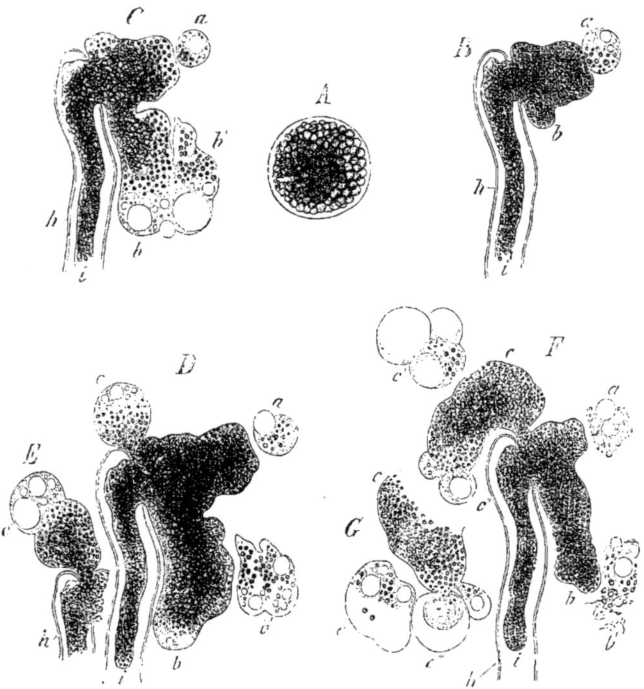

Fig. 42. — De *B* à *G*, protoplasma d'un tube percé de *Vaucheria terrestris* s'échappant lentement dans l'eau, à
quatre états successifs de cinq en cinq minutes. — *h*, la membrane du tube fendu ; *i*, la partie du protoplasma
encore contenue dans le tube ; *a*, en *B, C, D, F*, une sphère protoplasmique se séparant, formant des vacuoles
et enfin diffluente en *F* : *b*, un rameau protoplasmique qui sépare la masse *b'*, masse qui est isolée en *D*, diffluente en *F* ; *c* et *c'* se comportent de même ; *G*, montre les changements ultérieurs de la partie *c''* de *F*. —
A, une pelote protoplasmique récemment sortie et arrondie en sphère ; les grains de chlorophylle se condensent à l'intérieur, un protoplasma hyalin enveloppe le tout d'une couche membraneuse.

tale intérieure plus aqueuse. Dans toute masse protoplasmique, en effet, la
cohésion diminue progressivement de dehors en dedans, comme cela résulte
non-seulement de la plus grande mobilité de la substance interne, telle qu'elle
se manifeste dans les plasmodies, mais encore de la formation des vacuoles ;
celle-ci provient, évidemment, de ce qu'une partie de l'eau contenue dans le
protoplasma se rassemble en certains points intérieurs et finit par y former
des gouttes, ce qui suppose une destruction de la cohésion en ces points.

L'opinion que nous émettons ici, d'après laquelle ce serait la substance fondamentale elle-même, hyaline et homogène, qui se présenterait au pourtour

de toute surface libre du protoplasma sous forme d'une couche membraneuse dépourvue de granules, s'accorde entièrement avec cette supposition que toute vacuole qui se développe dans une masse solide du protoplasma, que tout cordon protoplasmique qui traverse le suc cellulaire, enfin que la surface interne du sac protoplasmique qui enveloppe la cavité du suc cellulaire, est limitée par une couche membraneuse, mais tellement mince que même aux plus forts grossissements on ne réussit pas à l'apercevoir (1).

Vacuoles. — Quand le protoplasma n'est pas enfermé dans une membrane, les vacuoles sont habituellement petites et peu nombreuses. Quand au contraire il forme une membrane cellulaire et que la cellule s'accroît fortement, les vacuoles s'y multiplient et s'y agrandissent (fig.1), et il en résulte souvent un aspect écumeux, les vacuoles n'étant plus séparées que par de minces lamelles protoplasmiques (fig. 43, A). Mais dans d'autres cas, la masse protoplasmique interne de la cellule se partage en petites portions, dont chacune renferme une grande vacuole enveloppée par une mince membrane protoplasmique (fig. 43, B, b). Ce sont là ces *vésicules séreuses*, qui se présentent si fréquemment et qui, enfermant parfois des grains de chlorophylle ou d'autres grains, deviennent ainsi semblables à des cellules ; il n'est pas rare d'en rencontrer dans la chair des fruits bacciformes et dans les tissus mucilagineux.

Quand la cellule, en voie d'accroissement rapide, ne forme pas de nouveau protoplasma, c'est-à-dire quand sa masse protoplasmique ne se nourrit pas à mesure, la quantité de protoplasma y diminue dans la proportion même où s'étend le contour de la cellule et où augmente la masse du suc, et il n'est pas rare de le voir se réduire à un mince sac invisible situé entre la membrane cellulaire

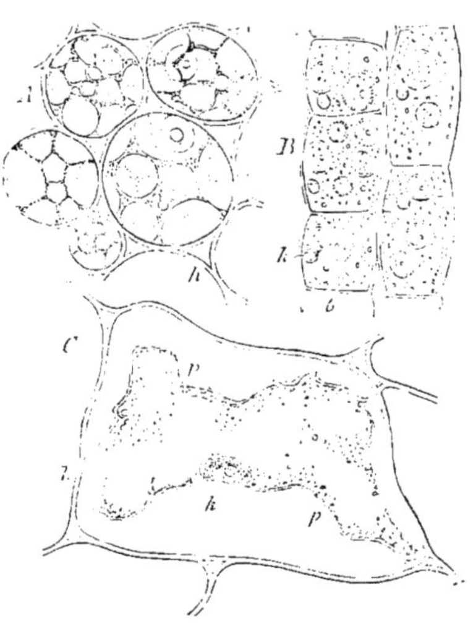

Fig. 43. — Formes du protoplasma contenu dans les cellules. — A et B sont extraits du *Zea Mais* : A, cellules de la première gaine foliaire d'une plantule ; B, cellules du premier entre-nœud de cette plantule. C, provient d'un tubercule d'*Helianthus tuberosus* ; la cellule a été traitée par l'iode et l'acide sulfurique étendu ; h, membrane cellulaire ; k, noyau, p, protoplasma.

qu'il tapisse et le suc cellulaire qu'il enveloppe ; ce n'est qu'en y déterminant une contraction, au moyen de certains corps avides d'eau, qu'on sépare ce sac protoplasmique (utricule primordiale de Mohl) de la membrane et qu'on le rend visible (fig. 43, C, p). Après tout ce que nous en avons dit aux

(1) Voy. J. Hanstein : Die Bewegungserscheinung des Zellkerns, Sitzungsberichte der niederrh. Gesellsch. Bonn, 19 décembre 1870, p. 224, et Botanische Zeitung, 1872.

§§ 1, 2 et 3, et après la comparaison de la figure 1 avec la figure 43, il ne peut plus rester le moindre doute dans l'esprit du lecteur, au sujet de la signification de ce sac protoplasmique à paroi mince, et de sa production par la multiplication et l'agrandissement des vacuoles au milieu d'une masse protoplasmique originairement solide.

Mouvements du protoplasma. — Dans les jeunes cellules, où le protoplasma forme encore une couche épaisse ou bien un réseau traversé par des vacuoles, sa substance paraît animée sans cesse d'un mouvement en forme de courants ; mais ce mouvement est d'ordinaire très-lent, et les particules de la couche la plus extérieure, accolée contre la membrane cellulaire, n'y participent pas. Beaucoup de grandes cellules bien développées en demeurent à cet état : c'est quand elles ne servent pas à emmagasiner des substances assimilées et quand leur masse protoplasmique est suffisamment nourrie pour ne pas se réduire simplement, après l'extension de la cellule, à une mince membrane.

Si la masse protoplasmique se retire tout entière sur la paroi, en enveloppant une seule grande vacuole qui est la cavité du suc cellulaire, les particules qui la composent peuvent toutes ensemble se mouvoir dans une même direction en formant un large courant continu, toujours dirigé, d'après M. Nägeli, de façon à décrire le plus long chemin possible autour de la cellule. C'est ce qu'on appelle quelquefois la rotation intracellulaire ; on en voit des exemples dans les Characées et dans beaucoup d'autres plantes submergées, comme les *Vallisneria*, *Ceratophyllum*, les Hydrillées, les poils des racines de l'*Hydrocharis* (1). Le noyau sphérique, quand il subsiste, car dans les Characées il disparaît de bonne heure, est entraîné lui-même par le courant.

Mais la masse protoplasmique qui enveloppe la grande cavité du suc cellulaire, peut aussi posséder des prolongements en forme de rubans anastomosés en réseau et dont la substance se meut dans diverses directions ; alors le noyau, ou bien est immobile et forme en quelque sorte le centre du mouvement, ou bien est entraîné par le courant. Des cas de ce genre se rencontrent assez fréquemment dans les poils des plantes terrestres (poils urticants de l'*Urtica*

(1) M. Velten a montré tout récemment que la rotation du protoplasma, telle qu'elle s'exécute dans les *Chara*, *Vallisneria*, *Elodea*, etc., est un phénomène beaucoup plus répandu qu'on ne pouvait le supposer d'après les quelques exemples connus, et qu'il n'y a peut-être pas de plante supérieure qui ne le présente au moins dans certaines de ses cellules. Pour observer la rotation du protoplasma dans les herbes, il suffit de placer une section longitudinale de la tige dans l'eau ordinaire. On voit alors le phénomène se manifester, non-seulement dans les cellules de la région cambiale, mais encore dans des éléments plus âgés et à paroi assez épaissie, par exemple dans les cellules vasculaires réticulées, les cellules grillagées, les cellules des rayons médullaires, et même les cellules ligneuses (tige des *Sida*, *Heracleum*, *Ligusticum*, *Anethum*, *Impatiens*, *Lathyrus*, *Maclea*, *Artemisia*, *Astragalus*, *Tradescantia*, *Arundo*, etc., axe d'inflorescence du *Pavia macrostachya*, etc.). — Pour observer le phénomène dans les arbustes et dans les arbres, il est nécessaire de placer les sections longitudinales de la tige dans de l'eau gommée d'autant plus concentrée que la tige est plus ferme. Grâce à cet artifice, M. Velten a pu manifester la rotation du protoplasma dans les cellules grillagées de l'*Æsculus Hippocastanum*, dans les cellules de la région cambiale des *Sophora japonica*, *Pavia neglecta*, *Quercus sessiliflora*, *Carpinus Betulus*, *Pinus Pumilio*, *Fraxinus excelsior*, etc., etc. (VELTEN : Ueber die Verbreitung der Protoplasmabewegungen im Pflanzenreiche, Botanische Zeitung, 6 septembre 1872, p. 615.) (*Note du trad.*)

urens, poils étoilés de l'*Althœa rosea* [fig. 44]. Les filaments protoplasmiques mobiles traversent assez souvent la cavité du suc cellulaire, en reliant le sac protoplasmique pariétal à une pelote de protoplasma située au centre de la cellule et qui enveloppe le noyau (*Spirogyra*, poils de *Cucurbita*). Ces rubans ou courants filamenteux, tendus librement à travers le suc cellulaire, prennent

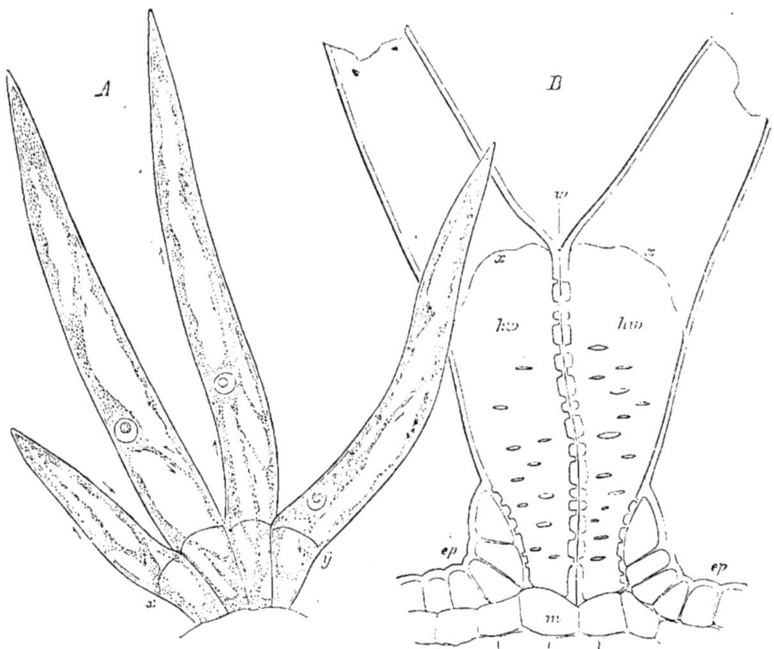

Fig. 44. — *A*, poil étoilé du calice d'un jeune bouton d'*Althœa rosea* ; le sac protoplasmique de chaque cellule contient des portions de protoplasma plus épaisses, qui sont animées d'un mouvement de courant dont le sens est indiqué par les flèches. — *B*, épiderme *ep*, avec la base d'un poil étoilé complètement développé, pour montrer la structure de la paroi (550).

leur origine dans les minces lamelles protoplasmiques qui, dans les jeunes cellules en voie d'accroissement, séparent encore les vacuoles voisines ; quand enfin ces vacuoles se fondent en une seule cavité, les parties les plus épaisses des lamelles de séparation (fig. 1, *B*) peuvent persister, en formant des filaments anastomosés en un réseau plus ou moins régulier. La forme de ce réseau rappelle tout d'abord la position et la grandeur de ces vacuoles primitives maintenant confondues, mais plus tard l'agrandissement de la cellule et les mouvements intérieurs de toute la masse protoplasmique y amènent des déchirements et de complètes déformations. Mais, en outre, il se développe aussi de nouveaux filaments : le protoplasma périphérique, ou même les rubans les plus épais forment des replis saillants qui se séparent ensuite de la masse en y laissant attachées leurs deux extrémités ; les nouveaux filaments ne se développent donc pas comme des branches, par une extrémité libre (voir Hanstein, *loc. cit.*, p. 221). Par contre, d'anciens filaments disparaissent çà et là, parce que, tout en conservant leurs extrémités en relation avec le reste du système, ils se fusionnent avec d'autres portions de la masse protoplasmique. Tous ces filaments, rattachés d'une part au protoplasma central qui renferme le noyau et d'autre part à la couche extérieure qui tapisse la membrane cellulaire, forment donc un système continu et lié, dont les parties constituantes peuvent se déplacer l'une par rapport à l'autre.

Outre ces déplacements des diverses portions du protoplasma à l'intérieur d'une cellule pourvue de circulation, déplacements dont les résultats sont l'accumulation ou l'amoindrissement du protoplasma pariétal tantôt en un point, tantôt en un autre, l'oscillation de la pelote centrale qui renferme le noyau et enfin les déformations correspondantes des filaments, les forts grossissements permettent d'apercevoir encore une autre sorte de mouvements, liés certainement aux premiers, mais sans que l'on puisse bien dire comment. On voit en effet dans le protoplasma pariétal, dans la masse centrale qui renferme le noyau, mais surtout avec la plus grande netteté dans les filaments, on voit les très-petits granules disséminés dans le protoplasma et souvent aussi de petits grains de chlorophylle, animés d'un mouvement en forme de courant qui peut avec les forts grossissements paraître extrèmement rapide. Mais il ne faut pas oublier que si la cellule est grossie 500 fois, la vitesse du mouvement paraît 500 fois plus grande. Il n'est pas rare de voir à l'intérieur d'un filament souvent très-mince les granules glisser à côté l'un de l'autre dans deux directions opposées. De petits grains de chlorophylle paraissent souvent glisser à la surface de minces filaments ; il faut cependant tenir pour certain qu'eux aussi sont enfermés dans la substance du filament ; seulement ils y proéminent fortement et ne sont recouverts que par une lamelle très-mince.

Le déplacement en masse des grandes portions de protoplasma, dont dépendent les divers groupements intérieurs du corps protoplasmique de la cellule, peut être comparé au mouvement d'ensemble par lequel les amibes nus changent incessamment leur contour et se transportent en rampant d'un lieu dans un autre. Seulement la membrane cellulaire, par sa rigidité, interdisant au protoplasma qu'elle renferme toute déformation de contour et tout déplacement d'ensemble, le mouvement ne peut avoir pour objet que des portions plus ou moins grandes du protoplasma et pour champ d'action que l'enceinte cellulaire. Quant au mouvement en forme de courants, rendu visible par le déplacement des granules qu'il entraîne, on le rencontre dans le protoplasma nu des amibes en voie de reptation, aussi bien que dans celui qui est réduit à circuler dans une capsule rigide de cellulose.

Le noyau. — Le noyau cellulaire, qui ne manque jamais aux Mousses et aux plantes vasculaires, mais dont bien des Thallophytes sont dépourvus, est un produit de différenciation du protoplasma, c'est-à-dire qu'il doit être considéré comme une partie intégrante du protoplasma, qui a revêtu une forme spéciale. Cela résulte assez clairement, non-seulement de ses propriétés chimiques, comme nous l'avons dit plus haut, mais encore de son mode de division pendant la formation des cellules (voy. § 3), pour que nous n'ayons pas besoin d'y insister ici davantage. Nous devons, au contraire, faire ressortir ce point, que le noyau, une fois formé, constitue une partie de la cellule douée d'une forme caractéristique et qu'il possède jusqu'à un certain degré son développement propre.

A l'origine, le noyau est toujours une masse arrondie et homogène de substance protoplasmique. Plus tard, sa surface acquiert plus de solidité, sans former cependant une membrane particulière, et à l'intérieur apparaissent ordinairement un ou deux, parfois même plusieurs gros granules qu'on appelle les nucléoles, mais qui manquent assez souvent. En général, au moment de son apparition dans la jeune cellule, il possède déjà ou à peu près sa grandeur définitive ; son accroissement n'est jamais proportionnel à celui de la cellule. Dans les jeunes cellules du tissu (fig. 1), il occupe le plus souvent une grande partie du volume cellulaire ; dans les cellules développées, au contraire, sa masse est très-petite relativement à celle de la cellule entière. Ordinairement, une fois limité par une couche extérieure plus solide, une fois pourvu de nucléoles et de petites vacuoles, il cesse de se développer ; quelquefois cependant il s'accroît pendant un certain temps ; les vacuoles s'y multiplient jusqu'à rendre sa substance écumeuse et il arrive même que cette substance se meut en forme de courants et qu'il s'établit ainsi, à l'intérieur de la couche solide externe du noyau, une vraie circulation, comme dans une cellule (1).

Le noyau demeure toujours enveloppé par la substance du protoplasma. Quand celui-ci s'est rempli de vacuoles, ou est parvenu à l'état circulatoire que nous avons décrit, le noyau demeure entouré d'une enveloppe ou d'une pelote épaisse de protoplasma qui, grâce aux lamelles qui séparent les vacuoles et plus tard aux courants filamenteux, se maintient en communication directe avec le sac protoplasmique pariétal. Il suit passivement tous les déplacements, toutes les oscillations de la masse protoplasmique qui le renferme, mais, sous l'influence de la pression et des tiraillements de cette masse, il subit des changements de forme qui se succèdent sous l'œil de l'observateur. « Pendant le mouvement, dit excellemment M. Hanstein (*loc. cit.*, p. 226), les rubans protoplasmiques sont et demeurent très-fortement tendus, de sorte que l'enveloppe du noyau est tirée par eux et prend une forme anguleuse. Il semble que le noyau, avec son enveloppe, soit remorqué comme un navire par des câbles serrés. Et comme pendant cette traction les cordons eux-mêmes changent de forme et de direction, on conçoit que l'enveloppe du noyau où ils sont attachés change en même temps de figure. Mais ce n'est pas seulement l'enveloppe du noyau qui change, c'est aussi le noyau lui-même. Tant qu'il se déplace, en effet, le noyau n'est jamais ni sphérique, ni de quelque forme régulière que ce soit, mais toujours irrégulièrement allongé et étendu le plus souvent dans la direction même de son déplacement actuel. » Ce changement de forme du noyau se reconnaît encore au déplacement des nucléoles à l'intérieur de sa masse.

(1) Dans les jeunes poils de l'*Hyoscyamus niger*, d'après M. A. WEISS, Sitzungsberichte der Wiener Akademie 1866, t. LIV.

§ 6.

Les corps chlorophylliens et autres formations protoplasmiques analogues (1).

Leurs caractères généraux. — La matière colorante verte, si généralement répandue dans le règne végétal, la chlorophylle, est toujours liée à de certaines parties de la masse protoplasmique de la cellule, douées d'une forme particulière. Ces portions de protoplasma colorées en vert peuvent, eu égard à la matière colorante qui les teint, être désignées sous le nom général de *corps chlorophylliens;* sous leur forme la plus commune on les appelle des *grains de chlorophylle*. Tout corps chlorophyllien renferme donc au moins deux substances : la matière colorante et son support protoplasmique; si l'on extrait la première par l'alcool, l'éther, le chloroforme, la benzine, l'huile grasse ou essentielle, le second demeure incolore. Le principe colorant n'est contenu dans chaque corps chlorophyllien qu'en proportion extrêmement minime, car, une fois décolorée, la masse protoplasmique fondamentale conserve non-seulement sa forme, mais encore son volume primitif. Cette masse est d'ailleurs toujours un corps solide, de consistance molle, muni d'extrêmement petites vacuoles, et la matière colorante y est répandue dans toute sa substance, bien que parfois inégalement.

Les corps chlorophylliens naissent dans les jeunes cellules, par la séparation du protoplasma en portions incolores et en portions qui verdissent et qui prennent un contour très-net. On peut concevoir le phénomène comme une condensation locale en masses distinctes de petites particules de nature un peu différente, répandues à l'origine dans le protoplasma homogène ou qui s'y développent plus tard. Ainsi formés, les corps chlorophylliens demeurent toujours, comme le noyau lui-même, plongés dans le protoplasma incolore, qui les enveloppe de toutes parts. Jamais on ne les rencontre en contact immédiat avec le suc cellulaire. Leurs propriétés physiques et chimiques attestent d'ailleurs que la substance fondamentale incolore qui les constitue est tout à fait analogue au protoplasma. Enfin ils se comportent, en mainte circonstance, comme des parties intégrantes du protoplasma lui-même, ce qui arrive par exemple dans la division des cellules vertes, dans la conjugaison des Algues, dans la formation des zoospores, etc. Cependant, une fois formés, les corps chlorophylliens ont un développement propre : ils s'accroissent, et s'ils sont arrondis en forme de grains de chlorophylle, ils peuvent se multiplier par voie de division. Ces deux phénomènes dépendent toujours néanmoins de l'accroissement de l'ensemble de la masse protoplasmique où ils sont plongés.

(1) H. v. Mohl : Botanische Zeitung, 1855, nᵒˢ 6 et 7. — A. Gris : Ann. des sc. nat., 4ᵉ série, t. VII, 1857, p. 179. — J. Sachs : Flora, 1862, p. 129, 1863, p. 193. — J. Sachs : Manuel de physiologie expérimentale des plantes. Trad. française. Paris, 1868, § 87. — Hofmeister : die Lehre von der Pflanzenzelle. Leipzig, 1867, § 41. — Kraus : Jahrbücher für wissensch. Botanik, VIII, 1871, p. 131.

Diversité de forme des corps chlorophylliens. — Ce n'est guère que dans certaines Algues que les corps chlorophylliens présentent une grande diversité de formes. Il arrive parfois ici que la masse protoplasmique tout entière de la cellule, sauf sa couche la plus externe, sa couche membraneuse, sauf aussi quelques places isolées, possède une couleur verte homogène (beaucoup de zoospores, Palmellacées, gonidies de Lichens). Ou bien les corps chlorophylliens prennent la forme de figures étoilées, par exemple dans le *Zygnema cruciatum* (fig. 45). Ou bien ils constituent, soit plusieurs lamelles formant une étoile

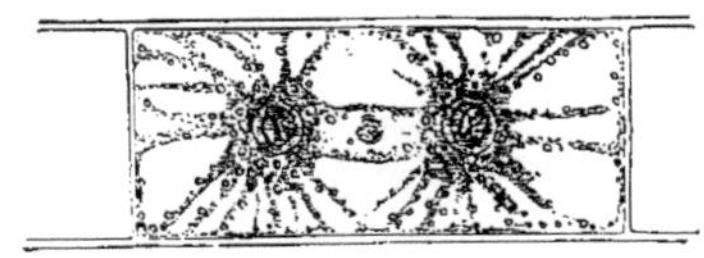

Fig. 45. — Une cellule de *Zygnema cruciatum* avec deux corps chlorophylliens étoilés qui flottent à l'intérieur de la cellule; ils sont réunis par un pont de protoplasma incolore dans lequel se voit un noyau: les rayons qui les font communiquer avec le sac protoplasmique pariétal sont incolores à partir de leur milieu environ. Au centre de chacun des deux corps chlorophylliens se trouve un gros grain d'amidon (350).

sur la section transversale de la cellule (*Closterium*, etc.), soit des rubans droits ou spiralés (*Spirogyra*). Mais dans la plupart des Algues, dans toutes les Mousses et dans toutes les plantes vasculaires les corps chlorophylliens sont simplement de petites masses arrondies ou polyédriques condensées autour d'un centre interne; sous cette forme très-commune on les désigne habituellement par le nom de *grains de chlorophylle*. Ordinairement chaque cellule renferme un grand nombre de ces grains, parfois cependant il n'y en a que quelques-uns relativement grands (*Selaginella*) et même, dans une des Hépatiques les plus simples, l'*Anthoceros*, on ne trouve dans chaque cellule qu'un seul grain de chlorophylle renfermant le noyau dans son intérieur et qui, pendant la division de la cellule, subit une division correspondante.

Substances produites à l'intérieur des corps chlorophylliens. — A de très-rares exceptions près, il se produit, dans la substance solide et homogène des corps chlorophylliens, des grains d'amidon. Quand ces corps ont une forme particulière, les grains d'amidon y sont répartis à des places déterminées (voy. par ex., fig. 5); dans les grains de chlorophylle ordinaires, ils apparaissent à l'intérieur en plus ou moins grande quantité. Ce sont d'abord des points, qui grossissent de plus en plus et peuvent envahir tellement le grain de chlorophylle, que la substance verte ne forme plus autour du grain d'amidon qu'un mince revêtement. Ce revêtement peut même disparaître dans certaines circonstances (feuilles âgées et jaunies de *Pisum sativum*, *Nicotiana*), et dans la cellule vide de protoplasma on ne trouve plus alors, en place des grains de chlorophylle, que leur contenu amylacé. Parfois aussi des gouttes d'huile se développent à l'intérieur du corps chlorophyllien, par exemple dans les rubans spiralés des Spirogyres, et çà et là on y observe encore des granules de nature inconnue.

Mais toutes ces formations, nées dans les corps chlorophylliens, ne s'y rencontrent pas constamment; leur production et leur disparition dépendent essentiellement de la lumière, de la température et d'autres circonstances extérieures. L'existence des corps chlorophylliens eux-mêmes est liée à ces conditions extérieures; nous reviendrons avec détails sur ce point dans le livre III et nous y montrerons que la chlorophylle est un des corps élémentaires les plus importants, tandis que les divers contenus qu'elle renferme sont des produits d'assimilation. Cette question et plusieurs autres propriétés purement physiologiques de la chlorophylle ne pourront être utilement traitées que dans ce troisième livre.

Redissolution des corps chlorophylliens. — Tôt ou tard, dans le cours normal des choses, les corps chlorophylliens se redissolvent de nouveau; c'est ce qui arrive de la manière la plus frappante quand les feuilles des

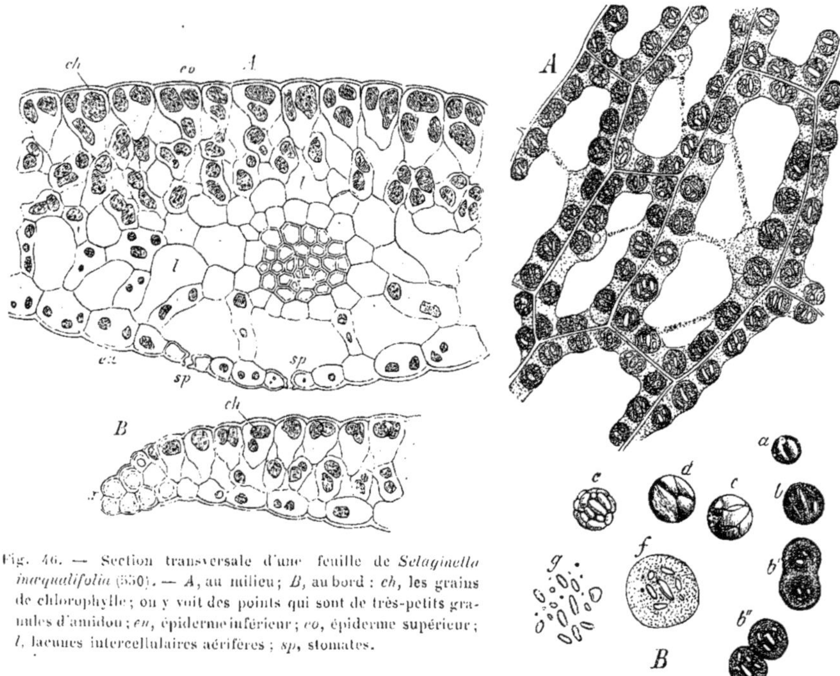

Fig. 46. — Section transversale d'une feuille de *Selaginella inæqualifolia* (550). — *A*, au milieu; *B*, au bord : *ch*, les grains de chlorophylle; on y voit des points qui sont de très-petits granules d'amidon; *eu*, épiderme inférieur; *eo*, épiderme supérieur; *l*, lacunes intercellulaires aérifères; *sp*, stomates.

Fig. 47. — Grains de chlorophylle du *Funaria hygrometrica* (550). — *A*, cellules d'une feuille développée, vues de face; les grains de chorophylle pariétaux sont plongés dans une couche protoplasmique, qui renferme aussi le noyau; les grains de chlorophylle contiennent des granules d'amidon, laissés en blanc dans la figure. *B*, grains de chlorophylle isolés avec leur contenu amylacé : *a*, un jeune grain; *b*, un grain plus âgé, *b'* et *b"* en voie de division; *c*, *d*, *e*, grains de chlorophylle âgés, où les grains d'amidon prennent toute la place de la chlorophylle; *f*, un jeune grain de chlorophylle gonflé par l'eau; *g*, le même après l'action prolongée de l'eau : la chlorophylle y est détruite, les grains d'amidon demeurent isolés.

plantes supérieures s'apprêtent à tomber, par exemple en automne dans les arbres et les arbrisseaux de nos pays. La masse protoplasmique tout entière et avec elle les corps chlorophylliens, se redissolvent alors dans toutes les cellules des feuilles destinées à tomber, quittent ces cellules et sont ramenés dans les parties vivaces où ils se concentrent. Les phénomènes qui accompagnent cette dissolution sont très-divers, mais en définitive il ne reste dans les cellules, remplies d'eau et souvent d'aiguilles cristallines, qu'une certaine quantité de granules jaunes, brillants, qui n'ont aucune ressemblance avec la chlorophylle. Si les feuilles sont rouges au moment de leur chute, cette coloration rouge est produite par une substance dissoute dans le suc cellulaire ; mais on y retrouve aussi les granules jaunes.

Principes colorants mélangés à la chlorophylle dans les corps chlorophylliens. — On ne peut pas toujours reconnaître la présence de la chlorophylle dans les tissus, à la coloration extérieure de l'organe. Parfois, en effet, les cellules où se trouvent des grains de chlorophylle renferment en même temps un suc cellulaire rouge ; d'autres fois, le tissu vert des feuilles est recouvert par un épiderme pourvu de suc rouge (jeunes plantes d'*Atriplex hortensis*), et dans ce cas il suffit d'arracher cet épiderme coloré pour apercevoir la coloration verte du tissu. Mais dans certaines Algues et dans certains Lichens, il arrive que les corps chlorophylliens de la cellule eux-mêmes renferment, outre la matière colorante verte, une substance rouge, ou bleue, ou jaune, mais toujours soluble dans l'eau. A cause du mélange de la chlorophylle qu'ils renferment avec ces diverses autres matières colorantes, les corps chlorophylliens frais paraissent alors vert-de-gris (*Oscillaria*, *Peltigera canina*, etc.) rouge vif (Floridées), brun (*Fucus*, *Laminaria saccharina*), ou jaune-brun (Diatomées). (Voir livre II, Algues.)

Altérations de la chlorophylle. — Il faut soigneusement séparer des cas qui précèdent ceux où des grains de chlorophylle originairement verts prennent, à la suite d'une altération de leur matière colorante, une couleur rouge ou jaune, phénomène que je regarde, à cause de ses conséquences physiologiques, comme une dégradation de la chlorophylle. C'est ainsi que les grains verts des parois de l'anthéridie des Mousses et des Characées deviennent d'un beau rouge au temps de la fécondation ; c'est ainsi encore que le changement de couleur des fruits qui mûrissent (*Lycium barbarum*, *Solanum pseudocapsicum*, etc.), et qui, de verts qu'ils étaient, deviennent jaunes ou rouges, provient d'un changement de couleur correspondant dans les grains de chlorophylle qui, en même temps, se désagrégent en fragments anguleux à deux ou trois pointes (Kraus, *loc. cit.*).

Grains pigmentaires analogues aux grains de chlorophylle. — Les grains qui supportent la matière jaune qui colore les pétales d'un grand nombre de fleurs, ceux des fleurs de *Cucurbita* par exemple, sont très-voisins des grains de chlorophylle. Les corps qui se présentent dans les fleurs bleues (*Tillandsia amœna*), brunes ou violettes (*Orchis Morio*), s'éloignent déjà beaucoup plus de ce type, bien qu'ils soient encore formés d'une substance fondamentale incolore analogue au protoplasma, teinte par une matière colorante soluble dans l'eau.

Substance fondamentale des corps chlorophylliens. — Si l'on fait abstraction des divers contenus que nous venons de signaler, la substance fondamentale des corps chlorophylliens est dépourvue de tous ces fins granules qui sont si répandus dans le protoplasma incolore et animé de mouvements. Malgré leur contour très-vif ils sont très-mous, et onctueux quand on les écrase. Mis en contact avec de l'eau pure, ils prennent des vacuoles qui se gonflent fortement et interrompent la masse verte, comme autant de

vésicules hyalines. Les jeunes grains de chlorophylle peuvent ainsi se transformer en tendres vésicules, dans l'intérieur desquelles flottent les grains
d'amidon ; les grains âgés ont beaucoup plus de consistance. Quand on a extrait la matière colorante verte de certains corps chlorophylliens, par
exemple des rubans des Spirogyres, des grains de l'*Allium Cepa,* leur substance fondamentale incolore est plus résistante, comme coagulée, et elle présente toutes les réactions du protoplasma que nous avons signalées plus haut.

Genèse des corps chlorophylliens. — La genèse des corps chlorophylliens
n'a été directement observée jusqu'à présent que sous leur forme la plus
commune, la forme de grains. Elle peut, jusqu'à un certain point, être
comparée à la formation libre des cellules. Autour de certains centres de
formation, situés à l'intérieur du protoplasma, de petites particules de sa
substance se condensent et forment des masses nettement limitées. Si les
centres de formation sont suffisamment espacés, les grains de chlorophylle
s'arrondissent (poils des *Cucurbita*), mais s'ils sont rapprochés et que les
grains deviennent gros, ces grains sont dès l'origine polyédriques, comme
s'ils s'aplatissaient en se pressant les uns contre les autres. Le phénomène
se passe alors à peu près comme pendant la formation de nombreuses petites
zoospores dans un sporange d'*Achlya* (fig. 9 *A*), avec cette différence pourtant qu'ici une certaine quantité de protoplasma incolore demeure toujours
interposée aux portions qui verdissent (grains de chlorophylle pariétaux des
feuilles des Phanérogames).

Si, pendant la formation des grains de chlorophylle, une pelote de protoplasma se trouve rassemblée autour d'un noyau central, les grains naissent souvent au voisinage de ce noyau ; ils peuvent ensuite être promenés
dans la cellule par les courants protoplasmiques et y prendre plus tard des
positions déterminées. Dans les Algues filamenteuses douées d'accroissement
terminal (*Vaucheria, Bryopsis*), ils se forment dans la masse protoplasmique
incolore de l'extrémité du tube et demeurent ensuite accolés à la paroi.
Dans la spore mûre de l'*Osmunda regalis*, la chlorophylle enveloppe le noyau
comme une masse amorphe et floconneuse, mais à la germination cette
masse se divise en grains ovales, limités par un contour d'abord confus,
plus tard très-vif (d'après M. Kny). Dans les cellules à chlorophylle des
très-jeunes feuilles des Phanérogames (cotylédons de l'*Helianthus annuus,*
feuilles primordiales des *Phaseolus*, bourgeons des tubercules d'*Helianthus
tuberosus*), on remarque à l'origine, appliqué contre la paroi, un protoplasma
hyalin, dépourvu de granules et de forme déterminée ; c'est lui qui, par un
développement ultérieur, produit les grains de chlorophylle et les choses
s'y passent comme si sa masse tout entière se découpait en fragments polyédriques.

Les grains de chlorophylle n'acquièrent pas toujours en même temps
leur forme et leur substance colorante verte. Ils peuvent être à l'origine
incolores, comme dans les *Vaucheria* et les *Bryopsis* d'après M. Hofmeister,
ou jaunes comme dans les feuilles en voie de développement ou insuffisamment éclairées des Phanérogames, et ne verdir que plus tard. Dans les
cotylédons des Conifères et dans les feuilles des Fougères, ils naissent verts,

même à l'obscurité la plus profonde, pourvu que la température soit suffisamment élevée.

Accroissement et multiplication des grains de chlorophylle par voie de division. — Une fois formés et verdis, les grains de chlorophylle s'accroissent par intussusception jusqu'à acquérir plusieurs fois leur volume primitif. S'ils sont pariétaux, leur extension en largeur et en longueur est d'ordinaire proportionnelle à l'accroissement correspondant de la membrane cellulaire et de la masse protoplasmique où ils sont plongés. Mais si l'accroissement de la cellule est très-grand, les grains de chlorophylle pariétaux se divisent à mesure qu'ils s'agrandissent ; cette division est toujours une bipartition, produite par un étranglement normal au grand diamètre et qui devient de plus en plus profond jusqu'à ce qu'enfin le grain se sépare en deux grains ordinairement égaux. S'il renfermait de petits granules d'amidon avant sa bipartition, ces granules se disposent autour des centres des deux grains nouvellement formés. La démonstration de ce phénomène résulte d'une part du fait de la multiplication des grains et d'autre part de la présence fréquente de grains étranglés au milieu en manière de biscuit. Dès que M. Nägeli eut découvert la bipartition des grains de chlorophylle dans les *Nitella*, *Bryopsis*, *Valonia*, ainsi que dans les prothalles, le phénomène ne tarda pas à être observé dans toutes les familles de Cryptogames vertes. Cette bipartition paraît aussi très-répandue chez les Phanérogames ; elle y a été rencontrée par M. Sanio dans les *Peperomia* et *Ficaria*, et plus tard par M. Kny, dans les *Ceratophyllum*, *Myriophyllum*, *Elodea*, *Utricularia*, *Sambucus*, *Impatiens*, etc.

Dans les cellules faiblement éclairées et pauvres en chlorophylle du prothalle de l'Osmonde, M. Kny a montré qu'il se développe, à la suite d'une série de bipartitions répétées, des chapelets de grains de chlorophylle. Comme les chapelets de cellules du Nostoc, auxquels ils ressemblent, ils s'allongent toujours davantage par des divisions intercalaires ; comme eux aussi, ils peuvent se ramifier quand certains grains isolés s'allongent et se dédoublent transversalement.

Structure interne des corps chlorophylliens. — La couche extérieure des corps chlorophylliens paraît fréquemment plus dense que la substance interne. A mesure qu'on pénètre plus profondément, celle-ci devient de plus en plus aqueuse et sa cohésion diminue à mesure, comme on le voit clairement par la formation des vacuoles. Une différenciation interne en deux systèmes croisés de lamelles de densité différente n'a été observée jusqu'ici qu'une seule fois, dans des grains de chlorophylle âgés du *Bryopsis plumosa*, par M. Rosanoff. Voilà tout ce qu'on peut dire actuellement sur la structure intérieure des corps chlorophylliens.

§ 7.

Les cristalloïdes (1).

Leurs caractères généraux. — Une partie de la substance protoplasmique des cellules prend parfois des formes géométriques comparables à celles des cristaux. Il s'y forme des corps limités par des faces planes, des arêtes vives et des angles, qui rappellent à s'y méprendre les vrais cristaux et leur ressemblent encore par la manière dont ils agissent sur la lumière polarisée. Ils en diffèrent toutefois essentiellement dans leurs rapports avec les influences extérieures, vis-à-vis desquelles ils manifestent la plus grande analogie avec les autres corps organisés des cellules. C'est donc avec raison qu'on les désigne sous le nom de *cristalloïdes*, proposé par M. Nägeli. Ordinairement incolores, les cristalloïdes sont quelquefois teints par diverses matières colorantes non vertes dont on peut les débarrasser. Ils manifestent toutes les réactions essentielles du protoplasma : l'accumulation des matières colorantes, la coagulation, la coloration en jaune par la potasse après l'action de l'acide nitrique, la coloration en jaune par l'iode. Comme celle des matières albuminoïdes, la solubilité des cristalloïdes est très-variable suivant les cas. Ils sont capables d'imbibition et se gonflent énormément sous l'influence de certaines dissolutions ; leur couche extérieure est plus résistante que la masse interne qui est plus aqueuse. D'après M. Nägeli, quand on les étudie de près, les cristalloïdes se montrent formés d'un mélange de deux substances inégalement solubles, unies de telle sorte que lorsque la plus soluble est extraite lentement, la plus résistante conserve sa forme et demeure comme le squelette du cristalloïde.

La forme des cristalioïdes est différente suivant les plantes ; ce sont des cubes, des tétraèdres, des octaèdres, des rhomboèdres ou d'autres formes qu'on n'a pu encore déterminer le plus souvent, à cause de leur petitesse et de l'inconstance de leurs angles.

Dans les organes des plantes phanérogames en cours de végétation active, on ne les connaît jusqu'à présent que dans le seul *Lathræa squamaria*. Le plus souvent ils se forment dans les cellules où se trouvent emmagasinées, pour être réemployées plus tard, de grandes réserves de substances nutritives, de sorte que les cristalloïdes eux-mêmes paraissent n'être qu'une certaine forme de corps protoplasmiques appropriés à cet état de repos (pommes de terre, beaucoup de graines oléagineuses). On les trouve rarement dans les

---

(1) Hartig : Botanische Zeitung. 1856. p. 262. — Radlkofer : Ueber die Krystalle proteïnartiger Körper pflanzlichen und thierischen Ursprungs. Leipzig, 1869. — Maschke : Bot. Zeitung. 1859, p. 409. — Cohn : Ueber Proteïnkrystalle in den Kartoffeln : 37. Jahresbericht der schlesischen Gesellsch. f. vaterl. Cultur. 1858. Breslau. — Nægeli : Sitzungsberichte der k. bayer. Akademie der Wiss. 1862, p. 233. — Cramer : das Rhodospermin : Vierteljahrschrift der naturforsch. Gesellsch. in Zurich. Bd. VII. — J. Klein : Flora 1871 et Jahrbücher für wissensch. Botanik, VIII. 1872.

cellules séveuses, comme dans les Pommes de terre, le plus souvent dans les cellules dépourvues de suc, comme dans les graines oléagineuses. On rencontre des cristalloïdes colorés, dans les pétales des fleurs et dans les fruits. Parfois ils ne se forment qu'après l'action de l'alcool ou d'une dissolution de sel marin sur la plante, à l'intérieur ou à l'extérieur de celle-ci (Rhodospermine).

Les cristalloïdes de la Pomme de terre sont englobés dans le protoplasma. Ceux du *Lathræa squamaria*, très-répandus dans tous les tissus de la plante, sont contenus en grand nombre dans le noyau lui-même. Ceux des graines oléagineuses sont le plus souvent enfermés dans les grains d'aleurone.

Cristalloïdes de la Pomme de terre, du *Lathræa squamaria*, des graines oléagineuses. — Les cristalloïdes de la Pomme de terre, découverts par M. Cohn, se prêtent commodément à l'observation. Dans plusieurs sortes de Pommes de terre, ils sont très-abondants; chez d'autres, on en trouve rarement dans les cellules pauvres en amidon qui se trouvent sous l'enveloppe externe, et il faut, pour les rencontrer, pénétrer assez profondément dans le tissu. Ils sont enfermés dans le protoplasma. Ordinairement ce sont des cubes parfaitement développés, plus rarement des formes dérivées du cube, des tétraèdres par exemple.

Les cristalloïdes rencontrés par M. Radlkofer dans les noyaux des cellules du *Lathræa squamaria* se trouvent réunis côte à côte en grand nombre dans chaque noyau. Ce sont des tables rectangulaires minces, parfois en forme de losange ou de trapèze. Il est probable qu'ils appartiennent au système rhombique.

Dans les deux cas qui précèdent, les cristalloïdes s'offrent directement à l'observation, et par suite leurs rapports avec ce qui les entoure sont très-nets. Il n'en est pas de même des graines oléagineuses, où les cristalloïdes sont enfermés dans des grains d'aleurone. Devant revenir plus loin sur ce sujet, je me borne à dire ici qu'on extrait en grande masse les cristalloïdes de la noix de Para (graine du *Bertholletia excelsa*), en lavant avec de l'huile ou de l'éther le parenchyme gras préalablement pulvérisé ; par le repos, ils se séparent du liquide comme une fine farine. Sur les coupes pratiquées dans le tissu, il est difficile de voir quelque chose de net. Ainsi isolés, ces cristalloïdes ont été soigneusement étudiés par M. Nägeli. D'après ses descriptions, ils sont rhomboédriques, ou octaédriques, ou simplement tabulaires; mais on ne sait pas encore avec certitude si c'est au système hexagonal ou au clinorhombique qu'ils appartiennent. Desséchés et placés ensuite dans l'eau, ils changent leurs angles de 2 à 3 degrés; dans une dissolution de potasse, ils se gonflent fortement, et leurs angles subissent un changement de 15 à 16 degrés environ. Les acides faibles et la glycérine étendue en extraient une certaine substance et il reste un squelette pourvu d'une membrane solide.

Les cristalloïdes des cellules de l'albumen du Ricin (*Ricinus communis*) sont, comme tous les cristalloïdes, insolubles dans l'eau, et on les observe nettement quand on place dans l'eau une coupe mince de ce tissu; l'eau détruit le corps qui enveloppe chaque cristalloïde et met ce dernier en liberté. Ainsi isolés, ces cristalloïdes ont le plus souvent la forme d'octaèdres et de tétraèdres ; plus rarement ils sont rhomboédriques ; leur système cristallin n'est pas encore connu avec certitude.

Cristalloïdes colorés. — Les cristalloïdes colorés ont été trouvés pour la première fois par M. Nägeli et sous des formes imparfaites dans les pétales de la Pensée (*Viola tricolor*) et des Orchis, plus complétement développés dans les fruits desséchés du *Solanum americanum*. Dans ce dernier cas, ils forment, dans les grandes cellules de la chair du fruit, des amas ou druses d'une couleur violette sombre. Les cristalloïdes isolés sont de minces tables, ordinairement en forme de losanges réguliers, souvent avec les angles tronqués, etc. D'après M. Nägeli, il n'est pas douteux qu'ils appartiennent au système du prisme rhomboïdal droit ; les tables à six faces sont composées de six tables simples. L'eau pure ne les attaque pas ; l'alcool et les acides étendus les décolorent. L'action lente de ces deux réactifs en extrait plusieurs autres substances et laisse un squelette capable de se gonfler, tandis que le cristal tout entier ne se gonflait pas. Le cristalloïde est composé, d'après M. Nägeli, d'une très-faible quantité de matière albuminoïde, d'une quantité notable d'une autre substance et d'un peu de matière colorante.

Cristalloïdes des Floridées et des *Pilobolus.* — On a rencontré aussi dans plusieurs Algues marines rouges de la famille des Floridées et dans un Champignon du groupe des Mucorinées, le *Pilobolus*, des cristalloïdes de substance albuminoïde. Le premier fait de ce genre a été observé par M. Cramer. Dans des exemplaires de *Bornetia secundiflora* placés depuis longtemps dans une dissolution de sel marin, ainsi que dans des exemplaires des *Callithamnium caudatum* et *seminudum* conservés dans l'alcool, il a rencontré des tables et prismes hexagonaux, doués de toutes les propriétés des cristalloïdes et colorés en rouge par la matière colorante sortie de l'algue. Il y en avait aussi bien dans les spores que dans les cellules végétatives. Dans les tissus du *Bornetia* conservés dans le sel, on voyait en outre des cristalloïdes octaédriques, appartenant probablement au système clinorhombique, ils étaient incolores. Bientôt après, M. Cohn découvrit dans la tige vivante de ce même *Bornetia* de semblables cristalloïdes octaédriques incolores, qui plus tard condensent en eux la matière colorante rouge émanée des grains de pigment. A l'intérieur et à l'extérieur des cellules d'un *Ceramium rubrum* conservé dans un mélange d'eau de mer et de glycérine, il rencontra des prismes clinorhombiques colorés en rouge par la matière du pigment. Ces prismes ne se sont évidemment, comme les cristalloïdes hexagonaux observés par M. Cramer, produits qu'après la mort de l'algue, tandis que les octaèdres incolores sont déjà développés dans les cellules vivantes. Enfin, sur des exemplaires desséchés d'autres Floridées (*Griffithsia barbata*, *neapolitana*, *Gongoceros pellucidum*, *Callithamnium seminudum*), M. Klein a observé des cristalloïdes incolores de différentes formes.

Dans les filaments sporangifères des *Pilobolus*, M. Klein a rencontré également des octaèdres incolores, assez régulièrement développés et doués de toutes les propriétés des cristalloïdes.

§ 8.

Les grains d'aleurone (1).

Les tissus qui, dans les graines mûres, emmagasinent les réserves nutritives, c'est-à-dire l'albumen et les cotylédons de l'embryon, contiennent toujours, à côté de l'amidon ou de la matière grasse, une certaine quantité de substances albuminoïdes. Si les cellules sont très-farineuses, comme dans les Gra-

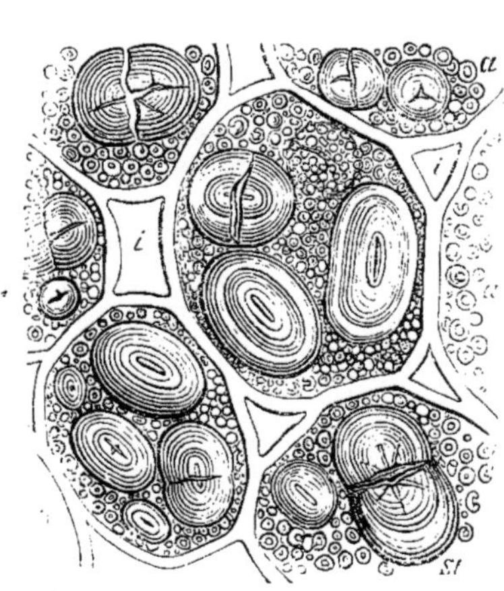

Fig. 48. — Quelques cellules d'une très-mince section à travers un cotylédon de l'embryon de la graine mûre du *Pisum sativum*. — Les gros grains pourvus de couches concentriques *st*, sont des grains d'amidon coupés en travers ; les petits grains, *a*, sont des grains d'aleurone formés essentiellement de légumine avec un peu de matière grasse ; *i*, méats intercellulaires (800).

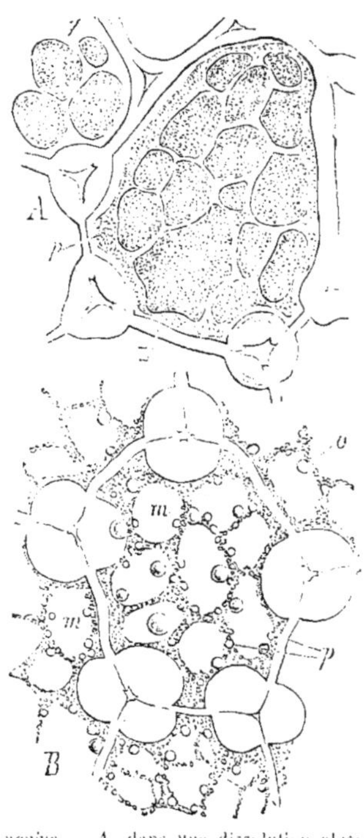

Fig. 49. — Cellules du cotylédon de la graine mûre du *Lupinus varius*. — A, dans une dissolution alcoolique d'iode ; *B*, après destruction des grains d'aleurone par l'acide sulfurique. — *z*, la membrane cellulaire ; *p*, la masse fondamentale du protoplasma, pauvre en principes gras ; *y*, les grains d'aleurone ; *o*, gouttes d'huile produites par l'action de l'acide sulfurique sur la masse fondamentale ; *m*, espaces vides occupés auparavant par les grains d'aleurone maintenant dissous (800).

minées, les Phaséolées, les Viciées, le Chêne, le Marronnier d'Inde, le Châtaignier, etc., la substance albuminoïde, qui ne renferme que très-peu de matière grasse, occupe tous les intervalles des grains d'amidon ; elle consiste en petits ou très-petits granules, comme dans la figure 48. Dans les graines oléagineuses, au contraire, on trouve, à la place des grains d'amidon, des corps

(1) Ces corps ont été découverts par M. Hartig (Botanische Zeitung, 1855, p. 881) qui en a donné ensuite une description détaillée, mais défectueuse (*ibid.* 1856, p. 257) ; ils ont été étudiés de nouveau par M. Holle (Neues Jahrbuch der Pharmacie, 1858, X) et par M. Maschke

granuleux de forme arrondie ou anguleuse (fig. 49), dont l'aspect rappelle parfois celui des grains d'amidon; ils sont entourés et séparés par une masse fondamentale plus ou moins homogène, qui consiste en une substance albuminoïde, mélangée d'une quantité de graisse plus ou moins grande suivant la richesse en principes gras de la graine elle-même. Les grains eux-mêmes, qu'on appelle des *grains d'aleurone*, consistent exclusivement, si l'on fait abstraction des divers corps qu'ils peuvent renfermer, en une substance albuminoïde.

Constitution générale des grains d'aleurone ! cristaux et globoïdes, cristalloïdes. — Il faut distinguer en effet, dans les grains d'aleurone, entre la substance albuminoïde et les corps qu'elle enferme. Ces derniers sont, soit des cristaux d'oxalate de chaux, soit des grains non cristallisés, ronds ou en forme de grappe, qu'on appelle des *globoïdes*. Ces globoïdes sont un phosphate double de chaux et de magnésie, dans lequel la magnésie prédomine fortement.

Tantôt la masse albuminoïde ou protéique du grain d'aleurone est tout entière amorphe et non biréfringente; tantôt elle revêt, en grande partie, la forme d'un cristalloïde, et c'est l'ensemble de ce cristalloïde enveloppé, en même temps que le cristal ou le globoïde dont nous venons de parler, par une mince couche amorphe, qui constitue le grain d'aleurone (fig. 50).

Les cristalloïdes sont tous insolubles dans l'eau; ni l'alcool ni l'eau n'en attaquent la substance. Les grains dépourvus de cristalloïdes se dissolvent dans l'eau totalement (*Pæonia*, etc.), en partie seulement (*Lupinus*, etc.) ou pas du tout (*Cynoglossum*). Mais si l'eau renferme, fût-ce seulement une trace de potasse, tous s'y dissol-

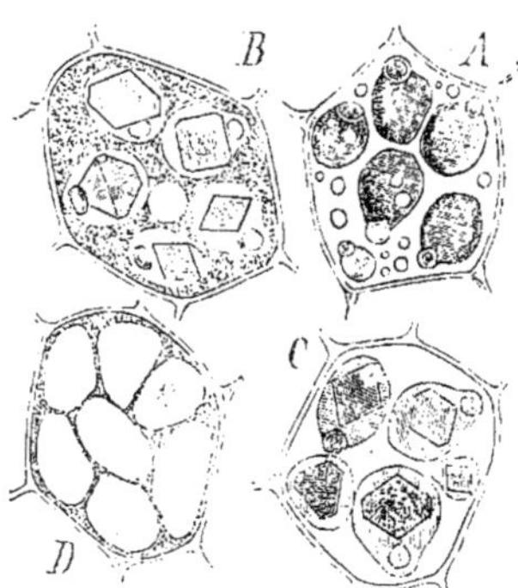

Fig. 50. — Cellules de l'albumen du *Ricinus communis* (sur.). — A, dans de la glycérine épaisse; B, dans de la glycérine étendue; C, chauffé dans la glycérine; D, après un traitement par la solution alcoolique d'iode, les grains d'aleurone sont dissous par l'acide sulfurique; la masse fondamentale albuminoïde demeure comme un réseau. Dans les grains d'aleurone on reconnaît le globoïde et (en B,C) le cristalloïde.

(Botan. Zeitung. 1859). Toutes ces observations laissaient dans l'obscurité les relations de ces grains avec la masse fondamentale qui les entoure; en particulier, on paraissait admettre que, dans les graines abondamment pourvues de matières grasses, cette masse fondamentale était formée exclusivement de graisse. Dans la première et dans la seconde édition de ce Traité, j'ai combattu cette manière de voir, et j'ai avancé que, dans les cellules des graines oléagineuses, la masse fondamentale est un mélange de substance protoplasmique et de matière grasse, ou mieux n'est autre chose qu'un protoplasma riche en matière grasse; mais je suis tombé dans l'erreur en regardant les grains d'aleurone eux-mêmes comme formés d'un mélange de substance albuminoïde et de graisse. Cette erreur, qui était due en partie à l'emploi d'éther aqueux, vient d'être dissipée par un récent travail de M. Pfeffer. Les recherches très-soigneuses qu'il a faites sur ce sujet ont été commencées au laboratoire de Würzbourg, où j'ai eu l'occasion d'examiner ses nombreuses et décisives préparations. M. Pfeffer a eu la complaisance de me communiquer un extrait détaillé de son mémoire encore inédit; je l'utilise ici, et, dans tout ce qui est dit plus haut, je suis assez strictement ses énoncés.

Le mémoire de M. Pfeffer vient d'être publié : Jahrbücher für wiss. Botanik. VIII, Heft 4, 1872. *Trad.*

vent complétement. Cependant, en agissant avec précaution, on obtient toujours pour résidu la petite membrane qui enveloppe le grain et qui se comporte comme de l'albumine coagulée ; peut-être est-elle aussi simplement
une matière protéique encore inconnue. Les grains d'aleurone qui renferment
un cristalloïde laissent aussi subsister, à la suite d'une dissolution ménagée,
une membrane analogue ; mais le cristalloïde lui-même en laisse une, et il
en est de même du globoïde dissous dans l'acide acétique ou chlorhydrique :
par où ces corps rappellent les vrais cristaux d'oxalate de chaux qui se comportent de la même manière.

Les cristaux d'oxalate de chaux contenus dans les grains d'aleurone s'y
présentent en forme de macles, de cristaux isolés très-nettement reconnaissables et d'aiguilles, mais ils ne sont pas cependant très-répandus. Les globoïdes,
au contraire, ne manquent à aucun grain d'aleurone. Quand on les rencontre en
même temps que les cristaux, il arrive presque toujours que les grains d'une
cellule ne renferment que des globoïdes, les grains d'une cellule voisine que
des cristaux (*Silybum Marianum*, toutes les Ombellifères étudiées) ; il y a pourtant des exceptions : dans la Vigne (*Vitis vinifera*), par exemple, on trouve des
grains d'aleurone dans lesquels un globoïde s'est formé autour d'un cristal ou
d'une macle cristalline. Les globoïdes se dissolvent dans tous les acides minéraux, et aussi dans les acides acétique, oxalique, tartrique ; une dissolution
étendue de potasse ne les attaque pas.

Les globoïdes, comme aussi les cristaux, peuvent se trouver isolés ou plusieurs à la fois dans chaque grain d'aleurone : dans le dernier cas ils sont petits ;
les globoïdes peuvent même descendre au-dessous de toute grandeur mesurable, mais en revanche, chaque grain en renferme alors un nombre incalculable
(*Lupinus luteus, polyphyllus, Delphinium, Requieni*, etc.). Les gros globoïdes qui
entourent les cristaux se trouvent isolés ; c'est la Vigne qui possède les plus
grands de tous. M. Pfeffer n'a trouvé de cristal associé au cristalloïde dans le
même grain que dans l'*Aethusa Cynapium*. D'ailleurs, les très-petits grains
d'aleurone sont dépourvus de toute espèce de contenu.

Dans beaucoup de graines, chaque cellule possède un grain d'aleurone qui
se distingue de tous ses voisins par sa grandeur, aussi bien que par la présence
ou par l'absence des cristalloïdes (*Elais, Myristica, Vitis, Lupinus luteus*) ; c'est
le *solitaire* de M. Hartig. Il peut aussi se distinguer des autres par les corps
qu'il renferme. Ainsi dans le *Lupinus varius* il possède un cristal tabulaire,
tandis que les petits grains qui l'entourent ne contiennent que de petits et
nombreux globoïdes. Dans le *Silybum Marianum*, le gros grain a une macle
cristalline, les autres des cristaux en aiguilles. D'autres fois les contenus sont
pareils ; il en est toujours ainsi des globoïdes, qui sont seulement beaucoup
plus grands dans le gros grain.

Les cristalloïdes sont assez répandus à l'intérieur des grains d'aleurone,
quoique la grande majorité des graines n'en possèdent pas. Cependant leur
présence n'est pas nécessairement liée à de certaines familles de plantes ; les
plantes d'une même famille naturelle peuvent en avoir ou en manquer. Ainsi
chez les Palmiers, l'*Elais guyanensis* a des cristalloïdes, le *Sabal Adansonii* n'en
a pas ; toutes les Ombellifères étudiées en sont dépourvues, le seul *Aethusa*

Cynapium en possède, etc. Ailleurs il semble que toutes les graines d'une même famille renferment des cristalloïdes dans leurs grains d'aleurone ; il en est ainsi des Euphorbiacées, et c'est chez elles, dans le Ricin, que l'on a rencontré le premier exemple de beaux cristalloïdes dans les grains d'aleurone.

Masse fondamentale située entre les grains d'aleurone. — La masse fondamentale qui enveloppe et sépare les grains d'aleurone dans les cellules des graines oléagineuses est toujours, comme nous l'avons déjà dit, un mélange de graisse et de matières albuminoïdes, d'où ces dernières peuvent, il est vrai, se retirer plus ou moins complétement. Cependant, même dans la graine de Ricin et dans la noix de Para (graine de *Bertholletia excelsa*), où la masse fondamentale paraît formée exclusivement de graisse, on peut encore, comme le montre la figure 50, *D*, y constater nettement la présence d'une matière albuminoïde mélangée. Le meilleur moyen, suivant M. Pfeffer, est de l'extraire d'abord par une solution alcoolique de calomel, puis de la colorer par une solution aqueuse de bleu d'aniline. Cette masse fondamentale doit être considérée comme le protoplasma de la cellule, dans lequel, par la dessiccation, l'eau a été remplacée par de l'huile grasse. Ce protoplasma renferme encore dans toute sa masse, à côté de substances albuminoïdes insolubles, d'autres principes de même nature, solubles dans de l'eau contenant un peu de potasse. Cette composition de la masse fondamentale, jointe à la solubilité dans l'eau de la partie amorphe des grains d'aleurone, explique la déformation complète que le contenu cellulaire des graines oléagineuses subit par le contact de l'eau, quand par exemple on place dans l'eau sur le porte-objet du microscope des coupes minces du tissu de ces graines. Pour connaître la vraie structure de ces cellules, il est nécessaire de placer les coupes fraîches dans la glycérine, dans une solution alcoolique de calomel, dans l'acide sulfurique concentré ou dans l'huile.

La matière grasse peut aussi d'ailleurs se séparer de la masse fondamentale sous forme de cristaux, comme M. Pfeffer l'a observé dans la noix de Para, et dans les graines d'*Elais guyanensis* et de *Myristica moschata*.

Aux indications générales qui précèdent, je vais encore ajouter, d'après le travail de M. Pfeffer, quelques éclaircissements sur les points difficiles du sujet.

Nature protéique des grains d'aleurone. — La masse constitutive des grains d'aleurone consiste toujours essentiellement en matières protéiques, auxquelles sont toutefois mélangées, mais en proportion très-faible, d'autres substances végétales qui échappent à l'examen. Cette opinion est fondée sur ce fait, que tous les grains d'aleurone sont absolument insolubles dans l'alcool, l'éther, la benzine, le chloroforme. (Si je les ai regardés d'abord comme partiellement solubles dans l'éther, c'est que l'éther dont je me servais renfermait une petite quantité d'eau, comme M. Pfeffer s'en est assuré). Tous ces réactifs dissoudraient la graisse, s'il y en avait, et altéreraient par conséquent l'aspect extérieur du grain ; l'alcool entraînerait en même temps le glucose.

Il y a des grains d'aleurone insolubles dans l'eau (*Cynoglossum officinale*). Ceux qui sont solubles dans l'eau (1), traités par une dissolution alcoolique de

---

(1) Sur les causes de la solubilité dans l'eau, il faudra consulter le mémoire détaillé de M. Pfeffer (*loc. cit.*).

bichlorure de mercure, produisent une combinaison mercurielle totalement insoluble. La gomme, la pectine, le sucre de canne, la dextrine, traités de la même manière, ne donnent pas lieu à une pareille combinaison insoluble. De toutes les substances répandues dans les plantes, il n'y a, pour se comporter ainsi vis-à-vis d'une dissolution de bichlorure de mercure, qu'une matière protéique. On peut la mettre en évidence par des réactions appropriées, dont la meilleure, dans le cas actuel, est de faire bouillir dans l'eau la combinaison mercurielle. On régénère ainsi la matière protéique, sous sa modification insoluble dans les acides et les alcalis étendus.

Les cristalloïdes renfermés dans les grains d'aleurone sont, comme nous l'avons déjà dit, insolubles dans l'eau. On les isole donc facilement, en traitant des coupes fraîches par l'eau, qui dissout la substance amorphe du grain et détruit ce qui pourrait encore rester du contenu cellulaire. Ils manifestent alors toutes les réactions et présentent les diverses formes des cristalloïdes ordinaires, que nous avons décrites au § 7. Que l'on puisse y distinguer deux substances protéiques différentes et qu'ils s'accroissent par intussusception. c'est ce que, par de bonnes raisons, M. Pfeffer estime douteux.

Couches concentriques des grains d'aleurone. — Si l'on traite des coupes de l'albumen de la graine de Pivoine par de l'alcool contenant un peu d'acide sulfurique, pour les étudier après les avoir lavées dans l'eau, on voit la substance des grains d'aleurone, qui ne renferment pas ici de cristalloïdes, nettement divisée en couches concentriques. Seulement ces couches alternativement solides et molles sont peu nombreuses; la masse interne demeure amorphe. Pour plus de détails sur ce point, il faudra consulter le travail de M. Pfeffer.

La matière grasse est contenue dans la masse fondamentale interstitielle. — En affirmant que les grains d'aleurone des graines oléagineuses ne contiennent pas de matière grasse, nous avons déjà dit que cette matière doit être renfermée dans la masse fondamentale.

En examinant des sections de graines oléagineuses, on se prend à douter, au premier abord, qu'une si grande masse de graisse puisse trouver place dans les intervalles laissés entre les grains, mais ce doute s'évanouit si l'on calcule un peu. En considérant les grains comme des sphères, et ces sphères comme inscrites dans autant de petits cubes égaux faisant partie d'un grand cube, il reste déjà 47,6 p. 100 d'espace libre; si les sphères, au lieu de se toucher, s'écartent du tiers de leur rayon, elles laissent entre elles 67,9 p. 100 d'espace libre, c'est-à-dire plus qu'il n'en paraît nécessaire pour loger toute la graisse d'une graine oléagineuse.

Dans un certain nombre de graines oléagineuses, on ne peut apercevoir directement la graisse en examinant les sections à sec; ajoute-t-on de la benzine, on voit aussitôt se dissoudre toute la masse intermédiaire aux grains d'aleurone, mais dont il reste toujours cependant une petite quantité de matières albuminoïdes. Par la teinture alcoolique d'alcanna, la masse fondamentale se colore en rouge foncé, tant qu'elle renferme une proportion de graisse assez élevée ; quand cette proportion devient très-faible, on ne peut plus la manifester par ce caractère.

Après qu'on a extrait par l'alcool la graisse des sections de graines et qu'on a dissous les grains d'aleurone par l'eau de potasse, il reste un réseau dont les mailles occupent la place des grains d'aleurone ; par l'addition d'acide acétique et d'iode ce réseau se colore en jaune brun (fig. 49, *B* ; 50, *D*). Dans la plupart des graines le réseau est très-beau, et peut être comparé jusqu'à un certain point à un tissu de parenchyme ; dans les graines extrêmement riches en principes gras, il se sépare souvent en fragments ; le noyau cellulaire se trouve plongé dans sa masse comme un ballon ridé. Les branches du réseau se composent de la substance protéique insoluble de la masse fondamentale et des petites membranes des graines d'aleurone ; mais même sans ces dernières, dans les endroits des sections où les grains sont tombés, il se forme un réseau.

Développement et redissolution des grains d'aleurone. — M. Pfeffer décrit de la façon suivante le développement des grains d'aleurone. La formation de ces grains ne commence que lorsque la graine a acquis son dernier degré de maturation et que le funicule commence à se dessécher. Dans l'émulsion très-trouble qui remplit à ce moment les cellules, les contenus des grains futurs, notamment les globoïdes, sont déjà formés ; ils ne sont pas encore complétement développés, mais peu s'en faut. Alors, à mesure que la graine perd de l'eau, commence l'apparition de masses protéiques mucilagineuses, qui déjà enveloppent le plus souvent les contenus. Ces corps mucilagineux de forme à peu près sphérique grandissent ensuite de plus en plus, en même temps que leur distance relative diminue ; enfin leur différenciation en grains d'aleurone s'achève. Ces grains, encore formés d'une substance mucilagineuse, sont nettement séparés de la masse fondamentale encore trouble, mais qui s'éclaircit de plus en plus à mesure que la graine se dessèche. En même temps aussi, les grains d'aleurone, de sphériques ou ellipsoïdaux qu'ils étaient, deviennent plus ou moins polyédriques, principalement, comme cela se conçoit aisément, dans les graines pauvres en matières grasses et où la masse fondamentale est peu développée, par exemple dans celles des Lupins.

Pendant que commence la formation des grains d'aleurone, le protoplasma vivant de la cellule est difficile à apercevoir au milieu de son contenu trouble ; mais en dissolvant la matière grasse par l'alcool, on se convainc à la fois de sa présence et de sa structure normale. On peut même, dans les graines pourvues d'une abondante masse fondamentale, apercevoir encore plus tard, après la dessiccation, les filaments allongés du protoplasma primitif. Dans le *Lupinus luteus*, le cristal d'oxalate de chaux que le plus gros grain d'aleurone renferme plus tard est aussi déjà formé dans le suc cellulaire avant l'apparition des grains protéiques.

C'est surtout dans la Pivoine que M. Pfeffer a pu suivre avec une remarquable netteté le développement des grains d'aleurone. La graine de Pivoine a déjà acquis toute sa grandeur, qu'elle est encore entièrement remplie de gros grains d'amidon qui ne se changent en huile qu'à sa complète maturité. Cette transformation de l'amidon en graisse n'y est cependant pas toujours complète. Si l'on suppose qu'elle ne s'y accomplisse pas du tout, et que la substance interposée, presque dépourvue de matière grasse, mais riche en matières protéiques, produise de très-petits grains d'aleurone, on aura ce qui se passe en réalité dans le Haricot et dans les autres graines où prédomine l'amidon. Il y a cependant aussi des graines qui contiennent des grains d'amidon et des grains d'aleurone en quantités presque égales ; mais elles renferment toujours aussi de la matière grasse.

Le trouble qui obscurcit le contenu cellulaire, et la mollesse des grains d'aleurone en voie de développement ne permettent pas de voir de quelle manière l'accroissement s'effectue ; mais on constate le plus souvent, sur des grains déjà développés, qu'ils sont plus mous à l'intérieur et que ,par l'emploi de réactifs étendus, ils se dissolvent de dedans en dehors. Cependant différentes considérations paraissent établir qu'il ne s'opère pas ici, comme nous le verrons dans les grains d'amidon, un accroissement par intussusception.

La genèse des grains d'aleurone paraît n'être qu'une simple dissociation, amenée par l'évaporation progressive de l'eau de la graine. Pendant la germination, la réunion de la masse fondamentale avec les grains d'aleurone s'opère de nouveau, en régénérant tout d'abord plus ou moins complétement le contenu cellulaire primitif.

M. Pfeffer a suivi le développement des cristalloïdes dans le *Ricinus communis* et dans l'*Euphorbia segetum*. Ils apparaissent à peu près en même temps que les globoïdes, d'assez bonne heure, et ces corps s'accroissent tous deux à la fois, pendant que le trouble du contenu cellulaire augmente encore un peu. Chaque cristalloïde est, de bonne heure, immédiatement en contact avec un globoïde, mais ils sont tous deux complétement enveloppés par la masse trouble. Les vacuoles que A. Gris figure (Recherches sur la germination, pl. I, fig. 10-13), sont des produits artificiels de la désorganisation du contenu cellulaire. Les cristalloïdes ont, dès le début, les angles vifs et, dès que leur grosseur permet de l'apprécier, leur forme est la même que celle des cristalloïdes achevés. L'enveloppement du cristalloïde et du globoïde par une masse amorphe n'arrive que lorsque le cristalloïde a terminé son développement et que la graine commence à se dessécher.

A la germination, dès que l'enveloppe amorphe s'est dissipée, le cristalloïde se dissout aussi bien en dehors qu'en dedans ; sa petite membrane extérieure persiste d'abord, mais bientôt elle devient invisible. Les globoïdes aussi se dissolvent, peut-être par suite de la réaction acide que prend le tissu, et dans toutes les graines, c'est de dehors en dedans. Les grains d'aleurone sans cristalloïde se gonflent pendant la germination et reprennent tout d'abord la forme qu'ils avaient dans la graine déjà mûre, mais encore pourvue d'eau ; puis ils commencent à se mélanger tous à la fois avec la substance de la masse fondamentale ; on y peut quelquefois observer une dissolution par l'intérieur ou par l'extérieur, mais souvent aussi ils se confondent les uns dans les autres comme des masses mucilagineuses. Ces changements se manifestent dès les premiers signes de la reprise de vie de l'embryon ; en même temps il se forme de l'amidon dans le contenu cellulaire.

§ 9.

Les grains d'amidon (1).

Les plantes qui végètent dans des conditions favorables produisent, par voie d'assimilation, plus de substance plastique et organisable qu'il ne leur est nécessaire et qu'elles n'en peuvent employer dans le même temps pour la formation et l'accroissement de leurs cellules. Les matières en excès sont emmagasinées sous quelque forme, dans les cellules elles-mêmes, pour être réemployées plus tard. Nous avons déjà vu, dans les paragraphes précédents, sous quelles formes s'accumulent souvent les principes gras et les substances albuminoïdes issus du protoplasma. Mais c'est en bien plus grande quantité qu'une autre substance, organisable par excellence, l'*amidon*, est produite par avance dans les cellules et transitoirement emmagasinée sous une forme organisée, pour servir plus tard aux développements ultérieurs.

Caractères généraux des grains d'amidon. — L'amidon se manifeste toujours sous une forme organisée, en grains solides formés de couches concentriques, qui apparaissent d'abord dans le protoplasma comme des masses ponctiformes et s'accroissent en y restant plongés; s'ils parviennent plus tard dans le suc cellulaire, s'ils s'affranchissent ainsi du contact direct avec le protoplasma qui les nourrit, ils cessent aussitôt de s'accroître (2).

Composition chimique. — Chaque grain d'amidon se compose de substance amylacée, d'eau et d'une très-petite quantité de principes minéraux qui constituent les cendres. La substance amylacée est un hydrate de carbone de même formule que la cellulose, $C^{20}H^{10}O^{10}$, avec laquelle, parmi toutes les substances connues, elle offre la plus grande ressemblance, tant au point de vue morphologique qu'au point de vue chimique. Mais elle se présente dans chaque grain sous deux modifications différentes : l'une plus facilement soluble, qui prend sous l'action de l'iode et en présence de l'eau une belle coloration bleue, c'est la *granulose;* l'autre plus difficilement soluble et dont les réactions sont plus voisines de celles de la cellulose, c'est la *cellulose amylacée.* En tout point d'un grain d'amidon les deux substances sont réunies, et si l'on en extrait la granulose, la cellulose amylacée demeure sous forme d'un squelette qui conserve l'organisation interne du grain tout entier, mais qui est moins dense, très-épuisé et représente à peine 2 à 6 p. 100 du poids total du grain. Comme la granulose prédomine beaucoup et qu'elle est présente en tous les points visibles du grain,

---

(1) NAEGELI : die Stärkekörner, Pflanzenphysiologisch. Untersuchungen, Heft II, et Sitzungsberichte d. k. bayer. Akad. der Wiss. 1863. — J. SACHS: Manuel de physiologie expérimentale. Trad. franç. Paris 1868. § 107. — Ce paragraphe est rédigé essentiellement d'après les travaux de M. Nägeli.

(2) Les grains d'amidon du latex des Euphorbes feraient exception, suivant M. Hofmeister ; mais on ne sait rien du développement de ces grains et en tout cas le latex contient des substances protoplasmiques, albuminoïdes, qui peuvent peut-être, ici aussi, contribuer à la nutrition des grains d'amidon.

celui-ci manifeste, par conséquent, sous l'influence des réactifs iodés, la coloration bleue de la granulose dans toute son étendue.

Formes. — Les grains d'amidon ont toujours des formes arrondies et ils sont organisés autour d'un centre de formation intérieur. Les petits grains jeunes paraissent toujours sphériques ; mais comme leur accroissement est toujours irrégulier, ils deviennent ovales, lenticulaires, en forme de polyèdres arrondis, etc.

Structure. — La structure du grain d'amidon dépend essentiellement de la répartition différente de l'eau d'organisation dans son intérieur. Chaque point visible du grain, outre de la granulose et de la cellulose, renferme aussi de l'eau. La quantité d'eau augmente constamment de dehors en dedans pour atteindre son maximum à une certaine profondeur ; la cohésion, la densité et le pouvoir réfringent diminuent corrélativement. Mais ce changement dans la proportion d'eau n'est pas continu ; il est soumis à de brusques alternatives. Après la couche la plus externe qui est la moins aqueuse vient, séparée par une limite très-nette, une couche très-aqueuse, à laquelle succède de nouveau une couche moins aqueuse, et ainsi de suite jusqu'à ce qu'on arrive à la couche la plus interne, toujours pauvre en eau et plus dense, laquelle enveloppe enfin une partie centrale très-aqueuse, le noyau du grain. Toutes les couches du grain sont disposées autour de ce noyau comme autour d'un centre commun, mais chaque couche n'est pas toujours développée sur toute la périphérie. Dans les petits grains sphériques, possédant peu de couches, celles-ci sont toutes également formées ; mais quand le nombre des couches augmente par suite du développement, il se multiplie davantage dans la direction du plus grand accroissement, laquelle prolonge en ligne droite ou courbe la direction du plus faible accroissement. Cette ligne totale est ce qu'on appelle l'axe du grain ; elle passe toujours par le noyau.

Mode d'accroissement. — L'accroissement des grains d'amidon s'opère toujours exclusivement par voie d'intussusception. De nouvelles particules de substance plastique s'insinuent entre les particules préexistantes, à la fois en direction radiale et tangentielle : ce qui amène un changement corrélatif dans la proportion d'eau des diverses régions du grain. Les plus jeunes grains d'amidon visibles sont sphériques et consistent en une substance pauvre en eau et dense dans laquelle se forme plus tard le noyau central aqueux. Ce dernier peut épaissir sa partie centrale et après un grossissement suffisant y former de nouveau un noyau plus mou. Mais il se peut aussi qu'une fois le premier noyau mou formé par la différenciation du grain dense primitif, la couche dense qui l'entoure se divise en deux couches denses séparées par une couche molle. Une fois constituées, les couches s'accroissent par interposition, à la fois en épaisseur et en surface. Dès qu'une couche a acquis une certaine épaisseur, elle se différencie, par les progrès de l'accroissement, en trois couches. Si c'est une couche dense, il se forme en son milieu de la substance molle, qui la divise en deux lamelles séparées par une couche de moindre densité. Si c'est une couche molle qui s'épaissit beaucoup, sa lamelle médiane se condense et il naît ainsi une couche plus dense entre deux lamelles moins denses. Ce phénomène de scission des couches dépend de l'accroissement en épaisseur et, comme celui-ci est le plus fort au point où les couches sont coupées par la plus longue moitié de l'axe d'accroissement, c'est là aussi que les scissions, c'est-à-dire les couches nouvelles, seront le plus fréquentes; c'est de l'autre côté du grain qu'elles sont le plus rares et elles peuvent même y cesser tout à fait. Les couches, épaisses du côté du grain qui s'accroît le plus vite, deviennent, à mesure qu'elles se rapprochent du côté de moindre accroissement, de plus en plus minces, pour se terminer enfin en forme de coin.

Les grains lenticulaires, par exemple ceux de l'albumen du Blé (*Triticum vulgare*), ont un noyau lenticulaire; leurs couches s'accroissent le plus fortement suivant les rayons d'un grand cercle passant par ce noyau et s'y fendent le plus fréquemment; le noyau demeure central. Si au contraire le développement s'opère suivant une seule direction, comme dans les grains ovoïdes de la Pomme de terre, le noyau devient excentrique, il s'éloigne de plus en plus du centre de gravité du grain et il est ici de forme sphérique. Mais dans beaucoup de grains d'amidon ellipsoïdaux, comme ceux des cotylédons des Pois et des Haricots, ou fort développés en longueur, le noyau est allongé dans la direction du grand axe.

Formation des grains composés. — Très-souvent il se forme deux noyaux dans un petit grain jeune; les couches se développent alors autour de chacun d'eux et c'est la ligne qui les joint qui est l'axe de plus grand accroissement. Les noyaux s'écartant de plus en plus, il en résulte une tension dans les quelques couches communes aux deux noyaux; cette tension y détermine une fente perpendiculaire à la ligne qui les joint; cette fente se prolonge jusqu'à l'extérieur et finalement le grain se sépare en deux moitiés qui peuvent encore demeurer adhérentes. Si cette division se répète souvent, il en résulte des grains d'amidon composés, formés de grains fragmentaires dont le nombre peut atteindre plusieurs milliers, par exemple dans l'albumen des *Spinacia* et *Avena*.

Des grains d'amidon composés de 2-10 grains fragmentaires et présentant l'aspect d'une mûre, sont extrêmement fréquents dans le parenchyme des plantes qui s'accroissent rapidement, par exemple dans les plantules de *Phaseolus*, dans la tige des *Cucurbita*. Ces grains ont une origine très-différente de celle des grains soudés ensemble, tels qu'il s'en forme à l'intérieur des grains de chlorophylle : dans ce dernier cas, en effet, il s'agit de nombreux petits grains libres à l'origine qui, par leur grossissement ultérieur, sont amenés à se toucher et à contracter adhérence (voy. fig. 47).

Il se forme des grains d'amidon à demi composés, quand de nouveaux noyaux, avec leurs systèmes correspondants de couches concentriques, n'apparaissent dans un grain qu'après qu'il a déjà produit plusieurs couches. Les grains partiels sont alors enveloppés dans le système de couches du grain primitif. Ici aussi, l'inégalité d'accroissement des couches communes et des couches partielles détermine des tensions qui amènent finalement la formation de fissures; mais ces fissures ne se prolongent pas le plus souvent jusqu'au dehors et les grains partiels demeurent réunis.

Accroissement des grains d'amidon par intussusception. — L'accroissement des grains d'amidon par intussusception doit être déduit des considérations suivantes.

Supposons que la formation des couches se fasse par un dépôt extérieur de zones alternativement plus et moins aqueuses, on devra trouver, dans le nombre, des grains pourvus d'une couche externe plus aqueuse ; mais cela n'a jamais lieu, la couche externe du grain est toujours la plus dense, la plus pauvre en eau. En outre, dans cette hypothèse, le noyau devrait avoir les mêmes propriétés que les plus jeunes grains, mais le noyau est au contraire toujours mou et les plus jeunes grains toujours durs. Quant à la formation des grains d'amidon à demi composés, la théorie de l'apposition ne serait en état de l'expliquer que si les couches communes qui enveloppent les grains partiels se formaient ultérieurement autour de deux ou de plusieurs grains isolés ; mais alors ces couches communes devraient avoir une forme différente, et les fentes internes de ces grains demeureraient inexpliquées. Enfin la théorie de l'apposition externe est impuissante à rendre compte de ce fait que les grains partiels ont toujours leur développement maximum suivant la ligne des centres de leurs noyaux (fig. 51).

Dans une autre hypothèse, celle d'un dépôt de couches à l'intérieur du grain, d'une apposition interne, il faudrait admettre que les grains d'amidon sont, au moins pendant un certain temps, des vésicules vides, ce qui n'a jamais été observé. Cette théorie est, en outre, impuissante à expliquer les phénomènes qui accompagnent la formation des grains partiels et fragmentaires ; et enfin elle est toujours réduite à invoquer un accroissement par intussusception pour rendre compte notamment de l'extension superficielle des couches.

L'accroissement des grains d'amidon par intussusception donne seul l'explication la plus simple de tous les phénomènes, et doit, après le travail de M. Nägeli, être tenu pour un fait entièrement certain.

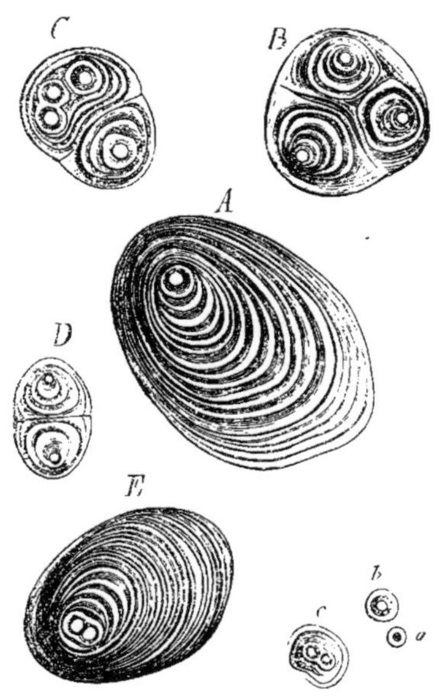

Fig. 51. — Grains d'amidon de la Pomme de terre (800). — A, un grain simple âgé ; B, un grain à demi composé ; C, D, grains entièrement composés ; E, un grain âgé dont le noyau s'est divisé ; a, un très-jeune grain ; b, un grain plus âgé ; c, un grain plus âgé encore avec noyau dédoublé.

La substance plastique, qui pénètre du dehors dans le grain une fois formé et qui s'y interpose sous forme de nouvelles particules amylacées, est naturellement à l'état de dissolution ; mais ses propriétés chimiques ne sont pas encore bien connues. Nulle part, dans les plantes, on n'observe de l'amidon dissous, et moins encore dans les cellules qui sont le siége d'une formation abondante et d'un accroissement actif de grains d'amidon. Il est probable que c'est une solution sucrée contenue dans le protoplasma qui, par des transformations chimiques et physiques ultérieures, produit les particules amylacées.

L'amidon peut facilement, en effet, sous diverses influences, se convertir en sucre.

De divers phénomènes, notamment de la formation des fentes radiales par la dessiccation des grains, on peut conclure que ce n'est pas seulement dans la direction du rayon que les molécules d'amidon affectent une disposition déterminée, mais qu'elles sont aussi arrangées d'une façon régulière à l'intérieur de chaque couche en direction tangentielle. Toutefois, ce n'est que rarement et bien imparfaitement que l'on a observé une structure lamellaire correspondante, se traduisant par des stries radiales.

L'accroissement par intussusception repose sur la perméabilité de toutes les parties du grain pour l'eau et pour les dissolutions aqueuses. Mais cette perméabilité ne peut se concevoir que si la substance amylacée n'est pas continue, mais formée de petites particules isolées et invisibles, douées d'attraction pour l'eau et enveloppées par conséquent d'une atmosphère d'eau. Les molécules amylacées sont donc séparées par leurs enveloppes d'eau ; plus, à un endroit donné du grain, ces molécules sont petites et par conséquent plus y sont nombreuses les enveloppes d'eau, plus aqueux est aussi cet endroit. De principes purement mécaniques, on déduit encore que, dans ce cas, les enveloppes d'eau sont plus épaisses, tandis qu'elles deviennent plus minces quand les molécules grossissent, ce qui rapproche davantage ces molécules. Ainsi donc, les couches molles et aqueuses du grain sont composées de petites molécules séparées par d'épaisses enveloppes d'eau; les couches denses et moins aqueuses, de grandes molécules entourées de minces enveloppes d'eau. L'organisation interne dépend donc, ici aussi, d'un rapport déterminé entre l'eau et la substance. Aussi la stratification du grain d'amidon s'évanouit-elle, comme celle d'une membrane cellulaire, dès qu'on en extrait l'eau par l'évaporation, par exemple, ou par l'action de l'alcool absolu, parce qu'alors, les couches riches en eau étant ramenées à l'état des plus pauvres, toute différence disparaît dans leur pouvoir réfringent. Elle s'évanouit encore quand, par divers moyens chimiques, la potasse étendue, par exemple, on rend le grain d'amidon capable d'absorber de grandes quantités d'eau ; les couches les plus denses absorbant alors relativement plus d'eau que les autres, leur deviennent semblables sous ce rapport et toute espèce de distinction entre elles disparaît aussitôt.

Outre ces brusques changements dans la proportion d'eau, qui donnent lieu à la stratification du grain, on y observe encore de dehors en dedans une augmentation progressive dans la quantité d'eau ; cela se voit en partie par la diminution progressive du pouvoir réfringent et de la cohésion de dehors en dedans. Ainsi, retire-t-on l'eau d'un grain frais, il se forme aussitôt des fissures qui coupent les strates à angle droit en rayonnant à partir d'une cavité centrale, et qui deviennent de plus en plus étroites vers l'extérieur. Il en résulte que, par la dessiccation, la perte d'eau la plus forte s'est produite au centre du grain et qu'elle décroît progressivement vers l'extérieur; mais il en résulte aussi que la cohésion des couches en direction tangentielle, c'est-à-dire perpendiculairement aux fissures, est plus faible qu'en direction radiale, ce qui signifie que, à l'intérieur de chaque couche, la proportion d'eau interposée est plus forte suivant la tangente que suivant le rayon.

Quand on extrait l'eau d'un grain d'amidon frais ou encore imbibé d'eau, le grain se contracte; les molécules solides qu'il renferme se rapprochent en même temps que s'amincissent les enveloppes d'eau qui les séparent. Quelque chose d'analogue se produit quand on extrait la granulose d'un grain d'amidon; le squelette de cellulose qui reste, même imbibé d'eau, est beaucoup plus petit que le grain primitif. Cela peut résulter de ce que les molécules, maintenant formées exclusivement de cellulose, ayant pour l'eau une moindre attraction et possédant des enveloppes d'eau plus minces, se rapprochent l'une de l'autre, mais cela peut provenir aussi de ce que le nombre des molécules se trouve diminué.

Extraction de la granulose des grains d'amidon. — On peut, par divers moyens, extraire la granulose des grains d'amidon et en obtenir le squelette de cellulose : 1° par la macération dans la salive à une température un peu élevée. Dans l'amidon du *Canna indica*, l'extraction est lente à une température de 35-40 degrés, suivant H. de Mohl, mais à une température de 50-55 degrés elle s'accomplit en peu d'heures. Une moindre température suffit pour l'amidon du Froment; celui de la Pomme de terre en exige une plus élevée. En général, M. Nägeli propose une température de 40-47 degrés. 2° D'après M. Melsens, les acides organiques, la diastase et la pepsine opèrent la même extraction. 3° Elle réussit aussi, d'après M. Nägeli, par l'action lente des acides chlorhydrique et sulfurique, assez étendus d'eau pour ne pas provoquer de gonflement dans les grains. 4° M. Franz Schulze extrait la granulose par une dissolution saturée de sel marin additionnée d'un pour cent d'acide chlorhydrique pur; il faut deux à quatre jours à la température de 60 degrés; le résidu, qui présente encore l'organisation complète du grain d'amidon, pesait, d'après M. Dragendorff, 5,7 p. 100 dans la Pomme de terre, 2,3 p. 100 dans l'amidon du Froment. — Ces squelettes ne se colorent pas par l'iode ou deviennent d'un rouge cuivreux; par endroits, là où l'extraction n'a pas été complète, ils prennent une teinte bleuâtre. Dans l'eau bouillante, ils ne se gonflent pas, ils ne forment pas empois. A une température de 70 degrés, d'après H. de Mohl, tout le grain d'amidon est dissous par la salive, mais le squelette obtenu à 40-55 degrés est désormais inattaquable par la salive, même à 70 degrés.

Dissolution des grains d'amidon dans la cellule vivante. — A l'intérieur de la cellule vivante, l'amidon peut être dissous de plusieurs manières différentes. Ici c'est toujours sous l'influence du protoplasma et avec la coopération des combinaisons azotées contenues dans le suc cellulaire, que la dissolution se produit. Parfois la dissolution commence, comme dans les procédés artificiels que nous venons de décrire, par l'extraction de la granulose, tandis que la cellulose demeure d'abord inattaquée. Mais souvent ce phénomène n'a lieu que par places; en certains endroits du grain l'extraction de la granulose progresse de dehors en dedans; ces endroits se colorent par l'iode en rouge cuivreux, tout le reste en bleu; puis le grain se désagrège, et ses fragments sont enfin totalement dissous: il en est ainsi dans l'albumen du Froment en germination (fig. 52, *B*). Dans d'autres cas, l'attaque commence aussi en certains points isolés de la périphérie du grain, mais toute sa substance est progressivement dissoute, il s'y forme des cavités intérieures, et enfin le grain se partage aussi en morceaux, comme dans le Maïs (fig. 52, *A*). Dans les cotylédons du Haricot en germination, la dissolution des grains d'amidon ellipsoïdaux commence au contraire par l'intérieur; bien avant qu'ils tombent en morceaux, la granulose en est souvent si complétement extraite, que l'iode les colore en rouge cuivreux et par places seulement en bleu pâle; plus tard tout est dissous. Dans la Pomme de terre, dans le rhizome du *Canna lanuginosa*, c'est au contraire de dehors en dedans que procède la dissolution, les grains se dépouillant en quelque sorte couche par couche. Les choses se passent probablement ici comme sous l'influence de la salive, soit que le dissolvant agisse lentement pour extraire d'abord la cellulose, ou que, agissant plus énergiquement, il dissolve à la fois toute la substance. Des observations faites sur des plantes de ce genre se développant à diverses températures, montreraient peut-être des différences correspondantes.

Solubilité dans l'eau, gonflement des grains d'amidon. — Si l'on pulvérise des grains d'amidon dans l'eau froide, une petite partie de la granulose se dissout dans l'eau, et l'addition d'iode amène la précipitation de membranes bleues finement granuleuses (1). Broyés avec du sable fin, les grains d'amidon donnent dans l'eau froide une véritable dissolution de granulose. D'autres liquides, comme les acides étendus, déterminent moins la dissolution de l'amidon que sa transformation en

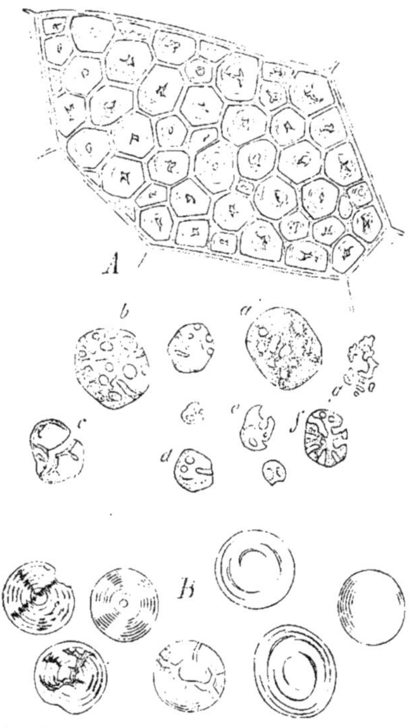

Fig. 52. — *A*, une cellule de l'albumen du Maïs (*Zea Maïs*) remplie de grains d'amidon étroitement comprimés et par conséquent polyédriques; entre les grains se trouvent des plaques minces d'un protoplasma desséché et finement granuleux; la dessiccation a produit à l'intérieur des grains des cavités et des fissures; *ag*, grains d'amidon à divers états de dissolution, de l'albumen d'une graine de Maïs en germination. — *B*, grains d'amidon lenticulaires d'une graine de Froment (*Triticum vulgare*); l'action du dissolvant commence à se faire remarquer tout d'abord par l'opposition plus nette des couches concentriques (800).

d'autres substances solubles, comme la dextrine.

L'eau, chauffée à une température d'au moins 55 degrés, gonfle les grains d'amidon de grande taille et très-aqueux et produit ce qu'on appelle l'*empois;* pour atteindre le même résultat avec les grains petits et denses, il faut, d'après M. Nägeli, de l'eau à 65 degrés. Chauffés à sec vers 200 degrés, les grains sont

(1) Sur la véritable solubilité de l'amidon, voir mes remarques dans mon *Traité de Physiologie expérimentale*. Trad. franç. Paris, 1868.

transformés de telle sorte que si on les imbibe d'eau, ils se gonflent immédiatement; mais leur substance est alors métamorphosée en dextrine. — Pendant
la formation de l'empois, ce sont les couches les moins denses de l'intérieur du
grain qui se gonflent d'abord ; la couche externe se gonfle à peine, elle éclate
et demeure longtemps, même après la désagrégation complète des parties
internes, sous forme d'une membrane que l'iode manifeste. Une dissolution
étendue de potasse ou de soude produit le même effet à froid. Le grain peut,
par ce gonflement, atteindre jusqu'à 125 fois son volume primitif, et absorber
tant de liquide qu'il ne renferme plus que 2 à 2 1/2 pour 100 de substance
amylacée.

§ 10.

Le suc cellulaire.

Ses caractères généraux. — On peut comprendre ce mot *suc cellulaire* dans
un sens large et dans un sens étroit. Dans le sens large, il signifiera la masse
tout entière de tous les liquides qui imbibent la membrane cellulaire, le protoplasma et tous les autres corps organisés de la cellule et en même temps les
sucs contenus dans les vacuoles du protoplasma. Dans le sens étroit que l'on a
l'habitude d'y attacher, on ne désigne sous ce nom que le liquide des vacuoles.
Quoi qu'il en soit, on est fondé à regarder la composition du suc cellulaire
comme très-différente dans une seule et même cellule, suivant qu'il y imbibe
le protoplasma, la chlorophylle, la membrane cellulaire, les grains d'amidon,
ou qu'enfin il constitue le liquide des vacuoles. D'une façon générale, ce dernier
est le réservoir où les corps organisés et perméables de la cellule apaisent leurs
besoins, mais où d'un autre côté ils accumulent aussi temporairement les produits solubles d'assimilation et de transformation devenus superflus, ainsi que
les aliments absorbés en excès. Une des parties constitutives du suc cellulaire,
l'eau, est commune à la fois au suc des vacuoles et à celui qui imbibe les divers
corps figurés de la cellule.

La participation du suc cellulaire à l'édification de la cellule entière a déjà
été bien des fois signalée isolément dans les paragraphes précédents. Le rôle
qu'il y joue est très-multiple et divers. Il est d'abord l'agent général de la dissolution et du transport des matières nutritives à l'intérieur de la cellule. L'eau
qu'il renferme entre souvent dans la formule chimique des substances produites par la plante, et les éléments de l'eau sont indispensables à la formation
de la matière assimilée. Il est nécessaire à l'édification de tous les corps organisés de la cellule, la membrane, les formations protoplasmiques, les grains
d'amidon, car c'est lui qui leur donne leur eau d'organisation. L'accroissement
de la cellule tout entière dépend immédiatement de l'absorption de l'eau et
de l'accumulation du suc cellulaire sous forme de vacuoles (voir fig. 1, 43, 44);
en particulier, l'extension périphérique des cellules qui s'accroissent rapidement est à peu près proportionnelle à l'accumulation du suc dans leur intérieur. Enfin la pression hydrostatique qu'exerce le liquide des vacuoles sur le
sac protoplasmique et sur la paroi cellulaire contribue à donner à la cellule
sa configuration.

Les substances dissoutes dans l'eau du suc cellulaire, tant les sels venus du dehors par voie d'absorption, que les combinaisons engendrées dans la plante elle-même par voie d'assimilation et de transformation, ne peuvent être l'objet immédiat de l'étude morphologique, à laquelle nous nous bornons ici pour le moment. Une seule de ces substances, qui par l'action du froid ou de matières avides d'eau se sépare du suc cellulaire où elle était dissoute, et prend des formes déterminées sous lesquelles on peut ensuite l'observer directement à l'intérieur des cellules, doit être encore ici l'objet d'une étude spéciale : c'est l'*inuline*.

Inuline (1). — L'inuline est une substance très-voisine de l'amidon et du sucre, qui se rencontre en dissolution dans le suc cellulaire de certaines Algues, comme l'*Acetabularia*, d'un grand nombre de Composées et peut-être aussi de beaucoup d'autres plantes. Dans le suc de ces plantes obtenu par expression ou décoction, l'inuline se sépare spontanément, après quelque temps, sous forme d'un précipité blanc, finement granuleux. Redissoute, elle cristallise en formant ce qu'on appelle des *sphéro-cristaux* (fig. 53, *A*), c'est-à-dire des amas sphériques d'éléments cristallins rayonnants.

Par la dessiccation ou par une rapide absorption d'eau provoquée par l'addition

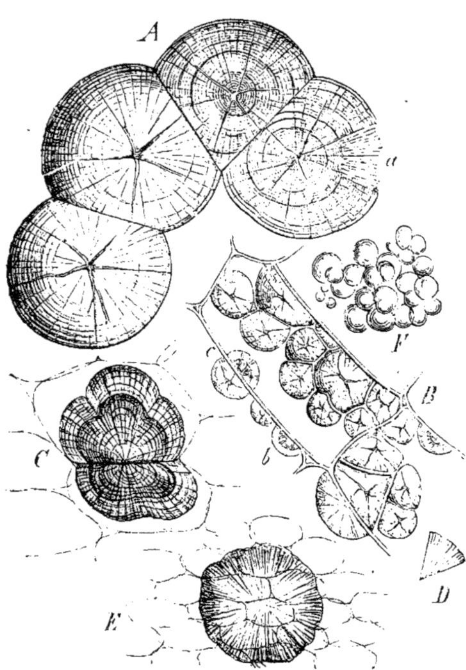

Fig. 53. — Sphéro-cristaux d'inuline. — *A*, séparés d'une dissolution aqueuse après deux mois et demi; en *a* commencement d'action de l'acide nitrique. — *B*, cellules d'un tubercule de *Dahlia variabilis*. Une mince section a séjourné pendant vingt-quatre heures dans l'alcool à 90 degrés et a été ensuite plongée dans l'eau. — *C*, deux cellules avec deux moitiés de sphéro-cristaux qui ont leur centre commun au milieu de la membrane moyenne; elles sont extraites d'un entre-nœud de 8 millim. de diamètre, pris vers le sommet d'un plant âgé de Topinambour (*Helianthus tuberosus*) et qui a séjourné longtemps dans l'alcool. — *D*, fragment d'un sphéro-cristal montrant la structure radiée. — *E*, un grand sphéro-cristal envahissant plusieurs cellules; extrait d'un gros fragment de tubercule de Topinambour après un long séjour dans l'alcool. — *F*, inuline après évaporation de l'eau qui recouvrait une coupe mince d'un tubercule de Topinambour (gros. 560 fois; *E*, à un grossissement plus faible).

d'alcool absolu, l'inuline peut se manifester à l'intérieur des cellules, sous forme d'un précipité finement granuleux (fig. 53, *F*). Souvent, à la suite d'une

(1) Sachs : Botanische Zeitung, 1864, p. 77. — Prantl : das Inulin, ein Beitrag zur Pflanzenphysiologie. Preisschrift. München, 1870. — Dragendorff : Materialien zu einer Monographie des Inulins, Petersburg, 1870.

simple immersion de minces tranches du tissu dans l'alcool, l'inuline apparait
dans les cellules sous forme de petits sphéro-cristaux qui deviennent plus nets
quand on ajoute de l'eau (fig. 53, *B*). On en obtient de beaucoup plus grands.
en plaçant pendant longtemps dans l'alcool ou dans la glycérine des pieds entiers d'Acétabulaire ou de gros fragments de tissus riches en inuline, de tubercules ou de tiges de Dahlia et de Topinambour, par exemple. Dans ce dernier
cas, un sphéro-cristal envahit très-souvent plusieurs cellules du tissu (fig. 53, *E*),
ce qui montre bien que l'arrangement cristallin n'est pas détruit par l'interposition d'une membrane. Des formes semblables, comme en *B* (fig. 53), se
produisent quand les tissus qui contiennent l'inuline sont congelés; au dégel,
elles ne se redissolvent pas dans le suc cellulaire.

Formés, comme nous venons de le voir, d'éléments cristallins biréfringents
disposés suivant les rayons d'une sphère, les sphéro-cristaux d'inuline présentent
dans la lumière polarisée la croix qui caractérise ce genre de disposition. L'eau
ne les gonfle pas ; ils se dissolvent lentement dans une grande quantité d'eau
froide, rapidement au contraire dans une petite quantité d'eau chauffée à
50-55° ; la solution de potasse, l'acide nitrique, l'acide chlorhydrique, les dissolvent promptement, et l'attaque progresse toujours de dehors en dedans. Par
l'ébullition avec de l'acide sulfurique ou chlorhydrique très-étendu, l'inuline
se transforme aussitôt en glucose. Les solutions aqueuse ou alcoolique d'iode
pénètrent bien à travers les fentes étroites des sphéro-cristaux, mais n'y provoquent aucune coloration particulière. A ces réactions et à son aspect particulier, on reconnaîtra toujours facilement et sûrement l'inuline. Examine-t-on,
après leur dessiccation à l'air, des tissus riches en inuline (tubercules d'*Inula
Helenium*, d'*Helianthus tuberosus*, racines de *Taraxacum officinale* et d'autres
Composées), on trouve les cellules du parenchyme remplies de fragments anguleux, irréguliers, brillants et incolores qui se montrent cristallisés dans la lumière polarisée et que, aux réactions que nous venons de décrire, on reconnaît
pour de l'inuline.

Abandonne-t-on pendant quelque temps dans l'alcool des ovaires ou de jeunes fruits de Citronnier et d'Oranger (*Citrus Limonum* et *C. Aurantium*), on
trouve, dans le tissu, des concrétions qui ressemblent tout à fait par leur forme
aux sphéro-cristaux d'inuline; mais leurs réactions chimiques et leur solubilité montrent qu'elles ne sont pas formées d'inuline.

§ 11.

Les cristaux des cellules (1).

Les formes cristallines que revètent parfois les substances albuminoïdes et
que nous avons décrites au paragraphe 7, sont des phénomènes assez rares et

(1) Saxio: Monatsberichte der Berliner Akademie. Avril 1857, p. 254. — Hanstein : ibid. 17
novembre 1859.—Gg. Holzner : Flora, 1864, p. 273, p. 556, et 1867, p. 499. — G. Hilgers: Jahrb.
f. wiss. Botanik, VI, 1867, p. 285. — Rosanoff : Bot. Zeit. 1865 et 1867. — Solms-Laubach :
Bot. Zeit. 1871. — Hofmeister : Lehre von der Pflanzenzelle, Leipzig, 1867 ; il y est traité, à
la p. 180, des cystolithes.

qui ne doivent pas être mis sur la même ligne que les vrais cristaux de sels calcaires dont il va être question ici et dont la production est extrêmement fréquente ; ils en diffèrent, en effet, essentiellement, tant au point de vue morphologique qu'au point de vue physiologique.

Cristaux de carbonate de chaux. Cystolithes. — Le carbonate de chaux, partout où on l'a rencontré jusqu'à présent dans les plantes, se présente, non en forme de gros cristaux munis de faces bien développées, mais à l'état d'incrustations finement granuleuses dont la nature cristalline n'est attestée que par la manière dont elles se comportent dans la lumière polarisée, en faisant reparaître l'image éteinte par les Nicols croisés. En même temps, la solubilité de ces incrustations dans les acides faibles, accompagnée d'un dégagement de bulles gazeuses, les caractérise comme produites par du carbonate de chaux.

C'est ainsi que l'on rencontre des grains arrondis de carbonate de chaux dans les plasmodies des Physarées, d'après M. de Bary. Dans les cellules épidermiques des feuilles de beaucoup d'Urticées (*Ficus, Morus, Broussonetia, Humulus, Bœhmeria*, etc.), ainsi que dans la tige des *Justicia* se forment, par un singulier accroissement en épaisseur de la membrane cellulaire, des protubérances pédicellées claviformes et statifiées, qui proéminent dans la cavité de la cellule. Dans la substance de ces masses de cellulose « se déposent des macles de très-petits cristaux de carbonate de chaux, à peine visibles au microscope quand ils sont isolés, et qui, dans chaque macle, sont disposés en rayonnant tout autour de son centre, comme on le voit par leur action sur la lumière polarisé e» (Hofmeister, *loc. cit.*). Ces formations complexes sont connues sous le nom de *cystolithes*.

C'est à un état de division encore plus grand que le carbonate de chaux se dépose dans les membranes cellulaires de beaucoup d'Algues marines, en leur donnant une consistance pierreuse et cassante (*Acetabularia, Corallina, Melobesia*, etc.).

Cristaux d'oxalate de chaux. — Tous les autres cristaux rencontrés jusqu'à présent dans les plantes et étudiés avec soin se sont montrés, par leur forme cristalline, quand elle est reconnaissable, et par leurs réactions, notamment par leur insolubilité dans l'acide acétique et leur solubilité sans dégagement de gaz dans l'acide chlorhydrique, constitués par de l'oxalate de chaux. Ce corps est très-répandu notamment dans les Lichens crustacés, dans la plupart des Champignons et des Phanérogames, et il s'y présente tantôt en très-petits granules de structure cristalline, tantôt en macles, tantôt en faisceaux d'aiguilles auxquelles on a donné le nom de *raphides*, mais souvent aussi en grands et beaux cristaux isolés et munis de faces complétement développées.

Cristaux des Cryptogames. — Dans les Champignons et les Lichens, les granules cristallins sont ordinairement petits ; ils ne sont pas contenus dans l'intérieur des cellules, mais incrustés dans la face externe des parois cellulaires, souvent en assez grande quantité pour rendre le tissu filamenteux, opaque et rigide. Dans beaucoup de Lichens, des granules extrêmement ténus d'oxalate de chaux sont incrustés dans les membranes du tissu cortical dense (*Psorosma lentigerum*, d'après M. de Bary). Dans les Champignons, ce n'est que par exception que les dépôts cristallins s'opèrent à l'intérieur des cellules, par exemple en forme de sphères à structure radiée ou de sphéro-cristaux. M. de

Bary en a rencontré dans les boursouflures de beaucoup de filaments mycéliens, chez le *Phallus caninus* (1).

Cristaux dans la cavité cellulaire des Phanérogames. — On sait peu de chose ou même rien du tout sur la présence de l'oxalate de chaux dans la plupart des Algues, des Muscinées et des Cryptogames vasculaires; mais, par contre, on trouve ce corps en très-grande abondance dans la plupart des Phanérogames. Dans les Dicotylédones, il se présente souvent, dans la cavité des cellules, en grands cristaux isolés et parfaitement développés; par exemple, dans le parenchyme du pétiole et du limbe des *Begonia*, dans la tige et la racine des *Phaseolus*. Mais dans cette classe, les macles cristallines sont cependant encore bien plus fréquentes; elles se déposent dans un noyau de substance protoplasmique, comme dans les cotylédons du *Cardiospermum Halicacabum*, et par conséquent les divers cristaux constitutifs n'y sont complétement développés que vers leur pointe extérieure libre. Parfois aussi, comme dans les poils des *Cucurbita*, par exemple, le protoplasma, en active circulation, enveloppe et entraîne avec lui de beaux petits cristaux, terminés de tous les côtés.

Dans les Monocotylédones, notamment dans les Liliacées, les Aroïdées et les plantes qui gravitent autour de ces deux familles, les cristaux d'oxalate de chaux affectent le plus souvent la forme de longues et minces aiguilles, disposées parallèlement côte à côte en faisceaux. Ces faisceaux d'aiguilles ou de *raphides*, comme on les appelle souvent, remplissent plus ou moins complétement les cellules allongées qui les renferment. De pareilles aiguilles apparaissent aussi, au moment de leur décoloration automnale et de leur épuisement, dans les cellules des feuilles de beaucoup de végétaux ligneux, qui en étaient dépourvus pendant toute la durée de leur végétation.

Quand les cristaux sont libres dans la cavité cellulaire, et c'est le cas ordinaire chez les Angiospermes, ils sont fréquemment, peut-être même toujours, recouverts par une petite membrane mince qui persiste après la dissolution de l'oxalate de chaux, et doit vraisemblablement être considérée comme un revêtement protoplasmique. Payen a montré anciennement qu'il en est ainsi dans les raphides. Mes observations personnelles, et celles d'autres auteurs, me permettent d'affirmer qu'un pareil revêtement existe aussi dans les grands cristaux isolés et dans les macles.

Cristaux dans la membrane cellulaire des Phanérogames. — A l'état d'incrustation dans la substance même de la membrane cellulaire, l'oxalate de chaux ne se rencontre, paraît-il, que rarement dans les Dicotylédones. M. de Solms-Laubach (*loc. cit.*) signale diverses espèces de Ficoïdes (*Mesembryanthemum rhombeum, tigrinum, lacerum, stramineum, Lemanni*) et le *Sempervivum calcareum*, où certaines couches de la paroi extérieure des cellules épidermiques des feuilles sont parsemées de fins granules cristallins, ou de plus gros fragments anguleux (*Sempervivum*) d'oxalate de chaux.

La présence de cristaux d'oxalate de chaux dans la substance même des parois cellulaires est, au contraire, d'après le même auteur, très-fréquente chez

(1) M. Brefeld a montré récemment que les membranes cellulaires du *Mucor Mucedo* s'incrustent d'oxalate de chaux sur leur face externe et que, notamment, les fines pointes qui hérissent la paroi externe du sporange et qui s'éparpillent après la dissolution de la membrane

les Gymnospermes. Le plus souvent, ce sont de petits granules de forme méconnaissable et très-nombreux, mais d'autres fois aussi ce sont des cristaux bien développés. On trouve des incrustations de cette sorte dans le tissu libérien de la tige chez les Cupressinées, les *Podocarpus, Taxus, Cephalotaxus, Ephedra*, tandis que les *Phyllocladus trichomanoïdes, Ginkgo biloba, Dammara australis*, et toutes les Abiétinées étudiées, en sont dépourvues. Les petits granules anguleux, ou les cristaux plus grands et bien développés sont ordinairement englobés dans la lamelle moyenne ramollie qui sépare deux éléments libériens en contact (1). L'oxalate de chaux incrusté dans les membranes cellulaires est encore beaucoup plus répandu dans le parenchyme cortical primaire de la tige et des feuilles des Gymnospermes que dans leur liber ; il n'y a d'exception que pour quelques Abiétinées. Ici encore, c'est la lamelle moyenne de la paroi commune à deux cellules voisines, qui est le siége de la formation cristalline ; il en est de même encore dans les faisceaux sous-épidermiques de cellules épaissies, par exemple, dans l'*Ephedra*. Les cellules libreuses à paroi très-épaissie, et souvent ramifiées, que l'on trouve disséminées en grand nombre dans le tissu parenchymateux des Gymnospermes, et que l'on nomme quelquefois *cellules spiculaires*, contiennent souvent des cristaux dans leurs couches externes ; c'est dans le *Welwitschia mirabilis* que ces cristaux sont le plus nombreux et qu'ils atteignent le plus beau développement. Si on les dissout par l'acide chlorhydrique, les cavités vides que présente la membrane en conservent entièrement la forme, et si l'on n'était prévenu, on croirait y voir encore les cristaux. Enfin, la paroi externe épaissie des cellules épidermiques des Gymnospermes est aussi fréquemment parsemée de petits granules (*Welwitschia, Taxus baccata, Ephedra*, etc.) ou de petits cristaux achevés (*Biota orientalis, Libocedrus Doniana, Cephalotaxus Fortunei*, etc.) d'oxalate de chaux.

A ces incrustations directes de la membrane cellulaire, se rattachent encore les macles cristallines rencontrées par M. Rosanoff (*loc. cit.*) dans la moelle des *Kerria japonica* et *Ricinus communis*, ainsi que dans le pétiole de diverses Aroïdées (*Anthurium, Philodendron, Pothos*); ces macles, situées dans la cavité cellulaire, sont reliées à la paroi par des filaments de cellulose simples ou rameux, et même revêtues par une mince membrane de cellulose.

Dimorphisme. — Les formes cristallines sous lesquelles l'oxalate de chaux se présente dans les cellules végétales sont extraordinairement variées, et l'une des causes de cette diversité, c'est que ce sel cristallise dans deux systèmes différents, suivant qu'il est combiné à deux ou à six équivalents d'eau. Le sel à six équivalents d'eau, $2CaO, C^4O^6 + 6HO$, cristallise dans le système quadratique, et sa forme fondamentale est un octaèdre obtus en forme d'enveloppe

ne sont pas autre chose que des aiguilles d'oxalate de chaux. (O. Brefeld, Botanische Untersuchungen über Schimmelpilze. Leipzig, 1872, p. 17.) Cette propriété se retrouve d'ailleurs dans un grand nombre d'autres Mucorinées. (*Trad.*)

(1) Ces fibres libériennes, contenant dans la zone externe de leur membrane des rhombes cristallins, acquièrent, dans les jeunes racines de *Torreya myristica*, un développement remarquable et qu'il est facile de suivre pas à pas. C'est un des plus beaux exemples qui se puissent voir.

(Trad.)

de lettre; on rencontre fréquemment le prisme à base carrée terminé par les pointements de cet octaèdre obtus. Les raphides, au contraire, comme l'atteste leur manière de se comporter dans la lumière polarisée, appartiennent, d'après M. Holzner, au système clinorhombique, dans lequel cristallise le sel à deux équivalents d'eau, $2CaO, C^4O^6 + 2HO$. La forme fondamentale des nombreuses combinaisons qui s'y rattachent est un hendyoèdre qui engendre des formes dérivées très-analogues, les unes au spath d'Islande (par exemple, dans les incrustations des parois cellulaires), les autres au sulfate de chaux. Les macles cristallines, ou sphéro-cristaux, peuvent être formées d'individus de l'un ou de l'autre système.

Relations des cristaux avec le reste de la cellule. — Nous reviendrons plus tard, livre III, chapitre II, sur la signification morphologique de l'oxalate de chaux. Nous devons nous borner ici à quelques remarques sur les rapports directement appréciables qu'ont les cristaux avec les cellules qui les engendrent.

Quand les cristaux demeurent assez petits pour que leur volume soit négligeable par rapport à celui de la cellule elle-même, celle-ci conserve ses caractères ordinaires et peut posséder un protoplasma mobile, un noyau, des grains de chlorophylle et d'amidon (poils de *Cucurbita*, parenchyme des feuilles de *Begonia*). Mais si un cristal isolé, ou une macle, ou un faisceau de raphides, ou enfin un amas de petits cristaux remplit la cellule, en tout ou en grande partie, on n'y rencontre d'habitude aucune autre production figurée; il semble que la cellule soit parvenue à l'état de repos et même subisse une lente destruction. Si la masse cristalline a rempli la cellule dès sa première jeunesse, celle-ci demeure souvent plus petite que ses voisines, et conserve une paroi plus mince. Les cellules à raphides ont des parois molles et faciles à gonfler, et d'ordinaire le faisceau de raphides y est entouré d'un mucilage épais analogue à de la gomme. De même, dans les Gymnospermes, les granules et les cristaux incrustés dans les parois cellulaires sont ordinairement situés dans une lamelle mitoyenne ramollie et comme mucilagineuse, ou dans les couches cuticularisées de l'épiderme.

CHAPITRE DEUXIÈME

MORPHOLOGIE DES TISSUS

§ 12.

Définition et origine des tissus.

Dans le sens le plus large de ce mot, on appelle *tissu* toute réunion de cellules qui obéit à une loi commune d'accroissement. De telles réunions de cellules peuvent être produites de bien des manières différentes.

Tissu produit par la soudure de cellules primitivement libres. — Les cellules isolées à l'origine peuvent se juxtaposer plus tard par l'effet de leur accroissement et fusionner si bien leurs parois le long des faces de contact, que toute ligne de séparation devienne méconnaissable. C'est ce qui arrive, par exemple, dans les cellules sœurs nées par division dans les cellules mères des *Pediastrum*, *Cœlastrum* et *Hydrodictyon*. Les cellules sœurs possèdent ici, à l'intérieur de la cellule mère et pendant un temps assez long, un mouvement de fourmillement, avant de se juxtaposer en une surface plane (*Pediastrum*) ou en un réseau creux en forme de sac (*Hydrodictyon*) et de continuer à s'accroître en devenant un tissu (fig. 54). C'est de la même manière encore que les cellules sœurs, nées par voie de formation libre dans le sac embryonnaire des Phanérogames, et qui constituent l'albu-

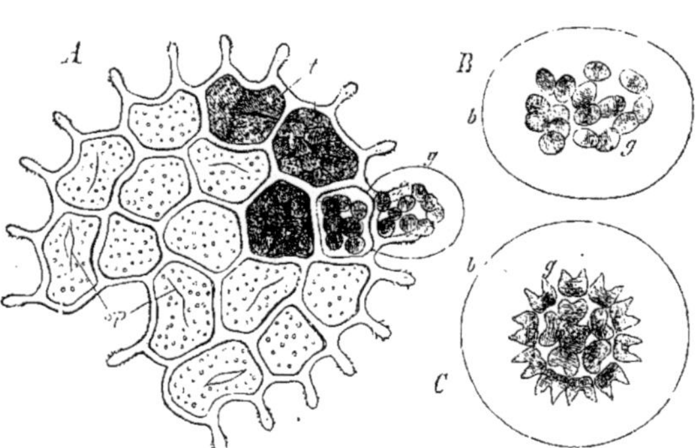

Fig. 54. — *Pediastrum granulatum*, d'après M. A. Braun (400). — *A*, un disque formé de cellules soudées ; *g*, la couche la plus interne de la membrane d'une cellule vient de faire saillie au dehors ; elle renferme les cellules filles issues de la division du protoplasma vert ; en *t*, divers états de division de ce protoplasma ; *sp*, fentes dans les membranes cellulaires déjà vidées. — *B*, la couche interne de la paroi de la cellule mère entièrement sortie et très-dilatée ; cette couche, *b*, renferme les cellules filles *g*, qui sont en actif mouvement de fourmillement. — *C*, la même famille de cellules, quatre heures et demie après leur naissance, quatre heures après l'entrée en repos des petites cellules ; ces cellules se sont rangées en un disque qui commence déjà à se développer pour redevenir pareil au disque primitif *A*.

men, se soudent ensemble et avec la paroi même du sac embryonnaire, pour s'accroître ensuite comme un tissu fermé et se multiplier par voie de division.

Dans les Champignons et les Lichens, le tissu naît par la juxtaposition de filaments minces formés de cellules rangées bout à bout et de leurs branches de divers ordres, et par l'accroissement terminal de tous ces filaments juxtaposés. Chaque filament s'accroît pour son compte, multiplie le nombre de ses cellules par division et se ramifie fréquemment ; mais en des places déter-

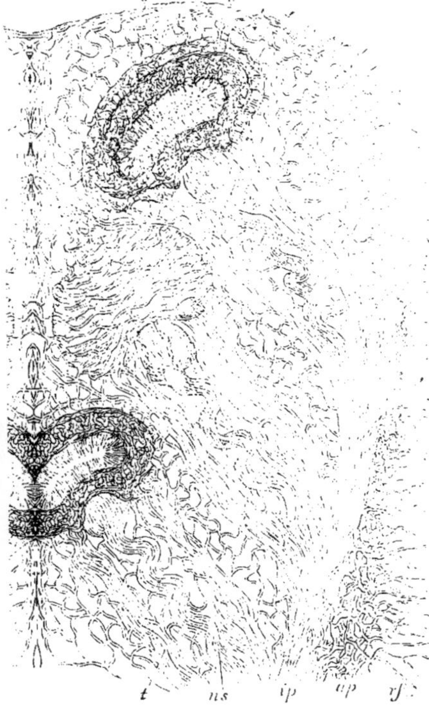
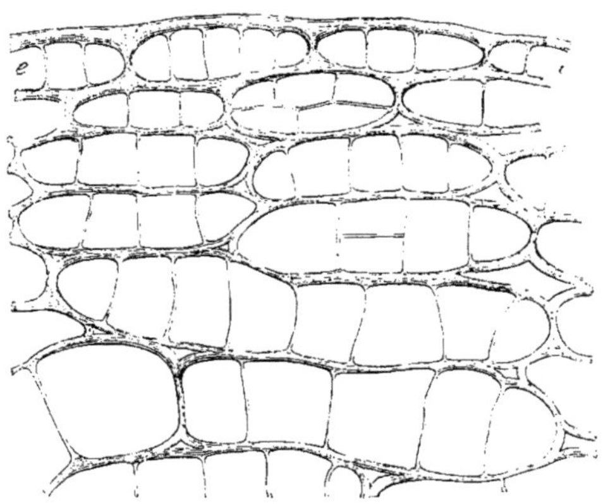

Fig. 56. — Épiderme *e*, et parenchyme cortical sous-jacent de la tigelle hypocotylée de l'*Helianthus annuus*, qui s'épaissit rapidement une fois les divisions achevées : les parois cellulaires plus épaisses et plus sombres sont les primitives ; les plus minces, dirigées suivant le rayon, sont les nouvellement formées. Il est intéressant de remarquer que, pendant ce phénomène, les cellules épidermiques elles-mêmes avec leur cuticule subissent un fort accroissement tangentiel.

Fig. 55. — Portion d'une coupe longitudinale d'un Champignon Gastéromycète (*Crucibulum vulgare*), montrant la disposition des filaments ; leurs intervalles sont remplis par une gelée aqueuse, issue probablement de la transformation des couches les plus externes de la paroi cellulaire des filaments. Pour plus de détails sur l'organisation interne, voir livre II : Champignons. Le dessin est à demi théorique, en ce sens que, par rapport au faible grossissement de l'ensemble (environ 25 fois), les filaments sont plus gros et moins nombreux que dans la nature.

minées du Champignon et du Lichen, ce développement individuel de tous les filaments juxtaposés s'harmonise de manière à former des surfaces planes, des faisceaux, des corps creux, etc., qui, doués d'un accroissement commun, consistent pourtant en éléments isolés qui se développent individuellement (fig. 55).

Tissu produit par la bipartition répétée d'une cellule mère primitive. — A l'exception des cas que nous venons de citer et de quelques autres cas analogues, la formation de corps multicellulaires régis par un accroissement commun provient toujours dans les plantes de ce que des cellules, nées par bipartition répétée de cellules mères communes, demeurent unies dès l'origine, et le sont déjà par la manière même dont se forme la cloison de séparation. Ces cellules sont alors, au moins au début, réunies de façon à paraître plutôt comme des compartiments creusés dans une masse unique douée d'un accroissement d'ensemble (fig. 56).

Absence de limite tranchée entre les deux espèces de tissus. — Les tissus formés d'après les deux premiers types pourraient être appelés *faux tissus*, et distingués des derniers qui sont les *vrais tissus;* mais il n'y a pas de limite tranchée. Ainsi par exemple, dans beaucoup de cas, l'albumen n'est qu'à ses premiers débuts un faux tissu, né de la soudure de cellules primitivement isolées; son développement ultérieur par bipartition le convertit bientôt en un vrai tissu (*Ricinus*, etc.). L'écorce des *Chara* et de beaucoup d'Algues est produite par des filaments isolés, mais de telle sorte que les combinaisons qui en naissent ne peuvent plus être distinguées des vrais tissus. On consultera encore MM. Nägeli et Schwendener (Das Mikroskop, II, p. 563 et suiv.), sur le développement des *Acrochaeticum pulvereum, Stypopodium atomarium, Delesseria Hypoglossum* et des feuilles des Mousses. Pour la formation de l'écorce des Céramiacées, voir : Nägeli : Die neueren Algensysteme, Neuenburg, 1847, et Nägeli et Cramer : Pflanzenphysiologische Untersuchungen.

§ 13.

Développement de la paroi commune des cellules unies en tissu (1).

Lamelle simple primitive et lamelle moyenne. — Tant que la membrane qui sépare deux cellules voisines est mince, elle ne paraît, même aux plus forts grossissements, que comme une lamelle simple, et elle conserve quelquefois cet aspect quand elle a déjà acquis une notable épaisseur, comme dans les cellules séveuses du parenchyme. Ce n'est d'ordinaire que lorsque la cloison a atteint une plus grande épaisseur, qu'il devient visible que l'une de ses faces appartient à l'une des cellules et l'autre à la cellule voisine. Si cette cloison suffisamment épaissie présente des couches et se différencie en enveloppes, on y reconnaît toujours une lamelle moyenne (*m*, fig. 57) contre laquelle s'appuie symétriquement, à droite et à gauche, le reste de la substance cellulaire divisée en couches et enveloppes; de sorte que les couches de droite paraissent appartenir exclusivement à l'une des cellules, et celles de gauche à la cellule voisine (*i*, fig. 57). L'impression de l'observateur est la même que si les

(1) H. v. Mohl : Vermischte Schriften botanischen Inhalts. Tübingen, 1845, p. 314 et suiv. — H. v. Mohl : Die vegetabilische Zelle, p. 196. — Wigand : Intercellularsubstanz und Cuticula. Brunswick, 1850. — Schacht : Lehrbuch der Anatomie und Physiologie der Gewächse. 1856, I, p. 108. — Mueller : Jahrbücher für vissens. Botanik, 1867, V, p. 387. — Hofmeister : Lehre von der Pflanzenzelle. Leipzig, 1867, § 31.

couches concentriques disposées autour de chaque cavité cellulaire en constituaient seules la membrane, tandis que la lamelle moyenne appartiendrait soit à une substance fondamentale commune dans laquelle les cellules seraient plongées, soit à une matière sécrétée entre elles par les cellules voisines. Ces deux manières de voir ont, en effet, régné pendant longtemps, et l'on désignait alors cette lamelle moyenne sous le nom de *substance intercellulaire*. D'autre part, si l'on compare les fragments de tissus âgés représentés figure 57 avec l'état jeune de ces mêmes tissus, l'idée vient d'abord que les lamelles moyennes peuvent être les minces parois primitives, contre la surface interne desquelles des couches d'épaississement se sont déposées de chaque côté par apposition; cette opinion a trouvé aussi ses défenseurs, pour qui la lamelle moyenne était la membrane cellulaire primitive, tandis que le reste de l'épaississement était décrit sous le nom de membrane secondaire et, si elle était différenciée en deux enveloppes, sous celui de membranes secondaire et tertiaire de la cellule.

Dans les tissus lignifiés, la lamelle moyenne est le plus souvent mince, mais fortement réfringente, et sa substance est dense et non susceptible de gonflement. Après l'action de l'acide sulfurique concentré, qui dissout tout le reste de la membrane, elle demeure, sur les fines coupes transversales, à l'état de réseau délicat. L'ébullition dans la potasse ou l'acide nitrique dissout, au contraire, cette lamelle moyenne qui résiste à l'acide sulfurique, tandis que tout le reste de la membrane demeure inattaqué, et il en résulte que les cellules se trouvent alors complétement isolées; il en est ainsi dans toutes les cellules ligneuses et dans beaucoup de cellules libériennes. Dans d'autres cas, au contraire, comme on l'a déjà dit au § 4, les couches moyennes des cloisons des cellules voisines sont transformées en mucilage, et comme la couche membraneuse qui entoure immédiatement chaque cavité cellulaire est dense, elle paraît être la membrane tout entière d'une cellule qui serait plongée dans une masse fondamentale gélatineuse, facile à gonfler, et faiblement réfringente (substance dite intercellulaire). Cette organisation est très-nette dans beaucoup de Fucacées, ainsi que dans l'albumen du *Ceratonia siliqua* (fig. 41).

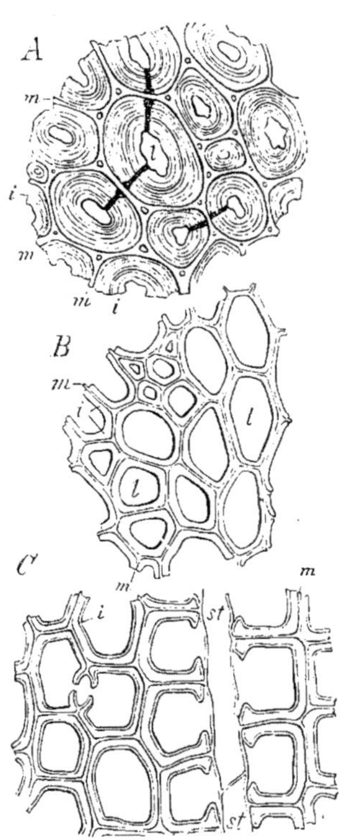

Fig. 57. — Section transversale de cellules épaissies, avec formation nette de lamelles moyennes *m*; *i*, désigne partout l'ensemble de la substance membraneuse appuyée à ces lamelles; *l*, la cavité cellulaire débarrassée de son contenu. — *A*, partie du tissu cortical de la tige du *Lycopodium Chamæcyparissus*; *B*, cellules ligneuses de la partie interne du bois d'un jeune faisceau vasculaire d'*Helianthus annuus*; *C*, bois du *Pinus sylvestris*: *st*, un rayon médullaire (800).

Sur une mince section transversale pratiquée à travers la région cambiale d'une jeune branche de *Pinus sylvestris*, on voit à la fois les deux phénomènes dont nous venons de parler. Les cellules ligneuses ont, en effet, une lamelle moyenne mince et dense, tandis que les cellules libériennes paraissent plongées dans une substance molle et mucilagineuse, qui est surtout assez épaisse entre les séries radiales et y est parsemée de fins granules très-réfringents. Cependant ces deux formes de tissu sont issues d'un seul et même tissu jeune, le cambium, dont les cloisons sont de minces lamelles simples qui séparent les cavités cellulaires comme autant de compartiments. De pareilles préparations sont éminemment propres à justifier l'opinion suivant laquelle la formation de lamelles moyennes denses ou molles résulte seulement d'une différenciation de la substance de la cloison pendant son épaississement, opinion qui explique, aussi clairement et aussi simplement que possible, tous les phénomènes exposés ici et qui est dans une dépendance intime avec l'accroissement par intussusception.

Dédoublement local des cloisons primitives. Formation des espaces intercellulaires. — La lamelle de cellulose, mince et tout à fait homogène, qui sépare les jeunes cellules, ne laisse jamais apercevoir de séparation en deux lamelles ; jamais la limite entre deux cellules n'est marquée par une fente qui diviserait en deux la cloison. Cependant de pareilles fentes se forment souvent

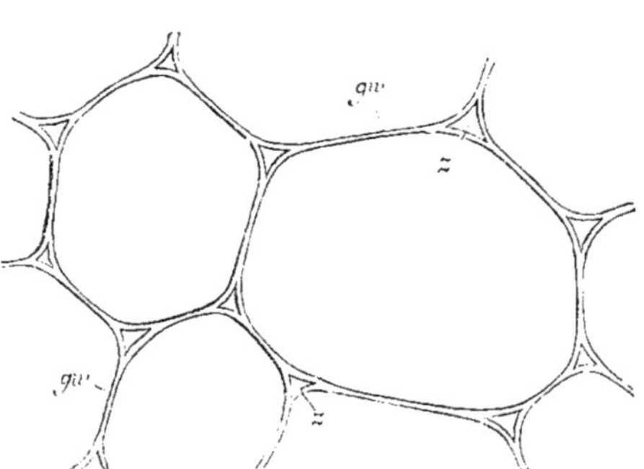

Fig. 58. — Coupe transversale à travers le parenchyme séveux de la tige du *Zea Mais* : *gw*, cloison commune à deux cellules; *z*, méat intercellulaire issu du dédoublement des cloisons le long de l'arête d'intersection.

plus tard et par places dans des lamelles encore très-minces, quand leur accroissement superficiel est rapide. Il en est ainsi dans la formation des méats intercellulaires, au milieu du parenchyme des plantes vasculaires, dans le développement des stomates, etc. La figure 58 montre, en coupe transversale, quelques cellules développées du parenchyme de la tige du *Zea Mais*. Ces cellules étaient à l'origine séparées par des parois entièrement planes qui se coupaient sous des angles presque droits. Dans le cours de l'accroissement, la forme polyédrique tend à s'arrondir ; un développement inégal détermine évidemment des tensions qui, pour s'équilibrer, exigent que, le long de la ligne d'intersection des parois, la cohésion s'annule à l'intérieur de la substance de la membrane. Il s'y fait donc une fente qui prend la forme d'un prisme à trois faces concaves (fig. 58, *z*), se remplit de gaz et devient un de ces méats intercellulaires si communs, qui forment dans le parenchyme un système continu d'étroits canaux. Il n'est pas rare de voir ensuite les portions de la paroi qui limitent le méat intercellulaire s'accroître fortement ; ce dernier s'élargit alors, tandis que les cellules prennent des contours irréguliers ou paraissent étoilées sur la section transversale, ne se touchant plus l'une l'autre que par de petites facettes, comme dans le parenchyme de la face inférieure de beaucoup de feuilles de Dicotylédones, de la tige du *Juncus effusus*, etc. Ces fentes locales de la lamelle homogène peuvent se produire aussi sur les faces mêmes de la cellule, en dehors de toute intersection avec une autre lamelle. Elles se limitent alors parfois à des places étroites nettement circonscrites, et produisent des cavités aplaties dans l'intérieur de la cloison primitivement homogène. Ailleurs, au contraire, la séparation de la cloison en deux lamelles a lieu de manière à respecter seulement de petites places rondes et isolées ; les endroits dédoublés s'étendent vivement par accroissement intercalaire, et les cellules voisines demeurent unies par des prolongements tubuleux au milieu desquels on reconnaît une petite cloison qui est le fragment non dédoublé de la lamelle primitive (fig. 59). Dans d'autres cas encore, le dédoublement partiel de la cloi-

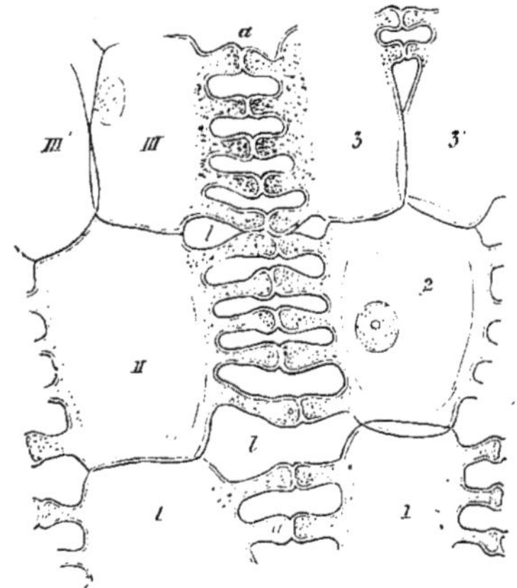

Fig. 59. — Deux séries radiales de cellules (*I, II, III* et 1, 2, 3) du parenchyme cortical de la racine du *Sagittaria sagittæfolia*, en coupe transversale : *a*, les prolongements ; *e*, les espaces vides qui les séparent (environ 350).

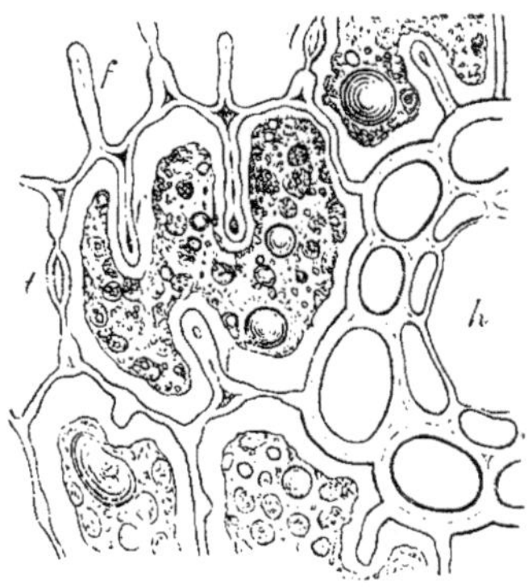

Fig. 60. — Portion d'une coupe transversale de la feuille du *Pinus Pinaster* : *h*, moitié d'un canal résineux : à gauche, cellules parenchymateuses contenant de la chlorophylle et munies de replis membraneux *f* ; *t*, ponctuation. Le contenu des cellules, contracté par la glycérine, renferme des gouttes d'huile (800).

son est suivi d'un accroissement local des deux lamelles ou d'une seule, de manière qu'il se forme un repli saillant dans la cavité cellulaire, comme le montre la figure 60, en *f*. Enfin dans plusieurs espèces de *Spirogyra*, la cloison transverse, qui sépare deux cellules consécutives, se fend en deux lamelles dont chacune s'accroît ensuite d'une façon particulière, en envoyant vers l'intérieur de la cellule un prolongement qui, lorsque les cellules voisines se séparent, se déploie en dehors, à peu près comme un doigt de gant d'abord rentré.

Dédoublement complet des cloisons. Dissociation du tissu. — Lorsque, dans des cellules réunies de toutes parts en tissu, les parois d'abord simples se dédoublent dans toute leur étendue en deux lamelles qui s'arrondissent, dédoublement qui part toujours des méats intercellulaires d'abord formés, le tissu se trouve complètement dissocié en cellules isolées, et il se réduit à un simple amas de cellules ; c'est ce qui arrive dans la chair de beaucoup de fruits charnus. On peut produire artificiellement cette séparation par une ébullition prolongée dans l'eau, par exemple dans les Pommes de terre.

La cloison n'est pas formée, à l'origine, de deux lamelles distinctes. — La naissance des cloisons, dans les cellules du tissu qui se multiplient par bipartition, n'exige en aucune façon l'hypothèse que ces cloisons soient composées, à l'origine, de deux lamelles distinctes. En admettant cette supposition, on serait conduit, par la considération attentive des tissus où de nombreuses partitions se suivent et où se creusent plus tard des méats intercellulaires, à des hypothèses extrêmement compliquées et inconciliables avec l'accroissement par intussusception. Même dans les cas où la liaison des cellules en tissu s'opère par rapprochement et soudure de cellules originairement séparées et non sœurs, la réunion des membranes est si intime, qu'il n'est plus possible d'y apercevoir une ligne de séparation. Il se forme donc aussi, dans ce cas, une lamelle moyenne (1), et ce fait prouve, comme l'existence d'une lamelle moyenne en général, que la face de séparation hypothétique n'existe pas, et que le dédoublement de la lamelle homogène est une conséquence d'une inégalité de développement sur ses deux faces. Ainsi donc, la manière dont s'opèrent les dédoublements des minces cloisons homogènes, aussi bien que la formation de la lamelle moyenne des parois épaissies, contredit l'hypothèse d'une cloison primitivement double dans les cellules du tissu (2).

Dissociation locale des cellules ; canaux intercellulaires : aérifères, sécréteurs. — Le dédoublement des cloisons et l'accroissement de leurs lamelles désormais distinctes creusent, dans l'intérieur du tissu, des cavités de formes variées dont on peut comprendre l'ensemble sous la dénomination d'espaces intercellulaires. A cette catégorie appartiennent, avant tout, les grandes lacunes aérifères qui allégent le tissu des plantes aquatiques et marécageuses (Nymphéacées, Iridées, Marsiliacées, etc., etc.), ainsi que la formation de la cavité qui sépare la paroi de la capsule du sac sporifère dans le fruit des Mousses (3).

A cette formation des espaces intercellulaires, se rattachent souvent des phénomènes particuliers de développement dans les cellules qui les bordent ; je n'en citerai ici que trois exemples très-différents : la formation des stomates, les cavités respiratoires des Marchantiées, les canaux gommeux et résineux (voir plus loin).

Fusion des cellules ; canaux cellulaires : vaisseaux du bois, du liber, laticifères. — Mais la manière de se comporter de la cloison qui sépare deux cellules contribue encore, d'une tout autre façon, à établir des canaux pour transporter l'air ou la séve, et à former, dans la masse du tissu de la plante,

(1) On en voit des exemples dans HOFMEISTER, I, p. 262-263.

(2) Il m'est impossible de donner ici de plus longs développements sur ce sujet. Je veux rappeler seulement que le clivage des cristaux est un phénomène analogue; les plans de clivage sont indiqués à l'avance par la structure moléculaire, mais entre ces plans ainsi indiqués et des fentes réelles, si fines qu'on les suppose, il y a une grande différence.

(3) Les larges canaux aérifères de la tige des Prêles, des Graminées, des *Allium*, des Ombellifères, des Composées, sont produits au contraire par la cessation du développement dans la masse interne du tissu, suivie du dessèchement et du déchirement de cette masse, tandis que tout le tissu environnant continue de croître.

un système continu analogue aux espaces intercellulaires qui conduisent des gaz ou des liquides. Cela arrive par la résorption partielle ou totale des cloisons des cellules voisines. Par là, les cavités de longues séries de cellules d'un tissu sont mises en communication ouverte, et les cellules primitives ne forment plus que les articles d'un corps tubuleux. M. Unger a désigné excellemment ce phénomène par le nom de *fusion* de cellules. C'est de cette manière que dans le bois des faisceaux fibro-vasculaires se forment les vaisseaux (trachéides de M. Sanio) : le protoplasma et le suc cellulaire y ont également disparu; ils conduisent de l'air. C'est de cette manière encore, que dans le liber de ces mêmes faisceaux, se forment les tubes criblés; mais ici le contenu aqueux et mucilagineux des cellules n'est pas remplacé par de l'air, et la libre communication établie entre les cellules de la même rangée sert plutôt à donner au contenu liquide un mouvement plus rapide et sur de plus grands espaces. Les vaisseaux laticifères proviennent aussi de cellules fusionnées; ils naissent par la résorption précoce et totale des cloisons transverses de cellules disposées, soit en rangées rectilignes, soit en séries plusieurs fois ramifiées, et situées dans l'intérieur de tissus différents.

Il nous suffit, pour le moment, d'avoir indiqué le contraste entre les tubes produits par la fusion de cellules, et ceux qui ne sont que des espaces intercellulaires. Une exposition plus détaillée des premiers trouvera sa place dans la description des systèmes de tissus.

« **Substance intercellulaire** » et « **membrane primaire de la cellule** ». — Ces deux expressions traduisent deux manières de voir différentes, qui ont régné dans la science aussi longtemps qu'on a supposé double la mince lamelle primitive qui sépare deux cellules voisines du tissu, et aussi longtemps qu'on a cru que la stratification de la membrane provenait de l'apposition de nouvelles couches. L'assertion que la mince cloison primitive, qui sépare deux cellules voisines du tissu, est une lamelle double, ne peut avoir que deux sens : ou bien on veut dire que la lamelle consiste en couches moléculaires, et que deux de ces couches comprennent entre elles la surface limite *idéale* des deux lamelles qui appartiennent aux deux cellules voisines ; ou bien cela signifie qu'il y a, au milieu de la lamelle, une réelle interruption des liens moléculaires, qu'elle est divisée dès le début par une fente *réelle*. Cette dernière supposition est inexacte, car elle ne repose sur aucun fait, et elle est contredite par l'observation journalière de faibles traits de séparation entre des couches qui sont cependant encore unies moléculairement, qui n'ont aucune fente entre elles, comme les couches des membranes cellulaires épaissies, et des grains d'amidon. Il n'y a aucune fente dans ces cas, et cependant on voit nettement les limites des couches ; pourquoi donc ne verrait-on pas, à bien plus forte raison, la fente réelle supposée dans la cloison primitive? — Prend-on maintenant la première alternative pour exacte, et considère-t-on la composition en deux lamelles comme purement idéale, la question de la « substance intercellulaire » se réduit alors à une simple querelle de mots. Car si la cloison primitive homogène, tout en étant formée de couches moléculaires, est cependant unie dans toute son épaisseur par les forces moléculaires, si la surface limite supposée n'introduit aucune interruption dans la structure moléculaire, alors l'interposition à cet endroit d'une substance différente, d'une soi-disant matière intercellulaire, ne paraîtra qu'un simple phénomène d'accroissement ordinaire par intussusception.

La disparition de la ligne de séparation, dans le cas où des cellules primitivement distinctes viennent se juxtaposer en tissu, montre bien que les couches moléculaires extérieures d'une membrane déjà formée peuvent encore entrer plus tard en combinaison moléculaire. Si donc, dans ce cas, il se fait plus tard une lamelle moyenne différente, c'est la preuve la plus décisive contre la signification de « membrane primaire » attribuée à cette lamelle. Enfin, si l'on cherche, conformément à la théorie de la « membrane primaire », à construire pas à pas sur le papier les relations d'un tissu ligneux en voie de développement, on est aussitôt acculé à des difficultés qui ne se présentent pas si l'on admet que la lamelle moyenne est simplement le résultat d'une différenciation ultérieure de la membrane cellulaire.

Exemples de la formation d'espaces intercellulaires. — La formation des espaces intercellulaires est très-souvent accompagnée d'un développement des cellules disjointes, très-différent du reste du tissu; de telle sorte que l'espace intercellulaire, avec les cellules qui l'enveloppent, constitue une forme particulière de tissu ou un organe approprié à une fin déterminée. L'étude de quelques-uns de ces cas est particulièrement favorable pour montrer au commençant comment des phénomènes morphologiquement analogues et équivalents

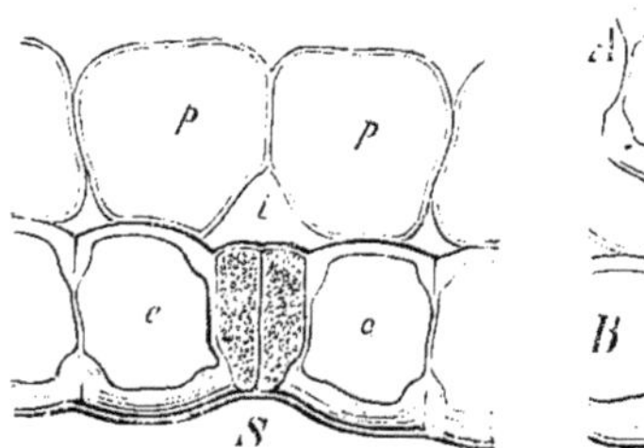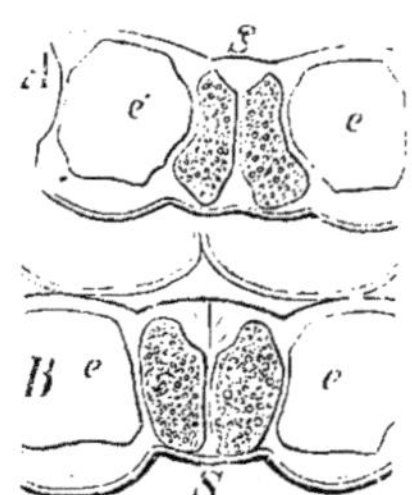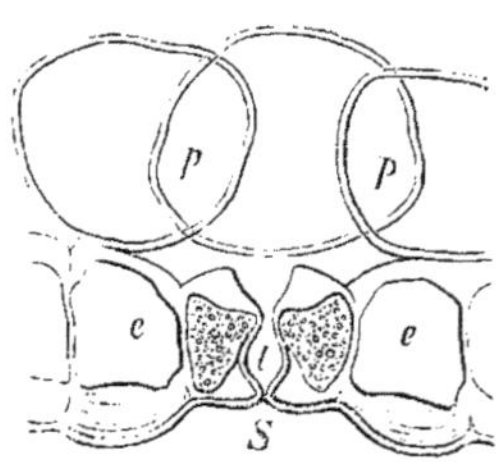

Fig. 61-64. — Développement des stomates de la feuille de Jacinthe (*Hyacinthus orientalis*) vue en coupe transversale (800).

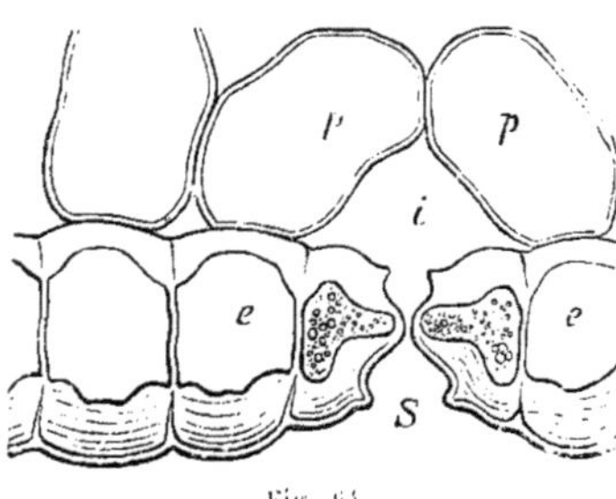

Fig. 64.

peuvent amener des résultats physiologiques tout à fait différents, sujet que nous traiterons d'une façon générale et avec plus d'étendue dans le chapitre III du livre III.

Développement d'un stomate ordinaire. — Dans la catégorie des espaces intercellulaires, rentre aussi la fente des stomates de l'épiderme, et la genèse de ces organes est particulièrement propre à éclairer la formation d'un espace intercellulaire.

Je prends pour exemple les stomates des feuilles de l'*Hyacinthus orientalis*. Les figures 61-64 sont des sections transversales de la feuille, perpendiculaires à sa surface ; *e* désigne partout les cellules épidermiques, *p* le parenchyme foliaire. Le stomate (*S*) provient d'une cellule épidermique plus petite que les autres, qui se divise, par une cloison perpendiculaire à la surface de la feuille, en deux cellules sœurs égales. Cette bipartition vient de s'opérer dans la figure 61, *S*, et la cloison y est formée (1) ; c'est d'abord une simple lamelle très-mince ; elle s'épaissit bientôt et, dans les points où elle coupe à angle droit la paroi interne de la cellule mère, plus fortement qu'ailleurs (fig. 62, *A*). Au début, la cloison épaissie est complétement homogène ; plus tard il s'y marque des couches et l'on y voit la première trace d'une sé- . paration de la lamelle encore simple en deux lamelles contiguës (fig. 62, *B*) ; dans la figure 63, *t*, la fente est déjà achevée et les deux lamelles séparées s'accroissent ensuite d'une façon particulière, de façon à produire une fente étroite au milieu, élargie au contraire en dedans et en dehors, qui fait communiquer l'espace intercellulaire *i*, appelé *chambre respiratoire*, avec l'atmosphère extérieure (fig. 64). Il est digne de remarque que, dès avant la bipartition de la cellule mère, une cuticule nette et pas trop mince recouvre déjà cette cellule aussi bien que les cellules voisines. Elle est encore continue dans l'état représenté en *B*, fig. 62 ; quand la cloison se sépare en deux lamelles,

elle se fend en même temps (fig. 63), et par la cuticularisation de la couche externe des deux lamelles distinctes la cuticule s'étend plus tard sur les faces de l'ouverture (fig. 64). Si l'on poursuit l'étude du développement sur le stomate vu de face, on voit que la fente de la cloison ne s'étend pas dans toute sa surface, mais qu'il en subsiste une partie en haut et en bas à l'état de lamelle simple (voir § 15, fig. 73-75). Les deux cellules qui entourent la fente, et qu'on nomme *cellules stomatiques,* ne se distinguent pas seulement des autres cellules épidermiques par ce mode particulier de division et d'accroissement, elles en diffè-

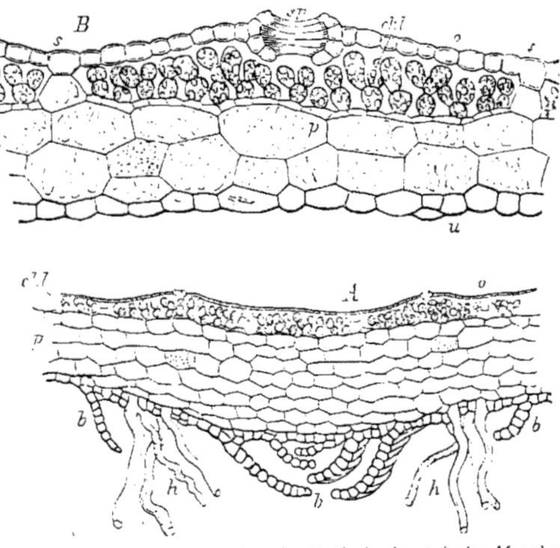

Fig. 65. — Coupes transversales du thalle horizontal du *Marchantia polymorpha* : *A*, pris dans la région moyenne du thalle, est muni sur sa face inférieure d'appendices foliacés, *b*, et de poils radicaux, *h* ; : *B*, pris dans la région marginale du thalle et plus fortement grossi : *p*, parenchyme incolore dont les cellules sont réticulées ; *o*, épiderme supérieur : *chl*, cellules à chlorophylle : *sp*, stomates ; *s*, murs de séparation des grandes chambres sous-épidermiques ; *u*, épiderme inférieur dont les cellules ont des parois de couleur sombre.

rent encore par la présence de la chlorophylle et de l'amidon.

Développement de la chambre respiratoire des Marchantia. — Dans la famille

(1) Je n'ai vu de noyau ni immédiatement avant, ni quelque temps après la division.

des Marchantiées, qui appartient au groupe des Hépatiques, la genèse et la structure des stomates (*sp*, fig. 65, *B*), sont beaucoup plus compliquées, nous en parlerons plus tard. Bornons-nous à dire ici que, dès avant leur formation, les cellules de l'épiderme se séparent du tissu sous-jacent tout le long de certaines plages en forme de losanges, limitées par des murs de cellules non isolées (*s, s*, fig. 65, *B*). Les grandes chambres sous-épidermiques ainsi produites et qui s'ouvrent au dehors chacune en son milieu par un stomate, sont destinées à renfermer le tissu chlorophyllien de cette plante. En effet les cellules de la couche qui forme le plancher de la cavité sous-épidermique, après s'être divisées par des cloisons perpendiculaires à la surface, envoient des prolongements vers le haut dans la cavité ; ceux-ci s'accroissent à la manière de filaments d'Algues, se divisent, se ramifient, et forment des grains de chlorophylle dans leur intérieur, pendant que tout le reste du tissu de la plante ne produit pas de matière verte.

Formation des canaux sécréteurs. — La genèse des canaux résineux ou gommeux repose également sur la formation de méats intercellulaires, accompa-

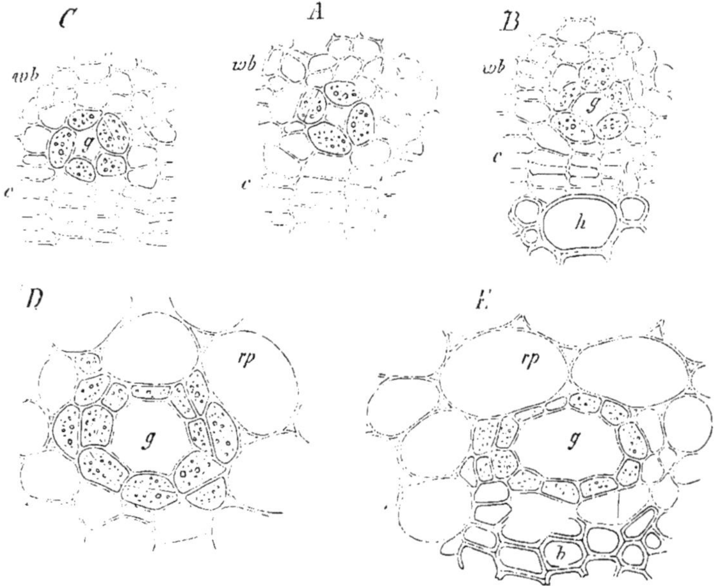

Fig. 66. — Canaux sécréteurs de la jeune tige du Lierre (*Hedera Helix*), en coupe transversale (800). — *A, B, C*, montrent de jeunes canaux (*g*), situés à la limite du cambium *c*, et du liber mou *wb* ; *h*, bois. — *D* et *E*, montrent des canaux plus âgés et plus larges (*g*), situés à la limite du liber (*b*) et du parenchyme cortical (*rp*).

gnée d'un développement particulier des cellules de bordure. Nous y reviendrons plus tard, il suffira pour notre étude actuelle de citer un exemple. La figure 66 montre des canaux sécréteurs de cette sorte, sur la coupe transversale d'une jeune branche de Lierre (*Hedera Helix*). Les états jeunes, comme

B et *C*, attestent avec évidence que l'espace intercellulaire naît par la séparation de quatre ou cinq cellules, et que celles-ci, qui se distinguent des cellules ambiantes par leur contenu trouble et granuleux, se multiplient ensuite par divi- De cette multiplication ultérieure des cellules de bordure et de leur accroissement correspondant, résulte la formation des canaux beaucoup plus larges qu'on voit en *D* et *E*. Le mode d'accroissement des cellules qui bordent le canal intercellulaire, la manière dont elles se divisent, la nature de leur contenu et surtout la propriété qu'elles ont de sécréter un suc particulier dans la cavité, tout contribue à individualiser cette partie du tissu et à en faire un organe nettement séparé de tout ce qui l'entoure et qui a un rôle physiologique spécial à remplir.

<h2 style="text-align:center">§ 14.</h2>

<h3 style="text-align:center">Systèmes et formes de tissus.</h3>

La masse entière du tissu cellulaire qui forme le corps d'une plante peut être homogène ou hétérogène.

Tissu homogène des plantes inférieures. — Dans le premier cas, toutes les cellules sont semblables et leur mode d'union est partout identique. Ce cas est rare dans le règne végétal, et les plantes les plus simples sont seules construites de cette façon.

Toutes les cellules d'un pareil tissu homogène et non différencié étant semblables entre elles, leur réunion en un tout physiologique et morphologique n'a qu'une importance très-secondaire, puisque chaque cellule représente et possède tous les caractères du tissu entier. Aussi n'est-il pas rare de voir dans ce cas les cellules s'isoler réellement et continuer à vivre séparées. Il y a donc des plantes unicellulaires ; mais celles qui consistent en une simple rangée de cellules, toutes semblables, ou en un plan, ou en une masse compacte de pareilles cellules, sont à peine plus élevées en organisation.

Différenciation du tissu des plantes supérieures en trois systèmes fondamentaux. — Mais quand un grand nombre de cellules sont intimement associées en une masse de tissu, il arrive ordinairement que les couches différentes de cette masse se développent différemment. Le corps de la plante consiste alors en un tissu différencié, c'est-à-dire qu'on y trouve plusieurs espèces de tissus différents. En général, l'arrangement de ceux-ci est déterminé par ce fait que la masse entière du tissu cherche à se fermer vers l'extérieur, de sorte qu'une différence s'établit entre les couches externes qui forment un tégument et la masse interne du tissu. Dans l'intérieur de cette masse enveloppée par le tissu tégumentaire ainsi produit, il s'introduit dans les plantes supérieures de nouvelles différenciations qui produisent des faisceaux de cellules spéciales, entourées par le tissu fondamental qui les sépare entre eux et du tégument. En général, ces faisceaux de tissus, appelés tour à tour faisceaux vasculaires, faisceaux, faisceaux fibreux, faisceaux fibro-vasculaires, suivent, dans leur course longitudinale, la direction du plus grand accroissement qui précède immédiatement leur différenciation. Mais ensuite, cette couche superficielle, ces faisceaux et ce tissu fondamental qui les sépare, ne demeurent ordinairement pas homogènes. Ainsi le tissu tégumentaire se différencie souvent en plusieurs couches de nature différente ; chaque faisceau fait de même et il s'y introduit même une plus grande somme de variations.

Il se forme de la sorte, dans les plantes supérieures, à la place des diverses couches du tissu primitif, des systèmes de formes de tissu, que nous pouvons simplement appeler des *systèmes de tissus ;* ainsi nous trouvons d'ordinaire un *système tégumentaire,* un *système de faisceaux,* et le *système du tissu fondamental* qui s'étend entre les deux premiers (fig. 67). Mais partout où une pareille différenciation du tissu frappe le corps de la plante, elle est toujours consécutive ; à l'origine la masse tout entière d'un organe de la plante en voie d'accroissement, comme la tige, la feuille, la racine, consiste toujours en un tissu homogène, d'où chaque système de tissus procède ensuite par un développement différent de ses différentes couches. Ce tissu non encore différencié, qui constitue les plus jeunes organes des plantes, on peut donc l'opposer aux autres en lui donnant le nom de *tissu primordial* (1).

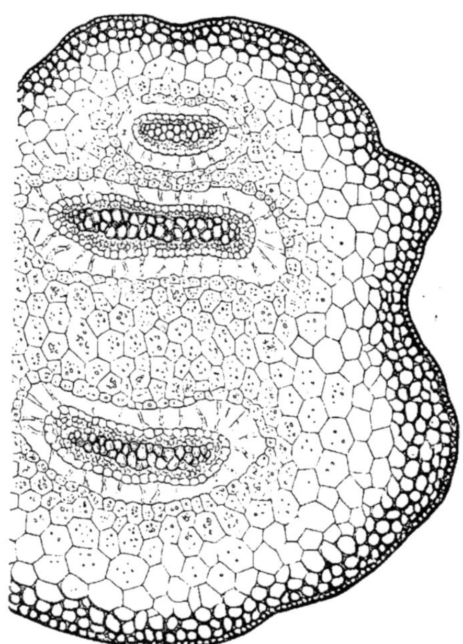

Fig. 67. — Section transversale de la tige du *Selaginella inæqualifolia*. Le tissu tégumentaire, formé de plusieurs assises de cellules, a ses membranes épaissies et sombres ; le tissu fondamental a ses parois minces et il enveloppe trois faisceaux fibro-vasculaires, séparés de lui par de grands espaces intercellulaires (*l*) (800).

Principales formes de tissu qui entrent dans la composition des systèmes.—*Parenchyme, prosenchyme, sclérenchyme.* — A l'intérieur de tout système de tissus, la forme et l'arrangement des cellules peuvent être très différents, leur contenu et leur membrane peuvent se développer de diverses manières, enfin elles peuvent être capables ou incapables de division (2). Les cellules sont-elles pointues aux deux bouts, beaucoup plus longues que larges, et emboîtées par

(1) Il ne paraîtra pas superflu de faire remarquer ici provisoirement que *moelle* et *écorce* expriment non pas des formes ou des systèmes de tissus, mais des ensembles indéterminés et indéfinissables. Ainsi l'écorce des Thallophytes a un sens très différent de l'écorce des plantes vasculaires ; l'écorce des Monocotylédones est tout autre chose que l'écorce des Conifères et des Dicotylédones ; chez ces dernières ce mot signifie des choses très-différentes suivant qu'il s'applique à des tiges jeunes ou âgées. Il en est de même pour la moelle.

(2) Une énumération complète de la nomenclature des tissus serait ici sans utilité. C'est en exposant le sujet lui-même, en partie dans le paragraphe suivant, en partie aussi seulement dans

leurs extrémités de manière à ne pas laisser d'espaces intercellulaires, le tissu est appelé *prosenchyme*. Sont-elles, au contraire, superposées en séries, accolées par de larges faces, pas beaucoup plus longues que larges, et laissent-elles entre leurs parois minces des espaces intercellulaires, elles constituent un *parenchyme*. Ces deux formes de tissu passent fréquemment l'une à l'autre, et en outre, dans l'emploi du mot parenchyme, il règne chez les anatomistes une regrettable indétermination.

Beaucoup de formes de tissu ne se laissent pas comprendre dans les deux catégories précédentes, surtout si l'on essaie de les limiter avec quelque précision ; il en est ainsi par exemple du tissu des Champignons et des Lichens, et même de celui des Fucacées.

Aussi bien dans le parenchyme que dans le prosenchyme, les cellules peuvent avoir leur paroi épaissie ou mince, lignifiée ou non, contenir de la séve ou de l'air. Il serait utile de généraliser l'expression de *sclérenchyme* proposée par Mettenius, de manière à appliquer ce nom aux cellules, soit de parenchyme, soit de prosenchyme, qui ont leurs parois non-seulement épaissies, mais durcies ; on aurait alors du sclérenchyme dans le liége, dans le tissu fondamental (par exemple les faisceaux sombres de la tige du *Pteris aquilina*, les noyaux pierreux des Nèfles), dans le bois, et ce nom conviendrait encore aux cellules dites pierreuses de la chair des Poires. En un mot, cette expression désignerait non pas un système de tissus, mais seulement une propriété physiologique de certaines cellules d'un système de tissus (1).

Méristème primitif, méristème secondaire, cambium. — Si les cellules d'un tissu sont toutes ou en grande partie capables de se diviser, elles forment un tissu *générateur*, un *méristème*, suivant l'expression introduite par M. Nägeli, sinon elles constituent un *tissu permanent*. Le tissu primordial des plus jeunes organes des plantes est toujours un méristème, et peut être distingué sous le nom de *méristème primitif* ; et comme, dans les organes âgés, certaines régions isolées du tissu demeurent à l'état de méristème, ou reviennent par la suite à cet état, elles peuvent être désignées sous le nom de *méristème secondaire*. Il fut un temps où l'on appelait ce dernier tissu du nom de *cambium* ; cependant il sera utile de conserver ce mot avec sa signification primitive ; il signifie alors spécialement et à l'exclusion de tout autre, cette couche de méristème située dans le tissu des parties âgées de la plante, et à laquelle est dû l'accroissement en épaisseur des Dicotylédones et des Conifères.

Disposition des cellules de même forme en files, couches, massifs, faisceaux. — Les cellules de même forme peuvent être, soit superposées en une simple série ou file de cellules, soit disposées côte à côte en une lame ou couche de cellules, soit ajustées dans tous les sens en une masse compacte ou massif de cellules. Si ces massifs sont très-allongés dans une seule direction, s'ils continuent de s'accroître par leur sommet ou par leurs deux extrémités, et s'ils sont contenus à l'intérieur d'un autre tissu, ils constituent principalement

le livre II, et à mesure que m'y amènera la considération des divers objets et de leurs propriétés, que j'expliquerai les termes techniques. Je suivrai alors, avec quelques légers changements, les dénominations et distinctions proposées par M. Nägeli (Beiträge zur wissens ch. Botanik, 1858, Heft I).

(1) Voir OTTO BUCH : Ueber Sclerenchymzellen. Breslau, 1870.

des *faisceaux* de cellules. D'ordinaire, les éléments d'un pareil faisceau sont allongés dans le sens de sa longueur et la plupart prosenchymateux; on a alors des faisceaux de prosenchyme. Les formes les plus importantes de ces derniers sont ces faisceaux qui traversent le tissu fondamental des Cryptogames supérieures et des Phanérogames, et qu'on appelle *faisceaux fibro-vasculaires;* ils sont formés de cellules allongées, en partie prosenchymateuses, et renferment des vaisseaux, c'est-à-dire de longues rangées de cellules lignifiées dont les cloisons transverses sont perforées.

Les diverses formes de tissu peuvent se retrouver dans les trois systèmes. — Les parties les plus jeunes des tiges, des racines, des feuilles et autres organes consistent exclusivement en méristème primitif. La suite du développement amène d'abord, dans ce dernier, une séparation en couches et en faisceaux qui représentent le début des divers systèmes de tissus. Puis, à l'intérieur de chaque système, les diverses formes de tissus qui doivent les constituer se différencient peu à peu. Quand différents systèmes se touchent dans l'état adulte, ce n'est, le plus souvent, qu'en en suivant le développement qu'on peut décider si certaines couches de cellules appartiennent à l'un ou à l'autre système. Cela tient surtout à ce que les divers systèmes présentent des formes cellulaires semblables : on trouve, par exemple, du parenchyme, du prosenchyme, du sclérenchyme, du méristème secondaire, aussi bien dans le tissu fondamental que dans les faisceaux fibro-vasculaires. De même on ne peut souvent pas décider, en voyant les couches de cellules situées sous l'épiderme, si elles appartiennent au tissu tégumentaire ou au tissu fondamental qu'il recouvre.

Diverses formes de tissu, comme les glandes, les vaisseaux utriculeux, les vaisseaux laticifères, les canaux gommeux ou résineux, peuvent se présenter dans chacun des trois systèmes, c'est-à-dire dans le tissu tégumentaire, dans le tissu fondamental et dans les faisceaux. Ces formes de cellules et de tissu ne peuvent donc pas être jugées de même valeur que chacun de ces trois systèmes; elles sont bien plutôt des éléments constituants de ces divers systèmes. Cependant, à cause de leurs propriétés physiologiques, je les étudierai toutes ensemble dans un paragraphe particulier, tandis que les autres formes de tissu auront leur place dans l'étude des trois systèmes.

§ 15.

Le tissu tégumentaire (1).

Une différenciation en un tissu tégumentaire et en un tissu fondamental intérieur ne peut naturellement se rencontrer que dans les plantes ou organes de plantes qui consistent en une masse épaisse de tissu. En général, l'opposition de ces deux tissus est d'autant plus nette, que l'organe considéré est mieux

(1) L'introduction du mot *tissu tégumentaire*, dans le sens général où je l'emploie ici, me paraît répondre à un besoin réel de l'Histologie. En tout cas, toute une série de faits histologiques, isolés jusqu'à présent, se trouvent de la sorte rattachés à un point de vue plus général et plus élevé.

exposé à l'air et à la lumière, tandis que les parties souterraines et immergées la présentent à un moindre degré ; d'ordinaire aussi, la formation du tissu tégumentaire est plus complète dans les plantes destinées à une plus longue vie. Quelquefois la différence entre le tissu tégumentaire et le tissu fondamental résulte simplement de ce que les couches cellulaires extérieures, douées d'ailleurs des mêmes caractères morphologiques que les plus profondes, s'en distinguent seulement par leur dimension plus petite et par l'épaisseur et la rigidité de leurs membranes cellulaires. Dans ce cas, il n'y a pas habituellement de limite tranchée entre les deux tissus ; les différences que nous venons de signaler s'accusent progressivement à mesure qu'on s'approche de la surface. Il en est ainsi dans les Fucacées et les plus grandes Floridées parmi les Algues, dans beaucoup de Lichens, et dans les organes massifs de fructification chez les Champignons ; même dans la tige des Mousses, la formation du tissu tégumentaire n'a souvent lieu que de cette façon.

Composition du tissu tégumentaire : épiderme, hypoderme, liége, rhytidome. — Le contraste entre le tissu tégumentaire et le tissu intérieur est beaucoup plus frappant, lorsque non-seulement une limite tranchée les sépare, mais aussi qu'un développement morphologique essentiellement différent distingue le tissu tégumentaire du tissu intérieur. Dans beaucoup de Mousses et dans toutes les plantes vasculaires, on distingue au moins une couche extérieure de cellules caractérisée de cette façon, on la nomme *épiderme*. Dans les racines véritables et beaucoup de portions de tige souterraines qui ressemblent à des racines, comme aussi dans beaucoup de plantes submergées, l'épiderme diffère assez peu du tissu sous-jacent ; mais dans la plupart des tiges et des feuilles, ses cellules ont un mode de développement tout particulier, auquel vient s'ajouter la présence de stomates et de poils de la forme la plus variée.

Dans beaucoup de feuilles et de parties de tige, après qu'il est déjà reconnaissable comme tissu particulier, assez tard, pendant ou après le séjour de l'organe considéré dans le bourgeon, l'épiderme subit des divisions cellulaires qui lui donnent deux ou plusieurs assises cellulaires. Il est utile de distinguer de cet épiderme multiple formé de plusieurs assises de cellules (Pfitzer, *loc. cit.*, p. 53), des couches de tissu qui s'étendent fréquemment sous les épidermes simples, plus rarement sous les épidermes multiples ; ces couches fonctionnent physiologiquement comme un renforcement du tissu tégumentaire, sans toutefois lui appartenir réellement, tandis qu'elles se distinguent d'une manière frappante du tissu plus profond dont elles ne sont cependant qu'une partie constituante, comme le prouve leur développement ; nous les appellerons *hypoderme* (1). Cet hypoderme consiste fréquemment en couches ou faisceaux de cellules à paroi épaisse, sclérenchymateuses, parfois même en fibres analogues à celles du liber. Dans les Phanérogames, principalement dans les Dicotylédones, les cellules de l'hypoderme ont souvent le long de leurs arêtes longitudinales, là où trois ou quatre d'entre elles se touchent, leurs parois extrêmement épaissies, molles et susceptibles de se gonfler à un

(1) A l'expression de « couches sous-épidermiques » que j'employais autrefois, je préfère le mot *hypoderme* proposé par M. Kraus et adopté par M. Pfitzer. Voir d'ailleurs le § 17.

haut degré (fig. 21, *B*); on donne au tissu formé par ce genre de cellules le nom de *collenchyme*.

Dans les parties des plantes qui sont vivaces et douées d'un puissant accroissement en épaisseur, le système tégumentaire acquiert un développement ultérieur par la formation du *liége*. Le liége naît par des divisions cellulaires qui s'opèrent dans la suite du développement, et souvent très-tard, soit dans l'épiderme lui-même, soit dans les couches sous-jacentes, et par la subérification des nouvelles cellules formées. La formation du liége est très-fréquemment continue, ou bien elle se répète avec des interruptions; quand elle se produit également sur toute la périphérie, il se fait une enveloppe subéreuse stratifiée, le *périderme*, qui remplace l'épiderme ordinairement détruit à cette époque et, comme organe protecteur, le surpasse même en efficacité. Mais il n'est pas rare que la formation du liége se propage plus profondément; il se fait alors des lames de liége dans la profondeur de la tige, à mesure qu'elle s'accroît en épaisseur; il y a des parties du tissu fondamental et des faisceaux vasculaires ou des masses de tissu qui procèdent d'eux, qui sont découpées pour ainsi dire par des lamelles de liége. Et comme tout ce qui est en dehors d'une pareille lamelle meurt et se dessèche, il s'accumule enfin à la périphérie une couche massive de tissus desséchés, très-différents par leur forme et leur origine; cette couche, très-fréquente dans les Conifères et beaucoup d'arbres dico-

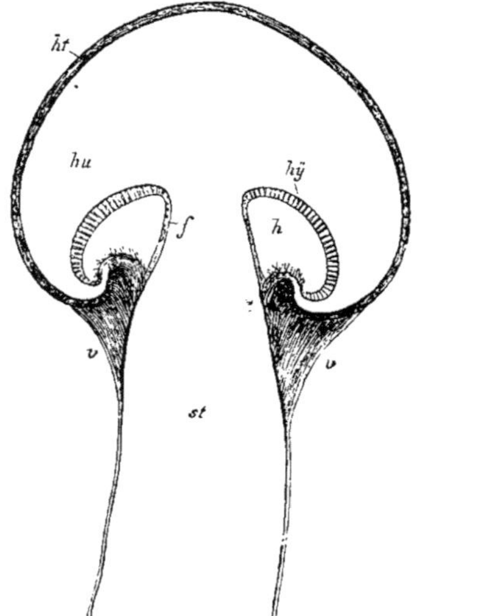

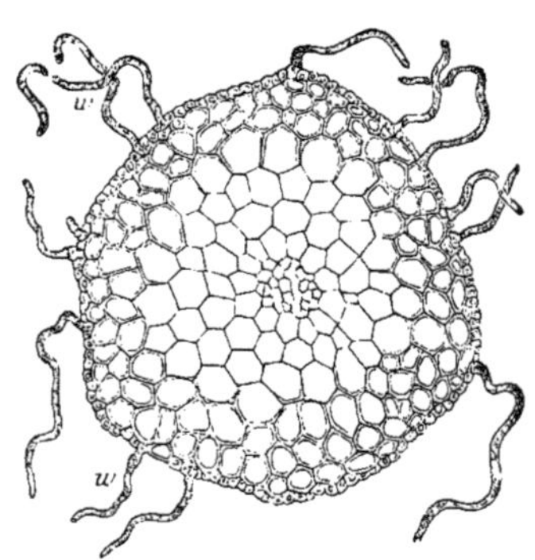

Fig. 69. — Section transversale de la tige du *Bryum roseum* (90): *w*, poils radicaux formés par le prolongement de certaines cellules de l'assise la plus externe.

Fig. 68. — Appareil reproducteur du *Boletus flavidus*, en coupe longitudinale, faiblement grossi : *st*, pied; *hu*, chapeau ; *hy*, hyménium ; *v*, voile; *h*, espace vide sous l'hyménium ; *f*, prolongement de la couche hyméniale sur le pied; *ht*, le tégument jaune du chapeau, facile à détacher.

tylédonés, constitue ce qu'on appelle l'*écorce crevassée* ou *rhytidome;* c'est la formation tégumentaire la plus compliquée qui existe dans le règne végétal.

Tissu tégumentaire des Thallophytes. — Les cellules de la région externe du tissu fondamental des Thallophytes deviennent d'autant plus solides et plus petites, qu'elles sont plus rapprochées de la surface, et souvent leurs parois prennent des colorations de plus en plus sombres ; là se borne le plus souvent la formation tégumentaire dans ces végétaux. Telles sont les assises les plus externes du tissu cortical de beaucoup de Lichens, et du péridium des Gastéromycètes et Pyrénomycètes ; la couche tégumentaire du chapeau des Hyménomycètes s'écaille souvent en grands fragments (fig. 68). Quand il n'y a chez ces Thallophytes qu'une légère différence entre l'écorce et la moelle, il est difficile de décider si ce tissu externe doit s'appeler écorce ou tégument ; mais quand le tissu cortical acquiert plus d'épaisseur, le tégument s'en distingue le plus souvent avec netteté. L'assise cellulaire la plus externe est, dans les Thallophytes comme dans les plantes les plus élevées, capable de produire des poils.

Les Muscinées (Hépatiques, Sphaignes, Mousses) montrent dans la formation de leur tégument une grande diversité. Ainsi, pendant que dans beaucoup d'autres Hépatiques on voit à peine une trace de tégument, le groupe des Marchantiées présente tout à coup un épiderme complétement développé et pourvu de stomates (fig. 65). Dans les Mousses, le tégument de la tige feuillée se réduit à ceci, que les cellules deviennent de plus en plus étroites, et leur membrane de plus en plus épaisse et d'un rouge de plus en plus foncé, à mesure qu'on se rapproche de la périphérie ; l'assise la plus extérieure produit souvent de nombreux poils allongés qui jouent le rôle de racines et qu'on appelle *poils radicaux* (fig. 69). Dans les Sphaignes (*Sphagnum*) au contraire, l'assise la plus externe de la tige, ou les 2-4 assises extérieures, prennent un caractère tout à fait différent du tissu sous-jacent. Leurs cellules (*e*, fig. 70) ont une membrane mince et colorée et sont beaucoup plus larges que celles du tissu intérieur ; leur paroi présente parfois de minces rubans d'épaississement enroulés en spirale ; elles s'ouvrent au dehors par de grands trous et communiquent ensemble de la même manière (*l*). Entièrement développées, elles ne contiennent que de l'air ou de l'eau, qui s'élève dans ce système comme dans un appareil capillaire très-énergique. A l'intérieur de ce tissu tégumentaire, la tige est semblable à celle des Mousses ; à mesure qu'on se rapproche de la périphérie la cavité de ses cellules devient, en effet, plus étroite, et leur paroi plus épaisse et plus sombre. On rencontre une couche tégumentaire toute semblable et appropriée à la même fonction hygrométrique dans les racines aériennes des Orchidées et de certaines Aroïdées.

Comme c'est dans la capsule des Mousses que les tissus acquièrent la plus grande perfection dont ils soient susceptibles dans ces plantes, c'est là aussi que le tégument est le mieux caractérisé. Le tissu intérieur de la capsule, richement différencié, est, en effet, recouvert d'un véritable épiderme bien développé et parfois pourvu de stomates (fig. 71).

L'épiderme (1). — Dans les plantes vasculaires, le tissu tégumentaire ne

(1) H. v. MOHL : Vermischte Schriften botanischen Inhalts. Tübingen, 1845, p. 260. — F. COHN De Cuticula. Vratislaviæ 1850. — LEITGEB : Denkschriften der Wiener Akad. 1865, XXIV, p. 253. — NICOLAI : Schriften der phys.-ökonom. Gesellschaft. Königsberg, 1865, p. 73. — THOMAS : Jahr

consiste ordinairement qu'en une seule et unique assise cellulaire superficielle,
qu'on appelle l'*épiderme*. L'épiderme est toujours, à l'origine et lors de ses premiers développements, formé d'une seule assise de cellules ; mais parfois il arrive assez tard, pendant ou après le séjour de l'organe considéré dans le bourgeon, que des cloisons parallèles à la surface subdivisent l'épiderme en deux ou

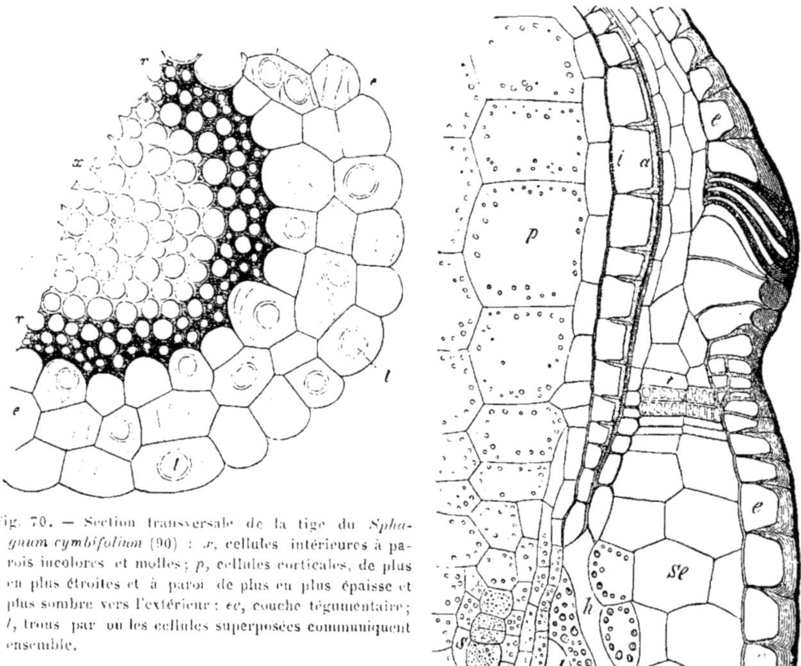

Fig. 70. — Section transversale de la tige du *Sphagnum cymbifolium* (90) : *x*, cellules intérieures à parois incolores et molles ; *p*, cellules corticales, de plus
en plus étroites et à paroi de plus en plus épaisse et
plus sombre vers l'extérieur ; *ec*, couche tégumentaire ;
l, trous par où les cellules superposées communiquent
ensemble.

Fig. 71. — Portion d'une section longitudinale radiale à travers la capsule du *Funaria hygrometrica* (300) : *e*,
épiderme, le gros trait noir qui le limite est la cuticule (pour l'explication plus détaillée de la fig., voir livre II).

plusieurs assises. Dans ce cas, nous considérerons l'assise la plus externe
comme l'épiderme proprement dit, et nous distinguerons les autres sous le
nom de *couches de renforcement ;* ces dernières consistent ordinairement en
grandes cellules à paroi mince et à contenu clair, circonstance qui les a fait
nommer aussi par M. Pfitzer *tissu aqueux.* On trouve de ces épidermes à plusieurs rangs de cellules sur les feuilles de la plupart des espèces de *Ficus,* sur
les tiges et les feuilles de beaucoup de Pipéracées, sur les feuilles des *Begonia.*
Sur les racines de plusieurs espèces de *Crinum,* l'épiderme, simple à l'origine,
se divise aussi en plusieurs assises ; mais ce phénomène est encore plus frappant
dans les racines aériennes des Orchidées et des Aroïdées, où les assises cellu-

bücher f. wissensch. Botanik, IV, p. 33. — Kraus : ibid. IV, p. 305 et V, p. 83. — Pfitzer : *ibid.*
VII, p. 561, et VIII, p. 17. — De Bary : Botanische Zeitung, 1871, n. 9-11 et 34-37.

laires ainsi formées perdent plus tard leur contenu liquide et enveloppent le corps de la racine d'une gaine aérifère, nommée *voile*.

Distinction entre l'épiderme et l'hypoderme. — Il faut bien remarquer que l'hypoderme se distingue, par son mode de développement, de ces couches de renforcement issues de la division d'une assise épidermique primitivement simple; il procède, en effet, des couches du tissu fondamental recouvertes par cet épiderme simple. Les cellules de l'hypoderme peuvent aussi devenir hyalines et semblables au tissu aqueux dont nous parlions plus haut, et même atteindre souvent une énorme épaisseur, comme dans plusieurs *Tradescantia* et beaucoup de Broméliacées; mais plus fréquemment il est formé de cellules à parois très-épaisses, souvent sclérenchymateuses, qui, certainement dans les *Ephedra* et *Elegia*, procèdent du tissu fondamental, non de l'épiderme, et très-probablement aussi dans d'autres cas. Tandis que cet hypoderme sclérenchymateux est très-répandu dans les Cryptogames vasculaires, par exemple chez les Prêles et les Fougères, et surtout dans les feuilles des Gymnospermes, les pétioles des feuilles et les tiges charnues des Angiospermes, notamment des Dicotylédones, présentent très-fréquemment une troisième forme de ce même tissu, c'est le *collenchyme*. Les cellules de collenchyme sont étroites et longues et surtout caractérisées par ce fait, qu'elles s'épaississent beaucoup le long des arêtes longitudinales, et que ces épaississements se gonflent beaucoup dans l'eau ou dans les réactifs qui provoquent un gonflement plus énergique (fig. 21, *B*). Le collenchyme procède du tissu fondamental et non de l'épiderme; cela n'a été vérifié directement, il est vrai, que pour les *Evonymus latifolius*, *Peperomia*, *Nerium* et *Ilex*, mais il est probable qu'il en est de même partout ailleurs.

Dans tout ce qui va suivre, quand le mot épiderme sera employé sans remarque spéciale, il faudra toujours entendre par ce terme l'assise épidermique simple ordinaire, ou l'assise la plus externe s'il y en a plusieurs.

Caractères des cellules épidermiques. — Les cellules de l'épiderme, comme aussi celles des couches de renforcement et de l'hypoderme, sont de tous côtés en contact intime; on ne voit d'espaces intercellulaires qu'entre les cellules de bordure des stomates, par où les lacunes du tissu fondamental communiquent avec l'air ambiant. Cette intime connexion des cellules est parfois le seul caractère distinctif de l'épiderme, comme dans les Hydrillées, les *Ceratophyllum* et autres plantes submergées. Dans d'autres cas, la formation des poils vient y ajouter un second caractère, comme dans la plupart des racines, où les cellules de l'épiderme ressemblent d'ailleurs à celles du tissu fondamental par leur contenu et la nature de leur paroi. Mais d'ordinaire, sur les tiges et les organes foliacés, l'épiderme est en outre dépourvu de chlorophylle, d'amidon et de tout contenu granuleux. Chez les Fougères et les plantes submergées nommées plus haut, les cellules épidermiques contiennent cependant aussi des grains de chlorophylle. Il n'est pas rare d'y voir le suc cellulaire teint par une matière rouge.

Dans les organes qui s'accroissent surtout en longueur, comme les racines, les longs entre-nœuds et les feuilles des Monocotylédones, la forme des cellules épidermiques est le plus souvent allongée dans le même sens; dans les feuilles larges, elle est le plus souvent élargie en forme de table. Dans les deux cas, les parois latérales sont souvent ondulées et plissées, de manière que les cellules voisines sont intimement engrenées.

Cuticule. — La lamelle la plus extérieure de la membrane des cellules épidermiques est toujours cuticularisée, et le plus souvent à un point tel qu'il est difficile, sinon impossible, d'y constater la présence de la cellulose. Cette cuticule court sans interruption d'une cellule à l'autre et est nettement distincte des couches plus intérieures de la membrane. Les préparations iodées, avec ou sans addition d'acide sulfurique, colorent la cuticule en jaune ou en jaune brun ; elle est insoluble dans l'acide sulfurique concentré, soluble au contraire dans la potasse bouillante. Dans les organes submergés et dans les racines elle est très-mince, à peine visible directement, mais devenant nette par l'emploi de l'iode et de l'acide sulfurique. Sur les tiges aériennes, au contraire, et sur les feuilles elle est beaucoup plus épaisse, et on peut en préparer des lames très-étendues en détruisant les cellules sous-jacentes soit par une longue macération dans l'eau, soit par l'action dissolvante de l'acide sulfurique concentré. Souvent, et en particulier dans les feuilles et les entre-nœuds charnus, la face externe des cellules épidermiques, située sous la cuticule, est fortement, souvent même énormément épaissie, pendant que leur face interne demeure mince et que les faces latérales, fortement épaissies en dehors, s'amincissent brusquement en dedans. La région de la paroi ainsi épaissie est le plus souvent différenciée en deux enveloppes : l'enveloppe interne, mince, entourant immédiatement la cavité cellulaire, manifeste les réactions de la cellulose pure, pendant que les couches situées entre elle et la cuticule sont plus ou moins cuticularisées, et d'autant plus qu'elles sont plus rapprochées de la cuticule. Il n'est pas rare de voir ces couches cuticulaires descendre dans la partie épaissie des parois latérales, dont la lamelle moyenne se comporte alors comme la vraie cuticule à laquelle elle vient s'appuyer au dehors.

La cuticule des cellules épidermiques a, comme celle qui revêt les cellules isolées (grains de pollen, spores), la faculté de projeter vers l'extérieur des gibbosités, des nodosités, des crêtes, etc. ; ces proéminences demeurent toutefois presque toujours assez courtes et se voient mieux de face que de profil : par exemple, sur beaucoup de pétales (voir § 4, *e*).

Dépôt et revêtement cireux. — Les recherches récentes de M. de Bary ont montré qu'il se dépose, dans la substance même des couches cuticulaires des cellules épidermiques, des particules de cire, qui sur les sections échappent à l'observation directe, mais qui se séparent en forme de petites gouttelettes quand on chauffe l'épiderme vers 100°. La présence de ce dépôt cireux, souvent mêlé de résine, est une des causes qui empêchent les parties aériennes des plantes d'être mouillées par l'eau. Mais, en outre, il arrive fréquemment que la cire parvient, par un procédé encore inconnu, à la surface externe de la cuticule ; elle s'y étale de diverses manières, tantôt formant, par exemple, ce qu'on appelle la *pruine* ou la *fleur* à la surface des fruits et de certaines feuilles, tantôt recouvrant l'organe d'un enduit continu et brillant qui se renouvelle sur les jeunes organes après qu'on l'a enlevé, et qui, dans les fruits mûrs de *Benincasa cerifera*, appelés *Concombres cireux*, reparaît même longtemps après la maturité.

M. de Bary distingue quatre types principaux de revêtements cireux. 1° La pruine ou le voile des fruits et des feuilles, enduit facile à enlever, consiste en petits corpuscules de deux formes : ici ce sont des amas de fins bâtonnets ou de minces aiguilles, par exemple dans les *Eucalyptus, Acacia*, beaucoup de Graminées ; là, des granules amassés en plusieurs couches, comme dans le *Kleinia ficoïdes* et le *Ricinus communis ;* ce sont, dans les deux cas, des revêtements cireux agglomérés. 2° Les revêtements granuleux simples consistent en granules isolés, ou qui se touchent l'un l'autre en une seule couche ; c'est le type le plus fréquent ; ex. : *Iris pallida, Allium Cepa, Brassica oleracea*, etc. 3° Les revêtements de bâtonnets sont formés de corpuscules cireux minces, allongés, arqués en haut ou même recourbés en boucle, et dressés à la surface de la cuticule ; ex. : *Heliconia farinosa* et autres Musacées, Cannacées, *Saccharum, Benincasa cerifera*, feuilles du *Cotyledon orbicularis*. 4° Les couches cireuses membraniformes, ou croûtes cireuses, se présentent, soit comme un vernis rigide : *Sempervivum, Euphorbia Caput-Medusæ, Thuja occidentalis*, soit en minces feuillets : *Cereus alatus, Opuntia, Portulaca oleracea, Taxus baccata*, soit en épaisses croûtes cireuses qui laissent apercevoir parfois une structure interne plus fine, semblable aux strates et aux stries de la membrane cellulaire : *Euphorbia canariensis*, fruits de certaines espèces de *Myrica*, tige du *Panicum turgidum*. Sur la tige des Palmiers cérifères du Pérou, en particulier du *Ceroxylon andicola*, ces croûtes atteignent jusqu'à 5 millimètres d'épaisseur ; celles du *Chamædorea Schideana* sont plus minces, mais organisées de la même manière. D'après M. Wiesner (Botanische Zeitung, 1871, p. 771), ces plaques cireuses sont composées de prismes à quatre pans, bi réfringents et dressés côte à côte sur la cuticule.

Les poils (1). — Les poils sont des dépendances de l'épiderme. Ils naissent par le développement vers l'extérieur de certaines cellules de l'épiderme, et existent en grand nombre dans la plupart des plantes ; quand un organe en manque, il est dit glabre ou nu. Leur forme est extraordinairement variée.

Poils continus. — La première trace de la formation d'un poil se trouve dans ces proéminences papilliformes de l'épiderme de beaucoup de pétales, auxquelles ces organes doivent leur aspect velouté. C'est encore à la forme la plus simple qu'appartiennent ces *poils radicaux* qui s'échappent de l'épiderme des vraies racines ou des tiges souterraines (*Pteris aquilina, Equisetum*, etc.) ; ce sont, en effet, de simples prolongements tubuleux et à paroi mince des cellules épidermiques, qui s'allongent par accroissement terminal et ne se ramifient qu'exceptionnellement, comme cela a lieu quelquefois, par exemple, dans le *Brassica Napus*. Chez les Cryptogames vasculaires, leur paroi se colore volontiers en rouge brun. Le plus souvent ils n'ont qu'une courte durée et se résorbent après la mort jusqu'à la dernière trace. C'est de la même manière que se comportent les *poils laineux* qui naissent de bonne heure sur les feuilles

---

(1) A. Weiss : die Pflanzenhaare, Botanische Untersuchungen aus dem phys. Laborat. von Karsten, 1867, Heft IV et V. — J. Hanstein : Botanische Zeitung, 186 , p. 69. et suiv. — Rauter : Zur Entwickelungsgeschichte einiger Trichomgebilde. Wien 1871.

Voir aussi : J. B. Martinet Organes : de sécrétion des végétaux, Ann. des sc. nat., 5e série, XIV, 1871. (*Trad.*)

et les entre-nœuds des plantes vasculaires, notamment des Dicotylédones quand ces organes sont enveloppés dans le bourgeon. A l'épanouissement du bourgeon, ils se détachent ordinairement et tombent ; il en est ainsi, par exemple, dans le Marronnier d'Inde (*Æsculus Hippocastanum*), les *Rhododendron*, l'*Aralia papyrifera*, où ils forment sur les feuilles fraîchement épanouies un feutrage facile à détacher ; ailleurs, au contraire, ils restent attachés et cons-

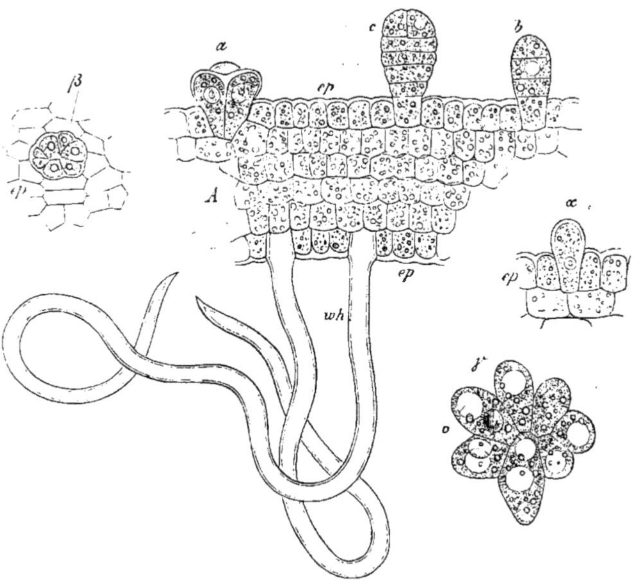

Fig. 72. — Développement des poils sur le calice d'un bouton d'*Althæa rosea* (500) : *wn*, en *A*, poils laineux de la face inférieure ; *b* et *c*, poils glanduleux à divers états de développement ; en *α* à droite, se voit le premier état d'un poil glanduleux ; *ep*, désigne partout l'épiderme encore jeune. Les figures *a*, en *A*, β, à gauche et γ, à droite en bas, montrent les premiers états de développement des poils étoilés, mieux nommés poils fasciculés, dont on trouve a l'état parfait dans la fig. 14. En *A*, *α*, le poil est vu en coupe longitudinale, en β et γ, il est vu par sa face supérieure ; les cellules sont riches en protoplasma, et ce dernier commence en γ à prendre des vacuoles (*v*).

tituent un revêtement laineux, notamment à la surface inférieure des feuilles. Dans les *poils en aiguillon*, la paroi est ordinairement plus épaisse, dure et silicifiée ; ils sont plus courts que les poils laineux et terminés en pointe aiguë ; une cloison transverse sépare la partie proéminente de la cellule mère. Si sur la paroi extérieure libre d'un poil unicellulaire il se forme, en deux ou plusieurs points, des proéminences douées d'accroissement terminal, on obtient des poils rameux à cavité continue.

Poils articulés. — La proéminence papillaire de la cellule épidermique peut se séparer par une cloison transverse ; le poil consiste alors en une cellule basilaire encastrée dans l'épiderme et en une cellule libre qui forme le poil proprement dit (*Aneimia fraxinifolia*). La papille ainsi séparée peut à son tour, en s'allongeant notablement, se diviser par un plus ou moins grand nombre de cloisons transverses, et l'on a des poils articulés (filaments des *Tradescantia*). Parfois les articles qui composent le poil émettent des branches latérales, ce qui produit des formes rameuses arborescentes, avec des branches verticillées ou alternes (*Verbascum Thapsus, Nicandra physolaïdes*).

Poils écailleux et massifs. — Si les articles du poil se divisent par des cloisons longitudinales, ou si le poil s'accroît par une cellule terminale qui forme des segments de tous côtés, il se forme des poils étalés en forme d'écailles membraneuses ; c'est à cette catégorie que se rattachent ce qu'on appelle les *paillettes* des Fougères, qui recouvrent quelquefois entièrement les jeunes feuilles. Enfin, les divisions peuvent se produire à l'intérieur du jeune poil de telle façon qu'il constitue finalement une masse compacte de tissu, qui peut à son tour revêtir des formes très-différentes : tels sont, par exemple, les poils en aigrette de l'*Hieracium aurantiacum* et de l'*Azalea indica*, les poils en tête des *Korrea* et *Ribes sanguineum*.

Il est très-fréquent de voir la cellule terminale d'un poil articulé ou le sommet d'un poil massif se gonfler en sphère et se constituer ordinairement alors à l'état de glande pluricellulaire, parce que les cellules de la tête sécrètent des substances particulières ; pour ces poils glanduleux voir § 17.

Souvent la papille qui proémine au-dessus de l'épiderme et qui s'est séparée de la cellule basilaire par une cloison transverse, se dilate en forme de table et se partage par des cloisons perpendiculaires et radiales, de façon à former un disque composé de nombreuses cellules rayonnantes ; ainsi naissent les poils en écusson, par exemple ceux des *Eleagnus, Pinguicula, Hippuris*. Quand la cellule épidermique qui donne naissance au poil se divise de bonne heure en plusieurs cellules qui se développent ensuite chacune isolément en poil, comme dans la figure 72 complétée par la figure 44, on a ce qu'on appelle des poils en bouquet.

Poils portés sur une protubérance. — Il n'est pas rare de voir le parenchyme former au-dessous du poil une proéminence que l'épiderme suit naturellement ; le poil lui-même est alors porté au sommet d'une protubérance en forme de verrue de la feuille et de la tige, et son extrémité inférieure y est profondément implantée : tels sont, par exemple, les poils épineux, dits poils urticants, de l'Ortie ; tels sont encore les poils épineux, dits poils d'ascension, qui hérissent les six arêtes saillantes de la tige du Houblon, et qui, soudés à la base dans une grande protubérance du tissu, se terminent au sommet en deux pointes aiguës opposées l'une à l'autre. On trouve aussi de semblables poils unicellulaires à deux pointes sur la face inférieure de la feuille du *Malpighia urens ;* ils sont longs de 5 à 6 millim., fusiformes, à paroi très-épaisse et implantés par leur partie moyenne dans l'épiderme qui est ici dépourvu de protubérance ; ils se détachent facilement et demeurent fichés dans la peau de la main qui les a touchés. (Pour plus de détails sur la morphologie des poils voir § 22.)

Les stomates (1). — L'épiderme des véritables racines est toujours dé-

(1) H. v. Mohl : Vermischte Schriften botanischen Inhalts. Tübingen, 1845, p. 215 et 252. — Le même : Botanische Zeitung, 1856, p. 701. — A. Weiss : Jahrbücher f. wiss. Botanik, IV, 1865, p. 125. — Czech : Botanische Zeitung, 1864, p. 101.— Strasburger : Jahrbücher f. wiss.

pourvu de stomates ; on en rencontre ordinairement sur les tiges et les feuilles souterraines, et même quelquefois sur les submergées (Borodin, *loc. cit.*). Mais c'est surtout sur les tiges et les feuilles aériennes que ces organes se développent; ils ne manquent pas non plus aux pétales et aux feuilles carpellaires, et même il s'en forme à l'intérieur de la cavité ovarienne, par exemple dans le Ricin. Ils sont le plus nombreux là où s'opère entre la plante et l'at-

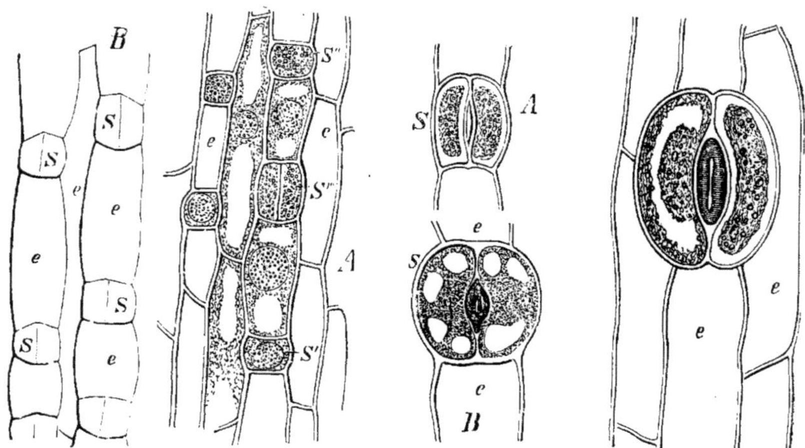

Fig. 73-75. — Développement des stomates de la feuille de Jacinthe (*Hyacinthus orientalis*), vu de face (800); les préparations proviennent de feuilles longues seulement de 3 à 4 centimètres; elles sont obtenues tout simplement en arrachant l'épiderme : *e*, désigne partout les cellules épidermiques; *S*, les stomates. La série du développement est fig. 73 *A*, *S'*, *S''*, *S'''*, puis fig. 74 *A*, *B*, et enfin fig. 75. — La fig. 73 *B*, représente un fragment d'épiderme avec les cellules-mères des stomates, déjà divisées, après extraction du protoplasma par la potasse et l'acide acétique. Ces sortes de préparations montrent aussi nettement que possible que la cloison ne se développe pas de la périphérie vers le centre; elle n'existe pas du tout, ou bien elle est complète. — Fig. 75 montre les cellules de bordure après qu'on les a traitées par l'iodure de potassium qui contracte le protoplasma; le stomate n'est pas encore entièrement développé.

mosphère extérieure l'échange gazeux le plus actif, car ils ne sont pas autre chose, au point de vue physiologique, que les issues des espaces intercellulaires du tissu intérieur, lesquels viennent çà et là s'ouvrir au dehors entre les cellules épidermiques. Seulement chacun de ces orifices est préparé par un phénomène de développement tout particulier, qui se passe à l'intérieur d'une jeune cellule épidermique. Comme les stomates n'apparaissent qu'assez tard, pendant ou après l'épanouissement des entre-nœuds et des feuilles, leur disposition dépend en partie de la forme que les cellules épidermiques ont déjà acquise à ce moment. Si ces cellules sont allongées dans une direction et superposées en séries (*Equisetum*, tige et feuilles de beaucoup de Monocotylédones, *Pinus*), les stomates sont aussi disposés en rangées longitudinales, avec

Botanik, V, 1866, p. 297. — E. Pfitzer: ibid., VII, 1870, p. 532. — J. Rauter : Mittheil. der naturwiss. Vereins f. Steiermark, 1870, Bd. II, Heft II. — Borodin : Botanische Zeitung, 1870, p. 841. — Hildebrand, ibid., p. 1. — Hildebrand : Einige Beobachtungen aus dem Gebiete der Pflanzenanatomie. Bonn, 1861.

leur fente étendue dans la direction de l'axe d'accroissement et leurs cellules
de bordure à droite et à gauche. Si les cellules épidermiques sont irrégulières, ondulées, etc., la disposition des stomates est plus indéterminée et
en apparence irrégulière. Le nombre des stomates qui perforent l'épiderme
des organes verts est d'ordinaire énorme. M. Weiss a compté par millimètre
carré, dans 54 espèces étudiées 1-100 stomates, dans 38 espèces 100-200,
dans 39 espèces 200-300, dans 9 espèces 400-500, dans 3 espèces 600-700.

Mode de développement des stomates. — La naissance d'un stomate est toujours
précédée de la formation, par la division d'une jeune cellule épidermique, d'une
cellule-mère spéciale qui s'arrondit plus ou moins, et qui produit ensuite par
bipartition les deux cellules de bordure du stomate. Mais la façon dont s'o-
pèrent ces deux phénomènes successifs, jusqu'au moment où l'ouverture elle-
même se produit, est tellement variée, qu'il est difficile de la résumer en peu de
mots ; je crois préférable de décrire avec détails quelques exemples particuliers.

L'un des plus simples nous est offert par le développement des stomates
sur la feuille de Jacinthe (*Hyacinthus orientalis*), que nous avons déjà appris
à connaître par les sections transversales représentées fig. 61-64. Que le lecteur veuille bien comparer ces figures avec les fig. 73-75 qui représentent
le phénomène vu de face. La période préparatoire à la formation du stomate
est ici très-simple. Une cloison transversale, pratiquée dans une longue cellule
épidermique, en sépare une portion à peu près cubique (fig. 73 A, S', S"): c'est
la cellule-mère du stomate. Elle se divise par une cloison longitudinale, c'est-
à-dire par une cloison perpendiculaire à la surface de la feuille et dirigée suivant son axe d'accroissement, en deux cellules semblables qui s'accroissent en
s'arrondissant. La manière dont la cloison se fend en deux lamelles a déjà été
expliquée à propos des fig. 61-64, et elle se comprend facilement ici à l'aide
des stomates vus de face représentés fig. 74.

L'*Equisetum limosum* présente, aussitôt après la formation de la cellule-
mère du stomate, un aspect semblable à celui de la fig. 73. Mais cette cellule-
mère subit ici trois partitions : une oblique à droite, une oblique à gauche, et
enfin la moyenne des trois cellules ainsi constituées se partage en deux par
une cloison perpendiculaire à la surface de l'épiderme. On a donc alors dans
le même plan quatre cellules, dont les deux externes grandissent plus que les
autres, qui s'abaissent d'autant et finissent par se trouver placées au-dessous
d'elles. A l'état parfait, ce stomate ressemble donc à un stomate de Jacinthe, où
chacune des deux cellules de bordure se serait de nouveau dédoublée en une
cellule supérieure et en une cellule inférieure. Mais, d'après M. Strasburger, ce
n'est pas ainsi que les choses se passent ; les deux paires de cellules de bordure
sont à l'origine situées dans le même plan, et en toute rigueur, c'est seulement
la cellule médiane, celle qui se dédouble par une cloison perpendiculaire à la
surface pour former le pore entre ses deux moitiés, que l'on doit considérer
comme la cellule-mère du stomate ; les deux divisions obliques qui produisent
les deux cellules latérales, surélevées plus tard, ne sont qu'une simple préparation à la formation de cette cellule-mère.

Ces sortes de divisions préparatoires se rencontrent aussi dans beaucoup de
Phanérogames. Une des jeunes cellules épidermiques devient la cellule-mère

primitive de l'appareil stomatique, et se divise successivement dans diverses directions par des cloisons perpendiculaires à la surface. Puis c'est une des cellules ainsi produites, entourée par ses congénères, qui devient la cellule mère du stomate proprement dit et qui engendre en se dédoublant ses deux cellules de bordure. Il en est ainsi dans les Crassulacées, Bégoniacées, Crucifères, Violariées, Aspérifoliées, Solanées, Papilionacées. Ailleurs, au contraire, après la formation de la cellule-mère du stomate qui résulte de la division d'une jeune cellule épidermique, il se fait aussi des divisions dans les cellules épidermiques voisines, de sorte que le stomate est entouré, par exemple, d'une paire, ou de deux paires décussées de cellules épidermiques qui, par leur naissance et leur développement, sont en relation avec lui. Il en est ainsi dans l'*Aloë soccotrina*, les Graminées, Joncées, Cypéracées, Alismacées, Marantacées, Protéacées, l'*Anthurium crassinervium*, le *Ficus elastica*, les Conifères, le *Tradescantia zebrina*.

Sous le rapport du mode de division de la cellule primitive, le développement des stomates chez les Plantaginées, Œnothérées, Silénées, le *Centradenia* et beaucoup de Fougères, offre un intérêt particulier. Ici, en effet, pour produire la cellule-mère (1), il se détache de la cellule épidermique jeune, mais déjà assez volumineuse, un petit fragment latéral au moyen d'une cloison arquée en forme d'U qui présente sa convexité au centre de la cellule épidermique, et son bord droit à l'une de ses faces. Il n'est pas rare, surtout chez les Fougères (*Asplenium bulbiferum, Pteris cretica, Cibotium Schiedei*, etc.). de voir des cellules préparatoires détachées de cette façon de la cellule épidermique, bien avant qu'elle produise la cellule-mère du stomate, de laquelle les cellules de bordure procèdent d'ailleurs par une simple bipartition longitudinale.

Déjà, grâce à la cloison en forme d'U qui découpe la cellule-mère du stomate dans la cellule épidermique, la première est plus qu'à demi enveloppée par la seconde, quand on regarde l'épiderme de face. Dans certaines Fougères et Silénées, la paroi de la cellule-mère du stomate est, dès le début, si fortement courbée, qu'elle ne touche plus que par une bande étroite le côté de la cellule épidermique. Dans l'*Aneimia villosa*, elle ne le touche plus que par un point et la cloison courbe, vue d'en haut, paraît annulaire; dans les *Aneimia densa* et *fraxinifolia*, enfin, la paroi de la cellule-mère du stomate ne touche plus en aucun point la paroi de la cellule épidermique (2). Cette cellule-mère a la forme d'un cylindre creux, ou plus exactement d'un tronc de cône, dont les bases font partie des faces inférieure et supérieure de la cellule épidermique. Elle a été découpée dans la cellule épidermique, comme un bouchon est découpé dans la lame de liége par l'emporte-pièce. Ainsi est produite la disposition remarquable représentée fig. 76, où l'on voit les deux cellules de bordure du stomate entourées par une cellule épidermique annulaire. D'après M. Rauter, le *Niphobolus Lingua* présente des phénomènes analogues, mais plus compliqués.

______

(1) M. Strasburger nomme cette cellule « cellule-mère spéciale » ; je crois préférable d'abandonner complétement ce mot, d'autant plus que l'emploi qu'on en a fait autrefois, à propos de la formation du pollen, reposait sur une manière de concevoir le développement de la membrane cellulaire à laquelle il a fallu renoncer. (Voir notre exposition p. 44 et 45.)

(2) STRASBURGER : Jahrbücher f. wiss. Botanik, VII, p. 393.

L'accroissement ultérieur des cellules de bordure et des cellules épidermiques qui les entourent, peut amener des différences dans la position en hau-

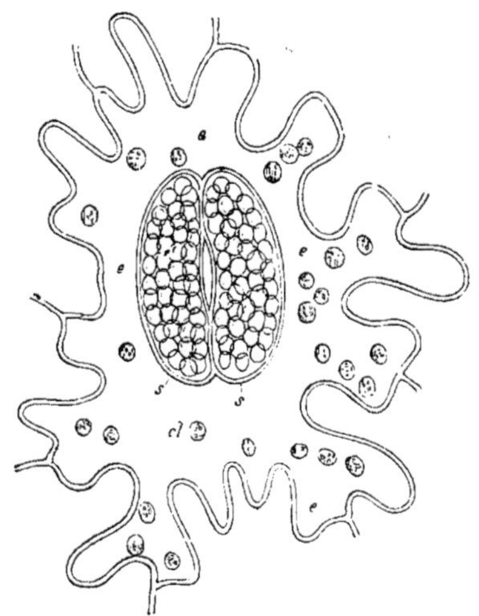

Fig. 76. — Stomate d'*Aneimia fraxinifolia*, vu de face, avec la cellule épidermique qui l'entoure : *e*, épiderme ; *s, s*, cellules de bordure.

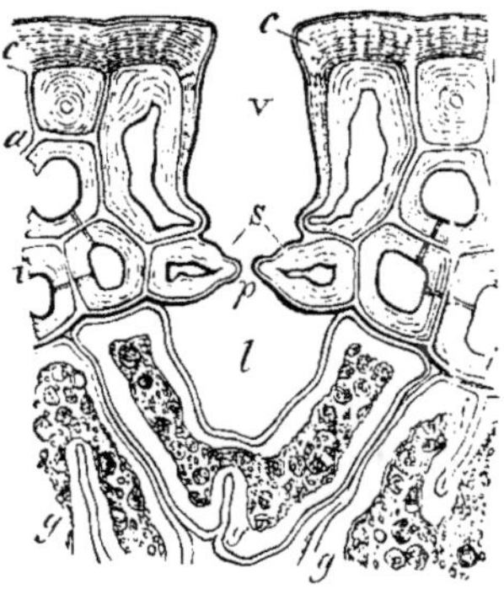

Fig. 77. — Section transversale de la feuille du *Pinus Pinaster* (800) : *s*, cellules de bordure du stomate ; *p*, pore de ce stomate ; *v*, antichambre ; *l*, chambre respiratoire ; *c*, couches cuticularisées de l'épiderme ; *a*, lamelle moyenne ; *i*, couches intérieures d'épaississement des cellules sous-épidermiques ; *g*, parenchyme vert de la feuille.

teur des premières, par rapport aux secondes. Les cellules de bordure peuvent en effet, dans l'état définitif, se trouver dans le même plan que celles de l'épi-

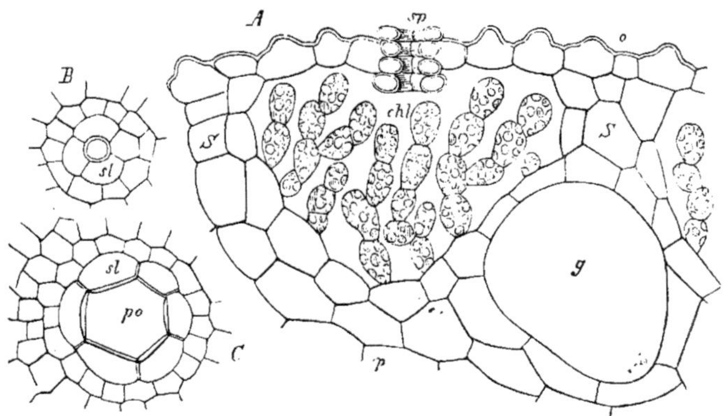

Fig. 78. — *Marchantia polymorpha*, portion d'un jeune appareil fructifère : A, coupe perpendiculaire ; *o*, épiderme ; S, mur de séparation de deux chambres respiratoires voisines, avec leurs cellules à chlorophylle, *chl* ; *g*, grande cellule du parenchyme ; *sp*, stomate ; — B et C, jeunes stomates vus d'en haut (550).

derme, ou bien être plus profondément enfoncées (fig. 77), de façon à paraître appartenir à une couche plus interne, ou bien enfin être reportées au-dessus de la surface de l'épiderme.

Nous devons encore signaler brièvement ici les stomates des Marchantiées; rappelons-nous ce que nous en avons déjà dit à propos de la fig. 65. Après la formation des cavités respiratoires, avec les excroissances (poils articulés) pourvues de chlorophylle qui les remplissent, une cellule, située au milieu de l'épiderme qui recouvre chaque cavité, se divise par une bipartition répétée en quatre, six (*Marchantia*, *Fegatella*) ou un plus grand nombre de cellules (*Reboulia*), qui rayonnent autour d'un point où leurs cloisons convergent. En ce point les cellules s'écartent en formant un pore (*po*) entouré de quatre, six cellules de bordure ou davantage (*sl*, fig. 78 *B* et *C*) Enfin chacune de ces cellules de bordure est à son tour partagée par des cloisons parallèles à l'épiderme en 4-8 cellules superposées, et l'ouverture stomatique devient un canal bordé par quatre, six ou un plus grand nombre de séries de cellules.

Liége et formations tégumentaires produites par lui (Périderme, Rhytidome, Lenticelles) (1). — *Caractères généraux du liége.* — Quand on blesse, dans une plante supérieure, un organe charnu et déjà sorti du bourgeon, la plaie se ferme ordinairement par un tissu de liége; c'est-à-dire que, dans les cellules encore saines qui avoisinent la plaie, il se forme, par suite de bipartitions répétées, des cellules nouvelles qui, se revêtant d'une paroi solide, viennent séparer le tissu intérieur, vivant, des couches cellulaires extérieures actuellement détruites. Les parois de ce tissu résistent aux influences les plus diverses; semblables aux couches cuticularisées de l'épiderme par toutes leurs propriétés physiques, extensibles, élastiques, difficilement perméables à l'air et à l'eau, elles perdent de bonne heure leur contenu ploloplasmique et se remplissent d'air. Elles sont superposées en séries perpendiculaires à la surface, de forme parallélipipédique et ne laissent entre elles aucun méat intercellulaire. Tels sont les caractères généraux du liége ou tissu subéreux. Mais ce tissu ne se forme pas seulement sur les surfaces blessées; il naît en bien plus grande quantité encore partout où des organes charnus ont besoin d'une énergique protection (Pommes de terre), partout aussi où l'épiderme ne peut plus se prêter à l'accroissement en épaisseur de l'organe et où il se déchire. Dans ce dernier cas, qui est très-général dans les tiges et les racines vivaces des Conifères et des Dicotylédones, mais qui est plus rare chez les Monocotylédones, par exemple, dans la tige des *Dracæna*, le tissu subéreux se forme avant la destruction de l'épiderme, et quand ce dernier se déchire, s'exfolie et tombe, le nouveau tégument formé par le liége est déjà développé.

Mode de formation du liége. — Le liége est produit par les bipartitions répétées tantôt, mais rarement, des cellules épidermiques elles-mêmes, tantôt et le plus souvent des cellules du tissu sous-jacent. Ces divisions ont lieu par des cloisons parallèles à la surface de l'organe, et çà et là, quand le contour doit s'agrandir, il se fait aussi une cloison perpendiculaire à cette direction, par où

(1) H. v. Mohl : Vermischte Schriften botanischen Inhalts. Tübingen, 1845, p. 221 et 233. — J. Hanstein : Untersuchungen über den Bau und die Entwickelung der Baumrinde. Berlin, 1853. — Sanio : Jahrbücher f. wiss. Botanik, II, p. 39. — Mecklin : Mélanges biologiques du Bulletin de l'Acad. Imp. des sciences de Saint-Pétersbourg, IV, 1864, 26 février. — Rauwenhoff : Caractères et formation du liége dans les Dicotylédones. Archives néerlandaises, V, 1870, et Ann. des sc. nat., 5e série, XII.

s'accroît le nombre des séries radiales. Des deux cellules nouvellement formées de chaque série radiale, l'une demeure à paroi mince, pleine de protoplasma et capable de se diviser de nouveau; l'autre, au contraire, se subérifie et devient une cellule de liége. Ainsi se forme une assise, généralement parallèle à la surface de l'organe, de cellules capables de se diviser et qui engendrent incessamment de nouvelles cellules subéreuses; on l'appelle *zone génératrice du liége*, *cambium subéreux*, ou *assise phellogène*. En général elle est l'assise la plus interne de toute la couche subéreuse; le liége se forme donc de dehors en dedans, et c'est sur la face interne de la couche subéreuse déjà formée que le phellogène en forme sans cesse de nouvelles. Cependant on voit aussi quelquefois, d'après M. Sanio, au début de la formation du liége, les cellules subéreuses se développer de dedans en dehors; on peut même observer dans le jeune âge une alternative de développement centripète et centrifuge des cellules subéreuses. Mais plus tôt ou plus tard la formation du liége finit toujours par s'établir définitivement centripète, aux dépens du phellogène qui en revêt le bord interne, comme cela résulte déjà de cette circonstance que les couches cellulaires entièrement subérifiées qui en constituent le bord externe meurent tôt ou tard. Ordinairement la formation du liége commence d'abord en certaines places isolées à la périphérie de la branche ligneuse, mais peu à peu le phellogène forme une couche continue, qui produit ensuite vers l'extérieur de nouvelles couches subéreuses également continues. Il naît de la sorte un manchon continu de liége qui s'accroit sans cesse par sa face interne, et auquel on donne le nom de *périderme*. Dans ce périderme, des cellules subéreuses d'organisation et de configuration diverses peuvent alterner périodiquement : par exemple, il peut se produire alternativement une couche de cellules subéreuses étroites et épaissies, et une couche de cellules subéreuses larges et à paroi mince; le périderme est alors stratifié, à peu près comme le bois pourvu de couches annuelles (*Quercus Suber*, *Betula alba*, etc.).

Parenchyme cortical subéreux ou phelloderme. — Ailleurs le phellogène du périderme ne produit pas seulement des cellules subéreuses, qui s'ajoutent au périderme en l'épaississant, mais encore des cellules parenchymateuses pourvues de chlorophylle. Ce sont toujours exclusivement les cellules filles du phellogène situées sur son bord interne, sur le bord qui regarde le corps ligneux, qui subissent cette métamorphose en cellules vertes.

Le parenchyme cortical vert de certaines plantes dicotylédonées se trouve, de la sorte, épaissi progressivement par l'adjonction sur son bord externe d'une couche parenchymateuse issue du jeu interne du phellogène. M. Sanio désigne cette couche sous le nom de *parenchyme cortical subéreux* ou *phelloderme*; on la rencontre, par exemple, dans les branches de deux ans et plus des *Salix purpurea* et *alba*, du *Fagus sylvatica*, etc. Dans ce cas, le phellogène se trouve ainsi intercalé entre le périderme et le phelloderme qu'il épaissit tous les deux, en formant tour à tour, sur son bord externe de nouvelles cellules subéreuses, et sur son bord interne de nouvelles cellules de parenchyme cortical subéreux (fig. 79).

Les couches péridermiques qui viennent de se subérifier ont parfois une frappante ressemblance avec le véritable épiderme. Il en est ainsi, par exemple, dans le rameau de l'année du *Pinus sylvestris*, au mois d'août. L'épiderme tenant encore, le cambium subéreux y naît dans le parenchyme cortical et produit d'abord comme un second épiderme, dont les cellules sont fortement épaissies sur leur face externe.

Écorce crevassée ou *rhytidome*. — De même que l'épiderme est, à l'origine, remplacé par le périderme, dans les plantes qui continuent à s'accroître longtemps et fortement en épaisseur, le périderme est, à son tour, remplacé plus tard par l'*écorce crevassée* ou *rhytidome*. Dans les grandes plantes ligneuses, par exemple les Chênes, les Peupliers, etc., la surface de la branche d'un an est revêtue par l'épiderme, celle de la branche de plusieurs années par le périderme, enfin les branches les plus âgées et le tronc lui-même par l'écorce crevassée (1).

La formation du rhytidome consiste dans la production répétée de nouvelles lames de phellogène dans les tissus corticaux charnus qui continuent de s'accroître vers l'intérieur; elle ne se rencontre que dans les Conifères et les Dicotylédones. Une assise cellulaire, qui peut s'étendre à travers les tissus les plus différents de l'écorce, se transforme en cambium subéreux, et après avoir produit une lame de liége plus ou moins épaisse, elle s'éteint, c'est-à-dire cesse d'être active. Cette lamelle de liége sépare de l'écorce, en découpe pour ainsi dire, tout le manchon de tissu situé en dehors d'elle, manchon qui se dessèche et meurt tout entier. Et comme progressivement ce phénomène se répète souvent à la périphérie de la tige, et

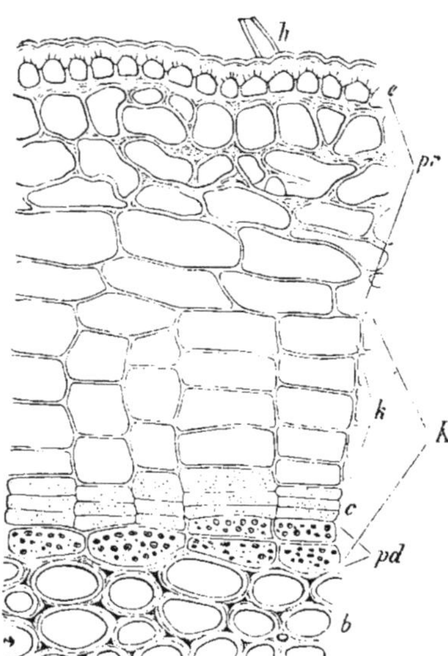

Fig. 79. — Formation du liége dans un rameau de l'année du *Ribes nigrum*; portion d'une coupe transversale : *e*, épiderme ; *h*, poil ; *b*, cellules libériennes ; *pr*, parenchyme cortical exfolié par l'accroissement en diamètre de la branche ; *K*, l'ensemble des productions issues du phellogène, *c* ; *k*, le liége ou périderme formé de cellules subéreuses disposées en séries radiales et nées en direction centripète ; *pd*, le phelloderme ou parenchyme vert issu de *c*, en direction centrifuge (350).

que les lamelles de liége pénètrent toujours plus profondément à l'intérieur des tissus corticaux qui s'accroissent à mesure vers l'intérieur, il se constitue peu à peu une couche massive de plus en plus épaisse de tissus desséchés, entièrement séparée de la partie vivante de l'écorce; cette couche morte est le rhy-

(1) Un notable accroissement en épaisseur de la tige n'est pas toujours suivi de l'exfoliation de l'épiderme et de la formation d'un périderme : par exemple, dans l'*Helianthus annuus* et d'autres tiges annuelles. Ainsi encore, dans le Gui (*Viscum album*), l'épiderme demeure toujours capable de développement et ses épaisses membranes cuticularisées rendent superflue la protection qu'apporterait un périderme. De même un puissant accroissement en épaisseur de la tige n'entraîne pas nécessairement la destruction du périderme et la formation d'un rhytidome; ainsi le Hêtre rouge et le Chêne-liége ne forment jamais que du périderme.

tidome. Le phénomène est très-clair dans le rhytidome du Platane (*Platanus orientalis*), qui se détache chaque année en larges plaques ; il est presque aussi net dans les vieilles tiges de Pin (*Pinus sylvestris*). Comme le rhytidome ne peut suivre l'accroissement en épaisseur de la tige, il se fendille de dehors en dedans par des crevasses longitudinales (*Quercus robur*), si les lignes de plus faible cohésion sont dans ce sens ; ailleurs, au contraire, il s'exfolie sous forme de bandes annulaires horizontales, par exemple dans le Cerisier (*Prunus Cerasus*).

Lenticelles. — Les lenticelles appartiennent en propre aux Dicotylédones qui forment du liége. Elles apparaissent avant la production de la couche subéreuse dans les rameaux de l'année, aussi longtemps que l'écorce est encore revêtue d'un épiderme intact ; elles y ont la forme de petites taches arrondies. A la fin du premier été, ou pendant l'été suivant, l'épiderme se déchire suivant la longueur au-dessus de la lenticelle, et celle-ci se transforme en une verrue plus ou moins proéminente, qui est souvent partagée en deux bourrelets en forme de lèvres par une fente médiane. Leur surface est brune le plus souvent, et leur substance, du moins jusqu'à une certaine profondeur, est sèche, cassante, subéroïde. A mesure que la branche s'épaissit, les lenticelles s'étendent en largeur et dessinent des bandes transversales ; quand il se fait plus tard du liége ou du rhytidome, le déchirement de l'écorce commence aux lenticelles qui deviennent méconnaissables (Peuplier blanc, Pommier, Bouleau) ; elles sont naturellement éliminées quand le rhytidome s'écaille. Suivant M. Unger, les lenticelles ne naissent qu'aux endroits de l'écorce au-dessus desquels l'épiderme possède des stomates. D'après H. de Mohl, le parenchyme cortical interne fait hernie à travers la couche externe et cette hernie devient un tissu subéreux qui, dès que le périderme se forme, vient se confondre avec le liége de ce périderme ; cela a lieu aussi, par exemple, dans les jeunes Pommes de terre. La formation du liége sur la lenticelle se continue pendant une série d'années, jusqu'à ce que l'écorce, à mesure qu'elle s'accroît en dedans, meure en dehors à cause de l'intercalation de périderme ou de rhytidome entre les lenticelles et les parties vivantes de cette écorce. Dans les arbres (*Cratægus, Pyrus, Salix, Populus*), où le développement du périderme part de certains points déterminés pour s'étendre ensuite au loin, ce sont, suivant H. de Mohl, les lenticelles qui sont ces points de départ.

§ 16.

Les faisceaux vasculaires (1).

Le tissu fondamental des Cryptogames supérieures et des Phanérogames est traversé par des filets ou cordons composés d'un tissu différent. Ces cordons s'accroissent souvent en épaisseur de manière à former de puissants massifs

(1) **H. v. Mohl** : Vermischte Schriften, 1845, p. 108, 129, 195, 268, 272, 285. — Le même : Botanische Zeitung, 1855, p. 873. — Schacht : Lehrbuch der Anat. und Physiol. der Gewächse, 1856, p. 216 et 307-351. — Nægeli : Beiträge zur wiss. Botanik. Leipzig, 1858, Heft I. — Sanio : Botanische Zeitung, 1863. — Nægeli : das Dickenwachsthum des Stammes und die Anordnung der Gefässtrange bei den Sapindaceen. Beiträge zur wiss. Botanik. Heft III. München, 1864.

et à perdre ainsi la forme extérieure de cordons, tout en conservant cependant la même structure intérieure. Ce sont ces cordons qu'on appelle les faisceaux fibro-vasculaires, les faisceaux vasculaires, ou simplement les faisceaux.

Comment on isole les faisceaux vasculaires. — Il n'est pas rare qu'on puisse les isoler facilement et entièrement du reste du tissu ; déchire-t-on, par exemple, le pétiole du *Plantago major*, on voit pendre les faisceaux hors du parenchyme comme des fils assez gros, extensibles et élastiques ; dans le *Pteris aquilina*, on parvient à les mettre en liberté comme des rubans jaune clair et très-solides, en enlevant d'abord le tégument dur de la tige souterraine et en raclant ensuite le parenchyme mucilagineux (fig. 80). Si l'on fait macérer les feuilles âgées des arbres, des péricarpes de fruits (*Datura*), des tiges de *Cactus*, etc., le parenchyme qui entoure les faisceaux se détruit et laisse ces derniers à l'état d'une sorte de squelette qui rappelle plus ou moins la forme primitive de l'organe. Les tiges des Fougères arborescentes, des *Dracæna*, *Yucca*, *Zea*, etc., quand leur parenchyme a été entièrement détruit par une putréfaction lente et sèche et qu'il ne subsiste que le tissu tégumentaire et les faisceaux solides de l'intérieur, fournissent des squelettes de cette sorte, particulièrement beaux et instructifs. Le commençant fera bien de préparer lui-même de ces squelettes, ou d'en étudier dans les collections ; ils sont, tout au moins au début, extrêmement utiles pour donner une intelligence exacte de la structure interne des plantes.

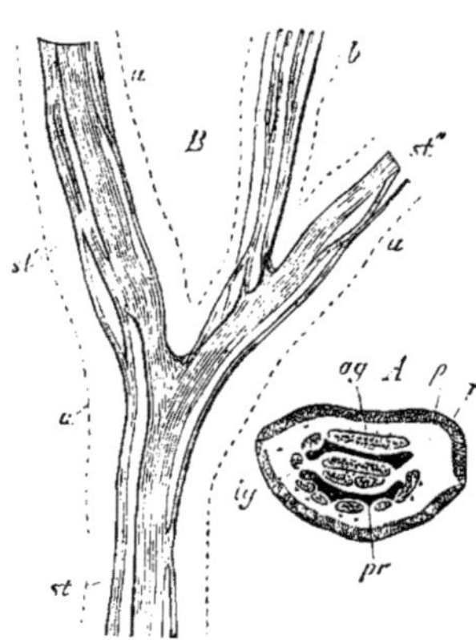

Fig. 80. — *Pteris aquilina* : A, section transversale de la tige souterraine, de grandeur naturelle ; r, tissu tégumentaire brun et dur ; p, parenchyme mou, mucilagineux, amylacé ; pr, sclérenchyme à parois sombres, formant deux larges rubans qui traversent la tige ; ag, faisceaux vasculaires situés en dehors de ces rubans de sclérenchyme ; ig, faisceaux semblables situés en dedans de ces rubans. — B, le faisceau vasculaire désigné dans A, par ag, isolé par le raclage du parenchyme ; on y voit des divisions et des anastomoses ; les lignes ponctuées, n, dessinent le contour de la tige, st, de ses deux branches dichotomes, st', st', et d'un pétiole, b.

Mais cet isolement des faisceaux n'est possible que là où, lignifiés eux-mêmes, ils courent isolés à travers un parenchyme mou. Or il arrive souvent, au contraire, que le tissu des faisceaux est encore plus tendre et plus mou que le parenchyme ambiant (*Ceratophyllum*, *Myriophyllum*, Hydrillées et autres plantes aquatiques) ; alors ils ne peuvent plus naturellement être isolés. D'un autre côté, dans les vieilles tiges et racines lignifiées des Conifères et des Dicotylédones, les faisceaux fibro-vasculaires sont si étroitement rapprochés au début et si développés plus tard par la formation continue de nouveaux tissus dans leur intérieur, qu'il ne subsiste en définitive que peu de chose ou rien du tout du tissu fondamental qui les séparait à l'origine ; de pareilles tiges sont formées presque entièrement par des masses fibro-vasculaires, et les faisceaux constitutifs n'y peuvent plus être distingués.

Constitution générale du faisceau vasculaire isolé. — Tout faisceau vasculaire isolé consiste, quand il est suffisamment développé, en plusieurs formes de tissu différentes et doit par conséquent être considéré lui-même comme un système de tissus. D'autre part, dans la plupart des plantes, des faisceaux différents et souvent très-nombreux se réunissent pour constituer un système d'ordre plus élevé. Mais ne considérons ici pour le moment que le faisceau isolé.

A l'origine le faisceau vasculaire consiste en cellules toutes semblables, intimement unies sans laisser entre elles d'espaces intercellulaires (1) ; cette forme de tissu non encore différenciée, qui constitue le jeune faisceau, peut être désignée sous le nom de *procambium* (2). Par les progrès de l'âge, on voit d'abord certaines de ses rangées de cellules se transformer en cellules définitives de forme déterminée (liber d'un côté, et vaisseaux de l'autre); à partir de ces points, la transformation des cellules procambiales en cellules durables progresse peu à peu sur la section du faisceau, tantôt jusqu'à ce qu'elles soient toutes converties en cellules définitives, tantôt de façon à laisser subsister à l'intérieur du faisceau une couche de cellules génératrices; c'est cette couche génératrice qu'on appelle alors *cambium*. On obtient donc ainsi, dans un âge avancé, soit des faisceaux privés de cambium, soit des faisceaux pourvus de cambium; les premiers peuvent être dits *fermés*, les autres *ouverts* (3). Dès qu'un faisceau de procambium s'est transformé en un faisceau fermé, tout développement ultérieur cesse aussitôt en lui ; il en est ainsi dans les Cryptogames, les Monocotylédones et certaines Dicotylédones. Au contraire, le faisceau vasculaire ouvert, pourvu de cambium, continue à se développer, il produit toujours de nouvelles couches de tissu définitif sur les deux côtés de son cambium, ce qui rend de plus en plus épaisse la tige ou la racine dont il fait partie ; il en est ainsi dans les Dicotylédones ligneuses et les Conifères ; mais même dans ces plantes, les organes foliaires ont leurs faisceaux fermés, ou s'ils sont ouverts, l'activité du cambium s'y éteint de très bonne heure.

Les différentes formes de tissu que l'on rencontre dans un faisceau vasculaire différencié se rattachent à deux groupes distincts que l'on nomme le *liber* et le *bois* du faisceau, la partie libérienne et la partie ligneuse du faisceau (4). Ces

(1) Les jeunes cellules des masses fibro-vasculaires ne sont pas toujours allongées et prosenchymateuses, dans la racine du *Zea Maïs*, par exemple, les cellules vasculaires jeunes et qui ne se partagent plus, ainsi que leurs voisines, sont tabulaires ou cubiques.

(2) M. Nägeli appelle simplement *cambium* le tissu du jeune faisceau vasculaire; il donne le même nom au tissu générateur des faisceaux qui s'épaississent et qui doit cependant en être distingué. M. Sanio réserve le mot de *cambium* pour ce dernier tissu, opinion que j'adopte (Sanio : Botanische Zeitung, 1863, p. 36).

(3) Cette distinction a d'abord été faite par M. Schleiden, mais c'est à tort qu'il assigna, d'une façon générale, à toutes les Dicotylédones des faisceaux ouverts. Quant à sa séparation des faisceaux en simultanés et successifs, elle est inadmissible ; tous les faisceaux se différencient successivement en coupe transversale. Les faisceaux des Cryptogames supérieures, dits simultanés par M. Schleiden, appartiennent à la classe des faisceaux fermés.

(4) Nous donnons au mot *liber* et au mot *bois* l'acception générale attachée par M. Nägeli aux expressions *Phloème* et *Xylème* proposées par lui en 1858 (Beiträge zur wissensch. Botanik, I, et adoptées dans ce Traité par M. J. Sachs. Liber ou partie libérienne du faisceau est synonyme de Phloème, bois ou partie ligneuse du faisceau synonyme de Xylème. (*Trad.*)

deux régions du faisceau sont séparées par le cambium, quand il existe. Dans beaucoup de faisceaux, le liber apparaît d'abord sur un côté du faisceau de procambium et le bois sur le côté opposé, et leur développement progresse ensuite vers le milieu du faisceau, où finalement liber et bois viennent se rencontrer.

Le liber consiste en cellules séveuses qui ont le plus souvent des parois minces ; certaines d'entre elles seulement épaississent beaucoup leurs parois

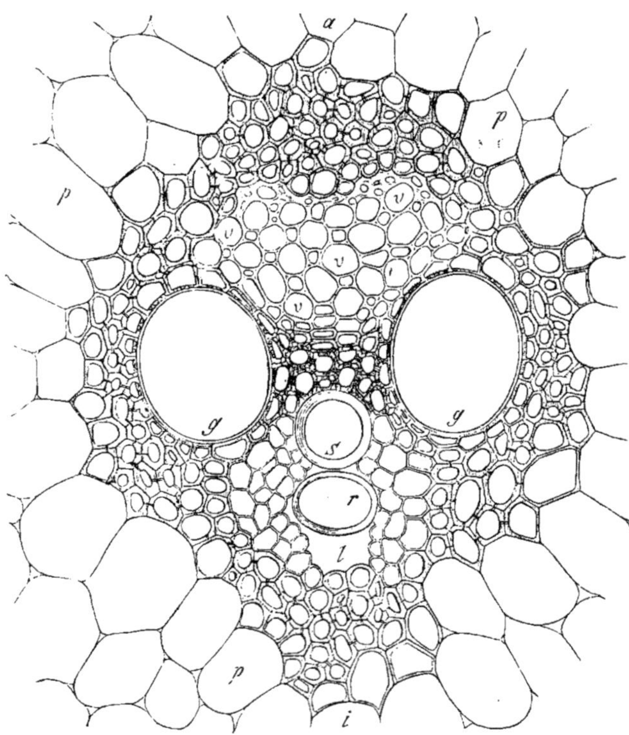

Fig. 81. — Section transversale d'un faisceau vasculaire fermé de la tige du *Zea Mais* (550) : *pp*, le parenchyme à parois minces qui entoure le faisceau ; *a*, face externe du faisceau ; *i*, face interne, tournée vers l'axe de la tige ; *g. g*, deux gros vaisseaux ponctués ; *s*, vaisseau spiralé ; *r*, anneau isolé d'un vaisseau annelé ; *l*, lacune aérifère produite par déchirement pendant l'accroissement ; *vv*, tissu grillagé ; entre ce dernier et le vaisseau, *s*, se trouvent des vaisseaux réticulés et à ponctuations aréolées ; le pourtour du faisceau tout entier est occupé par une gaine solide de cellules prosenchymateuses à parois épaissies et lignifiées.

et constituent ce qu'on appelle des fibres libériennes ; ces fibres ne sont pas lignifiées, mais flexibles ; elles manquent souvent, d'autres fois elles sont au contraire très-puissamment développées. Quant aux cellules séveuses à paroi mince, elles sont ou bien parenchymateuses, ou bien étroites et longues sans ponctuations spéciales, ou bien munies de ponctuations grillagées, ou bien enfin pourvues de ponctuations criblées. Ainsi le liber, la région libérienne du faisceau, peut contenir des fibres, des cellules de parenchyme, des cellules étroites et longues, des cellules grillagées, et enfin des vaisseaux criblés.

Le bois, la partie ligneuse du faisceau, a le plus souvent une tendance à épaissir fortement les parois de ses cellules, à les lignifier et à les durcir. Les vaisseaux et les cellules ligneuses munies de ponctuations aréolées perdent leur contenu et ne conduisent désormais que de l'air. On y rencontre aussi fréquemment du parenchyme lignifié. Cependant, dans bien des cas, cette lignification peut ne pas se produire, le faisceau tout entier est alors mou et séveux; ou n'avoir lieu que par places, et alors le faisceau n'est traversé que par quelques minces filets isolés de vaisseaux ou de cellules lignifiées (racines de *Rapha-nus sativus*, tubercules de Pomme de terre, etc.).

Qu'ils appartiennent au liber ou au bois, tous les éléments du faisceau, tous ceux du moins qui sont directement issus du procambium, sont prosenchymateux, c'est-à-dire fortement allongés dans le sens de l'axe d'accroissement du faisceau. Ce n'est que plus tard, dans les faisceaux qui sont ouverts, et pendant leur accroissement en épaisseur, qu'il se forme, dans le cambium, des cellules étendues horizontalement, disposées en séries ou en bandes radiales qui partagent en fragments le liber et le bois que le cambium du faisceau produit en même temps. Ces séries radiales d'éléments étendus horizontalement et qui prennent le plus souvent le caractère de cellules parenchymateuses, sont désignées d'une façon générale sous le nom de *rayons;* à l'intérieur du liber elles forment les rayons libériens, à l'intérieur du bois les rayons ligneux.

La disposition de la partie libérienne et de la partie ligneuse sur la section d'un faisceau est différente suivant la classe à laquelle appartient la plante et suivant l'organe que l'on y considère. Dans le faisceau ouvert de la tige des Dicotylédones et des Conifères, le liber est tourné vers la périphérie (1), le bois vers l'axe de l'organe; entre les deux se trouve l'arc cambial (fig. 82). Cependant il y a aussi des cas où, sur la face interne du bois, on rencontre de nouveau une partie libérienne, de sorte que le faisceau possède deux régions libériennes, une en dehors et une en dedans (Cucurbitacées, *Nicotiana*).

Dans les faisceaux fermés, la position relative du bois et du liber, telle qu'on la rencontre dans les faisceaux des Dicotylédones, subit de notables déviations. Chez les Monocotylédones, ces déviations sont plus apparentes que réelles, surtout si l'on fait abstraction de la gaine de prosenchyme lignifié qui s'y présente souvent (fig. 81). Mais dans les Fougères, les Lycopodiacées à faisceaux réunis (2) et les Marsiléacées, le bois occupe le milieu de la section transverse du faisceau, tandis que le liber forme autour de lui une gaine molle et séveuse (fig. 67 et 84).

---

(1) Les Dicotylédones peuvent présenter aussi, exceptionnellement, à l'intérieur du cercle formé par les faisceaux vasculaires ordinaires, dans ce qu'on appelle la moelle, des faisceaux surnuméraires, dans lesquels la région libérienne est enveloppée de toutes parts par le bois comme par un étui (axe d'inflorescence du Ricin). D'après M. Sanio, dans l'*Heterocentron roseum*, les faisceaux médullaires ont au contraire leur bois au centre entouré complétement par un anneau de liber, tandis que dans le *Campanula latifolia* ils se comportent comme dans le Ricin. (Voir Bot. Zeitung, 1865, p. 179.)

(2) Le faisceau unique de la tige du *Lycopodium Chamæcyparissus*, etc., n'est évidemment qu'une réunion de plusieurs faisceaux vasculaires.

Chacune des diverses formes de cellules libériennes ou ligneuses qui entrent dans la composition du faisceau vasculaire peut y manquer isolément. Ainsi il y a des faisceaux sans fibres ligneuses, d'autres, très-rares, il est vrai, sans vaisseaux, d'autres sans fibres libériennes, etc. ; mais ce qui ne manque jamais, c'est le liber mou, c'est-à-dire les cellules séveuses et à paroi mince du liber. Toutes ces différences peuvent se présenter sur un seul et même faisceau considéré

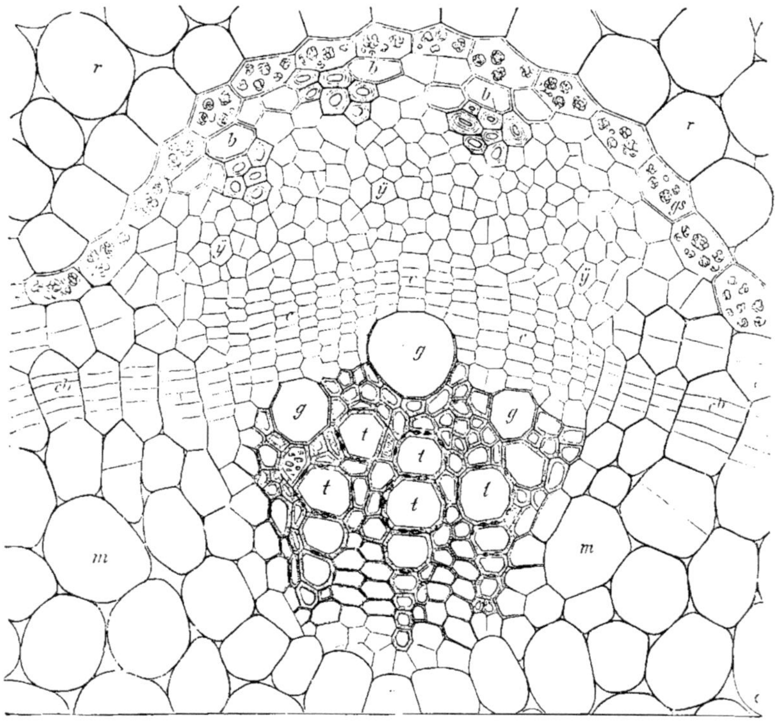

Fig. 82. — Section transversale d'un faisceau vasculaire situé dans la tigelle hypocotylée du Ricin (*Ricinus communis*), complétement allongée : *r*, parenchyme cortical; *m*, parenchyme médullaire; *b*, fibres libériennes; *y*, cellules libériennes à paroi mince; *c*, cambium; *g, g*, gros vaisseaux ponctués *t, t*, vaisseaux ponctués plus petits; ils sont séparés par des cellules ligneuses. — *cb*, prolongement du cambium à travers le parenchyme qui sépare latéralement les faisceaux; les cellules de ce parenchyme se divisent par des cloisons tangentielles répétées. (Entre le parenchyme cortical, *r*, et le liber du faisceau s'étend une assise de cellules remplies de grains d'amidon composés, c'est l'assise protectrice des faisceaux ou l'assise amylifère.)

en diverses régions de son parcours longitudinal, quand celui-ci est appréciable. Les faisceaux des véritables racines sont souvent, pas toujours, dépourvus de toutes fibres libériennes. Les faisceaux qui parcourent la tige des Phanérogames, vont se terminer dans les feuilles ; là ils perdent progressivement, à mesure qu'ils s'amincissent, tous les éléments de leur bois, excepté un ou deux vaisseaux spiralés ; enfin ces derniers cessent à leur tour et les dernières extrémités des faisceaux qui serpentent dans le mésophylle des feuilles ne consistent souvent qu'en un filet de cellules étroites, à paroi mince, et séveuses (fig. 16 *F*).

Si le faisceau vasculaire est, dans le jeune âge, situé dansun organe qui plus tard s'allonge fortement, les éléments déjà formés avant l'accroissement en longueur, c'est-à-dire les vaisseaux les plus internes, et les cellules libériennes les plus extérieures, sont aussi les plus longs, car ils ont eu à suivre l'allonge-

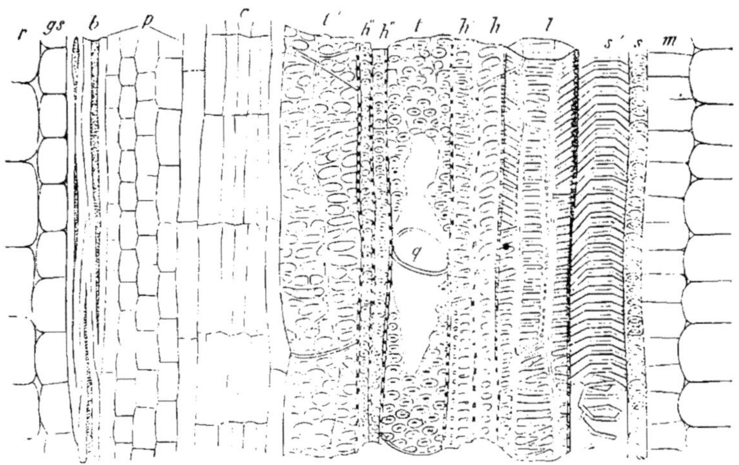

Fig. 83. — Section longitudinale du faisceau vasculaire du Ricin dont la coupe transversale est représentée fig. 82 : *r*, parenchyme cortical ; *gs*, assise protectrice des faisceaux ; *m*, parenchyme médullaire ; — *b*, fibres libériennes ; *p*, parenchyme libérien ; *c*, cambium ; la série de cellules située entre *c* et *p* se transforme plus tard en un tube criblé. Dans le bois du faisceau, les éléments se développent progressivement de *s* en *t* : *s*, premier vaisseau spiralé très-étroit et très-long ; *s'*, large vaisseau spiralé, tous deux ont leur ruban spiralé déroulable ; *l*, vaisseau scalariforme et en partie réticulé ; *h* et *h'*, fibres ligneuses ; *t*, vaisseau ponctué (en *q* on voit la trace de la cloison transverse résorbée) ; *h''*, *h'''*, fibres ligneuses ; *t'*, vaisseau ponctué encore jeune ; les ponctuations forment d'abord leur aréole externe, plus tard seulement apparaît le pore interne ; on remarque sur la paroi du vaisseau en *l*, *t*, *t'*, les arêtes de contact des cellules voisines enlevées.

ment de l'organe pendant toute sa durée. Les éléments qui se constituent plus tard, pendant l'allongement, sont plus courts, et enfin les plus courts de tous sont ceux qui naissent quand l'allongement total de l'organe est terminé ; ce dernier cas se présente particulièrement dans les faisceaux ouverts des Dicotylédones et des Conifères.

Le développement des éléments d'un faisceau commence toujours en des points isolés sur la section transversale, à partir desquels il progresse ensuite de plus en plus loin ; il en résulte que les cellules définitives, qui se forment successivement, ont un développement différent. Dans les faisceaux ouverts de la tige des Dicotylédones et des Gymnospermes, le développement commence le plus souvent sur la face externe du faisceau par l'épaississement de quelques fibres libériennes isolées ; un peu plus tard on voit apparaître au milieu de la face opposée, du côté de la moelle, quelques vaisseaux isolés, spiralés ou annelés. Ensuite, tandis que le développement du liber progresse vers le centre en produisant successivement des fibres et cellules libériennes, des cellules grillagées, du parenchyme libérien, qui alternent et se répètent souvent, le bois de son côté progresse vers la périphérie en formant successivement des vaisseaux annelés ou spiralés (1), ou les deux à la fois, des vaisseaux réticulés, puis des vaisseaux ponctués, vaisseaux qui alternent souvent avec des fibres ou cellules ligneuses (voir fig. 83).

Chez les Conifères il ne se produit plus tard, et désormais indéfiniment, tant que vit la tige ou la racine, que des fibres ligneuses munies de ponctuations aréolées, et, bien entendu, des rayons ligneux. Dans les Dicotylédones, au contraire, une fois la première année écoulée, il se fait chaque année un mélange de vaisseaux et de fibres ligneuses, souvent entremêlé de parenchyme ligneux. En outre, dans les arbres qui présentent des anneaux annuels dans leur corps ligneux, on remarque une périodicité dans la formation des cellules ligneuses, périodicité qui est la cause prochaine de la division apparente du bois en couches annulaires annuelles. Il n'est pas rare de voir la partie libérienne des faisceaux présenter aussi une pareille périodicité et de pareilles couches. Dans le faisceau fermé des Monocotylédones, la série des développements est la même que chez les plantes précédentes la première année ; dans la figure 81, par exemple, il se forme d'abord dans la partie ligneuse le vaisseau annelé *r*, puis le vaisseau spiralé *s*, puis, en progressant à droite et à gauche, les larges vaisseaux ponctués *g, g*, et au milieu, en marchant dans la direction du rayon, les vaisseaux ponctués plus étroits. Il arrive parfois, par exemple dans le *Calodracon* d'après M. Nägeli, que la formation des vaisseaux, continuant à gauche et à droite, ferme l'arc en avant et entoure par conséquent d'une gaine vasculaire la partie du procambium qui se changera plus tard en cellules grillagées.

Dans le pétiole du *Pteris aquilina*, où les faisceaux de procambium ont une section elliptique, on voit la formation du bois commencer par le développement de quelques étroits vaisseaux spiralés aux deux foyers de l'ellipse ; puis il se forme progressivement, le long du grand axe, d'abord en direction centrifuge, puis en direction centripète, des vaisseaux scalariformes. Il se constitue ainsi un corps ligneux lamelliforme, autour duquel le reste du procambium se convertit en cellules grillagées, en vaisseaux criblés, en cellules cambiformes, et partiellement, à la périphérie, en fibres libériennes (fig. 84, 87 *A*).

Les faisceaux vasculaires des racines naissent dans un tissu capable d'un développement ultérieur, lequel se sépare du méristème primitif du sommet de la racine, sous la forme d'un cylindre solide, plus rarement creux. Dans ce cylindre, la formation des vaisseaux commence en deux, trois, quatre points périphériques ou davantage, et progresse ensuite vers l'intérieur dans la direction du rayon. Si le procambium est un cylindre solide, il se produit ainsi, sur la section transverse, une bande diamétrale de vaisseaux ou bien une étoile à 3, 4, 5 rayons ou davantage, dans laquelle les vaisseaux les plus larges et les

____

(1) Ceux-là seuls sont formés avant l'achèvement de l'accroissement en longueur de l'organe auquel le faisceau appartient.

plus jeunes occupent le centre. Entre les points de départ de ces lames vasculaires rayonnantes, se forment ordinairement des faisceaux libériens, et plus tard, dans les racines qui s'épaississent, un tissu cambial, lequel à son tour développe en direction centrifuge, comme dans la tige, des vaisseaux et des cellules ligneuses (1).

Diverses formes des cellules qui constituent les faisceaux vasculaires. — Dans ce qui précède, je n'ai fait qu'esquisser dans leurs traits essentiels les rapports de position des diverses espèces de tissu qui composent le faisceau

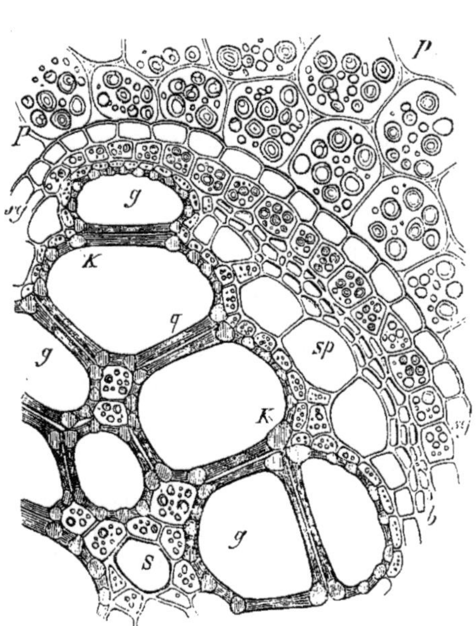

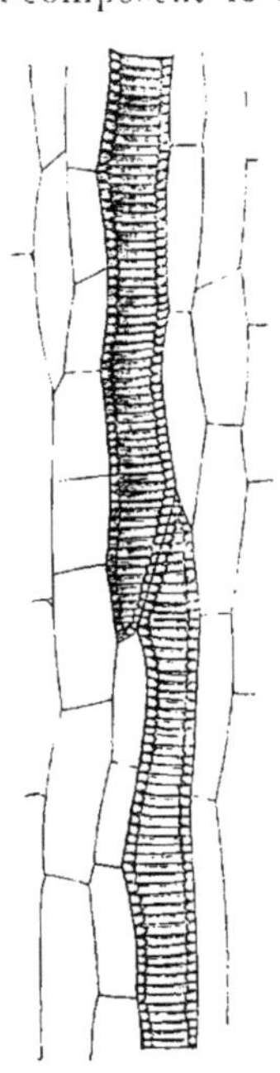

Fig. 84. — Un quart de la section transversale d'un des gros faisceaux vasculaires de la tige du *Pteris aquilina*, avec une portion du parenchyme ambiant *P*, ce dernier est, en hiver, rempli d'amidon. *s*, vaisseau spiralé situé au foyer de la section elliptique du faisceau; il est entouré de cellules ligneuses à paroi mince et pleines d'amidon; *g. g*, les vaisseaux scalariformes dont la structure est expliquée par la fig. 29 ; *sp*, larges cellules grillagées ; entre elles et le bois s'étend une assise de cellules qui contiennent de l'amidon en hiver ; *b*, cellules analogues à des fibres libériennes, dont la paroi est épaissie et molle ; *sg*, l'assise protectrice du faisceau : entre *b* et *sg*, on voit une assise de cellules amylifères.

Fig. 85. — Fragment d'un très-jeune faisceau vasculaire d'un jeune pétiole de *Scrophularia aquatica* ; partie d'un vaisseau spiralé entouré de procambium ; deux cellules spiralée se superposent en sifflet ; par suite de l'allongement du pétiole, les tours du ruban spiralé, maintenant en contact immédiat, seront écartés l'un de l'autre ; en même temps le ruban se détachera de la mince paroi qui est commune au vaisseau et aux cellules voisines, et ainsi se trouvera formé un vaisseau spiralé déroulable.

vasculaire. Il est nécessaire maintenant que je présente quelques remarques sur la forme des cellules elles-mêmes qui constituent chacun de ces tissus ; mais ici encore, en raison des nombreuses particularités de détail, je dois ren-

(1) Voir PH. VAN TIEGHEM : Recherches sur la symétrie de structure des plantes vasculaires. Introduction et premier mémoire : La Racine (Ann. des sc. nat., 5e série, XIII, 1871).

voyer au livre II où se trouve exposée la morphologie spéciale des diverses classes de végétaux. C'est chez les Dicotylédones que les cellules constitutives des faisceaux présentent les formes les plus achevées et les plus diverses; en les étudiant dans cette classe, nous aurons donc un type auquel nous pourrons ensuite comparer toutes celles qui s'offriront à nous dans les plantes des autres classes.

Cellules constitutives du bois du faisceau vasculaire des Dicotylédones. — Le bois du faisceau fibro-vasculaire des Dicotylédones est composé de nombreuses espèces de cellules qui, d'après les recherches de M. Sanio, se rattachent à trois types, ou formes distinctes : 1° les vaisseaux ligneux; 2° les fibres ligneuses; 3° le parenchyme ligneux.

Forme vasculaire. — A la forme vasculaire se rattachent à la fois les vaisseaux ligneux proprement dits et les cellules ligneuses vasculaires (ou trachéides). Elle est caractérisée par ce fait que là où deux cellules de même espèce se touchent, leurs parois forment des trous ouverts, tandis que leur contenu disparaît de bonne heure et est remplacé par de l'air; les épaississements de ces cellules vasculaires ont une tendance à former des rubans spiralés, des réseaux ou des ponctuations aréolées. Les vaisseaux proprement dits se produisent toutes les fois que, dans des cellules de même développement superposées en séries longitudinales, les cloisons transverses sont résorbées en totalité ou en partie ; il en résulte de longs tubes aérifères, composés chacun de cellules nombreuses, et qui se distinguent le plus souvent par leur large ouverture au milieu des cellules ligneuses qui les entourent. Ces cloisons transverses peuvent être horizontales ou plus ou moins obliques, et cette circonstance détermine d'une façon générale leur mode de perforation. Ainsi les cloisons horizontales sont souvent résorbées entièrement, ou du moins sont percées de grands trous ronds; plus la cloison devient oblique, plus les perforations prennent la forme de fentes étroites, larges et parallèles, tandis que les bandes épaissies qui subsistent entre elles ressemblent plus ou moins aux échelons d'une échelle; il n'est pas rare de voir ces bandes s'anastomoser en réseau. La cloison transverse scalariforme se trouve, d'après M. Sanio, non-seulement dans les vaisseaux ponctués-aréolés et réticulés, comme on l'admettait autrefois, mais aussi dans des vaisseaux spiralés (par exemple dans les *Casuarina, Olea, Vitis*), dans lesquels chaque tour de spire se continue directement par un échelon. L'isole-ment du ruban hélicoïde des premiers vaisseaux spiralés qui se constituent dans les tiges et les pétioles doués d'un fort allongement, est dû tout simplement à ce que ce ruban se détache de la paroi très-mince et en voie d'accroissement rapide, commune au vaisseau et aux cellules voisines. Si le ruban était devenu déroulable par la destruction de cette paroi, les cellules voisines seraient ouvertes.

Quand les cloisons transverses par lesquelles s'ajustent bout à bout les cellules vasculaires sont très-obliques, ces cellules prennent un aspect prosenchymateux (fig. 85), et plus ce caractère est prononcé, plus le vaisseau total paraît discontinu. Le bois des Fougères présente souvent ce caractère à un si haut degré, qu'après avoir isolé par la macération les cellules constitutives des vaisseaux, on croirait avoir affaire non à des articles vasculaires, mais à des fibres fusiformes (fig. 29). Mais on peut cependant, ici aussi, voir toutes les transitions

entre ce cas et les cloisons transverses scalariformes typiques (1). Ces vaisseaux
à articles prosenchymateux forment maintenant la transition immédiate vers
les cellules ligneuses vasculaires (trachéides). En effet, si la forme des cellules
est telle, qu'il n'y ait plus de différence entre les parois longitudinales et transverses, ce qui n'est possible que dans des cellules décidément prosenchymateuses, alors les perforations des cellules superposées et des cellules posées
côte à côte n'ont plus des formes différentes, il n'y a plus de séries cellulaires
longitudinales autonomes, assimilables à des tubes continus; ce sont des massifs tout entiers, des faisceaux de cellules, dont tous les éléments sont en communication libre par des ponctuations aréolées ouvertes ; c'est ce qui se présente
d'une façon singulièrement remarquable dans les trachéides du bois des Conifères (voir fig. 25 et 26). Il n'y a pas d'autre différence entre ces fibres aréolées et
les vrais vaisseaux ou tubes ligneux; car relativement aux parois latérales, les
vaisseaux tubuleux du bois se comportent absolument comme les trachéides,
lorsque ces parois ont des ponctuations aréolées (fig. 27). Chacun des articles
des vaisseaux des Fougères (fig. 29) composés de cellules prosenchymateuses,
peut directement être désigné sous le nom de trachéide.

Forme fibreuse. — Les cellules du bois qui se rattachent à cette forme sont
toujours prosenchymateuses, fusiformes ou filamenteuses, fortement épaissies
eu égard à leur diamètre, munies le plus souvent de ponctuations simples, parfois aussi de petites ponctuations aréolées, toujours dépourvues de rubans spiralés. Pendant le repos végétatif elles contiennent de l'amidon. Contre la lamelle moyenne de leurs parois se trouve souvent une masse d'épaississement
non lignifiée mais gélatineuse, qui se colore en rouge violet par le chloro-iodure
de zinc et offre une certaine ressemblance avec les fibres libériennes. Ces cellules fibreuses sont d'habitude beaucoup plus longues que celles de la forme
vasculaire. M. Sanio en distingue de deux sortes : les fibres simples et les
fibres cloisonnées. Ces dernières ont leur cavité subdivisée par plusieurs
minces cloisons transverses, tandis que la paroi générale qui enveloppe l'ensemble de la fibre est épaissie. Ces cellules fibreuses se trouvent, dans le bois
des arbres et des arbustes dicotylédonés, à côté des éléments vasculaires,
mélangées de la façon la plus diverse avec eux et avec la troisième forme dont
nous allons parler tout à l'heure. Il est au moins douteux que ces fibres
ligneuses existent dans le bois des Cryptogames.

Forme parenchymateuse. — Les cellules parenchymateuses du bois sont extrêmement répandues, et sont surtout abondantes quand le corps ligneux du
faisceau acquiert une notable épaisseur. D'après M. Sanio, elles naissent, dans

_____

(1) Voy. Dippel im amtlichen Bericht der 39 Vers. der Naturforscher und Aerzte, 1865 (Giessen),
Tafel III, Fig. 7-9. Les observations de M. Dippel sur les Cryptogames et toute la description
donnée ci-dessus de la formation du vaisseau et de ses transitions vers les trachéides, et surtout
ce fait que toutes les espèces de cellules vasculaires qui transportent de l'air ont des ponctuations
aréolées ouvertes, et sont ainsi en communication, même quand les divers articles prosenchymateux d'un vaisseau ne sont pas unis par de grands trous, mais seulement par des fentes étroites,
paraissent établir l'inexactitude de l'opinion de M. Caspary, suivant laquelle les vaisseaux man-
queraient aux Cryptogames vasculaires et à beaucoup de Phanérogames. (Voir CASPARY : Monatsberichte der k. Akademie der Wissenschaften in Berlin, 1862. 10 juillet.)

le bois des Dicotylédones et des Gymnospermes, par une division transversale des cellules de cambium, s'opérant avant leur épaississement. Les cellules-sœurs témoignent le plus souvent de cette origine par leur mode de disposition ; dans leur état définitif, elles ont leur paroi mince et munie de ponctuations simples et fermées. Leur contenu, en hiver, est de l'amidon ; souvent elles renferment aussi de la chlorophylle, du tannin et des cristaux d'oxalate de chaux.

Cependant il arrive aussi que les cellules cambiales situées du côté du bois du faisceau se transforment directement, sans se diviser par des cloisons transverses, en cellules parenchymateuses allongées, à paroi mince et simplement ponctuée, renfermant un contenu nutritif ; ces cellules doivent aussi être rapportées au parenchyme ligneux. C'est aussi de ce dernier type qu'il faut rapprocher les éléments parenchymateux de la région ligneuse des faisceaux fermés des Monocotylédones et des Cryptogames ; mais, ici, ces cellules à paroi mince, allongées et pourvues d'un contenu nutritif, ne proviennent pas du cambium, puisque ce dernier manque aux faisceaux fermés ; elles sont directement issues du procambium du faisceau (fig. 84, à côté de *S*). Parfois le parenchyme ligneux produit par le cambium des Dicotylédones atteint un développement de plus en plus puissant, pendant qu'il ne se forme qu'une petite quantité de vaisseaux et de trachéides ; c'est ce qui arrive dans les épaisses racines napiformes du Radis, de la Carotte, du Dahlia, de la Betterave, et dans les tubercules de la Pomme de terre. La moelle apparente de ces deux organes répond en réalité, par son origine, au corps ligneux d'un arbre dicotylédoné ; seulement les éléments du bois n'y sont pas lignifiés, à l'exception de quelques-uns d'entre eux : les vaisseaux. Le contenu séveux des cellules et leurs membranes minces et molles laissent à peine paraître l'analogie de ce bois avec le corps ligneux ordinaire, quoiqu'il n'y ait aucun doute possible au sujet de cette analogie.

Cellules constitutives du liber du faisceau vasculaire. — Le liber du faisceau libro-vasculaire présente, quand il est complétement développé, des formes cellulaires analogues à celles du bois et qui se rattachent à trois types parallèles. Aux vaisseaux et cellules vasculaires du bois correspondent les tubes criblés et les cellules grillagées du liber ; au parenchyme ligneux, répond le parenchyme libérien, et aux fibres ligneuses les fibres libériennes. Comme dans le bois, les diverses espèces de cellules du liber peuvent être mélangées de la manière la plus diverse, tantôt disposées en couches alternes, tantôt entremêlées sans ordre.

Forme vasculaire. — Une espèce de cellules très-généralement répandue dans le liber est ce qu'on appelle les cellules *cambiformes ;* ce sont des éléments séveux, étroits, et le plus souvent très-allongés, à paroi mince ; dans les faisceaux très-grêles, ils paraissent être la seule partie constitutive du liber. Quand ce dernier atteint son développement complet, il s'y forme régulièrement des cellules grillagées que l'on ne peut pas toujours distinguer avec certitude des vrais tubes criblés ; la formation de ces derniers a été déjà représentée par les fig. 23 et 24. Pour apercevoir facilement la perforation de leurs plaques criblées âgées, notamment sur les cloisons transverses, qui peuvent être horizontales ou obliques, il faut placer les coupes longitudinales minces dans l'acide sulfurique concentré, après avoir imbibé la préparation avec une dissolution d'iode (1). Le réactif dissout les parois cellulaires, les contenus protoplasmiques demeurent en place en brunissant, et ceux de deux cellules superposées sont rattachés l'un à l'autre par les petits filaments mucilagineux parallèles qui remplissaient les pores de la plaque criblée maintenant détruite (fig. 86, *p*).

On peut appeler provisoirement, avec H. de Mohl, cellules grillagées, les cellules libériennes dont les parois présentent ce genre de sculpture sans que jusqu'à présent on ait pu mettre en évidence la perforation des ponctuations étroites qui s'y pressent l'une contre l'autre. C'est à cette classe qu'appartiennent ce qu'on appelait autrefois *vasa propria* dans le faisceau vasculaire des Monocotylédones (fig. 81, *v*), ainsi que les cellules découvertes par M. Dippel dans le liber des Cryptogames et nommées par lui vaisseaux libériens (Dippel, *loc. cit.*). Souvent les cellules grillagées et les tubes criblés ont aussi des plaques grillagées et criblées sur leurs parois longitudinales, particulièrement lorsque deux cellules semblables se touchent latéralement : ces plaques sont des plages où la membrane cellulaire est plus mince et où elle présente un épaississement grillagé ou finement ponctué. Se présente-il ici aussi de vraies perforations? c'est ce qui est encore douteux.

Forme fibreuse. — Ces trois espèces de cellules libériennes : cambiformes, grillagées et criblées, réunies au parenchyme libérien où elles sont plongées ou qui forme parfois entre elles des couches épaisses, peuvent être désignées sous le nom général de

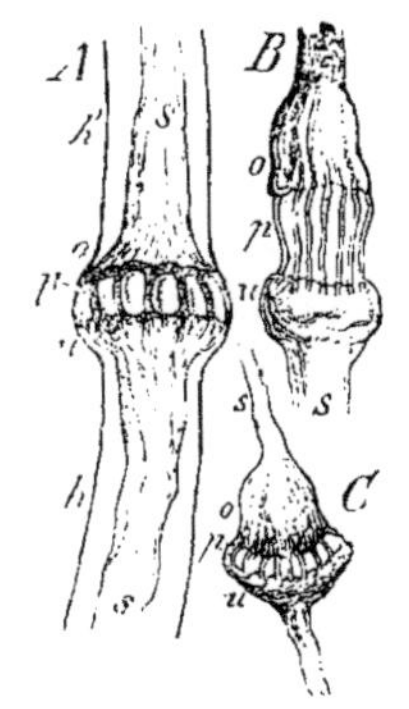

Fig. 86. — Portion de tubes criblés ou deux cellules superposées se réunissent, montrant la perforation des cloisons transverses, après la dissolution de la membrane cellulaire par l'acide sulfurique. *A* et *B*, proviennent du pétiole du *Cucurbita*; *C*, de la tige du *Dahlia*. En *A*, la membrane cellulaire, *hh'*, n'est pas encore complétement dissoute ; *s*, le contenu protoplasmique, ramassé en *o* et *u*, sur les faces supérieure et inférieure de la cloison transverse; *p*, les filaments protoplasmiques qui réunissent ces deux amas en remplissant les pores de la plaque criblée. (Voir fig. 23 et 24.)

liber mou, par opposition aux fibres libériennes constituant le *liber dur* qui parfois manque tout à fait (*Cucurbita*, etc.), mais qui souvent est très-abondamment développé (tige d'*Helianthus annuus*, de *Tilia*, etc.). Ce liber dur est formé de cellules allongées, prosenchymateuses, fibreuses, flexibles, tenaces, solides, le plus souvent très-épaissies. Elles sont souvent, dans les Dicotylédones, disposées en faisceaux, et il n'est pas rare de voir ces faisceaux alterner avec du liber mou (Vigne, Tilleul). Cependant ces fibres peuvent aussi être isolées, ce qui arrive notamment dans les parties âgées du liber, issues du cambium (tige et tubercule de Pomme de terre). Ordinairement, quand les fibres sont serrées les unes contre les autres, la lamelle moyenne de la cloison de sé-

(1) Voir J. Sachs: Flora, 1863, p. 68, et pour d'autres renseignements sur la perforation, Hanstein : Die Milchsaftgefässe (Berlin, 1864), p. 23 et suiv.

paration de deux fibres voisines est lignifiée ou cuticularisée; elle est résistante et se colore en jaune par l'iode. Mais, dans d'autres cas, elle forme une substance mucilagineuse dite « intercellulaire », dans laquelle les fibres paraissent être plongées sur les sections transversales, par exemple, dans le *Cytisus Laburnum*, d'après M. Sanio, dans les Conifères, etc. Comme les fibres ligneuses, celles du liber peuvent aussi être cloisonnées (*Vitis vinifera*, *Platanus occidentalis*, *Æsculus Hippocastanum*, *Pelargonium roseum*, *Tamarix gallica*, d'après M. Sanio, *loc. cit.*, p. 111). Et de même qu'après la macération on isole fréquemment des fibres du bois ramifiées, on rencontre aussi des fibres libériennes rameuses, et il n'est même pas rare de les voir prolonger leurs branches dans le tissu mou qui les entoure (*Abies pectinata*, d'après Schacht) (1).

Parfois les fibres libériennes sont courtes et lignifiées à la suite d'un fort épaississement, très-dures par conséquent (tubercules de *Dahlia*). Dans les Apocynées, par exemple les *Vinca*, elles sont, au contraire, très-longues, alternativement élargies et étranglées, et en outre très-nettement striées; nous parlerons plus tard des fibres libériennes laticifères que possèdent les plantes de cette famille. Les véritables fibres libériennes des Équisétacées, Fougères et Lycopodiacées, découvertes par M. Dippel, sont peu développées, et leurs couches externes d'épaississement paraissent le plus souvent mucilagineuses, transformées en une sorte de « substance intercellulaire » (2).

Dans tout ce qui précède, nous n'avons parlé que des éléments constitutifs des faisceaux fibro-vasculaires, qui sont allongés dans le sens du faisceau. Les cellules allongées horizontalement dans la direction du rayon, qui constituent à l'intérieur du faisceau les rayons libériens et ligneux, ne se rencontrent que dans les faisceaux ouverts des Dicotylédones et des Conifères; nous y reviendrons plus tard (3).

(1) On trouve un bel exemple de fibres libériennes ramifiées dans la racine d'une autre Conifère, le *Dacrydium Franklinii*. (*Trad.*)

(2) Il n'y a aucune espèce de motif pour donner, comme le font plusieurs auteurs, le nom de fibres libériennes aux fibres hypodermiques des *Equisetum*, au prosenchyme dur et à parois brunes qui forme des faisceaux dans le tissu fondamental de la tige des Fougères arborescentes et du *Pteris aquilina*, ainsi qu'à une foule d'autres productions fibreuses également étrangères aux faisceaux vasculaires.

(3) Dans le paragraphe qu'on vient de lire, l'expression *faisceau vasculaire* ou *faisceau fibro-vasculaire* désigne toujours un faisceau formé de deux régions anatomiquement et physiologiquement distinctes: une région libérienne et une région ligneuse. C'est en effet avec cette constitution double que les faisceaux se présentent dans la tige et dans la feuille. Mais dans la racine il en est autrement, comme nous le verrons plus loin. Les faisceaux qui entrent dans la composition du cylindre central de la racine, à tout âge chez les Cryptogames vasculaires et les Monocotylédones, avant l'introduction des formations secondaires chez les Dicotylédones et les Gymnospermes, sont en effet de deux espèces, les uns exclusivement vasculaires ou ligneux, les autres exclusivement libériens. Ces deux sortes de faisceaux simples alternent régulièrement dans le cylindre central et leurs éléments constitutifs se développent de la périphérie au centre.

Je crois donc non seulement utile, mais nécessaire, d'employer pour désigner le faisceau double de la tige et de la feuille un autre terme que le mot « faisceau vasculaire, faisceau fibro-vasculaire ». L'expression *faisceau libéro-vasculaire*, et mieux encore *faisceau libéro-ligneux* me paraît bien appropriée, parce qu'elle indique à la fois les deux moitiés constitutives du faisceau double, en laissant indéterminée la composition variable de ces deux moitiés. Le système des faisceaux de la plante est donc formé : 1° dans la racine, de faisceaux simples de deux espèces,

§ 17.

Le tissu fondamental.

Ses caractères généraux. — J'appelle *tissu fondamental*, toute la masse du tissu d'une plante ou d'un organe qui, après la formation et l'achèvement du tissu tégumentaire et des faisceaux vasculaires, subsiste entre eux. Le tissu fondamental consiste très-fréquemment en un parenchyme à parois minces, rempli de matières nutritives assimilées et séveux; cependant il n'est pas rare de lui voir épaissir ses parois; parfois même il prend en certaines places la forme de faisceaux composés de cellules de prosenchyme, sclérenchymateuses, et fortement lignifiées. D'une façon générale, on peut rencontrer dans le tissu fondamental, aussi bien que dans le tissu tégumentaire et dans les faisceaux vasculaires, les formes de cellules et de tissus les plus différentes. Une partie du tissu fondamental peut même dès l'origine se trouver en état de partition et y persister indéfiniment, pendant que le reste se transforme en tissu définitif; ou bien encore certaines couches du tissu fondamental, après s'être depuis longtemps transformées en tissu définitif, peuvent se diviser de nouveau et produire ainsi un tissu générateur, dont pourront émaner ensuite, non-seulement du nouveau tissu fondamental, mais encore des faisceaux vasculaires (Aloïnées).

Dans les Thallophytes et beaucoup de Muscinées, la masse tout entière du tissu, à l'exception de la couche extérieure, souvent développée en tissu tégumentaire, doit être considérée comme du tissu fondamental. Mais, à cause de l'absence des faisceaux fibro-vasculaires, cette distinction n'a ici qu'un médiocre intérêt. Dans les Mousses qui possèdent dans leur tige un faisceau central de cellules allongées, il est difficile de savoir si ce faisceau est une forme particulière du tissu fondamental, ou s'il doit être considéré comme un faisceau fibro-vasculaire très-rudimentaire. Dans les plantes vasculaires, au contraire, l'indépendance et l'autonomie du tissu fondamental par rapport au système tégumentaire et aux faisceaux vasculaires se révèlent aussitôt; ce tissu y remplit tous les intervalles des faisceaux à l'intérieur de l'espace circonscrit par le tissu tégumentaire. Quand les faisceaux vasculaires sont fermés et dépourvus de tout accroissement en épaisseur, il constitue fréquemment (dans beaucoup de Fougères, par exemple), la partie la plus considérable du tissu; quand, au contraire, les faisceaux, étroitement serrés l'un contre l'autre, engendrent peu à peu, au moyen d'un cambium continu, de grandes masses de bois et de liber (tiges et racines des Conifères et de beaucoup de Dicotylédones), le tissu fondamental devient une partie de plus en plus insignifiante de l'organe total.

Dans les tiges, les faisceaux vasculaires sont souvent disposés de telle sorte que le tissu fondamental se divise en deux régions : une région intérieure

les uns vasculaires ou ligneux, les autres libériens ; 2° dans la tige et les feuilles, de faisceaux doubles et d'une seule espèce, tous libéro-vasculaires ou libéro-ligneux. (*Trad.*)

aux faisceaux et entourée par eux, qu'on appelle la *moelle*, et une région extérieure aux faisceaux, qui les enveloppe en les séparant du tissu tégumentaire et qu'on appelle l'*écorce*. En outre, comme les faisceaux ne se touchent pas latéralement, ou du moins ne se touchent qu'en de certains endroits, il reste encore entre eux certaines parties du tissu fondamental qui réunissent la moelle à l'écorce et qui sont appelées *rayons médullaires*. Si les faisceaux vasculaires d'un organe forment, par leur réunion au centre, un cylindre solide axile, comme cela se voit dans certaines tiges et dans les racines, alors le tissu fondamental n'est plus représenté que par sa région externe, par l'écorce.

Observations critiques. — Toute la marche de mon exposition des systèmes de tissus exige l'introduction du mot « tissu fondamental » (1). Le besoin s'en faisait d'ailleurs sentir depuis longtemps, car on se voyait souvent obligé, dans les descriptions anatomiques, de désigner par un terme général quelconque la masse tout entière du tissu qui n'est ni de l'épiderme, ni des faisceaux vasculaires. Plusieurs auteurs ont employé dans ce sens général le mot parenchyme, par opposition aux faisceaux dits fibro-vasculaires et à l'épiderme ; mais cette expression n'a pas de valeur scientifique. On sait, en effet, que les faisceaux vasculaires renferment souvent aussi du parenchyme et que, inversement, le tissu fondamental n'est pas toujours parenchymateux, mais parfois décidément prosenchymateux. D'une façon générale, il ne s'agit pas ici d'opposer l'une à l'autre différentes formes cellulaires, mais seulement différents systèmes de tissus qui peuvent renfermer chacun les formes cellulaires les plus diverses.

Mais je dois comparer avec un peu plus de précision ma description et l'expression dont je me sers avec celles qui ont été données par M. Nägeli. On pourrait croire que le *protenchyme* de M. Nägeli est synonyme de mon « tissu fondamental » : cela n'est pas ; le protenchyme de M. Nägeli est une expression beaucoup plus compréhensive. Tout ce que j'appelle tissu fondamental est du protenchyme, mais tout le protenchyme n'est pas du tissu fondamental. M. Nägeli dit (2) notamment qu'il appellera *protenchyme* ou *protène* le méristème primitif et toutes les portions du tissu qui en procèdent immédiatement (c'est-à-dire uniquement par l'intermédiaire du méristème secondaire et non par le cambium), et au contraire *épenchyme* ou *épène*, le cambium et tout ce qui en dérive directement ou indirectement. Quand M. Nägeli proposait ces dénominations, il avait surtout à faire une exposition de la structure des faisceaux vasculaires et il est clair que, par ce moyen, il mettait de côté, sous une expression commune (protène) tout ce qui n'appartient pas à ces faisceaux vasculaires. Mais pour nous il s'agit ici d'exposer également toutes les diverses différenciations qui s'opèrent dans le tissu des plantes, et nous n'avons aucun motif pour n'accuser que le contraste entre les masses fibro-vasculaires (épenchyme) et les masses non fibro-vasculaires (protenchyme), en laissant dans l'ombre, comme moins importantes, toutes les autres différenciations. Le protenchyme de M. Nägeli se divise donc, pour moi, en trois termes

---

(1) L'expression n'est peut-être pas très-heureuse, je n'en ai pas trouvé de meilleure.
(2) NÆGELI : Beiträge zur wissensch. Botanik, Heft I, p. 4.

équivalents à son épenchyme. D'abord il y a le méristème primitif, qui doit être opposé tout aussi bien aux faisceaux vasculaires qu'au tissu tégumentaire et au tissu fondamental ; puis ensuite, de ce méristème primitif encore indifférent procèdent par différenciation les trois systèmes de tissus. On pourrait peut-être employer le mot protenchyme, après en avoir séparé le méristème primitif, pour désigner à la fois le tissu tégumentaire et le tissu fondamental ; seulement je ne vois aucun motif qui nous oblige à mettre ce contraste en plus grande évidence. La nature montre bien plutôt que la différenciation du tissu fondamental et du tissu tégumentaire est tout aussi tranchée que celle des faisceaux vasculaires et du tissu fondamental.

Il résulte de tout cela, que méristème primitif, tissu tégumentaire, faisceaux vasculaires et tissu fondamental sont des expressions équivalentes ; dans chacun des trois tissus différenciés nous trouvons les formes cellulaires les plus différentes et chacun d'eux peut produire du méristème secondaire. Ainsi le cambium du faisceau vasculaire n'est pas autre chose ; le tout jeune épiderme est, aussi bien que le cambium, un tissu éminemment générateur ; si le cambium engendre des vaisseaux, des fibres ligneuses et libériennes, etc., l'épiderme ne forme-t-il pas des poils, des stomates, des épines, etc. ; le phellogène, qui appartient au système tégumentaire, se manifeste avec plus d'évidence encore comme un tissu générateur ; enfin dans le tissu fondamental lui-même, certaines régions peuvent persister longtemps à l'état de tissu générateur, ou produire plus tard un tissu générateur, comme on le voit par exemple dans la tige des *Dracœna*, dont ce tissu provoque l'accroissement en épaisseur et où il engendre de nouveaux faisceaux vasculaires.

Exemples pour l'étude du tissu fondamental. — *Feuilles.* — Les rapports des trois systèmes de tissus se présentent très-simplement dans les feuilles des Fougères et de la plupart des Phanérogames, et ils n'y sont pas dérangés par de nouvelles formations ultérieures. C'est ordinairement le tissu fondamental qui est le système prédominant de ces organes et il y développe différentes formes de cellules. Des faisceaux vasculaires isolés, séparés par du tissu fondamental, traversent le pétiole pour se répandre dans le limbe. Dans le pétiole, ils sont d'ordinaire entourés par un tissu fondamental parenchymateux, formé de larges cellules à paroi mince, étendues suivant l'axe ; ce dernier forme aussi, autour des faisceaux les plus gros du limbe, des sortes de gaînes qui font saillie sur la face inférieure de la feuille et y dessinent ce qu'on appelle les *nervures*. Mais les branches vasculaires les plus fines rampent directement dans ce qu'on appelle le *mésophylle ;* le mésophylle est une forme particulière du tissu fondamental, caractérisée par la chlorophylle qu'elle renferme et la minceur de ses parois cellulaires. Il n'est pas rare de voir certaines cellules isolées du tissu fondamental du limbe prendre des formes tout à fait étranges, comme sont, par exemple, les grandes cellules étoilées de la feuille du *Camellia japonica* et les cellules dressées comme des poteaux qui soutiennent, pour ainsi dire, les stomates des feuilles des *Hakea*. Toutes ces diverses formes de cellules sont enveloppées par l'épiderme, et quelquefois aussi par une couche hypodermique.

Les feuilles carpellaires des Phanérogames présentent fréquemment une différenciation plus variée de leur tissu fondamental. Je citerai seulement la formation des coques pierreuses ou noyaux des fruits drupacés. Ce noyau n'est autre chose que la couche la plus interne du tissu de la feuille carpellaire, dont les couches externes forment la chair du fruit ; les deux ensemble, le noyau et la chair, constituent le tissu fondamental du carpelle, sclérenchymateux dans le premier cas, parenchymateux dans le second, traversé dans tous les deux par des faisceaux libéro-ligneux.

Tiges des Fougères et des Lycopodiacées. — La distinction du tissu fondamental est tout aussi claire dans la tige des Fougères. Les Fougères arborescentes et le *Pteris aquilina* offrent même, sous ce rapport, un intérêt particulier, parce que le tissu fondamental s'y présente sous deux aspects très-différents. La masse

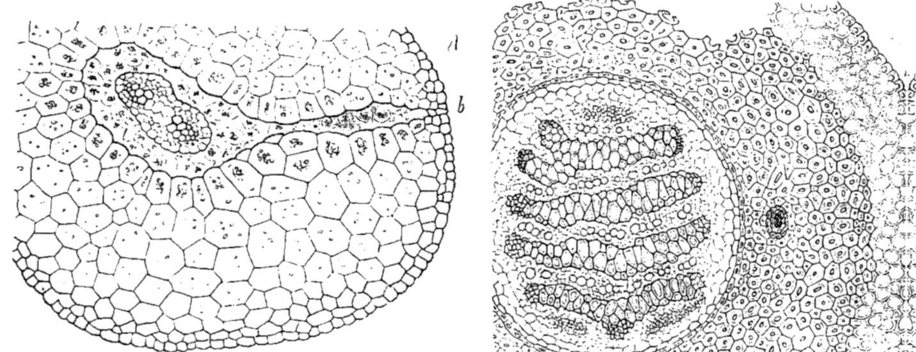

Fig. 87. — A, section transversale de la tige du *Selaginella denticulata* ; le faisceau vasculaire n'est pas encore entièrement formé ; les vaisseaux sont déjà épaissis sur les deux côtés, mais pas encore au centre ; *l*, espaces intercellulaires aérifères dans le parenchyme qui enveloppe le faisceau ; en *q*, partie de ce tissu qui accompagne un faisceau s'incurvant dans une feuille. — B, section transversale de la tige développée du *Lycopodium Chamæcyparissus* ; le cylindre axile consiste en faisceaux vasculaires étroitement serrés et soudés ; les quatre régions ligneuses qui le constituent sont complétement séparées et forment sur la section quatre bandes vasculaires entre lesquelles et autour desquelles on voit les cellules libériennes plus étroites ; les régions libériennes des quatre faisceaux sont fusionnées ; entre deux bandes ligneuses consécutives on remarque une série de cellules plus larges, ce sont les cellules grillagées ou tubes criblés ; les cellules situées aux extrémités de chaque bande ligneuse, sont des cellules spiralées (il en est de même en A). Dans le tissu fondamental prosenchymateux et à parois épaisses qui enveloppe le cylindre axile, on voit la section obscure d'un petit faisceau vasculaire qui s'incurve pour entrer dans une feuille ; il consiste presque exclusivement en longues cellules spiralées (gross. environ 90 fois).

prédominante de ce tissu consiste, par exemple, dans le *Pteris aquilina*, en un parenchyme dont les cellules ont leur paroi mince et incolore, contiennent un suc mucilagineux et renferment en hiver beaucoup d'amidon. Parallèlement aux faisceaux vasculaires, ce parenchyme est traversé par des faisceaux filamenteux ou lamelliformes, formés de cellules prosenchymateuses à paroi épaisse et de couleur brun sombre. Ces faisceaux de sclérenchyme n'ont rien de commun avec les faisceaux vasculaires, ils ne sont qu'une partie du tissu fondamental, lequel affecte d'ailleurs souvent, chez les Cryptogames, la forme prosenchymateuse.

Cette tendance à l'allongement prosenchymateux des cellules du tissu fondamental se manifeste nettement aussi dans la tige des Lycopodiacées. Dans le *Selaginella denticulata*, par exemple (fig. 87 *A*), le faisceau vasculaire qui occupe l'axe de la tige est enveloppé d'un parenchyme très-lâche creusé de grands espaces intercellulaires ; c'est la partie interne du tissu fondamental.

Elle est entourée à son tour par un tissu à parois minces, mais sans méats, qui sur les sections longitudinales se montre prosenchymateux, car les cellules sont pointues aux deux bouts et leurs pointes glissent profondément les unes entre les autres. Vers la périphérie elles deviennent de plus en plus étroites et pointues, enfin les plus externes ont leur paroi brune et passent insensiblement au tissu tégumentaire. Dans le *Lycopodium Chamæcyparissus* (*B*). le cylindre axile de la tige, formé de plusieurs faisceaux vasculaires, est entouré par une

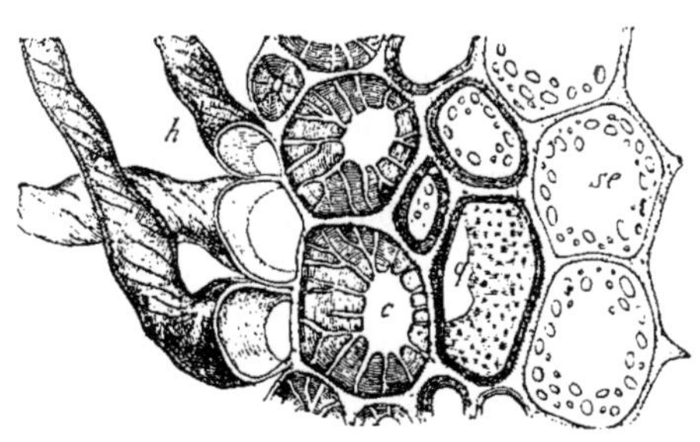

Fig. 88. — Section transversale à travers la tige souterraine du *Pteris aquilina* ; *h*, poil radical ; *c*, cellules sous-épidermiques fortement épaissies et à parois brunes ; *q*, une cellule plus profonde et moins épaissie, on voit de face une partie de sa paroi ; *se*, cellules amylifères de la couche plus profonde, faisant le passage au parenchyme intérieur incolore du tissu fondamental.

couche puissante de prosenchyme à parois très-épaissies ; quand la tige est jeune, les cellules de ce tissu ressemblent à celles du *Selaginella*, mais ici, un épaississement énorme de leurs parois vient aussi s'ajouter plus tard à leur forme prosenchymateuse. Enfin ce tissu est, à son tour, enveloppé par une couche dont les cellules ont leur paroi mince et ne sont plus prosenchymateuses ; cette couche est un prolongement vers le bas du tissu fondamental des feuilles, prolongement qui recouvre toute la tige et est entouré de son côté par un épiderme nettement développé.

Diverses formes des cellules qui composent le système du tissu fondamental. — Les diverses espèces de cellules et de tissus qui entrent dans la composition du système total qu'on appelle le tissu fondamental, n'ont pas été jusqu'à présent embrassées dans une étude comparative et facile à résumer. Je me borne donc, pour diriger le commençant, à réunir ici quelques-uns de ces matériaux épars.

Excepté dans quelques cas tout spéciaux, la différenciation du tissu fondamental se prononce principalement dans le voisinage du véritable tissu tégumentaire et dans celui des faisceaux vasculaires. C'est ainsi que la région externe du tissu fondamental vient renforcer ou du moins accompagner et doubler le tissu tégumentaire et a déjà été décrite plus haut sous le nom d'*hypoderme*, tandis que d'autres régions accompagnent les faisceaux vasculaires isolés, en leur formant des enveloppes ou des gaines totalement ou partiellement fermées et que je désignerai par l'expression générale de *gaines des faisceaux*. L'espace qui, dans un organe considéré, se trouve compris entre l'hypoderme et la gaine des faisceaux, est occupé par d'autres formes de tissu qui ne sont plus disposées, comme les deux précédentes, en couches, mais en massifs, et

dont je désignerai l'ensemble sous le nom de *tissu de remplissage*. Chacune de
ces trois parties du tissu fondamental peut comprendre naturellement des
formes de tissu très-différentes.

Hypoderme. — L'hypoderme est parfois un tissu aqueux, plein de sève et à
parois minces (feuilles des *Tradescantia*, des Broméliacées). Souvent, dans la
tige et le pétiole des Dicotylédones, il consiste en collenchyme dont les cellules
très-allongées, étroites, sont munies, le long de leurs arêtes, de forts épaississements qui se gonflent dans l'eau. Ailleurs ce sont des cellules sclérenchymateuses, comme dans la tige du *Pteris aquilina*, ou bien des fibres à parois
épaisses, mais flexibles, disposées en forme de couche continue ou de faisceaux

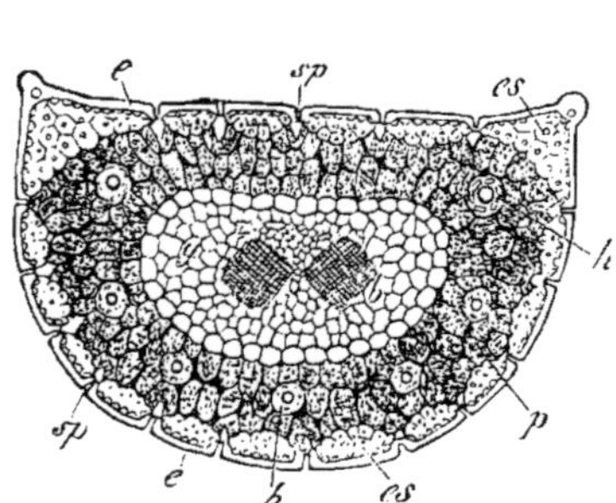

Fig. 89. — Section transversale de la feuille du
Pinus Pinaster (grossie environ 50 fois): *e*, épiderme; *es*, faisceaux fibreux hypodermiques; *sp*,
stomates; *h*, canaux résinifères; *p*, parenchyme
à chlorophylle; *gb*, tissu incolore intérieur contenant deux faisceaux vasculaires.

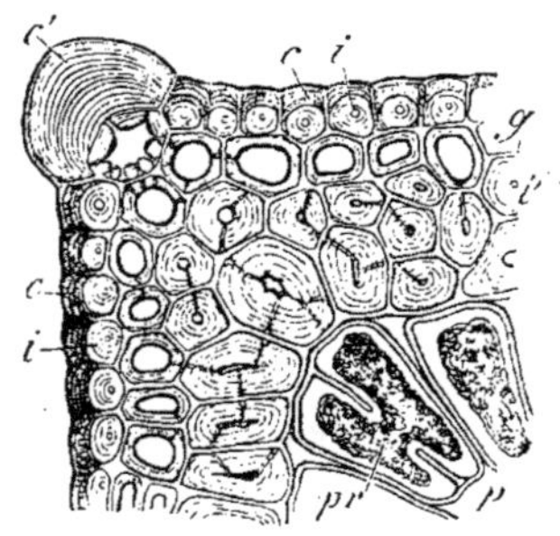

Fig. 90. — Le côté gauche de la figure précédente
plus fortement grossie (810): *c*, couches cuticularisées des cellules épidermiques; *i*, couche interne non cuticularisée de ces mêmes cellules; *c'*,
paroi externe très-fortement épaissie des cellules
épidermiques qui occupent les arêtes de la feuille;
gi', les cellules hypodermiques; *g*, la lamelle
moyenne; *i'*, la masse d'épaississement stratifiée;
p, parenchyme à chlorophylle; *pr*, contenu
contracté des cellules vertes.

distincts (tige des *Equisetum*, feuilles des Conifères, fig. 89), ou bien encore se
sont de longues fibres isolées qui ressemblent aux vraies fibres libériennes
(feuilles des Cycadées). Dans tous ces cas, les cellules de l'hypoderme sont étendues dans le sens de la longueur de l'organe. Mais quand il devient nécessaire
que cette couche oppose une forte résistance, les cellules se développent perpendiculairement à la surface de l'organe et, tandis qu'elles s'épaississent
fortement, elles constituent des couches de prismes serrés les uns contre les
autres, comme dans le fruit des *Marsilea*, des *Pilularia* et dans l'enveloppe de
la graine des Papilionacées; de ces cellules perpendiculaires isolées se trouvent
quelquefois, dans l'hypoderme, associées aux stomates et aux cavités respiratoires, par exemple dans les feuilles de l'*Hakea*.

Gaine des faisceaux (1). — La gaine des faisceaux est fréquemment formée
par une seule assise de cellules, qui enveloppe individuellement et directement
les faisceaux vasculaires (fig. 84, *sg*); ou bien, lorsque ceux-ci sont disposés en

---

(1) Pour plus de brièveté, je préfère ce nom à celui de « gaine des faisceaux vasculaires »;
l'expression synonyme « gaine protectrice », employée par M. Caspary, dit plus qu'on ne peut
justifier.

cercle sur la section longitudinale de la tige, elle en entoure l'ensemble d'une
enveloppe commune qui ne touche que la région libérienne des faisceaux
(fig. 82). Les parois longitudinales radiales des cellules qui constituent cette
gaine simple présentent chacune, sur leur section transverse, un point noir qui
résulte d'un plissement particulier de la membrane cellulaire. La paroi de ces
cellules est le plus souvent mince, mais lignifiée ou de quelque façon modifiée ;
dans les faisceaux vasculaires les plus minces des Fougères, elles sont souvent
fortement épaissies et colorées en brun sur la face tournée vers le faisceau. Dans
plusieurs *Equisetum*, dans l'*E. hyemale*, par exemple, une gaine continue règne
aussi sur le bord interne du cercle formé par les faisceaux vasculaires.

Dans beaucoup de Monocotylédones, notamment dans les Graminées et les
Palmiers, chaque faisceau vasculaire, dont la région libérienne et la région ligneuse ont leurs parois molles et flexibles, est entouré d'une couche formée
de plusieurs assises de longues cellules prosenchymateuses, solides et lignifiées (fig. 81). Les faisceaux vasculaires de la tige des Fougères arborescentes
sont enveloppés par une couche plus puissante encore de cellules de sclérenchyme à parois brunes.

Le corps fibro-vasculaire de toutes les racines est revêtu d'une gaine simple,
le plus souvent à parois minces (fig. 117) (1).

Tissu de remplissage.—Le tissu de remplissage consiste en un parenchyme séveux, à parois minces, pourvu d'espaces intercellulaires qui manquent dans les
deux autres régions du tissu fondamental. Cependant, dans la tige des Lycopodiacées et de plusieurs autres Cryptogames, le tissu de remplissage est un prosenchyme, tantôt à parois minces comme dans les *Selaginella*, tantôt à parois
épaissies comme dans les *Lycopodium*. Quand le tissu de remplissage est parenchymateux, on peut aussi l'appeler tout simplement parenchyme du tissu fondamental, ou parenchyme fondamental. On y distingue deux formes principales,
entre lesquelles il y a toutefois des transitions : le parenchyme incolore qui se
présente dans l'intérieur des tiges volumineuses et des tubercules, dans toutes
les racines et les fruits charnus, et le parenchyme vert qui forme au-dessous
du tissu tégumentaire, la couche périphérique des tiges et des fruits. Dans les
feuilles, quand elles sont minces et flexibles, c'est ce dernier qui remplit tout
l'espace entre l'épiderme inférieur et l'épiderme supérieur ; mais quand elles
sont épaisses et charnues, comme dans les Aloès par exemple, il ne forme que
les deux couches superficielles, tandis que la masse interne est du parenchyme
incolore.

Il n'est pas rare de rencontrer dans le parenchyme fondamental des cellules
isolées de forme toute particulière, ou des groupes de pareilles cellules, ou encore des faisceaux ou rubans de cellules semblables. C'est ainsi, par exemple,
que le mésophylle de la feuille de *Camellia* (fig. 16) renferme des cellules ra-

(1) Sur la gaine des faisceaux, voir CASPARY : Jahrb. f. wissensch. Botanik, I, Hydrilleen, et IV,
p. 101.—SANIO : Bot. Zeitung, 1865, p. 176 et suiv.—PFITZER : Jahrb. f. wiss. Botanik, VI, p. 297.
Sur la position et les caractères de cette gaine dans les racines des plantes vasculaires, voir
PH. VAN TIEGHEM : Mémoire sur la Racine (Ann. des sc. nat., 5e série, XIII, 1871). Dans ce
travail, cette gaine de cellules plissées est désignée sous le nom d'*assise protectrice* et plus
souvent de *membrane protectrice* du cylindre central. (*Trad.*)

mifiées à paroi épaisse, et que le parenchyme des Gymnospermes, notamment du *Welwitschia*, contient des cellules spiculaires analogues. On trouve des cellules polyédriques pierreuses réunies en amas dans la chair des poires, et de semblables éléments isolés, ou groupés, se rencontrent fréquemment dans l'écorce des arbres. Des cordons ou faisceaux de cellules spéciales se voient dans les rubans de cellules sclérenchymateuses brunes qui parcourent le parenchyme fondamental de la tige des Fougères arborescentes et du *Pteris aquilina*. Le sclérenchyme forme des couches complètes et massives dans les carpelles des fruits à noyaux (noyau des fruits de *Prunus, Cocos*, etc.). Enfin il faut encore citer ici beaucoup de cellules épaissies d'une façon spéciale, qui se présentent çà et là dans le parenchyme, ainsi que les cellules à bandes spiralées des parois des anthères, à moins que ces dernières n'appartiennent au système tégumentaire (1).

Formations nouvelles qui se produisent dans le tissu fondamental. — L'ensemble du tissu fondamental de la tige des Cryptogames supérieures, de la tige de la plupart des Monocotylédones et de beaucoup de Dicotylédones, ainsi que de toutes les feuilles et de toutes les racines qui n'ont pas encore été transformées par leur accroissement en épaisseur, est issu directement du méristème primitif de l'organe, par un simple développement ultérieur, en même temps que les faisceaux fibro-vasculaires et le tissu tégumentaire. Mais dans les tiges et les racines de beaucoup de Phanérogames qui sont douées d'accroissement en épaisseur, il arrive qu'il se forme à l'intérieur du tissu fondamental, soit au début soit plus tard, du méristème secondaire, lequel produit ensuite du tissu fondamental secondaire, en même temps que des faisceaux fibro-vasculaires secondaires.

Zone génératrice des faisceaux dans les Monocotylédones. — Ce phénomène se produit très-clairement dans les tiges des *Dracæna, Aletris, Yucca, Aloë, Lomatophyllum, Calodracon* (2). Dans les *Dracæna* et *Aletris*, il se forme, dans le méristème primitif du sommet de la tige, des faisceaux vasculaires isolés, pendant que tout le tissu qui les entoure et qui les sépare de l'épiderme se transforme en parenchyme permanent. Mais après quelque temps (dans l'*Aletris fragrans* c'est vers 4-5 cent. au-dessous du sommet, dans le *Dracæna reflexa*, d'après M. Millardet, ce n'est que vers 17-18 cent. au-dessous de la pointe), commence, dans une des assises cellulaires du tissu fondamental qui entourent immédiatement les faisceaux vasculaires les plus externes, la formation d'un nouveau méristème; les cellules définitives de cette assise se divisent par des cloisons tangentielles répétées et produisent sur la section un anneau de méristème (*x*, fig. 91) dont les cellules sont disposées en séries radiales. Dans ce méristème, il se produit ensuite de nouveaux faisceaux vasculaires. Pour cela une, deux ou plusieurs cellules voisines se divisent par des cloisons longitudinales dirigées

---

(1) Pour plus de détails, voir SCHACHT : Lehrbuch der Anat. und Physiol. der Gewächse, 1856. — THOMAS : Jahrb. f. wiss. Botanik, IV, p. 23. — KRAUS : ibid, IV, p. 305, et V, p. 83. — — BONSCOW : ibid, VII, p. 314.

(2) Voy. la description de M. MILLARDET : Sur l'anatomie et le développement du corps ligneux dans les genres *Yucca* et *Dracæna* (Mémoires de la Société des Sciences nat. de Cherbourg, XI, 1865), et NÆGELI : Beiträge zur wiss. Botanik, Heft I, p. 21.

dans des sens différents et forment ainsi un faisceau de procambium qui produit immédiatement, en différenciant ses cellules, un faisceau fibro-vasculaire ;
le méristème qui sépare ces faisceaux de procambium se transforme en même
temps en tissu définitif, et notamment en un parenchyme à parois résistantes,
lequel constitue le tissu fondamental situé entre les faisceaux fibro-vasculaires

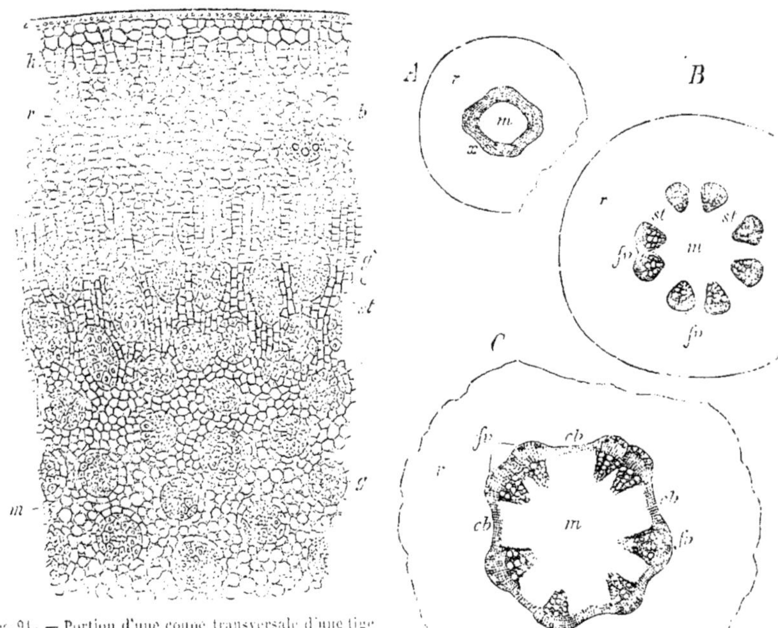

Fig. 91. — Portion d'une coupe transversale d'une tige
de *Dracæna* (probablement le *D. reflexa*, épaisse
d'environ 13 millim. et haute d'un mètre, pratiquée
à environ 20 centim. du sommet : — *e*, épiderme ;
k, liége (périderme) ; *r*, partie corticale du tissu
fondamental ; *b*, section d'un faisceau fibro-vasculaire qui s'incurve dans une feuille ; *m*, partie médullaire du tissu fondamental primaire ; *g*, les faisceaux primaires ; *x*, la ceinture de méristème dans
laquelle on voit encore de très-jeunes faisceaux secondaires, tandis que les plus âgés *g* en sont déjà
partiellement ou complétement sortis, parce que sa
région interne se transforme en tissu fondamental
secondaire *st*, où les cellules offrent une disposition
radiale.

Fig. 92. — *Ricinus communis*, section transversale
pratiquée vers le milieu de la région hypocotylée de
la tige, à trois périodes successives de la germination : *A*, après la sortie de la racine de l'enveloppe
séminale ; *B*, après que la tigelle hypocotylée a acquis environ 2 centimètres : *C*, à la fin de la germination ; *m*, moelle ; *r*, écorce ; *x*, anneau de tissu
générateur (correspondant à l'anneau d'épaississement de M. Sanio) ; *st*, rayons médullaires ; *fc*, faisceaux libro-vasculaires ; *cb*, interruptions des rayons
médullaires par des arcs de méristème secondaire,
qui engendrent plus tard du bois et du liber et deviennent du vrai cambium.

secondaires. En même temps que les cellules internes de l'anneau d'épaississement se transforment de dedans en dehors en tissu permanent, les cellules
externes continuent à se diviser, et par conséquent la couche génératrice se
déplace progressivement vers l'extérieur en laissant en place les faisceaux et
les cellules fondamentales nouvellement formés. Dans le *Yucca*, M. Millardet
a trouvé la couche de méristème ou zone génératrice déjà formée à 3 millim.
au-dessous du sommet de la tige ; dans le *Calodracon*, d'après M. Nägeli, en

même temps que le tissu fondamental et les faisceaux se différencient dans la pointe de la tige, il subsiste un anneau de méristème qui forme plus tard de nouveaux faisceaux et du tissu fondamental secondaire.

Zone génératrice des faisceaux dans les Dicotylédones. — Dans les Dicotylédones et les Conifères, les mêmes phénomènes se manifestent encore plus fréquemment et avec diverses complications dont je traiterai dans le Livre II.

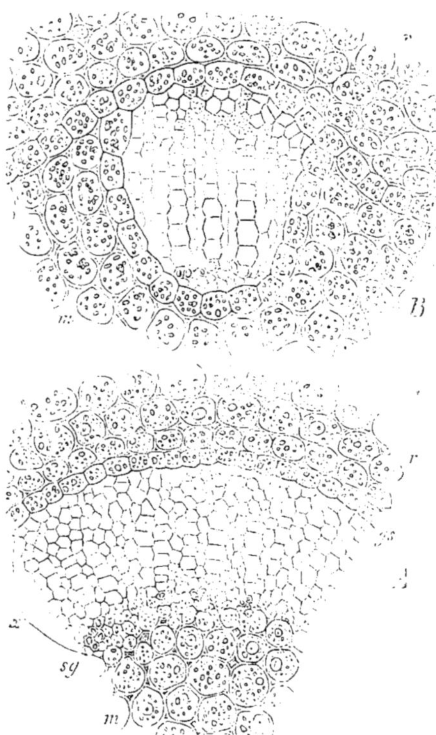

Fig. 93. — A, une partie de la fig. 92 A, plus fortement grossie; *sy*, vaisseaux spiralés; *gs*, gaine des faisceaux. — B, une partie de la fig. 92 B, plus fortement grossie; dans le faisceau fibro-vasculaire maintenant isolé, il naît, par des divisions taugentielles, un arc de vrai cambium; les autres lettres comme dans la fig. 92. — Que l'on veuille bien comparer la fig. 82 qui représente une partie de la fig. 92 C, au même grossissement que A et B, fig. 93.

Je veux seulement décrire ici un exemple propre à montrer sous un nouveau jour les rapports du tissu fondamental avec les faisceaux vasculaires. Dans la région hypocotylée de la tige du *Ricinus communis*, on trouve aux débuts de la germination, sur la coupe transversale, un anneau de tissu générateur (*x*, fig. 92 A) qui sépare le tissu fondamental en moelle (*m*) et en écorce (*r*). Déjà vers cette époque, huit groupes d'étroits vaisseaux spiralés accusent la différenciation d'autant de faisceaux fibro-vasculaires. Plus tard, le tissu générateur (*B*) se différencie en huit faisceaux vasculaires complétement isolés (*fv*) et en un pareil nombre de portions alternes de tissu fondamental parenchymateux, que rien ne sépare ni de l'écorce ni de la moelle (voir fig. 93 *B*). Les faisceaux fibro-vasculaires sont donc maintenant séparés par autant de rayons médullaires. Mais cet état ne dure pas longtemps; car aussitôt que cette partie de la tige s'est allongée et épaissie et que les substances nutritives granuleuses du tissu fondamental se trouvent employées en grande partie, il commence à se faire, dans la rangée de cellules des rayons médullaires qui réunit les arcs générateurs de deux faisceaux voisins, des divisions répétées au moyen de cloisons tangentielles (fig. 92 C, cb). Il s'établit ainsi comme un pont de méristème secondaire entre les arcs générateurs des deux faisceaux, et de la sorte se trouve constitué un anneau complet de tissu générateur qui provoque, ici aussi, l'épaississement de la tige et peut par conséquent être appelé anneau d'épaississement. Seulement, par son origine, cet anneau d'épaississement diffère sensiblement de celui que possèdent les *Dracœna* et les genres voisins. Dans le *Dracœna*, en effet, l'anneau d'épaississement consiste tout entier en méristème secondaire, issu du tissu fondamental, et les faisceaux nouvellement formés sont plongés dans son épaisseur même ; ici, au contraire, l'anneau (*C*, *cb*) est formé alternativement d'arcs cambiaux contenus dans les faisceaux vasculaires et d'arcs de méristème secondaire qui proviennent du tissu fondamental, et il traverse par conséquent tous les faisceaux entre leur moitié libérienne et leur moitié ligneuse. Mais le tissu fondamental qui a fourni les arcs complémentaires de l'anneau, alternes avec les faisceaux, n'est lui-même issu que depuis peu de temps d'un tissu générateur.

Plus tard, l'arc cambial compris dans chaque faisceau engendre sur son bord interne du nouveau bois et l'arc de méristème intercalaire se comporte de la même manière, de sorte qu'il se constitue ainsi un anneau ligneux fermé, c'est-à-dire un cylindre creux qui continue à s'épaissir ; en même temps, le même anneau générateur forme sur son bord externe et dans toute son étendue du nouveau liber. Dès que cette double activité se manifeste, toute différence s'efface entre les arcs cambiaux intérieurs aux faisceaux et les arcs de méristème secondaire qui les relient, et l'on a une couche continue de cambium. Ensuite les masses fibro-vasculaires ainsi constituées s'accroissent de plus en plus puissamment, tandis que, par contre, la masse originelle du tissu fondamental diminue progressivement. Cette extension périphérique du corps fibro-vasculaire de la tige dilate passivement l'épiderme et le parenchyme cortical, dont les cellules croissent à mesure en direction tangentielle ; mais comme elles se divisent en même temps par des cloisons radiales, leur forme primitive se rétablit toujours. C'est ainsi que la partie corticale tout entière du tissu fondamental primitif et l'épiderme sont amenés à des divisions ultérieures, par suite des phénomènes qui se produisent dans le corps fibro-vasculaire. La figure 56 représente ces phénomènes dans la région hypocotylée en voie d'épaississement de la tige de l'*Helianthus annuus ;* elle peut servir tout aussi bien pour le Ricin (1).

(1) Dans toutes les racines et dans la très-grande majorité des tiges, la gaine des faisceaux, ou membrane protectrice, forme un cylindre qui enveloppe l'ensemble des faisceaux et qui divise en même temps le tissu fondamental en deux régions ; la région externe est l'écorce ou tissu cortical ; la région interne et centrale, qui réunit les faisceaux les uns aux autres, est le tissu conjonctif. Par son mode de développement, la membrane protectrice appartient d'ailleurs à l'écorce dont elle n'est que l'assise la plus interne, revêtue de caractères spéciaux. L'écorce se trouve ainsi limitée en dehors par l'épiderme et en dedans par l'assise protectrice qui en est en quelque sorte l'endoderme. Quant au tissu conjonctif, dans la plupart des tiges il est parenchymateux ; sa partie centrale prend alors le nom de moelle, et ses portions situées latéralement entre les faisceaux libéro-ligneux celui de rayons médullaires. Dans les racines, il est aussi quelquefois parenchymateux, mais souvent il est parenchymateux au centre et fibreux à la périphérie dans les intervalles qui séparent les faisceaux libériens et vasculaires alternes, et souvent encore il est prosenchymateux dans toute son étendue.

Si, comme cela arrive dans quelques tiges (Fougères, *Hydrocleis*, *Menyanthes*, etc.), et dans la plupart des feuilles, les faisceaux libéro-ligneux sont enveloppés individuellement par une gaine de cellules plissées, une pareille séparation du tissu fondamental en tissu cortical et tissu conjonctif n'existe plus. (*Trad.*)

§ 18.

Vaisseaux laticifères, vaisseaux utriculeux, canaux sécréteurs inter-cellulaires, glandes.

Comme les autres espèces de cellules et de tissus, les vaisseaux laticifères, les vaisseaux utriculeux, les canaux sécréteurs intercellulaires et les glandes, que nous allons étudier maintenant, peuvent se rencontrer, aussi bien dans le tissu fondamental, que dans les faisceaux libro-vasculaires et dans le système tégumentaire. Aussi dans une exposition rigoureuse de la morphologie des tissus, ces appareils devraient-ils être traités comme des parties constituantes de chacun des trois systèmes. Si donc je les considère ici tous ensemble en leur donnant une place à part, c'est uniquement pour faire mieux ressortir leurs remarquables propriétés physiologiques.

Caractères généraux de ces appareils. — Ces appareils présentent d'ailleurs de nombreuses transitions, soit entre eux, soit vers les diverses formes de tissu du système où ils sont plongés. Les vaisseaux utriculeux les plus simples, qui se trouvent principalement dans le parenchyme du tissu fondamental de beaucoup de Monocotylédones, ne diffèrent du parenchyme ambiant que par la plus grande longueur des cellules constituantes et par leur superposition en séries verticales. Quand ils sont plus développés, ces séries se fusionnent par la résorption des cloisons transverses et il se forme ainsi de longs tubes le plus souvent rapprochés de l'épiderme ; de ces tubes aux vrais vaisseaux laticifères il n'y a qu'un pas.

Les vaisseaux laticifères proviennent aussi de la fusion de cellules disposées en séries longitudinales simples ou rameuses et, dans ce dernier cas, anastomosées entre elles. Les tubes ainsi produits, remplis de suc laiteux, sont situés fréquemment dans la partie libérienne des faisceaux et cheminent avec eux dans toutes les parties de la plante en y formant un système continu ; mais on les rencontre aussi dans le bois (*Carica*) où, produits par la fusion de cellules parenchymateuses, ils enveloppent les vaisseaux et s'échappent à travers les rayons médullaires jusque dans l'écorce ; enfin, dans d'autres cas, ils font partie intégrante du tissu fondamental, soit de la moelle, soit de l'écorce. Leur paroi est le plus souvent très-mince, quand ils proviennent d'une fusion de cellules parenchymateuses opérée déjà dans le méristème primitif ; mais elle peut aussi s'épaissir beaucoup, et il est à peine douteux que dans plusieurs cas (Apocynées, Euphorbiacées) les fibres libériennes elles-mêmes sont transformées en vaisseaux laticifères ; dans plusieurs Aroïdées, il est même probable, d'après M. Hanstein, que les vaisseaux du bois peuvent prendre la forme et la fonction des vaisseaux laticifères. La signification morphologique de ces organes peut donc être très-différente ; mais au point de vue physiologique, ils ont ceci de commun, qu'ils contiennent des substances dissoutes ou divisées en fins granules sous forme d'émulsion, substances qui trouvent le long de ces larges voies le moyen de se mouvoir plus rapidement.

Le même but peut être atteint dans la plante d'une autre façon. Des cellules peuvent déverser les matières qu'elles renferment dans des espaces intercellulaires de forme déterminée qui peuvent, comme les vaisseaux laticifères, former à l'intérieur de la plante un système continu de canaux. Ces canaux, eux aussi, sont produits tantôt dans le tissu fondamental parenchymateux, tantôt dans le liber, tantôt dans le bois des faisceaux. Ils se distinguent facilement des vaisseaux laticifères par la disposition particulière des cellules qui les entourent. Les sucs qu'ils renferment peuvent être limpides, mucilagineux, gommeux (Araliacées) ; il s'y mêle parfois une émulsion de substances résineuses (Ombellifères) ; ou bien le canal contient soit une huile essentielle résineuse (Conifères), soit d'autres liquides colorés et odorants de nature oléagineuse (Composées, Ombellifères).

Les glandes se distinguent de tous les réservoirs de suc dont nous venons de parler, parce qu'elles ne sont ni des tubes, ni des canaux, mais seulement des formations locales ; ce peuvent être de simples cellules, ou des groupes arrondis de cellules dont les cloisons se résorbent assez souvent, de manière à produire ici aussi, par voie de fusion, des réservoirs contenant des substances particulières, le plus souvent très-odorantes, visqueuses, oléagineuses et colorées. Les glandes peuvent se rencontrer dans toutes les régions du tissu ; quand elles appartiennent à l'épiderme, elles déversent leurs produits dans l'atmosphère ambiante.

Vaisseaux laticifères et vaisseaux utriculeux (1). — Les vaisseaux laticifères et les vaisseaux utriculeux offrent, comme nous l'avons déjà dit, des transitions si nombreuses et si diverses qu'il serait désirable de pouvoir les comprendre sous un seul et même nom, en les appelant par exemple tubes séveux.

Vaisseaux laticifères des Chicoracées, Campanulacées et Lobéliacées. — Des vaisseaux laticifères très-complétement développés se rencontrent dans les Chicoracées, Campanulacées et Lobéliacées ; ils y appartiennent aux faisceaux fibro-vasculaires, qu'ils accompagnent dans toute la plante en formant un système de tubes anastomosés en réseau ; ils sont situés chez les Chicoracées dans la couche externe et chez les deux autres familles dans la couche interne du liber. Pour reconnaître leur forme, le mieux est de faire bouillir des fragments de ces plantes pendant quelques minutes dans une dissolution étendue de potasse ; ce traitement permet déjà d'apercevoir les réseaux laticifères au milieu du tissu transparent (fig. 94) et il est facile alors de les isoler entièrement sur de grandes longueurs.

Vaisseaux laticifères des Papayacées. — Dans les Papayacées (*Carica* et *Vasconcella*), au contraire, c'est dans le bois des faisceaux fibro-vasculaires que che-

(1) J. Hanstein : Monatsberichte der Berliner Akademie, 1859. — Le même : Die Milchsaftgefässe und verwandten Organe der Rinde. Berlin, 1864. — Dippel : Verhandlungen der naturwiss. Vereins für Rheinland und Westphalen, 22 Jahrg. B. 1-9. — Dippel : Entstehung der Milchsaftgefässe und deren Stellung im Gefässbundelsystem. Rotterdam, 1865. — Vogel : Jahrb. für wissensch. Botanik, V, p. 31. — Voir aussi les nombreux travaux de M. Trécul sur les vaisseaux et canaux laticifères (Comptes rendus, t. XLV, LI, LX, LXI, LXII, LXIV, LXV, LXVI et Ann. des sc. nat., 5ᵉ série, t. V, VI, VII). (*Trad.*)

minent les vaisseaux laticifères. Ces vaisseaux, c'est-à-dire les cellules qui les produisent en se fusionnant, y sont engendrés par le cambium avec les autres éléments ligneux, et ils sont disposés par couches qui alternent avec les vaisseaux ponctués et réticulés du bois. Les branches émanées des vaisseaux latici-

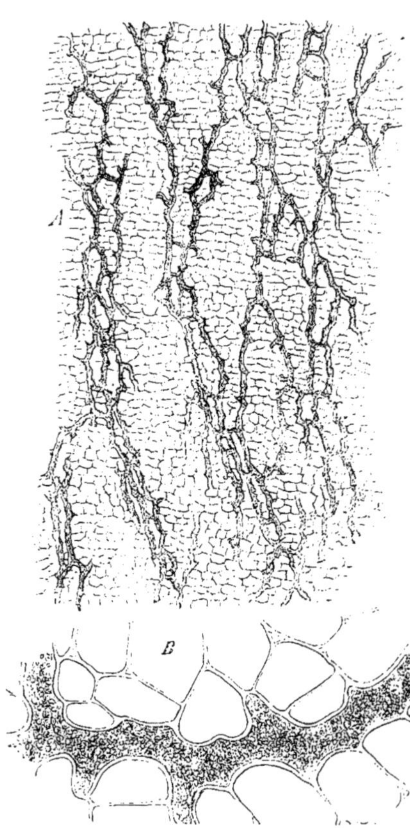

fères entourent de tous côtés les vaisseaux du bois et s'appliquent parfois solidement à leur surface ; mais en outre ils envoient aussi à travers les rayons médullaires des branches horizontales, qui d'un côté pénètrent dans l'écorce primaire, où elles se terminent par des rameaux épars ou par des anses réfléchies, et de l'autre se dirigent dans la moelle aussi loin que la tige creuse le permet. Ici, comme dans les trois familles précédemment nommées, les cloisons horizontales qui se forment dans le tissu médullaire à chaque nœud, sont traversées par un riche réseau de vaisseaux laticifères dont les innombrables ramifications forment plusieurs couches superposées et établissent une communication entre les branches des rayons médullaires et tous les tubes du cylindre ligneux.

Vaisseaux laticifères des Papavéracées. — Dans les Papavéracées (*Chelidonium, Papaver, Sanguinaria*), les vaisseaux laticifères sont aussi très-complétement développés, mais ils n'y sont pas, comme dans les familles précédentes, rapprochés en groupes lamelliformes ; ils cheminent, le plus souvent, à une assez grande distance l'un de l'autre, isolés et disséminés dans le liber et dans le parenchyme ambiant ; on en trouve çà et là dans la moelle, ils ne

Fig. 94. — *A*, coupe longitudinale tangentielle à travers le liber de la racine du *Scorzonera hispanica* ; dans le tissu parenchymateux, cheminent de nombreux vaisseaux laticifères latéralement anastomosés entre eux ; — *B*, une petite portion d'un vaisseau laticifère avec les cellules de parenchyme qui l'entourent, plus fortement grossie.

pénètrent pas dans le bois. Branches latérales et anastomoses transverses sont rares dans la tige, mais fréquentes dans les feuilles et surtout dans les carpelles, dont le tissu fondamental renferme des réseaux à mailles étroites (d'après M. Unger) ; il en est de même dans l'écorce de la racine. Dans cette famille, notamment dans le parenchyme de la racine du *Sanguinaria canadensis*, le mode de formation des vaisseaux laticifères par la fusion de séries de cellules superposées, c'est-à-dire par la résorption des cloisons transverses, se voit, d'après M. Hanstein, avec la plus grande évidence ; on y trouve en effet des fusions incomplètes qui donnent aux tubes l'aspect moniliforme.

Vaisseaux laticifères des Urticées. — Le système des vaisseaux laticifères des Urticées, très-richement développé, notamment dans les *Ficus* et *Humulus*, chemine dans l'écorce au voisinage immédiat des groupes de fibres libériennes ; on en trouve aussi dans la moelle chez les *Ficus*, jamais dans le bois. Seulement ces vaisseaux ne sont ni aussi abondants et aussi nettement articulés que dans les Papavéracées, ni aussi régulièrement anastomosés en réseau à mailles étroites que dans les Chicoracées. Dans chaque entre-nœud de la tige, ils cheminent côte à côte, presque isolés, comme de longs tubes cylindriques et ininterrompus, qui n'envoient que rarement une branche latérale et qui ne se mettent que çà et là en communication avec les tubes voisins. Aux nœuds au contraire, et dans les feuilles, ils acquièrent de nombreuses ramifications parfois anastomosées en réseau, et forment de petits prolongements fins et terminés en doigt de gant, comme ceux des Chicoracées. Dans les feuilles épaisses de plusieurs Figuiers, ils se répandent au loin dans le parenchyme et parviennent même jusqu'au contact direct de l'épiderme.

Vaisseaux laticifères des Euphorbiacées, Apocynées et Asclépiadées. — Les vaisseaux laticifères des Euphorbiacées ressemblent aux précédents, en ce qu'ils se ramifient également et qu'ils sont partout abondamment répandus dans le parenchyme du tissu fondamental ; mais ils en diffèrent parce qu'ils ont des parois plus épaisses et ressemblent sur les coupes transversales aux fibres libériennes. Atteignant leur développement le plus riche au voisinage des faisceaux de fibres libériennes, ils les remplacent parfois entièrement, comme dans l'*Euphorbia splendens* ; de ce point, ils envoient des branches dans l'écorce et dans la moelle, formant en particulier de nombreuses ramifications aux nœuds de la tige et aux coussinets des feuilles.

Les vaisseaux laticifères des Asclépiadées et des Apocynées ressemblent bien plus encore aux fibres libériennes ; comme elles, ils sont en partie pointus aux deux bouts, comme elles aussi, ils ont parfois leurs parois épaissies et striées d'une façon caractéristique. Tantôt ils occupent réellement la place des vraies fibres libériennes, tantôt ils sont réunis et mêlés avec elles dans le faisceau libérien, tantôt ils les entourent. C'est donc par la seule présence du suc laiteux que s'accuse la parenté de ces fibres libériennes transformées avec les vrais vaisseaux laticifères ; plus leur contenu devient laiteux, plus aussi leur paroi s'amincit (Hanstein, *loc. cit.*, p. 21). Outre ces éléments simples et fibreux, on trouve cependant aussi des tubes ramifiés et anastomosés, qui abondent surtout dans les nœuds, dans la moelle et dans l'écorce (*Nerium Oleander*) (1).

Vaisseaux laticifères des Aroïdées. — Les Aroïdées possèdent, à la fois dans le liber des faisceaux fibro-vasculaires, et dans le tissu fondamental, des vaisseaux

---

(1) D'après les recherches récentes de M. G. DAVID (Ueber die Milchzellen der Euphorbiaceen, Moreen, Apocyneen und Asclepiadeen, Breslau, 1872), les soi-disant vaisseaux laticifères des plantes de ces quatre familles sont de simples cellules isolées, qui suivent l'allongement de la tige et en même temps envoient latéralement à travers les méats du tissu ambiant des bran-

laticifères anastomosés en réseau. En outre, plusieurs genres de cette famille (*Caladium, Arum*) ont ceci de particulier qu'ils contiennent, dans le bois de leurs faisceaux, des tubes pleins de latex et qui, par leur structure et par leur position, peuvent être regardés comme des vaisseaux spiralés transformés ; cependant de larges tubes simples pareils à ceux-là traversent aussi le parenchyme fondamental (1).

Dans le genre *Acer*, ce sont les tubes criblés du liber qui se transforment en vaisseaux laticifères ; on en a la preuve par la position que ces vaisseaux occupent dans le liber et par le mode d'épaississement de leurs parois.

Vaisseaux utriculeux. — Découverts par M. Hanstein, les vaisseaux utriculeux des diverses espèces d'*Allium* ressemblent aussi, sinon par leur position, au moins par leur forme, aux vaisseaux laticifères. Ils contiennent un suc laiteux particulièrement net dans les bulbes de l'*Allium Cepa*, et rappellent à plusieurs autres égards les vaisseaux laticifères simples des Dicotylédones. Ils sont formés de longues et larges cellules superposées en files et leurs cloisons transverses sont épaissies à la manière de cribles ou de grillages ; quand deux tubes se touchent latéralement, les parois longitudinales ont, sur la surface de contact, des ponctuations analogues à celles des tubes criblés (fig. 95); la perforation des cloisons transverses, c'est-à-dire la formation d'ouvertures directes par la résorption de la membrane, est cependant douteuse dans les *Allium*. Ces vaisseaux utriculeux traversent les écailles du bulbe, à la base desquelles ils s'anastomosent, les feuilles ordinaires et l'axe d'inflorescence, en formant de longs traits presque parallèles qui sont le plus souvent séparés de l'épiderme par 1-3 assises cellulaires. Dans les Amaryllidées (*Narcissus, Leucoïum, Galanthus*), les vaisseaux utriculeux forment aussi des séries parallèles ; ils ressemblent davantage aux vaisseaux laticifères, en ce que les cloisons transverses de chaque file de cellules se résorbent en partie et parfois même totalement; mais leur suc n'est pas laiteux ; il renferme de nombreux cristaux d'oxalate de chaux en forme d'aiguilles (raphides).

A cette sorte de vaisseaux utriculeux viennent maintenant se rattacher beaucoup d'autres formations qui se manifestent chez les Monocotylédones et qui ont à peine encore quelque analogie avec les vaisseaux laticifères. Ainsi dans plusieurs genres de Liliacées (*Scilla, Ornithogalum, Muscari*), les vaisseaux utriculeux forment souvent des séries de cellules plus courtes et interrompues, et se réduisent même dans les bulbes à de grandes cellules parenchymateuses isolées qui ressemblent aux cellules constitutives des premiers par leur contenu de raphides. Mais c'est dans les Commélinées que l'on voit le mieux des cellules à raphides se fusionner ensemble pour constituer des tubes de même

ches ramifiées qui se prolongent dans les feuilles. Ces cellules laticifères rameuses appartiennent non aux faisceaux libro-vasculaires, mais au parenchyme fondamental. Ces observations viennent confirmer les recherches de M. Trécul sur les mêmes plantes (*Comptes rendus*, LXI, 1865).

(*Trad.*)

(1) Sur les laticifères des Aroïdées et la pénétration du latex dans les vaisseaux spiralés de ces plantes, voir les observations de M. Trécul (*Comptes rendus*, LXI, 1865), et aussi Ph. Van Tieghem : Recherches sur la structure des Aroïdées (Ann. des sc. nat., 5ᵉ série, VI, 1866).

(*Trad.*)

valeur morphologique que les vaisseaux laticifères. Ici, en effet, on voit dans le jeune parenchyme du tissu fondamental des entre-nœuds et des feuilles, des séries longitudinales de cellules qui se distinguent de bonne heure du tissu ambiant par leur contenu de raphides ; ces cellules ne se divisent plus, tandis que leurs voisines se raccourcissent en se segmentant par des cloisons transverses : elles sont donc déjà plus longues que ces dernières, et de plus, les

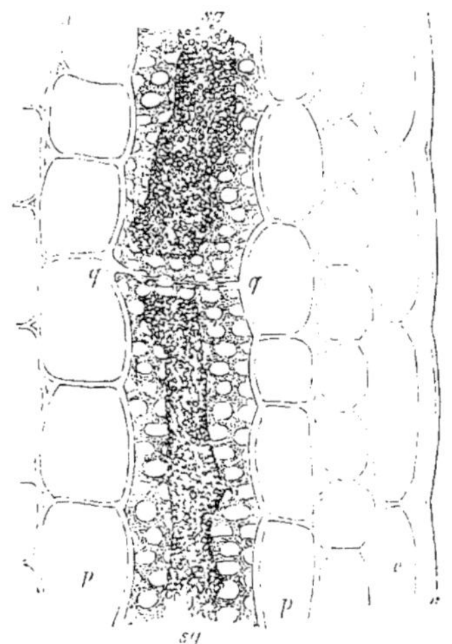

Fig. 95. — Section longitudinale à travers une écaille du bulbe de l'*Allium Cepa* : e, l'épiderme ; c, la cuticule ; p, parenchyme ; sg, le latex du vaisseau utriculeux coagulé par la potasse : gg, cloison transverse de ce vaisseau ; la paroi longitudinale montre des ponctuations particulières, elle sépare le vaisseau utriculeux représenté d'un autre vaisseau semblable situé derrière lui.

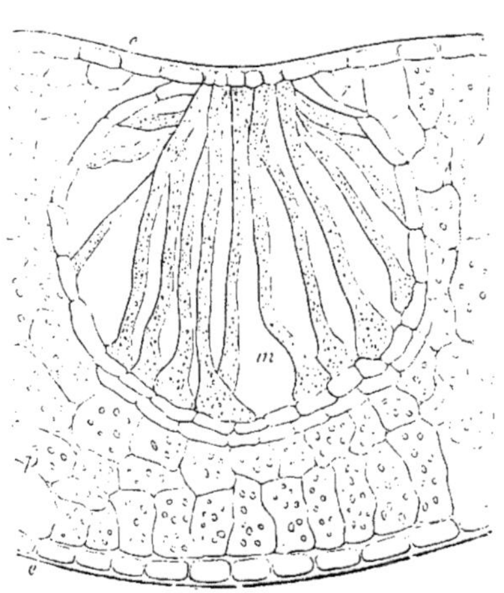

Fig. 96. — Section transversale de la feuille du *Psoralea hirta* : ee, épiderme ; p, parenchyme à chlorophylle ; m, les cellules contenant du latex et formant ensemble une glande. D'après M. Hildebrand, *loc. cit.*

cloisons transverses qui les séparent, sont, d'après M. Hanstein, entièrement résorbées pendant l'accroissement de l'organe tout entier qui force les cellules à s'allonger. Ainsi naissent de longs tubes continus, remplis de raphides d'une énorme longueur, et issus des séries de cellules cristalligères du tissu fondamental.

Glandes (1). — Sous le nom de glandes, on désigne des cellules isolées ou des amas de cellules qui se distinguent d'une manière frappante de tout le tissu ambiant par leur contenu, surtout lorsque ce dernier est une matière résineuse ou oléagineuse, colorée, odorante, à saveur piquante, et dépourvue de tout emploi ultérieur dans l'échange des principes immédiats. Le plus souvent les parois de ces cellules diffèrent aussi en quelque façon de celles des

(1) Sur la structure et le mode de développement des poils glanduleux, des glandes internes et des glandes florales, on consultera avec fruit le travail d'ensemble récemment publié par M. J. B. Martinet : Organes de sécrétion des végétaux (Ann. des sc. nat., 5e série, XIV, 1871). (*Trad.*)

cellules voisines, ou bien elles se résorbent et contribuent ainsi directement à la formation d'une cavité et à la constitution du liquide sécrété qui la remplit.

. Il est presque impossible d'établir une démarcation nette entre les glandes unicellulaires et les cellules isolées disséminées dans le tissu et qui possèdent un contenu particulier, comme du tannin, par exemple, ou des cristaux. La limite est plus facile à tracer dès qu'il s'agit de glandes pluricellulaires; dans ce cas,

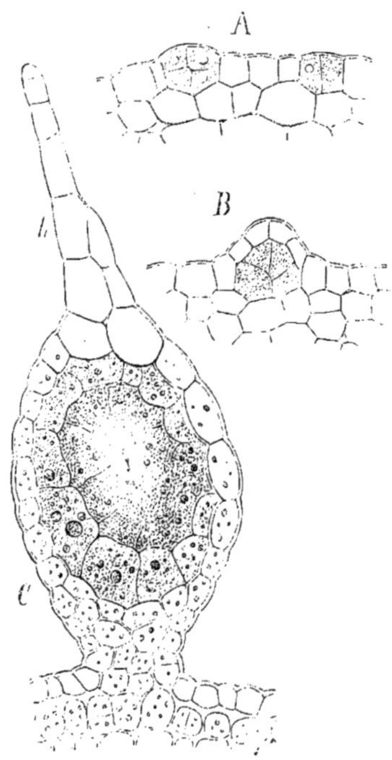

Fig. 96 *b*. — Glande avec poil terminal du *Dictamnus Fraxinella*, d'après M. Rauter: — *A, B*, premiers états de développement; *C*, glande parfaite avec poil terminal.

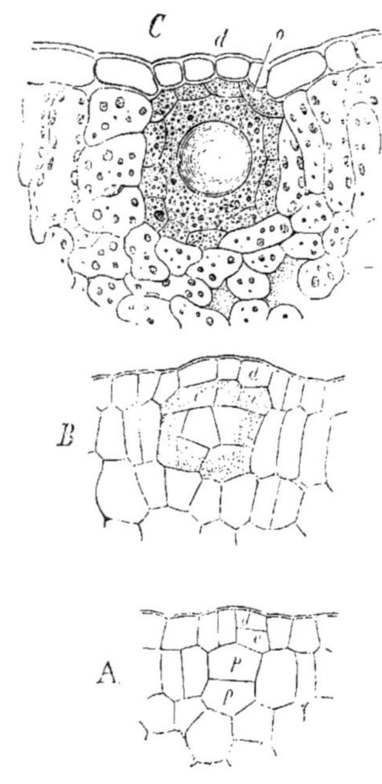

Fig. 96 *c*. — Glande interne de *Dictamnus Fraxinella*, d'après M. Rauter: — *A, B*, premiers états de développement; *C*, glande achevée; *d*, l'assise recouvrante qui prolonge l'épiderme; *c* et *p*, cellules-mères du tissu de la glande: *o*, une grosse goutte d'huile essentielle.

en effet, l'amas de cellules sécrétantes s'entoure d'habitude de quelques assises de cellules spéciales, par lesquelles il se trouve séparé du tissu ambiant et individualisé; puis, ces cellules sécrétantes, qui forment le tissu propre de la glande, se résorbent en définitive et forment une cavité remplie par la réunion des contenus cellulaires primitifs, et par les produits résultant de la dissolution des membranes qui les enfermaient.

Les principes immédiats produits par les glandes peuvent demeurer rassemblés à l'intérieur même de la glande, comme cela a lieu pour le camphre dans les cellules isolées du parenchyme de la feuille du *Camphora officinarum*, et pour l'huile essentielle de citron dans les grandes cavités produites par la résorption des glandes multicellulaires dans l'enveloppe du fruit des *Citrus*; mais ils peuvent aussi se déverser au dehors, comme on le voit pour la sécrétion visqueuse de l'épiderme de la tige du *Lychnis viscaria*, pour le liquide sucré de beaucoup de nectaires, et pour la blastocolle des villosités gluantes de beaucoup de bourgeons. (Voir plus loin.)

Relativement à leur position, les glandes se distinguent en glandes internes, c'est-à-dire situées dans l'intérieur du tissu, et en glandes superficielles; mais il y a cependant aussi des cas douteux. Dans chacune des deux catégories précédentes, la glande peut consister en une cellule unique ou en un amas de cellules, être en un mot, simple ou composée.

Glandes internes. — On a des exemples de glandes internes simples dans les cellules à camphre déjà citées, dans les cellules à chrysophane des Rhubarbes, dans les cellules à gomme des Cactées et des tubercules d'*Orchis* (Salep), enfin dans les cellules cristalligères, dont la cavité renferme, outre de grandes macles cristallines, une substance mucilagineuse (§ 11).

Au contraire, les réservoirs à huile essentielle du péricarpe des fruits de *Citrus* sont des glandes internes composées, ainsi que les glandes sous-épidermiques de la face supérieure des feuilles de *Dictamnus Fraxinella*. Les glandes des *Citrus* se distinguent déjà dans la paroi des jeunes ovaires, sous la forme de groupes arrondis de cellules caractérisées par un protoplasma trouble chargé de gouttelettes d'huile; les parois de ces cellules se gonflent bientôt, se dissolvent et produisent ainsi une large cavité arrondie, occupée par un mucilage qui tient en suspension des gouttes d'huile essentielle. Les assises cellulaires qui bordent cette cavité forment une enveloppe qui la sépare nettement du tissu ambiant. — Le développement des glandes des *Dictamnus* (fig. 96 *c*) prend son origine dans deux cellules, dont l'une appartient au jeune épiderme et l'autre à l'assise parenchymateuse sous-jacente. La première forme de son côté deux assises cellulaires dont l'externe (*d*) prolonge l'épiderme, tandis que l'interne (*c*) contribue à la formation du tissu de la glande dont la masse principale est constituée par les divisions de la seconde des deux cellules-mères primitives (*p, p*); la couche d'enveloppe de la glande est ici à peine développée, comme le montre la fig. 96 *c*. Les pédicelles floraux, les bractées et les sépales de cette même plante portent de grosses glandes sessiles ou brièvement pédicellées, de forme à peu près ovoïde, et dont le sommet se prolonge en un poil simple (fig. 96 *b*). Chacune de ces glandes naît, comme l'a montré M. Rauter, d'une seule cellule du jeune épiderme, laquelle se divise par des cloisons d'abord perpendiculaires, ensuite tangentielles (fig. *A*), de manière à former deux assises cellulaires; l'assise externe prolonge simplement l'épiderme, tandis que l'interne en continuant à se diviser engendre tout le tissu de la glande (fig. *B*). Par la suite du développement, le corps tout entier de la glande est en quelque sorte expulsé de l'organe, et rejeté au-dessus de sa surface (fig. *C*); enfin, le tissu sécréteur se détruit en produisant une cavité remplie de mucilage et d'huile essentielle, et qui n'est plus recouverte que par le prolongement de l'épiderme. Doit-on considérer le corps de la glande comme une partie du poil qui la termine, cette glande doit-elle être appelée interne ou externe? Ces deux questions ne sont pas encore résolues.

Par leur mode de développement, les lacunes et les excroissances gommeuses des prunes malades ressemblent aux glandes. Dans ces fruits, c'est principalement, d'après M. Grégorieff, la partie libérienne des faisceaux fibrovasculaires qui traversent la pulpe qui est le siége de la production de gomme; les parois des cellules se détruisent après s'être préalablement gonflées, et il en résulte des cavités à contour irrégulier, remplies de gomme, et dont le contenu se déverse parfois au dehors à travers la chair du fruit, quand la maladie, la gommose, devient plus intense.

Glandes superficielles, poils glanduleux. — Au nombre des glandes superficielles il faut peut-être compter toutes celles qui versent directement leurs produits au dehors, comme les amas de cellules qui distillent un liquide sucré dans beaucoup de nectaires, par exemple dans ceux qui occupent la base des pétales du *Fritillaria imperialis* et la base de l'ovaire des *Nicotiana*. Mais c'est surtout par ces poils glanduleux, auxquels beaucoup de feuilles et de tiges doivent leur toucher gluant et beaucoup de bourgeons leur enduit gommeux ou résineux, que les glandes superficielles se manifestent sous des formes aussi nombreuses que variées. Souvent c'est dans la cellule sphérique qui termine un poil simple, dans ce qu'on appelle la tête du poil glanduleux, que se rassemble une matière visqueuse et odorante; mais quelquefois l'huile essentielle odorante traverse la membrane de cette cellule terminale, soulève la cuticule, la dilate en forme de ballon et s'accumule sous forme d'un liquide clair entre elle et la paroi de la cellule sécrétante qui, en même temps, s'affaisse plus ou moins; il en est ainsi dans les *Salvia, Cannabis*, dans les poils qui couvrent les bractées de la fleur femelle des *Humulus*.

Poils glanduleux des bourgeons. — Nous devons à un travail soigné de M. J. Hanstein (1) la connaissance exacte des poils glanduleux qui existent dans les bourgeons de beaucoup d'arbres, d'arbrisseaux et d'herbes. Les diverses parties du bourgeon sont agglutinées par une substance gommeuse ou par un mucilage mêlé de gouttes balsamiques que l'auteur appelle *Blastocolle*, tandis qu'il donne aux poils glanduleux qui produisent cette matière le nom de poils visqueux ou *Collétères*. Ce sont des poils multicellulaires, à court pédicelle, issus d'une seule cellule épidermique, et qui, ou se dilatent vers le haut en forme de ruban (*Rumex*), ou portent des cellules disposées en éventail sur une sorte de nervure médiane (*Cunonia, Coffea*), ou forment des têtes sphériques ou coniques (*Ribes sanguineum, Syringa vulgaris*); dans le *Platanus acerifolia*, ce sont des séries cellulaires ramifiées qui deviennent glanduleuses par leur seule cellule terminale renflée en sphère. Les collétères atteignent leur complet développement de très-bonne heure dans le bourgeon, alors que les feuilles et les entre-nœuds qu'ils recouvrent sont encore très-jeunes et ont leurs tissus à peine différenciés. Ils sont portés, tantôt par les écailles protectrices du bourgeon (*Esculus*), tantôt par les stipules dont le développement précède celui des feuilles elles-mêmes (*Cunonia, Viola, Prunus*), tantôt par les gaînes (Polygonées), tantôt enfin par les jeunes feuilles elles-mêmes (*Ribes,*

---

(1) Ueber die Organe der Harz-und Schleimabsonderung in den Laubknospen : Botan. Zeitung, 1868. Voir surtout les figures très-instructives qui accompagnent ce mémoire.

Syringa). La matière qu'ils sécrètent est, dans les Polygonées, un mucilage gommeux simplement étendu d'eau ; dans les autres plantes citées, ce mucilage tient en suspension des gouttes de baume et de résine. Partout le mucilage gommeux provient de la transformation d'une couche de la membrane cellulaire située sous la cuticule des poils ; la substance de cette couche dite *colligène* se gonfle sous l'influence de l'eau, elle soulève la cuticule par places sous forme de petites vésicules (*Rumex*), ou bien la détache entièrement comme un ballon rempli par la gelée ; enfin la cuticule se fend, et le mucilage s'écoule librement au dehors pour enduire les diverses parties du bourgeon. La membrane interne de la cellule, qui ne s'est pas altérée, peut ensuite produire de nouveau une cuticule, sous laquelle se forme encore une fois une couche colligène qui se comporte comme la première. Quand il se produit de la résine en même temps que le mucilage, on en reconnaît déjà la présence dans le contenu des cellules avant la transformation de leur membrane ; ce baume est déversé ensuite à travers la membrane et paraît alors sous forme de gouttelettes à l'intérieur du mucilage ; il peut même former la masse principale du liquide sécrété. Il n'est pas rare de voir les cellules de l'épiderme, qui séparent les collétères, prendre part elles-mêmes aux phénomènes que nous venons de décrire (Polygonées, *Cunonia*) ; parfois même les collétères manquent entièrement, et la blastocolle est produite exclusivement et directement par l'épiderme ; c'est de cette façon, par exemple, que se forme le baume verdâtre qui enduit les écailles du bourgeon et les feuilles des Peupliers.

Canaux sécréteurs intercellulaires (1). — Nous avons déjà dit, à l'explication de la fig. 66, que les canaux résineux sont des espaces intercellulaires, produits par l'écartement de cellules ordinairement au nombre de quatre. Ces organes ont, en outre, pour caractère morphologique particulier, que leurs cellules de bordure demeurent d'ordinaire capables de se diviser pendant longtemps, et qu'elles forment des groupes doués d'un accroissement commun, et dont la disposition peut être très-différente du tissu d'alentour. Le développement des parois de ces cellules peut être aussi très-différent, comme cela se voit notamment dans les canaux résineux du bois des Conifères : les cellules qui bordent ces canaux résineux sont tout d'abord, par leur position, semblables aux vaisseaux aréolés, mais leur membrane demeure mince, ne se lignifie pas, leur cavité s'élargit, et, par cet accroissement, leur position primitive s'efface. Quant au contenu de ces cellules de bordure, il ressemble plus ou moins au contenu du canal lui-même, puisque ce dernier n'est en définitive que le premier expulsé des cellules. Dans l'*Helianthus* et autres Composées, c'est une huile essentielle, jaune ou rouge, très-odorante ; dans les Ombellifères, c'est un mélange d'un mucilage gommeux avec une huile résineuse, en un mot une gomme-résine ; dans les Conifères et les Térébinthacées, c'est un baume limpide qui se durcit à l'air en une résine solide.

Les canaux sécréteurs s'élèvent en ligne droite ou suivent le cours des faisceaux fibro-vasculaires ; ils paraissent ne contracter que de rares anastomoses.

(1) N. Müller : Jahrbücher für wiss. Botanik, 1867, V, p. 387. — Thomas : ibid., IV, p. 48-60. — Voir aussi Ph. Van Tieghem : Mémoire sur les canaux sécréteurs des plantes (Ann. des sc. nat., 5ᵉ série, t. XV, 1872).

Ils ressemblent aux vaisseaux laticifères les plus simples, en ce sens qu'ils forment aussi un système continu qui s'étend à travers tout le corps de la plante. Quand ils appartiennent au parenchyme de l'écorce et de la moelle, issu du méristème primitif, on les voit, sur la coupe transversale de la tige, disposés en un seul cercle à des distances à peu près égales. S'ils font partie du bois ou du liber, ils peuvent se former périodiquement comme les autres éléments de ces deux ré-

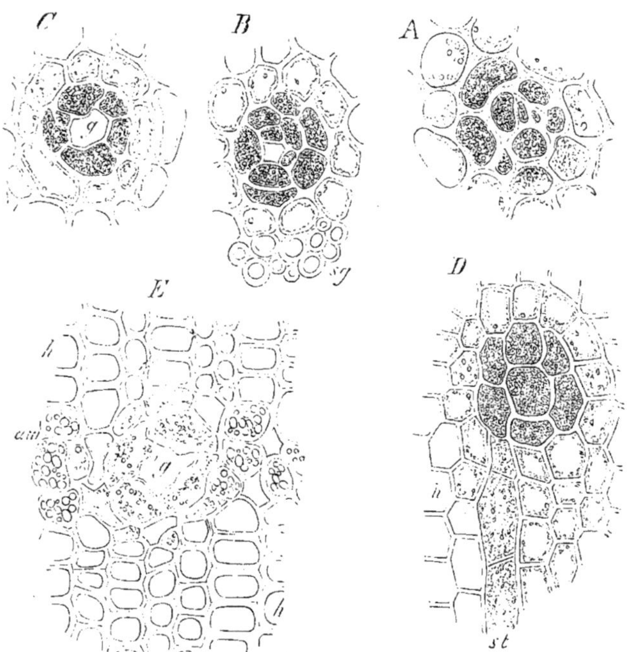

Fig. 97. — Section transversale de canaux résineux (g) pris à la base d'un rameau de l'année de *Pinus sylvestris* (550). A, B, C, canaux situés au pourtour de la moelle (sg, vaisseaux spiralés d'un faisceau fibro-vasculaire); en A, le groupe n'est pas arrivé jusqu'à former un vrai canal, cependant les cellules résinifères destinées à cet organe sont en place avec leurs membranes ramollies; — D, cellules ligneuses (h) entourant un groupe de cellules résinifères qui n'ont pas formé de canal entre elles (st, un rayon médullaire); — E, portion du bois renfermant un canal résineux (g); à côté de ce canal sont des cellules ligneuses amylifères (am), qui forment dans le bois une zone circulaire comprenant tous les canaux d'un même cercle.

gions et se disposer en cercles concentriques, comme on le voit par exemple dans le bois des *Pinus* et dans le liber des *Cussonia*.

La présence de ces canaux est limitée à de certains groupes de végétaux; on les rencontre très-développés dans les Conifères et les Cycadées, dans les Térébinthacées, les Ombellifères, les Araliacées et les Composées (1).

(1) Des canaux sécréteurs se rencontrent aussi dans les Clusiacées, Pittosporées, Burséracées, Aroïdées, Alismacées, Butomées, dans certaines Fougères de la tribu des Marattiées (*Marattia, Angiopteris*) et enfin, d'après un travail récent de M. Hegelmayer (Botanische Zeitung, 1872, p. 844), dans quelques espèces de Lycopodes (*L. inundatum, alopecuroïdes, annotinum*). Le

Quand les canaux font partie d'un tissu qui subit un grand accroissement transversal, ils se dilatent, eux aussi, comme cela arrive par exemple dans l'écorce primaire et dans la feuille des *Pinus* (fig. 60, *h*), *Cycas*, etc. Si au contraire l'accroissement transversal du tissu est insensible, comme dans le bois des *Pinus*, l'espace intercellulaire qui occupe l'axe du canal demeure étroit (fig. 97 *B*, *C*, *g*). Dans la moelle d'une branche de Pin de l'année, on trouve même des groupes de cellules qui, par leur forme et leur contenu, ressemblent aux cellules de bordure des canaux résinifères, mais qui ne s'écartent cependant pas l'une de l'autre pour constituer un canal ; le bois déjà formé empêche, en effet, tout accroissement ultérieur de la moelle dans le sens transversal, de sorte que ce tissu n'a pas assez de jeu pour arriver à former en ces endroits des espaces intercellulaires (fig. 97 *A*, *D*).

<h2 style="text-align:center">§ 19.</h2>

<h3 style="text-align:center">Le méristème primitif et la cellule terminale (1).</h3>

Caractères généraux du méristème primitif. — Au sommet végétatif des branches, des feuilles et des racines, les diverses formes de tissu que nous avons décrites jusqu'à présent ne sont pas encore développées ; on n'y voit qu'un tissu homogène dont les cellules sont toutes capables de se diviser, riches en protoplasma, à paroi mince et lisse, et ne contiennent aucun gros granule. C'est ce tissu homogène que l'on appelle le *méristème primitif*. Il est un méristème, puisque toutes ses cellules sont capables de se diviser ; il est le méristème primitif, puisque c'est le premier état du tissu, état dont sortiront peu à peu, par un développement local différent, par une différenciation progressive, les diverses formes du tissu définitif. Si la plante a une structure très-simple, comme les Algues et les Characées, les diverses formes de cellules qui procèdent du méristème primitif ne sont que peu différentes entre elles ; appartient-elle au contraire à un type supérieur, comme les Cryptogames vasculaires

plus souvent, les plantes pourvues de canaux sécréteurs ne possèdent pas de vaisseaux laticifères ; cependant ces deux appareils coexistent dans quelques Chicoracées (*Scolymus*) et Cinarées (*Cirsium, Lappa*), ainsi que dans certaines Aroïdées (*Philodendron*). Ils sont alors confinés dans des systèmes différents de tissu. Ainsi, chez les *Philodendron*, les vaisseaux laticifères appartiennent à la région libérienne des faisceaux vasculaires et les canaux sécréteurs au tissu fondamental ; dans les *Scolymus*, *Cirsium*, etc., les premiers sont situés dans le liber des faisceaux, les seconds dans le parenchyme cortical. (*Trad.*)

(1) Nægeli : Die neueren Algensysteme. Neuenburg, 1847. — Cramer : Pflanzenphysiologische Untersuchungen. Zürich. Heft III, p. 21. — Pringsheim : Jahrb. f. wiss. Botanik, III, p. 484. — Kny, *ibid.*, IV, p. 64. — Hanstein, *ibid.*, IV, p. 238. — Geyler, *ibid.*, IV, p. 481. — Müller, *ibid.*, V, p. 247. — Rees, *ibid.*, VI, p. 209. — Nægeli et Leitgeb : Beiträge zur wissensch. Botanik, Heft IV. Munich, 1867. — J. Hanstein : die Scheitelzellgruppe in Vegetationspunkt der Phanerogamen (Festschrift der niederrhein. Gesellsch. f. Natur- und Heilkunde. Bonn, et Monatsübersicht derselben Gesellschaft, 5 juillet 1869). — Hofmeister : Botanische Zeitung, 1870, p. 441. — Leitgeb : Sitzungsberichte der Wiener Akademie, 1868 et 1869, et Botanische Zeitung, 1871, nᵒˢ 3 et 34. — Reinke in Hanstein's botan. Untersuchungen. Bonn, 1871, Heft III.

et les Phanérogames, le méristème primitif homogène et indifférent y produit, à mesure qu'on s'éloigne du sommet végétatif, d'abord des couches de tissu de caractères différents qui correspondent aux divers systèmes décrits plus haut, et à l'intérieur desquelles naissent plus tard, c'est-à-dire en un point plus éloigné du méristème primitif, et par un développement ultérieur de leurs éléments, les diverses espèces de cellules qui constituent le tissu tégumentaire, le tissu fondamental et les faisceaux fibro-vasculaires. Cette différenciation s'opère par degrés si insensibles, et elle se manifeste dans les diverses couches du tissu à des époques si différentes, qu'il est impossible de marquer avec quelque précision la limite inférieure du méristème primitif.

Pendant l'accroissement progressif dont l'extrémité des branches, des feuilles et des racines est le siége, à mesure que la région inférieure du méristème primitif se transforme graduellement en tissus permanents, ce méristème se régénère sans cesse vers le haut par la formation de nouvelles cellules au sommet même de l'organe. Cependant, il y a tels organes dont l'accroissement terminal cesse bientôt : le méristème primitif, qui les constitue tout entiers à l'origine, s'y convertit finalement jusqu'à sa dernière cellule en tissu permanent, de telle sorte qu'il n'y subsiste plus trace de méristème primitif; on en voit des exemples dans le développement du fruit des Mousses, du sporange des Fougères, et même dans celui de la plupart des feuilles et des fruits des Phanérogames.

Dans tout organe doué d'un accroissement terminal continu, on appelle *point végétatif* toute la partie terminale encore formée exclusivement par le méristème primitif; souvent cette région est allongée en forme de cône et mérite le nom de *cône végétatif*, mais cela n'est pas du tout constant.

La production du méristème primitif et sa régénération procèdent des cellules qui occupent le sommet du point végétatif, et, dans la manière dont elles en dérivent, on distingue deux cas extrêmes qui sont cependant reliés par des transitions. Dans le premier cas, qui se trouve généralement dans les Cryptogames, où il souffre cependant quelques exceptions, toutes les cellules du méristème primitif tirent à la fois leur origine d'une seule et unique cellule-mère, située au sommet même du point végétatif et que l'on désigne sous le nom de *cellule terminale*. Dans quelques Cryptogames et dans les Phanérogames il n'existe pas, dans le sens que nous attachons à ce mot, de pareille cellule terminale; même quand une cellule unique y occupe le sommet du point végétatif, elle ne se distingue pas des autres par sa taille prédominante, comme dans le premier cas, et ce qui est plus important encore, elle ne se comporte pas comme la cellule-mère unique de toutes les cellules du méristème primitif, mais seulement comme la cellule-mère d'une certaine assise déterminée. Il y a donc des points végétatifs pourvus d'une cellule terminale, et des points végétatifs dépourvus d'une cellule terminale.

Points végétatifs pourvus d'une cellule terminale. — La formation du méristème primitif aux dépens de la cellule terminale peut, comme nous le verrons plus loin, être amenée de plusieurs façons différentes; mais ce qu'il y a de général, c'est que cette cellule terminale se partage en deux cellules-filles inégales et que cette division se répète suivant une loi régulière. L'une de ces deux cellules filles demeure, dès le début, semblable à la cellule mère et elle continue à occuper le sommet du point végétatif; elle s'accroît bientôt de manière à reprendre aussi la dimension de la cellule terminale primitive qui se trouve ainsi régénérée, puis elle se divise de nouveau, et ainsi de suite. Les choses paraissent donc se passer comme si la cellule terminale demeurait toujours inaltérée et la même, et c'est aussi ce que l'on suppose dans le langage, bien que la cellule terminale actuelle ne soit, à parler rigoureusement, que la cellule fille de la cellule terminale précédente. L'autre cellule fille paraît au contraire, dès le début, n'être qu'un fragment découpé dans la partie inférieure ou sur le côté de la cellule terminale, fragment qui a généralement la forme d'un disque ou d'une table polygonale; aussi lui donne-t-on le nom de *segment* (1). Ce segment peut, de son côté, dans le cas le plus simple, demeurer indivis, ce qui donne à l'ensemble du tissu qui procède de la cellule terminale l'aspect d'un filament cellulaire simple, d'une rangée de cellules superposées, comme dans beaucoup d'Algues, de Champignons et de poils. Mais d'ordinaire ce segment se divise aussi à son tour en deux cellules, qui se dédoublent ensuite de leur côté, et cette bipartition se répète le plus souvent un certain nombre de fois dans les cellules filles, jusqu'à ce qu'une portion plus ou moins abondante de tissu soit constituée aux dépens du segment primitif; c'est l'ensemble de ces portions de tissu qui compose le méristème primitif.

La cellule terminale ne produit qu'une seule série de segments. — La figure 98 offre un exemple très-simple du cas dont nous venons de parler. La cellule terminale s, qui est ici très-grande, à mesure qu'elle s'allonge, se divise dans sa région inférieure par des cloisons I^a, I^b, parallèles à sa base, et forme ainsi une rangée de segments cylindriques empilés. Chacun de ces derniers se partage aussitôt par une cloison horizontale II^a, II^b, en deux cellules discoïdes, dans chacune desquelles naissent

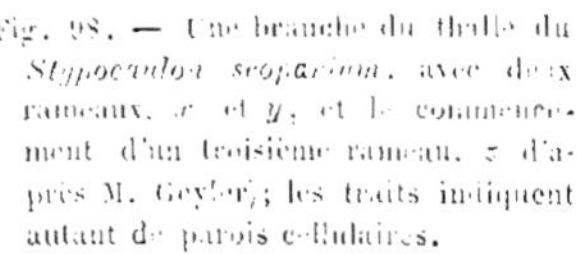

Fig. 98. — Une branche du thalle du *Stypocaulon scoparium*, avec deux rameaux, x et y, et le commencement d'un troisième rameau, z d'après M. Geyler; les traits indiquent autant de parois cellulaires.

(1) Les diverses portions de paroi qui entourent une cellule segmentaire sont de nature et d'origine différentes et se comportent d'une manière différente dans l'accroissement ultérieur. Chaque segment a deux parois, qui étaient, à l'origine, des cloisons de dédoublement de la cellule terminale; elles sont ordinairement parallèles et s'appellent les *parois principales* du segment; la plus âgée est tournée vers la base de l'organe, la plus jeune vers son sommet. Une autre portion de la paroi du segment faisait partie de la paroi externe de la cellule terminale; elle peut être désignée sous le nom de *paroi externe* du segment. Quand les segments sont des disques transver-

ensuite par des cloisons, d'abord perpendiculaires, puis horizontales, de nombreuses petites cellules, comme on le voit sur la figure 98 en descendant vers le bas. On reconnaît donc nettement comment la branche du thalle s'édifie tout

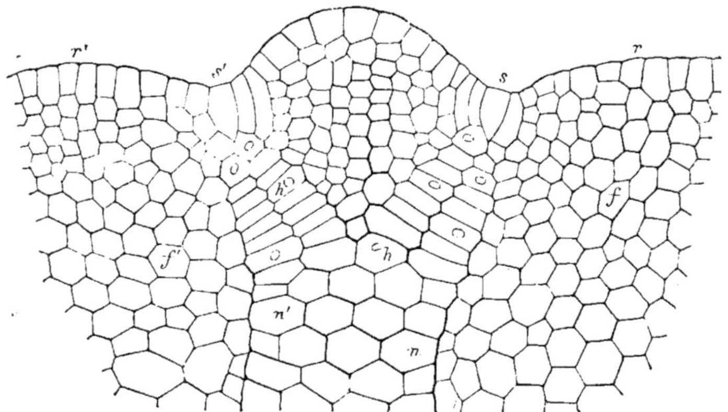

Fig. 99. — Région terminale d'un rameau de *Metzgeria furcata*, en voie de bifurcation, vue de face; d'après M. Kny. — Les rameaux consistent en une seule assise cellulaire *ff'*, qui est cependant traversée par une nervure médiane *nn'*, ayant de trois à six épaisseurs de cellules.

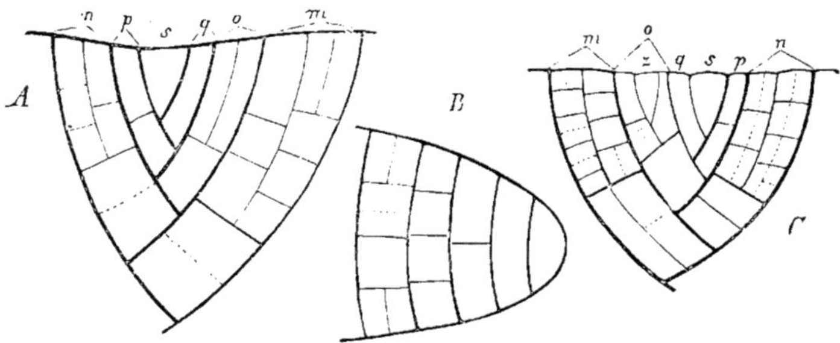

Fig. 100. — Représentation théorique de la segmentation de la cellule terminale et des premières divisions des segments, telles qu'elles ont lieu dans le *Metzgeria furcata*, d'après M. Kny : — *A*, sommet vu de face; *B*, le même en section longitudinale; *C*, un sommet en voie de dichotomie; dans l'antépénultième segment, *o*, il se forme une nouvelle cellule terminale, *z*.

entière aux dépens de morceaux de tissu qui proviennent chacun d'un segment de la cellule terminale. Les choses se passent de la même manière dans les branches latérales *x* et *y*, qui commencent par n'être à l'origine qu'une protubérance latérale de la cellule terminale.

saux découpés dans la cellule terminale, comme dans le *Stypocaulon* et les *Chara*, leur paroi externe est annulaire. Mais quand la segmentation s'opère dans deux ou trois sens différents, la chose est très-compliquée ; les segments ont alors, en effet, outre les deux parois principales et la paroi externe, encore des parois latérales qui se coupent à angle aigu. Ces parois latérales sont des portions des parois principales des segments voisins plus âgés, lesquels sont limités chaque fois par la plus jeune cloison de la cellule terminale qui est en même temps la plus jeune paroi principale.

Tous ces phénomènes sont d'une extrême clarté dans le *Stypocaulon*, d'abord parce qu'il ne s'y forme qu'une seule série de segments superposés, mais aussi parce que les segments eux-mêmes se transforment en cylindres de tissu, sans s'accroître en même temps comme cela a lieu dans les cas ordinaires. Or précisément, cet accroissement simultané des segments amène souvent des déformations qui rendent difficile l'intelligence des phénomènes de division.

La cellule terminale produit deux séries de segments. — Les figures 99 et 100 nous montrent un cas où la cellule terminale se divise alternativement à droite et à gauche par une cloison oblique, de façon à produire deux séries de segments qui, en dedans et en bas, s'engrènent en zigzag, mais divergent en dehors; c'est dans l'angle formé par les deux derniers et plus jeunes segments que se trouve la cellule terminale *s*.

La figure 99 représente l'extrémité d'un rameau de *Metzgeria furcata* en voie de dichotomie; chaque branche de la dichotomie se termine par une cellule terminale *s*. Les segments et les masses de tissu qui en dérivent sont dessinés comme ils se présentent directement à l'œil de l'observateur qui regarde de face au microscope le rameau aplati en forme de ruban. Mais, de la disposition relative des parois cellulaires et du groupement correspondant des cellules au voisinage de la cellule terminale, on déduit facilement la figure théorique 100 *A*, dans laquelle on a éliminé les déformations des parois occasionnées par l'accroissement, et, par là, rendu plus clairs leurs rapports de dérivation. Pour arriver à une compréhension plus nette encore, on a placé à côté la figure 100 *B*, qui est aussi une représentation théorique d'une section longitudinale du sommet, dirigée perpendiculairement à la large surface du rameau aplati en forme de ruban; cette coupe longitudinale partage en deux moitiés la nervure médiane (fig. 99, *n*, *n'*), qui est formée de plusieurs assises cellulaires, tandis que les expansions latérales du rameau n'ont qu'une seule épaisseur de cellules.

Ceci posé, le mode de formation du tissu résulte clairement des figures théoriques 100 *A* et *B*, si l'on remarque d'abord que les portions de surface marquées *m*, *n*, *o*, *p*, *q* sont les segments de la cellule terminale *s* nés successivement dans ce même ordre, de telle sorte que *m* est le segment le plus âgé et *q* le plus jeune. Dans chaque segment, il se sépare ensuite, par une cloison oblique à l'axe du rameau, un petit fragment inférieur, et c'est de la série en zigzag de ces fragments internes que naît la nervure médiane du rameau. Elle acquiert plusieurs assises de cellules, parce que chaque fragment se divise d'abord en deux cellules superposées au moyen d'une cloison parallèle à la surface du rameau, et que chacune de ces deux cellules se divise de nouveau de la même manière; après quoi il s'opère aussi des divisions perpendiculaires à la surface du rameau, mais seulement dans la cellule supérieure et dans la cellule inférieure (fig. 100 *B*). La nervure médiane se revêt ainsi d'une assise de petites cellules sur sa face inférieure et sur sa face supérieure, tandis que sa partie centrale est formée d'un faisceau de cellules plus longues.

Pendant que ces fragments inférieurs des segments produisent ainsi le tissu de la nervure, leurs fragments supérieurs, tournés vers le bord du rameau, donnent naissance au tissu des parties latérales aplaties (fig. 99, *f f'*), qui ne possèdent qu'une seule épaisseur de cellules, parce qu'il ne s'y fait aucune division parallèlement à la surface du rameau. Toutes les divisions qui s'opèrent dans ces portions marginales des segments sont au contraire perpendiculaires à la surface du rameau et elles se produisent de la manière suivante : la portion marginale du segment se divise d'abord en deux cellules côte à côte (voir *o* en *A*); chacune de celles-ci forme ensuite, par une bipartition répétée, plusieurs cellules plus courtes, qui, à leur tour, suivant le degré de vigueur de la végétation, peuvent subir des divisions ultérieures. En général, il n'y a que les premières divisions des segments qui soient constantes ; le cours ultérieur de la multiplication cellulaire est soumis, d'après les recherches approfondies de M. Kny, à bien des déviations.

A mesure que le tissu formé par les portions marginales des segments proémine en s'accroissant, la cellule terminale, et avec elle les plus jeunes segments formés, se trouve rejetée dans une échancrure du rameau ; c'est un exemple fort simple de cet enfoncement du point végétatif dans le tissu environnant, qui dans les Fucacées, les Fougères et les Phanérogames se manifeste souvent à un bien plus haut degré.

La différenciation que subit le méristème ainsi constitué, pour arriver à former le thalle définitif du *Metzgeria furcata*, n'atteint pas un haut degré. Les cellules marginales et celles de la nervure ne diffèrent qu'assez peu; mais ce qui mérite d'être signalé, c'est que cette légère différence se manifeste de très-bonne heure et qu'elle s'aperçoit déjà lors de la première division du segment, de telle sorte qu'on peut suivre le tissu marginal et celui de la nervure médiane jusqu'à la cellule terminale elle-même, sans les voir jamais se confondre.

Formation d'une nouvelle cellule terminale. —Enfin notre figure 100 *C* va nous fournir encore l'occasion d'apprendre comment une nouvelle cellule terminale peut naître aux dépens d'une cellule du méristème, circonstance qui se présente assez souvent dans les Mousses et les Cryptogames supérieures. Nous avons vu tout à l'heure comment, dans le thalle du *Stypocaulon*, la cellule terminale du rameau latéral prend directement naissance sur la cellule terminale de la branche, dont elle commence par n'être qu'une protubérance latérale, pour s'en séparer plus tard par une cloison et continuer à s'accroître. Dans le *Metzgeria furcata* il semble, d'après les observations de MM. Hofmeister, Kny et Müller, que la nouvelle cellule terminale peut naître de diverses façons. La figure 100 *C* représente le cas décrit par M. Kny. Dans l'antépénultième segment *o* issu de la cellule terminale *s*, s'est d'abord manifesté la bipartition ordinaire en une cellule de nervure et en une cellule marginale ; cette dernière s'est, comme d'ordinaire encore, dédoublée en deux cellules voisines. C'est ensuite, dans une de ces cellules marginales de second ordre, que se forme une cloison oblique et arquée, qui vient rencontrer la cloison du dédoublement précédent et découper ainsi dans cette cellule une portion cunéiforme *z ;* c'est cette nouvelle cellule *z* qui fonctionne désormais comme la cellule terminale d'une nouvelle branche. Nous reviendrons plus tard, dans le chapitre III, sur ce cas de fausse dichotomie.

La cellule terminale produit trois séries de segments. — Dans les Prêles et beaucoup de Fougères, l'axe végétatif se termine par une cellule terminale relativement très-grande et limitée par quatre parois : une paroi externe, arrondie en voûte, ayant la forme d'un triangle sphérique, en contact direct avec le milieu extérieur, et trois parois latérales obliques, convergeant en dedans et en bas, qui sont en même temps les parois principales supérieures des plus jeunes segments (fig. 101, *A, D*). Cette cellule terminale a donc la forme d'un segment de sphère ou d'une pyramide triangulaire à base sphé-

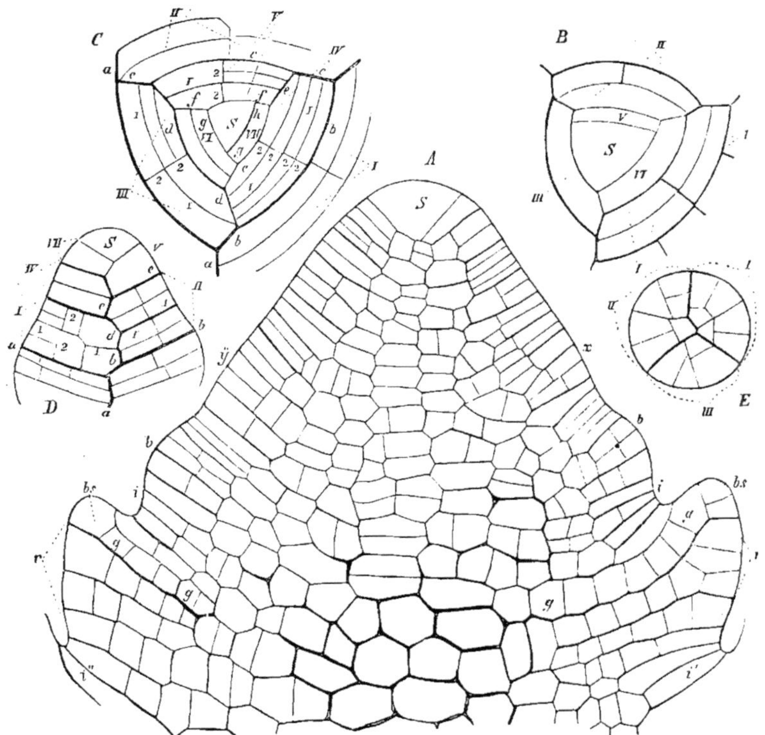

Fig. 101. — Sommet de la tige des *Equisetum* : — *A*, section longitudinale d'un bourgeon souterrain très-puissant d'*E. Telmateja*, en septembre (550) ; *B*, sommet de la tige vu d'en haut ; ces deux figures sont faites d'après nature. — *C, D, E*, sommet de la tige de l'*E. arvense*, d'après M. Cramer ; *C*, esquisse théorique de la cellule terminale et des plus jeunes segments ; *D*, vue extérieure de la pointe d'une tige grêle ; *E*, section transversale à travers cette tige mince suivant *I*, en *D*. — *S*, est partout la cellule terminale ; *I, II, III.....* les segments ; 1, 2, 3... les cloisons de division des segments par rang d'âge ; *x, y, b, bs*, en *A*, sont les plus jeunes débuts des feuilles.

rique et tournée en haut. Les trois parois principales, les trois faces planes de la cellule terminale, sont d'âge différent : l'une est toujours la plus âgée, une autre est plus jeune et la troisième la plus jeune. C'est parallèlement à la face plane la plus âgée que se forme la prochaine cloison dans la cellule terminale, et que se détache un segment limité par deux parois principales triangulaires, une paroi externe bombée et deux parois latérales à peu près oblongues (1).

(1) Ces parois latérales sont des portions des parois principales des deux segments antérieurement formés, comme on le voit en *B* et *C*.

Ensuite, après que la cellule terminale a repris sa dimension primitive, il s'y opère une deuxième division parallèlement à sa paroi principale d'âge moyen ; enfin, après une nouvelle régénération de la cellule terminale, se forme une troisième cloison parallèle à sa face principale la plus jeune. Ainsi se trouvent formés trois segments, disposés à peu près comme les marches d'un escalier spiral, et qui confinent chacun à une paroi principale de la cellule terminale ; après quoi les divisions se répètent de la même façon. Comme chaque segment embrasse le tiers de la périphérie de l'escalier spiral, tous les segments, dont l'ensemble formera la tige, se trouvent superposés en trois séries verticales parallèles à l'axe et dont chacune comprend le tiers de la section transversale. Dans la figure 101 *B* et *C*, les segments sont numérotés, suivant leur âge, I, II, III, etc., et disposés comme ils apparaissent quand on regarde le sommet de la tige du dehors et d'en haut, ou encore comme si l'on avait enlevé la cellule terminale bombée pour l'étaler dans un plan. Suit-on les segments dans l'ordre où ils sont numérotés, et suppose-t-on le chemin ainsi parcouru représenté par une ligne continue, on obtient une spirale d'Archimède qui est en réalité la projection d'une hélice ascendante, puisque chaque segment est situé plus haut que le précédent, comme le montre la figure 101 *D*, où cependant on ne peut voir du dehors que deux rangées de segments.

Ceci posé, voici comment se forme le tissu. Chaque segment, aussitôt après sa formation, se divise en deux tables égales par le développement d'une cloison médiane parallèle à ses deux faces principales ; cette cloison est marquée 1, 1 en *B*, *C*, *D*. Comme les phénomènes ultérieurs sont presque identiquement les mêmes dans les deux moitiés superposées du segment primitif, nous pouvons, pour plus de simplicité, ne considérer que l'une de ces deux moitiés. Cette moitié de segment est bientôt divisée par une cloison perpendiculaire, arquée, qui rencontre en dedans une des parois latérales et en dehors le milieu de la paroi externe du segment ; et comme les trois segments embrassent toute la section transverse de la tige et que chacun d'eux se divise ainsi en deux cellules, cette section comprend maintenant six cellules ou sextants, dont les parois sont à peu près radiales et qui forment une étoile à six branches, comme le montre la section transversale représentée figure 101 *E*. Les cloisons qui déterminent cette division sont donc appelées *cloisons de sextants*, elles sont marquées en *C* et *D* par le chiffre 2. Les cellules de sextants se partagent plus tard chacune par une cloison tangentielle en une cellule externe plus grande et une cellule interne plus petite (fig. 101, *E*); ainsi se trouve opérée la séparation fondamentale des deux couches de tissu du méristème primitif, à savoir, une couche externe et une couche interne, séparation que la figure 101 *A* représente nettement. Dans la couche externe les divisions ultérieures s'opèrent surtout parallèlement aux faces principales et perpendiculairement à ces faces dans la direction du rayon ; dans la couche interne les divisions sont moins fréquentes et se font de telle sorte que les cellules sont plus isodiamétriques. Cette masse interne du tissu, née des moitiés internes des sextants, est la moelle, qui se déchire pendant le développement de la tige, se dessèche et amène ainsi la formation de la cavité centrale de cet organe ; de la couche externe du méristème primitif procèdent au contraire, à mesure qu'on s'éloigne du som-

met, l'écorce, le système de faisceaux fibrovasculaires et plus tard l'épiderme (1).

Tous les organes latéraux de la tige des Prêles sont aussi produits par cette
couche externe du méristème primitif, comme le montre déjà la figure 101 *A*,
où les protubérances *x, y, b, bs*, représentent les origines des feuilles ; je reviens-
drai d'ailleurs plus tard sur ce point. Bornons-nous à remarquer encore que
les trois segments consécutifs subissent de très-bonne heure un léger déplacement dans le sens vertical, de telle sorte qu'ils viennent se placer, tout au
moins par leurs faces externes, sur une ceinture transversale qui se gonfle
ensuite au dehors en manière de bourrelet et donne naissance à une gaine
foliaire.

Formation du méristème primitif par la cellule terminale dans la racine. —
Comme dernier exemple de la formation du méristème primitif aux dépens
d'une cellule terminale, considérons encore maintenant les phénomènes qui
se produisent à l'extrémité végétative d'une racine de Fougère, phénomènes
dont les caractères essentiels se retrouvent d'ailleurs dans la racine de la plupart des autres Cryptogames.

La figure 102 *A* représente une section longitudinale axile à travers une

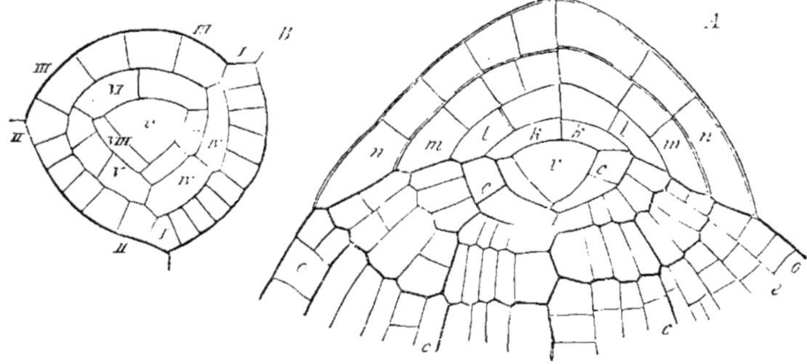

Fig. 102. — Sommet de la racine des Fougères : — *A*, coupe longitudinale à travers l'extrémité de la racine du
Pteris hastata ; *B*, coupe transversale à travers la cellule terminale et les segments qui l'entourent, dans la
racine de l'*Asplenium filix-femina* (d'après MM. Nägeli et Leitgeb).

racine de Fougère tournée la pointe en haut. De la cellule terminale *v*, procède non-seulement le tissu du corps de la racine (*o, c*), mais encore la coiffe
k, l, m, n, c'est-à-dire cette masse de tissu qui revêt comme d'un bouclier le
point végétatif de toute racine. La cellule terminale ressemble ici à celle de
la tige des *Equisetum* et de beaucoup d'autres Cryptogames, c'est-à-dire que
c'est un segment de sphère en forme de pyramide triangulaire ; pour reconnaître cette forme, il suffit de comparer la section longitudinale *A* avec la
coupe transversale *B*. Ici aussi, les divisions successives de la cellule terminale produisent trois séries verticales de segments, qui sont dans la figure *B*
numérotés suivant leur âge I, II, III, etc.; ici aussi, la ligne qui joint les centres

(1) Voir livre II : Classe des Prêles et formation des tissus dans ces plantes.

des segments consécutifs décrit une spirale. La grande différence entre le sommet de la racine et le sommet de la tige des Cryptogames, c'est que dans la racine la cellule terminale produit, non-seulement les segments qui servent comme de pierres pour édifier le corps même de la racine (1), mais encore d'autres segments qui construisent la coiffe de cette racine. Ces derniers sont découpés dans la cellule terminale par des cloisons disposées de telle sorte qu'ils la revêtent comme d'une calotte ; chacun de ces segments destinés à la coiffe peut donc être désigné simplement sous le nom de *cellule de calotte*. D'après les recherches de MM. Nägeli et Leitgeb, il paraît être de règle qu'après chaque formation de trois segments successifs destinés au corps de la racine, il s'en produit un quatrième destiné à ajouter une calotte à la coiffe, sans que cette règle soit cependant toujours rigoureusement observée.

La cellule de calotte s'élargit rapidement et sa forme primitive de triangle sphérique se change bientôt en celle d'un cercle. En même temps elle se divise par une cloison perpendiculaire à sa base, parallèle par conséquent à l'axe de la racine, en deux moitiés égales qui se dédoublent à leur tour par une cloison longitudinale perpendiculaire à la première ; d'où quatre cellules en forme de quadrants. Chaque quadrant se divise de nouveau en deux cellules par une cloison radiale, et les cloisons ultérieures des octants ainsi formés ne se produisent plus tout à fait de la même manière dans les diverses espèces. Dans les calottes successives de la coiffe, les quadrants ne sont pas superposés l'un à l'autre, mais alternes, c'est-à-dire que les cloisons radiales d'une calotte font avec celles de la calotte qui précède ou qui suit un angle de 45 degrés.

L'accroissement en longueur du corps de la racine, en tant qu'il est déterminé par les divisions de la cellule terminale, s'opère, comme nous l'avons dit, de manière que les cloisons successives, qui se succèdent suivant une spirale, soient parallèles aux faces latérales de la cellule terminale. Chaque segment est limité, comme au sommet de la tige des Prêles, par cinq faces : deux parois principales de forme triangulaire, deux parois latérales rectangulaires et une paroi externe un peu convexe sur laquelle repose une cellule de calotte. La première cloison qui se forme dans chaque segment est perpendiculaire à ses parois principales ; toutes ensemble, ces premières cloisons constituent une paroi longitudinale radiale qui s'étend dans toute la racine. Les deux cellules voisines ainsi produites sont inégales de forme et de dimension, parce que la cloison vient rencontrer en dedans une des parois latérales et correspond en dehors au milieu de la paroi externe. De la sorte, la section transversale de la racine, primitivement occupée par trois segments, se trouve maintenant décomposée en six sextants, comme nous l'avons vu plus haut pour la tige des *Equisetum ;* trois de ces sextants atteignent le centre de la section, mais les trois sextants alternes n'y parviennent pas. Les cloisons de sextants se voient dans la figure 102 *B* comme autant de lignes divisant en deux la paroi externe des segments IV, V, VI, VII ; sur une section transversale prise plus bas, elles formeraient avec les parois latérales des trois segments primitifs une étoile à six branches, comme dans la figure 101 *E* (voir Livre II, Equisétacées, Racine). Plus tard chaque sextant se

(1) Ces segments sont, dans la section longitudinale *A,* limités par des traits plus épais.

divise d'abord, par une cloison parallèle à la surface de la racine, en une cellule interne et une cellule externe ; on compte donc à cette phase du développement, sur la section transversale de la racine, douze cellules dont les six externes forment une couche périphérique et les six internes un corps central. Notre section longitudinale 102 *A* montre en *cc* cette cloison tangentielle et fait voir comment le corps de la racine se trouve par elle divisé en une couche externe *oc* et un faisceau central épais *cccc*. La première donne, par des divisions ultérieures, naissance à un tissu qui se différencie plus loin vers le bas en épiderme *o* et écorce (entre *o* et *c*). Le faisceau axile, au contraire, qui procède des divisions longitudinales ultérieures des moitiés internes des sextants, constitue le cylindre de procambium de la racine, dans lequel naissent les faisceaux vasculaires. Ici aussi, se manifeste donc, dès les premières divisions des plus jeunes segments, la séparation fondamentale du tissu en deux masses distinctes ; mais la comparaison avec les phénomènes correspondants de la tige des *Equisetum* atteste cependant que la région centrale, issue des moitiés internes des sextants, a ici une tout autre signification que là, et qu'il en est de même de la couche périphérique. Une étude plus approfondie de la genèse des diverses formes de tissu de la racine au moyen de ces différentes parties du méristème primitif, trouvera sa place quand nous traiterons spécialement des Fougères et des Équisétacées.

Pour finir, remarquons encore que les segments de la cellule terminale, quand ils sont disposés en deux ou trois rangées, ont à l'origine une direction oblique par rapport à l'axe idéal de l'organe, et forment avec lui un angle aigu du côté de la cellule terminale. Mais dans la suite du développement les segments se déplacent d'ordinaire peu à peu, de manière à devenir de plus en plus transversaux, et finalement, à une certaine distance de la cellule terminale, les parois principales sont perpendiculaires à l'axe de l'organe. Dans les figures 101 et 102, ce phénomène est à peine sensible, mais nous le verrons se manifester nettement et à plusieurs reprises dans les exemples que nous aurons encore à citer plus tard (par exemple, figure 142).

Points végétatifs dépourvus d'une cellule terminale. — Les points végétatifs des Phanérogames sont, d'une façon générale, dépourvus d'une cellule terminale. Le sommet végétatif des branches, des feuilles et des racines de ces plantes consiste en un méristème primitif dont les cellules sont très-petites, par rapport à la dimension du point végétatif, et très-nombreuses. On n'est pas encore parvenu, jusqu'à présent, à démontrer qu'ici aussi les cellules les plus voisines du sommet ne dérivent que d'une cellule mère unique, bien qu'il soit parfois incontestable que la cellule qui occupe exactement le sommet se distingue des autres par une dimension plus grande et par un contour différent. De plus, sur la surface terminale de certaines branches vue d'en haut, on distingue une disposition des cellules superficielles qui se rattache à cette cellule centrale comme si elle était leur cellule mère commune. Mais quand même il en serait ainsi, ce qui n'est en aucune façon prouvé, il n'en resterait pas moins absolument impossible de rattacher aussi avec évidence les assises cellulaires les plus internes à cette cellule terminale par un lien de dérivation. Or, c'est précisément en ceci que consiste la signification particulière de la cellule terminale des

Cryptogames, que toutes les cellules du méristème primitif s'y laissent rattacher avec évidence, comme en étant des dérivés de divers ordres.

Mais de même que, dans les Cryptogames, il se forme déjà, par les premières divisions des segments, certaines couches distinctes dans le méristème primitif, couches qui se transforment, à mesure qu'on s'éloigne du sommet, dans les divers systèmes de tissus différenciés, de même on aperçoit déjà de très-bonne heure dans le méristème primitif du point végétatif des Phanérogames une certaine séparation des cellules en couches distinctes, et telles que, si on les suit en s'écartant du sommet, on les voit se prolonger par le système tégumentaire, l'écorce et les faisceaux fibrovasculaires, montrant ainsi qu'elles ne sont que les premiers commencements de ces trois systèmes. Les assises externes s'étendent ici sans interruption sur le sommet du point végétatif, en recouvrant la masse interne du méristème primitif; celle-ci de son côté se réduit quelquefois au-dessous du sommet à une cellule unique, dans l'*Hippuris* et dans l'*Udora canadensis*, par exemple, d'après M. Sanio ; mais le plus souvent elle se termine par un groupe de cellules assez subordonné.

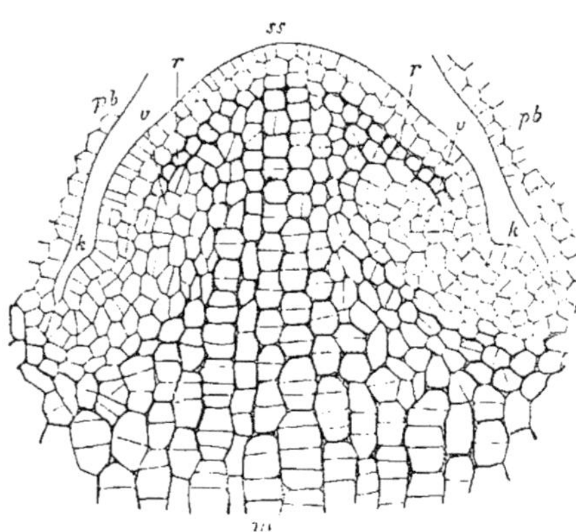

Fig. 103. — Section longitudinale à travers le sommet de la tige d'un embryon de *Phaseolus multiflorus* : — ss, sommet ; pb, portions des deux premières feuilles ; k, k, bourgeons axillaires de ces feuilles.

Dans les Cryptogames pourvues d'une cellule terminale, quand il doit se former dans le point végétatif une nouvelle production latérale, rameau, feuille ou racine, il se constitue d'abord nettement une cellule terminale nouvelle. Dans les Phanérogames, au contraire, c'est, dans les mêmes circonstances, tout un groupe de cellules qui proémine au dehors à l'endroit en question, groupe qui comprend des assises internes et externes, de telle sorte qu'ici encore on ne reconnaît, au début de la formation des organes, aucune cellule terminale dominante (fig. 103, k, k). Après que M. Sanio (1) eut inauguré l'étude de ces phénomènes dans les Phanérogames, M. J. Hanstein (2) en a fait une analyse plus approfondie et plus générale, et il a montré notamment, dans un travail tout récent, que, même dans l'embryon des Phanérogames, les premières divisions ont lieu d'une façon qui exclut tout d'abord la présence d'une cellule terminale, et qui détermine au contraire de très-bonne heure une différenciation en une assise cellulaire extérieure et en un noyau interne de tissu (3).

(1) Sanio : Botanische Zeitung, 1865, p. 184 et suiv.

(2) J. Hanstein : Die Scheitelzellgruppe im Vegetationspunkt der Phanerogamen. Bonn, 1868.

(3) J. Hanstein : Monatsberichte der niederrhein. Gesellsch. 5 juillet 1869. On trouvera plus de détails sur ce point à la caractéristique générale des Phanérogames, livre II.

Division du méristème primitif des Phanérogames en dermatogène, périblème et plérome. — L'assise externe du méristème primitif, qui recouvre tout le point végétatif des Phanérogames, y compris son sommet, est le prolongement immédiat de l'épiderme de la région plus âgée située plus bas ; on pourrait donc simplement désigner cette assise sous le nom d'épiderme primordial. M. Hanstein lui a toutefois donné déjà le nom de *dermatogène* (fig. 104, *bb*). Elle est caractérisée par ce fait, qu'il ne s'y opère que des divisions perpendiculaires à la surface ; ce n'est que plus tard qu'il s'y fait parfois encore des divisions tangentielles, quand l'épiderme acquiert plusieurs assises. Sous l'épiderme primordial, on trouve ordinairement une ou plusieurs assises qui enveloppent

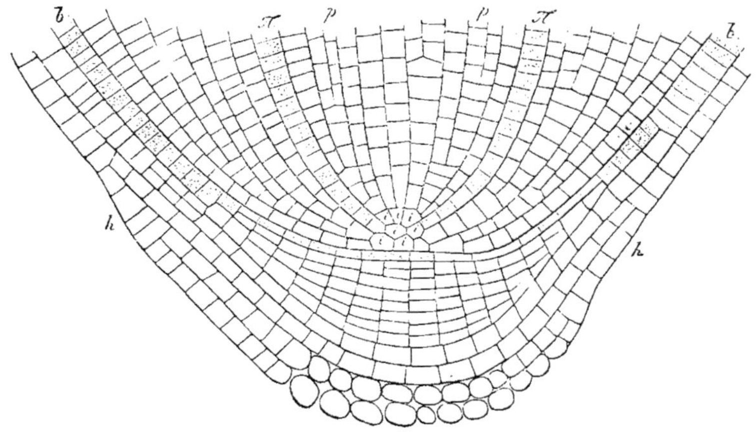

Fig. 104. — Section longitudinale du sommet de la racine de l'embryon d'*Helianthus annuus*, d'après M. Reinke : — *hh*, la coiffe ; *bb*, l'épiderme primordial ou dermatogène teinté de noir ; *pp*, le plérome dont l'assise la plus externe teintée de noir, *ππ*, forme le péricambium ; entre *π* et *b*, s'étend l'écorce primordiale ou périblème ; *i, i*, les cellules mères primitives, ou initiales du périblème et du plérome.

aussi complétement le sommet, et d'où procède l'écorce, à mesure qu'on s'écarte de ce sommet (fig. 104, entre *b* et *π*) ; cette couche du méristème primitif représente par conséquent l'écorce primordiale : M. Hanstein la nomme *périblème*.

Enfin, entouré et recouvert par l'écorce primordiale, se voit un noyau central de tissu, qui est le prolongement direct des faisceaux fibrovasculaires, et de la moelle qu'ils circonscrivent. M. Hanstein appelle ce noyau *plérome*. C'est ce que montre la figure 104, où ce qui devient plus tard le tissu ligneux et la moelle se prolonge en un groupe de méristème primitif, *π, pp, π*, qui sous le sommet se trouve recouvert par l'épiderme primordial et par l'écorce primitive. L'anneau d'épaississement de M. Sanio, dont nous avons parlé dans un paragraphe précédent, et dans lequel naissent les premiers faisceaux fibrovasculaires, correspond ainsi à la couche externe de ce noyau central, quand il se forme une moelle. S'il ne se produit pas de moelle, comme dans beaucoup de racines et dans certaines tiges (*Hippuris*, *Udora*, etc.), tout le plérome se transforme en procambium, et ce dernier en un cylindre fibrovasculaire axile, dans lequel cheminent ensuite deux ou un plus grand nombre de faisceaux vasculaires et de faisceaux libériens.

La formation de la coiffe de la racine des Phanérogames se manifeste simplement, d'après les nouvelles recherches de MM. Hanstein et Reinke, comme un renflement de l'épiderme primordial localisé au sommet de l'organe. La partie du dermatogène qui recouvre le sommet de la racine se divise périodiquement par des cloisons tangentielles, de manière à former deux assises superposées dont l'extérieure se transforme en une calotte de la coiffe, tandis que l'assise interne fonctionne d'abord de nouveau comme dermatogène; puis une nouvelle division de ce dermatogène produit une nouvelle calotte et ainsi de suite. Chacune de ces calottes subit, de son côté, comme dans les Cryptogames, de nouvelles divisions tangentielles et acquiert plusieurs assises, comme on le voit sur la figure 104. Pour la formation des radicelles dans le péricambium $\pi\pi$ (fig. 104), il faut se reporter au § 23.

D'après l'exposition que nous venons de faire, et qui est seulement destinée à préparer l'élève, par quelques exemples, à bien comprendre ce qui va suivre, on pourrait croire, peut-être, que les phénomènes qui se passent dans le point végétatif des Phanérogames sont en réalité fondamentalement différents de ceux qui ont lieu dans le point végétatif des Cryptogames; je ne saurais cependant partager cette opinion. D'un côté, les soigneuses recherches de MM. Nägeli et Leitgeb sur les Lycopodiacées montrent déjà que, dans ce groupe, la cellule terminale qui engendre le méristème primitif a une autre signification que dans les autres Cryptogames, et se rapproche de celle des Phanérogames; d'autre part, la cellule terminale unique des Cryptogames est tout aussi bien le point de départ pour la première différenciation des diverses couches du tissu que le groupe de cellules terminales des Phanérogames.

CHAPITRE TROISIÈME

MORPHOLOGIE DES MEMBRES DE LA PLANTE

§ 20.

Distinction entre membres et organes (1). Métamorphose.

Séparation de l'étude morphologique et de l'étude physiologique des plantes. — Les diverses parties des plantes, douées de formes très-variées et appropriées à des fonctions physiologiques différentes, que l'on désigne ordinairement comme leurs *organes*, peuvent être envisagées à deux points de vue distincts. On peut, en effet, se demander jusqu'à quel point ces parties sont, par leur forme et leur structure, appropriées au travail physiologique qu'elles ont à accomplir. On les considère alors uniquement comme des instruments, comme des organes au sens propre de ce mot, et cet ordre de considérations est une partie de la Physiologie. Ou bien, faisant pour le moment complétement abstraction de ce point de vue physiologique, et sans s'inquiéter de savoir quelles fonctions les diverses parties de la plante ont à remplir, on se demande seulement où et comment elles se forment, et quelles sont les relations que, pendant sa formation et son accroissement, l'une d'elles contracte, dans le temps et dans l'espace, avec toutes les autres. C'est le point de vue purement morphologique. Il est évident qu'il est en lui-même tout aussi insuffisant que le premier ; mais, ici comme partout dans les sciences, les recherches et l'exposition de leurs résultats nécessitent ce genre d'abstractions, et non-seulement cette séparation n'est pas nuisible, mais elle constitue au contraire le plus puissant des moyens d'investigation, pourvu qu'on ait toujours clairement présentes à l'esprit la méthode qu'on emploie et les faces de la question dont on fait pour le moment et volontairement abstraction.

Dans ce chapitre, c'est uniquement et exclusivement au point de vue morphologique que nous étudierons les diverses parties constitutives des plantes.

Mais, avant de pénétrer dans le détail, il est utile que nous examinions d'un peu plus près les rapports qu'ont entre eux ces deux ordres de considérations, physiologiques et morphologiques.

Toutes les parties des plantes supérieures se rattachent à quatre types

(1) Nægeli et Schwendener : Das Mikroskop. Leipzig, 1867, p. 599. — Hofmeister : Allgemeine Morphologie der Gewächse. Leipzig, 1868, §§ 1, 2. — Hanstein : Botanische Abhandlungen aus d. Gebiet d. Morph. und Physiol. Bonn, 1870. Heft I, p. 85.

fondamentaux : la tige, la feuille, la racine et le poil. — Les recherches morphologiques ont conduit à ce résultat, que toutes les parties indéfiniment variées des plantes qui, dans leur état achevé, sont adaptées à des fonctions toutes différentes, se laissent cependant rattacher à un petit nombre de formes fondamentales, lorsqu'on ne considère que leur mode de développement, leur disposition relative, l'époque relative de leur apparition, enfin leurs états les plus jeunes.

Par exemple, on s'assure que les écailles épaisses d'un bulbe, les appendices membraneux de beaucoup de tubercules, les pièces du calice et de la corolle, les étamines et les carpelles, beaucoup de vrilles et d'épines, etc., se comportent, sous ces divers rapports, de la même manière que les organes verts que l'on désigne purement et simplement sous le nom de feuilles.

On appelle donc également tous ces corps des feuilles (ou phyllomes), et il n'est pas rare de voir cette dénomination justifiée par ce fait que beaucoup de ces organes se transforment en réalité en feuilles vertes dans certaines circonstances (1). Et comme il est d'usage de regarder les organes verts que tout le monde appelle feuilles comme la forme primitive des feuilles, comme les feuilles proprement dites, tous les autres organes qui ressemblent aux feuilles paraissent n'être que des feuilles altérées, déformées, ou, comme on dit, *métamorphosées*.

Il en est absolument de même pour les parties sur lesquelles les feuilles sont insérées, et dont elles émanent comme autant d'appendices latéraux. Ces parties sont tantôt des tiges cylindriques ou prismatiques, grêles et très-allongées, tantôt de gros tubercules arrondis ; souvent elles sont solides et lignifiées, d'autres fois molles et flexibles, s'enroulant autour d'autres corps solides, comme le Houblon, ou s'attachant fortement à eux comme le Lierre ; elles peuvent aussi se présenter en forme d'épines aiguës comme dans le Prunier sauvage, ou de vrilles comme dans la Vigne. Tous ces aspects divers dépendent du mode de vie de la plante et des fonctions que ces différents corps ont à remplir. Mais si l'on ne considère qu'un seul de leurs caractères, celui qu'ils possèdent tous de porter des feuilles nées au-dessous de leur sommet végétatif, on voit que sous ce rapport important ils se ressemblent tous et complétement. Il est vrai qu'on fait ainsi, pour le moment, abstraction totale de leurs diverses fonctions physiologiques et des variations de structure correspondantes ; mais, cette abstraction une fois faite, il est permis de fixer cette ressemblance commune en donnant le même nom à tous ces organes pourvus de feuilles. On les désigne tous sous le nom de tiges (ou caulomes), ou simplement sous le nom d'axes. Ainsi, comme la vrille du Pois est une feuille ou un appendice, dans le même sens le tubercule de Pomme de terre est une tige ou un axe ; comme on dit que la vrille du Pois est une feuille métamorphosée, on dira aussi que le tubercule de Pomme de terre est une tige métamorphosée.

Ce que nous venons de dire des feuilles et des axes, nous pouvons le répéter des poils. Le caractère distinctif des poils des racines, des poils laineux, des poils

(1) Ce sont ces phénomènes de transformation qui ont tout d'abord porté l'attention de Gœthe sur la métamorphose des feuilles ; mais aujourd'hui l'étude de la métamorphose repose sur une base scientifique plus solide.

épineux ou glanduleux, etc., c'est qu'ils ne sont tous que des excroissances des cellules épidermiques. Faisons un pas en avant, et nous désignerons aussi, sous le nom de poils (ou trichomes), les dépendances d'autres parties de la plante qui auront également ce caractère d'être des excroissances des cellules épidermiques, quelles que soient d'ailleurs leurs formes et leurs fonctions. Ainsi, par exemple, les paillettes des Fougères, ainsi que leurs sporanges, sont des poils ; ou si l'on regarde le poil filiforme ordinaire comme la forme fondamentale du poil, on dira que ces organes sont des poils transformés. Il n'est même pas nécessaire, pour mériter ce nom de poils, que les organes procèdent d'un véritable épiderme ; il suffit qu'ils naissent de cellules superficielles isolées, et par là se trouve encore accru le nombre des dépendances externes qui rentrent dans la classe des poils.

De même qu'il y a des tiges, des feuilles, des poils transformés, de même il y a des racines métamorphosées. Ordinairement les racines sont filamenteuses, minces et longues ; mais parfois aussi elles s'épaississent en tubercules ; ordinairement elles sont souterraines, mais souvent aussi elles se développent dans l'air et même se dressent vers le ciel. Cependant les racines conservent, dans ces diverses conditions, une si frappante ressemblance avec leur forme typique qu'il est assez rare d'employer pour elles le nom de racines métamorphosées.

Les recherches morphologiques, étendues de cette façon à toutes les Cryptogames vasculaires et à toutes les Phanérogames, ont montré que tous les organes de ces plantes se laissent ramener à l'une des quatre catégories morphologiques qui précèdent ; tout organe est ou une tige, ou une feuille, ou une racine, ou un poil. Chez les Mousses, il n'y a pas de racine au sens morphologique de ce mot, quoique ces plantes possèdent des organes qui en remplissent entièrement la fonction ; mais la plupart d'entre elles ont encore des feuilles insérées sur leurs petites tiges.

Thalle des plantes inférieures. — Chez les Algues, Champignons et Lichens, le corps de la plante présente encore d'ordinaire des dépendances que l'on peut regarder comme des poils ; mais les racines, dans le sens morphologique de ce mot, y manquent toujours et l'expression de feuilles, telle que nous l'avons définie dans les plantes supérieures, n'y trouve plus d'application, même dans les cas où la forme extérieure de certaines parties bien développées ressemble à celle des feuilles ordinaires des plantes supérieures (*Laminaria digitata*, etc.). On est alors conduit à désigner le corps des plantes où toute distinction morphologique entre feuille et tige est impossible, dans l'état actuel de nos connaissances, par l'expression morphologique de *thalle ;* ces plantes manquent toujours de vraies racines. Par opposition aux plantes à thalle, ou, comme on dit, aux *Thallophytes*, on pourrait donner le nom de *Phyllophytes* à toutes les plantes qui possèdent morphologiquement des feuilles, mais on a proposé depuis longtemps de les appeler *Cormophytes*. D'après ce que nous venons de dire, le Thallophyte ne se distingue du Cormophyte que parce que ses appendices latéraux, quand ils existent, ne présentent pas, par rapport à la partie qui les porte, de différences suffisantes pour qu'on puisse leur donner le nom de feuilles, dans le sens qu'on attache à ce mot dans les plantes mieux différenciées. Mais comme, dans les plantes supérieures, la distinction morphologique de la tige et de la feuille n'est pas suffisamment établie, il est impossible de tracer une limite tranchée entre les Thallophytes et les Cormophytes ; c'est apparemment parce qu'une pareille limite n'existe pas.

Définition des membres de la plante et de la métamorphose. — Si maintenant nous prenons les expressions thalle, tige, feuille, poil, dans le sens morphologique que nous venons de définir, nous ne pourrons plus dire que la feuille est l'organe de telle ou telle fonction, car les feuilles peuvent, suivant les cas, remplir toutes les fonctions possibles, et il en est de même des autres parties. Il est même assez peu convenable de donner simplement aux thalles, tiges, feuilles, poils, le nom général d'organes, car bon nombre de ces parties n'accomplissent en réalité aucune fonction. Pour éviter la confusion qu'introduit cette manière de s'exprimer étrangère à la Morphologie, le mieux est évidemment de ne pas parler d'*organes*, mais seulement de *membres*. Par membres on entend en général les parties d'une forme ; on dit les membres d'une formule mathématique, les membres d'une statue, parce qu'il ne s'agit ici exclusivement que de la forme. De même, pour l'étude morphologique, les tiges, les racines, les feuilles, les poils, les branches du thalle, sont simplement les membres de la forme végétale, les membres de la plante. Mais une certaine feuille, une certaine tige, etc., peut servir d'organe à telle ou telle fonction, et l'étude de ce sujet regarde la Physiologie.

C'est principalement par ses premiers états de développement et par la place qu'il occupe dans la série des phénomènes de l'accroissement, que l'on reconnaîtra la nature morphologique d'un membre : les définitions morphologiques reposent donc essentiellement sur l'histoire du développement.

Plus un membre est âgé, plus son adaptation à une fonction déterminée s'accuse, et plus s'efface souvent son caractère morphologique ; dans leurs premiers états de développement, les membres de même classe morphologique et de même nom, par exemple toutes les feuilles d'une plante, sont tout à fait semblables entre eux ; mais plus tard il s'y introduit une foule de différences qui correspondent à leurs diverses fonctions. Pour résumer tous ces rapports, nous pouvons maintenant formuler une définition scientifique de la métamorphose : *La métamorphose est le développement différent des membres de même nom morphologique, en vue de leur adaptation à des fonctions déterminées.*

Absence de limite entre les plantes dont le corps est différencié et celles qui n'ont qu'un thalle. — Les expressions tige, feuille, racine, poil, telles qu'elles sont actuellement employées en Botanique, sont tirées de l'étude des plantes les mieux développées, dont les divers membres présentent de réellement notables différences dans leur forme. Cherche-t-on à les appliquer de la même façon aux plantes moins différenciées, aux Hépatiques, Algues, Lichens, Champignons, on rencontre des difficultés, qui tiennent surtout à ce que les parties du thalle présentent parfois une ressemblance frappante avec des feuilles, des poils, des tiges et même avec des racines, tandis qu'elles ne possèdent pas certains autres caractères propres à ces parties. En un mot, il y a des transitions entre les membres, peu différenciés au point de vue morphologique, des Thallophytes et les membres très-nettement différenciés des Cormophytes ; les membres que nous appelons tige, feuille, racine et poil n'ont entre eux, quoi-

que à un degré beaucoup plus élevé, que ces mêmes différences qui sont déjà
manifestes à un faible degré entre les diverses ramifications du thalle, notamment dans les Algues supérieures. De différence absolue entre les thalles et les
axes feuillés, il n'y en a pas. L'endroit où l'on trace la limite est donc affaire de
convenance, ou de tact, comme on dit volontiers.

**Des membres de même nom peuvent être des organes différents, et inver-
sement.** — Les termes thalle, tige, feuille, poil, racine, ont donc, comme nous
l'avons vu, un sens général, et, pour les définir, nous avons fait abstraction de
toute espèce de propriété physiologique, en ne considérant exclusivement que
quelques caractères tirés du mode de développement des membres et de leur
situation relative. Des parties entièrement différentes au point de vue physiologique peuvent, par conséquent, être morphologiquement équivalentes et s'appeler du même nom, et inversement des organes physiologiquement équivalents
peuvent au point de vue morphologique appartenir à des catégories très-différentes et porter des noms divers. Quand on dit, par exemple, que les sporanges des
Fougères sont des poils, cela signifie seulement qu'ils naissent, comme tous les
poils, de cellules épidermiques; par ce caractère, poils et sporanges des Fougères sont morphologiquement équivalents. Au contraire, les poils souterrains
des Hépatiques et les vraies racines s'équivalent au point de vue physiologique,
les uns et les autres servent à absorber les éléments nutritifs et à fixer la plante
au sol, et cependant les premiers se rangent dans la catégorie des poils, les seconds dans celle des racines.

Des conceptions générales, comme celles que nous considérons en ce moment et dans tout ce qui va suivre, reposent toujours sur une abstraction ; il
leur manque donc toujours et nécessairement la clarté des notions particulières
d'où on les a extraites par voie d'abstraction. Jusqu'à quel point doit-on pousser l'abstraction ? Il y a là plus ou moins d'arbitraire, et le seul correctif à cet
arbitraire réside dans la considération de l'utilité de la conception pour le travail scientifique de la pensée. Ces conceptions générales sont cependant des
plus utiles quand, à une grande précision dans la définition et par suite à une
grande clarté, elles joignent l'avantage d'embrasser le plus grand nombre possible de faits particuliers. On parvient, en effet, de cette façon le plus vite possible à une vue complète des phénomènes, et ce n'est qu'ensuite qu'on peut
espérer d'arriver à les comprendre. C'est de ce point de vue que nous partons
pour nos définitions dans les paragraphes suivants.

§ 21.

Les feuilles et les axes feuillés (1).

Les membres du corps de la plante que, dans les *Chara*, les Mousses, les Cryptogames vasculaires et les Phanérogames, on nomme les *feuilles*, ont avec l'axe qui

(1) Nægeli et Schwendener : das Mikroskop. Leipzig, 1867, p. 599 et suiv. — Hofmeister :
Allgemeine Morph. der Gewächse. Leipzig, 1868, § 2. — Pringsheim : Jahrb. für wiss. Botanik,
III, p. 484. Le même : Ueber *Utricularia*. Monatsberichte der Berliner Akademie. Fév. 1869. —
Hanstein : Botan. Abhandlungen. Bonn, 1870, Heft I. — Leitgeb : Botan. Zeitung, 1871, n° 3.

les produit, avec la tige, les relations exprimées par les propositions suivantes.

Les feuilles naissent toujours sous le sommet végétatif de la tige, comme des excroissances latérales. — Elles sont, ou bien isolées à chaque niveau, ou bien situées plusieurs ensemble à la même hauteur, c'est-à-dire également éloignées du sommet ; dans le dernier cas, elles forment ce qu'on appelle un *verti-*

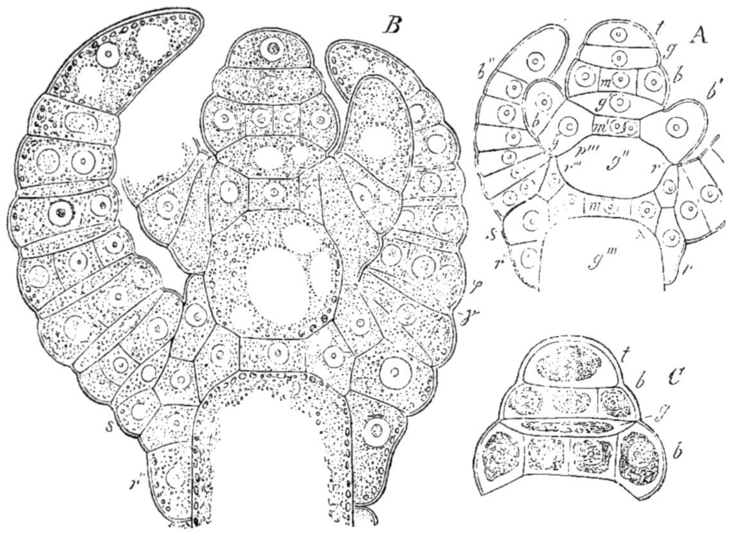

Fig. 105. — Sections longitudinales optiques à travers la région terminale de trois tiges principales de *Chara fragilis*. — *t*, la cellule terminale formant, par des cloisons transverses, des segments dont chacun se divise par une cloison arquée en deux moitiés superposées ; la moitié inférieure, incapable de toute division ultérieure, s'allonge en un entre-nœud, *g'*, *g"*, *g"'*, de la tige ; la moitié supérieure produit le nœud, *m, m', m"*, et les feuilles *b,b,'b"*. Chaque cellule nodale produit un verticille de feuilles qui sont d'âge différent. Pour plus de détails, voir au livre II le groupe des Characées.

cille, dans lequel les diverses feuilles constitutives peuvent être d'âge différent, comme on le voit dans les *Chara*, *Salvinia* et dans les cycles foliaires de beaucoup de fleurs.

Aussi longtemps que le point végétatif de la tige continue de s'accroître en ligne droite à son sommet, et que, par conséquent, la partie de la tige qui produit les feuilles s'allonge, les feuilles naissent en direction acropète. — La feuille la plus rapprochée du sommet est donc toujours plus jeune que toute autre feuille plus éloignée ; jamais, dans ce cas, il ne naît de nouvelles feuilles plus loin du sommet que les feuilles déjà formées. C'est seulement lorsque l'accroissement longitudinal de la tige s'est arrêté au sommet ou qu'il y est devenu plus faible, et lorsque en même temps cet accroissement continue activement dans une zone transversale ou dans une région isolée située au-dessous du sommet, que de nouvelles feuilles peuvent y prendre naissance et s'intercaler entre les feuilles préexistantes. Ce cas n'est pas rare dans les fleurs des Phanérogames (1).

(1) Les faits de ce genre étant limités aux fleurs et inflorescences des Phanérogames, on peut pour le moment les négliger ici.

Les feuilles naissent toujours du méristème primitif du point végétatif. — Elles ne prennent jamais naissance sur les points de la tige où le tissu est complétement différencié. Dans les Characées, les Mousses, etc., les feuilles se reconnaissent déjà immédiatement au-dessous de la cellule terminale, avant ou pendant les premières divisions des segments, comme autant de protubérances dont la partie externe constitue une cellule terminale, d'où procèdent ensuite les segments qui doivent édifier la feuille. Dans les Cryptogames vasculaires, c'est souvent un cône végétatif déjà multicellulaire qui forme la première origine de la feuille (gros bourgeons d'*Equisetum*, *Salvinia*, plusieurs Fougères et *Selaginella*). Dans les Phanérogames (fig. 107, 108, 109), ce dernier cas est général ; la feuille n'y commence jamais par la formation d'une cellule terminale à la périphérie du cône végétatif, comme dans les Cryptogames, mais bien par un bourrelet arrondi ou élargi qui consiste déjà, même à ses premiers débuts, en nombreuses petites cellules capables de se diviser.

Les feuilles sont toujours des formations exogènes. — La feuille ne prend jamais naissance à l'intérieur du tissu de la tige, jamais elle n'est recouverte, comme les racines et certaines branches, par des couches du tissu de la tige. Dans les Cryptogames, c'est ordinairement *une seule* cellule superficielle, formée avant la différenciation de l'épiderme, qui produit la protubérance foliaire. Dans les Phanérogames, au contraire, c'est une masse de tissu qui proémine pour former le mamelon foliaire, lequel consiste en une saillie du périblème recouverte par le dermatogène (§ 19, fig. 103).

Par là aussi la formation de la feuille se distingue aussitôt de celle du poil. Le poil est une excroissance épidermique. Mais comme, dans les Phanérogames, l'épiderme primordial ou dermatogène recouvre le point végétatif tout entier y compris les feuilles, des poils pourront aussi saillir, sur les plus jeunes mamelons foliaires, de cellules isolées du dermatogène (*Utricularia* d'après M. Pringsheim). Dans les Cryptogames, au contraire, le dermatogène ne se différencie qu'après la constitution de la feuille, et, par conséquent, les poils seront toujours plus éloignés du sommet que les plus jeunes feuilles (fig. 106). La cellule

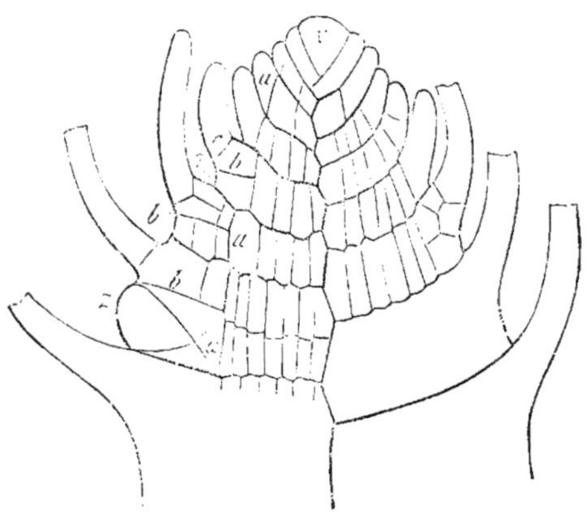

Fig. 106. — Section transversale à travers la région terminale d'une petite tige de *Fontinalis antipyretica*. Mousse aquatique (d'après M. Leitgeb ; *c*, la cellule terminale de la tige, produisant trois séries de segments, obliques au début, devenant plus tard transversaux ; ces segments sont limités par des contours plus noirs. Chacun d'eux se divise d'abord, par la cloison *a*, en une cellule intérieure et une extérieure ; la première produit une partie du tissu interne de la tige ; la seconde engendre l'écorce de la tige et une feuille. Les axes feuillés naissent au-dessous de certaines feuilles par la formation, aux dépens de la cellule externe du segment, d'une cellule terminale en pyramide triangulaire *z*, laquelle produit ensuite, comme *c*, trois rangées de segments ; chacun de ces segments engendre ici aussi une feuille. Pour plus de détails, voir, livre II, Mousses.

superficielle de la tige, qui, dans les Cryptogames, devient la cellule terminale de la nouvelle feuille, n'est point une cellule épidermique, puisqu'elle naît bien avant la différenciation du tissu en épiderme et périblème.

Il y a continuité entre le tissu de la feuille et celui de la tige. — Il est impossible, en effet, de trouver une limite histologique entre la tige et la base de la feuille. On imagine cependant une limite idéale entre les deux organes;

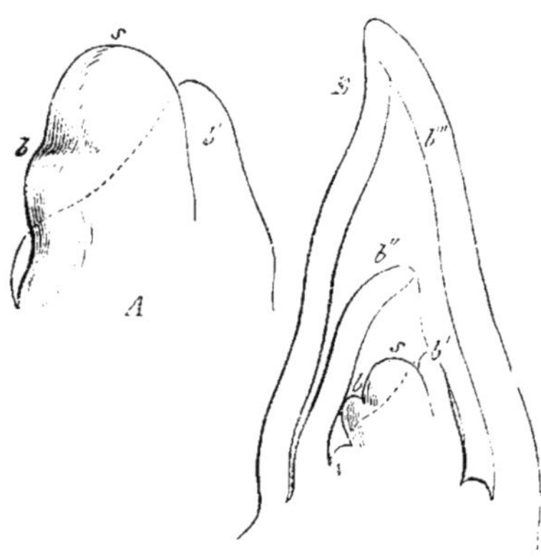

Fig. 107. — Régions terminales de deux tiges de *Zea Maïs*. Sommet du cône végétatif formé de très-petites cellules et dont les feuilles *b*, *b'*, *b''*, *b'''*, s'échappent comme autant de protubérances multicellulaires; ces protubérances entourent bientôt la tige et l'engaînent, elle et les feuilles plus jeunes, en forme de cornet. Dans l'aisselle de l'antépénultième feuille *b''*, se voit une protubérance arrondie qui est le début du plus jeune rameau.

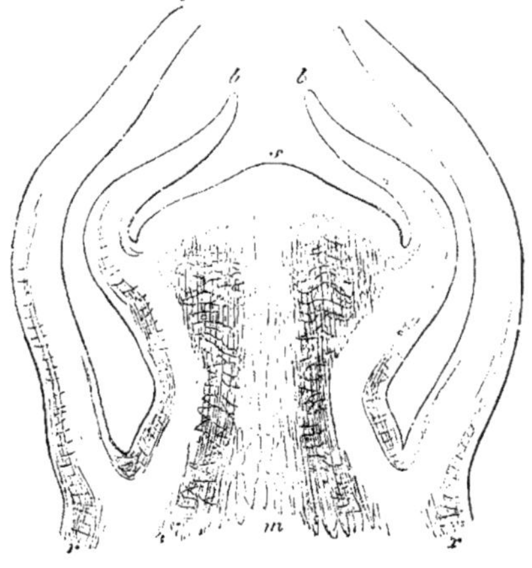

Fig. 108. — Section longitudinale de la région terminale de la tige principale d'*Helianthus annuus*, immédiatement avant la floraison : — *s*, le sommet du large point végétatif; *b*, *b*, les plus jeunes feuilles; *r*, écorce, *m*, moelle.

on suppose la surface de la tige prolongée sous la base de la feuille, et la section transversale de la base de feuille ainsi produite est ce qu'on appelle l'*insertion* de la feuille. La continuité de tissu qui existe entre la tige et la feuille est évidemment la conséquence du développement précoce de la feuille sous le sommet du point végétatif, bien avant que le tissu primitif ne commence à se différencier. Il se constitue d'ordinaire, immédiatement au-dessous du sommet de la tige et avant la formation des feuilles, une masse interne de tissu que nous pouvons désigner aussi, chez les Mousses, les *Equisetum* et les autres Cryptogames, sous le nom de plérome proposé par M. Hanstein pour les Phanérogames (§ 19). Ce plérome ne prend aucune part à la formation des feuilles, et c'est par la couche externe du méristème primitif, à laquelle appartiennent le plus souvent aussi les faisceaux fibro-vasculaires, que s'établit la continuité du tissu entre les deux organes. Mais si le tissu intérieur de la tige, le plérome, se transforme lui-même en un cylindre fibro-vasculaire, comme cela a lieu dans l'*Hippuris* (fig. 109), et comme cela paraît déjà indiqué dans beaucoup de Mousses, il s'établit plus tard une continuité entre les faisceaux fibro-vasculaires des feuilles et ce cylindre intérieur de la tige.

Quand il se forme dans la tige des faisceaux vasculaires qui y cheminent sans contracter de relation avec les feuilles, on peut les désigner avec M. Nægeli comme étant *propres à la tige* ou *caulinaires*. Mais on voit ordinairement chez les Phanérogames chaque faisceau vasculaire de la tige décrire, sous l'insertion d'une feuille, un arc dont une branche s'incurve en dehors dans la feuille tandis que l'autre descend dans la tige (fig. 109, *g.g*); cette dernière peut s'appeler alors, suivant M. Hanstein, *trace foliaire*, et le faisceau total est *commun* aux deux organes. Le même axe peut posséder à la fois des faisceaux communs à la tige et aux feuilles, et des faisceaux propres à la tige (Fougères, Cycadées, Pipéracées, etc.).

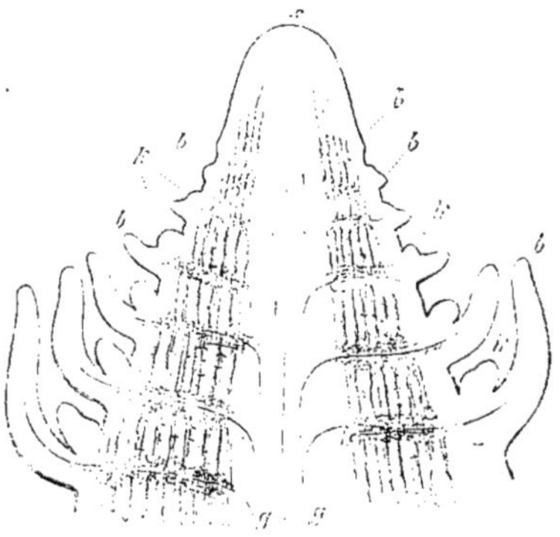

Les couches corticales de la tige bien développée, tout au moins les plus externes, s'incurvent sans interruption sensible dans la feuille dont elles constituent le tissu fondamental. C'est aussi sans discontinuité que l'épiderme de la tige se prolonge sur la feuille.

Quand la tige produit des faisceaux vasculaires, les feuilles en possèdent ordinairement aussi ; elles ne demeurent privées de faisceaux vasculaires que lorsqu'elles se flétrissent de bonne heure et qu'elles persistent à l'état de petites écailles, comme cela a lieu dans le *Psilotum* et dans certaines petites écailles foliaires chez les Phanérogames.

Fig. 109. — Section longitudinale à travers la région terminale d'une branche dressée d'*Hipparis vulgaris* : — *s*, le sommet de la tige, *b*, *b*, *b*, les feuilles verticillées ; *k*, *k*, leurs bourgeons axillaires qui tous se développent en fleurs ; *g*, *g*, les premiers vaisseaux. Les parties sombres du tissu représentent l'écorce interne avec ses espaces intercellulaires.

Les feuilles s'allongent ordinairement plus vite que l'axe qui les a produites ne s'accroît au-dessus de leur insertion (fig. 106, 107, 108). — Il en résulte que, si elles se développent à de courts intervalles l'une au-dessus de l'autre, elles enveloppent et recouvrent l'extrémité du rameau et forment ainsi ce qu'on appelle un *bourgeon*, au centre duquel se trouve le point végétatif qui a produit les feuilles. La formation du bourgeon résulte en même temps d'un accroissement prédominant de la face dorsale ou inférieure des feuilles pendant leur jeunesse, accroissement qui les rend concaves sur leur face interne et qui les rejette et les comprime contre la portion supérieure de la tige. Ce n'est qu'après leur complète formation, et pendant le dernier allongement de leurs tissus, que les feuilles se rabattent en dehors dans l'ordre même de leur production et qu'elles sortent ainsi du bourgeon. Si les portions de la tige qui séparent les insertions des feuilles successives subissent en même temps un allongement notable, ou même très-considérable, comme cela arrive souvent, il se forme une tige à longs entre-nœuds ; dans ce cas, le disque transversal de la tige où se fait l'insertion de la feuille acquiert d'ordinaire

des caractères différents de ceux des portions de tige qui séparent les feuilles ;
ce disque est appelé un *nœud* de la tige, et les parties interfoliaires de la tige
sont les *entre-nœuds* (Characées, Équisétacées, Graminées). Si au contraire la
tige ne s'allonge pas du tout entre les insertions de ses feuilles, elle ne possède pas de surface libre, car elle est enveloppée de toutes parts par les insertions des feuilles, comme dans l'*Aspidium filix-mas ;* mais souvent la même
apparence est due simplement à ce que les entre-nœuds demeurent relativement
très-courts comme dans certaines espèces de Palmiers.

Les entre-nœuds peuvent exister dès l'origine ; c'est lorsque les feuilles consécutives, ou les verticilles foliaires successifs se développent sur le cône
terminal à une certaine distance verticale l'un de l'autre, comme dans les
Chara (1), *Zea* (fig. 105, 107). Mais ailleurs ils ne prennent naissance que plus
tard, par le développement ultérieur du tissu de la tige, comme dans les
Mousses (fig. 106) et les Équisétacées. Là, en effet, chaque segment de la
cellule terminale proémine au dehors et forme une origine de feuille, de
sorte que les origines des feuilles successives sont immédiatement superposées ; ce n'est que par une différenciation ultérieure, que les parties inférieures des segments se séparent, pour devenir les portions libres de la surface de la tige, comme la figure 106 le montre nettement.

La formation d'un bourgeon, dans le sens attaché plus haut à cette expression, n'a pas lieu lorsque, d'un côté, les feuilles se forment à d'assez
longs intervalles l'une après l'autre, et que, d'un autre côté, la tige s'allonge
rapidement entre les jeunes feuilles et même dès avant l'apparition des plus
jeunes, de telle sorte qu'il n'y a jamais au voisinage du sommet végétatif
qu'une seule feuille peu développée, comme on le voit dans les branches souterraines du *Pteris aquilina* (voir livre II, Fougères).

**Toute feuille revêt une autre forme que la tige qui la produit et que
les branches latérales de cette tige.** — Cette différence de forme est d'ordinaire si frappante qu'il n'est d'aucune utilité de s'arrêter à la décrire. Nous
devons cependant faire ressortir un point qui n'est pas sans offrir au commençant quelque difficulté. Il n'est pas rare, en effet, de voir les rameaux
latéraux de certaines plantes offrir une grande analogie de forme et de propriétés physiologiques avec les feuilles d'autres plantes ; tels sont les rameaux
latéraux aplatis qui portent les fleurs dans les *Ruscus, Xylophylla, Mühlenbeckia
platyclada*, etc. Seulement, l'étude du développement montre que ces feuilles
apparentes sont, par leur situation, des rameaux latéraux et que ces rameaux
eux-mêmes produisent des feuilles ; d'ailleurs, les vraies feuilles de ces mêmes
plantes sont tout autrement construites que ces rameaux foliacés. L'expression
« foliacés » n'a ici, bien entendu, aucune signification morphologique ; elle est
prise dans le sens populaire et c'est ici le cas d'appliquer ce qui est dit dans le
paragraphe suivant.

Les branches, ou les rameaux latéraux feuillés naissent, dans les différentes
plantes, de façons très-diverses, mais très-souvent ils ont ceci de commun avec

---

(1) Je regarde ici dans les *Chara*, comme dans les Mousses et partout ailleurs, l'écorce comme
appartenant originairement à la tige et non à la feuille.

les feuilles qu'ils procèdent également du méristème primitif du point végétatif sous forme d'excroissances latérales et exogènes, qu'ils se succèdent en direction acropète comme les feuilles et que la différenciation du tissu s'y opère en parfaite continuité avec celui de la branche mère. Ils se distinguent cependant des feuilles de la même plante par le lieu où ils se développent, par leur accroissement beaucoup plus lent, surtout à l'origine, car plus tard ils peuvent sous ce rapport surpasser les feuilles, enfin par des caractères de symétrie dont nous parlerons plus tard. L'important, c'est que le rameau latéral, lorsqu'il porte des feuilles, reproduit de son côté toutes les relations que nous avons dit exister entre la feuille et la tige, et qu'il paraît ainsi n'être qu'une répétition de la branche mère, dont il peut cependant être distingué en tous cas par d'autres propriétés physiologiques.

Définition de la tige et de la feuille. — Les concepts morphologiques tige et feuille sont des concepts corrélatifs ; il n'est pas possible de les penser l'un sans l'autre. La tige n'est que ce qui porte les feuilles ; la feuille n'est que ce qui se développe aux flancs d'une tige, suivant le mode indiqué dans les paragraphes qui précèdent (1). Tous les caractères qui peuvent être employés pour la définition de la tige et de la feuille ne font qu'exprimer certains traits du contraste de ces deux membres ; il n'est jamais question des propriétés positives absolues de l'un ou de l'autre. Compare-t-on au contraire entre elles toutes ces choses qu'on appelle feuilles, sans les rattacher aux tiges qui les portent, on ne trouve pas un seul caractère qui leur soit commun à toutes et que ne possède aucune tige. Mais ce qui est précisément commun à toutes les feuilles, c'est leur relation avec la tige. Ainsi donc le caractère différentiel général des concepts feuille et tige ne peut pas être obtenu par la comparaison des propriétés positives des feuilles entre elles et des tiges entre elles, mais seulement par la considération des rapports constants des feuilles avec les tiges qui les produisent et des tiges avec les feuilles qu'elles engendrent. En d'autres termes, les expressions tige et feuille représentent seulement certains rapports des parties d'un même tout qui est la *pousse ;* plus la différence entre les parties de ce tout est grande, plus on distingue nettement la tige de la feuille.

L'estimation de cette différence est en général arbitraire. Toutefois, si l'on s'en tient à ces plantes auxquelles convient l'expression générale de feuilles, la différence entre la tige et la feuille repose sur les rapports énoncés dans les paragraphes précédents ; et alors on peut aussi, chez plusieurs Algues, appeller feuilles certaines excroissances latérales (*Sargassum*) et tige l'axe qui les porte. Mais, si la différence entre les excroissances latérales et l'axe qui les porte devient plus faible, un ou plusieurs des rapports sus-énoncés font défaut, et il devient douteux que les expressions tige et feuille puissent encore s'appliquer. Enfin si la ressemblance prédomine, alors on n'appelle plus la pousse une tige feuillée,

(1) Il y a, par exemple, des thalles qui ressemblent d'une manière frappante à certaines formes de feuilles, comme ceux des *Laminaria*, *Delesseria*, etc. ; ils ne sont cependant pas des feuilles, parce qu'ils ne naissent pas sur les flancs d'une tige dont ils seraient des excroissances latérales.

mais un thalle. Un thalle ramifié se comporte donc, par rapport à une tige feuillée, comme un tout peu différencié vis-à-vis d'un tout très-différencié.

La différenciation des parties extérieures, des membres de la pousse, en tige et feuilles, est jusqu'à un certain point indépendante de la différenciation interne qui produit les diverses formes de tissu et les divisions cellulaires, comme l'atteste déjà la comparaison des Mousses et des Characées avec les Phanérogames. Le développement intérieur peut, en effet, se réduire à un petit nombre de divisions cellulaires ou même être tout à fait nul ; dans ce dernier cas, la cellule unique peut cependant se présenter comme une pousse, dont les excroissances latérales se comportent comme des feuilles, et l'axe comme une tige : tels sont, parmi les Algues, les *Caulerpa*. Ce que nous avons dit plus haut de la continuité de tissu entre la tige et la feuille et de leur naissance commune par le méristème primitif doit donc être compris dans un sens plus large, puisqu'ici on n'a, au lieu du méristème primitif du point végétatif, qu'une seule cellule s'accroissant par son sommet, au lieu de la différenciation du contenu, que le développement de la membrane cellulaire antérieure et du tissu qu'elle renferme. Le *Caulerpa* consiste, en effet, en une cellule tubulaire unique qui se développe en une tige rampante, pousse latéralement des protubérances foliaires et même des poils tubuleux qui fonctionnent comme racines, mais conserve cependant toujours sa cavité cellulaire continue et sans cloisons (1).

Durée de l'accroissement terminal de la tige et de la feuille. — Comme les tiges, les feuilles s'accroissent aussi tout d'abord par leur sommet, c'est-à-dire par leur extrémité libre, opposée à leur lieu d'origine et d'insertion.

Cet accroissement terminal se prolonge, dans beaucoup de thalles et d'axes feuillés, pour ainsi dire indéfiniment, jusqu'à ce que quelque cause extérieure y vienne mettre obstacle. Il en est ainsi notamment dans les pousses principales des Fucacées, des Mousses pleurocarpes et des Characées, dans le rhizome des *Equisetum* et des Fougères, dans la tige principale des Conifères et de certains Angiospermes. Si les pousses principales portent elles-mêmes les organes reproducteurs, l'accroissement terminal prend fin habituellement avec leur apparition, comme dans beaucoup de Mousses acrocarpes, dans les tiges fructifères des *Equisetum*, les axes d'inflorescence des Graminées et dans tous les cas où, chez les Angiospermes, une tige principale se termine par une fleur. Les branches latérales, au contraire, ont ordinairement un accroissement limité, et il n'est pas rare de les voir cesser de s'allonger sans qu'aucune cause extérieure ne les arrête. Cela arrive, en particulier, quand elles portent des organes reproducteurs, quand elles se transforment en épines, ou quand, par leur mode de développement, elles diffèrent beaucoup des tiges principales, comme les branches horizontales de beaucoup de Conifères, les rameaux foliacés des *Phyllocladus*, *Xylophylla*, *Ruscus*, etc.

Ce dernier cas est tout à fait ordinaire dans les feuilles ; leur accroissement terminal s'éteint de bonne heure, et leur sommet lui-même se change en tissu permanent. Dans les Fougères cependant, l'accroissement terminal de la feuille dure habituellement longtemps et, dans plusieurs genres de cette classe, il est

---

(1) Voir NÆGELI : Zeistchrift f. wissensch. Botanik et Neuere Algensysteme.

vraiment illimité, car la pointe de la feuille y demeure toujours capable de développement et ne se change pas en tissu permanent ; il en est ainsi dans les *Nephrolepis*. Dans les *Gleichenia*, *Mertensia*, *Lygodium*, *Guarea*, l'accroissement de la pointe de la feuille s'interrompt périodiquement, comme dans beaucoup de rameaux, pour se continuer de nouveau à chaque reprise de végétation.

Accroissement intercalaire de la tige et de la feuille. — Outre l'accroissement terminal, les tiges, aussi bien que les feuilles, jouissent d'un accroissement intercalaire ; il consiste en ce que les parties formées par le premier mode s'agrandissent plus tard et continuent à se développer. La formation des entre-nœuds des tiges résulte presque exclusivement de ce second mode d'accroissement, comme on le voit déjà par le rapprochement des feuilles et, par conséquent, la brièveté des entre-nœuds dans le bourgeon. Cet accroissement intercalaire est ordinairement très-actif au début et l'accroissement de volume qu'il provoque est souvent très-considérable ; mais, d'habitude, il cesse de bonne heure, à mesure que les tissus se différencient et se transforment en tissus achevés et désormais stationnaires. Il n'est pas rare cependant de voir la zone basilaire des entre-nœuds (Graminées, *Equisetum hiemale*, etc.), et souvent aussi la base des feuilles persister encore longtemps à l'état de méristème primitif, après que la région voisine du sommet s'est déjà complétement transformée en tissu permanent. Il s'opère de la sorte, dans des parties qui ont depuis longtemps cessé de s'accroître vers le haut, un allongement basilaire ultérieur qui est souvent de longue durée ; ce phénomène se produit avec une intensité toute particulière dans les longues feuilles engaînantes de beaucoup de Monocotylédones (Graminées, Liliacées, etc.), et à un moindre degré dans certaines Dicotylédones (Ombellifères). Quand l'accroissement terminal demeure longtemps actif, comme dans les Fougères et à un moindre degré dans certaines feuilles pennées de Dicotylédones, cet accroissement intercalaire à la base cesse habituellement de bonne heure, et inversement il dure d'autant plus longtemps que l'accroissement terminal cesse plus tôt. On peut donc distinguer dans les feuilles deux cas extrêmes, réunis par de nombreuses transitions, suivant que l'accroissement est surtout terminal ou basifuge, ou surtout basilaire.

Si l'accroissement intercalaire persiste dans une certaine région de la surface de la feuille, il y atteint quelque part un maximum d'intensité et va diminuant à partir de ce point ; il se forme alors un prolongement en forme de sac de la surface foliaire, désigné sous le nom d'*éperon* et qui se présente dans beaucoup de pétales (*Aquilegia*, *Dielytra*).

Élongation des tiges et des feuilles ; épanouissement des bourgeons. — Avant que les tissus, au sortir de l'état de méristème primitif et en voie de différenciation, aient acquis leur forme définitive, il se produit ordinairement encore, dans les cellules qui les constituent, un rapide accroissement qui n'est plus accompagné de divisions. La surface des cellules acquiert par là dix fois, cent fois son étendue primitive et même davantage. Ce phénomène, qui résulte principalement d'une rapide absorption de suc aqueux, peut être appelé *élongation* par opposition à l'*accroissement* des jeunes cellules contemporain de leurs divisions et qui précède toujours l'élongation. C'est cette élongation qui provoque le rapide épanouissement des diverses parties du bourgeon, parties qui ont longtemps auparavant acquis leurs contours principaux, mais sous des dimensions très-réduites. Souvent les bourgeons persistent longtemps dans un état de repos complet, jusqu'à ce que, soudain, un rapide épanouissement découvre les feuilles déjà formées et allonge les entre-nœuds qui les séparent ; il en est ainsi, par exemple, dans la germination de beaucoup de graines, ainsi que dans les bourgeons écailleux de beaucoup d'arbres (*Æsculus*), dans les bulbes (*Tulipa*), dans les tubercules (*Crocus*, etc.), qui, formés pendant l'été, ne se développent qu'au printemps après le long repos hibernal.

Accroissement transversal des tiges et des feuilles. — On appelle axe longitudinal ou axe d'accroissement d'un membre, comme on le montrera plus loin dans un paragraphe particulier, la ligne idéale qui joint le centre de sa base à son sommet. C'est dans la direction de cette ligne, aussi bien dans les tiges que dans les feuilles, que l'accroissement est ordinairement le plus considérable ; ces membres sont donc beaucoup plus longs que larges et épais. Dans les tiges, l'accroissement est d'ordinaire sensiblement le même dans toutes les directions perpendiculaires à l'axe, ce qui leur donne la forme cylindrique ou prismatique, ou encore la forme d'un tubercule arrondi. Mais il y a aussi des cas où l'accroissement en longueur marche plus lentement que dans le sens transversal, et alors la tige est aplatie en forme de table et de gâteau, comme dans beaucoup de bulbes et dans les tubercules de *Crocus*, de *Cyclamen* et surtout d'*Isoetes*. C'est seulement dans les rameaux latéraux des plantes supérieures qui sont doués d'un accroissement très-limité, que l'on voit les entre-nœuds s'accroître beaucoup plus dans une certaine direction transversale que dans toutes les autres, s'étendre par conséquent dans un plan qui contient l'axe longitudinal et devenir foliacés, comme dans les *Ruscus*, *Xylophylla*, etc.

L'accroissement transversal des feuilles prédomine ordinairement dans un plan qui coupe la tige à angle droit, et il s'opère le plus souvent symétriquement à droite et à gauche du plan qui contient à la fois l'axe de la feuille et celui de la tige. La forme habituelle des feuilles est donc celle d'une table mince, divisée en deux moitiés semblables dans le sens de la longueur. Cependant il y a aussi des feuilles cylindriques, et des feuilles arrondies en forme de tubercule, dans lesquelles par conséquent l'accroissement s'opère à peu près de même dans toutes les directions perpendiculaires à l'axe longitudinal (*Mesembryanthemum echinatum*).

<h2 style="text-align:center">§ 22.</h2>

<h3 style="text-align:center">Les poils (1).</h3>

Caractères généraux des poils. — On nomme *poils* dans les plantes supérieures les excroissances issues exclusivement de l'épiderme, c'est-à-dire de l'assise cellulaire externe des racines, des tiges et des feuilles, qu'elles soient

(1) RAUTER : Zur Entwickelungsgeschichte einiger Trichomgebilde. Wien, 1871, p. 33. — Voir aussi §§ 15 et 19.

de simples protubérances en forme de tubes, des séries de cellules, des plans
de cellules ou des masses compactes de tissu, qu'elles jouent le rôle physiologique de revêtement laineux pour les jeunes feuilles, ou de suçoirs analogues
aux racines (Mousses), ou de glandes, ou d'épines, ou de sporanges (Fougères).

Les poils peuvent naître du méristème primitif du point végétatif, sur les
jeunes feuilles ou les jeunes branches, quand il y a déjà à cet endroit une
assise externe spécialisée en tant que dermatogène, comme c'est le cas dans
les Phanérogames. Mais ils peuvent se produire aussi sur des parties beaucoup
plus âgées, où les divers systèmes de tissus sont déjà différenciés, et qui sont
en voie d'accroissement intercalaire, parce que dans ces conditions l'épiderme
demeure longtemps encore capable d'engendrer de nouvelles cellules, par exemple des stomates, et qu'il s'y produit encore de nouvelles divisions.

Quand les poils s'échappent du point végétatif, ils naissent d'ordinaire après
les feuilles, c'est-à-dire plus loin du sommet que les plus jeunes feuilles. Cependant il arrive aussi, dans les Phanérogames, qu'ils apparaissent au-dessus
des plus jeunes feuilles, plus près qu'elles du sommet, parce que l'assise la
plus externe du point végétatif y est déjà séparée à l'état de dermatogène : il
en est ainsi dans l'Utriculaire d'après M. Pringsheim. Dans les Mousses et les
Cryptogames vasculaires, où les feuilles se produisent bien avant la différenciation des assises externes du point végétatif, les poils n'apparaissent aussi
que plus tard à la surface de la tige; après elles, plus loin qu'elles du sommet.
Quand ils naissent au voisinage du point végétatif, ou sur une zone d'accroissement intercalaire et basilaire comme les sporanges des Hyménophyllacées,
les poils peuvent être distribués suivant une loi de position déterminée, ce
qui n'a pas lieu, ou du moins ce qui ne se voit pas avec netteté, quand ils se
développent sur des organes plus âgés.

Par leur forme, les poils sont toujours très-différents des feuilles et des rameaux latéraux de la même plante, encore qu'ils puissent parfois ressembler par quelque côté à ces mêmes parties considérées sur d'autres plantes.
En général, la masse d'un poil isolé est extrêmement faible par rapport à
celle du membre qui le porte, et même la masse totale de tous les poils
d'une feuille, d'une racine, d'une tige est habituellement négligeable eu égard
au poids du membre considéré.

Poils des bourgeons, poils permanents, poils radicaux. — Les poils laineux et les poils glanduleux des bourgeons se distinguent par un accroissement extrêmement rapide : ils sont, en général, complétement achevés longtemps avant l'épanouissement du bourgeon et meurent aussitôt après. Le
développement est beaucoup plus lent dans les poils permanents, qui se conservent pendant toute la vie des feuilles et qui se distinguent par l'extrême
diversité de leurs formes. Les poils radicaux n'apparaissent qu'à une distance
assez considérable du point végétatif de la racine, souvent c'est seulement
à partir de 1 à 2 centimètres du sommet, et ils meurent en général après
quelques jours ou quelques semaines. de sorte que les régions âgées de la
racine, même dans les plantes annuelles, sont dépourvues de poils vivants.
L'existence de ces poils est étroitement liée à l'activité physiologique des racines dans le sol.

Poils radicaux des Mousses. — Les poils radicaux qui s'échappent de la tige des Mousses sont caractérisés par un accroissement terminal prolongé et une ramification souvent répétée. Ce sont des séries de cellules séparées par des cloisons transverses-obliques, et ils remplacent au point de vue physiologique le système radical des plantes vasculaires. Ces poils radicaux des Mousses sont, à un point extraordinaire, capables de former de nouvelles cellules et ils se comportent, à plusieurs égards, comme le *protonema*, qui est une forme de propagation particulière aux Mousses. Comme ce dernier, ils produisent en effet des bourgeons qui, amenés à la lumière, se développent en branches feuillées. Si les poils radicaux sont amenés eux-mêmes à la surface du sol, par exemple par un renversement de l'îlot de Mousse, ils produisent des séries de cellules riches en chlorophylle qui engendrent à leur tour des bourgeons de Mousse.

Poils des Thallophytes. — Les Thallophytes, quand ils consistent en masses compactes de tissu, produisent de vrais poils, aussi bien que les Cormophytes. Mais quand le thalle se réduit à une seule assise cellulaire, ou à une cellule unique comme dans les *Caulerpa*, il ne peut plus être question d'une assise épidermique externe, ni par conséquent de poils dans le sens où ce mot est employé dans les plantes plus élevées. Cependant on donne, ici encore, le nom de poils aux excroissances de la cellule quand elles sont minces, allongées, dépourvues de chlorophylle et d'ailleurs différentes du thalle qui les a produites.

Protubérances sous-épidermiques. — D'autre part on trouve, dans les plantes élevées en organisation, des corps qui, par leurs propriétés physiologiques et aussi à certains égards par leur forme, ressemblent beaucoup à certaines espèces de poils, mais qui se distinguent des vrais poils en ce qu'ils ne dérivent pas d'une seule cellule de l'épiderme. Ce sont des excroissances massives du tissu situé sous l'épiderme, qui demeurent cependant revêtues par un prolongement de ce dernier. De pareils corps pourraient être désignés peut-être sous le nom d'*émergences*. On en voit des exemples, d'après M. Raut r dans les aiguillons et les «poils en tête» des Rosiers et des Ronces (*Rubus*). C'est à eux que se rapportent vraisemblablement les verrues, tubercules, bosses qui hérissent la surface de beaucoup de fruits, par exemple des fruits d'Euphorbiacées : *Ricinus*, etc. Ils ressemblent aux feuilles et aux rameaux des Phanérogames par leur mode de formation, et aux poils par leur développement tardif, par leur apparition aussi bien sur les feuilles que sur les tiges, et enfin par leur disposition irrégulière à la surface de ces membres.

En ce qui concerne les épines, qu'il ne faut pas confondre avec les aiguillons, voir § 28.

§ 23.

Les racines (1).

Caractères généraux des racines. — Contrairement au langage populaire, on n'appelle *racines*, en Morphologie botanique, que les parties du corps de la plante dont le sommet végétatif est revêtu d'une couche particulière de tissu protecteur, formant la coiffe déjà décrite au § 19. Les racines ne produisent ni feuilles, ni aucun autre corps foliacé exogène ; mais, en revanche,

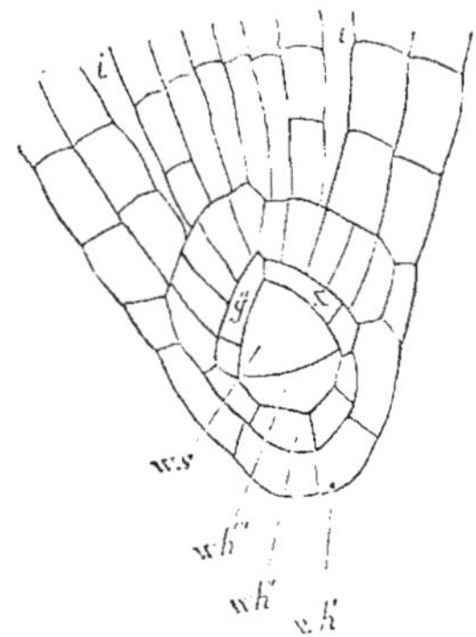

Fig. 110. — Section longitudinale de la jeune racine principale de l'embryon du *Marsilia salvatrix* : — *ws*, la cellule terminale, *wh′*, *wh″*, *wh‴* les calottes encore simples de la coiffe. — *x y*, les derniers segments du corps de la racine ; *ii*, espaces intercellulaires.

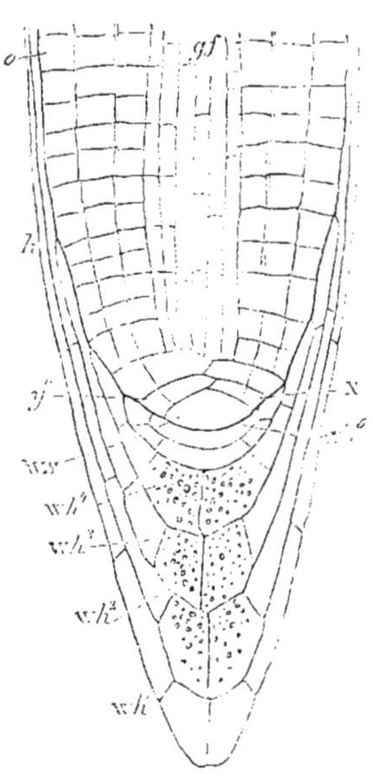

Fig. 111. — Section longitudinale d'une racine principale un peu plus âgée de *Marsilia salvatrix* : — *ws*, cellule terminale ; *wh¹* + *wh²*, la première calotte de la coiffe ; *wh³* + *wh⁴*, la seconde ; *wh⁶*, la troisième ; chaque calotte est formée maintenant de deux assises cellulaires. — *xy*, les plus jeunes segments du corps de la racine ; *o* son épiderme, *gf*, son faisceau fibro-vasculaire. — *h*, portions les plus éloignées et les plus amincies de la coiffe.

leurs cellules épidermiques se prolongent ordinairement en longs tubes qui sont autant de poils radicaux.

Toute racine nouvellement constituée a son sommet situé au-dessous de

(1) Nægeli et Leitgeb dans Nægeli : Beiträge zur wissensch. Botanik. Heft IV. 1867. — Hofmeister : Allgem. Morphologie der Gewächse. Leipzig, 1868, § 5. — Hanstein : Bot. Abhandlungen. Bonn, 1870. Heft I. — Dodel : Jahrbüch. für wiss. Botanik, VIII, p. 149 et suiv. — Reinke : Wachsthumgesch. der Phanerogamenwurzel dans Hanstein : Bot. Abhandlungen. Bonn, 1871. Heft III.

la surface du membre dont elle procède (1) ; habituellement même, la racine qui vient de naître est recouverte par une épaisse couche de tissu qu'elle perce dans son accroissement ultérieur. Les racines sont donc toujours des

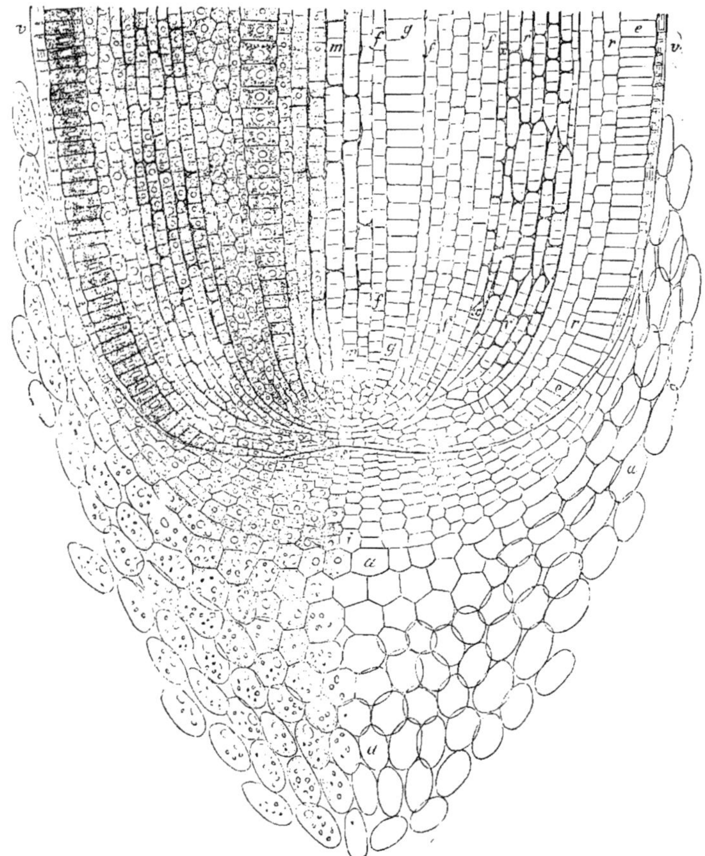

Fig. 112. — Section longitudinale à travers la pointe d'une racine de *Zea Mais*. — *aa*, calotte extérieure et la plus âgée de la coiffe ; *ii*, calotte intérieure, la plus jeune. — *s* sommet. — *m, g, f*, le plérome ; *m*, devient de la moelle, *g* un vaisseau, *f* du bois. — *xr*, l'écorce issue du périblème. — *ee*, l'épiderme qui se prolonge au sommet par le dermatogène ; *v, v*, parois externes épaissies des cellules épidermiques. — La production de la coiffe par le dermatogène ne se voit pas ici, la figure ayant été dessinée longtemps avant cette récente découverte.

formations endogènes, et elles se distinguent par là de tous les poils, de toutes les feuilles et de la plupart des branches.

Il n'y a de racines que chez les plantes dont les tissus sont traversés par des

(1) Je choisis cette expression parce qu'elle paraît convenir aussi à la racine principale de l'embryon des plantes vasculaires.

faisceaux vasculaires, et par conséquent ces membres renferment toujours eux-
mèmes des faisceaux vasculaires. Mais ces derniers se distinguent de ceux de
la tige et des feuilles par ce caractère, que leurs premiers vaisseaux se forment plus près de la périphérie du faisceau et que de nouveaux vaisseaux se
développent plus tard vers l'intérieur; la formation des vaisseaux est donc
centripète sur la section transversale de la racine. Quand il y a des faisceaux
libériens, ils occupent les intervalles entre les faisceaux vasculaires primaires,
à la périphérie du corps fibro-vasculaire (fig. 116).

Quoique les racines soient généralement répandues dans les plantes vasculaires, Cryptogames supérieures ou Phanérogames, il y a cependant, dans ces
groupes, quelques espèces qui en sont entièrement dépourvues; il en est ainsi
parmi les Rhizocarpées dans le genre *Salvinia*, parmi les Lycopodiacées dans
le genre *Psilotum*, parmi les Orchidées dans les *Epipogum Gmelini* et *Corallorhiza
innata*. Le *Lemna arrhiza* ne forme pas non plus de racines; il est vrai qu'il
est aussi dépourvu de faisceaux vasculaires.

Relativement au lieu de leur développement, les racines jouissent d'une liberté extraordinaire. D'ordinaire il y a déjà une racine dans le jeune embryon
issu de l'œuf, c'est-à-dire de l'oosphère fécondée; les Orchidées font exception.
Cette racine occupe l'extrémité inférieure de la tige de l'embryon et doit, dans
tous les cas, être appelée la *racine principale* de la plante, soit qu'elle demeure
faible et périsse bientôt, comme dans les Cryptogames et les Monocotylédones,
ou qu'elle continue à se développer vigoureusement au même titre que toutes
les autres racines, comme dans beaucoup de Dicotylédones. Outre cette
première racine principale, la plante développe ordinairement encore un
très-grand nombre de racines secondaires, on les appelle tout simplement
racines. En effet, comme il est mille fois plus question de ces racines secondaires que de la racine principale, et qu'elles sont aussi beaucoup plus importantes que cette dernière pour la vie de la plante, il est inutile de les distinguer par une épithète, toutes les fois qu'on ne les met pas en opposition avec
la racine principale. Elles naissent à l'intérieur, soit des racines principales, soit
des racines secondaires, soit des tiges et des feuilles. La racine principale avec
les racines secondaires qu'elle produit, ou une racine secondaire quelconque
avec les racines latérales issues d'elle peuvent être appelées un *système radical*.

A l'exception de ces nombreuses Dicotylédones qui possèdent un système
radical principal très-développé et permanent, c'est des tiges que naît le plus
grand nombre des racines, principalement quand ces tiges rampent, nagent,
grimpent ou portent des bulbes et des tubercules. La tige des Fougères arborescentes est souvent recouverte dans toute sa longueur par un épais chevelu
de minces racines. Dans les Fougères dont les feuilles très-minces ne laissent
libre aucune portion de la surface de la tige, c'est exclusivement des pétioles
que s'échappent les racines; tels sont, par exemple, les *Aspidium filix-mas*,
Asplenium filix-fœmina, *Ceratopteris thalictroïdes*, etc. ; parfois c'est le limbe
même de la feuille qui s'enracine (*Mertensia*) (1). Quand la tige possède des
nœuds et des entre-nœuds bien développés et bien distincts, c'est des premiers

(1) Une feuille de *Phaseolus multiflorus*, coupée au coussinet même, a développé dans l'eau, sur

que les racines procèdent habituellement ; par exemple, elles naissent des nœuds exclusivement dans les Équisétacées, en très-grande majorité dans les Graminées.

Si l'on considère maintenant la nature du tissu d'où émanent les racines, on voit qu'elles procèdent, soit directement du méristème primitif, soit de massifs de tissu en partie déjà différenciés, soit enfin d'un méristème secondaire qui est enfermé entre des couches de tissu entièrement différenciées. C'est au voisinage du point végétatif des racines en voie d'accroissement, là où la différenciation du tissu ne fait que de commencer, que naissent d'après MM. Nægeli et Leitgeb, les racines latérales, les radicelles des Cryptogames, et la même chose a lieu dans les Phanérogames. La tige peut aussi produire des racines très-près de son point végétatif, là où le méristème primitif commence seulement à se différencier, comme on le voit dans les tiges rampantes des Rhizocarpées et dans le *Pteris aquilina*. Beaucoup plus loin du point végétatif, dans des régions où le tissu est complétement différencié, il peut naître aussi des racines sur la tige et les branches âgées, aux dépens d'un méristème secondaire ; c'est ce qui arrive surtout dans les régions mutilées ou placées dans un lieu humide et sombre.

L'ordre de succession des racines secondaires sur la racine mère des Cryptogames, plantes où elles naissent au voisinage même du sommet de cette dernière, est, d'après MM. Nægeli et Leitgeb, essentiellement acropète ; il est vraisemblable que la racine mère ne produit jamais ici de nouvelles racines entre les racines latérales antérieurement formées. Cela est aussi vraisemblable partout où les racines naissent dans le méristème primitif, ou tout au moins au voisinage du point végétatif de la tige (*Pilularia*, *Marsilia*, *Cereus*, etc.). Même quand elles se développent plus loin du sommet, comme le font les racines latérales des Phanérogames sur la racine principale et sur certaines tiges (*Zea Mais*, etc.), les racines se succèdent ordinairement encore en direction acropète ; mais il peut s'y former aussi plus tard, à la suite de perturbations extérieures, des racines *adventives*, c'est-à-dire situées à des places indéterminées, comme cela a lieu tout particulièrement sur les racines principales âgées des Dicotylédones.

Les racines secondaires naissent normalement sur la face extérieure des

l'épatement produit par la section du coussinet, un abondant système de racines et est demeurée vivante pendant plusieurs mois.

[A cette observation de M. J. Sachs, j'ajouterai que les cotylédons détachés de la tigelle de l'embryon possèdent à un plus haut degré encore la propriété de s'enraciner. L'expérience réussit surtout très-bien avec les gros cotylédons des embryons dépourvus d'albumen. D'après mes recherches, les cotylédons de Grand-Soleil (*Helianthus annuus*), de Haricot (*Phaseolus multiflorus*), de Courge (*Cucurbita maxima*), etc., entiers ou divisés en plusieurs fragments, et mis à germer sur de la mousse humide à une température de 22 à 25 degrés, produisent après quelques jours d'abondantes racines sur les surfaces de section ; ces racines partent des points où la section a coupé les nervures cotylédonaires. Les cotylédons foliacés d'embryons pourvus d'albumen, ceux de la Belle-de-Nuit (*Mirabilis Jalapa*) par exemple, s'enracinent de même, quoique avec un peu plus de difficulté. Voir d'ailleurs sur ce point, Ph. Van Tieghem : Recherches physiologiques sur la germination (Annales scientifiques de l'École normale supérieure. 2° série, II, 1873).]   (*Trad.*)

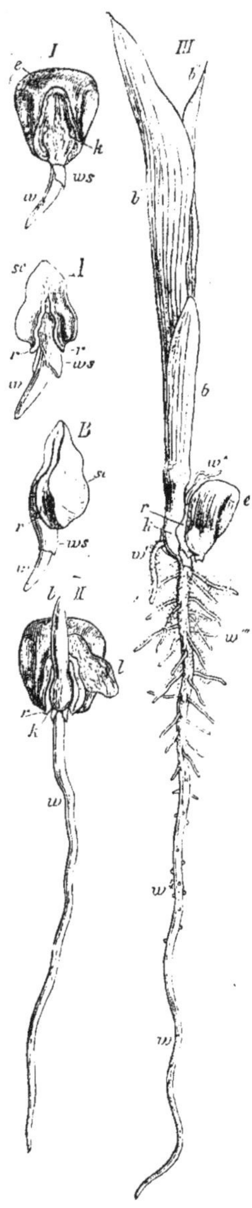

faisceaux fibro-vasculaires; le faisceau fibro-vasculaire de la racine secondaire s'unit alors à angle droit, ou à peu près, avec celui du membre où elle s'insère, son écorce ne se prolonge qu'incomplétement dans celle de ce membre et son épiderme n'a aucune continuité avec le sien. Il en est tout autrement dans la racine principale de l'embryon, qui se forme de bonne heure, et ordinairement si près de la surface de l'embryon qu'il peut s'établir une complète continuité de tous les systèmes de tissus entre la tige et la racine principale. Mais, dans les Graminées et quelques autres Phanérogames, cette première racine naît si profondément à l'intérieur du corps de l'embryon, qu'elle se trouve, dans l'embryon achevé de la graine mûre, enveloppée par une épaisse couche de tissu en forme de sac (fig. 114 *ws*), qui est perforé au moment de la germination (fig. 113, *ws*). Ce sac est connu sous le nom de

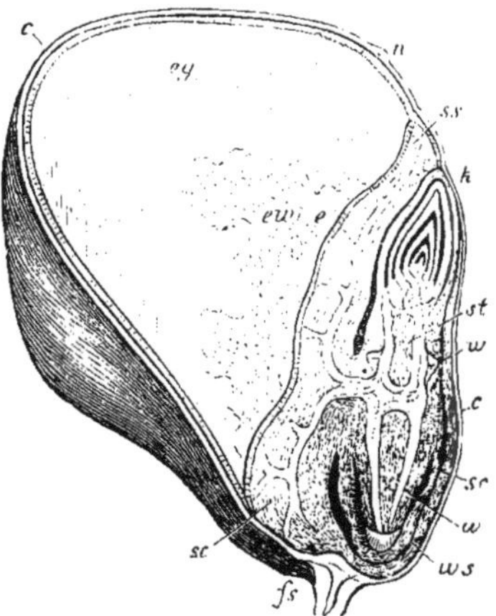

Fig. 114. — Section longitudinale du fruit de *Zea Mais*, grossi environ 6 fois : — *c*, enveloppe du fruit ; *n*, trace d'insertion du stigmate ; *fs*, base du fruit ; *eg*, portion jaunâtre et dure de l'albumen, *ew*, portion blanche et molle du même. — *sc*, écusson de l'embryon; *ss*, pointe du même; *e*, son épiderme; *k*, gemmule, *w* (en bas), la racine principale ; *ws*, sa gaîne ; *w* (en haut), racines secondaires produites par le premier entrenœud de la tige de l'embryon *st*.

Fig. 113. — Germination du *Zea Mais*, dans l'ordre *I, II, III* : — *A* et *B*, l'embryon de *I*, mis en liberté; *A* vu de face, *B*, vu de côté. — *w*, la racine principale, *ws*, sa gaîne ; *w'*, *w"*, *w'''*, racines secondaires. — *e*, partie de la graine occupée par l'albumen; *k* gemmule, *sc*, écusson de l'embryon ; *rr*, les bords béants de l'écusson ; *b*, *b'*, *b"*, les premières feuilles de la plantule (grandeur naturelle).

gaine radicale ou de *coléorrhize*. Une gaine semblable se voit aussi dans les premières racines secondaires des plantules d'*Allium Cepa*, et çà et là dans d'autres
végétaux. Cependant les racines secondaires nées profondément dans les tissus
se bornent en général à déchirer simplement la couche de tissu qui les recouvre, et à faire saillie au dehors entre les deux lèvres de la fente ainsi béante.

La forme typique des racines est celle d'un cylindre très-allongé, et leur section,
lorsqu'elles ne sont pas comprimées par une résistance extérieure, est circulaire. C'est seulement lorsqu'elles subissent un accroissement diamétral ultérieur et qu'elles servent de réservoirs pour l'emmagasinement des matières de
réserve, comme dans beaucoup de Dicotylédones et plusieurs Monocotylédones, que les racines perdent leur forme filamenteuse, pour devenir fusiformes ou se renfler en tubercules (Navet, racines tuberculeuses des *Dahlia,
Bryonia, Asphodelus*, etc.).

Ce n'est que rarement, et toujours en petite quantité, que les racines contiennent de la chlorophylle (*Menyanthes trifoliata*); le plus souvent elles sont
complétement incolores, non-seulement quand elles croissent dans le sol, mais
encore quand elles végètent dans l'eau et dans l'air.

Les racines paraissent ne présenter jamais cet accroissement basilaire ultérieur, qui a lieu dans beaucoup de feuilles et d'entre-nœuds lorsque déjà toute
la région située plus près du sommet s'est transformée en tissu permanent.
Cependant l'accroissement intercalaire des parties déjà formées sous le sommet s'y prolonge souvent pendant longtemps (Lycopodiacées d'après MM. Nægeli et Leitgeb); immédiatement au-dessous de la région terminale formée par
le méristème primitif, l'élongation du tissu entre en jeu, et cette disposition
facilite singulièrement l'allongement des racines dans le sol.

La racine principale est d'origine endogène. — La racine principale des
Phanérogames fait l'effet d'être complétement superficielle, et l'on dirait que
sa pointe est réellement l'extrémité inférieure de l'axe de l'embryon. Son premier développement n'en est cependant pas moins endogène, car l'extrémité
inférieure de l'embryon des Phanérogames est en relation directe avec le suspenseur, et c'est au-dessous du point d'attache de ce suspenseur que naît la
racine principale. On trouvera à la caractéristique des Phanérogames, livre II,
une exposition plus détaillée de ce point, d'après les récentes recherches de
M. Hanstein sur la formation de l'embryon.

On pourrait plutôt concevoir des doutes sur l'origine endogène de la racine
principale des Fougères et des Rhizocarpées. Cependant si l'on remarque que
la racine n'est constituée comme telle, que lorsque la cellule terminale a séparé
la première calotte de la coiffe, on verra qu'ici aussi le sommet de la nouvelle
racine est situé dès le début à l'intérieur du tissu de l'embryon. Que le lecteur
veuille bien se reporter aux figures relatives aux embryons des Fougères et des
Rhizocarpées, livre II.

Développement des radicelles sur la racine. — La genèse des racines latérales, ou radicelles, à l'intérieur d'une racine mère a été étudiée d'abord
par MM. Nægeli et Leitgeb chez les Cryptogames, puis par M. Reinke chez les
Phanérogames. Chez les Cryptogames vasculaires, elle a lieu dans les cellules
de l'assise la plus interne du périblème ou de l'écorce ; chez les Phanérogames

elle se produit dans l'assise la plus externe du plérome ou du procambium, assise qui a été appelée *péricambium*.

Dans les Cryptogames, ce sont certaines cellules isolées de l'assise la plus interne de l'écorce, disposées en séries longitudinales en face des faisceaux vasculaires, qui donnent naissance en direction acropète à autant de radicelles.

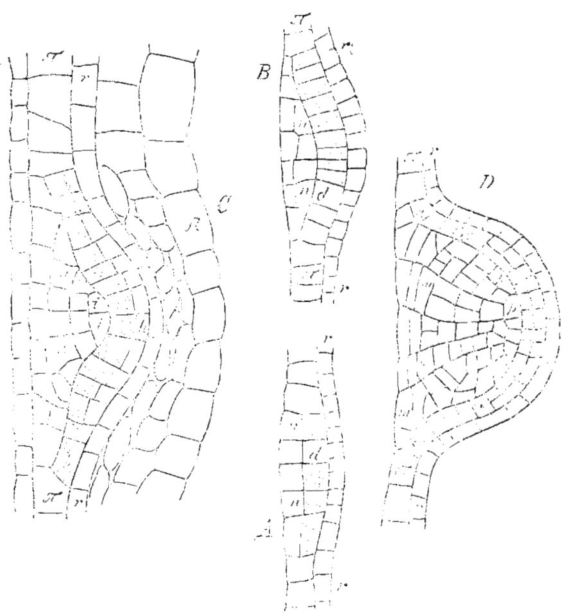

Fig. 115. — Genèse des radicelles dans une racine mère de *Trapa natans*, d'après M. Reinke. — A, le péricambium, limité par l'assise la plus interne de l'écorce r, se dédouble en dermatogène d et en une assise interne c qui, dans B, s'est de nouveau dédoublée. — C, jeune radicelle enfermée dans le tissu de la racine-mère : R, écorce de cette racine mère; π son péricambium d'où est issue la radicelle : h, première coiffe de cette radicelle ; b, son dermatogène. — D, radicelle plus développée qui n'est plus enveloppée que par l'assise la plus interne e de l'écorce de la racine mère ; pp, son périblème ; au centre, le plérome ; mm, tissu qui réunit la radicelle à la racine mère.

A cet effet, la cellule se partage d'abord par des cloisons obliques, qui forment les trois faces inférieures de la cellule terminale, puis par une cloison transversale qui sépare vers l'extérieur la première calotte de la coiffe de la radicelle. Ainsi constituée et déjà pourvue d'une calotte, la cellule terminale de la radicelle forme de nouveaux segments qui produisent, les uns le corps de la radicelle, les autres sa coiffe, comme nous l'avons déjà montré § 19 (fig. 102). Les racines des Lycopodiacées n'engendrent pas de radicelles, mais se ramifient par des dichotomies terminales répétées (fig. 130).

Dans les Phanérogames, les choses se passent autrement. Là où va se former une radicelle, plusieurs cellules du péricambium de la racine mère se dédoublent par des cloisons tangentielles, de sorte que le péricambium possède en cet endroit deux assises superposées (fig. 113 *A*). L'assise externe se constitue aussitôt à l'état de dermatogène (*d*), lequel forme plus tard, par des divisions tangentielles, les calottes successives de la coiffe, parce que chaque fois l'assise cellulaire externe qui provient du dédoublement du dermatogène devient une de ces calottes (*C*, *h*). L'assise interne issue du dédoublement du péricambium (*nn* en *A*), celle qui est tournée vers les vaisseaux du faisceau de la racine mère, se partage tout d'abord de son côté en deux assises (*B*); puis, par de nouvelles divisions longitudinales et transversales, elle finit par constituer le méristème primitif de la radicelle. Ce méristème se sépare aussitôt en trois parties ; une masse basilaire par laquelle la jeune radicelle demeure rattachée au faisceau vasculaire de la racine mère (*mm* en *D*), et une masse qui proémine en dehors et qui se différencie à son tour en périblème (*D*, *pp*) et en plérome. En même temps, la jeune radicelle s'allonge perpendiculairement à l'axe de la racine mère, ou un peu obliquement vers le bas, en comprimant devant elle le tissu cortical (*D*). C'est la couche la plus interne de l'écorce (*r* en *A*, *D*) qui résiste le plus longtemps à la désorganisation, parce qu'elle suit, au moins au début, l'accroissement de la radicelle qu'elle enveloppe comme d'une gaine, jusqu'à ce qu'elle soit aussi détruite à son tour. Enfin la jeune racine s'allonge et perce le tissu cortical de la racine mère pour montrer sa pointe au dehors (1).

Développement des racines sur la tige. — Dans les tiges et les branches, les racines sont produites, soit par le cambium qui réunit les faisceaux fibro-vasculaires à travers les rayons médullaires, comme celles qui se développent au niveau du sol sur la tige principale de l'*Impatiens parviflora*, soit, ce qui est le cas le plus fréquent, par la couche libérienne la plus externe des faisceaux fibro-vasculaires. Ces couches du tissu se comportent alors comme le péricambium d'une racine mère (*Veronica Beccabunga, Lysimachia nummularia, Hedera Helix* d'après M. Reinke).

(1) Chez les Phanérogames, les radicelles naissent, en général, comme chez les Cryptogames vasculaires, en face des faisceaux vasculaires de la racine mère ; mais cette règle y souffre cependant un très-petit nombre d'exceptions que l'on peut rattacher nettement à leur cause prochaine anatomique. Dans les Graminées, l'assise périphérique du cylindre central de la racine (péricambium), assise à laquelle est dévolue chez toutes les Phanérogames la fonction rhizogène et qu'on peut appeler par conséquent *assise rhizogène* ou *membrane rhizogène*, est régulièrement interrompue en face des faisceaux vasculaires, dont les vaisseaux externes touchent directement la membrane protectrice ; c'est donc en face des faisceaux libériens qu'y naissent les radicelles. Dans la racine des *Pittosporum*, l'assise rhizogène est creusée, vis-à-vis de chaque faisceau vasculaire, d'un nombre impair de canaux sécréteurs disposés en arc et elle ne peut, par conséquent, produire de radicelles en cet endroit ; celles-ci naissent en face des faisceaux libériens, comme dans les Graminées. Dans la racine des Ombellifères et des Araliacées, la membrane rhizogène est encore creusée en face des faisceaux vasculaires d'un nombre impair de canaux sécréteurs disposés en arc, ce qui empêche les radicelles de se former en ces points ; mais, en outre, chaque faisceau libérien possède, au milieu de son bord externe, un canal sécréteur isolé qui interdit également à la radicelle de s'insérer en cet endroit. Les radicelles naissent alors dans les positions intermédiaires et sont disposées sur la racine en deux fois autant de rangées que cette racine a de faisceaux vasculaires, en quatre rangées par exemple sur le pivot binaire. Pour plus de détails, voir PH. VAN TIEGHEM : Mémoire sur la racine (Ann. des sc. nat., 5ᵉ série, XIII, 1871) et surtout : Mémoire sur les canaux sécréteurs des plantes (*ibid.*, XVI, 1872).

(*Trad.*)

Développement de la coiffe. — Pendant que la coiffe de la racine continue de se former aux dépens de la cellule terminale, comme nous l'avons déjà expliqué au § 19, ses assises les plus externes se transforment progressivement en tissu permanent. Les cellules conservent la simplicité de leur forme, mais elles épaississent leurs parois; dans les cellules les plus externes,. ces parois se gonflent beaucoup, deviennent comme gélatineuses et donnent ainsi à la pointe des racines un aspect gluant; enfin ces cellules meurent et se détachent.

Quand les racines vivent dans l'air et dans le sol, la coiffe est étroitement appliquée au corps de la racine, même par ses assises les plus âgées qui y adhèrent fortement en s'amincissant vers la base; mais quand les racines nagent dans l'eau, comme celles des Lemnacées, du *Stratiotes* et de quelques autres plantes, la coiffe est large, elle enveloppe le corps de la racine sur une grande longueur comme d'une gaîne, et cette gaîne n'adhère qu'au sommet même du membre.

Différenciation des tissus de la racine. — Nous avons déjà dit, § 19, comment le méristème primitif de la pointe de la racine se différencie dans les Angiospermes en trois couches concentriques : le dermatogène ou épiderme primordial, le périblème ou écorce primordiale et le massif intérieur ou plérome. Dans les racines minces et qui demeurent telles, comme celles des Cryptogames et de beaucoup de Phanérogames, tout le plérome se transforme en un cylindre fibro-vasculaire axile, dans lequel se développent deux, trois faisceaux vasculaires ou davantage. Les vaisseaux se forment d'abord à la périphérie du cylindre en deux, trois points de la section ou davantage, puis il s'en fait de nouveaux sur le bord interne des premiers, jusqu'à ce que les séries radiales de vaisseaux ainsi constituées se réunissent au centre en une bande diamétrale, ou en une croix à trois, quatre ou cinq branches (1). C'est sur la face extérieure du cylindre, vis-à-vis des vaisseaux primaires, que naissent les radicelles. Entre les séries rayonnantes de vaisseaux, dans les places laissées vides à la périphérie du cylindre fibro-vasculaire, il se forme un peu plus tard, mais pas toujours cependant, des faisceaux libériens.

Quand les racines des Phanérogames sont épaisses dès l'origine, le cylindre axile, le plérome, se différencie une fois de plus. Sa partie centrale devient parenchymateuse et forme une moelle (fig. 116 *m*), et c'est seulement dans la région périphérique du plérome que naissent les faisceaux vasculaires et libériens.

Si la racine, une fois formée et différenciée, est capable de s'accroître ultérieurement en épaisseur, comme cela a lieu par exemple dans les racines principales napiformes des Dicotylédones, il se forme dans l'anneau d'épaississement *x* (fig. 116), entre les faisceaux vasculaires *g* et sur le bord interne des faisceaux libériens *b*, un méristème secondaire, un vrai cambium, qui se comporte ensuite de son côté absolument comme le cambium d'une tige douée d'un accroissement diamétral ultérieur. Il engendre donc vers l'intérieur et en direction centrifuge du bois, vers l'extérieur et en direction centripète du

(1) Dans les minces racines germinatives du *Triticum* et autres Graminées, il se forme un vaisseau dans l'axe même de la racine, en apparence au centre même de la section transversale.

liber et surtout du liber mou. La figure 116 représente la section transversale
d'une racine principale de Haricot, en *A* avant le début de l'accroissement
en épaisseur, en *B* après un accroissement diamétral qui a duré quelques semaines. Il s'est produit pendant ce temps, entre la petite moelle *m* et l'écorce
primitive *pr*, un corps ligneux en forme d'étoile à quatre branches; les quatre

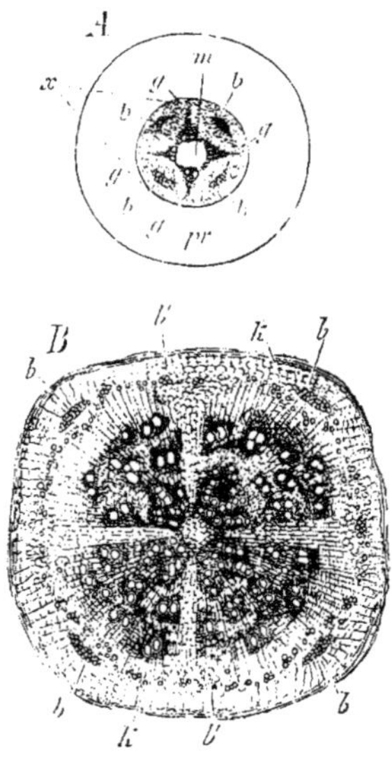

Fig. 116. — Sections transversales de la
racine principale du *Phaseolus multiflorus*, faiblement grossies : —*A*, section pratiquée à quelques centimètres
au-dessus de la pointe de la racine ;
B, section faite beaucoup plus haut
dans une racine beaucoup plus âgée.
— *pr*, écorce primaire ; *m*, moelle ;
x, anneau d'épaississement ; *g,g*,
faisceaux vasculaires primaires ; *bb,
bb*, faisceaux libériens primaires; *b'* liber secondaire ; *k*, liège (voir le texte).

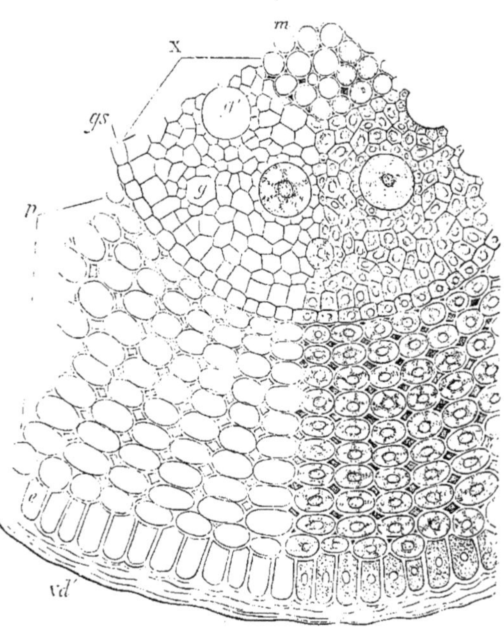

Fig. 117. — Portion d'une coupe transversale de la racine principale
du *Zea Maïs*, pratiquée à peu de distance de la pointe ; *e*, épiderme
avec ses parois cellulaires très-gonflées sur la face externe *vd* ; *p*,
l'écorce ; *gs*, la gaine des faisceaux ; *m*, moelle ; *x*, l'anneau d'é-
paississement dans lequel se trouvent les vaisseaux *g,g'*.

rayons médullaires qui séparent ces branches correspondent aux faisceaux
ligneux primaires *g,g*, qui ne se sont pas développés vers l'extérieur; les faisceaux libériens primaires sont encore visibles en *B*, *b*, mais en outre le cambium a produit sur leur bord interne une couche de liber secondaire pourvue
de fibres libériennes *b'*.

La puissante racine principale du *Zea Maïs* produit aussi, comme déjà
nous l'avons vu § 19 (fig. 104), par différenciation de son plérome un cylindre médullaire *m*, entouré par un cylindre creux fibro-vasculaire *x*, dans lequel se forment des vaisseaux et des cellules ligneuses allongées. Les cellules
libériennes n'existent pas ici, ou du moins ne sont pas aussi nettement développées que dans le *Phaseolus*. La figure 117 représente une section transversale

de cette racine, pratiquée un peu plus haut que la coupe longitudinale de la
figure 112. Il n'y a pas ici d'accroissement diamétral ultérieur, et le faisceau fibro-vasculaire n'y acquiert pas de cambium actif comme dans le *Phaseolus*.

Ce ne sont là que quelques-uns des cas les plus simples de la différenciation
du tissu de la racine ; j'ai voulu les citer surtout pour montrer la formation de
la moelle, qui manque toutefois le plus souvent aux racines grêles. D'ailleurs
la moelle se rétrécit aussi et s'éteint peu à peu dans les grosses racines, à mesure qu'elles s'amincissent en s'allongeant, et alors le cylindre fibro-vasculaire, d'abord creux, se ferme en un faisceau solide (1).

(1) **Structure de la racine.** — Je résume ici, d'après mes propres recherches : 1° les
caractères généraux de structure que la racine possède partout où elle existe, c'est-à-dire chez
toutes les plantes vasculaires, et sur lesquels doit reposer la définition anatomique de ce membre
de la plante ; 2° les caractères différentiels que la racine présente dans les trois grands groupes
de plantes vasculaires : les Cryptogames vasculaires, les Monocotylédones et les Dicotylédones y
compris les Gymnospermes.

Caractères généraux. — Considérons la jeune racine au moment où vient de s'y achever
la différenciation du méristème primitif. Elle se compose d'un épiderme, d'un parenchyme cortical et d'un cylindre central.

Le parenchyme cortical, limité en dehors par l'épiderme, l'est en dedans par la membrane
protectrice p, c'est-à-dire par une assise de cellules à paroi mince, fortement unies et comme engrenées entre elles par un cadre de plissements échelonnés. Il est, en général, subdivisé en deux
zones. L'externe, dont le développement est centrifuge, a ses éléments polyédriques décroissant
vers l'extérieur et ajustés irrégulièrement sans laisser de méats. L'interne, dont le développement est centripète, a ses cellules arrondies ou rectangulaires sur la section, décroissant vers l'intérieur, disposées régulièrement en séries radiales et en cercles concentriques et laissant entre
elles des lacunes et des méats qui décroissent de la même manière.

Le cylindre central (fig. 117 A et fig. 117 B) commence par une assise ou membrane périphérique m (péricambium), contre laquelle s'appuient en des points équidistants un certain
nombre de faisceaux vasculaires lamelliformes et rayonnants v, dont le développement est centripète, et un pareil nombre de faisceaux libériens arrondis ou lamelliformes l, également centripètes, mais toujours projetés moins loin vers le centre que les faisceaux vasculaires avec lesquels ils alternent régulièrement. Ces deux ordres de faisceaux sont réunis par un tissu conjonctif c, plus ou moins développé, en un cylindre plein que la membrane périphérique revêt
comme d'un épiderme. Et comme cette membrane périphérique m s'appuie sur la membrane
protectrice p de manière à ce que ses propres éléments alternent régulièrement avec les cellules plissées, la limite entre le parenchyme cortical et le cylindre central est toujours facile à
saisir.

Le nombre des faisceaux vasculaires et libériens qui entrent dans la constitution du cylindre
central de la racine est très-variable, comme on le voit en comparant les figures 117 A et 117 B,
mais comme il ne descend jamais au-dessous de deux pour chaque espèce de faisceaux, la structure du membre est toujours symétrique par rapport à son axe.

Telle est la structure générale de la jeune racine. On voit que le tissu fondamental, qui réunit
les faisceaux entre eux et à l'épiderme, s'y divise en deux régions très-nettement séparées : le
tissu cortical et le tissu conjonctif. Le long de leur surface de contact, ces deux tissus sont, en
effet, revêtus chacun d'une membrane propre qui forme entre eux comme une double muraille.
Le tissu cortical se termine en dedans par la membrane protectrice p ; le tissu conjonctif commence en dehors par la membrane périphérique du cylindre central m.

C'est par les faisceaux vasculaires v que les liquides, que la racine a pour fonction d'absorber
dans le sol et de conduire à la tige, s'y élèvent depuis la région des poils jusqu'à la tige. C'est
par les faisceaux libériens l que les sucs plasmiques, élaborés dans les feuilles, redescendent dans
la racine depuis la tige jusqu'au sommet végétatif. Le tissu conjonctif c n'exerce, sur ces deux
courants inverses dont il est le lit commun, qu'une influence secondaire.

Formes de transition entre la tige et la racine. — Les caractères que nous avons exposés plus haut établissent une séparation tranchée entre les racines

Caractères différentiels. — Voyons maintenant les différences que la structure de la racine présente dans les trois grandes divisions des plantes vasculaires.

Racine des Cryptogames vasculaires. — La racine des Cryptogames vasculaires conserve indé-

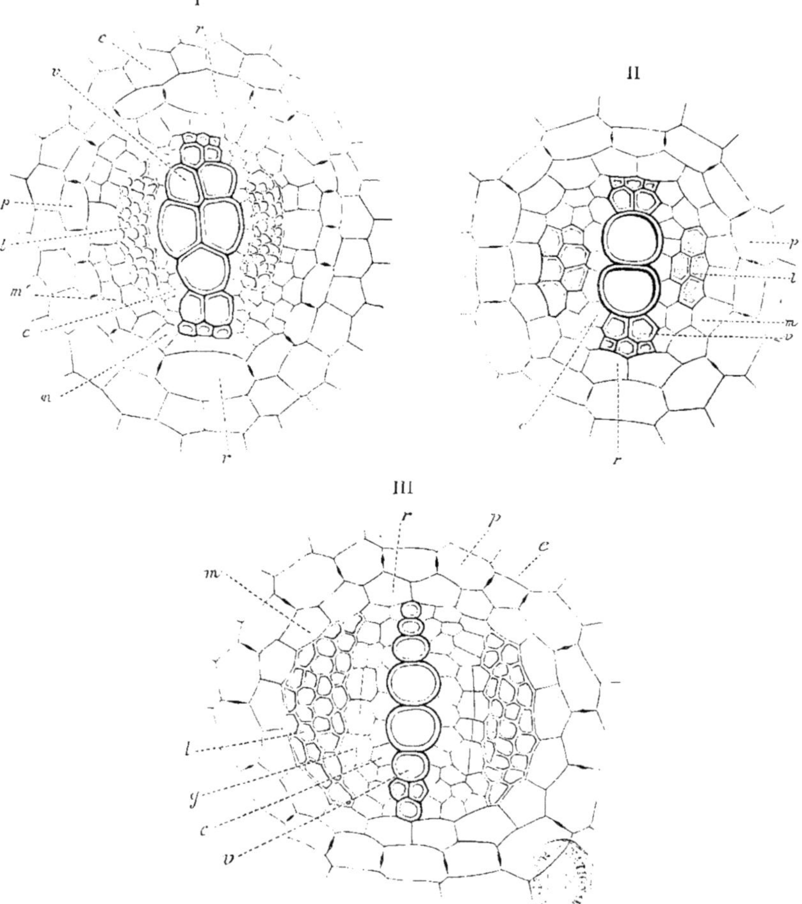

Fig. 117 A. — Sections transversales d'une racine binaire : I dans une Cryptogame vasculaire (*Cyathea medullaris*), II dans une Monocotylédone (pivot de l'*Allium Cepa*), III dans une Dicotylédone (jeune pivot de *Beta vulgaris*), montrant l'identité de structure de la racine dans les trois groupes de plantes vasculaires : — *e*, avant-dernière assise du parenchyme cortical ; *p*, membrane protectrice, dernière assise de ce parenchyme, dont les cellules portent sur leurs faces latérales des marques noires indicatrices de leurs plissements échelonnés ; *m*, membrane périphérique du cylindre central ; *v*, bande vasculaire formée de deux faisceaux vasculaires centripètes qui sont venus se rejoindre au centre ; *l,l*, deux faisceaux de cellules libériennes ; *c*, tissu conjonctif peu développé. — Dans I c'est l'assise *p* qui renferme les cellules rhizogènes *r*, dans II et III c'est l'assise *m*.

finiment la structure primaire que nous venons de décrire ; elle ne s'épaissit pas (fig. 117 A, I et fig. 117 B, I).

et les tiges. Cependant on n'est pas sans rencontrer quelques formes de transition, qui montrent que les racines peuvent se transformer directement en

La membrane périphérique du cylindre central *m*, développée dans les Fougères, les Marsiliacées et les Lycopodiacées, manque totalement dans les Prêles, et tout au moins en face des fais-

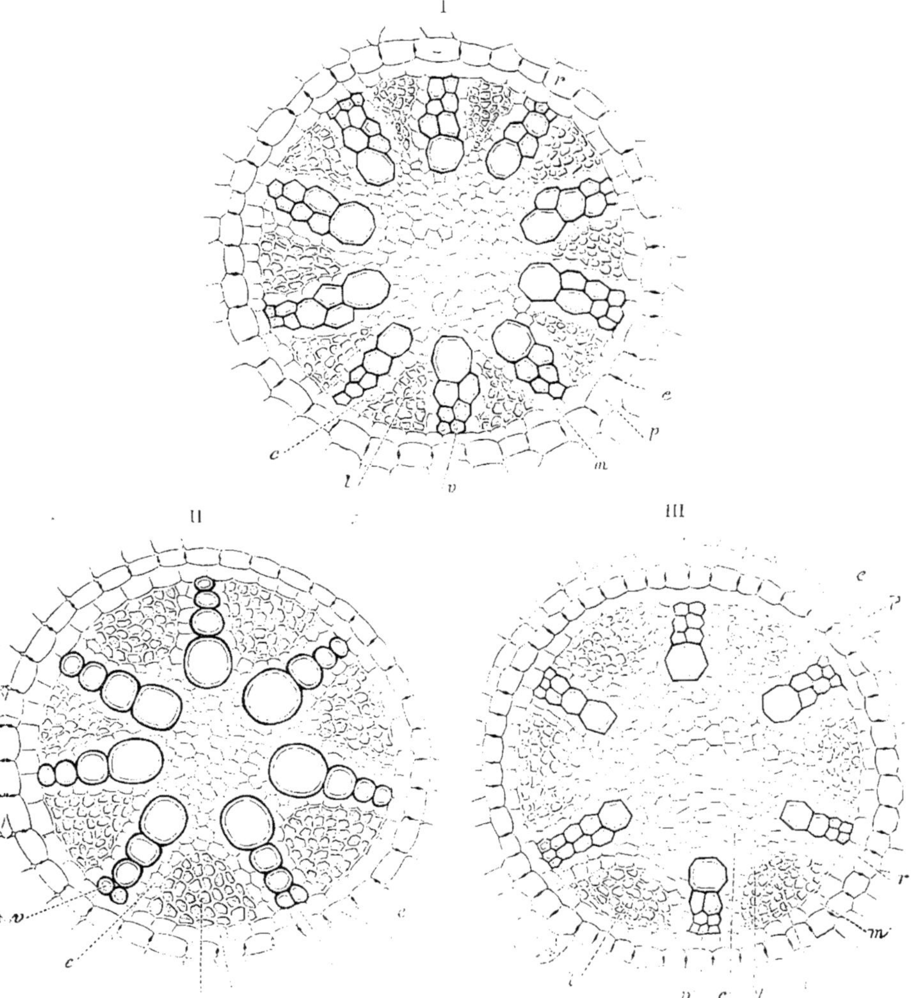

Fig. 117 B. — Sections transversales d'une racine à nombreux faisceaux : I dans une Cryptogame vasculaire (*Marattia lœvis*), II dans une Monocotylédone (*Colocasia antiquorum*), III dans une Dicotylédone (*Artanthe elongata*), montrant l'identité de structure de la racine dans les trois divisions des plantes vasculaires. — Mêmes lettres que dans fig. 117 A ; le tissu conjonctif *c* est beaucoup plus développé.

ceaux libériens dans les Ophioglossées. Mais cette différence ne paraît pas avoir grande valeur, car le rôle de cette membrane est ici peu important. Ce n'est pas elle qui produit les radicelles.

axes feuillés. Il en est ainsi dans le *Neottia nidus-avis*, où l'on voit des racines secondaires âgées, issues de la tige, se dépouiller de leur coiffe et former

Sauf dans les Prêles, c'est l'assise la plus interne *p* du parenchyme cortical qui forme la membrane protectrice. Mais il y a deux degrés dans la spécialisation de cette membrane.

Tantôt les éléments plissés ne conservent pas d'activité génératrice et leur rôle est purement passif et protecteur. La racine principale ne peut alors former de radicelles aux flancs de son cylindre central et, si elle se divise, il faudra que ce soit par dédoublement de sa cellule terminale. Elle constitue alors un système dichotomique qui ne représente jamais, quel que soit le degré de complication qu'il atteigne, qu'une seule et même racine, et qu'il faut toujours, par conséquent, envisager tout entier en rétablissant par la pensée celles de ses branches qui peuvent ne s'être pas développées, si l'on veut voir apparaitre la symétrie de structure de la racine par rapport à son axe idéal. C'est le cas des Lycopodiacées et des Ophioglossées.

Tantôt, au contraire, les cellules plissées conservent une grande activité vitale et c'est dans certaines d'entre elles (fig. 117 A, I) situées en face des faisceaux vasculaires du cylindre central que naissent les radicelles. Il y a des cellules mères isolées pour les radicelles et ces éléments rhizogènes latéraux appartiennent à la membrane protectrice. En d'autres termes, l'assise interne de l'écorce constitue une membrane plus distincte que dans le premier cas, à la fois protectrice et rhizogène. Il en est ainsi dans les Fougères et dans les Marsiliacées.

Enfin, pour arriver aux Équisétacées, il faut faire un pas de plus dans cette voie de localisation progressive des fonctions. Ce ne sont plus, en effet, les cellules de la dernière assise de l'écorce, mais celles de l'avant-dernière rangée qui s'engrènent par des plissements échelonnés, et la membrane ainsi constituée est exclusivement protectrice. Les cellules de l'assise interne, au contraire, sont dépourvues de plissements, mais douées en revanche d'une grande activité génératrice, et c'est dans certaines d'entre elles, situées en face des faisceaux vasculaires, que naissent les radicelles. Il y a encore des cellules mères spéciales pour les radicelles, mais ces éléments rhizogènes sont indépendants des éléments protecteurs. En d'autres termes, l'assise interne de l'écorce, au lieu d'être exclusivement protectrice comme dans le premier cas, ou bien à la fois protectrice et rhizogène comme dans le second, se dédouble ici en deux membranes superposées : l'externe exclusivement protectrice, l'interne exclusivement rhizogène.

En somme, les radicelles sont toujours produites par le développement désormais centrifuge de certaines cellules de l'assise interne de l'écorce, situées en face des faisceaux vasculaires du cylindre central. Elles sont donc disposées sur la racine en autant de séries longitudinales.

De plus, quand la structure de la radicelle est binaire, le plan de ses vaisseaux est toujours perpendiculaire au faisceau d'insertion et par conséquent à l'axe de la racine mère (fig. 117 C, II).

Racine des Monocotylédones. — La racine des Monocotylédones conserve indéfiniment l'organisation primaire que nous avons caractérisée plus haut ; elle ne s'épaissit pas (fig. 117 A, II et 117 B, II).

L'assise la plus interne de l'écorce, *p*, forme toujours une membrane exclusivement protectrice dont les éléments, plissés dans le jeune âge, s'épaississent assez souvent plus tard, excepté sur leur face externe.

C'est toujours la membrane périphérique du cylindre central *m* (pericambium) qui contient les cellules rhizogènes, et nous pouvons par conséquent lui appliquer le nom de membrane rhizogène. De là, une première différence avec les Cryptogames vasculaires. En général, les cellules rhizogènes (dont il faut plusieurs pour former une radicelle, tandis qu'une seule suffisait chez les Cryptogames vasculaires) sont situées en face des faisceaux vasculaires. Les radicelles s'insèrent alors directement sur les faisceaux et sont disposées en autant de séries longitudinales. Les Graminées font exception. A cause de l'interruption régulière de la membrane périphérique en face des vaisseaux, les radicelles s'y produisent vis-à-vis des faisceaux libériens.

Dans tous les cas, quand l'organisation du cylindre central de la radicelle est binaire, il y a un faisceau vasculaire en haut et un en bas ; en d'autres termes, le plan des vaisseaux de la radicelle passe par l'axe de la racine mère (fig. 117 C, I). D'où une seconde différence caractéristique par rapport aux Cryptogames vasculaires.

Racine des Dicotylédones et des Gymnospermes. — La racine des Dicotylédones et des

des feuilles au-dessous de leur sommet (observations de MM. Reichenbach, Irmisch, Prillieux, Hofmeister). Ailleurs, au contraire, ce sont des branches

Gymnospermes conserve pendant un temps plus ou moins long la structure primaire que nous avons décrite plus haut et que représentent les figures 117 A, III et 117 B, III; mais il arrive toujours un moment où cette structure se complique par la formation de productions secondaires qui épaississent plus ou moins la racine et dont l'apparition constante caractérise ces deux groupes.

Période primaire. — L'assise la plus interne de l'écorce, *p*, forme toujours une membrane protectrice dont les cellules plissées s'épaississent rarement.

C'est à l'assise ou couche périphérique du cylindre central, *m*, qu'appartiennent les groupes de cellules qui produisent les radicelles *r*, et cette assise ou couche mérite encore ici le nom de membrane rhizogène. En général, les groupes de cellules rhizogènes *r* sont situés en face des faisceaux vasculaires, sur lesquels les radicelles s'insèrent directement en autant de séries longitudinales. Les *Pittosporum*, les Ombellifères et les Araliacées font exception, parce que, comme nous l'avons vu à la page 196, la membrane rhizogène s'y trouve creusée d'un arc de canaux sécréteurs en face de chaque faisceau vasculaire.

Dans tous les cas, quand la structure de la radicelle est binaire, le plan de ses vaisseaux passe par l'axe de la racine mère (fig. 117 C, I).

Sous tous ces rapports, la racine des Dicotylédones et des Gymnospermes partage donc les caractères différentiels qui séparent les Monocotylédones des Cryptogames vasculaires, et l'on peut exprimer ainsi cette différence. Dans les Cryptogames vasculaires les radicelles sont des formations du bord interne du tissu cortical et, binaires, sont orientées transversalement; dans les Phanérogames elles sont des productions du bord externe du tissu conjonctif et, binaires, sont orientées longitudinalement.

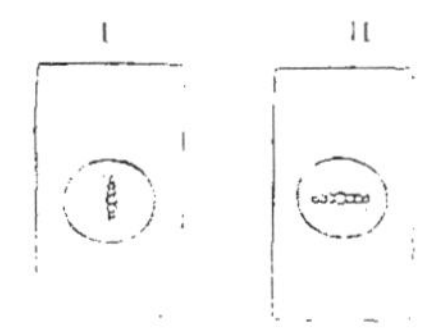

Fig. 117 C. — Section longitudinale tangentielle à travers le parenchyme cortical d'une racine, rencontrant une radicelle binaire : — II dans une Fougère ; la bande vasculaire de la radicelle est perpendiculaire à l'axe de la racine : il en est ainsi dans toutes les Cryptogames vasculaires. — I dans le Lupin ; la bande vasculaire de la radicelle passe par l'axe de la racine ; il en est ainsi chez toutes les Phanérogames.

C'est donc par la seule existence d'une période secondaire que la racine des Dicotylédones et des Gymnospermes se sépare de celle des Monocotylédones.

Période secondaire. — Ces productions secondaires (fig. 117 D et 117 E) sont formées par des arcs générateurs d'origine conjonctive, qui se développent sur le bord interne des faisceaux libériens primitifs et qui se rejoignent en dehors des faisceaux vasculaires, au moyen d'un dédoublement des cellules de la membrane rhizogène, pour former une zone génératrice continue et dont le jeu est double, centripète en dehors, centrifuge en dedans. Les secteurs intralibériens de cette zone produisent des faisceaux doubles, libériens en dehors *l′*, vasculaires ou fibro-vasculaires en dedans *v′*, et ces faisceaux libéroligneux secondaires refoulent en dehors, à mesure qu'ils s'épaississent, les faisceaux libériens primitifs *l*. Les secteurs extra-vasculaires de la zone génératrice, tantôt ne forment que des rayons parenchymateux *r′* qui séparent les différents faisceaux libéroligneux secondaires, tantôt se comportent comme les arcs intralibériens eux-mêmes et produisent avec eux un anneau libéroligneux secondaire complet, extérieur aux faisceaux vasculaires primitifs, intérieur aux libériens.

En même temps, la membrane rhizogène divise tous ses éléments de manière à former une couche génératrice périphérique qui produit sur son bord externe et de dehors en dedans une couche subéreuse *s*, et sur son bord interne et de dedans en dehors un parenchyme cortical secondaire *e* qui continue celui des rayons quand ils existent. Tantôt le parenchyme cortical primitif subsiste en se prêtant à l'extension du corps central, tantôt il est de bonne heure exfolié (fig. 117 E.).

Dans la presque totalité des cas, ces faisceaux libéroligneux secondaires, séparés ou confluents en anneau, se développent seuls et, si la racine est vivace, l'arc générateur y produit chaque année de nouveaux éléments ligneux en dehors des anciens et de nouvelles cellules libériennes

qui cessent de former des feuilles, comme Mettenius l'a montré dans certaines Hyménophyllacées ; elles continuent néanmoins à s'allonger, forment des poils

en dedans des précédentes. Mais dans quelques familles naturelles, comme les Chénopodées, les Nyctaginées, etc., les choses vont plus loin. En dehors de ces premiers faisceaux libéroligneux secondaires où l'arc générateur s'éteint d'assez bonne heure, il s'en forme d'autres semblables dans le parenchyme cortical secondaire issu du développement centrifuge de la membrane rhizogène. Ces faisceaux surnuméraires s'y disposent en cercles successifs d'autant plus jeunes qu'ils sont plus extérieurs.

Dans tous les cas, ces formations nouvelles se produisent symétriquement autour du centre,

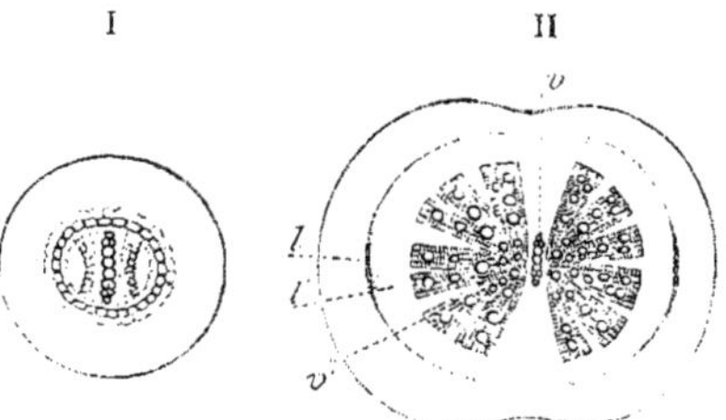

Fig. 117 D. — Sections transversales d'une racine adventive de Capucine (*Tropæolum majus*) : I, avant l'apparition des productions secondaires, II, après la formation des deux faisceaux libéroligneux secondaires.

de sorte que la symétrie par rapport à l'axe, que la racine possédait dans sa période primaire, se conserve dans la suite de son développement.

Tels sont les caractères différentiels que présente la structure de la racine dans les trois grandes divisions des plantes vasculaires. On voit qu'il a fallu les tirer non de l'organisation fonda-

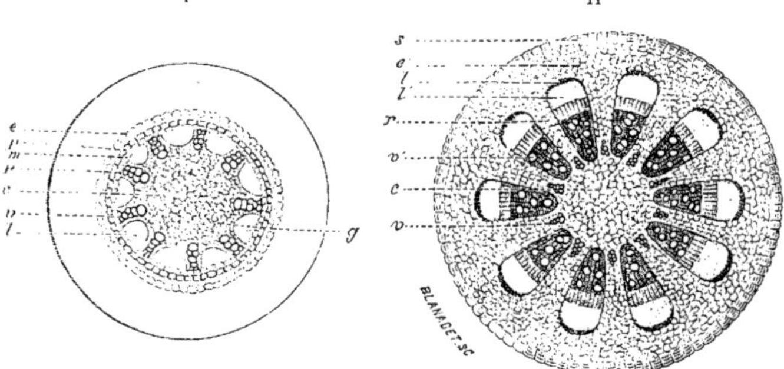

Fig. 117 E. — Sections transversales d'une racine adventive de Courge (*Cucurbita maxima*) : I avant le début des formations secondaires, II, après le développement des faisceaux libéroligneux et l'exfoliation du parenchyme cortical primaire, qui est remplacé par le parenchyme cortical secondaire *c'*, et par la couche subéreuse *s* ; mêmes lettres que dans les figures précédentes.

mentale elle-même, tant elle est constante et uniforme, mais des phénomènes ultérieurs du développement. C'est le lieu et le mode de formation des radicelles, ainsi que leur mode d'orientation quand elles sont binaires, qui caractérise les Cryptogames vasculaires par rapport aux Phanérogames. C'est la production constante de faisceaux libéroligneux secondaires qui distingue les Dicotylédones, y compris les Gymnospermes, des Monocotylédones.

Ajoutons, pour terminer, que tous les tissus qui entrent dans l'organisation primaire de la

radicaux et prennent l'aspect de véritables racines ; on ignore si elles se revêtent
en même temps d'une coiffe ; ces espèces-là sont dépourvues de vraies racines.
MM. Nægeli et Leitgeb ont montré que les racines apparentes du *Psilotum
triquetrum* ne sont que des branches souterraines, qui laissent encore apercevoir plus ou moins nettement des traces de feuilles ; elles ressemblent, il est
vrai, aux vraies racines par la disposition intérieure de leurs tissus et par leurs
fonctions, mais elles manquent de coiffe, et quand elles sont amenées à la lumière au-dessus du sol, elles se développent à la manière des autres branches
feuillées. Les mêmes observateurs ont rencontré aussi dans les *Selaginella* des
axes dépourvus de feuilles, qu'ils appellent porte-racines ; ils s'allongent vers
ebase et n'acquièrent de coiffe que quand ils ont touché le sol (voir livre II, Lycopodiacées).

Il y a donc, même dans les plantes dont les membres sont très-différenciés,
des formes de transition entre les racines et les branches. Mais le thalle des
Algues est souvent aussi fixé à son support par des crampons qui ressemblent
aux racines par leur aspect et par certaines propriétés physiologiques, et cela a
lieu, non-seulement dans les grandes Fucacées et Laminaires, mais encore
dans des Algues unicellulaires comme les *Vaucheria* et les *Caulerpa*.

Au point de vue de la théorie de la descendance des êtres, qui sera exposée à la fin de ce Traité, il est de la plus haute importance de savoir que
les membres de la plante les plus différents sous les rapports morphologique
et physiologique sont reliés par des formes de transition, et que notamment
les thalles rameux des Algues fournissent les points de départ de toutes les
différenciations qui se produisent dans les plantes supérieures. Des différences qui, dans les diverses ramifications du thalle des Algues, ne sont
que faiblement et vaguement indiquées, s'accusent de plus en plus dans les
plantes supérieures ; et inversement, ce que nous pouvons définir très-nettement dans les plantes vasculaires flotte indistinct quand nous considérons
les plus simples Thallophytes. Plus on cherche à imposer aux diverses formes des définitions tranchées, plus on se convainc que toute définition, toute
délimitation est arbitraire et que la nature marche pas à pas de l'indistinct
au différent, pour s'élever ensuite de simples différences à des contrastes et
à des oppositions.

racine sont susceptibles de présenter de nombreuses modifications et différenciations de second
ordre, notamment des différences de nombre et de quantité qui se manifestent de la même manière, entre les mêmes limites et sous l'influence des mêmes causes dans les trois embranchements. De leur côté, les formations secondaires qui caractérisent les Dicotylédones et les Gymnospermes sont une source d'innombrables variations, et c'est dans l'étude particulière de ces
modifications qu'il faut chercher les caractères anatomiques des familles et des genres de ces
deux grandes divisions.

Pour l'exposition détaillée de la structure de la racine, voir Ph. Van Tieghem : Recherches
sur la symétrie de structure des plantes vasculaires. Introduction et premier mémoire : La Racine (Ann. des sc. nat., 5e série XIII, 1871).   (*Trad.*)

§ 24.

Diversité d'origine des membres équivalents (1).

Succession homogène et hétérogène des membres : ramification et formation nouvelle. — Les divers membres du corps de la plante procèdent l'un de l'autre. Le membre produit peut être de même nature que le membre producteur, ou homogène; il peut être de nature différente, ou hétérogène. Dans le premier cas, on désigne habituellement la genèse des nouveaux membres sous le nom de *ramification*, dans le second sous le nom de *formation nouvelle*. Ainsi, par exemple, la racine se ramifie quand elle produit de nouvelles racines, la branche quand elle forme de nouvelles branches, le thalle quand il engendre de nouveaux thalles ; dans le même sens on doit dire aussi que la feuille se ramifie quand elle développe des folioles latérales. D'un autre côté, la tige produit des feuilles, des racines et des poils ; la feuille développe quelquefois des branches feuillées et des racines, très-souvent des poils ; la racine et le thalle (Mousses) peuvent former des branches feuillées.

Et comme les membres de nature morphologique dissemblable, la tige, la feuille, la racine, le poil, ne diffèrent pas d'une manière absolue, mais seulement par degrés, la distinction entre la ramification et la formation nouvelle, entre la genèse homogène ou hétérogène des membres doit être comprise non comme une opposition absolue, mais comme une différenciation graduellement accusée des membres qui proviennent les uns des autres.

Poussée latérale et dichotomie. — La naissance des nouveaux membres peut être amenée soit par poussée latérale, soit par dichotomie terminale. Il y a poussée latérale quand le membre producteur, poursuivant son accroissement longitudinal par son sommet, développe au-dessous de ce sommet des excroissances qui, au moment de leur apparition, sont plus faibles que la partie du membre producteur située au-dessus d'elles. Il y a dichotomie, au contraire, ou plus rarement polytomie, quand l'accroissement longitudinal du membre cesse à son sommet et qu'il se forme sur la surface terminale, l'un à côté de l'autre, deux ou un plus grand nombre de sommets nouveaux, qui sont, au moins au début, d'égale dimension et se développent en divergeant.

La poussée latérale peut engendrer des membres de même nature que le membre producteur, ou des membres de nature différente. Ainsi, de la tige procèdent par poussée latérale des feuilles, des racines, des poils et des branches ; de la feuille des folioles, des segments, des lobes, des poils, par-

<hr>

(1) Voir les ouvrages cités dans les parag. précédents et de plus : H. v. Mohl, Linnæa 1837, p. 487. — Trécul, Ann. des sc. nat. 1847, VIII, p. 268. — Peter-Petershausen : Beiträge zur Entwickelungsgeschichte der Brutknospen. Hameln, 1869. — Braun et Magnus : Verhandl. des bot. Vereins der Prov. Brandenburg, 1871 (über Oaniopsis).

fois aussi des branches feuillées et même des racines. La dichotomie, au contraire, ne forme jamais que des membres de même nature que le membre producteur; ainsi les membres issus par la dichotomie d'une racine sont toujours deux racines, par la dichotomie d'une branche deux branches, par la dichotomie d'une feuille deux feuilles. La dichotomie est donc toujours une ramification, dans le sens restreint que nous donnons à ce mot.

La ramification dichotomique est très-répandue dans les Thallophytes, notamment chez les Algues et chez les Hépatiques inférieures ; on ne la rencontre qu'exceptionnellement dans les Phanérogames; parmi les Cryptogames vasculaires, elle paraît se montrer dans les Fougères, par exemple dans les feuilles du *Platycerium alcicorne*, mais surtout elle est le seul mode de ramification dans toutes les branches et dans toutes les racines des *Selaginella, Lycopodium, Isoetes.* Pour plus de détails sur la ramification latérale et sur la dichotomie, voir la fin de ce paragraphe et le § 25.

Origine exogène ou endogène des membres latéraux. — L'origine des membres issus de poussée latérale, des membres latéraux, qu'ils soient ou non de même nature que le membre producteur, est tantôt exogène, tantôt endogène. Elle est exogène, quand ils sont formés par l'excroissance latérale soit d'une cellule superficielle, soit d'un ensemble de cellules superficielles ; tels sont toutes les feuilles, tous les poils et la grande majorité des branches feuillées normales. Elle est endogène, quand le membre nouveau est à sa première apparition recouvert par une couche du tissu du membre producteur; telles sont toutes les racines, toutes les branches latérales des *Equisetum*, et les branches feuillées issues de bourgeons adventifs.

Répétition des membres latéraux. — Les membres latéraux, quelle qu'en soit la nature, se forment presque toujours en grand nombre le long du membre qui les porte et ils s'y répètent régulièrement, parce que ce membre continue à s'allonger suivant un axe le long duquel se reproduisent régulièrement les circonstances qui provoquent la formation d'excroissances similaires et équivalentes. Ainsi la tige, aussi longtemps que son sommet s'accroît, produit successivement et en grand nombre des feuilles, des poils, souvent aussi des racines et des branches latérales ; la racine forme progressivement de nombreuses radicelles, et les feuilles qui se ramifient développent le plus souvent plusieurs folioles ou segments. Si l'accroissement terminal cesse de bonne heure, le nombre des membres latéraux se trouve très-limité; ainsi la courte tige principale du *Welwitschia mirabilis* ne porte que deux feuilles. D'un autre côté, quand l'accroissement longitudinal de la tige est très-lent, il arrive parfois qu'elle ne forme aucune branche latérale, comme dans les *Isoetes, Botrychium* et *Ophioglossum.*

Disposition relative des membres latéraux. — Un membre producteur peut engendrer ses membres latéraux équivalents entre eux de telle manière qu'il n'y en ait qu'un ou qu'il y en ait plusieurs à chaque niveau. Dans le premier cas, les membres latéraux répétés sont dits *isolés*, dans le second cas tous ceux qui sont situés au même niveau forment un *verticille*. Les feuilles se présentent souvent en verticilles, les branches plus rarement, les racines quelquefois, notamment sur les racines principales des Phanérogames. Les membres d'un même verticille peuvent être nés en même temps, être contemporains, comme les pétales et les étamines de beaucoup de fleurs, et les feuilles verticillées de beaucoup de Phanérogames ; mais ils peuvent aussi naître l'un après l'autre comme dans les Characées et les *Salvinia*. Il y a de vrais et de faux verticilles. Un verticille est vrai, quand la zone transversale du membre producteur où s'insèrent les membres latéraux est transversale dès l'origine, comme dans les plantes que nous venons de nommer et dans beaucoup de fleurs. Il est faux, au contraire, quand cette zone transversale, oblique à l'origine, n'est devenue telle que par une déformation et un accroissement inégal de l'axe ; il en est ainsi dans les *Equisetum*, où les feuilles, les racines et les branches naissent sur des zones transversales, qui de leur côté se forment par le déplacement de trois segments successifs de la tige (1).

Distinction des membres latéraux en normaux et adventifs. — Les membres latéraux semblables et équivalents naissent ordinairement sur l'axe commun en direction acropète ou basifuge, c'est-à-dire que tout membre plus jeune est plus voisin du sommet que tout membre plus âgé, et qu'en comptant les membres de bas en haut, on les énumère par rang d'âge. Les membres latéraux qui naissent suffisamment près du sommet végétatif sont toujours, paraît-il, acropètes. Mais cette succession s'altère quand l'accroissement terminal cesse et qu'il se forme plus tard au-dessous du sommet de nouveaux tissus par accroissement intercalaire, comme cela a lieu dans beaucoup de fleurs ; nés à une certaine distance du sommet végétatif du membre producteur, les membres latéraux sont quelquefois mais pas toujours acropètes. Comme la ramification et la formation nouvelle de membres latéraux sur le point végétatif a lieu dans presque toutes les plantes et que, par sa répétition régulière en des points déterminés de l'axe végétatif, elle détermine l'architecture de la plante, on peut la regarder comme *normale*, par opposition à la production de membres latéraux qui a lieu sur les parties âgées, loin du sommet et sans ordre déterminé et qu'on appelle *adventive*. Ces membres latéraux adventifs sont indifférents pour l'architecture de la plante, ils sont surnuméraires, bien que leur importance physiologique soit souvent très-grande.

Les branches adventives naissent le plus souvent à l'intérieur de la tige, de la feuille ou de la racine qui les produisent, et au contact des faisceaux fibrovasculaires de ce membre ; elles sont par conséquent endogènes. Cependant il ne faudrait pas en conclure que toute branche endogène est adventive ; ainsi tous les rameaux des Prêles sont endogènes, mais nullement adventifs, puisqu'ils sont produits dans le méristème primitif sous le sommet de la branche mère et dans un ordre parfaitement déterminé. Ainsi encore toutes les racines ne sont pas adventives, bien que toutes naissent dans l'intérieur d'une tige, d'une feuille ou d'une racine ; c'est seulement quand elles apparaissent sur des parties âgées, qu'elles sont adventives ; lorsqu'elles naissent immédiatement au-dessous de la pointe végétative d'une racine mère ou d'une tige,

(1) Les trois segments qui forment le pourtour de la tige sont placés à l'origine, à diverses hauteurs, mais plus tard ils se disposent en une zone transversale, comme l'a montré M. Rees, et cette zone forme un bourrelet annulaire qui est le début du verticille de feuilles. (Voir livre II, Equisétacées.)

elles se succèdent en ordre rigoureusement acropète, et ne sont par suite en aucune façon adventives.

Si un membre, une fois formé, s'accroît par une zone basilaire et produit sur cette zone de nouveaux membres latéraux, ces membres peuvent alors être disposés en ordre basipète, c'est-à-dire que tout membre latéral plus jeune est plus rapproché de la base que tout membre latéral plus âgé. Il en est ainsi, d'après Mettenius, pour les sporanges qui se développent sur la columelle des Hyménophyllacées, et pour les segments des feuilles des *Myriophyllum*.

Pousse principale et pousses latérales de génération successive ; bourgeons reproducteurs. — Dans les plantes supérieures, toutes les fois qu'il se forme un nouvel individu destiné à une vie autonome et durable, il se constitue d'abord un axe feuillé, une pousse, de laquelle naissent ensuite des racines, des poils et des pousses latérales. Dans toutes les plantes vasculaires, cette première pousse, la tige principale et ses feuilles, procède immédiatement de l'embryon issu de la fécondation, et il semble que cet embryon, même quand il n'offre à l'extérieur aucune trace de division en membres, doive déjà être considéré comme une tige primaire (1). Dans les Mousses, au contraire, l'embryon issu de la fécondation se transforme en ce qu'on appelle le fruit des Mousses, c'est-à-dire en un corps dépourvu de feuilles, de racines et de branches, et dont le rôle se borne à former les spores ; c'est seulement plus tard, quand une branche du protonéma confervoïde issu de ces spores a produit une pousse feuillée qui se ramifie, s'enracine par des poils radicaux et se nourrit d'une manière indépendante, c'est seulement alors que le nouveau plant de Mousse est constitué.

La pousse première née, ou primaire, d'où procèdent ensuite toutes les autres pousses et toutes les racines, sera appelée pousse principale et son axe tige principale, si elle se développe plus vigoureusement que toutes ses pousses latérales, comme c'est le cas dans la plupart des Fougères, Cycadées, Conifères, Palmiers et Amentacées. Cette tige principale produit des branches latérales de premier ordre, celles-ci des branches de second ordre, et ainsi de suite. Cependant il arrive souvent, et dans toutes les classes de plantes, que des pousses latérales deviennent indépendantes, s'enracinent et se séparent de la pousse principale ; elles prennent alors les propriétés de cette pousse principale et peuvent désormais être considérées, au même titre qu'elle, comme autant de pousses principales. Il arrive aussi que la pousse primaire elle-même s'atrophie de bonne heure, mais en produisant de nouvelles générations de pousses qui, progressivement, deviennent de plus en plus vigoureuses, comme dans beaucoup de plantes bulbeuses et tuberculeuses.

Les pousses qui se séparent de la plante mère, dans un état peu avancé de développement, à l'état de bourgeons, pour se nourrir ensuite en liberté, continuer à croître et répéter enfin tous les caractères de la pousse principale, sont appelées *bourgeons reproducteurs*. Souvent ce sont des bourgeons adventifs ; mais des bourgeons normaux par leur mode de formation et leur

---

(1) Voir à ce sujet ce qui est dit des Rhizocarpées et des Angiospermes au livre II.

situation peuvent aussi devenir des bourgeons reproducteurs, comme sont les bulbilles de certaines espèces d'*Allium*.

Ayant déjà expliqué en détail les caractères les plus importants de l'origine des feuilles, des racines, et des poils (§ 20, 21, 22), il nous suffira maintenant d'examiner d'un peu plus près les diverses origines des pousses feuillées.

Production d'axes feuillés sur un thalle. — La formation d'axes feuillés sur un thalle, sans l'intermédiaire d'un œuf, ne se rencontre que dans les Muscinées, et en particulier dans les Mousses. Des spores de ces plantes, comme aussi de leurs poils radicaux et d'autres parties de leur substance, s'échappent des filaments confervoïdes, articulés, qui s'allongent par leur sommet, et se ramifient (fig. 118 *n*, *n*). Ces filaments se nourrissent pour leur

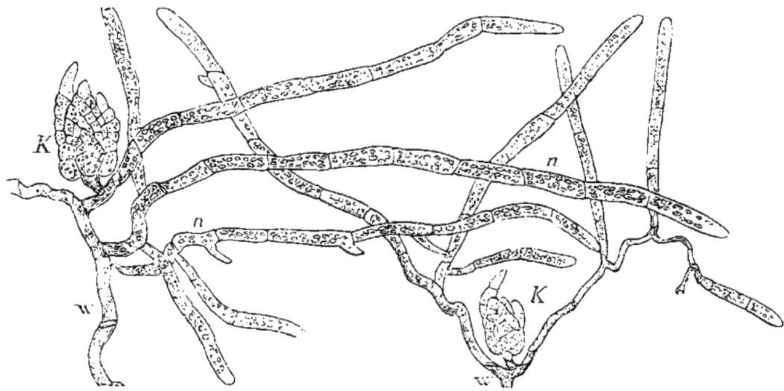

Fig. 118. — *Mnium hornum* (30) ; *w*, *w*, portion de poils radicaux de plantes développées, lesquelles, à la suite du renversement de l'îlot, ont produit dans l'air humide les filaments de protonéma *n*, *n* ; sur ces filaments se forment les bourgeons *K*, *K*.

compte et mènent pendant longtemps une existence indépendante ; puis, tôt ou tard ils produisent, ordinairement à la base de certaines branches allongées, de courts rameaux latéraux. La cellule terminale de ces derniers, qui partout ailleurs produit les articles successifs du filament en se divisant par des cloisons transverses, se partage ici par des cloisons obliques et constitue bientôt une cellule terminale de tige ordinaire, en forme de pyramide à trois faces, et dont les segments obliques se développent aussitôt en feuilles. Ainsi naissent des bourgeons brièvement pédicellés (*K*, *K* fig. 118), qui s'enracinent aussitôt par des poils radicaux et s'allongent en autant de petites tiges de Mousse.

Production d'axes feuillés sur une feuille. — Dans les Fougères, on voit souvent naître des pousses feuillées sur les feuilles, notamment quand la tige se ramifie peu ou point, comme dans les *Aspidium filix-mas*, *Asplenium filix-fœmina*, *Pteris aquilina*, etc. Dans ces espèces, des bourgeons isolés s'échappent de la partie inférieure des pétioles, à une distance plus ou moins grande de l'insertion. Dans d'autres genres, c'est le limbe qui produit de nombreux bourgeons situés d'ordinaire à l'aisselle des segments, comme dans les *Asplenium decussatum* (fig. 119), *Aspl. Bellangeri*, *Aspl. caudatum*, *Ceratopteris thalictroïdes*, ou portés par la surface même de la feuille comme dans l'*Asple-*

nium furcatum, etc. Dans tous ces cas, les bourgeons produits par les feuilles sont d'origine exogène, et ceux que portent les pétioles des espèces nommées en premier lieu se forment déjà de bonne heure, lorsque les feuilles sont encore très-jeunes, aux dépens de certaines de leurs cellules superficielles isolées (1). Ces pousses s'enracinent déjà quand elles tiennent encore à la feuille mère, dont elles se séparent ensuite tôt ou tard. Dans les *Aspidium filix-mas* et *Pteris aquilina*, cette mise en liberté n'a lieu souvent qu'après plusieurs années, quand les bourgeons ont beaucoup grossi et que la base de la feuille mère se détruit et meurt.

Les Phanérogames développent aussi, quoique plus rarement, des bourgeons sur leurs feuilles. Les plus connus sont ceux qui apparaissent fréquemment aux échancrures marginales des feuilles du *Bryophyllum calycinum* ; on les voit naître, d'après M. Hofmeister (2), au fond des incisions du limbe, bien avant l'épanouissement complet de la feuille, sous la forme de petites masses de parenchyme primitif. D'après M. Pringsheim (3), l'*Utricularia vulgaris*, plante submergée, produit sur ses feuilles des pousses exiguës situées le plus souvent près des angles formés par les ramifications de la feuille. Dans les

Fig. 119. — *Asplenium decussatum* ; partie médiane d'une feuille développée, dont la nervure médiane *st* porte les segments *l, l* ; à la base d'un de ces segments est le bourgeon *K*, qui a déjà aussi développé une racine (grand. nat.).

deux cas ces pousses sont d'origine exogène. Sous ce rapport, on ne sait rien encore des bourgeons portés par les feuilles des *Atherurus ternatus*, et *Hyacinthus Pouzolsii* (Döll, Flora von Baden, 348).

Production d'axes feuillés sur les racines jeunes. — Les bourgeons adventifs qui se développent sur les racines jeunes sont toujours endogènes et naissent au voisinage des faisceaux fibro-vasculaires ou dans le cambium ; il en est ainsi dans les *Ophioglossum*, *Epipactis microphylla*, *Linaria vulgaris*, *Cirsium arvense*, *Populus tremula*, *Pyrus Malus* (d'après M. Hofmeister).

Bourgeons adventifs formés sur les parties âgées. — Enfin, dans certaines circonstances particulières, il se développe des bourgeons adventifs endogènes sur des feuilles âgées et séparées de la tige, ainsi que sur des fragments âgés de tige et de racine, notamment quand ces parties sont tenues dans un lieu humide et sombre. C'est sur cette propriété que repose la multiplication de beaucoup de plantes dans les jardins, par exemple celle des *Begonia* par leurs

(1) Hofmeister : Beiträge zur Kenntniss der Gefäss-Kryptogamen, II. Leipzig, 1857.
(2) Hofmeister : Handbuch der allgem. Morphol., p. 423.
(3) Pringsheim : Zur Morphologie der Utricularien, Monatsberich. der k. Akad. der Wiss. Berlin, 1869.

feuilles, des *Marattia* par leurs épaisses folioles, etc. Même sur de vieilles tiges de plantes ligneuses il peut se développer parfois une multitude de bourgeons adventifs ; ainsi, quand on coupe une pareille tige à ras de terre, il se forme entre l'écorce et le bois un bourrelet qui produit une masse de bour-

Fig. 120. — *Equisetum arvense;* section longitudinale d'un bourgeon souterrain au mois de mars ; *ss*, la cellule terminale de la tige, *b* à *₉b* ses feuilles ; *K, K'*, deux bourgeons latéraux endogènes atteints par la section. Mais ces bourgeons se retrouvent de plus en plus jeunes jusqu'en *b''*, et probablement ils sont déjà formés encore plus haut (50).

geons. Les branches qui s'échappent de vieilles tiges dicotylédones ou monocotylédones ne sont cependant pas le plus souvent de vraies pousses adventives ; elles proviennent de bourgeons normaux exogènes, âgés, demeurés longtemps à l'état de repos, et qui se sont constitués de très-bonne heure à l'aisselle des feuilles, quand la tige elle-même était encore à l'état de bourgeon. Pendant l'accroissement en épaisseur de la tige, ils se sont trouvés enveloppés par l'écorce et ont mené une existence misérable jusqu'à ce que quelque circonstance favorable, par exemple l'ablation de la tige au-dessus d'eux, leur ait permis de prendre un vigoureux accroissement (M. Hartig).

Absence totale de bourgeons dans les Isoëtes. — Dans le genre *Isoëtes*, la pousse feuillée provient toujours et exclusivement d'une oosphère fécondée, c'est-à-dire d'un embryon, car ces plantes ne forment ni bourgeons normaux sur leur tige, ni bourgeons adventifs sur la tige, la feuille ou la racine ; elles sont dépourvues de toute espèce de bourgeons.

Bourgeons normaux endogènes des Equisetum. — C'est surtout dans les *Equisetum* que l'on rencontre une production normale endogène de pousses latérales, aux dépens du méristème primitif du point végétatif ; partout ailleurs elle est exogène. Les Prêles se trouvent sous ce rapport complétement isolées dans le règne végétal. A l'exception de la faible pousse primaire qui procède de l'embryon, toutes leurs pousses latérales sont d'origine endogène (Fig. 120, *K, K'*). Ces pousses se développent, aux dépens d'une seule cellule, à l'intérieur du tissu de la tige au voisinage du point végétatif, un peu après les plus jeunes bourrelets foliaires, et, pour paraître au dehors, elles percent plus tard la base des gaînes foliaires plus âgées.

A cette seule exception près, tous les bourgeons normaux produits dans le cône végétatif de la pousse mère ou dans son voisinage sont d'origine exogène, comme les feuilles (1).

Relations des rameaux normaux avec les feuilles du même axe. — Les pousses latérales ou rameaux qui se développent normalement au sommet végétatif d'une pousse mère ou branche, se succèdent toujours en direction

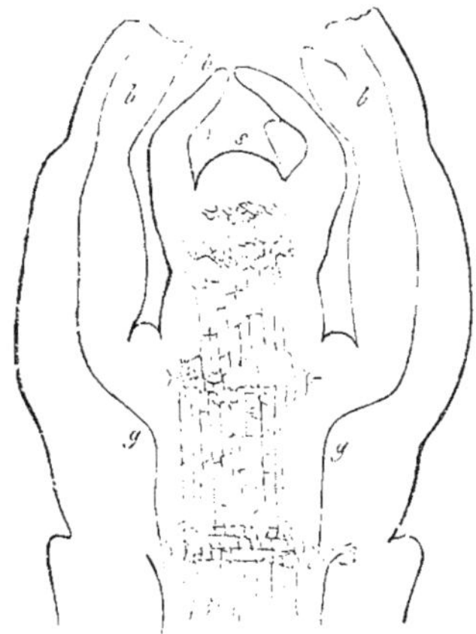

Fig. 121. — Coupe longitudinale de la région terminale d'une pousse, de *Clematis apiifolia* ; s, sommet de la tige ; *b, b,* feuilles ; *g, g,* les plus jeunes linéaments des vaisseaux spiralés, s'incurvant sans discontinuité de la tige dans les feuilles.

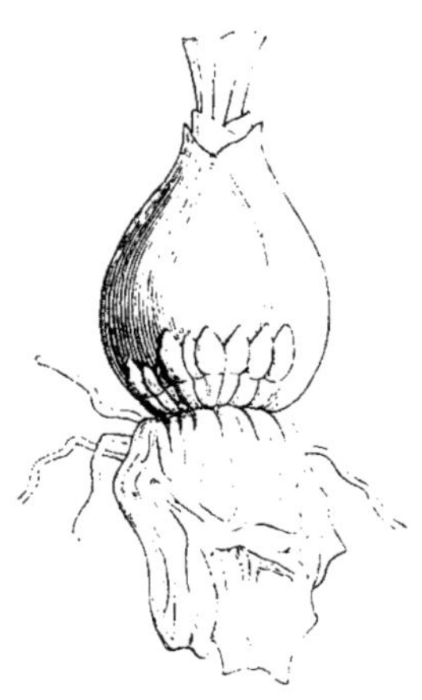

Fig. 122. — Bulbe de *Muscari botrioïdes* : une écaille ou feuille inférieure du bulbe est rabattue pour montrer les nombreux bourgeons collatéraux qu'elle porte à son aisselle.

acropète, comme les feuilles de cette branche, avec lesquelles elles présentent divers rapports de nombre, d'âge et de position.

Relations de nombre. — Les relations de nombre que présentent les pousses latérales par rapport aux feuilles insérées avec elles sur l'axe commun peuvent être diverses, parce que le nombre des pousses peut être le même que celui des feuilles ou être différent. Si le nombre est différent, il naît d'habitude sur l'axe plus de feuilles que de rameaux, beaucoup plus par exemple dans les Mousses, Fougères, Rhizocarpées, Cycadées et Conifères. Tantôt un rameau ne se forme qu'après qu'il s'est développé un nombre de feuilles parfaitement déterminé, comme dans beaucoup de Mousses et certaines Fougères ; tantôt la formation

(1) M. Leitgeb a fait connaître récemment la formation de rameaux endogènes chez les Hépatiques. Dans un grand nombre de Jungermanniées, notamment dans les espèces qui appartiennent à la famille des Trichomanoïdées, les branches sexuées sont d'origine endogène. On trouve l'analogue de ce fait, parmi les Phanérogames, dans les inflorescences endogènes des Balanophorées et des Orobanches. Les cellules internes qui produisent ces branches existent déjà dans le méristème primitif du cône végétatif, où elles occupent des positions bien déterminées (*Mastigobryum, Lepidozia, Calypogeia*). Enfin la ramification ordinaire de beaucoup d'espèces de *Jungermannia* se fait vraisemblablement par formation exclusive de branches endogènes. (H. Leitgeb : Ueber endogene Sprossbildung bei Lebermoosen, Botanische Zeitung, 1872.)

(Trad.)

des pousses latérales n'a lieu que lorsque la pousse principale cesse momentanément de s'allonger et de produire des feuilles, comme dans le genre *Abies*, pour se trouver plus tard de nouveau suspendue.

Quand les feuilles sont verticillées, le nombre des rameaux peut être égal à celui des feuilles comme dans les *Equisetum*, mais il peut aussi être plus petit comme dans les Characées.

Il est rare que le nombre des rameaux soit plus grand que celui des feuilles; cela se voit dans quelques Monocotylédones et Dicotylédones, où il s'échappe souvent au-dessus de chaque feuille deux bourgeons, ou même un plus grand nombre de bourgeons collatéraux (fig. 122), ou superposés (*Aristolochia Sipho*, *Gleditschia*, etc.).

Dans la plupart des Monocotylédones et des Dicotylédones, si l'on fait abstraction des rameaux floraux, le nombre des branches d'une tige égale au début celui des feuilles qu'elle porte; mais d'ordinaire un petit nombre seulement de ces branches sont douées d'un développement ultérieur.

Relations de position. — Il y a des relations dans l'espace entre l'origine des feuilles et celle des rameaux normaux produits par une pousse mère commune, car dans toute plante, et souvent même dans des classes tout entières de plantes, ces rameaux affectent une disposition constante par rapport à ces feuilles ; ils se produisent soit au-dessous des feuilles, soit à côté, soit au-dessus.

Les rameaux naissent *sous* les feuilles dans les Hépatiques des genres *Radula* et *Lejeunia* et probablement dans toutes les Mousses, d'après les délicates recherches de M. Leitgeb (1). Le rameau y naît en effet, comme le montre la figure 106 *z*, de la partie inférieure d'un des segments de la tige, segment dont la partie supérieure s'est développée en une feuille ; dans les *Fontinalis* c'est exactement au-dessous de la ligne médiane de la feuille, dans le plan qui la partage en deux moitiés symétriques ; dans les *Sphagnum* c'est de côté, au-dessous d'une des moitiés de la feuille.

D'après le même observateur (2), dans beaucoup d'Hépatiques de la section des Jungermanniées (*Frullania*, *Madotheca*, *Mastigobryum*, *Jungermannia trichophylla*), c'est à la place d'une moitié de la feuille, *à côté* de la moitié qui reste, que se développe le rameau latéral. D'autre part, si l'on considère chaque dent de la gaine foliaire des Prèles comme une feuille, les bourgeons naissent à côté de ces feuilles et alternent avec elles, car ils percent la gaine foliaire exactement au milieu des intervalles des dents.

Dans les *Chara*, les Monocotylédones et les Dicotylédones, c'est de l'aisselle des feuilles, c'est-à-dire *au-dessus* d'elles, dans l'angle aigu formé par la feuille et la tige, que s'échappent les branches normales (Fig. 121 et 123). Ordinairement il ne s'en forme qu'une au-dessus du milieu de l'insertion, ou bien deux ou trois superposées. Parfois cependant il s'en développe plusieurs côte à côte, une au-dessus du milieu de l'insertion, les autres à gauche et à droite de ce point, comme dans les bulbes de *Muscari* (fig. 122) et comme les fleurs à l'ais-

---

(1) Leitgeb : Beiträge zur Entwickelungsgeschichte der Pflanzenorgane, dans Sitzunsbericht. der k. Akad. der Wiss. Wien, 1868, 57 et 1869, 59.— Bot. Zeit. 1871. Pour plus de détails sur ce point voir livre II, Mousses.

(2) Leitgeb : Botan. Zeitung, 1871, p. 563.

selle des bractées chez les *Musa*. De pareilles branches s'appellent pousses ou rameaux axillaires. La ramification des Monocotylédones et des Dicotylédones est donc, à peu d'exceptions près (et encore sont-elles douteuses), axillaire.

Relations d'âge. — Abstraction faite de quelques inflorescences de Phanérogames, la règle générale qui domine les relations d'âge entre les rameaux et les feuilles du même axe est la suivante : *les rameaux normaux naissent plus tard que les plus jeunes feuilles* (1). Il en est ainsi dans les Characées,

Fig. 123. — Région terminale d'une pousse principale de *Dictamnus Fraxinella*, vue d'en haut ; *s*, sommet de la pousse principale ; *b*, *b*, *b*, les jeunes feuilles, *k*, *k*, leurs bourgeons axillaires ; les deux feuilles les plus jeunes n'ont pas encore de bourgeons à leur aisselle.

Fig. 124. — Jeune inflorescence d'*Isatis tinctoria*, vue d'en haut ; *s*, sommet de l'axe d'inflorescence ; au-dessous de lui s'échappent, en verticilles quaternaires, les bourgeons floraux dont les plus jeunes sont encore à l'état de simples protubérances sans feuilles.

les Mousses (d'après M. Leitgeb), les *Equisetum*, les pousses végétatives et la plupart des inflorescences des Phanérogames, comme le montrent les figures 106, 107, 109, 120, 121, 123.

Dans les Mousses il est bien évident, d'après ce que nous avons dit tout à l'heure, que les plus jeunes rameaux sont plus éloignés du sommet que les plus jeunes feuilles. Dans les autres groupes cités, on pourrait imaginer un rapport inverse ; cependant, il arrive ici aussi que les plus jeunes bourgeons sont presque toujours plus éloignés du sommet que les plus jeunes feuilles, ou, en d'autres termes, entre le plus jeune rameau et le sommet, il y a encore les plus jeunes feuilles. Quand le rameau est axillaire, il est facile de concevoir que, si la formation des feuilles vient à cesser, le plus jeune rameau sera rencontré au-dessus de la plus jeune feuille, mais cela ne signifiera nullement qu'il soit né avant elle.

Si les feuilles produites sont extrêmement réduites, comme dans l'inflorescence des Graminées et de certaines Papilionacées (*Amorpha fruticosa*), les rameaux pourront être observables plus tôt que les feuilles dont ils occupent

---

(1) M. Hofmeister affirme, il est vrai, le contraire (Allgemeine Morphologie, 1868, p. 911). Mais depuis lors M. Leitgeb a démontré que les Mousses font exception à la règle posée par M. Hofmeister, et, de mon côté, je trouve partout, dans les rameaux végétatifs et dans beaucoup d'inflorescences de Phanérogames, des jeunes feuilles au-dessus des plus jeunes bourgeons axillaires.

l'aisselle; la même chose a lieu, d'après M. Hofmeister, chez les *Casuarina*, *Dianthus*, *Orchis*, *Morio* et *Salix* (1). Enfin, dans les Crucifères, les rameaux floraux s'échappent de l'axe principal sans qu'il se forme de bractées ni avant ni après eux (fig. 124). Mais comme, dans la grande majorité des Phanérogames, tous les rameaux sont axillaires et postérieurs aux feuilles correspondantes, nous pouvons, en nous reportant aux principes de la théorie de la descendance, regarder les exceptions qui précèdent comme de faible importance. Les feuilles dont il s'agit ici, les bractées, perdent en effet leur signification physiologique, deviennent inutiles, et enfin disparaissent tout à fait; or, dans ces circonstances, le caractère morphologique qui est commun à tout un groupe de plantes se trouve ordinairement altéré dans quelques cas particuliers.

Distinction entre la ramification latérale et la dichotomie. — Déjà ce seul fait, que les rameaux naissent habituellement à une plus grande distance du sommet que les plus jeunes feuilles, suffit à les distinguer des branches dichotomiques qui doivent nécessairement apparaître au-dessus des plus jeunes feuilles. Mais, même quand la formation de la feuille ne devient observable qu'après celle du rameau correspondant, comme dans les inflorescences des Graminées, ou quand cette formation n'a pas lieu, comme dans les Crucifères, il est impossible de confondre la ramification latérale avec la dichotomique. La distinction est facile lorsque, comme cela a lieu dans les cas précédents, le cône végétatif dépasse notablement les plus jeunes rameaux et continue à s'accroître en ligne droite (fig. 107, 109). Elle est plus facile encore quand l'axe générateur se termine par une large face plane, comme dans les jeunes capitules des Composées; en effet, les rameaux, c'est-à-dire les fleurs, y sont si petits relativement à la branche mère, si éloignés au début de son sommet qui est le centre de la surface terminale, et si régulièrement disposés en tous sens autour de lui, que la branche mère se reconnaît avec évidence pour être le centre indépendant de toutes ces formations nouvelles. C'est le propre de la dichotomie, au contraire, que la branche mère cesse d'exister comme telle en formant à sa place deux branches également vigoureuses, tout au moins au début, et qui continuent l'accroissement longitudinal dans deux directions divergentes.

Si l'on voulait embrasser la ramification latérale du point végétatif et la dichotomie de son sommet dans une seule et même expression, pour distinguer cette formation de branches initiales des formations de branches ultérieures qui ont lieu sur des parties âgées de la plante, tiges, feuilles ou racines, il conviendrait d'employer le terme *ramification terminale*, que j'ai déjà employé dans ce même sens dans la première édition de ce Traité.

____

(1) Est-ce dans l'axe d'inflorescence ou dans les rameaux végétatifs?

§ 25.

Diverse capacité de développement des membres d'un système ramifié (1).

La ramification produit, nous l'avons vu, des systèmes de membres de même nom ; par elle une racine devient un système de racines, une branche, un système de branches, et quand une feuille se ramifie, elle devient une feuille composée, pennée ou palmée, une feuille séquée, partite, lobée, incisée, etc. Nous devons maintenant chercher à connaître les relations de forme les plus importantes d'un pareil système, en nous bornant pour le moment à considérer la grandeur relative et la capacité de développement des branches de divers ordres qui le composent. Nous pouvons ici laisser entièrement de côté les branches adventives, car il est bien évident qu'elles ne prennent aucune part à l'architecture de l'ensemble. Nous n'avons donc à nous occuper que des ramifications qui s'opèrent à l'extrémité végétative de la branche, de la feuille et de la racine, c'est-à-dire des ramifications terminales.

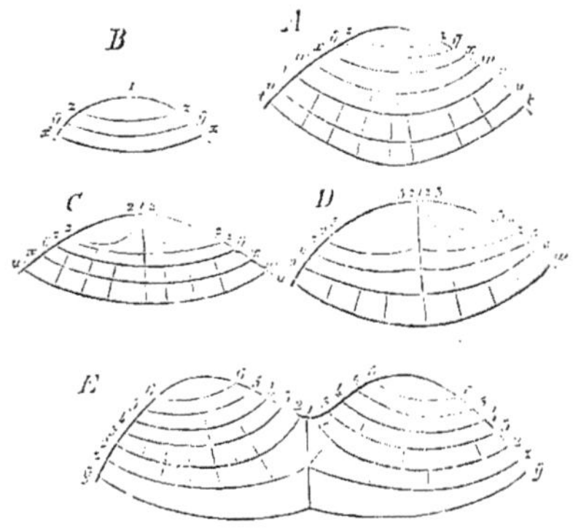

Fig. 125. — Dichotomie du thalle du *Dictyota dichotoma* d'après M. Nägeli. Le développement suit la série des lettres *A-E* ; les lettres *t-z* indiquent les segmentations de la cellule terminale avant sa dichotomie ; 1 est la cloison qui produit la dichotomie ; 2, 3, 4, 5, 6 les segments formés dans les deux nouvelles cellules terminales.

Division des systèmes ramifiés en dichotomies et monopodies. — Ceci posé, les ramifications terminales se laissent ramener, comme nous l'avons déjà montré dans le paragraphe précédent, à deux formes fondamentales ; le système ramifié peut naître en effet par dichotomie ou par poussée latérale. Nous appellerons *dichotomies* les systèmes ramifiés de la première espèce, et *monopodies* ceux de la seconde.

Un système rameux dichotome, une dichotomie, est produit d'après la définition donnée § 23, quand le sommet cesse de s'accroître dans la direction primitive pour se diviser en deux sommets nouveaux situés côte à côte et qui s'accroissent dans deux directions divergentes ; c'est ce que montre très-nettement la figure 125 (2). Les deux axes nouvellement constitués sont les branches de la bifurcation, et le membre qui les a produits en est le pied. Natu-

<hr>

(1) NÆGELI ET SCHWENDENER : Das Mikroskop. Leipzig, 1867, p. 599. — HOFMEISTER : Allgemeine Morphologie der Gewächse. Leipzig, 1868, § 7. — KAUFMANN : Botanische Zeitung, 1869, p. 886. — KRAUS : medic.-phys. Societät in Erlangen, 5 déc. 1870.

(2) Comme le mot « direction d'accroissement » est employé ici dans un sens plus rigoureux, il faudra consulter plus loin le paragr. relatif à la direction d'accroissement et à la symétrie.

rellement chaque pied ne forme qu'une seule fourche, mais chaque branche peut à son tour devenir le pied d'une nouvelle bifurcation (1).

Une monopodie prend naissance quand le membre générateur, continuant à allonger son sommet dans la direction primitive, produit au-dessous de lui en série acropète des membres latéraux de même nom dont les axes sont obliques ou perpendiculaires au sien. Le membre générateur peut alors former un grand nombre de membres latéraux, puisqu'il s'allonge à mesure qu'il se ramifie ; il est leur pied commun à tous, d'où le nom de monopodie (fig. 109, 113, 124). Chaque branche latérale peut à son tour se ramifier suivant le même mode et devenir une monopodie de second ordre. Ainsi, de même qu'une dichotomie peut présenter un grand nombre de bifurcations successives, une monopodie peut être composée d'une suite de ramifications monopodiques de diverses générations.

Ces définitions ne reposent que sur les premiers états de développement des ramifications, elles sont tirées de la période gemmaire du système ramifié. Il n'est pas rare cependant que le caractère primitif des systèmes, soit dichotomes, soit monopodiques, se conserve dans la suite du développement, parce que dans les dichotomies les deux branches sont également vigoureuses et se ramifient de la même manière, et que dans les monopodies l'axe principal continue à s'accroître plus vigoureusement que tous les axes latéraux et se ramifie aussi plus abondamment qu'eux. Mais il arrive très-fréquemment aussi que dans un système dichotomique certaines branches demeurent plus faibles que les autres, ou que dans un système monopodial certains axes latéraux, aussitôt après leur naissance, s'accroissent beaucoup plus vigoureusement et se ramifient plus abondamment que l'axe principal. Dans ce cas, le caractère originel du système ramifié perd de sa netteté à mesure que ce système se développe, et il peut arriver que tel système dichotomique prenne plus tard l'aspect d'une monopodie et inversement. On ne peut donc pas, de l'aspect définitif d'un système ramifié, déduire sans réserves son mode d'origine, ni décider s'il est issu de dichotomie ou de ramification latérale. Il est par conséquent nécessaire que nous exposions ici d'une façon générale les principales modifications qu'un système ramifié peut subir, pendant qu'il développe ses membres et qu'il revêt sa forme définitive.

Développement divers des systèmes dichotomiques. — Le développement

(1) Dans les Cryptogames pourvues de cellule terminale, on pourrait supposer que la dichotomie doit nécessairement s'opérer par un dédoublement longitudinal de la cellule terminale. C'est effectivement ce qui arrive quand la segmentation est transversale, comme le montre la figure 125. Mais quand les segments sont disposés en deux ou trois rangées, il faudrait que cette cloison de dédoublement partageât en deux l'angle inférieur de la cellule terminale, c'est-à-dire affectât une situation qui semble, partout ailleurs dans la division cellulaire, être évitée avec soin. On peut concevoir cependant qu'une vraie dichotomie prenne naissance autrement. Que l'ancienne cellule terminale, après la formation d'une nouvelle cellule terminale à côté d'elle, change aussitôt la direction de son axe d'accroissement, de façon que les deux nouveaux sommets divergent également par rapport à la direction primitive ; l'ancienne cellule terminale représente alors désormais le sommet d'une nouvelle direction d'accroissement, et c'est là ce qui me paraît surtout essentiel pour distinguer une Dichotomie d'une Monopodie. *Mutatis mutandis*, ceci s'applique aussi aux Phanérogames, qui sont dépourvus de cellule terminale.

des systèmes dichotomiques peut être *bifurqué* ou *sympodique*. Le système dichotomique est bifurqué quand, à chaque bipartition, les deux branches se développent avec la même vigueur, comme dans la figure 126 *A*. Il est sympodique quand, à chaque bipartition, l'une des branches se développe plus puissamment que l'autre ; dans ce cas les pieds des dichotomies successives forment en apparence une tige principale dont les petites branches des fourches paraissent être les rameaux latéraux (fig. 126, *B*, *C*) ; cette tige principale apparente, composée en réalité des pieds des dichotomies consécutives placés bout à bout, s'appelle un *sympode*. Ainsi en *B* le sympode est composé des branches de gauche *l, l, l*, des dichotomies successives ; en *C* il est formé alternativement par les branches de droite et de gauche *l, r, l, r*. Il n'est pas bien certain que le cas représenté en *B*, et que, vu son analogie avec certains systèmes monopodiques, on pourrait appeler dichotomie scorpioïde, se rencontre effectivement dans la nature ; cependant il existe vraisemblablement dans la feuille de l'*Adiantum pedatum*. Au contraire, le mode de développement figuré en *C* est général pour les tiges des Sélaginelles et, à cause de sa ressemblance avec certains systèmes monopodiques, on peut le désigner sous le nom de dichotomie hélicoïde (1).

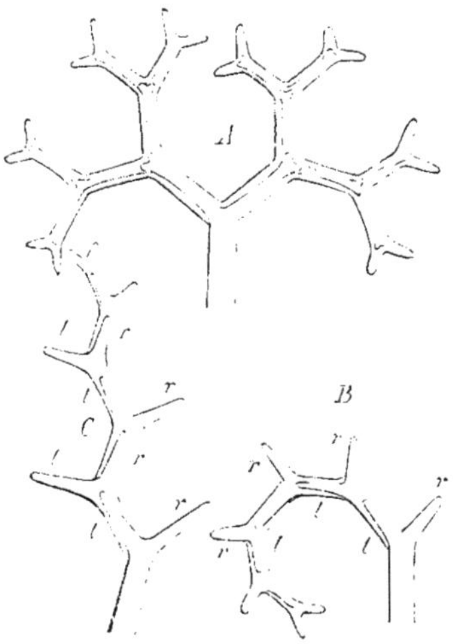

Développement divers des systèmes monopodiques. — Un système monopodique peut se développer en forme de

Fig. 125. — Figure théorique représentant les divers modes de développement d'une dichotomie. *A*, une dichotomie bifurquée ; *B*, une dichotomie scorpioïde ; *C*, une dichotomie hélicoïde.

grappe ou en forme de *cyme* ; de son côté le développement en cyme peut être en apparence dichotome ou polytome, ou bien être sympodique.

Grappe. — Il y a grappe, quand, dans un système monopodique au début, la branche mère, déjà plus puissante à l'origine, continue de s'accroître plus vigoureusement que tous ses rameaux latéraux et quand chaque rameau de premier ordre se comporte de la même manière vis-à-vis de ses rameaux latéraux de seconde génération, et ainsi de suite ; cela est très-net, par exemple, dans les tiges de la plupart des Conifères, notamment des *Pinus, Araucaria*, etc., et dans les feuilles découpées des Ombellifères.

Cyme. — Il y a cyme, quand, dans un système monopodique, chacun des rameaux latéraux, à l'origine plus faible que la branche mère, commence de bonne heure à s'accroître plus vigoureusement et par conséquent se ramifie plus abondamment que cette branche, qui alors cesse ordinairement bientôt de

(1) Sur les inflorescences dichotomes, voir livre II, Phanérogames.

s'allonger. On distingue deux formes principales de cymes, suivant qu'il s'y forme ou non un sympode.

Cyme dichotome ou polytome, c'est-à-dire bipare ou multipare. — Quand il naît au-dessous de l'extrémité végétative d'une branche deux, trois ou de plus nombreux rameaux qui se développent dans diverses directions plus vigoureusement que la branche mère, laquelle cesse bientôt de s'accroître, il se forme une fausse dichotomie, trichotomie ou polytomie. La figure 127 représente, par exemple, la formation d'une fausse dichotomie. La branche *I* produit les rameaux *II'* et *II"* d'abord plus petits, ensuite beaucoup plus grands qu'elle, tandis qu'elle même cesse de s'allonger ; la même chose a lieu ensuite pour *III'* et *III"*. Ces sortes de fausses dichotomies, qui se présentent fréquemment dans les inflorescences des Phanérogames, ont été nommées *dichases* par M. Schimper.

Au lieu de deux rameaux latéraux s'allongeant dans deux directions opposées, il peut arriver aussi que trois ou un plus grand nombre de rameaux disposés en vrai ou faux verticille se développent plus vigoureusement que leur branche mère. Il naît alors un système en forme d'ombelle ou de corymbe, comme cela se voit notamment dans les inflorescences de nos Euphorbes indigènes. Un pareil système peut être appelé une cyme corymbiforme.

Cyme sympodique, c'est-à-dire unipare : scorpioïde ou hélicoïde. — Le développement sympodique d'un système monopodial a lieu quand un seul rameau latéral se développe chaque fois plus vigoureusement que la partie de la branche mère située au-dessous de son insertion ; c'est ce que montre, par exemple, la figure 128 *A*, où le rameau latéral 2,2 se développe plus vigoureusement que la partie 2,1 de sa branche mère, et ainsi de suite. Ordinairement les portions de tous les rameaux successifs situées au-dessous du point où ils se ramifient de nouveau, se développent plus fortement que leurs portions terminales, ce qui est indiqué dans la figure 128 par des traits plus gros. Souvent même ces portions terminales, marquées en traits plus fins, meurent de bonne heure. Alors les portions basilaires plus épaisses des divers rameaux qui procèdent successivement l'un de l'autre se placent d'habitude dans le prolongement l'un de l'autre, paraissent être un tout homogène, une branche principale le long de laquelle les portions terminales des axes successifs paraissent autant de rameaux latéraux régulièrement échelonnés. Cet axe principal apparent s'appelle le sympode du système. Ce sympode est composé, par exemple dans la figure 128 *B*, des portions de rameaux successifs compris entre 1-2, 2-3, 3-4, 4-5 ; les portions terminales grêles des rameaux 1, 2, 3 sont rejetées latéralement.

En outre la comparaison de *C* avec *A* dans la figure 128 montre qu'entre un système monopodial sympodique et un système monopodial dichotomique, il n'y a qu'une seule différence ; c'est que, dans le dernier, chaque branche produit non pas un seul, mais deux rameaux latéraux plus vigoureusement développés. Si l'on imagine qu'en *C* l'une des deux branches avorte constamment, alternativement celle de droite et celle de gauche, on obtient la figure *A*, qui se transforme ensuite facilement en *B*.

Les systèmes monopodiaux sympodiques, ou cymes unipares, se présentent sous deux formes, suivant que les rameaux latéraux qui continuent le développement et dont les parties basilaires constituent le sympode naissent toujours sur le même côté du système ou tour à tour sur des côtés différents.

Si la ramification a toujours lieu du même côté, par exemple toujours à

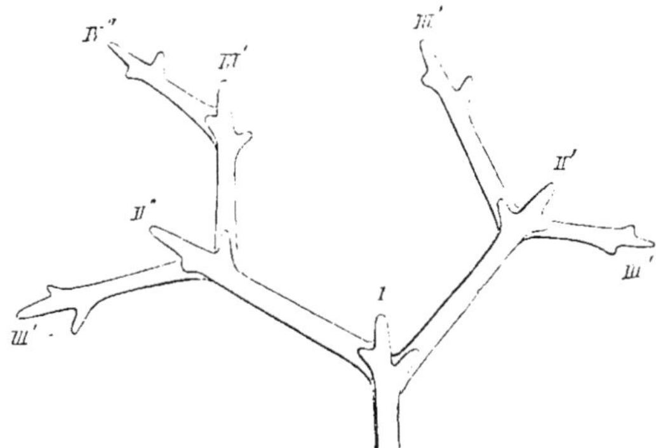

Fig. 127. — Figure théorique d'une fausse dichotomie ; les chiffres romains désignent l'ordre de succession des branches du système.

droite, comme dans la figure 128 *D*, ou toujours à gauche, le système total s'appelle une *cyme unipare scorpioïde*. Si au contraire les branches successives

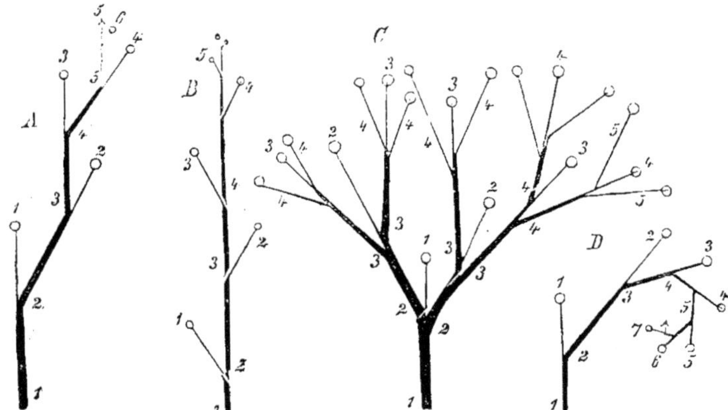

Fig. 128. — Figures théoriques de cymes. *A*, *B*, cyme unipare hélicoïde ; *C*, cyme bipare ou dichase ; *D*, cyme unipare scorpioïde. Les chiffres indiquent l'ordre de génération des branches successives.

naissent alternativement à droite ou à gauche, comme dans la figure 128 *A*, *B*, le système est une *cyme unipare hélicoïde*. Dans l'un ou l'autre cas, s'il s'agit de branches feuillées à feuilles spiralées, il est nécessaire de définir avec plus de précision les expressions « à droite » et « à gauche ». Appelons alors *plan médian* le plan qui passe par l'axe d'un rameau et par celui de la branche mère ; dans la cyme hélicoïde un plan médian quelconque se trouve situé, ou toujours à droite, ou toujours à gauche du plan médian qui précède, suivant le sens de la spirale des feuilles ; dans la cyme scorpioïde au contraire, les plans médians consécutifs sont alternativement à droite et à gauche.

Ramification des thalles. — Dans les plantes à thalle et dans les Hépatiques dépourvues de thalle, la dichotomie est très-répandue, mais on y rencontre aussi des monopodies, avec le mode de développement le plus varié. La dichotomie est extrêmement nette et le plus souvent développée en bifurcation parmi les Algues, par exemple chez les *Dictyota*, *Fucus* (notamment *Fucus serratus*). Certaines de ces plantes offrent bien, il est vrai, une tendance au développement sympodique des dichotomies, mais ce n'est le plus souvent qu'assez tard, de sorte que les extrémités des branches conservent nettement, même à l'œil nu, leur caractère dichotome. Il en est de même parmi les Hépatiques, chez les *Anthoceros*, *Riccia*, et *Metzgeria* (fig. 129), où le thalle aplati forme au début entre les jeunes branches de la fourche une protubérance (*f′*, *f″*) qui ne peut pas toutefois être considérée comme le prolongement du thalle, puisqu'elle est dépourvue de cellule terminale et de nervure médiane ; plus tard cette protubérance s'efface, comme en *f‴* (1).

La ramification monopodique se rencontre nettement dans les Algues filamenteuses, en particulier quand la cellule terminale ne se ramifie pas et que les rameaux latéraux ne sont produits que par les articles sous-jacents du filament, comme dans les *Cladophora*, *Lejolisia*, etc. Cependant il arrive aussi que la cellule terminale elle-même émet directement des rameaux latéraux, et c'est le cas notamment pour le *Stypocaulon* (§ 19, fig. 98). Ailleurs la cellule terminale se dichotomise, comme dans le *Coleochæte soluta* (voir livre II, Algues).

Ramification des racines. — *Monopodies radicales.* — C'est toujours en monopodies que se ramifient les racines des Fougères, des Prêles et des Rhizocarpées (d'après MM. Nægeli et Leitgeb), ainsi que celles des Conifères, Monocotylédones et Dicotylédones, pour autant du moins qu'elle sont connues. Et comme, dans le développement ultérieur, la racine mère y demeure en général plus vigoureuse que ses radicelles, le système radical de ces plantes constitue une grappe (fig. 113). Ce caractère s'observe très-bien sur le système de racines qui s'échappe de la racine principale des Dicotylédones que l'on fait germer dans l'eau.

Dichotomies radicales. — C'est seulement chez les Lycopodiacées, et probablement chez les Cycadées, que la racine se dichotomise et qu'elle constitue, par le développement ultérieur, un système de bifurcations. Les recherches récentes de MM. Nægeli et Leitgeb laissent encore indécise, il est vrai, la question de savoir si, même chez les Lycopodiacées, la ramification de la racine s'opère par vraie dichotomie (2). Mais, en tout cas, les branches de la racine des Lycopo-

(1) Pour les motifs exposés plus haut, j'admets, avec M. Kny, que la ramification est dans ce cas dichotomique. Voir HOFMEISTER : Allgemeine Morphologie, p. 433.

(2) Voir : Beiträge zur wiss. Botanik von Nägeli, IV Heft, 1867. J'attacherais ici moins d'importance au rapport de la dichotomie avec la cellule terminale, parce que cette dernière possède à peine encore chez les Lycopodiacées la même signification que chez les Fougères, les Equisétacées et les autres Cryptogames ; l'accroissement terminal semble s'y rapprocher davantage de celui de Phanérogames.

diacées naissent près du sommet et elles prennent si promptement le caractère de dichotomies bifurquées que l'on peut bien, jusqu'à nouvel ordre, les considérer comme issues de vraie dichotomie. Enfin il est à peine nécessaire

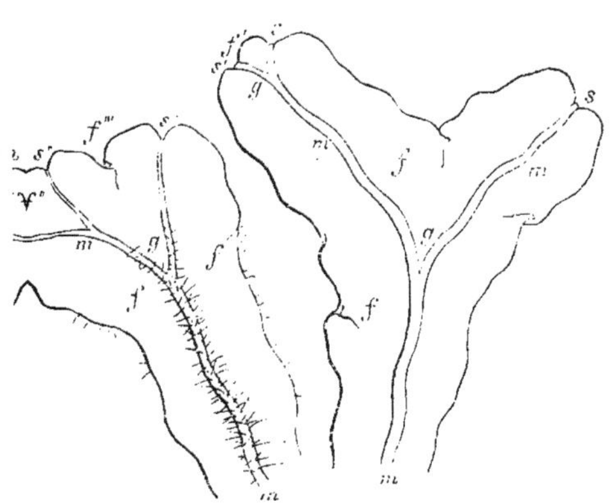

Fig. 129. — Thalle aplati dichotome du *Metzgeria furcata*, grossi environ 15 fois ; *m, m*, nervure médiane à plusieurs assises cellulaires, bifurquée en *g, g* ; *s, s*, sommets des branches ; *f, f*, expansions ailées du thalle composées d'une seule assise cellulaire ; *f'* et *f''*, ailes soudées entre les nervures médianes des jeunes branches. La figure de gauche est vue par-dessous, celle de droite par-dessus.

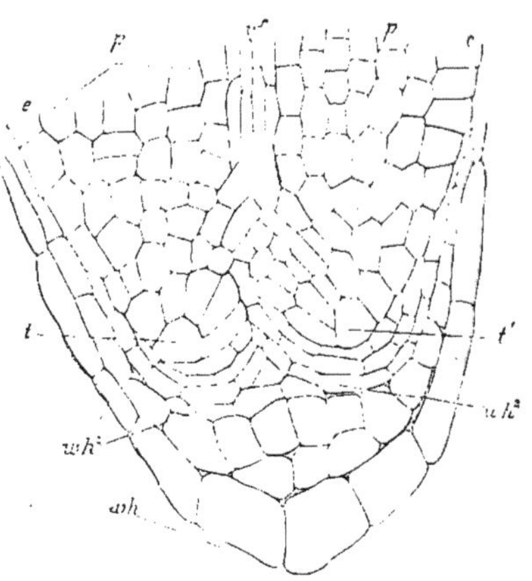

Fig. 130. — Dichotomie de la racine de l'*Isoetes lacustris* d'après M. Hofmeister (400). *t, t'*, les cellules terminales des branches de la fourche ; *ch*, l'ancienne coiffe formée avant la bifurcation ; *ch², ch²*, les deux coiffes particulières des jeunes branches, encore recouvertes par la coiffe ancienne ; *e*, épiderme, *p*, parenchyme, *vf*, faisceau fibrovasculaire de la racine.

d'ajouter que les deux branches d'une racine dichotome sont, à l'origine, recouvertes par la coiffe du pied de la dichotomie, comme le montre la figure 130.

Ramification des feuilles. — *Dichotomies foliaires.* — Les feuilles d'une Fougère, le *Platycerium alcicorne* (1), présentent des bifurcations répétées qui paraissent provenir d'une vraie dichotomie ; il semble même, d'après un ancien travail de M. Hofmeister, que la ramification des feuilles de toutes les Fougères soit dichotome au début, bien qu'elle affecte ordinairement plus tard l'aspect d'une monopodie où la nervure médiane, qui prolonge le pétiole, porte de nombreux segments alternes ou bien de nombreuses nervures médianes secondaires qui portent à leur tour des segments secondaires. Comme ces ramifications sont toujours alternes, jamais opposées, et qu'il n'est pas rare de voir le segment terminal de la feuille se diviser en deux branches d'égale force, on peut, admettant l'hypothèse de M. Hofmeister, regarder ces sortes

(1) Le pétiole de l'*Adiantum pedatum* se divise en haut en deux branches également fortes, dont chacune produit ensuite, par dichotomie évidente, un système scorpioïde de ramifications : les branches les plus faibles de la cyme se dressent ensuite et forment chacune une nervure médiane avec de nombreuses folioles pennées, en constituant ainsi par une série de dichotomies ultérieures un système hélicoïde. C'est une des plus belles formes de feuilles, et l'étude de son développement aurait un intérêt tout particulier.

de feuilles comme des dichotomies développées sympodiquement et le plus souvent héliçoïdes, dans lesquelles la nervure médiane serait le sympode, et les segments latéraux apparents les branches les plus faibles rejetées de côté, comme dans la figure 126 *C ;* ce procédé se répéterait ensuite sur les folioles successives quand la feuille est doublement ou triplement composée-pennée. Les feuilles simplement composées-pennées des Cycadées se prêtent peut-être à une semblable explication.

La ramification répétée des étamines de la fleur mâle du Ricin paraît résulter, d'après Payer (1), d'une dichotomie ou même d'une polytomie très-précoce. Des étamines apparaissent d'abord sur l'axe floral comme autant de pro-

Fig. 131. — Partie d'une fleur mâle de *Ricinus communis*, coupée dans sa longueur; *f, f*, les troncs communs des étamines, plusieurs fois ramifiés; *a*, leurs anthères.

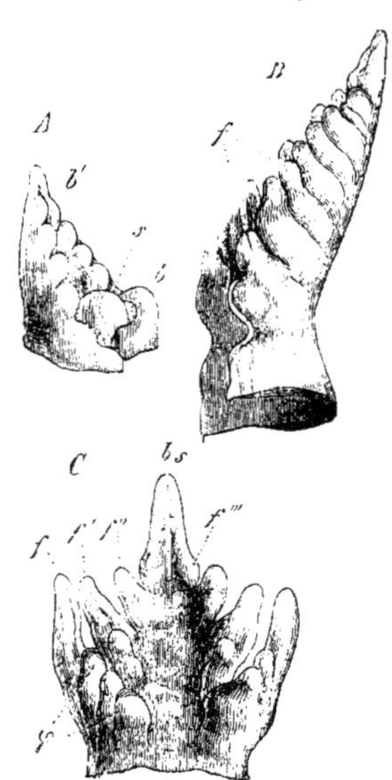

Fig. 132. — Développement des feuilles composées-pennées d'Ombellifères ; *A, B* du *Pastinaca sativa ; C*, du *Levisticum officinale. A*, région terminale de la tige principale ; *s*, son cône végétatif; *b* sa plus jeune feuille, commençant à développer ses segments latéraux. Dans la feuille étalée *C*, *bs* est la pointe de la feuille, *f, f', f''*, les folioles de premier ordre, *ç* celles de second ordre.

tubérances arrondies qui forment chacune deux ou plusieurs mamelons à sa surface, et ces mamelons à leur tour en produisent de nouveaux. Quand le développement est achevé, les étamines sont situées sur de longs filets plusieurs fois dichotomes ou trichotomes et dont les branches sont assez irrégulièrement développées (fig. 131).

Monopodies foliaires. — C'est au contraire à la ramification monopodique que se rattachent les feuilles composées-pennées, les feuilles séquées, partites, lobées, dentées des Monotylédones et des Dicotylédones (2). La feuille y appa-

(1) Payer : Organogénie comparée de la fleur. Pl. 108.

(2) Ce point a été établi d'abord avec détails par M. Nægeli (Pflanzenphysiol. Untersuchungen von Nägeli und Cramer, Heft II sur les feuilles de l'*Aralia spinosa*.

raît sur le cône végétatif comme une protubérance arrondie qui s'élargit rapidement en forme de cornet (*b* dans *A*, fig. 132) ; elle s'accroît ensuite activement par son sommet, au-dessous duquel elle développe à droite et à gauche et en direction acropète des protubérances latérales, qui croissent également par leur sommet (*f*) en produisant à leur tour de nouvelles protubérances de second ordre (φ). Plus tard, suivant la manière dont s'opère l'accroissement superficiel de la feuille, ces protubérances deviendront, soit les divers lobes d'un seul et même limbe, soit autant de folioles distinctes et séparées.

Quand il se forme progressivement sur la région médiane deux rangées de segments latéraux, ces derniers demeurent ordinairement plus faibles que la région médiane qui les porte, et leurs propres segments latéraux sont aussi moins nombreux et plus faibles ; le développement du système monopodique se fait alors en grappe. Mais ce développement peut aussi se faire en cyme, et même conduire à la formation de sympodes, ce qui a lieu notamment quand il ne se fait à droite et à gauche de la feuille qu'un seul segment latéral. C'est le cas, par exemple, dans les feuilles d'*Helleborus*, de *Rubus*, et de certaines Aroïdées comme les *Sauromatum* et *Amorphophallus*. La figure 133 montre en *A* un petite feuille de cette dernière plante, qui n'a qu'un seul lobe de chaque côté ; mais si la feuille est plus vigoureuse comme en *B*, chaque

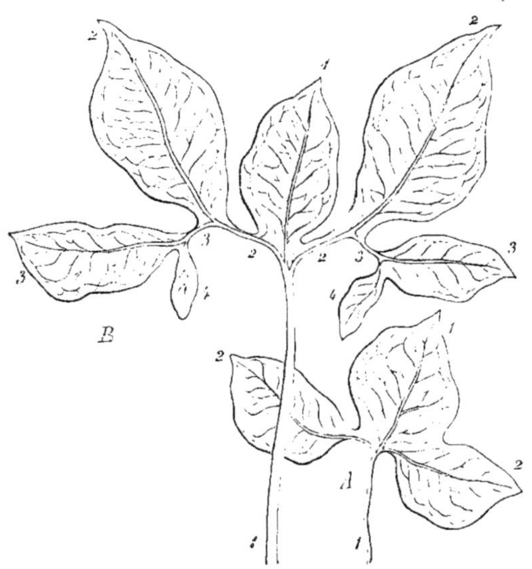

Fig. 133. — Feuilles d'*Amorphophallus bulbosus*. *A*, une feuille avec un limbe une seule fois ramifié, *B* une feuille avec un limbe trois fois ramifié.

lobe latéral (2.2) forme sur son bord externe un lobe de troisième ordre (3,3), qui à son tour produit un lobe de quatrième ordre (4,4), et ainsi de suite. D'après les définitions générales données plus haut dans ce même paragraphe, la première ramification de 1 avec 2,2 est un dichase ; mais chaque branche du dichase se développe ultérieurement d'un seul côté, en ne formant de nouvelles branches que toujours à droite ou toujours à gauche, 3 de 2, 4 de 3 ; chaque branche latérale 2 engendre ainsi un système sympodique qui, dans ce cas particulier, est une cyme scorpioïde.

Raccourcissons maintenant par la pensée les troncs communs 2,3,4 qui forment le sympode des deux branches latérales, de manière que les bases des lobes 2,3, 4, viennent se réunir à la base du limbe 1 ; tous les lobes de la feuille paraîtront alors issus du même point et la feuille sera dite palmée ou digitée.

Cependant il semble que de pareilles feuilles peuvent provenir aussi de ce que l'extrémité élargie de la jeune feuille se termine d'abord par un lobe médian, puis forme à droite et à gauche et de haut en bas de nouveaux lobes latéraux, comme dans le *Lupinus* d'après les figures de Payer (Organogénie de la fleur, pl. 104); si les lobes demeurent alors réunis entre eux, ou s'ils se présentent de suite comme une lame continue, la feuille est dite peltée. Entrer dans plus de détails sur ce sujet exigerait de nombreuses figures qui ne peuvent trouver

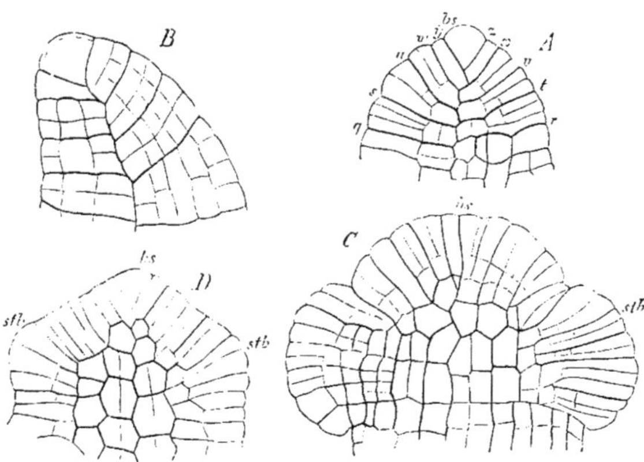

Fig. 134. — Développement de la feuille du *Marsilia Drummondii* d'après M. Hanstein. *A, C, D*, vu par la face interne; *B* section longitudinale perpendiculaire de *A*; *bs* sommet de la feuille; *q-z*, les segments de la cellule terminale; *stb*, les lobes latéraux du limbe, dans leur premier âge.

place ici (1). Cependant, pour terminer, décrivons encore, d'après les recherches de M. Hanstein, le mode de formation de la feuille quadrifoliolée du *Marsilia Drummondii* (fig. 134) (2).

Développement de la feuille du Marsilia. — La feuille de cette plante naît aux dépens d'une seule cellule du cône végétatif de la tige. Cette cellule, qui devient la cellule terminale de la feuille, produit deux séries de segments, dont l'une forme la moitié droite, l'autre la moitié gauche de la feuille. Ainsi naît d'abord un large cône arqué vers la tige et s'accroissant au sommet, c'est le pétiole futur (*A, B*). Parvenu à une certaine hauteur, ce dernier s'élargit à droite et à gauche; sous son sommet (*bs, D*), qui continue encore à s'accroître, naît de chaque côté une protubérance *stb;* puis, pendant que ces dernières, dépourvues de cellules terminales, proéminent davantage (*C, stb*), l'accroissement terminal de la feuille cesse (*C, bs*), la cellule terminale disparaît et bientôt s'élèvent au voisinage du sommet deux excroissances égales qui grandissent ensuite comme les deux excroissances latérales, et se développent comme elles en deux larges lobes. Il naît ainsi, à l'extrémité du pétiole, une lame quadrifide dont les deux lobes latéraux sont issus de poussée latérale, et les deux médians de dichotomie ter-

(1) Voir, sur ce sujet : MERCKLIN: Entwickelung der Blattgestalten. Iena, 1846. — TRÉCUL : Formation des feuilles (Ann. des sc. nat. 1853, XX). — PAYER : *loc. cit.*, p. 403.
(2) Jahrbüch. für wiss. Botanik, IV.

minale. Ces quatres lobes demeurent, dans le développement ultérieur, étroits à leur base, mais ils s'élargissent beaucoup sur toute leur partie libre et, comme la partie centrale de la feuille où ils sont nés demeure aussi courte et étroite, ils forment dans la feuille achevée quatre folioles insérées au même point, qui est le sommet du pétiole.

Ramification de la tige et des branches. — *Dichotomies caulinaires.* — C'est par dichotomie, que se ramifie la tige des Lycopodiacées. Le *Psilotum trique-trum*, dans lequel toutes les branches des bifurcations successives sont également vigoureuses, présente la dichotomie la plus régulièrement développée qui se puisse voir dans les plantes vasculaires. Le développement est beaucoup plus irrégulier dans les *Lycopodium*, quoique la bifurcation ne cesse cependant jamais d'y être nettement caractérisée. Dans les *Selaginella*, au contraire, elle n'est le plus souvent reconnaissable qu'aux extrémités des plus jeunes rameaux, parce que les branches, alternativement plus et moins vigoureuses, forment un sympode sous sa forme hélicoïde ; et cet effet se produit souvent, par exemple dans le *S. flabellata*, de manière à donner à l'ensemble du système, composé de nombreuses dichotomies successives, la forme d'une feuille de Fougère composée-pennée à plusieurs degrés. Le commençant qui veut se faire une idée nette des différents modes de développement d'un système de ramifications produit par dichotomie, notamment de la production d'une forme sympodique au moyen d'une succession de dichotomies, ne saurait trouver un sujet d'études plus approprié que les *Selaginella*, qui sont cultivées dans toutes les serres. Pour le mode de ramification de la tige des Fougères et des Rhizocarpées, il faut se reporter aux classes correspondantes, livre II.

Monopodies caulinaires. — La ramification des tiges des Characées, Équisétacées, Conifères, est toujours monopodique et même toujours développée en grappe. Les systèmes de branches des Mousses ont aussi une origine monopodique, mais ils se développent parfois en sympodes (innovations des Mousses acrocarpes sous les fleurs) ; ils sont souvent très-irréguliers, mais quelquefois aussi les nombreux rameaux disposés en grappe qui les constituent leur donnent un contour analogue à celui d'une feuille plusieurs fois composée-pennée (*Hylocomium, Thuidium*, etc.).

La ramification des tiges des Monocotylédones et des Dicotylédones est toujours monopodique à l'origine, mais le développement ultérieur du système y est extraordinairement varié ; la même plante, le même système de ramifications peut y présenter plusieurs formes différentes, par exemple la cyme et la grappe. C'est surtout dans les inflorescences, que les particularités de ces divers modes de développement ultérieur se manifestent d'une manière frappante et variée, et, comme elles y ont depuis longtemps attiré l'attention des botanistes, non-seulement elles sont souvent employées dans la description des plantes, mais encore on leur a donné des noms auxquels nous avons emprunté quelques-uns des termes employés ici dans un sens plus général. Une caractérisation plus spéciale des divers systèmes de ramification que l'on nomme inflorescences dans les Phanérogames, trouvera sa place dans l'étude générale des Angiospermes, livre II. Qu'il nous suffise pour le moment de dire ici que les formes désignées sous les noms d'épi, de grappe, de panicule sont des exemples particulièrement nets du développement racémeux, tandis que celles qu'on nomme cymes bipares ou dichases, cymes multipares ou corymbiformes (chez les Euphorbes), cymes unipares scorpioïdes ou héliçoïdes, sont autant d'exemples du développement cymeux.

Mais le même mode de raisonnement s'applique aussi à la ramification de toute la partie végétative des plantes Phanérogames. Ici la formation de sympodes est due assez souvent à ce que le sommet, ou bourgeon terminal de la branche, avorte, tandis que le bourgeon latéral le plus rapproché se développe d'autant plus vigoureusement, de manière à paraître le prolongement de la branche mère : c'est ce qui a lieu dans les *Robinia*, *Corylus*, *Cercis* et beaucoup d'autres. Dans le Tilleul, la tige principale elle-même n'est autre chose qu'un sympode ainsi constitué. Quand les branches aériennes qui portent les fleurs périssent chaque année et que les parties souterraines persistent, il se développe ainsi des sympodes souterrains, composés des pièces basilaires relativement courtes et grosses des nombreuses branches successives qui se dressaient dans l'air et qui sont mortes depuis longtemps. Il en est ainsi, par exemple, dans le *Polygonatum multiflorum*, dont la tige souterraine est connue sous le nom de *Sceau de Salomon*.

La figure 135 représente la portion antérieure d'une pareille tige dont on a

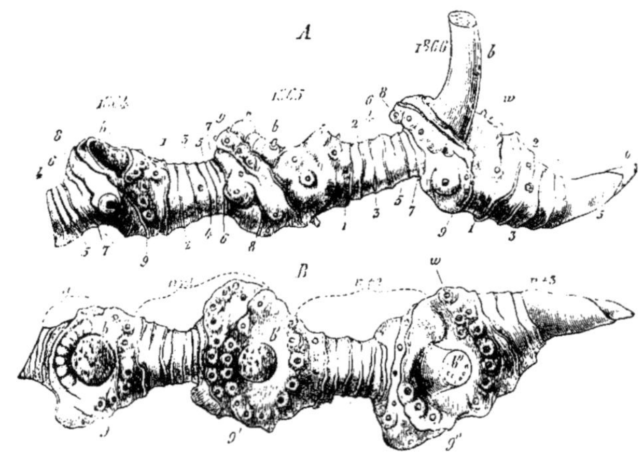

Fig. 135. — *Polygonatum multiflorum*, portion antérieure, comprenant quatre années, d'un rhizome beaucoup plus long : *A*, vue de profil, *B* ; de face. Toutes les racines adventives sont coupées et leur place se reconnaît aux petites marques arrondies. Les chiffres 1864, 1865, 1866 désignent les années où les articles correspondants du sympode se sont développés.

enlevé les articles produits pendant les huit années précédentes. Le tronçon *b*, marqué du millésime 1866, est la partie inférieure de la branche dressée, aérienne, portant les feuilles et les fleurs, qui s'est développée pendant cette même année. Mais cette branche dressée n'est que la partie supérieure de la branche totale, dont la partie basilaire, beaucoup plus épaisse, est désignée par *n* + 2 dans la figure vue de face *B*; cette partie supérieure grêle meurt à l'automne, et l'on voit en b, b, sous les millésimes 1864 et 1865, les cicatrices laissées par la chute des deux parties aériennes des branches de ces années. Le fragment du sympode que nous considérons ici est donc composé des trois portions basilaires n, $n + 1$, $n + 2$, des trois branches qui se sont dressées dans l'air pendant chacune des trois années indiquées, pour y épanouir leurs feuilles et leurs fleurs. A son tour le bourgeon $n + 3$ va se développer plus tard de la même façon; il nait de l'aisselle de la feuille dont la cicatrice d'insertion est marquée par $9''$; la région basilaire de la branche qu'il produit deviendra un nouvel article du sympode, tandis que la région supérieure se dressera vers le ciel et développera dans l'air des feuilles et des fleurs, pour périr ensuite. De même que $n + 3$ est un rameau latéral né à l'aisselle d'une feuille de $n + 2$, de même $n + 2$ est issu de $n + 1$ et $n + 1$ de n. Chacune de ces branches successives porte sur sa région basilaire neuf feuilles écailleuses, incolores ; elles sont encore assez bien conservées sur $n + 3$, mais sur $n + 2$, $n + 1$ et n, on n'en voit plus que les cicatrices ; elles sont marquées par les chiffres 1 à 9 sur chaque branche annuelle. Chaque fois, c'est à l'aisselle de la neuvième et dernière écaille que naît la nouvelle branche latérale ; les feuilles suivantes sont des feuilles vertes portées par de longs et minces entre-nœuds, tandis que les neuf entre-nœuds qui séparent les écailles de la région basilaire sont au contraire courts et gros. Les feuilles sont disposées, sur les portions basilaires, en deux rangs sur lesquels elles alternent à droite et à gauche, comme on le reconnaît encore à leurs cicatrices ; si donc la neuvième feuille de l'article n est à gauche, la neuvième feuille de l'article $n + 1$ sera à droite, celle de l'article $n + 2$ de nouveau à gauche, et ainsi de suite. Les branches qui chaque année prolongent le sympode sont donc aussi situées alternativement à droite et à gauche et par conséquent la monopodie sympodique est ici une cyme unipare héliçoïde.

Il est clair que les relations d'accroissement resteraient absolument les mêmes si à la fin de chaque période végétative, après que le bourgeon destiné à l'année suivante est assez vigoureusement constitué, la branche de l'année mourait tout entière y compris sa portion basilaire et était détruite par la putréfaction. Alors, il est vrai, il ne se formerait plus de sympode, mais le développement des bourgeons souterrains n'en serait pas moins sympodique. Il en est ainsi, par exemple, dans nos Ophrydées indigènes tuberculeuses, avec cette différence seulement que, s'il s'y développait en réalité un sympode, la cyme serait non héliçoïde, mais scorpioïde. Les relations sont les mêmes, mais un peu plus compliquées, dans le *Colchicum*.

L'exposition de ce genre de relations d'accroissement exigeant beaucoup d'espace, comme le montre l'exemple qui précède, je renvoie le lecteur aux travaux de M. Irmisch cités ci-dessous (1).

Dans les Monocotylédones et les Dicotylédones, quand les feuilles sont nettement développées, et il n'y a que quelques inflorescences où cette condition ne se trouve pas remplie, il est presque toujours facile de se prononcer sur la vraie nature d'un système de ramifications, même sans observations microsco-

<hr>

(1) Irmisch: Knollen-und Zwiebelgewächse. Berlin, 1850. — Biologie und Morphologie der Orchideen. Leipzig, 1853. — Beiträge zur Morphologie der Pflanzen. Halle, 1854, 1856. — Divers mémoires publiés dans le Botanische Zeitung et dans le Flora de Regensburg.

piques. Cela tient à ce que, à peu d'exceptions près, la ramification est axillaire et que par conséquent la situation des feuilles permet de déterminer ce qui, par exemple dans un axe commun sympodique, appartient à la branche mère et au rameau latéral. Cependant on rencontre aussi des déformations, notamment dans les Solanées, et elles entraîneraient à des erreurs si l'on n'en revenait pas à étudier les premières phases du développement.

§ 26.

Rapports de position des membres latéraux sur l'axe commun qui les porte (1).

Pour ramener les faits que nous avons à étudier ici à quelques expressions simples et claires, il est nécessaire que nous nous familiarisions d'abord avec quelques termes scientifiques et quelques représentations géométriques.

Dans tout ce qui va suivre, à moins qu'il ne soit expressément dit autrement, nous appellerons *axe* tout membre qui, s'accroissant à son sommet, produit des membres latéraux, comme une racine mère pourvue de radicelles, une tige feuillée, une nervure médiane de feuille garnie de folioles, de segments ou de lobes, une branche de thalle portant des excroissances latérales.

Disposition verticillée. — Si deux ou plusieurs membres latéraux semblables se développent dans des directions différentes sur la même zone transverse de l'axe, ils forment un *verticille*. Le verticille est *vrai* quand la zone transversale de l'axe qui le produit est, dès la première origine, transversale (fig. 136); il est *faux* ou *apparent* quand la zone qui le porte, oblique à l'origine, devient transversale plus tard par un développement inégal de l'axe, ou quand des membres latéraux nés à peu de distance l'un de l'autre sont écartés plus tard par une inégale élongation de l'axe de façon à paraître distribués à l'état adulte sur un certain nombre de zones transversales. Le verticille est *simultané* quand tous ses membres naissent en même temps (fig. 136); il est *successif* quand ses divers membres apparaissent successivement sur la zone transverse, soit que le développement, partant d'un point de la périphérie, marche symétriquement à droite et à gauche, comme dans la figure 137 et dans les vrais verticilles foliaires des *Chara*, soit que les choses se passent dans un ordre différent, comme dans les vrais verticilles foliaires des *Salvinia* et comme dans les calices à trois ou cinq sépales de la plupart des Phanérogames.

(1) Röper : Linnæa. 1827, p. 81. — Schimper et Braun : Flora. 1835, p. 145, 737, 748. — Bravais : Ann. des sc. nat. 1837, VII, p. 42, 193. — Wichura : Flora. 1844, p. 161. — Sendtner : Flora. 1847, p. 201, 217. — Brongniart : Flora. 1849, p. 25. — Braun : Jahrbüch. f. wiss. Botanik, I. 1858, p. 307. — Irmisch : Flora. 1851, p. 81, 497. — Hanstein : Flora. 1857, p. 407. — Schimper : *ibid.*, p. 680. — Buchenau : Flora 1860, p. 448. — Stenzel, Flora. 1860, p. 45. — Nombreux mémoires de M. Wydler, par ex. : Linnæa, 1843, p. 153 ; Flora, 1844, 1850, 1851, 1857, 1859, 1860, 1863, et ailleurs. — Hofmeister : Allgem. Morphologie der Gewächse. Leipzig, 1868, §§ 8 et 9.

Disposition isolée. — Les membres latéraux sont *isolés* ou *épars* quand chacun d'eux s'insère sur une zone transversale différente de l'axe.

Si l'on suppose la surface d'un axe, qui est parfois purement idéale comme dans l'*Aspidium filix-mas*, etc., prolongée à travers la base de tous les membres latéraux, la section déterminée dans ces derniers est leur *surface d'insertion*. Un point de cette surface en est le centre organique et peut être appelé *point d'insertion ;* il ne coïncide pas ordinairement avec le centre géométrique de la surface (voir § 27). Le plan qui divise symétriquement un membre latéral ou qui le divise en deux moitiés égales (§ 28) et qui contient à la fois l'axe d'accroissement du membre latéral et celui du membre producteur, passe par le point d'insertion et s'appelle le *médian* du membre latéral considéré.

Si des membres, situés à diverses hauteurs sur l'axe, sont disposés de telle sorte que leurs médians coïncident, ils forment une rangée rectiligne ou une *orthostique*. Ordinairement il y a sur un axe deux, trois orthostiques ou davantage, et les membres sont dits *rectisériés ;* s'il n'y a pas d'orthostiques, c'est-à-dire si les médians de tous les membres latéraux d'un même axe se coupent, ces membres sont disposés en séries curvilignes et sont dits *curvisériés*.

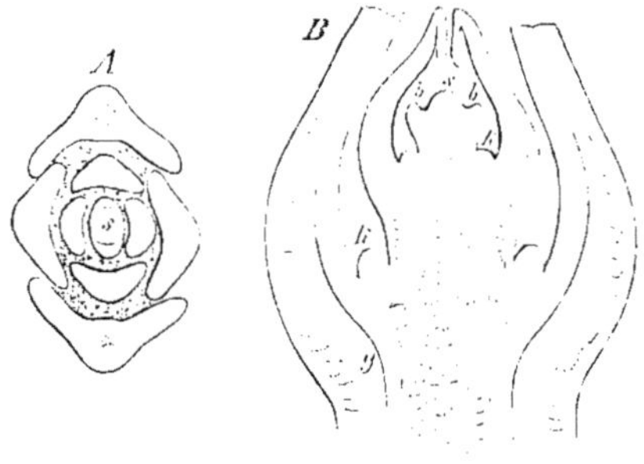

Fig. 136. — Région terminale d'un rameau de *Coriaria myrtifolia* : *A* en coupe transversale; *B*, en coupe longitudinale : *s*, sommet de la tige ; *b, b* feuilles disposées par paires, c'est-à-dire en verticilles binaires décussés ; *k*. bourgeons axillaires ; *g*, les plus jeunes vaisseaux.

Fig. 137. — Développement de la fleur du *Reseda odorata*, d'après Payer : à gauche un jeune bouton, à droite un bouton plus âgé ; sur ce dernier les pétales antérieurs ont été enlevés, les postérieurs conservés; *p.p.* pétales; *st* étamines déjà grandes en arrière, non encore formées en avant ; *c*, carpelle (début de l'ovaire .

Divergence. — La grandeur de l'angle formé par les médians de deux membres du même axe est la *divergence* de ces membres ; on l'exprime soit en degrés, soit en fraction de circonférence, en regardant comme une circonférence ce qui ordinairement n'en est pas une en réalité. Pour voir facilement les divergences, on peut les reporter sur la projection horizontale de l'axe, comme cela est représenté dans les figures 138 et 139.

Projection horizontale de la disposition; diagramme. — Les sections de l'axe qui portent les membres latéraux, c'est-à-dire les feuilles dans le cas actuel, sont figurées par des cercles concentriques et de façon que le cercle externe correspond à la section inférieure, le cercle interne à la section supérieure. Sur ces cercles, dont la succession de dehors en dedans représente la succession des âges des organes latéraux si le développement de l'axe est acropète, on reporte la position des membres latéraux par des points, ou bien même on indique à peu près la forme de leur surface d'insertion comme dans nos figures. Sur une pareille projection, à laquelle on donne le nom de *diagramme*, les plans médians des membres sont représentés par des lignes

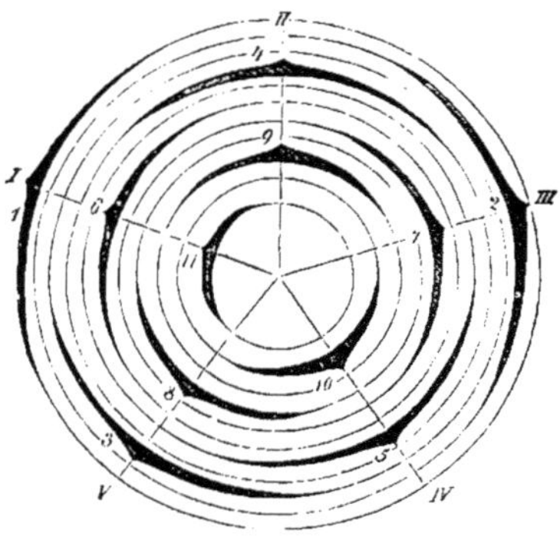

Fig. 138. — Diagramme d'une branche à feuilles isolées et disposées suivant la divergence constante $\frac{2}{5}$.

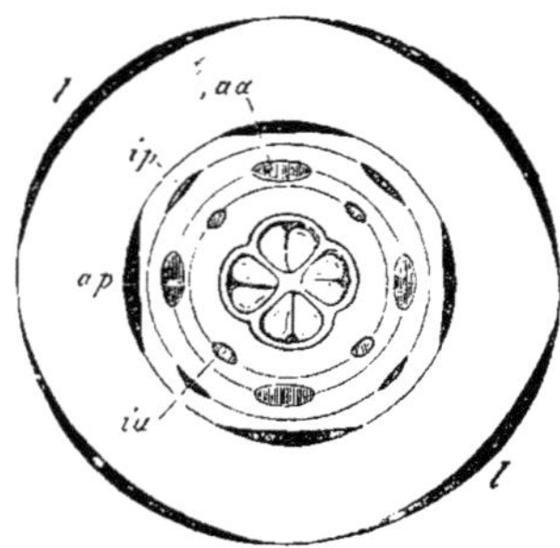

Fig. 139. — Diagramme de la tige fleurie du *Paris quadrifolia*; *ll*, verticille des quatre grandes feuilles situées sous la fleur; *ap*, périanthe externe; *ip*, périanthe interne; *aa*, étamines externes; *ia*, étamines internes; au centre, l'ovaire composé de quatre feuilles carpellaires.

radiales, qui dans la figure 138 sont numérotées de *I* à *V*; chaque médian y renfermant plusieurs membres, ces derniers sont disposés en orthostiques, et ces orthostiques elles-mêmes partagent le contour de l'axe en cinq parties égales. Mais si l'on numérote les membres par rang d'âge 1, 2..... jusqu'à 11, on voit que la divergence entre 1 et 2 est 2/5, de même entre 2 et 3, entre 3 et 4 et ainsi de suite. La divergence de tous les membres de cet axe est donc constante et égale à 2/5.

Dans la figure 139, tous les membres sont disposés en verticilles quaternaires, c'est-à-dire que, sur chaque cercle ou section transversale, il y a quatre membres semblables séparés par une divergence 1/4. Les verticilles successifs sont disposés de façon que les médians d'un verticille divisent en deux les angles de divergence du verticille qui précède et de celui qui suit; en un mot, les verticilles *alternent* ici et tous les membres sont disposés sur huit orthostiques. Si, au contraire, deux verticilles se suivent de manière que les médians de leurs membres coïncident, ils sont dits *superposés;* ainsi, par exemple, le verticille staminal des *Primula* est superposé à la corolle, et il n'est pas rare de voir dans les *Phaseolus, Tropæolum, Cucurbita* et autres Dicotylédones, les radicelles disposées sur les racines principales en verticilles superposés. Dans le cas de verticilles binaires alternes, on dit que les membres sont *décussés,* comme dans la figure 136, disposition très-fréquemment réalisée dans les feuilles.

S'agit-il maintenant de représenter sur une projection horizontale, nonseulement les divergences des membres d'un même axe, mais celles de tout un système d'axes, par exemple d'un système de rameaux feuillés successifs, on peut procéder d'après le même principe, comme dans la figure 140. Chaque système de cercles concentriques contient les membres d'un même axe, qui sont des feuilles dans ce cas particulier. Les axes latéraux, qui sont ici des rameaux axillaires, sont interposés entre l'insertion de leur feuille mère et le prolongement de l'axe principal.

Si les entre-nœuds de l'axe sont très-courts, il suffit de le regarder d'en haut pour avoir une idée nette de la disposition des membres latéraux et du diagramme ; il en est ainsi dans les rosettes de feuilles des Crassulacées et dans la

Fig. 140. — Diagramme d'un petit plant d'*Euphorbia helioscopia*; *cc*, les cotylédons; *I, I*, les premières feuilles ordinaires; 1, 2..., 10, les feuilles suivantes; 6, 7, 8, 9, 10 forment un verticille quinaire. Au centre de la figure se voit en *BI* la fleur terminale de la tige principale; *BII*, est la fleur terminale d'un des cinq rameaux axillaires; *III, III, III*, sont les feuilles de rameaux axillaires de seconde génération ; *IV*, fleur terminale d'un de ces rameaux de seconde génération.

plupart des fleurs. Ailleurs, une coupe transversale du bourgeon permet d'estimer immédiatement les divergences des feuilles. Mais, dans beaucoup d'autres cas, les rapports de position sont plus cachés et il faut une recherche plus attentive pour les déterminer. A l'étude du développement il est souvent nécessaire alors de joindre certaines méthodes fondées sur des considérations géométriques, pour représenter les rapports de position avec exactitude et clarté.

Projection verticale de la disposition sur un cylindre développé. — Dans certaines circonstances, il est préférable aussi de représenter les rapports de position non plus sur une projection horizontale, mais sur la surface déroulée de l'axe lui-même, que l'on regarde comme un cylindre développé. Sur cette surface on représente les diverses sections transversales de l'axe par des lignes horizontales, sur lesquelles on reporte la position des membres.

Spirale génératrice. — Parmi toutes les constructions arbitraires que l'on peut effectuer sur le papier pour représenter les rapports de position des membres d'un même axe, ou pour les ramener à une courte expression géométrique ou arithmétique, il en est une qui offre un intérêt tout particulier et que l'on a principalement appliquée à estimer les rapports de position des feuilles et des branches sur la tige. On imagine une ligne qui, partant d'un membre quelconque et se dirigeant soit toujours à droite, soit toujours à gauche, passe par les points d'insertion de tous les membres successifs situés au-dessus de lui; cette ligne décrit tout autour de la tige une hélice à pas plus ou moins réguliers; sur la projection horizontale elle forme une spirale, qu'on appelle la *spirale génératrice* (1). On a beaucoup trop exalté la valeur de cette construction, et on l'a employée dans des cas où non-seulement l'histoire du développement la rend inadmissible, mais encore où elle cesse d'avoir un sens purement géométrique, dans des cas, où loin d'éclairer et de faciliter l'étude des rapports de position, elle la rend plus difficile et plus confuse.

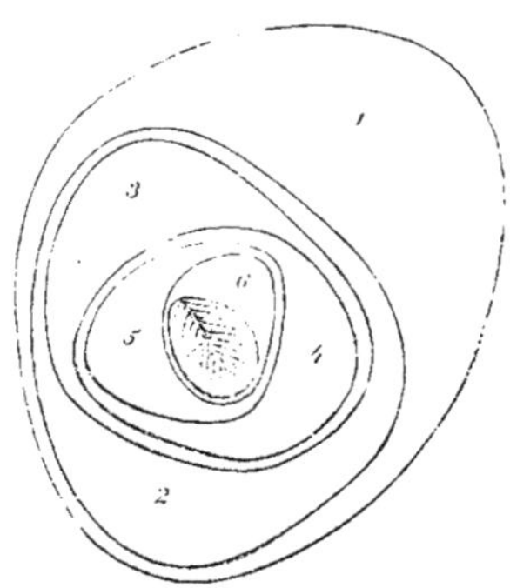

Fig. 141. — Coupe transversale à travers les gaines foliaires embrassantes 1 à 6 du *Sabal umbraculifera* : au centre de la section se voit un jeune limbe foliaire. Les feuilles sont disposées en divergence 2/5. Relie-t-on par une ligne les chiffres 1 à 6, on a la spirale génératrice.

Quand il s'agit de feuilles ou de branches isolées, qui naissent sur l'axe suivant 3, 4, 5, 8 directions ou davantage, et dont les divergences ne sont pas par trop variables, la construction de la spirale génératrice sert à comprendre promptement (fig. 141) la disposition des feuilles ; la connaissance exacte des propriétés particulières de cette ligne idéale peut donc, dans ces circonstances, être d'un grand secours à la Morphologie. Dans certains cas, elle s'applique même avec avantage à la disposition verticillée.

Cas où une spirale génératrice est impossible. — Mais il arrive très-souvent que d'autres constructions semblent beaucoup plus naturelles, parce qu'elles permettent de concevoir plus facilement les rapports de position et concordent mieux aussi avec les phénomènes d'accroissement. Ainsi la construction de cette spirale génératrice est absolument impossible quand les feuilles sont disposées en verticilles simultanés (2), comme les pétales, les étamines et les carpelles de la plupart des fleurs ; il en est de même dans les verticilles successifs, dont les membres se constituent, à partir d'un point de l'axe, en progres-

(1) Si l'hélice ou la spirale, vue du dehors, s'enroule de droite à gauche en montant, le bord gauche des feuilles, situé dans le sens où monte l'hélice, s'appelle le *bord cathodique*, et le bord droit *bord anodique*, et inversement.

(2) Beaucoup d'auteurs, il est vrai, appliquent aussi à ce cas les considérations tirées de la disposition spiralée, parce qu'ils regardent arbitrairement les membres simultanés du verticille comme nés successivement; mais on se ferme ainsi à soi-même le chemin pour arriver une connaissance plus approfondie du sujet.

sant à droite et à gauche de ce point, comme dans les Characées et dans la fleur du Réséda (fig. 137). Elle est tout aussi impossible encore dans les verticilles successifs du *Salvinia natans*. La figure 142 *B* représente le diagramme tige de cette plante munie de trois verticilles ternaires consécutifs dans d'une chacun desquels la feuille *w* naît la première, puis la feuille L_1, enfin la feuille L_2. Veut-on maintenant construire la prétendue spirale génératrice, il faut de *w* aller à L_1, en passant L_2, puis dans la même direction passer sur *w* pour aller à L_2; la ligne ainsi décrite est un cercle où les divergences des feuilles successives sont très-différentes. Si l'on passe ensuite au verticille suivant, la ligne décrit bien une spirale jusqu'à la prochaine feuille *w*, mais, pour suivre dans ce second verticille l'ordre de naissance des membres, il faut continuer la ligne dans une direction opposée à la première, et ce changement de direction se renouvelle à chaque verticille. Il est clair que cette marche forcée ne dit rien à l'esprit, et d'ailleurs toute cette construction est vaine,

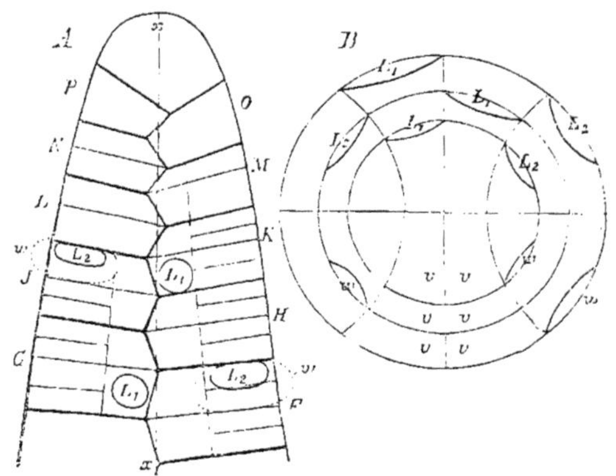

Fig. 142. — *A*, le cône végétatif de la tige du *Salvinia natans*, vue théorique par la face dorsale ; *xx*, projection du plan vertical qui le partage en deux moitiés ; les segments sont marqués par des contours plus noirs et leurs divisions par des lignes plus minces ; la série des segments suit la succession des lettres *F*, *G*, *H*, *J* jusqu'à *P*. — *B*, diagramme de la tige avec trois verticilles ; sa face ventrale est marquée *vv* ; *w*, la feuille aquatique d'abord produite ; L_1, la feuille aérienne formée ensuite ; L_2, seconde feuille aérienne du même verticille, produite plus tard entre *w* et L_1 (d'après M. Pringsheim).

puisqu'elle ne repose sur aucune raison tirée du développement. La tige du *Salvinia* se construit, comme M. Pringsheim l'a montré, par deux séries de segments, produits alternativement à droite et à gauche (*G, H, J, K*, etc., fig. 142 *A*) par la cellule terminale. Dès avant la formation des feuilles, chaque segment subit diverses divisions, et il se forme ainsi des disques transverses qui se comportent alternativement comme nœuds et comme entre-nœuds de la tige. Chaque disque nodal est composé de la moitié supérieure d'un segment et de la moitié inférieure du segment suivant ; chaque disque internodal comprend tout un segment d'une série et deux moitiés de segments de l'autre série. Certaines cellules du disque nodal, dont la position est parfaitement déterminée à l'avance, produisent les feuilles dans l'ordre marqué. Rien dans tout ce développement n'indique que les feuilles naissent en série spiralée ; au contraire, la formation bilatérale de la tige montre qu'une construction spiralée est ici entièrement et de tout point inadmissible.

La même conclusion s'applique aux *Marsilia*, dont la tige rampante porte sur sa face dorsale deux rangées de feuilles, tandis que sa face ventrale produit des racines. Les feuilles se laissent, dans ce cas, réunir dans leur ordre d'apparition par une ligne en zigzag, qui n'intéresse pas la face inférieure de la tige et qui correspond dans son cours à la formation également bilatérale de cette tige.

La construction spiralée est également dépourvue de sens dans tous les cas

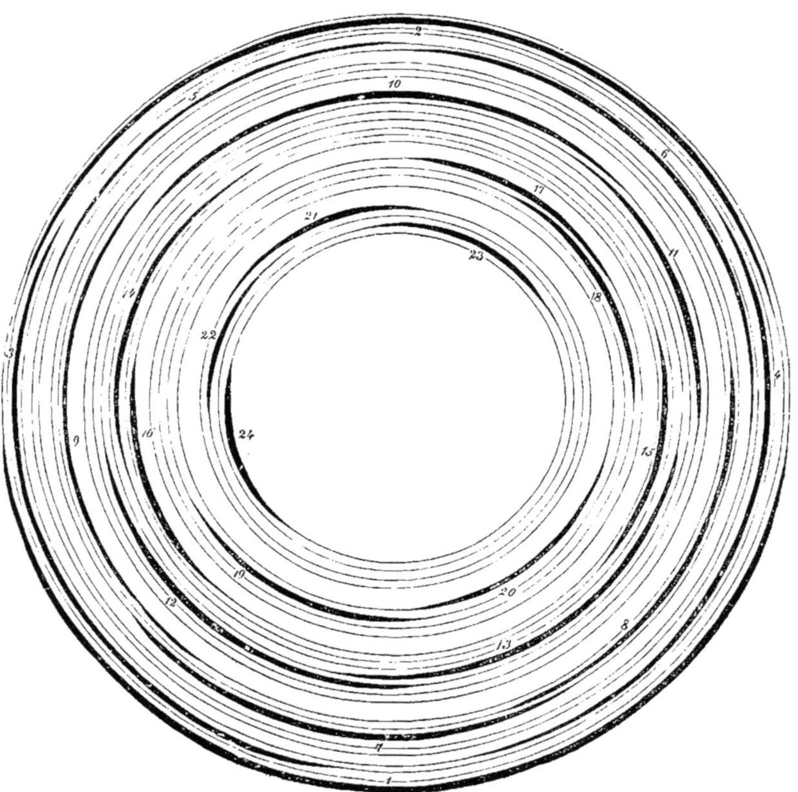

Fig. 113. — Diagramme d'une tige fleurie de *Fritillaria imperialis*, montrant les divergences des 24 premières feuilles ; la longueur relative des entre-nœuds est marquée par le plus ou moins grand écartement des cercles.

où la spirale peut indifféremment être menée vers la droite ou vers la gauche ; il en est ainsi quand les membres sont disposés en deux séries, avec une divergence constante 1/2, c'est-à-dire quand ils alternent sur deux orthostiques diamétralement opposées, comme les branches de beaucoup de thalles (par ex. *Stypocaulon*, fig. 98), les feuilles des Graminées, les feuilles des rameaux latéraux des *Tilia, Ulmus, Corylus*, etc. Dans tous ces cas, grâce à la structure bilatérale de l'axe, la spirale peut être supposée monter tout aussi bien et avec la même divergence vers la droite que vers la gauche ; elle est par conséquent dépourvue de toute signification morphologique ; on pourrait tout aussi bien imaginer qu'elle change de sens à chaque feuille.

Cas où la spirale génératrice est possible et utile. — C'est principalement dans les axes qui se dressent et s'accroissent librement vers le ciel et qui produisent des feuilles isolées suivant 3,4,5,8 directions ou davantage, que la construction spiralée paraît conforme à la nature, et qu'elle concorde avec les rapports de symétrie de ces plantes dont nous parlerons plus loin. Cette conformité, cette concordance est aussi nette ici, qu'il est évident que dans les axes à structure bilatérale, notamment dans les branches rampantes ou grimpantes et dans les rameaux latéraux, la construction spiralée est contraire à la nature. Quand la construction spiralée est applicable et conforme à la nature, c'est-à-dire quand elle explique de la manière la plus simple et la plus claire tous les rapports de position, on peut encore distinguer deux cas, suivant que les divergences sont très-inégales et alternent brusquement, et suivant qu'elles sont presque ou tout à fait égales ou qu'elles ne se modifient que progessivement.

Les divergences successives changent brusquement de valeur : plusieurs spirales homodromes. — Dans le premier cas, les membres paraissent disséminés sans ordre, irrégulièrement disposés, comme les feuilles sur la tige du *Fritillaria imperialis* (fig. 143), les fleurs sur l'axe de l'épi du *Triglochin palustre* et de certaines Dicotylédones. Quand les divergences changent ainsi brusquement sur le même axe, il peut arriver aussi qu'il paraisse plus conforme à la nature

d'embrasser toutes les feuilles par deux spirales homodromes au lieu d'une seule, comme dans beaucoup d'espèces d'*Aloe* dont les branches commencent par des feuilles disposées en deux séries, pour acquérir ensuite des divergences compliquées et arriver enfin à des rosettes de feuilles qui rayonnent de tous les côtés. Il en est ainsi par exemple dans les *Aloe ciliaris, latifolia, brachyphylla, lingua, nigricans* et *serra.*

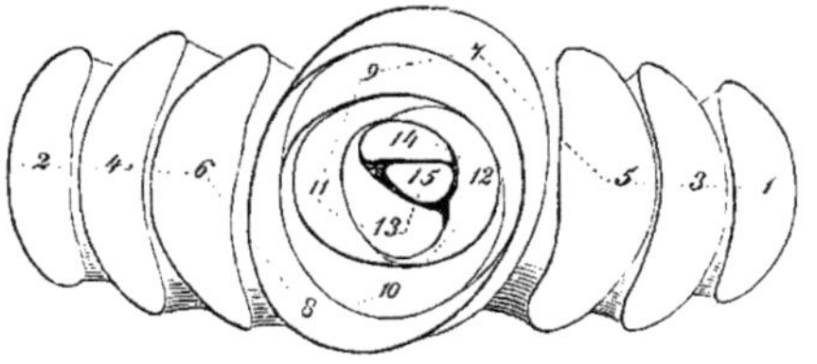

Fig. 144. — Coupe transversale d'une branche d'*Aloe serra.*

La figure 144 représente la section transversale d'un rameau de cette dernière espèce ; les six premières feuilles sont exactement disposées en deux séries opposées, où elles alternent avec une divergence constante 1/2. A la septième feuille, cet arrangement est tout à coup altéré, car, au lieu de se placer sur 5, elle se pose entre 5 et 6 ; la feuille 8 est séparée de 7 par une divergence 1/2 ; la feuille 9 change de nouveau la divergence et, au lieu de se superposer à 7, elle se place entre 7 et 6 ; la feuille 10 est de nouveau séparée de 9 par une divergence 1/2 et cela continue ainsi indéfiniment. Les feuilles 7 à 15 sont évidemment disposées par paires qui sont : (7, 8) (9, 10) (11, 12) (13, 14) ; chaque paire consiste en deux feuilles alternes, non opposées, dont la divergence est 1/2, et les paires elles-mêmes divergent entre elles d'une fraction moindre. Si l'on voulait ici relier toutes les feuilles 1 à 15 par une spirale génératrice, on rencontrerait à l'intérieur de cette spirale de brusques changements de divergence. Les rapports de position des feuilles seront évidemment plus simples et plus clairs si, tenant compte de l'origine bilatérale du rameau, l'on construit deux spirales partant des deux orthostiques primitives et les prolongeant pour ainsi dire en direction spiralée ; l'une contient toutes les feuilles paires, l'autre toutes les feuilles impaires ; elles sont homodromes, c'est-à-dire tournent dans le même sens autour de la tige. L'origine bilatérale de la branche se laisse ainsi poursuivre jusque dans la rosette de feuilles rayonnant en tous sens qui termine la branche âgée. De semblables rapports se présentent aussi dans les *Dracæna* et dans certaines Aroïdées. Au premier abord, il semble que, dans les cas de ce genre, les feuilles soient disposées en deux séries verticales, ultérieurement transformées en spirales par une torsion de la tige ; mais cette supposition n'est guère admissible.

Les divergences sont égales ou changent peu à peu. — Arrivons enfin maintenant à ces cas qui ont évidemment donné lieu autrefois à cette supposition inexacte que la loi fondamentale de l'arrangement des feuilles est partout une disposition spiralée. Nous y trouverons les feuilles isolées, séparées l'une de l'autre par des divergences tout à fait égales ou sensiblement égales, ou passant progressivement à d'autres valeurs ; c'est, comme nous l'avons dit, le second cas de la disposition spiralée. Dans ces cas, la construction spiralée donne une expression simple de la loi de position ; il suffit en effet de nommer la divergence constante. A-t-elle pour valeur 1/3, 1/4, 1/5, 2/5, 3/8, etc., on dit simplement que la disposition est une disposition 1/3, une disposition 1/4, une disposition 2/5, etc. D'ailleurs, même dans ces cas, la constance de la divergence ne se conserve pas d'habitude entre tous les membres d'un même axe. Une branche qui produit un grand nombre de feuilles commence

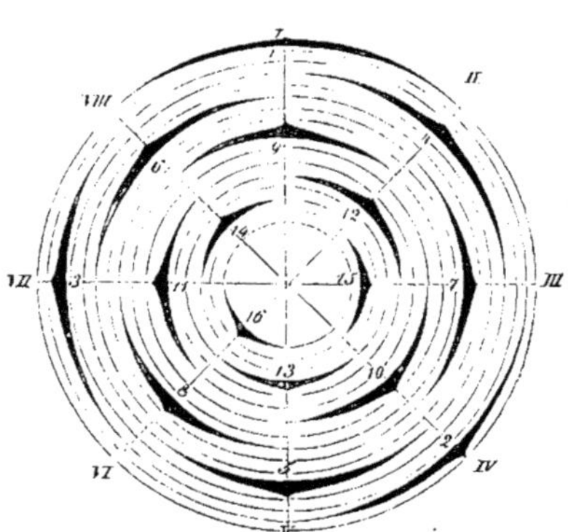

Fig. 145. — Diagramme d'une branche dont les feuilles sont disposées suivant la divergence constante 3/8.

le plus souvent par une disposition simple comme 1/2, pour passer plus tard à une plus compliquée, en tant du moins qu'une disposition devient plus compliquée quand le numérateur et le dénominateur de la fraction de divergence deviennent tous deux plus grands.

Si les divergences des membres latéraux successifs d'un arrangement spiralé sont égales, ces membres se trouvent en même temps disposés en rangées verticales dont le nombre est donné par le dénominateur de la fraction de divergence. Ainsi, si la divergence a pour valeur constante 3/8, comme dans la figure 145, il y a huit orthostiques, le membre 9 y est directement superposé au membre 1, le 10 au 2, le 11 au 3 et ainsi de suite ; de même dans une disposition 2/5, le membre 6 est superposé au nombre 1, le 7 au 2, etc. Dans certains cas les orthostiques s'aperçoivent directement et frappent l'œil de l'observateur ; dans les Cactées, dont la tige est munie d'arêtes saillantes, par exemple, ces arêtes correspondent précisément aux orthostiques de la disposition des feuilles qui ne s'y développent ordinairement pas. Dans les feuilles verticillées, les séries verticales se voient nettement aussi quand on regarde la la branche par en haut, comme, par exemple, dans les verticilles binaires décussés de l'*Euphorbia Lathyris*, et dans ceux de l'*Euphorbia canariensis* dont le port est celui d'un Cactus.

Si les membres d'une disposition spiralée à divergence constante sont suffisamment rapprochés l'un de l'autre, on y remarque facilement des lignes spiralées que l'on peut suivre vers la droite ou vers la gauche et qui dissimulent plus ou moins la spirale génératrice ; on nomme ces lignes les *spirales secondaires* ou les *parastiques* ; elles sont remarquablement nettes dans les cônes des Pins, les rosettes de feuilles des Crassulacées, les capitules du Grand-Soleil et d'autres Composées, et les spadices des Aroïdées. On peut d'ailleurs les mettre en évidence dans toute disposition spiralée à divergence constante, en construisant le diagramme ou en le représentant sur un cylindre développé. La considération de ces spirales secondaires fournit aussi certaines règles géométriques qui permettent de déduire facilement de leur connaissance celle de la spirale génératrice (1).

Causes qui déterminent les rapports de position. — Il est clair que les diverses constructions dont nous venons de parler ne peuvent être que des moyens plus ou moins utiles d'acquérir une certaine connaissance générale des divers rapports de position qui peuvent se présenter. Pour pénétrer à leur aide plus profondément dans les phénomènes d'accroissement eux-mêmes, dont les rapports de position ne

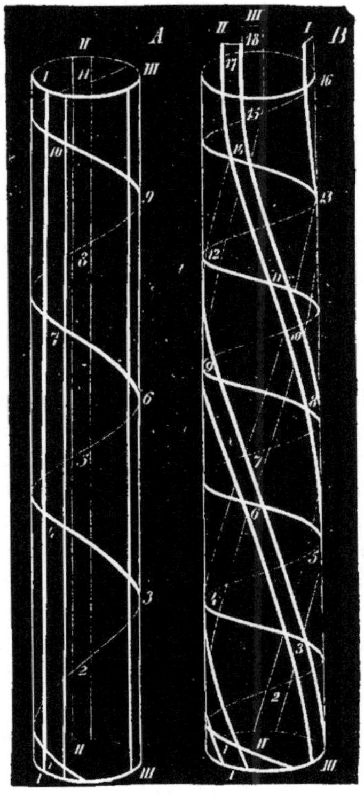

Fig. 146. — Représentation théorique des orthostiques d'une disposition 1/3. *A*, avant, B. après la torsion de la tige. Chaque orthostique *I*, *II*, *III* est marquée par un double trait, la spirale génératrice par un simple trait ; aux points de rencontre de cette spirale avec les orthostiques se trouvent les insertions des feuilles, numérotées 1, 2, 3.

sont que la conséquence, il est nécessaire de suivre pas à pas le développement des membres et de se demander, dans chaque cas particulier, quelles sont les circonstances qui font qu'un nouveau membre se développe à telle place

(1) La connaissance de ces règles n'ayant de valeur que pour ceux qui font des recherches personnelles sur les rapports de position, je renvoie sur ce point à l'exposition détaillée de M. Hofmeister : Allgemeine Morphologie, § 9.

déterminée et non pas à telle autre. Nous devons donc maintenant signaler quelques-uns des points qui doivent être à cet égard pris en considération.

1° *Influence de l'ordre de succession.* — Avant tout il s'agit toujours de bien établir l'âge relatif, c'est-à-dire l'ordre de succession dans le temps, des divers membres latéraux.

2° *Influence de la longueur des entre-nœuds.* — Il faut considérer, non pas seulement l'écartement latéral des membres ou leur divergence, mais encore la distance longitudinale qui sépare, sur le cône végétatif, le nouveau membre de celui qui le précède immédiatement. Ordinairement ces distances longitudinales des jeunes membres successifs du point végétatif sont très-faibles, quelquefois même il est impossible d'apercevoir entre ces membres le moindre espace libre et leurs faces d'insertion se touchent; cette dernière circonstance peut, d'un côté déterminer l'endroit où devra naître le membre suivant, et de l'autre donner lieu, quand l'axe continuera de se développer avec ses membres latéraux étroitement serrés, à une pression et à une torsion qui altéreront l'arrangement primitif.

3° *Influence de l'accroissement inégal de l'axe en longueur et en diamètre, et de sa torsion.* — De même que certains membres latéraux, étroitement serrés à l'origine, se trouvent plus tard très-éloignés l'un de l'autre par l'accroissement longitudinal de l'axe commun qui les porte, d'autres au contraire, si l'axe s'acº croît très-peu à leur niveau, demeurent très-rapprochés, de telle sorte que le même axe présente, suivant la hauteur, une distribution différente (rosette de feuilles et tiges fleuries des Crassulacées, *Agave*, *Aloe*, etc.). Il n'est pas rare non plus de voir l'angle de divergence altéré parce que l'axe s'accroît en épaisseur plus fortement d'un côté que de l'autre, mais cela arrive encore plus fréquemment par la torsion de cet axe autour de sa propre ligne d'accroissement. Par ces torsions, des membres latéraux disposés à l'origine en séries verticales peuvent être tellement déplacés, que les orthostiques primitives paraissent enroulées en spirale autour de l'axe ; il en est ainsi, par exemple, dans les systèmes de racines des Fougères, Prêles et Rhizocarpées d'après MM. Nægeli et Leitgeb, ainsi que dans la disposition tristique des feuilles du *Fontinalis antipyretica* d'après M. Leitgeb ; mais l'exemple le plus frappant en est fourni par la tige du *Pandanus utilis*. Les feuilles du bourgeon de cette plante, nombreuses et déjà bien développées, sont disposées, comme le montre la section transversale, en trois séries exactement verticales suivant la divergence 1/3 ; mais la tige éprouve, par la suite de son développement, une torsion si forte que les trois orthostiques se transforment en trois spirales assez surbaissées qui s'enroulent autour d'elle.

Dans ces exemples et dans tous les cas semblables, le changement apporté dans les rapports de position par la torsion de l'axe se constate avec facilité et certitude. Mais quand les choses se passent au sommet de l'axe de façon qu'on ne puisse plus, en regardant ce sommet de face, estimer avec précision la divergence des jeunes membres, il est impossible de savoir avec certitude si la disposition définitive des membres est bien leur disposition primitive, ou si cette dernière a été altérée par un déplacement latéral des membres et par une torsion de l'axe. Il suffirait, par exemple d'un déplacement latéral de 6 degrés pour changer la divergence 2/5 en 3/8 ; il suffira d'une déviation de 1°,3 pour transformer 5/13 en 8/21. Dans les dispositions très-compliquées, où le nombre des orthostiques est très-grand, il suffit de déplacements extrêmement faibles, à peine appréciables, pour effacer l'arrangement primitif et faire apparaître à sa place un tout autre système de spirales secondaires. Cette remarque est intéressante, car elle porte à douter que certaines dispositions compliquées appartiennent jamais en réalité à l'arrangement primitif des membres.

4° *Influence des forces extérieures : pesanteur, lumière, pression.* — Il faut rechercher encore si la position des membres nouvellement formés, ou les altérations qu'elle subit plus tard, ont quelque relation avec la direction de la pesanteur, de la lumière incidente, ou d'une pression exercée du dehors (1).

En ce qui concerne la pesanteur, on remarque que les branches principales dressées forment des feuilles dans toutes les directions rayonnantes, tandis que celles qui croissent horizontalement et dont la face ventrale pourvue de racines se distingue de la face dorsale ont leurs feuilles disposées le plus souvent en deux rangées sur cette face dorsale (*Salvinia, Marsilia, Polypodium aureum, Pteris aquilina*, etc.). Les rameaux horizontaux à feuilles bisériées et insérés eux-mêmes sur des tiges dressées à feuilles multisériées, comme ceux des *Prunus lauro-cerasus, Castanea vesca, Corylus*, etc., présentent moins nettement une relation de ce genre ; car on peut invoquer ici, indépendamment de l'action de la pesanteur, une influence de l'axe principal sur l'axe secondaire, influence qui se manifeste déjà par la disposition des feuilles dans le bourgeon latéral avant son épanouissement (voir la fig. 147 au § 27).

5° *Influence de l'état de développement de l'axe au moment de la formation des membres latéraux.* — Il faut encore examiner s'il y a, dans l'état de choses qui précède la première apparition des membres, des motifs qui déterminent leur lieu de formation. — Ainsi, par exemple, le lieu de formation des racines latérales est lié à la face externe des faisceaux vasculaires et leur disposition en séries suit la course de ces faisceaux ; ces faisceaux permettent aussi aux racines de se disposer en verticilles ou en spirale. Ici, l'arrangement en séries longitudinales est évidemment l'effet général et primaire, les divergences latérales et les écartements longitudinaux sont quelque chose de secondaire déterminé par certaines circonstances accessoires. — Quant au lieu de formation d'un rameau, sa relation avec la feuille la plus proche, qu'il soit au-dessus, à côté ou au-dessous de la ligne médiane de cette feuille, est au contraire la condition principale ; que des rameaux se développent à chaque feuille ou seulement à de certaines feuilles déterminées, ce n'est là, comme d'autres circonstances de ce genre, qu'un point d'importance secondaire. La disposition des feuilles sur le rameau peut de son côté s'écarter de celle de la branche mère, parce que l'accroissement de cette dernière exerce sur le rameau une influence, comme on le voit, par exemple, dans les rameaux à feuilles bisériées insérés eux-mêmes sur des branches à feuilles multisériées ; et c'est au même

(1) M. Hofmeister (Allgemeine Morphologie, §§ 23 et 24) a rassemblé une série de faits qui attestent des relations de ce genre. Sur ces faits et sur l'interprétation qu'il en donne, je suis souvent d'un avis tout différent du sien mais d'en exposer ici les raisons me conduirait trop loin ; (Voir d'ailleurs plus loin § 27).

point de vue qu'il faut rattacher la ramification bilatérale des feuilles, que la branche elle-même soit bilatérale ou multilatérale.

Le contour du point végétatif et la grosseur de l'axe qui en dépend peuvent aussi exercer une grande influence sur le nombre des rangées des membres latéraux. Ainsi les grosses racines mères produisent le plus souvent 3 rangs de radicelles ou davantage, tandis que les racines minces n'en produisent que deux, comme dans les racines des Cryptogames, d'après MM. Nægeli et Leitgeb; les grosses racines principales de *Zea*, *Phaseolus*, *Pisum*, *Quercus*, etc., forment 3, 4, 5, 6..... orthostiques de racines secondaires, qui à leur tour étant plus minces produisent un moindre nombre d'orthostiques de racines tertiaires, etc. Il en est de même assez souvent pour la formation des feuilles sur la tige; si le cône végétatif s'élargit, le nombre de rangées de feuilles s'accroît en même temps, comme on le voit dans un grand nombre de plantules de Dicotylédones et de Palmiers, à mesure qu'elles deviennent plus vigoureuses, dans l'*Aspidium filix-mas*, etc.; mais l'exemple le plus frappant en est offert par les capitules multisériés du Grand-Soleil qui terminent une tige quadrisériée; ici, en effet, dès l'origine du capitule, le point végétatif de la tige se dilate tout à coup énormément (fig. 108). Inversement le nombre des séries de feuilles diminue quand le contour du sommet végétatif se rétrécit sous l'influence d'un allongement plus énergique; c'est ce que montrent, par exemple, les tiges fleuries longues, minces et portant un petit nombre de séries de feuilles qui s'échappent du centre de la rosette multisériée des *Aloe*, *Echeveria*, etc.

6° *Influence de la largeur d'insertion des membres latéraux.* — Si l'insertion de la feuille ou des rameaux embrasse de bonne heure une grande partie du contour du cône végétatif, il ne se forme naturellement qu'un petit nombre de rangées de feuilles. Si, au contraire, l'insertion devient relativement étroite, le nombre des rangées grandit à mesure; c'est ce qu'on voit dans les petites fleurs multisériées du spadice des Aroïdées et de la grappe des *Trifolium*, etc., plantes dont les feuilles engaînantes, ou tout au moins largement insérées, sont disposées en un petit nombre de rangées.

Règle mécanique de M. Hofmeister. — M. Hofmeister (1), à qui nous devons la connaissance de ce point de vue important pour l'étude de l'insertion des feuilles, pose comme une règle très-générale la proposition suivante : *Les nouveaux membres latéraux naissent au-dessus du milieu du plus large intervalle que laissent entre elles, à la périphérie du point végétatif, les insertions des anciens membres de même espèce les plus voisins.* Cette règle est confirmée, en particulier, par la succession des verticilles alternes, notamment des paires décussées, et par les feuilles isolées distiques dont la base s'élargit de bonne heure sur le point végétatif à petites cellules des Phanérogames. Quand, au contraire, il se manifeste, soit un développement bilatéral d'axes horizontaux comme dans les

---

(1) Allgemeine Morphologie, § 11, où des cas particuliers sont décrits en détail. Ce travail est certainement le plus important que l'on ait écrit jusqu'ici sur la disposition des feuilles. Cependant, dans cette exposition, où je dois, à cause de l'espace restreint qui m'est accordé, me borner presque à des indications, je crois devoir m'écarter des vues de M. Hofmeister, même en des points d'importance capitale.

Pteris aquilina, Salvinia et *Marsilia*, soit une relation déterminée entre la formation des feuilles et la segmentation d'une cellule terminale comme dans les Mousses, soit une production nettement successive des membres à l'intérieur d'un verticille comme dans les tiges des *Chara* et *Salvinia*, dans les fleurs des *Reseda*, etc., dans tous ces cas, je crois que la valeur mécanique de cette règle disparaît derrière les autres causes qui déterminent alors principalement le lieu de formation des nouveaux membres. Abstraction faite des motifs invoqués dans les articles 1-4, les liens de dépendance que nous avons signalés dans l'article 5 suffisent déjà à montrer qu'il est impossible de trouver une règle unique régissant toutes les dispositions particulières. Suivant les circonstances, ce sont des causes appartenant à des catégories toutes différentes, qui viennent déterminer le lieu de production d'un membre nouveau.

La même disposition peut être amenée par des causes très-différentes et des dispositions très-différentes par la même cause. — Je regarde comme un point d'importance majeure, que des rapports de position semblables ou très-analogues puissent être amenés par de très-diverses combinaisons de causes, et inversement des dispositions en apparence très-différentes par de très-analogues combinaisons de causes. Et, en ceci, j'entends par causes l'état de développement antérieur de l'axe, l'influence de l'axe générateur sur les axes qu'il produit, l'action de la pression, de la pesanteur, de la lumière, etc.

La vérité de cette proposition apparaît avec la plus grande évidence, si l'on considère que les mêmes divergences de feuilles et de rameaux latéraux, ou des divergences semblables, peuvent se produire sur des plantes unicellulaires, sur des plantes multicellulaires à cellule terminale dominante, et sur des plantes où le point végétatif consiste en un tissu à petites cellules sans relation déterminée avec les segmentations d'une cellule terminale dominante comme dans les Phanérogames. Sans aucun doute, la mécanique des phénomènes d'accroissement doit être tout autre quand les rameaux latéraux d'un *Vaucheria* se forment en deux séries, ou quand se produisent, disposées de la même manière, les deux rangées de feuilles d'un *Fissidens* ou d'une Graminée, plantes où les parois cellulaires du méristème primitif représentent une diversité de causes et d'obstacles à l'accroissement. La disposition analogue des membres latéraux dans des conditions aussi différentes ne signifie pas que ces conditions elles-mêmes soient analogues ou concordantes, mais seulement que de très-diverses combinaisons de causes peuvent conduire à des rapports de position très-analogues. Dans les Muscinées et les Cryptogames vasculaires, le rapport entre la formation des feuilles et la segmentation de la cellule terminale est d'autant plus net que les feuilles sont plus rapprochées du sommet. Il est le plus net possible dans les Mousses, où chaque segment, immédiatement après sa production et avant toute division ultérieure, développe une protubérance latérale destinée à la feuille. Ici la cause prochaine de la disposition des feuilles est la disposition des segments eux-mêmes qui les produisent. Si ces derniers se forment en deux rangées longitudinales sur lesquelles ils alternent, comme dans les *Fissidens* (1), les feuilles alternent de même sur deux orthostiques

---

(1. LORENTZ : Moosstudien. Leipzig, 1854.

avec la divergence 1/2. Si la segmentation de la cellule terminale est trisériée, de façon que chaque nouvelle cloison y soit parallèle à l'antépénultième, comme dans les *Fontinalis*, les feuilles sont disposées sur trois orthostiques et en spirale suivant la divergence constante 1/3. Si la cellule terminale est encore, il est vrai, en pyramide triangulaire, mais que les nouvelles cloisons ne soient plus parallèles à aucune des anciennes, mais obliques sur elles, de telle sorte que tous les segments soient par exemple plus larges sur leur côté anodique que sur leur côté cathodique, ces segments ne sont plus alors superposés en trois séries verticales, mais on y reconnaît soit trois spirales, soit une seule circonscrivant la tige ; et comme dans ce cas, par exemple chez les *Polytrichum*, *Catharinea*, *Sphagnum* (1), chaque segment produit aussi une feuille, il naît ainsi des feuilles disposées en spirale avec des divergences qui dépendent de l'angle que font entre elles les parois principales des segments successifs (2). Ces phénomènes montrent avec évidence que, lorsque chaque segment produit une feuille, la disposition des feuilles dépend de la manière dont se forment les nouvelles parois principales des segments ; mais comme à son tour la direction suivant laquelle s'opère la segmentation de la cellule terminale dépend elle-même de causes qui nous sont jusqu'à présent inconnues, c'est en définitive à ces causes inconnues que nous devons rapporter aussi la disposition des feuilles.

On peut, dans certains cas, trouver la cause pour laquelle une segmentation semblable de la cellule terminale donne lieu cependant à des dispositions de feuilles différentes. Les segments de la cellule terminale sont, dans les *Fontinalis* comme dans les *Equisetum*, superposés en trois séries verticales ; cependant les feuilles des *Fontinalis* sont isolées sur trois rangées verticales et spiralées avec une divergence constante 1/3, celles des *Equisetum* au contraire sont soudées en verticilles alternes ; cela tient, comme M. Rees l'a fait voir (3), à ce qu'ici les trois segments de chaque contour, disposés en spirale au début, se placent ensuite par un accroissement inégal sur une zone transversale, d'où s'échappe d'abord un bourrelet annulaire sur lequel proéminent ensuite les dents de la gaine. Cet inégal accroissement des segments, dont la cause prochaine est inconnue, amène encore d'autres différences ultérieures, par rapport aux *Fontinalis*, différences dont la conséquence est que les verticilles eux-mêmes ne sont pas superposés, comme ils pourraient l'être, mais alternes.

Si l'on compare à ce qui précède les phénomènes que M. Hanstein (4) a décrits chez les *Marsilia*, on voit que la segmentation de la cellule terminale y est essentiellement la même que dans les *Fontinalis* et les *Equisetum*, c'est-à-dire trisériée avec divergence 1/3. Comme dans les *Fontinalis*, les feuilles des

---

(1) Voir aussi la remarquable exposition donnée par M. Leitgeb pour les *Sphagnum* dans : Sitzungsberichte der kais. Akad. der Wiss. Wien, 1869.

(2) Voir Hofmeister : Allgemeine Morphologie, p. 494, et Müller, Botanische Zeitung, 1869 : Eine allgemeine morphol. Studie, pl. IX, fig. 24. — Dans ce cas on peut comprendre le fonctionnement de la cellule terminale en imaginant qu'elle tourne autour de son axe, comme je l'ai fait dans la première édition de ce Traité ; mais ce mode d'exposition ne me paraît plus aujourd'hui convenir aux commençants.

(3) Rees, Jahrbücher f. wiss. Botanik, VI, p. 216.

(4) J. Hanstein : Jahrbücher f. wiss. Botanik, IV, p. 252.

Marsilia naissent par une excroissance des segments; seulement elles ne sont pas trisériées comme dans les *Fontinalis* ou verticillées comme dans les *Equisetum*, mais disposées en deux rangées verticales. La cause prochaine de cette différence doit être cherchée dans la situation horizontale de la tige et de son point végétatif. Ce dernier a une face supérieure ou dorsale et une face inférieure ou ventrale ; les segments de la cellule terminale se superposent en deux rangées dorsales et une rangée ventrale ; ceux des deux premières rangées seulement forment des feuilles, les autres des racines. Évidemment, c'est ici la direction horizontale de l'axe et de son développement bilatéral qui est cause que la face supérieure seule produit des feuilles ; et comme cette face a deux rangées de segments, il s'y forme deux séries de feuilles que l'on peut, par la pensée, réunir par une ligne en zigzag. Une autre cause de différence par rapport aux *Fontinalis* et aux *Equisetum* provient aussi de ce que dans les *Marsilia* tout segment des deux séries dorsales ne forme pas une feuille ; certains segments demeurent stériles, d'après M. Hanstein, et ils forment les entre-nœuds, qui manquent à l'origine dans les *Fontinalis* et les *Equisetum* et ne s'y développent que plus tard par différenciation ultérieure et accroissement intercalaire.

Comme dans les *Fissidens*, les segments de la cellule terminale de la tige du *Pteris aquilina* et du *Salvinia* se forment en deux séries ; la disposition des feuilles y est cependant fort différente. Il faut en voir la cause d'abord dans l'accroissement horizontal de la tige de ces plantes, et surtout dans ce fait qu'ici les segments, avant de donner naissance aux feuilles, subissent un fort accroissement en longueur et en épaisseur et de nombreuses divisions. Ce ne sont pas ici les segments nouvellement formés, mais certaines cellules issues de leur travail de division et fort éloignées du sommet de la tige, qui produisent les feuilles. Tout cela est commun au *Pteris* et au *Salvinia;* mais, dans les divisions des segments et dans l'ensemble de l'accroissement de la tige, ces deux plantes présentent de notables différences. Aussi, tandis que le *Pteris aquilina* développe, sur la face dorsale de ses épaisses branches horizontales souterraines, deux séries de feuilles distiques, le *Salvinia* forme, sur ses minces rameaux qui nagent à la surface de l'eau, des verticilles alternes dont les membres se succèdent d'une façon très-particulière, en rapport avec la croissance horizontale et la bilatéralité de l'axe qui les porte.

Les raisons tirées du développement qui, dans les Cryptogames, permettent de rattacher la disposition des feuilles au mode de segmentation de la cellule terminale et au fonctionnement ultérieur des segments, font entièrement défaut chez les Phanérogames, où les feuilles naissent d'un cône végétatif formé de petites et nombreuses cellules, et dont le tissu se comporte comme une masse plastique presque homogène. Ici l'on ne peut plus suivre pas à pas la cause prochaine qui détermine le lieu de formation d'une nouvelle feuille ou d'une nouvelle branche jusque dans la manière dont se comporte une cellule terminale de l'axe. C'est plutôt dans la disposition des feuilles déjà formées et dans leur accroissement en largeur, dans la forme et l'épaisseur du cône végétatif, dans son inclinaison sur la verticale et dans son rapport avec la grosseur de la branche mère, etc., qu'il faut chercher les causes prochaines appréciables de la disposition des feuilles. Toutes ces considérations ont été, comme nous l'avons signalé plus haut, exposées en détail par M. Hofmeister. La règle formulée par cet auteur, que les membres latéraux naissent au-dessus du milieu du plus grand intervalle laissé libre par les membres voisins les plus jeunes, renferme la cause déterminante du lieu de formation des nouveaux membres; elle peut même être transportée aux premières feuilles du rameau latéral, qui ont ordinairement une position déterminée par rapport à la feuille mère de ce rameau. Dans les Monocotylédones, notamment, la première feuille d'une branche axillaire est située d'habitude sur le côté postérieur de cette branche, c'est-à-dire du côté de la branche mère; dans les Dicotylédones, au contraire, la branche axillaire commence ordinairement par deux feuilles insérées à droite et à gauche du plan médian de la feuille mère, c'est-à-dire dans les places libres et le moins exposées à la pression, situées entre la feuille mère et la branche principale.

Influence du groupe naturel auquel la plante appartient. — Comme le montrent déjà les courtes indications qui précèdent, l'étude des rapports de position ne peut guère, dans l'état actuel de la science, faire beaucoup plus que rechercher dans chaque cas particulier les phénomènes qui précèdent et qui accompagnent le développement d'un membre, ainsi que les forces dont la direction peut exercer une influence sur son lieu de formation, et ensuite, quand ces résultats sont obtenus dans un nombre suffisant de cas particuliers, établir les règles générales qui résultent de leur comparaison. Mais ici, comme dans toutes les autres recherches sur les organismes vivants, nous rencontrons toujours en première ligne une considération d'importance majeure qui s'impose à nous ; je veux parler de cet ensemble de propriétés qui détermine le caractère des groupes, classes et ordres naturels. Par cela seul qu'on reconnaît une plante comme membre d'une classe déterminée, par exemple comme une Mousse, une Fougère, une Prêle, une Rhizocarpée, une Phanérogame, etc., on lui assigne toute une somme de propriétés qui doit entrer comme telle en ligne de compte. Si l'on considère notamment le point de vue ouvert par la théorie de la descendance des êtres, on reconnaît, dans la loi d'hérédité et dans l'adaptation physiologique des organes, la difficulté, l'impossibilité même d'exposer un phénomène morphologique quelconque autrement que par voie historique. Les formes organiques ne sont pas en effet le résultat de combinaisons une fois données de forces et de matières, se reproduisant toujours exactement de la même manière, comme est un cristal qui se dissout et qui se reforme ensuite de nouveau ; elles sont le résultat de combinaisons qui se répètent héréditairement en se modifiant en même temps, et qui, pour être comprises, ont besoin du passé dont elles dépendent, et non plus seulement des circonstances immédiates du moment présent.

Critique de la théorie de la spirale génératrice. — La caractérisation des classes au livre II nous offrira souvent l'occasion de considérer de plus près les particularités des rapports de position; en attendant et comme préparation, ce que nous venons d'en dire suffira. Cependant, je veux encore ajouter ici quelques remarques sur le rôle joué par la théorie de la spirale dans l'étude de la disposition des feuilles. Ce que nous en avons dit plus haut montre déjà que la construction exigée et employée par cette théorie n'est pas applicable à certains

cas, que dans d'autres elle est arbitraire et sans relation avec l'histoire du déve·
loppement, que dans d'autres encore elle est simplement dépourvue de sens,
et qu'enfin la construction spiralée ne représente bien que les cas où la branche
forme au moins trois rangs de feuilles isolées et réparties également dans toutes
les directions. L'étude du développement indique souvent d'autres constructions préférables, même là où la spirale est encore géométriquement possible.
Mais, même dans ces cas où la liaison des feuilles suivant leur âge par une spirale enveloppant la tige toujours dans la même direction est possible et même
avantageuse comme moyen de représentation, il n'y a cependant, dans le mode
de développement des membres, aucun motif suffisant pour supposer que l'ac
croissement de l'axe générateur lui-même suive une spirale. Cette supposition a
été réfutée déjà par M. Hofmeister, dans le *Botanische Zeitung* de 1867 et plus
tard dans sa *Morphologie générale*, p. 481 ; on ne peut ici que renvoyer à son
exposition, dont un extrait, même très-bref, dépasserait les limites de ce
Traité.

A la théorie de la spirale, qu'il faut bien distinguer de l'étude de la dispo-
tion des feuilles, se rattache intimement une autre manière singulièrement
étrange de représenter les divergences. On crut, en effet, avoir découvert une
loi de la nature, quand on eut remarqué que quelques-unes des divergences cons-
tantes qui se présentent le plus fréquemment $\frac{1}{2}, \frac{1}{3}, \frac{2}{5}, \frac{3}{8}, \frac{5}{13}$, et certaines autres
plus rares, comme $\frac{8}{21}, \frac{13}{34}, \frac{21}{55}, \frac{34}{89}, \frac{55}{144}$, etc. (1), ne sont que les valeurs partielles ou
les réduites successives de la fraction continue

$$\cfrac{1}{2+\cfrac{1}{1+\cfrac{1}{1+\cfrac{1}{1+\cfrac{1}{1+\dots}}}}}$$

S'il était réellement possible de relier de cette manière, par une seule et unique
fraction continue, toutes les dispositions des feuilles sans aucune exception, ce
serait en effet une espèce de loi de la nature, qui ne se rattachant, il est vrai, à
aucune cause, demeurerait comme un impénétrable mystère. Il est fâcheux
seulement qu'il n'en soit pas ainsi ; il y a beaucoup de dispositions de feuilles
qui ne se rangent pas dans cette fraction continue. Alors, pour ne pas renoncer à la méthode, on construit de nouvelles fractions continues, par exemple :

$$\cfrac{1}{3+\cfrac{1}{1+\cfrac{1}{1+\dots}}} \qquad \text{ou} \qquad \cfrac{1}{4+\cfrac{1}{1+\cfrac{1}{1+\dots}}}$$

etc., dont une ou deux valeurs partielles
seulement représentent, il est vrai, le plus souvent des divergences réelles.
Et comme, pour chaque nouvelle disposition de feuilles qui ne se rattachera à
aucune des fractions continues précédemment établies, on pourra aussitôt
construire une nouvelle fraction continue dont cette disposition fera partie,

(1) Il faut remarquer encore qu'il n'est pas certain que des divergences aussi compliquées se
présentent jamais à l origine ; peut-être ne sont-elles partout que les résultats de déplacements
compliqués, que l'examen direct du point végétatif est incapable de mettre en évidence, précisément à cause de leur complication.

il est naturellement possible de représenter par cette méthode toutes les divergences de feuilles; mais, naturellement aussi, la méthode perd par là toute valeur réelle. Si encore sur un seul et même axe ou sur un même système d'axes, on ne rencontrait que des divergences qui fussent les valeurs partielles d'une seule et même fraction continue, ou si encore les valeurs d'une seule et même fraction continue se rencontraient exclusivement dans un genre, dans une famille ou dans un ordre naturel, la méthode conserverait par là une certaine valeur; mais cela n'a pas lieu.

Comme, en outre, cette méthode ne présente de rapports réels, ni avec l'histoire du développement, ni avec la classification des plantes, ni avec la mécanique de l'accroissement, malgré les innombrables observations qui ont été faites, il m'est absolument impossible de concevoir de quelle valeur elle peut être pour approfondir l'étude des lois de position. Même comme moyen mnémonique, elle me paraît, non pas seulement inutile, mais nuisible, en ce que son emploi détourne l'attention des phénomènes réellement importants.

<h2 style="text-align:center">§ 27.</h2>

<h3 style="text-align:center">Directions d'accroissement (1).</h3>

Sommet et base des membres; section longitudinale et transversale. — Sur toute branche de thalle, sur toute tige, sur toute racine, sur toute feuille, sur tout poil, enfin, on distingue facilement deux extrémités opposées l'une à l'autre, qu'on appelle la *base* et le *sommet* du membre. La base est l'endroit où le membre est né et où il a commencé de croître; le sommet est l'extrémité située dans la direction où l'accroissement se poursuit. La direction de la base au sommet est la direction longitudinale du membre en question. Une section menée suivant cette direction, ou un plan qui lui est parallèle s'appelle une section longitudinale. Toute direction perpendiculaire à la direction longitudinale est une direction transversale du membre; toute section perpendiculaire à la section longitudinale est une section transversale.

Centre organique de la section transversale. — Dans toute section transversale d'un membre, il y a un point autour duquel la structure et le contour externe sont disposés de façon que ce point doit être regardé comme le *centre organique* de la section transversale. Toute ligne menée de ce point à un point de la périphérie est un rayon. Toute petite portion de surface de la section transversale a un côté tourné vers le centre et un vers la périphérie, et ces deux côtés sont d'ordinaire diversement développés et diffèrent aussi des côtés qui sont tournés vers les rayons; ces différences se reconnaissent facilement sur les sections transversales des tiges ligneuses et de toutes les racines, mais elles se retrouvent aussi sans difficulté dans tous les autres cas, même dans

---

(1) H. v. MOHL : Ueber die Symmetrie der Pflanzen, Vermischte Schriften. 1845. — WICHURA : Flora. 1844, p. 161. — HOFMEISTER : Allgemeine Morphologie. Leipzig, 1868, §§ 1, 23, 24. — PFEFFER : Arbeiten des bot. Instituts in Würzburg. 1871, p. 77.

les plantes monocellulaires et dans les poils. Le centre organique de la section transversale n'a pas besoin de coïncider avec son centre géométrique et, en fait, cette coïncidence n'a pas lieu d'ordinaire, comme les sections transversales de la plupart des pétioles ainsi que des branches horizontales à moelle dite excentrique permettent de le reconnaître aisément.

Axe d'accroissement. — Si l'on imagine les centres organiques de toutes les sections transversales d'un membre reliés par une ligne, cette ligne sera l'*axe longitudinal* ou l'*axe d'accroissement* du membre. Cet axe d'accroissement peut être une ligne droite ou une ligne courbe ; il peut être courbe dans la région très-jeune voisine du sommet et se redresser par le développement ultérieur, c'est-à-dire à mesure qu'on s'écarte du sommet (*Salvinia, Utricularia*), ou inversement. Un plan qui coupe le membre en passant par son axe s'appelle une section longitudinale axile. Si l'axe est recourbé dans un plan, ce plan coïncide avec une section longitudinale axile ; si l'axe est droit, il est possible de mener un nombre indéterminé de sections longitudinales axiles.

L'accroissement dans la direction de l'axe longitudinal est d'ordinaire plus intense et plus rapide et il dure aussi plus longtemps que dans les directions transversales, comme on le voit nettement sur la plupart des tiges (chaumes, pédoncules floraux, hampes, stipes), sur les feuilles allongées, sur toutes les racines, sur la plupart des poils et des thalles. Mais ce caractère ne peut pas servir à poser une définition générale ; il y a des cas, en effet, où il est fort douteux que l'accroissement dans la direction de l'axe longitudinal soit plus intense et de plus longue durée que dans les directions radiales ; ainsi par exemple dans la tige des *Isoetes*, et dans le prothalle de certaines Polypodiacées. Ce caractère est d'ailleurs inutile pour la détermination de l'axe longitudinal, dont on reconnaît toujours la direction par la situation de la base et du sommet du membre, et dont la position sur la section transversale, c'est-à-dire le centre organique, se détermine sans que l'on connaisse rien du mode d'accroissement. On peut toujours aussi, sans être instruit de la durée et de l'intensité de l'accroissement, déterminer la section longitudinale et la section transversale d'un membre, car ces deux sections se distinguent déjà sur un très-petit fragment de ce membre. Ainsi sur un *Mamillaria,* un *Melocactus* ou un *Cereus*, il est tout aussi facile de déterminer l'axe d'accroissement dans le jeune âge, quand ces Cactées sont assez souvent aussi épaisses que hautes, que plus tard quand elles sont devenues beaucoup plus longues que grosses ; il en est de même dans les bulbes dits en forme de gâteaux, dans certains tubercules (*Crocus*), et dans les fruits, comme certaines Courges, dont le diamètre transversal est beaucoup plus long que l'axe longitudinal.

L'accroissement des racines et des tiges suivant l'axe longitudinal est le plus souvent illimité, celui des feuilles et des poils, au contraire, est ordinairement défini ; cependant l'inverse peut également se rencontrer. L'accroissement est-il illimité ? les choses se répètent d'ordinaire continuellement le long de l'axe ; tous les segments transverses qui se superposent progressivement sont semblables entre eux et les membres latéraux qui en émanent (branches, feuilles, racines, etc.) sont également semblables ou présentent dans leur développement une alternance régulière. Il en est ainsi, par exemple, dans les petites tiges des Mousses, les rhizomes d'*Equisetum*, les tiges principales des Conifères, etc. L'accroissement est-il au contraire limité, et va-t-il s'acheminant vers une fin déterminée, alors les segments transversaux successifs sont dissemblables et leurs excroissances latérales se modifient progressivement dans le même sens, il y a métamorphose. Il en est ainsi dans la plupart des feuilles, dont les parties basilaires sont ordinairement tout autrement conformées que celles qui touchent le sommet, ainsi que dans les tiges des Angiospermes pourvues de fleur terminale, qui commencent, par exemple, par des feuilles radicales, forment ensuite des feuilles caulinaires, puis des bractées, puis des sépales, pétales, étamines, pour finir en produisant des carpelles.

L'accroissement suivant l'axe est toujours limité quand il se produit au sommet une vraie dichotomie ; mais, en revanche, les branches reproduisent aussitôt le mode de développement de leur tronc commun et continuent ainsi indéfiniment l'accroissement de l'ensemble (*Fucus*, *Selaginella*) ; cependant certaines branches peuvent aussi terminer leur accroissement sans dichotomie, c'est quand elles fructifient.

Symétrie. — Si l'on imagine une section longitudinale axile menée à travers un membre, il peut arriver que la conformation de ce membre soit ordonnée de la même manière, mais en sens contraire, à droite et à gauche de ce plan, comme la moitié droite et la moitié gauche du corps de l'homme. Si les deux moitiés du membre sont tellement semblables que l'une soit l'image de l'autre dans un miroir, elles sont dites *symétriques* et le plan qui les sépare est appelé un *plan de symétrie*. Dans ce sens étroit, la symétrie se rencontre très-rarement dans les plantes et c'est surtout dans les fleurs et dans les tiges à verticilles décussés qu'elle se manifeste. Aussi donne-t-on souvent au mot symétrie un sens plus étendu. Il arrive fréquemment qu'on peut mener à travers un membre, une tige par exemple ou une racine, deux, trois, quatre plans de symétrie et davantage, qui se coupent tous suivant l'axe d'accroissement. De pareils membres sont dits *polysymétriques ;* les fleurs dites régulières, les tiges à verticilles alternes et la plupart des racines sont polysymétriques. Si au contraire on ne peut mener par la pensée qu'un seul plan de symétrie, comme dans les fleurs des Labiées et des Papilionacées (1), comme dans les tiges à feuilles bisériées, où les médians des deux rangs de feuilles sont en même temps un plan de symétrie pour la tige, comme dans les branches des thalles du *Marchantia*, et dans la plupart des feuilles, on dit que le membre est *monosymétrique* ou simplement symétrique.

Latéralité. — La monosymétrie n'est cependant qu'un cas particulier de la formation bilatérale, dont l'existence est beaucoup plus générale et qui consiste en ceci, qu'à droite et à gauche d'une section longitudinale axile d'un membre, tous les phénomènes d'accroissement ont lieu de la même manière, sans que cependant les deux moitiés soient l'image l'une de l'autre dans un miroir. Ainsi, par exemple, les feuilles des *Begonia* ne sont certainement pas symétriques, mais elles sont cependant bilatérales ; la moitié située à droite

(1) M. A. Braun nomme *Zygomorphes* les fleurs monosymétriques, expression qui pourrait aussi être employée en général comme synonyme de monosymétrique.

de la nervure médiane du limbe est plus grande et conformée un peu autrement que la moitié située à gauche de cette nervure ; il en est de même dans les *Ulmus*. Un rameau à feuilles bisériées alternes, que l'on coupe en deux moitiés dans sa longueur par un plan perpendiculaire au médian commun de toutes les feuilles, n'est aussi que bilatéral sans être monosymétrique ; les deux moitiés portent chacune un rang de feuilles, mais l'une n'est pas l'image de l'autre dans un miroir, puisque les feuilles des deux séries s'insèrent à des hauteurs différentes. Là où se montre réellement la formation monosymétrique, elle peut être considérée comme un cas particulier de la formation bilatérale ; cette dernière, étant le phénomène le plus général, est par conséquent pour nous le plus important.

Le rapport que nous venons de signaler entre la monosymétrie et la bilatéralité se retrouve d'ailleurs aussi entre la polysymétrie et la multilatéralité ; la polysymétrie n'est, elle aussi, qu'un cas particulier de la formation multilatérale. Cette dernière se présente notamment partout où l'on peut, par des sections longitudinales axiles, séparer le membre de plusieurs manières différentes en deux moitiés, de telle façon que les deux moitiés de chaque système soient bien semblables, mais sans être l'une à l'autre ce qu'est un objet à son image dans un miroir. Ainsi les courtes tiges de *Sempervivum* avec leurs rosettes de feuilles, les cônes des Pins avec leurs écailles, peuvent bien par de nombreuses sections longitudinales axiles être divisés en deux moitiés ; mais ces deux moitiés ne sont jamais symétriques, parce que les feuilles et les écailles sont disposées en spirale et qu'une spirale ou hélice n'est jamais divisible symétriquement ; mais suivant que les feuilles spiralées forment 3, 4, 5, 8, 13... orthostiques, on peut désigner la branche elle-même comme un axe tri, quadri, quinqui, octo, tridécilatéral.

Ainsi, la distinction la plus générale est et demeure celle qui sépare les formations bilatérales des multilatérales. Dans les deux cas, la latéralité peut s'élever à la symétrie, la première à la monosymétrie, la seconde à la polysymétrie. Les extrêmes sont, d'un côté les racines avec leur section transversale circulaire, et de l'autre la plupart des feuilles et des rameaux foliacés avec leur unique plan de symétrie. Cependant si, dans les racines, on fait attention au nombre de leurs faisceaux fibrovasculaires, le nombre, en apparence indéfini, de leurs plans de symétrie se réduit le plus souvent à 2, 3, 4, 5.

Maintenant, pour donner aux rapports de ce genre une expression commode, on peut appeler *section principale* ou *plan principal* toute section longitudinale axile qui partage le membre en deux moitiés semblables ; si ces deux moitiés sont en outre symétriques, la section devient une section de symétrie ou un plan de symétrie. Les membres bilatéraux ont ainsi un seul plan principal, les multilatéraux en ont deux ou un plus grand nombre.

Relations de symétrie des divers membres de la plante entre eux et avec le monde extérieur. — La latéralité et les relations de symétrie présentent deux faces diverses et également importantes, selon que l'on compare entre eux les divers membres d'une plante, ou que l'on considère, au contraire, les relations de chacun d'eux avec le monde extérieur, avec la pesanteur, la lumière, la pression et d'autres actions externes.

Relations de symétrie des divers membres entre eux. — Compare-t-on entre eux les divers membres de la plante, on voit, par exemple, que les sections principales de toutes les feuilles peuvent coïncider avec un plan qui traverse la branche suivant deux génératrices opposées ; la pousse elle-même est alors bilatérale. Ou bien ces sections principales sont situées dans deux plans longitudinaux perpendiculaires et la pousse est quadrilatérale ; ce dernier cas se présente quand la branche porte des verticilles binaires décussés ; il est très-voisin de la bilatéralité, comme on le voit par d'autres considérations, et il pourrait être désigné par le nom de double bilatéralité. Dans tous ces cas, les sections principales des feuilles sont aussi, en même temps, des sections principales de la tige. Dans les *Salvinia, Marsilia, Polypodium aureum, Pteris aquilina,* etc., au contraire, les sections principales des feuilles disposées en deux séries rectilignes sont situées à droite et à gauche de l'unique section principale de la tige bilatérale, circonstance qui est ici dans un rapport étroit avec la croissance horizontale.

Relation de symétrie des membres vis-à-vis du monde extérieur. — La relation de la latéralité et de la symétrie des membres de la plante avec le milieu qui les entoure se fait surtout sentir en ce que, par exemple, les branches multilatérales croissent le plus souvent verticalement, tandis que les bilatérales affectent d'habitude la situation horizontale, et de telle sorte que leur plan principal soit vertical. Beaucoup de branches bilatérales appliquent fortement une de leurs faces sur un support horizontal, oblique ou vertical, comme les *Marchantia, Jungermannia, Hedera Helix,* etc., et alors leur plan principal est perpendiculaire au support. En outre, les corps bilatéraux, feuilles, branches entières ou systèmes de branches, développent ordinairement d'une manière différente les deux faces sur lesquelles la section principale est perpendiculaire, et cette différence tient à ce que ces deux faces sont diversement influencées par le milieu extérieur. Il en résulte, qu'outre une moitié droite et une moitié gauche, on y distingue nettement une face inférieure et une face supérieure, une face attachée et une face libre, une face ombragée et une face éclairée, et c'est précisément ici que la relation de la latéralité avec le monde extérieur se manifeste avec le plus d'évidence.

Il y a cependant lieu de rechercher avec plus de précision dans chaque cas particulier, jusqu'à quel point la position dans l'espace des sections principales de la plante est déterminée par les circonstances de l'accroissement intérieur, ou par les influences extérieures (1), question à laquelle on obtient rarement une réponse satisfaisante si l'on n'a pas recours à l'expérience directe. Dans ce sens, les recherches sur le *Marchantia polymorpha,* entreprises par Mirbel dès 1835 et continuées avec plus de succès en 1870 par M. Pfeffer (*loc. cit.*), ont un intérêt tout particulier. M. Pfeffer a montré que les deux faces planes des propagules de cette Hépatique sont équivalentes, c'est-à-dire que chacune d'elles est en état de former des poils radicaux quand elle est tournée vers le bas ou placée sur un corps solide. La bilatéralité et l'opposition entre une face dorsale et une face ventrale n'apparaissent que sur la branche aplatie qui provient de l'accroissement du propagule. La face éclairée de cette branche, dont

(1) Voir : Hofmeister : Allgemeine Morphologie. 1868, §§ 23 et 24.

la direction peut d'ailleurs être quelconque, devient, dans toutes les circonstances, la face supérieure pourvue de stomates, et sa face obscure, au contraire, devient la face inférieure chargée de poils radicaux et de lamelles foliacées. Même après que les branches latérales se sont formées, le propagule lui-même a encore ses deux faces équivalentes. Des rapports analogues doivent se retrouver aussi dans la germination des spores des Jungermannes rampantes et dans la formation du prothalle des Fougères, mais nous n'avons pas encore de recherches précises sur ce point. On sait seulement, par les recherches de M. Wigand, que, quand on éclaire plus fortement d'un côté le prothalle des Fougères, sa section principale vient se placer dans la direction des rayons lumineux les plus intenses, tandis que son axe d'accroissement tourne son sommet vers l'obscurité.

Étude de quelques exemples particuliers. — Dans tout ce qui précède, nous avons dû nous borner à poser les définitions les plus importantes et à indiquer les points de vue que nous découvre ce genre de considérations. Les résultats obtenus n'ont pu être exposés ici en détail; la théorie générale qui doit les relier n'étant pas encore constituée, il eût fallu décrire longuement un grand nombre de cas particuliers et en faire une analyse critique, ce qui ne peut trouver place dans un Traité. Cependant, je vais, à titre d'exemples, rapporter ici sous forme aphoristique un certain nombre de faits importants.

Exemples relatifs à la direction et à la fixation de l'axe d'accroissement. — *Direction de l'axe.* — En ce qui concerne la direction de l'axe d'accroissement, il paraît être de règle générale que la production de tout individu nouveau coïncide avec l'apparition d'une nouvelle direction d'accroissement. La chose est très-frappante dans les zoospores des *Œdogonium* (fig. 4, p. 12), dont l'axe longitudinal, qui devient plus tard l'axe longitudinal de la nouvelle plante, est toujours perpendiculaire à l'axe de la plante mère. Il en est de même dans la production des nouveaux filaments des *Nostoc* et des *Rivularia* (voir livre II, Algues). Pour beaucoup de Cryptogames on manque d'observations sur ce point, ou bien leur exposition nous entraînerait trop loin; signalons seulement, comme exemple, que l'axe d'accroissement de l'embryon des Fougères et des Rhizocarpées est toujours perpendiculaire à l'axe de l'archégone. Dans les Phanérogames, la direction d'accroissement de la tige de l'embryon est directement opposée à celle de l'ovule; le jeune sommet de la tige se forme en opposition avec le sommet de l'ovule et continue de croître dans cette direction. La formation du fruit des Mousses fait exception aux relations précédentes, si toutefois on doit le considérer comme étant un nouvel individu, ce qui semble très-douteux; il croît, en effet, dans la direction de l'archégone, et même dans la direction de l'axe de la tige quand l'archégone est terminal.

Fixation de l'axe. — Une seconde remarque est relative à la fixation de la base de l'axe d'accroissement. Dans tous les membres latéraux et dans toutes les branches de bifurcation, cette base est le point fixe où a commencé la ramification ou la formation nouvelle. Mais même quand le nouvel axe d'accroissement se forme par une zoospore, ou par une cellule embryonnaire fécondée, l'accroissement ne commence dans une direction déterminée que lorsque la cellule s'est fixée quelque part. Il en est ainsi de toutes les zoospores, qui ne s'allongent en tubes et en filaments que lorsque leur extrémité hyaline, antérieure pendant le mouvement, s'est attachée quelque part, fût-ce seulement à la surface de l'eau, à ce qu'on appelle la couche superficielle du liquide. La spore germante des Fougères et des Prêles forme aussi de bonne heure un poil radical qui s'attache au support; à cause de leur pesanteur, les macrospores des Rhizocarpées et des *Selaginella* n'ont pas besoin de cette attache. De même l'accroissement en longueur de l'embryon des Phanérogames ne commence que quand il s'est soudé par son extrémité postérieure au sommet du sac embryonnaire. L'embryon des Cryptogames vasculaires se fixe aussi latéralement, par ce qu'on appelle le pied, au tissu du prothalle.

C'est seulement dans quelques Algues de la structure la plus simple, que cesse d'avoir lieu cette fixation d'un point de la plante nouvellement constituée à quelque obstacle extérieur, lequel peut être aussi bien une partie quelconque de la plante mère elle-même. En même temps disparaît toute distinction de base et de sommet. L'accroissement peut alors se produire de la même façon dans des directions différentes, et souvent même opposées; il naît ainsi des filaments simples, où l'on ne peut plus distinguer d'extrémités antérieure et postérieure, comme chez les Desmidiées et les Diatomées, ou bien des familles arrondies de cellules, comme dans les Glœocapsées.

Mais si un point solide est une fois donné comme base, l'accroissement en longueur ne se produit plus également que dans une seule direction à partir de ce point, c'est-à-dire que tout ce qui se forme dans cette direction est un membre doué d'un caractère morphologique déterminé. Il ne faut pas en excepter le cas où un nouvel accroissement se produit plus tard dans la direction opposée ; car, le membre qui se forme dans cette direction opposée est d'une nature morphologique toute différente du premier. Il en est ainsi, par exemple, dans les embryons de Phanérogames, où la racine principale naît, en effet, d'après les nouvelles recherches de M. Hanstein, de telle façon, que l'on doit regarder son axe longitudinal comme le prolongement en arrière de l'axe de la tige (Voir livre II, Phanérogames).

Exemples relatifs aux relations de symétrie. — *Ramification dichotome.*
— En ce qui concerne les relations de symétrie, signalons d'abord ce fait que la ramification dichotomique se répète fréquemment dans un seul et même plan dans les thalles (Fucacées, *Metzgeria*), dans les tiges (*Marchantia, Selaginella*), dans les feuilles (chez certaines Fougères); on remarque alors d'ordinaire sur les deux faces du plan de dichotomie un développement différent. La branche, en effet, applique étroitement une de ses faces sur le sol ou sur un support dressé (Hépatiques), ou bien elle tourne une face vers la lumière, l'autre vers l'obscurité (*Selaginella*), et elle s'élargit aussi davantage dans le plan de dichotomie. Quand les deux faces ne présentent pas de caractères différents comme dans les *Lycopodium* (surtout le *L. Selago* d'après M. Cramer), les dichotomies successives peuvent s'opérer dans des plans différents, et cette remarque s'applique aussi aux racines des Lycopodiacées (1) (Voir Nægeli et Leitgeb et Pfeffer, *loc. cit.*, p. 97).

---

(1) Les dichotomies successives de la racine des *Selaginella* et *Isoetes* s'opèrent toujours dans des plans rectangulaires. *(Trad.)*

Ramification latérale ; influence de la branche mère et des forces extérieures. — Comme nous l'avons déjà dit, il est ordinairement impossible, sans avoir recours à l'expérimentation, de savoir si la position de la section principale des branches bilatérales et des feuilles est déterminée par l'influence de la branche mère, ou par celle des forces extérieures, comme la pression, la lumière, la pesanteur, etc. (1). D'habitude, en effet, ce te section principale présente une relation déterminée à la fois avec la branche mèr et avec la direction de la pesanteur, de la lumière et de la pression. Ce dernier effet se révèle dans les plantes qui grimpent en rampant comme le Lierre, les Jungermannes, etc. Il est donc vraisemblable que les causes intérieures et extérieures agissent ordinairement à la fois au moment de la naissance d'un membre, pour donner à son axe longitudinal une certaine direction et à ses branches latérales une situation déterminée. Pendant le développement ultérieur, ces premiers rapports de position peuvent changer et le membre contracter de nouvelles relations avec l'axe qui l'a produit et avec les forces extérieures.

Arbres dicotylédonés. — A cet égard, il faut signaler d'abord les rameaux latéraux horizontaux pourvus de deux séries de feuilles alternes qui se présentent dans beaucoup d'arbres dicotylédonés. Leur section principale est verticale et leurs deux séries de feuilles sont placées à droite et gauche. Les bourgeons axillaires hibernants de ces feuilles ont leurs parties tout autrement disposées. L'axe du bourgeon est parallèle à celui de la branche mère, et il porte ses feuilles en deux séries, l'une tournée vers le ciel, l'autre vers la terre (fig. 147); les nervures médianes de ces feuilles plissées sont toujours tournées vers l'extérieur; enfin la section principale de l'ensemble de la pousse bilatérale issue de ce bourgeon est horizontale. Mais quand le bourgeon s'épanouit au printemps, il s'opère aussitôt une torsion de son axe, de façon à ramener la section principale à prendre la direction verticale; ses feuilles tournent toutes vers la terre le côté saillant de leurs nervures médianes et vers le ciel les faces du limbe d'abord appliquées l'une contre l'autre; en un mot, les rameaux d'une branche horizontale se placent en définitive dans la même position qu'elle. On pourrait attribuer cette circonstance que les deux séries de feuilles du bourgeon latéral sont situées en haut et en bas, c'est-à-dire ont leur médian commun vertical, à une influence directe de la pesanteur; mais cette explication est contre-

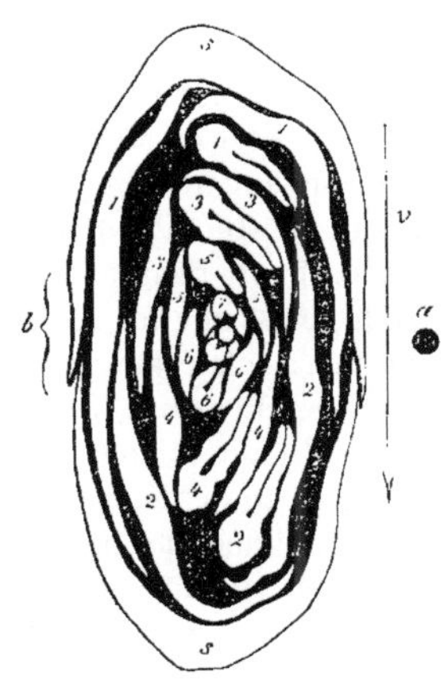

Fig. 147. — Bourgeon latéral d'une branche horizontale de *Cercis canadensis* en décembre ; section transversale : — 1, 2... 7, les feuilles consécutives avec leurs paires de stipules marquées de même. Les écailles extérieures du bourgeon sont enlevées; les deux internes sont marquées *s, s*. Au centre on voit le cône végétatif du bourgeon. *b*, position de la feuille mère du bourgeon; *a*, position de l'axe de la branche mère; *v*, direction de la pesanteur.

(1) Ce sujet a été traité, à un point de vue différent, par M. Hofmeister (Allgemeine Morphologie, §§ 23 et 24); sur les faits eux-mêmes je suis parfois en désaccord avec lui, et, sur leur interprétation, j'arrive à des résultats entièrement différents que je ne puis exposer ici en détail.

dite, entre autres faits, par cette circonstance que le bourgeon terminal (1) de la branche mère horizontale affecte dès le début une tout autre position; dans les *Cercis* et *Corylus*, par exemple, le bourgeon terminal est situé sur la face extérieure de l'extrémité horizontale de la branche, et les feuilles y sont disposées à gauche et à droite de la section principale verticale du bourgeon. On se représentera facilement la position d'un bourgeon terminal, si l'on tourne ce livre de façon que dans la figure 147 l'axe *a* soit ramené en haut, et la feuille mère *b* du bourgeon (car le bourgeon terminal apparent est ici un bourgeon axillaire) en bas; la ligne verticale *v* devient alors horizontale. Cette différence entre la position des bourgeons latéraux et du bourgeon terminal d'une branche horizontale bilatérale exclut déjà toute influence immédiate de la pesanteur. Toutes les parties sont déjà disposées dans le bourgeon latéral de telle sorte que, par une simple torsion de l'axe, elles puissent prendre lors de l'épanouissement la situation qui est la plus favorable aux fonctions des feuilles, c'est-à-dire dans laquelle les faces internes de ces feuilles sont tournées vers la lumière; dans le bourgeon terminal de ces branches, cette torsion de l'axe n'est même plus nécessaire. Maintenant est-ce la pesanteur, ou l'action de la lumière sur l'accroissement, qui provoque cette torsion de 90 degrés de l'axe du bourgeon lors de l'épanouissement? C'est là une question qui demeure ici provisoirement posée. Mais le résultat le plus important, relativement au point de départ de cette étude, c'est que les sections principales des bourgeons axillaires d'une branche mère bilatérale peuvent avoir par rapport à l'horizon des situations très-diverses, et ensuite, que l'arrangement des parties du bourgeon à leur début est indépendante de la direction de la pesanteur, tandis que cet arrangement est en relation déterminée avec la branche mère elle-même. Le bourgeon axillaire d'une pareille branche peut naître latéralement, ou sur la face supérieure (2), ou sur la face inférieure, mais toutes les nervures médianes de ses feuilles tournent toujours leur côté saillant vers l'extérieur, et toujours la section principale du bourgeon se place de manière à être en même temps une section longitudinale axile de la branche mère.

Conifères. — On arrive au même résultat en étudiant, parmi beaucoup d'autres exemples, les plantules de deux à trois ans de *Thuia* et d'autres Cupressinées. Les feuilles de la tige principale sont, dans la région inférieure, verticillées par quatre (3) et par conséquent disposées sur huit rangées; mais plus haut les verticilles alternes sont ternaires et les feuilles sur six rangs. Les

---

(1) Il est indifférent, pour le but que nous poursuivons, que le bourgeon qui se trouve à l'extrémité de la branche horizontale soit le vrai bourgeon terminal de cette branche, ou seulement un bourgeon d'abord latéral et devenu terminal par l'avortement du sommet de la branche, comme dans les *Cercis* et *Corylus*. Pour comparer leur position avec celle du bourgeon terminal, il est aussi indifférent que les bourgeons latéraux placent quelquefois leur section principale un peu obliquement par rapport au plan horizontal comme dans les *Corylus*, *Celtis*, etc.

(2) Dans le *Cercis*, des bourgeons axillaires naissent sur la face supérieure de la branche mère au voisinage de sa base; ils produisent des inflorescences.

(3) Après les deux cotylédons, vient d'abord, en croix avec eux, une seconde paire de feuilles opposées; puis un verticille de quatre feuilles correspondant aux intervalles des feuilles des deux premières paires, puis un second verticille quaternaire alterne avec le premier, et ainsi de suite. (*Trad.*)

branches axillaires, dont le nombre est très-faible par rapport à celui des feuilles, se développent, tant dans la région à huit rangs que dans celle à six rangs, le plus souvent en deux séries, de sorte que la ramification de la tige est bilatérale ; plus tard cependant et plus haut, il se forme aussi des branches dans d'autres directions. Ces branches latérales de premier ordre produisent aussitôt des verticilles binaires alternes, et toujours de façon que les feuilles de la première paire se placent à droite et à gauche de la feuille mère. Chacune de ces branches de premier ordre forme ensuite un système de ramifications le plus souvent exactement bilatéral, qui se développe dans un seul et même plan ; ce plan de développement des systèmes latéraux est ordinairement horizontal dans les plantules de *Thuja gigantea*, *Th. Lobbii*, etc., et par conséquent leur section principale y est verticale. Cela n'est pas toutefois sans exception ; çà et là on trouve des systèmes latéraux qui se développent dans un plan vertical et dont la section principale est par suite horizontale ; cela se répète quelquefois sur certains rameaux de deuxième génération. Inversement, je trouve, sur une plantule vigoureuse de *Cupressus Lawsoni*, 17 systèmes latéraux disposés sur la tige principale en deux séries opposées et qui tous s'étalent dans un plan vertical ; un seul système situé vers le bas se développe horizontalement. Ces différences dans la situation des sections principales des rameaux latéraux ne sont nullement produites par des torsions, que l'on ne manquerait pas de reconnaître à la disposition des feuilles ; elles sont primitives et se maintiennent plus tard. Quand une branche de premier ordre se ramifie horizontalement, ce sont exclusivement les feuilles situées à droite et à gauche qui y sont fertiles ; quand elle se ramifie verticalement, ce sont au contraire les feuilles inférieures et supérieures qui produisent seules des rameaux. Comme donc les sections principales de ces systèmes rameux latéraux affectent des positions très-différentes par rapport à l'horizon, il ne peut être question d'une influence immédiate de la pesanteur, ni de la lumière, sur la situation originelle des branches latérales de seconde génération. La direction verticale de la section principale est beaucoup plus constante dans les branches latérales de premier ordre, ramifiées horizontalement, de l'*Araucaria excelsa*, et la pratique horticole y a mis en évidence un phénomène que l'on peut regarder comme inhérent à la latéralité. En effet, ces branches latérales, quand on les bouture en les plantant verticalement dans le sol, s'enracinent et continuent de croître verticalement ; mais, malgré cette direction nouvelle, elles ne produisent toujours que deux séries de rameaux. La branche, une fois née comme branche latérale, ne se transforme pas, même quand on l'affranchit en la rendant verticale, en une tige principale multilatérale.

Bégonias. — Enfin je citerai encore ici quelques observations relatives à diverses espèces du genre *Begonia*, observations qui montrent que les rapports de la latéralité avec les influences extérieures peuvent être très-différents chez des espèces très-voisines, tandis qu'ils demeurent les mêmes si l'on compare entre eux les divers membres d'une même plante. Les feuilles des *Begonia* sont alternes sur deux séries ; dans les grosses tiges, ces deux rangées de feuilles sont rapprochées l'une de l'autre sur un des côtés de la tige, tandis que l'autre face de la tige paraît nue. La tige n'est donc pas seulement bilatérale, mais on y remarque encore un contraste évident entre sa face antérieure et sa face postérieure, qui sont fort dissemblables ; la première porte les feuilles, la seconde est nue. Le limbe des feuilles est fort dissymétrique, l'une de ses moitiés étant beaucoup plus grande que l'autre. Toutes les feuilles tournent leur plus grande moitié vers la face inférieure de la tige; et l'on peut appliquer ce caractère pour distinguer les deux faces, même dans les espèces à tige grêle comme les *Begonia undulata* et *incarnata*, quoiqu'ici les deux séries de feuilles ne soient pas rapprochées sur la face antérieure, mais séparées à peu près exactement par une divergence 1/2.

Il est bon de remarquer, au préalable, que les pétioles de *Begonia* sont assez fortement héliotropiques, mais qu'au contraire leurs branches sont à peine courbées par la lumière ; dans les grosses branches, l'héliotropisme paraît manquer complétement ; dans les grêles (*B. undulata* et *incarnata*), il est en tout cas très-faible. Bien des espèces à tiges assez épaisses, comme les *B. Verschaffeltii* et *manicata*, croissent verticalement quand on les éclaire d'un seul côté ; d'autres à tiges très-grosses s'incurvent dans diverses directions sans rapport avec la lumière incidente, d'autres enfin à tiges grêles laissent pendre leurs branches molles sans jamais leur imprimer une direction déterminée.

Considère-t-on maintenant la tendance qu'a la tige de se courber dans une direction quelconque, on voit que le plan de courbure coïncide toujours avec la section principale qui partage la branche en deux moitiés semblables, entraînant chacune une série de feuilles. En outre il y a un certain rapport entre la tendance à s'incurver et l'épaisseur et la longueur relatives des entre-nœuds. Si l'on pose partout l'épaisseur des entre-nœuds = 1, les tiges à accroissement vertical des *B. nitens*, *Möhringi*, *sinuata* ont pour longueurs respectives de leurs entre-nœuds 9, 3,2, 2 ; cette longueur est = 1 ou même moindre dans les tiges peu courbes du *B. manicata ;* mais dans les tiges couchées et qui s'incurvent fortement, elle atteint seulement 0,7 (*B. hydrocotylifolia*), 0,4 (*B. pruinata*), 0,2 (*B. ricinifolia*). Dans les espèces à tiges grêles et dressées, les deux rangs de feuilles sont diamétralement opposés; dans les tiges plus épaisses et peu courbes, ils se rapprochent sur la face antérieure; dans les tiges très-épaissies, couchées et à forte courbure, les insertions des feuilles se trouvent entièrement reportées sur la face antérieure (1).

Dans les espèces à grosse tige, la tige se courbe vers le bas en devenant concave, ou bien elle se pose horizontalement sur le sol; dans ce cas, c'est toujours la face dépourvue de feuilles qui se tourne vers le bas et qui développe les racines adventives (*B. ricinifolia*, *macrophylla*). Dans les espèces à tige élancée et à entre-nœuds minces, au contraire, les branches pendent, et c'est dans ce cas la face inférieure qui devient convexe et se tourne vers le haut (*B. undulata*, *incarnata*). En d'autres termes, si nous considérons les débuts des bourgeons, *toutes les feuilles tournent leurs grandes moitiés vers le haut dans les espèces à tige grêle, et vers le bas dans les espèces à tige épaisse.* Ainsi, quand les bourgeons sont inclinés, la dissymétrie des feuilles est en rapport inverse avec la direction de

(1) Les épaisseurs absolues suivent la marche des épaisseurs relatives signalées plus haut : les entre-nœuds relativement les plus épais sont aussi le plus souvent les plus gros en valeur absolue, et leurs tiges ont aussi la tendance la plus décidée à une croissance horizontale.

la pesanteur, et quand la tige est dressée, elle est sans aucune espèce de rapport avec cette direction. Dans les espèces à grosse tige et à courts entre-nœuds,
un petit nombre seulement de branches latérales parviennent à se développer,
tandis qu'il y en a un grand nombre dans les espèces à tiges grêles; c'est là
d'ailleurs une différence qui se retrouve souvent (Cactées, Palmiers, Fougères)
et dont le cas extrême est réalisé par les *Isoëtes*.

La latéralité des branches latérales présente, avec celle de la branche mère, les
rapports suivants. Dans toutes les espèces, la face inférieure de la branche latérale, et par conséquent aussi les grandes moitiés de ses feuilles, sont tournées
vers la branche mère. La section principale d'une branche latérale des espèces
à tige grêle est donc perpendiculaire à la section principale de la branche mère.
Dans les espèces à grosse tige, où les branches axillaires sont rapprochées en
avant, la section principale de la branche latérale fait un angle aigu en avant
(en bas sur les tiges couchées) avec celle de la branche mère. Dans la suite du
développement, les branches des espèces à tige grêle conservent à peu près leur
position originelle, mais dans les espèces dont la grosse tige a une face antérieure et une face postérieure distinctes, le rameau se tord de façon à ramener sa
face interne dans la même direction que celle de la branche.

Je ne possède pas de notions précises sur le mode de vie des diverses espèces
de *Begonia*, mais je pense que les espèces dont la tige a deux faces distinctes et
rampe sur le sol, sont capables de grimper comme le Lierre, quoique des recherches entreprises dans cette direction au jardin botanique de Wurtzbourg ne
m'aient pas encore donné de résultats satisfaisants. Cet échec tient, en partie, à
ce que les plantes étaient déjà trop âgées, en partie à ce que l'éclairement était
peut-être trop faible sur la face antérieure ; car il se pourrait que les tiges de
Begonia, par l'influence d'un éclairage unilatéral très-énergique, puissent manifester un héliotropisme négatif. Il résulte d'ailleurs des observations de Mar-
tius (Flora brasiliensis, fasc. XXVII, p. 394) que tout au moins certains Bégonias croissent en rampant sur les rochers et sur les tiges des arbres (*aliæ
rupibus applicatæ, aliæ vetustarum arborum radicibus aut super ligna putrida
radicantes*).

§ 28.

Formes habituelles des feuilles et des branches.

Les propriétés des thalles, feuilles, branches et racines qui sont communes à
toutes les plantes d'une classe, d'un ordre ou d'une famille, ce qu'on appelle les
propriétés typiques, sont l'objet de la Morphologie spéciale et de la Systématique, et d'autre part c'est une des tâches de la Physiologie d'étudier les conditions d'organisation qui rendent les membres du corps de la plante aptes à
remplir des fonctions déterminées. Cependant certaines propriétés de l'accroissement se retrouvent dans les diverses régions du règne végétal, ou bien elles
forment un contraste frappant avec les phénomènes ordinaires et sont par là
très-propres à faire apprécier la valeur des définitions générales de la Morphologie. Ces sortes de propriétés sont ce qu'on appelle les caractères *habituels* des

membres et nous devons les signaler brièvement ici pour éclaircir quelques expressions scientifiques dont nous nous servirons au livre II. Nous pouvons d'ailleurs nous borner à étudier sous ce rapport les feuilles et les branches, car les formes du thalle seront traitées avec des détails suffisants dans le chapitre des Thallophytes, celles des racines présentent fort peu de différences habituelles que nous avons déjà eu l'occasion de signaler et celles des poils ont déjà été indiquées à plusieurs reprises.

FORMES DES FEUILLES.

Formes générales. — Dans leur état de parfait développement, les feuilles sont ordinairement des lames de tissu, aplaties perpendiculairement à leur plan médian ou à leur section principale, de façon que leur surface soit transverse par rapport à l'axe longitudinal de la tige qu'elle coupe à angle droit ou obliquement. Pour la base des feuilles aplaties, cela est tout à fait général, mais leur limbe s'étale quelquefois dans la direction même du plan médian et coïncide avec une section longitudinale axile de la tige, comme dans les genres *Ixia*, *Iris*, etc. Parfois cependant les feuilles ne sont pas aplaties, mais coniques ou polyédriques : coniques avec une section transversale à peu près circulaire dans les *Chara*, *Pilularia*, etc., polyédriques dans quelques espèces de *Mesembryanthemum* et d'*Aloe*.

Le contour externe des feuilles est simple ou complexe. Dans le premier cas, il est impossible de distinguer dans la feuille des parties distinctes, dans le second on y remarque des pièces de forme différente, nettement séparées l'une de l'autre. Sont simples ordinairement les feuilles non aplaties, et parmi les aplaties celles qui sont petites, c'est-à-dire celles dont la longueur et la largeur sont négligeables relativement à la grandeur de la tige et ne dépassent pas en grandeur absolue quelques millimètres ou quelques centimètres. Les grandes feuilles sont le plus souvent complexes, et en général leur complication devient de plus en plus profonde et de plus en plus variée à mesure que leur grandeur augmente. Que l'on compare, par exemple, les petites feuilles simples des Mousses aux grandes feuilles composées des Fougères, les petites feuilles simples des Lycopodiacées et des Conifères aux grandes feuilles pennées des Cycadées, les petites feuilles simples des Linées aux grandes feuilles découpées de leurs voisines les Géraniacées, etc.

La complication de la feuille consiste le plus souvent en ce que sa région basilaire demeure étroite, cylindrique ou prismatique, tandis que sa région supérieure s'étale en forme de lame ; la première s'appelle le *pétiole*, la seconde le *limbe*. Ou bien encore la région inférieure de la feuille forme une *gaîne*, c'est-à-dire un cylindre creux qui embrasse la tige et les feuilles plus jeunes ; si la partie supérieure s'élargit aussitôt, la feuille consiste en une gaîne et un limbe ; mais il arrive fréquemment aussi qu'un pétiole s'intercale entre la gaîne et le limbe, comme dans les Palmiers, les Aroïdées et les Ombellifères.

La division de la feuille en gaîne, pétiole et limbe, peut être distinguée, sous le nom de division *longitudinale*, de la division *latérale* qui se manifeste tantôt par une véritable ramification, comme dans les feuilles profondément lobées, séquées et composées, tantôt seulement par une ramification commençante, rudimentaire, comme dans les feuilles lobées, dentées, crénelées, etc. On peut désigner, en général, comme feuilles *composées* toutes celles où les fragments latéraux du limbe sont nettement séparés à leur base, et comme feuilles *lobées* toutes celles dont le limbe a une surface commune de laquelle partent toutes les proéminences latérales plus ou moins saillantes. Dans le premier cas, si les segments latéraux d'une feuille sont très-fortement séparés l'un de l'autre, chacun d'eux paraît être lui-même une feuille ; on l'appelle une *foliole*. La division de la feuille en folioles ou en lobes peut se reproduire à deux ou plusieurs degrés successifs, c'est-à-dire que les folioles et les lobes peuvent se ramifier à leur tour.

Si les ramifications (folioles ou lobes) sont disposées nettement en deux rangées sur la partie médiane de la feuille, on dit que la feuille est pennée ; si en même temps elle est composée, elle est dite *composée-pennée* ; si elle est lobée, plus ou moins profondément, on la dit *pinnatiséquée*, *pinnatipartite* ou *pinnatilobée* ; elle est dite *dentée*, *dentée en scie*, *crénelée* quand les proéminences latérales sont très-petites par rapport aux dimensions du limbe. Si au contraire les ramifications (folioles ou lobes) sont rapprochées au même point au sommet du pétiole d'où elles rayonnent en tous sens, on dit que la feuille est *palmée* ; composée, elle est dite *composée-palmée* ; divisée en segments, lobes, dents, etc., elle est dite *palmatiséquée*, *palmatifide*, *palmatilobée*, etc. On dit la feuille *peltée* quand le limbe n'est pas uni au pétiole par un point de son contour, mais par un point de sa surface inférieure (*Tropæolum*, *Nelumbium*, etc). Ce ne sont là que quelques-unes des formes principales ; le commençant trouvera employées dans toutes les Flores un grand nombre de distinctions et de dénominations plus minutieuses qui intéressent la description spéciale des plantes.

Stipules, ligule, etc.—En outre, les feuilles présentent quelquefois des dépendances latérales qui peuvent être regardées comme le signe d'une complication plus profonde de la feuille, ce sont les *stipules*, la *ligule* et les excroissances en forme de capuchon.

Les stipules peuvent être regardées comme une ramification latérale de la feuille s'opérant au point même où elle s'insère ; elles sont situées par paire à droite et à gauche de la base de la feuille principale, soit tout à fait isolées, soit soudées avec elle. Chaque stipule est habituellement bilatérale dissymétrique, et de telle sorte qu'elle est l'image dans un miroir de la stipule complémentaire située de l'autre côté de la feuille. Les stipules naissent en réalité après le premier début de la feuille, mais ensuite elles croissent beaucoup plus rapidement qu'elle et atteignent bien avant elle leur développement définitif; elles jouent par conséquent un rôle important dans la situation des parties à l'intérieur du bourgeon. Dans le bourgeon, ou bien elles chevauchent par leur bord interne sur la face dorsale de la feuille principale et la recouvrent à l'extérieur totalement ou en partie, ou bien au contraire elles se glissent entre la feuille principale et la tige de façon à recouvrir toutes les parties plus jeunes du bourgeon. De l'une ou de l'autre manière, les stipules forment assez souvent des chambres, où les feuilles se développent et qu'elles quittent lors de leur allongement et de leur épanouissement, soit que les stipules s'épanouissent alors en même temps et continuent de vivre, soit qu'elles meurent et tombent.

Sous le nom de *ligule*, on désigne chez les Graminées une excroissance membraneuse située sur la face interne de la feuille, à l'endroit où le limbe aplati se sépare de la gaîne sous un certain angle. Elle est perpendiculaire au plan médian de la feuille. Des excroissances analogues se rencontrent aussi ailleurs, par exemple sur les pétales des *Lychnis* et des *Narcissus* (où elles forment ce qu'on appelle la couronne), sur les feuilles des *Allium*, etc., et elles peuvent d'une façon générale être appelées *corps ligulaires*. En opposition avec ces corps, on rencontre quelquefois des excroissances sur la face extérieure ou inférieure de la feuille; telles sont, par exemple, les dépendances en forme de capuchon que portent les étamines des fleurs des Asclépiadées.

Structure des feuilles. — Le tissu de la feuille ne consiste, dans certaines Mousses, qu'en un seul plan de cellules. Mais d'ordinaire, notamment dans toutes les grandes feuilles, il est composé de plusieurs assises cellulaires, et alors on y distingue, dans les plantes vasculaires, un épiderme, un tissu fondamental parenchymateux et des faisceaux fibrovasculaires. Le tissu fondamental est désigné ici sous le nom de *mésophylle*, et le système des faisceaux fibrovasculaires qui se répandent dans la feuille en constitue ce qu'on appelle les *nervures*. Dans beaucoup de Mousses, la feuille, d'ailleurs formée d'un seul plan de cellules, est parcourue de la base au sommet par un faisceau de plusieurs rangs de cellules qui est sa *nervure médiane*. Dans les feuilles de structure complexe, il y a aussi le plus souvent une nervure médiane qui règne de la base au sommet de la feuille et la partage en deux moitiés symétriques ou tout au moins semblables; la même chose a lieu dans toute foliole latérale ou dans tout lobe de la feuille ; de cette nervure médiane s'échappent des nervures latérales qui se dirigent vers le bord de la feuille.

Dans les grandes feuilles, notamment des Dicotylédones, les faisceaux fibrovasculaires qui traversent la nervure médiane et ses plus fortes branches sont enveloppés par une épaisse couche de parenchyme dont les cellules diffèrent de celles du mésophylle. Ordinairement ces nervures principales proéminent sur la face inférieure de la feuille comme autant de côtes et sont, particulièrement la médiane, d'autant plus vigoureuses que le limbe est plus grand. Les plus fines nervures, au contraire, consistent en faisceaux fibrovasculaires isolés et très-rameux qui courent dans l'épaisseur même du mésophylle. Le mode de distribution des nervures, ou la *nervation* des feuilles, varie dans les diverses classes des plantes vasculaires, et souvent il est très-caractéristique pour de grandes divisions, comme nous le verrons en temps et lieu.

Nature diverse des feuilles d'une même plante. — Dans les Characées, les Mousses et les Cryptogames vasculaires, toutes les feuilles de la plante sont en général semblables, soit simples, soit divisées de la même façon, quoique cependant cette division, notamment dans les Fougères et les Rhizocarpées, soit plus simple sur les jeunes plantes encore faibles que dans les feuilles de la plante adulte. Cependant il y a aussi, même chez les Cryptogames, des cas où diverses formes de feuilles se présentent sur une seule et même plante. Ainsi certaines Mousses forment, sur des branches qui rampent sous la terre, de très-petites feuilles incolores, et elles produisent, au voisinage des organes de fructification, des feuilles autrement conformées que celles qui couvrent tout le reste des branches aériennes. De même les feuilles des branches souterraines du *Struthiopteris germanica* demeurent à l'état de minces écailles membraneuses qui, sur les extrémités dressées et aériennes de ces branches, sont remplacées par de grandes feuilles vertes composées-pennées. Dans les *Salvinia*, chaque verticille comprend deux feuilles aériennes, arrondies et simples, et une feuille plongée dans l'eau et divisée en filaments, etc. La différence de forme des feuilles d'une même plante se retrouve plus fréquemment dans les Conifères et les Cycadées, mais c'est surtout chez les Monocotylédones et les Dicotylédones qu'elle se manifeste avec une diversité extraordinaire, non-seulement sur les diverses branches d'une seule et même plante, mais encore souvent le long d'un seul et même rameau. Les deux formes de feuilles qui se présentent le plus fréquemment sont les écailles et les feuilles proprement dites.

Feuilles proprement dites ou foliacées. — Les feuilles proprement dites (1), ou feuilles foliacées, se distinguent toujours par une abondante production de chlorophylle et par conséquent par une couleur verte, qui est quelquefois, il est vrai, masquée par un suc rouge ; elles constituent ce que, dans le langage ordinaire, on appelle exclusivement les feuilles, et ce que, en Botanique descriptive, on comprend sous l'expression de *folium*. Parmi les feuilles de la plante, ce sont ordinairement les plus grandes et les plus durables, les plus perfectionnées aussi au double point de vue de la complication des contours et de la différenciation des tissus. Elles sont le principal support de la chlorophylle, et par conséquent l'organe le plus important de l'assimilation, grâce à la lumière où elles s'étalent toujours, même quand elles naissent sur un point végétatif souterrain (*Sabal. Pteris aquilina*, etc.). Petites, elles se forment en très-grand nombre sur la même branche ; à mesure que leur taille augmente, leur nombre et la rapidité avec laquelle elles se succèdent diminuent progressivement ; que l'on compare sous ce rapport, par exemple, les nombreuses petites feuilles des Mousses avec les rares grandes feuilles des Fougères, les nombreuses petites feuilles des Conifères avec les rares grandes feuilles des Cycadées, etc.

Écailles. — Les écailles se forment ordinairement sur les branches souterraines et demeurent cachées sous la terre ; cependant il s'en développe fréquemment aussi sur les parties aériennes, en particulier autour des bourgeons hibernants des plantes ligneuses qu'elles protégent (*Æsculus, Quercus*, etc.). Dans le genre *Pinus*, la tige principale et les principales branches latérales ne forment que des feuilles écailleuses ; les feuilles vertes s'y développent sur de petits rameaux axillaires de ces écailles. Dans les *Cycas*, les écailles et les grandes feuilles vertes alternent régulièrement sur la tige, etc. Les plantules issues de germination, celles du Chêne, par exemple, ainsi que les branches aériennes des tiges souterraines, commencent souvent par former des écailles et ce n'est que plus tard qu'elles parviennent à produire des feuilles vertes (*Struthiopteris, Ægopodium, Orchis, Polygonatum*, etc.). Les plantes dé-

____

(1) Voir la caractéristique des formations de feuilles dans A. Braun : Verjüngung in der Natur. Fribourg, 1849-50, p. 66.

pourvues de chlorophylle, qu'elles soient parasites ou qu'elles vivent simplement aux dépens de l'humus, ne portent absolument que des écailles sur toutes leurs parties végétatives; les vraies feuilles y manquent (*Monotropa, Neottia, Coralorhiza, Orobanche*, etc.). Même dans les plantes dont les feuilles vertes sont richement subdivisées, les écailles demeurent simples ; elles se distinguent par leur large base, leur faible accroissement longitudinal, l'absence de nervures saillantes et ne forment pas ou produisent très-peu de chlorophylle. Elles sont incolores, ou jaunâtres ou rougeâtres, souvent brunes; leur consistance est, suivant les circonstances, charnue (certains bulbes), membraneuse ou coriace.

Dans les Phanérogames, en particulier dans les Monocotylédones et les Dicotylédones, on voit apparaître, au moment où se prépare la fécondation, encore plusieurs autres espèces de feuilles: les bractées, les sépales, les pétales, les étamines et les carpelles. En outre, quand nous signalerons les propriétés de cette classe, nous parlerons avec détails des épaisses feuilles embryonnaires ou cotylédons.

Métamorphose des feuilles : vrilles et épines foliaires. — En considérant les choses au point de vue de la théorie de la descendance, on est fondé à regarder toutes les autres formes de feuilles comme des déformations ultérieures, comme des métamorphoses des feuilles foliacées, qui seraient de leur côté la forme originelle et typique des feuilles. En perdant leur destination primitive qui est l'assimilation des substances nutritives et en se prêtant à d'autres fonctions, elles ont revêtu en même temps d'autres formes et d'autres caractères de structure. C'est dans le même sens que l'on dit que certaines vrilles ou épines sont des feuilles métamorphosées. Les vrilles foliaires sont des feuilles ou des parties de feuilles devenues filiformes et qui possèdent la propriété de s'enrouler autour des corps minces et de servir ainsi d'organes de préhension (*Vicia, Gloriosa, Smilax aspera*, etc.). Les épines foliaires sont des feuilles qui se transforment en corps allongés en pointe et de consistance dure et ligneuse; elles occupent la place de feuilles vertes tout entières (*Berberis*), ou seulement des stipules (*Xanthium spinosum*, certains *Acacia*). Ces deux nouvelles espèces de métamorphose se rencontrent aussi presque exclusivement chez les Angiospermes, plantes dont la complication morphologique et physiologique, en comparaison des Cryptogames et des Gymnospermes, est surtout amenée par la faculté qu'ont leurs feuilles de revêtir les formes les plus diverses.

FORMES DES BRANCHES.

Formes générales des tiges et des branches. — La partie axile des pousses feuillées, quand le développement en est suffisamment avancé, prend ordinairement la forme d'une colonne à surface arrondie ou munie d'arêtes saillantes, c'est-à-dire cylindrique ou prismatique. Si l'accroissement en longueur est très-faible relativement à l'accroissement en épaisseur, la colonne surbaissée forme une table, une sorte de gâteau dont la hauteur est plus courte que le diamètre, comme à l'intérieur des bulbes d'*Allium Cepa* et dans l'*Isoetes*. Si l'accroissement en longueur est un peu plus grand que l'accroissement en épaisseur, on a des tubercules arrondis ou allongés, souterrains (*Solanum tuberosum, Helianthus tuberosus*), ou aériens (*Mamillaria, Euphorbia meloniformis*). Si enfin l'accroissement longitudinal prédomine beaucoup, on a des tiges ordinaires, des hampes, des chaumes, des corps filiformes de diverse nature. Très-souvent la même pousse présente toutes ces différences dans les diverses périodes successives de son accroissement longitudinal ; ainsi la tige aplatie en forme de gâteau des bulbes solides s'élève plus tard en une hampe élevée et nue, dont l'extrémité à son tour demeure courte et produit l'inflorescence en forme de tête ; ainsi encore le gros tubercule de la Pomme de terre n'est que l'extrémité renflée d'une mince branche filiforme, etc.

Parmi les déviations nombreuses que présente la forme columnaire de l'axe, la forme conique est particulièrement intéressante. Tantôt la tige conique est mince à la base et s'épaissit peu à peu à mesure qu'elle s'allonge, de telle sorte que toute partie plus jeune de l'axe est plus épaisse que les anciennes. Si alors la tige est dressée, elle ressemble à un cône posé sur sa pointe et son sommet végétatif est situé à la base de ce cône sur laquelle il proémine en forme de mamelon dressé. Il en est ainsi dans les tiges des Fougères arborescentes, des Palmiers, et très-nettement aussi dans la tige du Maïs et de beaucoup d'Aroïdées. Cette forme de cône renversé résulte de ce que les parties déjà formées ne s'épaississent pas ultérieurement, pendant que par le progrès de l'âge le jeune tissu de la tige situé sous son sommet s'élargit de plus en plus. Si cet élargissement cesse de se faire à un moment donné, le diamètre demeure le même dans l'allongement ultérieur, et la tige, en forme de cône renversé à sa base, se continue vers le haut en un cylindre. Tantôt, au contraire, la tige a la forme d'un cône dressé ; cela provient de ce que les parties déjà formées s'épaississent pendant longtemps, tandis que le point végétatif conserve un petit diamètre. Il en est ainsi dans les Conifères et beaucoup d'arbres dicotylédonés, dont les tiges âgées sont épaisses à la base, minces au sommet et ont ainsi la forme d'un cône très-allongé dont la base repose sur le sol.

Influence des feuilles sur la forme de la branche feuillée. — L'aspect d'une tige ou d'une portion de tige est le plus souvent en connexion étroite avec le nombre, la grandeur et la conformation des feuilles qu'elle porte. Si les entre-nœuds sont très-courts, et les feuilles petites et nombreuses, la surface de la tige n'est en aucun point mise à nu, on ne voit que les feuilles, comme dans les *Thuja*, les *Cupressus* et certaines Mousses (*Thuidium*). Dans ce cas, des systèmes tout entiers de branches successives prennent fréquemment l'aspect et la couleur de feuilles plusieurs fois composées. Si les feuilles, toujours fort rapprochées, sont grandes, elles forment d'habitude une rosette qui enveloppe l'extrémité de la tige, tandis que sa région la plus âgée est revêtue par les débris d'anciennes feuilles ou totalement nue, comme dans les Fougères arborescentes, beaucoup de tiges rampantes d'*Aspidium*, beaucoup de Palmiers, certaines espèces d'*Aloe*, etc.

Si l'on cherche à faire la part de ce qui, dans la masse totale d'une tige feuillée, revient à la tige elle-même et de ce qui revient aux feuilles, on trouve comme les deux extrêmes, d'un côté, par exemple, les Cactées (*Cereus, Mamillaria, Echinocactus,* etc.) avec leurs tiges puissantes et leurs feuilles complète-

ment atrophiées, et de l'autre les Crassulacées avec leurs épaisses feuilles charnues très-rapprochées et leurs tiges relativement très-grêles, ou bien encore
d'un côté les tubercules souterrains de la Pomme de terre avec leurs écailles à
peine visibles, et de l'autre les bulbes des Liliacées avec leurs écailles et leurs
tuniques charnues qui enveloppent entièrement la très-courte tige qui les
porte, etc.

En ce qui concerne la conformation des feuilles qui prennent naissance sur
les tiges, il faut d'abord considérer si le même axe ne produit jamais qu'une
seule espèce de feuilles, ou s'il en engendre progressivement de plusieurs sortes.
Le premier cas est réalisé, par exemple, par la plupart des Mousses, Fougères,

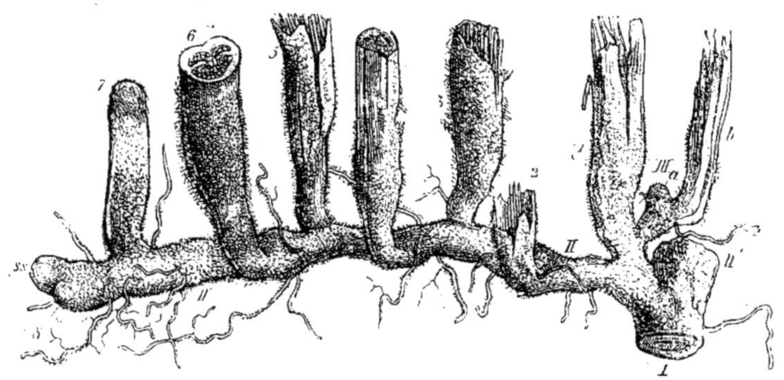

Fig. 148. — Rhizome de *Pteris aquilina* : — *I. II. III*, les branches qui rampent sous terre ; *ss*, le sommet de
l'une d'elles ; 1. 2 jusqu'à 6 les portions basilaires des pétioles, 7 une jeune feuille ; *b*, un pétiole détruit dont
la partie basilaire encore vivante porte un bourgeon *a* ; *III* : les filaments velus sont les racines qui naissent à peu de distance du sommet végétatif.

Lypocodiacées, Rhizocarpées, par toutes les Prêles et beaucoup de Conifères ;
le second au contraire est fréquent parmi les Dicotylédones ligneuses. Dans les
Monocotylédones et les Dicotylédones, et en partie déjà chez les Conifères, il
n'est pas rare que les diverses formes de feuilles soient réparties sur des branches de génération différente ; certaines branches ne produisent, par exemple,
que des feuilles vertes, d'autres que des bractées ou en même temps des bractées
et des fleurs. On peut alors désigner les branches par la forme de leurs feuilles
et l'on a des branches écailleuses, des branches feuillées, des branches brac-
téifères, des branches ou pédoncules d'inflorescence et des rameaux ou pédicelles floraux, etc.; nous reviendrons d'ailleurs sur ce point au livre II.

Branches souterraines : rhizomes, tubercules, bulbes. — Il arrive très-
fréquemment chez les Cryptogames et les Angiospermes, jamais chez les Gymnospermes, qu'un axe principal ou un système d'axes croisse d'une façon
permanente sous la terre en se bornant à projeter dans l'air à des époques déterminées de longues feuilles vertes ou des branches dressées, qui périssent après
quelque temps et sont remplacées par d'autres. Si ces branches, ou ces systèmes de branches sont placées horizontalement ou obliquement dans le sol
et produisent des racines latérales, on les appelle des *rhizomes* (*Iris, Polygona-*

tum, *Pteris aquilina* et beaucoup d'autres Fougères). Souvent ils meurent en arrière, à mesure qu'ils s'accroissent et progressent avant. Ce qu'on appelle *tubercules* et *bulbes* souterrains sont des formations plus transitoires, ne durant le plus souvent qu'une seule période végétative et caractérisées, les premières par la prédominance de l'axe sur ses petites feuilles, les secondes au contraire par la prédominance des feuilles épaisses qui sont étroitement serrées autour d'un axe très-court.

Stolons. — Si la partie inférieure de la plante produit des branches minces, munies de petites écailles, qui s'allongent sur le sol ou dans la terre pour aller s'enraciner à une distance notable de la souche mère et former à cet endroit des branches feuillées ou du moins plus puissantes qu'elles-mêmes, on nomme ces branches des *stolons*. Il en est ainsi par exemple dans les *Ægopodium podagraria*, *Fragaria*, *Struthiopteris germanica*, et chez les Mousses dans les *Mnium* et *Catharinea*.

Branches foliacées. — Les branches qui s'éloignent le plus de la forme ordinaire à ces parties sont les rameaux et systèmes de rameaux aplatis et foliacés, ainsi que les vrilles et les épines de nature raméale, qui se rencontrent fréquemment dans les Angiospermes. Les rameaux foliacés se développent dans certaines Phanérogames dépourvues de grandes feuilles vertes, et ils y remplacent physiologiquement ces feuilles, en présentant à la lumière une surface étendue et riche en chlorophylle. Ils ne portent ordinairement que de petites écailles membraneuses. Nous citerons comme exemples : parmi les Conifères, les *Phyllocladus* ; parmi les Monocotylédones, les *Ruscus* et parmi les Dicotylédones, le *Mühlenbeckia platyclada* (Polygonées), les *Xylophylla* (Euphorbiacées), les *Carmichaelia* (Papilionacées), les *Opuntia brasiliensis*, *Rhipsalis crispata* (Cactées), etc.

Vrilles raméales. — Les vrilles caulinaires sont, comme les vrilles foliaires, des corps longs et grêles, qui sont en état de s'enrouler en spirale autour des supports minces de direction horizontale ou oblique avec lesquels ils arrivent en contact, et qui servent ainsi à faire grimper la plante. Ces vrilles s'échappent latéralement de rameaux non enroulés et sont dépourvues de feuilles foliacées, la production des feuilles s'y bornant à de très-petites écailles membraneuses. Par leur origine, leur position et les écailles qu'elles portent, elles se distinguent facilement d'ordinaire des vrilles foliaires ; cependant il y a aussi des cas où la nature morphologique d'une vrille peut rester indécise, comme on le voit dans les Cucurbitacées. On trouve des exemples singulièrement nets de vrilles raméales, dans les *Vitis*, *Ampelopsis* et *Passiflora*.

Tiges et branches volubiles. — Les tiges qui portent, sur de longs et grêles entre-nœuds, des feuilles foliacées bien développées, et qui montent en s'enroulant elles-mêmes en hélice autour de supports dressés, ne sont pas rattachées aux vrilles ; on les appelle *tiges volubiles* (1) et par conséquent on distingue aussi les plantes à vrilles ou plantes grimpantes comme la Vigne, des plantes volubiles comme les *Phaseolus*, *Humulus*, *Convolvulus*, etc. Dans les *Cuscuta*,

(1) Voir H. v. Mohl : Ueber den Bau und das Winden der Ranken-und Schlingpflanzen. Tübingen 1827.

où la tige principale et toutes les branches, à l'exception des inflorescences, s'enroulent à la manière des tiges volubiles et à la manière des vrilles, et où en même temps il y a absence totale de feuilles foliacées, les propriétés des vrilles et des tiges volubiles se trouvent jusqu'à un certain point confondues.

On peut d'ailleurs établir pour les feuilles une distinction analogue à celle qui sépare les vrilles raméales des tiges volubiles. Les feuilles des *Lygodium*, douées d'un accroissement longitudinal durable, se comportent tout à fait comme les tiges volubiles, car leur nervure moyenne enroulée vers le ciel correspond à une tige feuillée volubile et leurs folioles aux feuilles portées par cette tige (1).

Épines raméales. — Comme les feuilles, les rameaux de beaucoup d'Angiospermes sont capables de former des épines, en se transformant en longs cônes pointus, de consistance dure et ligneuse. Tantôt la branche entière, ou même tout un système de branches devient épineux en ne produisant pas de feuilles foliacées, comme dans les épines rameuses de la tige du *Gleditschia ferox*. Tantôt la branche produit d'abord des feuilles foliacées en s'accroissant normalement, puis elle se termine en une pointe épineuse, comme on le voit dans les rameaux axillaires inférieurs du *Gleditschia triacanthos*, dans le *Prunus spinosa*, etc.

EXCEPTIONS APPARENTES AUX RÈGLES GÉNÉRALES. DÉPLACEMENT, SOUDURE,
AVORTEMENT.

Il arrive souvent parmi les Phanérogames, notamment chez les Monocotylédones et les Dicotylédones, que des feuilles, des tiges, des racines, ou encore des réunions de ces divers membres affectent des rapports de position qui, soit dans les diverses phases du développement, soit à l'état définitif, paraissent contredire les rapports de position et les lois d'accroissement typiques, c'est-à-dire ordinaires à ces classes de plantes ; il semble alors que les règles, même les plus générales, que nous avons posées jusqu'ici ne puissent plus trouver leur emploi. Il serait, par exemple, difficile à un commençant, même attentif et bien doué, de ramener aux règles que nous avons données dans ce chapitre comme étant les plus générales, la structure d'une fleur d'Orchidée, de Rosier, de Lamier, de Sauge et de beaucoup d'autres fleurs, la structure d'une Figue à moitié ou tout à fait mûre, la disposition des fleurs dans les inflorescences des Aspérifoliées et des Solanées, etc. Cependant l'étude du développement montre que ces cas eux-mêmes rentrent dans les lois connues et que les déviations qu'ils présentent n'apparaissent qu'à des phases tardives du dévelopement, ou du moins demeurent soumises à des règles générales. Ces déviations sont, en effet, provoquées, ou bien parce que certaines parties cessent de bonne heure de s'accroître, tandis que d'autres prennent sur elles une notable avance, ou bien parce que des parties d'abord séparées se soudent ensemble. Quoiqu'il soit absolument impossible d'assigner des

____

(1) Voir Livre II : les Fougères et livre III : sur la signification physiologique des vrilles et des tiges volubiles.

règles générales à la production de formations en apparence irrégulières, cependant on peut rattacher à trois catégories les causes qui provoquent les déviations les plus fréquentes : ce sont le *déplacement*, la *soudure* et l'*avortement*.
Très-souvent les deux premières causes agissent ensemble, et dans beaucoup
de fleurs elles se réunissent à la troisième pour produire des ensembles très-
compliqués et très-difficiles à comprendre. C'est un des plus beaux problèmes
de la Morphologie de ramener, en partant de définitions claires, toutes ces
exceptions apparentes, aux lois générales ; et en particulier la reconnaissance
de l'affinité naturelle et l'établissement des propriétés typiques des classes, des
ordres et des familles dépendent de sa solution.

Comme ces phénomènes compliqués se présentent presque exlusivement
chez les Angiospermes et s'y manifestent surtout dans les inflorescences et
dans les fleurs, leur exposition détaillée trouvera sa vraie place à la carac-

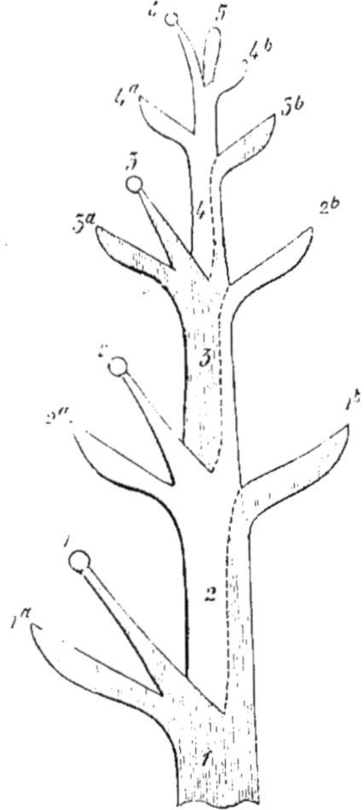

Fig. 149. — Figure théorique représentant la soudure des feuilles avec
leurs rameaux axillaires (d'après
MM. Nägeli et Schwendener : Das
Mikroskop).

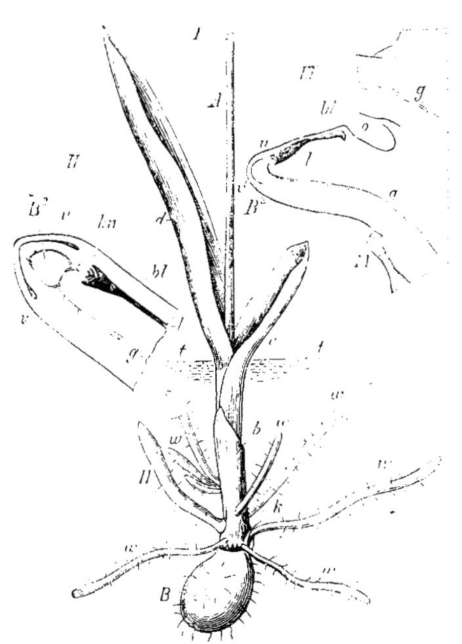

Fig. 150. — *Herminium Monorchis*, d'après M. Thilo Irmisch Biologie und Morphologie der Orchideen.
Leipzig, 1853).

téristique de cette classe. Cependant nous devons, dès à présent, éclaircir les
expressions : déplacement, soudure et avortement, par l'étude de quelques
exemples particuliers.

Exemples de déplacements. — *Déplacement de la feuille sur son rameau
axillaire.* — La figure théorique 149 représente un système de ramifications
d'origine axillaire et développé sympodiquement. Soit 1, 1 la première bran-

che avec ses deux feuilles 1ᵃ et 1ᵇ; à l'aisselle de la feuille 1ᵇ se développe la branche 2, 2 avec ses deux feuilles 2ᵃ et 2ᵇ; à l'aisselle de la feuille 2ᵇ se forme une branche 3, 3 avec ses deux feuilles 3ᵃ et 3ᵇ, etc. Les portions inférieures des branches successives 1, 2, 3, 4 forment un axe vertical apparent, un sympode, avec cette propriété particulière que, chaque fois, la feuille mère à l'aisselle de laquelle se développe le rameau suivant se soude avec ce rameau et est reportée sur lui à une certaine hauteur. Si les extrémités sphériques 1, 2, 3, 4 de notre figure représentent autant de fleurs, cet ensemble représentera l'inflorescence de certaines Solanées; si l'on suppose retirées les feuilles 1ᵃ, 2ᵃ, 3ᵃ, 4ᵃ, la figure pourra s'appliquer aux branches principales de l'inflorescence des *Sedum;* suppose-t-on au contraire que les feuilles 1ᵃ, 2ᵃ, 3ᵃ, 4ᵃ, produisent à leur aisselle des branches successives avec un semblable déplacement de la feuille mère, on aura le mode de ramification et la disposition des feuilles dans les *Datura.*

Formation du tubercule des Orchidées. — Les choses sont plus compliquées dans la figure 150, où *I* représente la partie inférieure d'un plant fleuri d'*Herminium Monorchis; tt* est la surface du sol; tout ce qui est au-dessous est donc souterrain. *B* est une racine renflée en sphère sur laquelle se dresse la tige feuillée; celle-ci produit d'abord des racines grêles w, w, $w,$, puis une écaille engaînante (1) *b* et deux feuilles *c*, *d*, après quoi elle se prolonge par une hampe grêle *A* terminée par une grappe de fleurs. Portons toute notre attention sur le corps *II;* c'est un rameau qui renferme le bourgeon de remplacement pour l'année suivante, car la plante *AB* en *I* meurt tout entière après la floraison et l'année suivante une nouvelle plante semblable sera produite par le bourgeon contenu dans le corps *II.* Ce rameau *H* est axillaire de l'écaille *b*, et il est représenté dans un état plus jeune par la figure *III* où *M* désigne la base, coupée en son milieu, de la feuille *b; g* est un faisceau vasculaire qui se rend de l'axe principal dans le bourgeon de remplacement u; *bl* est la première feuille de ce bourgeon *u* qui tourne son dos à l'axe principal et se réduit à une gaine surbaissée qui enveloppe les feuilles suivantes du bourgeon u; B^2 est la jeune racine tuberculeuse avec sa gaine v.

Maintenant, pour comprendre le déplacement déjà opéré, imaginons que toute la partie inférieure comprise entre *M* et v se raccourcisse de manière que la lettre *B* vienne prendre à peu près la position de la lettre g, et supposons en même temps le bourgeon u ramené en v. Nous aurons alors la situation normale des parties correspondantes de *II*, et nous comprendrons que le canal *l*, circonscrit par la base de la feuille *bl*, résulte de la direction oblique de l'accroissement extérieur du tissu situé entre v et u, que la gaine v de la racine est une partie constitutive de la surface de l'axe principal au-dessus de *M*, et qu'enfin B^2 est né dans le tissu de l'axe principal au-dessous du bourgeon u et sur le côté du faisceau vasculaire g. Si le bourgeon et la racine avaient leur situation normale, leurs axes formeraient un angle presque droit, tandis que ce déplacement les amène dans le prolongement l'un de l'autre. L'accroissement des tissus situés entre g et u continuant ensuite dans la même direction, le rameau latéral tout entier prend la forme représentée en *II* (fig. *I*). Le changement de

---

(1) Une première écaille, à l'aisselle de laquelle le bourgeon *h* est né, n'est plus visible.

situation des parties qui se produit plus tard est indiqué par la figure *II*, où *kn*
désigne le bourgeon marqué *u* dans la figure *III*, et *bl* la gaine encore plus allongée de la feuille *bl* de la figure *III*; le canal *l* est la cavité de la feuille *bl*, étendue
en largeur et qui, sans ce déplacement, serait entièrement remplie par le bourgeon *u* ou *kn*.

Formation de la Figue. — Pour bien comprendre le genre de déplacements
dont nous allons parler maintenant, reportons-nous d'abord à la figure 108, qui
montre comment le tissu situé sous le sommet végétatif se dilate par un épaississement considérable, précoce et égal en tous sens, de manière que la surface
du point végétatif, de conique qu'elle était d'abord, devient presque plane. Le
sommet végétatif occupe ainsi le centre d'une surface plane, au lieu d'être
situé à la pointe d'un cône. Dans l'*Helianthus*, cet état demeure sans changement pendant tout le développement du capitule. Mais dans d'autres cas le

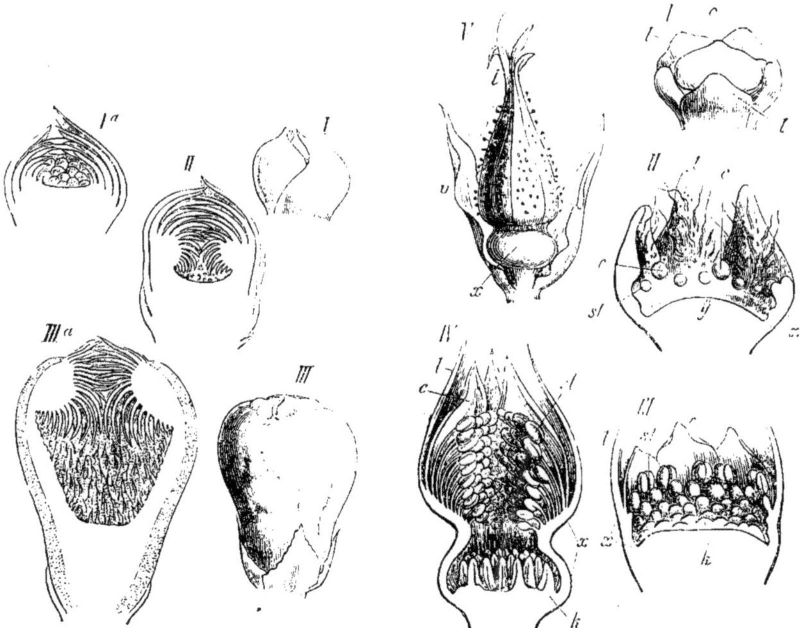

Fig. 151. — Développement de la figue du *Ficus
Carica*, d'après Payer (Organogénie de la fleur).

Fig. 152. — *Rosa alpina*. Développement de la fleur
d'après Payer (Organogénie de la fleur).

sommet végétatif vient se placer au fond d'une cavité profonde, dont la paroi
résulte de ce que la masse du tissu située au-dessous du sommet proémine
sur son bord, et, s'accroissant vers le haut, vient recouvrir le sommet lui-même.
Il en est ainsi par exemple dans la formation de la Figue. Comme le montre la
figure 151, la Figue est une branche métamorphosée, dont le sommet en *I* est
encore presque plan, en *II* déjà entouré par un bourrelet annulaire portant des

feuilles, en *III* creusé en forme d'urne. Le sommet végétatif de cette branche est situé sur le fond même de la cavité, dont la paroi interne n'est, à proprement parler, que le prolongement de la face externe de la Figue et par conséquent porte de très-nombreux rameaux exogènes qui sont autant de fleurs. Dans le genre très-voisin *Dorstenia*, la Figue demeure ouverte ; les bords de la branche aplatie en forme de gâteau, qui porte de nombreuses petites fleurs, ne se relèvent pas.

Formation de la fleur du Rosier et du Geum. — C'est par un procédé tout semblable à celui de la formation de la Figue ordinaire, que prennent naissance les fleurs périgyniques et les ovaires infères. La figure 152 représente la marche du phénomène dans la fleur périgynique du Rosier. *I* montre le rameau encore très-jeune qui va produire la Rose ; son extrémité très-renflée a déjà formé les cinq sépales *l,l*, et les cinq pétales alternes sont déjà visibles sous forme de petits mamelons *c*, entre lesquels le sommet de l'axe apparaît large et aplati. Pendant que les sépales grandissent rapidement, la zone du tissu de l'axe sur laquelle ils s'insèrent s'élève en forme de mur annulaire *x.x* en *II*, qui se rétrécit plus tard en haut comme on le voit en *IV* ; il se forme ainsi un corps en forme d'urne qui est connu sous le nom de « bouton des haies » et qui à la maturité se distingue par sa couleur rouge ou jaune et son tissu pulpeux et doux. Ici encore le sommet végétatif est situé au centre du plancher de la cavité, et la paroi interne de la bouteille n'est qu'une portion réfléchie de la face externe de l'axe floral ; aussi le développement des feuilles est-il, du moins dans son ensemble, acropète. Il est clair que, lorsque le sommet végétatif est situé en *y* (fig. *II*), la succession des feuilles, qui sont ici les étamines *s,t* et les carpelles *k*, pour être acropète, doit avoir lieu de haut en bas.

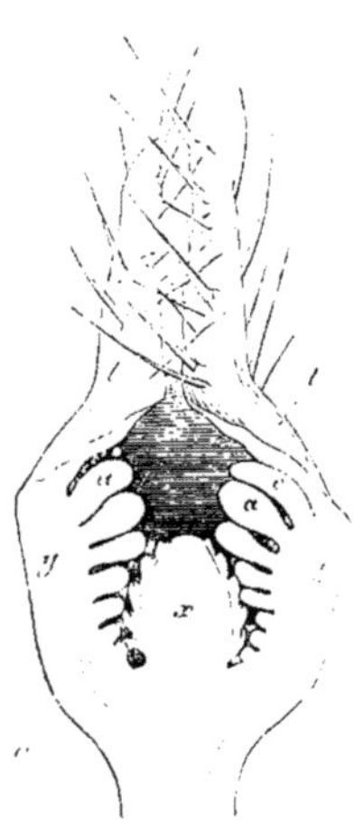

Fig. 153. — Section longitudinale d'une jeune fleur de *Geum rivale*.

S'il était nécessaire de citer encore un exemple à l'appui de ce qui vient d'être dit, on le trouverait en suivant le développement de la fleur des *Geum*, plantes étroitement alliées aux *Rosa* (fig. 153). Ici encore, la partie de l'axe floral qui porte les sépales *l*, les pétales *c* et les étamines *a,a*, se soulève en forme de mur circulaire *yy* de plus en plus élevé. Mais la région terminale qui, dans les *Rosa*, cesse absolument de s'allonger, se développe ici en un corps conique *x*, qui porte à son point le plus élevé le sommet végétatif de l'axe floral. La succession des feuilles est, ici aussi, acropète et par conséquent les étamines *a* se développent sur la face interne de l'axe creux *yy* de haut en bas, tandis que les carpelles se forment sur *x* de bas en haut. Dans les *Geum* et les autres Dryadées, l'urne *yy* se rabat au moment de la fructification, son bord se dilate si fortement qu'elle s'aplatit en forme d'assiette au milieu de laquelle s'élève le gynophore *x* ; c'est ce gynophore conique qui, dans les *Fragaria*, se gonfle très-fortement plus tard, devient charnu et forme la Fraise, qui n'est ainsi, comme le « bouton des haies », qu'un fruit apparent.

On voit que la formation de la Figue, du « bouton des haies » et du réceptacle floral aplati des *Geum* provient d'un déplacement occasionné par la proéminence considérable de certaines zones de tissu situées au-dessous du point végétatif. Il ne peut être question ici de soudure de feuilles, comme on le dit ordinairement en botanique descriptive. De même les corolles gamopétales et les calices gamosépales ne naissent pas, comme on a l'habitude de le dire, par soudure. Les pétales et les sépales naissent côte à côte sur l'extrémité élargie du pédicelle floral, comme autant de protubérances isolées disposées en verticille (fig. 18). S'ils deviennent plus tard une corolle gamopétale ou un calice gamosépale en forme de cloche, qui porte seulement sur son bord autant de dents qu'il y avait au début de protubérances isolées, cela ne provient pas de ce que les feuilles isolées ont rapproché et soudé leurs bords, mais de ce que toute la zone annulaire du jeune pédicelle floral qui porte la corolle ou le calice s'est accrue vers l'extérieur. La région campanulée n'a donc jamais consisté en feuilles isolées ; c'est une base commune, émanée du pédicelle floral dès le principe comme un tout continu, et sur le bord de laquelle on reconnaît les feuilles primitives, encore isolées, comme autant de dents distinctes. La chose se passe d'une façon inverse dans les gaines foliaires des Prêles, où il se forme d'abord autour de l'axe une saillie annulaire sur laquelle proéminent plus tard les diverses dents séparées qui sont ainsi secondaires ; toutefois, ici encore, la gaine ne provient pas de la soudure de pièces d'abord isolées, mais ce sont bien plutôt les diverses dents qui doivent être considérées comme les ramifications d'une seule feuille annulaire primitive. Il en est de même dans les faisceaux d'étamines qu'on a l'habitude de regarder comme des étamines soudées ; il se forme au début autant de protubérances distinctes qu'il y aura de faisceaux d'étamines plus tard ; ces protubérances sont les étamines primitives qui, par une ramification ultérieure, produisent chacune plusieurs ou même de nombreux filets anthérifères (*Hypericum*, *Callithamnus*, etc.).

Exemples de vraies soudures. — D'ailleurs, les vraies soudures de parties primitivement distinctes sont rares ; comme exemples, on peut citer la réunion des ovaires infères des deux fleurs opposées dans l'inflorescence du *Lonicera alpigena*, les fruits soudés en une sorte de grosse fraise du *Benthamia fragifera*, enfin la soudure des deux stigmates de la fleur des *Asclepias* entre eux et avec les anthères. Les anthères des Composées ne sont pas soudées, mais seulement accolées.

Exemples d'avortements. — L'avortement de membres d'abord développés se rencontre beaucoup plus fréquemment que la vraie soudure. Ainsi, par exemple, les feuilles composées paripennées des Légumineuses naissent imparipennées (1) ; la foliole terminale, qui manque plus tard, est même à l'origine, dans le bouton, plus grande que les folioles latérales ; mais dans le développement ultérieur, elle reste tellement en arrière que dans la feuille achevée elle ne dépasse plus que comme une petite pointe le point d'origine des plus hautes folioles latérales. Ainsi s'atrophie aussi le limbe rameux tout entier de beaucoup d'*Acacia ;* ce limbe est remplacé alors par le pétiole qui s'élargit dans le

____

(1) Hofmeister : *Allgemeine Morphologie*, p. 516.

plan médian et prend le nom de *phyllode*. Dans les Graminées, l'avortement des feuilles de l'axe d'inflorescence est encore plus complet, et d'ailleurs il n'est pas rare d'y voir s'atrophier des fleurs tout entières. Dans les Phanérogames diclines, l'unisexualité des fleurs résulte le plus souvent de l'atrophie des étamines dans la fleur femelle, et de l'atrophie des carpelles dans la fleur mâle. Parfois, de plusieurs étamines il n'en avorte qu'une seule, comme dans les Gessnériacées, par exemple dans les *Columnea* où elle se change en une petite masse nectarifère. Il en est de même pour les carpelles, par exemple dans les Térébinthacées. Dans tous ces cas, le membre qui s'atrophie plus tard est réellement présent dans le bourgeon, il cesse seulement de s'accroître ultérieurement.

Mais il arrive très-souvent que la fleur ne possède pas trace de certains membres que, par la position et le nombre des autres et par leur propre présence dans les fleurs de plantes très-voisines, on devait s'attendre à y rencontrer ; et cela, sans que l'examen des bourgeons, même les plus jeunes, puisse les faire retrouver. Cependant, comme on peut, en se plaçant au point de vue de la théorie de la descendance, supposer que les plantes qui se rapprochent par tous leurs caractères procèdent d'une souche commune, il est permis, même dans ce cas, d'admettre que le membre qui manque est avorté ; seulement l'avortement a eu lieu de si bonne heure et si complétement, et il est devenu tellement héréditaire, qu'on ne peut plus retrouver même les premiers débuts du membre absent. Pour comprendre la structure de beaucoup de fleurs et pour ramener les diverses formes des fleurs à des types communs, il est souvent nécessaire de les compléter en leur restituant leurs membres avortés ; nous reviendrons d'ailleurs avec détail sur ce point en traitant au Livre II des plantes phanérogames.

§ 29.

Alternance des générations.

Lorsqu'une plante s'est développée pendant un certain temps et qu'elle a subi certaines différenciations intérieures et extérieures, il vient enfin un moment où des *cellules isolées* se séparent du lien organique et cessent désormais d'être parties intégrantes de la plante qui les a produites et de participer à son accroissement ultérieur. Chacune de ces cellules commence de suite, ou après un certain temps de préparation, une série de développements autonomes et produit ainsi un corps qui ne doit plus être regardé comme un membre dépendant de la plante mère, mais comme une plante nouvelle qui peut ressembler à celle qui l'a produite ou en être différente.

De pareilles cellules, qui se séparent ainsi de l'ensemble d'une plante, mais qui ne quittent pas toujours la place où elles sont nées, sont appelées *cellules reproductrices*. Toutes les plantes qui sont issues de cellules reproductrices semblables, et qui se ressemblent par conséquent entre elles, forment ce qu'on appelle une *génération*.

Succession et alternance des générations. — Dans l'état actuel de nos connaissances, c'est seulement chez certaines Algues et certains Champignons que toutes les générations successivement issues l'une de l'autre se ressemblent et produisent des cellules reproductrices semblables (Xo-tochinées, *Spirogyra*, etc). Mais déjà dans la plupart des Thallophytes, chez toutes les Muscinées et chez toutes les plantes vasculaires, les générations successivement issues l'une de l'autre sont différentes ; elles engendrent en effet des cellules reproductrices différentes, d'où procèdent ensuite des plantes douées d'une structure et d'un mode de vie différents. Plusieurs générations semblables entre elles (A,A,A) peuvent alors se suivre tout d'abord, après quoi la dernière produit une génération différente (B) qui de son côté engendre de nouveau une génération de première espèce (A) ; c'est ce qui a lieu par exemple dans les *Saprolegnia* et les *Vaucheria*. Ou bien encore trois et même quatre générations de formes différentes se succèdent (A,B,C,D), jusqu'à ce que la première forme (A) reparaisse de nouveau. La même forme peut, dans cette succession, se reproduire plusieurs fois de suite (A,B,B,B,C,A), avant d'arriver à en engendrer une nouvelle ; ainsi, chez les Champignons de la famille des Hypodermées, la forme Æcidium précède la forme Uredo ; cette dernière se reproduit ensuite à plusieurs reprises avec les mêmes caractères, jusqu'à ce qu'enfin le dernier Uredo engendre, comme troisième génération différente, la Puccinie, qui à son tour produit de nouveau un Æcidium (voir liv. II, Champignons). Mais le cas le plus fréquent dans les Algues et les Champignons, et qui se trouve seul réalisé dans les Mousses et les Cryptogames vasculaires, est celui où deux générations seulement, de formes différentes, alternent régulièrement, A engendrant B, B reproduisant A et ainsi de suite.

Toute la série des développements qui s'opèrent à travers les diverses générations successives, jusqu'à ce qu'on soit ramené enfin à la forme qui a servi de point de départ, s'appelle l'*alternance des générations*. Chaque forme de génération qui diffère de celle qui précède et de celle qui suit peut être désignée sous le nom de *génération alternante*. Ainsi par exemple l'alternance de générations AB,AB,AB... consiste en deux générations alternantes A et B ; de même l'alternance ABBB...C,ABBB...C, contient trois générations alternantes.

Générations asexuées et sexuées. — Tantôt les cellules reproductrices ont la propriété de se développer ultérieurement chacune pour soi et sans secours étranger ; ce sont alors des cellules reproductrices *asexuées*, et la génération dont elles proviennent directement et seules est appelée génération asexuée. Tantôt, au contraire, elles sont ainsi faites qu'elles ne peuvent se développer ultérieurement qu'après s'être matériellement unies avec une autre cellule reproductrice ; elles sont alors *sexuées*, et la génération qui leur donne naissance est une génération sexuée. Si les deux cellules sexuées qui s'unissent pour former une seule cellule douée de développement ultérieur sont semblables extérieurement et de même taille, l'acte de leur réunion est ce qu'on appelle une *conjugaison*. Si ces deux cellules diffèrent au contraire d'une manière frappante par leur forme, leur grandeur et leurs autres caractères, leur union se nomme une *fécondation*. Celle des deux cellules sexuées qui exerce l'action, et qui même disparaît ensuite quand il y a fécondation, est dite la *cellule mâle* (anthérozoïde, grain de pollen); celle qui subit l'action et qui se transforme en un embryon par où commence une génération nouvelle est la *cellule femelle* (oosphère, vésicule embryonnaire) (1).

Tandis que les cellules reproductrices asexuées se séparent d'ordinaire entièrement de la plante mère et se dispersent (ce qui les fait nommer *spores*) pour produire loin d'elle la génération nouvelle, l'oosphère au contraire ou la vésicule embryonnaire demeure enfermée dans un organe particulier de la plante mère (oogone, archégone, ovule), y attend sa fécondation et commence ensuite, toujours nourrie au début par la plante mère, la nouvelle série de développements qui conduisent à la formation de l'embryon. Cependant il arrive aussi chez les Algues, par exemple dans les Fucacées, que les oosphères sont mises en liberté avant la fécondation et produisent en dehors de la plante mère la nouvelle génération.

Cherchons maintenant comment les deux modes de reproduction, le mode sexué et le mode asexué, se manifestent dans la suite des générations, et nous verrons que si, dans des plantes très-simples, des générations asexuées peuvent se succéder indéfiniment, comme on le voit dans les Nostochinées, d'un autre côté des générations sexuées peuvent aussi procéder sans interruption l'une de l'autre comme chez les Spirogyres. S'il y a alternance de générations, ou bien toutes les générations successives sont asexuées comme dans les *Hydrodictyon* d'après M. Pringsheim (2), ou bien il y a d'abord une suite de générations asexuées terminée par une génération sexuée comme dans les *Vaucheria*, les *Cystopus* et les Mucorinées. Mais le cas le plus ordinaire, et qui est le seul réalisé dans les Muscinées et les Cryptogames vasculaires, est celui où une génération asexuée alterne régulièrement avec une génération sexuée.

Caractères morphologiques différentiels des générations alternantes. — Prothalle. — Si l'on considère maintenant les caractères morphologiques des

(1) La conjugaison elle-même se présente sous deux aspects différents. Ou bien les deux cellules, ayant déjà même forme et même dimension, se ressemblent encore dans la marche même de la conjugaison parce que, pour s'unir, elles font chacune la moitié du chemin (*Pandorina; Mesocarpus, Pleurocarpus*, etc.; Mucorinées); elles sont alors de tout point semblables et toute distinction de sexes paraît impossible. Ou bien les deux cellules, entièrement semblables d'ailleurs, diffèrent par la marche même de la conjugaison, l'une d'elles faisant tout le chemin pour s'unir à l'autre qui demeure en place (*Spirogyra, Rhynchonema*, etc.); il y a là un premier signe de différenciation qui persiste désormais et l'on peut dès lors appeler *mâle* la cellule qui se déplace et *femelle* celle qui demeure immobile. Cette différenciation ne fait que s'accuser de plus en plus à mesure qu'interviennent entre les deux cellules des différences de forme, de dimension et de structure. Il est donc plus simple et plus naturel d'appeler toujours *fécondation* le phénomène général par lequel deux cellules s'unissent pour former par leur pénétration réciproque la première cellule d'un être nouveau, c'est-à-dire l'œuf. On pourra distinguer ensuite entre la fécondation homogène ou égale et la fécondation hétérogène ou inégale, suivant que les deux cellules reproductrices semblent, dans l'état actuel de nos connaissances, être de tout point semblables, ou qu'elles diffèrent par quelqu'une de leurs propriétés actuellement appréciables. Selon la nature diverse et de plus en plus profonde de ces différences, le second cas présente un certain nombre de degrés correspondants. (*Trad.* — Voir d'ailleurs Livre III, Sexualité.

(2) La grande diffusion de la sexualité dans le règne végétal et cette circonstance que la fécondation a été souvent découverte là où l'on s'attendait le moins à la rencontrer, permettent de penser que ces Algues et ces Champignons inférieurs, que nous regardons comme entièrement asexués, peuvent aussi dans certaines circonstances développer des cellules sexuées.

générations alternantes, on voit que dans les plantes très-simples la différence se réduit souvent à ceci, que l'une des générations produit des spores asexuées tandis que l'autre forme des organes sexués, comme dans les *Vaucheria* et les Saprolégniées; la distinction morphologique des générations alternantes ne devient alors visible qu'au moment même où elles se préparent à la reproduction. Mais déjà dans les Algues et les Champignons plus élevés en organisation, les diverses générations alternantes ont le plus souvent un accroissement très-différent et la différence est particulièrement frappante quand une génération ne produit que des spores, l'autre que des organes sexués. Ainsi, par exemple, la génération sexuée des Pézizes, où la sexualité a été observée par MM. de Bary, Woronine et Tulasne, est un mycélium filamenteux rampant sur le milieu nutritif, et sur lequel se développe, à la suite de la fécondation, la seconde génération asexuée sous la forme d'une masse compacte de tissu qui est le *fruit* avec ses nombreux tubes sporifères.

Chez les Muscinées et les Cryptogames vasculaires, où l'alternance des générations se manifeste plus clairement qu'ailleurs, la génération sexuée diffère toujours essentiellement de la génération asexuée qui produit les spores. Ces deux générations alternantes suivent en effet une tout autre loi d'accroissement. Dans les Mousses, par exemple, la génération sexuée est un Cormophyte se nourrissant lui-même et végétant le plus souvent pendant des années, qui porte sur ses branches souvent très-richement ramifiées de nombreuses feuilles très-nettement séparées, de nombreux poils radicaux et enfin les archégones et les anthéridies ; la seconde génération, qui naît dans l'archégone aux dépens de l'oosphère fécondée, prend la forme d'une capsule pédicellée où les spores asexuées sont produites. Cette capsule pédicellée, qu'on appelle le fruit des Mousses, quoique laissant apercevoir une riche différenciation de tissu, est un thalle, car toute distinction en tige et feuilles y manque absolument. Dans les Cryptogames vasculaires au contraire, la génération sexuée issue de la spore est une simple petite masse de tissu non différencié, un thalle en un mot, qui n'a d'ordinaire aucune tendance à se ramifier de quelque façon que ce soit. Chez les Fougères, les Prêles et les Ophioglosses ce corps, ce *prothalle* comme on l'appelle, végète librement sur ou dans la terre ; dans les Rhizocarpées et les *Selaginella*, au contraire, il demeure enfermé dans la spore. C'est dans l'organe sexué femelle, ou archégone, porté par cette première génération, que naît, à la suite de la fécondation, la seconde génération qui se développe toujours ici en un Cormophyte très-perfectionné, doué généralement d'une durée de végétation indéfinie, atteignant souvent dans les Fougères de très-grandes dimensions, et formant toujours une tige qui porte des feuilles très-élevées en organisation, des racines, des poils et enfin des spores dans des réceptacles particuliers.

Alternance de générations chez les Phanérogames. — C'est un des problèmes les plus importants de la Morphologie et de la Classification naturelle, non-seulement d'étudier les alternances de générations dans les diverses classes des plantes, mais aussi de les comparer entre elles d'après des principes déterminés; c'est ce que nous ferons avec détail dans le livre II. Qu'il nous suffise de remarquer ici que l'alternance des générations se retrouve aussi chez les Phanérogames. Les Cycadées et les Conifères se rattachent immédiatement sous ce rapport aux Lycopodiacées, et par leur intermédiaire il est permis de retrouver encore, dans la formation de la graine des Monocotylédones et des Dicotylédones, les traits les plus importants de l'alternance des générations des Cryptogames vasculaires. Il suffira de dire ici que l'albumen des Phanérogames correspond au prothalle des Cryptogames vasculaires et par suite à la génération sexuée, tandis que l'embryon situé à côté ou à l'intérieur de l'albumen de la graine doit être comparé à la génération asexuée et sporifère des Fougères, Équisétacées, etc. ; dans les deux cas l'une des générations, albumen ou prothalle, est morphologiquement un thalle, l'autre est un Cormophyte pourvu d'une tige enracinée et couverte de feuilles.

L'alternance des générations formant le principal chapitre de la biologie de toute plante et fournissant les points de repère décisifs des diverses formes que la plante revêt, l'exposition méthodique des affinités naturelles des végétaux, c'est-à-dire la Méthode ou la Classification naturelle, doit avant tout mettre en évidence et comparer les homologies de cette alternance dans les diverses classes. Dans l'état actuel de la science, cette étude comparative offre encore de grandes difficultés chez les Thallophytes et les Characées, et même elle y est encore en partie impossible ; mais dans les Muscinées, les Cryptogames vasculaires et les Phanérogames elle peut être poursuivie jusqu'au bout et elle conduit aux résultats les plus intéressants et les plus inattendus (1).

(1) Dans le paragraphe correspondant de la première édition de ce Traité, j'ai basé la définition de l'alternance des générations sur les phénomènes qui ont lieu dans les Muscinées et les Cryptogames vasculaires, et dès lors le caractère du passage d'une génération alternante à une autre était un changement complet dans la loi d'accroissement, caractère qui se retrouve d'ailleurs d'un côté chez beaucoup de Thallophytes et de l'autre chez les Phanérogames. De cette façon, cependant, le lien intime qui existe entre la production de cellules reproductrices sexuées ou asexuées et l'alternance des générations restait dans l'ombre plus qu'il n'était désirable ; car précisément sous sa forme la plus simple, comme dans les *Vaucheria*, les Saprolégniées, les Mucorinées, l'alternance des générations ne consiste presque exclusivement qu'en une succession alternative de générations sexuées ou asexuées, mais d'ailleurs toutes semblables au point de vue de l'accroissement. Quoique la définition antérieure, prise dans toute sa rigueur, s'applique aussi à ce dernier cas, l'exposition nouvelle que je viens d'essayer ici m'a semblé plus nette et plus facile à comprendre pour les commençants.

La définition antérieure permettait aussi d'embrasser dans l'idée d'alternance de générations la production des bourgeons sur le protonéma des Mousses, phénomène qui échappe au contraire à la définition actuelle, car il n'est pas possible de regarder, sans autre explication, la cellule terminale d'une branche latérale de protonéma, laquelle se transforme en une cellule terminale de branche feuillée, comme une cellule reproductrice dans le sens énoncé plus haut. Si maintenant, de ce que ce phénomène remarquable se trouve ainsi exclu de la définition de l'alternance des générations, on voulait tirer préjudice contre cette définition, il faudrait considérer d'un autre côté que la distinction si nette entre le bourgeon des Mousses et le protonéma qui le produit, ainsi que le brusque passage à une tout autre loi de développement, ne se présentent pas encore dans les Hépatiques. Dans cette famille en effet le corps homologue du protonéma n'est qu'un état de germination transitoire, comme on voit aussi pendant la germination des spores des Fougères et notamment des Hyménophyllacées se produire d'abord un corps filiforme au sommet duquel se développe ensuite le prothalle aplati. Il faut donc, par conséquent, regarder le protonéma, au même titre que les proembryons dont nous venons de parler, comme un premier terme dans la série des développements de la génération sexuée, terme qui trouve son analogue dans le proembryon très-développé des Gymnospermes et de beaucoup d'Angiospermes.

Bien qu'il y ait un grand intérêt pour la science à embrasser les divers phénomènes sous le plus petit nombre possible d'idées générales, cela n'est cependant utile aux recherches qu'autant que ces idées générales sont susceptibles d'une définition précise et claire, et qu'elles ne comprennent que des choses qui se ressemblent entre elles dans tous les points où elles diffèrent de tous les autres phénomènes. C'est pourquoi je ne vois pas d'utilité à désigner simplement comme une alternance de générations la succession des branches de diverse nature sur la même plante, par exemple des branches écailleuses, des branches feuillées et des branches florales. Il est certainement désirable que l'on puisse désigner, par une expression technique, ce fait, que des branches d'une espèce déterminée produisent régulièrement des branches d'une autre espèce déterminée, et si le mot « alternance de générations » n'était pas déjà consacré aux phénomènes que nous avons décrits plus haut, il s'appliquerait bien à cette succession. Mais il n'est pas possible de l'employer pour ces deux choses à la fois, ce serait lui donner un double sens et lui enlever par conséquent toute valeur scientifique. On pourrait, par exemple, par analogie avec l'expression « alternance de générations », se servir du mot « alternance de branches » pour désigner ce cas de métamorphose qui se présente si fréquemment chez les Phanérogames.

LIVRE SECOND

MORPHOLOGIE SPÉCIALE

ET TRAITS FONDAMENTAUX DE LA CLASSIFICATION NATURELLE

PREMIER GROUPE

LES THALLOPHYTES

Le groupe des Thallophytes embrasse les Algues et les Champignons y compris les Lichens ; mais l'étonnante diversité de formes et de modes de végétation qu'on y remarque ne permet pas d'en caractériser l'ensemble par quelques traits essentiels tirés de l'accroissement, de la reproduction et surtout de l'alternance des générations, comme on pourra le faire pour les groupes suivants. Cependant les types, même les plus différents, des Thallophytes n'en sont pas moins rattachés l'un à l'autre par un lien de parenté naturelle, lien puissant et toujours facile à reconnaître. Des formes de transition conduisent en effet, par d'innombrables gradations, depuis les Algues les plus simples formées de cellules arrondies et isolées, non-seulement jusqu'aux représentants les plus élevés de cette même classe, mais aussi, en passant par les Champignons aquatiques et les Moisissures, jusqu'aux formes étonnantes des grands Champignons à chapeau, Gastromycètes et Ascomycètes, dont la différenciation extérieure et intérieure s'éloigne beaucoup de celle de toutes les autres plantes. Une exposition détaillée de ces transitions demeurerait toutefois absolument incompréhensible pour le commençant, parce qu'elle présuppose non-seulement la connaissance des faits qui vont être étudiés plus loin, mais encore la familiarisation avec un grand nombre d'autres formes spéciales qui ne peuvent pas être décrites dans ce Traité. D'ailleurs, par une étude répétée de ce qui va être exposé ici au sujet des Thallophytes, des Characées, des Mousses et des Cryptogames vasculaires, l'élève apercevra nettement ces relations de parenté, au moins dans tous leurs traits essentiels.

Bornons-nous donc à cette remarque préalable que la dénomination de Thallophytes est, il est vrai, bien appropriée en ce qu'elle met en évidence le trait caractéristique de la différenciation externe de la plupart des Algues et de tous les Champignons, mais qu'elle ne permet pas de tracer une limite nette entre les Algues et le groupe des Muscinées, car d'un côté certaines Algues accusent nettement une différenciation en tige et feuilles, tandis que d'autre part l'appareil végétatif de beaucoup d'Hépatiques est un thalle très-simple. C'est avec aussi peu de succès qu'on chercherait dans le mode de formation du tissu une limite entre les Algues d'une part, et les Characées et Muscinées d'autre part.

Il serait facile sans doute de donner aux Thallophytes toute une série de caractères négatifs, c'est-à-dire de montrer que certaines propriétés que nous rencontrons dans toutes les autres plantes et dans chacun des autres groupes de plantes, manquent totalement ici. On verrait bien par là, il est vrai, que les Algues et les Champignons ne sont pas des Characées, ni des Muscinées, ni des plantes vasculaires, seulement cela n'apprendrait encore rien sur leur parenté réciproque.

CLASSE 1

Les Algues (1).

Les Algues commencent par les formes les plus petites et les plus simples du règne végétal, mais elles atteignent, en se perfectionnant de diverses manières, un haut degré d'organisation, et fréquemment des dimensions et une masse si considérables qu'il nous faudra, pour les retrouver ensuite, arriver jusqu'aux classes supérieures du règne.

Marche du perfectionnement progressif de l'appareil végétatif. — Le perfectionnement graduel y suit des voies très-différentes. Tantôt il s'opère par une différenciation de plus en plus marquée des cellules isolées, tantôt par le mode d'union des cellules entre elles, tantôt par la division du corps ainsi formé en membres distincts, tantôt par une différence d'accroissement suivant les diverses directions, ce qui provoque une ramification ; mais d'ordinaire c'est par tous ces moyens à la fois que les formes plus complètes procèdent des plus simples. L'accroissement de volume des Algues est également atteint de diverses manières. Ici c'est par l'agrandissement des individus isolés, ailleurs c'est par la réunion organique de nombreux individus en un tout unique qui se comporte vis-à-vis du monde extérieur comme un individu complexe. Le premier cas se rencontre en particulier dans les formes morphologiquement et histologiquement perfectionnées (Fucacées), le second dans les types les plus simples (Algues gélatineuses, Nostochinées).

Différenciation progressive des cellules isolées. — Si nous considérons d'abord la différenciation des cellules isolées, nous rencontrons, aux degrés les plus inférieurs de cette classe, des formes cellulaires où l'on ne peut guère distinguer autre chose qu'une membrane et un corps protoplasmique coloré qui renferme toujours il est vrai une vacuole. Des formes plus élevées montrent le corps protoplasmique différencié en portions incolores et en parties colorées, et ces dernières renferment des productions granuleuses, le plus souvent des grains d'amidon. Le noyau, qui manque dans les formes les plus inférieures, se présente ici avec netteté. La partie du protoplasma qui est colorée en vert y

(1) Ouvrages généraux sur les Algues : KÜTZING, Phycologia generalis. Leipzig, 1843, et NÆGELI : Die neueren Algensysteme. Neunburg, 1847. — DE BARY : Bericht über die Fortschritte der Algenkunde in den Jahren 1855, 1856, 1857, Botanische Zeitung 1858, supplément, p. 55.

prend les aspects les plus variés ; elle forme des anneaux, des rubans, des étoiles, mais le plus souvent, et déjà dans des formes simples, elle se divise en grains, appelés grains de chlorophylle. Ce dernier cas se présente toujours quand les cellules sont réunies en tissu.

La structure de la membrane cellulaire est beaucoup moins variée que chez d'autres classes de plantes, en tant du moins qu'elle dépend de l'accroissement en épaisseur, de la stratification et de la différenciation physico-chimique. En général, il y a une tendance à la transformation de la paroi cellulaire en mucilage, et ce phénomène joue souvent le rôle le plus important dans l'émission des cellules reproductrices. La lignification se montre au contraire très-rarement, peut-être même jamais, et c'est seulement par un dépôt considérable de silice (Diatomées) ou de carbonate de chaux (*Acetabularia*, Mélobésiacées), que la membrane cellulaire acquiert quelquefois une grande solidité ; la plupart des Algues qui consistent en tissu cellulaire sont flexibles, élastiques, onctueuses au toucher. Quelquefois la membrane cellulaire tout entière, ou certaines de ses enveloppes sont vivement colorées. Son accroissement en épaisseur est généralement à peu près uniforme sur toute la périphérie de la cellule ; il se forme souvent de fortes proéminences sur la face extérieure ; sur la face interne, la location de l'épaississement ne se fait remarquer dans les cellules unies en tissu (Fucacées, Floridées) que par la formation de ponctuations simples.

Une différenciation nette de la membrane en enveloppes douées de propriétés physico-chimiques différentes s'opère souvent sur les cellules reproductrices dormantes (*Vaucheria*, *Œdogonium*, *Spirogyra*). La cuticularisation des couches externes ne progresse jamais bien loin vers l'intérieur, et la cuticule demeure ordinairement mince.

Mode d'union des cellules. — Le mode de réunion des cellules n'est dans aucune autre classe de plantes aussi varié que chez les Algues. Dans les formes les plus simples, où les cellules végétatives qui appartiennent à un même cycle de développement sont presque identiques entre elles, la réunion en tissu de ces cellules paraît inutile ; aussi n'est-il pas rare qu'elles se séparent l'une de l'autre au moment même où elles naissent par voie de division, et qu'elles vivent isolées en formant ce qu'on appelle les Algues unicellulaires. Mais dans d'autres cas, où elles ne présentent également aucune différence appréciable, elles demeurent cependant unies en tissu, soit en une rangée de cellules formant un filament, soit en un plan de cellules, soit en un massif de cellules, suivant la direction de l'accroissement et le sens des cloisons qui est toujours perpendiculaire à cette direction.

Dans les Algues inférieures, la formation du tissu a lieu suivant deux types différents : par emboîtement, ou par réunion ultérieure de cellules d'abord libres ; dans les deux cas, les cellules forment une famille. Quand il y a emboîtement, comme dans les *Glæocapsa* et *Glæocystis*, chaque cellule forme, avant de se diviser, une membrane épaisse et très-aqueuse, de sorte que la seconde génération de cellules paraît emboîtée dans la membrane cellulaire de première génération, la troisième génération de cellules dans la membrane de seconde génération, etc. Parfois ces membranes épaisses et gélatineuses se fusionnent, de telle sorte que leurs limites disparaissent (Volvocinées) ; ailleurs une rangée de cellules ainsi emboîtées, et formant une famille linéaire, produit de cette manière une gaine gélatineuse autour d'elle, ou bien encore plusieurs de ces familles linéaires fusionnent leurs gaines en une masse gélatineuse dans laquelle sont plongés les chapelets des cellules (*Nostoc*). — La réunion ultérieure de cellules primitivement isolées et issues de la division d'une seule cellule mère, réunion suivie désormais d'un accroissement commun, est un phénomène beaucoup plus rare; cette union s'opère, soit sous forme de disque comme dans les *Pediastrum*, soit sous forme de réseau fermé en sac creux comme dans les *Hydrodictyon*.

Il n'est pas rare de voir, chez les Algues, de grands massifs de tissu devoir leur formation à la réunion de nombreux filaments cellulaires qui s'accroissent désormais en commun et se divisent de la même manière ; ces divers filaments peuvent être d'ailleurs intimement unis ensemble (*Coleochæte scutata*), ou seulement rapprochés côte à côte (*Coleochæte soluta*). Il peut même arriver qu'une seule et même cellule se ramifie souvent, et que ses nombreuses branches demeurent rapprochées de façon à donner à l'ensemble l'aspect d'un véritable tissu (*Acetabularia, Udotea*); une coupe transversale de la masse laisse voir alors de nombreuses cavités cellulaires qui ne sont toutes que des excroissances d'une seule et même cellule.

Toutes ces formations, qui produisent tantôt réellement, tantôt en apparence, un tissu cellulaire, se rencontrent bien rarement dans le règne végétal; elles demeurent limitées à certains groupes d'Algues inférieures. Seule, l'association de filaments cellulaires en un tout doué d'accroissement commun se retrouvera encore et à un haut degré dans les Champignons et les Lichens.

Dans les Algues supérieures, qui sont aussi celles où l'individu atteint la plus grande dimension, comme les *Fucus, Laminaria, Sargassum* et certaines Floridées, le tissu se forme suivant le mode ordinaire, qui fait ici sa première apparition dans le règne végétal et qui se retrouve ensuite dans toutes les Muscinées et dans les plantes vasculaires avec un développement de plus en plus parfait. Les segments successifs d'une cellule terminale, située à l'extrémité de chaque branche du thalle, y produisent en effet tout d'abord un méristème primitif, qui se transforme ensuite, à mesure qu'on s'éloigne du sommet, en tissus permanents de formes plus ou moins différentes ; mais cette différenciation ne montre ici que les premiers indices de cette spécialisation interne si nettement accusée que l'on rencontre en partie déjà dans les Muscinées et surtout dans toutes les plantes vasculaires. Tout le tissu forme en effet une sorte de parenchyme, mais dont les cellules sont partout en contact intime sauf aux endroits où de grandes lacunes aérifères isolées doivent se constituer. La différenciation de ce tissu des Algues en divers systèmes ne s'accuse le plus souvent que parce que les cellules sont plus petites et plus dures dans les couches externes, tandis qu'elles sont souvent très-grandes et parfois très-longues dans la région interne (certaines Floridées).

Division extérieure de l'appareil végétatif en membres. — La division de l'appareil végétatif en parties distinctes au dehors n'est que faiblement indiquée dans les Algues inférieures, mais elle franchit, quand on parcourt les diverses séries de formes de la classe, les degrés les plus variés. On voit d'abord l'accroissement suivre un axe déterminé et produire ainsi soit un long tube continu (*Vaucheria*), soit, s'il intervient des cloisons transversales, une rangée de cellules ; dans ce dernier cas, l'accroissement peut, ou se continuer dans tous les points et être intercalaire comme dans les *Spirogyra*, ou se concentrer exclusivement sur une cellule terminale, ou encore diminuer progressivement et s'éteindre à mesure qu'on s'éloigne du sommet. La plante atteint un degré plus élevé quand elle se ramifie ; tout d'abord cette ramification est homogène, c'est-à-dire que toutes les branches ressemblent à l'axe par leur mode d'accroissement ; mais, à mesure qu'on s'élève, elle devient hétérogène, les branches latérales se développant autrement que le membre axile qui les a produites. Cet axe et ses branches peuvent d'ailleurs consister en une simple cellule, ou en une masse de tissu.

Une fois entrées dans cette voie, où elles forment un axe muni d'excroissances latérales régulièrement disposées, les Algues arrivent à présenter, dans leurs types plus élevés, une différenciation qui rappelle tout à fait la distinction entre la tige et les feuilles et même en partie les caractères de la racine. C'est ce qui a lieu d'une manière frappante dans le genre *Caulerpa*, quoique le thalle tout entier n'y consiste qu'en une seule et unique cellule. Il se partage en une tige rampante munie de branches latérales analogues à des feuilles et se développant en direction acropète, et en tubes analogues à des racines qui croissent en arrière ; une semblable différenciation se présente même déjà, quoiqu'à un moindre degré, dans les *Vaucheria*. Les branches latérales se différencient d'une manière encore beaucoup plus variée dans les thalles multicellulaires, qui sont des masses de tissu ; sous leur sommet végétatif, se forment en ordre déterminé des appendices analogues à des feuilles et par places aussi des rameaux semblables à des racines (Fucacées, les grandes Floridées, etc).

Les membres du thalle analogues aux feuilles ne peuvent plus être morphologiquent distingués avec précision des véritables feuilles, mais il n'en est pas de même de ceux qui sont analogues aux racines ; si, du moins, l'on ne veut reconnaître comme racines que les pousses endogènes munies de coiffes et dépourvues de feuilles qu'on rencontre dans les plantes vasculaires, car, sans cette limite arbitrairement choisie, il serait difficile de tracer une séparation naturelle entre les excroissances analogues aux racines de beaucoup d'Algues, et les racines des Cormophytes. Pour exprimer ce genre de rapports chez les Algues, et en partie aussi chez les Characées et les Muscinées, on pourrait appeler *phylloïdes* les appendices analogues aux feuilles, et *rhizoïdes* ceux qui ressemblent aux racines.

Mode de ramification. — La ramification qui a lieu à l'extrémité végétative des Algues peut être latérale et monopodique, ou dichotomique ; c'est même précisément parmi les Algues qu'on trouve les exemples les plus clairs de ces deux systèmes de ramification. Dans les deux cas, le caractère originel peut se conserver dans la suite du développement, de telle sorte que le thalle développé soit un système monopodique ou un système de bifurcations ; mais, dans les deux cas aussi, le développement ultérieur peut être sympodique. On voit chez les Algues, plus fréquemment que dans les autres plantes, toutes les branches s'étaler dans un seul et même plan qui affecte une position déterminée par rapport à l'horizon, position où il est probablement amené par la pesanteur ;

cela a surtout lieu, semble-t-il, pour les dichotomies. On trouve un intérêt morphologique tout particulier à l'étude des cas où les branches, issues de vraies ou fausses dichotomies, s'accolent latéralement et forment ainsi des disques arrondis appliqués contre le support et qui s'accroissent par la périphérie en direction centrifuge (certains *Coleochœte*, Mélobésiacées).

Reproduction. — La reproduction des Algues n'est pas encore suffisamment connue dans toutes les familles de la classe, mais dans beaucoup de ces familles elle a été étudiée avec soin et par des observateurs distingués, et l'on peut dire même qu'elle y est mieux connue que nulle part ailleurs dans le règne végétal. Comme nous l'avons vu pour la structure de l'appareil végétatif, l'appareil reproducteur présente, lui aussi, une infinie diversité. La reproduction asexuée est bien connue dans toutes les divisions de la classe; la reproduction sexuée a été étudiée dans beaucoup de familles qui appartiennent en partie aux formes les plus simples, en partie aux plus élevées en organisation. Il y a souvent une alternance régulière entre les générations asexuées et les générations sexuées.

Reproduction asexuée. — La reproduction asexuée s'opère, tantôt par des spores immobiles, tantôt par des spores mobiles et qui nagent dans l'eau. Les cellules reproductrices immobiles se rencontrent aussi bien dans des Algues à structure très-simple comme les Rivulariées, que dans des formes très-développées comme le sont la plupart des Floridées, où ces spores prennent le nom de *tétraspores*.

Les cellules reproductrices mobiles, appelées *zoospores*, sont principalement répandues dans ces Algues où la chlorophylle n'est pas masquée par d'autres principes colorants (Conferves, par ex.). Elles naissent par la contraction du corps protoplasmique de certaines cellules déterminées, contraction accompagnée souvent de division; ce protoplasma se rajeunit ainsi en formant une ou plusieurs cellules nouvelles qui s'échappent dans l'eau ambiante par une ouverture de la membrane de la cellule mère, ou par résorption de cette membrane. Ces zoospores nues se meuvent alors dans l'eau pendant quelques minutes, quelques heures ou même pendant des jours entiers, en tournant autour de leur axe à mesure qu'elles progressent en avant; puis elles s'arrêtent, se fixent quelque part et germent. Toute zoospore a une extrémité antérieure, hyaline, le plus souvent amincie en pointe, située en avant pendant la translation, et une extrémité postérieure plus épaisse, arrondie, pourvue de chlorophylle. La ligne qui joint les deux extrémités est l'axe d'accroissement de la zoospore et de la plantule qui en provient; en effet quand la zoospore s'arrête, elle se fixe par son extrémité antérieure, hyaline, qui forme un crampon transparent et souvent ramifié (rhizoïde), tandis que l'extrémité colorée, postérieure pendant le mouvement, devient le sommet libre de la plantule. Le double mouvement de rotation et de translation est provoqué par des filaments vibratiles très-minces, appelés *cils*, qui parfois recouvrent en grand nombre toute la surface de la zoospore en demeurant très-courts (*Vaucheria*), parfois forment une couronne autour de l'extrémité hyaline (*Œdogonium*), mais sont le plus souvent attachés au nombre de deux au bord antérieur et sont alors très-longs. Quelquefois la même plante produit des zoospores de deux grandeurs différentes, et cette inégalité a peut-être une signification sexuelle qui nous est encore inconnue.

Reproduction sexuée. — La reproduction sexuée s'opère de façons très-diverses. Tout d'abord, les deux cellules qui s'unissent peuvent être semblables ou dissemblables; dans le premier cas, on dit qu'il y a *conjugaison;* dans le second, *fécondation.*

Conjugaison. — La conjugaison s'opère dans les *Ulothrix* (1), *Chlamydococcus, Pandorina* et probablement aussi dans d'autres Volvocinées, par fusion de deux cellules en voie de libre mouvement et qui ressemblent complétement aux zoospores ordinaires. Dans les Conjuguées et les Diatomées, au contraire, les deux cellules qui s'unissent sont immobiles; quelquefois elles sont d'abord expulsées à l'état de cellules primordiales et s'unissent librement dans le milieu extérieur, mais le plus souvent les deux cellules mères se soudent par leurs parois et, de leurs deux contenus, rajeunis et devenus des cellules primordiales, l'un se rend vers l'autre pour se fondre avec lui en une cellule primordiale unique. Le produit de la fusion s'entoure, dans tous les cas, d'une membrane solide de cellulose et s'appelle désormais une *zygospore.* La zygospore ne germe ordinairement qu'après un long temps de repos.

Fécondation. — La fécondation, au sens étroit que nous donnons à ce mot, s'opère, à l'exception des Floridées, par *oogones* et *anthéridies.* On appelle oogone la cellule où naît la masse protoplasmique femelle à laquelle on donne le nom d'*oosphère;* l'anthéridie est la cellule, ou l'ensemble de cellules, qui produit les masses protoplasmiques mâles nommées *anthérozoïdes.*

Les oosphères des Fucacées naissent plusieurs à la fois dans un même oogone, dont elles sont expulsées avant la fécondation; mais dans les autres Algues le contenu tout entier de l'oogone se transforme en une seule oosphère, en se contractant, se séparant de la paroi et constituant ainsi une cellule primordiale renouvelée. Celle-ci demeure immobile dans la membrane de l'oogone et y attend l'arrivée des anthérozoïdes; ils pénètrent dans l'oogone par une ouverture préalablement formée dans sa membrane et se fondent dans la masse de l'oosphère. La partie de l'oosphère qui regarde l'ouverture est hyaline et absorbe les anthérozoïdes; parfois un globule gélatineux est expulsé hors de l'oogone par l'extrémité antérieure de l'oosphère, un peu avant la fécondation. Les anthérozoïdes de toutes les Algues, excepté les Floridées, ressemblent aux zoospores; ils sont seulement beaucoup plus petits que ces dernières et pourvus d'un granule rouge; ils s'échappent en nageant hors de l'anthéridie, et quelques-uns d'entre eux parviennent jusqu'aux oosphères, dans la substance desquelles ils viennent se perdre. Les oosphères sont, en général, plusieurs centaines et même plusieurs milliers de fois plus grandes que les anthérozoïdes.

Les Algues diffèrent des autres Cryptogames en ce que leurs anthérozoïdes n'ont jamais la forme de minces filaments spiralés, mais sont courts et arrondis tout au moins dans leur région postérieure.

La reproduction sexuée des Floridées s'écarte beaucoup de celle de la plupart des autres Algues; la seule division des Némaliées relie cette famille au groupe des Coléochétées. Les anthéridies des Floridées produisent une masse énorme de petits anthérozoïdes entièrement dépourvus de mouvement propre, mais qui

(1) Cramer : Botanische Zeitung, 1871, p. 76. Voir plus loin : Volvocinées.

sont entraînés par l'eau jusqu'à ce que l'un ou l'autre vienne s'attacher à un trichogyne pour y vider son contenu. On appelle *trichogyne* un filament hyalin, long et mince, semblable à un poil, qui sert d'organe récepteur et qui s'insère sur un corps appelé *trichophore*. Ce dernier est un corps généralement pluricellulaire dans lequel, ou à côté duquel, se font sentir les suites de la fécondation, car c'est à côté et au-dessous de lui que se forment des filaments celluleux ou des masses de tissu qui constituent le fruit ou *cystocarpe*; c'est dans ce dernier que naissent plus tard les spores. Dans le genre *Dudresnaya*, le phénomène est encore plus compliqué, car le trichophore ne produit d'abord que des tubes, et ce n'est qu'à la suite de la conjugaison de ces tubes avec les cellules terminales d'autres branches que s'opère la formation des cystocarpes.

Dans les autres Algues, le premier résultat de la fécondation est la formation d'une membrane solide autour de l'oosphère, qui devient par là une *oospore*. Chez les Fucacées, cette oospore est capable de germer de suite, mais ailleurs elle exige un temps de repos plus ou moins long, comme la plupart des zygospores. Le produit de la germination de l'oospore est, chez les Fucacées, une nouvelle plante qui ressemble de tout point à la plante mère ; l'oospore des Œdogoniées, au contraire, forme en germant plusieurs zoospores, dont chacune produit ensuite un nouveau filament cellulaire pareil à celui qui constituait la plante mère. Dans les Coléochétées, l'oospore développe, après un certain temps de repos, une masse de tissu, dont les cellules mettent également leurs contenus en liberté, sous forme de zoospores.

Mode de vie. — Les deux conditions nécessaires à la vie des Algues, outre les exigences spécifiques de température, sont l'eau et la lumière. La plupart des Algues sont des plantes aquatiques submergées, et, quand cela n'a pas lieu, elles ont besoin néanmoins de l'eau à l'état liquide pour certains phénomènes de développement, en particulier pour leur reproduction. Certaines manifestations vitales y sont causées par une dessiccation des cellules suivie d'une nouvelle imbibition d'eau.

La lumière est pour les Algues une condition nécessaire, car elles reposent toutes sur une assimilation directe et indépendante des éléments nutritifs du monde extérieur. Or, ici comme partout ailleurs dans le règne végétal, cette assimilation s'opère par la chlorophylle qui, à l'aide de la lumière, décompose l'acide carbonique et dégage l'oxygène. Les Algues ne sont donc jamais de vrais parasites, quoiqu'elles habitent souvent à la surface d'autres plantes. Ce caractère nous donne en même temps le seul moyen que nous ayons de tracer une limite nette, mais artificielle, entre les Algues et les Champignons. Entre les Algues vertes de la famille des Siphonées et les Champignons incolores et parasites de la famille des Phycomycètes, il y a, en effet, dans tous les caractères morphologiques, une transition si continue que, n'était la chlorophylle, on devrait réunir les Siphonées et les Phycomycètes en un seul et même groupe. Mais en même temps on voit que cette matière colorante trace une limite nette entre les Algues et les Champignons. En réalité, comme cela résulte de ce que nous venons de dire, une pareille limite n'existe pas. Mais il est désirable, pour l'intelligence des faits, d'avoir à sa disposition une limite conventionnelle, et, dans le cas actuel, la meilleure manière de la tracer est de s'appuyer sur la présence de la chlorophylle. Toutes les Algues contiennent de la chlorophylle, et par conséquent assimilent directement les éléments nutritifs du monde inorganique; tous les Champignons, au contraire, sont privés de chlorophylle, par conséquent parasites ou vivant de produits organiques en voie de décomposition, et entièrement indépendants de la lumière.

La chlorophylle des Algues est souvent masquée à l'œil par la présence d'autres principes colorants. Malgré leur chlorophylle, les Nostochinées sont d'un brun bleuâtre ou vert-de-gris, parce qu'elles renferment en outre une substance colorante soluble dans l'eau, qui est d'un beau bleu dans la lumière transmise, et d'un rouge de sang dans la lumière réfléchie (par fluorescence). A côté de ces deux substances, on trouve encore une troisième matière colorante jaune en petite quantité, et c'est cette matière qui, s'ajoutant à la chlorophylle, donne aux Diatomées leur coloration. Dans les Fucacées la chlorophylle, dont la présence est incontestable, d'après M. Millardet, est masquée par ce principe colorant jaune et une autre substance rouge-brun. Les Floridées sont colorées en beau rouge rosé, en violet ou en quelque nuance analogue, parce que leur chlorophylle est mélangée à une si grande quantité de matière colorante rouge soluble dans l'eau froide, que la couleur verte ne s'y produit au jour que quand on a extrait cette dernière substance. Ces mélanges colorés offrent d'ailleurs une constance remarquable dans de vastes groupes nettement caractérisés au point de vue morphologique.

Classification. — La distribution systématique des plantes de la classe des Algues en ordres et familles naturels subit en ce moment une révolution profonde. Les travaux de MM. Thuret, Pringsheim, de Bary, Nägeli, etc., ont démontré en grande partie inexactes les anciennes divisions de cette classe, mais sans permettre encore de construire une nouvelle classification des Algues qui réponde à toutes les exigences actuelles de la science. La découverte de l'alternance des générations et du polymorphisme dans certains groupes laisse supposer que des formes jusqu'ici imparfaitement étudiées ne sont que des états de développement appartenant à des cycles morphologiques inconnus, tandis qu'on les considère jusqu'à présent comme des genres et des espèces autonomes. C'est pourquoi j'expose, dans ce qui suit, moins une revue systématique, qu'un choix de types autour desquels toutes les autres formes viennent se grouper.

Nostochinées (1). — *Caractères généraux.* — Dans le sens le plus large de ce mot, les Nostochinées sont des séries de cellules, le plus souvent simples, rarement ramifiées, en forme de filaments ou de chapelets. Les filaments sont libres (*Oscillatoria*), ou enveloppés dans une gaîne gélatineuse et souvent réunis, par la fusion de ces gaînes, en grandes colonies qui forment des masses arrondies ou des sortes de membranes plissées (*Nostoc*). Ils s'allongent par l'accroissement longitudinal et la division transversale de leurs cellules constituantes; c'est seulement dans les *Sirosiphon* et quelques plantes voisines, qu'il s'opère des divisions longitudinales qui rendent les filaments

(1) DE BARY : Flora, 1863, p. 553. — THURET : Observations sur la reproduction de quelques Nostochinées. Mém. de la Soc. des sc. nat. de Cherbourg, V, 1857.

plurisériés. Les cellules capables de se diviser renferment un protoplasma homogène ou granuleux dont la couleur vert bleuâtre ou brun verdâtre est produite par un mélange de chlorophylle avec le principe colorant bleu ou jaune dont nous avons parlé plus haut.

Dans les *Oscillatoria* et les plantes voisines, toutes les cellules d'un filament sont semblables ; le filament lui-même est cylindrique, et les cellules qui le constituent ont l'aspect de disques transversaux courts. Dans les autres genres, les filaments ont le plus souvent la forme de chapelets de grains ; leurs cellules sont sphériques ou ellipsoïdales et de deux espèces. La plupart sont vertes et capables de se diviser, on les appelle les articles ; parmi elles on rencontre, à de grands intervalles ou à l'extrémité du filament, des cellules incolores, souvent plus grandes et incapables de se diviser ; ce sont les cellules-limites. Les Nostochinées vivent dans l'eau ou encore plus souvent sur la terre humide, sur les écorces, sur les rochers ou les murs humides où elles forment des efflorescences, des enduits, des pelotes gélatineuses. La reproduction n'est connue que dans quelques genres de ce groupe.

Développement des **Nostoc.** — Dans leur état complet de développement, les *Nostoc* consistent en nombreux filaments en forme de chapelets, enchevêtrés l'un dans l'autre et réunis par une gelée résistante en une colonie dont la forme varie suivant les espèces. D'après M. Thuret, les colonies nouvelles se forment de la manière suivante. La gelée de la colonie ancienne est ramollie par l'eau, les portions de filament comprises entre les cellules-limites se séparent de ces dernières, s'échappent de la gelée et s'allongent directement, tandis que les cellules-limites y demeurent emprisonnées. Devenus libres dans l'eau, ces fragments de filaments anciens se meuvent comme les Oscillaires et c'est probablement déjà par de pareils mouvements qu'ils s'échappent de la gelée (1). Les articles arrondis de ces chapelets s'accroissent ensuite dans le sens transversal, c'est-à-dire perpendiculairement à l'axe du filament, deviennent discoïdes, puis se partagent par des cloisons parallèles à l'axe ; de sorte que le filament primitif consiste bientôt en une série de courts chapelets dont les axes d'accroissement sont perpendiculaires au sien propre. Les nombreux filaments transversaux ainsi formés côte à côte continuent à s'allonger en multipliant leurs cellules constituantes, puis ils s'incurvent, viennent accoler leurs cellules terminales à celles des deux chapelets voisins et se réunissent ainsi tous en-

---

(1) M. Janczewski a vu ces filaments mobiles de Nostoc pénétrer dans les jeunes stomates de la face inférieure du thalle de l'*Anthoceros lævis*, à l'intérieur duquel ils se développent en tubercules arrondis. Ces colonies de Nostoc, développées à l'intérieur des cavités aérifères ou du tissu de diverses Hépatiques, sont connues depuis longtemps dans les *Riccia. Blasia, Pellia, Diplolæna. Aneura*, mais on les regardait comme des propagules endogènes appartenant à la plante, jusqu'à ce que M. Janczewski en eût fait connaître la vraie nature. Le Nostoc s'établit aussi dans les grandes cellules poreuses des feuilles de *Sphagnum.*

C'est d'une autre manière que se fait, d'après M. Reinke, la pénétration des *Scytonema* dans le parenchyme de la tige des *Gunnera* ; là des cellules de parenchyme, même situées profondément et recouvertes par des couches de tissu, sont étroitement remplies par les colonies d'Algues (Botanische Zeitung 1872, p. 89 et 74 et Ann. des sc. nat., 5e série, t. XVI). — D'après M. Janczewski, les Algues parasites qui envahissent les cellules du parenchyme de la tige des *Gunnera* et les espaces intercellulaires du parenchyme cortical de la racine des *Cycas* sont aussi des *Nostoc (Ann., loc. cit.,* p. 315). *Trad.*]

semble en un seul filament ondué de Nostoc. Certaines cellules de ce filament, en apparence disposées sans ordre, se transforment en cellules limites, et pendant ce temps se développe aussi la gaîne gélatineuse du nouveau chapelet. Par l'accroissement continu de cette gelée et les divisions répétées des articles, le petit corps, microscopique au début, atteint enfin la grosseur d'une noix et même davantage.

Développement des **Rivularia.** — L'étude du développement des *Rivularia* a été faite par M. de Bary. Le *Rivularia angulosa* forme des masses gélatineuses molles, d'un brun verdàtre, que l'on rencontre dans les eaux stagnantes, tantôt nageant en liberté et sphériques, tantôt fixées sur un corps solide et hémisphériques ; les plus petites ont environ 1/2 millimètre, les plus grandes atteignent la grosseur d'une noix. Dans l'intérieur on trouve de nombreux filaments disposés radialement ; chacun d'eux est formé par un chapelet de cellules rondes et son extrémité périphérique se termine par un poil hyalin articulé, tandis que son extrémité centrale est occupée par une cellule-limite ou cellule basilaire : de sorte que chaque filament pourrait être comparé à une cravache. L'extrémité effilée du filament ne s'accroît pas ; l'allongement et les divisions transversales correspondantes s'opèrent dans l'extrémité inférieure jusqu'à la cellule basilaire.

Au moment de la fructification, qui a lieu presque en même temps dans la plupart des filaments d'une colonie, l'article situé immédiatement au-dessus de la cellule basilaire se transforme en une spore ; il s'élargit et en même temps devient 10 à 14 fois aussi long que large en prenant la forme d'un cylindre à extrémités arrondies ; il forme maintenant, pour ainsi dire, le manche du fouet. Le contenu de l'article ainsi transformé est plus dense, assombri par de nombreux granules, mais il conserve cependant sa couleur vert bleuâtre ; il s'entoure d'une membrane dure et solide, qui lui forme une gaîne. Au commencement de l'hiver, toutes les plantes cultivées par M. de Bary périrent, les spores seules avec leurs gaînes demeurèrent inaltérées et commencèrent à germer en janvier. La cellule cylindrique se partage alors en 6, 8, 10, 12 cellules cylindriques plus courtes ; puis la bipartition se renouvelle un grand nombre de fois dans chaque article jusqu'à ce que le filament, ainsi produit par la spore, compte 120 à 150 cellules ; en même temps les cellules s'arrondissent et le filament prend la forme d'un chapelet. En s'allongeant, il brise l'enveloppe de la spore, il en soulève la moitié supérieure comme une coiffe, tandis que sa partie inférieure demeure comprise dans la gaîne. En même temps qu'il s'allonge, le filament diminue de largeur. Une fois qu'il a atteint le double de la longueur de la gaîne, il s'en échappe complétement et ses cellules terminales s'effilent en pointe. Il se désarticule ensuite en cinq ou six morceaux qui ont chacun à peu près même longueur et même nombre de cellules ; ces fragments glissent l'un sur l'autre et viennent s'accoler ensemble de manière à former un faisceau ou un buisson ; après quoi chacun d'eux se transforme en un filament flagelliforme de *Rivularia.* L'une des cellules terminales se renfle à cet effet en une cellule basilaire, tandis qu'à l'autre bout du filament les cellules s'allongent en un long poil articulé. Ce sont là les phénomènes normaux, mais il n'est pas rare d'y rencontrer quelques déviations.

Ce faisceau de filaments flagelliformes, issu d'une seule et même spore, constitue un jeune bâtonnet de *Rivularia*, et les chapelets ne tardent pas à être enveloppés par une gelée transparente. La multiplication des filaments à l'intérieur de ce jeune bâtonnet en voie d'accroissement s'opère par une ramification apparente, c'est-à-dire qu'un des articles de la région inférieure du filament devient une nouvelle cellule basilaire, tandis que la portion du chapelet comprise entre elle et l'ancienne cellule basilaire devient un filament indépendant qui se glisse à côté du filament primitif.

Chroococcacées. — En ce qui concerne la coloration, l'habitat et le mode de végétation, comme aussi par la tendance qu'elles ont à former des enveloppes gélatineuses autour de leurs cellules, les Chroococcacées se rattachent intimement aux Nostochinées. La différence est que les cellules n'y sont pas réunies en filaments. Dans les *Synechococcus, Glœothece* et *Aphanothece*, les cellules de toutes les générations ne s'allongent et ne se divisent que dans une seule et même direction et, si elles ne se séparaient pas aussitôt l'une de l'autre, elles formeraient des filaments continus. Dans les *Merismopedia* les générations cellulaires se partagent alternativement dans deux directions, et forment ainsi des tables d'un seul plan de cellules. Enfin dans les *Chroococcus, Glœocapsa* et *Aphanocapsa*, la division s'opère alternativement suivant trois directions rectangulaires de l'espace et produit par conséquent des familles d'abord arrondies, puis sans forme déterminée (fig. 154). Dans tous les cas, l'ensemble des couches de la membrane ramollie et gélatineuse de la cellule mère continue à

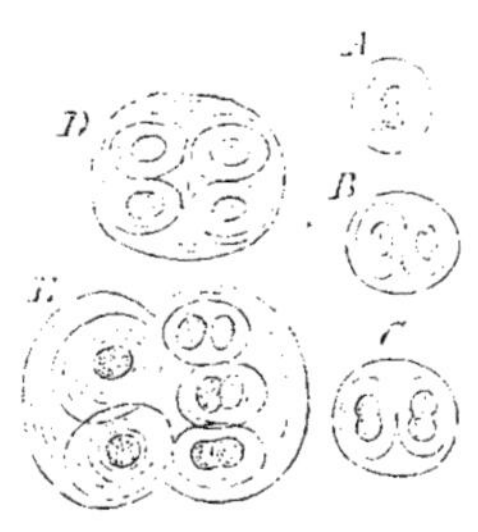

Fig. 154.

envelopper toutes les cellules filles, qui ont également leurs parois striées concentriquement et transformées en gelée; il en résulte des systèmes de couches régulièrement emboîtés les uns dans les autres (1).

Le mode d'accroissement que nous venons de signaler chez les Nostochinées et les Chroococcacées se retrouve d'ailleurs, dans ses traits essentiels, chez quelques autres groupes d'Algues très-simples, dont les cellules contiennent de la chlorophylle pure.

Nature des principes colorants. — La singulière coloration qui est commune aux Nostochinées et aux Chroococcacées, et qui varie du vert bleuâtre au vert brunâtre, est produite par un mélange de vraie chrorophylle avec de la phycoxanthine et de la phycocyanine. La phycocyanine s'échappe des cellules mortes ou déchirées, et c'est elle qui produit sur le papier des herbiers ces auréoles bleues autour des exemplaires d'Oscillaires; quand on l'a extraite par l'eau froide de plantes broyées, sa dissolution présente une belle couleur bleue dans la lumière transmise, et une couleur rouge-sang dans la lumière réfléchie (2). Si, après l'extraction du principe bleu, on traite les plantes broyées par l'alcool concentré, on obtient une dissolution verte qui se laisse, d'après les observations de MM. Millardet et Kraus, dédoubler en chlorophylle et phycoxanthine quand on l'agite avec une grande quantité de benzine. La benzine s'empare de la chlorophylle et forme au repos une couche supérieure verte, tandis que la couche alcoolique inférieure garde toute la phycoxanthine jaune (1).

Hydrodictyées. — *Caractères généraux.* — Les Hydrodictyées sont un petit groupe d'Algues qui comprend certainement les genres *Hydrodictyon* et *Pediastrum* et probablement aussi, d'après M. Pringsheim, d'autres formes dont le cycle de développement n'est pas encore connu. Leurs cellules renferment de la chlorophylle pure et se distinguent par la propriété qu'elles ont de former chacune un grand nombre de zoospores qui, venues au repos, se réunissent sur-le-champ en une famille nouvelle. Dans les *Pediastrum*, cette famille est tabulaire; dans l'*Hydrodictyon*, c'est un réseau à larges mailles reployé en forme de sac. Outre cette première espèce de zoospores, il s'y produit encore des zoospores plus petites qui traversent une longue période de repos et présentent dans leur développement ultérieur une alternance de générations.

*Développement de l'*Hydrodictyon utriculatum. — Voici, d'après les recherches de MM. A. Braun (2) et Pringsheim (3), quelle est la série des développements chez l'*Hydrodictyon utriculatum*, qui vit dans les eaux douces stagnantes ou à lent écoulement.

A l'état adulte, le thalle de cette plante est un réseau en forme de sac, long de plusieurs pouces, et dont les cellules, cylindriques et longues de plusieurs lignes, sont unies seulement par leurs extrémités et laissent entre elles des mailles carrées, pentagonales ou hexagonales. Toutes les cellules d'un réseau sont sœurs et sont formées en même temps dans une même cellule mère. Les cellules développées ont une membrane dure et résistante, qui est tapissée par une épaisse couche de protoplasma colorée en vert par la chlorophylle, et qui contient un suc cellulaire. Le moment de la reproduction venu, le sac protoplasmique vert se divise, dans certaines cellules du réseau, en grandes cellules filles dépourvues de membrane et dont le nombre atteint 7,000 à 20,000, et dans d'autres cellules du même réseau en cellules filles plus petites et dont on compte de 30,000 à 100,000. Les premières zoospores seulement reproduisent immédiatement de nouveaux réseaux; après s'être mues d'abord pendant environ une demi-heure à l'intérieur de la cellule mère, elles s'arrêtent, s'accolent et forment sur place un petit réseau qui devient libre par la résorption de la paroi de la cellule mère, grandit au dehors et atteint sa taille complète en trois ou quatre semaines, quand les conditions sont favorables; pour y arriver, chacune des cellules qui le constituent doit s'allonger de 4 à 500 fois.

Les petites zoospores, au contraire, abandonnent la cellule mère et se dispersent dans le liquide, où elles se meuvent souvent pendant trois heures. Elles sont ovales et leur extrémité hyaline porte deux longs cils. Venues au repos, elles deviennent sphériques et s'entourent d'une membrane solide. En cet état elles peuvent subir une dessiccation prolongée pendant plusieurs mois, quand

(1) Millardet et Kraus, Comptes rendus, LXVI, 1868, p. 505.
(2) A. Braun: Verjüngung, p. 146.
(3) Pringsheim: Monatsberichte der Akad. der Wiss. Berlin, 1860, 13 décembre

elles sont protégées contre l'action de la lumière. Après ce temps de repos de plusieurs mois, ces sphères commencent à s'accroître lentement; dans chacune d'elles, il se forme une vacuole au milieu du protoplasma vert. Ayant à l'origine 1/100 à 1/120 de millim. de diamètre, elles atteignent ainsi 1/40 de millimètre. Puis leur contenu se divise par des segmentations successives en trois ou quatre portions qui deviennent chacune une grosse zoospore. Après quelques minutes de mouvement, cette grosse zoospore s'arrête et prend la forme d'une cellule polyédrique dont les angles se prolongent en cornes. Ces polyèdres s'accroissent notablement, leur protoplasma devient pariétal et entoure un grand espace plein de liquide cellulaire; enfin il se divise de nouveau en nombreuses zoospores, qui s'agitent pendant 20 à 40 minutes à l'intérieur de la couche interne de la membrane du polyèdre, laquelle fait hernie au dehors en forme de sac, à travers les couches externes déchirées. Ces zoospores s'arrêtent ensuite, s'accolent et forment sur place un réseau en forme de sac creux. Ces réseaux formés à l'intérieur des polyèdres ne comptent que 2 à 300 cellules, mais ils se comportent d'ailleurs absolument comme les petits réseaux décrits plus haut. Dans certains polyèdres il se forme de plus petites et plus nombreuses zoospores, mais celles-ci aussi s'ajustent en réseau.

Volvocinées (1). — *Caractères généraux.* — Les Volvocinées sont, pendant toute leur période végétative, animées d'un continuel mouvement de natation, interrompu seulement par certaines périodes de repos, et ce mouvement y est produit, comme dans la plupart des zoospores, par l'incessante vibration de deux cils. Ces êtres, soit qu'ils vivent isolés comme les *Chlamydomonas* et *Chlamydococcus*, soit qu'ils se réunissent en familles tabulaires (*Gonium*) ou sphériques (*Volvox, Stephanosphæra, Pandorina*), se distinguent cependant des zoospores par la paroi de cellulose qui les entoure pendant leur mouvement; les cils traversent cette paroi et s'étendent dans l'eau où leurs vibrations déterminent le mouvement, à la fois rotatoire et progressif, des cellules isolées ou des familles cellulaires tout entières. Tantôt cette membrane hyaline de cellulose est étroitement appliquée contre la cellule primordiale verte (*Chlamydomonas*), tantôt elle en est séparée par un espace incolore, occupé peut-être par de l'eau, et à travers lequel elle est reliée au protoplasme vert par de minces bandelettes protoplasmiques; il en est ainsi dans le *Stephanosphæra* (fig. 155, VII).

Développement du **Stephanosphæra pluvialis.** — Comme exemple pour l'étude du développement des Volvocinées, je choisis ici le *Stephanosphæra pluvialis* que MM. Cohn et Wichura nous ont fait connaître (*loc. cit.*).

Cette Algue se trouve çà et là dans l'eau de pluie qui a séjourné dans les creux des pierres. Arrivé au terme de son développement, le *Stephanosphæra* (fig. 155, X, XI) est une sphère hyaline dans laquelle se trouvent disposées, perpendiculairement à son équateur, huit cellules primordiales colorées en vert

(1) Cohn : Ueber Bau und Fortpflanzung von *Volvox globator*, Berichte über die Verh. der schlesischen Ges. für vaterländ. Cultur, 1856 ; Comptes rendus, XLIII, 1er décembre 1856, et Ann. des sc. nat., 1857, p. 323. — Cohn : Ueber *Chlamydococcus* und *Chlamydomonas*. Berichte der schl. Gesells. 1856. — Cohn und Wichura : Ueber *Stephanosphæra pluvialis*, Nova Acta Acad. nat. curios., XXVI, p. 1. — Pringsheim : Ueber Paarung der Schwärmsporen, Monatsberichte der Berliner Akademie, octobre 1869. — De Bary : Botanische Zeitung, 1858, Beilage p. 73.

par de la chlorophylle (quelquefois davantage); ces masses protoplasmiques sont fusiformes (fig. 155, XI), et ont leurs deux extrémités rattachées à la périphérie de la sphère par des bandelettes rameuses de protoplasma. Ces cellules sœurs issues d'une cellule mère primitive forment une famille qui tourne autour du diamètre perpendiculaire à la couronne de cellules. De chaque cellule de cette famille procède, aussi longtemps que les conditions de lumière, de chaleur et d'humidité demeurent favorables, une nouvelle famille. Ce phénomène

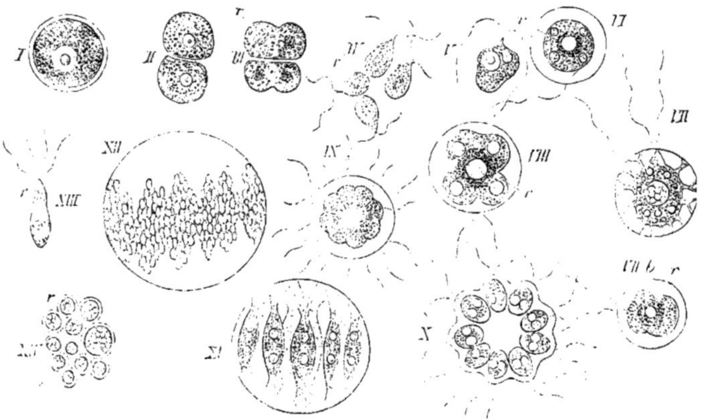

Fig. 155. — *Stephanosphæra pluvialis*, d'après MM. Cohn et Wichura.

commence vers le soir et s'accomplit pendant la nuit. Chaque cellule se divise progressivement en deux, quatre, huit cellules qui forment un disque octogone et développent leurs cils. Chaque nouveau disque ainsi formé produit ensuite une membrane d'abord adhérente, mais qui s'arrondit plus tard, et à un certain moment on rencontre ainsi huit jeunes familles, qui se meuvent en cercle à l'intérieur de leur cellule mère jusqu'à ce que celle-ci se déchire pour les mettre en liberté. Plusieurs générations de familles mobiles se trouvent, de la sorte, successivement produites. La série de ces générations est de temps en temps interrompue par la formation de microgonidies, c'est-à-dire de petites zoospores qui, produites par la division multiple des cellules primordiales d'une famille, s'isolent complétement, se dispersent dans le liquide en nageant au moyen de quatre cils vibratiles, puis se fixent, sécrètent une membrane et se transforment en spores arrondies dont le sort est encore inconnu (fig. 155, XII, XIII, XIV).

Enfin la série des générations de familles mobiles se trouve définitivement close par la formation de cellules dormantes. A cet effet, les cellules primordiales des dernières familles perdent leurs cils, s'isolent, et s'entourent d'une membrane résistante et étroitement appliquée; chacune d'elles ressemble alors à une cellule de *Protococcus*, absolument comme les cellules dormantes qui proviennent des petites zoospores des *Hydrodictyon*. Elles se rassemblent au fond de l'eau et s'y accroissent en grosses sphères vertes (fig. 155, I), dont la couleur passe au rouge quand l'accroissement est terminé. C'est seulement quand ces cellules ont été desséchées pendant un certain temps, qu'elles deviennent aptes à développer, quand l'eau leur est de nouveau fournie, de nouvelles générations mobiles. Alors leur contenu se divise en deux, quatre et parfois huit portions qui, après la destruction de la membrane, se meuvent comme autant de zoospores à deux cils (fig. 155, II, III, IV). Dans le cours de la journée, elles s'entourent chacune d'une membrane écartée du protoplasma et, à cet état, ces cellules mobiles (V, VI, VII) ressemblent à celles du genre *Chlamydococcus*. Après quelques heures chacune d'elles se divise en deux, quatre, huit cellules filles qui, situées dans un plan, sécrètent une membrane commune et développent chacune pour soi deux cils vibratiles; puis elles se séparent l'une de l'autre, mais demeurent enfermées dans la membrane commune qui s'en écarte en s'arrondissant en sphère. Puis cette membrane se résorbe et la nouvelle famille mobile est mise en liberté (VII *b*, VIII, IX, X); elle s'accroît dans le cours de la journée, puis forme à son tour, pendant la nuit, huit nouvelles familles mobiles.

Reproduction sexuée du **Pandorina morum**. — MM. Cohn et Carter avaient déjà signalé dans quelques Volvocinées (*Volvox* et *Eudorina*), des phénomènes qui annonçaient une sexualité, mais c'est à M. Pringsheim que l'on doit d'avoir, dans ces derniers temps, démontré avec précision l'existence de la reproduction sexuée dans le *Pandorina morum*, l'une des Volvocinées les plus communes. Les seize cellules d'une famille de *Pandorina* sont étroitement unies et enveloppées par une mince couche de gelée que traversent leurs longs cils. La reproduction asexuée y a lieu par la formation d'une nouvelle famille à 16 membres dans chaque cellule de la famille mère; ces 16 familles filles sont ensuite mises en liberté par la dissolution de la membrane gélatineuse commune.

La reproduction sexuée s'y opère par un procédé analogue, mais quelque peu différent. Les jeunes familles, en effet, ramollissent et dissolvent leur enveloppe gélatineuse pour mettre en liberté leurs jeunes cellules, qui se meuvent isolément chacune avec ses deux cils. Ces zoospores libres sont de grosseur très-différente, arrondies et vertes en arrière, pointues, hyalines et pourvues d'un point rouge en avant où elles portent leurs deux cils. Si l'on observe le mouvement de ces zoospores, on en voit qui se rapprochent deux par deux en faisant, pour se rencontrer, des efforts égaux; elles se touchent par leurs pointes, s'accolent et se confondent en un corps unique d'abord étranglé, mais qui peu à peu se contracte en une sphère. Dans cette sphère on voit encore les deux granules rouges, les quatre cils, et la place hyaline qui est relativement plus grande; mais tout cela disparaît bientôt. Ce phénomène dure quelques minutes. La sphère verte née de cette copulation est une oospore qui ne germe qu'après un long temps de repos.

Place-t-on dans l'eau ces oospores desséchées et devenues rouges, le développement commence après 24 heures; l'exospore se brise comme dans l'*Hydrodictyon*, une couche interne se gonfle, fait hernie par l'ouverture et laisse enfin échapper son contenu protoplasmique sous forme d'une unique zoospore; plus rarement il se fait par division deux ou trois zoospores. Cette zoospore, issue de l'oospore, s'entoure ensuite d'une membrane gélatineuse, se divise par des partitions successives en 16 cellules primordiales et forme ainsi une nouvelle famille de *Pandorina*.

Conjuguées (1). — *Caractères généraux*. — Les Conjuguées forment un groupe riche en genres et en espèces et qui a pour caractère de posséder, outre la simple multiplication des cellules par bipartition, un mode de reproduction par zygospores; il ne s'y forme pas de zoospores. Dans la première division, qui contient les Mésocarpées et les Zygnémées, les cellules demeurent unies en longs filaments non ramifiés dont les articles sont cylindriques et produisent, là où ils viennent à toucher un corps solide, de courtes branches latérales radiciformes, qui servent de crampons. Dans les Desmidiées, les cellules bien développées consistent le plus souvent en deux moitiés symétriques souvent séparées par un étranglement; c'est aussi dans cet étranglement, ou du moins symétriquement, que la division s'opère de façon à convertir chaque moitié en une cellule complète. Les contours extérieurs de ces cellules sont très-variés; leurs bipartitions se succèdant toujours parallèlement au même plan comme dans les familles précédentes, elles forment, quand les cellules successives continuent à adhérer ensemble, des séries filiformes; mais souvent elles se séparent l'une de l'autre et vivent isolées. Précisément, cette comparaison des Desmidiées unicellulaires avec les Desmidiées filamenteuses et avec les Zygnémées nous montre nettement que c'est une circonstance d'importance secondaire que les cellules vivent isolées ou réunies, *du moment qu'elles sont toutes semblables entre elles*. Chaque cellule d'un filament de *Spirogyra* représente tout aussi bien un individu qu'une cellule isolée de *Closterium*, etc.

Les cellules des Conjuguées sont remarquables par la configuration variée et élégante de leur corps chlorophyllien, qui se présente soit en ruban pariétal spiralé (*Spirogyra*), ou en lame axile (*Mesocarpus*), ou en deux masses rayonnantes (*Zygnema*), ou en lames disposées en forme d'étoile (*Closterium*), etc.

Les zygospores sont toujours des cellules dormantes qui ne germent qu'après un long repos, et même seulement pendant l'année suivante. La formation des zygospores chez les Zygnémées est précédée d'une forte contraction du protoplasma et s'opère suivant le mode indiqué au § 3 (fig. 5 et 6) mais avec quelques modifications suivant les divers genres. Dans les Mésocarpées, les branches copulatrices des filaments se réunissent comme dans les Zygnémées, mais, pour former la zygospore, les deux contenus viennent en même temps se ramasser et se mêler au milieu du canal de communication, après quoi la masse fusionnée se sépare, par une cloison de chaque côté, des deux cellules mères; ainsi individualisée, cette partie moyenne de l'appareil copulateur forme la zygospore (2). Dans les Desmidiées, la zygospore est produite comme dans les Zygnémées; au moment de la germination elle développe soit une seule, soit deux ou quatre

---

(1) De Bary: Untersuchungen über die Familie der Conjugaten. Leipzig, 1858.

(2) La conjugaison peut s'opérer entre deux cellules consécutives du même filament et suivant les deux modes précédents. Ainsi dans les *Rhynchonema*, c'est le contenu d'une cellule qui passe tout entier dans l'autre à travers l'anse de communication, et la zygospore se forme à l'intérieur de cette seconde cellule. Dans les *Pleurocarpus* les deux contenus se dirigent l'un vers l'autre et passent à la fois dans l'anse de communication, au milieu de laquelle ils se rencontrent et se pénétrent; puis la masse se sépare des deux cellules mères par deux cloisons et la zygospore est constituée sur le flanc du filament. Les *Rhynchonema* sont donc aux Zygnémées, ce que les *Pleurocarpus* sont aux Mésocarpées. (*Trad.*)

cellules nouvelles dont chacune se partage en deux cellules filles capables de divisions ultérieures.

Développement des Zygnémées : **Spirogyra.** — Le genre *Spirogyra*, que l'on peut prendre pour exemple dans la famille des Zygnémées, a été déjà bien des

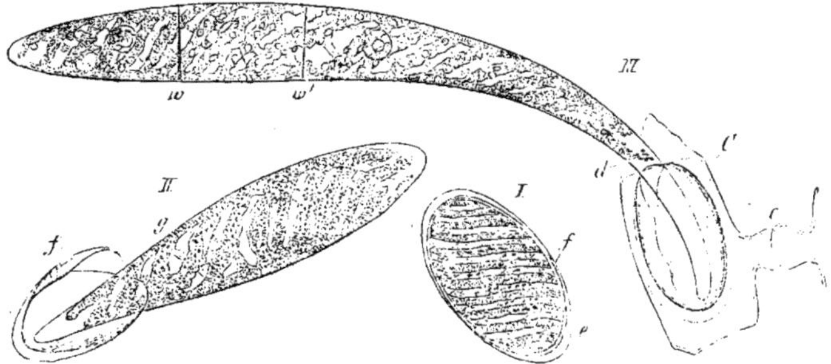

Fig. 156. — Germination du *Spirogyra jugalis* (d'après M. Pringsheim, Flora, 1852). — *I*, zygospore à l'état de repos ; *II*, débuts de sa germination ; *III*, plantule plus développée issue d'une zygospore demeurée à l'intérieur du filament *C*, sur lequel on voit encore le tube de copulation *c* ; *e*, couche externe incolore de la zygospore ; *f*, couche moyenne brun jaunâtre ; *g*, couche interne qui s'allonge en tube pour former la plantule ; *w, w'* les premières cloisons transverses de la plantule, dont l'extrémité inférieure *d* se développe en un étroit prolongement.

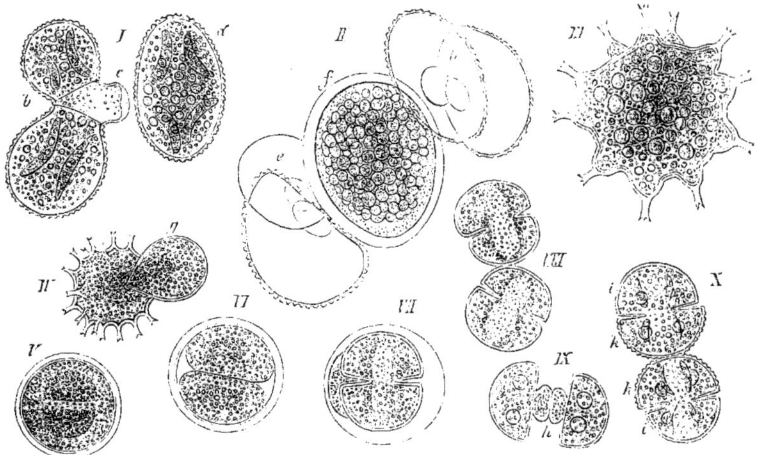

Fig. 157. — *Cosmarium Botrytis* (d'après M. de Bary, *loc. cit.*). *I-III*, grossi 390 fois ; *VI-X*, grossi 190 fois.

fois cité et figuré au § 3 du livre I. La figure 156 que nous ajoutons ici suffira avec les figures 5, 6 et 15 à représenter toute la série du développement de la plante.

Développement des Desmidiées : **Cosmarium Botrytis.** — Parmi les Desmidiées, je vais choisir pour exemple le *Cosmarium Botrytis* (fig. 157), et l'étudier de plus près en suivant M. de Bary (*loc. cit.*).

Les cellules de cette plante vivent isolées ; elles sont divisées en deux moitiés symétriques par un étranglement profond (fig. 157, *X*) et aplaties perpendiculairement au plan d'étranglement (*I, a*). Il y a dans chaque moitié deux grains d'amidon et huit plaques de chlorophylle qui, courbées en arc et convergeant deux à deux, partent de deux centres pour se diriger vers la paroi.

La multiplication des cellules par division s'opère ainsi : la partie la plus étroite de l'étranglement s'allonge un peu, en même temps que l'épaisse couche externe de la membrane s'y ouvre suivant un anneau. Les deux moitiés de la cellule paraissent alors écartées l'une de l'autre et reliées par un court canal dont la membrane est un prolongement de la couche interne des membranes des deux moitiés de cellule. Bientôt apparaît dans le canal de réunion une cloison transverse qui partage la cellule primitive en deux cellules filles, qui sont les deux moitiés de la cellule mère. La cloison, d'abord simple, se fend en deux lamelles qui aussitôt s'arrondissent l'une vers l'autre (*IX, h*). Chaque cellule fille possède alors une proéminence arrondie qui s'accroît progressivement et prend la forme d'une moitié de cellule, de telle sorte que chaque cellule fille consiste de nouveau en deux moitiés symétriques (*X*). Pendant ce développement, le corps chlorophyllien de la moitié ancienne s'allonge aussi dans la moitié nouvelle ; les deux grains d'amidon de la première s'étendent, s'étranglent, se divisent en deux et, de ces quatre grains, deux se rendent dans la moitié en voie de développement pour s'y disposer symétriquement par rapport aux deux autres demeurés en place.

La conjugaison a lieu entre deux cellules rapprochées, disposées en croix et enveloppées d'une molle gelée (*I*). Chacune des deux cellules pousse vers l'autre en son milieu un tube (*I, c*) qui se réunit à son congénère ; ces tubes prolongent la couche interne de la membrane cellulaire à travers une déchirure circulaire de la couche résistante extérieure (*I, c*). Les deux prolongements, venus au contact, se renflent en vésicule hémisphérique, la paroi se résorbe sur la face de contact, les contenus des deux cellules passent dans ce canal et viennent se réunir dans sa partie médiane élargie, après quoi le corps unique ainsi formé se contracte en sphère et se sépare de tous côtés de la membrane du canal. Ce corps protoplasmique s'entoure ensuite d'une mince membrane gélatineuse (*II, f*) et à côté de lui se voient les deux membranes vides des cellules conjuguées (*II, e, b*). La zygospore ainsi formée s'arrondit, sa membrane s'épaissit pendant la maturation et se partage en trois couches : une couche externe et une couche interne de cellulose incolore, et une couche moyenne, solide et brune ; puis, en un grand nombre de points, cette membrane développe des prolongements épineux, creux d'abord, plus tard solides et qui portent chacun à son sommet plusieurs petites dents (*III*). Les grains d'amidon des cellules conjuguées se changent en matière grasse dans la zygospore.

Quand la germination commence, les deux couches externes de la zygospore se déchirent en un point, la membrane interne incolore s'échappe tout entière par la fente (*IV*) et la sphère ainsi mise en liberté dépasse sensiblement la grandeur de la zygospore elle-même. Dans le contenu de cette sphère (*V*) on voit deux masses de chlorophylle entourées d'un protoplasma graisseux, et qui s'apercevaient déjà avant sa sortie de la membrane externe de la zygospore. Le contenu s'entoure ensuite, en se contractant, d'une nouvelle membrane (*V*),

de laquelle l'ancienne s'écarte comme une vésicule délicate. Quelque temps
après, le protoplasma s'étrangle par un sillon annulaire et se sépare en deux
demi-sphères dont chacune contient un des deux corps chlorophylliens (VI).
Chaque demi-sphère demeure d'abord nue et s'étrangle à son tour, mais elle
s'aplatit ensuite et enfin prend la forme d'une cellule ordinaire de *Cosmarium*,
partagée symétriquement en deux moitiés (VII) et revêtue d'une membrane
propre. Les plans d'étranglement des deux cellules qui proviennent de la
même zygospore sont perpendiculaires au plan de division de cette zygospore,
et eux-mêmes se coupent à angle droit; ces deux cellules sont donc disposées
en croix à l'intérieur de la cellule mère. Dans chacune de ces cellules le contenu se dispose ensuite comme nous l'avons dit plus haut; la membrane de la
cellule mère se dissout, et les deux cellules sœurs se séparent. Tous ces phénomènes se succèdent dans l'intervalle d'un ou deux jours. Les cellules issues
de germination et dont la membrane est lisse, se divisent ensuite de la manière
ordinaire, mais les moitiés nouvellement formées sont plus grandes et ont
leur membrane rugueuse à l'extérieur (VIII, IX, X); les deux cellules filles
d'une cellule de germination ont donc leurs deux moitiés dissemblables, et les
quatre cellules qui proviennent de leur nouvelle bipartition sont de deux
espèces; deux d'entre elles ont leurs moitiés semblables, les autres donneront
toujours une cellule à moitiés égales et une cellule à moitiés inégales.

Diatomées (1). — Le groupe des Diatomées, groupe extrêmement riche en
formes diverses, se rattache intimement aux Desmidiées. Il se rapproche d'abord
des Conjuguées en général par les phénomènes de développement, car on y retrouve une conjugaison ou du moins quelque chose d'analogue, ensuite et spécialement des Desmidiées par la configuration des cellules, leur mode de division
et la façon dont les cellules filles se complètent.

Comme les Desmidiées, les cellules des Diatomées, d'ailleurs toutes semblables entre elles, peuvent demeurer réunies en filaments ou vivre tout à fait isolées. La tendance des Diatomées à sécréter une molle gelée dans laquelle elles
vivent en société, se rencontre déjà chez les Desmidiées quoique plus faiblement
exprimée. Les mouvements des Diatomées ne sont pas non plus sans ressembler
à ceux des Desmidiées. La silicification de la membrane cellulaire, ici très-puis-
sante, se rencontre déjà, à un faible degré, il est vrai, dans les *Closterium* et
autres Desmidiées; la delicate sculpture de cette membrane siliceuse enfin
trouve son analogue sous une forme plus grossière dans la membrane de certaines Desmidiées. Outre les Conjuguées, les Diatomées sont les seules Algues
où les corps chlorophylliens prennent la forme de lames et de rubans, avec cette
différence pourtant qu'ici on rencontre aussi des types où le pigment affecte
davantage la forme de grains, et que la matière verte y est masquée comme
dans les grains de chlorophylle des Fucacées, par une substance jaunâtre, la
diatomine ou phycoxanthine.

Une des particularités les plus remarquables des Diatomées, c'est que leur

(1) LÜDERS : Ueber Organisation, Theilung und Copulation der Diatomeen (Botanische Zeitung),
1862. — Sur la matière colorante des Diatomées, voir MILLARDET et KRAUS, Comptes rendus,
LXVI, p. 505 et ASKENASY, Botanische Zeitung, 1869, p. 790. — PFITZER, II Heft der botanischen
Abhandlungen herausgeg. von Hanstein. Bonn, 1871.

membrane silicifiée consiste en deux moitiés distinctes et d'âge différent, dont la plus âgée chevauche sur la plus jeune à la manière d'un couvercle de boîte. Quand la division cellulaire commence, ces deux moitiés s'écartent l'une de l'autre, et lorsque le contenu s'est partagé en deux cellules filles, chacune forme sur la face de division une nouvelle membrane qui vient s'ajuster avec celle de la cellule mère; cette dernière dépasse comme un couvercle de boîte la portion de membrane nouvellement formée; les deux nouvelles portions de membrane des deux cellules filles se touchent d'abord l'une l'autre. La membrane silicifiée, qui d'ailleurs renferme un peu de matière organique, étant, d'après M. Pfitzer, incapable d'accroissement, il est clair que les cellules de génération successive deviennent de plus en plus petites. Quand elles ont atteint ainsi un certain minimum de grandeur, il se forme de nouveau et tout à coup de grandes cellules nommées *auxospores*. A ce moment, en effet, on voit le contenu de ces petites cellules abandonner entièrement sa membrane siliceuse et s'agrandir librement au dehors soit par un simple accroissement, soit à la fois par conjugaison et accroissement; après quoi il s'entoure d'une nouvelle membrane et forme une auxospore. Comme ces grandes auxospores sont conformées un peu autrement que leurs petites cellules mères et que les cellules mères primitives, les cellules qui procèdent de leur division ont aussi nécessairement au début une conformation un peu différente et des moitiés inégales, comme nous l'avons déjà vu pour les Desmidiées (fig. 157).

Le mode de formation des auxospores n'est exactement connu que dans quelques cas particuliers. Elles naissent, semble-t-il, de façons très-diverses : de deux ou d'une seule cellule mère, isolées ou deux par deux, avec ou sans conjugaison; mais, dans tous les cas, elles sont beaucoup plus grandes que leurs cellules mères.

Les Diatomées se trouvent en nombre immense au fond de la mer, au fond des eaux douces et sur les parties submergées d'autres plantes. Outre les mouvements ordinaires du protoplasma dans l'intérieur de leurs cellules, elles ont un mouvement de translation et se déplacent en rampant. Elles glissent sur les corps solides ou déplacent à leur surface les petits granules qui les entourent; ce déplacement de granules n'a lieu que le long d'une ligne longitudinale de la membrane, où M. Schultze suppose qu'il existe des fentes ou des ouvertures par où le protoplasma peut faire saillie au dehors. Cette circonstance, qui n'a cependant pas encore été observée directement, serait la cause du mouvement de glissement.

Siphonées. — L'un des représentants les mieux connus du grand groupe des Siphonées, groupe où la reproduction n'a pas encore été suffisamment observée jusqu'ici, est le genre *Vaucheria* (1), et c'est lui que nous allons étudier en détail.

Développement des **Vaucheria.** — Le thalle des *Vaucheria* consiste en une cellule unique, tubuleuse, ramifiée de diverses façons, ayant souvent plusieurs pouces et jusqu'à un pied de longueur, dépourvue de noyau, et qui se déve-

(1) Pringsheim : Ueber Befruchtung und Keimung der Algen. Berlin, 1855 et Jahrbücher für wiss. Botanik, II, p. 470. — Schenk, Würtzburger Verhandlungen, VIII, p. 235. — Walz, Jahrbücher für wiss. Botanik, V, p. 127. — Woronix, Botanische Zeitung, 1869.

loppe sur la terre humide et ombragée ou dans l'eau. L'extrémité fixée de ce tube est hyaline et ramifiée en crampons ; sa partie libre contient, à l'intérieur d'une mince membrane cellulaire, une couche de protoplasma riche en grains de chlorophylle et en gouttelettes d'huile, et qui enveloppe un large espace occupé par le suc cellulaire. Cette partie libre du thalle forme une ou plusieurs branches principales, ou tiges, qui se ramifient au-dessous de leur point végétatif (*s*); dans le seul *Vaucheria tuberosa*, la ramification est parfois aussi dichotomique. Monopodique au début, le thalle se développe souvent plus tard en sympode.

Outre une multiplication accidentelle par séparation de branches ou régénération des portions enlevées du thalle, ces plantes présentent une reproduction par spores asexuées, et une reproduction par spores sexuées ou oospores. L'oospore produit ordinairement une longue série de générations asexuées, jusqu'à ce qu'enfin apparaisse une plante sexuée ; mais cette dernière, outre ses oospores, peut aussi former des spores ordinaires.

Reproduction asexuée des **Vaucheria :** *spores et zoospores.* — Les spores se présentent sous des formes très-différentes, depuis le simple étranglement d'une branche jusqu'à la production de zoospores. Dans le *Vaucheria tuberosa*, des branches latérales, parfois aussi des branches de dichotomies, se renflent, se remplissent de protoplasma condensé, s'étranglent à leur base, et développent un ou plusieurs tubes germinatifs. Dans le *Vaucheria geminata*, l'extrémité d'une branche se renfle, le protoplasma s'y condense et se sépare par une cloison du reste du tube ; puis il se contracte et s'entoure d'une paroi propre. La spore ainsi formée est mise en liberté par la destruction de la paroi du sporange, ou bien elle se détache avec lui. Quelques jours après sa formation, elle germe en produisant un ou deux tubes. Les spores du *Vaucheria hamata* naissent de la même manière, mais, aussitôt après leur formation, le sporange se déchire à son sommet, et la spore s'échappe brusquement et reste immobile au dehors pour germer pendant la nuit suivante.

Plusieurs autres espèces (*Vaucheria sessilis, sericea, piloboloïdes*) produisent de vraies zoospores. Les choses se passent au début comme dans le dernier cas, mais le contenu de l'extrémité de la branche renflée en zoosporange ne se revêt pas d'une membrane ; il se contracte seulement, acquiert une ou quelques vacuoles, puis s'échappe dans le milieu extérieur par la fente terminale (fig. 158, *A, sp*). Ainsi mise en liberté, cette cellule primordiale nue contient de nombreux grains de chlorophylle, et sa masse est entourée par une couche de protoplasma incolore, sur toute l'étendue de laquelle s'insèrent des cils courts et très-rapprochés. La vibration de ces cils communique à cette grosse zoospore, qui atteint jusqu'à 1/2 millimètre de longueur et dont la forme est ellipsoïdale, un mouvement de rotation autour de son grand axe, mouvement qui ne dure parfois, comme dans le *V. sericea*, que 1/2 à 1 1/2 minute. Cette rotation de la zoospore commence déjà dans le *V. sessilis*, comme je l'ai nettement observé, pendant qu'elle sort du sporange ; si la fente de ce dernier est trop petite, la zoospore s'étrangle et se rompt en deux moitiés qui s'arrondissent, la partie externe nage en tournant dans le milieu ambiant, l'autre tourne à l'intérieur du sporange. Dès que la zoospore s'arrête, elle perd ses cils et s'entoure d'une membrane de cellulose (*B*). La formation des zoosporanges commence ordinairement pendant la nuit, les zoospores s'échappent au matin et leur germination a lieu pendant la nuit suivante. La spore développe alors un ou deux tubes (*C, D*), ou bien elle forme aussitôt du côté opposé un crampon rameux (*E, F* en *w*).

Reproduction sexuée des **Vaucheria** : *oogone, anthéridie, oospore.* — La reproduction sexuée s'opère par oogones ou cellules femelles, et anthéridies ou

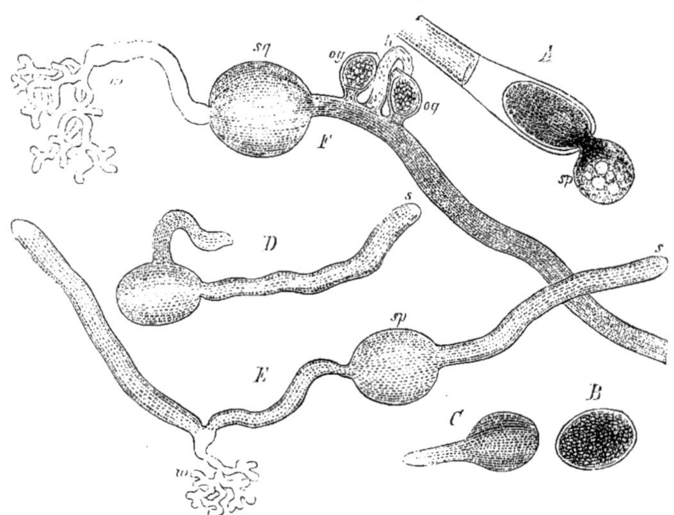

Fig. 158. — *Vaucheria sessilis* (grossi environ 30 fois).

cellules mâles. Toutes deux naissent sur une branche ou une tige (fig. 159, *A, B*), parfois même sur le tube germinatif issu d'une zoospore (fig. 158, *F, og, h*), sous forme de rameaux courts. Tous les *Vaucheria* sont monoïques, et les deux organes sexués y sont situés le plus souvent très-près l'un de l'autre. Les anthéridies naissent ordinairement (1) par le cloisonnement d'une branche dont elles constituent la cellule terminale (*B, a*); cette cellule ne renferme pas ou très-peu de chlorophylle, et, par la division d'une partie de son protoplasma, elle forme de nombreux petits corpuscules allongés, munis de deux cils, qui sont les anthérozoïdes (*D*). Dans plusieurs espèces, les anthéridies sont recourbées en forme de corne (*V. sessilis, geminata, terrestris*), dans d'autres ce sont des poches droites (*V. sericea*) ou arquées (*V. pachyderma*). — Les oogones naissent au voisinage des anthéridies sous forme de rameaux courts et gros remplis de chlorophylle et d'huile (*og* en *A* et *B*); ils se renflent, le plus souvent obliquement, en forme d'œuf, et leur contenu épais se sépare enfin, par une cloison transverse, de la base du rameau (*F, osp*). La masse verte et

(1) Dans le *Vaucheria synandra* découvert par M. Woronine et qui vit dans les eaux saumâtres, il se développe 2 à 7 cornicules anthéridiens sur la grosse cellule terminale ovoïde d'une branche bicellulaire (Bot. Zeitung, 1869.)

granuleuse se rassemble au centre de l'oogone, tandis qu'à son sommet, courbé en forme de bec, s'amasse un protoplasma incolore qui s'y sépare de la membrane. Celle-ci s'ouvre brusquement en ce point, en s'y gonflant comme de la gelée; en même temps le contenu tout entier s'est transformé, en se contractant, en une oosphère. Dans certaines espèces, par exemple le *V. sessilis*, une goutte de protoplasma incolore ou de mucilage est ensuite expulsée par l'ouverture du bec (*C, sl*). Au moment même où l'oogone s'ouvre, l'anthéridie se perce aussi à son sommet et laisse échapper les anthérozoïdes; ceux-ci pénètrent dans la molle gelée où ils s'assemblent (*E*) et atteignent l'oosphère avec

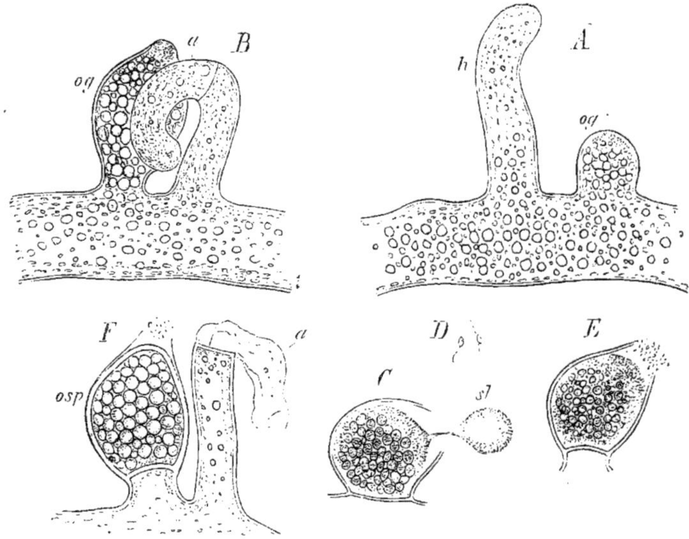

Fig. 159. — *Vaucheria sessilis*. A, B, naissance de l'anthéridie *a* sur la branche *b*, et de l'oogone, *og*; C, oogone ouvert expulsant une goutte de mucilage, *sl*; D, anthérozoïdes; E, rassemblement des anthérozoïdes dans le bec de l'oogone; F, *a*, anthéridie vidée; *osp*, oospore dans l'oogone. A,B,E,F, dessinées d'après nature; C, D, d'après M. Pringsheim.

laquelle ils se mêlent et dans laquelle ils disparaissent. Aussitôt après, cette oosphère paraît entourée d'un contour très-net et bientôt même on y distingue une membrane à double contour : l'oosphère est devenue une oospore. La chlorophylle de cette oospore se colore en rouge ou en rouge-brun, sa membrane s'épaissit et l'on y peut distinguer ordinairement trois couches. La figure 159, *F*, *osp* représente l'oospore dans l'oogone. — La formation des oogones et des anthéridies commence le soir, elle est achevée vers le lendemain matin, et c'est vers le milieu du jour, entre 10 et 4 heures, que la fécondation a lieu.

Caractères de quelques autres Siphonées : **Botrydium, Bryopsis, Caulerpa, Acetabularia, Udotea.** — Par la structure de l'appareil végétatif, plusieurs autres genres se rattachent aux *Vaucheria*. En premier lieu les *Botrydium*. La jeune plante de *Botrydium* est, d'après M. Braun (Verjüngung, p. 136), une cellule sphérique semblable à un *Protococcus;* plus tard il se développe, sur la face inférieure, un prolongement hyalin qui, ramifié en forme de racine, pénètre dans la terre, tandis que la partie supérieure se gonfle en une vésicule ovoïde, dans laquelle le protoplasma forme un revêtement pariétal muni de grains de chlorophylle. Quand l'accroissement est achevé, ce protoplasma se divise et forme de nombreuses zoospores qui sont mises en liberté par le ramollissement gélatineux et la dissolution de la membrane de la cellule mère. Cette plante réalise évidemment un type plus simple que celui des *Vaucheria*. — Les *Bryopsis*, au contraire, autres Algues unicellulaires, se ramifient à un degré plus élevé encore que les *Vaucheria*. Il s'y forme aussi, à la base, des crampons radiciformes, tandis que le reste de la plante forme des tiges dressées, fréquemment ramifiées, atteignant plusieurs pouces de hauteur et douées d'un allongement terminal indéfini. Sur les tiges se forment en disposition bisériée ou spiralée de petites branches à accroissement terminal limité, qui recouvrent la tige comme le feraient des feuilles, et qui tombent après qu'elles se sont séparées d'elle par une cloison. C'est dans ces branches que se forment d'innombrables zoospores (A. Braun, *loc. cit.*) (1). — La division de la plante unicellulaire en membres distincts va plus loin encore dans les *Caulerpa*. La grande cellule unique y forme une tige rampante qui s'accroît par son sommet et qui porte, en arrière des rhizoïdes ramifiés, en avant des branches foliaires (2).

C'est d'une tout autre manière que se développe le thalle unicellulaire des *Acetabularia*. Ici la plante, haute de 1 à 2 pouces, a la forme d'un Champignon à chapeau dont le pied forme en bas un rhizoïde et se termine en haut par un disque formé de rayons étroitement serrés, qui ne sont eux-mêmes que des branches radiales du pied. Celui-ci se termine en haut par une sorte de bec ; à la base des branches radiales, autour du bec, se trouve une couronne de poils articulés, ramifiés en corymbe. C'est dans les rayons du chapeau que naissent les spores asexuées. Le suc cellulaire de ces plantes renferme de l'inuline.

Enfin, signalons encore ici l'*Udotea cyathiformis*. Cette plante possède un thalle en forme de feuille pétiolée ; le pétiole a 1/2 pouce, le limbe 1/2 à 2 pouces de longueur et de largeur pour 1/100 à 5/100 de ligne d'épaisseur. A en juger par l'aspect extérieur, le thalle consiste en un tissu cellulaire, mais en réalité il est produit seulement par la juxtaposition régulière de tubes ramifiés qui, bien que formant deux couches corticales et une couche médullaire, n'en sont pas moins les ramifications d'une seule et même cellule (Nægeli : Neuere Algensysteme, 177).

Fucacées. — Les Fucacées, dans le sens étroit que M. Thuret (3) donne à ce nom, comprennent quelques genres de grandes Algues marines, dont le thalle, atteignant plusieurs pieds de longueur, a une couleur brun jaunâtre et une consistance cartilagineuse ; ce thalle s'attache aux rochers par des crampons rameux. Il se ramifie par dichotomie terminale et il n'est pas rare que le développement ultérieur produise un système régulièrement bifurqué ; d'autres fois il devient sympodique, comme dans la figure 160. Toutes les ramifi-

(1) NÆGELI : Die neueren Algensysteme. Neuenburg, 1867.
(2) NÆGELI et SCHLEIDEN, Zeitschrift für wiss. Botanik, 1844, I, 134.
(3) G. THURET, Ann. des sc. nat., 1854, II, p. 197.

cations s'opèrent dans un seul et même plan, si l'on ne tient pas compte des déplacements ultérieurs.

A la surface, le tissu consiste en petites cellules serrées, à l'intérieur il est plus lâche et les cellules allongées y sont souvent disposées bout à bout en

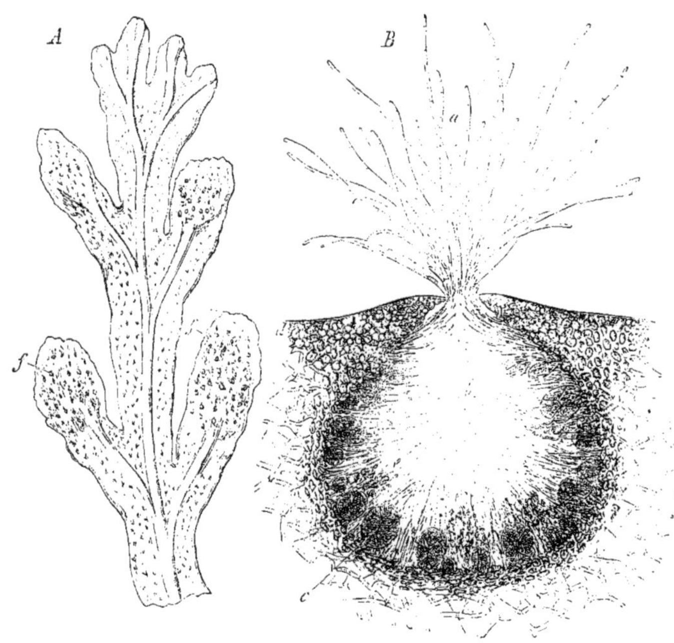

Fig. 160. — *Fucus platycarpus*, d'après M. Thuret. *A*, extrémité d'une grande branche de grandeur naturelle ; *f, f*, rameaux fertiles. *B*, section d'un conceptacle : *d*, tissu tégumentaire ; *a*, poils faisant saillie au dehors par l'ouverture du conceptacle ; *b*, poils internes ; *c*, oogones ; *e*, anthéridies (voir fig. 2).

filaments articulés. La membrane cellulaire est souvent composée de deux couches très-différentes ; la couche interne est mince, solide et dure ; la couche externe est gélatineuse, se gonfle fortement dans l'eau, remplit tous les intervalles entre les cellules et ressemble à une matière intercellulaire plus ou moins dépourvue de structure ; c'est elle évidemment qui produit la consistance visqueuse que les Fucacées prennent à la suite d'un séjour prolongé dans l'eau douce. Le contenu granuleux des cellules a été encore peu étudié ; il paraît le plus souvent brun, mais il renferme de la chlorophylle masquée par d'autres principes colorants ; quand la plante est morte, l'eau douce en extrait à froid une matière brune (1).

(1) M. Millardet a montré dans un travail récent (Comptes rendus, 1869, 22 février) qu'en traitant par l'alcool des Fucacées rapidement desséchées et pulvérisées on obtient un extrait vert-olivâtre, lequel, agité avec le double de son volume de benzine et reposé, donne une couche supérieure de benzine verte tenant en dissolution de la chlorophylle, et une couche inférieure

Souvent le tissu se creuse de larges cavités aérifères qui font saillie au dehors et jouent le rôle de vessies natatoires. D'ailleurs il me semble que le thalle de ces plantes n'a pas été suffisamment étudié, et qu'on a surtout peu cherché à connaître comment, au point de vue morphologique, il se divise en membres distincts (Voir Nægeli : Neuere Algensysteme).

Reproduction sexuée. — Au contraire, la reproduction sexuée y est aujourd'hui très-bien connue, grâce aux travaux de MM. Thuret et Pringsheim.

Les anthéridies et les oogones naissent dans des cavités sphériques appelées *conceptacles*, qui se développent en grand nombre et très-rapprochées l'une de l'autre à l'extrémité de branches dichotomiques, ou de rameaux latéraux d'une conformation particulière. Ces conceptacles ne sont pas, comme on pourrait le croire à première vue, creusés dans l'intérieur même du tissu ; ce sont de simples replis de la surface, tellement bordés et recouverts par le tissu environnant qu'ils ne demeurent plus en communication avec le milieu extérieur que par une étroite ouverture. La couche de cellules qui tapisse la cavité n'est donc qu'un prolongement de la couche superficielle du thalle, et comme c'est d'elle qu'émanent les filaments qui portent les anthéridies et les oogones, ces organes sont, au point de vue morphologique, de simples poils. Certaines espèces sont monoïques, c'est-à-dire développent les deux sortes d'organes sexués dans le même conceptacle, comme le *Fucus platycarpus* (fig. 160) ; d'autres sont dioïques, car certains thalles ne portent que des conceptacles à oogones, et d'autres que des conceptacles à anthéridies (*Fucus vesiculosus, serratus, nodosus, Himanthalia lorea*). Dans les intervalles entre les organes sexués, les conceptacles développent encore de nombreux poils non ramifiés, longs, minces, articulés, qui dans le *Fucus platycarpus* s'échappent en forme de pinceau par l'ouverture.

Les anthéridies naissent sur des poils rameux dont elles ne sont que des branches latérales transformées. Chacune d'elles est une cellule ovale à paroi mince dont le protoplasma se partage en nombreux petits anthérozoïdes ; ceux-ci sont pointus à une extrémité, pourvus de deux cils, l'un en avant, l'autre en arrière, et par conséquent mobiles ; ils contiennent dans leur intérieur un point rouge.

La production d'un oogone commence par le soulèvement en forme de papille d'une cellule de la paroi du conceptacle ; la papille se sépare par une cloison et se divise bientôt, en s'allongeant, en une cellule inférieure qui sert de pied et une cellule supérieure qui se renfle en forme de sphère ou d'ellipsoïde, se remplit d'un protoplasma de couleur sombre et constitue finalement l'oogone. Le corps protoplasmique de l'oogone demeure simple dans quelques genres (*Pycnophycus, Himanthalia, Cystoseira, Halidrys*), et tout le

---

alcoolique jaune qui renferme de la phylloxanthine. Des coupes minces du thalle, épuisées par l'alcool, contiennent encore une matière rouge-brun qui, dans les cellules fraîches, fait partie des grains de chlorophylle ; cette matière est soluble dans l'eau froide et l'on peut ainsi l'extraire facilement après avoir d'abord pulvérisé le Fucus desséché : M. Millardet la nomme *phycophéine*. Voir aussi l'intéressant mémoire de M. Rosanoff : Observations sur les fonctions et les propriétés des pigments de diverses Algues (Mémoires de la Soc. des sc. nat. de Cherbourg, XIII, 1867), et les observations de M. Askenasy (Botanische Zeitung. 1869).

contenu de l'oogone forme alors une seule et unique oosphère; dans d'autres genres, il se divise au contraire en deux (*Pelvetia*), quatre (*Ozothallia vulgaris*), ou huit oosphères (*Fucus*).

La fécondation a lieu en dehors des conceptacles. Les oosphères sont mises en liberté, enveloppées encore par la couche la plus interne de la membrane de l'oogone, et s'échappent par l'ouverture du conceptacle. De même, les anthéridies se détachent et viennent se rassembler autour de l'ouverture, quand les branches fertiles sont exposées hors de l'eau dans l'air humide; quand l'eau de mer revient les toucher, elles s'ouvrent et laissent échapper les anthérozoïdes. En même temps, les oosphères d'un oogone s'échappent de l'enveloppe commune qui les unit encore et où l'on reconnaît deux couches distinctes qui s'ouvrent l'une après l'autre (fig. 161, *II*). Les anthérozoïdes se ras-

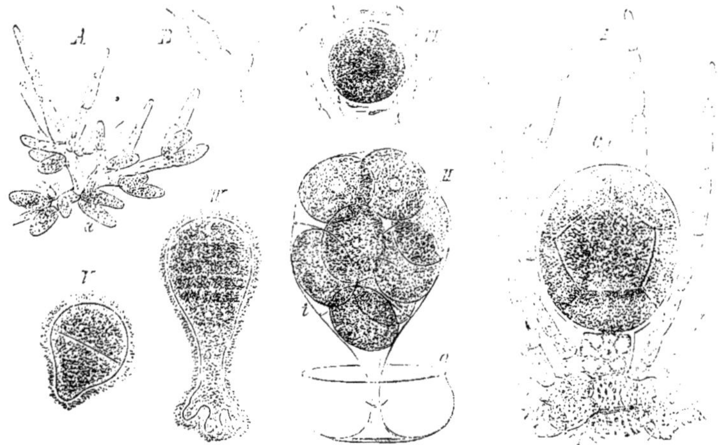

Fig. 161. — *Fucus vesiculosus*, d'après M. Thuret. *A*, un poil rameux pourvu d'anthéridies; *b*, anthérozoïdes. *I*, un oogone, *og*, après la division de son contenu en huit portions ou oosphères, entourés de poils simples et stériles *p*. *II*, commencement de la sortie des oosphères; la membrane *a* est fendue, l'interne *i* est prête à s'ouvrir; toutes deux ensemble ne sont d'ailleurs que la couche interne de la membrane de l'oogone. *III*, une oosphère entourée d'anthérozoïdes. *IV* et *V*, germination de l'oospore. B est grossi 550 fois, les autres figures 160 fois.]

semblent en grand nombre autour des oosphères, s'y attachent solidement, et quand ils sont assez nombreux et assez vifs, ils communiquent à la grosse oosphère un mouvement de rotation qui dure environ une demi-heure. M. Thuret laisse indécise la question de savoir si des anthérozoïdes pénètrent dans la masse de l'oosphère. Mais l'analogie avec les phénomènes découverts par M. Pringsheim dans le *Vaucheria* et les *Œdogonium* permet à peine de douter que l'un des anthérozoïdes, ou quelques-uns d'entre eux, ne mêlent leur substance à celle de la sphère protoplasmique nue.

Peu de temps après ces phénomènes, l'oosphère, fécondée et devenue une oospore, s'entoure d'une membrane cellulaire; elle se fixe à quelque corps solide, et commence à germer sans avoir à traverser une période de repos.

Elle s'allonge en effet d'abord, puis subit une division transversale bientôt suivie d'un grand nombre de divisions nouvelles. La masse de tissu ainsi formée développe à son point d'attache un crampon radiciforme hyalin et ramifié, tandis que son extrémité libre et renflée (fig. 161, IV) forme le sommet végétatif. Le développement complet d'un thalle fertile, depuis l'oospore primitive, n'a pas encore été observé, et par conséquent le cycle morphologique complet des Fucacées n'est pas encore établi avec certitude (1).

Œdogoniées (2). — La famille des Œdogoniées ne renferme actuellement que les deux genres *Œdogonium* et *Bulbochæte*, dont les espèces peu nombreuses, répandues dans les eaux douces stagnantes, sont attachées, par leur partie inférieure transformée en crampons, aux corps solides et le plus souvent aux plantes submergées.

Leur thalle consiste en une série de cellules superposées, simple (*Œdogonium*) ou ramifiée (*Bulbochæte*), dont les articles se multiplient par voie d'accroissement intercalaire, tandis que la cellule terminale s'allonge volontiers en un poil hyalin. L'accroissement longitudinal des articles cylindriques est amené par la formation d'un bourrelet annulaire de cellulose sur la face interne de la cellule, immédiatement au-dessous de sa paroi transverse supérieure. A cette place, la membrane se déchire circulairement, puis le bourrelet de cellulose s'étend de manière à intercaler dans la cellule une large zone transverse de membrane nouvelle. Le même phénomène se répète ensuite,

---

(1) **Phéosporées.** — Les Fucacées n'ont pas de zoospores et on ne leur connaît pas de mode de reproduction asexuée. M. Thuret (*loc. cit.*) a réuni, sous le nom de *Phéosporées*, tout un ensemble d'autres Algues olivâtres qui sont, au contraire, pourvues de zoospores de même couleur, mais où, par contre, la reproduction sexuée est encore peu connue.

Reproduction asexuée : zoospores. — Les zoospores des Phéosporées sont construites sur un type un peu différent de celui que l'on rencontre chez les Algues vertes. Leur partie antérieure est toujours incolore, mais leur partie postérieure olivâtre est munie latéralement d'un point rouge d'où partent deux cils inégaux ; le plus long se dirige en avant en s'appliquant contre la partie incolore et sert de rame, le plus court traîne en arrière et fait fonction de gouvernail. Ces zoospores sont aussi plus petites, en général, que les zoospores vertes et ne dépassent pas $0^{mm},010$. Elles se fixent et germent d'ailleurs comme celles des Algues vertes.

M. Thuret a décrit la formation des zoospores, notamment dans les *Ectocarpus*, *Laminaria* et *Cutleria*. Dans les *Ectocarpus*, c'est la cellule terminale du filament qui organise son protoplasma en nombreuses zoospores disposées en strates transversales et s'échappant par une ouverture terminale. Dans les *Laminaria*, les zoospores se forment dans des poils renflés dressés à la surface de la fronde au milieu d'autres poils stériles. Dans le *Cutleria*, le poil transformé en zoosporange est divisé en huit compartiments qui produisent chacun une zoospore trois fois plus grosse que celle des autres Phéosporées, car elle atteint $0^{mm},030$.

A l'exception des *Ectocarpus*, toutes les autres Phéosporées ont deux sortes de zoosporanges : les uns renflés et ovoïdes, les autres étroits et filamenteux. Leurs zoospores se ressemblent d'ailleurs et germent de la même manière.

Reproduction sexuée : anthérozoïdes. — Des deux organes sexués, on ne connaît encore, chez les Phéosporées, que les anthérozoïdes, et encore est-ce dans le seul *Cutleria* qu'ils ont été rencontrés jusqu'à présent par M. Thuret. Les anthéridies des *Cutleria* sont produites par d'autres pieds que ceux qui portent les zoosporanges. Chaque groupe d'anthéridies se compose d'une touffe de poils très-courts à extrémité recourbée, sur le côté intérieur desquels sont insérées les anthéridies cloisonnées. Chaque compartiment forme un anthérozoïde pareil à ceux des Fucacées.

(Trad.)

(2) Pringsheim : Morphologie der Œdogonieen, Jahrbücher für wiss. Botanik, I, 1855.

et toujours immédiatement au-dessous du fragment supérieur et très-court de la cellule précédente, de telle sorte que tous ces fragments, se dépassant un peu l'un l'autre, donnent à la partie supérieure de la cellule considérée l'aspect d'une série de calottes superposées, tandis que son extrémité inférieure paraît enfoncée dans une longue gaîne qui est le fragment inférieur de l'ancienne membrane. Cette partie inférieure d'une cellule en voie d'allongement est chaque fois séparée, par une cloison transversale, de la partie supérieure qui porte les calottes (fig. 17, § 54). Dans les *Bulbochæte* l'accroissement de tous les rameaux, et même de la tige principale issue de la spore, est localisé dans leur cellule basilaire, pourvu que l'on considère en même temps les cellules de chaque branche comme étant les cellules basilaires des rameaux nés sur elle. Les cellules de ces plantes contiennent des grains de chlorophylle et un noyau, plongés dans un revêtement pariétal de protoplasma.

Alternance des générations. — La reproduction des Œdogoniées a lieu par zoospores asexuées, et par oospores issues de fécondation. Ces deux sortes d'organes, comme aussi les anthérozoïdes qui fécondent les seconds, naissent dans les articles du filament. En outre, il y a une alternance de générations. D'une oospore soumise à un long repos, il sort d'abord plusieurs zoospores (le plus souvent quatre) qui produisent autant de plantes asexuées, c'est-à-dire ne formant jamais que des zoospores ; ces dernières développent encore des plantes de même nature, jusqu'à ce que cette série soit close par une génération sexuée, c'est-à-dire qui forme des oospores. Mais même ces plantes sexuées engendrent en outre des zoospores. Les plantes sexuées sont monoïques ou dioïques ; dans beaucoup d'espèces la plante femelle produit des zoospores particulières, appelées *androspores*, d'où proviennent de très-petites plantes mâles. Plusieurs cycles de générations, ou seulement un seul, peuvent s'accomplir dans l'espace d'une période végétative.

Reproduction asexuée : zoospores. — La zoospore naît dans une cellule végétative ordinaire (parfois déjà dans la première cellule, fig. 162 E), par contraction de la masse protoplasmique tout entière de cette cellule. Pour la mettre en liberté, la membrane cellulaire se rompt en deux moitiés inégales par une fente circulaire transversale, comme elle fait à chaque bipartition (fig. 162, A, B, E). La zoospore est encore entourée au début par une vésicule hyaline qui se déchire bientôt à son tour. Elle possède, au-dessous de son extrémité hyaline, qui est antérieure pendant le mouvement, une couronne de nombreux cils vibratiles. Dans la cellule mère, cette extrémité est placée latéralement, et quand le mouvement est achevé, c'est elle qui se fixe et qui se développe en un crampon rhizoïde. L'axe d'accroissement de la plante nouvelle est donc perpendiculaire à celui de la cellule mère qui l'a produite (1).

Reproduction sexuée : anthérozoïdes, oosphère, oospore. — Les anthérozoïdes ressemblent beaucoup aux zoospores ; ils sont seulement beaucoup plus petits (fig. 162, D, *z*), mais ne s'en meuvent pas moins, comme elles, à l'aide d'une couronne de cils. Les cellules mères des anthérozoïdes sont des articles du filament,

---

(1) Les zoospores des *Derbesia*, Algues marines de la famille des Siphonées, ont aussi une couronne de cils, mais elles se forment plusieurs à la fois dans une même cellule mère.   (*Trad.*)

mais plus courts et moins riches en chlorophylle que les articles végétatifs ; elles sont tantôt isolées, tantôt superposées jusqu'à douze l'une au-dessus de l'autre dans le filament. Dans la plupart des espèces, chacune de ces cellules, qui est une anthéridie, se divise, par une cloison longitudinale, en deux cellules mères

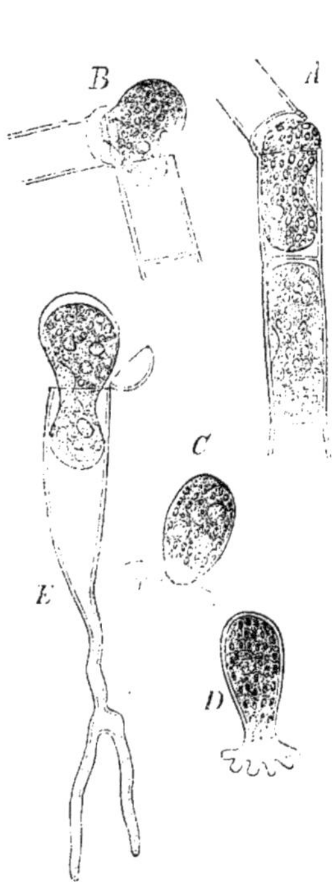

Fig. 162. — *Œdogonium*. Développement des zoospores, d'après M. Pringsheim ; gross. 350 fois. — *A*, *B*, zoospores naissant sur un filament âgé ; *C*, zoospore libre en mouvement ; *D*, la même commençant à germer ; *E*, une zoospore formée par le contenu tout entier d'une plantule issue de la germination d'une zoospore.

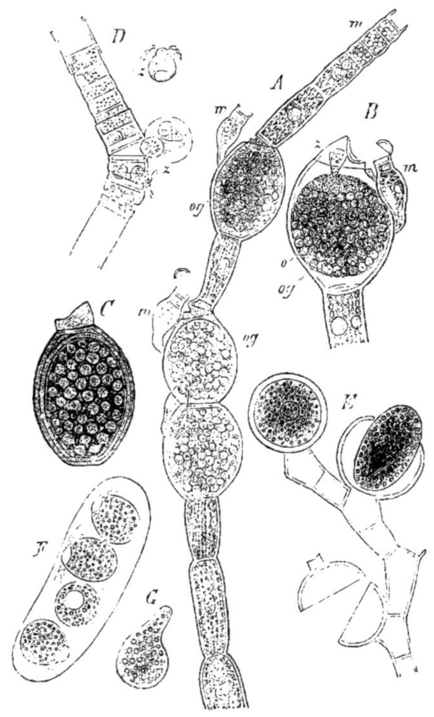

Fig. 163. — Également d'après M. Pringsheim. — *A*, *Œdogonium ciliatum*, partie moyenne d'un filament sexué (250) avec une anthéridie *m* a l'extrémité supérieure, et deux oogones *og*, fécondées par les plantules *m*, issues des androspores. — *B*, oogone d'*Œdogonium ciliatum* au moment même de la fécondation : *o*, l'oosphère ; *z*, l'anthérozoïde en voie de pénétration dans l'oosphère ; *m*, plantule mâle. — *C*, oospore mûre de la même plante. — *D*, filament mâle d'*Œdogonium gemelliparum* : *z*, anthérozoïdes. — *E*, branche d'un plant de *Bulbochæte intermedia*, après l'hiver ; des trois oogones, l'un renferme encore son oospore, le second se fend pour la mettre en liberté, le troisième est déjà vide. — *F*, les quatre zoospores qui proviennent de la germination de cette oospore de *Bulbochæte*. — *G*, une de ces zoospores à l'état de repos.

spéciales qui produisent alors chacune un anthérozoïde. Ce dernier est mis en liberté par le déboîtement circulaire de la cellule mère, absolument comme pour la zoospore (fig. 163, *D*).

Dans quelques autres espèces les articles anthéridiens, au lieu de se dédoubler

en deux cellules mères spéciales, produisent immédiatement chacun une zoospore unique appelée *androspore*. Mises en liberté par le procédé ordinaire, ces
androspores, après s'être mues quelque temps, viennent se fixer sur un endroit
déterminé de la plante femelle, sur l'oogone ou dans son voisinage; là elles
germent et produisent immédiatement chacune une anthéridie avec deux
cellules mères spéciales où naissent autant d'anthérozoïdes (fig. 163, *A*, *B*,
m, m).

L'oogone se forme toujours aux dépens de la cellule fille supérieure d'une
cellule végétative qui vient de se diviser; sitôt après la division, cette cellule
fille se renfle de manière à devenir sphérique ou ovoïde. Dans les *Bulbochæte*,
l'oogone est toujours la cellule inférieure d'une branche fructifère, ce qui ne
contredit pas la règle que nous venons de donner, car ici, comme nous l'avons
dit plus haut, la cellule mère d'une branche fonctionne en même temps comme
la cellule basilaire de cette branche; l'oogone des *Bulbochæte* n'est jamais la
première cellule d'une branche, parce que cette cellule se développe toujours
en poil. Quoi qu'il en soit, l'oogone se remplit tout d'abord d'un contenu plus
abondant que les autres cellules. Immédiatement avant la fécondation, le
corps protoplasmique se contracte et forme, comme dans les *Vaucheria*, une oosphère, à l'intérieur de laquelle les grains de chlorophylle sont étroitement serrés l'un contre l'autre. La partie de l'oosphère tournée vers l'ouverture de
l'oogone ne consiste qu'en un protoplasma hyalin. L'oogone s'ouvre de diverses
façons. Dans beaucoup d'*Œdogonium* et tous les *Bulbochæte*, sa membrane se
perce latéralement d'un trou ovale par lequel la partie incolore de l'oosphère
fait hernie pour absorber en elle l'anthérozoïde et se rétracter ensuite dans
l'intérieur. Dans quelques autres *Œdogonium*, au contraire (fig. 163, *A*, *B*),
la cellule de l'oogone se déboite circulairement, comme la cellule végétative
quand elle laisse échapper sa zoospore, et le filament, d'abord droit, paraît
brisé en cet endroit. Par l'ouverture béante, proémine aussitôt une gelée hyaline qui, sous l'œil de l'observateur, s'organise en un canal ouvert en forme de
bec (*B*, *z*), et c'est par ce canal que l'anthérozoïde pénètre dans l'oogone;
une fois entré, il s'introduit dans la partie hyaline du protoplasma de l'oosphère et finalement se confond avec elle.

Immédiatement après la fécondation, le corps protoplasmique, formé par le
mélange de l'oosphère et de l'anthérozoïde, s'entoure d'une membrane, qui,
plus tard, se colore comme son contenu, et l'oospore est formée. Dans le *Bulbochæte*, le contenu de l'oospore se colore en beau rouge. L'oospore demeure
renfermée dans la membrane ouverte de l'oogone; celui-ci se sépare des cellules voisines du filament et tombe sur le sol, où l'oospore traverse sa période de
repos. Appelée à une activité nouvelle, elle ne se développe pas directement
en une nouvelle plante, mais dans le *Bulbochæte*, où ce phénomène a été observé,
son contenu se partage en quatre zoospores qui s'échappent, encore enveloppées par la membrane interne de l'oospore, et nagent librement dans l'eau
quand celle-ci s'est dissoute. Elles s'arrêtent ensuite, se fixent et développent
chacune une nouvelle plante (1).

(1) **Confervacées**. — Les Algues filamenteuses vertes, qui constituent le groupe sans

Coléochætées (1). — Les Coléochætées sont de petites Algues d'eau douce, atteignant 1 à 2 millimètres de grandeur, vertes et composées de séries de cellules rameuses; elles forment, dans les eaux stagnantes ou à faible courant, à la surface des parties submergées des plantes aquatiques, par exemple des Prèles, des disques arrondis ou des masses en forme de coussin solidement attachés au support. La chlorophylle y prend la forme de plaques pariétales ou de grandes pelotes. Elles doivent leur nom (*Coleochæte*, poil engaîné) à cette circonstance, que certaines cellules du thalle forment des poils épineux, incolores, enfoncés dans d'étroites gaînes (fig. 164, *A*, *h*).

Développement du thalle. — Si l'on compare le mode d'accroissement des diverses espèces de ce genre, on y distingue deux cas extrêmes reliés par de nombreuses formes de transition. L'un des extrêmes est réalisé par le *C. divergens*, dont la spore développe d'abord des filaments articulés rampants, irrégulièrement ramifiés, d'où s'échappent des branches articulées dressées et de même irrégulièrement ramifiées; le thalle tout entier n'y prend pas de forme déterminée. Le *C. pulvinata*, au contraire, forme une masse hémisphérique; les filaments issus de germination se ramifient d'abord dans un seul plan, assez irrégulièrement, il est vrai, mais de manière à former à peu près un disque, d'où s'élèvent ensuite des branches dressées, articulées et rameuses, dont l'ensemble forme la masse hémisphérique. Dans les espèces suivantes, la formation des branches dressées n'a pas lieu, mais celles qui rampent

doute hétérogène des Confervacées, produisent des zoospores à deux ou quatre cils antérieurs, quelquefois solitaires (*Chætophora*), mais ordinairement formées en grand nombre dans chaque article, et qui s'en échappent le plus souvent par une ouverture latérale (*Cladophora, Chætomorpha, Cœrodepus*, etc.), quelquefois par un déboîtement circulaire (*Microspora*). Certaines Confervacées ont deux espèces de zoospores de dimension inégale et de fonction très-différente. C'est ainsi par exemple que M. Cramer (Bot. Zeit. 1871) a vu l'*Ulothrix zonata* produire dans certaines cellules 4-8 macrozoospores, et dans d'autres jusqu'à 32 microzoospores. Les premières germent directement et sont asexuées; les secondes ne germent pas, mais se fusionnent deux par deux pour former des oospores, comme nous l'avons vu pour le *Pandorina morum*, et comme cela a lieu aussi dans le *Chlamydomonas multifilis* d'après M. Rostafinski (Bot. Zeit. 1871).

La reproduction sexuée n'y est connue que dans l'*Ulothrix zonata* où elle s'opère comme nous venons de le dire par conjugaison de microzoospores, et dans le *Sphæroplæa annulina*. Certains articles des filaments simples de cette dernière Algue produisent un grand nombre d'anthérozoïdes à deux cils antérieurs, tandis que d'autres forment un grand nombre d'oosphères. Échappés des articles anthéridiens par de multiples ouvertures latérales, les anthérozoïdes pénètrent à travers de nombreux orifices latéraux dans les longs articles oogoniens et se fondent avec les oosphères, qui s'entourent ensuite d'une épaisse membrane plissée et deviennent autant d'oospores. Ces oospores germent au printemps suivant, en produisant, comme celles des *Bulbochæte*, un certain nombre de zoospores à deux cils, qui régénèrent ensuite autant de filaments nouveaux de *Sphæroplæa* (Thuret, *loc. cit.*, 1850. — Cohn : Ann. des sc. nat., 4e série, V, 1856).

Ulvacées. — Le thalle des Ulvacées, formé d'un seul plan de cellules, étalé (*Prasiola*) ou enroulé en tube (*Enteromorpha, Ulva*), produit dans chaque cellule un certain nombre de zoospores, qui s'échappent par une ouverture de la face libre. Encore inconnues dans plusieurs genres, notamment dans les *Prasiola*, les zoospores sont, au contraire, de deux espèces dans d'autres, qui ont à la fois de grandes zoospores à quatre cils et de petites à deux cils. Cette différence est peut-être en rapport avec leur reproduction sexuée dont on ne sait rien encore. (*Trad.*)

(1) Pringsheim : Jahrbücher für wiss. Botanik, II, p. 1.

sur le support forment un disque plus ou moins régulier; dans le *C. irregularis*, ce disque est produit par une ramification irrégulière des branches, s'opérant toujours dans le même plan et de manière à remplir peu à peu tous les vides, et à former une couche cellulaire presque continue ; dans le *C. soluta* (fig. 164), au contraire, les deux premières cellules issues de la spore se dichotomisent en se divisant, de façon à former de bonne heure un disque plein, dont les branches radiales dichotomes, ou bien s'appuient lâchement l'une contre l'autre, ou bien s'unissent intimement ensemble. Mais c'est dans le *C. scutata* que cette union atteint son plus haut degré. Les premières cellules issues de germination y demeurent, en effet, unies entre elles latéralement et ne forment pas de branches isolées; puis ce petit disque une fois formé s'accroît par la division à la fois radiale et tangentielle de ses cellules périphériques.

Alternance des générations. — Les *Coleochæte* se reproduisent par zoospores asexuées et par oospores issues d'une fécondation. Les oospores ne produisent pas directement une nouvelle plante, mais plusieurs zoospores. L'alternance des générations a lieu de la manière suivante. Les premières zoospores, issues au printemps des oospores formées l'année précédente, ne produisent que des plantes asexuées, c'est-à-dire des plantes qui ne donnent que des zoospores. Ce n'est qu'après une plus ou moins longue série de générations asexuées qu'apparaît une génération sexuée, qui peut, suivant les espèces, être monoïque ou dioïque. Par la fécondation, il se forme dans chaque oogone, qui se revêt d'une couche corticale particulière, une oospore. Au printemps, cette oospore se transforme en un tissu parenchymateux, et ce sont les cellules de ce tissu qui donnent naissance aux premières zoospores (M. Pringsheim).

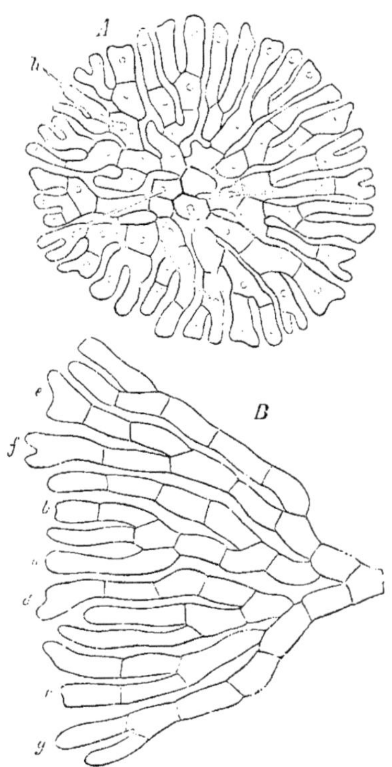

Fig. 164. — *A Coleochæte soluta*, plante non sexuée; gross. 250 fois ; *B*, fragment d'un pareil disque. Les lettres, *a–g*, montrent la dichotomie progressive des cellules terminales. (D'après M. Pringsheim.)

Reproduction asexuée : zoospores. — Les zoospores (fig. 165, *D*) peuvent naître dans toutes les cellules végétatives du thalle, mais dans le *C. pulvinata*, c'est principalement dans les cellules terminales des branches. La zoospore se forme toujours aux dépens du contenu tout entier de la cellule mère et s'échappe par une ouverture arrondie de sa membrane.

Reproduction sexuée : oogone, anthéridie, oospore. — L'oogone est toujours la cellule terminale d'une branche; dans le *C. scutata*, c'est par conséquent la dernière cellule d'une série radiale. Les particularités de son développement subissent, suivant le mode d'accroissement de la plante, bien des modifications; nous considérerons donc d'un peu plus près une espèce particulière, le *C. pulvinata* (fig. 165). La cellule terminale d'une branche se renfle et s'allonge en même temps en un tube étroit (*og* à gauche en *A*) qui s'ouvre ensuite (*og"* à droite en *A*), et laisse échapper une gelée incolore. Le protoplasma vert de la partie renflée forme l'oosphère, dans laquelle on aperçoit un noyau.

En même temps les anthéridies naissent sur les cellules voisines. La cellule

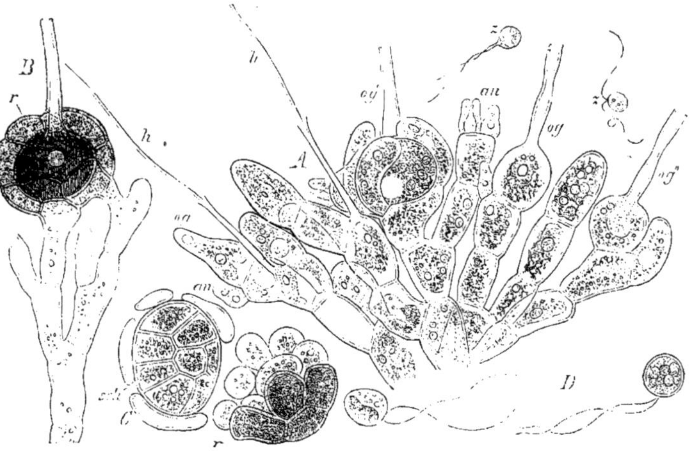

Fig. 165. — *A*, portion d'un thalle fructifié de *Coleochæte pulvinata* (350). *B*, oogone mûr cortiqué. *C*, fruit germant, dont les cellules engendreront autant de zoospores. *D*, zoospores. (Les figures *B-D* sont grossies 280 fois. D'après M. Pringsheim.)

forme côte à côte deux ou trois prolongements qui s'en séparent par des cloisons transverses (*an* en *A*); chaque nouvelle cellule en forme de bouteille ainsi détachée est une anthéridie, et son contenu tout entier se contracte en un anthérozoïde (*z*), de forme ovale, pourvu de deux cils, qui se meut comme une zoospore, mais dont l'entrée dans l'oogone n'a pas été observée jusqu'à présent. Cependant on remarque bientôt sur l'oogone l'effet de la fécondation, car l'oosphère s'entoure d'une membrane propre et forme une oospore.

Cette oospore s'accroît ensuite notablement, et en même temps commence la cortication de l'oogone (*r*). A cet effet, des branches latérales s'échappent de son support, au-dessous de lui (*A*, *og"*), et s'appliquent étroitement contre sa surface externe, puis elles se ramifient à leur tour et les nouvelles branches s'appliquent de même sur l'oogone; après quoi ces branches se divisent par des cloisons transverses. Des rameaux émanés de branches voisines de l'oogone peuvent aussi venir s'appliquer sur lui (*B*) pour contribuer à en former l'écorce; seul, le col de l'oogone n'est pas enveloppé de ce revêtement. Tout cela se passe de mai à juillet; plus tard, pendant que le contenu des autres cellules de la plante disparaît peu à peu, les parois de l'écorce de l'oogone se colorent en brun foncé. Ce n'est qu'au printemps suivant que commence la transformation ultérieure de l'oospore à l'intérieur de l'oogone cortiqué. Par voie de bipartition successive, il se forme alors dans son intérieur un tissu parenchymateux, puis l'écorce éclate et est rejetée (fig. 165, *C*); chacune des cellules de ce parenchyme interne produit une zoospore ordinaire à deux cils (*D*), et de cette zoospore naît une plante asexuée.

Le *C. scutata*, c'est-à-dire l'espèce qui s'écarte le plus de toutes les autres, ne diffère du *C. pulvinata* que par l'implantation des oogones cortiqués dans la surface même du disque et par la production des anthéridies au moyen d'une division en quatre de certaines cellules de ce disque.

Floridées (1). — Les Floridées sont un groupe d'Algues extraordinairement riche en formes diverses et qui, à peu d'exceptions près (*Batrachospermum*, *Hildenbrantia* (2), appartient à la mer. Dans l'état normal elles sont colorées en rouge ou en violet, parce que la couleur verte de leurs grains de chlorophylle est masquée par un pigment rouge soluble dans l'eau froide (3).

(1) Nægeli et Cramer : Pflanzenphysiologische Untersuchungen. Zurich, 1855, I ; 1857, IV. — Thuret : Recherches sur la fécondation des Algues, Ann. des sc. nat., 3e série, XVI, 1851, et 4e série, III, 1855. — Pringsheim : Ueber die Befruchtung und Keimung der Algen. Berlin, 1855. — Nægeli : Sitzungsberichte der K. Bayer. Akad. der wiss., 1861. — Bornet et Thuret : Ann. des sc. nat. 5e série, VII, 1867. — Solms-Laubach, Botanische Zeitung, 1867.

(2) Auxquels il faut joindre les Lémanéacées (*Sacheria*, *Lemanea*) étudiées récemment par M. Sirodot. Voir plus loin.   (*Trad.*)

(3) M. Rosanoff a extrait par l'eau froide et a étudié de plus près ce principe colorant rouge qui a reçu le nom de *phycoérythrine*. Il est d'un rouge carmin dans la lumière transmise et d'un jaune rougeâtre dans la lumière réfléchie. Cette fluorescence est manifestée aussi par les grains de chlorophylle eux-mêmes, quand la phycoérythrine, en se diffusant hors des cellules détruites, les a abandonnées avec la couleur verte qui leur appartient en propre. Toute la plante redevient donc verte quand le pigment rouge a été extrait par l'eau ou détruit par la chaleur (Rosanoff, Comptes rendus, LXII, 1866).

Outre ces grains de chlorophylle rougis par la phycoérythrine, M. Cohn a trouvé dans le *Bornetia* des cristalloïdes incolores d'une substance albuminoïde ; quand, par la destruction des cellules, la phycoérythrine s'échappe des grains de chlorophylle, ces cristalloïdes sont colorés par elle en beau rouge (Archiv f. mikr. Anat. von Schultze, III, p. 24). M. Cramer avait déjà observé auparavant et décrit avec soin de ces cristalloïdes rouges dans un *Bornetia* conservé dans une dissolution de sel marin ; ils sont, d'après lui, en partie hexagonaux, en partie octaédriques (Vierteljahrschift der naturforsch. Gesellsch. in Zürich, VII.) — M. Julius Klein (Flora, 1871) a trouvé des cristalloïdes incolores dans les *Griffithsia barbata*, *Gr. neapolitana*, *Gongrocerus pellucidum*, *Callithamnion seminulum* ; d'après lui, les cristalloïdes colorés en rouge et qui se présentent aussi en dehors de la cavité cellulaire, ne se produisent qu'après l'action de la dissolution de sel marin, de l'alcool ou de la glycérine ; leur masse fondamentale incolore absorbe alors la matière colorante rouge qui s'échappe de la Floridée par diffusion. — Sur la phycoérythrine, voir Askenasy, Bot. Zeitung, 1867.

Outre ces grains de pigment et ces cristalloïdes, les cellules des Floridées renferment, au moins à de certaines époques, une grande quantité de grains d'amidon. Les Algues olivacées au contraire en paraissent dépourvues. Ces grains d'amidon, simples ou composés, offrent des couches concentriques très-nettes, mais il est très-rare qu'ils bleuissent par l'iode ; en général ils prennent avec ce réactif une teinte jaune-rougeâtre, acajou plus ou moins foncé, ou violacée. L'eau froide les attaque lentement et les dissout en partie. Cette grande richesse amylacée permet de comprendre pourquoi certaines grandes espèces de Floridées, telles que l'*Iridæa edulis*, par exemple, sont recherchées comme un aliment nourrissant par les pauvres habitants des côtes.

Elles se distinguent encore de toutes les autres Algues par l'absence d'anthérozoïdes doués de mouvement propre et par leur remarquable appareil femelle qui présente cependant, surtout dans les formes les plus simples, plusieurs ressemblances avec celui des Coléochætés.

Structure et développement du thalle. — Le thalle des Floridées les plus simples consiste en séries rameuses de cellules superposées; ces séries s'allongent par accroissement et division transversale de leur cellule terminale; leurs branches latérales procèdent des divers articles et se développent assez souvent en sympodes. Dans beaucoup de Céramiacées, des branches s'appliquent étroitement contre l'axe principal et l'enveloppent d'une écorce, par un procédé qui rappelle la cortication des *Chara*, et qui donne à l'ensemble l'aspect d'un tissu (C. Cramer : Physiolog. und system. Untersuchungen über die Ceramieen, Zürich, 1863). — Dans d'autres Floridées, le thalle est un plan de cellules, qui comprend fréquemment plusieurs assises superposées; cette lame prend quelquefois la forme d'une feuille pétiolée et pourvue de nervures (*Hypoglossum*, *Delesseria*). Ailleurs, c'est un ruban de tissu étroit et filiforme (*Sphærococcus*, *Gelidium*), qui se ramifie un grand nombre de fois, de manière à donner souvent à l'ensemble du thalle les formes les plus élégantes (*Plocamium*, etc.). Dans tous les cas, l'accroissement s'opère toujours, d'après M. Nägeli (Neuere Algensysteme, p. 248), par une cellule terminale unique; peut-être dans le *Peissonelia* y en a-t-il plusieurs. Dans les formes les plus simples, la cellule terminale forme ses segments en une seule rangée au moyen de cloisons transverses; dans d'autres, elle les produit en deux ou trois séries par des cloisons obliques. Un groupe riche en espèces, celui des Mélobésiacées (Rosanoff, Mém. de la Soc. des sc. nat. de Cherbourg, XII, 1865) forme un thalle discoïde qui s'accroît par la périphérie et adhère étroitement à son support, qui est d'ordinaire une Algue plus grande; ces plantes ressemblent ainsi, par leur taille et par leur mode de végétation, au *Coleochæte scutata*, mais leur thalle renferme plusieurs assises de cellules et les membranes cellulaires y sont incrustées de carbonate de chaux.

Reproduction asexuée : tétraspores. — Les *tétraspores* sont des corps reproducteurs asexués qui correspondent jusqu'à un certain point aux zoospores des autres Algues, mais sont immobiles et rappellent à certains égards les propagules des Hépatiques. Quand le thalle consiste en séries de cellules superposées, les tétraspores se forment dans la cellule terminale de rameaux latéraux; dans les autres cas, excepté dans les Phyllophoracées d'après M. Nägeli, elles sont nichées dans le tissu même du thalle, souvent dans des branches de conformation particulière, et étroitement serrées côte à côte en grand nombre. Les tétraspores naissent par segmentation d'une cellule mère, dans laquelle elles sont disposées soit aux angles d'un tétraèdre, soit en série, soit comme les quartiers d'une sphère. Parfois les quatre spores sont remplacées par une seule, ou par deux, rarement par plus de quatre. Les Némaliées en sont complétement dépourvues.

Voir Ph. Van Tieghem : Sur les globules amylacés des Floridées et des Corallinées, Comptes rendus, LXI, 1865. — *Trad.*]

Reproduction sexuée : anthéridie, trichogyne, cystocarpe. — Les organes sexués, anthéridies et trichogynes, sont produits par des exemplaires de la même espèce, différents de ceux qui portent les tétraspores, ce qui permet de croire à une alternance de générations ; souvent même les exemplaires sexués sont dioïques.

Tantôt les anthéridies sont des cellules isolées au sommet de branches formées de longues séries de cellules, et elles ne produisent chacune qu'un seul anthérozoïde (*Batrachospermum*) ; tantôt elles sont rapprochées en grand nombre sur un axe commun et sont les cellules terminales d'un système de ramifications très-raccourcies (Céramiacées). Dans les *Nitophyllum* elles recouvrent, serrées étroitement l'une contre l'autre, des portions isolées de la surface du thalle, qui consiste en une seule assise de cellules. Dans les *Melobesia*, elles naissent, comme les tétraspores, dans des cavités formées par un repli du tissu ambiant. Dans tous les cas, les anthérozoïdes sont de petits corps globuleux, dépourvus de cils et par conséquent de mouvement propre, et qui sont entraînés au gré des eaux.

Nous allons décrire maintenant tout d'abord sur un exemple particulier, le *Lejolisia mediterranea* (fig. 166), et d'après MM. Thuret et Bornet, le développement du trichogyne et du fruit capsulaire qui naît dans son voisinage à la suite de la fécondation et qu'on appelle le *cystocarpe* (1). Les cystocarpes naissent sur de courtes branches composées d'une ou de deux cel-

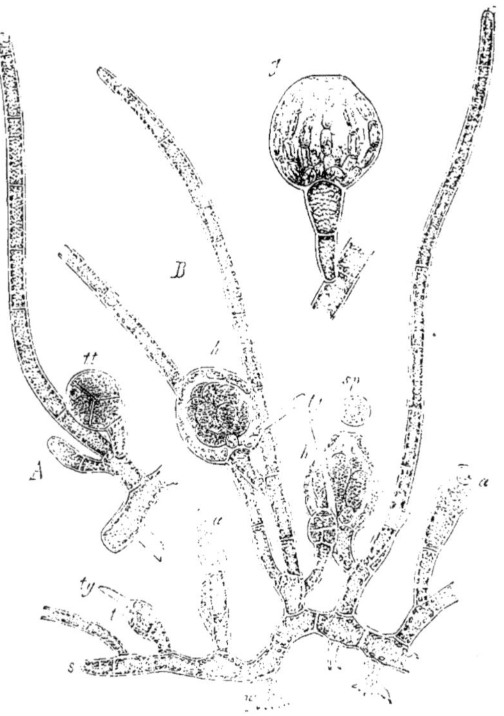

Fig. 166. — *Lejolisia mediterranea*, d'après M. Bornet (grossi environ 150 fois). — A, petit fragment d'un filament rampant muni d'un poil radical et d'une branche dressée dont l'article inférieur porte un rameau avec tétraspores, *tt*. — B, une plante sexuée monoïque : *r*, poils radicaux d'un filament rampant dont la cellule terminale est en *s*, et dont les branches dressées portent les organes sexuels : *an*, anthéridies, dans lesquelles il est fâcheux que la rangée cellulaire axile ne soit pas indiquée : *tg*, trichogyne à côté du sommet *t* du rameau fructifère : *h*, enveloppe du cystocarpe ; *sp*, une spore sortie du cystocarpe. — C, un cystocarpe déjà vidé dont l'enveloppe est formée de séries de cellules.

(1) C'est à MM. Thuret et Bornet que l'on doit la découverte de ces remarquables phénomènes (*loc. cit.*). Longtemps auparavant, M. Nägeli avait exactement décrit la structure du *trichophore*.

lules ; la cellule terminale se partage par une cloison transverse en une petite cellule terminale qui ne s'accroît plus désormais (*B, t*) et en une cellule plus large qui se divise aussitôt par quatre cloisons longitudinales en cinq cellules nouvelles, une centrale et quatre périphériques. L'une de ces dernières, opposée au filament qui porte la courte branche, se décolore, s'emplit d'un protoplasma très-réfringent et se divise ensuite par des sections transverses en trois cellules superposées qui forment le *trichophore* de M. Nägeli. La cellule supérieure de ce trichophore s'allonge en un prolongement filiforme qu'on appelle le *trichogyne* (*tg* en *B* où l'on n'aperçoit pas les divisions transversales) et qui s'élève à côté de la cellule terminale (*t*) de la branche fructifère. Les trois autres cellules périphériques se divisent à leur tour, après la fécondation du trichogyne, et elles se développent en branches articulées qui demeurent étroitement rapprochées et forment le singulier péricarpe (*C*) du *Lejolisia*. A l'intérieur de ce péricarpe, les spores naissent comme autant d'excroissances de la cellule centrale primitive ; les cellules du trichophore ne participent pas à leur formation. Le trichophore est rejeté de côté par le développement du cystocarpe (*B, h, tg*), et par suite, le trichogyne s'insère plus tard sur le côté externe du fruit.

Les rapports de position des diverses parties du cystocarpe apparaissent avec une plus grande clarté dans la figure ci-jointe de l'*Herpothamnion hermaphroditum* (fig. 167), copiée d'après M. Nägeli. Sur une branche principale *st, st*, naît dans *A* un rameau *a* qui porte une anthéridie *an* et un jeune cystocarpe. L'anthéridie se compose d'une rangée axile de cellules qui prolonge le rameau, et de très-courts ramuscules latéraux qui portent les cellules

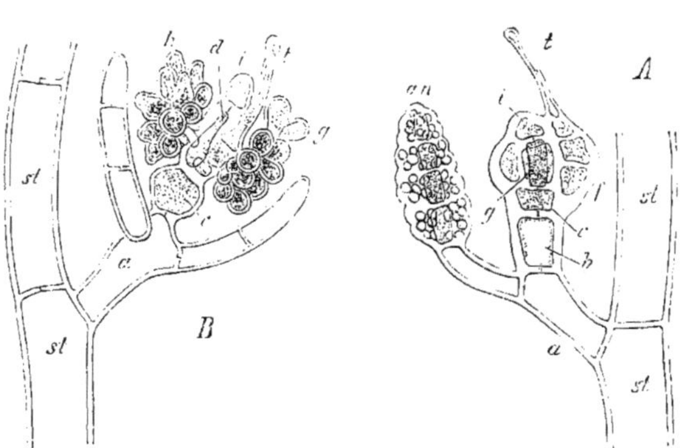

Fig. 167. — *Herpothamnion hermaphroditum.* — *A*, une branche avec les débuts du cystocarpe, *b-t*, et une anthéridie *an*. — *B*, cystocarpe en voie de développement, après la fécondation. (D'après M. Nägeli : Sitzungsberichte der bayer. Akad. 1861.)

mères des anthérozoïdes, le tout enveloppé par une gaine mucilagineuse. — La branche femelle forme d'abord les articles *b*, *c*, et elle finit par la cellule terminale *i;* l'avant-dernier article, compris entre *c* et *i*, forme le cystocarpe. A cet effet, il se divise par quatre cloisons longitudinales en quatre cellules périphériques et une cellule axile; la figure montre deux de ces cellules périphériques, une en avant et une à gauche. La cellule périphérique de droite s'est transformée par des cloisons transversales en une rangée de cellules qui forme le trichophore *f* terminé par le trichogyne *t*.

Dans la fig. *B* la fécondation a déjà eu lieu; le rameau *a* n'y porte pas d'anthéridie. La cellule *c* correspond à la cellule *b* de *A*; la cellule terminale *i* est identique à celle qui porte la même lettre dans *A*; la cellule axile *d* correspond à celle qui dans *A* est en partie cachée derrière la cellule périphérique *g*; le trichogyne *t* et les cellules du trichophore situées au-dessous de lui sont encore visibles. Les deux cellules périphériques, placées dans A de chaque côté du trichophore, ont produit ici, à la suite de la fécondation, un système de très-courtes branches qui ne sont autre chose que des amas de spores, *g* et *h*. Au-dessous de la cellule *c* se développent, sur l'article basilaire *a*, des filaments cellulaires qui vont constituer l'enveloppe du cystocarpe.

Sur les deux exemples que nous venons de décrire, il est facile de voir qu'à la suite de la fécondation du trichogyne, ce n'est pas celui-ci qui en éprouve directement l'effet et qui engendre les spores. Ce n'est même aucune des cellules du trichophore; c'est une cellule voisine, située plus profondément, mais de même origine cependant que les cellules du trichophore, qui produit par gemmation externe un groupe de spores. On voit aussi que la formation de l'enveloppe du cystocarpe est une conséquence de la fécondation.

La fécondation du trichogyne se fait sentir beaucoup plus directement dans les Némaliées, groupe auquel appartient aussi le genre *Batrachospermum* (1). Là il n'y a pas de trichophore; le trichogyne seul le représente, et c'est son renflement basilaire qui, d'après MM. Thuret et Bornet, engendre directement le cystocarpe après la fécondation. A cet effet, il développe à sa surface, dans les *Batrachospermum*, de nombreux ramuscules pluricellulaires qui forment une nodosité sphérique, appelée glomérule et dont les articles terminaux constituent les spores. Au-dessous du trichogyne se développent encore des rameaux qui enveloppent le glomérule (2).

(1) Pour plus de détails sur les *Batrachospermum*, voir Solms-Laubach : Botanische Zeitung, 1867. [Dans une nouvelle étude des Algues de ce genre, M. Sirodot (Comptes rendus, 12 mai et 2 juin 1873) vient d'y signaler un dimorphisme remarquable. En germant, la spore cysto-carpienne du *Batrachospermum* produit en effet une Algue qui possède tous les caractères distinctifs des *Chantransia*, et ce *Chantransia*, après s'être multiplié par des propagules unicellulaires, développe un rameau hétéromorphe et sexué qui constitue le *Batrachospermum*. (*Trad.*)]

(2) **Lémanéacées.** C'est encore aux Floridées du groupe des Némaliées que je crois pouvoir rattacher les *Lemanea*, Algues d'eau douce dont un travail récent de M. Sirodot (Ann. des sc. nat. 5ᵉ série, Bot. XVI, 1872) a fait connaître les organes sexués : anthéridies et trichogynes, mais qui paraissent dépourvues de tétraspores. Il y a ici toutefois une légère différence, qui marque un pas vers les *Lejolisia* et *Herpothamnion*; ce n'est plus la partie inférieure du trichogyne lui-même qui éprouve l'effet de la fécondation. Le trichogyne termine un trichophore d'environ trois cellules superposées ; il s'atrophie après la fécondation, et c'est la cellule supérieure (ou les deux cellules supérieures) du trichophore qui bourgeonne pour produire le cystocarpe.

Ces Algues violacées, que M. Sirodot répartit en deux genres distincts (*Sacheria, Lemanea*), se rencontrent soit sur le lit rocailleux des ruisseaux et des rivières à pente rapide, soit aux chutes naturelles ou artificielles résultant de barrages ou d'écluses, principalement au-dessous des vannes de moulins. Elles sont vivaces et représentées, dans l'intervalle de deux périodes de végétation, par un système radical sur lequel le thalle naît par bourgeonnement superficiel. Ce thalle se compose de filaments cellulaires unisériés, dressés, rameux, dont la longueur n'atteint qu'exceptionnellement 7 à 8 millimètres, et qui forment de petites touffes cespiteuses. En général il disparaît après avoir produit des rameaux fructifères d'une structure beaucoup plus compliquée, qui deviennent indépendants, se fixent et se nourrissent par un système spécial de fila-

C'est dans les *Dudresnaya* que MM. Thuret et Bornet ont rencontré le phénomène fécondateur sous sa forme la plus compliquée et la plus remarquable. Là les cystocarpes se développent sur de tout autres branches que les trichophores. Après que le trichogyne, allongé et enroulé en spirale à sa base, a été fécondé, il se développe au-dessous de lui des rameaux qui se mettent en rapport avec les branches fructifères et qu'on appelle *tubes connecteurs*. Chaque branche fructifère possède une cellule terminale sphérique; le tube connecteur vient s'appliquer étroitement sur cette cellule, puis, continuant à s'accroître au delà, il se soude successivement à plusieurs branches fructifères. Sur la surface de contact, le tube connecteur articulé se fusionne avec la cellule terminale de la branche fructifère; les deux membranes s'y résorbent entièrement. La partie ainsi copulée du tube connecteur se renfle ensuite et se remplit de protoplasma qui s'isole par une cloison, et seulement alors engendre le cystocarpe. Les tubes connecteurs reportent ainsi l'action fécondante reçue par le trichogyne sur d'autres branches fructifères avec lesquelles ils se conjuguent pour produire les cystocarpes.

Quant à l'acte fécondateur lui-même, il consiste, dans toutes les Floridées, en une conjugaison de l'anthérozoïde sphérique avec le trichogyne. En effet, l'anthérozoïde vient s'appliquer sur le trichogyne; les parois se résorbent au point de contact, et le contenu de l'anthérozoïde passe à l'intérieur du trichogyne.

L'influence de la fécondation se fait sentir, chez les Némaliées, sur la base même du trichogyne, chez les Céramiacées, etc., sur des cellules voisines, chez les *Dudresnaya*, enfin, sur des branches éloignées, par l'intermédiaire des tubes connecteurs. Ainsi donc, tandis qu'on peut comparer la marche assez simple de la fécondation des Némaliées à celle des *Coleochæte*, la production du cystocarpe des *Lejolisia*, *Herpothamnion* et des Floridées à thalle plus déve-

---

ments radicellaires issus de leur base ; d'où il résulte qu'à chaque période de végétation l'espèce est représentée par deux individus, l'un végétatif, l'autre fructifère.

Le rameau fructifère, qui porte les anthéridies et les trichogynes, est composé d'un axe central articulé, nu (*Sacheria*) ou entouré de filaments qui le contournent en spirale (*Lemanea*), et d'une écorce dont la production ultérieure par l'axe primitif rappelle singulièrement la cortication des Céramiacées et des *Chara*, avec cette différence toutefois qu'ici l'axe laisse entre lui et son revêtement cortical une grande cavité annulaire. Il est extérieurement divisé, soit par des verticilles d'éminences mamillaires (*Sacheria*), soit par des renflements continus (*Lemanea*), en segments identiques, de même nombre que les articles de l'axe central et qui alternent avec eux.

C'est aux renflements du filament fructifère que se trouvent groupées les anthéridies, petites cellules arrondies terminant des papilles cylindriques serrées l'une contre l'autre et émettant chacune un anthérozoïde dépourvu de cils. C'est dans les intervalles, que les trichogynes apparaissent au dehors à travers l'écorce, dans l'épaisseur de laquelle demeurent compris les quelques articles des ramuscules qu'ils terminent (trichophores). Les anthérozoïdes se conjuguent avec les trichogynes où ils déversent leur contenu. Après la fécondation, le trichogyne s'atrophie et la cellule supérieure (ou les cellules supérieures) du trichophore qui le porte émet par bourgeonnement, dans la cavité annulaire, un faisceau de filaments articulés moniliformes, rameux dès l'origine, enveloppés chacun par une gaîne mucilagineuse : c'est le cystocarpe. A la maturité chacun de ces articles devient une spore et ces spores ne sont mises en liberté que par la destruction du filament fructifère. Leur germination n'a pas encore pu être suivie. (*Trad.*)

loppé rappelle au contraire la formation du fruit qui naît à la suite de la fécondation chez certains Champignons, comme les Pézizes et les Érysiphés (1).

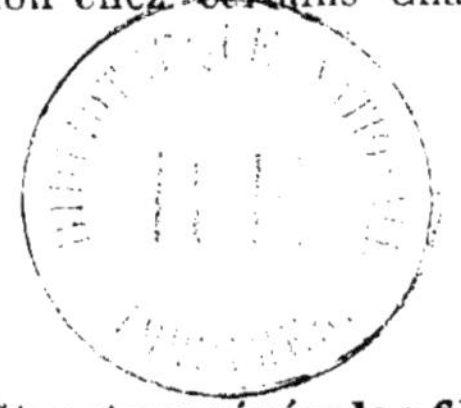

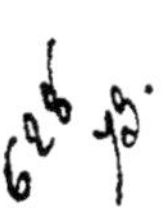

CLASSE 2.

Les Champignons (2).

Structure générale ; filaments libres ou associés. — La forme élémentaire au moyen de laquelle s'édifie le thalle des Champignons est un filament cellulaire privé de chlorophylle, doué d'accroissement terminal et se ramifiant ordinairement par poussée latérale, rarement par dichotomie; on nomme simplement *filament* cette forme élémentaire. C'est seulement dans un groupe de Champignons, celui qui établit le passage des Algues Siphonées aux Cham-

(1) **Porphyrées.** — Les *Porphyra leucosticta* et *laciniata* récemment étudiées par M. Janczewski (*Mémoires de la Soc. des sc. nat. de Cherbourg*, XVII, juillet 1872, et *Ann. des sc. nat.*, 5e série XVII, 1873) sont le type d'un groupe d'Algues particulier qui se rattache, mais d'assez loin, aux Floridées. La coloration de leur thalle, formé d'un seul plan de cellules, est celle des Floridées, la chlorophylle y étant mélangée de phycoérythrine. Les corps reproducteurs rappellent aussi beaucoup ceux de cette famille : les spores asexuées sont dépourvues de membrane de cellulose et les anthérozoïdes complètement immobiles. Cependant, si l'on compare le développement de ces corps reproducteurs à celui de leurs analogues chez les Floridées, la différence devient évidente.

Pour former les spores asexuées, la cellule végétative se divise par trois cloisons rectangulaires en huit cellules qui renferment autant de spores disposées par quatre en deux étages. Puis la membrane externe de la cellule mère, ainsi que les cloisons de séparation des cellules filles, se transforment en mucilage et les octospores sont mises en liberté. Elles sont complétement dépourvues de membrane et commencent bientôt à se mouvoir d'un mouvement amiboïde, changeant incessamment de forme et se déplaçant lentement. Parvenues au repos, elles s'arrondissent en sphères, s'entourent d'une membrane de cellulose et germent. On voit que ces octospores diffèrent à bien des égards des tétraspores des Floridées.

C'est encore une simple cellule végétative qui produit l'anthéridie. A cet effet, elle se divise d'abord en huit, comme si elle allait donner une octospore. Puis chaque cellule nouvelle se divise à son tour en huit par trois cloisons rectangulaires parallèles aux trois premières, et l'anthéridie adulte se trouve constituée par soixante-quatre cellules disposées en quatre étages de seize. En même temps le protoplasma devient incolore et la pelote contenue dans chaque cellule forme un anthérozoïde. Puis les cloisons se transforment en mucilage et tout le groupe s'échappe dans le liquide ambiant, où le mucilage se dissout en isolant les anthérozoïdes. Ces derniers sont sphériques, incolores, dépourvus de membrane de cellulose, munis d'un noyau excentrique coloré en jaune pâle, et ils ne présentent aucun indice de mouvement spontané. Il est clair que ce mode de développement est très-différent de celui de l'anthéridie des Floridées.

Quant aux organes sexués femelles, que les anthérozoïdes ont pour mission de féconder, on n'a pas réussi jusqu'à présent à les rencontrer chez les Porphyrées, mais je ne pense pas que cette lacune autorise à supposer avec M. de Janczewski « que les Algues en question sont complétement dépourvues d'organes femelles ».   (*Trad.*)

(2) Parmi les ouvrages généraux embrassant toute la classe des Champignons, les plus importants sont : Corda. Icones fungorum, 6 vol. Prague, 1837-1854. — Tulasne, Selecta fungorum Carpologia, 3 vol. Paris, 1861-1865. — De Bary, Morphologie und Physiologie der Pilze, Flechten und Myxomyceten. Leipzig, 1866. — Les travaux les plus importants sur les divers groupes seront cités plus loin. — La brochure de M. de Bary : Ueber Schimmel und Hefe. Berlin, 1869, est aussi d'un intérêt général.

pignons proprement dits et qu'on appelle le groupe des Phycomycètes, que le filament est constitué par une seule cellule indivise ; dans tous les autres cas, il est subdivisé en articles par des cloisons transversales. Le filament est donc ordinairement une série rameuse de cellules sans chlorophylle, pourvue d'une cellule terminale qui s'allonge et se cloisonne transversalement; il peut cependant aussi se faire des cloisons transversales intercalaires dans les articles déjà formés.

Dans les types les plus simples, que l'on a désignés sous le nom de Mucédinées (groupe qui comprend d'ailleurs aussi de simples états de développement de formes plus élevées), le thalle tout entier consiste en un seul filament, le plus souvent très-ramifié. Dans les Champignons plus complexes, on trouve des corps massifs et compactes, formés de la réunion de nombreux filaments doués d'un accroissement commun. Enfin les grands Champignons sont sans exception des réunions de ce genre, où les filaments, ou bien courent parallèlement côte à côte, ou bien feutrent de diverses manières leurs innombrables ramifications.

Si ce feutrage est très-dense, si en outre les articles des filaments sont courts et gros, et rendus polyédriques par leur pression réciproque, l'ensemble prend la forme d'un tissu parenchymateux, auquel son mode de formation par des filaments distincts fait donner à juste titre le nom de *pseudo-parenchyme*. Il est surtout développé à la surface des gros Champignons, où il joue le rôle de tissu tégumentaire.

Quand un corps, ainsi formé de nombreux filaments, s'accroît par son sommet, cet accroissement n'a jamais lieu, comme cela résulte de ce que nous venons de dire, par une cellule terminale unique ; un certain nombre de filaments parviennent jusqu'au sommet même et là chacun d'eux s'allonge pour son compte par sa cellule terminale, mais en réglant son allongement sur celui de ses voisins. Si ce corps s'étale en forme de disque en s'accroissant par la périphérie, cela tient à ce que les filaments qui le constituent s'allongent radialement et se ramifient à mesure que le contour s'agrandit. Ces sortes de corps complexes se ramifient assez rarement (*Clavaria*, *Xylaria*), et, quand cela arrive, leurs diverses branches sont toujours semblables ; jamais on n'y observe cette différenciation en axes et appendices foliacés latéraux qu'on rencontre dans beaucoup d'Algues. Il est bien plus fréquent, au contraire, de constater dans ces corps une tendance à former de grosses masses arrondies d'un tissu compacte à l'intérieur duquel s'opère, en vue de la reproduction, une différenciation en massifs et couches de nature différente. Dans le groupe des Gastéromycètes il se produit ainsi, lors de la maturité du fruit et dans le but de disséminer les spores, par l'élongation ultérieure des parties internes du tissu, par la diffluence de certaines portions et le déchirement des couches extérieures (péridium), des corps de forme extrêmement remarquable et qu'on ne rencontre nulle part ailleurs dans le règne végétal (*Clathrus*, *Phallus*, *Geaster*, *Crucibulum*).

Considérée dans son ensemble, la marche du développement d'un Champignon se divise en deux périodes, que ce Champignon consiste d'ailleurs en un filament isolé ou en une association de filaments nombreux. La spore produit d'abord un *mycélium*, soit directement, soit par l'intermédiaire d'un *promy-célium*, et c'est de ce mycélium que procèdent plus tard les *réceptacles fruc-tifères*.

Mycélium. — Le mycélium provient de la ramification répétée des filaments de germination; il rampe à l'intérieur ou à la surface du milieu nutritif, d'où il tire les aliments qui lui sont nécessaires. Il consiste souvent en filaments simples, isolés ou feutrés en une sorte de membrane (*Penicillium* végétant sur des liquides); mais, dans les Champignons pourvus de grands réceptacles fruc-tifères massifs, il est souvent formé de cordes épaisses composées chacune d'un grand nombre de filaments cheminant parallelement côte à côte et étroitement unis (*Phallus, Sphærobolus, Agaricus campestris,* etc.). Il n'est pas rare de voir les branches du mycélium s'anastomoser entre elles ; si ces bran-ches sont des filaments simples, cette anastomose s'opère par une sorte de co-pulation.

Les mycéliums peuvent être très-fugaces ou végéter pendant longtemps, souvent des années durant; ils peuvent ne produire qu'une seule fois des ré-ceptacles fructifères, ou en former à plusieurs reprises, être, comme on dit, monocarpiques ou polycarpiques. Dans les formes mucédinéennes, les récep-tacles fructifères ne sont que de simples branches des filaments, branches qui sortent du substratum et se dressent dans l'air ; dans les autres Champignons, ce sont des amas tuberculeux formés en de certains points par les filaments mycéliens, amas qui se développent ensuite indépendamment de la manière la plus variée, tantôt en restant plongés dans le substratum (Truffe), le plus souvent en s'en échappant et se dressant dans l'air. Souvent le jeune réceptacle fruc-tifère développe à son tour des filaments qui, s'enfonçant et se ramifiant dans le sol, y forment comme un mycélium secondaire.

Sclérotes. — On appelle *sclérotes* une forme particulière du mycélium, que l'on regardait autrefois comme formant un groupe spécial de Champignons autonomes. Ce sont des corps tuberculeux qui n'appartiennent pas en propre à tel ou tel groupe naturel de Champignons, mais qui sont en rapport avec le mode de végétation et qui peuvent se présenter dans les espèces des groupes les plus différents, comme font les bulbes et les tubercules chez les Phanérogames. Les sclérotes naissent sur le mycélium ordinaire par un feutrage épais des fi-laments en de certains endroits ; ce sont des corps durs de forme déterminée, dont la couche externe, développée le plus souvent en un pseudo-parenchyme, constitue une sorte de tégument. Suivant l'habitat du Champignon, on les trouve à la surface ou à l'intérieur de fragments de plantes, de feuilles mortes par exemple, ou bien dans le sol. Ils traversent une période de repos, puis ils pro-duisent des réceptacles fructifères et périssent en les nourrissant de leur propre substance.

Réceptacles fructifères. — Si le réceptacle fructifère émané du mycélium consiste en un seul filament simple ou rameux, ce filament porte à son som-met ou à l'extrémité de ses ramifications les spores ou, suivant les circon-stances, les organes sexués. Si le réceptacle est composé d'un grand nombre de filaments associés, les rameaux sporifères sont étroitement serrés l'un contre l'autre et forment une membrane étalée, à la surface de laquelle ils sont perpendiculaires et qu'on appelle *hyménium*. L'hyménium peut se former à la surface du réceptacle qui est dit alors gymnocarpe, ou dans son intérieur, ce qui le rend angiocarpe. Les surfaces hyméniales sont ordinairement fort étalées et leur forme est tout à fait caractéristique pour certains groupes de Champignons, comme nous le verrons tout à l'heure chez les Gastéromycètes, Hyménomycètes et Discomycètes.

L'hyménium ne produit jamais que des cellules reproductrices asexuées, des spores, ce qui ne veut pas dire cependant que le réceptacle hyménophore lui-même ne soit pas le produit d'un acte sexuel (*Peziza*).

Reproduction. — La reproduction des Champignons est encore plus variée que celle des Algues. Dans les espèces dont le cycle de développement est aujourd'hui entièrement connu, on rencontre une reproduction asexuée et une reproduction sexuée, ou bien ce dernier mode est remplacé par une conjugaison. Là où jusqu'à présent on n'a observé ni reproduction sexuée ni conjugaison, on doit supposer que la connaissance de la série du développement laisse encore des lacunes et que des formes tenues jusqu'ici pour autonomes ne sont peut-être que des termes d'une série alternante de générations. La façon dont les divers modes de reproduction se succèdent et s'enchaînent dans la marche du développement et de la végétation des diverses espèces est d'ailleurs tellement différente, qu'il est impossible d'embrasser tous les cas dans une expo-ition générale ; on en acquerra la preuve en comparant les exemples étudiés plus loin. Il y a toutefois quelques faits importants, sur lesquels il convient d'appeler de suite l'attention.

Reproduction sexuée. — On a démontré dans ces derniers temps que chez un grand nombre d'Ascomycètes, le réceptacle qui produit les ascospores procède d'un acte sexuel accompli sur le mycélium ; de sorte que le mycél um représente la première génération, la génération sexuée, et le réceptacle la seconde génération, la génération asexuée de la plante. Chez les Phycomycètes, au contraire, le produit de l'acte sexuel est, comme dans beaucoup d'Algues, une cellule durable (oospore, zygospore), tandis que le développement du réceptacle des Ascomycètes ressemble dans ses traits essentiels à celui du cystocarpe des Floridées.

Reproduction asexuée. — Les spores asexuées ont des formes et un mode de production très-divers, et chez beaucoup de Champignons on a ob-ervé, dans un même cycle de développement, deux, trois et même quatre formes différentes de ces spores asexuées. Ici encore tout cela ne peut être éclairci que par des exemples, et il suffira pour le moment de signaler ici les points indispensables à la nomenclature.

Certains Phycomycètes produi-ent des zoospores, mais tous les autres Champignons en sont dépourvu.. Les spores ordinaires immobiles naissent, soit à l'extrémité d'un rameau qu'on appelle une *baside* (et cette formation peut se répéter souvent de sorte que la baside porte un chapelet de spores), soit sur les flancs de cette baside comme autant de petits ramuscules courts et renflés dont l'apparition est successive ou simultanée ; dans ce dernier cas, elles sont le plus souvent au nombre de deux, quatre ou davantage. En dernière analyse, ce mode de formation des spores résulte toujours d'une bipartition de la basile et il est exogène : ce sont des *basidiospores* (1). Les spores ont une origine toute différente quand elles sont produites par formation libre dans le protoplasma de la cellule terminale renflée d'un filament, dans ce qu'on appelle un *asque :* ce sont alors des *ascospores;* après qu'il a formé et expulsé les spores, l'asque vidé se détruit. Basidiospores et ascospores se présentent d'ailleurs souvent à la fois dans le cycle de développement d'une seule et même espèce. Toutes deux peuvent aussi, par une division ultérieure et souvent précoce, se partager en plusieurs compartiments et devenir pluricellulaires; ces spores, ainsi formées d'une rangée ou d'un massif de cellules, sont dites *septées* ou *composées*. Habituellement chacune des cellules qui les constituent est capable de germer pour son compte et peut être appelée *spore partielle*. — Outre ces spores, il n'est pas rare de voir se former encore des *propagules;* ceux-ci résultent de ce que certains filaments se divisent par des cloisons transverses rapprochées et de ce que les articles ainsi formés se séparent plus tard et sont capables de germer.

Mode de végétation. — Le mode de végétation des Champignons est dominé, dans ses traits essentiels, par ce fait qu'ils manquent de chlorophylle et par conséquent n'assimilent pas. Le rôle qui leur est assigné dans la nature est donc d'absorber les combinaisons carbonées assimilées par d'autres organismes. A cet effet leur mycélium, ou bien recueille dans le sol les résidus du corps des animaux et des plantes partiellement détruits, ou bien se développe à la surface ou à l'intérieur des excréments, ou bien encore est parasite. Dans ce dernier cas, ils peuvent s'établir sur les plantes et les animaux vivants, les tuer en les pénétrant, et contribuer enfin à leur destruction ultérieure; mais ils peuvent aussi n'exercer sur l'hôte qui les nourrit qu'une influence beaucoup moins nuisible, et se borner, par exemple, à provoquer dans les plantes dont ils habitent les tissus des dégénérescences particulières. C'est ainsi, notamment, que l'*Æcidium Elatinæ* provoque sur le Sapin blanc les productions appelées *balais de sorcière* (De Bary : Botanische Zeitung, 1867). Le parasitisme des Champignons parcourt d'ailleurs tous les degrés possibles entre les extrêmes les plus éloignés (2); certains d'entre eux habitent tout à fait à l'intérieur du tissu des plantes et des animaux, d'autres vivent en parasites sur d'autres Champignons (3).

Manquant de chlorophylle, ils n'ont aucun besoin de la lumière pour se nourrir et se développer ; ils peuvent par conséquent, à moins que la dissémination des spores ou certains phénomènes déterminés d'accroissement n'en exigent autrement, parcourir, même dans l'obscurité la plus profonde, toutes les phases de leur développement, comme on le voit clairement par les Truffes

---

(1) A cette catégorie de spores appartiennent aussi les *Spermaties*, très-petits corps analogues à des spores, produits en grande abondance dans les Urédinées et dans les Ascomycètes, mais dont la fonction est encore inconnue. [Voir sur ce point p. 341 et 355, en note (*Trad.*).]

(2) Voir plus loin ce qui est dit sur ce point au sujet des Lichens.

(3) Sur l'hétérœcie, forme particulière du parasitisme, voir ci-dessous : Urédinées. — Sur les Champignons qui tuent les insectes, voir TULASNE, *loc. cit.*; DE BARY : Botanische Zeitung, 1867; OSCAR BREFELD : Untersuchungen über die Entwickelung der *Empusa muscæ* und *Empusa radicans*, und die durch sie verursachten Epidemicen der Stubenfliegen und Raupen. Halle, 1871.

et beaucoup d'autres Champignons souterrains. Cependant, certains Champignons ont besoin de lumière pour leur achèvement morphologique et, s'ils en sont privés, ils ne produisent pas de réceptacles fructifères, tandis qu'en revanche leur mycélium végète alors avec d'autant plus d'abondance (*Rhizomorpha* et beaucoup d'autres).

Membrane et contenu des cellules. — En ce qui concerne la formation des principes immédiats, tous les Champignons, sans exception, ont ceci de particulier qu'ils ne forment jamais d'amidon ; et il ne faudrait pas croire que ce soit là une conséquence nécessaire et immédiate de l'absence de chlorophylle, car des parasites phanérogames, comme les *Cuscuta, Orobanche*, etc., également dépourvus de chlorophylle, n'en développent pas moins beaucoup d'amidon (1). Les autres substances qui affectent la forme de gros granules sont aussi très-rares dans les cellules des Champignons. La chaux, qu'ils absorbent souvent en abondance, se dépose presque toujours à la surface des filaments en petits grains cristallins d'oxalate de chaux.

La membrane cellulaire des filaments est ordinairement incapable de se colorer en bleu par l'iode et l'acide sulfurique ou par le chloro-iodure de zinc ; cependant les cas où ce bleuissement s'opère ne sont pas rares (De Bary, *loc. cit.*, p. 7) (2). Cette membrane est ordinairement mince, lisse, dépourvue de couches successives ou d'enveloppes différenciées par leurs propriétés physico-chimiques. Une différenciation de ce dernier genre a lieu cependant dans les spores, et surtout dans les spores durables ; il s'y forme en effet une enveloppe externe cuticularisée appelée *exospore* qui, à la germination, est déchirée par l'enveloppe interne ou *endospore*. De même les asques des Pyrénomycètes différencient souvent leur membrane en une couche externe solide et en une couche interne molle et facile à gonfler. La membrane est souvent de couleur sombre, mais rarement, ou peut-être jamais, elle ne se lignifie véritablement ; habituellement elle est flexible, rarement dure et rigide. La transformation en mucilage, avec ramollissement et gonflement des couches externes des filaments, joue aussi un rôle important chez les Champignons ; tantôt cette modification a lieu à la fois dans tous les filaments d'une masse compacte et celle-ci devient gélatineuse dans toute son étendue, comme dans les Trémelles, par exemple ; tantôt ce sont certaines portions ou couches d'un grand massif de filaments qui subissent ultérieurement cette transformation en mucilage, d'où résulte la conformation intérieure que nous signalions plus haut dans beaucoup de Gastéromycètes. Ce phénomène de liquéfaction peut même se produire sur les spores, de sorte que leur dissémination a lieu sous forme de gouttes liquides gélatineuses où elles sont enveloppées (*Sphacelia, Phallus*). Souvent cependant les

(1) Les *Cuscuta* possèdent en réalité des grains de chlorophylle, et même en assez grande abondance, notamment dans les jeunes branches, dont l'épiderme est pourvu de stomates, dans la région centrale du pédicelle floral, dans le pistil et dans les graines en voie de développement. D'autre part, M. Wiesner a montré récemment (Jahrbücher für wiss. Botanik, VIII, p. 576, 1872) que la jeune tige des *Orobanche* renferme des grains de chlorophylle assez promptement masqués par un pigment jaunâtre.   (*Trad.*)

(2) C'est notamment dans toutes les familles de l'ordre des Phycomycètes (Saprolégniées, Péronosporées et Mucorinées), ainsi que dans le *Protomyces macrosporus*, que la membrane cellulaire bleuit par le chloro-iodure de zinc.   (*Trad.*)

spores tombent sèches, ou bien sont expulsées ou projetées soit isolément, soit en masse (*Pilobolus, Ascobolus, Sphærobolus*).

Classification naturelle des Champignons. — Depuis les travaux de MM. Tulasne, De Bary, Woronine et autres observateurs, le groupement systématique des Champignons, comme celui des Algues, est en voie de complète réforme. Des groupes entiers de genres anciens ont été reconnus pour n'être que des termes de la série des générations alternantes d'autres formes, et beaucoup de genres et d'espèces, en apparence autonomes, ont subi le même sort. Provisoirement il y a lieu d'adopter la classification proposée par M. De Bary et qui est conforme à l'état présent de la science. En conséquence, la classe des Champignons se divise de la façon suivante en quatre groupes principaux ou ordres, qui se subdivisent à leur tour en familles :

I. PHYCOMYCÈTES
- Saprolégniées.
- Péronosporées.
- Mucorinées.

II. HYPODERMÉES
- Urédinées.
- Ustilaginées.

III. BASIDIOMYCÈTES
- Trémellinées.
- Hyménomycètes.
- Gastéromycètes.

IV. ASCOMYCÈTES
- *Protomyces* (?)
- Ferments.
- Tubéracées.
- Onygénées.
- Pyrénomycètes.
- Discomycètes.
- Lichens.

Nous allons maintenant exposer, à l'aide d'un ou deux exemples, les caractères essentiels de chacune de ces divisions principales.

I. PHYCOMYCÈTES. — Par leur structure et leur développement morphologique, les Phycomycètes ressemblent aux Algues Siphonées, notamment aux Vauchériées. Les Saprolégniées et les Péronosporées forment en effet, au sommet de branches tubuleuses du mycélium, des oogones sphériques, à l'intérieur de chacun desquels naît par fécondation une ou plusieurs oospores.

Saprolégniées (1). — Les Saprolégniées, qui croissent le plus souvent sur le corps des insectes morts en voie de décomposition dans l'eau, présentent une alternance de générations : tout d'abord apparaît une série de générations d'individus asexués qui produisent des zoospores, puis vient une génération d'individus sexués. Tantôt ces derniers sont monoïques ; alors la fécondation est opérée par des branches anthéridiennes qui perforent l'oogone et émettent dans son intérieur les anthérozoïdes, ou bien la paroi de l'oogone présente des trous ménagés à l'avance pour cet objet. Tantôt au contraire les individus

____

(1) PRINGSHEIM : Jahrbücher für wiss. Botanik, I, p. 289, et II, p. 205. — HILDEBRAND, *ibid.*, VI, p. 249. — WALZ : Botanische Zeitung, 1870, p. 537. — LEITGEB : Jahrbücher f. wiss. Botanik, VII, p. 357. — REINKE : Archiv f. mikrosk. Anatomie von M. Schultze, V, p. 183.

sexués sont dioïques ; dans ce cas la plante mâle forme des anthérozoïdes qui nagent d'abord dans le liquide avant de pénétrer dans l'oogone. Les figures 8 et 9, au § 3 du livre I, représentent, dans ses traits essentiels, la formation des zoospores et des oospores de ces plantes. Les oospores germent directement après une période de repos (1).

1) **Caractères généraux des Saprolégniées.** — Je résume ici, d'après le récent Mémoire de M. Max. Cornu (Monographie des Saprolégniées, *Ann. des sc. nat.*, 5e série, XV, 1872), quelques-uns des résultats des recherches de ce botaniste sur la famille des Saprolégniées. M. Cornu a eu l'obligeance de dessiner pour ce Traité les figures qui accompagnent cette note et dont plusieurs sont inédites.

Les Champignons de la famille des Saprolégniées se rattachent à deux types distincts. Dans le premier groupe (Saprolégniées vraies), les zoospores sont réniformes à deux cils inégaux, l'un en avant, l'autre en arrière (fig. 167 D, 12), ou ovales à deux cils antérieurs égaux. Les divers genres y forment deux séries parallèles, les uns ayant leurs filaments cylindriques (*Saprolegnia, Achlya, Aphanomyces, Dictyuchus, Pythium*), les autres leurs filaments munis d'étranglements (*Leptomitus, Apodya, Achlyogeton, Myzocytium, Rhipidium*). L'un des types les plus singuliers de

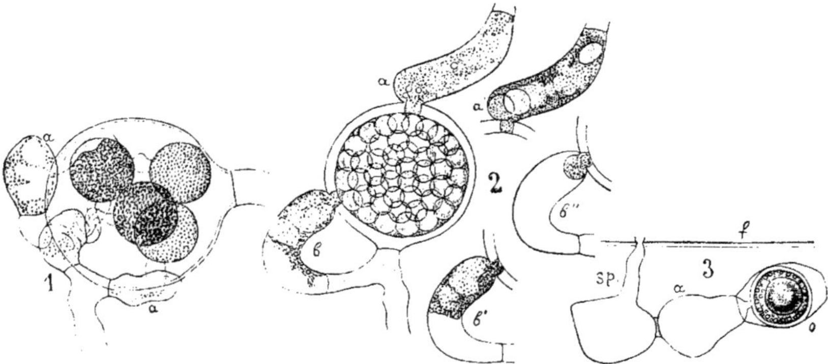

Fig. 167 A. — Fécondation sans anthérozoïdes. — 1. *Achlya contorta*. Oogone avec quatre oosphères ; *a, a,* anthéridies, desquelles partent des prolongements qui s'enfoncent dans chacune des oosphères. Le protoplasma des anthéridies est en train de s'épancher, il est disposé en traînées caractéristiques ; il n'y aucun anthérozoïde. — 2. *Pythium gracile*. Oogone avec deux anthéridies *a* et *b ; b′* la même anthéridie que *b*, mais après trois-quarts d'heure, le protoplasma se replie vers l'extrémité ; *b″*, la même anthéridie après 2 heures ; *a′* même anthéridie que *a*, mais après 2 heures ; cette dernière montre comment débute l'épanchement du protoplasma dans l'oosphère. — 3. *Myzocytium globosum*, dans l'intérieur d'un filament de Conferve dont la paroi est visible en *f ; sp*, sporange qui s'est vidé par un prolongement sortant au dehors ; *o*, oogone avec une oospore unique présentant à son centre un globule unique ; *a* anthéridie de forme et de diamètre peu différents de l'oogone et qui s'est vidée dans celui-ci.

cette section est le genre nouveau *Rhipidium*, qui porte un stipe général à parois épaissies d'où partent, en rayonnant, des filaments étranglés (fig. 167 D, 10-14). Dans toutes les espèces de ce groupe, les filaments sont formés de cellulose et leur membrane se colore en bleu par le chloro-iodure de zinc. C'est à ce groupe que M. M. Cornu rattache les Péronosporées.

Dans la seconde section (Monoblépharidées), composée des trois espèces du genre nouveau *Monoblepharis,* les zoospores sont ovales triangulaires et munies d'un cil unique postérieur pendant le mouvement (fig. 167 B, 4, z). Le corps de la zoospore sort le premier du sporange (*fig. 4, α-ε*) ; son cil reste encore engagé dans l'intérieur et les efforts que fait la première zoospore pour le dégager attirent la seconde ; les efforts réunis de la première et de la seconde attirent la troisième, et ainsi de suite. L'une des espèces possède des sporanges prolifères comme ceux des *Saprolegnia*, tandis que les deux autres imitent la ramification des *Achlya*. Cette double forme se

Péronosporées (1). — Les Péronosporées vivent à l'intérieur des plantes Phanérogames ; les branches de leur mycélium unicellulaire s'accroissent entre

retrouve d'ailleurs dans d'autres genres. Les filaments de ces plantes ne présentent pas, avec le chloro-iodure de zinc, la réaction de la cellulose.

Reproduction sexuée. — Deux cas se présentent dans la reproduction sexuée des Saprolégniées Certaines espèces, et c'est le plus grand nombre, sont munies de branches latérales. Dans ce cas, les anthéridies émettent à travers la paroi de l'oogone, perforée ou non à l'avance, des prolongements plus ou moins nombreux qui s'implantent directement dans chaque oosphère (fig. 167 A, 1). Quoiqu'il ait opéré sur plusieurs espèces appartenant à divers genres, M. Cornu

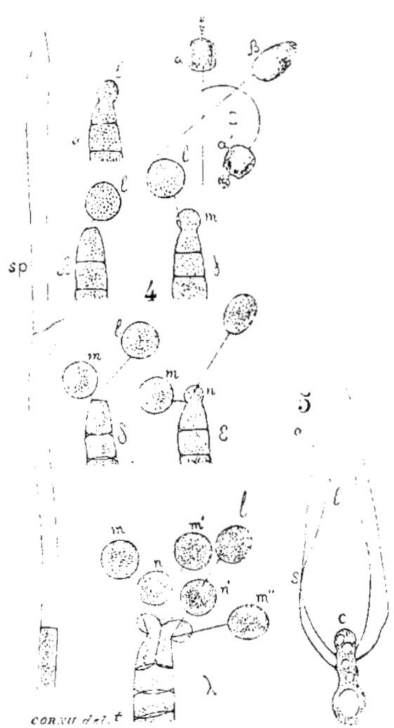

Fig. 167 B. — Reproduction asexuée des *Monoblepharis.* — 4. *Monoblepharis polymorpha ; sp*, deux sporanges superposés ; α, β, γ, δ, ε, λ, sortie des zoospores. α, extrémité d'un sporange laissant échapper une première zoospore *l*. β, extrémité du même ; la zoospore *l* est sortie, mais est encore retenue par son cil. γ, la zoospore *l* est un peu plus dégagée et aide la zoospore *m* à s'échapper. δ, *m* est dégagée, mais *l* n'est pas encore libre. ε, début de la sortie de la 3ᵉ zoospore *n* ; *l* commence à prendre une forme allongée et va s'élancer dans le liquide. λ, sortie simultanée des zoospores d'un gros sporange : *l*, zoospore sortie la première, elle était terminale : *m*, *m'*, *m"*, 3 zoospores sorties toutes ensemble ; *n*, *n'*, 2 zoospores sorties ensemble. Deux autres sortent encore, mais après elles les autres zoospores sortent une à une. Z, zoospores ; elles ont un cil unique postérieur ; α, α' zoospores de forme normale pendant la progression ; β, zoospore sortie depuis peu d'instants et qui n'a pas encore pris la forme trigone des zoospores normales. — 5. *M. prolifera ; a*, premier sporange ; *b*, deuxième sporange soudé en *s* au premier : la cloison, en *c*, se souleve de nouveau pour la formation d'un troisième sporange.

n'a jamais vu d'anthérozoïdes sortir des anthéridies. Les anthéridies se vident par des courants de protoplasma (fig. 2). C'est une véritable conjugaison. Le mot d'*anthéridie* peut donc être critiqué, puisque l'organe ne contient pas d'anthérozoïdes.

D'autres espèces, moins nombreuses, n'ont pas de branches latérales ; les oogones sont alors munis de perforations naturelles, et, comme la nécessité de la fécondation est évidente, il faut admettre qu'il y a des anthérozoïdes. M. Pringsheim a cru trouver ces anthérozoïdes dans certaines formations singulières et rares, qu'il faut rapporter, suivant M. M. Cornu, à des parasites. M. Cornu appuie cette opinion sur l'absence fréquente de ces productions chez les espèces dénuées de branches latérales, et sur leur présence au contraire dans des espèces qui en sont munies ; sur la présence de deux de ces formations sur la même espèce munie de branches latérales, ou de la même formation sur deux espèces vivant ensemble ; sur leur développement dans l'intérieur d'un oogone, par cela même rendu stérile ; et enfin sur l'existence des spores échinées, second mode de reproduction du parasite qui, par là aussi bien que par la forme de ses zoospores (fig. 167 E, fig. 15 et 16), rentre pleinement dans le groupe des Chytridinées.

Il faut donc admettre que les anthérozoïdes de ces espèces dépourvues de branches latérales

(1) DE BARY, *loc. cit.*, p. 176 et *Ann. des sc. nat.*, 4ᵉ série, XX.

les cellules des tissus, d'où elles tirent leur nourriture à l'aide de suçoirs particuliers (fig. 168, *A*, *h*).

ont échappé jusqu'ici, sans doute parce qu'on les a confondus avec les zoospores et qu'ils sont de même forme qu'elles. Dans cette supposition, les anthéridies seraient formées par certains zoosporanges, entièrement semblables aux autres en apparence. Le genre *Monoblepharis* offre ce mode de fécondation, ce qui rend l'hypothèse fort probable.

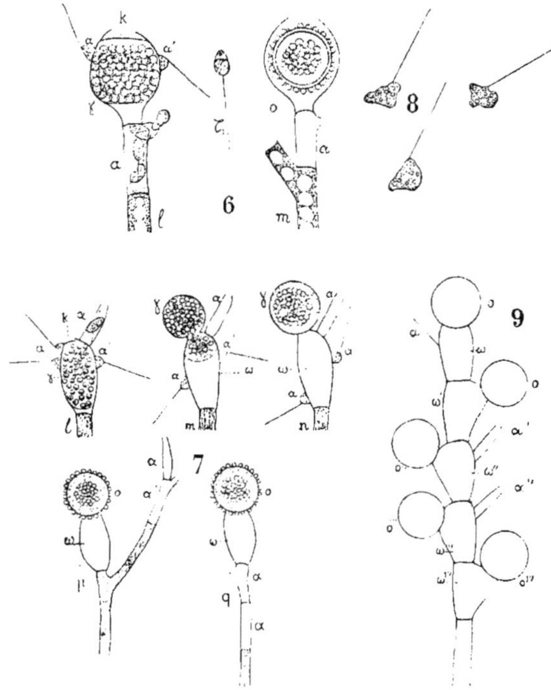

Fig. 167 C. — Reproduction sexuée des *Monoblepharis*. — 6. *M. spherica*. *l*, préparatifs de la fécondation ; *a*, anthéridie d'où sortent les anthérozoïdes ; *a*, *a'* anthérozoïdes rampant à la surfa e de l'oogone qui s'est déjà ouvert; leur cil est raide ; γ oosphère unique remplie de globules oléagineux ; κ tache germinative, ζ anthérozoïde de même forme que les zoospores (voir la figure 4), mais de taille moitié moindre. *m*, oogone après la fécondation et la maturation de l'oospore ; *a*, anthéridie vidée ; *o*, oospore munie d'une membrane épaisse et de verrues transparentes à sa surface; on voit au centre un grand nombre de globules oléagineux. — 7. *M. polymorpha*. *l*, *m*, *n* fécondation ; *p*, *q*, dispositions diverses des oogones et des anthéridies. *l*, préparatifs de la fécondation ; l'oogone s'est ouvert; dans l'intérieur on aperçoit l'oosphère unique γ, qui le remplit presque complètement et qui contient un grand nombre de globules oléagineux; κ, tache germinative ; *a*, anthéridie où il ne reste plus qu'un anthérozoïde ; *a*, *a'*, anthérozoïdes qui sont venus se fixer sur l'oogone et qui y rampent avec un mouvement amiboïde. *m*, la fécondation a eu lieu par la fusion d'un anthérozoïde avec l'oosphère γ; cette dernière sort hors de l'oogone ω ; *a*, *a'* quelques anthérozoïdes se déplacent encore sur l'oogone. *n*, l'oosphère γ est sortie entièrement de l'oogone ω, qui est vide ; elle a pris la forme sphérique, s'est entourée d'une membrane et ses globules oléagineux se sont rassemblés au centre : c'est une véritable oospore ; elle reste fixée à l'ouverture de l'oogone. *p*, *q*, deux autres filaments avec oospores mûres *o* ; ω, oogones vides d'où elles sont sorties à l'état d'oosphères fécondées, mais non membraneuses; *a*, *a'* anthéridies placées dans des positions diverses par rapport à l'oogone ; en *p*, notamment, elles ont l'apparence de petits sporanges. — 8. Formes différentes que prend l'anthérozoïde dans sa reptation amiboïde à la surface de l'oogone. — 9. Filament du *Monoblepharis polymorpha* chargé d'oospores ; *o*, *o'*..., oospores; ω, ω'.... oogones vides ; *a*, *a'*... anthéridies : le contour seul des oospores a été indiqué.

Le mycélium produit d'abord des branches fructifères asexuées qui apparaissent au-dessus de la surface de la plante hospitalière. Dans les *Peronospora*, ces branches s'échappent par l'ouverture des stomates et se ramifient en forme d'ar-

Chez les *Monoblepharis* en effet (fig. 167 C, 6-9), les anthérozoïdes naissent dans de petits sporanges spéciaux, facilement reconnaissables par leur taille et leur position, et contenant cinq ou six anthérozoïdes tout à fait semblables aux zoospores, mais moitié plus petits qu'elles (fig. 6, *z*); ils rampent à la surface de l'oogone et fécondent, en se mélangeant à elle, l'oosphère unique *y*. Les oosphères mûres sont sphériques, brunes et parsemées de tubercules incolores. Chez le *M. sphærica* (fig. 6), l'oospore est interne chez le *M. polymorpha*, l'oosphère ne s'entoure, au contraire, d'une membrane qu'après être sortie de l'oogone (fig. 7, *l*, *m*, *n* et 9).

Quant à ce fait, que la reproduction s'effectue tantôt par *conjugaison* et tantôt par *fécondation* dans le même genre, il ne doit pas nous étonner; il montre seulement le peu d'importance qu'on doit attacher au mode de propulsion de la cellule reproductrice mâle. Une différence très-analogue se rencontre d'ailleurs chez les Péronosporées. Le genre *Peronospora* offre, en effet, des spores dont les unes

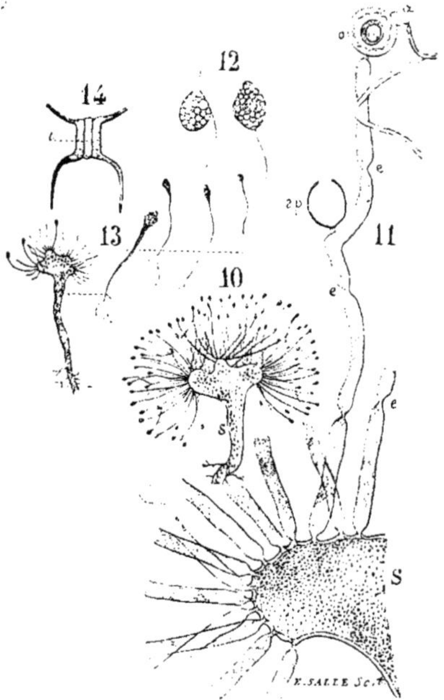

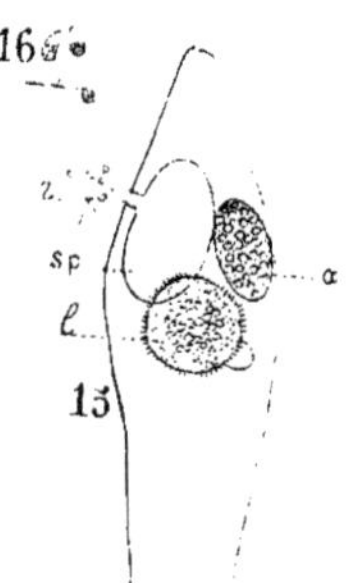

Fig. 167 D. — *Rhipidium interruptum.* — 10. Port ; les filaments sont tous munis d'étranglements et partent d'un support général, *s*. — 11. Individu plus fortement grossi ; un seul des filaments est représenté ; *e*, étranglements (il n'y a pas de cloison) ; *sp*, sporange vidé ; *o*, oogone contenant une oospore blanche, échinée, à parois épaisses, et munie d'un globule oléagineux central ; *a*, anthéridie. — 12. Deux zoospores. — 13. Germination des zoospores ; le corps de la zoospore se renfle et devient le début du support qui s'accroît ensuite. — 14. Cloison d'un filament de *Rhipidium* ; les parois de l'étranglement s'épaississent et le canal *i* est comblé par de la cellulose.

Fig. 167 E. — Chrytridinée (*Olpidiopsis*), parasite d'un *Saprolegnia*. — 15. Le filament nourricier est renflé en massue ; tout le protoplasma qu'il contenait a été absorbé par le parasite ; *sp*, sporange vidé ; *z* zoospores ; *a*, sporange jeune, montrant la transformation qui précède le développement des zoospores ; *l*, spore immobile échinée. — 16. Zoospores plus fortement grossies.

émettent dans l'eau un simple filament germinatif et dont les autres émettent des zoospores.

Dans les *Myzocytium* (fig. 167 A, 3), petites espèces endophytes, la fécondation a lieu au moyen d'une anthéridie de même dimension que l'oogone et presque de même forme, située à la suite de l'oogone sur le même filament. Cette disposition rappelle celle de certaines Algues conjuguées.

Les oospores peuvent germer à l'intérieur de l'oogone. Tantôt elles émettent un filament, tantôt, au contraire, elles s'organisent directement en zoospores. Toutefois, les deux cas ne

bre ; dans les *Cystopus*, elles sont claviformes (fig. 168, *B*), étroitement serrées
l'une contre l'autre et forment un hyménium au-dessous de l'épiderme. Les
spores, articulées sur ces branches, sont, dans certains *Peronospora*, de simples
spores ordinaires, reproduisant directement les filaments mycéliens ; chez d'au-

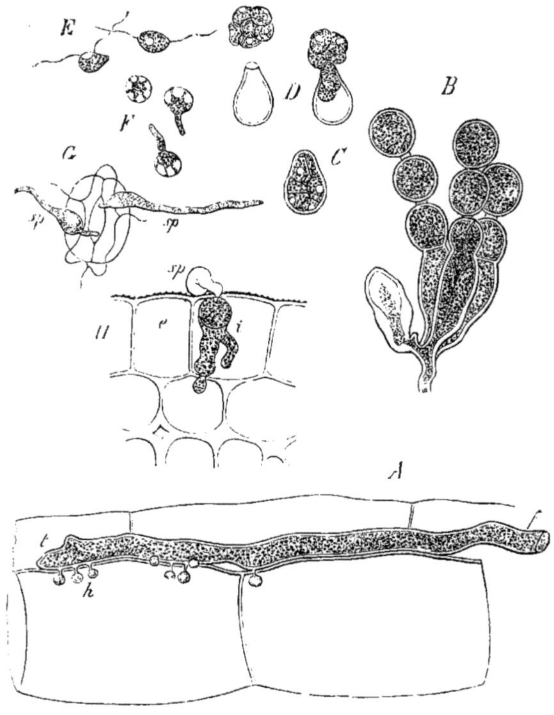

Fig. 168. — *A-G, Cystopus candidus ; H, Peronospora infestans*, d'après M. De Bary (400). — *A*, branche
mycélienne s'allongeant par son sommet *t*, et munie de suçoirs *h*, entre les cellules médullaires du *Lepidium
sativum* ; *B*, branches sporifères du mycélium ; *C, D, E*, formation des zoospores par les spores ; *F*, zoospores
germant ; *G*, zoospores germant sur un stomate et y introduisant la pointe de leurs filaments ; *H*, zoospore
germant sur l'épiderme d'une tige de Pomme de terre et perçant cet épiderme.

tres espèces de ce genre (*Peronospora infestans*), au contraire, et dans toutes
les espèces du genre *Cystopus*, elles ne germent pas immédiatement, mais développent, quand elles sont plongées dans l'eau, dans une goutte de rosée ou
de pluie, plusieurs zoospores (fig. 168, *C, D, E, F*). Dans certaines espèces de

semblent pas distincts physiologiquement ; deux oospores de même origine, formées dans le
même oogone et soumises aux mêmes influences extérieures, forment, l'une un filament, l'autre
un zoosporange : preuve nouvelle du peu d'importance des organes de propulsion du protoplasma. Quoi qu'il en soit, le filament, d'après MM. Pringsheim et Cienkowski, se termine toujours directement par un zoosporange, sans former de mycélium. La différence entre les deux
modes de germination se réduit donc à ceci, que le zoosporange est sessile ou pédicellé. (*Trad.*)

Cystopus, l'article terminal de chaque chapelet de spores germe directement
en filament.

Les zoospores du *Peronospora infestans*, après avoir nagé pendant quelque
temps, viennent s'établir sur la cuticule de la plante nourricière, s'y fixent.
s'entourent d'une mince membrane et percent un petit trou dans la paroi externe de la cellule épidermique (fig. 168, *II*, *sp*). Par ce petit trou, le filament
germinatif s'introduit, avec tout le protoplasma de la zoospore, dans la cellule

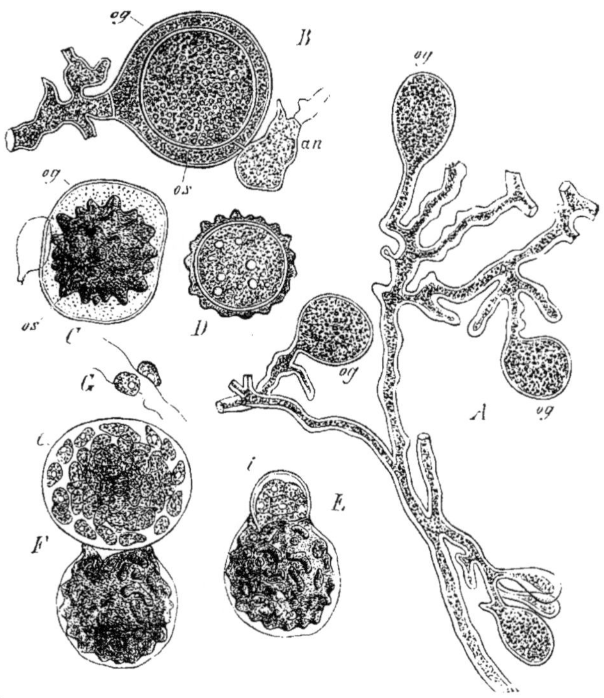

Fig. 169. — *Cystopus candidus*, d'après M. De Bary (300). — A, mycélium avec jeunes oogones ; B, oogone *og*,
renfermant son oosphère *os* et contre lequel s'est appliquée une anthéridie *an* ; C, oogone mûr; D, oospore mûre ;
E. F, G, formation des zoospores à l'intérieur de l'oospore ; *i*, l'endospore.

épidermique, puis il en perce la membrane opposée et parvient dans les méats
intercellulaires où il se développe et se ramifie. Les zoospores du *Cystopus
candidus* viennent se fixer au voisinage des stomates, dans l'ouverture desquels
ils introduisent leurs tubes germinatifs; ceux-ci pénètrent ainsi directement
dans les espaces intercellulaires, mais ils ne s'y développent en un mycélium
que si l'ensemencement est opéré sur les cotylédons verts de la plante nourricière (*Lepidium sativum, Capsella*).

Le mycélium, une fois constitué dans le parenchyme de l'hôte, continue à s'y
accroître et finit souvent par envahir toute la plante, pour émettre au dehors
en différentes places de la tige, des feuilles ou des inflorescences, ses rameaux

sporifères. Ainsi développé, le mycélium peut aussi hiberner dans la plante, comme fait par exemple le *Peronospora infestans* à l'intérieur des tubercules de Pomme de terre, pour poursuivre, au printemps suivant, son développement dans les nouvelles pousses.

Les organes sexués des Péronosporées se développent à l'intérieur du tissu de la plante nourricière. Certaines branches du mycélium se renflent en sphère à leur extrémité, qui se sépare par une cloison du reste du filament et devient un oogone (fig. 169, *A, og*) dans lequel se forme, aux dépens d'une certaine portion du protoplasma, une seule oosphère (*B, os*). Un rameau, émané d'une autre branche du mycélium, se renfle également à son extrémité qui se sépare par une cloison et forme une anthéridie. En même temps, ce rameau se dirige vers l'oogone et vient y appliquer étroitement son anthéridie; puis, dès que l'oosphère est constituée, une fine branche émanée de l'anthéridie (*B, an*) perce la membrane de l'oogone et pénètre dans l'oosphère. Après la fécondation, celle-ci s'entoure d'une membrane, qui, s'épaississant progressivement, se différencie en une enveloppe externe rugueuse, mamelonnée, d'un brun sombre (exospore), et une enveloppe interne incolore (endospore). Les oospores ainsi constituées passent l'hiver sans changement et germent ensuite; celles du *Peronospora Valerianellæ* forment directement sur le sol humide un filament mycélien; mais celles des *Cystopus* produisent des zoospores. Dans ce dernier genre, l'exospore se déchire, l'endospore fait saillie en forme de vésicule (fig. 109, *F*), puis éclate à son tour en mettant en liberté les zoospores (*G*), qui se comportent ensuite exactement comme les zoospores issues des spores asexuées.

Mucorinées. — Pour l'étude des Mucorinées nous pouvons prendre comme exemple le *Rhizopus nigricans* (*Mucor stolonifer*) (1).

Ce Champignon se développe sur les organes végétaux morts ou en voie de désorganisation, notamment sur les fruits charnus dont il provoque la décomposition rapide. Le mycélium forme, au-dessus du substratum, des tubes stoloniformes longs de 1-3 centimètres, qui viennent y appuyer de nouveau leur extrémité et s'y fixent par des rameaux radicellaires plus tard cloisonnés, tandis que du même point se dressent dans l'air plusieurs branches hautes de 2-3 millimètres et terminées par des sporanges. L'extrémité de ces branches se renfle, en effet, en sphère, se remplit de protoplasma et se sépare du reste du tube par une cloison transverse; celle-ci se développe en forme de voûte élevée dans la cavité du sporange, et c'est entre cette cloison voûtée et la paroi externe que se forment de nombreuses petites spores. Ces spores sont mises en liberté par la destruction de la paroi; elles ne germent pas dans l'eau pure, mais seulement quand on les sème sur un milieu nutritif; elles développent alors directement un tube mycélien. Mais, desséchées, elles peuvent aussi conserver, pendant plusieurs mois, leur faculté germinative.

---

(1) De Bary et Woronin : Beiträge zur Morphol. und Phys. der Pilze, 1866, p. 25. — Sur le *Pilobolus crystallinus*, voir Cohn : Nova Acta Acad. nat. curios., XV, p. 510.

Voir aussi : O. Brefeld : Botanische Untersuchungen über Schimmelpilze (*Mucor Mucedo, Chætocladium Jonesii, Piptocephalis Freseniana*). Leipzig, 1872. — Ph. Van Tieghem et G. Le Monnier : Recherches sur les Mucorinées (*Ann. des sc. nat.*, 5e série, t. XVII, p. 261, 1873).

(*Trad.*)

C'est seulement lorsque le mycélium a produit de nombreux filaments sporangifères que commence, au-dessous du feutrage blanc qu'il constitue, la formation des zygospores. Là ou deux des filaments solides du mycélium se touchent, chacun émet une branche qui se dirige vers sa congénère et s'applique intimement contre elle. Ces deux branches grandissent ensuite et se renflent en massue ; puis il se fait dans chacune d'elles une cloison qui en sépare l'extrémité élargie. Des deux cellules copulatrices, qui se touchent ainsi par une large surface, l'une est constamment plus petite que l'autre. Puis la double cloison qui les sépare se résorbe, et les deux cellules se soudent en une cellule unique, la zygospore. Celle-ci s'accroît encore notablement, atteint environ $0^{mm},2$ et prend la forme d'une sphère, aplatie latéralement sur les faces de contact avec les deux supports ; elle est revêtue d'une épispore et d'un noir bleuâtre. La formation des zygospores a lieu en mai, juin, juillet sur les cerises et les groseilles et elle exige environ 24 heures pour s'achever.

La germination des zygospores a été observée dans une autre Mucorinée, le *Sporodinia grandis* (*Syzygites megalocarpus*), qui vit sur les Champignons charnus (1). La zygospore y forme directement, sans mycélium, un filament dressé qui porte un système de sporanges à spores asexuées. Ces spores produisent un mycélium, lequel développe d'abord des zygospores, puis de nouveau des spores asexuées. Il y a donc une alternance régulière de générations (2).

(1) On connait aujourd'hui la fécondation et les zygospores dans six genres de la famille des Mucorinées. Ce sont par ordre de date : le *Sporodinia grandis* (dont les zygospores, découvertes par Ehrenberg en 1829, ont été regardées par lui et jusque dans ces derniers temps comme caractérisant un genre tout particulier qu'il a appelé *Syzygites megalocarpus*), le *Rhizopus nigricans* (M. De Bary, 1866), le *Mucor fusiger* (M. Tulasne, 1866), le *Mucor Mucedo* (MM. Ph. Van Tieghem et Le Monnier, M. Brefeld, 1872), le *Phycomyces nitens* (MM. Ph. Van Tieghem et Le Monnier, 1872), le *Chætocladium Jonesii* et le *Piptocephalis Freseniana* (M. Brefeld, 1872). La germination des zygospores, toujours sans mycélium, a été observée dans les *Sporodinia*, *Mucor fusiger* et *Mucedo*, *Chætocladium* et *Piptocephalis*.   (Trad.)

(2) Pour ne pas borner l'étude de ce groupe important de Champignons au seul exemple fourni par le *Rhizopus nigricans*, je résume ici, d'après un récent travail fait en commun avec M. G. Le Monnier (*loc. cit.*), les caractères généraux de la famille des Mucorinées.

Caractères généraux des Mucorinées. — La caractéristique d'une famille quelconque de Champignons doit être tirée à la fois du système végétatif ou mycélium, de l'appareil unique de la reproduction sexuée, des appareils souvent multiples de la reproduction asexuée, enfin de l'ordre suivant lequel se succèdent ces divers appareils reproducteurs et qui détermine l'alternance des générations.

Mycélium. — Le système végétatif des Mucorinées, leur mycélium, comme celui de la plupart des autres Champignons, a toujours pour point de départ une spore asexuée, c'est-à-dire d'origine simple ; la spore sexuée d'origine double, l'oospore ou l'œuf, au contraire, ne forme jamais de mycélium en germant, mais produit toujours directement, comme dans la presque totalité des autres Champignons et comme nous le verrons aussi dans les Muscinées, un appareil reproducteur asexué.

Placée dans les conditions favorables, cette spore asexuée, toujours dépourvue de cloisons, émet un ou plusieurs tubes qui s'allongent en se ramifiant et constituent un mycélium de plus en plus puissant. Ce mycélium est toujours unicellulaire au début, comme celui des Péronosporées et des Saprolégniées, les tubes étant totalement dépourvus de cloisons transverses. Le protoplasma plus ou moins granuleux qui remplit ces tubes a aussi des caractères différents de celui qu'on y trouve chez les Ascomycètes et les Basidiomycètes. Plus tard, quand les filaments se vident de protoplasma, des cloisons plus ou moins irrégulièrement distribuées y apparaissent.

II. Hypodermées (1). — Parmi les Champignons de cet ordre, nous choisirons pour exemple celui qui est actuellement le mieux connu, le *Puccinia graminis*, qui appartient à la famille des Urédinées.

Urédinées. — *Cycle de végétation et hétérœcie du* **Puccinia graminis.** — Bien

En général ces tubes mycéliens se croisent en demeurant indépendants ; mais dans quelques genres de la famille (*Mortierella, Syncephalis*, etc.), ils contractent au contraire de fréquentes anastomoses. Leur membrane n'est jamais colorée.

Ce mycélium, tantôt végète exclusivement à l'intérieur du milieu nutritif, tantôt s'étend à la fois dans ce milieu et dans l'air. Chez quelques Mucorinées il peut, quand l'occasion s'en présente, se fixer sur le mycélium ou sur les appareils reproducteurs d'autres plantes de la même famille, et se nourrir de leur substance, vivre en un mot en parasite (*Chætocladium, Piptocephalis, Syncephalis*). Mais ce parasitisme ne paraît jamais être nécessaire, car ce même mycélium végète et fructifie fort bien quand on l'isole complétement, comme il est facile de le faire

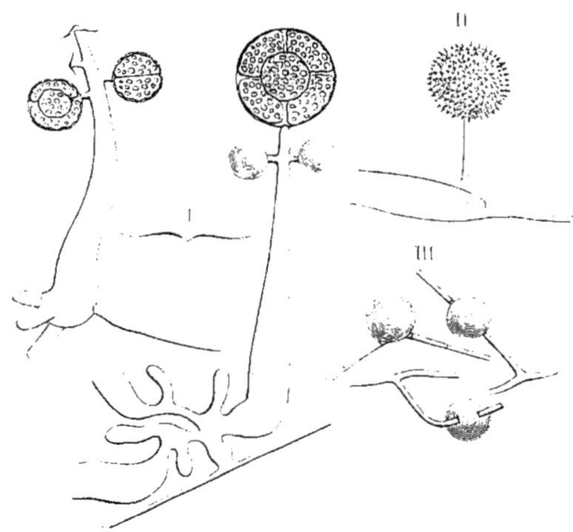

Fig. 169 A. — Reproduction asexuée du *Mortierella reticulata*.— I, tubes sporangifères, avec leurs crampons radicaux ; à droite le sporange terminal est mûr, les latéraux en voie de développement ; à gauche, les spores du sporange terminal sont tombées, celles des sporanges latéraux sont mûres (250). — II, chlamydospore aérienne, pédicellée, à membrane hérissée de pointes, insérée sur le mycélium au voisinage d'une dichotomie en diapason (400). — III, chlamydospores aquatiques, sessiles, à membrane lisse, formées sur le trajet des tubes mycéliens (300).

dans les cultures cellulaires. C'est un parasitisme facultatif, avantageux sans nul doute, mais non absolu. On ne peut donc pas dire qu'aucune des Mucorinées actuellement connues soit parasite, au sens que l'on attache d'ordinaire à ce mot et qui implique une nécessité d'existence.

Reproduction asexuée. — *Forme sporangiale.* — Sur ce mycélium, toutes les Mucorinées développent un réceptacle dressé dans l'air, tantôt énergiquement attiré par la lumière (*Mucor, Phycomyces*, etc.), tantôt insensible à son action (*Rhizopus, Circinella*), dont la membrane se colore en bleu ou tout au moins en violet ou en rose par le chlorure de zinc iodé, et qui se termine par un système de sporanges à l'intérieur desquels naissent, par voie de division, les spores asexuées.

Tantôt ces sporanges sont globuleux, et le plus souvent ils renferment alors un nombre de

(1) De Bary : Monatsberichte der Berliner Akademie, 1865. — Le même : Recherches sur le développement de quelques Champignons parasites (Ann. des sc. nat., 4e série, XX). — Rees, die Rostpilze der deutschen Coniferen. Halle, 1869.

que les organes sexués n'y soientpas encore connus, le développement de cette
plante présente, non-seulement une alternance de générations très-nettement
caractérisée, mais encore une hétérœcie liée à cette alternance, hétérœcie que
l'on rencontre aussi, mais avec des traits moins marqués, dans d'autres Cham-

spores considérable, et qui varie beaucoup suivant les dimensions du sporange, pouvant, dans
la même espèce, dépasser 50,000 et descendre au-dessous de 10 (*Phycomyces*, *Mucor*, etc.) ;
mais quelquefois ce nombre se réduit à l'unité et demeure alors constant, le sporange globuleux est monosperme (*Chætocladium*). Tantôt, au contraire, les sporanges ont la forme de
tubes étroits et ne contiennent qu'une seule rangée de spores qui se suivent en chapelet (*Piptocephalis*, *Syncephalis*). En général les sporanges terminent directement les tubes fructifères ou
leurs ramifications, mais quelquefois ils sont portés plusieurs ensemble sur une tête, elle-même
insérée, avec beaucoup d'autres têtes semblables, au sommet du tube fructifère simple (*Syncephalis*) ou de ses ramifications dichotomes (*Piptocephalis*).

La déhiscence du sporange s'opère, suivant les cas, d'une manière un peu différente. Ici sa
membrane se résorbe totalement et sans laisser de traces, aussitôt après la maturité des spores,
tandis qu'une goutte d'eau sécrétée au sommet du réceptacle enveloppe les spores devenues
libres (*Mortierella*, *Piptocephalis*, *Syncephalis*) (fig. 169 A). Là, au contraire, la membrane
persiste autour des spores et c'est par une déchirure, tantôt immédiate et circulaire à la base
(*Pilobolus*) ou vers le milieu de la hauteur (*Circinella*), tantôt postérieure à la chute totale des
sporanges (*Chætocladium*), que la dissémination a lieu. Ailleurs encore, se trouve réalisé un cas
intermédiaire : le fond de la membrane se résorbe avec plus ou moins de facilité ou se dissout
dans l'eau, mais en laissant subsister les granules sombres ou les pointes d'oxalate de chaux
qui l'incrustaient (*Mucor bifidus*, *Mucedo*, etc. ; *Rhizopus*, etc.). Enfin, tantôt la cloison qui
sépare le sporange du filament qu'il termine est plane (*Chætocladium*, *Mortierella*, etc.
(fig. 169 A, I, tantôt elle se voûte plus ou moins fortement en dedans, en formant ce qu'on
appelle souvent la columelle (*Mucor*, *Phycomyces*, *Circinella*, etc.).

En général, les Mucorinées n'ont qu'une seule espèce de sporanges, mais quelques genres,
cependant, possèdent deux systèmes de sporanges, nettement différenciés dans l'âge adulte à la
fois par la structure du sporange lui-même et par celle du réceptacle qui les porte (*Thamnidium*,
Helicostylum, *Chætostylum*), mais qui produisent cependant des spores identiques.

On tire de ce système sporangial simple ou double, notamment de l'organisation du réceptacle, des sporanges et des spores, de précieux caractères pour la détermination des genres.

Forme chlamydée. — Outre ces spores asexuées nées dans un sporange, que toutes les Mucorinées possèdent, certains genres de la famille, peut-être même même tous, produisent, sur le même
mycélium, d'autres spores nées isolément à l'intérieur de la membrane du filament par une
condensation locale et une transformation du protoplasma, et qui sont mises en liberté par la
résorption de cette membrane : ce sont les *chlamydospores*, seconde forme de spores asexuées,
très-différentes des premières par leur mode de formation, leur structure et leur rôle physiologique.

Les chlamydospores peuvent elles-mêmes revêtir deux aspects différents, suivant que les
filaments qui les produisent sont plus ou moins spécialisés et différenciés par rapport au reste
du mycélium.

Tantôt, en effet, le mycélium produit des branches qui se dressent dans l'air et qui, simples
ou ramifiées, se terminent chacune par une grosse spore endogène à membrane épaissie et
hérissée de pointes ou de tubercules (*Mortierella*) (fig. 169 A, II et fig. 169 B). Le mycélium
peut végéter abondamment et longtemps en ne produisant que cette seule espèce de fructifica-
tions, en ne formant que ces chlamydospores aériennes pédicellées, et sous cette forme ces
plantes ont dû être bien des fois rencontrées et méconnues, prises pour des Mucédinées et
notamment pour des *Sepedonium*.

Tantôt c'est à l'intérieur des filaments mycéliens eux-mêmes, et non à l'extrémité de branches
spéciales, que le protoplasma se condense souvent vers la fin de la végétation, en certains points,
pour former des corps reproducteurs de forme et de grandeur assez inégales, enveloppés par la
membrane du tube primitif et mis en liberté par sa destruction ; ce sont des chlamydospores
mycéliennes et sessiles (fig. 169 A, III). Ces chlamydospores mycéliennes, terminales ou inter-

pignons. Par hétérœcie, M. de Bary entend cette propriété par laquelle une certaine génération d'un Champignon parasite se développe exclusivement sur une certaine plante nourricière ou sur un certain groupe de plantes nourri-

calaires, isolées ou en chapelet, peuvent se développer aussi dans les filaments sporangifères qui, après la maturité du sporange, redeviennent en définitive de simples filaments mycéliens. On peut en rencontrer partout, depuis la cavité de la spore primitive, jusque dans la columelle du sporange vidé. Mais tous les genres, ni toutes les espèces d'un même genre, n'en développent

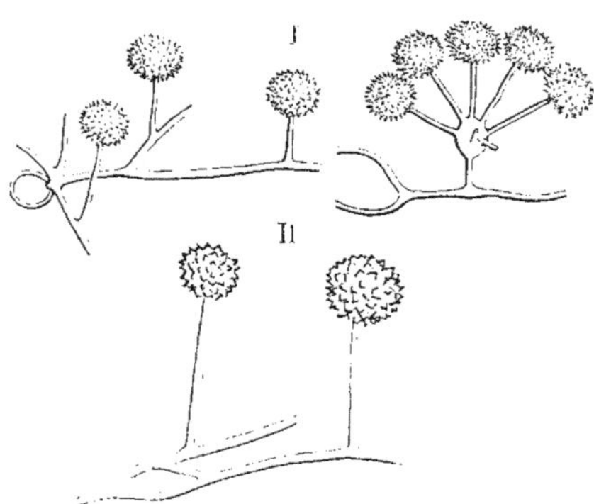

Fig. 169 B. — Chlamydospores aériennes, pédicellées et à membrane échinée. — I, du *Mortierella polycephala*; à gauche, chlamydospores isolées nées sur les filaments mycéliens émanés de la spore sporangiale; à droite, chlamydospores groupées en ombelle (320). — II, du *Mortierella simplex* (400).

pas également. Il y a notamment à cet égard de grandes différences entre les diverses espèces du genre *Mucor*.

Les *Mortierella* forment à la fois des chlamydospores mycéliennes, lisses, à l'intérieur du milieu nutritif (fig. 169 A, III), et des chlamydospores échinées à l'extrémité de rameaux spéciaux dressés dans l'air (fig. 169 A, II, et fig. 169 B). Mais il n'est pas rare que l'on puisse y observer des transitions entre ces deux formes. Nous croyons donc que ces deux espèces de spores asexuées, très-différentes en apparence, ont le même mode d'origine endogène et méritent le même nom : toutes deux sont des chlamydospores, mais on distinguera entre les chlamydospores mycéliennes sessiles et les chlamydospores aériennes pédicellées.

On sait d'ailleurs que la production de chlamydospores n'est pas restreinte à la famille des Mucorinées, mais qu'on la rencontre aussi chez les Ascomycètes. M. Woronine a fait connaître en effet des chlamydospores pédicellées dans l'*Ascobolus pulcherrimus*, et nous avons décrit de ces mêmes organes dans le *Kickxella alabastrina*.

On voit donc que chez les Mucorinées le polymorphisme des organes reproducteurs asexués est très-restreint, puisqu'il ne s'exerce qu'entre la forme sporangiale, qui peut, il est vrai, être double, et la forme chlamydée, qui peut aussi revêtir dans quelques plantes deux aspects différents. Ce qu'il faut bien remarquer, c'est que, dans ces deux formes, la spore asexuée est toujours d'origine endogène ; sporangiospore ou chlamydospore, elle se forme à l'intérieur d'une cellule aux dépens de tout ou partie de son protoplasma, et, pour la mettre en liberté, il faut que la membrane de cette cellule se déchire ou se résorbe. Le *Chaetocladium*, avec ses sporanges monospermes, peut paraître au premier abord établir une transition naturelle entre la forme sporangiale et la forme chlamydée; mais ce n'est là qu'une apparence, car par son mode de formation, par sa structure et son rôle physiologique, la spore des *Chaetocladium* se montre bien une sporangiospore et non une chlamydospore. La forme chlamydée est d'ailleurs encore assez peu connue et peut-être certains genres sont-ils incapables de la produire.

REPRODUCTION SEXUÉE. — Après avoir donné naissance au système de sporanges, et aux chlamydospores quand il en possède, le mycélium des Mucorinées produit en certains points, dans l'air

cières, tandis qu'une autre génération de la même espèce croît non moins
exclusivement sur une autre plante hospitalière.

(*Sporodinia*), ou à la surface du milieu nutritif (*Phycomyces*), ou dans l'intérieur de ce milieu (*Mucor Mucedo*), des spores d'origine double, c'est-à-dire issues de la pénétration réciproque de deux masses protoplasmiques distinctes, en un mot des *oospores*. L'oospore naît toujours ici par voie de conjugaison égale; elle est toujours une *zygospore*. Deux filaments semblables, ou dont la différence ne s'accusera que plus tard, droits (*Mucor*, *Rhizopus*, *Chætocladium*), ou arqués en mors de pince (*Phycomyces*, *Piptocephalis*) fig. 169 C₃, viennent toucher leurs extrémités renflées et séparées par une cloison; en même temps dans chacune de ces deux cellules en contact le protoplasma se condense et se renouvelle en une cellule primordiale. Puis la double paroi qui les sépare se résorbe et les deux cellules primordiales se fondent en un masse unique, ou oospore, qui s'accroît beaucoup et se revêt d'une épaisse membrane cartilagineuse hérissée de bosselures ou de pointes. Cette membrane propre de l'oospore est enveloppée par la mince pel-

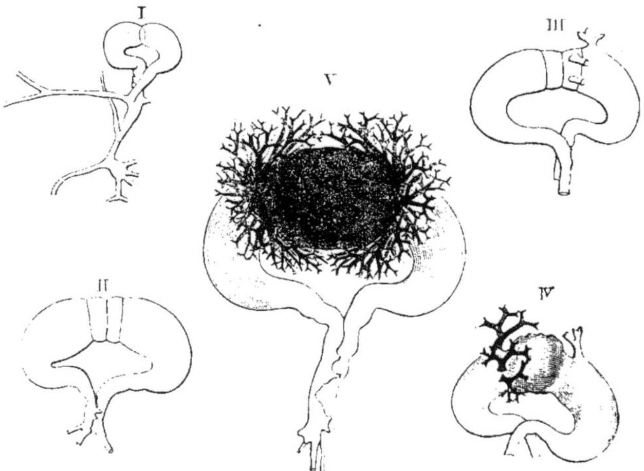

Fig. 169 C. — Conjugaison du *Phycomyces nitens*. — I, les deux filaments renflés et arqués en mors de pince sont venus au contact, à la fois par leur région inférieure et par leur sommet (40). — II, chacun d'eux a séparé une cellule discoïde, où se condense le protoplasma (40). — III, les corps protoplasmiques se sont fusionnés et les épines dichotomes ont apparu sur l'un des suspenseurs où elles se forment de haut en bas (40). — IV, l'oospore, ou zygospore, est en voie de développement, et la première épine apparaît sur l'autre suspenseur (40). — V, zygospore achevée, enveloppée d'épines noires dichotomes ; les mors de la pince copulatrice se sont fortement teintés de noir, surtout sur leur face convexe ; un certain nombre d'épines sont cassées (50).

licule formée par la membrane primitive des deux cellules conjuguées, laquelle se colore, noircit le plus souvent, et recouvre toutes les protubérances de la membrane interne. En général, les deux filaments copulateurs entre lesquels est suspendue la zygospore n'offrent rien de bien remarquable, ils sont et demeurent de tout point semblables. Mais dans le *Phycomyces nitens*, ils produisent, tout autour des deux cercles d'insertion de la zygospore, des épines noires, creuses, plusieurs fois dichotomes, qui sont des rameaux transformés et qui entremêlent leurs branches autour de l'œuf comme pour le protéger (fig. 169 C, V). Ces épines apparaissent d'abord sur l'un des suspenseurs arqués et s'y développent de haut en bas, après quoi elles se forment dans le même ordre sur l'autre suspenseur (fig. 169 C, III, IV). On voit donc qu'il y a une différence d'âge et de propriétés entre les deux mors de la pince, tout semblables qu'ils paraissent d'ailleurs. Cette dissemblance atteste un commencement de différenciation entre les deux éléments dont la pénétration mutuelle constitue l'œuf; c'est un premier signe, encore faiblement marqué mais déjà très-net, de sexualité dans la conjugaison.

On trouve au printemps, sur les feuilles d'Épine-vinette (*Berberis vulgaris*), des places jaunâtres et renflées dans lesquelles de fins filaments mycéliens forment un feutrage épais entre les cellules parenchymateuses (fig. 170, A et I où ces filaments feutrés sont représentés par des granulations entre les cellules). Là, se rencontrent à la fois deux espèces d'organes reproducteurs : les *spermogonies*, qui se développent les premières, et les *æcidiums*. Les spermogonies sont des conceptacles en forme de bouteille, dont l'enveloppe est formée par une couche de filaments et tapissée de branches en forme de poils qui atteignent l'ouverture de la spermogonie, percent l'épiderme et s'épanouissent au dehors en forme de pinceau. Le fond de la cavité est couvert de branches plus courtes dont les extrémités portent un grand nombre de corpuscules

Dans les cas connus jusqu'ici, l'oospore occupe le plus souvent tout le volume des deux cellules conjuguées ; dans le *Piptocephalis*, M. Brefeld a montré qu'elle ne remplit qu'une faible partie de ce volume et proémine en dehors, ce qui lui donne une position très-originale.

L'oospore est donc de formation endogène, comme les spores asexuées : sporangiales ou chlamydées.

Pour germer, il faut que l'oospore ait été desséchée, et elle ne germe qu'après un certain temps de repos. Placée dans une atmosphère humide, elle donne alors naissance, directement et sans former de mycélium, à un système de sporanges doué de tous les caractères de ceux qu'on observe sur le mycélium où elle-même est née. L'axe de cet appareil asexué, c'est-à-dire l'axe de la plante nouvelle issue de l'œuf, est toujours perpendiculaire à la ligne des centres des deux cellules conjuguées, c'est-à-dire aux axes d'accroissement combinés des deux rameaux sexués. On doit donc admettre que, déjà dans la zygospore, le protoplasma est orienté suivant un axe perpendiculaire à la ligne des centres des deux cellules primordiales fusionnées. Dans ce changement d'axe de l'être nouveau par rapport à l'être ancien, on voit une analogie nouvelle avec la fécondation égale ou sexuée des Algues.

Semées dans des conditions favorables, les spores asexuées reproduisent un mycélium, qui développe bientôt à son tour de nouveaux systèmes de sporanges, des chlamydospores, et de nouvelles zygospores.

Alternance des générations. — En résumé, les Mucorinées les mieux connues possèdent un mycélium et trois appareils reproducteurs : un appareil sexué, donnant, par voie de conjugaison égale, une oospore durable, et deux appareils asexués : sporanges et chlamydospores. Tout au plus quelques genres ont ils deux formes de sporanges associées ou disjointes, et quelques autres deux formes de chlamydospores. Sporangiospores et chlamydospores reproduisent en germant le mycélium dont elles proviennent ; l'oospore engendre directement le système des sporanges. En sorte que, si l'on appelle O l'oospore, S le système de sporanges, M le mycélium, l'alternance des générations s'établit ainsi : O. S. M. S. M.... O.

Dans l'état actuel de la science, il est difficile d'affirmer que les appareils reproducteurs existent tous les trois dans tous les représentants de la famille. En effet, un seul des trois est connu dans toutes les espèces : le système sporangial. C'est lui qui est pour le moment le lien commun des genres, et qui doit dominer la caractéristique de la famille. Il nous paraît prématuré de faire reposer cette caractéristique sur l'appareil sexué qui n'est encore connu que dans six genres, et de changer, avec M. Brefeld, le nom de Mucorinées contre celui de *Zygomycètes*. Il est vrai que M. Brefeld n'admet pas que le *Chætocladium* et le *Piptocephalis* possèdent des sporanges, mais seulement des conidies, qui, dans le premier genre, sont isolées comme dans les *Botrytis*, et, dans le second, disposées en chapelet comme dans les *Aspergillus* ; dans sa pensée, le terme Zygomycètes est donc plus large et plus compréhensif que le terme Mucorinées, qu'il conserve pour tous les Zygomycètes à sporanges. C'est là, selon nous, une erreur qui, atteignant la constitution même de la famille, ne manque pas de gravité. Tous les Zygomycètes ont des sporanges, et il n'est pas démontré, jusqu'à présent, que toutes les Mucorinées aient des zygospores. Le terme Zygomycètes n'étant pas plus général que l'expression de Mucorinées, ancienne et familière à tous, et étant moins scientifique, nous ne voyons que des inconvénients à cette substitution.　　　　　　　　　　　　　　　　　　　　　　　(*Trad.*)

très-petits, semblables à des spores et qu'on appelle *spermaties* (1). — Le second
appareil reproducteur est beaucoup plus grand et était regardé autrefois
comme un genre autonome, le genre *Æcidium;* ce nom ne désigne plus aujourd'hui qu'une certaine forme reproductrice qui fait partie du cycle de dé-

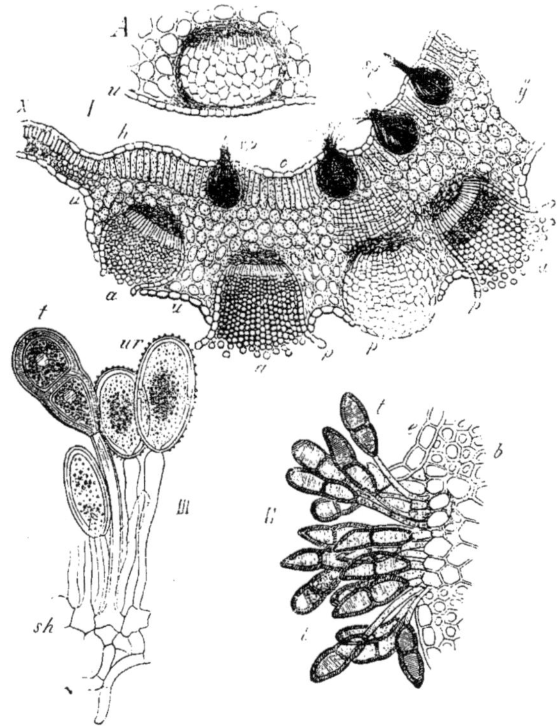

Fig. 170. — *Puccinia graminis.* — A, portion d'une section transversale de la feuille du *Berberis vulgaris* avec un
jeune æcidium. — I, section transversale de la feuille du *Berberis vulgaris* avec spermogonies *sp*, et æcidiums *a*;
p, le péridium de l'æcidium; entre *v* et *y*, la feuille s'est anormalement épaissie, en *x* elle a conservé son
épaisseur naturelle. — II, un amas de téleutospores sur une feuille de Chiendent *Triticum repens*; *e*, épiderme déchiré; *b*, fibres sous-épidermiques de cette feuille; *t*, téleutospores. — III, portion d'un urédo avec
urédospores *ur*, et une téleutospore *t*; *sh*, filaments sous-hyméniaux A et I, d'après nature. II et III,
d'après M. de Bary.

veloppement du *Puccinia graminis.* Ces æcidiums, qui procèdent du même mycélium que les spermogonies, sont situés à l'origine au-dessous de l'épiderme
de la feuille, où ils forment des tubercules (*A*) de pseudo-parenchyme enveloppés par une couche de minces filaments. Plus tard, l'æcidium perce l'épiderme et s'ouvre au dehors en une coupe dont la paroi (péridium, *p*) consiste en

(1) D'après les recherches encore inédites de M. M. Cornu, les spermaties des Urédinées germent dans des conditions convenables et donnent naissance à des spores secondaires ou sporidies.   (*Trad.*)

une assise de cellules hexagonales, disposées en séries et produites à la base de la coupe par des rameaux analogues à des basides. Le fond de la coupe est occupé par un hyménium dont les basides ont leur sommet tourné vers l'extérieur et produisent continuellement de nouvelles spores en chapelet; ces spores, d'abord rendues polyédriques par leur pression mutuelle, s'arrondissent plus tard, se détachent et s'échappent par l'ouverture de la coupe (*I, a*). L'enveloppe de la coupe, appelée péridium, paraît elle-même n'être qu'une assise de

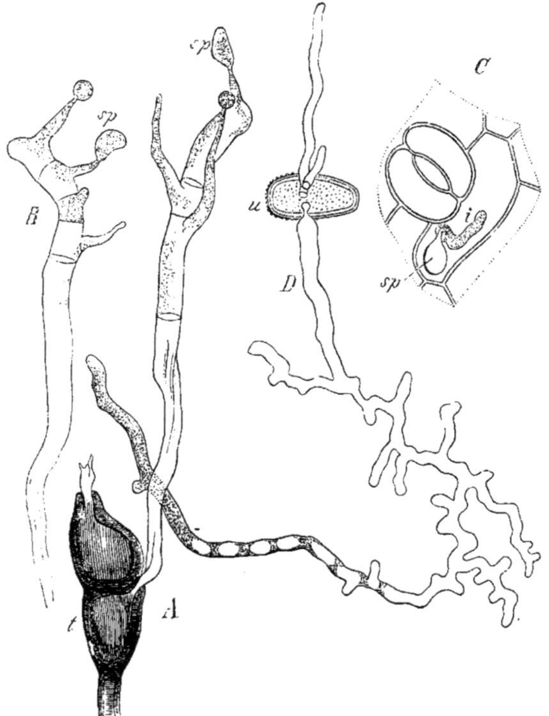

Fig. 171. — *Puccinia graminis*. — *A*, téleutospore *t* germant, dont le promycélium forme les sporidies *sp*. *B*, un promycélium, d'après M. Tulasne. *C*, un fragment d'épiderme de la face inférieure de la feuille du *Berberis vulgaris* avec une sporidie germant *sp*, dont le filament *i* a pénétré dans la plante. *D*, une spore d'urédo germant, 14 heures après l'ensemencement (d'après M. de Bary, *loc. cit.*).

pareilles spores qui demeurent réunies; ses cellules renferment, comme les spores, des granules rouges.

Ainsi produites sur les feuilles d'Épine-vinette, ces spores d'æcidium ne développent de mycélium que si leur germination s'opère à la surface d'une feuille ou d'une tige de Graminée, par exemple de Froment ou de Seigle. Alors les tubes germinatifs pénètrent dans l'ouverture des stomates, et le mycélium, ainsi produit dans le parenchyme de la Graminée, y engendre, dans l'espace de 6-10 jours, une nouvelle forme reproductrice, qui, regardée autrefois comme un genre autonome, avait reçu le nom d'*Uredo*. Aujourd'hui, ce mot ne désigne plus qu'un appareil reproducteur, l'urédo du *Puccinia graminis*. L'urédo du *Puccinia graminis* forme des bourrelets linéaires rouges sous l'épiderme des feuilles et de la tige des Graminées; du mycélium s'élèvent, perpendiculairement vers l'épiderme, des branches étroitement serrées formant un hyménium, et chacune de ces branches sépare à son sommet une grosse spore ellipsoïdale dont le protoplasma renferme des granules rouges (III, *ur*, fig. 170). Après le déchirement de l'épiderme, ces spores d'urédo se détachent, se dispersent et germent après quelques heures sur l'épiderme des Graminées (fig. 171 *D*), en enfonçant leurs tubes germinatifs dans les ouvertures des stomates. C'est seulement sur les plantes de cette famille qu'elles forment de nouveaux mycéliums d'où procèdent, dans l'espace de 6-10 jours, de nouveaux urédos. Pendant que le Champignon se maintient ainsi sous sa forme urédo, tout l'été durant, sur les Graminées, et s'y multiplie en nombreuses générations, on commence à voir apparaître, dans les urédos les plus âgés, une nouvelle forme de spores; à côté des spores arrondies d'urédo, il se produit en effet d'autres spores allongées, bicellulaires, qu'on appelle *téleutospores* (fig. 170, *III t*). Plus tard la formation des urédospores dans ce fruit d'urédo s'arrête complétement, et il ne s'y forme plus désormais, jusqu'à la fin de la période végétative, que des téleutospores (fig. 170, II). Les téleutospores passent l'hiver sur les chaumes de la Graminée et ne germent qu'au printemps. Il s'échappe alors de leurs deux cellules des filaments courts, cloisonnés (fig. 171, *A, B*) qui produisent immédiatement sur leurs articles terminaux, et à l'extrémité de branches très-grêles, de petites spores, qu'on appelle *sporidies*. Mais ces sporidies ne développent un nouveau mycélium que lorsqu'elles viennent à la surface des feuilles de *Berberis*. Leur germination diffère alors de celle des autres formes de spores en ce que le tube perfore l'épiderme (fig. 171, *C*, *sp* et *i*), comme dans les *Peronospora*, et le traverse de part en part; parvenu dans le parenchyme, il y forme un mycélium qui provoque ces gonflements locaux de la feuille que nous avons étudiés en commençant. Ce mycélium engendre ensuite les spermogonies et les æcidiums.

Si, à l'intérieur de ce cycle de générations alternantes, il y a place pour une fécondation ou pour une conjugaison, c'est probablement sur le mycélium développé à l'intérieur des feuilles de *Berberis* qu'il faut chercher l'acte sexuel, dont les fruits æcidiens ne seraient que les résultats (1).

---

(1) **Ustilaginées.** — Comme les Urédinées, les Ustilaginées sont des Champignons endophytes. On sait peu de choses encore sur leur développement.

Leur fructification s'opère toujours dans des organes déterminés de la plante hospitalière et, suivant les espèces, tantôt à l'intérieur du tissu, tantôt à la surface. Leurs spores ont une membrane épaisse et sont agglomérées en grandes masses compactes où elles se développent de la périphérie au centre. On ne leur connaît jusqu'ici que des spores d'une seule espèce. Les *Sorisporium Saponariæ, Ustilago marina* et *capsulorum* font cependant exception et présentent deux espèces de spores différentes.

En germant, la spore forme toujours un promycélium qui produit des sporidies, à la manière des téleutospores des *Puccinia*. Les tubes germinatifs grêles issus de ces sporidies pénètrent au niveau du sol dans la tige des plantules hospitalières en voie de germination, et s'y développent en un mycélium qui s'étend, à mesure que la plante grandit, de manière à l'envahir toujours tout entière; finalement ce mycélium vient fructifier dans des organes déterminés et qui diffèrent suivant l'espèce que l'on considère. Là où il reste à l'état de mycélium, le parasite nuit peu

III. Basidiomycètes. — Bien que cette division renferme les Champignons les plus grands, les plus beaux et les plus brillants, c'est précisément chez elle que la connaissance de la marche du développement laisse jusqu'à présent le plus de lacunes. En face de la richesse de formes que présente l'alternance des générations dans la plupart des autres Champignons, en face des phénomènes remarquables qui se passent sur le mycélium des Ascomycètes, il peut paraître étrange que l'on n'ait pas encore réussi à constater ici des propriétés analogues. On connaît, il est vrai, dans leurs traits essentiels, la naissance de la plupart des grands réceptacles fructifères sur le mycélium, ainsi que leur conformation ultérieure ; on connaît la germination de leurs basidiospores, mais on ignore complétement le sort qui atteint le mycélium avant qu'il produise ces réceptacles fructifères. Je dois par conséquent me borner ici à quelques indications morphologiques sur le développement de ces réceptacles dans les formes les plus remarquables des Hyménomycètes et des Gastéromycètes (1).

Hyménomycètes (2). — Les Hyménomycètes les plus connus et les plus fréquents sont ceux qu'on appelle Champignons à chapeau. Le corps qu'on y regarde habituellement comme le Champignon tout entier est le réceptacle fructifère issu d'un mycélium qui végète dans le sol, le bois ou quelque autre matière nutritive Ordinairement, mais pas toujours, le chapeau est pédicellé ; c'est sur sa face inférieure que s'étend la couche hyméniale, et elle y revêt des prolongements de forme très-variée de la substance même du chapeau. Dans les *Agaricus*, ces prolongements sont de nombreuses lamelles qui pendent perpendiculairement à la face inférieure, et se dirigent radialement de l'insertion du pédicelle à la périphérie du chapeau ; dans les *Cyclomyces*, ce sont des lamelles semblables, mais concentriquement disposées ; dans les *Polyporus* et *Dædalea*, elles sont anastomosées entre elles en réseau ; dans les *Boletus*, elles forment des tubes étroits perpendiculaires à la surface, et serrés côte à côte ;

à la plante nourricière ; mais l'organe où il vient fructifier est par cela même entièrement détruit. Ainsi le *Tilletia Caries* détruit l'ovule des Graminées et se substitue à lui, sans altérer l'ovaire, produisant ainsi ce qu'on appelle la Carie des Céréales. L'*Ustilago Maydis* et l'*U. Candollei* des *Polygonum* envahissent l'ovaire tout entier, et il en est de même de l'*U. urceolorum* des *Carex*. Les *U. flosculorum* et *U. antherarum* attaquent au contraire les étamines des Composées et des Caryophyllées, empêchent le pollen de s'y développer et amènent la stérilité de la fleur. Les *U. Carbo* et *U. destruens* détruisent la fleur tout entière et provoquent la maladie des Céréales appelée le Charbon. Enfin les *U. hypodytes*, *Tilletia de Buryana* et *endophylla* déterminent l'arrêt de développement des tiges, des feuilles et des inflorescences.

Le travail d'ensemble le plus récent sur les Ustilaginées est celui de M. Fischer de Waldheim : Jahrbücher für wissensch. Botanik, VII, p. 61, 1869. (*Trad.*)

(1) **Trémellinées.** — Les Trémellinées croissent sur le bois mort. Leur réceptacle fructifère est sessile, gélatineux, irrégulièrement étalé à la surface du bois, et recouvert par un hyménium à basides monospores. Les spores sont sphériques et simples. Par la dessiccation, le réceptacle se contracte et devient dur et membraneux.

En outre, M. Tulasne a décrit dans plusieurs genres de cette famille des spermaties en forme d'étroits bâtonnets, naissant sur des filaments épars au milieu de ceux qui produisent les basides.

(*Trad.*)

(2 On rencontre chez quelques Hyménomycètes des spores non produites sur des basides et dont la nature est encore douteuse ; voir sur ce point : de Bary : Morphol. und Phys der Pilze, p. 190. — Sur l'*Exobasidium Vaccinii*, Hyménomycète très-simple, parasite des *Vaccinium*, voir Woronin, Fribourg en Brisgau, 1867.

dans les *Fistulina*, ces tubes sont isolés ; dans les *Hydnum*, la face inférieure du chapeau est garnie de pointes molles qui pendent comme des stalactites, et c'est à la surface de ces pointes que s'étale l'hyménium ; etc., etc.

Souvent le réceptacle est nu, mais dans d'autres cas la face inférieure du chapeau est revêtue à l'origine d'une membrane qui se déchire plus tard (*voile partiel*), ou bien le chapeau et son pédicelle sont enveloppés en même temps dans une pareille membrane (*voile total*), ou bien enfin, dans un petit nombre d'espèces (*Amanita*), ces deux développements ont lieu à la fois. Cette formation de membranes enveloppantes ou de voiles dépend de l'accroissement d'ensemble du réceptacle fructifère tout entier. Les Champignons à chapeau nu sont, par leur mode de formation même, gymnocarpes, tandis que ceux dont le chapeau est enveloppé établissent une transition vers les réceptacles fructifères angiocarpes des Gastéromycètes (1).

L'*Agaricus variecolor* (fig. 172) réalise, à de certains égards, une forme inter-

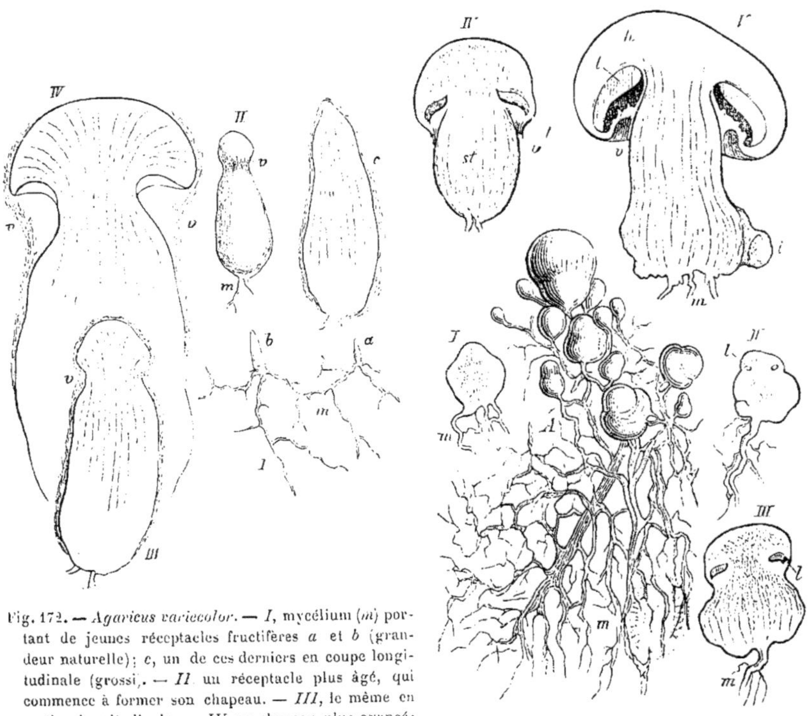

Fig. 172. — *Agaricus variecolor*. — I, mycélium (*m*) portant de jeunes réceptacles fructifères *a* et *b* (grandeur naturelle) ; *c*, un de ces derniers en coupe longitudinale (grossi). — II un réceptacle plus âgé, qui commence à former son chapeau. — III, le même en section longitudinale. — IV, un chapeau plus avancé ; *v*, le voile. — Dans les coupes longitudinales (I *c*, III, IV), les traits indiquent la marche des filaments.

Fig. 173. — *Agaricus campestris*, grandeur naturelle. (Voir le texte.)

médiaire entre le chapeau nu et le chapeau pourvu d'un voile total. Son réceptacle naît sur le mycélium, sous forme d'un cône effilé (*a* et *b*), composé de

(1) Pour plus de détails sur ce point, voir DE BARY : Morphol. und Physiol. der Pilze, p. 16.

filaments parallèles qui s'accroissent tous ensemble par leur sommet (*c*). De très-bonne heure on aperçoit déjà une couche externe de filaments qui entoure le cône tout entier d'une enveloppe lâche. Plus tard, l'accroissement terminal cesse; sous le sommet, les branches des filaments se tournent vers l'extérieur (*II, III*), et forment ainsi le chapeau (*IV*) dont le bord se développe en direction centrifuge, et sur la face inférieure duquel apparaissent les lamelles. Pendant que le bord du chapeau s'écarte ainsi du pédicelle, la couche périphérique de filaments lâches demeure tendue de l'un à l'autre, et forme ainsi un voile total rudimentaire (*v* en *IV*).

De son côté, le Champignon de couche (*Agaricus campestris*) va nous servir d'exemple pour la formation d'un chapeau pédicellé avec voile partiel. La figure 173 montre en *A* un petit fragment de mycélium très-étendu et anastomosé en réseau (*m*), sur lequel se développent un grand nombre de réceptacles fructifères. Ceux-ci sont, à l'origine, des corps solides pyriformes (*I*), composés de jeunes filaments tous semblables. D'assez bonne heure, le tissu filamenteux s'y disjoint au-dessous du sommet en formant une lacune annulaire (*II, l*); à mesure que le réceptacle tout entier s'accroît, cette lacune aérifère s'agrandit de son côté; c'est sa paroi supérieure qui représente la face inférieure du chapeau et sur laquelle les lamelles hyméniales rayonnantes proéminent vers le bas (*III, l*) de manière à remplir la lacune. De la base du réceptacle, les filaments périphériques courent jusqu'au bord du chapeau en formant la paroi extérieure de la cavité aérifère. Le tissu situé au centre de celle-ci s'allonge ensuite pour former le pédicelle (*st, IV*), pendant que le bord du chapeau s'en éloigne de plus en plus; par là, les filaments situés au-dessous de la cavité qui renferme les lamelles sont écartés, et se séparent de bas en haut du pédicelle pour former une membrane (*V, v*), membrane qui s'étend de la partie supérieure du pédicelle, au-dessous des lamelles, jusqu'au bord du chapeau dans l'intérieur duquel ses filaments se prolongent. Quand enfin, par l'élongation des tissus, le chapeau s'étale horizontalement, la membrane, le voile, se déchire tout le long du bord et pend comme une manchette sur le pédicelle. (Voir aussi p. 108, fig. 68, *Boletus flavidus*.)

L'hyménium revêt, comme nous l'avons déjà dit, la surface des prolongements lamelliformes, coniques ou tubuleux, de la face inférieure du chapeau. Dans les trois cas, une section transversale tangentielle du chapeau présente à peu près le même aspect, à savoir l'aspect de la figure 174, par exemple, qui est tirée de l'*Agaricus campestris*. *A* y représente un fragment d'une section transversale tangentielle du chapeau, *h* la substance du chapeau, *l* les lamelles. *B* est une portion d'une lamelle grossie davantage pour montrer la course des filaments; le corps de la lamelle ou la trame, comme on l'appelle, *t*, est composée de séries de longues cellules qui, de la région moyenne, divergent à droite et à gauche, et se dirigent vers les faces de la lamelle; là les articles se raccourcissent, deviennent ronds et forment la couche sous-hyméniale (*sh* dans *B* et *C*). Sur ces courtes cellules s'insèrent, étroitement serrés les uns contre les autres et perpendiculaires à la surface de la lamelle, des tubes claviformes dont l'ensemble constitue la membrane hyméniale (*hy* dans *B*). Beaucoup de ces tubes demeurent stériles et sont nommés *paraphyses*, d'autres forment les spores et sont appelés *basides*. Chaque baside ne produit, dans le cas actuel, que deux spores, mais dans les autres Hyménomycètes elle en forme le plus souvent quatre. A cet effet, la baside produit d'abord à son sommet autant de branches grêles (*s'*) qu'il naîtra de spores ; chacune de ces branches se renfle à son sommet, ce renflement grossit peu à peu et devient la spore (*s''*, *s'''*), qui, une fois mûre, se détache de son pédicelle et tombe (*s''''*).

En ce qui concerne la formation des tissus des plantes de ce groupe, je ferai remarquer encore que dans le réceptacle fructifère de certains Agarics (*Lactarius*), des filaments isolés et abondamment ramifiés se transforment en vaisseaux laticifères, d'où s'écoule, quand on blesse le réceptacle, une grande masse de latex.

Gastéromycètes. — La formation des spores s'opère chez les Gastéromycètes comme dans le groupe précédent ; souvent il s'y produit huit spores sur chaque baside. Mais le réceptacle fructifère y est toujours angiocarpe, c'est-à-dire que l'hyménium se développe à l'intérieur du réceptacle ordinairement sphérique, ou du moins non divisé au dehors en parties distinctes. C'est par suite de différenciations remarquables opérées entre les diverses couches du tissu, par l'accroissement de certains amas de filaments, ou bien simplement par la rupture de la couche externe appelée *péridium*, que les spores sont disséminées. Nous allons faire comprendre, par deux exemples, les points essentiels de ces phénomènes, dont l'aspect extérieur est extraordinairement varié.

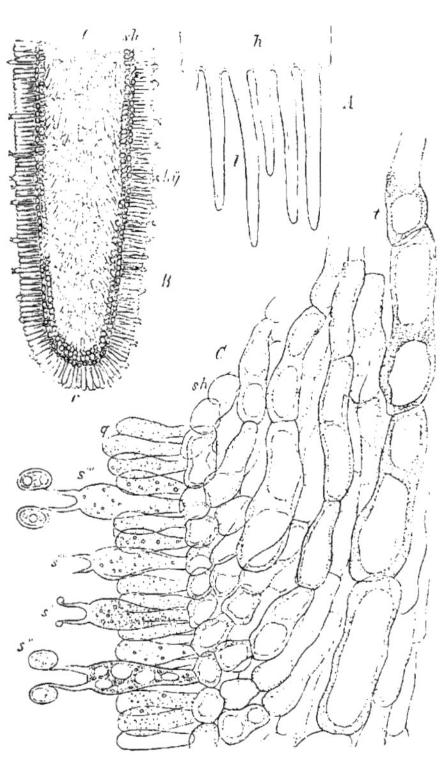

Fig. 174. — *Agaricus campestris*, formation de l'hyménium : *A* et *B* sont faiblement grossis ; *C* une partie de *B*, au grossissement de 550 fois ; la substance finement ponctuée est le protoplasma.

Développement du réceptacle fructifère des **Crucibulum.** — C'est dans le groupe élégant des Nidulariées que je choisis mon premier exemple, le *Crucibulum vulgare* (1).

Le mycélium de ce Champignon forme un petit flocon blanc de filaments rameux, qui rampent à la surface du bois. Au centre du flocon, les filaments se

(1) Voy. J. Sachs : Botanische Zeitung, 1855.

feutrent en un nodule arrondi, solide, qui est le premier état du réceptacle fructifère, et qui s'accroît peu à peu par sa base en prenant la forme cylindrique. Les filaments externes de la pelote arrondie envoient de bonne heure vers l'extérieur des branches rameuses d'un brun jaunâtre qui la couvrent de poils serrés. Pendant que la sphère se transforme en cylindre, il s'en échappe de nombreux filaments bruns dirigés en dehors (fig. 175 *rf*) qui forment une couche solidement feutrée, le péridium externe, et, en dehors de celle-ci, une masse serrée de poils rayonnants. Tandis que les parois cellulaires de cette région externe se colorent en brun sombre, le tissu intérieur demeure incolore (*A*), son sommet s'élargit, les poils qui le recouvrent se séparent et le péridium externe cesse d'exister le long de la surface terminale (fig. 176, *ap*). Pendant ce temps commence, à l'intérieur du Champignon, la différenciation du tissu; à l'origine celui-ci est formé de filaments très-rameux, étroitement feutrés, entre lesquels

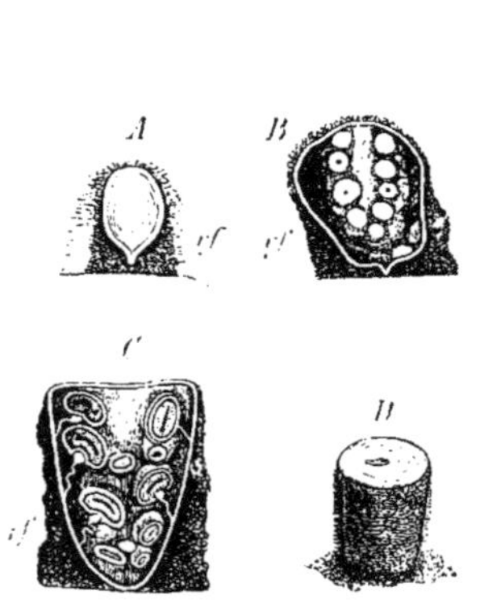

Fig. 175. — *Crucibulum vulgare.* — *A, B, C*, coupes longitudinales faiblement grossies; *D*, Champignon tout entier presque mûr, vu du dehors et de grandeur naturelle.

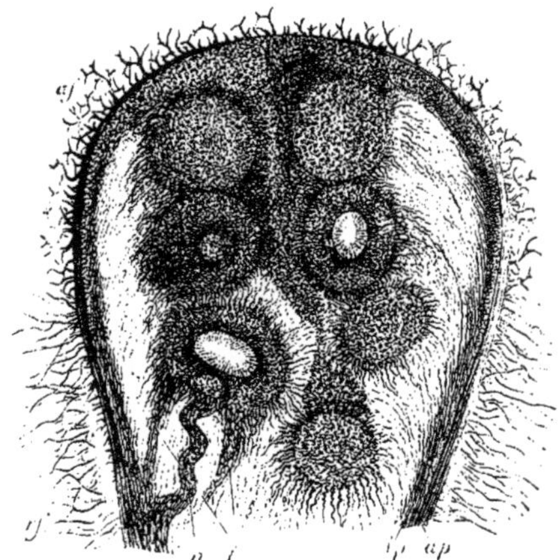

Fig. 176. — *Crucibulum vulgare.* — Partie supérieure d'une coupe longitudinale à travers un jeune réceptacle fructifère; le grossissement correspond à peu près à celui de *B*, dans la figure 175. La section est vue dans la lumière transmise; les parties sombres de l'intérieur sont celles où les filaments sont séparés par de l'air, les parties claires celles où les filaments ont formé entre eux une gelée transparente et dépourvue d'air. Ce qui est clair dans cette figure paraît sombre dans la figure précédente.

se trouve emprisonné beaucoup d'air qui donne à l'ensemble son aspect blanc.

Voici maintenant comment s'opère la différenciation interne. Certaines portions de ce tissu aérifère se transforment en un mucilage privé d'air, parce que, à ces places, il se développe entre les filaments une gelée hygroscopique et transparente qui ne se produit pas dans les autres points. Cette formation de gelée commence d'abord au-dessous de la surface du noyau blanc (fig. 175, *A*), dont la couche externe se trouve ainsi transformée en un péridium interne, espèce de sac incolore faisant hernie hors du péridium externe sombre, et composé principalement de filaments longitudinaux dirigés de bas en haut (fig. 176

et fig. 177 *ip*). Pendant que cette différenciation progresse de la base au sommet, il se forme, dans une couche plus profonde du noyau blanc aérifère, en des points isolés, de petites aréoles mucilagineuses qui se développent de bas en haut comme toutes les autres différenciations ultérieures (fig. 175 et fig. 176). En même temps, la gélification progresse à partir du péridium interne vers l'intérieur et ne respecte autour de chacune des places mucilagineuses dont nous venons de parler qu'une zone de tissu aérifère (fig. 176). Chacune de ces zones se transforme plus tard, en serrant plus étroitement ses filaments, en une enveloppe solide formée de deux couches et qui enferme le noyau mucilagineux; faute d'une

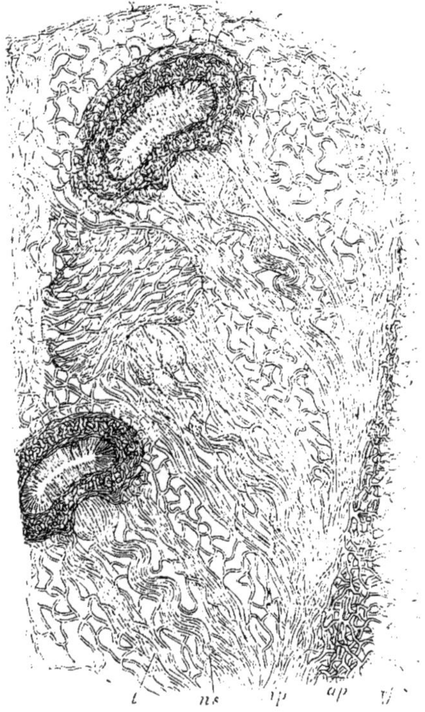

Fig. 177. — *Crucibulum vulgare*. — Partie supérieure du côté droit d'une section longitudinale à travers le réceptacle fructifère développé, pour montrer la marche des filaments. Pour plus de netteté, les filaments sont dessinés moins nombreux et plus gros que dans la nature.

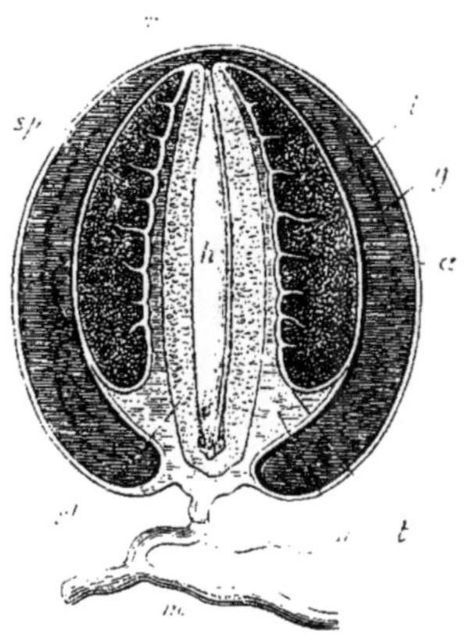

Fig. 178. — *Phallus impudicus*, exemplaire presque mûr, immédiatement avant l'élongation du pédicelle *st* (coupe longitudinale, moitié de grandeur naturelle); *a*, couche externe du péridium; *g*, couche gélatineuse; *i*, couche interne du péridium; *st*, pédicelle du chapeau *t*, non encore allongé et contre lequel s'appuient les cloisons alvéolaires blanches; *sp*, la masse vert sombre des spores appelée gleba; *h*, cavité du pédicelle remplie d'une gelée aqueuse; *a*, la capsule dans laquelle la base du pédicelle demeure engaînée après son allongement; *x*, l'endroit où la membrane interne du péridium se détruit lors de l'allongement du pédicelle; *m*, cordon mycélien.

expression meilleure, cette enveloppe peut être appelée sporange. Pendant que la gélification atteint le centre du Champignon, les sporanges s'accroissent et deviennent des corps lenticulaires. De bonne heure, il s'est formé, sur la face inférieure et externe du sporange, un point gélatineux, qui est la tache ombilicale du sporange, et d'où part un faisceau serré de filaments qui se dirige en descendant vers le péridium et qu'on appelle le faisceau ombilical (*n* dans la figure 176, *ns* dans la figure 177). Ce dernier est lui-même entouré par un sac conique qui enveloppe le faisceau comme d'une poche (*t*) ; cette poche ne se gélifie que plus tard. Le faisceau ombilical s'épanouit en haut dans la fossette ombilicale gélifiée, où il se résout en ses filaments constitutifs ici plus lâchement unis.

Le tissu gélifié se résorbe d'abord à l'intérieur de chaque sporange, pour faire place à une cavité de même forme que le sporange tout entier, c'est-à-dire lenticulaire ; ensuite la couche interne du sporange produit, dirigées vers l'intérieur et serrées l'une contre l'autre, un grand nombre de branches qui constituent un hyménium. Chaque sporange est ainsi tapissé à l'intérieur par une membrane hyméniale, composée de paraphyses et de basides ; ces dernières portent chacune quatre spores sur autant de petits pédicelles. A mesure que le Champignon mûrit, la partie supérieure du péridium interne se distend d'abord, puis se déchire plus tard et disparaît. Le réceptacle s'ouvre donc en forme de coupe. Le mucilage qui entoure les sporanges se dessèche, et ces derniers deviennent libres dans la coupe, à la paroi de laquelle ils demeurent attachés par leurs cordons ombilicaux qui se laissent étirer en longs filaments.

Si maintenant l'on imagine les sporanges plus nombreux, plus étroitement serrés et leurs parois moins denses, on aura sous les yeux des logettes arrondies, analogues à des cellules, telles qu'on les observe dans le réceptacle fructifère d'autres Gastéromycètes (*Octaviania*, *Scleroderma*, etc.).

Développement du réceptacle fructifère des **Phallus**. — Les changements amenés par la différenciation interne du tissu sont plus frappants encore dans les Phalloïdées ; je vais en décrire les phases principales en prenant pour exemple le *Phallus impudicus*.

Ici aussi le jeune réceptacle, qui naît sur un mycélium vivace, souterrain, formé de cordons épais, n'est à l'origine qu'une pelote filamenteuse homogène dans laquelle, à mesure qu'elle s'accroît, commence et progresse une différenciation remarquable. Dès que le corps a atteint la grosseur et la forme d'un œuf de poule ou d'oie, sa section longitudinale offre l'aspect représenté par la figure 178. Le tissu consiste maintenant en portions différentes qui se laissent rattacher à quatre groupes : 1° le péridium ; il est composé d'une membrane externe *a* solide, épaisse et blanche, d'une membrane interne *i* blanche, solide, mais mince et, entre les deux, d'une couche épaisse de filaments mucilagineux *g*, appelée couche gélatineuse ; 2° l'appareil sporifère nommé *gléba, sp*, limité en dehors par le péridium interne *i*, en dedans par l'épaisse couche membraneuse solide *t* ; de cette dernière partent des cloisons dirigées vers l'extérieur, anastomosées en réseau et qui partagent la gléba en nombreuses alvéoles ; dans ces alvéoles se trouvent un grand nombre de branches fertiles dont les basides portent quatre spores ou davantage, de sorte qu'à la maturité la gléba, colorée en vert noirâtre, paraît formée exclusivement de spores ; 3° le pédicelle *st* ; il consiste en un tissu aérifère creusé de petites chambres étroites, mais ces chambres sont, à cette époque, encore très-étroites ; le pédicelle est creux, c'est-à-dire que la région axile de son tissu s'est transformée en une gelée fluide ; chez certains individus le canal ainsi constitué est ouvert en haut, chez d'autres il est fermé par le péridium interne ; 4° ce qu'on appelle la cupule *n* ; c'est une large colonne surbaissée de tissu solide, dont la partie externe se rejoint en haut au péridium interne et dont la partie intérieure s'insinue entre le pédicelle et la membrane interne de la gléba (*t*), en les séparant par une couche molle ; la base de la cupule se prolonge directement dans le péridium externe.

C'est à cet état de développement du réceptacle que les spores atteignent leur maturité. Mais ensuite, et dans le but d'amener leur dissémination, le pédicelle *st* commence à s'allonger fortement ; le péridium se fend au sommet, la gléba se sépare du péridium interne qui se déchire en *x*, et elle se trouve soulevée au sommet du pédicelle beaucoup au-dessus du péridium ; car le pédicelle atteint une longueur de six à douze pouces. Cette grande élongation est provoquée par l'élargissement de ses chambres qui donnent au pédicelle développé l'aspect d'une grossière éponge ; elle est accompagnée d'un épaississement correspondant. Cela fait, les filaments sporifères de la gléba se liquéfient et les spores tombent sous forme d'épaisses gouttelettes mucilagineuses , pour ne laisser de la gléba que la membrane interne *i* avec ses alvéoles; cette membrane pend comme une manchette au sommet du pédicelle et a été appelée le chapeau.

Ces phénomènes subissent d'ailleurs, chez les différentes espèces de Phalloïdées, les modifications de détail les plus variées, et je renvoie sur ce point à Corda, *loc. cit.*, et de Bary, *loc. cit.*, p. 84.

IV. Ascomycètes. — De tous les ordres de Champignons, celui des Ascomycètes est le plus riche en formes diverses. Commençant par des types très-simples, comparables à certaines Algues unicellulaires, comme les *Endomyces, Saccharomyces, Exoascus*, il s'élève peu à peu jusqu'aux puissants réceptacles fructifères des Truffes, des Morilles et des Sphériacées, réceptacles dont la différenciation extérieure et intérieure est trop variée pour comporter une description d'ensemble. Le caractère général qui relie toutes ces formes si diverses en un même ordre naturel, c'est la production des spores asexuées à l'intérieur de tubes appelés *asques* et par voie de formation libre. Cependant, ces spores endogènes, ou *ascospores*, n'appartiennent qu'à une certaine génération dans le cycle du développement de l'espèce, et dans beaucoup d'Ascomycètes on trouve encore, à côté d'elles, des spores exogènes, ou *stylospores*, de formes très-diverses. En général, la marche du développement offre ici, à l'intérieur de chaque espèce, une diversité plus grande que dans les Hyménomycètes, et dans un grand nombre de cas on y connaît déjà une alternance de générations, en ce sens que les réceptacles fructifères dans lesquels les ascospores sont produits doivent leur existence à un acte sexuel ou à une conjugaison qui a lieu sur le mycélium (*Erysiphe, Peziza, Ascobolus, Eurotium*, etc.). Nous devons nous borner, ici encore, à étudier de plus près quelques exemples choisis dans les principales familles de cet ordre.

Ferments. — Les types les plus simples des Ascomycètes sont les levûres ou ferments du genre *Saccharomyces* (1), qui déterminent la fermentation alcoolique des sucs végétaux sucrés (moût de raisin, moût de pommes et de poires), ou d'extraits sucrés (moût de bière), ou de dissolutions sucrées artifi-

(1) Max Rees : Botan. Untersuchungen über die Alcoholgährungspilze. Leipzig, 1870.

ciellement préparées, liquides où se trouvent toujours contenus, à côté du sucre, une substance azotée (matière albuminoïde ou sels ammoniacaux) et des principes minéraux assimilables aux plantes.

Ces Champignons consistent en petites cellules arrondies ou ellipsoïdales, qui se développent dans les liquides dont nous venons de parler, et qui, par l'effet de leur propre nutrition, les décomposent avec formation d'alcool, d'acide carbonique et de plusieurs autres principes. Chaque cellule de levûre produit, en bourgeonnant, de nouvelles cellules semblables ; elle forme à cet effet de petites excroissances qui ont d'abord l'aspect de verrues, mais qui atteignent bientôt la dimension et la forme de la cellule mère et rompent tôt ou tard l'étroite attache qui les unit à elle. Ordinairement ces cellules de génération successive demeurent quelque temps réunies et forment des chapelets rameux, que l'on peut considérer comme des filaments mycéliens ramifiés à articles courts, arrondis et peu adhérents. Quand la nourriture est précaire, par exemple quand on les transporte sur des tranches de Pomme de terre, de Rave, de tubercules de Topinambour, de Carotte, etc., les cellules de levûre s'accroissent notablement et leur contenu protoplasmique produit, par voie de formation libre, 1-4 spores arrondies qui, reportées dans un liquide sucré fermentescible, produisent aussitôt, par bourgeonnement et désarticulation, de nouvelles cellules de levûre.

La fermentation du moût de bière est provoquée par le *Saccharomyces cerevisiæ* qui se présente sous deux variétés : la levûre de la fermentation basse, ou levûre basse, qui fonctionne entre 4 et 10 degrés, et la levûre de la fermentation haute, ou levûre haute, qui agit à une température plus élevée. La fermentation du jus de raisin, du jus de pommes et de poires est causée par les *S. ellipsoïdeus, conglomeratus, exiguus, Pastorianus, apiculatus*, qui se rencontrent, à côté d'autres Champignons, à la surface des fruits et sont ainsi introduits dans le jus qu'on en exprime (1).

Tubéracées. — Comme la plupart des Gastéromycètes, avec lesquels le commençant pourrait facilement les confondre, les Tubéracées forment des

(1) C'est ici le lieu de rappeler que la fermentation ammoniacale, c'est-à-dire la transformation de l'urée en carbonate d'ammoniaque dans l'urine expulsée de l'organisme, ainsi que le dédoublement simultané de l'acide hippurique en acide benzoïque et glycollammine dans l'urine des herbivores, sont des phénomènes corrélatifs de la vie et du développement d'un Champignon en chapelets de très-petits grains sphériques atteignant à peine $0^{mm},0015$. Ce ferment ammoniacal peut probablement, comme la levûre alcoolique, produire des ascospores dans des circonstances favorables ; c'est un point à rechercher. Voir L. Pasteur : Sur les corpuscules organisés de l'atmosphère *Ann. de chimie et de physique*, 3e série, LXIV) et Ph. Van Tieghem : Recherches sur la fermentation de l'urée et de l'acide hippurique (*Ann. scientifiques de l'École normale*, 1re série, I, 1864).

Des Ascomycètes d'ordre plus élevé peuvent aussi jouer, par leur mycélium, le rôle de ferments. C'est ainsi que j'ai établi, il y a déjà quelques années, que la fermentation gallique, c'est-à-dire le dédoublement du tannin, à la température ordinaire, en acide gallique et en glucose avec fixation des éléments de l'eau, est toujours corrélatif de la vie et du développement profond du mycélium de l'*Aspergillus niger* (*Eurotium nigrum*) ou du *Penicillium glaucum*, deux Champignons que l'on sait aujourd'hui, par les recherches de M. de Bary et de M. Brefeld être deux Pyrénomycètes. Le dernier, toutefois, présente aussi des analogies avec les Tubéracées. Voir Ph. Van Tieghem : Recherches pour servir à l'histoire physiologique des Mucédinées. Fermentation gallique (*Ann. des sc. nat.*, 5e série, VIII, 1868).   _(Trad.)_

corps arrondis, tuberculeux, le plus souvent souterrains, ordinairement entourés
par le mycélium très-rameux dont ils procèdent. On ne sait rien de la première
apparition du réceptacle fructifère sur le mycélium, et le développement du
mycélium lui-même n'a pas encore été suivi depuis la spore qui lui donne naissance; on n'y a pas non plus trouvé d'autres sortes de spores que les ascospores.
Le réceptacle fructifère est toujours angiocarpe. Complétement développé, il
consiste en une enveloppe externe plus ou moins épaisse, le péridium, habituellement formée de deux couches distinctes dont l'externe est souvent ornée
d'élégantes protubérances, et en un tissu filamenteux enveloppé par ce péridium et dans lequel les asques se forment aux extrémités de certaines branches
des filaments.

Un exemple de structure très-simple nous y est offert tout d'abord par l'*Hyd-
nobolites*. Son réceptacle fructifère est formé d'un tissu de filaments étroitement
enchevêtrés, en tous les points duquel on trouve insérées, sur les branches des
filaments, des cellules mères de spores. Seule, la couche superficielle du tissu,
léger duvet formé de filaments stériles, représente une sorte de péridium (1).
Dans l'*Elaphomyces*, où le péridium est plus solide et mieux caractérisé, il
part de ce dernier, vers l'intérieur et dans toutes les directions, un amas de filaments minces à longs articles. Çà et là, il est vrai, ces filaments se réunissent
étroitement en lames et cordons plus épais qui proéminent vers l'intérieur,
mais il n'y a pas encore de gléba localisée dans des chambres fermées. Les
lacunes que laissent entre eux les filaments minces sont partout lâchement
remplies par le tissu fructifère, c'est-à-dire par des filaments deux ou trois fois
plus gros que les autres, à articles courts, recourbés en tous sens, enchevêtrés
en pelotes et portant les asques aux extrémités de leurs rameaux. A la maturité, tout ce tissu fructifère se transforme en mucilage et disparaît; le
feutrage de filaments minces demeure au contraire, et forme un tendre chevelu entre la poussière légère constituée par les spores.

Dans un autre groupe de Tubéracées, on distingue à l'intérieur une masse
fondamentale stérile, au milieu de laquelle sont plongés un grand nombre d'a-
mas ou de nids de tissu fructifère; dans chacun de ces nids sont disséminés,
en grand nombre et sans ordre, les asques qui terminent les extrémités des
branches. Les *Balsamia* ont un épais péridium et l'espace interne est divisé
en un grand nombre de cavités aérifères étroites et tortueuses, par d'épaisses
lames de tissu émanées du péridium et qui ressemblent aux parois des chambres
des Hyménogastrées parmi les Gastéromycètes. C'est ici aussi que vient se
placer le genre *Tuber;* seulement, les chambres tapissées par l'épais hyménium y sont très-étroites, plusieurs fois recourbées et rameuses. La section
transversale d'une Truffe montre, en effet, une masse fondamentale, le tissu
fertile, dans laquelle courent deux espèces d'artères rameuses: les unes sombres, sans air, formées par les troncs principaux des filaments fructifères, partent de la face interne du péridium; les autres blanches, aérifères, s'avancent
jusqu'à la face externe du péridium. Ces dernières sont les chambres dont nous
venons de parler et dans lesquelles des filaments du tissu pariétal font saillie

____

(1) Ceci et ce qui suit, d'après M. DE BARY : Morphol. und Physiol. der Pilze, p. 91. — Voir
aussi TULASNE : Fungi hypogæi. Paris, 1851.

et se développent de bonne heure en un tissu aérifère qui leur donne leur aspect blanc. Le péridium des Truffes est une enveloppe puissante, formée de pseudo-parenchyme dont les parois cellulaires externes sont colorées le plus souvent en brun plus ou moins noir.

Les asques des Tubéracées sont sphériques, et les spores, dont l'exospore est ornée d'épines ou de réseaux, y naissent successivement en nombre indéterminé et sans noyaux. La formation des spores y présente certaines particularités pour lesquelles il faudra consulter M. de Bary, *loc. cit.*, p. 106 et M. Tulasne : Champignons hypogés (1).

Pyrénomycètes (2). — Dans leurs cellules mères, ou asques, qui sont le plus souvent allongées et claviformes, les Pyrénomycètes produisent d'ordinaire et simultanément huit spores qu'il n'est pas rare de voir septées. Les tubes sporifères se forment dans des conceptacles globuleux ou en forme de bouteille, conceptacles qui seront désignés ici sous le nom de *périthèces*. Le contenu du périthèce est à l'origine un tissu tendre, transparent, sans air, qui se trouve plus tard supplanté par les tubes sporifères et les paraphyses. Ces derniers procèdent d'un hyménium qui tapisse toute la paroi du périthèce, ou n'en occupe que la région basilaire. Tantôt le périthèce est ouvert dès l'origine (*Sphæria typhina*); tantôt, fermé à l'origine, il s'ouvre plus tard par un canal tapissé de poils à travers lequel les spores sont expulsées (*Xylaria*); tantôt enfin il se déchire pour disséminer ses spores (*Erysiphe*).

Dans toute une série d'espèces (Sphéries simples, *Sordaria*, *Pleospora*, etc.), les périthèces naissent libres sur un mycélium filamenteux peu apparent, isolés ou par groupes. Dans d'autres (*Claviceps*), il se forme d'abord ce qu'on appelle un *stroma*, c'est-à-dire un support pulviniforme, fruticuleux ou cyathiforme, dans lequel naissent ensuite les périthèces, le plus souvent rapprochés en grand nombre (fig. 181).

Outre les ascospores produites dans les périthèces, il se forme encore, dans la même espèce, d'autres sortes de spores d'origine exogène, notamment :

(1) **Onygénées.** — Les *Onygena* se développent sur les plumes des oiseaux et sur la corne des sabots des chevaux morts. Sur le mycélium se dressent de petites colonnes blanches terminées chacune par un périthèce globuleux qui, à la maturité, s'ouvre circulairement à sa base. Des parois du périthèce, rayonnent des filaments enchevêtrés qui se terminent chacun par un asque contenant huit spores ovales. C'est à peu près tout ce que l'on sait du développement de ces Champignons.

Protomyces. — Le *Protomyces macrosporus*, dont la place dans la classification naturelle est encore indécise, attaque les organes foliacés de certaines Ombellifères. Son mycélium, dont les membranes se colorent enbleu par le chloro-iodure de zinc, produit des sporanges sphériques qui renferment de très-nombreuses et très-petites spores. Au printemps, le sporange crève et les spores sont lancées avec force par l'ouverture. Observées dans l'eau aussitôt leur émission, ces spores s'accouplent deux par deux, et se réunissent par un canal de communication qui acquiert bientôt le diamètre des deux spores conjuguées; dès lors celles-ci ne forment plus qu'une spore unique. Si le phénomène se passe sur la feuille d'une Ombellifère, cette spore, ainsi fusionnée, s'allonge en un filament mycélien qui perce l'épiderme et se développe en un mycélium sur lequel apparaissent bientôt de nouveaux sporanges. Les autres phases du développement sont encore inconnues (De Bary : Beiträge zur Morph. der Pilze, I Heft).   (*Trad.*)

(2) Tulasne : Selecta fungorum carpologia. Paris, 1860-1865. — De Bary et Woronine : Beiträge zur Morphol. und Physiol. der Pilze (Troisième série : *Sordaria, Eurotium, Erysiphe*, etc.). Francfort, 1870. — Fuisting : Botanische Zeitung, 1868, p. 179.

1° des *conidies*, quelquefois septées, portées sur un pédicelle filamenteux qui procède du stroma ou directement du mycélium (fig. 180, *c*); 2° des *stylospores*, simples ou septées, qui ressemblent aux conidies dans les points essentiels, mais sont produites à l'intérieur de conceptacles particuliers qu'on appelle des *pycnides;* 3° des *spermaties*, formées en grand nombre dans des conceptacles plongés nommés *spermogonies.* Les spermaties sont des corpuscules le plus souvent très-petits, en forme de bâtonnets droits ou arqués, paraissant incapables de germer et qui ressemblent par leur mode de formation aux conidies et aux stylospores (1). Ces diverses sortes de spores apparaissent d'ordinaire successivement, soit sur le même mycélium, soit sur le même réceptacle, et en général dans l'ordre suivant : d'abord les conidies, puis les spermogonies avec leurs spermaties, puis les pycnides avec leurs stylospores, enfin les périthèces avec leurs ascospores ; cependant certains termes de la série, excepté les périthèces, peuvent manquer.

D'après les récentes recherches de MM. de Bary, Woronine et Fuisting, il est vraisemblable que les périthèces de ces Champignons sont toujours le résultat d'un développement provoqué par un acte sexuel particulier qui n'est pas sans analogie avec celui des Floridées. Jusqu'ici cela n'a été observé, il est vrai, avec certitude que sur les deux genres *Eurotium* et *Erysiphe* par M. de Bary ; mais dans d'autres genres, d'ailleurs très-éloignés de ceux-là, notamment dans les *Sordaria* et dans le *Sphæria Lemannea*, M. Woronine a rencontré sur le mycélium une succession de phénomènes toute semblable, bien que l'acte copulateur lui-même lui ait échappé et que le mode d'origine des asques soit demeuré douteux. Il n'en est pas moins certain, cependant, que le réceptacle fructifère des Pyrénomycètes que nous venons de nommer a pour point de départ un appareil analogue à l'organe sexuel des *Eurotium* et des *Erysiphe.* Un travail antérieur de M. Fuisting contenait tout au moins cette indication que, chez d'autres Pyrénomycètes encore, les périthèces pouvaient provenir d'un appareil sexué.

Comme le développement des Champignons de cette famille subit de genre à genre d'importantes modifications, il est impossible d'en tracer une description générale; nous nous bornerons donc à éclaircir les points essentiels en traitant ici deux exemples très-différents.

Développement du périthèce des **Eurotium**. — L'un des Pyrénomycètes les plus simples est l'*Eurotium repens* (fig. 179), peu différent de l'*Eurotium Aspergillus glaucus* dont le développement a été décrit en détail par M. de Bary. Toutes deux, ces espèces habitent les corps organiques morts et en voie de décomposition les plus différents, particulièrement les fruits cuits. On voit

(1) Dans un travail encore inédit, **M. M. Cornu** a obtenu et décrit la germination des spermaties de plusieurs Pyrénomycètes, notamment des *Aglaospora profusa, Diplodia vulgaris, Mussaria Platani*, etc. Les spermaties ne sont donc pas autre chose qu'une sorte particulière de spores. Mais tandis que les stylospores germent dans l'eau, les spermaties ne germent que sur des milieux nutritifs appropriés. Elles ont besoin de se nourrir immédiatement et elles grossissent beaucoup en général avant de produire les premiers filaments mycéliens, qui se cloisonnent abondamment et prennent une teinte très-foncée. Elles reproduisent finalement, par voie de culture, la sphérie dont elles proviennent. C'est ainsi qu'en semant sur le *Robinia* les spermaties de l'*Aglaospora profusa*, **M.** Cornu a vu apparaître. après deux mois, les pycnides et les stylospores de ce même Champignon.   (*Trad.*)

d'abord à la surface un mycélium blanc floconneux, à filaments ténus, d'où s'élèvent bientôt, en grand nombre, les réceptacles conidifères. Chacun de ces filaments dressés se renfle en sphère à son sommet (*A*,*c*), et sur la moitié supérieure de la sphère se développent, étroitement serrées et radialement disposées, un grand nombre de protubérances coniques appelées *stérigmates* (*A*,*st*) ; chaque stérigmate produit peu à peu un long chapelet de spores verdâtres, de sorte que finalement le sommet du réceptacle est recouvert d'une épaisse couche de spores.

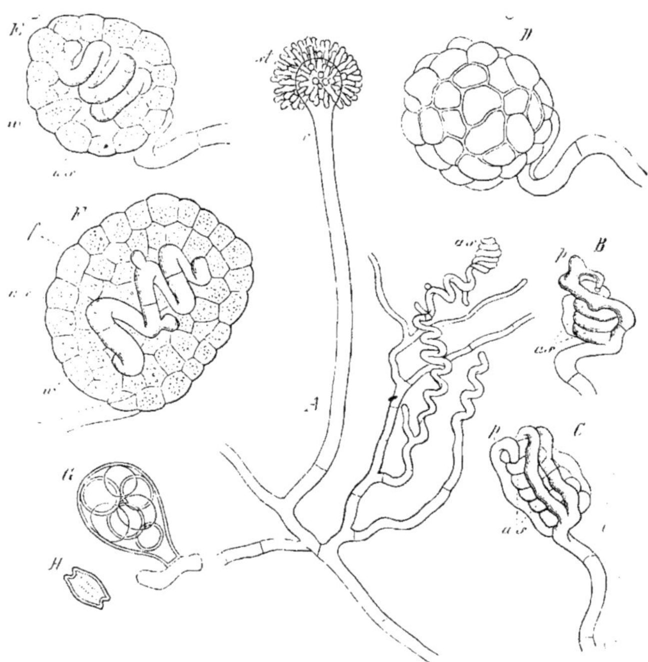

Fig. 179. — Développement de l'*Eurotium repens*, d'après M. de Bary. — *A*, petite partie d'un mycélium avec un réceptacle conidifère *c*, et de jeunes ascogones *as*. — *B*, l'ascogone *as*, enroulé en hélice, avec le pollinode *p*. — *C*, le même, commençant à être entouré par les filaments dont l'ensemble constituera la paroi du périthèce. — *D*, un périthèce vu du dehors. — *E*, et *F*, jeunes périthèces en section longitudinale : *w*, cellules pariétales ; *f*, tissu de remplissage ; *as*, l'ascogone. — *G*, un asque. — *H*, une ascospore mûre.

Pendant que se forment ainsi les chapelets de spores exogènes, apparaissent sur le même mycélium les organes sexuels. L'organe femelle, nommé par M. de Bary *ascogone* ou *carpogone*, est la terminaison enroulée en tire-bouchon d'une branche mycélienne (*A*, *as*) dont les tours se serrent de plus en plus jusqu'à venir se toucher pour former une spire creuse (*C*); en même temps il s'y développe à peu près autant de cloisons transversales minces qu'il y a de tours de spire, c'est-à-dire cinq à six. Puis, du tour de spire inférieur de l'ascogone s'échappent, en deux points opposés, deux branches minces qui s'accroissent en longeant la face externe de la spire ; l'une d'elles croît plus rapidement que l'autre, atteint le tour supérieur et vient poser et appliquer intimement sa pointe contre celle de l'ascogone (*B*). M. de Bary nomme cette branche le *pollinode*. Entre le pollinode et l'ascogone il s'opère une conjugaison, car au point de contact les deux membranes se résorbent et les contenus protoplasmiques des deux tubes se fusionnent. Aussitôt après, il s'échappe de la partie inférieure du pollinode, ainsi que de la branche opposée, de nouveaux filaments qui, croissant er nombre et s'appliquant étroitement contre la spirale (*C*), finissent par la recouvrir complétement. Ces tubes se divisent ensuite par de nombreuses cloisons transversales et forment une assise de cellules polygonales (*D*) qui enveloppe l'ascogone. Puis les cellules de l'enveloppe s'accroissent vers l'intérieur en formant des papilles qui se partagent par des cloisons transverses (*E*). Pendant que l'enveloppe se dilate, l'espace interne du périthèce progressivement élargi se trouve bientôt rempli par ces papilles qui, étroitement serrées, s'insinuant entre les tours maintenant relâchés de la spire, se divisant en même temps, par des cloisons transversales, en cellules iso diamétriques, finissent par produire entre l'enveloppe et l'ascogone un pseudo-parenchyme ou tissu de remplissage (*F*).

En même temps, il se forme dans l'ascogone de nouvelles cloisons transversales et bientôt s'échappent, des divers articles qui le constituent, de nombreux rameaux qui pénètrent dans toutes les directions entre les cellules du tissu de remplissage, se partagent par des cloisons transversales et se ramifient. Les dernières branches de ces rameaux sont les asques (*G*), qui doivent par conséquent leur production à l'ascogone fécondé par le pollinode. Ces changements internes sont naturellement accompagnés par un accroissement de volume du périthèce tout entier. Pendant le développement des asques, le tissu de remplissage se relâche, ses cellules s'arrondissent, se gonflent, perdent leur contenu riche en matière grasse et enfin disparaissent ; dans le périthèce mûr, le tissu de remplissage est donc remplacé par les tubes sporifères.

Les cellules de la couche pariétale s'agrandissent pour suivre l'accroissement de volume du périthèce et se recouvrent en même temps d'un enduit jaune clair, qui atteint une notable épaisseur et consiste probablement en une matière résineuse ou grasse ; finalement elles s'affaissent et se dessèchent. Les asques octospores se résorbent aussi et, en dernier lieu, le périthèce se trouve réduit à une masse de spores enveloppées par le fragile enduit jaune dont nous venons de parler, et qui s'en échappent sous l'effort de la moindre pression. A l'œil nu, les périthèces se distinguent alors comme autant de grains jaunes isolés à la surface du mycélium, qui se recouvre aussi de son côté d'un enduit roussâtre. Les spores mûres ont la forme de lentilles biconvexes (*H*); à la germination l'endospore se gonfle fortement et fait éclater l'exospore en deux moitiés, pour émettre au dehors le tube germinatif. Le mycélium issu des ascospores produit, comme celui qui procède des conidies, d'abord des filaments conidifères et plus tard des périthèces ; mais on n'observe pas ici une alternance régulière de ces générations sexuées et asexuées.

En ce qui concerne la formation différente du périthèce dans les *Erysiphe*, *Sphæria*, *Sordaria* (1), je renvoie aux travaux de MM. Woronine et de Bary cités

____

(1) Il résulte d'un travail de M. Brefeld encore inédit, mais dont il est fait mention dans le *Botanische Zeitung* du 5 avril 1872, que le *Penicillium glaucum* développe, quand sa végétation

plus haut, et j'arrive de suite à l'étude d'un autre Pyrénomycète dont le développement et la structure sont beaucoup plus compliqués. Il s'agit du Champignon qui produit ce qu'on appelle l'*ergot*, c'est-à-dire du *Claviceps purpurea* (1).

Développement des divers organes reproducteurs du **Claviceps**.— Le développement du *Claviceps purpurea* commence par la formation d'un mycélium filamenteux, qui s'établit à la surface de l'ovaire des Graminées, du Seigle en particulier, pendant qu'il est encore enfermé dans les glumes, qui le recouvre d'un feutrage épais et qui pénètre en partie dans son tissu en en respectant cependant le sommet et souvent aussi d'autres portions. L'ovaire est donc ainsi remplacé peu à peu par un tissu mycélien mou et blanc, qui en conserve sensiblement la forme et qui porte souvent encore le stigmate à son extrémité supérieure. La surface de ce tissu est creusée de sillons profonds (*s*, dans *A* et *B*, fig. 180), et forme, sur des basides rayonnantes, une grande quantité de conidies (*C*, *p*), plongées dans une substance mucilagineuse qui vient suinter entre les glumes. Dans cet état, le Champignon était regardé autrefois comme un genre autonome et appelé *Sphacelia*. Les conidies peuvent germer de suite en reproduisant aussitôt de nouvelles conidies (*D*, *x*), qui à leur tour, parvenues sur d'autres fleurs de Graminées, produisent aussitôt, d'après M. Kühn, une nouvelle sphacélie. Le mycélium de la sphacélie forme à la base de l'ovaire, quand la production des conidies a atteint son apogée, un feutrage dense de filaments solides qui est tout d'abord entouré par le tissu plus lâche de la sphacélie; c'est le début d'un sclérote qu'on appelle l'*ergot*. Sa surface devient bientôt violet

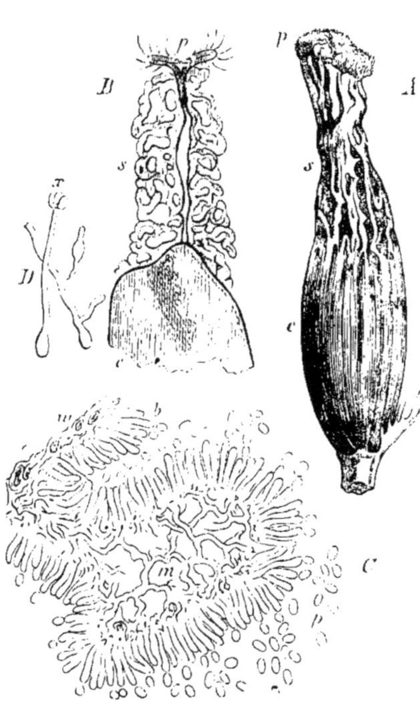

Fig. 180.— *Claviceps purpurea.— A*, un jeune sclérote *e*, avec la sphacélie âgée *s*; *p*, le sommet de l'ovaire mort.— *B*, partie supérieure de ce sclérote en coupe longitudinale. — *C*, coupe transversale à travers la sphacélie : *m*, son mycélium; *b*, les branches conidifères; *r*, la paroi de l'ovaire.— *D*, conidies germant et formant des conidies secondaires, *x*.— *A*, *B*, *C*, d'après M. Tulasne, *D* d'après M. Kühn.

est étouffée, des sortes de périthèces ou plutôt des nodules ascophores. Par la structure, la forme et le nombre de ses ascospores, le *Penicillium* ressemble beaucoup aux *Eurotium*, tandis que d'autre part la structure et le mode de développement du tubercule qui renferme les asques le rapprochent des *Elaphomyces*. (*Trad*).

(1) **Tulasne** : Ann. des sc. nat., XX, p. 5. — **Kühn** : Mittheilungen des landw. Instituts in Halle, I, 1863.

sombre et il s'accroît en un corps en forme de corne ou d'ergot qui atteint souvent un pouce de longueur. En même temps, la sphacélie cesse de croître ; déchirée en bas par le développement du sclérote et soulevée par lui, elle recouvre son sommet comme d'une coiffe, puis enfin se détache et meurt (*A* et *B*, *s* sphacélie, *c* sclérote). Le sclérote mûri et durci demeure sans changement jusqu'à l'automne et même le plus souvent jusqu'au printemps suivant ; alors commence, sur le sol humide où gît ce sclérote, la formation des réceptacles fructifères. En certains points de la région centrale ou médullaire du sclérote, les filaments forment de nombreuses branches étroitement serrées ;

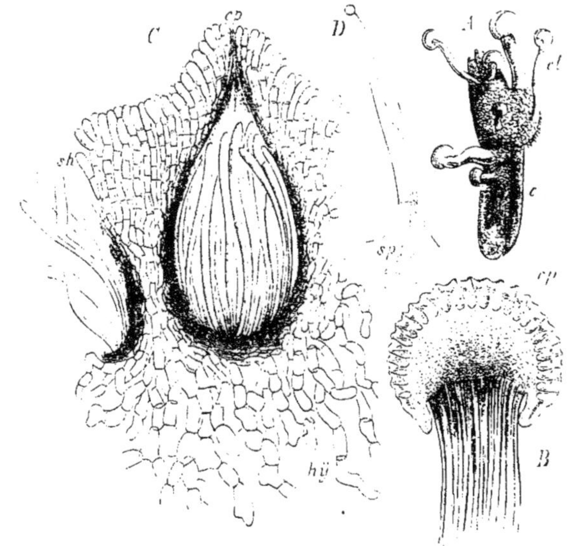

Fig. 181. — *Claviceps purpurea*. — *A*, un sclérote ergot formant les réceptacles fructifères *c*. — *B*, portion supérieure d'un réceptacle fructifère en coupe longitudinale : *cp*, les périthèces. — *C*, un périthèce avec le tissu ambiant, fortement grossi : *en cp*, est son ouverture ; *hy*, filaments du chapeau ; *sh*, couche superficielle du chapeau. — *D*, un asque déchiré laissant échapper les spores *sp*. D'après M. Tulasne.

ce faisceau de branches soulève la membrane externe, la perce et se développe au dehors en un réceptacle fructifère ou stroma formé d'un long pédicelle et d'une tête sphérique. Dans cette tête naissent de très-nombreux périthèces (*cp* dans *B* et *C*, fig. 181), dépourvus ici de paroi nettement limitée. Chaque périthèce se remplit, à partir de sa base, de nombreux tubes sporifères dans chacun desquels sont produites plusieurs spores grêles et filiformes. Dans un milieu humide, ces spores se gonflent en certains points et y émettent autant· de tubes germinatifs. Parviennent elles dans les jeunes fleurs du Seigle ou de Graminées très-voisines, elles y produisent un mycélium qui, d'après M. Kühn, développe la sphacélie, et le cycle du développement se trouve ainsi fermé.

Discomycètes (1). — C'est à cette famille qu'appartiennent, à côté d'un

(1) DE BARY : Ueber die Fruchtentwickelung der Ascomyceten. Leipzig, 1863, p. 11. — DE BARY et WORONINE : Beiträge zur Morph. und Physiol. der Pilze. Francfort, 1866, 2e série, p. 1

grand nombre de formes peu apparentes, les types imposants des Helvelles, des Morilles et surtout le genre Pézize, si extraordinairement riche en espèces.

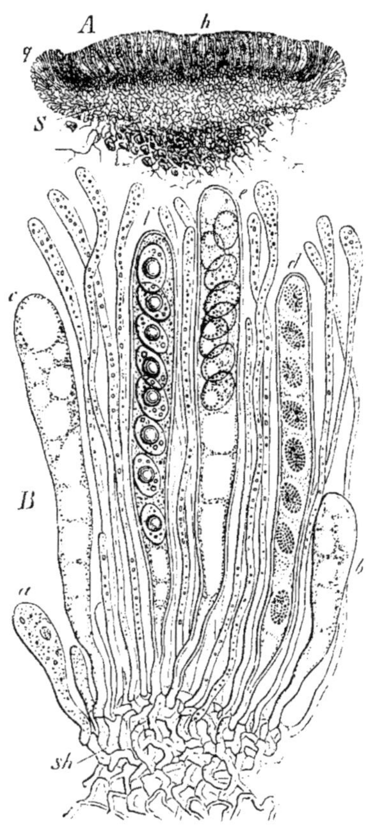

Fig. 182. — *Peziza convexula.* — *A*, section verticale de la plante entière, grossie environ 20 fois : *h*, l'hyménium, c'est-à-dire la couche qui renferme les tubes sporifères ; *s*, le tissu du corps du Champignon qui, sur le bord *q*, forme cupule autour de l'hyménium ; à la base, il s'échappe de ce tissu *s*, des filaments ténus qui pénètrent entre les grales du sol. — *B*, une petite portion de l'hyménium grossie 550 fois : *sh*, couche sous-hyméniale de filaments étroitement feutrés ; *a-f*, tubes sporifères ou asques, séparés par des tubes plus minces, les paraphyses, qui renferment des granules rouges.

Dans les premiers, la couche hyméniale revêt la surface extérieure du chapeau plissé, dans les Pézizes elle tapisse la concavité d'une coupe étalée et sessile (fig. 182) ou pédicellée. — L'hyménium consiste en paraphyses et en asques dans lesquels se forment d'ordinaire huit spores simultanées ; les paraphyses apparaissent d'abord, mais sont plus tard supplantées par les asques. La formation des spores à l'intérieur des asques a lieu tantôt avec production de noyaux, tantôt sans noyaux (fig. 182). Outre ces ascospores, et les précédant sur le mycélium, on rencontre encore, dans cette famille, des spermogonies, des pycnides et des appareils conidifères, par où les Discomycètes ressemblent complétement aux Pyrénomycètes dont ils diffèrent principalement par leurs réceptacles gymnocarpes. On a même observé sur le *Peziza Duriæana* deux espèces de réceptacles fructifères, les uns avec des ascospores plus grosses germant en tubes, les autres avec des ascospores qui ne donnent qu'un promycélium formant immédiatement des sporidies.

Enfin, cette richesse de formes est encore augmentée par cette circonstance que beaucoup d'espèces de cette famille produisent des sclérotes. Le *Peziza Fuckeliana* nous en offre un exemple particulièrement intéressant. Son sclérote se développe, d'après M. de Bary, dans le tissu des feuilles mortes de la Vigne en automne et en hiver. Placé de suite, ou après quelque temps de dessiccation, à la surface du sol humide, il commence déjà, 24 heures après, à développer des filaments conidifères que l'on reconnaît pour être le *Botrytis cinerea* ; l'enfonce-t-on au contraire à environ 1 centimètre au-dessous de la surface du sol, il ne développe pas cette sorte de

et p. 82. — Tulasne : Ann. des sc. nat., 5e série, VI, p. 217, 1866. — Janczewski : Botanische Zeitung, 1871.

filaments conidifères, mais, dans l'été qui suit sa naissance, il produit au dehors de petites coupes pédicellées aplaties en forme d'assiette, qui sont les réceptacles fructifères asco-porés. Les tubes germinatifs issus des ascospores produisent parfois de nouveaux sclérotes sans former de conidies ; d'autres fois le mycélium qui végète dans les feuilles de Vigne engendre, en même temps que des sclérotes, des filaments conidifères de *Botrytis*. Des tubes germinatifs issus de conidies, c'est-à-dire de spores de *Botrytis cinerea*, M. de Bary a toujours vu provenir tout d'abord de nouveaux filaments conidifères de *Botrytis*, mais il est probable que ce mycélium forme aussi des sclérotes (1).

Développement des réceptacles fructifères des **Peziza** *et* **Ascobolus**. — Comme les périthèces des Pyrénomycètes, les réceptacles fructifères des Discomycètes doivent leur production à un acte sexuel particulier qui s'opère sur le mycélium, de sorte que le mycélium est la première génération sexuée, et le réceptacle fructifère la seconde génération asexuée. Jusqu'ici cet acte n'a été, il est vrai, observé directement que sur quelques petites espèces de *Peziza* et d'*Ascobolus*, mais on est en droit de supposer qu'il en est de même pour tous les autres Discomycètes.

Dans le *Peziza confluens*, chez qui la sexualité des Ascomycètes en général a été tout d'abord découverte par M. de Bary en 1863, les choses se passent de la manière suivante, d'après les recherches de M. de Bary et les observations de M. Tulasne qui sont venues les confirmer et les compléter. Le mycélium de ce Champignon se développe sur la terre ; de ses filaments s'élèvent à de certains endroits des branches dressées, plusieurs fois ramifiées, et qui portent au sommet de leurs

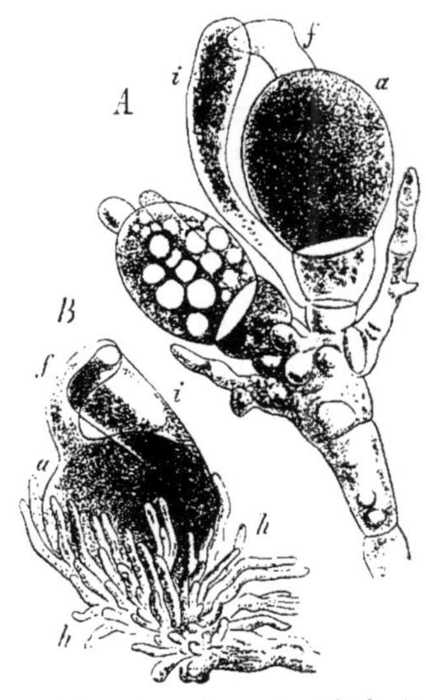

Fig. 183. — Appareil copulateur du *Peziza confluens*, d'après M. Tulasne (très-fortement grossi). A la suite de la fécondation commence dans *B* la production des filaments *h*, au moyen desquels va se constituer le réceptacle fructifère.

rameaux les organes de copulation ou de fécondation, étroitement rapprochés en grand nombre et formant rosette. Les articles terminaux des rameaux les plus gros se renflent en vésicules ovoïdes (fig. 183 *a*), qui de leur côté portent un prolongement recourbé (*f*). L'un des articles du même rameau situés au-

<hr>

(1) Semées sur une lame de verre dans une goutte de jus d'orange, les spores du *Botrytis cinerea* produisent des filaments mycéliens dont certaines branches se divisent d'abord à leur extrémité en une sorte de pince copulatrice. Puis, sans qu'il paraisse y avoir de copulation réelle, les deux branches de la pince se dichotomisent successivement un grand nombre de fois, en serrant côte à côte les filaments divergents de plus en plus nombreux ainsi constitués, de manière à former des masses compactes, coniques, de couleur sombre, qui sont autant de petits sclérotes. Pendant plus de deux mois, ces sclérotes continuent à s'accroître par leur surface terminale ; ils forment alors sur la lame de verre des corps aplatis, noirâtres, ayant 6 à 8 millimètres de diamètre et 2 à 3 millimètres de hauteur.   (*Trad.*)

dessous de cette vésicule développe un ramuscule claviforme, le pollinode, dont le sommet vient s'appliquer contre celui du prolongement en question et s'unir entièrement à lui (*i*). Cette union opérée, il s'échappe du filament principal, qui porte les organes sexuels, de nombreux rameaux (*h*) qui entourent la rosette de branches sexuelles et l'enveloppent complétement d'un feutrage épais. Ce feutrage constitue le corps du réceptacle fructifère, à la surface duquel des filaments étroitement serrés se dressent aussitôt, pour former la couche hyméniale. Finalement, le réceptacle devient une coupe de Pézize, qui a sensiblement l'aspect représenté par la figure 182 et qui produit les ascospores dans son hyménium.

Des phénomènes analogues ont été observés par M. Woronine sur les *Peziza granulosa* et *scutellata*. Ici, il s'élève sur les articles du mycélium des rameaux à trois cellules ou davantage, rameaux dont l'article terminal se renfle en sphère ou en ellipsoïde, mais sans produire de prolongement. De la cellule sous-jacente naissent ensuite deux ou plusieurs ramuscules grêles qui s'appliquent étroitement contre ce renflement; après quoi, cet appareil copulateur est enveloppé par de nombreux filaments insérés au-dessous de lui et qui donnent naissance à la coupe fructifère.

Dans l'*Ascobolus pulcherrimus*, l'organe qui correspond au corps *af* de la fig. 183 est un corps vermiforme que M. Tulasne nomme *scolécite*. C'est une branche mycélienne, composée d'une rangée de cellules courtes et beaucoup plus larges que celles du mycélium lui-même. Les filaments voisins de cette branche poussent de petits rameaux, qui sont autant de pollinodes dont les cellules terminales viennent s'appliquer fortement contre la partie antérieure du scolécite. Plus tard le scolécite et les organes fécondateurs sont tous ensemble enveloppés par des filaments rameux issus des branches voisines du mycélium, et il se forme ainsi une pelote au centre de laquelle se trouve le scolécite et qui finalement se développe en une coupe fructifère.

Aux observations de M. Woronine, M. Janczewski a ajouté récemment un fait important. Il a vu que dans l'*Ascobolus furfuraceus*, où les choses se passent d'ailleurs comme dans l'*A. pulcherrimus*, le tissu de la coupe fructifère, ainsi que les paraphyses, proviennent des filaments qui enveloppent l'appareil sexuel, tandis qu'au contraire les asques dérivent directement d'une cellule moyenne du scolécite. A cet effet, celle-ci pousse latéralement un grand nombre de rameaux qui s'insinuent entre les mailles du tissu du réceptacle, se ramifient à plusieurs reprises au-dessous de la base des paraphyses et viennent y former la couche sous-hyméniale, de laquelle procèdent ensuite les asques qui se dressent entre les paraphyses. Il est démontré par là que le scolécite correspond à l'ascogone des *Eurotium* et en général des Pyrénomycètes; on doit donc s'attendre à voir établir bientôt, pour le *Peziza confluens*, une pareille relation entre les asques et l'appareil reproducteur femelle (*af* dans la figure 183).

L'analogie de ces phénomènes avec la fécondation et la formation du fruit chez les Floridées, analogie que j'indiquais déjà dans les précédentes éditions de ce Traité, est maintenant aussi reconnue par M. de Bary. La principale différence est que, dans les Floridées, les pollinodes sont remplacés par des cellules libres, qui se détachent de la plante et qui, mues passivement au gré des courants extérieurs, viennent se conjuguer avec l'appareil femelle. L'ascogone au contraire, ou le scolécite, ressemble au trichophore dans tous les points essentiels, dans tous les points précisément où tous deux diffèrent des oogones des autres Algues et Champignons.

Lichens (1). — Les recherches récentes de M Schwendener ne permettent plus de douter que les Lichens ne soient de vrais Champignons de l'ordre des Ascomycètes, qui se distinguent de tous les autres par un remarquable parasitisme.

Les Lichens sont des Champignons parasites d'Algues. — Leurs plantes nourricières sont des Algues qui croissent normalement, non dans l'eau même, mais dans les lieux humides, et qui appartiennent d'ailleurs à des groupes très-différents. Ce sont rarement des Conferves, souvent des Chroococcacées et Nostochinées, plus fréquemment encore des Palmellacées, parfois des *Chroolepus*. Les Champignons en question, ou Champignons-Lichens, ne se présentent jamais autrement qu'en parasites sur de certains types d'Algues, tandis que les types d'Algues qui sont attaqués par eux, et qui en réunion avec le Champignon prennent le nom de *gonidies*, sont parfaitement connus à l'état libre et en dehors de tout Champignon.

Quand l'Algue attaquée par le Champignon-Lichen est une Algue filamenteuse et que le mycélium de ce dernier ne s'y développe qu'en petite quantité, comme dans les *Ephebe* et *Cœnogonium*, les vrais rapports des deux êtres apparaissent, d'eux-mêmes et sans démonstration, avec la plus grande clarté ; aussi, depuis que des Lichens de ce genre sont connus avec quelque précision, la pensée vint-elle qu'ils ne sont que des Algues habitées par des Champignons. Il y a bien longtemps aussi que, chez les Collémacées, on a fait remarquer à diverses reprises l'identité des gonidies avec les chapelets de cellules arrondies des Nostochinées ; mais ici l'Algue nourricière subit déjà le plus souvent, sous l'influence de son parasite, de notables changements d'aspect, tout au moins dans son contour extérieur, à peu près comme l'*Euphorbia Cyparissias* attaqué par son *Æcidium*. Cependant la majorité des Champignons-Lichens recherchent comme plantes nourricières les Chroococcacées et Palmellacées qui croissent en efflorescences et pulvinules sur la terre humide, sur l'écorce des arbres et sur les pierres, et dont les cellules isolées et les familles de cellules sont tellement enveloppées et traversées par le tissu filamenteux, qu'elles y paraissent finalement disséminées, ou réparties en une couche spéciale appelée *couche gonidienne*. Ainsi totalement enveloppées par leur parasite, ces Algues ne sont pas, il est vrai, arrêtées dans leur végétation et leur multiplication, mais leur développement est cependant troublé à d'autres égards. Sont-elles délivrées du Champignon qui les enferme, elles reprennent aussitôt et poursuivent leur développement normal, et dans quelques cas elles produisent même des zoospores, fait constaté tout d'abord par MM. Famintzine et Baranetzky, mais inexactement interprété par eux. C'est aux recherches poursuivies pendant de longues années par M. Schwendener, que nous devons l'exacte intelligence des

---

(1) Tulasne : Mémoire pour servir à l'histoire organographique et physiologique des Lichens (Ann. des sc. nat., 3ᵉ série, XVII, 1852). — Schwendener : Untersuchungen über den Flechtenthallus (Nägeli's Beiträge zur wissenschaftl. Botanik, 1860 et 1862). — Schwendener : Laub und Gallertflechten (Nägeli's Beiträge zur wiss. Bot. 1868). — Schwendener : Flora, 1872, nᵒ 11-15.

rapports qui existent, dans tous les cas, entre le Champignon-Lichen et l'Algue attaquée par lui (1).

Après ces remarques préliminaires, l'exposition qui va suivre sera facilement comprise, même des commençants ; à de légers changements près, elle est empruntée à la première édition de ce Traité. Nous considérons d'abord, pour l'instant, le thalle du Lichen, tel qu'il se présente directement à l'observation, c'est-à-dire comme un tout dans lequel la plante nourricière sera décrite, sous le nom de gonidies, comme étant un simple élément constitutif de l'ensemble ; nous examinerons ensuite de plus près la nature de cette plante et ses caractères d'Algue.

Forme du thalle. — Le thalle des Lichens revêt fréquemment la forme de croûtes qui recouvrent les pierres et les écorces, ou qui s'insinuent entre les lamelles du périderme des plantes ligneuses pour ne faire apparaître alors à la surface que les réceptacles fructifères ; on les appelle dans ce cas Lichens

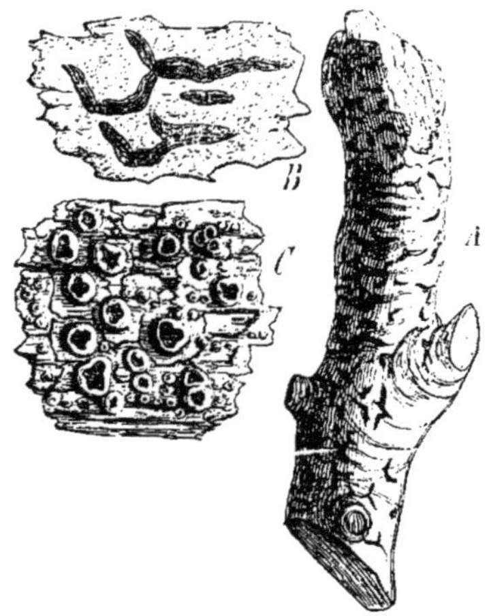

Fig. 185. — Fragment d'un thalle foliacé de *Peltigera horizontalis :* a, les apothécies ; r les rhizines (grandeur naturelle).

Fig. 184. — A et B, *Graphis elegans*, Lichen crustacé, sur l'écorce de l'*Ilex aquifolium* ; A, de grandeur naturelle, B, faiblement grossi. — C, un autre Lichen crustacé, le *Pertusaria Wulfeni*, faiblement grossi.

Fig. 186. — Un Lichen gélatineux, le *Collema pulposum*, faiblement grossi.

crustacés. Ces Lichens crustacés adhèrent si fortement à leur support, et le pénètrent si intimement, tout au moins par leur face inférieure, qu'ils ne peuvent en être totalement séparés sans déchirure (fig. 184 A, B, C).

De ces thalles crustacés on passe, grâce à diverses formes intermédiaires, aux thalles *foliacés.* Ces derniers sont des expansions membraneuses souvent plissées, qui se laissent détacher facilement et sans lésion d'avec leur support : terre, pierre, mousse, écorce, etc., auquel elles ne tiennent que çà et là par quelques crampons appelés *rhizines.* Le thalle foliacé atteint assez souvent de grandes dimensions ; dans les grandes espèces de *Peltigera* et de *Sticta*, il

(1) On trouvera, à la fin de ce paragraphe, quelques indications historiques plus détaillées.

acquiert jusqu'à un pied de diamètre avec une épaisseur de 1/2 à 1 millimètre ; il prend volontiers un contour généralement circulaire ; à sa périphérie, par où se fait l'accroissement, il forme des lobes arrondis (fig. 185 et fig. 187 *B*).

Une troisième forme de thalle, unie également à la précédente par des transitions, se présente dans les Lichens dits *fruticuleux*. Ces derniers ne sont fixés à leur support qu'en un seul endroit et par une étroite base, sur laquelle ils se

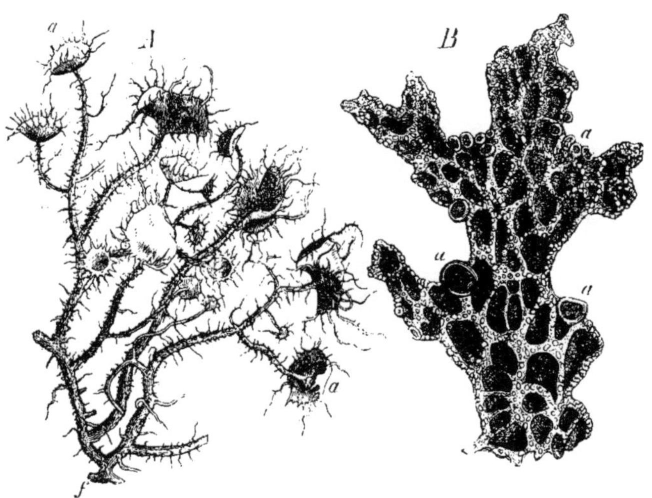

Fig. 187. — A, *Usnea barbata*, Lichen fruticuleux (grand. nat.). — B, *Sticta pulmonacea*, Lichen foliacé grand. nat.), vu sur sa face inférieure : a, les apothécies ; f, disque d'adhérence de A, par où ce Lichen est fixé sur l'écorce d'un arbre.

dressent dans l'air en s'y ramifiant fréquemment en forme de buisson. Les branches du thalle sont, ou aplaties en ruban et analogues aux lobes de certains Lichens foliacés, ou étroitement cylindriques (fig. 187 A). Les *Cladonia* et *Stereocaulon* offrent, non pas seulement une transition entre le thalle foliacé et le fruticuleux, mais plutôt la réunion des deux formes, car il s'y développe d'abord une expansion foliacée de faible étendue, sur laquelle se dresse ensuite le thalle cupuliforme, ou rameux et frutescent.

Le thalle des Lichens peut se dessécher jusqu'à pouvoir être pulvérisé, sans perdre sa faculté végétative. Imbibé d'eau, il a généralement une consistance coriace, il est tenace, flexible et élastique. Cependant un grand nombre de genres, d'ailleurs bien caractérisés, ont, quand ils sont imbibés d'eau, leur thalle visqueux et gélatineux. Ces Lichens *gélatineux*, comme on les nomme, forment des masses pulvinées à surface ondulée et par leur mode d'accroissement, ils se rapprochent tantôt plus des Lichens fruticuleux, tantôt davantage des Lichens foliacés ; une des formes typiques de cette catégorie est le genre *Collema* (fig. 186).

Structure du thalle. — La disposition des gonidies et des filaments à l'intérieur du thalle peut être telle que ces deux espèces d'éléments paraissent mélangés en proportion à peu près égale, comme dans la figure 189 ; le thalle est dit alors *homœomère*. Ou bien les gonidies sont toutes rassemblées dans une même couche, comme dans la figure 191, et en même temps le tissu filamenteux est divisé, suivant les circonstances, en une couche externe et une couche interne, ou en une couche supérieure et une couche inférieure; le tissu du thalle est alors stratifié et ces Lichens sont appelés *hétéromères* (fig. 188 et 191).

Le mode d'accroissement du thalle des Lichens, sa ramification et sa division extérieure en parties distinctes, peuvent être déterminés par les gonidies, de telle sorte que les filaments ne contribuent que d'une façon secondaire à l'édification de l'ensemble. Mais il peut arriver aussi que ce soient les filaments qui déterminent la forme du thalle et son mode d'accroissement, tandis que les gonidies ne prennent qu'une part accessoire à la formation du tissu. Le premier cas n'est réalisé que dans un petit nombre de Lichens ; le second est le plus ordinaire et se rencontre dans les formes typiques, notamment dans les hétéromères. Dans certains Lichens gélatineux homœomères, comme dans la figure 189, il est incertain si le changement du contour extérieur dépend davantage des gonidies ou davantage des filaments. Cette considération, qui n'a pas jusqu'ici suffisamment fixé l'attention des Lichénologues, mais qui est morphologiquement et physiologiquement importante, se trouvera fort éclaircie par l'étude des figures 190 et 192.

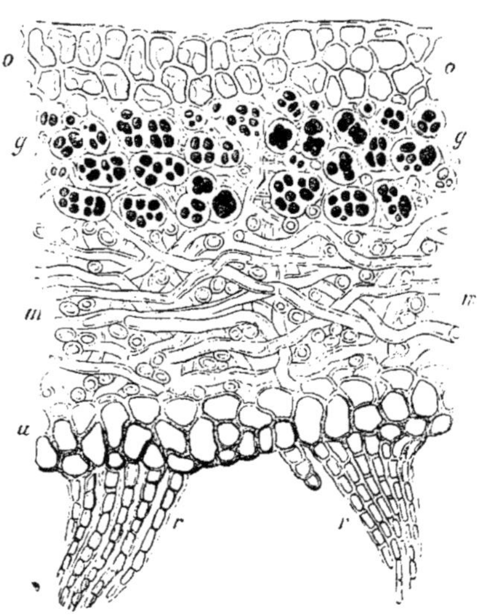

Fig. 188. — *Sticta fuliginosa*, section transversale du thalle foliacé (500). — *o*, couche corticale ou tégumentaire de la face supérieure; *u*, celle de la face inférieure; *rr*, rhizines ou fibres d'adhérence qui procèdent de la couche tégumentaire et sont par conséquent des poils; *m*, couche médullaire, dont les filaments sont aperçus partie en coupe longitudinale, partie en coupe transversale. Les couches corticales inférieure et supérieure consistent aussi en filaments; mais, ayant une plus large cavité, des articles plus courts et étant unis sans laisser d'interstices, ces filaments forment un pseudoparenchyme; *g*, les gonidies dont les masses protoplasmiques, couleur vert de gris, sont ombrées; chaque enveloppe gélatineuse enferme plusieurs gonidies issues d'une seule par division.

Cas où l'Algue prédomine sur le Champignon. — La figure 190 représente en coupe longitudinale une branche de l'*Ephebe pubescens* ; les grandes gonidies sont marquées d'une teinte sombre et les filaments très-fins sont désignés par la lettre *h*.

La branche s'accroît à son sommet par l'allongement et la segmentation transversale d'une gonidie *sg*, qui représente ici la cellule terminale de la branche. Les articles produits par la gonidie terminale se divisent plus tard parallèlement à l'axe longitudinal, et plus tard encore il s'y forme de nouvelles cloisons dans diverses directions. Il naît aussi de nouveaux groupes de gonidies à un assez notable éloignement du sommet de la branche. Les minces filaments atteignent, dans notre figure, jusqu'à la cellule terminale, mais dans d'autres cas ils cessent d'exister déjà assez loin de la gonidie terminale. Ce ne sont d'ailleurs que certains filaments peu nombreux qui suivent ainsi l'allongement de la

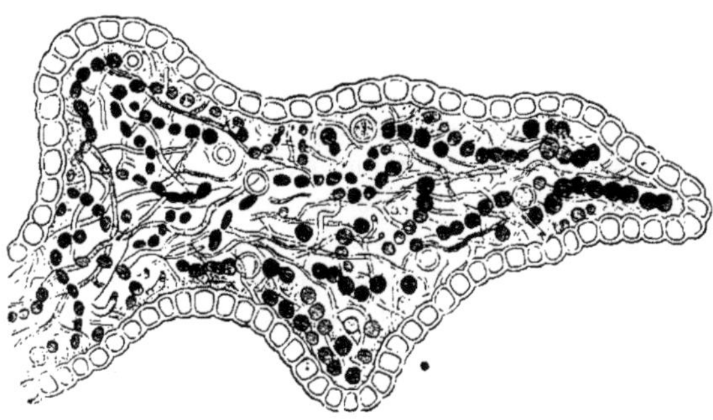

Fig. 189. — *Leptogium scotinum*, section perpendiculaire du thalle gélatineux (500). — Une couche tégumentaire enveloppe le tissu intérieur, dont la masse principale consiste en une gelée amorphe et incolore dans laquelle sont plongés des chapelets tortueux de gonidies ; certaines cellules isolées de ces chapelets sont hyalines ; entre ces chapelets courent les minces filaments.

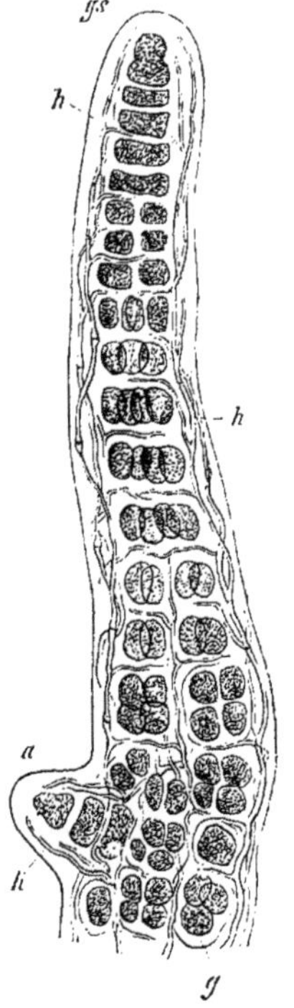

Fig. 190. — Une branche du thalle de l'*Eph be pubescens* (550) ; voir le texte.

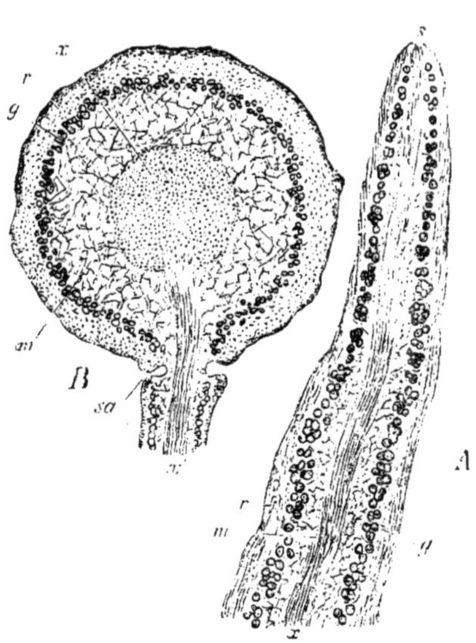

Fig. 191. — *Usnea barbata.* —*A*, section longitudinale d'une mince branche du thalle ramollie dans une solution de potasse. — *B*, section transversale d'une branche plus âgée, portant la partie basilaire d'une branche adventive ou sorédiale *sa* (300) : *s*, sommet de la branche ; *r*, l'écorce ; *x*, le faisceau axile ; *m*, le tissu médullaire lâche ; *g*, la couche gonidienne.

branche en se développant dans l'enveloppe gélatineuse, qui est évidemment produite par les gonidies. Ce n'est qu'assez loin du sommet de la branche, que l'on voit les filaments pousser des rameaux qui s'insinuent entre les gonidies et les groupes de gonidies, en traversant l'épaisse couche gélatineuse de leurs membranes cellulaires. Ainsi donc, la forme entière de la branche, ainsi que son accroissement en longueur et en épaisseur, sont déterminés ici par les gonidies; les filaments sont en si petit nombre et si ténus qu'ils n'occasionnent aucun changement essentiel ni dans le contour extérieur ni dans la structure interne de la branche. Le même fait se représente nettement lors de la formation d'une branche latérale sur le thalle de l'*Ephebe pubescens*. Une des gonidies externes s'allonge alors perpendiculairement à l'axe de la branche mère et devient la cellule terminale de la branche latérale, en produisant par voie de segmentation transversale une série d'articles nouveaux, comme on le voit en *a* figure 190. Les filaments situés en ce point produisent des rameaux dans la même direction, et ces rameaux se comportent vis-à-vis de la nouvelle cellule terminale comme nous l'avons dit tout à l'heure pour l'extrémité de la branche principale.

Cas où le Champignon prédomine sur l'Algue. — L'*Usnea barbata*, Lichen fruticuleux, forme, comme l'*Ephebe pubescens*, un thalle ramifié en buisson, et les branches du thalle s'y allongent aussi par accroissement terminal (fig. 191, *A*); mais ce n'est pas, comme dans l'*Ephebe*, aux gonidies que cet allongement est dû et il n'est pas produit par une cellule terminale unique. Ce sont les divers filaments du thalle, presque parallèles et intimement unis côte à côte au sommet de la branche, qui s'allongent chacun pour soi par leur article terminal et dont l'action commune produit l'allongement de la branche, allongement suivi plus tard d'un accroissement intercalaire dû à l'accroissement intercalaire des filaments et à la formation de branches nouvelles suivant diverses directions. Les filaments sont si étroitement unis côte à côte vers le sommet, qu'ils y forment une masse compacte sans interstices aérifères; ce n'est qu'assez loin de l'extrémité, que le tissu filamenteux se différencie en une écorce très-dense de fibres entrelacées en tous sens, en un faisceau axile de filaments longitudinaux étroitement serrés et en une couche intermédiaire lâche et pourvue d'interstices aérifères, appelée *moelle*. Là où commence, au-dessous du sommet, cette différenciation du tissu, commence en même temps la couche gonidienne, qui consiste en petites cellules vertes, arrondies, se multipliant par voie de division pour former de petits groupes cellulaires. Ces groupes eux-mêmes sont plongés dans une couche cylindrique, située entre la moelle et l'écorce (voir la section transversale *B*). Au-dessous du sommet végétatif de la branche du thalle, on ne trouve d'abord que des gonidies isolées, dont la segmentation ultérieure rend, un peu plus loin, la couche gonidienne plus riche en cellules vertes.

Il est clair maintenant que dans l'*Usnea barbata* l'accroissement en longueur et en épaisseur, ainsi que la différenciation interne du tissu, doivent être mis tout entiers sur le compte des filaments et que les gonidies s'y comportent comme des corps étrangers mélangés au tissu filamenteux. De plus, on démontre aussi que la formation de nouvelles branches sur le thalle est due ici aux filaments, non aux gonidies. Cette ramification peut être dichotomique; dans ce cas, les articles terminaux des filaments s'inclinent vers deux points situés côte à côte, et continuent ensuite à s'allonger dans les deux directions correspondantes, de manière que les branches de la fourche fassent ensemble un angle aigu. Mais des branches adventives peuvent naître aussi latéralement, au-dessous du sommet végétatif, parce qu'au point correspondant les fibres corticales forment un nouveau sommet et s'accroissent vers l'extérieur ; les gonidies se rendent aussi sous ce nouveau sommet, et la base de cette branche latérale envoie dans la branche mère des fibres médullaires et un faisceau axile, de sorte que les tissus homologues des deux branches se réunissent.

L'accroissement du thalle des *Usnea* peut donc, en laissant de côté des différences accessoires, être comparé à celui du stroma des *Xylaria*, car les gonidies ne sont ici qu'un élément subordonné à la structure de l'ensemble.

Chez beaucoup de Lichens crustacés, le thalle n'a pas en général de contours déterminés, il ne présente pas de différenciation extérieure, dans le sens où nous entendons ce mot ; il ne paraît être qu'un assemblage assez irrégulier de petits amas de gonidies, traversé en tous sens par les filaments. Dans d'autres Lichens crustacés, comme les *Sporastatia morio*, *Rhizocarpon subconcentricum*, *Aspicilia calcarea*, le thalle forme des disques lobés qui s'étendent par accroissement périphérique et centrifuge. Le bord en voie

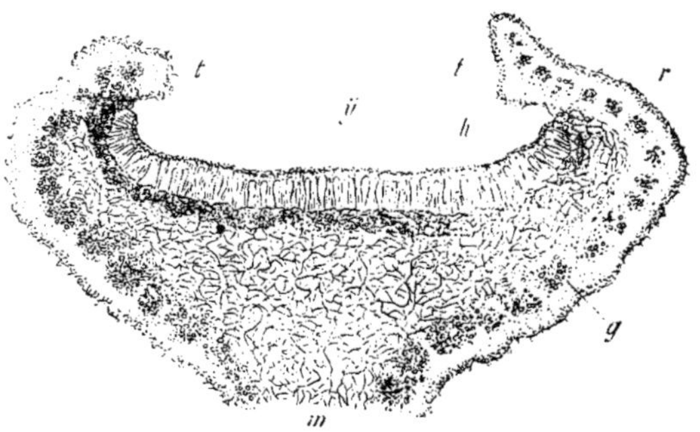

Fig. 192. — Coupe perpendiculaire de l'apothécie gymnocarpe de l'A-*naptychia ciliaris*, grossie environ 50 fois : *h* l'hyménium ; *g*, couche sous-hyméniale et excipulum ; tout le reste appartient au thalle : sa couche médullaire *m*, son écorce *r*, ses gonidies *q* ; en *t*, *t*, le thalle forme un bord cupuliforme autour de l'apothécie.

d'accroissement consiste exclusivement en un tissu filamenteux dans lequel, à mesure qu'on s'avance vers le centre, apparaissent des amas de gonidies en certaines places isolées qui s'étendent de plus en plus ; sur le pourtour de ces plages pourvues de gonidies, le tissu cortical est entaillé. Il naît ainsi, sur un substratum fibreux, appelé *hypothalle*, des fragments isolés et écailleux d'un vrai thalle de Lichen (voir Schwendener : Flora, 1865).

Appareils reproducteurs : Apothécies. — La formation des spores des Lichens a lieu dans des réceptacles fructifères qu'on appelle *apothécies*, et qui ressemblent aux réceptacles fructifères des Discomycètes, ou, dans d'autres cas, à ceux de certains Pyrénomycètes. Ils naissent à l'intérieur du tissu du thalle et ne parviennent que plus tard au-dessus de sa surface, soit pour étaler largement leur couche hyméniale à l'air libre (Lichens gymnocarpes), soit pour laisser échapper leurs spores par une étroite ouverture (Lichens angiocarpes).

Dans tous les Lichens sans exception, la première origine de l'apothécie et toutes les parties essentielles de cet organe procèdent exclusivement du tissu filamenteux ; c'est le Champignon, et le Champignon seul, qui forme la fructification. L'Algue nourricière, c'est-à-dire les gonidies, n'y contribue en aucune façon, ou n'y prend qu'une part tout à fait secondaire, comme lorsque le tissu du thalle, y compris ses gonidies, se soulève en bourrelet autour de l'apothécie qu'il enveloppe dans une certaine mesure (fig. 192), ou lorsqu'il s'accroît au dessous de l'apothécie et la soulève sur un pédicule bien au-dessus de la surface du thalle environnant. La formation endogène de l'apothécie ne souffre d'exception que dans les *Cœnogonium* et les types analogues, où une pareille formation n'est plus possible en général, puisque les filaments ne forment qu'une couche très-mince autour de l'Algue filamenteuse qui fonctionne comme corps goni-dien. Ce sont précisément ces types, comme cela résulte des recherches de M. Schwendener, qui montrent avec une netteté toute particulière que le récep-tacle fructifère des Lichens appartient exclusivement au tissu filamenteux.

Développement de l'apothécie. — Le développement de l'apothécie oppose de grandes difficultés à l'investigation et demeure encore obscur en plus d'un point (1). La première trace de l'apothécie apparaît, dans les Lichens hé-téromères, au-dessous de la couche corticale, dans la partie inférieure de la zone gonidienne, ou bien, comme dans certains Lichens crustacés, dans la région la plus profonde du thalle, immédiatement en contact avec le substratum ; dans les Lichens homœomères (Lichens gélatineux, *Ephebe*), c'est au-dessous de la surface même du thalle qu'elle fait son apparition. Dans les Lichens hétéromères, le premier état de l'apothécie gymnocarpe est une petite pelote arrondie de filaments enchevêtrés sans ordre, sur la face externe de laquelle se dresse de bonne heure une forêt de tendres rameaux qui sont les premières paraphyses. Les Lichénologues appellent *excipulum* une couche externe de cette pelote, qui entoure la forêt de paraphyses et qui est ouverte en haut, c'est-à-dire vers l'extérieur.

Pendant le développement ultérieur de ce premier état, l'excipulum forme de nouveaux filaments et s'accroît en surface, tandis que les nouvelles para-physes s'introduisent entre les anciennes en étendant la surface occupée par elles; cette extension suit immédiatement la formation des nouveaux éléments. L'accroissement se trouve d'abord accompli au centre de l'apothécie, il se prolonge longtemps à la périphérie, souvent même après que l'apothécie a fait son apparition à la surface du thalle. Les cellules mères des spores, les asques, naissent, suivant MM. Schwendener et Fuisting, d'une façon singu-lière. « Déjà dans la jeune pelote, on aperçoit, entre les premières bases des paraphyses, des filaments plus épais, riches en protoplasma, privés de cloisons, munis de nombreuses ramifications et entrelacés avec les autres. Ce sont les extrémités de certaines branches de ces filaments, qui se dressent et s'insinuent entre les paraphyses pour devenir autant d'asques claviformes; on peut donc les appeler filaments tubuleux, fibres tubuleuses. Ces filaments tubuleux se distinguent très-facilement des paraphyses, car leur membrane, traitée par la potasse, se colore en bleu par l'iode, pendant que les paraphyses ne se co-lorent pas. De bonne heure, les filaments disparaissent de toute la partie in-férieure du nodule, et ne se conservent que dans une couche étroite parallèle

---

(1) Ce qui suit, d'après la description donnée par M. de Bary de ses propres observations et des recherches de MM. Schwendener et Fuisting.

à la face supérieure de l'apothécie, et qui s'étend au-dessous de toutes les bases des asques mûres. Dans cette couche, ils se ramifient en direction centrifuge à mesure que s'accroît le bord de l'excipulum et ils envoient de nouveaux asques entre les nouvelles paraphyses. Les premiers asques apparaissent au centre de l'apothécie. D'après M. Schwendener, on ne peut trouver

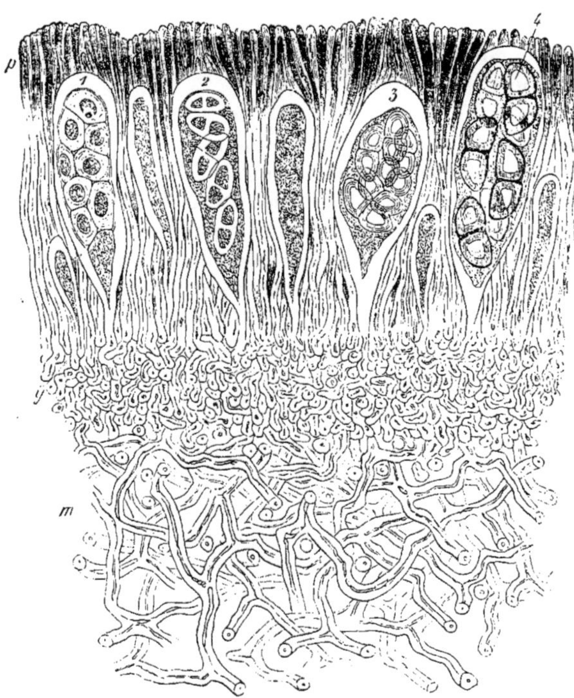

Fig. 193. — *Anaptychia ciliaris*, petite partie de l'apothécie en coupe perpendiculaire (550 . — *m*, couche médullaire du thalle; *y*, l'hypothécie, y compris la couche sous-hyméniale; *p*, les paraphyses de l'hyménium dont les extrémités supérieures sont colorées en brun. Entre ces paraphyses sont les asques à divers états de développement ; en 1 les spores sont jeunes et non encore septées, 2-4 états ultérieurs du développement des spores ; le protoplasma dans lequel elles sont plongées s'est contracté pendant la dessiccation du Lichen avant la préparation.

aucun lien de filiation entre les filaments tubuleux et les autres filaments; ils forment deux systèmes distincts et qui ne sont qu'entrelacés (1). » La couche où cheminent les filaments tubuleux est désignée sous le nom de couche sous-hyméniale; l'hyménium lui-même consiste dans l'ensemble des asques et des paraphyses. On appelle *hypothécie* la masse fibreuse située au-dessous

(1) D'après les connaissances récemment acquises sur la formation du fruit des Pyrénomycètes et des Discomycètes, en particulier d'après les recherches nouvelles de M. Janczewski sur l'*Ascobolus furfuraceus* (voir p. 362), on est en droit de supposer que les filaments tubuleux de la couche sous-hyméniale procèdent d'un ascogone, ou scolécite, non encore rencontré jusqu'à présent, et qu'ainsi l'apothécie des Lichens est issue d'un acte sexuel, comme les périthèces des Pyrénomycètes et les réceptacles fructifères des Pézizes et des *Ascobolus*.

de la couche sous-hyméniale, et qui prend souvent, par accroissement ultérieur, un développement puissant ; elle consiste en filaments dont les branches viennent se terminer en paraphyses dans l'hyménium, et comprend aussi les restes du nodule primaire ; elle peut à peine, dans l'état de complet développement de l'organe, se distinguer de l'excipulum.

A mesure qu'elle grandit, l'apothécie se voûte de plus en plus et perce la couche du thalle qui la recouvre ; l'hyménium et le bord de l'excipulum parviennent au-dessus de la surface du thalle, ou bien le tissu du thalle qui entoure le bord de l'excipulum se soulève et s'accroît en même temps que lui pour lui former une cupule. Entre les filaments médullaires qui entourent ainsi l'apothécie, il apparaît plus tard, chez beaucoup de Lichens, un grand nombre de gonidies, de sorte que la zone gonidienne se prolonge tout autour de l'apothécie. Dans les *Peltigera* et *Solorina*, la jeune apothécie est déjà étalée en une surface plane ; ses paraphyses se dirigent verticalement vers la surface du thalle, et la couche du thalle qui les recouvre se trouve plus tard soulevée comme un voile mince. Dans les *Bæomyces*, *Calycium*, etc., la région basilaire de l'hypothécie se développe en un pédicule élevé qui porte l'apothécie à son sommet.

L'apothécie des Lichens angiocarpes a, dans son développement et dans sa structure à l'état parfait, tant de ressemblance avec le périthèce des Xylariées, qu'il n'est pas nécessaire d'en donner ici une description détaillée.

Asques et spores. — Les tubes sporifères claviformes, ou asques des Lichens, ressemblent, dans tous leurs traits essentiels, à ceux des Pyrénomycètes et des Discomycètes. Leur paroi est souvent très-épaisse et capable de se gonfler fortement ; les spores (fig. 193) procèdent, comme dans les familles précédentes, d'une formation cellulaire libre et simultanée, puisqu'une portion souvent très-notable du protoplasma y demeure sans emploi. Le nombre normal des spores est de 8 ; cependant il n'est parfois que de 1-2 (*Umbilicaria*, *Megalospora*), 2-3 ou 4-6 dans plusieurs *Pertusaria*, enfin il dépasse la centaine dans l'asque des *Bactrospora*, *Acarospora*, *Sarcogyne*. La structure des spores est très-diverse, comme elle l'est aussi en général dans les autres Ascomycètes ; très-souvent elles sont septées et pluricellulaires ; l'exospore est le plus souvent lisse et souvent colorée de diverses nuances.

Les spores sont mises en liberté sous l'influence de l'humidité qui pénètre l'hyménium ; elles sont suspendues dans le liquide qui remplit la cellule mère et sont expulsées avec lui par le sommet déchiré de l'asque. Cette expulsion a probablement pour cause la pression latérale des paraphyses qui se renflent par l'humidité et de la membrane même du tube qui se gonfle sous la même influence.

Germination des spores. — La germination des spores des Lichens consiste en ce que l'endospore de chaque cellule constitutive forme un filament, qui se ramifie et rampe sur le support humide où la spore est placée. L'apparition des premières gonidies n'a jamais encore été observée dans les semis ; cependant M. Tulasne a rencontré quelquefois plus tard, sur le premier lacis de filaments provenant du semis, des groupes de gonidies et il a même observé les premières petites portions du thalle, mais sans pouvoir reconnaître un lien de filiation entre les gonidies et les filaments. La germination des très-grosses spores de quelques genres : *Megalospora, Ochrolechia* et *Pertusaria*, diffère notablement de celle des autres. Ces grosses spores sont simples. non subdivisées, étroitement remplies de gouttes d'huile (fig. 194 *A, B*). Chaque spore développe, à la germination, un grand nombre, jusqu'à 100 tubes aux différents points de sa périphérie. La formation de chaque tube commence par la production dans l'endospore d'une cavité qui s'élargit de dedans en dehors, s'entoure d'une membrane très-délicate et s'accroît vers l'extérieur en forme de filament (fig. 194 *A, B*).

Autres appareils reproducteurs : spermogonies, pycnides, sorédies. — Outre les apothécies avec leurs ascospores capables de germer, on rencontre aussi des spermogonies chez les Lichens. et elles y sont aussi généralement répandues que chez les Pyrénomycètes et les Discomycètes. Ce sont des cavités, ou conceptacles, creusées dans le thalle, globuleuses, ou en forme de bouteille, ou irrégulièrement tortueuses, tapissées et presque remplies par des stérigmates qui portent un grand nombre de spermaties, lesquelles s'échappent au dehors par l'étroite ouverture de la spermogonie. — On y trouve aussi parfois d'autres conceptacles, dont les stérigmates portent des corpuscules plus gros et plus semblables aux spores ordinaires; ces conceptacles s'appellent des

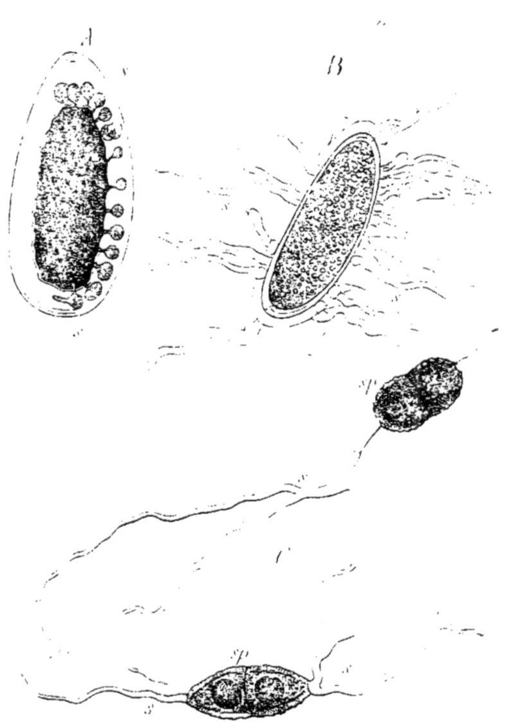

Fig. 194.—Spores de Lichen en voie de germination.— A. spores de *Pertusaria communis*, en coupe longitudinale optique, après 34 heures de séjour dans la glycérine : s, débuts des tubes germinatifs. — B. *Pertusaria leioplaca*. spore munie de nombreux tubes germinatifs 300, d'après M. de Bary. — C. spores septées en voie de germination du *Solorina saccata*, d'après M. Tulasne.

pycnides, et ces corpuscules des stylospores. La signification des uns et des autres est encore inconnue.

Outre les spores, la plupart des Lichens possèdent encore des organes qui leur permettent de se multiplier à profusion ; ce sont les *sorédies*. On appelle ainsi des gonidies isolées. ou des groupes de gonidies qui, entrelacées de filaments, sont expulsées du thalle et sont capables de développer immédiatement au dehors un nouveau thalle de Lichen. Dans les Lichens non gélatineux, les sorédies se présentent à la surface du thalle comme une fine poussière, condensée quelquefois en pulvinules ou bourrelets épais (*Usnea, Ramalina, Evernia, Physcia, Parmelia, Pertusaria*, etc.). Dans les thalles hétéromères, les sorédies prennent naissance à l'intérieur de la couche gonidienne ; des gonidies isolées, souvent en grand nombre, y sont entourées par des branches de filaments qui s'appliquent étroitement sur elles et leur constituent comme une enveloppe fibreuse : ces gonidies se segmentent à plusieurs reprises et chacune des cellules filles est à son tour et individuellement enveloppée par les filaments ; ce phénomène se reproduisant souvent, les sorédies s'accumulent fortement dans la zone gonidienne et finissent par déchirer l'écorce. Ainsi mises en liberté, les sorédies peuvent encore se multiplier en dehors du thalle ; mais, dans des circonstances favorables, chaque sorédie isolée, ou chaque amas de sorédies se développe en un nouveau thalle (fig. 195). D'après

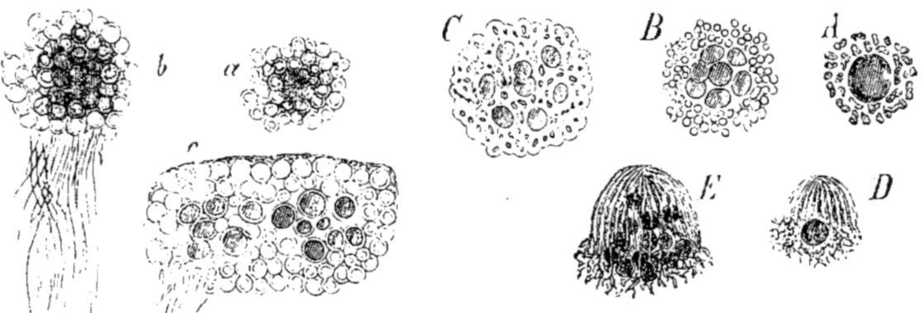

Fig. 195. — *A-E*, sorédies d'*Usnea barbata*. *A*, une sorédie simple, consistant en une gonidie enveloppée de filaments. — *B*, une sorédie dont la gonidie s'est multipliée par division. — *C*, un groupe de sorédies simples né par interposition des filaments entre les gonidies. — *D* et *E*, sorédies germant, les filaments forment un sommet végétatif et les gonidies se multiplient. — *a. b, c*, sorédies de *Physcia parietina* ; *a*, sorédie avec enveloppe de pseudo-parenchyme ; *b*, l'enveloppe forme des fibres d'adhérence ; *c*, un jeune thalle né d'une sorédie (500). D'après M. Schwendener.

M. Schwendener, ce développement peut avoir lieu, chez l'*Usnea barbata*, dès l'époque où la sorédie est encore comprise à l'intérieur du thalle maternel ; il se produit alors, sur ce thalle, ce qu'on appelle une branche sorédiale.

Rapports du Champignon parasite avec l'Algue nourricière. Historique. — Arrivons maintenant à examiner de plus près l'autre forme élémentaire qui contribue, avec les filaments de Champignon, à édifier le thalle des Lichens, c'est-à-dire les *gonidies*. Nous savons déjà que ces gonidies ne sont pas autre chose que des Algues qui, attaquées et enveloppées par de certains Ascomycètes, leur donnent la nourriture qu'ils sont incapables d'assimiler par euxmêmes. Chaque Champignon-Lichen se choisit un type d'Algue déterminé, comme on sait d'ailleurs que d'autres parasites, les Hypodermées par exemple, ne s'établissent aussi que sur de certaines plantes hospitalières parfaitement déterminées. Ce que le parasitisme des Champignons-Lichens a de particulier, c'est que le Champignon ne se fixe pas en certains points extérieurs sur sa plante nourricière, qu'il ne pénètre pas non plus à l'intérieur de ses cellules, mais qu'il l'enveloppe et l'enferme dans les mailles de son propre tissu. Il arrive parfois cependant que les deux êtres se soudent ensemble, parce que certaines branches des filaments s'appliquent étroitement sur la membrane des cellules isolées de l'Algue (fig. 196 *Ag*, *Bg*, *Cg*). Ce phénomène de soudure a conduit autrefois à supposer que les gonidies elles-mêmes ne sont que des produits des filaments, dont certains rameaux se renflent en sphères et forment de la chlorophylle ; l'hypothèse inverse, suivant laquelle les filaments

procéderaient au contraire des gonidies a été aussi émise accidentellement, notamment par moi, sur les *Collema* (Botanische Zeitung, 1855). Cette dépendance, d'ailleurs rare, se laisse comprendre aujourd'hui beaucoup plus simplement comme une soudure consécutive des rameaux des filaments avec les cellules de l'Algue dont ces filaments se nourrissent ; elle ne saurait empêcher, en aucune façon, de considérer les gonidies comme de véritables Algues, car la démonstration de ce fait est sans réplique.

Laissons de côté les vues des anciens Lichénologues, vues que l'on trouvera d'ailleurs exposées en détail dans les écrits de MM. Baranetzky et Schwendener que nous citerons plus loin, et mentionnons d'abord que déjà M. de Bary (Morphologie und Physiologie der Pilze, Flechten und Myxomyceten, p. 291) était parvenu en 1866, en ce qui concerne les Lichens gélatineux, les *Ephebe* et les formes analogues, à l'alternative suivante : « Ou bien les Lichens en question sont les états complétement développés et fructifiés de végétaux dont les formes incomplétement développées ont été placées jusqu'à présent parmi les Algues sous les noms de Nostochinées et de Chroococcacées ; ou bien, au contraire, les Nostochinées et Chroococcacées sont réellement des Algues et elles prennent la forme de *Collema*, d'*Ephebe*, etc., parce que certains Ascomycètes parasites s'y introduisent, étendent leur mycelium dans le thalle en voie de développement et souvent contractent une intime adhérence avec les cellules remplies de phycochrôme

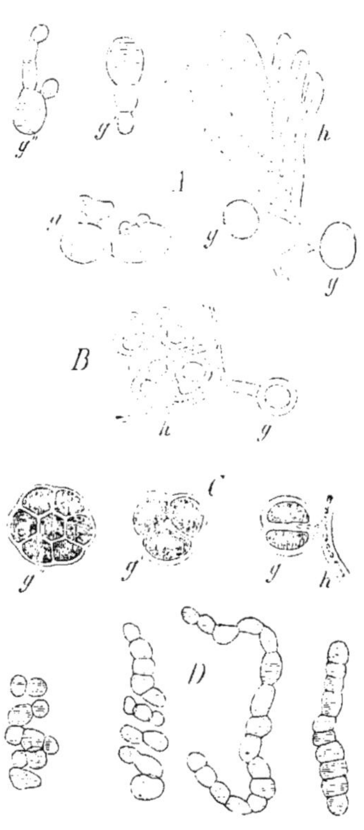

Fig. 196. — Diverses formes de gonidies de Lichens. *A*, gonidies du *Roccella tinctoria*; *g'* à *g''*, en voie de multiplication ; *g.g.* en réunion avec des branches de filaments *h*. — *B*, gonidies de l'*Evernia divaricata* en connexion avec un filament rameux. — *C*, gonidies d'*Usnea barbata* en voie de division, en connexion en *h* avec un filament. — *D*, chapelet de gonidies du *Lichina pygmæa*. — Le tout, copié d'après M. Schwendener.

(*Plectospora*, *Omphalaria*). Dans ce dernier cas, les végétaux en question ne seraient que des Pseudo-Lichens, etc. » Il résulte de cette citation, que M. de Bary ne voulait pas, en tout cas, appliquer la dernière alternative aux Lichens hétéromères.

Bientôt après, MM. Famintzine et Baranetzky, puis ce dernier seul, publièrent des recherches sur les modifications ultérieures que subissent les gonidies des Lichens lorsqu'elles sont mises en liberté dans l'eau par la destruction du tissu filamenteux (1). Ce dernier auteur arrive à ce résultat : « Les gonidies des Lichens hétéromères à chlorophylle (*Physcia*, *Evernia*, *Cladonia*), comme aussi des hétéromères à phycochrôme (*Peltigera*) et des Lichens gélatineux (*Collema*), sont capables de mener, en dehors du thalle du Lichen, une vie tout à fait indépendante. Par leur mise en liberté, ces gonidies semblent élargir leur cycle de végétation ; ainsi les gonidies des *Physcia*, *Evernia*, *Cladonia*, quand elles vivent en liberté, produisent des zoospores. Parfois on trouve aussi que toutes les cellules des sphères formées par les gonidies des *Peltigera* se changent plus tard, de manière à devenir tout à fait semblables aux cellules interstitielles d'un *Nostoc*, et l'on ne peut douter qu'elles ne constituent en cet état des cellules durables. Quelques-unes, peut-être même beaucoup des formes décrites jusqu'ici comme des Algues, doivent être regardées comme des gonidies de Lichens en cours de végétation libre ; il en est ainsi, pour le moment, des genres *Cystococcus*, *Polycoccus* et *Nostoc*. »

Les recherches détaillées de M. Schwendener, en partie déjà antérieures à cette époque, en partie contemporaines, et longuement poursuivies plus tard, conduisent à une conclusion tout opposée. Pour M. Schwendener, les gonidies sont bien réellement des Algues, dont le mode normal de végétation est plus ou moins troublé par le Champignon parasite. Il a, pour la première fois, exprimé cette proposition, sans détour et de la façon la plus claire, en l'appliquant à tous les Lichens, dans un Mémoire intitulé : « Ueber die Algentypen der Flechtengonidien » et publié à Bâle en 1869. Dans ce remarquable travail, qui assure désormais aux Lichens leur place dans le système naturel parmi les Ascomycètes, il passe en revue, dans le tableau suivant, les genres d'Algues qui jusqu'à présent sont connues comme pouvant servir de plantes nourricières aux Champignons-Lichens, dont elles constituent les gonidies :

I. ALGUES A CONTENU VERT-BLEU (NOSTOCHINÉES).

NOMS DES GROUPES D'ALGUES.	NOMS DES LICHENS DANS LESQUELS LES ALGUES SE PRÉSENTENT COMME EN ÉTANT LES GONIDIES.
1. Sirosiphonées	*Ephebe, Spilonema, Polychidium.*
2. Rivulariées	*Thammidium, Lichina, Racoblenna.*
3. Scytonémées	*Heppia, Porocyphus.*
4. Nostochinées	*Collema, Lempholemma, Leptogium, Pannaria, Peltigera.*
5. Chroococcacées	*Omphalaria, Euchylium, Phylliscum.*

II. ALGUES A CONTENU VERT.

6. Confervacées	*Cœnogonium* et *Cystocoleus.*
7. Chroolépidées	Graphidées, Verrucariées, *Roccella.*

(1) Mémoires de l'Ac. des sciences de Saint-Pétersbourg, 7ᵉ série, t. XI, et Mélanges biologiques tirés du bulletin de l'Acad. de Saint-Pétersbourg, t. VI, 1867. — Voir aussi Itzigsohn : Botanische Zeitung, 1868, p. 185.

8. Palmellacées................ Beaucoup de Lichens foliacés et fruticu-
                                leux.
Par ex. (1): *Cystococcus humicola*. *Physcia, Cladonia, Evernia, Usnea, Bryo-
                                pogon, Anaptychia*.
            Pleurococcus....... *Endocarpon* et divers Lichens crustacés.

Méthode synthétique. — L'investigation anatomique et analytique ayant
conduit à cette vue nouvelle sur la nature des Lichens, il conviendra maintenant de compléter par voie synthétique la démonstration de son exactitude,
en semant les spores des Champignons-Lichens à côté des Algues qui leur
servent de gonidies, de manière que les filaments rameux issus de la germination de ces spores puissent s'enchevêtrer avec ces Algues. Si l'on obtient de
cette manière un vrai thalle de Lichen, chaque nouveau succès de ce genre sera
une démonstration nouvelle de la théorie de M. Schwendener. Des recherches
dans cette voie synthétique ont été déjà entreprises, et avec le meilleur succès,
par M. Rees (2), qui est parvenu, en semant les spores du *Collema glaucescens* sur
le *Nostoc lichenoides,* à obtenir et à cultiver le thalle du *Collema glaucescens* (3).

APPENDICE

Les Myxomycètes (4).

Caractères généraux ; plasmodie. — On appelle *Myxomycètes* un vaste groupe
d'organismes, qui, à bien des égards, s'éloignent beaucoup de tous les autres
végétaux, mais qui, par le mode de formation de leurs spores, se rattachent aux
Champignons, à la suite desquels nous allons les étudier sous forme d'appendice. Ils sont surtout extraordinairement remarquables parce que, tant que
durent leur végétation et leur nutrition, ils ne forment ni cellules ni tissu. Le
protoplasma, qui est aussi, il est vrai, dans toutes les autres plantes, le moteur
général des phénomènes de la vie, demeure ici, pendant tout ce temps, en

(1) Pour les exemples, voir Schwendener dans Nægeli : Beiträge zur wiss. Bot. Heft VI, 1868,
p. 110 et 111.

(2) Rees : Monatsberichte der Berliner Akademie, octobre 1871. Voir d'ailleurs Schwendener :
Flora, 1872, nᵒˢ 11 et 12.

(3) Dans un tout récent Mémoire, accompagné de belles figures coloriées, M. Bornet vient
d'apporter à la théorie de M. Schwendener des preuves aussi nombreuses que décisives. Il
s'est appliqué surtout à mettre en évidence, sur le Lichen développé, les rapports anatomiques des filaments et des gonidies, et partout il a trouvé ces rapports tels que l'exige la
théorie du parasitisme. Ces deux organes ont, en effet, toujours une origine indépendante ;
jamais ils ne procèdent l'un de l'autre. En outre, M. Bornet a tenté quelques essais synthé-
tiques. Ayant semé notamment des spores de *Parmelia parietina* sur une couche de *Protococcus,* il a vu les filaments germinatifs se fixer en parasites sur les cellules du *Protococcus,*
les envelopper peu à peu et se nourrir à leurs dépens Bornet : Recherches sur les gonidies
des Lichens, *Ann. des sc. nat.,* 5ᵉ série, XVII, 1873, p. 45, avec 11 planches coloriées. (*Trad.*)

(4) De Bary : Die Mycetozoen, Zeitschrift für wiss. Zoologie, X, 1859. C'est pour le groupe
entier le travail fondamental. — Cienkowski : Jahrb. für wiss. Bot., III, p. 325 et 400. — Oscar
Brefeld : Ueber *Dictyostelium mucoroides,* Abhandl. der Senkenbergischen Gesellsch. Francfort,
1869, VII.

pleine liberté, se rassemble en masses considérables, prend les formes les plus variées sous l'influence des forces qui agissent dans sa propre substance, sans se partager ni se solidifier en petites portions revêtues chacune d'une membrane cellulaire. C'est seulement lorsque le protoplasma est amené au repos par suite de conditions extérieures défavorables, ou quand sa végétation prend fin en fructifiant, moment où son mouvement intérieur et ses déplacements extérieurs cessent à la fois, qu'il se sépare en petites cellules entourées chacune d'une membrane, mais sans jamais cependant constituer un tissu au sens propre de ce mot.

Les Myxomycètes vivent sur les débris de plantes en voie de décomposition, sur le tan, sur les vieilles tiges pourries, etc. Pendant leur période d'agilité, tantôt ils rampent à la surface du substratum, tantôt ils en habitent l'intérieur et s'y meuvent à travers les lacunes et les pores ; mais, pour fructifier, ils viennent toujours à la surface. Quand un Myxomycète se dispose à fructifier, sa masse protoplasmique tout entière, sa *plasmodie*, comme on l'appelle, se transforme en sporanges ou en grands réceptacles fructifères.

Appareil reproducteur: sporange, capillitium, spores. — Les organes qui renferment les spores sont, chez la plupart des Myxomycètes, des vésicules rondes ou allongées, pédicellées ou sessiles, ayant de un à quelques millimètres de grosseur ; plus rarement, ce sont des tubes horizontaux, cylindriques ou aplatis. La paroi de ces sporanges ressemble par sa structure aux membranes cellulaires des plantes et présente parfois, comme ces dernières, des épaississements et une stratification ; elle est, suivant l'espèce, incolore, violette, brune, rouge ou jaune. Quelquefois la cavité du sporange est remplie exclusivement par les petites spores (*Licea*, *Cribraria*), mais ordinairement on y trouve, outre les spores, ce qu'on appelle le *capillitium*. Le capillitium consiste parfois en tubes à paroi mince anastomosés en réseau et qui sont attachés à la paroi du sporange (*Physarum*); dans les *Arcyria* (fig. 197 *C*), la paroi de ces tubes est munie d'épaississements externes annulaires, tuberculeux, etc. Le capillitium des *Trichia* est formé, au contraire, de longs tubes isolés, fusiformes, entièrement indépendants les uns des autres et dont la paroi est épaissie en spirale comme celle des cellules spiralées des plantes supérieures. Dans les Stémonitées, le pédicule grêle qui porte le sporange se prolonge à l'intérieur de ce dernier en formant ce qu'on appelle la *columelle*, sur laquelle s'insèrent, anastomosés en réseau, les filaments du capillitium.

A la maturité, le capillitium contribue à briser la membrane du sporange et à en expulser les spores ; ses filaments, plusieurs fois repliés sur eux-mêmes dans la jeunesse, tendent en effet à se redresser à mesure qu'il se dessèchent. Après le déchirement de la paroi du sporange, le capillitium se présente souvent au dehors sous forme d'un réseau d'une parfaite élégance (fig. 197 *C*).

Fruits complexes. — Les fruits des *Æthalium*, *Spumaria*, *Didymium*, sont tout autrement construits. Ceux de l'*Æthalium*, appelés vulgairement *fleurs du tan, tannée fleurie*, ont la forme de gâteaux qui atteignent assez souvent un pied de largeur et de longueur et plus d'un pouce de hauteur, et qui sont intimement appliqués sur leur substratum qui est très-fréquemment le tan. Ce gâteau est enveloppé d'une écorce rude, de quelques millimètres d'épaisseur,

qui est d'abord jaune vif, plus tard brunâtre, et qui se prolonge à la périphérie
sur le support. L'intérieur est une masse facile à réduire en poussière, d'un
gris noirâtre (spores), traversée par des veines jaunes. Cette masse interne du
fruit consiste en tubes anastomosés en réseau, feutrés en tous sens et qui possèdent d'ailleurs exactement la structure des sporanges de *Physarum*, y compris le capillitium. L'écorce est formée de cordes irrégulières, ou de tubes affais-
sés sur eux-mêmes, étroitement feutrés, et qui renferment à l'intérieur même

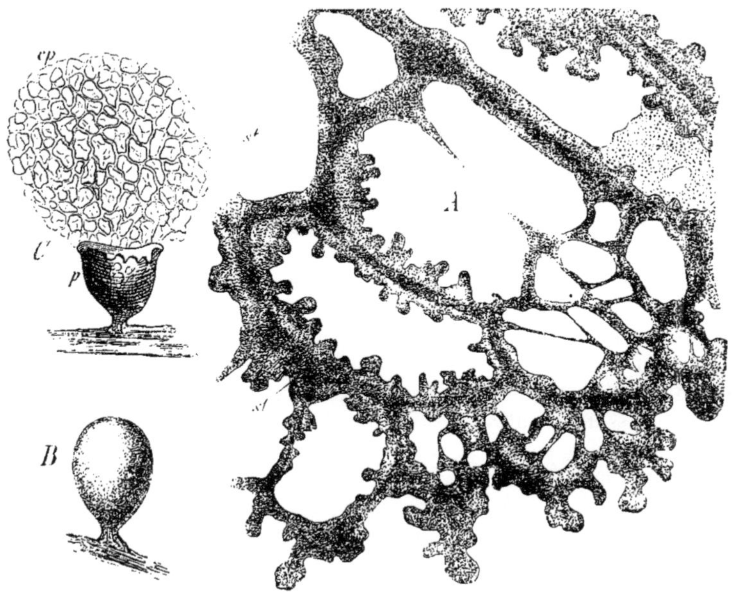

Fig. 197. — *A*, Plasmodie du *Didymium leucopus* (d'après M. Cienkowski), gross. 350 fois. — *B*, un sporange
encore fermé d'*Arcyria incarnata*. — *C*, un autre, après la rupture de la paroi *p*, et l'extension du capillitium
cp (d'après M. de Bary), gross. 20 fois.

de leur membrane une énorme quantité de granules calcaires, à côté d'un
pigment jaune. Ces granules calcaires se présentent d'ailleurs aussi dans la
paroi des sporanges que nous avons étudiés plus haut. Ainsi le gâteau de
l'*Æthalium* est un enchevêtrement de sporanges de *Physarum* tubuliformes,
revêtu d'une écorce calcaire (M. de Bary).

. Les fruits du *Lycogala epidendron* ont quelque ressemblance avec ceux de
certains Gastéromycètes, notamment des Lycoperdacées. Ils sont enveloppés
d'une écorce papyracée, composée de deux couches ; l'interne est une membrane
brun clair, homogène, stratifiée ; l'externe est un feutrage de fibres creuses
et ramifiées, munies de ponctuations fendues ou d'épaississements réticulés qui
font saillie vers l'extérieur. Beaucoup de ces fibres, perçant la membrane interne, pénètrent vers l'intérieur où elles forment le capillitium. A la surface
du Champignon, on trouve de grandes vésicules dures remplies d'un contenu
granuleux.

Les spores des Myxomycètes, qui remplissent tous les interstices du capillitium, ressemblent par leur forme, par les bandes réticulées ou les verrues qui hérissent leur surface, aux spores de certains Tubéracées et Gastéromycètes ; souvent aussi elles sont entièrement lisses.

Germination des spores : zoospores. Formation des plasmodies. — Les spores peuvent germer aussitôt après l'ensemencement ; mais, conservées sèches, elles gardent, des années durant, leur faculté germinative. Une fois imbibée d'eau, la spore s'ouvre et son corps protoplasmique tout entier s'échappe comme une masse arrondie et nue. Mais, après quelques minutes, il change de forme ; il s'allonge, s'effile à une extrémité et s'y termine par un long cil ; il est devenu une zoospore. Celle-ci peut se mouvoir en tournant autour de son axe, ou ramper comme un amibe en changeant de contour. Ces zoospores se multiplient d'abord par division ; mais le second ou le troisième jour commence un nouveau phénomène. Les zoospores ne se divisent plus, mais au contraire se réunissent ; deux ou plusieurs d'entre elles, après avoir pris la forme amiboïde, se fusionnent ensemble pour former un corps protoplasmique homogène également amiboïde, une plasmodie. Celle-ci s'agrandit peu à peu en absorbant successivement de nouvelles zoospores amiboïdes, et en se fusionnant avec d'autres plasmodies.

Mouvements des plasmodies. — Ces plasmodies cheminent en rampant en tous sens à la surface du substratum (fig. 197 *A*) ; leurs mouvements sont essentiellement les mêmes que ceux du protoplasma qui circule à l'intérieur des grandes cellules des plantes, ils sont seulement plus libres et plus variés. Le changement de lieu, la reptation, s'opère de la manière suivante. Des bords de la plasmodie, il part des prolongements en forme de bras qui s'agrandissent par un afflux continuel de nouvelle substance ; ces branches ou bras se fusionnent latéralement ensemble, contractent de nombreuses anostomoses et émettent à leur tour de nouveaux bras. Quand ceci s'est répété pendant un certain temps dans la même direction, la plasmodie tout entière se trouve avoir changé de lieu. Outre les grandes branches, il se forme des bras plus grêles, tentaculiformes, où la substance protoplasmique granuleuse de la plasmodie ne pénètre pas, et qui ne se sont échappés un moment du bord que pour y rentrer de nouveau. Enfin il s'opère, à l'intérieur des grands bras ou des expansions lamelliformes de la plasmodie, un mouvement de courants dont la direction est diverse et changeante. La substance qui se transporte ainsi à l'intérieur est très-aqueuse et granuleuse ; le pourtour de la plasmodie, au contraire, sa couche marginale, est formée d'une substance dépourvue de granules, hyaline et paraissant plus dense, qui parfois s'entoure elle-même d'une couche mucilagineuse ; cette dernière n'est pas du protoplasma et pendant la reptation elle est laissée de côté comme la glaire d'une limace.

La plupart des plasmodies sont incolores, beaucoup sont jaunes (*Æthalium septicum*) ou jaune rougeâtre. Les unes sont très-petites, à peine visibles à l'œil nu ; d'autres atteignent, complétement développées, quelques pouces carrés d'étendue ; enfin celles de l'*Æthalium septicum* se rassemblent à la surface du tan en masses parfois grandes comme la main, et encore plus grandes, d'un demi-pouce d'épaisseur. En cet état, ces plasmodies d'*Æthalium* peuvent s'arrondir en sphère, ou se dresser, se ramifier et prendre la forme d'une Clavaire dont les bras auraient la consistance d'une crème molle; elles peuvent aussi quitter la tannée, grimper en rampant sur les plantes voisines, s'y élever à plusieurs pieds de hauteur et venir, au sommet, s'amasser sur les feuilles.

Les plasmodies entourent les corps solides étrangers qu'elles rencontrent et les absorbent dans leur masse. M. de Bary pense que c'est de cette façon qu'elles se nourrissent; cependant il semble que la quantité de matière ainsi absorbée soit beaucoup trop faible pour suffire à leur rapide accroissement. Les résidus sont expulsés plus tard, notamment lorsque la plasmodie se dispose à se transformer en cellules.

Enkystement des zoospores, des petites et des grandes plasmodies. — Les zoospores peuvent elles-mêmes déjà, quand les conditions se trouvent défavorables à leur végétation ultérieure, se transformer en cellules, en s'enveloppant directement chacune d'une membrane pour former ce qu'on appelle les *microkystes*. Sous cette forme, elles peuvent être desséchées et conserver, des mois durant, leur faculté végétative: humectées de nouveau, elles rompent leur paroi et reprennent leur mobilité.

Dans les mêmes circonstances défavorables, les jeunes plasmodies se partagent en fragments d'inégale grosseur qui s'arrondissent et s'enveloppent de membranes, en formant ce qu'on appelle des « kystes à paroi solide ». Au retour de la chaleur et de l'humidité, la plasmodie s'échappe de nouveau de ces kystes. Enfin les grandes plasmodies complétement développées forment, quand la chaleur et l'humidité font défaut, ce que M. de Bary appelle des *sclérotes*. La plasmodie rétracte alors tous ses prolongements, devient une plaque en forme de crible ou une masse de petits tubercules irréguliers, et toute sa substance se résout en un grand nombre de cellules rondes ou polyédriques d'environ 0^{mm},025 à 0^{mm},033 de diamètre; le corps ainsi constitué est sec, rugueux et a l'aspect de la cire. Humectées, les cellules redissolvent leurs membranes et chaque sclérote redevient une plasmodie mobile.

Formation du fruit. — Quand les plasmodies bien développées ont végété et se sont déplacées pendant quelque temps à la surface du substratum, elles prennent une consistance plus solide et, après avoir rassemblé toute leur masse réticulée, elles produisent soit un gâteau comme dans l'*Æthalium*, soit des excroissances dressées, encore molles, mais qui ont déjà la forme des futurs sporanges. Sur leur face externe elles développent la membrane solide, à l'intérieur le capillitium et les spores. Si la plasmodie contenait du carbonate de chaux, ce corps se dépose dans le capillitium ou dans la membrane du sporange. Tous ces phénomènes s'accomplissent le plus souvent en quelques heures; dans l'*Æthalium* il suffit d'une heure ou deux pour changer la plasmodie en un gâteau sporifère. L'eau contenue dans le protoplasma est en partie expulsée à l'état liquide, le reste s'évapore progressivement (1).

(1) Un essai de classification naturelle du vaste groupe des Myxomycètes vient d'être tenté par M. Rostafinski, qui prépare une Monographie de ces êtres (Versuch eines Systems der Mycetozoen. Strasbourg, 1873). Le nom même de Mycétozoaires, qu'il leur donne, montre qu'à l'exemple de MM. de Bary et Cienkowski, l'auteur ne regarde pas ces êtres comme de vrais Champignons, mais comme une classe intermédiaire entre les Champignons et les animaux.

Cératiées. — Les Myxomycètes font cependant, selon nous, partie intégrante de la classe des Champignons, et l'on doit attendre des recherches ultérieures la découverte de formes de transition entre cette famille et les Champignons ordinaires. C'est dans cette voie que MM. Famintzine et Woronine viennent de faire les premiers pas en établissant la nature plasmodique de l'appareil végétatif de deux genres regardés jusqu'ici comme des Champignons ordinaires : le *Ceratium hydnoïdes*, rangé dans la famille des Isariées, et le *Polysticta reticulala*, tenu pour une simple subdivision du genre *Polyporus*. Les plasmodies de ces deux Champignons ne diffèrent en rien d'essentiel des plasmodies des Myxomycètes; mais, après s'être nourries et progressivement fusionnées, elles constituent une masse qui forme un fruit à spores pédicellées et acrogènes, très-différent par conséquent du fruit des Myxomycètes. En germant, la spore produit un corps amiboïde; ce corps se segmente en huit myxoamibes munies d'un cil, qui se séparent, grandissent, deviennent autant de petites plasmodies qui se fusionnent peu à peu en une plasmodie générale, laquelle à son tour reproduit le fruit. Ces deux Champignons doivent donc être distraits des Basidiomycètes et réunis en un groupe nouveau qui reliera les Myxomycètes d'une part aux Isariées, d'autre part aux Polysporées. M. Cienkowski est arrivé de son côté et presque en même temps, par l'étude d'une autre espèce de *Ceratium*, à des résultats identiques. Ce point important est donc définitivement acquis à la science (Botanische Zeitung, août 1872).

Dans le travail d'ensemble cité plus haut, M. Rostafinski place les Cératiées dans les Myxomycètes et en tête de ce groupe. Ce sont jusqu'ici les seuls Myxomycètes exosporés, tous les autres sont endosporés.

Chytridinées. — D'un autre côté, les Champignons parasites qui forment le groupe des Chytridinées viennent établir une transition entre les Myxomycètes et les Saprolégniées. En même temps qu'il faisait connaître plusieurs types nouveaux de Chytridinées (*Olpidiopsis, Rozella, Woronina*) qui, s'établissant en parasites sur les Saprolégniées, avaient été jusqu'alors tenus pour des organes reproducteurs des plantes hospitalières, M. M. Cornu a particulièrement insisté sur ce point. Comme celles des Myxomycètes, les zoospores des Chytridinées ont un cil unique, et leur marche saccadée se change bientôt en un mouvement amiboïde qui persiste quelque temps. C'est à cet état plasmodique que le parasite pénètre dans la plante nourricière, et il y demeure quelque temps ainsi, en se déplaçant au milieu du protoplasma propre de la cellule hospitalière aux dépens duquel il se nourrit. Puis il s'entoure d'une membrane au moment de la reproduction.

La différence avec les Myxomycètes, c'est qu'il n'y a pas ici, et qu'il ne peut y avoir, fusionnement des plasmodies élémentaires, qui demeurent forcément indépendantes et fructifient isolément. Mais cette différence parait liée au parasitisme. (M. Cornu, *Monographie des Saprolégniées*, p. 119, 1872.)

(Trad.)

DEUXIÈME GROUPE

LES CHARACÉES

CLASSE 3

Les Characées (1).

Mode de végétation. — Les Characées sont des plantes aquatiques submergées, vertes, enracinées dans le sol, dressées verticalement et qui atteignent depuis un décimètre jusqu'à un mètre de hauteur. Leur port est très-grêle, car, pour cette hauteur, leurs tiges et leurs feuilles n'ont guère qu'un à deux millimètres d'épaisseur. A cet aspect d'Algue se joint une structure délicate, qui acquiert parfois plus de solidité par un dépôt calcaire superficiel. Elles vivent en troupes, associées en gazon serré au fond des étangs d'eau douce, des fossés et des ruisseaux ; les unes aiment les eaux profondes, les autres les eaux superficielles; les unes les eaux stagnantes, les autres les eaux à courant rapide. Certaines espèces sont annuelles, d'autres vivaces.

Affinités. — Leurs nombreuses espèces, répandues dans toutes les contrées du globe, présentent entre elles une si grande uniformité qu'elles peuvent être toutes rangées en deux genres (*Chara* et *Nitella*), reliés par maintes formes de transition, tandis que d'autre part elles diffèrent tellement de toutes les autres classes de plantes, que nous devons les considérer comme formant à elles seules un groupe à part à côté des Thallophytes et des Muscinées. Du côté des Thallophytes, elles se rattacheraient plutôt à certains types d'Algues, mais elles s'éloignent de tous les Thallophytes par la forme de leurs anthérozoïdes et ressemblent par ce caractère aux Muscinées, dont elles se séparent complétement à leur tour par la structure des anthéridies et de l'organe reproducteur femelle, comme aussi par l'organisation de l'appareil végétatif.

Proembryon. — De la cellule centrale du fruit des *Chara* ne sort pas directement la plante feuillée et sexuée, mais seulement un proembryon qui n'atteint qu'une faible dimension et ne consiste qu'en une simple rangée de cellules avec accroissement terminal limité (fig. 198) ; on n'a pas encore observé un

(1) A. Braun : Ueber die Richtungsverhältnisse der Saftströme in der Zellen der Charen, Monatsberichte der Berliner Akad., 1852 et 1853. — Pringsheim : Ueber die nacktfüssigen Vorkeime der Charen, Jahrb. für wissensch. Botanik, III, 1864. — Nægeli : Die Rotationsströmung der Charen, Beiträge zur wiss. Botanik., II, 1860, p. 61. — Thuret : Recherches sur les anthéridies des Cryptogames, Ann. des sc. nat. 3e série, 1851. XVI. p. 19. — Montagne : Multiplication des Charagnes par division, *ibid.* 1852, XVIII, p. 65. — Göppert et Cohn : Ueber die Rotation in *Nitella flexilis,* Botanische Zeitung, 1849. — De Bary : Ueber die Befruchtung der Charen, Monatsberichte der Berliner Akad., mai 1871.

pareil proembryon dans les *Nitella*. C'est ensuite aux dépens d'un des articles de ce proembryon, situé à quelque distance du sommet, que se développe presque à angle droit la tige de la plante sexuée et pourvue de feuilles.

Structure de la tige. — Cette tige est douée d'un accroissement terminal indéfini qui s'opère par la segmentation transversale d'une cellule terminale (fig. 199, *t*). Chaque segment formé se divise aussitôt à son tour, par une cloison transversale, en deux cellules superposées; la cellule inférieure *g*, sans se diviser désormais, se développe en un long entre-nœud qui atteint parfois 5 à 6 centimètres; la cellule supérieure, qui s'allonge à peine, se dédouble d'abord par une cloison longitudinale, puis partage chacune de ses moitiés par des cloisons successives, de manière à former un verticille de cellules périphériques *b, b*. Du nœud ainsi constitué procèdent à la fois les feuilles verticillées, ou rayons principaux, formées chacune par une cellule périphérique, et les rameaux qui prennent naissance à l'aisselle de la première ou des deux premières feuilles du verticille successif.

Les 4 à 10 feuilles de ce verticille suivent dans leur développement la même marche que la tige, mais leur accroissement terminal est limité, c'est-à-dire qu'après la formation d'un certain nombre d'articles, la cellule terminale cesse de se segmenter et devient, en s'allongeant le plus souvent en pointe, la dernière cellule de la feuille (fig. 199, *A*, *b''*). Sur la feuille il peut se développer des folioles latérales ou rayons secondaires, qui en procèdent exactement comme la feuille elle-même procède de la tige; les rayons secondaires du verticille peuvent en produire à leur tour de troisième ordre et ainsi de suite.

Les verticilles foliaires successifs d'une tige alternent, et de façon que les feuilles les plus âgées des verticilles, celles qui portent les rameaux à leur aisselle, soient disposées sur la tige suivant une spirale continue. Ordinairement même chaque entre-nœud subit une torsion ultérieure dans le sens de cette spirale. Les rameaux latéraux répètent sous tous les rapports la tige principale (fig. 210); dans les *Chara* il n'y a jamais qu'un seul rameau par verticille, et il est à l'aisselle de la feuille la plus âgée du verticille; dans les *Nitella* il y en a deux à l'aisselle des deux feuilles les plus âgées du verticille.

Structure des feuilles. — Nous avons déjà dit que les feuilles ont un développement pareil à celui de la tige; elles, aussi, consistent en entre-nœuds très-

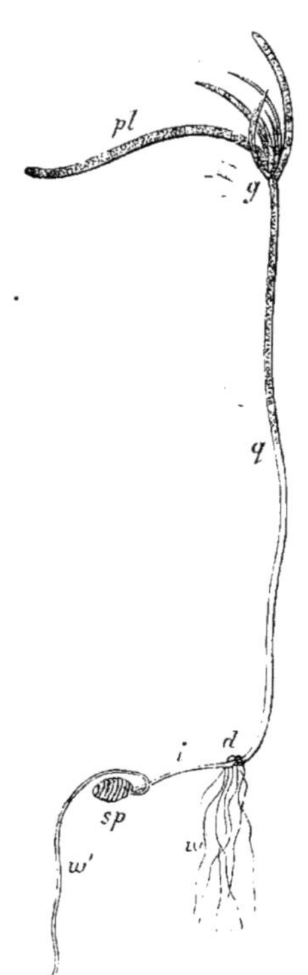

Fig. 198. — *Chara fragilis*, germination. — *sp*, spore; *i, d, q. pl*, forment ensemble le proembryon; *pl* est articulé, ce qui n'est pas net ici; en *d* s'insèrent des rhizoïdes *w*; *w'* est ce qu'on appelle la racine principale; *g* premières feuilles, non verticillées, de la plante feuillée qui forme la seconde génération. D'après M. Pringsheim, gross. environ 4 fois.

surbaissés à l'origine (fig. 199 *B*, γ), mais plus tard très-longuement étirés, séparés par des disques transversaux très-aplatis qui sont les nœuds foliaires. De
ces nœuds procèdent, en verticilles successifs, les folioles ou rayons latéraux ;
mais ces verticilles successifs d'un rayon principal sont directement superposés
l'un à l'autre, ils n'alternent pas comme font ceux des rayons principaux sur
la tige (β dans la figure 200). Chaque feuille commence par un nœud, ou nœud

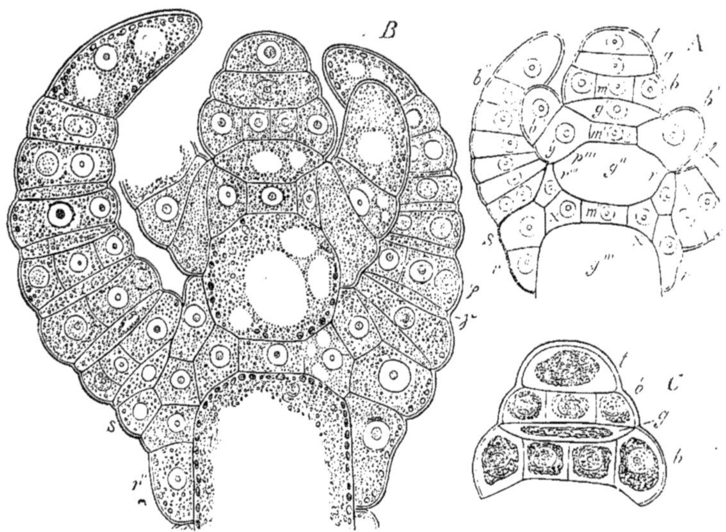

Fig. 199. — *Chara fragilis*, coupe longitudinale du bourgeon. — En *A*, le contenu des cellules a été négligé.
En *B*, la substance finement granuleuse est du protoplasma, les grains plus gros, de la chlorophylle ; on remarque la formation de vacuoles. En *C*, le contenu des cellules est contracté par la solution iodée 300².

basilaire (1), par lequel elle s'unit au nœud de la tige, et chaque foliole s'insère de même sur la feuille principale. Ces nœuds basilaires sont les points de
départ pour la formation de l'écorce, qui recouvre les entre-nœuds de la tige des
Chara, mais qui manque aux *Nitella*.

Développement de l'écorce des *Chara*. — Du nœud basilaire de chaque
feuille partent deux lobes corticaux morphologiquement individualisés, dont
l'un monte et l'autre descend (2) (comparez fig. 199 *r*, *r'*, *r''* et fig. 201). Au
milieu de chaque entre-nœud, autant de lobes corticaux descendants qu'il y
a de feuilles au verticille se rencontrent donc avec les lobes corticaux ascendants du verticille inférieur ; le nombre de ces derniers est cependant moindre

(1) La cellule *x*, dans la figure 199 *A*, peut aussi cependant être regardée comme le premier
entre-nœud de la feuille ; alors le nœud de la tige ne serait formé que du disque médian *m* partagé en deux par une cloison longitudinale. La comparaison avec les Muscinées et les Cryptogames vasculaires conduit aussi à supposer que tout le groupe cellulaire issu de *y*, *x s r'' r'''*,
est commun à la tige et à la feuille.

(2) Le premier entre-nœud de tout rameau et de toute feuille se cortique seulement par les
lobes corticaux qui descendent du nœud suivant.

d'une unité, parce que la feuille à l'aisselle de laquelle naît le rameau ne produit pas de lobe cortical ascendant. Ces lobes corticaux se soudent ensemble

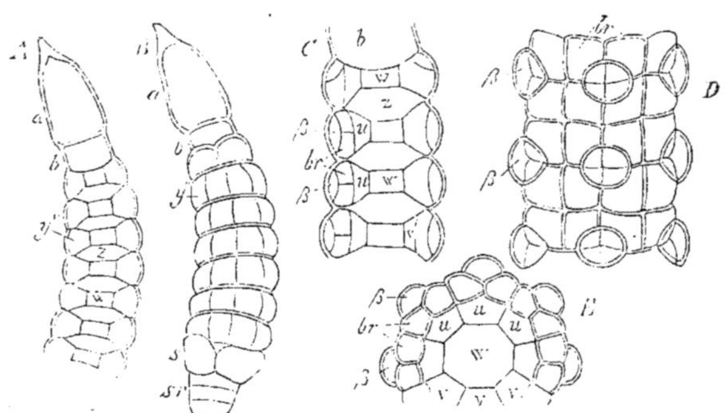

Fig. 200. — *Chara fragilis*, feuilles. — *a*, article terminal ; *b*, avant-dernier article d'une feuille ; *z*, cellules internodales de la feuille ; *w*, cellule nodale ; *y″*, cellule mère d'un rayon latéral et de son nœud basilaire ; de cette cellule procèdent : *v* et *u* qui réunissent la foliole à la feuille ; *br*, le nœud basilaire de la foliole qui produit quatre lobes corticaux simples, et β la foliole ou rayon latéral. — *A* et *C* en section longitudinale ; *B*, une jeune feuille tout entière, vue du dehors, avec la stipule *s* et son lobe cortical caulinaire *sr* ; *D*, région moyenne d'une feuille plus âgée, mais cependant encore jeune, vue du dehors ; *E*, section transversale d'un nœud foliaire de l'âge de *D*.

et forment une enveloppe fermée autour de l'entre-nœud, au milieu duquel ils s'engrènent en se terminant en pointes alternes. Cette cortication s'opère de si

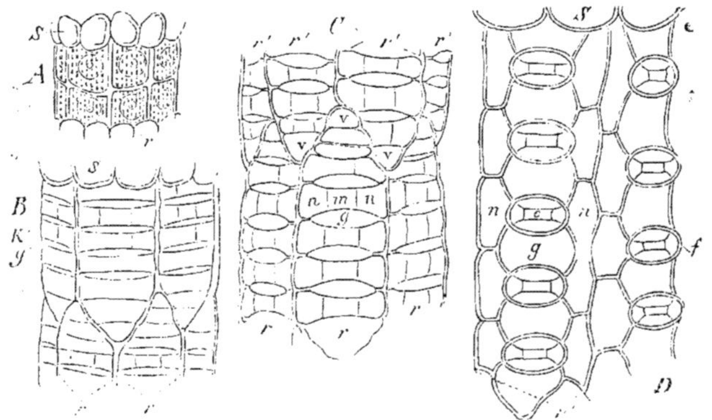

Fig. 201. — Développement de l'écorce de la tige du *Chara fragilis*. — *A*, un très-jeune entre-nœud de la tige avec les lobes corticaux encore unicellulaires *r* ; *B* à *D*, développement ultérieur de ces lobes ; *r, r, r*, indiquent partout les lobes qui montent des feuilles inférieures ; *r′, r′, r′*, ceux qui descendent des feuilles supérieures ; *vv*, la cellule terminale de chaque lobe cortical ; *g, g* ses cellules internodales ; *n, m, n*, son nœud ; *c*, dans *D* est la cellule centrale d'un nœud cortical. *S* indique partout les corps stipulaires unicellulaires émanés deux par deux des bases des feuilles.

bonne heure que l'entre-nœud est déjà cortiqué au début même de son allongement ; les lobes corticaux suivent ensuite exactement son extension tant en lon-

gueur qu'en épaisseur. Chaque lobe cortical croît, comme la tige, par une cellule
terminale dont les segments transversaux se subdivisent ensuite en une cellule
corticale internodale et en une cellule corticale nodale ; la dernière se partage
par des cloisons successives en une cellule interne en contact avec l'entre-nœud
de la tige et trois cellules externes dont la moyenne se développe fréquemment
en forme d'épine ou de bouton, rappelant une feuille ; les cellules extérieures
latérales du nœud cortical s'allongent au contraire en longs tubes, pour suivre
en haut et en bas l'allongement de l'entre-nœud ; de sorte que chaque lobe
cortical se compose de trois séries cellulaires parallèles dont la médiane
renferme alternativement des cellules courtes et longues, internodales et nodales. La cortication des feuilles, amenée par les folioles, est beaucoup plus
simp'e (*br* dans la figure 200).

Stipules. — Des nœuds basilaires des *Chara* procèdent encore d'autres corps
ressemblant à des feuilles et que M. A. Braun appelle des stipules ; ce sont
toujours des tubes unicellulaires, tantôt très-courts, tantôt allongés, qui s'insèrent aussi bien du côté intérieur que du côté extérieur de la base de la feuille
(*S* dans les figures 199 et 201).

Structure et ramification des rhizoïdes. — Les nœuds sont la source formatrice de tous les membres latéraux des Characées. Les corps radiciformes,
les rhizoïdes, émanent des cellules externes du
nœud inférieur de la tige principale. Ils consistent en longs tubes hyalins qui s'accroissent
obliquement vers le bas et ne s'allongent que
par leur sommet. Ils se forment, au pourtour
du nœud, aux dépens de cellules aplaties et s'insèrent ainsi sur ce dernier par une base élargie ;
dans les grosses racines, ces bases d'insertion
se divisent elles-mêmes plus tard et donnent
naissance, surtout sur leur bord supérieur, à de
petites cellules aplaties qui se prolongent ensuite à leur tour en racines grêles. Ces tubes
rhizoïdes ne forment qu'en assez petit nombre
et loin du sommet végétatif des cloisons transverses, dont la direction est oblique dès l'origine. Deux articles successifs s'appuient, en
effet, l'un à l'autre comme deux pieds d'homme
placés semelle contre semelle et en sens inverse.
C'est toujours l'extrémité inférieure de l'article supérieur qui produit seule les ramifications
(fig. 202, *B*) ; il s'y fait un renflement qui, se
séparant par une cloison et se divisant, produit plusieurs cellules qui s'allongent ensuite
en autant de rameaux ; ces rameaux sont donc

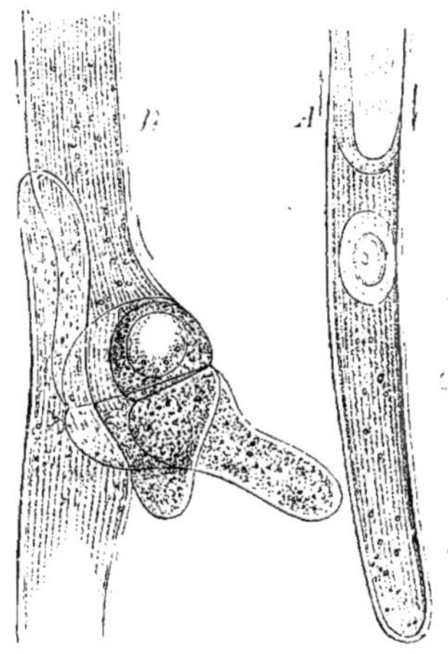

Fig. 202. — Rhizoïdes du *Chara fragilis.* —
A, extrémité d'un tube en voie de développement ; *B*, une articulation d'un rhizoïde ; la partie inférieure de l'article
supérieur se ramifie (d'après M. Pringsheim, gross. 240 fois). Les flèches indiquent la direction des courants protoplasmiques.

disposés en touffes sur un seul côté du rhizoïde principal. Les articles tubuleux des rhizoïdes atteignent une longueur qui, de quelques millimètres, peut
s'élever jusqu'à 2 centimètres, et une épaisseur de 1/40 à 1/10 de millimètre.

Propriétés générales des cellules : courants protoplasmiques. — Les Characées se distinguent par la grandeur de leurs cellules et par la simplicité des relations qui existent entre les divers éléments qui contribuent à l'édification du corps entier de la plante. Toutes les jeunes cellules contiennent un noyau, toujours situé à l'origine au centre même du protoplasma qui remplit toute la cavité cellulaire ; toute bipartition de la cellule est précédée par la dissolution de ce noyau primitif et la formation de deux nouveaux noyaux. A mesure que les cellules s'accroissent, il se forme, dans le protoplasma, des vacuoles qui confluent finalement en une seule cavité remplie par le suc cellulaire ; le protoplasma, qui continue alors à tapisser la paroi d'un dépôt épais, commence aussitôt son mouvement de rotation, qui suit toujours le chemin le plus long dans la cellule. Le noyau se dissout vers cette époque, tandis que se forment des grains de chlorophylle. A mesure que la cellule s'agrandit, ces derniers s'accroissent aussi et se multiplient par une série de bipartitions répétées. Les grains de chlorophylle adhèrent à la face interne de la couche externe, mince et immobile du protoplasma ; ils ne prennent donc aucune part à la rotation qui anime les couches protoplasmiques plus internes. Le protoplasma en voie de rotation se différencie, par les progrès de l'accroissement de la cellule, en une partie fondamentale plus aqueuse et en portions plus pauvres en eau et plus denses ; la première paraît comme un suc cellulaire hyalin à l'intérieur duquel les autres nagent comme autant de pelotes arrondies, grandes et petites. Comme ces corps plus denses sont entraînés passivement par le protoplasma hyalin qui tourne, ce que l'on reconnaît à leurs mouvements de culbute, il semble que ce soit le suc cellulaire qui soit animé du mouvement de rotation. Outre ces pelotes protoplasmiques, de formes plus ou moins irrégulières, on trouve encore dans les cellules beaucoup de corps sphériques pourvus d'épines délicates et qui ont été nommés *corpuscules ciliés:* eux aussi sont des portions de protoplasma.

Le courant possède, comme M. Nägeli l'a montré, sa plus grande rapidité contre la couche pariétale en repos et devient de plus en plus lent vers l'intérieur ; par conséquent les sphères et les pelotes qui nagent dans le protoplasma liquide en rotation culbutent en tous sens, puisque les divers points de leur surface appartiennent à des couches de vitesse différente. Les grains de chlorophylle sont disposés, dans la couche en repos, en séries longitudinales parallèles à la direction du courant et ils sont si étroitement rapprochés qu'ils forment une couche continue ; ils ne manquent que le long de ce qu'on appelle les *bandes d'interférence* (*i* dans la figure 125). Ces bandes d'interférence sont la ligne le long de laquelle la partie ascendante et la partie descendante du protoplasma cellulaire en voie de rotation cheminent en sens contraire, le long de laquelle par conséquent il y a repos complet. Dans chaque cellule, la direction du courant est en relation déterminée avec le sens qu'il affecte dans toutes les autres cellules de la plante et par conséquent avec la structure morphologique de celle-ci, comme M. A. Braun l'a établi.

Reproduction asexuée : tubercules, rameaux à base nue, branches proembryonnaires. — C'est encore des nœuds que procède la multiplication végétative et asexuée des Characées et cela avec trois modifications différentes :

1° des *corps tuberculeux*, appelés étoiles amylacées dans le *Chara stelligera;* ce sont des nœuds souterrains isolés, avec verticilles foliaires très-raccourcis,

d'une élégante régularité, et dont les cellules sont étroitement remplies d'amidon et d'autres substances plastiques; ils développent de nouvelles plantes par poussée latérale; 2° les *rameaux à base nue*, de M. Pringsheim; ils se forment sur les nœuds âgés après l'hiver, ou sur les nœuds coupés, à l'aisselle, nonseulement de la feuille la plus âgée. mais aussi des feuilles les plus jeunes du verticille, et ils diffèrent peu, au fond. des branches normales, dont ils se distinguent principalement par la cortication imparfaite ou nulle de l'entre-nœud inférieur et des feuilles du premier verticille. Les lobes corticaux, qui descendent du premier nœud de ce rameau, se séparent souvent de l'entre-nœud et s'accroissent librement en se recourbant en l'air; les feuilles du verticille inférieur n'y forment souvent pas de nœud ; 3° les *rameaux proembryonnaires;* ils s'échappent du nœud de la tige à côté des précédents, mais ils diffèrent essentiellement des rameaux ordinaires, et ils ont la même structure que les proembryons qui procèdent des spores ; comme ces derniers, ils n'ont jusqu'ici été observés que chez le *Chara fragilis*, par M. Pringsheim. Une cellule du nœud de la tige s'élève et s'allonge en un tube dont la pointe se sépare par une cloison. Cette cellule terminale continue à s'accroître en se divisant, jusqu'à ce que la pointe du proembryon, formée par elle, ait 3-6 articles. Sous cette pointe, le tube se renfle (*ab* dans *C*, fig. 203) et la portion élargie se sépare par une cloison, et forme une cellule que M. Pringsheim nomme cellule fondamentale du bourgeon (fig. 203, *C*, région comprise entre *v* et *d*). Cette cellule se partage ensuite, par deux cloisons obliques, en trois cellules, dont la médiane (*q*) s'allonge en tube comme un entre-nœud, tandis que la supérieure et l'inférieure

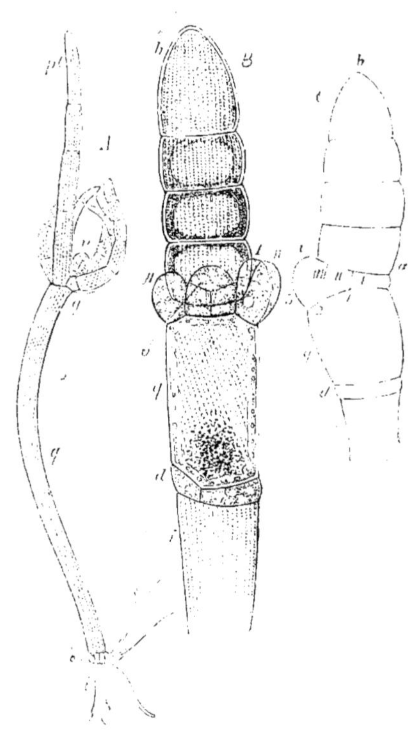

Fig. 203. — *Chara fragilis.* — A, une branche proembryonnaire entière; *i*, l'article inférieur, incolore, au-dessous du nœud radical : *q*, le long article issu de la cellule moyenne de la cellule fondamentale du bourgeon : *pt*, la pointe du proembryon ; *q*, verticille foliaire apparent : *r*, le bourgeon de la seconde génération, c'est-à-dire de la plante feuillée. — *B*, portion supérieure d'une branche proembryonnaire plus jeune : *i*, *d*, *q*, comme plus haut, *b* = *pt* de la figure A ; I, II, III, les jeunes folioles des nœuds de passage, *r*, le bourgeon de la tige feuillée. — *C*, branche proembryonnaire plus jeune encore ; *i*, *d*, *q*, *b*, comme dans A et *B* ; I, II III les cellules d'où procèdent les nœuds de passage : *r*, la cellule terminale du bourgeon caulinaire. D'après M. Pringsheim ; *B* est grossi 170 fois.

demeurent courtes. De la cellule inférieure se forme plus tard un nœud radicifère et sans feuilles (*d* dans les figures 203 et 198), tandis que la supérieure, située entre la pointe articulée du proembryon et la cellule allongée *q*, se transforme en l'axe de la nouvelle génération. A cet effet, elle se renfle en dehors d'un côté et se partage successivement dans les cellules *I*, *II*, *III* et *v*. Chacune des cellules *I*, *II*, *III* devient, en se divisant, un disque cellulaire, un nœud de transition, et il y a trois de ces nœuds superposés l'un à l'autre, sans interposition d'entre-nœud; leurs cellules latérales se développent à droite et à gauche et forment des feuilles incomplètes de longueur diverse. La cellule la plus externe *v* (fig. 203, *C*), au contraire, commence une série de segmentations pareille à celle d'une branche feuillée normale; elle est la cellule mère, et en même temps la première cellule terminale de la nouvelle génération, c'est-à-dire de la plante feuillée et sexuée qui va procéder de ce proembryon. La déviation déjà indiquée dans la figure 203 *C*, s'accuse plus tard, de manière à rejeter en arrière la pointe du proembryon et à lui donner l'aspect d'une feuille non cortiquée. En outre, le développement ultérieur des feuilles latérales, issues de *I*, *II*, *III*, s'opère de façon que tous ces membres, y compris la pointe du proembryon, paraissent constituer un même verticille; il en résulte que le bourgeon de la pousse latérale paraît occuper le centre de ce faux verticille (fig. 203 *A*).

Si maintenant l'on compare le corps issu de la germination de l'oospore, c'est-à-dire le vrai proembryon, avec la branche proembryonnaire que nous venons d'étudier, on trouve, avec M. Pringsheim, une complète analogie entre leurs diverses parties constituantes, comme le lecteur s'en convaincra en comparant lettre à lettre les figures 198 et 203. Le proembryon issu de l'oospore possède cependant en plus un petit nœud vers l'ouverture de la spore, et de ce nœud s'échappe un rhizoïde qu'on appelle la racine principale des *Chara* (fig. 198 *w'*).

Reproduction sexuée. — La reproduction sexuée s'opère dans les Characées au moyen d'organes qui, dans l'état présent de nos connaissances, ne ressemblent, par leur développement et par leur forme définitive, ni à ceux des Thallophytes, ni à ceux des Muscinées ou des autres Cryptogames. Les organes mâles peuvent bien, comme dans toutes les Cryptogames, être appelés aussi anthéridies, mais les organes femelles ne sont ni des oogones ni des trichogynes, et ils ne sont pas non plus des archégones; il paraît donc convenable de leur donner, pour le moment, avec M. A. Braun, le nom de *sporogemme* (Sporenknospe) ou mieux, d'après les recherches récentes de M. de Bary, celui de *oogemme* (Eiknospe), qui du moins n'implique pas de fausse analogie.

Anthéridies et oogemmes naissent toujours sur les feuilles. L'anthéridie est toujours l'article terminal transformé d'une feuille (*Nitella*) ou d'une foliole (*Chara*). L'oogemme émane, dans les espèces monoïques, tout à côté de l'anthéridie, du nœud basilaire de la même foliole (*Chara*), ou du dernier nœud du rayon principal terminé par l'anthéridie (*Nitella*); dans les *Nitella* nonoïques, il est donc situé au-dessous; dans les *Chara*, au contraire, au-dessus ou à côté de l'anthéridie. Dans les espèces dioïques, ces relations de voisinage disparaissent, il est vrai, mais la signification morphologique et la position des organes demeurent les mêmes.

Structure des organes sexués : anthéridies et oogemmes. — Considérons maintenant ces deux espèces d'organes, d'abord dans leur état de développement complet.

Structure des anthéridies. — Les anthéridies sont sphériques, ont 1/2 à 1 millim. de diamètre, et sont colorées d'abord en vert, puis en rouge. La paroi est composée de huit cellules aplaties, dont quatre disposées autour du pôle libre de la sphère sont triangulaires, tandis que les quatre autres disposées autour de sa base sont quadrangulaires à face inférieure plus étroite. Chacune de ces cellules est une portion de l'enveloppe sphérique ; on les appelle *écussons*. Dans le jeune âge leur face interne est couverte de grains de chlorophylle qui se colorent en rouge à la maturité, et, comme la face externe en est dépourvue, la sphère paraît entourée d'une enveloppe claire et hyaline (fig. 204, A, a); sur les faces latérales la membrane cellulaire envoie des replis vers le milieu de chaque écusson qui paraît ainsi lobé radialement. Du centre de la paroi interne de chaque écusson, part une cellule cylindrique qui se dirige vers l'intérieur à peu près jusqu'au centre de la cavité sphérique; ces huit cellules rayonnantes portent le nom de *manubries*. En outre, la cellule qui porte l'anthéridie pénètre aussi dans son intérieur entre les quatre écussons inférieurs. A l'extrémité centrale de chacune des huit manubries s'ajuste une cellule hyaline, arrondie,

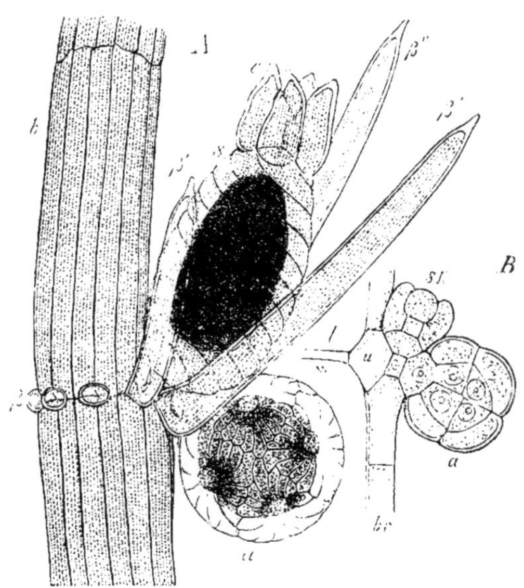

Fig. 204. — *Chara fragilis.* — A, région moyenne d'une feuille *h*, avec une anthéridie *a* et un oogonie *S* pourvu d'une couronne *c*; β, folioles latérales stériles : β', folioles latérales plus grandes à côté du fruit; β''. bractéoles issues du nœud basilaire de l'organe sexué (gross. environ 50 fois). — B, une jeune anthéridie *a* avec un oogonie encore plus jeune *sk*; *u*, la cellule nodale de la feuille : *u*, la cellule de réunion entre celle-ci et le nœud basilaire de l'anthéridie : *l*. cavité des cellules internodales : *br*. cellules corticales de la feuille (350). Comparer avec la figure 211.

qu'on appelle la *tête*. Toutes ensemble, ces 25 cellules forment la charpente de l'anthéridie. Chaque tête porte en son milieu six cellules plus petites, ou têtes secondaires, de chacune desquelles procèdent ensuite quatre filaments longs et grêles, flagelliformes, plusieurs fois enroulés sur eux-mêmes et qui remplissent toute la cavité de l'anthéridie (fig. 205 B). Chacun de ces filaments, au nombre de 192, est composé à son tour d'une série de petits articles discoïdes (D, E, F) dont le nombre varie entre 100 et 200. Dans chacune de ces 20,000 à 40,000 cellules naît un anthérozoïde, c'est-à-dire un filament grêle enroulé en spirale, épaissi en arrière, qui porte à son extrémité effilée deux longs cils très-fins (fig. 205 *G*). A la maturité, les huit écussons se séparent, parce que leur courbure sphérique tend à diminuer sous l'influence de la dessiccation; les anthérozoïdes quittent leurs cellules mères et nagent dans l'eau ambiante. La rupture de l'anthéridie paraît se faire ordinairement le matin; les anthérozoïdes nagent pendant quelques heures, parfois même jusqu'au soir.

Structure des oogemmes. — L'oogemme développé et prêt à être fécondé a la forme d'un ellipsoïde plus ou moins allongé; il est supporté par une cellule basilaire courte et qui n'est visible à l'extérieur que dans les *Nitella*, et il se compose d'une série axile de cellules, étroitement enveloppée par cinq tubes enroulés en

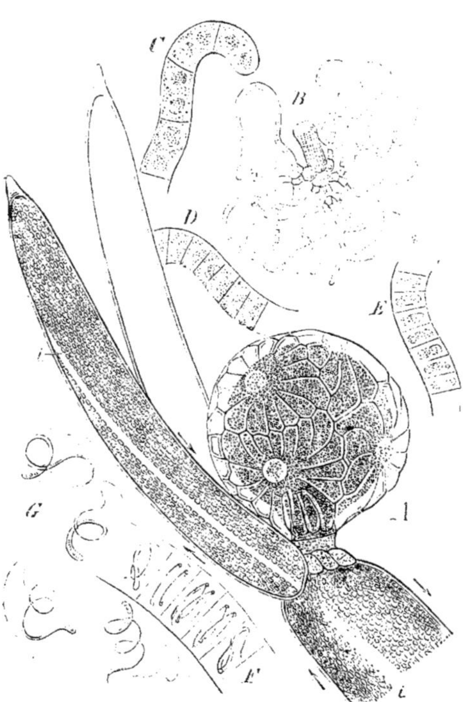

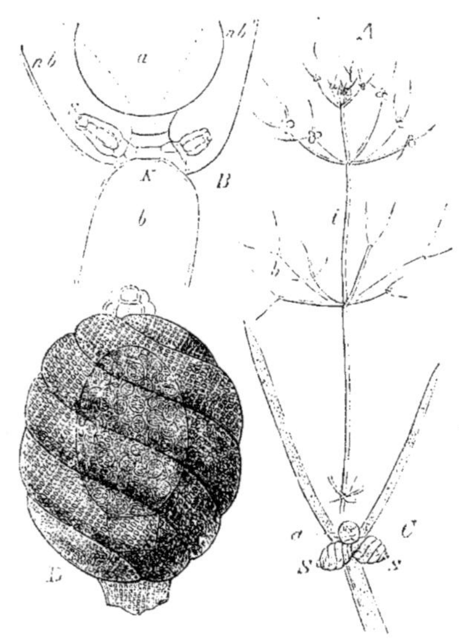

Fig. 206. — *Nitella flexilis*. — *A*, rameau fertile de grandeur naturelle; *i*, entre-nœud : *b*, feuilles. — *B*, partie supérieure d'une feuille fertile *b* avec un nœud *k* sur lequel s'insèrent deux rayons latéraux *nb* et deux très-jeunes oogemmes *s*; *a*, l'anthéridie terminale. — *C*, feuille plus âgée avec deux rayons latéraux, une anthéridie mûre *a* et deux oogemmes non mûrs *s*. — *D*, un oogemme à moitié mûr, plus fortement grossi.

Fig. 205. — *Nitella flexilis*. — *A*, anthéridie presque mûre à l'extrémité d'un rayon principal, ayant à côté d'elle deux rayons latéraux de la feuille : *i*, bandes d'interférence; les flèches indiquent la direction des courants protoplasmiques. — *B*, une manubrie avec sa tête et ses filaments flagelliformes à l'intérieur desquels naissent les anthérozoïdes. — *C*, extrémité d'un de ces filaments jeune. — *D*, région moyenne d'un de ces filaments plus âgé. — *E*, encore plus âgé. — *F*, filament anthéridien mûr avec ses anthérozoïdes *G*. *C-G* sont grossies 550 fois.

spirale. Le tout doit être considéré comme une pousse métamorphosée. La cellule basilaire correspond à l'entre-nœud inférieur de l'axe de cette pousse, et elle porte une courte cellule nodale de laquelle s'échappent les cinq tubes enroulés qui correspondent à autant de feuilles verticillées. Au-dessus de la cellule nodale s'élève, développée d'une façon particulière, la cellule terminale

du rameau; elle est de forme ovale et très-grande relativement aux autres.
A sa base, immédiatement au-dessus de la cellule nodale, il s'en sépare de
bonne heure dans les *Chara* une cellule hyaline surbaissée; à cette même
place on trouve dans les *Nitella* un groupe à peu près discoïde de cellules semblables. La grande cellule terminale de l'oogemme contient, outre le protoplasma, beaucoup de gouttes d'huile et de grains d'amidon; sa région terminale seule, ou papille terminale, ne contient qu'un simple protoplasma hyalin.

Les tubes enroulés, riches en chlorophylle, dépassent la papille terminale, et
ce prolongement appelé *couronne* est composé, dans les *Chara*, de cinq cellules
plus grandes, dans les *Nitella* de cinq paires de petites cellules, qui se sont
déjà dans le jeune âge séparées des tubes par des cloisons transversales.
Au-dessus de la papille terminale et sous l'épais couvercle formé par la couronne, les cinq tubes enroulés forment un col autour d'un étroit espace vide
ou espace terminal; ce col est étranglé en son milieu, car les cinq tubes enroulés y proéminent en dedans en formant une sorte de diaphragme à travers
la très-étroite ouverture centrale duquel s'opère la réunion des deux parties de
l'espace terminal. Ce dernier est fermé en haut par la couronne, mais au moment de la fécondation il s'ouvre au dehors, entre les cinq parties constitutives
du col, par cinq fentes latérales. C'est à travers ces fentes que les anthérozoïdes pénètrent dans l'espace terminal, maintenant rempli d'une gelée
hyaline, pour se rendre de là dans la papille terminale (probablement dépourvue de membrane) de l'oosphère, c'est-à-dire de la cellule centrale ou cellule
terminale de l'oogemme.

Après la fécondation, les grains de chlorophylle de l'enveloppe prennent
une couleur jaune rougeâtre; la paroi des tubes en contact avec l'oosphère
s'épaissit, se lignifie et se colore en noir. L'oosphère, maintenant transformée
en oospore, se trouve donc entourée par une enveloppe dure et noire, avec laquelle elle se détache, pour germer à l'automne ou seulement après l'hiver.

Développement des organes sexués : anthéridies et oogemmes. — Il nous
reste maintenant à étudier encore le mode de développement des anthéridies
et des oogemmes.

Développement des anthéridies. — La formation successive des cellules qui
composent l'anthéridie a déjà été décrite par M. A. Braun sur les *Nitella syncarpa*
et *Chara Baueri;* elle s'y opère essentiellement comme dans les *Nitella flexilis* et
Chara fragilis.

Dans les *Nitella*, c'est l'article terminal de la feuille (rayon principal d'un verticille), qui devient l'anthéridie; la feuille la plus âgée forme d'abord son anthéridie, les autres ensuite par rang d'âge; ces anthéridies se reconnaissent déjà
dans la toute première jeunesse du verticille. La figure 207 *A* représente une
coupe longitudinale à travers le sommet d'une branche dont *t* est la cellule
terminale; le dernier segment formé par celle-ci s'est déjà divisé par une
cloison en une cellule mère nodale K et une cellule internodale sous laquelle
se trouve le nœud de la tige avec son dernier verticille foliaire; *b* est la plus
jeune feuille de ce verticille, *bk* le nœud basilaire de la feuille la plus âgée qui
se compose déjà de plusieurs segments *I, II, III.* Enfin *a* est l'article terminal
de cette feuille en voie de transformation en anthéridie. Pendant que se forme

la sphère anthéridienne, la feuille subit encore des changements ultérieurs que nous signalerons tout d'abord. Le segment *III* (*fig.* 207 *A*), devient le premier

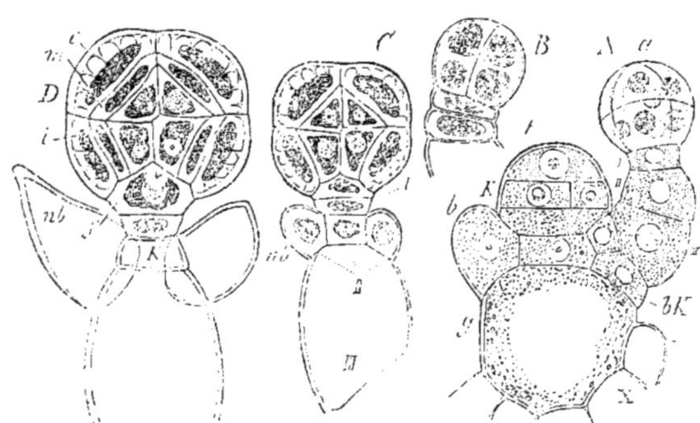

Fig. 207. — *Nitella flexilis*, développement de l'anthéridie. En *B*, *C*, *D* le protoplasma est contracté par l'action de la glycérine.

entre-nœud de la feuille, *II* devient un nœud qui développe dans *C* et *D* les folioles latérales *nb*. La cellule *I* se divise en deux (*C* en *I*) dont l'inférieure demeure courte, tandis que la supérieure se développe en forme de flacon *f* dans les figures 207, *D* et 208.

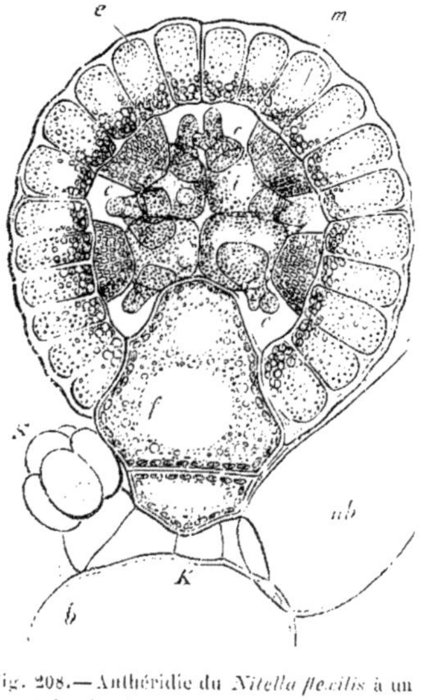

La cellule mère sphérique de l'anthéridie (*A*, *a*) se divise d'abord, par une cloison verticale passant par l'axe de la branche, en deux hémisphères, puis par une seconde cloison verticale perpendiculaire à la première en quatre quartiers, enfin par une troisième cloison horizontale perpendiculaire aux deux précédentes en huit octants. La contraction par la glycérine montre clairement que, lors de chacune de ces divisions, le corps protoplasmique est totalement partagé avant l'apparition de la cloison de cellulose (fig. 207 *B*); même la seconde division a déjà eu lieu, que la cloison n'est pas encore formée entre les deux moitiés issues de la première et il arrive que l'on peut contracter les quatre quadrants sans pouvoir apercevoir entre eux trace de cloison; dans la figure 207, *B*, la troisième division vient de s'opérer, la deuxième cloison perpendiculaire est déjà formée, les deux quadrants visibles y sont déjà divisés, mais sans qu'il y ait encore entre eux de cloison horizontale. La figure 207 *A*, *a*, montre en perspective les huits octants avec leurs noyaux.

Fig. 208.—Anthéridie du *Nitella flexilis* à un état de développement plus avancé (gross. environ 500 fois).

Ensuite, chaque octant se partage d'abord en une cellule externe et en une

cellule interne (fig. 207 *e*), puis cette dernière se divise encore une fois (*D*), de
sorte que maintenant chaque octant comprend une cellule externe, une cellule moyenne et une cellule interne (*D*, *e*, *m*, *i*). Jusqu'à présent la sphère est
solide et toutes les cellules y sont en contact intime; mais maintenant commence un accroissement inégal des cellules, et cette inégalité amène la formation d'espaces intercellulaires (fig. 208). Les huit cellules externes (*e*) sont
les huit jeunes écussons dont les parois latérales présentent déjà de bonne heure
les replis dont nous avons parlé; elles s'accroissent en direction tangentielle
plus fortement que les cellules internes et par conséquent la surface de la
sphère s'agrandit plus vite que son contenu. Les cellules moyennes (*m*), qui
forment les manubries, demeurent soudées au centre des écussons, mais sont
séparées l'une de l'autre par l'accroissement tangentiel de la région latérale des
écussons; elles se développent lentement dans le sens du rayon. Enfin la cellule interne (*i*) de chaque octant s'arrondit et devient la tête.

De son côté, la cellule *f* de la figure 207 *D* s'accroît aussi rapidement, s'insinue
à l'intérieur de la sphère entre les quatre écussons inférieurs, et devient une
cellule en forme de bouteille, au sommet de laquelle s'appuient les huit têtes
centrales. La figure 208 représente, en coupe longitudinale, une anthéridie
parvenue à cet état de développement. Là où les parois des têtes confinent aux
espaces intercellulaires remplis de liquide, elles poussent des rameaux (*e*) qui
se séparent par des cloisons transverses et se ramifient à leur tour; ces dernières
branches s'allongent par accroissement terminal et se partagent en même
temps par de nombreuses cloisons transversales. Les articles inférieurs s'arrondissent et deviennent les têtes secondaires sur lesquelles s'insèrent les filaments cylindriques dont les articles discoïdes sont les cellules mères des
anthérozoïdes. (Comparez la figure 208 avec la figure 205 *B*.)

Les anthéridies du *Chara fragilis* naissent par métamorphose des rayons latéraux qui forment l'étage le plus inférieur d'une feuille ou d'un rayon principal, et, comme le montre la figure 210, le développement progresse vers le
bas. La succession des cellules et leur accroissement ne présentent, par rapport
aux *Nitella*, aucune différence notable; le pied en forme de bouteille s'insère
ici sur une petite cellule encastrée entre les cellules corticales et qui est la
cellule centrale du nœud basilaire de la foliole latérale transformée; d'après
M. A. Braun, cette cellule se retrouve aussi dans les folioles stériles, mais je ne
l'y ai cependant pas rencontrée.

Développement des anthérozoïdes. — Les filaments flagelliformes, où naissent
les anthérozoïdes, ne s'allongent pas seulement à leur sommet, mais aussi par
accroissement intercalaire, ce qu'atteste l'existence, dans les jeunes filaments,
d'articles plus allongés pourvus de deux noyaux entre lesquels il ne s'est pas encore formé de cloison (fig. 205 *c*). A mesure que les filaments s'allongent, leurs
divisions deviennent plus nombreuses, jusqu'à ce qu'enfin les articles prennent
la forme de disques transversaux assez étroits. La transformation ultérieure
du contenu des cellules mères ainsi constituées progresse ensuite du sommet
du filament vers sa base; la formation des anthérozoïdes est basipète dans chaque filament. Au début, le noyau occupe le centre de la cellule mère, plus
tard il se place contre une cloison transverse; puis tous les noyaux disparais-

sent et leur substance se mêle à celle du protoplasma qui forme au milieu de
la cellule mère une pelote discoïde entourée d'un liquide hyalin (*E*, fig. 205);
c'est de cette pelote que procède l'anthérozoïde. Schacht a émis sur ce point
une opinion opposée (Die Spermatozoïden im Pflanzenreich, 1864, p. 30). L'anthérozoïde commence déjà à tourner à l'intérieur de la cellule mère, dont il
s'échappe lors de la déhiscence de l'anthéridie. Son filament cilié fait dans les
Nitella 2-3 tours de spire, dans les *Chara* 3-4 tours; son extrémité postérieure
renflée contient quelques granules brillants.

Développement des oogemmes. — Le développement des oogemmes a été décrit
avec détail par M. A. Braun; je l'ai étudié de mon côté sur les *Nitella flexilis* et
Chara fragilis.

Dans le *Nitella flexilis*, l'oogemme procède du nœud foliaire situé au-dessous
de l'anthéridie (fig. 206 *B* et *C*), mais il se forme beaucoup plus tard que
celle-ci. La figure 209 *A* montre un très-jeune oogemme, dont le pied *b* porte
la petite cellule nodale sur laquelle s'insèrent les cinq jeunes tubes de l'enveloppe *h;* on ne voit que deux de ces tubes dans cette section longitudinale. A son tour, la cellule nodale porte la cellule ter-minale *s* de la pousse que
représente l'oogemme. *B* montre un état de déve-loppement plus avancé,
où la première des cel-lules appelées par M. A. Braun cellules *réversives*
est déjà formée (*x*), et où

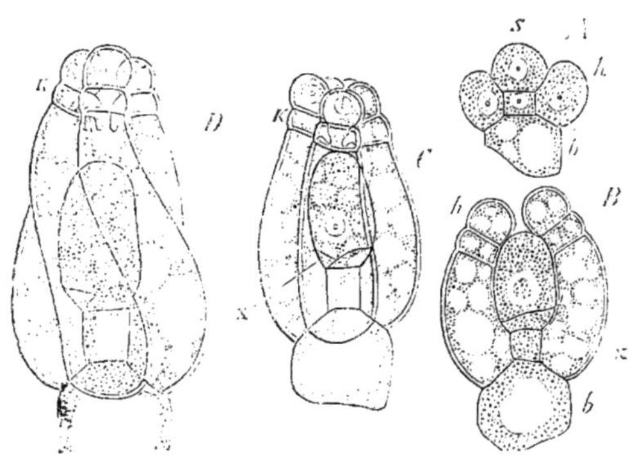

Fig. 209. — Développement de l'oogemme du *Nitella flexilis* (voir le texte); gross. environ 300 fois; *x* les cellules réversives.

la partie supérieure de chaque tube de l'enveloppe s'est aussi déjà divisée
par deux cloisons transverses; ces deux cellules courtes sont ensuite soulevées,
par l'accroissement intercalaire des tubes, au-dessus du sommet de la cellule
terminale et elles forment la couronne K dans *C* et *D*. De ces courtes cellules
ainsi surélevées, l'inférieure forme un prolongement dirigé vers le bas, comme
on le voit dans les figures *C* et *D*, et tous ensemble les cinq prolongements constituent une sorte de nasse ouverte vers le bas. C'est plus tard seulement que
commence la torsion spiralée des tubes de l'enveloppe, dont les tours deviennent de plus en plus surbaissés, tandis que la cellule terminale de l'oogemme
s'élargit notablement et se transforme en une oosphère (fig. 206).

Le développement et la fécondation de l'oogemme du genre *Chara* ont été
tout récemment décrits en détail par M. de Bary sur le *Chara fœtida*. Ici
aussi, l'oogemme se compose, dès son premier état de développement, d'une
rangée axile de trois cellules superposées et de cinq rangées de deux cellules
formant enveloppe autour de la première. La cellule inférieure de la rangée
axile est la cellule nodale, la seconde demeure ici aussi petite, incolore, et

correspond à la première cellule réversive des *Nitella :* elle est aussi, comme le montrent les dessins de M. de Bary, séparée, par une cloison un peu oblique, de la base de la cellule terminale, qui est le troisième article de la rangée axile. Presque sphérique à l'origine, la cellule terminale prend d'abord la forme d'un étroit cylindre, puis devient ovoïde. Jusqu'à ce qu'elle ait acquis sa dimension définitive, elle est revêtue d'une membrane mince et très-délicate ; dans son protoplasma s'amassent des gouttes d'huile et des grains d'amidon, mais son sommet demeure entièrement libre, et constitue une papille terminale transparente, finement granuleuse, destinée à recevoir l'action fécondante; la cellule terminale de l'oogemme est alors devenue une oosphère. Les cinq tubes de l'enveloppe sont, dès le début, étroitement appliqués contre la cellule terminale ou l'oosphère, et quand chacun d'eux s'est divisé, environ à mi-hauteur, par une cloison transverse, les cellules supérieures ainsi séparées viennent à leur tour se réunir complétement au-dessus de la cellule terminale. Cette fermeture absolue de l'enveloppe se trouve déjà opérée, tout au moins dans le *Chara fœtida,* avant que la cellule réversive se soit encore séparée de la cellule terminale. Les cinq cellules supérieures des tubes de l'enveloppe sont tout d'abord aussi hautes que les inférieures, car la cloison qui les sépare se forme à peu près à mi-hauteur de l'oosphère ; mais, à mesure que celle-ci se développe, les cinq cellules inférieures s'allongent seules en longs tubes qui, d'abord droits, s'enroulent plus tard en spirale autour de l'oosphère. Les cinq cellules supérieures, soulevées ainsi à une certaine hauteur au-dessus du sommet de l'oosphère, forment la couronne. Entre la couronne et le sommet de l'oosphère, les cinq tubes de l'enveloppe s'accroissent en épaisseur vers l'intérieur en formant tous ensemble, au-dessus de la papille terminale de l'oosphère, un épais diaphragme percé au centre et qui sépare l'étroit espace situé au-dessous de la couronne de l'espace plus étroit encore situé au-dessus de l'oosphère. Les cellules de la couronne forment, au-dessus de l'espace supérieur, un couvercle fermé, et les deux espaces sont en communication par l'étroite ouverture du diaphragme. M. de Bary a trouvé la même chose dans les *Nitella*.

Aussitôt que l'oogemme a atteint sa dimension définitive, la petite cavité située au-dessus du diaphragme se trouve surélevée et rendue plus spacieuse par l'allongement de la portion des tubes comprise entre la couronne et le diaphragme. M. de Bary nomme *col* cette région de l'enveloppe tardivement accrue; c'est le long de ce col que les cinq tubes s'écartent alors latéralement l'un de l'autre en formant au-dessous de la couronne et au-dessus du diaphragme cinq fentes longitudinales. Par ces fentes, les anthérozoïdes pénètrent en grand nombre dans l'espace terminal qui est rempli d'une gelée hyaline. Qu'un ou plusieurs des anthérozoïdes ainsi introduits parviennent jusque dans l'oosphère elle-même, on peut d'autant moins en douter, qu'à cette époque la papille de l'oosphère est revêtue par une membrane cellulaire très-ramollie, ou peut-être même n'en possède-t-elle plus du tout ; il suffit en effet de la plus légère pression pour refouler son contenu dans l'espace terminal. Il est donc démontré que la cellule terminale de l'oogemme est bien réellement l'oosphère des Characées.

Lieu de développement et valeur morphologique de l'oogemme. — La des-

cription donnée par M. A. Braun du lieu morphologique où se développe
l'oogemme des *Chara* est entièrement confirmée par notre figure 210 *A*. Pour
fixer les idées, disons d'abord que cette figure représente en coupe longitudinale la partie inférieure d'une jeune feuille fertile du *Chara fragilis*, avec
la portion de tige où cette feuille est insérée et son bourgeon axillaire ; *m* est
la moitié de la cellule nodale de la tige, *i* son entre-nœud supérieur, *i'* son
entre-nœud inférieur ; *sr* un lobe cortical descendant, *y* un lobe ascendant ; *sr'*

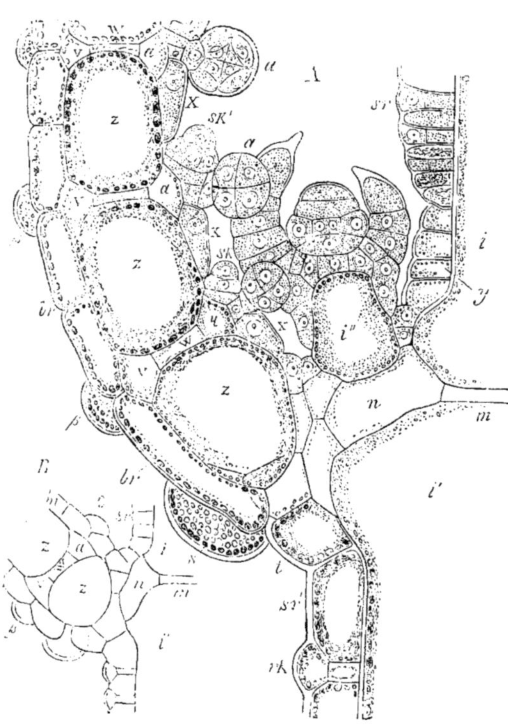

le lobe cortical descendant
de notre feuille appliqué
contre l'entre-nœud in-
férieur, *rk* un nœud de ce
lobe ; *i''* est le premier entre-nœud du bourgeon
axillaire qui repose sur la
cellule *n*, cellule qui réunit
le nœud de la tige *m* avec le
nœud basilaire de la feuille.
La feuille nous montre ses
trois entre-nœuds infé-
rieurs *z*, *z*, *z* encore très-
courts, car ils atteindront
plus tard 6 à 8 fois cette
longueur ; ils sont séparés
par les cellules nodales foliaires *w*, *w* ; *v*, *v* sont les
cellules qui réunissent le
nœud foliaire avec le nœud
basilaire de la foliole β sur
la face dorsale de la feuille ;
a sont les cellules correspondantes sur la face in-
terne de la feuille ; *br* les
lobes corticaux de la
feuille, dont il part, à chaque foliole β, deux qui
montent et deux qui des-
cendent ; seulement, l'entre-nœud le plus inférieur

Fig. 210. — *Chara fragilis*. — *A*, partie inférieure d'une feuille
fertile, à l'aisselle de laquelle naît une branche latérale (voir le
texte). — *B*, partie inférieure d'une feuille stérile sans branche
axillaire. Toutes deux en coupe longitudinale.

de la feuille n'est enveloppé que par des lobes descendants ; à côté de ces
derniers se trouve la stipule *S*. *xx* sont les lobes corticaux descendants de
la face interne de la feuille, face sur laquelle les folioles sont transformées en anthéridies *aa* ; les lobes corticaux ascendants manquent sur cette
face, parce que du nœud basilaire de chaque foliole s'échappe un oogemme.
(Comparer ici la figure 204, *A* et *B*.)

Ceci posé, voici comment M. A. Braun explique la formation de l'oogemme
(*loc. cit.*, p. 69). Comme la branche s'échappe du nœud basilaire de la feuille,

l'oogemme s'échappe du nœud basilaire d'une foliole, foliole qui dans le *Chara fragilis* est transformée en une anthéridie ; comme la feuille qui porte une branche ne produit pas de lobes corticaux ascendants, de même ces lobes manquent à la foliole qui porte à son aisselle un oogemme ; comme, sur la tige, c'est toujours la première feuille d'un verticille qui produit la branche à son aisselle, sur la feuille c'est aussi la première foliole du verticille, la foliole interne, qui donne naissance à l'oogemme. Le nœud basilaire de l'anthéridie du *Chara fragilis* n'a pas seulement, d'après M. A. Braun, quatre cellules périphériques, comme celui des folioles stériles, mais bien cinq cellules : une supérieure impaire qui naît la première, deux latérales qui viennent après, et enfin les deux inférieures qui se développent en dernier lieu. De ces cinq cellules, ce sont seulement les deux inférieures qui développent des lobes corticaux foliaires, la supérieure, celle qui manque au nœud basilaire des folioles stériles, est la cellule mère de l'oogemme ; mais les deux latérales se développent en folioles qui s'interposent entre l'anthéridie et l'oogemme (voir fig. 204, β″), folioles que M. A. Braun appelle *bractéoles*.

La cellule mère de l'oogemme, dont la position se trouve ainsi fixée, s'accroît ensuite à l'aisselle de l'anthéridie et se divise, par une cloison transverse, en une cellule supérieure externe et en un segment qui, à son tour, se partage, par une cloison parallèle à la première, en deux disques superposés (*sK* dans la figure 210, *A*). Le disque inférieur ne se segmente plus, il forme le pied de l'oogemme et correspond au premier entre-nœud d'une branche ; l'autre a la nature d'une cellule nodale et se divise, par des cloisons tangentielles, en une couronne de cinq cellules périphériques et en une cellule centrale (*SK*) ; les premières sont les origines des cinq tubes de l'enveloppe, qui sont ainsi, par leur mode de formation même, autant de feuilles.

TROISIÈME GROUPE

LES MUSCINÉES

Alternance des générations. — Les Hépatiques et les Mousses, que l'on comprend ensemble sous le nom de Muscinées, se distinguent par une alternance de générations très-fortement tranchée. Tantôt la spore, en germant, produit directement une génération sexuée, abondamment pourvue de chlorophylle et se nourrissant elle-même, comme dans la plupart des Hépatiques; tantôt elle donne d'abord un thalle confervoïde appelé *proembryon* ou *protonéma*, d'où cette génération sexuée procède ensuite par poussée latérale, comme dans quelques Hépatiques et dans toutes les Mousses. Dans l'organe sexué femelle de cette première génération naît, à la suite de la fécondation et comme une génération nouvelle, un corps de forme toute différente, exclusivement destiné à produire des spores par voie asexuée. Sans être rattaché à la génération précédente par un lien organique, ce corps est cependant nourri par elle et il paraît même, au premier coup d'œil, n'en être que la fructification ; aussi l'a-t-on souvent désigné sous le nom de *fruit*, ou encore sous celui de *sporange*. Cependant, comme il constitue un organisme d'une espèce toute particulière, il me paraît utile de lui donner un nom particulier et tel qu'il exclue toute fausse analogie; je propose donc de l'appeler *sporogone*.

Génération sexuée : appareil végétatif, anthéridies et archégones. — *Appareil végétatif.* — La génération sexuée des Muscinées, issue de la spore immédiatement ou par l'intermédiaire d'un proembryon, est tantôt un thalle aplati, dépourvu de feuilles, comme dans beaucoup d'Hépatiques, tantôt une tige grêle, feuillée, et souvent pourvue de nombreuses ramifications, comme dans certaines Hépatiques et toutes les Mousses. Dans les deux cas, qui sont d'ailleurs reliés par d'insensibles passages (1), il se forme ordinairement de nombreux poils radicaux qui fixent le thalle ou la tige feuillée à son support nutritif. Cet appareil végétatif atteint quelquefois à peine 1 millimètre de longueur; mais ailleurs il s'élève en formes abondamment ramifiées, qui acquièrent 10 à 30 centimètres de longueur, et même davantage. C'est seulement dans quelques-unes des plus petites espèces, que sa durée est limitée à

1) Vu la grande ressemblance du vrai thalle sans feuilles de certaines Hépatiques avec les tiges thalloïdes, pourvues de feuilles sur leur face inférieure, d'autres plantes de cette famille, il serait utile de conserver pour les deux formes l'ancienne expression de *fronde*. Fronde désignerait ainsi tout aussi bien un vrai thalle, celui de l'*Anthoceros* par exemple, qu'une tige thalloïde comme celle des *Marchantia*.

quelques semaines ou à quelques mois, le plus souvent elle est, pour ainsi dire, indéfinie ; alors le thalle ou la tige feuillée s'accroît incessamment par sa pointe ou par un procédé de renouvellement qu'on appelle *innovation*, tandis que les parties les plus âgées meurent progressivement. Il en résulte aussi que les diverses branches se trouvent peu à peu séparées en autant de plantes autonomes, et cette circonstance, jointe à la multiplication par propagules, stolons, bourgeons caducs, jointe à la transformation des poils radicaux en proembryons (chez les Mousses), etc., non-seulement contribue à accroître extraordinairement le nombre des individus issus de reproduction asexuée, mais encore est la cause prochaine du mode de végétation de ces plantes par grandes sociétés. Beaucoup de Mousses notamment, même celles qui ne fructifient que rarement, peuvent de cette façon former un épais gazon, qui s'étend sur de grandes étendues de terre (*Sphagnum, Hypnum, Mnium*).

Les organes sexués portés par cet appareil végétatif sont des *anthéridies* et des *archégones*.

Anthéridies. — L'anthéridie mûre est un corps plus ou moins longuement pédicellé, sphérique, ellipsoïdal ou claviforme. L'assise formée par les cellules extérieures constitue une paroi en forme de sac, tandis que les cellules internes, petites, très-nombreuses et étroitement serrées, développent chacune un anthérozoïde. La paroi de l'anthéridie se déchire au sommet pour mettre les anthérozoïdes en liberté. Ceux-ci sont des filaments enroulés en spirale ; leur extrémité postérieure est renflée, leur extrémité antérieure, au contraire, est finement effilée et porte deux longs cils grêles, dont les battements provoquent le mouvement de l'anthérozoïde.

Archégones. — L'organe femelle que, depuis M. Bischoff, l'on nomme *archégone*, est, au moment de la fécondation, une sorte de bouteille insérée sur une base étroite, renflée dans sa partie inférieure et prolongée en haut en forme de long col. C'est dans la partie renflée que se trouve enfermée la cellule centrale, dont la masse protoplasmique, en se contractant et s'arrondissant, constitue l'oosphère. Au-dessus de cette cellule centrale commence une rangée de cellules qui traverse le col suivant son axe, et qui se prolonge jusqu'au-dessous des cellules qui le terminent et qu'on appelle *cellules operculaires*. Les cellules de cette rangée axile sont, avant la fécondation, désorganisées et transformées en un mucilage qui, en se gonflant, dissocie les quatre cellules operculaires du col ; ainsi se forme un canal ouvert au dehors, qui s'étend jusqu'à l'oosphère et permet aux anthérozoïdes d'y pénétrer. Cette rangée cellulaire axile, transformée en mucilage, que l'on rencontre encore dans l'archégone des Fougères, mais qui se réduit dans celui des Rhizocarpées et des Lycopodiacées à une seule cellule rudimentaire, peut, à cause de sa fonction, être appelée *rangée de canal*, tandis que dans les deux dernières classes, il n'y a plus qu'une *cellule de canal*.

Diverse valeur morphologique de l'anthéridie et de l'archégone. — Les organes sexués des Muscinées ont une très-grande diversité d'origine, et cette considération a une importance majeure. Dans la fronde de la plupart des Hépatiques, ils naissent au-dessous du sommet végétatif et simplement aux dépens de cellules superficielles du thalle, ou de la tige thalloïde rampante, ou de certaines branches métamorphosées, comme dans les Marchantiées. Mais dans les Hépatiques feuillées, comme les Jungermanniées, aussi bien que dans les Mousses, non-seulement les anthéridies, mais encore les archégones peuvent procéder, soit de la cellule terminale de la branche, soit des segments de cette cellule; dans le dernier cas, ils peuvent affecter la position des feuilles, ou des rameaux latéraux, ou même des poils. Ainsi, les anthéridies paraissent comme des poils métamorphosés à l'aisselle des feuilles dans les *Radula*, comme des branches métamorphosées dans les *Sphagnum*, comme productions terminales et en même temps comme feuilles métamorphosées dans les *Fontinalis*. De même le premier archégone d'un rameau fertile d'*Andræa* et de *Radula* procède de la cellule terminale, les autres des derniers segments de cette cellule, et il en est probablement encore ainsi dans les *Sphagnum*.

Enveloppes florales : périchèze, périanthe. — Anthéridies et archégones sont ordinairement produits en grand nombre et étroitement rapprochés. Dans les Hépatiques à fronde, ils sont souvent enveloppés par une excroissance ultérieure du thalle; dans les Jungermanniées feuillées et les Mousses, plusieurs archégones sont d'ordinaire entourés par une enveloppe formée de feuilles et qu'on appelle *périchèze;* c'est une sorte de fleur femelle. Dans les Mousses, il en est le plus souvent ainsi pour les anthéridies (fleur mâle), et parfois le même périchèze enveloppe un mélange d'archégones et d'anthéridies (fleur hermaphrodite), tandisque les anthéridies des *Jungermannia* et des *Sphagnum* demeurent isolées. On rencontre fréquemment, surtout dans les formes feuillées, à l'intérieur de la fleur femelle et de la fleur mâle, entre les organes sexués, des filaments articulés ou d'étroites lames cellulaires foliacées, qu'on appelle *paraphyses.* Outre le périchèze, on trouve encore dans les Hépatiques, jamais dans les Mousses, une seconde enveloppe florale, née tardivement autour de la base des archégones, sous forme d'un bourrelet qui les enveloppe finalement d'un sac ouvert : on l'appelle *périanthe.*

Génération asexuée: sporogone, spores. — La génération asexuée, le sporogone, naît dans l'archégone même, aux dépens de l'oosphère fécondée et devenue une oospore. Cette oospore, une fois formée, se développe immédiatement et, par des divisions cellulaires répétées, elle se transforme d'abord en un embryon ovoïde, qui s'accroît ensuite par le pôle tourné vers le col de l'archégone, pôle qui devient son sommet. La forme définitive qu'acquiert ce corps est très-différente dans les diverses divisions de ce groupe. Dans les types les plus inférieurs, dans les *Riccia*, c'est une sphère dont la couche cellulaire externe forme la paroi, tandis que toutes les cellules internes produisent des spores. Dans tous les autres cas, le sporogone se différencie extérieurement en un pédicelle mince inséré dans le fond de l'archégone et même enfoncé dans le tissu sous-jacent, et en une capsule tournée vers le col de l'archégone et qui produit les spores; mais, outre les spores, il se forme encore, dans la capsule de la plupart des Hépatiques, de longues cellules à paroi munie de bandes d'épaississement spiralées, cellules que l'on appelle *élatères.*

La différenciation intérieure de la capsule est d'ailleurs très-diverse suivant les genres et elle acquiert, notamment chez les Mousses, un très-haut degré de complication. Pendant que le sporogone se développe, la partie renflée de l'archégone s'accroît aussi; par une abondante multiplication de ses cellules constitutives, elle se dilate en enveloppant le jeune sporogone; en cet état on la désigne sous le nom de *coiffe*. La manière dont se comporte cette coiffe est très-caractéristique pour les grandes divisions de ce groupe. Dans les Hépatiques inférieures (Ricciées), le sporogone demeure indéfiniment enfermé dans sa coiffe; dans les Hépatiques supérieures, il ne s'en échappe qu'après la maturité des spores, parce qu'alors son pédicelle s'allonge brusquement, et qu'à travers la coiffe déchirée, la capsule vient au jour pour amener la dissémination des spores; la coiffe entoure la base du pédicelle du sporogone comme une sorte de calice membraneux. Dans les Mousses typiques, au contraire, le jeune sporogone prend d'abord la forme d'une quenouille allongée dont le sommet, bien avant l'achèvement de la capsule, exerce sur la coiffe une forte pression; celle-ci se déchire donc à sa base et se trouve soulevée en l'air de diverses façons par le sporogone, dont le pédicelle, profondément enfoncé à sa base dans le tissu de la tige, est entouré par lui d'une sorte de gaine appelée *vaginule*.

Les spores des Muscinées naissent quatre par quatre, et par une double bipartition, à l'intérieur de cellules mères, qui se trouvaient d'abord réunies en tissu entre elles et avec les autres couches cellulaires de la capsule, mais qui se sont isolées avant de produire les spores. Le nombre des cellules mères et la place qu'elles occupent dans le sporogone dépendent essentiellement de la différenciation interne de ce corps. Les spores mûres ont une mince cuticule pourvue de petites excroissances (exospore), et qui, à la germination, est déchirée par la couche interne de la membrane (endospore). Elles renferment, outre un protoplasma incolore, des grains de chlorophylle, de l'amidon et de l'huile grasse.

Différenciation du tissu. — La formation du tissu des Muscinées est très-diverse, et sa différenciation, quoique plus marquée que dans les Algues, est cependant moins accusée que chez les Cryptogames vasculaires. On n'y rencontre pas de faisceaux vasculaires; seulement, dans la tige et dans la nervure des feuilles des Mousses les plus parfaites, on voit se différencier un faisceau axile de cellules allongées que l'on pourrait regarder comme une faible indication du système fibrovasculaire. Au contraire, les Marchantiées sur la face supérieure de leur tige thalloïde et les Mousses à la surface de leur capsule possèdent un épiderme nettement différencié, qui forme ordinairement aussi des stomates.

Les parois cellulaires des Muscinées sont en général solides, fréquemment épaisses, coriaces et élastiques, et, dans ce cas, colorées en brun, en beau rouge ou en violet. La tendance à la transformation des membranes en mucilage ou en gelée, si commune chez les Thallophytes, ne se rencontre pas chez les Muscinées, si l'on excepte toutefois certains phénomènes qui ont lieu dans les cellules mères des spores. Diverses formes d'épaississements localisés n'y sont pas rares, notamment dans la capsule sporifère, comme on le voit par les rubans spiralés des élatères des Hépatiques, ainsi que par l'épiderme et le péristome de l'urne des Mousses.

Division du groupe en deux classes. — Avant de passer à l'étude plus détaillée des deux classes qui composent le groupe des Muscinées, c'est-à-dire des Hépatiques et des Mousses, nous allons résumer d'abord les caractères généraux du groupe tout entier, puis les caractères spéciaux des deux classes qui le constituent.

Caractères généraux des Muscinées. — La génération sexuée procède de la spore, ordinairement après la formation transitoire d'un proembryon. C'est elle qui, douée d'une vie le plus souvent longue et d'une nutrition indépendante, constitue l'appareil végétatif de la plante, appareil qui se compose, soit d'un thalle aplati dichotome, soit d'une tige thalloïde, soit d'une tige filamenteuse pourvue de deux ou de plusieurs séries de feuilles. Il ne s'y produit pas de véritables faisceaux fibro-vasculaires. Excepté dans les thalles les plus simples, les archégones et les anthéridies sont des corps pluri-cellulaires pédicellés et libres, mais qui, par un gonflement ultérieur du tissu environnant, s'y trouvent parfois enfoncés plus tard. La cellule centrale du ventre de l'archégone rajeunit sa masse protoplasmique et la transforme en une cellule primordiale qui est l'oosphère. Les anthérozoïdes sont des filaments enroulés en hélice ou en spirale et munis de deux cils à leur pointe antérieure.

La seconde génération, la génération asexuée, le sporogone résulte du développement sur place de l'oospore, à l'intérieur du ventre de l'archégone, qui s'accroît activement en même temps et se transforme en une coiffe. Ce sporogone est nourri par la plante sexuée dont il paraît au dehors n'être qu'une dépendance ; il n'est pas autonome. Habituellement il se compose d'une capsule pédicellée, dans laquelle il y a toujours (excepté dans l'*Archidium*) un grand nombre de cellules du tissu qui se transforment en cellules mères des spores ; ces cellules mères subissent deux bipartitions successives et produisent chacune quatre spores.

1. Caractères particuliers des Hépatiques. — La génération sexuée procède de la spore, soit directement, soit par l'intermédiaire d'un petit proembryon rudimentaire. Elle se développe tantôt en un thalle aplati ramifié en dichotomie, tantôt en une tige thalloïde, tantôt enfin en une tige filiforme portant deux à trois rangs de feuilles. Cet appareil végétatif est habituellement étalé et appliqué à la surface du sol ou de quelque autre support et, même quand il constitue une tige libre, la tendance de cette tige à former une face supérieure et une face inférieure est nettement exprimée ; son accroissement est donc toujours décidément bilatéral.

La seconde génération, le sporogone, demeure jusqu'à la maturité des spores enveloppé par la coiffe ; d'ordinaire celle-ci se perce alors à son sommet et continue à entourer la base du sporogone d'une gaîne ouverte, tandis que la capsule sporifère se fraye un chemin à travers l'ouverture pour mettre ses spores en liberté. Parfois toutes les cellules de la capsule, excepté celles de l'unique assise pariétale, produisent des spores, mais ordinairement certaines d'entre elles se transforment en élatères.

2. Caractères particuliers des Mousses. — La génération sexuée procède de la spore par l'intermédiaire d'un proembryon, qui consiste en une série rameuse de cellules vertes, et qui poursuit souvent pendant longtemps sa végétation autonome, même après qu'il a formé des bourgeons latéraux et qu'il a produit autant de tiges feuillées de Mousse. L'appareil végétatif est toujours ici un cormophyte, c'est-à-dire une tige filiforme pourvue de feuilles disposées en deux, trois séries ou davantage. Cette tige n'a pas de bilatéralité nettement exprimée, et, quand elle se ramifie, c'est en monopodie, jamais en dichotomie.

La seconde génération, le sporogone est seulement au début enveloppé dans la coiffe; celle-ci se déchire bientôt à sa base et est soulevée en l'air par le sommet du sporogone qu'elle recouvre comme d'un bonnet. La capsule, qui ne se forme qu'après cette époque, produit ses spores dans une zone interne de son tissu, pendant que sa région centrale demeure stérile et constitue la columelle. La paroi de la capsule est revêtue d'un épiderme puissamment développé, et, pour laisser échapper les spores, sa partie supérieure se sépare d'ordinaire circulairement de sa région inférieure; cette partie supérieure, qui a la forme d'un couvercle, s'appelle l'*opercule*, la région inférieure forme l'*urne*.

CLASSE 4

Les Hépatiques (1).

GÉNÉRATION SEXUÉE. — Appareil végétatif. — Dans certains genres, la génération sexuée procède immédiatement de la germination de la spore; soit que les premières partitions de cette spore amènent de suite la formation d'une lame cellulaire ou d'un massif de tissu qui se fixe par des poils radicaux et s'accroît par son sommet pour donner naissance au thalle, comme on le voit dans les *Anthoceros* et *Pellia;* soit que le corps issu des premières partitions de la spore produise d'abord une lame cellulaire en forme d'étroit ruban, dont la cellule terminale devient plus tard la cellule terminale d'une tige feuillée, comme c'est le cas dans le *Jungermannia bicuspidata* suivant M. Hofmeister; soit qu'enfin le bourgeon d'une tige feuillée s'échappe aussitôt de la spore elle-même, comme dans le *Frullania dilatata*. Dans d'autres genres, au contraire, il se forme d'abord un proembryon; l'endospore, allongée en tube, produit alors un court filament articulé, sur lequel les premiers rudiments du thalle apparaissent ensuite par poussée latérale (*Aneura palmata, Marchantia*), comme les bourgeons feuillés des Mousses sur leur protonéma. Dans les *Radula*, la spore produit d'abord une lame cellulaire en forme de gâteau, d'où procède latéralement le premier bourgeon de la tige feuillée, d'après M. Hofmeister.

L'appareil végétatif des Hépatiques est toujours nettement bilatéral; sa face libre, exposée à la lumière, est autrement organisée que sa face obscure tournée vers le support et souvent étroitement appliquée sur lui.

Dans la majorité des familles et des genres, l'appareil végétatif est une large

(1) MIRBEL : Sur le *Marchantia*, Mémoires de l'Académie des sciences de Paris, XIII, 1835. — G. W. BISCHOFF : Nova acta Acad. nat. cur., XVII, pars 2, 1835. — C. M. GOTTSCHE, *ibid.* XX, pars 1. — GOTTSCHE, LINDENBERG et ESENBECK : Synopsis Hepaticarum. Hambourg, 1844. — HOFMEISTER : Vergleich. Untersuchungen, 1851. — KNY : Entwickelung der laubigen Lebermoose, Jahrbücher f. wiss. Botanik, IV, p. 64, et Entwickelung der Riccien, *ibid.*, V, p. 359. — THURET : Ann. des sc. nat. 4ᵉ série, XVI, 1851 (Anthéridies). — STRASBURGER : Geschlechtsorgane und Befruchtung bei *Marchantia*, Jahrbücher f. wiss. Botanik, VII, p. 409. — LEITGEB, Wachsthumsgeschichte der *Radula complanata*, Sitzungsberichte der Wiener Akad. 1871, LXIII. — Le même : Botanische Zeitung. 1871 et 1872. — M. Leitgeb m'a communiqué par lettre une partie de ce qui est dit dans le texte au sujet de l'accroissement terminal des Jungermannes.

lame de tissu, plane ou plissée, longue de quelques millimètres à plusieurs centimètres : tantôt il constitue un vrai thalle sans feuilles comme dans les *Anthoceros, Metzgeria, Aneura ;* tantôt il porte sur sa face obscure ou ventrale, en même temps que les poils radicaux, des excroissances lamelliformes que l'on peut regarder comme des feuilles. Toutes ces formes, très-analogues d'aspect, peuvent être embrassées sous le terme commun d'Hépatiques *frondacées,* par opposition aux Hépatiques *foliacées* que l'on rencontre dans la famille des Jungermanniées, où l'appareil végétatif consiste en une petite tige filiforme, pourvue de feuilles nettement caractérisées (*Jungermannia, Radula, Mastigobryum, Frullania, Lophocolea,* etc.). Entre les types frondacés et les types foliacés on rencontre des formes de transition (*Fossombronia, Blasia*).

Les feuilles de toutes les Hépatiques sont de simples lames formées d'un seul plan de cellules, et la nervure médiane ordinaire aux feuilles des Mousses y manque toujours.

Dans la plupart des formes frondacées, le sommet végétatif de chaque branche du thalle (fig. 211, *s*) est situé dans un enfoncement qui résulte de ce que les cellules du tissu qui procèdent à droite et à gauche des segments de la cellule terminale s'accroissent rapidement en longueur et en largeur, tandis que les cellules situées au-dessous du sommet sur la ligne médiane du rameau s'allongent plus lentement. C'est aussi dans cet enfoncement que s'opère la ramification terminale de la branche. Issue du plus jeune segment de la cellule terminale, l'origine du rameau, par sa position dans l'échancrure terminale et par sa croissance rapide, rejette latéralement le sommet de la branche

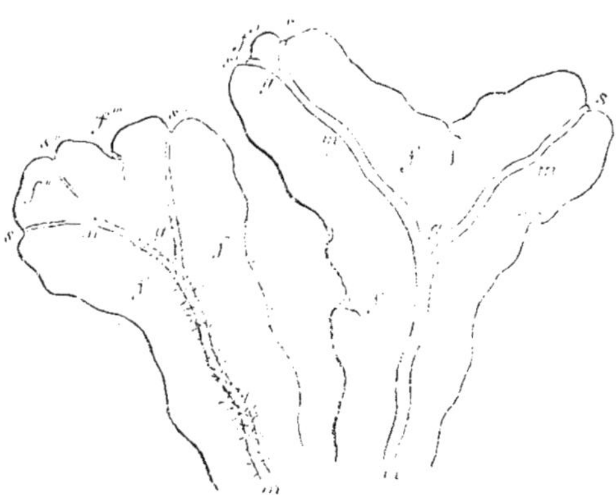

Fig. 211. — *Metzgeria furcata* gross. environ 10 fois : thalle vu, à droite par sa face supérieure, à gauche par sa face inférieure: *m.* nervure médiane ; *s. s' s''*, la région terminale: *f. f.* expansion ailée formée d'une seule assise de cellules: *f', f''. f'''*, développement de cette expansion pendant la ramification.

principale et forme avec lui une dichotomie. Dans l'angle qui sépare les deux branches, le tissu permanent s'accroît plus rapidement et forme, aussi longtemps que ces branches sont encore très-courtes, une excroissance qui dépasse et sépare leurs sommets (fig. 211, *f', f'*) ; plus tard, quand les branches se sont allongées, cette excroissance occupe le sommet de l'angle rentrant de la bifurcation (*f*).

La tige filiforme des Jungermanniées, au contraire, se termine, à l'intérieur d'un bourgeon, par un cône végétatif plus ou moins saillant pourvu d'une cellule terminale fortement convexe en dehors. Ici aussi les branches latérales procèdent de cellules mères isolées, mais ces cellules mères ne sont pas déjà formées dans les plus jeunes segments, on ne les rencontre qu'à une certaine distance du sommet ; dès sa première origine, par conséquent, la ramification est nettement monopodique.

En traitant des diverses familles de cette classe, nous aurons à revenir, plus loin, tant sur la forme de la cellule terminale que sur l'origine des feuilles et des rameaux, car, d'après les recherches de M. Leitgeb, ces caractères présentent de genre à genre de grandes différences morphologiques. Par la même raison, il nous est impossible de dire ici, outre ce que nous savons déjà, quelque chose de général sur la forme et sur les propriétés anatomiques de l'appareil végétatif, et il faudra recourir, sur ce point, à l'exposé des caractères des diverses familles.

Propagation végétative. — La propagation végétative des Hépatiques est souvent amenée par une destruction progressive du thalle ou de la tige, destruction qui s'opère d'arrière en avant et par laquelle les diverses branches perdent peu à peu le lien qui les unissait et deviennent indépendantes. Les branches adventives qui, dans les formes frondacées, naissent des bords âgés du thalle, se séparent de la même manière.

Un autre mode de propagation très-fréquent et très-caractéristique s'opère par des *propagules*. Il n'est pas rare de voir dans les Jungermanniées, dans les *Madotheca* par exemple, un grand nombre de cellules du bord des feuilles se séparer tout simplement pour devenir autant de propagules. Dans les *Blasia*, au contraire, comme aussi dans les *Marchantia* et les *Lunularia*, il se forme sur

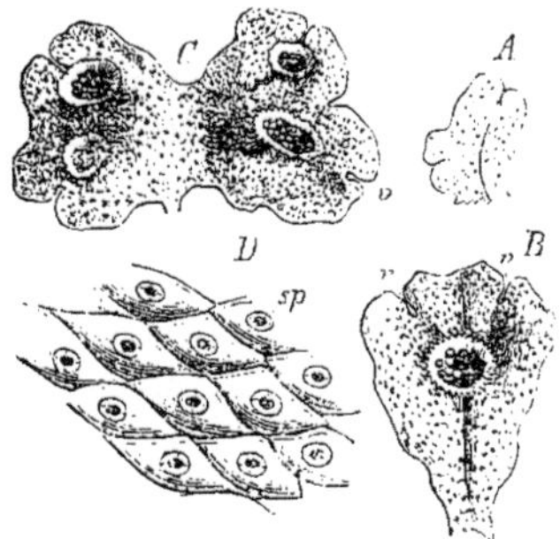

Fig. 212. — *Marchantia polymorpha*, faiblement grossi. — *A*, *B*, jeunes branches; *C*, les deux branches issues d'un propagule et pourvues elles-mêmes de conceptacles à propagules ; *r*, *r*, la région terminale échancrée. *D*, un fragment d'épiderme, vu d'en haut; *sp*, stomates au centre de chaque plage en losange (plus fortement grossi).

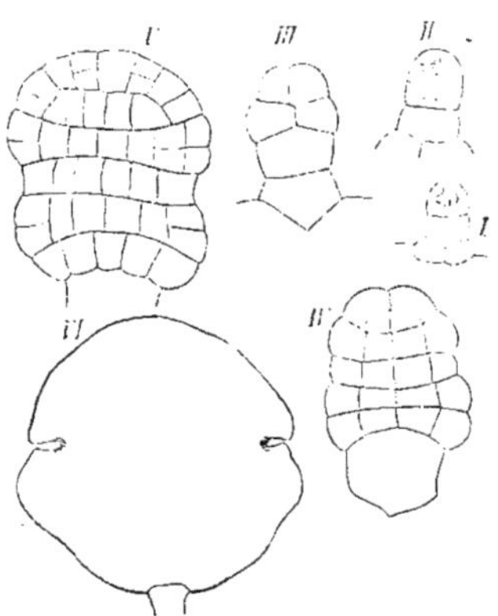

Fig. 213. — Développement des propagules du *Marchantia*.

la face supérieure du thalle des conceptacles particuliers, qui ont la forme de bouteilles dans les *Blasia*, de larges coupes dans les *Marchantia*, et qui dans les *Lunularia* sont seulement bordés en arrière par une proéminence en forme de croissant. Du fond de ces conceptacles s'échappent des poils en forme de papilles (comparez les figures 212 et 213), dont la cellule terminale se développe en un massif de cellules, de dimensions considérables, qui constitue le propagule. Quand ce propagule lenticulaire échappé du conceptacle se trouve exposé à la lumière sur un sol humide, il germe et c'est des deux échancrures qu'il porte à droite et à gauche que s'échappent les premiers rameaux aplatis (fig. 212 *B, C* et fig. 213, *I-VI*).

Reproduction sexuée. — Dans les types frondacés, les organes sexués se forment sur la face supérieure, sur la face éclairée du thalle. Dans l'*Anthoceros*, c'est dans le tissu même du thalle et ils sont endogènes; dans les autres types, au contraire, c'est aux dépens de cellules qui proéminent en forme de papilles au-dessus de la surface et qui ont une origine déterminée par rapport aux segments de la cellule terminale. Dans les *Marchantia* il naît, sur la tige aplatie et rampante, des branches dressées, douées d'une conformation toute spéciale, qui produisent les anthéridies sur leur face supérieure, les archégones sur leur face inférieure et qui représentent ainsi des sortes d'inflorescences dioïques ou monoïques. On remarque dans ces types frondacés une tendance générale à enfoncer les organes sexués au fond de cavités formées par le soulèvement du tissu ambiant, et qui ne s'ouvrent souvent au dehors que par un étroit orifice; on en voit un exemple dans la figure 214.

Dans les Jungermanniées foliacées, l'origine et la situation des anthéridies et des archégones sont très-diverses, et ici aussi ces organes sont enveloppés de façons différentes, comme on le verra avec plus de détail à la caractéristique de la famille.

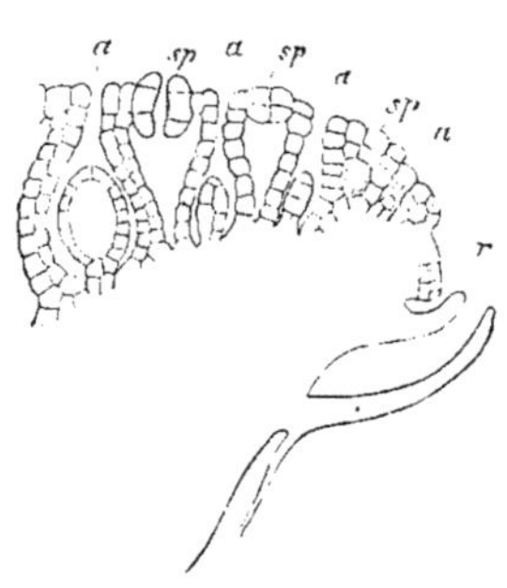

Fig. 214. — Bord antérieur d'un jeune chapeau mâle de *Marchantia polymorpha* ♂♂, d'après M. Hofmeister : *r*, le bord végétatif; *a,a,a*, les anthéridies à divers états de développement ; *sp*, les stomates couronnant les cavités aérifères qui séparent les anthéridies.

Anthéridies. — L'anthéridie complétement développée consiste en un pédicelle surmonté d'un corps sphérique ou ovoïde. Quand l'anthéridie est plongée dans le tissu, le pédicelle est ordinairement court; quand elle est libre, il est allongé; il se compose de 1-4 séries de cellules. Le corps de l'anthéridie est revêtu d'une paroi formée d'une seule assise de cellules à chlorophylle; tout l'espace enveloppé par cette paroi est étroitement rempli par les cellules mères des anthérozoïdes. La déhiscence s'opère au sommet, sous l'influence de l'eau, par l'écartement des cellules pariétales, ou même, comme dans les *Fossombronia*, par la chute de ces cellules. Mises en liberté toutes à la fois par une brusque saccade, les petites cellules mères des anthérozoïdes s'isolent dans l'eau et les anthérozoïdes s'en échappent; ce sont de minces filaments, enroulés en 1-3 tours de spire, et munis à leur extrémité antérieure de deux longs cils très-fins qui leur permettent de nager dans l'eau en tournant autour de leur axe. Ils traînent ordinairement à leur extrémité postérieure une petite vésicule délicate, dont M. Strasburger rapporte la production à la vacuole centrale du protoplasma de la cellule mère, à la périphérie de laquelle l'anthérozoïde s'est formé.

La série de segmentations cellulaires qui amène la formation de l'anthéridie présente, d'après cet observateur, de notables différences suivant les genres que

l'on étudie. C'est néanmoins un fait constant que l'anthéridie prend toujours
son origine dans une proéminence papilliforme d'une cellule, proéminence qui
se sépare par une cloison transversale. Cette papille, ainsi séparée, se partage
de nouveau en une cellule inférieure qui constituera le pédicelle et en une cellule
supérieure qui deviendra le corps de l'anthéridie, c'est-à-dire dont les segmentations produiront la couche pariétale et les cellules mères des anthérozoïdes.

Archégones. — La série des segmentations qui amènent la formation de l'archégone présente aussi quelques points encore douteux, car les résultats obtenus par M. Leitgeb pour le *Radula* ne s'accordent pas avec ceux que MM. Kny et
Strasburger ont énoncés pour les *Riccia* et *Marchantia*. On aurait dû cependant
s'attendre à une concordance, puisque les recherches de M. Leitgeb sur le développement de l'archégone des *Radula* s'accordent parfaitement, d'autre part, avec
celles que MM. Kühn et Schuch ont poursuivies sur l'archégone des Mousses.

Quoi qu'il en soit, il est certain que l'archégone, comme l'anthéridie, procède d'abord d'une simple papille, qui, pour le premier archégone d'une inflorescence de *Radula*, est la cellule terminale de la branche elle-même. Cette
papille se sépare par une cloison transversale et se partage ensuite par une
seconde cloison en une cellule inférieure qui produit le pédicelle et en une
cellule supérieure qui formera le ventre et le col de l'archégone. La cellule
inférieure, par une série de segmentations longitudinales et transversales,
devient donc le pédicelle. Dans la cellule supérieure apparaissent, d'après
M. Leitgeb, chez les *Radula* trois (d'après MM. Kny et Strasburger chez les *Riccia*
et *Marchantia* quatre) cloisons longitudinales un peu obliques, qui la divisent en trois cellules externes et en une cellule axile qui les dépasse au sommet.
Cette dernière est, à son tour, dédoublée par une cloison transverse en une cellule inférieure et une cellule supérieure (voir fig. 234, *B*). La cellule inférieure
est la cellule centrale de l'archégone; l'autre se divise plus tard, par deux
cloisons longitudinales rectangulaires, et forme les quatre cellules du couvercle qui termine le col. Puis, tandis que les trois (ou quatre) cellules externes,
en se divisant par des cloisons d'abord transverses, plus tard aussi longitudinales, et en s'accroissant en longueur et en diamètre, produisent le ventre et le
col de l'archégone, la cellule centrale se partage de nouveau en deux cellules
superposées; l'inférieure, en contractant et arrondissant son protoplasma, produit l'oosphère; la supérieure s'allonge à l'intérieur du col à mesure qu'il se
développe et forme la rangée axile des cellules de canal, cellules dont la transformation en mucilage produit finalement le canal du col de l'archégone (1).

(1) M. Janczewski vient de publier, sur le développement de l'archégone des Cryptogames, une
série de recherches comparatives dont voici, pour les Hépatiques moins les Anthocérotées, c'est-
à-dire pour les Ricciées, Marchantiées et Jungermanniées, les principaux résultats (Botanische
Zeitung, 1872).

La cellule mère de l'archégone se partage d'abord par trois cloisons longitudinales en une
cellule médiane et trois cellules périphériques. Les cellules périphériques se divisent, d'abord
une fois longitudinalement, puis transversalement, et produisent ainsi les six rangées cellulaires
qui forment la périphérie de l'archégone; ces rangées sont normalement au nombre de cinq
dans les Jungermanniées. La cellule médiane se divise transversalement en une cellule operculaire et en une cellule interne qui produit ensuite toute la rangée cellulaire axile. A cet effet, elle
se divise d'abord transversalement en deux cellules dont l'inférieure appartient au ventre de

GÉNÉRATION ASEXUÉE OU SPOROGONE. — La seconde génération, le sporogone, naît et s'achève complétement à l'intérieur du ventre de l'archégone, lequel s'accroît à mesure et porte, à partir de ce moment, le nom de coiffe. Le sporogone ne se soude en aucun point avec le tissu de l'appareil végétatif de la première génération, même alors que son pédicelle s'introduit à l'intérieur de ce tissu.

Forme et structure du sporogone. — La forme extérieure et la différenciation interne du sporogone sont très-différentes suivant les groupes que l'on considère. Dans les Anthocérotées, il forme, quand il est complétement développé, une longe silique, insérée sur le thalle et s'ouvrant en deux valves. Dans les Ricciées, c'est une sphère à paroi mince entièrement remplie de spores et enfoncée avec sa coiffe dans l'épaisseur du thalle. Dans les Marchantiées c'est une sphère à court pédicelle qui, outre les spores, renferme encore des élatères et qui, après avoir percé sa coiffe, s'ouvre soit par une déchirure irrégulière, soit par une fente circulaire qui détache un opercule. Dans les Jungermanniées, le sporogone mûrit encore à l'intérieur de sa coiffe, mais il la perce ensuite et se développe au dehors en une sphère portée par un long pédicelle grêle; la paroi du sporange mûr consiste ici, comme dans les Marchantiées et les Ricciées, en une seule assise de cellules, mais elle se déchire en quatre valves, à la surface interne desquelles les élatères demeurent suspendues. Ces élatères sont ici, comme dans les Marchantiées, de longues cellules fusiformes dont la membrane mince et incolore porte sur sa face interne 1-3 rubans spiralés de couleur brune qui proviennent de son épaississement.

Développement du sporogone et des spores. — Les premiers développements du sporogone, aux dépens de l'oosphère fécondée et devenue l'oospore, s'opèrent

l'archégone, la supérieure au col. Cette cellule inférieure, cellule interne du ventre ou cellule centrale, grandit fortement dans toutes les directions et ne se partage qu'une seule fois par une cloison transversale pour donner, en bas la cellule embryonale où se forme l'oosphère, en haut la cellule ventrale du canal. La cellule supérieure, cellule interne du col, s'élargit à peine, mais s'allonge beaucoup dans la direction de l'axe et se partage transversalement en quatre, huit ou seize cellules formant le canal du col. La cellule operculaire ne prend aucune part à la formation de la série cellulaire du canal; elle termine le col et complète en ce point la périphérie de l'archégone. Elle se partage d'abord en croix, puis de nouveau soit radialement (*Riccia*), soit parallèlement aux premières cloisons cruciales (Jungermanniées). Le col atteint une longueur très-diverse, d'où dépend le nombre des cellules superposées qui constituent sa périphérie, nombre qui peut aller jusqu'à trente-deux dans le *Fegatella conica*; ces cellules périphériques sont disposées en séries régulières, parfois courbes, et dont le nombre est de six dans les Ricciées et Marchantiées, de cinq dans les Jungermanniées. Elles se partagent à la base pour former la périphérie du ventre dont les six ou cinq rangées cellulaires primitives se sont divisées, pour en constituer 10 (*Radula*), 12 (*Reboulia*), 20 (*Pellia*) ou 24 (*Preissia*).

La membrane des cellules du canal est formée de cellulose; les cloisons transverses se résorbent complétement, tandis que les parois longitudinales se transforment d'abord en une couche gélatineuse bleuissant encore par le chloro-iodure de zinc, puis finalement en mucilage. — La cloison transverse qui sépare la cellule embryonale de la cellule ventrale du canal ne se résorbe pas comme les autres, mais se transforme en une couche de mucilage. Au moment où l'archégone s'ouvre, tout le protoplasma du canal est expulsé. Le mucilage qui y subsiste seul et qui sert à conduire les anthérozoïdes jusqu'à l'oosphère qui s'est formée dans la cellule embryonale est donc un produit de transformation de la cellulose et non du protoplasma, comme on l'a cru jusqu'ici. (*Trad.*)

également d'une manière différente suivant les familles que l'on étudie. Partout l'oospore se partage d'abord, par une cloison perpendiculaire à l'axe de l'ar-

chégone, en deux cellules superposées dont la supérieure, tournée
vers le col, constitue la cellule
végétative terminale du sporogone. Mais cette cellule terminale
se divise ensuite d'une façon toute
différente dans les diverses familles ; dans l'*Anthoceros*, c'est par
des cloisons obliques suivant quatre directions, dans les Marchantiées et les Ricciées par des cloisons obliques qui alternent suivant
deux directions (fig. 215, VI-IX),
dans les Jungermanniées par trois
cloisons rectangulaires qui partagent l'oospore sphérique en huit
octants.

Quand le jeune sporogone a acquis de cette façon sa grandeur
définitive, et même plus tôt quelquefois, il s'opère dans les segments de la cellule terminale de
nombreuses divisions en divers
sens, par où se trouve complétée
l'édification du sporogone. La paroi se différencie ensuite du tissu
intérieur qui doit donner naissance aux cellules mères des spores ; s'il se forme des élatères,
c'est aux dépens de ce même tissu
intérieur dont certaines cellules
cessent plus tôt que les autres de
se diviser transversalement, et demeurent par conséquent plus longues, tandis que les cellules qui
les séparent s'arrondissent et deviennent les cellules mères des
spores (M. Hofmeister).

Le mode de division en quatre
des cellules mères des spores présente aussi des différences. Les
cellules mères de l'*Anthoceros* for-

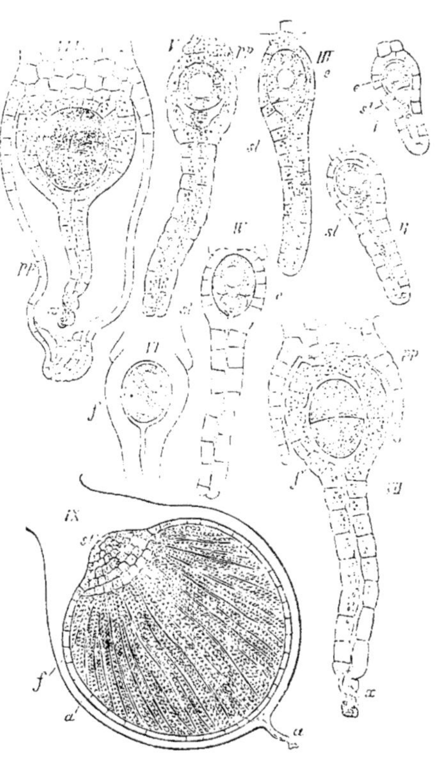

Fig. 215. — Derniers états du développement de l'archégone et production du sporogone du *Marchantia polymorpha*. I-VIII, grossi 300 fois, IX, grossi environ 30 fois : I et II, jeunes archégones ; III, IV, après la résorption de la rangée cellulaire qui occupait l'axe du col ; V, archégone prêt à être fécondé ; VI-VIII, après la fécondation, les cel-lules qui bordent l'ouverture du col sont flétries, et l'oo-spore *f* a acquis ses premières divisions. Dans ces figures, *sl*, est la cellule inférieure de la rangée axile du col, celle qui se gélifie la dernière ; *e*, dans les figures I-IV est la cellule centrale ; *e*, dans V, est l'oosphère non encore fécondée ; *pp*, dans les fig. V-VII, est le périanthe en voie de développement ; IX, le sporogone non mûr dans le ventre de l'archégone accru en coiffe ; *a*, col de l'archégone ; *f*, paroi de la capsule sporifère ; *sl*, son pédicelle ; à l'inté-rieur de la capsule, les longues cellules rayonnantes sont les jeunes élatères, et entre elles les spores.

ment d'abord deux, puis quatre nouveaux noyaux, outre le noyau primitif qui persiste ; ces nouveaux noyaux se disposent aux angles d'un tétraèdre. Puis apparaissent progressivement, de dehors en dedans, des cloisons qui partagent la cellule mère sphérique en quatre spores disposées en tétraèdre. Dans les *Pellia* et *Frullania*, au contraire, la division de la cellule mère commence par quatre prolongements disposés en tétraèdre et qui lui donnent une forme quadrilobée. Ces quatre lobes se séparent ensuite par étranglement ; chacun d'eux renferme un noyau et devient une spore. Dans les *Pellia*, ces spores se divisent immédiatement à plusieurs reprises et produisent aussitôt les origines des plantes sexuées.

CLASSIFICATION DES HÉPATIQUES. — On répartit ordinairement les Hépatiques en cinq familles, savoir :

1. Anthocérotées.
2. Ricciées.
3. Monocléées.
4. Marchantiées.
5. Jungermanniées.

Les quatre premières familles ne renferment que des types frondacés ; la cinquième embrasse à la fois des genres frondacés et des genres foliacés.

1. Anthocérotées. — Les *Anthoceros lævis* et *punctatus*, qui croissent en été sur les sols argileux, développent un thalle aplati en forme de ruban, entièrement dépourvu de feuilles et dont les ramifications assez irrégulières forment un disque circulaire. La régularité de la ramification normale, qui

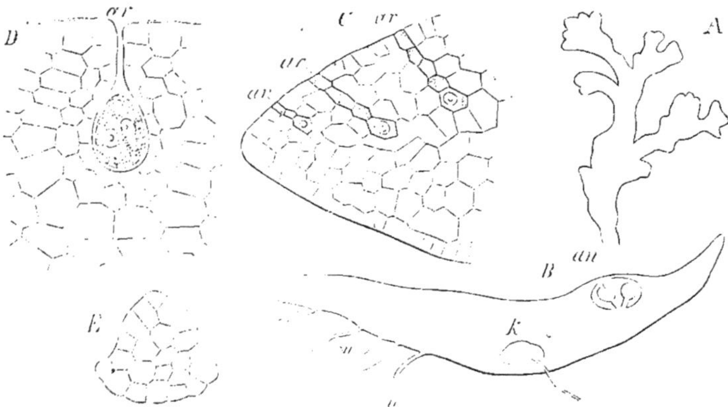

Fig. 216. — *Anthoceros lævis*, d'après M. Hofmeister. — A, un thalle ramifié. — B, section longitudinale d'une branche (40) ; *an*, anthéridies au-dessous d'une couche de cellules.— C, section longitudinale à travers la région terminale d'une branche ; *ar*, débuts des archégones (500).— D, *ar*, coupe longitudinale d'une branche montrant un archégone fécondé, avec son oospore devenue un embryon bicellulaire. — E, embryon pluricellulaire du sporogone. — K en B est une colonie de Nostoc établie dans le tissu du thalle.

est dichotomique, y est en effet détruite par des pousses adventives qui s'échappent du bord du thalle, et même de sa surface dans l'*A. punctatus*. Le thalle comprend plusieurs assises de cellules et les cellules terminales des branches, logées dans les échancrures de leur sommet, se divisent par des cloisons inclinées alternativement vers le haut et vers le bas (fig. 216, *C*). Les cellules du thalle, dont l'assise supérieure ne se différencie pas en un épi-

derme distinct, renferment chacune un unique corps chlorophyllien qui
entoure le noyau. Sur la face inférieure du thalle, immédiatement au-dessous
du bord végétatif, il naît, d'après M. Janczewski, des stomates, par le pore
desquels il n'est pas rare de voir s'introduire des filaments de Nostoc; ces
filaments se développent dans le tissu du thalle en tubercules arrondis, qui
étaient considérés autrefois comme des propagules endogènes.

Anthéridies et archégones naissent, sans régularité apparente sur la face supérieure du thalle, tous deux à l'intérieur du tissu. Pour former les anthéridies, un groupe arrondi de cellules appartenant à l'assise externe du thalle se
sépare du tissu sous-jacent et forme ainsi un large espace intercellulaire; les
cellules qui forment le plancher de cette cavité se divisent d'abord par des
cloisons verticales, puis certaines d'entre elles se soulèvent en papilles pour
former les anthéridies dont la situation est indiquée dans la figure 216, *an*, et
dont le mode de développement est représenté par la figure 214. C'est seulement lorsque les grains de chlorophylle de la paroi de l'anthéridie se colorent
en jaune, et que les anthérozoïdes sont mûrs, que le toit de la cavité se déchire et que les anthéridies, s'ouvrant à leur tour au sommet, mettent en
liberté leur contenu.

Les différences par rapport aux autres Hépatiques sont plus frappantes
encore, si l'on étudie le développement des archégones (fig. 216, *C*, *ar*). Une

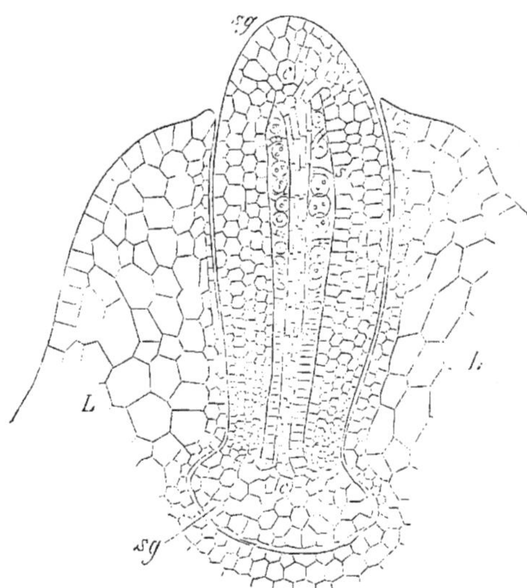

rangée de cellules, dirigée de
dehors en dedans et issue de
la division d'un segment supérieur de la cellule terminale
de la branche, se remplit de
protoplasma; la cellule inférieure de cette rangée se renfle
et devient la cellule centrale
de l'archégone. Pendant qu'elle
s'accroît et s'arrondit, les autres cellules de la rangée se résorbent et forment ainsi un
canal ou col, ouvert au dehors
et entouré par six rangées de
cellules (*ar*, fig. 216, *D*) (1).
Après la fécondation, l'oosphère devenue oospore se divise d'abord en deux par une
cloison oblique; la cellule supérieure, qui devient la cellule
terminale du sporogone, acquiert encore quelques cloi-

Fig. 217. — Le jeune sporogone *sg* de l'*Anthoceros laevis*; *L*, l'involucre. D'après M. Hofmeister (150).

sons obliques alternativement à droite et à gauche, mais bientôt les cloisons s'y développent suivant quatre directions alternes. Pendant que le

(1) Les Anthocérotées s'écartant des autres Hépatiques à peu près autant que celles-ci des

jeune sporogone devient ainsi un corps multicellulaire élargi à sa base (fig. 216, *E*), le tissu environnant du thalle se développe par des partitions répétées, et se soulève en forme d'un involucre que le sporogone percera plus tard en s'allongeant (fig. 217). D'abord formé d'un tissu homogène, le sporogone ne tarde pas à se différencier; il s'y forme une colonne centrale cylindrique composée de 12-16 rangées de cellules allongées suivant l'axe; les cellules de l'assise suivante se divisent au contraire par des cloisons horizontales et produisent les cellules mères des spores et les élatères; enfin les 4-5 assises externes constituent la paroi de la future silique. Parmi les cellules de l'assise qui entourent la colonne, celles qui doivent devenir des élatères subissent encore une ou plusieurs divisions perpendiculaires; les élatères sont donc ici des séries transversales de cellules à l'intérieur desquelles il ne se forme pas de rubans spiralés. Les cellules situées entre les élatères, au contraire, s'arrondissent, s'isolent progressivement du sommet à la base du sporogone, et, quand elles se sont encore agrandies, commence la division en quatre dont nous avons parlé plus haut et qui produit autant de spores disposées en tétraèdre. Après quoi, le sporogone s'allonge et forme un tube de 15 à 20 millimètres de hauteur, dont la paroi brune se fend progressivement de haut en bas en deux valves.

2. **Monocléées.** — Le groupe des Monocléées parait, d'après le *Synopsis Hepaticarum*, renfermer des formes de transition qui relient les Anthocérotées aux Jungermanniées. Le long sporogone y a une déhiscence longitudinale, sans columelle; la première génération est tantôt thalloïde, tantôt foliacée.

3. **Ricciées.** — Les Ricciées ont une tige aplatie, thalloïde, nageante ou enracinée au sol, ramifiée en dichotomie et dont les cellules terminales situées, d'après M. Kny, plusieurs côte à côte dans l'échancrure de la branche, se segmentent par des cloisons inclinées vers le haut et vers le bas, et se multiplient par des cloisons longitudinales et verticales (1). La surface supérieure du thalle a un épiderme nettement différencié, mais sans stomates, sous lequel s'étend, creusé souvent de lacunes aérifères, le tissu vert qui procède des segments supérieurs de la cellule terminale. Sa face inférieure est munie d'une seule rangée de lamelles placées transversalement et qui, issues immédiate-

Mousses, elles devraient, dans l'opinion de M. de Bary, former une classe à part dans les Muscinées. M. Janczewski (*loc. cit.*) formule ainsi les principaux résultats de ses recherches sur le développement de l'archégone de ces plantes. Contrairement à tout ce qui a lieu chez toutes les autres Muscinées, l'archégone de l'*Anthoceros*, quoique parfaitement bien différencié, n'est en aucune façon individualisé par rapport au tissu du thalle. La division de la cellule mère de l'archégone en trois cellules périphériques et une cellule médiane s'y retrouve cependant, et se montre ainsi caractéristique pour toutes les Muscinées. *(Trad.)*

(1) Dans une lettre qu'il m'a écrite au sujet de l'accroissement terminal des *Blasia*, M. Leitgeb démontre que cette Jungermanniée ne possède qu'une seule cellule terminale, mais à quatre faces; et il ajoute : « Je ne doute pas que chez les Hépatiques qui, d'après M. Kny, auraient une rangée de cellules terminales (*Pellia*, *Riccia*), il n'y en ait aussi qu'une seule qui se partage comme celle des *Blasia*. La méprise peut provenir de ce que les segments latéraux subissent leurs premières divisions, comme la cellule terminale elle-même, par la formation de segments dorsaux et ventraux. On croit alors avoir en réalité devant soi une rangée de cellules terminales. »

ment des segments inférieurs de la cellule terminale, doivent être considérées comme des feuilles. Plus tard elles se déchirent dans leur longueur et forment deux séries; entre elles se développent un grand nombre de poils radicaux dont la membrane présente sur sa face interne des épaississements coniques.

Archégones et anthéridies naissent, sur la face supérieure du thalle, aux dépens de jeunes cellules épidermiques qui proéminent en forme de papilles, et

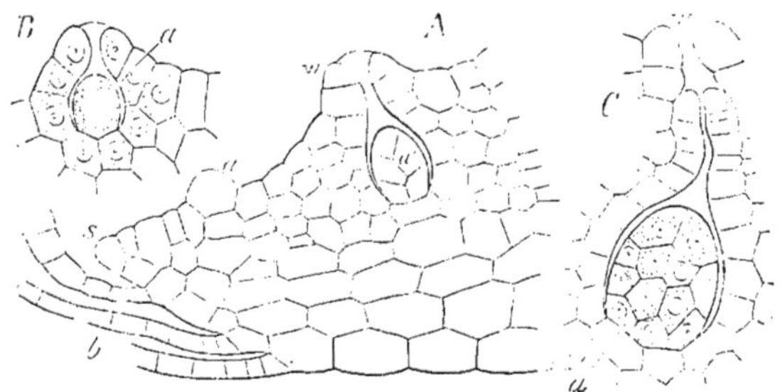

Fig. 218 — *Riccia glauca*, d'après M. Hofmeister. — A, section longitudinale perpendiculaire à travers la région terminale de la tige; s, sommet; b, feuilles ; a, jeune anthéridie; a', anthéridie plus âgée déjà entourée par son bourrelet w (500). — B, première origine d'une anthéridie déjà involucrée. — C, jeune anthéridie a en section longitudinale (500).

ils sont, pendant leur développement, entourés d'un bourrelet par le tissu environnant (fig. 218). Cet involucre forme quelquefois, au-dessus de l'anthéridie sessile, un long col proéminent. Au moment de la fécondation, les archégones font encore saillie au-dessus de l'épiderme (fig. 219, A); mais ensuite elles sont recouvertes par l'involucre. Leur cellule centrale, c'est-à-dire l'oosphère fécondée et devenue l'oospore, produit un sporogone sphérique avec une paroi d'une seule assise, et totalement rempli de spores, sans élatères. Les spores ne deviennent libres que par la destruction du tissu d'alentour.

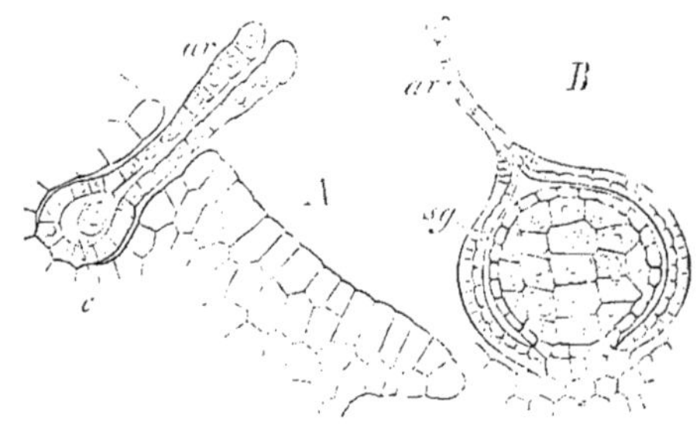

Fig. 219. — *Riccia glauca*, d'après M. Hofmeister. — A, région terminale du thalle en coupe longitudinale: ar, archégone: c, cellule centrale (560). — B, sporogone non mûr sg, entouré de la coiffe, qui porte encore le col de l'archégone ar (300).

4. Marchantiées. — Les Marchantiées ont toutes une large tige thalloïde, étalée sur la terre en forme de ruban, ramifiée en dichotomie, pourvue de nervure médiane et toujours formée de plusieurs assises cellulaires. La face inférieure de ce thalle, outre un grand nombre de poils garnis d'épaississements coniques faisant saillie à l'intérieur et situés sur un sillon spiralé du tube (fig. 18), porte encore deux rangées de lamelles foliaires, comme dans les Ricciées. La face supérieure est revêtue d'un épiderme très-nettement différencié et percé de grands stomates d'une conformation toute particulière. Dans les *Marchantia*, *Lunularia*, etc., chacun de ces stomates occupe le centre d'une plage en forme de losange. Ces plages sont des endroits où l'épiderme recouvre de

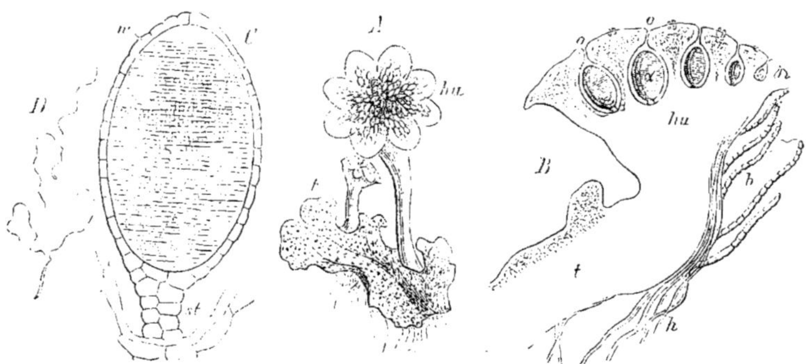

Fig. 220. — *Marchantia polymorpha*. — A, une branche horizontale *t*, avec deux branches dressées qui portent des chapeaux à anthéridies *hu*. — B. section longitudinale perpendiculaire à travers un chapeau à anthéridies encore en voie de développement *hu* et la partie de la branche aplatie où ce chapeau est inséré; *b, b,* feuilles; *b* poils radicaux dans un sillon ventral de la branche anthéridienne; *o. o.* ouvertures des cavités dans lesquelles les anthéridies *a* sont enfoncées. — C, une anthéridie presque mûre; *st,* son pédicelle; *w,* sa paroi. — D, deux anthérozoïdes, grossis 800 fois.

grandes lacunes aérifères dont le plancher est occupé par des cellules à chlorophylle disposées en séries confervoïdes; tout le reste du tissu est dépourvu de chlorophylle et consiste en cellules allongées, horizontales et sans interstices (voir p. 7, fig. 64).

Les organes sexués des Marchantiées forment des inflorescences monoïques ou dioïques. Les anthéridies, bien qu'issues, comme dans les Ricciées, de cellules superficielles, sont enfoncées dans la face supérieure de la tige thalloïde et débordées par le tissu environnant; on les rencontre, étroitement rapprochées plusieurs ou un très-grand nombre ensemble, sur des réceptacles qui sont des branches du thalle singulièrement conformées, discoïdes ou en écusson, sessiles ou pédicellées. Les archégones des *Targionia* sont enchâssés au sommet d'une branche ordinaire; mais dans toutes les autres Marchantiées elles sont situées sur une branche métamorphosée qui se dresse en forme de style et développe son sommet de diverses façons. C'est ce sommet qui porte les archégones sur sa face inférieure ou externe. A mesure que varie la forme du réceptacle à archégones, change en même temps le mode d'enveloppement des archégones par l'involucre et le périanthe. Comme il n'est pas possible d'exposer brièvement ces modifications, le *Marchantia polymorpha* pourra servir d'exemple; il offre sous ce rapport la forme la plus complétement développée. L'explication des figures 221 et 222 suffira pour éclairer au moins les caractères les plus essentiels.

La capsule du sporogone des Marchantiées, brièvement pédicellée le plus souvent, contient des élatères qui rayonnent de la base à la périphérie (voir fig. 215, *IX*). Tantôt elle se fend au sommet, soit en nombreuses dents, soit en quatre valves, comme dans les Jungermanniées; tantôt sa partie supérieure se

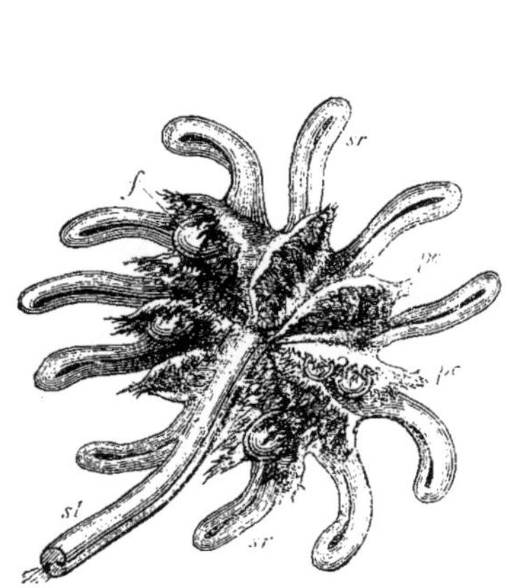

Fig. 221. — Réceptacle de l'inflorescence femelle du *Marchantia polymorpha*, vu de côté et par la face inférieure, grossi environ 6 fois : *st*, pédicelle muni de deux sillons ventraux; *sr*, les lobes rayonnants du réceptacle; *pc*, les feuilles du périchèze, situées entre ces lobes ; *f*, sporogones.

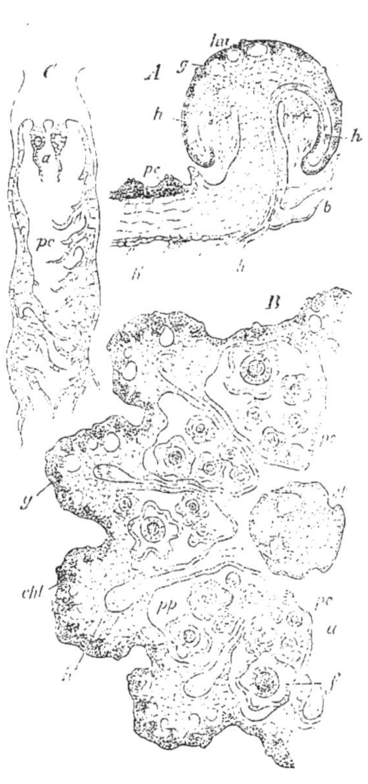

Fig. 222. *Marchantia polymorpha.* — *A*, coupe longitudinale perpendiculaire à travers un chapeau femelle, *lu* : *b*, feuilles ; *h*, poils radicaux dans un sillon ventral ; *g*, grandes cellules entre les cavités aérifères de la face supérieure. — *B*, plan d'un chapeau plus âgé et de son pédicelle *st* : *chl*, le tissu chlorophyllien du chapeau ; *g*, grandes cellules hyalines ; *pc*, les feuilles de l'enveloppe commune (périchèze, *pc*, fig. 221); *a*, archégones non fécondés ; *pp*, les périanthes des archégones fécondés. — *C*, coupe tangentielle perpendiculaire à travers le chapeau : *a*, deux archégones : *pc*, enveloppe commune des archégones, ou périchèze.

détache en forme de couvercle par une fente circulaire. Les propagules particuliers des plantes de cette famille et les corbeilles qui les renferment, ont été déjà signalés plus haut.

5. Jungermanniées. — *Formes diverses de l'appareil végétatif.* — Dans cette famille, à côté de plantes dont l'appareil végétatif est un vrai thalle aplati et sans feuilles, comme les *Metzgeria* et *Aneura*, on trouve des formes de transition dont la tige, aplatie comme un thalle, forme des feuilles sur sa face inférieure (*Diplolaena*), ou dont la tige, ayant dans le jeune âge une section elliptique, ne s'élargit et ne devient foliacée que par les progrès de l'âge et produit des feuilles à la fois sur sa face supérieure et sur sa face inférieure (*Blasia*).

Vient ensuite un genre à tige peu élargie, mais toujours aplatie sur sa face supérieure et ne portant de feuilles que sur cette face supérieure. Mais la majorité des genres, les Jungermanniées feuillées, forment une tige grêle et filiforme pourvue d'un grand nombre de feuilles sessiles à large insertion, mais nettement séparées. Ces feuilles ne forment souvent que deux séries rapprochées sur la face supérieure de la tige (*Radula, Lejeunia, Plagiochila*, certaines espèces de *Jungermannia*); mais normalement il y a trois rangées de feuilles, parce que, outre les deux séries dorsales, il s'en forme une troisième sur la face ombragée ou ventrale de la tige (*Frullania, Madotheca, Mastigobryum*); ces feuilles ventrales sont souvent appelées *amphigastres*. Sur les rameaux flagelliformes, les feuilles demeurent très-petites; elles peuvent se réduire au point de devenir imperceptibles.

Les formes à thalle, qui sont le plus souvent étroitement appliquées contre leur support, jouissent d'une bilatéralité qui s'accuse nettement en ce que la face éclairée ou dorsale n'y produit que des organes sexués, et la face ombragée ou ventrale que des poils radicaux ou des feuilles. Mais la bilatéralité se manifeste aussi avec évidence dans les formes feuillées, soit qu'elles s'appliquent étroitement contre leur support, soit que, se dressant obliquement, elles s'élèvent au-dessus de lui. Cette bilatéralité ne s'accuse pas seulement par la différence de forme des feuilles de la face dorsale et de la face ventrale, et par le développement du système de branches dans un seul et même plan, mais elle est amenée ici dès le début, comme dans les formes à thalle, par l'accroissement même de la région terminale des tiges. Les divisions de la cellule terminale et de ses plus jeunes segments attestent, en effet, déjà la bilatéralité qui s'exprimera plus tard par la différence d'organisation de la face dorsale et de la face ventrale, et par la similitude de développement de la moitié droite et de la moitié gauche de la pousse, quoique cette similitude n'atteigne pas jusqu'à la symétrie.

Développement de l'appareil végétatif. — Nous avons déjà signalé plus haut, chez les types à thalle, la situation de la cellule terminale au fond d'une échancrure antérieure, ainsi que la terminaison de la tige filamenteuse en un bourgeon feuillé dans les genres pourvus de feuilles. La forme de la cellule terminale du thalle du *Metzgeria* et son mode de segmentation ont été décrits en détail à la page 162, fig. 99 ; elle est aussi cunéiforme dans les *Aneura* et *Fossombronia*. Dans les *Blasia*, au contraire, elle a, d'après M. Leitgeb, la forme d'une pyramide à quatre faces et produit quatre séries de segments, une au-dessous, une au-dessus, une à droite et une à gauche. « On se représentera facilement les choses, m'écrit M. Leitgeb, si l'on imagine qu'une cellule terminale cunéiforme produit alternativement un segment dorsal et un segment ventral, qu'en outre, elle engendre aussi des segments latéraux ; de ces derniers procèdent les feuilles, car la portion dorsale d'un segment latéral forme une feuille supérieure, sa portion moyenne une sorte de tube foliaire et sa portion ventrale une feuille inférieure qui avorte souvent. » Nous avons déjà dit plus haut que M. Leitgeb admet aussi ce mode d'accroissement terminal dans les cas où, comme dans le *Pellia*, M. Kny a cru voir une *rangée* de cellules terminales.

Dans les Jungermanniées douées d'une tige filiforme à deux ou trois rangs
de feuilles, la tige se termine par une cellule terminale à trois faces, qui forme
progressivement en direction spiralée trois séries de segments, dont deux occupent les côtés de la face dorsale et la troisième le milieu de la face ventrale
de la jeune tige. Les parois principales des segments sont parallèles; les segments eux-mêmes se superposent en ligne droite et les rangées qu'ils constituent sont parallèles entre elles et à l'axe d'accroissement de la tige (1). Dans
les espèces à deux rangs de feuilles, chaque segment des deux séries dorsales
forme une feuille ; dans les espèces à feuilles trisériées, chaque segment ventral
produit en outre une feuille. Cette feuille ventrale est cependant plus petite et
plus simplement conformée que les autres, et en outre elle est insérée perpendiculairement à l'axe, tandis que l'insertion des feuilles supérieures est oblique
à cet axe et de telle façon que les lignes d'insertion forment ensemble un V.
Avant que le segment latéral ait produit la papille qui formera la feuille, il se
divise par une paroi longitudinale en une moitié supérieure tournée vers la
face dorsale et une moitié inférieure tournée vers la face ventrale; c'est chacune de ces moitiés qui produit ensuite une papille foliaire; il en résulte que
les feuilles des Jungermanniées sont en quelque sorte bipartites ou bilobées.
Ordinairement, dans les feuilles les plus simples, cette origine binaire se manifeste par une échancrure plus ou moins profonde du bord antérieur ; mais
même quand les feuilles sont multipartites, comme dans le *Trichocolea*, on
peut reconnaître encore les deux moitiés primitivement séparées. Souvent, en
effet, le lobe inférieur de la feuille est plus petit, conformé d'une façon toute
particulière, infléchi, excavé.

Divers modes de ramification. — La ramification qui s'opère à l'extrémité
végétative de la pousse a déjà été décrite à la page 162, fig. 100, pour le *Metzgeria ;* d'après M. Leitgeb, elle a lieu de la même manière dans toutes les Jungermanniées à cellule terminale cunéiforme, notamment dans les *Aneura* et
Fossombronia. Les relations des branches avec les feuilles, étudiées par M. Leitgeb (2), offrent un intérêt particulier et sont très-diverses. Dans les *Metzgeria*
et *Aneura*, les segments ne produisent que des branches, pas de feuilles. Dans
le *Fossombronia*, le rameau latéral naît du segment aux lieu et place d'une
feuille tout entière. Dans un grand nombre de Jungermanniées à tige feuillée
filiforme et à cellule terminale à trois faces, au contraire, le rameau latéral
s'échappe du segment à la place du lobe inférieur et ventral de la feuille supérieure, de sorte que la branche peut être regardée ici comme produite par la
métamorphose d'une moitié de feuille. La figure 223 fera comprendre cette
remarquable relation ; elle représente, vue de face, le sommet d'une branche
en voie de ramification. *I, II.... VI,* sont les segments de la cellule *S* de la
branche principale ; parmi eux, *II, V,* sont les segments de la face ventrale,
I, III, IV, VI, les segments de la face dorsale. Les deux segments *I* et *III* sont
déjà divisés chacun, par une cloison longitudinale, en une moitié dorsale et une
moitié ventrale, et dans cette dernière il s'est déjà constitué, au moyen de

(1) Voir, sous ce rapport, ce qui est dit plus loin au sujet des Mousses.
(2) Ce qui suit, d'après des lettres de M. Leitgeb.

trois cloisons obliques 1, 2, 3, la cellule terminale *s* d'un rameau latéral, tandis que la moitié dorsale de ce segment s'accroît en une moitié de feuille supérieure. Les autres segments, qui ne forment pas de rameaux, se développent tout entiers en feuilles bilobées. Ainsi se comportent les *Frullania*, *Madotheca*, *Mastigobryum*, *Lepidozia*, *Jungermannia trichophylla*, *Trichocolea*.

Enfin on rencontre un troisième type de ramification dans les *Radula* et *Lejeunia*; là la formation des feuilles n'est pas altérée par la production des rameaux, car les branches naissent *sous* les feuilles, à leur base et des mêmes segments.

Rameaux endogènes. — Outre ces ramifications, qui prennent leur origine dans des cellules extérieures des segments, isolées et de position déterminée, M. Leitgeb a montré récemment qu'il se forme aussi des rameaux *endogènes*. Parfois ces rameaux endogènes s'échappent des segments ventraux pourvus d'amphigastres, sous forme de branches fructifères, pendant que les rameaux exogènes naissent à la manière représentée figure 223 ; il en est ainsi, par exemple, dans les *Mastigobryum*, *Lepidozia*, *Calypogeia*. Ailleurs, ils se forment en l'absence de feuilles inférieures, comme dans le *Jungermannia bicuspidata* et les autres Jungermanniées à feuilles bisériées. C'est notamment dans les Jungermanniées de la section des Trichomanoïdées qu'il se produit, par voie endogène, des branches fructifères qui percent ensuite les parties âgées de la tige et apparaissent au dehors comme autant de pousses adventives ; mais il est probable que partout, comme dans les *Mastigobryum* et *Lepidozia*, les cellules mères de ces branches se développent régulièrement en série acropète, dans le méristème primitif du cône végétatif, ainsi que cela a lieu chez les Équisétacées. Enfin, il est probable, d'après M. Leitgeb, que toute la ramification de beaucoup de Jungermanniées procède exclusivement d'origine endogène.

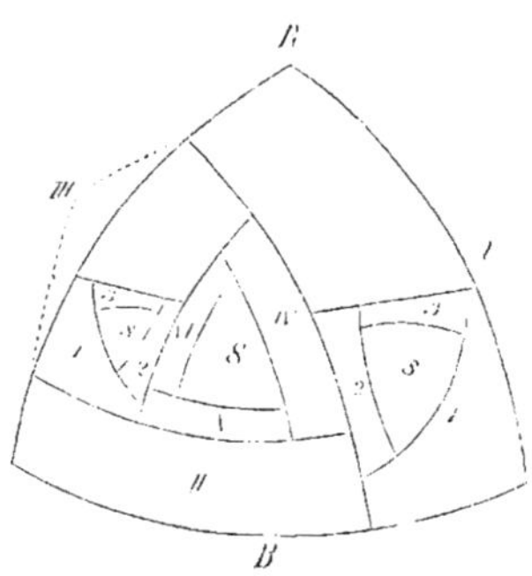

Fig. 223. — Vue théorique de la ramification de ces Jungermanniées, où le rameau latéral se forme à la place du lobe inférieur d'une feuille supérieure : d'après M. Leitgeb.

Reproduction sexuée. — Les organes sexués, tantôt monoïques, tantôt dioïques, se forment, dans les genres à thalle sur la face dorsale de la branche, dans les genres feuillés à l'extrémité des branches principales ou de petits rameaux fructifères particuliers fréquemment produits sur la face ventrale par voie endogène. Les anthéridies sont habituellement axillaires des feuilles, isolées ou groupées. Les archégones apparaissent d'ordinaire par groupes au sommet de branches qui, ou bien portent plus bas des anthéridies, ou sont exclusivement femelles ; dans ce dernier cas, la branche se creuse tellement dans les Géocalycées, que les archégones se trouvent enfoncés dans une sorte de cruche, phénomène qui peut, jusqu'à un certain point, se comparer avec la formation de la Figue et qui se manifeste avec une netteté particulière dans les *Calypogeia*. Quand cette invagination particulière des archégones n'a pas lieu, ils sont enveloppés par les feuilles voisines qui forment autour d'eux un périchèze et en outre il se produit ordinairement encore un périanthe, sorte de repli membraneux qui revêt les archégones.

Le développement de ces organes a été décrit avec précision par M. Leitgeb sur le *Radula complanata*. Les branches principales et latérales de cette plante portent régulièrement les deux sortes d'organes sexués; pendant longtemps la branche est purement végétative, puis elle forme pendant un certain temps des anthéridies et elle se termine enfin par une inflorescence femelle. Quelquefois cependant, après avoir produit les anthéridies, elle reprend le cours de son développement végétatif. — Les anthéridies du *Radula* sont des poils métamorphosés; elles sont isolées à l'aisselle des feuilles, complétement enveloppées dans la forte concavité du lobe inférieur de la feuille, et sont produites par la proéminence claviforme d'une cellule située devant la feuille et à sa base, et appartenant au parenchyme cortical de la tige. — L'inflorescence femelle des *Radula* occupe toujours le sommet d'une branche principale et latérale; elle contient 3 à 10 archégones entourés par un périanthe, lequel est à son tour enveloppé par deux feuilles formant un périchèze (fig. 224). L'inflorescence femelle tout entière, archégones et périanthe, procède de la cellule terminale de la branche et de ses trois plus jeunes segments. Les archégones naissent directement de la cellule terminale elle-même et des moitiés supérieures de ses deux segments latéraux; les moitiés inférieures de ces deux segments, jointes au segment

Fig. 224. — Inflorescence du *Radula complanata*: *ar.* archégone; *an.* anthéridies; *b*, feuille; d'après M. Hofmeister.

ventral tout entier, sont employées à la formation du périanthe. Le développement ultérieur des archégones et des anthéridies a déjà été décrit plus haut.

Développement de l'oospore : sporogone. — Dans les espèces étudiées par M. Hofmeister, l'oosphère, fécondée et devenue une oospore, se divise d'abord par une cloison transversale, c'est-à-dire perpendiculaire à l'axe de l'archégone. Des deux cellules ainsi formées, la supérieure seule, celle qui est tournée vers le col de l'archégone, se divise ultérieurement et constitue la cellule terminale du sporogone, laquelle se partage une ou deux fois encore transversalement avant d'acquérir une cloison longitudinale. Les deux cellules terminales ainsi formées se divisent finalement en quatre et produisent huit cellules terminales, disposées côte à côte comme les octants d'un hémisphère.

La partie basilaire du sporogone en voie de développement s'épaissit, devient napiforme et s'enfonce vers le bas dans le tissu de la tige, étroitement enveloppée comme d'une gaîne (vaginule) et nourrie par ce tissu. Dès que le jeune sporogone est devenu un corps multicellulaire, commence à s'opérer en lui la différenciation de la paroi de la capsule d'avec le tissu intérieur qui doit former les spores et les élatères. Dans les *Frullania*, c'est d'une seule et unique assise circulaire de cellules située transversalement sous le dôme de la jeune capsule, que procèdent les élatères verticales et les cellules mères des spores, circonstance qui rappelle ce qui a lieu chez les *Sphagnum*. Dans la plupart des vraies Jungermanniées, au contraire, c'est une colonne de tissu, formée de

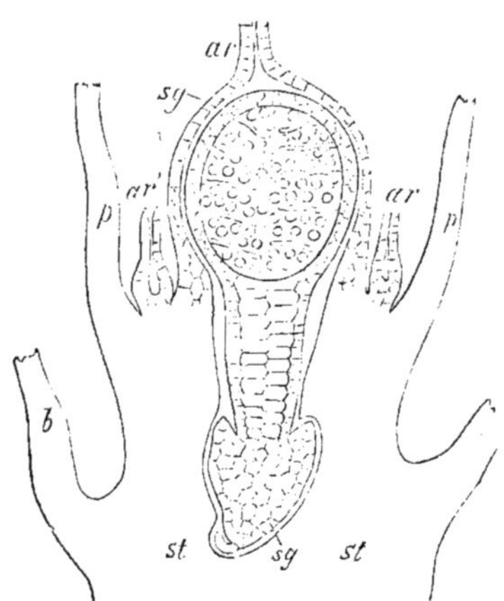

Fig. 225. — *Jungermannia bicuspidata*, section longitudinale du sporogone en voie de développement. *sg*, enveloppé par la coiffe. *ar : ar'*, archégones non fécondés ; *p*, base du périanthe ; *st*, tige ; *b*, feuille ; d'après M. Hofmeister.

séries cellulaires verticales, et enveloppée par une double assise constituant la paroi de la capsule, qui produit les élatères et les spores ; dans ce cas, les élatères sont horizontales et s'étendent en rayonnant de la paroi de la capsule vers l'axe idéal du sporogone (fig. 225). — Dans les *Pellia,* après la différenciation de la paroi capsulaire, le tissu fertile intérieur forme un hémisphère dont les cellules produisent les spores et les élatères qui rayonnent de bas en haut, comme dans les Marchantiées.

Par un puissant accroissement du pédicelle jusque-là fort court, la coiffe qui recouvre le sporogone est déchirée à son sommet, et la capsule sphérique, remplie des spores déjà mûres, est soulevée en l'air au sommet de ce pédicelle rapidement allongé. Déjà, pendant la maturation des spores, la couche interne de la paroi capsulaire a été totalement résorbée ; l'unique assise cellulaire qui persiste actuellement éclate au sommet et se déchire en quatre valves longitudinales (rarement davantage), valves qui se rabattent en forme d'étoile en entraînant les élatères, et qui disséminent ainsi les spores. A maturité complète, les élatères sont de longues cellules fusiformes dont la mince membrane possède sur sa face interne un à trois rubans spiralés de couleur brune.

CLASSE 5.

Les Mousses (1).

Génération sexuée. — La spore des Mousses produit un thalle confervoïde, appelé *proembryon* ou *protonéma*, duquel procède ensuite, par bour-

(1) W. P. Schimper : Recherches anat. et physiol. sur les Mousses. Strasbourg, 1848. — Lantzius-Beninga : Beiträge zur Kentniss des Baues der ausgewachsenen Mooskapsel, insbesondere des Peristoms (avec de belles figures). Nova Acta Acad. Leopold. 1847. — Hofmeister : Vergleich. Untersuchungen, 1851. — Hofmeister : Berichte der Königl. Sächs. Gesellsch. der Wiss. 1854. — Hofmeister : Entwickelung des Stengels der beblätterten Muscineen, Jahrbücher für wiss. Botanik, III. — Unger : Ueber den anat. Bau der Moosstammes, Sitzungsberichte der Kais. Akad. der Wiss. Wien. XLIII, p. 497. — Karl Müller : Deutschlands Moose : Halle, 1853. —

geonnement latéral, le plant de Mousse avec sa tige et ses feuilles nettement différenciées, plant qui porte plus tard les organes sexuels. L'oosphère, fécondée par l'anthérozoïde dans l'archégone et devenue une oospore, engendre plus tard le sporogone, dans lequel les spores naissent aux dépens d'une petite partie du tissu intérieur.

Le protonéma. — Dans les Mousses ordinaires, le protonéma commence par une expansion tubuleuse de la membrane interne de la spore; ce tube s'allonge ensuite par un accroissement terminal illimité et se cloisonne à mesure. Les articles ne subissent aucune division intercalaire, mais ils forment, immédiatement au-dessous des cloisons transverses qui les séparent, des branches qui se cloisonnent également et jouissent d'ordinaire d'un allongement terminal indéfini; à leur tour, ces branches peuvent produire des rameaux d'ordre plus élevé. La portion de l'endospore diamétralement opposée au tube germinatif, peut se développer en un rhizoïde hyalin qui s'enfonce dans le sol. La membrane cellulaire des filaments du protonéma est à l'origine incolore; mais comme les axes principaux s'appuient sur le sol ou même pénètrent dans la terre, leur membrane prend plus tard une coloration brune, pendant que les cloisons transverses, d'abord perpendiculaires à l'axe d'accroissement, deviennent obli-

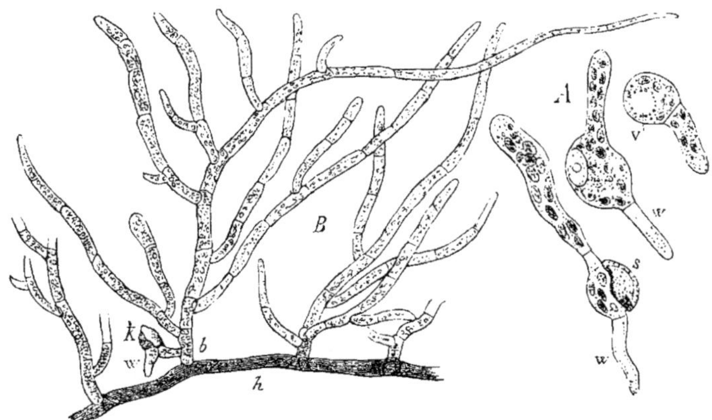

Fig. 226. — *Funaria hygrometrica.* — A, spore germant : *v*, vacuole; *w*, poil radical; *s*, exospore. — B, portion d'un protonéma développé, environ trois semaines après la germination : *h*, une branche principale couchée, à paroi brune et cloisons obliques, d'où procèdent les branches dressées à accroissement limité; en K se voit le début d'une tige feuillée avec un poil radical *w*. (A est grossi 550 fois, B environ 90 fois.)

ques et s'inclinent dans diverses directions (fig. 226, *B*, *h*). Les articles des filaments demeurés au-dessus du sol, développent des grains de chlorophylle en abondance. Le protonéma se nourrit donc par voie d'assimilation indépen-

Lorentz : Grundlinien zu einer vergleich. Anat. der Laubmoose, Jahrbücher f. wissensch. Botanik, VI, et Flora, 1867. — Leitgeb : Wachsthum des Stämmchens von *Fontinalis* und von *Sphagnum*, so wie Entwickelung der Antheridien, Sitzungsber. der K. Akad. der Wiss. Wien, 1868 et 1869. — Nægeli : Pflanzenphys. Untersuchungen, Heft I, p. 75. — J. Kühn : Entwickelungsgesch. der Andræeaceen, Leipzig, 1870, Mittheilungen aus dem Gebiet der Botanik, von Schenk und Luerssen, I.

dante, et non-seulement il acquiert dans certains genres une dimension notable, puisqu'il y recouvre plusieurs pouces carrés de surface de ses filaments enchevêtrés et gazonnants, mais la durée de son existence est quelquefois pour ainsi dire indéfinie. Dans la plupart des Mousses, il disparaît cependant, dès qu'il a produit les tiges feuillées par voie de bourgeonnement latéral ; mais quand ces dernières demeurent très-petites et n'ont qu'une courte durée, comme dans les Phascacées (*Pottia*, *Physcomitrium*), le protonéma demeure encore vivace après qu'il a déjà produit les plantes feuillées et même après que ces dernières ont achevé de mûrir leurs sporogones. Dans ce cas, on a sous les yeux, à la fois et unies par un lien organique, les trois formes du cycle de développement.

Les *Sphagnum*, les Andréacées et les *Tetraphis* s'écartent des Mousses ordinaires, aussi bien par le mode de formation du protonéma que par la structure du sporogone. Les spores des Sphaignes produisent, tout au moins quand leur germination a lieu sur un support solide, une lame de tissu étalée dont le bord se divise en lobes crépus et qui développe à sa surface les tiges feuillées. Dans les *Andræa*, d'après les récentes recherches de M. Kühn, le contenu de la spore, alors qu'il est encore renfermé dans l'exospore intacte, se divise en quatre cellules ou davantage et produit ainsi une masse de tissu, comme cela a lieu dans la spore de certaines Hépatiques (*Radula*, *Frullania*) (1) ; enfin une à trois des cellules périphériques de cette masse se développent en filaments qui s'étalent et se ramifient sur le support dur et pierreux où la germination a eu lieu. Les branches du protonéma ainsi constitué peuvent ensuite se développer ultérieurement de trois manières différentes. Ou bien, outre leurs sections transversales, elles subissent aussi des divisions longitudinales, et forment ainsi des rubans cellulaires irrégulièrement ramifiés. Ou bien, il s'y fait, en outre, des cloisons parallèles à la surface même, par où le proembryon acquiert plusieurs couches de cellules ; ainsi constitués par un massif cellulaire solide, ces proembryons de seconde espèce se dressent et se ramifient en forme de buisson ou d'arbre. Enfin c'est à un troisième type que se rattachent les protonémas foliacés, lames cellulaires limitées par un contour simple et de forme déterminée. Cette dernière forme est présentée par les lames proembryonnaires des *Tetraphis* et *Tetradontium*, qui naissent, comme le montre une figure placée plus loin, à l'extrémité de longs filaments minces de protonéma (2).

Origine de la plante feuillée. — La seconde forme, qui succède au protonéma et qui constitue, à proprement parler, la génération sexuée des Mousses, c'est-à-dire la plante feuillée qui porte plus tard les organes sexués, naît sur les articles inférieurs des branches latérales du protonéma. Jamais, paraît-il, la cellule terminale elle-même d'un rameau allongé du protonéma ne se transforme en une plante feuillée. Là où doit apparaître une pareille plante, on voit s'échapper d'un article inférieur un tube court qui se sépare par une cloison basilaire, produit encore une ou deux cloisons transversales et

______

(1) D'après M. Kühn, il arrive aussi quelquefois dans les vraies Mousses (*Bartramia, Leucobryum, Mnium, Hypnum*) que la première cloison transversale du protonéma s'opère déjà à l'intérieur même de la spore.

(2) Voir BERGGREN, *Botanische Zeitung*, 1872.

enfin transforme sa cellule terminale en la cellule terminale d'un bourgeon de Mousse (fig. 226); à cet effet, elle y développe rapidement l'une après l'autre un grand nombre de cloisons qui se coupent dans des directions opposées. C'est de la même façon que naît le bourgeon des Sphaignes dans une cellule marginale du proembryon lamelliforme, celui des *Tetraphis* dans la base étroite d'une pareille cellule, celui des *Andrœa* dans les cellules latérales des divers proembryons distingués plus haut, à l'exception des foliacés.

Les cellules formées par ces premières cloisons obliques sont les premiers segments de la jeune tige, segments qui tantôt s'accroissent directement en feuilles, tantôt ne manifestent que les premières des divisions que subissent les segments qui portent les feuilles. D'ordinaire, il s'échappe de ces premiers segments, après quelques divisions préalables, des tubes radicaux (rhizoïdes) qui s'accroissent aussitôt vers le bas et par lesquels la jeune plante s'enracine.

Développement et structure de la tige.—La cellule terminale de la tige est cunéiforme dans les *Schistostega* et *Fissidens* et elle y produit deux séries recti-

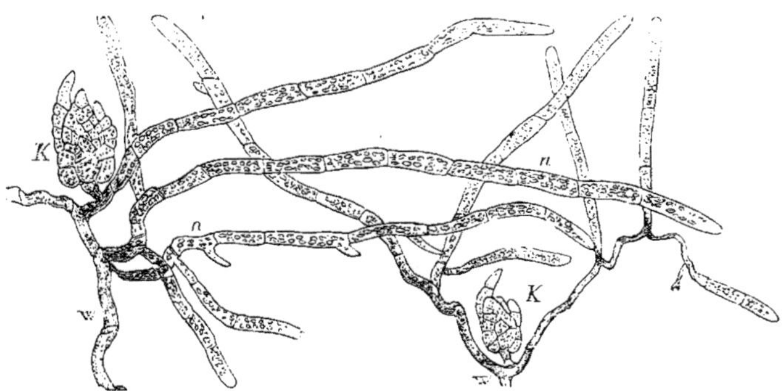

Fig. 227.— Poils radicaux protonématiques du *Mnium hornum*, avec les bourgeons foliacés *K : w, w*, les poils radicaux d'un gazon retourné, desquels s'échappent les filaments *n, n* du protonéma; 90/.

lignes de segments alternes. Dans les autres Mousses, elle a la forme d'une pyramide à trois faces dont la base bombée est tournée en haut (fig. 106). Chaque segment de la cellule terminale proémine en dehors et en haut en forme de large papille ; cette papille se sépare par une cloison longitudinale, appelée cloison foliaire par M. Leitgeb, et en se divisant ultérieurement, elle se développe en une feuille, pendant que la portion inférieure et interne du segment produit, par ses divisions ultérieures, une tranche du tissu intérieur de la tige.

Comme chaque segment forme une feuille, la disposition des feuilles est déterminée par la disposition même des segments consécutifs. Dans les *Fissidens* il se forme donc deux séries rectilignes de feuilles alternes; dans les *Fontinalis* il s'en produit trois séries rectilignes avec divergence 1/3, puisque les segments eux-mêmes se succèdent en trois rangées suivant 1/3, chaque nouvelle cloison principale étant exactement parallèle à l'antépénultième cloison qui appartient au même segment. Dans les *Polytrichum*, *Sphagnum*, *Andrœa*, etc., au contraire, chaque nouvelle cloison principale chevauche du côté où monte la spirale foliaire; les cloisons d'un même segment ne sont donc plus parallèles, et les segments eux-mêmes sont déjà situés par leur mode de production même, sans qu'une torsion de la tige ait à y contribuer, non pas en trois séries rectilignes, mais sur trois hélices enroulées parallèlement autour de la tige ; de sorte que, les segments consécutifs et leurs feuilles divergeant d'un angle plus grand que 1/3, la disposition est de 2/5 ou 3/8, etc. Voir d'ailleurs sur ce point les travaux déjà cités de MM. Leitgeb, Lorentz, Hofmeister (Morphologie, p. 194) et Muller (Bot. Zeitung, pl. VIII). (1).

Quand il se transforme en tissu définitif, le méristème primitif situé au-dessous du point végétatif de la tige se différencie ordinairement en une zone externe et en un massif intérieur ; mais ces deux régions ne sont, le plus souvent, pas nettement limitées l'une par rapport à l'autre. Les couches périphériques, notamment les plus extérieures, ont habituellement des parois cellulaires fortement épaissies et colorées en rouge vif ou en jaune rougeâtre. Les cellules du tissu fondamental intérieur ont au contraire de plus larges cavités et des parois minces, peu colorées ou même incolores. Dans certaines tiges de Mousses, la différenciation s'arrête après avoir établi cette distinction entre un tégument à plusieurs assises et un tissu fondamental à parois minces (*Gymnostomum rupestre, Leucobryum glaucum, Hedwigia ciliata, Barbula aloïdes, Hylocomium splendens*, etc., d'après M. Lorentz); mais dans beaucoup d'autres elle se poursuit plus loin et il se forme plus tard, au centre du tissu fondamental, un faisceau axile de cellules très-étroites et à parois très-minces (fig. 228), (*Grimmia, Funaria, Bartramia, Mnium, Bryum*, etc., etc.) (2).

C'est seulement dans les *Polytrichum, Atrichum* et *Dawsonia*, que les nombreuses cellules de ce faisceau central épaississent fortement leurs parois originairement minces; dans le *Polytrichum commune* il se forme, en outre, des faisceaux semblables, mais plus grêles, dans le parenchyme fondamental. Parfois on voit des faisceaux de cellules à parois minces, partant de la base des nervures foliaires, se diriger obliquement vers le bas à travers le tissu externe de la tige jusqu'au faisceau central où ils viennent se confondre ; M. Lorentz regarde ces faisceaux comme des faisceaux foliaires (*Splachnum luteum, Voitia nivalis*, etc.).

Si l'on considère, d'un côté l'existence, dans maintes plantes vasculaires, de faisceaux fibro-vasculaires d'une structure extrêmement simple, et de l'autre l'analogie marquée des cellules cambiformes des vrais faisceaux fibro-vasculaires avec les éléments constitutifs du faisceau central et des faisceaux foliaires des Mousses, on pourra regarder ces derniers comme des faisceaux fibro-vasculaires rudimentaires de la plus simple espèce.

Développement et structure de la feuille. — La feuille procède, comme nous l'avons dit plus haut, d'une large proéminence papilliforme d'un segment de tige, proéminence séparée du reste par une cloison ; mais une portion inférieure de cette cellule est employée à la formation des couches externes de la tige, et ce n'est que la portion supérieure de la papille qui constitue la cellule

(1) Si l'on se représente la position de chaque quatrième partition, il semble, dans ce cas, que la cellule terminale tourne autour de son axe, pendant qu'elle produit ses segments.

(2) D'après M. Lorentz, le pédicelle du sporogone est toujours pourvu d'un pareil faisceau central.

terminale de la feuille. Cette cellule terminale produit deux rangées de segments, par des cloisons perpendiculaires à la surface de la feuille. Le nombre des segments foliaires ainsi formés, en d'autres termes l'accroissement terminal de la feuille, est limité; une fois qu'il est terminé, la formation du tissu qui procède de chaque segment progresse du sommet à la base, pour s'éteindre finalement à la base même. Le tissu tout entier de la feuille est parfois, comme dans les *Fontinalis*, une simple assise cellulaire; mais le plus souvent il se forme de la base au sommet une nervure, c'est-à-dire un plus ou moins large faisceau qui partage le limbe formé d'une seule assise cellulaire en une moitié droite et une moitié gauche et consiste lui-même en plusieurs épaisseurs de cellules. Cette nervure médiane est parfois composée de cellules toutes semblables et allongées, mais souvent il s'y différencie plusieurs formes de tissu, et on y remarque notamment des fascicules de cellules étroites et à parois minces, qui se comportent souvent comme le faisceau central de la tige, jusqu'auquel ils se prolongent quelquefois en formant dans le parenchyme externe de la tige les faisceaux foliaires (voir Lorentz, *loc. cit.*).

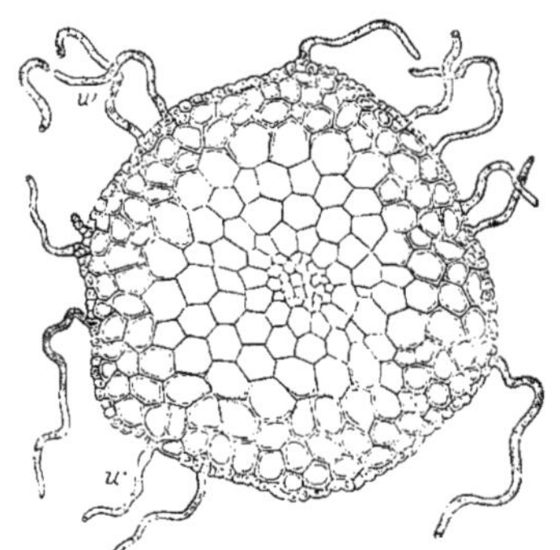

Fig. 228. — Section transversale de la tige du *Bryum roseum*, avec poils radicaux *w. w* (90).

Le contour des feuilles des Mousses varie depuis la forme circulaire, en passant par la forme largement lancéolée, jusqu'à la forme en aiguille. Elles sont toujours sessiles et largement insérées, et le plus souvent étroitement serrées les unes au-dessus des autres; c'est seulement sur les stolons de certaines espèces, sur les pédicelles qui portent les propagules des *Aulacomium* et *Tetraphis*, et aussi à la base de certaines branches feuillées, qu'elles demeurent très-petites et très-rares. Au voisinage des organes sexués, au contraire, elles forment le plus souvent des rosettes ou des bourgeons serrés et, en outre, il n'est pas rare qu'elles y prennent des formes et des couleurs particulières. Dans les *Racopilum*, *Hypopterygium* et *Cyathophorum*, on distingue deux espèces de feuilles: il y a une rangée de feuilles plus grandes sur une face de la tige et, sur l'autre face, une rangée de feuilles plus petites. Les feuilles ne sont pas ramifiées; leur bord est entier ou denté, rarement incisé.

Dans certaines espèces, il se forme, sur la face intérieure ou supérieure des feuilles, de singulières excroissances. Dans le *Barbula aloïdes*, ce sont des poils articulés et pourvus de tête; dans les *Fissidens*, le limbe presque engaînant à la base, qui ailleurs s'étale à droite et à gauche du plan médian, s'aplatit au contraire dans le plan médian lui-même.

Le tissu de la feuille, abstraction faite de la nervure, est le plus souvent homogène, composé de cellules à chlorophylle qui parfois proéminent au-dessus de la surface. Dans les Sphaignes et les *Leucobryum*, ce tissu se différencie en cellules aérifères et en cellules vertes et séveuses de position déterminée.

Mode de ramification de la tige. — La ramification de la tige des Mousses n'est, paraît-il, jamais dichotome; mais il est probable qu'elle n'est non plus jamais axillaire, quoiqu'elle soit cependant liée aux feuilles. Même quand la ramification est abondante, le nombre des branches latérales est le plus souvent beaucoup plus petit que celui des feuilles. Souvent les branches latérales ont un accroissement défini, circonstance qui amène parfois la formation de systèmes ramifiés de forme déterminée et analogues à des feuilles composées pennées (*Thuidium*, *Hylocomium*). Quand une branche principale se termine par une fleur, il n'est pas rare de voir un rameau latéral situé au-dessous du sommet se développer avec vigueur et continuer la végétation en formant un sympode. Il n'est pas rare non plus de voir des stolons, c'est-à-dire des pousses nues ou munies de petites feuilles, ramper à la surface ou à l'intérieur du sol et se redresser plus tard pour produire des branches feuillées verticales. D'une façon générale, la ramification est très-diverse et étroitement liée au mode de végétation.

Le lieu morphologique où naissent les rameaux latéraux a été soigneusement recherché et excellemment décrit par M. Leitgeb dans les *Fontinalis* et *Sphagnum*. Comme ces deux genres appartiennent à des familles très-différentes, la valeur des résultats qu'on y observe s'étend à toute la classe. Ils se ressemblent tous deux en ceci, que la cellule mère (qui est en même temps la cellule terminale) d'une branche née sous une feuille procède du même segment que cette feuille (fig. 106). Ils diffèrent en ce que, dans les *Fontinalis*, la branche naît sous la ligne médiane de la feuille, tandis que dans les *Sphagnum* c'est sous la moitié cathodique de la feuille qu'elle se développe. Par suite de l'accroissement ultérieur de la branche mère, le rameau latéral des *Sphagnum* semble plus tard être situé à côté d'une feuille plus âgée, et c'est de cette façon qu'il faut interpréter l'ancienne observation de Mettenius d'après laquelle, dans les *Neckera complanata*, *Hypnum triquetrum*, *Racomitrium canescens*, etc., les rameaux latéraux sont disposés à côté des feuilles. Si le rameau se développe sous la ligne médiane d'une feuille, il peut arriver aussi, quand les feuilles sont rectisériées, que l'accroissement ultérieur de la tige produise la même apparence que si les rameaux étaient nés au-dessus de la ligne médiane de feuilles plus âgées, c'est-à-dire à l'aisselle de ces feuilles. A l'aisselle des feuilles, ou peut-être, plus exactement, à la base de la surface supérieure des feuilles, M. Leitgeb a vu naître, dans les deux genres considérés, des poils articulés.

Dimension de la plante feuillée. — Les dimensions que peuvent atteindre les axes et les systèmes d'axes feuillés des Mousses varient dans des limites fort étendues. Dans les Phascacées, Buxbaumiées, etc., la tige simple s'élève à peine à 1 millimètre de hauteur; dans les plus grandes Hypnées et Polytrichées, il n'est pas rare de la voir atteindre 2 à 3 décimètres et même davantage; elle devient plus longue encore dans les *Sphagnum*, il est vrai qu'elle n'y forme pas un seul axe, mais bien un sympode. L'épaisseur de la tige varie dans des limites plus étroites; elle est de 1/10 de millimètre dans les petites espèces, et ne dépasse guère 1 millimètre dans les plus grandes. Aussi son tissu, coloré à l'extérieur, est-il très-dense, très-solide, souvent roide, toujours très-élastique et opposant une longue résistance à la putréfaction.

Poils radicaux. — Les poils radicaux, ou rhizoïdes, jouent dans l'économie des Mousses un rôle extrêmement important. C'est seulement dans la famille des Sphaignes, qui s'éloigne d'ailleurs des autres par bien d'autres caractères, qu'ils sont rares et peu développés ; partout ailleurs ils s'échappent en grand nombre tout au moins de la base de la tige, et souvent ils la revêtent complétement d'un feutrage épais de couleur rouge-brun. Sous le rapport morphologique, il n'y a pas de séparation nette entre les rhizoïdes et le protonéma (1), et nous verrons plus loin qu'ils sont capables, comme le protonéma lui-même, de former de nouvelles tiges feuillées. Ils naissent comme autant de proéminences tubuleuses des cellules superficielles de la tige, s'allongent par accroissement intercalaire et se partagent par des cloisons transversales en articles successifs. A l'extrémité végétative, la membrane est hyaline et se soude dans le sol avec les petits grains de terre ; plus tard les grains se détachent, la membrane s'épaissit et brunit, et ce dernier effet se produit également dans les poils radicaux qui se développent au-dessus de terre. Les articles contiennent beaucoup de protoplasma et de gouttes d'huile (fig. 229, *B*) ; au-dessus de chaque cloison il se forme des branches souvent rapprochées en touffe, et dans ce cas chaque filament de la touffe est très-mince. La ramification des poils radicaux dans le sol est très-abondante chez beaucoup de Mousses, et ils y forment souvent un feutrage très-serré et inextricable ; un pareil feutrage peut même se produire au-dessus du sol en formant un gazon serré, qui peut ensuite servir de sol aux générations nouvelles. Dans les *Atrichum* et autres

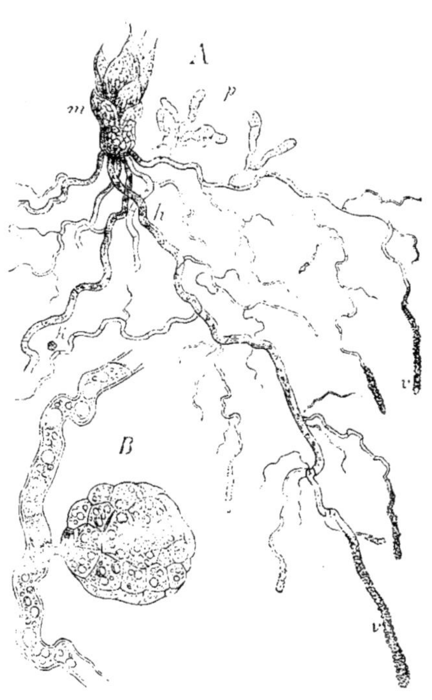

Fig. 229. — A, jeune plantule d'un *Barbula* (*m*), avec les poils radicaux (*h*), dont les extrémités végétatives (*w.w*) sont soudées aux petits grains de terre du sol ; en *p*, un poil radical superficiel émet des rameaux verts, c'est-à-dire un protonéma ; en *k*, un bourgeon tuberculeux est inséré sur une branche d'un poil souterrain. Cette même branche est plus fortement grossie en B. (A est grossi 20 fois, *B* 300 fois.)

Polytrichacées, les plus gros rhizoïdes s'enroulent les uns autour des autres à la manière des fils d'un câble, et les branches qui en procèdent font de même ; seuls, les derniers et plus grêles rameaux demeurent indépendants.

(1) Les poils radicaux semblent ne différer du protonéma que par l'absence de chlorophylle et par leur tendance à se diriger vers le bas. Le protonéma, en effet, peut transformer certaines de ses branches en rhizoïdes, et les rhizoïdes, à leur tour, peuvent transformer certaines de leurs branches en un protonéma riche en chlorophylle et s'accroissant vers le haut.

Propagation végétative.—La propagation végétative des Mousses s'accomplit avec une telle variété et une telle profusion, qu'il est impossible d'en retrouver l'analogue dans aucune autre division du règne végétal. Elle présente en outre cette particularité, que toute formation nouvelle d'une tige feuillée procède toujours du développement préalable d'un protonéma, même lorsque la propagation a lieu par le moyen de propagules. Il n'y a d'exception à cette règle que pour les quelques cas où des bourgeons normaux se séparent de la tige et poursuivent immédiatement leur végétation.

Entrons maintenant dans l'exposition des divers cas qui se présentent.

Propagation par formation directe de protonéma. — Remarquons tout d'abord que le protonéma qui procède de la spore elle-même est, tout aussi bien que les tiges feuillées issues de lui, capable de divers modes de propagation. Le protonéma primitif est, en effet, déjà à lui-même un organe de multiplication, puisqu'il peut produire sur ses diverses branches, progressivement ou simultanément, plusieurs et souvent de très-nombreuses tiges feuillées. Ensuite, il arrive parfois que les divers articles de certaines branches de ce protonéma se séparent l'un de l'autre après s'être arrondis en sphères, acquièrent une paroi plus épaisse, et demeurent pendant quelque temps inactifs (*Funaria hygrometrica*), pour former plus tard probablement autant de nouveaux filaments de protonéma.

Tout poil radical peut aussi produire un protonéma secondaire, quand il est placé à la lumière dans une atmosphère humide. On ignore si la cellule terminale des rhizoïdes principaux peut, dans ces circonstances, subir elle-même et provoquer cette transformation, mais il est certain que les articles du poil radical émettent alors des rameaux qui, se comportant absolument comme le protonéma issu de la spore, acquièrent de la chlorophylle et produisent bientôt de nouvelles plantes feuillées (fig. 227 et fig. 229). Dans certaines espèces (*Bryum, Mnium, Barbula*, etc.), il suffit de retrouner un petit gazon de Mousse et de maintenir humide pendant quelques jours le feutrage de poils radicaux ainsi tournés vers le ciel, pour voir se développer sur les filaments des centaines de plantes nouvelles. Certaines espèces, en apparence annuelles, comme des *Phascum, Funaria, Pottia*, sont en réalité vivaces par le moyen de leurs poils radicaux; après la maturité des spores, la plante s'y flétrit complétement à partir de la surface du sol, jusqu'à l'automne suivant, où le feutrage de poils radicaux développe un nouveau protonéma et sur celui-ci de nouvelles tiges feuillées.

D'après M. Schimper, les protonémas gazonnants qu'étendent quelques Polytrics (*P. nanum, aloïdes*) sur les talus des chemins creux et le *Schistostega osmundacea* dans les grottes sombres, viennent encore de semblables rejets radicaux.

Les poils radicaux peuvent aussi, d'ailleurs, produire directement des bourgeons feuillés, et ils se comportent sous ce rapport absolument comme le protonéma lui-même. Si ces bourgeons naissent sur des branches souterraines des poils (fig. 229, *B*), ils demeurent à l'état de repos sous forme de petits tubercules microscopiques gonflés de matériaux de réserve, jusqu'à ce qu'une circonstance quelconque les amène à la surface du sol; ils poursuivent alors

leur développement. Il en est ainsi, par exemple, dans les *Barbula muralis,
Grimmia pulvinata, Funaria hygrometrica, Trichostomum rigidum, Atrichum*.
Mais les poils radicaux situés au-dessus du sol peuvent aussi produire non-
seulement, comme nous l'avons vu, un protonéma pourvu de chlorophylle,
mais encore directement des bourgeons foliaires, et M. Schimper rapporte
à cet égard ce fait remarquable que, chez le *Dicranum undulatum*, le gazon
vivace des plantes femelles développe de cette manière des plantes annuelles
mâles qui fécondent les premières.

Les feuilles de beaucoup de Mousses peuvent elles-mêmes produire un protonéma, en développant simplement au dehors certaines de leurs cellules et
en cloisonnant les tubes de plus en plus longs ainsi formés ; cela se voit dans
les *Orthotrichum Lyelli* et *obtusifolium*. Dans l'*O. phyllanthum*, il se produit,
à la pointe des feuilles, des touffes ou des pinceaux de courts filaments articulés en forme de massue, qui sont les débuts d'autant de protonémas ; et il
convient encore de nommer ici sous ce rapport les *Grimmia trichophylla,
Syrrhopodon* et *Calymperes*. Dans l'*Oncophorus glaucus*, il se forme sur le sommet de la plante en voie de floraison un épais lacis de filaments protonématiques enchevêtrés, qui arrêtent l'accroissement ultérieur de la tige, mais qui
produisent plus tard de nouveaux gazons de jeunes plantes. Dans les *Buxbaumia*, notamment dans le *B. aphylla*, les cellules marginales des feuilles développent un protonéma qui enlace les feuilles et la tige. Enfin, des feuilles détachées de la tige et maintenues humides, celles du *Funaria hygrometrica*, par
exemple, peuvent aussi émettre un protonéma.

Propagation par formation de propagules. — Les propagules des Mousses
sont, comme ceux des Marchantiées, des corps pluricellulaires pédicellés, fusiformes ou lenticulaires. Ils naissent, dans l'*Aulacomium androgynum*, sur le
sommet d'un prolongement aphylle de la tige feuillée. Dans le *Tetraphis pellucida*, ils sont enveloppés par un calice formé de plusieurs feuilles délicates,
d'où ils s'échappent plus tard pour tomber sur le sol; là ils émettent des filaments protonématiques qui produisent tout d'abord un proembryon lamelliforme, sur lequel naissent finalement les nouveaux bourgeons feuillés (fig. 230
et 231).

Propagation par bourgeons caducs.—Enfin on peut encore, avec M. Schimper,
regarder comme organes de multiplication les bourgeons normaux caducs
du *Bryum annotinum*, ainsi que les branches spontanément détachées des
Conomitrium julianum et *Cinclidotus aquaticus*.

Reproduction sexuée. Fleurs. — Les organes sexués des Mousses sont rapprochés ordinairement en grand nombre à l'extrémité d'un axe feuillé (1),
entourés de feuilles d'une conformation souvent particulière et entremêlés
de paraphyses. Une pareille réunion peut, pour plus de brièveté, être appelée
une *fleur*. La fleur des Mousses termine, soit un axe principal, et l'on dit alors
que la Mousse est *acrocarpe*, soit un rameau de seconde ou de troisième génération, et la Mousse est dite alors *pleurocarpe;* dans ce dernier cas, le développement de l'axe principal est indéfini. La fleur peut renfermer à la fois des

(1) Les branches mâles des *Sphagnum* font exception à cette règle. Voir plus loin.

anthéridies et des archégones, elle est alors *bisexuée* ou *hermaphrodite ;* mais elle peut aussi ne contenir qu'une seule espèce d'organes, ce qui la rend *unisexuée*, mâle ou femelle. Dans ce second cas, les fleurs peuvent être *monoï-ques* ou *dioïques*. Si les fleurs sont dioïques, il arrive parfois que les mâles

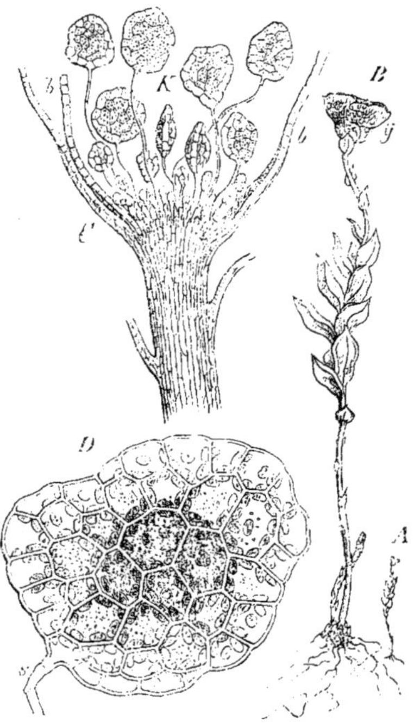

Fig. 230. — *Tetraphis pellucida*. — *A*, une plante formant des propagules, de grandeur naturelle. — *B*, la même grossie : *y*, le calice dans lequel les propagules se rassemblent. — *C*, section longitudinale à travers le sommet de cette plante : *b* les feuilles du calice ; *k*, les propagules à leurs divers états de développement ; le développement tardif des plus jeunes arrache les anciens de leurs pédicelles et les accumule au-dessus du bord du calice. — *D*, un propagule mûr grossi 300 fois, composé, au milieu, de plusieurs couches de cellules, sur le bord, d'une seule assise cellulaire.

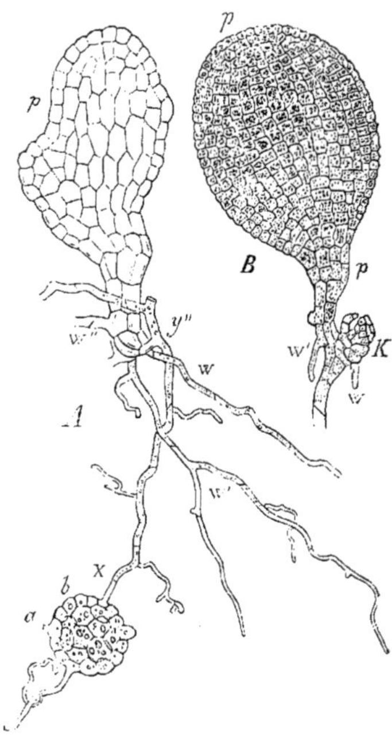

Fig. 231. — *A*, montre un propagule *b*, dont le pédicelle est brisé en *a* ; par le développement d'une des cellules marginales du propagule, s'est constitué le filament de protonéma *xy*, duquel procède par poussée latérale le corps aplati *p* ; ce corps a émis les poils radicaux *w*, *w'*, *w"* (100). — *B*, est un proembryon lamelliforme *p*, de la base duquel s'échappent un bourgeon *k* et des poils radicaux *w*, *w'* ; souvent la base du proembryon lamelliforme développe de nouveaux proembryons semblables, avant d'arriver à produire un bourgeon feuillé.

sont portées par des pieds plus petits et de plus courte durée (*Funaria hygro-metrica, Dicranum undulatum*, etc.). Par leur aspect extérieur, les fleurs bisexuées ressemblent aux fleurs femelles, tandis que les fleurs mâles ont un cachet particulier. Dans les premières, archégones et anthéridies sont, tantôt rapprochés côte à côte au sommet même de la tige, c'est-à-dire au centre de l'enveloppe florale appelée périchèze, tantôt disposés en deux groupes distincts, tantôt séparés par des feuilles particulières, et alors les anthéridies occupent les aisselles de ces feuilles et sont disposées en spirale autour du groupe central formé par les archégones.

Enveloppe florale : périchèze, périgone. — Dans les fleurs femelles et bisexuées, l'enveloppe florale, ou périchèze, a la forme d'un bourgeon allongé presque clos et constitué par plusieurs tours de feuilles spiralées. Ces feuilles ressemblent aux feuilles végétatives ; elles diminuent de grandeur vers l'intérieur, pour s'accroître d'autant plus après la fécondation.

L'enveloppe des fleurs mâles, ou périgone, est composée de feuilles plus larges et plus dures, et elle affecte trois formes différentes. Ordinairement elle a la forme d'un bourgeon et ressemble aux fleurs femelles ; mais elle est plus courte et plus épaisse, les feuilles y sont souvent colorées en rouge et vont diminuant de grandeur vers l'extérieur ; ces fleurs sont toujours latérales. D'autres, arrondies en forme de têtes sphériques, terminent toujours, au contraire, une forte branche, et leurs feuilles larges, engainantes à la base, amincies et recourbées au sommet, vont diminuant de grandeur vers l'intérieur et laissent libre le centre de la fleur et les anthéridies ; ces fleurs sont quelquefois portées par un pédicelle nu qui prolonge directement la tige (*Splachnum*, *Tayloria*). Enfin les fleurs mâles de la troisième espèce sont discoïdes et les feuilles de leur enveloppe sont très-différentes des feuilles végétatives ; elles sont plus larges et plus courtes, étalées horizontalement dans leur région supérieure, tendres et colorées en vert pâle, orangé ou rouge pourpre ; elles deviennent de plus en plus petites à mesure que la spirale foliaire se rapproche du centre, et les anthéridies sont situées à leurs aisselles (*Mnium*, *Polytrichum*, *Pogonatum*, *Dawsonia*).

Les paraphyses, situées entre les organes sexués ou à côté d'eux, sont toujours, dans les fleurs femelles, des filaments articulés ; mais dans les mâles, on les voit tantôt filamenteuses, tantôt en forme de spatule, et composées alors de plusieurs rangs de cellules dans leur partie supérieure (fig. 232).

Anthéridies. — Complétement développées, les anthéridies sont des sacs pédicellés, dont la paroi est formée d'une seule assise de cellules renfermant de la chlorophylle dont les grains se colorent en jaune ou en rouge à la maturité. Dans les *Sphagnum* et *Buxbaumia*, les anthéridies sont presque sphériques, mais partout ailleurs, elles sont allongées en forme de massue. Dans les *Sphagnum*, elles s'ouvrent comme celles des Hépatiques, mais dans les autres familles, il se fait une fente au sommet, fente par où les anthérozoïdes, encore enfermés dans leurs cellules mères, s'échappent comme une épaisse bouillie mucilagineuse. Le mucilage interstitiel où ils sont plongés à l'origine ne tarde pas à se dissoudre dans l'eau, pendant que les anthérozoïdes s'échappent de leurs cellules et progressent en nageant (fig. 233).

Valeur morphologique de l'anthéridie. — D'après les soigneuses recherches de M. Leitgeb, la valeur morphologique des anthéridies des Mousses est très-diverse. La cellule mère de l'anthéridie des *Sphagnum* naît exactement au point où partout ailleurs dans cette même plante il se forme un rameau végétatif, c'est-à-dire qu'elle procède de la partie du segment de l'axe anthéridifère située au-dessous de la moitié cathodique d'une feuille ; on peut donc regarder ici les anthéridies comme des rameaux métamorphosés. Dans les *Fontinalis*, au contraire, les diverses anthéridies d'une seule et même fleur ont une valeur morphologique différente : la première née est le prolongement direct de l'axe de la branche et procède de sa cellule terminale même ; les suivantes émanent des derniers segments normaux de cet axe, et équivalent ainsi, par leur situation, à autant de feuilles ; les dernières enfin possèdent, et dans leur variabilité nu-

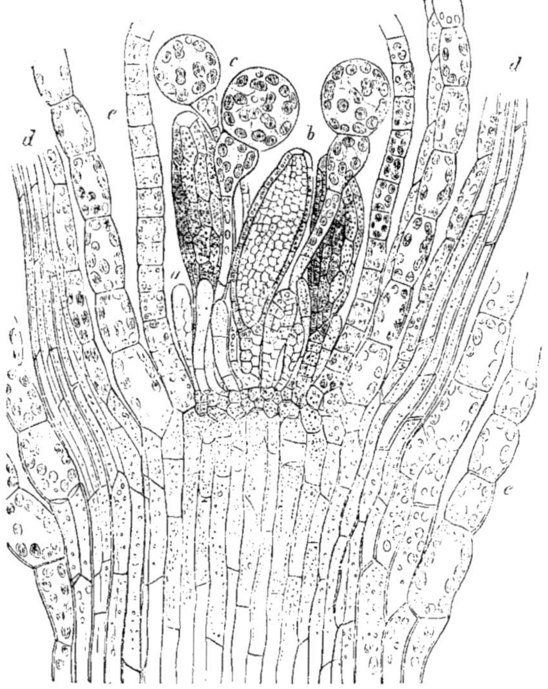

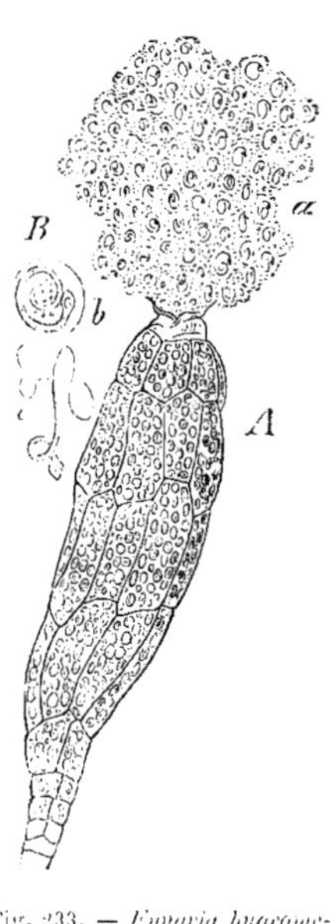

Fig. 232. — Section longitudinale du sommet d'une très-jeune plante mâle de *Funaria hygrometrica* (300) : *a*, jeune anthéridie ; *b*, anthéridie presque mûre coupée en long ; *c*. paraphyses ; *d*. feuilles coupées suivant la nervure médiane ; *e*. feuilles coupées à travers le limbe.

Fig. 233. — *Funaria hygrometrica*. — *A*, anthéridie ouverte au sommet et laissant échapper les anthérozoïdes *a* (350). — B. anthérozoïdes plus fortement grossis : *b*, encore dans la cellule mère ; *c*, anthérozoïde libre de *Polytrichum* (800).

mérique, et dans leur développement aux dépens de cellules superficielles, et dans l'indétermination de leur lieu d'apparition, tous les caractères des poils. D'après M. Kühn, les *Andrœa* se comportent absolument, sous ce rapport, comme les *Fontinalis*.

Mode de développement de l'anthéridie. — La cellule mère de l'anthéridie des *Fontinalis* se constitue à l'état de cellule terminale qui forme deux séries alternes de segments ; il en résulte que, pour former l'anthéridie terminale, la cellule terminale de la branche transforme tout à coup sa segmentation trisériée en une segmentation bisériée. Ces segments ainsi constitués se partagent ensuite par des cloisons tangentielles, de manière que la section du jeune organe comprenne quatre cellules extérieures et deux intérieures ; des premières procède par des divisions ultérieures la paroi de l'anthéridie, des autres le tissu de petites cellules qui engendre les anthérozoïdes. Les *Andræea* se comportent, sous ce rapport, d'une manière très-analogue; la cellule mère primitive de l'anthéridie proémine comme une papille et se sépare en deux par une cloison ; la cellule inférieure produit un support en forme de coussin; la supérieure se divise de nouveau par une cloison transversale en une cellule inférieure dont les divisions produisent le pédicelle, et une cellule supérieure d'où procède le corps même de l'anthéridie ; la formation de celle-ci s'accomplit ensuite comme dans les *Fontinalis*. Dans les *Sphagnum*, le long pédicelle est constitué par les sections transversales de la papille anthéridienne qui continue à s'allonger, et dans laquelle les disques successifs se divisent en croix; plus tard, la cellule terminale se renfle et se divise par des cloisons obliques, assez irrégulièrement disposées; il en résulte une masse de tissu, composée bientôt d'une paroi d'une seule assise et d'un tissu intérieur de petites cellules où naissent les anthérozoïdes.

Archégones. — Complétement développé, l'archégone consiste en un assez long pédicelle massif qui porte un renflement ovoïde terminé par un col mince, allongé et ordinairement tordu autour de son axe. La paroi du renflement ventral, formée, dès avant la fécondation, d'une double épaisseur de cellules, se continue en haut par la paroi du col qui ne possède qu'une seule assise de 4 à 6 rangs de cellules (fig. 235). Ventre et col renferment une rangée axile de cellules, dont la plus inférieure, située dans le ventre et arrondie, produit, par renouvellement de sa masse protoplasmique, une oosphère, tandis que les autres, empilées au-dessus d'elle, se transforment en mucilage dès avant la fécondation. Le mucilage ainsi formé disjoint les quatre cellules terminales du col, et ouvre le canal du col destiné à permettre la pénétration des anthérozoïdes dans l'archégone et jusque dans l'oosphère. Notre figure 235 *B* montre la rangée de cellules du canal au début de leur désorganisation, quand les cellules terminales du col sont encore fermées.

Valeur morphologique de l'archégone. — En ce qui concerne la valeur morphologique de l'archégone, M. Leitgeb a déjà montré que tout au moins le premier archégone des *Sphagnum* procède immédiatement de la cellule terminale même du rameau femelle. Récemment, M. Kühn a trouvé de son côté que dans les *Andræea* le premier archégone est produit par la cellule terminale elle-même, et les autres par les derniers segments de cette cellule, comme cela se passe d'ailleurs pour les anthéridies de cette même Mousse et pour celles des *Radula* et *Fontinalis*. D'après des préparations que M. Schuch a effectuées dans le laboratoire de Wurtzbourg, le premier archégone des Mousses ordinaires procède aussi de la cellule terminale du rameau femelle.

Mode de développement de l'archégone. — La formation successive des cellules par lesquelles s'édifie l'archégone a été minutieusement étudiée par M. Kühn dans l'*Andræea*. Dans ses traits essentiels, elle ressemble à celle que M. Leitgeb a décrite pour les *Radula* ; il y a cependant une discordance frappante dans les observations, au sujet de la formation du col et de la série de cellules du canal. La figure 234 montre en *A* la naissance du premier archégone de l'*Andræea* aux dépens de la cellule terminale du rameau. Une cloison transversale *mm'* a déjà séparé la cellule mère ovoïde, et une seconde cloison oblique *aa* a divisé celle-ci à son tour en une cellule inférieure et une cellule supérieure. La première produit, par des divisions successives, le pédicelle de l'archégone, l'autre le ventre et le col. Pendant que cette cellule terminale s'accroît à la fois en hauteur et en largeur, il s'y développe d'abord successivement trois cloisons obliques (1-1, 2-2, 3-3, fig. 234, *C*), par lesquelles se trouve séparée une cellule axile, plus large et renflée en sphère vers le haut, entourée latéralement par une paroi formée de trois cellules. Une cloison transversale (3-3, fig. 234, *B*)

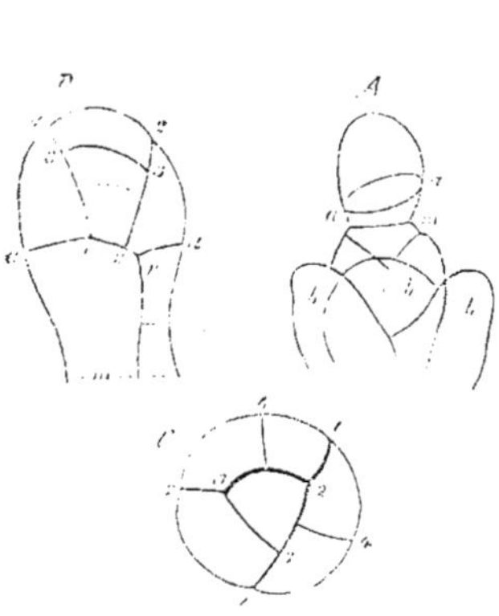

Fig. 234. — Premiers états de développement de l'archégone de l'*Andræa* d'après M. Kühn. — *A*, archégone terminal issu de la cellule terminale du rameau. — *B*, après l'apparition de la cellule centrale et de la cellule operculaire. — *C*, section de la région ventrale jeune. *b, b* en *A* représentent les plus jeunes feuilles.

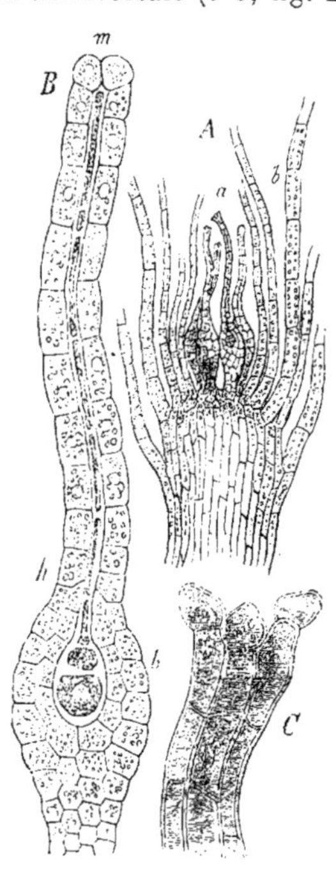

Fig. 235. — *Funaria hygrometrica.* — *A*, section longitudinale du sommet d'une petite plante femelle (100) : *a*, archégones ; *b*, feuilles. — *B*, un archégone grossi 550 fois : *b*, ventre avec la cellule centrale ; *h*. col ; *m*, ostiole encore fermé ; les cellules de la rangée axile commencent à se transformer en mucilage (préparation après une imbibition de trois jours dans la glycérine). — *C*, portion supérieure du col d'un archégone fécondé, avec ses parois cellulaires colorées en rouge foncé.

sépare ensuite comme un couvercle la partie supérieure de la cellule axile, tandis que la cellule inférieure est totalement enveloppée par le couvercle et les trois cellules de bordure. Jusqu'ici il y a concordance entre les observations de M. Kühn et celles de M. Leitgeb sur le *Radula*. Mais tandis que, d'après ce dernier auteur, la cellule centrale produit à la fois l'oosphère et la rangée axile des cellules du canal, la cellule supérieure les quatre cellules du couvercle, et les trois latérales la paroi de l'archégone, M. Kühn affirme au contraire que la cellule supérieure continue de s'accroître comme cellule terminale et forme peu à peu de nouveaux étages de trois cellules latérales et de nouvelles cellules centrales. Cependant, comme les dessins de M. Kühn peuvent se concilier avec la description donnée par M. Leitgeb pour le *Radula*, on peut peut-être supposer que de nouvelles recherches sur ce point démontreraient ici aussi qu'après la séparation du premier couvercle, la rangée axile procède tout entière de la cellule centrale, et la paroi tout entière des trois premières cellules latérales. Par là se trouverait mise en lumière une grande concordance dans les phénomènes, non pas seulement avec les Hépatiques, mais encore avec les Cryptogames supérieures (1).

GÉNÉRATION ASEXUÉE OU SPOROGONE. — Le sporogone, issu de l'oosphère fécondée et devenue une oospore, atteint dans les *Sphagnum* son développement presque entier à l'intérieur même du ventre de l'archégone fortement accru et transformé en coiffe. Dans les autres Mousses, au contraire, longtemps avant l'achèvement de la capsule sporifère, la coiffe est déchirée à sa base par l'allongement du sporogone qui la soulève et l'entraine à son sommet ; les *Archidium* et les genres voisins font exception. Le col de l'archégone, dont les parois se colorent en rouge brun sombre, couronne encore longtemps le sommet de la coiffe.

Structure du sporogone. — Lesporogone de toutes les Mousses consiste en un pédicelle (soie) terminé par un sporange (capsule, urne). Le pédicelle demeure très-court dans les *Sphagnum*, *Andræea* et *Archidium*, mais, dans la plupart des autres cas, il s'allonge beaucoup ; il est profondément implanté par sa base dans le tissu de la tige, et ce tissu, s'accroissant après la fécondation au-dessous et tout autour de l'archégone, forme un bourrelet engaînant appelé vaginule, sur le flanc extérieur duquel on aperçoit souvent encore les archégones non fécondés. Le plus souvent, en effet, un seul des archégones d'une fleur se trouve fécondé, ou du moins le premier fécondé seul développe complétement son oospore en embryon. Le sporange, ou la capsule, possède dans toutes les Mousses une paroi formée de plusieurs assises de cellules et munie d'un épiderme très-net, quelquefois pourvu de stomates. Jamais le tissu intérieur n'est tout entier employé à la formation des spores, même dans l'*Archidium* où il est cependant plus tard supplanté tout entier par les spores. Il subsiste toujours une colonne axile de cellules non transformées, appelée *columelle*, et ce sont seulement les cellules situées tout autour de cette colonne qui forment les spores. Mais la structure de la capsule développée et notamment les dispositions ménagées pour la dissémination ultérieure des spores diffèrent tellement

(1) Voici, en ce qui concerne le développement de l'archégone des Mousses, les principaux résultats des recherches comparatives de M. Janczewski (Botanische Zeitung, 1872). — Les premières divisions de la cellule mère de l'archégone des Mousses s'opèrent exactement comme chez les Hépatiques. Mais ici la cellule operculaire ne demeure pas inactive ; elle s'allonge et forme des segments adventifs et des cellules adventives pour le canal du col. La périphérie ventrale est formée de deux assises dans les Bryacées et Phascacées, de quatre assises dans les Sphaignes. Après la séparation de la cellule operculaire, la cellule interne se divise transversalement en une cellule centrale inférieure et une cellule primaire du canal du col. La cellule centrale se partage ensuite en une cellule inférieure qui produit l'oosphère et une cellule supérieure qui est la cellule ventrale du canal. La série cellulaire axile du col contient de nombreuses cellules de canal, plus de 30 dans l'*Atrichum* ; ces cellules sont d'origine diverse : les inférieures proviennent des divisions de la cellule primaire de canal, les supérieures des cellules adventives issues de la cellule operculaire. Les archégones des Mousses possèdent donc un accroissement terminal, qui manque entièrement dans toutes les autres Cryptogames pourvues d'archégones. (*Trad.*)

dans les diverses sections principales de la classe des Mousses, que le mieux est d'étudier cette structure à l'occasion de chacun de ces groupes en particulier, et cela d'autant plus que cette étude nous fournira immédiatement la caractéristique de chacune de ces grandes divisions naturelles.

Développement du sporogone. — Les différences sont moins grandes, comme on peut s'y attendre, dans les premiers débuts du sporogone. L'oosphère fécondée se revêt tout d'abord d'une membrane de cellulose et, devenue ainsi une oospore, elle grandit notablement, puis se dédouble par une cloison horizontale ou faiblement oblique. Dans le *Bryum argenteum* la cellule supérieure, tournée vers le col de l'archégone, se partage encore une ou deux fois, d'après M. Hofmeister, par des cloisons transversales avant que se forme la première cloison oblique dans la cellule terminale, tandis que dans les *Phascum*, *Funaria*, *Andrœea*, *Fissidens* cette première cloison oblique apparaît déjà dans la supérieure des deux premières cellules formées. La cellule terminale produit ensuite, par des cloisons obliques alternes, deux séries de segments bientôt partagés par des cloisons radiales perpendiculaires que suivent aussitôt de nouvelles et nombreuses divisions, notamment dans le sens transversal. Ainsi le jeune sporogone est devenu un corps multicellulaire, le plus souvent fusiforme, qui continue à s'accroître par son sommet, et à l'allongement duquel l'extrémité inférieure ne contribue pas (fig. 236, *A*). Dans les *Sphagnum* et *Archidium*, cette extrémité inférieure se renfle, comme c'est le cas ordinaire dans les Hépatiques. Plus tard le sommet végétatif du sporogone devient inactif et au-dessous de lui se développe un renflement sphérique, ovoïde, cylindrique, souvent dissymétrique, qui est le futur sporange, et qui n'apparaît dans les Mousses ordinaires qu'après l'allongement du sporogone cylindrique ou fusiforme et le soulèvement de la coiffe (fig. 236, *B*, *C*). Ce renflement est d'abord homogène et sa différenciation ultérieure produit les formes si variées

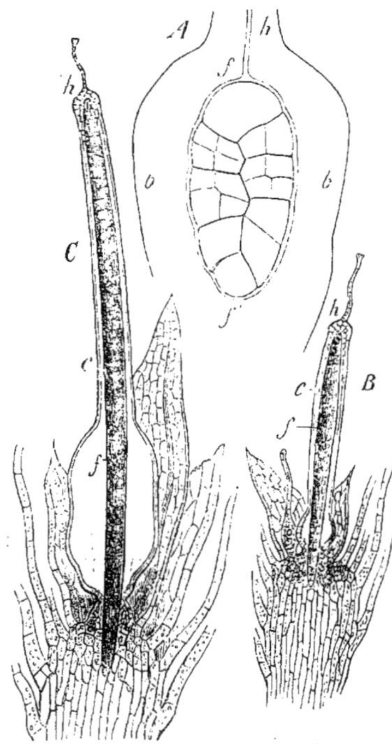

Fig. 236. — *Funaria hygrometrica.* — *A*, début du sporogone *ff* dans le ventre *bb* de l'archégone, coupe longitudinale optique (500). *B*, *C*, divers états du développement ultérieur du sporogone *f* et de la coiffe *c* ; *h*, col de l'archégone (40).

de tissu qui composent l'urne des Mousses, et notamment les cellules mères des spores ; celle-ci s'isolent l'une de l'autre avant la formation des spores et produisent ensuite chacune 4 spores par division de leur protoplasma.

On aperçoit d'abord dans le contenu de la cellule mère une bipartition, mais le plus souvent cette bipartition n'est pas encore achevée que la division en quatre est déjà produite. A l'intérieur d'une même capsule, les divers temps de la formation des spores sont toujours simultanés. Entièrement mûres, les spores sont arrondies ou tétraédriques, entourées d'une exospore mince, finement granuleuse et colorée en jaune, en brun, ou en pourpre. Outre le protoplasma, elles contiennent de la chlorophylle et de l'huile. Leur diamètre atteint, dans l'*Archidium* où il ne s'en forme que 16 dans une capsule, environ 1/5 de millimètre ; dans les *Dawsonia*, dont l'organisation est très-perfectionnée, elle ne dépasse pas 1/200 de millimètre, d'après M. Schimper. Desséchées, elles conservent souvent pendant longtemps leur faculté germinative ; à l'humidité elles germent d'ordinaire après peu de jours, mais celles des *Sphagnum* exigent 2 à 3 mois.

Le temps nécessaire au développement complet du sporogone varie beaucoup suivant les espèces, mais il est le plus souvent très-long, vu la petitesse du corps dont il s'agit. Les Pottiées fleurissent en été et mûrissent leurs spores en hiver ; les Funariées fleurissent continuellement et ont continuellement des sporogones à tous les états du développement qui, pour être complet, exige probablement 1 à 2 mois. Le *Phascum cuspidatum* se développe à l'automne sur son protonéma souterrain et vivace, et mûrit ses spores en quelques semaines avant l'hiver. Au contraire, les *Hypnum* des marais (*H. giganteum, cordifolium, cuspidatum, nitens*, etc.) fleurissent en août et septembre, et mûrissent leurs spores au mois de juin de l'année suivante ; ils exigent donc souvent 10 mois pour développer leurs sporogones. L'*Hypnum cupressiforme* possède à la fois en automne des fleurs et des spores mûres et exige une année entière ; certains *Bryum* et *Philonotis*, ainsi que plusieurs *Polytrichum*, fleurissant en mai et juin, exigent un temps tout aussi long (Klinggräff, Bot. Zeitung, 1860, p. 344).

Classification des mousses. — La classe des Mousses se partage naturellement en quatre ordres de même valeur, ainsi dénommés :

1. Sphagnacées,
2. Andræeacées,
3. Phascacées,
4. Bryacées ou vraies Mousses.

Le premier ordre ne renferme que le seul genre *Sphagnum*, le second et le troisième ne contiennent que quelques genres, le quatrième embrasse toutes les autres Mousses, c'est-à-dire un nombre de genres extrêmement considérable. Les trois premiers groupes rappellent à certains égards les Hépatiques, et la série des vraies Mousses elles-mêmes commence par quelques genres qui ont encore une certaine analogie avec les plantes de cette classe. Les formes inférieures des quatre ordres présentent maintes ressemblances qu'on ne retrouve pas dans les types supérieurs ; ce sont donc quatre séries divergentes.

1. Sphagnacées (1). — Les Sphagnacées ne renferment que le seul genre *Sphagnum*.

Quand elles germent dans l'eau, les spores des *Sphagnum* développent un

(1) W. P. Schimper : Versuch einer Entwickelungsgeschichte der Torfmoose. Stuttgart, 18 avec de nombreuses et belles planches).

protonéma ramifié, sur les filaments duquel les bourgeons feuillés se développent immédiatement (fig. 237, *C*). Sur un support solide, au contraire, le court protonéma issu de la spore forme d'abord un proembryon lamellaire ramifié (fig. 238), sur lequel les bourgeons feuillés se développent plus tard comme dans les *Tetraphis*. Les tiges feuillées ne produisent de poils radicaux que dans leur jeune âge ; l'abondante formation de protonéma qui caractérise les vraies Mousses manque ici absolument.

La tige développée produit latéralement, à côté de chaque quatrième feuille, une branche qui, dès son premier âge, se ramifie à plusieurs reprises ; il se forme ainsi des faisceaux de branches régulièrement disposés, qui, rapprochés au sommet de la tige, s'écartent de plus en plus à mesure qu'on descend. Mais ces diverses branches se développent de manières différentes. Chaque année, après la maturité des fruits, il s'en forme une au-dessous du sommet, qui, s'accroissant aussi puissamment que la tige, s'élève à côté de

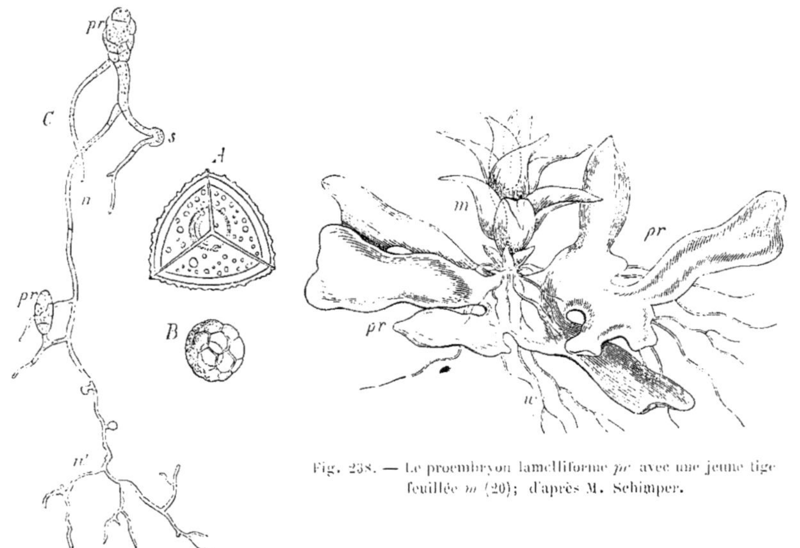

Fig. 238. — Le proembryon lamelliforme *pr* avec une jeune tige feuillée *m* (20); d'après M. Schimper.

Fig. 237. — *Sphagnum acutifolium*, d'après M. Schimper. — *A*, une grande spore, vue d'en haut. — *B*, une petite spore. — *C*, un protonéma *nn'* issu de la spore *s*; on voit en *pr* les débuts des jeunes plantes.

son prolongement, de sorte que l'axe présente chaque année une fausse dichotomie. La tige subissant de bas en haut une destruction progressive, ces branches sont plus tard isolées et constituées à l'état de plantes indépendantes. Parmi les branches fasciculées, au contraire, quelques-unes se penchent vers le bas, s'allongent, s'amincissent, se terminent en pointes fines et se rabattent étroitement contre la tige principale en l'enveloppant de toutes parts ; d'autres branches de chaque buisson se dirigent vers le haut, et d'autres en dehors (fig. 239).

Les feuilles, insérées sur la tige et les branches par une large base et le plus souvent suivant la divergence 2/5, ont la forme d'une languette dépourvue de nervure et sont, à l'exception des premières nées sur la jeune tige, composées de deux espèces de cellules régulièrement disposées. A l'origine, il va de soi que toutes les cellules du tissu de la feuille sont semblables, mais par la suite du développement elles se différencient en grandes et larges cellules en forme de losanges allongés, et en cellules étroites, tubuleuses, qui cheminent entre les premières, les limitent, et sont reliées ensemble en réseau et comme étranglées entre les premières. Les grandes cellules perdent bientôt tout leur contenu et paraissent alors incolores ; leurs parois sont munies de rubans spiralés étroits, irréguliers et lâchement enroulés, et de grandes ponctuations bordées chacune par un anneau d'épaississement et dans toute l'étendue desquelles la membrane cellulaire est bientôt résorbée; il en résulte de grands trous, le plus souvent circulaires, dans la membrane de ces cellules incolores. Les cellules étroites situées entre les premières conservent au contraire leur contenu, forment des grains de chlorophylle et constituent ainsi le tissu nutritif de la feuille, tissu dont la surface totale est néanmoins plus faible que celle du tissu incolore et inactif (fig. 240).

L'axe est formé de trois couches de tissu dont la plus interne forme un cylindre axile de cellules parenchymateuses allongées, incolores, à parois minces. Ce cylindre est enveloppé par une couche de cellules prosenchymateuses à parois épaisses, ponctuées, colorées en brun, solides et peut-être lignifiées.

Fig. 239. — *Sphagnum acutifolium*, d'après M. Schimper. — Portion terminale d'une tige : *a*, les branches mâles; *b*, les feuilles de la tige principale ; *ch*, rameaux périchéziens avec des sporogones âgés mais encore inclus (grossi 5 à 6 fois).

Enfin le tissu tégumentaire de l'axe possède 1 à 4 assises de cellules très-larges, à parois minces, vides, qui dans le *Sphagnum cymbifolium* sont munies de rubans spiralés et de trous circulaires comme les grandes cellules des feuilles (voir fig. 70, p. 110). Ces cellules incolores, tant des feuilles que de la couche tégumentaire de la tige et des branches, constituent tout autour de la plante un appareil capillaire, à travers lequel l'eau du marécage où elle vit est soulevée progressivement et amenée jusqu'aux parties terminales émergées. Et c'est pour cela que les Sphaignes, qui s'accroissent constamment vers le haut, demeurent néanmoins imbibées comme des éponges jusque dans leurs sommets, même lorsque le gazon qu'elles constituent s'est déjà élevé beaucoup au-dessus du niveau de l'eau du marécage.

Les archégones et les anthéridies naissent sur les branches fasciculées, aussi longtemps que celles-ci sont encore rapprochées du sommet de la tige principale et accumulées en tête terminale. C'est le plus souvent en automne et en hiver que la plante fleurit, sans être cependant exclusivement limitée à ces époques. Anthéridies et archégones sont toujours distribués sur des branches différentes, quelquefois sur des pieds différents, et dans ce cas les pieds mâles et les pieds femelles forment de grandes touffes gazonnantes entièrement séparées. Si le temps est sec, la tige principale ne subit aucun allongement ultérieur pendant le développement des sporogones, et l'on trouve plus tard ces derniers encore insérés sur les têtes terminales ; mais si l'humidité est suffisante, la tige s'allonge fortement, les branches fertiles s'écartent l'une de l'autre, paraissent s'abaisser sur la tige, et par conséquent les sporo-

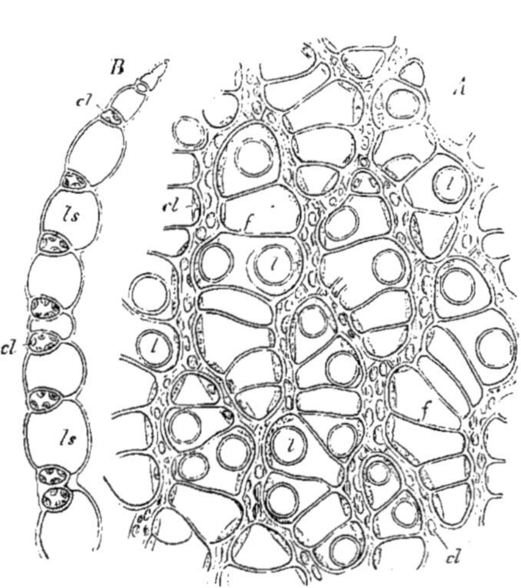

Fig. 240. — *Sphagnum acutifolium*. — A, une portion de la surface de la feuille vue d'en haut : *cl*, cellules tubuliformes à chlorophylle; *f*, les rubans spiralés ; *l*, les trous des grandes cellules vides. — B, section transversale de la feuille : *cl*, cellules à chlorophylle; *ls*, grandes cellules vides.

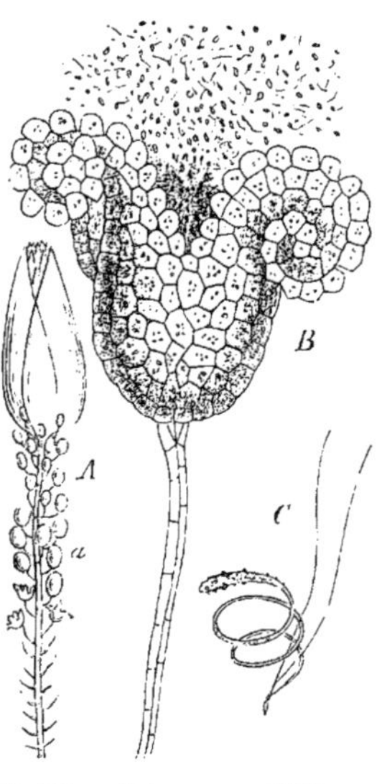

Fig. 241. — *Sphagnum acutifolium*.—A, une branche mâle en partie dépouillée de ses feuilles pour laisser voir les anthéridies *a*. — B, une anthéridie ouverte très-fortement grossie. — C, anthérozoïde en libre mouvement. D'après M. Schimper.

gones et les anthéridies âgées se trouveront éloignés du sommet bien qu'ils en soient très-rapprochés au moment de la floraison.

Les branches anthéridifères se distinguent ordinairement au premier coup d'œil par leurs feuilles étroitement serrées et disposées en belles orthostiques ou en parastiques spiralées, imbriquées à la manière des tuiles d'un toit, souvent colorées en jaune, en beau rouge ou en vert très-foncé; elles sont donc faciles à reconnaître (fig. 239, *a, a*). Sur le rameau développé, les anthéridies sont situées *à côté* des feuilles. Comme elles ne sont jamais terminales et qu'elles n'occupent que la région médiane du rameau mâle, une à côté de chaque feuille, ce rameau peut s'accroître plus tard à son sommet et devenir un rameau flagelliforme ordinaire. Déjà par cette position des anthéridies, et plus encore par leur forme arrondie et leur long pédicelle, les Sphaignes ressemblent à certaines Jungermanniées. La manière dont ces organes s'ouvrent (fig. 241) rappelle aussi les Hépatiques beaucoup plus que les Mousses.

Les archégones naissent à l'extrémité obtuse du rameau femelle, dont les feuilles supérieures constituent autour d'eux une enveloppe en forme de bourgeon. En dedans de ces feuilles on voit encore, au moment de la fécondation, de jeunes feuilles formant un périchèze et qui se développent davantage plus tard. Ces archégones ressemblent complétement d'ailleurs à ceux des autres Mousses; le plus souvent plusieurs d'entre eux sont fécondés à l'intérieur d'un même périchèze, mais un seul amène à bien son sporogone.

Le développement du sporogone s'opère à l'intérieur du périchèze; ce n'est que lorsqu'il est accompli, que le sommet de la branche s'allonge fortement en un long réceptacle nu en soulevant beaucoup au-dessus du périchèze le sporogone toujours contenu dans sa coiffe. Ce réceptacle, appelé aussi *pseudopode*, ne doit donc en aucune façon être confondu avec le pédicelle ordinaire, ou soie, qui supporte le sporange des autres Mousses. La figure 242 *B* montre en coupe longitudinale un sporogone presque mûr, à l'intérieur de sa coiffe. Sa partie inférieure forme un large pied qui est implanté dans le sommet du pseudopode creusé en vaginule. C'est une assise de cellules en forme de calotte hémisphérique, située au-dessous du sommet de la capsule sphérique, qui se consacre à former les cellules-mères des spores. Toute la partie du tissu intérieur située au-dessous de cette calotte constitue une colonne hémisphérique, que l'on appelle ici aussi columelle, bien qu'elle diffère de la columelle des vraies Mousses en ce qu'elle ne se prolonge pas jusqu'au sommet de la capsule.

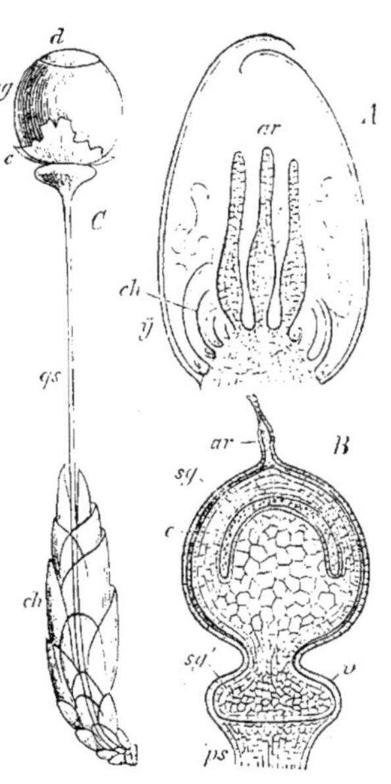

Fig. 242. — *Sphagnum acutifolium.* — *A,* section longitudinale de la fleur femelle: *ar*, archégones; *ch*, feuilles du périchèze encore jeunes; *y*, les dernières feuilles de ce qu'on appelle le *périgyne.* — *B*, section longitudinale du sporogone *sy*, dont le large pied *sy'* est enfoncé dans la vaginule *v*, pendant que la capsule est entourée par la coiffe *c*, sur laquelle se voit le col de l'archégone *ar*; *ps*, le pseudopode. — *C*, *Sphagnum squarrosum*: sporogone mûr *sy* avec son opercule *d* et sa coiffe déchirée *c*: *qs*, le pseudopode allongé s'accroissant hors du périchèze *ch*. D'après M. Schimper.

La formation des spores dans leurs cellules mères a lieu comme dans les vraies Mousses. Toutefois, outre les spores ordinaires et assez grandes des sporogones normaux, il se forme encore ici, dans d'autres sporogones particuliers et plus petits, des spores plus petites qui doivent leur production à une division multiple des cellules mères (voir fig. 237, *B*). La capsule sporifère s'ouvre par la disjonction d'un couvercle formé par le segment supérieur de la sphère, lequel se distingue parfois du reste de la surface par sa plus forte convexité. La coiffe, qui enveloppe étroitement le sporogone d'une fine membrane pendant tout son développement, est finalement déchirée irrégulièrement.

2. **Andræéacées** (1). — Les Andræéacées sont de petites Mousses gazonnantes, abondamment feuillées et ramifiées, dont la capsule, très-courtement pédicellée, comme celle des *Sphagnum*, est emportée sur un pseudopode aphylle au-dessus du périchèze. La capsule allongée et terminée en pointe vers le haut soulève la coiffe pointue et l'entraîne à son sommet, comme dans les vraies Mousses, tandis que le court pédicelle demeure caché dans la vaginule.

Le corps du jeune sporogone se divise en un tissu pariétal, formé de plusieurs assises, lequel entoure directement, sans intervalles vides, l'unique assise sporigène, et en une masse centrale stérile qui est la columelle. Comme dans les Sphaignes, l'assise des cellules mères des spores forme une cloche convexe vers le haut, au-dessous de laquelle la columelle se termine. La capsule mûre ne s'ouvre pas transversalement par un opercule, mais bien latéralement par quatre fentes longitudinales, en formant quatre valves réunies au sommet et à la base, qui se referment quand le temps est humide, qui s'ouvrent quand il est sec.

3. **Phascacées.** — Les Phascacées sont de petites Mousses dont les courtes tiges demeurent insérées directement sur le protonéma jusqu'à la maturité des spores. On peut les considérer comme l'état le plus dégradé du groupe suivant, vers lequel le genre *Phascum* établit une transition. Elles s'en distinguent toutes cependant par ce caractère, que leur capsule sporifère ne s'ouvre pas par un opercule, mais est indéhiscente et ne laisse échapper ses spores que quand elle est détruite par la putréfaction.

Tandis que, chez les *Phascum* et *Ephemerum* (2), la différenciation intérieure de la capsule sporifère s'établit essentiellement de la même façon que chez les vraies Mousses, quoiqu'avec plus de simplicité, les *Archidium* présentent sous ce rapport une différence marquée, et constituent un type de transition qu'il est intéressant d'étudier de plus près (3).

Le très-court pédicelle du sporogone s'y renfle comme dans les Sphaignes et les Hépatiques. La capsule arrondie déchire latéralement la coiffe sans la soulever à son sommet. L'*Archidium* ressemble aux vraies Mousses par la production dans la capsule d'un grand espace intercellulaire parallèle à la face latérale et qui sépare le tissu intérieur d'avec la paroi; le premier paraît alors être une colonne qui se prolonge à la base et au sommet avec la paroi de la capsule. Mais tandis que dans les vraies Mousses c'est une assise cellulaire de cette colonne, parallèle à l'espace intercellulaire, qui produit les cellules mères des spores, ici c'est une cellule unique, située excentriquement dans

(1) J. Kühn : zur Entwickelungsgeschichte der Andræeaceen. Leipzig, 1870.

(2) J. Müller : Jahrbücher f. wiss. Botanik. 1867, VI, p. 237.

(3) Hofmeister : Bericht der K. Sächs. Gesells. der Wiss. 1851, 22 avril.

le tissu intérieur, qui devient la cellule mère de toutes les spores (fig. 243, A).
Elle se renfle notablement, à cet effet, et résorbe ses voisines jusqu'à ce qu'elle
soit devenue libre dans la lacune; alors elle se partage en quatre cellules dont
chacune à son tour produit quatre spores. La membrane de la cellule mère primitive persiste pendant que les seize spores s'accroissent et remplissent toute la
cavité de la capsule, dont l'assise pariétale interne est également résorbée
(fig. 244).

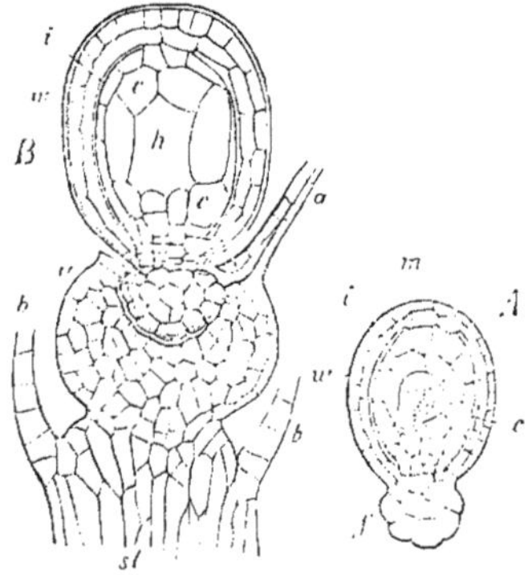

Fig. 243. — *Archidium phascoides.*—A, section longitudinale du jeune
sporogone montrant l'unique cellule mère des spores *m.*— *B*, section
longitudinale du jeune sporogone, y compris la coiffe et la vaginule; *w*, paroi de la capsule; *i*, l'espace intercellulaire; *c*, la columelle; *h*, cavité d'où la cellule mère des spores est tombée;
r, vaginule; *st*, tige; *b*, feuilles; *a*, col de l'archégone (200). D'a-
près M. Hofmeister.

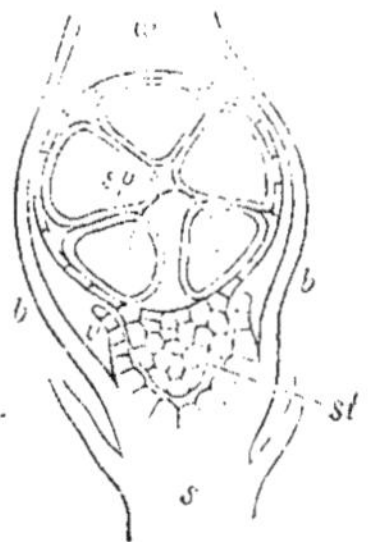

Fig. 244. — *Archidium phascoides.* — Section longitudinale à travers un sporogone
presque mûr : *w*, sa paroi;
sp, ses spores; *r*, la vaginule;
b, feuilles de la tige; *s* 100.
D'après M. Hofmeister.

4. Bryacées ou vraies Mousses. — Dans les vraies Mousses ou Bryacées,
le sporogone est toujours et le plus souvent longuement pédicellé. Le pédicelle,
ou soie, est cylindrique, terminé en bas par une pointe obtuse encastrée dans
la vaginule. La capsule sporifère s'ouvre toujours transversalement en rejetant
sa partie supérieure comme un couvercle, ou un *opercule*. A cet effet, ou bien
l'opercule se détache simplement de la région inférieure de la capsule, appelée l'*urne*, ou bien c'est une couche annulaire de cellules qui, par le gonflement de leurs parois internes, se trouve rejetée en formant ce que l'on appelle
l'*anneau*, ce qui sépare le couvercle de l'urne (fig. 245). Ordinairement le bord
de l'urne, après la chute du couvercle, se montre pourvu d'une ou de deux
séries d'appendices de forme très-régulière et très-délicate; ces appendices
eux-mêmes sont appelés *dents* ou *cils* et leur ensemble porte le nom de
péristome; si le péristome manque, on dit que l'urne est *gymnostome* (fig. 246).

Développement de la capsule et des spores. — La capsule du sporogone est à l'o-
rigine une masse de tissu solide et homogène. La différenciation interne y commence par la formation d'une lacune annulaire, qui rejette en dehors la paroi de
la capsule formée de plusieurs assises de cellules; cette paroi demeure cependant en continuité avec la base et le sommet de la columelle. L'espace inter-

cellulaire est traversé par des séries de cellules tendues entre la paroi et le tissu intérieur, qui ressemblent à des filaments de protonéma ou d'Algues, mais qui sont simplement issues de la différenciation du tissu de la capsule, et qui renferment des grains de chlorophylle comme les assises cellulaires internes de la paroi. L'assise externe de la capsule se développe en un épiderme nettement caractérisé et fortement cuticularisé en dehors (fig. 245).

C'est la troisième ou quatrième assise cellulaire du tissu intérieur, séparée par conséquent de la lacune annulaire par deux ou trois assises de cellules (formant plus tard le sac sporifère), qui fournit les cellules mères des spores. Les cellules de cette assise se distinguent tout d'abord par leur protoplasma plus dense où l'on aperçoit un grand noyau central, et sont reliées au paren-

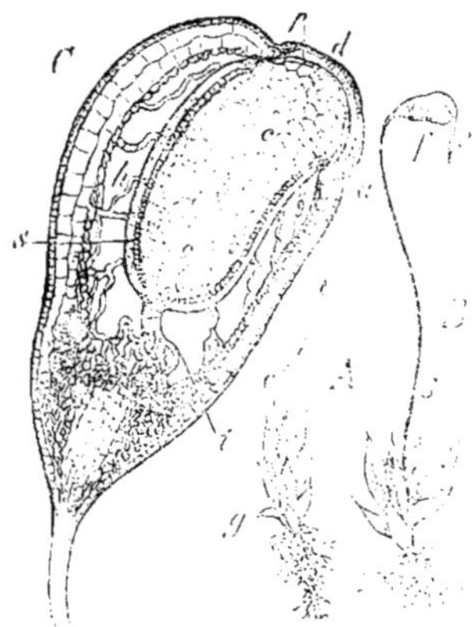

Fig. 245. — *Funaria hygrometrica*. — A, une jeune tige feuillée avec la coiffe c. — B, une plante g munie d'un sporogone presque mûr avec son pédicelle s, sa capsule f, sa coiffe c. — C, section longitudinale à travers la capsule suivant son plan de symétrie : d, opercule ; a, anneau ; p, péristome ; ce', columelle ; h, lacune aérifère ; s, cellules mères des spores.

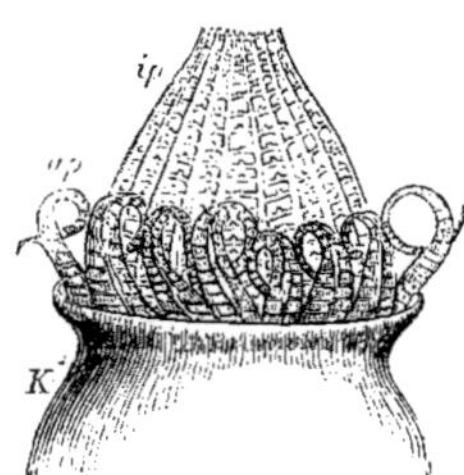

Fig. 246. — Ouverture de l'urne du *Fontinalis antipyretica* (50), d'après M. Schimper : ap, péristome externe ; ip, péristome interne.

chyme qui les entoure sans laisser de méats. De la division de ces cellules, procèdent les cellules mères des spores, qui s'isolent bientôt par la liquéfaction de leurs parois et nagent dans l'espace rempli de liquide limité par le sac sporifère, jusqu'à ce que, se divisant à leur tour en quatre, elles produisent les spores elles-mêmes (fig. 247, 248, 249). On appelle *sac sporifère* les assises cellulaires qui séparent les cellules mères des spores d'avec la lacune annulaire externe ; il paraît convenable de comprendre aussi sous ce nom les assises cellulaires qui tapissent la cavité sporifère vers l'intérieur (fig. 247 ; i) ; sur les deux faces, les cellules de ce sac renferment des grains de chlorophylle pourvus de grains d'amidon. Le tissu interne, dont les larges cellules sont pauvres en chlorophylle et qui est enveloppé par le sac sporifère, sera désigné sous le nom de *columelle*. Par la chute de l'opercule, le sac sporifère se trouve déchiré, tandis que la columelle subsiste et se dessèche. Dans les *Polytrichum*, on aperçoit, en outre, une assise cellulaire horizontale soudée avec les pointes des dents du péristome et qui recouvre toute l'ouverture; on lui donne le nom d'*épiphragme*.

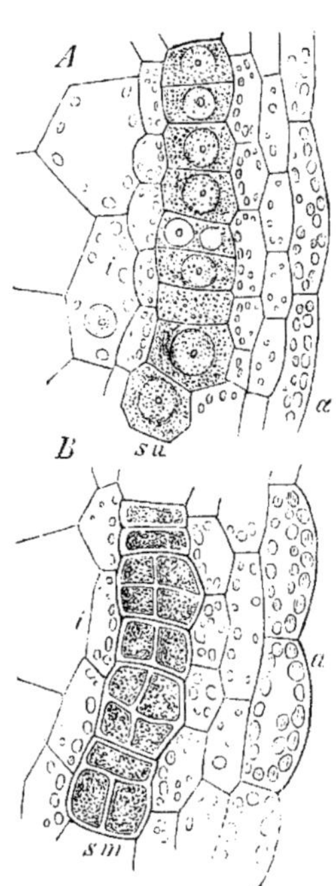

Fig. 247.— *Funaria hygrometrica.*— Sections transversales à travers le sac sporifère : en *A*, on voit les cellules mères primordiales *su*; en *B*, les cellules mères des spores *sm* : *a*, côté extérieur; *i*, côté intérieur du sac sporifère (350).

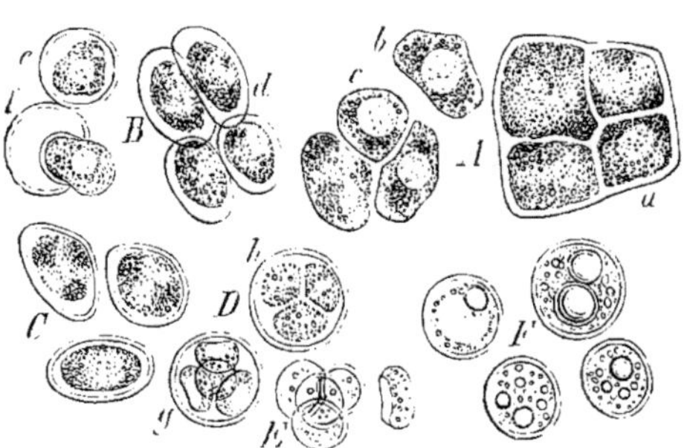

Fig. 248. — Développement des spores du *Funaria hygrometrica*, observé dans de la glycérine très-étendue. — *A*, cellules mères, encore réunies en *a*, commençant à s'isoler en *b* et *c*. — *B*, cellules mères isolées et revêtues de cellulose, expulsant en *f* leur corps protoplasmique. — *C*, cellules mères se préparant nettement à diviser leur contenu. — *D*, le contenu s'est divisé en quatre pelotes protoplasmiques, encore enveloppées par la membrane de la cellule mère, mais elles-mêmes encore nues. — *E*, les spores enveloppées de cellulose. — *F*, spores mûres (350).

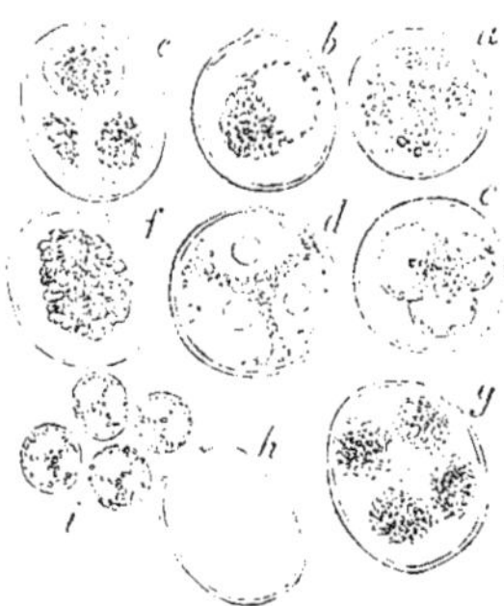

Fig. 249. — Phases successives de la division des cellules mères, observées dans l'eau; les lettres *a-i* indiquent l'ordre de succession des états.

Développement du péristome. — Aux caractères de structure que nous venons de signaler, il convient maintenant d'ajouter quelque chose au sujet du développement du péristome. Dans les genres qui, comme les *Gymnostomum*, sont dépourvus de péristome, le parenchyme qui remplit l'intérieur de l'opercule est homogène et à parois minces; à la maturité de la capsule, il se contracte en se desséchant à la base de l'opercule, qui n'est formé essentiellement que par l'épiderme, ou bien encore il demeure uni à la columelle et forme un épaississement à son sommet qui proémine au-dessus de l'ouverture de l'urne, ou bien enfin il forme une sorte de diaphragme qui ferme cette ouverture après la chute du couvercle (*Hymenostomum*). La transition vers les genres pourvus d'un véritable péristome s'établit par les *Tetraphis*. Ici l'épiderme solide qui couvre la partie supérieure de la capsule se détache et forme l'opercule, tandis que tout le tissu contenu dans son intérieur, et dont les deux assises externes ont leurs parois épaissies, se fend en croix en quatre valves; ces quatre valves sont désignées ici aussi sous le nom de péristome par les descripteurs, quoique leur mode de production et leur structure les éloignent beaucoup des vrais péristomes de tous les autres genres.

A l'exception des Polytrichacées, ni les dents ni les cils du péristome ne consistent en effet en tissu cellulaire, mais seulement en portions de membranes épaissies et durcies, ayant appartenu à une assise cellulaire séparée, par quelques rangées de cellules à minces parois, de l'épiderme caduc qui constitue l'opercule. Pendant que ces rangées de cellules et les places minces de la première assise se déchirent et sont résorbées, les fragments épaissis subsistent après la chute de l'opercule et constituent le péristome. Un exemple rendra ceci plus clair.

La figure 250 représente une portion de la section longitudinale qui partage la capsule du *Funaria hygrometrica* en deux moitiés symétriques, portion correspondante à la région marquée *a* dans la figure 245, *C. ee*, est l'épiderme fortement épaissi et coloré en rouge brun sur la face externe; à l'endroit où il se replie en dedans, ses cellules ont une conformation particulière et forment l'anneau. *se* est le tissu compris entre l'épiderme de l'urne et la lacune aérifère *h;* le tissu à larges cellules *p* est le prolongement de la columelle à l'intérieur de l'opercule et l'on voit en *S* les dernières cellules mères des spores. Directement au-dessus de la lacune aérifère *h*, s'élève maintenant l'assise de cellules qui forme le péristome. Les parois tournées vers l'extérieur *a* sont fortement épaissies, colorées en beau rouge, et l'épaississement se continue partiellement encore sur les cloisons transverses; les parois longitudinales de cette même assise (*i*) tournées du côté de l'axe sont également colorées, mais moins épaissies. — La figure 251 représente en outre une portion de la coupe transversale à travers la région basilaire de l'opercule. *r, r*, sont les cellules épidermiques situées immédiatement au-dessus de l'anneau et formant le bord inférieur de l'opercule; *a* et *i* sont les places épaissies de l'assise cellulaire concentrique à l'opercule qui forme le péristome. Une section près du sommet de l'opercule, au lieu des larges épaississements *i, i', i''*, ne montrerait que la partie médiane de la paroi interne, mais plus fortement épaissie. — Si l'on se représente maintenant que, à la maturité de la capsule, l'anneau et le couvercle tombent, que les cellules *p* et les cellules situées entre *a* et *e* (*fig.* 250) se résorbent, que les portions minces des parois cellulaires situées entre *a, a', a''* et entre *i, i', i''*, dans la figure 251, sont également détruites, il ne reste plus de tout cela que les portions de parois épaissies et rouges, formant 16 paires de lobes pointus en haut, qui couronnent le bord de l'urne en deux cercles concentriques; les lobes externes sont les dents, les internes les cils du péristome. Les cellules épaissies *t* (fig. 250) relient la base des dents au bord de l'urne.

Suivant donc que l'assise cellulaire produisant le péristome aura, en section transversale, plus ou moins de cellules constitutives, et suivant que à l'inté-

rieur de chacune de ces cellules il se formera une ou deux places épaissies,
le nombre des dents et des cils du péristome sera différent ; mais ce nombre est

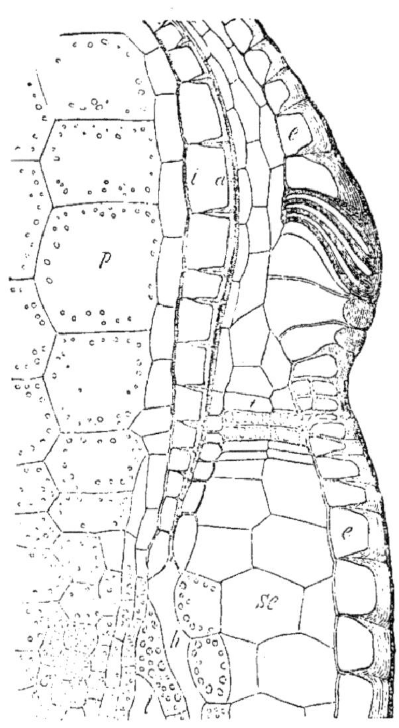

Fig. 250. — *Funaria hygrometrica*. — Portion de la
section longitudinale de la capsule non mûre.

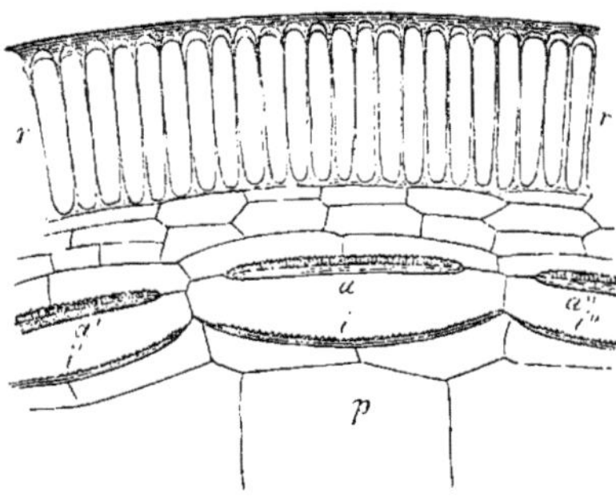

Fig. 251. — Portion de la section transversale à
travers l'opercule du *Funaria hygrometrica*
(voir le texte).

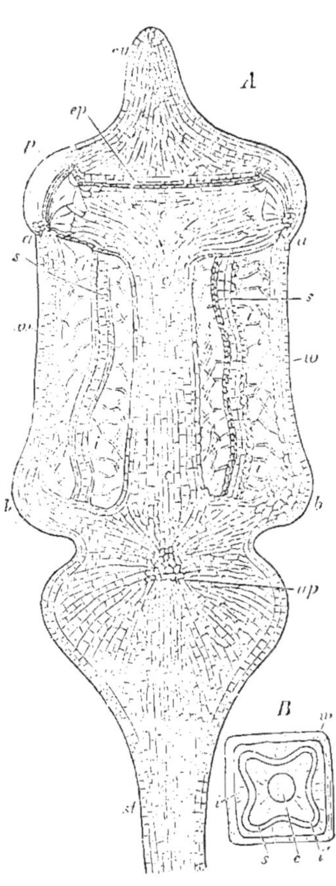

Fig. 252. — A, section longitudinale de la
capsule du *Polytrichum piliferum*, d'après
M. Lantzius-Beninga, grossie 15 fois.—B, section transversale grossie environ 5 fois ; *w*,
paroi de la capsule ; *cu*, opercule ; *ce*, columelle ; *p*, péristome ; *ep*, épiphragme ; *aa*,
anneau ; *i,i*, lacunes aérifères traversées par
des filaments cellulaires confervoïdes ; *s*, sac
sporifère contenant les cellules mères primordiales ; *st*, pédicelle dont la partie supérieure
est renflée en apophyse *ap*.

toujours un multiple de 4, habituellement 16 ou 32. Souvent l'épaississement
ne s'opère pas en *i* ; le péristome est alors simple, composé uniquement des

dents de la rangée externe. Souvent les épaississements *a* sont beaucoup plus puissants que dans le *Funaria*, et par conséquent les dents plus épaisses. Les portions épaissies des parois peuvent aussi se fusionner latéralement entre elles totalement ou en partie ; alors les diverses parties du péristome forment soit en haut, soit en bas, une membrane. Ailleurs les dents paraissent fendues en haut, ou bien l'endostome au lieu de cils est constitué par un réseau de bandes longitudinales et transversales (fig. 246), et autres variations de même ordre. Il intervient ici une diversité que l'élève suivra facilement, quand il aura clairement compris le principe d'où dérivent toutes ces modifications.

Les faces intérieure et extérieure des dents du péristome sont hygroscopiques à des degrés inégaux ; aussi, par les changements de l'humidité de l'air, s'enroulent-elles tantôt vers l'intérieur, tantôt vers l'extérieur, parfois même en spirale les unes autour des autres comme dans les *Barbula*.

Les *Polytrichum*, qui comprennent les Mousses les plus grandes et les plus parfaites, diffèrent à plusieurs égards des types ordinaires par la structure de leur capsule. Les dents du péristome sont formées ici, non plus seulement par des fragments isolés de membranes, mais par des faisceaux de cellules fibreuses épaissies. Ces faisceaux sont en forme de fer à cheval, et les branches, dirigées vers le haut, de deux faisceaux voisins forment ensemble une des 32 ou 64 dents du péristome. Une assise cellulaire *ep* réunissant toutes les pointes des dents (fig. 252) demeure, après la chute du péristome et la dessiccation des cellules voisines, tendue au-dessus de l'urne comme un épiphragme. Dans certaines espèces, comme le *P. piliferum*, le sac sporifère est séparé de la columelle par une lacune aérifère traversée, comme la lacune extérieure, par des séries cellulaires confervoïdes. La plupart des Polytrics ont le pédicelle renflé sous la capsule, phénomène qui se retrouve d'une manière un peu différente dans les *Splachnum*, où le renflement se dilate parfois en forme de disque transversal.

QUATRIÈME GROUPE

LES CRYPTOGAMES VASCULAIRES

Sous le nom de Cryptogames vasculaires, nous comprenons dans un seul et même groupe les Fougères, les Prêles, les Ophioglossées, les Rhizocarpées et les Lycopodiacées.

Alternance des générations. — Comme dans les Muscinées, la série du développement s'y partage en deux générations, très-différentes aux points de vue morphologique et physiologique. De la spore procède en effet, directement et tout d'abord, une génération sexuée; en second lieu, l'archégone fécondé, issu de cette génération sexuée, produit une nouvelle plante qui ne porte pas d'organes sexués, mais engendre d'innombrables spores. Dans les Fougères, les Prêles, les Ophioglossées et certaines Lycopodiacées, ces spores sont toutes semblables et d'une seule espèce; les Rhizocarpées et les autres Lycopodiacées produisent au contraire des spores de deux espèces, de grandes spores et de petites spores, des *macrospores* et des *microspores*.

La génération sexuée issue de la spore des Cryptogames vasculaires est toujours un thalle; elle ne s'élève jamais, comme dans les Muscinées supérieures, jusqu'à acquérir une tige et des feuilles, elle demeure petite et délicate, et périt dès que commence à se développer sur elle la seconde génération. Elle n'apparaît donc à l'extérieur que comme un simple précurseur du développement ultérieur, comme une forme de transition entre la spore germante et l'appareil végétatif très-développé de la seconde génération; d'où le nom de *prothalle*, par lequel on désigne cette première génération sexuée des Cryptogames vasculaires.

Génération sexuée. — Prothalle. — Si l'on considère maintenant, dans l'ordre où elles sont énumérées plus haut, les cinq classes constitutives de ce groupe, on remarque, et c'est un fait important pour l'intelligence du groupe suivant, que des Fougères aux Lycopodiacées le prothalle présente un développement de plus en plus simple, une organisation de plus en plus dégradée.

Dans les Fougères et les Prêles, en effet, le prothalle ressemble au thalle des Hépatiques les plus inférieures. Il continue à s'accroître pendant un temps assez long, renferme beaucoup de chlorophylle et porte de nombreux poils radicaux. Devenu, par cette nutrition indépendante, suffisamment vigoureux, il produit, le plus souvent en grand nombre, les archégones et les anthéridies. En outre, bien que les prothalles soient tous issus de spores semblables, il s'y manifeste déjà une tendance à la diœcie; quoiqu'il ne soit pas rare de voir les deux organes sexués se développer sur un seul et même prothalle.

Dans les Rhizocarpées et certaines Lycopodiacées, au contraire, cette séparation des sexes est déjà marquée à l'avance dans la double nature des spores. Les macrospores, en effet, sont femelles, puisqu'elles produisent en germant un petit prothalle qui ne porte que des archégones et parfois même un seul archégone. Le prothalle femelle des Rhizocarpées se montre comme un petit appendice de la grande spore, d'abord compris dans son intérieur, mais se développant plus tard en dehors, et il est nourri par cette spore. Dans les *Selaginella* et *Isoetes*, qui appartiennent aux Lycopodiacées, le prothalle se développe au contraire à l'intérieur même de la spore, qui se remplit d'une masse compacte de tissu, et les archégones seuls viennent au jour à travers une fente de la membrane de la spore. Les microspores de ces deux classes produisent les anthérozoïdes, après s'être remplies au préalable d'un tissu cellulaire que l'on doit regarder comme un prothalle rudimentaire.

Archégones et oosphères. — Les archégones des Cryptogames vasculaires sont, comme ceux des Muscinées, des corps formés d'une partie ventrale enveloppant une oosphère et d'un col le plus souvent court, composé de quatre séries de cellules. Il y a toutefois entre les deux groupes cette différence, que la paroi du ventre de l'archégone est formée ici par le tissu du prothalle lui-même, de sorte que l'archégone est plongé à sa base dans le prothalle et que son col seul en dépasse la surface.

Le col et la cellule centrale de l'archégone procèdent d'une cellule superficielle du prothalle. Le corps protoplasmique de la cellule centrale se divise ici aussi en deux parties inégales; la partie inférieure, plus grande, se rajeunit et se transforme en une oosphère nue, pendant que la partie supérieure, plus petite, s'insinue entre les séries de cellules du col et se convertit en mucilage, après avoir produit, d'après les observations de M. Strasburger sur les Fougères, une rangée axile de cellules. Le mucilage ainsi formé dans le canal se gonfle enfin notablement, dissocie les quatre cellules terminales du col et est expulsé au dehors. Ainsi se trouve creusé un canal ouvert, communiquant de l'extérieur jusqu'à l'oosphère. Quant au mucilage expulsé, il paraît jouer un rôle important pour conduire les anthérozoïdes en voie de natation jusque vers l'ouverture du col.

La fécondation s'opère partout par l'intermédiaire de l'eau, dont l'accès détermine l'ouverture des archégones et des anthéridies, et qui sert de véhicule aux anthérozoïdes. On a observé directement, dans diverses classes de ce groupe, la marche des anthérozoïdes dans le col de l'archégone jusqu'à l'oosphère et leur pénétration dans cette oosphère, au protoplasma de laquelle ils viennent mêler et confondre leur propre substance.

Anthéridies et anthérozoïdes. — Les anthérozoïdes des Cryptogames vasculaires sont, comme ceux des Muscinées, des filaments enroulés en spirale, mais ces fils spiralés sont pourvus ici, sur leurs premiers tours, de nombreux cils vibratiles. Ils procèdent, dans tous les cas connus jusqu'ici, de la partie périphérique du protoplasma de leur petite cellule mère, dont la partie centrale subsiste sous forme d'une vésicule protoplasmique contenant des grains d'amidon. Cette masse protoplasmique, qui adhère au dernier tour de spire de l'anthérozoïde, est souvent entraînée par lui dans ses mouvements, mais elle est rejetée avant son entrée dans l'archégone.

Dans les Fougères et les Prêles, les cellules mères des anthérozoïdes naissent dans des anthéridies, petits corps arrondis qui font saillie à la surface du prothalle. Dans les Ophioglossées, les anthéridies sont plongées dans le tissu même du prothalle. Parmi les Rhizocarpées, le *Salvinia* forme une anthéridie très-simple qui s'échappe de la microspore; les *Marsilia* au contraire, et, chez les Lycopodiacées, les *Selaginella* produisent leurs anthérozoïdes à l'intérieur même de la microspore, non toutefois sans y avoir formé au préalable un corps pluricellulaire qui, d'après M. Millardet, doit être considéré comme un prothalle rudimentaire.

GÉNÉRATION ASEXUÉE. — Son origine. — La seconde génération, asexuée et sporifère, procède de l'oosphère fécondée dans l'archégone et devenue une oospore. Dans les Fougères, les Prêles et les Rhizocarpées, les deux premières divisions de cette oospore déterminent quatre cellules, qui sont déjà les origines de la première racine, de la première feuille, de la première tige, enfin d'une expansion latérale de l'embryon appelée le *pied*, qui s'attache au fond du ventre de l'archégone et tire du prothalle les premiers aliments de l'embryon. A l'exception, paraît-il, des Sélaginellées, le ventre de l'archégone s'accroît vivement au début, en continuant à envelopper l'embryon ; après quoi celui-ci s'échappe au dehors, mais en y conservant encore quelque temps son pied comme organe de succion. Cette circonstance présente une évidente analogie avec la formation de la coiffe des Muscinées.

Mais, tandis que chez les Muscinées la génération sporifère demeure une simple dépendance de la plante sexuée dont elle paraît n'être en quelque sorte que le fruit, la seconde génération des Cryptogames vasculaires se développe, au contraire, en une plante autonome, puissamment organisée et qui de bonne heure s'affranchit du prothalle pour se nourrir elle-même. C'est cette seconde génération que l'on appelle vulgairement une Fougère, une Prêle, etc.

Ses caractères généraux. — Elle consiste toujours en une tige pourvue de feuilles et le plus souvent munie de nombreuses et véritables racines ; ces racines peuvent cependant manquer totalement, comme dans certaines Hyménophyllées, dans les *Psilotum* et les *Salvinia*. Souvent, notamment chez les Fougères, les Prêles et les Lycopodiacées, la génération sporifère atteint de grandes dimensions et une durée indéfinie ; quelques espèces seulement de *Salvinia* sont annuelles.

Les feuilles sont, ou simples (Lycopodiacées), ou ramifiées de diverses façons (Fougères, Ophioglossées); mais dans une seule et même plante on ne remarque pas encore cette grande variété de formes foliaires produites par métamorphose que les Phanérogames manifestent à un si haut degré.

Les racines naissent habituellement en série acropète sur la tige, ou, chez quelques Fougères, sur le pétiole des feuilles, et elles se ramifient en monopodie ou en dichotomie. Elles demeurent toutes de même valeur; jamais la première racine ne prend la signification d'une racine principale, comme dans beaucoup de Phanérogames.

La différenciation des systèmes de tissu acquiert pour la première fois, dans ce groupe de plantes, une grande perfection; épiderme, tissu fondamental et faisceaux vasculaires y sont toujours nettement séparés et constitués par des

formes cellulaires très-diverses. Les faisceaux vasculaires sont fermés, et le liber
y enveloppe le plus souvent le bois comme d'une gaîne.

La ramification de la tige des Cryptogames vasculaires variant beaucoup suivant les diverses classes, ce sujet sera traité séparément à propos de chaque
classe. Bornons-nous pour le moment à remarquer, qu'au sens où l'on emploie
ce mot chez les Phanérogames, il n'y a probablement jamais ici de ramification
axillaire.

Sporanges et spores. — Les sporanges portés par cet appareil végétatif sont
évidemment, dans la plupart des cas, des productions des feuilles ; mais dans
quelques plantes (*Pilularia*), cette origine est cependant encore douteuse. Dans
leur forme et leurs rapports avec les organes voisins, les sporanges présentent
de notables différences dans les diverses classes de ce groupe, mais ces caractères demeurent constants à l'intérieur de chaque classe.

Il ressort évidemment de tout ce que nous venons de dire, que les sporanges
des Cryptogames vasculaires équivalent bien physiologiquement, mais en aucune
façon morphologiquement, au sporogone des Muscinées. Ce dernier représente
à lui seul la seconde génération tout entière des Muscinées, tandis que le sporange des Cryptogames vasculaires n'est qu'une très-petite excroissance locale
d'une feuille appartenant à une plante composée de tige, feuilles et racines,
plante qui constitue cette seconde génération. La production des cellules
mères des spores est aussi très-différente dans les deux groupes, mais la genèse
des spores elles-mêmes dans leurs cellules mères est très-analogue. Les cellules
mères, en effet, s'isolent, ici comme dans les Muscinées, du lien qui les unissait
en tissu, et se partagent en quatre spores par une double bipartition. La différence entre les macrospores et les microspores ne s'introduit, chez les Rhizocarpées et Lycopodiacées, qu'après la quadripartition des cellules mères ; ces
dernières étaient jusque-là entièrement semblables pour les deux espèces de
spores.

Affinités. — Les Cryptogames vasculaires forment un groupe dont tous les
membres sont unis par les liens évidents d'une affinité naturelle, mais qui se partage en cinq séries divergentes ou Classes. Par leur prothalle, les Fougères et
les Prêles se rattachent aux Muscinées inférieures, tandis que sous ce même
rapport les Rhizocarpées et Lycopodiacées s'éloignent beaucoup de ce groupe
pour venir, par leur mode de reproduction sexuée, établir le passage vers les
Phanérogames et former la transition entre les plantes à spores et les plantes à
graines, comme nous le montrerons à la caractéristique générale des Phanérogames.

Historique. — L'opinion que le sporogone, ou ce qu'on appelle le fruit des
Muscinées, par la place qu'il occupe dans la série du développement, est l'équivalent de la plante sporifère tout entière, pourvue de feuilles et de racines,
des Cryptogames vasculaires, a été émise par M. Hofmeister dès l'année 1851
(Vergleichende Untersuchungen, p. 139). Cette idée, jointe aux relations que
M. Hofmeister a montré exister entre les Lycopodiacées et les Conifères, constitue l'une des découvertes les plus fécondes qui aient jamais été faites dans le
champ de la Morphologie et de la Classification naturelle. Les recherches conduites avec tant de sagacité et de profondeur par MM. Pringsheim et Hanstein

sur le développement des Rhizocarpées, par MM. Nägeli et Leitgeb sur la formation des racines des Cryptogames vasculaires, par M. Cramer sur le développement terminal de la tige des Prêles et des Lycopodes, recherches auxquelles il faut joindre les nouveaux travaux entrepris par M. Nägeli, ont puissamment contribué, non-seulement à approfondir nos connaissances sur ce groupe de plantes, mais encore à éclairer les définitions fondamentales de la Morphologie. Depuis la publication de la première édition de ce Traité, la découverte du prothalle mâle des Sélaginelles par M. Millardet a ajouté à nos connaissances sur l'alternance des générations, et les travaux de MM. Millardet, Strasburger et Kny nous ont mieux fait connaître le développement des organes sexués et le phénomène de la fécondation lui-même (1).

Classification des Cryptogames vasculaires. — Pour faciliter notre étude, résumons ici tout d'abord le caractère général du groupe des Cryptogames vasculaires et des diverses classes dont ce groupe se compose :

CRYPTOGAMES VASCULAIRES.

La génération sexuée, issue de la spore, est un thalle de faible dimension. Les archégones sont plongés dans ce prothalle par leur région ventrale. Les anthérozoïdes sont des filaments enroulés en hélice, pourvus ordinairement, sur toute leur partie antérieure, de nombreux cils vibratiles.

La seconde génération, issue de l'oospore formée dans l'archégone par la fécondation de l'oosphère, produit les spores et se différencie en tige, feuilles et racines. La ramification de la tige n'est pas axillaire. Le tissu s'y différencie en épiderme, tissu fondamental et faisceaux vasculaires fermés. Les sporanges sont des productions des feuilles ; les cellules mères des spores naissent d'une cellule centrale ou d'une masse de cellules du sporange, et forment les spores à la suite d'une division en quatre, précédée par une bipartition.

I.

CRYPTOGAMES VASCULAIRES ISOSPORÉES.

Il n'y a qu'une seule espèce de spores. Le prothalle végète longtemps et indépendamment de la spore; il forme finalement des anthéridies et des archégones.

　　1. **Fougères.** — Prothalle étalé au-dessus du sol, vert, monoïque. Ramification de la tige probablement dichotomique à l'origine ; bourgeons adventifs exogènes sur les feuilles. Les sporanges sont des poils nés sur des feuilles pétiolées. Ces feuilles, le plus souvent grandes et ramifiées, se distinguent par la longue durée de leur accroissement terminal.

　　2. **Prêles ou Équisétacées.** — Prothalle étalé au-dessus du sol, vert, monoïque ou dioïque. Ramification de la tige s'opérant exclusivement par bourgeons latéraux endogènes verticillés. Feuilles très-simples, verticillées, unies ensemble pour former une gaine à chaque nœud. Les sporanges naissent plusieurs côte à côte sur le bord de feuilles métamorphosées, qui forment un épi terminal.

　　3. **Ophioglossées.** — Prothalle souterrain dans les deux cas connus, inco-

(1) Il faut ajouter à ces travaux la découverte récente du prothalle monoïque des *Lycopodium*, par M. Fankhauser (Bot. Zeitung, 3 janv. 1873).　　(*Trad.*)

lore, monoïque. Ramification de la tige probablement nulle. Feuilles à base engaînante et à limbe pétiolé. Les sporanges naissent sur une ramification de la feuille, qui forme une grappe ou un épi.

II.

CRYPTOGAMES VASCULAIRES HÉTÉROSPORÉES.

Il y a deux espèces de spores : des macrospores et des microspores. La macrospore produit, en germant, un prothalle femelle qu'elle nourrit et qui ne devient jamais indépendant ; la microspore forme un prothalle mâle rudimentaire, qui ne devient jamais libre et dans lequel naissent les anthérozoïdes.

4. **Rhizocarpées.** — Le prothalle femelle sort de la cavité de la macrospore et demeure attaché par sa face inférieure à la macrospore; sa dimension est plus faible que celle de la spore développée. — Les sporanges naissent en grand nombre à l'intérieur de conceptacles creux, appelés fruits sporifères, et chacun d'eux renferme soit une seule et unique macrospore, soit de nombreuses microspores. Les fruits sporifères sont des dépendances des feuilles.

5. **Lycopodiacées.** — Des macrospores ne sont connues que dans deux sections : les Sélaginellées et les Isoétées. Le prothalle femelle remplit ici toute la capacité de la macrospore ; seule, la partie qui porte les archégones paraît au dehors. La tige se ramifie en dichotomie, ou ne se ramifie pas (*Isoetes*). Les sporanges naissent isolés sur la face supérieure des feuilles et près de leur base; les macrosporanges forment un petit nombre de macrospores, les microsporanges un grand nombre de microspores (1).

CLASSE 6

Les Fougères (2).

GÉNÉRATION SEXUÉE : LE PROTHALLE. — La première génération, le prothalle, ou génération sexuée des Fougères, est un thalle à chlorophylle et à nu-

---

(1) Les Lycopodiacées renfermant à la fois des genres isosporés à prothalle monoïque (*Lycopodium*, etc.) et des genres hétérosporés (*Selaginella*, etc.) et formant d'ailleurs une classe naturelle, il me semble que cette division des Cryptogames vasculaires en deux sections ne saurait être conservée.   (*Trad.*)

(2) H. v. MOHL : Ueber den Bau des Stammes der Baumfarne (Vermischte Schriften, p. 108). — HOFMEISTER : Ueber Entwickelung und Bau der Vegetationsorgane der Farne (Abhandl. der Königl. Sächs. Ges. der Wiss. 1857, V). — HOFMEISTER : Ueber die Verzweigung der Farne (Jahrbücher für wiss. Botanik, III, 278). — METTENIUS : Filices horti bot. Lipsiensis (Leipzig, 1856). — METTENIUS : Ueber die Hymenophyllaceen (Abhandl. der Sächs. Ges. der Wiss., 1864, VII). — WIGAND : Bot. Untersuchungen (Brunswick, 1854). — DIPPEL : Ueber den Bau den Fibrovasalstränge (Bericht. deutsch. Naturforsch. und Aerzte. Giessen, 1865, p. 142). — REES : Entwickelung der Polypodiaceensporangiums (Jahrb. für wiss. Botanik, V, 5. 1866). — STRASBURGER : Befruchtung der Farnkräuter (Jahrb. f. wiss. Botanik, VII, 390. 1869). — KNY : Ueber Entwickelung des Prothalliums und der Geschlechtsorgane (Sitzungsberichte der Ges. naturf. Freunde in Berlin, 1868). — KNY : Ueber Bau und Entwickelung des Farnantheridiums (Monatsberichte der K. Akad. d. wiss. Berlin, 1869). — KNY : Beiträge zur Entwickelungsgeschichte der Farnkräuter (Jahrb. f. wiss. Botanik, VII, p. 1. 1869). — PH. VAN TIEGHEM : Structure de la racine des Fougères (Ann. des sc. nat., 5e série. Bot., XIII, p. 59. 1871).

trition indépendante, dont le développement présente de frappantes analogies
avec celui du thalle des Hépatiques les plus simples, et même avec celui du
proembryon de certaines Mousses. Le prothalle émet des poils radicaux simples, tubuleux, non cloisonnés, et finalement il produit des anthéridies et des
archégones. Son développement et sa durée peuvent embrasser une période
de temps assez considérable, si les archégones ne sont pas fécondés.

Développement du prothalle. — Quand la spore commence à germer, ce
qui n'arrive d'ordinaire que longtemps après le semis, excepté dans l'Osmonde
cependant où la germination commence déjà au bout de quelques jours,
l'exospore, cuticularisée et pourvue le plus souvent de bandes, de bosses, de
pointes ou de granulations, se déchire le long de ses arêtes. L'endospore, qui
s'échappe au dehors et où il n'est pas rare d'apercevoir déjà des cloisons, produit le prothalle, soit directement comme dans l'Osmonde, soit en formant
d'abord un proembryon filamenteux, qui chez les Hyménophyllacées présente
une certaine analogie avec celui des *Andrœa* et des *Tetraphis* parmi les Mousses.
Ce n'est d'ailleurs que dans cette dernière famille, dans les Polypodiacées,
ainsi que dans les *Osmunda* et *Aneimia*, que le développement du prothalle a
été observé ; les notables différences qu'on y a rencontrées exigent une description séparée.

Dans les Hyménophyllacées, le contenu de la spore est déjà partagé dès avant
la germination en trois cellules qui se touchent au centre ; ou bien, comme
dans certaines espèces de *Trichomanes*, il s'y découpe, en trois points de la périphérie, autant de petites cellules, tandis qu'une quatrième cellule plus grande
subsiste au centre. Ces cellules grandissent, font éclater l'exospore, et s'allongent suivant trois directions en tubes germinatifs qui s'accroissent par leur
sommet, se cloisonnent et constituent des filaments cellulaires ; un seul de ces
filaments se développe d'ordinaire plus puissamment que les autres, qui
demeurent bientôt stationnaires et se réduisent à des sortes de poils. Dans
l'*Hymenophyllum Tunbridgense*, il n'est pas rare de voir ce filament principal se
développer aussitôt en une lame cellulaire ; mais dans d'autres espèces il forme
au contraire un protonéma très-rameux, confervoïde, sur lequel se développent
ensuite, comme autant de rameaux latéraux, des prothalles lamelliformes de
2-6 lignes de longueur sur 1/2 à 1 1/2 ligne de largeur. Chaque cellule du filament peut donner naissance, au-dessous de sa cloison antérieure, à une branche
qui s'en sépare aussitôt par une cloison transversale ; certaines de ces branches
ont, comme le filament principal, un allongement indéfini, d'autres se terminent
par une sorte de poil, un grand nombre se convertissent en lames de prothalle,
mais le plus grand nombre cependant se développent en poils radicaux. Çà et
là, le début d'une branche filamenteuse peut se transformer directement en une
anthéridie et même en un archégone.

Au sommet des prothalles aplatis, on voit, dans le *Trichomanes incisum*, se développer, sur des cellules marginales en forme de bouteille, des cellules sphériques
qui doivent probablement être considérées comme des organes de propagation.
Les cellules marginales des lames du prothalle peuvent aussi s'accroître en poils
radicaux, en nouveaux filaments de protonéma et même en nouvelles branches
lamelliformes. Les poils radicaux sont le plus souvent courts, à parois brunes,

et dilatés au sommet en disques d'adhésion lobés, ou en crampons rameux.

Dans les Polypodiacées et les Schizæacées, l'endospore se développe en un filament proembryonnaire court et articulé, dont l'extrémité s'accroît bientôt en largeur avec une plus ou moins grande activité, pour former une lame de tissu d'abord composée d'une seule assise. Cette lame prend bientôt une forme de cœur, ou même de rein, et laisse apercevoir son sommet végétatif au fond de l'échancrure antérieure. La cellule terminale produit, à droite et à gauche, par des cloisons perpendiculaires à la surface, deux séries de segments d'où procèdent par division toutes les cellules de la lame. Le renouvellement de cette cellule terminale n'est cependant pas indéfini; il trouve sa fin dans l'apparition d'une cloison transversale qui sépare une nouvelle cellule terminale, laquelle à son tour se divise bientôt par des cloisons longitudinales en une série de cellules terminales, serrées côte à côte au fond de l'échancrure du prothalle, comme elles le sont dans le thalle des *Pellia*.

Les poils radicaux sont tous des formations latérales; ils naissent en grand nombre sur la face inférieure de la région postérieure du prothalle. Au milieu d'eux apparaissent les anthéridies, qui ne sont ici que rarement marginales. Les archégones naissent également sur la face inférieure du prothalle, mais sur un coussinet à plusieurs assises cellulaires, situé en arrière de l'échancrure antérieure. Dans les *Ceratopteris*, il se fait plusieurs coussinets archégonifères.

Les *Osmunda*, que M. Kny a étudiées et comparées avec les familles précédentes, se distinguent tout d'abord des Polypodiacées et des Schizæacées, par l'absence de proembryon. L'endospore y subit, en effet, dès le commencement de la germination, des divisions qui forment une lame dont une cellule postérieure devient, comme dans les Prêles, le premier poil radical; les autres poils radicaux émanent des cellules marginales et des cellules de la face inférieure du prothalle, dont l'accroissement terminal s'opère comme chez les Polypodiacées. C'est en outre un caractère particulier aux *Osmunda*, d'avoir le prothalle traversé de la base au sommet par une nervure médiane formée de plusieurs assises de cellules et produisant de chaque côté de nombreux archégones. Les anthéridies naissent, en partie sur le bord du prothalle, en partie sur sa face inférieure, excepté le long de la nervure médiane.

Comme les thalles de beaucoup d'Hépatiques, les prothalles des Fougères développent des rameaux adventifs aux dépens de certaines cellules marginales, et ce phénomène a lieu avec une perfection toute particulière chez les *Osmunda*, où les pousses adventives s'affranchissent et constituent ainsi un moyen de propagation végétative.

Les prothalles manifestent une tendance à la diœcie; parfois en effet des semis entiers ne produisent que des prothalles à anthéridies, comme on le voit dans l'*Osmunda regalis;* ailleurs les archégones n'apparaissent que tardivement et en petit nombre sur le prothalle, pour y être fécondés par les anthéridies de prothalles plus jeunes.

Anthéridies. — Les anthéridies ont la valeur morphogique de simples poils. Comme les poils radicaux, elles commencent par des proéminences des cellules marginales ou des cellules de la face inférieure du prothalle; chez les Hyménophyllacées on en rencontre déjà sur les filaments protonématiques. La proéminence se sépare le plus souvent de la cellule mère par une cloison et se renfle en une sphère, soit aussitôt, soit après avoir formé une cellule basilaire. Dans certains cas, les cellules mères des anthérozoïdes peuvent naître directement dans cette cellule sphérique, mais ordinairement il s'y produit au préalable quelques divisions nouvelles (1). Ces divisions partagent l'anthéridie en une paroi formée d'une seule assise de cellules munies de grains de chlorophylle sur leur face interne, et en une cellule centrale dont la segmentation ultérieure produit les cellules mères des anthérozoïdes, qui ne sont jamais en très-grand nombre (fig. 253).

La déhiscence de l'anthéridie mûre est provoquée par une rapide absorption d'eau dans les cellules pariétales qui, se gonflant fortement, compriment le contenu jusqu'à ce que la paroi se déchire au sommet. Les cellules mères des anthérozoïdes s'échappent par l'ouverture, leur membrane se résorbe et chacune d'elles met en liberté un anthérozoïde enroulé deux ou trois fois en tire-bouchon. Son extrémité antérieure amincie est pourvue de nombreux cils vibratiles; son extrémité postérieure plus épaisse traîne souvent après elle une vésicule contenant des granules incolores, mais cette vésicule se détache plus tard et demeure immobile pendant que le filament spiralé continue seul sa course. D'après M. Strasburger, cette vésicule

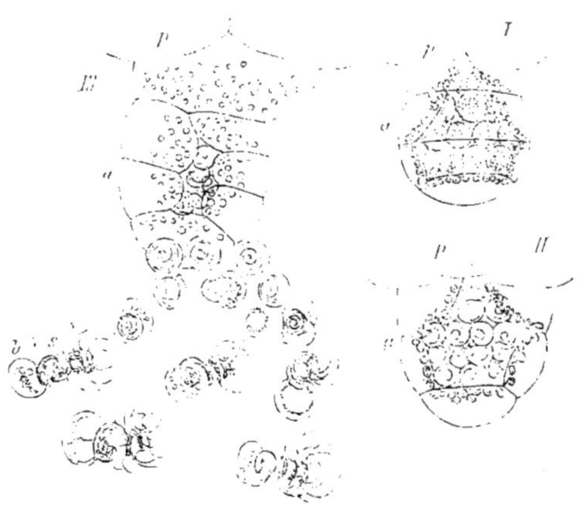

Fig. 253. — Anthéridies d'*Adiantum Capillus-Veneris*, vues en section longitudinale optique 350. — I, anthéridie non encore mûre. — II, anthéridie ayant ses anthérozoïdes déjà formés. — III, anthéridie ouverte montrant les cellules pariétales fortement gonflées dans le sens du rayon; la plupart des anthérozoïdes se sont échappés; *p*, prothalle; *a*, anthéridie; *s*, anthérozoïde; *b*, sa vésicule contenant de petits grains d'amidon.

(1) Ces divisions s'opèrent d'une façon très-remarquable. Dans la cellule mère hémisphérique de l'anthéridie, il se forme dans l'*Aneimia hirta* une cloison en forme de dôme, qui la divise en une cellule intérieure hémisphérique et en une cellule extérieure qui recouvre la première comme d'une cloche. Cette dernière se partage ensuite par une cloison transversale annulaire en une cellule supérieure en forme de couvercle, et en une cellule inférieure en forme de cylindre creux. Tout entière, l'enveloppe de la cellule interne est formée ainsi de deux cellules. Il en est de même dans les *Ceratopteris*. Ailleurs, comme dans l'*Asplenium alatum*, il se forme dans la cellule mère hémisphérique de l'anthéridie une cloison en forme d'entonnoir dont le plus large contour s'appuie en haut à la paroi de la cellule mère; après quoi la partie supérieure de celle-ci se trouve découpée, par une cloison transversale, en un couvercle. Il peut aussi se former l'une après l'autre deux et même trois cloisons en entonnoir, de sorte que la couche pariétale de l'anthéridie est formée par deux ou trois cellules en entonnoir superposées, et par la cellule de couvercle, comme le montre la figure 253. Tout autre est la formation de la paroi de l'anthéridie des *Osmunda*, composée de 2 ou 3 cellules inférieures auxquelles se superposent plusieurs cellules supérieures issues de la division du couvercle. (Kny, *loc. cit.*)

provient de la portion centrale du contenu de la cellule mère, dont le protoplasma pariétal a produit le filament spiralé et ses cils. La vésicule n'est donc pas, à proprement parler, une partie constitutive de l'anthérozoïde; elle ne fait que lui adhérer et, dans l'eau, elle se gonfle fortement par endosmose, comme le montre la figure 253.

Archégones. — L'archégone procède d'une simple cellule superficielle du prothalle, cellule qui ne proémine d'abord que faiblement et se divise par une cloison parallèle à la surface. Des deux cellules ainsi constituées, l'intérieure est la cellule centrale de l'archégone, et l'extérieure, à la suite de divisions nouvelles, produit le col qui, une fois développé, consiste en quatre séries de cellules qui se touchent suivant l'axe. Par les divisions des cellules du tissu du prothalle qui entourent la cellule centrale, il se forme ensuite une assise qui correspond à la paroi ventrale de l'archégone des Muscinées. Les changements ultérieurs qui s'opèrent dans la cellule centrale, ainsi que la formation du canal du col, ont été décrits dans les travaux cités de MM. Strasburger et Kny en conformité avec mes anciennes observations, de sorte que la figure 253, publiée déjà dans la première édition de ce Traité, peut être maintenue ici. Elle sera complétée par la figure 254 empruntée à M. Strasburger et qui représente les plus jeunes états du développement.

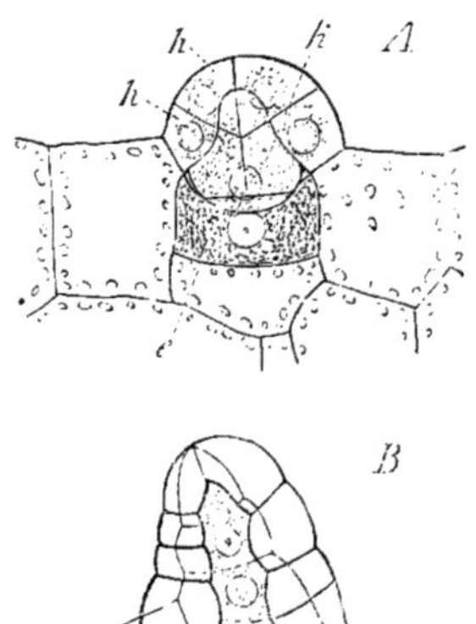
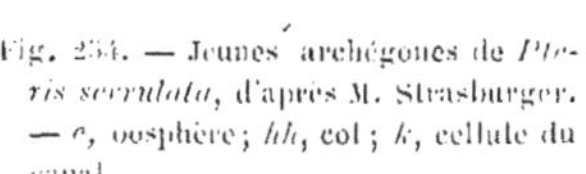

Fig. 254. — Jeunes archégones de *Pteris serrulata*, d'après M. Strasburger. — *e*, oosphère; *hh*, col; *k*, cellule du canal.

Le contenu de la cellule centrale se divise en deux portions inégales. La portion basilaire, plus grande (*e*), est large au début, presque discoïde et s'arrondit plus tard : c'est l'oosphère. L'autre portion, plus petite à l'origine, s'accroît entre les quatre rangées de cellules du col qu'elle dissocie (*k*, fig. 254). Il se forme ainsi un canal rempli par un protoplasma mucilagineux dans lequel apparaît une rangée de noyaux cellulaires, sans que cependant les divisions correspondantes s'effectuent. Finalement, la substance de ces cellules du canal se transforme complétement en mucilage, se gonfle, écarte les cellules terminales du col et s'échappe brusquement au dehors, pour demeurer ensuite immobile en face de l'ouverture du col (1). Les anthé-

(1) D'après M. Janczewski (Bot. Zeitung, 1872), pendant que la cellule supérieure produit par ses divisions les quatre séries cellulaires de la périphérie du col, la cellule inférieure s'allonge vers le haut et s'insinue par sa pointe entre ces séries cellulaires qu'elle disjoint; puis cette région supérieure allongée se sépare de la région inférieure élargie, et forme la cellule de canal du col, cellule qui est unique dans toutes les Cryptogames vasculaires. Quand le canal a deux cellules (*Osmunda*, etc.), l'inférieure ne provient pas de la division de la cellule supérieure, mais de la cellule centrale ; celle-ci se partage en une petite cellule supérieure, qui est la cellule ventrale du canal, et en une grande cellule inférieure où se forme l'oosphère. On s'assure ici, avec une netteté toute particulière, que le mucilage qui favorise la pénétration des anthérozoïdes dans

rozoïdes se rassemblent en foule au-devant de l'archégone, retenus par cette
goutte de mucilage; un grand nombre d'entre eux pénètrent dans le canal
du col qu'ils finissent même souvent par obstruer. Quelques-uns parviennent
jusqu'à l'oosphère, pénètrent dans son intérieur et y disparaissent. La pénétration de l'anthérozoïde dans l'oosphère a lieu suivant une tache plus claire
située du côté de l'oosphère qui regarde le col, et que l'on a désignée sous le
nom de tache réceptrice (comp. avec l'oogone des Algues). Le col de l'archè-
gone s'oblitère après la fécondation (1).

GÉNÉRATION ASEXUÉE : LA FOUGÈRE. — La seconde génération, la génération
asexuée, la Fougère enfin, procède de l'oosphère fécondée dans l'archégone
et devenue par là une oospore. Au début, le tissu ambiant du prothalle suit
pas à pas le développement de l'embryon, de sorte que ce dernier demeure
longtemps enveloppé dans une protubérance de la face inférieure du prothalle,
jusqu'à ce que la première feuille et la première racine fassent saillie au
dehors.

Développement de l'embryon. — Les premiers phénomènes de division qui

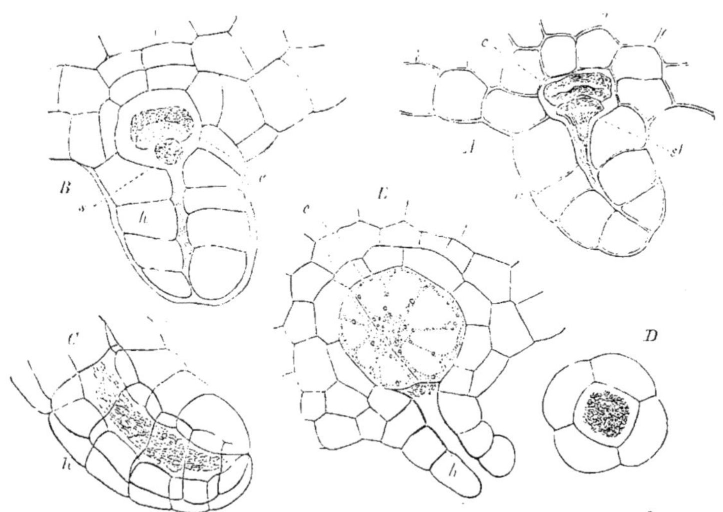

Fig. 255. — Archégones d'*Adiantum Capillus-Veneris* (800). — A, B, C, E, en coupe longitudinale optique, D, en
coupe transversale optique ; A, B, C, avant, E, après la fécondation ; *h*, col de l'archégone; *sl*, masse gélatineuse ; *o*, partie inférieure de la cellule centrale, ou oosphère ; *e* en E, embryon bicellulaire. — Les préparations
ont séjourné 24 heures dans la glycérine.

transforment l'oospore en embryon, ne s'opèrent pas tout à fait de même
dans toutes les Fougères, comme M. Hofmeister l'a montré pour les *Pteris*

le canal ne provient pas du protoplasma des deux cellules, mais de la transformation de la cellulose de leurs parois longitudinales. (*Trad.*)

(1) D'après M. Strasburger, l'acte fécondateur s'observe avec une netteté toute particulière
dans les *Ceratopteris*. La pénétration des anthérozoïdes jusque dans l'oosphère avait déjà été
constatée auparavant par M. Hofmeister.

aquilina et *Aspidium filix mas.* Toujours est-il, que la première cloison de l'oospore est transversale par rapport à l'axe du prothalle, et inclinée obliquement sur cet axe, comme le montre la figure 255 ; l'inclinaison est de même sens que celle du col de l'archégone. Toujours est-il encore, que chacune des deux premières cellules ainsi constituées se divise aussitôt à son tour par un plan, transversal encore par rapport à l'axe du prothalle, mais perpendiculaire au premier. De sorte que l'embryon se trouve alors constitué par quatre cellules disposées comme les quartiers d'une pomme, et qu'une section longitudinale partagerait par moitié toutes à la fois ; dans la figure 256 ces quatre premières divisions sont marquées par des traits plus forts, l'embryon étant vu en section longitudinale. L'explication de cette figure montre la signification que M. Hofmeister donne à ces quatre premières cellules de l'embryon du *Pteris aquilina*, signification que le lecteur pourra comparer, en attendant, aux phénomènes correspondants des *Salvinia* et *Marsilia*, en n'oubliant pas toutefois que l'embryon des Fougères est pour ainsi dire placé sur le dos. Sans pouvoir entrer ici dans une exposition détaillée, il est cependant nécessaire de signaler tout au moins cette ressemblance de l'embryon des Fougères avec celui des Rhizocarpées.

Fig. 256. — Section longitudinale perpendiculaire de l'embryon du *Pteris aquilina*, d'après M. Hofmeister (Entwickelung und Bau der Vegetationsorgane der Farne, p. 607 : les traits les plus gros sont les sections des trois premières cloisons, qui rendent l'embryon quadricellulaire ; la cellule inférieure d'avant forme, d'après M. Hofmeister, la feuille *b* et le sommet de la tige *st* ; de la cellule inférieure d'arrière naît la racine dont la cellule terminale est marquée *sw*, et la coiffe *wh* ; le pied *f* procède dans le *Pteris*, d'après M. Hofmeister, des deux cellules supérieures. Dans l'*Aspidium filix mas*, les choses s'écarteraient davantage de ce qu'elles sont dans les Rhizocarpées.

Abstraction faite, pour le moment, de quelques doutes sur la valeur réelle de chacune des quatre premières cellules de l'embryon, il n'en est pas moins certain qu'une cellule inférieure et postérieure (1) de l'embryon devient la cellule mère de sa première racine, qu'une cellule inférieure et antérieure devient la cellule mère de sa première feuille, qu'immédiatement en avant et au-dessus de la base de la feuille se trouve la cellule terminale de la tige, et que la partie supérieure de l'embryon comprise entre le sommet de la tige et la base de la racine se transforme en un organe particulier, le *pied*, par lequel l'embryon s'attache au tissu du prothalle pour en tirer sa nourriture, tandis que la première racine et la première feuille se développent au dehors. Ce pied, ou appareil de succion, que je regarde comme une formation latérale, est décrit par M. Hofmeister comme étant le premier axe d'accroissement, l'axe principal de la Fougère, sur lequel l'axe feuillé apparaîtrait ensuite comme un axe secondaire. Ici encore cependant, je crois devoir combattre l'opinion de l'illustre morphologiste, en m'appuyant sur l'analogie avec les phénomènes

(1) Les expressions *arrière*, *avant*, *haut* et *bas* se rapportent au prothalle, dont le sommet est tourné en avant, et la surface archégonifère en bas.

décrits par M. Pringsheim sur le *Salvinia*, et je renvoie ce qui concerne l'orientation de l'embryon dans l'archégone à l'exposition donnée plus loin pour la classe des Rhizocarpées.

Les premières portions de tige, les premières racines et les premières feuilles, qui se développent ensuite progressivement sur l'embryon, sont et demeurent très-petites (fig. 257 et 258). Mais celles qui se forment plus tard deviennent de plus en plus grandes : la forme des feuilles se complique de plus en plus ; la structure de la tige se perfectionne à mesure que son diamètre augmente dans les parties nouvelles ; les premiers entre-nœuds de la tige n'ont, comme les premiers pétioles, qu'un seul faisceau fibro-vasculaire axile, plus tard les nouveaux entre-nœuds possèdent plusieurs faisceaux. Ainsi la

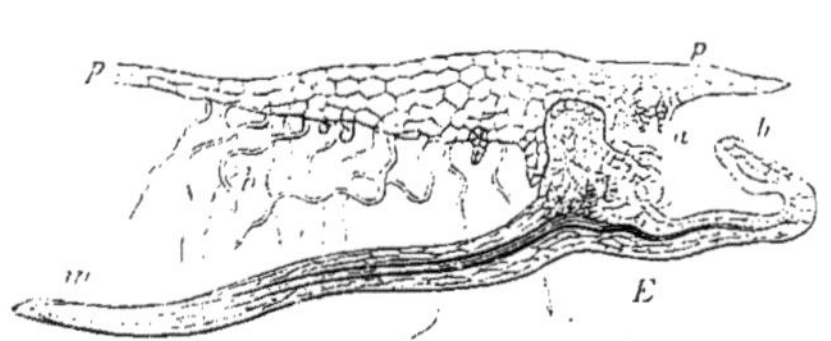

Fig. 257. — *Adiantum Capillus-Veneris*, section longitudinale perpendiculaire à travers le prothalle *pp*, et la jeune Fougère E; *h*, poils radicaux : *a*, archégones du prothalle ; *b*, la première feuille : *w*, la première racine de l'embryon (gross. environ 10 fois).

Fig. 258. — *Adiantum Capillus-Veneris*. — Le prothalle *pp* vu d'en bas, avec la jeune Fougère insérée sur lui, portant une première feuille *b*, une première et une seconde racine *w'* et *w''* : *h*, poils radicaux du prothalle (gross. environ 30 fois).

Fougère s'accroît et se fortifie peu à peu, non pas par l'agrandissement ultérieur des parties embryonnaires, mais parce que chaque partie nouvelle qui se constitue atteint une dimension plus grande et un développement plus élevé que la précédente, jusqu'à ce qu'enfin la plante soit arrivée à une espèce d'état stationnaire où les nouveaux organes formés sont sensiblement égaux aux précédents. Les considérations qui suivent se rapportent principalement à cet état développé de nos plantes.

Organisation de la plante adulte. — La Fougère développée est, chez certaines Hyménophyllacées, une petite plantule délicate, qui ne dépasse pas sensiblement les dimensions des plus grandes Muscinées. Dans les autres divisions de la classe, les exemplaires vigoureux sont le plus souvent des végétaux en partie ligneux, et certaines espèces des tropiques et de l'hémisphère austral acquièrent une dimension et un port analogues à ceux des Palmiers : ce sont les Fougères arborescentes.

La tige rampe au-dessus ou au-dessous de la terre (*Polypodium*, *Pteris aquilina*), ou s'élève en grimpant le long des arbres et des rochers ; ailleurs elle s'élève librement, mais obliquement, dans l'air (*Aspidium filix mas*) ; dans les Fougères arborescentes enfin, elle se dresse en une colonne verticale. Elle est le plus souvent fixée au sol par de nombreuses racines, qui dans les Fougères arborescentes recouvrent souvent la tige tout entière d'une enveloppe serrée de filaments descendants. Ces racines naissent sur la tige en série acropète, parfois presque immédiatement au-dessous du sommet végétatif (*Pteris aquilina*). Quand les entre-nœuds demeurent très-courts et que la tige est totalement recouverte par les bases des feuilles, les racines naissent, comme dans l'*Aspidium filix mas*, des pétioles des feuilles. Dans beaucoup d'Hyménophyllacées, qui manquent de vraies racines, certaines branches de la tige souterraine prennent l'aspect de racines.

Sur les tiges rampantes ou grimpantes, les feuilles sont séparées par de notables et souvent même par de très-longs entre-nœuds; mais quand la tige est épaisse et dressée verticalement, les entre-nœuds ne s'y allongent le plus souvent pas et les feuilles y sont étroitement serrées, de manière à ne laisser libre aucune partie ou seulement une partie insignifiante de la surface de la tige. Les feuilles des Fougères se distinguent généralement par leur enroulement en crosse dans le jeune âge ; nervure médiane et nervures latérales sont enroulées d'arrière en avant et ne se déroulent que dans la dernière période de leur accroissement. Les formes de ces feuilles appartiennent aux plus compliquées du règne végétal. On y rencontre une indéfinie diversité de contour, et habituellement le limbe est composé-penné à plusieurs degrés. Par rapport à la tige et aux racines presque toujours grêles, elles sont le plus souvent de grande taille, et elles atteignent parfois des dimensions extraordinaires, 10 à 20 pieds de longueur par exemple (*Pteris aquilina, Cibotium, Angiopteris*). Elles sont toujours pétiolées et s'accroissent longtemps par leur sommet ; souvent le pétiole et la partie inférieure du limbe sont déjà complétement épanouis, quand la pointe s'allonge encore (*Nephrolepis*), et il n'est pas rare de voir cet allongement subir des interruptions périodiques (voir plus loin). Dans les *Lygodium* le pétiole, ou la nervure médiane, ressemble en quelque sorte à une tige volubile, s'allongeant pendant longtemps, et dont les folioles pennées paraissent être les feuilles.

La métamorphose des feuilles est peu marquée. Sur la même plante se répètent indéfiniment des feuilles de même forme, le plus souvent des feuilles foliacées et vertes ; on trouve cependant des feuilles écailleuses sur les stolons souterrains du *Struthiopteris germanica*, et souvent les feuilles fertiles, celles qui portent les sporanges, affectent des formes particulières. Mais on ne rencontre pas ici ces énormes différences de forme dans les feuilles d'une seule et même plante, qui existent dans la plupart des Phanérogames; il faut signaler toutefois le *Platycerium alcicorne*, où les feuilles se développent alternativement en disques étalés appliqués contre le support et en longs rubans dressés et dichotomes.

Parmi les diverses formes de poils que possèdent les Fougères, il faut mentionner particulièrement les poils écailleux, ou paillettes, à cause de leur grande abondance et de leur forme souvent étalée et comme foliacée ; les jeunes feuilles en sont ordinairement recouvertes et totalement enveloppées.

Après ces quelques notions préliminaires, étudions maintenant l'accroissement de chacun des membres de la plante.

Développement de la tige. — Le sommet végétatif de la tige se développe parfois bien au delà du point d'insertion des plus jeunes feuilles, et paraît alors

nu, comme dans les *Polypodium vulgare, P. sporodocarpum* et autres Fougères
rampantes, comme aussi dans le *Pteris aquilina* (fig. 259), où, dans les plantes
âgées, il s'allonge souvent de plusieurs pouces sans former de feuilles. Chez
beaucoup d'Hyménophyllacées, d'après Mettenius, on a pris pour des racines
de pareils prolongements aphylles des branches. Dans d'autres cas, au contraire, en particulier dans les Fougères dont la tige est dressée, l'accroissement
en longueur de la tige est beaucoup plus lent, et son extrémité demeure cachée
dans un bourgeon feuillé.

La tige se termine souvent par un sommet aplati ; quelquefois même, comme

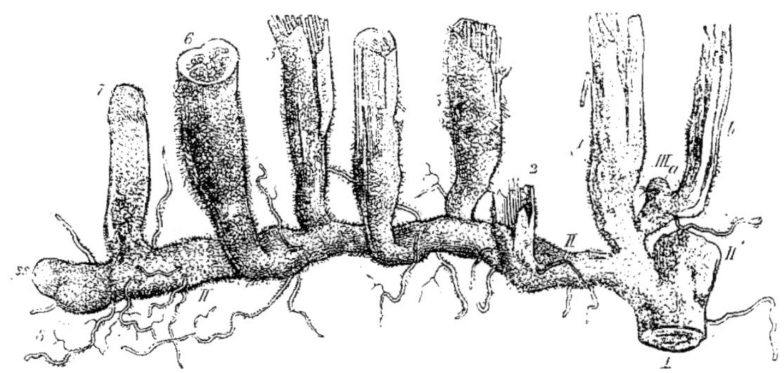

Fig. 259. — *Pteris aquilina*, portion de la tige souterraine avec feuilles et bases de pétioles, moitié de grandeur
naturelle. — 1, fragment de tige âgée, il porte les deux branches II et II' ; ss, sommet de la plus faible
branche II, à côté duquel on voit la plus jeune feuille s ; 1-7, feuilles de cette branche dont il s'est développé
une chaque année ; 1-5, feuilles des années précédentes, mortes jusqu'à une certaine distance de leur insertion
sur la tige ; 6, feuille de cette année avec son limbe épanoui et son pétiole coupé ; 7, jeune feuille pour
l'année prochaine, ayant au sommet du pétiole son très-petit limbe totalement enveloppé de poils. — Le
pétiole 1 porte un bourgeon III a, qui a formé une feuille déjà morte b, puis est demeuré à l'état de repos. —
Les filaments grêles sont des racines. — Toutes les parties de la figure sont souterraines.

dans les *Pteris*, ce sommet est comme enfoncé dans une sorte d'entonnoir formé
par la proéminence du tissu voisin plus âgé (fig. 261 *E*). Il est toujours occupé
par une cellule terminale très-nette ; cette cellule, tantôt se partage par des cloisons alternativement inclinées, ce qui lui donne, vue d'en haut sur la coupe transversale, la forme d'une lentille bi-convexe, tantôt prend la forme d'une pyramide à trois faces, dont la base convexe est tournée en haut et dont les trois
faces latérales planes se coupent en bas. Les contours des segments qui, dans
le premier cas, sont disposés en deux séries, dans le second en trois séries ou
suivant des divergences plus compliquées, disparaissent de bonne heure sous
l'influence des nombreuses divisions et torsions que provoquent l'accroissement
du tissu qui entoure le sommet et celui des pétioles des feuilles.

Dans le *Pteris aquilina*, par exemple, la cellule terminale est cunéiforme et
les segments y forment, sur la tige horizontale, une série à droite et une série
à gauche. Le coin a ses deux côtés tranchants et tournés l'un en haut, l'autre
en bas (fig. 260). Elle est encore cunéiforme, d'après M. Hofmeister, dans les
*Niphobolus chinensis, rupestris, Polypodium aureum, punctatum, Platycerium
bicorne.* Dans le *Polypodium vulgare* elle est, suivant lui, tantôt cunéiforme,

tantôt en pyramide à trois faces. Elle a toujours cette dernière forme dans les *Aspidium filix mas, Marattia cicutæfolia*, etc. On peut poser en règle, dans l'état de nos connaissances, que les tiges rampantes à développement bilatéral ont une cellule terminale cunéiforme, et que les tiges dressées, qui forment des rosettes de feuilles rayonnant en tout sens, ont une cellule terminale en forme de pyramide à trois faces.

Les liens ultérieurs de filiation des segments de la cellule terminale, jusqu'à la formation des feuilles et à l'édification du tissu de la tige elle-même, sont peu connus encore. Il n'est pas douteux que chaque feuille ne prenne son origine dans un seul et unique segment, et que la portion du segment affectée à cet emploi ne soit de bonne heure appliquée à former la feuille, mais on ne sait pas encore si chaque segment fait une feuille, ou sinon, après combien de segments stériles il en apparaît un fertile.

La disposition des feuilles correspond parfois à la disposition même des segments primitifs en séries rectilignes. Ainsi, la disposition distique des feuilles du *Pteris aquilina*, du *Niphobolus rupestris* et de certaines Polypodiacées, est déterminée par la segmentation bisériée de la cellule terminale cunéiforme. Mais dans le cas d'une disposition spiralée complexe et d'une cellule terminale pyramidale à trois faces, comme dans l'*Aspidium filix mas*, il peut se passer des phénomènes analogues à ceux que nous avons décrits chez les Mousses à feuilles multisériées et à cellule terminale pyramidale à trois faces, par exemple chez les *Polytrichum* (1).

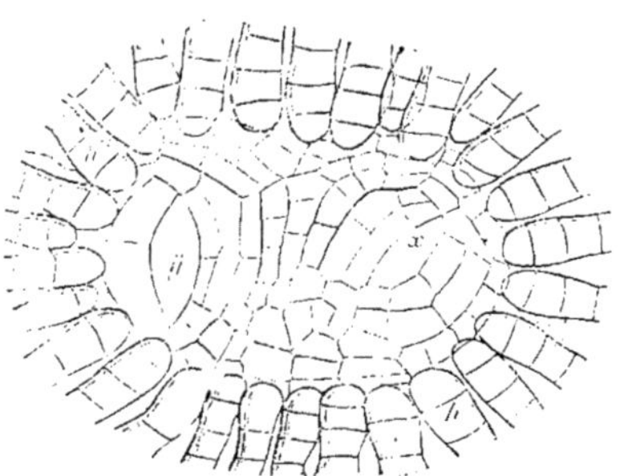

Fig. 260. — Vue de l'extrémité de la tige du *Pteris aquilina*: *y*, la cellule terminale de la tige; *x*, cellule terminale de la plus jeune feuille; *h,h*, poils qui protègent la région terminale bordée par un bourrelet de tissu.

Ramification de la tige. — La ramification de la tige de toutes les Fougères s'opère, d'après M. Hofmeister, par voie de dichotomie terminale. Les branches apparaissent très-près du sommet de la tige et sont, au moins à l'origine, aussi puissantes que lui, d'où une bifurcation. Que la ramification soit indépendante des feuilles, M. Hofmeister en voit la preuve dans ce fait, que des extrémités de tige du *Pteris aquilina*, dépourvues de feuilles et souvent longues de plusieurs pouces, se bifurquent régulièrement. Les branches de bifurcation ne sont certainement pas, ici et dans beaucoup d'autres cas, axillaires de feuilles, et quand chez d'autres Fougères elles paraissent axillaires, on peut supposer avec M. Hofmeister que la bifurcation s'y est opérée immédiatement au-dessus de la plus jeune feuille et que la branche située du côté de cette feuille s'est développée avec moins de vigueur, tandis que l'autre située du côté opposé est devenue plus puissante et paraît continuer la tige principale. En d'autres

(1) Voir HOFMEISTER : Allgemeine Morphologie, p. 509 et Bot. Zeitung 1870, p. 441.

termes, la ramification en apparence axillaire de certaines Fougères serait la conséquence du développement sympodique d'une dichotomie s'opérant régulièrement dans le plan d'insertion des feuilles. La ramification qui a lieu à l'extrémité de la tige peut aussi ne pas s'opérer dans le plan d'insertion de la feuille qui précède; alors la branche est insérée sur la tige à côté de la feuille ; c'est à ce cas qu'on rattacherait la ramification extra-axillaire des Hyménophyllacées à feuilles bisériées, décrite par Mettenius.

Ce qui distingue encore les Fougères des Phanérogames à ramification axillaire, notamment des Angiospermes, c'est la rareté de leurs ramifications terminales. Tandis que, chez les Phanérogames, toute aisselle de feuille, au moins dans la région végétative, porte un bourgeon, on ne rencontre les branches en apparence axillaires des Fougères rampantes et pourvues de longs entre-nœuds qu'à de grands intervalles sur la tige, et en des points séparés l'un de l'autre par de nombreuses feuilles. Dans les Fougères dont la tige s'allonge lentement et se termine par un sommet notablement élargi, c'est-à-dire principalement dans les Fougères dressées comme l'*Aspidium filix mas* et les Fougères arborescentes, la ramification terminale de la tige est même si rare, qu'elle ne s'opère presque jamais, ou seulement dans des circonstances anormales.

Il faut distinguer de la ramification terminale de la tige, la formation de nouvelles pousses sur les bases des pétioles, formation qui n'a rien à faire avec la tige elle-même, pas plus que le développement des bourgeons adventifs sur le limbe des feuilles, que nous étudierons plus loin.

Développement de la feuille. — Le développement de la feuille est nettement terminal et basifuge, et son accroissement ultérieur suit la même voie. Le pétiole se forme d'abord, et ce n'est que plus tard que commence à poindre à son sommet le limbe, dont la partie inférieure se constitue d'abord, puis successivement les parties de plus en plus élevées. L'extrême lenteur de ce développement est très-remarquable et ne se retrouve ailleurs que chez les Ophioglossées. Sur des tiges âgées de *Pteris aquilina*, la feuille commence à se former deux années entières avant son épanouissement. Au commencement de la seconde année, son pétiole seul, long d'environ un pouce, se trouve constitué; il s'est accru jusque-là par une cellule terminale qui se divisait par des cloisons obliques-alternes; ce n'est qu'à l'été de cette seconde année, qu'au sommet de cette sorte de bâton, on voit poindre le limbe sous forme d'une petite plaque cachée sous de longs poils; il tourne aussitôt sa pointe en bas et pend comme un tablier au sommet du pétiole (fig. 261, *B*, *C*, *D*). Il s'accroît ensuite sous la terre de façon à n'avoir à s'épanouir qu'au printemps de la troisième année, lorsque, par l'élongation du pétiole, il est soulevé dans l'air. — Toutes les feuilles d'une rosette d'*Aspidium filix mas* sont aussi déjà formées deux ans avant leur épanouissement ; ici encore il ne se forme la première année que le pétiole et, sur les feuilles les plus âgées de la jeune rosette, la première trace du limbe.

Mais où l'accroissement terminal et basifuge de la feuille des Fougères est plus frappant encore, c'est lorsque, sans atteindre une fin déterminée, il se continue progressivement pendant un temps fort long, tandis que les parties inférieures du limbe sont depuis longtemps complétement développées, comme cela se voit dans le *Nephrolepis*. Cette interruption périodique de l'accroissement terminal du limbe, dont nous avons déjà parlé tout à l'heure, se rencontre dans beaucoup de Gleichéniées et de Mertensiées, où le développement des feuilles s'arrête au-dessus de la première paire de folioles, de sorte que le sommet forme en apparence un bourgeon au milieu de la bifurcation. Tantôt ce sommet demeure ensuite indéfiniment sans se développer, tantôt il s'allonge de nouveau dans une période végétative suivante, pour s'arrêter encore après avoir constitué une seconde paire de folioles, et il semble que ce développement intermittent de la feuille puisse se prolonger pendant un certain nombre d'années (1). D'après Mettenius, le limbe de certaines Hyménophyllacées est capable d'un accroissement indéfini et qui se renouvelle chaque année. Les folioles primaires du limbe des *Lygodium*, enfin, après avoir formé deux folioles secondaires, demeurent aussi à l'état de repos en simulant un bourgeon, tandis que la nervure médiane de la feuille s'allonge indéfiniment et rappelle une tige volubile.

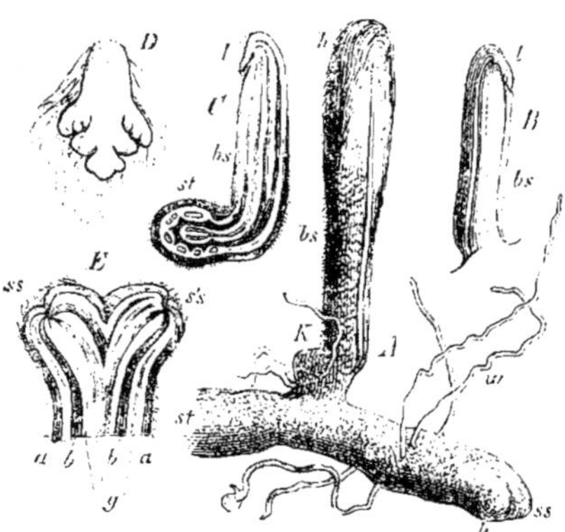

Fig. 261. — *Pteris aquilina*. — A, l'extrémité d'une tige *st*, dont le sommet est en *ss* et a produit à côté de lui un jeune début de feuille *b*; *bs*, le pétiole d'une feuille pendant la seconde année, en *h* se voit le limbe enveloppé de poils; *k*, un bourgeon sur le dos du pétiole; *w*, racines. — B, jeune feuille pendant la seconde année; *bs*, son pétiole; *l*, son petit limbe débarrassé de ses poils. — C, section longitudinale d'une pareille feuille attachée à la section transversale de la tige *st*; *bs* et *l* comme en B. — D, limbe grossi environ 5 fois, d'une feuille vue sur sa face supérieure pendant la seconde année; les premières folioles sont formées. — E, coupe transversale horizontale d'une bifurcation de la tige; *ss,ss'*, les deux sommets; *na*, tissu tégumentaire brun, *bh*, sclérenchyme brun; *g*, faisceaux vasculaires. (A, B, C, de grandeur naturelle.)

A l'état de développement complet, la ramification du limbe foliaire des Fougères est assez souvent dichotome, comme dans les *Platycerium*, *Schizœa*, etc.; mais M. Hofmeister rattache aussi les formes pennées à une ramification dichotomique à l'origine, devenue sympodique par le développement ultérieur, parce que alternativement une branche droite et une branche gauche de la dichotomie se développe moins que sa congénère et forme ainsi un segment latéral, tandis que la plus forte branche continue la direction primitive et constitue la nervure médiane apparente de la feuille ou de la foliole (2).

Développement des bourgeons adventifs. — La formation de bourgeons adventifs, c'est-à-dire indépendants de la ramification terminale de la tige, est, chez les Fougères, constamment liée aux feuilles. Ces bourgeons se développent, en effet, sur le pétiole, ou sur le limbe lui-même.

(1) A. Braun: Verjüngung, p. 123.

(2) Il faut d'ailleurs remarquer ici que M. Hofmeister emploie le terme *dichotomie* dans un sens beaucoup plus large qu'il n'est généralement admis. Il est à désirer que la science possède bientôt de nouvelles recherches, portant sur un grand nombre d'espèces et traitant aussi bien la formation de la feuille que la ramification terminale de la tige.

Les pousses d'origine pétiolaire du *Pteris aquilina* (fig. 261) s'insèrent sur la face dorsale de certains pétioles, près de la base. Dans l'*Aspidium filix mas* (fig. 262), elles se forment assez haut au-dessus de l'insertion du pétiole, le

Fig. 262. — *Aspidium filix mas.* — A. section longitudinale d'une extrémité de la tige: *r*, région terminale de la tige *st* ; *b,b*, les pétioles ; *b'*, une jeune feuille encore enroulée, les autres sont enveloppées par de longs poils écailleux ; *g*, faisceaux vasculaires. — B, un pétiole brisé de la même plante, portant en *k* un bourgeon pourvu de plusieurs feuilles ; *w*, une racine de ce bourgeon. — C, un semblable pétiole en section longitudinale, portant en *w* une racine, en *h* un bourgeon. — D, une extrémité de tige dont les pétioles ont été détachés pour montrer la disposition des feuilles ; les plus jeunes feuilles du bourgeon terminal sont seules conservées : les espaces situés entre les pétioles *b,b*, sont occupés par de nombreuses racines *w*, *w'* qui toutes s'échappent des pétioles eux-mêmes. — E, une extrémité de tige dont le parenchyme cortical a été enlevé pour montrer le réseau des faisceaux fibro-vasculaires *g*. — F, une maille de ce réseau légèrement grossie; on voit les portions basilaires des faisceaux qui se rendent aux feuilles.

plus souvent sur une de ses arêtes latérales. Elles apparaissent dans les deux cas, d'après M. Hofmeister, sur le jeune pétiole avant l'apparition de son limbe et avant la différenciation de son tissu. C'est une simple cellule superficielle du pétiole qui est la cellule mère de la pousse adventive. Le tissu d'alentour formant un bourrelet autour d'elle, cette cellule peut, dans le *Pteris aquilina*, se trouver reléguée au fond d'une petite cavité, où elle peut quelquefois demeurer longtemps à l'état de repos. Après la mort de la feuille, le pétiole demeure séveux et rempli de matières nutritives jusqu'au-dessus de son bourgeon, et dans l'*Aspidium filix mas*, il n'est pas rare de rencontrer des tiges puissantes, pourvues de nombreuses feuilles, encore attachées par leur extrémité infé-rieure au pétiole d'une tige plus âgée. Dans certains cas, comme dans le *Stru-thiopteris germanica*, les bourgeons pétiolaires produisent de longs stolons sou-terrains qui, pourvus d'écailles, redressent leur sommet et viennent épanouir au-dessus du sol une couronne de feuilles vertes ; dans le *Nephrolepis undulata*, ces stolons se renflent en tubercule à leur sommet.

Des bourgeons adventifs peuvent aussi se développer sur le limbe, en parti-culier dans beaucoup d'Aspléniées. Dans l'*Asplenium furcatum*, par exemple, ils apparaissent souvent en grand nombre au milieu de la face supérieure des segments ; dans l'*Aspl. decussatum*, à la base des folioles, ou peut-être à leur aisselle sur la nervure médiane. Le *Ceratopteris thalictroides* développe assez souvent de petits bourgeons dans tous les angles de ses feuilles, et si l'on place la feuille détachée sur un sol humide, ces bourgeons se dressent bientôt et s'allongent en autant de plantes vigoureuses. D'après M. Hofmeister, ces bour-geons naissent aussi aux dépens de certaines cellules superficielles de la feuille. Les longues feuilles pendantes de certaines Fougères viennent toucher le sol par leur pointe, s'enracinent et y développent parfois aussi de nouvelles pousses (*Chrysodium flagelliferum*, *Woodwardia*, etc.).

Développement et structure des racines. — A mesure qu'elle s'accroît, la tige produit incessamment en série acropète de nouvelles racines qui, dans les espèces rampantes, la fixent aussitôt au sol. Chez le *Pteris aquilina*, ces nou-velles racines se forment immédiatement au-dessous du sommet végétatif et elles peuvent ici, comme dans l'*Aspidium filix mas*, s'échapper aussi des bour-geons adventifs pétiolaires encore très-jeunes. Nous avons déjà dit plus haut que dans cette dernière plante, dont la tige développée est entièrement recou-verte par les pétioles des feuilles, toutes les racines naissent de ces pétioles et non de la tige elle-même. Dans les Fougères arborescentes la partie inférieure de la tige, notamment, est entièrement recouverte de racines grêles, qui, s'accroissant vers le bas, forment tout autour d'elle une gaîne de plusieurs pouces d'épaisseur, avant de venir s'enfoncer dans le sol ; la tige acquiert par là une base apparente plus large, quoiqu'elle soit précisément beaucoup plus mince à cet endroit que plus haut ; mais, même sur les portions supérieures de la tige, on voit de nombreuses racines. Dans les petites plantes, les racines sont très-grêles, mais sur les gros troncs elles atteignent environ 1 à 3 milli-mètres d'épaisseur (1). Elles sont cylindriques, ordinairement revêtues d'un grand nombre de poils feutrés et colorés en brun ou en noir.

Le développement des racines des Fougères a été étudié par MM. Nägeli et Leitgeb (2).

<hr>

(1) Les racines du *Marattia lœvis* acquièrent 5-6 millim., celles de l'*Angiopteris erecta* 8-10 millim. de diamètre et même davantage. (*Trad.*)

(2) Sitzungsberichte der bayer. Akad. der Wiss. 1865, 15 décembre. — Pour ce qui suit, il fau-dra se reporter à la description donnée plus loin pour les Équisétacées, description qui, dans tous les points essentiels, convient aussi aux Fougères et aux Rhizocarpées ; voir aussi p. 167, fig. 102.

La cellule terminale a la forme d'une pyramide à trois faces dont la base convexe et équilatérale est tournée en dehors. Les segments de la coiffe, ou calottes, détachés parallèlement à cette base par des cloisons convexes, se partagent tout d'abord en quatre cellules en croix et de telle sorte que, dans les calottes successives, les croix alternent à 45 degrés. Chacune de ces quatre cellules d'une calotte se partage ensuite en deux cellules externes et une cellule interne ou centrale, de sorte que la calotte est alors formée de quatre cellules intérieures en croix et de huit cellules extérieures. D'autres divisions peuvent s'y opérer ensuite ; les cellules centrales de la calotte croissent plus rapidement dans le sens de l'axe et peuvent se diviser par des cloisons transversales ; la calotte acquiert par là, dans sa région médiane, deux ou plusieurs assises d'épaisseur.

Entre la formation d'une calotte et celle de la calotte suivante, la cellule terminale détache habituellement trois segments parallèlement à ses trois faces latérales, segments qui s'empilent en trois séries pour former le corps de la racine. Chaque segment, en forme de table triangulaire, occupe le tiers de la périphérie de la racine et se divise d'abord, par une cloison longitudinale radiale, en deux moitiés inégales. La section transversale de la racine possède alors six cellules ou sextants, dont trois parviennent jusqu'au centre et s'y touchent, tandis que les trois autres n'atteignent pas le centre. Chacun de ces sextants se partage ensuite par une cloison tangentielle, c'est-à-dire parallèle à la surface, en une cellule intérieure et une cellule extérieure. La cellule intérieure forme le faisceau vasculaire, qui procède ainsi des six cellules centrales, tandis que les six cellules externes sont l'origine du parenchyme cortical et de l'épiderme.

Si la racine devient épaisse, les six cellules corticales se divisent par des cloisons radiales ; si elle demeure grêle, cette division ne s'opère pas. Ces six ou douze cellules corticales se divisent ensuite par une cloison tangentielle, et le faisceau vasculaire est maintenant enveloppé par deux assises cellulaires, dont l'externe forme l'épiderme de la racine et l'interne son parenchyme cortical. Le plus souvent l'épiderme demeure formé d'une seule assise, parce que ses cellules ne se divisent que par des cloisons perpendiculaires à la surface ; mais dans quelques Fougères (*Polypodium, Blechnum, Cystopteris*), l'assise épidermique est double. Quant à l'assise située entre l'épiderme et le faisceau vasculaire axile, elle se dédouble bientôt, et il se constitue par des divisions ultérieures une zone externe et une zone interne dans le parenchyme cortical. Dans la racine développée il ne subsiste le plus souvent aucune différence entre ces deux zones ; mais dans certaines Fougères la zone interne est formée de cellules longues et à parois épaisses, et la zone externe de cellules courtes et à parois minces.

Comme nous venons de le voir, le faisceau fibro-vasculaire consiste à l'origine en six cellules sur la coupe transversale. Ces six cellules se divisent simultanément par une cloison tangentielle en formant chacune une cellule tabulaire externe et une cellule interne. Les six cellules externes, en se divisant encore, produisent un tissu que MM. Nägeli et Leitgeb désignent sous le nom de *pericambium*, et dont les cellules larges mais courtes se distinguent, dans la racine développée, par leurs parois minces et leur contenu mucilagineux et granuleux. Les six cellules internes vont constituer le faisceau vasculaire proprement dit. A cet effet, elles se divisent dans toutes les directions, et le développement de ces cloisons est centrifuge ; la division terminée, les cellules périphériques sont notablement plus petites que les cellules centrales. La formation des vaisseaux commence à la face interne du pericambium, par la constitution d'un vaisseau unique en deux ou trois points périphériques équidistants. Elle progresse ensuite, tantôt en se dirigeant directement vers le centre, tantôt en formant d'abord quelques vaisseaux à droite et à gauche du premier, et développe ainsi une rangée diamétrale de vaisseaux, s'il y a deux points de départ périphériques, ou une croix à trois branches s'il y en a trois. Dans les racines très-grêles, elle peut se réduire au développement du premier vaisseau de chaque rangée ; dans les racines plus grosses on voit au centre un ou plusieurs larges vaisseaux qui ne se lignifient que tardivement. Les cellules étroites situées à la périphérie et entre les faisceaux de vaisseaux forment, en épaississant leurs parois, la couche libérienne du faisceau (1).

(1) Comme on vient de le voir, la racine des Fougères possède, sous l'épiderme, un parenchyme cortical enveloppant un cylindre central. Le parenchyme cortical est limité en dedans (fig. 262 *bis* et fig. 262 *ter*) par une rangée de cellules (*p*) munies de plissements échelonnés sur leurs faces latérales, et constituant la membrane protectrice, ou endoderme, que l'on rencontre

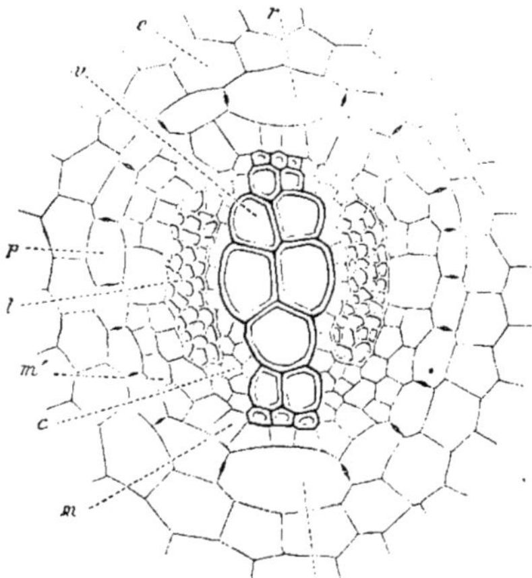

Fig. 262 *bis*. — Section transversale de la région centrale d'une racine de *Cyathea medullaris*. — *c*, avant-dernière assise du parenchyme cortical ; *p*, membrane protectrice ou endoderme, dernière assise de ce parenchyme, dont les cellules portent, sur leurs faces latérales, des marques noires indicatrices de leurs plissements échelonnés ; c'est dans cette assise que se trouvent comprises les cellules rhizogènes *r* ; *m*, membrane périphérique du cylindre central, dédoublée en *m'* ; *c*, bande vasculaire formée de deux faisceaux vasculaires centripètes qui sont venus se rejoindre au centre : *l.l*, deux faisceaux de cellules libériennes ; *c*, tissu conjonctif peu développé.

aussi dans la racine de toutes les Phanérogames ; mais ici c'est cette assise plissée qui contient les cellules mères des radicelles (*r*). Tantôt toutes les cellules de ce parenchyme cortical conservent leurs parois minces (*Lastræa, Adiantum, Asplenium, Osmunda, Cyathea, Marattia*, etc.). Tantôt les cellules de la zone interne s'épaississent fortement soit uniformément, soit surtout sur les faces internes et latérales ; les larges cellules externes ont alors leurs parois minces ornées soit de simples ponctuations (*Nephrodium, Polystichum, Pteris*, etc.), soit de bandes spiralées (*Phymatodes, Polypodium*, etc.). Dans les *Angiopteris*, le parenchyme cortical renferme de grandes cellules à paroi flasque, superposées en séries longitudinales, et remplies d'un liquide mucilagineux riche en tannin. Dans les *Marattia*, on y voit, outre de semblables laticifères à tannin, de larges canaux gommifères.

Le cylindre central commence par une assise cellulaire (*m*) quelquefois dédoublée (pericambium).

Les racines des Fougères se ramifient exclusivement en monopodie ; les radicelles y naissent, en effet, en série acropète sur la face externe des faisceaux vasculaires contenus dans le faisceau axile, c'est-à-dire le plus souvent en deux rangées, rarement en trois ou quatre rangées. Les cellules mères des radicelles appartiennent à l'assise la plus interne du parenchyme cortical et sont séparées du vaisseau le plus externe de chaque rangée par le pericambium. Ces cellules mères sont déjà développées au voisinage du sommet, quand les vaisseaux ne sont pas encore formés. On ne voit jamais apparaître de radicelles adventives, c'est-à-dire de radicelles formées en arrière de radicelles déjà développées. La cellule mère d'une radicelle produit d'abord, par trois cloisons obliques, sa cellule terminale en forme de pyramide à trois faces, puis de cette cellule terminale se sépare la première calotte de la coiffe. S'il naît deux faisceaux vasculaires primordiaux dans le faisceau central de la radicelle, ces faisceaux sont situés à droite et à gauche de la racine mère. L'écorce de la racine mère est simplement percée par le développement de la radicelle, sans former de gaîne autour de sa base.

Structure de la tige et de la feuille. — Les racines, nous venons de le voir, ne renferment qu'un seul faisceau vasculaire axile ; il en est de même dans les

contre laquelle s'appuient ordinairement (fig. 262 *bis*) deux faisceaux vasculaires centripètes (*v*), se touchant au centre pour former une bande diamétrale, et deux faisceaux libériens (*l*) étalés tangentiellement et séparés des faisceaux vasculaires par quelques cellules conjonctives (*c*). Des racines plus épaisses présentent 3 ou 4 faisceaux vasculaires, qui confluent en une étoile à 3 ou 4 branches. Enfin dans les grosses racines de *Marattia* et d'*Angiopteris* (fig. 262 *ter*), le large cy-

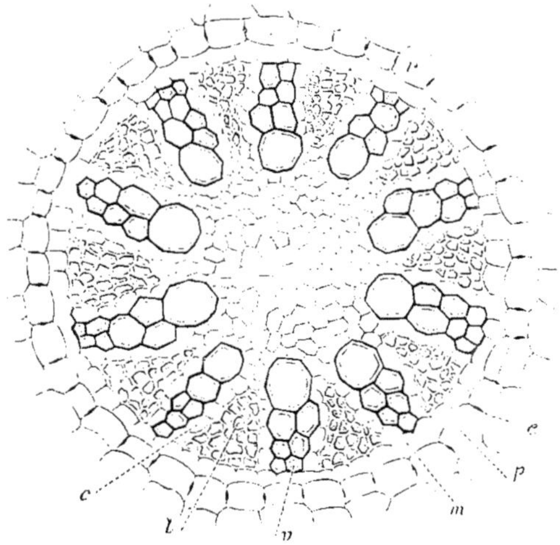

Fig. 262 *ter*. — Section transversale de la région centrale d'une racine de *Marattia lævis*. — Mêmes lettres que dans la figure 262 *bis* ; les nombreux faisceaux vasculaires *v* laissent au centre un large espace occupé par le tissu conjonctif *c* ; ce tissu conjonctif s'insinue latéralement entre les faisceaux vasculaires *v* et les faisceaux libériens *l*.

lindre central possède jusqu'à 15 et 20 faisceaux vasculaires rayonnants (*v*), qui sont fort loin de se rejoindre au centre, et autant de faisceaux libériens alternes (*l*), également lamelliformes et rayonnants, mais projetés moins loin vers le centre que les faisceaux vasculaires. Ces faisceaux libériens sont unis latéralement aux vasculaires par un tissu conjonctif (*c*), qui remplit aussi le grand espace laissé libre au centre, en y formant une sorte de moelle.   (*Trad.*)

tiges filiformes, très-grêles, comme celles des Hyménophyllacées, et dans les jeunes plantules des grandes espèces. Mais quand les tiges de ces dernières et leurs pétioles sont devenus épais, on y voit, à la place du faisceau axile, un réseau de faisceaux anastomosés entre eux et formant un cylindre creux à larges mailles qui sépare le tissu fondamental de la tige en une région externe ou corticale et une région interne ou médullaire (fig. 262 *A* et *E*). Mais il n'est pas rare d'y rencontrer, en outre, des faisceaux isolés et indépendants du réseau ; ainsi la tige du *Pteris aquilina* possède, à l'intérieur de sa moelle, deux larges et puissants faisceaux propres à la tige (*i*, *g*, fig. 263 *A*); ainsi encore les Fougères arborescentes ont, disséminés dans la moelle, de nombreux petits faisceaux filiformes qui pénètrent dans les pétioles des feuilles à travers les mailles du réseau principal (1). Les faisceaux principaux, qui forment le réseau cylindrique, sont le plus souvent aplatis en forme de larges rubans, et, dans les Fougères arborescentes, ils reploient fréquemment leurs bords vers l'extérieur. C'est de ces bords que s'échappent les faisceaux minces et filiformes qui se rendent à la feuille et qui sont d'autant plus nombreux que le pétiole est plus gros. Ces branches foliaires peuvent aussi se fusionner latéralement en lames de diverses formes (*Pteris aquilina*), ou courir parallèlement les uns à côté des autres. Le pétiole est toujours inséré sur une maille du réseau cylindrique formé par les faisceaux principaux de la tige.

Tous les gros faisceaux de la tige paraissent être propres à la tige, c'est-à-dire indépendants des feuilles. Chez le *Pteris aquilina*, M. Hofmeister a vu, en effet, que dans les extrémités allongées et dépourvues de feuilles, ils offrent la même distribution que dans les portions feuillées, ce qui prouve que leur disposition ne dépend pas des feuilles comme dans les Phanérogames. D'autre part, on peut suivre l'extrémité des faisceaux jusqu'au voisinage même de la cellule terminale de la tige, c'est-à-dire jusqu'à un endroit où les pétioles voisins ne possèdent encore aucune trace de faisceaux.

Comme ceux de toutes les Cryptogames vasculaires, les faisceaux vasculaires des Fougères sont fermés ; ils consistent en un corps ligneux enveloppé tout autour par une couche libérienne (fig. 264). Sauf quelques vaisseaux spiralés étroits, situés aux foyers de la section elliptique du faisceau, le bois est formé de cellules vasculaires à ponctuations aréolées, dont les ponctuations sont le plus souvent étendues transversalement en forme de fentes et dont les extrémités sont coupées obliquement en sifflet, ou amincies en fuseau ; ces séries de cellules superposées forment ce qu'on appelle des vaisseaux scalariformes. Entre ces vaisseaux se trouvent des cellules étroites, à parois minces, contenant de l'amidon en hiver. Le liber renferme, outre des cellules amylifères, analogues à ces dernières, de larges tubes criblés ou de larges cellules grillagées et, vers la périphérie, des fibres étroites, à paroi épaisse, semblables à des fibres libériennes. Le faisceau tout entier est enveloppé le plus souvent par une gaine très-nette de cellules étroites, constituant la gaine des faisceaux ; ces cellules ont souvent, mais pas toujours, celle de leurs parois qui est tournée vers le faisceau fortement épaissie et colorée en rouge-brun.

(1) Pour plus de détails sur ce point, voir Mettenius : Ueber *Angiopteris*, Abhandl. der Sächs. Gesellsch der Wiss., 1864, VI.

Le tissu fondamental de la tige et du pétiole est, chez certaines espèces (*Polypodium aureum*, *P. vulgare*, *Aspidium filix mas*), uniquement composé de parenchyme à parois minces ; chez d'autres, comme les *Gleichenia*, les *Pteris* et les Fougères arborescentes, certaines parties du tissu fondamental, disposées en forme de faisceaux aplatis ou arrondis, transfooment leurs cellules qui deviennent prosenchymateuses, dures, à paroi brune et fortement épaissie ; Mettenius a décrit ce tissu sous le nom de *sclérenchyme*. Dans la tige du *Pteris aquilina* (fig. 263 *A*) on voit deux de ces épais rubans de sclérenchyme (*pr*) entre les faisceaux vasculaires centraux et les périphériques, et l'on distingue en outre, sur

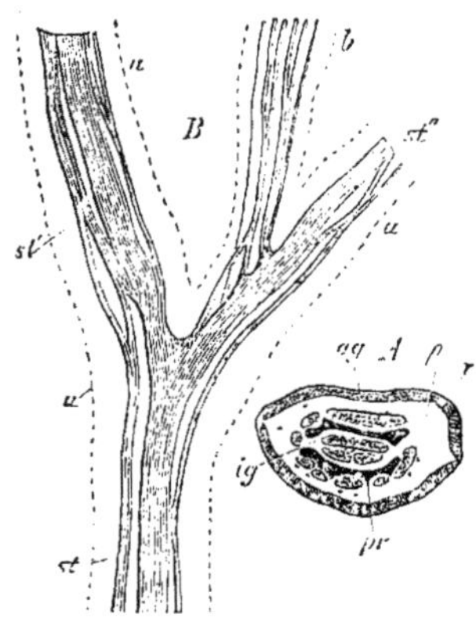

Fig. 263. — *Pteris aquilina*. — A. Section transversale de la tige ; *r*, étui brun formé par la couche de sclérenchyme sous-épidermique ; *p*, parenchyme mou et incolore du tissu fondamental ; *pr*, larges rubans sclérenchymateux du tissu fondamental ; *ig*, faisceaux vasculaires internes ; *og*, faisceau principal supérieur, le plus large de ceux du réseau externe. — B, ce faisceau supérieur de la tige, isolé complétement *st*, avec ses branches de bifurcation *st'* et *st"* ; *h*, faisceaux du pétiole ; *uu*, contour idéal de la tige (grandeur naturelle).

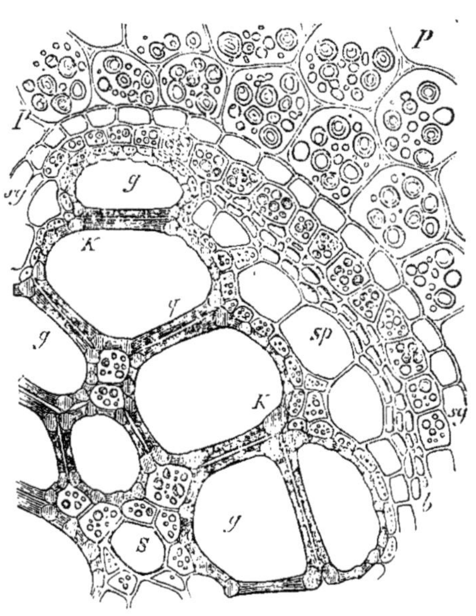

Fig. 264. — Un quart de la section transversale d'un faisceau vasculaire de la tige du *Pteris aquilina*, avec une portion du parenchyme voisin amylacé PP. — *sg*, la gaine du faisceau ; *b*, la couche de fibres libériennes ; *sp*, les larges tubes criblés ; *g,g*, les larges vaisseaux scalariformes ; *S*, un vaisseau spiralé entouré de cellules amylifères (300).

la section transversale, d'autres filets plus grêles de sclérenchyme comme autant de points sombres disséminés au milieu du parenchyme incolore. Ailleurs, comme dans le *Polypodium vaccinifolium* et les Fougères arborescentes, il se forme, autour des faisceaux vasculaires, des gaînes de sclérenchyme sombre, dont Mohl a reconnu le premier la véritable nature.

Souvent aussi la couche sous-épidermique du tissu fondamental des tiges épaisses et des gros pétioles devient sclérenchymateuse et forme un étui brun sombre, dur et solide ; il en est ainsi dans le *Pteris aquilina* et les Fougères arborescentes (fig. 263 *A*, *r*). Pour permettre, malgré cette épaisse cuirasse, l'accès de l'air nécessaire au parenchyme interne, riche en substances assimilées, l'étui solide est interrompu, dans la tige du *Pteris aquilina*, suivant deux lignes latérales, le long desquelles le parenchyme incolore arrive jusque sous l'épiderme. Dans les Fougères arborescentes, au contraire, le même but est atteint par des fossettes situées aux coussinets des feuilles et où le sclérenchyme est remplacé par un tissu lâche et pulvérulent (Mohl).

Il faut encore signaler ici, comme une particularité histologique intéressante, les glandes pédicellées arrondies, rencontrées par Schacht dans le tissu fondamental de la tige de l'*Aspidium filix mas*, et que j'ai aussi retrouvées dans le parenchyme vert de la feuille et sur les pédicelles sporangifères de cette même plante (fig. 266, *C*, *d*).

C'est seulement dans les Hyménophyllacées que le limbe foliaire est formé, comme celui des Mousses, d'une seule assise cellulaire ; dans toutes les autres Fougères, il est plus épais et on y trouve, entre l'épiderme supérieur et l'épiderme inférieur, un parenchyme spongieux riche en chlorophylle, un mésophylle, traversé par les faisceaux vasculaires qui constituent les nervures de la feuille. L'épiderme de la feuille des Fougères se distingue par les grains de chlorophylle qu'il renferme et par les particularités de structure des stomates qui ont été signalées dans l'étude des tissus, livre Ier.

La distribution des nervures dans le mésophylle est très-variée. Parfois elles courent en se dichotomisant sous des angles aigus et en divergeant en forme d'éventail, depuis la base jusqu'au sommet, sans s'anastomoser et sans former une nervure médiane plus puissante. Plus souvent le limbe entier, ou un segment du limbe lobé, partite ou composé, se trouve traversé par une nervure médiane très-nette quoique peu proéminente, et de laquelle s'échappent latéralement des faisceaux plus grêles qui se ramifient à leur tour, soit en dichotomie, soit en monopodie, et parviennent enfin jusqu'au bord ; les plus fines nervures s'anastomosent fréquemment alors comme dans la plupart des feuilles de Dicotylédones, et la surface du limbe se trouve ainsi partagée en aréoles d'aspect caractéristique.

Structure des poils. — Les poils des Fougères ont une conformation très-diverse. Non-seulement sur les racines elles-mêmes, mais aussi sur les tiges souterraines et sur les bases des pétioles, il naît de vrais poils radicaux, c'est-à-dire des poils tubuleux simples, non articulés (*Pteris aquilina*, Hyménophyllacées). Les tiges qui rampent au-dessus du sol et leurs pétioles sont munis d'un grand nombre de ces poils multicellulaires, lamelliformes, de couleur brunâtre ou brun sombre, et caducs, que l'on a désignés sous le nom de poils écailleux, et qui, atteignant de 1 à 6 centimètres de longueur, enveloppent souvent complétement les diverses parties du bourgeon (*Polypodium*, *Cibotium*, etc.). Sur le limbe se développent parfois de longues et fortes épines (*Acrostichum crinitum*) et souvent des poils articulés fins et délicats. Enfin les sporanges eux-mêmes, que nous allons étudier maintenant, ne sont que des poils métamorphosés.

Sporanges et sores. — Les sporanges des Fougères ont la valeur morphologique de poils des feuilles. Ils naissent aux dépens d'une cellule épidermique et sont des capsules pédicellées dont la paroi ne contient à la maturité qu'une seule assise de cellules. Souvent une rangée de ces cellules pariétales, rangée transversale, ou oblique, ou longitudinale se transforme d'une façon particulière et porte alors le nom d'*anneau*, et c'est par la contraction de cet anneau sous l'influence de la dessiccation que la capsule se déchire à la maturité ; cette déchirure a toujours lieu perpendiculairement au plan de l'anneau. Ailleurs, au lieu de l'anneau, c'est un groupe terminal ou latéral de cellules pariétales qui se développe et agit de la même manière.

Les sporanges sont habituellement groupés et chaque groupe est désigné sous le nom de *sore*. Le sore renferme des sporanges, soit en nombre faible et déterminé, soit en nombre considérable et indéterminé, et parmi les sporanges on y voit fréquemment encore des poils articulés délicats appelés *paraphyses*. Souvent le sore tout entier est recouvert par une simple excroissance de l'épiderme appelée *indusie vraie* (fig. 265 et 266) ; ailleurs ce revêtement consiste en un repli du tissu de la feuille lui-même, il contient plusieurs assises cellulaires et porte même des stomates, on le nomme *fausse indusie* ; ailleurs encore le revêtement du sore provient simplement de ce que le bord de la feuille se rabat ou s'enroule au-dessus de lui. Dans les Lygodiées, chaque sporange est individuellement enveloppé par une excroissance en forme de poche du tissu de la feuille, excroissance qui ressemble à une bractée (1).

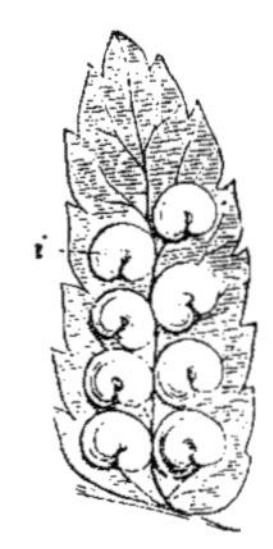

Fig. 265. — *Aspidium filix-mas*. Face intérieure d'un segment du limbe, montrant huit indusies *i* ; gross. 2 fois.

Il ne se forme ordinairement pas de sores sur toutes les feuilles de la plante développée ; parfois les groupes de feuilles fertiles et les groupes de feuilles stériles alternent avec une périodicité régulière, comme dans le *Struthiopteris germanica*. Tantôt les sores sont également répartis sur toute la surface du limbe, tantôt ils y sont localisés sur certaines portions de la surface. Les feuilles fertiles peuvent être, en tout le reste, parfaitement semblables aux feuilles stériles, ou bien s'en distinguer d'une manière frappante. Cette différence est amenée assez souvent parce que le développement du mésophylle situé entre les nervures fertiles s'arrête tout à fait ou en partie. La feuille fertile, ou la portion fertile d'une pareille feuille, paraît alors comme une sorte d'épi ou de grappe garnie de sporanges (*Osmunda, Aneimia*).

Les sporanges procèdent habituellement de l'épiderme des nervures de la feuille et sur la face inférieure du limbe. Mais dans les Acrostichacées, ils prennent leur origine aussi bien sur tous les points du mésophylle que sur les nervures ; dans les *Olfersia* ils couvrent les deux faces de la feuille jusqu'aux flancs de la nervure médiane, mais dans les *Acrostichum* ils n'occupent que la face inférieure. Quand, ce qui est le cas ordinaire, les nervures sont le siége exclusif des sporanges, elles peuvent, soit ressembler aux nervures stériles, soit subir, aux endroits où elles portent les sores, des transformations particulières, se renfler par exemple en coussinet et former un réceptacle, ou bien se prolonger au delà du bord, comme dans les Hyménophyllacées. Le sore peut occuper l'extrémité même d'une nervure, qui se dichotomise souvent en ce

(1) Bien que la Botanique descriptive se serve du mode de groupement des sporanges et de la forme de l'indusie pour caractériser les familles, on sait peu de chose à leur égard, au point de vue morphologique. Avant tout, il serait à désirer que l'on eût bientôt une histoire du développement des sores formés de sporanges dits soudés des *Marattia, Kaulfussia, Danæa*.

point, de manière que le sore est situé dans l'angle de bifurcation; il peut aussi se développer en arrière de l'extrémité de la nervure; il peut enfin régner le long de la nervure sur une plus ou moins grande étendue. Parfois les nervures fertiles cheminent très-près du bord de la feuille, ailleurs près de la nervure médiane, etc.

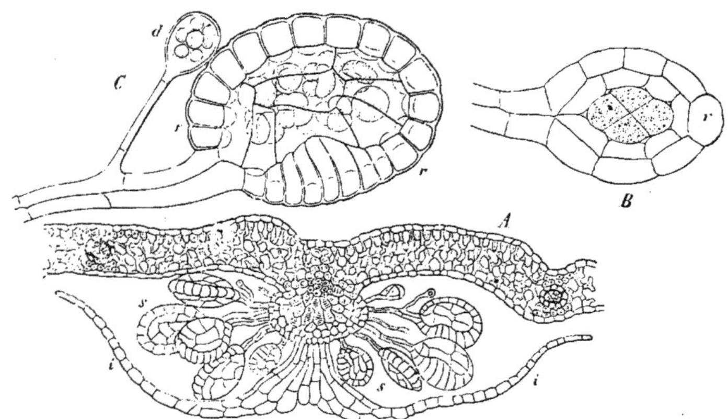

Fig. 266. — *Aspidium filix mas*. — *A*, section transversale de la feuille avec un sore formé de sporanges *s* et de l'indusie *ii*; à droite et à gauche on voit dans le mésophylle de la feuille un petit faisceau vasculaire, dont la gaine montre ses parois épaissies et brunes du côté du faisceau. — *B*, jeune sporange, dont l'anneau est perpendiculaire au plan du papier; *r*, sa cellule supérieure; à l'intérieur on voit quatre cellules, nées par la division de la cellule centrale. — *C*, vue latérale d'un sporange presque mûr; *rr*, l'anneau; *d*, la glande pédicellée particulière à cette espèce: dans la capsule on aperçoit par transparence les jeunes spores qui viennent de se former.

Développement du sporange et des spores. — Le développement du sporange (1) n'est bien connu que chez les Polypodiacées (fig. 266 et 267). Il procède d'une excroissance papilliforme d'une des cellules épidermiques qui forment le fond du sore. Avant la formation du sporange, la cellule épidermique en question se trouve, d'après M. Rees, encore une fois divisée par deux cloisons en croix. La papille est d'abord séparée par une cloison transversale; puis, quand elle s'est allongée, il se forme dans cette cellule mère du sporange une nouvelle cloison transversale : la cellule inférieure forme le pédicelle, la supérieure la capsule du sporange. La cellule du pédicelle, par des cloisons transversales intercalaires et des cloisons longitudinales, acquiert le plus souvent trois séries de cellules. La cellule mère de la capsule, à peu près hémisphérique, se transforme d'abord par quatre cloisons obliques successives en quatre cellules pariétales plan-convexes et en une cellule centrale tétraédrique; les premières subissent des divisions ultérieures perpendiculaires à la surface, tandis que la cellule centrale produit de nouveau quatre segments tabulaires parallèles aux quatre premières cellules pariétales. Ces cellules pariétales internes se divisent à leur tour par des cloisons perpendiculaires à la surface de la capsule, dont l'enveloppe acquiert ainsi deux assises cellulaires, et même trois as-

(1) Dans le même sore on trouve, quand les premiers sporanges sont déjà mûrs, tous les états de développement des sporanges plus jeunes.

sisses suivant M. Rees. Parmi les cellules de la couche pariétale externe, celles qui doivent former l'anneau se partagent ultérieurement encore par des cloisons parallèles entre elles et perpendiculaires à la surface de la capsule et à la ligne médiane de l'anneau, jusqu'à ce que soit atteint le nombre déterminé de cellules qui composent cet anneau ; ces cellules se renflent ensuite et proéminent au-dessus de la surface générale de la capsule.

Pendant ce temps, la cellule tétraédrique centrale forme, par une série de bipartitions successives, les cellules mères des spores, tandis que les cellules de la couche pariétale interne sont résorbées. Jointe à l'accroissement superficiel de la couche pariétale externe, cette résorption agrandit notablement la capacité intérieure du sporange, de sorte que l'ensemble des cellules mères, qui sont toujours, suivant M. Rees, au nombre de douze, nage en liberté dans le liquide qui remplit le sporange (fig. 266, C). Pour les autres particularités, il faudra consulter le travail de M. Rees ; les figures 266 et 267 venaient d'être

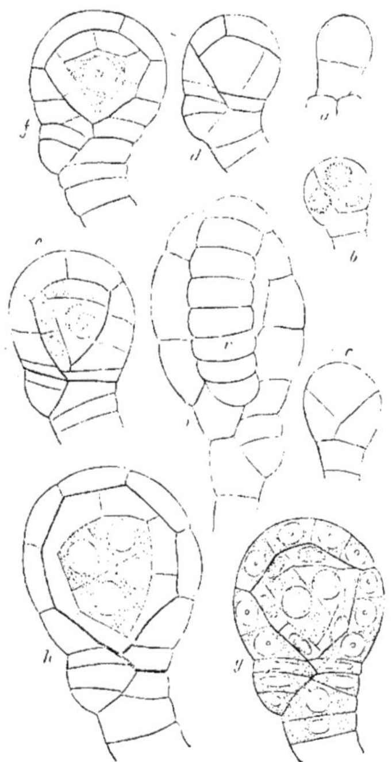

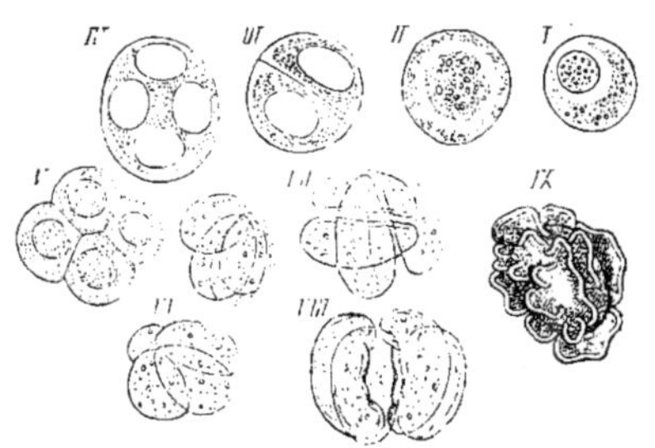

Fig. 267. — Développement du sporange de l'*Asplenium Trichomanes* ; la série des états suit les lettres *a-i*. Dans la figure *i*, *r* représente l'anneau ; les autres figures étant vues en coupe longitudinale optique, leur anneau est perpendiculaire au plan du papier.

Fig. 268. — Développement des spores de l'*Aspidium filix mas* (550). Voir le texte.

gravées sur bois lorsque les recherches détaillées de ce botaniste ont été publiées, et dans tous les points essentiels elle viennent confirmer ses observations. Il ne peut donc plus être question maintenant d'une genèse des cellules mères par formation libre, comme on le pensait autrefois.

Chaque cellule mère (fig. 268, *I*) est pourvue, dans l'*Aspidium filix mas*, d'un noyau très-net ; ce noyau se redissout ensuite (*II*), puis deux nouveaux noyaux clairs apparaissent, entre lesquels on aperçoit parfois une ligne de séparation très-marquée (*III*). Ces deux noyaux qui semblent indiquer une bipartition commençante se redissolvent bientôt à leur tour, et à leur place apparaissent quatre nouveaux noyaux plus petits (*IV*); après quoi la cellule mère se partage en quatre spores (*V*), dont la disposition relative est fort diverse, comme l'attestent les figures *VI*, *VII* et *VIII*. La spore se revêt bientôt d'une membrane qui se dédouble plus tard en une endospore formée de cellulose et en une exospore brune, cuticularisée et pourvue de bandes d'épaississement (*IX*). Le contenu de la spore renferme de la chlorophylle.

Les spores de beaucoup de Polypodiacées conservent pendant longtemps leur faculté germinative, mais par contre elles germent lentement; celles des Hyménophyllacées, au contraire, commencent souvent à germer dès avant leur sortie de la capsule.

CLASSIFICATION DES FOUGÈRES. — La répartition des Fougères en familles, telle qu'on la donne habituellement dans les Traités, est artificielle et fondée sur la forme des sporanges mûrs et des sores. Les groupes que nous avons bien des fois nommés plus haut sont seuls connus avec un peu plus de précision, et il paraît certain que les Hyménophyllacées renferment les types les plus inférieurs de la classe, ceux qui sont alliés de plus près aux Muscinées. Les liens de parenté des autres familles entre elles et avec celle-là sont encore inconnus, mais il est probable que les Hyménophyllacées sont le point de départ commun d'au moins deux séries de familles.

Mettenius (Filices hort. bot. Lips.) distingue dans la classe des Fougères les familles suivantes, que je dispose ici dans un ordre différent :

<table>
<tr><td>1. Hyménophyllacées.</td><td>5. Marattiacées (voir plus loin).</td></tr>
<tr><td>2. Gleichéniacées.</td><td>6. Cyathéacées.</td></tr>
<tr><td>3. Schizæacées.</td><td>7. Polypodiacées.</td></tr>
<tr><td>4. Osmondacées.</td><td></td></tr>
</table>

Voici maintenant, d'après le travail de Mettenius, les caractères de ces familles; j'y ajoute quelques faits qui pourront servir à compléter les observations morphologiques exposées plus haut.

1. Hyménophyllacées. — Les sporanges des Hyménophyllacées ont un anneau complet, oblique ou transversal, s'ouvrent, par conséquent, par une fente longitudinale, et sont insérés sur un prolongement de la nervure fertile au delà du bord de la feuille, prolongement appelé *columelle* et qui est entouré par une indusie cupuliforme.

Les anthéridies et les archégones naissent principalement sur les prothalles lamelliformes et aux dépens de leurs cellules marginales. Pour porter les archégones, il se forme un coussinet basilaire à plusieurs épaisseurs de cellules.

La mésophylle des feuilles consiste le plus souvent en une seule assise cellulaire, et naturellement il est alors dépourvu de stomates ; mais on rencontre des stomates dans les *Loxosoma* où le limbe foliaire a plusieurs assises cellulaires. — La tige, fréquemment rampante, est le plus souvent très-mince et pourvue d'un seul faisceau fibro-vasculaire axile. — Toutes les espèces n'ont pas de vraies racines ; quand les racines manquent, c'est la tige elle-même qui porte les poils radicaux. Ainsi Mettenius a signalé, comme totalement privées de racines, de nombreuses espèces de *Trichomanes*, et chez toutes, les ramifications de la tige prennent une trompeuse analogie avec des racines. À cet effet, les axes se développent beaucoup plus rapidement que les feuilles; ordinairement même plusieurs entre-nœuds ont entièrement terminé leur allongement, quand les feuilles qui leur appartiennent sont encore très-petites et à peine visibles; ces rameaux, en apparence et peut-être quelquefois en réalité, dépourvus de feuilles se ramifient souvent encore un grand nombre de fois. — La formation du tissu dans les plantes de cette famille présente aussi bien des particularités, pour lesquelles on consultera le travail de Mettenius (*loc. cit.*).

L'extrémité fertile des nervures, longuement prolongée au delà du bord du limbe, c'est-à-dire la columelle, s'allonge par accroissement intercalaire, et par conséquent les nouveaux sporanges s'y succèdent en direction basipète; ils s'insèrent tous d'ailleurs en série spiralée le long de la columelle. Les sporanges, qui paraissent sessiles, sont bi-convexes et attachés à la columelle par une de leurs convexités; l'anneau qui sépare les deux faces convexes, et qui proémine en forme de bourrelet, est le plus souvent oblique et partage le contour en deux moitiés inégales. Dans les *Loxosoma*, les sporanges sont pyriformes et nettement pédicellés. On ne rencontre de paraphyses que dans certaines espèces d'*Hymenophyllum*.

2. **Gleichéniacées.** — Les Gleichéniacées ont des sporanges sessiles à anneau transversal complet et, par suite, à déhiscence longitudinale. Les sores sont dorsaux, sans indusie, le plus souvent composés d'un petit nombre de sporanges, parfois même de trois ou quatre seulement. Le bourgeonnement du limbe foliaire a été signalé plus haut; le pétiole n'est pas articulé.

3. **Schizæacées.** — Les sporanges ovoïdes ou pyriformes des Schizæacées sont sessiles ou brièvement pédicellés; l'anneau forme une zone terminale en forme de calotte et est complet; la déhiscence est par conséquent longitudinale. Dans toutes les espèces, le pétiole ne renferme qu'un seul faisceau vasculaire. Dans les *Lygodium* le pétiole, doué d'un allongement indéfini, est volubile, et ses premières ramifications terminent leur accroissement en formant une lamelle non enroulée, qui dans le *L. tenue* peut se transformer en un pétiole doué d'allongement indéfini; les deux folioles situées à la base de chaque ramification primaire de la feuille ont un limbe élargi dont l'accroissement est déterminé. Les segments fertiles sont spiciformes et portent, sur leur face inférieure, chacun deux rangées de sporanges; chaque sporange est niché dans une excroissance en forme de poche du tissu de la feuille. A ce groupe appartiennent aussi les *Schizæa* et *Aneimia*.

4. **Osmondacées.** — Les sporanges des Osmondacées sont brièvement pédicellés, arrondis et dissymétriques, ayant au lieu d'anneau un groupe de cellules conformées d'une façon particulière et situé latéralement au-dessous du sommet; ils s'ouvrent longitudinalement du côté opposé. Les folioles fertiles des *Osmunda* sont contractées, c'est-à-dire n'ont pas leur mésophylle développé; celles des *Todea* ressemblent aux folioles stériles.

5. **Cyathéacées.** — Les sporanges des Cyathéacées ont un anneau complet, oblique, excentrique et une déhiscence transversale; l'indusie est de forme variable ou n'existe pas; le sore est fréquemment porté sur un réceptacle fortement développé. Le pétiole non articulé se continue sans interruption avec la

tige. Les genres *Cibotium, Balantium, Alsophila, Hemitelia, Cyathea* renferment des espèces dont la tige, dressée en colonne, est pourvue de grandes feuilles souvent composées pennées à plusieurs degrés.

6. **Polypodiacées.** — Les sporanges des Polypodiacées ont un anneau longitudinal incomplet, et par suite ils s'ouvrent transversalement. C'est, de toute la classe des Fougères, la famille la plus riche en espèces. Mettenius y distingue les tribus suivantes :

a. Acrostichées. — Les sores recouvrent à la fois le mésophylle et les nervures de la face inférieure ou des deux faces de la feuille, ou sont situés sur un réceptacle épaissi qui longe les nervures ; pas d'indusie (*Acrostichum, Polybotrya*).

b. Polypodiées. — Les sores occupent, soit le cours longitudinal des nervures, soit certaines de leurs anastomoses, soit le dos, soit l'extrémité épaissie des nervures ; ils sont nus ou très-rarement pourvus d'une indusie latérale (*Polypodium, Adiantum, Pteris*).

c. Aspléniées. — Le sore suit d'un côté le cours des nervures, recouvert par une indusie latérale, rarement sans indusie ; ou bien il dépasse au sommet le dos des nervures et est recouvert par une indusie émanée d'elles ; ou bien il occupe certaines anastomoses des nervures et est recouvert d'un seul côté par une indusie libre du côté de la nervure. Le pétiole n'est pas articulé (*Blechnum, Asplenium, Scolopendrium*).

d. Aspidiées. — Le sore est dorsal, avec indusie, rarement terminal sans indusie (*Aspidium, Phegopteris*).

e. Davalliées. — Le sore est terminal ou dans une dichotomie, avec indusie ; ou bien sur un arc anastomotique intra-marginal et recouvert par une indusie cupuliforme libre sur son bord externe (*Davallia, Nephrolepis*).

Marattiacées. — *Remarque.* — Comprises jusqu'à présent parmi les Fougères, les Marattiacées doivent, à cause de la structure toute différente de leur sporange, être séparées de cette classe et rapprochées des Ophioglossées et des Équisétacées ; c'est au moins ce qui résulte des observations préliminaires de M. Russow et des nouvelles recherches de M. Luerssen (Habilitationsschrift, Leipzig, 1872).

Les gros sporanges des *Marattia* sont, en effet, isolés sur les nervures latérales des folioles, auxquelles ils sont attachés par une petite base rétrécie en un court pédicelle. Les spores y sont renfermées dans deux rangées longitudinales de logettes, et elles proviennent, non comme dans les vraies Fougères d'une seule cellule mère primitive ou cellule centrale, mais d'un groupe de nombreuses cellules mères qui remplit à l'origine chaque logette. Chaque loge du sporange des *Marattia* correspond ainsi à chaque sporange des *Ophioglossum*. Cette parenté avec les Ophioglossées se resserre encore, si l'on considère les formations stipulaires des Marattiées, formations qui, étrangères aux vraies Fougères, présentent une certaine analogie avec celles des Ophioglossées.

CLASSE 7

Les Prêles (1).

GÉNÉRATION SEXUÉE : LE PROTHALLE. — Semées sur l'eau ou sur un sol humide, les spores fraîchement mûries des *Equisetum*, qui conservent peu de jours leur faculté germinative, montrent dès les premières heures les phases préparatoires de la germination. Dans l'espace de quelques jours, le prothalle se développe en une lame pluricellulaire, dont l'accroissement ultérieur est cependant très-lent.

Développement du prothalle. — Pourvue d'un noyau et de grains de chlorophylle, la spore grossit d'abord au début de la germination, devient pyriforme et se partage en deux cellules ; la plus petite ne contient presque qu'un protoplasma incolore et s'accroît bientôt en un long poil radical hyalin (fig. 269, I, II, III, *w*) ; la cellule antérieure plus grande, au contraire, renferme tous les grains de chlorophylle de la spore primitive qui s'y multiplient par division, et, par une segmentation répétée, elle forme la première lame du prothalle qui s'accroît par son sommet en se ramifiant bientôt (III-VI). La multiplication des cellules y est en apparence très-irrégulière, et les premières cloisons affectent déjà une situation très-diverse ; tantôt, en effet, la première cloison qui partage la grande cellule terminale primaire pourvue de chlorophylle est à peine inclinée sur l'axe longitudinal de la plantule, et dans l'*E. Telmateja* elle la dichotomise parfois ; tantôt au contraire cette cellule s'accroît en un long tube, dont la région terminale se sépare par une cloison transversale, comme on le voit parfois dans l'*E. arvense*. L'accroissement ultérieur du prothalle s'opère au moyen d'une ou de plusieurs cellules terminales, qui se divisent par des cloisons transversales ; dans les segments ainsi formés, les cloisons longitudinales se succèdent ensuite dans un ordre difficile à saisir. Par proéminence de certaines cellules latérales, il se fait des ramifications qui s'accroissent ensuite comme la lame primitive. Pendant que les cellules du prothalle se multiplient ainsi, les grains de chlorophylle se multiplient à leur tour dans chacune d'elles, par voie de division.

(1) G. W. Bischoff : die kryptogamischen Gewächse (Nürnberg, 1828). — W. Hofmeister : Vergleichende Untersuchungen (1851). — W. Hofmeister : Ueber die Keimung der Equiseten Abh. der K. Sächs. Gesells. der Wiss. 1855, IV, 168. — W. Hofmeister : Ueber Sporenentwickelung der Equiseten (Jahrb. für wiss. Botanik, III, p. 283). — Thuret : Ann. des sc. nat. 1851, XVI, p. 31. — Sanio : Ueber Epidermis und Spaltöffnungen der Equiseten (Linnæa, Bd. 29). — C. Cramer : Längenwachsthum und Gewebebildung bei *Eq. arvense* et *sylvaticum* (Pflanzenphysiolog. Untersuch. von Nægeli und Cramer, III, 1855). — Duval-Jouve : Histoire naturelle des Equisetum de France (Paris, 1864). — H. Schacht : Die Spermatozoïden im Pflanzenreich (Braunschweig, 1864). — Max Rees : Entwickelungsgeschichte der Stammspitze von Equisetum (Jarhb. f. wiss. Botanik, 1867, VI, 209). — Milde : Monographia Equisetorum (Nova acta Acad. Leop. Carolinæ, XXXV, 1867). — Nægeli et Leitgeb : Entstehung und Wachsthum der Wurzeln (Beiträge zur wiss. Botanik von Nægeli, Heft IV, 1867). — Pfitzer : Ueber die Schutscheide (Jahrbücher f. wiss. Botanik, VI, p. 297). — Ph. Van Tieghem : Structure de la racine des Équisétacées (Ann. des sc. nat., 5e série. Bot. XIII, p. 76, 1871).

Forme et structure du prothalle développé. — Ainsi développés, les jeunes prothalles de l'*Equisetum Telmateja* sont ordinairement petits, allongés en forme de rubans et constitués par une seule assise de cellules. Les prothalles âgés des autres espèces, et aussi de celle-là, sont irrégulièrement ramifiés; l'un des lobes y prend tôt ou tard une prédominence marquée sur les autres, devient plus épais, charnu, possède plusieurs couches de cellules et développe sur sa face inférieure des poils radicaux.

Les prothalles des Prêles sont essentiellement dioïques (1). Les prothalles mâles demeurent plus petits et n'atteignent que quelques millimètres de longueur; c'est seulement sur les branches tardivement formées qu'il s'y développe quelquefois exceptionnellement des archégones, d'après M. Hofmeister. Les prothalles femelles deviennent beaucoup plus grands, atteignent jusqu'à 1/2 pouce de long; M. Hofmeister les compare au thalle de l'*Anthoceros punctatus*, M. Duval-Jouve à une feuille d'Endive frisée. D'après ce dernier observateur, les anthéridies apparaissent cinq semaines environ après la germination, et les archégones beaucoup plus tard. Ces observations portent principalement sur les *Equisetum arvense, limosum, palustre;* d'après M. Duval-Jouve les prothalles des *E. Telmateja* et *sylvaticum* sont plus larges et moins ramifiés, ceux des *E. ramosissimum* et *variegatum* plus grêles et plus longs.

Anthéridies. — Les anthéridies naissent au sommet ou au bord des lobes les plus grands du prothalle mâle. Les cellules terminales de l'enveloppe de l'anthéridie contiennent peu ou point de chlorophylle; en absorbant de l'eau, elles se dissocient, comme dans les Hépatiques, pour laisser échapper les anthérozoïdes encore contenus dans de petites vésicules et dont le nombre est de 100 à 150. L'anthérozoïde, qui est plus grand dans cette classe que dans toutes les autres Cryptogames, présente deux ou trois tours de spire,

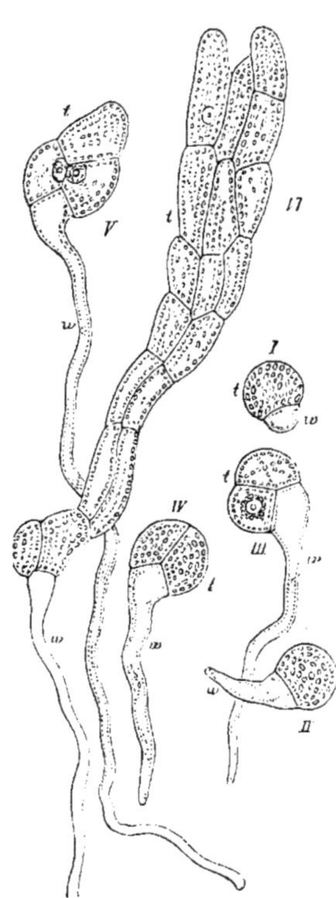

Fig. 269. — Premiers états de développement du prothalle de l'*Equisetum Telmateja* : *w*, désigne partout le premier poil radical ; *t*, le commencement du prothalle. Le développement suit la série des chiffres romains I-IV. Gross. environ 200 fois.

dont les premiers portent de nombreux cils vibratiles, tandis que le dernier, plus épais, possède dans sa concavité interne une masse protoplasmique contenant du suc cellulaire et des grains d'amidon, masse que M. Hofmeister appelle «nageoire ondulante», et Schacht «vésicule protoplasmique à paroi mince» (fig. 270). Cette vésicule est analogue à celle que nous avons rencontrée chez les Fougères et que nous retrouverons chez les Lycopodiacées.

(1) Seul, le prothalle de l'*E. sylvaticum* est, d'après M. Bischoff, régulièrement monoïque.

(Trad.)

Archégones. — Les archégones procèdent de la multiplication de certaines cellules du bord antérieur du lobe épais et charnu du prothalle femelle; le tissu du thalle, continuant à croître au-dessous d'eux, les amène, comme dans les *Pellia*, au-dessus de sa surface. La cellule mère de l'archégone, après s'être notablement gonflée en dehors, se dédouble par une cloison parallèle à la surface du prothalle; des deux cellules filles ainsi formées, l'inférieure, totalement enfoncée dans le tissu, devient la cellule centrale, tandis que l'autre forme le col

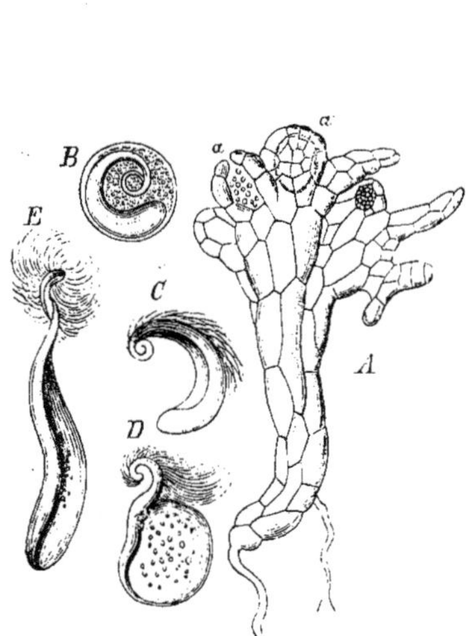

Fig. 270. — *A*, prothalle mâle d'*Equisetum arvense* avec les premières anthéridies *a*, d'après M. Hofmeister (200). — *B-E*, anthérozoïdes d'*Equisetum Telmateja*, d'après Schacht.

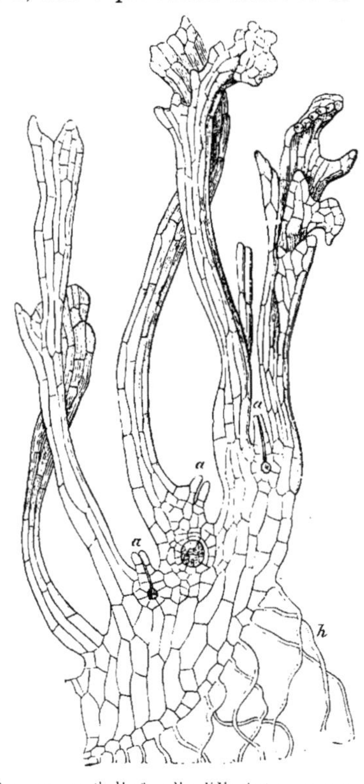

Fig. 271. — Lobe principal, coupé perpendiculairement, d'un vigoureux prothalle femelle d'*Equisetum arvense*, d'après M. Hofmeister. — *aaa*, deux archégones avortés et un archégone fécondé; *h*, poils radicaux (60).

qui se trouve plus tard constitué par quatre rangées cellulaires parallèles. Les quatre cellules supérieures du col s'allongent beaucoup, les quatre moyennes demeurent plus courtes, enfin les quatre inférieures s'allongent à peine et par leurs divisions elles contribuent, avec les cellules du thalle qui environnent la cellule centrale, à former la paroi ventrale de l'archégone, paroi épaisse d'un ou deux rangs de cellules (fig. 271.) Dans la cellule centrale se forme l'oosphère. Lorsque le canal du col s'est développé, les quatre cellules supérieures du col s'arquent en dehors en demi-cercle, en formant comme une ancre à quatre pointes (1).

(1) On n'a pas encore, pour les Prêles, de recherches sur le développement de l'archégone faites

Immédiatement après la fécondation, le canal du col s'oblitère ; l'oosphère dont le noyau a disparu, et qui est devenue, par sa fusion avec l'anthérozoïde, une oospore, grossit peu à peu, tandis que les cellules de la paroi ventrale de l'archégone commencent à se multiplier vivement.

GÉNÉRATION ASEXUÉE : LA PRÈLE. — Développement de l'embryon. — La formation de l'embryon aux dépens de l'oospore s'opère, immédiatement après la fécondation, au moyen de cloisons dont la première coupe obliquement l'axe de l'archégone et dont la seconde est perpendiculaire à la première, d'après M. Hofmeister. L'embryon est alors composé de quatre cellules, disposées côte à côte comme les quatre quartiers d'une pomme. Suivant M. Hofmeister, c'est le quartier inférieur qui forme le pied, regardé ici encore par cet observateur comme étant l'axe primaire de l'embryon. L'un des quartiers latéraux forme le premier rameau qui se redresse bientôt et développe un bourrelet annulaire, début des premières feuilles, bourrelet sur lequel apparaissent ensuite trois dents (fig. 272, *B*). Ce serait seulement alors que naîtrait la première racine aux dépens d'une cellule *intérieure* du tissu. Il faut remarquer toutefois que cette dernière observation de M. Hofmeister créerait, en ce qui concerne l'origine de la première racine, une différence essentielle entre les Equisétacées et les autres Cryptogames vasculaires, tandis que d'autre part la naissance du premier axe feuillé aux dépens d'un des quartiers primaires de l'embryon correspond bien à ce qui a lieu chez les Fougères et les Rhizocarpées, mais ne s'accorde pas avec le reste du développement des Prêles, puisque l'on sait que chez elles tous les rameaux feuillés procèdent de cellules intérieures du tissu. M. Duval-Jouve, au contraire, affirme, il est vrai, que le premier axe feuillé naît latéralement *à l'intérieur* de l'embryon déjà multi-cellulaire, de sorte que le premier rameau des Prêles aurait, comme tous les autres, une origine endogène.

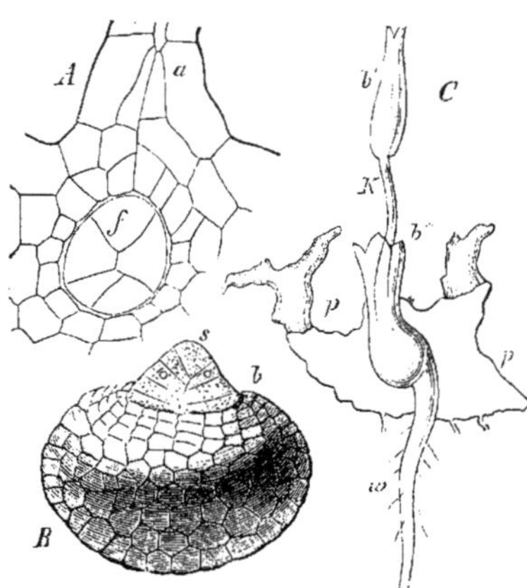

Fig. 272. — Développement de l'embryon de l'*Equisetum arvense*, d'après M. Hofmeister. — *A*, coupe verticale de l'archégone *a* avec l'embryon *f* (200). — *B*, embryon plus développé et isolé ; *b*, première origine des feuilles ; *s*, sommet du premier rameau (200). — *C*, section verticale d'un lobe du prothalle *pp*, avec une jeune Prèle dont *w* est la première racine ; *bb*, les premières gaines foliaires (10).

au même point de vue que pour les Fougères et les Rhizocarpées ; l'analogie permet de croire cependant qu'il y a, ici aussi, tout d'abord une cellule de canal qui se résorbe plus tard.

[D'après les récentes recherches de M Janczewski sur l'*Equisetum arvense* (*loc. cit.*, p. 420), l'archégone s'y développe, en effet, de la même manière que chez les Fougères. La cellule interne sépare, par une cloison transversale, une cellule supérieure qui s'allonge entre les quatre séries de cellules du col, qu'elle disjoint à mesure. Cette cellule de canal n'est visible nettement que dans la région inférieure du col, plus haut elle s'effile et échappe enfin complètement à l'observation. On peut donc admettre qu'elle ne traverse pas le col dans toute sa longueur, comme c'est toujours le cas chez les Fougères. (*Trad.*)]

Mais les inexplicables erreurs que ce botaniste a commises au sujet de l'accroissement terminal ne permettent pas d'attacher une grande valeur à ses assertions contre M. Hofmeister. La question exige donc et mérite de nouvelles recherches.

La première pousse feuillée se dresse vers le ciel et développe 10 à 15 entre-nœuds munis de gaines foliaires tridentées. Elle produit bientôt à sa base une nouvelle pousse plus vigoureuse et pourvue de gaines foliaires à quatre dents (*E. arvense, pratense, variegatum*, d'après M. Hofmeister), laquelle à son tour donne naissance à des pousses de génération successive, de plus en plus épaisses, et dont les gaines présentent de plus en plus nombreuses dents. Quelquefois la troisième pousse, ou l'une des suivantes, se dirige déjà vers le bas et s'enfonce dans la terre pour former le premier rhizome vivace qui, à son tour, produira chaque année de nouveaux rhizomes souterrains, en même temps que de nouvelles pousses feuillées verticales.

Pour faciliter maintenant l'intelligence du mode d'accroissement de la tige et des feuilles, il est nécessaire de jeter d'abord un coup d'œil sur l'organisation qu'elles possèdent à l'état de développement complet.

Organisation générale de la tige et des feuilles développées. —Toute branche de Prêle consiste en une série d'articles ou entre-nœuds, le plus souvent creux et fermés à leur base par une mince cloison transversale (fig. 273). Chaque article se prolonge en haut en une gaine foliaire, qui embrasse le bas de l'entre-nœud suivant, et qui, de son côté, se partage, à son bord supérieur, en dents au nombre de trois, quatre, et le plus souvent davantage. De chaque dent de la gaine, un faisceau fibro-vasculaire descend dans l'entre-nœud et y chemine verticalement jusqu'au nœud inférieur, parallèlement aux autres faisceaux du même entre-nœud. A sa partie inférieure, chaque faisceau se fend en deux branches courtes et divergentes, par lesquelles il s'unit aux deux faisceaux voisins de l'entre-nœud suivant, au point où ceux-ci pénètrent en descendant de la gaîne foliaire dans la tige (fig. 273, *D*). Les articles de la tige et leurs verticilles ou gaines foliaires alternent entre eux, et comme dans chaque article la disposition des

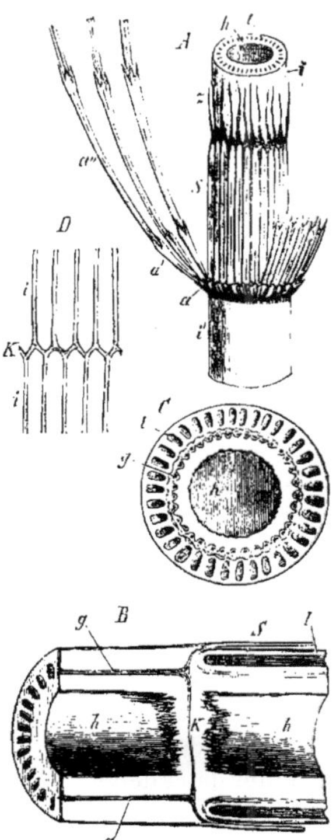

Fig. 273. — *Equisetum Telmateja*. A, portion d'une tige dressée, grandeur naturelle ; *i,i'*, entre-nœuds ; *h*, cavité centrale des entre-nœuds ; *l*, lacunes de l'écorce. — *S*, gaine foliaire ; *z*, dents de cette gaine : *a.a',a"* articles inférieurs de jeunes rameaux verts. — *B*, section longitudinale d'un rhizome, grossie environ 2 fois ; *k*, cloison transversale entre les cavités *h,h* ; *g*, faisceaux vasculaires ; *l*, lacunes de l'écorce ; *S*, gaine foliaire. — *C*, section transversale d'un rhizome, grossie environ 2 fois ; *g* et *l* comme précédemment. — *D*, mode d'union, au nœud *k*, des faisceaux vasculaires de deux entre-nœuds *i,i'*.

faisceaux, des dents de feuille, des cannelures longitudinales et des sillons qui les séparent, se reproduit avec la plus grande régularité sur la section transversale, il en résulte que les formations d'un article correspondent toujours exactement aux intervalles des formations homologues des articles supérieur et inférieur. Si l'entre-nœud porte à sa surface des cannelures saillantes, chacune d'elles procède d'une pointe de feuille et descend parallèlement aux autres jusqu'à la base de l'entre-nœud; entre deux pointes de feuille commence un sillon qui se prolonge également jusqu'à la base de l'entre-nœud. Les cannelures sont donc situées sur les mêmes rayons que les faisceaux vasculaires, qui renferment chacun un canal aérifère; les vallécules ou sillons, au contraire, correspondent aux lacunes du tissu cortical (qui manquent quelquefois) et alternent avec les faisceaux vasculaires.

Les branches et les racines naissent exclusivement sur la tige, en dedans de la base de la gaîne foliaire; et comme celle-ci forme un verticille, branches et racines sont aussi disposées en verticille. Toutes les branches ont une origine endogène; elles naissent à l'intérieur du tissu basilaire de la gaîne foliaire, sur un rayon de la tige intermédiaire à deux faisceaux vasculaires, et par conséquent alterne avec deux dents de feuille. Au-dessous de chaque bourgeon il peut se former une racine, et ces deux organes percent la gaîne à sa base.

Sous tous les rapports, tous les articles de la tige se ressemblent, qu'ils soient développés en rhizomes souterrains, en tubercules, en tiges dressées, en rameaux verts ou en axes sporangifères.

Développement de la tige et des feuilles. — Enveloppée par un grand nombre de jeunes gaînes foliaires. l'extrémité de la tige des Prêles finit en une grande cellule terminale, dont la paroi supérieure est convexe et qui est limitée latéralement et en bas par trois faces presque planes; la cellule terminale a donc la forme d'une pyramide à trois faces renversée, dont la base tournée vers le ciel est à peu près un triangle sphérique équilatéral. Les segments sont découpés dans cette cellule par des cloisons parallèles aux faces obliques, c'est-à-dire parallèles aux plus jeunes parois principales des segments antérieurs; ces segments, disposés en spirale suivant la divergence 1/3, sont en même temps empilés en trois séries verticales.

Chaque segment a la forme d'une table triangulaire, limitée en haut et en bas par une paroi principale triangulaire, à droite et à gauche par une paroi latérale rectangulaire, et en dehors par une paroi rectangulaire convexe vers l'extérieur, comme MM. Cramer et Rees l'ont montré, et comme je l'ai vérifié moi-même. Il se partage d'abord, par une cloison parallèle aux parois principales, en deux tables semblables et surperposées, ayant la moitié de la hauteur du segment primitif; chacune de ces moitiés se divise ensuite, dans les cas les plus réguliers, par une cloison verticale à peu près radiale, en deux sextants. Le segment se trouve alors divisé en quatre cellules, dont deux superposées atteignent le centre de la section, tandis que les deux autres ne parviennent pas jusqu'à ce point, ce qui tient à ce que la cloison de sextant n'est pas exactement radiale, mais vient s'ajuster à l'intérieur avec une des parois latérales du segment, avec sa paroi latérale anodique (fig. 274, *E*). Dans les quatre cellules du segment s'opèrent ensuite, sans règle bien fixe, des divisions parallèles aux faces principales et latérales, suivies bientôt de cloisons tangentielles qui partagent le segment en cellules extérieures et intérieures, où s'effectuent plus tard de nouvelles segmentations. Les cellules intérieures forment la moelle, qui, par l'allongement de la tige, se résorbe promptement

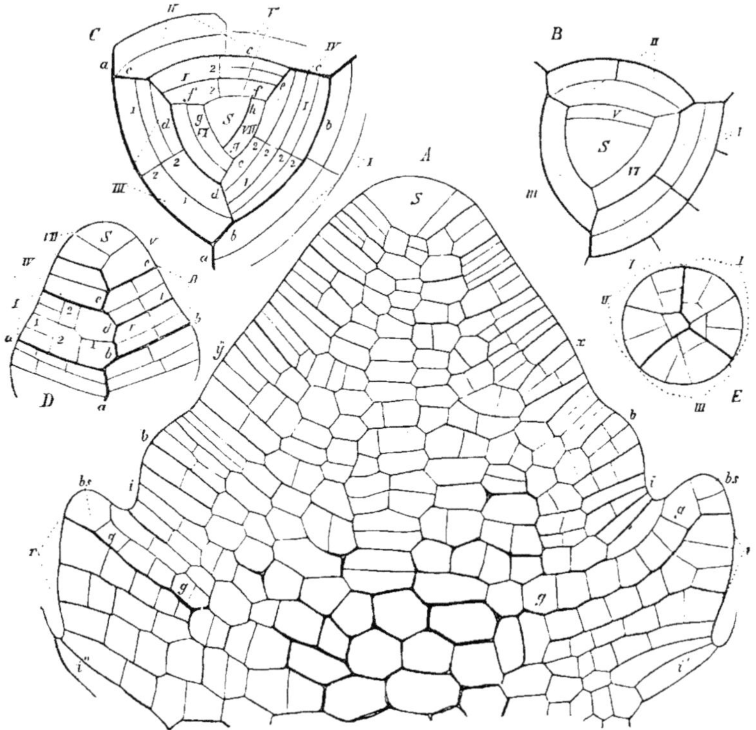

Fig. 274. — A, section longitudinale de l'extrémité de la tige d'un bourgeon souterrain d'*Equisetum Telmateja :* S, cellule terminale ; *xy*, première apparition d'un bourrelet annulaire pour la formation des feuilles ; *bb*, un bourrelet annulaire plus âgé ; *ts,bs*, les cellules terminales d'un pareil bourrelet foliaire plus développé ; *rr*, début du tissu cortical de l'entre-nœud : *gg*, assise cellulaire d'où procède le tissu de la feuille et son faisceau vasculaire ; *i,i*, assises inférieures des segments qui ne contribuent pas à la formation des feuilles. (Dessiné d'après nature.) — B, projection horizontale du sommet de la tige d'*Equisetum Telmateja : s*, cellule terminale ; *I-V*, ses segments successifs les plus âgés ont subi des divisions ultérieures. — *C,D,E*, d'après M. Cramer : *C*, projection horizontale du sommet de la tige d'*Equisetum arvense; D*, section longitudinale optique d'une extrémité de tige très-grêle ; *E*, section transversale du sommet de la tige après la formation des sextants et de leurs premières cloisons tangentielles. Les chiffres romains désignent les segments successifs, les chiffres arabes les cloisons successives qui s'y développent ; les lettres indiquent les parois principales des segments.

jusqu'à la cloison transversale basilaire de chaque entre-nœud ; les cellules extérieures produisent les feuilles et l'ensemble du tissu de l'entre-nœud.

Comme nous venons de le voir, les segments sont, par leur origine même, disposés en une spirale 1/3, et comme chacun d'eux, sans exception, produit une feuille comme dans les Muscinées, ou tout au moins une portion de la gaîne foliaire, les feuilles des Prêles devraient être situées sur la tige en une spirale continue. Et il en est parfois ainsi, en effet, dans les cas anormaux; mais quand l'accroissement est normal, il s'opère de très-bonne heure dans les segments un petit déplacement, de telle sorte que les trois segments qui constituent un tour de spire se rabattent en un disque transversal de la tige, en formant par leur face extérieure convexe une zone annulaire. D'après M. Rees, qui a mis ce fait en évidence, les trois segments successifs d'un tour se constituent rapidement l'un après l'autre, tandis que, entre le dernier segment d'un tour et le premier du tour suivant, il s'écoule un temps plus long. Ainsi, par l'accroissement inégal des segments dans le sens de l'axe, chaque tour de l'escalier spiral formé par les segments primitifs se transforme en un verticille qui, en toute rigueur, doit être regardé comme un faux verticille, puisqu'il doit sa production à un phénomène ultérieur de déplacement.

Chaque verticille de segments produit ensuite une gaîne foliaire et l'entre-nœud de tige situé au-dessous de cette gaîne.

Pendant que les trois segments se disposent en un verticille, il s'opère en eux les divisions successives dont nous avons parlé plus haut, divisions qui transforment chacun d'eux en un corps cellulaire ayant de quatre à dix assises. Aussitôt que le contour externe est devenu une zone transversale, la gaîne foliaire commence à se développer par l'accroissement des cellules externes des segments, qui forment d'abord un bourrelet annulaire. Une des assises supérieures du verticille de segments proémine plus fortement en dehors, forme le sommet, la crête terminale annulaire du bourrelet (*bs* dans les fig. 274 et 275), et ses cellules les plus externes se divisent par des cloisons inclinées alternativement vers l'axe de la tige et en sens contraire; la ligne terminale circulaire s'élève

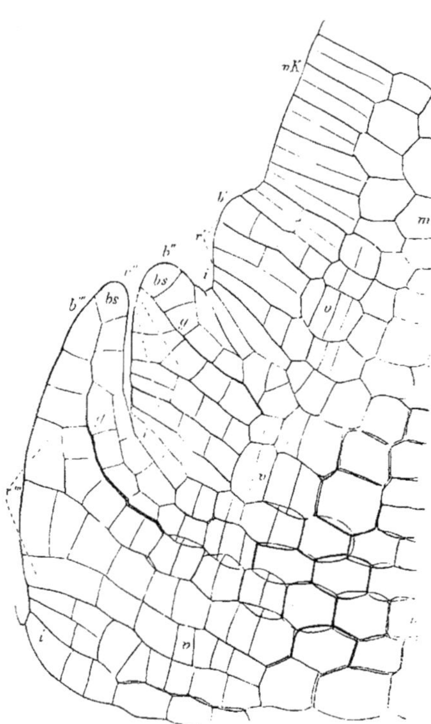

Fig. 275. — *Equisetum Telmateja*, moitié gauche d'une section longitudinale radiale, pratiquée au-dessous du sommet d'un bourgeon souterrain, en septembre : *vh*, portion inférieure du cône végétatif; *b',b'',b'''*, feuilles; *bs*, leurs cellules terminales; *r',r'',r'''*, tissu cortical des entre-nœuds correspondants; *mm*, moelle; *rco*, anneau générateur des faisceaux; *gg*, assise cellulaire d'où procède le faisceau fibro-vasculaire de la dent foliaire.

donc peu à peu et le bourrelet lui-même se transforme en une gaine enveloppant l'extrémité de la tige. Cette même assise cellulaire, dont les cellules les plus externes forment la ligne terminale du bourrelet, produit à l'intérieur de la gaine un tissu dans lequel naissent les faisceaux vasculaires.

Les assises inférieures du verticille de segments s'accroissent peu en dehors et en haut, mais se divisent d'abord par des cloisons verticales, et plus tard activement par des cloisons transversales pour former ainsi le tissu de l'entrenœud, qui se prolonge sans discontinuité dans le tissu de la feuille. Une assise verticale inférieure de ce tissu, disposée en forme de cylindre creux (fig. 275, *vv*), se distingue bientôt par ses nombreuses divisions longitudinales et produit un anneau de méristème, dans lequel se constituent les faisceaux vasculaires qui descendent verticalement dans l'entre-nœud. Ces derniers sont les prolongements des faisceaux des dents foliaires avec lesquels, comme le montre la figure 276, *g*, *g′*, ils se rencontrent à angle obtus et se fusionnent pour former un faisceau unique courbé en arc. Les assises cellulaires situées en dehors de l'anneau de méristème qui produit les faisceaux, forment l'écorce de l'entrenœud, et il s'y forme de bonne heure des espaces intercellulaires aérifères.

Sur la ligne terminale du bourrelet annulaire qui forme une gaine foliaire, apparaissent de bonne heure, en des points régulièrement disposés, les premiers indices des dents, comme autant de protubérances surmontées chacune par une ou deux cellules terminales (fig. 277) (1).

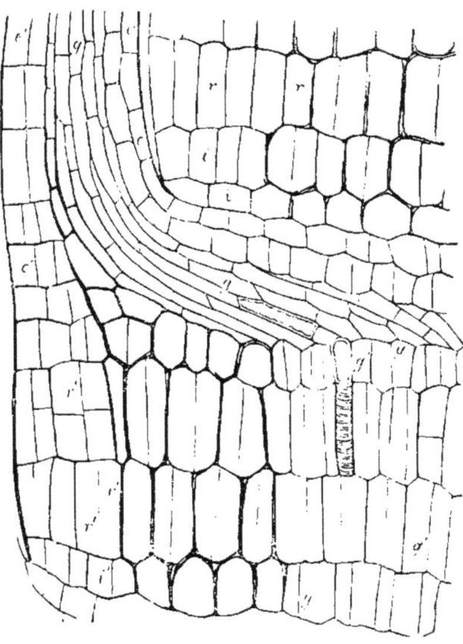

Fig. 276. — Comme la figure précédente, mais plus loin du sommet, pour montrer la différenciation ultérieure de la gaine foliaire et de l'entre-nœud : *rr*, écorce de l'entre-nœud supérieur ; *r′r′r′*, écorce de l'entre-nœud intérieur ; *ee*, épiderme intérieur, *e′e′*, épiderme extérieur de la gaine foliaire ; *gg*, portion du faisceau vasculaire appartenant à la feuille ; *g′g′g′*, portion descendante du même faisceau appartenant à l'entre-nœud ; c'est au point où ces deux portions se rencontrent et se joignent, que se développe le premier vaisseau annelé.

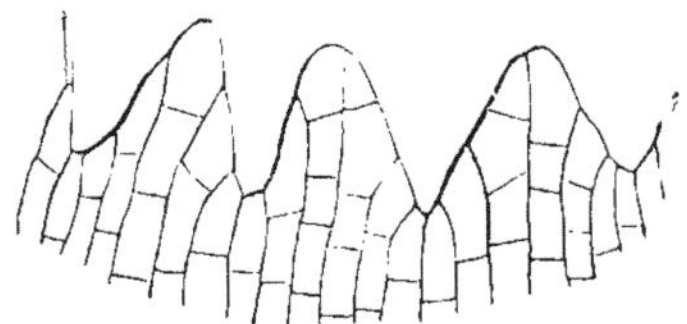

Fig. 277. — Vue extérieure de trois dents d'une jeune gaine foliaire d'*Equisetum Telmateja*.

Ramification de la tige. — Les Prêles sont la seule classe de plantes dont la tige se ramifie exclusivement par formation de bourgeons endogènes. Ces

(1) Sur le nombre primitif et la multiplication ultérieure des dents de la gaine, etc., voir HOFMEISTER et REES, *loc. cit.*

bourgeons naissent à l'intérieur du tissu des plus jeunes bourrelets foliaires, longtemps avant la différenciation des faisceaux vasculaires, en des places situées verticalement au-dessous des angles qui séparent deux dents consécutives et alternes par conséquent avec ces dents (fig. 278). On n'a pas encore exactement précisé le point morphologique de leur production ; il est probable que c'est une cellule de l'assise génératrice des faisceaux vasculaires, qui donne naissance à un bourgeon. M. Hofmeister a montré le premier que chaque bourgeon procède d'une seule et unique cellule du tissu intérieur, et, bien que je n'aie pas réussi moi-même à rencontrer ce premier état unicellulaire du bourgeon, j'ai cependant trouvé des origines de bourgeon qui n'avaient que deux à quatre cellules. Ces origines attestaient que les trois premières cloisons qui s'établissent dans la cellule-mère du rameau sont inclinées l'une sur l'autre, de manière à produire aussitôt une cellule terminale en forme de pyramide à trois faces : les trois premières divisions de la cellule-mère constituent ainsi les trois premiers segments de la branche.

Coupés à la fin de l'automne ou au commencement du printemps, les bourgeons latéraux de l'*Equisetum Telmateja* présentent ordinairement déjà des bourgeons endogènes à tous les états de développement (fig. 278) ; c'est seulement après avoir développé plusieurs bourrelets annulaires et avoir entouré leur sommet d'une

Fig. 278. — Section longitudinale d'un bourgeon souterrain d'*Equisetum arvense* : *ss*, cellule terminale de la tige ; *b* à *9b*, verticilles foliaires successifs ; *k,k'* deux bourgeons endogènes ; les lignes transversales indiquent les diaphragmes nodaux de la tige.

solide enveloppe de gaînes foliaires, que ces derniers percent la base de la gaîne foliaire inférieure. Ils peuvent aussi demeurer en repos pendant longtemps, comme on le voit par cette circonstance que des bourgeons se développent aux nœuds souterrains quand ils sont portés à la lumière.

On peut admettre qu'il se forme toujours autant de bourgeons endogènes qu'il y a de dents à la gaîne foliaire correspondante. Dans les tiges dressées des *E. Telmateja* et *arvense*, ces bourgeons se développent tous et forment autant de rameaux verts, grêles et verticillés en grand nombre ; chez d'autres espèces, ces rameaux latéraux sont plus rares ; quelques-unes même, comme l'*E. hyemale*, ne développent pas de rameaux latéraux sur leurs branches dres-

sées, à moins que le bourgeon terminal n'ait été endommagé, cas où le dernier
nœud forme une pousse latérale qui continue la tige. Sur les rhizomes, les
branches latérales ne se développent pas en verticilles complets, mais seulement par deux ou trois au même nœud ; par contre, elles sont d'autant plus
vigoureuses et forment à leur tour soit de nouveaux rhizomes, soit des tiges
aériennes. Dans les premiers cas cités, le développement des bourgeons
en branches progresse, comme celui des feuilles, en direction rigoureusement acropète ; on doit donc supposer que, lorsque les branches ne se développent au dehors que plus tard et dans des circonstances éventuelles, leurs
bourgeons sont demeurés jusqu'alors à l'état de repos à l'intérieur du tissu
de la tige.

    Structure de la tige et des feuilles. — Dans le tissu des Prêles, c'est prin-
cipalement le système tégumentaire et le tissu fondamental qui offrent les
formes les plus variées. Les faisceaux vasculaires, si épais chez les Fougères et
si élevés en organisation tout au moins pour leur partie ligneuse, paraissent
moins favorisés chez les Prêles. Ils y sont grêles et, comme cela est fréquent
dans les plantes aquatiques et marécageuses, les cellules du bois s'y lignifient
très-peu. La solidité de l'édifice est donc due ici au système tégumentaire, qui
possède un épiderme très-développé et des faisceaux de fibres hypodermiques.
Les détails qui vont suivre se rapportent principalement aux entre-nœuds ; dans
leur région inférieure et moyenne, les gaines foliaires se comportent le plus
souvent de la même manière, mais, dans les dents, le tissu devient un peu différent et plus simple.

    Épiderme et hypoderme. — Les cellules épidermiques sont le plus souvent
allongées dans la direction de l'axe et disposées en séries longitudinales dont
les articles se touchent par des parois transversales ou légèrement obliques ;
les parois des cellules voisines sont souvent ondulées. L'épiderme des entre-
nœuds souterrains est presque toujours dépourvu de stomates, et ses cellules à
paroi épaissie ou mince et le plus souvent brune se prolongent, dans certaines
espèces comme les *E. Telmateja* et *arvense*, en poils radicaux longs et délicats.
L'épiderme de la tige fertile et caduque de ces deux espèces ressemble à celui
du rhizome et n'a pas de stomates ; il en est de même de la tige stérile incolore
de l'*E. Telmateja.* Sur tous les autres nœuds aériens et verts, ainsi que sur les
gaines foliaires et sur la face externe des écussons, l'épiderme forme de nombreux stomates, toujours situés dans les sillons ou vallécules, jamais sur les
côtes ou cannelures, et disposés en séries longitudinales isolées ou étroitement
rapprochées. Sur les côtes les cellules épidermiques sont longues, dans les sillons celles qui séparent les stomates sont plus courtes.

    Toutes les cellules de l'épiderme, même celles qui forment les stomates, sont
fortement silicifiées sur leur face externe, et très-souvent cette face est pourvue
de protubérances de forme variée, également et très-puissamment silicifiées.
Ces protubérances ont la forme de granules, de bosses, de rosettes, d'anneaux,
de languettes, de bandes transversales, de dents ou d'épines ; sur les cellules
stomatiques, ces proéminences prennent la forme de bandes perpendiculaires
au pore. Les cellules stomatiques sont d'ordinaire recouvertes en partie par les
cellules épidermiques voisines. Le stomate achevé paraît formé de deux paires

de cellules de bordure superposées ; mais, d'après M. Strasburger, ces quatre cellules procèdent d'une seule cellule épidermique et sont, au début, situées côte à côte au même niveau ; c'est plus tard seulement que les deux cellules internes, les vraies cellules de bordure, sont refoulées vers l'intérieur par les deux externes, qui s'accroissent plus vite et se placent au-dessus d'elles.

Sous l'épiderme, aussi bien sur les rhizomes que sur les tiges aériennes et sur les rameaux qu'elles portent, à l'exception pourtant des axes fructifères caducs, on rencontre généralement des faisceaux ou couches de cellules solides à paroi épaisse, constituant un tissu hypodermique. Dans les rhizomes, ce tissu forme une couche continue de sclérenchyme à parois brunes ; dans les entre-nœuds aériens, ces cellules sont incolores et surtout très-vigoureusement développées le long des cannelures.

Tissu fondamental. — La masse principale du tissu fondamental des entre-nœuds est un parenchyme incolore et à parois minces, qui existe seul dans les rhizomes, les axes fructifères caducs et la tige stérile incolore de l'*Equisetum Telmateja*. La coloration verte des autres pousses est due à une couche d'une à trois assises de cellules à chlorophylle, disposées perpendiculairement à l'axe. Ce tissu vert se rencontre principalement au-dessous des sillons, en correspondance avec les lignes de stomates, et sur la coupe transversale il se présente sous forme de rubans concaves en dehors. Dans les minces rameaux verts, où les cannelures donnent à la section un contour étoilé (*E. arvense*), le parenchyme vert prédomine sur le reste du tissu fondamental.

Les lacunes, qui correspondent aux sillons, naissent dans le tissu fondamental par disjonction et en partie par destruction des cellules ; elles peuvent manquer dans les minces rameaux verts.

Faisceaux vasculaires. — Sur la section transversale de la tige, les faisceaux vasculaires sont disposés en un cercle unique comme chez les Dicotylédones ; ils correspondent un à un aux côtes ou cannelures périphériques, et alternent, par conséquent, avec les lacunes de l'écorce sur un cercle un peu plus intérieur. Dans l'axe fructifère, où les diaphragmes nodaux manquent, les faisceaux cheminent de la même manière, et ils s'incurvent en dehors dans les pédicelles des écussons sporangifères, comme ils le font dans les dents foliaires aux nœuds ordinaires. Les faisceaux d'une tige sont tous parallèles entre eux, et chacun d'eux résulte de la fusion de deux portions distinctes ; la portion supérieure appartient à la gaine foliaire et se forme sur la ligne médiane d'une de ses dents et de bas en haut ; la portion inférieure appartient à l'entre-nœud lui-même et s'y constitue de haut en bas ; c'est à l'angle de réunion des deux portions du faisceau que commence, dans chacune d'elles, la formation des vaisseaux qui y progresse ensuite en sens contraire. L'extrémité inférieure de chaque faisceau s'unit par deux commissures latérales aux deux faisceaux voisins de l'entre-nœud inférieur. Les Prêles ont donc exclusivement des faisceaux communs à la tige et aux feuilles.

En section transversale, chaque faisceau présente la structure d'un faisceau de Monocotylédone, notamment de Graminée. Les vaisseaux les premiers formés, ceux qui occupent le bord interne du faisceau, annelés, spiralés ou réticulés, se détruisent plus tard en même temps que les cellules à paroi mince et molle qui les séparent, et il se forme à leur place une lacune traversant le faisceau dans toute sa longueur sur sa face interne. A droite et à gauche de cette lacune se développent vers l'extérieur quelques vaisseaux réticulés assez étroits. En dehors de la lacune se voit la partie libérienne du faisceau, composée, à la périphérie, de quelques cellules étroites, à parois épaissies, analogues à des fibres libériennes, en dedans, de quelques larges tubes criblés, mélangés de cellules cambiformes étroites. Le faisceau tout entier est enveloppé par un tissu parenchymateux.

Une assise de cellules particulières, formant ce qu'on appelle la gaîne des faisceaux, enveloppe, suivant les espèces, soit isolément chacun des faisceaux de la tige, soit le cercle tout entier formé par l'ensemble des faisceaux. Parfois, comme dans l'*E. hyemale*, il y a deux gaînes générales, une en dehors du cercle des faisceaux, une en dedans.

Développement et structure des racines. — Les racines naissent en verti-

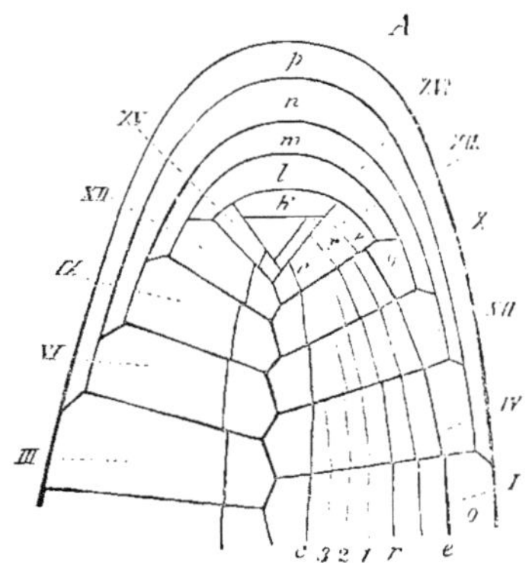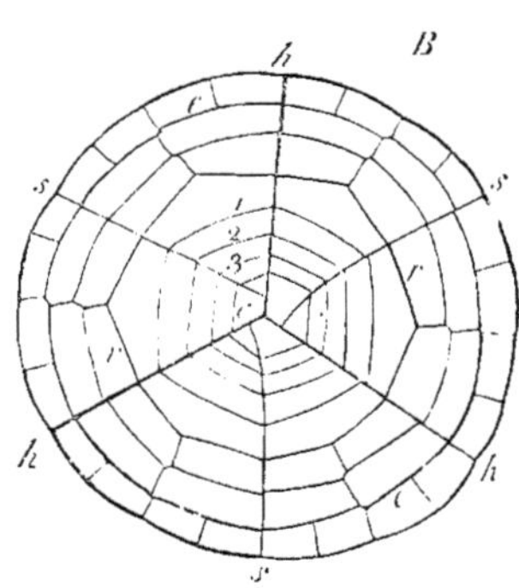

Fig. 279. — Figure théorique montrant la suite des divisions cellulaires qui s'opèrent au sommet de la racine de l'*Equisetum hyemale*, d'après MM. Nägeli et Leitgeb. Cette figure théorique convient également, pour tous les traits essentiels, à la racine des Fougères et des Rhizocarpées. — *A*, section longitudinale ; *B*, section transversale passant par la partie inférieure de *A*. — *h,h,h*, sont les parois principales, *s,s,s*, les cloisons de sextant des segments, qui de leur côté, en *A*, sont marqués successivement de I à XVI ; *k,l,m,n,q*, sont les calottes de la coiffe de la racine, dans lesquelles on a omis toutes les divisions ultérieures : dans le corps de la racine, *cc* désigne les cloisons par lesquelles le faisceau vasculaire primitif est séparé de l'écorce, *c*, les cloisons qui séparent l'épiderme *o* de l'écorce, *rr*, les cloisons qui séparent l'écorce interne de l'écorce externe ; 1,2,3, cloisons tangentielles successives par lesquelles l'écorce interne acquiert plusieurs assises, et où l'on a supprimé les cloisons radiales.

cille, une immédiatement au-dessous de chaque bourgeon. Toutes cependant n'arrivent pas toujours à paraître au dehors ; mais, restées à l'état de repos dans l'intérieur du tissu, elles peuvent plus tard, même sur les nœuds aériens, être appelées à développement, avec l'aide de l'humidité et de l'obscurité (M. Duval-Jouve).

Le mode de formation des racines a été étudié par MM. Nägeli et Leitgeb (*loc. cit.*) et, dans ses premiers états représentés par la figure théorique 279, il ressemble essentiellement à celui des Fougères. L'écorce se différencie en une couche interne et une couche externe ; la première se creuse d'espaces intercellulaires aérifères, disposés à l'origine, comme les cellules elles-mêmes, à la fois en séries radiales et en cercles concentriques ; ces espaces se réunissent plus tard, par la destruction des cellules qui les séparent, en une grande lacune annulaire qui enveloppe le faisceau vasculaire central. Pour former ce faisceau vasculaire central, des six cellules primaires qui occupent le milieu de la racine sur la section transversale, les trois qui atteignent le centre se partagent d'abord par une cloison tangentielle, de façon que le faisceau vasculaire possède maintenant six cellules externes et trois internes. Les six cellules externes produisent un tissu générateur dans lequel, à partir de deux ou trois points périphériques, la formation des vaisseaux progresse vers l'intérieur. Une des trois cellules internes forme en dernier lieu un large vaisseau central. Tout autour du faisceau vasculaire se développe du liber (1).

La ramification des racines des Prêles est, comme dans les Fougères, rigoureusement monopodique ou acropète ; mais comme il n'y a pas ici de péricambium, les radicelles naissent en contact direct avec les vaisseaux les plus extérieurs.

Sporanges et spores. — Les sporanges des Prêles sont des excroissances de feuilles métamorphosées ; ces feuilles sont disposées en verticilles nombreux au sommet soit des branches ordinaires, soit de branches spécialement transformées à cet effet. Au-dessus de la dernière gaine foliaire stérile, il se forme d'abord, sur la tige fertile, une gaine foliaire imparfaite appelée *anneau* (fig. 280, *a*), correspondant en quelque sorte aux bractées des Phanérogames, et plus ou moins développée. Au-dessus de l'anneau se forment ensuite, en série acropète et sous le sommet végétatif, des bourrelets foliaires successifs, mais peu proéminents. Sur chacun de ces bourrelets rapprochés, se développent alors un grand nombre de protubérances hémisphériques verticillées qui correspondent aux dents des gaines foliaires ordinaires ; ces protubérances, s'épaississant par leur partie externe, se compriment dans le même verticille et d'un verticille à l'autre, et prennent, puisque les verticilles alternent, une forme hexagonale, tandis que leur partie inférieure demeure grêle et forme le pédicelle de chaque écusson hexagonal.

La face externe de l'écusson est parallèle à l'axe de l'épi ; c'est sur la face interne, tournée vers l'axe, que naissent les sporanges, au nombre de cinq à dix par écusson. Chaque sporange paraît d'abord comme une verrue multicellulaire,

(1) Dans la racine des Prêles, la membrane protectrice ou endoderme est constituée par l'avant-dernière assise du parenchyme cortical, assise dont les cellules sont fortement unies entre elles par leurs faces latérales et transverses et comme engrenées par une série de plissements échelonnés très-étroits. Les cellules de la dernière assise, superposées aux cellules protectrices, sont dépourvues de plissements, et c'est parmi elles que se trouvent, en face des faisceaux vasculaires, les cellules mères des radicelles. Les choses se passent donc, sous ce rapport, autrement que chez les Fougères, et les deux fonctions protectrice et rhizogène, remplies chez les Fougères par une seule et même membrane, se trouvent ici localisées sur deux assises distinctes et superposées.

Autre différence, le cylindre central ne présente pas cette assise périphérique (péricambium) qui, chez les Fougères, sépare la membrane protectrice des premiers vaisseaux formés ; aussi ces derniers s'appuient-ils directement contre l'assise rhizogène. Ce cylindre central possède 2 à 4 faisceaux vasculaires qui se touchent au centre, et autant de faisceaux libériens alternes, séparés des faisceaux vasculaires par une rangée de cellules conjonctives. (*Trad.*)

du tissu interne (1) produit les cellules mères des spores bientôt isolées, tandis que, des trois assises de cellules qui l'enveloppaient d'abord, l'externe seule demeure en définitive autour du sporange dont elle constitue la paroi. Les cellules mères des spores, groupées par quatre ou huit, nagent alors librement dans un liquide granuleux qui remplit toute l'enveloppe du sporange. Les phénomènes qui s'accomplissent ensuite dans ces cellules mères jusqu'à la formation des spores ont déjà été décrits avec soin dans le premier chapitre de ce Traité (voir fig. 10); on y a vu que dans les Prêles, comme dans les Fougères, la division en quatre des cellules mères est précédée par une bipartition tout au moins indiquée. Le sporange mûr s'ouvre par une fente longitudinale sur la face qui regarde le pédicelle de l'écusson. Peu de temps avant, les cellules à très-minces parois qui forment l'enveloppe acquièrent des bandes d'épaississement spiralées sur la face dorsale, annelées sur la face ventrale du sporange, bandes qui, d'après M. Duval-Jouve, se développent dans l'*Equisetum limosum* avec une rapidité extraordinaire immédiatement avant la déhiscence.

Les spores des Prêles une fois produites par la division en quatre de leurs cellules mères, sous la forme de cellules primordiales nues, leur développement se poursuit avec cette circonstance remarquable qu'il s'y forme consécutivement plusieurs membranes distinctes. Chaque spore, en effet, produit d'abord une membrane externe non cuticularisée et facile à gonfler, qui, se déchirant plus tard en deux rubans spiralés, forme ce qu'on appelle les *élatères;* bientôt après se développent l'une après l'autre une seconde et une troisième membrane. Ces trois membranes se touchent à l'origine comme les enveloppes d'une seule et même membrane, mais, même alors, si l'on met la spore dans l'eau, la membrane externe, se gonflant davantage, se sépare des deux autres (fig. 281, *B*). Sur la spore tout à fait fraîche et placée au moment même sur de l'eau distillée, il est déjà facile de distinguer les trois membranes (*A*); car la première [1] est incolore, la seconde [2] bleu clair, et la troisième [3] jaunâtre

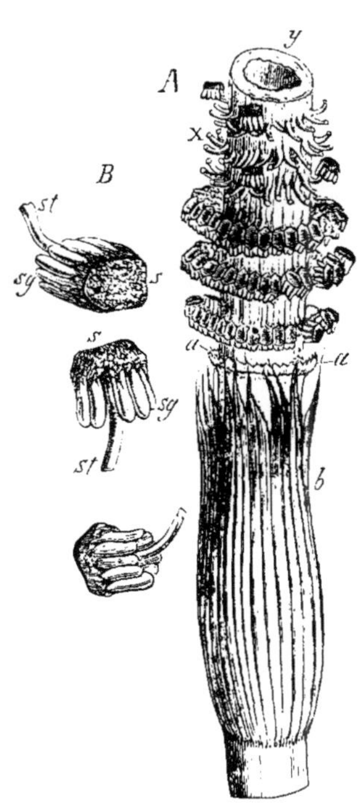

Fig. 280. *Equisetum Telmateja.* — *A*, portion supérieure d'une tige fertile comprenant la moitié inférieure de l'épi (grand. nat.) : *b*, dernière gaine foliaire normale; *a*, l'anneau ou bractée; *x*, les pétioles des feuilles sporangifères coupées; *y*, section transversale de l'axe de l'épi. — *B*, feuilles sporangifères dans diverses positions, faiblement grossies : *st*, le pétiole ou pédicelle; *s*, le limbe ou l'écusson; *sg*, les sporanges.

(1) La production des cellules mères des spores aux dépens d'une seule et unique cellule centrale primitive, comme dans les Fougères et les Rhizocarpées, est contestée chez les Prêles par M. Russow.

(*E. limosum*). Par l'effet du développement ultérieur, la membrane externe s'écarte du corps même de la spore comme une large chemise (*C*, *d*, *e*) et en même temps s'y montrent les premières traces de sa division en élatères. La section longitudinale optique montre que les rubans d'épaississement spiralés de cette membrane ne sont d'abord séparés que par des places minces très-étroites (*D* et *E*); puis, le long de ce mince sillon, la membrane se résorbe totalement, et les parties épaissies s'isolent l'une de l'autre, dans un milieu sec, comme deux rubans spiralés. Quand ils sont déroulés, ces deux rubans forment une croix à quatre bras ; ils sont réunis au milieu et attachés par ce point à la seconde membrane. C'est probablement ce point d'attache que, sur la spore non mûre, l'on distingue déjà comme un épaississement en forme de bec (*n*, *A*, *B*). Quand les élatères ont ainsi achevé leur développement, on y reconnaît une très-mince couche cuticularisée ; elles sont extrêmement hygroscopiques et, dans une atmosphère humide, elles s'enroulent autour de la spore pour se dérouler de nouveau par la dessiccation. Quand ces alternatives de sécheresse et d'humidité se succèdent rapidement, quand, par exemple, on insuffle l'haleine sur les spores placées sous

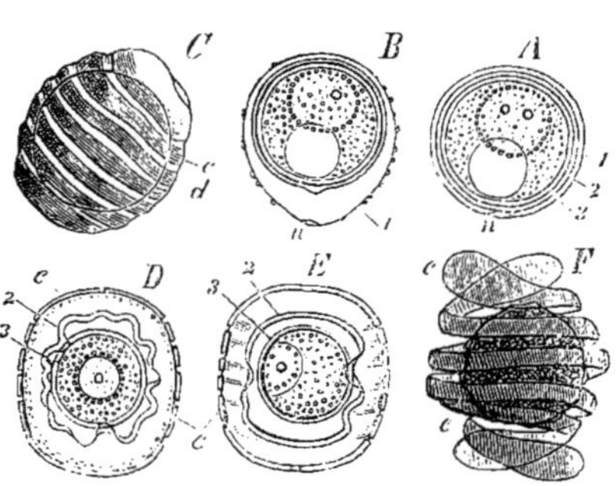

Fig. 281. Achèvement des spores de l'*Equisetum limosum* (800). — *A*, spore non mûre avec ses trois membranes, fraîchement placée dans l'eau. — *B*, la même après deux ou trois minutes de séjour dans l'eau : la couche externe de la membrane s'est soulevée ; à côté du noyau se voit, comme dans *A*, une grande vacuole. — *C*, débuts de la formation des élatères sur la membrane externe : *e*, désigne la même couche que dans les fig. *A* et *B*. — *D*, *E*, le même état de développement vu en section optique après un séjour de 12 heures dans la glycérine ; *e*, membrane qui produit les élatères ; 2 et 3 les membranes internes écartées l'une de l'autre — *F*, la membrane externe fendue en élatères spiralés, qui sont colorées en beau bleu par le chloro-iodure de zinc.

le microscope, on les voit, grâce aux rapides inflexions de leurs élatères, animées de soubresauts très-vifs.

Laisse-t-on séjourner dans la glycérine des spores dont la membrane interne ne s'est pas encore fendue en élatères, mais présente cependant déjà les différenciations correspondantes (*D*, *E*), on voit chaque spore entourée de sa troisième membrane se contracter notablement, tandis que la seconde membrane cuticularisée s'écarte d'elle en se plissant. La troisième membrane enfin se différencie à son tour en une couche externe granuleuse et cuticularisée, l'exospore, et une couche interne de cellulose pure, l'endospore.

Classification.— Il y a peu de chose à dire ici de la classification des Prêles, puisque toutes les formes aujourd'hui vivantes de cette classe sont assez voisines pour pouvoir être embrassées dans un seul et même genre naturel, le genre *Equisetum*. Les Prêles des anciennes époques géologiques et les Calamites elles-mêmes présentent aussi, au moins dans le peu que l'on connaît encore de leur organisation, la plus grande ressemblance avec les formes actuellement vivantes.

Port et mode de végétation. — Le port des Prêles offre, comme leur nature morphologique elle-même, des caractères très-nets. Partout la plante se maintient vivace au moyen de rhizomes, de la surface desquels s'élèvent chaque année dans l'air des tiges verticales vertes, qui ne durent le plus souvent que pendant une seule période de végétation, plus rarement pendant plusieurs années. Les épis de sporanges naissent, soit au sommet de ces tiges végétatives, soit sur des tiges fertiles particulières qui, si elles sont privées de chlorophylle et non ramifiées, meurent après la dissémination des spores (*E. arvense, Telmateja*), ou bien ne font que perdre leur sommet fertile et se comportent ensuite comme des tiges végétatives (*E. sylvaticum, pratense*). Ces axes fertiles se développent sur les entre-nœuds souterrains des axes végétatifs dressés ; pendant l'été où ces derniers se sont épanouis, ils demeurent sous terre à l'état de bourgeons, tout en développant déjà pendant cette période leur épi fructifère, mais ceci à deux degrés différents : tantôt, en effet, l'épi s'achève complétement ainsi, et la branche n'a plus, au printemps suivant, qu'à s'allonger et à disséminer ses spores (*E. arvense, pratense, Telmateja*) ; tantôt l'épi n'atteint son complet développement qu'au printemps de l'année qui suit l'allongement de la tige qui le porte (*E. limosum*).

Le port des tiges aériennes est principalement déterminé par le nombre et la longueur relative de leurs rameaux latéraux verticillés, qui sont le plus souvent très-grêles. Tantôt, comme dans les *Equisetum trachyodon, ramosissimum, hyemale, variegatum*, ces rameaux manquent totalement d'ordinaire ; tantôt, comme dans les *E. palustre, limosum*, ils sont assez rares ; enfin chez beaucoup d'autres espèces, comme les *E. arvense, Telmateja, sylvaticum*, ils se développent en grande abondance. La hauteur de ces tiges vertes atteint le plus souvent, dans nos espèces, 1 à 3 pieds ; dans l'*E. Telmateja* l'axe dressé des tiges stériles, dépourvu de chlorophylle et incolore, atteint 4 à 5 pieds de hauteur et un 1/2 pouce d'épaisseur, tandis que les rameaux verts et pendants ne dépassent pas une 1/2 ligne de diamètre. C'est l'*E. giganteum* de l'Amérique du Sud qui produit les tiges les plus hautes ; elles atteignent jusqu'à 26 pieds de hauteur, mais ont à peine l'épaisseur du pouce et sont maintenues verticales par l'appui que leur prêtent les plantes voisines. Les Calamites anciennes avaient à peu près la même hauteur, mais la tige y acquérait jusqu'à un pied d'épaisseur.

Les rhizomes rampent le plus souvent à un niveau de 2 à 4 pieds au-dessous de la surface du sol et s'étendent en se ramifiant sur une étendue circulaire de 10 à 50 pieds de diamètre ; on en trouve cependant aussi à de beaucoup plus grandes profondeurs. Ils habitent volontiers les sols humides, siliceux ou argileux. Leur épaisseur varie de 1 ou 2 lignes à 1/2 pouce et davantage. Dans certaines espèces (*E. Telmateja, sylvaticum*, etc.), la surface des entre-nœuds du rhizome est recouverte par un lacis de poils radicaux bruns, qui revêt aussi les gaînes foliaires elles-mêmes sur les portions souterraines des tiges dressées, circonstance qui rappelle les Fougères ; dans d'autres espèces, comme les *E. palustre* et *limosum*, la surface du rhizome est lisse et luisante ; ailleurs encore elle est terne. Les sillons et les côtes des tiges aériennes sont peu marqués sur les rhizomes, qui sont parfois exactement cylindriques. La cavité centrale des entre-nœuds y manque quelquefois ; mais les lacunes des faisceaux vasculaires (lacunes carénales) et celles du parenchyme cortical (lacunes valléculaires) existent toujours, et, grâce à elles, l'air nécessaire à la vie, air qui manque dans le sol le plus souvent très-compacte où vivent les rhizomes, peut être amené de la surface aux parties les plus profondes.

Comme nous l'avons dit pour les épis sporangifères, les ramifications des tiges végétatives sont aussi formées l'année précédente dans le bourgeon souterrain, soit complétement, soit du moins en majeure partie, de sorte qu'au printemps suivant la tige n'a plus qu'à allonger ses entre-nœuds et à épanouir ses branches latérales, comme cela se voit nettement dans l'*E. Telmateja*. Toutes les formations cellulaires importantes, tous les phénomènes morphologiques essentiels s'y opèrent donc sous la terre. L'épanouissement aérien des branches a principalement pour but d'amener, d'une part la dissémination des spores, et de l'autre l'assimilation par l'action de la lumière solaire sur la chlorophylle contenue dans l'écorce des rameaux latéraux. Au printemps, la rapide élongation des tiges dressées a pour cause principale le simple allongement des cellules internodales déjà formées, mais cependant il s'opère aussi un accroissement intercalaire des entre-nœuds par formation de cellules nouvelles, principalement à leur base, au-dessous de la gaîne foliaire. A cet endroit le tissu conserve longtemps sa jeunesse, et dans l'*E. hyemale* les entre-nœuds encore courts et de couleur claire se trouvent, après l'hiver écoulé, dépasser les gaînes foliaires d'autant plus qu'ils étaient plus courts avant l'hiver.

Propagation végétative. — D'organes particuliers pour la propagation végétative, comme en possèdent les Muscinées, on en rencontre chez les Prêles tout aussi peu que chez les Fougères. Mais tout fragment de rhizome, ainsi que tout nœud souterrain des tiges dressées, est capable de produire une nouvelle tige. Chez certaines espèces, des branches souterraines se renflent en tubercules gros comme une noisette, ovoïdes (*E. arvense*), ou pyriformes (*E. Telmateja*). On en rencontre aussi, d'après M. Duval-Jouve, dans les *E. palustre, sylvaticum, littorale*, mais on n'en a pas encore observé dans les *E. pratense, variegatum, limosum, ramosissimum, hyemale*. Le tubercule est produit par le grand épaississement d'un entre-nœud au sommet duquel est le bourgeon terminal ; celui-ci peut former à plusieurs reprises des entre-nœuds tuberculeux disposés en chapelet à la suite l'un de l'autre, ou bien se développer simplement en rhizome ; d'autres fois c'est vers le milieu d'un rhizome qu'un des entre-nœuds se renfle en tubercule. Le parenchyme de ces tubercules est rempli d'amidon et d'autres substances nutritives. Ils peuvent, paraît-il, demeurer longtemps à l'état de repos pour produire plus tard, quand les circonstances seront devenues favorables, autant de nouveaux rhizomes.

CLASSE 8

Les Ophioglossées (1).

GÉNÉRATION SEXUÉE. — **Prothalle.** — Le prothalle n'est connu jusqu'à pré-

---

(1) METTENIUS : Filices horti botanici Lipsiensis. Leipzig, 1856, p. 119. — HOFMEISTER : Abhandl. der Königl. Sächs. Ges. der Wiss., 1857, p. 657. — Sur l'affinité probable des Marattiacées avec cette classe, voir p. 48.

sent que dans l'*Ophioglossum pedunculosum* et dans le *Botrychium Lunaria*. Dans les deux cas il se développe sous la terre, est dépourvu de chlorophylle et constitue une masse de tissu parenchymateux. Dans la première de ces deux plantes, le prothalle possède d'abord, d'après Mettenius, la forme d'un petit tubercule arrondi, duquel s'échappe plus tard un rameau cylindrique vermiforme, qui croît verticalement sous la terre, se ramifie peu et rarement, et s'allonge à son extrémité par le moyen d'une seule cellule terminale. Quand l'extrémité parvient au-dessus du sol et verdit, elle se divise en lobes et cesse de s'accroître. Le tissu de ce prothalle est différencié en un faisceau axile de cellules allongées et en une écorce de cellules parenchymateuses plus courtes. Sa surface est revêtue de poils radicaux. Avec un diamètre d'environ 1/2 à 1 1/2 ligne, il atteint une longueur de 2 lignes à 2 pouces.

Le prothalle du *Botrychium Lunaria* est, d'après M. Hofmeister, une masse ovoïde d'un tissu cellulaire solide, dont le plus grand diamètre ne dépasse pas une demi-ligne et est souvent plus petit (fig. 282, A). Brun clair en dehors, blanc jaunâtre en dedans, il est revêtu de tous côtés par des poils radicaux rares et médiocrement longs.

Ces prothalles sont monoïques, et chacun d'eux produit un grand nombre d'anthéridies et d'archégones, répartis assez régulière-

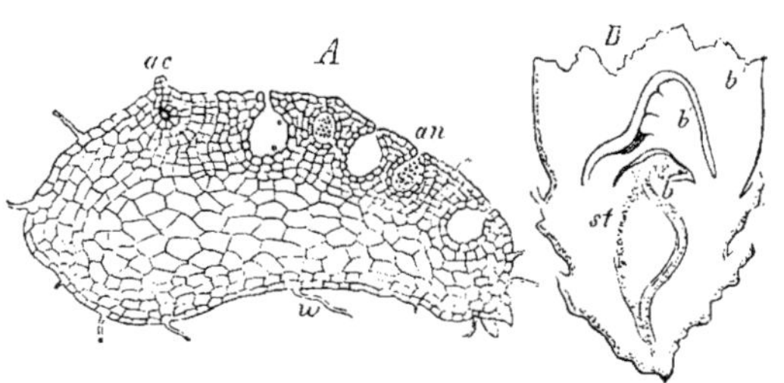

Fig. 282. — *Botrychium Lunaria*. - A, prothalle en section longitudinale (30) : *ac*, un archégone ; *an*, anthéridies ; *w*, poils radicaux. — B, section longitudinale de la partie inférieure d'une jeune plante déterrée en septembre (20) ; *st*, tige, *b*, *b'*, *b''* feuilles. D'après M. Hofmeister.

rement sur toute sa surface, si l'on en excepte toutefois, dans l'*Ophioglossum pedunculosum*, le petit tubercule primaire. Dans le *Botrychium*, c'est principalement la face tournée vers la surface du sol qui porte les anthéridies.

Anthéridies. — Les anthéridies sont des cavités creusées dans le tissu du prothalle, recouvertes extérieurement par un petit nombre de cellules, et qui dans l'*Ophioglossum* ne proéminent que faiblement au-dessus de la surface. Dans ce genre, les cellules mères des anthérozoïdes procèdent de la segmentation répétée d'une ou de deux cellules du tissu intérieur, recouvertes en dehors par une ou deux assises périphériques ; elles forment ainsi une masse de tissu arrondie et peu proéminente, dont chaque cellule produit, comme dans les *Botrychium*, un anthérozoïde. Semblables à ceux des Polypodiacées, mais plus grands, ces anthérozoïdes s'échappent de l'anthéridie par une étroite ouverture terminale.

Archégones. — Les archégones paraissent se développer ici comme dans les autres Cryptogames vasculaires. Mettenius a vu que, dans l'*Ophioglossum*, l'archégone consiste d'abord en deux cellules, une superficielle et une intérieure ; cette dernière est la cellule centrale, l'autre produit le col de l'archégone. A cet effet, elle se divise d'abord en quatre cellules en croix qui s'allongent et se cloisonnent plus tard de manière à former quatre séries verticales de deux ou trois cellules chacune, et à constituer ainsi le col de l'archégone. La paroi de la région ventrale est produite par les divisions des cellules mêmes du prothalle qui entourent la cellule centrale. Le ventre de l'archégone est donc, ici aussi, complétement plongé dans le prothalle, et c'est seulement son col, le plus souvent très-court, qui proémine au-dessus de la surface. Mettenius a vu aussi que, dans l'*Ophioglossum*, l'oosphère envoie un prolongement dans la région inférieure du col; il est donc probable qu'il se fait ici une cellule de canal, comme dans les Fougères et les Rhizocarpées.

GÉNÉRATION ASEXUÉE. — Premiers développements et orientation de l'embryon sur le prothalle. — On ne sait rien encore des premières divisions qui s'opèrent à l'intérieur de l'oospore issue de la pénétration mutuelle de l'oosphère et de l'anthérozoïde. Mais l'orientation de l'embryon, telle qu'on la déduit des développements ultérieurs, s'écarte de celle que l'on observe chez les Fougères. Mettenius affirme que, dans l'*Ophioglossum pedunculosum*, l'extrémité de l'embryon tournée vers la pointe du prothalle devient la première feuille, et son extrémité opposée la première racine; à l'inverse de ce qui a lieu chez les Fougères, la face supérieure concave de la première feuille est, suivant lui, tournée vers le col de l'archégone, tandis que sur le côté de l'embryon qui regarde le fond de l'archégone se développe néanmoins le début de la tige que Mettenius décrit comme « l'origine primitive de l'embryon. » Contrairement à ces assertions, M. Hofmeister s'exprime ainsi au sujet du *Botrychium* : « La situation de l'embryon par rapport au prothalle s'éloigne beaucoup de celle qu'on observe dans les Polypodiacées et les Rhizocarpées. Sous ce rapport, les *Botrychium* se rattachent à ces Cryptogames vasculaires dont le prothalle est dépourvu de chlorophylle comme celui des Ophioglossées elles-mêmes, c'est-à-dire aux *Isœtes* et *Selaginella*. Le point végétatif de l'embryon est situé au voisinage du sommet de la cellule centrale de l'archégone; les premières racines naissent au-dessous de lui, vers le fond de l'archégone. »

Accroissement de la plante développée. — Les divers phénomènes d'accroissement que présente la plante développée ne sont pas encore connus ici avec autant de certitude que chez les autres Cryptogames vasculaires. Dans l'*Ophioglossum vulgatum* et le *Botrychium Lunaria*, la tige dressée, profondément enfoncée dans la terre, et qui s'allonge avec une extrême lenteur, paraît ne se ramifier jamais. Les racines, qui sont assez épaisses, ne présentent que rarement des ramifications, et l'on ignore encore si ces ramifications sont monopodiques ou dichotomiques (1).

Enveloppé par les insertions des feuilles, le sommet aplati de la tige est pro-

---

(1) Quand les racines des Ophioglossées se ramifient, c'est par dichotomie, comme celles des *Selaginella* et *Isœtes* dont elles partagent d'ailleurs la singulière structure. Ce caractère frappant s'ajoute à d'autres pour éloigner les Ophioglossées à la fois des Fougères, des Prêles et des Rhizocarpées ; mais en même temps il les rapproche nettement des Lycopodiacées. Sur la structure des racines des Ophioglossées, l'affinité qui en résulte avec les Lycopodiacées, enfin le mode de propagation végétative par développement de bourgeons latéraux ou terminaux sur ces racines, voir mon Mémoire sur la racine (*Ann. des sc. nat.*, 5ᵉ série. *Bot.* XIII, p. 104-115, 1871) (*Trad.*).

fondément caché dans les gaînes foliaires, et dans l'*Ophioglossum vulgatum*, il
présente, d'après M. Hofmeister, une cellule terminale en forme de pyramide
à trois faces. Les feuilles ont une base engaînante, et chaque feuille nouvelle
est complétement enveloppée par la feuille précédente, comme le montre la
figure 283 pour le *Botrychium Lunaria*. Dans les *Ophioglossum*, les rapports de
position des feuilles sont encore compliqués par ce fait, que les jeunes feuilles
emboîtées l'une dans l'autre produisent de bonne heure des appendices liguliformes; ces appendices se soudent entre eux, de façon que chaque feuille paraît enfermée dans une espèce de chambre dont les parois sont formées par
les ligules de feuilles diversement âgées ; cette circonstance rappelle un phénomène analogue présenté par les *Marattia*. Ces soudures laissent cependant
au sommet de chaque chambre une ouverture, et par conséquent le sommet
de la tige se trouve en contact avec l'atmosphère par un étroit canal (M. Hofmeister).

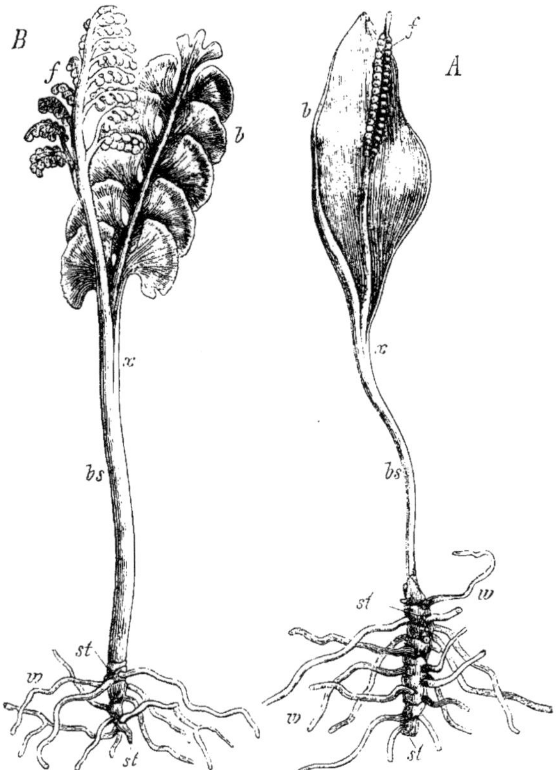

Fig. 283. — *A*, *Ophioglossum vulgatum* ; *B*, *Botrychium Lunaria*, grand. nat. : *w*, racines ; *st*, tige ; *bs*, pétiole ; *x*, point de dédoublement de la feuille, où le limbe stérile *b* se sépare du segment fertile *f*.

Appareil sporangifère. — Dès que la plante a acquis un certain âge, chacune de ses feuilles porte une lame sporangifère qui représente un lobe ou une ra-

mification de la feuille, émanée de sa face tournée vers l'axe. Dans l'*Ophioglossum palmatum* il se forme plusieurs de ces segments fertiles. Dans les *Ophioglossum*, le segment externe stérile de la feuille, ainsi que son segment interne fertile sont simples (fig. 283, *A*), ou seulement lobés (*O. palmatum*); dans les *Botrychium*, ils se ramifient tous les deux et dans des plans parallèles (fig. 283, *B*). L'hypothèse ancienne d'une soudure entre deux pétioles distincts, l'un d'une feuille fertile, l'autre d'une feuille stérile, est démontrée inexacte par l'étude du développement (fig. 284); elle conduirait d'ailleurs sur la ramification de la tige à des hypothèses très-compliquées et que rien n'appuie. Le développement montre, au contraire, comme M. Hofmeister l'a fait voir le premier, que le lobe fructifère procède de la face interne de la feuille dont il n'est qu'une dépendance. A l'état de développement complet, le lobe foliaire fertile se sépare du lobe stérile et vert, soit à la base (*O. vulgatum*, etc.), soit vers le milieu du limbe (*O. pendulum*); ou bien encore les deux lobes de la feuille sont profondément séparés jusque vers leur insertion (*O. Bergianum*); ou bien enfin le lobe stérile s'insère vers le milieu du pétiole de la feuille (*Botrychium rutæfolium* et *dissectum*).

Sporanges et spores. — Par la structure de leurs sporanges, les Ophioglossées diffèrent si profondément des Fougères et des Rhizocarpées, qu'il est impossible, déjà par ce seul caractère, de les ranger dans l'une ou l'autre de ces deux classes; c'est à l'étude du développement qu'il appartient de montrer si la différence est aussi grande entre ces sporanges et ceux des Prèles et des Lycopodiacées. Ces sporanges appartiennent à des feuilles, et par là ils ressemblent aux sporanges de toutes les autres Cryptogames vasculaires. On ne connaît pas encore suffisamment les diverses phases de leur développement, mais il résulte de l'étude de quelques états moyens que j'ai pu faire sur les *O. vulgatum* et *B. Lunaria*, que les sporanges ne peuvent devoir leur production à de

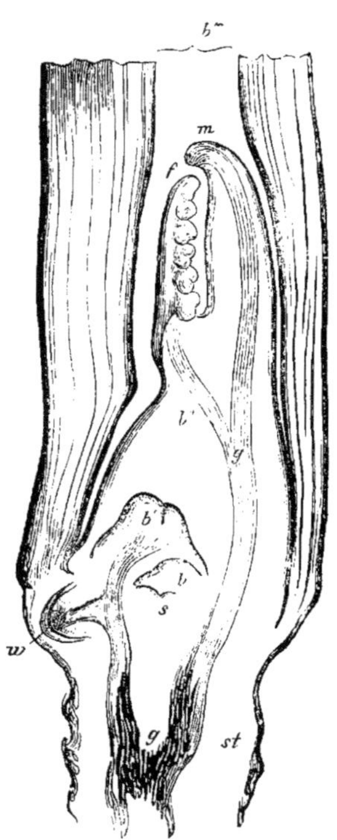

Fig. 284. — Section longitudinale de la région inférieure d'un plant développé de *Botrychium Lunaria*: *st*, tige; *gg'*, faisceaux vasculaires; *w*, une jeune racine; *s*, sommet de la tige; *b, b', b'', b'''*, les quatre dernières feuilles; *b'''*, s'est épanouie cette année; *b'*, montre déjà les premières traces du dédoublement de la feuille, qui est déjà bien avancé en *b''*; *m*, est la section médiane du limbe stérile, qui possède déjà ici à droite et à gauche une rangée de lobes non visibles sur la figure; *f*, est le limbe fertile avec ces jeunes segments sur lesquels se développeront les sporanges (gross. environ 10 fois).

simples cellules épidermiques comme chez les Fougères et les Rhizocarpées, et qu'ils naissent au contraire comme les sacs polliniques des anthères de beaucoup d'Angiospermes. Dans les *Botrychium*, chaque sporange est un lobe foliaire tout entier dont le parenchyme intérieur fournit les cellules mères des spores.

Une section longitudinale à travers le lobe fertile non mûr de l'*O. vulgatum* (fig. 285) montre que la couche pariétale externe des sporanges est un prolongement continu et muni de stomates de l'épiderme qui revêt tout le segment fertile. Aux places où se formeront plus tard les fentes transversales de déhiscence des sporanges, ces cellules épidermiques sont allongées radialement, et la couche tout entière présente un sillon à peine visible à l'origine. Les cavités sphériques qui renferment les groupes de spores sont nichées dans le tissu même de l'organe et de toutes parts enveloppées par son parenchyme, qui étale aussi quelques assises sur la face interne où plus tard la fente s'ouvrira. La zone moyenne du parenchyme du segment est traversée par trois faisceaux vasculaires qui s'anastomosent entre eux en formant des mailles allongées et émettent latéralement une branche transversale entre deux sporanges consécutifs.

Dans les *Botrychium* les choses se passent de même, si l'on compare chaque segment latéral du limbe fertile avec l'épi, c'est-à-dire avec le limbe fertile tout entier des *Ophioglossum*. Dans chacun de ces segments latéraux, en effet, les sporanges alternent sur deux rangées, seulement ils s'arrondissent davantage en dehors parce que le tissu intermédiaire est moins développé.

Sur les exemplaires conservés dans l'alcool on trouve, dans les deux genres, les jeunes spores encore disposées quatre par quatre, enveloppées dans une masse gélatineuse incolore, granuleuse et coagulée, qui correspond évidemment dans la plante vivante au liquide dans lequel les spores des autres Cryptogames vasculaires nagent avant leur maturité. Les spores sont tétraédriques et celles du *Botrychium* ont, dès le jeune âge, une exospore cuticularisée et munie de protubérances arrondies.

Principaux caractères des tissus. — C'est le tissu fondamental parenchymateux qui, chez les Ophioglossées, prédomine sur tous les autres systèmes et formes de tissus. Dans le pétiole, il consiste principalement en longues cellules séveuses, presque cylindriques et à parois minces, séparées par des cloisons transverses horizontales et par de grands espaces intercellulaires ; ces lacunes sont même très-larges dans le limbe de l'*O. vulgatum* dont le tissu est par conséquent spongieux.

Dans l'*O. vulgatum* et le *B. Lunaria*, le tissu tégumentaire ne possède jamais de couches sous-épidermiques spéciales ; un épiderme bien développé et muni

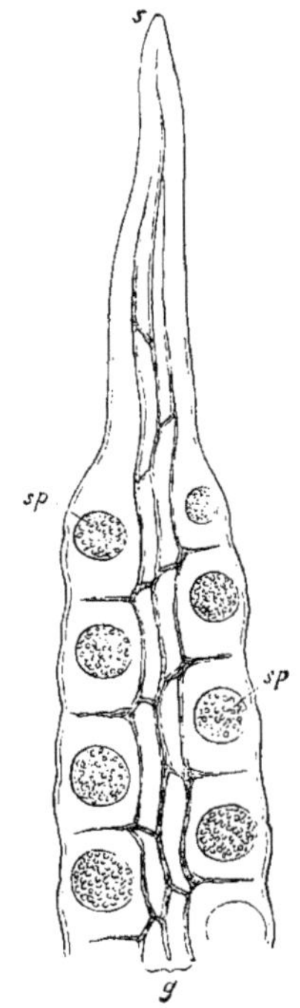

Fig. 285. — Section longitudinale de la région supérieure du limbe fertile de l'*Ophioglossum vulgatum* : *s*, pointe libre de l'épi ; *sp*, les cavités sporangiales ; *r*, endroit où elles se déchirent transversalement ; *ggg*, les faisceaux vasculaires (gross. environ 30 fois).

de nombreux stomates sur les deux faces du limbe y revêt immédiatement l'assise la plus externe du tissu fondamental.

Dans la tige de l'*Ophioglossum vulgatum*, où les feuilles sont disposées en spirale suivant 2/5, les faisceaux vasculaires forment, d'après M. Hofmeister, un réseau en forme de cylindre creux, à chaque maille duquel correspond une feuille dont le faisceau se détache de l'angle supérieur de la maille. Souvent tout le tissu qui remplit les mailles se transforme en vaisseaux scalariformes, de sorte que la tige paraît alors, sur une assez grande étendue, posséder un cylindre vasculaire complet et fermé ; ceci peut aussi ne se produire que d'un seul côté de la tige. Le pétiole est traversé par 5 à 8 minces faisceaux disposés en cercle sur la section transversale et entre lesquels le tissu fondamental présente de larges lacunes. Chacun de ces faisceaux a, sur sa face qui regarde l'axe, un gros paquet de vaisseaux réticulés étroits et, sur son côté périphérique, un large faisceau de cellules libériennes à parois molles. Dans le limbe stérile, ces minces faisceaux se ramifient et s'anastomosent fréquemment en réseau ; ils cheminent dans le mésophylle vert, sans former ni d'un côté ni de l'autre de nervures saillantes.

La tige grêle du *Botrychium Lunaria* se comporte comme celle de l'*O. vulgatum*, et ses faisceaux vasculaires paraissent n'être que les portions inférieures des faisceaux pétiolaires, comme on le voit fig. 284. Dans chaque pétiole, creusé à sa base d'une cavité conique qui va s'oblitérant vers le haut, pénètrent deux larges faisceaux aplatis en forme de rubans, qui, plus haut, au-dessous du point où le limbe fertile se sépare du limbe stérile, se divisent en quatre faisceaux plus petits. Chacun de ces faisceaux consiste en un large paquet axile de vaisseaux réticulés ou scalariformes, entouré d'une épaisse couche libérienne ; celle-ci présente, comme dans le *Pteris aquilina* et autres Fougères, en dedans, d'étroites cellules cambiformes, en dehors, des cellules fibreuses molles et à parois épaisses analogues aux fibres libériennes. Dans les segments du limbe stérile, les faisceaux se divisent en dichotomie répétée et cheminent dans la zone moyenne du mésophylle sans former de nervures proéminentes.

Port et mode de végétation. — Chaque année, il n'arrive au jour qu'un petit nombre de feuilles, et ce nombre est constant pour chaque espèce. Ainsi les *Ophioglossum vulgatum* et *Botrychium Lunaria* n'épanouissent chaque année qu'une seule et unique feuille ; le *Botrychium rutæfolium* deux, une stérile et une fertile ; l'*Ophioglossum pedunculosum* deux à quatre, suivant Mettenius. L'extrême lenteur du développement de la feuille mérite d'être remarquée ; dans le *B. Lunaria* ce développement exige quatre années, dont il passe les trois premières dans la terre ; dès la seconde année les deux parties de la feuille, le limbe stérile et le limbe fertile, se trouvent séparées ; elles se développent la troisième année, et ce n'est que la quatrième année qu'elles s'élèvent au-dessus du sol (fig. 284). Les choses se passent de même dans l'*O. vulgatum*, et rappellent ainsi, dans ces deux genres, le lent accroissement des feuilles du *Pteris aquilina*.

De la base de la tige au sommet des feuilles, la plupart des espèces n'atteignent guère que cinq à six pouces de hauteur ; quelques-unes acquièrent un pied de haut ; d'après M. Milde, le *Botrychium lanuginosum* de l'Inde atteindrait trois pieds de haut, et sa feuille, deux à trois fois composée-pennée, possède dans son pétiole 10 à 17 faisceaux vasculaires.

Propagation végétative. — La propagation végétative a lieu chez les *Ophioglossum* au moyen de bourgeons adventifs produits sur les racines de la plante (1). L'*Ophioglossum pedunculosum* est bien une plante monocarpienne, en ce que, après chaque production de feuilles fertiles, elle meurt régulièrement; mais, d'après M. Hofmeister, elle se maintient cependant vivace au moyen de bourgeons nés sur ses racines.

CLASSE 9

Les Rhizocarpées (2).

Génération sexuée. — Dans les Rhizocarpées, la génération sexuée procède de deux sortes de spores. Les petites spores, appelées *microspores*, produisent les anthérozoïdes et sont ainsi de sexe mâle; les grandes, ou *macrospores*, dont le volume dépasse plus de cent fois celui des premières, produisent autant de petits prothalles, qui ne se séparent jamais d'elles et qui développent chacun un ou plusieurs archégones : ces macrospores peuvent dès lors être désignées elles-mêmes comme femelles.

Germination des microspores : prothalle mâle et anthéridies. — *Prothalle mâle du* **Salvinia.** — Dans le genre *Salvinia*, la microspore produit en germant un prothalle mâle très-rudimentaire sur lequel se développent les anthérozoïdes. Ces microspores sont nichées dans une masse de mucilage granuleux et durci qui remplit toute la capacité du microsporange, et elles ne sont pas mises en liberté et disséminées. Chacune d'elles développe son endospore en un tube, qui perce le mucilage et la paroi du sporange, et qui forme vers son extrémité recourbée une cloison transversale (fig. 286 *A* et *B*). Ainsi séparée, la cellule terminale du tube se divise de nouveau par une cloison oblique, après quoi, dans ces deux cellules, dont l'ensemble constitue pour M. Pringsheim l'anthéridie, le protoplasma se contracte et, par une bipartition répétée, se partage en quatre cellules primordiales arrondies dont chacune produit un anthérozoïde. En outre,

(1) Outre ces bourgeons adventifs nés çà et là sur le trajet des racines, l'*O. vulgatum* produit normalement des tiges nouvelles par transformation du cône végétatif lui-même de la racine en un cône végétatif de tige ; chaque nouvelle tige est alors insérée au sommet même d'une racine primitive et reliée par elle à la tige ancienne (Mémoire sur la Racine, *loc. cit.*, p. 111). (*Trad.*)

(2) G. W. Bischoff : Die Rhizocarpeen und Lycopodiaceen (Nürenberg, 1828). — W. Hofmeister : Vergleich. Untersuchungen, 1851, p. 103. — Le même : Ueber die Keimung der *Salvinia natans* (Abh. d. K. Sächs. Ges. d. Wiss., 1857, p. 665). — Pringsheim : Zur Morphologie der *Salvinia natans* (Jahrb. für wiss. Botanik, III, 1863). — J. Hanstein : Ueber eine neuholl. *Marsilia* (Monatsberichte der Berliner Akad., 1862). — Le même : Befruchtung und Entwickelung der Gattung *Marsilia* (Jahrb. f. wiss. Botanik, IV, 1865). — Le même : Pilulariæ globuliferæ generatio cum Marsilia comparata (Bonn., 1866). — Nægeli et Leitgeb : Ueber Entstehung und Wachsthum der Wurzeln bei den Gefässkryptogamen (Berichte der bayer. Akad. der Wiss., 1866) et Nægeli's, Beiträge zur wiss., Botanik, IV, 1867. — Millardet : Le prothallium mâle des Cryptogames vasculaires (Strasbourg, 1869). — A. Braun : Ueber *Marsilia* und *Pilularia* (Monatsberichte der Berliner Akad., 1870). — E. Russow : Histologie und Entwickelung der Sporenfrucht von *Marsilia* (Dorpat, 1870).

une petite portion du contenu des deux cellules demeure sans emploi. Les cellules anthéridiennes se déchirent ensuite par une fente transversale, s'ouvrent et laissent échapper les huit anthérozoïdes. Enroulé en hélice, le corps

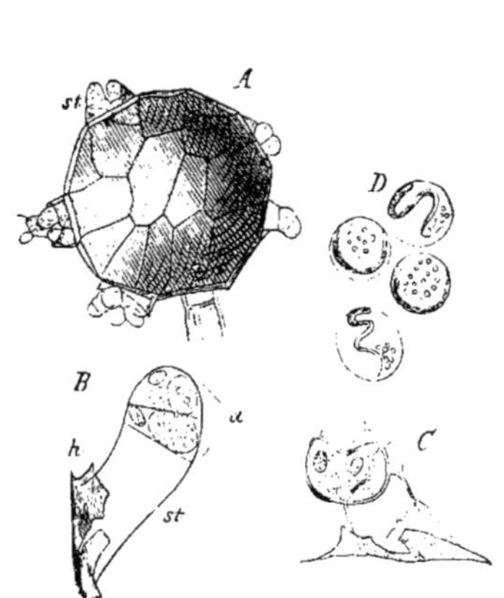

Fig. 286. — *Salvinia natans.* — A, un microsporange tout entier avec les tubes germinatifs des microspores, qui en ont traversé la paroi *st* (gross. environ 100 fois). — *B*, un de ces tubes germinatifs *st*, proéminant au dehors de l'enveloppe du microsporange *h* et grossi environ 200 fois. — *C*, tube avec une anthéridie vidée. — *D*, anthérozoïdes (500). D'après M. Pringsheim.

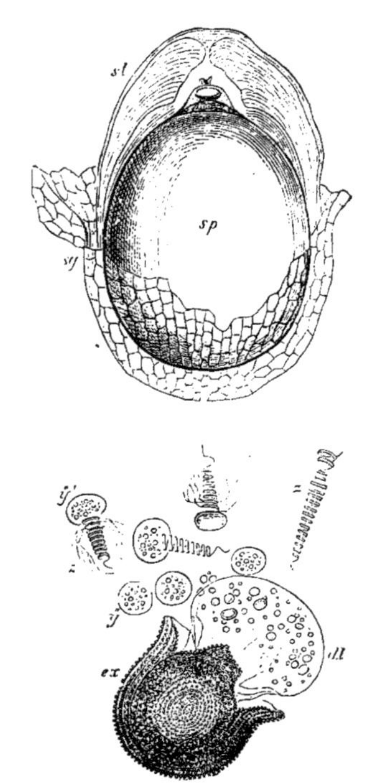

Fig. 287. — *Marsilia salvatrix.* En haut : macrospore *sp*, avec son enveloppe mucilagineuse *sl*, et sa papille terminale qui proémine dans l'entonnoir laissé entre les couches internes de cette enveloppe ; cette papille contient une large goutte d'huile jaunâtre ; *sy*, la paroi déchirée du macrosporange (gross. environ 30 fois). — En bas : microspore ouverte, après la dissémination des anthérozoïdes ; *ex*, exospore ; *dl*, endospore faisant hernie au dehors et renfermant des granules ; *zz*, les corps enroulés en hélice des anthérozoïdes ; *yy*, leurs vésicules à grains amylacés. L'enveloppe gélatineuse de la microspore n'est plus visible, et son exospore ne présente pas dans ses protubérances la disposition régulière, figurée par erreur dans le dessin.

de l'anthérozoïde se trouve placé à l'intérieur (?) d'une vésicule que, d'après M. Pringsheim, il n'abandonne pas, même pendant son mouvement.

Prothalle mâle des **Marsilia** *et* **Pilularia**. — Dans les *Marsilia* et *Pilularia*, les anthérozoïdes se trouvent produits à l'intérieur même des microspores. Le contenu protoplasmique de la microspore se contracte en une pelote cylindrique allongée et placée excentriquement ; par trois bipartitions successives, perpendiculaires entre elles, cette pelote se divise en huit cellules primordiales, qui se partagent à leur tour chacune en quatre portions disposées aux sommets d'un tétraèdre. Les trente-deux petites cellules primordiales ainsi formées s'entourent ensuite d'une mince membrane et sont les cellules mères des anthérozoïdes (M. Hanstein).

C'est ce corps pluri-cellulaire, où naissent les anthérozoïdes, que M. Millardet nomme l'anthéridie, tandis que l'espace situé entre ce corps et l'endospore, espace plein de suc et où se trouvent à l'origine de nombreux granules amylacés, constitue pour lui le rudiment d'un prothalle mâle ; tout étrange que paraisse cette opinion, elle semble justifiée par la manière dont se comportent les microspores des *Isoetes* et *Selaginella*.

Ici, comme dans les Fougères, une portion seulement du contenu de la cellule mère se trouve consacrée à la production de l'anthérozoïde. Celui-ci se forme, d'après M. Millardet(1), au pourtour d'une pelote arrondie, constituée par du protoplasma et des granules d'amidon, pelote qui pendant la genèse de l'anthérozoïde devient de plus en plus claire et qui, lors de sa sortie de la cellule mère, prend l'aspect d'une vésicule, constituée par le protoplasma non employé et par les grains d'amidon qui y sont renfermés. Dans les *Pilularia*, où l'anthérozoïde est un filament enroulé quatre à cinq fois en hélice, cette vésicule demeure nichée dans la cellule mère. Dans les *Marsilia*, au contraire, elle adhère aux derniers des 12 à 15 tours que présente la spire en tire-bouchon de l'anthérozoïde ; elle est entraînée avec lui dans son mouvement de translation, mais finalement abandonnée par lui (fig. 287, y, z).

Dès que les anthérozoïdes sont développés à l'intérieur de leurs cellules mères, l'exospore de la microspore se rompt au sommet ; l'endospore se gonfle et fait hernie à travers l'ouverture comme une vésicule hyaline, qui se déchire enfin et laisse échapper les anthérozoïdes (*ex*, *dl*, fig. 287).

Germination des macrospores : prothalle femelle et archégones. — Le prothalle femelle se constitue à l'intérieur de la papille terminale de la macrospore, aux dépens d'une petite portion de son protoplasma, et ce n'est que plus tard qu'il s'échappe partiellement de la cavité de la spore. Il demeure cependant toujours inséré sur elle par sa base, et en intime communication avec elle, pour y puiser les matières nutritives qui s'y trouvent accumulées : grains d'amidon, huiles grasses et matières albuminoïdes.

Les divers phénomènes qui s'opèrent pendant les premiers développements du prothalle femelle sont encore, en bien des points, obscurs ; il est certain toutefois que ce prothalle doit son origine à une accumulation de protoplasma à l'intérieur de la papille. Ce protoplasma se divise aussitôt en plusieurs cellules qui, d'après les observations de M. Hanstein sur les *Marsilia* et *Pilularia*, ne se revêtent que plus tard de membranes pour constituer une masse de tissu. Les phénomènes ultérieurs me paraissent, d'après les recherches de MM. Pringsheim, Hanstein, Hofmeister et d'après mes propres observations sur le *Marsilia salvatrix*, pouvoir être résumées en peu de mots, comme il suit.

Prothalle femelle des **Marsilia** *et* **Pilularia**. — La masse de tissu qui constitue le prothalle demeure, jusqu'à une certaine époque, complétement enfermée dans la papille terminale de la macrospore, recouverte en haut par les couches membraneuses du sommet même de la spore, et séparée, en bas et en dedans, de la cavité de la spore par une lamelle de cellulose tendue comme un diaphragme et se rattachant circulairement au pourtour de l'endospore. Par l'accroissement ultérieur du prothalle, les couches membraneuses de la

<hr>

(1) M. Hanstein professe sur ce point une opinion différente : voir *loc. cit.*

papille se déchirent en haut, et le dos du prothalle proémine dans l'espace en forme d'entonnoir laissé libre par les épaisses couches externes de la membrane de la macrospore ; plus tard le diaphragme se voûte en tournant sa convexité en dehors, ce qui repousse le prothalle encore plus loin vers l'extérieur. Ceci suffit provisoirement pour fixer, d'une façon générale, la position du prothalle sur la macrospore (voir plus loin l'explication des figures).

Prothalle femelle du **Salvinia**. — Le prothalle femelle du *Salvinia natans* (1) atteint une dimension notablement plus grande que celui des deux autres genres ;

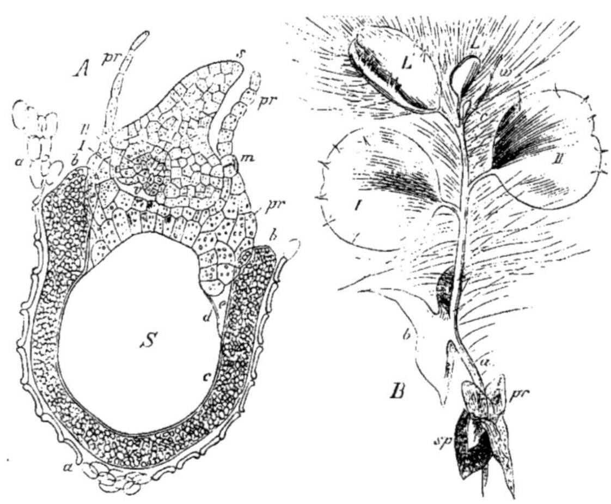

Fig. 288. — *Salvinia natans*, d'après M. Pringsheim. — *A*, section longitudinale à travers la macrospore, le prothalle et l'embryon, menée suivant la ligne médiane du prothalle (gross. env. 70 fois) : *a*, enveloppe cellulaire du macrosporange ; *b*, exospore ; *c*, endospore ; *e*, son prolongement ; *d*, le diaphragme signalé plus haut, qui sépare le prothalle de la cavité de la spore ; *pr*, prothalle qui vient d'être déchiré par le développement de l'embryon ; I, II, les deux premières feuilles de l'embryon ; *o*, sommet de sa tige ; *s*, son écusson. — *B*, une plantule plus âgée avec la macrospore *sp* et le prothalle *pr* (gross. 20 fois) : *a*, le pied ; *b*, l'écusson ; I, II, première et seconde feuille isolées ; *L*, *L'*, feuilles aériennes du premier verticille ; *w*, feuille submergée de ce premier verticille.

il est richement pourvu de chlorophylle et porte plusieurs et même de nombreux archégones régulièrement disposés. Après qu'il a percé les membranes de la papille, il paraît, vu d'en haut entre les trois valves de rupture de l'exospore, posséder une forme triangulaire ; l'un des côtés de ce triangle est la face antérieure du prothalle, les deux autres convergent en arrière et se rencontrent à angle aigu ; une ligne partant du sommet de cet angle pour rejoindre le milieu du côté antérieur partage en deux le dos recourbé en selle du prothalle et en constitue la ligne médiane. Le côté antérieur est plus élevé que le dos et, aux points où il rencontre les deux côtés postérieurs, les deux angles se développent plus tard en longs prolongements ailés qui descendent sur les flancs de la macrospore (fig. 288, *B*).

Développement de l'archégone du **Salvinia**. — Le premier archégone apparaît sur la ligne médiane du dos du prothalle, immédiatement en arrière de son côté

(1) Tout ce qui est dit ici sur le *Salvinia*, d'après M. Pringsheim, *loc. cit.*

antérieur végétatif. Ensuite il se développe toujours encore deux archégones à droite et à gauche du premier, de manière à former avec lui une rangée transversale parallèle au côté antérieur. Si l'un de ces trois archégones est fécondé, les choses en restent là ; si aucun d'eux ne l'est, le prothalle continue à s'accroître par son côté antérieur et il se produit successivement, au delà de la première, 1 à 3 nouvelles rangées transversales pouvant renfermer chacune 3 à 7 archégones. La cellule centrale allongée de chaque archégone est située obliquement à l'intérieur du tissu du prothalle, de façon que l'extrémité superficielle où s'insère le col regarde en arrière et que l'extrémité profonde soit tournée vers la face antérieure ; c'est à cette dernière place que se trouve plus tard la cellule terminale de la tige de l'embryon.

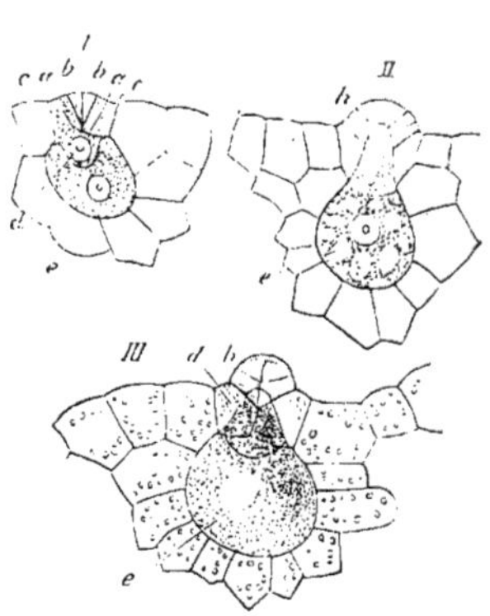

Fig. 289. — Développement de l'archégone du *Salvinia natans*, d'après M. Pringsheim (150).

Le jeune archégone montre sa cellule centrale recouverte par quatre cellules superficielles disposées en croix. Dans chacune de ces dernières, il se fait une cloison oblique de dehors en dedans suivie bientôt dans chacune des cellules internes, d'un nouvelle cloison semblable (fig. 289 *I, a, bc*). Par l'accroissement ultérieur, ces cellules sont transformées en quatre rangées de cellules superposées trois par trois (*II, III*) ; les cellules de l'étage inférieur ont été appelées cellules de fermeture, celles des deux étages supérieurs cellules du col (*III h*). Pendant ce temps, il se produit au sommet de la cellule centrale une nouvelle cellule qui, terminée en cône, s'insinue entre les cellules de fermeture (*I d, III d*) et forme la cellule du canal, découverte ici tout d'abord par M. Pringsheim (1). Elle se transforme en un mucilage qui est expulsé par le canal ouvert entre les cellules du col. Le contenu tout entier de la cellule centrale (*I, II, III, e*) se transforme en une oosphère. Après la fécondation, le canal du col se ferme de nouveau par le rapprochement latéral des cellules de fermeture.

Développement de l'archégone des **Marsilia** *et* **Pilularia**.—Le prothalle femelle des *Marsilia* et *Pilularia* s'échappe, comme une masse hémisphérique de tissu, par la papille terminale de la macrospore, dont la membrane se déchire en cet endroit (fig. 291 *A, B*), et il demeure caché au fond de l'entonnoir formé par les couches membraneuses externes de la macrospore. De très-bonne heure, avant même qu'il n'ait percé la membrane, on y reconnaît déjà, suivant M. Hanstein, la grande cellule centrale, qui n'est recouverte sur tout son pourtour, au moins au début, que par une simple assise de cellules . Il en résulte que le prothalle femelle n'est, à proprement parler, représenté dans ces deux genres

(1) D'après M. Janczewski (*loc. cit.*), la cellule interne de l'archégone du *Salvinia* forme, comme dans toutes les autres Cryptogames vasculaires et comme dans les Muscinées, successivement deux cellules de canal. Cela résulte d'ailleurs des dessins mêmes de M. Pringsheim (pl. XXVI, fig. 1-5).   (*Trad.*)

que par un seul et unique archégone. Ici aussi, la cellule centrale est re-couverte par quatre cellules disposées en croix, cellules qui forment en même temps le sommet du prothalle tout entier; c'est encore par un phénomène ana-logue à celui du *Salvinia* que se forme ici le col libre de l'archégone, peu

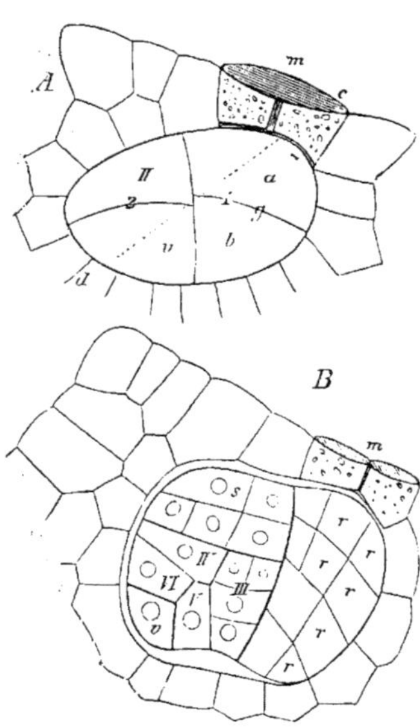

Fig. 290. — *Salvinia natans*, section longitu-dinale médiane à travers le prothalle et le jeune embryon. -- *A*, après les trois premières divisions de l'oospore ; I, le premier segment divisé par la cloison *g* en deux cellules *a* et *b* ; II, le second segment séparé de la cellule terminale *v* par la cloison 2 ; *cd*, axe d'ac-croissement. — *B*, embryon plus développé ; *rr*, premier commencement du pied ; *s*, cellule terminale de l'écusson ; III-VI, seg-ments suivants : *v*, cellule terminale de la tige. — *m*, dans les figures *A* et *B* désigne les cellules de fermeture de l'archégone. — D'après M. Pringsheim.

développé dans les *Marsilia*, mais très-al-longé dans les *Pilularia,* ainsi que les cel-lules de fermeture qui occupent la base de ce col. Au-dessus de la cellule centrale, dont le protoplasma se contracte, il se fait, ici aussi, suivant M. Hanstein, une petite cellule de canal qui s'insinue entre les cellules de fermeture, dissocie les cel-lules du col et se comporte comme dans le *Salvinia.* Ici encore, M. Hanstein n'a vu se former aucune autre production cellu-laire dans la cellule centrale, dont le corps protoplasmique tout entier se contracte et se renouvelle en une oosphère (1).

Après la fécondation, l'assise de cellules qui enveloppe la cellule centrale se dé-double ; il y apparaît quelques grains de chlorophylle et, dans le *Marsilia salvatrix* (fig. 291), les cellules externes se dévelop-pent en longs poils radicaux qui prennent surtout un grand accroissement quand la fécondation n'a pas lieu. Au moment où tout est prêt pour la fécondation, on voit dans le *Marsilia salvatrix*, les anthérozoï-des se rassembler en grand nombre dans l'entonnoir qui surmonte le prothalle et pénétrer dans le col de l'archégone.

GÉNÉRATION ASEXUÉE. — Premiers développements de l'embryon. — *Em-bryon du* **Salvinia.** — Les premiers phéno-mènes de division, qui, dans le *Salvinia*, transforment l'oospore issue de la féconda-tion en un jeune embryon, ont été exposés avec beaucoup d'élégance par M. Pringsheim. La première division s'opère par une cloison qui sépare la partie postérieure de la cellule centrale, par où

(1) Pour plus de détails, voir Hanstein : Jahrb. f. wiss. Botanik., IV, 1865.

Il résulte des recherches récentes de M. Janczewski (Bot. Zeit., 1872) que, conformément à ce qui vient d'être dit, les Marsiliacées (*Marsilia* et *Pilularia*) diffèrent sous ce rapport, non-seulement des Salviniacées, mais encore de toutes les autres Cryptogames vasculaires. Ce sont, en effet, les seules plantes de ce groupe qui possèdent un archégone complétement individua-lisé, caractère qui les rapproche des Muscinées. Mais en revanche, tout ce qu'on y a désigné jus-qu'à présent sous les noms de prothalle et d'archégone, doit être considéré comme étant un

l'archégone s'ouvrait au dehors, de sa partie antérieure qui est le plus souvent la plus grande. Cette cloison est perpendiculaire à la ligne médiane du prothalle et à sa surface de base. La cellule antérieure se partage ensuite par une cloison presque perpendiculaire à la première. Si l'on divise en deux par une ligne droite l'angle formé par ces deux cloisons (fig. 290, *A*, *cd*), cette ligne est l'axe d'accroissement de la tige de l'embryon. Le fragment postérieur, tout d'abord détaché de l'oospore, est le premier segment de l'embryon, la cellule séparée par la deuxième cloison en est le second segment et la cellule terminale de la tige se trouve maintenant située en avant et en bas (*A*, *c*). Dans cette cellule terminale se forment ensuite, alternativement inclinées vers le haut et vers le bas, des cloisons qui séparent deux séries de segments superposés, avec lesquels la tige du *Salvinia* s'édifie progressivement. La figure 290, *B*, montre en *III*, *IV*, *V*, *VI* ces segments déjà en voie de segmentation ultérieure.

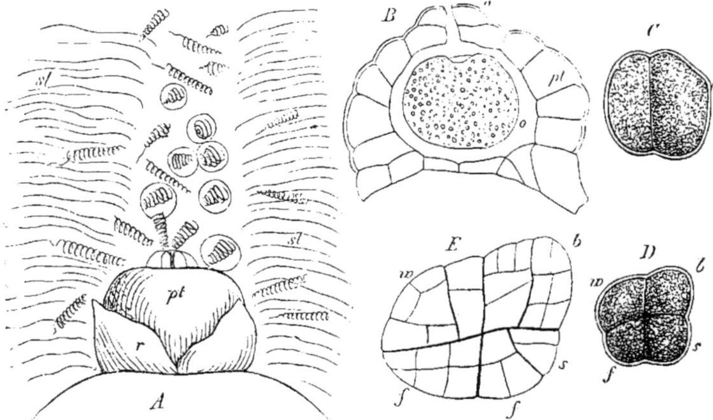

Fig. 291. — *Marsilia salvatrix*. — *A*, le prothalle femelle *pt* proéminant hors de la membrane déchirée de la macrospore *r* : *sl*, les couches mucilagineuses qui forment l'entonnoir, avec les nombreux anthérozoïdes qui y ont pénétré. — *B-E*, d'après M. Hanstein : *B*, section perpendiculaire d'un prothalle *pt* avec l'archégone *a* et l'oosphère *o* ; — *C, D, E*, jeunes embryons ; *s*, sommet de la tige ; *b*, feuille ; *w*, racine ; *f*, pied.

De racine, il ne s'en forme ni maintenant ni plus tard ; le *Salvinia* est absolument dépourvu de racines.

Pour comprendre les phénomènes ultérieurs, il suffit de comparer la figure 288 avec la figure 290. L'embryon en voie d'accroissement déchire le prothalle ; son premier segment tout entier (*rrr* dans *B*, fig. 290) produit le pied de la jeune plante (*a*, fig. 288) ; du second segment tout entier procède une feuille

simple archégone. En conséquence, les Marsiliacées ont un prothalle femelle rudimentaire, représenté seulement par la cellule pleine d'amidon qui occupe la partie inférieure de la macrospore.

Mais d'ailleurs la cellule interne de l'archégone forme encore ici, comme dans les *Salvinia* et dans toutes les autres Cryptogames vasculaires, successivement deux cellules pour le canal du col. La périphérie du ventre est constituée par quatre cellules primitives et non par trois cellules comme dans les Muscinées.   (*Trad.*)

particulière appelée écusson, différente de toutes les feuilles suivantes (*b*, fig. 288, *B*), et dont l'accroissement refoule vers le bas le bourgeon terminal de la tige (fig. 288, *A*, *v*). La partie antérieure de l'embryon est tournée vers l'avant du prothalle, sa partie postérieure vers l'arrière, et son axe d'accroissement est situé dans un même plan avec la ligne médiane du prothalle.

Embryon des **Marsilia** *et* **Pilularia**. — Suivant M. Hanstein et d'après mes propres observations, les premières divisions de l'embryon du *Marsilia salvatrix* s'opèrent essentiellement comme celles du *Salvinia natans*, et il en est de même encore dans les *Pilularia*, d'après M. Hanstein. Il faut remarquer cependant que, dans ces deux genres, le premier segment produit aussitôt l'origine de la première racine. Ici aussi, d'ailleurs, la tige rampe ou nage horizontalement dès le début, comme dans le *Salvinia*, mais elle développe successivement et en série acropète de nombreuses racines.

La figure 291 représente les premières divisions de l'embryon du *Marsilia salvatrix*. L'oospore se partage d'abord, par une cloison presque perpendiculaire, en une grande cellule antérieure et une petite cellule postérieure; la première se divise par une cloison presque horizontale en un segment supérieur qui produit la première feuille, et un segment inférieur qui forme à la fois la tige et une partie du pied; la seconde se partage de même en deux cellules superposées dont la supérieure devient la première racine, et l'inférieure contribue tout entière à la formation du pied. Le pied, par lequel s'établit la liaison de l'embryon au prothalle, résulte donc à la fois du segment inférieur d'arrière et de la moitié postérieure du segment inférieur d'avant (fig. 291, *E*). D'autre part, après la formation des trois premiers segments, la cellule terminale de la tige est située entre le bord antérieur de la première

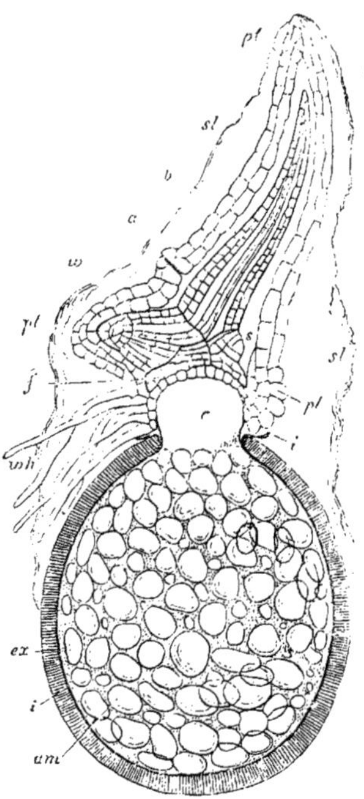

Fig. 292. — *Marsilia salvatrix*, section longitudinale à travers la macrospore, le prothalle et l'embryon, grossie env. 60 fois : *am*, grains d'amidon de la spore; *i*, membrane interne de la spore, déchirée en plusieurs lobes à la partie supérieure; *ex*, l'exospore à structure prismatique; *c*, espace compris au-dessous du diaphragme voûté en dehors sur lequel s'appuie la couche basilaire du prothalle; *pl*. le prothalle; *wh*. ses poils radicaux; *a*, l'archégone; *f*. le pied de l'embryon; *w*. sa racine; *s*, le sommet de sa tige; *b*, sa première feuille, par laquelle le prothalle est distendu jusqu'à se rompre; *sl*, enveloppe mucilagineuse de la spore, qui forme à l'origine l'entonnoir qui surmonte la papille, et encore maintenant recouvre le prothalle. 56 heures après l'ensemencement du fruit.

feuille et le bord correspondant du pied. Plus tard, dans l'état de développement que représente la figure 292, on reconnaît encore, au mode d'arrangement des cellules, la disposition primordiale de la première feuille, de la première racine et du pied.

Accroissement ultérieur de la plantule. — Dans ces trois genres, d'ail-

leurs très-différents par leur port et leur mode de végétation, l'accroissement
ultérieur a tout au moins ceci de commun que la bilatéralité, déjà nettement
exprimée dans l'embryon, s'y conserve toujours en rapport avec la croissance
horizontale, malgré les différences qu'y présentent, comme nous le verrons, la
cellule terminale et ses segments. Comme chez les Fougères, mais contrairement à ce qui a lieu dans les Muscinées et les Prêles, tout segment de la tige
des Rhizocarpées ne produit pas une feuille ; certains segments demeurent régulièrement stériles et sont employés à la formation des entre-nœuds. Les
feuilles ont, comme celles des Fougères et des Ophioglossées, un accroissement
basifuge s'opérant au moyen d'une cellule terminale qui forme deux séries de
segments alternes.

Avant que le développement de la plante ait pris son allure définitive et
constante, la plantule croît en vigueur, et cette croissance s'accuse aussi bien
par l'agrandissement des feuilles et le perfectionnement successif de leurs
formes que par l'altération progressive de leurs rapports de position. Mais,
pour élucider ce point, il est nécessaire de considérer séparément, d'une part
le *Salvinia*, et de l'autre les Marsiliacées (*Marsilia* et *Pilularia*).

Accroissement ultérieur du **Salvinia**. — Aussi longtemps qu'il est enfermé
dans le prothalle, l'embryon du *Salvinia* forme, comme nous l'avons vu plus
haut, les segments de sa cellule terminale alternativement en haut et en bas.
Mais lorsque, par son allongement ultérieur, la tige a poussé au dehors son
sommet devenu libre, il s'y opère aussitôt une rotation de 90 degrés, de sorte
que désormais les deux séries alternes des segments de la cellule terminale
viennent se placer à droite et à gauche ; M. Hofmeister a observé dans le *Pteris
aquilina* une semblable déviation. La première feuille de la plantule est le
petit écusson médio-dorsal signalé plus haut ; il est suivi par une seconde et
par une troisième feuille aérienne isolée, après quoi s'établit enfin, au quatrième nœud, la disposition verticillée définitive. Chaque verticille consiste
désormais en une feuille submergée, insérée à droite ou à gauche sur la face
ventrale de la tige, feuille qui se ramifie aussitôt pour constituer un pinceau
de longs filaments pendants dans l'eau, et de deux autres feuilles à limbe entier
et aplati, insérées sur la face dorsale de la tige et ne touchant l'eau que par
leur surface inférieure (fig. 296). Ces verticilles ternaires alternent et forment
par conséquent deux rangs de feuilles ventrales submergées et quatre séries de
feuilles dorsales aériennes. Comment les feuilles se succèdent dans chaque
verticille et comment se suivent les verticilles successivement antidromes, c'est
ce que nous avons déjà expliqué à la page 235, à propos de la figure 142.

Le nœud de la tige, qui produit un verticille foliaire, doit sa formation,
comme l'a montré M. Pringsheim, à un disque transversal du long cône végétatif, disque qui correspond en hauteur à un demi-segment, tandis que chaque
entre-nœud a la longueur d'un segment tout entier. Un disque nodal, comme
un entre-nœud, renferme des cellules d'âge différent, provenant de la série
droite et de la série gauche des segments. Dans la figure 142, par exemple, un
entre-nœud est formé, du côté droit par le segment *H* tout entier, du côté gauche par la moitié antérieure du segment plus âgé *G* et la moitié postérieure du
segment plus jeune *J*. L'entre-nœud suivant comprend le segment gauche *L*

tout entier et les deux moitiés droites des segments K et H. Le disque nodal, situé entre ces deux entre-nœuds et qui porte les feuilles w, L_1, L_2 (fig. 142), est composé au contraire de la moitié antérieure du segment gauche plus âgé J et de la moitié postérieure du segment droit plus jeune K; le nœud qui précède et le nœud qui suit ont la même constitution, mais ce qui est à droite devient à gauche et *vice versa*.

Dans tout verticille, la feuille submergée est la plus âgée, la feuille aérienne la plus éloignée d'elle naît la seconde, et enfin la feuille aérienne la plus rapprochée se développe la dernière. Chaque feuille procède d'ailleurs d'une

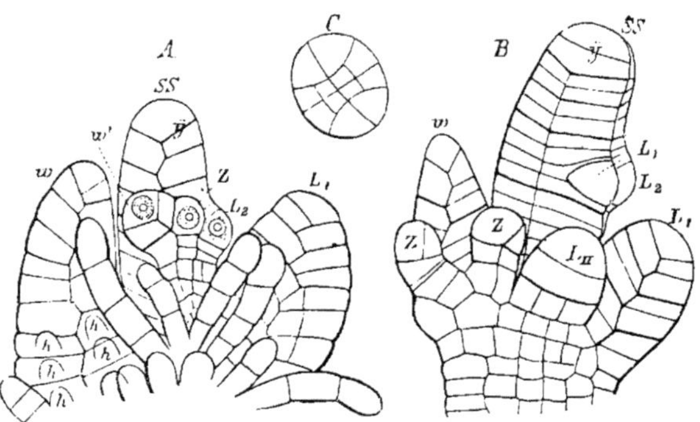

Fig. 293. — Sommet de la tige horizontale nageante du *Salvinia*, d'après M. Pringsheim. — *A*, face inférieure ou ventrale. — *B*, côté gauche. — *C*, section transversale du long cône végétatif : *ss*, cellule terminale de la tige ; *y*, dernière cloison formée dans cette cellule ; *w*, feuille submergée ; *z*, ses lobes latéraux. — *L, L*, les feuilles aériennes ; *h, h*, les poils.

simple cellule de position déterminée, qui proémine en dehors (fig. 293, B, L_1, et L_2) et qui, devenant la cellule terminale de la feuille, se développe en formant de chaque côté une série de segments.

Accroissement ultérieur des **Marsilia** *et* **Pilularia**. — Comme nous l'avons vu plus haut, la cellule terminale de l'embryon des *Marsilia* est aussi orientée de telle façon qu'elle produit à l'origine, par des cloisons alternativement inclinées en haut et en bas, deux séries de segments, l'une ventrale, l'autre dorsale. Du premier segment dorsal procède aussi la première feuille, qui est médiodorsale. Mais bientôt après, en même temps que la plante prend de la vigueur, les choses se disposent autrement : la cellule terminale de la tige forme trois séries de segments suivant la divergence $1/3$; l'une de ces séries est ventrale, les deux autres constituent la face dorsale de la tige (1). La face ventrale de la tige produit des racines en direction rigoureusement acropète, et l'on rencontre les plus jeunes racines au voisinage même du sommet. Sur la face dorsale de la tige naissent les feuilles en deux séries alternes, car certains segments dorsaux demeurent stériles et servent à former les entre-nœuds. A la première feuille de l'embryon, dépourvue de limbe et médio-dorsale, succèdent, dans la

(1) Comparer avec les phénomènes correspondants qui ont lieu dans les *Radula* et autres Jungermanniées feuillées, p. 419.

disposition bisériée nouvellement introduite, un certain nombre de feuilles primordiales à pétiole court et dont le limbe, entier au début, se découpe d'abord en deux, puis en quatre segments ; c'est ensuite seulement qu'apparaissent les feuilles normales avec leur long pétiole et leur limbe quadrifoliolé, enroulé en crosse à l'origine (fig. 294).

Dans tous les points que nous venons de considérer, les *Pilularia* ressem-

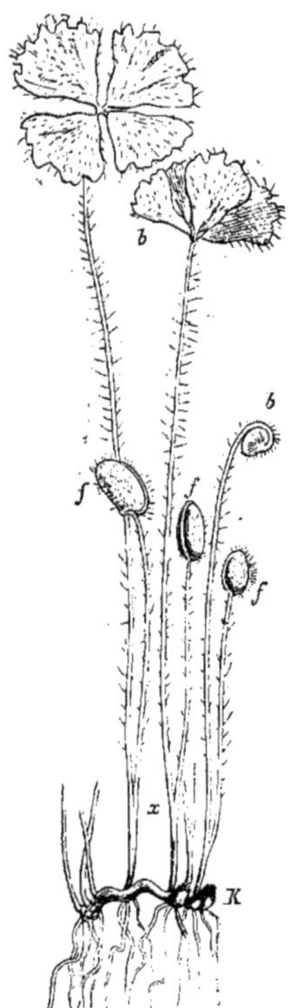

Fig. 294. — *Marsilia salvatrix*, portion antérieure de la tige feuillée, moitié de grandeur naturelle : *k*, bourgeon terminal ; *b*, feuilles ; *f, f*, fruits sporifères insérés en *x* sur les pétioles.

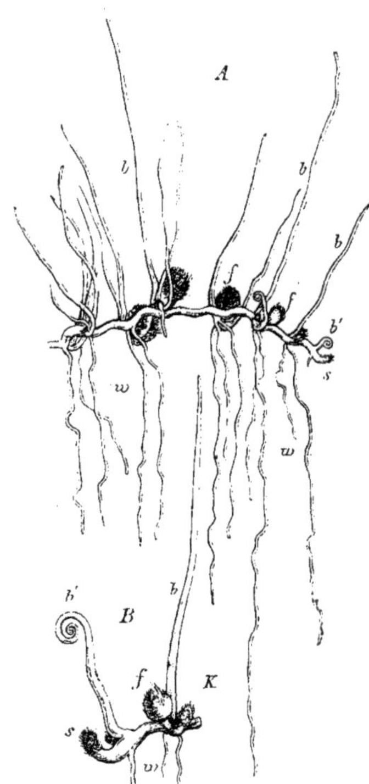

Fig. 295. — *Pilularia globulifera*. — *A*, de grandeur naturelle. — *B*, sommet grossi : *s*, bourgeon terminal de la tige ; *b, b'*, feuilles ; *w*, racines ; *f*, fruits ; *k*, bourgeon latéral.

blent aux *Marsilia*, d'après M. Hanstein. Seulement toutes les feuilles demeurent ici dépourvues de limbe (fig. 295); elles sont allongées, coniques, filiformes, et, à l'origine, enroulées en spirale en avant.

Ramification de la tige. — La tige des Rhizocarpées se ramifie comme celle des Fougères. Dans le *Salvinia*, d'après M. Pringsheim, la tige ne présente jamais de ramifications terminales; les branches y naissent au contraire exclusivement de la région basilaire des feuilles submergées. Chaque feuille submergée forme, en effet, une branche sur son côté tourné vers la feuille aérienne la plus proche, et chaque branche produit aussitôt un verticille ternaire.

Dans les Marsiliacées, M. Hanstein a décrit, il est vrai, la ramification de la tige comme étant axillaire, mais je ne saurais me rattacher à cette opinion. Quoi qu'il en soit, les branches paraissent bien s'échapper ici de la tige elle-même et très-près de ses feuilles ; plus tard, elles semblent insérées latéralement à côté des feuilles, non à leur aisselle. En ce qui concerne leur première origine, qu'on n'a pas encore observée avec précision, j'inclinerais plutôt à croire, d'après certaines figures de M. Hanstein et d'après mes propres observations, qu'il y a dichotomie de la tige, dichotomie dont le développement sympodique en cyme hélicoïde amène la disposition ultérieure des parties âgées. Cependant on doit, ici comme chez les Fougères, attendre de nouvelles observations directes avant de se prononcer définitivement sur le mode d'origine des branches.

Racines. — Par leur structure, leur accroissement et leur ramification monopodique, les racines des Rhizocarpées ressemblent, dans tous les points essentiels, à celles des Fougères et des Prêles (Voir aussi les figures 110 et 111) (1).

Fruits et sporanges. — Les sporanges des Rhizocarpées naissent dans des capsules ou conceptacles creux, fermés de toute part et pédicellés, que l'on peut désigner sous le nom de *fruits sporifères*. Dans le *Salvinia*, ces fruits sont des segments métamorphosés des feuilles submergées. Dans les *Marsilia*, leurs pédicelles, parfois très-courts, mais pouvant atteindre aussi une grande longueur, s'insèrent sur la face externe ou inférieure des pétioles, ou bien ils sont situés à la base même et à côté du pétiole. Ces pédicelles fructifères peuvent être simples et ne porter qu'un fruit, ou plusieurs fois bifurqués et porter plusieurs fruits : insérés sur le pétiole, ils sont le plus souvent divisés ; insérés à sa base, ils ne portent qu'un fruit pour chaque feuille.

L'analogie avec les Ophioglossées est frappante sous ce rapport, et l'on peut comparer le pédicelle fructifère des *Marsilia* avec le segment fertile de la feuille des Ophioglossées. Les fruits des *Salvinia* et *Marsilia* sont donc bien certainement d'origine foliaire. Dans les *Pilularia*, les fruits brièvement pédicellés paraissent axillaires, ou du moins insérés sur la face ventrale de l'insertion de la feuille, et leurs faisceaux vasculaires s'échappent de l'aisselle même des faisceaux foliaires.

Structure du fruit. — La structure du fruit présente d'ailleurs de notables différences dans les trois genres. Dans le *Salvinia* (fig. 296 *B*), le fruit ne renferme qu'une loge unique et spacieuse ; du fond de la loge se dresse un pédicelle, qui se renfle en sphère au centre de la cavité, et qui contient le prolongement du faisceau vasculaire axile du segment de feuille que le fruit termine. Sur ce renflement sphérique s'insèrent de nombreux sporanges qui, dans un fruit donné, renferment tous, ou seulement des macrospores, ou seulement des microspores. Ainsi, la sexualité des spores retentit ici jusque dans le fruit lui-même : il y a des fruits mâles et des fruits femelles.

Dans les *Pilularia*, la cavité du fruit est divisée en loges parallèles à l'axe ; il y a deux loges dans le *P. minuta*, trois dans le *P. americana*, quatre dans le *P. globulifera* (fig. 297). Chaque loge porte sur sa face périphérique un cordon saillant vers l'intérieur, étendu de la base au sommet du fruit et derrière le-

(1) Sur la structure de la racine des Marsiliacées, voir mon mémoire (*Ann. des sc. nat.*, 5ᵉ série, XIII, p. 80).   (*Trad.*).

quel se voit un faisceau vasculaire. Sur ce cordon sont insérés de nombreux sporanges, dont les inférieurs forment des macrospores, les supérieurs des microspores. Un pareil cordon garni de sporanges peut être comparé avec un sore de Fougère.

Les choses sont plus compliquées encore dans les *Marsilia*. Le fruit a ici la forme d'une fève, sur un côté de laquelle le pédicelle se prolonge (fig. 294). L'intérieur du fruit peut être comparé à deux casiers de bibliothèque placés

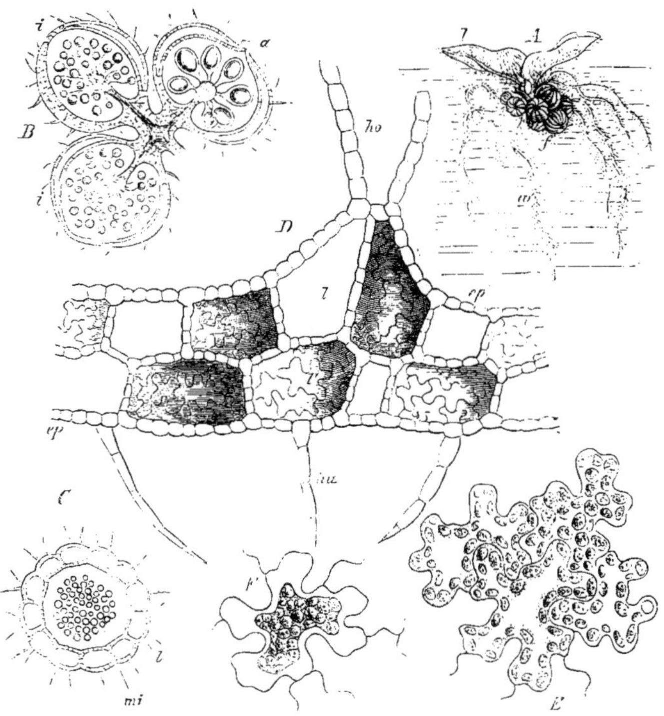

Fig. 296. — *Salvinia natans*. — *A*, fragment de la tige portant un verticille de feuilles : *l*, feuilles aériennes ; *w*, feuille submergée, divisée en segments et portant des fruits *f* grandeur naturelle. — *B*, section longitudinale à travers trois segments fructifères d'une feuille submergée : *a*, un fruit à macrosporanges ; *i, i*, deux fruits à microsporanges. — *C*, section transversale d'un fruit à microsporanges, *mi*. — *D*, section transversale de la feuille aérienne : *hu*, poils de la face inférieure ; *ho*, poils de la face supérieure ; *ep*, épiderme ; *l*, lacunes aérifères : celles qui sont ombrées montrent en arrière les cloisons cellulaires qui les subdivisent *B-D* sont gross. 10 fois). — *E*, cellules d'une cloison cellulaire de l'intérieur de la feuille. — *F*, une de ces cellules après contraction du contenu dans la glycérine.

parallèlement l'un à côté de l'autre et séparés par une cloison, ou à une caisse renfermant deux séries de sacs superposés. Chaque petite logette transversale renferme un sore dont le placenta s'étend sur sa face externe, du bord dorsal au bord ventral du fruit, et proémine à l'intérieur en forme de ruban. En face des bords le placenta porte une rangée de macrosporanges, à droite et à gauche des séries de microsporanges. Nous verrons plus loin comment ces logettes se comportent au moment de la germination. A chaque placenta horizontal correspond, sur la face intérieure de l'enveloppe du fruit, un faisceau vasculaire ; émané du faisceau principal qui règne le long de l'arête dorsale, ce faisceau se ramifie en se dirigeant vers l'arête ventrale.

Développement du fruit. — Nos connaissances sur le développement du fruit dont nous venons d'étudier la structure présentent encore bien des lacunes. En ce qui concerne le fruit du *Salvinia*, on sait que, pour le produire,

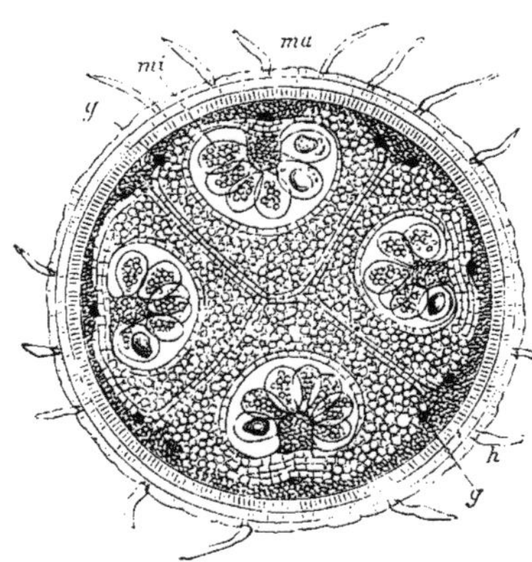

Fig. 297. — Section transversale d'un fruit de *Pilularia globulifera*, vers le centre, là où macrosporanges *ma* et microsporanges *mi* se trouvent mélangés : *g*, faisceaux vasculaires ; *h*, poils ; *e*, épiderme de la face externe.

il se forme, sur un des segments de la feuille submergée, une zone annulaire proéminente qui, en s'élevant, enveloppe le sommet du segment et se ferme complétement au-dessus de lui. De ce sommet du segment, ainsi enveloppé et renflé en sphère, procèdent ensuite les sporanges, comme autant de poils. M. Pfeffer, qui a confirmé sur ce point les observations de Griffith et de Mettenius, compare (1), avec M. A. Braun, l'enveloppe du fruit des *Salvinia* au tégument d'un ovule de Phanérogame. Une comparaison avec l'indusie des Hyménophyllacées me paraîtrait plus simple et plus vraie.

Tandis que nous sommes frappés de l'analogie du fruit des *Salvinia* avec le sore indusié des Hyménophyllacées, M. A. Braun a montré, d'un autre côté, que les fruits beaucoup plus compliqués des *Marsilia* et *Pilularia* (fig. 297) doivent être regardés comme des feuilles métamorphosées dont les folioles soudées ensemble portent sur leur face supérieure les sporanges, qui y sont répartis suivant le cours des nervures comme dans les Polypodiacées. Des observations de M. Russow sur le développement de ces fruits, observations qui ne me paraissent d'ailleurs pas très-claires, il résulte, en outre, qu'à l'origine les logettes des *Marsilia* communiquent à l'extérieur par d'étroites ouvertures.

Développement des sporanges. — Comme nous l'avons déjà dit, les sporanges procèdent de certaines cellules superficielles du placenta, c'est-à-dire, du bourrelet qui porte le sore. D'après mes observations, dont la série n'est pas encore entièrement terminée, la succession des cellules dans le jeune sporange des *Pilularia* (fig. 298) ressemble beaucoup à celle qu'on connait chez les Polypodiacées. Après la formation du pédicelle et de la cellule mère de la capsule, ils e fait, en effet, dans cette dernière, deux séries circulaires de divisions obliques, qui donnent au sporange une double épaisseur de paroi et une cellule centrale tétraédrique (I-IV). Pendant que la paroi s'étend en divisant ses cellules par des cloisons radiales, la cellule centrale se divise d'abord en deux, puis par

(1) Dans une lettre qu'il m'a adressée.

deux nouvelles bipartitions successives en huit cellules mères des spores, cellules mères qui s'isolent et s'arrondissent dans la cavité du sporange maintenant remplie d'un liquide granuleux (V-VII). L'assise interne de la paroi demeure, jusqu'au moment de la formation des spores, comme un tendre épithélium, mais elle se résorbe à la maturité, de sorte qu'ici aussi la paroi du sporange mûr ne possède qu'une seule assise de cellules. Dans les *Pilularia* et *Marsilia*, où l'enveloppe du fruit est très-dure, la paroi du sporange demeure tendre et incolore, et les sporanges eux-mêmes ont l'aspect de petits sacs hyalins; dans le *Salvinia*, au contraire, où l'enveloppe du fruit est tendre et mince, les cellules de la paroi du sporange prennent, à la maturité, une consistance plus ferme et une couleur brune, comme cela se voit aussi chez les Fougères.

Développement des spores : microspores et macrospores. — Jusqu'au début de la quadripartition de leurs cellules mères, tous les sporanges se comportent de la même manière; c'est seulement alors qu'ils se différencient en macrosporanges et en microsporanges, et, tout au moins dans les *Pilularia*, cette différenciation s'opère de la façon suivante (1).

S'agit-il d'un microsporange, toutes les cellules mères se divisent en quatre spores tétraédriques, qui se développent toutes en microspores. S'agit-il d'un macrosporange, toutes les cellules mères moins une restent indivises; l'unique cellule qui se divise produit d'abord quatre cellules filles (fig. 299 *I*), comme les cellules mères des microspores, mais une seule de ces quatre cellules filles se développe ultérieurement. Il se forme bien dans les trois autres un commencement d'exospore hérissée, recouverte par une couche gélatineuse, mais les choses en restent là et ces trois spores avortent (fig. 299, *II, III*).

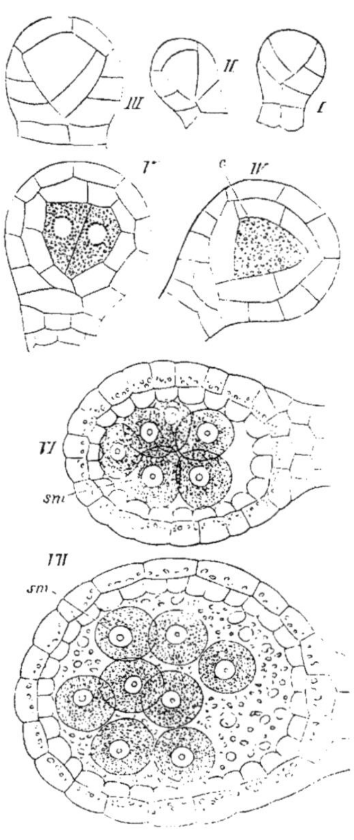

Fig. 298. — Développement du sporange du *Pilularia globulifera*; toutes les figures sont vues en section longitudinale optique : c, cellule centrale ou cellule mère primordiale des spores; *sm*, cellules mères des spores (550).

La quatrième au contraire grossit rapidement et devient un sac ovoïde, enveloppé d'abord par une paroi mince et dont le volume dépasse plus de cent fois

---

(1) Sur les phénomènes correspondants dans les *Marsilia*, voir Russow, *loc. cit.* M. Russow me reproche, à cette occasion, de ne pas admettre de « cellule mère spéciale » dans la formation des spores des Cryptogames vasculaires. Je ne puis que lui répondre ceci : d'une façon générale, je n'admets rien de semblable, parce que le terme « cellule mère spéciale » est partout superflu, et qu'il repose sur une inconséquence dans notre théorie cellulaire actuelle.

celui des trois cellules sœurs réunies. Ordinairement les restes de ces dernières cellules pendent longtemps encore au sommet de la macrospore; il n'est pas rare même de les retrouver sur les macrospores mûres.

Les macrospores des *Pilularia* n'ont à l'origine qu'une seule couche membraneuse; quand elles ont atteint environ le tiers de leur longueur définitive,

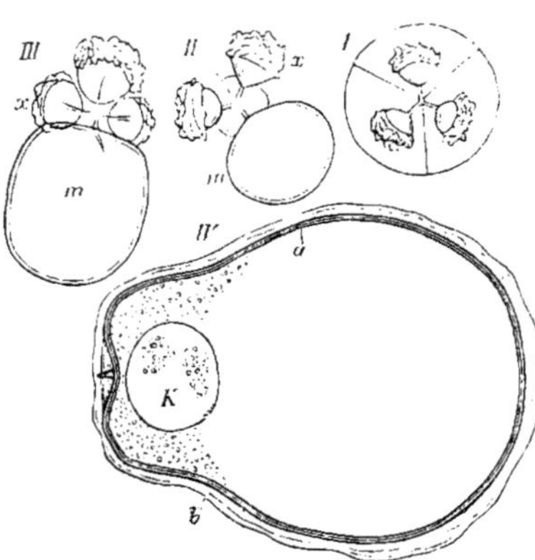

Fig. 299. — Développement de la macrospore du *Pilularia globulifera* : *x*, les trois cellules sœurs avortées ; *m*, la macrospore ; *k*, son noyau ; *a*, couche interne ; *b*, seconde couche de la membrane (350).

elles en possèdent deux, une intérieure dure et brune, et une extérieure hyaline. Pendant que la macrospore grandit, cette couche hyaline proémine en forme de coupole au-dessus du sommet de la spore (fig. 300 *b'*), et en même temps naît en dehors d'elle une troisième couche (*c*) nettement composée de prismes rayonnants. Courts dans la région inférieure de la spore, ces prismes sont beaucoup plus longs tout autour du sommet ; là ils forment une collerette qui entoure le dôme terminal *b'*. Sur ce dôme se développe aussi, mais faiblement indiquée, une mince couche gélatineuse à structure prismatique. Enfin, quand la spore est à peu près achevée, elle s'entoure d'une quatrième couche très-épaisse, hyaline et gélatineuse, où l'on reconnaît également une structure prismatique (*d*), mais où l'on distingue en même temps une stratification concentrique. Comme la précédente, cette couche laisse libre le sommet de la spore et forme autour de lui, en le dépassant, le bord externe d'un conduit en entonnoir. Vers ce moment, le dôme vésiculeux (*b'*) produit par la dilatation de la seconde couche (*b*) de la membrane paraît crever à son sommet et se vider. A sa place on trouve, sur la macrospore mûre, une verrue conique, plissée comme le montre la figure 300 *b'*, à droite. En même temps se constitue, par une proéminence en forme de voûte de la couche interne (*a*) de la membrane, la papille terminale dans laquelle le prothalle se formera lors de la germination.

La structure prismatique des deux couches externes de la membrane de la macrospore doit être regardée comme accusant la présence de deux systèmes croisés de lamelles de substance plus dense et plus molle, perpendiculaires à la surface de la spore ; le troisième système de lamelles, le système concentrique, n'est nettement visible ici que sur la couche externe. C'est de la même manière qu'il faut comprendre aussi la structure de l'exospore des *Marsilia;* il s'y forme en effet, tout autour de la spore, excepté à son sommet même, une enveloppe également épaisse (fig. 292 *ex*), nettement composée de prismes rayonnants dont les faces limites sont toutefois beaucoup plus denses, de sorte que la couche tout entière fait l'effet d'un gâteau de miel. Les prismes ne sont cependant pas creux comme dans un gâteau de miel vide, mais remplis par une substance de moindre densité. Il se produit aussi, dans les *Marsilia,* une enveloppe gélatineuse qui laisse libre le sommet de la spore, mais qui s'élève fortement autour de lui en formant un profond entonnoir; cette enveloppe montre principalement la stratification concentrique (fig. 287, *s l*). Je ne doute pas que la structure de l'épaisse exospore des *Salvinia* (fig. 288 *A*, *b*) ne soit aussi le résultat de différences de densité plus compliquées.

Les microspores ressemblent aux macrospores, en ce sens qu'elles ont aussi dans leur exospore une couche solide interne, qui est cuticularisée et qui présente une structure intérieure amenée par des différences de densité. Cette

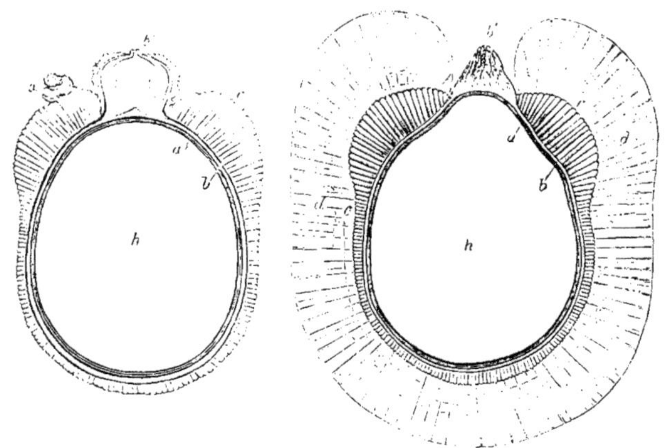

Fig. 300. — Développement ultérieur de la macrospore du *Pilularia globulifera* : *h*, cavité de la spore : *a*, première couche interne : *b*, seconde ; *c*, troisième ; *d*, quatrième couche de la membrane *so*.

couche est entourée par une enveloppe hyaline et se gonflant facilement, épaisse dans les *Marsilia*, mince dans les *Pilularia*.

Classification des Rhizocarpées. — Outre les trois genres que nous y avons étudiés, la classe des Rhizocarpées renferme encore le genre *Azolla*, peu connu jusqu'ici et qui se rattache au *Salvinia*. Les quatre genres de la classe forment donc deux familles distinctes : les Salviniacées (*Salvinia* et *Azolla*) et les Marsiliacées (*Marsilia* et *Pilularia*). Tout ce qui est exposé plus haut nous dispense de reproduire ici la caractéristique de ces deux familles.

Caractères principaux de leurs tissus. — La structure des tissus des Rhizocarpées est assez simple, si on la compare à la complication extérieure de la plante. Un faisceau fibro-vasculaire axile traverse racine, tige et pétiole pour venir, chez les *Marsilia*, se dichotomiser abondamment dans le limbe aux bords duquel ses branches s'anastomosent fréquemment. Comme d'habitude dans les plantes aquatiques et marécageuses, le parenchyme fondamental renferme de larges canaux aérifères, disposés en cercle sur la section transversale et séparés par des lames rayonnantes. Dans le *Salvinia*, le parenchyme est composé partout de lames cellulaires simples (fig. 296 *D*), qui séparent les larges lacunes aérifères, lacunes qui dans la feuille aérienne sont superposées comme les cellules d'un gâteau de miel. A la surface des feuilles et des fruits, l'assise cellulaire externe forme un véritable épiderme avec poils et stomates; ces derniers ont une structure particulière et sont très-petits. Sur les stries interstitielles particulières des feuilles des *Marsilia*, voir A. Braun (*loc. cit.*, p. 672); sur les tissus du fruit, voir Russow (*loc. cit.*).

Dissémination singulière des sporanges et des spores dans le fruit des Marsiliacées. — La structure du fruit du *Salvinia natans* est suffisamment éclaircie par la figure 296, *B* et *C*. C'est par la destruction hibernale de la plante tout entière que les sporanges y sont mis en liberté. Les macrospores remplissent le macrosporange et ne s'en échappent pas, même lors de la germination; il en est de même des microspores.

La structure du fruit des Marsiliacées, dont les deux genres sont vivaces, exige au contraire une déhiscence, et comme cette déhiscence et la dissémination consécutive des sporanges s'opèrent avec des phénomènes très-remarquables, nous devons nous y arrêter un peu.

Sous l'épiderme, très-velu à l'origine et pourvu de stomates, la paroi du fruit possède 2 à 3 assises de cellules étendues radialement, épaissies et lignifiées, qui, dans les *Marsilia*, constituent une coque très-dure et très-difficilement perméable à l'eau (fig. 297 et 301). En dedans se trouve un tissu parenchymateux, dans lequel s'étendent les faisceaux vasculaires du fruit. Dans le *Pilularia globulifera*, il y a en tout douze faisceaux, s'élevant, comme des méridiens, de la base au sommet du fruit, un sous chaque placenta et deux côte à côte vis-à-vis de chacune des quatre cloisons. Dans les *Marsilia*, le faisceau du pédicelle rampe sur l'arête dorsale du fruit et envoie à droite et à gauche sous chaque placenta des branches horizontales, qui se ramifient et s'anastomosent en se dirigeant vers l'arête ventrale;

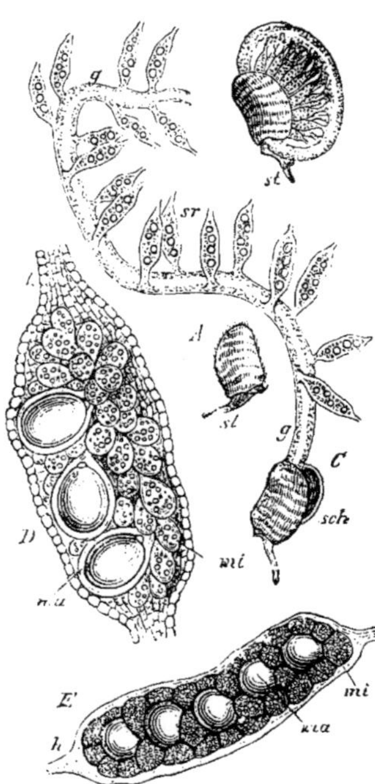

Fig. 301. — *Marsilia salvatrix.* — *A*, un fruit de grandeur naturelle; *st*, partie supérieure de son pédicelle. — *B*, un fruit ouvert dans l'eau et qui laisse échapper au dehors son anneau gélatineux (cette figure est d'après M. Hanstein. — *C*, l'anneau gélatineux *g* est déchiré et étalé; *sr*, les logettes sporangifères; *sch*, enveloppe du fruit. — *D*, une logette sporangifère avec son sore, extraite d'un fruit non mûr. — *E*, une pareille logette, extraite d'un fruit mûr: *mi*, microsporanges; *ma*, macrosporanges.

ces faisceaux cheminent dans le parenchyme situé au-dessous de la coque dure.

L'apparente cloison longitudinale médiane du fruit des *Marsilia* n'est pas une formation autonome, elle provient de la soudure, sur la ligne médiane, de toutes les cloisons horizontales qui séparent les logettes. Ces cloisons elles-mêmes sont composées de grandes cellules, dont la couche membraneuse externe est mince et solide, mais dont l'épaisse couche interne est transformée en mucilage et se gonfle fortement sous l'influence de l'eau. Les logettes du fruit, contenant chacune un sore, sont de petits sacs allongés, couchés horizontalement et empilés en deux rangées; en avant et en arrière, ils sont soudés par leur extrémité à un bourrelet de tissu qui occupe l'angle dorsal et l'angle ventral du fruit, en le bordant circulairement sur sa face interne. Les cellules de ce bourrelet annulaire ont aussi les couches internes de leur membrane transformées en mucilage et extrêmement avides d'eau.

Ceci posé, dès que la destruction de l'enveloppe pierreuse du fruit en un seul point permet l'accès de l'eau dans son intérieur, le bourrelet annulaire et les cloisons des logettes se gonflent aussitôt avec une telle force que dix minutes suffisent pour déchirer le fruit en deux valves le long de son arête ventrale et pour projeter par la fente le bourrelet correspondant devenu libre et qui se gonfle progressivement en dehors en forme d'anneau (fig. 301 A). Les logettes sont soudées à cet anneau sur sa périphérie interne; mais, comme il continue à s'étendre, bientôt elles se détachent toutes ensemble d'un côté, et le bourrelet annulaire se dilate alors sans obstacle et atteint une énorme longueur, en grossissant à mesure. Ordinairement il se brise plus tard en un point, comme on le voit fig. 301 C, et se déroule en un corps rectiligne ou vermiforme qui porte à droite et à gauche, en deux séries alternes, et rapprochées par paires, les logettes qui renferment les sores. Chaque logette contient sur sa face externe le ruban saillant qui porte les sporanges (D, E). Macrospores et microspores s'échappent ici de leurs sporanges et du sac qui les enveloppe; cette sortie a lieu par le gonflement de la couche mucilagineuse qui revêt leur exospore et qui augmente leur volume. Elles glissent alors et se répandent dans l'eau extérieure, où leur germination, notamment dans le *Marsilia salvatrix*, commence aussitôt et se poursuit rapidement; par une chaude température d'été, les anthérozoïdes et les archégones aptes à être fécondés sont formés dans l'espace de 12 à 18 heures.

C'est M. Hanstein qui a le premier exactement décrit tous ces phénomènes, et, sur des fruits qu'il m'a communiqués, j'ai pu moi-même les vérifier à plusieurs reprises. On doit encore à ce botaniste la connaissance d'un phénomène analogue, quoique différent à plusieurs égards, chez le *Pilularia globulifera*. Ici les fruits sont à la surface de la terre ou dans le sol. Ils se fendent au sommet en quatre valves et expulsent un mucilage hyalin qui, lorsque les fruits sont cachés dans le sol, s'échappe seul et forme une goutte arrondie qui grossit pendant plusieurs jours. Dans cette goutte de mucilage s'élèvent les macrospores et les microspores; elles y germent et c'est seulement quand la fécondation s'est opérée que la goutte se dissout. Les macrospores fécondées demeurent à la surface du sol et s'y fixent provisoirement par les poils radicaux de leurs prothalles, jusqu'à ce que les premières vraies racines des embryons puissent pénétrer dans la terre.

CLASSE 10.

Les Lycopodiacées (1).

GÉNÉRATION SEXUÉE. — La génération sexuée des Lycopodiacées, leur prothalle, n'est connu jusqu'à présent que dans les deux seuls genres *Selaginella* et *Isoetes*. Comme les Rhizocarpées, ces deux genres produisent de grosses spores femelles et de petites spores mâles, des macrospores et des microspores. Dans le genre *Lycopodium*, on n'a observé que les débuts de la germination, et encore n'est-ce que dans une seule espèce ; les plantes de ce genre ne possèdent, comme les *Tmesipteris*, *Psilotum* et *Phylloglossum*, qu'une seule espèce de spores, et, par leurs caractères extérieurs, ces spores correspondent aux microspores des deux premiers genres.

Cette différence, si elle avait une réelle valeur objective, suffirait pour diviser les Lycopodiacées en deux classes distinctes et pour adjoindre aux Cryptogames vasculaires isosporées les genres *Lycopodium*, *Psilotum*, *Tmesipteris*, ainsi que le *Phylloglossum* moins bien connu encore; mais elle ne repose, pour le moment, que sur l'insuffisance de nos connaissances au sujet de ces divers genres. D'ailleurs, par le mode de formation de leurs tissus, par la ramification dichotomique de leur tige et de leurs racines, par la nature de leurs feuilles et par d'autres caractères encore, ces genres se rattachent étroitement aux Sélaginellées. Jusqu'à plus ample informé, nous considérerons donc tous ces genres comme étant les membres d'une seule et même classe naturelle.

Germination des microspores des Sélaginellées : prothalle mâle, anthéridies. — Le contenu des microspores des *Selaginella* et *Isoetes* ne produit pas directement, comme on le croyait naguère encore, les cellules mères des anthérozoïdes. On doit à M. Millardet la connaissance de ce fait, important au point de vue de l'affinité des Cryptogames supérieures avec les Gymnospermes, que le contenu de la microspore se transforme à la maturité en un tissu formé d'un petit nombre de cellules. L'une de ces cellules demeure stérile et peut être considérée comme un prothalle rudimentaire ; les autres produisent les cellules mères des anthérozoïdes, et représentent par conséquent une anthéridie rudimentaire.

Après le repos hibernal, la microspore de l'*Isoetes lacustris* se trouve partagée en deux cellules : une petite cellule stérile et une grande cellule qui oc-

<hr>

(1) HOFMEISTER : Vergleich. Untersuchungen, 1851. — METTENIUS : Filices horti bot. Lips., 1856. — CRAMER : Ueber *Lycopodium Selago* (Nägeli u. Cramer, Pflanzenphysiol. Untersuchungen, Heft 3, 1855). — HOFMEISTER : Entwickelung der *Isoetes lacustris* (Abhandl. der K. Sächs. Gesells. der Wiss., IV, 1855). — DE BARY : Ueber Keimung der *Lycopodium* (Bericht d. naturf. Gesellsch. zu Freiburg in Brisgau, 1858). — NÆGELI et LEITGEB : Ueber Entstehung und Wachsthum der Wurzeln (Beiträge zur wiss. Botanik., Heft 4, 1867). — A. BRAUN : Ueber *Isoetes* (Monatsberichte der Berliner Akad., 1863). — MILDE : Filices Europæ et Atlantidis. Leipzig, 1867. — METTENIUS : Ueber *Phylloglossum* (Bot. Zeitung, 1867). — MILLARDET : Le prothallium mâle des Cryptogames vasculaires. Strasbourg, 1869. — JURANYI : Ueber *Psilotum* (Bot. Zeit., 1871). — PFEFFER : Entwickelung des Keims der Gattung *Selaginella* (Botanische Abhandlungen von HANSTEIN, Heft 4, 1871).

cupe tout le reste de la capacité interne (fig. 302 *A*, *C*). La première, enveloppée par une membrane solide de cellulose (*v*) ne subit désormais aucun notable changement; la seconde au contraire se divise en quatre cellules primordiales dépourvues de membranes, et dont les deux ventrales produisent

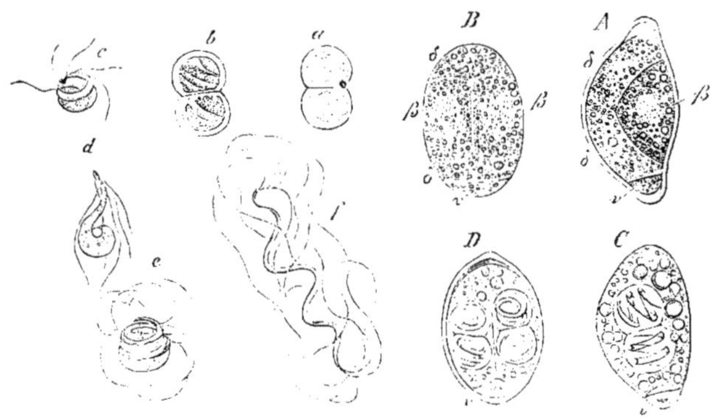

Fig. 302. — Germination des microspores de l'*Isoetes lacustris*, d'après M. Millardet. — *A* et *C*, microspores vues du côté droit ; *B* et *D*, vues par la face ventrale. — *A* et *B*, représentent la formation de l'anthéridie : δ, δ, ses cellules dorsales ; β, β, ses cellules ventrales. — *C* et *D* montrent la formation des anthérozoïdes, qui fait disparaître les cellules δ et β. Les quatre figures *A-D*, montrent en *v* la cellule végétative, qui est le prothalle mâle suivant M. Millardet. — Les figures *a-f* suivent le développement des anthérozoïdes (*A-D* et *a-d* sont gross. 580 fois ; *e* et *f* 700 fois).

chacune deux cellules mères d'anthérozoïdes. La microspore engendre ainsi quatre anthérozoïdes.

M. Pfeffer a confirmé sur les *Selaginella* les observations de M. Millardet : ici aussi, longtemps avant que les microspores quittent leur sporange, on y voit d'abord une petite cellule stérile limitée par une paroi solide et une grande cellule qui se partage plus tard en 6 à 8 cellules primordiales (fig. 304 *A-D*). M. Pfeffer trouve cependant la disposition de ces cellules primordiales, dans les *Selaginella Martensii* et *caulescens*, différente de celle que M. Millardet a décrite dans le *S. Kraussiana*, ce qui paraîtra peu important si l'on se rappelle qu'il existe de semblables différences dans l'anthéridie des Fougères. Mais où les deux observateurs diffèrent essentiellement, c'est quand M. Millardet affirme que deux seulement de ces cellules internes produisent les cellules mères des anthérozoïdes, lesquelles, se multipliant ensuite, résorbent les autres et remplissent la microspore ; tandis que M. Pfeffer assure que, dans ces deux espèces, toutes les cellules primordiales se partagent et contribuent finalement à produire les anthérozoïdes.

Les deux observateurs s'accordent sur les caractères des anthérozoïdes. Dans les *Isoetes* ils sont longs et minces, effilés aux deux extrémités et munis aux deux bouts d'un pinceau de cils vibratiles. Ceux des *Selaginella* sont plus courts, renflés en arrière, atténués en avant où ils se prolongent en deux longs cils déliés. Complétement développés, les anthérozoïdes sont enroulés en hélice allongée, ou en spirale à tours rapprochés.

Leur mode de production dans la cellule mère est le même dans les deux genres et ressemble, pour tous les points essentiels, à ce que nous avons décrit chez les Fougères. Au moment où va s'y former un anthérozoïde, la cellule mère n'a pas de noyau et son contenu est parfaitement homogène. L'anthérozoïde procède d'une masse protoplasmatique brillante, à peine granuleuse, qui entoure une vacuole ; les cils d'une extrémité se forment d'abord, puis le corps spiralé est comme entaillé progressivement d'avant en arrière dans le protoplasma (fig. 302, *d*). Ainsi produit, l'anthérozoïde est enroulé en spirale autour de la vacuole centrale (*c*). Il n'est pas rare de voir cette vacuole, enveloppée par une mince membrane, demeurer plus tard attachée à l'extrémité postérieure de l'anthérozoïde et être entraînée par lui dans tous ses mouvements. La mobilité des anthérozoïdes des *Isoetes* ne dure pas plus de cinq minutes ; dans les *Selaginella* elle se prolonge pendant 1/2 à 3/4 d'heure.

Du commencement de la germination des microspores jusqu'au complet développement des anthérozoïdes, il s'écoule environ trois semaines dans les *Isoetes ;* dans les *Selaginella*, il faut le même temps à partir de l'ensemencement des microspores.

Germination des macrospores des Sélaginellées : prothalle femelle, archégones. — En germant, les macrospores produisent autant de prothalles femelles. A un plus haut degré encore que chez les Rhizocarpées, ce prothalle femelle est une formation endogène. Sous ce rapport et dans la marche de son développement, il affecte une ressemblance encore plus grande avec le tissu qui remplit le sac embryonnaire des Gymnospermes et même des Angiospermes.

Prothalle femelle des **Isoetes.** — Quelques semaines après que la macrospore des *Isoetes* s'est échappée du macrosporange détruit, sa cavité intérieure commence à se remplir d'un tissu cellulaire, dont les cellules sont à l'origine toutes dépourvues de membrane. C'est seulement lorsque l'endospore tout entière est remplie de ces cellules, qu'elles paraissent limitées par des membranes solides (fig. 303). Pendant ce temps, la membrane qui constitue l'endospore s'épaissit, se différencie en couches distinctes et prend un aspect finement granuleux, tous phénomènes qui se manifestent également, d'après M. Hofmeister,

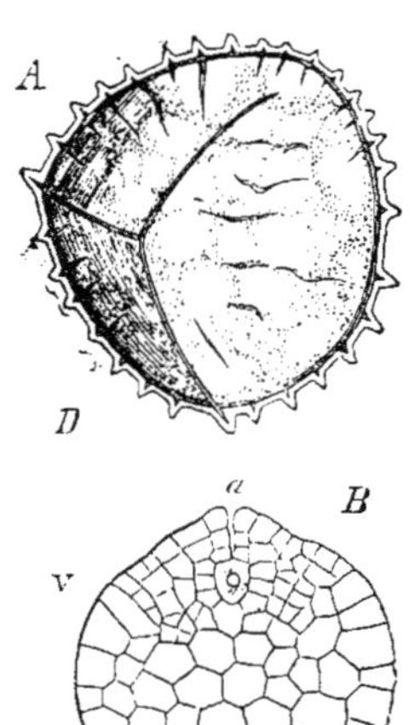

Fig. 303. — *Isoetes lacustris*, d'après M. Hofmeister. — *A*, macrospore, deux semaines après le semis, rendue transparente par la glycérine (60). — *B*, section longitudinale du prothalle, quatre semaines après le semis : *a*, archégone (40).

sur le sac embryonnaire des Conifères. Ensuite, comme le prothalle sphérique se gonfle en se développant, les trois arêtes convergentes de l'exospore se déchirent en long et forment ainsi une fente à trois rayons, suivant laquelle le prothalle n'est plus recouvert que par l'endospore. A son tour cette dernière membrane s'effeuille, se ramollit et laisse enfin venir au jour la partie correspondante du prothalle. Au sommet du prothalle apparaît ensuite le premier archégone. S'il n'est pas fécondé, il peut s'en former plus tard et latéralement plusieurs autres.

Prothalle femelle et endosperme des **Selaginella.** — Dès l'époque où les macrospores des *Selaginella* sont encore renfermées dans leur sporange, on voit leur région terminale revêtue par un tissu de petites cellules, courbé en forme de ménisque, tissu qui provient sans doute de la division d'une masse de proto-

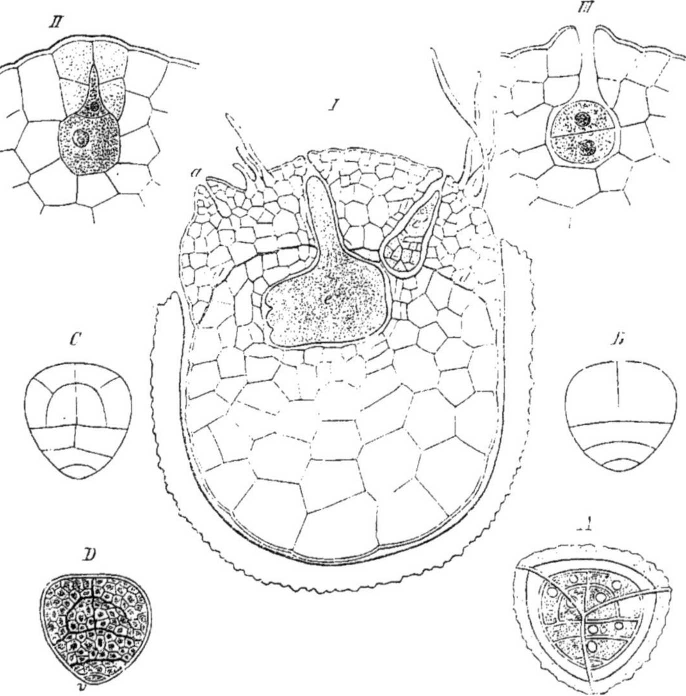

Fig. 304. — Germination des spores de *Selaginella*, d'après M. Pfeffer. — I-III, *Selaginella Martensii* ; A-D, *S. caulescens.* — I, section longitudinale d'une macrospore remplie par le prothalle et l'endosperme ; la section rencontre deux embryons *e, e'*, en voie de développement ; *d,* le diaphragme. — II, un jeune archégone, non encore ouvert. — III, un archégone fécondé, avec son oospore déjà divisée en deux. — A. microspore montrant les divisions de l'endospore.— B et C, divers aspects de ces divisions. D, les cellules mères des anthérozoïdes dans une anthéridie mûre.

plasma accumulée à cet endroit pendant la maturation de la spore (fig. 303). C'est ce tissu qui produit plus tard les archégones ; il constitue donc le prothalle proprement dit. Mais, quelques semaines après l'ensemencement de la macrospore, commence au-dessous de lui, dans la cavité même de la spore, une formation libre de grandes cellules qui remplissent bientôt tout l'espace et se réunissent en un tissu que M. Pfeffer, fondé sur des considérations auxquelles je me rattache pleinement, compare à l'endosperme des Angiospermes et que, conséquemment, il nomme aussi endosperme (fig. 304, *I*). Au moment de la fécondation et des premiers développements de l'embryon, les macrospores des *Selaginella* renferment donc, à la fois, un prothalle et un endosperme.

La formation des archégones sur le prothalle commence dès avant la rupture de l'exospore, qui s'opère ici comme dans les *Isoetes*. Le premier archégone s'établit au sommet même du prothalle et les autres naissent successivement, que le premier soit fécondé ou non, en direction centrifuge sur la portion libre du prothalle.

Développement de l'archégone des **Isoetes** *et* **Selaginella**. — Dans les deux genres, pour former l'archégone, une cellule superficielle du prothalle se divise d'abord parallèlement à la surface. La cellule supérieure se partage ensuite par deux cloisons perpendiculaires en croix, et chacune des quatre cellules ainsi formées se divise par une cloison oblique en deux cellules superposées; ainsi se constitue le col de l'archégone, formé de quatre rangées bicellulaires. La cellule inférieure est la cellule centrale de l'archégone; son corps protoplasmique se sépare bientôt en une petite portion supérieure et une grande portion inférieure; la première est la cellule de canal, qui s'insinue de bas en haut entre les rangées de cellules du col qu'elle dissocie, pour se transformer ensuite en mucilage et enfin traverser le col dans toute sa longueur; la seconde portion de protoplasma s'arrondit et forme, au fond de l'archégone, une oosphère nue (fig. 304. II)(1).

Germination des spores des Lycopodes; prothalle monoïque, archégones et anthéridies. — M. de Bary a observé la germination des spores du *Lycopodium inundatum*. L'exospore s'y fend profondément en trois lobes et, par l'ouverture, l'endospore fait hernie au dehors et s'échappe sous forme d'une vésicule à peu près sphérique. Cette vésicule se divise par une cloison supérieure en une cellule basilaire hémisphérique qui ne se développe pas ultérieurement et en une cellule externe qui s'accroît en une cellule terminale et forme, par des cloisons inclinées alternativement en sens inverse, deux courtes séries de segments alternes. Chaque segment se partage ensuite par une cloison tangentielle en une cellule interne et une cellule externe, de sorte que le prothalle se compose finalement de quatre courtes cellules formant une rangée axile et entourées par deux rangées de cellules latérales, ainsi que par la cellule basilaire et la cellule terminale. M. de Bary n'a pas réussi à obtenir un développement plus avancé; il est donc impossible encore de se prononcer sur la vraie nature du corps ainsi formé (2).

Génération asexuée. — Développement de l'embryon des Sélaginellées.

---

(1) L'archégone des *Selaginella* et des *Isoetes* n'est presque pas individualisé par rapport au prothalle, et cette absence d'individualisation rappelle ce qui a lieu chez les Anthocérotées. M. Janczewski (*loc. cit.*) a vu que, dans les *Isoetes*, la cellule interne forme, comme partout ailleurs, successivement deux cellules de canal, et il conclut de la description et des dessins donnés par M. Pfeffer qu'il doit en être de même dans les *Selaginella*, et qu'ainsi les traits essentiels de la formation de l'archégone sont les mêmes dans toutes les Cryptogames vasculaires. Ce qui varie d'un groupe à l'autre, c'est le degré d'individualisation de l'archégone par rapport au prothalle, et sous ce rapport il y a trois types à distinguer: 1° individualisation complète (Marsiliacées); 2° individualisation du col seulement (Fougères, Prêles, Salviniacées); 3° absence d'individualisation (*Selaginella* et *Isoetes*). (*Trad.*)

(2) Tout récemment M. Fankhauser (Bot. Zeitung, 1873) a eu l'heureuse fortune de rencon-

— D'après ce qui a été dit plus haut, on ne connaît les premiers développements de l'embryon que dans les seuls genres *Isoetes* et *Selaginella*. La première segmentation qui s'opère dans l'oospore y est perpendiculaire à l'axe de l'archégone (fig. 304, *III*), contrairement à ce qui a lieu chez les Fougères et les Rhizocarpées.

Embryon des **Isoetes**.— Dans les *Isoetes*, d'après M. Hofmeister, chacune des deux premières cellules ainsi formées se partage en deux par un plan perpendiculaire au premier ; mais de nouvelles recherches seraient nécessaires pour établir la relation de ces quatre quadrants avec la première racine, la première feuille, la tige et le pied de l'embryon.

Proembryon et embryon des **Selaginella**. — La formation de l'embryon des *Selaginella* a été récemment étudiée en détail par M. Pfeffer. Ici la moitié supérieure de l'oospore s'allonge considérablement et forme le *suspenseur* de l'embryon ; ce suspenseur ou *proembryon*, qui manque à toutes les autres Cryptogames, se retrouve partout chez les Phanérogames, et, par lui, les *Selaginella* se rattachent ainsi plus intimement encore aux Phanérogames. Le suspenseur demeure rarement à l'état de simple cellule ; habituellement il s'y opère un plus ou moins grand nombre de divisions dans sa région inférieure (fig. 305, *A, B*).

L'embryon lui-même procède de la moitié inférieure de l'oospore, qui doit être considérée comme la cellule terminale primaire de la tige, dont le proembryon représente le premier segment. Par l'allongement du suspenseur, accompagné de la compression et de la résorption des cellules environnantes du prothalle, la cellule mère de l'embryon se trouve refoulée en bas dans l'endosperme, à l'intérieur duquel, comme chez les Phanérogames, l'embryon poursuit ensuite son développement. Pendant ce temps, deux cloisons obliques découpent dans la cellule mère de l'embryon deux segments latéraux. Chacun de ces segments produit une feuille primordiale, ou *cotylédon*, et une moitié de la région hypocotylée de la tige ; le segment le plus âgé donne naissance, en outre, au pied et à la première racine. Entre les deux segments se trouve enchâssée comme un coin la cellule terminale de la tige (fig. 305, *A, B*).

Pendant que les deux premiers segments se transforment, par de nom-

trer dans la nature un certain nombre de prothalles de *Lycopodium annotinum*, à divers états de développement. Ce prothalle est souterrain, privé de chlorophylle et d'amidon, de couleur blanc jaunâtre. Sa face inférieure est unie et pourvue d'assez rares poils radicaux ; sa face supérieure au contraire présente des bourrelets et des sillons plus ou moins irréguliers. C'est sur cette face supérieure que se trouvent à la fois les anthéridies et les archégones. Les anthéridies, de forme ovale, sont totalement plongées dans l'épaisseur du tissu, mais séparées de la surface par une seule assise de cellules ; elles contiennent d'innombrables anthérozoïdes. Les anthérozoïdes n'ont qu'un petit nombre de tours de spire et leur corps est assez gros relativement à ceux des Sélaginellées. — M. Fankhauser n'a pas rencontré de jeunes archégones ; mais la place de ces organes est indiquée par le point d'insertion des plantules sur les prothalles. Elles paraissent occuper le fond des sillons de la face supérieure. Ordinairement un prothalle ne porte qu'une seule plantule : un seul archégone y a été fécondé.

Le prothalle des Lycopodes étant monoïque, on conçoit que ces plantes n'ont à produire qu'une seule espèce de spores. Par ce prothalle monoïque souterrain et privé de chlorophylle, comme par plusieurs autres caractères (voir p. 502, en note), c'est encore aux Ophioglossées que les Lycopodiacées isosporées se rattachent le plus intimement.　　　　　　 (*Trad.*)

breuses divisions, en une masse de tissu qui se sépare bientôt en un cylindre
axile de procambium et en une couche périphérique comprenant le dermatogène et le périblème, il se forme latéralement au-dessous de la première
feuille un renflement qui constitue le pied de l'embryon. L'extension de ce pied
rejette la tige du côté opposé, c'est-à-dire du côté du plus jeune des deux
segments, de sorte que son sommet se place d'abord horizontalement, puis se
dirige en haut (fig. 304, *I*). Lors donc que l'embryon commence à s'allonger, son bourgeon terminal avec ses deux premières feuilles ou cotylédons se

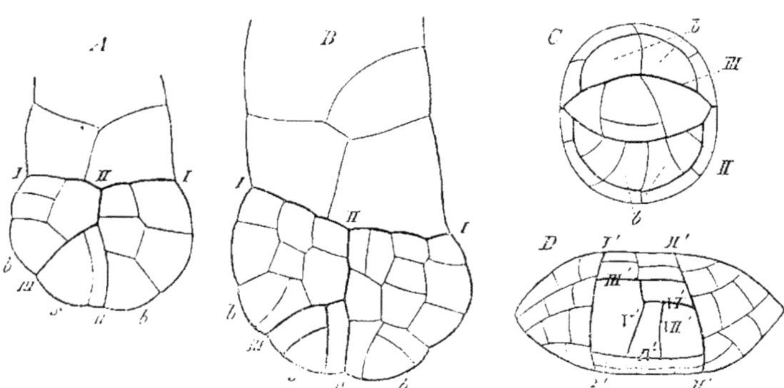

Fig. 305. — Développement de l'embryon du *Selaginella Martensii*, d'après M. Pfeffer. — *A*, *B*, partie inférieure
du suspenseur, avec les deux premiers segments de l'embryon déjà plusieurs fois divisés et la cellule terminale *s*
de la future tige : *bb*, les premières feuilles. — *C*, le même embryon vu de face. — *D*, le sommet seul, vu
d'en haut, en voie de former, à droite et à gauche, deux nouvelles cellules terminales. — I, II, III, parois principales de la cellule terminale primaire ; I', II', III'..... VII'. cloisons longitudinales par lesquelles sont formées les deux nouvelles cellules terminales.

trouve dressé vers le ciel, au sommet de la macrospore. Entre le pied et le
suspenseur se forme assez tard la première racine, racine latérale, dont la
cellule terminale procède d'une des cellules internes du tissu formé par le
segment le plus âgé, mais dont la première calotte est constituée par le dédoublement du dermatogène qui recouvre cette cellule mère ; les autres calottes
successives de la coiffe procèdent de la segmentation de la cellule terminale
elle-même de la racine.

Nous avons vu plus haut que, dans les *Pteris* et *Salvinia*, la position de la
cellule terminale de la tige en voie d'accroissement se trouve tournée de
90 degrés par rapport à celle de l'embryon. Quelque chose d'analogue se présente chez les *Selaginella ;* en effet, la cellule terminale, enchâssée entre les
deux premières feuilles, se divise désormais de manière à prendre la forme
d'un coin à quatre faces (fig. 305, *C*, *D*), dont les segments se séparent en
paires décussées. Dans le cinquième ou le sixième de ces segments, par une
cloison courbe dont la convexité regarde la cellule terminale, il se forme une
nouvelle cellule terminale à quatre faces ; de telle sorte que la section longitudinale qui contient les centres de ces deux cellules terminales est perpendiculaire à la section longitudinale qui renferme les centres d'insertion des deux
premières feuilles.

Chacune de ces deux cellules terminales à quatre faces forme ensuite une branche de la première bifurcation; ni l'une ni l'autre de ces branches ne prolonge la direction de la tige hypocotylée. La première dichotomie a donc lieu immédiatement au-dessus des premières feuilles ou des cotylédons. Toutefois, les cellules terminales à quatre faces des deux branches se transforment bientôt en cellules à deux faces ne produisant que deux séries de segments (1).

Le début de tous ces organes, ainsi que la première dichotomie, est toujours constitué dès avant l'apparition de l'embryon hors de la macrospore.

Organisation générale de la plante développée. — Si l'on considère maintenant le mode de végétation de la plante développée, on voit que la manière dont le corps du végétal se divise en membres distincts varie de genre à genre chez les Lycopodiacées. Toutes les plantes de cette classe se ressemblent cependant en quelques points de grande importance morphologique, et ce sont ces points que nous devons tout d'abord faire ressortir.

Leurs feuilles, si différentes qu'elles paraissent d'ailleurs, sont toujours simples, non ramifiées, et traversées par un seul faisceau vasculaire. La ramification terminale de la tige et de la racine est toujours dichotomique et, si l'on excepte les états âgés des *Selaginella*, les dichotomies successives ont toujours lieu dans des plans rectangulaires. Les racines des Lycopodiacées sont même les seules racines qui se dichotomisent dans le règne végétal (2).

Ceci posé, les différences que les divers genres présentent dans le port et le mode de végétation résultent principalement de la grandeur relative des feuilles et du plus ou moins rapide allongement de la tige.

L'un des extrêmes sous ce rapport est réalisé par les *Isoetes* dont la tige, extrêmement courte et non ramifiée, s'accroît à peine en longueur, mais fortement en épaisseur, et porte en rosette serrée un grand nombre de feuilles allongées et souvent très-longues, ainsi qu'un grand nombre de racines. L'autre extrême se rencontre dans le *Psilotum* où la tige, régulièrement dichotome, demeure mince, s'accroît fortement en longueur, mais ne porte que de très-petites feuilles et pas du tout de vraies racines. Dans les *Selaginella* et *Lycopodium* les feuilles, sans être grandes, sont pourtant bien développées, et les branches, étroitement garnies de feuilles et fréquemment dichotomes, portent une série acropète de nombreuses racines.

A côté de ces genres, et occupant une place à part, vient se ranger le *Phylloglossum*, petite plante d'Australie, haute à peine de quelques centimètres. D'un petit tubercule s'échappe une tige qui porte à sa base une rosette de quelques feuilles allongées et y produit une ou quelques racines adventives, puis s'allonge en une hampe grêle et se termine enfin par un épi sporangifère muni de petites

---

(1) Les nouvelles cellules terminales à deux faces des deux premières branches sont parallèles à la première cellule terminale à deux faces de l'embryon; et il en est de même des cellules terminales de toutes les branches dichotomiques ultérieures. Le plan de la seconde dichotomie et des dichotomies ultérieures croise par conséquent à angle droit le plan de la première. Cela n'est vrai cependant qu'au début même, car les deux premières branches se tordent bientôt de manière à ramener leurs dichotomies dans le plan de la première.

(2) Cependant, d'après M. Reinke, certaines racines adventives des Cycadées se bifurquent aussi.

[Nous avons déjà dit que, quand les racines des Ophioglossées se ramifient, c'est aussi par dichotomie. (*Trad.*)]

feuilles. Cette plante se renouvelle par des bourgeons adventifs latéraux, composés chacun d'un tubercule et d'un bourgeon rudimentaire sans feuilles, et sous ce rapport elle ressemble aux Orchidées de nos pays (1).

Forme et mode de ramification de la tige. — Comme nous venons de le dire, la tige des *Isoetes* se distingue par un très-faible accroissement en longueur, circonstance qui entraîne ici, comme ailleurs dans d'autres cas analogues, une absence totale de ramification (2). Il ne s'y forme pas d'entre-nœuds, et les feuilles, largement insérées, sont disposées en rosette serrée, sans laisser libre entre elles aucune portion de la surface de la tige. La région supérieure de la tige, où s'insèrent les feuilles, est déprimée au sommet en forme de large entonnoir (fig. 306). Le notable accroissement en épaisseur dont la tige des *Isoetes* continue longtemps à être douée, et par où elle se distingue de celle de toutes les autres Cryptogames, est amené par une couche de méristème intérieur, enveloppant le groupe vasculaire central; cette couche produit continuellement vers l'extérieur de nouvelles assises de parenchyme. Cette formation nouvelle a lieu principalement dans deux ou trois directions sur la section transversale, de manière à produire deux ou trois massifs cellulaires saillants, qui meurent lentement à partir de l'extérieur, et entre lesquels se trouvent autant de sillons profonds qui convergent sur la face inférieure de la tige. De ces sillons s'échappent, en autant de rangées, un grand nombre de racines dont le développement est acropète.

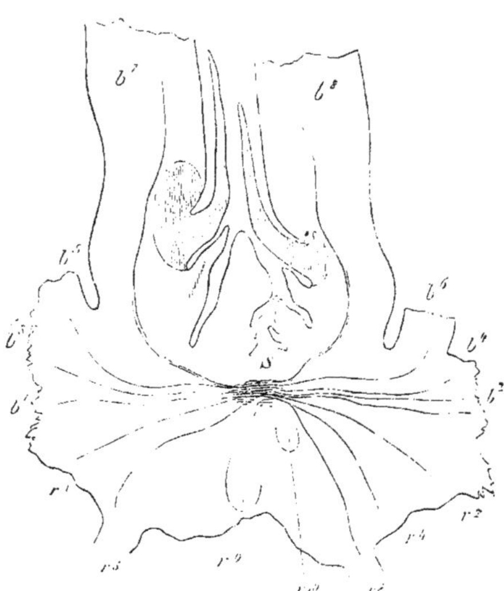

Fig. 306. — *Isoetes lacustris*, d'après M. Hofmeister. — Section longitudinale, perpendiculaire au sillon, d'une tige âgée de 10 mois. — *S*, tige ; *b'* à *b*⁸, feuilles ; *r'* à *r*¹⁰, racines (30). La ligule des deux feuilles développées est ombrée.

Dans les *Selaginella*, *Lycopodium*, *Tmesipteris*, *Psilotum*, au contraire, la tige demeure mince, s'allonge rapidement, se ramifie par dichotomies répétées et forme d'assez longs entre-nœuds. Dans les *Selaginella*, son sommet se dresse comme un cône élancé au-dessus des plus jeunes feuilles. Dans les *Lycopodium*, il est obtus et aplati.

---

(1) Avec de profondes différences cependant, car : 1° le pédicelle du bourgeon est ici une racine et non un rameau comme dans les Orchidées ; sous ce rapport l'analogie est frappante avec les *Ophioglossum* (voir p. 507, en note) ; 2° le tubercule est un simple renflement de parenchyme, et non un faisceau de racines soudées comme dans les Orchidées. *(Trad.)*

(2) Il en est ainsi, par exemple, dans les Ophioglossées et dans les Cactées à tige courte et tuberculeuse.

Dans les *Psilotum* et souvent aussi dans les *Lycopodium*, les deux branches des dichotomies s'accroissent avec une égale vigueur ; mais quelquefois, dans ce dernier genre et surtout dans les *Selaginella*, certaines branches, se développant davantage, deviennent des tiges principales qui rampent en rhizomes ou se dressent en tiges aériennes. C'est surtout dans les *Selaginella* que prédomine cette tendance du système dichotomique à se développer en un sympode hélicoïde ; et il en résulte souvent que ce système de branches, par son développement bilatéral dans un seul et même plan et par le contour déterminé qu'il prend, arrive à ressembler à une feuille composée-pennée. En général, à cause de la petitesse des feuilles, le port des plantes de ces divers genres est principalement déterminé par le mode de développement des ramifications de la tige.

Forme et disposition des feuilles. — *Forme des feuilles.* — Les feuilles des Lycopodiacées sont toujours simples, non ramifiées, traversées par un seul faisceau vasculaire et terminées en haut par une pointe simple qui, dans les Sélaginelles et les Lycopodes, se prolonge en une fine arête.

Ce sont les *Isoetes* qui ont les feuilles les plus grandes ; elles y atteignent de 4 à 60 centimètres de longueur. Elles y sont composées d'une gaîne basilaire et d'un limbe. La gaîne n'est pas tout à fait embrassante, elle est largement insérée, pointue vers le haut, à peu près triangulaire ; convexe en dessous, elle porte sur sa face supérieure concave un grand renfoncement dans lequel le sporange se trouve attaché. Le bord de cette fossette se soulève en une mince membrane qui dans beaucoup d'espèces se replie au-dessus du sporange qu'elle recouvre d'un voile. Au-dessus de la fossette, et séparée d'elle par une proéminence en forme de selle, se trouve une fossette plus petite dont le bord inférieur se prolonge en lèvres, tandis que du fond s'élève un appendice membraneux appelé ligule, qui se prolonge ordinairement hors de la petite fossette et, sur une base en cœur, produit une pointe terminale (fig. 307 *A*). Le limbe vert par lequel la gaîne se prolonge est

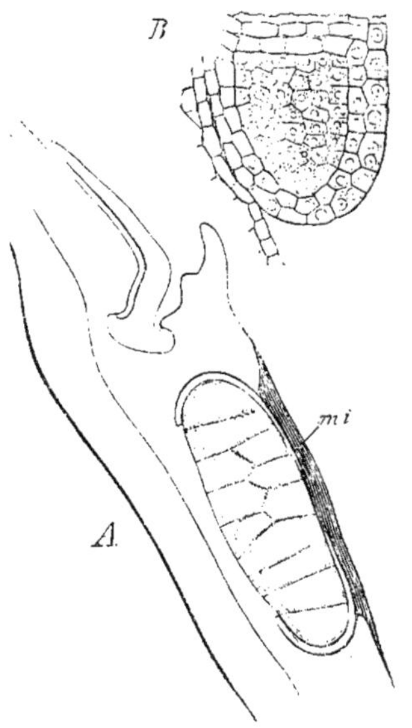

Fig. 307. — *Isoetes lacustris,* d'après M. Hofmeister. — *A,* section longitudinale à travers la base d'une feuille munie de son microsporange *mi,* non encore mûr. — *B,* section longitudinale de la région inférieure d'un jeune sporange.

étroit et épais, presque cylindrique, mais aplati en dessus et traversé par quatre larges canaux aérifères, entrecoupés transversalement par de nombreuses cloisons.

Les feuilles fertiles de tous les *Isoetes* ont cette forme et cette constitution. Il en naît chaque année une rosette. Mais entre deux cycles annuels il se fait un cycle de feuilles incomplètes qui, dans l'*I. lacustris*, n'ont qu'un petit limbe, et qui, dans les espèces terrestres, n'ont pas de limbe du tout et représentent par conséquent de simples écailles.

Les feuilles des *Selaginella* n'ont jamais que quelques millimètres de longueur; à partir de leur étroite insertion, elles s'élargissent d'abord en cœur, puis se terminent en pointe; elles sont ovales ou lancéolées. Dans la plupart des *Selaginella*, les feuilles stériles sont de deux grandeurs différentes : celles de la face inférieure ou ombragée de la tige obliquement dressée, les feuilles inférieures, sont beaucoup plus grandes que celles de la face supérieure éclairée (fig. 308, *A*), que les feuilles supérieures. Toutes ensemble, les feuilles inférieures et supérieures forment toujours quatre rangées longitudinales (voir plus loin). Sur la face supérieure et près de sa base, la feuille porte ici aussi une ligule, au-dessous de laquelle le sporange est inséré sur les feuilles fertiles (fig. 308, *B*). Ces feuilles fertiles forment un épi quadrangulaire terminal; elles sont toutes de même grandeur et d'une forme un peu différente de celle des feuilles stériles végétatives.

Cette différence est plus marquée encore dans ces Lycopodes qui forment également un épi sporangifère terminal, épi dont les feuilles sont le plus souvent jaunes ou du moins non vertes, et plus larges et plus courtes que les feuilles végétatives stériles (*Lycopodium clavatum*, etc.). Dans d'autres espèces de Lycopode cependant (*L. Selago*, etc.), les sporanges sont insérés à l'aisselle des feuilles végétatives ordinaires, sans former un épi visible au dehors. La forme des feuilles des Lycopodes, quoique toujours également simple, est d'ailleurs très-différente suivant les diverses espèces; tantôt allongées en aiguille comme dans les Conifères, tantôt élargies, elles sont toujours disposées en spirale tout autour de la tige.

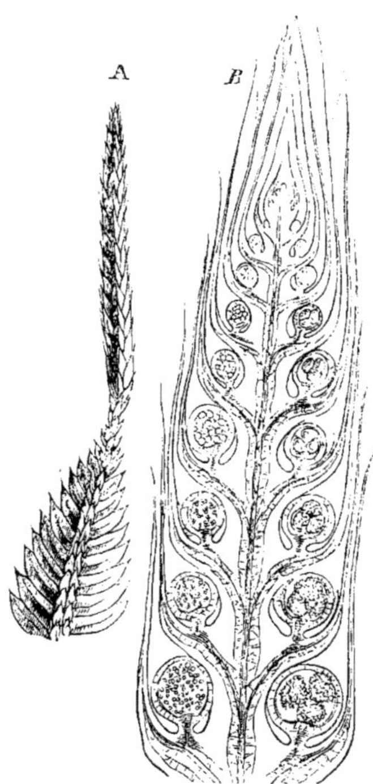

Fig. 308. — *Selaginella inæqualifolia.* — *A*, branche fertile (gross. 2 fois). — *B*, sommet de cette branche en coupe longitudinale, portant à droite des macrosporanges, à gauche des microsporanges.

Les feuilles du *Psilotum* sont toutes rudimentaires, très-petites, en forme d'écailles membraneuses, et elles manquent même entièrement de faisceaux vasculaires. Sur les branches souterraines de cette plante, qui acquièrent l'aspect extérieur des racines, tandis que les racines manquent totalement (voir plus loin), les feuilles sont encore plus dégradées et l'on n'en reconnaît souvent l'existence qu'à la disposition des cellules au voisinage du point végétatif.

Le *Tmesipteris*, voisin du *Psilotum*, possède au contraire de grandes feuilles puissamment développées.

Disposition des feuilles. — La disposition des feuilles est tantôt spiralée, tantôt décussée par paires. Les feuilles des rosettes des *Isoëtes* sont disposées en spirale suivant les divergences 3/8, 5/13, 8/21, 13/34 ; la fraction de divergence devient d'autant plus compliquée que le nombre des feuilles formées dans l'année est plus grand.

Dans les *Lycopodium*, les feuilles sont également disposées en spirale et souvent le nombre des orthostiques y est considérable ; mais il n'est pas rare cependant que, dans leur disposition spiralée, les feuilles de ces plantes ne forment des faux verticilles, qui se présentent soit comme des paires décussées (*L. complanatum*), soit comme des cycles alternes plus compliqués, comme dans le *L. Selago* où les branches commencent par des verticilles ternaires pour continuer ensuite par des verticilles à quatre et à cinq feuilles.

Dans les *Selaginella* enfin, les feuilles, situées sur quatre rangées, sont disposées par paires qui comprennent chacune une feuille supérieure et une feuille inférieure ; le plan médian d'une paire ne croise pas à angle droit le médian de la paire suivante, mais le coupe obliquement, et, sur les branches âgées de *S. Kraussiana*, cette obliquité est souvent très-facile à constater directement.

Accroissement terminal de la tige. — Le développement terminal de la tige est obtenu, dans les *Isoëtes, Selaginella* et *Psilotum*, par le moyen d'une cellule terminale.

Dans les *Isoëtes*, d'après M. Hofmeister, cette cellule terminale est à deux faces si la tige possède deux sillons, à trois faces si elle en possède trois. Dans la jeune plante, les feuilles sont donc bisériées dans le premier cas, trisériées dans le second. Plus tard, cependant, la disposition des feuilles devient plus compliquée et spiralée, ce qui provient peut-être de ce que, dans la tige plus âgée, les parois principales des segments empiètent l'une sur l'autre dans le sens même de la spirale, comme nous l'avons vu dans les Hépatiques qui, avec une cellule terminale à trois faces, ont une divergence plus compliquée.

Dans les *Selaginella*, dont les feuilles sont sur quatre rangs, la cellule terminale est à deux faces, d'après M. Pfeffer (fig. 309, *A*, *B*). Ici les deux séries de segments constituent un cône végétatif élancé, à la base duquel les feuilles commencent à apparaître vers la hauteur du quatrième ou cinquième segment. La tige étant obliquement dressée, les deux faces de la cellule terminale sont dirigées l'une en haut, l'autre en bas. La manière dont les feuilles procèdent des segments n'est pas encore entièrement connue. Les deux feuilles situées à même hauteur s'échappent obliquement, une en haut et une en bas, de façon que chacune embrasse environ un quart de la périphérie de la tige ; chacune d'elles s'accroît par une rangée de cellules terminales (fig. 309, *A*). La dichotomie de la branche s'opère par la production, dans un des plus jeunes segments, d'une nouvelle cellule terminale à deux faces (fig. 309, *C*, *D*). Les deux branches s'allongent ensuite à droite et à gauche de la première direction d'accroissement, et toutes les dichotomies successives ont lieu dans un seul et même plan.

MM. Nägeli et Leitgeb ont étudié dans le *Psilotum triquetrum* l'accroissement terminal des branches souterraines qui ont l'aspect de racines. Ils y ont rencontré une petite cellule terminale à trois faces, mais dont les cloisons empiètent l'une sur l'autre dans le sens de la spirale, comme dans les *Polytrichum* et *Sphagnum*, de manière à produire trois séries de segments tordues en hélice.

Enfin, dans le *Lycopodium clavatum*, les mêmes observateurs ont constaté l'existence d'une petite cellule terminale, mais sans pouvoir affirmer avec certitude si elle est à deux faces ou à quatre. Au contraire, M. Pfeffer m'écrit qu'il n'a trouvé de cellule terminale, ni dans le *L. clavatum*, ni dans les *L. an-*

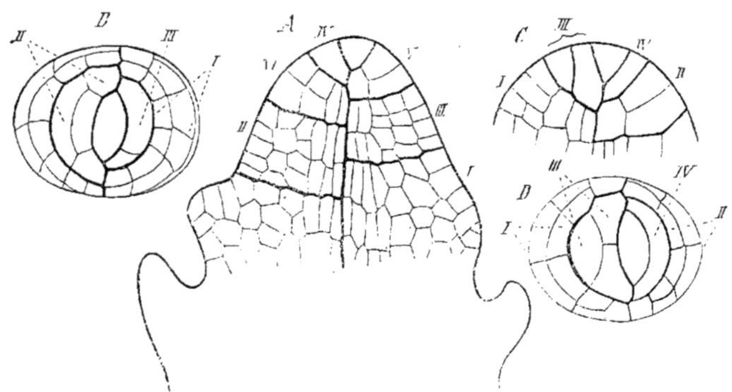

Fig. 309. — Sommet de la tige du *Selaginella Martensii*, d'après M. Pfeffer. — *A*, section longitudinale de l'extrémité de la tige avec les plus jeunes traces de feuilles. — *B*, sommet de la tige vu d'en haut. — *C*, dichotomie de la cellule terminale, vue de côté. — *D*, la même, vue d'en haut. — Les parois principales des segments sont marquées de traits plus gros et les segments eux-mêmes sont indiqués par des chiffres romains.

notinum et *Chamæcyparissus;* M. Cramer n'en a pas davantage rencontré dans le *L. Selago*. La dichotomie commence ici par le développement, sur le sommet aplati de la branche, de deux papilles composées de petites cellules, papilles qui s'accroissent ensuite rapidement pour former les deux branches de la fourche.

Forme et mode de ramification des racines. — Les racines des Lycopodiacées jouissent de propriétés morphologiques très-remarquables. Ce sont les seules racines jusqu'à présent connues qui se dichotomisent, et les bifurcations successives s'y opèrent dans des plans rectangulaires. Un autre caractère remarquable, c'est l'existence de porte-racines dans les *Selaginella* et de branches analogues à des racines dans le *Psilotum*. Tous ces points ont été étudiés par MM. Nägeli et Leitgeb.

Branches analogues à des racines dans le **Psilotum.** — Le *Psilotum triquetrum* est un arbrisseau entièrement dépourvu de racines, mais développant en revanche de nombreuses branches souterraines qui jouent le rôle des racines et leur ressemblent beaucoup. Sur les branches du rhizome qui rampent à peu de distance de la surface du sol, on remarque, à la loupe, de très-petites feuilles de couleur blanche et de forme allongée. Les branches situées plus profondément ont une extrémité plus obtuse et on n'y aperçoit, même à la loupe, aucune trace de feuilles. Les premières partagent encore la structure anatomique des vraies tiges de la plante ; les secondes, au contraire,

ont, comme les vraies racines, leurs faisceaux vasculaires réunis en un groupe
axile. Les premières peuvent se redresser dans l'air, verdir et se transformer
en rameaux feuillés ordinaires ; les secondes, qui sont d'ailleurs plus grêles,
peuvent également se tourner vers le ciel en s'épaississant et prendre l'aspect
des rhizomes superficiels ordinaires. Par ce dernier point, ces branches dépourvues de feuilles se distinguent donc déjà des vraies racines ; mais elles s'en
séparent encore par l'absence de coiffe. Elles se terminent, en effet, par une
cellule terminale nue, qui produit des segments obliques alternes dans diverses
directions. Mais le caractère le plus important, c'est qu'elles possèdent en réalité des traces de feuilles ; seulement ces feuilles, composées d'un petit nombre
de cellules, ne proéminent pas au-dessus de la surface et demeurent plongées
dans le tissu. On les aperçoit le plus facilement sur les sections longitudinales,
où on les voit formées d'une cellule terminale et de deux à cinq cellules disposées comme il convient à une feuille. On trouve aussi de ces feuilles réduites à
quelques cellules sur les branches ordinaires du rhizome, mais elles s'y développent ultérieurement, surtout si l'extrémité de la branche est amenée au-dessus du sol. Les branches analogues aux racines se ramifient d'ailleurs comme
les branches ordinaires, c'est-à-dire que dans un des plus jeunes segments il
se détache, par une cloison oblique, une nouvelle cellule terminale qui est le
début du rameau.

Porte-racines et racines des **Selaginella**. — Toutes les espèces du genre *Selaginella* possèdent de vraies racines. Mais dans quelques espèces, auxquelles
appartiennent les *S. Martensii* et *Kraussiana*, ces racines naissent sur un corps
que M. Nägeli appelle *porte-racines* et qui ne possède pas encore de coiffe.
Dans le *S. Kraussiana*, les porte-racines s'insèrent sur la face supérieure de
la tige , assez exactement à la base de la plus faible branche de chaque dichotomie, s'incurvent ensuite vers le bas et s'allongent vers la terre ; ce n'est que
par exception qu'il naît ici deux de ces organes l'un à côté de l'autre. Dans le
S. Martensii, au contraire, il se forme à chaque dichotomie deux porte-racines,
un sur la face supérieure, l'autre sur la face inférieure, et le plan qui les
contient est perpendiculaire au plan de la dichotomie ; mais le plus souvent le
porte-racines inférieur se développe seul, tandis que l'autre avorte et demeure
ordinairement à l'état de petit mamelon.

Ces porte-racines naissent très-près du point végétatif, probablement presque
en même temps que les branches mêmes de la dichotomie ; contrairement aux
racines, ce sont des formations exogènes, qui dans le jeune âge possèdent
nettement une cellule terminale. Cette cellule est probablement à deux faces,
mais de bonne heure elle cesse de produire de nouveaux segments, et tout l'accroissement ultérieur de l'organe est causé par les divisions intercalaires des segments anciens et par l'allongement des cellules ainsi formées. Quand a cessé
l'accroissement terminal du porte-racines, qui est encore très-court à ce moment,
son extrémité se renfle, ses cellules s'y épaississent et, dans l'intérieur du renflement, naissent aussitôt les premières origines des vraies racines ; seulement
ces racines n'apparaissent au dehors que lorsque le porte-racines s'est assez
allongé par accroissement intercalaire, pour que son extrémité renflée vienne
pénétrer dans le sol. Alors les cellules de cette extrémité se désorganisent et se

transforment en un mucilage homogène, à travers lequel les vraies racines se développent alors dans le sol. Comme M. Pfeffer l'a montré dans les *S. Martensii, inæqualifolia* et *lævigata*, les porte-racines peuvent souvent se transformer en véritables branches feuillées ; ces branches présentent bien à l'origine quelques anomalies dans la disposition de leurs premières feuilles, mais plus tard elles continuent à s'accroître comme les branches normales et portent même des épis sporangifères.

Le *Selaginella cuspidata* et plusieurs autres espèces n'ont pas de porte-racines. Aux bifurcations de la tige qui sont les plus rapprochées du sol, naissent ici directement de vraies racines, qui, comme les porte-racines du *S. Martensii*, se dichotomisent déjà avant d'avoir atteint le sol. Ces racines se développent aussi de très-bonne heure au voisinage même du point végétatif, et probablement en même temps que les branches mêmes de la bifurcation où elles s'insèrent.

Qu'elles naissent directement de la tige ou qu'elles s'échappent du sommet d'un porte-racines, les racines des *Selaginella* se dichotomisent toujours et de façon que les plans des dichotomies successives soient rectangulaires. Ces dichotomies s'opèrent très-rapidement l'une après l'autre et sont très-serrées au sommet de la racine mère ; la cellule terminale est difficile à mettre en évidence, mais, comme celle de la tige et du porte-racines, elle est probablement à deux faces. Elle cesse bientôt de former des segments, et l'allongement de chaque branche de la racine s'opère ainsi presque exclusivement par accroissement intercalaire.

Racines des **Isoetes** *et* **Lycopodium**. — C'est de la même manière que se comportent les racines qui s'échappent des sillons de la tige des *Isoetes ;* elles se dichotomisent deux à quatre fois dans des plans rectangulaires. MM. Nägeli et Leitgeb n'y ont pas trouvé de cellule terminale reconnaissable à sa forme et à sa dimension, mais ils tiennent pour probable qu'il y existe une cellule terminale à deux faces.

Dans le *Lycopodium clavatum,* les racines naissent sans règle déterminée sur la face inférieure de la tige rampante ; c'est seulement lorsqu'elles ont atteint 3 à 4 centimètres de longueur et probablement quand elles ont touché la terre, qu'elles se dichotomisent. Comme dans les *Selaginella cuspidata* et *lævigata,* le plan de cette première bifurcation est perpendiculaire à l'axe de la tige, tandis que dans les *Isoetes* le plan de cette première dichotomie est, au contraire, parallèle à l'axe de la tige. Les ramifications suivantes sont, ou bien encore dichotomes, ou bien sympodiques, et dans ce dernier cas les branches latérales, apparentes ou réelles, sont disposées soit en paires décussées, soit isolément avec une divergence 1/2 ou 1/4. On n'est pas parvenu à rattacher cette disposition des branches latérales à l'arrangement des faisceaux vasculaires de la racine mère. Cette impossibilité, jointe à cette circonstance que les jeunes rameaux sont étroitement serrés en grand nombre à l'extrémité de la racine mère, paraît exclure la supposition d'une ramification monopodique et indiquer que les choses se passent ici comme dans les *Selaginella* et *Isoetes.* Hors de terre, ces racines sont vivement colorées en vert. Il est difficile d'y démontrer l'existence d'une cellule terminale ; cependant MM. Nägeli et Leitgeb concluent de leurs observations qu'il y existe une pareille cellule en forme de pyramide à quatre faces, et qu'elle peut exercer une influence sur la disposition particulière des branches de la racine.

Propagation végétative. — Le *Lycopodium Selago* développe des propagules ou bulbilles, qui se détachent plus tard et qui sont probablement produits par les feuilles, non par la tige. En apparence ils sont axillaires, mais il paraît résulter de la description et des figures données par M. Cramer qu'ils s'échappent en réalité de la base même de la feuille correspondante. En effet, le faisceau vasculaire qui se rend à ce bourgeon adventif ne part pas de la tige, mais bien du faisceau même de la feuille. Ensuite cet autre fait, que les premières feuilles d'une branche de l'année, branche qui peut ensuite s'allonger des années durant sans se dichotomiser, développent des sporanges, tandis que les feuilles suivantes produisent des bulbilles, paraît justifier cette supposition que les bulbilles occupent le même lieu morphologique que les sporanges, lesquels, dans les Lycopodes, sont incontestablement insérés sur les feuilles et nullement axillaires.

Sporanges. — Dans les divers genres des Lycopodiacées, les sporanges présentent de notables différences, aussi bien dans leur position sur la branche fertile que dans leur mode de développement et dans leur structure définitive. Mais toutes les plantes de cette classe se ressemblent au moins en ce point, qu'un seul sporange se développe à l'aisselle de chaque feuille et que ce sporange se distingue par sa grande dimension de ceux de toutes les autres Cryptogames.

Forme et disposition des sporanges. — Les sporanges des *Isoetes* sont insérés sans pédicelle dans la fossette de la gaîne foliaire, à laquelle ils sont attachés tout le long de leur ligne dorsale (fig. 307, *A*). Ici le sporange est bien évidemment un produit de la feuille. Les feuilles extérieures de la rosette fertile ne produisent que des macrosporanges, les feuilles intérieures que des microsporanges. Les premiers renferment un grand nombre de macrospores. Les deux espèces de sporanges sont divisés en loges incomplètes par des filaments de tissu appelés *trabécules*, tendus de la face ventrale à la face dorsale. Ils ne s'ouvrent pas et c'est seulement par la destruction de leur paroi que les spores sont mises en liberté.

Les sporanges des *Selaginella* sont des capsules arrondies, brièvement pédicellées. On discute encore pour savoir s'ils tirent leur origine de la base de la feuille ou de la tige elle-même; peut-être cette origine varie-t-elle d'ailleurs suivant les espèces. Les macrosporanges contiennent le plus souvent quatre, rarement deux ou huit macrospores. Dans les espèces de la section des Articulées, le sporange inférieur seul d'un épi forme des macrospores; dans les autres espèces il y a plusieurs macrosporanges.

Comme nous l'avons déjà dit, les autres genres de la classe ne possèdent qu'une seule espèce de sporanges, dont le contenu ressemble à celui des microsporanges des deux genres précédents; les sporanges des *Lycopodium* ont plus d'analogie avec les microsporanges des *Selaginella*, ceux du *Psilotum* avec les microsporanges des *Isoetes*. C'est de la feuille elle-même que le sporange des *Lycopodium* tire son origine. Il est uniloculaire comme dans les *Selaginella*, et se déchire, à son sommet ou sur sa face antérieure, en deux valves.

Les sporanges du *Psilotum* sont décrits comme triloculaires et insérés à l'aisselle d'une feuille bipartite. Mais il paraît résulter des recherches récentes de M. Juranyi, que trois sporanges distincts se forment ici au sommet d'une courte branche, qui en même temps produit au-dessous d'eux et vers l'extérieur deux folioles. Dans le *Tmesipteris* enfin, le sporange allongé s'insère sur un pédicelle (rameau?) qui porte à droite et à gauche deux feuilles.

Développement des sporanges et des spores.— L'histoire du développement des sporanges est encore incomplète en bien des points. Il faut remarquer tout d'abord que, dans les Lycopodiacées comme dans les autres Cryptogames vasculaires, M. Hofmeister fait naître le sporange lui-même d'une seule et unique cellule de la feuille ou de la tige, et qu'il rattache aussi la formation des spores des *Selaginella* à une seule cellule mère primitive qui est la cellule centrale du

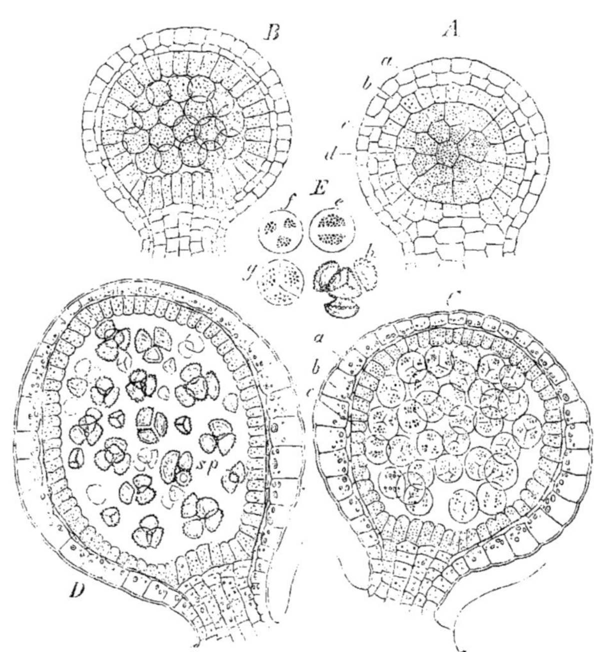

Fig. 310. — Développement des sporanges et des spores du *Selaginella inæqualifolia*. — Les lettres *A-D* marquent les états successifs ; *A* et *B* s'appliquent à tous les sporanges ; *C* et *D* ne conviennent qu'aux microsporanges ; *E*, division des cellules mères des microspores ; *h*, quatre spores presque mûres. Dans les figures *A*, *B*, *C*, les lettres *a*, *b*, *c*, indiquent les trois assises de la paroi du sporange ; *d*, les cellules mères des spores (*A*, *B*, *E*, 500 ; *C*, *D*, 200).

sporange. Ce qu'on sait aujourd'hui sur les *Lycopodium* et *Psilotum* prouve que la première de ces assertions n'est tout au moins pas générale; la seconde a été combattue par M. Russow, et avec raison suivant moi.

D'après M. Hofmeister, les sporanges des *Isoetes* se forment à la base des feuilles, dès le plus jeune âge de celles-ci. Une seule cellule produit la masse de tissu dont les deux assises externes (fig. 307, *B*) deviennent la paroi du sporange, pendant que des séries cellulaires transversales forment les trabécules. Les nombreuses cellules situées entre ces dernières demeurent d'abord en continuité de tissu, se multiplient et forment les cellules mères des spores ; puis ces cellules mères s'isolent et finalement s'arrondissent. Dans chaque cellule mère, il se fait deux cloisons en croix, qui produisent quatre spores.

Dans les *Selaginella*, le sporange procède, d'après M. Hofmeister, d'une seule cellule mère qui appartient à la périphérie de la tige. Plus tard, on le voit inséré à l'aisselle ou même rejeté à la base de la feuille. Comme dans les *Isoetes*, le faisceau vasculaire de la feuille rampe au-dessous du sporange sans y envoyer de branche (voir plus loin ce qui est dit au sujet du *Psilotum*). Dans les plus jeunes états que j'aie pu observer, il ne m'a pas été possible d'apercevoir une cellule centrale unique que je pusse considérer comme la cellule mère primitive des spores; dans de très-jeunes sporanges, le tissu se trouve, en effet, déjà séparé en une masse centrale et en une paroi formée de trois assises de cellules. Les cellules de cette masse s'isolent bientôt et s'arrondissent, et, s'il s'agit d'un microsporange, elles se partagent toutes à la fois, d'abord en deux (fig. 310, *E*, *e*, *f*), puis en quatre spores disposées en tétraèdre et qui conservent cette disposition jusqu'à leur maturité (fig. 310, *g*, *h*). Dans les macrosporanges, au contraire, une de ces cellules mères s'accroît plus fortement que les autres, se partage de même et produit quatre macrospores, tandis que les autres cellules mères ne se divisent pas, mais demeurent (tout au moins dans le *S. inæqualifolia*) encore longtemps à côté des macrospores en voie d'accroissement (fig. 310 *bis*). Ces dernières conservent aussi, jusqu'à leur dissémination, l'arrangement primitif au sommet des angles d'un tétraè-

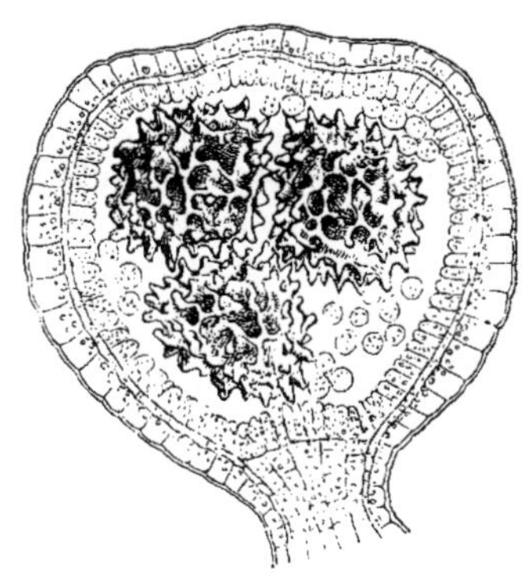

Fig. 310 *bis*. — *Selaginella inæqualifolia*, macrosporange presque mûr ; la quatrième macrospore située en arrière n'est pas représentée (100).

dre, qui leur a été donné par le mode même de division de la cellule mère. On rencontre très-fréquemment des macrospores malades dans des épis sporangifères d'ailleurs normaux. Les trois assises cellulaires de la paroi du sporange se conservent ici jusqu'à la maturité des spores ; on sait, au contraire, que chez les Fougères, les assises internes de la paroi sont résorbées pendant la formation même des spores.

Les sporanges les plus jeunes que j'aie pu rencontrer dans le *Lycopodium Chamæcyparissus* et dont j'ai observé un grand nombre, apparaissent comme de larges protubérances, très-aplaties au début, de la face supérieure de la jeune feuille ; il est bien certain qu'ils n'appartiennent, ici, ni à l'aisselle ni à la tige elle-même ; le faisceau vasculaire de la feuille passe au-dessous d'eux. Il semble bien qu'ici ce ne soit pas une simple cellule superficielle qui donne naissance au sporange. Dans l'état le plus jeune, et même plus tard quand le sporange a déjà pris la forme d'un segment de sphère, l'épiderme de la feuille se prolonge sans discontinuité au-dessus de lui, en constituant sa couche pariétale externe ; à mesure que le sporange proémine de plus en plus, cet épiderme subit de nombreuses divisions perpendiculaires à la surface. Dès l'état le plus jeune, on voit déjà, au-dessous du renflement épidermique, une assise de cellules qui, à mesure que la protubérance s'accroît, forme un groupe sphérique de grandes cellules qui se divisent dans toutes les directions pour former les cellules mères des spores. Les choses sont encore en cet état lorsque le sporange est assez développé pour paraître sphérique sur les coupes radiales ; seulement la couche pariétale s'est divisée çà et là par des cloisons tangentielles, de sorte qu'à la maturité elle possède au moins deux assises de cellules. Je n'ai pas pu observer les états plus avancés du développement, car ce que je viens d'en dire résulte de l'étude de quelques sections longitudinales de très-jeunes épis conservés dans la glycérine.

Dans le *Psilotum*, les jeunes branches qui portent les sporanges, en apparence triloculaires, apparaissent sur le cône végétatif comme autant de papilles qui, d'après M. Juranyi, sont pourvues d'une cellule terminale à trois faces, tout aussi bien que les branches végétatives. Un faisceau vasculaire, émané du système vasculaire de la branche mère, se rend à cette papille sans toutefois dépasser la moitié de sa hauteur. Les deux petites folioles du rameau fertile, que l'on regardait autrefois comme une feuille bipartite, naissent séparément sur la papille et ne se soudent que plus tard.

La papille elle-même consiste encore, dans un âge assez avancé, en un tissu homogène qui se sépare plus tard, comme dans les anthères des Phanérogames, en couches pariétales et en trois groupes de cellules mères des spores. Il naît ainsi trois loges séparées par des cloisons longitudinales et par une masse axile de tissu, et ces trois loges proéminent fortement vers l'extérieur. Je regarde ces trois loges comme autant de sporanges qui naissent dans la portion terminale du rameau fertile, au milieu duquel s'élève le faisceau vasculaire axile.

Classification des Lycopodiacées. — Jusqu'à ce qu'on ait pu observer la germination des spores dans les *Lycopodium* et dans les genres voisins, la classification des Lycopodiacées doit être tenue pour provisoire. D'après tout ce que nous venons d'en dire, ces plantes peuvent, pour le moment, être réparties en deux familles distinctes :

    1. Lycopodiées : une seule espèce de spores.
        Lycopodium, Tmesipteris, Phylloglossum, Psilotum.
    2. Sélaginellées : deux espèces de spores.
        Selaginella, Isoetes.

Principaux caractères de leurs tissus. — *Racine.* — Sur le développement des tissus de la racine et en particulier sur la disposition excentrique des faisceaux dans les racines des *Isoetes*, je renvoie le lecteur au mémoire de MM. Nägeli et Leitgeb (1).

(1) Nægeli : Beiträge zur wiss. Botanik, Heft IV, 1867.
Sur la très-remarquable structur de la racine des Lycopodiacées, structure qui est en rapport

Tige et feuilles. — Les faisceaux vasculaires qui cheminent dans la tige des Lycopodiacées lui appartiennent en propre, car on les suit à l'état de procambium dans l'extrémité de la tige jusqu'au-dessus des plus jeunes feuilles, et jusque très-près de la cellule terminale. Il en est ainsi, d'après mes propres observations dans les *Selaginella inæqualifolia* et *Martensii*, ainsi que dans le *Lycopodium Chamæcyparissus*, et suivant M. Nägeli le système fibrovasculaire du *Psilotum* appar-

tient également en propre à la tige, car les feuilles ne reçoivent ici aucun faisceau (1). Si l'on redescend à partir du sommet de la tige, on voit que les feuilles déjà bien développées forment chacune un faisceau de procambium qui vient s'ajuster avec le faisceau de la tige. C'est à l'angle de réunion (fig. 313, *v*), que commence la formation des vaisseaux spiralés, qui progresse ensuite vers le bas dans la tige et vers l'extérieur dans la feuille. Considérés à l'état procambial, les faisceaux fibrovasculaires des *Lycopodium* et *Selaginella* appartiennent donc en propre, les uns à la tige, les autres aux feuilles, et cependant la formation des vaisseaux spiralés s'y opère absolument comme s'ils étaient communs aux deux organes (comparer avec les Équisétacées).

Les premiers vaisseaux spiralés du faisceau de la tige naissent au voisinage de ses arêtes, et il s'y forme ensuite progressivement, de dehors en dedans à partir de ces points, des vaisseaux plus larges et scalariformes; mais, suivant la nature du faisceau de la tige, ce résultat est atteint d'une manière un peu différente.

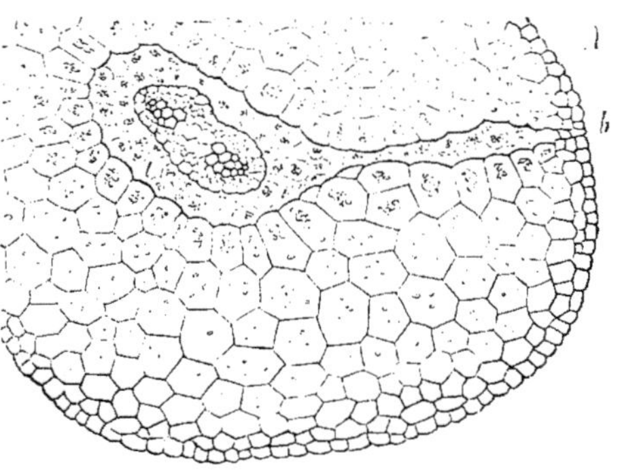

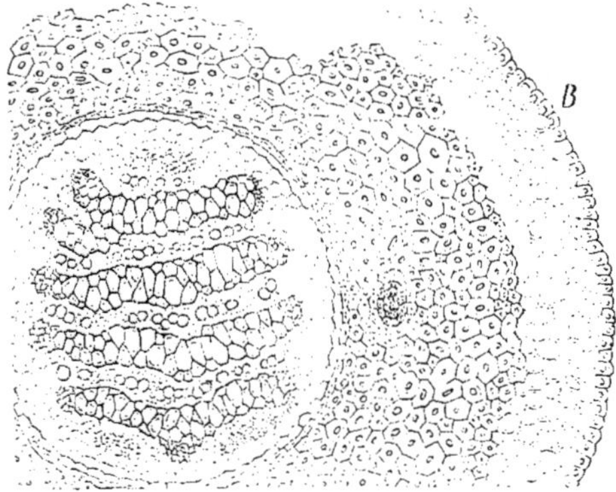

Fig. 311. — *A*, section transversale de la tige du *Selaginella denticulata* ; les vaisseaux du milieu de la bande vasculaire ne sont pas encore lignifiés. — *B*, section transversale de la tige du *Lycopodium Chamæcyparissus* (150).

Ce faisceau est très-simple dans les *Selaginella denticulata* (fig. 311, *A*), *S. Kraussiana* et *S. Martensii* ; sa section transversale est elliptique. Les pre-

avec sa ramification dichotomique, mais qui se rattache cependant au type général, et sur la discussion des caractères présentés par les *porte-racines* de MM. Nägeli et Leitgeb, voir mon Mémoire sur la racine (*Ann. des sc. nat.*, 5e série, XIII, p. 83-104, 1871).   (*Trad.*)

(1) NÆGELI : Beiträge, p. 52.

miers vaisseaux spiralés étroits y naissent à peu près aux deux foyers de l'ellipse ; à partir de ces points, se forment progressivement vers l'intérieur deux rangées alternes de vaisseaux scalariformes beaucoup plus larges dont la lignification s'opère lentement, de sorte que finalement la section du faisceau se trouve occupée dans sa plus grande longueur par une bande vasculaire formée d'une double rangée de vaisseaux épaissis. Les cellules extérieures du faisceau, plus étroites et plus longues, ne se lignifient pas et constituent le liber, dont l'assise périphérique est composée de cellules beaucoup plus larges. Dans le *Selaginella inæqualifolia* (fig. 312), la tige possède, côte à côte, trois faisceaux fibro-vasculaires parallèles, qui ont la même structure que le faisceau solitaire des espèces précédentes.

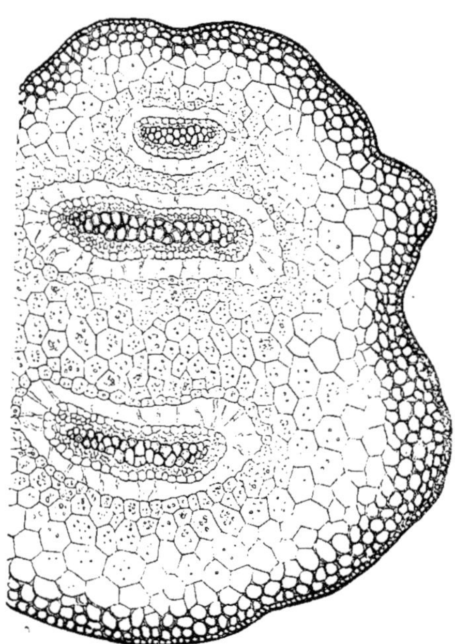

Fig. 312. — *Selaginella inæqualifolia*, section transversale de la tige (150).

La tige du *Lycopodium Chamæcyparissus* possède un corps fibro-vasculaire axile de forme à peu près cylindrique (fig. 311, *B*). Ce cylindre est traversé par quatre bandes ligneuses parallèles ; chacune de ces bandes est formée d'une double rangée de larges vaisseaux scalariformes, possède le long de ses deux arêtes plusieurs étroits vaisseaux spiralés, en un mot, correspond à tous égards à la bande vasculaire des faisceaux isolés des *Selaginella*. Le gros cylindre fibro-vasculaire de la tige des *Lycopodium* doit donc être considéré comme formé par la réunion de quatre faisceaux fibro-vasculaires. De même tout le tissu non lignifié qui, dans ce cylindre, occupe les intervalles entre les bandes ligneuses et qui les enveloppe vers l'extérieur, résulte de la soudure des quatre enveloppes libériennes des faisceaux constitutifs. Aussi voit-on, au milieu de la couche de liber qui sépare deux bandes vasculaires, une rangée de cellules plus larges, qui sont autant de tubes criblés, tandis que la périphérie du liber total est elle-même enveloppée par une couche de ces larges cellules. Il est donc hors de doute que le gros faisceau cylindrique de la tige du *Lycopodium Chamæcyparissus* provient de la réunion de plusieurs faisceaux parallèles (1) ; que l'on imagine, en effet, les trois fais-

(1) Une explication analogue s'appliquerait aussi au corps fibro-vasculaire compliqué qui occupe l'axe des épaisses racines du *Lycopodium clavatum*, tel que MM. Nägeli et Leitgeb l'ont décrit.

ceaux constitutifs de la tige du *Selaginella inæqualifolia* (fig. 312) rapprochés au contact et soudés, on obtiendra un faisceau axile tout semblable.

Dans le *Lycopodium Selago*, la tige possède également un faisceau axile, mais les groupes de vaisseaux, au lieu de former sur la section des bandes transversales, y figurent des dessins plus compliqués : l'analogie avec le *L. Chamæcyparissus* n'en est pas moins complète sous tous les rapports essentiels. Dans le *Lycopodium clavatum*, la section du cylindre axile présente deux bandes vasculaires transversales, séparées par une rangée diamétrale de cellules plus larges, qui sont des tubes criblés. Les bandes vasculaires sont courbées en forme de fer à cheval et, du milieu de sa concavité tournée vers l'extérieur, chacune d'elles fait proéminer en dehors un groupe de vaisseaux. Entre les trois bras de chaque faisceau vasculaire, se trouvent encore deux rangées de tubes criblés, tandis que tout le reste du liber qui occupe les intervalles entre les faisceaux vasculaires consiste en cellules allongées très-étroites (1).

Le faisceau isolé des *Selaginella* ressemble beaucoup à celui des Fougères, par exemple du *Pteris aquilina*, comme M. Dippel l'a déjà fait remarquer. Cette analogie disparaît en partie dans les *Lycopodium*, à cause de la soudure latérale de plusieurs faisceaux (2).

Dans chaque feuille s'incurve un seul faisceau qui, dans les *Selaginella* et *Lycopodium*, forme le faisceau axile de la nervure médiane et vient se rattacher, comme nous venons de le dire, à l'une des arêtes vasculaires d'un faisceau de la tige (fig. 313).

Dans les *Selaginella*, les faisceaux sont entourés de grandes lacunes aérifères, à travers lesquelles des séries horizontales de cellules relient le faisceau au tissu d'alentour. Ces cavités aérifères manquent dans les *Lycopodium*. Dans les deux genres, le tissu fondamental consiste en cellules allongées suivant l'axe et ajustées entre elles par des cloisons transverses obliques. Dans les *Selaginella*, les parois des cellules sont minces, leurs cavités larges, et il n'y a pas d'espaces intercellulaires; dans les *Lycopodium*, au contraire, les parois sont le plus souvent fort épaissies, notamment au voisinage du faisceau central; chez le *L. Chamæcyparissus*, cet épaississement des parois est même extraordinairement fort (fig. 311, *B*).

L'épiderme de la tige des *Selaginella* consiste en longues cellules prosenchymateuses et ne forme pas de stomates; on ne trouve d'ailleurs de stomates sur la face inférieure des feuilles de ces plantes qu'à droite et à gauche de la nervure médiane, où ils sont disposés en un petit nombre de rangées (fig. 46). Sur la feuille, l'épiderme est formé de cellules renfermant de la chlorophylle et dont les parois latérales sont très-élégamment ondulées. Dans le *Lycopodium Selago*, au contraire, les stomates, grands et peu nombreux, sont répartis également-

(1) Sur la structure et le mode de développement de la tige, des feuilles et des sporanges des Lycopodes, il faudra consulter HEGELMAYER : Zur Morphologie der Gattung *Lycopodium* (Botanische Zeitung, 1872, p. 773).   (*Trad.*)

(2) J'ai rencontré une tige de *Pteris aquilina* où les deux faisceaux internes étaient tellement soudés, qu'ils formaient un cylindre creux, lequel renfermait en forme de moelle une partie du parenchyme fondamental.

ment sur toute la surface inférieure de la feuille. Dans les cellules des feuilles des *Selaginella*, la chlorophylle ne forme souvent qu'un petit nombre de pelotes de forme variable (quelquefois une ou deux seulement); le bord des feuilles des plantes de ce genre est occupé par une rangée de cellules qui, comme dans les Mousses, se développent en forme de dents ou de poils.

A ces courtes remarques il nous faut encore ajouter quelques mots relative-

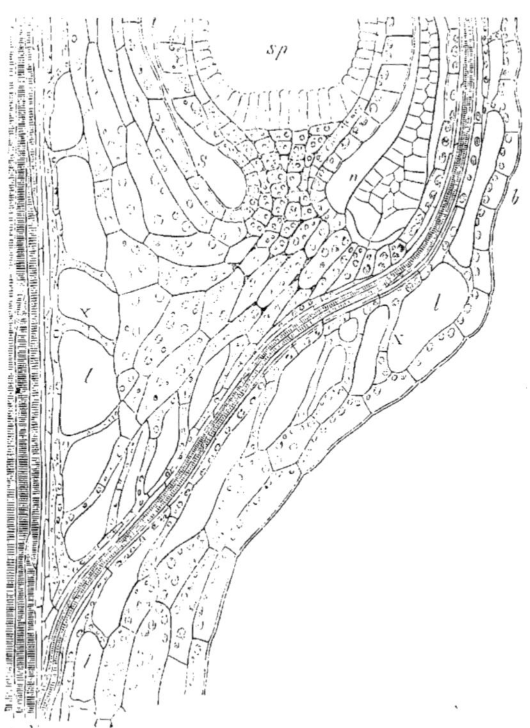

Fig. 313. — *Selaginella inaequalifolia*. Section longitudinale à travers la moitié droite de l'épi S ; b, base d'une feuille ; a, ligule ; sp, sporange ; e, point de réunion du faisceau de la feuille avec celui de la tige ; l, espaces intercellulaires ; r, séries cellulaires tendues transversalement dans les lacunes (120).

ment aux *Isoetes*. La courte tige de la plante développée renferme ici un corps ligneux axile, auquel on peut à peine donner le nom de faisceau ; il consiste en effet en courtes cellules vasculaires arrondies et lâchement unies entre elles, dont la paroi est munie de bandes d'épaississement spiralées ou réticulées. De ce corps central partent les faisceaux vasculaires qui se rendent un à un dans chacune des nombreuses feuilles (fig. 305) et dans les racines. Malgré la fidèle description de H. de Mohl (*loc cit.*), malgré les observations de M. Hofmeister et mes propres recherches, il n'est pas encore possible d'établir une comparaison morphologique entre ce singulier corps libro-vasculaire et celui des *Lycopodium* et des *Selaginella*. Il serait inexact de croire que la couche génératrice qui entoure le corps central de la tige des *Isoetes* est un cambium comparable au cambium des Dicotylédones et des Conifères ; car cette épaisse couche de méristème ne produit vers l'extérieur que du parenchyme fondamental, parenchyme qui vient remplacer les couches parenchymateuses externes qui brunissent et meurent chaque année. Cette couche ressemble donc plutôt à l'anneau d'épaississement des *Dracæna*, qui n'engendre également vers l'extérieur que du parenchyme cortical, tandisqu'il constitue vers l'intérieur de nouveaux faisceaux fibro-vasculaires. Le vrai cambium des Dicotylédones produit, au contraire, aussi bien en dehors qu'en dedans de lui, des éléments fibreux et vasculaires : en dehors, du liber, en dedans, du bois.

Mais il est probable que la tige des *Isoetes* ne renferme en réalité aucun faisceau qui lui soit propre. La disposition qu'y affectent les cellules vasculaires semble indiquer bien plutôt que le corps vasculaire axile n'est constitué que par les terminaisons inférieures des faisceaux foliaires, étroitement serrées l'une contre l'autre ; de même la partie basilaire du corps ligneux, élargie en forme de plateau, serait formée par les origines rapprochées des faisceaux qui se rendent aux racines. Si cette manière de voir est exacte, la classe des Lycopodiacées présenterait deux extrêmes : l'un chez le *Psilotum* dont les très-petites feuilles ne possèdent suivant M. Nägeli aucun faisceau, mais dont la tige allongée produit un système fibro-vasculaire qui lui appartient en propre ; l'autre chez les *Isoetes* dont la courte tige est dépourvue de faisceaux, tandis que les feuilles puissamment développées en possèdent.

Quant à la structure des feuilles, elle varie chez les *Isoetes*, suivant que l'on considère des espèces submergées, amphibies et marécageuses, ou terrestres. Dans le premier cas, les feuilles, en forme de longs cônes, sont traversées par quatre canaux aérifères entrecoupés de cloisons transverses, un faible faisceau vasculaire occupe l'axe de l'organe et l'épiderme est dépourvu de stomates. Dans le second cas, c'est la même structure, mais avec des stomates et des faisceaux fibreux hypodermiques. Dans le troisième cas, enfin, l'épiderme est également pourvu de stomates et les bases des feuilles mortes forment autour de la tige une cuirasse épineuse, solide et de couleur noire.

CINQUIÈME GROUPE

LES PHANÉROGAMES

COMPARAISON DES PHANÉROGAMES AVEC LES CRYPTOGAMES VASCULAIRES.

Alternance des générations. — Chez les Phanérogames, l'alternance des générations se localise dans la formation de la graine. La graine, au moins dans son état primitif, se compose de trois parties : 1º l'enveloppe séminale, qui n'est qu'une partie constitutive de l'organisme maternel ; 2º l'endosperme (1) ; 3º l'embryon, issu du développement de l'oospore que la fécondation a constituée.

En étudiant les Cryptogames vasculaires, nous avons vu la génération sexuée issue directement de la spore, le prothalle en un mot, perdre peu à peu et de plus en plus le caractère d'une plante autonome. Dans les Fougères, les Prêles et les Ophioglossées il végète, en effet, indépendamment de la spore qui l'a produit, et cette végétation est souvent de longue durée. Dans les Rhizocarpées et les Sélaginellées, où il se forme à la fois des spores mâles et des spores femelles, le prothalle naît au contraire à l'intérieur même de la spore ; mais tandis que dans le premier groupe le prothalle femelle est poussé plus tard en dehors de la macrospore tout en y demeurant rattaché, dans le second il remplit simplement la cavité de la macrospore et n'en déchire la membrane que pour permettre l'introduction des anthérozoïdes dans les archégones.

Le sac embryonnaire est une macrospore. — Faisons un pas de plus dans cette même voie, et nous arriverons aux Cycadées et aux Conifères. Ici, en effet, le prothalle (2), qui est désigné sous le nom d'*endosperme*, demeure pour toujours enfermé à l'intérieur de la macrospore, qu'on appelle *sac embryonnaire.* Ce prothalle se constitue avant la fécondation et développe dans son intérieur des corps analogues à des archégones, corps qu'on nomme *corpuscules* et dans lesquels se forment les oosphères, qu'on appelle ici *vésicules embryonnaires.*

(1) Si les graines mûres de beaucoup de Dicotylédones n'ont pas d'endosperme, cela tient seulement à ce que, pour suffire à son vigoureux développement, l'embryon a détruit totalement et absorbé cet endosperme avant la maturité de la graine. Dans les autres cas, cette absorption de l'endosperme par l'embryon n'a lieu qu'au moment de la germination, c'est-à-dire de l'épanouissement de l'embryon. Enfin dans quelques cas plus rares, la formation de l'endosperme est rudimentaire, même au début.

(2) L'analogie de l'endosperme des Gymnospermes avec le prothalle des Cryptogames supérieures a été signalée pour la première fois par M. Hofmeister, à la fin de son mémoire de 1851 (Vergleichende Untersuchungen...).

Dans le sac embryonnaire, ou macrospore, des Monocotylédones et des Dicotylédones, les phénomènes sont un peu différents et rappellent davantage ce qui se passe dans la macrospore des Sélaginellées. Nous avons vu que dans ces plantes, outre le prothalle proprement dit qui engendre les archégones, il se produit encore plus tard, par formation cellulaire libre, un autre tissu qui remplit tout le reste de la cavité de la macrospore. C'est à ce tissu surnuméraire que paraît correspondre l'endosperme des Monocotylédones et des Dicotylédones, formé également après la fécondation et par voie de formation libre. Quant au prothalle des Sélaginellées, il ne se retrouve plus du tout ici, puisque les oosphères, ou vésicules embryonnaires, se constituent directement aux dépens du protoplasma du sac embryonnaire (1).

Si donc le sac embryonnaire est le représentant de la macrospore, la partie de l'ovule où naît le sac embryonnaire, c'est-à-dire le nucelle, doit être considérée comme l'équivalent du macrosporange. Mais de même que dans la formation de la graine des Monocotylédones et des Dicotylédones la production d'archégones ou de corpuscules est supprimée comme n'étant plus nécessaire désormais, et que l'oosphère y prend directement naissance aux dépens du protoplasma du sac embryonnaire qui est l'analogue de la macrospore, de même la production du sac embryonnaire lui-même dans le tissu du nucelle de l'ovule y est beaucoup plus immédiate. Ce corps naît en effet purement et simplement par l'agrandissement d'une des cellules internes du tissu du nucelle, qui représente ici le macrosporange. En outre, tandis que même dans les Cryptogames les plus élevées la macrospore se sépare encore du tissu de la plante mère et n'amène son prothalle à développement complet qu'après cette dissémination, de sorte que l'embryon se constitue toujours en dehors de la plante mère, dans toutes les Phanérogames, au contraire, le sac embryonnaire, ou la macrospore, demeure enfermé dans l'ovule, l'endosperme dans le sac embryonnaire, l'embryon dans l'endosperme.

Par cet emboîtement permanent, se trouve constitué en définitive ce corps complexe, particulier aux Phanérogames, qu'on appelle la *graine*, corps dont l'enveloppe procède du tégument de l'ovule et entoure à la fois l'endosperme et l'embryon. Après que l'embryon a atteint un certain degré de développement, d'ailleurs très-variable selon les plantes, ce corps se sépare tout entier de la plante mère. Ce qu'on appelle la germination de la graine, c'est le développement ultérieur de l'embryon aux dépens de l'endosperme.

Le grain de pollen est une microspore. — Si, d'autre part, on compare les microspores des *Selaginella* et des *Isoetes* aux grains de pollen des Phanérogames, on y remarque aussi toute une série de ressemblances et, sous ce rapport encore, les Gymnospermes font transition et aident puissamment à l'intelligence des phénomènes. Comme l'ont montré MM. Millardet et Pfeffer, le prothalle mâle et l'anthéride ne sont plus, en effet, représentés dans les Sélaginellées que

---

(1) Voir Pfeffer dans Hanstein : Botanische Abhandlungen, Heft IV, p. 24. — On peut voir un dernier rudiment du vrai prothalle dans les cellules dites *antipodes des vésicules embryonnaires*, qui se développent dans le sac embryonnaire des Angiospermes, et l'on peut considérer aussi comme un rudiment des cellules de canal ce qu'on appelle ici l'*appareil filamenteux* des vésicules embryonnaires.

par quelques divisions cellulaires ; or ces divisions se retrouvent encore, plus simplement il est vrai, dans le grain de pollen des Gymnospermes, mais elles manquent tout à fait dans les Angiospermes.

Comme les microspores, les grains de pollen renferment aussi le principe fécondateur mâle qui, en se mêlant à l'oosphère, transforme celle-ci en une oospore capable de former un embryon. Mais il se manifeste une grande différence dans la manière dont s'opère le transport de l'élément fécondateur. Dans les Cryptogames, en effet, la substance fécondatrice est mobile, revêt la forme d'anthérozoïdes libres et peut ainsi, par l'intermédiaire de l'eau, pénétrer dans l'oosphère à travers le col ouvert de l'archégone. Dans les Phanérogames, où l'oosphère est et demeure renfermée dans le sac embryonnaire, lui-même emprisonné dans le nucelle, où elle est de plus enveloppée encore par le pistil chez les Angiospermes, ce mode de transport de l'élément fécondateur manquerait évidemment le but, qui est atteint d'une autre façon. Ici ce sont les grains de pollen eux-mêmes, c'est-à-dire les microspores, qui sont transportés directement sur l'organe femelle par des forces étrangères, par le vent, par les dispositions mécaniques des diverses parties de la fleur, et le plus souvent par les insectes ; là, ils germent comme des spores et développent chacun un tube, le tube pollinique. Ce tube, se frayant une voie à travers le tissu de l'organe femelle, s'allonge enfin jusqu'au sac embryonnaire et fait passer dans l'oosphère et par diffusion la substance fécondante, amorphe et dissoute, qu'il renferme.

L'analogie des grains de pollen et des microspores apparaît avec plus d'évidence encore, si nous comparons le mode de formation de ces deux corps. La masse de tissu où se forme le pollen, c'est-à-dire le sac pollinique, présente, en effet, à la fois dans ses propriétés morphologiques et anatomiques, de frappantes analogies avec le sporange des Cryptogames vasculaires. Comme les cellules mères des spores naissent dans le sporange par arrondissement et isolement de cellules d'abord réunies en tissu, de même les cellules mères des grains de pollen dans le sac pollinique. Les premières forment leurs spores par une division en quatre, précédée le plus souvent d'une bipartition transitoire ; c'est de la même manière que les grains de pollen procèdent de leurs cellules mères. Et, sous ce rapport encore, les Gymnospermes se montrent intermédiaires entre les Cryptogames et les Angiospermes, car les sacs polliniques des Cycadées et de certaines Conifères rappellent immédiatement, par leur forme et leur disposition, les sporanges de certaines Cryptogames vasculaires.

La plante phanérogame est une génération asexuée. — Le résultat principal des considérations qui précèdent, c'est que la plante phanérogame avec ses grains de pollen et ses sacs embryonnaires correspond, équivaut à la génération asexuée ou sporifère des Cryptogames vasculaires hétérosporées.

Toute la différence consiste dans une plus grande précocité de la différenciation sexuelle. En effet, tandis que dans les Cryptogames vasculaires la différence des sexes ne se manifeste d'abord que dans le prothalle (Fougères, Prêles, Ophioglossées, Lycopodiées), pour s'accuser plus tard dans les spores elles-mêmes (Rhizocarpées, Sélaginellées), il faut remonter d'un ou plusieurs degrés dans cette même voie pour arriver aux Phanérogames, où la différenciation sexuelle, indiquée non-seulement dans le sac embryonnaire et dans le grain de pollen, mais dans l'ovule et le sac pollinique, s'accuse déjà dans la feuille ovulifère ou carpelle et dans la feuille pollinifère ou étamine, se marque, plus précoce encore, dans la séparation des fleurs mâles et des fleurs femelles et trouve, enfin, sa première et sa plus complète expression dans les plantes dioïques (1).

Mode de développement de l'embryon. — L'oosphère des Phanérogames, fécondée et devenue par là une oospore, ne se développe pas purement et simplement en un embryon, comme c'est le cas chez les Cryptogames vasculaires.

L'oospore forme un proembryon et un embryon. — Elle forme d'abord un proembryon, qui s'accroît en se divisant vers le fond du sac embryonnaire et qu'on appelle le *suspenseur*, organe que nous avons déjà rencontré dans les *Selaginella*. C'est au sommet du suspenseur que se produit une masse de tissu, d'abord sphérique le plus souvent, qui devient l'embryon. Cet embryon poursuit ordinairement son développement, avant la maturité de la graine, assez loin pour que l'on puisse, dans la graine mûre, y distinguer nettement les premières feuilles, la tige primaire et la première racine. C'est seulement dans certaines plantes dépourvues de chlorophylle, vivant dans l'humus ou parasites, que l'embryon demeure le plus souvent, jusqu'au moment de la dissémination des graines, rudimentaire et sans parties distinctes. Dans les plantes à chlorophylle, au contraire, il n'est pas rare de voir l'embryon acquérir une dimension considérable et se diviser en nombreuses parties distinctes (*Pinus*, *Zea*, *Esculus*, *Quercus*, *Fagus*, *Phaseolus*, etc.).

Si l'on fait abstraction des courbures qu'il affecte assez souvent, l'embryon dirige toujours le sommet de sa tige primaire vers le fond du sac embryonnaire, c'est-à-dire vers la base du nucelle. Sa première racine se forme dans le prolongement en arrière de la tige primaire, elle est par conséquent tournée vers le sommet du sac embryonnaire, c'est-à-dire vers le sommet micropylaire du nucelle. Elle est d'ailleurs de formation nettement endogène, puisque sa première origine, à l'extrémité postérieure de l'embryon, est recouverte tout au moins par les cellules les plus voisines du suspenseur.

Mode d'accroissement terminal des membres. — La cellule terminale du point végétatif, qu'il est facile de reconnaître dans beaucoup d'Algues, dans les Characées, Muscinées, Fougères, Prêles et Rhizocarpées, comme étant la cellule mère primitive de tout le tissu, perd déjà, dans les Lycopodiacées, comme nous l'avons vu plus haut, sa signification ordinaire.

Il n'y a pas de cellule terminale. — Dans les Phanérogames, enfin, l'accroissement terminal des tiges, des feuilles et des racines ne se laisse plus rattacher à l'activité génératrice d'une cellule terminale unique, d'où procéderait le méristème primitif tout entier. Même dans les cas où, sans prédominer cependant par sa grosseur, une cellule occupe le sommet du membre et où les cellules superficielles du point végétatif paraissent disposées autour d'elle comme autour de leur cellule mère commune, il n'est aucunement démontré

(1) Voir, à ce propos, ce qui est dit au livre III de la Dichogamie.

que toutes les cellules du tissu, notamment celles qui forment la masse interne du méristème primitif, dérivent aussi de cette cellule terminale.

Le méristème primitif est différencié en dermatogène, périblème et plérome — Le méristème primitif du point végétatif des Phanérogames consiste le plus souvent en cellules très-nombreuses et très-petites, disposées plus ou moins nettement en couches concentriques. L'assise externe de ce méristème, notamment, se présente dans les Angiospermes comme le prolongement direct de l'épiderme des parties âgées et elle revêt aussi en parfaite continuité le sommet du point végétatif; on l'appelle le *dermatogène*. Au-dessous d'elle s'étend une seconde couche de tissu, le plus souvent formée de plusieurs assises cellulaires, qui enveloppe le sommet sous le dermatogène et se continue en arrière par l'écorce; on l'appelle le *périblème*. A son tour le périblème enveloppe une troisième masse de tissu interne appelée le *plérome*, qui se termine au sommet soit par une cellule unique (1) (*Hippuris*, etc.), soit par un groupe de cellules, et de laquelle procède soit un corps fibro-vasculaire axile (racines, tiges de plantes aquatiques), soit les parties ascendantes des faisceaux fibro-vasculaires.

En conséquence de ce mode d'accroissement, la coiffe de la racine ne procède pas non plus, comme dans les Cryptogames, de la segmentation transversale d'une cellule terminale. Elle est produite, dans les Gymnospermes par un dédoublement en arrière et un renflement des couches du périblème, et chez les Angiospermes par un pareil dédoublement du dermatogène (2).

Le développement des membres latéraux, feuilles, branches et radicelles des Phanérogames ne se laisse pas davantage rattacher à une cellule génératrice unique, dans le même sens que chez les Cryptogames. Leur première apparition a lieu sous forme de protubérances composées de plusieurs ou de nombreuses petites cellules. Ainsi la protubérance qui va devenir une branche ou une feuille montre, dès son premier état de développement, une masse de tissu intérieur qui prolonge simplement le périblème du cône végétatif où le membre prend naissance et qui est revêtue par un prolongement de son dermatogène.

Mode de ramification des membres. — La ramification normale qui s'opère chez les Phanérogames à l'extrémité végétative des branches, des feuilles et des racines est, à peu d'exceptions près, monopodique. L'axe générateur continue, en effet, de croître comme tel et de produire au-dessous de son sommet de nouveaux membres latéraux (rameaux, lobes foliacés, radicelles). Cependant certaines inflorescences en cyme paraissent procéder d'une ramification dichotomique; en outre, il serait possible que dans les Cycadées la ramification de la tige et des feuilles se laissât rattacher au mode dichotomique.

La ramification monopodique des branches est ordinairement axillaire, c'est-à-dire que les nouveaux rameaux naissent au-dessus de la ligne médiane de très-jeunes (pas toujours des plus jeunes) feuilles, dans l'angle qu'elles for-

---

(1) A ce point de vue, comme sous tant d'autres rapports, les *Isoetes* se rapprochent des Phanérogames, comme cela résulte des observations de MM. Nægeli et Schwendener sur l'accroissement terminal de leurs racines (Nægeli, Beiträge, 1867, Heft IV, p. 136).

(2) Voir Hanstein: Bot. Abhandlungen, Heft I, et Reinke: Göttinger Nachrichten, 1871, p. 531.

ment avec l'axe, ou un peu plus haut. Dans les Gymnospermes, chaque aisselle de feuille ne forme pas habituellement un rameau, et c'est ici, notamment chez les Cycadées, que la ramification de la tige des Phanérogames atteint son mimimum. Dans les Angiospermes, au contraire, il est de règle que toute aisselle d'une feuille végétative, c'est-à-dire d'une feuille qui n'appartient pas à la fleur, produise un rameau latéral, parfois même plusieurs rameaux à côté ou au-dessus les uns des autres. Souvent cependant les bourgeons axillaires ainsi formés demeurent inactifs, ou ne se développent que dans une période tardive de la végétation.

A l'exception des quelques cas de dichotomie apparente cités plus haut, on ne connaît chez les Angiospermes qu'un petit nombre d'exemples de ramification extra-axillaire, réelle ou apparente. Nous y reviendrons à la caractéristique de cette division.

Métamorphose des membres et différenciation des tissus. — Les Phanérogames se distinguent des Cryptogames par une métamorphose des membres de même nom morphologique extraordinairement multiple et profonde, circonstance qui est en relation avec l'indéfinie variété du mode de végétation de ces plantes et avec une division plus étroite du travail physiologique. Et il en est de même de la différenciation interne du tissu, dont la complication, chez les Phanérogames, laisse bien loin derrière elle même ce que nous avons observé chez les Fougères. Sous ce rapport encore, les Gymnospermes réalisent un état intermédiaire entre les Cryptogames vasculaires et les autres Phanérogames.

CARACTÈRES GÉNÉRAUX DU GROUPE DES PHANÉROGAMES. — NOMENCLATURE.

Ce que nous venons de dire suffit à faire comprendre dans leurs traits généraux, d'une part les différences qui séparent les Cryptogames vasculaires des Phanérogames, et d'autre part les ressemblances, la parenté qui existent entre ces deux groupes. Mais pour faciliter aux commençants l'intelligence des caractères spéciaux des diverses classes de Phanérogames que nous avons à étudier, il est nécessaire que nous jetions d'abord un coup d'œil préliminaire sur les caractères communs à toutes les plantes de ce groupe et que nous cherchions à établir la nomenclature qu'on y emploie, nomenclature d'ailleurs en partie vieillie et qui, à bien des égards, ne correspond plus aux nouveaux points de vue de la science.

Organisation générale de la fleur. — Dans le sens le plus général qu'on donne à ce mot, la *fleur* se compose des organes sexués et de la portion de l'axe où ces organes sont insérés. Si les feuilles situées sur le même axe immédiatement au-dessous des organes sexués diffèrent, par leur position, leur forme, leur coloration et leur structure, de toutes les autres feuilles de la plante, et si elles sont en relation physiologique avec la fécondation et les phénomènes consécutifs, on les regarde comme faisant partie constitutive de la fleur elle-même et on leur donne en général le nom d'*enveloppe florale* ou de *périanthe*.

Les fleurs sont souvent rapprochées en groupes qu'on appelle des *inflorescences*. On distinguera toujours une fleur d'un groupe de fleurs ou d'une inflorescence à ce caractère, que la fleur ne renferme jamais qu'un seul axe portant des organes sexués et un périanthe, tandis que l'inflorescence comprend toujours un système d'axes semblables et par conséquent plusieurs fleurs (1).

L'ensemble des organes mâles d'une fleur s'appelle l'*androcée*, l'ensemble des organes femelles le *gynécée*. Si la fleur renferme les deux espèces d'organes sexués, on la dit *hermaphrodite*. Quand les fleurs d'une plante contiennent, les unes seulement des organes mâles, les autres seulement des organes femelles, c'est-à-dire quand elles sont unisexuées, on les appelle *diclines*; si les deux espèces de fleurs diclines se rencontrent sur un seul et même exemplaire de la plante, celle-ci est dite *monoïque*; si elles sont séparées sur des pieds différents, la plante est dite *dioïque*.

Ordinairement l'accroissement terminal de l'axe floral cesse de s'opérer aussitôt que les origines des organes sexués y ont apparu, quelquefois même avant leur apparition. Le sommet de l'axe floral est alors caché au centre de la fleur, souvent même profondément enfoncé. Mais dans certains cas anormaux, et normalement dans les *Cycas*, l'accroissement terminal de l'axe floral recommence à nouveau après la formation de la fleur, il produit de nouvelles feuilles et parfois même il se termine par une nouvelle fleur ; la fleur est dite alors *prolifère*.

Les organes sexués et les feuilles du périanthe de la fleur sont d'ordinaire étroitement serrés et disposés en rosette, en spirale ou en verticilles ; la région de l'axe floral qui les porte demeure alors très-courte, on n'y voit pas d'entrenœuds bien marqués et il n'est pas rare qu'elle s'élargisse en forme de massue, qu'elle s'aplatisse en forme d'assiette ou qu'elle se creuse en forme de coupe. Cette portion plus ou moins transformée de l'axe floral, où s'insèrent les divers organes de la fleur, s'appelle le *réceptacle*. Dans les Conifères et les Cycadées, parfois aussi chez les Angiospermes, il n'est cependant pas rare de voir cette région de l'axe s'allonger tellement, que les organes sexués y paraissent insérés lâchement en épi. Au-dessous du réceptacle, l'axe floral est fréquemment allongé et aminci, et soit entièrement nu, soit pourvu d'une ou de deux petites feuilles appelées *bractées*; cette partie de l'axe floral s'appelle le *pédoncule* de la fleur ; si le pédoncule est très-court, la fleur est dite *sessile*.

A l'aisselle des feuilles qui entrent dans la composition de la fleur, il ne naît d'ordinaire aucun bourgeon, même dans les plantes qui forment des bourgeons à l'aisselle de toutes leurs autres feuilles. Cependant il arrive dans des cas anormaux, et ceux-ci ne sont pas rares du tout dans les fleurs, que des bourgeons se développent à l'aisselle des feuilles florales et que des branches s'échappent ainsi de l'intérieur même de la fleur.

Cellules mâles ou grains de pollen, sacs polliniques, anthère, étamine. —Les cellules mâles des Phanérogames, appelées *grains de pollen*, et qui sont l'équivalent des microspores des Cryptogames vasculaires hétérosporées, prennent naissance dans des conceptacles qui correspondent de leur côté aux microsporanges de ces dernières plantes, et qui peuvent être désignés d'une façon

(1) Dans certains cas, il est cependant difficile de décider si l'on a devant soi une fleur ou une inflorescence ; il en est ainsi dans certaines Conifères et surtout dans les Euphorbes. Sur les Euphorbes voir Warming, Flora, 1870, Schmitz, *ibid.*, 1871, et Hieronymus, Bot. Zeitung, 1872.

générale sous le nom de *sacs polliniques*. Ces sacs sont à l'origine des masses solides de tissu dans lesquelles, comme nous l'avons vu pour les microsporanges, un groupe intérieur de cellules se différencie d'abord en s'accroissant plus rapidement que les autres, et produit les cellules mères des grains de pollen, tandis que les couches externes deviennent, en se transformant, la paroi du sac pollinique. Nous avons dit que les cellules mères du pollen, une fois différenciées, s'isolent l'une de l'autre et rompent le lien qui les unissait en tissu ; cet isolement n'est pas, il est vrai, sans présenter quelques exceptions. Après quoi, elles subissent d'abord une bipartition transitoire, puis une quadripartition et produisent ainsi chacune quatre grains de pollen. Nous examinerons de plus près ces phénomènes en étudiant séparément les diverses classes du groupe. Mais nous devons nous occuper encore ici de la nature morphologique des sacs polliniques.

Comme les sporanges de la plupart des Cryptogames vasculaires, les sacs polliniques des Phanérogames sont ordinairement des productions des feuilles. Seulement ces feuilles subissent ici le plus souvent une profonde métamorphose et demeurent aussi beaucoup plus petites que les autres feuilles de la plante. Une feuille qui porte des sacs polliniques est appelée une *étamine*. Des recherches récentes ont fait connaître quelques cas où les sacs polliniques procèdent directement du prolongement même de l'axe floral ; il en est ainsi d'après M. Magnus dans les *Najas*, d'après M. Kaufmann dans les *Casuarina* et d'après M. Rohrbach dans les *Typha*. Il est vrai que, dans ces divers cas, on n'a pas pu décider encore si les sacs polliniques n'appartiennent pas à une étamine dont les autres parties auraient totalement avorté.

Dans les Cycadées, les sacs polliniques, isolés ou groupés, sont disposés souvent en très-grand nombre sur la face inférieure de grandes étamines, à peu près comme les sporanges sur les feuilles des Fougères. Dans les Conifères, les étamines perdent déjà davantage l'aspect de feuilles ordinaires ; elles demeurent petites et forment, sur la face inférieure de leur limbe encore nettement développé, plusieurs ou seulement deux assez grands sacs polliniques.

Enfin, dans les Angiospermes, l'étamine est ordinairement réduite à un mince support étiré en pédicelle souvent très-long ; ce pédicelle s'appelle le *filet* de l'étamine. Il porte à son sommet, ou de chaque côté au-dessous de ce sommet, deux paires de sacs polliniques dont l'ensemble a reçu le nom d'*anthère*. L'anthère consiste donc ordinairement en deux moitiés longitudinales, à la fois réunies et séparées par le prolongement du filet, prolongement qu'on appelle le *connectif*. Les deux sacs polliniques de chaque moitié d'anthère sont soudés l'un à l'autre dans le sens de la longueur et il n'est pas rare que les deux moitiés de l'anthère soient elles-mêmes unies ensemble en un tout continu. Chaque sac pollinique paraît donc n'être qu'une loge de l'anthère ; l'anthère elle-même est dite alors quadriloculaire. Dans d'autres cas, plus rares, chaque moitié d'anthère ne contient qu'un seul sac pollinique et l'anthère elle-même n'est alors que biloculaire.

Cellules femelles ou sacs embryonnaires, ovules et carpelles. — Les cellules mâles des Phanérogames, appelées *sacs embryonnaires*, et qui sont les analogues des macrospores des Cryptogames vasculaires hétérosporées, prennent naissance une à une par l'agrandissement considérable d'une des cellules internes du *nucelle* de l'ovule, lequel de son côté correspond au macrosporange des plantes de ce groupe.

Parties constitutives de l'ovule. — Le nucelle est une masse de tissu, composée de petites cellules, le plus souvent de forme ovale et, à de rares exceptions près, entourée d'une ou de deux enveloppes dont chacune comprend plusieurs assises cellulaires. Ces enveloppes, ou *téguments* de l'ovule, se développent autour du jeune nucelle de la base au sommet; leur bord rétréci proémine souvent au-dessus du sommet et y forme une sorte de canal appelé *micropyle*, par où le tube pollinique s'introduit pour arriver d'abord au nucelle, puis, en le traversant, au sommet du sac embryonnaire. Très-fréquemment le nucelle, ainsi enveloppé de ses téguments, est inséré au sommet d'un pédicelle plus ou moins allongé, qu'on appelle le *funicule;* quelquefois le funicule manque et l'ovule est dit sessile. A de rares exceptions près (Orchidées), le funicule de l'ovule est traversé dans sa longueur par un faisceau vasculaire, qui s'arrête ordinairement à la base du nucelle (1).

Formes principales de l'ovule. — Les formes extérieures de l'ovule, arrivé au terme de son développement et prêt à être fécondé, sont très-diverses. Abstraction faite de certaines excroissances du funicule et des téguments, ce sont les rapports de direction du nucelle et de ses enveloppes avec le funicule, qui sont les points les plus importants à signaler. L'ovule est *droit* ou *orthotrope*, quand le nucelle se présente comme un simple prolongement du funicule, et que son sommet est en même temps le sommet de l'ovule tout entier. Il est bien plus souvent *réfléchi* ou *anatrope;* c'est ce qui a lieu quand le sommet du nucelle et le micropyle situé au-dessus de lui sont réfléchis vers la base du funicule, qui rampe alors sur toute la longueur de l'ovule, en se soudant avec ses téguments, tout au moins avec le tégument externe; dans toute cette partie soudée, le funicule porte le nom de *raphé*. Dans ce second cas, comme dans le premier, le nucelle est droit. Dans un troisième cas, enfin, plus rare que le second, l'ovule est dit *courbé* ou *campylotrope;* c'est quand le nucelle lui-même avec ses téguments se trouve courbé de manière que son sommet, et par conséquent le micropyle, soit rapproché de sa base; il n'y a pas alors de soudure latérale avec le funicule. Mais ce ne sont là que les trois principales formes d'ovules; elles sont réunies entre elles par des transitions.

Insertion des ovules : placenta. — Le lieu d'insertion des ovules s'appelle le

---

(1) Pour éviter un néologisme, nous conservons ici l'ancienne expression d'*ovule*, qui repose sur une opinion tout à fait inexacte des anciens botanistes. Mais il est nécessaire que l'élève n'attache pas à ce mot le sens qu'il paraît avoir. L'œuf des Phanérogames, en effet, comme l'œuf, oospore ou zygospore, des Cryptogames, comme l'œuf des animaux, c'est simplement la cellule issue du mélange du protoplasma mâle, contenu ici dans le tube pollinique, avec le protoplasma femelle, qui est ici la vésicule embryonnaire, mélange qui constitue l'acte de la fécondation. Les auteurs allemands ont rejeté avec raison ce mot «ovule» (Ei, Eichen), mais pour lui substituer l'expression « Samenknospe » (bourgeon séminal, bourgeon de graine), expression peu heureuse, selon nous, en ce qu'elle implique que l'ovule est un bourgeon dans le sens ordinaire de ce mot, ce qui n'est point exact. Aussi M. J. Sachs ne conserve-t-il ce terme « Samenknospe » qu'avec la mention expresse que l'élève n'y attachera d'autre sens que celui d'*état jeune de la graine.*

(*Trad.*)

placenta, et les placentas eux-mêmes appartiennent soit à l'axe floral, soit plus ordinairement aux feuilles qui constituent le gynécée et qu'on appelle les *carpelles* ou feuilles carpellaires. Dans leur développement, les placentas n'offrent souvent rien de remarquable, mais quelquefois ils proéminent en forme de bourrelets, qui peuvent se séparer plus tard des organes voisins, s'affranchir et prendre l'aspect d'organes spéciaux.

Transformation de l'ovule en graine. — Après la fécondation, pendant que l'endosperme et l'embryon se développent à la fois dans le sac embryonnaire, celui-ci s'agrandit souvent, détruit les couches du tissu du nucelle qui l'enveloppent, et parfois même résorbe aussi celles qui composent le tégument interne. Le tissu non détruit des téguments, ou seulement certaines assises de ce tissu se transforment en même temps pour produire le tégument de la graine. Quand le nucelle n'est pas tout entier résorbé, si la portion qui subsiste jusqu'à la maturité de la graine se remplit de substances nutritives, on la désigne sous le nom de *périsperme*. Ces substances nutritives, quoique situées à l'extérieur du sac embryonnaire, sont absorbées par l'embryon lors de son épanouissement germinatif, de sorte que le périsperme peut ainsi, au point de vue physiologique, jouer le rôle de l'endosperme. Comme exemple de graines périspermées, nous citerons les Cannacées et les Pipéracées. Parfois, pendant qu'il se transforme en graine, l'ovule s'entoure de bas en haut d'une nouvelle enveloppe, qui à la maturité recouvre ordinairement l'épais tégument de la graine d'un manteau de consistance molle ; ce manteau s'appelle un *arille*. Par exemple, la pulpe rouge qui enveloppe le dur tégument de la graine du *Taxus baccata* est un arille ; ce qu'on appelle vulgairement le macis de la noix muscade est encore un arille qui enveloppe la graine du *Myristica fragrans*.

Nature morphologique du placenta et de l'ovule. — Si maintenant nous considérons la nature morphologique du corps sur lequel les ovules s'insèrent directement, nous y voyons une assez grande diversité. Dans quelques cas rares, comme dans les *Taxus* et les Polygonées, le nucelle droit paraît prolonger directement et terminer l'axe floral lui-même, dont il constituerait purement et simplement le cône végétatif transformé. Plus souvent, on voit poindre l'ovule latéralement au-dessous du sommet de l'axe floral, de façon qu'il occupe la position d'une feuille, comme dans les *Juniperus*, les Composées et les Primulacées. Mais le cas de beaucoup le plus fréquent est celui où les ovules s'insèrent évidemment sur de vraies feuilles, c'est-à-dire sur les carpelles ; ordinairement c'est sur les bords de ces feuilles qu'ils prennent naissance, à la manière des folioles d'une feuille composée-pennée, comme cela se voit très-nettement dans les *Cycas ;* plus rarement c'est sur toute la face supérieure ou interne des carpelles qu'ils se développent, comme dans les *Nymphæa, Akebia, Butomus*, etc.

Si de ces rapports de position l'on veut conclure la nature morphologique de l'ovule, on dira dans le premier cas que l'ovule est de nature axile, que c'est une tige transformée (1) ; dans le second cas, où les ovules naissent de l'axe

(1) Cramer : Bildungsabweichungen bei einigen wichtigeren Pflanzenfamilien und die morphologische Bedeutung des Pflanzeneies (Zurich, 1864). — M. Cramer incline à considérer tous les

floral au-dessous de son sommet, ils seront autant de feuilles tout entières métamorphosées ; quand ils procèdent des bords des feuilles carpellaires, ils seront des folioles ou des segments de feuille transformés ; enfin quand ils s'insèrent sur toute la surface supérieure des carpelles, on ne sera plus guidé par une analogie évidente avec des corps purement végétatifs, c'est-à-dire ne servant pas à la fécondation, mais on se rappellera les sporanges des Lycopodiacées. Il est d'ailleurs possible que certains ovules, comme ceux des Orchidées, par exemple, doivent être considérés comme des poils métamorphosés, ainsi que cela a lieu pour les sporanges des Fougères et des Rhizocarpées. Enfin les ovules de certaines Cupressinées, qui paraissent insérés à l'aisselle des carpelles, n'ont pas été l'objet de recherches suffisantes pour que l'on puisse juger de leur véritable position (1).

Ainsi déduite de leur mode d'insertion, la nature morphologique des ovules se trouve, en bien des cas, confirmée par les déformations graduelles qu'il n'est pas rare d'y rencontrer. M. Cramer, à qui l'on doit un excellent travail sur ce sujet (*loc. cit.*), a montré, en effet, que les ovules des Primulacées et des Composées, qui naissent latéralement au-dessous du sommet de l'axe floral, se transforment progressivement, dans les cas anormaux, en autant de feuilles complètes de forme ordinaire, et que les ovules issus directement du bord des feuilles dans les *Delphinium*, *Melilotus* et *Daucus* se transforment de même en lobes, segments ou folioles de feuilles ordinaires. Il est, au contraire, digne de remarque qu'on n'ait pas encore réussi à observer quelque chose d'analogue pour les ovules que nous avons considérés plus haut comme des axes ou des poils métamorphosés.

Nature morphologique du nucelle. — D'ailleurs le développement des ovules normaux, et plus nettement encore celui des ovules anormaux, montre qu'entre le nucelle d'une part et le funicule joint aux téguments d'autre part, il existe une profonde différence morphologique. Dans ces ovules anatropes, que nous venons de regarder comme des feuilles ou des portions de feuille métamorphosées, le nucelle paraît en effet n'être qu'une production latérale nouvelle, insérée sur le corps même de l'ovule, et quand celui-ci se transforme en feuille, le nucelle n'y apparaît plus que comme une excroissance de la surface de cette feuille. Ce fait, établi morphologiquement pour la première fois par M. Cramer, n'est cependant pas général, comme on le voit surtout par le développement des ovules des Orchidées, où le nucelle correspond certainement au sommet de l'ovule tout entier, quoiqu'il s'incurve et se réfléchisse plus tard pour devenir anatrope. Il paraît moins possible encore de regarder le nucelle des ovules orthotropes des *Taxus* et des Polygonées comme une formation latérale, puisqu'il n'y paraît être qu'un prolongement du sommet de l'axe floral. (Voir plus loin, Angiospermes.)

ovules comme des feuilles entières ou des portions de feuille métamorphosées ; j'ai déjà, dans la première édition de ce Traité, émis quelques doutes sur la généralité de cette proposition. Dans l'exposition actuelle, qui diffère de l'ancienne, je m'en tiens autant que possible à l'observation directe. — Voir plus loin, Angiospermes.

(1) Voir plus loin ce qui est dit à propos de la fleur femelle et des ovules des Conifères p. 595 et 598, en note.   (*Trad.*)

Rôle divers des carpelles. — De toutes les feuilles qui constituent la fleur, les carpelles sont celles qui ont avec les ovules le lien de filiation et de fonction le plus intime; mais le rôle qu'ils jouent vis-à-vis des ovules peut être très-différent. Les carpelles en effet, ou bien sont simplement les producteurs et les supports des ovules, ou bien sont simplement destinés à former autour d'eux un abri appelé l'*ovaire*, et au-dessus d'eux un appareil récepteur pour le pollen, appareil composé du *style* et du *stigmate*, ou bien encore ils jouent les deux rôles à la fois.

La différence de ces trois significations morphologiques dés carpelles se trouve surtout vivement accusée si l'on compare entre eux, d'une part les *Cycas*, d'autre part les *Juniperus* et les Primulacées, et enfin la grande majorité des Angiospermes. Dans les *Cycas*, les carpelles ressemblent aux feuilles ordinaires de la plante et portent sur leurs bords les ovules, qui demeurent ici exposés au libre contact de l'air extérieur. — Dans les *Juniperus*, les ovules s'insèrent au contraire sur l'axe floral lui-même en formant un verticille ; les carpelles, qui forment le verticille précédent, se gonflent après la fécondation et enveloppent les graines d'une masse pulpeuse qui constitue la baie de ces plantes. Dans les Primulacées, les ovules s'insèrent sur l'axe floral prolongé au-dessus de la base des carpelles, et correspondent ainsi, d'après leur position même, à autant de feuilles complètes ; mais dès leurs premiers développements, les carpelles s'unissent pour former autour d'eux une cavité ovarienne qui se prolonge en un style terminé par un stigmate. — Dans la plupart des autres Dicotylédones et Monocotylédones, enfin, les ovules sont implantés directement sur les bords, réfléchis en dedans, des feuilles carpellaires, et ces bords sont en outre soudés ensemble, soit dans chaque carpelle individuellement, soit entre carpelles voisins, de façon à circonscrire une cavité ovarienne; les carpelles produisent donc ici tout ensemble et enveloppent les ovules.

Quoi qu'il en soit de ces différences morphologiques, les carpelles ont tous ce caractère physiologique commun, d'être appelés par la fécondation des ovules à un développement ultérieur corrélatif de la formation des graines, et de prendre ensuite une part déterminée au sort dévolu à ces graines.

Pollinisation et fécondation. — Quand on étudie l'action exercée par le pollen sur l'oosphère contenue dans le sac embryonnaire des Phanérogames, il est important de bien distinguer deux phases successives : la pollinisation et la fécondation. Par pollinisation, on entend le transport du pollen, de l'anthère où il est né, sur le stigmate dans les Angiospermes, sur le nucelle dans les Gymnospermes; là, maintenu adhérent par une matière gommeuse et souvent par des poils, le pollen est sollicité à émettre son tube pollinique. Dans les Gymnospermes, ce tube pénètre aussitôt dans le tissu du nucelle; mais, dans les Angiospermes, il doit s'insinuer à travers le tissu du stigmate et du style souvent très-allongé pour arriver enfin aux ovules ; il pénètre alors dans le micropyle d'un ovule et s'insinue à travers le tissu du nucelle jusqu'au sommet du sac embryonnaire. C'est seulement quand il est venu toucher ce sac, et même chez les Gymnospermes quand il a pénétré dans son intérieur, que s'opère la fécondation de l'oosphère ou vésicule embryonnaire. Entre la pollinisation et la fécondation, il s'écoule souvent un temps fort long, quelque-

fois des mois entiers ; mais fréquemment l'intervalle se réduit à quelques
jours ou à quelques heures.

Pollinisation et ses causes. — Il est rare que la pollinisation soit simplement
opérée par l'intermédiaire du vent, et alors, pour assurer le résultat, il se
forme de grandes masses de pollen, comme on le voit dans beaucoup de Conifères. Dans quelques autres cas, comme dans certaines Urticées, le pollen
est lancé sur le stigmate par la brusque déhiscence des anthères. Mais ordinairement ce sont les insectes qui sont les agents du transport. A cet effet, la
nature réalise des dispositions particulières et souvent très-compliquées, pour
allécher les insectes et les inviter à visiter les fleurs. Ces dispositions tendent
encore vers un autre but, celui de reporter toujours autant que possible le
pollen d'une fleur sur le stigmate d'une autre fleur, et cela, même dans les
fleurs hermaphrodites. En conformité avec ces deux fins, les diverses parties
de la fleur prennent des formes et des positions déterminées que nous étudierons avec plus de détails au livre III. Bornons-nous à signaler ici que ce qui
invite principalement les insectes à visiter les fleurs, c'est la sécrétion de
nectar qui s'y opère.

Nectar et *nectaires.* — Ce liquide ordinairement sucré est produit le plus
souvent au fond de la fleur, entre les bases des feuilles qui la constituent, et la
forme de ces feuilles est généralement calculée de façon que l'insecte, pour
atteindre le nectar, est obligé de donner à son corps une position tout à fait déterminée et telle, qu'une première fois il extrait le pollen de l'anthère, tandis
qu'une autre fois il s'en débarrasse sur le stigmate d'une fleur différente. C'est
de là que résulte l'extrême variété de formes que l'on remarque dans les fleurs,
malgré la simplicité du plan de structure qui leur est commun à toutes.

Les organes qui sécrètent le nectar, et qu'on appelle *nectaires*, ont donc pour
l'existence de la plupart des Phanérogames une extrême importance. Ils sont
néanmoins le plus souvent très-peu apparents, et l'on tire de ce fait une remarque instructive au sujet du rapport de la Morphologie avec la Physiologie.
Malgré leur énorme importance physiologique, les nectaires ne sont, en effet,
liés à aucun membre morphologiquement déterminé de la fleur ; en d'autres
termes, telle partie de la fleur que l'on voudra peut jouer le rôle de nectaire.
Ce mot n'exprime, par conséquent, aucun concept morphologique, et le sens
qu'il faut y attacher est purement physiologique.

Souvent c'est simplement un petit endroit de la base des carpelles (*Nicotiana*), ou des étamines (*Rheum*), ou des pétales (*Fritillaria*) qui, sans se développer autrement, produit le nectar ; ailleurs ce sont des protubérances
glanduleuses du parenchyme de l'axe floral, situées entre les insertions des
étamines et des pétales (Crucifères et Fumariacées). Ailleurs encore, pour sécréter et accumuler le nectar, une des feuilles de la fleur, un pétale par exemple,
se prolonge en un réservoir creux, en formant une sorte d'éperon (*Viola*) ; ou
bien tous les pétales se creusent ainsi en forme de cruche et se transforment en
nectaires, comme dans les *Helleborus;* ou bien encore ils prennent les formes
les plus extraordinaires, comme les pétales transformés en nectaires dans les
Aconitum.

Effets directs de la pollinisation — Souvent à la suite de la pollinisation mais bien avant la fécondation, il s'opère déjà de remarquables changements dans les diverses parties de la fleur, notamment dans le gynécée, surtout si ces parties sont de nature molle et délicate. C'est ainsi que se flétrissent le stigmate, le style et la corolle, tandis que l'ovaire se gonfle (*Gagea, Puschkinia*). Mais c'est chez les Orchidées que s'observe l'effet le plus remarquable de la pollinisation, car les ovules ne s'y forment qu'après que s'est opéré le transport du pollen sur le stigmate.

Fécondation et ses conséquences ; graine et fruit. — Bien plus énergiques et plus variées sont les modifications apportées dans la fleur par l'arrivée du tube pollinique sur le sac embryonnaire, et qui sont, par conséquent, le signal de la fécondation opérée.

L'oospore formée se développe aussitôt en un embryon ; l'endosperme, déjà développé avant la fécondation chez les Gymnospermes, se constitue immédiatement après dans les Angiospermes ; les ovules grandissent en même temps que l'ovaire, leurs couches de tissu se différencient, se lignifient, deviennent pulpeuses, se dessèchent, etc.

La dimension souvent énorme qu'atteint finalement l'ovaire, comme dans les *Cucurbita, Cocos,* etc., où il acquiert plusieurs milliers de fois sa grosseur primitive, prouve évidemment que les effets de la fécondation se sont fait sentir aussi dans toutes les autres parties de la plante, puisque ces parties ont été obligées de fournir les aliments nécessaires à cet immense accroissement du fruit. Ce sont surtout les carpelles, les placentas et les graines, qui se développent ainsi après la fécondation en changeant à la fois de forme, de structure et de volume ; mais très-souvent aussi d'autres parties subissent des transformations analogues. Ainsi par exemple, c'est le réceptacle floral qui se renfle et devient pulpeux pour former ce qu'on appelle la fraise ; il porte à sa surface des petits grains qui sont autant de vrais fruits. Dans les mûres, ce sont les feuilles du périanthe qui, en se gonflant, forment l'enveloppe charnue du fruit : dans les *Taxus,* c'est une excroissance en forme de cupule, formée par l'axe au-dessous de l'ovule, qui enveloppe la graine nue d'une pulpe charnue de couleur rouge, etc.

Dans le langage populaire, on comprend sous le nom de *fruit* toutes les parties qui, à la suite de la fécondation, subissent un changement remarquable, surtout quand elles se séparent ensuite de la plante mère comme un tout complet ; alors la fraise est un fruit, tout aussi bien que la graine du *Taxus* avec son enveloppe charnue, tout aussi bien que la figue et que la mûre. Mais, dans le langage botanique, on limite l'extension du mot fruit à des bornes plus étroites, quoique peu nettement tracées, il est vrai. On appelle *fruit* le gynécée de la fleur fécondé et mûri. Si donc le gynécée consiste en carpelles soudés ensemble ou en un ovaire infère, la fleur forme un fruit d'une seule pièce ; si au contraire les carpelles ne sont pas soudés, le fruit se compose de plusieurs pièces distinctes, provenant chacune d'un des carpelles primitifs. Cependant, même ainsi limitée, cette définition du fruit est souvent mal commode, et il semble préférable de définir ce terme en particulier pour chacune des divisions principales des Phanérogames.

Le commençant remarquera surtout que le fruit, considéré au point de vue morphologique, n'est rien de nouveau dans la plante. Toutes les parties morphologiquement déterminables du fruit sont, en effet, déjà présentes et caractérisées morphologiquement avant la fécondation. La fécondation ne fait que transformer physiologiquement les divers membres qui constituent le gynécée. Les seules parties nouvelles au point de vue morphologique sont produites à l'intérieur de l'ovule : ce sont l'endosperme et l'embryon.

Disposition des fleurs sur la plante; inflorescences. — Si un rameau, après avoir porté un grand nombre de feuilles végétatives, se termine par une fleur, cette fleur est dite *terminale*. Si un rameau latéral, au contraire, développe aussitôt une fleur, après avoir formé seulement une ou quelques petites bractées, la fleur est dite *latérale*. Il n'est pas rare que l'axe principal issu directement de l'embryon se termine par une fleur; mais il est bien plus fréquent de voir cette tige, ou continuer à s'accroître, ou s'arrêter dans son développement sans produire de fleur, et ce ne sont alors que les branches latérales de première ou de seconde génération, ou même des rameaux d'ordre plus élevé, qui se terminent par des fleurs. Dans le premier cas, la plante peut être dite *monaxe*; dans les autres, elle est *diaxe*, *triaxe*, etc.

Quand une plante ne produit que des fleurs terminales, ou quand les fleurs latérales s'insèrent à l'aisselle de grandes feuilles végétatives, les fleurs paraissent disséminées sur la plante, elles sont dites *isolées*. Si, au contraire, les rameaux florifères sont étroitement rapprochés, et si, à l'intérieur de cette région ramifiée, les feuilles sont conformées et colorées autrement que les feuilles végétatives, ou même si elles y manquent totalement, il en résulte un groupe de fleurs, une *inflorescence* dans le sens le plus étroit de ce mot. Ce groupe est nettement séparé de la région végétative de la plante, et il n'est pas rare qu'il prenne des formes particulières dont l'étude exige une nomenclature spéciale. Cependant ceci n'a lieu que rarement chez les Gymnospermes, tandis que la production d'inflorescences complexes et de forme particulière est au contraire caractéristique pour distinguer les familles des Angiospermes les plus élevées en organisation. Il me paraît donc plus convenable de reporter à ce moment les détails relatifs au classement et à la dénomination des diverses inflorescences.

Caractères des faisceaux vasculaires. — Parmi tous les caractères présentés par la formation des tissus chez les Phanérogames, je n'en signalerai ici qu'un seul, le plus général de tous, commun à la fois aux Gymnospermes et aux Angiospermes, et qui concerne les faisceaux fibro-vasculaires.

Les faisceaux fibro-vasculaires des Phanérogames présentent cette propriété remarquable, que tout faisceau qui s'incurve dans une feuille n'est que la portion supérieure d'un faisceau qui s'étend vers le bas dans la tige; en d'autres termes, les Phanérogames possèdent des faisceaux communs à la tige et aux feuilles, et chacun de ces faisceaux se divise en deux portions, l'une ascendante qui s'incurve dans la feuille, l'autre descendante qui chemine dans la tige. Dans les cas les plus simples, par exemple dans la plupart des Conifères, il ne s'incurve qu'un seul faisceau dans chaque feuille; mais si l'insertion de la feuille est large, ou si la feuille est grande et puissamment développée, elle reçoit de la tige plusieurs et même de nombreux faisceaux, qui s'y ramifient si le limbe est élargi. Au point où le faisceau s'échappe de la tige pour passer dans la feuille, il est ordinairement plus gros que dans le reste de son parcours descendant. Chaque faisceau peut, à partir de la feuille où il entre, ne cheminer dans la tige que la longueur d'un entre-nœud, ou bien y parcourir plusieurs longueurs d'entre-nœud ; dans ce dernier cas, un entre-nœud quelconque au-dessus duquel la tige porte plusieurs feuilles renferme donc à la fois les parties inférieures de faisceaux qui s'incurvent plus haut dans plusieurs feuilles d'âge différent et insérées à diverses hauteurs.

Il est rare que le faisceau foliaire, après avoir achevé son parcours dans la tige, s'y termine librement à sa partie inférieure ; ordinairement il vient s'ajuster latéralement avec la région moyenne ou supérieure d'un faisceau foliaire plus âgé. Cet ajustement peut se faire de diverses manières : ou bien le faisceau se divise en bas en deux moitiés qui vont s'anastomoser avec les faisceaux plus âgés de droite et de gauche ; ou bien son extrémité amincie vient s'intercaler directement entre les parties supérieures des faisceaux des feuilles plus âgées ; ou encore chaque faisceau s'incurve à droite ou à gauche et s'accole enfin à un faisceau plus profond. Il résulte de là que les faisceaux foliaires, d'abord isolés dans la tige, y sont plus tard réunis en un tout continu qui, s'il est suffisamment développé, peut paraître issu d'une ramification progressive, quand en réalité il provient de la soudure ultérieure de parties primitivement distinctes.

Mais outre les faisceaux foliaires, c'est-à-dire outre les portions descendantes des faisceaux communs à la tige et aux feuilles, la tige des Phanérogames peut présenter encore d'autres faisceaux. D'abord, on rencontre fréquemment, dans les nœuds de la tige, des réseaux formés par des faisceaux horizontaux, comme dans les Graminées, ou encore des anastomoses en arcade comme dans les Rubiacées et les *Sambucus*. Ensuite, il peut se différencier, dans la tige, des faisceaux longitudinaux qui n'ont rien à faire avec les feuilles, et le mode de production de ces faisceaux propres à la tige est très-divers suivant les cas : tantôt ils apparaissent de bonne heure dans le méristème primitif, immédiatement après les faisceaux foliaires et dans la moelle (*Begonia*, Pipéracées, Cycadées) ; tantôt ils ne se constituent que beaucoup plus tard, en dehors des faisceaux foliaires, à la périphérie de la tige et pendant qu'elle continue à s'accroître en épaisseur, comme dans les Ménispermées, Aloïnées et Dracænées.

La manière dont les faisceaux foliaires de la tige se comportent dans leur développement ultérieur est différente, suivant que l'on s'adresse d'une part aux Monocotylédones, d'autre part aux Gymnospermes et aux Dicotylédones. Dans les premières, les faisceaux sont fermés ; dans les secondes, il subsiste à l'intérieur de chacun d'eux une couche de cambium générateur qui, dans les tiges ligneuses douées d'un puissant accroissement diamétral, se prolonge le plus souvent de bonne heure à travers les rayons médullaires principaux, et forme un manteau générateur complet qui engendre continuellement, en dehors, de nouvelles couches libériennes, en dedans, de nouvelles couches ligneuses.

Dans leurs racines principales et dans les radicelles les plus développées, les Dicotylédones et les Gymnospermes présentent, comme dans leur tige, un accroissement en épaisseur dû à la constitution ultérieure d'un anneau fermé de cambium ; cet épaississement amène souvent la formation de systèmes radicaux puissants et vivaces, inconnus chez les Monocotylédones où ils sont remplacés physiologiquement par des bulbes, des tubercules ou des rhizomes. Chez les Cryptogames, cet accroissement en épaisseur n'existe d'ailleurs ni dans la racine, ni dans la tige.

Enfin à ce long épaississement de la tige et de la racine se rattache, chez les Dicotylédones et les Gymnospermes, une active et abondante formation de liége, qui devient le plus souvent une formation d'écorce crevassée ou de rhytidome, phénomène également inconnu chez les Cryptogames et les Monocotylédones.

Sur tous ces points, nous remettons les détails à l'étude des caractères spéciaux des diverses classes de ce groupe.

RÉSUMÉ DE LA CLASSIFICATION DES

PHANÉROGAMES.

Le caractère distinctif des Phanérogames par rapport aux Cryptogames réside dans la formation de la graine. La graine naît de l'ovule, dont les parties essentielles sont le nucelle et le sac embryonnaire ; le sac embryonnaire forme l'endosperme et la vésicule embryonnaire ; cette dernière, fécondée par le tube pollinique issu de la germination du grain de pollen, produit d'abord un proembryon, puis l'embryon lui-même. Douée de tige, feuilles, racines et poils, la plante phanérogame représente la génération asexuée et sporifère des Cryptogames vasculaires : le sac embryonnaire est la macrospore, le grain de pollen la microspore. L'endosperme est l'équivalent du prothalle femelle, et la graine réunit transitoirement en elle deux générations, à savoir : le prothalle, qui est l'endosperme, et la jeune plante de seconde génération, qui est l'embryon.

I

PHANÉROGAMES SANS OVAIRE.

GYMNOSPERMES.

Les ovules ne sont pas, avant la fécondation, enveloppés dans une cavité close ou ovaire, formée par soudure de feuilles carpellaires. L'endosperme naît avant la fécondation et forme des archégones particuliers, ici nommés corpuscules, dans lesquels naissent les oosphères. Les grains de pollen subissent, avant la formation du tube pollinique, des divisions intérieures qui correspondent à celles des microspores des Sélaginellées.

Classe 1. **Gymnospermes.** — La formation des feuilles de l'embryon commence par un verticille de deux ou de plusieurs feuilles.

    Ordre *a. Cycadées.* Tige se ramifiant très-rarement ou pas du tout, feuilles grandes, ramifiées.

    Ordre *b. Conifères.* Tige douée d'une ramification axillaire abondante, mais qui ne s'opère pas à toutes les aisselles de feuilles. Feuilles petites, non ramifiées.

    Ordre *c. Gnétacées.* Mode de végétation très-différent. Fleurs à plusieurs égards très-analogues à celles des Angiospermes.

II

PHANÉROGAMES A OVAIRE.

ANGIOSPERMES.

Les ovules naissent à l'intérieur d'une cavité close ou ovaire, formée par soudure de feuilles carpellaires, soit que plusieurs carpelles s'unissent ensemble, soit qu'un seul carpelle se replie et soude entre eux ses deux bords. L'ovaire se termine par un stigmate sur lequel les grains de pollen viennent germer. — L'endosperme ne se forme qu'après la fécondation et en même temps que l'embryon : tous deux demeurent parfois rudimentaires. Le grain de pollen ne subit aucune division intérieure. — La ramification est presque toujours axillaire, et les branches s'échappent de toutes les aisselles des feuilles végétatives ; elle est rarement extra-axillaire.

Classe 2. **Monocotylédones.** — L'embryon commence à former ses feuilles en disposition isolée. Endosperme le plus souvent très-développé, embryon petit.

Classe 3. **Dicotylédones.** — Les premières feuilles de l'embryon formant un verticille binaire. Endosperme fréquemment rudimentaire, souvent absorbé par l'embryon avant la maturité de la graine.

CLASSE II

Les Gymnospermes.

CARACTÈRES GÉNÉRAUX DES GYMNOSPERMES.

Dans les trois ordres qui la composent : Cycadées, Conifères et Gnétacées, la classe des Gymnospermes embrasse des plantes de port très-différent, mais qui toutes, par leurs caractères morphologiques, par les propriétés de leurs tissus et surtout par leur mode de reproduction sexuée, se rattachent à un même groupe naturel. Ce groupe occupe en même temps une position moyenne entre les Cryptogames vasculaires et les Angiospermes, et parmi ces dernières, c'est des Dicotylédones qu'il se rapproche le plus, notamment par sa structure anatomique.

Sac pollinique ou microsporange ; grain de pollen ou microspore ; prothalle mâle ; tube pollinique ou anthéridie. — Les grains de pollen des Gymnospermes trahissent une intime parenté avec les microspores des *Selaginella*, car ils subissent, avant d'être mis en liberté, une ou plusieurs divisions intérieures, et le groupe de cellules ainsi constitué ressemble à un prothalle mâle très-rudimentaire. Une des cellules de ce prothalle mâle se développe en tube pollinique quand le grain de pollen est parvenu sur le nucelle de l'ovule ; ce tube pollinique correspond à une anthéridie.

Les sacs polliniques sont toujours ici des excroissances de la face inférieure de feuilles transformées qui constituent autant d'étamines, et ils ont souvent une ressemblance frappante avec les sporanges de certaines Cryptogames vasculaires ; ce sont des microsporanges. Chaque étamine en porte tantôt un grand nombre, tantôt quelques-uns, tantôt seulement deux, et ils ne se soudent pas entre eux.

Ovule ; sac embryonnaire ou macrospore ; endosperme ou prothalle fe-

melle ; corpuscules ou archégones. — L'ovule, presque toujours droit ou ortho-trope, est le plus souvent pourvu d'un seul tégument. Tantôt il paraît être l'extrémité transformée de l'axe floral lui-même; tantôt il s'échappe de l'axe la-téralement au-dessous du sommet; tantôt il paraît inséré à l'aisselle du carpelle, tantôt enfin il procède de la surface du carpelle ou de ses bords (1). Les carpelles ne se soudent jamais ici avant la fécondation pour former un véritable ovaire ; mais souvent ils se rapprochent au contact pendant la maturation des graines et se soudent entre eux de manière à les cacher et à les protéger, pour se séparer de nouveau à la maturité et les mettre en liberté. Cependant, le cas n'est pas rare où les graines sont et demeurent entièrement nues du commencement à la fin.

Le sac embryonnaire ou macrospore se produit dans un nucelle ou macro-sporange formé de petites cellules, à une certaine profondeur au-dessous de sa région terminale, non loin de sa base, et jusqu'à la fécondation il demeure en-veloppé par une couche épaisse de tissu nucellaire. Dans le même nucelle, il commence parfois à se former plusieurs sacs embryonnaires, mais un seul arrive à complet développement.

Longtemps avant la fécondation il se développe, à l'intérieur du sac em-bryonnaire facile à distinguer à sa paroi résistante, et par voie de formation libre, des cellules qui, se réunisssant bientôt en un tissu et se multipliant par division, constituent l'endosperme. A l'intérieur de ce tissu, qui ressemble et correspond au prothalle femelle endogène des *Isoetes* et *Selaginella*, naissent, en plus ou moins grand nombre, les archégones appelés ici corpuscules.

D'après M. Strasburger, chaque archégone procède d'une cellule de l'endo-sperme située sous le sommet du sac embryonnaire ; cette cellule, notablement agrandie, produit en se divisant le col et la cellule centrale de l'archégone. Suivant le même observateur, une petite portion supérieure de la grande cel-lule centrale se séparerait même du reste pour former, au-dessous du col, une cellule de canal. Que le contenu tout entier de la cellule centrale doive être considéré comme une oosphère, ainsi que l'affirme M. Strasburger, ou que les oosphères ne naissent que plus tard dans son intérieur et par voie de formation libre, comme le veut M. Hofmeister, c'est une question qui demeure pour le moment indécise. Toutefois, la première assertion s'accorderait mieux que la seconde avec l'analogie, si nettement exprimée d'ailleurs, des Gymno-spermes avec les Cryptogames vasculaires hétérosporées. Pour plus de détails sur ce point, je renvoie à l'ordre des Conifères.

Fécondation ; développement du proembryon et de l'embryon ; polyem-bryonie. — Après que le tube pollinique a traversé le tissu du nucelle et qu'il a pénétré jusqu'à l'archégone ou corpuscule, pour déverser par voie de diffusion sa matière fécondante dans la cellule centrale de cet archégone, il se forme dans cette cellule centrale un proembryon par la division d'une cellule située à sa par-tie inférieure. A l'origine, les cellules de ce proembryon sont toutes surbaissées, mais bientôt celles qui en occupent la région moyenne ou supérieure s'accrois-

(1) Malgré ces différences, qui ne sont que des différences de situation, l'ovule des Gymno-spermes conserve partout la même valeur morphologique ; partout il résulte de la métamorphose d'une portion de feuille plus ou moins étendue : c'est ce que nous verrons plus loin, en étudiant en particulier l'ordre des Conifères. (*Trad.*)

sent en longs tubes qui, poussant devant eux les cellules inférieures, rompent le fond du corpuscule et pénètrent dans une partie ramollie de l'endosperme. Parfois les tubes proembryonnaires, nés côte à côte, se séparent, et chacun d'eux produit à son sommet un amas de petites cellules qui est le début d'un embryon. De là, et aussi de ce que souvent plusieurs archégones sont fécondés à la fois dans le même endosperme, il résulte que la graine en voie de formation renferme plusieurs embryons rudimentaires, qu'elle est, comme on dit, polyembryonnée ; mais un seul de ces embryons se développe ordinairement avec vigueur, tandis que les autres s'atrophient.

Pendant le développement de l'embryon, l'endosperme se remplit de matières nutritives et prend une extension considérable; le sac embryonnaire qui l'enveloppe s'accroît à mesure et résorbe finalement tout le tissu du nucelle situé en dehors de lui. Le tégument de l'ovule, ou du moins une couche interne de ce tégument, se transforme en même temps en un noyau dur, tandis qu'il n'est pas rare, notamment dans les graines libres, de voir le tissu extérieur du tégument devenir pulpeux et charnu, ce qui donne à la graine l'aspect d'un fruit à noyau (*Cycas, Ginkgo*). Souvent les effets de la fécondation se font sentir aussi sur les carpelles, ou sur d'autres parties de la fleur, qui, s'accroissant puissamment, forment soit des enveloppes charnues ou ligneuses autour des graines, soit des coussinets au-dessous d'elles.

Graine et germination. — La graine mûre est toujours remplie par un endosperme dans lequel on aperçoit l'embryon, nettement divisé en tige, feuilles et racine. L'embryon occupe dans l'endosperme une cavité axile ; il y est toujours étendu en ligne droite, tournant la pointe de sa racine vers l'extrémité micropylaire et le sommet de ses feuilles vers la base de la graine. Les premières feuilles que produit la tige de l'embryon sont disposées en un verticille qui renferme le plus souvent deux feuilles opposées, mais quelquefois trois, quatre, six, neuf feuilles et plus.

Lors de l'épanouissement de l'embryon, c'est-à-dire à la germination, c'est la pointe de la racine qui s'échappe d'abord à travers l'enveloppe déchirée de la graine; puis l'allongement des premières feuilles de l'embryon, c'est-à-dire des cotylédons, pousse dehors le bourgeon qui se forme à ce moment même au milieu d'eux au sommet de la tige et qu'on appelle souvent la gemmule. Les cotylédons eux-mêmes demeurent d'abord logés dans l'endosperme, et ils y restent jusqu'à ce qu'ils en aient absorbé et fait passer dans les diverses parties de l'embryon toutes les substances nutritives. Parfois ils persistent ainsi indéfiniment cachés dans l'enveloppe de la graine, avec laquelle ils périssent comme des organes devenus inutiles (*Ginkgo*, Cycadées). Mais, dans presque toutes les Conifères, ils sont soulevés par l'allongement de la tige de l'embryon et portés au-dessus de terre ; ils s'épanouissent enfin dans l'air et constituent les premières feuilles vertes et végétatives de la plante.

Les cotylédons des Conifères verdissent déjà à l'intérieur même de la graine et dans la plus profonde obscurité; de la chlorophylle se développe donc ici, comme chez les Fougères, sans l'aide de la lumière. On ignore encore si le même fait se présente aussi dans les Cycadées et les Gnétacées (1).

____

(1) Dans les plantules de *Ceratozamia longifolia*, l'unique cotylédon engaînant, ou les deux

Développement ultérieur de la plante. — Ainsi délivrée de la graine, la jeune plante consiste donc maintenant en une petite tige dressée vers le ciel, qui se prolonge en bas et sans limite bien nette en une puissante racine principale. Celle-ci s'accroît verticalement vers le centre de la terre, et produit bientôt en direction acropète de nombreuses radicelles, en formant ainsi finalement un système radical d'ordinaire puissamment développé. A son sommet, la tige porte les cotylédons et se termine entre eux par un bourgeon, la gemmule.

C'est par la gemmule que la tige s'allonge verticalement vers le ciel, et d'ordinaire son accroissement n'est pas seulement indéfini, mais il est encore beaucoup plus puissant que celui de toutes les pousses latérales, même si, comme c'est le cas chez les Conifères, ces branches latérales se développent beaucoup. Dans la remarquable Gnétacée appelée *Welwitschia*, cependant, l'accroissement terminal de la tige cesse de très-bonne heure et totalement, au-dessus des cotylédons, et, comme c'est d'ailleurs aussi le cas ordinaire chez les Cycadées, il ne s'y produit même pas de nouvelles pousses feuillées.

Disposition et structure des fleurs. — Parmi les Gymnospermes, c'est seulement chez les Cycadées que la fleur termine la tige principale, et encore cette situation n'y est-elle pas exclusive ; ailleurs, ce sont de petites pousses latérales, le plus souvent d'ordre très-élevé, qui se transforment en fleurs. Les fleurs sont toujours unisexuées ; la plante elle-même peut être monoïque ou dioïque.

La fleur mâle est formée d'un axe mince, le plus souvent très-allongé, le long duquel les étamines, ordinairement nombreuses, sont disposées en spirale continue ou en verticilles alternes.

Les fleurs femelles ont un aspect extérieur extraordinairement varié, mais le plus souvent très-différent de celles des Angiospermes. Seules, les Gnétacées y présentent une sorte de périanthe formé de petites feuilles délicates ; ce périanthe manque aux Cycadées et aux Conifères, ou bien y est remplacé par des écailles. Mais ce qui contribue le plus, sans compter le manque d'ovaire, à rendre singulièrement étranges les fleurs femelles de ces plantes, c'est le grand allongement de l'axe floral, le long duquel les diverses feuilles constitutives ne sont plus, quand elles sont en grand nombre, disposées en cycles concentriques, comme dans les Angiospermes, mais sur une hélice ascendante ou en verticilles alternes. Quand il ne se forme qu'un petit nombre d'ovules sur un axe floral nu ou muni de petites feuilles, comme dans les *Podocarpus* et le *Ginkgo*, la fleur femelle cesse en même temps de présenter la moindre trace d'analogie d'aspect avec la fleur des Angiospermes. Néanmoins il suffit de se rattacher à la définition, d'après laquelle la fleur est un rameau pourvu d'organes sexués, pour être dans tous les cas clairement fixé sur ce qu'il faut, ici aussi, appeler une fleur.

Caractères anatomiques des Gymnospermes (1). — Parmi les matériaux

cotylédons plus ou moins inégaux (car les deux cas se présentent tour à tour), ne développent pas de chlorophylle à l'intérieur de la graine où ils demeurent cachés. Il en est de même de l'écaille engaînante qui succède au cotylédon avant l'apparition de la première feuille verte. On trouve même quelquefois deux écailles incolores entre le cotylédon et la première feuille verte ; cette dernière, engaînante aussi à sa base, est longuement pétiolée et son limbe est bipartit.

(Trad.)

(1) H. v. MOHL : Bau des Cycadeenstammes (Vermischte Schriften, p. 195). — KRAUS : Bau der

nombreux, mais non triés encore, que la science possède sur l'anatomie des Gymnospermes, je vais me borner à signaler ici les particularités qui contribuent à caractériser cette grande division du groupe des Phanérogames.

Faisceaux vasculaires. — *Marche des faisceaux dans la tige.* — Les faisceaux fibro-vasculaires des Gymnospermes se comportent en général comme ceux des Dicotylédones. On y trouve en effet un système de faisceaux communs à la tige et aux feuilles; les portions descendantes de ces faisceaux, qui appartiennent à la tige, s'y disposent en un seul cercle, et leurs arcs générateurs, unis entre eux par du cambium interfasciculaire, forment un anneau générateur complet, au moyen duquel s'opère ensuite l'épaississement continu de la tige. La portion ascendante de chaque faisceau, qui s'incurve dans la feuille elle-même, prend plus ou moins dans les Cycadées le caractère d'un faisceau fermé; mais, dans la feuille de beaucoup de Conifères tout au moins, elle conserve l'aspect d'un faisceau ouvert.

Outre ces faisceaux qui descendent des feuilles, la tige des Conifères et des *Ephedra* ne produit pas de faisceaux qui lui soient propres. Mais, chez les Cycadées et le *Welwitschia*, on trouve dans la tige âgée des faisceaux qui ne sont, il est vrai, que des ramifications de ceux qui descendent des feuilles, mais dont le développement ultérieur s'opère dans une complète indépendance à l'égard de ceux-ci. C'est ainsi que la tige de certaines Cycadées présente de petits faisceaux isolés dans la moelle et qu'il s'y produit dans l'écorce un système d'épais faisceaux qui, par les progrès de l'âge, peuvent arriver à former un ou plusieurs anneaux ligneux en dehors du cercle normal. D'après la description peu nette de M. Hooker, l'écorce du *Welwitschia* présente des faisceaux qui doivent leur production à une couche de méristème enveloppant toute la tige.

Les Conifères, nous venons de le dire, ne possèdent que des faisceaux communs à la tige et aux feuilles, faisceaux dont les portions descendantes parcourent un certain nombre d'entre-nœuds de la tige, pour se réunir enfin latéralement à des faisceaux qui descendent de feuilles plus âgées et plus basses; cette réunion s'opère soit simplement par juxtaposition unilatérale, soit des deux côtés à la fois par un dédoublement du faisceau en deux branches.

Marche des faisceaux dans la feuille. — Dans les Conifères où elles sont petites, les feuilles ne reçoivent de la tige qu'un seul faisceau, qui se partage ordinairement dans la feuille en deux moitiés cheminant côte à côte (p. 142, fig. 89); si la feuille est plus large elle prend deux (*Ginkgo, Ephedra*) ou même trois faisceaux (*Phyllocladus*) (1).

Cycadeenfiedern (Jahrb. f. wiss. Botanik IV, p. 329). — GEYLER : Ueber Gefässbündelverlauf bei Coniferen (*ibid.* VI, p. 68). — THOMAS : Vergleich. Anatomie des Coniferenblattes (*ibid.* IV, p. 43). — H. v. MOHL : Ueber die grossen getüpfelten Röhren von *Ephedra* (Vermischte Schriften, p. 269). — HOOKER : Ueber *Welwitschia* (traduit dans Flora 1863, p. 474). — DIPPEL : Histologie der Coniferen (Bot. Zeitung, 1862 et 1863). — ROSSMANN : Bau des Holzes (Francfort, 1865). — H. v. MOHL : Bot. Zeitung, 1870.

(1) Seuls entre toutes les Conifères, les *Ginkgo* et *Phyllocladus* reçoivent de la tige plus d'un faisceau pour chacune de leurs feuilles; le premier en prend deux, le second trois. Ces exceptions sont-elles réelles ou seulement apparentes? En ce qui concerne le *Ginkgo*, M. Geyler a montré depuis longtemps (*loc. cit.*, Pl. VIII, fig. 1, 1867) que le faisceau destiné à la feuille est en réalité unique, mais qu'il se fend en deux avant de quitter la tige, scission qui, très-fréquente

Si la feuille possède un limbe étalé, comme dans les *Ginkgo* et *Dammara*, les faisceaux se ramifient dans ce limbe, mais sans y former d'anastomoses en réseau ; dans le *Ginkgo*, ils s'y divisent par dichotomie répétée. Dans le limbe des Conifères ces faisceaux ne forment le plus souvent pas de nervures saillantes, mais cheminent dans la zone moyenne du tissu de la feuille. Dans les deux puissantes feuilles vertes du *Welwitschia*, pénètrent de nombreux faisceaux dont les ramifications parallèles cheminent au milieu de l'épaisseur du limbe. Les grandes feuilles pennées des Cycadées reçoivent aussi plusieurs faisceaux, qui s'incurvent à peu près horizontalement dans le parenchyme cortical de la tige et se divisent dans le pétiole, s'il est gros, en un grand nombre de faisceaux puissants élégamment disposés sur la section transversale ; dans le *Cycas revoluta*, ils affectent la forme d'un Ω renversé. Ces faisceaux cheminent parallèlement dans la côte médiane de la feuille pennée et envoient aux divers segments des branches qui, tantôt les parcourent dans la couche moyenne du tissu parallèlement (*Dioon*) ou en se dichotomisant (*Encephalartos*), tantôt, comme dans les *Cycas*, y forment une nervure saillante à la face inférieure.

La course des faisceaux dans les feuilles des Gymnospermes présente, on le voit, une analogie marquée avec celle qu'on observe chez les Fougères.

Structure des faisceaux. — Le corps ligneux de la tige est formé par les portions descendantes des faisceaux foliaires. Entièrement isolés à l'origine, ces faisceaux se réunissent bientôt en un anneau fermé, par le moyen d'arcs cambiaux qui traversent les rayons médullaires. Le bois primaire, appelé souvent *étui médullaire*, formé par l'ensemble des régions ligneuses des faisceaux isolés primitifs, contient chez toutes les Gymnospermes, comme chez les Dicotylédones, de longs et étroits vaisseaux pourvus de bandes d'épaississement annelées ou spiralées, et en dehors desquels on rencontre des vaisseaux réticulés ou scalariformes (1).

dans d'autres genres, ne s'y opère qu'après le départ : c'est là toute la différence. Pour les *Phyllocladus*, M. Geyler admet que les trois faisceaux qui quittent, en effet, la tige à chaque nœud se rendent tous les trois à la feuille (Pl. VIII, fig. 3) ; mais ce qu'il considère comme une simple feuille est en réalité un système complexe formé par l'union de la feuille véritable avec son rameau axillaire. Des trois faisceaux que reçoit ce système, le médian seul, inférieur aux deux autres, appartient à la feuille, les deux latéraux et supérieurs constituent le système libéroligneux du rameau axillaire.

Ainsi ces deux exceptions ne sont qu'apparentes, et c'est une règle générale, que chez toutes les Conifères la feuille ne reçoit de la tige qu'un seul faisceau.

Il en est tout autrement des *Ephedra*. Ici ce sont bien deux faisceaux distincts quoique voisins, que la tige envoie dans chaque feuille. (*Trad.*)

(1) Le caractère anatomique le plus singulier des Cycadées est certainement la différence de constitution qu'on y remarque entre le faisceau de la feuille et le faisceau de la tige, le premier n'étant cependant que le prolongement du second. Cette différence porte sur le bois primaire. La région ligneuse du faisceau de la feuille se compose en effet, comme Mettenius l'a montré depuis longtemps (voir aussi G. Kraus, *loc. cit.*, p. 330), de deux groupes vasculaires superposés suivant le rayon. Le groupe interne étalé en éventail a un développement centripète : sa pointe, formée par les vaisseaux les plus étroits, est tournée en dehors, et le diamètre des vaisseaux y augmente progressivement vers l'intérieur. Le groupe externe au contraire est centrifuge : les vaisseaux les plus étroits y sont tournés en dedans, contre les vaisseaux les plus étroits du groupe interne, et leur calibre augmente progressivement vers l'extérieur.

Le bois secondaire, produit par l'anneau de cambium après la cessation de l'accroissement en longueur, consiste, chez les Cycadées et les Conifères, en trachéides allongés, ajustés bout à bout par des faces obliques (voir p. 34, fig. 25 et 26) et pourvus d'un petit nombre de grandes ponctuations aréolées qui, tout au moins dans le bois tardivement formé, sont le plus souvent circulaires. Entre ces trachéides et les vaisseaux spiralés ou trachées du bois primaire, on trouve toutes les transitions imaginables.

Le bois secondaire des Cycadées et des Conifères se distingue principalement de celui des Dicotylédones, parce qu'il est constitué exclusivement par cette seule forme de cellules prosenchymateuses (1), parce qu'on n'y rencontre pas ces larges vaisseaux ponctués à articles courts qui, chez les Dicotylédones, traversent la masse ligneuse dense et formée de cellules étroites. Dans les jeunes tiges des Cycadées, les trachéides, munis de larges ponctuations aréolées qui donnent à la paroi un aspect plus ou moins nettement scalariforme, ressemblent beaucoup aux longues cellules vasculaires prosenchymateuses des Cryptogames vasculaires ; cette ressemblance s'étend même aux trachéides des Conifères, pour autant du moins que ces derniers sont aussi nettement prosenchymateux, car le petit nombre et la forme arrondie des ponctuations aréolées qu'ils portent les éloignent déjà beaucoup des vaisseaux scalariformes (voir p. 34-37). Ordinairement les ponctuations aréolées des Conifères ne se développent que sur les parois du trachéide qui regardent les rayons médullaires ; elles y sont superposées en une ou deux rangées ; dans les *Araucaria* elles y forment plusieurs rangées et sont étroitement serrées l'une contre l'autre.

Par l'organisation florale et par le port, les Gnétacées se rapprochent des Dicotylédones : elles s'en rapprochent aussi par la structure de leur bois secondaire. Outre les trachéides ordinaires, les *Ephedra* présentent, en effet, dans la zone interne de l'anneau ligneux, de larges vaisseaux dont les articles sont séparés encore par des cloisons transverses obliques et sont encore, par conséquent, prosenchymateux ; mais ces cloisons sont percées d'un ou de plusieurs trous arrondis, en sorte que ces vaisseaux forment des tubes continus. Leurs parois latérales possèdent, comme les trachéides, des ponctuations aréolées. Ces vaisseaux attestent d'une manière frappante, qu'entre les vrais vaisseaux du bois secondaire des Dicotylédones et les vaisseaux à articles prosenchymateux des Cryptogames vasculaires, il y a une foule de transitions (p. 132). Dans le bois du *Welwitschia*, les trachéides à ponctuations aréolées paraissent manquer totalement et être remplacés par des « vaisseaux poreux » à paroi épaisse.

Les rayons du bois secondaire sont très-étroits chez les Conifères, où ils n'ont souvent qu'une seule largeur de cellule ; les cellules qui les composent

Dans les Cycadées de la Flore actuelle, le faisceau de la tige est dépourvu de ce groupe vasculaire interne à développement centripète et ramené, par conséquent, à la structure normale. Mais on le retrouve dans le faisceau de la tige des *Sigillaria* (Ad. Brongniart : Observations sur le *Sigillaria elegans*, Archives du Muséum, 1, 1839). Ces Cycadées de la Flore carbonifère possédaient donc, dans toute l'étendue des faisceaux communs à la tige et aux feuilles, la structure singulière du bois que les Cycadées de la Flore actuelle ont perdue dans la portion caulinaire du faisceau, mais ont conservée dans sa portion foliaire.   (*Trad.*)

(1) Le parenchyme ligneux ne s'y rencontre pas, ou seulement en petite quantité.

sont fortement lignifiées, et leurs faces latérales, en contact avec les trachéides voisins, sont pourvues de ponctuations fermées. Les rayons du bois des Cycadées sont plus larges, et leur tissu ressemble davantage au parenchyme de la moelle et de l'écorce ; grâce au nombre et à la largeur de ces rayons, le bois tout entier paraît plus lâche et, sur la section tangentielle, ses éléments parenchymateux sont fortement arqués en divers sens.

La région libérienne des faisceaux fibrovasculaires des Gymnospermes est analogue à celle des Dicotylédones. Elle est le plus souvent composée de vraies fibres libériennes fortement épaissies, de cellules cambiformes, de cellules grillagées et d'éléments parenchymateux ; dans les Conifères, ces diverses sortes de cellules se succèdent en couches alternes. D'une façon générale, il y a prédominance du liber mou.

Tissu fondamental. — Le tissu fondamental de la tige des Gymnospermes se trouve partagé par l'anneau ligneux en moelle et en écorce primaire. Chez les Cycadées, ces deux régions sont puissamment développées, surtout la moelle, et elles consistent en un véritable parenchyme ; la masse du corps ligneux est au contraire relativement très-faible. Dans le *Welwitschia* aussi, le tissu parenchymateux paraît prédominer, mais il doit provenir, pour la plus grande partie du moins, du manteau de méristème que nous avons signalé dans la tige. Cette plante si remarquable possède, disséminée dans le parenchyme de tous ses organes, une grande quantité de cellules dites *spiculaires ;* ce sont des cellules fusiformes ou rameuses, dont la paroi très-épaisse renferme, nichés côte à côte dans sa zone externe, un grand nombre de cristaux bien développés. On retrouve d'ailleurs de pareilles cellules dans les Conifères (voir p. 90).

A mesure que la tige et la racine des Conifères croissent en âge, on voit diminuer progressivement le tissu fondamental parenchymateux qu'elles renferment et qui se divise en moelle, rayons médullaires étroits et parenchyme cortical (1). A l'exception de la moelle, ici toujours fort réduite, la tige est formée

(1 Chez un grand nombre de Conifères, l'écorce primaire de la racine présente un genre de cellules fort remarquables et qu'on ne retrouve ni dans la tige, ni dans la feuille.

Rappelons d'abord qu'ici comme partout ailleurs le parenchyme cortical de la racine se termine, contre le cylindre central, par une assise de cellules munies sur leurs faces latérales et transverses de plissements échelonnés, qui les engrènent solidement et en font une membrane individualisée et résistante qu'on appelle membrane protectrice ou mieux endoderme. — Ceci posé, dans les *Thuja, Biota, Cupressus, Taxus, Cephalotaxus*, etc., les cellules de l'avant-dernière assise corticale, de l'assise sus-endodermique, sont munies, au milieu de leurs faces latérales et transverses, d'une bande d'épaississement fortement saillante en dedans et arrondie en forme de moulure demi-cylindrique. Ces cadres rectangulaires, qui se correspondent exactement d'une cellule à l'autre dans le plan tangent, donnent beaucoup de solidité à cette assise, qui vient renforcer l'endoderme. Dans le *Ginkgo* chacune des cellules de cette assise porte même deux cadres d'épaississement dont les bandes, toujours distinctes et parallèles sur les faces latérales, se réunissent parfois au milieu des faces transverses. Les *Sequoia* et *Taxodium*, outre les cadres puissants de l'assise sus-endodermique, ont sur toutes les faces verticales des trois ou quatre rangées qui la précèdent, des bandes longitudinales moins fortes qui confluent en une seule sur les faces transverses. Les *Torreya* ont d'abord l'assise sus-endodermique, puis ils possèdent, en dedans de l'assise sous-épidermique deux ou trois rangs de cellules munies de cadres d'épaississement ; ici l'épiderme se trouve renforcé comme l'endoderme. Enfin dans la racine des *Cryptomeria, Widdringtonia, Cunninghamia, Podocarpus*, etc., excepté d'une part l'épiderme et l'assise sous-épidermique, et de l'autre l'endoderme, toutes les cellules du parenchyme cortical sont munies de ces bandes d'épaississement

finalement tout entière par les produits de l'anneau de cambium ; l'écorce primaire, en effet, et plus tard, à leur tour, les couches externes toujours renaissantes de l'écorce secondaire meurent et sont transformées en rhytidome. Chez les Cycadées, où l'accroissement en épaisseur de la tige est insignifiant, la production du liége est aussi très-faible ; dans le *Welwitschia*, enfin, elle paraît, d'après M. Hooker, manquer totalement.

Canaux sécréteurs. — Les canaux sécréteurs sont très-répandus chez les Gymnospermes ; d'une façon générale, ils y possèdent la structure décrite aux pages 102 et 157. Dans les Cycadées, ils traversent en grand nombre tous les organes et renferment de la gomme qui, sur les sections tranversales, s'échappe sous forme d'épaisses gouttes visqueuses. Dans les Conifères, au contraire, ils contiennent de l'essence de térébenthine et de la résine ; ils y sont répandus dans la moelle de la tige, dans tout le corps ligneux, dans l'écorce primaire et secondaire, ainsi que dans les feuilles (voir p. 142, fig. 89) et ils cheminent toujours dans le sens de la longueur de l'organe, comme les canaux gommeux des Cycadées. Dans beaucoup de Conifères à feuilles courtes, ces organes renferment aussi des glandes résineuses arrondies (*Callitris, Thuja, Cupressus,* d'après M. Thomas). Dans les *Taxus,* les canaux résineux manquent complétement (1).

quelquefois anastomosées en réseau ou tordues en spirale ; mais au voisinage de l'endoderme, elles deviennent plus épaisses et moins nombreuses et finalement, sur chaque cellule de l'avant-dernière assise, elles se concentrent en un cadre latéral unique. Les Abiétinées vraies, ainsi que les *Araucaria* et *Phyllocladus,* sont totalement dépourvues de ces cellules épaissies. On n'en rencontre ni dans les Cycadées, ni dans les *Ephedra.*

D'ailleurs, outre les caractères anatomiques généraux que possèdent toutes les racines (voir p. 199, note), la racine des Gymnospermes partage les caractères propres au groupe des Phanérogames (p. 202), notamment la formation des radicelles par la couche périphérique du cylindre central (péricambium), laquelle peut avoir ici jusqu'à six et huit épaisseurs de cellules (*Pinus, Ceratozamia*). En outre, par l'existence d'une période secondaire où elle s'épaissit à l'aide d'une couche génératrice, c'est de la racine des Dicotylédones qu'elle se rapproche le plus. Pour l'étude détaillée de l'organisation primaire et des formations secondaires de la racine des Gymnospermes, voir mon Mémoire sur la racine (*Ann. des sc. nat.,* 5e série, XIII, p. 187-212).   (*Trad.*)

(1) La racine des Cycadées est dépourvue de canaux gommeux. Dans la tige et la feuille de ces plantes les canaux appartiennent au parenchyme fondamental ; ils ne pénètrent ni dans le bois ni dans le liber des faisceaux libéro-ligneux.

Les Conifères ne possèdent jamais de canaux résineux dans le parenchyme cortical primaire de leur racine, sans doute parce que ce tissu est destiné à une précoce exfoliation ; mais c'est la seule région d'où ces organes sécréteurs soient totalement exclus. Tous les autres tissus de la plante peuvent en présenter et, sous ce rapport, il y a à distinguer six modifications principales, que l'on peut résumer de la manière suivante, en ne tenant compte que de la racine et de la tige.

<table>
<tr><td rowspan="3">Pas de canaux dans la racine..............</td><td>Pas de canaux dans la tige (Taxus).</td></tr>
<tr><td>Canaux seulement dans le parenchyme cortical de la tige (Taxodium, Podocarpus, Torreya, Tsuga, etc.).</td></tr>
<tr><td>Canaux à la fois dans le parenchyme cortical et dans la moelle de la tige (Ginkgo).</td></tr>
<tr><td rowspan="3">Canaux dans le parenchyme cortical de la tige......</td><td>Un seul canal axile dans la racine (Cedrus, Abies, Pseudolarix).</td></tr>
<tr><td>Canaux dans le bois des faisceaux de la racine et de la tige (Pinus, Larix, bois primaire et secondaire ; Picea, Pseudotsuga, bois secondaire seulement).</td></tr>
<tr><td>Canaux dans le liber des faisceaux de la racine et de la tige (Araucaria, Widdringtonia, liber primaire et secondaire ; Thuja, Biota, Cupressus, liber secondaire seulement).</td></tr>
</table>

Tissu tégumentaire. — Les feuilles des Cycadées et des Conifères sont revêtues par un épiderme solide, le plus souvent fortement cuticularisé, et percé de nombreux stomates à deux cellules de bordure. Dans les Cycadées, les stomates sont plus ou moins profondément enfoncés dans l'épiderme et exclusivement localisés sur la face inférieure du limbe, où ils sont, soit irrégulièrement épars, soit disposés en séries longitudinales entre les nervures.

Dans les feuilles des Conifères, les cellules stomatiques sont aussi toujours, d'après M. Hildebrand (1) profondément enfoncées dans l'épiderme et par conséquent le stomate possède toujours une antichambre (voir p. 119, fig. 77). Ici les stomates sont développés tantôt seulement sur une des faces de la feuille, tantôt à la fois sur les deux faces. Si la feuille est large (*Dammara*, *Ginkgo*), ils y sont disséminés sans ordre; si elle est aciculaire, ils sont disposés, le plus souvent, en rangées longitudinales; dans les grandes feuilles du *Welwitschia*, ils sont aussi arrangés en séries.

Les feuilles des Cycadées et des Conifères doivent leur dureté à une couche hypodermique d'ordinaire puissamment développée (voir p. 142, fig. 89 et 90); cette couche consiste en cellules parallèles à la surface, fortement épaissies, souvent allongées et fibreuses. Dans la feuille du *Welwitschia*, cet hypoderme est composé d'un tissu lâche et séveux, traversé par des faisceaux de fibres (2) et auquel une grande masse de cellules spiculaires donnent de la rigidité.

Fig. 314. — *Pinus Pinaster* : deux cellules du parenchyme incolore qui entoure le faisceau vasculaire de la feuille ; *h*, sont des corps analogues à des ponctuations, vus en section ; *l l'*, les mêmes, vus de face.

Tissu fondamental de la feuille. — Le tissu vert de la feuille s'étend au-dessous de cette couche hypodermique. Dans les Cycadées et les Conifères à larges feuilles, il présente à sa surface supérieure une couche dite palissadiforme, c'est-à-dire où les cellules sont allongées perpendiculairement à la surface et étroitement serrées. Dans les genres *Pinus*, *Larix*, *Cedrus*, les cellules vertes présentent ces replis intérieurs de la membrane dont nous avons parlé à la page 97 (fig. 60).

La couche moyenne du tissu de la feuille, couche dans laquelle cheminent aussi les faisceaux vasculaires, présente ordinairement chez les Gymnospermes une organisation particulière. Dans les Cycadées et les Podocarpées, elle consiste en cellules allongées transversalement par rapport à l'axe de la feuille et à la direction des faisceaux, et parallèlement aux faces de la feuille, cellules qui laissent entre elles de grands espaces intercellulaires. Dans les aiguilles des Abiétinées, le faisceau vasculaire fendu en deux moitiés est enveloppé par un

Pour plus de détails sur la distribution de ces canaux, voir : Mémoire sur les canaux sécréteurs des plantes (*Ann. des sc. nat.*, 5ᵉ série, XVI, 1871).   (*Trad.*)

(1) Botanische Zeitung 1869, p. 149.
(2) Flora 1863, p. 490.

tissu incolore, nettement limité par rapport au tissu vert extérieur (fig. 89, *g b*, p. 142). Ce tissu est parenchymateux et ses cellules constitutives se distinguent par un grand nombre d'ornements particuliers, analogues à des ponctuations (fig. 314) (1).

ORDRE A.

LES CYCADÉES (2).

Embryon. — Enfermé dans un volumineux endosperme, l'embryon des Cycadées possède deux feuilles cotylédonaires opposées, d'inégale dimension, appliquées l'une contre l'autre par leur face interne et soudées l'une à l'autre vers le sommet. La tendance des feuilles végétatives suivantes à se ramifier est parfois indiquée déjà dans ces cotylédons, car le plus grand des deux porte un limbe rudimentaire, dont le bord est divisé en segments pennés; c'est ce qu'on peut voir dans les *Zamia* (fig. 313 *B*) (3).

Développement de la plantule. — Placée dans la terre humide, la graine des Cycadées ne germe qu'après un temps assez long. Son enveloppe se fend alors à l'extrémité opposée au point d'attache et laisse passer la racine principale qui, au début, s'allonge fortement vers le centre de la terre ; plus tard elle s'épaissit parfois et devient napiforme, ou bien elle produit un système d'épaisses racines filamenteuses. D'après la figure 315 *C*, empruntée à Schacht, et d'après un nouveau travail de M. Reinke, la ramification de la racine est latérale monopodique; M. Miquel a signalé cependant des dichotomies dans les minces racines de plantes âgées de *Cycas glauca* et d'*Encephalartos*, et les recherches de M. Reinke sur le développement de ces radicelles ont confirmé ce fait.

Par l'allongement des cotylédons demeurés dans l'endosperme pour en absorber les matières nutritives, la partie basilaire de ces cotylédons et par consé-

---

(1) On trouvera plus de détails sur ce point dans H. v. Mohl : Botanische Zeitung, 1871.

(2) Miquel : Monographia Cycadearum, 1842, — Karsten : Organog. Betracht. über *Zamia muricata* (Berlin, 1857). — H. v. Mohl. : Bau des Cycadeenstammes (Vermischte Schriften, p. 195). — Mettenius : Beiträge zur Anatomie der Cycadeen (Abhandl. der K. Sächs. Gesells. der Wissensch. VII, 1861). — Sur la structure du pollen, voir Schacht (Jahrb. f. wiss. Botanik, II, p. 142). — Knaus : Ueber den Bau der Cycadeenfiedern (Jahrb. f. wiss. Bot. IV, 1867). — Reinke : Nachrichten der K. Ges. der Wiss. in Göttingen, 1871, p. 532. — De Bary : Botanische Zeitung, 1870, p. 574. — Juranyi : Bau und Entwickelung des Pollens bei *Ceratozamia* (Jahrb. f. wiss. Botanik, VIII, 1872).

(3) Si les embryons de *Cycas* paraissent avoir constamment deux cotylédons, il n'en est certainement pas de même de ceux de *Zamia* et de *Ceratozamia*. J'ai eu à ma disposition quatre plantules hybrides issues de la fécondation d'ovules du *Ceratozamia longifolia* par le pollen du *Ceratozamia mexicana* ; trois de ces plantules n'avaient qu'un seul cotylédon engaînant, la quatrième en avait deux, mais très-inégaux. D'autre part, sur quatre embryons bien développés de *Zamia spiralis*, deux avaient, il est vrai, deux cotylédons opposés légèrement inégaux, mais le troisième avait un seul cotylédon engaînant et le quatrième trois cotylédons verticillés.

(*Trad.*)

quent le bourgeon compris entre eux, la gemmule, se trouvent ensuite repoussés
hors de la graine. Non-seulement la portion de l'axe qui porte les cotylédons,
mais encore la région de la tige qui se développe au-dessus d'eux, demeure très-courte, tandis que déjà au voisinage même du sommet elle s'épaissit fortement, grâce à un abondant développement du tissu parenchymateux. La tige acquiert donc la forme d'un tubercule arrondi, et, dans certaines espèces, elle conserve plus tard cette forme, tandis que, chez la plupart des autres, elle s'allonge, dans le cours des années, en une colonne dressée, assez massive, qui atteint parfois quelques mètres de hauteur. Ce très-lent allongement et ce notable épaississement de l'extrémité végétative de la tige sont ici, comme dans des cas analogues (*Isoetes*, *Ophioglossum*, *Aspidium filix mas*, etc.), en relation avec l'absence de ramification de l'axe. D'ordinaire, en effet, la tige des Cycadées demeure entièrement simple; cependant il arrive parfois que de vieilles tiges se partagent en branches d'égale force. De même, quand plusieurs fleurs se développent au sommet de la tige, cela résulte évidemment d'une ramification, et, autant du moins que l'on peut en juger par des figures dessinées sur les états définitifs, il est vraisemblable que cette ramification est dichotomique.

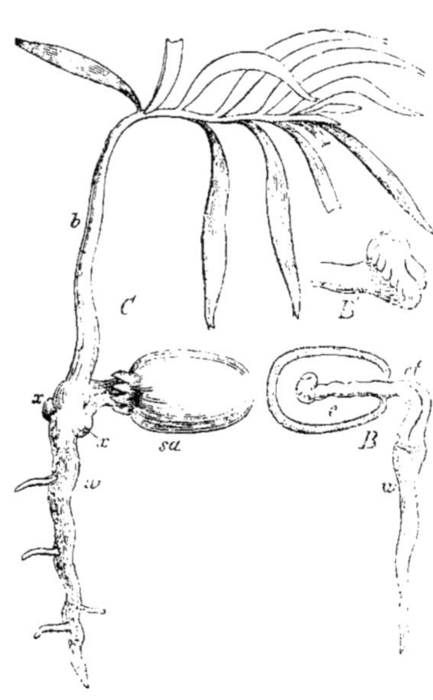

Fig. 315. — Germination du *Zamia spiralis*, d'après Schacht (fig. réduite). — *B*, début de la germination : *et*, les deux cotylédons soudés en un seul au-dessus de leur base allongée; l'un d'eux est muni à son extrémité d'un petit limbe penné, que l'on distingue mieux en *B'*. — *C*, plantule âgée de six mois : *sa*, graine; *et*, cotylédon; *w*, racine principale; *b*, première feuille pennée; *r,r*, débuts des racines adventives qui plus tard s'accroîtront vers le ciel.

Sur les plantes âgées ou malades, il n'est pas rare de trouver à la base de la tige, au-dessus ou au-dessous du niveau du sol, de petits propagules bulbeux ou tuberculeux, dont la nature morphologique est encore incertaine; d'après les expressions de M. Miquel, il n'est pas impossible qu'ils s'échappent d'anciennes écailles foliaires et qu'ils n'aient ainsi rien à faire avec la ramification de la tige.

Accroissement ultérieur de la plante. — La surface tout entière de la tige est occupée par des feuilles disposées en spirale et l'on n'y distingue pas d'entre-nœuds. Mais ces feuilles sont de deux sortes : les unes sont des écailles sèches, brunes, velues, sessiles, coriaces, de dimension relativement faible; les autres sont de grandes feuilles vertes, pétiolées, composées-pennées ou pinnatifides. Écailles et feuilles vertes alternent périodiquement; chaque année ou tous les deux ans, il se forme une rosette de grandes feuilles vertes, entre lesquelles le bourgeon terminal de la tige s'enveloppe ensuite d'écailles, à l'abri

desquelles il poursuit lentement la formation d'un nouveau cycle de feuilles
vertes. Cette alternance commence déjà avec la germination chez les *Cycas*;
car, aux cotylédons de ces plantes, qui sont analogues à des feuilles vertes,
succèdent un certain nombre d'écailles qui enveloppent le bourgeon terminal
de la plantule ; puis ce bourgeon développe ordinairement une seule feuille
verte pennée, mais encore petite, après quoi il forme de nouveau des écailles (1).
C'est seulement au bout de plusieurs années que la plante, devenue de plus
en plus vigoureuse, arrive à produire aussi des cycles de feuilles vertes de
plus en plus grandes ; et comme les feuilles anciennes périssent à mesure,
la tige demeure toujours terminée, comme celle des Palmiers, par une couronne de feuilles vertes, au-dessus desquelles les écailles enveloppent le
bourgeon terminal. A l'intérieur de ce bourgeon, les feuilles vertes du
cycle suivant se forment assez complétement pour n'avoir plus finalement,
quand le bourgeon s'ouvre, qu'à s'épanouir dans l'air ; cet épanouissement
est très-rapide, tandis que la rosette de feuilles a exigé un ou deux ans pour se
former.

Les feuilles vertes qui s'échappent ainsi du bourgeon terminal des *Cycas* et
de quelques autres genres sont, comme celles des Fougères, enroulées d'arrière en avant ; chez d'autres, la nervure médiane de la feuille est seule enroulée ; enfin la feuille du *Dioon* s'échappe droite et ses folioles sont aussi droites
avant leur extension. L'épanouissement a lieu dans chaque feuille de la base
au sommet, comme dans les Fougères, et il est vraisemblable qu'il y a ici
aussi un accroissement terminal durable et une formation basifuge de folioles.
Les segments de la feuille, simples le plus souvent, alternent d'ordinaire sur une
côte médiane longue d'un à deux mètres. La manière dont la feuille se termine
en haut paraît indiquer une ramification dichotomique ; la côte médiane devrait être alors considérée comme un sympode formé par les pieds des dichotomies successives, tandis que les folioles latérales seraient les branches les
plus faibles de ces dichotomies, arrêtées dans leur développement et aplaties ;
la feuille tout entière serait donc un système rameux dichotome développé en
cyme unipare hélicoïde. Toutefois, comme pour la ramification de la tige et
de la racine, de nouvelles recherches sont ici nécessaires.

Organisation des fleurs. — Les fleurs des Cycadées sont toujours dioïques,
et la plante est par conséquent mâle ou femelle. Les deux espèces de fleurs se
développent au sommet de la tige, soit isolées, comme dans les *Cycas* où la fleur
termine la tige principale, soit deux ensemble ou davantage, comme dans les
Zamia muricata et *Macrozamia spiralis* où elles sont peut-être des branches
dichotomes métamorphosées (2). La fleur consiste en un axe épais et allongé

(1) Dans les *Ceratozamia*, la première feuille verte, séparée du cotylédon unique ou des deux
cotylédons, par une ou deux écailles incolores, n'est pas pennée comme dans les *Cycas* et *Zamia*
(fig. 315, C), mais son long pétiole se termine par un limbe bipartit dont les deux larges
segments enferment entre eux le sommet végétatif de la feuille, arrêté dans son développement.   (*Trad.*)

(2) La supposition que la fleur mâle du *Cycas Rumphii* serait l'une des branches d'une dichotomie terminale dont le bourgeon feuillé qui continue la tige serait l'autre branche, n'est pas
fortifiée non plus par les nouvelles recherches de M. de Bary.

en cône, dont la partie inférieure forme parfois un pédicelle nu, mais qui, dans le reste de son étendue, est étroitement couvert de nombreuses feuilles sexuées disposées en spirale, feuilles sexuées qui sont, ou des étamines, ou des carpelles.

Fleurs femelles et mâles des **Cycas.** — Dans les *Cycas*, la fleur femelle est une rosette de feuilles végétatives légèrement métamorphosées, et le sommet de la tige forme au-dessus d'elle, d'abord une série d'écailles, puis de nouveau un cycle de feuilles vertes. Les carpelles (fig. 316) sont, il est vrai, plus petits que les feuilles vertes ordinaires, mais d'ailleurs essentiellement conformés de la même manière. Les folioles inférieures y sont remplacées par autant d'ovules, qui, avant la fécondation, atteignent la grosseur d'une prune mûre de taille moyenne. La graine, fécondée et mûrie, acquiert la dimension et l'aspect d'une pomme de grosseur moyenne, et pend librement au bord du carpelle.

J'ignore si la fleur mâle des *Cycas* est aussi traversée par le prolongement de la tige, mais cela me paraît peu probable. Ses très-nombreuses étamines, beaucoup plus petites que les carpelles, ont 7 à 8 cent. de longueur et ne sont pas divisées ; étroites à la base, elles s'élargissent bientôt et enfin se terminent en pointe. Leur face inférieure

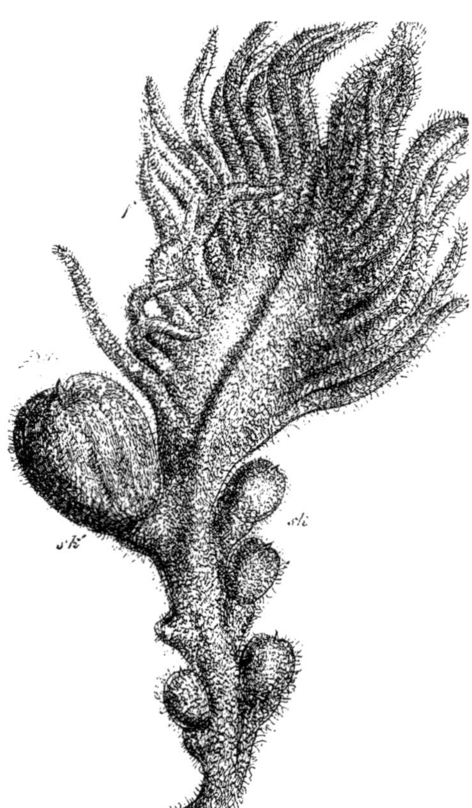

Fig. 316. — Un carpelle de *Cycas revoluta*, environ 1/2 de grand. nat : *f.* segment du carpelle, qui est conformé comme une feuille verte ; *sk.* ovules occupant la place des segments inférieurs ; *sk,* un ovule plus développé.

est étroitement garnie de nombreux sacs polliniques. La fleur tout entière mesure 30 à 40 centimètres de longueur.

Fleurs femelles et mâles des autres Cycadées. — Les fleurs femelles et mâles des autres genres de Cycadées ont sensiblement le même aspect extérieur que les cônes de Pin. Sur un pédicelle court et nu s'élève l'axe floral relativement mince, sur lequel sont insérés et étroitement rapprochés les nombreux carpelles ou étamines (fig. 317) ; cet axe se termine enfin par une extrémité nue, qui est le sommet végétatif arrêté dans son développement (fig. 316, *D*).

Les étamines, toujours petites en comparaison des feuilles vertes de la plante, sont cependant les plus grandes et les plus massives étamines que l'on puisse rencontrer chez les Phanérogames; dans le *Macrozamia*, elles ont comme dans les *Cycas* jusqu'à 6 et 8 centimètres de longueur et jusqu'à 3 centimètres de largeur. Insérées sur l'axe floral par une base assez étroite, elles s'élargissent aussitôt en une sorte de limbe et se terminent par une pointe simple (*Macrozamia*), ou par deux pointes courbes (*Cerato-zamia*); ailleurs la région inférieure de l'étamine est allongée en pédi-celle mince et porte une expansion en forme d'écusson (*Zamia*). Les étamines de ces Cycadées se distin-guent encore de celles de la plupart des autres Phanérogames par leur persistance, car elles se lignifient et deviennent souvent très-dures.

Structure et mode de dévelop-pement des sacs polliniques et des grains de pollen. — Les nombreux sacs polliniques qui couvrent la face inférieure des étamines des Cyca-dées y sont le plus souvent rappro-chés en petits groupes de deux à cinq, analogues aux sores des Fou-gères; et ces groupes, à leur tour, s'accumulent en amas plus considé-rables sur le bord droit et le bord gauche de la feuille. Les sacs polli-niques sont arrondis ou ellipsoï-daux, larges d'environ 1 millimètre et insérés sur la face inférieure de

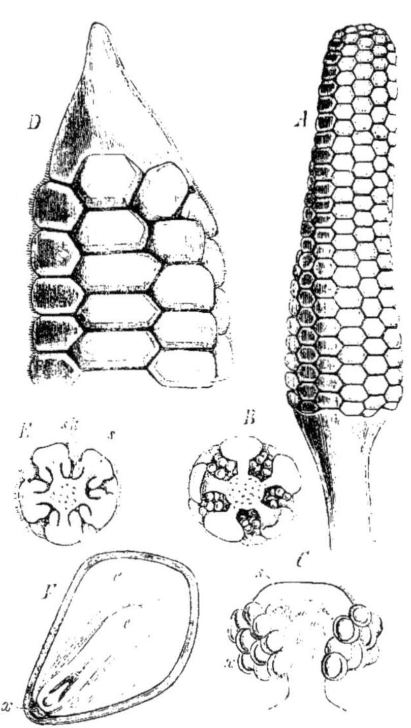

Fig. 317. — *Zamia muricata*, d'après M. Karsten. — *A*, une fleur mâle, de grand. nat. *B*, section transversale de cette fleur. *C*, une étamine de cette fleur, vue en dessous, avec les sacs polliniques *x*, et l'écusson qui les porte *s*. — *D*, portion supérieure d'une fleur femelle, de grand. nat. *E*, section transversale de cette fleur : *s*, l'écusson qui porte les ovules *sk*. — *F*, graine mûre en coupe longitudinale : *e*, endosperme, *c*, cotylédons; *x*, suspenseur de l'embryon, pelotonné sur lui-même.

l'étamine par une base étroite; d'après M. Karsten, ceux du *Zamia spiralis* sont même pédicellés. Ils s'ouvrent par une fente longitudinale et, sous tous les rapports, ils ressemblent beaucoup plus aux sporanges des Fougères qu'aux sacs polliniques des autres Phanérogames, dont ils se distinguent encore par la solidité et la dureté de leur paroi.

Le développement des sacs polliniques et des grains de pollen des Cycadées était naguère encore inconnu; c'est tout récemment qu'il a été observé pour la première fois par M. Juranyi sur le *Ceratozamia longifolia*. Les sacs polli- •

niques naissent à la face inférieure des étamines, sous forme de petites papilles probablement pluricellulaires dès l'origine et sur lesquelles l'épiderme de la feuille se prolonge. Le tissu intérieur de cette papille se différencie d'abord, comme dans les sporanges des Lycopodiacées, Équisétacées et Ophioglossées, en une couche externe de cellules plus petites et en un noyau interne formé de grandes cellules. Les cellules de ce noyau, continuant à grandir et à se diviser dans toutes les directions, produisent enfin les cellules mères du pollen, qui s'isolent, mais demeurent étroitement serrées l'une contre l'autre, comme dans les Dicotylédones. La division de ces cellules mères s'opère cependant plutôt comme chez les Monocotylédones, car elles se partagent d'abord en deux cellules filles, qui subissent ensuite chacune une nouvelle bipartition. La première cloison est formée, comme chez les Dicotylédones, par le lent accroissement d'une bande annulaire de cellulose qui, partant de la paroi, s'insinue peu à peu dans la fente produite par l'étranglement préalable du protoplasma de la cellule mère ; mais ensuite, à l'intérieur de chacune de ces deux cellules filles, la seconde cloison paraît se produire simultanément comme chez les Monocotylédones. Les quatre jeunes cellules polliniques ainsi formées sont ensuite mises en liberté par la résorption rapide des parois cellulaires qui les enveloppaient et les séparaient.

Aussitôt délivrés de leurs cellules mères, les grains de pollen se montrent unicellulaires et sphériques. Mais pendant leur accroissement ultérieur, leur contenu, enveloppé par une membrane dédoublée en intine et exine, se partage en deux cellules, une grande et une petite, pourvues toutes deux d'un noyau. La petite cellule, appliquée d'un côté contre l'intine du grain, se bombe sur la face opposée et proémine ainsi en forme de papille à l'intérieur de la grande ; puis elle subit une nouvelle division transversale, c'est-à-dire parallèle à la première cloison, et parfois même une seconde division. Ainsi se trouve produit un corps bicellulaire ou tricellulaire, appliqué d'un côté contre l'intine du grain, et s'avançant de l'autre dans la grande cellule. Les choses se passent donc comme dans les Abiétinées, dont les *Ceratozamia* diffèrent cependant parce que chez eux, comme dans les Cupressinées, c'est la grande cellule issue de la première bipartition du grain tout entier qui s'allonge en tube pollinique lors de la germination, tandis que le petit corps pluricellulaire du grain demeure inactif.

Dans les *Cycas Rumphii*, *Encephalartos* et *Zamia*, le grain de pollen se partage aussi, d'après M. de Bary, en une grande et une petite cellule, et cette dernière subit ensuite une nouvelle bipartition ; ici aussi, c'est la grande cellule qui développe le tube pollinique.

La place où l'intine du grain perce l'exine pour s'allonger en tube au dehors est diamétralement opposée au petit corps cellulaire du grain. Là l'exine est plus mince et, sur le grain sec, profondément repliée en dedans, de façon que la coupe transversale de ce grain sec est réniforme ; par l'imbibition qui précède toujours la formation du tube pollinique, le grain se gonfle et reprend sa forme sphérique.

Structure et mode de développement de l'ovule et du sac embryonnaire. — Les carpelles sont disposés en spirale ou en verticilles apparents, et étroitement rapprochés sur l'axe de la fleur femelle. Nous avons déjà décrit plus haut ceux des *Cycas*. Dans les *Zamia, Encephalartos, Macrozamia* et *Ceratozamia*, les carpelles sont beaucoup plus petits et chacun d'eux ne porte que deux ovules, attachés à droite et à gauche d'une expansion en forme d'écusson qui termine un mince pédicelle (fig. 317).

L'ovule est toujours droit (orthotrope), et il consiste en un nucelle massif recouvert par un épais tégument qui, contrairement à ce qui a lieu chez les autres Phanérogames, est traversé dans sa zone interne par de nombreux faisceaux vasculaires (1). Le micropyle est un petit tube étroit formé par le prolongement et le resserrement du bord du tégument au-dessus du sommet du nucelle. D'après les nouvelles recherches de M. de Bary, il paraît exister encore, dans le *Cycas revoluta*, un second tégument plus intérieur.

On sait peu de chose encore sur la naissance du sac embryonnaire, de l'endosperme puissamment développé longtemps avant la fécondation, des grands archégones ou corpuscules faciles à voir à l'œil nu et qui dans les *Cycas* atteignent 3 à 4 millimètres de longueur, enfin des longs tubes proembryonnaires. Le principal est que, sur tous ces points, les Cycadées ressemblent essentiellement aux Conifères. Les corpuscules se développent en grand nombre dans un même endosperme et seulement lorsque l'ovule a atteint déjà une notable dimension. Les proembryons, qui produisent à l'origine autant d'embryons rudimentaires dont un seul se développe en un embryon parfait, s'aperçoivent encore facilement dans la graine mûre comme un peloton de longs filaments. Les corpuscules eux-mêmes se reconnaissent encore dans la graine.

Fécondation et maturation des graines. — Grâce à la forme et à la disposition des carpelles, les ovules des Cycadées, à l'exception des *Cycas*, se trouvent, avant comme après la fécondation, totalement recouverts et protégés. Au moment de la pollinisation, qui semble opérée ici par l'intermédiaire des insectes, les carpelles s'écartent l'un de l'autre et le micropyle de l'ovule sécrète un liquide auquel les grains de pollen demeurent accollés. La couche externe de l'enveloppe de la graine devient charnue pendant la maturation ; la couche interne durcit au contraire et la graine mûre ressemble ainsi à une prune dont la surface est souvent vivement colorée.

(1) L'ovule et la graine des Cycadées ont leur tégument traversé par un double système de faisceaux vasculaires. Outre les nombreuses branches de la zone interne qui s'arrêtent vers le niveau où il se sépare du nucelle, le tégument possède dans sa zone externe des faisceaux plus puissants, moins nombreux et qui s'y élèvent jusque vers le micropyle. Le nombre de ces faisceaux externes est de 2 dans les *Cycas,* de 6 dans les *Zamia* et *Macrozamia* et il atteint 12 à 14 dans le *Dioon*.

D'ailleurs les ovules et graines d'un grand nombre d'autres Phanérogames possèdent aussi dans leur tégument un système de faisceaux vasculaires souvent très développé. Je crois avoir le premier insisté sur ce point et j'ai fondé sur l'étude de ce système vasculaire une démonstration de la nature foliaire de l'ovule (*Comptes rendus*, 26 juillet 1869 et 14 août 1871). Depuis, M. G. Le Monnier a traité ce sujet avec d'amples développements dans un travail sur lequel j'aurai à revenir à propos des Angiospermes [G. Le Monnier : Recherches sur la nervation de la graine (*Ann. des sc. nat.*, 5e série XVI, 1871)].   (*Trad.*)

ORDRE B.

LES CONIFÈRES (1).

Embryon. — L'endosperme des Conifères enveloppe l'embryon comme d'un sac à paroi épaisse, ouvert au point qui correspond au sommet de la racine. L'embryon s'étend en ligne droite dans la cavité centrale de l'endosperme. Sa tige se prolonge en bas sans discontinuité dans l'origine de la racine principale, porte à son extrémité antérieure deux ou plusieurs feuilles cotylédonaires disposées en verticille, et se termine enfin au centre de ce verticille, en un sommet arrondi (fig. 318, *I*).

Les Taxinées, ainsi que la plupart des Cupressinées et des Araucariées, ont deux cotylédons; cependant on trouve aussi dans les Cupressinées des verticilles cotylédonaires à trois et neuf membres, et dans les Araucariées des verticilles de quatre feuilles. Dans les Abiétinées, au contraire, on trouve le plus souvent quatre et jusqu'à quinze cotylédons, rarement deux. Vouloir, avec M. Duchartre, ramener ce grand nombre de cotylédons à la division de deux cotylédons opposés, c'est se mettre en opposition complète avec tous les autres caractères présentés par les feuilles de ces plantes, notamment avec le développement fréquent de verticilles à plusieurs feuilles sur l'axe de la plantule.

Germination. — Quand la graine est placée dans un sol humide, l'endosperme se gonfle et l'enveloppe séminale éclate au point qui correspond à l'extrémité de la racine de l'embryon. Cette extrémité est d'abord poussée dehors par l'allongement de l'axe, puis elle s'accroît en une puissante racine principale qui, se dirigeant vers le centre de la terre, produit rapidement en série acropète de nombreuses radicelles, plus tard ramifiées à leur tour. Ainsi se forme chez les Conifères la base d'un système radical doué ordinairement d'une grande puissance et d'une longue durée.

Après la sortie du sommet de la racine, les cotylédons s'allongent à leur tour, glissent dehors leurs bases et l'extrémité de la tige située entre elles, mais demeurent eux-mêmes plongés dans l'endosperme aussi longtemps que celui-ci n'est pas totalement absorbé. Dans l'*Araucaria brasiliensis*, la région hypocotylée de la tige demeure courte et les cotylédons restent indéfiniment cachés dans la graine; mais, dans la plupart des Conifères, cette portion de la tige s'allonge fortement en formant une anse aiguë dont le sommet est dirigé en haut; cette anse perce le sol et finalement tire les cotylédons après elle. Dès que ces der-

(1) Sur l'organisation de la fleur des Conifères : ROBERT BROWN (Verm. Schriften, IV, 75). — H. v. MOHL.: Vermischte Schriften, p. 55. — SCHACHT : Lehrbuch der Anat. und Phys., II, p. 433. — EICHLER : Flora, 1863, p. 530. — Sur la fécondation : HOFMEISTER : Vergleich. Untersuchungen, 1851 et Jahrb. f. wiss. Bot., I, p. 167. — STRASBURGER : Die Befruchtung der Coniferen (Iena, 1869). — Sur le pollen : SCHACHT : Jahrb. f. wiss. Botanik, II, p. 142. — STRASBURGER : Ueber die Bestäubung der Gymnosperme n(Jenaische Zeitschrift, VI). — PFITZER : Ueber den Embryo der Coniferen (Niederrhein. Gesellsch. f. Nat. u. Heilkunde, 1871). — REINKE : Ueber das Spitzenwachsthum der Gymnospermenwurzel (Göttinger Nachrichten, 1871, p. 530). — STRASBURGER : Die Coniferen und Gnetaceen (Iena, 1872).

niers sont arrivés à la lumière, la tige se redresse, le verticille cotylédonaire s'étale et ses feuilles, déjà verdies sous la terre, fonctionnent aussitôt comme les premières feuilles vertes de la plantule dont le sommet a, pendant ce temps, formé un bourgeon (gemmule) muni de nouvelles feuilles (fig. 318).

Accroissement ultérieur de la plante. — Le bourgeon terminal de la tige de l'embryon, la gemmule, s'accroît, quoique souvent avec intermittences, plus fortement qu'aucune des pousses latérales qui se développent plus tard. Il produit ainsi, dans le prolongement direct de la tige hypocotylée, une tige principale qui ne se termine jamais par une fleur, mais qui s'allonge sans cesse à son sommet ; elle s'épaissit à mesure, grâce à l'activité d'un manteau de cambium, et forme enfin un cône élancé qui atteint souvent 100, 200 pieds et plus de hauteur, pour 2, 3 et jusqu'à 20 pieds de diamètre à sa base. Sur cette tige principale, puissamment développée, naissent les axes latéraux de premier ordre, tantôt disposés périodiquement en rosettes terminales ou faux verticilles, tantôt irrégulièrement disséminés ; ces axes secondaires se ramifient ensuite comme la tige principale elle-même. En général, tout axe a ici une croissance plus vigoureuse que les axes latéraux issus de lui ; la forme d'ensemble du système de ramifications est donc, aussi longtemps du moins que la tige principale s'allonge avec force, celle d'une grappe à contour conique ou pyramidal.

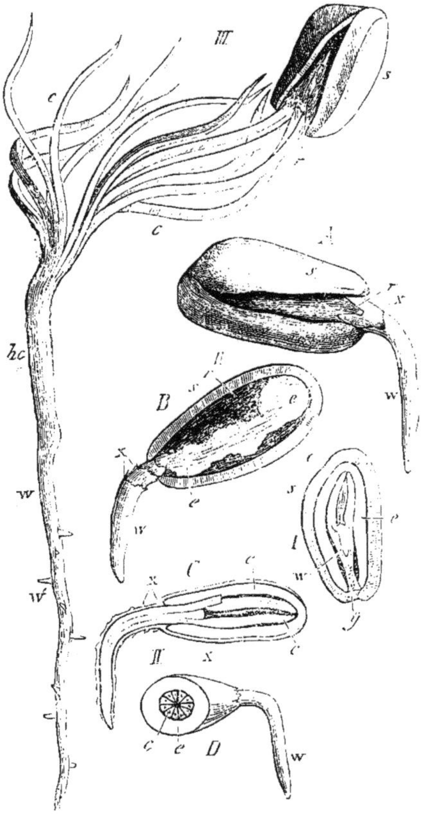

Presque nulle chez les Cycadées, la ramification de la tige est au contraire très-abondante chez les Conifères, et c'est à elle que ces plantes doivent leur port particulier et leur singulière beauté ; d'autant plus que les feuilles,

Fig. 318. — *Pinus Pinea : I*, section longitudinale médiane de la graine. dont *y* est l'extrémité micropylaire ; *II*, début de la germination. sortie de la racine ; *III*. fin de la germination, après l'épuisement de l'endosperme. (La graine était placée trop peu profondément dans le sol et a été, par conséquent, entraînée en l'air au bout des cotylédons, lors du redressement de la tige.) — *A* montre l'enveloppe séminale déchirée. *s : B* montre l'endosperme *e* après enlèvement d'une moitié de l'enveloppe ; *C* est une coupe longitudinale ; *D*, une section transversale de l'endosperme et de l'embryon au début de la germination ; *c*, cotylédons : *w*. racine principale ; *x*, le sac embryonnaire repoussé par elle et déchiré en *B x* ; *hc*, tige hypocotylée ; *w'* radicelles ; *r*, membrane rouge située à l'intérieur de l'enveloppe ligneuse de la graine.

toujours petites ici et peu apparentes, ne figurent dans l'aspect général de l'arbre que comme le simple revêtement du système de ramifications.

Mode de ramification de la tige. — La ramification de la tige des Conifères est toujours axillaire ; mais, contrairement à ce qui a lieu chez les Angiospermes, il s'en faut de beaucoup qu'il y naisse des bourgeons à toutes les aisselles des feuilles. Dans les *Araucaria*, dans certaines espèces de *Taxus* et d'*Abies*, c'est exclusivement ou principalement à l'aisselle des dernières feuilles d'une pousse annuelle que naissent autant de branches, qui se développent ensuite avec vigueur. Le *Juniperus communis* présente, il est vrai, des bourgeons à l'aisselle de la plupart de ses feuilles ; mais un petit nombre seulement de ces bourgeons se développent. Dans le *Pinus sylvestris* et les plantes voisines, il se forme, à l'aisselle des feuilles écailleuses que la tige principale et les branches ligneuses et persistantes portent exclusivement, des rameaux qui demeurent très-courts et produisent chacun, deux, trois feuilles vertes ou davantage (1) ; à l'aisselle de ces feuilles aciculaires il ne se développe jamais de bourgeons. Dans les *Larix*, *Cedrus*, *Ginkgo*, un grand nombre de feuilles vertes, mais pas toutes cependant, portent à leur aisselle des bourgeons, dont certains s'allongent beaucoup et servent à continuer la ramification principale de l'arbre, mais dont les autres demeurent très-courts et forment chaque année une nouvelle rosette de feuilles sans bourgeons latéraux. Dans les *Thuja* aussi et dans les *Cupressus*, qui se distinguent entre toutes les Conifères par une très-abondante ramification, le nombre des petites feuilles est beaucoup plus grand que celui des rameaux axillaires.

Dans beaucoup de Conifères, les branches et rameaux qui arrivent à développement affectent une disposition très-régulière, qui augmente encore la régularité de l'ensemble. Ainsi sur la tige principale dressée et toujours prédominante, les branches de premier ordre naissent souvent en faux verticilles dont il se forme un seul à la fin de chaque période végétative, et il n'est pas rare que cette même disposition se reproduise ensuite sur les branches du premier ordre (*Pinus sylvestris*, *Araucaria brasiliensis*, *Phyllocladus trichomanoïdes*, etc., etc.) ; mais plus souvent ces branches horizontales de premier ordre affectent une tendance à la ramification bilatérale (*Abies pectinata*), et quelquefois, outre ces branches vigoureuses qui sont les lignes principales de l'édifice de l'arbre, il s'en forme encore d'autres plus petites dans leurs intervalles (*Picea excelsa*). Ailleurs la disposition et l'accroissement des branches sont plus irréguliers ; mais par contre, la régularité atteint son plus haut degré chez les Cupressinées, notamment chez les *Cupressus*, *Thuja*, *Libocedrus*, où la tendance à une ramification bilatérale, déjà indiquée dans la tige principale (2), se trouve complétement réalisée dans les branches latérales ; des systèmes comprenant 3 et 4 générations successives de branches se développent ici dans un même plan et de façon à ce que l'ensemble du système présente un contour déterminé et prenne à peu près l'aspect d'une feuille plusieurs fois composée-pennée. Dans

---

(1) Parfois une seule, comme dans le *Pinus Fremontiana*.   (*Trad.*)

(2) Dans beaucoup d'espèces d'*Abies* et de *Pinus*, on remarque aussi sur les branches latérales horizontales une tendance au développement bilatéral, car les feuilles spiralées de ces branches se dévient vers la droite et vers la gauche de manière à former comme deux rangées de dents de peigne.

les *Taxodium*, les feuilles vertes naissent en deux rangées sur de minces rameaux longs de quelques pouces qui, dans le *T. distichum*, tombent à l'automne en même temps que leurs feuilles, et par cette caducité ressemblent encore davantage à des feuilles pennées. Enfin les *Phyllocladus* ne produisent, sur toutes leurs branches verticillées, que de petites feuilles écailleuses incolores, de l'aisselle desquelles s'échappent, au-dessous du bourgeon terminal, des verticilles de branches à accroissement limité; ces branches développent des rameaux bilatéraux aplatis en forme de feuilles vertes lobées.

Tout incomplètes qu'elles sont, les remarques qui précèdent doivent suffire pour attirer l'attention du commençant sur les divers caractères de la ramification des Conifères, caractères facilement accessibles, du reste, à l'observation directe.

Forme, disposition et durée des feuilles. — Les feuilles des Conifères, si l'on fait abstraction de celles qui constituent les fleurs, sont, sur une plante donnée, ou bien toutes des feuilles vertes, comme dans les *Araucaria*, *Juniperus*, *Thuja*, etc., ou bien toutes des écailles incolores ou brunes, comme dans les *Phyllocladus*, plantes où, comme l'indique leur nom, les feuilles vertes sont remplacées par des rameaux foliacés, ou bien enfin à la fois des écailles et des feuilles vertes. Dans ce dernier cas, écailles et feuilles vertes peuvent se rencontrer sur le même rameau comme dans les *Abies*, où les écailles servent simplement à envelopper et à protéger les bourgeons; mais ailleurs, les deux espèces de feuilles sont réparties sur des axes différents, comme dans les Pins. Les branches ligneuses et durables des Pins ne produisent, en effet, que des écailles membraneuses, de l'aisselle desquelles s'échappent de courts rameaux munis de feuilles vertes et stériles, rameaux qui meurent plus tard.

Les feuilles vertes des Conifères sont le plus souvent petites, très-simplement conformées et à peine divisées en parties distinctes. Les plus petites et en même temps les plus nombreuses sont celles des Cupressinées, qui recouvrent étroitement tous les rameaux (*Thuja*, *Cupressus*, etc.). Elles sont plus grandes et plus nettement séparées de l'axe qui les porte, étroites et assez épaisses, le plus souvent en forme d'aiguilles prismatiques, dans la plupart des Abiétinées, ainsi que dans les *Taxus* et *Juniperus*. Les feuilles des *Araucaria excelsa*, etc., ont une forme intermédiaire entre ces aiguilles et les feuilles largement insérées des *Thuja*. Déjà dans les *Podocarpus* et *Dammara* les feuilles sont plus larges, plus plates, et dans le *Ginkgo* les feuilles pétiolées, larges et aplaties sont même bilobées, leur sommet étant profondément échancré comme par une division dichotomique.

Il n'est pas rare, notamment chez les Cupressinées, de voir les feuilles de l'axe issu de germination autrement conformées que celles que porte ce même axe à une plus grande hauteur ou que produisent les branches latérales; les premières sont, en effet, dans les *Thuja*, *Juniperus virginiana*, *Cupressus*, etc., librement écartées de l'axe, aciculaires et assez grandes, les autres très-petites et étroitement appliquées contre l'axe. Il n'est pas rare de voir reparaître les feuilles de la première jeunesse sur certains rameaux de la plante adulte.

A l'intérieur du bourgeon, l'axe de la pousse est si étroitement occupé par les bases des feuilles, qu'il est impossible d'y apercevoir entre elles la moindre portion de surface libre. Lors de l'épanouissement du bourgeon, l'axe s'allonge notablement, mais les bases des feuilles s'accroissent aussi d'ordinaire en longueur et en largeur, de façon à recouvrir encore complétement la surface du rameau allongé et à la revêtir d'une écorce verte, aux petits losanges de laquelle on reconnaît facilement la portion qui appartient à chaque feuille. Cela se voit avec une netteté toute particulière dans les *Araucaria*, dans beaucoup d'espèces de *Pinus*, mais c'est d'ailleurs un phénomène très-général. Dans les *Thuja, Cupressus, Libocedrus*, etc., l'axe du rameau est aussi totalement recouvert par ces coussinets de feuilles, mais les parties libres des feuilles sont ici très-petites et ne se montrent souvent que comme de courtes pointes ou de courts mamelons.

La disposition des feuilles est spiralée dans les Abiétinées, Taxinées, *Araucaria, Podocarpus*, etc. Les Cupressinées les produisent en verticilles, qui, au-dessus des cotylédons, renferment le plus souvent trois à cinq feuilles, mais se réduisent plus haut sur la tige principale à un moindre nombre ; les branches latérales commencent d'ordinaire immédiatement par des paires de feuilles décussées, qui sur les rameaux bilatéraux sont alternativement plus petites et plus grandes (*Callitris, Libocedrus*). Dans les *Juniperus* et *Frenela*, les verticilles des axes latéraux renferment aussi de 3 à 5 feuilles et alternent entre eux ; les paires de feuilles des *Dammara* se croisent sous un angle aigu.

Les feuilles vertes de la plupart des Conifères sont très-persistantes et peuvent atteindre plusieurs années d'âge, parce que leurs bases d'insertion sont capables de suivre pendant longtemps l'accroissement périphérique de la branche. Cependant les feuilles tombent quelquefois à l'automne, seules dans les *Larix* et *Ginkgo*, avec l'axe qui les porte dans le *Taxodium distichum*.

Disposition des fleurs sur la plante. — Les fleurs des Conifères sont toujours diclines, et soit monoïques comme chez les Abiétinées, les *Thuja*, etc., soit dioïques comme dans les *Taxus, Ginkgo, Juniperus communis*, etc.; d'ordinaire les fleurs mâles sont beaucoup plus nombreuses que les femelles. Elles ne terminent jamais la tige principale et diffèrent par là de celles des Cycadées ; les grandes branches ligneuses elles-mêmes ne portent que rarement, comme dans le *Picea excelsa*, des fleurs terminales qui sont ici toujours femelles. Ordinairement ce sont de petits rameaux verts de dernier ordre qui forment les fleurs à leur extrémité, ou bien des rameaux verts plus grands qui les développent à l'aisselle de leurs feuilles.

Ainsi dans les *Thuja*, par exemple, on voit les fleurs mâles et femelles à l'extrémité de petits rameaux verts, très-courts, qui font partie des systèmes rameux bilatéraux ; dans les *Taxus* et *Juniperus*, elles occupent au contraire les aisselles des feuilles vertes de branches plus grosses. Dans l'*Abies pectinata*, les fleurs des deux espèces se forment sur la face inférieure de rameaux d'ordre plus élevé, au sommet d'arbres âgés, toutes deux à l'aisselle de feuilles vertes, les femelles isolées, les mâles groupées en grand nombre. Les fleurs du *Pinus sylvestris* et des espèces voisines se développent aux lieu et place des petits rameaux verts qui portent les touffes d'aiguilles, à l'aisselle des écailles des pousses ligneuses, les mâles le plus souvent en grand nombre et formant une inflorescence traversée par la branche mère, les femelles ordinairement plus isolées. Les fleurs du *Ginkgo* apparaissent exclusivement sur les courtes pousses latérales qui forment chaque année de nouvelles rosettes de feuilles, et sont situées à l'aisselle soit des feuilles vertes, soit des écailles intérieures du bourgeon (fig. 319 *A* et *B*).

La portion de l'axe floral située au-dessous des organes sexués est, dans les

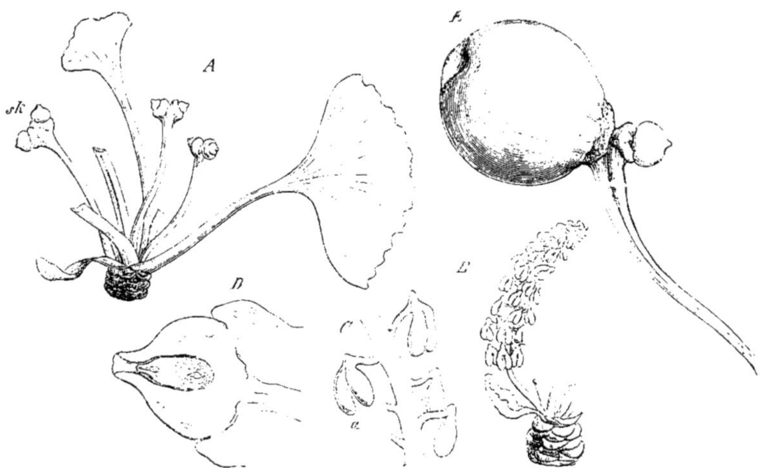

Fig. 319. — *Ginkgo biloba* (grand. nat.). — *A*, un court rameau feuillé avec fleurs femelles, dont les axes nus portent les ovules *sk. B*, une fleur mâle. *C*, une partie de cette fleur mâle grossie : *a*, sacs polliniques. *D*, section longitudinale d'un ovule de *A*. grossie. *E*, une graine mûre portée par l'axe floral à côté d'une graine avortée.

fleurs femelles des *Taxus*, *Juniperus*, etc., étroitement garnie d'écailles ou de feuilles vertes (fig. 320 et 321); dans les Abiétinées, au contraire, dans le *Gingko*, dans le *Taxus* mâle, dans les *Podocarpus*, etc., elle forme un pédicelle nu (fig. 319 *A* et *B*). Cet axe floral s'allonge d'ailleurs beaucoup, même dans la région occupée par les organes sexués, et c'est là une propriété que la fleur des Conifères partage avec celle des Cycadées. Si ces organes sexués sont nombreux, la fleur tout entière prend donc la forme d'un long cône et présente une ressemblance extérieure avec ce qu'on appelle un « chaton »; et effectivement elle se trouve ainsi désignée dans le langage superficiel de beaucoup de botanistes descripteurs, bien que le vrai chaton de certaines Dicotylédones soit une inflorescence, tandis que le chaton apparent des Conifères n'est qu'une simple fleur.

Chez les Angiospermes, le rameau floral subit dès le début un développement tout particulier; la portion d'axe qui porte les diverses parties de la fleur, et qu'on appelle le réceptacle floral, y demeure très-courte et s'élargit beaucoup; enfin les feuilles florales et les organes sexués y affectent une disposition qui diffère beaucoup le plus souvent de celle des feuilles végétatives. Il en est autrement chez les Conifères, où la différence entre la fleur et le rameau végétatif est, au contraire, beaucoup plus faible. Les rapports de position des feuilles, notamment, y sont les mêmes sur les deux espèces d'axes. Si les feuilles des rameaux végétatifs sont spiralées, celles de la fleur sont aussi le plus souvent spiralées, comme chez les Abiétinées, par exemple. Les feuilles sont-elles disposées, au contraire, comme dans les Cupressinées, en verticilles alternes? il en est de même des étamines et des carpelles; dans le *Juniperus communis* les ovules eux-mêmes, qui remplacent ici des feuilles entières, sont

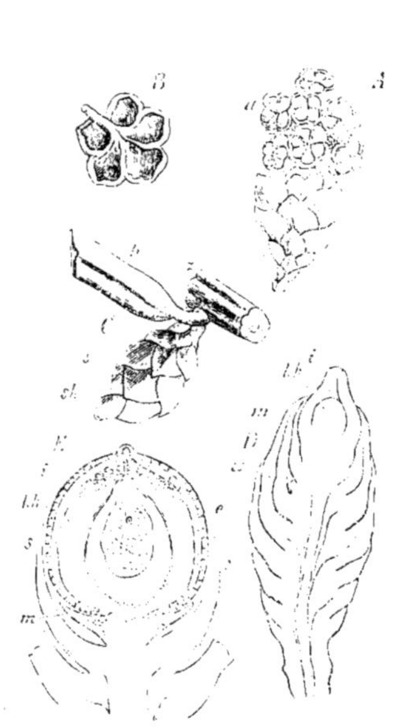

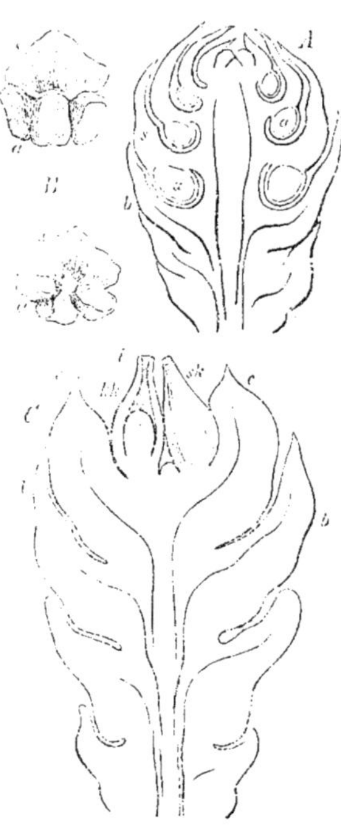

Fig. 320. *Taxus baccata*. A, fleur mâle, montrant en *a* les sacs polliniques. B, une étamine vue en dessous avec ses sacs polliniques ouverts. C, portion d'un rameau végétatif avec une feuille verte *b*, à l'aisselle de laquelle se développe la fleur femelle : *s*, écailles qui enveloppent cette fleur : *sk*, son ovule terminal. D, section longitudinale de la fleur femelle, grossie; *i*, tégument de l'ovule; *kk*, son nucelle : *s*, un ovule axillaire rudimentaire. E, section longitudinale d'un ovule plus développé, avant la fécondation : *i*, tégument; *kk*, nucelle; *e*, endosperme; *m*, arille; *s*, écailles supérieures de l'enveloppe.

Fig. 321. *Juniperus communis*. A, section longitudinale de la fleur mâle. B, une étamine vue, dans la figure supérieure, en avant et en dehors, dans la figure inférieure, en arrière et en dedans. C, section longitudinale de la fleur femelle : *a*, sont les sacs polliniques; *s*, le limbe en écusson de l'étamine : *b*, les feuilles inférieures de l'axe floral ; *c*, les carpelles; *sk*, les ovules; *kk*, le nucelle ; *i*, le tégument. (Les figures *A* et *C* sont grossies environ 12 fois.)

disposés en un verticille alterne. Cependant on remarque parfois aussi d'assez grandes différences dans la disposition des feuilles sur le rameau floral et sur le rameau végétatif; c'est le cas, par exemple, dans les *Taxus*.

Organisation de la fleur mâle : étamines, sacs polliniques, pollen. — La fleur mâle consiste toujours en un axe nettement allongé, pourvu d'étamines et terminé en haut par un sommet nu (fig. 321, *A*). Les étamines sont ordinairement plus tendres et autrement colorées que les feuilles végétatives. Elles se composent le plus souvent d'un mince pétiole et d'un limbe étalé en écusson qui porte les sacs polliniques sur sa face inférieure : telles sont par exemple les étamines des *Taxus*, des Cupressinées et des Abiétinées (fig. 320 *B*, 321 *A* et *B*, fig. 322 *A*). Mais l'expansion membraneuse qui termine le pétiole peut aussi manquer complétement, comme on le voit dans le *Ginkyo* (fig. 319 *C*), où le limbe se réduit à un petit mamelon duquel pendent les sacs polliniques.

Les organes qui portent les sacs polliniques des Conifères sont incontestablement des feuilles métamorphosées ; cela résulte non-seulement de leur forme, mais, avec plus d'évidence encore, de leur disposition sur l'axe floral, disposition déjà signalée plus haut. Si, comme nous l'avons vu, les étamines des Cycadées présentent une analogie plus profonde encore que superficielle avec les feuilles sporangifères des Fougères, c'est plutôt aux écailles sporangifères des Prêles que l'on pourra comparer les étamines des Conifères. Il n'est même pas rare, comme on le voit dans les *Taxus, Juniperus*, etc., que la ressemblance de la fleur mâle des Conifères avec l'épi sporangifère des Prêles soit aussi frappante au dehors qu'elle est évidente au fond quand on cherche à la déduire de considérations morphologiques.

Les sacs polliniques, sur le développement et la structure desquels on sait fort peu de chose encore, sont attachés le plus souvent par une base étroite à la face inférieure de leur support et ne sont pas soudés entre eux. Le nombre en est toujours beaucoup plus faible que dans les Cycadées, mais beaucoup plus variable cependant que chez les Angiospermes. Ainsi l'écusson de l'étamine du *Taxus baccata* porte 3 à 8 sacs polliniques arrondis ; il n'en porte que trois dans le *Juniperus communis* et la plupart des Cupressinées (fig. 320 et 321). Les étamines des *Abies, Pinus* et des genres voisins ont deux sacs polliniques, parallèles ou inclinés l'un vers l'autre, situés à droite et à gauche au-dessous du limbe, qui ressemble ici au connectif des Angiospermes ; dans les *Araucaria* et *Dammara*, au contraire, les sacs polliniques allongés en forme de boudin pendent côte à côte en grand nombre au-dessous du petit écusson.

La paroi, ordinairement mince, des sacs polliniques s'ouvre finalement par une fente longitudinale et laisse échapper les grains de pollen, qui se développent ici en nombre extraordinairement considérable ; d'où il arrive le plus souvent que quelques-uns d'entre eux sont amenés par le vent sur les fleurs femelles du même arbre ou d'un arbre différent. Ainsi amenés, par le hasard des circonstances, au contact de l'ouverture micropylaire de l'ovule, les grains de pollen y sont arrêtés par une goutte de liquide qui à ce moment remplit le canal micropylaire et proémine en dehors, mais qui se dessèche aussitôt après en attirant avec elle jusque sur le nucelle les grains de pollen qu'elle emprisonne ; là ces grains émettent aussitôt leurs tubes polliniques et les insinuent dans le tissu relâché du nucelle. Dans les Taxinées, Cupressinées, Podocarpées, ce transport direct suffit, parce que les micropyles des ovules proéminent librement en dehors de la fleur ; mais dans les Abiétinées, où ils sont cachés entre les écailles qui les portent et les bractées à l'aisselle desquelles s'insèrent ces écailles, il se fait, au temps de la pollinisation, entre ces écailles et ces bractées, des fentes et des canaux appropriés, à travers lesquels les grains de pollen parviennent jusqu'aux micropyles remplis de liquide (1).

Le grand nombre et la légèreté des grains de pollen favorisent leur transport par le vent, même à de grandes distances; dans les *Pinus*, *Abies*, *Podocarpus*, etc., ils s'envolent plus facilement encore, grâce à des prolongements de l'exine en forme de ballons vides, représentés dans la figure 323, *IV* et *V*.

Formation de cellules à l'intérieur du grain de pollen. Prothalle mâle. — Déjà signalées plus haut, les divisions cellulaires qui s'opèrent à l'intérieur du grain de pollen des Conifères sont encore assez peu connues jusqu'ici. Or, il est à désirer, surtout aujourd'hui que le travail de M. Millardet nous a fait mieux connaître le prothalle mâle des *Selaginella* et des *Isoetes*, que de nouvelles recherches soient entreprises en vue de la comparaison attentive de ces deux phénomènes.

D'après Schacht, il ne se forme dans le grain de pollen des *Taxus*, *Thuja*, *Cupressus*, qu'une seule cloison (fig. 322 *A*), perpendiculaire au grand diamètre du grain et placée de telle sorte que l'une des cellules filles est beaucoup plus petite que l'autre; c'est la plus grande de ces deux cellules qui se développe en tube pollinique. Dans les *Larix*, *Pinus*, *Abies*, *Podocarpus*, il se forme aussi

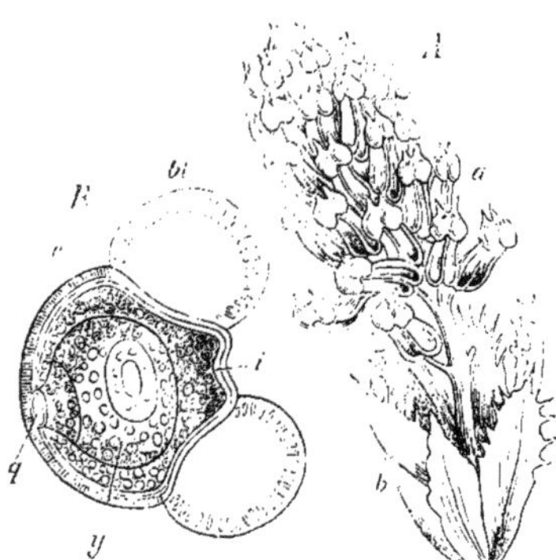

Fig. 322. — *Abies pectinata*. A, une fleur mâle; *b*, écailles délicates du bourgeon formant périanthe autour de la fleur; *a*, étamines. *B*, un grain de pollen, d'après Schacht; *e*, son exine, qui forme latéralement deux grosses expansions vésiculeuses *bl*.

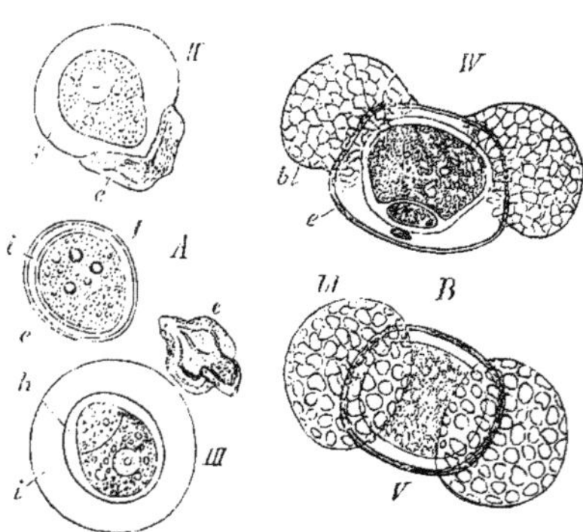

Fig. 323. — *A*, pollen de *Thuja orientalis*, avant sa dispersion : *I*, grain frais; *II* et *III*, grains placés dans l'eau, montrant l'exine *e*, déchirée et rejetée par le gonflement considérable de l'intine *i*. — *B*, pollen de *Pinus Pinaster* avant sa dispersion; *e*, exine avec ses deux expansions vésiculeuses *bl* (550).

tout d'abord deux cellules filles de dimension très-inégale; mais la cloison se bombe ensuite dans la cavité de la plus grande cellule, et la partie bombée, qui forme la papille de la petite cellule, se sépare ensuite par une cloison transversale. Une troisième cellule, tout entière située dans la cavité de la grande cellule primitive, se trouve ainsi constituée, s'accroît par son sommet et se partage de nouveau transversalement. Il se forme donc à l'intérieur du grain de

(1) Voir sur ce point STRASBURGER, *loc. cit.*

pollen un corps composé de trois à quatre cellules rangées bout à bout, appliqué par sa très-petite cellule basilaire contre la paroi du grain, et dont la cellule terminale se gonfle finalement (fig. 322, *y*) et se développe en un tube pollinique. Dans les *Pinus* et *Abies*, les cellules basilaires de ce corps paraissent, lorsqu'elles ont perdu leur contenu, comme autant de fentes étroites dans l'épaisse paroi du grain, phénomène qui attend encore, il est vrai, son explication. (Voir fig. 322 *B. y* et fig. 323 *II* à côté de *e*.)

Une autre propriété qui distingue le grain de pollen des Conifères de celui des Angiospermes, c'est le déchirement et finalement l'exfoliation de l'exine cuticularisée, exfoliation amenée sous l'influence de l'eau par le gonflement de l'intine (fig. 323, *I. II, III*). Et l'on retrouve encore, dans ce caractère en apparence insignifiant, une analogie avec les microspores, en particulier avec celles des Marsiliacées où l'endospore, en se gonflant, s'échappe aussi tout entière de l'exospore.

Organisation générale de la fleur femelle. — La structure de la fleur femelle des Conifères varie beaucoup suivant les diverses familles de cet ordre et dans quelques cas on est même encore incertain sur la signification qu'il faut attribuer à quelques-unes des parties de cette fleur. En particulier, la position des ovules y est très-variable, autant du moins qu'on en peut juger par l'étude d'états avancés du développement, et c'est ce qui explique que l'on puisse être d'avis différent sur ce qu'il faut ici nommer un carpelle. L'exposition qui va suivre et où, vu la brièveté nécessaire dans un Traité, nous devrons nous abstenir de toute discussion approfondie, s'appuie exclusivement sur l'observation d'états avancés du développement de la fleur femelle ; il se peut donc que l'étude directe de la première origine des organes vienne la modifier en plus d'un point.

Nous étudierons successivement la structure de la fleur femelle dans chacune des familles principales de l'ordre des Conifères.

Fleur femelle des Taxinées et des Podocarpées. — Les fleurs femelles des *Taxus* naissent à l'aisselle de feuilles vertes appartenant à des branches ligneuses allongées ; elles ont la forme de petits rameaux courts munis d'écailles décussées et imbriqués (fig. 320 *C, D*). L'axe du petit rameau se prolonge en un ovule en apparence terminal et dont le nucelle semble formé par le cône végétatif même de l'axe (1).

Les fleurs femelles du *Ginkgo* naissent à l'aisselle de feuilles vertes apparte-

(1) Cette situation terminale n'est qu'apparente. L'axe du bourgeon femelle des *Taxus* porte une série de bractées disposées en spirale 2/5. L'une de ces bractées développe un rameau à son aisselle : elle est voisine du sommet, mais la spirale 2/5 se continue au-dessus d'elle et l'axe s'y termine par quelques petites écailles stériles. Ce rameau axillaire rejette de côté la véritable terminaison de l'axe principal, dans le prolongement duquel il vient se placer au point de faire illusion. Il porte d'abord six bractées disposées en trois fausses paires décussées comme il convient à une spire 2/5 commençante, puis il *paraît* à son tour se terminer par l'ovule.

Sur de vigoureux plants d'If, notamment dans le parc de Saint-Germain en Laye, j'ai observé assez fréquemment des bourgeons femelles dont deux et même trois bractées avaient ainsi donné naissance à un rameau axillaire terminé en apparence par un ovule.

Ceci posé, l'étude anatomique du système vasculaire montre que l'ovule n'est pas plus terminal du rameau qu'il ne l'est de l'axe principal. Il est en réalité axillaire de la dernière bractée de ce rameau, et, s'il vient se placer dans le prolongement de son axe, c'est par une déviation du même ordre et due à la même cause que celle qui amène ce rameau lui-même dans la direction de l'axe

nant à de courts rameaux latéraux qui chaque année produisent de nouvelles rosettes de feuilles (fig. 319, *A*). Chaque fleur consiste en un axe allongé en forme de pédicelle et qui porte, immédiatement au-dessous de son sommet, deux et plus rarement trois ovules latéraux. Dans cette plante, pas plus que dans la précédente, on ne trouve à côté des ovules et en rapport direct avec eux une feuille que l'on puisse, soit par sa position, soit par quelque autre de ses propriétés, regarder comme un carpelle (1).

Les *Podocarpus* développent de petits rameaux floraux insérés, vers l'extrémité de branches allongées, soit à l'aisselle de feuilles vertes comme dans le *P. chinensis* d'après M. Braun, soit comme dans le *P. chilena* à l'aisselle de très-petites écailles. Chaque petit rameau femelle consiste en un axe aminci vers le bas en pédicelle, renflé en haut en massue, qui porte trois paires de très-petites écailles décussées et qui se termine entre les deux écailles de la paire supérieure. C'est à l'aisselle de chacune des deux écailles de la paire moyenne que naît un ovule anatrope, recourbé vers le bas et tournant son micropyle vers l'axe floral; ordinairement un de ces deux ovules avorte et la fleur ne produit qu'une seule graine.

Dans les *Phyllocladus*, les rameaux latéraux inférieurs des pousses aplaties, qui jouent le rôle de feuilles, se transforment en fleurs femelles. Comme on le voit dans la figure donnée par M. Decaisne (2), ces fleurs sont pédicellées et se renflent en massue vers le haut, où elles forment à l'aisselle de petites écailles autant de gros ovules droits.

Dans ces deux derniers genres, les petites écailles à l'aisselle desquelles s'insèrent les ovules peuvent être considérées comme autant de carpelles, si l'on croit nécessaire toutefois de retrouver partout des carpelles.

Fleur femelle des Cupressinées. — Les ovules du *Juniperus communis* (fig. 321, *C*) sont disposés en un verticille ternaire au-dessous de l'extrémité nue de l'axe floral, lequel s'échappe de l'aisselle d'une feuille verte et porte d'abord plusieurs verticilles de trois feuilles. Les trois ovules paraissent alterner avec le dernier verticille ternaire des feuilles et ils devraient eux-mêmes par conséquent, d'après cette situation, être considérés comme autant de feuilles métamorphosées. Les feuilles du verticille supérieur, qui alternent avec les ovules, se gonflent après la fécondation, se soudent ensemble en devenant charnues et forment la pulpe de la baie bleue du Genévrier, pulpe dans laquelle les graines mûres sont complétement enfermées; ces feuilles peuvent par conséquent être considérées comme les carpelles de la fleur femelle.

Dans les autres Cupressinées, la fleur femelle consiste en un axe portant des

principal. Voir d'ailleurs sur ce point Ph. Van Tieghem : Anatomie comparée de la fleur femelle des Gymnospermes (*Ann. des sc. nat.*, 5ᵉ série. Bot., X, p. 281, pl. 16, fig. 89-97). (*Trad.*)

(1) L'étude anatomique du système vasculaire montre que l'organe allongé qui porte les ovules du *Ginkgo* n'est pas un rameau ; c'est le pétiole d'une feuille orientée en sens inverse de la feuille mère, c'est-à-dire tournant sa face ventrale en bas et sa face dorsale en haut, et qui est la première et unique feuille du rameau axillaire, avorté au-dessus d'elle. Ce pétiole se termine par deux ovules, de la même manière que le pétiole de la feuille végétative s'épanouit en un limbe bilobé ; chaque ovule correspond à une moitié du limbe et résulte de sa métamorphose. C'est ce pétiole qui est le carpelle (*loc. cit.*, p. 276 ; pl. 15, fig. 58-62). (*Trad.*)

(2) Decaisne et Le Maout: Traité général de Botanique, p. 539, 1868.

feuilles disposées en verticilles décussés, binaires ou ternaires ; ces feuilles, se développant vigoureusement après la fécondation, acquièrent une assez grande dimension, enveloppent les graines et forment toutes ensemble un fruit capsulaire ; elles peuvent donc être à bon droit regardées comme autant de carpelles. Dans le *Sabina* le fruit est charnu et devient une baie, comme dans les *Juniperus ;* mais dans les autres genres (*Thuja, Cupressus, Callitris, Taxodium*), au contraire, les carpelles se lignifient et prennent la forme d'écussons pédicellés, ou de valves rapprochées longitudinalement bord à bord (*Frenela*); pendant le développement de la graine, ces écussons sont étroitement accollés, mais ils s'écartent plus tard pour laisser tomber les graines mûres.

Les ovules des Cupressinées, qui sont orthotropes et dressés, semblent parfois insérés à l'aisselle des carpelles ; mais on voit quelquefois avec netteté qu'ils s'échappent de ces carpelles eux-mêmes, soit très-bas près de leur insertion sur l'axe floral, soit même plus haut.

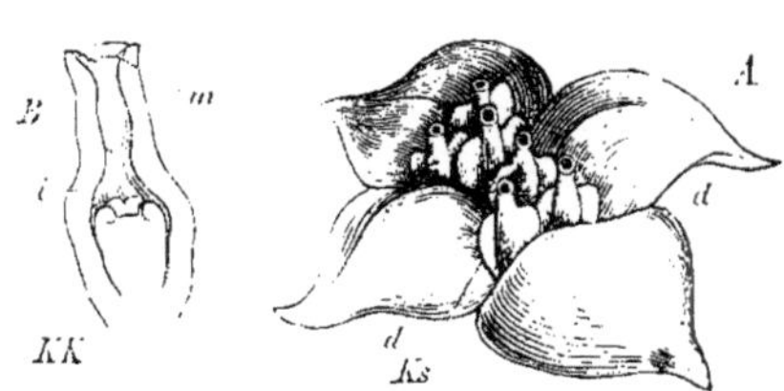

Fig. 324. — *Callitris quadrivalvis.* A, la fleur femelle grossie : *d,d,* deux paires de feuilles décussées (carpelles), à l'aisselle desquelles se trouvent insérés six ovules *ks.* — *B,* un des ovules coupé en long perpendiculairement au large côté : *kk,* le nucelle encore dépourvu de sac embryonnaire : *i,* le tégument allongé en forme de tube au-dessus du sommet du nucelle, avec le micropyle *m.*

Dans les *Sabina* et *Callitris quadrivalvis* (fig. 324), il n'y a que deux paires décussées de carpelles, rabattues en forme d'étoile au temps de la floraison ; les ovules du *Sabina* sont situés deux par deux à l'aisselle des deux carpelles inférieurs, à droite et à gauche de la ligne médiane, mais il n'est pas rare que quelques-uns de ces quatre ovules avortent ; dans le *Callitris quadrivalvis* il y a encore deux ovules à chacun des deux carpelles inférieurs, mais en outre il y en a deux autres situés plus haut et dont la position réelle a besoin d'être éclaircie par de nouvelles recherches (fig. 324, *ks*). Dans les *Thuja* et *Cupressus*, il y a trois à quatre paires décussées de carpelles, dans les *Taxodium* il y en a davantage ; à la base de chacun des carpelles appartenant aux paires du milieu, les *Thuja* et *Taxodium* ont deux ovules dressés, placés à droite et à gauche de la nervure médiane ; dans les *Cupressus*, le nombre des ovules qui se dressent sur chaque base de carpelle est assez considérable. Dans l'*Arceuthos drupacea* et le *Frenela verrucosa*, les fruits (tirés de la collection de Wurzbourg) consistent en verticilles ternaires alternes de carpelles, qui dans la dernière espèce s'ouvrent à la maturité comme une capsule à six valves ; chaque carpelle est ici renflé, sur sa face interne et de la base au sommet, en un épais placenta qui porte un grand nombre de graines ailées, disposées par rangées transversales de trois ; il y a quatre à six de ces rangées transversales sur un seul carpelle, qui est par conséquent couvert de graines sur toute sa surface interne jusqu'au voisinage de son sommet (1).

(1) Les écailles du bourgeon femelle ou du cône des Cupressinées ne sont pas purement et simplement les feuilles directement issues de l'axe floral, comme l'admet ici M. J. Sachs. L'étude du système vasculaire montre, au contraire, que chacune de ces écailles est double, formée de

Autant que l'on peut estimer les rapports de position des diverses parties de la fleur femelle sans recourir aux premiers états de leur développement, on voit déjà qu'il règne dans les deux familles des Taxinées et des Cupressinées une grande diversité à cet égard. L'ovule est terminal dans le *Taxus*, situé latéralement au-dessous du sommet de l'axe floral dans le *Ginkgo*, et, dans ces deux genres, les carpelles paraissent manquer entièrement. Dans les *Podocarpus* et *Phyllocladus*, les carpelles sont bien représentés par de petites écailles à l'aisselle desquelles s'insèrent les ovules; mais ils demeurent petits et ne contribuent pas plus tard à former un fruit. Dans les Cupressinées, au contraire, un fruit en forme de baie ou de capsule ligneuse pluriloculaire se trouve produit après la fécondation, soit parce que les carpelles charnus se soudent réellement (*Juniperus*, *Sabina*), soit parce que, devenus ligneux, ils s'accollent ensemble par les expansions en forme d'écusson qui les terminent (*Cupressus*, *Thuja*, *Callitris*), soit enfin parce qu'ils se comportent comme les valves d'une capsule uniloculaire (*Frenela*); mais les carpelles n'en sont pas moins cependant, ici aussi, complétement ouverts à l'origine. Dans le *Juniperus communis*, les ovules forment un verticille alterne avec les carpelles, mais dans les autres Cupressinées ils sont disposés deux par deux, ou plusieurs ensemble, sur la base des carpelles, ou encore ils en recouvrent toute la surface interne comme dans le *Frenela*.

Fleur femelle des Abiétinées. — Les cônes bien connus des Abiétinées (cônes de Pin, cônes de Sapin) sont les fleurs femelles de ces plantes, développées en fruits. Le cône est un rameau métamorphosé dont l'axe porte un grand nombre d'écailles lignifiées, étroitement serrées et disposées en spirale; c'est sur ces écailles que les ovules s'insèrent, rarement isolés, le plus souvent deux par deux, quelquefois plusieurs ensemble.

Chez les vraies Abiétinées (*Abies*, *Picea*, *Larix*, *Cedrus*, *Pinus*), les écailles séminifères (fig. 325, *A*, *B*, *s*) sont en apparence axillaires de petites feuilles ou brac-tées (*c*) insérées sur l'axe du cône; mais l'observation de très-jeunes cônes d'*Abies pectinata* montre que l'écaille séminifère naît de la base même de la bractée (*c*) sous forme d'une protubérance, et que par conséquent elle n'est pas axillaire de cette bractée. Plus tard, tandis que la bractée s'accroît très-peu ou pas du tout, son excroissance basilaire se développe fortement et produit sur sa face supérieure deux ovules, qui sont soudés avec elle par un de leurs côtés et qui tournent leur micropyle vers l'axe du cône. L'écaille séminifère de ces divers genres doit donc être considérée comme un placenta très-développé, issu d'un carpelle très-petit en soi ou même avorté (*c*, fig. 325) (1). Il en résulte que le

deux feuilles insérées indépendamment sur l'axe et soudées ensemble dans la presque totalité de leur étendue pour ne se séparer que vers le sommet. La feuille inférieure est la bractée mère et tourne par conséquent sa face ventrale en haut; la feuille supérieure est la première et unique feuille du rameau axillaire avorté au-dessus d'elle et tourne sa face ventrale en bas; les deux feuilles sont donc soudées par leurs faces ventrales. Or c'est la feuille supérieure seulement, et nullement la bractée mère, qui porte les ovules sur sa face dorsale et qui mérite le nom de carpelle.

La même remarque s'applique, d'une part aux *Sequoia* et *Arthrotaxis*, d'autre part aux *Arau-caria*, *Cunninghamia* et *Dammara* (*loc. cit.*, p. 275 et 277, fig. 22-57 et 63-78). (*Trad.*)

(1) M. A. Braun et avec lui MM. Caspary et Eichler considèrent l'écaille séminifère des *Pinus* et *Larix* comme étant en elle-même une fleur, c'est-à-dire comme un axe court, axillaire de la

cône tout entier est une simple fleur munie d'un grand nombre de petits carpelles ouverts qui sont les bractées, carpelles largement dépassés par leurs
placentas séminifères qui sont les écailles (1).

Dans les autres Abiétinées, dont je n'ai pas eu l'occasion d'étudier la fleur
femelle, on doit, en s'en rapportant aux des-
criptions qui en ont été données, admettre
aussi que le cône est une simple fleur munie
de nombreuses écailles séminifères disposées
en spirale, mais ici les écailles séminifères
n'ont pas de bractée au-dessous d'elles ; elles
s'insèrent directement sur l'axe du cône et
sont par conséquent elles-mêmes des feuilles entières qui méritent le nom de carpelles. Au sujet des *Dammara, Cunninghamia, Arthrotaxis* et *Sequoia*, M. Eichler s'exprime ainsi : « Les écailles du cône de ces
plantes sont toutes d'une seule et même espèce et constituent simplement autant de
carpelles ouverts ; on doit donc, si l'on ne
veut pas introduire de confusion dans la définition de la fleur, considérer la réunion de
toutes ces écailles sur le même axe, et par

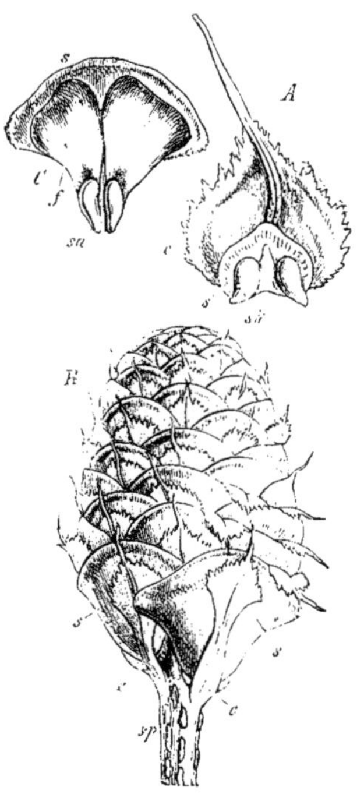

Fig. 325. — *Abies pectinata* (d'après
Schacht). *A*, une feuille arrachée de l'axe
floral femelle vue par-dessus, avec l'é-
caille séminifère *s*, à laquelle sont attachés les ovules *sk* (grossie). — *B*, portion supérieure de la fleur femelle, c'est-
à-dire du cône, à l'état de développement complet : *sp*, axe du cône ; *e*, ses
feuilles ou bractées ; *s*, les écailles séminifères, qui se sont considérablement
agrandies. — *C*, une écaille séminifère
mûre *s*, avec ses deux graines *sa* et leurs
ailes *f* (réduite).

bractée *c* et soudé avec les deux carpelles qu'il porte.
Dès lors le cône de ces plantes, contrairement à ce qui
a lieu chez les autres Conifères et chez les Cycadées,
n'est plus une fleur, mais une inflorescence (voir Caspary : *Ann. des sc. nat.*, 4ᵉ série, XIV, p. 200 et Flora,
1862, p. 377). J'ai déjà, dans la première édition de ce
Traité, combattu explicitement cette manière de voir.
D'autre part, regarder l'écaille séminifère elle-même
comme un simple carpelle n'aurait, dans les *Pinus* et
Abies, aucun sens. Je ne puis pas non plus me rattacher
à l'opinion récemment exposée par H. v. Mohl (Botanische Zeitung, 1871, p. 22), et considérer avec lui
l'écaille séminifère des vraies Abiétinées comme composée de deux feuilles issues d'un rameau non développé, et soudées entre elles.

(1) L'étude anatomique montre que l'écaille séminifère des vraies Abiétinées, au lieu de recevoir ses
faisceaux vasculaires du faisceau de la bractée sous-
jacente, comme cela devrait être dans l'opinion ad-
mise ici par M. J. Sachs, les tire directement de
l'axe principal. Elle constitue donc une feuille indé-
pendante à l'aisselle de la bractée, et non une excroissance liguliforme de cette bractée. Cette
feuille indépendante est orientée en sens inverse de la bractée mère, en d'autres termes elle
tourne en bas et vers la bractée sa face ventrale, en haut et vers l'axe sa face dorsale où sont
insérés les ovules. On doit donc la considérer comme la première et unique feuille du rameau axillaire, qui s'éteint après l'avoir produite. C'est elle qui est le carpelle (*loc. cit.*, p. 273,
fig. 18-21). Ce résultat diffère à peine de celui auquel H. v. Mohl est arrivé depuis (Botanische
Zeitung, 1871).   (*Trad.*)

conséquent le cône tout entier, comme une simple fleur, signification que possèdent déjà le cône des *Araucaria* et celui des Cupressinées, ainsi que les chatons mâles de toutes les Conifères (1) » (2). Dans les *Araucaria*, chaque écaille ou carpelle ne porte qu'un seul ovule qui, d'après M. Eichler, est tellement enveloppé par elle, que son micropyle seul, tourné vers l'axe du cône, est laissé à découvert. Les *Cunninghamia* ont trois ovules, les *Arthrotaxis* trois à cinq, les *Sequoia* cinq à sept, le *Sciadopitys* enfin sept à huit sur chaque écaille : partout ils tournent aussi leur micropyle vers l'axe du cône. L'écaille des *Dammara* ne porte qu'un ovule qui, comme ceux des *Sequoia* et *Sciadopitys* (d'après M. Endlicher), s'insère près de son sommet et pend librement à partir de ce point (3).

Structure des ovules. — Comme nous l'avons déjà dit en passant, les ovules

(1) M. Eichler croit devoir en excepter les *Cephalotaxus* et *Podocarpus*.

(2) Comme chez les Cupressinées, l'étude anatomique montre que l'écaille du bourgeon femelle ou du cône des *Sequoia, Arthrotaxis, Araucaria, Cunninghamia* et *Dammara* est double en réalité, formée de deux feuilles en regard soudées par leurs faces ventrales. Ici encore, c'est la feuille supérieure, non la bractée mère, qui porte les ovules sur sa face dorsale ou vers son extrémité et qui est le carpelle (*loc. cit.*). (*Trad.*)

(3) En étudiant la marche et la disposition relative des faisceaux libéro-ligneux dans les diverses parties du bourgeon femelle des Conifères, je crois être arrivé à établir, contrairement à l'opinion professée ici par M. J. Sachs, que la fleur femelle des Conifères est construite partout sur un seul et même type fondamental, qui subit d'ailleurs des modifications secondaires de plus d'une sorte.

Ni l'axe du bourgeon femelle, ni ses feuilles ou bractées de premier ordre ne portent les ovules ; c'est toujours sur une production axillaire de ces bractées qu'ils sont directement ou indirectement insérés. De là une différence profonde entre les Conifères et les Cycadées où ce sont toujours, au contraire, les feuilles modifiées du bourgeon femelle qui donnent directement naissance aux ovules. Si donc chez les Cycadées on peut considérer le bourgeon femelle, au même titre que le bourgeon mâle, comme une simple fleur, il n'en est plus de même chez les Conifères. Le bourgeon mâle des Conifères est bien encore, si l'on veut, une simple fleur, mais le bourgeon femelle est une inflorescence.

Le support direct de l'ovule des Conifères est toujours une feuille, la première et unique feuille d'un rameau axillaire qui s'éteint après l'avoir produite, qui avorte au-dessus d'elle. Cette feuille, plus ou moins développée en dehors des ovules ou de l'ovule unique qu'elle porte, est un carpelle ouvert qui constitue à lui seul la fleur femelle tout entière. Elle est toujours inverse, c'est-à-dire diamétralement opposée à la bractée mère sur le rameau axillaire avorté qui la porte, de sorte que la bractée mère et la feuille ovulifère se regardent, et sont en contact par leurs faces ventrales. Quand les ovules ne terminent pas le carpelle, c'est sur sa face dorsale ou supérieure qu'ils sont insérés, comme c'est aussi à la face dorsale mais inférieure de l'étamine qu'appartiennent les sacs polliniques.

Tel est le type général. Voici maintenant les principales modifications secondaires qu'il subit dans les divers genres de la famille.

Le rameau axillaire, ainsi réduit à sa première feuille, est le plus souvent de première génération par rapport à l'axe du bourgeon femelle ; mais il est quelquefois aussi de seconde (*Taxus*) et même de troisième génération (*Torreya*). — Ici le carpelle est entièrement distinct de la bractée mère (Abiétinées vraies, Taxinées) ; là ces deux feuilles sont soudées ensemble par leurs faces ventrales et ne sont libres que vers le sommet (Cupressinées, Séquoiées, Araucariées). Cette différence tient simplement à une localisation différente de l'accroissement intercalaire des deux feuilles ; elle est du même ordre que celle qui sépare, par exemple, une corolle dialypétale d'une corolle gamopétale. — Qu'elle soit libre ou soudée avec la bractée, la feuille carpellaire porte les ovules tantôt vers sa base (Cupressinées), tantôt vers son milieu (Abiétinées vraies), tantôt vers son sommet (Araucariées) ; chacun d'eux représente alors un lobe plus ou moins développé de la face dorsale du carpelle. Ailleurs même les ovules terminent la feuille

des *Podocarpus* sont anatropes et pourvus de deux téguments; mais ceux de toutes les autres Conifères sont orthotropes et ne possèdent qu'un seul tégument. Dans les Cupressinées et les Taxinées, ils sont dressés et libres; dans les Abiétinées au contraire, ils sont renversés, de façon à tourner leur micropyle vers la base de l'écaille qui les porte et à laquelle ils sont ordinairement soudés d'un côté.

Dans tous ces cas, l'ovule n'a pas de funicule et se réduit à un nucelle formé de petites cellules et revêtu d'un tégument qui d'ordinaire le dépasse beaucoup, et qui forme au-dessus de lui un canal micropylaire assez large et assez long, à travers lequel les grains de pollen parviennent jusque sur le sommet du nucelle le plus souvent excavé (fig. 319, 320, 321 et 324). Il n'est pas rare que le tégument s'accroisse latéralement des deux côtés de manière à former une aile autour de l'ovule et plus tard de la graine, comme on le voit dans le *Callitris quadrivalvis* (fig. 324), dans le *Frenela*, etc. L'appendice ailé de la graine des *Pinus* et *Abies*, au contraire, a une tout autre origine; il naît par la séparation d'une lame de tissu appartenant à l'écaille séminifère, lame qui demeure adhérente à la graine et tombe avec elle.

Développement du sac embryonnaire ou macrospore et de l'endosperme ou prothalle femelle. — Le sac embryonnaire naît par l'agrandissement d'une cellule du tissu du nucelle, située sensiblement dans l'axe de ce dernier et très-bas, c'est-à-dire à une grande distance de son sommet. Dans les Abiétinées et les *Juniperus*, le sac embryonnaire se forme même au-dessous du niveau où le tégument se sépare du nucelle, et dans ces plantes il n'y a aussi d'ordinaire qu'une seule cellule qui se transforme en sac embryonnaire. Dans le nucelle des *Taxus*, au contraire, il se forme toujours, suivant M. Hofmeister, plusieurs sacs embryonnaires, parce que plusieurs cellules, superposées en une courte rangée axile, s'agrandissent toutes à la fois, s'isolent et se remplissent de protoplasma; mais, d'ordinaire, une seule de ces grandes cellules continue son développement pour former le sac embryonnaire définitif.

Le noyau du sac embryonnaire est résorbé de bonne heure, après quoi il se

carpellaire (Taxinées); ils résultent alors de la transformation de son limbe tout entier, soit que chaque moitié du limbe ait formé un ovule (*Ginkgo*, *Cephalotaxus*), soit que le limbe n'ait produit tout entier qu'un seul ovule (*Podocarpus*, *Phyllocladus*, *Taxus*, *Torreya*, etc.). Dans ce cas c'est évidemment le pétiole seul de la feuille ovulifère qui représente le carpelle; si donc ce pétiole est long (*Ginkgo*), le carpelle se trouve encore nettement développé; mais s'il demeure très-court (*Cephalotaxus*, *Podocarpus*, *Phyllocladus*, *Taxus*, *Torreya*, etc.), le carpelle est presque nul, en d'autres termes la feuille femelle se réduit à un limbe sessile totalement transformé en un seul ovule (*Podocarpus*, *Taxus*, etc.) ou en deux ovules (*Cephalotaxus*). — Enfin le nombre des ovules que porte chaque feuille carpellaire, ainsi que le nombre des feuilles carpellaires elles-mêmes, c'est-à-dire des fleurs femelles qui entrent dans la composition de l'inflorescence, varient tous les deux et peuvent même se réduire l'un et l'autre en même temps à l'unité, ce qui est le cas ordinaire dans les *Taxus*.

Mais toutes ces variations n'affectent que le nombre, la grandeur et le degré d'indépendance ou de soudure des diverses parties du bourgeon femelle: elles ne sont donc que secondaires. Les relations des choses dans l'espace et dans le temps, et par conséquent leur valeur morphologique, demeurent constantes [Ph. Van Tieghem: Anatomie comparée de la fleur femelle et du fruit des Cycadées, des Conifères et des Gnétacées (*Ann. des sc. nat.*, 5e série, Bot., X, 1869. p. 270, pl. 13-16).   (*Trad.*)

forme, dans le protoplasma pariétal, de nouveaux noyaux, autour desquels se constituent autant de cellules libres; en grandissant, ces cellules arrivent bientôt à se toucher latéralement; puis elles s'accroissent toutes ensemble dans le sens du rayon et se divisent de manière à remplir le sac embryonnaire d'un tissu parenchymateux. Dans les Conifères dont les graines exigent deux ans pour mûrir, comme le *Pinus sylvestris* et le *Juniperus communis*, l'endosperme formé dans le cours du premier été se résorbe au printemps suivant; les corps protoplasmiques des cellules du premier endosperme s'isolent par la dissolution des membranes cellulaires qui les enveloppaient et forment, en se divisant, un grand nombre de nouvelles cellules; ainsi le sac embryonnaire, dont le volume s'est considérablement accru pendant ce temps, se trouve de nouveau, vers le mois de mai de la seconde année, rempli par un tissu parenchymateux.

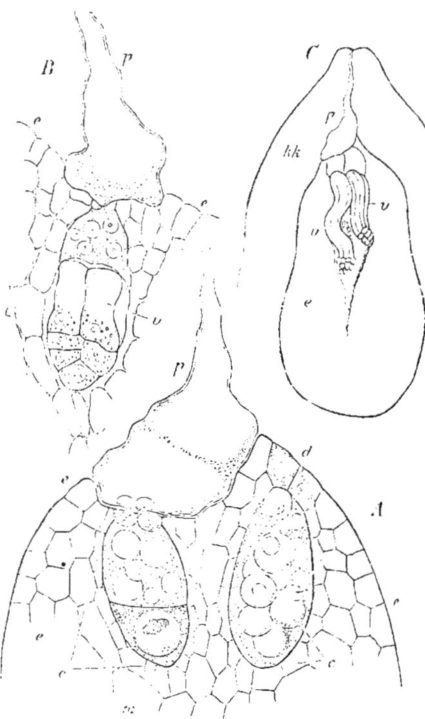

Fig. 326. — *Taxus canadensis*, d'après M. Hofmeister. — A, section longitudinale à travers l'extrémité supérieure de l'endosperme *en*, et l'extrémité inférieure du tube pollinique *p*; *c*,*c*, les corpuscules; *d*, cellules operculaires du corpuscule formant le col de l'archégone; le corpuscule de gauche est fécondé; à la date du 5 juin (300). — *B*, portion de l'endosperme avec un corpuscule dont le proembryon *e*, est déjà bien développé; à la date du 10 juin; *p*, le tube pollinique (200). — *C*, section longitudinale d'un nucelle le 15 juin: *kk*, nucelle, *en*, endosperme; *p*, tube pollinique; *v*, *e*, deux embryons issus de deux corpuscules différents (30).

Développement des archégones ou corpuscules. — Comme les premières cellules endospermiques, les cellules mères des archégones ou corpuscules naissent aussi, d'après les recherches récentes de M. Strasburger, par voie de formation libre dans le sac embryonnaire; mais les cloisons transversales qui transforment les premières en une masse de tissu ne s'opèrent pas dans ces cellules mères. Au contraire, elles grossissent davantage et se divisent au voisinage de leur sommet, c'est-à-dire au point où elles touchent la paroi du sac embryonnaire, en une grande cellule inférieure qui sera la cellule centrale de l'archégone et une petite cellule supérieure, en contact avec le sac embryonnaire et qui formera le col de l'archégone (1).

(1) M. Hofmeister a donné une description un peu différente de la formation du corpuscule (Vergleichende Untersuchungen, p. 129).

Dans le *Tsuga canadensis*, cette petite cellule demeure simple et s'allonge beaucoup pour suivre le développement de l'endosperme qui l'entoure ; mais ordinairement elle se partage en plusieurs cellules, qui tantôt sont disposées côte à côte en une seule assise (fig. 326 *d* et 327 *d*), tantôt forment plusieurs étages superposés comme dans les *Picea excelsa* et *Pinus Pinaster*. Vu d'en haut, le col a l'aspect d'une rosette à quatre cellules ou, comme dans le *Picea excelsa*, à huit cellules.

Déjà constatée par les anciennes recherches de M. Hofmeister, l'analogie des

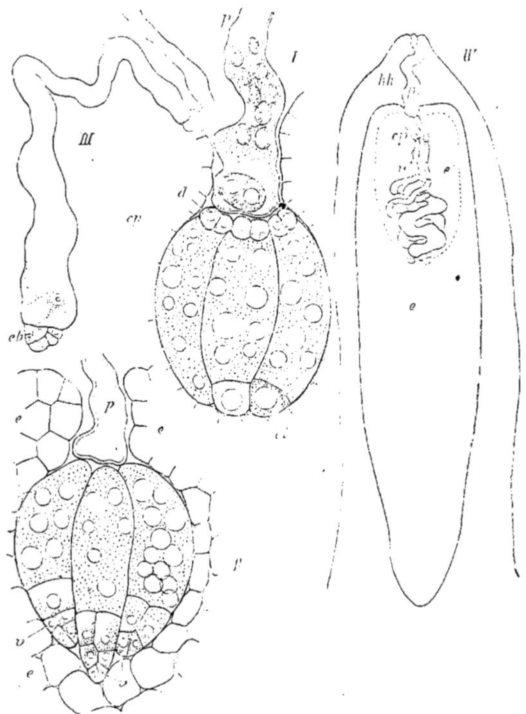

Fig. 327. — *Juniperus communis*, d'après M. Hofmeister. — *I*, trois corpuscules étroitement rapprochés, *cp*, dans deux d'entre eux l'oosphère fécondée, *ei*, occupe l'extrémité inférieure ; *d*, cellules operculaires formant le col de l'archégone ; *p*, tube pollinique ; 28 juillet 360. — *II*, préparation semblable, mais avec développement plus avancé ; *ee*, l'endosperme ; *e,e*, les proembryons ; — *III*, extrémité inférieure d'une des séries longitudinales de cellules du proembryon, avec le début d'embryon *eb*. — *IV*, section longitudinale du nucelle *kk* ; *e*, l'endosperme ; *e'*, région ramollie de l'endosperme ; *p*, tube pollinique ; *c,p*, les corpuscules ; *e*, les proembryons ; commencement d'août 80.

corpuscules avec les archégones des Cryptogames vasculaires a été récemment démontrée plus profonde encore par M. Strasburger ; cet observateur a vu, en effet, qu'il se forme aussi dans le corpuscule une cellule de canal. D'après lui, la portion du contenu protoplasmique de la grande cellule centrale qui est située immédiatement au-dessous du col se sépare du reste par une cloison transversale et produit ainsi, peu de temps avant la fécondation, c'est-à-dire avant l'introduction du tube pollinique dans l'endosperme, une petite cellule qui équivaut évidemment à la cellule de canal, si souvent mentionnée dans les Cryptogames vasculaires et qui se transforme plus tard en mucilage (1). Très-nette dans les *Picea excelsa, Tsuga canadensis* et *Larix europæa*, cette cellule de canal n'est, au contraire, d'après M. Strasburger, que faiblement limitée par rapport au reste du contenu de la cellule centrale dans les Cupressinées (*Thuja, Juniperus, Callitris*).

Nous avons vu que dans les Cryptogames vasculaires, où le ventre de l'archégone est ordinairement plongé dans le tissu du prothalle, les cellules de ce tissu forment, en se divisant, une couche pariétale qui enveloppe la cellule centrale de l'archégone. Une pareille couche se forme aussi tout autour de la cellule centrale du corpuscule dans l'endosperme des Conifères.

Chez les Abiétinées, chaque archégone est séparé de ses plus proches voisins au moins par une, et souvent par un grand nombre d'assises cellulaires ; les archégones des Cupressinées, au contraire, se touchent latéralement (fig. 327, *cp*). Les corpuscules des *Taxus* sont courts ; dans ceux des Abiétinées, la cellule centrale est allongée, et il en est de même chez les Cupressinées, où par la pression de ses voisines elle devient prismatique.

Le nombre des archégones qui naissent dans l'endosperme, au-dessous du sommet du sac embryonnaire, est très-divers : dans les Abiétinées, d'après MM. Hofmeister et Strasburger, il s'en forme trois à cinq ; dans les Cupressinées, trois à quinze et même jusqu'à trente d'après Schacht ; enfin dans le *Taxus baccata* cinq à huit.

Par les progrès de son accroissement, il se forme dans l'endosperme, au-dessus des archégones, des enfoncements en forme d'entonnoir. Dans certaines Abiétinées, ils se réduisent à de simples aplatissements, mais dans les *Pinus Strobus, P. Pinaster*, etc., ils sont profonds et étroits ; chaque entonnoir n'aboutit ici qu'à un seul col d'archégone. Dans les Cupressinées (*Callitris, Thuja, Juniperus*), au contraire, où les archégones sont étroitement serrés l'un contre l'autre en un seul amas, cet amas est entouré tout entier par un bourrelet d'endosperme et il se forme ainsi au-dessus de lui un entonnoir commun, qui demeure encore recouvert par la membrane du sac embryonnaire.

Fécondation. — La pollinisation des ovules des Conifères s'opère avant le début de la formation des corpuscules dans l'endosperme. Parvenus sur le sommet du nucelle, les grains de pollen germent et poussent chacun un tube pollinique qui ne s'enfonce d'abord que d'une petite longueur dans le tissu du nucelle ; il se fait ensuite un temps d'arrêt, pendant lequel s'opère le développement complet des archégones dans l'endosperme. C'est alors seulement que les tubes polliniques recommencent à s'accroître pour venir enfin atteindre les archégones. Dans les Conifères qui mûrissent leurs graines en une année, cette interruption dans le développement du tube pollinique ne dure que quelques semaines ou quelques mois, mais dans celles dont la graine exige deux ans

(1) Dans nos figures 325 et 326 empruntées à la première édition de ce Traité, cette cellule de canal n'est pas représentée.

pour mûrir, comme les *Juniperus sibirica*, *J. communis*, *Pinus sylvestris*, *P. Strobus*, elle se prolonge jusqu'au mois de juin de la seconde année.

Pendant que les tubes polliniques s'allongent à travers une portion ramollie du tissu du nucelle, ils s'élargissent de plus en plus à leur extrémité inférieure et en même temps ils y épaississent uniformément leur membrane. Ils atteignent enfin la membrane, maintenant ramollie, du sac embryonnaire, la traversent, pénètrent dans l'entonnoir de l'endosperme signalé plus haut et s'appliquent fortement sur les cellules du col des archégones. Chez les Abiétinées et les Taxinées, un tube pollinique ne féconde qu'un seul corpuscule, et par conséquent plusieurs tubes polliniques pénètrent à la fois dans le sac embryonnaire. Dans les Cupressinées, au contraire, un seul tube pollinique suffit à féconder le groupe tout entier d'archégones qui se trouvent serrés côte à côte au-dessous du large entonnoir de l'endosperme ; le tube pollinique remplit entièrement cet entonnoir et s'étale à la fois sur tous les cols du groupe d'archégones ; puis de sa large extrémité partent de courts et étroits prolongements qui s'insinuent chacun dans un col d'archégone en dissociant et détruisant les cellules de la rosette, et arrivent enfin jusqu'à la cellule centrale. Il en est de même dans les Abiétinées et Taxinées, où l'extrémité élargie du tube se rétrécit brusquement et s'introduit dans le col de l'archégone correspondant, pour pénétrer finalement jusque dans la cellule centrale. Au sommet de cet étroit prolongement, l'épaisse membrane du tube pollinique présente une place mince, une sorte de ponctuation, qui facilite évidemment le passage par diffusion de la substance fécondante, passage qui est probablement encore aidé par la pression que le tissu supérieur exerce sur la partie du tube située en dehors du corpuscule.

D'après M. Hofmeister, il se forme parfois, dans l'extrémité du tube pollinique, quelques cellules primordiales (fig. 327, *I*), que l'on serait porté à regarder comme une formation rudimentaire de cellules mères d'anthérozoïdes, analogue à celle qui a lieu chez les *Salvinia*. Mais M. Strasburger nie l'existence de ces cellules primordiales et déclare n'avoir rencontré dans le protoplasma de l'extrémité du tube pollinique que de nombreux grains d'amidon.

Les assertions de ces deux observateurs ne sont pas moins différentes, quand il s'agit des phénomènes qui se passent dans la cellule centrale de l'archégone. Suivant M. Hofmeister, il naît, dans le protoplasma de cette cellule centrale, de nombreuses cellules primordiales qu'il regarde toutes comme des « vésicules embryonnaires », c'est-à-dire comme des oosphères ; cependant, dès avant la fécondation, l'une d'elles se distingue déjà de ses congénères par sa grandeur et par son contenu. Elle est située alors dans la partie supérieure ou moyenne de la cellule centrale ; mais, aussitôt après la fécondation, elle descend sur le fond de cette cellule, s'y applique et s'y développe en un commencement d'embryon qui remplit toute la partie inférieure de la cellule centrale, pendant que les autres « vésicules embryonnaires » se détruisent. M. Strasburger considère, au contraire, le contenu protoplasmique de la cellule centrale tout entier comme une seule oosphère et il ne voit, dans les nombreuses vésicules embryonnaires de M. Hofmeister, que de simples vacuoles. Suivant lui, l'accomplissement de la fécondation se trahit tout d'abord par un trouble et par une formation de granules dans le corps protoplasmique de la cellule centrale ; ces granules se rassemblent dans la partie inférieure, qu'une cloison transversale sépare ensuite du reste de la cellule et qui représente le début du proembryon. Nos figures 326 et 327 *I*, empruntées à M. Hofmeister, et qui représentent en *x* (fig. 326) et *ei* (fig. 327, *I*) ce début du proembryon, se prêtent également bien aux deux explications. Mais celle de M. Strasburger s'accorde mieux à la fois avec les phénomènes qui se passent dans l'archégone des Cryptogames supérieures et avec ceux qui s'opèrent dans le sac embryonnaire des Phanérogames, étant intermédiaire entre les deux. Cependant mes observations personnelles ne me permettent pas encore de me décider définitivement pour l'une ou pour l'autre de ces deux manières de voir.

Développement du proembryon et de l'embryon ; polyembryonie. — Quoi qu'il en soit, le développement de l'oospore, c'est-à-dire de la cellule primordiale issue de la fécondation (*x* dans la figure 326 *A* et *ei* dans la figure 327 *I*), est amené d'abord par la formation de deux cloisons longitudinales en croix, suivies bientôt de divisions transversales, d'où résulte au fond de la cellule centrale un corps, le proembryon, formé ordinairement de trois étages de quatre cellules. Plus tard, le fond de la cellule centrale se trouve percé (fig. 326 *B v*), par suite de l'allongement considérable des cellules de l'étage supérieur (*Taxus*, *Juniperus*) ou de l'étage moyen (Abiétinées) du proembryon ; ces cellules se développent en longs tubes, subissent à mesure de nouvelles divisions transversales (fig. 327, *IV*, *v*) et pénètrent en se tortillant en tous sens dans la partie ramollie de l'endosperme.

Dans les *Taxus*, les filaments du proembryon demeurent unis entre eux côte à côte, et tous ensemble ils ne forment à leur sommet qu'un seul embryon à petites cellules (fig. 326 *B*, *C*) ; chez les Abiétinées (*Abies*, *Pinus*) et chez les Cupressinées (*Thuja*, *Juniperus*), au contraire, ils se séparent l'un de l'autre, se développent indépendamment et produisent chacun pour son compte à son sommet un commencement d'embryon (fig. 327, *IV v*, *III eb*) (1). Il en résulte que, dans ces dernières plantes, une seule oospore peut donner naissance à plusieurs embryons ; et le nombre des embryons nés dans le même endosperme se trouve encore augmenté par cette circonstance, que plusieurs archégones y sont fécondés en même temps.

La polyembryonie, qui chez les Angiospermes ne se rencontre qu'à l'état d'exception, est ainsi la règle chez les Conifères et en général chez toutes les Gymnospermes. Toutefois ceci n'est vrai qu'à l'origine, car de tous ces débuts d'embryons un seul se développe ordinairement en un embryon vigoureux dont la structure a déjà été décrite plus haut.

Développement de la graine et du fruit. — Pendant que cet embryon se développe, l'endosperme, de son côté, s'accroît encore fortement, et ses cellules

---

(1) Voir d'ailleurs sur ce point Schacht : Lehrbuch der Anat. und Phys., II, p. 402.— D'après M. Pfitzer (*loc. cit.*), le début d'embryon des Cupressinées possède à l'origine une cellule terminale, mais cette cellule disparaît bientôt ; dans les Abiétinées, au contraire, le début d'embryon ressemble dès l'origine à celui des Angiospermes.

se remplissent de matériaux de réserve, notamment de substances albuminoïdes et grasses. Le sac embryonnaire qui enveloppe l'endosperme s'agrandit
à mesure et refoule le tissu du nucelle qu'il résorbe et auquel il se substitue
finalement, tandis qu'en même temps le tissu du tégument se durcit pour former l'enveloppe de la graine. Dans le *Ginkyo* cependant, on voit une épaisse
couche externe de ce tégument se transformer en une enveloppe pulpeuse
qui donne à la graine l'aspect d'une drupe. Pendant que tous ces phénomènes
s'accomplissent, les filaments du proembryon disparaissent ordinairement ;
cependant, d'après Schacht, ceux du *Larix* seraient persistants.

Pendant que la graine mûrit de la sorte, les supports des ovules et les carpelles
subissent aussi un accroissement ultérieur et des modifications de consistance.
Ainsi, dans les *Taxus*, un arille, qui sera plus tard rouge et pulpeux, vient
envelopper progressivement de bas en haut la graine à mesure qu'elle mûrit (fig. 320, *m*); dans les *Podocarpus*, c'est la portion de l'axe floral qui porte
les écailles et les graines, portion déjà renflée auparavant, qui devient pulpeuse ; dans les *Juniperus* et *Sabina*, ce sont les carpelles soudés qui se trans-for-
ment en une baie bleue renfermant les graines. Dans la plupart des autres
Cupressinées, les carpelles s'accroissent en s'appliquant latéralement l'un contre
l'autre et en se lignifiant ; la même chose a lieu dans les Abiétinées qui n'ont
pas de bractées au-dessous des graines (*Cunninghamia, Araucaria*, etc.), tandis
que dans les *Pinus, Abies, Picea, Cedrus, Larix*, ce sont les écailles placentaires qui, fortement accrues après la fécondation, dépassent les vrais carpelles,
c'est-à-dire les bractées sous-jacentes, et, en se lignifiant, constituent le cône
mûr.

Dans tous ces cas, à l'exception des *Ginkyo, Podocarpus* et *Taxus*, les graines
en voie de maturation se trouvent solidement et étroitement enveloppées par
les carpelles ou par les écailles placentaires ; elles mûrissent à l'intérieur d'un
fruit dont les diverses parties ne se séparent de nouveau, ou ne se détachent,
comme dans les vrais *Abies* (*A. pectinata*, etc.), qu'après leur complète maturité
pour permettre la dissémination des graines.

Classification de l'ordre des Conifères. — Aussi longtemps qu'il subsistera
des doutes sur la nature de la fleur femelle de certains genres, la classification des
plantes de l'ordre des Conifères ne peut être que provisoire. Avec Endlicher (Synopsis
Coniferarum, Sangalli, 1847), nous y distinguons les familles suivantes :

Famille 1. — CUPRESSINÉES. Feuilles, y compris celles de la fleur, en général opposées ou verticillées; elles sont isolées dans la tribu *c*. Fleurs monoïques ou dioïques. La fleur mâle a ses étamines terminées en écusson en avant et ses sacs polliniques fixés, au nombre de deux, trois ou
plus, à l'écusson. La fleur femelle consiste en verticilles alternes de
carpelles, qui portent à leur base ou sur leur face interne un, deux
ou plusieurs ovules dressés; dans le *Juniperus communis*, les trois
ovules alternent sur l'axe floral avec les trois carpelles. Embryon
avec 2, rarement 3 ou 9 cotylédons.

Tribu *a*. — *Junipérinées*. Fruit bacciforme (*Juniperus, Sabina*).

— *b*. — *Actinostrobées*. Carpelles accollés bord à bord en forme
de valves et se rabattant plus tard en une étoile

à 4 ou 6 rayons (*Widdringtonia*, *Frenela*, *Actinostrobus*, *Callitris*, *Libocedrus*).

— *c.* — *Thujopsidées*. Carpelles imbriqués, c'est-à-dire se recouvrant partiellement (*Biota*, *Thuja*, *Thujopsis*).

— *d.* — *Cupressinées vraies*. Carpelles terminés au dehors en un écusson polygonal (*Cupressus*, *Chamæcyparis*).

— *e.* — *Taxodinées*. Carpelles en écusson ou imbriqués; feuilles isolées (*Taxodium*, *Glyptostrobus*, *Cryptomeria*).

Famille 2. — ABIÉTINÉES. Feuilles le plus souvent allongées en aiguilles, disposées en spirale, isolées, ou rapprochées par 2, par 3 ou en rosette sur de courts rameaux particuliers. Fleurs monoïques, rarement dioïques. La fleur mâle est formée d'étamines nombreuses munies de deux ou de plusieurs sacs polliniques allongés. La fleur femelle consiste en un grand nombre d'écailles séminifères, disposées en spirale et qui, tantôt sont elles-mêmes des carpelles, tantôt s'insèrent sur de petits carpelles dont elles sont des dépendances et dans tous les cas se lignifient. Les ovules ont le micropyle tourné vers la base du support. L'embryon a de 2 à 15 cotylédons.

Tribu *a.* — *Abiétinées vraies*. Graines disposées par deux sur un placenta écailleux qui s'insère sur un petit carpelle ouvert (*Pinus*, *Tsuga*, *Abies*, *Picea*, *Larix*, *Cedrus*).

— *b.* — *Araucariées*. Graines isolées sur chaque carpelle et enveloppées par lui (*Araucaria*).

— *c.* — *Cunninghamiées*. Graines isolées ou insérées plusieurs ensemble sur un carpelle (*Dammara*, *Cunninghamia*, *Arthrotaxis*, *Sequoia*, *Sciadopitys*).

Famille 3. — PODOCARPÉES. Feuilles aciculaires ou plus larges, disposées en spirale. Fleurs dioïques ou monoïques. La fleur mâle a ses étamines courtes, pourvues de deux sacs polliniques arrondis. La fleur femelle consiste en un axe renflé en haut et pourvu de petites écailles à l'aisselle (?) desquelles s'insèrent isolément les ovules. Embryon à 2 cotylédons. *Podocarpus*, *Dacrydium*, *Microcachrys*.

Famille 4. — TAXINÉES. Feuilles disposées en spirale, parfois en forme d'aiguille, plus souvent élargies et quelquefois même très-larges; les *Phyllocladus* n'ont pas de feuilles vertes, elles y sont remplacées par des rameaux foliacés. Fleurs toujours dioïques. Étamines de forme diverse, portant 2, 3, 4 et jusqu'à 8 sacs polliniques pendants. Fleur femelle composée d'un axe nu ou couvert de petites écailles, axe qui porte à son extrémité ou latéralement les ovules dressés. Graine mûre entourée par un arille charnu, ou par une couche externe pulpeuse appartenant à son enveloppe. Embryon à 2 cotylédons. *Phyllocladus*, *Ginkgo*, *Cephalotaxus*, *Torreya*, *Taxus*.

ORDRE C.

LES GNÉTACÉES.

Port et mode de végétation. — L'ordre des Gnétacées renferme trois genres, de port très-différent. Les *Ephedra* sont des arbrisseaux dépourvus de feuilles vertes et dont les longs et minces rameaux cylindriques à écorce verte portent à chaque nœud deux très-petites feuilles opposées, soudées en une gaine à deux dents et produisant à leur aisselle des rameaux latéraux. Dans les *Gnetum*, qui sont des lianes ligneuses, les feuilles sont également opposées sur les branches articulées, mais elles sont grandes, pétiolées, et leur large limbe lancéolé est traversé par une nervation pennée. Enfin le *Welwitschia mirabilis*, si remarquable à tant d'autres égards, ne possède que deux feuilles vertes d'une dimension énorme et qui sont probablement ses cotylédons; elles s'étalent à la surface du sol et se divisent en lanières par les progrès de l'âge; la tige qui les porte demeure très-courte et ne dépasse que fort peu le niveau du sol, mais en revanche elle s'élargit beaucoup en formant un sillon sur son sommet et elle se prolonge en forme de rave dans la racine principale (1).

Organisation des fleurs. — Les fleurs des Gnétacées sont unisexuées et groupées en inflorescences dioïques (*Ephedra*) ou monoïques; ces inflorescences ont une forme nettement limitée et s'insèrent, dans les *Ephedra* et les *Gnetum*, à l'aisselle des feuilles opposées.

Feurs des **Ephedra** *et* **Gnetum.** — La fleur mâle de ces deux genres consiste en un petit périanthe bipartit au milieu duquel se dresse un pédicelle qui dans les *Gnetum* est fendu en deux à son extrémité et porte deux anthères biloculaires et dans les *Ephedra* se termine par un plus grand nombre d'anthères rapprochées en tête.

La fleur femelle a aussi, d'après M. Eichler (2), dans les *Gnetum* comme dans les *Ephedra*, un périanthe tubuleux dans le premier genre, à trois dents dans le second; ce périanthe enveloppe un ovule central qui possède un seul tégument dans les *Ephedra*, et deux dans les *Gnetum* où l'intérieur s'allonge en forme de style. L'étude morphologique exacte de ces fleurs présente encore bien des points douteux. D'après Schacht, l'endosperme des *Ephedra* ne produirait qu'un seul corpuscule et la segmentation du contenu du grain de pollen allongé s'y accomplirait comme dans les Abiétinées.

Insérée à l'aisselle des feuilles vertes, l'inflorescence des *Gnetum* consiste en un axe articulé, pourvu de feuilles verticillées à l'aisselle desquelles sont rassemblées à la fois des fleurs mâles et femelles.

Feurs du **Welwitschia.** — Les inflorescences du *Welwitschia mirabilis* sont des cymes dichotomes d'environ un pied de hauteur; elles naissent à la périphérie du large sommet de la tige, au-dessus de l'insertion de ses deux puissantes feuilles. Les branches de l'inflorescence sont cylindriques, articulées, et portent des cônes dressés, allongés en cylindre; ces cônes sont garnis de 70 à 90 larges écailles ovales, étroitement superposées en quatre rangées, et à l'aisselle desquelles naissent autant de fleurs isolées, les mâles et les femelles étant réparties sur des cônes différents.

Les fleurs mâles, hermaphrodites en apparence, possèdent un périanthe de deux paires d'écailles décussées; celles de la paire inférieure sont entièrement libres, arquées en faucille et pointues, les deux autres sont élargies en spatule et soudées à leur base en un tube comprimé. A l'intérieur de ce tube on trouve,

(1) Pour plus de détails sur cette merveilleuse plante voir J. D. Hooker : Flora, 1863, p. 159.
(2) Flora, 1863, p. 463 et 531.

soudées inférieurement en un seul faisceau, six étamines, dont le filet cylindrique se termine par une anthère arrondie à trois loges qui s'ouvre au sommet par une fente étoilée à trois branches ; les grains de pollen qui s'en échappent sont simples (?) et elliptiques. Le centre de la fleur est occupé par un ovule dressé, orthotrope, inséré par une large base, sans autre enveloppe qu'un unique tégument qui se prolonge en un tube styliforme à bord étalé en disque ; mais le nucelle de cet ovule ne développe pas de sac embryonnaire : il est toujours stérile.

Le périanthe de la fleur femelle est tubuleux, fortement comprimé, comme ailé et à bord entier ; on n'y trouve aucune trace d'organes mâles. L'ovule, naturellement pourvu ici d'un sac embryonnaire, est totalement enveloppé par le périanthe ; sa forme extérieure est la même que dans la fleur mâle, mais avec cette différence, que le tube qui prolonge le tégument est simplement fendu à son extrémité, au lieu d'être étalé en forme d'assiette.

Au moment de la maturité des graines, le cône femelle atteint environ deux pouces de longueur et se colore en rouge-écarlate ; ses écailles sont persistantes. Le périanthe s'agrandit notablement, devient largement ailé, et sa cavité se rétrécit vers le haut en un étroit canal par où s'échappe la pointe du tégument de la graine. La graine, de même forme que l'ovule non fécondé, renferme un abondant endosperme, dans l'axe duquel s'étend un embryon dicotylédoné. Cet embryon a son extrémité radiculaire épaissie et attachée à un suspenseur ou proembryon très-long et enroulé en spirale.

Dès avant la fécondation, l'endosperme prend naissance dans le sac embryonnaire et forme des archégones ou corpuscules qui, au nombre de 20 à 60, font saillie hors du sac embryonnaire et s'insinuent dans des lacunes creusées dans le nucelle ; là ils sont fécondés par les tubes polliniques qui marchent à leur rencontre. Après quoi, les proembryons se forment dans la partie inférieure des corpuscules et s'allongent en s'enroulant jusqu'à acquérir trois pouces de longueur. Sur les 2 à 8 corpuscules ordinairement fécondés, un seul embryon arrive à complet développement.

LES ANGIOSPERMES

CARACTÈRES GÉNÉRAUX DES ANGIOSPERMES

Caractères de définition. — Toutes ensemble, les plantes qui composent les deux classes des Monocotylédones et des Dicotylédones se distinguent de toutes les Gymnospermes parce que leurs ovules naissent à l'intérieur d'une cavité close appelée *ovaire*, parce que l'endosperme ne s'y développe dans le sac embryonnaire qu'après la fécondation, parce qu'enfin, sans subir de segmentations préalables, le grain de pollen y produit le tube pollinique en développant directement sa membrane interne : trois caractères dont l'importance a déjà été signalée plus haut, dans l'introduction générale à l'étude des Phanérogames.

Mais en outre ces plantes, que l'on comprend sous le nom d'Angiospermes, présentent dans l'ensemble de leur structure des propriétés qui les distinguent à bien des égards de toutes les autres plantes vasculaires. Et ceci est vrai surtout de la fleur et du fruit, organes dans lesquels les relations morphologiques ordinaires subissent des combinaisons et des modifications si singulières, qu'une exposition détaillée de leurs caractères et de leur mode de formation doit nécessairement précéder l'étude particulière des deux classes.

LA FLEUR CONSIDÉRÉE DANS SON ENSEMBLE (1).

Situation de la fleur. — La fleur des Angiospermes est rarement terminale, au vrai sens de ce mot ; en d'autres termes, il est rare que la tige principale issue de la gemmule de l'embryon se termine elle-même déjà par une fleur, et que la plante soit uniaxe. Dans ce cas, il se développe habituellement une inflorescence sympodique ou une cyme, parce que, au-dessous de la première fleur, il se forme des branches terminées elles-mêmes par des fleurs. Bien plus fréquemment la tige principale jouit d'une végétation indéfinie, et les fleurs n'apparaissent qu'au sommet de branches de seconde, de troisième ou de plus haute génération, de telle sorte que la plante peut être dite alors biaxe, triaxe ou pluriaxe.

Fleurs unisexuées et hermaphrodites ; dichogamie. — Tandis que dans les Gymnospermes les fleurs sont normalement de sexes différents, c'est-à-dire diclines, l'hermaphrodisme domine de beaucoup chez les Angiospermes, quoiqu'il ne soit pas précisément rare d'y rencontrer des espèces, des genres et des familles monoïques ou dioïques. Les fleurs mâles y ont parfois une organisation essentiellement différente de celle des fleurs femelles (Cupulifères, Cannabi-

---

(1) Le travail le plus important et le plus étendu sur la fleur des Angiospermes est l'ouvrage de PAYER : Traité d'organogénie de la fleur, Paris, 1857, ouvrage composé de 154 belles planches sur cuivre accompagnées d'un texte excellent.

nées), mais le plus souvent la diclinie n'y doit son existence qu'à l'avortement
partiel ou total de l'androcée dans une espèce de fleurs et du gynécée dans
l'autre, ces deux sortes de fleurs étant d'ailleurs construites sur le même
type (fig. 328 *A*). Dans ce dernier cas, il arrive aussi, qu'outre les fleurs mâles

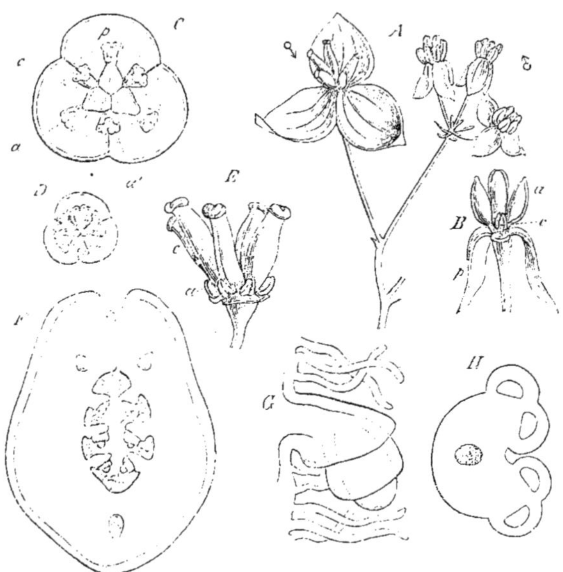

Fig. 328. — *Akebia quinata*. *A*, une partie de l'inflorescence; ♀, fleurs femelles, ☿ fleurs mâles. *B*, fleur mâle
coupée dans sa longueur : *c*, ses carpelles stériles. *C*, section transversale d'une fleur femelle, grossie. *D*,
section transversale d'une fleur mâle. *E*, le gynécée de la fleur femelle avec ses petites étamines, *a*. *F*, un
ovaire coupé transversalement. *G*, un ovule. *H*, section transversale d'une anthère. — *a*, indique partout
les étamines externes ; *a'*, les étamines internes ; *c*, les carpelles ; *p*, le périanthe.

et femelles, il se développe encore des fleurs hermaphrodites et la plante est
dite *polygame* (*Fraxinus excelsior*, *Saponaria ocymoides*, *Acer*, etc.).

Mais même dans le cas le plus fréquent, celui où dans une fleur hermaphrodite les organes mâles et femelles sont complétement développés et aptes à
fonctionner, la fécondation a lieu cependant par le transport du pollen d'une
fleur sur le gynécée d'autres fleurs appartenant soit à la même plante, soit
à des plantes différentes de la même espèce. Ce résultat est amené, ou bien
parce que la pollinisation à l'intérieur de la même fleur est rendue impossible par la disposition même des organes, cas où la plante est dite *dichogame*,
ou bien parce que le pollen d'une fleur n'exerce son action fécondante que
sur les ovules d'une autre fleur (Orchidées, *Corydalis*, etc.). Nous reviendrons
avec détails sur ces phénomènes dans notre livre III, en traitant de la physiologie de la sexualité.

Disposition des feuilles sur le réceptacle floral. — Chez les Gymnospermes, nous avons vu l'axe floral s'allonger le plus souvent au point que les
organes sexués, surtout s'ils sont nombreux, y paraissent disposés nettement

les uns au-dessus des autres en verticilles alternes ou en hélice ascendante. L'axe floral des Angiospermes est, au contraire, tellement raccourci, au moins dans la région où il porte les enveloppes florales et les organes sexués, que l'espace nécessaire à l'insertion de ses diverses feuilles doit être obtenu par un élargissement correspondant; cette portion élargie de l'axe floral s'appelle le *réceptacle*

de la fleur. Il se renfle déjà en massue avant et pendant la formation des feuilles florales, s'aplatit parfois en forme d'assiette, et même se creuse en coupe, de façon que le sommet de l'axe floral occupe le point le plus profond de l'excavation (voir p. 271 et 272). La coupe ainsi formée, ou bien enveloppe les carpelles et la fleur est dite *périgyne*, ou bien même contribue à former les parois de l'ovaire qui est dit dans ce cas *infère* (fig. 329). Mais, en tout cas, il résulte de

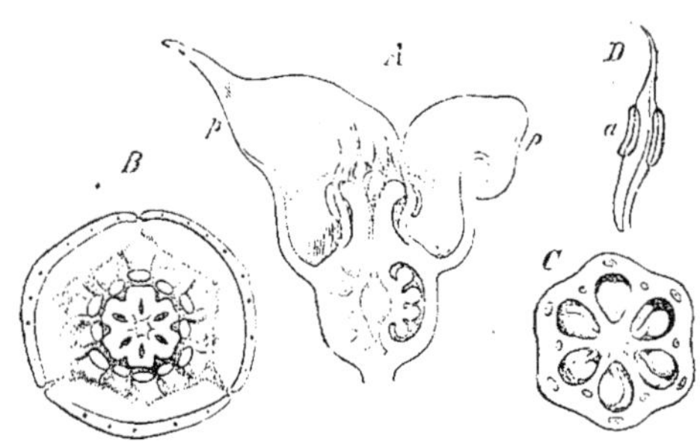

Fig. 329. — *Asarum canadense*. A. la fleur coupée en long : *p*, le périanthe. *B*. section transversale de la fleur au-dessus de l'ovaire. *C*, section transversale de l'ovaire infère à six loges. *D*, une étamine avec ses deux demi-anthères, *a*.

ce raccourcissement et de cet élargissement de l'axe floral, que les diverses parties de la fleur ne sont plus disposées en étages les unes au-dessus des autres, mais bien plutôt sur des cercles concentriques ou sur une hélice ascendante très-surbaissée. Aussi est-ce ici que la représentation des rapports de position des membres par des diagrammes, comme nous l'avons expliqué à la page 232, trouve son emploi le plus fréquent et le plus naturel.

Ce raccourcissement du réceptacle floral est évidemment aussi la cause du grand nombre de soudures et de déplacements, qui nulle part ailleurs ne se rencontrent aussi fréquemment que dans la fleur des Angiospermes. D'un autre côté, comme le faible allongement de l'axe floral résulte lui-même de la précoce extinction de son accroissement terminal, on peut voir disparaître quelquefois, sous l'influence du développement intercalaire de zones d'accroissement, l'ordre normal de production acropète ou centripète des diverses feuilles florales (1) ; mais la perturbation ainsi apportée à la règle générale, demeure toujours peu considérable. Dans la plupart des cas, cependant, la succession acropète se retrouve avec une entière rigueur dans les feuilles de la fleur, et il n'est pas rare non plus que l'accroissement terminal de l'axe floral dure assez longtemps pour permettre aux feuilles de venir se placer nettement les unes au-dessus des autres en verticilles alternes ou en spirale ascendante (*Magnolia*, Renonculacées, Nymphéacées). Çà et là aussi on rencontre, à l'intérieur de la fleur, certaines parties de l'axe fortement allongées, comme dans les *Lychnis* la portion située entre le calice et la corolle (*y*, fig. 331 *bis*), comme dans les

____

(1) Les exemples cités par M. Hofmeister (Allgemeine Morphologie, § 10) de production de feuilles non rigoureusement acropète appartiennent tous à cette catégorie.

Passiflora l'espace compris entre la corolle et l'androcée, comme dans les Labiées la partie qui sépare l'androcée de l'ovaire.

Métamorphose profonde et inégale des feuilles florales. — Comme la fleur des Gymnospermes, celle des Angiospermes est aussi une pousse métamorphosée, c'est-à-dire un axe feuillé. Mais ce qui distingue particulièrement cette grande division du groupe des Phanérogames, c'est le haut degré de métamorphose qui y frappe la pousse florale, ce sont les qualités toutes particulières et la disposition toute différente que les feuilles y prennent, par rapport à celles des pousses purement végétatives. A ne considérer les choses qu'au point de vue matériel, la fleur des Angiospermes semble donc être plutôt un organe particulier, un

Fig. 330. — *Chenopodium Quinoa.* — *I-IV*, développement de la fleur, vu en coupe longitudinale : *l*, le calice couvert de poils glanduleux; *h*, *a*, anthère; *k.k*, carpelles; *sk*, ovules; *x*, sommet de l'axe floral. V, section transversale d'une anthère avec quatre sacs polliniques fixés au connectif *on* (fortement grossie).

organe *sui generis*, puisqu'elle forme un tout nettement séparé du reste de l'organisme végétal. Outre le caractère particulier de l'axe floral, outre la présence du périanthe, ce qui contribue surtout à cette séparation, c'est cette circonstance, que les feuilles de la fleur sont toujours, à de rares exceptions près, disposées en rosette, même quand les feuilles des rameaux végétatifs sont isolées, éloignées l'une de l'autre, distiques, etc.

Cette métamorphose inégale détermine dans la fleur trois formations distinctes : le périanthe, l'androcée et le gynécée. — Ordinairement les diverses feuilles de la fleur, ainsi profondément métamorphosées, se répartissent en plusieurs formations distinctes, en trois formations le plus souvent : le périanthe, l'androcée et le gynécée. Chaque formation est représentée par plusieurs membres semblables, disposés en un ou plusieurs cercles concentriques ou suivant une spirale; et les diverses formations se succèdent à leur tour en cercles concentriques ou suivant une spirale, de façon qu'après un ou plusieurs cycles foliaires formant le périanthe, viennent d'abord un ou plusieurs cycles d'étamines formant l'androcée, et ensuite un ou plusieurs cycles de carpelles formant le gynécée qui occupe le centre de la fleur (fig. 330).

Cependant tantôt l'une, tantôt l'autre de ces formations peut manquer; ou encore certaines formations peuvent n'être représentées que par un seul membre, comme on le voit dans l'*Hippuris* (fig. 331), où, à l'intérieur d'un périanthe à peine développé, on ne trouve qu'une seule étamine et un seul carpelle.

Il est rare de voir la fleur tout entière se réduire à un seul et unique organe sexué, comme on le voit dans la fleur femelle des Pipéracées et dans les fleurs mâles ou femelles de certaines Aroïdées. Bien plus fréquemment la fleur est constituée par de nombreuses feuilles métamorphosées, disposées de dehors en dedans ou de bas en haut en cycles successifs qui renferment le même

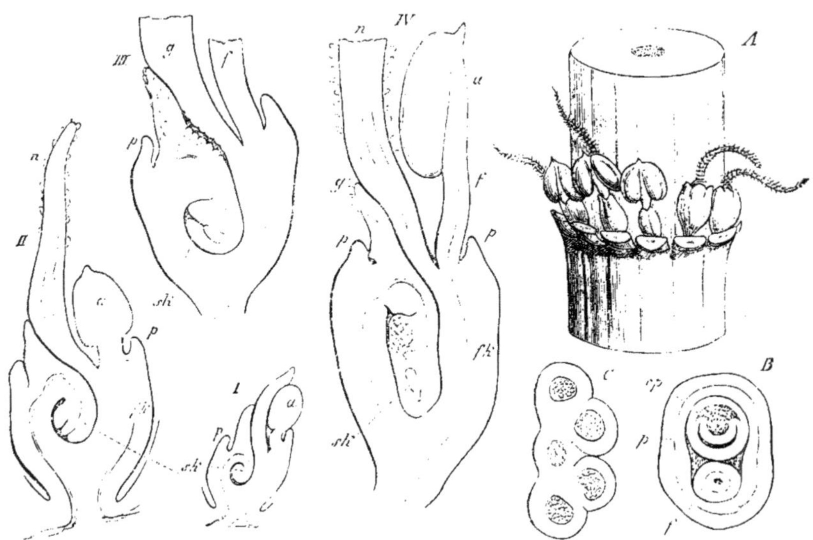

Fig. 331. — *Hippuris vulgaris.* — *A*, une portion de la tige dressée; les feuilles des verticilles sont coupées pour montrer les fleurs qu'elles portent à leur aisselle. *B*, section transversale d'une fleur au-dessus de l'ovaire. *C*, section transversale de l'anthère. *I* à *IV*, sections longitudinales à travers des fleurs à diverses phases de leur développement. — *a*, représente partout l'anthère; *f*, son filet; *n*, le stigmate; *g*, le style; *p*, le périanthe; *fk*, l'ovaire infère; *sk*, les ovules pendants et anatropes; dans *B*, *cp* est le carpelle.

nombre de feuilles ou des multiples du même nombre, et qui rayonnent en tous sens à partir du centre; disposition circulaire, qu'il n'est pas rare de voir dissimulée plus tard par un développement bilatéral et par l'avortement de certaines parties.

LE PÉRIANTHE.

Périanthe simple. — L'absence totale de périanthe est rare; on la constate dans les Pipéracées et chez beaucoup d'Aroïdées. Plus souvent le périanthe est *simple*, c'est-à-dire composé d'un seul cycle de deux, trois, quatre, cinq feuilles, rarement davantage (fig. 328-331). Dans ce cas il est souvent peu apparent, formé de petites écailles vertes, comme dans les Chénopodées et les Urticées; parfois cependant il est grand, de structure délicate et de couleur éclatante, comme dans les *Aristolochia*, *Mirabilis*, etc.

Périanthe double: calice et corolle. — Mais le plus ordinairement, dans les deux classes d'Angiospermes, le périanthe est *double*, c'est-à-dire composé de deux cycles alternes et contenant le même nombre de feuilles, c'est-à-dire chacun deux, trois, quatre, cinq feuilles, rarement davantage. Dans la plupart des Dicotylédones et chez beaucoup de Monocotylédones, le développement qualitatif des deux cycles suit une voie différente. Le cycle externe, formé de feuilles plus dures, vertes et ordinairement plus petites, prend alors le nom de *calice* et chacune de ces feuilles est un *sépale;* l'interne, formé de feuilles de structure délicate, incolores ou brillamment colorées et ordinairement plus grandes, s'appelle *corolle* et chacune de ces feuilles est un *pétale.* Il convient cependant, dans les cas assez fréquents où les deux cycles de l'enveloppe ont même structure et mêmes caractères, d'appeler encore, comme Payer l'a déjà proposé, calice le cycle externe, et corolle le cycle interne; on y gagne plus de brièveté dans l'expression (1). Ces deux cycles semblables peuvent d'ailleurs être tous les deux calicinaux comme dans les Joncées, ou tous les deux corollins comme dans les Liliacées. Dans les *Helleborus, Aconitum,* etc., il arrive même que le cycle externe de l'enveloppe, c'est-à-dire le calice, est seul corollin, tandis que le cycle interne, ou la corolle, a ses éléments transformés en nectaires.

Dans certaines Dicotylédones, le périanthe n'est pas composé de cycles alternes, mais de plusieurs et quelquefois même de nombreux tours d'une spire continue, embrassant un nombre de feuilles ordinairement considérable, mais indéterminé. Les feuilles externes ou inférieures de cette disposition spiralée peuvent aussi, dans ce cas, être calicinales et les internes seules corollines (*Opuntia*); ou bien elles sont toutes corollines (*Epiphyllum*, *Trollius*); ou bien encore on passe, par d'insensibles transitions, des feuilles calicinales aux corollines et de celles-ci aux staminales (*Nymphœa*).

Mais, outre leur forme et leur structure ordinaires, sépaloïdes ou pétaloïdes, les feuilles du périanthe présentent encore dans certains cas des déviations plus considérables par rapport à la structure habituelle des feuilles. Ainsi, par exemple, le périanthe incomplet des Graminées consiste en écailles membraneuses, très-petites, délicates et incolores; celui de certaines Cypéracées est remplacé par des filaments analogues à des poils. De même, on voit fréquemment chez les Composées se développer, aux lieu et place du calice, une couronne de poils qui entoure la corolle; enfin, nous venons de dire que dans les *Helleborus, Aconitum,* etc., les feuilles de la corolle, c'est-à-dire les pétales, se transforment en nectaires de conformation toute particulière.

Soudure des feuilles du périanthe. — Périanthe gamophylle et dialyphylle; calice gamosépale et dialysépale; corolle gamopétale et dialypétale. — Que le périanthe consiste en un ou en deux cycles, il arrive souvent que les feuilles d'un cycle, ou de tous les deux à la fois, sont soudées ensemble ou confondues latéralement, de manière à former une cupule, une coupe, un tube, etc.; mais les dents qui bordent le tube permettent ordinairement d'estimer le nombre des feuilles, pétales ou sépales, qui se sont soudées ensemble pour le former. Ces périanthes soudés prennent naissance parce que, après la forma-

(1) Les substantifs : calice et corolle, sépale et pétale, désignent alors la position des cycles et des feuilles, tandis que les adjectifs : calicinal et corollin, sépaloïde et pétaloïde, indiquent la qualité de leur structure.

tion originelle des petites feuilles isolées à la périphérie du réceptacle, la zone
commune d'insertion de ces petites feuilles devient le siége d'un accroissement
intercalaire qui la soulève en forme de bourrelet annulaire ; c'est ce bourrelet
annulaire, dont le développement ultérieur produit toute la région commune
du cycle correspondant. Cette portion commune, en forme de coupe ou de
tube, ne provient donc pas de parties primitivement distinctes qui seraient
venues se souder ultérieurement bord à bord ; dès sa première apparition elle
forme une pièce unique, un tout qui s'insinue en quelque sorte entre les
feuilles du périanthe déjà formées et le réceptacle où elles sont insérées. Libres
à l'origine, ces feuilles constituent, après la formation de la région basilaire
commune qui les a soulevées, les dents marginales de celle-ci.

Maintenant, comme on appelle sépale chaque feuille constitutive du calice,
pétale chaque feuille constitutive de la corolle, on dit *gamosépale* tout calice
formé de sépales soudés, *gamopétale* toute corolle formée de pétales soudés ;
si, au contraire, les diverses feuilles du périanthe ne sont pas soudées, mais séparées et libres, on dit que le calice est *dialysépale* (ou *éleuthérosépale*), que la
corolle est *dialypétale* (ou *éleuthéropétale*) (1). S'il n'y a qu'un cycle au périanthe,
et qu'il faille exprimer que cette enveloppe simple a ses feuilles soudées ou
libres, on dira que le périanthe est *gamophylle* dans le premier cas, *dialyphylle*
(ou *éleuthérophylle*) dans le second. Il arrive cependant aussi que, le périanthe
ayant deux cycles, les feuilles de ces deux cycles sont soudées toutes ensemble
comme si elles n'en formaient qu'un seul ; c'est ainsi, par exemple, que dans
certaines Liliacées, deux cycles ternaires alternes sont confondus en un tube à
six dents (*Hyacinthus*, *Muscari*, etc.).

**Forme des feuilles du périanthe, des sépales et des pétales. Ramifica-
tion de ces feuilles : couronne.** — Si les feuilles du périanthe sont libres, non
soudées entre elles, et si leur développement calicinal et corollin est nettement
accusé, on y remarque d'ordinaire, outre les différences de structure déjà
signalées plus haut, encore certaines différences de forme qu'il est nécessaire
de signaler. Ainsi les sépales sont le plus souvent sessiles, insérés par une
large base, limités d'ordinaire par un contour très-simple et terminés en
pointe ; les pétales, au contraire, ont le plus souvent une base étroite, leur
partie antérieure est souvent très-large et il n'est pas rare qu'on y observe une
séparation en pétiole (appelé ici *onglet*) et limbe.

Assez souvent le limbe du pétale est divisé, ou de quelque façon découpé. Au
point où le limbe se sépare de l'onglet notamment, le pétale porte souvent sur
sa face supérieure des formations ligulaires dont l'ensemble est désigné dans
l'organisation florale sous le nom de *couronne ;* on en a des exemples dans les
Lychnis (fig. 330 *bis*), *Saponaria*, *Nerium*, les Hydrophyllées, etc. La même chose
a lieu si le périanthe double est tout entier gamophylle, comme on le voit
chez les *Narcissus* où, chez certaines espèces du moins (*N. pseudonarcissus*,
etc.), la couronne est très-grande.

<hr>

(1) Il faut rejeter les expressions *polysépale* et *polypétale*, autrefois employées dans ce même
sens, comme n'exprimant pas exactement l'opposition à établir ; les termes *monosépale* et *monopé-
tale*, appliqués anciennement aux cycles à feuilles soudées, sont plus mauvais encore, en ce qu'ils
n'ont aucun rapport avec le fait qu'il s'agit d'exprimer.

Relation entre la forme d'ensemble du périanthe et la pollinisation par les insectes. — La forme d'ensemble du périanthe, surtout quand il est de dimension considérable et que la structure corolline y est nettement accusée, est toujours en relation avec la pollinisation par les insectes, et l'on ne rencontre de fleurs grandes, brillamment colorées, délicates et odorantes,

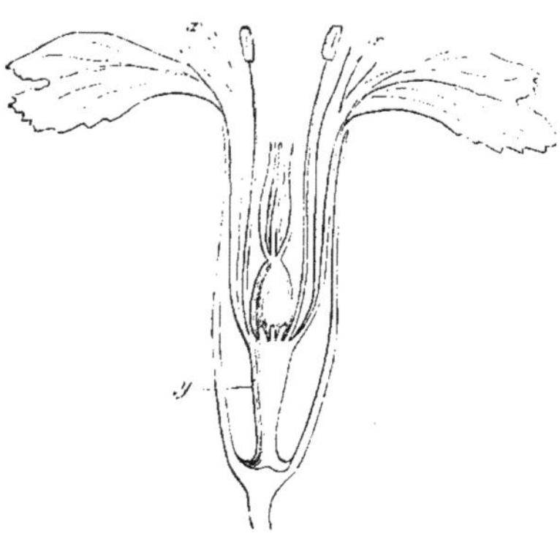

Fig. 331 *bis*. — Section longitudinale de la fleur du *Lychnis flos-Jovis* : *y*, portion de l'axe allongée entre le calice et la corolle ; *x*, ligules des pétales dont l'ensemble forme la couronne.

que là où la fécondation doit être opérée par eux. Ces propriétés extérieures ont pour objet d'engager les insectes à visiter les fleurs ; mais la forme infiniment variée et souvent merveilleuse du périanthe est principalement calculée de manière à obliger des insectes de taille et d'espèce déterminée à donner à leur corps, pendant qu'ils cherchent à y puiser le nectar, une position et des mouvements également déterminés, de façon qu'involontairement ils transportent le pollen d'une fleur sur une autre fleur. Nous reviendrons avec détails sur ces considérations physiologiques dans notre livre III.

La symétrie multilatérale ou bilatérale du périanthe est le plus souvent en relation avec celle des autres parties de la fleur, et c'est par conséquent à propos de ces dernières que nous en traiterons plus loin.

Enveloppes florales surnuméraires : calicule, cupule. — Outre l'enveloppe florale que nous venons d'étudier et qui constitue le périanthe proprement dit, il n'est pas rare de rencontrer dans certaines fleurs des enveloppes surnuméraires et plus extérieures.

Dans les Malvacées et quelques autres familles, le calice est, en effet, entouré par un second calice appelé *calicule*, mais ce calicule a une tout autre valeur morphologique que le calice. Dans le *Malope trifida*, par exemple, les trois divisions du calicule représentent une bractée sous-florale avec ses deux stipules, tandis que le *Kitaibelia vitifolia* possède un calicule à six divisions, composé de deux semblables bractées sous-florales avec leurs quatre stipules (1).

Le calicule peut aussi n'être qu'en apparence indépendant du calice ; c'est ce qui a lieu dans les Fraises et les Potentilles, où ses divisions ne sont que des dépendances stipulaires des vrais sépales. Dans le *Dianthus Caryophyllus*, etc., il naît une espèce de calicule par le rapprochement de deux paires décussées de petites bractées situées immédiatement au-dessous de la fleur. La fleur terminale des Anémones possède au-dessous d'elle un verticille de feuilles vertes qui, dans une espèce voisine, l'*Eranthis hyemalis*, devient une sorte de calicule. Enfin un intérêt particulier s'attache au calicule des petites fleurs des Dipsacées

(1) D'après Payer.

qui, à l'intérieur de l'inflorescence serrée qu'elles constituent, sont enveloppées chacune par un sac membraneux.

Il se forme quelquefois dans la fleur, après la naissance du périanthe et des organes sexués, une excroissance périphérique du pédicelle, d'abord en forme de bourrelet annulaire, mais qui s'accroît plus tard en forme de cupule ou de coupe et produit à sa surface des émergences écailleuses ou épineuses (p. 188). On appelle *cupule* une semblable production ; telle est, par exemple, la cupule où se trouve implanté le gland des Chênes (1). Dans ce cas, la cupule n'enveloppe qu'une seule fleur et elle est largement ouverte ; mais dans les *Fagus* et *Castanea*, au contraire, elle enveloppe complétement une petite inflorescence et l'on voit à la maturité cette coupe épineuse se fendre de haut en bas en valves pour laisser échapper les fruits mûris dans son intérieur.

Enveloppe générale des inflorescences : involucre, spathe. — Quand une inflorescence s'entoure d'un verticille ou d'une rosette de feuilles de conformation particulière, on donne le nom d'*involucre* à cette enveloppe générale (Ombellifères, Composées, etc.). Si une feuille unique et engaînante enveloppe une inflorescence formée au-dessus d'elle par l'axe même qui la porte, on appelle *spathe* cette feuille engaînante. Involucre et spathe peuvent prendre une structure corolline, comme on le voit par exemple dans l'involucre du *Cornus florida* et dans la spathe de beaucoup d'Aroïdées.

L'ANDROCÉE.

L'étamine, ses diverses parties. — L'androcée est l'ensemble des organes mâles d'une fleur; chacun de ces organes mâles s'appelle une *étamine*. L'étamine se compose de l'*anthère* et de son support le plus souvent filiforme, parfois étalé en feuille, support qu'on appelle le *filet*. L'anthère consiste en deux moitiés longitudinales, insérées à la pointe supérieure du filet, à droite et à gauche de sa ligne médiane ; la région du filet qui porte les deux demi-anthères et qui les réunit est distinguée du reste sous le nom de *connectif*.

L'étamine est une feuille modifiée. — Dans toutes les fleurs hermaphrodites et dans la plupart des fleurs mâles, il est hors de doute que les étamines s'insèrent latéralement sur l'axe floral, c'est-à-dire sur le réceptacle. Par cette situation latérale, par leur production exogène aux dépens du méristème primitif au voisinage du point végétatif de l'axe floral, par leur développement acropète, et enfin par les fréquentes monstruosités où on leur voit reprendre plus ou moins la forme des pétales ou même des feuilles végétatives, les étamines doivent être considérées, au point de vue morphologique, comme des feuilles, et on peut les appeler feuilles staminales. C'est le filet, qui, joint au connectif, constitue à proprement parler la feuille, dont les demi-anthères ne sont que des dépendances. Ajoutons qu'au point de vue morphologique il est indifférent que le filet, c'est-à-dire la feuille proprement dite, forme dans l'ensemble une masse prédominante, ou qu'au contraire il soit très-peu développé par rapport à l'anthère.

(1) Sur le développement de cette cupule du gland, voir HOFMEISTER : Allgem. Morphol., p. 465.

Exceptions apparentes à cette loi.— Ce n'est que tout récemment, que l'on a fait connaître trois cas où l'anthère paraît être produite directement par l'axe floral, c'est-à-dire où son support, correspondant au filet ordinaire, n'est pas autre chose que l'axe floral lui-même. D'après M. Magnus (1) en effet, le cône végétatif de l'axe de la fleur mâle des *Najas*, le long de quatre bandes périphériques de son tissu, se transforme en une anthère à quatre loges. D'un autre côté, M. Kaufmann avait déjà décrit quelque chose d'analogue pour l'anthère des *Casuarina*. Enfin, d'après M. Rohrbach (2), le sommet de l'axe floral des *Typha*, ou bien se développe lui-même directement en une anthère, ou bien se ramifie d'abord et forme ensuite une anthère au sommet de chacune de ses branches. Ces faits suffisent-ils à établir la nature axile de ces anthères ? Nous ne pouvons motiver ici les doutes que nous conservons à cet égard et que nous avons déjà émis plus haut (p. 557) ; cela nous conduirait trop loin. On peut donc, pour le moment, considérer ces trois cas comme autant d'exceptions à la nature foliaire de l'étamine.

Signification morphologique des diverses parties de l'étamine. — D'ailleurs la signification morphologique des diverses parties des étamines ordinaires n'est pas non plus établie encore avec une complète certitude, parce qu'on manque de recherches précises sur leur mode de développement. Cassini et Rœper considéraient les deux demi-anthères comme étant les deux moitiés renflées du limbe de la feuille staminale ; les logettes n'étaient dès lors que des excavations dans le tissu même de la feuille et les cellules mères du pollen se différenciaient à l'intérieur du jeune tissu du limbe, comme les cellules mères des spores dans le segment fertile de la feuille des Ophioglossées.

Dans cette manière de voir, le sillon qui sépare les deux sacs polliniques dans chaque demi-anthère (voir fig. 328 *II*), devrait correspondre au bord même de la feuille staminale ; or il résulte des observations de H. Mohl, que ceci n'est pas toujours exact (3). Ainsi quand dans les Roses, les Pavots, le *Nigella damascena*, etc., les étamines se transforment en pétales dans les fleurs dites doubles, on reconnaît avec certitude que les logettes antérieure et postérieure de l'anthère ne sont pas opposées l'une à l'autre comme ce devrait être si la première appartenait à la face supérieure, la seconde à la face inférieure de la feuille staminale, mais que toutes les deux se trouvent rejetées côte à côte sur la face supérieure de la feuille, la logette d'avant plus rapprochée de sa ligne médiane, la logette d'arrière plus près de son bord. On voit en outre que les deux logettes d'une même demi-anthère ne sont pas situées immédiatement à côté l'une de l'autre, mais qu'elles sont souvent séparées par une assez large portion de feuille, et que c'est cette portion de feuille intermédiaire qui, dans le retour à l'état normal, se rétrécit progressivement jusqu'à devenir la cloison qui sépare les deux logettes.

Il faut attacher d'autant plus d'importance à ces observations de H. Mohl, que le développement anormal ne fait ici que manifester plus nettement ce que souvent une simple section transversale de l'anthère et du connectif d'une

(1) MAGNUS : Botanische Zeitung, 1869, p. 771.
(2) ROHRBACH : Sitzungsberichte der Ges. Naturf. Freunde. Berlin, 1869.
(3) H. v. MOHL : Vermischte Schriften, p. 42.

étamine normale suffit à établir, à savoir que les deux logettes d'une demi-anthère appartiennent évidemment à une seule face de la feuille staminale. Mais il semble que dans certains cas (fig. 328 *C*, *II*), on doit les rapporter à sa face inférieure, dans d'autres (fig. 331 *C*) à sa face supérieure.

Les sacs polliniques des Angiospermes correspondent aux sporanges des Cryptogames vasculaires. — Dans tous leurs traits essentiels, la naissance des cellules mères du pollen et le développement de la paroi de chacun des sacs polliniques rappellent si vivement les phénomènes correspondants qui ont lieu dans le sporange des Lycopodiacées et même des Équisétacées, que l'on doit admettre, au moins jusqu'à ce que des observations plus précises aient démontré le contraire, que chaque sac pollinique, c'est-à-dire chaque logette de l'anthère avec sa paroi, correspond à un sporange des Cryptogames vasculaires et en même temps aussi à un sac pollinique isolé des Cycadées et des Cupressinées. L'anthère des Angiospermes est donc composée ordinairement de quatre sacs polliniques, insérés côte à côte sur la face supérieure ou sur la face inférieure d'une feuille staminale, et si étroitement rapprochés par paires à droite et à gauche du connectif, qu'ils se soudent plus ou moins intimement bord à bord pour former une moitié d'anthère.

Mais avant d'en arriver à étudier en particulier chaque sac pollinique et son contenu, nous devons en revenir encore à considérer l'ensemble de l'étamine et de l'androcée.

Formes diverses de l'étamine. — Le support de l'anthère, c'est-à-dire le filet y compris le connectif, est simple ou articulé.

Connectif continu avec le filet. — Simple, le support peut être filiforme (fig. 330), ou élargi et foliacé (fig. 329), parfois même très-large comme dans les Apocynées et Asclépiadées; ou bien encore il est renflé à la base (fig. 333 *f*), ou au sommet. Il s'arrête ordinairement entre les deux moitiés d'anthère, mais il n'est pas rare de le voir s'allonger au-dessus d'elles en pointe (fig. 329 *D*), ou en forme de long prolongement comme dans le *Nerium olean-der*. Si la région supérieure du support, si le connectif est large, les deux moitiés d'anthère se trouvent nettement séparées (fig. 329, 332); s'il est étroit, elles sont fort rapprochées l'une de l'autre.

Connectif articulé sur le filet. — L'articulation du support est très-souvent amenée par cette circonstance, que le connectif se sépare nettement du filet par un profond étranglement. La réunion des deux corps s'opère alors par un trait si mince, que l'anthère, formant un tout avec le connectif qui en joint les deux moitiés, tourne facilement et oscille autour du sommet du filet; elle est dite alors *oscillante*. Il faut ajouter que le point d'articulation sur le filet peut être situé à l'extrémité inférieure du connectif, ou en son milieu (fig. 331), ou vers son sommet.

Formes diverses du connectif. — Parfois le connectif ainsi séparé atteint une grande dimension, émet des prolongements en dehors de l'anthère (fig. 334 *A*, *x*), ou se développe transversalement entre les deux demi-anthères en formant comme un fléau de balance, de façon que le filet et le connectif figurent ensemble un T; c'est ce qu'on voit dans le Tilleul (*Tilia*) et, à un bien plus haut degré encore, dans la Sauge (*Salvia*) où le connectif allongé transversalement ne porte une moitié d'anthère qu'à l'un de ses bras, tandis que l'autre demeure stérile et est destiné à une autre fin.

En ce qui concerne maintenant le mode d'union du connectif avec les deux demi-anthères, on remarque que, si ces dernières sont disposées parallèlement côte à côte, elles sont ordinairement soudées au connectif par toute leur longueur. Mais il arrive aussi qu'elles ne tiennent au connectif et entre elles qu'à leur partie inférieure et sont totalement séparées vers le haut, ou inversement

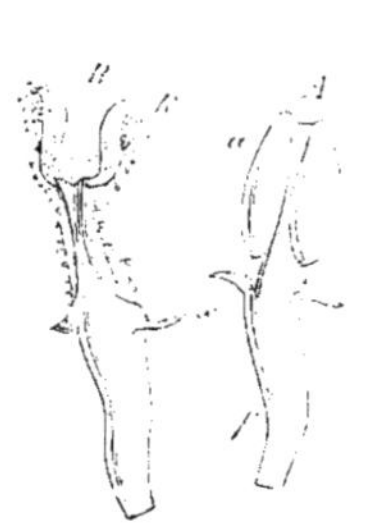

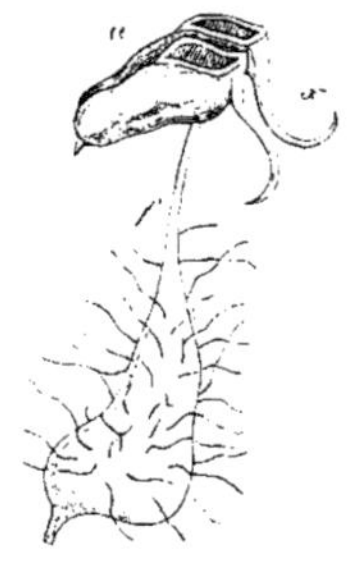

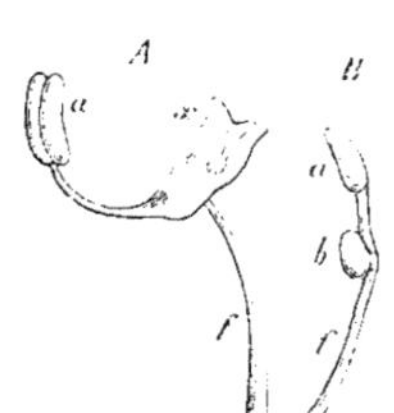

Fig. 332. — A, étamine de *Maho-nia Aquifolium*. B, la même avec son anthère ouverte ; *x*, appendices.

Fig. 333. — Étamine d'*Arbutus hybrida*, avec anthère ouverte : *x*, appendices.

Fig. 334. — Étamines de *Centra-denia rosea*. A, une grande étamine fertile. B, une petite étamine stérile de la même fleur.

que, libres en bas, elles ne soient soudées qu'au sommet ; dans ce dernier cas, elles peuvent diverger assez pour venir se placer horizontalement dans le prolongement l'une de l'autre, comme dans beaucoup de Labiées.

Appendices du filet. — Il n'est pas rare de voir le filet de l'étamine pourvu d'appendices. Tantôt, par exemple, il porte à sa base et de chaque côté des expansions membraneuses qui ressemblent à des stipules (*Allium*), ou bien sur sa face postérieure une excroissance en forme de capuchon comme dans les Asclépiadées, ou bien sur sa face antérieure des franges ligulaires comme dans l'*Alyssum montanum*, ou bien enfin des prolongements en forme de joues au-dessous de l'anthère, d'un côté seulement comme dans le *Crambe*, ou des deux côtés à la fois comme dans la figure 332, *x*.

Ramification de l'étamine. — Un phénomène de la plus haute importance pour l'intelligence morphologique de la fleur est la ramification dont les feuilles staminales sont le siége chez beaucoup de Dicotylédones, ramification que les anciens botanistes ont souvent confondue par erreur avec la soudure des étamines, bien que ces deux phénomènes soient essentiellement différents.

Parfois la ramification des feuilles staminales est bilatérale comme celle des feuilles végétatives, et s'opère dans un seul et même plan à droite et à gauche de la ligne médiane, de telle sorte que l'étamine semble composée-pennée, comme dans le *Calothamnus* (fig. 335 *st*) où chaque segment latéral porte une anthère. Mais quelquefois aussi la ramification a lieu par une sorte de polytomie, comme dans le *Ricinus* (fig. 333) où chaque étamine apparaît sur le réceptacle floral comme une protubérance simple, qui produit plus tard à plusieurs reprises de nouvelles protubérances; toutes ces protubérances se développent enfin par voie d'accroissement intercalaire en un filet plusieurs fois

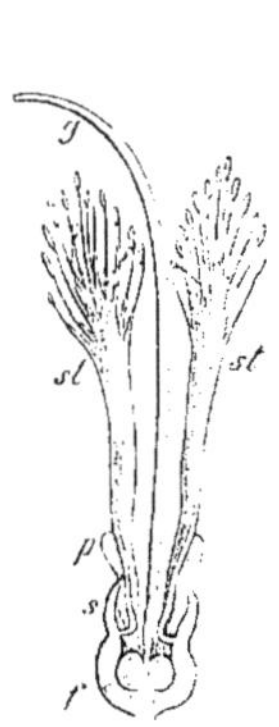

Fig. 335. — Section longitudinale de la fleur du *Callothamnus*, plante de la famille des Myrtacées : *f*. l'ovaire infère; *s*. le calice; *p*. la corolle; *g*. le style; *st*. les feuilles staminales ramifiées.

Fig. 336. — Portion d'une fleur mâle de *Ricinus communis*, coupée en long : *f.f*. les troncs communs des feuilles staminales plusieurs fois ramifiées; *a*. leurs anthères.

ramifié dont les dernières branches portent à leurs extrémités libres autant

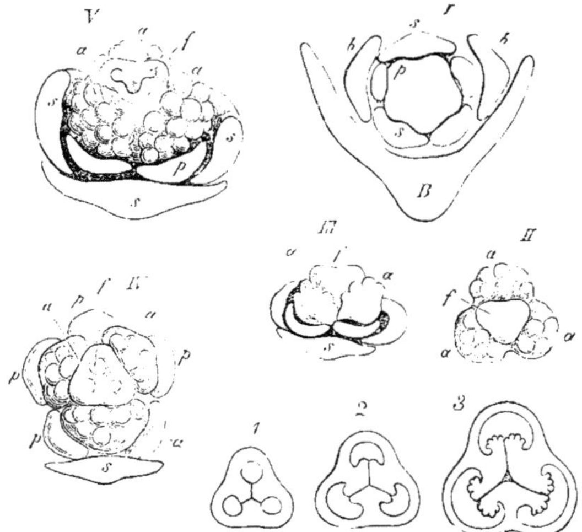

Fig. 337. — Développement de la fleur de l'*Hypericum perforatum*. 1, jeune bouton à l'aisselle de sa bractée mère *B*, avec ses deux bractées latérales : *b,b*; *s,s*, sépales; *p*, première indication des pétales.—II, région médiane d'un bouton un peu plus âgé : *f*, début de l'ovaire; *a,a,a*, les trois étamines avec les protubérances qui sont les origines de leurs branches. — III, un bouton d'environ même âge que II, mais vu de côté : *s*, un sépale; *a,a*, les étamines; *f*. l'ovaire. — IV et V, boutons plus avancés; mêmes lettres. —1, 2, 3, coupes transversales de l'ovaire à divers états de développement.

d'anthères. Dans les Hypéricinées, après la formation des jeunes pétales, il s'échappe de la périphérie du réceptacle trois ou cinq larges et fortes proémi-nences (fig. 337 *II-V*, *a*), qui développent chacune progressivement du sommet à la base de petits mamelons arrondis ; ces mamelons deviennent autant de filets terminés chacun par une anthère et qui viennent tous se réunir à la base dans la protubérance commune dont ils ne sont que les branches. Une section à travers le bouton, notamment dans l'*Hypericum calycinum*, montre les nombreux filets qui appartiennent à chacune des cinq étamines primordiales étroitement comprimés en un faisceau. Ici et dans beaucoup de cas analogues, le tronc commun et primordial de chaque étamine demeure très-court, mais les branches s'allongent fortement et semblent plus tard former un faisceau de filets insérés indépendamment sur le réceptacle, filets dont la vraie nature ne peut être reconnue que par l'étude du développement. Mais si, au contraire, le tronc commun et primordial s'allonge beaucoup par accroissement intercalaire, comme c'est le cas dans les *Calothamnus* et *Ricinus*, il est facile alors, même dans la fleur épanouie, de reconnaître que la feuille staminale tout entière est une feuille ramifiée (1).

(1) J'ai fait voir que l'étude anatomique de la fleur épanouie, c'est-à-dire l'étude du mode sui-vant lequel les faisceaux vasculaires émanés de l'axe se distribuent dans les différentes parties de cette fleur, permet de traiter et de résoudre toutes les questions morphologiques qui intéressent l'organisation florale. Non-seulement on retrouve ainsi et l'on contrôle, par une méthode indé-pendante, tous les résultats déjà obtenus par l'étude du développement, mais on en démontre plusieurs autres que l'étude du développement n'a pas pu faire découvrir jusqu'à présent. Le prin-cipe qu'il s'agit d'appliquer ici est d'ailleurs très-simple. Toutes les fois, en effet, qu'une partie constitutive de la fleur reçoit directement son système vasculaire du système vasculaire de l'axe floral, cette partie est une feuille autonome ; toutes les fois, au contraire, qu'elle tire son sys-tème vasculaire de celui d'une autre feuille, elle n'est qu'une dépendance de cette feuille, qui est dès lors ramifiée. Sépales, pétales, étamines et carpelles peuvent être ramifiés. Mais tantôt toutes les parties d'une même feuille ramifiée s'adaptent à un même genre de fonctions et subissent par conséquent une modification semblable ; tantôt au contraire elles s'approprient à des destina-tions très-diverses et sont l'objet d'autant de transformations différentes ; en d'autres termes, la métamorphose est tantôt égale ou homogène, tantôt inégale ou hétérogène.

Appliquée, par exemple, à la fleur des Malvacées, la méthode anatomique démontre non-seu-ement que toutes les étamines y appartiennent à cinq feuilles dont elles sont autant de ramifica-tions latérales, mais encore que les pétales eux-mêmes ne sont que les dépendances stipulaires soudées deux par deux de ces cinq feuilles, et enfin, que les sépales à leur tour forment la partie médiane et principale de ces cinq feuilles. De sorte que la fleur des *Hibiscus*, par exemple, ne renferme que deux cycles quinaires superposés, à savoir : cinq sépales pétalifères et staminifères et cinq carpelles superposés à ces sépales. Les sépales ramifiés ont subi dans leurs diverses par-ties une métamorphose hétérogène et triple adaptée à trois fonctions différentes. Dans d'autres Malvacées (*Malva*, etc.) il en est de même, mais les cinq feuilles carpellaires à leur tour se ramifient avec métamorphose homogène de leurs diverses parties, pour produire les nombreux petits carpelles du gynécée.

Appliquée encore à la fleur des Primulacées, Théophrastées, Plombaginées, etc., l'étude ana-tomique démontre que le pétale et l'étamine superposés ne sont que les deux parties d'une seule et même feuille ramifiée, qui a subi une métamorphose hétérogène et double appropriée à deux fonctions différentes. Mais, en outre, elle fait voir que la colonne placentaire est formée non par le prolongement de l'axe floral au-dessus de l'insertion des carpelles, comme on l'admet généra-lement, mais par des dépendances liguliformes des carpelles qui constituent la paroi de l'ovaire, unies et soudées entre elles dans l'axe géométrique de la fleur, comme les carpelles le sont eux-mêmes latéralement dans toute leur étendue. De sorte que les ovules sont, ici aussi, insérés

Soudure des étamines. — Un phénomène non moins important que le précédent pour la connaissance du plan général de structure de la fleur et en particulier du nombre réel et des vrais rapports de position des diverses feuilles qui la composent, c'est la soudure qui intervient parfois soit entre les étamines situées côte à côte dans le même cycle, soit entre les étamines et les feuilles qui les précèdent ou les suivent.

Soudure des étamines entre elles. — Ainsi dans les *Cucurbita,* par exemple,

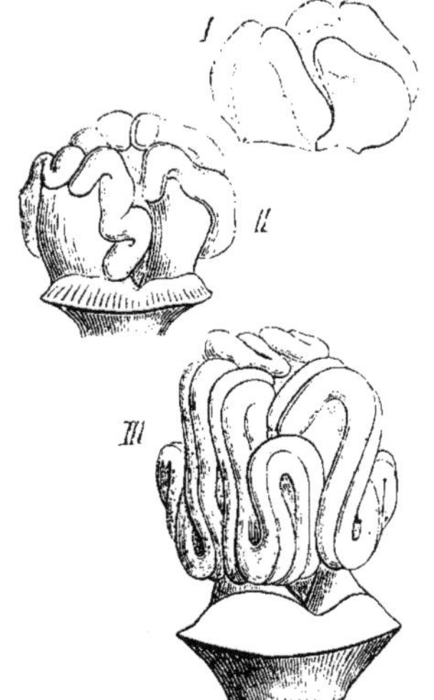

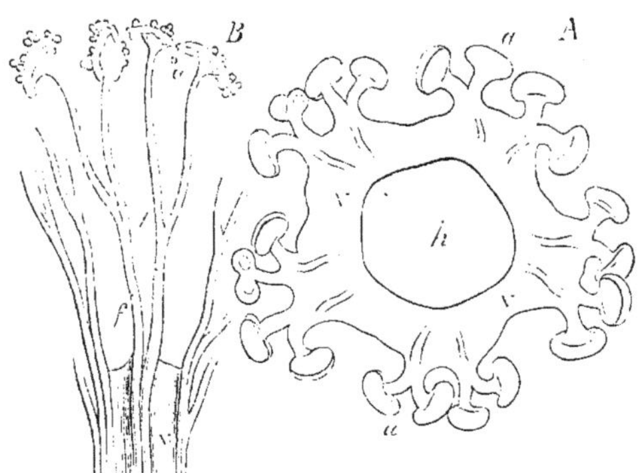

Fig. 339. — *Althæa rosea.* — A. section transversale à travers le jeune androcée ; *B,* un fragment du tube d'un androcée mûr avec quelques filets d'étamines : *h,* cavité du tube ; *e,* substance du tube ; *a,* les anthères ; *t,* le point où le filet se dédouble ; *f,* le point où deux filets s'insèrent sur le tube. *A* est beaucoup plus fortement grossi que *B.*]

Fig. 338. — *Cucurbita Pepo,* développement de l'androcée, d'après Payer. Dans les trois figures, la feuille staminale simple est à droite, tandis qu'à gauche et en arrière se voit une étamine double formée de deux feuilles soudées. Les anthères s'accroissent fortement en longueur et décrivent des courbes sinueuses.

cinq étamines se développent au début, mais plus tard on n'en trouve que trois dont deux cependant sont plus larges que la troisième. Chacune de ces deux étamines plus larges provient de la soudure latérale de deux feuilles staminales. En outre, les filets se rapprochent ici en une colonne centrale, sur laquelle les sacs polliniques, s'allongeant plus fortement qu'eux, décrivent des sinuosités en forme d'N, comme le montre la figure 338, *III* (1).

en définitive sur la feuille carpellaire, et qu'ils ont par conséquent la valeur morphologique de lobes de feuille.

Devant me borner ici à ces deux exemples, je renvoie pour l'étude anatomique de la fleur aux mémoires suivants : Ph. Van Tieghem : Recherches sur la structure du pistil et sur l'anatomie comparée de la fleur (Mémoires des savants étrangers, XXI, 1871). — Structure du pistil des Primulacées et Théophrastées (Ann. des sc. nat., 5ᵉ série, XII, 1871). — Anatomie des fleurs et du fruit du Gui (*Viscum album*) (*ibid.* XII). — Anatomie de la fleur des Santalacées (*ibid.* XII). — Recherches sur la symétrie de structure des plantes vasculaires. Introduction (*ibid.* XIII, 1871, p. 14).   (*Trad.*)

(1) L'étude anatomique de la fleur des Cucurbitacées (Mémoires des savants étrangers, XXI, p. 158) montre que les étamines y sont en réalité au nombre de deux et demie et non de cinq, comme M. J. Sachs l'admet ici avec Payer. Typiquement, la fleur renferme cinq étamines scindées en deux et superposées aux pétales : mais les deux dernières étamines du cycle et la moitié ca-

Les choses sont plus enchevêtrées et plus difficiles à comprendre, quand il y a en même temps soudure et ramification des feuilles staminales, comme dans les Malvacées. Dans l'*Althæa rosea*, par exemple, l'androcée forme un tube membraneux qui enveloppe complétement le gynécée. Sur la face externe de ce tube s'insèrent, verticales et parallèles entre elles, cinq doubles rangées de longs filets, qui à leur tour se divisent eux-mêmes chacun en deux branches (fig. 339 *B, i*) ; chacune de ces branches se termine par une moitié d'anthère. L'étude du développement et la comparaison avec des formes voisines montre que ce tube provient de la soudure latérale de cinq feuilles staminales ; mais les bords soudés de ces cinq feuilles produisent autant de doubles rangées de ramifications latérales, c'est-à-dire de filets, qui à leur tour se fendent eux-mêmes en deux ; la section transversale du jeune tube androcéen, représentée par la figure 338 *A*, montre nettement ces doubles rangs de filets dédoublés. La partie *v* du tube, située entre deux de ces doubles rangs, doit donc être considérée comme le corps d'une feuille staminale dont les bords portent chacun à droite et à gauche une simple rangée de filets, qui en sont les segments marginaux (1).

Dans les *Tilia,* où les cinq feuilles staminales primordiales se ramifient aussi sur leurs bords et où les ramifications se terminent également chacune par une anthère, les feuilles staminales demeurent libres, mais dans tout le reste les choses se passent de la même façon (voir Payer, *loc. cit.*).

Soudure des étamines avec le périanthe simple ou avec la corolle. — Il n'est pas rare que les étamines subissent, par l'accroissement intercalaire du tissu du réceptacle au voisinage de leur insertion, des déplacements remarquables qui sont également désignés comme des soudures. Ainsi les étamines se soudent souvent avec le périanthe simple ou avec la corolle ; à l'état de développement complet leurs filets paraissent alors s'insérer directement sur la face interne du périanthe ou de la corolle. Mais l'étude des premières phases du développement montre que les feuilles du périanthe et les étamines naissent successivement et séparément sur le réceptacle ; c'est plus tard seulement qu'il s'opère, dans la région du réceptacle où les deux cycles s'insèrent, un accroissement intercalaire. Il se forme ainsi une lame qui, par sa structure, représente la région basilaire de la feuille du périanthe et qui soulève en même temps la feuille staminale, de façon à produire les mêmes apparences que si le filet de l'étamine tirait réellement son origine du milieu de sa face interne.

C'est ce qu'on voit dans la figure 340 *B*, relative aux Protéacées et où *p* désigne une feuille du périanthe, *a* une anthère insérée sur cette feuille. A l'origine, les deux feuilles étaient insérées séparément l'une au-dessus de

thodique de la troisième avortent constamment, bien qu'on puisse retrouver à l'intérieur du tissu les traces des faisceaux vasculaires qui leur appartiennent. Par des considérations tératologiques, M. Naudin était arrivé depuis longtemps à une conclusion analogue (Ann. des sc. nat., 4ᵉ série. IV, 1855). (*Trad.*)

(1) L'étrangeté de cette explication disparaîtra si l'on se représente comment les choses se passent dans un ovaire à carpelles soudés bord à bord, où les ovules naissent en doubles rangées sur ces bords soudés appelés placentas. Ce qui a lieu ici vers l'intérieur pour les ovules, a lieu vers l'extérieur pour les filets staminaux des Malvacées : voilà toute la différence.

l'autre sur le jeune réceptacle; la portion basilaire située au-dessous de *a* et
de *p* ne s'est développée que beaucoup plus tard par accroissement intercalaire
et elle a, en même temps, soulevé en l'air la feuille du périanthe *p* et l'étamine *a*.

Ce genre de soudure est particulièrement fréquent dans les fleurs dont les
pétales sont aussi soudés ensemble latéralement en forme de tube, c'est-à-dire
dans les fleurs à corolle gamopétale (Composées, Labiées, Valérianées, etc.).

Soudure des étamines avec le gynécée. — D'un autre côté, les étamines peuvent aussi se souder, et de plusieurs façons différentes, avec le gynécée. Dans le
Sterculia Balanghas (fig. 341, *A*), cette soudure n'est qu'apparente; elle provient
simplement de ce que les petites étamines insérées immédiatement au-dessous
de l'ovaire se trouvent soulevées avec lui par l'allongement d'une partie du

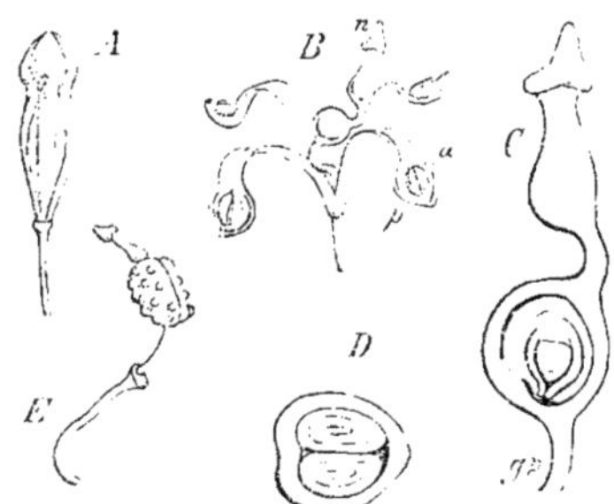

Fig. 340. — Fleur de *Manglesia glabrata* (une Pro-
téacée) : *A*, avant l'épanouissement : *B*, épanouie : *C*,
le gynécée porté par le gynophore *gp*; *D*, section
transversale de l'ovaire; *E*, fruit mûr sur son pédicelle.

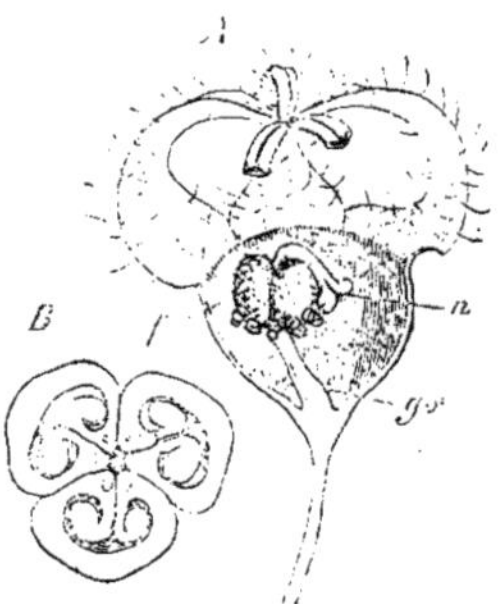

Fig. 341. — *A*, Fleur de *Sterculia Balanghas* : *gs*, le gynophore; *f*, ovaire; *n*,
stigmate. *B*, section transversale de
l'ovaire.

réceptacle ; à cause de leur petitesse elles paraissent alors n'être que des dépendances du volumineux ovaire ; le corps qui porte les deux organes et qu'on
appelle le *gynophore* n'est donc ici qu'un simple entre-nœud de l'axe floral.

Les choses sont beaucoup plus compliquées quand les étamines se soudent
réellement au gynécée, pour former au centre de la fleur un corps complexe auquel on donne le nom de *gynostème*. On en voit des exemples avec ovaire infère
dans les Aristolochiées et mieux encore dans les Orchidées, où ces soudures et
déplacements sont en outre accompagnés de l'avortement de certains membres.
Comme ces relations compliquées seront étudiées de nouveau à la fin de ce
chapitre, on doit se borner ici à l'examen de la figure 342 qui représente la fleur
du *Cypripedium* après enlèvement du périanthe *pp*, de côté en *A*, d'arrière en *B*,
d'avant en *C; f* est l'ovaire infère, *gs* le gynostème. Ce dernier provient de la
soudure de trois étamines, dont deux *a,a* sont fertiles tandis que la troisième *s*
représente un staminode stérile, avec le style du gynécée dont la partie antérieure porte le stigmate *n*. Ici le gynostème consiste tout entier en feuilles soudées; il est formé par la réunion des portions basilaires des feuilles staminales
et des feuilles carpellaires, insérées les unes et les autres sur le bord supérieur
du réceptacle creux qui constitue l'ovaire infère *b*. Voir d'ailleurs ce qui est

dit plus loin au sujet du développement et de la signification de la fleur des Orchidées.

Inégalité de forme et de grandeur des étamines d'une même fleur; staminodes; étamines avortées. — Il n'est pas rare de voir la grandeur et la forme des étamines être très-différentes à l'intérieur d'une seule et même fleur. Ainsi, par exemple, on trouve chez les Crucifères deux étamines plus courtes et quatre plus longues; les Labiées ont deux étamines courtes et deux longues (fig. 543); dans le premier cas l'androcée est dit *tétradyname*, dans le second *didyname*. Dans les *Centradenia*, comme le montrent les figures 334, *A* et *B*, les étamines diffèrent non-seulement par la grandeur, mais aussi par la structure.

En s'appuyant sur l'étude du développement et sur la comparaison des rapports de nombre et de position dans les fleurs de plantes voisines, on est même fondé à appeler étamines des corps dépourvus d'anthère et à qui, par conséquent, le caractère physiologique essentiel de l'étamine fait absolument défaut. Ainsi l'on trouve dans la fleur des *Geranium* deux cycles d'étamines fertiles ; mais dans les *Erodium*, qui sont des plantes très-voisines, les étamines de l'un des deux cycles sont dépourvues d'anthères. Ordinairement ces feuilles staminales stériles, que l'on appelle *staminodes,* subissent des métamorphoses ultérieures,

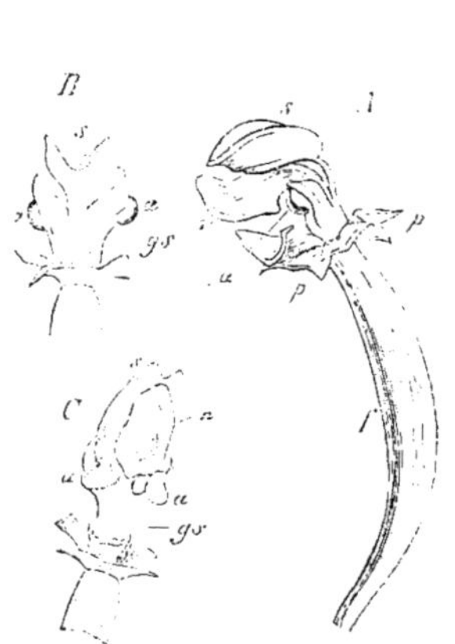

Fig. 342. — Fleur de *Cypripedium Calceolus,* après enlèvement du périanthe *pp* (voir le texte).

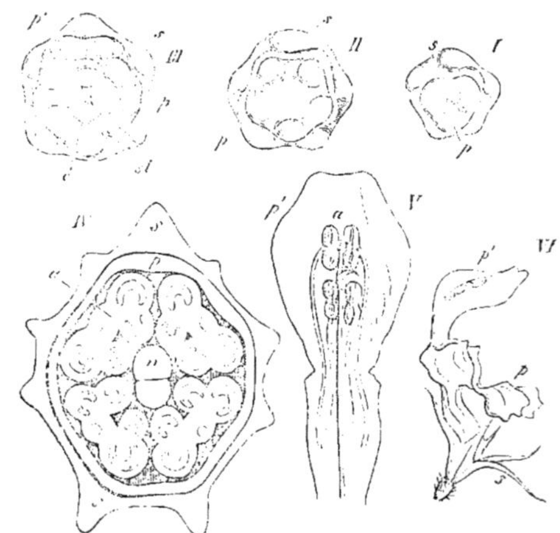

Fig. 343. — États successifs du développement de la fleur du *Lamium album.* — *I, II, III,* très-jeunes boutons vus d'en haut ; *I,* après l'apparition des sépales *s. II,* après celle des pétales *p. III,* après celle des étamines *st,* et des carpelles *c. IV,* section transversale d'un bouton plus âgé, *s,* le tube du calice gamosépale ; *p,* celui de la corolle gamopétale ; *a,* anthères; *n,* stigmates. — *V,* lèvre supérieure de la corolle avec les étamines insérées sur les pétales. — *VI,* fleur fertile entière vue de côté.

par où elles deviennent très-différentes des étamines fertiles ; il n'est pas rare de leur voir prendre la structure corolline ou pétaloïde, comme c'est le cas pour les feuilles staminales internes dans les *Aquilegia,* ou de leur voir acquérir des formes toutes particulières, comme dans les *Cyrpipedium* (fig. 342, *s*).

Dans certaines Gesnériacées, il se développe, à la place de l'étamine postérieure qui avorte, un corps glanduleux, un nectaire, comme on le verra plus loin dans une figure qui se rapporte au *Columnea*.

Ces métamorphoses peuvent être regardées comme les premiers pas vers l'avortement qui, s'il est complet, laisse dans la fleur une place vide à l'endroit où une étamine devrait exister ; c'est le cas dans la famille des Labiées, proche voisine des Gesnériacées. Chez les Labiées, en effet, la place occupée par le staminode des Gesnériacées est complétement vide ; on n'y trouve généralement plus de corps d'aucune espèce, et, par conséquent, des cinq étamines qu'indique le plan de structure de la fleur, quatre sont seules représentées ; la première trace de la cinquième, qui est l'étamine postérieure, ne se développe même pas, comme le montre la figure 343. Ces faits bien constatés permettent de supposer qu'il y a aussi avortement dans les cas où l'organe absent, au lieu de disparaître pendant le cours de son développement, n'a jamais fait même sa première apparition, du moment que la comparaison des relations de nombre et de position dans des plantes très-voisines autorise à croire qu'il manque quelque chose dans la fleur considérée. Cependant l'hypothèse d'un pareil avortement ne trouve une base certaine que dans la théorie de la descendance.

Nombre et disposition des étamines. — Les étamines d'une fleur se réduisent rarement à une ou à deux ; habituellement elles se développent, comme les feuilles du périanthe, en plus grand nombre et en forme de rosette, et elles s'arrangent soit en disposition spiralée, soit en verticilles. Si les feuilles du périanthe sont disposées en spirale, les étamines le sont ordinairement aussi ; leur nombre est alors le plus souvent très-considérable et indéterminé, comme dans les *Nymphæa*, *Magnolia*, *Ranunculus*, *Helleborus;* toutefois, il peut aussi dans ce cas être faible et déterminé.

Mais il arrive bien plus fréquemment que les feuilles staminales sont disposées en un ou plusieurs verticilles. Ces verticilles alternent alors le plus souvent entre eux et avec les feuilles du périanthe, et renferment le même nombre d'éléments. Cette règle souffre cependant un grand nombre d'exceptions. Ainsi elle disparaît quelquefois par l'avortement de certains membres d'un verticille ou de certains verticilles tout entiers, ou encore par la multiplication de ces membres et de ces verticilles, ou enfin par la superposition de verticilles consécutifs. Ailleurs, à la place d'une seule étamine, il s'en développe côte à côte deux ou un plus grand nombre, et l'on dit qu'il y a *dédoublement* des étamines.

Tous ces phénomènes, souvent difficiles à expliquer, ont une grande importance pour la détermination des affinités naturelles des plantes, et nous y reviendrons plus loin pour les étudier de plus près.

Développement des grains de pollen ou microspores (1). — L'exposition que nous allons faire maintenant du mode de développement des grains de pollen ou microspores des Angiospermes et de la paroi des sacs polliniques ou microsporanges qui les renferment, ne s'appliquera pour le moment qu'au cas ordinaire, celui où le pollen naît dans quatre loges et forme des grains isolés

(1) Nægeli : Zur Entwickelungsgesch. des Pollens. Zürich, 1842.—Hofmeister : Neue Beiträge zur Kentniss der Embryobildung der Phanerogamen, II, Monocotyledonen.

qui tombent lorsque l'anthère s'ouvre. Quelques-unes des exceptions les plus importantes seront étudiées plus loin.

Immédiatement après la première apparition, sous forme de protubérances

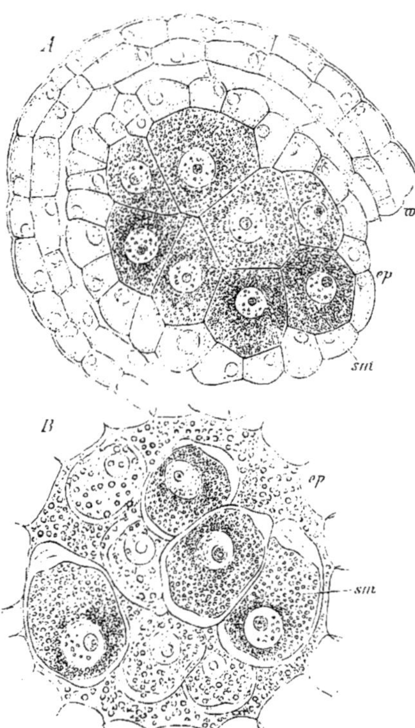

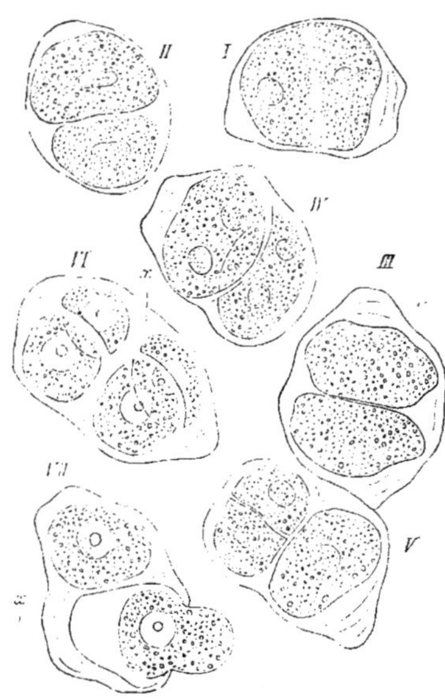

Fig. 345. — *Funkia ovata*. Formation du pollen (350). En *VII*, la membrane d'une des cellules filles s'est fendue sous l'action de l'eau; son corps protoplasmique s'échappe par la fente et s'arrondit en sphère au dehors.

Fig. 344. — *Funkia cordata*. A, section transversale d'un jeune sac pollinique avant l'isolement des cellules mères *sm*; *ep*, l'épithélium qui tapisse la face interne de la loge; *w*, la paroi du sac pollinique. *B*, la loge du sac pollinique après l'isolement des cellules mères *sm*; *ep*, épithélium (500). Pour le développement ultérieur des cellules mères du pollen et du pollen lui-même, voir les figures 345 et 346.

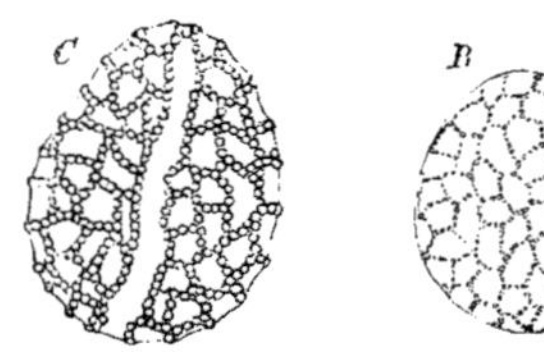

Fig. 346. — *B*, un jeune grain de pollen de *Funkia ovata*. Les épaississements en forme de boutons de la face externe sont encore petits, mais dans le grain plus âgé. *C*, ils sont plus développés; ils sont disposés côte à côte suivant des lignes ajustées en réseau.

à la périphérie du réceptacle floral, des feuilles du périanthe, ou du cycle le plus interne si le périanthe en a plusieurs, les feuilles staminales y naissent à leur tour comme autant de mamelons semblables; mais leur accroissement prend le plus souvent une avance considérable sur la corolle, qui demeure parfois longtemps dans un état très-rudimentaire. De très-bonne heure la protubérance staminale, composée d'un méristème homogène, prend la forme de deux demi-anthères reliées par le connectif, tandis que le filet est encore très-court; plus tard le filet ne s'accroît encore que très-lentement, et c'est seulement avant l'épanouissement qu'il s'allonge fortement par un rapide accroissement intercalaire.

Sur la jeune anthère on voit bientôt apparaître au dehors les quatre sacs polliniques, comme autant de bourrelets longitudinaux; en même temps il se différencie, dans chacun de ces bourrelets et suivant sa longueur, une couche de cellules qui se distinguent de toutes les autres par un accroissement plus fort et par un ralentissement des divisions qui dans tout le méristème environnant continuent à se succéder rapidement (1). Cette couche est formée par les cellules mères primordiales du pollen; celles-ci, par quelques segmentations ultérieures, produisent bientôt un massif allongé de cellules réunies en tissu et qui sont les cellules mères du pollen (fig. 344, *A*, *sm* et fig. 347, *m*).

Ce massif de grandes cellules mères est enveloppé par une couche de tissu formée de plusieurs assises de petites cellules : c'est la future paroi du sac pollinique (fig. 344, *A*). Son assise la plus interne, immédiatement en contact avec le massif de cellules mères, se transforme de bonne heure en un épithélium (*ep*) délicat, à parois minces et rempli de protoplasma à gros granules; les cellules de cet épithélium se divisent ordinairement et s'allongent dans le sens du rayon, mais elles se détruisent par la suite, absolument comme celles de l'assise interne du sporange des Cryptogames vasculaires. Ce n'est que beaucoup plus tard que s'opère le développement particulier des assises externes, qui amène enfin la déhiscence de l'anthère.

Mince à l'origine (fig. 344, *A*, *sm*), la paroi des grandes cellules mères du pollen s'épaissit considérablement plus tard et d'ordinaire irrégulièrement (fig. 345 et fig. 348 *A*); la membrane épaissie présente le plus souvent des couches concentriques très-nettes. Chez beaucoup de Monocotylédones, les cellules mères se séparent ensuite complétement l'une de l'autre et flottent, isolées ou associées par groupes, dans un liquide granuleux qui remplit la cavité de la loge élargie (fig. 344, *B*), phénomène qui rappelle vivement la formation des spores des Cryptogames vasculaires. Ailleurs cependant, par exemple dans beaucoup de Dicotylédones (*Tropæolum*, *Althæa*, etc.), les cellules mères, pourvues d'une membrane très-épaisse, ne s'isolent pas; elles remplissent complétement la loge, mais elles peuvent cependant, si l'on place l'anthère dans l'eau après en avoir déchiré la paroi, se séparer complétement l'une de l'autre. En même temps que la membrane cellulaire s'épaissit, le corps protoplasmique

---

(1) Au sujet de la première apparition des cellules mères primordiales du pollen, je dois à M. Warming la communication suivante. Pour amener la formation des cellules mères primordiales du pollen, les cellules de l'assise la plus externe, c'est-à-dire sous-épidermique du périblème se divisent 1 à 3 fois par des cloisons tangentielles et les plus extérieures des cellules ainsi formées prennent aussi des cloisons radiales. Dans les plantes étudiées (*Hyoscyamus*, *Datura*, *Cyclanthera*, *Euphorbia*), ce sont les plus internes des cellules ainsi constituées qui deviennent immédiatement les cellules mères primordiales du pollen; quant aux assises situées entre elles et l'épiderme, les plus internes sont résorbées et il n'en reste ordinairement qu'une seule pour former avec l'épiderme la paroi de l'anthère.

de la cellule mère s'arrondit, et son grand noyau central se dissout dès qu'elle se prépare à former les cellules polliniques. Tantôt, aux lieu et place du noyau disparu, il s'en forme deux nouveaux qui, ou bien sont immédiatement suivis de la bipartition de la cellule mère (fig. 345, *I, II*), ou bien se dissolvent de nouveau et à leur place apparaissent quatre nouveaux noyaux, suivis de la quadripartition simultanée de la cellule ; ces cas ont été notamment observés parmi les Monocotylédones chez les Liliacées.

Tantôt, au contraire, et c'est le cas notamment chez les Dicotylédones, il naît, aussitôt après la dissolution du noyau de la cellule mère et simultanément,

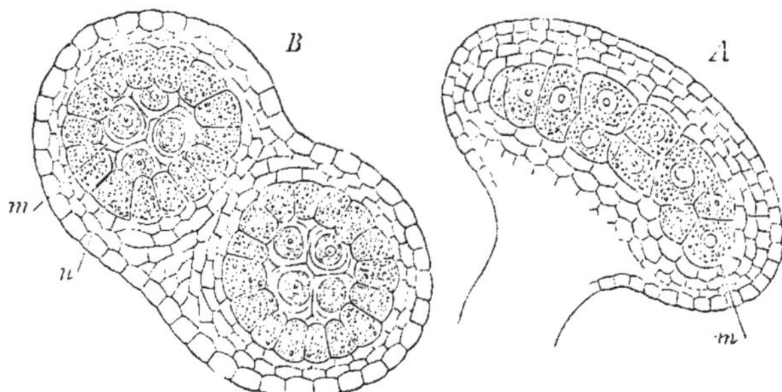

Fig. 347. — *Althæa rosea* : A, sac pollinique vu de côté ; B, section transversale d'une moitié d'anthère, montrant les deux sacs polliniques dont elle se compose : *m*, cellules mères du pollen, encore unies en tissu dans A, déjà partagées chacune en quatre cellules polliniques dans B ; *n*, épithélium de la loge. Chaque demi-anthère formée de deux sacs polliniques est ici portée par une longue branche du filet dédoublé.

quatre nouveaux noyaux, situés dans un même plan ou occupant les angles d'un tétraèdre ; après quoi, le corps protoplasmique de la cellule s'étrangle en quatre lobes, de manière que chaque noyau occupe le centre d'un lobe. Pendant cet étranglement, l'épaisse membrane de la cellule mère s'accroît de dehors en dedans dans les sillons du corps protoplasmique dont elle suit les progrès, jusqu'à ce qu'enfin les quatre pelotes protoplasmiques qui s'arrondissent pendant le cours de cette division progressive soient entièrement séparées et nichées dans quatre cavités de la membrane de la cellule mère (fig. 348, *A* à E). Autour de chacune de ces quatre cellules filles, la membrane se différencie en systèmes de couches concentriques (formant ce qu'on appelle quelquefois à tort les cellules mères spéciales), couches enveloppées par la membrane générale qui entoure la tétrade (fig. 348 *E*, fig. 349). Si l'on place quelque temps dans l'eau ces tétrades ainsi enveloppées, l'ensemble des couches membraneuses crève souvent et les corps protoplasmiques des jeunes cellules polliniques sont expulsés par la fente et s'arrondissent au dehors en forme de sphères (fig. 345, *VII*, et fig. 348 *E*, *G*).

Bientôt après la transformation de la cellule mère du pollen en une tétrade, chaque corps protoplasmique se revêt d'une nouvelle membrane, très-mince à l'origine, et qui est sans continuité avec la couche la plus interne de l'ancienne membrane, comme on le voit nettement en les séparant au moyen de la contraction par l'alcool. C'est là la membrane cellulaire propre du grain de pollen ; elle s'épaissit ensuite rapidement et se différencie en une enveloppe externe cuticularisée appelée *exine* et une enveloppe interne de cellulose pure appelée *intine*. L'exine se couvre sur sa face externe d'épines (fig. 349, *ph*), de verrues (fig. 346), de bandes, de crêtes dentelées, etc., etc.; de son côté, l'intine forme, en des places déterminées, des épaississements saillants vers l'intérieur (fig. 349, *v*), et ces amas de cellulose participent plus tard à la formation

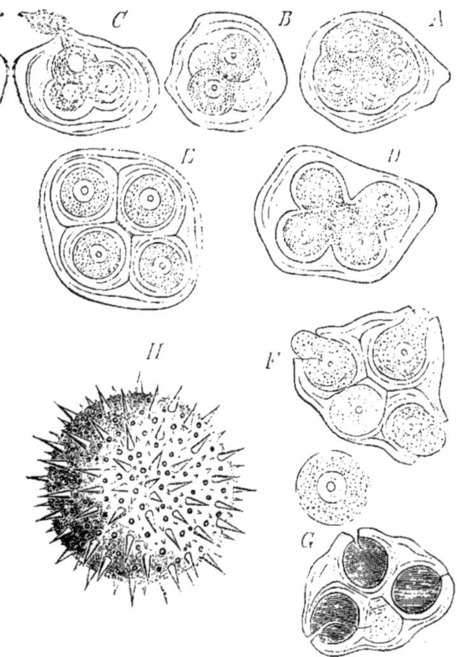

Fig. 348. — *Althæa rosea* : A-E, division en quatre des cellules mères du pollen ; en F et G, une tétrade dans laquelle les membranes des « cellules mères spéciales » crèvent sous l'influence de l'eau et laissent échapper les corps protoplasmiques des jeunes cellules polliniques : H, un grain de pollen achevé, vu du dehors au même grossissement. Voir aussi la figure 11 à la page 19.

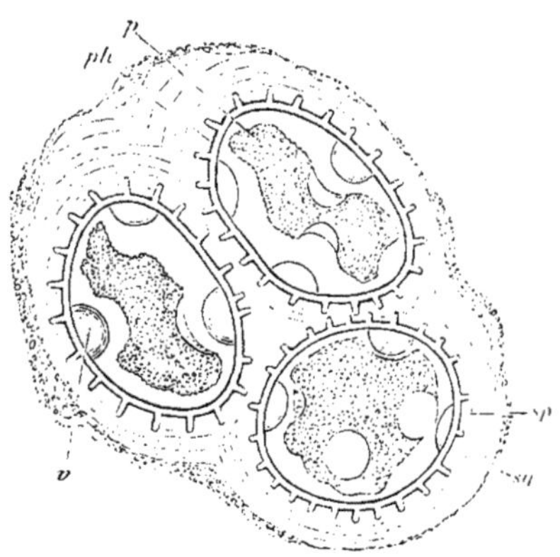

Fig. 349. — Une cellule mère du pollen du *Cucurbita Pepo*. — *sq*, couches externes de la membrane de la cellule mère enveloppant la tétrade, et actuellement en voie de résorption; *sp*, couches membraneuses de la cellule mère (« cellules mères spéciales » enveloppant individuellement les jeunes cellules polliniques et se résorbant aussi plus tard; *ph*, membrane propre de la cellule pollinique dont les pointes croissent en dehors et percent la membrane des « cellules mères spéciales »; *v*, épaississements hémisphériques de cellulose sur la face interne de la membrane propre de la cellule pollinique, épaississements aux dépens desquels les tubes polliniques se formeront plus tard; *p*, le corps protoplasmique contracté de la cellule pollinique (la préparation a été obtenue en coupant une anthère placée depuis plusieurs mois dans l'alcool, 350).

du tube pollinique. Pendant ces phénomènes, l'ensemble de couches qui enveloppe la tétrade se dissout lentement, sa substance se transforme en mucilage et sa forme s'efface enfin complétement; cette désorganisation de la membrane de la cellule mère peut commencer par l'intérieur (fig. 345, *VII*, *a*), ou par l'extérieur (fig. 349, *sg*).

Devenues libres par la résorption de la cavité qui les enfermait jusqu'alors, les jeunes cellules polliniques se séparent et flottent dans le liquide granuleux qui remplit la loge d'anthère; c'est là qu'elles achèvent leur développement et qu'elles atteignent leur dimension définitive, en utilisant à cet effet le liquide où elles nagent, de sorte que finalement les grains de pollen mûrs forment une poussière qui remplit la loge.

Structure des grains de pollen ou microspores. — Contrairement à ce que nous avons vu chez les Gymnospermes, le grain de pollen mûr ou microspore des Angiospermes (1) ne subit aucune division. Il demeure unicellulaire et, sur le stigmate de l'organe femelle, le tube pollinique se développe immédiatement comme un simple prolongement de l'intine, qui perce l'exine le plus souvent en des places déterminées, préparées à l'avance et que l'on appelle des *pores*. Il n'est pas rare qu'un grain de pollen présente à sa surface plusieurs de ces pores, ou même un très-grand nombre (fig. 350 *a*, fig. 351 *o*) et qu'il puisse, par conséquent, donner naissance à autant de tubes polliniques; mais le plus souvent un seul de ces tubes s'accroît fortement pour opérer la fécondation.

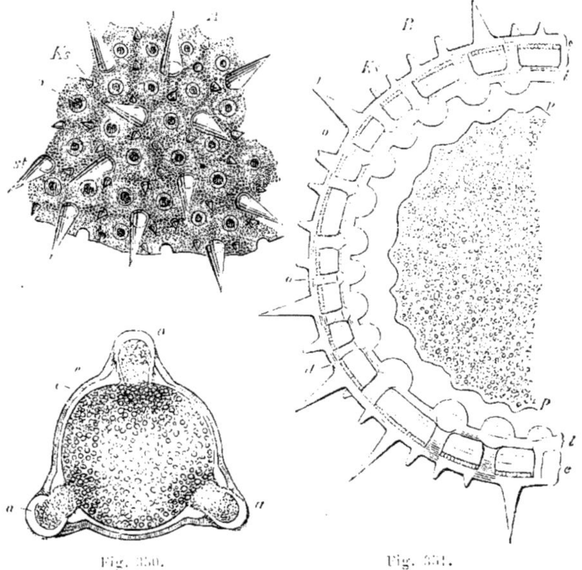

Fig. 350.   Fig. 351.

Fig. 350. — Grain de pollen d'*Epilobium angustifolium* en coupe optique : *a, a, a*, les pores, points de sortie de l'intine *i*, qui y est épaissie tandis que l'exine *e*, au contraire, y est fort amincie (500).

Fig. 351. — Grain de pollen d'*Althæa rosea*. — A, une portion de l'exine vue du dehors. B, moitié d'une coupe équatoriale très-mince du grain : *st*, grandes épines; *ks*, petites épines de l'exine; *o*, pores de l'exine; *e*, exine; *i*, intine; *p*, le corps protoplasmique du grain de pollen, séparé de l'intine par contraction (800).

Si l'on fait abstraction de la sculpture même de l'exine déjà signalée plus haut, la forme extérieure et la structure d'ensemble des grains de pollen dépendent principalement du nombre des pores qui s'y produisent, de la disposition qu'ils y affectent et de la manière dont l'exine se comporte par rapport à eux, tantôt s'amincissant simplement au-dessus des pores où l'intine proémine en forme de verrues (fig. 350), tantôt y détachant une portion arrondie de sa propre substance qui se soulève comme un couvercle (Cucurbitacées, fig. 37, p. 44, *Passiflora*), tantôt se fendant en rubans le long d'une ligne spiralée

(1) Pour plus de détails voir Schacht: Jahrbücher f. wiss. Botanik, II, p. 149, et Luerssen, *ibid.*, VII, p. 34.

comme dans le *Thunbergia* (fig. 38, p. 46), etc., etc. Ailleurs, l'exine forme seulement, au lieu de pores, de minces bandes longitudinales, qui se replient dans l'intérieur si le grain est sec, et auxquelles on donne le nom de *plis* (*Gladiolus*, *Yucca*, *Helleborus*, etc.).

A l'endroit des pores, l'intine est le plus souvent épaissie, et souvent même elle y forme des protubérances hémisphériques qui fournissent la substance nécessaire aux premiers développements du tube pollinique (fig. 351, *i*). Mais souvent aussi l'intine s'épaissit régulièrement et également en tous ses points, comme dans les *Canna*, *Strelitzia*, *Musa*, *Persea*, et dans ce cas il semble, d'après Schacht, qu'aucune place ne soit ménagée à l'avance pour la sortie du tube pollinique; le grain n'a ni plis ni pores.

Le nombre des pores est déterminé dans chaque espèce, et souvent dans des genres entiers et même dans de vastes familles. Il y a un pore dans la majorité des Monocotylédones et dans quelques Dicotylédones; deux dans les *Ficus*, *Justicia*, etc.; trois dans les Onagrariées, Protéacées, Cupulifères, Géraniacées, Composées, Borraginées; quatre à six dans les *Impatiens*, *Astrapœa*, *Alnus*, *Carpinus*; un grand nombre dans les Convolvulacées, Malvacées, Alsinées, etc. (Schacht, *loc. cit.*).

L'exine est rarement lisse, le plus souvent elle présente sur sa face externe les diverses sculptures dont nous avons parlé plus haut. Si elle est très-épaisse, on y reconnaît souvent des couches de structure et de consistance différentes. Parfois même il s'opère, en direction radiale à travers l'épaisseur de l'exine, des différenciations à la suite desquelles elle paraît composée de bâtonnets prismatiques ou de lamelles unies en réseau comme dans un gâteau de miel (fig. 351). Cette structure rappelle celle de l'exospore des Marsiliacées, et comme, dans ce dernier cas, elle ne doit vraisemblablement sa production qu'à un développement plus complet des stries radiales, peut-être avec résorption ultérieure des aréoles molles et endurcissement des places plus denses (voir p. 39, fig. 35 et p. 522, fig. 300).

Le contenu du grain de pollen mûr, la *fovilla* des anciens botanistes, consiste ordinairement en un protoplasma dense à gros granules, dans lequel on distingue de petits grains d'amidon et des gouttelettes d'huile. Si le grain crève dans l'eau, la fovilla s'en échappe sous forme d'une masse mucilagineuse, cohérente et souvent vermiforme.

A la surface de l'exine on trouve fréquemment de l'huile jaune ou de couleur différente, souvent condensée en gouttelettes; cette huile rend le pollen visqueux et propre à être transporté de fleur en fleur par les insectes. Ce n'est que dans des cas assez rares que le pollen forme une poussière complétement sèche, comme dans les Urticées et les Graminées, où il est projeté hors des anthères ou simplement livré à sa chute naturelle.

Développement de la paroi des sacs polliniques et de l'anthère. — Quand les grains de pollen s'approchent de l'état de maturité et que le bouton se prépare à s'épanouir, alors seulement la paroi des sacs polliniques, c'est-à-dire des loges de l'anthère, achève aussi son développement (1).

(1) Voir sur ce point H. MOHL : Vermischte Schriften, p. 62.

L'assise cellulaire externe, l'épiderme, conserve toujours ses parois lisses (fig. 352). Les cellules des assises internes, formant ce qu'on a appelé l'*endothèque*, demeurent également lisses lorsque l'anthère est indéhiscente ; si elle s'ouvre en valves, comme dans la figure 332 *k*, on voit, mais seulement sur ces valves, les assises cellulaires internes munies de bandes d'épaississement ; enfin quand les loges d'anthère s'ouvrent par des fentes longitudinales, toutes

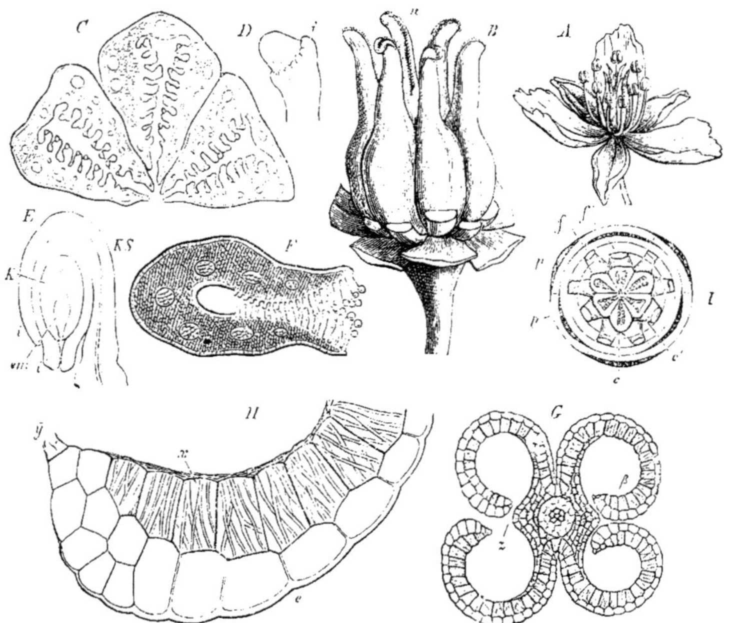

Fig. 352. — *Butomus umbellatus*. A, fleur de grand. nat. — *B*, le gynécée après enlèvement du périanthe et des étamines, grossi ; *a*, les stigmates. — *C*, section transversale à travers trois des ovaires monomères ; chaque carpelle est garni de nombreux ovules sur sa face interne. — *D*, un jeune ovule. — *E*, un autre, immédiatement avant la fécondation : *i, i*, téguments ; *k*, nucelle ; *ks*, le raphé ; *en*, le sac embryonnaire. — *F*, section transversale de la région stigmatique d'un carpelle, plus fortement grossie ; aux poils stigmatiques pendent des grains de pollen. — *G*, section transversale d'une anthère ; elle a quatre loges, mais la séparation des valves *z* en *z* a lieu de telle sorte qu'elle paraît plus tard biloculaire. — *H*, portion d'une valve de l'anthère, correspondant à *z* dans *G* : *y*, l'endroit où elle s'est séparée du connectif ; *e*, épiderme ; *x*, l'assise de cellules à bandes épaissies (endothèque). — *I*, diagramme de la fleur tout entière : le périanthe, *pp*, se compose de deux verticilles ternaires alternes ; l'androcée de même, mais les étamines du verticille externe sont dédoublées, *f*, tandis que celles du verticille interne *f'* sont simples et plus grosses. Le gynécée aussi est composé de deux verticilles ternaires alternes, un extérieur *c* et un intérieur *c'*. La fleur tout entière comprend donc six verticilles ternaires alternes, avec dédoublement des membres dans le verticille staminal externe.

les cellules de l'endothèque sont pourvues de ces bandes d'épaississement. Le plus souvent il n'y a qu'une seule assise semblable, mais quelquefois on en voit plusieurs et l'*Agave americana* en présente même 8 à 12. Ces bandes d'épaississement saillantes vers l'intérieur, manquent le plus souvent sur la face externe des cellules ; sur leurs faces latérales elles se dirigent d'ordinaire perpendiculairement à la surface de la loge; enfin sur la face interne elles s'étendent transversalement et se réunissent plusieurs ensemble en réseau ou en étoile.

A la maturité, pendant la dessiccation de la paroi de l'anthère, les cellules épidermiques se contractent plus fortement que les cellules de l'endothèque ainsi munies de bandes d'épaississement; elles exercent donc une traction qui tend à rendre concave vers l'extérieur la paroi de l'anthère et à la déchirer le long de la ligne de moindre résistance. La manière dont les sacs polliniques s'ouvrent est très-diverse et elle est toujours en étroite connexion avec les autres conditions qui se trouvent ménagées dans la fleur dans le but d'amener la fécondation, soit par l'intermédiaire des insectes, soit sans leur aide. Tantôt il se fait seulement une courte déchirure au sommet de chaque demi-anthère, comme dans les *Solanum* et les Éricacées (fig. 333), et c'est par cette ouverture terminale que s'échappe à la fois le pollen des deux loges contiguës. Tantôt, et c'est le cas le plus fréquent, la paroi se déchire de chaque côté le long du sillon longitudinal qui sépare les deux loges, en même temps que le tissu qui les sépare est plus ou moins détruit, de sorte que les deux loges ainsi confondues s'ouvrent à la fois par cette unique fente longitudinale (fig. 352). Ce mode de déhiscence a fait donner à ces anthères l'étrange dénomination d'anthères *biloculaires*. Il faut cependant, s'il est vrai que la nomenclature doit avoir un sens scientifique, les dire quadriloculaires, par opposition aux anthères réellement biloculaires des Asclépiadées et aux anthères octoloculaires de beaucoup de Mimosées. Parfois aussi chaque demi-anthère s'ouvre à son sommet par un pore, produit simplement par la destruction en ce point d'une petite portion de tissu (M. Hofmeister). D'ailleurs une étude détaillée et comparative de ces phénomènes, si importants au point de vue physiologique et si divers, nous fait défaut jusqu'à présent.

Nous devons nous borner ici à remarquer encore, qu'au point de vue de la classification naturelle, on attache de l'importance à la direction suivant laquelle s'opère la déhiscence de l'anthère. Tantôt, en effet, l'anthère s'ouvre vers l'intérieur, c'est-à-dire du côté du gynécée, et on la dit *introrse*; tantôt vers l'extérieur et on la dit *extrorse*. Cette différence dépend de la position de la ligne de séparation des deux loges et en même temps de la situation des sacs polliniques sur la face interne ou sur la face externe de support.

Caractères singuliers du pollen de quelques plantes; grains composés et polliniés. — Telles que nous venons de les exposer, la marche du développement du pollen et la structure définitive à laquelle il parvient subissent, dans plusieurs familles de Monocotylédones et de Dicotylédones, des déviations plus ou moins considérables; nous allons en signaler ici les plus importantes (1).

Les *Najas* et *Zostera* ne s'écartent du type normal que par l'absence d'épaississement de la membrane des cellules mères du pollen et par la minceur de la paroi des grains de pollen eux-mêmes. Ces derniers prennent dans les *Zostera* un aspect très-étrange, parce qu'au lieu de la forme arrondie ordinaire,

---

(1) Pour ce qui suit, consulter : Hofmeister : Neue Beiträge, II (Abhandl. d. k. Sächs. Gesells. VII). — Reichenbach : De pollinis Orchidearum genesi (Leipzig, 1852). — Rosanoff : Ueber den Pollen der Mimoseen (Jahrb. f. wiss. Botanik, VI, p. 141).

ils s'allongent en longs tubes minces, placés parallèlement côte à côte à l'intérieur de la loge.

La déviation est plus considérable dans les cas où il y a formation de grains de pollen dits *composés*. Ces grains composés prennent naissance, soit simplement parce que les quatre cellules filles ou cellules polliniques nées dans une même cellule mère, demeurent plus ou moins intimement réunies, comme on le voit dans les tétrades polliniques de certaines Orchidées, des *Fourcroya*, *Typha*, *Annona*, *Rhododendron*, etc., soit parce que tout ce qui provient dans l'avenir de la même cellule mère primordiale demeure uni et forme une masse pollinique de 8, 12, 16, 32, 64 grains accollés, comme dans beaucoup de *Mimosa* et d'*Acacia* (1). Dans ce dernier cas la cuticule, c'est-à-dire l'exine, est plus fortement développée sur la surface libre des grains qui occupent la périphérie de la masse, et elle recouvre le tout comme une membrane continue qui émet vers l'intérieur, entre les grains, des lamelles amincies.

Dans les diverses tribus de la famille des Orchidées on rencontre tous les degrés depuis les grains de pollen isolés normaux des Cypripédiées, en passant par les tétrades des Néottiées, jusqu'aux Ophrydées, où tous les grains issus d'une même cellule mère primordiale demeurent réunis et forment à l'intérieur de chaque loge un grand nombre de petites masses polliniques, et enfin jusqu'aux Cérorchidées où tous les grains de pollen d'une même loge d'anthère demeurent unis en une sorte de tissu parenchymateux et forment une grosse masse pollinique d'aspect cireux, appelée *pollinie*. Ici, comme dans les Asclépiadées à anthères biloculaires où tous les grains de pollen de chaque loge sont solidement cimentés par une substance cireuse, il ne peut naturellement y avoir de dissémination du pollen, et il n'y a pas davantage de chute spontanée des pollinies hors des anthères. Mais par des combinaisons toutes particulières des diverses parties de la fleur, il arrive que les insectes, en cherchant à composer leur miel, arrachent des loges d'anthère les grosses pollinies ou les petites masses polliniques agglutinées entre elles et vont s'en débarrasser sur le stigmate d'autres fleurs de la même espèce. (Voir liv. III, Sexualité.)

LE GYNÉCÉE (2).

Parties constitutives du gynécée : ovaire, style, stigmate. — Le gynécée de la fleur des Angiospermes consiste en une ou plusieurs capsules closes dans l'intérieur desquelles les ovules se forment. La partie inférieure, creuse et renflée de chaque capsule, celle qui renferme les ovules, s'appelle l'*ovaire;* l'endroit où la masse de tissu sur laquelle les ovules s'insèrent directement à l'intérieur de l'ovaire s'appelle un *placenta*. Au-dessus de l'ovaire, la capsule se

---

(1) D'après M. Rosanoff, dans beaucoup de Mimosées l'anthère est à huit loges, parce que chaque moitié d'anthère contient deux paires de logettes ; dans chaque logette les grains demeurent soudés en une masse unique.

(2) Voir sur ce sujet les opinions de **Payer**, qui, en quelques points essentiels, diffèrent de la nôtre. (Organogénie de la fleur, p. 725.)

rétrécit et se prolonge en un ou plusieurs filaments appelés *styles* qui se terminent chacun par un *stigmate;* le stigmate est un renflement ou une expansion de forme diverse, qui retient les grains de pollen transportés à sa surface et leur permet, grâce à l'humeur visqueuse qu'il sécrète, de développer leurs tubes polliniques.

Position relative du gynécée. Gynécée supère : fleur hypogyne et périgyne. Gynécée infère : fleur épigyne. — Le gynécée est toujours la dernière formation de la fleur. Si donc l'axe floral s'allonge suffisamment, le gynécée en couvre la partie la plus élevée; si l'axe est aplati

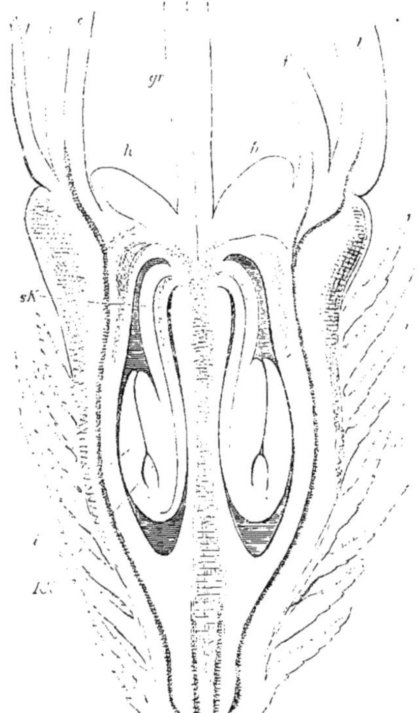

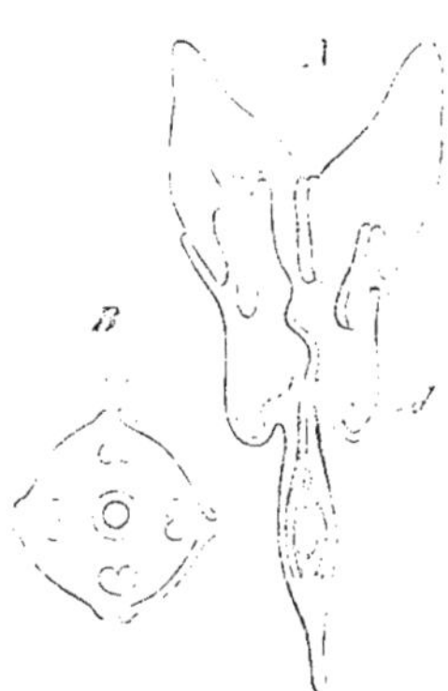

Fig. 354. — Fleur d'*Eleagnus hortensis*. *A*, section longitudinale; *d*, disque ou nectaire. *B*, diagramme de cette fleur.

Fig. 353. — Section longitudinale de l'ovaire infère de l'*Eryngium campestre*; *l*, sépales; *c*, pétales; *f*, filet des étamines; *gr*, style; *h*, disque ou nectaire; *kk*, nucelle des ovules; *i*, tégument.

et étalé en forme d'assiette, le gynécée est situé au centre de la fleur; si l'axe est creusé en coupe, le gynécée occupe le fond de l'excavation, au centre duquel est situé le sommet végétatif de l'axe floral. Dans le diagramme de la fleur (fig. 352 *I* et 354 *B*), où tout cercle plus externe représente un cycle plus âgé et tout cercle plus interne un cycle plus jeune, le gynécée apparaît donc toujours comme la formation la plus interne et centrale de la fleur, puisque les déplacements longitudinaux le long de l'axe floral sont mis de côté dans la construction du diagramme.

Si le réceptacle s'allonge assez au centre de la fleur pour que la base du gynécée soit située nettement au-dessus des étamines, ou tout au moins au milieu de l'androcée, le périanthe et l'androcée, et aussi la fleur tout entière, sont dits *hypogynes* (fig. 352). Si au contraire le réceptacle est creusé en forme de coupe plus ou moins profonde et s'il porte, sur le bord annulaire de cette coupe, le périanthe et l'androcée, pendant que le gynécée s'insère au fond de l'excavation (fig. 354 *A*), on dit que le périanthe et l'androcée, et aussi la fleur tout entière, sont *périgynes*. Il est clair qu'entre les fleurs nettement hypogynes et les fleurs décidément périgynes, il peut exister des formes intermédiaires et, dans le fait, ces transitions se présentent fréquemment, notamment parmi les Rosiflores.

Dans les deux cas que nous venons de distinguer, le gynécée est *libre* et *supère*, et le réceptacle ne prend aucune part à la formation de la paroi de l'ovaire. Il est vrai que dans certaines fleurs périgynes, par exemple dans les *Pyrus*, *Rosa*, etc., la coupe réceptaculaire paraît entrer dans la composition de l'ovaire; mais ce n'est là qu'une apparence extérieure.

Enfin, la fleur est dite *épigyne*, quand elle possède un ovaire réellement *infère*. L'ovaire infère se distingue de l'ovaire enfoncé dans la coupe réceptaculaire de la fleur périgyne, en ce que sa paroi est formée par le réceptacle lui-même creusé en coupe ou même en long tube. Les carpelles qui, dans le gynécée libre et supère des fleurs hypogyne et périgyne, constituent toute la paroi de l'ovaire, s'insèrent ici comme le périanthe et l'androcée sur le bord de la coupe réceptaculaire et ne servent qu'à en fermer la cavité, pour se prolonger ensuite dans le style et porter les stigmates (fig. 353). Entre l'ovaire supère des fleurs hypogynes ou périgynes et l'ovaire infère des fleurs épigynes, il n'est pas rare de rencontrer aussi des formes de passage. L'ovaire peut, par exemple, être formé dans sa moitié inférieure par le réceptacle et dans sa moitié supérieure par les carpelles soudés; des transitions de cette sorte se voient notamment dans les Saxifrages.

Fleur monocarpienne; fleur polycarpienne. — Si le gynécée d'une fleur ne forme qu'un seul ovaire, il ne produit aussi plus tard qu'un seul fruit et la fleur peut être dite *monocarpienne* (fig. 353 et fig. 354), par opposition avec les fleurs *polycarpiennes*, dont le gynécée forme plusieurs ovaires isolés et d'où procèdent, par conséquent, des fruits en nombre égal ou moins considérable (fig. 352).

Principaux types de structure du gynécée. — L'intelligence des diverses formes qu'affecte le gynécée des Angiospermes sera rendue plus facile, si nous considérons séparément les principaux types qui peuvent se présenter. Je distingue dans ce but les types de structure suivants :

I. Gynécée supère : fleur hypogyne ou périgyne.

    A. Les ovules s'insèrent sur les carpelles eux-mêmes.

        a. Les ovaires sont monomères.

            1. Il y en a un seul dans une fleur.

            2. Il y en a deux ou plusieurs dans une fleur.

        b. Il y a un ovaire polymère dans la fleur.

            3. Cet ovaire est uniloculaire.

4. Cet ovaire est pluriloculaire.
B. Les ovules naissent de l'axe floral à l'intérieur de l'ovaire.
5. Un seul ovule terminal.
6. Un ou plusieurs ovules insérés latéralement sur l'axe.
II. Gynécée infère : fleur épigyne.
C. Les ovules sont insérés sur la paroi de l'ovaire.
7. L'ovaire est uniloculaire.
8. L'ovaire est pluriloculaire.
D. Les ovules sont insérés sur l'axe.
9. Un seul ovule terminant l'extrémité de l'axe.
10. Un ou plusieurs ovules insérés latéralement sur l'axe.

A. Gynécée supère où les ovules naissent des carpelles eux-mêmes. — Le gynécée supère est essentiellement constitué par des feuilles particulières, appelées *carpelles*, feuilles qui produisent aussi le plus souvent les ovules. Ceux-

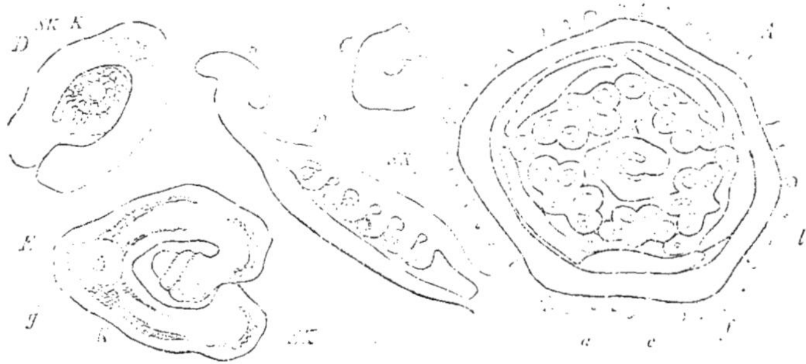

Fig. 355. — *Phaseolus vulgaris*. — A, section transversale du bouton : *t*, tube calicinal ; *c*, corolle ; *f*, filets des étamines externes ; *a*, anthères des étamines internes ; *k*, carpelle. — *B*, section longitudinale du carpelle, avec ses ovules *sk*, et le stigmate *n*. — *C*, *D*, *E*, sections transversales de carpelles d'âge différent : *sk*, leurs ovules marginaux ; *g*, nervure médiane du carpelle.

ci s'insèrent ordinairement sur les bords de la feuille carpellaire, comme dans la figure 355; mais il n'est pas rare qu'ils en recouvrent toute la surface interne, comme dans la figure 328 *F* et dans la figure 351 *C*.

L'ovaire est monomère. — L'ovaire est *monomère*, quand il est formé d'un seul carpelle reployé sur sa face interne et dont les bords se sont étroitement rapprochés et soudés, de façon que la nervure médiane de la feuille parcourt le dos de l'ovaire, tandis que les ovules, s'ils sont marginaux, forment du côté opposé une double rangée à droite et à gauche de la ligne de suture (fig. 355). Toutefois les bords rentrants des carpelles peuvent aussi se renfler en placentas épais, comme dans la figure 356, et produire de nombreuses rangées d'ovules. Inversement, il n'est pas rare de voir le nombre des ovules se réduire à deux, un sur chaque bord (*Amygdalus*), et il arrive même qu'un seul de ces deux ovules se développe (*Ranunculus*).

Les fleurs monocarpiennes ne renferment qu'une seule de ces feuilles carpellaires, comme dans les figure 354 et 355; les fleurs polycarpiennes en contiennent deux, trois ou davantage, et même un très-grand nombre. S'il y a trois ou cinq carpelles, ils forment ordinairement un verticille ; s'il y en a quatre, six ou dix, ils se disposent habituellement en deux verticilles alternes (voir la figure 352, *B, I*). Quand le nombre des ovaires monomères d'une fleur est considérable, comme dans les Renonculacées, Magnoliacées, etc., la partie de l'axe floral qui les porte s'allonge notablement et ils y sont disposés en spirale ; cet allongement est très-marqué, par exemple, dans les *Myosurus*.

À l'origine, l'ovaire monomère est toujours, par son mode de formation même, uniloculaire ; mais il peut aussi devenir ultérieurement pluriloculaire. C'est ce qui arrive quand, par excroissance locale du tissu de la face interne du carpelle, il se forme des lames qui partagent la cavité primitive en logettes, tantôt longitudinalement comme dans les *Astragalus*, tantôt transversalement comme dans le *Cassia fistula*.

L'ovaire est polymère. — Pour former un ovaire *polymère*, tous les carpelles

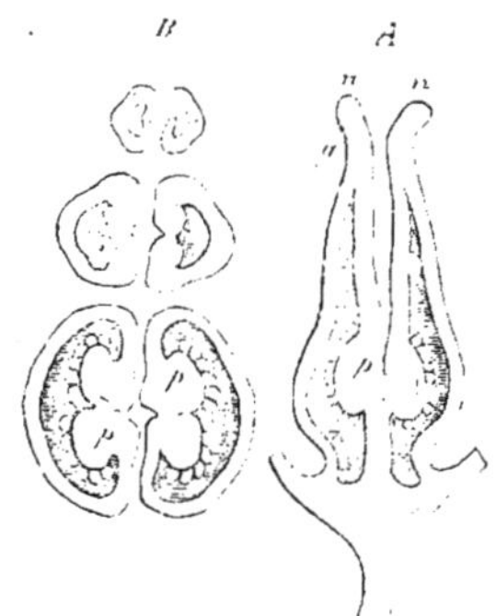

Fig. 356. — Gynécée du *Saxifraga cordifolia*. A. en section longitudinale : *g.* style ; *n.* stigmate. B. sections transversales à diverses hauteurs ; *p.* placentas.

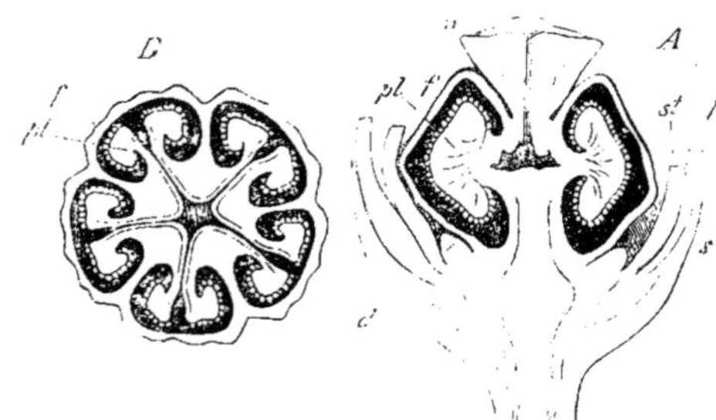

Fig. 357. — Gynécée du *Pyrola umbellata*. — A, section longitudinale : *s.* sépales ; *p*, pétales ; *st*, filets des étamines ; *f*, ovaire ; *n*, stigmate ; *d*, glandes nectarifères. — B. section transversale de l'ovaire dont *f* est la paroi et *pl* les placentas.

de la fleur, disposés alors le plus souvent par 2, 3, 4 ou 5 en un verticille, s'unissent ensemble au centre de la fleur. S'ils demeurent ouverts et s'ils se soudent de façon que le bord droit de l'un se confonde avec le bord gauche de l'autre (soudure valvaire), l'ovaire polymère est uniloculaire. Si les bords soudés des carpelles ne proéminent que faiblement vers l'intérieur, comme dans les *Reseda, Viola*, etc., l'ovaire est à placentas pariétaux. Si les bords soudés des carpelles s'avancent davantage vers l'intérieur, la cavité de l'ovaire est subdivisée par eux en chambres, mais ces chambres communiquent toutes entre elles au centre, comme dans les *Papaver*, où les cloisons incomplètes sont recouvertes des deux côtés par d'innombrables ovules.

Enfin un ovaire polymère à deux ou plusieurs loges prend naissance, lorsque les carpelles projettent leurs bords soudés assez loin vers l'intérieur pour qu'ils viennent se rencontrer et se souder ensemble dans l'axe géométrique de l'ovaire. A cette soudure centrale participe quelquefois l'axe de la fleur, lorsqu'il se prolonge entre les carpelles. Le mode de soudure des feuilles carpellaires dans les ovaires pluriloculaires peut d'ailleurs être très-divers : ainsi, par exemple, tantôt la soudure des bords rentrants règne dans toute la longueur de l'ovaire ; tantôt elle n'a lieu que dans la région inférieure, tandis que plus haut les feuilles capellaires se comportent plutôt comme un cycle d'ovaires monomères (fig. 356, 357, 358, 359).

Puisque les bords rentrants des carpelles, unis au centre de l'ovaire, forment les placentas, les ovules s'insèrent ici dans l'angle interne de chaque loge, comme dans la figure 358. Mais il arrive souvent aussi, qu'en se réfléchissant vers l'extérieur après s'être unis au centre, les bords carpellaires se séparent de nouveau en deux lames recourbées qui ne se renflent en placentas que vers le milieu de la loge, comme le montre la figure 357. Il est clair que, dans ce cas, les deux placentas de chaque loge correspondent aux deux bords libres du même carpelle, dont la région médiane forme la paroi interne de cette loge.

Dans les ovaires polymères, comme dans les monomères, il peut aussi se

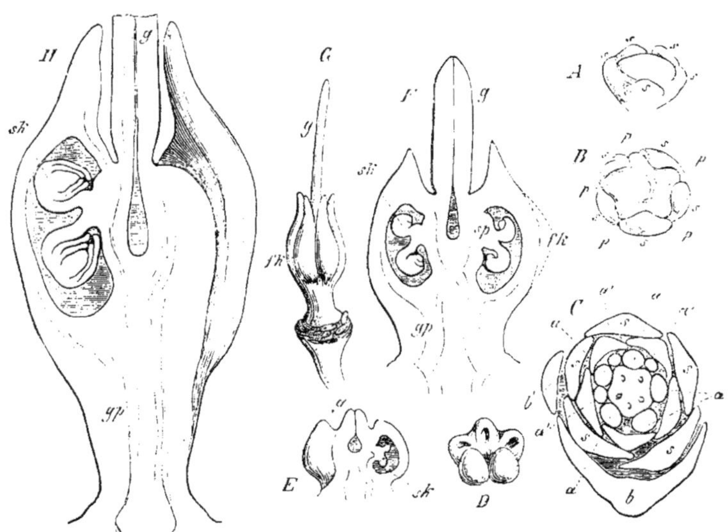

Fig. 358. — *Dictamnus Fraxinella*. — *A*, jeune bouton après la formation des jeunes sépales *s*. — *B*, bouton plus âgé après la formation des jeunes pétales *p*. — *C*, bouton plus âgé ; les cinq étamines *a* sont formées, et il en apparaît entre elles cinq nouvelles *a'*, dont les trois premières seules sont déjà constituées ; *b*, bractée mère ; *b'*, une bractée latérale. — *D* à *H*, développement de l'ovaire *fk* ; *sk*, ovules ; *gp*, gynophore ; *g*, style.

développer de fausses cloisons. Si l'ovaire polymère est biloculaire, il peut devenir ainsi quadriloculaire (*Datura*) ; s'il a cinq loges, il peut ainsi en acquérir dix (*Linum*). Le premier cas est général chez les Labiées et les Borraginées. La figure 360 montre que l'ovaire de ces plantes résulte de deux carpelles, dont les bords saillants vers l'intérieur (I à IV) forment à droite et à gauche un placenta *pl*, sur lequel naissent deux ovules, un en avant, un en arrière, correspondant à chaque bord carpellaire ; mais entre les deux ovules de chaque loge s'insinue bientôt une lame émanée de la ligne médiane du carpelle (*a* dans IV et VI), lame qui partage la loge en deux compartiments uniovulés. Plus tard, comme la région externe de chacun de ces quatre compartiments se bombe fortement en dehors et en haut (*B*), la séparation de l'ovaire bicarpellé en quatre parties distinctes devient plus marquée. Fnalement, ces quatre parties s'isolent même l'une de l'autre et forment quatre fruits partiels uniséminés, phénomène qui est plus accusé encore chez les Borraginées que chez les Labiées.

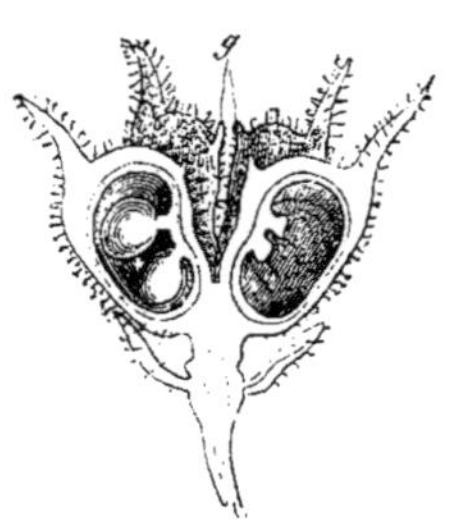

Fig. 359. — Fruit mûr de *Dictamnus Fraxinella* ; le carpelle antérieur est enlevé, les deux latéraux sont ouverts (grand. nat.)

Cas où il est incertain si les ovules naissent des carpelles ou de l'axe. — Avant d'arriver à étudier les ovaires supères à placenta axile, je dois faire remarquer qu'il y a des cas où, dans l'état actuel de nos connaissances, il n'est pas permis de décider encore avec certitude si les ovules procèdent de l'axe floral prolongé ou des bords carpellaires soudés avec lui ; ces cas douteux sont peut-être même plus nombreux qu'on ne le croit.

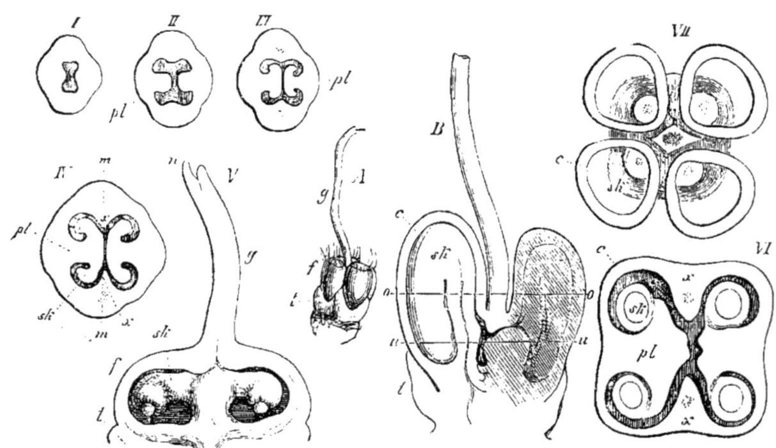

Fig. 360. — Développement de l'ovaire du *Phlomis pungens* (une Labiée). — *I*-*VII*, série des âges ; *V* est une section longitudinale, les autres sont des sections transversales.—*A*, est un gynécée apte à être fécondé, vu du dehors ; *B*, un autre en section longitudinale. — Les lignes *o* et *u*, dans *B*, correspondent aux sections transversales *VII* et *VI*; *pl*, indique le placenta ; *x*, les fausses cloisons ; *f*, les loges de l'ovaire; *sk*, les ovules; *c*, la paroi du carpelle ; *t*, le disque ; *u*, le stigmate.

Ainsi, dans les Caryophyllées, d'après les observations de Payer sur les *Cerastium* et *Malachium*, l'extrémité élargie de l'axe floral s'accroît notablement encore, avant que les carpelles ne s'y développent. Ces carpelles naissent ensuite en un verticille, soudés par leurs bords et reliés au prolongement de l'axe par l'intermédiaire de ces bords soudés ; chaque carpelle forme alors, pour ainsi dire, une poche appendue à l'axe. Plus tard, quand l'axe s'allonge, les bords carpellaires forment des cloisons radiales étendues longitudinalement entre les poches développées en autant de loges ; mais finalement les carpelles dépassent le sommet de l'axe et les cloisons s'élèvent au-dessus de lui, dans les *Cerastium*, etc., comme autant de lames non reliées entre elles au centre ; de sorte que l'ovaire, qui a cinq loges en bas, demeure uniloculaire en haut. Sur la face axile de chaque loge, face qui semble formée par l'axe floral lui-même, les ovules naissent en deux rangées parallèles. Dans la famille des Caryophyllées, on trouve donc à la fois des genres où il est plus vraisemblable que le placenta est de nature axile, et d'autres où le placenta semble appartenir plutôt aux carpelles eux-mêmes (1).

B. Gynécée supère où les ovules naissent de l'axe floral. — Parmi les plantes qui possèdent un ovaire supère à placenta axile, il faut signaler tout d'abord les Pipéracées, ainsi que les *Typha* et *Najas* (2).

Ici la fleur femelle est très-simple et, si l'on fait abstraction des poils qui, chez les *Typha*, représentent un périanthe, elle se réduit à un petit rameau latéral transformé en un ovaire contenant un seul ovule central. C'est le sommet même de l'axe de ce petit rameau qui devient le nucelle de l'ovule ; cet ovule s'entoure d'abord d'un bourrelet annulaire, qui le dépasse plus tard, et finalement l'enveloppe ainsi formée se ferme en haut pour constituer la paroi de l'ovaire.

Dans les *Typha*, l'ovaire ne se prolonge qu'en un seul style terminé par un stigmate unique ; on peut donc le considérer comme formé d'un seul carpelle, qui se dresse sur l'axe floral en affectant d'abord la forme d'un bourrelet annulaire. Mais dans les Pipéracées le stigmate, qui est sessile au sommet de l'ovaire, est souvent divisé en plusieurs lobes ou placé latéralement, circonstance qui, tout aussi bien que les deux à quatre styles qui terminent l'ovaire des *Najas* (3), indique que l'ovaire lui-même n'est pas formé par un seul carpelle, mais par plusieurs feuilles carpellaires soudées. Comme les gaînes foliaires des Prêles, ces carpelles naissent d'abord tous ensemble sous forme d'un bourrelet annulaire indivis, pour ne se séparer que plus tard en autant de

---

(1) L'étude anatomique de la fleur montre, en effet, que chez certaines Caryophyllées l'axe floral, après avoir émis les faisceaux dorsaux et marginaux des carpelles, prolonge ses propres faisceaux entre ces derniers jusque vers le sommet des loges. Mais les branches vasculaires qui se rendent aux ovules n'en partent pas moins des faisceaux marginaux des carpelles et nullement des faisceaux de l'axe prolongé. Cette prolongation de l'axe entre les carpelles n'est donc qu'un phénomène secondaire, qui n'a rien à voir avec les ovules et qui se retrouve d'ailleurs çà et là dans d'autres familles, par exemple dans les Éricacées chez les *Rhododendron*. Dans toutes les Caryophyllées, les ovules sont donc portés directement par les carpelles (Recherches sur la structure du pistil, *loc. cit.*, p. 57).   (*Trad.*)

(2) Magnus : Zur Morphologie der Gattung *Najas* (Bot. Zeitung. 1869, p. 772). — Rohrbach : Ueber *Typha* (Sitzungsberichte der Gesellsch. naturf. Freunde. Berlin, 1869). — Hanstein et Schmitz : Ueber Entwickelung der Piperaceenblüthen (Bot. Zeit. 1870, p. 37).

(3) Je ne vois pas pourquoi M. Magnus considère le sac qui enveloppe l'ovule des *Najas* comme étant un périanthe.

dents sur le bord supérieur. Cette hypothèse paraît d'autant plus admissible, que, chez d'autres Angiospermes aussi, où l'on est fondé par l'étude des formes voisines à admettre l'existence de plusieurs carpelles soudés, ceux-ci apparaissent cependant tout d'abord comme un bourrelet annulaire indivis, qui se développe ensuite en un ovaire et au-dessus de ce dernier en un style terminé par un stigmate; c'est ce qui a lieu, par exemple, dans les Primulacées (fig. 362).

Dans les Polygonées, au contraire, où l'ovaire forme également plus tard un

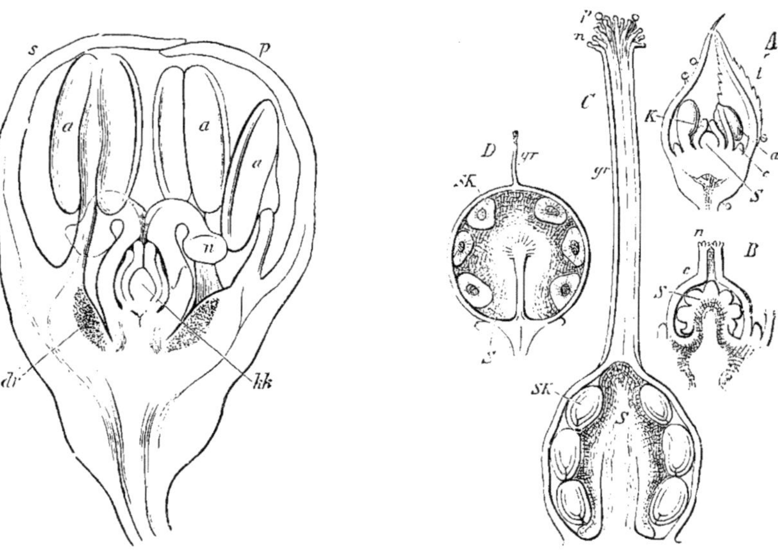

Fig. 361.   Fig. 362.

Fig. 361. — *Rheum undulatum*, section longitudinale de la fleur : *s*, feuille du cycle externe du périanthe ; *p*, feuille du cycle interne ; *aa*, les anthères, dont on ne voit que trois sur les neuf qui existent; *f*, l'ovaire; *n*, les stigmates; *kk*, nucelle de l'ovule ; *dr*, tissu glanduleux au pied des filets staminaux, formant les nectaires.

Fig. 362. — *Anagallis arvensis*. — *A*, jeune bouton, en coupe longitudinale : *l*, sépales ; *c*, corolle ; *a*, anthères; *k*, carpelle ; *s*, le sommet de l'axe floral. — *B*, gynécée plus développé, après la formation du stigmate *n*, et l'apparition des ovules sur le support axile *s*. — *C*, gynécée apte à être fécondé : *p*, grains de pollen sur le stigmate *n* ; *gr*, style; *s*, le support axile des ovules *sk*. — *D*, fruit non encore mûr; le placenta *s* est devenu pulpeux et s'est gonflé au point de remplir tous les espaces laissés vides entre les graines.

sac clos enveloppant un unique ovule central (fig. 361), l'existence de deux à trois carpelles se reconnaît, non-seulement au nombre correspondant de styles et de stigmates distincts, mais encore à ce que ces divers carpelles naissent séparés sur le réceptacle; c'est seulement dans leur développement ultérieur qu'ils s'unissent en un tout unique, parce que leur zone commune d'insertion se soulève en forme de bourrelet annulaire.

Comme, dans tous ces cas, la paroi de l'ovaire ne porte pas de placentas, organes dont le nombre et la situation permettent ailleurs de reconnaître facilement le nombre et la situation des carpelles constitutifs, on doit nécessai-

rement y avoir recours à l'observation directe des premiers états du développement, et à l'estimation du nombre des styles et des stigmates. D'ailleurs, il s'agit
ici de relations morphologiques que jusqu'à présent les nombreux travaux sur le
développement de la fleur n'ont en aucune façon réussi à éclairer suffisamment.

Outre le nombre des carpelles qui se sont soudés pour former l'ovaire, nous
devons encore examiner dans ce paragraphe l'intéressante question de savoir
si, dans un cas donné, l'ovule est une production terminale de l'axe floral, ou
s'il naît latéralement sur cet axe. Quand il n'y a qu'un seul ovule, inséré à la
base de l'ovaire, que cet ovule puisse être la dernière production de l'axe
floral lui-même, c'est ce qu'on voit immédiatement chez les Pipéracées, les
Najas, les *Typha*, les Polygonées, etc. ; en outre, les recherches de MM. Hanstein et Schmitz, Magnus, Rohrbach et Payer ont montré que ce n'est pas seulement l'ovule tout entier, mais le nucelle lui-même qu'on doit y considérer
comme la terminaison de l'axe. Mais, du reste, il faut se garder de conclure de
là que tout ovule inséré à la base de la cavité ovarienne représente aussi nécessairement le sommet de l'axe floral ; car on peut fort bien imaginer que
l'axe, sans se prolonger lui-même, produise un ovule au-dessous et à côté de
son sommet, circonstance que nous trouverons effectivement réalisée plus loin
dans l'ovaire infère des Composées.

Dans un petit nombre de cas, enfin, l'axe floral se prolonge librement à
l'intérieur de la cavité ovarienne et produit sur ses flancs plusieurs ovules,
comme on le voit dans les Primulacées (fig. 362) (1). Il en est de même dans
les Amarantacées, notamment dans les *Celosia*, d'après Payer.

C. D. **Gynécée infère.** — L'ovaire infère des fleurs épigynes prend naissance
par le ralentissement ou la complète extinction de l'accroissement terminal
du jeune axe floral, dont le tissu périphérique se soulève ensuite en forme de
bourrelet annulaire et produit enfin, sur le bord libre de ce bourrelet, les feuilles
du périanthe, les étamines et les carpelles (fig. 363 et 364). L'excavation ainsi
produite et qui tout d'abord est ouverte en haut, se trouve plus tard recouverte
comme d'un toit et fermée par les carpelles qui viennent se réunir horizontalement et se souder au-dessus de la cavité. Le point végétatif de l'axe floral occupe le fond de cette cavité, qui est le plus souvent élargie en coupe ou allongée
en tube. Malgré ce remarquable déplacement de la partie axile, la structure
de l'ovaire infère ainsi constitué ressemble cependant, sous presque tous les
rapports, à celle de l'ovaire supère polymère. Comme ce dernier, l'ovaire infère peut avoir une seule loge ou plusieurs. S'il est uniloculaire, la placentation
peut y être basilaire ou latérale.

Quand la placentation est basilaire, l'ovule semble être parfois la terminaison

(1) La colonne placentaire des Primulacées et des Théophrastées a ses faisceaux libéro-ligneux
orientés au rebours de tous les axes connus, et notamment au rebours du pédicelle floral de ces
mêmes plantes, puisqu'ils tournent leur bois en dehors et leur liber en dedans. Elle n'est donc
pas un axe, elle n'est donc pas le prolongement direct de ce pédicelle floral. Elle est constituée
par des dépendances liguliformes, par des sortes de talons des feuilles carpellaires, soudées ensemble au centre de la fleur et portant les ovules ; ces derniers correspondent par conséquent à
autant de lobes de feuille (Structure du pistil des Primulacées et des Théophrastées, *loc. cit.*; voir
aussi p. 622, note).   (*Trad.*)

pure et simple de l'axe floral ; il en est ainsi, par exemple, pour l'ovule orthotrope dressé des Juglandées (1). Dans les Composées, au contraire, l'unique
ovule anatrope n'est pas terminal, mais situé latéralement (fig. 363) ; le sommet
de l'axe floral, en effet, s'y reconnaît souvent avec netteté comme un petit
mamelon situé à côté du funicule de l'ovule, et dans des cas anormaux il
s'accroît en une pousse feuillée (2).

Dans les *Samolus*, le sommet de l'axe se dresse à l'intérieur de l'ovaire infère

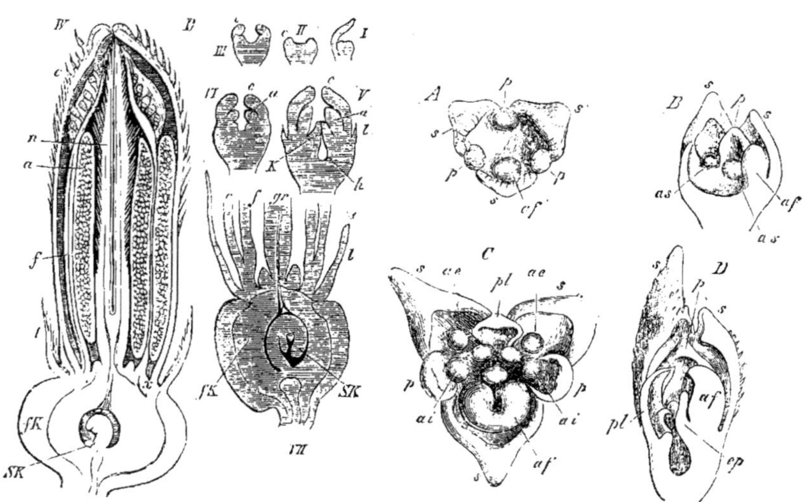

Fig. 363. — Développement de la fleur de l'*Helianthus annuus*. — *I-VII*, succession des états (*IV* doit
être marqué *VI*, et *vice versa*) : c, corolle ; l, calice ; f, filets des étamines ; a, leurs anthères ; x,
portion basilaire formant plus tard la région inférieure du tube corollin qui porte les étamines ;
fk, l'ovaire infère ; sk, l'ovule ; k, carpelle ; gr,
style.

Fig. 364. — Développement de la fleur du *Calanthe veratrifolia*, d'après Payer. — *A-D*, série des états ; *A*
et *C* sont vus d'en haut ; *B* et *D*, en section longitudinale ; s, sépales ; p, pétales (pl, le pétale qui se développe en labelle) ; af, l'unique anthère fertile ; ae et aï,
anthères avortées du cycle interne ; dans *B*, as sont les
étamines stériles ; on voit en *D*, un des trois carpelles ep.

uniloculaire, absolument comme dans l'ovaire supère des autres Primulacées
(fig. 362), et il s'y recouvre de nombreux ovules latéraux.

Quand la placentation de l'ovaire infère uniloculaire est pariétale (fig. 364), les

(1) Dans la fleur femelle des *Juglans*, l'axe floral ne se prolonge pas au-dessus de l'insertion
des deux feuilles carpellaires ; aussi n'est-ce pas de lui que l'ovule orthotrope reçoit son système vasculaire. Bien au-dessus de la base de l'ovule, les faisceaux marginaux des carpelles, qui
rampent dans les deux cloisons incomplètes, émettent une branche vasculaire qui descend le long
du bord de chaque cloison pour venir, au point où les deux cloisons confluent en une seule, se
relever dans l'ovule orthotrope assis sur cette cloison. Malgré sa position terminale, l'ovule des
Juglans n'est donc qu'un lobe carpellaire transformé. Voir : Anatomie de la fleur femelle et
du fruit du *Juglans regia* (Bulletin de la Soc. botanique de France, XVI, 1869).   (*Trad.*)

(2) Cramer : Bildungsabweichungen und morph. Bedeutung des Pflanzeneies (Zürich, 1864).
— Köhne : Die Blüthenentwickelung der Compositen (Berlin, 1869). — Buchenau : Botan. Zeitung, 1872.

placentas forment sur la paroi deux, trois, quatre, cinq ou de plus nombreux bourrelets étendus longitudinalement soit de haut en bas, soit de bas en haut, et ils portent chacun deux ou plusieurs rangées d'ovules (Orchidées, *Opuntia*). Ces bourrelets placentaires, plus ou moins saillants vers l'intérieur, peuvent être regardés comme des prolongements descendants des bords des carpelles, appliqués contre la face interne de la paroi ovarienne.

La même explication s'étend aussi aux cloisons longitudinales de l'ovaire infère pluriloculaire, cloisons qui présentent d'ailleurs différentes manières d'être, analogues à celles que nous avons déjà décrites plus haut pour l'ovaire supère. Tantôt, en effet, elles portent les placentas dans les angles internes des loges qu'elles forment en se réunissant au centre (fig. 329); tantôt, une fois unies au centre, elles se séparent en deux lames, qui se réfléchissent vers l'extérieur et ne portent les ovules qu'après être parvenues au milieu de la loge ou même au delà (Cucurbitacées).

Ordinairement, deux, trois carpelles ou davantage participent à la formation de la partie supérieure de l'ovaire infère ; les bords prolongés de ces carpelles, se développant vers le bas, constituent, comme nous venons de le dire, les placentas pariétaux si l'ovaire est uniloculaire, ou les cloisons s'il est pluriloculaire. L'ovaire infère doit être dit alors *polymère*, comme l'ovaire supère lorsqu'il a une structure correspondante ; car cette dénomination n'implique pas autre chose que la pluralité des carpelles constitutifs. Il semble, au contraire, plus rare de trouver des exemples d'ovaires infères *monomères ;* l'*Hippuris vulgaris* est dans ce cas (fig. 331) ; son ovaire infère est formé d'un seul carpelle et ne renferme qu'un seul ovule anatrope pendant.

Le style. — Le style, nous le savons, est formé par la partie du carpelle qui s'allonge au-dessus de l'ovaire. Les ovaires monomères n'ont par conséquent qu'un seul style, qui peut, il est vrai, être ramifié (fig. 353, 253). Mais si l'ovaire est polymère, le style qui le prolonge contient autant de parties qu'il entre de carpelles dans la constitution de cet ovaire ; ces parties peuvent d'ailleurs être déjà indépendantes immédiatement au-dessus de l'ovaire (fig. 356), ou demeurer ensuite soudées ensemble sur une certaine longueur pour ne se séparer que plus haut, ou enfin être confondues dans toute leur longueur (fig. 358 *G*, fig. 360).

Quoique le style prolonge toujours le sommet du jeune carpelle, il peut cependant se trouver plus tard rejeté sur le côté axile de l'ovaire monomère ; cela tient à ce que le carpelle, ayant accru plus fortement la région dorsale de son ovaire, s'est considérablement bombé en dehors (*Fragaria, Alchemilla*). Si la même chose se produit sur les divers carpelles d'un ovaire polymère, celui-ci paraît creusé à son sommet, et du fond de l'excavation se dresse le style (fig. 357 et 358). Dans les Labiées et les Borraginées, ce phénomène est particulièrement marqué, parce qu'ici les quatre compartiments de l'ovaire biloculaire se renflent très-fortement en bosse vers le haut (fig. 360, *A*, *B*), de sorte que le style paraît finalement inséré entre quatre ovaires en apparence indépendants; le style est dit alors *gynobasique*.

Le style peut être creux, c'est-à-dire traversé dans sa longueur par un canal qui est un étroit prolongement de la cavité ovarienne. Il en est ainsi dans les *Butomus* (fig. 352 *B*, *F*), où ce canal s'ouvre même librement au dehors sur la surface velue du stigmate. Il en est de même encore dans les *Viola* (fig. 365), où le canal est large et vient déboucher en haut dans la cavité stigmatique, sorte de sphère creuse ouverte au dehors. Dans les *Agave* et *Fourcroya*, le style est aussi creux dans toute sa longueur et ouvert au stigmate ; mais à sa base le canal, simple jusque-là, se divise en trois tubes qui vont rejoindre les trois loges de l'ovaire, phénomène qui se retrouve d'ailleurs dans d'autres Liliacées (1). Dans d'autres cas, le style est creux à l'origine, comme dans l'*Anagallis* (fig. 362 *B*), mais il se trouve oblitéré plus tard par un gonflement de son tissu.

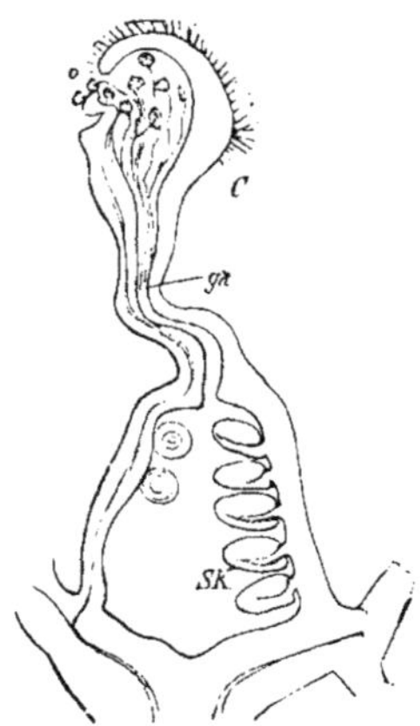

Fig. 365. — Section longitudinale du gynécée du *Viola tricolor* : *sk*, ovules ; *gk*, canal du style ; *o*, ouverture de ce canal. Dans la cavité de la tête stigmatique, remplie d'une humeur gommeuse, se trouvent des grains de pollen qui émettent leurs tubes polliniques.

Mais le plus souvent le style, au moment où le gynécée est devenu apte à la fécondation, ne présente aucun canal, tout au moins dans sa région supérieure. Sa partie centrale est alors occupée par un tissu lâche, appelé *tissu conducteur*, à l'intérieur duquel, après la pollinisation, les tubes polliniques se développent et cheminent jusqu'à ce qu'ils parviennent enfin à la cavité ovarienne.

En ce qui concerne sa forme extérieure, le style est le plus souvent allongé en cylindre, en filament ou en colonne, quelquefois prismatique, parfois aussi aplati en ruban. Dans les Iridées, il atteint le plus souvent une dimension considérable ; il est très-long et divisé en trois parties creusées chacune en forme de coupe profonde dans les *Crocus;* trois styles libres, larges, brillamment colorés et de structure pétaloïde caractérisent entre tous le genre *Iris*. Parfois chaque style appartenant à un carpelle se ramifie, comme on le voit par exemple chez les Euphorbiacées où le gynécée ternaire porte un style trifide dont chaque branche se bifurque plus haut. Il n'est pas rare que le style demeure très-court ; il n'apparaît alors que comme un simple étranglement entre l'ovaire et le stigmate, comme dans les *Vitis*, etc.

Le stigmate. — Dans le sens le plus étroit de ce mot, le stigmate est cette partie du style qui est destinée à la préhension du pollen. Au temps de la pollinisation, il est recouvert d'une sécrétion visqueuse et ordinairement hérissé de poils délicats ou de courtes papilles. Il constitue donc un corps glanduleux, qui se présente tantôt comme une simple portion, singulièrement conformée, de la surface du style, tantôt comme un organe particulier et de forme très-variable inséré sur le style.

Quelle que soit la forme du stigmate, elle est toujours dans une étroite relation avec la manière dont le pollen est apporté à cet organe soit par les insectes, soit de toute autre façon, et c'est seulement par l'étude de cette relation qu'elle peut être comprise et appréciée. Nous étudierons de plus près, dans notre livre IIIe,

____

(1) Zuccarini : Nova acta, XVI, pars II, p. 665.

quelques-uns des cas les plus intéressants. Bornons-nous à signaler ici que la surface du stigmate est l'épanouissement extérieur du canal stylaire ouvert, quand il existe un pareil canal ; si ce dernier est fermé ou s'il manque entièrement, le stigmate forme une surface glanduleuse continue au sommet ou au-dessous du sommet du style ou de ses branches. Si ces dernières sont longues et minces, couvertes de longs poils, les stigmates ont la forme de pinceaux, ou de plumes comme dans les Graminées. Dans les Solanées et les Crucifères, la surface humide du stigmate revêt un épaississement du sommet du style en forme de bouton échancré ; dans les *Papaver*, elle forme une étoile à plusieurs rayons sur le style lobé. Quelquefois la portion stigmatique du style se renfle fortement, comme dans les Asclépiadées, où les deux ovaires monomères, libres dans tout le reste de leur étendue, se soudent par ces têtes stigmatiques ; la surface stigmatique proprement dite, celle où pénètrent les tubes polliniques, se trouve cachée ici sous la surface inférieure du stigmate massif (1).

Les nectaires. — Partout où la pollinisation du gynécée est obtenue par l'intermédiaire des insectes, on trouve dans la fleur des organes de sécrétion glanduleux ; ces organes déversent au dehors des sucs odorants et suaves, le plus souvent sucrés, ou du moins ils forment et contiennent, à l'intérieur des cellules de leur tissu délicat, de pareils sucs qui peuvent y être facilement pompés. On désigne ces sucs sous le nom général de nectar et les organes qui les produisent sont appelés nectaires. Distribution, forme et valeur morphologique des nectaires sont très-diverses, et toujours en relation immédiate avec les combinaisons spécifiques que la fleur réalise dans le but d'amener la pollinisation par les insectes.

Assez souvent les nectaires ne sont pas autre chose que des places unies et devenues glanduleuses, à la surface des feuilles ou de l'axe de la fleur ; fréquemment ils proéminent en dehors comme autant de bourrelets d'un tissu délicat, ou bien ils prennent la forme de protubérances sessiles ou pédicellées. Ailleurs, des feuilles tout entières du périanthe, de l'androcée, ou même du gynécée se transforment en corps particuliers qui n'ont d'autre rôle que de sécréter et de rassembler le nectar. Comme il est absolument impossible de donner de ces organes une description morphologique générale, quelques exemples suffiront ici pour montrer au commençant où il doit, dans des fleurs différentes, chercher les nectaires.

Les nectaires du *Fritillaria imperialis* sont situés sur la face interne des feuilles du périanthe, non loin de leur base ; ce sont des fossettes arrondies et peu profondes d'où s'échappent de grosses gouttes d'un nectar transparent. C'est un bourrelet annulaire glanduleux sur le périanthe gamophylle de l'*Eleagnus fusca* (fig. 354 *d*). Ce sont de petites protubérances glanduleuses à la base des étamines dans les *Rheum* (fig. 361, *dr*). C'est une callosité annulaire à la base de l'ovaire supère dans les *Nicotiana ;* c'est un renflement charnu sur la face externe des bases des carpelles qui forment le toit de l'ovaire infère dans les Ombellifères (fig. 353, *h,h*) et à la base du style dans les Composées (fig. 363).

<hr>

(1) Sur la position des lobes du stigmate par rapport aux placentas, dans diverses plantes, voir Brown : Botanische Zeitung, 1843, p. 193.

Dans les *Citrus*, le *Cobœa scandens*, les Labiées, les Éricacées (fig. 357 *d*, 360 *A*, *t*), etc., le nectaire est une excroissance de l'axe floral en forme de bourrelet annulaire au-dessous de l'ovaire; dans les Crucifères, le *Fagopyrum*, etc., il est formé de quatre ou six excroissances ou verrues arrondies ou renflées en massue, situées entre les filets des étamines. Dans les Gesnériacées, c'est une étamine avortée qui devient un nectaire. L'androcée tout entier de la fleur femelle et le gynécée tout entier de la fleur mâle se trouvent remplacés par un nectaire dans le *Cucumis Melo*, etc.

En général, les nectaires se trouvent profondément enfoncés entre les autres parties de la fleur, et, quand ils déversent leur suc au dehors, ce suc se rassemble simplement au fond de la fleur (*Nicotiana*, Labiées). Il n'est pas rare cependant qu'il se développe dans ce but des réceptacles particuliers; tels sont surtout les prolongements des feuilles du périanthe, appelés *éperons* (fig. 366).

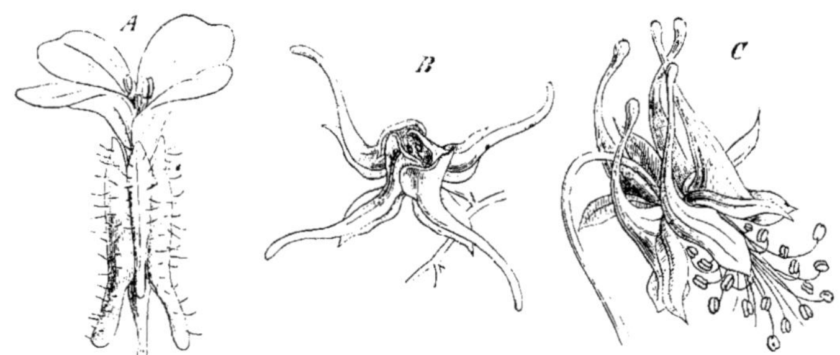

Fig. 366. — Fleurs avec éperons aux sépales (*A*) et aux pétales (*B,C*) : *A*, du *Biscutella hispida*; *B*, de l'*Epimedium grandiflorum*; *C*, de l'*Aquilegia canadensis*.

Dans les *Viola* un seul pétale se prolonge en éperon creux, dans lequel descendent les deux excroissances de deux étamines qui sont chargées de sécréter le nectar. Les pétales des *Helleborus* conformés en coupe pédicellée, et ceux des *Nigella* qui affectent à peu près la forme de souliers, sécrètent dans le fond même de leur cavité le nectar qui s'y rassemble, etc.

Les ovules. — Parties constitutives de l'ovule. — L'ovule des Angiospermes se compose ordinairement d'un pédicelle nettement développé et quelquefois même très-long (*Opuntia*, Plombaginées), appelé funicule, et d'un ou de deux téguments qui enveloppent le nucelle. Mais parfois aussi le funicule manque complétement et l'ovule est sessile (Graminées). On trouve souvent un seul tégument à l'ovule, notamment chez la plupart des Dicotylédones gamopétales; il y en a deux chez presque toutes les Monocotylédones. Parfois il se développe encore plus tard, en dehors des deux premiers téguments, une troisième enveloppe appelée *arille*, par exemple dans les *Myristica*, *Evonymus*, *Asphodelus luteus*, *Aloe subtuberculata*, etc.

Formes diverses de l'ovule. — L'ovule est souvent droit ou orthotrope quand il se présente comme la terminaison de l'axe floral et que le funicule y demeure court, comme dans les Pipéracées et les Polygonées. La forme campylotrope, c'est-à-dire celle où le nucelle est recourbé en même temps que ses téguments eux-mêmes, est relativement rare; on la rencontre dans les Graminées, les Fluviales, les Caryophyllées, etc. Mais la forme habituelle de l'ovule des Angiospermes est la forme anatrope, c'est-à-dire celle où le nucelle se réfléchit en même temps que ses enveloppes le long du funicule, vers la base duquel il tourne son micropyle (fig. 352 *E* et fig. 353); dans ce cas, le funicule prend le nom de raphé dans toute la région où il rampe sur un côté de l'ovule, et où il se soude avec lui.

Le micropyle n'est souvent constitué, notamment chez les Monocotylédones, que par le tégument interne prolongé au delà du nucelle. Mais il n'est pas rare, surtout chez les Dicotylédones, de voir le tégument externe s'accroître encore au-dessus de l'ouverture du tégument interne, et alors le canal micropylaire est formé à la fois à son bord externe (*exostome*) par le tégument extérieur et dans sa partie inférieure (*endostome*) par le tégument interne.

Si l'ovule a deux ou trois téguments, l'interne naît toujours le premier, ensuite l'externe, et enfin, mais d'ordinaire beaucoup plus tard, le troisième tégument ou arille. Par rapport à l'axe géométrique de l'ovule, la série du développement est donc basipète.

Enfin la zone transversale sur laquelle s'insèrent le tégument unique ou les deux téguments proprement dits est désignée ordinairement sous le nom de *chalaze;* plus simplement et mieux, c'est la base de l'ovule.

Les téguments ovulaires se composent le plus souvent d'un petit nombre d'assises cellulaires superposées et ils ont, surtout lorsqu'ils enveloppent un gros nucelle, l'aspect de minces membranes (fig. 352 *E*). Mais s'il ne se développe qu'un seul tégument, le nucelle demeure ordinairement très-petit; le tégument au contraire devient épais et massif, dépasse de beaucoup le sommet du nucelle et constitue avant la fécondation la masse principale de l'ovule; il en est ainsi dans l'*Hippuris* (fig. 331), les Ombellifères (fig. 353) et les Composées (fig. 363).

Développement de l'ovule. —Il subsiste encore bien des doutes sur le mode de développement des diverses parties de l'ovule. Voici ce qu'il y a de certain ou du moins de très-vraisemblable à cet égard.

Pour former un ovule orthotrope dressé, l'extrémité de l'axe floral s'élève à l'intérieur de l'ovaire comme une protubérance arrondie, ou conique et ovoïde, qui en elle-même représente déjà le nucelle; la base du nucelle développe bientôt un bourrelet annulaire qui finalement l'enveloppe tout entier et le dépasse en formant le premier tégument; le second tégument, s'il y en a un, naît de la même manière au-dessous du premier et finit par l'envelopper (Pipéracées, Polygonées, etc.).

L'ovule anatrope peut, à l'origine, être représenté par un cône de tissu droit ou faiblement arqué, comme on le voit dans la figure 369 I. Mais à la place où naît de lui le premier ou l'unique tégument, ce cône se courbe aussitôt fortement (II, III, IV); sa portion terminale, embrassée par le tégument, forme alors le nucelle, pendant que sa partie basilaire située au-dessous du tégument constitue le funicule. A mesure que les téguments se développent, la courbure devient de plus en plus forte et le nucelle se trouve finalement renversé, avant que le tégument externe ait encore achevé son accroissement; aussi ce dernier ne se développe-t-il pas sur le côté tourné vers le raphé, mais se borne-t-il à s'étendre sur toute la surface libre de l'ovule à droite et à gauche du raphé. (fig. 366, V, VI, VII).

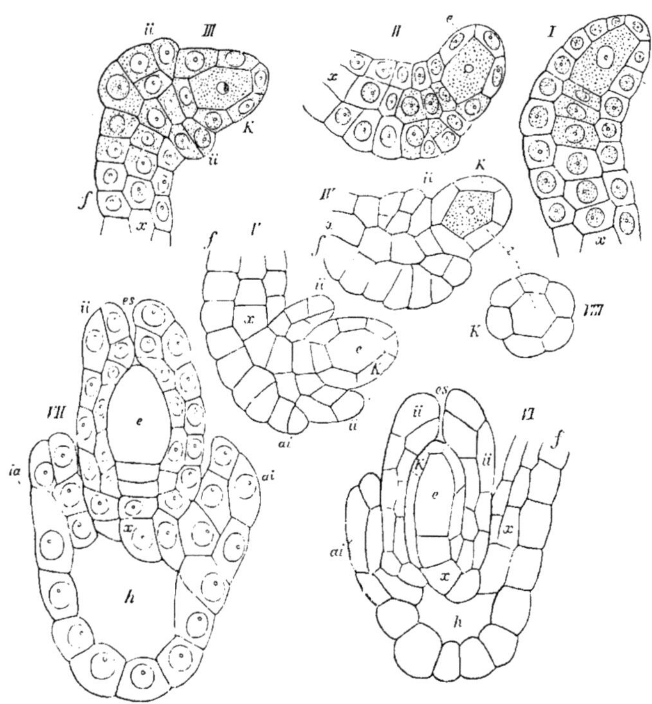

Fig. 367. — *Orchis militaris*, développement de l'ovule (550). — *I-VIII*, série des états successifs du développement. — *VIII*, est la section transversale de I. — *I-VI*, sont vus de côté et en section longitudinale optique, *VII* est vu d'avant, le funicule étant en arrière : *ac*, indique la rangée cellulaire axile dont la cellule supérieure devient le sac embryonnaire, *e* ; *f*, le funicule ; *ii*, le tégument interne ; *ia*, le tégument externe ; *k*, le nucelle ; *es*, le micropyle ; *h*, un espace intercellulaire. En *VII*, le sac embryonnaire, *e*, a complétement refoulé et détruit l'assise externe du nucelle.

M. Cramer a, le premier, fait remarquer que des ovules anatropes peuvent naître aussi d'une tout autre façon, et c'est même probablement le cas ordinaire. Au-dessous du sommet du jeune funicule conique, le nucelle naît alors comme un cône latéral, pour se recourber plus tard vers la base du cône primitif. Cette forte courbure, qui renverse le nucelle, a lieu pendant que le tégument unique ou interne enveloppe le nucelle à partir du sommet du funicule ; après quoi le second tégument, quand il y en a un, vient à partir du sommet du support recouvrir toute la partie libre (voir fig. 368 *B*, *C*).

M. Köhne (1) exprime, il est vrai, des doutes sur la réalité de cette origine

(1) Köhne : Ueber die Blüthenentwickelung bei den Compositen (Berlin, 1869).

latérale du nucelle, non-seulement dans les Composées, mais aussi dans les *Solanum, Hedera, Fuchsia, Begonia,* etc. Mais les recherches de M. Grigorieff sur les Composées m'ont fourni l'occasion d'observer, comme je l'avais fait

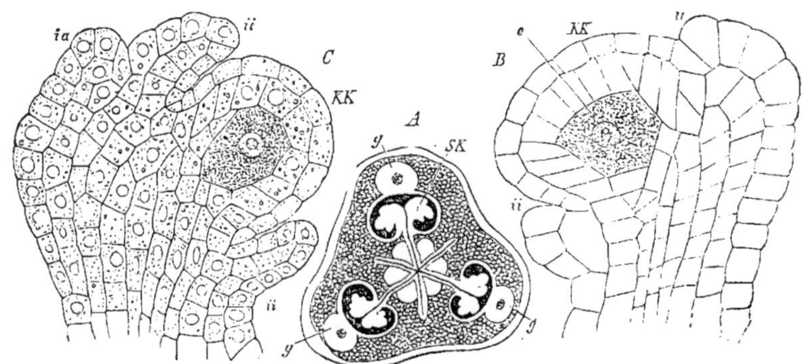

Fig. 368. — *Funkia cordata.* A, section transversale du jeune ovaire supère ; ce dernier est triloculaire ; dans chaque loge on voit deux ovules, *sk,* qui procèdent des bords carpellaires réfléchis dans l'intérieur ; *g,* faisceaux vasculaires entourés de parenchyme clair. — *B* et *C,* deux états jeunes successifs de l'ovule, en coupe longitudinale optique: *kk,* tissu du nucelle ; *ii,* tégument interne ; *ia,* tégument externe ; *e,* sac embryonnaire. *A,* est faiblement grossi ; *B* et *C* le sont très-fortement.

déjà, de nombreux états de développement de l'ovule, et je me suis convaincu, non-seulement que le funicule de ces plantes naît à côté du sommet de l'axe floral, mais encore que le nucelle, dès qu'on commence à l'apercevoir, est situé latéralement au-dessous du sommet du funicule. Peut-être la découverte d'objets particulièrement favorables viendra-t-elle bientôt effacer les derniers doutes sur ce point.

Nature morphologique de l'ovule. — Pour une série d'autres cas, M. Cramer a montré que, dans le développement monstrueux des fleurs, les ovules subissent une série de métamorphoses graduelles qui conduisent aussi, par une voie différente, à cette conclusion, que le nucelle est une formation latérale du support de l'ovule. Les monstruosités du *Delphinium elatum,* où les ovules naissent des bords carpellaires, montrent comment le carpelle se transforme en une feuille ouverte, aplatie, pinnatifide, dont les lobes sont autant d'ovules métamorphosés. Le nucelle s'insère ici sur la face supérieure ou interne du lobe foliaire, qui représente à la fois le funicule et le tégument transformé. Ce botaniste a trouvé la même chose dans les *Melilotus,* le *Primula chinensis,* et dans les Ombellifères (1).

Appuyé sur ces faits et sur d'autres encore, et admettant l'hypothèse que jamais l'ovule n'est une production terminale de l'axe floral, M. Cramer est arrivé à formuler l'opinion suivante (2). L'ovule est une feuille métamor-

(1) Voir aussi H. v. Mohl : Vermischte Schriften, Tafel I, fig. 27-29.

(2) Cramer : Bildungsabweichungen bei einigen wichtigeren Pflanzenfamilien und die Bedeutung des Pflanzeneies (Zurich, 1864, p. 120), mémoire où est également traité avec soin l'historique de cette question.

phosée ou une portion de feuille métamorphosée (dent de feuille ou excroissance de la surface de la feuille). Il tient pour une feuille tout entière l'ovule
des Primulacées et celui des Composées et il pense qu'une étude plus attentive établira la même chose pour d'autres plantes encore, notamment pour
celles dont la fleur possède un ovule unique « soi-disant terminal » comme
les *Urtica*, *Taxus*, peut-être aussi les Dipsacées, etc. Le nucelle serait dans
ce cas une formation nouvelle à la surface de la feuille ovulaire, le funicule
correspondrait à la base de cette feuille et le tégument simple ou double à
sa partie supérieure reployée une ou deux fois en forme de coupe ou de capuchon autour du nucelle.

Il regarde, au contraire, comme des portions de feuille (dents latérales ou
excroissances de la surface), tous ces ovules qui naissent isolés ou plusieurs
ensemble le long du bord ou sur la surface des feuilles carpellaires, comme
dans les Cycadées, les Abiétinées (?), les Liliacées, les Ombellifères, les Renonculacées, les Résédacées, les Crucifères, les Légumineuses, etc. Ici le nucelle
serait une formation nouvelle à la surface du lobe foliaire, le funicule correspondrait à la base de ce lobe et le tégument simple ou double à sa partie
supérieure reployée une ou deux fois en coupe autour du nucelle (1).

C'est seulement dans les quelques plantes dont l'ovule est dépourvu de
téguments, que le nucelle nu, composant ici la totalité de l'ovule, correspondrait directement à un lobe de la feuille carpellaire.

Je me suis, dans la première édition de ce Traité, rattaché aux vues de
M. Cramer, en me bornant à faire une réserve au sujet des Orchidées, parce
que je croyais alors devoir admettre l'identité morphologique du nucelle dans
toutes les Phanérogames. Depuis, après nouvel examen, cette base a perdu
pour moi sa valeur et je me trouve d'autant plus autorisé à assigner aux
ovules, suivant leur mode de production et leur situation, une signification
morphologique différente, que d'après les recherches de MM. Magnus, Rohrbach, Hanstein et Schmitz, l'ovule des Pipéracées, Typhacées et Naïadées est
réellement une production de l'axe floral lui-même; ce qui n'empêche pas

(1) Dans un travail récent (Recherches sur la nervation de la graine, *Ann. des sc. nat.*,
5ᵉ série, *Bot.*, XVI, 1872), M. G. Le Monnier a étudié chez un grand nombre d'Angiospermes le
mode de distribution des faisceaux vasculaires dans le tégument de l'ovule et de la graine, et il
a tiré de cette étude une démonstration générale de la nature foliaire de ce tégument. Comme
il était établi par d'autres recherches anatomiques que le lieu d'insertion des ovules, c'est-à-
dire le placenta, est lui-même dans tous les cas de nature foliaire, il en résulte que le tégument ovulaire n'est pas une feuille entière, mais seulement un lobe de feuille transformé. Quant
au nucelle, où les faisceaux vasculaires ne pénètrent pas, il constitue une simple excroissance
parenchymateuse, une sorte d'émergence ou de poil inséré en un point de la ligne médiane
du lobe, sur sa face supérieure chez les Angiospermes, sur sa face inférieure chez les Gymnospermes.

On arrive ainsi, par une méthode de recherche toute différente, à des conclusions conformes
à celles qui ont été formulées à la suite d'observations tératologiques, d'abord par M. Brongniart
(Archives du Muséum, IV, 1844), et plus récemment par M. Cramer.

La généralité de ces énoncés est-elle réellement, comme le croit aujourd'hui M. J. Sachs, mise
en défaut par les *Najas*, les *Typha*, les Pipéracées et quelques autres plantes à ovule soi-disant
terminal ? Je ne le crois pas, mais de nouvelles recherches sont nécessaires pour décider la question. (*Trad.*)

l'ovule terminal des *Najas* d'être anatrope. Non-seulement je vois dans les observations de ces auteurs la confirmation de mes propres recherches sur les Chénopodées et les Polygonées, mais elles permettent encore de supposer que tous les ovules déjà décrits anciennement par Payer comme étant terminaux, le sont réellement.

Classification des ovules d'après leur origine et leur situation. — Cependant, comme il ne s'agit pas ici de développer et de démontrer des vues théoriques, il suffira pour le moment de réunir en un tableau synoptique les divers cas qui peuvent se présenter.

En ce qui concerne les rapports de situation des ovules, il faut tout d'abord distinguer les cas suivants :

I. **Ovules d'origine carpellaire;** ils naissent des feuilles carpellaires et de deux manières différentes. Ils sont :

    1. *marginaux*, quand ils procèdent du bord rentrant des carpelles (fig. 355, 356, 357, 360).

    2. *superficiels*, quand ils procèdent de toute la surface interne de la moitié rentrante des feuilles carpellaires, à l'exception toujours de la nervure médiane du carpelle (fig. 329, 352)

II. **Ovules d'origine axile;** ils naissent du prolongement de l'axe floral à l'intérieur de l'ovaire, et les carpelles sont en même temps stériles. Ils peuvent affecter deux positions différentes. Ils sont :

    1. *latéraux*, quand ils naissent à côté ou au-dessous du sommet de l'axe floral; cet axe, ou bien s'élève en forme de colonne et porte de nombreux ovules, comme dans la figure 362, ou bien s'arrête aussitôt qu'il a formé un unique ovule de façon que celui-ci peut sembler terminal, comme dans la figure 363 ;

    2. *terminaux*, quand la région terminale elle-même de l'axe floral devient directement le nucelle, comme dans les figures 330 et 361, et en outre comme dans les Pipéracées, *Najas* et *Typha*.

Ceci posé, il faut dans chaque cas particulier rechercher auquel de ces divers types se rattachent les ovules de la plante considérée. Il est bon de remarquer, toutefois, que les ovules d'origine carpellaire et marginaux sont de beaucoup les plus fréquents chez les Angiospermes, tandis que les ovules carpellaires superficiels, aussi bien que les ovules d'origine axile, n'y appartiennent qu'à certaines familles ou à certains genres.

Si l'on compare ces diverses manières d'être de l'ovule avec celles que l'on rencontre chez les Gymnospermes, on voit que les ovules des Cycadées appartiennent à la classe des carpellaires marginaux, ceux de beaucoup de Cupressinées aux carpellaires superficiels, ceux des *Taxus* aux axiles terminaux et enfin ceux du *Ginkgo* aux axiles latéraux (1).

Le tableau qui précède indique aussi la signification morphologique des ovules, car celle-ci est donnée en général par le mode de disposition. Ainsi les ovules terminaux doivent être regardés comme étant la terminaison même de

____

(1) Pour l'ovule des *Taxus* voir la note de la page 593, et pour ceux du *Ginkgo* la note de la page 594.   (*Trad.*)

l'axe floral, les latéraux comme équivalant à autant de feuilles entières, les marginaux comme des ramifications des feuilles (lobes, segments ou folioles); enfin les superficiels peuvent être rangés dans la catégorie de ces excroissances foliaires comme il s'en présente, par exemple, pour former les sporanges des Lycopodiacées. Mais les ovules des Orchidées doivent appartenir, comme les sporanges des Fougères et des Rhizocarpées, à la catégorie des poils, puisque d'après M. Hofmeister ils procèdent chacun d'une seule cellule superficielle du placenta pariétal et que leur funicule manque de faisceau vasculaire.

L'étude des monstruosités vient appuyer ces indications, en montrant que les ovules axiles latéraux et les ovules carpellaires marginaux se transforment assez souvent en feuilles ou portions de feuille de forme ordinaire, tandis que cela ne paraît pas avoir lieu pour les ovules carpellaires superficiels, ni pour ceux des Orchidées.

Nature morphologique du nucelle. — Les remarques précédentes ne s'appliquent pour le moment qu'à l'ovule considéré dans son ensemble. Nous avons déjà dit plus haut, à propos de la théorie de M. Cramer, que le nucelle a une nature morphologique différente de celle des autres parties de l'ovule, c'est-à-dire du funicule et des téguments.

Des monstruosités, dont l'étude est plus instructive sous ce rapport que celle du développement normal, ont conduit M. Cramer à ce résultat, que là où l'ovule apparaît comme un segment latéral d'une feuille ou même comme l'équivalent d'une feuille tout entière, c'est le funicule qui, joint aux téguments, correspond à ce segment ou à cette feuille entière, tandis que le nucelle n'est qu'une excroissance latérale du limbe, autour de laquelle ce limbe se reploie en forme de capuchon. D'après cela, le tégument d'un ovule terminal serait une feuille annulaire insérée à la base du nucelle axile (1). Mais je ne dois pas insister ici davantage sur ce point.

Ovules rudimentaires. — Les ovules sont quelquefois rudimentaires. Ceux des Balanophorées et des Santalacées n'ont pas de téguments; le nucelle y est nu et, dans certaines espèces, composé seulement d'un petit nombre de cellules.

Dans les Loranthacées, il ne se forme même plus d'ovule distinct et extérieurement limité. Ici l'extrémité de l'axe floral cesse de s'allonger dès que les carpelles ont apparu; ces carpelles sont tellement soudés ensemble sur toute leur face interne qu'il ne peut plus y être question d'une cavité ovarienne. Seule, la production de sacs embryonnaires dans la région axile du tissu de l'ovaire infère montre que cette région correspond à l'ovule, et comme il y naît plus d'un sac embryonnaire, on demeure même dans le doute pour savoir si cette masse centrale de tissu équivaut à un seul ou à plusieurs ovules (2).

---

(1) Dans ce cas unique, l'ovule serait donc un bourgeon dans le sens ordinaire de ce mot, c'est-à-dire l'état jeune d'un axe feuillé.

(2) Hofmeister : Neue Beiträge, I (Abh. der K. Sächs. Gesellsch. d. Wiss., VI).

[Les ovules du Gui (*Viscum album*) sont réduits à autant de sacs embryonnaires, mais ces sacs embryonnaires appartiennent au parenchyme de la face supérieure des deux carpelles soudés, et non à un prolongement de l'axe. Voir : Anatomie des fleurs et du fruit du Gui, *loc. cit.* (*Trad.*)]

Le sac embryonnaire (1). — Le sac embryonnaire des Angiospermes prend naissance par le précoce agrandissement d'une cellule située à peu près au centre du jeune nucelle ; le tissu d'alentour conserve, au contraire, ses cellules petites et il persiste encore longtemps à l'état de méristème primitif pour permettre l'accroissement ultérieur de l'ensemble de l'ovule.

Dans les Orchidées, où il est très-simplement construit (fig. 367), le jeune ovule consiste en une simple assise cellulaire qui enveloppe une série axile de cellules. C'est la cellule supérieure de cette série axile, qui se transforme en sac embryonnaire ; à cet effet, elle commence déjà à s'agrandir avant que les téguments se soient développés aux dépens de l'assise périphérique. M. Hofmeister incline à étendre cette description à tous les ovules, et à admettre que partout le sac embryonnaire procède de l'une des cellules d'une rangée axile traversant le nucelle dans sa longueur. Cependant il est très-difficile de démontrer l'existence d'une pareille rangée cellulaire axile dans les ovules à très-petites cellules, en particulier dans ceux des Dicotylédones ; et chez les Monocotylédones elles-mêmes, la description tirée des Orchidées semble ne pas s'appliquer partout, comme la figure 368 le rend vraisemblable pour les *Funkia*.

Comme nous l'avons vu parmi les Gymnospermes, chez les *Taxus*, il arrive aussi chez les Angiospermes que plusieurs sacs embryonnaires apparaissent au début dans un même nucelle ; il en est ainsi, d'après M. Tulasne, chez les Crucifères, où cependant un seul d'entre eux arrive à développement complet. La pluralité des sacs embryonnaires dans l'ovaire du *Viscum album* ne peut pas, sans autre explication, être citée ici en exemple ; car, en l'absence d'ovule distinct, on ignore s'il faut y considérer la masse du tissu de l'ovaire où les sacs sont plongés, comme équivalant à un seul ou à plusieurs ovules.

La manière dont, une fois formé, le sac embryonnaire des Angiospermes se comporte ultérieurement, diffère beaucoup de ce que nous avons vu chez les Gymnospermes. Là, en effet, le sac demeurait jusqu'après la fécondation entouré par une couche épaisse du tissu du nucelle ; il était relativement petit et surmonté d'un cône nucellaire puissamment développé. Ici, au contraire, il s'accroît vivement avant la fécondation ; il comprime devant lui et résorbe le tissu environnant du nucelle, et cette résorption va d'ordinaire assez loin pour que le sac ne demeure plus enveloppé que par une mince couche de ce tissu et même pour qu'il vienne toucher directement la surface interne du tégument intérieur, comme on le voit dans les Orchidées (fig. 367, VII). Dans ce dernier cas, le haut du nucelle échappe souvent à la résorption (Aroïdées, etc.). Mais il n'est pas rare, cependant, que le sommet du sac embryonnaire, détruisant à son tour le cône supérieur du nucelle, paraisse librement au dehors ; il pénètre alors dans le micropyle (*Crocus*, Labiées), ou même il s'allonge jusqu'à sortir du micropyle et à se développer dans la cavité ovarienne (*Santalum*). Souvent aussi la région moyenne ou inférieure du sac embryonnaire, parvenue au contact du tégument, continue à s'étendre tout autour ; ainsi, dans beaucoup de Dicotylédones gamopétales, le sac pousse des prolongements en cœcum, qui s'introdui-

---

(1) Ce qui suit s'appuie principalement sur le mémoire de M. Hofmeister : Neue Beiträge (Abhandl. der k. sächs. Gesellsch. der Wiss., VI et VII).

sent, en le détruisant, dans le tissu même du tégument, comme on le voit dans certaines Labiées, dans les *Rhinanthus*, les *Lathrœa*, etc.

Pendant que s'opèrent ces phénomènes d'accroissement, le protoplasma, qui à l'origine remplissait tout le sac embryonnaire, se creuse de vacuoles, dont la réunion ultérieure produit un volumineux suc cellulaire; ce suc est enveloppé par une masse pariétale de protoplasma qui s'accumule en particulier dans la voûte terminale et à la base du sac embryonnaire. D'autre part le noyau demeure entouré d'une masse protoplasmique, d'où rayonnent vers le protoplasma pariétal des filaments délicats.

Cellules dites « antipodes des vésicules embryonnaires »; elles représentent le prothalle femelle. — Les choses étant arrivées à cet état, mais longtemps encore avant la fécondation et même avant la formation de l'oosphère, il naît chez beaucoup d'Angiospermes au fond du sac embryonnaire et par voie de formation libre un plus ou moins grand nombre de cellules, que M. Hofmeister appelle les « antipodes des vésicules embryonnaires ». Leur apparition n'est pas constante, même à l'intérieur de groupes très-naturels; elles ne prennent aucune part au futur développement de l'endosperme, mais sont plus tard englobées par lui, ou refoulées en dehors (Renonculacées, *Mirabilis*, etc.), ou résorbées (*Crocus, Colchicum*). Déjà dans la première édition de ce Traité, j'ai exprimé l'opinion que ces quelques cellules doivent être considérées comme le véritable équivalent de l'endosperme des Gymnospermes (1).

(1) On a pu voir déjà combien il est regrettable de n'avoir qu'un seul mot pour désigner deux tissus d'origine et de nature morphologique aussi différentes que l'endosperme des Gymnospermes et l'endosperme des Angiospermes. Trop souvent on est conduit par là, après en avoir nettement montré la différence, comme M. J. Sachs le fait à la page 551, à les confondre néanmoins et à les identifier comme il le fait par exemple à la page 566, quand il dit en termes généraux s'appliquant à toutes les Phanérogames : « L'endosperme est l'équivalent du prothalle femelle.»

De même le tissu appelé endosperme chez les Sélaginelles ne correspond ni à l'endosperme des Gymnospermes ni à celui des Angiospermes.

Essayons de préciser les choses et de faire disparaître cette double confusion.

Gymnospermes. — Le nucelle de l'ovule des Gymnospermes est un macrosporange, et comme les sporanges de toutes les Cryptogames vasculaires, il a la valeur morphologique d'un poil ou d'une émergence ; ce poil est issu de la face inférieure du lobe de feuille qui forme le tégument de l'ovule. Ce macrosporange ne produit qu'une seule macrospore, qui est le sac embryonnaire. Cette macrospore germe sur place en donnant naissance, comme dans les *Isoetes*, à un prothalle femelle inclus, qu'on appelle ici endosperme. Dans les vraies Gymnospermes (Conifères et Cycadées), ce prothalle produit toujours, disposés parallèlement à l'axe de la macrospore, plusieurs archégones appelés corpuscules. La cellule centrale de l'archégone, après avoir séparé une cellule du canal, produit l'oosphère. En absorbant la matière fécondante qui lui est apportée par le tube anthéridien émané du prothalle mâle, c'est-à-dire par le tube pollinique, absorption qui constitue l'acte même de la fécondation, l'oosphère devient une oospore. Cette oospore germe sur place et produit un proembryon et plusieurs débuts d'embryon. Il ne se forme dans la cellule ventrale de l'archégone aucun tissu spécial autour du proembryon. C'est aux dépens d'une partie du tissu du prothalle que l'embryon se développe, et le reste de ce tissu n'est absorbé par lui qu'à la germination. — Mais déjà, dans les *Ephedra*, le prothalle femelle ou endosperme, moins développé, ne produit qu'un seul archégone ou corpuscule situé dans l'axe de la macrospore.

Angiospermes. — Le nucelle de l'ovule des Angiospermes est un macrosporange, qui a également la valeur morphologique d'une émergence ou d'un poil; ce poil est inséré quelque part sur la ligne médiane du lobe foliaire qui forme le tégument de l'ovule, en général sur la face supérieure de ce lobe. Ce macrosporange ne produit qu'une seule macrospore, qui est le sac em-

Développement des oosphères ou vésicules embryonnaires. — Dans l'accumulation protoplasmique qui remplit la voûte terminale du sac embryonnaire naissent ensuite, par voie de formation libre, les corps qui, après avoir été fécondés, donneront naissance à l'embryon et que l'on désigne ordinairement sous le nom de *vésicules embryonnaires*. Rarement il ne se produit qu'un seul corps de ce genre, comme dans le *Rheum undulatum*, où il constitue une cellule primordiale arrondie, munie d'un gros noyau et nichée dans la voûte étroite du

bryonnaire. Cette macrospore germe sur place et développe un prothalle femelle inclus, ou endosperme. Ce prothalle ne forme, comme dans les *Ephedra*, qu'un seul archégone ou corpuscule dont l'axe coïncide avec celui de la macrospore. Il se compose de quelques petites cellules occupant le fond de la macrospore (cellules dites « antipodes des vésicules embryonnaires ») et d'une grande cellule supérieure de même génération qu'elles, c'est-à-dire fille comme elles du sac embryonnaire. Cette grande cellule, que l'on appelle à tort « sac embryonnaire », est la cellule mère de l'unique archégone. Dans l'état actuel de la science, il ne paraît pas nettement que cette cellule mère de l'archégone sépare à son sommet de cellule pour le col, ni de cellule pour le canal; elle paraît former directement l'oosphère. Ainsi le prothalle femelle ou endosperme se développe ici, comme chez les Gymnospermes, avant la fécondation et il remplit toute la macrospore ; mais la plus grande partie de sa masse est occupée par la cellule mère de son unique archégone ou corpuscule : c'est là toute la différence. Si, comme cela paraît arriver souvent, il n'y a pas de cellules « antipodes », le prothalle femelle se réduit alors à son unique corpuscule, à peu près comme nous avons vu (page 511) que le prothalle femelle des Marsiliacées se réduit à un simple archégone.

De son côté, le prothalle mâle des Angiospermes, tel du moins qu'on le connaît jusqu'ici, se réduit à une anthéridie tubuleuse qu'on appelle le tube pollinique. En absorbant la matière fécondante que ce tube anthéridien lui apporte, absorption qui constitue l'acte de la fécondation, l'oosphère devient une oospore. Cette oospore germe sur place et forme un proembryon et un embryon. Mais, en même temps, il se constitue autour d'elle, dans la cellule ventrale de l'archégone, un tissu surnuméraire qui n'a son analogue ni chez les Gymnospermes, ni chez les Cryptogames vasculaires. On peut donner à ce tissu le nom d'*albumen*, terme déjà usité dans ce sens, mais qui ne devra plus désormais être confondu avec l'endosperme des Gymnospermes, lequel, comme nous venons de le voir, a déjà son équivalent chez les Angiospermes.

Quant au tissu qui, chez les Sélaginelles, se développe avant la fécondation dans la région de la macrospore non occupée par le prothalle femelle, tissu que MM. Pfeffer et Sachs désignent également sous le nom d'endosperme (voir p. 529), ce n'est pas un endosperme, puisque ce terme est synonyme du prothalle femelle lui-même. Ce n'est pas non plus un albumen, puisque l'albumen se développe après la fécondation autour de l'oospore en voie de développement et dans le ventre même de l'archégone, tandis que le tissu considéré se forme avant la fécondation et en dehors non-seulement de l'archégone, mais du prothalle lui-même. Il ne correspond pas non plus au périsperme de certaines Angiospermes. Je ne crois pas qu'il soit nécessaire ou même utile de lui donner un nom particulier.

Telle est, croyons-nous, la manière dont il faut concevoir la succession des phénomènes qui président à la formation de la graine chez les Angiospermes. Cet état de choses dérive très-simplement d'ailleurs de celui que l'on observe chez les Cryptogames vasculaires et chez les Gymnospermes. Là, nous avons vu, en effet, le prothalle mâle diminuer de plus en plus, jusqu'à se réduire dans les Sélaginellées et dans un grand nombre de Gymnospermes à une seule et très-petite cellule, à côté de l'anthéridie des premières plantes et du tube anthéridien qui lui correspond chez les secondes. Un pas de plus dans cette voie, et nous avons devant nous un prothalle mâle complétement réduit à son tube anthéridien, c'est-à-dire le tube pollinique des Angiospermes. Là, nous avons vu, d'un autre côté, le prothalle femelle diminuer également et se réduire, chez les Marsiliacées, à une seule et très-petite cellule, à côté d'un unique archégone. Or, c'est à ce même état de dégradation du prothalle femelle, que se rattachent les Angiospermes où l'on a constaté la présence de cellules dites antipodes, et il suffit de faire un pas de plus dans cette voie et de réduire complétement le prothalle femelle à son unique archégone, pour arriver aux Angiospermes les plus élevées, où de semblables cellules « antipodes » n'ont pas été observées. (*Trad.*

sac embryonnaire; comme cette cellule primordiale produit aussitôt après la fécondation le proembryon et sur celui-ci l'embryon, elle doit être tout entière regardée comme une oosphère dans le sens que nous avons donné à ce mot chez les Cryptogames. Mais ordinairement il naît deux vésicules embryonnaires côte à côte au sommet du sac embryonnaire et dans ce cas elles ne sont le plus souvent pas arrondies, mais allongées et ovoïdes, ou même très-longues ; elles sont étroitement appliquées d'ordinaire par leur extrémité amincie à la membrane du sac et libres à l'extrémité opposée, qui est arrondie, renferme le noyau et pend dans la cavité.

« **Appareil filamenteux** » **des vésicules embryonnaires.** — Dans quelques genres peu nombreux, les deux vésicules embryonnaires sont très-fortement allongées et organisées d'une manière toute particulière ; il en est ainsi dans les *Watsonia, Santalum, Gladiolus, Crocus, Zea, Sorghum* (1). Tandis que leur extrémité inférieure, nue et renfermant le noyau, s'arrondit et prend l'aspect ordinaire d'une cellule primordiale, l'autre extrémité pénètre dans le micropyle sous forme d'un prolongement tubuleux ou caudiforme particulièrement développé dans les *Watsonia* et *Santalum*, ou même dépasse le micropyle et s'allonge librement au dehors. Sur ce prolongement on remarque des stries longitudinales fortement accusées, composées, semble-t-il, de cellulose, mais sur la nature desquelles il subsiste encore des doutes.

Schacht tient cette dépendance striée de la vésicule embryonnaire pour un organe particulier, qu'il appelle *appareil filamenteux* et auquel il assigne le rôle d'agent de transmission pendant la fécondation. D'après lui, les deux appareils filamenteux pénètrent au dehors à travers le sommet perforé du sac embryonnaire. M. Hofmeister suppose, au contraire, qu'ils demeurent toujours revêtus par un prolongement de la membrane du sac et que leur striation longitudinale provient d'un épaississement particulier de cette région de la membrane du sac embryonnaire, opinion qui, tout au moins pour les *Watsonia* et *Santalum*, paraît à peine soutenable.

Seule, la portion inférieure et arrondie de la vésicule embryonnaire se comporte, après la rencontre du tube pollinique avec son appareil filamenteux, comme une oosphère. Dans le *Santalum*, d'après Schacht, tantôt une seule, tantôt toutes deux développent un embryon, et ces deux cas y sont aussi fréquents l'un que l'autre ; mais habituellement l'une d'elles avorte complétement. Les appareils filamenteux ne prennent aucune part au développement qui est la conséquence de la fécondation ; dans le *Santalum album*, ils sont même, d'après Schacht, séparés de la partie inférieure par une cloison transversale qui se forme au sommet du sac embryonnaire. Appuyés sur ce fait, MM. Pringsheim et Strasburger ont émis l'idée que l'appareil filamenteux correspond à la cellule de canal de l'archégone des Cryptogames. Dans cette opinion, qui me paraît vraisemblable, chacune des deux « vésicules embryonnaires » correspondrait donc au contenu essentiel d'un archégone tout entier (de *Salvinia*, par ex.) ; sa portion inférieure arrondie, siége de tout le développement ultérieur, serait l'oosphère et son appendice supérieur la cellule de

(1) Schacht : Jahrb. f. wiss. Botanik, I et IV. — Hofmeister, *loc. cit.*, VII, p. 675.

canal, laquelle ne se séparerait ici de la première qu'après la fécondation opérée. L'existence assez rare de l'appareil filamenteux chez les Angiospermes est
une objection à peine sérieuse contre cette manière de voir, car il s'agit ici d'un
organe devenu rudimentaire ; il en est de même pour les « antipodes des vésicules embryonnaires », chez lesquelles d'ailleurs on a observé aussi de grandes
variations et dont l'existence même est tout aussi peu constante.

Vésicules embryonnaires dépourvues d'appareil filamenteux. — Dans
la très-grande majorité des Monocotylédones et des Dicotylédones, l'appareil
filamenteux manque aux vésicules embryonnaires. Ici aussi, elles se développent presque toujours au nombre de deux, rarement de trois. Elles sont
situées d'ordinaire obliquement l'une au-dessus de l'autre, l'une étroitement
appliquée au sommet de la voûte du sac embryonnaire, l'autre plus bas et
latéralement, mais pressée contre la première par une large surface, toutes
deux adhérentes par leur extrémité périphérique à la membrane du sac.
Comme le montrent les figures données par M. Hofmeister et par Schacht,
c'est la vésicule embryonnaire terminale, que le tube pollinique vient frapper
ordinairement et peut-être même toujours. Mais c'est précisément celle-là qui
ne se développe pas ; elle périt, tandis que la vésicule située plus bas et latéralement, vésicule que le tube pollinique n'a touchée en aucune façon, produit le proembryon et sur ce-
lui-ci l'embryon. Il semble donc
qu'ici l'une des deux vésicules
embryonnaires joue par rapport à
l'autre le rôle d'appareil filamenteux ou de cellule de canal, tandis que sa congénère seule représente l'oosphère. Parfois il arrive,
comme dans le *Funkia cordata*
(fig. 369, *x*), que l'une de ces « vésicules embryonnaires » est déjà
désorganisée avant que la fécondation ait eu lieu ; elle ressemble
alors à une pelote de mucilage
granuleux. A en juger par les figures données par M. Hofmeister,
quelque chose d'analogue semble
aussi avoir lieu dans d'autres cas.

Quoi qu'il en soit, une seule
de ces « vésicules embryonnaires », celle qui produit l'embryon,
doit être considérée comme l'oosphère, car l'autre, non pas seulement par accident, mais régulièrc-

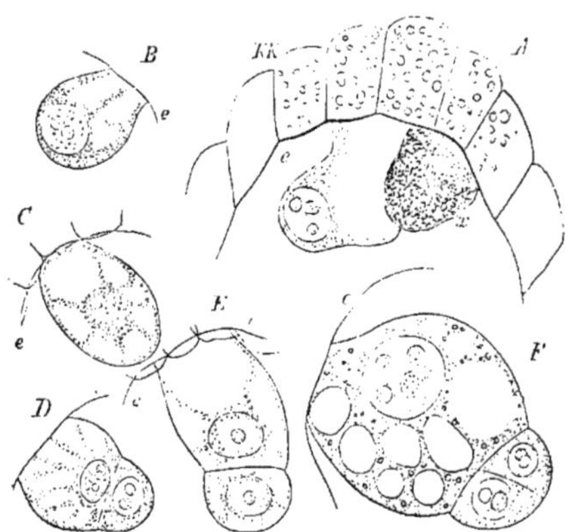

Fig. 369. — *Funkia cordata*. A, sommet du sac embryonnaire *e*, couvert par une assise de cellules du nucelle *kk* ;
x, la « vésicule embryonnaire » incapable de fécondation ;
à côté d'elle, l'oosphère, conformée d'une façon particulière,
avec son noyau. — *B,C*, oosphère fécondée et devenue
oospore, mais cette oospore est encore indivise.—*D,E*, oospore après la première bipartition. — *F*, le proembryon
sphérique avec son début d'embryon bicellulaire (500).

ment, n'a absolument rien à faire avec la formation de l'embryon ; sa fonction
essentielle paraît se borner à transmettre à l'oosphère la matière fécondante
du tube pollinique. A part cette remarque purement physiologique, rien n'est

encore fixé sur la signification morphologique de ces deux corps et il reste pour le moment à décider si les « vésicules embryonnaires » du cas le plus général correspondent aux deux corps de même nom que nous avons étudiés plus haut chez les *Watsonia* et *Santalum*, ou bien si l'une d'elles, celle qui est vouée à la destruction, ne devrait pas plutôt être considérée comme la cellule de canal déjà séparée, et l'autre comme l'oosphère correspondante, toutes deux ensemble représentant un seul archégone.

Pluralité des oosphères ; polyembryonie. — On rencontre aussi chez les Angiospermes quelques cas de polyembryonie, mais ce phénomène est amené par une tout autre voie que chez les Gymnospermes. Ainsi dans le *Funkia cœrulea*, les *Scabiosa* (d'après M. Hofmeister) et les *Citrus*, le sac embryonnaire produit avant la fécondation un grand nombre d'oosphères dans son protoplasma pariétal. Par l'arrivée du tube pollinique au sommet du sac embryonnaire, ces oosphères sont fécondées et commencent à former autant d'embryons ; mais de tous ces débuts d'embryons, dont le nombre est particulièrement très-considérable dans les *Citrus*, quelques-uns seulement se développent assez pour devenir aptes à germer.

FÉCONDATION (1).

Germination du pollen sur le stigmate. Marche des tubes polliniques. — Les grains de pollen germent sur le stigmate (2). Ils poussent leurs tubes à travers le canal stylaire, quand il existe un pareil canal, ou plus habituellement à travers le tissu conducteur lâche qui occupe l'intérieur du style plein ; en s'allongeant progressivement, ces tubes descendent jusque dans la cavité ovarienne.

Il arrive assez souvent, et cela aussi bien dans les ovules orthotropes dressés (fig. 361) que dans les ovules anatropes pendants, que le micropyle est appliqué assez étroitement contre la base du style pour que le tube pollinique descendant y pénètre immédiatement. Plus fréquemment toutefois, les tubes polliniques doivent, après leur entrée dans la cavité ovarienne, s'accroître encore pour aller chercher les ostioles des ovules où, par des combinaisons diverses, ils sont toujours amenés par le plus droit chemin. Ainsi c'est souvent

---

(1) Outre les travaux cités plus haut de M. Hofmeister, voir l'exposition historique du même auteur dans Flora, 1857, p. 125.

(2) Le phénomène par lequel le grain de pollen émet son tube pollinique est, en effet, une véritable germination, exigeant, pour s'opérer, les trois conditions nécessaires à toute germination, savoir : l'eau, la chaleur et l'oxygène de l'air. L'absorption d'oxygène est accompagnée par un dégagement correspondant d'acide carbonique. Par contre, il suffit de réunir ces trois conditions autour d'un grain de pollen pour qu'il produise son tube pollinique, et quand on le met en outre dans un milieu artificiel suffisamment nutritif, le développement de ce tube pollinique peut être poussé très-loin. Si l'on vient à placer alors, parmi les tubes polliniques en voie d'actif accroissement dans le milieu artificiel, les ovules de la même plante détachés du placenta avant d'avoir été fécondés, la fécondation s'opère au moins sur quelques-uns de ces ovules et l'on y observe, peu de temps après, les premiers états du développement de l'embryon, développement qui ne tarde pas à s'arrêter faute de nourriture. Pour plus de détails, voir : Recherches physiologiques sur la végétation libre du pollen et de l'ovule, et sur la fécondation directe des plantes (*Ann. des sc. nat.*, 5e série, *Bot.*, XII, 1870). (*Trad.*)

sur l'épithélium papilleux des placentas ou d'autres régions de la surface interne de l'ovaire, que les tubes polliniques s'accroissent en rampant; dans nos Euphorbes indigènes, un pinceau de poils les conduit depuis la base du style jusqu'au micropyle voisin; dans les Plombaginées, le tissu conducteur du style forme une excroissance conique descendante qui introduit le tube pollinique jusqu'à l'intérieur du micropyle, etc., etc.

Comme chaque ovule s'approprie pour sa fécondation un tube pollinique, le nombre de ces tubes qui pénètrent dans un ovaire donné se règle, d'une façon générale, sur le nombre des ovules que cet ovaire renferme. Cependant le nombre des tubes polliniques introduits est habituellement plus grand que celui des ovules; où ces derniers sont très-nombreux, le nombre des tubes est donc très-considérable, comme dans l'ovaire des Orchidées, par exemple, où l'on peut les apercevoir même à l'œil nu comme un faisceau soyeux d'un blanc brillant.

Durée de l'allongement du tube pollinique. — Le temps qui s'écoule entre la pollinisation du stigmate et la pénétration du tube pollinique dans le micropyle, ne dépend pas seulement de la longueur souvent très-considérable du chemin à parcourir (par ex. dans les *Zea, Crocus*, etc.), mais aussi des propriétés spécifiques de la plante considérée. Ainsi, d'après M. Hofmeister, les tubes polliniques du *Crocus vernus* n'exigent, pour traverser un style long de 5 à 10 centimètres, que 24 à 72 heures, tandis que ceux de l'*Arum maculatum* qui ont à peine à fournir une course de 2 à 3 millimètres, exigent au moins 5 jours. Il faut aux tubes polliniques des Orchidées 10 jours, ou même des semaines et des mois entiers pour arriver à l'ovaire : temps pendant lequel les ovules ou bien achèvent de se développer dans l'ovaire, ou souvent même y font leur première apparition.

Forme du tube pollinique. — Aussi longtemps qu'il s'allonge rapidement, le tube pollinique est ordinairement très-étroit et à paroi mince. Une fois parvenu dans le micropyle, il épaissit sa membrane le plus souvent très-vite et très-fortement, de manière que sa cavité ne forme plus qu'un étroit canal. En cet état, M. Hofmeister le compare à un tube thermométrique; il en est ainsi par exemple dans les *Lilium, Cactus, Malva*. Mais parfois aussi la cavité du tube se dilate, au contraire, à son extrémité (*Œnothera*, Cucurbitacées). Le contenu du tube est un protoplasma granuleux, le plus souvent mélangé de nombreux petits grains d'amidon (1).

Parvenu à l'intérieur du micropyle, le tube pollinique vient quelquefois toucher directement soit le sommet dénudé du sac embryonnaire, soit même, comme dans les *Watsonia* et *Santalum*, les appareils filamenteux des oosphères qui se sont prolongés au dehors à sa rencontre. Mais très-fréquemment il subsiste encore à ce moment une partie du tissu terminal du nucelle, et c'est à travers ce tissu que le tube doit maintenant se frayer un chemin jusqu'au sac embryonnaire. A son sommet, la membrane de ce dernier est souvent ramollie et se trouve refoulée à l'intérieur par l'extrémité pénétrante du tube; elle est même percée par lui dans les *Canna*.

(1) Ce protoplasma manifeste une rotation très-active dans les tubes en voie d'allongement, comme le montrent les cultures sur porte-objet.   (*Trad.*)

Acte de la fécondation : mélange du protoplasma du tube pollinique avec celui de l'oosphère. — Le contact du tube avec le sommet du sac embryonnaire, ou avec l'appareil filamenteux des oosphères, suffit au transport de la matière fécondante. Aussi voit-on d'ordinaire les suites de la fécondation se faire sentir déjà peu d'instants après ce contact, dans la manière dont se comportent le noyau du sac embryonnaire et celui de l'oosphère. Il n'est pas rare cependant qu'il s'écoule un long intervalle entre la venue au contact du tube pollinique et le commencement du développement causé par lui : plusieurs jours, plusieurs semaines même se passent ainsi dans l'inaction chez beaucoup de plantes ligneuses, comme les *Ulmus*, *Quercus*, *Fagus*, *Juglans*, *Citrus*, *Æsculus*, *Acer*, *Cornus*, *Robinia*, et cet intervalle atteint un an dans les Chênes américains qui mettent deux ans à mûrir leurs graines. Dans le *Colchicum autumnale*, le tube pollinique parvient au sac embryonnaire au plus tard dans les premiers jours de novembre, mais, d'après M. Hofmeister, ce n'est qu'au mois de mai de l'année suivante que l'embryon commence à se former.

Conséquences immédiates de la pollinisation et du développement des tubes polliniques. — Déjà le seul fait de la pénétration des tubes polliniques dans le tissu conducteur du style et ensuite dans la cavité ovarienne apporte souvent de profondes modifications dans la fleur. Ainsi, quand la fleur est pourvue d'un périanthe délicat, ce périanthe perd à ce moment sa turgescence, il se fane, et finit par se détacher entièrement. C'est d'autre part un phénomèn etrès-répandu dans la famille des Liliacées, que, dès avant la fécondation des ovules, l'ovaire commence à s'accroître activement (M. Hofmeister). Dans les Orchidées aussi, par le seul fait de la pollinisation du stigmate, non-seulement l'ovaire est appelé aussitôt à un accroissement actif qui se continue souvent pendant longtemps, mais les ovules eux-mêmes ne deviennent qu'à ce moment aptes à être fécondés et, dans certains cas, c'est même alors seulement qu'ils font leur première apparition sur les placentas jusque-là stériles (M. Hildebrand) (1).

CONSÉQUENCES DE LA FÉCONDATION : DÉVELOPPEMENT DE L'ENDOSPERME ET DE L'EMBRYON, DE LA GRAINE ET DU FRUIT.

L'oosphère est devenue une oospore. — Comme l'a montré M. Hofmeister, la première conséquence de la fécondation visible dans le sac embryonnaire est la disparition de son noyau. C'est plus tard seulement que l'action du tube pollinique se laisse apercevoir aussi dans l'oosphère, qui s'entoure d'une membrane de cellulose, si toutefois elle n'en possédait pas déjà une avant la fécondation, ce qui, d'après M. Hofmeister, arrive en effet quelquefois (*Nuphar*, *Tropœolum*, *Chrianthus*, *Funkia*, *Crocus*). L'oosphère est alors devenue une *oospore*, au même titre que dans les Cryptogames.

Développement de l'endosperme. — Très-souvent avant toute division de l'oospore, mais au plus tard pendant qu'elle se transforme en proembryon, commence la production de l'endosperme.

____

(1) Voir plus loin, livre III, Sexualité.

1° *Par voie de formation libre*. — Dans toutes les Monocotylédones et dans la plupart des Dicotylédones, les cellules de l'endosperme naissent par voie de formation libre et simultanément en grand nombre à l'intérieur de la couche protoplasmique pariétale du sac embryonnaire. Elles sont sphériques à l'origine et indépendantes les unes des autres (fig. 370 et 371). A mesure qu'elles s'agrandissent, ces cellules primaires peuvent remplir immédiatement le sac en se touchant latéralement et en venant se rencontrer au milieu (Asclépiadées, Solanées). Ou bien il naît, à l'intérieur de la première assise pariétale, de nouvelles cellules endospermiques par voie de formation libre, pendant que les premières sont déjà en train de se multiplier par division ; ces nouvelles cellules s'appliquent contre la face interne des premières, jusqu'à ce que toute la cavité du sac soit remplie. Si le sac embryonnaire devient très-volumineux, comme chez les Papilionacées à grosses graines, par exemple, ou dans le *Ricinus*, etc., il n'arrive qu'assez tard à être rempli par l'endosperme, et dans la graine non mûre on voit sa région centrale occupée par un liquide clair et creusé de vacuoles. Dans l'énorme sac embryonnaire de la noix de Coco ce liquide, appelé lait de Coco, subsiste même quand la graine est entièrement mûre, parce que l'endosperme n'y forme qu'une simple couche, épaisse seulement de quelques millimètres et qui tapisse la face interne de l'enveloppe séminale. Au contraire, les sacs embryonnaires étroits et allongés des plantes à petites graines sont déjà remplis par une simple rangée longitudinale de cellules issues de formation libre, comme dans les *Pistia* et *Arum*.

2° *Par voie de division*. — Dans un grand nombre de plantes dicotylédonées pourvues de longs sacs embryonnaires étroits et tubuleux, comme les Loranthacées, Orobanchées, Labiées, Campanulacées, etc., les choses se passent tout autrement. La cavité du sac s'y partage d'abord par deux cloisons transversales, après quoi il s'opère, dans toutes les cellules ainsi formées ou seulement dans quelques-unes d'entre elles, de nouvelles divisions

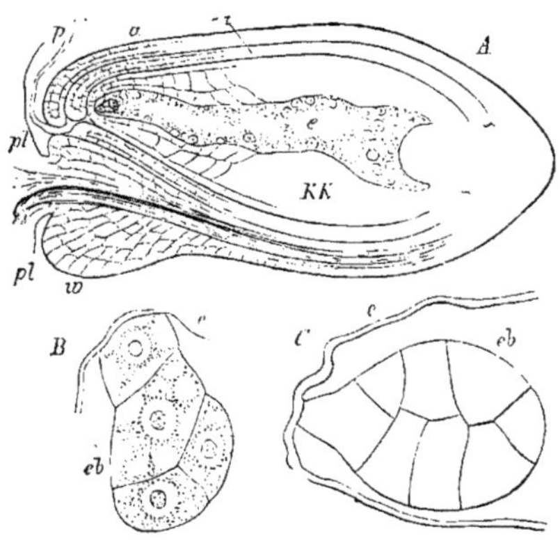

Fig. 370. — *Viola tricolor*. A, section longitudinale de l'ovule anatrope après la fécondation : *pl*, placenta; *w*, renflement du raphé; *a*, tégument externe ; *i*, tégument interne ; *p*, le tube pollinique introduit dans le micropyle; *e*, sac embryonnaire qui renferme, à gauche, l'embryon, et un grand nombre de jeunes cellules d'endosperme. — *B* et *C*, voûte terminale de deux sacs embryonnaires *e*, avec l'embryon *eb*, qui y est appendu par un suspenseur bicellulaire.

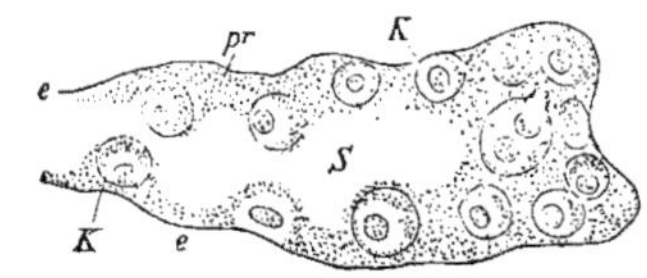

Fig. 371. — *Viola tricolor*, partie inférieure du sac embryonnaire ; *e*, sa membrane : *s*, suc cellulaire ; *k*, jeunes cellules de l'endosperme nées librement dans le protoplasma pariétal, *pr*.

d'où procède le tissu endospermique. Il n'est donc pas rare ici que ce tissu ne remplisse que certaines portions déterminées du sac embryonnaire.

3° *Par voie mixte.* — Ailleurs encore les deux modes précédents, c'est-à-dire la formation libre et la division, se combinent dans la même plante. Le sac s'y partage en effet d'abord, par une cloison transversale, en deux cellules filles dont la supérieure renferme l'embryon en voie de développement et produit en outre par voie de formation libre une petite quantité d'endosperme, tandis que l'inférieure demeure stérile (*Nymphæa, Nuphar, Ceratophyllum, Anthurium*)(1).

Endosperme rudimentaire. — Enfin, dans un petit nombre de familles, l'endosperme est rudimentaire et sa production se réduit à l'apparition transitoire de quelques noyaux ou de quelques cellules libres. Il en est ainsi dans les *Tropæolum* et *Trapa*, dans les Alismacées, Potamées et Orchidées; dans les *Canna*, cette formation rudimentaire d'endosperme semble même n'avoir plus lieu du tout.

En même temps le nucelle est résorbé ou se développe en un périsperme. — Pendant la formation de l'endosperme, le sac embryonnaire s'accroît ordinairement en volume; il achève, par conséquent, de refouler et de détruire tout le tissu du nucelle qui peut l'envelopper encore à ce moment. Dans quelques cas seulement ce dernier subsiste, en totalité ou en partie; il se remplit alors, comme l'endosperme lui-même, de substances nutritives et tantôt s'ajoute, tantôt se substitue à lui comme provision de matériaux de réserve pour l'embryon. Le tissu nutritif surnuméraire ainsi formé porte le nom de *périsperme*. Ainsi dans les Scitaminées le périsperme est très-développé, tandis que l'endosperme manque complétement; dans les Pipéracées et les Nymphéacées on trouve, au contraire, dans la graine mûre un petit endosperme, mais il est logé dans une excavation creusée dans un beaucoup plus volumineux périsperme.

Le tégument de l'ovule s'étend à mesure et devient l'enveloppe de la graine; il éclate quelquefois. — Pendant que l'endosperme enveloppé dans le sac embryonnaire s'accroît en volume, les téguments de l'ovule deviennent l'enveloppe de la graine, qui suit le sac embryonnaire dans tout son développement. Dans le *Crinum capense* cependant et dans quelques autres Amaryllidées, d'après M. Hofmeister, l'endosperme fait éclater l'enveloppe de la graine et même la paroi de l'ovaire; ses cellules produisent de la chlorophylle, son tissu demeure séveux et se creuse d'espaces intercellulaires, ce qui n'arrive pas ailleurs. Dans le *Ricinus* on observe aussi, suivant H. Mohl, mais seulement pendant la germination de la graine mûre dans un sol humide, un semblable accroissement qui fait éclater l'enveloppe séminale et qui transforme l'endosperme primitivement ovale et long de 8 à 10 millimètres en un large sac aplati de 20 à 25 millimètres de longueur, sac qui continue à envelopper les cotylédons en voie d'accroissement aussi longtemps que ces derniers n'en ont pas absorbé toute la substance nutritive.

Cas où une partie de l'endosperme subsiste dans la graine mûre. — Dans

______

(1) Pour plus de détails sur ces divers modes de formation décrits par M. Hofmeister, voir plus loin à la caractéristique do la classe des Dicotylédones.

les Monocotylédones et beaucoup de Dicotylédones, l'embryon demeure petit à l'intérieur de l'endosperme, et, dans la graine mûre, il est totalement enveloppé par lui, ou le touche seulement par un de ses côtés comme dans les Graminées.

Diverses natures de l'endosperme : farineux, charnu, corné. — Serrées côte à côte sans laisser entre elles d'espaces intercellulaires, les cellules de l'endosperme se remplissent jusqu'à la maturité de la graine de substances protoplasmiques et tantôt d'huile grasse, tantôt d'amidon, tantôt encore de ces deux principes à la fois; dans tous ces cas, elles conservent leurs parois minces. L'endosperme constitue alors l'amande amylacée ou grasse de la graine mûre, à côté ou à l'intérieur de laquelle il faut chercher l'embryon. Mais il n'est pas rare qu'il devienne corné, à cause de l'épaississement considérable de ses parois cellulaires qui se gonflent alors dans l'eau (*Phœnix dactylifera* et autres Palmiers, Ombellifères, *Coffea*, etc.); si cet épaississement est extraordinairement fort, l'endosperme prend la consistance d'une masse pierreuse qui remplit l'enveloppe séminale, comme dans le *Phytelephas* où il constitue ce qu'on appelle l'*ivoire végétal*. Dans ce cas, c'est la masse d'épaississement des cellules endospermiques, redissoute pendant la germination, qui sert, concurremment avec leur contenu protoplasmique et gras, de première nourriture à l'embryon.

Forme de l'endosperme; endosperme marbré ou ruminé. — Quand il est abondamment développé, l'endosperme mûr prend habituellement la forme de la graine mûre tout entière dont l'enveloppe le revêt uniformément; sa forme extérieure est donc le plus souvent simple et fréquemment arrondie. Cependant on observe parfois, surtout chez les Dicotylédones, des déviations considérables par rapport à cette forme typique. Ainsi, par exemple, la graine du *Coffea*, le grain de Café, exclusivement constitué par un endosperme corné (si l'on met à part le très-petit embryon qui y est enfermé), a, comme on le voit par une section transversale, la forme d'une plaque à bords repliés. L'endosperme dit *marbré* ou *ruminé*, qui constitue l'amande de ce que l'on appelle la *noix muscade* (graine du *Myristica fragrans*) ainsi que de la noix d'Arec (graine du palmier *Areca*), doit ses marbrures à cette circonstance, qu'une couche intérieure sombre de l'enveloppe séminale se développe de dehors en dedans en forme de lamelles rayonnantes qui s'insinuent dans les sinuosités correspondantes de l'endosperme clair.

Endosperme plein; endosperme creux. — L'endosperme mûr est une masse de tissu tantôt solide dans toute son épaisseur, tantôt creusée d'une cavité interne qui, dans la noix vomique par exemple (graine du *Strychnos nux-vomica*), est, comme la graine elle-même, large et très-aplatie. Cette cavité provient évidemment de ce que l'endosperme, se développant de la périphérie du sac embryonnaire vers l'intérieur sans atteindre le centre, y laisse un espace libre, espace qui, comme nous l'avons déjà dit, est très-grand dans la noix de Coco et y est rempli de liquide. Dans les cas de ce genre, l'endosperme est donc un sac creux à paroi épaisse, entourant une cavité arrondie ou aplatie en forme de fente.

Cas où l'endosperme a été totalement résorbé par le développement de l'embryon. — Dans un très-grand nombre de familles de Dicotylédones, les

bryon pluricellulaire est arrondie en sphère. Il y apparaît d'abord une cloison premières feuilles de l'embryon, les cotylédons, se développent avant la maturité de la graine en corps assez volumineux pour détruire l'endosperme déjà formé et remplir finalement tout l'espace compris dans le sac embryonnaire et dans l'enveloppe séminale, tandis que l'axe de l'embryon et son bourgeon terminal situé entre les bases des cotylédons n'acquièrent, ici aussi, qu'une très-faible dimension. C'est alors dans ces cotylédons épais, charnus ou foliacés et le plus souvent étalés, que s'accumule la réserve nutritive de substance protoplasmique et d'amidon ou de graisse, ailleurs emmagasinée dans l'endosperme, et qui sera utilisée pour l'épanouissement des diverses parties de l'embryon lors de la germination. Cette abondante provision de matériaux de réserve qui remplit les cotylédons paraît être absorbée par eux dans l'endosperme préexistant qui disparaît à mesure. La différence entre les graines mûres dépourvues d'endosperme et celles qui en possèdent se réduit donc à ceci, que dans les premières toute la réserve nutritive de l'endosperme passe dans l'embryon dès avant la germination, tandis que, chez les autres, cette transmission n'a lieu que pendant la germination.

La présence ou l'absence d'endosperme dans la graine se montre d'ailleurs assez constante dans de grands groupes naturels et fournit par conséquent un caractère de valeur à la Classification. Sont dépourvues d'endosperme, par exemple, parmi les familles les plus connues : les Composées, les Cucurbitacées, les Papilionacées, les Cupulifères (Chêne, Coudrier), etc. Parfois aussi l'embryon, tout en s'accroissant beaucoup, ne détruit cependant pas tout l'endosperme, et ce qui en reste forme autour de lui comme une membrane assez mince.

Développement de l'embryon. — Revenons maintenant à considérer l'ovule au moment où il vient d'être fécondé, pour suivre pas à pas la formation de l'embryon.

Proembryon ou suspenseur. — Comme nous l'avons déjà vu chez les Gymnospermes, l'oosphère des Angiospermes, fécondée et devenue par là une oospore, ne se transforme pas immédiatement en un embryon. Son extrémité tournée vers le micropyle se soude d'abord avec la membrane de la voûte terminale du sac embryonnaire, puis s'allonge en tournant son extrémité libre vers la base de l'ovule et subit en même temps une ou deux divisions transversales. Le proembryon ainsi formé demeure ordinairement court (fig. 370); parfois même, comme dans les *Funkia*, sa cellule basilaire se renfle en sphère (fig. 369).

Mais ailleurs l'oospore elle-même s'allonge déjà, avant de se diviser, en un long tube étroit; il en est ainsi, d'après M. Hofmeister, dans le *Loranthus*, où l'oospore pénètre en s'allongeant jusque dans le fond élargi du sac embryonnaire tubuleux, et c'est là seulement, au milieu de l'endosperme, qu'elle forme à son sommet la sphère embryonnaire. Chez les Dicotylédones dont l'endosperme naît par voie de division et seulement à des places déterminées et profondes du sac embryonnaire, cet allongement de l'oospore est même le cas ordinaire, bien qu'il s'opère avec moins d'intensité (*Pedicularis, Catalpa*, Labiées).

Premières divisions de la cellule embryonnaire. — Tournée vers la base du sac embryonnaire et par conséquent de l'ovule, la cellule terminale du proem-

longitudinale ou légèrement oblique, premier indice de la formation de l'embryon (voir aussi fig. 14, p. 22). Puis, par une succession rapide de nouvelles divisions, elle se transforme en une masse compacte de petites cellules, de forme sphérique ou ovoïde ; c'est sur cette masse de tissu qu'apparaissent plus tard les premières feuilles ou cotylédons, tandis que le début de la première racine prend naissance par différenciation du tissu à la limite du proembryon et de l'embryon.

Il n'est pas rare que les premières cellules de l'embryon semblent disposées comme si elles étaient issues des divisions obliques d'une cellule terminale suivant deux ou trois directions (fig. 370 *C*); cette hypothèse peut être suggérée aussi par l'obliquité de la première cloison qui se forme dans la cellule terminale du proembryon. J'ai de mon côté rencontré de jeunes embryons de *Rheum*, qui, vus par le sommet, indiquaient l'existence d'une cellule terminale à trois faces. Toutefois, d'après les observations récentes et actuellement poursuivies de M. Hanstein, le phénomène est essentiellement différent. D'après lui, la première cloison longitudinale, même quand elle est un peu oblique par rapport à la dernière cloison transversale, passe par la ligne médiane du corps embryonnaire en voie de formation, et il n'est pas rare qu'elle soit exactement perpendiculaire à la dernière cloison transversale et par conséquent dirigée suivant l'axe d'accroissement du proembryon (1). La formation de cette cloison longitudinale médiane dans la cellule primaire de l'embryon exclut évidemment la possibilité d'une cellule terminale à segmentation bisériée ou plurisériée.

Développement de l'embryon des Monocotylédones. — La constitution de l'embryon des Monocotylédones a été observée avec une clarté particulière par M. Hanstein dans les *Alisma*.

La figure 372 montre en II, après la première cellule proembryonnaire *v*, deux autres cellules superposées *av* et *c*, dont la dernière est déjà partagée par une cloison longitudinale et une cloison transversale en quatre cellules disposées comme les quartiers d'une pomme. La comparaison des états II à V montre que le développement ultérieur progresse d'abord en direction basipète; il se fait notamment encore, par division intercalaire, une cellule *w* et *h* entre l'extrémité du proembryon et le corps embryonnaire déjà formé *ac*. C'est de cette cellule que procédera plus tard la racine ; M. Hanstein la nomme, elle et le tissu qu'elle produit, l'*hypophyse*.

Avant que le corps embryonnaire se divise encore en parties extérieurement distinctes, son méristème primitif se sépare en une couche périphérique formée d'une seule assise, qui est ombrée sur la figure, et en un tissu intérieur ; l'assise externe est l'épiderme primordial, le dermatogène, lequel ne s'accroît

(1) Tout ce qui suit est tiré des publications préliminaires de M. Hanstein (Monatsberichte der niederrh. Gesellsc. für Natur. und Heilkunde, 15 juillet et 2 août 1869), ainsi que de communications épistolaires détaillées. M. Hanstein a eu l'obligeance de m'envoyer à examiner un grand nombre de ses dessins, et c'est avec son autorisation que j'ai copié d'après eux les figures 372, 373, 374 et 375. Dans l'été de 1869 j'ai eu aussi l'occasion d'étudier des préparations semblables à la figure 373, faites par M. Hanstein lui-même. Voir aussi dans HANSTEIN : Bot. Abhandlungen, Bonn. Heft I, 1870, une exposition détaillée du développement de l'embryon des Monocotylédones et des Dicotylédones.

plus désormais que dans le sens de la surface et ne subit que des divisions radiales. Les figures IV à VI montrent que les cloisons tangentielles qui séparent le dermatogène des cellules primaires de l'embryon se forment progressivement du sommet à la base. Bientôt après on remarque, dans la masse interne du tissu, une nouvelle différenciation : par des divisions principalement longitudinales, il se sépare un faisceau axile qui constitue le plérome, c'est-à-dire le tissu qui produira plus tard les faisceaux vasculaires ; de son côté la portion du méristème primitif comprise entre le dermatogène et le plérome, et caractérisée par

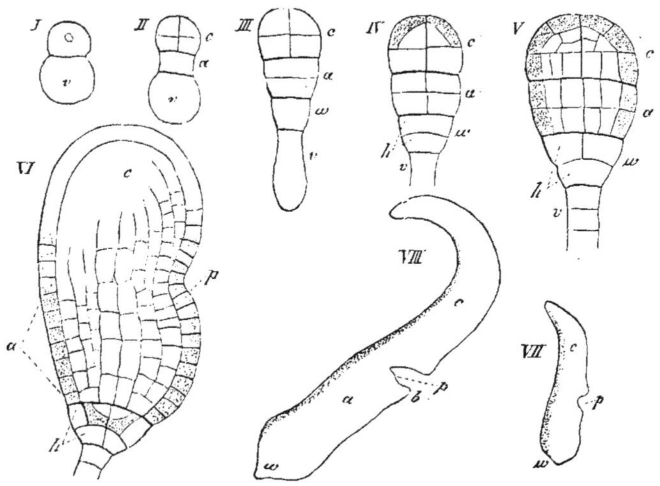

Fig. 37.2 — Formation de l'embryon des Monocotylédones (*Alisma*), d'après les dessins de M. Hanstein. — La suite du développement est marquée *I* à *VIII*; partout *v* désigne le proembryon ; *h*, l'hypophyse ; *w*, la région dans laquelle naît la racine ; *p*, celle où naît la tige ; *c*, le cotylédon ; *b*, la première feuille végétative. Les figures *VII* et *VIII* sont moins grossies que les autres. La dermatogène est ombré.

de fréquentes divisions transversales, devient le périblème, c'est-à-dire l'écorce primordiale.

C'est seulement lorsque cette différenciation des trois tissus est opérée dans la partie supérieure *ac* de l'embryon, qu'elle commence aussi dans l'hypophyse *h*. L'assise inférieure de cette hypophyse ne participe pas à la formation du dermatogène, tandis que son assise supérieure produit un prolongement du dermatogène et du périblème du corps embryonnaire (VI); par là, comme nous le montrerons encore plus loin, la racine se trouve constituée, comme une dépendance postérieure de l'embryon. M. Hanstein désigne la région terminale *c* de l'embryon comme en étant la première feuille, le cotylédon, à la base duquel, en *p*, le sommet de la tige ne se formerait que plus tard et latéralement. Mais si le cotylédon est ainsi en réalité le corps terminal de l'embryon, ce qui ne me paraît pas encore suffisamment démontré, il est impossible qu'il ait la valeur morphologique d'une feuille, quand bien même il prendrait plus tard tout l'aspect extérieur d'une vraie feuille végétative, comme dans les *Allium*.

Développement de l'embryon des Dicotylédones. — Les divers temps de la constitution de l'embryon aux dépens de la cellule terminale du proembryon s'observent chez les Dicotylédones avec beaucoup plus de clarté encore que chez les Monocotylédones, parmi lesquelles les Graminées en particulier donnent lieu à des difficultés. M. Hanstein y a notamment décrit avec détail la manière dont les choses se passent dans le *Capsella bursa-pastoris*.

La figure 373 montre d'abord comment le corps embryonnaire procède de la cellule terminale sphérique d'un filament proembryonnaire pluricellulaire *v* ;

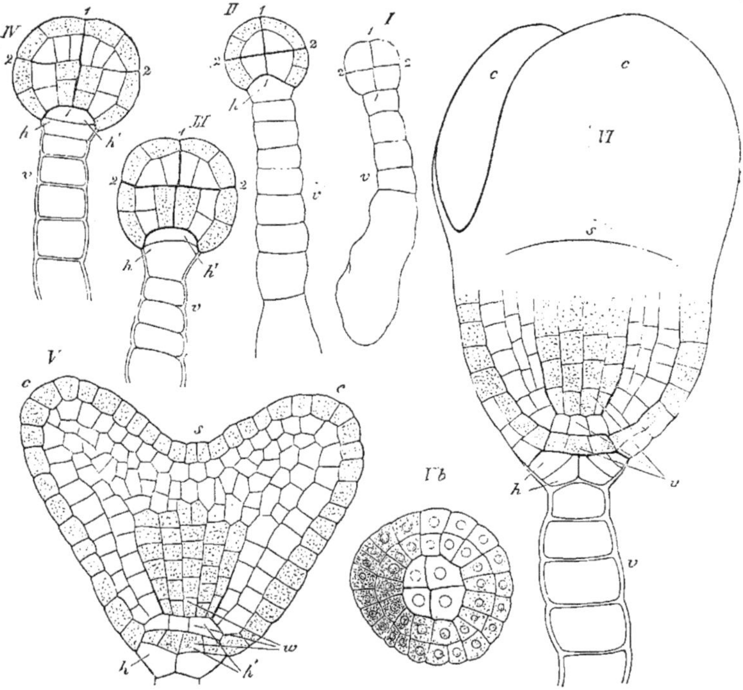

Fig. 373. — Formation de l'embryon du *Capsella bursa-pastoris*, d'après les dessins de M. Hanstein. — *I-VI*, succession des états ; *Vb*, extrémité de la racine vue d'en bas ; 1,1 et 2,2 sont les premières divisions de la cellule terminale du proembryon ; *hh*, l'hypophyse ; *v*, le proembryon ; *s*, le sommet de l'axe ; *w*, la racine. Le dermatogène et le plérome ont leurs cellules ombrées.

ici aussi une cellule *h* située à la base du corps embryonnaire constitue l'hypophyse, d'où naîtra plus tard la première racine. La cellule sphérique primaire du corps embryonnaire se dédouble tout d'abord par une cloison longitudinale, 1, 1, après quoi il se fait dans chacune des deux moitiés une cloison transversale 2,2, de sorte qu'ici le corps embryonnaire se compose d'abord de quatre quartiers de sphère. Chacun de ces quartiers subit ensuite une division tangentielle, ce qui produit quatre cellules périphériques qui formeront le dermatogène et quatre cellules internes (II). Pendant que les premières ne s'accroissent plus désormais qu'en surface et ne subissent plus que des divisions radiales, le tissu interne s'accroît au contraire en tous sens et subit des divisions qui permettent de très-bonne heure de reconnaître une différenciation en plérome (cellules sombres dans III, IV, V) et périblème (cellules claires).

Ceci posé, le corps tout entier qui procède de la cellule primordiale de l'embryon s'agrandit en multipliant activement ses cellules, et bientôt apparaissent à côté de son sommet (S en V) deux volumineuses protubérances c,c, qui sont les deux premières feuilles, les cotylédons. Le sommet de la tige n'est pour le moment représenté que par la terminaison de l'axe longitudinal de l'embryon ; c'est plus tard seulement qu'il se forme, profondément enfoncé entre les cotylédons, un mamelon de tissu qui est le cône végétatif de la tige.

L'extrémité postérieure ou basilaire de la tige embryonnaire, après la différenciation de son méristème primitif en dermatogène, périblème et plérome, se trouve pour ainsi dire ouverte (fig. II, III, IV), aussi longtemps du moins que l'hypophyse h n'a pas encore subi cette même différenciation. Mais finalement cette différenciation s'y produit à son tour et de la façon suivante. La plus haute des deux cellules de l'hypophyse se partage en deux assises dont l'externe forme un dermatogène qui continue et ferme celui de la tige (V, h' tandis que l'interne prolonge le tissu interne de cette tige. Quant à la cellule inférieure de l'hypophyse h, elle se divise en croix (fig. V b, vue d'en bas) et peut être considérée comme un corps intermédiaire entre le proembryon et la racine de l'embryon, ou encore comme la première calotte de la coiffe de la racine.

Développement de la racine principale de l'embryon. — Il faut attacher

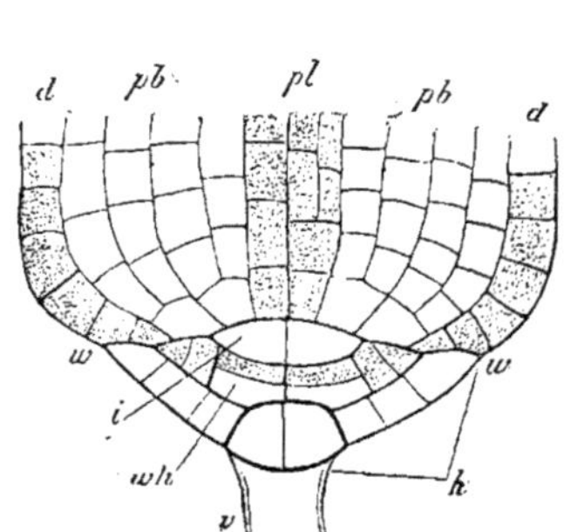

Fig. 374. — Figure théorique montrant la formation de la racine principale chez les Monocotylédones et sa relation avec la tige, d'après un dessin de M. Hanstein. — v, proembryon ; h, hypophyse ; ww, limite de la tige et de la racine ; wh, calotte de la coiffe ; d, dermatogène ; pb, périblème ; pl, plérome.

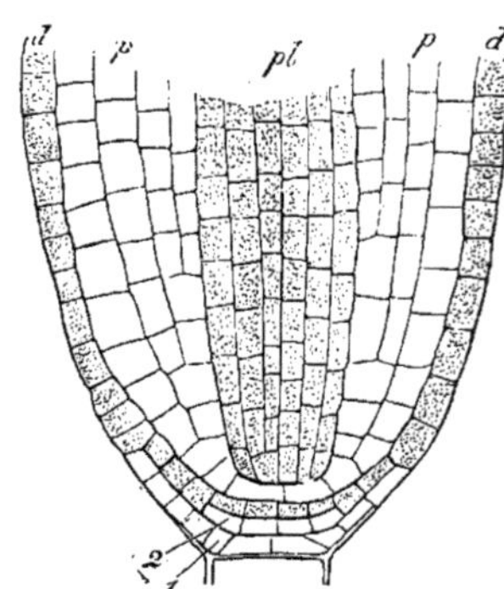

Fig. 375. — Figure théorique montrant la même chose, mais dans un embryon dicotylédoné, d'après M. Hanstein. — 1 et 2 sont les premières calottes de la coiffe ; p, périblème ; mêmes lettres d'ailleurs qu'à la figure 374.

une valeur toute particulière à l'exposition donnée par M. Hanstein et vérifiée aussi plus tard par M. Reinke (1) du développement de la coiffe de la racine chez les Phauérogames.

(1) Voir Reinke : Wachsthumsgesch. und Morphologie der Phanerogamenwurzel dans Hanstein : Botan. Abhandl. 1871, Heft III.

Ainsi que le montrent les figures 374 et 375, cette coiffe peut être désignée simplement comme étant une excroissance du dermatogène. Cette assise périphérique, qui partout ailleurs dans la plante demeure simple et en passant à l'état définitif constitue l'épiderme, s'accroît au contraire en épaisseur là où elle recouvre le point végétatif de la racine et y subit des divisions tangentielles qui se répètent périodiquement. Des deux assises ainsi formées chaque fois, l'extérieure devient une calotte de la coiffe (*wh* dans la fig. 574 et 2 dans la fig. 375), tandis que l'intérieure demeure à l'état de dermatogène et se dédouble plus tard de nouveau.

Le dermatogène qui recouvre le cône végétatif de la racine se comporte donc comme une assise de phellogène, avec cette différence, cependant, que les cellules produites par l'assise génératrice du liége deviennent aussitôt des cellules durables, tandisque celles de la calotte de coiffe demeurent encore aptes à se diviser. Chaque assise séparée du dermatogène produit, en effet, une calotte formée de plusieurs épaisseurs de cellules, calotte dont l'accroissement est le plus actif au centre et va en s'éteignant progressivement à la périphérie. Le dédoublement du dermatogène en deux assises progresse ordinairement du sommet à la périphérie de l'extrémité de la racine ; mais, d'après les mêmes observateurs, c'est le contraire qu'on observe dans les radicelles du *Trapa natans*.

Développement de racines latérales sur la tige de l'embryon. — Il n'est pas rare de voir se développer dans l'embryon, dès avant la maturité de la graine, outre la racine principale que nous avons seule considérée jusqu'ici, des racines latérales en plus ou moins grand nombre. Il en est ainsi, par exemple, dans beaucoup de Graminées et dans certaines Dicotylédones, parmi lesquelles je citerai l'*Impatiens* d'après MM. Hanstein et Reinke et le *Cucurbita* d'après mes propres observations. Dans le *Trapa natans*, la racine principale avorte de bonne heure, mais de bonne heure aussi des racines latérales se développent sur la tige hypocotylée.

Les racines latérales des Angiospermes naissent, d'après MM. Hanstein et Reinke, dans le péricambium, au sens que M. Nägeli donne à ce mot (voir ce qui est dit à propos de la figure 115). Leur développement a été suivi et trouvé le même dans plusieurs plantes différentes. Dans le *Trapa natans*, par exemple, il s'opère de la manière suivante. Un groupe de cellules de l'assise cellulaire simple qui constitue le manteau de péricambium se divise radialement, et les cellules nouvellement formées s'allongent d'abord dans la même direction pour se diviser ensuite tangentiellement ; l'extérieure des deux assises ainsi constituées forme le dermatogène de la racine latérale, tandis que l'intérieure produira le corps même de cette racine. Le dermatogène, bombé en dehors par l'accroissement du corps de la racine, produit ensuite la coiffe suivant le procédé que nous venons d'expliquer pour la racine principale, pendant que le tissu qu'il recouvre, c'est-à-dire le jeune corps de la racine, se différencie en périblème et plérome. Les choses se passent de même dans le *Pistia* et probablement aussi dans les Graminées.

Chez les Phanérogames, MM. Hanstein et Reinke n'ont trouvé « nulle part une cellule terminale produisant l'accroissement comme dans les Cryptogames ;

c'est toujours un groupe de cellules obéissant à la fois à une puissance formatrice unique. »

Constitution définitive de l'embryon. — Nous avons déjà, à propos de l'endosperme, signalé les dimensions différentes que l'embryon des Phanérogames atteint dans la graine mûre. Sa division extérieure en membres distincts se réduit souvent à la formation d'un début de racine à l'extrémité postérieure de sa tige et à la production des cotylédons (*Cucurbita*, *Helianthus*, *Allium Cepa*, etc.), entre lesquels est situé le cône végétatif nu. Mais il n'est pas rare que ce dernier s'accroisse beaucoup, au contraire, avant la maturité de la graine et produise quelques feuilles nouvelles (Graminées, *Phaseolus*, *Faba*, *Quercus*, *Amygdalus*, etc.), dont l'ensemble reçoit dans la nomenclature usitée le nom de *gemmule;* cette gemmule ne s'épanouit qu'au moment de la germination.

Quant aux divers systèmes de tissus de l'embryon, ils sont d'ordinaire déjà nettement différenciés lors de la maturité de la graine ; mais les diverses formes du tissu définitif ne se constituent que bien après, pendant la germination (1).

Une remarquable exception à ce développement perfectionné de la jeune plante à l'intérieur de la graine mûre nous est offerte par les plantes parasites ou humicoles dépourvues de chlorophylle, ainsi que par les Orchidées. Chez elles, en effet, l'embryon demeure jusqu'à la maturité de la graine un simple corpuscule arrondi, parfois composé seulement d'un petit nombre de cellules et n'offrant aucune division extérieure en tige, feuilles et racine. Cette

(1) Le tégument de l'ovule, qui devient l'enveloppe de la graine, est un lobe foliaire transformé où les faisceaux vasculaires se distribuent symétriquement par rapport à un plan. Ce plan de symétrie, ou mieux ce plan principal (p. 251) du tégument bilatéral, contient l'axe droit ou courbe du nucelle et du sac embryonnaire. Ceci posé, l'embryon, dès ses premières divisions cellulaires, dans tout le cours de son développement, et enfin dans son état définitif, présente par rapport au plan principal du tégument une orientation déterminée par les deux conditions suivantes : 1° la ligne de symétrie de la tige et de la racine de l'embryon se développe toujours suivant l'axe droit ou courbe du sac embryonnaire ; elle est donc et demeure toujours contenue tout entière dans le plan principal du tégument et se dresse perpendiculairement à la surface du lobe foliaire transformé, de manière que son pôle gemmulaire soit dirigé vers le limbe, et son pôle radiculaire en sens opposé ; 2° si l'on appelle plan principal de l'embryon le plan médian de sa première feuille, ou le plan médian commun de ses deux premières feuilles opposées, le plan principal de l'embryon tantôt coïncide avec le plan principal du tégument, tantôt lui est perpendiculaire. Le premier cas se présente, par exemple, dans les Graminées, Cypéracées, Ombellifères, Labiées, Caryophyllées, etc. ; le second dans les Rosacées, Légumineuses, Amentacées, Cucurbitacées, etc. Les deux cas peuvent d'ailleurs se rencontrer dans la même famille (Crucifères), ou dans le même genre (*Polygonum*).

Il y a donc chez les Phanérogames, entre l'embryon et le tégument de l'ovule, c'est-à-dire entre deux générations asexuées, séparées par une génération sexuée rudimentaire et confinée dans le nucelle, des relations de position fixes et nécessaires, qui déterminent entièrement dans l'espace la situation de l'être nouveau par rapport à l'ancien. Nous avons vu que chez les Cryptogames vasculaires il existe de pareilles relations de position entre l'embryon et le prothalle, c'est-à-dire entre la génération asexuée et la génération sexuée qui la précède, mais la dissémination des spores y rompt tout lien entre la génération asexuée et la génération sexuée qui la suit, et, par conséquent, entre les termes de même nom des alternances successives. Voir : Recherches sur la symétrie de structure de l'ovule et sur l'orientation de l'embryon dans la graine (Comptes rendus, juillet 1869), et Recherches sur la symétrie de structure des plantes vasculaires. Introduction (*loc. cit.* p. 23). (*Trad.*)

division ne s'y montre qu'après la germination et encore ne s'y manifeste-
t-elle parfois que très-imparfaitement.

Développement de la graine et du fruit. — Pendant que l'endosperme et
l'embryon se développent dans le sac embryonnaire, non-seulement l'ovule s'accroît, mais aussi la paroi de l'ovaire qui l'enveloppe.

Aux dépens de certaines assises cellulaires de ses téguments ou de tout le
tissu qui les compose, l'ovule forme l'enveloppe de la graine, enveloppe dont
la structure peut être extrêmement variée. Par là l'ovule tout entier, avec tout
ce qui est né en lui à la suite de la fécondation, devient la *graine*.

De leur côté la paroi de l'ovaire, ses placentas et ses cloisons, non-seulement
s'accroissent en volume, mais subissent dans leur contour extérieur et surtout
dans leur structure interne les modifications les plus diverses. Ainsi transformées, ces diverses parties de l'ovaire, avec les graines qu'elles enferment, composent le *fruit*.

La paroi ovarienne métamorphosée porte désormais le nom de *péricarpe*.
S'il y a dans le péricarpe une couche tégumentaire nettement différenciée, on
appelle cette couche *épicarpe* et la couche interne *endocarpe;* assez souvent
il existe entre les deux une troisième couche appelée *mésocarpe*. Suivant la
forme originelle de l'ovaire et la structure que prend son tissu à l'état de maturité, on distingue tout un ensemble de formes typiques de fruits dont la nomenclature sera exposée plus loin.

Mais en outre il n'est pas rare que la longue série des profondes modifications qui sont les conséquences de la fécondation s'étende aussi à des parties
qui, non-seulement n'appartiennent pas à l'ovaire, mais même sont étrangères
à la fleur. Cependant, comme ces parties sont, au point de vue physiologique,
en étroite connexion avec le fruit et qu'ordinairement même elles forment
avec le fruit un tout nettement séparé du reste de la plante, on peut d'une façon générale désigner tout corps de ce genre comme un *faux fruit*. La figue,
la fraise et la mûre, par exemple, sont des faux fruits.

Plantes monocarpiques et polycarpiques. — Parvenu à un certain état, ou
bien le fruit se détache de la plante avec les graines qu'il renferme, ou bien
il s'ouvre et les graines seules sont mises en liberté : c'est l'état de maturité.

Dans beaucoup d'espèces la plante meurt tout entière en mûrissant ses
fruits ; ces espèces sont dites *monocarpiques*, c'est-à-dire ne fructifiant qu'une
fois. On distingue d'ailleurs les plantes monocarpiques en *annuelles* qui fructifient déjà pendant leur première période végétative, *bisannuelles* qui ne fructifient que dans la seconde période végétative, et *vivaces* qui ne fructifient qu'a-
près plusieurs périodes végétatives et même après un grand nombre de ces
périodes comme l'*Agave americana*. Mais la plupart des Angiospermes sont
polycarpiques, c'est-à-dire que, sa force végétative n'étant pas épuisée par la
maturation de ses fruits, la plante continue de s'accroître et de produire périodiquement de nouveaux fruits ; elle est polycarpique vivace.

DISPOSITION DES FLEURS SUR LA PLANTE. — INFLORESCENCES.

Après avoir étudié d'abord la fleur dans toutes ses parties constitutives, puis
la fécondation et toutes ses conséquences jusqu'à la maturité du fruit et de la

graine, nous devons maintenant examiner la disposition relative des fleurs
sur la plante qui les porte.

Fleurs solitaires ; fleurs groupées en inflorescences. — Il est assez rare
chez les Angiospermes que les fleurs soient isolées au sommet de la tige principale et de ses branches, ou à l'aisselle des feuilles végétatives ; elles sont dites
alors *solitaires*, et elles sont *terminales* ou *axillaires*. Bien plus souvent, il se
développe, soit à l'extrémité de la tige principale et de ses branches, soit à
l'aisselle des feuilles végétatives, des systèmes rameux de conformation particulière, qui portent des fleurs rapprochées le plus souvent en grand nombre ;
ces ensembles floraux ont une forme déterminée et se distinguent immédiatement de la portion végétative de la plante. Les fleurs sont dites alors *groupées*
et ces groupes s'appellent des *inflorescences*.

Bractées. — Le port d'un pareil système de ramifications, ou d'une inflorescence, dépend non-seulement de la forme, du nombre et de la grandeur des
fleurs qui le composent, mais aussi de la longueur et de l'épaisseur des axes de
divers degrés et du mode de développement des feuilles à l'aisselle desquelles
naissent ces axes, feuilles que l'on nomme *bractées*. Ces bractées sont d'ordinaire plus simplement conformées et plus petites que les feuilles végétatives,
souvent colorées autrement qu'en vert ou tout à fait incolores. On en rencontre
aussi sur les pédicelles floraux, c'est-à-dire sur les rameaux du dernier ordre
que terminent les fleurs ; mais elles y sont habituellement stériles. Parfois
l'inflorescence est dépourvue de bractées, totalement ou seulement à des
places déterminées ; alors les pédicelles floraux ne sont pas axillaires (Aroïdées,
Crucifères, etc.). Il paraîtrait même, d'après les recherches récentes de
M. Kaufmann, que l'inflorescence si singulière des Borraginées procède d'une
ramification dichotomique, bien que la portion végétative de la plante présente ici aussi la ramification monopodique ordinaire.

Formes diverses des inflorescences. — En se combinant entre eux, les caractères tirés du nombre, de la longueur relative et du mode de développement
des divers rameaux, donnent naissance à des formes d'inflorescence très-
diverses, dont chacune est constante dans une espèce déterminée et caractérise
souvent tout un genre ou toute une famille. La forme de l'inflorescence, outre
qu'elle est décisive pour le port de la plante, fournit donc souvent aussi un
caractère de valeur à la classification naturelle.

La manière la plus convenable de classer les diverses inflorescences est de
considérer avant tout leur mode de ramification et les relations des branches de
divers ordres qui les constituent. Moins variables que les autres propriétés, ces
rapports se laissent, en effet, ramener à un petit nombre de types et fournissent
ainsi les caractères distinctifs des groupes principaux ; ces groupes seront
ensuite subdivisés à leur tour d'après la longueur et l'épaisseur des divers
axes et quelques autres caractères encore.

En ce qui concerne donc la nature de la ramification, il faut remarquer
d'abord que toute inflorescence doit son origine à la ramification terminale normale d'un axe en voie d'accroissement ; or, chez les Angiospermes, à l'exception
des cas cités plus loin (p. 680), cette ramification est toujours monopodique,
c'est-à-dire que les branches naissent latéralement au-dessous du sommet de

la branche mère en voie d'accroissement. Si cette branche mère a des feuilles nettement développées, feuilles qui sont toujours ici des bractées, les branches latérales s'insèrent à l'aisselle de ces feuilles. Si ces bractées sont imperceptibles ou avortées, les branches ne sont plus, il est vrai, axillaires, mais comme leur accroissement et leur mode de ramification demeurent absolument les mêmes que si ces bractées étaient effectivement développées, on ne doit attacher aucune importance à cette considération dans l'établissement des groupes (voir p. 216). Au point de vue pratique, cependant, la présence des bractées a une réelle valeur, parce qu'elle facilite la détermination du véritable mode de ramification dans les inflorescences développées, un rameau axillaire d'une bractée étant toujours un rameau latéral; sans elles, en effet, il est quelquefois difficile de distinguer ce qui est axe principal de ce qui est axe secondaire, parce que l'axe secondaire se développe souvent aussi fortement ou même plus fortement que l'axe principal.

Classification des inflorescences. — Dans la Morphologie générale (liv. I, § 24), nous avons établi les principes généraux d'après lesquels on doit classer les divers systèmes ramifiés; ces principes s'appliquent naturellement aussi aux inflorescences et c'est sur eux qu'est basée la distinction des grands groupes dans la classification qui va suivre. Parmi les nombreuses formes d'inflorescences, je dois me borner toutefois à ne signaler ici que les plus ordinaires, celles qui pour la Botanique descriptive possède déjà une nomenclature (1).

A. INFLORESCENCES EN GRAPPE OU MONOPODIQUES. Dans le sens le plus large de ce mot, les inflorescences en grappe prennent naissance, lorsqu'un seul et même axe principal du système ramifié produit successivement en direction acropète un plus ou moins grand nombre de rameaux latéraux dont la capacité de développement est inférieure ou tout au plus égale à celle de la portion de l'axe floral située au-dessus de leur insertion.

    a. INFLORESCENCES EN ÉPI. Elles naissent lorsque les axes latéraux de premier ordre ne se ramifient pas eux-mêmes et sont tous, par conséquent, de simples pédicelles floraux; l'axe principal peut d'ailleurs se terminer ou non par une fleur.

        α. *Inflorescences en épi avec axe principal allongé.*

            1. L'**épi** : fleurs sessiles, axe général mince. Ex. : Épillet des Graminées. Si l'épi est formé de fleurs unisexuées, on lui donne le nom de *chaton* (Amentacées).

            2. Le **spadice** : fleurs sessiles sur un axe général allongé, mais épais et charnu, le tout enveloppé le plus souvent par une longue bractée engaînante appelée *spathe;* bractées sous-florales ordinairement nulles. Ex. Aroïdées.

            3. La **grappe** : fleurs longuement pédicellées. Ex. : Crucifères (sans bractées); *Berberis; Menyanthes; Campanula* (avec une fleur terminant l'axe général).

---

(1) Voir les expositions différentes données par ASCHERSON : Flora der Provinz Brandenburg (Berlin, 1864) et HOFMEISTER : Allgemeine Morphologie, § 7.

ε. *Inflorescences en épi avec axe principal raccourci.*

4. **Le capitule :** axe général raccourci en cône ou en plateau, ou même creusé en coupe et étroitement garni de fleurs sessiles ; bractées sous-florales assez souvent nulles. Ex. : Composées, Dipsacées.

5. **L'ombelle simple :** fleurs longuememt pédicellées, insérées en rosette sur un axe général très-court. Ex. : *Hedera Helix.*

b. INFLORESCENCES EN PANICULE. Les inflorescences en panicule prennent naissance quand les axes latéraux de premier ordre se ramifient de nouveau, de manière qu'il se forme des axes d'inflorescence de second ordre ou d'ordre plus élevé. Tous les axes successifs peuvent alors se terminer par une fleur, ou bien les axes du dernier ordre seul se terminent ainsi. Ordinairement la capacité de développement des axes successifs va diminuant de bas en haut sur l'axe général et sur les axes secondaires.

α. *Inflorescences en panicule à axes allongés.*

6. **La panicule vraie :** axes et pédicelles allongés. Ex. : *Crambe, Vitis.*

7. **La panicule spiciforme :** les axes secondaires allongés portent des fleurs sessiles. Ex. : *Veratrum, Spiræa Aruncus,* etc.; le soi-disant épi des *Triticum, Secale.*

ε. *Inflorescences en panicule à axes raccourcis.*

8. **La panicule spiciforme contractée :** sur un axe général allongé s'insèrent des axes secondaires très-courts munis de fleurs sessiles. Ex. : le soi-disant épi des *Hordeum, Alopecurus.*

9. **L'ombelle composée :** axe général très-court d'où part un faisceau d'ombelles simples le plus souvent munies de longs pédicelles. Si l'ombelle composée est entourée par une rosette de feuilles, on appelle *involucre* cette rosette ; si chacune des ombelles simples est entourée de même, chaque petite rosette s'appelle *involucelle ;* l'un et l'autre peut manquer.

B. INFLORESCENCES EN CYME (1). Les inflorescences en cyme prennent naissance par ramification de l'axe principal au-dessous de la première fleur, qui est toujours terminale. Chaque rameau sous-floral de premier ordre se termine aussi par une fleur, après avoir produit un ou plusieurs rameaux sous-floraux de second ordre ; ceux-ci se terminent à ieur tour par une fleur en se ramifiant de la même manière et continuant ainsi le système. Le développement de tout rameau latéral est donc, dans ce cas, plus puissant que la région de la branche mère située au-dessus de son insertion (voir p. 217-221).

a. *Inflorescences en cyme sans faux axe commun.* Au-dessous de chaque fleur de l'inflorescence, se développent deux ou plusieurs rameaux sous-floraux terminés chacun par une fleur et qui se comportent de la même manière.

10. **L'anthèle :** chaque axe terminé par une fleur produit des rameaux sous-floraux en nombre indéterminé ; de plus, les rameaux

---

(1) On les appelle aussi inflorescences centrifuges, par opposition avec les inflorescences en grappe, qui sont centripètes.

latéraux de génération successive se développent de façon que
l'inflorescence tout entière n'a pas un contour général déterminé.
Ex. : *Juncus lamprocarpus, tenuis, alpinus, Gerardi*, *Luzula nemorosa*, etc. (1). L'anthèle de ces genres, comme celles des *Scirpus*
et *Cyperus*, présente un grand nombre de formes de transition
d'une part vers la panicule et même vers l'épi, et d'autre part vers
les inflorescences en cyme pourvues d'un faux axe commun
(*Juncus bufonius*); j'y rattache aussi notamment l'inflorescence du
Spiræa ulmaria.

11. La **cyme ombelliforme** : au-dessous de la première fleur naît
    un verticille d'au moins trois rameaux de même force ; ceux-ci
    produisent à leur tour, au-dessous de leur fleur terminale, un
    verticille de rameaux de second ordre, qui se comportent de la
    même manière (voir fig. 140 à la p. 233). Le système total res-
    semble donc à une ombelle composée. Les Euphorbes en fournis-
    sent de très-clairs exemples, notamment les *Euphorbia Lathyris*,
    E. helioscopia. Cette forme de cyme ne diffère pas essentiellement
    de la suivante, c'est-à-dire du dichase, et souvent ses rameaux de
    génération élevée continuent ensuite à se ramifier en dichase ;
    c'est ce qu'on voit, par exemple, chez le *Periploca græca*, même
    dès les premières branches.

12. Le **dichase** ou la **cyme bipare** : chaque branche produit, sous la
    fleur qui la termine, une paire de rameaux latéraux opposés, ou
    du moins presque opposés, qui se terminent à leur tour par une
    fleur après avoir produit chacun une paire de rameaux sous-flo-
    raux de second ordre, et ainsi de suite (voir page 221, fig. 128 C).
    Le système total paraît donc formé d'une série de bifurcations,
    surtout après que les fleurs les plus âgées se sont flétries. Ex. :
    beaucoup de Silénées, certaines Euphorbes, Labiées, etc. Le di-
    chase passe volontiers, sur les rameaux latéraux de première géné-
    ration ou de génération plus élevée à un développement sympodique.

b. *Inflorescences en cyme avec faux axe commun, ou inflorescences sympodiques,
ou cymes unipares.* Elles prennent naissance quand chaque rameau terminé par une fleur ne développe chaque fois qu'un seul rameau sous-
floral, phénomène qui se reproduit à travers un grand nombre de
générations. Les portions d'axe situées au-dessous des ramifications
consécutives, et qui sont de génération successive, peuvent se placer plus
ou moins en ligne droite et s'épaissir plus fortement que les pédicelles
floraux, c'est-à-dire que les portions d'axe situées au-dessus des ramifications. Il se forme ainsi un faux axe général, ou sympode, brisé alternativement à droite et à gauche ou tout à fait droit, le long duquel les
fleurs semblent insérées comme autant de rameaux latéraux (voir p. 221,
fig. 128 A, B, D). Si le sympode est nettement développé, cette inflorescence ressemble à un épi ou à une grappe ; mais elle s'en distingue

(1) Voir la description soigneuse donnée par M. Buchenau : Jahrb. f. wiss. Botanik, IV, p. 393
et pl. 28-30.

facilement si les bractées mères sont présentes. Ces dernières y sont, en effet, diamétralement opposées aux fleurs (*Helianthemum*); mais quelquefois cependant elles se déplacent et affectent une autre disposition (*Sedum*).

13. La **cyme unipare hélicoïde** est une cyme sympodique dans laquelle le médian d'un rameau quelconque du système est toujours situé du même côté par rapport au médian du rameau précédent, en d'autres termes, où chaque pédicelle floral du sympode est situé ou toujours à droite, ou toujours à gauche du pédicelle précédent (voir fig. 128 A, B). Il en est ainsi par exemple dans les rayons principaux de l'inflorescence des *Hemerocallis fulva* et *flava*, dans les inflorescences partielles, elles-mêmes disposées en une panicule générale, de l'*Hypericum perforatum* (M. Hofmeister).

14. La **cyme unipare scorpioïde** prend naissance quand les ramifications consécutives du système se succèdent de telle sorte qu'après un rameau situé à droite du précédent, il s'en forme un situé à gauche et ainsi de suite alternativement (fig. 128, D). Il en est ainsi par exemple dans les *Helianthemum*. *Drosera*, *Scilla bifolia*, *Tradescantia* (M. Hofmeister). A ce genre d'inflorescences sympodiques appartient aussi celle des *Echeveria*; ici la cyme scorpioïde développée montre un faux axe commun, le long duquel les fleurs sont opposées aux feuilles. Pendant que le sommet de l'axe principal se transforme en fleur, il naît à l'aisselle de la feuille sous-florale un axe latéral; celui-ci, en s'accroissant, forme à 90° de sa feuille mère une nouvelle feuille et se termine par une fleur, tandis qu'à l'aisselle de cette nouvelle feuille, il se fait un nouvel axe latéral qui produit à son tour une feuille à 90° de la première, mais de l'autre côté, etc. (M. Kraus).

Inflorescences des Borraginées et des Solanées. — Les inflorescences des Borraginées et des Solanées s'écartent, dans leur mode de développement comme dans leur aspect extérieur, de la définition des inflorescences en cyme. M. Kaufmann (1) avait déjà avancé que les inflorescences de plusieurs Borraginées naissent par la dichotomie répétée du sommet d'un bourgeon axillaire. Peu de temps après, M. Kraus (2) a montré que les inflorescences dépourvues de bractées des *Heliotropium* et *Myosotis*, tout au moins quand elles sont vigoureuses, sont, au contraire, des monopodies qui se développent de la manière suivante. Un cône végétatif épais et aplati forme sur sa *face supérieure* deux séries alternes de fleurs; sur cette face, l'accroissement longitudinal de l'axe commun est aussi plus fort au début, et par suite la partie la plus jeune de l'inflorescence est enroulée en spirale vers le bas. D'après ce que nous avons dit plus haut, une inflorescence ainsi produite ne peut pas être désignée comme une cyme scorpioïde; elle correspond bien plutôt à une

---

(1) KAUFMANN : Botanische Zeitung, 18.9, p. 886.
(2) KRAUS : Sitzungsberichte d. medic. phys. Societät in Erlangen, 5 déc. 1870. La description donnée plus haut s'appuie aussi en partie sur une communication épistolaire de M. Kraus.

grappe ou à un épi dont l'axe général ne porterait de fleurs que d'un seul côté. Mais les cymes pourvues de bractées des *Anchusa*, *Cerinthe*, *Borrago*, *Hyoscyamus*, procèdent au contraire d'une ramification dichotomique et de la manière suivante. Une feuille, située sur l'axe principal terminé par une fleur, porte à son aisselle un cône végétatif hémisphérique au début; ce cône s'élargit parallèlement à la surface de la feuille et se dichotomise dans cette direction; l'une des branches devient une fleur, l'autre forme, à 90° de la précédente, une nouvelle feuille et produit ensuite au-dessus de celle-ci une nouvelle dichotomie, et ainsi de suite. Les plans des dichotomies successives se croisent donc à angle droit, et c'est ce qui explique que les feuilles soient toujours situées entre l'axe sympodique et les fleurs. Déjà avec la deuxième dichotomie, et surtout après, les feuilles commencent à subir des déplacements latéraux.

Il demeure douteux, d'après M. Kraus, si dans l'*Omphalodes* et le *Solanum nigrum* le sympode naît par dichotomie ou par ramification latérale. Sur le flanc de l'axe principal terminé par une fleur, il se développe ici un axe latéral dépourvu de bractées, qui se ramifie progressivement et transforme en fleur alternativement son rameau droit et son rameau gauche. Le même doute subsiste, suivant M. Kraus, pour les inflorescences faiblement développées des *Myosotis* et *Heliotropium*.

Inflorescences mixtes. — Comme cela résulte déjà de ce qui vient d'être dit, une seule et même inflorescence ramifiée à plusieurs degrés peut produire dans son intérieur, non-seulement diverses formes de l'une des deux grandes divisions qui précèdent, mais aussi à la fois des formes appartenant à ces deux divisions; dans ce dernier cas, on a donc affaire à une inflorescence *mixte*. Ainsi, par exemple, une panicule peut, dans ses dernières ramifications, former des dichases, comme on le voit chez beaucoup de Silénées; un dichase peut porter des capitules au sommet de ses branches (*Silphium*) ; un dichase peut encore, dès ses premières branches ou seulement dans des branches d'ordre plus élevé, devenir une cyme unipare hélicoïde ou scorpioïde (Caryophyllées, Malvacées, Linées, Solanées, *Cynanchum*, *Gagea*, *Hemerocallis*, etc.).

En général le type de ramification d'une inflorescence diffère de celui de la région végétative de la même plante. S'il n'est pas rare que l'on passe brusquement de l'un à l'autre, on rencontre cependant aussi de fréquentes transitions entre ces deux types.

La nomenclature ancienne renferme encore plusieurs autres noms d'inflorescence, mais ils se rapportent tous exclusivement au port et à la forme extérieure du système ramifié, et une description scientifique les ramène toujours à quelqu'un des types cités plus haut, ou à quelqu'une des combinaisons de ces types.

RELATIONS DE POSITION ET DE NOMBRE DES DIVERSES PARTIES DE LA FLEUR.

Importance de cette étude. — De même que le mode de ramification des inflorescences diffère le plus souvent de celui de la région végétative, de même la disposition des feuilles dans la pousse transformée en fleur est ordinairement tout autre qu'en dehors de la fleur sur la même plante. La succession et la divergence des feuilles de la fleur sont, en effet, influencées à la fois par la cessation de l'accroissement terminal de l'axe floral, et par le grand élargissement de cet axe, qui devient souvent concave pendant la formation des feuilles du périanthe et des feuilles sexuées. Mais comme, malgré les extraordinaires variations de forme des diverses parties de la fleur, leur disposition réelle, souvent difficile à constater, ne varie que fort peu, la connaissance de cette disposition est souvent de grande valeur pour l'établissement des affinités, et par conséquent pour la classification naturelle. Cela est vrai surtout si l'on tient compte en même temps de l'avortement si fréquent de certaines feuilles, de la multiplication qui les frappe dans des circonstances déterminées, et enfin de leur ramification et de leur soudure.

Comment on fixe la position de la fleur tout entière sur l'axe qui la porte. — Pour faciliter l'exposition de ces rapports de position et de nombre, il est nécessaire d'employer certaines constructions et dénominations qu'il faut tout d'abord définir clairement.

En premier lieu, il est important de fixer la position de la fleur tout entière et de ses diverses parties par rapport à la branche mère du rameau qu'elle termine. A cet effet, on nomme côté *postérieur* de la fleur le côté tourné vers la branche mère, côté *antérieur* le côté opposé. Puis, si l'on imagine un plan longitudinal mené d'avant en arrière à travers la fleur et comprenant à la fois l'axe de la branche mère et celui du rameau floral, c'est le *plan médian* ou la *section médiane* de la fleur; il partage la fleur en une moitié droite et une moitié gauche. Les feuilles florales, comme aussi les ovules et les placentas, que ce médian coupe en deux dans leur longueur, sont dites *médianes :* médianes antérieures ou médianes postérieures. Si l'on imagine un plan, passant encore par l'axe du rameau floral, mais perpendiculaire au précédent, ce plan sera le *plan latéral* ou la *section latérale* de la fleur ; il partage la fleur en une moitié antérieure et une moitié postérieure ; les parties de la fleur qu'il coupe en deux sont dites *latérales*. Les deux plans bissecteurs des deux plans précédents peuvent être appelés plans *diagonaux*, sections *diagonales ;* les parties qu'ils coupent par moitié sont dites *diagonalement* situées. Ordinairement la fleur contient des feuilles exactement médianes en avant ou en arrière ; les feuilles exactement latérales ou diagonales y sont plus rares et l'on est obligé souvent d'appeler à son aide d'autres expressions, comme antérieure-oblique, postérieure-oblique, etc.

Disposition relative des diverses parties de la fleur. — Considèrons maintenant la disposition des diverses parties de la fleur les unes par rapport aux autres. Elles sont, comme nous l'avons dit plus haut, disposées soit en une spirale continue, soit en cycles successifs.

1° *Dans une fleur spiralée.* — Les fleurs spiralées sont relativement rares et paraissent localisées dans certaines divisions des Dicotylédones (Renonculacées, Nymphéacées, Magnoliacées, Calycanthées). On peut, avec M. A. Braun, les dire *acycliques* quand le passage d'une formation à la suivante, du calice à la corolle, de la corolle à l'androcée, etc., ne coïncide pas avec un nombre déterminé de tours de spire (Nymphéacées, *Helleborus odorus*). Si cette coïncidence a lieu, au contraire, M. A. Braun nomme la fleur *hémicyclique ;* cette expression peut aussi être appliquée au cas où certaines formations sont de vrais cycles, tandis que les autres ont leurs feuilles disposées en spirale, comme dans les *Ranunculus,* par exemple, où calice et corolle forment deux verticilles alternes, tandis que les feuilles sexuées se suivent en spirale. Quand elles sont ainsi disposées en spirale, les feuilles florales sont quelquefois en nombre faible et déterminé, mais le plus souvent en nombre considérable et indéterminé.

2° *Dans une fleur verticillée.* — C'est le contraire, quand la disposition est verticillée; alors non-seulement le nombre des verticilles, mais aussi le nombre des feuilles de chaque verticille est déterminé dans une espèce donnée et demeure constant dans de plus ou moins larges groupes d'espèces. Si les différents verticilles d'une fleur renferment le même nombre de feuilles et sont disposés l'un au-dessus de l'autre, de telle sorte que leurs membres se correspondent en orthostiques régulières, je les dis avec Payer *superposés ;* des étamines qui sont ainsi superposées aux sépales ou aux pétales sont dites *épisépales* ou *épipétales.* Si, au contraire, les verticilles se succèdent de manière que les membres d'un verticille correspondent aux intervalles de ceux du verticille qui précède ou qui suit, on les dit *alternes ;* des étamines ainsi disposées par rapport aux sépales ou aux pétales sont dites *alternisépales* ou *alternipétales.* M. A. Braun nomme *eucycliques* les fleurs dont tous les verticilles renferment le même nombre de feuilles et alternent ainsi régulièrement.

Il peut arriver cependant aussi, qu'entre les membres d'un verticille déjà formé, il se forme ultérieurement de nouveaux membres semblables; telles sont, par exemple, les cinq étamines nouvelles qui naissent entre les cinq premières étamines dans le *Dictamnus Fraxinella* (fig. 359) et probablement aussi dans beaucoup de fleurs encycliques à dix étamines. De pareils membres, tardivement intercalés dans un verticille déjà formé, peuvent être dits *interposés.* (Pour plus de détails sur ce point, voir plus loin.)

Diagramme de la fleur. — De l'étude des rapports de position il est impossible de séparer celle du nombre des parties de la fleur; mais, avant d'examiner ce sujet, il faut dire encore quelques mots de la construction du diagramme des fleurs.

Diverses manières de le construire. — Suivant l'objet que l'on a en vue, on construit le diagramme de la fleur d'une manière différente.

Certains auteurs le regardent comme devant représenter une section transversale réelle de la fleur et y marquent par conséquent, non-seulement le nombre et la disposition, mais aussi approximativement la forme et la grandeur des feuilles de la fleur, la manière dont elles se recouvrent ou se soudent, etc. Mais le but que l'on poursuit ainsi serait évidemment mieux atteint par des dessins aussi exacts que possible de vraies coupes transversales exécutées dans le bouton floral, dessins qui renfermeraient alors, il est vrai, beaucoup de choses souvent superflues.

D'autres auteurs conviennent, au contraire, de résumer exclusivement dans le diagramme le nombre et la disposition des diverses parties de la fleur, de manière à faciliter autant que possible la comparaison à ce point de vue d'un grand nombre de fleurs différentes. Le mieux est alors de fermer les yeux sur tous les autres rapports pour ne considérer que ces deux-là et de tracer tous les diagrammes d'après un seul et même type, le plus simple possible, et de façon que les différences de nombre et de position y puissent être saisies du premier coup d'œil. C'est ce dernier but seul que nous nous proposons d'atteindre dans les diagrammes dont il sera question par la suite et dont les figures 376, 377 et 378 suffisent pour le moment à donner des exemples.

Construction adoptée. — Ils sont tous construits d'après la règle décrite à la page 232. Le point placé au-dessus du diagramme indique toujours la situation de la branche mère ; la partie du diagramme tournée vers le bas correspond donc au côté antérieur de la fleur. De simples points suffiraient aussi, à la rigueur, pour indiquer complétement le nombre et la disposition des diverses feuilles florales ; mais afin de faciliter aux yeux la vue rapide des choses, on a

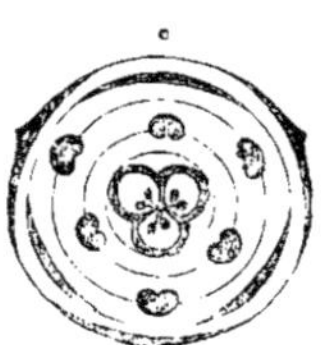

Fig. 376. — Diagramme de la fleur des Liliacées.

Fig. 377. — Diagramme de la fleur du *Celastrus*, d'après Payer.

Fig. 378. — Diagramme de la fleur d'*Hypericum calycinum*.

fait choix de signes différents pour marquer les diverses formations. Les feuilles du périanthe sont représentées par des arcs de cercle et, pour distinguer à première vue les sépales des pétales, on marque les premiers d'une petite proéminence dorsale qui figure une sorte de côte médiane. Le signe employé pour les étamines ressemble à une coupe transversale d'anthère, mais on n'y tient pas compte de la disposition des sacs polliniques et de leur mode de déhiscence vers l'intérieur ou vers l'extérieur ; si les étamines sont ramifiées, on l'indique en massant les signes staminaux en groupes serrés, comme le montre la figure 378 où les cinq groupes de signes correspondent à cinq étamines ramifiées. Le gynécée est figuré par une section transversale simplifiée de l'ovaire, parce que c'est de cette manière qu'il se distingue le mieux de toutes les autres parties ; les petits ronds ou petits tubercules placés à l'intérieur des loges ovariennes indiquent autant d'ovules, mais ces ovules ne sont marqués que dans les cas où leur situation réelle se laisse exprimer exactement dans un dessin aussi simple. La soudure, la grandeur, la forme des diverses parties sont partout, et à dessein, négligées.

La construction de nos diagrammes est basée en partie sur de soigneuses recherches personnelles, mais le plus souvent sur les études de Payer et sur les descriptions de MM. Döll, Eichler et A. Braun.

Diagramme empirique et diagramme théorique. — Je distingue entre les diagrammes empiriques et les diagrammes théoriques. Le diagramme empirique indique seulement les rapports de nombre et de disposition, tels qu'une recherche exacte les découvre immédiatement dans la fleur épanouie. Mais si le diagramme renferme aussi l'indication du lieu où se trouvent les membres avortés, ce qui ne peut être constaté que par l'étude du développement et par la comparaison avec les plantes voisines, s'il renferme, en général, l'indication de rapports qui ne peuvent être connus que par des considérations théoriques, je le nomme alors diagramme théorique.

Diagramme type. — La comparaison de nombreux diagrammes empiriques montre-t-elle que, tout différents qu'ils sont, ils donnent tous cependant le même diagramme théorique, je nomme ce diagramme théorique commun, le *type* suivant lequel ils sont tous construits. Je tiens l'établissement rigoureux de ces diagrammes types pour une question très-importante, et dont la solution peut faire faire de grands progrès à la classification naturelle des Phanérogames.

Le type floral une fois obtenu, on peut considérer tous les diagrammes théoriques qui lui correspondent comme des formes dérivées, dans lesquelles certains membres, ou bien ont disparu, ou bien ont été remplacés par plusieurs autres membres. Se place-t-on sur le terrain de la théorie de la descendance, le type correspond alors à une forme de fleur, encore existante ou déjà disparue, de laquelle les fleurs des diagrammes dérivés sont issues soit par dégénérescence, c'est-à-dire par avortement (1), soit par multiplication de certains membres.

Exemples de diagrammes. — Quelques exemples feront mieux comprendre tout ce qui vient d'être dit.

Diagramme de la fleur des Graminées. — Considérons d'abord les Graminées. Située entre les glumelles, c'est-à-dire entre la bractée mère et la double bractée postérieure du pédicelle, la fleur des Graminées se laisse dériver, par l'avortement supposé de certaines parties, du type floral représenté par la figure 376, lequel n'est lui-même que le diagramme empirique de la fleur des Liliacées; c'est ce que montre la figure 379. *A* est le diagramme des *Bambusa*, lequel ne diffère du type que par l'absence du cycle extérieur du périanthe, dont les feuilles sont remplacées ici par des points. Mais dans la plupart des autres Graminées (*B*), outre la feuille postérieure du cycle interne du périanthe, il manque encore le verticille interne tout entier de l'androcée et enfin le carpelle antérieur; dans le *Nardus* (*C*), ce carpelle antérieur est au contraire seul présent.

Toutes les parties absentes étant marquées par des points, le diagramme est théorique; efface-t-on ces points, on obtient le diagramme empirique. Fai-

---

(1) C'est précisément par la construction des diagrammes que l'on arrive le mieux à comprendre que la supposition d'un avortement est justifiée, même là où les plus jeunes boutons ne laissent apercevoir aucune trace du membre disparu, toutes les fois, bien entendu, que le nombre et la disposition des parties existantes conduit nettement à une pareille hypothèse. Si l'on n'admettait pas dans ce sens l'idée d'avortement, il ne faudrait pas admettre non plus celle de multiplication, c'est-à-dire de remplacement d'un membre par plusieurs autres. Ces deux termes, en effet, ne prennent véritablement un sens que si l'on se place au point de vue de la théorie de la descendance, mais c'est alors un sens très-déterminé.

sons remarquer encore, que le nombre et la disposition des carpelles sont déduits ici du nombre et de la position des stigmates (1).

Diagramme de la fleur des Orchidées. — Tout extraordinairement différente qu'elle paraisse au dehors, la fleur des Orchidées se laisse, comme celle des Graminées, déduire du type représenté par la figure 376, laquelle, comme nous l'avons dit déjà, est en même temps le diagramme empirique des Liliacées. Tandis que, chez les Graminées, le périanthe s'atrophie avant toute chose et avorte partiellement, il se développe au contraire ici en deux cycles, tous deux pétaloïdes et zygomorphes ou monosymétriques comme la fleur tout entière.

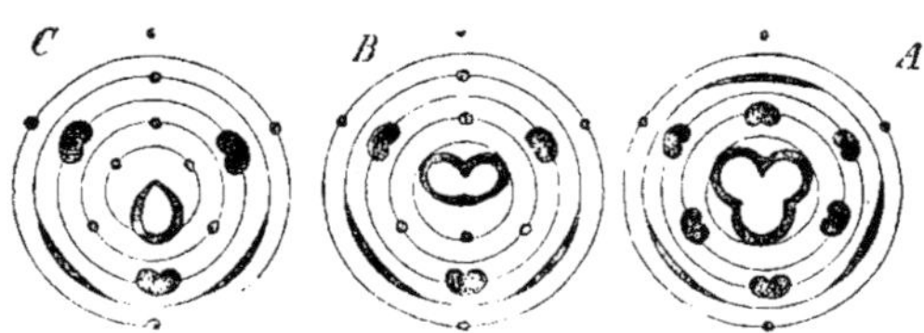

Fig. 379. — Diagramme de la fleur des Graminées : — *A*, du *Bambusa* ; *B*, de la plupart des Graminées ; *C*, du *Nardus,* d'après M. Döll, Flora von Baden, I, p. 105 et 133.

Des deux verticilles ternaires alternes qui constituent l'androcée du type, il ne se développe dans la plupart des Orchidées qu'une seule étamine et c'est l'étamine antérieure du verticille externe (fig. 380 *A*); toutes les autres avortent. C'est à peine si l'on en trouve parfois des traces dans le jeune bouton ; c'est ce qui arrive d'après Payer dans le *Calanthe veratrifolia* (fig. 365), où tout

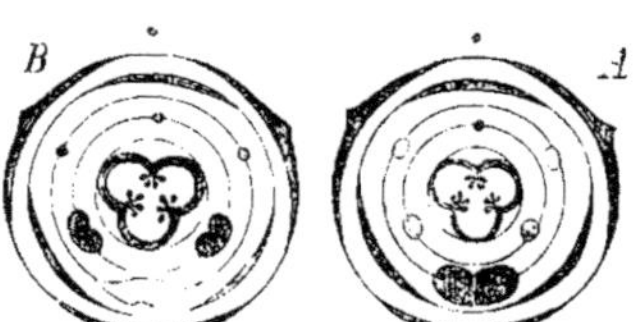

Fig. 380. — Diagramme de la fleur des Orchidées : — *A*, des Orchidées ordinaires. *B*, des *Cypripedium* (comparer avec les figures 343 et 364). Les points noirs marquent les étamines totalement absentes, les ronds ombrés celles qui apparaissent d'abord, pour avorter ensuite ou se transformer en staminodes (voir le texte).

Fig. 381. — Diagramme de la fleur des Fumariacées, d'après M. Eichler.

au moins les deux étamines antérieures du cycle interne apparaissent comme de petits mamelons qui s'évanouissent de bonne heure.

Dans les *Cypripedium*, il en est autrement : à la place de l'étamine partout ailleurs fertile, on y voit un grand staminode antérieur (fig. 343), tandis que les deux étamines latérales antérieures du cycle interne sont bien développées et fertiles (fig. 380 *B*). A la place de ces deux étamines fertiles

(1) Voir en outre Döll : Beiträge im 36. Jahresber. der Mannheimer Vereins f. Naturkunde, 1870, où se trouve décrite, chez le *Streptochæte*, une fleur de Graminée véritablement pentacyclique trimère.

des *Cypripedium*, les Ophrydées présentent deux petits staminodes à côté du gynostème (fig. 388 *D*, *st.*). Dans l'*Uropedium*, les étamines du cycle interne sont même toutes les trois fertiles (M. Döll). Soudés entre eux et avec l'androcée pour former le gynostème, les carpelles n'ont pas tous les trois la même conformation, mais cette différence, n'étant le plus souvent pas appréciable dans l'ovaire infère, ne doit par conséquent pas figurer au diagramme.

Le commençant qui voudra vérifier l'état de choses que nous venons de décrire remarquera que le long ovaire infère de la plupart des Orchidées subit, au temps de l'épanouissement, une torsion qui amène en avant le côté postérieur de la fleur ; mais les sections transversales du bouton, même âgé, montrent nettement la situation véritable de la fleur par rapport à l'axe qui la porte.

Diagramme général des Monocotylédones. — Comme celles des Orchidées et des Graminées, les fleurs de la plupart des autres Monocotylédones se laissent dériver d'un type floral qui trouve dans les Liliacées sa réalisation effective, et qui consiste en cinq cycles ternaires alternes dont les deux externes constituent le périanthe, les deux suivants l'androcée, le cinquième enfin le gynécée. Ce dernier peut cependant aussi y être remplacé par deux cycles alternes et, en général, il peut s'y opérer, à l'intérieur de certains verticilles, au lieu des avortements dont nous venons de citer deux exemples différents, une multiplication consistant dans le remplacement d'un membre par deux autres : c'est ce qui a lieu par exemple dans les *Butomus* (fig. 353).

Multiplication du nombre des membres d'un cycle floral. — Cette multiplication du nombre typique des membres d'un cycle floral peut d'ailleurs être amenée de plusieurs manières différentes, comme le prouvent les exemples suivants.

1° **Par dédoublement ou ramification.** — *Fumariacées.* — D'après les recherches détaillées de M. Eichler (1), les fleurs des Fumariacées se laissent ramener à un type qui renferme six paires de feuilles décussées, savoir : deux sépales médians, deux pétales latéraux, deux pétales médians, deux étamines latérales, deux étamines médianes avortées, enfin deux carpelles latéraux. Mais dans certaines Fumariacées (*Dielytra, Corydalis*), les deux étamines latérales sont remplacées par deux groupes de trois étamines (fig. 381) ; chaque groupe comprend une étamine médiane portant une anthère à quatre loges et deux étamines latérales surmontées d'une anthère à deux loges, circonstance que M. Eichler explique en supposant que les deux étamines latérales ne sont que les stipules, c'est-à-dire des ramifications de la médiane. Dans les *Hypecoum*, M. Eichler admet qu'il y a, en arrière et en avant de la fleur, rapprochement et soudure des deux étamines stipulaires correspondantes, ce qui produit l'apparence d'un verticille staminal quaternaire.

Crucifères et Cléomées. — La fleur des Crucifères et des Cléomées (tribu de la famille des Capparidées) dérive, d'après le même auteur, d'un type floral

---

(1) A. W. Eichler : Ueber den Blüthenbau der Fumariaceen, Cruciferen und einiger Capparideen (Flora, 1865 et 1869). — Peyritsch : Ueber Bildungsabweichungen der Cruciferenblüthen (Jahrb. f. wis. Botanik, VIII, p. 117).

représenté par la figure 382 *A* et effectivement réalisé dans les *Cleome droserifolia*, certaines espèces de *Lepidium*, *Senebiera*, *Capsella*, dont cette figure est le diagramme empirique. Ce type floral comprend : deux sépales médians, deux sépales latéraux, quatre pétales diagonaux en un cycle unique, deux étamines latérales, deux étamines médianes et enfin deux carpelles latéraux. Les déviations de ce type sont amenées par la substitution de deux ou plusieurs étamines à chacune des médianes; dans les Crucifères, il n'y a le plus souvent que deux étamines substituées (fig. 383); dans les Cléomées, il y en a tantôt deux, tantôt davantage (fig. 382 *B*).

Un pareil remplacement d'une étamine par deux ou plusieurs autres est appelé par Payer *dédoublement*, par M. Eichler et d'autres auteurs *chorise latérale*. Ce phénomène paraît pouvoir être considéré comme une ramification très-précoce. Deux faits viennent confirmer cette hypothèse : dans l'*Atelanthera* (une Crucifère), les deux étamines médianes ne sont que fendues et chaque moitié du filet ne porte qu'une demi-anthère; dans le *Crambe*, au contraire, chacune des quatre étamines médianes porte une branche latérale stérile que l'on peut considérer comme le début d'une multiplication plus

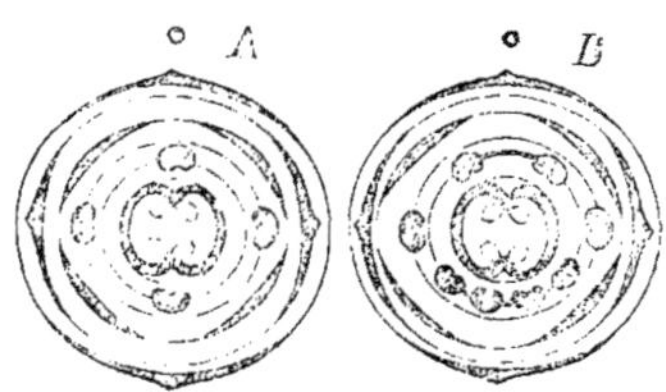

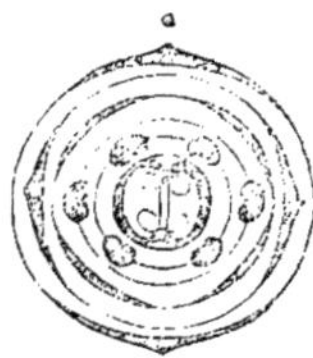

Fig. 382. — Diagramme de la fleur des Capparidées : *A*, *Cleome droserifolia* ; *B*, *Polanisia graveolens* ; d'après M. Eichler.

Fig. 383. — Diagramme de la fleur des Crucifères.

Fig. 384. — Diagramme de la fleur du *Dictamnus Fraxinella* , comparer avec la figure 359.

avancée des étamines, multiplication qui s'opère effectivement dans le *Megacarpæa* (une Crucifère) et dans beaucoup de Cléomées.

Quoi qu'il en soit de l'obscurité qui règne encore sur le mécanisme de la multiplication de la paire d'étamines typiques du cycle interne, il paraît bien certain, par l'inconstance même du nombre d'éléments de ce cycle androcéen au milieu de la fixité des autres cycles, que cette partie de la fleur a subi chez les Crucifères et les Cléomées, et y a subi seule, une déviation de sa structure binaire originelle. C'est seulement dans le gynécée et dans deux genres de Crucifères (*Tetrapoma* et *Holargidium*), que l'on remarque encore une autre déviation ; elle consiste dans le développement de deux carpelles médians, qui viennent s'ajouter aux deux carpelles latéraux pour former un ovaire à quatre valves.

2° **Par interposition.** — La multiplication du nombre typique des membres d'un cycle floral peut avoir lieu d'une manière essentiellement différente. Entre des membres déjà formés, il peut se produire, à l'intérieur du bouton encore très-jeune et sur la même zone transversale du réceptacle, de nouveaux membres de même espèce qui, comme nous l'avons vu plus haut, sont dits alors *interposés* aux premiers.

C'est le cas que je trouve réalisé dans le *Dictamnus Fraxinella* (fig. 359); dans le diagramme de la fleur fig. 384, on a exprimé cette interposition ultérieure en ombrant seulement les étamines tardivement apparues, au lieu de les marquer en noir comme les étamines primitives. Des figures et descriptions de Payer, je crois aussi pouvoir conclure que le même phénomène a lieu dans les *Ruta*, ainsi que dans les familles voisines des Oxalidées, Zygophyllées et Géraniacées, et affirmer que là aussi cinq étamines nouvelles viennent s'interposer ultérieurement entre les cinq étamines primitives et typiques. Si l'on fait abstraction de ces étamines interposées, on a devant soi une fleur régulièrement pentamère, formée de quatre cycles quinaires alternes, telle enfin qu'elle se présente dans les familles, étroitement alliées aux précédentes, des Linées et des Balsaminées (1).

Formules florales. — Dans certaines circonstances, le diagramme de la fleur peut être remplacé, au moins en partie, par une expression composée de lettres et de chiffres. Une formule de ce genre ne permet pas toujours, il est vrai, d'exprimer exactement les rapports de position, mais outre celui de pouvoir être imprimée en caractères ordinaires, elle possède encore ce précieux avantage de se prêter à la généralisation, puisqu'il suffit pour cela d'y remplacer les coefficients numériques par des lettres. Quelques exemples feront facilement comprendre la composition et l'emploi de ces formules florales (2).

La formule K3C3A3+3G3 correspond au diagramme des Liliacées (fig. 376) et signifie que chacun des deux cycles du périanthe, c'est-à-dire l'externe ou calice K, et l'interne ou corolle C, consiste en 3 membres, que l'androcée A comprend 2 cycles ternaires (3 + 3) et le gynécé G un seul cycle. Le diagramme montre en outre que ces cinq cycles ternaires alternent sans discontinuité, mais, comme c'est là le cas ordinaire dans les fleurs, il n'est pas nécessaire d'en faire l'objet d'une indication spéciale dans la formule.

La formule $K3C3A3^2 + 3G3 + 3$ représente les relations de nombre dans la fleur du *Butomus umbellatus* (fig. 353); elle se distingue de la précédente, d'abord parce que le gynécée G y est composé de deux cycles ternaires de carpelles (3 + 3) et ensuite parce que, dans l'androcée A, les trois étamines typiques du cycle externe sont remplacées chacune par 2 autres, ce qu'indique le chiffre 2 mis en exposant (3^2).

---

(1) M. Döll (Flora von Baden, III, p. 1175, 1177) et d'autres auteurs supposent qu'il y a, entre la corolle et le gynécée, avortement d'un cycle chez les Oxalidées et les Rutacées; mais cette hypothèse n'est pas confirmée par l'étude du développement et ce que nous venons de dire la rend superflue. C'est aller beaucoup trop loin, suivant moi, que de conclure qu'il y a avortement, de ce seul fait que certains verticilles n'alternent pas. Du reste, les dix étamines des Épacridées et des Rhodoracées doivent correspondre aussi, non à deux cycles différents, mais à un seul et même cycle formé de cinq étamines primitives et de cinq interposées (voir Payer : Organogénie de la fleur, pl. 118).

(2) Déjà M. Grisebach (Grundriss der syst. Botanik, Göttingen, 1854) a exprimé d'une façon analogue les relations de nombre des diverses parties de la fleur; il écrivait simplement à la suite l'un de l'autre les nombres des membres des divers verticilles, en indiquant aussi les soudures par des traits.

La formule K0C3A3 + 3G3 correspond au diagramme de la fleur des *Bambusa* (fig. 379 *A*) et ne diffère de la première que par le terme K0, qui signifie que le cycle externe du périanthe a totalement avorté.

Les relations numériques de la fleur des Orchidées (fig. 380 *A*) seront exprimées par la formule K3C3Aï̈ + 0G3, où le signe A ï̈ + 0 signifie que le cycle interne de l'androcée avorte complétement, tandis que le cycle externe n'a perdu que ses deux membres postérieurs, l'étamine antérieure se développant complétement. La position des deux points au-dessus du chiffre 1 (ï̈) indique que les deux membres qui avortent sont postérieurs dans la fleur ; si l'avortement frappait au contraire un membre antérieur, on mettrait le point au-dessous du chiffre, comme dans la formule K0C2A3 + 0G2, qui représente la composition de la fleur des Graminées ordinaires et correspond au diagramme de la figure 379 *B*.

La formule K2C2A2 + 2G2 exprime les relations de nombre de la fleur du *Majanthemum bifolium*, formée de cinq verticilles binaires. La formule K4C4A4 + 4G4, ou aussi K5C5A5 + 5G5, donne les relations de nombre de la fleur du *Paris quadrifolia*, formée de cinq verticilles quaternaires ou quinaires.

Toutes ces expressions et la plupart des autres formules s'appliquant aux diverses fleurs des Monocotylédones sont comprises dans l'expression générale K*n*C*n*A*n* + *n*G*n* (+ *n*), qui signifie que les fleurs qui appartiennent à ce type se composent de cinq verticilles de même nombre et régulièrement alternes, dont deux forment le périanthe, deux l'androcée et le dernier le gynécée ; le terme (+ *n*), qui finit la formule, indique que parfois il s'introduit dans la fleur un second verticicille de carpelles. Le coefficient variable *n* peut, comme nous venons de le voir, prendre les valeurs : 3, 2, 4 ou 5, mais habituellement *n* = 3.

S'il y a multiplication considérable des membres d'un verticille et si, comme c'est alors le cas ordinaire, le nombre de ces membres est indéterminé, ce nombre indéterminé peut être exprimé par le signe ∞ ; ainsi par exemple la formule florale de l'*Alisma Plantago* est K3C3A3 + 3G∞.

Nous avons déjà fait remarquer que, si les cycles alternent régulièrement, leur position relative n'a pas besoin d'être indiquée dans la formule par un signe spécial. Mais s'il intervient une exception à cette règle, on peut l'exprimer avec plus ou moins d'exactitude par un signe conventionnel. Ainsi par exemple dans la formule florale des Crucifères, dont le diagramme est donné par la figure 383, K2 + 2C $\times$ 4A2 + 2^2G2 (+ 2), le signe C $\times$ 4 signifiera que, aux deux paires décussées du calice, succède le verticille quaternaire de la corolle dont les membres sont disposés diagonalement par rapport aux précédents. Pour exprimer la superposition de deux cycles successifs, on pourra placer un trait vertical derrière le coefficient numérique du premier. Soit, par exemple, K5C5|A5^{r}G5, qui est la formule florale de l'*Hypericum calycinum :* ici |A5^r signifiera que l'androcée est composé de cinq étamines ramifiées (5^r), superposées aux membres de la corolle (C5|A). Si l'on veut enfin exprimer que, entre les membres normaux d'un cycle, il y a interposition postérieure d'un égal nombre de membres semblables, on peut mettre simplement le nombre des membres nouveau-venus à côté de celui du verticille primitif en les séparant par un point; ainsi la formule correspondant au diagramme de la figure 384 sera K5C5A5.5G5.

Dans les formules citées jusqu'ici nous n'avons tenu aucun compte des soudures ; mais on peut facilement les exprimer dans les diverses circonstances au moyen de signes conventionnels. Ainsi dans la formule florale des *Convolvulus*, K5C̑5A5G̑2, le signe C̑5 indique une corolle quinaire gamopétale et le signe G̑2 un gynécée formé de deux carpelles soudés ; dans la formule florale des Papilionacées, K̑5C̑5A5+4+1G1, au contraire, l'expression Ȃ5+4+1 indique que les cinq étamines du cycle externe et quatre de celles du cycle interne sont soudées en un tube, tandis que la postérieure du cycle interne demeure libre (1).

La manière d'écrire ces formules florales devra varier avec le but actuel que l'on se propose d'atteindre. Mais plus on voudra leur faire exprimer de choses, plus elles seront compliquées et il faudra par conséquent se garder, en les surchargeant de signes, de leur faire perdre leur clarté.

Les formules florales considérées jusqu'ici se rapportaient toutes à des fleurs cycliques. Pour indiquer que telle formation de la fleur est spiralée, on pourra faire précéder du signe ⌇ le coefficient du terme qui la représente, en ajoutant à ce signe la fraction de divergence. Ainsi, par exemple, la formule $K \sim^2/_3 5C \sim^3/_8 8A \sim^8/_{21} \infty G \sim 3$ exprimera les relations de nombre et de position de la fleur des *Aconitum*, telle que M. A. Braun les a fait connaître ; elle indiquera que toutes les formations foliaires de cette fleur sont spiralées, que le calice est formé de 5 feuilles en divergence $^2/_5$, la corolle de 8 feuilles en divergence $^3/_8$, l'androcée d'un nombre considérable et indéterminé d'étamines en divergence $^8/_{21}$. Mais il suffirait aussi, dans les cas où comme ici le signe de la disposition spiralée revient dans chaque formation, de le placer une fois pour toutes en avant de la formule. ainsi : $\sim K^2/_5 5C^3/_8 8A^8/_{21} \infty G3$.

Dans les fleurs cycliques, il est inutile en général de noter la divergence, parce que les divers membres d'un cycle sont contemporains et tellement disposés qu'ils partagent le cercle en parties égales. Mais si les divers membres du cycle naissent successivement et suivant une divergence constante, comme cela arrive souvent pour les calices ternaires ou quinaires, on peut indiquer cet ordre de succession en plaçant la fraction de divergence après le coefficient numérique du cycle ; ainsi, par exemple, la formule florale des Linées s'écrirait : $K5^2/_5 C̑5A5G̑5$.

Si, au contraire, les membres d'un verticille naissent progressivement d'avant en arrière, on peut indiquer cette marche du développement par une flèche dressée ↑ ; il en est ainsi, par exemple, chez les Papilionacées : $K5 \uparrow C5 \uparrow A5 + 5 \uparrow G1$. Si les membres d'un cycle naissent d'arrière en avant, on renversera la flèche, comme pour les *Reseda* : $Kn \downarrow Cn \downarrow Ap \downarrow + q \downarrow Gr$ (2) où, à cause de leur variabilité numérique, les divers membres ont été affectés de coefficients indéterminés (3).

(1) Voir aussi ROHRBACH : Botanische Zeitung, 1870, p. 816.

(2) Voir PAYER, *loc. cit.*, et plus loin.

(3) Dans mes divers mémoires sur l'anatomie comparée de la fleur, j'ai fait usage, depuis 1867, d'un système de formules florales basées sur une tout autre notation. (Voir notamment : Mémoires des savants étrangers, XXI).

On part de ce fait préalablement démontré que la fleur ne renferme pas autre chose que des

ORDRE DE DÉVELOPPEMENT DES FEUILLES FLORALES.

L'ordre de développement est normalement acropète, mais il souffre des perturbations. — Comme sur les axes des pousses végétatives, les feuilles naissent aussi sur l'axe de la pousse florale en ordre acropète, c'est-à-dire de la base au sommet. Mais il n'est pas rare, dans les fleurs, que l'accroissement terminal de l'axe s'éteigne ou du moins se ralentisse beaucoup, pendant que cet axe s'accroît encore en surface pour former le réceptacle ; il n'est pas rare non plus qu'il s'y développe en même temps des zones transversales d'accroissement intercalaire. Alors l'ordre de succession acropète est troublé et il peut s'intercaler de nouveaux cycles foliaires entre les premiers formés.

feuilles, simples ou ramifiées, et que l'axe floral borne toujours son rôle à être la commune origine et le support commun de ces feuilles. Dès lors on peut faire abstraction de cet axe, ne considérer que ces feuilles et écrire que la fleur F se compose de l'ensemble, de la somme de toutes ces feuilles f, en posant $F = \Sigma\, f$. On développe ensuite cette somme de feuilles, $\Sigma\, f$, en autant de termes que la fleur contient de cycles différents, en quatre termes, par exemple, si la fleur est complète et si chaque formation ne renferme qu'un seul cycle ; ces termes se trouvant séparés par le signe $+$, la formule est très-facile à lire. Chaque cycle ou formation s'écrit en fonction des feuilles qui la composent ; il suffit pour cela d'affecter la lettre qui désigne une de ces feuilles, S un sépale, P un pétale, E une étamine, C un carpelle, d'un coefficient numérique indiquant leur nombre, ou d'un coefficient indéterminé m, n, p, q, si l'on veut obtenir une formule générale.

Quand une formation contient plus d'un cycle, on répète l'expression du cycle autant de fois qu'il est nécessaire, en marquant d'un accent les éléments du second cycle, de deux accents ceux du troisième, etc. Quand plusieurs feuilles sont soudées entre elles, soit latéralement dans le même cycle, soit radialement d'un cycle à l'autre, par suite d'une communauté d'accroissement intercalaire à leur base commune, on les met entre crochets [ ]. Si deux ou plusieurs organes de la fleur, appartenant à des cycles différents, mais pouvant faire partie de la même formation ou de formations distinctes, tirent l'un de l'autre leur système vasculaire et s'insèrent tous ensemble sur l'axe par un tronc vasculaire commun, en d'autres termes, s'ils ne constituent tous ensemble qu'une seule et même feuille ramifiée avec métamorphose homogène ou hétérogène de ses diverses parties, on les met entre parenthèses (). Quand les cycles successifs alternent, comme c'est le cas général, le fait n'a pas besoin d'indication spéciale. Si deux cycles consécutifs ont leurs éléments superposés, on en fait mention en mettant la lettre du premier cycle en indice au bas de la lettre du second, ainsi E_p désigne une étamine superposée au pétale.

En résumé, il est facile de voir que cette notation se prête plus ou moins aisément à toutes les combinaisons. Aussi, sans y insister davantage, vais-je me borner à en citer quelques exemples.

MONOCOTYLÉDONES.

Colchicum... $F = 3S + 3P + 3E + 3E' + 3C$

Tulipa...... $F = 3S + 3P + 3E + 3E' + [3C]$

Agraphis.... $F = 3[S + E] + 3[P + E'] + [3C]$

Hyacinthus.. $F = [3S + 3P + 3E + 3E'] + [3C]$

Alstrœmeria. $F = [3S + 3P + 3E + 3E' + 3C]$

Butomus.... $F = 3S + 3P + 3.2E + 3E' + 3.2C$

Eriocaulon.
$$F_m = 2S + 2P + 2E + 2E'$$
$$F_f = 2S + 2P + [2C]$$

DICOTYLÉDONES.

Sedum...... $F = 5S + 5P + 5E + 5E' + 5C$

Agrostemma. $F = [5S] + 5P + 5E + 5E' + [5C]$

Erica....... $F = 4S + [4P] + 4E + 4E' + [4C]$

Solanum.... $F = [5S] + [5P + 5E] + [2C]$

Juglans, fl. fem. $F_f = [2S + 2P + 2P' + 2C]$

Primula..... $F = 5S + [5(P + E_p)] + [5C]$

Spirœa... $F = [5(S + 2\dfrac{P}{2} + 3E_s + 2\dfrac{E_p}{2})] + 5C$

Pyrus.... $F = [5S + 2\dfrac{P}{2} + 3E_s + 2\dfrac{E_p}{2}) + 5C]$

(*Trad.*)

En outre, à l'intérieur d'un même cycle floral, les divers membres peuvent naître, suivant les cas, dans un ordre très-différent. Ainsi tantôt la zone du réceptacle qui forme les feuilles florales se comporte de la même manière tout autour du centre et l'on a une fleur polysymétrique ; tantôt, au contraire, elle accélère son développement soit du côté antérieur, soit du côté postérieur, et la fleur devient monosymétrique ou zygomorphe.

Cas des fleurs spiralées. — Dans les fleurs spiralées (1), ces perturbations du développement acropète normal sont d'autant plus rares que les membres disposés en spirale sont plus nombreux et que l'accroissement terminal de l'axe floral dure plus longtemps. Les feuilles successives naissent alors l'une après l'autre en montant sur l'hélice, et la divergence qui les sépare peut rester constante ou se modifier.

Ainsi, d'après Payer, les feuilles du périanthe et les étamines des Renonculacées et des Magnoliacées naissent bien, il est vrai, en une spirale continue, mais les cycles staminaux renferment chacun un plus grand nombre de membres que les cycles du périanthe ; dans l'*Helleborus odorus*, par exemple, dont la fleur a tous ses membres disposés en spirale, le cycle du périanthe ne contient que 13 feuilles, tandis que chaque cycle staminal en renferme 21. D'après M. A. Braun, le calice du *Delphinium Consolida* est un cycle $^2/_8$ (2) ; après quoi la divergence subit un petit changement, sans toutefois s'écarter beaucoup de $^2/_8$, et le premier cycle de cette disposition modifiée est la corolle, les trois suivants comprennent les étamines et enfin la spirale se termine par un carpelle. Dans les *Nigella* du sous-genre *Garidella*, le premier cycle de la spirale $^2/_8$ est le calice, le second la corolle, puis la spirale se continue avec une divergence $^3/_8$ dont les étamines occupent un à deux cycles, enfin elle se termine par deux à quatre carpelles. Dans les *Delphinium* de la section *Delphinellum*, le calice est un cyle $^2/_5$, la corolle un cycle $^3/_8$, puis suivent des étamines disposées suivant deux ou trois cycles d'une spirale approximativement $^3/_8$, qui se termine par trois carpelles ; dans les *Delphinium* de la section *Staphysagria* et dans les *Aconitum*, le calice est un cycle $^2/_5$, la corolle un cycle $^3/_8$, les étamines se succèdent en un ou deux cycles avec divergence $^8/_{21}$ ou $^{13}/_{3_4}$, enfin trois à cinq carpelles terminent la spirale.

Dans ce genre de disposition, il faut remarquer que les membres des cycles successifs sont insérés en orthostiques régulières si la divergence demeure constante, mais que les orthostiques se transforment en séries obliques si la divergence se modifie quelque peu.

Cas des fleurs cycliques. — Dans les fleurs cycliques, il faut considérer l'ordre de succession tout d'abord des divers cycles entre eux, puis des divers membres à l'intérieur de chaque cycle, bien que ces deux choses soient en réalité étroitement liées.

On observe une perturbation dans l'ordre de succession normalement acropète des cycles floraux quand, par exemple, les carpelles ont déjà fait leur appari-

___

(1) Voir Payer : *loc. cit.*, p. 707 et A. Braun : Ueber den Bau der Gattung *Delphinium* (Jahrbücher f. wiss. Botanik, I, p. 307).

(2) Voir cependant ce qui est dit plus loin des sépales et des pétales qui naissent suivant une divergence 1/3 ou 1/5.

tion avant que toutes les étamines situées au-dessous d'eux soient encore nées (*Rubus, Potentilla, Rosa*) (1), ou bien quand la corolle n'apparaît qu'après l'androcée (*Hypericum calycinum*, d'après M. Hofmeister), ou bien encore quand le calice ne naît qu'après le développement déjà assez avancé de la corolle et même après le début des étamines et des carpelles, comme dans les Composées, Dipsacées, Valérianées, Rubiacées.

L'une des exceptions les plus remarquables à la règle générale qui préside à la succession des cycles floraux est présentée par les Primulacées. Là, le réceptacle floral produit d'abord au-dessus du calice cinq protubérances alternisépales ; chacune de ces protubérances se développe ensuite en une étamine et, de la base de la face dorsale de cette étamine ou de cette protubérance initiale, s'échappe plus tard une dent de corolle. M. Pfeffer, qui a observé ce développement postérieur des pétales chez les Primulacées (2), le tient aussi pour probable chez les Hypéricinées à cinq étamines et chez les Plombaginées. Il regarde donc les dents de la corolle des Primulacées comme étant des excroissances dorsales des étamines, des sortes de ligules dorsales, analogues par exemple aux nectaires en capuchon que l'on rencontre au dos des étamines des Asclépiadées, où ils coexistent avec une véritable corolle. La fleur des Primulacées serait donc apétale, dans le sens morphologique de ce mot, puisque la corolle, au lieu de représenter un cycle floral autonome, n'y est qu'une excroissance du cycle staminal (3).

Dans d'autres familles de Dicotylédones, au contraire, on voit la corolle et l'androcée, quoique superposés, n'en constituer pas moins deux cycles distincts qui naissent l'un après l'autre en direction acropète ; il en est ainsi, par

(1) Voir Hofmeister : Allgemeine Morphologie, p. 463, où les observations de Payer sur ce point se trouvent aussi relatées.

(2) Pfeffer : Jahrbücher für wiss. Botanik, VIII, p. 194, 1871.

(3) Dès 1867, l'étude anatomique de la fleur des Primulacées et des Plombaginées m'a conduit à ce même résultat. Dans ces deux familles, en effet, le faisceau vasculaire du pétale et celui de l'étamine superposée, au lieu de s'insérer directement et indépendamment sur l'axe floral, s'implantent l'un sur l'autre, et c'est par un tronc vasculaire commun qu'ils s'insèrent tous les deux sur le pédicelle (Ann. des sc. nat., 5e série, IX, p. 135 et 138). Ils ne forment donc à eux deux qu'une seule et même feuille, ce qu'on exprime, dans la notation exposée plus haut (page 692, en note), par la formule : $F = [5\,S] + [5(P + E_p)] + [5\,C]$.

En ce qui concerne les Malvacées, les Hypéricinées, etc., j'ai démontré dès cette époque par l'anatomie du système vasculaire, non-seulement que les diverses étamines de chaque phalange ne sont que les divisions d'une seule et même feuille, mais que le pétale lui-même n'est que la plus externe de ces divisions autrement métamorphosée (Mémoires des Savants étrangers, XXI, p. 14 et 190). En même temps, j'ai fait voir que dans certaines autres plantes, notamment chez les *Campanula*, *Staphylea*, *Tilia*, etc., les pétales ne sont pas des feuilles autonomes, mais de simples dépendances bistipulaires des sépales (*loc. cit.*, p. 75, 182, 191). Aujourd'hui des recherches nouvelles me permettent d'aller plus loin dans cette voie et d'établir, entre autres faits, que dans les Malvacées, Hypéricinées, etc., pétales et étamines ne sont, à leur tour, que des dépendances latérales des sépales ; la formule florale est donc, pour les *Hibiscus* par exemple :

$$F = 5\left(S + 2\frac{P}{2} + 2n\frac{E_p}{2}\right) + [5C_s].$$

Il en est de même dans les Rosacées, dont la formule florale, pour les Amygdalées par exemple, s'écrit : $F = \left[5\left(S + 2\frac{P}{2} + 3\,E_s + 2\frac{E_p}{2}\right)\right] + C_s$, et de semblables dépendances s'observent dans un grand nombre de familles naturelles.   (*Trad.*)

exemple, dans les Ampélidées, et probablement aussi dans les Rhamnées, Santalacées (1), Chénopodées, etc.

A l'intérieur d'un même cycle floral, les divers membres peuvent naître progressivement d'avant en arrière, ou d'arrière en avant; c'est ce qui arrive notamment lorsque les fleurs elles-mêmes deviennent zygomorphes dans leur développement ultérieur. Ainsi, chez les Papilionacées par exemple, le sépale antérieur médian naît d'abord, puis en même temps les deux latéraux à droite et à gauche et enfin les deux postérieurs ; avant que ces derniers aient encore fait leur apparition, on voit poindre les deux pétales antérieurs, bientôt suivis par les deux latéraux et enfin par le pétale postérieur. L'androcée, formé de deux verticilles quinaires alternes, développe de même ses éléments successivement et d'avant en arrière (2). Chez les Résédacées (*Reseda* et *Artocarpus*) au contraire, pétales, étamines et carpelles se développent, d'après Payer, d'arrière en avant (voir fig. 137, p. 231).

Quand le calice est formé de paires de feuilles, les sépales de la même paire apparaissent toujours en même temps, comme Payer l'a fait remarquer ; s'il constitue un cycle ternaire ou quinaire, au contraire, ses membres naissent ordinairement l'un après l'autre et avec une divergence 1/3 ou 2/5. Mais les cycles suivants : corolle, androcée, gynécée, si l'on fait abstraction des exceptions déjà citées ou que nous signalerons plus loin, développent tous leurs membres à la fois et se présentent par conséquent comme de vrais verticilles simultanés. A ce sujet il faut remarquer ici, que le fait de la naissance successive des membres suivant une divergence déterminée, par exemple 1/3 ou 2/5, ne suffit pas à lui seul pour démontrer que la disposition de ces membres est spiralée (3); ils peuvent tout aussi bien alors former un verticille. La question est simplement de savoir si les feuilles en question s'insèrent ou non à même hauteur, c'est-à-dire à même distance du centre de la fleur; dans le premier cas elles sont verticillées ; mais si elles naissent en série acropète à diverses hauteurs, si chaque pas nouveau de divergence les rapproche peu à peu du centre de la fleur, elles sont alors disposées en spirale. Ce dernier cas paraît effectivement réalisé dans beaucoup de calices, mais il est douteux qu'il se présente partout où les sépales naissent successivement suivant la divergence 1/3 ou 2/5.

(1) Dans les Rhamnées, le pétale et l'étamine superposée proviennent du même faisceau vasculaire et par conséquent appartiennent tous deux à la même feuille (*loc. cit.*, p. 151). De plus, comme ce faisceau vasculaire n'est qu'une dépendance du système vasculaire du calice, pétales et étamines ne sont eux-mêmes que des dépendances bistipulaires des sépales ; la formule florale est donc : $F = \left[5\left(S + 2\,\frac{P}{2} + 2\,\frac{E_p}{2}\right)\right] + \left[3\,C\right].$

Dans les Santalacées (Ann. des sc. nat., 5ᵉ série, XII, 1870), les étamines, qui sont superposées aux sépales, reçoivent leur faisceau vasculaire du faisceau médian de chaque sépale. Elles ne sont donc pas des feuilles autonomes, mais de simples dépendances ligulaires des sépales, et la formule florale des *Thesium* s'écrit : $F = \left[5(S + E_s) + 3\,C\right].$ La même chose a lieu dans les Protéacées, où les *Grevillea*, par exemple, ont pour formule florale : $F = 2(S + E_s) + 2(S' + E'_s) + C.$ Il ne s'agit donc pas ici d'une simple soudure entre le sépale et l'étamine, comme il a été dit à la page 624, mais bien d'une ramification staminale du sépale.   (*Trad.*)

(2) Sur la tribu voisine des Cæsalpiniées, consulter Rohrbach : Botanische Zeitung, 1870, p. 817.

(3) Comme on le voit par les vrais verticilles successifs des *Chara* et *Salvinia*.

Intercalation de feuilles nouvelles entre les feuilles déjà formées. — Revenons maintenant une fois encore sur les cas déjà cités plus haut où, entre les membres d'un cycle, il s'en forme de nouveaux à la même hauteur (1). Chez les Oxalidées, Géraniacées, Rutacées et Zygophyllées, un nouveau cycle quinaire s'interpose ainsi tout entier entre les cinq étamines déjà formées ; dans le *Peganum Harmala*, il se forme même, d'après Payer, un nouveau cycle de 10 étamines qui s'insèrent par paires, non entre les cinq premières et à même hauteur, mais plus bas qu'elles, immédiatement au-dessus de la base des pétales. Que les étamines tardives naissent à la même hauteur que les premières ou plus bas qu'elles, cela dépend évidemment de la place laissée libre par les modifications de forme du réceptacle floral.

Une déviation plus profonde encore du type habituel se rencontre dans les Acérinées, Hippocastanées et Sapindacées. Il y naît d'abord un cycle staminal quinaire alterne avec la corolle, dans lequel vient plus tard s'interposer à même hauteur un cycle incomplet de deux à quatre étamines nouvelles, comme le montrent les dessins de Payer. Dans le *Tropœolum*, au contraire, il naît d'abord, d'après Payer et M. Rohrbach (2), trois étamines qui succèdent immédiatement aux pétales, et c'est plus tard seulement qu'il s'en interpose entre elles cinq nouvelles, un peu plus écartées du centre de la fleur que les trois premières.

SYMÉTRIE DE LA FLEUR.

Fleur monosymétrique et polysymétrique; fleur zygomorphe; fleur régulière. — Appliquons maintenant aux rameaux floraux les considérations exposées dans la Morphologie générale à la p. 250, et nous verrons que chez eux, bien plus fréquemment que dans les rameaux végétatifs, on observe une symétrie réelle et une bilatéralité nettement accusée.

M'écartant sur ce point du langage peu précis de beaucoup de botanistes, je n'entends, ici aussi, par corps symétriques que ceux qui se laissent partager en deux moitiés dont l'une est l'image exacte de l'autre dans un miroir. Une fleur qui ne peut être partagée de cette façon que par un seul plan est dite simplement symétrique ou *monosymétrique;* une fleur qui peut être symétriquement coupée par deux ou plusieurs plans est doublement ou plusieurs fois symétrique, *disymétrique* ou *polysymétrique*. L'heureuse expression « zygomorphe », déjà employée par M. A. Braun, peut être appliquée en même temps, et aux fleurs monosymétriques, et aux disymétriques dont la section médiane produit deux moitiés très-différentes de celles que donne la section latérale (par ex. *Dielytra*). Je ne nomme *régulière* une fleur polysymétrique, que si les moitiés symétriques produites par tous les plans de symétrie qu'elle possède se ressem-

---

(1) Voir aussi sur ce point Pfeffer : Jahrb. f. wiss. Botanik, VIII, p. 205.

(2) M. Rohrbach (Botanische Zeitung, 1869), interprète, il est vrai, ses observations d'une manière différente. Mais l'égal ou même plus grand éloignement du centre des étamines tardives, suffit à démontrer qu'on ne peut admettre ici un développement successif spiralé marchant de dehors en dedans.

blent entre elles, en d'autres termes, que si par deux, trois sections longitudinales ou davantage on peut partager cette fleur en quatre, six secteurs ou
davantage, tous identiques entre eux ou du moins semblables.

Pour estimer exactement les relations de symétrie d'une fleur, il faut tout
d'abord distinguer entre les rapports de position de ses divers membres, tels
que le diagramme les représente, et la forme d'ensemble de la fleur, telle qu'elle
résulte du développement ultérieur et définitif des organes qui la constituent;
en d'autres termes, il faut étudier séparément la symétrie de position et la
symétrie de forme.

Symétrie de position. — Considérons d'abord les rapports de position des
membres, la symétrie de position. Il est clair que si les divers membres se
succèdent en une spirale continue, la fleur ne pourra jamais être partagée en
deux moitiés symétriques; mais si la fleur est hémicyclique, ceux de ses
membres qui sont disposés en cycle
pourront être de quelque façon symétriquement répartis.

Si les diverses feuilles de la fleur sont
toutes disposées en cycles, leur distribution sur le réceptacle est aussi d'ordinaire monosymétrique ou polysymétrique. Ainsi, par exemple, le diagramme
de la figure 376 peut être partagé symétriquement par trois plans, celui de la
figure 377 par quatre plans, enfin celui de
la figure 378 par cinq plans. Au contraire,
les diagrammes des figures 379 *B* et *C* et
figure 380 ne peuvent être divisés en deux
moitiés symétriques que par un seul
plan, et c'est le plan médian. Le diagramme fig. 381 est divisé par le plan
médian en deux moitiés symétriques,
qui sont différentes des deux moitiés
également symétriques que donne le

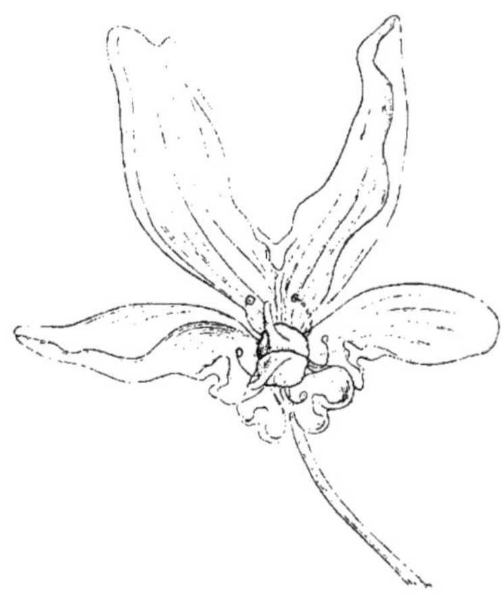

Fig. 385. — Fleur d'*Heracleum pubescens*, avec corolle zygomorphe.

plan latéral; ce diagramme est donc zygomorphe comme ceux de la figure 379
B et *C* et de la figure 380, mais il est disymétrique, tandis que les premiers
sont monosymétriques.

Symétrie de forme. — La symétrie de la fleur achevée et épanouie, la
symétrie de sa forme, dépend ordinairement de la symétrie de son diagramme, c'est-à-dire de la symétrie de nombre et de position de ses divers
membres, comme cela résulte clairement des figures 385 et 386, ainsi que de la
figure 388 comparée avec la figure 380 *A*. Mais comme la forme d'ensemble de la
fleur épanouie est essentiellement déterminée par les contours, les dimensions,
les torsions, les déviations et les courbures des divers membres qui la constituent, ces causes exercent sur la symétrie de la fleur achevée une influence
prépondérante et telle, que des fleurs même spiralées et par conséquent incapables d'aucune sorte de symétrie de position, peuvent devenir dans leur

forme générale monosymétriques-zygomorphes, comme c'est le cas, par exemple, et à un très-haut degré, dans les *Aconitum* et *Delphinium*. Mais il faut remarquer cependant que, dans ces deux exemples, la forme d'ensemble zygomorphe de la fleur est principalement ou même exclusivement déterminée par le développement du calice et de la corolle; or si la disposition spiralée des feuilles de ces deux formations ne peut guère être mise en doute, encore faut-il convenir qu'elles s'insèrent sur le réceptacle suivant une zone assez étroite pour que leur

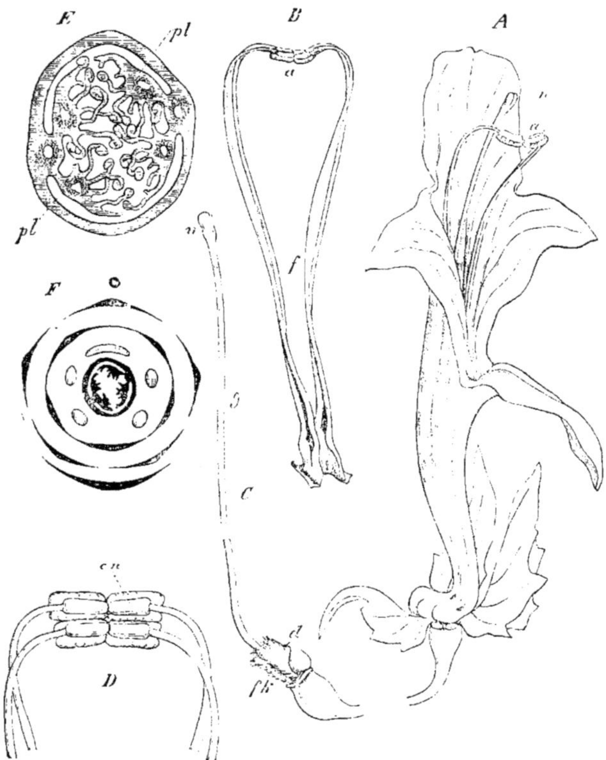

Fig. 586. — Fleur zygomorphe de *Columnea Schiedeana* (une Gesnériacée). — A, fleur entière après enlèvement de deux sépales. B, l'androcée. C, le gynécée. D, les anthères accolées, grossies et vues d'arrière. E, section transversale de l'ovaire. F, diagramme de la fleur. — *a*, anthères, *n*, stigmate, *g*, style, *fk*, ovaire, *d*, le staminode transformé en nectaire ; *pl*, les deux placentas pariétaux obliques.

arrangement puisse être regardé comme cyclique ou verticillé. Si au contraire l'axe floral s'allonge assez pour que la disposition spiralée s'accuse nettement le long d'une hélice ascendante, comme dans le périanthe et l'androcée des *Nymphæa*, comme dans l'androcée et le gynécée des *Magnolia*, le développement ultérieur des organes ne paraît alors amener dans la forme générale de la fleur ni zygomorphisme ni aucun autre genre de symétrie réelle.

Au contraire, le zygomorphisme et la monosymétrie de la forme générale se présentent très-fréquemment dans les fleurs dont les membres sont verticillés. Quand il est nettement accusé, le zygomorphisme est souvent lié à l'avortement partiel ou total de certains membres, comme dans les *Columnea* (fig. 386) et autres Gesnériacées, où l'étamine postérieure se transforme en un petit nectaire ; comme dans les Labiées, où elle manque complétement. Et cela est plus vrai encore des Orchidées, où des six étamines typiques une seule, ordinairement la médiane antérieure, ou quelquefois les deux latérales d'avant, arrivent à développement complet. Parfois la monosymétrie de la forme générale ultérieure est déjà annoncée et préparée par l'ordre même où les divers membres font leur première apparition; c'est lorsque ces derniers, au lieu de naître tous ensemble dans le verticille ou progressivement suivant une divergence déterminée dans le cycle, commencent leur développement en un point situé à l'avant ou à l'arrière de la fleur pour le poursuivre ensuite simultané-

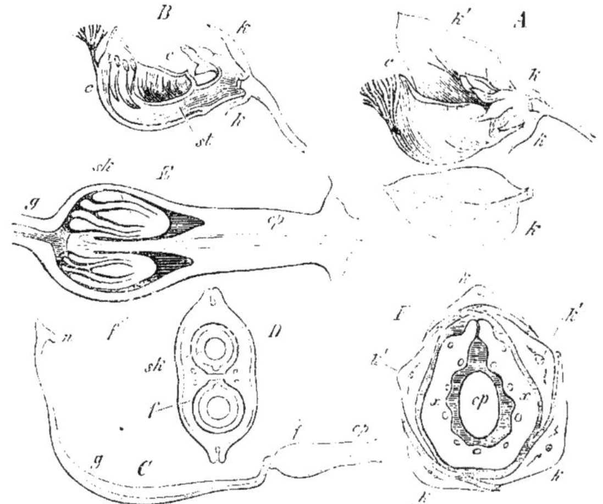

Fig. 387. — Fleurs zygomorphes de *Polygala grandiflora*. — A, fleur entière vue de côté après enlèvement d'un sépale *k*. B, fleur divisée symétriquement, sans son gynécée. C, le gynécée grossi. D, section transversale de l'ovaire. E, section longitudinale médiane de ce même ovaire. F, section transversale de la fleur ; — *k*, calice, *c*, corolle, *st*, tube staminal ; *cp*, gynophore, *f*, ovaire, *g*, style, *n*, stigmate, *sk*, ovules ; *x.c*, le tube formé par la soudure de la corolle et de l'androcée.

ment à droite et à gauche du plan médian et atteindre enfin le côté opposé du cycle, comme nous l'avons déjà vu pour les Papilionacées d'une part et pour les Résédacées de l'autre.

Comme nous l'avons dit plus haut, le diagramme des fleurs zygomorphes des Fumariacées (fig. 381) peut être divisé symétriquement de deux manières différentes; les moitiés antérieure et postérieure, pareilles entre elles, y diffèrent beaucoup des moitiés droite et gauche, également symétriques entre elles. Ceci posé, dans les *Dielytra*, la forme d'ensemble de la fleur épanouie correspond à cette double symétrie de position ; mais dans les *Fumaria* et *Corydalis*, au contraire, la moitié droite de la fleur se développe tout autrement que la gauche, l'une produit un éperon, l'autre pas, tandis que les moitiés d'avant et d'arrière demeurent symétriques. La fleur épanouie n'a donc plus, dans ce dernier cas, qu'un seul plan de symétrie qui coïncide avec le plan latéral. Dans les fleurs zygomorphes de certaines Solanées, le plan de symétrie et le plan médian se coupent, au contraire, à angle aigu. Mais dans la très-grande majorité des fleurs zygomorphes et monosymétriques, c'est avec le plan médian que coïncide l'unique plan de symétrie (fig. 387), comme on le voit chez les Labiées, Papilionacées, Orchidées (fig. 388), Zingibéracées, *Delphinium*, *Aconitum*, Lobéliacées, Composées, etc. (1).

Le développement zygomorphe se rencontre principalement dans les fleurs latérales des inflorescences en épi, en grappe ou en panicule ; mais il se présente aussi dans les inflorescences en cyme où toutes les fleurs sont terminales (Labiées, *Echium*). Il semble que le développement vigoureux de l'axe général d'inflorescence, joint à la formation d'inflorescences partielles en cyme par ses derniers rameaux, soit souvent une cause déterminante pour le développement zygomorphe des fleurs, comme on le voit par les Labiées, *Æsculus* et Zingibéracées. Une pareille action paraît aussi exercée par le développement puissant de l'axe apparent dans les inflorescences sympodiques (*Echium*).

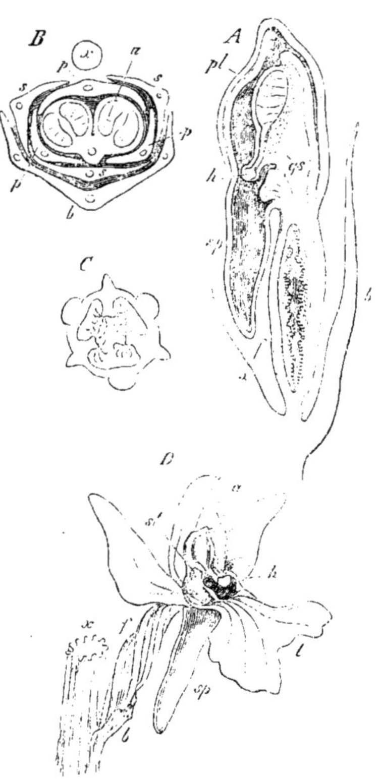

Fig. 388. — Fleur zygomorphe d'*Orchis maculata*. — A, bouton coupé par le plan de symétrie qui est le plan médian. B, section transversale du bouton. C, section transversale de l'ovaire. D, fleur entière complètement développée, après enlèvement d'un sépale latéral : — *x*, axe d'inflorescence, *b*, bractée mère, *s*, sépales. *p*, pétales, dont l'antérieur *l* constitue le labelle : *a*, l'anthère unique, *st*, staminodes, *gs*, gynostème, *pl*, masse pollinique, *h*, rétinacle, *sp*, éperon du labelle, *f*, ovaire infère tordu en D. (Comparer avec le diagramme, fig. 389 A.)

LE FRUIT.

Définition du fruit. — Le fruit des Angiospermes, c'est l'ovaire développé après la fécondation, transformé physiologiquement et contenant les graines mûres ; en termes plus brefs, le fruit c'est l'ovaire fécondé et mûri.

Différences entre le fruit et l'ovaire dont il provient. — Souvent les

(1) Dans ce genre d'observations, il faut faire attention aux torsions que présentent l'ovaire infère des Orchidées, le pédicelle des Fumariacées, etc.

stigmates et le style tombent après la fécondation (*Cucurbita*, Graminées, etc.). Assez souvent certains ovules périssent et le nombre des graines du fruit est par conséquent moindre que celui des ovules de l'ovaire. Quelquefois même tous les ovules d'une ou de plusieurs loges d'un ovaire pluriloculaire disparaissent pendant la maturation et alors la loge fertile s'accroît seule, tandis que les loges stériles sont supplantées par elle, en partie ou en totalité, et rendues plus ou moins méconnaissables ; l'ovaire pluriloculaire donne alors naissance à un fruit uniloculaire et souvent uniséminé. C'est ainsi, par exemple, que l'ovaire à trois loges biovulées des *Quercus* produit un fruit uniloculaire et uniséminé : le gland. C'est ainsi encore que deux à quatre loges disparaissent avec les ovules qu'elles renferment dans l'ovaire à trois ou cinq loges des *Tilia*, dont le fruit est le plus souvent uniséminé.

Parties accessoires du fruit ; faux fruits. — D'autre part, on voit aussi des parties qui n'appartiennent pas au gynécée, bien plus, qui sont même totalement étrangères à la fleur, subir en même temps que l'ovaire de notables modifications à la suite de la fécondation. Dans son ensemble, le corps ainsi produit peut être désigné sous le nom de *faux fruit*. Un faux fruit est donc composé d'un fruit véritable ou d'une certaine quantité de fruits véritables et de ces parties accessoires singulièrement modifiées. Ainsi, par exemple, la fraise est un faux fruit, dans lequel la portion de l'axe floral qui porte les petits fruits véritables s'est gonflée et est devenue pulpeuse ; dans le fruit de l'Églantier (*Rosa*), c'est le réceptacle floral creusé en urne qui entoure les petits fruits mûrs d'une enveloppe charnue rouge ou jaune. Dans le même sens encore, la pomme est un faux fruit ; la mûre aussi, qui provient de tout un épi floral dans lequel les feuilles du périanthe de chaque fleur se renflent, deviennent charnues et enveloppent le petit fruit sec. Dans la figue enfin, c'est l'axe général d'inflorescence qui se creuse, devient charnu, et, garni de petits fruits sur sa face interne, constitue le faux fruit.

Fruit multiple ou syncarpe. — Si l'on part de cette définition, que chaque ovaire fécondé et mûri constitue un fruit, on voit qu'une seule et même fleur pourra produire plusieurs fruits, si elle possédait plusieurs ovaires monomères ; la fleur est dite alors polycarpienne (p. 638). On désigne alors le gynécée tout entier fécondé et mûri sous le nom de fruit *multiple*, par opposition au fruit *simple* qui provient d'un seul ovaire, ou, ce qui vaut beaucoup mieux, sous celui de *syncarpe*. Ainsi, par exemple, les nombreux petits fruits d'une fleur de *Ranunculus* ou de *Clematis*, ou encore les fruits plus grands et moins nombreux d'une fleur de *Pæonia* ou d'*Helleborus* constituent tous ensemble un fruit multiple ou un syncarpe ; il en est de même de la framboise formée de nombreux petits fruits drupacés issus de la même fleur ; le réceptacle pulpeux des *Rosa* enveloppe de même un syncarpe, mais dont les divers fruits sont secs et non pulpeux. Mais il ne faut pas confondre le syncarpe avec une inflorescence transformée en faux fruit, comme la mûre ou la figue, ou encore comme l'ananas ou le faux fruit du *Benthamia frugifera*.

Fruits partiels ou méricarpes. — L'unique ovaire pluriloculaire d'une fleur peut aussi, pendant sa maturation, se transformer de manière à produire en définitive deux ou plusieurs pièces renfermant des graines et dont chacune constitue en apparence un fruit séparé ; on donne le nom de *méricarpes* à ces fruits partiels. Cette fragmentation de l'ovaire peut commencer à s'opérer de bonne heure après la fécondation, comme dans les *Tropœolum*, où chaque loge renfermant une graine s'arrondit d'abord et se sépare finalement des deux autres pour former un fruit partiel ; comme dans les Borraginées et les Labiées, où chacun des deux carpelles qui constituent l'ovaire produit deux excroissances uniséminées qui se séparent plus tard sous forme de quatre noyaux entourant la base du style. Mais, ailleurs, la séparation n'a lieu qu'à maturité complète par déchirure de certaines lames de tissu dans le fruit total, comme dans les Ombellifères et les *Acer*, où le fruit biloculaire se partage, par un dédoublement longitudinal de sa cloison, en deux méricarpes uniséminés ; de même le fruit à cinq loges des *Geranium* se divise plus tard en cinq coques uniséminées.

Fruit simple uniloculaire ou pluriloculaire. — Quant aux vrais fruits simples et demeurant simples, ils sont en général uniloculaires ou pluriloculaires, suivant que l'ovaire qui les a produits avait lui-même une ou plusieurs loges. Cependant un ovaire uniloculaire peut par de fausses cloisons, c'est-à-dire par des cloisons tardives et qui ne sont pas formées par les bords rentrants des carpelles, donner naissance à un fruit pluriloculaire dont les loges sont ou superposées, ou placées côte à côte. Elles sont superposées dans les gousses articulées de certaines Légumineuses, comme le *Cassia fistula* ; elles sont disposées côte à côte dans la gousse à deux fausses loges des *Astragalus*. Inversement un ovaire pluriloculaire peut, par avortement d'une ou plusieurs de ses loges, produire un fruit uniloculaire, comme on le voit dans le Chêne et le Tilleul. Il en résulte que la division que nous avons faite plus haut des ovaires en monomères et polymères, n'est pas applicable aux fruits ; ces expressions auraient ici un sens différent.

Structure du péricarpe. — C'est la paroi de l'ovaire qui forme la paroi du fruit, c'est-à-dire le *péricarpe*. Si le péricarpe devient suffisamment épais, on y reconnaît le plus souvent deux ou trois couches de tissus différents : la couche externe, souvent composée du seul épiderme, s'appelle alors *épicarpe*, l'interne *endocarpe*, et la couche intermédiaire *mésocarpe* ; si cette couche intermédiaire est pulpeuse, on lui donne le nom de *sarcocarpe*.

Classification des fruits. — Suivant que, à l'état de maturité complète, le péricarpe possède des couches séveuses et charnues ou n'en possède pas, suivant que le fruit mûr s'ouvre pour laisser échapper les graines détachées des placentas ou qu'il ne s'ouvre pas, on peut, d'après la nomenclature adoptée, distinguer parmi les vrais fruits deux formes principales ayant chacune deux modifications secondaires, savoir :

A. FRUITS SECS. — Le péricarpe est ligneux ou coriace et le suc cellulaire a disparu de toutes ses cellules.

    1. Fruits secs indéhiscents. L péricarpe ne s'ouvre pas, il enveloppe la graine jusqu'à sa germination ; l'enveloppe propre de la graine est mince et membraneuse, faiblement développée.

        a. *Fruits secs indéhiscents uniséminés* :

L'akène : le péricarpe sec est mince, coriace, étroitement appliqué contre la graine, mais s'en séparant facilement. Ex. Composées, *Castanea*.

Le **caryopse** : le péricarpe sec est mince, coriace et soudé à l'enveloppe de la graine dont il ne peut se séparer. Ex. Graminées.

La **samare** : le péricarpe sec est muni d'une aile membraneuse. Ex. *Ulmus*.

La **noix** : le péricarpe sec est épais et consiste en un tissu sclérenchymateux lignifié. Ex. *Corylus*.

b. *Fruits secs indéhiscents à deux ou plusieurs loges :* ils se partagent ordinairement en méricarpes, dont chacun est un akène ou une noix (Ombellifères, Borraginées et Labiées), ou une samare (*Acer*).

2. FRUITS SECS DÉHISCENTS OU CAPSULES. — A complète maturité, le péricarpe se déchire ou éclate et laisse échapper les graines ; les graines elles-mêmes sont revêtues ici d'une enveloppe puissamment développée, le plus souvent dure ou coriace ; ces fruits sont ordinairement pluriséminés.

a. *Capsules à déhiscence longitudinale.*

Le **follicule** consiste en un carpelle unique qui s'ouvre le long de ses bords soudés et séminifères, pour reprendre la forme foliaire primitive. Ex. *Pæonia*, *Illicium anisatum :* dans les *Asclepias*, l'épais placenta se sépare en même temps du carpelle.

Le **légume** est composé aussi d'un carpelle unique, mais ce carpelle s'ouvre non-seulement le long de la suture de ses deux bords séminifères, mais encore le long de sa ligne dorsale ; il se fend ainsi en deux moitiés séparées. Ex. *Phaseolus*, *Pisum*.

La **silique** comprend deux carpelles qui, au moyen d'une cloison longitudinale forment un fruit biloculaire ; les deux moitiés du péricarpe se séparent, dans leur longueur, de la cloison médiane qui demeure en place et porte les graines sur ses bords. Ex. *Brassica*, *Matthiola*, *Thlaspi* et autres Crucifères.

La **capsule**, dans le sens le plus étroit de ce mot, est produite par un ovaire polymère uniloculaire ou pluriloculaire et se fend dans la longueur en deux ou plusieurs valves qui se séparent de haut en bas, tantôt partiellement comme dans les *Cerastium*, tantôt jusqu'à la base même.

S'il s'agit d'un ovaire polymère pluriloculaire et que les fentes longitudinales aient lieu le long des cloisons de manière que ces cloisons elles-mêmes soient dédoublées, la capsule est dite *à déhiscence septicide* (*Colchicum*). Si les fentes portent au contraire sur la ligne dorsale du carpelle, c'est-à-dire au milieu de l'intervalle entre deux cloisons consécutives, de manière que chaque loge se fende en deux, la capsule est dite *à déhiscence loculicide* (*Tulipa*, *Hibiscus*) ; dans ce dernier cas, chaque cloison est ordinairement entraînée tout entière sur la ligne médiane de chaque valve et ces valves portent par conséquent les placentas et les graines.

Si, au contraire, la partie interne de chaque cloison, ou même les cloisons tout entières se séparent des valves et restent unies au centre en une colonne qui porte les placentas et les graines et qui est ailée dans le second cas, on dit que la capsule est à *déhiscence septifrage* (*Rhododendron*).

Si la capsule provient d'un ovaire uniloculaire polymère, la séparation des valves peut avoir lieu le long des lignes de suture et correspondre ainsi à la déhiscence septicide, comme dans les *Gentiana*, mais elle peut se reproduire aussi sur la ligne dorsale des carpelles, au milieu de l'intervalle entre les sutures, comme dans les *Viola*.

b. *Capsules à déhiscence transversale.*

La **pyxide** est une capsule qui s'ouvre par une fente transversale circulaire, de façon que la partie supérieure du péricarpe se détache comme un couvercle, tandis que la partie inférieure demeure insérée en forme de coupe ou d'urne au sommet du pédicelle. Ex. *Plantago, Hyoscyamus, Anagallis.*

c. *Capsules à déhiscence poricide.*

La **capsule poricide** est celle où il se forme, à des places déterminées du péricarpe, de petites ouvertures par lesquelles les petites graines s'échappent quand la capsule est secouée par le vent. Ex. Campanulacées, *Papaver, Antirrhinum.*

B. FRUITS CHARNUS. — Le tissu du péricarpe, ou du moins certaines couches de ce tissu demeurent jusqu'à la maturité pleines de séve, ou prennent même une consistance molle et pulpeuse.

3. FRUITS CHARNUS INDÉHISCENTS. — Le péricarpe charnu ne s'ouvre pas et les graines ne sont pas mises en liberté.

La **drupe :** sous un mince épicarpe s'étend un mésocarpe le plus souvent épais et de consistance pulpeuse ; l'endocarpe au contraire forme une couche épaisse et dure qui enveloppe ordinairement une seule graine et constitue ce qu'on appelle le noyau du fruit : prune, cerise ou pêche. Ex. *Prunus, Cerasus, Amygdalus.*

La **baie :** sous un épicarpe plus ou moins coriace ou dur, tout le reste du tissu du péricarpe se développe en une pulpe dans laquelle sont nichées les graines, entourées elles-mêmes d'une enveloppe solide ou même dure. D'une façon générale, la baie se distingue donc de la drupe par l'absence d'un endocarpe durci en noyau et, de plus, elle est ordinairement pluriséminée, comme la groseille, la courge, la grenade (*Ribes, Cucurbita, Punica granatum, Solanum tuberosum*), parfois uniséminée comme la datte (*Phœnix dactylifera*).

Le fruit des *Citrus*, quelquefois appelé *hespéridie*, se rapproche de la baie ; son péricarpe se compose d'une couche externe, coriace et solide et d'une couche interne d'aspect médullaire. Sur la face interne de la paroi de l'ovaire pluriloculaire se développent de bonne heure des protubérances pluricellulaires qui finissent peu à peu par remplir toute la cavité de la loge d'autant de petites masses de tissu séveux, isolées, mais étroitement pressées l'une contre l'autre ; c'est cet ensemble de petites masses charnues qui constitue la pulpe de l'orange ou du citron.

4. FRUITS CHARNUS DÉHISCENTS. — Le péricarpe, charnu encore, mais non pulpeux, s'ouvre et laisse échapper les graines dont l'enveloppe est d'ordinaire fortement développée.

La **capsule charnue** : c'est le nom qu'on peut donner aux fruits dont le péricarpe charnu éclate à la maturité et laisse échapper les graines qu'il renferme. Ex. *Balsamina*, *Æsculus*.

C'est à la drupe que ressemble davantage le fruit des *Juglans*, dont la couche externe charnue se rompt, pendant qu'un endocarpe pierreux continue à entourer la graine dont l'enveloppe propre est très-mince.

C'est de la baie que se rapproche, au contraire, le fruit des *Nuphar*; mais il s'en distingue par la rupture de la couche externe plus dure du péricarpe ; après quoi chaque loge du fruit se trouve, dans le *Nuphar advena*, mise en liberté et flotte pendant quelque temps sur l'eau comme un sac rempli de graines.

L'énumération qui précède ne renferme d'ailleurs que les formes de fruit les plus ordinaires. Beaucoup d'autres fruits ne rentrent exactement dans aucune de ces catégories et ne portent non plus aucun nom particulier.

LA GRAINE MÛRE.

Relation entre la consistance de la graine et celle du péricarpe. — La consistance et l'aspect extérieur de la graine mûre sont en connexion avec le mode de développement du péricarpe. En général, l'enveloppe séminale est d'autant plus épaisse, plus dure et plus solide, que le péricarpe est plus mou, surtout quand ce péricarpe s'ouvre pour laisser échapper les graines. Si, au contraire, la paroi du fruit est coriace et ligneuse, si elle enferme les graines jusqu'au temps de leur germination (akènes, caryopses, noix, drupes, méricarpes), l'enveloppe séminale demeure mince et molle ; et il en est de même encore quand l'endosperme abondamment développé qu'elle contient devient dur, corné et entoure complétement le petit embryon (*Phœnix dactylifera, Phytelephas*, etc.).

Caractères de l'enveloppe séminale. — L'enveloppe des graines, au moment où elles sont mises en liberté par le fruit et où elles se disséminent, est ordinairement revêtue par un épiderme nettement différencié ; suivant la configuration de cet épiderme, la graine est lisse (*Phaseolus, Pisum*), ou présente divers genres de sculptures : des aréoles, des verrues, des crêtes, etc. (*Datura, Hyoscyamus, Papaver, Nigella*). Il n'est pas rare que ces cellules épidermiques se développent en poils, et le coton, par exemple, n'est pas autre chose qu'un amas de longs poils laineux qui revêtent la graine des Malvacées du genre *Gossypium*; ailleurs la formation de poils est limitée à un certain endroit de la graine, et ils se dressent alors à cet endroit en forme de pinceau ou d'aigrette

(*Asclepias syriaca*, Salicinées). Dans les graines de certaines plantes (*Plantago psyllium*, *P. arenaria*, *P. Cynops*, *Linum usitatissimum*, *Cydonia vulgaris*), la membrane des cellules épidermiques contient des couches transformées en mucilage ; ces couches, se gonflant fortement dans l'eau, s'échappent au dehors et enveloppent la graine humide dans une masse gélatineuse.

Quand le péricarpe est indéhiscent, c'est lui qui revêt ces mêmes caractères. — Quand le péricarpe ne s'ouvre pas et ne renferme que de petites graines, il n'est pas rare de lui voir prendre la même consistance et le même aspect extérieur que la graine elle-même quand elle est caduque. C'est le cas en particulier pour les akènes et les caryopses ; aussi, dans le langage populaire, ces fruits sont-ils appelés des graines. De même les aigrettes de poils qui se développent sur certaines graines caduques et servent à leur dissémination par le vent (*Epilobium*, *Asclepias*, Salicinées) se forment aussi sur certains akènes où ils sont alors des dépendances du péricarpe ; on le voit par l'aigrette des Composées, qui, à proprement parler, représente le calice de ces plantes. De même encore les ailes formées par le prolongement extérieur de l'enveloppe de certaines graines caduques, ailes dont les *Bignonia* offrent de beaux exemples et qui jouent un rôle important dans la dissémination de ces graines, se retrouvent sur le péricarpe des fruits indéhiscents, comme on le voit dans les *Acer* et *Ulmus*. De même enfin un épiderme mucilagineux, semblable à celui que nous avons signalé plus haut chez certaines graines caduques, s'observe à la surface du péricarpe des akènes méricarpiens des *Salvia* et autres Labiées.

Toutes ces ressemblances, et beaucoup d'autres que nous aurions pu citer, démontrent que dans le développement du péricarpe, comme dans celui de l'enveloppe séminale, le but essentiel à atteindre, c'est la dissémination des graines ; mais, suivant les cas particuliers, ce but est atteint par les moyens les plus divers. De là le développement physiologique semblable de corps morphologiquement très-différents, et inversement le développement physiologique très-différent de corps morphologiquement semblables. Une étude plus détaillée de ces caractères doit donc être plutôt l'objet de la Physiologie et de la Biologie, que de la Morphologie et de la Classification naturelle.

Hile et micropyle. Arille, strophiole, caroncule. — Mais, pour compléter la nomenclature, il est nécessaire de remarquer, en terminant, que sur la graine détachée du fruit on aperçoit encore, et le plus souvent sans difficulté, la place où elle s'est séparée du funicule ; cette place est appelée le *hile*. Souvent aussi on y reconnaît encore le micropyle qui, dans les graines anatropes et campylotropes, est situé tout à côté du hile (*Corydalis*, *Faba*, *Phaseolus*) et offre l'aspect d'une verrue creusée au centre. Si la graine présente une excroissance le long du raphé comme dans les *Chelidonium majus*, *Asarum*, *Viola*, etc., ou une proéminence en forme de bourrelet qui recouvre le micropyle comme dans les *Euphorbia*, ces excroissances sont appelées *crêtes, strophioles, caroncules*. Enfin nous avons déjà plusieurs fois signalé l'arille qui entoure comme d'un manteau charnu la base de la graine mûre, ou cette graine tout entière, et qui se détache facilement de l'enveloppe séminale proprement dite.

CLASSE 12.

Les Monocotylédones.

La graine. — La graine mûre des Monocotylédones renferme ordinairement
un endosperme très-développé et
un embryon relativement petit.
Cette disproportion entre l'endosperme et l'embryon est surtout
frappante dans les grosses graines,
comme celles des *Cocos*, *Phœnix*,
Phytelephas, *Crinum*, etc. Dans les
Naïadées, Juncaginées, Alismacées
et Orchidées, l'endosperme manque
dès l'origine. Enfin, dans les Scitaminées, où il ne se développe pas
davantage, il est remplacé par un
abondant périsperme.

L'embryon. — L'embryon est le
plus souvent droit et cylindro-co-
nique, quelquefois très-allongé et
alors recourbé en spirale (*Potamogeton, Zanichellia*); assez souvent
il prend la forme d'un cône renversé, par suite du considérable
épaississement du cotylédon qui
forme son extrémité supérieure.
L'axe de l'embryon est ordinairement très-court et petit par rapport
à la feuille cotylédonaire ; mais
dans les Hélobiées, c'est au contraire l'axe qui forme la masse
principale de l'embryon, qui est dit
alors *macropode*.

A l'extrémité inférieure de l'axe
se trouve l'origine de la racine principale, à côté de laquelle on voit encore, chez les Graminées, deux ou
plusieurs racines latérales enfermées
comme la première dans une bourse
(fig. 114). En outre, l'embryon des
Graminées se distingue encore de
tous les autres par l'existence d'un
corps particulier appelé *écusson;* ce
corps est une excroissance de l'axe
a u-dessous de la feuille cotylédonaire, excroissance qui enveloppe l'embryon

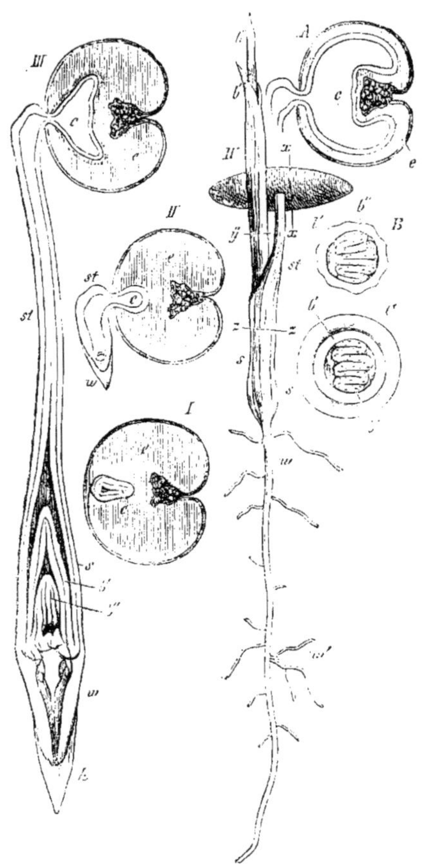

Fig. 389.— Germination du *Phœnix dactylifera*.— I, section
transversale de la graine. II, III, IV états successifs de la
germination (grand. nat.) : A, section transversale de la
graine de IV, suivant la ligne *xx*. B, section transversale de
la plantule IV suivant la ligne *xy*. C section transversale de
IV suivant la ligne *zz* ; *e*, endosperme corné; *s*, gaine de la
feuille cotylédonaire ; *st*, pétiole de cette feuille ; *c*, portion
terminale du cotylédon, développée en organe de succion
qui dissout et absorbe peu à peu l'endosperme et envahit
finalement tout l'espace que celui-ci occupait; *v*, racine
principale, *w'*, radicelles ; *b' b"*, feuilles qui suivent le cotylédon ; *b'* est encore une gaine. *b"* devient la première
feuille verte de la plante ; dans B et C on voit, en section
transversale, le limbe plissé de cette première feuille verte.

tout entier comme d'un manteau et qui forme sur sa face dorsale, là où il est en contact avec l'endosperme, une plaque épaisse en forme d'écusson (1).

Dans les Orchidées, Apostasiées et Burmanniacées, l'embryon ne présente dans la graine mûre aucune trace de division en parties distinctes. Il est simplement constitué par une masse arrondie de tissu homogène et c'est seulement à la germination qu'il s'y développe un bourgeon.

Germination (2). — Tantôt la germination commence par l'allongement des racines. Chez les Graminées les racines déchirent, en se développant, les poches où elles étaient enfermées et qui, demeurant unies à l'axe de l'embryon, forment autant de gaînes ou *coléorhizes* autour de leurs bases (fig. 113). Tantôt, et c'est le cas le plus ordinaire, la partie inférieure de la feuille cotylédonaire s'allonge d'abord; elle pousse hors de la graine l'extrémité de la racine et en même temps la gemmule enfermée dans la gaîne du cotylédon (fig. 389), tandis que la partie supérieure de la feuille cotylédonaire demeure cachée dans l'endosperme, jusqu'à ce qu'il ait été totalement absorbé par elle. Dans les Graminées cependant, le bourgeon terminal tout entier y compris le cotylédon s'échappe de la graine, où l'écusson seul demeure pour absorber et transmettre à l'embryon les substances nutritives de l'endosperme.

Même lorsqu'elle se développe puissamment pendant la germination, comme dans les Palmiers, les Liliacées, le *Zea Maïs*, etc., la racine principale des Monocotylédones cesse bientôt de s'accroître. En même temps il se développe des racines latérales, qui s'échappent de la tige et sont d'autant plus fortes qu'elles s'y insèrent plus haut. Un système radical durable issu de la racine principale et de ses ramifications, tel enfin que les Gymnospermes et beaucoup de Dicotylédones en possèdent, ne se rencontre pas chez les Monocotylédones. Parfois même il ne s'y forme de racines d'aucune

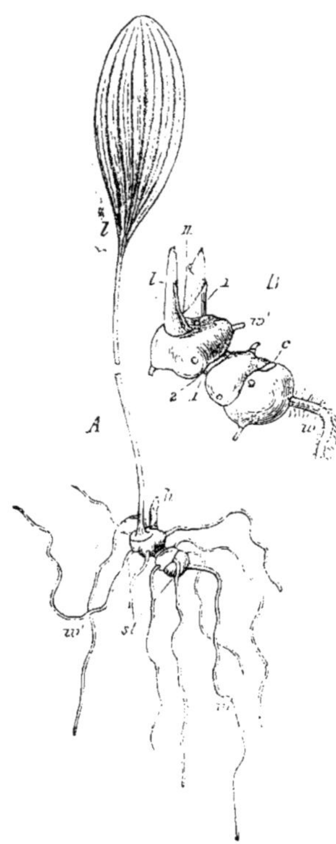

Fig. 390. — A, plantule de *Polygonatum multiflorum*, pendant sa seconde année. B, tige grossie de cette même plantule : — *w*, la racine principale non ramifiée ; *w'*, racines latérales issues de la tige *st;* *l* la feuille végétative de seconde année, *k*, le bourgeon ; *c*, cicatrice d'insertion de la feuille cotylédonaire ; 1 et 2 insertions des deux premières gaînes foliacées qui précèdent la feuille verte *l;* I et II les deux gaînes foliaires qui succèdent à cette feuille verte dans le bourgeon. (Voir fig. 135.)

(1) L'écusson de l'embryon des Graminées et le corps qui lui correspond chez les Cypéracées ne sont pas autre chose que la partie médiane, le limbe, du cotylédon de ces plantes. La gaîne qui entoure la gemmule et que M. J. Sachs regarde ici comme le cotylédon tout entier, n'est que la ligule très-développée du cotylédon. Pour la démonstration de ce fait, voir : Ph. Van Tieghem : Observations anatomiques sur le cotylédon des Graminées et des Cypéracées (*Ann. des sc. nat.* 5e série, XV, 1872).　　　　　(*Trad.*)

(2) Voir Sachs : Botanische Zeitung, 1862 et 1863.

espèce, comme c'est le cas pour certaines Orchidées humicoles et dépourvues de chlorophylle (*Epipogum*, *Corallorhiza*), qui demeurent constamment dépourvues de racines.

Le bourgeon de l'embryon est le plus souvent complétement enveloppé par sa première et unique feuille engaînante, c'est-à-dire par le cotylédon; à la germination, le cotylédon ou bien demeure à l'état d'écaille ou devient, en se développant, la première feuille verte de la plante (*Allium*). En dedans du cotylédon, on rencontre ordinairement encore une seconde feuille, et parfois même comme chez les Graminées une troisième et une quatrième feuilles, qui pendant la germination se glissent hors de la gaîne cotylédonaire en s'allongeant à leur base par voie d'accroissement intercalaire. Ces feuilles successives et toutes

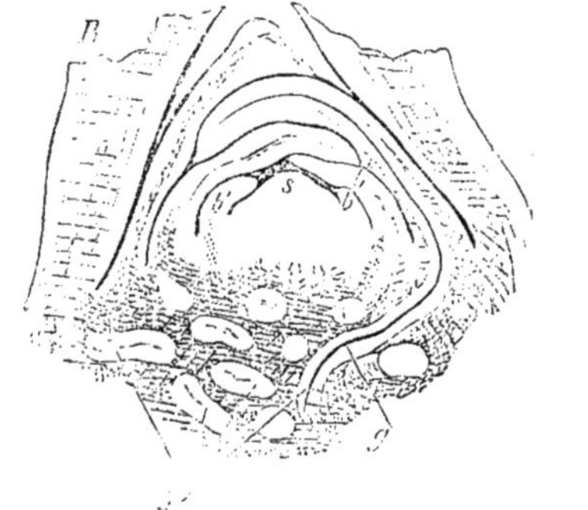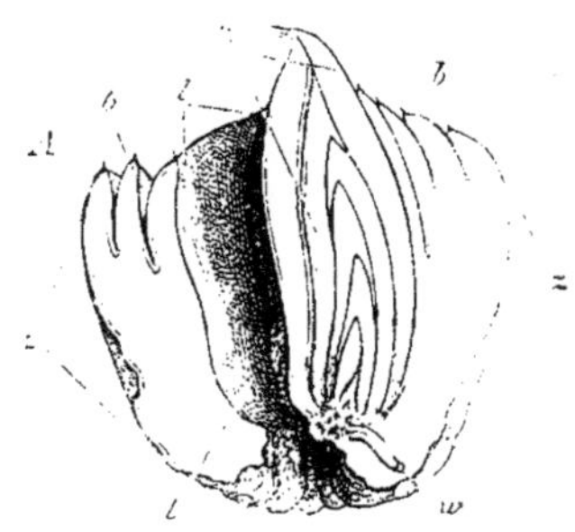

Fig. 391. — Bulbe de *Fritillaria imperialis*, en novembre. — A, section longitudinale du bulbe tout entier, réduite : *zz*, les portions inférieures soudées des écailles du bulbe ; *b.b.* leurs parties supérieures libres ; ces écailles entourent un espace vide *l* qui renfermait la base de la tige florifère, maintenant détruite. A l'aisselle de la feuille la plus interne du bulbe est né le bourgeon de remplacement *h* pour l'année prochaine; ses premières feuilles formeront le nouveau bulbe, tandis que sa tige s'allongera en un axe florifère : c'est de l'axe de ce bourgeon que s'échappe la racine *w*. — B, section longitudinale de la région terminale de ce bourgeon de remplacement : *s*, sommet de la tige ; *b,b'b''*, feuilles les plus jeunes.

celles qui viennent après sont d'ailleurs d'autant plus grandes qu'elles apparaissent plus tard sur la tige de plus en plus vigoureuse. Cette tige demeure le plus souvent très-courte pendant la germination, sans former d'entre-nœuds nettement reconnaissables (*Allium*, Palmiers, etc.); mais quelquefois elle s'allonge davantage et se divise en entre-nœuds bien marqués (*Zea Maïs* et autres Graminées).

Accroissement ultérieur de la plantule. — L'accroissement de vigueur de la plantule peut être accompagné du développement direct et progressif de l'axe embryonnaire lui-même, de façon que ce dernier arrive à constituer en définitive la tige principale de la plante adulte; il en est ainsi, par exemple, dans la plupart des Palmiers, dans les *Aloe*, *Zea*, etc. Si l'axe embryonnaire, tout en augmentant de vigueur, demeure très-court, il peut s'accroître considérablement en épaisseur et former un tubercule (fig. 390), ou, quand les bases des feuilles s'épaississent, un plateau de bulbe (*Allium Cepa*). Si l'axe s'allonge, au contraire, en une tige principale, que cette tige se dresse d'ailleurs ou rampe en forme de rhizome, il prend tout d'abord la forme d'un cône renversé qui, suivant la longueur des entre-nœuds, est allongé ou surbaissé. Cette forme particulière de tige, que les Monocotylédones partagent avec les Fougères, résulte du manque absolu d'épaississement ultérieur; les premiers entre-

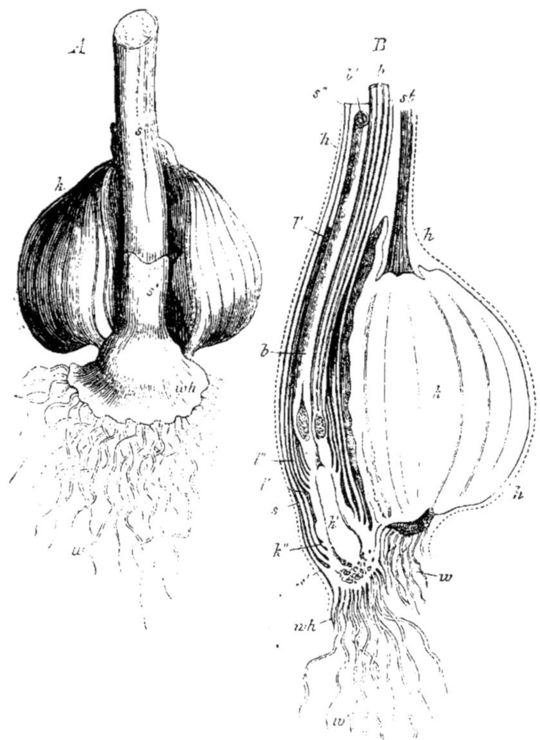

Fig. 592. — *Colchicum autumnale*, portion souterraine d'une plante fleurie. — A, vue en avant et en dehors : *k*, le tubercule ; *s'* et *s"* gaines foliaires qui entourent la tige florifère; *wh*, base de cette tige de laquelle s'échappent les racines. — B, section longitudinale de la fig. précédente par un plan perpendiculaire au papier : *hh*, une membrane brune qui enveloppe toute la région souterraine de la plante; *st*, la tige feuillée et florifère de l'année précédente; elle est morte, mais sa portion inférieure renflée en tubercule, *k*, s'est conservée comme un réservoir de substances nutritives pour la nouvelle plante actuellement en fleur. — Cette dernière est une pousse latérale issue de la base du tubercule *k* ; elle consiste en un axe dont la base porte des racines *w'* et dont la région moyenne *k'* se renflera l'année prochaine en tubercule, en même temps que l'ancien tubercule *k* disparaîtra; cet axe porte les gaines foliaires *s,s',s"* et les feuilles vertes *l'l"*. A l'aisselle des deux feuilles vertes supérieures naissent les deux fleurs *b*, *b'* entre lesquelles l'axe lui-même se termine librement. — Au moment de la floraison, les feuilles vertes sont encore petites; elles n'apparaissent au-dessus de terre qu'au printemps suivant, en même temps que les fruits; après quoi la portion *k'* de l'axe se renfle en un nouveau tubercule, sur lequel le bourgeon axillaire *k"* se développe en un nouvel axe florifère, pendant que la gaine de la feuille verte la plus basse se transforme en une enveloppe générale brune.

nœuds de la tige conservent en effet leur faible diamètre primitif, pendant que chacun des entre-nœuds suivants est un peu plus épais que celui qui le précède; les sections transversales de la tige vont donc en s'élargissant à mesure qu'on se rapproche du sommet. Aussi longtemps que cet élargissement a lieu, la plante s'accroît en vigueur. Mais, tôt ou tard, il arrive toujours un moment où chaque nouvel article de la tige présente le même diamètre que le précédent; désormais la tige s'accroît en forme de cylindre, ou, si elle est aplatie comme dans certains rhizomes, sa largeur demeure constante. La plante est parvenue alors à son état stable et définitif. La même chose a lieu sur les branches latérales, quand elles se développent sur la région inférieure de la tige principale (*Aloe*, etc.).

Il n'est pas rare cependant que la pousse primaire issue de l'embryon n'ait qu'une existence éphémère, et qu'elle périsse après avoir donné naissance à des pousses latérales qui se développent plus vigoureusement qu'elle-même. A leur tour, ces pousses de premier ordre produisent des pousses de second ordre plus vigoureuses qu'elles-mêmes et périssent, et ainsi de suite. La plante produit ainsi de génération en génération des tiges plus épaisses, des feuilles plus grandes, des racines plus fortes, jusqu'à ce qu'enfin elle parvienne, ici aussi, à un état stationnaire, où chaque génération de pousses n'est pas plus

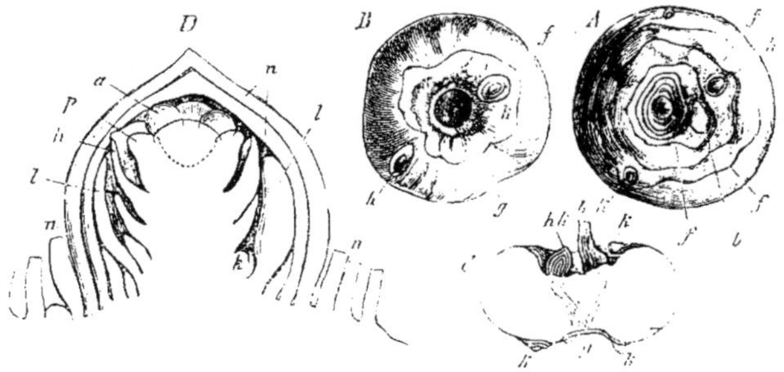

Fig. 393. — *Crocus vernus.* — A, la tige tuberculeuse vue d'en haut, B, vue d'en bas, C, vue de côté en coupe longitudinale.— On voit les lignes circulaires d'insertion des écailles *f, f, f* et les bourgeons axillaires *k, k* qui leur appartiennent; *b* est la base de la tige feuillée et florifère morte; à côté d'elle, on voit en *k,k* dans C le bourgeon de remplacement, d'où naîtra un nouveau tubercule et une nouvelle tige feuillée et florifère.— D, section longitudinale de ce bourgeon de remplacement; *n, n,* ses écailles, *l,* ses feuilles vertes,*h,* bractée, *p,* périanthe de la fleur, *a,* anthère; *k,* un bourgeon à l'aisselle d'une feuille verte.

vigoureuse que la génération qui lui a donné naissance. Ceci posé, si les portions d'axe de chaque pousse mère situées au-dessous du point d'origine des pousses filles se conservent après la destruction de la région supérieure de la pousse mère, il naît un sympode, comme celui que présente la figure 135. Mais il arrive souvent que chaque pousse mère, après avoir produit, pour la remplacer, une pousse fille ou une génération de pousses filles, périt tout entière. Il en est ainsi, par exemple, dans les Orchidées tuberculeuses de nos pays (fig. 150), le *Fritillaria imperialis* (fig. 391), le *Colchicum autumnale* (fig. 392), le *Crocus vernus* (fig. 393), etc. (1).

Ramification normale de la tige. — La ramification normale de la tige

(1) M. Irmisch a exposé en détail des modifications très-variées de ce genre d'accroissement : Thilo Irmisch : Knollen-und Zwiebelgewächse (Berlin, 1850), et Biologie und Morphologie der Orchideen (Leipzig, 1853).

des Monocotylédones est toujours monopodique et le plus souvent axillaire (1). Ordinairement chaque feuille porte un bourgeon à son aisselle, mais souvent ce bourgeon n'arrive pas à s'épanouir et il en résulte que le nombre des branches visibles est souvent beaucoup plus petit que celui des feuilles (*Agave*, *Aloe*, *Dracæna*, Palmiers, beaucoup de Graminées, etc.). Parfois on rencontre même plusieurs bourgeons situés côte à côte dans la large aisselle de la même feuille engaînante; c'est ce qui a lieu par exemple dans beaucoup de bulbes (fig. 122). Dans les *Musa*, de nombreuses fleurs naissent ainsi côte à côte à l'aisselle d'une seule bractée mère et le *Musa ensete* produit même ainsi deux rangées de fleurs, l'une au-dessus de l'autre à l'aisselle d'une bractée unique (2).

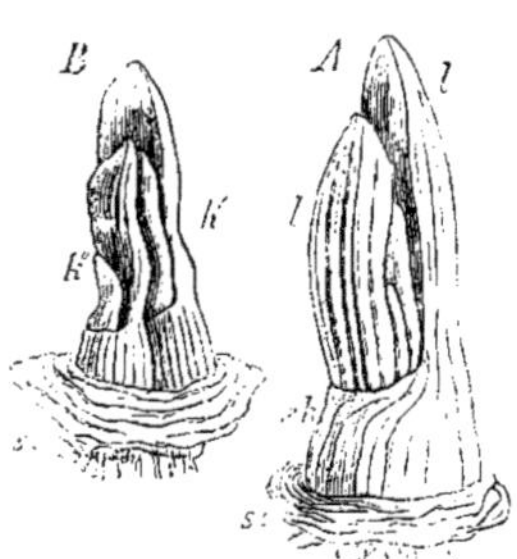

Fig. 394. — *Allium Cepa*, bourgeon situé à l'intérieur d'un bulbe, après enlèvement des tuniques du bulbe; *st*, la large et courte tige formant le plateau du bulbe sur lequel sont insérées les tuniques. — A, montre en *l* le limbe, en *sh* la gaine encore courte des feuilles végétatives. — B, représente le bourgeon A, après enlèvement des feuilles externes; on y voit, à côté du bourgeon terminal *k′*, un bourgeon axillaire *k″*.

Les bractées mères manquent assez souvent au-dessous des pédicelles floraux dans les Spadiciflores (3); alors les fleurs s'insèrent sur l'axe général d'inflorescence sans avoir rien au-dessous d'elles, mais elles n'en sont pas moins nettement d'origine latérale. Cette remarque s'applique aussi à la ramification des *Lemna*, plantes qui ne forment d'ailleurs aucune feuille végétative. Chez elles le corps végétatif consiste, en effet, en axes discoïdes ou renflés, riches en chlorophylle, qui procèdent latéralement les uns des autres et se séparent complétement ou demeurent unis par d'étroits pédicelles; le plan de ramification coïncide avec la surface du liquide où nage la plante. Chaque branche ne produisant qu'un seul rameau, ou qu'une paire de rameaux opposés, la ramification est toujours en cyme, sympodique dans le premier cas, dichasiale dans le second, dont le *Lemna trisulca* est un exemple.

Bourgeons adventifs. — *Sur les feuilles.* — Outre cette ramification normale de l'axe, il se forme aussi parfois des pousses adventives sur les feuilles des Monocotylédones, et ces bourgeons adventifs sont un moyen de propagation végétative. C'est ainsi que, d'après M. Döll, l'*Hyacinthus Pouzolsii* et certaines Orchidées produisent des bourgeons adventifs sur les bords de leurs feuilles (4); nous devons faire aussi mention particulière des gros bourgeons qui dans

(1) D'après M. Magnus (Bot. Zeitung, 1869, p. 770), la fleur des *Najas* est exactement située à la place de la première feuille sur le rameau; mais d'après ce qui est dit à la page 771, il semble qu'elle forme, avec le rameau qui la porte, les deux branches d'une dichotomie.

(2) On observe souvent deux bourgeons collatéraux à l'aisselle des feuilles de certaines Graminées (*Hordeum*, etc.); cette dualité des bourgeons s'y montre déjà à l'aisselle de la gaîne ligulaire du cotylédon. (*Trad.*)

(3) Voir ce qui est dit à ce sujet à propos des Dicotylédones.

(4) *Flora von Baden*, p. 348.

l'*Atherurus ternatus*, une Aroïdée, naissent très-régulièrement sur la feuille à la limite de la gaine et du pétiole, et à la base du limbe. Les petits bulbilles qui se développent sur la tige aérienne du *Lilium bulbiferum* sont, au contraire, des bourgeons axillaires normaux et il en est vraisemblablement de même des bulbilles qui se forment dans les inflorescences de certaines espèces d'*Allium*.

Sur les racines. — M. Hofmeister a signalé dans l'*Epipactis microphylla* une formation de bourgeons adventifs sur les racines.

Disposition et structure des feuilles. — Les feuilles des Monocotylédones sont rarement verticillées, disposition dont on voit des exemples dans les feuilles végétatives des *Elodea* et dans les bractées des *Alisma*. L'arrangement distique y est, au contraire, très-fréquent (Graminées, Iridées, *Phormium*, *Clivia*, *Typha*, etc.), soit qu'il s'impose à la tige tout entière et à ses branches de divers ordres, soit qu'il n'existe qu'au début pour se transformer plus tard en une disposition spiralée, qui conduit très-souvent à la formation de rosettes où les feuilles rayonnent en tous sens (*Aloe*, voir p. 237 ; Palmiers, *Agave*, etc.). La disposition 1/3 est beaucoup plus rare ; on l'observe dans certaines espèces d'*Aloe*, dans les *Carex*, les *Pandanus*, etc. Enfin on y rencontre parfois aussi des divergences plus petites que 1/3 ; ainsi les *Costus*, par exemple, ont leurs feuilles végétatives arrangées suivant 1/4 ou 1/5, le *Musa rubra* développe, suivant M. A. Braun, ses feuilles végétatives suivant 3/7 et ses bractées suivant 4/11, etc.

Les pousses axillaires des Monocotylédones commencent ordinairement par une feuille, qui présente sa face dorsale à la branche mère contre laquelle elle s'appuie et dont la pression la rend le plus souvent bicarénée ; on la désigne sous le nom de *préfeuille*. La glumelle supérieure de la fleur des Graminées, par exemple, n'est pas autre chose que la préfeuille du rameau floral qui est lui-même axillaire de la glumelle inférieure. Si la disposition des feuilles est distique sur toutes les branches d'ordre successif, cette situation de la première feuille a pour conséquence, que le système ramifié s'étend indéfiniment dans le plan qui coupe en deux toutes ses feuilles (*Potamogeton*, *Typha*, etc.).

L'insertion des écailles et des feuilles végétatives est d'ordinaire complétement, ou du moins en grande partie, embrassante (fig. 394) ; et il en est souvent de même des bractées, comme on le voit, par exemple, dans les spathes dont l'existence est si fréquente. La partie inférieure de la feuille forme donc une gaine autour de la tige, et cette circonstance entraîne évidemment ici le manque de stipules, corps si fréquents chez les Dicotylédones (1). Les écailles et beaucoup de bractées sont le plus souvent réduites à cette gaine basilaire et, dans les feuilles vertes, elle se prolonge d'ordinaire immédiatement dans le limbe. Cependant dans les Cannées, Palmiers, Aroïdées, etc., il se développe entre la gaine et le limbe un pétiole allongé et relativement mince. Quand le pétiole manque et que le limbe est néanmoins nettement séparé de la gaine,

____

(1) Mais quand l'insertion de la feuille n'est pas engaînante, des stipules peuvent se développer ici tout aussi bien que chez les Dicotylédones, comme on le voit chez les *Potamogeton* par exemple, et comme c'est le cas pour la première feuille ou cotylédon des Graminées et des Cypéracées.   (*Trad.*)

il n'est pas rare de rencontrer, sur la ligne de séparation, une ligule comme dans les Graminées et les *Allium* (fig. 395).

Le limbe est ordinairement entier et très-simple de contour, souvent long et étroit, en forme de ruban, rarement arrondi en forme de disque (*Hydrocharis*), ou cordiforme, ou sagitté (*Sagittaria*, certaines Aroïdées). La ramification du limbe est une assez rare exception chez les Monocotylédones, et elle s'y manifeste alors soit par des lobes largement unis entre eux, soit moins souvent par une partition profonde comme dans certaines Aroïdées (*Amorphophallus* (fig. 133), *Atherurus, Sauromatum*). Les feuilles palmées ou pennées des Palmiers doivent leur partition, non à une ramification portant sur le premier âge de la feuille, mais à une série de déchirures régulières opérées pendant l'épanouissement, et amenées par la dessiccation de certaines bandes de tissu à l'intérieur du limbe d'abord entier et fortement plissé. C'est, au contraire, semble-t-il, par une ramification véritable du pétiole, que prennent naissance les vrilles des *Smilax*.

La nervation des feuilles végétatives s'écarte de celle de la plupart des Dicotylédones en ceci, que les nervures les plus faibles ne proéminent pas d'ordinaire sur la face inférieure de la feuille, mais cheminent à l'intérieur du mésophylle. Les petites feuilles vertes manquent même de nervure médiane saillante, mais dans les grandes feuilles pétiolées des Spadiciflores et des Scitaminées, cette nervure est puissamment développée et traversée par de nombreux faisceaux vasculaires. Si la feuille est allongée en ruban et fixée par une large insertion, les faisceaux vasculaires y courent presque parallèlement l'un à l'autre ; si la feuille est plus large sans posséder de nervure médiane, ils décrivent de la ligne médiane vers le bord des arcs convexes vers le haut (*Convallaria*). Mais si le large limbe est traversé par une forte nervure médiane comme dans les *Musa*, etc., les faisceaux qui composent cette nervure produisent latéralement de minces fascicules qui courent parallèlement l'un à l'autre vers le bord de la feuille ; ces nervures latérales parallèles sont parfois reliées perpendiculairement par de courtes branches d'anastomose en un réseau à mailles rectangulaires, comme dans les *Alisma* et *Costus*, ainsi que dans l'*Ouvirandra*, où le mésophylle manque dans les mailles. Dans d'autres cas plus rares, il s'échappe de la nervure médiane des nervures latérales saillantes qui, à leur tour, émettent de chaque côté des branches unies en un réseau plus délicat (certaines Aroïdées).

Organisation de la fleur. — Type floral. — La fleur des Monocotylé-

Fig. 395. — Une feuille d'*Allium Cepa* coupée en deux dans sa longueur : *z*, base épaissie de la gaine, qui plus tard, après la destruction des parties supérieures de la feuille, deviendra une des tuniques du bulbe ; *s*, portion membraneuse de la gaine, *l*, limbe creux ; *h*, cavité ; *i'*, face intérieure du limbe ; *x*, la ligule.

dones consiste ordinairement en cinq verticilles alternes contenant le même nombre de feuilles, savoir : un périanthe externe et un périanthe interne, un verticille staminal externe et un second plus intérieur, enfin un cycle de carpelles qui n'est suivi d'un second cycle que dans les fleurs polycarpiennes des

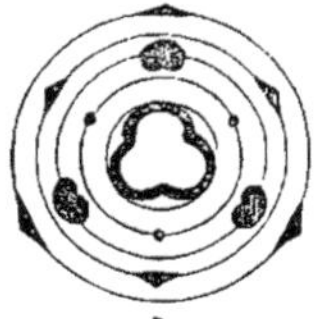

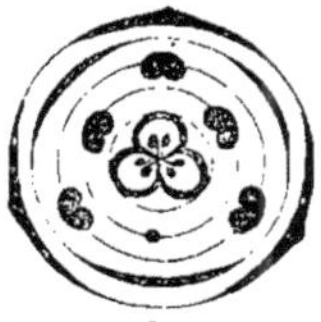

Fig. 396. — *Scirpus.*   Fig. 397. — Iridées.   Fig. 398. — Musacées.

Alismacées et des Joncaginées. La formule typique la plus générale de cette classe de plantes est donc : Kn Cn An $+ n$ Gn $(+ n)$. C'est seulement chez les Hydrocharidées et dans quelques autres cas isolés, qu'il y a multiplication des cycles staminaux; ailleurs, quand il y a, comme chez les *Butomus*, augmenta-

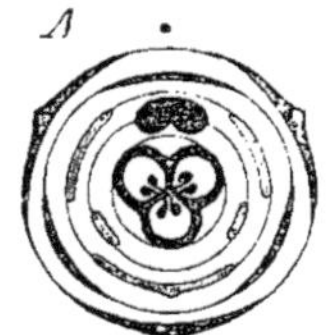

Fig. 399. — Zingibéracées : A, *Hedychium* (d'après MM. Decaisne et Le Maout) ; B, *Alpinia* (d'après Payer).

Fig. 400. — Cannées (d'après Payer).

tion numérique des étamines, c'est par voie de dédoublement dans le même verticille, non par multiplication des verticilles (fig. 401,A).

Dans quelques cas isolés, et qui se trouvent d'ailleurs disséminés dans les familles les plus diverses, le nombre des pièces de chaque verticille est de 2,

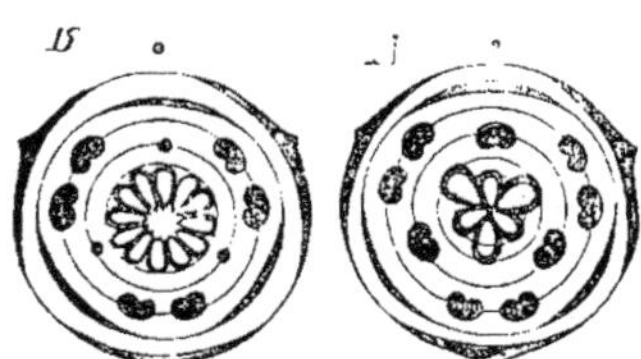

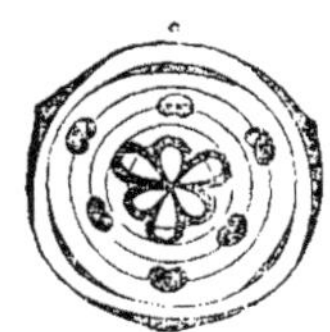

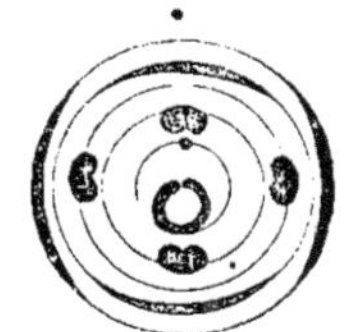

Fig. 401. — Alismacées : A, *Butomus*; B, *Alisma.*

Fig. 402. — Joncaginées (*Triglochin*).

Fig. 403. — *Gymnostachys*, une Aroïdée (d'après Payer).

comme dans le *Majanthemum* et plusieurs Énantioblastées, dont la formule florale devient : K2 C2 A2 $+$ 2G2; ou bien il est de 4 et même de 5, comme dans le *Paris quadrifolia* et certaines Orontiacées. Mais le nombre ordinaire des pièces de chaque verticille est de 3, et par conséquent la formule typique s'écrit : K3 C3 A3 $+$ 3 G3 $(+ 3)$.

Modifications du type par avortement. — Dans l'ordre des Liliiflores, dans certaines Spadiciflores, dans beaucoup d'Énantioblastées, de Joncaginées et d'Alismacées (1), cette formule florale est donnée immédiatement par l'observation, elle est à la fois empirique et typique. Dans la plupart des autres Monocotylédones, au contraire, certaines pièces d'un verticille ou certains verticilles tout entiers manquent dans la fleur ; mais, par la disposition de ceux qui restent, il est facile, le plus souvent, de s'assurer que les membres absents ont avorté. Chez les Scitaminées, qui n'ont qu'une anthère ou même seulement une demi-anthère (fig. 399, fig. 400), les autres membres de l'androcée ne manquent pas pour cela, ou ne manquent qu'en partie, mais ils sont transformés en autant de staminodes pétaloïdes.

Nous avons déjà vu plus haut comment la fleur des Graminées et des Orchidées se laisse ramener au type pentacyclique trimère. Les diagrammes théoriques ci-joints (fig. 396-403) établiront le même résultat pour quelques-unes des autres familles les plus importantes de cette classe.

Si donc l'on regarde la fleur pentacyclique de formule $Kn\,Cn\,An + n\,Gn\,(+\,n)$ comme la fleur type des Monocotylédones, on voit que la grande majorité des familles où les relations de nombre sont différentes ne s'éloignent du type que par l'absence de certains membres, ou de certains cycles tout entiers, sans que les rapports normaux de situation des autres membres ou des autres cycles soient pour cela altérés. L'avortement (2) exerce donc une influence prépondérante dans cette classe, et c'est son action inégale qui y détermine la diversité des formes florales. Il en résulte qu'il n'est pas rare de rencontrer parmi les Monocotylédones des cas où l'avortement envahit la fleur à ce point, qu'il ne reste en définitive de tout l'organisme floral qu'un seul et unique carpelle ou qu'une seule et unique étamine ; cela se voit notamment dans un grand nombre d'Aroïdées, famille dans laquelle on rencontre aussi des fleurs complètes et normalement construites reliées à ces cas extrêmes par les transitions les plus variées résultant d'un avortement incomplet, famille où, par conséquent, la vraie signification des choses peut être facilement établie. C'est d'ailleurs principalement dans les fleurs petites et étroitement serrées sur l'axe qui les porte, que l'on observe cette réduction profonde du nombre normal des parties (Spadiciflores, Glumacées, etc.) ; les fleurs grandes et plus écartées sur l'axe qui les produit sont, au contraire, le plus souvent complètes et ont même quelquefois des membres surnuméraires (*Butomus, Hydrocharis*), et si, elles s'écartent du type, c'est principalement parce que, au lieu des étamines fertiles, il s'y forme des staminodes pétaloïdes (Scitaminées). L'avortement si profond qui frappe les petites fleurs peut, dans certaines circonstances, rendre assez difficile de décider si un composé d'étamines et de carpelles est une simple fleur, ou une inflorescence dont chaque fleur se trouve simplifiée par avortement ; il en est ainsi par exemple dans les *Lemna*.

(1) La fleur dimère des *Potamogeton* : $K2\,C2\,A2 + 2\,G4$ (voir HEGELMAYER : Botanische Zeitung, 1870, p. 287), ne diffère du type que par cette circonstance que les quatre carpelles sont simultanés et placés diagonalement par rapport aux deux paires d'étamines.

(2) Voir ce qui est dit au sujet de l'avortement à la page 273 et à l'exposition des caractères généraux des Angiospermes.

Périanthe. — Quand les deux cycles du périanthe sont développés, ils ont en général la même structure. Dans les grandes fleurs, cette structure est ordinairement délicate, pétaloïde, sans principes colorants ou brillamment colorée (Liliacées, Orchidées, etc.); dans les petites fleurs, au contraire, elle est ferme, sèche, membraneuse (Joncées, Ériocaulonées, etc.).

Parfois cependant le cycle externe du périanthe est vert, sépaloïde, et le cycle interne plus grand, délicat et pétaloïde (*Canna, Alisma, Tradescantia*). Dans les fleurs très-petites et très-serrées des Glumacées, les feuilles du périanthe, autant du moins qu'elles sont développées, prennent la forme de poils (fig. 396), ou de petites écailles membraneuses (Graminées).

Androcée. — Les étamines consistent en un filet allongé portant une anthère à quatre loges ; mais on y observe bien des modifications, notamment dans la forme du filet et du connectif. La plus frappante de ces modifications a lieu chez les Cannées et les Zingibéracées, où la plupart des étamines sont transformées en staminodes pétaloïdes. Nous avons déjà vu plus haut que la nature foliaire de l'étamine souffre peut-être une exception dans les *Najas* d'après M. Magnus, et dans les *Typha* d'après M. Rohrbach.

La ramification des étamines, si fréquente chez les Dicotylédones, ne se rencontre presque pas chez les Monocotylédones, circonstance qui est en rapport avec l'absence de ramification des autres espèces de feuilles dans cette classe. Si le diagramme de la fleur des *Canna* représenté fig. 400 d'après les assertions de Payer est exact, les staminodes pétaloïdes y sont ramifiés. Dans le *Typha* l'étamine, axile suivant M. Rohrbach, est aussi ramifiée.

Gynécée. — Le gynécée se compose ordinairement d'un ovaire triloculaire ; plus rarement il est uniloculaire trimère. Dans les deux cas, il peut être supère ou infère, mais ce dernier cas ne se présente que dans les plantes à grandes fleurs (*Hydrocharis*, Iridées, Amaryllidées, Scitaminées, Gynandrées). La formation d'ovaires monomères au nombre de trois ou davantage, et par conséquent de fleurs polycarpiennes, est limitée aux deux groupes des Alismacées et des Joncaginées ; dans ces deux familles le nombre ordinaire des membres et des cycles du gynécée se trouve en même temps dépassé, circonstance qui rappelle le groupe des Polycarpées parmi les Dicotylédones.

Soudures et déplacements. — Les soudures et les déplacements ne sont, dans les fleurs de Monocotylédones, ni aussi fréquents, ni aussi compliqués, ni aussi constants à l'intérieur des familles naturelles que chez les Dicotylédones. Les phénomènes les plus frappants dans ce genre sont la formation du gynostème des Orchidées, la soudure des six feuilles du périanthe en un tube dans les *Hyacinthus, Convallaria, Colchicum*, etc., enfin la situation épisépale et épipétale des étamines dans ces mêmes genres et dans d'autres encore.

Les fleurs des Monocotylédones terminent très-rarement la tige principale feuillée; les inflorescences terminales y sont au contraire fréquentes.

La forme d'ensemble de la fleur, surtout à mesure que celle-ci devient plus grande, acquiert une tendance au zygomorphisme, tendance faiblement marquée le plus souvent, mais qui dans les Scitaminées et les Orchidées atteint son plus haut degré de développement.

Ovules. — Les ovules des Monocotylédones naissent ordinairement sur les bords des carpelles, rarement sur toute leur surface interne (*Butomus*). Dans les *Najas* suivant M. Magnus, dans les *Typha* suivant M. Rohrbach, l'unique ovule orthotrope provient de la transformation du sommet même de l'axe floral. Dans l'ovaire uniloculaire de certaines Aroïdées et des *Lemna*, les ovules sont insérés isolément ou plusieurs ensemble au fond même de la cavité ovarienne.

La forme de beaucoup prédominante est la forme anatrope. Mais on observe aussi dans les Scitaminées, les Graminées et ailleurs, des ovules campylotropes. Enfin dans quelques Aroïdées et dans les Énantioblastées, les ovules sont orthotropes, dressés ou pendants.

Le nucelle y est enveloppé de deux téguments, et cette règle est presque sans exception; les ovules des *Crinum* n'ont toutefois qu'un seul tégument.

Sac embryonnaire. — Le sac embryonnaire demeure ordinairement enveloppé, jusqu'au moment de la fécondation, par une couche de tissu nucellaire. Parfois cependant le sommet du nucelle est détruit et le sac embryonnaire fait hernie au dehors (*Hemerocallis*, *Crocus*, *Gladiolus*, etc.); ailleurs c'est au contraire précisément le sommet du nucelle qui persiste seul, en coiffant le sac embryonnaire d'une sorte de calotte (certaines Aroïdées et Liliacées); enfin dans les Orchidées le sac embryonnaire détruit toute la couche de tissu située en dehors de lui, y compris le sommet du nucelle. Ce dernier résultat est amené d'ailleurs, mais seulement après la fécondation, dans toutes les Monocotylédones pourvues d'endosperme, et parfois même le développement du sac embryonnaire envahit en outre le tégument interne qu'il détruit (*Allium odorans*, Ophrydées).

Développement de l'endosperme. — Dans la majorité des Monocotylédones, il s'opère rapidement, après la fécondation, un abondant développement de cellules endospermiques à l'intérieur du sac embryonnaire. Ces cellules naissent partout par voie de formation libre et simultanée dans le protoplasma pariétal du sac. Quand elles sont dès le début très-rapprochées, elles se touchent bientôt en formant une assise de tissu; et pendant qu'elles s'allongent dans le sens du rayon et qu'elles se divisent par des cloisons tangentielles, il se forme, sur la face interne de la première assise, de nouvelles cellules libres qui se comportent de la même manière, jusqu'à ce qu'enfin le sac soit complétement rempli de séries cellulaires radiales issues par division d'autant de cellules libres initiales. Si le sac embryonnaire est étroit, il est déjà totalement rempli par l'accroissement radial des cellules de la première assise pariétale. Quelquefois les cellules libres, nées dans le protoplasma pariétal, forment d'abord une bouillie déliée qui remplit le sac embryonnaire et qui ne se condense et ne se resserre que plus tard en un tissu compacte (*Gagea*, *Leucojum*). Enfin le sac embryonnaire étroit des *Pistia* est rempli par une rangée de larges cellules discoïdes, superposées comme autant de compartiments et qui naissent probablement par division du sac lui-même.

Dans les Aroïdées, une partie seulement du sac embryonnaire est rempli par l'endosperme; l'autre partie demeure vide.

Après le remplissage du sac, l'endosperme continue à s'accroître, pendant

que la graine qu'il remplit augmente de volume ; nous avons déjà dit combien
cet accroissement est considérable dans les *Crinum*.

Dans toutes les Monocotylédones endospermées, l'endosperme forme un tissu
continu, qui vient toucher l'embryon et qui l'enveloppe complétement avant
que ce dernier ait achevé son accroissement. L'embryon continuant ensuite à
s'agrandir, il faut qu'une portion de l'endosperme qui l'entoure soit de nouveau résorbée. C'est d'une pareille résorption que résultent, d'une part la situation latérale de l'embryon des Graminées, qui dans la graine mûre est placé
à côté et en dehors de l'endosperme, d'autre part l'absence totale d'endosperme dans la graine mûre de certaines Aroïdées. Mais dans les autres Monocotylédones sans endosperme, les Naïadées, Potamées, Joncaginées, Alismacées, Cannées, Orchidées, il ne se forme réellement pas d'endosperme du
tout, ou bien il n'en apparaît qu'une indication fugitive.

Pour ce qui regarde les premiers développements de l'embryon, il faut se
reporter à ce qui en a été dit aux caractères généraux des Angiospermes
(p. 669). En ce qui concerne la formation primitive, aux dépens du tissu à petites cellules du corps de l'embryon, du bourgeon terminal, de l'écusson des
Graminées, et de la racine, bien des points demeurent encore douteux.

Caractères principaux des tissus (1). — Au point de vue anatomique, les
Monocotylédones se distinguent principalement des Dicotylédones et des Gymnospermes par la course des faisceaux vasculaires dans la tige et par l'absence
d'une vraie couche génératrice (2).

Marche des faisceaux dans la tige. — Communs à la tige et aux feuilles,
les faisceaux qui descendent de chaque feuille pénètrent en grand nombre côte
à côte dans la tige par la large surface d'insertion foliaire ; ils s'y enfoncent
d'abord obliquement et profondément, pour s'incurver de nouveau en dehors
à mesure qu'ils descendent, et se rapprocher de plus en plus de la surface.
C'est dans sa courbure située profondément dans le tissu de la tige, que le faisceau présente d'ordinaire son épaisseur la plus grande et sa structure la plus
complète ; à partir de cette région, il va s'amincissant et s'appauvrissant, soit
qu'il monte dans la feuille, soit qu'il descende dans la tige. Une section transversale de la tige rencontre donc les divers faisceaux venant des feuilles en
divers points de leur parcours ; les faisceaux qu'on y observe sont, par conséquent, de grosseur et de structure très-différentes.

Une section longitudinale radiale à travers un bourgeon, ou à travers une
tige développée à entre-nœuds courts (Palmiers, rhizomes épais, plateaux
des bulbes, etc.), montre comment les faisceaux qui descendent des diverses feuilles, et dont les courbures s'opèrent par conséquent à des hauteurs
différentes, se croisent en direction radiale, les uns se dirigeant encore en
dedans à une hauteur où les autres s'incurvent déjà en dehors. Dans les longs

---

(1) H. v. Mohl : Bau des Palmenstammes (Vermischte Schriften, p. 129). — Nægeli : Beiträge
zur wissensch. Botanik, Heft I. — Millardet : *Mémoires de la Société des sc. nat. de Cherbourg*, XI, 1865.

(2) **Structure de la racine.** — La racine des Monocotylédones présente d'abord les caractères généraux de structure que nous avons vus (p. 199, note) appartenir à toutes les racines.
Elle se compose en effet d'un épiderme, d'une écorce limitée en dedans par la membrane pro-

entre-nœuds, comme ceux de la tige des Graminées et de certains Palmiers (*Calamus*), comme les longs pédoncules floraux des *Allium*, etc., les faisceaux

tectrice ou endoderme, et d'un cylindre central. Ce dernier commence par une assise périphérique contre laquelle s'appuient en des points équidistants des faisceaux vasculaires et des

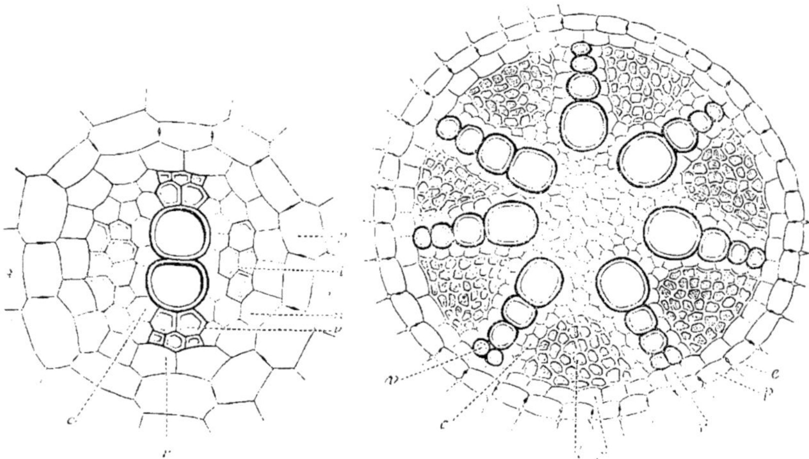

Fig. 403 A.   Fig. 403 B.

Fig. 403 A. — Section transversale de la racine principale de l'*Allium Cepa* : *e*, avant-dernière assise du parenchyme cortical ; *p*, membrane protectrice ou endoderme, dernière assise de l'écorce, dont les cellules portent sur leurs faces latérales des marques noires indicatrices de leurs plissements échelonnés ; *m*, assise périphérique du cylindre central ou membrane rhizogène, renfermant les cellules génératrices des radicelles *r* ; *v*, bande vasculaire formée de deux faisceaux vasculaires centripètes qui sont venus se rejoindre au centre ; *l, l*, deux faisceaux de cellules libériennes ; *c*, tissu conjonctif peu développé.

Fig. 403 B. — Section transversale d'une racine de *Colocasia antiquorum*. Mêmes lettres que dans la fig. 403 A ; le cylindre central étant beaucoup plus large, il y a un plus grand nombre de faisceaux vasculaires et libériens et le tissu conjonctif central est beaucoup plus développé. Les vaisseaux laticifères ne sont pas représentés.

faisceaux libériens alternes, unis entre eux et au centre par un tissu conjonctif (fig. 403 A et 403 B).

Elle possède, en outre, des caractères propres qui la distinguent, d'abord comme Phanérogame vis-à-vis des Cryptogames vasculaires, puis comme Monocotylédone vis-à-vis des Gymnospermes et des Dicotylédones.

Par rapport aux Cryptogames vasculaires, la racine des Monocotylédones présente trois différences : 1° Elle s'accroît au sommet par un massif de cellules et non par une cellule terminale. 2° C'est l'assise périphérique du cylindre central, et non l'endoderme, qui contient les cellules génératrices des radicelles, dont il faut plusieurs côte à côte pour former une radicelle tandis qu'une seule suffisait chez les Cryptogames vasculaires ; on peut donc appliquer à cette assise périphérique le nom de membrane rhizogène. En général, les cellules rhizogènes sont situées en face des faisceaux vasculaires, mais les Graminées font exception. L'assise périphérique y est régulièrement interrompue en dehors des faisceaux vasculaires et, par conséquent, les radicelles s'y produisent

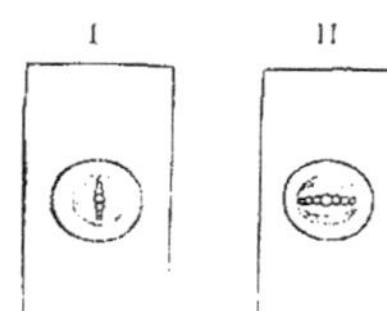

Fig. 403 C. — Section longitudinale tangentielle à travers le parenchyme cortical d'une racine, rencontrant une radicelle binaire : I, dans une Monocotylédone ; II, dans une Cryptogame vasculaire.

en face des faisceaux libériens. 3° Quand l'organisation du cylindre central de la radicelle est

cheminent, au contraire, presque parallèlement l'un à l'autre et à la surface
de la tige. Les courbures et croisements de faisceaux, qu'il est facile de reconnaître encore dans l'extrémité végétative de ces sortes de tiges, s'opèrent
alors et se localisent dans les planchers horizontaux non allongés qui séparent les entre-nœuds, c'est-à-dire dans les nœuds ; ces nœuds sont même souvent traversés par un réseau de faisceaux horizontaux, comme cela se voit
très-nettement dans le Maïs.

De la marche des faisceaux, telle que nous venons de la décrire, il résulte
que le tissu fondamental de la tige des Monocotylédones ne se partage pas en
moelle et écorce, au sens où l'on emploie ces mots dans les Conifères et les Dicotylédones. Ici le tissu fondamental parenchymateux remplit également tous
les intervalles entre les faisceaux souvent nombreux de la tige. Mais il n'est
pas rare cependant qu'il se trouve séparé en une couche externe périphérique
et en une masse intérieure, par une assise de cellules épaissies et lignifiées
d'une façon particulière ; c'est le cas, par exemple, dans la plupart des gros
rhizomes, dans la tige creuse des *Allium*, etc. (1).

réduite à sa plus simple expression, c'est-à-dire binaire, il y a un faisceau vasculaire en haut
et un en bas ; en d'autres termes, le plan des vaisseaux de la radicelle passe par l'axe de la racine mère (fig. 403 C, I), au lieu de lui être perpendiculaire comme chez les Cryptogames vasculaires (fig. 403 C, II).

Par rapport aux Gymnospermes et aux Dicotylédones, il n'y a qu'une différence. Elle consiste dans l'absence totale d'arcs générateurs sur la face interne des faisceaux libériens, et par
conséquent dans le défaut de formations secondaires. La racine des Monocotylédones conserve
donc indéfiniment son organisation primaire ; elle ne s'épaissit pas.

Pour plus de détails sur la structure de la racine des Monocotylédones, voir : Recherches sur
la symétrie de structure des plantes vasculaires. I. La Racine (*Ann. des sc. nat.*, 5e série
Bot. XIII, p. 123-185).   (*Trad.*)

(1) **Comparaison anatomique de la tige avec la racine.** — Comme la racine
(voir p. 190 et p. 719, notes), la tige des Monocotylédones se compose d'un épiderme, d'une
écorce ou parenchyme cortical limité en dedans par la membrane protectrice ou endoderme,
et d'un cylindre central. C'est par la structure du cylindre central que la tige diffère de la racine.

Le cylindre central de la tige se compose bien encore, il est vrai, de faisceaux libériens, de
faisceaux vasculaires et de tissu conjonctif. Mais, au lieu d'être séparés et d'alterner côte à côte
sur un même cercle, les faisceaux libériens et vasculaires y sont superposés chacun à chacun
dans le sens du rayon, le libérien en dehors, le vasculaire en dedans et intimement accouplés
en faisceaux doubles, libéro-vasculaires. Ce sont ces faisceaux libéro-vasculaires que le tissu conjonctif relie en un tout continu. — Ces faisceaux libéro-ligneux sont tantôt disposés en un seul
cercle à la périphérie du tissu conjonctif qui se laisse diviser alors, comme dans la tige des Dicotylédones, en moelle et rayons médullaires. Tantôt ils forment plusieurs cercles concentriques
et alternes ; il n'y a plus alors de rayons proprement dits et la moelle est plus restreinte. Tantôt enfin ils sont assez nombreux et leur course est assez flexueuse pour qu'ils paraissent disséminés dans toute l'étendue de la section transversale ; il n'y a plus alors ni moelle ni rayons
médullaires, mais seulement du tissu conjonctif interfasciculaire. Ce sont là des variations sans
grande importance. — En général plus développé dans la tige que dans la racine, à cause du
plus grand diamètre du cylindre central, le tissu conjonctif demeure souvent parenchymateux
dans toute son étendue. Mais souvent aussi il est parenchymateux au centre et fibreux à la
périphérie où il forme une zone lignifiée dans laquelle sont plongés tous les faisceaux externes ;
il ressemble alors au tissu conjonctif de beaucoup de grosses racines. Parfois, enfin, s'il est peu
développé, il est prosenchymateux dans toute son étendue comme le tissu conjonctif de la
plupart des racines. Ce sont encore là des différences d'ordre tout à fait secondaires.

Le parenchyme cortical de la racine est toujours dénué de faisceaux, soit libériens, soit

Absence de couche génératrice intrafasciculaire. — A cause de leur course non parallèle et de leur distribution irrégulière sur la section transversale, les faisceaux de la tige des Monocotylédones sont incapables de se réunir, par des arcs cambiaux interfasciculaires, en un manteau générateur fermé, comme cela a lieu dans les autres Phanérogames. Il en résulte qu'ils ne possèdent pas non plus d'arc générateur interne entre le liber et le bois : ce sont donc des faisceaux fermés. Dès que l'accroissement en longueur d'une portion donnée de la tige a pris fin, tout le tissu des faisceaux situés dans cette région se transforme en tissu définitif (voir par exemple la fig. 81); il n'y a donc ordinairement pas d'épaississement ultérieur. Une fois formée, toute portion de la tige conserve indéfiniment le diamètre qu'elle avait acquis déjà à l'intérieur du bourgeon, au voisinage du sommet végétatif (1).

vasculaires. Celui de la tige est le plus souvent aussi dépourvu de faisceaux libéro-ligneux parce que les faisceaux qui, à chaque nœud, s'échappent du cylindre central pour entrer dans la feuille, ne font que le traverser horizontalement. Quelquefois, au contraire, un certain nombre de ces faisceaux, après avoir quitté le cylindre central et avant d'entrer dans la feuille, cheminent dans le parenchyme cortical l'espace de plusieurs entre-nœuds ; chaque feuille reçoit alors, outre quelques-uns de ces faisceaux corticaux, un ou plusieurs faisceaux directement issus du cylindre central au nœud même.

C'est l'ensemble hétérogène formé par le tissu cortical et par le tissu conjonctif, que M. J. Sachs désigne, dans la tige, sous le nom de tissu fondamental. Mais ces deux tissus ont une origine différente puisqu'ils proviennent, le premier de tout le périblème, et le second de la partie du plérome qui ne s'est pas différenciée en faisceaux libéro-ligneux ; ils conservent plus tard des propriétés plus ou moins dissemblables ; enfin l'endoderme trace entre eux une limite précise. Je crois donc qu'il est utile de ne pas les confondre sous une seule et même dénomination.

Dans la racine, dont M. J. Sachs considère le cylindre central tout entier comme un simple faisceau équivalant à l'un quelconque des faisceaux libéro-ligneux de la tige (p. 197), le tissu fondamental se réduit au tissu cortical. Ainsi comprise, la notion de tissu fondamental creuse donc entre la tige et la racine une différence profonde, mais dépourvue de toute réalité objective, différence que de nombreuses observations recueillies depuis plusieurs années me permettent aujourd'hui de faire disparaître. Ces observations seront consignées dans un prochain mémoire sur la tige, destiné à faire suite à mon mémoire sur la racine.

On trouvera d'ailleurs un grand nombre de faits relatifs à la structure des racines, des feuilles et surtout des tiges des Monocotylédones dans Ph. Van Tieghem : Recherches sur la structure des Aroïdées, des Typhacées et des Pandanées (*Ann. des sc. nat.*, 5ᵉ série. *Bot.*, VI, 1866). (*Trad.*)

(1) **Comparaison de la jeune tige des Monocotylédones avec celle des Dicotylédones.** — Comparons maintenant la jeune tige des Monocotylédones à la jeune tige des Gymnospermes et des Dicotylédones ; nous y trouvons une complète analogie de structure. Même épiderme; même écorce ou parenchyme cortical, limité en dedans par un endoderme et traversé ou non par des faisceaux libéro-ligneux; enfin même cylindre central, formé de faisceaux libéro-ligneux généralement disposés ici en un seul cercle à la périphérie d'un tissu conjonctif qui se laisse diviser, par conséquent, en moelle et rayons médullaires.

Toute la différence est donc, pour la tige comme pour la racine, dans la présence, chez les Gymnospermes et les Dicotylédones, d'un arc générateur sur la face interne du groupe libérien de chaque faisceau libéro-ligneux, et dans l'absence d'un pareil arc générateur chez les Monocotylédones. Je ne crois pas cependant qu'on puisse, comme le fait ici M. J. Sachs, rattacher cette absence d'arcs générateurs à l'impuissance où seraient ces arcs, s'ils existaient, de se réunir entre eux à travers le tissu conjonctif en un anneau générateur continu, à cause de la dissémination des faisceaux sur la section transversale. D'abord, rien ne les empêcherait de se réunir en zigzag. Ensuite, il ne manque pas d'axes monocotylédonés où ces faisceaux libéro-ligneux sont disposés côte à côte en un cercle unique, comme chez les Dicotylédones; leurs arcs générateurs pourraient alors tout aussi facilement, s'ils existaient, s'unir entre eux à tra-

Mode d'épaississement de la tige dans les Dracænées et Aloïnées. — Dans quelques Liliacées cependant, les *Dracæna*, *Aloe*, *Yucca*, il se produit plus tard, à une certaine distance du bourgeon terminal, un nouvel accroissement en épaisseur qui peut même se prolonger pendant des siècles et amener un accroissement diamétral considérable, quoique très-lent, de la tige tout entière. Mais cet épaississement ultérieur s'opère ici d'une tout autre manière que chez les Gymnospermes et les Dicotylédones.

C'est une assise du tissu fondamental, parallèle à la surface de la tige, qui se transforme en tissu générateur et qui produit continuellement de nouveaux faisceaux fermés et, entre eux, de nouveau parenchyme (fig. 91). Il se forme ainsi un réseau de faisceaux grêles et anastomosés, composé d'un plus ou moins grand nombre de couches superposées. La disposition et le mode d'union de ces faisceaux anastomosés se reconnaissent facilement sur les tiges pourries, où le parenchyme qui remplissait les mailles du réseau a totalement disparu. Ce réseau de faisceaux fibro-vasculaires fermés et étroitement serrés forme donc une sorte de bois secondaire qui enveloppe d'un cylindre creux l'espace où les faisceaux primaires de la tige, c'est-à-dire les faisceaux qui descendent des feuilles, cheminent comme autant de longs filaments isolés.

La masse d'épaississement des Monocotylédones arborescentes dont il est ici question appartient d'ailleurs tout entière et en propre à la tige ; elle n'a aucune relation avec les feuilles, contrairement à ce qui a lieu pour les faisceaux primaires, qui sont communs à la tige et aux feuilles. Par ce caractère, elle ressemble au corps ligneux secondaire des Conifères et des Dicotylédones.

Structure de la tige des plantes submergées. — Les plantes aquatiques submergées, comme les Hydrillées, les *Potamogeton*, etc., font exception à la structure ordinaire des Monocotylédones. D'après M. Sanio (1), leur tige possède un unique faisceau axile, qui lui appartient en propre et s'allonge continuellement avec elle. Les faisceaux des feuilles ne viennent qu'ultérieurement s'unir au faisceau de la tige, et cette circonstance, qui se retrouve d'ailleurs aussi chez quelques Dicotylédones aquatiques, rappelle la structure analogue observée déjà par nous chez les *Selaginella*.

Classification des Monocotylédones. — L'énumération systématique des divisions que l'on trace dans la classe des Monocotylédones est exposée ici, d'après M. A. Braun (2), avec cette modification cependant, que l'ordre des Hélobiées de M. Braun se trouve ici subdivisé en une série d'ordres distincts et que ses autres ordres ont été réunis ici en un certain nombre de séries.

Les courtes diagnoses des ordres ne comprendront que quelques-uns des caractères les plus importants au point de vue de la Classification naturelle, et l'on indiquera par des chiffres entre parenthèses celles des familles de l'ordre auxquelles les caractères donnés manquent ou conviennent.

Il eût été possible, il est vrai, avec l'espace dont nous disposons dans ce

vers les rayons médullaires en un anneau continu. Ils ne s'en développent cependant pas davantage.   (*Trad.*)

(1) Sanio : Botanische Zeitung, 1864, page 220 et *ibid.* 1865, page 181.

(2) Aschenson : Flora der Provinz Brandenburg. Berlin, 1864.

Traité, de donner les caractères des diverses familles de la classe des Monocotylédones; mais nous n'aurions pas pu entrer dans un développement analogue pour la classe des Dicotylédones sans dépasser de beaucoup les limites de ce livre. Pour ne pas rompre l'uniformité de l'exposition, nous sommes donc obligés de nous réduire, dans les deux cas, à la simple dénomination des familles.

Série I. — HÉLOBIÉES.

Plantes aquatiques avec endosperme très-réduit ou sans endosperme. La région hypocotylée de l'axe de l'embryon est fortement développée, en d'autres termes, l'embryon est macropode. Les relations de nombre des diverses parties de la fleur diffèrent ordinairement du type normal des Monocotylédones.

Ordre 1. **Centrospermées**. Ainsi nommées à cause de la position centrale de la graine dans (1) et dans le *Najas*. Fleurs incomplètes, très-simples, le plus souvent sans périanthe: dans (1) c'est un composé (fleur ou inflorescence) de deux étamines et d'un ovaire uniloculaire qui renferme un à six ovules basilaires, le tout enveloppé d'une gaîne (périanthe ou spathe); en outre, la graine a un endosperme très-réduit; dans (2) l'ovaire est uniloculaire et ordinairement uniovulé. — Les Lemnacées ont de petits corps végétatifs nageants, ramifiés, dépourvus de feuilles et munis le plus souvent de vraies racines pendantes. Les Naïadées sont des plantes submergées, à tige grêle et rameuse, à feuilles allongées; cette famille est impossible à définir nettement et devrait être partagée en plusieurs familles distinctes. Les Lemnacées doivent peut-être être rangées parmi les Aroïdées.

Familles : 1. Lemnacées.
2. Naïadées.

Ordre 2. **Polycarpiques**. Fleurs pentacycliques ou hexacycliques (2,3); cycles binaires décussés (1) avec quatre ovaires monomères diagonaux, ou ternaires alternes (3), acquérant aussi dans l'androcée et le gynécée un plus grand nombre de membres (voir p. 715, fig. 401). Gynécée composé de trois ovaires monomères ou davantage; ces ovaires sont uniséminés ou pluriséminés; pas d'endosperme. — Plantes vivaces, aquatiques nageantes ou marécageuses dressées, à feuilles grandes rétinerviées, ou étroites et allongées (2).

Familles : 1. Potamées.
2. Joncaginées.
3. Alismacées.

Ordre 3. **Hydrocharidées**. Fleurs dioïques ou polygames, à cycles ternaires et possédant deux cycles distincts pour le périanthe: un calice et une corolle. Fleur mâle : un à quatre cycles d'étamines fertiles

et à l'intérieur plusieurs cycles de staminodes. Fleur femelle :
ovaire infère multiséminé à trois ou six (3) loges : pas d'endosperme. — Plantes aquatiques vivaces, submergées ou nageantes,
munies de feuilles spiralées ou verticillées (1).

Famille : *Hydrocharidées* divisée en trois tribus :

1. Hydrillées.
2. Vallisnériées.
3. Stratiotées.

Série II. — MICRANTHÉES.

Plantes terrestres ou marécageuses. Fleurs ordinairement très-petites et
imperceptibles par elles-mêmes, mais agglomérées en nombre considérable
dans de grandes inflorescences, pouvant presque toujours se ramener au type
pentacyclique trimère ou dimère.

Ordre 4. **Spadiciflores.** L'inflorescence est un spadice ou une panicule à branches épaisses (4); elle est ordinairement enveloppée par une
grande spathe parfois pétaloïde (1); les bractées sont petites ou
manquent totalement. Le périanthe n'est jamais pétaloïde, mais
le plus souvent imperceptible ou tout à fait avorté (1, 2, 3); les
sexes sont le plus souvent séparés, par suite d'avortement. Le
fruit, toujours supère, est souvent très-grand (2, 4); la graine,
ordinairement grande ou même très-volumineuse, est riche en
endosperme ; l'embryon est droit et petit. — En général ce sont
des plantes robustes et de grande dimension, munies d'une tige
vigoureuse et le plus souvent dressée dans l'air. Leurs feuilles
végétatives sont nombreuses et grandes, et possèdent à la fois une
gaîne, un pétiole et un large limbe ramifié, ou en apparence
composé-penné ou composé-palmé (1,3,4); quelquefois elles sont
sessiles, très-longues et très-étroites (2).

Familles : 1. *Aroïdées*.
2. *Pandanées*.
3. *Cyclanthées*.
4. *Palmiers*.

Ordre 5. **Glumacées.** Inflorescence en épi ou en panicule, mais sans spathe ;
fleurs très-petites et imperceptibles, le plus souvent cachées
entre des bractées sèches étroitement rapprochées (glumes et
glumelles) (2.3). Le périanthe manque, ou est remplacé par des
sortes de poils ou par de petites écailles ; le fruit supère est petit, uniséminé et indéhiscent. L'embryon est situé dans l'axe
de l'endosperme et allongé (1), ou placé à côté de l'endosperme
et très-petit(2), ou également situé de côté, mais très-développé
et pourvu d'écusson (3). — Plantes formant des rhizomes allongés et vivaces, lesquels émettent dans l'air des branches dressées

à longs entre-nœuds minces, pourvues de feuilles étroites et très-longues disposées sur deux (1,3) ou sur trois (2) rangs. La famille (1) serait peut-être mieux placée dans l'ordre 4.

> Familles : 1. *Typhacées.*
>   2. *Cypéracées.*
>   3. *Graminées.*

Ordre 6. **Énantioblastées.** Fleurs en cymes contractées (4), imperceptibles (1,2), ou très-apparentes (3,4), pentacycliques, le plus souvent trimères, souvent binaires dans (1,2). Cycles du périanthe écailleux dans (1,2), développés en calice et corolle dans (3,4). Le fruit est une capsule supère à deux ou trois loges et à déhiscence loculicide. Ovule droit, et par conséquent embryon (βλάστη) situé à l'opposite (ἐναντίος) de la base de la graine. — Plantes à port de Graminées (1,2,3), ou arbrisseaux séveux (4).

> Familles : 1. *Restiacées.*
>   2. *Eriocaulonées.*
>   3. *Xyridées.*
>   4. *Commélinées.*

Série III. —COROLLIFLORES.

Les deux cycles du périanthe sont nettement développés, et leurs feuilles sont le plus souvent grandes et toutes pétaloïdes ; les deux verticilles d'étamines sont complets ou réduits, par avortement ou transformation, en staminodes ; un seul cycle carpellaire. A peu d'exceptions près, ces cinq cycles sont ternaires.

Ordre 7. **Liliiflores.** Inflorescences très-diverses, en cyme ou en grappe ; grandes fleurs, quelquefois isolées. Sauf quelques cas où les cycles sont binaires, quaternaires ou même quinaires, les fleurs pentacycliques sont ternaires ; dans les Iridées le cycle staminal interne manque totalement. Les deux cycles du périanthe sont semblables, dans (1) peu apparents et écailleux, mais ordinairement pétaloïdes tous les deux (2,3,5,6,7,8) et souvent très-développés ; parfois ces six feuilles sont soudées en un tube (6 et ailleurs), qui porte souvent aussi les étamines épisépales et épipétales. L'ovaire supère, dans (1,2), partout ailleurs infère, forme le plus souvent une capsule ou une baie à trois loges. L'embryon est enveloppé par l'endosperme. — Plantes de port très-différent, formant quelquefois de vigoureuses tiges ligneuses aériennes, pourvues d'accroissement en épaisseur (*Dracæna*, *Aloe*, *Yucca* appartenant à 2), mais produisant le plus souvent des rhizomes, tubercules ou bulbes souterrains, d'où s'échappent dans l'air des branches annuelles herbacées. Feuilles le plus souvent étroites et longues, mais quelquefois (4) pourvues d'un pétiole et d'un large limbe.

> Familles : 1. *Joncées*.
> 2. *Liliacées*.
> 3. *Iridées*.
> 4. *Dioscorées*.
> 5. *Taccacées*.
> 6. *Hœmodoracées*.
> 7. *Pontédériacées*.

Ordre 8. **Ananasinées**. Fleurs composées des cinq cycles ternaires normaux, le plus externe développé en calice, le second en corolle. L'ovaire triloculaire multiovulé est supère ou infère. L'embryon est situé à côté de l'endosperme. — Feuilles longues, souvent très-étroites.

> Famille : *Broméliacées*.

Ordre 9. **Scitaminées**. Les cycles ternaires de la fleur sont zygomorphes. Les deux cycles du périanthe sont pétaloïdes, ou seulement le cycle interne (2,3) ; parmi les étamines, tantôt l'antérieure du cycle interne avorte (1), tantôt au contraire elle est seule fertile (2,3), parfois même avec une demi-anthère seulement (3), tandis que toutes les autres se transforment en staminodes pétaloïdes (voir fig. 398 à 400). Le fruit infère et triloculaire est une baie ou une capsule. Pas d'endosperme, mais en revanche un abondant périsperme. — Tiges herbacées rameuses de grande taille, souvent colossales (1), émanées de rhizomes vivaces et pourvues de grandes feuilles, composées le plus souvent d'une gaîne, d'un pétiole et d'un large limbe.

> Familles : 1. *Musacées*.
> 2. *Zingibéracées*.
> 3. *Cannées*.

Ordre 10. **Gynandrées**. La fleur tout entière est zygomorphe dès le début et dans toute la suite de son développement ; par une torsion exercée sur le long ovaire infère (1), le côté antérieur de la fleur épanouie est le plus souvent ramené en arrière. Les deux cycles ternaires du périanthe sont tous deux pétaloïdes, et la feuille postérieure du cycle interne, le labelle, est le plus souvent éperonnée. Des six étamines normales des deux cycles de l'androcée, les antérieures seules arrivent à développement, et même chez les Orchidées (à l'exception des Cypripédiées). c'est l'étamine antérieure du cycle externe qui est seule fertile et pourvue d'une grosse anthère, les deux antérieures du cycle interne sont représentées par de petits staminodes ; ce sont précisément ces deux dernières qui sont fertiles chez les *Cypripedium*, tandis que l'étamine antérieure du cycle externe y forme un grand staminode ; dans les Apostasiées, il en est de même, ou bien les trois étamines antérieures sont fertiles à la fois. Les filets des étamines fertiles et stériles sont soudés aux trois styles pour former un corps unique appelé gynostème. Le pollen forme des grains isolés, ou des tétrades, ou des masses polliniques plus ou moins considérables. L'ovaire infère est uniloculaire à trois placentas pariétaux (Orchidées), ou triloculaire à placenta central (Apostasiées). Ovules anatropes ; graines très-nombreuses, très-petites, sans endosperme, avec un embryon homogène. — Ce sont de petites herbes ou de grands arbrisseaux ; les Orchidées tropicales vivent souvent sur les arbres, où elles sont attachées par des racines aériennes particulières ; les Orchidées indigènes sont vivaces au moyen de rhizomes ou de tubercules souterrains. Certaines Orchidées sont humicoles et dépourvues de chlorophylle, quelques-unes sont même privées de racines (*Epipogum*, *Corallorhiza*).

Familles : 1. *Orchidées*.
2. *Apostasiées*.

Les Burmanniacées, avec leur inflorescence en cyme, leurs trois étamines épipétales ou leurs six étamines fertiles, leur style libre trifide et leur ovaire infère à une ou trois loges, se rattachent aux Gynandrées par leurs très-petites graines dépourvues d'endosperme et leur embryon homogène. Parmi elles, on trouve aussi des plantes humicoles.

CLASSE 13.

Les Dicotylédones.

La graine. — Tantôt la graine mûre des Dicotylédones renferme un abondant endosperme et un petit embryon (Euphorbiacées, *Coffea*, *Myristica*, Ombellifères, Ampélidées, Polygonées, Cæsalpiniées, etc.) ; tantôt l'embryon y est relativement gros et l'endosperme n'y occupe qu'un petit espace (Plombaginées, Labiées, Asclépiadées, etc.) ; tantôt enfin l'endosperme y manque complétement et l'embryon, remplissant seul toute la capacité de l'enveloppe séminale, y acquiert fréquemment une dimension très-considérable (*Æsculus*, *Quercus*, *Castanea*, *Juglans*, *Cucurbita*, *Tropæolum*, *Phaseolus*, *Faba*) ; mais, même alors, il conserve cependant, dans les petites graines, un assez faible volume (Crucifères, Composées, Rosiflores, etc).

Si la graine mûre manque d'endosperme, c'est ordinairement parce que l'embryon, pour suffire à son rapide accroissement, a dévoré avant la maturité de la graine tout l'endosperme formé d'abord autour de lui dans le sac embryonnaire. Dans quelques cas seulement, la formation d'endosperme paraît rudimentaire dès l'origine (*Tropæolum*, *Trapa*). Dans les Nymphéacées et les

Pipéracées enfin, l'embryon, et l'endosperme qui l'entoure, demeurent petits et tout l'espace qui reste dans l'enveloppe séminale est rempli par un périsperme.

Structure de l'embryon. — Dans les Dicotylédones parasites et humicoles à petites graines et dépourvues de chlorophylle, l'embryon n'atteint le plus souvent, à la maturité de la graine, qu'une très-faible dimension et demeure homogène. L'embryon des *Monotropa* se réduit même à deux cellules, et celui du *Pyrola secunda*, plante qui renferme cependant de la chlorophylle, ne contient, d'après M. Hofmeister, que huit à seize cellules. La graine mûre des Orobanchées, Balanophorées, Rafflésiacées, etc., possède un petit embryon encore homogène en forme d'une masse arrondie de tissu ; l'embryon des *Cuscuta* est, il est vrai, assez grand et allongé, mais on ne distingue, sur son axe filiforme, ni feuilles ni racine (1). Le Gui (Loranthacées), parasite il est vrai, mais abondamment pourvu de chlorophylle, développe au contraire un embryon non-seulement de grande dimension, mais encore parfaitement conformé.

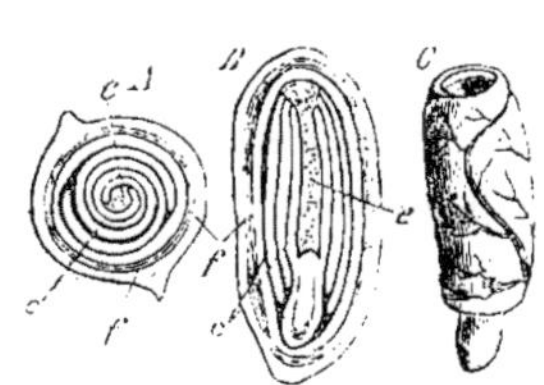

Fig. 404. — *Chimonanthus fragrans.* — A, section transversale du fruit imparfaitement mûr. B, section longitudinale du même : *f*, péricarpe mince ; *e*, reste de l'endosperme ; *c*, feuilles cotylédonaires. C, l'embryon extrait de la graine ; on y voit les cotylédons enroulés en spirale l'un autour de l'autre, et, en bas, l'extrémité radiculaire.

Quand l'embryon de la graine mûre se trouve divisé en parties distinctes, comme c'est le cas ordinaire, il consiste en un axe ou tige, portant deux premières feuilles opposées ou cotylédons, entre lesquelles elle se termine soit en cône végétatif nu (*Cucurbita*), soit en bourgeon déjà pourvu de plusieurs feuilles (*Phaseolus, Faba, Quercus*, etc.). Il n'est pas rare de rencontrer trois cotylédons verticillés dans des plantes qui normalement n'en possèdent que deux (*Phaseolus, Quercus, Amygdalus*, etc.) (2). Les cotylédons opposés sont ordinairement conformés de la même manière et d'égale force. Dans le *Trapa* cependant l'un d'eux demeure beaucoup plus petit que l'autre. On rencontre même des cas isolés où il ne se fait en réalité qu'une seule feuille cotylédonaire ; il en est ainsi par exemple dans le *Ranunculus Ficaria* (3), où le cotylédon unique est engaînant à la base (4), et dans la section *Bulbocapnos* du genre *Corydalis*.

---

(1) D'après M. Uloth (Flora, 1860, p. 265), cet embryon est dépourvu de coiffe de racine. — Sur les parasites en général, voir SOLMS-LAUBACH : Jahrbücher für wiss. Botanik, VI, p. 591.

(2) On en trouvera un grand nombre d'autres exemples dans Botanische Zeitung, 1869, p. 875.

(3) IRMISCH : Beiträge zur vergl. Morphologie der Pflanzen. Halle, 1854, p. 12.

(4) Dans la graine mûre, l'embryon de la Ficaire est, en réalité, dépourvu de cotylédons et consiste simplement, comme celui des Orchidées, en une masse sphérique homogène de petites cellules. A la germination seulement, cet embryon produit une feuille verte isolée et engaînante, à laquelle il n'est peut-être pas tout à fait exact de donner, sans autre explication, le nom de cotylédon. C'est bien la première feuille de la plante ; mais, pour qu'elle mérite le nom de cotylédon, il faudrait démontrer que, malgré sa tardive apparition, c'est bien elle qui absorbe les matières nutritives de l'endosperme. Voir : Observations sur la Ficaire (*Ann. des sc. nat.* 5e série Bot. V, p. 88). (*Trad.*)

Les deux cotylédons composent ordinairement la portion de beaucoup la plus grande de la masse totale de l'embryon mûr, de telle sorte que l'axe ne forme entre eux qu'une petite dépendance en forme de cône; cette disproportion est surtout frappante lorsque, dans une graine dépourvue d'endosperme, l'embryon atteint une grande dimension absolue et que le scotylédon s'y renflent en deux corps épais et charnus, comme dans les *Æsculus*, *Castanea*, *Quercus* (fig. 408), *Amygdalus* (fig. 409), *Faba* (fig. 406), *Phaseolus*, *Bertholletia excelsa*, etc. Mais le plus habituellement d'ailleurs les cotylédons sont minces, à limbe entier, brièvement pétiolés et analogues aux feuilles végétatives (Crucifères, Euphorbiacées, etc.); dans les *Tilia*, le limbe cotylédonaire est divisé en trois ou

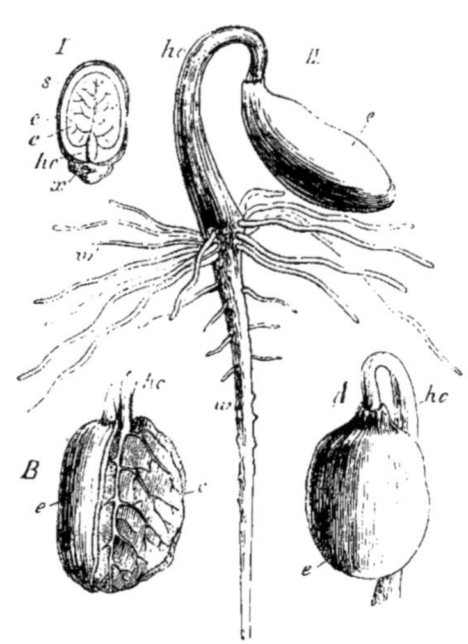

Fig. 405. — *Ricinus communis*. — I, graine mûre coupée longitudinalement. II, plantule dont les cotylédons sont encore cachés dans l'endosperme, ce qui se voit mieux encore dans A et B. — *s*, enveloppe séminale, *e* endosperme, *c* cotylédon, *hc* région hypocotylée de la tige, *w* racine principale, *w'* ses radicelles; *x* caroncule ou appendice particulier de la graine des Euphorbiacées.

cinq lobes. Fréquemment les cotylédons sont plans et appliqués l'un contre l'autre par leurs faces internes ou supérieures (fig. 405, 406); mais il n'est pas rare non plus de les voir plissés ou arqués en divers sens, comme on le voit par exemple dans le *Theobroma Cacao* avec cotylédons épais, et dans les *Acer*, les Convolvulacées, etc., avec cotylédons minces; plus rarement ils sont enroulés en spirale l'un autour de l'autre (fig. 404).

L'axe de l'embryon est ordinairement allongé en cône au-dessous des cotylédons, et dans cette région il se trouve désigné, en Botanique descriptive, sous le nom de *radicule*. Cependant la plus grande partie de ce corps conique est en réalité formée par la région hypocotylée de la tige de l'embryon et c'est seulement son extrémité inférieure, souvent très-courte, qui est le début de la racine principale, c'est-à-dire la vraie radicule (fig. 407). Dans le tissu de cette dernière, on reconnaît parfois déjà les premières traces des radicelles (*Cucurbita* et, d'après M. Reinke, *Impatiens*).

Germination. — Après que l'enveloppe séminale, ou le péricarpe, s'il s'agit d'un fruit sec indéhiscent, s'est ouvert par suite du gonflement de l'endosperme ou des cotylédons eux-mêmes, la germination s'opère. C'est d'abord la région hypocotylée de la tige qui s'allonge assez pour pousser hors de la graine le cône radiculaire qui la termine; puis ce cône commence à s'allonger rapidement, atteint d'ordinaire une grande longueur et développe des radicelles en série acropète, tandis que les cotylédons et la gemmule demeurent enfermés dans la graine (fig. 405, 406, 407).

S'ils sont épais et charnus, les cotylédons restent cachés dans la graine pendant tout le temps de la germination (fig. 406, 408); ils s'épuisent peu à peu et finalement périssent (*Phaseolus multiflorus, Vicia Faba, Quercus*, etc.). Dans ce cas, les pétioles cotylédonaires s'allongent assez pour pousser au dehors la gemmule qu'ils enferment entre eux (fig. 408) et qui s'allonge ensuite vers le ciel; de façon que la graine, avec les cotylédons qu'elle contient, ne paraît plus être qu'une dépendance latérale de l'axe de la plantule.

Mais ordinairement les cotylédons, surtout s'ils sont minces, sont appelés à un développement ultérieur; ils deviennent les premières feuilles vertes et végétatives de la plante. Pour les dégager de la graine, eux et le bourgeon situé entre eux, la région hypocotylée de la tige s'allonge beaucoup. Au début de cet allongement, la tige se trouve recourbée en une anse verticale (fig. 405), parce que les cotylédons qui la terminent sont encore maintenus dans la graine, tandis que sa base est fixée au sol par la racine principale. Enfin, par un dernier allongement de la partie inférieure de la tige hypocotylée, sa partie supérieure et les cotylédons qui pendent à son extrémité réfléchie en bas sont extraits de la graine et portés au-dessus du sol; là cette tige se redresse, les cotylédons s'étalent dans l'air et la gemmule, maintenant plus développée, se dresse au milieu d'eux. Ainsi amenés à la lumière, les cotylédons s'accroissent d'ordinaire rapidement et beaucoup, et constituent enfin les premières feuilles vertes, mais encore simplement conformées, de la jeune plante (*Cucurbita*, Crucifères, *Acer*, Convolvulacées, Euphorbiacées, etc.). Si la graine renferme de l'endosperme, les cotylédons ne s'en retirent qu'après l'avoir totalement absorbé (fig. 405).

Entre les divers modes de germination que nous venons de décrire, on observe bien des formes de transition, et il arrive parfois que des phénomènes tout particuliers sont amenés par un mode de végétation spécial. Ainsi, par exemple, la racine principale de l'embryon du *Trapa*, déjà rudimentaire au début, ne se développe pas du tout; la région hypocotylée de sa tige se recourbe vers le ciel, dans l'eau au fond de laquelle la graine germe; elle s'allonge fortement et développe de bonne heure à sa surface de nombreuses racines latérales disposées en séries longitudinales et qui fixent la plante au sol.

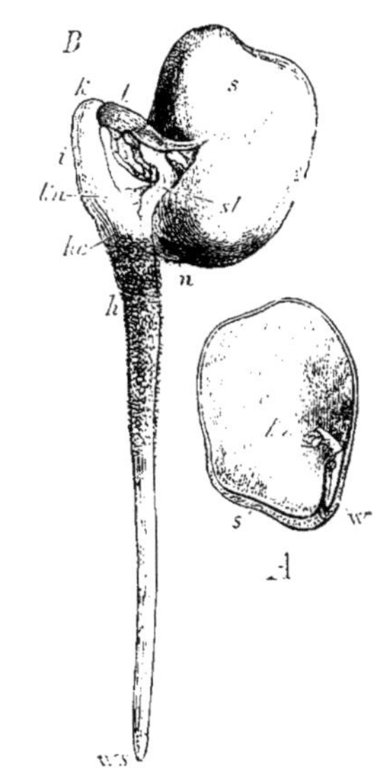

Fig. 406. — *Vicia Faba*. — A, graine après enlèvement d'un des cotylédons, l'autre est conservé en *c*; *r* pointe radiculaire, *kn* bourgeon de l'embryon, *s* enveloppe séminale. — B, graine germant; *s* enveloppe, *l* déchirure à travers laquelle s'échappe l'embryon, *n* hile, *st* pétiole d'un des cotylédons, *k* courbure de la région épicotylée de la tige *i*; *hc* la très-courte région hypocotylée, *h* racine principale, *ws* sa pointe, *kn* bourgeon axillaire d'un cotylédon.

Accroissement de vigueur de la plantule. — L'accroissement de vigueur de la plantule ainsi formée peut s'opérer simplement par le développement puissant et continu de son axe primaire. La pousse issue du développement du bourgeon de l'embryon devient alors la tige principale de la plante, ordinairement dressée vers le ciel et qui, tout en s'accroissant à son sommet, produit des pousses latérales plus faibles (*Helianthus, Vicia, Populus, Impatiens,* etc.). Quand la tige principale est, en outre, vivace, son sommet cesse tôt ou tard de s'accroître, ou bien les branches latérales les plus rapprochées deviennent aussi vigoureuses que lui; comme en même temps les branches inférieures meurent progressivement et que la tige se nettoie, comme on dit vulgairement, il se constitue une couronne ou une cime. Ailleurs la tige principale continue néanmoins à s'accroître verticalement en sympode (*Tilia, Ricinus*). Ailleurs encore il naît de bonne heure, à la base de la tige principale, des branches latérales qui se développent aussi puissamment qu'elle et forment un arbuste.

Quand la tige principale se développe ainsi puissamment, la racine principale s'accroît ordinairement aussi avec vigueur (1) et forme ce qu'on appelle vulgairement un *pivot,* sur lequel, aussi longtemps qu'il continue lui-même à s'allonger, se développent en série acropète de nombreuses radicelles. Si l'allongement du pivot cesse de bonne heure, il donne naissance plus tard à des racines adventives qui s'intercalent entre les radicelles véritables, se développent aussi puissamment qu'elles et peuvent, comme elles, produire plusieurs générations successives de radicelles. Il naît de la sorte un puissant système radical, dont le centre est la racine principale issue de la racine de l'embryon, et qui dure aussi longtemps que la tige elle-même. Par un épaississement ultérieur, la tige principale, comme chacune de ses branches, prend la forme d'un cône élancé, dressé vers le ciel et dont la base

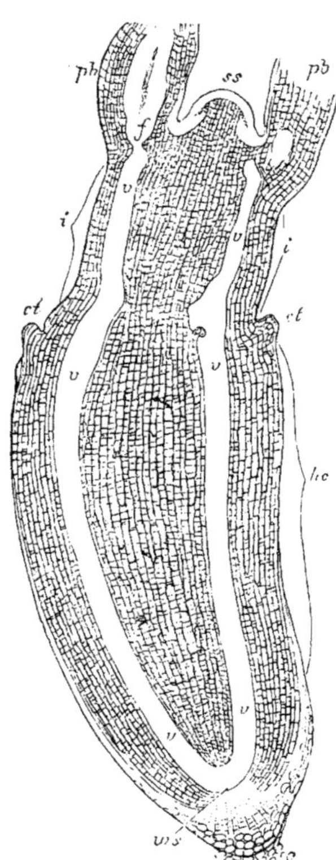

Fig. 407. — *Phaseolus multiflorus.* — Section longitudinale de l'axe de l'embryon, parallèle aux cotylédons, grossie environ 30 fois : *ss* sommet de la tige, *vs* pointe de la racine; *hc* la région hypocotylée de la tige; *ct* bourrelets à côté de l'insertion des cotylédons; *i* le premier entre-nœud, *pb* les pétioles des deux premières feuilles vertes; *v,v,f* le procambium des faisceaux vasculaires.

branches, prend la forme d'un cône élancé, dressé vers le ciel et dont la base

(1) Une des exceptions les plus frappantes est présentée par les *Cuscuta,* qui n'ont pas de racine principale. L'extrémité postérieure de l'axe de l'embryon pénètre, il est vrai, dans le sol, mais elle meurt bientôt, dès que la portion supérieure et filiforme de cet axe a rencontré une plante nourricière et s'est attachée à elle par des courtes racines adventives, ou suçoirs.

repose sur la base du cône renversé que constitue de même la racine principale épaissie.

Ces phénomènes, que nous venons de décrire ici dans leurs traits les plus simples et les plus généraux, se présentent presque sans exception chez les Conifères; mais on y rencontre parmi les Dicotylédones bien des divergences, analogues à celles que nous avons signalées chez les Monocotylédones (p. 709).

Ainsi la tige primaire de l'embryon meurt quelquefois aussitôt après la germination, ou du moins à la fin de la première période végétative, et sa mort entraîne souvent celle de la racine principale. Ce sont alors les bourgeons axillaires des cotylédons ou de feuilles supérieures, qui continuent la vie de l'individu. C'est le cas par exemple pour le *Dahlia variabilis*, où, à la fin de la première période végétative, la plantule produit latéralement, sur la région hypocotylée de sa tige, une puissante racine adventive qui se renfle aussitôt en tubercule ; après quoi le système radical primaire périt et avec lui toute la tige épicotylée. De toute la plante il ne reste donc, pour continuer la végétation, que la nouvelle racine, la région hypocotylée de la tige et les bourgeons axillaires des deux cotylédons.

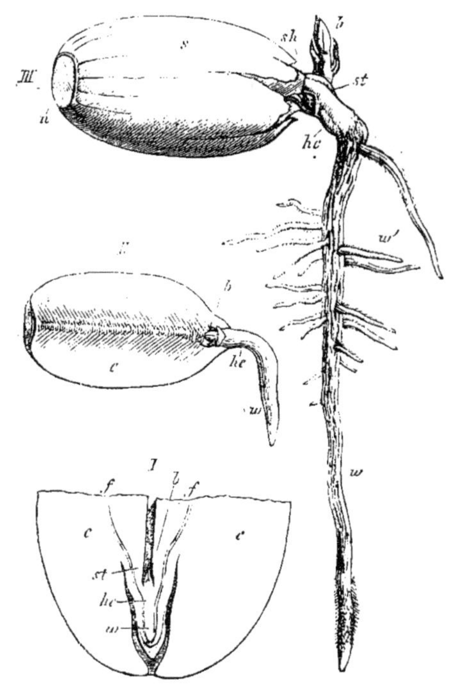

Fig. 408. — *Quercus robur*. — I, section longitudinale de l'embryon (grossie), après l'enlèvement de la moitié antérieure des deux cotylédons *c,c ;* la région hypocotylée de la tige *hc*, la racine principale *w* et le bourgeon *b* sont tous ensemble enfermés entre les parties basilaires des deux cotylédons; *st*, pétioles cotylédonaires. — II, début de la germination ; le péricarpe et l'un des cotylédons sont écartés, la région hypocotylée de la tige *hc* et la racine *w* se sont allongées (grandeur nat.). — III, germination plus avancée, après la sortie du bourgeon *b* hors de l'enveloppe séminale *sh* et du péricarpe *s*, sortie qui a lieu par l'allongement des pétioles cotylédonaires *st ; w*, racine principale, *w'* ses radicelles.

La chose est plus frappante encore dans le *Ranunculus Ficaria*, où, après le développement de la racine principale, il se forme, au-dessous de l'axe primaire, une racine adventive renflée en tubercule et entourée d'une gaîne à sa base, racine qui se conserve en même temps que le bourgeon qui la surmonte, pendant que la racine principale et les premières feuilles se détruisent. Parmi les nombreux cas analogues aux deux qui précèdent, nous signalerons encore les *Physalis Alkekengi, Mentha arvensis, Bryonia alba, Polygonum amphibium, Lysimachia vulgaris* (1).

La formation de bulbes, si fréquente chez les Monocotylédones, se rencontre aussi, rarement il est vrai, chez les Dicotylédones, comme on le voit par certaines espèces d'*Oxalis*. Mais on y trouve d'autant plus fréquemment, en revanche, les tubercules produits par le renflement de branches souterraines, stolons ou rhizomes. La grande majorité des Dicotylédones sont aussi des plantes vivaces par leurs parties souterraines, émettant périodiquement dans l'air des pousses feuillées et florifères, pour les laisser mourir après chaque période végétative.

Dans tous les cas où périt le système radical primaire de la plantule, il se développe continuellement de nouvelles racines sur la tige et les branches ; la facilité avec laquelle les fragments de tige de la plupart des Dicotylédones produisent ainsi des racines, pourvu qu'ils soient tenus à l'obscurité et à l'humidité, permet même de multiplier ces plantes indéfiniment. Certaines espèces, comme le Lierre (*Hedera Helix*), grimpent au moyen de racines adventives ainsi produites régulièrement le long de leur tige grêle et qui l'attachent solidement au support ; d'autres, comme le Fraisier (*Fragaria*), envoient de longues branches traçantes dont chaque bourgeon s'enracine et produit une nouvelle tige qui s'affranchit plus tard ; etc. D'une façon générale, l'ordre de succession des racines adventives sur la tige est aussi dans cette classe nettement acropète. Seulement ces racines n'apparaissent le plus souvent au dehors qu'assez loin du bourgeon terminal ; dans un grand nombre de Cactées cependant, il n'est pas rare de les trouver insérées directement au-dessous de celui-ci.

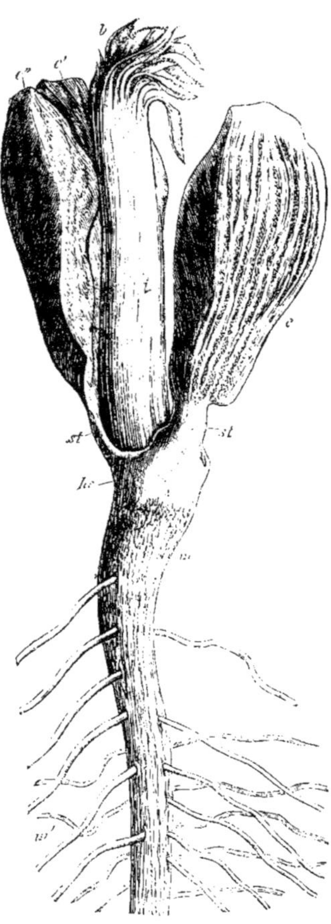

Fig. 409. — Amandier (*Amygdalus communis*), en voie de germination ; l'un des cotylédons est fendu en *c'*, *c″*.

Ramification normale de la tige. — La ramification normale à l'extrémité

(1) Tout ce qui précède, d'après les descriptions détaillées de M. Irmisch ; consulter : Beiträge zur vergl. Morphol. der Pflanzen (Halle, 1854, 1856), Botanische Zeitung, 1864, et autres écrits.

[Sur le mode de végétation du *Ranunculus Ficaria*, voir aussi : Observations sur la Ficaire (*Ann. des sc. nat.*, 5ᵉ série, V, p. 88).]   (*Trad.*)

de la tige et des branches en cours d'allongement est ordinairement monopodique, c'est-à-dire que les rameaux naissent au-dessous du sommet du point
végétatif. On ne connaît jusqu'ici chez les Dicotylédones qu'un seul cas de
ramification dichotomique, et encore est-il accompagné d'un développement
sympodique des branches de bifurcation ; c'est en effet de cette manière que
s'opère, comme nous l'avons déjà dit plus haut, la formation de l'inflorescence
scorpioïde des Borraginées, d'après M. Kaufmann.

Cette ramification normale monopodique est axillaire, c'est-à-dire que le rameau naît dans l'angle que la feuille forme avec l'entre-nœud supérieur. Dans
la région végétative de la plante, on trouve à chaque aisselle de feuille au moins
un bourgeon, mais il s'en faut de beaucoup que tous les bourgeons axillaires
arrivent à s'épanouir. Au-dessus du bourgeon axillaire originel, il s'en développe quelquefois d'autres plus tard, disposés en une série longitudinale,
comme on le voit par exemple à l'aisselle des feuilles végétatives des *Aristolochia Sipho, Gleditschia* et *Lonicera* (1), à l'aisselle des deux cotylédons du *Juglans
regia* et du grand cotylédon du *Trapa natans*. Dans les plantes ligneuses, il
n'est pas rare de voir le bourgeon axillaire destiné à hiverner, tellement
enveloppé par la base du pétiole, qu'il ne devient visible qu'après la chute de
la feuille, comme dans les *Rhus typhinum, Virgilia lutea, Platanus*, etc. ; on les
appelle quelquefois bourgeons *intrapétiolaires*.

Outre la ramification axillaire ordinaire, on connaît encore chez les Dicotylédones quelques cas où la ramification, encore latérale et monopodique, est
extra-axillaire; on en voit des exemples dans les vrilles des *Vitis* et *Ampelopsis*.
Ces vrilles sont des rameaux qui, d'après MM. Nägeli et Schwendener, naissent
de la branche mère au-dessous du point végétatif, à l'opposite de la plus jeune
feuille et un peu plus tard qu'elle. Dans l'*Asclepias syriaca*, on voit, au-dessous
de l'inflorescence terminale, une branche latérale végétative, située entre les
insertions de feuilles pourvues elles-mêmes de leur bourgeon axillaire. D'après
M. Pringsheim (2), il se forme, sur la face concave du long cône végétatif arqué en spirale de l'*Utricularia vulgaris*, des pousses latérales qu'il regarde
comme des rameaux extra-axillaires, tandis qu'aux aisselles des feuilles qui
occupent sur deux séries le côté convexe du cône végétatif il se développe des
rameaux normaux; il me semble cependant possible d'admettre que ces
corps extra-axillaires insérés sur la face concave de la branche mère sont des
feuilles de conformation particulière (3), car c'est à leur aisselle que se forment
les inflorescences.

Il n'est pas rare que les bractées manquent dans les inflorescences des Dicotylédones, mais il faut se garder de ranger ces cas dans la même catégorie que
ceux où la ramification est extra-axillaire. Là, en effet, on trouve, à côté des

(1) Voir Guillard : Bulletin de la Soc. bot. de France, IV, 1857, p. 930 (cité par Duchartre :
Éléments de Botanique, p. 408).

(2) Pringsheim : Zur Morphologie der Utricularien (Monatsberichte der Berliner Akademie,
février 1869).

(3) Cela dépend naturellement de ce qu'il faut en général appeler une feuille ou de ce qu'on
doit appeler un rameau : cela n'est pas seulement affaire d'observation, mais bien plutôt de définition conventionnelle.

branches extra-axillaires, de grandes feuilles à l'aisselle desquelles il naît réellement des rameaux. Ici, au contraire, comme dans les Crucifères et beaucoup de Composées, il ne se forme aucune feuille sur l'axe ramifié, il n'y a donc pas d'aisselles de feuilles à côté desquelles les rameaux pourraient être situés. Mais ces rameaux naissant précisément aux mêmes points et de la même façon que s'il y avait réellement des feuilles au-dessous d'eux, on a de sérieux motifs de croire que l'on a affaire ici à un avortement des bractées, du même ordre que celui qui frappe l'étamine postérieure des Labiées, l'étamine antérieure des Musacées (fig. 398), etc. En général, puisque les bractées demeurent volontiers très-petites à l'intérieur des inflorescences et qu'elles s'y atrophient de bonne heure, il est tout naturel, si l'on se place au point de vue de la théorie de la descendance, que ces organes sans fonctions finissent par manquer tout à fait, que leur développement n'ait plus du tout lieu dans certains cas, tandis que leurs rameaux axillaires se développent puissamment.

Bourgeons adventifs. — La formation de bourgeons adventifs est une rareté chez les Dicotylédones, comme d'ailleurs en général dans toutes les Phanérogames.

Sur les feuilles. — Tout le monde connaît ces bourgeons exogènes qui se développent au fond des échancrures du bord des feuilles du *Bryophyllum calycinum* et qui servent plus tard à propager la plante. Dans le *Begonia coriacea* (1), on trouve aussi parfois des bourgeons adventifs en forme de petits bulbes sur la surface même de la feuille, aux points où les nervures principales se séparent en rayonnant. Pour les bourgeons adventifs qui se développent sur les feuilles des *Utricularia*, il faudra consulter le mémoire cité de M. Pringsheim.

Sur les racines. — Plus souvent ce sont les racines qui donnent naissance à des bourgeons et à des pousses adventives ; M. Hofmeister cite à cet égard les *Linaria vulgaris, Cirsium arvense, Populus tremula, Pyrus, Malus,* etc.

Quant aux pousses qui s'échappent tardivement de l'écorce âgée des tiges ligneuses, on ne peut pas, sans autre explication, les regarder comme des pousses adventives, car on sait que les bourgeons axillaires normaux des plantes ligneuses peuvent demeurer longtemps cachés dans la tige tout en conservant leur faculté végétative.

Disposition et forme des feuilles. — Les feuilles des Dicotylédones présentent, dans leur disposition et dans leur forme, une diversité plus grande que celles de toutes les autres classes de plantes considérées ensemble.

Disposition des feuilles. — Commençant ordinairement dans l'embryon par une paire de cotylédons opposés, la disposition des feuilles tantôt se continue indéfiniment en paires décussées, tantôt passe à l'arrangement distique ou à des verticilles plus complexes, tantôt se transforme en des dispositions spiralées dont les divergences ont les valeurs les plus différentes. Les dispositions les plus simples, comme la décussation par exemple, sont habituellement constantes

---

(1) D'après M. Peterhausen : Beiträge zur Entwick. der Brutknospen (Hameln, 1869) ; ce travail traite de certains bourgeons axillaires qui se détachent de la tige des Dicotylédones et constituent autant de propagules, comme ceux des *Polygonum viviparum, Saxifraga granulata, Dentaria bulbifera, Ranunculus Ficaria.*

dans des familles entières; les arrangements compliqués sont au contraire le plus souvent inconstants.

La pousse axillaire commence habituellement par une paire de feuilles diamétralement opposées ou insérées à des hauteurs inégales, situées à droite et à gauche du plan médian de la feuille mère.

Formes diverses des feuilles. — Même en faisant abstraction des écailles, tant de celles qui garnissent les axes souterrains que de celles qui protègent les bourgeons dormants, ainsi que des bractées et des feuilles florales, il est tout simplement impossible de résumer brièvement les diverses formes que les feuilles peuvent affecter dans cette classe. Bornons-nous donc à signaler ici quelques-unes des formes de feuilles végétatives qui appartiennent exclusivement aux Dicotylédones, ou qui du moins y prédominent beaucoup.

Ordinairement les feuilles se partagent en un pétiole grêle et en un limbe aplati. Ce dernier est fréquemment ramifié, c'est-à-dire lobé, parti, séqué, composé; même quand il ne forme qu'une seule lame, la tendance à la ramification y est souvent indiquée par des échancrures, des dents, des découpures du bord. La ramification du limbe est d'ordinaire nettement monopodique au début; mais elle peut plus tard se développer en cyme, comme on le voit par exemple dans les *Rubus* et *Helleborus*.

Les feuilles des Dicotylédones n'ont pas souvent leur base engaînante et embrassant la tige, telle en un mot qu'on la rencontre dans les Ombellifères; mais en revanche les stipules y sont d'autant plus fréquents. Il n'est pas rare que deux feuilles opposées se soudent entre elles en une lame unique traversée en son milieu par la tige (*Lamium amplexicaule, Dipsacus fullonum, Lonicera Caprifolium*, certains *Silphium* et *Eucalyptus*, etc.); il n'est pas rare non plus que le limbe se prolonge en descendant, à droite et à gauche de l'insertion, de façon à former une aile sur la tige, comme dans les *Verbascum thapsiforme*, les *Onoperdon*, etc. : ces deux particularités appartiennent en propre aux Dicotylédones.

Dans aucune autre classe on ne rencontre, aussi souvent et aussi nettement développée, la forme de feuille en bouclier dite *peltée* (*Tropæolum, Victoria regia*, etc.). La propriété qu'ont les Dicotylédones d'approprier leurs feuilles aux conditions de végétation les plus diverses et d'en faire les organes des fonctions les plus variées, se manifeste de la façon la plus frappante par le développement fréquent des vrilles foliaires et des épines foliaires, et d'une manière plus singulière encore par la formation des *ascidies* des *Nepenthes, Cephalotus* et *Sarracenia*.

Nervation des feuilles. — Si l'on fait abstraction des feuilles charnues des plantes grasses, la nervation des feuilles végétatives des Dicotylédones se distingue surtout par les nombreuses nervures qui font saillie à la face inférieure du limbe et par les nombreuses anastomoses curvilignes que ces nervures contractent au moyen de faisceaux vasculaires très-fins qui cheminent dans l'épaisseur même du mésophylle. La nervure médiane, qui partage la feuille en deux moitiés le plus souvent symétriques, mais quelquefois aussi très-dissymétriques, envoie à droite et à gauche des nervures latérales dans le limbe; souvent aussi il se produit, à la base même du limbe et de chaque côté de la nervure médiane, une, deux ou trois nervures puissantes qui se comportent ensuite comme la médiane elle-même.

Le système tout entier des nervures saillantes d'une feuille se comporte donc comme un système de ramification monopodique développé dans un seul et même plan. Tous les intervalles des nervures sont remplis par un mésophylle vert, à l'intérieur duquel cheminent les anastomoses qui relient toutes les branches du système en un réseau continu à petites mailles ; à l'intérieur des mailles on aperçoit encore des branches vasculaires plus déliées qui finissent en cœcum dans le mésophylle de ces mailles. Les bractées et les feuilles du périanthe sont le plus souvent dépourvues de nervures saillantes ; la nervation y est donc plus simple et ressemble davantage à celle des Monocotylédones.

Organisation de la fleur (1). — **Diversité des types floraux.** — Dans la grande majorité des Dicotylédones, les feuilles qui entrent dans la composition de la fleur sont disposées en verticilles, et les fleurs sont par conséquent cycliques ; c'est seulement dans un nombre de familles relativement faible (Renonculacées, Magnoliacées, Calycanthées, Nymphéacées, Nélombiées), que les feuilles florales sont toutes ou en partie disposées en spirale continue et que les fleurs peuvent être dites acycliques ou hémicycliques (2).

Les fleurs cycliques ont le plus souvent cinq feuilles à chaque cycle, plus rarement quatre, et ces nombres se conservent à l'intérieur des mêmes groupes naturels. Les cycles binaires ou ternaires, ou les composés de pareils cycles, sont beaucoup plus rares que les cycles quinaires et caractérisent ordinairement de petits groupes du système naturel.

Les fleurs à cycles quinaires ou quaternaires consistent ordinairement en quatre cycles, différenciés en calice, corolle, androcée et gynécée. Dans les fleurs binaires ou ternaires, le nombre des cycles constitutifs est beaucoup plus variable et il n'est pas rare d'y voir deux cycles successifs ou davantage consacrés à la même formation, tandis que dans les fleurs quinaires ou quaternaires cette multiplication des cycles se trouve presque exclusivement limitée à l'androcée.

Il n'est pas rare que la corolle manque ; la fleur est dite alors apétale. S'il y a calice et corolle, ces deux formations renferment presque toujours le même nombre de feuilles (excepté par exemple dans les Papavéracées) ; mais elles n'ont pas toujours pour cela le même nombre de cycles. Ainsi par exemple dans les Crucifères le calice se compose de deux paires décussées et la corolle d'un seul verticille de quatre feuilles. Si la fleur renferme à la fois un androcée et un périanthe, que ce dernier consiste seulement en un calice ou qu'il comprenne à la fois un calice et une corolle, ces deux formations contiennent le plus souvent le même nombre de feuilles et la fleur est dite *isostémone ;* mais fréquem-

(1) Les diagrammes floraux qui vont suivre dans ce paragraphe sont tracés en partie d'après mes propres recherches, mais principalement d'après les observations de Payer et à l'aide de la Flore de Bade de M. Döll. — Les figures placées sous les diagrammes indiquent le nombre, le mode de soudure et la placentation des carpelles chez d'autres plantes, dont le diagramme est le même pour tous les autres points.

(2) Voir page 682.

ment aussi il y a plus d'étamines que de feuilles au périanthe, et quelquefois au contraire il y en a moins, alors la fleur est dite *anisostémone*.

Dans les fleurs quinaires ou quaternaires, le nombre des carpelles est ordi-

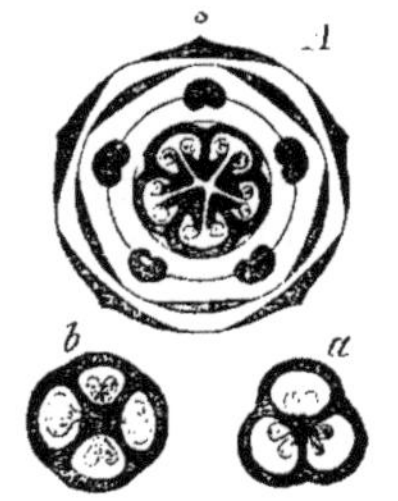

Fig. 410. — Caprifoliacées : A, *Ley-cesteria* ; *a*, *Lonicera* ; *b*, *Sympho-ricarpos*.

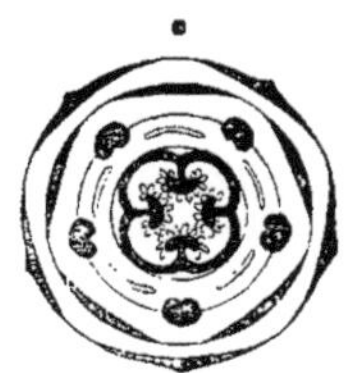

Fig. 411. — *Parnassia.*

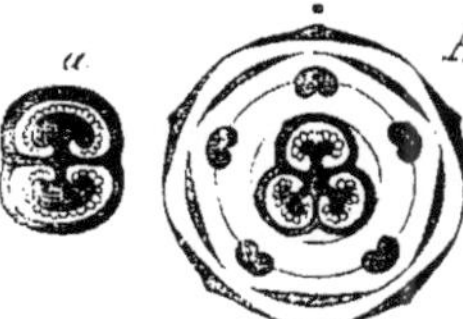

Fig. 412. — *A*, *Campanula* ; *a*, *Lobelia.*

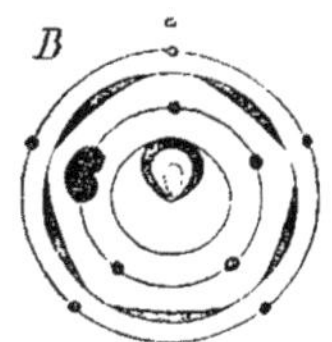

Fig. 413. — Valérianées : A, *Valeriana* ; B, *Cen-tranthus.*

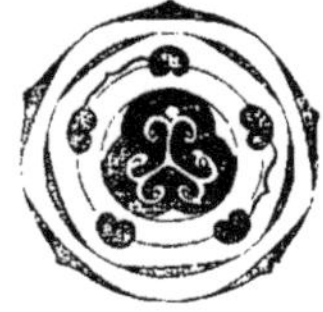

Fig. 414. — *Cucurbita.*

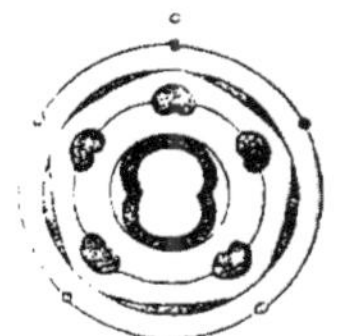

Fig. 415. — Composées.

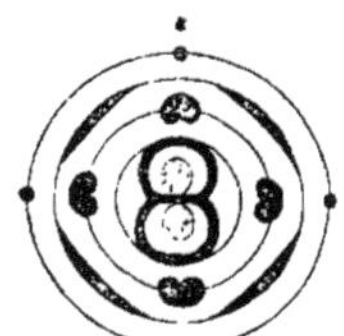

Fig. 416. — Certaines Rubiacées.

Fig. 417. — Plantaginées.

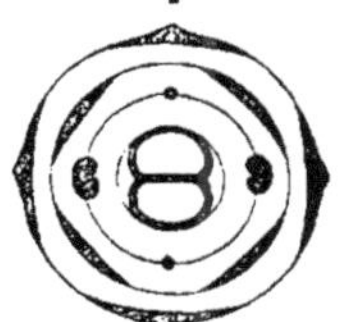

Fig. 418. — Oléinées.

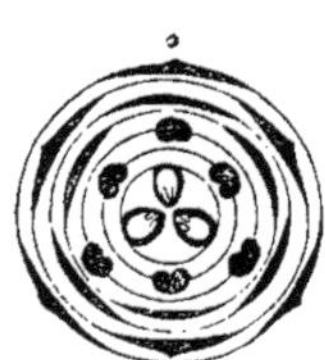

Fig. 419. — Ménispermées.

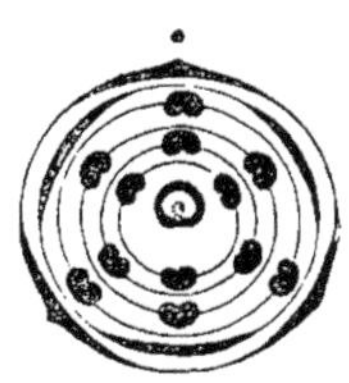

Fig. 420. — *Cinnamomum.*

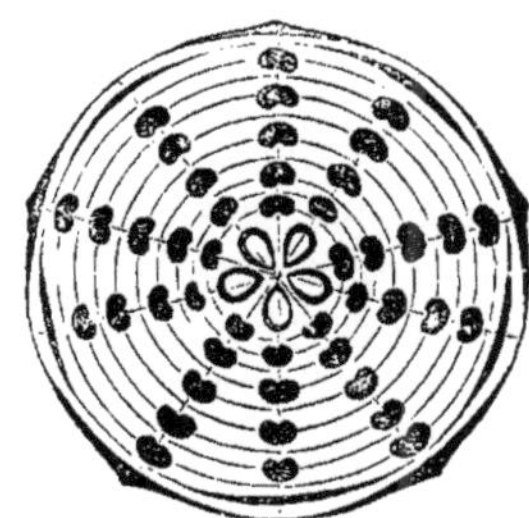

Fig. 421. — *Aquilegia.*

nairement plus petit que cinq ou quatre ; dans les fleurs ternaires ou binaires, comme dans les fleurs spiralées, il n'est pas rare au contraire qu'il y ait un plus grand nombre de carpelles.

On voit déjà, par les quelques considérations qui précèdent, que les rapports de nombre et de position des feuilles qui constituent les fleurs des Dicotylédones sont trop variés, pour que ces fleurs puissent se ramener toutes à un seul et même type, comme c'était le cas à peu d'exceptions près chez les Monocotylédones. Même quand on cherche à établir un certain nombre de types floraux différents pour autant de grands groupes naturels, on se heurte souvent à mille incertitudes, faute de pouvoir, par la connaissance du développement des membres, ramener les diverses formes de fleurs à des formules générales. En outre, une application beaucoup trop générale de la théorie de la spirale à la disposition des feuilles, même dans les fleurs cycliques, a souvent rendu plus difficile l'intelligence de ces fleurs et introduit le doute là où, sans aucune théorie, les choses se fussent expliquées simplement.

Diagrammes et formules du type le plus général. — Dans la grande majorité des Dicotylédones, la composition de la fleur peut s'exprimer toutefois par la formule : $Kn\ Cn\ An\ (+ n + ...)\ Gn\ (- m)$. Cette formule s'applique, en effet, à la plupart des fleurs quinaires et vraiment quaternaires, et aussi aux fleurs octonaires comme celles des *Michauxia* ; il suffit d'y faire $n = 5$, ou $n = 4$, ou $n = 8$. Dans l'androcée $An\ (+ n + ...)$, on y suppose l'existence d'un nombre indéterminé de cycles alternes, afin d'embrasser ce grand nombre de plantes où l'androcée contient plus d'un cycle d'étamines (fig. 421, par ex.). L'expression du gynécée, $Gn\ (- m)$, signifie que très-fréquemment il y a moins de 5, 4 ou 8 carpelles ; m peut prendre toutes les valeurs comprises entre 0 et n.

Très-souvent, dans la majorité des Gamopétales, par exemple, et aussi ailleurs, il n'y a que deux carpelles au gynécée ; ils sont alors médians l'un en avant, l'autre en arrière. Si l'on suppose que le gynécée est typiquement quinaire et que c'est par avortement qu'il est devenu binaire, l'un des carpelles est bien en réalité médian en avant, mais l'autre devrait être situé obliquement en arrière ; la même difficulté se montre aussi parfois quand le gynécée est trimère ou monomère. Je ne puis développer ici les motifs qui me déterminent cependant à appliquer aussi cette formule au gynécée des fleurs de cette sorte, cela nous conduirait trop loin ; bornons-nous à remarquer que dans les familles et les ordres les plus différents, où la fleur renferme ordinairement moins de cinq carpelles, on rencontre aussi des espèces et des genres qui présentent les cinq carpelles typiques.

Les diagrammes représentés par les figures 410 à 418 offrent un choix d'exemples qui, si l'on néglige la remarque que nous venons de faire, viennent tous se ranger dans la formule générale susénoncée, laquelle prend ici la valeur plus simple : $Kn\ Cn\ An\ Gn\ (- m)$.

Modifications du type par avortement. — Que les places vides, marquées par des points dans les trois cycles extérieurs, correspondent à autant de membres avortés, au sens que nous avons déjà plusieurs fois attaché au mot avortement, c'est ce dont on peut à peine douter si l'on compare ces fleurs à celles de formes voisines ; et cela, même si les membres en question manquent assez complétement pour que l'étude des tout premiers états du développement de la fleur ne puisse en attester l'existence. Cette remarque s'applique aussi le plus souvent aux carpelles qui manquent pour former le nombre typique.

Mais il y a d'autres cas où, comme dans les *Rhus* (fig. 422), certains membres (ici deux des trois carpelles qui ont d'abord apparu), ne s'atrophient que pendant le cours du développement ultérieur. Les fleurs du *Crozophora tinctoria* (fig. 423) sont particulièrement instructives au point de vue qui nous

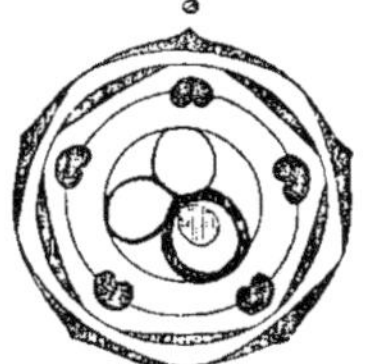

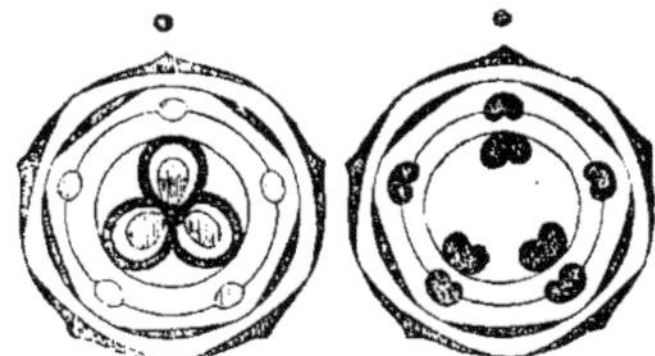

Fig. 422. — *Rhus* (Anacardiées).   Fig. 423. —*Crozophora* ; à gauche fleur femelle, à droite fleur mâle (Euphorbiacées).

occupe actuellement, car elles deviennent diclines parce que dans les unes (fleurs femelles) les étamines se développent en staminodes stériles, ce qui doit être considéré comme le premier degré de l'avortement, tandis que dans les autres (fleurs mâles), les trois carpelles sont remplacés par trois étamines fertiles (Payer).

Par interposition d'étamines surnuméraires. — Dans l'étude des caractères généraux des Angiospermes, nous avons déjà appelé l'attention sur l'interposition d'un cycle d'étamines entre les membres d'un cycle staminal déjà développé et nous avons fait remarquer que le cycle ainsi interposé est parfois incomplet. Ce genre de phénomènes se retrouve dans divers grands groupes de Dicotylédones (1).

La figure 424 montre, teintées de gris, les cinq étamines interposées des fleurs à dix étamines du groupe des Bicornes ; elles forment un cycle complet intercalé aux éléments du cycle primitif. Il en est de même dans la plupart

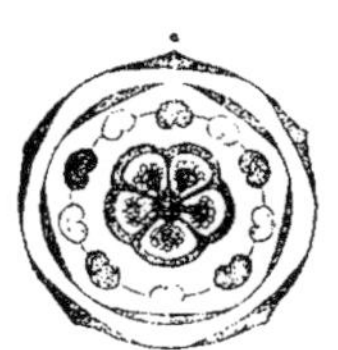

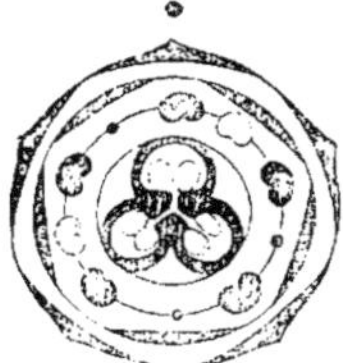

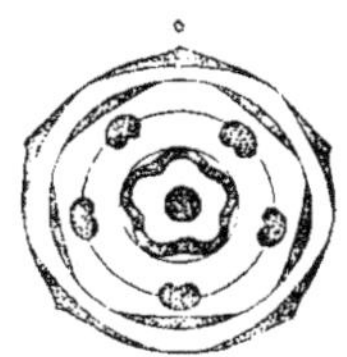

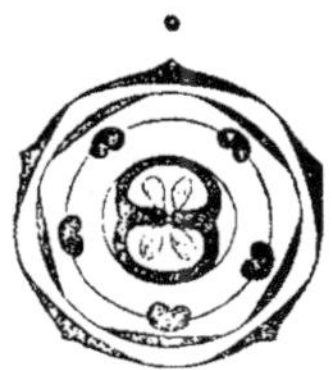

Fig. 424. — Éricacées pentamères, Épacridées.   Fig. 425. — *Æsculus* (Hippocastanées).   Fig. 426. — Primulacées.   Fig. 427. — *Vitis* (Ampélidées).

des plantes du groupe des Gruinales, parmi lesquelles les Balsaminées n'ont cependant que les cinq étamines typiques, tandis que les Linées et les *Erodium* présentent cinq étamines rudimentaires interposées aux premières, et que dans les *Peganum Harmala* et les *Monsonia* les membres du cycle inter-

(1) Comme cela résulte des dessins de Payer. Parfois le cycle interposé, bien que né plus tard, est situé plus extérieurement que le cycle primitif ; mais la chose principale, c'est que toutes les autres parties de la fleur se comportent à tous égards comme si le cycle interposé n'existait pas.

posé et situé plus en dehors sont dédoublés. Sous ce rapport, un intérêt particulier s'attache à l'ordre des Æsculinées, dans les diverses familles duquel le cycle staminal interposé se trouve toujours incomplet (Acérinées, Hippocastanées) (fig. 425), de façon que le nombre total des étamines de la fleur n'est pas un multiple du nombre fondamental du type, qui est ici de cinq. Il faut encore signaler, parmi les fleurs quinaires, les Lythrariées, Crassulacées et Papilionacées et parmi les quaternaires les Œnothérées, toutes familles chez lesquelles il y a interposition d'un cycle staminal complet.

Par formation d'étamines superposées aux pétales. — Une des anomalies les plus remarquables dans les rapports de position des diverses feuilles florales, est celle que présentent un certain nombre de familles de Dicotylédones où l'unique verticille staminal a ses éléments superposés aux pétales, comme dans les figures 426 et 427, comme aussi dans les Célastrinées et Rhamnées, dans les Hypéricinées à cinq faisceaux d'étamines, dans les *Tilia*, etc. M. Pfeffer a montré (1) que les deux cycles superposés des Ampélidées naissent séparément et en direction acropète, tandis qu'au contraire dans les Primulacées ils apparaissent sous forme de cinq mamelons, dont chacun forme d'abord une étamine et ne produit que plus tard un excroissance externe qui devient un pétale (2).

Dans ces deux cas, on n'a pas de motif suffisant pour supposer que entre les deux cycles superposés il en existe un autre qui a avorté; mais dans d'autres plantes cette hypothèse se trouve au contraire justifiée, ou du moins rendue très-vraisemblable. Ainsi, par exemple, l'ordre des Caryophyllinées présente des familles, des genres et des espèces où la corolle manque et où les étamines sont superposées aux sépales; mais comme les mêmes groupes naturels renferment aussi des plantes à corolle, on doit admettre que, là où la corolle manque, c'est qu'elle a avorté. Le diagramme de la fleur de ces plantes est en outre compliqué par une tendance au dédoublement des étamines (fig. 428 et 429) et même des carpelles.

Par ramification des étamines. — Quand il se développe dans une fleur plus

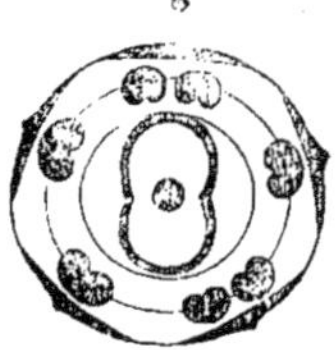

Fig. 428. — *Scleranthus.*

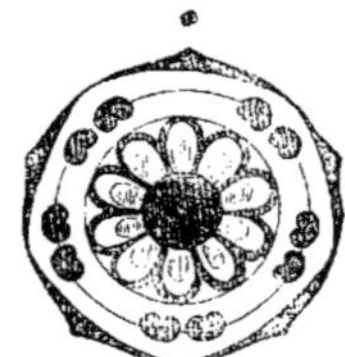

Fig. 429. — *Phytolacca.*

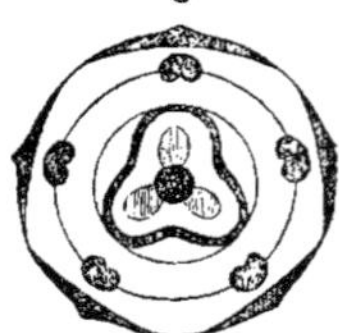

Fig. 430. — *Celosia.*

d'étamines que de sépales et de pétales, cela peut provenir, ainsi que nous l'avons déjà dit, soit d'une multiplication des cycles staminaux comme dans la

---

(1) Pfeffer : Botanische Zeitung, 1870, page 143 et Jahrbücher für wiss. Botanik, VIII, p. 194.

(2) Voir sur ce point ce qui est dit à la p. 694. Si cette théorie de la fleur des Primulacées s'établit définitivement, il est clair qu'il faudra en écrire autrement la formule et en modifier un peu le diagramme.

[Voir aussi sur ce point p. 622 et p. 645, en note. (*Trad.*)]

figure 421, soit de l'interposition d'un cycle complet ou incomplet à l'intérieur du cycle normal, soit enfin du dédoublement des étamines comme dans
les figures 428 et 429. Ces divers cas doivent être soigneusement distingués de
ceux où il naît un plus grand nombre d'étamines par suite de la ramification
des étamines primordiales, phénomène qui se présente chez les Dicotylédones
dans plusieurs divisions différentes, et qui se maintient quelquefois constant dans
des familles tout entières ; il en est ainsi par exemple des Dilléniacées (fig. 431),
des Aurantiacées (fig. 432), des Tiliacées (fig. 433), où chaque groupe d'anthères
appartient à une seule étamine primordiale. Dans ces divers cas, le nombre des

 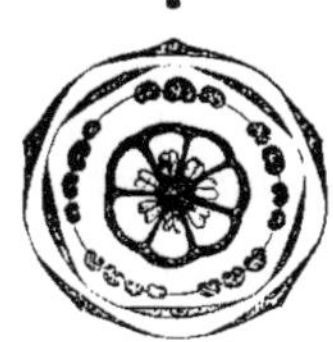 

Fig. 431. — *Candollea* (Dilléniacées).   Fig. 432. — *Citrus* (Aurantiacées).   Fig. 433. — *Tilia americana*.

étamines primordiales égale celui des sépales et des pétales, mais il peut arriver
aussi qu'il soit inférieur à ce dernier, comme dans l'*Hypericum perforatum*
dont la fleur pentamère ne renferme que trois étamines primordiales, et
qu'ainsi la multiplication des étamines coïncide en réalité avec une diminution
du nombre typique des feuilles staminales.

Par ramification des carpelles. — La ramification des carpelles est beaucoup plus rare que celle des étamines. On la rencontre cependant très-nettement exprimée dans les Malvacées. Dans cette famille, il n'y a typiquement
que cinq carpelles, qui se présentent assez souvent, comme dans les *Hibiscus*,
avec leur simplicité normale ; mais dans certains genres (*Malope*, *Malva*,
Althæa, etc.), il apparaît d'abord cinq carpelles primordiaux sous forme
d'autant de bourrelets surbaissés ; puis chacun de ces derniers ne tarde pas à
former côte à côte un grand nombre d'excroissances, dont chacune produit
ensuite un style et une loge uni-ovulée du gynécée (1).

Exemples d'organisations florales différentes. — Ces courtes remarques
suffiront à montrer de quelles modifications sont capables les rapports de
nombre et de position compris dans la formule générale : K*n* C*n* A*n* ($+ n + ...$)
G*n* ($— m$), formule qui embrasse principalement, comme nous l'avons déjà
dit, les fleurs quinaires et réellement quaternaires.

A ces fleurs tétramères se rattachent, non-seulement les octomères comme
celles des *Michauxia*, mais encore certaines fleurs dimères, parmi lesquelles il
faut surtout citer les Œnothérées. La fleur des *Epilobium*, par exemple, est
construite suivant la formule : K2 $+$ 2C $\times$ A4. 4G4, celle des *Circæa* suivant
la formule : K2 C2 A2 G2. Il faut encore rattacher ici la fleur du *Trapa*, dont
la formule est : K2 $+$ 2C $\times$ 4A 4G2. Quoique, dans les *Epilobium* et *Trapa*, le
calice soit formé de deux cycles successifs, les verticilles qui suivent les deux

(1) Voir PAYER : Organogénie, planches 6 à 8.

paires décussées de sépales se disposent comme si ces sépales formaient un véritable verticille quaternaire.

Dans d'autres fleurs binaires ou quaternaires, on remarque cependant déjà une différence considérable. Après deux cycles binaires formant le périanthe et qui se développent de la même manière en formant un calice ou une corolle quaternaire, y apparaît immédiatement un verticille de feuilles staminales superposé au faux verticille constitué par ces deux paires décussées : c'est le cas pour les *Urtica* et autres Urticées, ainsi que pour les Protéacées, dont la formule est K2 + 2A 4G1 (fig. 340).

Dans les fleurs binaires ou ternaires de l'ordre des Polycarpées et de celui des Corolliflores, où ce genre de fleurs est surtout complètement développé, on voit prédominer la tendance à employer plus d'un cycle de feuilles pour former le calice, la corolle, l'androcée et parfois même le gynécée, circonstance qu'on peut exprimer par la formule générale :

$$K_p(+\,p\,+\,...)\,C_p(+\,p\,+\,...)\,A_p(+\,p\,+\,...)\,G_p(+\,p\,+\,...)$$

Exemples :   Fumariacées : K2 C2 + 2 A2 + : G2

Berbéridées : { *Epimedium* : K2 + 2 C2 + 2 A2 + 2 G1
{ *Berberis* : K3 + 3 C3 + 3 A3 + 3 G1
{ *Podophyllum* : K3 C3 + 3² A3³ + 3 G1

Crucifères : K2 + 2C × 4A2 + 2² G2 (+ 2)

On trouve encore des exemples variés de cette formule générale dans la famille des Ménispermées, où les cycles floraux sont tantôt binaires, tantôt ternaires, parfois même à la fois binaires et ternaires dans une seule et même fleur, et où presque tous les membres sont susceptibles d'avorter tour à tour (1).

Outre les fleurs ternaires que nous venons de nommer, il y en a aussi d'autres qui se rattachent simplement à la formule générale considérée tout d'abord : $K_n C_n A_n (+ n) G_n (- m)$, comme celles des *Rheum*, par exemple : K3 C3 A3² + 3 G3. Enfin d'autres fleurs, encore ternaires, semblent appartenir à un troisième type, comme celles des *Asarum* : K3 A3 + 6 G6.

Quand le nombre des cycles de l'androcée devient considérable, il arrive assez souvent que le nombre des membres change d'un verticille à l'autre, et que ces verticilles suivent une loi d'alternance compliquée. Des fleurs de structure d'ailleurs très-différente se comportent sous ce rapport de la même manière, comme on le voit par les Papavéracées d'une part (fig. 434), et par les Cistinées et beaucoup de Rosacées d'autre part.

Fleurs dégradées. — Comme nous l'avons vu chez les Monocotylédones, il arrive aussi chez beaucoup de Dicotylédones que la fleur se simplifie au point de ne renfermer plus qu'un ovaire avec une ou quelques étamines ; si les fleurs sont en outre diclines, l'une ne contient alors qu'un ovaire, l'autre qu'une ou quelques étamines. Quant au périanthe, tantôt il manque complétement comme dans les *Salix* et les Pipéracées, tantôt il se réduit à une petite cupule

(1) Eichler : Ueber die Menispermaceen (Denkschrift der K. bayer. Gesells. Regensburg, 1864. — Payer : Organogénie, Pl. 45-49. — Eichler : Flora, 1865.

(*Populus*, fleur femelle des Cannabinées), ou à des sortes de poils qui séparent les organes sexués des diverses fleurs dans l'inflorescence (*Platanus*). Ces sortes de fleurs dégradées sont ordinairement très-petites et le plus souvent serrées en inflorescences nombreuses : capitules, épis et chatons. Dans certains cas, il peut même être mis en question si l'on a devant soi une inflorescence ou une simple fleur, comme dans les plantes du genre *Euphorbia* (1).

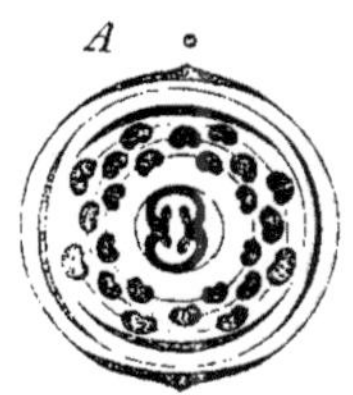

Le développement définitif des diverses parties de la fleur et la forme d'ensemble que la fleur acquiert lors de son épanouissement sont sujets à tant de variations, qu'il est impossible de dire quelque chose de général à ce sujet. Bornons-nous à remarquer que la formation de fleurs périgynes, d'axes d'inflorescence creux, comme la Figue et autres corps analogues, enfin de cupules, productions qui se rattachent toutes à la même cause, est un phénomène particulier aux Dicotylédones.

Fig. 454. — Papavéracées : A, *Chelidonium*; *a*, *Papaver*.

Les ovules. — Dans les diverses divisions des Dicotylédones, les ovules présentent toutes les différences de forme et de structure que nous avons étudiées en général à la page 558. Il arrive souvent ici, notamment dans les Gamopétales, que le nucelle ne possède qu'un seul tégument, souvent très-épais avant la fécondation. D'autre part le troisième tégument, l'arille, se développe ici bien plus fréquemment que chez les Monocotylédones. S'il y a deux téguments, l'externe contribue à la formation du micropyle, contrairement à ce qui a lieu chez les Monocotylédones; il circonscrit une sorte d'antichambre en avant du micropyle, et constitue l'*exostome*.

Dans certaines plantes parasites, les ovules sont rudimentaires. Ils se réduisent, en effet, dans beaucoup de Balanophorées à un nucelle nu formé d'un petit nombre de cellules; chez les Loranthacées, ce nucelle nu est même confondu avec le tissu de l'axe floral dans l'ovaire infère.

Le sac embryonnaire; mode de formation de l'endosperme (2). — Dans la majorité des Dicotylédones, le sac embryonnaire se comporte, avant et après la fécondation, comme chez les Monocotylédones. L'endosperme commence le plus souvent par une formation cellulaire libre qui, par une division répétée des cellules primaires ainsi constituées, devient un tissu plus ou moins compacte qui remplit le sac embryonnaire, tantôt de très-bonne heure avant la formation de la petite sphère embryonnaire, tantôt seulement plus tard.

Mais dans un assez grand nombre de familles, qui appartiennent d'ailleurs à des groupes très-divers, les choses se passent un peu différemment. D'une part le sac embryonnaire présente des phénomènes particuliers d'accroissement, s'allongeant avant la fécondation jusqu'à prendre la forme d'un tube grêle, poussant après la fécondation un plus ou moins grand nombre d'appendices en cœcum qui pénètrent latéralement dans le tissu du nucelle et

(1) Voir Payer, *loc. cit.*, p. 529.

(2) Hofmeister : Jahrbücher für wiss. Botanik, I, p. 185 et Abhandl. der k. sächs. Gesellsch. d. Wiss., VI, p. 536.

des téguments en les détruisant, et qui se développent même librement en dehors de l'ovule (*Pedicularis*, *Lathræa*, *Thesium*, etc.). D'autre part l'endosperme de ces plantes procède du sac embryonnaire par voie de division, et sous ce rapport on observe d'après M. Hofmeister les différences suivantes : « La cavité tout entière du sac embryonnaire se comporte comme la cellule mère de l'endosperme dans les Asarinées, Aristolochiées, Balanophorées, Pyrolacées, Monotropées ; la première division du sac s'y opère par une cloison transversale qui le partage en deux moitiés sensiblement égales, renfermant chacune un noyau et produisant chacune de nouveau au moins une génération de cellules filles. Ailleurs, au contraire, la cellule mère de l'endosperme n'occupe que la partie supérieure du sac embryonnaire ; aussitôt fécondé, le sac embryonnaire est divisé par une cloison transversale en deux moitiés dont la supérieure seule, par une série de bipartitions successives, produit l'endosperme, tandis que l'inférieure ne subit aucune division ultérieure ; il en est ainsi dans les *Viscum*, *Thesium*, *Lathræa*, *Rhinanthus*, *Melampyrum*, *Globularia*. Ailleurs les choses se passent de la même manière, mais la cellule mère de l'endosperme occupe la région moyenne du sac embryonnaire (*Veronica*, Labiées, *Nemophila*, *Pedicularis*, *Plantago*, *Campanula*, *Loasa*) ; ailleurs enfin elle est située dans sa région inférieure (*Loranthus*, *Acanthus*, *Catalpa*, *Hebenstreitia*, *Verbena*, *Vaccinium*. »

Dans les *Nymphæa*, *Nuphar*, *Ceratophyllum*, l'extrémité supérieure du sac embryonnaire se trouve, aussitôt après la fécondation, séparée du reste de la cavité par une cloison transversale, et c'est seulement dans cette région supérieure renfermant les vésicules embryonnaires, que s'opère la formation ultérieure des cellules filles endospermiques. Mais ce mode de développement de l'endosperme diffère de celui que présentent les *Viscum*, *Thesium*, etc., par ce caractère important, que ces cellules endospermiques naissent ici par voie de formation libre et non par division dans la moitié supérieure du sac (M. Hofmeister).

A l'exception des *Cuscuta*, dont l'endosperme naît par formation cellulaire libre, la très-grande majorité des plantes vraiment parasites et humicoles produisent leur endosperme par voie de division.

Dans les *Tropæolum* et *Trapa*, la formation de l'endosperme n'est, d'après M. Hofmeister, que bien faiblement indiquée.

Développement de l'embryon. — Le mode de formation de l'embryon des Dicotylédones a déjà été exposé, d'après les recherches récentes de M. Hanstein, dans l'étude des caractères généraux des Angiospermes (p. 671, fig. 373). Bornons-nous ici à remarquer encore que, dans les plantes parasites dépourvues de chlorophylle et dans quelques plantes humicoles, la maturité de la graine arrive avant que l'embryon ait dépassé l'état où il se compose d'une masse de tissu arrondie et, en apparence du moins, homogène (*Monotropa*, *Pyrola*, Balanophorées, Rafflésiacées, *Orobanche*).

Principaux caractères des tissus (1). — En ce qui concerne les propriétés anatomiques des Dicotylédones, je dois me borner à traiter ici : 1° la manière

____

(1) HANSTEIN : Jahrb. für wiss. Botanik, I, p. 233 et Abhandlungen der Berliner Akademie, 1857, 1858. — NAEGELI : Beiträge zur wiss. Botanik, I, 1858 et IV, 1864. — SANIO : Botanische Zeitung, 1864, page 193 et 1865, page 165. — EICHLER : Denkschrift. d. k. bayer. Gesellsc., V, page 20. Regensburg, 1864.

dont se comportent les faisceaux vasculaires dans la tige ; 2° le mode d'accroissement en épaisseur de cette tige (1).

(1) Structure de la racine. — La racine des Dicotylédones et des Gymnospermes présente d'abord les caractères généraux de structure que nous avons vus (p. 199, note) appartenir à toutes les racines. Elle se compose, en effet, d'un épiderme, d'une écorce ou parenchyme cortical limité en dedans par la membrane protectrice ou endoderme, et d'un cylindre central. Ce dernier commence par une assise périphérique, contre laquelle s'appuient en des points équidistants un certain nombre de faisceaux vasculaires et autant de faisceaux libériens alternes, unis entre eux et au centre par du tissu conjonctif (fig. 434 *A*, fig. 434 *B*, 1 et fig. 434 *C*, I).

Elle partage en outre les trois caractères différentiels qui séparent la racine des Monocotylédones de celle des Cryptogames vasculaires (voir p. 719, note), savoir : 1° développement par un groupe de petites cellules ; 2° formation des radicelles par l'assise périphérique du cylindre central, qui constitue une membrane rhizogène ; 3° orientation longitudinale des vaisseaux de la radicelle quand elle est binaire : trois caractères qui appartiennent ainsi au groupe tout entier des Phanérogames et le distinguent du groupe des Cryptogames vasculaires. En général les groupes de cellules rhizogènes sont situés en face des faisceaux vasculaires, sur lesquels les radicelles s'insèrent directement en autant de rangées. Les Ombellifères, les Araliacées et les *Pittosporum* font exception, parce que, comme nous l'avons vu (p. 166, note), la membrane rhizogène s'y trouve creusée d'un arc de canaux sécréteurs en face de chaque faisceau vasculaire.

Mais tandis que la racine des Monocotylédones conserve indéfiniment cette organisation primaire, il arrive toujours un moment, au contraire, où la racine des Dicotylédones et des Gymnospermes se complique par la formation de productions secondaires qui l'épaississent plus ou moins et dont l'apparition constante caractérise ces deux classes par rapport à la première.

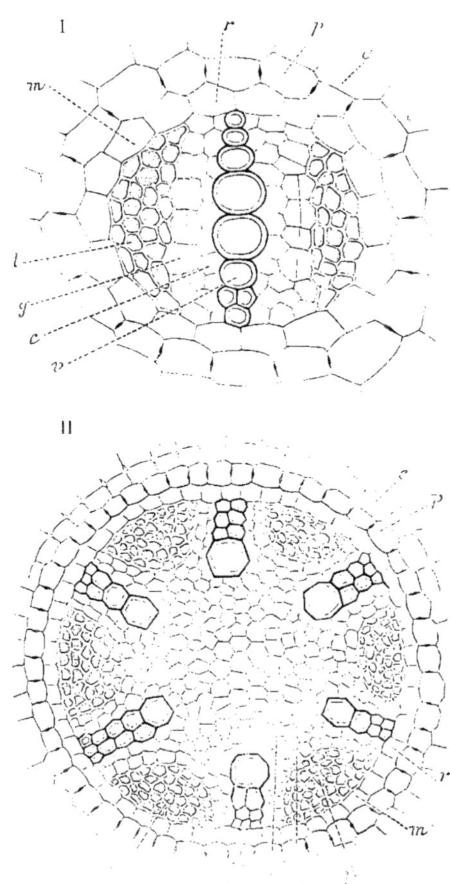

Fig. 434 A. — Sections transversales de la jeune racine des Dicotylédones. — I, pivot de *Beta vulgaris* ; II, racine adventive de l'*Artanthe elongata* : *e*, avant-dernière assise du parenchyme cortical ; *p*, membrane protectrice ou endoderme. dernière assise de ce parenchyme, dont les cellules portent sur leurs faces latérales des marques noires indicatrices de leurs plissements échelonnés ; *m*, membrane périphérique du cylindre central ou membrane rhizogène, contenant vis-à-vis des faisceaux vasculaires les cellules rhizogènes *r* ; *v*, faisceaux vasculaires centripètes ; *l*, faisceaux libériens ; *c*, tissu conjonctif, peu développé dans I, très-développé dans II.

Ces productions secondaires (fig. 434 *B*, II et fig. 434 *C*, II) sont formées par des arcs géné-

Marche des faisceaux primaires dans la tige. — Dans quelques plantes

rateurs qui se développent sur la face interne des faisceaux libériens primitifs (*g*, fig. 434 A) ; ces arcs se rejoignent en dehors des faisceaux vasculaires, au moyen d'un dédoublement des cellules de l'assise rhizogène, pour former un anneau générateur continu et dont le jeu est double, centripète en dehors, centrifuge en dedans. Les secteurs intralibériens de cet anneau produisent des faisceaux doubles, libériens en dehors *l'*, vasculaires en dedans *v'*, et ces faisceaux libéroligneux

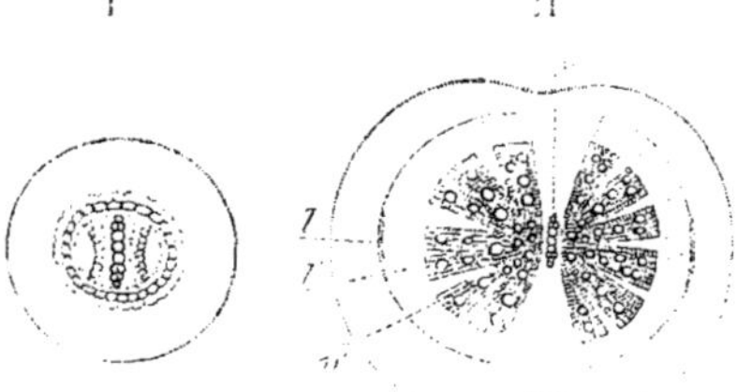

Fig. 434 B. — Sections transversales d'une racine adventive de Capucine *Tropæolum majus* : 1, avant l'apparition des productions secondaires ; II, après la formation des deux faisceaux libéroligneux secondaires.

secondaires refoulent en dehors, à mesure qu'ils s'épaississent, les faisceaux libériens primitifs *l*. Les secteurs extravasculaires de l'anneau générateur, tantôt ne forment que des rayons conjonctifs parenchymateux *r'* qui séparent les différents faisceaux libéroligneux secondaires, tantôt se comportent comme les arcs intralibériens eux-mêmes et produisent avec eux un anneau libéroligneux secondaire complet, extérieur aux faisceaux vasculaires primitifs, intérieur aux libériens.

En même temps, la membrane rhizogène divise tous ses éléments de manière à former une

Fig. 434 C. — Sections transversales d'une racine adventive de Courge (*Cucurbita maxima*) : 1, avant le début des formations secondaires ; II, après le développement des faisceaux libéroligneux secondaires et l'exfoliation du parenchyme cortical primaire, qui est remplacé par le parenchyme cortical secondaire *c'* et par la couche subéreuse *s*.

zone génératrice périphérique, qui produit sur son bord externe et de dehors en dedans une couche subéreuse *s*, et sur son bord interne et de dedans en dehors un parenchyme cortical secondaire *c*, qui continue celui des rayons quand ils existent. Tantôt l'écorce primaire subsiste en se prêtant à l'extension du cylindre central ; tantôt elle est de bonne heure exfoliée jusques et y compris l'endoderme (fig. 434 C, II).

C'est donc par la seule existence de cette période secondaire, que la racine des Dicotylédones et des Gymnospermes se distingue de celle des Monocotylédones.

Pour plus de détails sur la structure de la racine des Dicotylédones et des Gymnospermes, voir : Recherches sur la symétrie de structure des plantes vasculaires, I. La Racine (*Ann. des sc. nat.*, 5ᵉ série. Bot., XIII, p. 185-281). (*Trad.*)

aquatiques de structure très-simple, la tige est traversée par un cylindre fibro-vasculaire axile qui lui appartient en propre, qui s'allonge continuellement à son sommet et auquel viennent plus tard se rattacher les faisceaux propres des feuilles (*Hippuris*, *Aldrovandia*, *Ceratophyllum* et en partie aussi *Trapa* d'après M. Sanio).

Mais si l'on fait abstraction de ces plantes dégradées, c'est une règle générale chez les Dicotylédones qu'il naît d'abord des faisceaux communs à la tige et aux feuilles. Les portions ascendantes de ces faisceaux pénètrent plusieurs à la fois dans les feuilles, s'il s'agit de grandes feuilles végétatives, pour y cheminer côte à côte et isolés le plus souvent dans le pétiole et dans la nervure médiane (1) et venir se répandre et se ramifier dans le limbe dont ils forment les nervures.

Les portions de ces faisceaux qui descendent dans la tige, parcourent souvent plusieurs entre-nœuds avant de venir se juxtaposer latéralement aux parties supérieures des faisceaux qui descendent de feuilles plus âgées et de se souder avec elles; chemin faisant, ils se divisent parfois (fig. 435). Quelquefois, dans les *Iberis*, par exemple, chaque faisceau subit dans la tige une torsion toujours dans le même sens, de sorte que les sympodes produits par la fusion des faisceaux qui descendent de feuilles si-

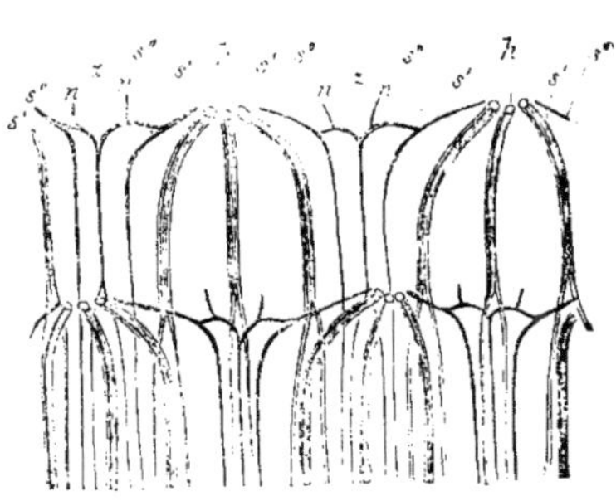

Fig. 435. — *Sambucus Ebulus*. — Course des faisceaux foliaires à travers deux entre-nœuds de la tige; ils sont situés dans une surface cylindrique que l'on a développée dans le plan de la figure. Chaque entre-nœud porte deux feuilles opposées et chacune de ces feuilles reçoit de la tige un faisceau médian *h, h* et deux puissants faisceaux latéraux *s', s'* ; parvenus, dans leur course descendante, au niveau du nœud suivant, ces faisceaux se dédoublent et leurs branches s'insinuent entre les faisceaux plus âgés. En outre, la feuille reçoit encore des faisceaux plus minces *s", s"* ; au moment où ils s'incurvent pour entrer dans la feuille, ces faisceaux s'unissent ensemble par un arc horizontal et de cet arc anastomotique se détachent les faisceaux qui vont aux stipules *n, n.* D'après M. Hanstein.

tuées à diverses hauteurs sont enroulés en spirale au-dessous de l'écorce de la tige. Mais souvent ils cheminent parallèlement à l'axe de la tige, jusqu'à ce qu'ils s'anastomosent à leur partie inférieure avec des faisceaux plus bas. Les faisceaux foliaires ne s'incurvent pas profondément dans le tissu interne de la tige; une fois entrés, ils s'y dirigent brusquement vers le bas et descendent parallèlement entre eux et toujours à égale distance de la surface de la tige, de sorte qu'ils forment tous ensemble une couche concentrique à cette surface. Sur la section transversale, la couche des faisceaux forme un anneau qui sépare le parenchyme fondamental de la tige en moelle et écorce primaire. Les portions du tissu fondamental situées entre les faisceaux paraissent, sur la coupe transversale, n'être que des communications radiales entre l'écorce

______

(1) Quand il pénètre plusieurs faisceaux dans un pétiole, ils y demeurent ordinairement séparés par du tissu fondamental; mais parfois, comme dans le *Ficus Carica*, ils se serrent côte à côte et forment, sur la section transversale du pétiole, un anneau fermé qui sépare le tissu fondamental en moelle et écorce.

et la moelle, ou, comme on les appelle, des rayons médullaires primaires (1).

Mode d'épaississement de la tige ; productions secondaires issues du cambium. — Si la tige n'est pas le siége d'un épaississement ultérieur, les choses en restent à cet état. Mais ordinairement, même dans les plantes annuelles (*Helianthus, Brassica*), et toujours dans les tiges et branches des plantes ligneuses, il s'opère, après l'allongement des entre-nœuds, un épaississement ultérieur.

Entre le liber et le bois, il se forme alors dans chaque faisceau un arc cambial ou générateur. Placés côte à côte sur un même cercle, les arcs cambiaux de tous les faisceaux sont séparés au début par les rayons médullaires, mais ils ne tardent pas à se réunir en un manteau cambial fermé ; les cellules des rayons médullaires situées entre les arcs générateurs des faisceaux se divisent, en effet, de manière à former des arcs cambiaux interfasciculaires, qui s'intercalent aux

(1) **Comparaison de la jeune tige et de la jeune racine.** — Comme la racine (voir p. 190 et p. 747, notes), la tige des Dicotylédones se compose d'un épiderme, d'une écorce ou parenchyme cortical limité en dedans par une membrane protectrice ou endoderme, et d'un cylindre central. C'est par la structure de ce cylindre central que la tige diffère de la racine.

Le cylindre central de la tige se compose bien encore, il est vrai, d'une membrane rhizogène, de faisceaux libériens, de faisceaux vasculaires et de tissu conjonctif. Mais, au lieu d'être séparés et d'alterner côte à côte sur un même cercle, les faisceaux libériens et vasculaires y sont superposés chacun à chacun dans le sens du rayon, le libérien en dehors, le vasculaire en dedans et intimement accouplés en faisceaux doubles libérovasculaires. Ce sont ces faisceaux libérovasculaires que le tissu conjonctif relie en un tout continu. Ces faisceaux libéroligneux sont en général disposés en un cercle unique à la périphérie du tissu conjonctif et directement adossés à l'endoderme par leur région libérienne. La membrane rhizogène est par conséquent discontinue dans la tige et ne règne qu'à la surface du tissu conjonctif, dans les intervalles entre les faisceaux. On peut donc, si l'on veut, séparer par la pensée ce tissu conjonctif en une région centrale ou moelle et en portions interfasciculaires ou rayons médullaires ; mais cette distinction est sans valeur anatomique et ne doit pas être assimilée à la séparation réelle et double, que l'endoderme et la membrane rhizogène tracent entre le tissu conjonctif tout entier et le tissu cortical. — En général plus développé dans la tige que dans la racine à cause du plus grand diamètre du cylindre central, le tissu conjonctif demeure le plus souvent parenchymateux dans toute son étendue, comme cela arrive aussi dans les grosses racines. Mais il ne manque pas de tiges dicotylédonées où le cylindre central est fort étroit ; le tissu conjonctif y est alors très-réduit et en même temps ses cellules, plus étroites et plus longues, deviennent prosenchymateuses et se lignifient quelquefois, il ressemble alors au tissu conjonctif de la plupart des racines. Ce ne sont là évidemment que des différences secondaires.

Le parenchyme cortical de la jeune racine est toujours dénué de faisceaux, soit libériens, soit ligneux. Celui de la jeune tige est aussi le plus souvent dépourvu de faisceaux libéro-ligneux, parce que les faisceaux qui, à chaque nœud, s'échappent du cylindre central pour entrer dans la feuille ne font que le traverser horizontalement. Mais quelquefois, au contraire, on voit quelques faisceaux, après avoir quitté le cylindre central et avant d'entrer dans la feuille, cheminer dans le parenchyme cortical l'espace de plusieurs entre-nœuds ; chaque feuille reçoit alors, outre une partie de ces faisceaux corticaux, un ou plusieurs faisceaux directement issus du cylindre central au nœud même.

Ici, comme chez les Monocotylédones, c'est à l'ensemble hétérogène formé par le tissu cortical et par le tissu conjonctif, que M. J. Sachs donne dans la tige le nom de tissu fondamental, et nous pourrions répéter ici ce qui a été dit sur ce point à la page 721, en note.

En attendant le mémoire détaillé que je prépare sur la structure de la tige comparée à celle de la racine, aussi bien chez les Dicotylédones et les Gymnospermes que chez les Monocotylédones et les Cryptogames vasculaires, je renvoie le lecteur au travail suivant : Mémoire sur les canaux sécréteurs des plantes (*Ann. des sc. nat.*, 5ᵉ série, Bot., XVI, p. 96), où la question est traitée en particulier à propos des Composées, notamment à la page 112. (*Trad.*)

arcs fasciculaires et les relient en une couche génératrice continue (voir fig. 82,
p. 128). L'anneau cambial ainsi constitué produit ensuite vers l'extérieur des
couches de liber, vers l'intérieur des couches de bois, en même temps qu'il
continue lui-même à s'étendre en surface (1).

On appelle *écorce secondaire* tout le tissu produit par la couche génératrice
sur sa face externe ou corticale, et *bois secondaire* tout ce que cette couche
engendre par sa face interne ou ligneuse ; et cela par opposition avec l'écorce
primaire, composée exclusivement par une portion de tissu fondamental, et avec
le bois primaire, formé de toutes les moitiés ligneuses des faisceaux foliaires
isolés dont l'existence est antérieure à la constitution de l'anneau de cambium.
Le bois secondaire issu de cet anneau forme un cylindre creux, sur la face
interne duquel proéminent tous ces faisceaux ligneux primaires qui, faisant
saillie dans la moelle, donnent à celle-ci une forme étoilée. L'ensemble de ces
faisceaux ligneux primaires est souvent désigné sous le nom d'*étui médullaire* et
l'on peut, dans le même sens, nommer avec M. Nägeli *étui cortical* l'ensemble
des moitiés libériennes des faisceaux primaires, situées à la limite de l'écorce
primaire et de l'écorce secondaire. Étui médullaire et étui cortical constituent
à eux deux l'ensemble du système fibro-vasculaire de la tige, tel qu'il existait
avant l'apparition de la couche génératrice. Ils ont tous deux suivi l'accroissement en longueur des entre-nœuds de la tige, et par conséquent ils sont composés d'éléments le plus souvent très-longs ; l'étui médullaire renferme, en
effet, des vaisseaux annelés, spiralés et réticulés à articles très-allongés, entremêlés de longues fibres ligneuses, et de son côté l'étui cortical, dans les
faisceaux libériens primaires qui le constituent et qui sont de plus en plus
écartés l'un de l'autre par l'épaississement de la tige, contient de longues fibres
libériennes le plus souvent fort épaissies, mais flexibles, auxquelles s'ajoutent
de longues cellules cambiformes et des vaisseaux grillagés ou criblés à articles
très-allongés.

Issus de la couche génératrice, les éléments constitutifs de l'écorce secondaire et du bois secondaire sont, au contraire, beaucoup plus courts. Le bois
secondaire ne possède pas de vaisseaux annelés et spiralés ; ils y sont remplacés désormais par des vaisseaux ponctués aréolés, plus larges et à articles
courts, entourés de fibres ligneuses et entremêlés de parenchyme ligneux
(voir p. 132). L'écorce secondaire se compose, soit d'une alternance de couches
de fibres libériennes épaissies et de couches de cellules libériennes à paroi
mince et en partie parenchymateuses, soit exclusivement de ces dernières cellules, soit enfin d'un mélange irrégulier de ces deux espèces d'éléments
(voir p. 134). Finalement, l'écorce primaire, et avec elle l'épiderme, se trouve

<hr>

(1) L'accroissement en épaisseur s'opère donc exactement de la même manière dans la tige et
dans la racine des Dicotylédones et des Gymnospermes (voir p. 190 et p. 748, note). Des deux parts
les arcs générateurs d'abord isolés occupent le bord interne des faisceaux libériens, que ceux-ci
soient séparés des faisceaux vasculaires, comme dans la racine, ou qu'ils soient intimement
accouplés à ces faisceaux vasculaires, comme dans la tige, pour former autant de faisceaux libéro-ligneux. Des deux parts aussi, c'est par l'intermédiaire des cellules de l'assise périphérique
du cylindre central, c'est-à-dire de la membrane rhizogène, que ces arcs générateurs se réunissent bientôt en un anneau cambial continu.   (*Trad.*)

exfoliée par la formation du périderme et du rhytidome ; quelquefois cependant elle peut suivre, sans se déchirer, l'accroissement diamétral de la tige, grâce aux divisions longitudinales radiales qui s'opèrent dans ses cellules (*Viscum, Helianthus annuus*, etc.).

Les masses ligneuses et libériennes issues de l'activité de l'anneau générateur se montrent fendues radialement en longueur et traversées par des rayons médullaires secondaires. Ces rayons consistent en cellules étendues horizontalement, qui ne sont pas toujours lignifiées dans le bois et qui dans le liber demeurent molles et parenchymateuses. Chacun d'eux se compose de deux parties placées bout à bout, un rayon ligneux et un rayon libérien, et ils sont toujours destinés à emmagasiner des substances assimilées. Leur nombre augmente à mesure que l'anneau cambial s'étend en surface, de sorte que plus une couche de bois est âgée, plus nombreux sont les rayons qui la traversent. Épais d'une ou de quelques assises cellulaires, ils forment des lames amincies en haut et en bas qui, sur les coupes longitudinales radiales, ont l'aspect de rubans horizontaux. Sur les coupes tangentielles, on voit les masses fibro-vasculaires se fendre dans leur longueur en un point, pour se rejoindre de nouveau plus haut et former ainsi un réseau à mailles étroites et très-allongées, réseau dont les tiges de Chou macérées fournissent de beaux exemples. Comme les masses fibrovasculaires où ils sont encastrés, les rayons s'accroissent vers l'intérieur et vers l'extérieur aux dépens de l'anneau générateur et, à mesure que l'anneau s'agrandit, il s'en intercale de nouveaux entre les anciens.

Lorsque l'accroissement en épaisseur de la tige cesse périodiquement pour reprendre à nouveau au début de la nouvelle période végétative, comme c'est le cas pour les plantes ligneuses de nos contrées, il se forme dans le cours de chaque période végétative annuelle une couche de bois secondaire et souvent aussi une couche d'écorce secondaire ; chacune de ces couches de bois, très-nettement séparée de celle qui précède et de celle qui suit, est donc une couche annuelle. D'ordinaire, sur la section transversale d'un arbre, on distingue immédiatement à l'œil nu les couches annuelles du bois ; cela tient à ce que le bois formé au début de chaque période végétative a un tout autre aspect que celui qui se constitue vers la fin de cette période ; le bois de printemps est en effet plus lâche et renferme ordinairement beaucoup plus de vaisseaux, le bois d'automne est plus compacte et contient beaucoup plus de fibres. Les cellules sont plus larges dans le bois de printemps que dans le bois d'automne, et c'est surtout dans le sens du rayon de la tige que la différence est frappante. Les cellules formées en automne sont, en effet, comprimées de dehors en dedans et élargies tangentiellement, leurs cavités sont plus petites et par conséquent, toutes choses égales d'ailleurs, leurs parois sont plus épaisses ; un volume donné de bois d'automne est donc plus dense qu'un volume égal de bois de printemps (1).

(1) La cause de cette différence est inconnue jusqu'à présent. Je crois cependant qu'il faut la chercher simplement dans les différences de pression que le cambium et le bois subissent de la part de l'écorce aux diverses époques de l'année. Cette pression est moindre au printemps et va sans cesse en augmentant jusqu'à l'automne. Je n'ai pas, il est vrai, fait à cet égard de mesures directes, mais je conclus ceci de ce fait, que les fentes longitudinales de l'écorce crevassée

Par ce mode d'accroissement en épaisseur de leur tige, les Dicotylédones s'écartent beaucoup des Monocotylédones, mais, en revanche, elles viennent, précisément par ce caractère, se rattacher presque complétement aux Gymnospermes. La seule différence est que ces dernières ont leur bois secondaire dépourvu de larges vaisseaux à petites ponctuations et à articles courts ; et même, d'après H. Mohl, les *Ephedra* réalisent à cet égard le passage vers les Dicotylédones. A en juger par la plus grande diversité des formes cellulaires qui entrent dans la constitution de leur bois et de leur liber secondaire, les Dicotylédones semblent aussi posséder une organisation plus perfectionnée que les Gymnospermes.

Anomalies de structure de la tige dans quelques familles. — Tige des Sapindacées. — A la structure normale que nous venons d'exposer, les Sapindacées présentent une très-remarquable exception. Certaines d'entre elles sont, il est vrai, organisées de tout point comme les autres Dicotylédones ; mais, chez d'autres, une section transversale de la tige, outre l'anneau ligneux ordinaire, embrasse encore plusieurs anneaux ligneux plus petits, de contour divers, et situés dans l'écorce secondaire. Comme l'anneau normal, chacun de ces derniers s'accroît en épaisseur au moyen d'une couche génératrice. M. Nägeli admet que la cause première de cette disposition réside en ceci, que les faisceaux primaires de la tige, au lieu de former un seul cercle sur la coupe transversale, y sont disposés par groupes, les uns plus en dehors, les autres plus en dedans. Quand donc les ponts de tissu générateur se forment dans le tissu fondamental pour réunir entre eux les arcs générateurs des faisceaux primaires jusque-là isolés, cette réunion s'opère, suivant leur mode de groupement sur la section transversale, soit en un seul cercle normal (*Paullinia*), soit en plusieurs cercles fermés (*Serjania*).

Anomalies résultant du développement de faisceaux surnuméraires. — L'exception présentée par les Sapindacées n'est pas la seule. Un grand nombre de déviations par rapport au type normal de structure sont amenées, chez les familles les plus différentes d'ailleurs, par la circonstance suivante. Outre les faisceaux foliaires, il se forme plus tard dans la tige des faisceaux qui lui appartiennent en propre et qui sont situés, tantôt en dedans de l'anneau normal, c'est-à-dire dans la moelle, tantôt en dehors de cet anneau, c'est-à-dire dans l'écorce. On doit une connaissance exacte de ce genre d'anomalies d'abord à M. Nägeli, mais surtout aux recherches très-détaillées de M. Sanio. C'est sur le

s'élargissent en février et mars, comme on le voit nettement dans les *Quercus, Acer, Populus, Juglans*, etc. D'où résulte cet élargissement ? C'est ce que je ne veux pas rechercher ici. Toujours est-il, que le rhytidome, dont les crevasses se sont ainsi élargies pendant l'hiver, exercera au printemps une moindre pression sur le cambium et que, par conséquent, les cellules ligneuses nées à cette époque pourront plus facilement s'étendre dans le sens du rayon. Par l'épaississement de l'anneau ligneux d'une part, par la dessiccation du rhytidome en été d'autre part, la pression que l'écorce crevassée exerce sur le cambium doit aller ensuite toujours croissant et opposer, par conséquent, à l'accroissement radial des cellules ligneuses, une résistance de plus en plus grande qui atteint son maximum en automne. Des recherches ultérieures, auxquelles je me prépare, montreront si ma théorie est exacte. — Déjà exprimée dans la première édition de ce Traité, cette manière de voir a reçu, des recherches récentes de M. Hugo de Vries, une entière confirmation. Voir Flora, 1872 et notre Livre III, § 15.

travail de M. Sanio, joint à mes observations personnelles, que je m'appuie principalement dans le court résumé qui va suivre.

Les diverses anomalies de structure que nous considérons ici se rattachent à deux groupes distincts, suivant que les faisceaux secondaires propres à la tige se développent à l'intérieur ou à l'extérieur du cercle des faisceaux foliaires ; suivant que, pour employer l'expression de M. Sanio, la formation des faisceaux surnuméraires est endogène ou exogène.

Premier groupe. — Les faisceaux surnuméraires sont exogènes. — Les faisceaux secondaires propres à la tige se développent en dehors du cercle des faisceaux foliaires ; leur formation est exogène.

a. Les faisceaux foliaires sont rapprochés de l'axe de la tige et demeurent plus ou moins isolés, tandis que les faisceaux secondaires propres à la tige appartiennent à un anneau générateur fermé et qui s'accroît vers l'extérieur (*Mirabilis, Amarantus, Atriplex, Phytolacca*).

b. Les faisceaux foliaires sont disposés en un anneau sur la section transversale et s'accroissent par un anneau cambial fermé, dont l'activité s'éteint de bonne heure. Ensuite, en dehors de l'anneau générateur éteint, il s'en forme un second qui s'épuise à son tour, et qui est suivi d'un troisième plus extérieur et ainsi de suite. Il se constitue de la sorte plusieurs cercles de faisceaux vasculaires de plus en plus larges et contenant un nombre de plus en plus grand de faisceaux. Chez beaucoup de Ménispermées, par exemple chez le *Cocculus*, chaque nouveau cercle de faisceaux vasculaires, y compris son anneau cambial, se développe dans un anneau de méristème préexistant, lequel a pris naissance dans l'écorce primaire, c'est-à-dire en dehors du liber primaire ; et pour suffire à cette production répétée de nouveaux anneaux de méristème de plus en plus externes, cette écorce primaire se développe à mesure (M. Nägeli). Dans le *Phytolacca*, au contraire, et aussi, d'après M. Eichler, dans les Dilléniacées, Bauhiniées, Polygalées (*Securidaca, Comesperma*), *Cissus* et *Phytocrene*, c'est dans l'écorce secondaire que prennent naissance les cercles successifs de faisceaux surnuméraires. En outre, le *Phytolacca* se rattache encore au premier cas (*a*), parce que ses faisceaux primaires sont isolés dans la moelle et que le premier anneau fermé qui les enveloppe est déjà une production secondaire de l'accroissement en épaisseur.

Second groupe. — Les faisceaux surnuméraires sont endogènes. — Les faisceaux secondaires propres à la tige naissent de bonne heure après les faisceaux primaires et plus loin vers l'intérieur que ces derniers, plus près qu'eux de l'axe de la tige ; leur formation est endogène.

a. Comme les faisceaux foliaires, les faisceaux secondaires endogènes demeurent isolés, et ne sont pas reliés en un anneau générateur fermé, mais ils s'anastomosent entre eux (*Cucurbita*, Nymphéacées, *Papaver?*) ; la section transversale de la tige ressemble plus ou moins à une section de tige monocotylédonée, surtout chez les Nymphéacées.

b. Les faisceaux foliaires sont disposés sur la coupe transversale en un anneau et réunis entre eux par une couche génératrice. Les faisceaux secondaires propres à la tige naissent de bonne heure dans la moelle et demeurent isolés et disséminés sur la section transversale ; aux nœuds, ils s'anastomosent entre eux et avec les faisceaux foliaires (Pipéracées, Bégoniacées, *Aralia*).

Disposition anormale du liber dans les faisceaux normaux ou surnuméraires. — Les diverses formes de cellules qui entrent dans la composition du liber et du bois des Dicotylédones ont été déjà caractérisées d'une façon générale au § 16 du livre I, p. 132 et suiv. Bornons-nous à signaler ici à ce sujet deux particularités remarquables.

Dans les Cucurbitacées, certaines Solanées, le *Nerium*, à certains égards aussi dans le *Tecoma radicans*, et dans d'autres plantes encore, on trouve non-seulement à la face externe, mais aussi à la face interne des faisceaux fibrovasculaires, un faisceau de cellules libériennes, qui est surtout fortement développé dans les Cucurbitacées.

Les faisceaux isolés situés dans la moelle de certaines tiges anormales et enveloppés par l'anneau ligneux présentent quelquefois dans leur liber et dans leur bois une disposition inverse de la disposition normale. Ainsi l'*Aralia racemosa* possède, d'après M. Sanio, en dedans du cercle normal de faisceaux foliaires qui s'accroît par un anneau de cambium, un cercle endogène de faisceaux surnuméraires fermés et dans lesquels le bois est tourné vers la périphérie de la tige et le liber vers son axe. Les faisceaux isolés dans la moelle du *Phytolacca dioïca*, au contraire, consistent, d'après M. Nägeli, en un cylindre creux de bois qui entoure de tout côté le liber et qui est traversé par des rayons ligneux. Les faisceaux isolés dans la moelle de l'axe d'inflorescence du *Ricinus communis* se composent aussi d'un mince faisceau axile de liber (?) entouré par un étui de bois (?) dont les cellules sont disposées en séries rayonnantes.

Il est très-fréquent de rencontrer chez les Dicotylédones une couche de collenchyme, étendue au-dessous de l'épiderme des entre-nœuds et des pétioles.

Classification des Dicotylédones. — Dans l'état actuel de la science, le groupement systématique des plantes de la classe des Dicotylédones laisse encore beaucoup à désirer. Les petits groupes appelés *familles* (1), et qui n'embrassent ordinairement que des genres très-voisins, ont été, il est vrai, réunis en groupes plus vastes ou *ordres*, de sorte que peu de familles demeurent aujourd'hui isolées. A leur tour, la plupart de ces ordres ont été disposés en un certain nombre de groupes plus compréhensifs, dont tous les membres sont unis entre eux par une parenté réelle. Mais combien y a-t-il de ces groupes naturels à établir, en d'autres termes, quelle doit être, d'après les données scientifiques, la division de la classe tout entière en groupes primordiaux? Cette question n'est pas résolue jusqu'à présent.

Le groupement de toutes les Dicotylédones en trois divisions : les Apétales, les Gamopétales et les Éleuthéropétales, établi par De Candolle et Endlicher (2), est aujourd'hui assez généralement abandonné, bien que fort usité encore pour les applications pratiques. M. A. Braun (3) a rattaché aux Éleuthéropétales

---

(1) Pour l'étude des caractères des familles naturelles, je ne saurais trop recommander le Traité général de Botanique descriptive et analytique de MM. DECAISNE et LE MAOUT. Paris, 1868, ouvrage accompagné de très-nombreuses et très-belles figures.

(2) ENDLICHER : Genera plantarum secundum ordines naturales disposita, 1836-1840, et Enchiridion botanicum, 1841.

(3) A. BRAUN : Uebersicht des nat. Systems (Flora der Provinz Brandenbourg von ARCHERSON. 1864).

la plus grande partie des anciennes apétales, et M. Hanstein (1) a achevé de les y répartir; de sorte que la classe tout entière ne renferme aujourd'hui que deux sous-classes : les Gamopétales et les Éleuthéropétales. Mais cette division donne une place trop grande, une signification beaucoup trop importante à ce caractère, qu'une plante dicotylédonée a une corolle gamopétale ou une corolle éleuthéropétale. Il suffit, pour s'en convaincre, de considérer d'une part que la division des Éleuthéropétales renferme des types floraux qui non-seulement par ce caractère, mais encore sous tous les autres rapports, diffèrent profondément les uns des autres, tandis que, d'autre part, il existe entre certains groupes d'Éleuthéropétales et certains groupes de Gamopétales les liens de parenté les plus intimes. Je crois donc préférable d'établir les divisions primordiales de notre classe sur d'autres caractères et de n'employer l'argument tiré de la soudure ou de l'indépendance des pétales que pour subdiviser le plus grand des groupes principaux ainsi obtenus, lequel est pourvu de deux cycles au périanthe.

Dans la classification qui va suivre, la classe des Dicotylédones se partage tout d'abord en cinq divisions d'égale importance morphologique ou systématique, divisions qu'il faut disposer par la pensée, non pas simplement à la suite l'une de l'autre en une série continue, mais bien plutôt en plusieurs séries parallèles. Cette classification me paraît avoir aussi un avantage pratique, car le nombre extraordinairement grand de familles et d'ordres que renferme cette classe sera plus facilement saisi par l'imagination et retenu par la mémoire, si ces familles et ces ordres viennent tous se ranger dans un petit nombre de groupes compréhensifs et de même importance.

DICOTYLÉDONES.

I. — JULIFLORES.

  A. **Pipérinées.**
  B. **Urticinées.**
  C. **Amentacées.**

II. MONOCHLAMYDÉES.

  A. **Serpentaires.**
  B. **Rhizanthées.**

III. APHANOCYCLIQUES.

  A. **Hydropeltidées.**
  B. **Polycarpées.**
  C. **Cruciflores.**

IV. TÉTRACYCLIQUES.

  α. *Gamopétales.*

  A. **Anisocarpées.**
  B. **Isocarpées.**

(1) HANSTEIN : Uebersicht des nat. Pflanzensystems. Bonn, 1867 ; travail que j'ai suivi avec quelques légers changements dans la première édition de ce Traité. — Voir aussi GRISEBACH : Grundriss der syst. Botanik.

  β. *Éleuthéropétales.*

    C. **Eucycliques.**
    D. **Centrospermées.**
    E. **Discophores.**

  V. Périgynes.

    A. **Calyciflores.**
    B. **Corolliflores.**

Les divisions affectées de lettres capitales correspondent les unes à des ordres, les autres à des séries d'ordres, dans les classifications citées plus haut.

    I. — Juliflores.

Fleurs très-petites ou imperceptibles, rapprochées en inflorescences serrées : épis, capitules ou plus rarement grappes, souvent de forme très-singulière. Fleurs nues, ou entourées d'un périanthe simple et calicinal, le plus souvent diclines, les mâles différant souvent des femelles. — Feuilles simples.

A. **Pipérinées.** — Fleurs très-petites à l'aisselle des bractées, rapprochées en épis serrés, dépourvues de périanthe. Embryon petit, enveloppé par l'endosperme, logé lui-même dans un renfoncement de l'abondant périsperme. — Herbes et arbrisseaux à feuilles souvent verticillées.

  Familles : 1. Pipéracées.
      2. Saururées.
      3. Chloranthées.

B. **Urticinées.** — Périanthe calicinal simple, à 3-5 feuilles, quelquefois nul. Étamines superposées aux feuilles du périanthe. Fleurs hermaphrodites ou diclines et, dans ce dernier cas, les mâles autrement conformées que les femelles (3), le plus souvent agglomérées en inflorescences serrées : épis, ombelles, capitules (2), quelquefois grappes (3), inflorescences qui se développent assez souvent en faux fruits d'aspect singulier (*Morus, Ficus, Dorstenia, Artocarpus*); fruit le plus souvent uniloculaire, rarement biloculaire à loge uniovulée, rarement biovulée. Graine le plus souvent endospermée. — Arbrisseaux ou arbres à feuilles pétiolées et le plus souvent stipulées.

  Familles : 1. Urticacées.
       Urticées.
       Morées.
       Artocarpées.
      2. Platanées.
      3. Cannabinées.
      4. Ulmacées (avec Celtidées).

C. **Amentacées.** — Fleurs diclines, épigynes, disposées en grappes contractées ou faux épis; inflorescence femelle ne renfermant qu'un petit nombre de fleurs (2) et entourée d'une cupule (2). Fruit sec indéhiscent uniséminé; graine sans endosperme. — Arbres à feuilles munies de stipules caduques.

Familles : 1. Bétulacées.
2. Cupulifères.

II. — Monochlamydées.

Les fleurs très-apparentes, grandes ou même très-grandes, se composent
d'un périanthe simple plus ou moins corollin, le plus souvent gamophylle,
d'un ou de plusieurs cycles d'étamines et d'un ovaire polymère qui renferme
un nombre de carpelles égal ou double de celui des feuilles du périanthe. Le
nombre des feuilles des cycles est régi par les nombres deux, trois, quatre,
cinq et augmente en général vers l'intérieur. L'ovaire, le plus souvent infère,
porte une colonne stylaire courte et épaisse, avec laquelle, dans les fleurs hermaphrodites, les étamines sont d'ordinaire entièrement ou partiellement
soudées ; souvent les fleurs sont diclines. Graines nombreuses.

A. **Serpentaires**. — Plantes à tige mince, rampante ou volubile, à grandes
feuilles simples. Cycles floraux binaires et quaternaires (1), ou ternaires
et sénaires; feuilles du périanthe libres (1) ou soudées en tube. Ovaire à
quatre ou à six loges. Embryon petit, mais complétement organisé.

Familles : 1. Népenthées.
2. Aristolochiées.
3. Asarinées.

B. **Rhizanthées**. — Plantes parasites sur racines, dépourvues de chlorophylle
et de feuilles végétatives, dont l'appareil végétatif est le plus souvent
déformé et porte, soit de très-grandes fleurs isolées, soit de petites fleurs
groupées en inflorescences serrées (1). Cycles floraux renfermant deux à
huit feuilles (1), ou trois (2), ou cinq à dix (3). Ovaire uniloculaire ou
à huit loges (1), muni de placentas très-singuliers. Graines très-petites
et très-nombreuses avec embryon rudimentaire.

Familles : 1. Cytinées.
2. Hydnorées.
3. Rafflésiacées.

III. Aphanocycliques.

Fleurs spiralées, hémicycliques ou cycliques, formées de feuilles le plus souvent indépendantes, non soudées entre elles, ou seulement soudées dans le
gynécée, et qui dans le périanthe se séparent nettement d'ordinaire en calice
et corolle. Les relations de nombre dans les quatre formations florales sont très-
variables ; il y a le plus souvent plus d'étamines que de sépales et de pétales.
Carpelles formant rarement un, ordinairement plusieurs ou même de très-
nombreux ovaires monomères; dans l'ordre C, l'ovaire est supère à deux ou
quatre loges. Ovules insérés, çà et là dans les trois ordres, sur la face interne
des carpelles.

A. **Hydropeltidées**. — Plantes aquatiques à grandes fleurs latérales isolées,
où les feuilles du périanthe et les étamines se succèdent en nombre variable
et en spirale continue; plusieurs ovaires monomères (1,2), ou un seul
ovaire polymère multiloculaire. Embryon petit ou entouré d'un endo-

sperme peu abondant, lequel est à son tour logé dans un renfoncement du périsperme.

        Familles : 1. Nélumbiées.
                   2. Cabombées.
                   3. Nymphéacées.

B. **Polycarpées.** — Feuilles florales disposées en spirale ou en cycles ; dans les fleurs cycliques, les cycles sont le plus souvent binaires ou ternaires, et chaque formation en renferme ordinairement plus d'un ; rarement la fleur est tétracyclique pentamère (2). Gynécée formé d'un seul, de plusieurs ou même d'un grand nombre d'ovaires monomères uniséminés ou multiséminés. Embryon petit ; endosperme nul (8), abondant ou même très-grand (9).

        Familles : 1. Renonculacées.
                   2. Dilléniacées.
                   3. Schizandrées.
                   4. Annonacées.
                   5. Magnoliacées.
                   6. Berbéridées.
                   7. Ménispermées.
                   8. Laurinées.
                   9. Myristicées.

C. **Cruciflores.** — Cycles du périanthe binaires ; 3 et 4 ont une corolle quaternaire disposée diagonalement. Deux cycles staminaux ou davantage ; chacun de ces cycles contenant deux ou un multiple de deux étamines. Un ovaire à deux, quatre loges ou davantage. Graines avec (1, 2), ou sans endosperme.

        Familles : 1. Papavéracées.
                   2. Fumariacées.
                   3. Crucifères.
                   4. Capparidées.

IV. Tétracycliques.

Feuilles florales toujours nettement disposées en cycles ; il y a normalement quatre cycles développés en calice, corolle, androcée et gynécée : chaque cycle renferme ordinairement cinq feuilles, plus rarement quatre, très-rarement deux ou huit. Tour à tour chaque cycle peut avorter complétement ou perdre seulement par avortement quelques-uns de ses membres ; c'est le plus souvent sur l'androcée et sur le gynécée que porte cet avortement partiel. — La multiplication des étamines s'y opère le plus souvent, soit par interposition d'un cycle complet ou incomplet entre les membres du cycle typique ou un peu en dehors de lui, soit par dédoublement des membres, soit par ramification d'un petit nombre de feuilles staminales primordiales ; il est rare que le nombre des cycles lui-même se multiplie. Ordinairement tous les cycles alternent, mais il n'est cependant pas rare que les étamines soient superposées aux pétales. — Dans toutes les divisions, il se manifeste une tendance à la diminution du

nombre typique des carpelles; très-souvent il n'y a que deux carpelles situés
un en avant, un en arrière. — Presque toujours un seul ovaire polymère, infère
ou supère, uniloculaire ou pluriloculaire.

α. Gamopétales ou Sympétales.

Les pétales sont soudés en tube à leur base; la corolle ne manque jamais.

A. **Gamopétales anisocarpées.** — Il n'y a jamais multiplication du nombre
typique des membres d'un cycle, ni du nombre typique des cycles de
la fleur; parfois le calice avorte ou certaines étamines, et ordinairement
il ne se développe que deux carpelles antéropostérieurs ou trois carpelles; carpelles unis en un seul ovaire (1).

a. *Hypogynes.*   Ordre 1. TUBIFLORES.

       Familles : 1. Convolvulacées (avec Cuscutées).
              2. Polémoniacées.
              3. Hydrophyllées.
              4. Borraginées.
              5. Solanées.

Ordre 2. LABIATIFLORES.

       Familles : 1. Scrophularinées.
              2. Bignoniacées.
              3. Acanthacées.
              4. Gesnériacées.
              5. Orobanchées.
              6. Ramondiées.
              7. Sélaginées.
              8. Globulariées.
              9. Plantaginées.
            10. Verbénacées.
            11. Labiées.

Ordre 3. DIANDRÉES.

       Familles : 1. Oléinées.
              2. Jasminées.

Ordre 4. CONTORTÉES.

       Familles : 1. Gentianées.
              2. Loganiacées.
              3. Strychnacées.
              4. Apocynées.
              5. Asclépiadées.

b. *Épigynes.*   Ordre 5. AGRÉGÉES.

       Familles : 1. Rubiacées.
              2. Caprifoliacées.
              3. Valérianées.
              4. Dipsacées.

---

(1) Les ordres sont établis d'après MM. Braun et Hanstein.

Ordre 6. SYNANDRÉES.
    Familles : 1. Cucurbitacées.
             2. Campanulacées.
             3. Lobéliacées.
             4. Goodéniacées.
             5. Stylidiées.
             6. Calycérées.
             7. Composées.

B. Gamopétales isocarpées. — A l'exception des Lentibulariées, qui n'ont que deux carpelles antéro-postérieurs, il y a autant de carpelles que de sépales et de pétales; le plus souvent cinq, plus rarement quatre, soudés en un ovaire le plus souvent supère. A l'exception des Lentibulariées, il n'y a pas réduction du nombre des étamines; au contraire, dans les ordres 2 et 3, il y a d'ordinaire interposition d'un cycle complet d'étamines surnuméraires. Dans l'ordre 1, les étamines sont superposées aux pétales et l'ovaire uniloculaire porte plusieurs ovules sur un placenta axile; dans les ordres 2 et 3 l'ovaire est pluriloculaire à loges pluriséminées.

Ordre 1. PRIMULINÉES.
    Familles : 1. Lentibulariées.
             2. Plombaginées.
             3. Primulacées.
             4. Myrsinées.
Ordre 2. DIOSPYRINÉES.
    Familles : 1. Sapotacées.
             2. Ébénacées (avec Styracées).
Ordre 3. BICORNES.
    Familles : 1. Épacridées.
             2. Pyrolacées.
             3. Monotropées.
             4. Rhodoracées.
             5. Éricacées.
             6. Vacciniées.

ε. Éleuthéropétales ou Dialypétales.

Les feuilles de la corolle sont indépendantes les unes des autres ; la corolle avorte quelquefois.

C. Éleuthéropétales eucycliques. — Corolle presque toujours développée. Étamines deux ou trois fois aussi nombreuses que les pétales, à cause de l'interposition d'un cycle surnuméraire complet ou même dédoublé (ordres 6 et 7), ou en nombre plus grand que celui des pétales sans être double, à cause de l'interposition d'un cycle incomplet (ordre 5); il y a parfois superposition aux pétales des étamines de l'androcée isostémone, ou ramification des feuilles staminales primordiales (ordres 2, 3, 8). Carpelles souvent en nombre égal aux sépales et aux pétales (ordres 7 et 8), mais fréquemment en nombre plus faible : deux, trois ou quatre. Ovaire uniloculaire à placentas pariétaux dans l'ordre 1, partout ailleurs pluriloculaire. Graines le plus souvent dépourvues d'endosperme.

Ordre 1. PARIÉTALES.

Familles : 1. Résédacées.

2. Violacées.

3. Monotropées.

4. Loasées.

5. Turnéracées.

6. Papayacées.

7. Passiflorées.

8. Bixacées.

9. Samydées.

10. Cystinées.

Ordre 2. GUTTIFÈRES.

Familles : 1. Salicinées.

2. Tamariscinées.

3. Réaumuriacées.

4. Hypéricinées.

5. Clusiacées.

6. Marcgraviacées.

7. Ternstrœmiacées.

8. Chlænacées.

9. Diptérocarpées.

Ordre 3. HESPÉRIDÉES.

Familles : 1. Aurantiacées.

2. Méliacées (avec Cédrélacées).

3. Humiriacées.

4. Érythroxylées.

Ordre 4. FRANGULINÉES.

Familles : 1. Ampélidées.

2. Rhamnées.

3. Célastrinées.

4. Staphyléacées.

5. Aquifoliacées.

6. Hippocratéacées.

7. Pittosporées.

Ordre 5. ÆSCULINÉES.

Familles : 1. Malpighiacées,

2. Sapindacées.

a. *Acérinées*.

b. *Sapindées*.

c. *Hippocastanées*.

3. Tropæolées.

4. Polygalées.

Ordre 6. TÉRÉBINTHINÉES.

Familles : 1. Térébinthacées.

a. *Anacardiées*.
b. *Burséracées*.
c. *Amyridées*.
2. Rutacées.
a. *Rutées*.
b. *Diosmées*.
c. *Xanthoxylées*.
d. *Simaroubées*.
3. Ochnacées.

Ordre 7. GRUINALES.
Familles : 1. Balsaminées.
2. Limnanthées.
3. Linées.
4. Oxalidées.
5. Géraniacées.
6. Zygophyllées.

Ordre 8. COLUMNIFÈRES.
Familles : 1. Sterculiacées.
2. Buttnériacées.
3. Tiliacées.
4. Malvacées.

Ordre 9. TRICOCCÉES.
Familles : 1. Euphorbiacées.
a. *Euphorbiées*.
b. *Acalyphées*.
2. Phyllanthacées.
a. *Phyllanthées*.
b. *Buxinées*.

D. Éleuthéropétales centrospermées. — La corolle manque ordinairement. Étamines quelquefois moins nombreuses, mais le plus souvent plus nombreuses que les sépales et, dans ce dernier cas, en nombre double ordinairement (4, 5, 6). Ovaire le plus souvent supère et uniloculaire, contenant un ou plusieurs ovules basilaires souvent campylotropes ; plus rarement pluriloculaire à placentation centrale.

Ordre 1. CARYOPHYLLINÉES.
Familles : 1. Nyctaginées.
2. Chénopodées.
3. Amarantacées.
4. Phytolaccées.
5. Portulacées.
6. Caryophyllées.
a. *Paronychiées*.
b. *Scléranthées*.
c. *Alsinées*.
d. *Silénées*.

E. Éleuthéropétales discophores. — Ovaire infère (ordre 1) ou demi-infère ou même supère, et alors parfois polycarpique monomère (Crassulacées). Carpelles en même nombre ou en nombre moindre que les pétales, souvent deux. Quand l'ovaire est infère, ou demi-infère, il se forme le plus souvent un disque nectarifère entre les styles et les étamines. Les étamines sont en même nombre que les pétales (ordre 1), ou en nombre double, ou même plus nombreuses. Le calice est le plus souvent rudimentaire dans l'ordre 1. Graines le plus souvent pourvues d'un abondant endosperme. — Les familles marquées du signe ? sont probablement mal placées ici.

Ordre 1. OMBELLIFLORES.

Familles : 1. Ombellifères.
2. Araliacées.
3. Cornées.

Ordre 2. SAXIFRAGINÉES.

Familles : 1. Saxifragées.
avec *Hydrangées*.
Escalloniées.
Cunoniacées.
2. Grossulariées (?).
3. Philadelphées (?).
4. Francoacées (?).
5. Crassulacées (?).

V. PÉRIGYNES.

Tendance prédominante à la formation de fleurs périgynes ; un bourrelet annulaire émane de l'axe floral, ce bourrelet porte les feuilles du périanthe et les étamines et enveloppe le gynécée d'une coupe ordinaire, ou aplatie en forme d'assiette, ou allongée en forme d'urne ; cette coupe réceptaculaire se soude même parfois à la face externe des carpelles (Pomacées) ; dans quelques-unes des familles rattachées ici provisoirement il existe un ovaire réellement infère (ordre 3, fam. 4,5,6).

A. Pé igynes calyciflores. — Le périanthe, simple et le plus souvent quaternaire, est sépaloïde ou pétaloïde ; la coupe réceptaculaire allongée en tube prend ordinairement le même aspect et, dans les Protéacées, elle est divisée elle-même en quatre parties correspondant aux quatre sépales et aux étamines superposées (voir fig. 339). Étamines en nombre moindre, égal ou double de celui des sépales. Un seul ovaire monomère, rarement un ovaire biloculaire, avec une ou quelques graines ; ces dernières renferment peu ou pas d'endosperme.

Ordre. PROTÉINÉES.

Familles : 1. Thymélées.
2. Éléagnées.
3. Protéacées.

B. Périgynes corolliflores. — Calice, corolle et androcée insérés sur une coupe réceptaculaire ordinaire, ou aplatie en assiette (ordre 1), ou allongée en urne (ordre 2, et en partie ordre 3) ; cette coupe devient assez souvent épaisse et charnue (ordre 2, *Pyrus, Rosa*). Sépales libres ou soudés (ordre 1) ; corolle toujours dialypétale ; ces deux cycles sont souvent quinaires, parfois quaternaires. Androcée isostémone ou diplostémone (ordre 1), ou formé de nombreuses étamines (ordre 2). Étamines souvent ramifiées dans les Myrtacées. Gynécée tantôt composé d'un seul (ordre 1 et en partie ordre 2), ou de plusieurs, ou même de très-nombreux ovaires monomères, tantôt formé d'un ovaire polymère (ordre 3) et alors quelquefois infère.

Ordre 1. LÉGUMINEUSES.

    Familles : 1. Mimosées.
             2. Swartziées.
             3. Cæsalpiniées.
             4. Papilionacées.

Ordre 2. ROSIFLORES.

    Familles : 1. Calycanthées.
             2. Pomacées.
             3. Rosacées.
             4. Sanguisorbées.
             5. Dryadées.
             6. Spiræacées.
             7. Amygdalées.
             8 Chrysobalanées.

Ordre 3. MYRTIFLORES.

    Familles : 1. Lythrariées.
             2. Mélastomacées.
             3. Myrtacées.
             ⎧ 4. Combrétacées. ⎫
peut être aussi   ⎨ 5. OEnothérées. ⎬
             ⎩ 6. Halorrhagées. ⎭

Familles de parenté inconnue ou très-douteuse.

Balanophorées.	Hippuridées.	Polygonées.	Élatinées.
—	—	—	—
Santalacées.	Callitrichées.	Bégoniacées.	Casuarinées.
—	—	—	—
Loranthacées.	Cératophyllées.	Mésembryanthémées.	Myricacées.
—	—	Tétragoniées.	—
Podostémonées.	Empétrées.	Cactées.	Juglandées.

LIVRE TROISIÈME

PHYSIOLOGIE

CHAPITRE PREMIER

LES FORCES MOLÉCULAIRES DANS LA PLANTE

---

§ 1.

États d'agrégation des corps organisés (1).

Tout corps organisé se compose de substance solide et d'eau interposée.
— En chacun de leurs points visibles au microscope, les membranes cellulaires, les grains d'amidon et les corps protoplasmiques consistent en un
mélange de substance solide et d'eau. Si ces corps organisés se trouvent placés
dans un milieu avide d'eau, ou mis au contact de dissolutions aqueuses de propriétés chimiques et de température déterminées, ils peuvent soit perdre une
partie de leur eau de constitution, soit absorber en eux une nouvelle quantité
d'eau. Tout changement apporté ainsi à la proportion d'eau contenue dans
un corps organisé en modifie naturellement le volume : toute perte d'eau
amène une diminution de volume, une contraction ; toute absorption d'eau
provoque une augmentation de volume, un gonflement. Comme l'absorption
d'eau met en liberté une certaine quantité de chaleur (2), on doit admettre
que l'eau se condense en pénétrant la matière (3).

Ces changements dans la proportion d'eau peuvent osciller entre certaines
limites sans amener de modification durable dans la structure moléculaire du
corps organisé. Mais si l'eau de constitution s'abaisse au-dessous d'un certain
minimum ou s'élève, à l'aide d'une température élevée et d'influences chimiques, au-dessus d'un certain maximum, il s'opère des modifications permanentes et désormais irréparables dans la structure intime du corps, et son
organisation intérieure se trouve partiellement ou totalement détruite.

---

(1) J. Sachs : Handbuch der Experimental-Physiologie der Pflanzen. Leipzig, 1865, p. 398.
Traduit en français par M. Marc Micheli sous le titre : Physiologie végétale. Genève, 1868,
p. 422. — Naegeli et Schwendener : Das Mikroskop, II, p. 402. — Cramer : Naturforsch. Gesellsch. Zürich, 8 nov. 1869. — Voir aussi le présent Traité aux pages 38 et 42.

(2) L'amidon, préalablement séché à l'air, s'échauffe de 2 à 3 degrés quand on le mouille
avec de l'eau possédant la même température que lui.

(3) Junk : Poggendorf's Annalen, 1865, Bd. 125, p. 202.

Théorie moléculaire de M. Nägeli. — Ces faits, en concordance avec beaucoup d'autres phénomènes, ont conduit M. Nägeli à supposer que les corps organisés sont composés de petites parties isolées, solides, relativement immuables, invisibles même à l'aide des grossissements les plus forts, et que c'est *entre* ces molécules que l'eau pénètre. Chaque molécule d'un corps organisé et imbibé est, par conséquent, enveloppée d'une couche d'eau qui la sépare complétement et de tous les côtés des molécules voisines. On peut imaginer ces molécules plus ou moins grandes; et il est évident *à priori* que, à égalité d'épaisseur de leurs enveloppes d'eau, des molécules plus grandes constitueront une substance plus dense, des molécules plus petites une substance moins dense. Inversement, on peut conclure que les couches et lamelles de densité diverse qui constituent les corps organisés, notamment les membranes cellulaires et les grains d'amidon, sont composées de molécules de grandeur différente. Et la différence qui existe en ce cas dans la proportion d'eau est telle, qu'elle conduit aussitôt à admettre que la substance la plus dense consiste en molécules plusieurs milliers de fois plus grandes que celles de la substance la plus molle. D'ailleurs, à mesure qu'augmente leur grandeur, ces molécules se rapprochent l'une de l'autre, les couches d'eau qui les entourent deviennent de plus en plus minces, et par suite la densité de la substance tout entière s'en trouve encore accrue.

Dans cette manière de voir, les changements de volume que les corps organisés subissent sous l'influence de la dessiccation ou de l'imbibition, sont simplement dus à ce que pendant l'imbibition les molécules sont écartées l'une de l'autre par l'eau qui pénètre entre elles, d'où un gonflement, tandis que pendant la dessiccation les molécules se rapprochent à mesure que s'échappe l'eau qui est logée dans leurs intervalles, d'où une contraction.

Forces en jeu à l'intérieur des corps organisés. — Dans un corps organisé ainsi constitué, trois genres de forces sont perpétuellement en jeu : 1° la cohésion à l'intérieur de chaque molécule isolée, laquelle est impénétrable à l'eau et se compose à son tour de molécules plus petites et d'atomes ; 2° l'attraction mutuelle des molécules, par où elles tendent à se rapprocher l'une de l'autre ; 3° enfin, l'attraction de la surface des molécules sur l'eau d'imbibition qui les entoure, attraction antagoniste de la précédente.

L'intensité de ces forces varie dans les diverses directions. — Dans les grains d'amidon, dans les membranes cellulaires et en partie aussi dans les cristalloïdes, l'eau d'imbibition n'est pas également distribuée dans tous les sens ; les molécules s'y trouvent, au contraire, plus fortement écartées l'une de l'autre dans certaines directions que dans toutes les autres, ce qu'on voit nettement par les changements de forme de l'ensemble, par la formation de fentes, etc. L'un des effets les plus frappants des tensions qui sont amenées par là dans l'intérieur du corps est sans contredit le raccourcissement qui peut s'opérer dans certaines de ses dimensions pendant qu'il se gonfle. Ainsi, par exemple, les couches membraneuses des fibres libériennes se raccourcissent très-nettement quand elles se gonflent sous l'influence de l'acide sulfurique très-étendu, car les tours des stries spiralées s'y rapprochent alors en se dilatant ; de même, quand ils se gonflent, les cristalloïdes modifient leurs angles de plusieurs degrés. Ces phénomènes sont inexplicables si l'on n'admet pas que les forces moléculaires en jeu dans l'intérieur des substances organisées ont des intensités différentes dans les diverses directions, et à son tour ce résultat n'est possible que si l'on suppose que la forme des molécules n'est pas sphérique.

Forme des molécules; elles sont cristallines et biréfringentes. — L'étude très-détaillée des phénomènes que la lumière polarisée provoque dans les membranes cellulaires, dans les grains d'amidon et dans les cristalloïdes, a conduit MM. Nägeli et Schwendener à une vue plus profonde des choses (1). Ils en ont conclu, en effet, que les molécules possèdent une structure cristalline. Elles sont biréfringentes et ont deux axes optiques ; dans le grain d'amidon et dans la membrane cellulaire elles sont, au moins pour la plupart, orientées de telle façon que l'un des axes de densité de l'éther y soit dirigé radialement, et que les deux autres axes de densité de l'éther soient placés tangentiellement. Dans les cristalloïdes, il est probable que les molécules cristallines sont disposées comme dans un vrai cristal, quoique séparées, ici aussi, par des couches aqueuses isotropes.

La manière dont les corps chlorophylliens et le protoplasma incolore de la cellule se comportent, tant dans la lumière polarisée que sous l'influence d'un gonflement ou d'une contraction, est peu connue encore, et par suite il n'est pas encore possible de se prononcer sur la forme des molécules qui les constituent.

Diversité de nature chimique des molécules. Squelettes des corps organisés. — Les diverses molécules solides qui composent un seul et même corps organisé sont toujours de nature chimique différente, et de telle sorte que tout point visible de ce corps soit occupé par un mélange, par un enchevêtrement de molécules chimiquement différentes, séparées par l'eau d'imbibition.

Dans les grains d'amidon, les membranes cellulaires et les cristalloïdes, on démontre ce fait par l'action de certains dissolvants qui extraient de ces corps certaines substances déterminées, tandis que les autres demeurent en place et forment ce qu'on appelle un *squelette*. Naturellement, ce squelette est moins dense que le corps primitif, mais il montre que l'extraction a porté sur tous les points visibles de la masse sans que la forme extérieure ou la structure interne ait subi d'altération essentielle. Ainsi, par exemple, quand on a, par l'action de l'acide nitrique et du chlorate de potasse, extrait des fibres du bois la lignine qui les incruste, il reste de ces fibres un squelette de cellulose ; de même elles laissent un squelette siliceux doué des propriétés optiques de la membrane cellulaire, quand on a brûlé toute la matière organique qu'elles renfermaient. Le grain d'amidon laisse un squelette très-pauvre en substance, quand on en a extrait la granulose par l'action de la salive ou d'autres agents chimiques. De leur côté les cristalloïdes, quand on a dissous une partie de leur substance, et notamment leur matière colorante, forment un squelette appauvri. Les propriétés de ces squelettes attestent que les molécules non dissoutes qui les constituent affectent essentiellement la même disposition et sont animées des mêmes forces qu'auparavant. Il est donc probable que la matière

____

(1) M. Hofmeister est arrivé de son côté à des conclusions tout autres, mais que je ne puis partager (*Handbuch der phys.*, Botanik, I, p. 348).

extraite se trouvait placée entre ces molécules et n'était pas contenue dans leur propre substance.

Cette manière de voir s'applique aussi, avec plus ou moins de vraisemblance, aux corps chlorophylliens de la cellule et à son protoplasma. Quand on a extrait des premiers par l'éther, l'alcool, l'huile grasse, etc., la matière colorante verte qui les teint, leur substance fondamentale protoplasmique demeure comme un squelette, qui est très-riche, il est vrai, en matière solide. D'autre part, il n'est pas douteux que le protoplasma ne renferme mélangées des substances très-différentes. Ainsi, quand une cellule primordiale nue se secrète une membrane, on peut admettre que les molécules de cette membrane se trouvaient auparavant situées entre celles du protoplasma et qu'elles n'ont fait que changer de lieu et de nature chimique pour venir former la membrane cellulaire, car, pendant ce temps, le protoplasma qui reste en place conserve dans leurs traits essentiels toutes ses propriétés primitives; les choses se passent de même quand des grains d'amidon ou de chlorophylle prennent naissance à l'intérieur du protoplasma. Il existe évidemment dans le protoplasma une substance fondamentale, qui possède et conserve toujours les propriétés essentielles du protoplasma, mais entre les molécules de laquelle diverses autres substances pénètrent à un moment donné pour en ressortir plus tard, ce dont la formation des zoospores et des zygospores offre un exemple tout particulier.

Nutrition et accroissement par intussusception. — Comme nous l'avons montré déjà au Livre premier (p. 42), la nutrition et l'accroissement des corps organisés s'opèrent par voie d'intussusception. La dissolution nutritive pénètre entre les molécules déjà formées, et là, ou bien elle provoque par voie d'apposition le grossissement de chacune de ces molécules, ou bien elle produit, dans les espaces occupés par l'eau, de nouvelles petites molécules qui s'agrandissent ensuite par apposition, ou enfin ces deux choses s'opèrent à la fois en différents points du corps organisé. L'augmentation de volume du corps tout entier, qu'il s'agisse d'une membrane cellulaire, d'un grain d'amidon, d'un cristalloïde, etc., résulte donc de ce que les molécules internes s'écartent de plus en plus les unes des autres. L'accroissement des molécules préexistantes et la formation de nouvelles molécules déterminent d'ailleurs une rupture continuelle de l'équilibre osmotique entre le liquide intérieur au corps et le liquide qui l'enveloppe, c'est-à-dire le suc cellulaire, au sens le plus large de ce mot (voir p. 85); d'où il suit que de nouvelles particules dissoutes appartenant à ce milieu extérieur sont sans cesse attirées dans l'intérieur du corps organisé en voie d'accroissement.

Mutabilité perpétuelle des corps organisés. — Ces phénomènes d'accroissement sont toujours accompagnés de transformations chimiques internes. Le liquide nutritif introduit du dehors renferme, il est vrai, les matériaux nécessaires à la formation de molécules d'une nature chimique déterminée, mais ces matériaux sont chimiquement différents des molécules qu'ils ont à produire. Ainsi les grains d'amidon se nourrissent aux dépens d'un liquide qui ne contient évidemment pas d'amidon dissous; ainsi la membrane cellulaire s'accroît en puisant dans le protoplasma des substances qui ne sont pas de la cellulose dissoute; de même la chlorophylle prend directement naissance à l'intérieur des corps chlorophylliens ; de même encore les substances dont le protoplasma se nourrit par intussusception ont été évidemment élaborées tout d'abord à l'intérieur même du protoplasma, comme on le voit en particulier dans les plasmodies nues, ainsi que dans les Algues et Champignons unicellulaires.

L'accroissement par intussusception est donc lié non-seulement à une rupture continuelle de l'équilibre moléculaire, mais aussi à des phénomènes chimiques intérieurs. Dans l'intervalle des molécules du corps organisé, des combinaisons chimiques d'espèce différente se rencontrent sans cesse à l'état de dissolution et réagissent l'une sur l'autre en se décomposant. Il est certain, par exemple, que tout accroissement exige que les parties diverses de la cellule en voie de développement soient imbibées d'air atmosphérique ; l'oxygène de l'air brûle sans cesse les combinaisons qui existent à l'intérieur du corps organisé ; tout accroissement est donc accompagné d'une formation et d'un dégagement d'acide carbonique. Et c'est une cause de plus pour que l'équilibre des forces chimiques soit continuellement rompu. Cette combustion produit nécessairement de la chaleur, mais elle doit engendrer aussi des actions électriques.

Les mouvements des atomes et des molécules à l'intérieur d'un corps organisé en voie d'accroissement représentent une certaine quantité de travail, et les forces correspondantes sont mises en liberté par des transformations chimiques. C'est précisément en ceci que réside l'essence de l'organisation et de la vie, que les corps organisés sont capables d'un continuel changement intérieur, que tant qu'ils ont le contact de l'eau et de l'oxygène de l'air, une partie seulement de leurs forces internes arrive à se mettre en équilibre et à déterminer ainsi la forme, l'échafaudage de l'ensemble, tandis que, entre les molécules et à l'intérieur même de ces molécules, des modifications chimiques mettent sans cesse en liberté de nouvelles forces, qui à leur tour provoquent de nouveaux changements. Cette perpétuelle mutabilité repose essentiellement sur la structure moléculaire particulière à ces corps et qui permet qu'en chaque point de leur masse il pénètre des substances dissoutes et gazeuses, qui peuvent à leur tour en sortir et être reportées au dehors.

C'est dans les corps chlorophylliens et dans le protoplasma, que cette mutabilité intérieure atteint son plus haut degré. Sous l'influence de la lumière, il s'opère dans les premiers, et cela avec beaucoup d'énergie et de profusion, des phénomènes chimiques particuliers, comme la formation de la matière colorante verte et de l'amidon ; en l'absence de la lumière, au contraire, ils deviennent aussitôt le siège d'autres phénomènes chimiques, qui ne cessent qu'avec la destruction complète du corps chlorophyllien tout entier.

Les merveilleuses propriétés du protoplasma, que l'étude des cellules nous a déjà appris à connaître sous divers aspects trouvent leur plus haute expression dans le mouvement spontané et autonome qui l'anime sans cesse, dans la faculté qu'il a de prendre des formes différentes, de changer à tout instant ses contours et son état intérieur, et par conséquent aussi d'amener ses forces intérieures à avoir une résultante externe, sans qu'on puisse observer du dehors une impulsion correspondante. Dans l'état actuel de la science, il est impossible de donner une explication précise et détaillée de cette remarquable propriété ; mais on en saisira tout au moins les causes les plus générales, si l'on considère que, dans le protoplasma, les forces moléculaires aussi bien que les forces chimiques ne parviennent jamais à l'état d'équilibre, qu'en lui les substances élémentaires les plus différentes sont réparties dans les combinaisons les plus diverses, que l'action chimique de l'oxygène de l'air y donne une impulsion incessamment renouvelée à la rupture de l'équilibre interne, enfin qu'aux dépens de la substance protoplasmique elle-même, des forces sont sans cesse mises en liberté, qui, dans une structure aussi complexe, doivent provoquer les actions les plus compliquées. Toute influence du dehors, si insaisissable qu'elle puisse être, provoquera donc, dans un pareil état de choses, un jeu compliqué de mouvements intérieurs dont nous ne pourrons apercevoir que le dernier effet, et seulement quand cet effet se traduira par des changements de forme extérieurs.

Divers modes de destruction de la structure moléculaire des corps organisés. — La destruction de la structure moléculaire des corps organisés peut être amenée de plusieurs manières très-différentes, et elle permet de pénétrer plus profondément encore dans l'essence de certains phénomènes physiologiques.

C'est principalement par divers degrés de température, par certains agents chimiques et par des milieux très-avides d'eau, que l'état moléculaire des corps organisés subit une altération durable. Mais, en général, ces influences n'agissent pour détruire que lorsqu'elles ont dépassé un certain degré d'intensité, et il n'est pas rare de voir divers degrés de température ou divers états de concentration des réactifs provoquer dans les corps organisés des phénomènes très-différents, non-seulement en quantité, mais même en qualité.

L'effet de la plupart des agents destructeurs dépend éminemment d'ailleurs de la nature chimique de la substance qui forme les matériaux de construction de l'édifice moléculaire du corps organisé; aussi la membrane cellulaire (1) et l'amidon diffèrent-ils sous ce rapport, d'une part, des cristalloïdes, et de l'autre, des grains de chlorophylle et du protoplasma. Les premiers corps sont, en effet, principalement constitués par des hydrates de carbone insolubles dans l'eau, tandis que les seconds renferment surtout des matières albuminoïdes.

Les sujets d'observation abondent sur ce point, et de longtemps encore ils ne seront épuisés ; nous devons donc nous borner ici à étudier quelques-uns des phénomènes les plus remarquables.

Action de la température. — En général la température n'amène dans l'organisation une altération frappante et durable, une destruction, que si elle s'élève au-dessus de 50 degrés, et quelquefois même au-dessus de 60 degrés et que si, en même temps, le corps soumis à son action est abondamment imbibé d'eau. Desséchés à l'air, au contraire, les corps organisés supportent ordinairement, sans en souffrir, une température beaucoup plus élevée.

Ainsi, par exemple, ce n'est que vers 65 degrés que la substance dense et pauvre en eau d'un grain d'amidon imbibé se transforme en empois, tandis que la substance molle et riche en eau du même grain subit déjà la même conversion à 55 degrés (M. Nägeli). En même temps la capacité d'absorption

---

(1) Ici et dans tout ce qui va suivre, je suppose la membrane cellulaire non cuticularisée, non lignifiée, non transformée en mucilage.

pour l'eau et par conséquent le volume du grain s'accroît énormément ; d'après Payen l'augmentation de volume de l'amidon dans l'eau à 60 degrés est de 142 p. 100, vers 70 à 72 degrés elle est de 1255 p. 100, tandis que l'amidon non altéré ne renferme d'après M. Nägeli que 40 à 70 p. 100 d'eau. Desséché à l'air, l'amidon peut au contraire être chauffé jusqu'à 200 degrés sans que son pouvoir d'absorption pour l'eau augmente sensiblement ; mais alors il est chimiquement modifié et converti en dextrine.

Pour la membrane cellulaire, on ne connaît pas encore les degrés de température correspondants, mais en tout cas ils diffèrent de ceux que nous venons de citer.

Comme l'albumine, les corps protoplasmiques, qui en sont principalement composés, sont coagulés déjà vers 50 à 60 degrés s'ils sont imbibés d'eau ; séchés à l'air, ils peuvent au contraire supporter une température bien plus élevée sans subir aucune destruction dans leur structure moléculaire (1).

Remarquons la différence frappante qui existe dans l'action de la température, d'une part sur les grains d'amidon imbibés et d'autre part sur les corps protoplasmiques imbibés. Dans les premiers, la faculté d'absorption pour l'eau se trouve par là énormément accrue, leur structure se relâche par conséquent, et ils sont désormais plus facilement accessibles aux actions chimiques extérieures. La coagulation qui s'opère chez les autres diminue, au contraire, leur faculté d'absorption pour l'eau, ainsi que la mobilité de leurs molécules, et les rend par conséquent plus résistants vis-à-vis des actions chimiques extérieures. Cette différence se manifeste également quand l'altération de la structure moléculaire a été provoquée par les acides, et dans ce cas la membrane cellulaire normale se comporte comme l'amidon lui-même.

Action des acides. — Très-étendus d'eau, les acides et notamment l'acide sulfurique déterminent, à la température ordinaire, dans les grains d'amidon et dans les membranes cellulaires un gonflement plus fort que l'eau pure, sans cependant détruire l'organisation de ces corps ; l'acide

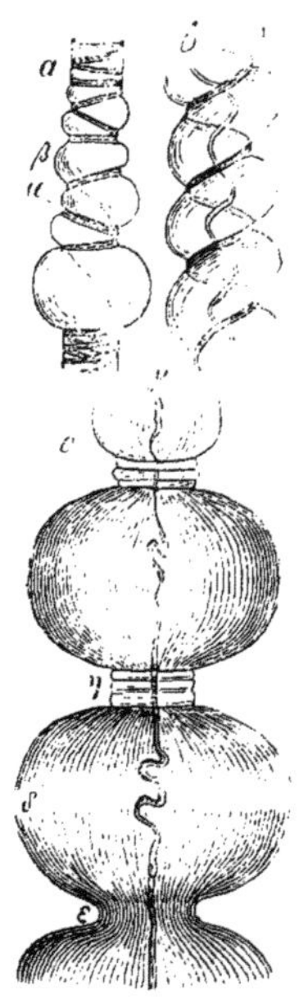

Fig. 456. — Cellules libériennes de la feuille du *Hoya carnosa* (voir fig. 32, p. 41) : — *a* et *b*, au début de l'action de l'iode et de l'acide sulfurique étendu ; *c*, après l'action plus prolongée de l'acide sulfurique étendu. — Dans *a*, α et β est la couche la plus externe de la membrane, non gonflée, mais colorée en bleu sombre, qui se déchire, ici un peu irrégulièrement mais très-régulièrement en *b*, en un ruban spiralé, tandis que les couches internes de la membrane se gonflent au dehors à travers la fente ; ces couches sont colorées en bleu clair par l'iode. — Dans *c*, γ est la cavité de la fibre libérienne, ε et ζ sont les étranglements aux endroits où la couche membraneuse externe est particulièrement solide et résistante ; en δ la substance fortement gonflée commence à se dissoudre (800).

(1) Sachs : Handbuch der Exp. Phys., p. 63. (Trad. française, p. 68.)

une fois enlevé par lavage, le corps revient à son premier état. Au contraire, si l'acide est plus concentré, le grain d'amidon ou la membrane cellulaire se gonflent énormément et sont amenés à l'état d'empois (fig. 436). Dans les mêmes circonstances, les corps protoplasmiques subissent une altération toute différente : ils se coagulent, comme sous l'influence d'une température élevée. Enfin, l'acide sulfurique concentré détruit complétement la structure moléculaire du corps et transforme plus ou moins profondément la nature chimique de sa substance; qu'i's soient amylacés ou protoplasmiques, les corps organisés sont alors liquéfiés.

Action des alcalis. — Une dissolution de potasse détermine dans les grains d'amidon les mêmes phénomènes de gonflement que l'acide sulfurique, mais son action sur les corps protoplasmiques est, au contraire, très-différente de celle de l'acide. Dans une dissolution de potasse très-étendue, ces corps se gonflent fortement ou se liquéfient, comme on le voit en particulier sur le protoplasma et sur le noyau des très-jeunes cellules ; dans les cellules âgées, au contraire, le protoplasma se montre souvent très-résistant. Mais. dans une dissolution très-concentrée, les corps protoplasmiques conservent souvent leur forme et en apparence aussi leur structure moléculaire, ils ne se coagulent pas, ni ne se liquéfient; mais où l'on voit que leur structure moléculaire est, malgré les apparences, profondément détruite, c'est quand on y ajoute alors une grande quantité d'eau : ils se liquéfient aussitôt.

Actions mécaniques. — Les corps organisés supportent, sans en souffrir, les actions mécaniques de faible intensité, comme une pression, un choc, une traction. Tantôt en effet, comme les grains d'amidon et les membranes cellulaires, ils sont suffisamment élastiques pour contrebalancer la modification ainsi produite dans leur forme extérieure et dans leurs tensions internes; tantôt, au contraire, comme les corps chlorophylliens et protoplasmiques, ils ne sont pas élastiques du tout et peuvent, par conséquent, compenser d'une autre façon de légères déformations passives.

Mais une forte pression, une traction puissante ou un choc énergique déterminent dans les corps organisés des déchirures, c'est-à-dire des séparations de molécules, qui ne sont pas contrebalancées. Dans les fragments ainsi isolés, la structure moléculaire primitive peut se trouver entièrement conservée, comme on le voit dans les fragments de grains d'amidon brisés ou de membranes cellulaires. On en a une preuve plus frappante encore dans le protoplasma mobile dont les divers fragments, unis auparavant en un corps unique, peuvent devenir autant d'individus nouveaux et se mouvoir pour leur propre compte; il en est ainsi, par exemple, dans les fragments séparés des plasmodies, dans le protoplasma en voie de rotation à l'intérieur des poils radicaux de l'*Hydrocharis*, quand, par la contraction dans un liquide sucré, il s'est séparé en deux moitiés, etc. Inversement, deux ou plusieurs corps protoplasmiques individualisés peuvent se réunir en un tout, comme cela a lieu pour la formation des plasmodies, des zygospores et des oospores.

Pour amener par des moyens purement mécaniques la destruction complète du corps organisé, il faut le pulvériser, c'est-à-dire, par de nombreuses fentes en tous sens, en séparer les molécules et les mélanger d'une façon arbitraire ou accidentelle. Dans ce cas, les corps protoplasmiques subiront d'ordinaire une modification chimique, corrélative de la destruction mécanique totale de leur structure moléculaire. Dans certaines membranes cellulaires, la simple solution de continuité opérée par une section apporte déjà des changements frappants dans les parties voisines et éloignées; ainsi, d'après M. Nägeli, les membranes cellulaires du *Schizomeris* se raccourcissent et s'épaississent en même temps à un haut degré, par le seul effet de leur section.

Changements apportés par la mort dans les propriétés de diffusion des corps organisés. — Les modifications permanentes apportées dans la structure moléculaire des corps organisés par les diverses actions nuisibles que nous venons d'étudier, et qui en déterminent la mort, sont accompagnées le plus souvent par une altération profonde dans les propriétés de diffusion de ces corps. Pour l'amidon et la cellulose on sait peu de chose encore sur ce point, mais un intérêt d'autant plus grand s'attache aux phénomènes présentés par le protoplasma et par son noyau (1).

Le protoplasma vivant ne puise jamais aucun principe colorant dans le liquide qui le baigne; mais dès qu'il a été tué par la chaleur ou par les agents chimiques, non-seulement il absorbe les matières colorantes dissoutes dans le liquide ambiant, mais il les accumule dans sa masse avec une énergie telle, qu'il paraît bientôt beaucoup plus fortement coloré que la dissolution extérieure. L'amidon et la membrane cellulaire, même à l'état frais et vivant, enlèvent, au contraire, à une dissolution iodée relativement beaucoup plus d'iode que de dissolvant et se colorent par conséquent avec plus d'intensité que le liquide externe; en outre, non-seulement cette coloration est plus intense, mais elle est différente, le plus souvent bleue, tandis que le liquide ambiant est jaune brun.

Tué de quelque façon que ce soit, par la gelée, par la chaleur, par les agents chimiques, le protoplasma qui tapisse la membrane cellulaire devient plus perméable (2); il laisse désormais filtrer au dehors le suc cellulaire, qui dans les cellules vivantes et en voie d'accroissement est toujours soumis à une forte pression; on dirait qu'il est devenu poreux. On met cette perméabilité en pleine évidence, en soumettant des cellules ou des tissus colorés à la congélation ou à un échauffement supérieur à 50 degrés, et en les plaçant ensuite dans l'eau; ils laissent échapper, diffuser dans l'eau toute leur matière colorante, ce qu'ils ne faisaient en aucune façon pendant leur vie.

Nature des changements apportés par la mort dans la structure moléculaire des corps organisés. — M. Nägeli a recherché la véritable nature du changement que la structure moléculaire des corps organisés subit, quand on les chauffe à l'état humide au-dessus de 50 à 60 degrés, ou quand on les gonfle fortement par les acides ou les alcalis. Il la trouve dans un brisement, dans une destruction de la molécule cristalline elle-même.

Pour les grains d'amidon et les membranes cellulaires, cette opinion est appuyée par quelques faits qui, jusqu'ici, ne peuvent s'expliquer autrement.

(1) Nægeli : Pflanzenphys. Untersuchungen, I, p. 5. — Hugo de Vries : Archives Néerlandaises, VI, 1871.

(2) On ignore s'il en est de même de la membrane cellulaire.

L'accroissement de l'eau d'imbibition dans les mêmes circonstances se comprend aisément, puisque le brisement des molécules augmente le nombre des particules avides d'eau et en diminue la grosseur, ce qui doit nécessairement amener une augmentation de l'eau interposée et un accroissement de volume correspondant. Quant à ce fait, que les couches plus denses des grains d'amidon et des membranes cellulaires, en se gonflant fortement dans ces mêmes circonstances, deviennent semblables aux plus molles, il s'explique si l'on se rappelle que les premières sont probablement composées de grandes molécules et les secondes de petites molécules ; les grandes molécules de la substance dense, se trouvant brisées en un grand nombre de petites molécules, deviennent, en effet, semblables à celles de la substance molle.

D'autre part, on sait que la destruction de l'organisation par un gonflement énergique entraîne un grand changement dans les propriétés optiques de l'amidon et de la membrane cellulaire, et notamment la disparition sans retour de l'action que ces corps exerçaient auparavant sur la lumière polarisée. Ce phénomène s'explique encore, si l'on admet que, sous les influences en question, les molécules optiquement actives perdent leur forme en se brisant, et que leurs fragments sont désormais irrégulièrement entremêlés. Jusqu'à quel point ces vues s'appliquent-elles aux corps protoplasmiques et à leur coagulation ? C'est une question qui demeure pour le moment indécise.

Le produit de destruction d'un corps organisé est un corps colloïdal. Comparaison des corps colloïdaux avec les corps organisés et les corps cristallisés. — La destruction de la structure moléculaire des corps organisés peut s'effectuer graduellement, et quand elle a dépassé une certaine limite, il naît, aux dépens des matériaux primitivement organisés, un nouveau corps, dont l'état moléculaire est désigné depuis Graham sous le nom d'état colloïdal. Étant donnée la ressemblance entre les corps organisés et les corps cristallisés, telle que l'admettent MM. Nägeli et Schwendener, il n'y a donc pas lieu d'être surpris que des substances minérales, qui se présentent ailleurs sous forme de cristaux, affectent aussi dans certaines circonstances l'état colloïdal, comme c'est le cas, par exemple, pour l'acide silicique (1).

Les corps organisés absorbent de l'eau et d'autres liquides, en augmentant de volume jusqu'à un certain maximum; ils sont alors saturés. Les corps cristallisés se dissolvent complétement dans un certain minimum d'eau, et forment une dissolution saturée que l'on peut étendre indéfiniment à volonté. Les corps colloïdaux réalisent, sous ce rapport, un état moyen; ils sont miscibles à l'eau en toute proportion, il n'y a pour eux ni maximum, ni minimum dans la quantité d'eau qu'ils peuvent renfermer. Dans les corps organisés et cristallisés, les dissolvants déterminent un passage brusque de l'état solide à l'état liquide. Les corps colloïdaux parviennent de l'état sec à l'état de dissolution, si toutefois ils sont solubles, en passant par tous les degrés possibles de ramollissement; d'abord ils sont durs, ils deviennent pâteux, puis semi-fluides, puis enfin vraiment liquides; mais même à cet état liquide, ils sont mucilagineux, cohérents, et ils adhèrent fortement aux corps organisés, faible-

(1) Voir Th. Graham: Ann. der Chemie und Pharmacie, 1867, Bd. 135, p. 65.

ment aux corps cristallisés. Même très-étendus d'eau, ils se diffusent lentement, et certains d'entre eux paraissent même ne pas pouvoir traverser les membranes organisées, les membranes cellulaires par exemple. Par la dessiccation, ils produisent une substance homogène qui, par son mode de gonflement et ses propriétés optiques, diffère beaucoup des corps cristallisés et des corps organisés. Par opposition à ces deux classes de corps, les corps colloïdaux peuvent être dits *intérieurement* amorphes, comme ils le sont aussi extérieurement.

A l'intérieur de la plante, les corps colloïdaux se rencontrent souvent comme produits de destruction des corps organisés et, dans certaines circonstances favorables, ils fournissent aussi les matériaux nécessaires à la formation de nouveaux corps organisés. Ainsi la bassorine, et peut-être aussi l'arabine, provient, comme la gelée de coing et le mucilage de lin, de la désorganisation des membranes cellulaires; peut-être en est-il de même de la substance cuticulaire. La viscine paraît provenir aussi de membranes cellulaires transformées. L'origine de la pectine colloïdale et du caoutchouc est encore inconnue. A l'intérieur de la plante, toutes ces substances ne trouvent plus d'emploi ultérieur.

Cellules artificielles de M. Traube (1). — De tous les phénomènes d'accroissement que l'on observe dans le règne végétal, les plus importants sont ceux dont la membrane cellulaire est le siége, et tout ce qui peut contribuer à faire connaître plus exactement et sous ses diverses faces le développement de cette membrane doit être considéré comme une précieuse acquisition. Les recherches de M. Traube, que nous allons résumer ici, offrent sous ce rapport un grand intérêt, bien qu'il ne soit pas toujours possible d'appliquer à des parties de plantes réelles toutes les propriétés des cellules artificielles réalisées par cet expérimentateur.

Partant de ce fait établi par Graham, que les colloïdes dissous sont incapables de se diffuser à travers des membranes colloïdales, et de cette autre observation, que les précipités de substances colloïdales sont le plus souvent eux-mêmes colloïdaux, M. Traube a trouvé qu'une goutte du colloïde A, portée dans une dissolution du colloïde B, doit s'entourer d'une membrane précipitée et constituer ainsi une cellule artificielle. Si le liquide A est plus concentré que B, ou mieux si son attraction sur l'eau est plus grande, la cellule devra se gonfler. c'est-à-dire que sa membrane sera distendue par la nouvelle quantité d'eau introduite; par là, les molécules de la membrane seront assez écartées l'une de l'autre pour qu'une nouvelle précipitation s'opère dans leurs intervalles et amène ainsi l'accroissement superficiel de cette membrane.

Cellules artificielles de tannate de gélatine. — M. Traube a principalement soumis à une étude attentive des cellules dont la membrane était formée par un précipité de tannate de gélatine. A cet effet, on commence par enlever à la gélatine sa coagulabilité par une ébullition de 36 heures. Au moyen d'une baguette de verre, on prend alors une grosse goutte de cette gélatine siru-

(1) Traube : Experimente zur Theorie der Zellbildung und Endosmose (Archiv. für Anatomie, Physiologie und wiss. Medicin, von Reichert und Dubois-Reymond, 1867, p. 87).

peuse, on la laisse se dessécher à l'air pendant quelques heures, et on la plonge ensuite dans un flacon à moitié rempli d'une solution de tannin en fixant la baguette de verre dans le bouchon du flacon.

La dissolution de gélatine qui se produit à la périphérie de la goutte forme immédiatement, avec la dissolution de tannin où elle est plongée, une membrane fermée, et l'eau qui pénètre à travers cette membrane dissout progressivement la gélatine intérieure. Dans une dissolution étendue contenant 0,8 à 1,18 pour 100 de tannin, la membrane qui se forme est fortement tendue, non irisée et par conséquent épaisse; dans une dissolution plus concentrée contenant 3,5 à 6 p. 100 de tannin, c'est-à-dire avec une moindre différence de concentration des deux liquides en présence. la membrane est irisée, très-mince par conséquent, et faiblement tendue (1).

Munies d'une paroi épaisse au début, les cellules de M. Traube parcourent diverses phases de développement. Elles demeurent sphériques aussi longtemps que le noyau gélatineux n'y est pas entièrement dissous ; puis il apparaît dans leur intérieur et de haut en bas un trouble provenant de la dissolution d'une partie de la membrane dans la solution de gélatine, qui est plus étendue dans la région supérieure ; en même temps la membrane commence à s'affaisser et à revêtir des teintes irisées ; enfin le contenu s'éclaircit et la membrane se tend de nouveau. Déchirée après plusieurs semaines, la cellule laisse encore échapper de la gélatine.

Plus est grande la différence de concentration des deux liquides en présence, plus la membrane est solide et tendue ; en d'autres termes, plus est grande l'intensité des attractions osmotiques, plus est élevé le nombre des couches d'atomes coagulés en particules membraneuses, plus épaisse la membrane.

En ce qui concerne les propriétés de ce genre de membranes, M. Traube montre d'abord que toutes les membranes employées jusqu'ici dans les recherches sur la diffusion des corps ont des trous (2). Les membranes précipitées comme nous venons de le dire, au contraire, n'ont que des interstices moléculaires, et même ces derniers sont, d'après l'auteur, *plus petits* que les molécules du précipité dont la membrane se compose, car s'ils étaient plus grands, il s'y formerait immédiatement de nouvelles molécules de précipité. Malgré cette grande densité, l'endosmose est plus rapide à travers ces

____

(1) Les membranes de gélatine seules se comportent ainsi. toutes les autres demeurent encore irisées quand elles sont fortement tendues.

(2) Il est facile de se convaincre de l'existence de véritables trous dans les membranes avec lesquelles les expériences de diffusion ont été faites jusqu'ici : membranes de la vessie de porc et de bœuf, du péricarde, de l'amnios, lames de collodion, feuilles de papier parchemin, etc. Il suffit de les tendre sur un large tube de verre, de verser dans le tube une colonne d'eau de 20 à 40 centimètres de hauteur et de sécher à plusieurs reprises la surface libre de la membrane avec du papier à filtrer. On voit alors presque toujours de l'eau perler à de certaines places isolées ; il est rare d'obtenir une portion de membrane de 2 à 3 centimètres carrés de surface entièrement continue. Les trous se voient mieux encore, si l'on remplit le tube avec une dissolution saline concentrée et si on le plonge dans l'eau ; au lieu d'un courant diffusif homogène, égal en tous les points de la membrane, on voit alors descendre dans l'eau des filaments isolés de dissolution saline. Ces observations montrent combien doivent être peu satisfaisantes les recherches faites jusqu'ici sur la diffusion à travers les membranes.

membranes qu'à travers toutes les autres, parce qu'elles sont plus minces.

La membrane devient d'ailleurs plus solide et peut être aussi plus rigide, si à la gélatine bouillie l'on ajoute de l'acétate de plomb ou du sulfate de cuivre.

Aussitôt que, par la pression du contenu de la cellule incessamment accru par l'endosmose, les molécules de la membrane distendue se sont assez écartées l'une de l'autre pour permettre le passage dans leurs interstices des molécules des deux liquides formateurs, ces dernières doivent évidemment réagir de nouveau et produire de nouvelles molécules de membrane, qui s'intercalent entre les molécules préexistantes. *Il s'opère ainsi un accroissement par intussusception, provoqué par l'extension de la membrane, extension causée à son tour par l'endosmose.* Que l'accroissement s'opère non pas seulement par extension, mais par interposition, M. Traube le démontre en remplaçant la solution de tannin par de l'eau ; dès que la substitution est faite, c'est-à-dire dès que, l'endosmose continuant à agir, toute formation de nouvelles molécules de précipité dans la membrane se trouve empêchée, aussitôt cesse tout accroissement de la cellule.

Aussi longtemps que la concentration du contenu de la cellule artificielle est la même en tous ses points, la membrane conserve la même épaisseur dans toute son étendue et la cellule demeure sphérique. Mais quand le contenu s'étend, il se forme une dissolution plus concentrée dans la partie inférieure de la cellule, plus étendue au contraire dans sa région supérieure. En conséquence, la membrane devient en haut plus mince et plus extensible, puisque la différence de concentration des liquides en présence y est plus faible ; elle se distend donc plus fortement en haut qu'en bas, et son accroissement en surface y est aussi plus énergique, de sorte qu'il n'est pas rare d'y voir se développer des bourrelets ou des excroissances. On peut résumer ceci en ces termes : l'endosmose prédomine à mesure qu'on s'avance vers le bas de la cellule, l'accroissement à mesure qu'on s'avance vers le haut. De son côté, la différence de concentration qui existe dans l'intérieur de la cellule et qui est la source de cette inégalité d'accroissement et d'endosmose, résulte de ce que l'eau introduite au début par l'endosmose ne se mêle pas immédiatement et uniformément avec toutes les parties de la dissolution intérieure, de sorte que des couches de diverse densité se forment et se superposent.

Des recherches ultérieures ont montré que l'on peut obtenir aussi des membranes précipitées, douées d'accroissement et semblables à des membranes cellulaires, en faisant agir soit un corps colloïdal sur un corps cristallisé, par exemple du tannin ou du silicate de potasse sur de l'acétate de cuivre ou du saccharate de plomb, soit même deux corps cristallisés entre eux, par exemple, du cyanoferrure jaune de potassium avec de l'acétate de cuivre ou avec du chlorure de cuivre. Ces recherches ont conduit M. Traube à la conclusion suivante : *Tout précipité dont les interstices sont plus petits que les molécules de ses composants doit, par le contact des dissolutions de ses composants, prendre la forme d'une membrane.*

Ces membranes précipitées ne renfermant, comme nous l'avons vu plus haut, que des interstices moléculaires, mais point de trous, sont par suite excellemment appropriées à l'étude des phénomènes osmotiques. Elles se comportent, sous ce rapport, tout autrement que les membranes dont on fait ordinairement usage dans ce genre de recherches. Souvent, en effet, elles sont complétement inperméables, même pour les substances les plus diffusibles, tandis qu'elles se laissent facilement traverser par d'autres composés chimiques, et chaque membrane se montre à cet égard douée de propriétés spéciales. Citons-en quelques exemples.

D'abord, il va de soi que toute membrane précipitée est imperméable pour les deux composants qui lui ont donné naissance. Mais en outre, la membrane formée de tannate de gélatine bouillie, par exemple, est aussi imperméable pour le ferrocyanure de potassium, tandis qu'elle est perméable au contraire pour le chlorhydrate d'ammoniaque, le nitrate de baryte, et pour l'eau. La membrane de ferrocyanure de cuivre, qui se forme autour d'une goutte de chlorure de cuivre plongée dans le ferrocyanure de potassium, est imperméable pour le chlorure de baryum, le chlorure de calcium, le sulfate de potasse, le sulfate d'ammoniaque, le nitrate de baryte ; elle est perméable, au contraire, pour le chlorure de potassium et pour l'eau.

D'une façon générale, la perméabilité des membranes précipitées offre, suivant M. Traube, un moyen de déterminer la grandeur relative des molécules de diverses dissolutions ; car il ne pourra passer à travers la membrane que des molécules plus petites que les interstices de cette membrane et par conséquent plus petites aussi que les molécules des deux membranogènes.

Ajoute-t-on à la solution de gélatine boiullie un peu de sulfate d'ammoniaque, et à la dissolution de tannin un peu de chlorure de baryum, il se produit une membrane de tannate de gélatine et, à l'intérieur de cette membrane, un précipité de sulfate de baryte qui en rapetisse encore les interstices. Les quatre dissolutions en présence ne peuvent plus se diffuser à travers cette membrane ainsi incrustée, mais elle est encore perméable pour les molécules plus petites du chorhydrate d'ammoniaque et de l'eau.

Il n'existe pas, d'après M. Traube, d'équivalent endosmotique, dans le sens attribué à ce mot dans l'ancienne théorie. L'endosmose est indépendante de tout échange et consiste exclusivement dans l'attraction du corps qui se dissout pour son dissolvant; attraction qui est constante si la température ne change pas et qui peut être désignée sous le nom de force endosmotique. Ainsi, par exemple, la force endosmotique du sucre de raisin est très grande, celle des corps gélatineux très-faible.

Ces recherches ont pour la physiologie des plantes une très-haute valeur, et nous aurons souvent à les invoquer par la suite, tout en faisant parmi elles un choix prudent. M. Traube y a ajouté des observations sur l'accroissement des membranes précipitées de ferrocyanure de cuivre, mais je dois dire que, malgré de nombreuses recherches personnelles, je n'ai pas pu en vérifier les résultats principaux.

Cellules artificielles de ferrocyanure de cuivre. — Si, dans une dissolution étendue de ferrocyanure de potassium, on laisse tomber une goutte d'une dissolution très-concentrée de chlorure de cuivre, on voit cette goutte se revêtir aussitôt d'une mince membrane, brunâtre ou brune, de ferrocyanure de cuivre, laquelle ne tarde pas à présenter des phénomènes particuliers. Il est plus commode encore de jeter dans la dissolution jaune de ferrocyanure de petits fragments de chlorure de cuivre qui forment aussitôt, aux dépens de l'eau de cette dissolution, autant de gouttes vertes ; chaque goutte verte produit une membrane à sa surface et renferme encore du chlorure de cuivre à l'état solide, lequel se dissout progressivement dans l'eau qui traverse la membrane. Ainsi constituées, ces cellules de ferrocyanure de cuivre présentent un vif accroissement et bien des particularités difficiles à expliquer et qu dépendent des circonstances extérieures. Souvent elles ont une membrane mince, sont arrondies avec une faible tendance à s'accroître vers le haut, développent habituellement de petites excroissances en forme de verrues et atteignent un volume très-considérable, 1 à 2 centimètres de diamètre, par exemple ; ce genre de cellules parait prendre naissance surtout par la dissolution de gros fragments de chlorure de cuivre. D'autres, au contraire, ont une membrane épaisse, rouge-brun, croissent rapidement vers le haut en forme de cylindre irrégulier, se ramifient rarement et acquièrent souvent plusieurs centimètres de hauteur pour 2 à 4 mill. de diamètre. En outre, on observe des combinaisons des deux types précédents, qui présentent parfois l'aspect d'une sorte de rhizome tuberculeux horizontal, duquel partent vers le haut de longues excroissances en forme de tiges et vers le bas des prolongements en forme de racines.

L'espace ne nous permet pas de donner ici une description détaillée de ces phénomènes ; qu'il nous suffise de faire remarquer que les membranes de ferrocyanure de cuivre ne s'accroissent nullement par intussusception, comme l'admet M. Traube, mais d'une manière toute différente, par éruption.

En effet, dès qu'une membrane brune est née tout autour de la goutte verte, l'eau extérieure pénètre rapidement vers le chlorure de cuivre à travers cette membrane, qui se tend d'abord fortement, puis enfin, comme il est facile de le voir, *se déchire*. La dissolution verte s'échappe aussitôt par la fente, mais elle s'y revêt bientôt d'une membrane précipitée qui prend l'aspect soit d'une pièce rapportée dans la cellule primitive, soit d'une excroissance ou d'une branche de cette cellule. Ce phénomène se reproduit aussi longtemps qu'il subsiste du chlorure de cuivre à l'intérieur de la cellule. Il ne peut donc pas être question ici d'une interposition de molécules membraneuses entre les molécules préexistantes. Ces cellules sont pour ainsi dire invulnérables ; si on les pique en un point, il s'y fait, au moment même où l'on en retire la pointe, une excroissance qui la suit, phénomène qui s'explique facilement d'après ce qui précède.

L'eau extérieure se précipitant rapidement à travers la membrane, le chlorure de cuivre dissous ou encore à l'état solide n'a pas le temps de former une dissolution homogène et il se fait à l'intérieur de la cellule une stratification, qui commence en bas par une solution très-concentrée et finit en haut par de l'eau presque pure, quand la cellule est déjà fortement accrue. Et comme il arrive toujours un moment où le liquide peu concentré d'en haut est moins dense que la dissolution jaune extérieure, ce liquide exerce désormais une pression vers le haut sur la membrane (1), jusqu'à ce qu'enfin cette dernière

_____

(1) Comme un bouchon plongé dans l'eau cherche à remonter à la surface.

crève, au sommet même dans la seconde forme de cellules, au-dessous du sommet dans la première. Le liquide moins dense s'élève alors par l'ouverture, mais il s'entoure aussitôt d'une membrane qui s'ajuste aux bords de la fente de la membrane primitive. Ainsi donc l'accroissement terminal des cellules du second genre, comme la formation des verrues et des branches dans les cellules du premier, c'est-à-dire dans les cellules arrondies, s'opère en forme d'éruption. Quand enfin le liquide supérieur de la cellule est devenu de l'eau pure, de grandes portions de la membrane se déchirent, se séparent et s'élèvent dans le liquide ambiant, comme les ballons dans l'atmosphère, sans être fermés par en bas. Une fois que le chlorure de cuivre a été employé tout entier à la formation de la membrane, l'ouverture produite au sommet de la cellule par la déchirure des calottes dont nous venons de parler ne se referme plus, et la cellule tout entière se renverse et s'élève à son tour comme un ballon.

Si l'on place horizontalement les cellules allongées à accroissement rapide du second type, il se forme à la pointe extrême comme à l'endroit le moins résistant une excroissance qui se dresse verticalement à angle droit et qui s'accroît ensuite vers le haut comme faisait le sommet primitif de la cellule. Ce phénomène, bien qu'il rappelle de loin la courbure verticale des tiges horizontales en voie d'accroissement, n'a pas cependant en réalité la moindre analogie véritable avec cette courbure ; nous le montrerons au chapitre IV, mais cela devient tout de suite évident si l'on considère, que dans ce genre de cellules artificielles il ne s'agit en aucune façon d'un accroissement par intussusception.

§ 2.

Mouvement de l'eau dans la plante (1).

Lents mouvements de l'eau amenés par les phénomènes d'accroissement et de nutrition. Eau de végétation. — L'accroissement des cellules des plantes est toujours lié nécessairement à une absorption d'eau, non pas seulement parce que l'espace occupé par le suc cellulaire s'agrandit, mais aussi parce que l'accroissement de la membrane et des autres corps organisés de la cellule exige pour s'opérer une intercalation correspondante de particules d'eau entre les molécules solides. Il faut donc sans cesse fournir de l'eau aux cellules et aux tissus en voie d'accroissement. Si les organes qui absorbent cette eau dans le milieu extérieur sont éloignés des tissus qui se développent, pour se transporter du lieu d'absorption au lieu d'utilisation le liquide aura à parcourir dans la plante un chemin étendu. De leur côté, les organes d'assimilation, arrivés à l'état de développement complet, consomment de l'eau, qu'ils décomposent pour fournir l'hydrogène nécessaire à la formation des combinaisons organiques. Enfin les réservoirs de matières nutritives, où les composés assimilés s'emmagasinent temporairement, exigent également une

---

(1) Sachs : Handbuch der Experimental-Physiologie, chap. VII, p. 196 ; les travaux anciens y sont cités jusqu'en 1865 ; ce qu'il y a d'utile dans les travaux récents sera cité plus loin. (Trad. française, 1868, chap. VII, p. 218.)

certaine quantité d'eau de végétation quand arrive le moment où ces substances se dissolvent pour se rendre aux extrémités des racines, des tiges et des feuilles et leur apporter les matériaux nécessaires à leur accroissement.

Toutes ces causes, étroitement liées à la nutrition et à l'accroissement, déterminent dans le corps de la plante des mouvements d'eau qui s'accomplissent lentement, comme l'accroissement lui-même, et dont la direction est déterminée, en général, par la position relative de l'organe qui absorbe l'eau dans le milieu extérieur et de celui qui la consomme.

Courant d'eau provoqué par la transpiration. — Dans les plantes qui vivent tout entières sous la terre ou sous l'eau et chez qui la perte d'eau par évaporation superficielle dans le milieu extérieur est nulle ou insensible, le mouvement de l'eau n'a pas d'autres causes que les phénomènes internes que nous venons de signaler. Il en est à peu près de même encore dans certaines plantes terrestres, qu'une organisation toute particulière protége presque complétement contre l'évaporation de l'eau qu'elles ont une fois absorbée, dans les *Cactus*, par exemple, les Euphorbes à port de Cactus, les *Stapelia*, etc., toutes plantes qui doivent précisément à cette circonstance la faculté qu'elles ont de végéter dans les lieux les plus secs.

Mais la grande majorité des végétaux étalent dans l'air un feuillage abondant et d'un développement superficiel considérable. Si en outre ces feuilles sont tendres, comme dans la plupart des plantes à accroissement rapide, en peu de temps l'évaporation leur enlève une portion très-notable de l'eau du suc cellulaire ; de sorte que dans le cours entier d'une période de végétation, la quantité d'eau évaporée peut atteindre un grand nombre de fois le poids et le volume de la plante elle-même. Il va de soi que cette incessante élimination d'eau n'est possible qu'autant que la perte est à tout instant compensée par l'absorption d'une quantité d'eau correspondante par les racines, et que cette eau doit s'élever dans la plante pour venir remplacer au fur et à mesure celle que les feuilles évaporent. Aussi longtemps que le tissu de la plante qui transpire demeure turgescent, il faut même que l'apport par les racines soit sensiblement équivalent à la perte par les feuilles. Aussi longtemps donc que l'évaporation par les feuilles et par toute autre surface continuera de s'exercer, un courant d'eau également continu s'élèvera dans la plante des racines aux feuilles. Si la transpiration vient à cesser, soit par la très-grande humidité de l'air, soit parce que les feuilles sont mouillées par la rosée ou par la pluie, soit par la chute des feuilles, etc., le courant d'eau cessera aussi, dès que le tissu quelque peu relâché aura repris sa turgescence. L'évaporation étant influencée par la température de l'air, par son état de sécheresse et surtout par l'action du soleil, et toutes ces circonstances étant éminemment variables, la vitesse du courant d'eau est soumise aussi à de continuels changements.

Ces deux genres de mouvements sont indépendants. — Le courant d'eau ainsi provoqué par la transpiration n'a, comme il est facile de le voir, aucun rapport immédiat avec les phénomènes d'accroissement et de nutrition. Le Marronnier d'Inde et d'autres arbres, arbustes et arbrisseaux ne développent au printemps qu'un nombre déterminé de feuilles et n'en forment pas de nouvelles pendant l'été ; or c'est précisément pendant l'été qu'ils transpirent avec le plus d'activité, et que le courant d'eau qui traverse leur corps est le plus abondant. En hiver, l'accroissement et l'évaporation s'arrêtent en même temps, et avec eux tout mouvement d'eau dans la plante. Quand les bourgeons s'épanouissent au premier printemps, l'eau n'entre d'abord en mouvement qu'autant qu'il faut pour suffire à l'agrandissement des jeunes organes, mais à mesure que ceux-ci s'étalent et que la surface augmente, l'évaporation recommence à s'exercer avec une vitesse croissante, et le courant d'eau qu'elle provoque parcourt de nouveau la plante avec une vitesse croissante.

Le courant d'eau provoqué par la transpiration a pour lit exclusif la région ligneuse des faisceaux vasculaires. — Tandis que les mouvements de l'eau nécessaire aux phénomènes d'accroissement et de nutrition doivent nécessairement s'opérer dans les formes de tissu les plus différentes, qu'ils s'accomplissent très-bien, par exemple, dans le parenchyme et même dans le méristème primitif des bourgeons et des pointes de racines, il est au contraire démontré que le courant d'eau provoqué par la transpiration a son siége exclusif dans le corps ligneux des faisceaux vasculaires. On peut, en effet, sans arrêter ce courant, détruire tous les autres tissus à une place quelconque, pourvu que l'on conserve seulement le bois des faisceaux. Chez les Conifères et chez les Dicotylédones, qui ont un corps ligneux compacte, la racine et la tige sont traversées par un courant unique et puissant, qui dans les branches et les feuilles se partage en canaux de plus en plus étroits. Dans les Fougères et dans les Monocotylédones, au contraire, l'eau monte déjà dans la tige en courants isolés et étroits, dont la course flexueuse suit celle des faisceaux ligneux.

Que ce soient précisément les éléments lignifiés du bois des faisceaux fibrovasculaires qui constituent le lit du courant, c'est ce qui résulte, non-seulement d'observations directes, mais aussi de ce fait bien connu, que la formation du bois dans une plante est d'autant plus active que sa transpiration est plus abondante et que le courant ascensionnel qui la traverse est plus puissant. Dans les plantes submergées et souterraines qui n'évaporent pas, la lignification du bois est, en effet, insensible ou nulle ; dans les Conifères, au contraire, et dans les Dicotylédones, où la surface d'évaporation va sans cesse en augmentant par les progrès de l'âge, l'épaississement progressif du corps ligneux élargit aussi chaque année le lit du courant. A partir d'une certaine époque, la couronne de feuilles des Palmiers conserve à peu près la même grandeur, et désormais aussi leur tige et les nombreux courants isolés qui la traversent en empruntant le cours des faisceaux ligneux gardent leur diamètre (1).

(1) Quand le bois est exclusivement formé de vaisseaux, c'est naturellement par les vaisseaux seuls que s'élève le courant ascensionnel. Or il en est ainsi dans la racine, à tout âge chez les Cryptogames vasculaires et les Monocotylédones, dans la période d'organisation primaire chez les Gymnospermes et les Dicotylédones (voir p. 199, note). Ni les faisceaux libériens, ni le tissu conjonctif qui les relie aux faisceaux vasculaires pour former le cylindre central de l'organe, ne sont traversés par le courant. Dans la mesure où il se lignifie, le tissu conjonctif peut cependant exercer une influence secondaire sur le phénomène.

Plus tard, la racine des Gymnospermes et des Dicotylédones s'épaissit par la formation progressive de productions libéroligneuses secondaires. Dans la première classe (Cycadées, Conifères), le bois secondaire est exclusivement composé de vaisseaux aréolés : c'est par ces vais-

Ces deux genres de mouvements sont des mouvements d'aspiration interne. — Les mouvements d'eau provoqués par les phénomènes d'accroissement et ceux dont la transpiration est la cause, ont toutefois ceci de commun, que leur direction dépend du lieu où l'eau se trouve utilisée. Si, à un moment donné, l'accroissement ou l'évaporation commence à s'exercer en un point déterminé de la plante, aussitôt les portions du tissu voisines de ce point céderont leur eau aux cellules en question, puis ce sera le tour des portions plus éloignées, puis des portions plus éloignées encore, jusqu'à ce qu'enfin les organes les plus éloignés, c'est-à-dire en général les racines, aillent puiser dans le milieu extérieur l'eau qu'ils ont abandonnée. Le mouvement se propage donc de plus en plus loin du but vers lequel il tend, puis enfin, franchissant les limites de la plante, il s'étend à son tour dans le milieu extérieur où plongent les racines.

Abstraction faite pour le moment de ses vraies causes, un pareil mouvement peut donc être désigné comme un mouvement d'aspiration ou de succion. On l'observe avec une netteté particulière sur des tiges ou branches coupées, dont on place la section dans l'eau et qui aspirent par leurs corps ligneux autant d'eau qu'il leur en faut pour suffire à la transpiration des feuilles déjà développées et à l'accroissement des feuilles en voie d'épanouissement. Il n'y a pas ici intervention d'une pression de bas en haut.

Il y a une troisième sorte de mouvement, due à une pression de dehors en dedans. — Il existe une troisième forme de mouvement de l'eau dans la plante, déterminée non plus par une aspiration de dedans en dehors, mais par une pression de dehors en dedans. Ce mouvement s'opère par l'intermédiaire des racines, et il est tout à fait indépendant de l'utilisation ultérieure de l'eau par l'accroissement ou par l'évaporation.

Que l'on coupe en effet la tige ligneuse d'une plante terrestre au-dessus de la racine, cette dernière étant, comme à l'ordinaire, plongée et intimement soudée au sol. Si le sol est humide et chaud, on voit aussitôt ou après peu de temps de l'eau s'échapper par la section de la tige ; il continue de s'en écouler pendant des jours entiers, et la quantité ainsi expulsée peut atteindre plusieurs fois le volume de la racine. Ce courant d'eau, qui s'élève dans le bois et notamment par les cavités des vaisseaux, ne peut être provoqué que par une pression s'exerçant dans les parties profondes de la racine. Si l'on ajuste à la section un manomètre de forme appropriée (fig. 437), on voit que, même dans des végétaux de petite taille et peu ligneux (Tabac, Maïs, Ortie), l'eau s'échappe encore sous une pression de plusieurs centimètres de mercure, et que dans

seaux que s'élève le courant. Dans la seconde, le bois secondaire étant constitué par un mélange de vaisseaux et de fibres, il est intéressant de savoir si les vaisseaux sont encore seuls à conduire le courant, ou si leur propriété est partagée par les fibres qui les entourent. L'expérience montre que les vaisseaux sont, ici encore, le siège exclusif du courant principal ; les fibres ligneuses, comme les fibres conjonctives, n'exercent sur lui qu'une influence secondaire et dans la mesure même où elles se lignifient.

Pour la démonstration de ce fait, voir les expériences et observations consignées dans mon Mémoire sur la racine (Ann. des sc. nat., 5e série, XIII, p. 118, 179, 277, 287 et note B, p. 298). — Tirées de l'étude anatomique et physiologique de la racine, ces conclusions s'étendent naturellement à la tige et aux feuilles.   (*Trad.*)

certaines plantes ligneuses, comme la Vigne par exemple, cette pression peut atteindre 76 centimètres de mercure, c'est-à-dire une atmosphère.

Ce mouvement de pression se traduit, dans certaines circonstances, par l'expulsion de gouttes d'eau à travers les stomates. — Dans un grand nombre de plantes à tige peu élevée, cette pression de la racine se manifeste nettement au dehors. En certains points déterminés des feuilles, on voit, en effet, l'eau s'échapper sous forme de gouttelettes, à moins qu'une évaporation active n'ait diminué la provision d'eau intérieure et par conséquent supprimé la pression. Ainsi, lorsque la transpiration est affaiblie par l'obscurité et le refroidissement de l'air, tandis que l'activité des racines est, au contraire, exaltée par la chaleur et l'humidité du sol, on voit au sommet et au bord des feuilles de beaucoup de Graminées, d'Aroïdées, d'*Alchemilla*, etc., des gouttes d'eau perler en abondance et se détacher pour se renouveler incessamment (1). Dans certaines plantes, comme les *Nepenthes*, *Cephalotus*, etc., on trouve à l'extrémité des feuilles des corps singuliers en forme de cruche, appelés ascidies, au fond desquels de l'eau est sécrétée et dans lesquels elle se rassemble. Même dans des plantes unicellulaires ou composées de simples rangées de cellules, comme les Mucorinées (*Pilobolus crystallinus*, etc.), et le *Penicillum glaucum*, et aussi dans des Champignons de plus grande taille, comme le *Merulius lacrymans*, on voit de l'eau expulsée sous forme de gouttes par les parties aériennes; cette eau, absorbée dans le milieu nutritif par les parties profondes fonctionnant comme racines, a été poussée par elles avec une certaine pression vers les organes supérieurs.

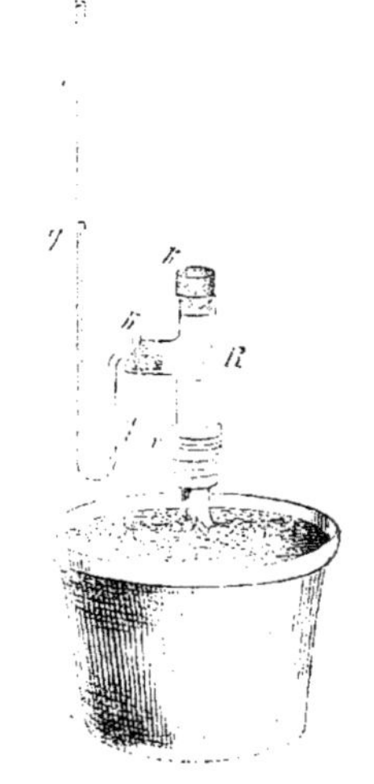

Fig. 547. — Appareil pour mesurer la force avec laquelle l'eau poussée par les racines s'échappe par la section de la tige en *r*. On ajuste d'abord au tronçon de tige un tube de verre *R* muni d'une tubulure latérale à laquelle on adapte, avec un bouchon *k*, un tube recourbé *r*. On remplit d'eau le tube *R*, on le ferme par un bouchon *k*, puis on verse du mercure dans le tube *r*; le niveau du mercure en *q'* est, dès le début, plus élevé qu'en *q*. Plus la pression de la racine est forte, plus est grande la différence de niveau entre *q'* et *q*. Cette disposition est bien plus commode et plus maniable que toutes celles employées jusqu'à présent.

Cependant, il n'est pas rare de voir de l'eau être sécrétée au dehors sous forme de gouttelettes, à des places où aucune pression émanée des racines ne peut plus se faire sentir. Ainsi, les nectaires des fleurs, ceux du *Fritillaria imperialis*, par exemple, sécrètent encore des gouttelettes de liquide quand la tige a été séparée de la racine et plongée dans

---

(1) D'après MM. Duchartre, de La Rue et Rosanoff, les gouttes d'eau sont ordinairement expulsées par les stomates, qui se trouvent accumulés aux places correspondantes soit avec leur forme ordinaire, soit déformés et fort agrandis. M. de Bary remarque à ce sujet : « Si, par la pression d'une colonne de mercure suffisante, on foule de l'eau dans le bois d'une branche d'une plante appropriée, par ex. de *Fuchsia globosa*, on voit aussitôt des gouttes d'eau s'échapper par les grands stomates des feuilles. » (Botanische Zeitung, 1869, p. 882.)

l'eau par sa partie inférieure; dans ce cas, les forces de pression doivent prendre naissance dans les masses supérieures du tissu, et peut-être dans la fleur elle-même, car, une fois la tige coupée, l'eau ne s'y introduit plus par pression, mais simplement par aspiration.

Un quatrième genre de déplacement a lieu, à de certaines époques, sous l'influence de la dilatation et de la contraction de l'air contenu dans la plante. — Il ne faut pas comparer, avec les phénomènes que nous venons de signaler, celui qu'on appelle vulgairement le *saignement* des branches ligneuses et des bûches qui alimentent nos foyers pendant l'hiver. Ce saignement n'a lieu que si la branche coupée ou la bûche a été tenue auparavant au froid et s'est fortement imbibée d'eau dans toutes les cavités du bois; vient-on alors à la réchauffer rapidement, les bulles d'air qui se trouvent renfermées avec l'eau dans les cavités des cellules ligneuses et des vaisseaux se dilatent, et l'eau obéit à la pression ainsi exercée sur elle en s'échappant par les ouvertures, c'est-à-dire par la section. Si le morceau de bois est de nouveau refroidi, les bulles d'air qu'il renferme se contractent et l'eau qui se trouve placée en contact avec la section est de nouveau absorbée.

Il est facile de voir que ces contractions et dilatations, produites tour à tour par l'échauffement et le refroidissement des bulles d'air contenues dans le bois, doivent exercer aussi leur action quand le corps ligneux de l'arbre est intact et sur pied. Il naît de cette façon à l'intérieur de la plante des courants d'eau dirigés des endroits qui s'échauffent vers les endroits qui se refroidissent, et il en résulte des tensions correspondantes : tout ceci, aussi longtemps que les cavités cellulaires du corps ligneux contiennent des bulles d'air en même temps que de l'eau, ce qui est le cas en hiver et au premier printemps avant l'épanouissement des feuilles et le début de la transpiration.

Le mécanisme de ces divers mouvements est encore inconnu. — Bien que les mouvements de l'eau dans la plante aient été, depuis 200 ans, l'objet de recherches et de discussions approfondies, il n'est pas encore possible aujourd'hui d'en exposer le mécanisme en détail par une marche déductive et qui satisfasse l'esprit (1). En dernière analyse, il s'agit toujours ici, cela paraît bien certain, de phénomènes de capillarité et de diffusion, dans le sens le plus large que comportent ces mots; mais comme ces actions se produisent, à l'intérieur de la plante vivante, dans des conditions qui diffèrent beaucoup de celles que réalisent les appareils artificiels, on est réduit à chercher, dans l'étude directe et attentive des phénomènes extérieurs manifestés par la plante elle-même, l'explication de ce qui se passe en elle. Vu la brièveté nécessaire dans un Traité, nous ne pouvons ici qu'esquisser cette étude.

Quoi qu'il en soit, la distinction que nous venons d'établir entre les quatre espèces de mouvements dont l'eau est le siége dans l'intérieur de la plante : mouvement d'aspiration produit par les phénomènes d'accroissement et de nutrition, mouvement d'aspiration provoqué par la transpiration, mouvement dû à la pression des racines, mouvement dû à la dilatation et à la contraction

---

(1) Quand M. Müller (Botanische Untersuchungen, Heft 2, Heidelberg, 1872), se donne l'air d'avoir fourni cette explication, il n'en impose qu'à ceux qui ignorent entièrement la Physiologie végétale.

de l'air confiné dans le bois, cette distinction constitue le résultat principal des recherches qui ont été faites jusqu'à présent, et l'on fera bien de la conserver aussi longtemps qu'une vue plus profonde des choses n'aura pas justifié une autre conception.

Dans tout ce qui va suivre, je me propose donc moins d'expliquer les phénomènes, que de compléter par des exemples particuliers ce qui a été dit plus haut.

Exemples des lents mouvements provoqués par l'accroissement et l'assimilation. — Tout d'abord, pour ce qui est des lents mouvements de l'eau provoqués exclusivement par les phénomènes d'accroissement et d'assimilation, les exemples les plus simples nous en sont offerts par ces Algues et ces Champignons qui sont composés d'une cellule unique, d'une rangée de cellules ou d'un plan de cellules, ainsi que par les spores et les grains de pollen en voie de germination. Ici, en effet, les cellules en voie d'accroissement et d'assimilation puisent immédiatement, dans le milieu humide ambiant, l'eau dont elles ont besoin. Cette absorption s'opère, cela est bien certain, par imbibition de la membrane cellulaire et du protoplasma, et par endosmose, c'est-à-dire par attraction exercée sur l'eau extérieure par les substances solubles contenues dans l'intérieur de la cellule ; mais il est impossible aujourd'hui d'expliquer en détail les modalités de ces phénomènes.

Dans les plantes qui sont formées d'épais massifs de cellules, les parties jeunes en voie d'accroissement tirent, au contraire, leur eau de végétation des parties âgées qui ont achevé leur développement ; en même temps, s'il ne leur est pas fourni d'eau par le milieu extérieur, celles-ci s'épuisent et se dessèchent. On en voit des exemples quand des tubercules, des bulbes, des tiges ligneuses abattues, etc., placés dans un air assez sec, développent leurs bourgeons ; ils se rident, se ratatinent, perdent peu à peu l'eau qu'ils renfermaient et enfin se dessèchent entièrement (1).

Étude particulière de la transpiration (2). — La transpiration, c'est-à-dire l'évaporation de l'eau par les cellules isolées et par les tissus massifs, est provoquée à la fois par des causes externes et par des causes internes, et elle est modifiée en même temps par les influences du dehors et par celles du dedans.

Causes externes qui la déterminent et la modifient. — Parmi les causes extérieures, il faut signaler tout d'abord celles qui déterminent en général la vaporisation de l'eau sur les surfaces humides, c'est-à-dire la température de l'air ambiant et du tissu lui-même, ainsi que la sécheresse relative de l'air. En général, l'évaporation sera d'autant plus abondante, que la température de l'air ambiant sera plus élevée et que sa différence psychrométrique sera plus grande ; c'est en effet cette différence psychrométrique qui, pour le but que nous nous proposons, doit être considérée comme donnant la mesure la plus directe de la plus ou moins grande tendance à la vaporisation de l'eau contenue dans la

(1) Pour plus de détails voir NAEGELI : berichte der Bayer. Akademie, « Botanische Mittheilungen, » II. p. 40.

(2) Voir SACHS : Handbuch der Experimental-Physiologie, 1865, p. 221 (Trad. française, 1868, p. 243). — MULLER : Jahrbücher, f. wiss. Botanik, VII, 1868. — BARANETZKY : Botanische Zeitung, 1872.

plante. Mais il ne faut nullement s'attendre à ce que la vaporisation de l'eau de la plante soit tout simplement proportionnelle à l'une ou à l'autre de ces deux conditions.

La lumière exerce-t-elle sur la transpiration une influence en tant que lumière, c'est-à-dire abstraction faite de l'élévation de température qu'elle provoque? La question est toujours en suspens (1). Les stomates de la plupart des plantes s'ouvrent, il est vrai, plus largement à la lumière qu'à l'obscurité (2), en d'autres termes, la lumière agrandit les orifices de sortie de la vapeur d'eau formée dans le tissu de la plante, ce qui doit avoir pour conséquence de favoriser la formation de nouvelle vapeur. Mais on n'a pas décidé encore si la lumière agit sur les stomates en tant que lumière, ou par la chaleur qui l'accompagne, ou par les phénomènes chimiques qu'elle engendre.

Causes internes qui la provoquent et l'influencent. — Quant aux causes internes de la transpiration et aux conditions tirées de l'organisation même de la plante qui influent sur son intensité, il y a lieu de considérer : 1° la nature du tissu tégumentaire ; 2° le nombre et la grandeur des espaces intercellulaires que renferme le tissu séveux sous-jacent ; 3° enfin la nature des substances qui sont tenues en dissolution dans le suc cellulaire.

1° *Nature du tissu tégumentaire.* — Si le tissu tégumentaire est une couche de périderme continue et suffisamment épaisse, comme dans beaucoup de branches ligneuses, dans les tubercules de Pomme de terre, etc., et à plus forte raison s'il consiste en une épaisse écorce crevassée comme dans les vieilles tiges des arbres, il est évident que ces enveloppes desséchées empêchent l'eau contenue dans le tissu séveux sous-jacent de s'évaporer au dehors. La cuticularisation de la face externe de l'épiderme des feuilles et des jeunes entre-nœuds oppose un moindre obstacle à l'évaporation. Si la portion de membrane cuticularisée est très-mince, comme dans beaucoup de feuilles à rapide accroissement et surtout comme dans les plantes submergées, et à plus forte raison si elle est tout à fait imperceptible comme dans l'épiderme des racines, l'évaporation est active et les organes en question se dessèchent rapidement quand on les abandonne à l'air ordinaire. L'évaporation est au contraire très-faible à la surface des feuilles rigides des plantes toujours vertes, à la surface des tiges de Cactus, etc., parce que ces organes sont recouverts par un épais revêtement de cuticule.

2° *Nombre et grandeur des espaces intercellulaires du tissu séveux.* — Il est permis de supposer que, sur les organes pourvus d'une épaisse cuticule, la transpiration s'opère principalement par les stomates et dépend par conséquent du plus ou moins grand nombre et de la plus ou moins large ouverture de ces orifices. Dans ce cas, en effet, la vaporisation ne s'opère pas (ou ne s'opère qu'à un degré insensible) à la surface de l'organe, mais dans son intérieur, notamment aux endroits où les cellules du parenchyme confinent à des es-

_____

(1) Les recherches récentes de **M.** Dehérain ne la décident pas (Ann. des sc. nat. 1869, XII, p. 1).

(2) **H. v. Mohl** : Botanische Zeitung, 1856, p. 697.

paces intercellulaires. On doit admettre que ces derniers sont toujours, ou à
peu près, saturés de vapeur d'eau; mais à chaque augmentation de tension à
l'intérieur, ou à chaque diminution de tension à l'extérieur, cette vapeur d'eau
s'échappera par les stomates et permettra ainsi la formation d'une nouvelle
quantité de vapeur à l'intérieur de l'organe. La vaporisation dans les espaces
intercellulaires sera d'ailleurs d'autant plus abondante que ces espaces eux-
mêmes seront plus grands, c'est-à-dire qu'ils seront bordés par un plus grand
nombre de faces cellulaires évaporantes.

De ce qui précède et de ce fait bien connu que dans ces sortes de plantes
les stomates sont ordinairement accumulés en plus grand nombre sur la
face inférieure des feuilles, il résulte évidemment que chez elles la vaporisation est plus abondante sur cette face que sur la face inférieure.

3° *Nature des corps tenus en dissolution dans le suc cellulaire.* — L'eau qui
tient des corps en dissolution s'évapore plus difficilement que l'eau pure,
et avec d'autant plus de difficulté que la dissolution est plus concentrée et
sirupeuse. Cette considération doit aussi, dans certaines circonstances, entrer
en ligne de compte quand on étudie la transpiration de l'eau hors du suc
cellulaire ; cependant il ne faut pas oublier que la vaporisation à l'intérieur
d'un tissu ne s'opère qu'à la surface externe de membranes cellulaires
dont la face interne a déjà extrait du suc cellulaire l'eau qui les imbibe.

Effets variables de ces deux ordres de causes. — Ceci posé, les diverses circonstances tant extérieures qu'intérieures qui, comme nous venons de le faire
voir, déterminent et modifient la transpiration forment entre elles les combinaisons les plus variées et agissent de telle sorte, que non-seulement des
plantes différentes présentent dans leur transpiration les intensités les plus
diverses, mais encore que dans une seule et même plante la vaporisation s'o-
père à des degrés très-inégaux aux diverses époques de son développement.
Aussi n'est-il pas possible d'assigner une valeur fixe à l'intensité totale de
transpiration d'une plante, c'est-à-dire à la quantité d'eau dont elle a besoin
pour parcourir toute sa période végétative, bien qu'il puisse sous ce rapport
exister pour chaque espèce des limites déterminées. Deux plantes de même
espèce, l'une placée dans un sol humide et un air sec, l'autre dans un sol sec
et un air humide, peuvent, en effet, prospérer également bien, autant du
moins que l'œil peut en juger, et cependant la première emploie beaucoup
d'eau et la seconde fort peu.

D'une façon générale, les conditions qui influent sur la transpiration subissent des variations périodiques liées notamment à la différence météorolo-
gique entre le jour et la nuit. La température, l'état hygrométrique de l'air et
la lumière sont ordinairement favorables à la transpiration pendant le jour
et défavorables pendant la nuit ; mais, dans certaines circonstances, la relation normale des choses peut se trouver intervertie.

Étude du courant d'eau qui monte à travers le bois. — Les cellules qui,
situées à la surface des organes ou bordant les espaces intercellulaires, perdent
leur eau par vaporisation directe dans l'atmosphère ambiante ou dans l'air
confiné, s'affaisseraient bientôt sur elles-mêmes et se déssécheraient, si elles
n'étaient pas en position de réparer aussitôt leurs pertes. Cette réparation ne

peut s'opérer que par un afflux d'eau venant à elles de toutes les cellules voisines du tissu, qui ne peuvent pas évaporer elles-mêmes directement. Mais ces cellules à leur tour, épuisées de tout ce qu'elles ont transmis aux premières, doivent compenser leurs pertes en attirant à elles l'eau des couches de tissu plus profondes, et ces dernières enfin puisent l'eau dont elles ont besoin dans les cellules qui sont directement en contact avec les organes conducteurs, où s'élève le liquide absorbé dans le sol par les racines, c'est-à-dire avec les faisceaux ligneux. Nous voyons déjà ici s'imposer à nous la question de savoir, si ce mouvement d'eau à travers le parenchyme séveux, notamment à travers le parenchyme des feuilles, s'opère par voie d'endosmose de cellule à cellule, ou s'il n'a pas lieu, au moins dans ses traits essentiels, par les parois cellulaires elles-mêmes ; de sorte que ce seraient les membranes cellulaires étendues entre les faisceaux ligneux et la surface d'évaporation, qui seraient le lit du courant, tandis que les contenus cellulaires ne subiraient que le contre-coup de cette aspiration.

Le courant a son siége exclusif dans le bois des faisceaux vasculaires. — Nous avons déjà donné la principale preuve de ce fait, que le rapide courant d'eau provoqué par la transpiration dans les racines, la tige et les branches a son siége exclusif dans les cellules lignifiées du bois. On en donne une démonstration plus frappante encore, en plongeant dans une dissolution colorée la section inférieure d'une tige ou d'une branche fraîchement coupée (1) et pourvue de feuilles en voie de transpiration active. Si après quelques heures, ou dans certaines circonstances après un temps plus long, on pratique des sections à diverses hauteurs dans cette tige ou dans cette branche, on reconnaît à la coloration du bois jusqu'à quelle hauteur la dissolution aspirée s'y est déjà élevée, et l'on voit en même temps que la coloration est exclusivement localisée dans le bois des faisceaux vasculaires ; l'écorce, les rayons médullaires, la moelle et le liber des faisceaux sont demeurés totalement incolores.

Si, à l'exemple de M. Hanstein, on emploie pour cette expérience des branches munies de fleurs d'un blanc pur, comme un Iris à fleurs blanches ou un Deutzia, et si on leur fait aspirer une dissolution aqueuse d'aniline, on trouve après dix à quinze heures la corolle blanche traversée par des veines d'un bleu sombre qui correspondent aux faisceaux ligneux délicats des nervures. Mais l'aspect charmant de cette préparation s'évanouit de bonne heure, parce que la matière colorante vénéneuse s'introduit de proche en proche dans les cellules du parenchyme voisin, qu'elle tue en les colorant ; les espaces compris entre les veines deviennent donc peu à peu d'un bleu diffus, en même temps que la corolle se flétrit (2).

(1) Je ne puis pas m'empêcher de faire remarquer ici que je conserve encore aujourd'hui, et à un haut degré, le doute déjà formulé auparavant sur la question de savoir si, dans ce genre d'expériences, on n'a pas affaire à un phénomène purement pathologique.

(2) Ce genre d'expériences, où l'on injecte avec des liquides colorés les plus délicates nervures des fleurs blanches, est fort ancien. Dès 1733, en effet, La Baïsse colorait ainsi des fleurs blanches de Tubéreuse (*Polyanthes tuberosa*) et de Muflier (*Antirrhinum majus*), en arrosant la plante avec le suc rouge des baies de *Phytolacca* ; le liquide coloré était absorbé par les racines et s'élevait jusque dans les pétales, où il dessinait d'élégantes veines rouges. (Recueil des dissertations qui ont remporté le prix à l'Académie des belles-lettres, sciences et arts de Bordeaux,

Vitesse du courant. — L'intensité de la transpiration variant avec les conditions extérieures, la vitesse du courant d'eau qui monte à travers le bois doit subir des variations correspondantes. Par les temps de pluie, où l'évaporation à la surface des feuilles est nulle ou du moins très-faible, le mouvement de l'eau dans la tige sera donc aussi très-lent. Le soleil et le vent qui succèdent à la pluie, activent au contraire la transpiration et accélèrent aussi l'ascension de l'eau le long des faisceaux ligneux. En admettant que l'eau ne se meut dans le corps ligneux qu'à l'intérieur de la substance même des membranes lignifiées et nullement dans les cavités des éléments, j'ai calculé la vitesse avec laquelle les particules d'eau s'élèvent dans une branche de Peuplier blanc en voie de transpiration active, et je l'ai trouvée de 23 centimètres à l'heure. De son côté M. M'Nal a fait absorber par une branche de Laurier-Cerise (*Prunus laurocerasus*) en voie de transpiration une dissolution de citrate de lithine, dont il recherchait ensuite la présence dans les entre-nœuds successifs à l'aide du spectroscope ; il a trouvé ainsi que la dissolution s'élevait dans cette branche de 42 à 46 centimètres par heure (1). Mais ces deux méthodes d'évaluation ne sont pas très-exactes et donnent probablement des valeurs trop petites.

Le courant n'est pas provoqué par l'endosmose. — Le courant d'eau qui monte dans le corps ligneux de la plante pour venir remplacer l'eau transpirée par les feuilles n'est pas provoqué par voie d'osmose, car précisément au temps où la transpiration est le plus forte et où le courant d'eau à travers le bois est le plus rapide, les cavités des cellules ligneuses conductrices contiennent non pas des sucs, mais de l'air, ou du moins ne sont occupées que partiellement par des sucs. Si l'ascension de l'eau dans le bois s'opérait par endosmose de cellule à cellule, les cellules elles-mêmes devraient avoir des membranes closes et être remplies de sucs, dont la concentration devrait aller croissant continuellement de bas en haut. Or les cellules conductrices ne sont pas fermées, mais des ponctuations aréolées ouvertes les mettent, au contraire, en libre communication l'une avec l'autre, soit seulement dans certaines séries, soit toutes ensemble comme dans les Conifères. Au printemps, avant le début de la forte transpiration, par conséquent au temps où l'eau est relativement en repos dans le bois, les cellules ligneuses contiennent, il est vrai, de la séve qui s'écoule en abondance de leurs cavités en libre communication quand on perce un trou dans le bois de l'arbre (Bouleau, Érable, etc). Mais les analyses montrent que la concentration de cette séve ne va pas en augmentant de bas en haut (2).

VI, 1733). — De son côté Reichel, en 1758, ayant plongé dans une décoction de bois de Fernambouc les racines d'un plant fleuri de Stramoine (*Datura Stramonium*), voyait après huit jours des veines rouges se dessiner sur la corolle ; le liquide pénétrait aussi dans les étamines, dans la paroi du fruit et jusque dans le style. Il suivait toujours exclusivement la voie des vaisseaux (De vasis plantarum spiralibus, Leipzig, 1758).   (*Trad.*)

(1) M'Nal : Transactions of the botanical Society. Edinburgh, 1871, XI ; la vitesse d'ascension y est évaluée en pouces et par intervalles d'une demi-heure.

(2) Les anciennes observations de M. Unger sont signalées dans mon Manuel de Physiologie expérimentale ; on en doit d'autres à M. Schröder : Jahrbücher f. wiss. Botanik, VII, p. 266.

D'un autre côté c'est un fait bien connu, que des branches feuillées séparées de la tige et plongées dans l'eau par leur sommet, y développent des racines et forment ainsi une plante renversée dans laquelle l'eau s'élève aux feuilles en parcourant le bois en sens inverse de sa direction primitive (1). Ce fait démontre que ce n'est pas l'endosmose, fondée sur une répartition déterminée de séves à divers degrés de concentration, qui peut être le véhicule du courant.

Il n'est pas dû à la capillarité. — Les vaisseaux et les cellules ligneuses formant, grâce à leurs ponctuations ouvertes, une série de petites cavités qui dans leur course verticale s'élargissent et se rétrécissent tour à tour, on pourrait se représenter le corps ligneux sous la forme d'un faisceau de tubes de verre étroits, alternativement dilatés et étranglés, à l'intérieur desquels l'eau qui les remplit s'élève par capillarité. Seulement un pareil système de tubes serait bien peu actif, car la largeur des capillaires y est beaucoup trop grande pour soulever l'eau à une hauteur de 100 mètres et plus. Mais, en outre, il faut le répéter encore, à l'époque où le courant est le plus intense, c'est-à-dire en été, les cavités cellulaires du bois renferment principalement de l'air et non de l'eau.

Il s'opère à travers les membranes cellulaires ou le long de leur surface interne. — Ceci posé, si le courant d'eau ne s'opère pas par les cavités du bois, il ne reste que deux hypothèses. Ou bien l'eau interposée dans la substance même des membranes cellulaires lignifiées, leur eau d'imbibition, est mise en mouvement ascensionnel par la transpiration de la plante. Ou bien c'est une couche d'eau très-mince, tapissant la face interne de la membrane des cellules ligneuses et des vaisseaux, qui se déplace en montant (2). Dans les deux cas, on dira pour se représenter la chose, que par la transpiration du tissu des feuilles, les portions supérieures du bois se sont appauvries en eau et par là sont devenues capables d'attirer l'eau des parties de plus en plus profondes. Dans les racines, les portions inférieures des faisceaux ligneux sont entourées par un parenchyme séveux auquel elles enlèvent de l'eau et qui, de son côté, pour réparer ses pertes, absorbe l'eau du sol par endosmose. Mais on peut imaginer aussi que les deux modes de mouvement le long des parois internes ou à l'intérieur même de leur substance et sans participation du contenu, se continuent sans changer de caractère dans le parenchyme même de la racine jusqu'à sa surface, où l'eau du sol est absorbée directement par la membrane.

Les forces d'attraction des membranes cellulaires pour l'eau, soit que cette eau se déplace dans leur propre substance ou le long de leur surface interne, sont-elles assez grandes pour soulever une colonne d'eau de 100 mètres et plus, hauteur qu'atteignent certains arbres? On peut sans hésiter résoudre affirmativement la question, car il s'agit ici de forces moléculaires vis-à-vis desquelles la pesanteur est négligeable. Mais on peut se demander si la rapidité et l'abondance de ces mouvements moléculaires de l'eau suffisent pour couvrir l'énorme consommation d'eau d'un arbre à large cime, qui dans

---

(1) M. Baranetzky, dans ses recherches au laboratoire de Wurzbourg, a montré que ce courant inverse n'est pas aussi abondant que le courant direct, ce qui peut dépendre d'un autre genre de relations d'organisation.

(2) Cette hypothèse se laisse déduire des découvertes de M. Quincke sur la capillarité et ce physicien lui-même l'a formulée dans ce sens.

une chaude journée d'été se chiffre par centaines de kilogrammes (1).

La pression des racines est sans influence sur le courant. — On a supposé enfin que c'est la pression des racines qui soulève l'eau dans la tige jusqu'aux feuilles les plus hautes. Mais cette hypothèse s'évanouit si l'on remarque qu'il faudrait pour cela que le mouvement eût lieu par les cavités cellulaires, et que précisément dans les plantes qui transpirent le plus énergiquement celles-ci sont vides. D'ailleurs cette pression ne serait pas suffisante pour les grands arbres, et si j'ai admis autrefois que tout au moins dans les herbes et les plantes annuelles elle peut jouer un rôle important, les observations que j'ai faites dans le cours de l'année 1870 m'obligent à renoncer à cette opinion. Ces observations montrent, en effet, que la racine de ces plantes (*Helianthus*, *Cucurbita*, etc.), se trouve, pendant qu'elles transpirent activement, sous une pression négative, c'est-à-dire ne refoule pas au dehors l'eau qu'elle contient, mais aspire, au contraire, avidement l'eau qu'on met en contact avec sa section fraîchement coupée au-dessus de terre (voir plus loin).

La conductibilité du bois pour l'eau varie avec l'état de ses membranes. Elle est diminuée par leur dessiccation. — L'insuffisance de toutes les recherches faites jusqu'à présent dans le but d'expliquer le mouvement de l'eau provoqué dans le bois par la transpiration des feuilles, apparaît avec une netteté particulière si l'on remarque que le bois doit se trouver dans un état intérieur déterminé, mais peu connu encore, pour pouvoir élever l'eau avec la force et la rapidité qu'exige la transpiration des feuilles. Ainsi, par exemple, un tronçon de branche ligneuse dépourvu de feuilles, une fois qu'il a été desséché à l'air, est incapable, quand on plonge dans l'eau sa section inférieure, de soulever autant d'eau qu'en évapore sa section supérieure ; cependant la même branche à l'état frais conduisait l'eau assez rapidement pour suffire à l'évaporation bien plus considérable des nombreuses feuilles qu'elle portait. La simple dessiccation a donc exercé dans le bois un changement qui lui a enlevé la faculté de conduire rapidement l'eau. D'autre part, les modifications naturelles qui s'opèrent dans le bois par le progrès de l'âge et qui, en durcissant et colorant plus fortement ses membranes cellulaires, le transforment peu à peu en ce qu'on appelle vulgairement le *cœur*, lui enlèvent également le pouvoir de conduire l'eau avec rapidité et abondance. Si, le long d'une zone annulaire, on dépouille un arbre non-seulement de son écorce, mais encore de tout le bois jeune faiblement coloré qui en occupe la périphérie et auquel on donne le nom d'*aubier*, on voit la couronne se dessécher peu à peu parce que l'eau, réduite à s'élever par le cœur, y parvient trop lentement.

Parmi les phénomènes les plus remarquables que nous ayons à étudier ici, il faut signaler le suivant : Dans les plantes à larges feuilles l'extrémité jeune de la tige perd sa conductibilité pour l'eau quand elle a été coupée dans l'air. L'extrémité feuillée de la tige des *Helianthus annuus, H. tuberosus, Aristolochia Sipho*, etc., par exemple, coupée et plongée dans l'eau par sa section inférieure, n'aspire plus assez d'eau pour compenser la transpiration des feuilles, qui se flétrissent dans un temps plus ou moins court. Comme je l'ai montré

(1) Voir sur ce point : Nægeli et Schwendener : Das Mikroskop, II, p. 364.

déjà dans la seconde édition de ce Traité, on peut rendre en peu d'instants à la branche fanée sa turgescence primitive, en y comprimant de l'eau au moyen de la disposition représentée par la figure 438. Plus tard seulement, j'ai constaté que la branche demeure alors turgescente, même quand la pression a diminué jusqu'à devenir nulle, et même quand, par l'absorption progressive de l'eau, le mercure s'est élevé, dans la position q du tube en U où est fixée la branche, au-dessus de son niveau dans l'autre portion q', c'est-à-dire quand une traction vers le bas s'exerce sur la section inférieure. Ce résultat montre que la compression de l'eau n'est nécessaire qu'au début, et que la branche une fois redevenue turgescente aspire elle-même avec assez de force non-seulement pour remplacer l'eau que perdent ses feuilles, mais encore pour soulever une colonne de mercure de plusieurs centimètres de hauteur. Tel était l'état des connaissances sur le flétrissement des jeunes branches coupées dans l'air et plongées dans l'eau, lorsque M. Hugo de Vries a entrepris au laboratoire de Wurzbourg une étude plus approfondie de ce phénomène : voici en résumé le résultat de ses recherches.

Si, sur une plante à grandes feuilles, on détache une forte branche en voie d'accroissement en la coupant dans sa région inférieure déjà complétement lignifiée et qu'on plonge ensuite la section dans l'eau, la branche demeure longtemps entièrement fraîche. Mais si on la coupe dans sa région supérieure, non encore lignifiée, et au contact de l'air, et qu'on plonge de même la section dans l'eau, la branche commence aussitôt à se flétrir et cela d'autant p'us vite et plus fortement que l'endroit où a porté la section était plus jeune et moins lignifié. On peut facilement empêcher ce flétrissement en pratiquant la section non dans l'air, mais sous l'eau, et en s'arrangeant de manière que la surface de section ne soit pas ultérieurement amenée au contact de l'air ;

Fig. 438. — Une fois le tube en U rempli d'eau, on introduit dans la petite branche le bouchon de caoutchouc k où est fixée la tige ; celle-ci se flétrit bientôt comme en a. On verse ensuite du mercure dans la grande branche q', de façon qu'il s'y élève de 8 à 10 cent. au-dessus de son niveau q ; aussitôt la tige devient turgescente comme en b. Et elle reste turgescente, même lorsque le niveau en q' s'est abaissé au-dessous du niveau en q.

de cette façon le mouvement de l'eau dans la tige n'est pas interrompu. Si même, pratiquant la section dans l'air, on s'arrange de manière que pendant le temps de l'opération les feuilles et la tige ne transpirent que très-peu d'eau, quand on aura placé la surface de section dans l'eau et rétabli la transpiration des feuilles, le flétrissement ne s'opérera qu'assez tard et n'augmentera qu'avec lenteur.

Il résulte de ces recherches, que c'est l'interruption même du courant ascensionnel qui est la cause du flétrissement. Cette interruption agit, non-seulement parce que l'afflux de l'eau cesse de s'opérer pendant quelques instants, mais surtout aussi parce que la conductibilité de la tige pour l'eau se trouve diminuée par l'enlèvement de l'eau située au-dessus de la surface de section, et qu'elle ne peut pas être rétablie au degré normal par la simple mise en contact de la surface de section avec l'eau extérieure.

Quand le contact de la surface de section avec l'air extérieur ne dure pas trop longtemps, cette diminution de conductibilité n'a lieu que dans une courte étendue de la tige au-dessus de la surface de section. Quand la branche plongée dans l'eau a commencé à se faner, il suffit donc d'en détacher par une nouvelle section, pratiquée sous l'eau cette fois, une portion suffisamment longue au-dessus de la section ancienne, pour lui voir reprendre bientôt sa turgescence primitive. Dans des branches longues de 20 centimètres et plus, qui à cette distance du sommet n'étaient pas encore lignifiées, il a suffi le plus souvent d'en détacher ainsi un morceau de 6 centimètres de longueur pour rendre au reste sa turgescence première (*Helianthus tuberosus, Sambucus nigra, Xanthium echinatum*, etc., etc.). Ce résultat prouve avec évidence que la modification apportée par le contact de l'air, quelle qu'en soit d'ailleurs la nature, ne s'étend que dans un espace relativement court au-dessus de la section. L'expérience suivante montre que ce changement est une diminution dans la conductibilité du bois pour l'eau. Quand une branche d'*Helianthus tuberosus*, traitée comme on l'a dit, a commencé à se faner, si l'on arrache en nombre suffisant les feuilles inférieures qui sont les plus grandes, on voit celles qui restent et le bourgeon terminal reprendre peu à peu leur turgescence, sans qu'il soit besoin de renouveler la section; ainsi donc, l'eau nécessaire à la transpiration d'un grand nombre de feuilles ne peut plus traverser la tige après qu'elle a été coupée dans l'air, mais celle qui est nécessaire à la transpiration d'un moindre nombre de feuilles le peut encore.

La cause du phénomène est donc une diminution dans la conductibilité pour l'eau, diminution qui ne s'étend qu'à une petite distance au-dessus de la section. La cause de cette diminution réside évidemment dans la dessiccation des cellules situées au-dessus de la section, cellules qui pendant le temps de l'opération ont transmis leur eau aux parties supérieures, sans pouvoir la remplacer aussitôt en absorbant l'eau des parties inférieures dont elles ont été brusquement séparées. Toutes les circonstances qui accélèrent cette dessiccation, augmentent aussi la modification de conductibilité et déterminent un flétrissement plus rapide et plus complet de la branche tout entière. On doit donc admettre qu'à un moment donné la conductibilité pour l'eau des cellules dépend de la quantité d'eau qu'elles contiennent à ce moment. Et cela est d'autant plus probable, que toute augmentation artificielle de l'eau contenue dans les cellules de cette région suffit à exalter leur conductibilité pour l'eau, comme on s'en assure en y foulant de l'eau par une compression de bas en haut. Si l'on plonge la région modifiée dans de l'eau à 35 ou 40 degrés, les branches flétries se relèvent aussitôt, et, replacées alors dans de l'eau à 20 degrés, elles se conservent fraîches pendant plusieurs jours (*Sambucus nigra*), ou du moins se flétrissent beaucoup plus lentement (*Helianthus tuberosus*).

Eau retenue dans le bois par capillarité. — Si, comme nous l'avons vu tout à l'heure, la capillarité des cavités cellulaires du bois doit être considérée comme impuissante à provoquer immédiatement le courant d'eau, elle mérite cependant d'être prise en considération dans d'autres phénomènes indirectement liés à ce courant. En hiver, et par les pluies prolongées en été, on trouve, en effet, dans les cavités cellulaires du bois beaucoup d'eau à côté des bulles d'air qui occupent les cavités les plus larges. Comment cette eau parvient-elle ainsi jusqu'aux parties élevées des arbres ? C'est ce qu'on ignore encore. Il se peut que ce soit par une condensation de rosée sous l'influence d'un abaissement de température. Quoi qu'il en soit, ce liquide est maintenu dans les cavités par la capillarité. Une partie de cette eau s'écoule, dans certains cas (Érable, Bouleau, Vigne), quand on perfore le bois en un point qui ne soit pas trop haut placé sur la tige. On peut admettre que cet écoulement a lieu sous l'influence de la pression des racines, qu'il faut aussi faire entrer ici en ligne de compte ; mais on ignore jusqu'à quel point cette explication est suffisante.

L'eau qui ne s'écoule pas des cavités cellulaires quand la transpiration est faible y est évidemment retenue par la capillarité, et les bulles d'air contenues en même temps dans ces cavités y aident puissamment. Mongolfier et M. Jamin ont montré, en effet, que si l'eau qui remplit des espaces capillaires est entrecoupée de bulles d'air, elle acquiert par là un haut degré d'immobilité. C'est encore par la présence simultanée d'eau et de bulles d'air que s'explique le phénomène suivant déjà signalé plus haut : que des tronçons de bois, coupés par un temps froid, laissent écouler de l'eau par les sections quand ils sont échauffés. Les bulles d'air se dilatent, en effet, sous l'influence de la chaleur et expulsent l'eau ; si l'on refroidit le tronçon après avoir plongé sa section dans l'eau, il y a absorption de liquide parce que les bulles d'air se contractent et que l'eau extérieure, poussée par la pression atmosphérique, vient remplir les espaces laissés vides.

L'eau absorbée par les racines est poussée par elles dans la tige (1). **— Étude de cette pression.** — Nous avons déjà brièvement signalé plus haut les points les plus importants de ce phénomène. Il est facile de l'observer dans la nature sur les plantes les plus diverses, pourvu qu'elles possèdent un puissant système de racines et un bois bien développé, chez le Bouleau, par exemple, l'Érable, la Vigne et, parmi les plantes annuelles, chez le Grand-Soleil, le Dahlia, le Ricin, le Tabac, la Courge, le Maïs, l'Ortie, etc. Pour pouvoir étudier le phénomène avec précision, il convient de cultiver longtemps auparavant dans de grands pots à fleurs les plantes en question, jusqu'à ce qu'elles aient développé un puissant système de racines. Les plantes terrestres, le Maïs par exemple, cultivées dans l'eau et nourries par l'addition de principes nutritifs artificiels, sont aussi très-bien appropriées à ce genre de recherches.

Mode d'observation du phénomène. — Ceci posé, si par une section transversale et vive, on tranche à 5 ou 6 centimètres au-dessus du sol la tige d'une pareille plante, et si l'on ajuste avec un bouchon de caoutchouc un tube de verre au tronçon, voici ce que l'on observe :

(1) Voir en particulier : HOFMEISTER : Ueber Spannung, Ausflussmenge und Ausflussgeschwindigkeit von Säften lebender Pflanzen (Flora, 1862, p. 97).

Si, avant la section, la plante avait été quelque temps en voie d'active transpiration, la surface de la section demeure entièrement sèche et, si l'on verse de l'eau dans le tube de verre, cette eau est même aussitôt aspirée par cette section (1). Il est évident que le corps ligneux de la racine a été épuisé par la transpiration antérieure à l'opération ; il est pauvre en eau ; non-seulement ses cavités cellulaires sont vides, mais ses membranes cellulaires ne sont probablement plus saturées. Après quelques heures cependant, l'eau commence à sortir par la section, monte dans le tube, s'y élève de plus en plus haut et. si la plante est bien soignée, l'écoulement continue pendant 6 à 10 jours. Dans les premiers jours il devient d'abord de plus en plus abondant, atteint un maximum. puis va diminuant, et enfin s'arrête tout à fait en même temps que la racine s'altère et pourrit.

Si, pendant tout le temps de l'écoulement, on essuie à plusieurs reprises la section avec du papier buvard, on voit nettement que l'eau ne perle qu'au-dessus du corps ligneux chez les Dicotylédones, et aux points correspondants au bois des faisceaux vasculaires isolés chez les Monocotylédones, et que c'est surtout par les ouvertures des larges vaisseaux qu'elle s'échappe. L'eau ainsi expulsée a été d'ailleurs directement, et au fur et à mesure, absorbée dans le sol par les racines ; elle ne provient pas seulement de la provision contenue auparavant dans le corps de la racine. C'est ce dont on a la preuve directe en remarquant que le volume d'eau qui s'écoule ainsi par la section dans un espace de quelques jours est plus considérable que le volume tout entier de la racine.

L'eau expulsée dans les conditions que nous venons de décrire ne contient en dissolution que des traces de matières organiques ; on peut, au contraire, y déceler facilement la présence des principes minéraux, notamment de la chaux, de l'acide sulfurique, de l'acide phosphorique, du chlore. etc. : toutes substances que la plante tire directement du sol. Cependant l'eau qui au printemps s'écoule de l'Érable et du Bouleau par les perforations du bois, contient aussi une notable quantité de sucre et de substances albuminoïdes. Ayant séjourné longtemps dans les cavités cellulaires du bois, elle a pu absorber ces substances dans les cellules fermées et vivantes que renferment le bois et le parenchyme ambiant, ce qui n'est pas possible, ou ne peut avoir lieu qu'en très-faible proportion, dans les petites racines de plantes à accroissement rapide traversées pendant l'été par un rapide courant d'eau.

Quantité d'eau poussée par la racine sous pression constante. — Pour évaluer les quantités d'eau écoulées, on peut donner au tube ajusté au tronc de racine la forme d'une étroite burette graduée et, si l'écoulement est assez abondant, lire d'heure en heure le nombre de centimètres cubes de la colonne. Cependant par ce procédé de mesure, la pression exercée sur la section va sans cesse en croissant, ce qui change à tout instant les conditions du phénomène.

Pour éviter cette variation de pression, on ajuste au tronc un tube de la forme représentée figure 437 *R* ; au lieu du manomètre, on fixe à la tubulure latérale un tube fin recourbé vers le bas et qui conduit dans une burette gra-

---

(1) Ce fait suffit à démontrer que, pendant une forte transpiration, la pression de la racine ne peut être invoquée pour expliquer l'ascension de l'eau dans la tige.

duée. Si tous les tubes de verre sont remplis d'eau au début, il ne tombera dans la burette qu'autant de gouttes qu'il en sera sorti par la section, et la pression restera constante. Par cette disposition, on s'assure que l'intensité de l'écoulement subit des oscillations de jour en jour, aux diverses périodes d'une même journée et même d'heure en heure. Les causes de ces oscillations, liées évidemment à l'activité variable des racines, sont encore ignorées ; mais il semble cependant qu'il y ait ici une périodicité indépendante de la température et de l'humidité du sol (1).

Force avec laquelle l'eau est poussée. — On peut avec l'appareil de la figure 437 mesurer la pression sous laquelle l'écoulement à la surface de section est encore possible ; la différence q',q du mercure dans les deux branches donne, en effet, cette pression. Seulement on ne mesure ainsi que la pression que le liquide peut vaincre encore, une fois qu'il est arrivé à la section ; or il est évident qu'à l'intérieur même de la racine il a déjà surmonté bien d'autres obstacles dont la grandeur est inconnue.

Influence d'une pression extérieure sur la quantité d'eau poussée par la racine. — A cet égard, il m'a paru intéressant de savoir quelle serait la différence des écoulements si, ayant à sa disposition deux racines semblables, on soumettait l'une à une pression notable et constante, tandis que l'autre demeurerait à l'air libre.

Soit, comme dans la figure 439, *a* la tige coupée d'un Grand-Soleil développé dans un pot (ou de quelque autre plante semblable), *cde* l'allonge de verre ajustée à la tige par le tube de caoutchouc *b*, et *f* un tube plus étroit coudé vers le bas. L'extrémité libre de ce tube dépasse (ce qui n'a pas lieu dans la figure 441), le bord du pot et arrive dans une burette graduée ; la longueur de la branche descendante est calculée de façon que son orifice soit exactement situé au même niveau que la section de la tige, de sorte que quand, on a rempli d'eau le système de tubes *c*, *d*, *e*, *f*, l'appareil se trouve disposé pour observer l'écoulement sous une pression nulle.

Une seconde racine, appartenant à une plante de même âge et de même force, développée dans un pot de même grandeur, est munie de l'appareil représenté dans la figure 439, où le tube d'écoulement *f* traverse le bouchon solidement inséré *g* et arrive dans le vase *h*. Ce vase *h* contient en haut de l'eau, en bas du mercure ; un tube *k*, partant du bouchon *i* qui forme le fond du vase, se redresse ensuite verticalement jusqu'à une certaine hauteur et se recourbe vers le bas à son extrémité libre *o*, où il plonge dans un tube gradué. Si l'appareil est disposé de façon que l'orifice d'écoulement *o* soit, par exemple, situé à 15 centimètres au-dessus du niveau *n*, la colonne de mercure $on = 15$ centimètres presse sur l'eau *h* et, par son intermédiaire, sur la section de la tige en *b*. Si donc il s'échappe de l'eau par cette section, le niveau *n* s'abaissera d'autant et un égal volume de mercure s'échappera par l'orifice *o*. Le mercure expulsé se rassemble dans le tube gradué et son niveau, estimé d'heure en heure, mesure la quantité d'eau écoulée dans l'intervalle, quantité que l'on compare à celle qui

(1) M. Baranetzky poursuit en ce moment même (été de 1872) des recherches étendues sur ce sujet.

s'écoule dans le même temps dans l'appareil où la pression est nulle. Quand l'expérience a duré quelque temps, le niveau n baisse sensiblement et par conséquent la hauteur de pression on augmente quelque peu; mais il est facile de la ramener à sa valeur primitive en ajoutant du mercure toutes les 12 heures environ.

Pendant l'été de 1870, j'ai comparé par ce procédé l'écoulement de l'eau sur deux racines de Grand-Soleil de même longueur: l'expérience a duré 5 jours (1). Elle a montré que la différence d'écoulement est assez faible, bien que la pres-

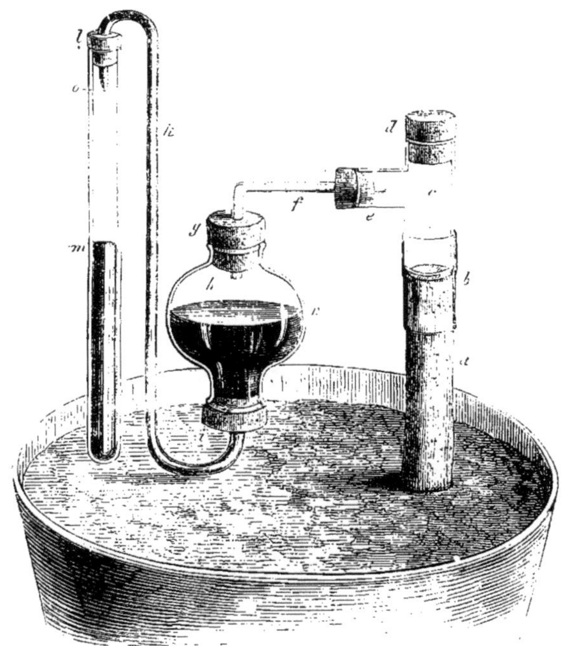

Fig. 459.— Appareil pour mesurer la poussée des racines sous pression constante. Le bouchon en l a une petite échancrure latérale pour permettre la sortie de l'air chassé par le mercure.

sion, nulle dans un cas, fût dans l'autre de 17 centimètres de mercure. Ainsi, dans les 33 premières heures de l'observation, il s'écoula par la section sans pression 26 cc, 45, et par la section soumise à une pression de 17 centimètres de mercure 20 cc, 9. Un brusque changement de 1 ou 2 centimètres dans la colonne de mercure n'apportait aucune modification sensible dans la vitesse d'écoulement.

Cause de la poussée d'eau de la racine dans la tige. — Il s'agit maintenant d'essayer de se représenter par quelle cause est produite cette puissante poussée d'eau dans le bois de la racine. Comment se fait-il que l'eau, absorbée

(1) Je ne puis naturellement donner ici toute la série des détails d'observation.

dans le sol par la surface de la racine, non-seulement se répande dans les cavités cellulaires du bois, mais s'y trouve refoulée avec une force qui la rend capable, une fois arrivée à la section supérieure, de vaincre encore d'aussi grands obstacles? Car il est clair que cette eau qui s'écoule par en haut a été aspirée dans les profondeurs du sol par la surface même de la racine. De son côté, cette aspiration superficielle ne peut-être opérée que par l'action endosmotique des cellules du parenchyme cortical de la racine.

Si donc l'on suppose que le pouvoir endosmotique de ces cellules est très-grand, il se développera en elles une grande turgescence, dont le résultat sera de faire filtrer à travers leurs membranes et vers les cavités cellulaires du bois exactement autant d'eau qu'il en entrera désormais du dehors par endosmose. Une fois gorgées par endosmose, les cellules du parenchyme refoulent dans les vaisseaux l'eau que l'endosmose y fait pénétrer sans cesse, et l'y poussent avec une telle force que, lorsqu'elle vient perler en haut aux orifices des vaisseaux ouverts sur la section, elle est encore capable de vaincre une certaine pression extérieure. Il va de soi que la pression extérieure qui s'exerce ainsi sur la section doit, d'après les lois de l'hydrostatique, agir aussi sur la face interne des cellules vasculaires qui pompent l'eau hors des cellules turgescentes du parenchyme ; mais en outre l'eau qui y pénètre dans les vaisseaux a à surmonter la résistance que les membranes cellulaires opposent à la filtration. L'endosmose des cellules corticales de la racine doit donc triompher de ces divers obstacles.

Comme nous ignorons la grandeur de la force d'endosmose, mais que nous sommes fondé à croire qu'elle est beaucoup plus grande que les recherches directes de Dutrochet sur les membranes animales ne le faisaient supposer, la manière de voir que nous venons d'exposer serait très-instructive à cet égard. Malheureusement on peut y faire une objection à laquelle il est difficile de répondre. Pourquoi, dans leur turgescence, les cellules corticales de la racine n'expulsent-elles leur trop-plein d'eau que du côté du corps ligneux et non pas aussi vers l'extérieur? On peut, il est vrai, se tirer d'affaire en admettant que la structure moléculaire des cellules est différente sur leur face externe et sur leur face interne, que les cellules sont sur leur face externe mieux appropriées pour agir endosmotiquement, et sur leur face interne mieux disposées pour la filtration sous une haute pression endosmotique. Il faut remarquer toutefois que ce n'est là qu'une pure hypothèse, faite précisément dans le but d'expliquer plus facilement les phénomènes qui se passent dans la racine.

D'un autre côté, la sécrétion de gouttes d'eau qui s'opère sur la cellule fructifère du *Pilobolus crystallinus*, Champignon de la famille des Mucorinées formé d'un petit nombre de cellules, celle qui a lieu sur les poils radicaux du *Marchantia* quand ils végètent dans l'air humide, etc., montrent que des cellules gonflées par l'endosmose peuvent effectivement faire filtrer de l'eau au dehors en certaines places de leurs membranes. Il n'est pas possible non plus de se représenter autrement la sécrétion du nectar dans les fleurs ; ici encore, il faut évidemment que du côté de la plante les cellules sécrétantes absorbent l'eau ou la séve avec une grande force endosmotique, pour l'expulser ensuite au dehors du côté extérieur. Il est facile de s'assurer d'ailleurs que la poussée des racines ne coopère pas directement à ce phénomène, car cette sécrétion souvent très-abondante, telle qu'elle a lieu par exemple dans le *Fritillaria imperialis*, continue de s'opérer lorsqu'on a coupé l'inflorescence pour en plonger la base dans l'eau. Par là, ce genre de sécrétion diffère beaucoup de la formation de gouttelettes dont les feuilles de beaucoup de plantes sont le siége, laquelle n'a lieu qu'autant que ces organes demeurent en relation avec les racines et se trouve par conséquent déterminée par la pression même de ces racines (Aroïdées, Graminées, etc.).

Il arrive cependant aussi, que certaines sections transversales d'un organe laissent échapper de l'eau, tandis que d'autres sections du même organe absorbent au contraire l'eau qu'on leur présente ; c'est ce que j'ai constaté, par exemple, dans des tronçons de jeunes chaumes de diverses Graminées. Ces tronçons, longs de 6 à 10 centimètres, plongeaient par leur extrémité inférieure dans le sol humide ; dans une atmosphère saturée et à l'obscurité, leur section supérieure laissait échapper continuellement des gouttes d'eau. Les cellules parenchymateuses de la section inférieure agissent évidemment ici comme les cellules du parenchyme cortical de la racine ; elles aspirent l'eau par endosmose et la refoulent probablement dans les vaisseaux, par les orifices desquels elle s'échappe ensuite sur la section supérieure.

Effet combiné de la transpiration, du courant ascensionnel et de l'absorption par les racines. — Dans les conditions ordinaires et favorables à la végétation, la transpiration des feuilles, le mouvement ascensionnel de l'eau dans la tige, enfin l'absorption de l'eau du sol par les racines s'opèrent simultanément et combinent leurs effets de telle façon, qu'en un temps donné la racine absorbe et le bois conduit à peu près autant d'eau qu'il s'en évapore dans le même temps par les feuilles.

Aussi longtemps que cet équilibre se maintient, la plante demeure dans toutes ses parties turgescente et rigide ; inversement, de la conservation de la turgescence et de la rigidité des feuilles et des entre-nœuds, on peut conclure que l'absorption de l'eau par les racines compense exactement la perte par les feuilles. Dès lors on peut, dans ces conditions d'équilibre, soit regarder la quantité d'eau transpirée par les feuilles comme donnant la mesure exacte de celle qui est absorbée par la racine ou par la section de la branche, soit inversement mesurer, par la quantité d'eau absorbée par la racine, celle qui est transpirée dans le même temps par les feuilles. Cependant, comme la turgescence des tissus peut subir des variations de degré sans que l'œil en soit averti, il n'est pas nécessaire qu'il y ait une égalité rigoureuse entre la transpiration et l'absorption ; aussi dans la plupart des observations la petite différence quantitative des deux phénomènes échappera-t-elle à l'observateur, tant qu'il n'y aura pas un relâchement réel et évident des tissus, provoqué par l'affaissement des cellules sous l'influence d'une forte transpiration et d'une absorption insuffisante, ou inversement tant qu'il n'y aura pas expulsion de gouttelettes d'eau sur les feuilles des plantes enracinées. Quant à la quantité d'eau, relativement faible, qui est nécessaire à l'augmentation de volume des organes en voie d'accroissement, c'est seulement dans les séries d'observations longtemps prolongées sur des plantes encore en voie de développement, qu'elle devra entrer en ligne de compte.

Sans étudier ici les divers cas qui peuvent se présenter (1), nous nous bornerons à rappeler que le flétrissement de la plante résulte de ce qu'elle évapore par ses feuilles plus d'eau qu'elle n'en absorbe par ses racines ou par la section de sa tige. En général, cette inégalité ne se produit que lorsque la transpiration est très-considérable, ou quand le sol est très-sec, ou encore quand, sur des branches coupées dans l'air, la conductibilité du bois pour l'eau se trouve amoindrie ou détruite. L'expulsion de gouttelettes d'eau, déjà signalée plus haut, est due au contraire à ce que les feuilles évaporent peu d'eau, pendant que les racines en absorbent et en refoulent beaucoup vers les organes supérieurs. Si l'on assujettit au bouchon k, dans l'appareil de la figure 438, une branche de Pomme de terre, une feuille d'Aroïdée, une tige coupée de Maïs, etc., et si, en atténuant l'évaporation, on fait agir pendant longtemps une pression de 10 à 12 centimètres de mercure, on voit poindre des gouttelettes d'eau sur les feuilles. Ces gouttelettes perlent exactement aux mêmes points où elles se forment sur la plante enracinée, le soir, pendant la nuit ou pendant les temps pluvieux. De même il est facile, sur les plantes enracinées, d'accélérer la formation de gouttes d'eau, ou de la provoquer de nouveau quand elle a cessé, en échauffant la terre et en couvrant les feuilles d'une cloche de verre pour augmenter l'absorption et diminuer en même temps la transpiration (2).

La poussée des racines, qui se manifeste avec tant de force sur le tronc de tige coupé, ou sur la plante entière quand elle transpire faiblement, peut à peine être de quelque utilité pour le courant d'eau provoqué dans le bois par une transpiration énergique. Nous savons déjà, en effet, que si l'on coupe au ras du sol la tige d'une plante en voie d'active transpiration, la section, loin d'expulser de l'eau, absorbe celle qu'on lui présente. Cette observation prouve que, quand la plante transpire fortement, la poussée des racines n'agit pas avec assez de rapidité pour empêcher les vaisseaux, même ceux de sa racine, de se vider complétement; en d'autres termes, la force qui soulève l'eau dans la racine est très-grande, comme nous l'avons vu, mais elle agit trop lentement pour pouvoir exercer une influence si l'évaporation est rapide.

On arrive à la même conclusion, si l'on compare la quantité d'eau qui s'écoule pendant un certain temps par la section supérieure de la racine d'une plante à celle qui est absorbée pendant le même temps par la section inférieure de sa tige coupée. L'absorption par la tige est toujours beaucoup plus considérable que l'écoulement par la racine, même lorsque la tige atteste en se flétrissant que la conductibilité de son bois a été réduite et qu'elle absorbe moins d'eau après l'opération que dans l'état normal. Ainsi, par exemple, un plant feuillé de Tabac coupé à peu de distance du sol absorbait en 5 jours 200 cent. cub. d'eau, pendant que le tronçon de racine n'expulsait que 15,7 cent. cub. De même dans un plant de *Cucurbita Pepo*, l'absorption, pendant laquelle la plante

---

(1) Voir RAUWENHOFF : Phytophysiologische Bijdragen (Versagen en Mededeelingen der K. Akad. van Vetensch. 2ᵉ Reeks. Deel III, 1868) ; on y regrette l'absence d'observations thermométriques, indispensables dans ce genre de recherches.

(2) L'expulsion de gouttes d'eau au bord des feuilles dans les plantes dont les racines plongent dans une terre chaude et humide, tandis que leurs feuilles s'étalent dans un air humide, est un phénomène tout à fait général, comme me l'a appris une longue expérience.

se flétrissait rapidement, était de 14 cent. cub., et l'écoulement par le tronçon de racine ne donnait que 11.4 cent. cub. Tout en se flétrissant, la tige d'un Grand-Soleil absorbait en quelques jours 95 cent. cub., pendant que le tronçon n'expulsait que 52,9 cent. cub. Si l'on réduit l'observation à un temps plus court, les résultats sont encore dans le même sens.

Il résulte de ces faits que, dans la plante intacte, si l'on excepte les temps où la transpiration est faible et où l'eau s'échappe des feuilles sous forme de gouttes, la pression des racines n'existe pas; elle ne prend naissance en réalité que quand la transpiration et l'absorption ont cessé à la fois, ou sont devenues toutes les deux très-faibles. L'état d'épuisement où se trouve la racine d'une plante en voie d'active transpiration, épuisement qu'il est facile de constater aussitôt après qu'on en a pratiqué la section, prouve au contraire qu'une plante enracinée se comporte tout entière comme une branche détachée. De même que cette branche aspire l'eau du vase où elle trempe, de même le bois de la racine, desséché par l'évaporation d'en haut, absorbe l'eau contenue dans les cellules corticales de l'organe, qui sont douées d'une grande activité endosmotique. Mais il reste à décider encore, si les contenus des cellules corticales de la racine ne demeurent pas tout à fait étrangers à ce phénomène. On peut imaginer, en effet, que l'aspiration ainsi exercée par le bois se propage par les membranes cellulaires elles-mêmes jusqu'à la surface de la racine, soit par imbibition dans la substance même des membranes, soit par glissement à leur surface interne.

Les feuilles absorbent-elles l'eau qui les mouille? — Les parties des plantes terrestres qui servent à la transpiration et qui sont revêtues de cuticule paraissent ne pas pouvoir absorber, au moins en quantité appréciable, l'eau qui les mouille, par exemple la pluie et la rosée qui tombent sur les feuilles. Aussi longtemps que, dans la plante enracinée et intacte, tous les tissus sont turgescents et abondamment pourvus d'eau par en bas, on ne doit pas s'attendre à observer à la surface des feuilles, même entièrement mouillées, une absorption d'eau sensible; car on ne voit pas pourquoi l'eau pénétrerait dans des cellules déjà trop pleines (1). Mais même lorsque la plante enracinée se fane, et qu'on lui rend sa fraîcheur en mouillant ses feuilles, il est douteux que cela provienne de ce que celles-ci ont réellement absorbé l'eau, car on n'a pas empêché tout transport subséquent de bas en haut. Des branches fortement flétries plongées complétement dans l'eau, à l'exception de la surface de section, ne reprennent pas ou ne reprennent que très-lentement leur turgescence, et encore ici des doutes subsistent au sujet de l'absorption de l'eau par la surface des feuilles.

En conformité avec ces remarques, M. Duchartre a trouvé aussi (2) que des plantes enracinées (*Hortensia, Helianthus annuus*), flétries vers le soir par la dessiccation de la terre du pot qui les contient, ne se relevaient pas, ne reprenaient pas leur turgescence après avoir été abondamment mouillées toute une nuit

(1) Dans ses recherches sur ce sujet 'Bull. de la Soc. botanique de France, 24 février 1860). M. Duchartre a négligé cette simple réflexion ; à d'autres égards ces recherches laissent d'ailleurs beaucoup à désirer.

(2) DUCHARTRE : Bulletin de la Soc. botanique, 1857, p. 940-946.

par la rosée. Les pots où s'étendaient les racines étaient, bien entendu, pourvus d'un couvercle exactement fermé. Sous ce rapport, les plantes épidendres elles-mêmes (Orchidées, *Tillandsia*, etc.) se comportent de la même manière; elles non plus n'absorbent par leurs feuilles ni eau liquide, ni vapeur d'eau; les *Tillandsia* n'en absorbent même pas en quantité appréciable par leurs racines. L'eau dont ces plantes ont besoin pour suffire à leur transpiration et à leur accroissement doit leur être apportée sous forme de pluie ou de rosée, et elle y est introduite par le voile des racines (Orchidées) ou par la surface des blessures (1).

Quand des plantes terrestres, flétries dans une journée chaude, reprennent le soir leur turgescence, c'est une conséquence de la diminution de transpiration amenée par le refroidissement de l'air et l'augmentation de son humidité, ainsi que par l'activité constante des racines; ce n'est nullement une preuve qu'il y ait eu absorption de vapeur d'eau ou de rosée par la surface des feuilles. De même la pluie rafraîchit et relève les plantes fanées, non parce qu'elle pénètre dans les feuilles, mais parce qu'en les mouillant elle arrête toute transpiration ultérieure, tandis que d'autre part elle fournit aux racines de l'eau qu'elles absorbent et envoient aux feuilles. Une expérience très-simple édifiera d'ailleurs facilement le commençant sur ce point. Que l'on enferme le pot où s'est développée une plante feuillée dans un vase de métal ou de verre dont le couvercle, divisé en deux moitiés échancrées, permet de couvrir la terre en laissant passer la tige. Si la terre est sèche, la plante se fane bientôt ; en la recouvrant d'une cloche de verre on lui rend sa turgescence, elle se flétrit de nouveau si l'on enlève la cloche. Cette expérience montre que, si la racine n'introduit dans la plante qu'une très-petite quantité d'eau, le flétrissement provient d'un accroissement de transpiration, la turgescence d'une diminution de transpiration. Laisse-t-on se faner des branches coupées et les suspend-on ensuite dans une atmosphère à peu près saturée de vapeur d'eau, les feuilles et les jeunes entre-nœuds reprennent leur fraîcheur, quoique la branche totale continue à perdre de son poids par évaporation. Cela tient à ce que l'eau des portions âgées de la tige se rend dans les parties les plus jeunes, comme on peut le conclure des expériences de M. Prillieux (2).

§ 3.

Mouvement des gaz dans la plante (3).

Origine de ce mouvement. — Toute cellule végétale en voie d'accroissement ou d'activité vitale absorbe constamment l'oxygène de l'atmosphère et produit en même temps un volume sensiblement égal d'acide carbonique. Les cellules

----

(1) DUCHARTRE: Expériences sur la végétation des plantes épiphytes (Bull. de la Société d'Horticulture, 1856, p. 67, et Comptes rendus, 1868, LXVII, p. 775).

(2) PRILLIEUX : Comptes rendus, 1870, II, p. 80.

(3. SACHS : Handbuch der Experimentalphysiologie, p. 243 (trad. française, p. 266). — MÜLLER : Jahrb. f. wiss. Botanik, VII, p. 145.

pourvues de chlorophylle ont, en outre, la propriété d'absorber, sous l'influence de la lumière solaire, l'acide carbonique de l'atmosphère et de dégager en même temps un volume sensiblement égal d'oxygène mêlé d'azote. Les mouvements de gaz auxquels ce double échange donne lieu dans la plante ont naturellement une intensité très-variable, en rapport avec l'intensité des phénomènes chimiques qui s'opèrent à l'intérieur des cellules et qui les provoquent. La formation d'acide carbonique aux dépens de l'oxygène atmosphérique a lieu, il est vrai, continuellement et dans toutes les cellules de la plante, mais les quantités de gaz ainsi produites et consommées sont très-faibles, en comparaison de la grande proportion d'acide carbonique qui est détruite dans les tissus verts et du volume égal d'oxygène qui se trouve ainsi dégagé. On se représentera l'abondance de ce dernier phénomène, si l'on réfléchit que la moitié environ du poids de la plante sèche consiste en carbone, lequel provient de son côté de la décomposition de l'acide carbonique de l'atmosphère, opérée dans les tissus verts sous l'influence de la lumière.

L'oxygène et l'azote sont des gaz permanents; l'acide carbonique l'est aussi dans les limites des températures de végétation et même beaucoup au-dessous. La vapeur d'eau, au contraire, peut dans ces limites être engendrée par l'eau liquide et inversement revenir à l'état d'eau liquide. A part cette différence, la vapeur d'eau se comporte d'ailleurs, sous tous les rapports que nous envisageons ici, comme un gaz.

Les gaz se présentent dans la plante sous deux états : ils sont dissous ou libres. — Ceci posé, quand les gaz pénètrent à travers les membranes cellulaires fermées, pour se répandre dans le suc cellulaire et imprégner le protoplasma, les grains de chlorophylle, etc., ou quand ils s'en échappent, leur mouvement s'opère par voie de diffusion moléculaire. S'ils remplissent, au contraire, à l'état élastique les espaces intercellulaires, les tubes des vaisseaux, les cellules dépourvues de suc et de protoplasma, ou de grandes lacunes creusées dans le tissu, ils se déplacent en masse en vertu de leur seule expansibilité.

Mouvement des gaz dissous. — Les mouvements de diffusion des gaz dissous tendent à amener un état d'équilibre, qui dépend du coefficient d'absorption du gaz pour un liquide cellulaire déterminé, de l'état moléculaire de la membrane cellulaire, etc., ainsi que de la température et de la pression atmosphérique. Mais, outre que ces diverses conditions changent à tout moment, l'équilibre qui tend à s'établir ainsi est à chaque instant détruit par les transformations chimiques sur lesquelles reposent l'échange de matières, l'assimilation et l'accroissement, de sorte qu'un état de repos ne peut que rarement avoir lieu. L'état ordinaire des gaz qui se diffusent à travers les cellules est donc l'état de mouvement.

Mouvement des gaz libres. — De leur côté, les masses de gaz qui remplissent les cavités cellulaires ou intercellulaires de la plante ne sont ordinairement pas non plus à l'état de repos. Le dégagement ou l'absorption d'oxygène et d'acide carbonique qui, suivant les circonstances, s'opèrent dans les cellules, troublent aussi l'équilibre de pression dans les espaces voisins, et les variations de la température et de la pression atmosphérique exercent le même effet. En outre, les flexions de la tige et des pétioles sous l'influence du vent déterminent dans les gaz qui en occupent les cavités des compressions et des dilatations qui, à leur tour, engendrent des courants gazeux à l'intérieur de la plante. Suivant la largeur des cavités, la vitesse des gaz qui s'y déplacent sera d'ailleurs très-différente. A l'intérieur des très-étroits espaces intercellulaires du parenchyme ordinaire, le mouvement sera toujours lent et faible, même sous une pression considérable; il pourra, au contraire, prendre la forme de courants rapides à l'intérieur des larges lacunes du parenchyme de la plupart des feuilles et organes analogues, et surtout dans les larges canaux aérifères qui s'étendent dans tout le tissu des plantes aquatiques.

Si, partant de ces considérations générales, l'on cherche maintenant à exposer avec précision les phénomènes qui se présentent dans les cas les plus ordinaires, on est conduit aux remarques suivantes.

Échange diffusif des gaz entre les cellules isolées et le milieu extérieur. — Les cellules qui vivent isolées, comme celles qui font partie de simples rangées ou de plans de cellules, méritent de fixer tout d'abord notre attention, parce que par la face externe de leur membrane elles sont directement en contact avec l'air ou avec l'eau qui tient les gaz en dissolution. C'est donc ici essentiellement par un mouvement diffusif que les gaz entrent dans la cellule et qu'ils en sortent.

Si, par exemple, une cellule de ce genre, abondamment pourvue de chlorophylle, est soumise à l'action de la lumière solaire, l'acide carbonique qu'elle a absorbé, est décomposé et par conséquent de nouvelles quantités d'acide carbonique y pénètrent incessamment du dehors, puisque la saturation du suc cellulaire par ce gaz est sans cesse détruite. En même temps, de l'oxygène est mis en liberté, et le suc cellulaire, en recevant bientôt plus qu'il n'en peut contenir, laisse échapper l'excès au dehors par voie de diffusion. Dans ces conditions, il s'établit donc entre la cellule et le monde extérieur deux courants moléculaires opposés qui traversent la membrane, le protoplasma et le suc cellulaire. Il se forme dans la cellule, aux dépens de l'acide carbonique décomposé, des produits carbonés, et c'est cette décomposition même qui est la cause de l'introduction incessante de nouvelles quantités d'acide carbonique par voie de diffusion; ainsi donc, plus la décomposition est rapide, plus rapide est aussi le courant de remplacement.

Les phénomènes s'accomplissent de la même manière, mais en sens contraire, dans une cellule verte placée à l'obscurité et à toute époque dans les cellules qui ne renferment pas de chlorophylle; ces cellules, en effet, absorbent de l'oxygène dans le milieu extérieur et forment de l'acide carbonique. Seulement le phénomène est beaucoup plus lent et plus faible.

En général, la cellule agit donc comme un centre d'attraction pour le gaz qu'elle détruit et comme un centre de répulsion pour le gaz qu'elle produit. Ceci posé, il est clair que cette règle s'applique aussi à chaque cellule d'un tissu massif; seulement les choses seront dans ce cas plus compliquées, parce que les courants diffusifs des gaz, au lieu de s'opérer entre la cellule et la masse indéfiniment grande de l'atmosphère extérieure, s'exerceront d'une part entre la cellule considérée et les cellules voisines, d'autre part entre elle et les espaces aérifères internes auxquels elle confine.

Mouvements des gaz dans les plantes submergées. — Entre toutes les plantes constituées par des massifs de cellules, les plantes aquatiques submergées présentent un intérêt particulier. Chez elles, en effet, les espaces intercellulaires ne viennent pas déboucher au dehors par de nombreux stomates, mais communiquent avec de grandes cavités qui prennent naissance à l'intérieur du tissu par disjonction et agrandissement des cellules, ou même quelquefois par destruction de ces cellules. Les tiges souterraines des Prêles et d'un grand nombre de plantes marécageuses se comportent de la même manière.

Entièrement saines, les plantes de cette sorte sont complétement fermées vers l'extérieur, et les gaz qui s'y rassemblent dans les cavités internes ne peuvent provenir que du tissu ambiant, lequel à son tour absorbe dans l'eau qui le baigne et par voie de diffusion l'oxygène, l'azote et l'acide carbonique dissous. Ces gaz ne se diffusent pas purement et simplement à travers les diverses couches du tissu, ils subissent en même temps des changements profonds ; et une fois rassemblés dans les cavités internes, ils subissent encore l'influence des phénomènes chimiques qui s'opèrent dans le tissu d'alentour. Une plante verte submergée absorbe, par exemple, sous l'influence de la lumière solaire, de l'acide carbonique dans l'eau qui l'entoure, le décompose et déverse au moins une partie de l'oxygène dégagé dans ses cavités intérieures ; mais vienne l'obscurité, ce phénomène cesse ; l'oxygène des lacunes est alors absorbé par les liquides du tissu ambiant et peu à peu transformé de nouveau en acide carbonique, gaz qui de son côté se rend en partie dans les lacunes où il remplace l'oxygène, mais peut aussi se diffuser dans le milieu extérieur.

De ce fait et de l'inégalité des pouvoirs diffusifs de ces divers gaz, il résulte que l'air contenu dans les lacunes a en général une composition quantitative très-différente de celle du gaz contenu dans l'eau ambiante et que cette composition est soumise à de continuels changements. Non-seulement la composition chimique du gaz des lacunes varie à tout instant, mais sa pression subit aussi des oscillations. Si la plante est soumise à une vive lumière, l'oxygène dégagé dans son tissu vert se rassemble rapidement dans ses canaux aérifères, y atteint une pression élevée et s'échappe enfin avec force après avoir fait éclater en quelque point les couches du tissu ambiant. A l'obscurité au contraire, grâce au pouvoir diffusif plus grand de l'acide carbonique et à sa production plus lente dans le tissu, on n'observe pas dans les lacunes aérifères un pareil accroissement de pression (1).

L'azote atmosphérique participe à tous les phénomènes que nous venons-

---

(1) Si, après quelque temps d'insolation, on met la plante à l'obscurité, le courant de bulles gazeuses peut s'y prolonger pendant plus de trois heures (*Elodea canadensis*, etc.). Cette continuation du phénomène s'explique par l'effet combiné de la pression développée dans l'atmosphère intérieure pendant l'insolation et du courant diffusif qui s'opère de dehors en dedans par suite de la très-inégale composition du gaz dissous et du gaz qui forme l'atmosphère intérieure au moment où cesse l'insolation. Voir sur ce point : PH. VAN TIEGHEM : Recherches sur la respiration des plantes submergées (Bulletin de la Société botanique de France, XIII, 1866. — Comptes rendus, LXV, 1867. — Comptes rendus, LXIX, 1869), p. 181 et 531) (*Trad.*).

d'étudier, mais son rôle y est subordonné et secondaire. Il ne manque jamais dans l'air qui remplit les lacunes, ordinairement même il y est en proportion considérable relativement à l'oxygène et à l'acide carbonique ; mais n'étant ni consommé ni produit pendant l'échange de matières qui s'opère dans les tissus, il n'est pas soumis comme ces deux gaz à des oscillations et à des mouvements aussi considérables et aussi rapides.

Mouvements des gaz dans les plantes terrestres. — Les plantes terrestres se distinguent des plantes aquatiques submergées, parce que les cavités internes, quand elles y sont développées, communiquent directement avec l'atmosphère par les orifices des stomates (1). L'étude anatomique démontre directement que ces organes ne sont pas autre chose que les orifices de sortie des espaces intercellulaires qui, communiquant les uns avec les autres, s'étendent dans tout le corps de la plante. Des recherches ont montré, en outre, que ces espaces à leur tour sont par endroits en communication directe avec les cavités des vaisseaux et des cellules ligneuses. Les grandes cavités aérifères qui sont fréquentes aussi dans les plantes terrestres (tiges creuses, feuilles, fruits, etc.), les vaisseaux ligneux, les cellules ligneuses, enfin les petits espaces intercellulaires du parenchyme qui sont le plus souvent d'une extrême ténuité, forment donc tous ensemble un système continu de cavités aérifères, toutes fermées vers le bas dans les racines, mais qui s'ouvrent en haut dans les feuilles, les entre-nœuds, etc., par d'innombrables orifices capillaires extrêmement étroits qu'on appelle les stomates.

Ce que nous avons dit plus haut des modifications incessantes que l'air confiné dans les lacunes aérifères des plantes aquatiques subit dans sa composition chimique et dans sa pression, s'applique en général aussi aux plantes aériennes. Seulement, les différences de pression aux différents points du corps de la plante s'équilibrent ici par le moyen des tubes vasculaires, et la différence de pression entre l'atmosphère intérieure de la plante et l'air ambiant se compense par l'intermédiaire des stomates. Il est vrai que cette égalisation des pressions s'opère en général avec une extrême lenteur, parce qu'en un court espace de temps les stomates ne laissent passer par leur très-étroit orifice que de très-petites quantités de gaz. Malgré la libre communication que les stomates établissent entre les deux atmosphères, on pourra donc observer, dans les plantes terrestres comme dans les végétaux aquatiques, de notables différences de pression et de grandes différences de composition chimique entre le gaz confiné dans la plante et l'air ambiant.

D'ailleurs, il ne faut pas méconnaître que les couches de tissu dans lesquelles s'opère un plus abondant échange de gaz sont aussi revêtues d'un épiderme plus riche en stomates que celles dont le lent accroissement exige un échange de gaz moins considérable. On voit encore que les organes pourvus d'une cuticule mince sont plus capables d'opérer leur échange gazeux par

---

(1) Les grands Champignons et Lichens n'ont pas de stomates, il est vrai ; mais il n'est pas moins certain que l'air emprisonné entre leurs filaments se trouve, au moins par endroits, mis en communication directe avec l'atmosphère entre les filaments superficiels. Les tiges des Mousses ne possèdent ni cavités internes, ni stomates ; mais leur capsule sporifère est munie des unes et des autres.

voie de diffusion que ceux dont l'épiderme possède une cuticule épaisse qui
ralentit nécessairement le courant diffusif. Par là s'explique que les racines
n'aient pas besoin de stomates ; leur lent accroissement de volume et la minceur de la cuticule qui recouvre leurs cellules épidermiques permettent, en
effet, à l'échange d'oxygène et d'acide carbonique dont elles sont le siège de
s'accomplir par voie de simple diffusion. Les feuilles vertes, au contraire, pourvues d'une cuticule épaisse, ont besoin de nombreux stomates pour échanger
rapidement à la lumière solaire de grands volumes d'acide carbonique contre
des volumes non moins grands d'oxygène. Quand elles jouissent d'un rapide accroissement, les plantes parasites dépourvues de chlorophylle et les fleurs possèdent aussi des stomates, quoiqu'en moindre nombre, parce qu'elles absorbent en effet beaucoup d'oxygène et dégagent beaucoup d'acide carbonique.

Lorsque, sur les vieilles branches et sur les vieilles racines, l'épiderme a été
remplacé par un périderme subéreux, ces organes se trouvent désormais, si
l'on fait abstraction des fentes accidentelles, complétement fermés, non-seulement hermétiquement dans le sens ordinaire de ce mot, mais encore de façon
que l'échange gazeux par voie de diffusion ne puisse plus s'y opérer. Toutefois, ceci n'a lieu que dans des plantes dont les faisceaux vasculaires forment
des vaisseaux aérifères et souvent aussi des cellules ligneuses aérifères, chez
lesquelles, par conséquent, les cellules du parenchyme cortical enveloppées
par le liége peuvent opérer vers l'intérieur l'échange gazeux nécessaire à
leur vie ; c'est le cas notamment pour les tiges des Dicotylédones ligneuses
et des Conifères.

Les considérations qui précèdent ont trait principalement à l'échange
d'acide carbonique et d'oxygène, mais elles s'appliquent aussi, en majeure
partie, à la vapeur d'eau. La vaporisation de l'eau de végétation, dont nous
avons appris, dans le paragraphe précédent, à connaître les conséquences
pour le courant d'eau ascensionnel, se trouve presque complétement arrêtée
par la formation du périderme subéreux ou du rhytidome, et elle est tout au
moins très-ralentie par un épiderme cuticularisé. Comme les organes des
plantes qui s'étalent dans l'air sont toujours revêtus par l'un ou par l'autre
de ces tissus tégumentaires, la vaporisation ne s'opérera en général que très-
faiblement à la surface même de ces organes. La plus grande partie de la
vapeur d'eau que la plante perd par ces organes prend évidemment naissance
à l'intérieur du tissu, le long des parois cellulaires imbibées qui limitent les
espaces intercellulaires et les grandes lacunes aérifères. Quand ces espaces
sont saturés de vapeur d'eau, la vaporisation s'arrête ; mais, si l'air extérieur
est relativement sec, la vapeur d'eau se répand au dehors par les stomates,
les membranes cellulaires internes peuvent de nouveau émettre de la vapeur d'eau dans l'atmosphère confinée jusqu'à saturation, et ainsi de suite.
Si le tissu qui évapore se trouve plus fortement échauffé, par exemple par
l'action du soleil, la vaporisation interne est plus énergique et la plus
forte tension ainsi établie détermine une exhalation de vapeur plus rapide
par les stomates.

Les organes des plantes dont la surface est en contact continuel avec l'eau
ne peuvent pas émettre de vapeur d'eau par des ouvertures aussi fines que

celles des stomates. Aussi les stomates font-ils défaut aux plantes submergées ou ne s'y développent-ils qu'accidentellement. Les feuilles qui nagent sur l'eau, celles des *Nymphæa*, par exemple, sont particulièrement instructives à ce point de vue; sur la face inférieure mouillée, en effet, elles ne possèdent pas ou ont très-peu de stomates, tandis qu'elles en ont un grand nombre sur la face supérieure aérienne. La chose est d'autant plus frappante, qu'à l'ordinaire dans les feuilles qui sont tout entières plongées dans l'air, c'est la face inférieure qui possède le plus grand nombre de stomates, tandis que la face inférieure en manque parfois complétement.

CHAPITRE SECOND

LES PHÉNOMÈNES CHIMIQUES DANS LA PLANTE

§ 4.

Les éléments nutritifs des plantes (1).

Substance sèche ; rapport de son poids au poids vif. — Si l'on évapore
entre 100 et 110 degrés l'eau qui imbibe toute partie de plante vivante,
jusqu'à ce qu'il n'y ait plus de perte de poids, il reste une matière sèche
ordinairement friable et facile à pulvériser. Dans les graines mûres, le poids
de cette substance sèche atteint environ les 8/9 du poids de l'organe vivant,
mais dans les plantules issues de germination, après consommation totale des
matériaux de réserve, il descend au-dessous de 1/10 du poids vif. Dans le
cours ultérieur de la végétation il s'élève ordinairement à 1/5 et jusqu'à 1/3,
mais dans les plantes aquatiques submergées et dans certains Champignons
il est le plus souvent moindre de 1/10 et n'atteint même quelquefois que 1/20
du poids vif. Ces valeurs, que nous ne faisons que citer ici, varient d'ailleurs
dans des limites fort étendues, suivant la nature et l'âge de la plante et de
ses divers organes.

Cendres. — Si maintenant l'on calcine en présence de l'oxygène la substance
sèche de la plante, la partie de beaucoup la plus grande de cette substance
brûle en dégageant principalement, comme produits de combustion, de l'acide
carbonique et de la vapeur d'eau. Ce qui reste après cette nouvelle opération
est une blanche et fine poussière, qu'on appelle les *cendres*. Les cendres ne
représentent ordinairement que quelques centièmes de la substance sèche;
mais le rapport des deux poids dépend à la fois de la nature spécifique de

(1) Les chapitres V et VI de mon Manuel de physiologie expérimentale suffiront pour guider
le commençant au milieu des nombreux travaux que la science possède sur ce sujet. L'ouvrage
de THÉODORE DE SAUSSURE : Recherches chimiques sur la végétation, Paris, 1804, est encore
précieux aujourd'hui et indispensable à tous ceux qui veulent se faire un jugement indépendant. — On trouvera une exposition détaillée de l'étude de la nutrition végétale dans MEYEN :
Lehrbuch der Agriculturchemie, 1870-1871. — On doit à M. Boussingault des recherches fondamentales sur un grand nombre de points importants; BOUSSINGAULT : Agronomie, Chimie agri-
cole et Physiologie, 4 vol., 1860-1868. — Citons encore comme travaux de grande valeur
E. WOLFF : Aschenanalyse von landwirthschaftlich. Prod. etc. Berlin, 1871, et Vegetations-
versuche in wasserigen Lösungen ihrer Nährstoffe (Hohenheimer Jubiläumsschrift, 1862).

[A ces ouvrages il faut joindre J. RAULIN : Études chimiques sur la végétation (Ann. des sc.
nat., 5e série. XI. 1870,. (*Trad*.]

la plante, de la nature et de l'âge de ses divers organes, et il est soumis à de grandes variations.

Analyse élémentaire de la substance sèche et des cendres. — Ceci posé, l'analyse chimique de la partie combustible de la matière sèche montre que chez toutes les plantes elle se compose de carbone, d'hydrogène, d'oxygène, d'azote et de soufre. Mais ce dernier corps demeure dans les cendres, après la combustion, sous forme d'acide sulfurique, combiné aux diverses bases qu'elles contiennent.

De leur côté les cendres renferment, sans aucune exception, les cinq corps suivants : potassium, calcium, magnésium, fer, phosphore ; habituellement aussi les cinq suivants : sodium, lithium?, manganèse, silicium, chlore. Enfin les plantes marines contiennent en outre de l'iode et du brome.

A ces éléments constitutifs, dans des cas assez rares et dans des circonstances particulières, on trouve mélangés en très-petite quantité les corps simples suivants : aluminium, cuivre, zinc, cobalt, nickel, strontium et baryum.

Enfin la présence de très-petites quantités de fluor dans les plantes peut se conclure de l'accumulation de fluorure de calcium dans le corps des animaux qui tous, directement ou indirectement, se nourrissent de plantes.

Éléments nutritifs des plantes. — Ceci posé, il va de soi qu'il ne faut considérer comme substances nutritives élémentaires que celles qui sont absolument nécessaires aux phénomènes de nutrition de la plante. Les autres substances dont l'analyse démontre, il est vrai, l'existence dans les végétaux, mais qui peuvent tout aussi bien y manquer sans que leur nutrition soit supprimée, ne sont que des mélanges accidentels.

Parmi les principes nutritifs indispensables, il faut citer en première ligne les éléments de la substance combustible, qui se présentent dans toutes les plantes sans exception, c'est-à-dire le carbone, l'hydrogène, l'oxygène, l'azote et le soufre. Ces éléments appartiennent en effet à la formule chimique de la cellulose et à celle des substances albuminoïdes qui composent le protoplasma; sans eux l'existence même de la cellule végétale ne pourrait être imaginée.

Le potassium, le calcium, le magnésium, le fer et le phosphore sont aussi des éléments indispensables à la nutrition des plantes. C'est ce qui résulte d'abord de leur présence tout à fait générale dans les plantes, et surtout de l'ensemble des recherches expérimentales sur la végétation; la nutrition et l'accroissement de toutes les plantes étudiées jusqu'ici à ce point de vue se sont montrés en effet impossibles ou anormales, toutes les fois qu'un seul de ces éléments a manqué dans le mélange nutritif.

Quant au sodium, au manganèse, au silicium, cette démonstration n'a pas été donnée jusqu'ici; il semble plutôt que leur présence n'est pas indispensable aux phénomènes chimiques de la nutrition. La nécessité du chlore pour la nutrition complète du *Polygonum Fagopyrum* a été établie par les recherches de M. Nobbe (1). On ignore encore si l'iode et le brome ont, dans les plantes marines où on les rencontre, la valeur de véritables éléments nutritifs.

____

(1) Landwirthschaftliche Versuchsstationen, VII, 1865.

Les autres substances nommées plus haut en dernier lieu peuvent, en raison de leur présence accidentelle, être ici pour le moment laissées de côté.

En résumé, dans les considérations générales sur la nutrition des plantes, on a donc principalement affaire aux éléments suivants :

Carbone, hydrogène, oxygène, azote, soufre,
Potassium, calcium, magnésium, fer,
Phosphore, chlore,

auxquels s'ajoutent encore, dans certaines circonstances, le sodium et le silicium.

Rôle physiologique de ces divers éléments nutritifs. — Mais la signification physiologique de ces divers éléments nutritifs est très-différente.

Ceux de la première rangée composent, nous le savons, la plus grande partie de la substance des plantes ; ils forment principalement la partie organisée ou organisable du corps du végétal et de chacune de ses cellules prise isolément ; leur rôle général est donc de fournir les matériaux proprement dits pour l'édification de la plante. Les parties constitutives des cendres, au contraire, par leur proportion beaucoup plus faible, sont peu importantes à ce point de vue, et leur rôle général paraît être de provoquer des décompositions et des combinaisons chimiques déterminées, à la suite desquelles les cinq premiers éléments arrivent à se combiner ensemble pour former la grande masse des principes combustibles de la plante.

Rôle du carbone. — Le carbone est présent dans toute combinaison organique, en proportion qui varie avec la nature de la combinaison. Mais si l'on considère l'ensemble de la matière sèche de la plante entière, on peut dire que le carbone y entre ordinairement pour environ la moitié de son poids. En réfléchissant à la masse énorme de substance végétale qui se forme à nouveau chaque année, on sera frappé de voir une aussi grande quantité de carbone provenir de l'atmosphère, qui ne contient en moyenne que 0,0004 d'acide carbonique.

Les cellules vertes ont seules la propriété de décomposer, en dégageant un volume égal d'oxygène, l'acide carbonique qu'elles ont absorbé et de produire, aux dépens des éléments de l'acide carbonique et de l'eau, de nouvelles combinaisons organiques, en un mot d'assimiler. Et cette propriété, elles ne la possèdent que sous l'influence de la lumière solaire. Il est très-vraisemblable que, dans ce phénomène, l'acide carbonique ne perd que la moitié de son oxygène et que l'autre moitié de l'oxygène dégagé provient d'une certaine quantité d'eau qui est décomposée en même temps.

Il est indubitable que la plupart des plantes vertes, par exemple nos Céréales, le Haricot, le Tabac, le Grand-Soleil, beaucoup de Lichens saxicoles, les Algues et beaucoup d'autres plantes aquatiques, puisent toute la masse de leur carbone dans la décomposition de l'acide carbonique de l'atmosphère ; elles n'exigent pour leur nutrition aucune autre combinaison carbonée venue du dehors. Ce fait est en partie directement démontré par les recherches expérimentales sur la végétation, et il se laisse en partie déduire des circonstances dans lesquelles beaucoup de plantes vivent dans les conditions naturelles.

Mais il existe aussi des plantes dépourvues de chlorophylle, auxquelles manque, par conséquent, l'organe nécessaire à la décomposition de l'acide carbonique. Ces plantes doivent évidemment emprunter à d'autres combinaisons le carbone indispensable à leur édification. Mais comme ces plantes dépourvues de chlorophylle sont parasites ou humicoles, elles absorbent leur carbone sous forme de combinaisons organiques, lesquelles ont été produites par d'autres plantes pourvues de chlorophylle au moyen de la décomposition de l'acide carbonique de l'atmosphère. Les parasites tirent ces produits d'assimilation directement de leur plante nourricière ; les humicoles, comme les *Neottia nidus-avis, Epipogum Gmelini, Corallorhiza innata, Monotropa hypopitys*, beaucoup de Champignons, etc., utilisent dans le même but le corps déjà en voie de décomposition d'autres plantes. Enfin, la nutrition des Champignons parasites des animaux s'accomplit elle-même en définitive aux dépens des produits d'assimilation des plantes, pourvues de chlorophylle, puisque la nutrition du règne animal repose tout entière sur les végétaux verts.

La combinaison du carbone la première apparue à la surface de la terre, c'est l'acide carbonique ; et la seule cause efficace de sa décomposition et de la combinaison du carbone avec les éléments de l'eau, c'est la cellule pourvue de chlorophylle. Toutes les combinaisons carbonées, qu'elles se trouvent dans les animaux, dans les plantes ou dans les produits de décomposition des uns et des autres, proviennent donc indirectement des cellules vertes des plantes.

Rôle de l'hydrogène. — Comme le carbone, l'hydrogène fait partie de toute combinaison organique ; mais à cause de la petitesse de son équivalent il ne représente qu'une partie beaucoup plus faible du poids total de la substance sèche, quelques centièmes seulement. Il provient très-probablement, nous l'avons déjà dit, de la décomposition de l'eau dans les cellules vertes sous l'influence de la lumière, et il entre aussitôt en combinaison avec l'oxyde de carbone issu de la décomposition simultanée de l'acide carbonique. Une très-petite partie seulement de l'hydrogène contenu dans les matières azotées des plantes doit être introduit dans le végétal sous forme d'ammoniaque.

Rôle de l'oxygène. — Dans les combinaisons organiques, l'oxygène est toujours en proportion plus faible que celle qui serait nécessaire pour brûler, en eau et en acide carbonique, l'hydrogène et le carbone qu'elles renferment. Il doit en être ainsi, puisque ces composés prennent naissance précisément par la combinaison directe de l'acide carbonique et de l'eau avec élimination d'une partie de l'oxygène. D'ailleurs la proportion d'oxygène contenue dans les combinaisons organiques est très-diverse et certaines d'entre elles n'en renferment pas du tout. Toutefois, après le carbone, c'est l'oxygène qui forme la plus grande partie du poids de la matière sèche.

L'oxygène est introduit dans la plante, sous forme d'eau, d'acide carbonique et de sels oxygénés, en beaucoup plus grande quantité que tout autre élément. En outre, tandis que par l'assimilation dans les organes verts il se dégage au dehors de très-grandes quantités d'oxygène, tous les autres organes des plantes absorbent, au contraire, directement l'oxygène atmosphérique et produisent en même temps et avec lenteur de l'acide carbonique et de l'eau aux dépens des substances assimilées. A côté du grand phénomène de désoxydation énergique dont les cellules vertes sont le siége, il s'opère donc un phénomène ordinairement moins énergique d'oxydation lente, comparable à la respiration animale et par lequel une partie de la substance assimilée par le premier est de nouveau détruite.

Rôle de l'azote. — L'azote est un élément constitutif essentiel des matières albuminoïdes qui constituent le protoplasma, c'est-à-dire le corps vivant de toute cellule ; il entre aussi dans la composition des alcaloïdes végétaux et de l'asparagine. Mais il ne représente en poids qu'une petite fraction de la substance sèche de l'organe, souvent moins de un centième, rarement plus de trois centièmes.

L'azote contenu dans les combinaisons que nous venons de signaler provient de sels ammoniacaux ou de nitrates absorbés par la plante. Les plantes parasites et humicoles tirent peut-être aussi du dehors des composés azotés organiques. De nombreuses recherches expérimentales sur la végétation, notamment de celles de M. Boussingault, il résulte, en effet, que les plantes ne possèdent pas la faculté d'utiliser le gaz azote libre de l'atmosphère pour produire les combinaisons azotées qui leur sont nécessaires. Si l'on donne artificiellement à une plante tous les autres éléments nutritifs, en empêchant toute combinaison renfermant de l'ammoniaque ou de l'acide nitrique d'arriver jusqu'à elle, on n'y observe désormais aucune augmentation des composés albuminoïdes et en général aucune augmentation des combinaisons azotées, malgré que l'azote de l'atmosphère ait libre accès auprès de la plante et que ce gaz remplisse les espaces intercellulaires et se diffuse à travers les sucs de toutes les cellules.

Rôle du soufre. — Le soufre est un élément constitutif de l'albumine, du sulfure d'allyle, de l'huile essentielle de moutarde. Il est absorbé par la plante sous forme de sulfates solubles, principalement et presque toujours sous forme de sulfate de chaux, comme M. Holzner l'a suggéré le premier (1). Il est vraisemblable que ce sel est plus tard décomposé par l'acide oxalique formé dans la plante et que c'est ainsi que prend naissance et se précipite l'oxalate de chaux, tandis que l'acide sulfurique cède son soufre aux composés organiques désignés plus haut.

Rôle du fer (2). — Souvent associé à une proportion très-variable de manganèse, le fer est indispensable à la constitution de la matière colorante verte de la chlorophylle, ainsi que l'ont établi toutes les recherches sur la végétation. Et comme les grains de protoplasma teints par cette chlorophylle sont seuls capables de former des substances organiques aux dépens de l'acide carbonique et de l'eau, c'est-à-dire d'assimiler, on voit que le rôle du fer dans la vie de la plante est de la plus haute importance. Toutefois, il suffit, pour atteindre ce but, d'une quantité extrêmement petite de ce corps, qui peut être absorbée par la plante sous forme de chlorure, ou de sulfate de protoxyde, ou d'autres composés. Les plantes meurent rapidement quand de grandes quantités de

____

(1) Holzner : Ueber die Bedeutung des Oxalsauren Kalkes (Flora 1867) et Hilgens : Jahrbüch. f. wiss. Bot. VI, 1.

(2) Pour plus de détails sur le rôle du fer dans les plantes, voir mon Manuel de physiologie expérimentale. Trad. française, p. 157.

dissolutions ferrugineuses se répandent dans leurs tissus. Bien qu'une petite quantité d'un sel de fer soit indispensable pour obtenir le verdissement de la chlorophylle, on ignore encore si la matière colorante verte elle-même contient du fer comme partie intégrante de sa formule chimique.

Rôle du potassium. — Comme le fer est nécessaire à l'achèvement de la chlorophylle, le potassium est indispensable à la mise en jeu de son activité assimilatrice. M. Nobbe a montré récemment que si on lui donne un aliment d'ailleurs complet mais d'où le potassium est absent, la plante (Sarrasin) se comporte comme si, au lieu d'une dissolution nutritive, elle n'absorbait que de l'eau pure ; elle n'assimile pas et n'augmente pas de poids. Cela tient à ce que, sans la coopération du potassium, les grains de chlorophylle ne peuvent pas produire d'amidon.

C'est le chlorure de potassium qui est la combinaison la plus active sous laquelle le potassium puisse être offert au Sarrasin ; le nitrate de potasse vient immédiatement après. Si le potassium n'est présenté à la plante que sous forme de sulfate ou de phosphate, il s'y développe tôt ou tard une maladie très-accusée, qui consiste en ce que l'amidon formé dans les grains de chlorophylle n'est pas transporté dans les organes en voie d'accroissement pour y être réemployé au profit de la végétation. Au point de vue physiologique, le sodium et le lithium sont incapables de remplacer le potassium ; mais, tandis que le sodium est simplement inutile aux plantes, le lithium dissous dans le suc cellulaire exerce une action destructive sur les tissus.

Rôle du phosphore, du chlore, du sodium, du calcium et du magnésium. — On ne connaît pas encore le rôle précis exercé par le phosphore, le chlore, le sodium, le calcium, le magnésium dans la vie de la plante. Cependant l'association constante des phosphates avec les matières albuminoïdes démontre, tout aussi bien que la présence constante des sels de potasse dans les organes qui forment du sucre et de l'amidon, que le phosphore a une relation déterminée et nécessaire avec les phénomènes chimiques qui provoquent l'édification même du corps de la plante.

Une grande partie de la chaux absorbée par la plante est, nous le savons, précipitée par l'acide oxalique et demeure dès lors inactive. Il faudrait donc chercher la signification de la chaux dans ce double fait que, d'une part, elle sert de support à l'acide sulfurique et à l'acide phosphorique et de véhicule pour les introduire dans la plante, tandis que de l'autre elle neutralise l'acide oxalique qui, formé par la plante, est pour elle un poison, et le rend inoffensif.

Les éléments que nous venons de citer sont tous absorbés par la plante quand ils lui sont présentés sous forme de phosphates, de sulfates, de nitrates ou de chlorures.

Rôle du silicium. — Enfin le silicium est absorbé par un très-grand nombre de plantes sous forme de dissolution aqueuse très-étendue d'acide silicique. Dans les cendres de certaines plantes, il se trouve en plus forte proportion que tous les autres éléments. La partie de beaucoup la plus considérable de l'acide silicique absorbé se dépose à l'état solide à l'intérieur même des

(1) Nobbe, Schröder et Erdmann : Ueber die organische Leistung des Kaliums in der Pflanze (Chemnitz 1871).

membranes cellulaires et, après la combustion de toute la substance organique, il demeure en combinaison avec la chaux, la magnésie et la potasse et forme un squelette qui garde la structure primitive de la membrane. Dans les plantes terrestres, c'est principalement, mais non pas exclusivement, dans les tissus exposés à l'évaporation et en particulier dans les parois épidermiques cuticularisées, que la silice s'accumule. Dans les Diatomées, dont la membrane cellulaire est très-fortement silicifiée, cette considération n'est naturellement plus applicable.

Il est possible, par une nutrition artificielle d'où la silice est presque totalement exclue, d'amener à bien des plantes d'ailleurs très-riches en silice, comme le Maïs par exemple, et cela sans observer dans le développement la moindre anomalie. L'acide silicique semble donc ne jouer dans les phénomènes chimiques et organisateurs de la plante qu'un rôle très-secondaire. D'ailleurs le dépôt de ce corps dans la membrane cellulaire ne commence à s'opérer que lorsque cette membrane a déjà achevé tout son développement.

Déplacements des composés nutritifs à l'intérieur de la plante. — Outre les transformations chimiques qu'ils subissent sans cesse et comme conséquence de ces transformations, les composés nutritifs doivent se déplacer progressivement à l'intérieur des tissus. A chaque décomposition d'un sel, l'équilibre de diffusion se trouve en effet détruit ; au voisinage immédiat du lieu où cette décomposition s'opère, le liquide cellulaire devient plus pauvre en molécules du composé dont il s'agit et, par conséquent, les molécules de ce sel qui se trouvent dissoutes dans une région plus éloignée entrent en mouvement et se dirigent vers le point où le vide se fait sentir.

Toute cellule qui décompose un sel déterminé agit donc sur le tissu d'alentour comme un centre d'attraction, vers lequel le sel en question afflue de toutes parts. Mais cette attraction ne s'exerce pas sur tout autre sel également dissous dans le liquide cellulaire ambiant ; quand, par exemple, du sulfate de chaux se trouve détruit dans une cellule quelconque en même temps qu'il s'y forme des cristaux d'oxalate de chaux, il y a bien là une cause pour que les molécules de sulfate de chaux dissoutes dans le tissu voisin affluent vers cette cellule-là, mais il n'y a aucun motif pour que les molécules de nitrate de chaux qui s'y trouvent aussi se déplacent dans le même sens. Toute substance dissoute dans le suc cellulaire n'entre donc en mouvement que si l'équilibre de diffusion est rompu pour elle en un point, que si l'égale distribution de ses molécules se trouve détruite en quelque endroit.

De ce qui précède, il résulte immédiatement qu'il ne saurait être question dans la plante du mouvement continu et unique d'un soi-disant « suc nutritif ». Seulement, quand beaucoup de composés nutritifs sont absorbés à un même endroit, par exemple dans les racines, et sont décomposés à un autre endroit, par exemple dans les bourgeons et dans les feuilles vertes, les mouvements particuliers de chacun d'eux suivront tous à peu près la même direction, et il y aura un courant général. Mais même dans ce cas, la vitesse de déplacement des molécules dans le courant général sera très-différente d'un sel à l'autre, puisque cette vitesse dépend de la rapidité de la consommation au terme du mouvement, et de la vitesse de diffusion particulière à chaque composé.

C'est seulement dans les mouvements d'ensemble, déterminés dans les liquides cellulaires par une pression agissant d'un seul côté, que toutes les substances dissoutes sont transportées avec la même vitesse. Encore cela n'est-il vrai que si le liquide se déplace dans des canaux ouverts, comme les laticifères par exemple, ou dans les tubes criblés. Car si la pression détermine une filtration de liquide à travers des membranes cellulaires fermées, les molécules des différents sels se déplaceront encore dans ce cas avec des vitesses différentes, parce que la vitesse de filtration dépend de la nature des molécules et du degré de concentration des dissolutions.

Introduction des composés nutritifs du milieu extérieur dans l'enceinte de la plante. Absorption. — Les mêmes principes s'appliquent encore à l'absorption des composés nutritifs du milieu extérieur par les organes absorbants.

Absorption de l'acide carbonique. — On a déjà montré dans le paragraphe précédent comment la décomposition de l'acide carbonique dans une cellule verte éclairée appelle sans cesse du dehors dans cette cellule de nouvelles quantités d'acide carbonique, que ce corps soit d'ailleurs dissous dans l'eau ou à l'état gazeux dans l'atmosphère. S'il n'y avait pas destruction de l'acide carbonique dans la cellule, le suc cellulaire se saturerait de ce corps à la température et sous la pression actuelles, et il serait mis fin à tout appel ultérieur. La décomposition continuelle de l'acide carbonique fait place, au contraire, à de nouvelles molécules, et celles-ci, quoique rares et disséminées dans le milieu ambiant, accourent de toutes parts vers la cellule, y pénètrent et y apportent les matériaux nécessaires à la formation de grandes masses compactes de composés carbonés.

Absorption des sels minéraux par les plantes aquatiques. — C'est de la même manière, que les plantes aquatiques agissent sur les sels dissous dans l'eau qui les baigne. Par l'intermédiaire de l'eau qui imbibe les membranes, le suc cellulaire et le liquide ambiant sont reliés en un tout continu. Si les phénomènes chimiques étaient tout à coup suspendus dans la plante, un équilibre de diffusion chercherait à s'établir entre le liquide interne et le liquide externe; mais ces phénomènes chimiques internes détruisent continuellement cet équilibre et par conséquent les molécules salines dissoutes dans le milieu extérieur affluent sans cesse vers le point de la plante où elles trouvent leur emploi. Si, par exemple, l'eau qui baigne la plante tient en dissolution une très-petite quantité de phosphate de chaux, ces molécules, si rares au dehors, formeront peu à peu dans la plante un puissant amas non de phosphate de chaux, mais d'autres phosphates et d'autres sels de chaux, parce que par la séparation de l'acide phosphorique et de la chaux, c'est-à-dire par les phénomènes chimiques qui s'opèrent dans la plante, l'équilibre moléculaire entre elle et le milieu extérieur est sans cesse détruit. Si le phosphate de chaux d'abord absorbé y demeurait à l'état de phosphate de chaux, tout appel nouveau cesserait, une fois l'équilibre de diffusion établi.

Ces considérations permettent de comprendre aisément : 1° que l'accumulation d'une substance déterminée dans une plante aquatique dépend de la décomposition par cette plante de la combinaison qui se trouve dissoute dans l'eau ambiante ; 2° que les éléments constitutifs des diverses combinaisons doivent s'accumuler dans la plante en quantités différentes suivant la proportion où ces combinaisons y sont consommées; 3° enfin, que la composition quantitative de ces substances à l'intérieur de la plante ne doit avoir aucune ressemblance avec celle qu'elles possèdent dans l'eau ambiante. Des substances qui se trouvent à l'état d'extrême dilution dans le milieu extérieur peuvent donc se rencontrer dans la plante en quantité considérable, tandis que d'autres qui prédominent au dehors sont en proportion très-faible au dedans. Ainsi les plantes marines, par exemple, contiennent plus de potasse et moins de soude que l'eau de mer; ainsi encore les diverses espèces de Fucus absorbent et concentrent des quantités considérables d'iode, corps qui se trouve dans l'eau de mer à l'état d'extrême dilution.

En outre, comme les diverses plantes décomposent les mêmes combinaisons avec une inégale rapidité, on comprend aussi pourquoi des plantes différentes, qui tirent leur nourriture de la même eau, présentent dans leurs cendres une composition très-différente.

Absorption des sels minéraux dissous par les racines des plantes terrestres. — Les choses sont plus compliquées quand il s'agit d'une plante terrestre, qui doit absorber ses composés nutritifs salins dans un sol pauvre en eau. La grande majorité des plantes terrestres végète, en effet, dans un sol qui renferme ordinairement beaucoup moins d'eau qu'il en pourrait contenir, et dont les pores sont presque entièrement remplis d'air. Le peu d'eau qui s'y trouve adhère complétement aux petites particules de terre, d'où elle ne s'écoule pas; cette eau adhérente recouvre évidemment d'une mince lame liquide la surface même des particules. Pour absorber cette eau, les racines doivent donc nécessairement s'établir en contact intime avec les particules de terre. C'est pourquoi les végétaux récemment plantés, même dans un sol assez humide, se fanent jusqu'à ce que les racines nouvellement formées aient soudé leurs nouveaux poils avec un nombre suffisant de particules de terre.

En tous les points où le contact le plus intime s'établit entre le sol et les poils radicaux de la plante, l'eau adhérente du premier et le suc cellulaire des seconds se trouvent mis en continuité directe par l'intermédiaire de l'eau qui imbibe la membrane des poils radicaux. De cette façon il devient possible à la racine d'absorber l'eau du sol. Comme cette absorption n'a lieu qu'aux points de soudure dont nous venons de parler, l'équilibre des couches aqueuses des diverses particules du sol en contact les unes avec les autres se trouve détruit; l'eau retenue dans le sol par capillarité se déplace donc à la surface des particules et se dirige vers les points de soudure. Ce mouvement se propage ensuite progressivement tout autour de chaque racine, et il s'étend peu à peu aux parties les plus éloignées du sol, qu'il rend tributaires de la plante.

Ceci posé, si les couches d'eau qui enveloppent les particules de terre contiennent des sels en dissolution, par exemple, du sulfate de chaux, ces sels suivront le mouvement de l'eau et pénétreront enfin par les points de soudure dans les poils radicaux.

La racine rend solubles, digère les substances nutritives insolubles du milieu extérieur; elles les absorbe ensuite. — Mais une grande partie des substances nutritives, notamment les sels ammoniacaux, les sels de potasse et les phosphates se trouvent dans le sol à l'état d'immobilité, et le lavage avec de grandes masses d'eau ne suffit pas à les en extraire. Cependant la racine les absorbe facilement.

On peut se représenter la chose en admettant que ces substances forment un revêtement extrêmement mince à la surface des particules; elles ne peuvent dès lors être absorbées que dans les points mêmes où ces particules sont soudées aux poils radicaux; là elles sont rendues solubles par l'intermédiaire de l'acide carbonique exhalé par la racine. Cette action de la racine sur les substances condensées est limitée aux points de soudure; seules, les petites parties immobiles de la substance condensée qui sont en contact immédiat avec la membrane des poils radicaux, y sont dissoutes et absorbées. Mais comme, dans toute plante terrestre vivante, le nombre et la longueur des racines sont très-considérables, comme elles s'allongent sans cesse et forment continuellement de nouveaux poils radicaux, il en résulte que le système de racines s'établit progressivement en contact avec un nombre incalculable de particules de terre et peut, par conséquent, absorber la quantité de la substance en question qui est nécessaire à la plante.

Cette propriété des racines d'absorber, grâce au suc acide qui imbibe la membrane de leurs cellules superficielles, des substances que l'eau pure ne dissout pas, se manifeste avec une netteté toute particulière, si, comme je l'ai montré le premier, l'on fait germer des graines dans une couche de sable de quelques centimètres de profondeur, étendue sur une plaque polie de marbre, de dolomite ou d'ostéolite (phosphate de chaux). Dans leur cours descendant, les racines rencontrent bientôt la plaque minérale polie; elles s'accroissent désormais en rampant à sa surface et en s'y appliquant intimement. Après quelques jours, on trouve une image du système de racines sculptée en creux sur la surface polie; chaque racine, en effet, a dissous sur toutes les lignes de contact une petite portion du minéral au moyen de l'eau acidulée qui imbibe les membranes de ses poils et de ses cellules périphériques.

Ainsi, c'est la plante elle-même qui dissout d'abord les substances minérales insolubles dans l'eau pure dont elle fait sa nourriture, que ces substances soient d'ailleurs condensées à la surface des particules du sol ou qu'elles forment elles-mêmes des fragments solides; et c'est aux points mêmes où la dissolution vient de se faire à la face externe de la membrane, que s'opère l'absorption par endosmose à travers cette membrane.

Toutefois, malgré cette complication, l'absorption des substances obéit ici aux mêmes principes que nous avons vus en vigueur lorsque la plante baignait dans une dissolution. Ici encore, c'est la consommation même de la substance, c'est-à-dire sa destruction dans l'intérieur de la plante, qui en règle l'absorption; ici encore, par conséquent, la composition des cendres est, au point de vue quantitatif, très-différente de celle du sol, et des plantes d'espèce différente qui végètent côte à côte dans le même sol présentent dans leurs cendres une composition différente.

D'ailleurs la composition même du sol peut aussi retentir jusqu'à un certain point dans l'organisation de la plante; des plantes de même espèce, par exemple, absorbent plus de chaux quand elles végètent dans un sol calcaire que quand elles vivent dans une terre pauvre en chaux. Il est bien évident que ce fait ne contredit en rien le principe établi plus haut ; il montre seulement que la décomposition d'un sel dans la plante peut s'opérer en proportion d'autant plus grande que l'absorption de ce sel est plus facile.

§ 5.

Assimilation et transsubstantiation (1).

Ce qu'on appelle assimilation. — A peu d'exceptions près, les substances nutritives absorbées par la plante dans le milieu extérieur sont des composés oxygénés, contenant la plus grande quantité possible d'oxygène. Les substances assimilées, au contraire, qui forment la masse prépondérante de la matière sèche, sont pauvres en oxygène, et certaines d'entre elles en sont même totalement dépourvues. Il en résulte que l'assimilation doit être un phénomène général de désoxydation.

La transformation des composés nutritifs très-oxygénés en substance végétale peu oxygénée est nécessairement accompagnée d'un dégagement d'oxygène, et, comme nous savons déjà qu'un pareil dégagement d'oxygène ne s'opère que dans les cellules pourvues de chlorophylle et seulement sous l'influence de la lumière solaire, le lieu, les conditions et le temps de l'assimilation se trouvent déterminés du même coup. Les organes dépourvus de chlorophylle n'assimilent pas ; à l'obscurité ou éclairés par une source lumineuse de trop faible intensité, les organes assimilateurs perdent aussi la faculté de produire de la substance organique aux dépens de l'eau et de l'acide carbonique et avec l'aide d'autres composés nutritifs, c'est-à-dire la faculté d'accomplir le phénomène que nous désignerons exclusivement désormais sous le nom d'*assimilation*.

Ce qu'on appelle transsubstantiation. — Ceci posé, les produits d'assimilation des cellules à chlorophylle peuvent, à l'intérieur de ces mêmes cellules, ou après les avoir quittées pour se rendre dans d'autres organes, subir des métamorphoses ultérieures, dont l'ensemble peut être distingué de l'assimilation elle-même sous le nom de *transsubstantiation*.

Différence de ces deux phénomènes. — Il est important de s'expliquer clairement ici au sujet des différences que présentent ces deux phénomènes, aussi bien dans les conditions extérieures qui les provoquent, que dans la manière dont ils s'accomplissent.

On peut résumer ces différences dans les propositions suivantes : 1° L'assimilation ne s'opère que dans les cellules à chlorophylle ; la transsubstantiation a lieu dans tous les organes. 2° L'assimilation ne s'opère que sous l'influence de la lumière ; la transsubstantiation s'accomplit tout aussi bien à l'obscurité. 3° La première est nécessairement liée à une abondante élimination

---

(1) Voir dans SACHS : Handbuch der Experimentalphysiologie (Trad. française) le chapitre X intitulé : Transformations des principes nutritifs (p. 334).

d'oxygène; la seconde est ordinairement accompagnée d'une légère absorption d'oxygène et d'un faible dégagement d'acide carbonique. 4° Par l'assimilation, le poids de matière sèche augmente; par la trans-substantiation, la qualité seule des produits assimilés se modifie, et cette modification est ordinairement accompagnée d'une légère diminution de poids, parce que l'absorption d'oxygène et l'exhalation corrélative d'acide carbonique sont nécessairement liées à la destruction d'une certaine partie de la matière organique assimilée. 5° L'augmentation de poids d'une plante pourvue de chlorophylle résulte de ce que le gain de substance assimilée dans les organes verts pendant le temps où ils sont éclairés, surpasse la perte de matière qui est occasionnée dans tous les organes à la fois et à toute époque de la végétation par l'exhalation d'acide carbonique corrélative de la transsubstantiation. 6° Les organes privés de chlorophylle et les plantes qui, comme les végétaux parasites et humicoles, en sont tout entières dépourvues, n'assimilent pas; elles absorbent des substances tout assimilées; la transsubstantiation y règne seule, et comme elle est liée nécessairement à une inhalation d'oxygène et à une exhalation d'acide carbonique, ces plantes ne font que diminuer sans cesse la provision de matières assimilées qu'elles ont absorbée.

Ce qu'est l'accroissement. — L'accroissement, c'est-à-dire la formation et l'agrandissement des cellules, s'opère toujours aux dépens de substances assimilées au préalable et qui subissent en même temps d'incessantes transformations chimiques, en d'autres termes, qui sont le siége d'une continuelle transsubstantiation.

Matériaux de réserve et réservoirs nutritifs. — L'accroissement est donc toujours une conséquence de l'assimilation, et il n'est possible qu'après elle; mais ces deux phénomènes n'ont besoin de coïncider ni dans le temps, ni dans l'espace. Les substances assimilées peuvent, en effet, séjourner plus ou moins longtemps dans le corps de la plante, sans être employées à l'accroissement des membranes cellulaires ou à la formation des corps protoplasmiques (protoplasma, grains de chlorophylle, etc.); on les désigne dans ce cas sous le nom de *matériaux de réserve*. Toute cellule, tout tissu, tout organe où sont conservées, pour être réemployées plus tard, des matières assimilées quelconques, s'appelle donc un *réservoir nutritif*.

La cellule assimilatrice elle-même peut servir de réservoir nutritif, comme on le voit dans les Algues unicellulaires et dans les feuilles des plantes toujours vertes. Mais ordinairement il intervient ici une division du travail physiologique dans le corps de la plante. Les produits assimilés par les organes verts sont transportés dans d'autres tissus ou dans d'autres organes qui servent exclusivement de réservoirs nutritifs, et qui consacrent plus tard leurs matériaux de réserve à la formation de nouveaux organes (bourgeons, radicelles, cambium). Dans les Mousses, les Cryptogames vasculaires et les Phanérogames ligneuses, c'est habituellement le tissu de la tige qui sert en même temps de réservoir nutritif; dans les herbes et les arbustes vivaces, ce sont principalement les rhizomes, les tubercules et les bulbes.

Les spores des Cryptogames emportent toujours avec elles une petite quantité de matériaux de réserve, aux dépens desquels s'opèrent les premiers phénomènes de la germination; dans les Rhizocarpées et les Lycopodiacées, cette réserve est même suffisante pour alimenter la formation du prothalle tout entier et de l'embryon. Les graines des Phanérogames enlèvent à la plante mère une quantité bien plus grande encore de matériaux de réserve, qui s'y accumulent, soit dans l'endosperme, soit dans les cotylédons. Plus la masse en est grande, plus sont vigoureuses les tiges, les racines et les feuilles que la plantule produit en germant, avant d'être en état d'assimiler par elle-même; que l'on compare par exemple, à ce point de vue, les plantules minuscules du Tabac et des Campanules aux plantules vigoureuses du Haricot, de l'Amandier, du Chêne, etc.

Aucune assimilation n'ayant lieu sans lumière, il suffit de faire germer et de laisser se développer à l'obscurité de grosses graines, des bulbes, des tubercules, des rhizomes, etc., pour se faire une idée du nombre et de la puissance des organes qui peuvent se former aux dépens des matériaux de réserve qui y sont contenus.

Migration des produits assimilés vers le lieu d'accroissement ou vers le réservoir nutritif. — Les organes assimilateurs sont éloignés à la fois des réservoirs nutritifs et des bourgeons ou racines en voie d'accroissement. Il faut donc que les produits assimilés cheminent à travers la plante pour se rendre soit au lieu où ils sont employés, soit au lieu où ils sont mis temporairement en réserve. L'accroissement et l'emmagasinement des matériaux de réserve sont donc liés nécessairement à des déplacements corrélatifs des produits assimilés et de ceux qui sont en voie de transformation ultérieure.

Rôle divers des produits de transsubstantiation. — Tous ces faits se démontrent sans qu'il y ait besoin de connaître exactement la nature même des substances qui naissent dans les cellules vertes par l'assimilation et qui fournissent les matériaux de la transsubstantiation. Mais, avant d'aborder cette question, nous en avons une autre à résoudre. Tous les produits de la transsubstantiation sont-ils immédiatement utilisables pour la formation des nouveaux organes, ou sinon, quelles sont les substances qui alimentent la production de la membrane cellulaire, du protoplasma et des grains de chlorophylle?

Substances plastiques. — Parmi le nombre immense de produits de transformation ou de transsubstantiation dont l'analyse chimique a démontré l'existence dans les plantes, il y a une assez courte série de substances dont le rôle pendant l'accroissement des organes et dont la diffusion générale dans le règne végétal attestent clairement que c'est d'elles que proviennent les matériaux nécessaires à la formation de la membrane cellulaire et des autres corps organisés de la cellule. Ces substances, nous les désignerons en général, sans tenir compte de leurs propriétés chimiques, sous le nom de *substances plastiques*. Les substances plastiques de la membrane cellulaire sont l'amidon, les diverses espèces de sucre, l'inuline et la graisse; les substances plastiques du protoplasma et des grains de chlorophylle sont les matières albuminoïdes.

Parmi les autres produits de transformation, il y en a quelques-uns qui ont des liens de filiation avec le sucre : ce sont les glycosides, auxquels il faut rattacher aussi le tannin et les corps analogues. L'asparagine prend naissance aux dépens des matières albuminoïdes des réservoirs nutritifs et se trouve plus tard employée de nouveau à la formation de nouvelles substances albuminoïdes dans les mêmes organes.

Produits de dégradation. — On peut désigner par l'expression générale de *produits de dégradation*, tous ces composés organiques végétaux qui prennent naissance par la transformation ultérieure de la substance de corps organisés et qui ne sont plus réemployés plus tard pour la formation de nouvelles membranes cellulaires ou de nouveaux corps protoplasmiques. Ainsi la bassorine est un produit de dégradation des membranes cellulaires, et il en est de même du mucilage des graines de coing et de lin. De leur côté, les substances qui provoquent la lignification, la subérification et la cuticularisation des membranes dérivent probablement d'une dégradation partielle de la cellulose de ces mêmes membranes.

Les cellules parenchymateuses âgées conservent souvent jusqu'à leur mort un reste de leur protoplasma primitif, qui doit être regardé comme un produit de dégradation. De même les feuilles qui meurent à l'automne gardent encore un petit reste de leurs grains de chlorophylle, sous la forme de très-petits grains jaunes, qui n'ont pas d'emploi ultérieur. Les grains rouges et jaunes qui produisent la coloration des fruits mûrs, ainsi que des anthéridies des Characées et des Mousses, naissent par dégradation des grains de chlorophyile et sont désormais sans utilité, ni chimique, ni physiologique.

Produits secondaires de transsubstantiation. — Sous le nom de produits secondaires de transsubstantiation, on peut désigner toutes les substances qui prennent naissance pendant la transsubstantiation et qui, ne trouvant pas d'emploi dans la formation des nouvelles cellules, demeurent inactives au lieu même de leur production.

Ainsi, pendant la germination d'un grand nombre de graines (*Phœnix*, *Phaseolus*, *Ricinus*, *Faba*), il se forme, dans des cellules déterminées, des substances analogues au tannin et souvent une matière colorante rouge; sans éprouver de changements appréciables, ces substances demeurent dans ces mêmes cellules, tandis que tous les autres composés de la plantule subissent, en corrélation avec son rapide accroissement, les transformations chimiques les plus diverses et les déplacements les plus variés. Les huiles essentielles se comportent de même dans les glandes des feuilles, le caoutchouc dans les vaisseaux et cellules laticifères, la résine et la substance qui l'engendre dans les canaux résinifères, enfin la gomme et les matières analogues dans les canaux gommifères. C'est à cette catégorie que se rattachent encore une grande partie des acides végétaux et certains alcaloïdes.

On ne sait rien jusqu'ici du rôle assigné à ces diverses substances dans l'économie intérieure de la plante. En ce qui concerne l'oxalate de chaux, nous avons déjà signalé plus haut la théorie de M. Holzner; d'après lui, ce sel prend naissance comme produit secondaire, au moment où l'acide sulfurique du sulfate de chaux est séparé de la chaux par l'intervention de l'acide oxalique. Devenu libre, l'acide sulfurique subit des transformations ultérieures, tandis que la base du sel primitif, combinée avec l'acide oxalique qui est un produit secondaire de transsubstantiation, est rendue inactive et inutile, et demeure sous forme de cristaux d'oxalate de chaux dans la cellule où l'acide oxalique a pris naissance.

Quant aux matières colorantes, on ne sait rien du rôle qu'elles jouent dans la plante, si ce n'est pour la matière colorante verte des grains de chlorophylle, sans laquelle, nous l'avons vu, aucun dégagement d'oxygène et par suite aucune assimilation ne peut avoir lieu.

Enfin, de toute une longue série d'autres substances : matières colorantes, acides, alcaloïdes, cire, tannin et corps analogues, pectine et corps semblables, etc., on ne connaît ni les relations avec les autres phénomènes de la transsubstantiation, ni la signification physiologique dans la vie de la plante.

Rôle indirect de certains produits secondaires. — Il arrive, dans certains cas, que des substances sans aucun emploi dans l'accroissement lui-même, ni dans la transsubstantiation qui en est corrélative, sont cependant à d'autres égards d'une haute importance pour la végétation et indispensables à la vie de la plante. Tels sont, par exemple, les liquides sucrés sécrétés par les nectaires ; ils ne servent à la plante que pour inviter les insectes à en visiter les fleurs et à les féconder par la même occasion ; mais ce rôle est capital. C'est pour une fin analogue qu'une partie du tissu de l'anthère des Orchidées se transforme en une substance visqueuse, glutineuse, par laquelle les pollinies s'attachent à la trompe des insectes. Tels sont encore les principes savoureux et nutritifs qui se développent dans le péricarpe des fruits et qui, perdus pour l'accroissement direct des graines, en provoquent la dissémination par l'intermédiaire des animaux, qui savourent les fruits et rejettent les graines en les dispersant.

Mode d'emploi des substances plastiques emmagasinées dans les réservoirs nutritifs, pendant la végétation à l'obscurité. — Après ces considérations préliminaires sur le rôle différent que les divers produits de transsubstantiation ont à jouer dans la vie de la plante, revenons maintenant au groupe le plus important des combinaisons organisées, à celui que nous avons désigné plus haut sous le nom de substances plastiques.

La marque distinctive à laquelle on reconnaît qu'une combinaison chimique appartient au groupe des substances plastiques qui constituent la membrane cellulaire et les corps protoplasmiques, dépend à la fois de la manière dont cette combinaison se comporte pendant l'accroissement, de sa composition chimique, de son mode d'apparition et de disparition dans les cellules et les tissus en voie d'accroissement ou à côté d'eux, enfin des relations chimiques qu'elle présente avec d'autres substances notamment avec la cellulose et les corps protoplasmiques.

Nature des substances plastiques emmagasinées — Ceci posé, les spores, les graines, les bulbes, les tubercules, les rhizomes, les parties vivaces des plantes ligneuses, enfin tous les autres réservoirs nutritifs renferment des combinaisons organiques appartenant à deux groupes différents. D'une part, on y trouve toujours une substance azotée sous la forme de composés albuminoïdes, qui sont souvent de plusieurs espèces différentes, comme dans les graines des Céréales ; au point de vue chimique, cette substance diffère à peine du protoplasma et, dans les réservoirs nutritifs qui demeurent séveux, elle affecte en effet la forme du protoplasma. De cette analogie de composition et d'aspect, mais mieux encore des migrations de cette substance et de quelques autres caractères, on conclut que c'est elle qui fournit directement les matériaux pour la formation du protoplasma dans les nouveaux organes.

D'autre part, tous ces réservoirs nutritifs contiennent une ou plusieurs combinaisons dépourvues d'azote et qui appartiennent à la série des hydrates de carbone et des corps gras. Dans les graines et les spores, on trouve ordinairement beaucoup de corps gras et peu ou point d'amidon; mais beaucoup de graines renferment au contraire une très-grande quantité d'amidon à côté d'une petite proportion de graisse. Dans les tubercules, dans beaucoup de bulbes, de rhizomes et de tiges, il y a le plus souvent beaucoup d'amidon emmagasiné avec un peu de graisse; dans certains tubercules (Dahlia, Topinambour), l'amidon est remplacé par de l'inuline; il l'est par une substance analogue au sucre de raisin dans les bulbes d'*Allium Cepa* et par du sucre de canne cristallisable dans la racine de Betterave. La graisse ne paraît manquer nulle part, au moins en petite proportion, et dans certains cas, dans beaucoup de graines notamment, elle existe seule sans hydrates de carbone (Ricin, Courge, Amandier, etc.).

Outre les matières albuminoïdes, les hydrates de carbone et les corps gras, les réservoirs nutritifs peuvent renfermer encore d'autres combinaisons différentes; mais ces combinaisons sont limitées à des espèces végétales déterminées et cette localisation atteste déjà qu'elles n'ont pas la même valeur que les précédentes. Elles peuvent cependant jouer dans l'accroissement de l'espèce considérée un rôle fort important, mais dans aucun cas on ne sait rien de précis sur ce point.

Ceci posé, c'est un fait bien connu qu'on peut amener les graines, les tubercules et les autres portions de plante qui renferment des matériaux de réserve à épanouir leurs bourgeons, à développer des racines et souvent même à former des fleurs et de jeunes fruits, rien qu'en leur fournissant de l'eau pure et le contact de l'oxygène atmosphérique, les conditions nécessaires à l'assimilation, c'est-à-dire la chlorophylle et la lumière, étant d'ailleurs totalement exclues. On en conclut immédiatement que ce sont les substances emmagasinées dans les réservoirs nutritifs qui fournissent les matériaux nécessaires à l'accroissement des nouvelles feuilles, des nouvelles racines et des fleurs; aussi ces réservoirs s'épuisent-ils à mesure que progresse l'accroissement des nouveaux organes. Finalement ils se vident tout à fait, et alors cesse tout accroissement ultérieur, à moins que l'action combinée de la chlorophylle et de la lumière n'engendre par voie d'assimilation de nouveaux matériaux plastiques.

Mode d'emploi des substances albuminoïdes, des hydrates de carbone et des corps gras. — En outre, il est facile, à l'aide de réactifs microchimiques, de suivre pas à pas, dans les tissus qui les conduisent, la marche des matériaux de réserve, depuis les réservoirs d'où ils émanent jusqu'aux organes en voie de développement, et de reconnaître leurs relations avec l'accroissement de tissus déterminés.

Cette étude détaillée conduit tout d'abord à la conviction, que les substances albuminoïdes des réservoirs nutritifs réapparaissent simplement comme telles dans le protoplasma des organes nouvellement formés ; abstraction faite de quelques modifications qualitatives transitoires, elles n'ont fait que changer de lieu.

On voit ensuite que les corps gras et les hydrates de carbone accumulés dans les réservoirs nutritifs disparaissent peu à peu et enfin totalement comme tels, en ne laissant que des traces de graisse. En revanche, on trouve maintenant une masse de membranes cellulaires qui n'existaient pas auparavant et les matériaux nécessaires à la formation de ces membranes ne peuvent provenir, dans les circonstances données, que des hydrates de carbone ou, en leur absence, des corps gras, substances qui ont en même temps disparu. Mais si l'on arrive ainsi à se convaincre que l'amidon, le sucre, l'inuline et la graisse sont les substances formatrices des membranes cellulaires de la plante, tout au moins quand elle tire sa nourriture d'un réservoir nutritif, ce n'est pas à dire pour cela que toute la provision de ces substances soit exclusivement consacrée à la formation de membranes cellulaires. Il naît, en effet, pendant l'accroissement diverses autres substances : des acides végétaux, du tannin, des matières colorantes, qui dérivent probablement aussi de ces mêmes matériaux de réserve non azotés. En outre, il y a aussi une partie de la substance non azotée qui est totalement détruite, brûlée en eau et en acide carbonique ; dans les graines qui germent à l'obscurité, cette combustion est même assez énergique pour causer une perte de poids de 40 et même de 50 p. 100 dans la matière organique.

Les hydrates de carbone et les corps gras s'équivalent physiologiquement. — Si l'on vient à comparer maintenant les matériaux de réserve qui sont conservés dans les diverses graines, tubercules, etc., on voit clairement que, vis-à-vis du but principal à atteindre qui est la formation de nouveaux organes, amidon, sucres, inuline et corps gras s'équivalent physiologiquement et peuvent se remplacer.

Ainsi les membranes cellulaires de l'embryon de l'*Allium Cepa* se constituent aux dépens de l'huile grasse de l'endosperme, tandis que les membranes cellulaires des feuilles et des racines qui émanent du bulbe de la même plante puisent évidemment leurs matériaux dans la matière glycosique qui, à l'état de dissolution, remplit les écailles de ce bulbe. Le même résultat est obtenu dans la Betterave aux dépens de sucre de canne, dans le Dahlia aux dépens d'inuline, dans la Pomme de terre et la Tulipe aux dépens d'amidon, etc. Mais, dans la plupart des graines, tous ces hydrates de carbone sont remplacés par des corps gras qui, pendant la formation des nouveaux organes au moment de la germination, fournissent les matériaux nécessaires au développement des membranes cellulaires.

Enfin la cellulose elle-même appartient à cette série de substances physiologiquement équivalentes. Elle aussi peut se déposer en grande quantité comme matière de réserve. Il en est ainsi, par exemple, dans l'endosperme corné du Dattier, lequel est constitué en majeure partie de cellulose, sous forme d'épaississements considérables et munis de ponctuations canaliculées de la membrane des cellules endospermiques. Sous l'influence des organes d'absorption portés par le cotylédon de l'embryon, ces masses de cellulose sont dissoutes à la germination, et leurs produits de dissolution sont conduits dans les diverses parties de l'embryon en voie de développement, pour fournir en définitive les matériaux nécessaires à l'accroissement des nouvelles membranes cellulaires.

Transformation des substances plastiques pendant leur transport et leur utilisation. — Comparons maintenant les combinaisons déposées dans les graines, les tubercules, les bulbes et tous autres réservoirs nutritifs, avec les substances répandues dans les tissus conducteurs et dans les organes en voie d'accroissement des plantules, substances que nous savons déjà devoir nécessairement provenir des premières puisqu'il n'existe aucune autre source d'où elles puissent dériver.

Nous verrons que, pendant leur migration vers les organes en voie d'accroissement et pendant leur utilisation pour l'accroissement lui-même, les matériaux de réserve non azotés subissent des *métamorphoses* répétées, avant d'atteindre la forme stable et définitive de cellulose. Ainsi dans toutes les graines oléagineuses il se fait, pendant la germination, une formation transitoire de sucre et d'amidon, substances qui s'y accumulent souvent en grandes masses pour disparaître en définitive vers la fin de la germination ; or, dans la mesure même où ces substances se développent, les corps gras disparaissent progressivement et, dans la mesure où plus tard elles se résorbent à leur tour, on voit augmenter la cellulose des membranes cellulaires. Dans d'autres réservoirs nutritifs, l'amidon s'échappe et se rend sous forme de sucre dans les organes en voie d'accroissement ; là même, il se dépose de nouveau et transitoirement de l'amidon en petits grains, qui disparaît bientôt à son tour avec l'accroissement des membranes cellulaires. Cette formation transitoire d'amidon dans les tissus en voie d'accroissement eux-mêmes est un phénomène extrêmement répandu et qui s'accomplit indifféremment, que le réservoir nutritif soit d'abord rempli de corps gras, ou d'inuline, ou de sucre, ou d'amidon, ou de cellulose. L'amidon transitoire apparaît dans les cellules du parenchyme et de l'épiderme des jeunes organes, plus rarement dans celles des faisceaux vasculaires, immédiatement après qu'elles viennent de se différencier dans le méristème primitif, et il disparaît lorsque s'achève le dernier allongement des organes, ordinairement en se transformant en sucre (glycose) qui, à son tour, est bientôt détruit.

De leur côté, les matières albuminoïdes emmagasinées dans les réservoirs nutritifs paraissent subir, pendant leur transport vers les organes en voie d'accroissement et pendant leur utilisation dans ces organes, de nombreuses métamorphoses ; mais ces transformations transitoires ne peuvent pas ici, comme pour les corps gras et les hydrates de carbone, être suivies pas à pas par des réactions microchimiques. C'est ainsi que, pendant la germination des Légumineuses, la caséine se transforme en albumine dans les cotylédons ; c'est ainsi que chez les Graminées le gluten de l'endosperme, insoluble dans l'eau, est dissous pendant la germination et transporté dans la plantule. Mais les matières albuminoïdes des graines paraissent subir aussi pendant la germination de plus profondes altérations ; l'asparagine qui se développe transitoirement dans les diverses parties de la plantule ne peut, en effet, provenir que d'une décomposition particelle de la substance albuminoïde (1). Mais il semble que, nés sous l'influence de l'énergique oxydation qui frappe toute graine germante, ces produits de décomposition de la matière albuminoïde sont employés de nouveau plus tard, c'est-à-dire dans les organes de la plantule en voie d'accroissement, à la formation de nouvelles substances albuminoïdes.

Mode d'emploi des substances plastiques directement assimilées, pendant la végétation à la lumière. — Tout ce que nous venons de dire se rapporte aux phénomènes d'accroissement qui s'accomplissent aux dépens des matières emmagasinées au préalable dans les réservoirs nutritifs. Étudions maintenant de la même manière les plantes dont la réserve nutritive est totalement dépensée, dont les feuilles vertes assimilent sous l'influence de la lumière et composent directement, aux dépens du sol et de l'atmosphère, la substance nécessaire au développement des bourgeons, des racines, etc. Nous retrouverons tout d'abord dans les tissus conducteurs des nervures, des pétioles et des entrenœuds, jusqu'aux bourgeons d'une part, jusqu'aux pointes des racines d'autre part, les mêmes substances que dans les pousses issues de germination, distribuées de la même manière et subissant les mêmes métamorphoses. Il en résulte que les organes asssimilateurs jouent, vis-à-vis des organes en voie d'accroissement de la plante développée, le même rôle que les réservoirs nutritifs vis-à-vis des pousses germantes, avec cette différence cependant, que les premiers engendrent à nouveau la matière plastique, tandis que les réservoirs nutritifs ne la produisent pas et ne font que la conserver.

Lieu de formation des substances plastiques non azotées. — Les combinaisons organiques qui prennent naissance sous l'influence de la lumière dans les cellules à chlorophylle par décomposition d'acide carbonique et d'eau, sont ordinairement des hydrates de carbone et même le plus souvent de l'amidon, plus rarement du sucre, quelquefois peut-être de la graisse.

J'ai montré que les grains d'amidon que l'on rencontre si habituellement à l'intérieur des corps chlorophylliens, dans les circonstances normales de la végétation (page 49), ne prennent naissance que si la plante est soumise aux conditions bien connues de l'assimilation, c'est-à-dire si elle décompose de l'acide carbonique et de l'eau sous l'influence de la lumière. Des plantules ayant, par une germination prolongée à l'obscurité, complétement épuisé leur réserve nutritive, si elles sont exposées ensuite à l'action de la lumière, développent d'abord leur chlorophylle, et les grains d'amidon que l'on y voit apparaître peu de temps après, d'abord très-petits puis de plus en plus gros, se forment à l'intérieur même des grains de chlorophylle. Ce n'est que plus tard, que l'on trouve aussi de l'amidon dans les tissus conducteurs des pétioles et des entre-nœuds et jusque dans les bourgeons, et c'est alors seulement que ces organes commencent de nouveau à s'accroître. J'ai montré en outre qu'à l'obscurité ces grains d'amidon, ainsi développés à l'intérieur des corps chlorophylliens, dis-

---

(1) D'après M. Hosæus, il se forme même de l'ammoniaque pendant la germination. M. Borscow signale aussi le dégagement d'ammoniaque libre pendant la végétation des Champignons (Mélanges biolog. tirés du Bull. de l'Ac. de Pétersbourg. VII, 1868). Toutefois ce fait est contesté par MM. Wolff et Zimmermann (Botanische Zeitung, 1871).

paraissent, c'est-à-dire se dissolvent pour être transportés dans les tissus conducteurs.

Dans l'*Allium Cepa*, la chlorophylle ne forme pas d'amidon, mais il se développe dans les organes verts de cette plante, et en grande quantité, une substance analogue au sucre de raisin, substance qui se répand ensuite dans tous les tissus. Quand on trouve des gouttes d'huile dans les grains de chlorophylle, elles paraissent provenir d'une transformation de l'amidon qui s'y est d'abord formé, comme on le voit dans les *Spirogyra*.

Migrations et transformations des substances plastiques non azotées. — En suivant pas à pas, à l'aide de réactions microchimiques, la marche des produits assimilés non azotés à travers les tissus conducteurs de la plante, on arrive ici aussi à cette conclusion, que l'amidon né dans les cellules à chlorophylle subit les métamorphoses chimiques les plus variées avant de parvenir dans les tissus en voie d'accroissement ou dans les réservoirs nutritifs.

Il faut remarquer tout d'abord, que les substances conduites dans les organes en voie d'accroissement pendant le cours de la période végétative, donnent lieu à l'intérieur des cellules du jeune parenchyme, qui vient de se différencier dans le méristème primitif, à une formation et à une accumulation transitoire d'amidon en très-petits grains ; pendant le dernier et rapide accroissement des cellules, cet amidon disparaît. Plus tard, quand la feuille a achevé son développement, il s'y forme de nouveau de l'amidon et des substances analogues, mais cette fois c'est par voie d'assimilation ; plus tard encore, on voit apparaître de nouveau, dans les tissus conducteurs, de l'amidon et ses produits de transformation, non pour y être employés sur place, mais seulement pour être conduits vers les organes encore plus jeunes.

Les métamorphoses des substances plastiques non azotées, quand elles se rendent des organes assimilateurs aux réservoirs nutritifs, suivent, mais en sens inverse, la même série que pendant la germination. Dans la Betterave en voie d'accroissement, par exemple, l'amidon produit par les feuilles se transforme déjà dans les pétioles en glycose, lequel à son tour, parvenu dans la racine tuberculeuse, devient du sucre de canne. Dans le Topinambour (*Helianthus tuberosus*), l'amidon devient de l'inuline, qui chemine à travers la tige pour venir se condenser dans les tubercules souterrains. Dans la Pomme de terre, l'amidon formé par les feuilles se transforme dans les tissus conducteurs en une substance analogue au glycose, qui se rend dans les tubercules en voie d'accroissement et là fournit évidemment les matériaux nécessaires à l'énorme masse d'amidon qui s'y constitue. De leur côté, les fruits et les graines en voie de maturation renferment ordinairement du glycose en abondance ; mais à la maturité, ce glycose disparaît des graines, à mesure que ces réservoirs nutritifs se remplissent d'amidon. Dans le Ricin, la matière grasse de l'endosperme s'organise évidemment aux dépens d'une substance sucrée que la graine tire de la tige ; l'embryon de cette plante, comme celui des Crucifères, est le siége d'une formation transitoire d'amidon en très-petits grains, qui disparaît à la maturité et se trouve remplacé par de l'huile grasse.

Lieu de formation des substances plastiques azotées. — Les matières albuminoïdes prennent-elles aussi naissance dans les cellules assimilatrices ? Ne peuvent-elles aussi se former que dans les cellules vertes ? Ces questions ne sont pas encore résolues. Il ne peut être mis en doute que ces substances naissent directement dans les cellules vertes des Algues, mais on ne peut pas conclure de là que, dans les plantes à tissus différenciés, c'est aussi et exclusivement dans les cellules à chlorophylle qu'elles se produisent.

Quoi qu'il en soit, il résulte des recherches sur la nutrition artificielle de la levûre de bière, que ce Champignon est capable de composer, aux dépens du sucre et d'un sel ammoniacal ou d'un nitrate, et avec l'aide de ses propres cendres, non-seulement de la cellulose, mais encore des matières albuminoïdes ; on en a la preuve dans la rapide multiplication de ses cellules et de leurs corps protoplasmiques dans ce milieu artificiel. Or, si les cellules incolores de la levûre de bière peuvent composer ainsi de la matière albuminoïde, on doit croire, jusqu'à plus ample informé, que les cellules sans chlorophylle des autres plantes peuvent en produire aussi quand elles reçoivent des feuilles des hydrates de carbone ou des corps gras, ou les deux à la fois, et des racines des nitrates et des sels ammoniacaux. Qu'une formation de matières albuminoïdes ait lieu probablement de cette manière à l'intérieur des tissus conducteurs des pétioles et des entre-nœuds, c'est ce qu'on peut conclure d'ailleurs du dépôt d'oxalate de chaux dans les tissus ; pendant la formation de ces cristaux, l'acide sulfurique se trouve, en effet, séparé de la chaux et le soufre qu'il renferme entre dans la formule chimique de l'albumine.

Quand, vers la fin de la période végétative, les feuilles se vident et que toutes les parties annuelles meurent, non-seulement l'amidon que les organes ont formé en dernier lieu, mais encore la substance même des grains de chlorophylle se redissout et, traversant le pétiole, se rend aux réservoirs nutritifs. Les feuilles se vident : toutes les substances encore utilisables qu'elles renfermaient sont incorporées aux organes vivaces. Elles se décolorent : ordinairement il reste dans les cellules du mésophylle, comme débris des grains de chlorophylle dissous, une quantité de très-petits grains jaunes brillants ; c'est pourquoi les feuilles vidées jaunissent en automne, et quand elles paraissent rouges, cela provient d'un liquide rouge qui, outre les petits grains jaunes, remplit leurs cellules. En outre, les feuilles qui tombent renferment souvent d'énormes quantités de cristaux d'oxalate de chaux. Les principes minéraux qui sont précieux pour les plantes, l'acide phosphorique et la potasse, notamment, émigrent avec l'amidon et les corps protoplasmiques vers les organes vivaces. Au moment de leur chute, les feuilles ne consistent donc plus qu'en un échafaudage de membranes cellulaires, dont les cavités ne renferment que des produits secondaires de transsubstantiation, devenus sans utilité pour la plante.

Transport des substances assimilées dans le corps de la plante. — Le transport des substances assimilées dans tout le corps de la plante est déterminé dans sa direction par les deux faits suivants. En pleine activité végétative, ce transport s'opère des organes assimilateurs aux parties en voie d'accroissement et aux réservoirs nutritifs ; au réveil de la végétation nouvelle et à l'obscurité, il a lieu des réservoirs nutritifs aux organes en voie de développement. Les nouveaux organes se formant ordinairement aussi bien au-dessus qu'au-dessous des feuilles vertes assimilatrices et des réservoirs nutritifs, il va de soi que le déplacement des substances assimilées s'opère à la fois dans des directions opposées.

Tissus conducteurs. — Dans les plantes où les divers systèmes de tissu sont nettement différenciés, les tissus qui sont le siége de ce mouvement de transport, les tissus conducteurs, sont d'une part le parenchyme, d'autre part les cellules à parois minces du liber des faisceaux vasculaires. Les cellules du parenchyme fondamental présentent toujours une réaction acide; elles conduisent les hydrates de carbone et les corps gras. Le liber mou, au contraire, transporte les substances albuminoïdes, mucilagineuses, dont la réaction est toujours alcaline. C'est seulement lorsque le transport est très-rapide, comme lors de l'épuisement automnal des feuilles, ou dans les tiges qui s'allongent très-vite (Courge, Ricin), qu'on rencontre aussi une petite quantité d'amidon dans les tubes criblés (1).

Les vaisseaux laticifères, là où ils existent, établissent une communication directe et rapide entre tous les organes de la plante; aussi renferment-ils à la fois des substances albuminoïdes, des hydrates de carbone et des corps gras, à côté de produits secondaires de la transsubstantation, comme le caoutchouc et les poisons.

Forme du mouvement de transport. — Le transport des matières assimilées est ordinairement un mouvement moléculaire, c'est-à-dire un mouvement diffusif, partout du moins où il s'effectue à travers des cellules entièrement closes. En outre, la pression exercée par la tension et la turgescence des tissus tend à pousser les sucs dans la direction du lieu de moindre résistance, c'est-à-dire précisément vers le lieu d'emploi des substances assimilées. Dans le système des tubes criblés et des vaisseaux laticifères, au contraire, le déplacement des substances s'opère nécessairement par un mouvement d'ensemble, provoqué soit par les inégalités de pression en divers points, soit par les torsions et les courbures que le vent détermine.

En ce qui concerne les mouvements de diffusion, on peut appliquer ici la règle énoncée plus haut, que chaque cellule qui détruit une substance assimilée, la rend insoluble ou l'emploie à son accroissement, agit comme un centre d'attraction sur les molécules de cette même substance qui se trouvent dissoutes dans le voisinage. Ces molécules se précipitent donc vers cette cellule consommatrice parce que, par le fait même de la consommation, l'équilibre moléculaire de la dissolution est rompu en ce point. Par contre, toute cellule qui produit par assimilation ou transsubstantiation une nouvelle combinaison soluble, agit comme un centre de répulsion sur les molécules dissoutes de cette substance, parce que la concentration, croissant sans cesse au lieu de production, détermine un courant de molécules vers les points où la concentration est moindre et où elle est sans cesse affaiblie par l'emploi même de la substance.

---

(1) Dans un mémoire récent (Botanische Zeitung, 1873), M. Briosi a montré que la présence de l'amidon en grains extrêmement fins dans les vaisseaux grillagés du liber est un phénomène général. Sur 146 plantes étudiées à ce point de vue, 129 ont présenté de l'amidon dans leurs tubes criblés, et cela dans tous les organes et à toute époque du développement. *(Trad.)*

Puisque la production et la consommation de substances déterminées provoquent de la sorte un mouvement de diffusion, c'est dans les métamorphoses mêmes de la substance, c'est-à-dire dans les phénomènes chimiques de transsubstantiation, qu'il faut chercher la cause prochaine du mouvement moléculaire des substances dissoutes. Les métamorphoses s'opèrent, nous l'avons vu, non-seulement au lieu d'emploi définitif pour l'accroissement, mais déjà dans les tissus conducteurs, et cette production incessante de combinaisons éphémères doit favoriser le mouvement vers le lieu du dépôt ou de l'accroissement.

A ce point de vue, la formation de l'amidon insoluble est un fait d'importance toute particulière. S'agit-il, par exemple, de transporter dans les tubercules l'amidon formé dans les feuilles de la Pomme de terre, il est nécessaire que ce composé se transforme d'abord en une substance soluble, que nous rencontrons en effet dans les tissus conducteurs de la tige sous forme de glycose. Mais si, une fois parvenu dans le tubercule, ce glycose ne s'y transformait pas de nouveau, il s'y formerait une dissolution de glycose de concentration toujours croissante, qui se répartirait uniformément entre le tubercule et la tige ; une accumulation complète de la matière de réserve dans le tubercule seul serait impossible. Mais le glycose étant employé dans le tubercule à la formation de grains d'amidon, il en afflue sans cesse de nouvelles quantités dans cet organe, jusqu'à ce que progressivement la masse tout entière des matériaux produits par les feuilles se trouve enfin transportée dans le réservoir nutritif. L'amidon se convertit d'abord en glycose, celui-ci de nouveau en amidon, et c'est ce phénomène chimique lui-même qui est le véhicule du mouvement. Ordinairement, il se forme déjà de l'amidon transitoire dans le parenchyme conducteur ; naturellement, ces grains d'amidon ne cheminent pas comme tels de cellule en cellule ; les grains nés dans une cellule s'y dissolvent, le produit de dissolution se diffuse dans les cellules voisines et y est employé sur-le-champ à la formation de nouveaux grains d'amidon, qui à leur tour se dissolvent plus tard, et ainsi de suite.

De même, à mesure qu'il se forme du sucre de canne dans la racine tuberculeuse de la Betterave, le glycose qui provient de l'amidon assimilé dans les feuilles se déplace vers cette racine ; parvenue dans le tubercule, chaque particule de glycose est chimiquement transformée, employée par conséquent et détruite en tant que glycose, et dès lors, l'équilibre moléculaire de la dissolution de glycose se trouvant rompu, la racine agit comme centre d'attraction sur le glycose contenu dans les pétioles. D'un autre côté, la continuelle production de glycose dans les feuilles aux dépens de l'amidon amène dans ces organes un accroissement continuel de concentration et par conséquent détermine un courant de ces molécules vers la racine, où la concentration du glycose diminue sans cesse dans la mesure même où y augmente la proportion du sucre de canne.

C'est encore de la même manière évidemment que s'opère la formation de l'inuline dans les tubercules de Dahlia et de Topinambour, ainsi que la production des corps gras dans les graines mûres, aux dépens du sucre qui y afflue de toutes parts.

La pression que la tension du tissu exerce sur les sucs cellulaires contribue aussi à diriger les substances assimilées vers les lieux de consommation, même quand il s'agit de cellules entièrement closes. J'en vois la preuve dans ce fait que, si l'on pratique une section dans un organe séveux, on voit s'échapper aux divers points de la section, aussi bien du parenchyme que du liber mou, une notable quantité de liquide qui est évidemment expulsée par une pression interne. Et comme, dans les bourgeons et les extrémités des racines, la tension du tissu et sa turgescence sont toujours plus faibles que dans les parties plus âgées, ce sont ces dernières qui poussent et font filtrer les sucs vers les premières, avec une force qui agit dans le même sens que la diffusion.

Le contenu des tubes criblés et des vaisseaux laticifères subit également de la part du tissu ambiant une pression latérale assez forte, comme le démontre l'abondant écoulement de ces sucs quand on coupe l'organe. Soumis à cette pression, le liquide qui remplit ces tubes doit chercher à s'échapper dans les endroits où la pression latérale est plus faible, c'est-à-dire encore dans les bourgeons et dans les extrémités des racines. En même temps, les courbures et les torsions que le vent imprime aux organes vont agir dans le même sens, en comprimant le liquide contenu dans les tubes criblés et dans les vaisseaux laticifères, et en le chassant, des parties âgées en voie de flexion, vers les parties jeunes où la tension est nulle.

Étude de quelques exemples particuliers. — La théorie brièvement exposée ici s'appuie sur une longue série de recherches expérimentales et microchimiques, que j'ai publiées successivement de l'année 1859 à l'année 1865 (1) et que j'ai reliées par une description d'ensemble dans mon Manuel de Physiologie expérimentale (2). Le lecteur trouvera dans ces divers mémoires les preuves à l'appui des vues que je viens de développer (3).

Mais, pour faire mieux comprendre tout ce qui a été dit plus haut au sujet de la métamorphose des substances assimilées et de leur migration, je vais étudier ici quelques exemples particuliers. Je ferai observer au préalable que, par l'expression sucre de raisin ou simplement sucre, j'entends une substance dissoute dans le suc cellulaire, réduisant aisément l'oxyde de cuivre et facilement soluble dans l'alcool; cette substance, il est vrai, ne correspond pas toujours exactement au sucre de raisin ou glycose des chimistes, mais pour l'objet que nous poursuivons ici la différence est sans importance.

1. **Végétation de la Tulipe.** — Aussi longtemps que la plante est en repos végétatif, les écailles du bulbe de la Tulipe, c'est-à-dire les 4 à 5 épaisses feuilles incolores qui servent ici de réservoirs nutritifs, renferment dans leur parenchyme, à côté d'une quantité notable de substances albuminoïdes et

(1) J. Sachs : Botanische Zeitung, 1859, 1862, 1863, 1864, 1865. — Jahrbücher für wiss. Bot. III, p. 183. Flora 1862, p. 129 et 289 ; Flora 1863, p. 33 et 193.

(2) Trad. française. Chap. X, Métamorphoses des principes nutritifs, p. 334.

(3) Les recherches récentes de MM. Schröder (Jahrbücher f. wiss. Botanik, VII, p. 261), Soraurer, Siewert, Rœstell et autres (résumées dans le Jahresbericht über die Fortschritte der Agriculturchemie pour 1868 et 1869 de MM. Hofmann et Peters, Berlin, 1871) ont apporté à ma manière de concevoir et d'exposer les phénomènes de nouvelles confirmations.

mucilagineuses, un grand nombre de gros grains d'amidon. A cette époque, les réactifs microchimiques n'y décèlent aucune trace de sucre. Aussitôt que le bourgeon de la tige feuillée et florifère, caché au centre du bulbe, mais qui s'est développé déjà pendant l'été de l'année précédente, commence à pousser au mois de février, et que des racines s'échappent du plateau du bulbe, on trouve dans le parenchyme des écailles non plus seulement de l'amidon, mais aussi une petite proportion de sucre. Un peu plus tard, le parenchyme (y compris l'épiderme) de la tige feuillée, des jeunes feuilles vertes, des pièces du périanthe, des étamines (anthères et filets) et des carpelles se remplit d'amidon en très-petits grains. La substance de ces grains provient évidemment des écailles du bulbe, dont les gros grains d'amidon se transforment en sucre, lequel se diffuse vers le haut dans les organes en voie d'accroissement et là, pour autant du moins qu'il n'est pas directement employé à cet accroissement lui-même, fournit les matériaux nécessaires à la formation de ces petits grains d'amidon.

En même temps qu'une partie du sucre est directement utilisée pour l'accroissement, fort lent au début, des membranes cellulaires, ce dépôt transitoire d'amidon continue à se faire dans les jeunes entre-nœuds, les feuilles vertes et les diverses parties de la fleur, aux dépens de l'amidon des écailles du bulbe. Les cellules s'agrandissent et se remplissent toujours davantage d'amidon en fins granules, jusque vers le moment où le bourgeon arrive au-dessus de la surface du sol (fig. 440). Alors commence le rapide allongement de la tige, les feuilles vertes s'étalent à la lumière et le bourgeon floral s'épanouit. En même temps que s'opère le vif et considérable agrandissement des cellules qui provoque cet épanouissement, on voit disparaître dans toutes ces parties l'amidon en petits grains, qui y est remplacé par une formation transitoire de sucre. Cet amidon, ce sucre, fournissent les matériaux nécessaires à l'accroissement des membranes cellulaires. Quand toutes les parties aériennes de la plante se sont complétement épanouies, leurs cellules maintenant bien agrandies sont toutes dépourvues d'amidon. La perte considérable que les écailles du bulbe ont subie jusqu'à cette époque s'apprécie nettement à la diminution de leurs grains d'amidon, que l'on rencontre d'ailleurs à tous les états de résorption ; en même temps, la turgescence de ces écailles diminuant, elles se plissent et se ratatinent.

Toutefois, la formation de sucre aux dépens de l'amidon y continue encore, même après que toutes les parties aériennes de la plante ont achevé déjà leur accroissement. C'est qu'en effet l'amidon emmagasiné dans les écailles du bulbe trouve désormais un autre genre d'emploi; il a encore une autre tâche à remplir. Pendant que s'épanouit la tige feuillée et florifère, le bourgeon de remplacement, déjà indiqué pendant l'été précédent, s'achève rapidement à l'aisselle de l'écaille la plus élevée du bulbe; ses écailles se gonflent et se remplissent d'amidon; tout l'amidon des écailles du bulbe primitif demeuré sans emploi dans l'accroissement de la tige florifère émigre, en effet, une fois cet accroissement terminé, à travers le plateau de ce bulbe dans le bourgeon, c'est-à-dire dans le jeune bulbe destiné à la végétation prochaine (2, fig. 440). Ces écailles primitives se vident ainsi peu à peu complétement, se flétrissent et se dessèchent, car l'eau les quitte en même temps que les matières assimilées. Cependant les feuilles vertes exposées à la lumière assimilent, et comme l'accroissement de cette année est totalement achevé, toutes les substances assimilées se rendent dans le jeune bulbe qu'elles continuent à accroître et où elles se mettent en réserve ; ce jeune bulbe est finalement enveloppé et protégé par les écailles sèches, membraneuses et brunes du bulbe primitif, dont la tige feuillée meurt aussi plus tard.

Quant aux matériaux de réserve contenus alors dans le nouveau bulbe, ils proviennent, comme nous venons de le voir, en partie de ceux

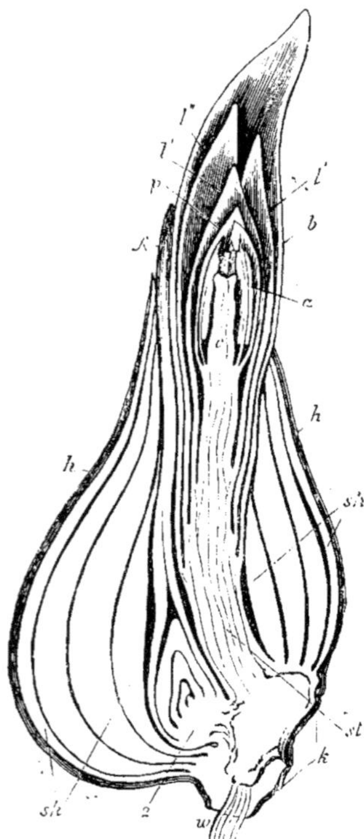

Fig. 440. — Section longitudinale d'un bulbe de *Tulipa præcox* au début de sa végétation. — *h* membrane brune recouvrant le bulbe ; *k* le plateau du bulbe, c'est-à-dire la portion de tige qui porte les écailles *sh*. *sh* : *st* la portion allongée de la tige portant les feuilles vertes *l'*, *l'* et se prolongeant en haut par une fleur terminale ; *c* ovaire, *a* anthères, *p* périanthe. — 2. bourgeon latéral (jeune bulbe) à l'aisselle de la plus jeune écaille ; on voit en *λ* la pointe de la première feuille de ce bourgeon latéral ; ce bourgeon de remplacement se développe plus tard en bulbe pour la végétation de l'année prochaine ; — *w* les racines, insérées sur les faisceaux vasculaires du plateau du bulbe.

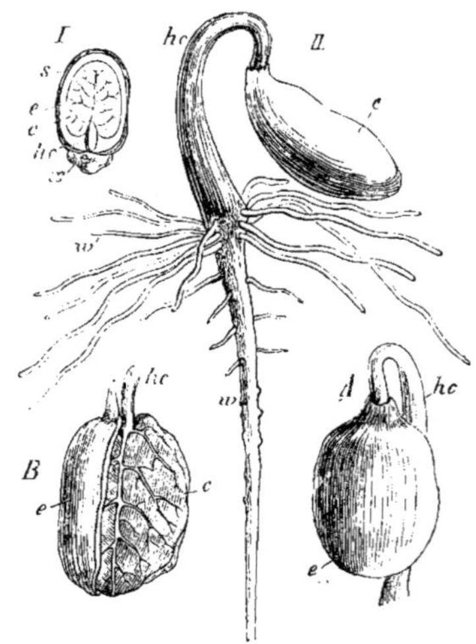

Fig. 441. *Ricinus communis*. — I, la graine mûre coupée en long ; II, la plantule dont les cotylédons sont encore enfermés dans l'endosperme ; cela se voit mieux encore dans les figures A et B.— *s* enveloppe séminale, *e* endosperme, *c* cotylédon, *h* région hypocotylée de la tige, *w* racine principale, *w'* ses radicelles ; *x* appendice particulier de la graine des Euphorbiacées (caroncule).

du bulbe ancien, mais ils sont complétés par les produits assimilés par les feuilles vertes de la tige florifère. Après la mort de celles-ci, il ne reste. de la plante primitive tout entière, pas autre chose que le bourgeon de remplacement développé en un nouveau bulbe. Ce bulbe n'épanouit pas, pour le moment, de nouveaux organes et semble établi en repos absolu. Mais, dans son intérieur, l'extrémité de la tige se développe lentement; elle produit successivement les nouvelles feuilles et enfin le bourgeon floral destinés à l'année prochaine, où les phénomènes que nous venons de décrire vont se reproduire de nouveau.

Nous n'avons envisagé jusqu'ici que le rôle de l'amidon et du sucre qui en dérive vis-à-vis de l'accroissement lui-même; mais, en outre, ces hydrates de carbone produisent encore d'autres composés, notamment les principes colorants de la fleur, l'huile grasse des grains de pollen, etc. Les matières albuminoïdes, renfermées au début dans les écailles du bulbe, les quittent en même temps que l'amidon et le sucre; elles fournissent les matériaux nécessaires à la formation du protoplasma des jeunes cellules de la tige florifère en voie d'accroissement; une grande partie en est évidemment consacrée à la production des grains de chlorophylle dans les feuilles en voie de verdissement. La fonction de ces grains de chlorophylle est maintenant de produire, par assimilation directe, tout au moins autant de substances plastiques qu'il en a été employé pour l'édification de la tige florifère condamnée à périr, et de transmettre ces substances au nouveau bulbe, qui les emmagasine.

2. Végétation du Ricin. — La graine mûre du Ricin contient un embryon de très-faible masse, au centre d'un endosperme abondamment développé. Tous deux ne renferment ni amidon, ni sucre ni aucun autre hydrate de carbone, si l'on fait abstraction de la très-petite quantité de cellulose qui constitue les minces membranes des cellules. La réserve nutritive consiste en une grande quantité d'huile grasse, jusqu'à 60 p. 100, et en substances albuminoïdes dont la nature, la forme et les propriétés ont été décrites à la p. 71.

La très-petite quantité de ces matières que l'embryon renferme suffit à peine à commencer le développement de ses diverses parties; l'énorme agrandissement qu'il subit pendant la germination doit donc être mis presque tout entier sur le compte des substances nutritives déposées dans l'endosperme. Comme H. Mohl l'a fait voir le premier, l'endosperme du Ricin s'accroît notablement pendant la germination, et la substance consommée pendant cet accroissement est ainsi dérobée à l'embryon. Les deux larges et minces cotylédons, appliqués l'un contre l'autre par leurs faces supérieures, demeurent encore cachés dans l'endosperme, lorsque déjà la racine et la région hypocotylée de la tige sont depuis longtemps sorties de la graine (fig. 441). Par leurs faces dorsales, ils sont en contact intime avec le tissu endospermique, qui les enveloppe de toutes parts et dont ils absorbent les matériaux de réserve en s'élargissant lentement de manière à suivre son propre développement. Quand les diverses parties de l'embryon ont déjà subi un agrandissement considérable et que la racine a produit beaucoup de radicelles, la tige hypocotylée s'allonge de manière à amener les cotylédons au-dessus de terre et à les étaler à la lumière, après les avoir extraits de l'endosperme, maintenant totalement épuisé et réduit à un sac membraneux. Ainsi épanouis, les cotylédons s'élargissent encore beaucoup, verdissent et constituent désormais les premiers organes assimilateurs de la plante.

Comme pendant la germination de toutes les graines oléagineuses, il naît ici

aussi, dans le parenchyme de tous les organes en voie d'accroissement, de l'a-
midon et du sucre, qui ne disparaissent d'un tissu quelconque qu'après l'achèvement complet de son accroissement. Et comme l'endosperme jouit, dans le
cas actuel, d'un accroissement indépendant, il s'y fait, conformément à la règle
générale, une production transitoire d'amidon et de sucre. Les cotylédons
absorbent, parait-il, telle quelle l'huile grasse contenue dans l'endosperme, et
de là cette huile se répand dans le parenchyme de la tige hypocotylée et de la
racine, pour ne se transformer en amidon et en sucre que dans les organes en
voie d'accroissement; à leur tour, cet amidon et ce sucre ne sont que les pré-
curseurs de la cellulose. Mais pendant les phénomènes d'accroissement
il se forme aussi du tannin, qui ne subit désormais aucune modification
ultérieure; il demeure jusqu'à la fin de la germination dans des cellules isolées
où il se rassemble sans éprouver de changements apparents. Il est à peine
douteux que les matériaux nécessaires à cette production de tannin dérivent
aussi, quoique à travers plusieurs métamorphoses intermédiaires, de l'huile
grasse de l'endosperme.

Indispensable à tout phénomène d'accroissement, et notamment à toute
germination, l'absorption d'oxygène a ici un autre rôle encore à jouer, car la
formation d'hydrates de carbone aux dépens de l'huile grasse exige la fixation
d'une certaine quantité d'oxygène dans la substance.

Toutes ces métamorphoses de substances suivent pas à pas l'accroissement
des diverses parties de l'embryon; il en résulte que la répartition des divers
produits de la transsubstantiation dans les tissus change continuellement et
ne peut être bien comprise que si l'on étudie toutes les circonstances qui se
présentent successivement. L'investigation microchimique de la plantule dans
l'état représenté par la figure 441 donne, par exemple, la répartition suivante.
Dans l'endosperme on trouve, outre beaucoup de graisse, un peu d'amidon et
à la périphérie aussi un peu de sucre. Dans les cotylédons, qui s'accroissent
lentement, l'épiderme et le parenchyme sont remplis de gouttes d'huile; un
grand nombre de cellules épidermiques renferment du tannin; on ne trouve
de grains d'amidon que dans le parenchyme des nervures. La tige hypocotylée,
actuellement en voie de rapide allongement, contient, outre une assez faible
quantité d'huile, beaucoup d'amidon et de sucre dans son parenchyme; un
grand nombre des cellules de l'épiderme et du parenchyme sont remplies de
tannin. La racine principale a, pour le moment, terminé son accroissement en
longueur et en épaisseur; plus tard, après la germination, elle recommence à
s'accroître. Dans sa région inférieure la plus jeune, elle ne contient ni amidon
ni sucre (on trouve cependant de l'amidon dans la coiffe); dans sa région supérieure, où s'insèrent les radicelles, et dans ces radicelles elles-mêmes, on trouve
encore du sucre qui se rend aux extrémités végétatives de ces dernières.

Quand plus tard la tige hypocotylée s'est redressée verticalement et a cessé
de s'accroître pour le moment, l'huile, l'amidon, le sucre y ont presque entièrement disparu, mais, par contre, les membranes cellulaires se sont agrandies, les vaisseaux et les premières cellules du bois et du liber ont déjà épaissi
leurs parois, etc. Après le redressement de la tige hypocotylée, les cotylédons
s'étalent et s'accroissent fortement, et eux aussi perdent jusqu'aux dernières

traces de l'huile grasse qu'ils ont absorbée dans l'endosperme, ainsi que
de l'amidon et du sucre issus de la transformation de cette huile. La plante est
parvenue ainsi à un état où elle a consommé toutes les matières de réserve non
azotées contenues dans la graine, pour élever un vaste édifice de membranes
cellulaires solides, et pour former comme produits secondaires non-seulement
une certaine quantité de tannin dans un grand nombre de ses cellules, mais
encore plusieurs autres substances qui n'existaient pas dans la graine.

Les substances albuminoïdes qui, dans la graine mûre, forment un mélange
si singulier et si intime avec la graisse, et dont une partie est contenue sous
forme de cristalloïdes dans les grains d'aleurone de l'endosperme, sont également, pendant les phénomènes que nous venons de décrire, extraites de
l'endosperme et conduites dans les diverses parties de l'embryon où elles sont
consacrées à la formation du protoplasma. Pendant tout le temps de la germination, on trouve les cellules des faisceaux vasculaires étroitement remplies par
un mucilage albuminoïde, qui se concentre plus tard exclusivement dans les
cellules libériennes. Ces substances s'y déplacent évidemment vers la pointe
des racines, où de nouvelles cellules se forment incessamment. Toute jeune
origine de radicelle se comporte vis-à-vis des réactifs comme un amas de
substances albuminoïdes, formé au contact des faisceaux vasculaires primitifs
de la racine principale. Mais une quantité très-notable de ces matériaux azotés
demeure, d'une part dans la région supérieure de la tige de l'embryon, où il
se forme de nouvelles feuilles à ses dépens, et d'autre part dans les cotylédons
eux-mêmes, où elle fournit les éléments nécessaires à la production des nombreux grains de chlorophylle.

Vers la fin de la germination, tous les matériaux de réserve de la graine
ayant été consommés de la sorte, les parties les plus jeunes du bourgeon
terminal, ainsi que les extrémités de la racine principale et de ses radicelles
se montrent complétement dépourvues de substances plastiques. Comme elle
renferme beaucoup d'eau, la plante ne possède, malgré son grand volume,
qu'un faible poids de matière sèche, et ce poids est même inférieur à celui de
la graine sèche, parce qu'une partie des matériaux de réserve a été détruite par
la combustion respiratoire. Mais, par contre, la provision de matières nutritives,
auparavant inactive, se trouve maintenant convertie en organes vivants et actifs, en racines qui tirent du sol l'eau et les matières nutritives dissoutes, en
cotylédons verts qui commencent à assimiler, c'est-à-dire à produire de l'a-
midon dans chacun de leurs grains de chlorophylle; cet amidon se rencontre
bientôt dans le parenchyme des pétioles cotylédonaires, puis dans la tige et
enfin jusque dans le bourgeon terminal, où les produits assimilés sont employés
à développer les jeunes feuilles. Au début, l'épanouissement de nouvelles
feuilles, l'épaississement et l'allongement de la tige et de la racine principale,
la multiplication des radicelles progressent très-lentement ; mais à chaque
feuille nouvellement développée, à chaque radicelle qui s'ajoute aux anciennes,
la puissance de travail de la plante se trouve accrue. De jour en jour elle
produit donc plus de matériaux plastiques et sa vitesse d'accroissement va sans
cesse en augmentant.

Étudions maintenant un plant de Ricin au temps de sa plus vigoureuse végétation, quand ses feuilles vertes produisent en abondance et envoient rapidement dans tous les organes les matériaux de la transsubstantiation. Les grains de chlorophylle contiennent de l'amidon, qui se rend à la tige en traversant le parenchyme des nervures et du pétiole; là, il descend jusque dans la racine et s'élève jusque dans les feuilles les plus jeunes encore incapables d'assimiler. L'excédant, ce qui n'est pas immédiatement employé pour l'accroissement, se dépose en grande abondance dans la moelle et dans les rayons médullaires. Excepté à l'intérieur même des grains de chlorophylle, l'amidon est toujours ici accompagné de sucre; évidemment c'est ce sucre qui permet la diffusion de cellule à cellule et qui, en même temps, fournit à tout moment les matériaux pour la formation de nouveaux grains d'amidon. Sucre et amidon sont les deux faces d'un seul et même produit d'assimilation; le sucre est le produit à l'état de mouvement diffusif, l'amidon est le produit à l'état de repos transitoire.

L'étude de la distribution de l'amidon et du sucre dans la plante adulte montre en outre que de la tige principale ces substances se rendent à travers l'axe d'inflorescence et les pédicelles floraux, en empruntant la voie des tissus parenchymateux, dans les jeunes tissus des divers organes de la fleur et qu'elles pénètrent enfin dans le fruit et dans les ovules en voie d'accroissement, pour y être employées à former la cellulose des membranes nouvelles. C'est notamment dans le voisinage immédiat des couches de cellules qui forment plus tard le dur endocarpe et la solide enveloppe séminale, que l'amidon s'accumule en grande quantité, pour suffire à la consommation plus abondante exigée par ces assises et disparaître quand elles ont achevé leur développement.

A travers le placenta, l'amidon et le sucre sont donc portés à l'ovule. Ils s'y répandent dans les téguments et à la périphérie du nucelle. Le sucre pénètre ensuite abondamment dans l'endosperme en voie de développement et y apporte les matériaux nécessaires à la constitution de l'huile grasse qui s'y accumule peu à peu, à mesure que de nouvelles quantités de sucre affluent du dehors. Dans l'embryon en voie de développement, les cellules se remplissent jusqu'à un certain moment d'amidon en très-petits grains; puis cet amidon disparaît et est remplacé par de l'huile grasse. Tout démontre donc que la graisse de la graine mûre du Ricin procède de l'amidon et du sucre qui lui ont été envoyés par les organes assimilateurs pendant tout le temps de sa maturation; mais de leur côté le péricarpe ligneux et l'enveloppe séminale ont aussi trouvé, dans ces deux mêmes substances, les matériaux nécessaires à leur formation. Les substances albuminoïdes qui se rassemblent dans les jeunes feuilles où elles vont former les grains de chlorophylle, comme aussi ceux de ces composés qui s'accumulent dans les graines comme matériaux de réserve, sont conduits dans la tige et transportés aux feuilles et aux graines par les tubes criblés et les cellules cambiformes, éléments qui sont la partie essentielle du liber des faisceaux vasculaires.

Asparagine. Rôle qu'elle joue dans la migration des matières albuminoïdes chez les Légumineuses. — Dans la migration des matériaux de réserve de nature protéique, l'asparagine joue chez les Légumineuses un rôle important (1). Pour démontrer la présence de ce corps dans un tissu, il suffit d'en plonger dans l'alcool des sections médiocrement minces, en agitant pour faciliter l'imbibition ; l'asparagine se précipite dans les cellules sous forme cristallisée. Mais ce procédé n'est applicable que si le tissu contient beaucoup d'asparagine ; s'il en renferme peu, il faut placer la section sous une lamelle et y faire arriver par côté de l'alcool absolu ; on voit alors l'asparagine apparaître tout autour de la section. Ces cristaux d'asparagine sont relativement grands et faciles à reconnaître ; on ne peut les confondre avec d'autres cristaux, toujours très-petits, qui se forment sous l'action de l'alcool dans toutes les plantes, même complétement dépourvues d'asparagine, et qui ont un aspect tout différent, cristaux qui appartiennent à différents sels parmi lesquels on doit compter des nitrates.

Au point de vue qui nous occupe, le Lupin (*Lupinus luteus*) est un sujet de recherches particulièrement intéressant. Cette plante doit à sa grande utilité d'avoir été soumise par M. Beyer à un travail analytique (2), dans lequel, pour deux états de germination dont le dernier précède immédiatement la chute des cotylédons, on a déterminé avec soin les substances organiques et notamment l'asparagine, qui sont contenues séparément dans les racines, la tige hypocotylée et les cotylédons.

La migration des matériaux de réserve non azotés s'opère ici comme partout ailleurs, et elle est bien connue. D'abord apparition d'amidon dans la tige hypocotylée et dans la racine, puis disparition de ce corps, qui demeure presque exclusivement localisé dans la membrane protectrice ou endoderme, puis enfin migration du sucre. Ceci posé, l'asparagine apparaît pour la première fois dans la tige hypocotylée et dans la racine, quand ces organes ont atteint environ 10 millim. de longueur. Puis, à mesure que les organes s'allongent, la quantité d'asparagine y augmente rapidement et on en trouve alors dans les pétioles cotylédonaires et jusque dans les cotylédons eux-mêmes, notamment dans leur région inférieure, avant que ces cotylédons aient dépouillé l'enveloppe de la graine. Les choses restent ensuite dans le même état, jusqu'à complet épuisement des matières albuminoïdes de réserve. A ce moment, l'asparagine se trouve accumulée dans les pétioles cotylédonaires, dans la tige hypocotylée et dans la petite tige épicotylée qui commence à s'accroître, au point d'y former presque une dissolution saturée (3). Vers les points végétatifs de la tige et de la racine, l'asparagine s'étend à peu près aussi loin que le sucre, devenant, comme ce dernier, de plus en plus rare à mesure qu'on s'approche du sommet. Dans la tige hypocotylée, la moelle en est dépourvue, tandis qu'au-dessus des cotylédons elle en possède autant que le parenchyme cortical ; on n'en trouve nulle part dans les éléments des faisceaux vasculaires. L'asparagine s'étend aussi dans les radicelles, et dans les pétioles des jeunes feuilles jusqu'à la base de leurs folioles. Aussi longtemps que de nouvelle asparagine se forme dans les

(1) Ce qui suit est extrait d'une lettre que m'a adressée M. Pfeffer. Voir livre I, § 8.

(2) Landwirth : Versuchsstat. Bd. IX.

(3) Un gramme d'asparagine se dissout dans 58 grammes d'eau à la température de 13 degrés.

lobes cotylédonaires, aux dépens des substances albuminoïdes qu'ils renferment, la distribution de ce composé dans la plante demeure telle que nous
venons de la décrire. Quand les cotylédons sont entièrement vides, l'asparagine disparaît à son tour progressivement; mais cela n'arrive que lorsque le
Lupin a complétement épanoui déjà plusieurs feuilles végétatives.

Les *Tetragonolobus purpureus* et *Medicago tuberculata* se comportent absolument de la même manière. Dans les *Vicia sativa* et *Pisum sativum*, on ne peut
pas démontrer avec certitude la présence de l'asparagine dans les cotylédons
eux-mêmes; mais elle existe le plus souvent dans les pétioles cotylédonaires;
ces plantes renferment d'ailleurs beaucoup moins d'asparagine que le *Lupinus
luteus*. En outre, comme les analyses chimiques ont constaté chez un grand
nombre d'autres Légumineuses une abondante formation d'asparagine pendant
la germination, on peut en toute sécurité admettre que, chez toutes les Papilionacées, l'asparagine est la forme de transport des matières albuminoïdes.
D'ailleurs on trouve, ici aussi, des matières protéiques dans les cellules à paroi
mince du liber des faisceaux vasculaires, et il est possible qu'une certaine
quantité de ces matières émigre en même temps par cette voie. Enfin il va de
soi que l'asparagine dérive nécessairement des matières protéiques accumulées
dans les cotylédons, puisque la quantité d'azote contenue dans la graine se retrouve sans changement dans la plantule et que tout ou presque tout l'azote
des graines est renfermé dans les substances albuminoïdes.

Au sujet de l'influence de l'obscurité sur le développement de l'asparagine,
les recherches de M. Piria et celles de M. Pasteur ont conduit à des résultats
diamétralement opposés. La vérité est que la lumière n'exerce aucune influence sur la production de l'asparagine, mais qu'elle est nécessaire à sa conversion, à son retour en matière protéique; l'asparagine s'accumule donc dans
les plantes qui germent indéfiniment à l'obscurité et y demeure inaltérée
jusqu'à leur mort. Cependant l'action de la lumière ne doit être qu'indirecte;
la preuve en est que dans la Capucine (*Tropæolum majus*) germant à l'obscurité il
se fait, dans les premières phases de la germination, une production transitoire
d'asparagine qui disparaît ensuite; dans les Légumineuses aussi, il semble bien
qu'il y ait tout d'abord régénération de matière protéique aux dépens de l'asparagine. Ceci posé, les choses s'expliquent très-simplement, comme on va le voir.

Les nombres suivants donnent la composition centésimale de l'asparagine et
celle de la légumine, rapportées à la même contenance en azote:

<table>
<tr><td>Asparagine.</td><td>Légumine.</td></tr>
<tr><td>C = 36,4</td><td>C = 64,8</td></tr>
<tr><td>H = 6,1</td><td>H = 8,8</td></tr>
<tr><td>Az = 21,2</td><td>Az = 21,2</td></tr>
<tr><td>O = 36,4</td><td>O = 30,6</td></tr>
</table>

La comparaison de ces nombres montre aussitôt que, lorsque l'asparagine
procède de la légumine, une grande quantité de charbon devient disponible,
tandis qu'au contraire le passage inverse de l'asparagine à la matière albuminoïde exige la fixation d'une grande quantité de charbon. La matière albuminoïde régénérée n'est pas, il est vrai, de la légumine, car cette substance ne se

trouve pas dans la plante développée, c'est probablement de l'albumine, mais ces deux corps ont sensiblement la même composition. Comment se fait exactement tantôt cette mise en liberté, tantôt cette fixation du carbone, c'est ce qu'on ne saurait dire pour le moment. Mais on comprend maintenant que, lorsque la plante, dans sa végétation continue à l'obscurité, a employé tous ses matériaux de réserve non azotés et consommé en outre tout le carbone et l'hydrogène mis en liberté par la transformation de la légumine en asparagine, elle n'a plus les matériaux nécessaires à la transformation inverse de l'asparagine en albumine, c'est-à-dire à la régénération de la matière albuminoïde, à moins que la lumière n'intervienne pour les lui donner par voie d'assimilation. On comprend aussi pourquoi dans la Capucine, où il ne se forme d'asparagine que dans les premières phases de la germination, cette asparagine peut disparaître et régénérer la matière protéique dans une complète obscurité.

Dans le *Tropæolum*, l'asparagine ne se forme qu'en médiocre proportion et en outre elle a déjà disparu avant que les réservoirs nutritifs se soient vidés ; l'asparagine n'y joue donc qu'un rôle accidentel ; il en est de même dans les *Silybum Marianum*, *Helianthus tuberosus* et *Zea Mais*. Dans le Ricin, au contraire, on ne trouve d'asparagine ni à la lumière ni à l'obscurité, et c'est en vain que MM. Dessaignes et Chautard ont recherché cette substance dans les graines de Courge, de Sarrasin et d'Avoine germées à l'obscurité. Le rôle physiologique de l'asparagine se trouve donc pour le moment limité à la famille des Légumineuses, et dans cette famille même il ne s'exerce que jusqu'à complet épuisement des matériaux de réserve de nature protéique ; M. Pasteur a montré, en effet, qu'au temps de la floraison, ces plantes ne renferment pas d'asparagine. Pendant la formation et le développement des bourgeons latéraux, il ne se forme pas plus d'asparagine chez les Légumineuses que dans toutes les autres plantes étudiées à ce point de vue. M. Hartig prétend, il est vrai, que le développement de l'asparagine est un fait général ; mais M. Pfeffer croit qu'ayant observé les petits cristaux de sels minéraux dont il a été parlé au début, il les a confondus avec les vrais cristaux d'asparagine. M. Hartig n'a d'ailleurs apporté aucune preuve à l'appui du rôle physiologique de l'asparagine.

On a trouvé aussi l'asparagine dans les feuilles et les tiges de certaines plantes (1). Sa présence dans les parties souterraines et vivaces du *Stigmatophyllum jatrophæfolium* porte à supposer qu'elle pourrait être ici une matière de réserve. Son rôle physiologique n'est toutefois clairement déterminé que chez les Légumineuses.

Absorption par la plante de matières assimilées situées en dehors d'elle. — L'absorption par la plante de matières assimilées situées en dehors d'elle a lieu, d'une part dans les plantules qui tirent leur nouriture d'un endosperme, ensuite dans les plantes parasites dépourvues de chlorophylle (2), et enfin dans les plantes humicoles.

---

(1) Husemann : Pflanzenstoffe.

(2) Les parasites abondamment pourvus de chlorophylle, comme les Loranthacées, peuvent assimiler eux-mêmes et n'ont besoin de la plante hospitalière que pour en tirer de l'eau et des matières minérales. Voir Pitra : Botanische Zeitung, 1861, p. 63. — Les plantes parasites (*Orobanche*)

Plantules des graines endospermées. — Les plantules sont, au point de vue qui nous occupe ici, les sujets les mieux connus. Elles montrent avec netteté comment les matériaux de réserve de l'endosperme peuvent passer dans les organes absorbants, qui sont presque toujours ici des feuilles, sans qu'il y ait soudure réelle du suçoir avec le milieu nutritif organisé. Les deux corps sont simplement en contact intime et l'on peut facilement les séparer sans lésion aucune, comme on le voit dans le Ricin (fig. 441). Il n'est pas douteux que la métamorphose de substances qui s'opère à l'intérieur de l'endosperme nutritif ne soit directement provoquée par l'organe absorbant, par l'embryon lui-même. La manière dont se comporte l'endosperme corné du Dattier, qui est peu à peu absorbé par le tendre tissu de l'organe absorbant, lequel n'est qu'une partie de la feuille cotylédonaire, montre clairement que les couches d'épaississement des cellules endospermiques sont d'abord dissoutes, transformées en sucre, sous l'influence de cet organe, et puis ensuite absorbées par lui. Il émane évidemment de cet organe absorbant une substance soluble qui, pénétrant dans l'endosperme, y détermine cette métamorphose de la cellulose en sucre. En même temps, l'embryon absorbe aussi la graisse et les matières albuminoïdes contenues dans l'endosperme ; aussi longtemps que tous les matériaux de réserve ne sont pas totalement absorbés, le parenchyme conducteur de toutes les parties de l'embryon est rempli de sucre et d'amidon transitoire.

Dans les Graminées, il se peut aussi qu'une substance s'échappe de l'embryon dans l'endosperme, pour y provoquer d'abord la dissolution et la métamorphose chimique de l'amidon et des matières albuminoïdes, qui sont ensuite absorbées par la face dorsale de l'écusson appliquée latéralement contre l'endosperme. Cependant on peut imaginer aussi dans ce cas qu'il se trouve, dans l'endosperme lui-même, des agents capables, avec l'aide de l'eau, de dissoudre l'amidon et le gluten indépendamment de toute action chimique émanée de l'embryon.

Plantes parasites sans chlorophylle. — Les racines absorbantes, ou suçoirs des plantes parasites, s'introduisent dans le tissu de la plante nourricière et se soudent souvent aussi intimement que possible avec lui. Que l'excitation nécessaire pour faire passer dans le parasite les produits assimilés par la plante nourricière, émane du parasite lui-même, cela n'est certainement pas douteux. Le parasite agit sur les tissus conducteurs de la plante hospitalière comme un bourgeon en voie d'accroissement. C'est parce qu'il les consomme et les transforme, que les substances assimilées pénètrent en lui.

Plantes humicoles sans chlorophylle. — L'agent dissolvant et transformateur qui, émané de l'organe absorbant de l'embryon, détruit l'endosperme, nous donne une indication précieuse pour l'intelligence du mode de nutrition des plantes humicoles dépourvues de chlorophylle. Il est probable que les organes absorbants de ces plantes déterminent d'abord la dissolution et la transformation chimique des matières organiques en voie de putréfaction dans l'humus. De même que l'eau pure ne dissout pas la cellulose de l'endosperme du Dattier,

---

et humicoles (*Neottia*) en apparence dépourvues de chlorophylle renferment, d'après **M.** Wiesner (Botanische Zeitung, 1871, et Jahrbücher f. wiss. Bot., VIII, 1872, p. 576), des traces de chlorophylle, mais ces traces peuvent à peine compter dans l'assimilation.

ni l'amidon de l'endosperme des Graminées, ni la graisse de l'endosperme du Ricin, de même il est impossible d'extraire par des lavages à l'eau les substances organiques utilisables que renferment encore les feuilles mortes dans lesquelles croissent les *Monotropa*, *Epipogum* et *Corallorhiza* ; cependant ces plantes se nourrissent de ces substances. C'est en outre une circonstance frappante et remarquable, que les racines des plantes humicoles dépourvues de chlorophylle, ou manquent totalement comme dans les *Epipogum* et *Corallorhiza*, ou se développent en petit nombre et s'allongent peu comme dans le *Neottia*. Aussi les deux premières plantes sont-elles, jusqu'au temps de leur floraison, entièrement cachées dans le substratum nourricier et peuvent-elles par conséquent agir sur le milieu extérieur par tous les points de leur surface. Enfin on peut remarquer encore que si, dans les plantules, la surface absorbante est très-petite relativement au grand travail qu'elle effectue, il en est de même pour les suçoirs des *Cuscuta*, *Orobanche*, etc.

§ 6.

Respiration des plantes (1).

Elle consiste en une absorption d'oxygène et en une formation corrélative d'acide carbonique et d'eau. — La respiration des plantes consiste, comme celle des animaux, dans une continuelle absorption de l'oxygène atmosphérique dans les tissus, où il provoque des oxydations et, à leur suite, encore d'autres changements chimiques dans les substances assimilées. On observe toujours, en même temps, une formation et une exhalation d'acide carbonique, dont le carbone provient de la décomposition de composés organiques. En outre, de la comparaison des analyses élémentaires de la graine avant et après la germination, on déduit qu'il y a production d'eau aux dépens de la matière organique pendant le phénomène de la respiration.

Elle est indispensable à l'accroissement et aux mouvements de la plante. — Toutes les recherches sur la végétation montrent que l'accroissement des tissus et la transsubstantiation corrélative ne s'opèrent qu'aussi longtemps que le gaz oxygène peut pénétrer du dehors à l'intérieur de la plante; dans une atmosphère privée d'oxygène, aucun accroissement n'a lieu, et, quand la plante y séjourne longtemps, elle finit par mourir. Plus l'accroissement des tissus et les transformations chimiques qui l'accompagnent nécessairement sont énergiques dans un temps donné, plus est grande la quantité d'oxygène absorbée et la quantité d'acide carbonique formée et exhalée pendant ce même temps.

Aussi est-ce principalement dans les graines à germination rapide et dans les bourgeons foliaires et floraux en voie d'épanouissement, que l'on observe

(1) Pour plus de détails sur tous les sujets traités dans ce paragraphe, voir mon Manuel de Physiologie expérimentale. Trad. française, chap. IX, p. 285. — Parmi les travaux récents il faut signaler : Bouscow : Ueber das Verhaltn. der Pflanz. im Stickoxydalgase (Mélanges biologiques de Pétersbourg, VI, 1867) et WIESNER : Sitzungsberichte der Wiener Akademie. Bd. 63. 1871.

une énergique respiration ; en peu de temps, ces organes consomment plusieurs fois leur volume d'oxygène et dégagent un volume sensiblement égal d'acide carbonique. Mais tous les autres organes, et en général toutes les cellules de la plante prises isolément, respirent aussi continuellement de cette même manière. Non-seulement les transformations chimiques corrélatives de l'accroissement sont liées à la présence d'oxygène libre dans les tissus, mais encore les mouvements du protoplasma cessent eux-mêmes de s'opérer dans un milieu privé d'oxygène ; de son côté, la faculté de déplacement que possèdent les organes périodiquement mobiles et irritables disparaît complétement quand on leur enlève le contact de l'oxygène. Si la privation d'oxygène est de courte durée, les mouvements du protoplasma et l'irritabilité des organes se manifestent de nouveau dès que l'oxygène est rendu à la plante.

Elle est accompagnée d'une perte de substance. — La respiration des plantes, comme celle des animaux, est liée à une perte de substance assimilée. Dans les plantes qui assimilent, cette perte est beaucoup plus faible, en un temps donné, que le gain amené pendant le même temps par l'activité des cellules vertes à la lumière. Mais quand il se produit, comme c'est le cas pendant la germination, un énergique accroissement lié à une respiration abondante, sans que de nouveaux produits d'assimilation viennent compenser les pertes, celles-ci peuvent devenir très-appréciables et la plantule en voie d'accroissement pèse de moins en moins. C'est ainsi que des graines germant à l'obscurité peuvent perdre jusqu'à la moitié de leur poids de substance sèche, et il semble bien que cette perte de poids soit produite exclusivement par la décomposition des matériaux de réserve non azotés et par la combustion de leurs éléments à l'état d'acide carbonique et de vapeur d'eau. Du reste, si la réserve nutritive non azotée consiste en huile grasse, c'est-à-dire en substance peu oxygénée, une partie de l'oxygène inspiré se fixe dans la plantule où, en oxydant la graisse, elle la transforme en hydrates de carbone, notamment en amidon et en sucre ; la perte de poids amenée par la combustion respiratoire se trouve alors atténuée d'autant.

En même temps, elle met en liberté les forces nécessaires au mouvement intérieur. — Cette perte de substances assimilées, corrélative de la respiration, paraîtrait inutile, s'il ne s'agissait pour la plante que d'accumuler en elle la plus grande quantité possible de produits d'assimilation. Seulement, ces derniers eux-mêmes ne sont engendrés par elle que dans le but de servir à son accroissement et à toutes les transformations vitales. La vie de la plante consiste tout entière en mouvements compliqués de molécules et d'atomes, et c'est par la respiration que les forces nécessaires à ces mouvements sont mises en liberté. En détruisant une partie de la substance assimilée, l'oxygène provoque des modifications chimiques profondes dans la partie qui reste ; de leur côté, ces modifications donnent lieu à des courants diffusifs, ces courants dirigent l'une vers l'autre des substances capables de réagir chimiquement l'une sur l'autre, et ainsi de suite. La dépendance qui unit tous les mouvements de la plante à sa respiration saute aux yeux d'ailleurs, si l'on étudie le protoplasma et les feuilles mobiles qui, nous l'avons déjà dit, perdent leur mobilité aussitôt qu'on les a privés du contact de l'oxygène atmosphérique.

De toutes ces considérations, on conclut que la respiration joue dans les plantes essentiellement le même rôle que dans les animaux ; par elle l'équilibre chimique des substances est continuellement rompu, par elle s'entretient sans cesse le mouvement intérieur qui constitue la vie de l'être. La respiration est, il est vrai, une source indéfinie de pertes de substance, mais par cela même elle est aussi la source inépuisable d'où découlent incessamment les forces nécessaires au mouvement intérieur.

Dégagement de chaleur pendant la respiration. — La combinaison de l'oxygène inspiré avec une partie du carbone de la substance assimilée, pour former de l'acide carbonique, est une véritable combustion, et, comme toute combustion, elle est liée à la production d'une certaine quantité de chaleur. Mais il est rare que ce dégagement de chaleur dans la plante conduise à une élévation appréciable de la température de ses tissus, parce que la respiration et la production de chaleur correspondante ne sont pas très-abondantes, tandis que, par contre, la plante réunit les conditions les plus favorables à un prompt refroidissement. Sous ce rapport aussi, on peut comparer les plantes aux animaux à sang froid.

Quand le phénomène de respiration a mis en liberté dans une cellule une certaine quantité de chaleur, celle-ci se répartit tout d'abord dans la grande masse d'eau qui imbibe la cellule et le tissu d'alentour. S'il s'agit d'une plante submergée, la moindre élévation de température qui tend à se produire ainsi est aussitôt dispersée dans le milieu extérieur. S'il s'agit d'une plante terrestre, l'évaporation qui s'opère dans les parties aériennes agit sans cesse pour refroidir la plante ; en outre, il faut tenir compte du rayonnement de chaleur qui a lieu sur la surface très-développée de la plupart de ces plantes et qui est particulièrement favorisé par les poils. La plante perdant continuellement beaucoup de chaleur par ces deux causes, on ne sera pas étonné de voir que les organes végétaux aériens sont plus froids que l'air ambiant, bien que leur respiration produise incessamment de nouvelles quantités de chaleur.

En éliminant ces causes de refroidissement, on parvient à observer au thermomètre l'élévation de température produite par la combustion respiratoire. On y réussit facilement en accumulant en tas un grand nombre de petites plantules en voie d'accroissement rapide et par conséquent d'active respiration ; c'est ainsi qu'on observe un échauffement considérable dans les amas de grains d'Orge germés pendant la préparation du malt. Un semblable échauffement a été constaté aussi pour d'autres graines, ainsi que pour des tubercules et des bulbes en voie de germination. L'élévation de température est plus difficile à mettre en évidence sur des plantes pourvues de feuilles vertes.

Dans certaines fleurs et inflorescences, la formation d'acide carbonique avec inspiration d'oxygène est très-énergique ; en même temps, grâce au faible développement superficiel de ces organes et à la protection exercée par leurs enveloppes, le rayonnement de la chaleur produite se trouve amoindri. Aussi observe-t-on, dans les cas de ce genre, une très-notable élévation de température dans la masse des tissus. L'exemple le plus frappant nous en est offert par le spadice des Aroïdées qui, au temps de la fécondation, surtout si l'air est chaud, présente un excès de température de 4 à 5, souvent de 10 degrés et davantage par rapport à l'atmosphère ambiante. Dans les fleurs isolées des *Cucurbita*, *Bignonia radicans*, *Victoria regia*, etc., on a pu également observer une élévation de température notable, mais moins considérable que dans le cas précédent.

Dégagement de lumière : phosphorescence. — Dans le petit nombre de cas où jusqu'ici l'on a pu observer un dégagement de lumière, une phosphorescence, dans les plantes vivantes, ce phénomène s'est montré lié à la respiration. Pour l'*Agaricus olearius* de Provence, ce fait a été directement établi par M. Fabre. Ce Champignon ne dégage de lumière qu'aussi longtemps qu'il vit, et cesse aussitôt d'être phosphorescent quand on lui enlève le contact de l'oxygène ; sa respiration est d'ailleurs très-active et le dégagement d'acide carbonique très-abondant. Outre cette espèce, on a observé encore la phosphorescence dans les *Agaricus igneus* d'Amboine, *A. noctilucens* de Manille, *A. Gardneri* du Brésil et dans les *Rhizomorpha*. Les assertions au sujet de la phosphorescence de certaines fleurs sont de valeur très-douteuse.

Appareil pour observer l'exhalation d'acide carbonique et la production de chaleur pendant la respiration. — Pour observer le dégagement d'acide carbonique et l'échauffement spontané des graines qui germent et des bourgeons floraux qui se développent, on peut faire usage de l'appareil décrit dans mon Manuel de physiologie expérimentale (Trad. française, p. 295), en y apportant quelques modifications appropriées.

La disposition suivante se prête aussi à la démonstration de ce fait devant un auditoire. On remplit le le tiers inférieur d'un flacon de verre cylindrique de deux litres de capacité avec des pois ou d'autres graines gonflées dans l'eau, ou avec des fleurs en voie d'épanouissement, avec de petits capitules de Composées, par exemple (*Matricaria*, *Pyrethrum*), et on le ferme avec un bouchon à l'émeri. Après quelques heures, on ouvre le flacon avec précaution et l'on y fait descendre un bout de bougie allumée ; la bougie s'éteint aussitôt, comme si le vase avait été rempli de gaz acide carbonique.

Pour observer le dégagement de chaleur sur de petites quantités de graines et même dans de grandes fleurs isolées, j'emploie avec diverses modifications l'appareil représenté figure 442. Le flacon *f* renferme une dissolution concentrée de potasse ou de soude *l*, qui absorbe au fur et à mesure l'acide carbonique dégagé par la plante. Dans l'ouverture du flacon pénètre un entonnoir *r*, contenant un petit filtre percé avec une aiguille. L'entonnoir est rempli soit de graines imbibées d'eau, soit de boutons de fleurs coupés en voie d'épanouissement ; puis on recouvre le tout d'une cloche *g*. La tubulure de la cloche est traversée par un thermomètre donnant le dixième de de-

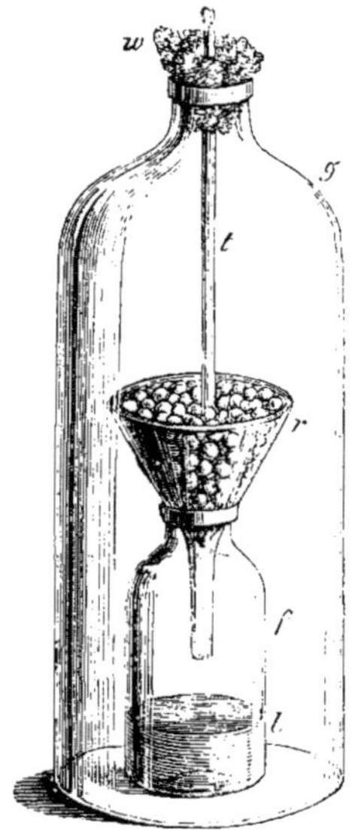

Fig. 442. — Appareil pour observer l'échauffement spontané des graines qui germent et des fleurs qui s'épanouissent.

gré et dont le réservoir est enveloppé de tous côtés par les graines ou les boutons; une bourre de coton *w* ferme la tubulure. Pour rendre l'observation comparative, on place, à côté de cet appareil, un autre appareil tout semblable, mais où les graines et les fleurs sont remplacées, selon les circonstances, soit par des fragments de papier humide, soit par des feuilles vertes, soit par rien du tout. Il est convenable de placer les deux appareils à comparer dans une grande cage de verre pour affaiblir encore davantage les oscillations de température de l'air de la chambre.

Par la fermeture incomplète de la tubulure, l'accès de l'air frais et oxygéné vers la plante demeure libre et la respiration s'entretient constamment, tandis que la perte d'eau par l'évaporation et le rayonnement est réduite au minimum. Les thermomètres des deux appareils, comparés au début, sont lus fréquemment pour permettre d'apprécier les oscillations de la température. Si les réservoirs sont suffisamment petits, on peut aussi observer de la sorte le dégagement de chaleur sur des fleurs isolées placées dans l'entonnoir. Pour atténuer encore davantage la transpiration et le rayonnement de la chaleur, il est utile, avant de placer la cloche *g*, de couvrir l'entonnoir avec un disque de verre, percé en son milieu pour laisser passer la tige du thermomètre.

A l'aide de cette disposition l'on parvient, si la température ambiante est favorable à la végétation, à observer dans un tas de 100 à 200 pois une élévation de température de 1°,5, pendant que les racines se développent. Les anthères d'une fleur de Courge ont échauffé un assez gros thermomètre, dont elles ne touchaient le réservoir que d'un seul côté, d'environ 0°,8. Un capitule isolé d'*Onopordon Acanthium* a produit une élévation de température de 0°,72. Les étamines d'une seule fleur de *Nymphæa stellata* ont déterminé un échauffement de 0°,6. Un grand nombre de petits capitules en bouton d'*Anthemis chrysoleuca*, amassés autour du réservoir du thermomètre, l'ont échauffé au moment de leur épanouissement de 1°,6.

Il va de soi que l'on n'emploie pas immédiatement les fleurs aussitôt cueillies au jardin, mais que l'on attend quelques heures, jusqu'à ce qu'elles aient pris la température de la chambre.

CHAPITRE TROISIÈME

CONDITIONS GÉNÉRALES DE LA VIE DES PLANTES

----

§ 7.

Influence de la chaleur sur la végétation (1).

Pour arriver à une connaissance scientifique des liens de dépendance qui existent entre la végétation et la chaleur, il est nécessaire d'étudier isolément l'action de températures déterminées et variables sur les divers phénomènes de la vie des plantes. On considérera donc séparément sous ce rapport les divers phénomènes d'assimilation et de transsubstantiation, de diffusion et d'accroissement, les modifications de turgescence et de tension des tissus, les mouvements du protoplasma, les courbures des organes irritables et périodiquement mobiles, etc.

Mais, pour établir les faits de cet ordre, il est nécessaire de connaître réellement, dans chaque cas particulier, la température de la plante, ou mieux de la partie de plante où s'accomplit le phénomène que l'on étudie : or cette détermination est souvent environnée des plus grandes difficultés et parfois elle est à peine possible.

Causes qui modifient la température de la plante : conductibilité, rayonnement, transpiration. — Abstraction faite des changements de température, le plus souvent insensibles, qui sont amenés à l'intérieur de la plante par le fait même de la combustion respiratoire, la température de chaque cellule dépend principalement de sa situation dans la masse du tissu et des variations de température du milieu extérieur. Entre le milieu extérieur et la plante elle-même il s'opère, en effet, un continuel échange de chaleur, à la fois par conductibilité et par rayonnement, et c'est cet échange qui détermine essentiellement la température d'une partie quelconque de la plante à un moment donné.

En ce qui concerne la conductibilité, il est nécessaire de remarquer d'abord que tous les organes végétaux sont mauvais conducteurs de la chaleur. Les différences de température qui, à un moment donné, existent entre eux et l'air, ou la terre, ou l'eau ambiante ne s'égalisent donc de cette façon qu'avec une grande lenteur. En outre, la conductibilité de ces organes suivant les diverses

----

(1) Pour les détails, voir mon Manuel de physiologie expérimentale. Trad. française, chap. II, p. 50.

directions est probablement toujours différente ; ainsi, par exemple, la conductibilité du bois sec dans le sens longitudinal est à sa conductibilité dans le sens transversal dans le rapport de 1,25 à 1 dans l'Acacia, le Buis et le Cyprès, dans le rapport de 1,8 à 1 dans le Tilleul, l'Aune et le Pin.

Le rayonnement calorifique est, au contraire, pour la plupart des parties de la plante, une source abondante de très-rapides changements de température, et il s'exerce de manière à provoquer des différences entre l'état calorifique de la plante et celui du milieu ambiant, surtout quand l'organe considéré possède une faible masse et une grande surface garnie de poils, comme c'est le cas pour beaucoup de feuilles et d'entre-nœuds. Il faut se rappeler en outre que le pouvoir émissif d'un corps pour la chaleur est égal à son pouvoir absorbant, et que le rayonnement ne dépend pas seulement de la température du milieu extérieur, mais de sa diathermanéité.

A ces causes il faut ajouter encore, pour les parties de la plante qui se développent dans l'air, l'évaporation de l'eau de végétation. La transpiration est, en effet, pour la plante une cause énergique de refroidissement ; car, l'eau prenant au végétal lui-même la quantité de chaleur nécessaire à sa vaporisation, celui-ci se trouve refroidi d'autant.

Rapport de la température de la plante avec celle du milieu ambiant. — Les considérations qui précèdent et dont l'exposition détaillée nous conduirait ici trop loin, doivent toujours être comptées en première ligne dans toutes les recherches ayant pour objet l'influence de la température sur les divers phénomènes de la végétation. En général, on peut admettre que, sous l'action combinée des causes que nous venons de signaler, les petites plantes aquatiques et les parties souterraines des plantes terrestres possèdent ordinairement la même température que le milieu ambiant, quand la température de ce milieu ne subit pas de trop fortes oscillations ; les feuilles et les branches minces qui se développent à l'air libre sont, au contraire, le plus souvent plus froides que l'air ambiant ; enfin les tiges massives des plantes ligneuses, à cause de leur faible conductibilité, peuvent être tantôt plus froides, tantôt plus chaudes que le milieu extérieur. Il est facile de s'assurer que les parties aériennes de la plante, pourvu qu'elles aient une large surface, peuvent par le rayonnement se refroidir notablement au-dessous de la température de l'air. Il suffit de placer deux thermomètres, l'un dans le gazon d'une prairie exposée au rayonnement d'une nuit claire, l'autre dans l'atmosphère ambiante : le premier marque plusieurs degrés de moins que le second. Le premier peut descendre au-dessous de 0° et le feuillage où il plonge souffrir les atteintes de la gelée, tandis que le second marque plusieurs degrés au-dessus de 0°. La formation de rosée pendant les nuits d'été et le givre qui, surtout à la fin de l'automne, se dépose en si grande quantité sur les plantes, démontrent encore d'une manière frappante le refroidissement du végétal par voie de rayonnement.

Mais les rapports qui existent entre la température de la plante et celle du milieu extérieur sont très-compliqués, quand il s'agit de corps massifs, comme de grosses tiges ligneuses, par exemple. Ici, en effet, la conductibilité longitudinale de la chaleur, la conductibilité transversale dont la vitesse est différente, et d'autres circonstances encore, viennent s'ajouter à l'influence de l'émission ou de l'absorption de chaleur rayonnante. En général, comme l'ont montré les belles recherches de M. Krutzsch, la tige de l'arbre est plus froide que l'air ambiant pendant le jour, plus chaude au contraire le soir et pendant la nuit.

Changements de volume des tissus, déterminés par les variations de température. — En ce qui concerne les changements de volume déterminés dans la masse du tissu, et individuellement dans chaque cellule, par les variations de température, le peu que l'on sait de certain est relatif au bois sec.

Les nombres donnés par M. Caspary comme représentant les coefficients de dilatation du bois reposent sur des observations inadmissibles et sur une entière mésintelligence des phénomènes qui se passent dans les objets observés (1). Quand, en effet, par des températures beaucoup inférieures à 0°, il intervient des courbures dans les pétioles et les branches des arbres, cela ne provient pas seulement de ce que les diverses couches du tissu ont des coefficients de dilatation différents, mais tout d'abord et principalement de cette circonstance, que l'eau de végétation se congèle et que les membranes cellulaires deviennent plus pauvres en eau et par conséquent se contractent plus ou moins, suivant leur état d'imbibition et de lignification ; le phénomène résulte donc tout d'abord d'un changement amené dans l'état d'imbibition et de turgescence des tissus par les variations de température (voir la conclusion de ce paragraphe).

Les coefficients de dilatation des bois *secs* ont été mesurés avec soin par M. Villari (2). Comme la dilatation par voie d'imbibition, la dilatation par la chaleur est aussi beaucoup plus faible dans le sens des fibres que dans la direction du rayon de la tige, c'est-à-dire perpendiculairement aux fibres. Il y a toutefois cette différence, que les coefficients de gonflement se comptent par centièmes de l'unité de longueur en direction radiale et par millièmes en direction longitudinale, tandis que les coefficients de dilatation se comptent respectivement par cent-millièmes et millionièmes. Les changements de dimension provoqués dans le bois sec en direction longitudinale et radiale par les variations de température sont donc environ mille fois plus petits que ceux qui affectent le même bois sec lorsqu'il se gonfle sous l'influence de l'eau. Ainsi, par exemple, pour les températures comprises entre 2° et 34°, l'on a, d'après M. Villari :

COEFFICIENT DE DILATATION POUR 1°

	En direction radiale.	En direction longitudinale.	Rapport.
Buis...................	0,0000614	0,0000025?	25 : 1
Sapin.	0,0000584	0,00000371	16 : 1
Chêne.................	0,0000544	0,00000492	12 : 1
Peuplier..............	0,0000365	0,00000385	9 : 1
Érable................	0,0000484	0,00000638	8 : 1
Épicéa................	0,0000341	0,00000511	6 : 1

Ces nombres ne conviennent qu'au bois sec ; or, quand il fait partie constitutive d'une plante vivante, le bois n'intervient jamais qu'à l'état imbibé. Ils ne trouvent donc pas d'emploi immédiat dans l'explication des phénomènes phy-

(1) The international horticultural Exhibition and botanical Congress held in London. 1866, p. 116.

(2) Poggendorff's Annalen, 1868, Bd. 133, p. 412.

siologiques provoqués dans la plante par les variations de température. Mais ils sont cependant très-intéressants, en ce qu'ils nous permettent de pénétrer dans la structure moléculaire du bois et d'en estimer notamment l'élasticité dans les diverses directions.

Toute fonction ne s'exerce qu'entre deux limites de température. — L'influence exercée par les divers degrés de température sur les phénomènes de la vie de la plante est un peu mieux connue. Le fait le plus important à signaler sous ce rapport, c'est que chaque fonction est enfermée entre des limites de température déterminées, dans lesquelles seules elle s'exerce. En d'autres termes, *toute fonction ne commence à s'opérer que lorsque la température de la plante ou de la partie de plante considérée atteint un degré déterminé au-dessus du point de congélation des sucs cellulaires, et elle cesse dès que la température dépasse un autre degré également déterminé qui semble ne pouvoir jamais s'élever d'une façon durable au delà de 50° (1).* La vie de la plante, c'est-à-dire le cours complet des phénomènes végétatifs, paraît en général être enfermée entre les limites extrêmes 0° et 50°. Mais il faut remarquer que la même fonction peut, dans des plantes différentes, s'exercer entre des limites très-diverses comprises entre 0° et 50°, et qu'il en est de même pour les différentes fonctions de la même plante. Quelques exemples rendront tout ceci plus clair.

Limites de température pour la germination des graines et des spores. — Les sucs cellulaires étant des dissolutions aqueuses, souvent très-concentrées, ne se congèlent pas encore à 0°. On peut donc imaginer que certains phénomènes d'accroissement peuvent encore s'opérer quand le milieu extérieur est descendu à cette température, quoique les faits eux-mêmes ne soient pas encore suffisamment établis.

M. Uloth (2) a observé ce fait extraordinaire, que des graines d'*Acer platanoïdes* et de *Triticum*, tombées entre les fragments de glace d'une glacière, y ont germé, y ont poussé de nombreuses racines et les ont enfoncées sur une profondeur de plusieurs pouces dans des fragments de glace privés de toute fente. L'auteur conclut de cette observation que les graines en question germent à 0°, et que la pénétration des racines dans la glace est due au développement de chaleur de la graine et à la pression même des racines en voie d'accroissement. Cependant le fait est susceptible d'une autre interprétation. La glace était évidemment entourée par des corps plus chauds, notamment par les parois de la cave, qui lui envoyaient de la chaleur par rayonnement. Ceci posé, c'est un fait bien connu, que si des rayons de chaleur qui traversent un morceau de glace rencontrent des bulles d'air ou des particules solides, ils les échauffent, et ces corps étrangers à leur tour font fondre la glace tout autour d'eux à l'intérieur du fragment. Il se pourrait donc que non-seulement les graines, mais aussi les racines aient été échauffées par le rayonnement calorifique qui traversait la glace et aient ainsi déterminé la fusion de la glace qui les touchait. On ne sait rien, par conséquent, de la vraie température à laquelle s'est effectuée la germination dans cette circonstance.

Les observations de divers auteurs sur la température la plus élevée de l'eau

(1) Sachs : Ueber die obere Temperaturgrenze der Vegetation. Flora, 1864, p. 5.
(2) Uloth : Flora, 1871.

dans laquelle peuvent croître encore certaines Algues inférieures, diffèrent beaucoup les unes des autres. C'est peut-être l'observation de M. Regel qui est la plus vraisemblable; suivant lui, il faut que la température de l'eau soit inférieure à 40°, pour que des plantes puissent y vivre. Je me suis convaincu que les plantes les plus diverses paient de leur vie un séjour de dix minutes seulement dans de l'eau à 45°-46°. Dans l'air, au contraire, les Phanérogames supportent longtemps une température de 48° à 49°; mais elles sont tuées par un séjour de dix à trente minutes dans l'air à 51°; dans ces expériences il faut naturellement éviter tout dommage résultant de la dessiccation (1).

Quant aux températures élevées que des spores de Champignons peuvent supporter, dit-on, sans perdre leur faculté germinative, on n'a jusqu'ici sur ce sujet que des observations très-contradictoires, et en partie même tout à fait incroyables, observations d'après lesquelles des températures supérieures à 100° et même jusqu'à 200°, seraient inoffensives. De 94 expériences réalisées avec toutes les précautions nécessaires (2) par M. Tarnowsky, il résulte cependant que les spores de *Penicillium glaucum* et de *Rhizopus nigricans* ayant séjourné une heure ou deux dans l'air à une température de 70° à 80° ne germent que très-rarement et qu'une température de 82°-84° les tue complétement. Échauffées dans le liquide nutritif où on les a semées, les spores perdent déjà complétement leur faculté germinative à 54°-55° (3).

D'après mes recherches (4), l'accroissement des diverses parties de l'embryon aux dépens des matériaux de réserve commence déjà dans le Blé et l'Orge au-dessus de 5°, dans le Haricot et le Maïs à 9°,4, dans la Courge à 13°,7. Mais une fois les matériaux de réserve de la graine consommés, il faut toujours, paraît-il, qu'une température plus haute intervienne, pour que l'accroissement continue à s'opérer aux dépens des substances nouvellement assimilées. Les températures germinatives les plus élevées que j'aie pu observer ont été pour le Haricot, le Maïs, la Courge, d'environ 42°; pour le Blé, l'Orge et le Pois d'environ 37° à 38°.

Limites de température pour le verdissement de la chlorophylle. — La température minima nécessaire au verdissement des grains de chlorophylle dans le *Phaseolus multiflorus* et le *Zea Maïs* est certainement supérieure à 6° et probablement inférieure à 15°; dans le *Brassica Napus* elle est supérieure à 6°; dans le *Pinus Pinea* elle est comprise entre 7° et 11°. La température maxima pour le verdissement des feuilles déjà développées, mais encore jeunes, est dans les

---

(1) De nombreuses recherches sur des plantes cryptogames, aquatiques et terrestres, ont conduit M. Hugo de Vries aux mêmes résultats. Voir Hugo de Vries : Matériaux pour la connaissance de l'influence de la température (Archives néerlandaises, V, 1870).

(2) Il faut notamment avoir soin d'éviter que des spores venues du dehors ne s'insinuent dans l'appareil après que les spores en expérience ont subi l'échauffement.

(3) Pour plus de détails sur ce point, voir J. Sachs : Arbeiten des botan. Instituts in Würtzbourg, 1873. Heft 3.

(4) Sachs : Abhängigkeit der Keimung von der Temperatur (Jahrb. für wiss. Botanik, II, p. 338, 1860). A. de Candolle : Bibliothèque universelle de Genève, 1865, XXIV, p. 243. — Köppen : Wärme und Pflanzenwachsthum, eine Dissertation. Moscou, 1870. — Voir aussi plus loin, ch. IV.

deux premières plantes supérieure à 33°, et pour l'*Allium Cepa* supérieure à 36°.

Pour la décomposition de l'acide carbonique. — Le dégagement d'oxygène et, par conséquent, l'assimilation corrélative commenceraient dans les *Potamogeton*, d'après MM. Cloëz et Gratiolet, entre 10° et 15° ; dans le *Vallisneria*, au-dessus de 6°. Chez un grand nombre de Mousses, d'Algues et de Lichens, l'assimilation s'opère peut-être déjà à des températures plus basses. D'après M. Boussingault (1), les feuilles du Mélèze décomposent déjà de l'acide carbonique de 0°,5 à 2°,5 ; celles des herbes des prairies entre 1°,5 et 3°,5. De limite supérieure pour cette fonction, on n'en a pas déterminé jusqu'à présent.

Pour la sensibilité et les mouvements périodiques. — La sensibilité et le mouvement périodique des feuilles de la Sensitive ne se manifestent que lorsque la température de l'air ambiant dépasse 15°. Les oscillations périodiques des folioles latérales de l'*Hedysarum gyrans* n'ont lieu qu'à des températures supérieures à 22°. La limite supérieure pour la sensibilité des feuilles de Sensitive dépend de la durée de l'échauffement. Ainsi, dans l'air à 40°, elles deviennent rigides dans l'espace d'une heure ; à 45° en une demi-heure, à 48°-50° en quelques minutes ; mais, dans tous ces cas, elles reprennent leur sensibilité quand la température s'abaisse. Une température de 52°, au contraire, y détermine une immobilité permanente et les frappe de mort.

Pour les mouvements du protoplasma. — La température minima pour la mobilité du courant protoplasmique est, d'après M. Nägeli, pour le *Nitella syncarpa* vers 0° ; mais dans les poils de *Cucurbita* le mouvement ne commence, d'après mes propres observations, qu'à une température de 10° à 11°. La limite supérieure de la température est de 37°, suivant M. Nägeli, pour les courants protoplasmiques du *Nitella syncarpa*. Dans les poils de *Cucurbita*, le courant s'arrête en une minute dans de l'eau à 47°-48° ; mais dans l'air ces poils peuvent supporter pendant dix minutes une température de 49°-50°,5 sans que le courant cesse. Le courant protoplasmique des poils du filet staminal des *Tradescantia* s'arrête dans l'air à 49° en trois minutes, mais c'est pour reprendre de nouveau si la température s'abaisse.

Pour l'absorption par les racines. — L'absorption d'eau par les racines est elle-même soumise à l'influence de la chaleur et ne s'exerce qu'entre de certaines limites de température. Ainsi j'ai trouvé que, si la température du sol où elles plongent s'abaisse vers 3°-5°,1, les racines de Tabac et de Courge n'y absorbent plus assez d'eau pour compenser la perte provoquée par une faible transpiration ; mais il suffisait de réchauffer le sol vers 12° à 18° pour leur rendre leur activité. Les racines de Chou et de Navet, au contraire, puisent encore, même dans un sol refroidi jusque vers 0°, assez d'eau pour couvrir les pertes occasionnées par une transpiration modérée.

Il y a pour toute fonction une température où elle s'opère le mieux possible. — Une deuxième conséquence des observations qui précèdent peut se formuler ainsi : *Les fonctions de la plante s'accélèrent et leur intensité s'accroît à mesure que la température s'élève à partir de sa limite inférieure, jusqu'à une certaine température à laquelle la fonction présente un maximum d'activité ;*

____

(1) BOUSSINGAULT : Comptes rendus, LXVIII, p. 410.

elle se ralentit ensuite et son intensité décroît à mesure que la température continue à s'élever, jusqu'à s'annuler enfin complétement à la limite supérieure. Il n'y a donc pas dep roportionnalité entre l'intensité de la fonction et l'élévation de la température.

C'est ainsi, par exemple, que, d'après mes observations, la vitesse d'accroissement des racines germinatives atteint son maximum à 27°,2 chez le Maïs, à 22°,8 chez le Pois, le Blé et l'Orge. A mesure qu'elle s'élève au-dessus de cette valeur, la température du sol ralentit de plus en plus la vitesse d'accroissement des racines (1).

La sensibilité des feuilles de Sensitive, assez paresseuse entre 16° et 18°, paraît atteindre son maximum vers 30°. Les folioles périodiquement mobiles de l'*Hedysarum gyrans* font, d'après M. Kabsch, une oscillation en 85 à 90 secondes à la température de 35°; l'oscillation dure 180 à 280 secondes entre 28° et 30°; aux températures inférieures, les oscillations sont incomplètes, enfin elles deviennent presque insensibles vers 23°-24°.

La vitesse du courant protoplasmique dans le *Nitella syncarpa* atteint son maximum vers 37°, d'après M. Nägeli, et le mouvement cesse aussitôt si la température s'élève au-dessus de ce point. Dans les poils de *Cucurbita*, *Lycopersicum* et *Tradescantia*, ainsi que dans le parenchyme du *Vallisneria*, je trouve le mouvement protoplasmique lent de 12° à 16°, très-vif de 30° à 40°, et il se ralentit de nouveau progressivement entre 40° et 50°.

Influence d'un brusque changement de température sur les fonctions de la plante. — De brusques et très-grands changements de température, compris entre 0° et 50°, se sont montrés, dans les recherches de M. H. de Vries sur un grand nombre de plantes en cours de végétation, d'une parfaite innocuité sur la vie de la plante : aucun dommage, du moins, n'a pu y être constaté ni immédiatement ni plus tard.

Ce n'est pas à dire cependant que ces fortes oscillations de température soient indifférentes à la plante. Au contraire, il semble que, lorsque le végétal jouit d'une température favorable, ses fonctions s'accomplissent avec d'autant plus d'énergie que cette température est plus constante. On en a la preuve déjà dans les pratiques générales de la culture des plantes, et en outre dans les recherches de M. Hofmeister (2) et de M. de Vries (3) sur le mouvement du protoplasma, ainsi que dans les observations de M. Köppen (4) sur l'accroissement des racines. Mais le lien qui existe entre la variation brusque de température et l'effet nuisible produit est très-compliqué et ne peut jusqu'à présent être aperçu. J'ai montré, en effet, qu'à toute élévation ou à tout abaissement de température, même rapide, correspond un accroissement ou une diminution dans la vitesse d'accroissement, bien que d'après M. Köppen l'accroissement dans un temps donné soit plus faible si la température oscille que si elle est con-

---

(1) On trouvera d'autres exemples particuliers dans mon Mémoire cité, ainsi que dans KÖPPEN : *loc. cit.* et II. DE VRIES : *loc. cit.* Voir en outre ce qui est dit plus loin au ch. IV au sujet de l'influence de la température sur la vitesse d'accroissement de la plante.

(2) Pflanzenzelle, p. 53.

(3) *Loc. cit.*

(4) *Loc. cit.*

stante, même quand la température moyenne est la même dans les deux cas.

En deçà et au delà des températures limites, les fonctions s'arrêtent. — Si les limites de température que nous venons de signaler se trouvent dépassées dans un sens ou dans l'autre, les fonctions de la plante peuvent simplement entrer dans une période de repos, pour reprendre à nouveau dès que la température redevient favorable ; mais il se peut aussi que l'arrêt soit définitif, parce qu'en dépassant ces limites, les cellules ont subi quelque altération profonde, ont été endommagées et tuées.

Les cellules ainsi tuées par un trop grand échauffement ou par la congélation présentent en général les mêmes altérations que celles que les poisons, l'électricité et d'autres causes ont frappées de mort. Le protoplasma devient immobile ; la turgescence cesse, parce que la résistance des membranes cellulaires et du sac protoplasmique disparaît et permet aux sucs de filtrer au dehors ; les tissus deviennent flasques ; des transformations chimiques secondaires déterminent dans le suc cellulaire une coloration sombre, analogue à celle que prennent les sucs exprimés de la plante ; enfin une rapide évaporation amène promptement le desséchement complet des tissus morts.

Dans certaines circonstances, le dommage causé par une température trop haute ou trop basse peut ne se manifester qu'indirectement et avec lenteur. C'est ce qui arrive notamment quand, dans ces conditions, une seule des fonctions de la plante s'accélère ou s'affaiblit trop et qu'ainsi l'équilibre harmonieux des divers phénomènes de la vie se trouve rompu. Par exemple, l'accroissement de la plante peut se trouver tellement accéléré sous l'influence d'une température élevée, que l'assimilation ne suffise pas, surtout si l'éclairement est faible, à lui fournir les matériaux nécessaires ; la transpiration des feuilles peut, en outre, s'accroître tellement, que l'activité absorbante des racines soit impuissante à compenser les pertes que le végétal en éprouve. D'un autre côté, un abaissement trop grand de la température du sol peut affaiblir l'activité des racines au point de ne plus couvrir même une faible transpiration des feuilles. (Voir plus bas.)

Dans tout ce qui va suivre, nous faisons abstraction de tous les cas de ce genre, pour nous en tenir aux dommages immédiats éprouvés par les cellules, d'une part sous l'influence d'une température élevée, et d'autre part sous l'action de la congélation et du dégel.

Mort des cellules par une température trop élevée. — La mort des cellules par une température trop élevée dépend de la quantité d'eau qu'elles renferment. Tandis que des tissus séveux sont tués déjà à 50°, ou même au-dessous, des graines desséchées à l'air de *Pisum sativum* peuvent être maintenues pendant une heure à 70° et au-dessus sans perdre leur faculté germinative. Chauffés pendant une heure à 65°, des grains de Blé ont germé dans la proportion de 98 p. 100, des grains de Maïs dans la proportion de 25 p. 100. Complétement imbibées d'eau, au contraire, et exposées ensuite pendant une heure à une température de 54°-55°, des graines de *Pisum sativum* sont toutes tuées ; des graines de Seigle, d'Orge, de Blé, de Maïs le sont déjà à 53°-54°. Les spores des Champignons présentent la même différence, comme le montrent les observations de M. Tarnowsky rapportées plus haut.

La cause de la mort paraît être dans la coagulation des matières albumi-noïdes qui composent le protoplasma. A son tour, cette coagulation dépend de la quantité d'eau que renferment ces substances et de plusieurs autres circonstances, car suivant les cas elle exige, pour s'opérer, une température plus ou moins élevée. La désorganisation de la membrane cellulaire elle-même ne devient sensible qu'à des températures plus hautes. Quant à la destruction de l'amidon, outre qu'elle ne se produit qu'entre 55° et 60°, elle ne doit pas entrer en ligne de compte sous ce rapport, car des cellules complétement dépourvues d'amidon sont également tuées dès que la température dépasse 50° (1).

Mort des cellules par une température trop basse. Congélation. — La mort des cellules par congélation de leur suc cellulaire et par son dégel ulté-rieur, dépend aussi en première ligne de la quantité d'eau qu'elles renferment. Les graines desséchées à l'air peuvent, en effet, supporter une température aussi basse que possible sans perdre leur faculté germinative. Les bourgeons hiber-nants des plantes ligneuses, dont les cellules, très-riches en matières assimilées, contiennent très-peu d'eau, supportent les grands froids de l'hiver et des dégels rapides et répétés, tandis qu'il suffit d'une gelée blanche d'une nuit de printemps pour tuer leurs jeunes feuilles en voie d'épanouissement.

Mais, en outre, il y a dans l'organisation spécifique même de la plante une condition au moins aussi importante que la précédente. Certaines variétés d'une même espèce ne se distinguent souvent que par leur inégale résistance au froid et au dégel. Certaines plantes, comme les Lichens, les Hépatiques et les Mousses, certains Champignons de consistance coriacée, le Gui et quelques autres Phanérogames paraissent ne geler jamais. Les Navicules gèlent d'après M. Pfitzer entre — 12°,5 et — 25° et continuent de vivre après le dégel, tandis que certaines Phanérogames des contrées méridionales sont déjà tuées quand la température s'abaisse brusquement jusqu'à 0° (2).

Un tissu végétal peut-il être déjà tué par ce seul fait que l'eau de son suc cellulaire s'est solidifiée en cristaux de glace? c'est ce qu'on ignore encore. Mais il est certain que, chez un très-grand nombre de plantes, la mort n'est occasionnée que par la manière même dont s'effectue le dégel. Le même tissu qui, dégelé lentement après la congélation, conserve sa fraîcheur et sa vie, sera désorganisé si on le dégèle brusquement après l'avoir congelé à la même tem-pérature. Il faut en conclure que, dans toutes les plantes qui se comportent ainsi, la mort provient, non de la congélation même, mais simplement du dégel (3).

(1) Je regrette de ne pouvoir comprendre les observations de M. Wiesner (Sitzungsberichte der Wiener Akad. 1871, LXVI, p. 14). Quant à diverses observations récentes sur les tempéra-tures élevées que des spores de Champignons pourraient supporter sans perdre leur faculté ger-minative, elles touchent tellement à l'incroyable et elles ont tellement besoin d'une révision critique, que je dois pour le moment les passer sous silence.

(2) Sur l'intensité du froid que la végétation peut supporter, voir GÖPPERT : Bot. Zei-tung, 1871.

(3) Cette assertion s'appuie sur de soigneuses recherches, que j'ai publiées dans les Ab-handl. der K. Sächs. Gesellsch. der Wiss., 1860, dans les Landwirthschaftlich. Versuchsstationen, 1860, Heft V, p. 167 et dans mon Manuel de physiologie expérimentale. Je ne trouve pas que les

Dans la congélation d'un tissu végétal, il y a deux choses à considérer tout d'abord. L'eau qui doit se solidifier se trouve contenue, en effet, à deux états différents dans les cellules : d'une part, elle forme le dissolvant du suc cellulaire ; et, d'autre part, elle imbibe les pores moléculaires de la membrane cellulaire et des divers corps protoplasmiques de la cellule.

On sait que toute dissolution qui se congèle se sépare en eau pure, qui se solidifie en glace, et en une dissolution plus concentrée, dont le point de congélation est situé plus bas dans l'échelle thermométrique (1). Ainsi donc, pendant que se solidifie une partie de l'eau du suc cellulaire, la partie du suc non congelée se concentre. Il est possible que cette concentration soit accompagnée de transformations chimiques, car M. Rüdorff a montré que, dans une solution qui se congèle, de nouvelles combinaisons chimiques prennent effectivement naissance. Jusqu'à quel point cette circonstance peut-elle entrer en ligne de compte pour expliquer la mort des cellules par la congélation et le dégel? C'est ce qu'il n'est pas encore permis de décider jusqu'à présent.

Pendant la congélation de l'eau qui est retenue dans les pores moléculaires d'un corps organisé, gonflé et imbibé, il se passe quelque chose d'analogue à la congélation d'une dissolution. Ici aussi, quand la température s'est suffisamment abaissée, une partie seulement de l'eau d'imbibition se solidifie, le reste demeure logé entre les molécules du corps ; le volume de ce corps diminue, se contracte, en même temps que les molécules d'eau sont expulsées au dehors et converties en cristaux de glace. Le phénomène s'observe d'une manière frappante quand on congèle de l'empois d'amidon. Masse homogène avant la congélation, l'empois devient après le dégel un corps spongieux, dans les grandes cavités duquel l'eau provenant de la fusion de la glace coule limpide. L'albumine coagulée se comporte de même par le dégel. Dans ce cas, la congélation d'une partie de l'eau d'imbibition a évidemment provoqué dans l'ensemble une modification durable. Groupées par la congélation de l'amidon et par la coagulation de l'albumine en un réseau pauvre en eau, les molécules de substance ne se recombinent plus après le dégel avec l'eau qui les a quittées au moment de la congélation, pour former un tout homogène ; l'empois congelé, puis dégelé, n'est plus de l'empois.

Dans la congélation de tissus séveux vivants, une partie de l'eau d'imbibition se sépare de même et se solidifie en glace, tandis que le reste demeure en place et continue d'imbiber le protoplasma et la membrane cellulaire, aussi longtemps du moins que la température ne s'abaisse pas trop. Des feuilles et des tiges séveuses, congelées entre — 5° et — 10°, laissent voir facilement qu'une portion seulement de l'eau qu'elles contenaient affecte la forme de cristaux de glace. Une autre portion imbibe les membranes cellulaires encore molles et flexibles. Si la congélation s'opère lentement, l'eau qui se solidifie se présente à la surface du tissu séveux sous forme de croûtes de glace, formées de petits cristaux de glace étroitement serrés l'un contre l'autre. Ces

objections de M. Göppert (Botanische Zeitung, 1871) changent quelque chose à mes résultats. Son expérience sur le *Calanthe veratrifolia* peut être interprétée tout autrement qu'il ne l'a fait.

(1) Rüdorff : Poggendorff's Annalen, 1861. Bd. 114 p. 63 et 1862, Bd. 116, p. 55.

cristaux sont dirigés perpendiculairement à la surface du tissu et s'allongent en s'accroissant à leur base. Une très-grande partie de l'eau du tissu peut s'échapper de la sorte en forme de croûte de glace, pendant que le tissu, devenant de plus en plus pauvre en eau, se contracte d'autant (1) et perd sa turgescence. Ce phénomène se manifeste avec une extraordinaire netteté dans les gros pétioles d'Artichaut, quand on les soumet à une lente congélation. Le parenchyme séveux se sépare alors de l'épiderme qui l'enveloppe, comme d'un sac trop large.

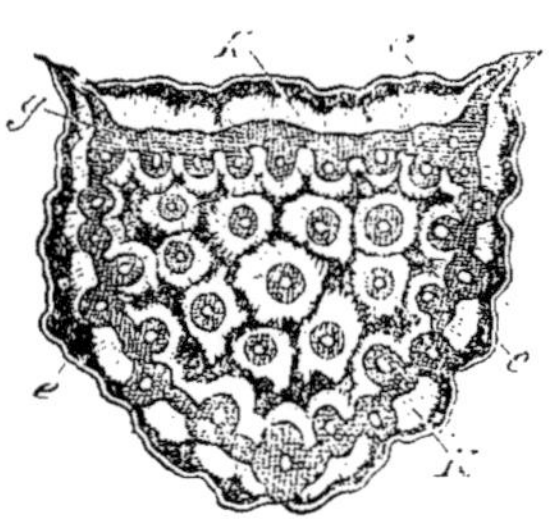

Fig. 443. — Section transversale d'un pétiole lentement congelé de *Cynara Se lymus.* — *e* l'épiderme décollé ; *g* le parenchyme dans lequel on voit, laissés en blanc, les sections transversales des faisceaux vasculaires. Il forme une masse molle et est déchiré pendant la congélation ; ce déchirement a lieu de façon à conserver autour de chaque faisceau interne une gaine de parenchyme, et vers la périphérie une couche continue de parenchyme reliant entre eux tous les faisceaux externes. Chaque surface libre des divers fragments de parenchyme est revêtue d'une croûte de glace *k, k*, formée de prismes perpendiculaires à la surface et étroitement serrés côte à côte. Les espaces vides du tissu déchiré sont tenus entièrement noirs sur la figure.

Le parenchyme lui-même se déchire à l'intérieur, et de telle façon, que chaque faisceau vasculaire demeure enveloppé par une gaîne de parenchyme. La figure 443 montre comment les croûtes de glace sont disposées à la surface des diverses masses de parenchyme. De divers fragments de pétiole, pesant 396 grammes, j'ai extrait 99 grammes de glace pure, qui, fondue et évaporée à sec, n'a laissé que de faibles traces de résidu solide, environ 1 pour 1000. J'ai observé, à diverses reprises, des résultats analogues sur d'autres plantes. Mais souvent la formation de glace n'est pas aussi régulière que dans l'Artichaut. On trouve alors dans les lacunes du tissu déchiré, par exemple dans les tiges séveuses du Chou, de petits glaçons irréguliers ; parfois aussi la glace se présente, suivant M. Caspary, en forme de peignes, qui, déchirant l'épiderme, font saillie au-dessus de la surface des tiges séveuses. J'avais déjà montré auparavant (2) que, si l'on soumet à une lente congélation des tranches d'organes végétaux pleins de séve, des tranches de Betterave, par exemple, en les garantissant contre l'évaporation, il se forme sur toute la section une croûte de glace continue, qui consiste en prismes de glace s'accroissant par la base.

Voici comment on peut comprendre la naissance et l'accroissement de ces cristaux de glace en dehors des cellules. La température s'étant abaissée jusqu'à un certain degré, il se congèle d'abord une couche d'eau extrêmement

(1) Si cette contraction s'opère à des degrés différents sur les diverses faces d'une feuille ou d'une branche, elle y provoquera naturellement des courbures, et en effet de pareilles courbures s'observent fréquemment. C'est probablement aussi à des contractions de ce genre que sont dues les fissures que la gelée produit dans les arbres.

(2) J. Sachs : Krystallbildungen bei dem Gefrieren und Veränderung der Zellhäute bei dem Aufthauen saftiger Pflanzentheile (Bericht der K. Sächs. Gesellsch. d. Wiss. 1860). Dans la première édition de ce Traité, en 1868, j'ai déjà signalé cette formation de cristaux à l'intérieur des plantes gelées, et je m'en suis servi pour expliquer le phénomène de la congélation. Plus tard, en 1869, M. Prillieux a aussi décrit les mêmes phénomènes chez diverses plantes (Ann. des sc. nat. 5e série, Bot., XII, p. 128).

mince, qui recouvre à l'extérieur la membrane cellulaire intacte. Aussitôt une nouvelle et très-mince couche d'eau s'échappe de l'épaisseur même de la membrane pour venir en revêtir la surface externe; elle s'y congèle à son tour en épaississant la couche de glace déjà formée, et les choses continuent ainsi, car par sa face interne la membrane cellulaire absorbe incessamment dans le suc cellulaire de nouvelle eau d'imbibition pour remplacer celle qui se congèle à sa surface externe. Les premières couches de glace, qui tapissent ainsi la face externe des cellules intactes, forment des tables polygonales qui se touchent par tous leurs côtés; chaque table, s'épaississant par sa base, se transforme progressivement en un prisme de glace, et ces prismes accolés forment une croûte facilement friable. En même temps, le suc cellulaire se concentre de plus en plus et la membrane cellulaire, ainsi que le protoplasma, voient diminuer progressivement la proportion d'eau qu'ils renferment.

Ceci posé, on comprend assez bien pourquoi le dégel tue les cellules s'il est brusque, et ne les altère pas s'il est lent. Si le dégel s'opère lentement, en effet, les cristaux de glace fondent à leur base où ils sont appuyés contre la membrane cellulaire; l'eau produite est aussitôt absorbée par la membrane et ainsi, par une marche inverse, les propriétés du suc cellulaire, de la membrane et du protoplasma peuvent se rétablir peu à peu dans leur état primitif, à moins qu'elles n'aient été altérées d'une façon durable par la congélation. Si, au contraire, la croûte de glace ou le glaçon fond brusquement, une partie de l'eau formée s'écoule dans les lacunes du tissu avant d'avoir pu être absorbée par les cellules; la concentration du suc cellulaire et l'imbibition de la membrane et du protoplasma des cellules ne peuvent donc plus revenir à leur état primitif et normal, circonstance qui peut être mortelle. Les considérations qui précèdent expliquent aussi pourquoi le danger de la congélation va croissant avec la proportion d'eau contenue dans le tissu. Plus le tissu est pauvre en eau, plus les sucs cellulaires sont concentrés, et plus grande aussi est la proportion d'eau retenue dans la membrane et le protoplasma par les forces d'imbibition. Dès lors une petite portion seulement de cette eau pourra former des cristaux de glace, et au dégel les causes de destruction dont nous venons de parler agiront avec d'autant moins d'énergie.

Enfin, on s'explique aussi pourquoi certaines plantes sont tuées par un trop brusque dégel, quand elles ont été congelées à une température très-basse, tandis que ces mêmes plantes, tout aussi brusquement dégelées, ne souffrent pas si la congélation s'est faite à une température moins basse. En effet, plus la température s'abaisse, plus est forte la proportion d'eau du suc cellulaire et d'eau d'imbibition qui se transforme en glace, plus devient grande, par conséquent, la concentration du suc cellulaire, et plus il lui devient difficile de reprendre son état normal après le dégel.

Quant aux déchirures que la congélation détermine dans le tissu, elles n'ont qu'une très-faible importance, au point de vue de la vie ou de la mort de l'organe après le dégel. On en a la preuve dans ce fait, que les pétioles d'Artichaut, dont la figure 443 représente l'état congelé, ayant été dégelés lentement, sont demeurés inaltérés jusqu'en plein été. Ces dislocations internes ont tout aussi peu à faire avec la mort soudaine des cellules par le froid, que les fentes que la gelée détermine dans les arbres, fentes qui prennent naissance quand la température s'abaisse, par suite de la contraction de l'écorce et des couches périphériques du bois, et qui se referment de nouveau quand la température s'élève.

Quelques auteurs ont affirmé que des plantes en cours de végétation, notamment celles qui exigent pour leur végétation des températures élevées, peuvent être tuées directement par le simple refroidissement de leur tissu jusque vers 0° pendant un temps fort court. Mais cette opinion est contredite par les recherches de M. H. de Vries (*loc. cit.*). Les anciennes observations de Bierkander et Hardy, d'après lesquelles certaines plantes de ce genre (par exemple les *Impatiens*, *Solanum tuberosum*, *Byxa orelleana*, *Crescentia Cujete*, etc.) gèlent à l'air libre à des températures un peu supérieures à 0°, peuvent néanmoins s'expliquer; la température du tissu de ces plantes a pu, en effet, s'abaisser par le rayonnement jusqu'au-dessous de 0°, quand la température de l'air ambiant était encore de 2°, 3° ou même 5°.

Les basses températures, supérieures à 0°, peuvent d'ailleurs nuire encore d'une autre façon aux plantes des contrées méridionales. La terre où s'étendent leurs racines se refroidit alors, tandis que leurs feuilles continuent de transpirer; par ce refroidissement, l'absorption d'eau par les racines se trouve assez ralentie pour ne plus pouvoir suffire à la perte des feuilles. Celles-ci se fanent donc et finalement aussi se dessèchent. Le simple échauffement du sol qui entoure les racines suffit alors pour que les feuilles fanées reprennent leur turgescence. C'est ce que j'ai constaté sur des plants de *Nicotiana*, *Cucurbita*, *Phaseolus*, cultivés en pots (1). Une observation faite en Angleterre vient confirmer cette explication. On avait introduit dans une serre quelques branches d'un plant de Vigne, enraciné au dehors le long du mur de la serre. En hiver on vit ces branches se faner, parce qu'elles transpiraient plus d'eau que les racines n'en pouvaient absorber dans le sol froid où elles s'étendaient. Mais quand on arrosa la plante avec de l'eau chaude, les branches situées à l'intérieur de la serre reprirent leur fraîcheur.

Changement de couleur des feuilles hibernantes. — Parmi les modifications qu'un abaissement prolongé de température exerce sur les plantes, l'une des plus frappantes est le changement de couleur des feuilles qui persistent pendant l'hiver; ce phénomène a été observé il y a longtemps par H. V. Mohl (2) et M. Kraus l'a étudié récemment avec précision (3). Ce changement de couleur a lieu de deux façons différentes : tantôt les feuilles se décolorent seulement, deviennent brunâtres, brun jaunâtres ou brun-roux, comme dans les *Taxus*, *Pinus*, *Abies*, *Juniperus*, *Buxus*; tantôt elles se colorent nettement en rouge sur leur face supérieure comme dans les *Sedum*, *Sempervivum*, *Ledum*, *Mahonia*, *Vaccinium*.

La décoloration des plantes du premier groupe est due, d'après M. Kraus, à une modification de la chlorophylle. Les grains de chlorophylle perdent leur forme et leurs contours, et il se produit à leur place une masse protoplasmique

(1) J. SACHS : Landwirthsschaftlich. Versuchsstationen, 1865, Heft V, p. 195.

(2) MOHL : Vermischte Schriften. Tübingen, 1845, p. 375.

(3) KRAUS : Einige Beobachtungen über die winterliche Färbung immergrüner Gewächse (Sitzungsberichte der phys. medic. Societät zu Erlangen, 19 déc. 1871 et 11 mars 1872).

floconneuse de couleur rouge-brun ou brun-jaune, tandis que le noyau demeure incolore. Ces changements sont ordinairement plus complets dans les cellules de la couche palissadiforme de la face supérieure de la feuille que dans le parenchyme sous-jacent. L'examen spectroscopique a montré que, des deux pigments dont le mélange constitue d'après M. Kraus la matière colorante de la chlorophylle, le pigment jaune d'or demeure inaltéré, tandis que le bleu verdâtre présente dans son spectre quelques petites modifications.

Colorées en rouge ou en brun-pourpre sur la face supérieure, les feuilles d'hiver du second groupe de plantes doivent cette coloration à une matière très-réfringente, située dans la partie supérieure des cellules palissadiques, où elle prend la forme de petites masses arrondies et transparentes ; quand les feuilles sont rouges, cette matière est d'un beau rose carmin, mais ailleurs elle est d'un jaune pâle ; elle est principalement composée de tannin. Les grains de chlorophylle, intacts et d'un beau vert, sont tous rassemblés et pressés dans la partie inférieure de ces mêmes cellules. Dans le parenchyme spongieux du mésophylle, on trouve au centre de chaque cellule une sphère de tannin rouge ou incolore, et les grains de chlorophylle également intacts sont toujours rejetés sur les faces latérales des cellules, où ils forment en un ou plusieurs points des pelotes arrondies ou irrégulières. Dans ce cas, la matière colorante de la chlorophylle demeure inaltérée à la fois dans ses deux principes constitutifs. La matière colorante rouge est soluble dans l'eau et elle ne peut se distinguer par l'analyse spectroscopique des matières colorantes rouges des fleurs.

Dans toutes les feuilles persistantes et dans les écorces vertes, M. Kraus a toujours trouvé pendant l'hiver les grains de chlorophylle détachés des parois et accumulés en pelote à l'intérieur de la cellule (voir plus loin § 8). Au printemps, dès que la température est devenue suffisamment chaude, les choses reviennent à l'état normal. La matière colorante rouge disparaît, et les grains de chlorophylle reprennent leur situation ordinaire contre la paroi des cellules.

C'est bien à l'abaissement prolongé de la température, qu'est due la modification hibernale des feuilles ; car il suffit d'une simple élévation de température, aussi bien à l'obscurité qu'à la lumière, pour ramener toutes choses dans leur état primitif. En coupant, par un grand froid d'hiver, des branches de Buis et les faisant plonger dans l'eau dans une chambre bien chauffée, M. Kraus s'est assuré que le protoplasma y redevient homogène déjà après un ou deux jours, se rassemble contre la paroi et s'y divise en grains, comme dans la formation des grains de chlorophylle à l'obscurité. En même temps, sa matière colorante rouge se transforme, devient d'abord jaune verdâtre, puis vert pur. Enfin, après un espace de trois, cinq, au plus tard de huit jours, les parois des cellules sont toutes couvertes de grains de chlorophylle nettement limités et d'un vert très-vif. Dans le Thuja, le phénomène exigeait deux à trois semaines ; j'ai cependant réussi à le réaliser en quelques jours seulement. Ainsi le retour à l'état normal s'opère assez lentement, tandis que, d'après M. Kraus, il suffit d'une seule nuit de gelée pour provoquer dans les *Buxus, Sabina, Thuja* le changement de forme et de couleur de la chlorophylle.

La lumière ne joue aucun rôle dans le rétablissement des grains de chlorophylle dans leur état primitif, 'car ce phénomène a lieu tout aussi bien dans une chambre obscure. D'autre part ce fait, que les places des feuilles qui sont protégées par d'autres feuilles ne subissent aucune décoloration, paraît indiquer que le phénomène est dû, moins à l'abaissement de température de l'air ambiant, qu'au refroidissement de la plante elle-même par voie de rayonnement.

Appareil pour observer au microscope l'influence de diverses températures sur les fonctions de la plante. — Il est facile de réaliser des dispositions convenables pour observer de grandes plantes ou parties de plantes, pendant qu'elles sont soumises à des températures diverses plus ou moins basses ou élevées (1). Il est plus difficile de soumettre des objets microscopiques à des températures déterminées et réglées à volonté, de manière à pouvoir les observer commodément et à avoir la certitude que la température de l'objet est bien réellement celle qu'accuse le thermomètre, ou du moins en est très-voisine. On obtiendra ce résultat en ajustant au microscope une petite étuve comme celle que représente la figure 444. J'ai moi-même depuis trois ans employé souvent

Fig. 444. — Étuve pour les observations microscopiques.

cette disposition, je l'ai recommandée à d'autres, et je crois d'autant plus utile de la décrire ici, que ce petit appareil est particulièrement approprié aux démonstrations dans les colléges.

La grandeur de l'étuve est naturellement réglée sur celle du microscope ; la mienne est construite pour un des instruments ordinaires de M. Hartnack. La caisse est à peu près cubique ; le fond et les côtés sont doubles, formés de deux lames de zinc espacées de 25 millimètres et entre lesquelles on verse de l'eau par le trou *l*. En haut, la caisse est complétement ouverte ; sur sa face antérieure est pratiquée une ouverture exactement fermée par une lame de verre qui s'y

(1) Voir mon Manuel de physiologie expérimentale, trad. franç., p. 70.

ajuste sans y être cependant fixée. Cette fenêtre est assez grande pour laisser arriver une quantité suffisante de lumière sur le miroir du microscope qui est placé dans la caisse. La hauteur de la caisse est réglée de telle sorte que le bord supérieur de sa double paroi soit au même niveau que la bande de cuivre *b* du microscope *m*. On la ferme en haut par un couvercle en carton épais *dd*, entaillé de manière à s'ajuster exactement autour de la bande de cuivre *b*. On pratique en outre dans le couvercle un petit trou, à travers lequel glisse à frottement dur la tige d'un thermomètre *t* dont le réservoir descend jusque tout près de l'objectif.

La caisse est enduite de vernis noir à l'intérieur, et l'on place sous le pied du microscope un disque de carton imbibé d'eau qui lui donne plus de fixité et qui a encore cet avantage de maintenir humide l'air de l'étuve. La vis *s*, située en dehors du couvercle, permet de régler la mise au point de l'objet étudié. Les déplacements latéraux nécessaires s'opèrent à l'aide d'une pince que l'on introduit par une des deux ouvertures latérales *o*, pratiquées dans la paroi. Il est plus commode encore de fixer le porte-objet à un fil de fer qui traverse un bouchon fixé dans l'ouverture *o*.

Ceci posé, pour observer l'influence des températures élevées, on chauffe l'eau de l'étuve avec une lampe à alcool ; dès que la température a atteint à peu près le degré que l'on veut obtenir, on remplace la lampe à alcool par une veilleuse et l'on attend que la température soit devenue constante. Pour obtenir des températures constantes plus hautes ou plus basses, il suffit de faire flotter sur l'huile un nombre variable de mèches de veilleuse. Si l'on fait attention que ces mèches brûlent bien également, la température de l'étuve demeure pendant des heures assez constante pour ne pas varier de plus de 1° dans ce long intervalle. Cette constance de température est la meilleure preuve que l'objet étudié a lui-même la température accusée par le thermomètre.

Il est facile, avec ma petite étuve, d'observer commodément et de démontrer l'influence qu'exercent les changements de température sur les courants protoplasmiques. Pour observer à de basses températures, il suffit d'agrandir le trou *t* et d'enlever par là une certaine quantité d'eau froide que l'on remplace par des morceaux de glace.

§ 8.

Action de la lumière sur la végétation (1).

NOTIONS GÉNÉRALES.

Nécessité de la lumière pour l'assimilation. — La vie de la plante dépend tout entière de l'action de la lumière sur les cellules à chlorophylle, car

---

(1) A. P. DE CANDOLLE : Physiologie végétale, 1832, III. — J. SACHS : Ueber den Einfluss des Tageslichtes auf Neubildung und Entfaltung verschiedener Pflanzenorgane (Botanische Zeitung, 1863). — J. SACHS : Wirkung des Lichts auf die Blüthenbildung unter Vermittlung der Laubblätter (Botanische Zeitung, 1865, p. 117). — J. SACHS : Handbuch der Experimental-Physiologie, 1865. (Trad. franç. 1868, p. 1).

c'est par cette action seule qu'il peut se produire de nouvelles combinaisons organiques aux dépens des éléments de l'acide carbonique et de l'eau. La quantité d'oxygène mise en liberté pendant le cours de ces phénomènes d'assimilation est sensiblement égale à celle qui est nécessaire pour brûler toute la substance du végétal, et la quantité de travail équivalente à la chaleur dégagée par cette combustion donne la mesure du travail que la lumière a accompli dans les cellules vertes de la plante.

L'accroissement et la transsubstantiation corrélative sont indépendants de la lumière. — Une fois qu'une certaine quantité de substance assimilée a pris naissance sous l'influence de la lumière, il peut s'opérer à ses dépens et en dehors de toute nouvelle intervention directe de la lumière une longue série de phénomènes végétatifs. Le développement des nouveaux organes, et la transsubstantiation qui est liée à ce développement et que la respiration entretient sans cesse, sont, en effet, entièrement ou tout au moins jusqu'à un certain point indépendants de la lumière; ils peuvent s'accomplir dans l'obscurité la plus profonde, comme on le voit par la germination des graines, des tubercules, des bulbes, par le développement des bourgeons sur les branches ligneuses et les rhizomes souterrains, etc. Les plantes feuillées elles-mêmes, une fois qu'elles ont emmagasiné à la lumière une quantité suffisante de matériaux de réserve, peuvent, si on les place à l'obscurité, former de nouvelles branches, et même fleurir et fructifier.

Chez les plantes pourvues de chlorophylle et qui ont besoin de lumière, les parties souterraines et, en général, tous les organes qui végètent à l'obscurité ou qui sont dépourvus de chlorophylle, se nourrissent aux dépens des substances assimilées produites à la lumière dans les organes verts. De même, comme nous le savons déjà, les plantes parasites et humicoles privées de chlorophylle vivent du travail accompli à la lumière par les cellules vertes d'autres plantes et ne dépendent pas directement de la lumière. Tantôt, en effet, elles accomplissent sous la terre et dans l'obscurité la plus profonde le cours entier de leur développement, comme les Truffes et toutes les Tubéracées; tantôt ce n'est que vers la fin de leur accroissement qu'elles paraissent à la lumière, pour épanouir à l'air libre leurs fleurs déjà formées à l'obscurité et pour y disséminer leurs graines, comme c'est le cas pour les *Neottia nidus-avis, Limodorum abortivum, Epipogum, Corallorhiza, Monotropa, Lathræa, Orobanche,* etc.

De leur côté, beaucoup de plantes vertes et qui vivent d'une nourriture inorganique, ne forment leurs organes et n'accomplissent tous les phénomènes nécessaires à cette formation que sous terre et dans la plus complète obscurité, et ce n'est qu'à de certaines époques déterminées qu'elles allongent dans l'air et à la lumière quelques feuilles vertes. Elles assimilent alors pendant un certain temps et amassent une nouvelle provision de matières plastiques, qu'elles dépenseront de nouveau plus tard dans leur travail souterrain ; il en est ainsi, par exemple, dans le Colchique d'automne, la Tulipe, la Fritillaire, nos Orchidées indigènes et dans un grand nombre d'autres plantes douées de bulbes, de tubercules ou de rhizomes.

Introduisons l'extrémité végétative de la tige ou d'une branche quelconque

d'une plante verte, de Courge, par exemple, de Capucine, de Volubilis, de
Lierre, etc., dans un récipient opaque, tandis que les feuilles vertes demeurent exposées à la lumière, nous verrons dans l'espace obscur se développer
les bourgeons et se produire de nouvelles feuilles et de nouvelles fleurs. Les
fleurs formées à l'obscurité acquièrent même la taille et la coloration normales, elles sont fertiles, produisent des fruits et même des graines fécondes, le tout aux dépens de la substance assimilée à la lumière par les
feuilles vertes et qui est conduite par la tige jusque dans son extrémité
obscure.

Les observations qui précèdent, jointes à un grand nombre de faits du même
ordre, attestent que ni l'accroissement de la plante, c'est-à-dire l'ensemble des
phénomènes plastiques dont elle est le siége, ni les phénomènes de transsubstantiation qui sont liés à cet accroissement, ne dépendent de l'action directe de la lumière, pourvu toutefois que la quantité de substance organique
nécessaire au jeu de ces phénomènes ait été produite au préalable sous
l'influence de la lumière.

**Dans l'étude particulière des phénomènes, il faut tenir compte de la ré-
frangibilité des rayons lumineux, de leur intensité et de leur mode de
pénétration.** — Telle est, dans son ensemble et dans ses traits les plus généraux, l'action de la lumière sur la végétation. Mais si l'on en vient à considérer isolément les divers phénomènes de la vie des plantes, notamment la manière d'être du protoplasma, la naissance, la disposition, le mode d'action et la
destruction des grains de chlorophylle, l'accroissement des parties jeunes et
des parties âgées, les mouvements dus à la tension des tissus, etc., on rencontre toute une longue série de faits intéressants et variés qu'il est nécessaire d'étudier avec soin.

Toutefois, avant de procéder à cette étude particulière, il est indispensable
de faire quelques remarques au sujet de la lumière elle-même. D'abord, il
faut considérer que les rayons de réfrangibilités diverses dont le mélange
compose la lumière blanche du jour exercent sur la végétation une action
spécifique, certaines fonctions n'étant provoquées que par des rayons très-
réfrangibles, tandis que d'autres exigent exclusivement ou principalement
des rayons de faible réfrangibilité. Il faut ajouter que l'action de la lumière,
comme celle de la chaleur, change à mesure que croît ou diminue l'intensité
des rayons lumineux d'une réfrangibilité déterminée. Enfin, il faut remarquer
que la lumière n'agit sur les diverses fonctions de la plante qu'autant que
ses rayons pénètrent dans les organes, et que, par le fait même de cette pénétration, non-seulement leur intensité, mais même leur réfrangibilité peut se
trouver modifiée. Dans toute recherche particulière ayant pour objet l'action
exercée par la lumière sur quelque phénomène de la vie des plantes, il faudra
donc tenir compte de ces diverses considérations, c'est-à-dire de la réfrangibilité des rayons, de leur intensité et de leur mode de pénétration dans les organes.

Ceci posé, si l'on essaye de formuler en quelques propositions générales
tout ce qui est connu aujourd'hui sur ces trois points, on obtient les résultats
suivants.

Action inégale des rayons lumineux de réfrangibilités différentes. —

Les rayons lumineux de réfrangibilités différentes, dont le mélange constitue la lumière blanche du soleil et qui dans le spectre apparaissent à l'œil comme autant de bandes de couleurs différentes, se partagent de la façon suivante l'action physiologique que la lumière blanche exerce sur les phénomènes végétatifs.

Tous les phénomènes chimiques, tous ceux au moins qui dépendent de la lumière, sont provoqués exclusivement ou principalement par des rayons de moyenne ou de faible réfrangibilité, c'est-à-dire par les rayons que notre œil voit rouges, orangés, jaunes et verts. Il en est ainsi du verdissement de la chlorophylle, de la décomposition de l'acide carbonique et de la formation d'amidon, de sucre ou de graisse dans la chlorophylle.

Au contraire, les rayons fortement réfrangibles, c'est-à-dire ceux que notre œil voit bleus et violets, ainsi que les ultra-violets que l'œil ne perçoit plus, déterminent exclusivement ou principalement les actions mécaniques, toutes celles au moins qui dépendent de la lumière. Ce sont, en effet, ces rayons qui influent sur la vitesse de l'accroissement, qui modifient les mouvements du protoplasma, qui impriment au mouvement des zoospores une direction déterminée, qui modifient enfin la tension des tissus dans les organes moteurs de beaucoup de feuilles et qui changent par conséquent la situation de ces feuilles.

Définitivement acquises à la science à la suite de soigneuses observations, les deux propositions qui précèdent contredisent en apparence la division qui a cours en Chimie et en Physique, des rayons lumineux en rayons chimiquement actifs, qui sont les rayons fortement réfrangibles (bleus, violets et ultra-violets), et en rayons chimiquement inactifs ou du moins doués d'une moindre activité chimique, qui sont les rayons de faible réfrangibilité (rouges, orangés, jaunes et une partie des verts). Cette division a été tracée autrefois parce que les sels d'argent, le mélange détonant d'hydrogène et de chlore et d'autres combinaisons inorganiques sont énergiquement modifiés par les rayons du premier ordre, et à peine influencés par ceux du second ordre. Mais puisque les phénomènes organico-chimiques qui se passent dans la plante sont précisément provoqués par ces derniers rayons, soit exclusivement soit principalement, c'est la preuve que cette division en rayons chimiquement actifs et en rayons chimiquement inactifs repose sur une connaissance incomplète des choses, et que la proposition générale doit être ainsi formulée : Suivant leur nature spécifique, les phénomènes chimiques, tous ceux au moins qui dépendent de la lumière, sont provoqués par des rayons de réfrangibilités très-diverses. Quant aux actions mécaniques que les rayons fortement réfrangibles déterminent dans la plante, on ignore tout à fait, pour le moment, si elles ne sont pas amenées par des modifications chimiques qui seraient provoquées dans les organes par l'action de la lumière; toujours est-il, que ce genre d'actions n'est rendu perceptible pour l'observateur que par des effets mécaniques, tels que des mouvements, des tensions, etc., et cela suffit à justifier la distinction établie plus haut.

Préparons deux dissolutions colorées, l'une de bichromate de potasse dans l'eau, l'autre d'oxyde de cuivre dans l'ammoniaque, et faisons passer un faisceau de lumière solaire à travers une couche suffisamment épaisse de chacune de ces dissolutions (1). Derrière la dissolution rouge jaunâtre de bichromate de potasse, nous aurons un mélange de rayons lumineux composé de la moitié la moins réfrangible du spectre (rayons rouges, orangés, jaunes et une partie des rayons verts); la solution bleue, au contraire, ne laisse passer que les rayons les plus réfrangibles (une partie des rayons verts, rayons bleus, violets et ultra-violets). L'absorption par ces deux liquides sépare donc la lumière solaire en deux moitiés, de telle sorte que le spectre de la lumière transmise par la solution rouge s'étende du rouge jusques dans le vert, et que celui de la lumière qui a traversé la solution bleue comprenne depuis le vert jusques et y compris l'ultra-violet.

Ceci posé, plaçons derrière ces liquides, en interceptant toute lumière étrangère, des plantes en train de décomposer de l'acide carbonique, de s'accroître et de contracter des courbures héliotropiques; exposons en même temps, à côté de ces plantes, des fragments de papier photographique très-sensible. Derrière le bichromate de potasse, c'est-à-dire dans les rayons les moins réfrangibles, la décomposition de l'acide carbonique, le verdissement et la décoloration de la chlorophylle s'opèrent presque aussi énergiquement que dans la lumière blanche du jour, tandis que cette lumière rouge jaunâtre n'exerce qu'une action très-faible sur le papier photographique. Au contraire, l'accroissement des plantules en voie de germination s'y comporte comme dans l'obscurité, bien que le phénomène chimique du verdissement des feuilles s'y produise. Dans la lumière transmise par la dissolution bleue, c'est l'inverse. La décomposition de l'acide carbonique et le verdissement de la chlorophylle y sont insensibles, bien que le papier photographique y noircisse promptement et énergiquement. Mais en revanche, l'accroissement des plantules s'y opère comme dans la lumière blanche et toutes les actions mécaniques, notamment les courbures héliotropiques, s'y manifestent avec une grande énergie.

Depuis la publication de ces expériences, de nombreuses observations sont venues en confirmer et en étendre les résultats (2). Pour plus de détails, voir plus loin l'étude particulière des divers phénomènes.

Action inégale des rayons lumineux d'intensité différente (3). — Nous avons vu que l'influence de la chaleur sur la plante varie avec son intensité, c'est-à-dire avec le degré thermométrique de température. Il n'est pas douteux qu'il n'en soit de même de la lumière, et que l'action exercée par des rayons lumineux de réfrangibilité déterminée ne varie avec l'intensité propre de ces rayons. Cependant, c'est à peine si l'on possède quelques recherches précises sur ce sujet. Si les efforts faits dans cette direction ont échoué jusqu'ici,

----

(1) J. SACHS : Botanische Zeitung, 1864, p. 253. Les recherches antérieures sur ce sujet y sont rapportées en détail.

(2) Les objections formulées par M. Prillieux contre les propositions que nous venons d'établir partent d'une entière confusion des notions d'intensité et de réfrangibilité lumineuses, deux propriétés objectives, avec les notions d'éclat et de couleur, deux propriétés subjectives. Je les ai d'ailleurs réfutées dans les Arbeiten des bot. Instituts in Würzburg, Heft 2, 1872.

(3) Sur la distinction que nous faisons ici entre l'intensité objective de la lumière et son éclat pour notre œil, c'est-à-dire son intensité subjective, voir le mémoire cité plus haut et les divers travaux qui y sont mentionnés.

cela tient en grande partie à l'absence d'une méthode qui permette de mesurer et de rapporter à une unité fixe l'intensité de rayons de réfrangibilité déterminée, et qui soit en même temps applicable à la plante. Pour les rayons très-réfrangibles, c'est-à-dire pour ceux qui provoquent surtout les actions mécaniques, on a recours à la méthode photochimique de MM. Bunsen et Roscoë (1). Mais outre que cette méthode ne donne aucune indication sur les variations d'intensité des rayons rouges, orangés et jaunes, ce n'est qu'avec de grandes difficultés qu'elle se prête aux recherches sur la végétation. Pour les rayons de faible réfrangibilité, on peut songer à appliquer les procédés photométriques ordinaires ; mais tous ces procédés exigent l'emploi de l'œil et par conséquent ne mesurent que la clarté, c'est-à-dire l'intensité objective de la lumière. Or, il n'est pas permis de prendre *à priori* la clarté pour mesure réelle de l'intensité objective, bien qu'il y ait lieu de croire que toute augmentation ou diminution de clarté est accompagnée d'une augmentation ou diminution correspondante d'intensité lumineuse objective. Quand on recherche les rapports qui existent entre l'intensité lumineuse et les phénomènes végétatifs, on est donc réduit pour le moment à se servir, pour désigner le degré de la lumière employée, des expressions communes : jour sombre, nuageux, clair, éclatant, etc., et à supposer que les intensités lumineuses objectives ont une valeur correspondante.

Il y a d'ailleurs un cas, où cette relation entre la sensation subjective de l'œil et l'action que la lumière qui la cause exerce sur la plante se manifeste d'une manière frappante. M. Pfeffer a montré, en effet, que la courbe des sensations lumineuses subjectives éprouvées par notre œil quand il traverse successivement toutes les couleurs du spectre solaire, coïncide exactement avec la courbe qui exprime les variations de la force qui décompose l'acide carbonique à travers les diverses régions du spectre (2). Mais cette coïncidence est tout accidentelle et il n'est pas permis de l'étendre *à priori* à d'autres phénomènes.

Remarquons que si la lumière du soleil, ou la lumière diffuse du jour, conservait toujours une intensité constante, il serait facile à l'observateur de graduer à volonté l'intensité de la lumière qui agit sur la plante. Ceci posé, comme la lumière rayonnée par les corps incandescents, par exemple la lumière Drummond (3), contient les mêmes rayons et agit sur les fonctions de la plante de la même manière que la lumière du soleil, on pourra dans cette voie établir des sources lumineuses d'intensité constante et déterminée, que l'on pourra modifier graduellement quand on voudra étudier avec précision l'influence des diverses intensités lumineuses sur la végétation.

Ces observations faites, les recherches de M. Wolkoff sont les seules où il ait été fait des mesures proprement dites. A l'aide du procédé photométrique décrit par MM. Bunsen et Roscoë (4), cet observateur a montré tout d'abord que les variations d'intensité des rayons les plus réfrangibles n'ont aucune in-

(1) Voir l'excellent travail de **M. Wolkoff** (Jahrbücher für wiss. Botanik, V, p. 1).

(2) Pfeffer : Sitzungsberichte der Gesellsch. zur Beford. der ges. Naturwiss. für Marburg. 1872.

(3) Voir Hervé-Mangon : Comptes rendus 1861, p. 243, et Prillieux : *ibid.* 1859, p. 438.

(4) Poggendorff's Annalen, Bd. 108.

fluence déterminée sur le dégagement de gaz dont les plantes aquatiques sont le siége, résultat qui atteste une fois de plus que ce genre de rayons agit extrêmement peu sur la fonction considérée, si peu même que d'autres causes ont pu dans ces recherches masquer le véritable rapport des choses (voir plus loin). Employant ensuite comme source lumineuse une plaque de verre dépoli éclairée par la lumière du jour, à diverses distances de laquelle il exposait la plante (*Ceratophyllum, Potamogeton, Ranunculus fluitans*) dans une chambre obscure, M. Wolkoff a constaté qu'entre de certaines limites le dégagement gazeux est sensiblement proportionnel à l'intensité lumineuse (1).

Il est probable cependant qu'il y a une certaine intensité des rayons actifs pour laquelle le dégagement gazeux atteint un maximum, et au-dessus de laquelle il va diminuant de nouveau parce que la plante souffre à partir de ce moment. Cette intensité à laquelle la fonction s'accomplit le mieux possible, cet *optimum* d'intensité est-il atteint ou dépassé par la lumière solaire, telle qu'elle parvient à notre planète? c'est ce qu'on ignore jusqu'à présent. Quant à l'intensité la plus petite à laquelle le dégagement gazeux peut encore s'opérer, quant au minimum d'intensité, nos connaissances sur ce point se réduisent à cette observation de M. Boussingault, qu'une feuille de Laurier-rose cesse de dégager de l'oxygène aussitôt après le coucher du soleil (2).

Chez les Monocotylédones et les Dicotylédones, le verdissement de la chlorophylle n'a pas lieu à l'obscurité, comme on s'en convaincra en cultivant la plante dans une boîte de bois ou de métal bien close, ou dans une cave sans soupirail. Mais la coloration commence déjà à s'opérer à une lumière assez faible pour permettre à peine à l'œil de lire les caractères d'un livre. Si l'éclairage augmente progressivement jusqu'à atteindre la clarté d'un jour de soleil d'été, le verdissement a lieu de plus en plus vite et la couleur des feuilles devient plus foncée qu'elle ne l'est à des endroits moins éclairés, même quand elles y séjournent plus longtemps. M. Famintzin a montré cependant que le verdissement des plantules étiolées s'opère plus lentement à la lumière directe du soleil qu'à la lumière diffuse du jour, notamment dans les *Lepidium sativum* et *Zea Maïs* (3).

La faible intensité lumineuse qui suffit à former la chlorophylle, ne suffit pas à lui permettre d'assimiler et de produire de l'amidon dans son intérieur. Ainsi des plantes (*Dahlia, Faba, Phaseolus, Cucurbita*, etc.) qui, exposées au fond d'une chambre à la lumière diffuse d'un jour d'été, verdissent rapidement, ne forment cependant pas d'amidon dans ces conditions; mais elles en produisent, si on les place contre la fenêtre où, dans le cas le plus favorable, elles reçoivent à peine la moitié de la lumière réfléchie du jour et de la lumière directe du soleil. Aussi l'assimilation dans une plante placée dans ces conditions est-elle beaucoup moins abondante qu'à l'air libre et à la pleine lumière du jour (4). Pour plus de précision, citons ici le résultat d'une des expériences comparatives faites sur ce sujet. Quatre plants de Capucine venus de graines se sont développés au fond d'une chambre; desséchés à 110° après achèvement de

(1) Voir aussi Pfeffer : Arbeiten des bot. Instituts in Würzburg. Heft 1, p. 41.
(2) Comptes rendus, LXVIII, p. 410.
(3) Mélanges biologiques de Saint-Pétersbourg, 1866, VI, p. 91.
(4) J. Sachs : Botanische Zeitung, 1862 et 1864.

la germination, ils donnent un poids de substance sèche inférieur à celui des graines. Ils n'ont donc pas assimilé et, après avoir consommé toute la provision des matériaux de réserve, ils périssent, malgré les feuilles vertes dont ils sont pourvus. Quatre autres plants de Capucine, venus de graines semées en même temps que les premières, se sont développés devant une fenêtre exposée à l'ouest, où ils recevaient chaque matin pendant sept heures la lumière diffuse du ciel; ils ont produit environ 5 grammes de substance sèche. Quatre autres plants placés devant la même fenêtre étaient, au contraire, éclairés chaque jour de une heure après midi jusqu'à la nuit, et le plus souvent ils recevaient pendant ce temps la lumière directe du soleil; ils n'ont assimilé également que 5 grammes de substance sèche. Enfin quatre plants développés devant cette même fenêtre, où ils étaient éclairés pendant toute la journée, ont produit environ 20 grammes de matière sèche (1). Que les plantes, ainsi exposées devant la fenêtre d'une chambre à la lumière diffuse du jour, décomposent de l'acide carbonique dans leurs cellules vertes, c'est ce qui résulte précisément de leur augmentation de poids dans ces conditions, mais on voit en même temps que cette décomposition ne s'opère qu'en faible proportion. De même les *Vallisneria spiralis*, *Elodea canadensis*, etc., placées devant une fenêtre au nord, dégagent des bulles gazeuses dans les jours clairs; mais à la lumière directe du soleil, cette production de bulles est beaucoup plus énergique.

La plupart des plantes qui croissent en pleine lumière, comme nos plantes de grande culture, voient leur assimilation fort amoindrie quand on les cultive en chambre devant une fenêtre. Si on les place au milieu de la chambre, elles s'épuisent même par leur propre accroissement; l'assimilation ainsi affaiblie ne suffit plus à entretenir à la fois l'accroissement et la combustion respiratoire, et la plante s'atrophie peu à peu. Au contraire, beaucoup de plantes de nature différente qui vivent à l'ombre des bois (Mousses, *Oxalis acetosella*, etc.), périssent quand elles demeurent exposées à la pleine lumière du jour; mais on n'a pas décidé encore si c'est dans ce cas la transpiration, ou l'intensité lumineuse, qui est trop grande et laquelle de ces deux causes nuit directement à la plante.

Des entre-nœuds de tige qui, dans une profonde obscurité, acquièrent une énorme longueur, demeurent déjà beaucoup plus courts à la faible lumière d'une chambre, et se réduisent à leur plus faible dimension à l'air libre et en pleine lumière. C'est l'inverse pour les feuilles des Dicotylédones et des Fougères. Très-petites à l'obscurité, ces feuilles deviennent déjà un peu plus grandes à une très-faible lumière, et se développent davantage devant une fenêtre éclairée; c'est même dans ces conditions d'éclairage moyen qu'elles paraissent·atteindre leur maximum de développement superficiel, car, à ciel ouvert, elles demeurent plus petites (*Phaseolus*, *Begonia*, etc.), (2).

(1) J. Sachs : Handbuch der Experimental-Physiologie, 1865. (Trad. française, 1868, p. 23). Il faut cependant remarquer que, dans ces conditions, plus était courte la durée de l'éclairement, plus le temps était long pendant lequel la plante placée à l'obscurité perdait par l'effet de sa respiration une partie de sa substance assimilée.

(2) M. Famintzin (Mélanges biologiques de Pétersbourg, 1866, VI, p. 73) a vu des Algues mobiles (*Chlamydomonas pulvisculus*, *Euglena viridis*, *Oscillatoria insignis*) fuir aussi bien la lumière directe du soleil, que la lumière trop faible, et se diriger au contraire vers une lumière

Pénétration des rayons lumineux dans la plante. — Pour résoudre certaines questions relatives à l'action exercée par la lumière sur divers phénomènes de la végétation, il peut être très-intéressant de savoir jusqu'à quelle profondeur des rayons de réfrangibilité donnée pénètrent dans le tissu d'un organe végétal déterminé, et avec quelle intensité parviennent aux diverses couches internes du tissu les divers rayons élémentaires qui composent la lumière du jour.

Si l'on met de côté les organes souterrains, les tiges enveloppées d'une écorce crevassée, les jeunes organes enfermés dans de gros bourgeons, etc., toutes parties qui se trouvent à l'obscurité, les organes assimilateurs et en voie d'accroissement sont tous traversés par la lumière. Plus la lumière pénètre profondément, plus elle perd de son intensité par les absorptions, les réflexions, la dispersion qu'elle subit. Mais cette perte d'intensité atteint à des degrés très-différents les divers rayons élémentaires qui composent la lumière blanche incidente, comme je l'ai montré en 1859 dans une série de recherches qui sont jusqu'à présent les seules sur ce sujet (1). En général, les rayons les plus réfrangibles sont déjà presque complétement absorbés dans les assises cellulaires superficielles; les rayons rouges, au contraire, sont ceux qui pénètrent le plus profondément dans le tissu.

Des diverses couches de cellules qui composent une Pomme, une Courge, une tige charnue, etc., la plus externe seule reçoit la lumière incidente sans changement aucun, si l'on fait abstraction de la réflexion à la surface ; toute assise cellulaire profonde reçoit, au contraire, une lumière moins intense et autrement composée que l'assise qui la précède. Cette modification progressive de la lumière, à mesure qu'elle se propage dans l'épaisseur du tissu, a pour cause principale les diverses matières colorantes, notamment la chlorophylle, qui absorbent fortement certains groupes de rayons et en laissent passer d'autres, et qui produisent en outre par fluorescence des rayons lumineux qui n'étaient pas contenus dans la lumière incidente.

Quelle relation y a-t-il entre ces modifications progressives de la lumière dans les profondeurs du tissu et les réactions qu'elle y détermine? C'est ce qu'on ignore jusqu'ici, même pour la chlorophylle, sur laquelle nous reviendrons plus loin, à la fin de ce paragraphe. Ce que nous venons de dire suffira du moins pour attirer l'attention de l'élève sur la chose elle-même; des recherches plus exactes sur ce point trouveront leur place dans l'étude des questions spéciales que nous allons traiter maintenant.

d'intensité moyenne. Mais cette observation est contredite par M. Schmidt (cité plus loin), qui a vu ces Algues se diriger toujours vers la lumière de plus forte intensité, même vers la lumière directe du soleil. Il faut dire cependant que les méthodes d'observation de ces deux auteurs étaient très-incomplètes.

(1) J. Sachs : Ueber die Durchleutung der Pflanzentheile (Sitzungsberichte der Wiener Akademie 1860, XLIII, et Manuel de physiologie 1865, p. 1).

ÉTUDE PARTICULIÈRE DES PHÉNOMÈNES PRINCIPAUX.

Actions chimiques de la lumière dans la plante. — 1° **Influence de la lumière sur la formation de la chlorophylle** (1). — Au moment où les grains de chlorophylle prennent naissance, le protoplasma de la cellule se différencie en une partie incolore, continue et mobile, qui représente le corps protoplasmique proprement dit de la cellule, et en petites portions discontinues qui ne tardent pas à se colorer en vert, et qui sont autant de grains de chlorophylle nichés dans le protoplasma incolore. Ce phénomène, en tant du moins qu'il s'agit de la différenciation même du protoplasma primitif, est indépendant de la lumière, tout au moins chez les Phanérogames où les grains de chlorophylle prennent naissance dans les cellules des feuilles, même quand elles se développent à l'obscurité. Au contraire, le phénomène chimique qui donne lieu à la production de la matière colorante des grains dépend de la lumière et d'une façon assez compliquée.

Dans les cotylédons des Conifères et dans les feuilles des Fougères, en effet, la matière colorante verte, pourvu que la température soit assez élevée, se développe aussi bien à l'obscurité la plus profonde qu'en pleine lumière (2). Dans les Monocotylédones et les Dicotylédones, au contraire, les grains de chlorophylle nés à l'obscurité demeurent jaunes, mais ils verdissent dès qu'on les soumet à une lumière même de très-faible intensité. Toutefois le verdissement n'a lieu qu'autant que la température est assez élevée, et j'ai montré que plus la température s'élève en se rapprochant d'un certain maximum qui est compris entre 25° et 30°, plus les grains de chlorophylle des Angiospermes verdissent rapidement à la lumière. En résumé, pourvu que la température soit favorable, la chlorophylle de l'embryon des Conifères et des feuilles des Fougères n'a pas besoin de lumière pour verdir, celle des Angiospermes, au contraire, exige l'influence de la lumière. Si la température est trop basse, le verdissement n'a lieu dans aucun de ces deux cas (voir p. 854).

Toutes les observations qui ont été faites sur ce sujet (3) portent à croire que toutes les régions visibles du spectre solaire peuvent provoquer le verdissement des grains de chlorophylle étiolés des Angiospermes, mais que les rayons les plus actifs sont les rayons jaunes, à droite et à gauche desquels décroît progressivement l'intensité du phénomène. Il en est de même du dégagement d'oxygène dont les cellules vertes sont le siége.

(1) Sachs : Bot. Zeitung, 1862, p. 365, et Handbuch der Experimental-Physiologie, 1865, p. 318 (Trad. française 1868, p. 348). — Sachs : Flora 1862, p. 213, et 1864. — H. v. Mohl : Bot. Zeitung, 1861, p. 238. — Böhm : Sitzungsberichte der Wiener Akademie, Bd. IL.— Sachs : Handbuch, p. 10 (Traduct. française, 1868, p. 8). — Voir aussi le présent Traité au § 6 du livre I.

(2) M. P. Schmidt (Ueber einige Wirkungen des Lichts auf Pflanzen. Dissertation, Breslau, 1870) croit pouvoir contester ce fait, au moins en partie. Mais ses recherches prouvent seulement que la chlorophylle de ces plantes, née dans l'obscurité, peut être détruite par un trop long séjour à l'obscurité ou par une température trop élevée (jusqu'à 35°,7), comme cela arrive d'ailleurs aussi chez d'autres plantes.

(3) Voir surtout Guillemin : Ann. des sc. nat. 1857, VII, p. 160.

2° Influence de la lumière sur la décomposition de l'acide carbonique dans les cellules à chlorophylle. — Point de départ nécessaire de l'assimilation des plantes, et rendue visible au dehors par un dégagement d'oxygène sensiblement égal au volume d'acide carbonique absorbé, la décomposition de l'acide carbonique dans les cellules à chlorophylle est sous la dépendance immédiate de la lumière, pourvu toutefois que la température soit favorable. Dans les plantes aquatiques submergées, le gaz oxygène, toujours plus ou moins mélangé d'azote, s'échappe par toutes les blessures, notamment par la section de la tige, sous forme de bulles ; la vitesse du courant gazeux, c'est-à-dire le nombre des bulles de grandeur constante qui s'échappent par la section dans l'unité de temps, peut, comme nous l'avons montré, M. Pfeffer et moi, servir à mesurer l'intensité du phénomène, même dans des recherches de précision. Quand on expérimente sur des plantes terrestres, au contraire, il est nécessaire de placer les feuilles dans des récipients de verre, de forme et de grandeur appropriées, remplis d'air mêlé d'acide carbonique, de les exposer ensuite aux rayons lumineux, et enfin de faire l'analyse eudiométrique du mélange gazeux.

Comme nous l'avons dit plus haut, la plus faible intensité lumineuse nécessaire pour provoquer le dégagement d'oxygène est assez considérable, à en juger du moins par l'éclat que cette lumière possède pour notre œil. Toutefois ce dégagement a lieu déjà avec quelque énergie à la simple lumière diffuse du jour, même lorsque la plante ne voit qu'une petite portion du ciel. Le phénomène est beaucoup plus actif à la pleine et directe lumière du soleil.

L'action spécifique exercée sur le dégagement du gaz oxygène par les divers rayons inégalement réfrangibles de la lumière solaire, ou, ce qui revient au même, par les diverses bandes colorées du spectre, a été recherchée, pour la première fois, par M. Draper, et, plus récemment, par M. Pfeffer (1). Les observations ont été faites en partie à l'aide du spectre, en partie avec des dissolutions colorées qui laissaient passer une lumière de réfrangibilité déterminée ; le dégagement d'oxygène a été mesuré tantôt par l'analyse eudiométrique, tantôt en comptant le nombre des bulles.

Tout d'abord, M. Pfeffer a montré que chaque couleur spectrale a une action quantitative spécifique sur le phénomène assimilateur, action qui se conserve sans changement, soit que les rayons considérés agissent isolément, soit qu'ils se combinent à une partie des autres ou à tous les autres rayons du spectre avant de frapper la plante. Ensuite, les recherches de M. Draper, les miennes propres et celles de M. Pfeffer, ont établi la proposition suivante. Seuls, les rayons du spectre qui sont visibles pour notre œil sont capables de décomposer l'acide carbonique, et ce sont les plus éclatants pour notre œil, les rayons jaunes, qui ont aussi l'action décomposante la plus énergique ; à eux seuls, ils ont à peu près la même puissance que tous les autres rayons pris ensemble. Les

---

(1) Draper : Ann. de chimie et de physique, 1845, p. 214. — Pfeffer : Arbeiten des bot. Instituts in Würzburg, Heft I, p. 48 ; l'historique de la question y est traité. — Pfeffer : Sitzungsberichte der Gesellsch. zur Beford. der gesamt. Naturwiss. zu Marburg, 1872, et Botanische Zeitung 1872, où le travail de M. Müller (Bot. Untersuchungen. Heft I. Heidelberg, 1871) trouve aussi son explication.

rayons les plus réfrangibles, ceux qui agissent énergiquement sur les sels d'argent, n'exercent sur l'assimilation qu'une influence tout à fait secondaire.

M. Draper portait dans les diverses bandes colorées d'un spectre solaire des tubes de verre pleins d'eau saturée d'acide carbonique, et où plongeaient des feuilles vertes; sept tubes étaient ainsi exposés à la fois dans les sept régions distinctes du spectre. Le tableau suivant donne les résultats de deux de ces expériences.

Région du spectre.	Gaz dégagé	
	Expérience I.	Expérience II.
Rouge sombre............	0,33	0,00
Rouge-orangé	20,00	24,75
Jaune-vert..	36,00	43,75
Vert-bleu...	0,10	4,10
Bleu...........	0,00	1,00
Indigo.................	0,00	0,00
Violet................'....	0,00	0,00

M. Pfeffer s'est servi principalement de feuilles de *Prunus laurocerasus* et de *Nerium oleander*, disposées dans des récipients de verre appropriés au milieu d'une atmosphère chargée d'acide carbonique, et qui recevaient la lumière du soleil après son passage à travers des dissolutions colorées, dont le spectroscope avait, au préalable, établi le pouvoir absorbant. 64 expériences ont donné, comme moyenne, le résultat suivant. Si l'on désigne par 100 la quantité de gaz décomposée dans un certain temps, quand les feuilles sont placées derrière une couche d'eau pure de même épaisseur que la couche de dissolution colorée employée, on obtient les nombres suivants pour les quantités d'acide carbonique décomposées, pendant le même temps, par la lumière qui a traversé ces dissolutions.

Dissolution colorée.	Nature de la lumière qui les traverse.	Acide carbonique décomposé.
Bichromate de potasse.....	rouge, orangé, jaune, vert.....	88,6
Solution cupro-ammoniacale.	vert, bleu, violet..............	7,6
Orselline.................	rouge, orangé-vert, bleu, violet.	53,9
Violet d'aniline...........	rouge, orangé-bleu, violet.....	38,9
Rouge d'aniline...........	rouge, orangé................	32,1
Chlorophylle............	rouge-orangé, vert............	15,9
Solution iodée	tout à fait sombre............	14,1 acide carbonique formé.

De la comparaison de ces nombres, M. Pfeffer a déduit comme il suit l'action décomposante propre à chaque région du spectre, en désignant toujours par 100 l'action décomposante de la lumière blanche, c'est-à-dire l'action totale :

Rouge-orangé..............................	32,1
Jaune.................................	46,1
Vert....................	15,0
Bleu-violet..............	7,6
	100,8

D'où résulte précisément la première proposition formulée plus haut.

Si sur le spectre solaire, considéré comme ligne des abscisses, l'on dresse des ordonnées correspondantes à ces valeurs, on voit, comme le montre la figure 445, que la courbe du dégagement d'oxygène coïncide dans ses traits généraux

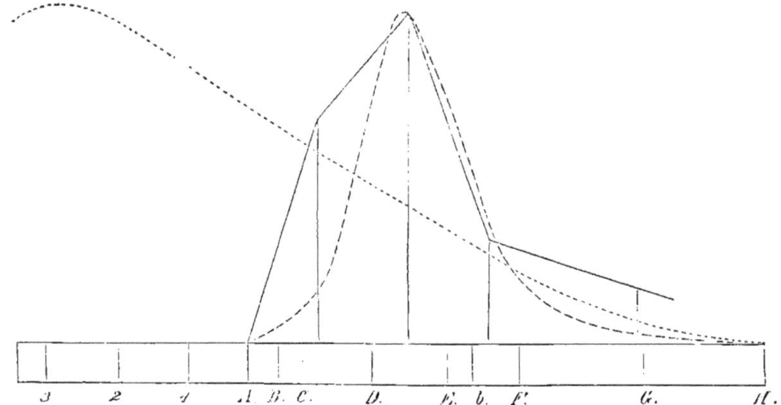

Fig. 445. — Représentation graphique de l'action exercée sur le dégagement d'oxygène par les rayons de diverse réfrangibilité, comparée avec leur action sur l'œil et avec leur puissance calorifique. Le spectre solaire A-H sert de ligne des abscisses, sur laquelle on élève aux points considérés des ordonnées proportionnelles aux trois genres d'action exercés par les rayons qui tombent en ces points; d'où trois courbes : ——— courbe d'assimilation, — — — — — courbe de clarté, - - - - - - courbe de chaleur.

avec la courbe des intensités subjectives des mêmes régions, mais qu'elle ne présente aucun rapport avec la courbe des actions calorifiques de la lumière.

Appliquant ensuite la méthode inaugurée par moi, et qui consiste à mesurer sur des plantes aquatiques l'intensité d'action de la lumière par le nombre des bulles gazeuses qui s'en échappent dans l'unité de temps, M. Pfeffer a montré que cette méthode donne essentiellement les mêmes résultats que la mesure volumétrique du gaz; les nombres ont seulement été trouvés un peu trop grands, et d'autant plus grands relativement, que le dégagement gazeux est plus faible.

Cette comparaison faite et l'emploi de cette seconde méthode se trouvant ainsi justifié, M. Pfeffer l'a appliquée à rechercher les variations d'intensité dans des régions plus étroites du spectre. Avec de petites tiges feuillées d'une plante aquatique (*Elodea canadensis*), il a pu explorer successivement, et par bandes de 13 millimètres de largeur seulement, toutes les régions d'un spectre très-intense de 23 centimètres de longueur. Autre avantage : ce procédé permet de déterminer successivement en un court espace de temps la valeur du dégagement gazeux dans les diverses bandes du spectre, et d'éliminer ainsi plusieurs causes d'erreur qui se présentent nécessairement dans les recherches volumétriques, ou qui du moins y sont très-difficiles à éviter. On a obtenu ainsi de nombreuses séries de valeurs. Les nombres qui suivent donnent les valeurs moyennes de la décomposition de l'acide carbonique dans les diverses régions du spectre.

Rouge	25,4
Orangé	63,0
Jaune	100,0
Vert	37,2
Bleu	22,1
Indigo	13,5
Violet	7,1

Si l'on tient compte de la petite cause d'erreur, signalée plus haut comme étant inhérente à cette méthode, on voit que la courbe du dégagement d'oxygène par la plante coïncide avec la courbe des intensités lumineuses subjectives beaucoup plus exactement encore que ne le montre la figure 445, dans laquelle la courbe des dégagements n'était tracée que d'après un petit nombre de données péniblement obtenues.

Comme la comparaison, d'ailleurs très-commode, de la courbe d'intensité subjective ou de clarté, avec la courbe de dégagement d'oxygène ou de décomposition d'acide carbonique, tend à induire l'esprit dans une voie fausse, et comme, en effet, elle a souvent conduit à des interprétations erronées, il me paraît utile d'exprimer le lien de dépendance dont il s'agit exclusivement ici, sous une forme plus mesurée et dans les termes suivants. Le dégagement d'oxygène provoqué par la chlorophylle est une fonction de la longueur d'onde des rayons lumineux telle, que seuls les rayons lumineux dont la longueur d'onde n'est pas beaucoup plus grande que 0,0006886 mill. et n'est pas beaucoup plus petite que 0,0003968 mill., sont capables de dégager de l'oxygène. A partir de ces deux limites, la puissance de la lumière va en augmentant progressivement à mesure que la longueur d'onde se rapproche de 0,0005889 mill., valeur pour laquelle a lieu le maximum d'action. En d'autres termes, si nous convenons d'évaluer les longueurs d'onde moyennes des diverses régions colorées du spectre en cent-millièmes de millimètre, le dégagement d'oxygène est provoqué par des ondes lumineuses dont la plus petite longueur est d'environ 39 ; il croît progressivement à mesure que la longueur des ondes augmente, jusqu'à ce qu'elle ait atteint environ 59, puis décroît de nouveau à mesure que la longueur d'onde continue de croître, pour devenir nul quand elle arrive à dépasser 68.

On voit donc que les choses se passent ici comme lorsqu'il s'agissait de l'influence de la chaleur sur la végétation. Alors aussi (voir p. 855), nous avons trouvé que les fonctions de la plante s'accélèrent d'abord quand la température s'élève, jusqu'à acquérir, à une température déterminée, un maximum d'activité, pour se ralentir ensuite progressivement à mesure que la température continue de croître (1).

3° **Influence de la lumière sur la formation de l'amidon dans la chloro-**

(1) La sensation d'éclat que la lumière exerce sur notre œil obéit évidemment à la même loi de dépendance, et c'est là la cause pour laquelle la courbe de clarté lumineuse coïncide avec la courbe de décomposition de l'acide carbonique.

phylle (1). — Les grains de chlorophylle jaunes produits à l'obscurité sont petits, mais pendant qu'ils verdissent à la lumière, ils grossissent.. notablement en même temps que s'agrandit la cellule dont ils font partie. Ce n'est qu'après ce verdissement et sous l'influence prolongée d'une lumière intense, que commence dans chaque corps chlorophyllien la formation des grains d'amidon signalés à la p. 63. Soustrait-on de nouveau à la lumière les cellules dont les grains de chlorophylle ont ainsi formé des grains d'amidon, l'amidon est tout d'abord dissous, puis il disparaît complétement des corps chlorophylliens et cela d'autant plus vite que la température est plus élevée. Éclairées une seconde fois, les cellules forment de nouveau des grains d'amidon dans ces mêmes corps chlorophylliens, qui en ont déjà formé et résorbé une première fois. Ainsi donc, la production d'amidon dans la chlorophylle est une fonction de la chlorophylle éclairée, la résorption de l'amidon une fonction de la chlorophylle non éclairée.

Par un long séjour à l'obscurité ou à l'ombre, la chlorophylle elle-même est ordinairement détruite ; les grains se déforment d'abord, puis se dissolvent, enfin disparaissent entièrement des cellules, en même temps que le protoplasma incolore lui-même s'en échappe. Dans les feuilles des Angiospermes qui sont douées d'accroissement rapide, cette résorption de la chlorophylle à l'obscurité s'opère en quelques jours par les chaudes températures d'été ; les tiges de Cactus, au contraire, qui s'accroissent lentement, et les branches des Sélaginelles demeurent vertes à l'obscurité pendant plusieurs mois.

Ces phénomènes de résorption et de régénération de l'amidon dans la chlorophylle, que j'ai étudiés pour la première fois dans les feuilles des Phanérogames, se laissent observer beaucoup plus facilement dans les Algues de structure simple, dans les Spirogyres notamment ; dès lors il est commode d'employer ces sortes de plantes pour résoudre les questions spéciales qui concernent le sujet.

Après que j'eus établi, d'une part que la production d'amidon dans la chlorophylle dépend des conditions même de l'assimilation, et d'autre part, que la condition principale de l'assimilation, c'est-à-dire la décomposition de l'acide carbonique et le dégagement d'oxygène, est remplie avec une grande énergie par la lumière qui a traversé une dissolution de bichromate de potasse, tandis que la moitié la plus réfrangible du spectre, celle qui a traversé une dissolution cuproammoniacale, n'exerce ici qu'une influence extrêmement faible, on était bien près de pouvoir conclure que dans le premier mélange lumineux la production d'amidon aurait lieu comme dans la lumière blanche, et que dans le second elle ne s'opérerait qu'à un très-faible degré. Cette conclusion a été vérifiée expérimentalement par M. Famintzin (2).

Ce botaniste a vu, en effet, que la formation d'amidon dans la chlorophylle des Spirogyres n'a lieu que dans la lumière hétérogène (rouge, orangée, jaune et partie des rayons verts) qui traverse la solution de bichromate de potasse,

(1) Sachs : Ueber die Auflösung und Wiederbildung des Amylums in den Chlorophyllkornern bei wechselnder Beleuchtung (Botanische Zeitung, 1864, p. 289).

(2) Famintzin : Wirkung des Lichts auf *Spirogyra* (Mélanges biologiques de Pétersbourg 1865, V et 1867 VII, p. 277.

et qu'elle ne s'opère pas dans la lumière bleue (bleu, violet, ultra-violet et partie des rayons verts) transmise par la solution cupro-ammoniacale. Au contraire, dans cette lumière bleue, l'amidon déjà formé se résorbe complétement, d'après M. Famintzin. Cependant, comme il s'opère encore un léger dégagement d'oxygène dans cette lumière bleue mélangée, on peut croire qu'il s'y forme encore aussi une petite quantité d'amidon. Les recherches de M. Kraus sur les *Spirogyra*, *Funaria*, *Elodea* confirment cette supposition (1). M. Kraus a trouvé en outre que des Spirogyres, privées d'amidon par un séjour à l'obscurité, en acquièrent déjà après cinq minutes si on les expose à la lumière directe du soleil; mais à la lumière diffuse du jour, c'est après deux heures seulement qu'on peut en constater la présence. De même, le *Funaria* produit une quantité appréciable d'amidon dans l'espace de deux heures à la lumière directe du soleil, en six heures seulement à la lumière diffuse du jour. Les feuilles d'*Elodea*, de *Lepidium*, de *Betula*, se comportent de la même manière.

Actions mécaniques de la lumière dans la plante. — 1° Influence de la lumière sur le mouvement du protoplasma. — L'influence exercée par la lumière sur le mouvement du protoplasma varie suivant la nature de ce mouvement.

Les mouvements protoplasmiques qui accompagnent la formation des cellules nouvelles sont en général indépendants de l'action directe de la lumière; ils s'accomplissent, en effet, dans la plupart des cas au milieu d'une obscurité plus ou moins profonde. Les courants protoplasmiques (rotation et circulation) dont les cellules plus âgées sont le siége, s'opèrent aussi bien dans une obscurité continue, qu'au milieu de l'alternative journalière du jour et de la nuit; ils s'accomplissent même dans les poils et rameaux étiolés qui se sont développés à l'obscurité (2). Il se pourrait cependant que la direction et la vitesse du courant, le mode de répartition des filaments réticulés, l'accumulation du protoplasma dans certains endroits déterminés de la cellule, fussent influencés par la direction des rayons lumineux; mais on ne sait rien encore sur ce point.

C'est une influence de ce genre que la lumière exerce sur les plasmodies d'*Æthalium*. Si la plasmodie est très-mobile et encore éloignée du moment où elle va former des spores, on la voit à l'obscurité arriver à la surface du tan; mais si on expose celle-ci à la lumière, en face d'une fenêtre soleillée, la plasmodie se retire de nouveau dans les interstices sombres de la tannée; et ce phénomène peut se reproduire deux ou trois fois dans l'espace d'une journée. C'est seulement lorsque la plasmodie se rassemble en masses épaisses et résistantes, et qu'elle se prépare ainsi à former des spores, qu'elle arrive à la surface du tan, même dans les endroits éclairés; toutefois il semble bien que cette apparition a lieu pendant la nuit, ou dans les premières heures du jour.

Le protoplasma qui enveloppe les grains de chlorophylle dans les cellules des feuilles vertes des Mousses et des Phanérogames, ainsi que des prothalles des Fougères, est nettement influencé par les variations d'intensité de la lumière incidente. Il s'amasse plus ou moins fortement aux différents endroits des parois de la cellule et, entraînant avec lui les grains de chlorophylle, il modifie leur répartition dans la cavité cellulaire. On n'a pas pu décider jusqu'à présent si,

____

(1) KRAUS : Jahrbücher für wiss. Botanik, VII, p. 511.
(2) SACHS : Botan. Zeitung, 1863. Beilage.

dans ces circonstances, l'action de la lumière frappe directement et exclusivement le protoplasma et si les grains de chlorophylle sont entraînés passivement par lui, ou si la lumière n'affecterait pas tout d'abord les grains de chlorophylle, qui à leur tour donneraient ensuite l'impulsion au protoplasma. Quoi qu'il en soit, il est certain du moins que les grains de chlorophylle ne possèdent pas eux-mêmes de mouvement indépendant et qu'ils sont simplement entraînés tantôt d'un côté, tantôt de l'autre, par les mouvements du protoplasma.

MM. Famintzin et Borodin (1) ont trouvé que, sous l'influence d'une obscurité prolongée, les grains de chlorophylle de diverses Mousses et des prothalles de Fougères se rassemblent tous sur les parois latérales des cellules, c'est-à-dire sur les parois perpendiculaires à la surface de l'organe considéré, et que si on les éclaire de nouveau ils quittent cette position pour se rendre et s'étaler tous sur les faces libres des cellules, c'est-à-dire sur les parois tournées vers la surface de l'organe. MM. Prillieux et Schmidt ont confirmé ces observations (2). Dans les deux premières éditions de ce Traité, j'ai exprimé l'opinion que ces dépalcements des grains de chlorophylle sont dus, non à un mouvement propre, mais à un déplacement du protoplasma de la cellule qui les entraîne avec lui; cette manière de concevoir le phénomène vient d'être confirmée par les recherches de M. Frank.

M. Frank a montré d'abord que le protoplasma, et avec lui les grains verts qu'il emprisonne, s'accumule principalement sur la paroi de la cellule qui reçoit les rayons lumineux les plus énergiques, pourvu que les cellules soient assez spacieuses pour pouvoir présenter des différences d'éclairage et permettre les déplacements du protoplasma (prothalles de Fougères, feuilles de Sagittaire). M. Frank ramène aussi à un point de vue général les migrations des grains de chlorophylle décrites par les observateurs précédents. Il montre, en effet, que, suivant les circonstances, le protoplasma est capable d'affecter dans les cellules deux modes de distribution (3). Dans le premier mode, qu'il nomme répartition *épistrophe*, le protoplasma, y compris les grains de chlorophylle, se rassemble principalement sur les faces libres des cellules, c'est-à-dire sur les faces de la membrane qui ne sont pas en contact direct avec les cellules voisines; dans les cellules superficielles des organes formés de plusieurs assises cellulaires (feuilles de *Sagittaria*, *Elodea*, *Vallisneria*), c'est donc sur la face externe; dans les organes formés d'une seule assise cellulaire (feuilles de Mousses, prothalles de Fougères), c'est à la fois sur les deux faces libres, inférieure et supérieure; enfin dans les cellules profondes du tissu, c'est sur les places qui confinent aux espaces intercellulaires. Cette disposition épistrophe correspond aux conditions normales de la végétation et à l'état de complet développement des cellules, tant qu'elles n'ont pas atteint cependant un âge trop avancé.

Si les conditions extérieures sont défavorables, le protoplasma prend, au contraire, le second mode de distribution, celui que M. Frank nomme répartition *apostrophe*. C'est ce qui arrive, par exemple, quand on observe de petits

(1) Böhm : Sitzungsberichte der Wiener Akademie, 1857, p. 510. — Famintzin : Jahrb. für wissensch. Botanik, IV, p. 49. — Borodin : Mélanges biologiques de Pétersbourg, VI, 1867.

(2) Prillieux : Comptes rendus 1870, LXX, p, 69. — Schmidt : *loc. cit.*

(3) Frank : Botanische Zeitung, 1872, et Jahrb. für wiss. Botanik, VIII, p. 216.

fragments de tissu coupés, ou quand la plante respire incomplétement, ou quand sa turgescence diminue, ou quand la température est trop basse, ou quand la cellule atteint un âge trop avancé, ou enfin, et c'est ici le point qui nous intéresse surtout, quand la plante a fait à l'obscurité un séjour trop prolongé. Dans toutes ces circonstances, notamment dans la dernière, le protoplasma, y compris les grains de chlorophylle, se rassemble principalement sur les places non libres de la paroi cellulaire, c'est-à-dire sur les faces par où la cellule est soudée aux cellules voisines.

L'observation de M. Borodin (1), d'après laquelle la distribution apostrophe se présente aussi à la lumière directe du soleil dans diverses Phanérogames (notamment les *Lemna*, *Callitriche*, *Stellaria*), est contestée par M. Frank. Suivant ce dernier observateur, l'accumulation a lieu dans ce cas sous l'influence directe de la lumière, en vertu de la première proposition établie plus haut, et par conséquent dans les endroits le plus fortement éclairés, endroits qui peuvent fort bien se trouver situés sur les faces latérales des cellules.

Quoi qu'il en soit, cette observation de M. Borodin, que la lumière directe du soleil détermine les grains de chlorophylle à se rassembler sur les faces latérales des cellules, est fort intéressante. C'est elle évidemment qui explique un phénomène singulier, signalé d'abord par Marquard et que j'ai étudié en détail (2). Il consiste en ce que des feuilles vertes (*Zea*, *Pelargonium*, *Oxalis*, *Nicotiana*, etc., etc.), soumises à l'insolation, pâlissent bientôt et deviennent d'un vert plus clair que les feuilles de la même plante laissées à la lumière diffuse ou même à une ombre épaisse. La différence est surtout frappante, si l'on couvre une portion de la feuille en y appliquant étroitement une lame de plomb ou d'étain ; si après cinq à dix minutes on enlève la lame, la place qu'elle recouvrait tranche par sa couleur vert sombre sur le fond vert clair de la portion insolée. Il est évident que le tissu paraîtra à l'œil d'autant plus foncé en couleur que les grains de chlorophylle seront plus également répartis sur les faces supérieure et inférieure des cellules, d'autant plus clair, au contraire, qu'ils seront plus rassemblés sur les faces latérales des cellules. L'observation de M. Borodin vient confirmer directement cette supposition, et rattache en même temps le phénomène à sa cause prochaine.

Ces différences dans le mode de groupement des grains de chlorophylle, amenées par les variations d'intensité de la lumière incidente, sont exclusivement provoquées par les rayons les plus réfrangibles (bleus, violets, ultra-violets) ; les rayons les moins réfrangibles (rouges, orangés, jaunes, verts), agissent comme l'obscurité (3). Il en résulte aussi que si l'on place côte à côte sur une large feuille exposée au soleil, un petit disque de verre bleu et un petit disque de verre rouge, le premier ne fera point de marque sur la feuille, tandis que le second y laissera une empreinte vert sombre (4).

Ceci posé, puisque les migrations des grains de chlorophylle sont provoquées par les déplacements du protoplasma incolore où ils sont nichés, on de-

(1) Borodin : Mélanges biologiques de Pétersbourg, 1869, VII, p. 50.
(2) Sachs : Berichte der math. phys. Klasse der K. Sächs. Gesellsch. 1859.
(3) Borodin : *loc. cit.* et Frank : Botanische Zeitung, 1871, p. 238.
(4) Comme je l'ai montré dès l'année 1859, *loc. cit.*

vrait s'attendre à voir le protoplasma des cellules dépourvues de grains de chlorophylle, celui des poils, par exemple, ressentir de la même manière l'influence de l'intensité lumineuse et de la réfrangibilité des rayons. Toutefois les recherches de MM. Borscow et Luerssen (1), que l'on aurait pu invoquer, au moins en partie, à l'appui d'une semblable influence, n'ont pas été confirmées par les observations de M. Reinke (2).

C'est encore aux mouvements protoplasmiques que se rattache la natation des zoospores. Les organes moteurs des zoospores, leurs cils, ne sont euxmêmes, à ce que l'on croit, que de minces filaments protoplasmiques, dont les vibrations impriment à la zoospore à la fois un mouvement de rotation autour de son axe et un mouvement de translation. L'axe de rotation devient plus tard l'axe d'accroissement de l'être nouveau. L'extrémité du corps située dans le sens du mouvement de translation, extrémité ordinairement amincie, hyaline et garnie de cils, devient la base fixe de la nouvelle plante; l'extrémité opposée et renflée en est le sommet végétatif. Les mouvements des zoospores, comme aussi les mouvements très-analogues des Volvocinées, ne dépendent de la lumière que dans leur direction. Éclairées d'un seul côté, en effet, les zoospores ou bien se dirigent vers la lumière, ou bien la fuient, et cette différence paraît dépendre en partie de l'espèce, en partie aussi de l'âge. Ici encore, d'après les observations de M. Cohn, les rayons les moins réfrangibles agissent comme l'obscurité, et ce sont les rayons les plus réfrangibles (bleus, violets, ultra-violets) qui agissent seuls sur la direction du mouvement (3).

2° Influence de la lumière sur la division cellulaire et sur l'accroissement (4).— *La multiplication des cellules est indépendante de la lumière.* — Dans les plantes élevées en organisation et qui consistent en épais massifs de tissus, le premier début des organes nouveaux, et leur premier accroissement accompagné de nombreuses divisions cellulaires, s'opèrent le plus souvent dans la plus complète obscurité. Il en est ainsi dans les racines des plantes terrestres et marécageuses, et dans les bourgeons des rhizomes, organes qui se développent sous terre; il en est de même encore dans les feuilles et les fleurs qui naissent à l'abri des épaisses enveloppes des bourgeons, etc. Mais, d'un autre côté, des formations de cellules toutes semblables peuvent s'opérer aussi à la lumière, même à une lumière intense, comme on le voit par le développement des racines des plantes terrestres dans l'eau éclairée, et par celui des racines aériennes des Aroïdées, dont la pointe végétative est très-transparente. De même, la formation des stomates et des poils, et les divisions cellulaires qui l'accompagnent, peuvent s'opérer soit à l'obscurité sous les enveloppes des

---

(1) Borscow : Mélanges biologiques de Pétersbourg, 1867, VI, p. 312. — Luerssen : Ueber den Einfluss des rothen und blauen Lichts, etc. Dissertation, Brème, 1868.

(2) Reinke : Botanische Zeitung, 1871.

(3) Cohn : Schlesisch. Ges. für vaterl. Cultur, 19 octobre 1865. Toutefois ce fait a été récemment remis en question par M. Schmidt.

(4) Sachs : Ueber den Einfluss des Tageslichts auf Neubildung und Entfaltung verschiedener Pflanzenorgane (Botanische Zeitung, 1863. Beilage). Quand je considère ici la division cellulaire et l'accroissement comme des phénomènes essentiellement mécaniques, ce n'est pas à dire pour cela que tout phénomène d'accroissement ne soit pas accompagné aussi de transformations chimiques.

bourgeons, soit en pleine lumière, sans qu'on puisse y apercevoir aucune différence essentielle. De même, si le cambium des tiges ligneuses fonctionne sous une enveloppe complétement opaque, celui de beaucoup de tiges annuelles, de Balsamine par exemple, est exposé à la lumière qui pénètre à travers la mince écorce charnue qui l'entoure. Une pareille différence se retrouve dans la formation et la maturation des ovules à l'intérieur d'ovaires transparents, ou tout à fait opaques. Enfin, elle se manifeste encore avec la plus grande netteté, quand on force à se développer à l'obscurité des branches et même des fleurs issues de tubercules, de bulbes ou de graines, qui dans les circonstances ordinaires s'accroissent en pleine lumière. Les difformités, d'ailleurs relativement faibles, qu'on remarque alors dans ces organes n'atteignent pas leur premier développement, mais seulement leur accroissement ultérieur, celui qui s'accomplit après l'achèvement de toutes les divisions cellulaires ; elles intéressent aussi le développement de la chlorophylle.

Il va de soi que la condition nécessaire pour que ces phénomènes d'accroissement puissent avoir lieu, à l'obscurité comme à la lumière, c'est qu'il y ait une provision de matériaux de réserve assimilés, aux dépens de laquelle s'opère la formation des nouvelles cellules. Pour les bourgeons des plantes supérieures, les tubercules, bulbes, rhizomes, cotylédons, l'endosperme enfin, sont précisément des réservoirs nutritifs de ce genre ; si le bourgeon se développe à l'obscurité, son accroissement s'arrête quand ce réservoir est totalement épuisé, mais à la lumière il continue, parce que les organes assimilateurs produisent alors de nouveaux matériaux.

La relation qui existe entre l'accroissement lié à la division cellulaire et l'assimilation, se manifeste avec une netteté toute particulière dans les Algues de structure simple, comme les *Spirogyra*, *Vaucheria*, *Hydrodictyon*, *Ulothrix*, etc. Pendant le jour, ces Algues assimilent sous l'influence de la lumière, et c'est seulement ou surtout pendant la nuit, que les divisions cellulaires s'y opèrent et que leur accroissement a lieu. C'est aussi pendant la nuit que s'y forment les zoospores, pour s'échapper aux premières heures du jour. Dans certains Champignons aussi, dans le *Pilobolus crystallinus*, par exemple, la division du protoplasma du sporange en un grand nombre de spores ne s'opère que pendant l'obscurité nocturne, et c'est au retour de la lumière que les masses de spores sont projetées dans l'air.

Ainsi, tandis que chez les grandes plantes, formées de tissus massifs, le travail d'assimilation et le travail de transformation de la matière assimilée en cellules nouvelles s'opèrent dans des parties différentes du végétal, mais en même temps, dans les petites plantes transparentes et dépourvues d'enveloppes opaques, ces deux travaux s'accomplissent, au contraire, dans la même partie, mais à des époques différentes. La division du travail physiologique s'opère dans l'espace chez les premières, dans le temps chez les secondes. Le fait même de cette division du travail physiologique, nous montre que la même cellule ne peut pas accomplir en même temps le travail chimique d'assimilation et le travail mécanique de la division cellulaire.

Pourvu qu'il existe une réserve des matières assimilées, les divisions cellulaires peuvent donc s'opérer à la lumière comme à l'obscurité.

Il y a peut-être des cas particuliers où la lumière empêche ou favorise la division cellulaire ; mais on ne sait rien de précis à cet égard. On pourrait croire qu'un cas de ce genre se trouve réalisé par les spores des Fougères et les propagules des Marchantia (1), qui germent bien à la lumière, mais non à l'obscurité. Mais M. Borodin a montré que ce sont exclusivement les rayons lumineux les moins réfrangibles qui provoquent ce phénomène, et que la lumière bleue mélangée, transmise par le liquide cuproammoniacal, se comporte à cet égard comme la plus profonde obscurité. Or, comme ces rayons peu réfrangibles n'ont aucune action directe sur l'accroissement, et qu'au contraire ils sont les agents nécessaires de l'assimilation, on doit admettre que les spores des Fougères et les propagules des *Marchantia* ne renferment pas certaines substances nécessaires à l'accroissement, substances qui doivent prendre naissance par voie d'assimilation directe, pour que la germination puisse avoir lieu. Au contraire, il reste inexplicable jusqu'ici, pourquoi beaucoup de tiges, les tiges de Cactées, de Capucine, de Lierre, etc., développent dans une obscurité prolongée des racines qu'elles ne forment pas à la lumière ordinaire ; il n'est pas invraisemblable que l'humidité joue ici un certain rôle, mais on ne sait rien de précis à ce sujet.

L'allongement des cellules est influencé par la lumière. — Étiolement. — Quand les bourgeons s'épanouissent, et que les jeunes organes s'en échappent, il commence à s'y opérer aussitôt un vif accroissement provoqué principalement par une grande absorption d'eau par les cellules et une extension superficielle correspondante dans les parois cellulaires ; les divisions cellulaires sont fort rares désormais, ou même ne se montrent plus du tout. Dans les tiges aériennes et dans les feuilles, ce phénomène d'accroissement, connu sous le nom d'élongation des organes, s'accomplit sous l'influence de la lumière du jour, qui pénètre profondément dans leurs tissus transparents et aqueux.

Pour juger maintenant du degré d'influence exercée par la lumière du jour sur ce phénomène, il suffit de faire croître des branches et des plantules, les unes à l'obscurité, les autres à l'alternance ordinaire du jour et de la nuit, notamment en plein été, et de comparer après un certain temps les résultats obtenus. Abstraction faite de ce que la chlorophylle (à part les exceptions citées plus haut) ne se colore pas en vert à l'obscurité, mais demeure jaune, les plantes ainsi développées à l'obscurité, et qu'on appelle étiolées, présentent de frappantes modifications de forme. En général, les entre-nœuds y sont beaucoup plus longs que dans la croissance normale, et les longues et étroites feuilles des Monocotylédones se comportent de la même manière. Au contraire, le limbe des feuilles des Dicotylédones et des Fougères demeure ordinairement (mais pas toujours) très-petit, et quitte à peine l'état qu'il possédait dans le bourgeon ; quelquefois il présente de singulières difformités dans son mode de dilatation. Ce sujet sera étudié en détail dans le chapitre IV.

Mais on n'avait pas besoin de ce contraste entre les plantes étiolées et les plantes vertes normales, pour constater l'action exercée par la lumière sur cette période de l'accroissement. Il suffit, en effet, de comparer entre elles des

<hr>

(1) Borodin : Mélanges biologiques de Pétersbourg, 1867, VI. — Pfeffer : Arbeiten des bot. Instituts in Würzburg, I, 1871, p. 80.

plantes de même espèce, dont les unes végètent sous un ombrage plus ou moins épais, et les autres en pleine lumière, pour observer les différences analogues à celles que nous venons de signaler, différences qui se graduent suivant les différences d'intensité lumineuse. Toutefois, des espèces végétales différentes, soumises aux mêmes conditions, s'étiolent à des degrés divers. Ainsi, les entre-nœuds des plantes volubiles, déjà très-longs dans les conditions normales, s'allongent à peine davantage à l'obscurité, et les feuilles de certaines Dicotylédones, les feuilles de Betterave, par exemple, atteignent à l'obscurité une assez grande dimension; au contraire, les entre-nœuds des tiges étiolées de Pomme de terre s'allongent énormément, mais en revanche les feuilles qu'ils portent demeurent extrêmement petites.

L'étiolement n'atteint pas les fleurs, et c'est là une circonstance remarquable, sur laquelle j'ai appelé le premier l'attention (1). Aussi longtemps qu'il existe une provision suffisante de matières assimilées, ou que l'assimilation se poursuit au moyen de feuilles vertes exposées à la lumière, la plante développe, même à l'obscurité la plus profonde et la plus prolongée, des fleurs de grandeur, de forme et de coloration normales; ces fleurs produisent du pollen et des ovules normaux et, la fécondation faite, mûrissent des fruits et des graines fécondes. La seule différence est que les sépales du calice, normalement verts, demeurent ici incolores ou jaunâtres. Pour se convaincre de la vérité de ces assertions, il suffit de faire développer en pot à l'obscurité des bulbes de Tulipe, des rhizomes d'Iris, etc.; à côté de feuilles complétement étiolées, on obtient ainsi des fleurs normales. Ou bien encore, on peut introduire dans une chambre noire, par une ouverture étroite pratiquée dans la paroi, le sommet végétatif d'une tige de Courge, de Capucine ou de Liseron, pourvue de plusieurs feuilles vertes qui demeurent exposées à une lumière aussi intense que possible. Le bourgeon terminal se développe dans la chambre noire en une longue pousse incolore pourvue de petites feuilles jaunâtres; cette pousse porte un grand nombre de fleurs qui, abstraction faite de la coloration du calice, sont de tout point normalement constituées et brillamment colorées (2). La comparaison de ces pousses étiolées et fleuries avec les pousses normales également fleuries est singulièrement frappante, et montre combien est différente l'influence de la lumière sur l'accroissement des divers organes d'une même plante.

L'influence retardatrice de la lumière sur l'accroissement des entre-nœuds se manifeste déjà au bout d'un temps assez court. Aussi voit-on (3), si la température est à peu près constante, l'alternance régulière du jour et de la nuit provoquer une augmentation et une diminution périodiques dans la vitesse d'accroissement. Cette périodicité se manifeste de telle façon, que l'entre-nœud en voie d'accroissement présente le matin de bonne heure, vers le lever du soleil, un maximum de croissance horaire; cette croissance horaire diminue progressivement à mesure que la lumière du jour intervient avec une intensité croissante, et c'est vers midi ou seulement après midi qu'elle

____

(1) Sachs : Botanische Zeitung, 1863, Beilage, et 1865, p. 117.

(2) Parfois, outre les fleurs normales, il en naît aussi d'anormales à l'obscurité; sur ce point il faudra consulter mon Manuel de physiologie expérimentale, p. 39.

(3) Sachs : Arbeiten des bot. Instituts in Würzburg, Heft 2, 1872.

atteint son minimum ; elle augmente ensuite de nouveau jusqu'au lendemain matin où elle acquiert son maximum, et ainsi de suite.

Inversement, quand les feuilles des plantes étiolées demeurent beaucoup plus petites que dans l'état normal, on pourrait s'attendre à ce qu'elles s'accrussent le jour beaucoup plus rapidement que la nuit, à ce que, par conséquent, le mécanisme de leur accroissement se comportât vis-à-vis de la lumière en sens contraire de celui des entre-nœuds. Une telle conclusion serait cependant trop rapide ; on y pourrait objecter que les feuilles normales assimilent le jour et croissent surtout la nuit (1).

Héliotropisme. — Parmi les phénomènes mécaniques que la lumière provoque dans les plantes, l'un des plus connus est le phénomène de flexion. On sait, en effet, que les tiges et les pétioles en voie d'allongement, quand ils reçoivent sur leurs divers côtés des lumières d'intensités différentes, s'infléchissent vers la lumière la plus intense, c'est-à-dire deviennent concaves du côté des rayons lumineux les plus énergiques. Cette flexion a pour cause l'accroissement longitudinal plus lent des tissus sur la face qui reçoit la lumière la plus vive, et leur allongement plus rapide sur la surface la moins éclairée. Les plantes sur lesquelles la lumière exerce ce genre d'action sont dites *héliotropiques* (2).

Il est clair que, du fait même de cette flexion héliotropique, on peut conclure que l'organe considéré, s'il est environné de tous côtés par une égale obscurité, croîtra plus vite que s'il est exposé de toutes parts à une lumière intense. Donc, puisque l'on observe des courbures héliotropiques dans des feuilles, des racines, des Champignons, des Algues (*Vaucheria* par ex.), il en résulte que la lumière ralentit leur accroissement.

L'héliotropisme n'est pas de quelque manière provoqué par la chlorophylle. La preuve en est, que des organes dépourvus de chlorophylle, comme certaines racines, comme certains Champignons, tels que les périthèces du *Sordaria fimiseda* d'après M. Woronin et les pédicelles des chapeaux du *Claviceps purpurea* d'après M. Duchartre (3), enfin comme les tiges incolores étiolées, s'infléchissent tout aussi bien vers la source de lumière la plus intense (4).

La plupart des organes héliotropiques étant à un haut degré transparents, la lumière peut pénétrer avec une certaine intensité jusqu'à leur face postérieure, face qui de son côté reçoit directement une lumière incidente d'intensité plus faible. La lumière qui arrive à cette face postérieure peut donc avoir, en somme, une intensité bien voisine de celle qui frappe la face antérieure. Il en résulte qu'il suffit d'une différence d'intensité insignifiante entre la lumière qui frappe les deux faces opposées d'un organe, pour déterminer les courbures héliotropiques de cet organe, c'est-à-dire une différence notable dans l'accroissement en longueur de ses deux faces (5).

Faisons développer des plantes héliotropiques dans deux caisses éclairées

<hr>

(1) Voir chapitre IV, § 20.

(2) Pour plus de détails sur l'héliotropisme, voir le chapitre IV.

(3) Duchartre : Comptes rendus 1870, LXX, p. 779.

(4) A ces exemples, il faut ajouter l'énergique inflexion vers la lumière des tubes sporangifères de certaines Mucorinées : *Mucor*, *Phycomyces*, *Pilobolus*, etc. (*Trad.*)

(5) Il faut cependant remarquer que, dans les organes à chlorophylle, la lumière ne parvient à

d'un seul côté, de façon que la lumière pénètre dans l'une après avoir traversé une dissolution de bichromate de potasse, et dans l'autre après avoir traversé une dissolution cupro-ammoniacale. Dans la première les entre-nœuds demeurent entièrement droits et s'accroissent beaucoup, comme ils font à l'obscurité complète; dans la seconde, au contraire, les plantes présentent d'énergiques flexions et s'allongent beaucoup moins. Il en résulte que seuls les rayons de haute réfrangibilité, c'est-à-dire les rayons bleus, violets et ultraviolets, provoquent les flexions héliotropiques et ralentissent l'accroissement (1).

Mais tous les organes de la plante ne sont pas héliotropiques de la même façon. S'il en est un grand nombre qui, comme nous venons de le dire, s'infléchissent vers le point d'où leur vient la lumière la plus vive, il en est d'autres, moins nombreux il est vrai, qui, éclairés inégalement, s'incurvent au contraire vers le point le moins éclairé. Pour distinguer ces deux ordres d'héliotropisme, on dit le premier *positif*, le second *négatif*.

Comme l'héliotropisme positif, l'héliotropisme négatif se manifeste tout aussi bien dans des organes dépourvus de chlorophylle que dans les organes verts. Aux premiers appartiennent les poils radicaux incolores des *Marchantia* (2), les racines aériennes des Aroïdées et des Orchidées, du *Chlorophytum Gayanum* et de certaines Dicotylédones, comme les *Brassica Napus* et *Sinapis nigra* (3), etc.; aux seconds se rattachent les vrilles vertes des *Vitis* et *Ampelopsis*.

De ce fait, que l'héliotropisme positif résulte d'un ralentissement dans l'accroissement longitudinal de la face la plus éclairée de l'organe, on pourrait immédiatement conclure que l'héliotropisme négatif est dû. au contraire, à un accroissement plus fort de cette même face la plus éclairée. Et si nous prenons les phénomènes, tels qu'ils s'offrent immédiatement à nous, cette façon de s'exprimer est fort exacte. Mais si nous analysons plus exactement les diverses circonstances qui coopèrent au résultat final, nous verrons surgir bien des réflexions qui ne pourront être développées que dans notre chapitre IV. Bornonsnous ici à dire par avance que, d'après une théorie établie par M. Wolkoff, deux possibilités se présentent. Il peut arriver que des organes très-transparents, comme sont les pointes de racines des Aroïdées ou du *Chlorophytum*, réfractent la lumière qui y pénètre de telle façon, que le côté ombragé de l'organe reçoive une lumière plus intense que le côté directement éclairé.

la face postérieure qu'après avoir perdu ses rayons les plus réfrangibles, qui sont seuls actifs dans le phénomène dont il est ici question; les rayons les moins réfrangibles seuls sont transmis à travers l'organe comme nous l'avons dit plus haut, page 873.

(1) SACHS : Wirkungen des farbigen Lichts auf Pflanzen (Botanische Zeitung, 1865), travail où est exposé l'historique de la question. Je tiens le mode de recherches avec les liquides colorés absorbants comme plus décisif que l'emploi du spectre. Cette dernière méthode a conduit M. Guillemin non-seulement à attribuer à tous les rayons une action héliotropique, mais encore à constater une flexion latérale dirigée vers la région bleue du spectre. Le spectre, quand il est suffisamment lumineux, contient toujours de la lumière blanche diffuse, et cette lumière, même à un très-faible degré d'intensité, suffit à provoquer l'héliotropisme.

(2) PFEFFER : Arbeiten des bot. Instituts in Würzburg, 1871, Heft I.

(3) Pour l'historique de cette question, voir mon Manuel de physiologie expérimentale, p. 43.

(4) KNIGHT : Philosophical Transact. 1812, Pars. I, p. 314.

Dès lors le côté ombragé des organes de ce genre serait en réalité, d'après M. Wolkoff, leur face la plus éclairée et quand ce côté devient concave en manifestant ce qu'on appelle l'héliotropisme négatif, c'est tout simplement un cas particulier de l'héliotropisme positif. Mais il peut arriver aussi, comme dans le Lierre et la Capucine, que les entre-nœuds, positifs dans le jeune âge, deviennent négatifs en vieillissant et à partir du moment où leur accroissement en longueur a pris fin. M. Wolkoff pense que la courbure convexe que prend ici la face la plus éclairée résulte d'une plus forte assimilation et, en conséquence, d'un accroissement plus durable de ce côté ; ce seraient alors les phénomènes nutritifs qui viendraient affecter d'une façon secondaire le mécanisme de l'accroissement.

Le résultat des expériences actuellement entreprises sur ce sujet montrera si cette théorie de l'héliotropisme négatif, plausible en apparence, est exacte en réalité.

3° Action de la lumière sur la tension des tissus dans les organes moteurs des feuilles mobiles (1). — Les feuilles des Légumineuses, Oxalidées, Marantacées, Marsiliacées, etc., portent leurs limbes sur des pétioles modifiés qui leur servent d'organes moteurs. Sous diverses influences extérieures ou intérieures, ces pétioles s'incurvent, en effet, vers le haut ou vers le bas et impriment ainsi aux limbes qu'ils portent des positions très-différentes. Si ces plantes sont exposées à une obscurité constante, ces courbures ont lieu alternativement en haut et en bas, provoquées par des modifications internes. Sur ces organes périodiquement mobiles, la lumière exerce une influence immédiate, en ce sens que toute augmentation de l'intensité lumineuse tend à donner aux feuilles une position étalée (position diurne), tandis que toute diminution d'intensité tend à les rejeter vers le haut ou vers le bas, et à les placer obliquement (position nocturne).

Cette excitation, que j'ai désignée sous le nom d'action *paratonique* de la lumière, n'est pas la cause des mouvements périodiques, elle agit bien plutôt à l'encontre de la périodicité due aux forces intérieures. Dans la plupart des feuilles périodiquement mobiles, l'influence paratonique de la lumière est assez énergique pour empêcher les mouvements périodiques propres, et pour leur imprimer une période qui dépend de l'alternance du jour et de la nuit. Au contraire, dans les folioles latérales de l'*Hedysarum gyrans*, les causes internes des rapides oscillations périodiques ont une intensité si grande, qu'elles triomphent de l'action paratonique de la lumière ; pourvu que la température soit assez élevée, ces folioles continuent donc à opérer leurs mouvements vers le haut et vers le bas, malgré les variations d'intensité de la lumière ambiante.

En ce qui concerne la réfrangibilité des rayons lumineux qui provoquent l'excitation paratonique, il paraît résulter de mes anciennes recherches (2) que ce sont les rayons les plus réfrangibles seuls qui exercent cette action, tandis que les rayons rouges se comportent à cet égard comme l'obscurité.

(1) Sachs : Ueber vorhergehende Starrezustände, etc. (Flora, 1863). — Voir aussi plus loin chapitre iv.

(2) Sachs : Ueber die Bewegungsorgane von *Phaseolus* und *Oxalis* (Botanische Zeitung, 1857, p. 811).

Mais l'intervention de la lumière dans ce genre de phénomènes ne se réduit pas à cette influence immédiate sur la position des organes moteurs. Le mouvement propre de ces organes lui-même dépend de la lumière, quoique d'une façon indirecte. Placées à l'obscurité plusieurs jours durant, les feuilles perdent, en effet, leur mouvement périodique, leur sensibilité pour l'excitation lumineuse paratonique et pour le choc, en un mot leur mobilité; en d'autres termes, un séjour prolongé à l'obscurité les rend rigides. Exposées de nouveau à la lumière, elles ne sortent pas immédiatement de cet état de rigidité; il faut que la lumière agisse sur elles pendant longtemps, des heures et même des jours durant, pour les ramener à cet état de mobilité normale que j'ai appelé l'état *phototonique*. C'est seulement quand elles ont repris l'état phototonique, que les feuilles sont mobiles et sensibles aux variations d'intensité lumineuse et dans certains cas, comme dans les Mimosées, au choc.

Les courbures provoquées par l'excitation paratonique de la lumière dans les organes entièrement développés se distinguent des courbures héliotropiques manifestées par les organes en voie d'accroissement: 1° parce qu'elles sont liées à l'état phototonique, tandis que les autres en sont indépendantes; 2° parce qu'elles s'opèrent toujours dans un plan déterminé par la bilatéralité de l'organe, tandis que le plan de flexion héliotropique ne dépend que de la direction des rayons lumineux.

EXPLICATION PLUS DÉTAILLÉE DE QUELQUES PHÉNOMÈNES.

Propriétés optiques de la matière colorante des grains de chlorophylle. — *Spectre des dissolutions.* — Il suffit de faire bouillir dans l'eau des organes végétaux verts, de les dessécher ensuite à une température qui ne soit pas trop élevée et de les pulvériser, pour obtenir des matériaux d'observation qui peuvent ensuite se conserver longtemps inaltérés. Le moment venu, on extrait de cette poudre la matière colorante verte par l'alcool, l'éther ou l'huile grasse. La dissolution verte ainsi obtenue s'altère si on l'expose à la lumière et d'autant plus vite que l'intensité lumineuse est plus grande; ce sont surtout les rayons peu réfrangibles qui déterminent cette altération. La dissolution devient alors d'un brun sale, verdâtre ou jaunâtre; la chlorophylle s'y est modifiée, y a changé de couleur.

En décomposant à l'aide d'un prisme la lumière solaire qui a traversé une couche ni trop mince, ni trop épaisse de cette solution fraîchement préparée et d'un vert pur, on obtient un spectre très-nettement caractérisé. Dans ce spectre, des rayons de réfrangibilité très-diverse se montrent assombris ou absorbés, et d'autant plus que la dissolution est plus fortement colorée, ou que la couche traversée est plus épaisse. Ce spectre de la chlorophylle a été l'objet de bien des recherches; les plus récentes et les plus compréhensives sont dues à M. Kraus, à qui j'emprunte l'exposition qui va suivre (1).

Le spectre d'une dissolution alcoolique de chlorophylle fraîchement pré-

---

(1) Kraus : Sitzungsberichte der phys.-medic. Societät in Erlangen, 7 juin et 10 juillet 1871. —Voir aussi Askenasy : Botanische Zeitung, 1867, p. 225. — Gerland et Rauwenhoff : Archives néerlandaises, VI, 1871. — Gerland : Poggendorff's Annalen, 1871, p. 585.

parée, présente sept bandes d'absorption : quatre bandes étroites (fig. 446, en haut, I, II, III, IV), situées dans la moitié la moins réfrangible ou première moitié du spectre et trois larges bandes (V, VI, VII), situées dans la moitié la plus réfrangible ou seconde moitié du spectre. Ces larges bandes ne sont nettement séparées que si l'on se sert de dissolutions très-étendues ; déjà

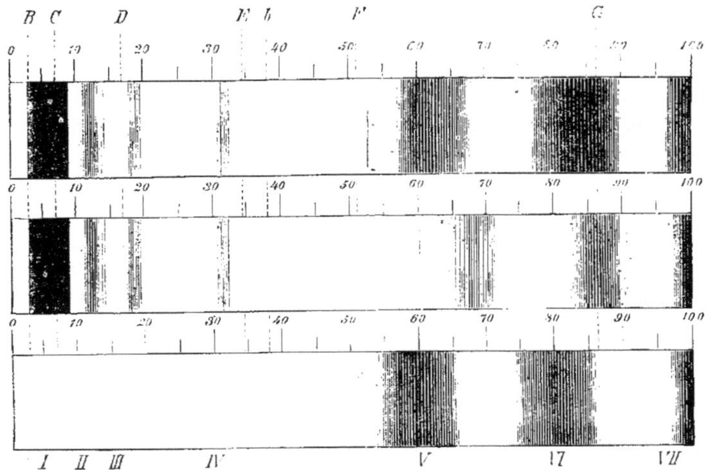

Fig. 446. — Spectres d'absorption de la chlorophylle, d'après M. Kraus. — Le spectre d'en haut est obtenu avec l'extrait alcoolique de feuilles vertes ; celui du milieu, avec le principe bleu verdâtre soluble dans la benzine ; celui d'en bas, avec le principe jaune. Les bandes d'absorption des deux premiers sont figurées dans la partie la moins réfrangible B-E telles que les donne une dissolution concentrée, et dans la partie la plus réfrangible telles que les donne une dissolution peu concentrée. Les lettres A-G indiquent la position des raies de Fraunhofer dans le spectre solaire ; les nombres I-VII désignent, d'après M. Kraus, les bandes d'absorption de la chlorophylle en marchant du rouge au violet ; enfin les traits 0 à 100 divisent la longueur du spectre en 100 parties égales.

avec les dissolutions de concentration moyenne que l'on emploie d'ordinaire, elles confluent en une seule et même bande d'absorption qui embrasse toute la seconde moitié du spectre.

Les bandes I, II, III, IV sont situées respectivement dans le rouge, l'orangé, le jaune et le jaune-vert. La bande I, très-nettement limitée de chaque côté et d'un noir foncé, est comprise entre les raies B et C de Fraunhofer ; les trois autres, estompées sur les bords, sont de moins en moins sombres suivant leurs numéros d'ordre. Dans les intervalles entre ces bandes I, II, III, IV, la lumière est affaiblie et d'autant plus que le numéro d'ordre est plus petit: ainsi elle est plus affaiblie entre I et II, qu'entre II et III, et ainsi de suite. En avant de I, la lumière passe sans obstacle.

Les bandes V-VII, situées dans la seconde moitié du spectre, sont toutes estompées des deux côtés; la bande V commence au delà de la raie F de Fraunhofer, la bande VI commence bien avant la raie G et s'étend au delà. Enfin on peut considérer comme bande VIII, l'absorption totale de l'extrémité violette du spectre.

Dans toutes les plantes étudiées, Monocotylédones ou Dicotylédones, Fougères, Mousses ou Algues, ce spectre s'est retrouvé avec des caractères tout à fait identiques.

Spectre des feuilles vivantes. — Dans tous les traits essentiels, le spectre des feuilles vivantes coïncide avec celui des dissolutions (1).

Les bandes I à V sont, d'après M. Kraus, faciles à observer dans toutes les feuilles ordinaires : feuilles de Monocotylédones, de Dicotylédones ou de Fougères. Elles offrent cependant une différence constante avec les bandes homologues du spectre des dissolutions, en ce qu'elles sont toutes reculées plus loin du côté de l'extrémité rouge du spectre : fait que M. Kraus a constaté aussi et tout particulièrement avec l'appareil microspectral de M. Browning. Ce déplacement du spectre d'absorption est d'ailleurs conforme à cette règle générale, d'après laquelle les bandes d'absorption reculent d'autant plus vers l'extrémité rouge du spectre que le dissolvant de la matière colorante a une densité plus grande.

Il résulterait de là que la matière colorante verte est distribuée dans la masse fondamentale incolore du grain de chlorophylle de telle manière, qu'on peut la regarder comme y étant en dissolution. Dans aucun cas, la chlorophylle contenue dans les cellules vivantes ne doit donc être désignée comme « solide » et assimilée au résidu de la dissolution évaporée.

Si l'on agite une dissolution alcoolique de chlorophylle avec un volume quelconque, par exemple avec un volume double de benzine, et qu'on laisse reposer, il se forme deux couches liquides, séparées par une surface très-nette : une couche inférieure alcoolique colorée en beau jaune, et une couche supérieure de benzine qui est d'un bleu verdâtre (2). D'après M. Kraus, c'est là un phénomène de dialyse. Dans la dissolution ordinaire de chlorophylle, il y a suivant lui deux matières colorantes, une matière bleue-verte et une matière jaune, toutes deux solubles, mais à des degrés très-différents, dans l'alcool et dans la benzine (3).

Ceci posé, le spectre de la chlorophylle n'est, d'après M. Kraus, qu'un spectre combiné, c'est-à-dire qu'il résulte de la superposition des deux spectres

(1) On trouvera d'autres preuves de ce fait très-important dans Gerland et Rauwenhoff, *loc. cit.*, p. 604 ; il n'est pas bien aisé de comprendre comment quelques physiciens peuvent affirmer le contraire.

(2) Il faut pour cela, d'après M. Conrad, que la dissolution renferme aussi beaucoup d'eau. M. Kraus obtenait sa dissolution de chlorophylle en versant de l'alcool sur des feuilles cuites et aqueuses. M. Conrad montre aujourd'hui que c'est seulement cette dissolution aqueuse de chlorophylle, contenant 65 p. 100 d'alcool ou moins encore, qui présente la réaction décrite par M. Kraus. Une dissolution obtenue en traitant des feuilles desséchées par de l'alcool absolu, ne subit au contraire, quand on l'agite avec de la benzine, aucune séparation en liquide bleu et en liquide jaune.

(3) Cependant tout ceci est de nouveau remis en question par les récentes recherches de M. Conrad. Si l'on évapore une dissolution de chlorophylle dans l'alcool absolu, le résidu traité par l'eau ne laisse pas de produit jaune insoluble, comme c'est le cas lorsque la dissolution de chlorophylle a été préparée avec de l'alcool aqueux. Il n'est, par conséquent, pas invraisemblable que la matière colorante verte de la chlorophylle subisse par l'action de l'alcool aqueux une décomposition chimique et que les deux principes composants de la chlorophylle admis par M. Kraus existent tout aussi peu avant l'opération que ceux admis par M. Frémy.

individuels du principe colorant bleu-vert et du principe jaune. Le principe colorant bleu-vert donne les quatre étroites bandes d'absorption de la première moitié du spectre (fig. 446, spectre moyen) et une partie de la bande VI, qui chevauche sur la raie G dans la seconde moitié du spectre. Le principe colorant jaune n'a de bandes d'absorption que dans la seconde moitié du spectre ; c'est à lui qu'appartient notamment la bande V (fig. 446, spectre inférieur). La bande VI résulte de la superposition partielle des bandes correspondantes dans le spectre du principe bleu et dans celui du principe jaune, bandes qui ne se recouvrent pas exactement. Tous deux, ces principes colorants absorbent totalement la région violette.

Soluble dans l'alcool, l'éther, le chloroforme, insoluble dans l'eau, la matière colorante jaune, traitée par l'acide chlorhydrique ou sulfurique, devient d'abord vert-émeraude, puis vert de gris, enfin bleu-indigo ; mais le spectre de cette matière jaune, ainsi devenue verte, présente de tout autres bandes d'absorption que celui de la chlorophylle. Par la constitution de son spectre, le principe composant jaune de la chlorophylle se montre identique à celui qui colore la plupart des fleurs jaunes, par exemple les fleurs de *Ranunculus, Mimulus, Gentiana lutea, Brassica, Taraxacum, Matricaria*, etc.; ce dernier présente d'ailleurs aussi, avec les acides chlorhydrique et sulfurique, la réaction que nous venons de signaler chez le premier. Il en est de même encore du principe colorant jaune des fruits et des graines (*Evonymus, Solanum pseudocapsicum*, etc.). Comme la chlorophylle, cette matière jaune des fleurs est liée à des grains de protoplasma incolore qu'elle imprègne.

Il en est tout autrement du principe jaune dissous dans le suc cellulaire, tel qu'on le rencontre, par exemple, dans les fleurs de *Dahlia*; celui-ci est soluble dans l'eau et ne donne pas un spectre formé de bandes, mais seulement une absorption continue de toute la région bleue et violette. Il en est tout autrement encore du principe colorant, également soluble dans l'alcool, que l'on rencontre dans quelques fleurs de couleur orangée, dans les fleurs d'*Eschscholtzia* par exemple, lequel en avant des trois larges bandes du principe colorant jaune de la chlorophylle possède encore une quatrième bande située dans le bleu-vert. Chez les organismes inférieurs colorés, les principes colorants, solubles dans l'alcool, ne sont pas non plus semblables aux deux principes composants de la chlorophylle, mais ils en sont voisins cependant.

Quant au principe colorant jaune des feuilles étiolées, il est d'après M. Kraus tout à fait semblable au principe jaune de la chlorophylle; le verdissement des grains jaunes s'opère, suivant lui, par la formation pure et simple du principe complémentaire bleu-vert.

Fluorescence de la chlorophylle. — La matière colorante verte de la chlorophylle est fluorescente. Une dissolution suffisamment sombre et concentrée de cette matière paraît, en effet, rouge foncé dans la lumière réfléchie, tandis qu'elle paraît verte dans la lumière transmise. La lumière fluorescente est beaucoup plus vive quand on fait tomber sur le liquide un faisceau solaire rendu convergent au moyen d'une lentille.

En projetant un spectre solaire sur la surface d'une solution de chlorophylle, on peut déterminer la nature des rayons qui provoquent la fluorescence (1). L'illumination rouge commence alors un peu avant la raie B du spectre solaire et s'étend avec la même couleur, mais avec une intensité variable, jusqu'au delà de l'extrémité violette. Sur ce fond rouge sombre, on voit sept bandes brillantes d'un rouge intense, qui correspondent exactement, par leur position comme par leurs rapports d'intensité, aux bandes sombres du spectre d'absorption de la chlorophylle. Si l'on analyse à son tour la lumière fluorescente émise par la chlorophylle, on voit qu'elle se compose de rayons rouges dont la réfrangibilité correspond à la bande la plus noire du spectre d'absorption de la chlorophylle, entre les raies B et C.

Ainsi les rayons qui frappent la chlorophylle n'y engendrent par fluorescence, quelle que soit leur nature propre, que des rayons qui correspondent par leur réfrangibilité à la bande d'absorption I. En l'absence d'observations suffisantes, il n'est pas encore certain que la chlorophylle contenue dans les cellules vivantes présente la même fluorescence; mais si l'on considère le résultat obtenu avec les bandes d'absorption et le rapport de ces bandes avec la lumière fluorescente, cela paraîtra vraisemblable.

Les bandes d'absorption de la chlorophylle ont-elles une relation de causalité avec la fonction qu'exercent les grains de chlorophylle lorsqu'ils décomposent l'acide carbonique? — Par une voie purement théorique M. Lommel a fait récemment à cette question une réponse affirmative. Voici les propositions qu'il formule (2) :

1° « Les rayons qui agissent le plus activement sur le pouvoir assimilateur des plantes sont ceux qui sont le plus énergiquement absorbés par la chlorophylle et qui possèdent en même temps une grande intensité mécanique (c'est-à-dire une grande action calorifique), à savoir les rayons rouges situés entre les raies B et C. » — Mais il suffit de jeter un coup d'œil sur les nombres cités aux pages 876 et 878, et qui sont le fruit de soigneuses expériences, pour se convaincre de l'inexactitude de cette conclusion théorique. Si la proposition de M. Lommel était exacte, on devrait observer dans le spectre solaire entre les raies B et C un maximum de dégagement d'oxygène (3), ce qui n'a lieu en aucune façon, comme M. Pfeffer l'a montré.

2° « Les rayons jaunes, malgré leur grande intensité mécanique, ne peuvent agir que faiblement, car ils ne sont absorbés qu'en petite proportion par la chlorophylle; il en est de même des rayons orangés et verts. » — Tout autant que la première, cette proposition est directement contraire aux observations, puisque ce sont précisément ces rayons-là qui sont les plus actifs pour décomposer l'acide carbonique. M. Lommel affirme il est vrai que « cette dernière conclusion est inexacte »; or il ne s'agit pas ici d'une «conclusion», mais bien d'un fait qui est le résultat de l'observation directe. La lumière transmise

---

(1) D'après M. HAGENBACH : Poggendorff's Annalen, Bd. 141, p. 245, et LOMMEL : *ibid.* Bd. 143, p. 572.

(2) LOMMEL : Poggendorff's Annalen, Bd. 143, p. 581.

(3) M. MÜLLER (Botanische Beobachtungen, Heft I, Heidelberg, 1871) a, il est vrai, appuyé sur des nombres l'assertion de M. Lommel. Mais quiconque sait comment ce genre d'observations doit être fait, sait aussi ce que valent les nombres de M. Müller. Voir d'ailleurs PFEFFER : Botanische Zeitung, 1872.

par une dissolution de chlorophylle ne détermine qu'un très-faible dégagement d'oxygène, ce qui s'explique facilement si l'on remarque que la région jaune est elle-même très-affaiblie dans le spectre de la chlorophylle. Dans les vues de M. Lommel, il faudrait au contraire que derrière une dissolution de chlorophylle assez épaisse pour donner des bandes d'absorption très-sombres, il n'y eût absolument pas de dégagement d'oxygène, puisque tous les rayons seuls actifs suivant M. Lommel manquent totalement dans la lumière transmise par la chlorophylle.

D'ailleurs il n'était pas nécessaire de réfuter directement ces assertions, car il suffit de considérer attentivement les faits connus pour en conclure immédiatement que les rayons directement absorbés par la chlorophylle ne peuvent pas être ceux qui provoquent la décomposition de l'acide carbonique. En effet, les rayons absorbés par une dissolution de chlorophylle sont les mêmes que ceux qu'absorbe une feuille verte vivante (voir p. 892); or dans cette dissolution il ne s'opère pas de dégagement d'oxygène; loin de là, il semble au contraire qu'il s'y fasse une oxydation lente. Rien n'autorise donc à croire que les mêmes rayons qui, absorbés de la même manière, ne déterminent aucun dégagement d'oxygène dans la dissolution, en provoquent un dans la feuille vivante.

En partant du principe de la conservation de la force (1), il est d'ailleurs parfaitement exact de dire que les rayons qui déterminent le dégagement d'oxygène doivent être absorbés dans la cellule pour accomplir ce travail chimique. L'observation montre seulement que ce ne sont pas les rayons absorbés par la matière verte de la chlorophylle qui accomplissent ce travail (2).

Influence de la lumière sur la division cellulaire. Discussion. — Telle que nous l'avons présentée plus haut, la relation qui existe entre la lumière et la division cellulaire a été exposée ici sans tenir compte des erreurs introduites dans le sujet par M. Famintzin. Dans mon mémoire intitulé : «Influence de la lumière du jour sur le développement et l'épanouissement de divers organes végétaux » (3), j'ai exposé une longue série de faits tendant à prouver que la formation de nouveaux organes et les divisions cellulaires dont elle dépend sont en général indépendantes de la lumière, aussi longtemps bien entendu qu'il existe des matériaux de réserve pour entretenir ce développement. Plus tard, en 1863 les résultats principaux de ces recherches furent résumés dans mon Manuel de physiologie expérimentale des plantes, p. 33, où je renvoie expressément au mémoire précédent. Nonobstant, M. Famintzin (4) commence le mémoire dont il est ici question et qui est postérieur de cinq et de trois années à mes publications, par ces mots : «Personne encore n'a jusqu'ici recherché avec précision l'action que la lumière exerce sur la division cellulaire. Tout ce que j'ai pu trouver sur ce point se borne à une remarque de M. A. Braun sur les *Spirogyra* et à une assertion de M. J. Sachs concernant la division cellulaire

---

(1) Voir d'ailleurs ce que j'ai écrit sur ce sujet, il y a déjà sept ans, dans mon Manuel de Physiologie expérimentale, trad. franç., p. 312.

(2) M. Gerland (*loc. cit.*, p. 609) est arrivé déjà au même résultat.

(3) Botanische Zeitung, 1863. Beilage.

(4) FAMINTZIN : Ueber die Wirkung des Lichts auf die Zelltheilung der *Spirogyra* (Mélanges physiques et chimiques de Pétersbourg, 1868, VII).

en général. » Il cite ici le passage de M. A. Braun que j'avais cité de mon côté,
et continue ainsi : « Appuyé en partie sur cette observation, M. J. Sachs
s'exprime en ces termes », et il énumère quelques propositions extraites de mon
Manuel, p. 33, mais sans rapporter, ni utiliser mon mémoire antérieur et ses
conclusions. Il affirme ensuite être arrivé, à la suite de ses propres observations
sur les *Spirogyra*, à des résultats tout différents. Mais il est facile de voir qu'au
contraire ses observations conduisent directement aux mêmes conclusions
que j'avais moi-même formulées. Il dit en terminant son mémoire (*loc. cit.*,
p. 28) : « La division cellulaire des *Spirogyra*, loin d'être empêchée par la lumière, comme on le croyait jusqu'ici, est, au contraire, favorisée par elle. »
Cette assertion est inexacte. Mais des observations mêmes de M. Famintzin, il
résulte que, si la lumière favorise la division cellulaire, c'est parce qu'elle provoque l'assimilation des substances nutritives nécessaires au phénomène, ce
qui est une tout autre question que celle que j'ai traitée et qu'il combat.
Je me suis borné, en effet, présupposant l'existence des matières plastiques
nécessaires au phénomène, à rechercher si la lumière exerce une action sur
le mécanisme même de la division cellulaire.

« La division cellulaire chez les *Spirogyra*, continue M. Famintzin, dépend de
la lumière au même degré que la production de l'amidon. Il y a toutefois une
différence entre les deux phénomènes. La production d'amidon s'accomplit
déjà après une courte exposition (d'environ 30 minutes) à la lumière, elle subit
immédiatement l'influence lumineuse ; l'amidon ne se forme que pendant la
durée de l'éclairement; il cesse de se produire dès que la lumière est retirée.
La division cellulaire, au contraire, ne s'opère qu'après une exposition de
plusieurs heures à la lumière ; elle se manifeste alors indifféremment, *soit que
les cellules demeurent éclairées ou qu'elles soient placées à l'obscurité.* » C'est précisément ce qui montre que, lorsqu'il y a des substances nutritives, la division
cellulaire s'opère tout aussi bien à l'obscurité qu'à la lumière, résultat que
j'avais publié depuis cinq ans en m'appuyant sur de nombreuses observations.

A plusieurs égards, le mémoire de M. Batalin intitulé : « Action de la lumière sur le développement des feuilles » (1), est supérieur à celui de M. Famintzin. Partant de ce fait, établi par M. Kraus et par lui-même, que dans une
même espèce les petites feuilles étiolées et les grandes feuilles développées à la
lumière ont des cellules de la même grandeur, il en conclut fort justement que
le nombre des cellules constitutives est beaucoup plus grand dans la feuille
normale que dans la feuille étiolée et que ce nombre est proportionnel à la
grandeur de la feuille. Mais de cette exacte observation il tire une conclusion
erronée quand il dit : « La feuille ne s'accroît qu'autant qu'elle produit de
nouvelles cellules; son accroissement ne dépend pas de l'agrandissement, de
l'allongement de ses cellules constitutives ». Ce qui est vrai, au contraire, c'est
que l'accroissement de la feuille ne dépend tout d'abord et immédiatement
que de l'agrandissement de ses cellules, et qu'il lui est proportionnel; mais
plus tard les cellules agrandies se divisent de telle façon, qu'elles présentent
la même dimension dans les petites feuilles étiolées que dans les grandes

(1) BATALIN : Botanische Zeitung, 1871, p. 670.

feuilles vertes. L'auteur continue ensuite : « Si les feuilles ne s'accroissent pas à l'obscurité, c'est donc que leurs cellules ne peuvent pas se diviser sans la coopération de la lumière. » La vérité est, au contraire, qu'elles ne se divisent pas à l'obscurité parce qu'elles ne s'accroissent pas. Cette erreur domine tout le mémoire, qui renferme d'ailleurs des observations fort instructives. Il faut remarquer aussi que ce très-faible accroissement des feuilles à l'obscurité est un phénomène qui n'est pas général, même chez les Dicotylédones. Les feuilles de Dahlia et de Betterave, même celles de Haricot, acquièrent dans l'obscurité une dimension très-notable et parfois, surtout si la température est élevée, elles y atteignent presque la grandeur des feuilles vertes (1).

Dispositions expérimentales pour observer les plantes dans des lumières de réfrangibilité différente. — Pour faire agir sur la plante des rayons lumineux de réfrangibilité différente, trois procédés se présentent. On peut : 1° employer le spectre ; 2° enlever à la lumière blanche des rayons déterminés en lui faisant traverser des milieux absorbants (verres ou liquides colorés); 3° faire usage de flammes colorées.

1. *Emploi du spectre.* — Si l'on projette sur un écran un spectre étalé horizontalement, il est facile de soumettre de petites plantes ou de petites portions de plantes à l'action de zones verticales étroites de ce spectre, zones où la lumière est sensiblement monochromatique pour l'œil, et où sa réfrangibilité est sensiblement constante. C'est de cette façon que MM. Draper, Guillemin et Pfeffer ont étudié la question (2).

Il faut remarquer toutefois que l'intensité lumineuse dans les diverses régions du spectre est de beaucoup inférieure à celle de la fente éclairante et d'autant plus que le spectre est plus étalé. Ainsi si la fente a 1 millim. de largeur et si le spectre, à la distance où l'observation a lieu, a une largeur de 200 millim., l'intensité moyenne du spectre tout entier sera seulement 1/200 de celle de la fente éclairante, en admettant qu'il n'y ait pas de lumière perdue par diffusion, ce qui arrive toujours et abondamment. On ne peut donc attendre du spectre que de faibles actions lumineuses ; pour atténuer ce défaut, il est nécessaire de faire tomber sur la fente une lumière très-intense, ce que l'on fait en y concentrant les rayons incidents au moyen de lentilles. Si, comme c'est le cas ordinaire, on emploie la lumière solaire, il est nécessaire de la fixer avec un héliostat, ou tout au moins avec un miroir mobile.

2. *Emploi des milieux absorbants.* — Le défaut d'intensité que nous venons de signaler dans les observations spectrales, ainsi que l'inconvénient qui résulte du prix d'achat très-élevé d'un héliostat, disparaissent, si l'on fait usage des lumières colorées transmises par des milieux absorbants. On peut employer à cet effet, soit des verres colorés, soit des couches de liquide coloré enfermées entre deux parois de verre incolore. Ce procédé a un double avantage ; on peut éclairer de grands espaces avec la lumière en question et la lumière qui parvient à la plante ne perd de son intensité primitive qu'en raison de la faible absorption exercée par le milieu coloré sur les rayons

(1) Voir plus loin, § 20.
(2) GARDNER: Froriep's Notizen 1844, Bd. 30 — GUILLEMIN : Ann. des sc. nat. 4ᵉ série, 1857. VII, p. 160. — PFEFFER : *loc. cit.*, 1872.

qui le traversent. C'est une erreur, une erreur très-accréditée, il est vrai, de croire que les observations faites derrière les écrans colorés sont moins exactes que celles qu'on réalise avec le spectre. En général, ce doit être précisément le contraire. Au surplus, suivant la question à résoudre, il convient d'examiner à laquelle des deux méthodes il faut donner la préférence.

Les milieux absorbants présentent, il est vrai, ce grand inconvénient de ne pas transmettre ordinairement une lumière monochromatique, mais de livrer passage au contraire à plusieurs espèces de rayons. Cet inconvénient se manifeste surtout à un haut degré avec les verres colorés ; aussi à l'exception du verre rouge foncé de protoxyde de cuivre et du verre bleu foncé de cobalt, toutes les autres espèces doivent-elles être rejetées pour l'objet que nous avons en vue. Il est moins difficile d'obtenir des liquides colorés pourvus des qualités exigées, quoique le nombre en soit aussi fort restreint. Les deux liquides signalés plus haut, à savoir la dissolution saturée de bichromate de potasse et la dissolution ammoniacale d'oxyde de cuivre sont ici d'une utilité toute particulière. On peut régler la concentration de ces deux liquides et l'épaisseur de la couche traversée de façon que la lumière blanche du jour soit exactement dissociée par eux en deux moitiés : le premier laissant passer toute la moitié la moins réfrangible du spectre, du rouge jusque dans le vert, le second transmettant au contraire toute la moitié la plus réfrangible depuis le milieu du vert jusqu'au delà du violet. D'autres liquides, qui laissent passer tout le spectre à l'exception d'un certain groupe de rayons déterminés, sont aussi de grande utilité, surtout quand le groupe de rayons absorbés est très-nettement circonscrit ; si la plante exposée à cette lumière transmise manifeste quelque phénomène particulier, il est certain que ce phénomène n'est pas provoqué par les rayons qui manquent dans le spectre du liquide, et inversement.

Il va de soi que des verres ou des liquides colorés ne pourront trouver leur emploi dans ce genre de recherches, qu'après que l'on aura au préalable déterminé avec précision le spectre de la lumière qui les traverse.

Les verres colorés s'ajustent aux fenêtres des caisses opaques et closes de toutes parts où la plante est enfermée. Les liquides colorés peuvent être disposés dans des cuvettes de verre incolore à faces parallèles, que l'on ajuste ensuite aux fenêtres de la chambre obscure, comme on fait des verres colorés. Quand il n'est pas nécessaire de faire arriver à la plante et d'un seul côté un faisceau de rayons parallèles, le moyen le plus commode est de verser le liquide coloré dans l'intervalle entre les deux parois d'une cloche double ; on couvre alors la plante avec cette cloche colorée, comme avec une cloche ordinaire (1).

Pour les observations microscopiques dans la lumière colorée, j'emploie une caisse pareille à celle représentée (fig. 444), mais à la fenêtre de laquelle est ajustée, au lieu du verre incolore, une cuvette à faces parallèles remplie du liquide coloré.

---

(1) Jusqu'ici les quelques cloches à double paroi employées par moi et construites sur mes indications par M. Liebold, de Cologne, étaient les seules existantes et elles ont servi, après moi, aux recherches de MM. Kraus, Pfeffer et Reinke. Mais actuellement la maison Warmbrunn et Quilitz, de Berlin, fabrique et livre à des prix modérés d'assez grandes cloches à double paroi.

Emploi des flammes colorées. — La lumière des flammes colorées, c'est-à-dire la lumière émise par des corps très-divisés portés à l'incandescence dans une flamme non lumineuse par elle-même, n'a pas jusqu'ici été appliquée aux plantes, au moins dans des recherches un peu étendues. Je ne connais dans ce genre qu'une seule observation et elle est due à M. Wolkoff (1). D'après cet auteur, des plantules étiolées de *Lepidium sativum* verdissent quand on les éclaire à 8 pouces de distance pendant sept à huit heures avec une flamme de gaz non éclairante, dans laquelle on porte à l'incandescence et l'on volatilise du carbonate de soude. On sait que la flamme du sodium est monochromatique et consiste en rayons dont la réfrangibilité correspond à la raie D de Fraunhofer. On pourrait employer de la même façon la lumière rouge de la flamme de lithium, la lumière bleue de la flamme d'indium, etc., si l'on parvenait à élever suffisamment l'intensité des rayons et à donner à la flamme la fixité d'éclairement qui est indispensable dans ce genre de recherches.

§ 9.

Influence de l'électricité sur la végétation (2).

La plante est le siége de courants électriques intérieurs. — Les phénomènes chimiques dont chaque cellule est le siége, les mouvements moléculaires corrélatifs de l'accroissement des membranes cellulaires et des corps protoplasmiques, enfin les modifications internes qui provoquent l'activité du protoplasma, soit qu'il forme des cellules nouvelles, soit qu'il se déplace et circule dans la cellule ancienne, sont probablement liés à des ruptures de l'équilibre électrique. Mais la preuve expérimentale de ces ruptures de l'équilibre électrique interne n'a pas encore été donnée jusqu'ici.

De leur côté, la différence de nature chimique des sucs qui remplissent les cellules voisines d'un même tissu, la diffusion de cellule à cellule des sels et des composés assimilés et leur décomposition doivent également mettre en jeu des forces électromotrices; mais ici encore les observations directes font défaut. Enfin, bien qu'ils aient fait l'objet des recherches de quelques physiciens, les courants électriques qui sont probablement engendrés par la décomposition de l'acide carbonique dans les cellules vertes, par la formation d'acide carbonique dans tous les organes en voie d'accroissement, par exemple dans les plantules en cours de germination, et par la transpiration des végétaux terrestres, etc., ces courants sont encore bien peu connus.

D'après les soigneuses recherches de M. Buff, dont les résultats ont été

(1) Wolkoff : Jahrb. für wiss. Botanik, 1866, V, p. 11.
(2) Villari : Poggend. Annalen 1868, Bd. 133, p. 425 — Jürgensen : Studien des physiol. Instituts zu Breslau 1861, Heft I, p. 38 — Heidenhain : *ibid.* 1863, Heft II, p. 65 — Brücke : Sitzungsberichte der Wiener Akad. 1863, Bd. 46, p. 1. — Max Schultze : Das Protoplasma der Rhizopoden. Leipzig, 1863, p. 44. — Kühne : Untersuchungen über das Protoplasma, 1864, p. 96. — Cohn : Jahresbericht der schles. Gesellsch. f. vaterl. Cultur, 1861, cft I, p. 24 — Kabsch : Bot. Zeitung, 1861, p. 368. — Riess : Poggend. Annalen, Bd. 69, p. 288, — Buff : Annal. der Chemie und Pharmacie, 1854, Bd. 89, p. 80.

confirmés par MM. Jürgensen et Heidenhain, le tissu intérieur des plantes terrestres est toujours électronégatif par rapport à leur surface fortement cuticularisée; de son côté, la surface de la racine, imbibée de sucs, est également électronégative par rapport à la surface des entre-nœuds de la tige et à la surface des feuilles. Si, avec les précautions exigées dans ce genre de recherches, on intercale une plante, ou une partie de plante coupée, dans le circuit d'un rhéomètre multiplicateur très-sensible, on voit se manifester dans le fil un courant dirigé de la surface de la tige au centre de la plaie, ou à la surface de la racine; ce courant résulte du contact du suc cellulaire de la surface de la racine ou de la partie interne de la plaie avec l'eau pure employée pour fermer le circuit.

Les sucs alcalins qui occupent les éléments à parois minces du liber des faisceaux vasculaires, sont entourés par les sucs acides du parenchyme et reliés à ces sucs acides par des courants diffusifs. Mais ce phénomène, certainement électromoteur, n'a pas encore été jusqu'ici étudié dans ce sens (1).

La plante compense les différences électriques du sol et de l'atmosphère. — Enracinée dans le sol, la plante terrestre épanouit dans l'atmosphère ses branches et ses feuilles, et présente à l'air une large surface. Le tissu de la plante tout entière étant imbibé de liquides électrolytiques, il semble donc que le corps de la plante est capable d'égaliser les différences électriques qui peuvent exister entre le sol et l'atmosphère, par le moyen de courants qui traversent de haut en bas ou de bas en haut tout le tissu du végétal. Ceci posé, comme l'atmosphère possède habituellement une tension électrique différente de la tension électrique du sol et que cette différence de tension change suivant le temps qu'il fait, on est fondé à croire qu'il s'opère continuellement à travers le corps de la plante des échanges électriques. Ces courants continus exercent-ils une action favorable sur les phénomènes végétatifs? Cette question, comme toutes celles qui ont trait à ce sujet, n'a pas encore été l'objet d'une étude scientifique. Les brusques et puissantes compensations entre l'état électrique de l'air et celui de la terre, qui s'opèrent à travers les arbres frappés de la foudre, attestent tout au moins que de faibles différences dans l'état électrique de l'atmosphère et du sol pourront aussi s'égaliser lentement à travers le corps de la plante.

Influence des excitations électriques extérieures. — Les recherches sur l'influence exercée par les excitations électriques sur le mouvement du protoplasma et sur celui des feuilles mobiles, n'ont conduit jusqu'à présent à aucun résultat de quelque importance physiologique, quoique des observateurs distingués se soient occupés de cette question. Tout ce qu'on peut dire de général, à cet égard, c'est que de très-faibles courants constants ou de très-petites étincelles d'induction ne produisent aucun effet visible; c'est qu'une action électromotrice d'une certaine force moyenne détermine dans le protoplasma, et dans le tissu des organes mobiles, des destructions analogues à celles qu'y provoquent soit une température élevée, soit une action mécanique; c'est

---

(1) J. Sachs : Ueber saure, alkal. und neutr. Reaction der Säfte lebend. Pflanzen (Botanische Zeitung, 1862).

enfin qu'un courant d'intensité plus forte tue le protoplasma et anéantit définitivement les mouvements des feuilles mobiles, quelquefois cependant sans les
tuer elles-mêmes.

1° Sur les mouvements du protoplasma. — M. Jürgensen faisait agir le
courant d'une batterie de petits éléments de Grove, dont la force était réglée par
un rhéomètre, sur le tissu d'une feuille de *Vallisneria spiralis* placée sur le
porte-objet du microscope. Avec un élément, le courant constant n'apportait
aucun changement visible dans la vie des cellules; avec 2 à 4 éléments, le courant déterminait d'abord un ralentissement dans la circulation intra-cellulaire,
puis, en se prolongeant, une immobilité complète. Si le courant est interrompu
pendant que la circulation est seulement ralentie, elle reprend de nouveau,
après quelques instants, son activité première ; mais si le mouvement a été
une fois totalement arrêté, il ne reprend plus, même quand on ouvre aussitôt
le circuit. Quand le mouvement s'est ainsi arrêté, les grains de chlorophylle que
charriait le protoplasma très-aqueux se rassemblent en divers points de la
cellule.

Le courant produit par 30 éléments de Grove détermine instantanément l'arrêt définitif du protoplasma. — Les courants induits agissent comme les courants constants; mais le nombre des étincelles d'induction qui traversent les
cellules dans l'unité de temps n'a pas d'influence sensible sur l'action.

Les changements de forme du protoplasma sous l'influence de courants électriques suffisamment forts ressemblent, d'après les observations concordantes
de MM. Heidenhain, Brücke, Max Schultze et Kühne, à ceux qu'y provoque une
température voisine de la limite supérieure ou plus grande que cette limite.
Il semble résulter des observations de M. Kühne, que le protoplasma est très-
mauvais conducteur du courant électrique et que, par conséquent, l'excitation
produite par ce courant en un point déterminé du protoplasma ne s'y propage
pas aisément en d'autres points.

2° Sur le mouvement des organes mobiles. — D'après MM. Cohn, Kabsch,
et d'autres observateurs, sur les organes excitables des feuilles de *Mimosa*, des
étamines de *Berberis, Mahonia, Centaurea Scabiosa*, et sur le gynostème du
Stylidium graminifolium, de faibles étincelles d'induction agissent comme
l'agitation mécanique ou le contact d'un corps dur, et ces organes manifestent
alors les mêmes mouvements. Des courants induits plus puissants qui traversent toute la plante déterminent, d'après M. Kabsch, dans le gynostème du
Stylidium une insensibilité complète, même pour les excitations mécaniques,
mais après une demi-heure la sensibilité revient.

Enfin on doit à M. Kabsch cette autre observation digne de remarque, que
de fortes étincelles d'induction, qui ne tuent pas encore les folioles de l'*Hedysarum gyrans*, en anéantissent cependant pour toujours la mobilité.

§ 10.

Influence de la pesanteur sur la végétation (1).

Le globe terrestre exerce continuellement sur toutes les parties du corps de la plante une attraction de masse, connue sous le nom de gravité ou de pesanteur. Il faut donc que l'organisation végétale tout entière se dispose de telle façon, que le poids des diverses parties de la plante joue un rôle utile dans les diverses fonctions de la vie végétale, ou du moins ne puisse y exercer une action nuisible.

Les phénomènes à étudier sont de deux sortes. — Dans l'étude de ce sujet, il faut avant tout distinguer deux genres de phénomènes. Il y a, en effet, des dispositions qui sont calculées de manière à établir une concordance entre le poids des diverses parties de la plante et les fonctions qu'elles ont à remplir dans la vie végétale, sans que pour cela la pesanteur elle-même contribue directement à amener ces dispositions. Mais il y a aussi des phénomènes végétatifs qui sont provoqués directement par la pesanteur, car la pesanteur exerce une influence sur le mécanisme même de l'accroissement.

Dispositions qui établissent l'harmonie entre le poids des organes et leur fonction, sans qu'il y ait action directe de la pesanteur. — Comme exemples de faits se rattachant au premier groupe, nous citerons la distribution assez régulière qu'affectent la ramification et le feuillage, tout autour de l'axe des tiges dressées; nous citerons encore la solidité et l'élasticité que la tige des grands végétaux acquiert, soit par la formation du bois, soit par d'autres dispositions, comme dans le tronc des Bananiers, par exemple. Mais il arrive ici, comme c'est d'ailleurs un cas très-fréquent dans les organismes vivants, que le même but est atteint par des moyens très-différents. Ainsi des tiges grêles et délicates, totalement dépourvues de bois, peuvent fort bien se diriger verticalement sans s'affaisser sur elles-mêmes et exposer leurs feuilles à la lumière, et cela tantôt en s'enroulant autour de supports solides, tantôt en grimpant sur eux à l'aide de vrilles, d'épines, de crampons, etc. La même signification s'attache évidemment aux divers appareils de natation des plantes aquatiques, ou de vol des graines et des fruits.

Dans tous ces cas, il est bien évident que l'organisation est calculée de manière à rendre le poids des divers organes utile à la vie, ou du moins à l'empêcher de nuire, sans que l'on puisse affirmer que la pesanteur contribue en quoi que ce soit à la formation du bois, à la sensibilité des vrilles, ou à la production des appareils de natation ou de vol. Ici encore l'explication fournie par la théorie darwinienne de la descendance est la seule applicable. Sous l'influence d'une sélection naturelle longtemps prolongée, il ne s'est maintenu

____

(1) Ce paragraphe est destiné seulement à montrer au commençant que certains phénomènes végétatifs sont influencés par la pesanteur, et quels sont ces phénomènes. C'est dans le chapitre IV, que nous exposerons en détail l'action que la pesanteur exerce sur le mécanisme de l'accroissement; c'es aussi à ce moment que nous signalerons les travaux accomplis sur ce sujet.

capables d'existence que les organismes chez lesquels toutes les dispositions, tout en satisfaisant aux autres exigences de la vie, étaient en outre combinées de manière à rendre le poids des organes inoffensif ou même utile. On ne peut imaginer, et aucune observation ne rend vraisemblable une coopération immédiate de la pesanteur dans ce genre de phénomènes organiques.

Influence directe de la pesanteur sur la direction de l'accroissement. — La pesanteur exerce au contraire une influence immédiate sur l'accroissement longitudinal des organes jeunes, et cela aussitôt que l'axe de l'organe en voie d'accroissement arrive à être oblique par rapport à la direction du rayon terrestre, et, par conséquent aussi, par rapport à la direction de la pesanteur. Dans ce cas, l'accroissement en longueur de l'organe oblique est différent sur sa face supérieure et sur sa face inférieure, et la différence est d'autant plus grande que l'angle formé par l'axe d'accroissement avec la direction de la pesanteur s'approche davantage d'un angle droit. Suivant la nature de l'organe et le rôle qu'il joue dans l'économie de la plante, cette différence se produit d'ailleurs en sens inverse ; tantôt en effet c'est la surface supérieure, tantôt la surface inférieure, qui s'accroît plus que l'autre. Il résulte de là que les organes obliques ou horizontaux prennent, sous l'influence de la pesanteur, une courbure concave vers le bas dans le premier cas, vers le haut dans le second, et que cette courbure va se prononçant de plus en plus jusqu'à ce que l'extrémité végétative de l'organe se soit dirigée verticalement vers le bas ou vers le haut. Le premier cas se présente, par exemple, dans les racines principales, le second dans beaucoup de tiges principales. Dans les branches latérales, dans les feuilles, dans les radicelles, on observe des effets analogues, mais plus faibles. D'un autre côté, certaines propriétés végétatives intérieures, le poids des parties supérieures, l'action de la lumière, enfin, agissent en opposition avec l'effet produit par la pesanteur, de sorte que, sous ces diverses influences, les organes prennent des positions d'équilibre dans lesquelles ils se dirigent soit horizontalement, soit obliquement par rapport à la pesanteur.

Ainsi donc, aussi longtemps que les organes sont en voie d'accroissement longitudinal, la direction verticale de la racine principale et de la tige principale ainsi que la direction oblique de leurs ramifications latérales sont déterminées exclusivement, ou tout au moins en partie, par la pesanteur. Quand, plus tard, ils se lignifient ou du moins cessent de s'accroître, ils conservent indéfiniment la position acquise. Par conséquent, si l'on place horizontalement une plante en voie d'accroissement enracinée dans la terre d'un pot, toutes les parties qui ont à ce moment achevé leur allongement demeurent dans cette position horizontale, tandis que la pointe de la racine principale se recourbe vers le bas et que les entre-nœuds de l'extrémité de la tige s'infléchissent vers le haut ; de leur côté, les feuilles, les branches, les radicelles s'incurvent également, jusqu'à ce qu'elles arrivent à former avec l'horizon le même angle à peu près qu'avant leur déplacement. Après l'expérience on reconnaît donc, aux diverses courbures qu'elles ont subies sous l'influence de la pesanteur, les parties de la plante qui se trouvaient en voie d'allongement quand on l'a placée horizontalement.

Démonstration de cette influence. Expériences de Knight. — Remettant au prochain chapitre IV l'étude des phénomènes intérieurs qui s'accomplissent pendant les courbures, nous nous bornerons à démontrer ici que c'est bien réellement à l'influence exercée par la pesanteur sur l'accroissement, que ces courbures doivent être attribuées. Cette démonstration peut s'établir de deux manières.

1° En tous les points de la surface du globe terrestre, les plantes de même espèce ont leurs diverses parties disposées de la même manière par rapport à l'horizon, et par conséquent aussi par rapport à la verticale du lieu. Dans l'Amérique du Sud, par exemple, la tige dressée d'un Sapin s'allonge donc dans une tout autre direction que chez nous. Prolongés vers le bas, les axes d'accroissement de ces deux plantes se rencontrent au centre de gravité du globe terrestre, dont ils constituent deux rayons. Il résulte immédiatement de là, que la direction d'accroissement de ces tiges est déterminée par une force qui est dans un rapport déterminé avec la position du centre de gravité de la terre. Or, il n'existe qu'une seule force de ce genre, c'est la pesanteur elle-même, c'est-à-dire l'attraction de masse du globe terrestre. Le même raisonnement s'applique aux branches, feuilles ou racines, horizontales ou inclinées, car ces organes à leur tour forment avec la tige principale un angle déterminé.

2° La pesanteur se distingue des autres forces parce qu'elle est indépendante de la qualité de la matière, c'est-à-dire de ses propriétés chimiques ou autres, et qu'elle n'est fonction que de la masse ; la même chose a lieu d'ailleurs pour la force centrifuge. Ceci posé, imprime-t-on, comme Knight l'a montré le premier (1), à une plantule en germination un mouvement de rotation suffisamment rapide, de manière à développer une force centrifuge assez intense, on voit cette force agir sur les diverses parties de la plante comme la pesanteur elle-même. En effet, la racine principale, qui suivait auparavant la direction même de la pesanteur, se dirige maintenant vers l'extérieur par rapport au centre de rotation, c'est-à-dire dans la direction même de la force centrifuge ; la tige principale, au contraire, qui se dirigeait auparavant en sens contraire de la pesanteur, pointe maintenant vers le centre de rotation, c'est-à-dire en sens contraire de la force centrifuge. Le fait présente une netteté particulière, quand on dispose des graines en voie de germination, dont la tige et la racine principale se sont d'abord développées verticalement dans le prolongement l'une de l'autre, sur un disque tournant en les protégeant par de petites cloches contre l'évaporation, et quand on les y fixe de telle façon que leur axe d'accroissement primitif soit dirigé suivant la tangente. Les parties déjà formées conservent pendant la rotation leur direction primitive, mais celles qui se trouvent actuellement en voie d'accroissement se courbent, et de telle façon, que la pointe de la racine se tourne en dehors et que le sommet de la tige pointe en dedans, c'est-à-dire vers le centre de rotation.

Si la rotation s'accomplit dans un plan horizontal, la force centrifuge et la pesanteur agissent à la fois sur les parties en voie d'accroissement et la direction de la racine et de la tige coïncide avec celle de la résultante oblique des deux forces. Mais en accélérant beaucoup le mouvement de rotation, on peut

(1) Knight : Philosophical Transactions, 1806, Pars II, p. 99.

augmenter assez la force centrifuge pour amener l'axe d'accroissement dans une position presque horizontale.

Si l'on fixe, au contraire, les graines en germination au bord d'un disque tournant dans un plan vertical, chaque face de l'organe en voie d'accroissement se trouvera tournée successivement et à des instants très-rapprochés en haut, en bas, à droite et à gauche ; la pesanteur agira donc tour à tour et également sur tous les côtés de l'organe, en d'autres termes l'accroissement de l'organe se trouvera en somme soustrait à l'action de la pesanteur. La force centrifuge reste donc seule pour influencer les parties en voie d'accroissement ; aussi la racine se dirige-t-elle, même avec une faible vitesse de rotation, radialement vers l'extérieur et la tige radialement vers l'intérieur, c'est-à-dire vers le centre de rotation.

Cependant si, comme je l'ai montré le premier (1), on ralentit beaucoup cette rotation dans le plan vertical de manière à annuler presque entièrement la force centrifuge, si, par exemple, le disque ayant 5 à 10 centimètres de rayon met 10 à 20 minutes pour faire un tour, les organes ne se dirigent ni suivant la force centrifuge, ni suivant la pesanteur, mais ils continuent de s'accroître dans la direction où on les a placés en les fixant au disque.

En outre, on voit assez souvent, dans ces dernières expériences, des organes qui d'habitude croissent verticalement se courber dans un plan tout à fait indépendant des forces extérieures, ce qui ne peut être dû qu'à des causes internes d'accroissement inégalement réparties autour de l'axe. Ainsi, par exemple, la tige et la racine des graines germées dans ces conditions (*Faba*, *Pisum*, *Fagopyrum*, *Brassica*) ne se placent pas dans le prolongement l'une de l'autre, mais leurs axes d'accroissement se coupent sous un angle qui peut atteindre 90°, parce que la face antérieure de la base de la tige s'accroît plus fortement que sa face postérieure, ce qui détermine une flexion. Il est clair que, dans ces conditions, la direction des radicelles issues de la racine principale, aussi bien que celle des feuilles de la tige, ne sont également influencées que par des causes internes d'accroissement. C'est ainsi seulement que l'on s'explique les directions et les formes contradictoires que les organes prennent quand on les affranchit à la fois de l'action exercée sur eux par l'attraction de masse du globe terrestre et par la force centrifuge, et des courbures héliotropiques qui ne peuvent évidemment se produire dans ce genre de recherches.

(1) Würtzburger medic.-physik. Gesellssch. 16 mars 1872.

CHAPITRE QUATRIÈME

MÉCANISME DE L'ACCROISSEMENT

§ 11.

Définitions.

L'accroissement des cristaux s'opère par apposition, celui des plantes par interposition. — L'accroissement des cristaux est une simple augmentation de volume, qui s'opère par apposition de particules de même espèce suivant des directions déterminées. Dans les plantes, le phénomène que nous nommons croissance ou accroissement est beaucoup plus compliqué ; en outre, ce terme a ici un sens différent suivant qu'il s'agit d'un grain d'amidon, d'une portion de membrane cellulaire, d'un grain de chlorophylle, d'une cellule tout entière, ou d'un organe composé d'un grand nombre de cellules. Malgré ces différences cependant, ces phénomènes d'accroissement ont ceci de commun, qu'ils reposent tous en dernière analyse sur une interposition de molécules nouvelles entre les molécules préexistantes, c'est-à-dire sur une intussusception accompagnée d'une augmentation de volume et de masse du corps en voie d'accroissement, telle en un mot qu'il a été expliqué au § 1 du Livre III.

Mais ce fait général une fois connu, on se heurte à des difficultés insurmontables quand on cherche à s'expliquer clairement dans tous ses détails le mécanisme de l'accroissement, fût-ce d'un corps aussi simple qu'un petit grain d'amidon ou une petite portion de membrane cellulaire. A plus forte raison, nos connaissances actuelles sont-elles absolument insuffisantes pour nous permettre d'édifier une théorie satisfaisante de l'accroissement de la cellule tout entière, ou de celui d'un organe multicellulaire. Il ne peut donc être question, dans l'état présent de la science, que de suivre empiriquement et en détail les divers phénomènes d'accroissement, les causes qui les amènent et les influences qui les modifient. Après quoi. nous essayerons de nous représenter, sous une forme autant que possible déterminée, chacun de ces phénomènes d'accroissement, en supposant connues les relations purement formelles des choses qui sont l'objet exclusif de la Morphologie, et en gardant devant nos yeux, comme le but final de nos recherches, la connaissance intime à acquérir du mécanisme même de l'accroissement.

Ce qu'il faut entendre par accroissement. — S'il est vrai que la solution de ces difficiles problèmes soit réservée à un avenir certainement encore éloi-

gné, il appartient, au contraire, à une exposition générale des phénomènes végétatifs comme celle que nous avons en vue dans ce livre, de rapprocher et de
grouper toutes les notions acquises aujourd'hui au sujet de l'accroissement.
Mais même en se limitant ainsi, on se heurte déjà à cette difficulté que le mot
« accroissement » est employé pour désigner des phénomènes très-différents,
sans que personne ait entrepris jusqu'ici de donner de ce terme une définition
déterminée.

Quoi qu'il en soit, nous n'emploierons ce mot, chez les plantes comme chez
les animaux, que lorsque, sous l'influence de causes internes provoquées par
l'organisation elle-même, il s'opère des changements dans la forme ou dans le
volume du corps, ou dans les deux à la fois, changements pendant lesquels,
nous le savons, des causes extérieures déterminées comme la chaleur, la lumière, la pesanteur, les substances nutritives, l'eau, etc., viennent exciter sans
cesse et entretenir les phénomènes organiques; mais, en revanche, nous l'emploierons partout dans ce sens. Les modifications de forme ou de volume des
corps végétaux, pendant lesquelles ces corps se comportent passivement vis-à-
vis des forces extérieures, auxquelles ne coopère pas un phénomène organisateur, ne seront donc pas désignées sous le nom d'accroissement. Ainsi, par
exemple, ce n'est pas un accroissement, quand la forme et la longueur d'un entre-nœud de tige ou d'une portion de racine sont modifiées simplement par voie
de traction, de pression, de torsion ou de flexion. Toutefois il peut arriver que,
dans certaines circonstances, des influences extérieures, vis-à-vis desquelles le
corps végétal demeure d'abord entièrement passif, provoquent dans son intérieur des modifications qui, liées aux phénomènes organisateurs, y déterminent
un véritable accroissement.

Par phénomènes organisateurs, j'entends toutes les modifications internes qui
remplissent les deux conditions suivantes. 1° Elles sont liées à l'organisation
spécifique propre du corps végétal considéré, de telle façon que toute impulsion
extérieure ne peut y exercer de modification que dans la mesure permise par
celle-ci ; 2° elles ont pour conséquence un changement durable dans le corps
organisé, qui ne revient pas purement et simplement à son état primitif quand
l'influence extérieure a cessé d'agir. Quand, par exemple, l'élévation de la température au-dessus de la limite inférieure (§ 7) a une fois amené l'augmentation
de volume des diverses parties d'un embryon au préalable complétement
imbibé d'eau, ces parties ne reprennent pas leur volume primitif quand la température redescend au-dessous de cette limite inférieure, mais elles demeurent
désormais dans l'état où les a amenées la première élévation de température. La
série des phénomènes accomplis ne se reproduit donc pas en sens inverse, elle
cesse seulement de progresser, voilà tout. En même temps, l'étude microscopique montre que l'organisation interne a subi, en rapport avec les propriétés
spécifiques de la plante, des changements permanents. Laisse-t-on au contraire
une tige se flétrir par manque d'eau, elle se raccourcit et cesse de croître ; mais
si on lui permet de reprendre l'eau qu'elle a perdue, elle s'allonge, s'épaissit
et recommence à s'accroître. Le raccourcissement qui suit le flétrissement, et
l'allongement qui accompagne l'absorption d'eau sont donc de purs phénomènes
physiques. Mais l'allongement et l'épaississement, qu'amène dans ces organes

une turgescence prolongée,peuvent résulter aussi d'un véritable accroissement, car sous l'influence d'une turgescence prolongée l'organisation peut se trouver modifiée d'une façon permanente et dont le degré dépend de la nature spécifique de la plante. C'est encore par une modification durable et spécifique de l'organisation, qu'une vrille est amenée, par la légère pression de son support, à s'accroître moins de ce côté et plus fortement sur la face libre opposée; une fois qu'elle a duré assez longtemps, la courbure qui résulte de cette inégalité ne peut plus être égalisée désormais; le phénomène tout entier est donc un phénomène d'accroissement. Quand, au contraire, l'organe moteur d'une feuille de Sensitive se courbe vers le bas à la suite d'un ébranlement, pour se recourber de nouveau en haut un peu plus tard, ce phénomène est provoqué, il est vrai, par l'organisation particulière de la plante, mais la manifestation actuelle n'imprime aucune modification permanente à l'organisation elle-même; aussi revient-elle bientôt à son état primitif. La sensibilité des feuilles de Mimosa ne résulte donc pas d'une modification de l'accroissement par l'excitation, qui, dans le cas actuel, est un ébranlement mécanique. La propriété qu'ont les vrilles de s'enrouler autour de leur support repose aussi, il est vrai, sur une excitabilité, mais sur une excitabilité qui a pour conséquence une modification des phénomènes d'accroissement.

Si, comme on paraît le faire dans le langage habituel, on comprend dans la définition de l'accroissement l'augmentation de masse, comme en étant un attribut essentiel, il faut bien remarquer que l'emploi rigoureusement scientifique de ce terme exigera alors une attention toute particulière. Ainsi, quand on dit tout simplement qu'une plante ou qu'un organe végétal volumineux s'accroît, il peut arriver dans certaines circonstances que ce développement soit accompagné en réalité d'une diminution de masse; il en est ainsi, par exemple, quand des bulbes ou des graines suspendus dans l'air développent des pousses. Dans ce cas, ce n'est pas l'ensemble qui s'accroît; ce sont seulement certaines parties qui s'accroissent aux dépens des autres, en dégageant en même temps dans l'air de l'acide carbonique et de la vapeur d'eau. Il est donc nécessaire de savoir distinguer exactement, dans chaque cas particulier, les parties qui s'accroissent réellement de celles qui, liées aux premières, ne s'accroissent pas.

Il s'opère cependant aussi dans la plante des changements de forme qui ne sont pas liés à une augmentation de masse, mais même quelquefois au contraire à une diminution de poids, et qui résultent néanmoins d'une modification permanente et non réversible de l'organisation. Ainsi, par exemple, la moelle des entre-nœuds, dégagée de la tige dont elle faisait partie, s'allonge dans tous les points, des jours durant, même quand elle perd de l'eau par évaporation dans l'atmosphère ambiante non saturée. Il semble à peine utile d'exclure ce phénomène et d'autres semblables de la définition de l'accroissement, et l'on pourrait simplement convenir de distinguer entre l'accroissement avec ou sans augmentation de masse. Dans ce dernier cas l'accroissement aurait sa source dans un simple changement de forme, qui de son côté dépendrait d'un déplacement des plus petites particules. De même que toute augmentation de volume d'un grain d'amidon ou d'une cellule n'est pas un accroissement, puisque cette augmentation peut être causée par un simple gonflement de ce grain ou de cette cellule et être alors réversible, de même tout accroissement d'une cellule n'est pas nécessairement lié à une augmentation de volume et de masse, puisque certaines parties de la cellule peuvent se rapetisser pour fournir les matériaux à l'agrandissement des autres parties. La cellule, considérée comme un ensemble, ne change alors que sa forme, et si le changement de forme est provoqué par un phénomène organisateur interne, on devra le considérer comme une sorte d'accroissement. Au contraire, il est nécessaire d'exclure de la définition de l'accroissement ces changements de forme et de volume des cellules qui n'interviennent qu'accidentellement et sont totalement réversibles, comme c'est le cas, par exemple, pour les organes moteurs des feuilles irritables et périodiquement mobiles.

Accroissement et nutrition sont deux phénomènes distincts et indépendants. — C'est une erreur très-généralement répandue parmi les commençants et parmi les observateurs qui ne sont pas physiologistes, que de confondre les termes accroissement et nutrition, ou de regarder ces deux expressions comme identiques.

A la vérité, il est certain que tout accroissement est nécessairement lié à l'apport de substances plastiques ou de principes nutritifs au point qui s'accroît; seulemen tces substances nutritives sont ordinairement puisées dans des parties âgées, où elles étaient restées jusqu'alors inactives. Composé ainsi de parties qui s'accroissent et de parties qui s'épuisent, l'ensemble de la plante (par exemple un bulbe suspendu dans l'air et se développant) n'a nullement besoin d'être nourri du dehors. L'accroissement de certaines parties ne prouve donc, en aucune façon, que l'ensemble se nourrisse actuellement. Inversement, la nutrition aux dépens du milieu extérieur n'est nullement liée à un accroissement actuel; précisément les organes propres de la nutrition, c'est-à-dire les feuilles arrivées à développement complet, ne s'accroissent pas, tandis qu'elles sont le siége incessant des phénomènes nutritifs.

Les deux phénomènes d'accroissement et de nutrition peuvent donc coïncider dans l'espace et dans le temps, c'est-à-dire s'accomplir à la fois dans la même cellule; mais ils peuvent aussi être séparés dans l'espace et dans le temps, et c'est même là le cas ordinaire, comme nous l'avons suffisamment établi au § 5.

§ 12.

Causes diverses de l'accroissement.

Causes externes ou physiques de l'accroissement. Conditions nécessaires et générales; conditions accessoires et accidentelles. — Comme l'activité vitale en général, l'accroissement n'a lieu que lorsque certaines circonstances extérieures se trouvent réunies autour du corps organisé. Ces conditions générales, nécessaires à tout accroissement, sont : 1° des aliments assimilés; 2° de l'eau ; 3° l'oxygène de l'air; 4° une température suffisamment élevée. Ces conditions réunies, les cellules isolées ou associées en tissus massifs peuvent s'accroître, à supposer cependant que, dans leur état actuel d'organisation, elles soient capables d'accroissement ou du moins renferment des parties capables d'accroissement. Mais outre ces circonstances générales, il y a, comme nous l'avons vu dans le précédent chapitre, d'autres causes encore qui peuvent, sinon provoquer ou empêcher l'accroissement, du moins l'accélérer ou le ralentir, ou enfin le modifier de quelque façon : telles sont la lumière, la pesanteur, la pression et la traction. Les premières sont les conditions primordiales et nécessaires, les autres les conditions accessoires et secondaires de l'accroissement. A quoi il faut ajouter que les premières sont générales et indispensables à toute espèce d'accroissement, tandis que les secondes n'interviennent que dans certains cas et exercent leur action modificatrice d'une façon très-différente, soit sur les diverses parties d'une même plante, soit sur les parties analogues de plantes différentes.

Qu'elles soient nécessaires et générales, ou accessoires et accidentelles, les conditions que nous venons de signaler puisent toujours leur origine dans le monde extérieur ; c'est du dehors qu'elles sont offertes à la plante, ou qu'elles lui sont retirées. Nous pouvons donc les désigner toutes ensemble comme étant les conditions, ou causes extérieures de l'accroissement, par opposition aux conditions, ou causes internes de l'accroissement, qui résident dans l'organisation elle-même.

Causes internes de l'accroissement. Conditions d'âge ; conditions historiques ou héréditaires. — L'existence de ces dernières se manifeste avec la plus claire évidence, si l'on réfléchit que toute plante, ou partie de plante, n'est capable de s'accroître que pendant un certain temps. Une fois ce temps écoulé, le temps de la jeunesse et du développement, elle cesse de s'accroître, quoique les conditions d'accroissement continuent de se trouver réunies autour d'elle. On voit donc que, par le fait même de l'accroissement, l'organisation interne subit des modifications progressives qui rendent finalement impossible la continuation de ce même phénomène.

Mais, même dans les organes jeunes et encore en voie d'accroissement, il est facile de reconnaître une certaine indépendance entre la qualité de leur accroissement et les conditions extérieures. Une feuille de Chêne, par exemple, croît, une fois pour toutes, autrement qu'une feuille d'Orme ; un fruit de Chêne, autrement qu'une racine de Chêne. La diversité de ces phénomènes d'accroissement se révèle immédiatement dans la différence de forme et de qualité des organes, et aucune combinaison de causes extérieures n'est capable, en transformant son accroissement, de donner à une racine la forme d'une feuille, ni à une feuille de Chêne la forme d'une feuille d'Orme. Il existe donc certaines conditions internes de l'accroissement qui n'agissent pas, comme l'âge ou comme les conditions extérieures nécessaires, pour le provoquer ou pour l'empêcher, ni même, comme les conditions extérieures accessoires, pour l'accélérer ou le ralentir, mais qui déterminent *comment* il doit s'accomplir et *quelle* organisation spécifiquement déterminée il doit finalement atteindre.

Ces conditions internes dépendent exclusivement du père ou de la mère dont est issu l'individu végétal considéré, en d'autres termes, de l'espèce et de la variété à laquelle il appartient. C'est l'origine de la plante, et cette origine seule, qui décide de la qualité spécifique de son accroissement ; toutes les autres con-

ditions, au contraire, ne font que déterminer si l'accroissement aura lieu ou
non, et avec quelle vitesse et quelle énergie il se produira. Innées à la plante,
les conditions internes qui déterminent la qualité de son accroissement constituent en quelque sorte une donnée historique, qui, une fois présente, est ir-
révocable désormais et sans retour possible ; les conditions externes, au contraire, peuvent toujours être tantôt rappelées, tantôt écartées. On pourrait donc
aussi distinguer les conditions internes et externes de l'accroissement, en nom-
mant les unes, conditions historiques, et les autres, conditions physiques. Habituellement cependant, les propriétés historiquement acquises d'une plante
sont désignées sous le nom de propriétés héréditaires. Il n'y a pas d'objection à
faire à cette expression, pourvu seulement qu'on ne regarde pas, comme on l'a
fait souvent dans ces derniers temps, l'hérédité comme une espèce de force de la
nature dont l'essence échapperait à toute analyse. Quand on distingue, en effet,
les conditions héréditaires, c'est-à-dire historiquement produites, d'avec les
conditions physiques de l'accroissement, ce n'est pas à dire que les premières
ne doivent pas aussi leur existence à des phénomènes physiques. Cela signifie
seulement que, outre le concours accidentel des conditions physiques, il faut
tenir compte de certaines propriétés que la plante a acquises dans son état
embryonnaire (au sens le plus large de ce mot), sous l'influence du père et de
la mère, et qui se traduisent par des caractères déterminés d'organisation.

Ces quelques remarques doivent suffire ici. De profondes et subtiles distinctions de mots peuvent bien permettre de poser clairement le très-difficile problème que nous agitons en ce moment, elles sont incapables d'y apporter une
solution satisfaisante.

Les causes externes ou physiques sont seules accessibles à l'expérience.
— Seules, les causes extérieures ou physiques de l'accroissement sont immédiatement accessibles aux recherches expérimentales ; car nous sommes réduits à considérer les causes internes héréditaires comme quelque chose de
donné et d'essentiellement immuable. S'il nous arrive, en effet, de pouvoir
modifier par des influences extérieures certaines propriétés mécaniques ou
chimiques du tissu, ces modifications n'intéressent jamais le noyau propre des
caractères héréditaires ; et inversement, les changements éprouvés par ces derniers, et que l'on appelle des variations, ne peuvent jamais, de leur côté, être
provoqués directement par des actions extérieures, mais seulement par des
modifications internes et totalement inconnues. Ainsi donc, puisque le caractère propre et spécifique de l'organisation d'une partie de plante est quelque
chose dont nous ignorons absolument l'essence, toutes nos recherches sur les
phénomènes d'accroissement doivent se réduire à montrer comment ces phénomènes s'accomplissent dans des conditions internes constantes, et quelles
modifications visibles les influences physiques y apportent.

Distinction entre la physiologie et la physique. — On ne devra donc pas
s'étonner non plus si le jeu de causes externes bien connues, comme la lumière, la pesanteur, etc., détermine dans la plante des effets qui paraissent
tout à fait inouïs à tous ceux qui sont familiers avec les phénomènes purement
physiques. L'étonnement disparaît, en effet, si l'on considère que l'organisation
spécifique d'une partie de plante représente elle-même un ensemble de causes

que, dans l'état actuel de la science, nous ne pouvons pas analyser. C'est pré-cisément dans la considération perpétuelle de cet inconnu, une fois donné, par où les effets physiologiques diffèrent si profondément des effets purement phy-siques, que réside la distinction entre la Physiologie et la Physique. Mais, où cet ensemble de conditions qui réside dans l'organisation héréditaire se ma-nifeste de la manière la plus frappante, c'est quand on voit la même cause externe produire souvent, sur des plantes spécifiquement différentes, ou même sur des parties différentes de la même plante, des effets totalement opposés.

L'inconnu qui réside dans les propriétés héréditaires des organismes, n'est pas, d'ailleurs, sans analogue dans la nature inorganique. Les chimistes et les physiciens doivent, eux aussi, admettre, pour le moment, les propriétés des corps simples comme quelque chose de donné et d'inconnu en soi. L'ensemble de propriétés par lequel une particule de fer se distingue, une fois pour toutes, d'une particule d'oxygène est tout aussi inconnu, et plus immuable encore, que l'ensemble de conditions physiologiques qui sépare les propriétés héré-ditaires d'un Chêne de celles d'un Sapin.

L'action des causes externes est tantôt directe et immédiate, tantôt in-directe et médiate. — Pour l'exacte intelligence des phénomènes végétatifs, il est tout aussi nécessaire de bien distinguer les actions exercées sur l'accrois-sement par les causes externes, en actions directes ou immédiates, et indirectes ou médiates. Ainsi, par exemple, comme l'accroissement dépend toujours, et tout d'abord, de la présence de certaines matières assimilées, il peut arriver que la lumière, la chaleur, ou d'autres causes externes, exercent sur lui une influence indirecte ou médiate, en provoquant d'abord la formation et le déplacement de ces substances plastiques. On peut concevoir, en outre, et cela est vraisemblable, que les phénomènes mécaniques de l'intussusception eux-mêmes, qui sont la cause la plus immédiate de l'accroissement, sont modifiés par les conditions externes, dont l'intervention sur l'accroissement est, dès lors, indirecte ou médiate. Enfin l'accroissement d'une partie peut être indirecte-ment favorisé, ou empêché, par la croissance ou la décroissance d'une autre partie.

Dans la théorie de la descendance, les propriétés héréditaires sont his-toriquement acquises. — Revenons maintenant à l'expression de propriétés historiques, employée plus haut pour désigner les particularités spécifiques héréditaires de la plante. Si l'on se place au point de vue de la théorie de la descendance, cette expression cesse d'être métaphorique et doit être prise au sens propre. En d'autres termes, les propriétés spécifiques qui déterminent qualitativement l'accroissement de chaque organe sont nées progressivement dans le cours des âges, c'est-à-dire dans la succession des générations. C'est dans le dernier chapitre de ce livre, que nous exposerons la preuve de cette proposition. Qu'il nous suffise ici de faire remarquer, que l'hypothèse du *de-venir historique* des propriétés spécifiques ouvre la seule possibilité que nous ayons de comprendre ces propriétés spécifiques elles-mêmes, en les rattachant une à une à la loi de causalité; encore bien que, dans l'état actuel de la science, nous ne puissions en saisir de cette façon que les traits les plus généraux.

L'explication historique d'un phénomène n'en exclut pas l'explication phy-

sique. — L'emploi que nous faisons ici des mots historique et physique sera rendu d'ailleurs plus intelligible pour le commençant, si nous en faisons l'application à quelques faits d'un autre ordre. Ainsi, par exemple, la nature des formations géologiques qui composent l'écorce terrestre ne peut être saisie que par voie historique. Ce n'est, en effet, qu'à de certains endroits déterminés et à de certaines époques également déterminées, que se sont trouvées réunies les conditions dont le concours a produit, par exemple, les schistes dévoniens ou le grès des Vosges. La naissance de ces roches ne dépend, il est vrai, que de phénomènes physiques et chimiques; seulement il fallait que certaines autres modifications physiques de l'écorce terrestre se fussent accomplies au préalable pour que ces roches pussent se produire précisément en ce lieu et à cette époque. Au contraire, la naissance d'un cristal de sel marin peut être provoquée à tel moment que l'on voudra, pourvu qu'on réunisse à ce moment les conditions nécessaires à sa formation. Les pseudomorphoses cristallines ne peuvent également s'expliquer qu'historiquement, bien qu'il soit certain que, dans ce phénomène, les propriétés physiques et chimiques connues de la matière sont seules en jeu.

On voit donc, et c'est l'objet de cette remarque, que l'explication historique d'un phénomène naturel n'exclut pas la possibilité d'une explication physique de ce phénomène; elle l'enveloppe seulement. Et cette remarque s'applique aussi aux propriétés héréditaires ou historiquement acquises de l'espèce végétale, bien que dans la pratique l'application en soit beaucoup plus difficile ici que dans les cas tirés de la nature inorganique.

§ 13.

Propriétés générales des corps végétaux en voie d'accroissement (1).

Dans l'étude des corps végétaux en voie d'accroissement, nous pouvons faire abstraction complète des vrais cristaux qui se montrent dans les cellules : par leurs propriétés générales, en effet, ces cristaux ne se distinguent pas de ceux qui se forment en dehors de la plante. Il en est tout autrement des corps élémentaires organisés, comme le protoplasma, le noyau, les grains de chlorophylle, les grains d'amidon et les membranes cellulaires : tous ces corps présentent des propriétés qui les éloignent de tous les corps inorganiques. Ces propriétés sont les suivantes.

1° Les corps organisés absorbent l'eau et se gonflent. — Les corps organisés sont tous capables de gonflement, c'est-à-dire en état d'absorber l'eau et les dissolutions aqueuses entre leurs particules solides, et cela avec une telle force, que ces particules se trouvent par là écartées l'une de l'autre ; le corps tout entier se dilate donc et peut ainsi exercer sur ce qui l'entoure une notable pression. Si, par un moyen quelconque, on enlève, au contraire, de l'eau au corps organique, ses particules se rapprochent, il se contracte, et cela avec assez de puissance pour exercer sur les parties qui l'environnent une forte traction

---

(1) Voir NÆGELI et SCHWENDENER : Das Mikroskop, Leipzig, 1867, p. 402.

et y amener des déchirures, comme c'est le cas, par exemple, quand une capsule séminifère s'ouvre en se desséchant. Le gonflement et la dessiccation des corps organisés peuvent donc exercer des modifications sur leur entourage, c'est-à-dire tout d'abord sur les autres corps organisés qui les avoisinent.

Mais cette faculté de se gonfler a une importance plus grande encore, car c'est en elle que réside la possibilité de l'échange général des sucs, soit à l'intérieur d'une simple cellule, soit entre les diverses cellules qui composent les tissus massifs. Pour que l'accroissement par intussusception ait lieu, il faut en effet que les substances plastiques dissoutes puissent pénétrer par imbibition entre les particules des corps organisés et qu'elles y opèrent des phénomènes chimiques. Ces phénomènes produisent, aux dépens des matières dissoutes, de nouvelles particules solides qui s'intercalent aux particules préexistantes et par lesquelles la masse organique modifie à la fois son volume et sa forme (voir § 1, Livre III).

2° Ils changent de forme sous l'influence de causes internes. — Une seconde propriété générale des corps organisés consiste en ce que, dans des conditions extérieures parfaitement invariables et uniquement par suite de modifications internes, ils changent de forme. Presque tout accroissement est lié, en effet, à des changements de forme. On peut exprimer brièvement cet ordre de faits en disant que les corps organisés et encore capables d'accroissement sont animés par une force plastique intérieure, à condition cependant de ne jamais oublier qu'on ne fait ainsi que donner un nom à un ensemble de causes encore totalement inconnu. C'est aussi grâce à cette force plastique intérieure que les corps organisés sont capables de vaincre les obstacles qui s'opposent à eux ; c'est par elle que les plasmodies, par exemple, malgré leur consistance très-molle, peuvent surmonter leur propre poids et s'élever en rampant le long des supports solides. C'est encore ainsi que l'accroissement du bois s'opère avec une force qui triomphe de la forte pression exercée sur lui par l'écorce qui l'enveloppe.

3° Ils réagissent de diverses manières contre les forces externes qui tendent à modifier leur forme. — Mais si les causes internes des phénomènes plastiques sont capables de vaincre certains obstacles extérieurs, il n'en est pas moins vrai que, d'un autre côté, l'accroissement peut être lui-même influencé par des actions extérieures qui peuvent modifier la forme des corps organisés solides, comme la pression, la traction, la dilatation, la flexion. Les observations qui se rattachent à ce sujet seront exposées dans les paragraphes suivants ; mais il est nécessaire tout d'abord que nous nous expliquions ici sur la signification de quelques expressions dont l'emploi répété sera nécessaire à ce moment.

Comme les corps solides inorganiques, les corps organisés opposent aussi, suivant leur consistance, une plus ou moins grande résistance aux causes externes qui tendent à modifier leur forme ; on y distingue donc des corps *durs* et des corps *mous*. Le corps est dur quand la résistance est grande, comme dans les membranes cellulaires lignifiées ou silicifiées ; il est mou quand la résistance est très-faible, comme dans le protoplasma, les grains de chlorophylle, les

membranes cellulaires fortement gonflées et incapables d'accroissement ultérieur (gomme adragant, par exemple). Les corps qui se brisent sous l'influence de la pression et de la traction, plutôt que de changer leur forme d'une
façon appréciable, sont dits *rigides*, comme les grains d'amidon et les cristalloïdes d'aleurone ; si leur forme se modifie notablement, au contraire, avant
qu'il y ait rupture, on les dit *extensibles*, que ce soit d'ailleurs une pression ou
une traction qui ait amené ce changement de forme. Il est clair que la flexibilité dépend jusqu'à un certain degré de l'extensibilité, car la face concave
du corps infléchi se raccourcit par compression, pendant que la face convexe
s'allonge par traction. Toutes ces propriétés sont d'ailleurs relatives, et le
même corps peut se comporter d'une manière différente suivant la nature de
l'action extérieure qui agit sur lui. Ainsi, par exemple, le sommet végétatif de
la racine se comporte vis-à-vis d'un choc brusque comme un corps rigide, et
se brise facilement, tandis que si on l'infléchit lentement il se montre extensible.

Une fois qu'un corps extensible a été modifié dans sa forme par pression,
traction ou flexion, il peut, si on l'abandonne ensuite à lui-même, conserver la
forme nouvelle qu'on lui a imposée ; on le dit alors *inélastique*. S'il reprend au
contraire sa forme primitive, il est *élastique*. Si le changement de forme imprimé
du dehors est petit, il s'égalise d'ordinaire complétement quand le corps est
abandonné à lui-même ; au-dessous d'une certaine limite les corps organisés
sont donc *parfaitement élastiques*. Mais si le changement de forme dépasse une
certaine limite, qui dépend à la fois de la nature du corps et de la durée de l'action déformatrice, il ne reprend plus exactement sa forme primitive. La modification de forme la plus grande qui puisse être imposée à un corps par les
forces extérieures, tout en lui permettant encore le retour complet à sa forme
primitive, détermine ce qu'on appelle la *limite d'élasticité* de ce corps.

Cette limite dépassée, le corps conserve en partie la forme nouvelle qui lui
a été imposée et, plus cette conservation a lieu, moins son élasticité est complète. Il semble d'ailleurs que pour toute extension ou modification de forme
longtemps prolongée tous les corps soient imparfaitement élastiques, en
d'autres termes, que, pour toute action extérieure longtemps prolongée, si
petite qu'elle soit, il n'y ait pas de limite d'élasticité.

En tous ces points, les corps organisés se comportent comme les corps inorganiques. Cependant il faut remarquer encore que les termes que nous venons
d'expliquer ne désignent partout que l'effet directement appréciable au dehors
que la force modificatrice exerce sur le corps, les modifications internes dont
cet effet résulte pouvant être d'ailleurs de nature très-différente dans des
corps différents. La rigidité, notamment, c'est-à-dire la résistance à la flexion,
résulte évidemment dans un cylindre ligneux de conditions internes tout
autres que dans une tige ou dans une racine séveuse, principalement formée de
parenchyme. On en acquiert immédiatement la preuve, si l'on remarque que le
cylindre ligneux devient d'autant plus rigide qu'il perd une plus grande quantité d'eau, tandis qu'en se desséchant la tige parenchymateuse devient, au
contraire, de plus en plus flexible. Cette différence se comprend aisément si
l'on réfléchit que la flexibilité du tissu ligneux résulte immédiatement de la

flexibilité de ses cellules ligneuses qui, n'étant pas fermées, ne peuvent devenir turgescentes ; tandis que la flexibilité du tissu parenchymateux dépend des modifications d'ensemble des cellules turgescentes et fermées de tous côtés qui constituent le parenchyme, modifications où l'extensibilité et l'élasticité des membranes cellulaires ne jouent qu'un rôle très-subordonné. Ces changements de forme sont évidemment d'autant plus faciles que la turgescence des cellules est moindre. Un tissu parenchymateux peut se comparer à une réunion de vésicules remplies d'eau ; si toutes ces vésicules sont fortement distendues par l'eau qui les remplit, chacune d'elles et par conséquent l'organe tout entier est tendu et rigide ; si elles ne contiennent, au contraire, que juste assez d'eau pour se toucher sans se distendre, chacune d'elles et l'organe tout entier est flasque et se laisse facilement fléchir dans toutes les directions. Un corps parenchymateux peut donc être distendu et rigide, même quand ses membranes cellulaires sont très-minces et très-flexibles, quand elles ne sont que juste assez solides pour ne pas éclater sous la pression de l'eau qui s'y accumule et pour ne pas la laisser filtrer au dehors.

En ce qui concerne maintenant la flexibilité et l'élasticité d'une membrane cellulaire imbibée d'eau, ou d'une portion d'une pareille membrane, il n'est pas permis de la comparer, sans autre explication, avec la flexibilité d'une membrane cellulaire complétement sèche, ni avec celle d'une feuille de métal. C'est ce que MM. Nägeli et Schwendener ont déjà établi (*loc. cit.*, p. 405). « Considérons d'abord, disent ces auteurs, un morceau de membrane isolé et imbibé d'eau, par exemple une lamelle d'un thalle de *Caulerpa*, ou une fibre libérienne épaissie jusqu'à disparition complète de sa cavité intérieure. On voit, par la manière dont ce fragment se comporte dans la lumière polarisée, que les pressions, les flexions et les autres actions mécaniques ne modifient pas sensiblement l'arrangement des atomes dans les molécules cristallines et que seules les distances des molécules entre elles se trouvent par là diminuées ou agrandies. On sait d'un autre côté que l'eau est retenue avec une grande force dans les membranes qu'elle imbibe, et l'observation microscopique apprend qu'elle n'est pas expulsée par la flexion et la compression de l'objet. Il faut donc admettre que le contenu aqueux d'une membrane en état de tension est le même que dans une membrane à l'état neutre. Les forces extérieures ne font donc que déplacer les particules d'eau à l'intérieur de la membrane ; elles ne les en expulsent pas. Si l'on fléchit l'objet, par exemple, ces particules d'eau se dirigent de la face concave vers la face convexe, mais, après comme avant, elles remplissent complétement tous les intervalles entre les molécules de la substance et elles y occupent aussi sensiblement le même espace, car la somme de leurs tensions n'est que fort peu modifiée. Si maintenant nous appliquons le même raisonnement à un tissu séveux dépourvu d'espaces intercellulaires, il est clair que les membranes se prêteront ici tout aussi peu que dans le cas précédent, à une modification de volume. Il en est de même encore du liquide contenu dans les cellules. Reste seulement à se demander si les changements de tension amenés par les forces extérieures ne modifieraient pas au moins localement la perméabilité des membranes. S'il en était ainsi, on devrait, en comprimant un tissu et en y affaiblissant ainsi la résistance des membranes sans y amoindrir la pression hydrostatique (turgescence) (1), en expulser une partie du suc cellulaire, jusqu'à ce que la nouvelle pression hydrostatique vienne équilibrer de nouveau la résistance amoindrie des membranes. De même une traction exercée sur le tissu devrait y appeler du dehors un afflux d'eau, ou s'il est isolé y déterminer la formation d'un espace vide. Si, au contraire, les changements de tension, comme ils se présentent en effet dans les plantes, sont sans influence sensible sur la perméabilité, alors les tissus se comportent comme des membranes imbibées, et ils occupent, en tel état de tension que l'on voudra (2), toujours le même espace. »

Turgescence des cellules. — Pour l'intelligence de plusieurs phénomènes que nous décrirons plus loin, il est nécessaire de se faire dès à présent une idée claire des changements qu'une cellule remplie de suc subit dans sa *turgescence*, quand on la comprime, ou qu'on la distend, ou que simplement on l'infléchit. Par turgescence, nous entendons la pression hydrostatique que l'eau absorbée par endosmose exerce de tous côtés avec une égale intensité sur la membrane cellulaire, pression que la membrane à son tour, grâce à son élasticité, exerce sur le contenu ; de telle façon que dans une cellule turgescente il faut concevoir la membrane distendue et le contenu comprimé avec une force égale.

Le commençant fera bien, pour se représenter clairement cet état de tension opposée de la membrane et du contenu d'une cellule, de construire une cellule artificielle de la manière suivante. On prend un tube de verre large et court dont on ferme une extrémité avec une membrane de vessie de porc fraîche, dépourvue de trous et solidement ajustée. On remplit le tube d'une dissolution concentrée de sucre ou de gomme et on le ferme en haut avec un autre fragment de vessie de porc. Placée dans l'eau, cette cellule artificielle absorbe le liquide avec une grande force ; les disques de vessie, déjà fortement tendus auparavant sur les deux sections du tube, se renflent, deviennent hémisphériques et offrent une grande résistance à la pression. Si à l'aide d'une fine aiguille on pique la membrane ainsi distendue, on voit s'échapper un filet d'eau qui s'élance à plusieurs pieds de hauteur. La force qui projette l'eau avec autant de puissance n'est autre chose que l'élasticité de la membrane distendue ; mais la cause qui a mis en jeu cette élasticité en tendant la membrane, c'est l'attraction endosmotique exercée sur l'eau extérieure par le sucre contenu dans la cellule.

Supposons maintenant qu'une cellule végétale fermée de toutes parts soit arrivée à un certain état moyen de turgescence, où la membrane déjà nettement tendue est cependant capable encore de subir sans se déchirer une extension ultérieure ; imaginons, en outre, que cette membrane soit extensible et élastique, ce qui a lieu effectivement dans les membranes cellulaires en voie d'accroissement et non lignifiées ; la question suivante s'impose à nous. Quels changements subit la turgescence de cette cellule, quand, par une action extérieure, extension, pression ou flexion, on vient à changer sa forme ? La simple disposition, repré-

---

(1) Ces mots ne sont pas bien compréhensibles. Quoi qu'il en soit, une pression exercée du dehors sur une cellule turgescente augmente, comme nous le verrons bientôt, la turgescence, c'est-à-dire l'état de tension de la membrane ; la résistance qu'elle oppose à la filtration peut alors être finalement dépassée.

(2) Tension veut évidemment dire ici flexion, dilatation ou pression par des forces extérieures.

sentée fig. 447, permet de résoudre cette question avec autant de simplicité que de clarté.

Soit K un tube de caoutchouc large et à paroi épaisse, bouché en bas par le tube de verre S fermé en g. Après avoir rempli d'eau le tube K, on

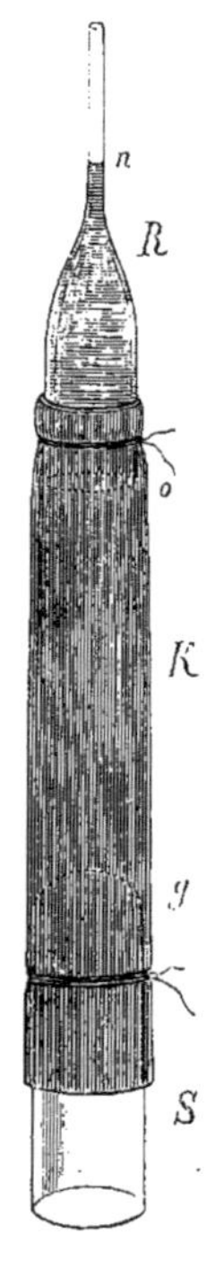

y ajuste solidement le tube de verre R, large en bas en o, et ouvert en haut à son extrémité rétrécie; on s'arrange de façon que le niveau de l'eau s'élève dans le tube étroit jusqu'en n. Pour donner à la paroi du tube de caoutchouc, qui représente ici la membrane cellulaire, une tension initiale suffisante, il convient de donner au tube étroit de R une longueur de 20 à 30 centimètres et d'élever d'autant le niveau n. L'extrémité large de R est serrée dans un étau, de sorte que la cellule pend. Il s'établit alors un état d'équilibre entre l'élasticité du caoutchouc et la pression hydrostatique, que l'on peut comparer à la turgescence de la cellule végétale, et c'est dans cet état que le niveau du liquide est stationnaire en n.

Ceci posé, si l'on tire le tube S vers le bas, la membrane élastique se trouve allongée et en même temps rétrécie, tandis que le volume circonscrit est augmenté, comme on le voit par l'abaissement du liquide dans le tube étroit. Si l'on pousse au contraire le tube S vers le haut et que l'on comprime ainsi la paroi du tube de caoutchouc, en s'arrangeant de manière à empêcher toute flexion latérale, le volume du tube K se trouve diminué, comme on le voit par l'élévation du niveau n. Ce même résultat a lieu quand on imprime au tube K une flexion quelconque, ou quand on le comprime latéralement en un point quelconque.

Il est bien clair que si le tube supérieur est fermé en n de façon à rendre impossible une élévation ou un abaissement du niveau n, toute modification qui produisait auparavant une élévation de niveau, déterminera maintenant une augmentation de pression hydrostatique et *vice versa*. On peut donc dire que, *dans une cellule fermée et turgescente, toute pression exercée du dehors, ainsi que toute flexion, augmente la turgescence ; toute traction, au contraire, la diminue.*

Imaginons maintenant qu'on courbe une tige séveuse originairement droite, ou une racine en voie d'accroissement, les cellules de la face convexe se trouveront étirées et distendues, celles de la face concave au contraire seront comprimées, et par conséquent la turgescence diminuera dans les premières et augmentera dans les secondes. Cette conclusion se vérifie très-nettement, si, prenant un entre-nœud de Vigne bien séveux et en voie d'actif accroissement, on le courbe lentement, mais fortement, jusqu'à lui donner la forme d'un demi-cercle. On remarque alors que pendant la flexion il s'échappe de l'épiderme, sur la face concave, comprimée et raccourcie de la tige, un grand nombre de petites gouttes d'eau disposées en séries longitudinales. Qu'elles sortent par des fentes ou qu'elles soient expulsées à travers les membranes cellulaires, peu importe;

Fig. 447.

elles n'en montrent pas moins que les cellules situées sur la face concave et comprimée sont en turgescence plus grande que dans le même entre-nœud quand il était droit.

Extensibilité, flexibilité, élasticité des organes en voie d'accroissement. — Dans l'état actuel de nos connaissances, les présentes considérations doivent, si nous ne voulons pas nous livrer à des spéculations incertaines, demeurer assez incomplètes ; elles suffisent du moins à attirer l'attention sur les phénomènes qui s'accomplissent à l'intérieur des organes en voie d'accroissement, quand ils subissent l'action de forces extérieures, comme la pression, la traction, la flexion, etc. Mais si pour le moment nous laissons de côté ces modifications internes, l'effet purement extérieur des influences que nous venons de nommer a droit aussi de notre part à une attention plus grande qu'il ne lui en a été accordé jusqu'ici (1). Une grande utilité s'attache par exemple à la solution des questions suivantes : A quel endroit un entre-nœud, une racine, une feuille en voie d'accroissement, possèdent-ils leur plus grande extensibilité, leur plus grande flexibilité, leur plus grande élasticité ? Cette place coïncide-t-elle ou non avec le lieu du plus grand accroissement actuel ? Jusqu'à quel point l'élasticité de ces organes est-elle complète ? etc. Nous verrons que des observations même assez grossières dans cette direction conduisent à des résultats qui permettent d'écarter d'anciennes erreurs et d'en corriger de récentes.

Comparée à celle des entre-nœuds ou portions d'entre-nœud dont l'accroissement est terminé, l'extensibilité de ces mêmes parties en voie d'accroissement rapide est très-considérable, mais par contre leur élasticité est très-imparfaite. Plus le bois se développe dans une région donnée de l'entre-nœud, plus l'élasticité y augmente, mais en revanche plus l'extensibilité y diminue. Dans les racines jeunes et non encore lignifiées, au contraire, la résistance à la flexion est plus grande dans les parties les plus jeunes que dans les plus âgées, que dans celles notamment dont l'accroissement en longueur est terminé depuis quelque temps. Les pointes des racines, ainsi que les très-jeunes débuts de feuilles et le sommet de la tige encore enfermés dans le bourgeon, se comportent vis-à-vis d'un choc ou d'une pression brusques comme des corps cassants, mais, pour des actions de ce genre lentes et prolongées, ces mêmes parties se montrent molles et plastiques ; pendant l'accroissement, cet état de choses fait place à une résistance croissante contre les actions brusques, résistance qui résulte tout d'abord d'une diminution d'extensibilité et plus tard d'une augmentation d'élasticité.

Dans les tiges, les feuilles et les racines en voie de rapide accroissement, il est facile, par des flexions même momentanées, de dépasser la limite d'élasticité et dès lors ces organes, une fois livrés à eux-mêmes, conservent toujours une courbure, faible, il est vrai, mais nettement marquée. Il arrive même souvent, surtout avec des racines et des tiges grêles, que l'on puisse leur imprimer avec les doigts des flexions répétées dans divers sens et leur donner telle forme que l'on voudra, comme on fait d'un bâton de cire molle ou d'un fil de fer chauffé à blanc, sans que la capacité d'accroissement de l'or-

---

(1) Voir DE CANDOLLE : Physiologie végétale, 1833, I, p. 11.

gane subisse par là la moindre atteinte. On atteint plus sûrement encore cet effet, en exerçant sur le corps en voie d'accroissement une flexion faible, mais longtemps prolongée. Ainsi, par exemple, les pédoncules de beaucoup de fleurs sont infléchis vers le bas par le poids de celles-ci, et ils conservent cette courbure, même quand on leur enlève leur charge, jusqu'à ce qu'une nouvelle période d'accroissement vienne donner aux tissus plus d'élasticité et de solidité. S'accroissant alors, sous l'influence de la pesanteur, plus fortement sur leur face inférieure que du côté opposé, ils se redressent et soulèvent une charge bien plus forte, c'est-à-dire le poids du fruit développé. C'est ce que montrent nettement le *Fritillaria imperialis*, l'*Anemone nemorosa*, et beaucoup d'autres plantes à fleurs penchées et à fruits dressés. Mais dans d'autres cas cependant, il arrive que la courbure simplement imposée à l'origine par les forces extérieures se conserve à l'avenir et que les phénomènes ultérieurs d'accroissement la fixent dans le tissu lui-même ; il en est ainsi, par exemple, dans les pédicelles fructifères du *Solanum Dulcamara*.

Citons encore ici un des phénomènes de cet ordre les plus frappants. Il suffit d'exercer un choc latéral au-dessous d'un entre-nœud en voie de rapide accroissement pour lui imprimer une courbure durable dans la position même que cet entre-nœud a prise tout d'abord par l'effet du choc. La même chose arrive quand, saisissant le sommet de la branche avec la main, on lui imprime une flexion semblable à celle que le choc aurait provoquée ; le sommet conserve une courbure très-marquée, grâce à laquelle il prend une position penchée vers le bas. Cependant, dans l'un et dans l'autre cas, l'accroissement ultérieur peut compenser de nouveau les choses et redresser la branche.

On ne possède pas jusqu'à présent une étude exacte et détaillée des phénomènes d'élasticité présentés par les tiges, les feuilles et les racines en voie d'accroissement, et j'ai pu me convaincre que ce travail est entouré de difficultés considérables. Mais heureusement, pour apprécier certains phénomènes végétatifs qui seront décrits plus loin dans ce chapitre, on pourra se contenter d'observations faciles à réaliser par les méthodes et avec les appareils les plus simples, comme celles que je vais communiquer ici d'après mes propres recherches.

a. **Extensibilité et élasticité de tension des entre-nœuds en voie d'accroissement.** — Sur un fragment de tige fraîchement coupée aux deux bouts, on marque les deux extrémités d'un entre-nœud par deux traits à l'encre de Chine. On saisit la branche avec les mains au-dessus et au-dessous de ces marques et, appliquant l'entre-nœud sur une règle divisée en millimètres, on la distend autant qu'il est possible, mais sans atteindre le point où il y aurait danger de rupture (1). Le tableau suivant donne les résultats ainsi obtenus :

(1) Ce procédé d'extension est quelque peu primitif et ne donne naturellement pas une exacte mesure de l'extensibilité des divers entre-nœuds ; si donc je l'ai employé, c'est que l'extension au moyen de poids exige que l'on fixe la branche par une extrémité, et cette fixation présente de grands inconvénients.

Nom de la plante.	Longueur primitive de l'entre-nœud.	Extension estimée en centièmes de la longueur primitive.	Allongement permanent estimé en centièmes de la longueur primitive.
Cimicifuga racemosa..........	296,0 millim.	6.8 0/0	3,5 0/0
Sambucus nigra..............	26.0	18.0	5,4
— l'entre-nœud précédent.	65,0	3,1	1,1
— un entre-nœud plus âgé.	115,0	0,8	0,0
Aristolochia Sipho..........	102,5	4,4	1,0
— l'entre-nœud précédent.	242,0	2.2	0,4
Aristolochia Sipho	33,5	10,4	1,5
— l'entre-nœud précédent.	252,5	1,8	0,4
Aristolochia Sipho..........	71,5	6,3	3,5
— l'entre-nœud précédent.	226,0	2,6	0,8

Tout imparfaite que soit cette méthode d'observation, les nombres inscrits dans ce tableau montrent cependant : 1° que les entre-nœuds en voie d'accroissement sont à un haut degré extensibles ; 2° que leur extensibilité diminue quand l'âge augmente ; 3° que leur élasticité, au contraire, augmente avec l'âge, et devient de plus en plus parfaite.

b. **Flexibilité et élasticité de flexion des entre-nœuds en voie d'accroissement.**— Dans une branche fraîche et turgescente, on découpe un entre-nœud et, le plaçant sur un carton où sont tracés des cercles concentriques, on le courbe avec les deux mains de telle façon que son axe coïncide sensiblement avec l'un des cercles concentriques ; le rayon connu de ce cercle est inscrit dans le tableau qui suit, sous le nom de rayon courbure de l'entre-nœud. Puis l'entre-nœud est laissé à lui-même et la courbure qu'il conserve est estimée de la même manière. Ensuite on imprime au même entre-nœud une courbure en sens inverse, et ainsi de suite, comme on le voit dans le tableau. Enfin on applique l'entre-nœud par sa face concave sur la règle divisée et on le rend droit en le comprimant.

Nom de la plante.	Longueur de l'entre-nœud.	Rayon de courbure imposé.	Rayon de courbure quand il est laissé à lui-même.	Épaisseur de l'entre-nœud en son milieu.
Valeriana officinalis. — Pédoncules de jeunes inflorescences.				
Droit......................	200 millim.	— centim.	— centim.	6 millim
1. Courbé.................	—	4	13	—
2. Courbé en sens opposé.	—	4	21	—
3. Courbé de nouveau dans le premier sens.....	—	4	23	—
4. Courbé de nouveau en sens opposé........	—	4	24	—
Redressé..................	201,5	—	—	—
Cimicifuga racemosa.				
Droit....................	165,0	—	—	5
1. Courbé...............	—	5	19	—
2. Courbé en sens inverse.	· ·	5	22	—
Redressé..................	165,5	—	—	—

Nom de la plante.	Longueur de l'entre-nœud.	Rayon de courbure imposé.	Rayon de courbure quand il est laissé à lui-même.	Épaisseur de l'entre-nœud en son milieu.
Heracleum sibiricum, — Pédoncule de l'ombelle.				
Droit	165,5	—	—	5
1. Courbé	—	5	18	—
2. Courbé en sens inverse.	—	5	23	—
3. Courbé de nouveau dans le premier sens	—	5	25	—
4. Courbé de nouveau en sens inverse	—	5	22	—
Redressé	167,5	—	—	—
Vitis vinifera. — Jeune entre-nœud.				
Droit	47,5	—	—	5,8
1. Courbé	—	2	4	—
2. Courbé en sens inverse.	—	2	6	—
3. Courbé de nouveau dans le premier sens	—	2	6	—
4. Courbé de nouveau en sens inverse	—	2	9	—
Redressé	47,5	—	—	—
Vitis vinifera. — Entre-nœud plus âgé.				
Droit	133,8	—	—	7
1. Courbé	—	4	8	—
2. Courbé en sens inverse.	—	4	17	—
3. Courbé de nouveau dans le premier sens	—	4	11	—
4. Courbé de nouveau en sens inverse	—	4	25	—
Redressé	133,0	—	—	—

Ces quelques exemples, puisés dans une longue série d'observations, montrent : 1° que les entre-nœuds en voie d'accroissement sont très-flexibles ; 2° que la courbure qu'on leur impose ne s'efface pas quand on les abandonne à eux-mêmes, en d'autres termes, que leur élasticité de flexion est très-imparfaite ; 3° que des flexions égales et répétées en sens inverse laissent des courbures permanentes de plus en plus faibles (1) ; 4° qu'une forte flexion et mieux encore des flexions répétées en sens inverse laissent l'entre-nœud plus flasque, lui font perdre de sa rigidité ; le tableau ne contient pas d'observations sur ce point. 5° Les trois premiers exemples montrent qu'un entre-nœud s'allonge légèrement quand on l'infléchit alternativement en divers sens ; mais les deux derniers ne laissent apercevoir aucun allongement de ce genre ; le dernier a même subi par la flexion un faible raccourcissement.

c. **Changements de longueur de la face concave et de la face convexe d'un entre-nœud courbé.** — Ici encore, comme dans le cas précédent, la courbure était déterminée à la main et mesurée, sur un carton muni de cercles concentriques, par son rayon de courbure. La longueur primitive de l'entre-nœud, ainsi que la longueur de sa face concave et de sa face convexe après

(1) La courbure est d'autant plus faible que le rayon de courbure est plus grand.

qu'il est laissé à lui-même, sont mesurées par une bande de carton divisée en millimètres et soigneusement appliquée sur la surface en question. Pour obtenir une grande différence entre la face concave et la face convexe, on s'est servi d'entre-nœuds très-épais et dont l'épaisseur était mesurée au milieu de leur longueur.

Nom de la plante.	I. Longueur de l'entre-nœud.	II. Rayon de courbure.	III. Rayon de courbure permanent.	IV. Raccourcissement de la face concave de III.	V. Allongement de la face convexe de III.
Sylphium perfoliatum. — Entre-nœud de 13,2 millim. d'épaisseur.					
Droit................	185 millim.	— centim.	— centim.	— millim.	— millim.
Courbé................	—	14	26	1	2
Courbé en sens inverse.	—	14	30	1	1,5
Redressé..............	185	—	—	—	—
Ligularia macrophylla. — Entre-nœud de 7,5 millim. d'épaisseur.					
Droit................	199	—	—	—	—
Courbé................	—	6	17	3,5	4
Courbé de nouveau dans le même sens........	—	5	13	3,5	4,5
Courbé en sens contraire.	—	6	30	0,5	1,5

Comme il fallait s'y attendre, ces observations montrent que la courbure permanente d'un entre-nœud est liée à un raccourcissement permanent de la face concave et à un allongement permanent de la face convexe.

d. **Lieu de plus grande flexibilité.** — Dans les branches en voie d'accroissement, le lieu de plus grande flexibilité et en même temps de moindre élasticité semble coïncider avec l'endroit où la vitesse d'accroissement atteint ou vient d'atteindre son maximum (voir plus loin, § 17); mais on manque encore de mesures précises sur ce point.

Supposons que l'on coupe une branche en voie de rapide accroissement, en un endroit situé assez bas pour ne plus présenter d'accroissement en longueur, et que, prenant d'une main cet endroit et de l'autre le bourgeon terminal, on infléchisse assez fortement la branche en tirant à soi le bourgeon. On se convainc alors aisément, à l'aide du carton muni de cercles concentriques, que la plus forte courbure, celle qui a le rayon le plus petit, a lieu dans une région assez éloignée du bourgeon terminal, séparée de lui souvent par une distance de 10 à 20 centimètres. Or c'est précisément cette même région que d'autres indices permettent de regarder comme présentant actuellement le plus grand accroissement en longueur, ou comme venant de le présenter déjà. Tant au-dessus qu'au-dessous d'elle, en d'autres termes, aussi bien dans les parties plus jeunes que plus âgées de la branche, la courbure est moindre, le rayon de courbure plus grand, et l'on passe insensiblement des points où la flexion est la plus faible à ceux où elle est la plus forte. Il en résulte immédiatement qu'une portion un peu grande de l'entre-nœud courbé ne peut pas être regardé comme un arc de cercle et ne doit pas être traité comme tel quand il s'agit d'en mesurer la longueur. Aussi les rayons de courbure inscrits dans les deux tableaux qui précèdent ne représentent-ils que des valeurs approximatives et ne donnent-ils qu'une idée approchée des courbures observées.

Dans les racines principales des plantules de *Vicia Faba*, *Pisum*, *Zea*, etc., qui avaient atteint déjà une longueur de 5 à 15 centimètres, j'ai pu me convaincre par un procédé analogue que l'endroit le plus flexible et le moins élastique se trouve situé bien en arrière du point où l'accroissement en longueur a déjà complétement pris fin (1).

e. **Flexion brusque des branches en voie d'accroissement par choc, coup ou ébranlement** (2). — Quand une tige dressée et en voie de croissance subit un choc brusque dans sa région inférieure, dont l'allongement est terminé, la courbure imprimée ainsi à la partie frappée se propage en forme d'onde à travers la tige, de telle façon qu'immédiatement après le choc le sommet libre de l'organe prend une courbure marquée, dont la concavité est tournée vers le côté où le coup a frappé. Grâce à son élasticité, le sommet tend aussitôt à se redresser, mais, comme cette élasticité est très-imparfaite, il garde une partie de sa première courbure. Dès que la branche, après avoir accompli quelques oscillations, est revenue au repos, on remarque donc qu'au-dessous du sommet, là où l'organe se montre aussi le plus flexible pour une courbure ordinaire, il s'est établi une courbure permanente ; le sommet est penché, et toujours du côté où le coup s'est fait sentir dans la région inférieure de la tige. Dans un grand nombre de cas, il suffit d'un seul coup de bâton pour provoquer ce phénomène; il en est ainsi par exemple dans les *Fagopyrum*, *Lythrum*, *Senecio*, dans les tiges florifères de *Digitalis*, *Cimicifuga*, *Aconitum*, etc.; mais dans les tiges plus rigides et à sommet moins flexible et plus élastique, l'inclinaison terminale ne se produit qu'après trois ou quatre, souvent même seulement après vingt à cinquante coups portés sur un même point de la région ligneuse inférieure . Le degré de courbure varie aussi avec les propriétés spécifiques de la plante.

Coupons une branche assez bas pour que la partie détachée ait une région basilaire lignifiée et dépourvue désormais de tout accroissement en longueur; puis, tenant à la main cette base ligneuse, imprimons à la branche de rapides oscillations dans le même plan; nous la verrons, une fois revenue au repos, manifester au-dessous du sommet, à l'endroit le plus flexible, une courbure prononcée. Le plan de courbure coïncide avec le plan où se sont exécutées les oscillations. Mais le sommet pourra être incliné dans un sens ou dans l'autre, suivant que les oscillations auront été imprimées plus fortement dans une direction que dans la direction opposée ; c'est toujours du côté vers lequel ont eu lieu les plus fortes oscillations, que la courbure permanente tourne sa con-

---

(1) Pour plus de détails sur ce sujet voir : J. SACHS : Uber das Wachsthum der Haupt-und Nebenwurzeln. (Arbeiten des bot. Instituts in Würzburg, Heft III, 1873, p. 393.) (*Trad.*)

(2) Le phénomène que nous décrivons ici a été découvert et étudié par M. Hofmeister (Jahrbücher für wiss. Botanik, II, 1860). M. Prillieux a apporté à l'exposition de M. Hofmeister quelques rectifications importantes (Ann. des sc. nat., 5ᵉ série, IX). Ce que j'en dis ici, complétant sur les points essentiels les assertions de mes prédécesseurs, mais les réfutant en partie, se base exclusivement sur mes récentes observations.

cavité. Enfin, si dans une tige enracinée ou fixée de quelque manière à sa base, on exerce sur le sommet, c'est-à-dire sur la région située au-dessus du point le plus flexible, des chocs latéraux répétés, on obtient encore une courbure permanente à l'endroit de plus grande flexibilité, mais c'est la convexité de la courbure qui est tournée dans ce cas du côté d'où vient le coup.

Dans tous les cas que nous venons d'étudier, la position de la courbure permanente coïncide avec celle de la courbure la plus forte que la portion de tige considérée a acquise momentanément, ne fût-ce qu'une seule fois, dans le cours de la manipulation. Le phénomène est tout à fait le même que si, prenant la branche avec les deux mains, on la courbait fortement une bonne fois, ou que si on la fléchissait tour à tour dans deux sens opposés, mais de façon que les flexions dans un sens fussent toujours plus fortes que celles dans le sens opposé. De simples ébranlements, qui ne déterminent dans les entre-nœuds aucune flexion violente, n'y occasionnent non plus aucune courbure permanente. Ainsi, si l'on enferme la branche à étudier dans un tube de verre qu'on ébranle ensuite violemment, soit en heurtant le tube à sa base, soit en lui imprimant des vibrations latérales, la branche qu'on en retire ensuite ne présente aucune espèce de modification.

Sur une branche dressée, si l'on marque au préalable à l'encre de Chine des traits équidistants dans toute la région susceptible de s'infléchir, puis, qu'on lui imprime des oscillations par des coups répétés au-dessous de cette région, on voit que la face convexe de la courbure permanente se trouve allongée, tandis que la face concave s'est raccourcie, résultat entièrement conforme aux phénomènes étudiés plus haut (1). — Dans les mesures exécutées à cet égard et contenues dans le tableau suivant, on s'est servi le plus possible de branches épaisses, de façon à obtenir, même par une faible flexion, une différence de longueur assez grande entre la face convexe et la face concave. Cette longueur était mesurée d'ailleurs avec une bande de carton divisée en millimètres, que j'appliquais étroitement contre l'une et l'autre face :

Nom de la plante.	Longueur marquée.	Rayon de courbure.	Allongement de la face convexe.	Raccourcissement de la face concave.
Sylphium perfoliatum........	152 millim.	18 centim.	3,4 0/0	0,0 0/0
— —	120	—	1,7	0,6
Macleya cordata............	87,5	7	2,3	1,7
— —	104	24	0,5	1,5
Polygonum Fagopyrum......	63	8	2,1	1,6
Helianthus tuberosus........	98	—	2,0	1,4
Valeriana exaltata..........	150	32	0,8	0,7
— —	110	—	0,7	2,1
Vitis vinifera...............	149	6-10	1,3	2,0

(1) D'après M. Hofmeister, tous les côtés de la branche s'allongeraient à la fois. M. Hofmeister calculait la longueur de l'arc en le regardant comme un arc de cercle. De son côté, M. Prillieux ne mesurait que le côté concave, qu'il trouvait toujours raccourci ; mais de ce raccourcissement de la face concave, il ne fallait pas conclure le raccourcissement de la branche tout entière, c'est-à-dire de son axe neutre. Quant à l'épaississement qui, suivant M. Hofmeister, accompagnerait l'allongement de toutes les faces de la branche, je crois qu'il est impossible d'en démontrer l'existence avec quelque certitude, à cause de l'extrêmement faible changement de diamètre dont il doit s'agir ici.

Il est donc démontré que la courbure permanente déterminée dans une branche à la suite d'oscillations violentes, ce qu'on a appelé jusqu'ici la *courbure d'ébranlement*, résulte d'un allongement de la face convexe et d'un raccourcissement simultané de la face concave. Et c'est la preuve en même temps que le phénomène tout entier a pour causes la très-imparfaite élasticité et la grande flexibilité de la région susceptible de s'infléchir (1). Une branche courbée de cette façon présente les mêmes modifications qu'une branche qu'on aurait simplement infléchie entre les mains.

Rien ne serait d'ailleurs changé à ce résultat si l'on arrivait à trouver, conformément à ce qui est dit à la page 922, que la face concave subit aussi quelquefois un petit allongement; cette face éprouve, en effet, au milieu des oscillations de la tige, des extensions qui pourront fort bien ne pas toujours être complétement égalisées. M. Prillieux a déjà comparé d'ailleurs la courbure que nous étudions ici avec celle que subit une tige de plomb fixée sur un poteau élastique quand on frappe sur ce poteau; mais il n'avait pas pu expliquer pourquoi les parties les plus âgées et les parties les plus jeunes de la branche ne manifestent pas ce phénomène. Cela provient chez les premières de leur parfaite élasticité, et chez les secondes de leur faible flexibilité et de cette circonstance, que pendant la manipulation elles ne subissent elles-mêmes aucune forte flexion, mais se trouvent simplement entraînées de côté et d'autre par les oscillations des parties inférieures plus flexibles.

Si l'accroissement ultérieur fait disparaître plus tard cette courbure, cela pourra provenir tout d'abord de ce que la turgescence augmente sur la face concave et diminue sur la face convexe, ce qui favorise l'accroissement de la première. Cet effet peut être aidé encore par une lente réaction élastique, en vertu de laquelle l'épiderme dilaté de la face convexe se contracte peu à peu, tandis que les tissus comprimés de la face concave tendent à se dilater de nouveau.

§ 14.

Causes des états de tension dans la plante.

Trois causes principales mettent en état d'action, ou de tension, l'élasticité des corps organisés à l'intérieur de la plante, savoir : 1° la turgescence, c'est-à-dire la pression hydrostatique exercée par le contenu de la cellule sur sa membrane; 2° le gonflement et la contraction de la membrane cellulaire, quand la quantité d'eau qui l'imbibe augmente ou diminue; 3° enfin les changements de forme et de volume qui sont provoqués par l'accroissement des cellules.

Tensions déterminées par la turgescence des cellules et des tissus. — La force avec laquelle l'eau du milieu extérieur est appelée dans la cellule par l'attraction endosmotique suffit non-seulement à remplir simplement la cavité circonscrite par la membrane cellulaire, mais encore à agrandir cette

_____

(1) Voir l'exposition différente donnée de ce même phénomène par M. Hofmeister : Ueber die Beugung saftreicher Pflanzentheile (Bericht. der K. sächs. Gesellsch. der Wiss, 1859).

cavité ; le volume toujours croissant du suc absorbé distend, en effet, la membrane jusqu'à ce que l'élasticité de celle-ci fasse équilibre à la succion endosmotique. Arrivée à cet état d'équilibre où sa membrane est tendue et rigide, la cellule est dite turgescente. Vient-elle à perdre une partie de son eau, soit par évaporation, soit parce que les cellules voisines lui en prennent une certaine quantité, la tension de la membrane diminue et avec elle le volume de la cellule tout entière. La pression hydrostatique, que le liquide absorbé par endosmose exerce de dedans en dehors sur la membrane, a évidemment la même grandeur en tous les points situés à l'intérieur de la petite cavité de la cellule. Mais ce n'est pas à dire cependant que certains endroits de la membrane ne pourront pas, quand la turgescence croît ou diminue, se distendre ou se contracter plus fortement que les autres ; c'est ce qui arrivera notamment s'ils possèdent une plus grande extensibilité. Il en résulte que les changements de turgescence peuvent modifier non-seulement le volume, mais aussi la forme de la cellule.

Plus est forte la tension qui existe entre la membrane et le contenu d'une cellule, c'est-à-dire plus est grande la turgescence de cette cellule, plus aussi la cellule oppose de résistance aux forces extérieures qui tendent à en modifier la forme, mais plus facilement, en revanche, elle éclate sous l'action de ces mêmes forces. La cellule a-t-elle perdu assez d'eau pour que le suc ne remplisse plus complétement l'espace enveloppé par la membrane contractée, alors de deux choses l'une : ou bien la membrane est assez mince et assez flexible ; alors elle est refoulée en dedans par la pression de l'air ou du liquide ambiant, et elle y projette des replis ; on dit que la cellule est *collabescente;* ou bien, au contraire, la membrane est épaisse et solide, c'est-à-dire inflexible ; alors il naît dans la cellule une tension opposée à la turgescence primitive.

Comme la turgescence d'une cellule n'est pas autre chose que la tension antagoniste de la membrane et du contenu de cette cellule, ou, si l'on veut, l'état d'équilibre entre l'absorption endosmotique du contenu et l'élasticité de la membrane, il est parfaitement clair que des cellules fermées, c'est-à-dire complétement dépourvues de trous, pourront seules devenir turgescentes. Les pores moléculaires à travers lesquels l'eau mue par l'endosmose pénètre dans la membrane diffèrent des trous en un point essentiel : ils sont si étroits que leur diamètre est inférieur à la limite d'action des forces moléculaires ; les trous, au contraire, même les plus petits, ont leur ouverture affranchie, au moins dans sa partie centrale, des actions moléculaires de la substance qui la borde. Des ouvertures de grandeur microscopique, comme sont les pores des ponctuations aréolées par exemple, sont des trous dont la dimension doit être tenue pour très-grande relativement à celle des pores moléculaires qui provoquent la diosmose. Des cellules à ponctuations trouées ne peuvent donc pas devenir turgescentes ; toute tension, si petite qu'elle soit, qui tend à s'établir entre le contenu et la membrane y est aussitôt égalisée, en effet, par l'expulsion du liquide en excès à travers les orifices. Une pareille expulsion d'eau peut, il est vrai, s'opérer aussi à travers des membranes parfaitement closes ; mais cela n'arrive que quand la turgescence est très-grande et quand la pression hydrostatique du liquide cellulaire sur la membrane fortement distendue suffit à exprimer le liquide à travers les pores moléculaires (1). La résistance que les membranes opposent à ce passage pourrait s'appeler résistance à la filtration. Cette résistance a d'ailleurs une intensité différente dans les diverses sortes de cellules, et c'est d'elle que dépend la grandeur de la turgescence quand l'intensité de la force endosmotique du suc et la valeur de l'élasticité de la membrane sont une fois données.

Ce que nous venons de dire de la turgescence d'une cellule isolée s'applique aussi, dans tous les traits généraux, à des tissus massifs formés de nombreuses cellules ; seulement il peut se produire ici, suivant les circonstances, une bien plus grande diversité de phénomènes. Un système formé, par exemple, de plusieurs couches de tissu de même nature unies ensemble, s'infléchit quand une de ces couches perd de l'eau par évaporation et se raccourcit, ou bien, au contraire, quand elle absorbe plus d'eau que les autres couches et s'allonge. Il est facile d'observer, par exemple, qu'une racine de plantule en germination, devenue flasque par transpiration et en même temps raccourcie, se recourbe vivement en tournant sa concavité vers le haut quand on la pose horizontalement à la surface de l'eau ; si on la plonge complétement dans l'eau, elle se redresse et s'allonge. De même des couches de tissu de nature différente, unies ensemble et exposées à une diminution ou à une augmentation de turgescence, subissent des courbures ; une tige fendue en long de *Taraxacum officinale*, par exemple, plongée dans l'eau s'y enroule en spirale. La face externe devient concave, parce que le parenchyme médullaire, absorbant beaucoup plus d'eau et ayant des parois cellulaires très-extensibles, se distend plus fortement ; tandis que l'épiderme et l'écorce, n'aspirant l'eau que très-lentement et ayant en outre des membranes cellulaires moins extensibles, ne peuvent s'allonger autant que la moelle.

De même que la cellule isolée, en augmentant sa turgescence, augmente en même temps sa résistance contre les actions modificatrices extérieures, de même un tissu massif devient plus rigide quand toutes ses cellules constitutives deviennent plus turgescentes, et inversement. Découpe-t-on par exemple un cylindre de moelle dans un entre-nœud en voie d'accroissement, ce cylindre est flasque et extensible ; mais si on le plonge dans l'eau pendant un quart d'heure ou une demi-heure, non-seulement il s'allonge notablement, mais encore il devient en même temps très-rigide, cassant même, par suite de la forte absorption d'eau dont toutes ses cellules ont été le siége. Cet effet se produit avec plus de force encore quand la moelle est enveloppée d'autres tissus moins érectiles, comme dans un entre-nœud intact. Si cet entre-nœud s'est fané, est devenu flasque à la suite d'une transpiration prolongée et qu'on le plonge dans l'eau, la moelle commence à devenir turgescente et à se distendre, mais comme elle est entourée d'autres tissus qui se comportent autrement, il faut pour qu'elle puisse s'allonger qu'elle distende en même temps ces tissus ; or ceci n'est possible qu'aussi longtemps que l'élasticité de ces tissus

---

(1) L'eau qui, dans ces conditions, filtre hors de la cellule s'échappe bien réellement par les pores moléculaires de la membrane ; on en a la preuve dans ce fait, que la proportion des substances dissoutes que le liquide renferme est altérée par la filtration.

ne fait pas équilibre à l'extension de la moelle. Cet état d'équilibre une fois
atteint, on constate que l'allongement de l'entre-nœud total, produit par la turgescence de la moelle, est beaucoup plus faible que l'allongement de la moelle quand
elle est isolée. Mais, en revanche, il s'est établi maintenant une forte tension
entre la moelle et le tissu périphérique, tension qui rend l'entre-nœud très-rigide
et peu extensible. L'entre-nœud tout entier peut donc se comparer à une cellule
isolée dont le contenu séveux est représenté par la moelle, et la membrane par
les tissus périphériques. Si la moelle perd de l'eau, l'ensemble se rapetisse
parce que le tissu externe, passivement distendu, se contracte en vertu de son
élasticité propre, et, comme en même temps la tension diminue, l'entre-nœud
redevient de plus en plus flasque ; en un mot, tous les phénomènes précédents
se reproduisent en sens inverse.

Tensions déterminées par l'imbibition des membranes cellulaires. —
Comme il a déjà été dit plus haut, nous appelons *imbibition* la faculté (1) que
possèdent les corps organisés d'absorber de l'eau entre leurs molécules, et cela
avec assez de force pour que ces molécules soient écartées l'une de l'autre ;
par là, l'adhésion des molécules est totalement ou partiellement vaincue et le
corps tout entier s'agrandit. Au contraire, une perte d'eau (par transpiration
par exemple) détermine un rapprochement des molécules et une diminution
correspondante du volume de l'ensemble. Dilatation et contraction s'opèrent
d'ailleurs avec une force assez intense pour vaincre des résistances extérieures
d'une grande puissance.

Ceci posé, tandis que dans les cellules fermées et à parois minces les changements de forme et de volume sont principalement causés par la turgescence,
dans les cellules à parois épaisses et à cavités étroites (fibres libériennes, cellules de collenchyme), c'est au contraire par l'imbibition et le desséchement
de la membrane que ces changements sont principalement opérés, surtout
lorsque la membrane est capable de se gonfler beaucoup, c'est-à-dire d'absorber et de perdre une grande quantité d'eau. Dans les cellules à ponctuations
ouvertes, où il ne peut exister de pression hydrostatique ou de turgescence,
l'imbibition et la dessiccation de la membrane perforée sont même la seule et
unique cause qui puisse modifier le volume et la forme de la cellule ; il en est
ainsi, par exemple, dans les cellules ligneuses munies de ponctuations aréolées et dans les vaisseaux ligneux.

Si, comme c'est le cas ordinaire dans les membranes épaisses, les diverses
couches concentriques qui constituent la membrane ont des pouvoirs d'imbibition et de gonflement différents (voir § 4 du Livre Ier), l'absorption ou la
perte d'eau fera naître entre ces diverses couches des tensions qui pourront
même aboutir à la séparation de ces couches; dès lors chacune d'elles pourra
se dilater ou se contracter sans obstacle. C'est ce qui arrive par exemple pour
les grains d'amidon et pour les disques transversaux découpés dans les fibres
libériennes. Mais ce n'est pas seulement la quantité de l'eau absorbée ou perdue
qui est différente dans les diverses couches d'une même membrane, c'est aussi
la direction suivant laquelle l'eau est principalement interposée entre les mo-

(1) NÆGELI et SCHWENDENER : Das Mikroskop, Leipzig 1867, p. 424.

lécules, ou principalement mise en liberté. De ces différences de direction naissent des tensions, qui peuvent arriver à produire des torsions et des fentes obliques, à dérouler ou à enrouler les bandes spiralées de la membrane et à modifier l'inclinaison des spirales (1).

Ceci posé, toutes ces modifications, liées nécessairement à des tensions entre les couches qui deviennent concaves et convexes, se manifestent de la même façon dans les tissus compactes et dans les organes tout entiers, quand les cellules y ont perdu leur contenu et en même temps leur turgescence, tandis que les membranes sont capables d'imbibition ou, comme on dit ordinairement, hygroscopiques. Ce sont les couches membraneuses et les tissus à parois minces le plus abondamment pourvus d'eau à l'état jeune et vivant, qui se contractent le plus fortement après la mort et par la dessiccation ; ils deviennent concaves en changeant de forme, ou se déchirent par la contraction des tissus ligneux qui y sont intercalés. Nous ne pouvons entrer ici dans une étude détaillée de ces phénomènes extrêmement variés et qui jouent souvent un rôle très-important dans la vie de la plante, mais qui n'ont le plus souvent rien à faire avec l'accroissement ; bornons-nous à dire qu'ils sont la cause de la déhiscence de la plupart des sporanges, des anthères, des fruits capsulaires, ainsi que des mouvements remarquables des arêtes dans diverses espèces d'*Avena* et d'*Erodium;* c'est sur eux que repose la construction de l'instrument appelé *asthygromètre* (2) et aussi l'apparente reviviscence de ce qu'on appelle la Rose de Jéricho (*Anastatica hierochuntica*).

Les changements de volume que subissent le bois et l'écorce des arbres par les variations de leur eau d'imbibition, et les fortes tensions qui par là prennent naissance entre ces deux tissus, exercent, au contraire, une influence importante et immédiate sur le mécanisme de l'accroissement ; nous reviendrons plus loin avec détail sur ce point. Bornons-nous ici à répéter de nouveau au commençant que, lorsque le bois se dilate par imbibition, ou lorsqu'il se contracte par dessiccation, ce phénomène est dû exclusivement aux changements de forme et de volume des membranes cellulaires, car une turgescence comme celle que possèdent les tissus formés de cellules closes est impossible dans le bois. L'extension ou la contraction du bois sous l'influence de l'imbibition ou de la dessiccation est très-différente suivant les directions ; elle est le plus forte possible dans le sens de la périphérie, plus faible dans le sens du rayon, le plus faible possible suivant la longueur (3). Il en résulte, par exemple, que des

(1) Voir CRAMER : Pflanzenphysiologische Untersuchungen von Nägeli und Cramer, Heft III, 1855, p. 28, et J. SACHS : Handbuch der Experim. Physiol. 1865, p. 429. (Trad. française, 1868, p. 453.)

(2) Voir les observations de M. Cramer dans le mémoire de M. Wolff : Die sogenannten Asthygrometer. Zürich, 1867.

(3) Ainsi, par exemple, les changements de dimension dans les trois directions sont, d'après M. Laves (voir Sachs : *Manuel de Physiologie*, p. 455), les suivants :

Nom de la plante.	Dans le sens		
	de l'axe.	du rayon.	de la périphérie.
Érable	0,072	3,35	6,59
Bouleau	0,222	3,86	6,59
Chêne	0,400	3,90	7,55
Épicéa	0,076	2,41	6,18

tiges ligneuses prennent, en se desséchant, des fentes longitudinales, qui se referment quand elles viennent à s'imbiber de nouveau. Les changements de dimension dus à ces causes s'opèrent avec une puissance extraordinaire.

Tensions déterminées par l'accroissement lui-même. — L'accroissement lui-même doit déterminer des tensions dans les diverses couches d'une membrane cellulaire et dans les diverses couches de tissu d'un organe massif; c'est ce qui arrive notamment quand ces couches, bien que solidement unies entre elles, s'accroissent inégalement. L'étude des modifications de tension amenées par les phénomènes d'accroissement est cependant beaucoup plus difficile que celle des changements de tension provoqués par la turgescence et par l'imbibition, parce qu'on ne peut pas les modifier à volonté sans changer en même temps la turgescence et l'imbibition. Comme l'accroissement de tout corps organisé (celui de la membrane cellulaire, par exemple) n'a lieu qu'aussi longtemps que ce corps est imbibé d'eau, comme l'accroissement d'une cellule tout entière exige en outre que cette cellule soit turgescente et que cette turgescence à son tour modifie l'accroissement, il est extrêmement difficile de décider jusqu'à quel point c'est l'accroissement qui provoque la turgescence et *vice versa*.

Comme nous l'avons expliqué plus haut, nous n'entendons par accroissement que les modifications durables et non réversibles apportées dans l'organisation, modifications qui portent tout d'abord sur la structure moléculaire du corps organisé. Ceci posé, il faut admettre, dans l'état actuel de nos connaissances, que tout accroissement est toujours précédé et préparé par l'imbibition et la turgescence, et que ce sont précisément les tensions des forces moléculaires provoquées par ces deux causes, qui rendent possible l'interposition de particules nouvelles entre les anciennes. Qu'une membrane cellulaire, par exemple, soit distendue par la turgescence, que ses molécules soient par conséquent écartées les unes des autres et peut-être même autrement disposées, si la turgescence vient à décroître, cet état des molécules pourra rétrograder et en même temps disparaître en vertu de l'élasticité de la membrane. Mais que, pendant cet état de distension, il s'opère un accroissement par interposition de molécules nouvelles entre les anciennes, la tension de la membrane sera aus-

Les changements de volume du bois ont été étudiés par M. Weisbach (*loc. cit.*, p. 456).

Nom de la plante.	100 parties en poids de bois sec ont absorbé	100 parties en volume de bois sec se sont dilatées de
Érable	87	9,4
—	87	7,1
Bouleau	97	7,0
—	91	8,8
Chêne	60	7,2
—	91	7,8
Épicéa	94	5,7
—	130	5,1

Quand on estime le rapport du changement de volume à la quantité d'eau absorbée, il ne faut pas oublier que les nombres qui expriment cette dernière comprennent non-seulement l'eau qui imbibe les parois cellulaires et qui détermine la dilatation du bois, mais encore l'eau qui s'introduit par capillarité dans les cavités cellulaires elles-mêmes. Il résulte aussi de là qu'une plus grande absorption d'eau pourra quelquefois amener une moindre dilatation.

sitôt modifiée et en général diminuée. Si maintenant la turgescence vient à décroître comme tout à l'heure, la membrane ne revient pas à son état primitif, mais se constitue dans un nouvel état d'équilibre. L'accroissement y a introduit une modification permanente, mais cette modification n'a été rendue possible que par la pression hydrostatique et l'imbibition.

On peut donc tout d'abord ramener la participation de l'accroissement dans la tension du tissu à ce fait que, par l'interposition des particules solides dans la substance primitive, la tension provoquée dans cette substance par la turgescence et l'imbibition se trouve partiellement équilibrée et détruite. Seulement cette diminution de tension n'est que momentanée, car après l'interposition des particules nouvelles, la turgescence s'accroît de nouveau et l'imbibition se modifie, ce qui provoque des tensions nouvelles, lesquelles seront à leur tour partiellement équilibrées par l'interposition de particules solides, d'où résultera un nouvel accroissement. On est peut-être assez près de la vérité, quand on admet que, par la turgescence, par l'imbibition et par les tensions secondaires que ces deux causes provoquent, la limite d'élasticité de la membrane cellulaire en voie d'accroissement est continuellement sur le point d'être atteinte. Mais, d'un autre côté, par l'interposition de particules solides entre les anciennes, la tension de la membrane se trouve sans cesse diminuée au moment même qu'elle allait atteindre cette limite, et le phénomène peut se répéter indéfiniment. On pourrait donc définir l'accroissement d'une membrane cellulaire, une continuelle tendance à dépasser la limite d'élasticité, toujours neutralisée par une interposition de substance solide.

Il va de soi d'ailleurs que les quelques notions qui précèdent ne constituent pas une théorie de l'accroissement. Elles ne font qu'indiquer en gros l'effet mécanique que l'accroissement exerce sur la tension du tissu et cette tension sur l'accroissement. Il serait facile d'ailleurs de construire par voie déductive l'explication d'un certain nombre d'autres cas particuliers. Imaginons, par exemple, une membrane cellulaire distendue par la turgescence ou par la traction qu'exercent sur elle les autres cellules du tissu. L'interposition de particules solides entre les anciennes peut être plus grande ou plus petite dans les diverses couches de cette membrane, qui se différencient dès lors par leur extensibilité, leur élasticité et leur pouvoir d'imbibition; d'où résultent, entre les diverses couches de la membrane, de ces tensions antagonistes comme on en observe presque partout sur les minces sections transversales de cellules végétales, mais avec une force toute particulière sur les parois externes des cellules épidermiques. Cette différence d'interposition, même entre les diverses couches d'une même membrane passivement distendues, peut dépendre des circonstances les plus diverses, de leur plus ou moins grand éloignement du protoplasma nutritif, par exemple, de ce qu'elles reçoivent ou ne reçoivent pas le contact de l'air extérieur, etc. Mais, en outre, l'accroissement d'une cellule par interposition varie avec la nature du tissu auquel cette cellule appartient, avec les propriétés chimiques du contenu cellulaire; elle varie encore suivant que la cellule est passivement distendue ou qu'elle est comprimée par ses voisines. Toutes les considérations qui précèdent ne sont d'ailleurs que des opinions probables qui ont pour but d'indiquer à peu près les relations qui existent

entre l'accroissement par interposition des corps organisés et les tensions qui
y sont immédiatement provoquées par la turgescence et l'imbibition.

Quoi qu'il en soit, il faut tenir pour certain que l'intussusception n'est possible que s'il y a imbibition et turgescence, et que de leur côté ces deux
causes, ainsi que l'extensibilité et l'élasticité qu'elles mettent en jeu, doivent
ou du moins peuvent être modifiées par l'interposition. En outre, comme le
corps en voie d'accroissement augmente de volume et que cette augmentation
a lieu à des degrés différents dans les diverses couches d'une même membrane
cellulaire et dans les diverses couches de tissu d'un même organe, il doit nécessairement se développer, entre ces différentes couches, des tensions plus ou
moins fortes.

Tension positive, tension négative. — Il ne sera pas superflu d'ajouter
encore ici quelques remarques propres à expliquer l'idée de tension.

A toute tension correspond une tension en sens inverse, ou une réaction.
Quand un tissu qui cherche à se distendre davantage en est empêché par un tissu
voisin auquel il est lié, tous deux sont en état de tension, mais cette tension,
positive pour l'un, est négative pour l'autre. La tension est dite positive
dans le corps dont l'extension est empêchée ou gênée par les corps voisins;
elle est négative dans ces corps voisins, qui sont passivement distendus. Ainsi,
par exemple, dans une cellule turgescente, le contenu est tendu positivement et
la membrane négativement.

Tension et réaction doivent être égales, aussi longtemps qu'il n'y a ni modification de forme ni mouvement. En d'autres termes, le travail accompli par le
corps dont la tension est positive, est égal au travail produit par l'élasticité du
corps dont la tension est négative; ou bien encore, dans deux couches tendues
en sens contraire et en équilibre, les forces d'élasticité mises en action doivent
s'équivaloir au point de vue du travail. Prenons, par exemple, un cylindre d'acier de 1000 millimètres de longueur, enfonçons-le dans un tube de caoutchouc
fermé en bas de 500 millimètres de longueur; puis étirons le tube jusqu'à ce
que son bord supérieur vienne à dépasser l'extrémité du cylindre d'acier et
fermons-le au-dessus de cette extrémité. Nous aurons ainsi un système en état
de tension; la tension du caoutchouc est négative, celle de l'acier positive. Ce
système étant en repos, la tension et la réaction doivent être égales entre elles;
c'est-à-dire que les petites particules du caoutchouc cherchent à se rapprocher
avec la même force avec laquelle les particules de l'acier actuellement comprimées tendent à s'écarter les unes des autres.

**L'intensité de la tension ne peut pas être mesurée par les changements
de dimension des couches tendues.** — Cet exemple montre en même temps
que la grandeur de la tension, ou ce qu'on appelle l'intensité de la tension, ne
peut en aucune façon être mesurée par les changements de dimension que les
couches tendues subissent au moment de leur mise en liberté. Dans notre
système de caoutchouc et d'acier, le cylindre d'acier qui a 1000 millim. de
longueur subira par exemple un raccourcissement de 0,1 millim., tandis que
le tube de caoutchouc doit s'allonger de 500 millim. pour donner naissance au
système. Si l'on ouvre maintenant le tube à son extrémité supérieure, il se
contracte aussitôt (si on le suppose parfaitement élastique) d'une longueur de

500 millim., tandis que le cylindre d'acier ne se dilate en même temps que d'une longueur de 0,1 millim. La modification de dimension est donc 5000 fois plus grande dans le caoutchouc que dans l'acier, quoique la tension fût la même dans les deux corps. Cette modification de dimension n'indique pas autre chose que le degré d'extension qu'a subi le caoutchouc, et le degré de compression qu'a subi l'acier. Si donc on sépare l'une de l'autre les diverses couches de tissu d'un entre-nœud, les changements de dimension qu'on y observera indiqueront le degré d'extensibilité et de compressibilité des couches, en même temps que la grandeur de la tension.

Dans un cas seulement, il est permis de déduire des changements de dimension subis par des couches autrefois tendues, maintenant mises en liberté, la grandeur de la tension qu'elles ont supportée ; c'est quand on a affaire à des couches d'égale extensibilité et d'égale compressibilité, et quand en outre ces couches jouissent toutes d'une élasticité parfaite. Comparons par exemple à notre système de caoutchouc et d'acier un système tout semblable, mais où le tube de caoutchouc aurait 750 millim. de longueur au lieu de 500 millim. Pour établir ce second système en état de tension, il suffit d'y allonger le tube de 250 mill. au lieu de 500 mill. et nous sommes en droit de dire que, le changement de dimension étant moitié moindre, la tension sera aussi moitié moindre, moitié moins intense que dans le premier cas.

Mais les choses se passent tout autrement dans les entre-nœuds en voie d'accroissement. Ici, par suite de l'accroissement lui-même, l'extensibilité des couches tendues se modifie sans cesse. Ainsi dans un jeune entre-nœud, par exemple, l'épiderme et le bois sont très-extensibles ; si on les sépare de la moelle, celle-ci ne s'allonge que fort peu parce qu'elle n'était que faiblement comprimée auparavant ; l'épiderme et le bois se raccourcissent beaucoup, parce qu'ils sont très-extensibles et qu'ils obéissaient auparavant à l'action de la moelle. Dans un entre-nœud plus âgé, mais n'ayant pas encore terminé son accroissement, les changements de dimension des diverses couches se produisent, au contraire, en sens opposé ; la moelle devenue libre s'allonge beaucoup, tandis que le bois ne se contracte que d'une manière insensible ; cela tient à ce qu'il est actuellement très-peu extensible et qu'il n'obéit pas à la tendance de la moelle à s'allonger. La moelle au contraire est demeurée très-compressible et c'est elle dont l'allongement était empêché par la résistance du bois.

Ceci posé, quelle était, dans les deux cas, l'intensité de la tension ? C'est ce que les changements de dimension ne permettent en aucune façon de déterminer ; ils nous montrent seulement qu'il y a des tensions entre les parties, lesquelles de ces parties sont extensibles et compressibles, et lesquelles ont une tension positive et négative (1). En règle générale, il faut admettre que, quand

(1) Dans son mémoire intitulé : Die Gewebespannung des Stammes und ihre Folgen (Botanische Zeitung, 1867), M. Kraus s'est servi des différences de longueur entre l'entre-nœud tout entier et ses diverses couches isolées pour mesurer en général l'intensité de la tension de ces couches ; d'après ce que nous venons de dire, ce procédé de mesure est inexact. Isole-t-on, par exemple, le bois et la moelle d'un entre-nœud âgé, le premier se contracte à peine, mais la moelle se dilate fortement ; il faudrait donc en conclure que la moelle possède dans l'entre-nœud tout entier une forte tension, et que le bois en est dépourvu. En réalité les tensions de ces deux tissus sont

après la séparation de deux couches de tissu, l'une se contracte ou se dilate, pendant que l'autre conserve en apparence sa longueur primitive, ces deux couches étaient en état de tension et au même degré ; seulement celle des deux qui ne change pas de longueur est peu extensible ou peu compressible, tandis que l'autre possède à un haut degré ces mêmes propriétés.

Quand, au contraire, un entre-nœud est composé d'une écorce très-extensible et d'une moelle très-compressible, on remarque sur ces deux tissus, après leur séparation, de très-forts changements de longueur ; et cependant la tension dans cet entre-nœud entier n'est pas nécessairement aussi grande que dans un autre entre-nœud, où l'écorce est moins flexible et la moelle moins compressible et où par conséquent ces deux tissus ne subissent après leur séparation que de faibles changements de longueur. Imaginons, par exemple, que dans notre système d'acier et de caoutchouc, on remplace le cylindre d'acier par un cylindre de caoutchouc, ce cylindre sera très-fortement comprimé par le tube de caoutchouc qui se trouve tendu au-dessus de lui ; quand donc on rompra la liaison des deux parties du système, le tube ne subira qu'un léger raccourcissement, mais on observera dans le cylindre un allongement beaucoup plus considérable. Les forces de tension qui sont mises en jeu dans ce système sont cependant les mêmes que dans le système primitif de caoutchouc et d'acier.

§ 15.

Phénomènes provoqués par la tension des tissus dans les diverses parties de la plante en voie d'accroissement (1).

Tension des diverses couches d'une même membrane cellulaire. — On peut démontrer la tension des couches dans une membrane cellulaire isolée,

également fortes et ne diffèrent que dans leurs signes extérieurs. À la p. 112, M. Kraus décrit d'ailleurs très-exactement la manière dont se comportent les diverses couches de tissu dans un entre-nœud en voie d'accroissement.

(1) Les phénomènes que nous nous proposons d'étudier dans ce paragraphe ont été observés pour la première fois, quoique assez superficiellement, par Dutrochet (Mémoires pour servir à l'histoire des végétaux et des animaux, 1837, II). M. Hofmeister a apporté à leur théorie des rectifications essentielles dans ses Mémoires intitulés : Ueber die Beugung saftreicher Pflanzentheile (Bericht. der k. Sächs. Gesellsch. der Wissensch., 1859). — Ueber die durch Schwerkraft bewirkten Richtungen von Pflanzentheilen (*ibid.*, 1860). — Ueber die Mechanik der Reizbewegungen von Pflanzentheilen (Flora, 1862). — J'en ai, de mon côté, donné une exposition systématique dans mon Handbuch der Experim.-Physiologie, 1865, p. 465. — M. Kraus a publié sur ce sujet des recherches très-détaillées (Botanische Zeitung, 1867), où la tension transversale déterminée par l'accroissement diamétral du bois a été décrite pour la première fois. — Enfin MM. Nägeli et Schwendener (Das Microskop, Leipzig, 1867, p. 406) ont particulièrement contribué à l'achèvement de la théorie.

Ces phénomènes exigent d'ailleurs une étude beaucoup plus approfondie que celle qu'on en a faite jusqu'à présent ; ce que nous en disons plus haut ne fera qu'y préparer le commençant et lui apprendre comment les faits se laissent facilement observer. En ce qui concerne la manière de concevoir les phénomènes internes, je m'écarte beaucoup ici des vues professées par M. Hofmeister (Die Lehre von der Pflanzenzelle, p. 272). La différence de nos opinions est si complète à cet égard, qu'il serait inutile de chercher à signaler en particulier quelques-unes de ces divergences. Dans un sujet aussi difficile et encore aussi peu étudié, il n'est d'ailleurs pas surprenant de voir divers observateurs suivre, pour atteindre le même but, des voies entièrement différentes.

en découpant dans la membrane d'une cellule vivante une portion aussi étendue que possible et en la plongeant dans l'eau. Si la membrane possède des couches externes peu susceptibles de se gonfler, et des couches internes capables d'une plus forte imbibition, la portion de membrane se courbe de façon que la face externe devienne concave, et la face interne convexe. Vient-on ensuite à extraire du fragment de membrane une grande partie de son eau d'imbibition, en la plongeant soit dans une dissolution de sucre, soit dans la glycérine, soit dans l'alcool, on voit la coubure s'affaiblir progressivement, s'effacer et même se transformer en une courbure en sens inverse, la face interne devenant concave et la face externe convexe. On efface cette nouvelle courbure et l'on reproduit l'ancienne, en replongeant de nouveau le fragment de membrane dans l'eau. Des lamelles étroites découpées perpendiculairement à la surface, soit dans des grains de pollen de *Cucurbita* et d'*Althœa*, soit dans les cellules internodales de *Nitella*, sont bien appropriées à ce genre de recherches.

La courbure concave en dehors résulte évidemment de ce que les couches internes de la membrane fixent parallèlement à leur surface plus d'eau que les couches externes, se dilatent davantage et forment, par conséquent, la face convexe du système. Le contraire doit arriver quand on enlève de l'eau à la membrane. Imaginons maintenant que la cellule en question soit demeurée intacte, fermée, très-peu ou point du tout turgescente, c'est-à-dire dépourvue de pression hydrostatique entre le contenu et la membrane. La face interne de la membrane, se trouvant en contact immédiat avec le suc cellulaire, absorbera, interposera plus d'eau que la face externe, moins bien disposée à cet effet. Il se manifestera donc aussi dans la cellule intacte une tension, provenant de ce que la couche interne de la paroi cherche à se distendre et qu'elle en est empêchée par la couche externe. Cette tension des couches donnera à la membrane tout entière une certaine fermeté, une certaine rigidité tout à fait indépendante de la turgescence. Mais comme, dans l'état normal, et notamment dans les cellules en voie d'accroissement, il y a toujours turgescence, le système de couches doit se trouver, en outre, distendu par là dans sa totalité.

En découpant d'étroites lamelles dans de grandes cellules séveuses, ou en isolant des lames de tissu ne contenant pas de cellules entières, on obtient souvent, dès le premier moment de la séparation, une courbure concave en dehors. Cet effet s'explique facilement, si l'on remarque que la couche externe, surtout quand elle est cuticularisée, se trouvait déjà, avant la préparation, excessivement distendue; tandis que la couche interne est déjà devenue plus large par son accroissement et est gonflée d'eau par son contact avec le suc cellulaire. Au moment de la séparation, cette dernière conserve son eau d'imbibition; mais la couche externe plus fortement distendue obéit à son élasticité, se contracte et forme par conséquent la face concave de la lame, tandis que la couche interne en constitue la face convexe. Mais il n'en est pas moins clair que, par absorption d'eau ou par perte d'eau, les mêmes phénomènes que nous avons décrits plus haut vont se reproduire.

C'est dans ce sens seulement, qu'il m'est possible d'attribuer aux membranes cellulaires une participation à la tension des tissus. Mais il est évident que, dans la cellule vivante et close, cette participation doit toujours demeurer subordonnée à l'influence de la turgescence. Celle-ci, en effet, agit tout aussi bien sur les couches externes de la membrane que sur ses couches internes, et chacune de ses variations d'intensité doit provoquer, dans la membrane tout entière, soit une contraction, soit une extension.

Toute augmentation d'imbibition de la membrane diminue la turgescence de la cellule. — Quel rapport l'imbibition et le gonflement de la membrane ont-ils avec la turgescence de la cellule tout entière ? Imaginons une cellule turgescente isolée et supposons que, par une cause quelconque, la membrane (qu'il y ait ou non une tension entre les diverses couches qui la composent) devienne apte à absorber dans le contenu plus d'eau qu'elle ne faisait auparavant. Il s'agit de savoir si la turgescence se trouvera par là augmentée ou amoindrie.

Le contenu, ayant cédé à la membrane une partie de son eau, s'est en tout cas rapetissé ; par conséquent la pression hydrostatique qu'il exerce sur la membrane est devenue plus petite, et d'autant plus que celle-ci s'agrandit davantage à la suite de son accroissement d'imbibition. Mais comme elle peut aussi en même temps gagner en épaisseur, la pression qu'elle exerce sur le contenu pourrait, ce semble, s'en trouver accrue. Prenons cependant le cas le plus simple et le plus défavorable, celui où la superficie de la membrane ne subit aucun changement et où son épaisseur augmente, celui où elle proémine par conséquent vers l'intérieur. Il ne pourra toutefois en résulter aucune augmentation de pression entre la membrane et le contenu, puisque l'eau, qui seule provoque l'épaississement de la membrane et, par là, le rétrécissement de la cavité cellulaire, se trouve en même temps retirée de la cavité. Le gonflement de la membrane ne peut réduire la cavité cellulaire que d'un volume tout au plus égal à celui qu'y occupait l'eau extraite de cette cavité. Une augmentation de turgescence n'est donc pas non plus possible dans ce cas, et elle l'est encore bien moins quand la membrane s'accroît en même temps en surface (1).

Le raisonnement qui précède s'applique naturellement aussi à un tissu formé de nombreuses cellules. Mais les choses se passent autrement, quand l'eau absorbée par la membrane est remplacée à mesure par voie d'endosmose et qu'ainsi la turgescence s'accroît de nouveau ; dans ce cas, à mesure que la membrane puise de l'eau dans le contenu, la turgescence et le volume du système tout entier croissent à la fois.

Tension antagoniste des diverses couches de tissu d'un organe. — 1° **Tension longitudinale, c'est-à-dire parallèle à l'axe d'accroissement de l'organe.** — Dans les entre-nœuds des tiges dressées, on peut facilement se faire une idée, sinon de l'intensité de la tension longitudinale qui existe entre les diverses couches du tissu, au moins du signe de cette tension (si elle est positive ou négative) et de ses variations. Il suffit pour cela de mesurer l'en-

____

(1) Quand un volume d'eau v pénètre dans un corps organisé et en accroît le volume, l'augmentation de volume ne peut jamais dépasser v, et peut tout au plus lui être égale. Le développement de chaleur pendant l'imbibition démontre même qu'il s'opère alors une diminution de volume, et que par conséquent l'imbibition d'un volume v d'eau ne détermine dans le corps qu'une augmentation de volume $v - d$.

tre-nœud, puis d'en séparer les diverses couches avec un rasoir bien affilé, en évitant toute déchirure, et d'en mesurer la longueur, que l'on compare ensuite à celle de l'entre-nœud tout entier. Il est clair que la longueur de l'entre-nœud total résulte de la tension antagoniste des diverses couches qui le composent, et dont les unes se raccourcissent quand on les isole, tandis que les autres s'allongent.

Il faut remarquer toutefois, ceci résulte de tout ce que nous venons de dire sur la tension des tissus, que si après sa séparation une couche ne change pas de longueur, ce n'est pas à dire pour cela qu'à l'intérieur du système cette couche n'était ni comprimée ni étirée ; cela prouve seulement qu'elle opposait à la tension une résistance assez grande pour ne subir qu'un changement de longueur insignifiant. Mais, inversement, il peut arriver aussi qu'une couche de tissu mise en liberté ne manifeste aucun raccourcissement parce qu'elle est à un si haut degré extensible et inélastique, qu'elle obéit à la traction des couches tendues positivement en n'opposant qu'une résistance extrêmement faible ; ses limites d'élasticité sont donc continuellement dépassées.

La tension de la moelle est positive ; celle du bois, de l'écorce et de l'épiderme est négative. — Ceci posé, si l'on fait subir la mutilation dont nous venons de parler à des entre-nœuds en voie de rapide élongation, on trouve généralement que des bandes isolées d'épiderme, d'écorce, de bois sont plus courtes que l'entre-nœud total, tandis qu'au contraire la moelle isolée est notablement plus longue ; les premières étaient donc en tension négative, la dernière en tension positive. Chaque couche isolée est flasque, tandis que l'ensemble, grâce à la tension antagoniste de ces couches, était tendu et rigide.

Imaginons que, dans un entre-nœud en voie d'accroissement et dont le bois n'est pas encore lignifié, l'on découpe une lame longitudinale médiane, limitée au dehors par deux bandes d'épiderme ; puis, que l'on isole par des sections longitudinales les diverses couches du tissu de cette lame, en les laissant côte à côte. Si l'on désigne respectivement par E, E′, B, M la longueur de l'épiderme, de l'écorce, du bois et de la moelle ainsi isolés, on a en général :

$$ E < E' < B < M > B > E' > E; $$

d'où l'on voit aussitôt que chaque couche, *avant* sa séparation, est tendue négativement par rapport à sa voisine de dedans, et positivement par rapport à sa voisine de dehors. L'épiderme ne possède qu'une tension négative, il est passivement distendu ; la moelle de son côté n'a qu'une tension positive, elle est passivement comprimée, ou mieux, il est mis obstacle à sa tendance à se distendre.

Positive ou négative, la tension se modifie par les progrès de l'âge. — L'extensibilité et l'élasticité des tissus se modifient pendant l'accroissement en longueur d'un entre-nœud ; on en acquiert la preuve en comparant dix entre-nœuds diversement âgés d'une même tige. L'extensibilité du bois diminue rapidement, celle de l'épiderme et de l'écorce plus lentement ; c'est du moins ce que l'on conclut du raccourcissement de plus en plus faible de ces tissus isolés et de l'épaississement de leurs membranes cellulaires, à mesure qu'ils avancent en âge (1).

Extraite d'entre-nœuds diversement âgés, la moelle isolée s'allonge d'abord de plus en plus, puis de moins en moins. Si sa tendance à se distendre, ce qu'on peut appeler son *érectilité*, demeurait constante, la moelle devrait, grâce à la résistance croissante des couches passivement distendues, s'allonger davantage au sortir d'entre-nœuds âgés qu'au sortir d'entre-nœuds jeunes. Mais plus tard, quand cesse ou a cessé l'allongement de l'entre-nœud, la moelle perd son érectilité. Cela résulte·de ce fait, qu'une fois isolée de pareils entre-nœuds, elle ne s'allonge que très-peu, et finalement même ne s'allonge plus du tout (2), bien que la résistance du bois ait encore beaucoup augmenté; en effet, si la moelle était alors aussi érectile qu'auparavant, elle devrait, une fois délivrée de la très-grande résistance du bois, se distendre et s'allonger plus fortement que jamais.

Ce qui précède suffit à faire comprendre les nombres du tableau suivant, où, la longueur de l'entre-nœud total étant représentée par 100, les raccourcissements sont affectés du signe —, et les allongements du signe +.

Nom de la plante.	Numéros des entre-nœuds comptés du sommet à la base.	Changement de longueur du tissu isolé, estimé en centièmes de l'entre-nœud total.		
		Écorce.	Bois.	Moelle.
Nicotiana Tabacum.......	I-IV	— 5,9	— 1,5	+ 2,9
	V-VII	— 3,1	— 1,1	+ 3,5
	VIII-IX	— 3,5	— 1,5	+ 0,9
	X-XI	— 0,5	— 0,5	+ 2,4
Nicotiana Tabacum.......	I-II	— 2,2	......	+ 2,3
	III-IV	— 1,2	......	+ 4,2
	V-VII	— 1,0	......	+ 2,8
	VIII-IX	— 1,8	......	+ 2,7
Sambucus nigra..........	I	— 2,6	— 2,6	+ 4,0
	II	— 2,0	— 2,8	+ 5,5
	III	— 1,5	— 0,0	+ 1,5
Sambucus nigra..........	I	— 0,6	......	+ 3,7
	II	— 1,6	......	+ 5,1
	III	— 0,0	.....	+ 0,9
Sambucus nigra....	I	— 1,3	......	+ 6,5
	II	— 1,5	......	+10,1
	III	— 0,6	......	+ 2,3

A ces nombres, empruntés à mon Manuel de physiologie expérimentale (3),

(1) La décroissance d'extensibilité de l'épiderme a été déterminée par M. Kraus (*loc. cit.*, p. 9) en suspendant des poids à des bandes de tissu épidermique.

(2) La relation qui existe entre la tension des tissus et l'état d'accroissement de l'entre-nœud exigerait de nouvelles recherches. Le tableau III donné par M. Kraus (Botanische Zeitung, 1867) montre que les différences de longueur les plus grandes entre l'écorce et la moelle ne coïncident pas toujours avec le moment du plus grand accroissement en longueur de l'entre-nœud, et que, quand son accroissement a cessé, il y subsiste encore des tensions. Il faut remarquer cependant que la méthode avec laquelle ces nombres ont été obtenus soulève des objections considérables.

(3) Sachs : Handbuch der experimental Physiologie, 1865, p. 469. (Trad. française, 1868, p. 496.)

il convient d'en ajouter ici quelques autres calculés d'après les observations de M. Kraus (1).

Nom de la plante.	Numéros des entre-nœuds comptés du sommet à la base.	Changement de longueur du tissu isolé, estimé en centièmes de l'entre-nœud total.			
		Épiderme.	Écorce.	Bois.	Moelle.
Nicotiana Tabacum..........	III-IV	— 2,9	......	— 1,4	+ 3,5
	V-VI	— 2,9	— 1,3	— 0,8	+ 2,7
	VII-IX	— 2,7	— 2,1	— 0,0	+ 3,4
	X-XII	— 1,4	— 0,5	— 0,0	+ 3,4
	XIII-XV	— 1,05	— 0,0	— 0,8 (?)	+ 4,0
Vitis vinifera..............	I	......	— 3,1	— 1,6	+ 6,0
	II	......	— 1,7	— 0,0	+ 8,7
	III	......	— 2,5 (?)	— 1,0 (?)	+ 7,1
	IV	......	— 0,0	— 0,0	+ 6,0
	V	......	— 0,0	— 0,0	+ 2,7
Sambucus nigra.............	I	......	— 3,1	— 0,0	+ 0,0
	II	......	— 1,5	— 1,0	+ 6,4
	III	......	— 1,6	......	+ 6,5
	IV	......	— 1,6	— 0,3 (?)	+ 6,1
	V	......	— 0,2	— 0,2 (?)	+ 0,7
	VI	......	— 0,5	— 0,5	+ 0,1

Nom de la plante.	Numéros des entre-nœuds comptés du sommet à la base.	Épiderme.	Écorce + Bois	Moelle.
Helianthus tuberosus.......	I-IV	— 4,3	— 1,7	+ 6,8
	V-VI	— 1,7	— 0,0	+ 6,6
	V-VII	— 0,9	— 0,4	+ 4,4
	VIII	— 0,5	— 0,0	+ 3,2
	IX-XI	— 0,0	+ 0,9 (?)	+ 2,0

Il est facile de constater, sur les pétioles en voie d'accroissement, sur ceux de *Beta*, par exemple, de *Rheum*, de *Philodendron*, etc., un semblable raccourcissement des tissus externes, et un pareil allongement du parenchyme central.

Courbure des organes fendus en long. — Si l'on fend en deux ou en quatre parties, par une ou par deux sections longitudinales en croix, un entre-nœud ou un pétiole en voie d'accroissement, on voit aussitôt chacune de ces parties s'incurver et devenir concave vers l'extérieur. Cet effet résulte évidemment de l'extension de la moelle et de la contraction simultanée des tissus extérieurs. Le phénomène se présente avec la netteté la plus grande quand, par deux sections longitudinales parallèles, on détache d'abord une lame du milieu de l'entre-nœud, puis qu'on coupe en deux cette lame, suivant l'axe de sa moelle. À mesure que le scalpel s'avance, les deux moitiés se courbent progressivement en sens contraire, et divergent en devenant toutes deux concaves en dehors. Au lieu de la partager ainsi en deux, si l'on isole dans cette lame médiane, et successivement de dehors en dedans, des bandes de tissus différents : d'abord une bande externe contenant l'épiderme, puis une bande de tissu cortical, puis une bande de tissu ligneux, on voit ces trois bandes se courber toutes de manière à devenir concaves en dehors. Toutes ces couches

(1) *Loc. cit.*, tableau I. M. Kraus n'a donné ici que les valeurs absolues ; mais on ne se fait une idée exacte du phénomène, qu'en rapportant le changement de longueur à la longueur primitive de l'entre-nœud.

ont, en effet, quand elles sont ajustées ensemble, une tension négative sur leur bord externe, positive sur leur bord interne, et, par conséquent, une fois isolées, elles se raccourcissent en dehors et s'allongent en dedans.

C'est donc le raccourcissement de la face externe et l'allongement simultané de la face interne qui est la cause de la courbure; cela résulte immédiatement des mesures consignées dans les deux tableaux précédents. Mais on peut le démontrer aussi par l'observation directe, comme le montre le tableau suivant. Dans des entre-nœuds en voie d'accroissement et d'une notable épaisseur, on a découpé autant de lames médianes ; celles-ci, étalées sur une lame de verre, sont coupées en deux suivant l'axe de la moelle. On estime le rayon de la courbure que chaque moitié prend aussitôt ; puis, avec une bande de carton divisée en millimètres, on mesure aussi bien le côté concave épidermique que la face convexe et médullaire.

Nom de la plante.	Longueur de l'entre-nœud total.	Rayon de courbure du segment.	Raccourcissement de la face concave épidermique.	Allongement de la face convexe médullaire.	Demi-épaisseur de l'entre-nœud.
Sylphium perfoliatum.					
Moitié gauche....	69,5 millim.	4 centim.	2,8 0/0	9,3 0/0	3 millim.
Moitié droite......	69,5	4	2,4	9,3	3
Sylphium perfoliatum.					
— Entre-nœud plus âgé.					
Moitié gauche.....	190,0	3-4	2,8	9,5	3,5
Moitié droite	190,0	3-4	2,6	10,8	4,5
Macleya cordata.					
Creux.	134,5	5-6	0,74	7,1	3,3

Comme nous l'avons déjà vu en mesurant la longueur des diverses couches complétement isolées, l'étude de la courbure de ces demi-lames médianes montre aussi que la contraction de l'épiderme est moindre que l'extension de la moelle. Comme une lame médiane ainsi découpée est un peu plus longue que l'entre-nœud tout entier, si l'on avait rapporté le changement de dimension des deux faces à sa propre longueur, prise comme = 100, le raccourcissement de la face concave aurait paru plus grand et l'allongement de la face convexe plus petit.

En général, une notable rapidité dans l'accroissement en longueur, jointe à une différenciation physique des couches du tissu, telle qu'on l'observe dans les tiges dressées, dans les gros pétioles vigoureux et dans les grosses vrilles, paraît une condition favorable pour provoquer les tensions de tissu que nous venons de décrire. Dans les tiges qui s'accroissent lentement, comme les gros rhizomes, les épais stolons des *Yucca* et *Dracæna*, etc., on ne les rencontre pas. D'ailleurs, pour développer la tension, c'est bien plutôt d'une différence physique relative à l'extensibilité et à l'élasticité des couches qu'il s'agit, que d'une différenciation morphologique de ces couches. On en a la preuve quand on voit se développer de très-fortes tensions entre les couches externes et les couches internes du tissu filamenteux homogène qui constitue le pied des grands Champignons à chapeau.

Tension des tissus dans la racine. — A l'intérieur de la région terminale des racines en voie d'accroissement, au contraire, où se trouvent en présence deux masses de tissu très-différentes au point de vue morphologique, savoir : un faisceau fibro-vasculaire axile entouré par une écorce parenchymateuse, on ne remarque entre elles aucune tension sensible, soit que l'on fende l'organe par une ou par deux sections longitudinales en croix, soit que l'on y découpe une lamelle médiane que l'on partage ensuite en deux moitiés, soit enfin que l'on isole entièrement ces deux tissus.

Cependant, comme il est facile de constater que l'écorce de la racine croît plus vite et plus longtemps que le faisceau axile (1), on doit admettre que dans la racine en voie d'accroissement il existe une petite tension entre les deux couches, tension qui est positive pour l'écorce et négative pour le faisceau fibro-vasculaire axile. Si cette tension n'acquiert que rarement une intensité assez forte pour déterminer dans les parties séparées une courbure concave vers l'intérieur, cela tient probablement à ce que le faisceau axile encore à l'état procambial est assez extensible pour obéir presque sans résistance à la traction de l'écorce.

Les choses se passent autrement dans les parties plus âgées de la racine, dont l'accroissement en longueur est achevé et qui sont situées en arrière du sommet végétatif, lequel ne dépasse pas 10 millim. de long. Si la racine est fendue dans cette région, les parties se courbent ordinairement en dehors, quoique avec beaucoup moins de force que dans la région en voie d'accroissement d'une tige dressée ; cependant la courbure est assez forte dans les racines aériennes des Aroïdées, racines qui permettent aussi de constater nettement la courbure opposée dans leur extrémité végétative.

Il n'y a pas de tensions dans le bourgeon. — Les états de tension que nous avons donnés plus haut pour les tiges et les feuilles se rapportent tous à des entre-nœuds et à des pétioles déjà sortis du bourgeon. A l'intérieur du bourgeon lui-même et notamment dans le sommet végétatif de la tige, il ne paraît pas exister de tension dans les tissus ou du moins cette tension y est tout aussi faible que dans la pointe des racines. C'est seulement à mesure que progresse la cuticularisation de l'épiderme et que commence l'épaississement des cellules libériennes, que l'on voit nettement apparaître les tensions.

Certains organes conservent indéfiniment leurs tensions; d'autres n'en possèdent jamais. — Il n'est pas rare que des organes complétement développés conservent indéfiniment, dans certaines de leurs parties, les tensions qui y ont pris naissance pendant l'accroissement et qui ordinairement sont alors très-énergiques. Il en est ainsi dans les organes ou renflements moteurs des feuilles périodiquement mobiles et sensibles des Papilionacées, Mimosées, Oxalidées, etc. ; nous y reviendrons plus loin. Dans ces plantes, tandis que les pétioles et les entre-nœuds où ils s'insèrent sont depuis longtemps déjà devenus rigides et que toute tension de tissu y a disparu, les renflements moteurs présentent au contraire un allongement extraordinaire dans leur parenchyme cortical, quand on l'isole du faisceau fibro-vasculaire solide qui en occupe l'axe; on obtient

____

(1) Les moitiés de racines ainsi séparées s'allongent plusieurs jours durant et s'accroissent en même temps en devenant concaves sur leur face de section.

donc de fortes courbures quand on fend le renflement dans sa longueur.

C'est tout le contraire que l'on observe dans les nœuds du chaume des Graminées, c'est-à-dire dans les épaississements annulaires qui marquent l'insertion des gaînes foliaires. On n'y aperçoit aucune tension sensible dans les tissus. Si l'on y découpe une lame médiane et qu'on la divise en autant de bandes qu'il y a de tissus différents, on n'observe aucune de ces courbures qui se produisent si énergiquement dans les fragments des entre-nœuds qui séparent les nœuds et qui sont enveloppés par les gaînes foliaires. On doit admettre que cette absence, ou du moins cette extrême faiblesse de tension résulte ici de la combinaison de deux causes : d'abord de la cessation de l'accroissement du parenchyme dans le nœud, parenchyme qui demeure cependant capable de développement et qui, dans certaines circonstances, recommence à s'accroître ; puis ensuite de l'extensibilité des faisceaux fibro-vasculaires, qui ne se lignifient pas ou ne se lignifient que très-tard à l'intérieur du nœud, alors que les cellules du même faisceau situées plus haut dans la gaîne et plus bas dans l'entre-nœud sous-jacent sont depuis longtemps lignifiées fortement et rigides. Aussi longtemps donc que le parenchyme de ces organes s'accroît, les faisceaux extensibles lui obéissent sans résistance et, quand il cesse de s'allonger, toute tension disparaît.

Dans les organes moteurs des feuilles sensibles et périodiquement mobiles, au contraire, le faisceau fibro-vasculaire axile devient élastique et résistant bien avant que le parenchyme environnant ait cessé de s'accroître ; une fois l'allongement terminé, il subsiste donc une forte tension, dont l'énergie est encore augmentée par l'extraordinaire faculté de turgescence et d'imbibition dont le parenchyme est doué.

Causes de la tension positive de la moelle et des modifications qu'elle subit avec l'âge. — Ceci posé, si nous cherchons à nous rendre un compte exact des causes qui font que dans les entre-nœuds des tiges dressées et à allongement rapide la tension, insensible au début à l'intérieur du bourgeon, augmente d'abord fortement, puis s'affaiblit de nouveau et finalement s'évanouit complétement quand l'allongement est terminé, nous sommes conduits, dans l'état actuel de nos connaissances, à énoncer bien plutôt des opinions probables que des propositions bien démontrées.

Toujours est-il que la première apparition d'une tension entre les diverses couches du tissu doit être rapportée à une différence dans l'accroissement des membranes cellulaires. Les membranes cellulaires d'une couche croissent moins rapidement que celles de la couche voisine par interposition de substances nouvelles ; en outre, dans les premières l'épaississement des membranes cellulaires commence plus tôt que dans les secondes. De la première cause, il résulte que les couches qui s'accroissent moins rapidement en longueur sont passivement distendues par celles qui s'allongent plus vite ; mais la seconde cause diminue de plus en plus leur extensibilité, surtout quand, comme dans le corps ligneux des faisceaux fibro-vasculaires, l'épaississement des membranes cellulaires est accompagné d'une lignification qui les rend plus dures et plus résistantes vis-à-vis de toute extension extérieure. Ceci posé, plus les membranes cellulaires demeurées minces de la moelle et en général du parenchyme s'agrandiront rapidement par accroissement superficiel, notamment dans le sens de la longueur, plus forte sera l'extension des couches de tissu passivement distendues. A quoi il faut ajouter la faculté particulière que possèdent les cellules médullaires d'absorber l'eau des parties plus âgées avec une grande force et une grande vitesse et de se maintenir ainsi constamment dans l'état de turgescence le plus intense. Abstraction faite de l'accroissement superficiel de ses membranes cellulaires, cette turgescence distend la moelle, et cette extension, outre qu'elle influence directement les couches de tissu qui s'accroissent plus lentement, contribue de son côté à accélérer l'accroissement superficiel des membranes des cellules médullaires. A mesure que s'achève le développement interne des tissus, les faisceaux ligneux se lignifient totalement, et de son côté la résistance de l'épiderme de plus en plus cuticularisé atteint son maximum ; dès lors ces tissus opposent désormais, à l'allongement ultérieur de la moelle à la fois par turgescence et par accroissement, une invincible résistance, et tout allongement ultérieur de l'entre-nœud total devient impossible. La tendance de la moelle à s'étendre s'éteint elle-même peu à peu ; ses cellules perdent même leur turgescence, et souvent elles cèdent leur eau aux tissus voisins et se remplissent d'air.

Dans cette manière de voir, qui est certainement justifiée par les faits, au moins dans ses traits essentiels, c'est donc le corps médullaire et, en général, le parenchyme à parois minces, qui est le moteur propre de l'accroissement dans les entre-nœuds une fois sortis du bourgeon. C'est par la traction qu'il exerce sur eux, que les autres tissus deviennent aptes à s'allonger à leur tour, aussi longtemps du moins qu'ils sont suffisamment extensibles. La faculté d'absorber l'eau, que le tissu médullaire possède à un degré extraordinaire, permet même de penser que la moelle en voie d'accroissement extrait l'eau des tissus environnants et empêche ainsi leurs cellules de devenir trop fortement turgescentes, par où ces cellules perdent une des causes qui déterminent l'accroissement superficiel de leurs membranes. Il faut remarquer encore, comme nous l'avons montré plus haut (fig. 447), que la turgescence des cellules distendues est amoindrie par le fait même de la distension ; tandis que la turgescence des cellules comprimées (de la moelle) est augmentée par cette compression même, d'où une cause d'inégalité dans l'accroissement superficiel des membranes. Enfin, ajoutons encore que, tout au moins dans les plantes terrestres, les entre-nœuds sortant du bourgeon sont exposés à une évaporation active ; mais cette cause de diminution de turgescence affecte surtout les cellules épidermiques et les couches corticales sous-jacentes, c'est la moelle qu'elle intéresse le moins.

Le rôle important que nous faisons jouer ici à la turgescence dans l'accroissement en longueur est confirmé par ce fait bien connu, que l'allongement des entre-nœuds se trouve presque arrêté quand cette turgescence est amoindrie, c'est-à-dire quand la branche se fane ; tandis qu'il est, au contraire, accéléré, quand la turgescence est accrue par la végétation dans l'air humide, ou dans l'eau.

La cause la plus prochaine et la plus féconde de la tension des tissus dans un entre-nœud en voie d'accroissement serait donc la diverse capacité de turgescence des différents tissus. Cette capacité de turgescence dépend à la fois de la nature des sucs cellulaires, de la structure des membranes et de la place occupée par le tissu à l'intérieur de l'organe. Le gonflement des membranes sous l'influence de l'imbibition jouerait un rôle plus secondaire ; car on peut admettre que, même dans une cellule fort peu turgescente, la membrane trouve encore assez d'eau pour satisfaire complétement sa capacité d'imbibition. Si l'imbibition était la cause immédiate de l'accroissement, toutes les couches de tissu, même celles dont la turgescence est très-faible ou nulle, devraient s'accroître avec une égale énergie. Voici comment j'imagine qu'il faut concevoir le rôle de l'imbibition. La membrane cellulaire étant une fois passivement distendue, soit par la turgescence propre de la cellule, soit par la tension générale de la couche qui la renferme, c'est seulement lorsqu'elle est complétement imbibée d'eau qu'elle est capable d'interposer de nouvelles molécules dans la direction de la surface. Ce n'est pas à dire pourtant que d'autres causes encore ne puissent contribuer à cette interposition. Le rôle important que joue la turgescence dans l'accroissement peut, d'ailleurs, se démontrer directement et d'une manière frappante, au moyen de cylindres médullaires isolés ; c'est ce que nous montrerons plus loin.

Tension transversale causée par la tension longitudinale elle-même. — Pendant que les tissus, naguère passivement distendus, se raccourcissent brusquement après leur isolement, pendant que la moelle s'allonge brusquement au sortir de son état de tension positive, les cellules constitutives doivent subir dans leur forme une modification correspondante (1). Les cellules qui se raccourcissent, s'élargissent en même temps ; celles qui s'allongent doivent en même temps se rétrécir. Cependant ces changements de diamètre ne peuvent pas être mesurés directement, car il s'agit ici de quantités trop petites pour pouvoir être appréciées par les méthodes ordinaires.

Quoi qu'il en soit, il résulte de ce qui précède, que l'extension longitudinale que subissent passivement les cellules épidermiques, les cellules corticales, etc., des entre-nœuds en voie d'accroissement, rend ces cellules plus étroites, et que, par conséquent, le jeune épiderme, déjà trop court pour la masse de tissu qu'il renferme, est par cela même trop étroit. De même la moelle, dont l'extension longitudinale est empêchée dans les entre-nœuds en voie d'accroissement par les couches de tissu environnantes, doit chercher à s'élargir transversalement ; trop longue pour les tissus qui l'enveloppent, elle est, par cela même, trop large pour eux et tend à les écarter l'un de l'autre. De l'existence directement observée d'une tension longitudinale entre les diverses couches de tissu d'un organe en voie d'allongement, il résulte donc l'existence nécessaire d'une tension transversale ; tension transversale qui s'exerce de telle façon, que les couches externes sont passivement distendues, tandis que la moelle, empêchée dans son allongement, cherche à se dilater transversalement.

(1) Il ne faut pas penser à observer un changement de volume appréciable dans les cellules de la moelle après son isolement ; car ni l'eau du contenu, ni celle qui imbibe la membrane ne peut changer de volume sous l'influence des forces qui sont ici en jeu. Le changement de volume de la moelle tout entière ne peut donc avoir lieu que par les changements de volume des espaces intercellulaires, provoqués par le changement de forme des cellules qui les bordent.

Si l'on découpe dans des organes en voie d'allongement des disques transversaux de faible hauteur (1), puis, qu'on fende ces disques par une section radiale, on voit la fente s'ouvrir largement ; cela tient évidemment à ce que l'épiderme se contracte dans le sens de la périphérie, et il se contracte ainsi parce qu'il était auparavant trop étroit pour le tissu intérieur, c'est-à-dire passivement distendu par ce tissu. Au contraire, la tendance qu'ont les cellules de la moelle, empêchées dans leur allongement, à s'élargir transversalement, ne paraît pas toujours combattue et équilibrée par le bois et le tissu cortical qui l'entourent ; souvent même elle paraît favorisée par ce fait, que les couches de tissu qui enveloppent la moelle s'accroissent plus fortement que la moelle elle-même dans le sens de la périphérie et exercent, par conséquent, sur elle une traction vers l'extérieur dans la direction du rayon. On trouve une preuve frappante de ce phénomène dans l'évidement central si fréquent des tiges et des pétioles, à une époque et dans une région où il s'y opère encore un actif allongement. Ici l'accroissement en épaisseur de la moelle ne suffit pas à remplir l'espace de plus en plus grand circonscrit par le tissu d'alentour, et ses cellules se séparent les unes des autres en direction longitudinale. Le cylindre ligneux demeure alors revêtu sur sa face interne par une couche de moelle, qui conserve encore une tension longitudinale. On peut aussi démontrer l'existence d'une traction exercée sur la moelle par le bois qui l'enveloppe, dans des entre-nœuds pourvus d'un cylindre médullaire plein et solide, pourvu qu'ils soient en voie de rapide accroissement tant en longueur qu'en épaisseur (*Nicotiana, Sylphium perfoliatum*) ; il suffit pour cela de poser sur une lame de verre une rondelle fraîche de ces tiges et de la couper en deux par une section longitudinale axile. On voit alors les deux moitiés de la moelle s'écarter l'une de l'autre en s'arquant en sens inverse, tandis que les deux moitiés du cylindre formé par le bois et l'écorce continuent de se toucher bord à bord. On a ainsi la preuve à la fois de la traction exercée du dehors sur la moelle, et de la tendance du cylindre cortico-ligneux à se distendre périphériquement.

D'ailleurs, cette manière de concevoir les choses repose jusqu'à présent sur un trop petit nombre d'observations, et l'on doit attendre de meilleurs résultats d'une étude plus étendue de la question. Cependant il faut admettre, dès aujourd'hui, que dans les entre-nœuds jeunes, avant qu'y ait commencé la lignification du système fibrovasculaire, la moelle exerce une pression vers l'extérieur dans la direction du rayon ; plus tard, quand l'accroissement tangentiel du bois et de l'écorce est devenu plus fort, une traction vers l'extérieur vient s'adjoindre à cette pression propre de la moelle. Plus tard encore, cette traction devient assez forte pour dépasser la tendance propre de la moelle à s'étendre transversalement ; de telle sorte que la moelle est réellement alors distendue passivement dans le sens transversal, en même temps que comprimée dans le sens longitudinal. Enfin ces séries de cellules se séparent l'une de l'autre au centre en produisant une cavité médullaire axile, à moins que, toutefois, la moelle tout entière ne perde ses sucs et ne se dessèche, comme c'est le cas, par exemple, dans le *Sambucus nigra*, etc.

(1) Kraus : Botanische Zeitung, 1867, p. 112.

Quand M. Kraus affirme qu'il résulte de ses observations (1) que les cellules médullaires des entre-nœuds en voie d'accroissement, mesurées au microscope, sont plus longues que celles des entre-nœuds complétement développés, cela veut dire, d'après ce qui précède, que les cellules de la moelle perdent finalement la faculté qu'elles possédaient d'abord de s'allonger après leur isolement. Considérées à l'intérieur de l'entre-nœud, elles ne sont certainement pas plus longues au début, et plus courtes plus tard : cette différence ne s'aperçoit qu'après leur isolement, et elle signifie que les cellules médullaires, qui jouissaient d'abord de la faculté de s'allonger après leur isolement, ont maintenant perdu cette faculté et sont, par conséquent, devenues rigides.

La moelle isolée continue de s'allonger plusieurs jours durant. Vérification de la théorie précédente. — Les vues que nous venons d'exposer sur la tension des tissus dans les entre-nœuds et les pétioles en voie d'accroissement trouvent, suivant moi, une nouvelle confirmation dans le fait suivant. Au moment où on la délivre des couches de tissu qui l'entourent, la moelle subit un allongement brusque et très-énergique; mais ensuite elle continue de s'allonger encore lentement et progressivement plusieurs jours durant. Il en est tout autrement, au contraire, de l'épiderme et de l'écorce; ces tissus, naguère passivement distendus, se raccourcissent brusquement après leur mise en liberté, mais ensuite ils ne subissent plus aucun raccourcissement sensible; il est vrai que, placés dans l'eau, ils ne s'allongent pas non plus, d'après M. Kraus. Cet allongement ultérieur de la moelle isolée s'opère avec une énergie toute particulière, quand on la place dans l'eau et qu'elle absorbe le liquide, comme M. Kraus l'a déjà montré; mais l'allongement dure aussi, ce qu'on n'avait pas remarqué jusqu'ici, quand la moelle, placée dans l'air sec, non-seulement n'absorbe pas d'eau, mais perd même une petite quantité de l'eau qu'elle renfermait.

Le cylindre médullaire isolé d'un entre-nœud en voie d'accroissement est très-flasque, très-extensible et très-flexible ; placé dans l'eau, il devient en peu de temps rigide, résistant, élastique, en même temps qu'il s'allonge et qu'il s'épaissit. En peu d'heures, son allongement peut atteindre jusqu'à 40 p. 100 et plus de la longueur primitive. Ces phénomènes s'expliquent si l'on assigne aux cellules médullaires un grand pouvoir endosmotique (2), grâce auquel elles parviennent à une haute turgescence et doivent devenir non-seulement beaucoup plus volumineuses, mais encore beaucoup plus rigide (voir ci-dessus). Mais ce grand accroissement de volume présuppose, vu la rapidité des phénomènes, une très-grande extensibilité dans la membrane cellulaire. Placés à l'air libre, les prismes médullaires ainsi allongés se raccourcissent bientôt et au point de se réduire même à une longueur plus faible que celle qu'ils possédaient dans l'entre-nœud intact (3); évidemment, à me-

(1) Sachs : Handbuch der Exp.-Physiologie 1865, p. 471. (Trad. française, 1868, p. 499.)

(2) Malgré cette grande absorption d'eau, la concentration des sucs cellulaires du parenchyme est très-faible Je n'ai trouvé, en effet, dans de pareils cylindres médullaires que 5 à 2 p. 100 de substance sèche et une partie considérable de cette matière était formée par les membranes cellulaires et le protoplasma.

(3) Kraus : *loc cit.* Tableaux, p. 29.

sure que leur turgescence diminue par la dessiccation, les membranes cellulaires d'abord distendues se contractent en vertu de leur élasticité.

Si l'on dispose maintenant les cylindres médullaires de telle façon qu'ils ne puissent ni absorber d'eau, ni en perdre une quantité notable, ce qu'on obtient en les enfermant dans un tube de verre ou dans un cylindre de verre d'environ un litre de capacité, on les voit néanmoins s'allonger plusieurs jours durant, et cet allongement, pour n'être pas aussi considérable que lorsqu'il y a absorption d'eau, est cependant très-net. On s'assure même que l'allongement intéresse surtout les parties âgées, tandis que les plus jeunes s'allongent peu, ou même parfois se raccourcissent. En même temps, le cylindre se dessèche à sa surface, qui devient rigide. Pour faire mieux comprendre ce qui vient d'être dit, je choisis, parmi mes nombreuses observations, les quelques exemples qui suivent.

Un prisme de moelle, extrait d'une branche longue de 235^{mm},5 de *Senecio umbrosus*, s'est allongé au moment de l'isolement de 5,7 p. 100, et pesait alors 5^{gr},3. Il fut divisé, par deux traits à l'encre de chine, en trois parties, dont I est la plus âgée et III la plus jeune ; les longueurs de ces parties étaient I = 100 millim., II = 100 millim., III = 49 millim.

Ce prisme de moelle fut placé ensuite dans un tube de verre sec, fermé aux deux bouts par un bouchon. Après 14 heures, les trois parties du prisme présentaient les allongements suivants : I s'est allongé de 4^{mm},5, II de 6^{mm},5, III de 2 millim., c'est-à-dire de 4,1 p. 100. En même temps, la moelle avait perdu 0^{gr},15 d'eau. Après un nouvel intervalle de 26 heures, on observa un nouvel allongement, à savoir : dans I de 2^{mm},5, dans II de 0^{mm},5 ; III s'est au contraire raccourci de 0^{mm},5. Il ne s'est pas perdu de nouvelle quantité d'eau, car la paroi interne du tube était couverte d'une fine vapeur précipitée.

Le prisme de moelle fut placé ensuite dans l'eau et déjà, après 6 heures, on put observer les allongements suivants : I s'est allongé dans un premier cas de 18 millim., II de 23 millim., III de 11 millim.; en d'autres termes, l'allongement nouveau, rapporté à la longueur de la région au moment où on a plongé le prisme dans l'eau, est pour I de 16,8 p. 100, pour II de 21,6 p. 100, pour III de 21,6 p. 100. En même temps, la moelle s'est épaissie et a absorbé 6 grammes d'eau.

La détermination du poids sec montre que le prisme ne contient que 0^{gr},22 de substance solide. Cette substance, après l'isolement de la moelle, était unie à 5^{gr},08 d'eau; elle a perdu plus tard 0^{gr},15 d'eau; mais dans la dernière phase de l'expérience, elle en a absorbé de nouveau 6 grammes. En d'autres termes, au début de l'observation, la moelle contenait 4,23 p. 100 de son poids de substance solide; à la fin, elle n'en renfermait plus que 1,97 p. 100. Les recherches de ce genre montrent que la moelle des entre-nœuds les plus jeunes perd le plus facilement son eau par l'évaporation; cela résulte de son raccourcissement même. M. Kraus est arrivé par une autre voie au même résultat, et il a montré, en outre (non en opposition avec ce résultat, comme il l'affirme, mais en parfaite concordance avec lui), que la moelle âgée des entre-nœuds en voie d'accroissement absorbe l'eau avec plus d'énergie que la moelle jeune, et se dilate en même temps davantage (1).

(1. Kraus : *loc. cit.*, p. 123.)

Demandons-nous maintenant comment on peut concevoir que la moelle s'allonge ainsi malgré la perte d'eau, toute légère qu'elle est, dont elle est le siège. Il faut remarquer tout d'abord que sa surface se dessèche évidemment dans ces conditions. Il n'est pas possible d'attribuer cela à la dessiccation superficielle à la faible quantité d'eau que perd le poils; il est plus probable que les cellules médullaires internes absorbent l'eau contenue dans les cellules externes, et que c'est ainsi qu'elles s'allongent; quant aux cellules externes, elles se raccourciraient si elles n'étaient pas passivement distendues par les cellules internes. Que ce soit là la vraie explication, c'est ce qu'atteste la rigidité que présente la moelle en cet état, rigidité qui résulte d'une tension entre la couche externe desséchée et la masse saveuse du tissu interne. En effet, que l'on coupe le prisme en deux dans sa longueur, on voit aussitôt les deux moitiés diverger et s'incurver en dehors, parfois même avec une grande force.

Cela posé, si les cellules médullaires internes sont capables d'ôter leur eau des plus externes, on doit admettre aussi que les cellules externes de la moelle sont capables d'absorber de l'eau dans le tissu qui les entoure, et, en général, dans tous les tissus périphériques, et d'empêcher ainsi ces tissus d'atteindre à un haut degré de turgescence; leur amoindrissement est évidemment à relier à la moelle, par laquelle ils sont ainsi passivement distendus. Il est utile de remarquer en même temps, que les cellules médullaires, possédant un maximum de substances solubles dissoutes dans leur contenu, puissent évidemment absorber l'eau avec assez de force pour l'enlever des tissus voisins, dont les sucs cellulaires sont évidemment plus riches en substances dissoutes.

Les observations que nous venons de décrire expliquent aussi comment comment pourquoi les diverses parties d'une branche coupée en deux ou en quatre dans sa longueur, se courbent en dehors avec tant de force quand on les plonge dans l'eau, et pourquoi cette même courbure se produit encore plus fortement. Il est vrai, mais le s'atténuant progressivement de plus en plus, quand on laisse séjourner les fragments dans un vase de telle faculté ou l'on ne la voit est.

Tension transversale causée par l'épaississement ultérieur du bois. — Nous avons montré plus haut que pendant l'accroissement en longueur de la tige, il s'y manifeste déjà les tensions transversales causées par la tension longitudinale elle-même, et dont la connaissance plus exacte est réservée à l'avenir. Dès que commence à s'opérer l'épaississement de la tige, provoqué par la zone génératrice, il entre en jeu une nouvelle cause de tension, qui agit à la fois en direction radiale et en direction périphérique, et qui persiste aussi longtemps que dure l'activité même de l'anneau de cambium. Les couches de tissu engendrées par la zone génératrice ont tout d'abord une tendance à s'étendre en direction tangentielle plus que de la partie; c'est ce qu'éprouvent par l'épiderme et par l'écorce primaire. Ces tissus externes sont donc distendus dans le sens de la périphérie, et comme ils sont distendus et plus tard obligés à se contracter, ils exercent en direction radiale une pression sur le

1. De ma source sur l'épaississement, me réservant d'aborder dans le plus grand détail ce sujet dans les Travaux de l'Institut botanique de Wurtzbourg. Comme le cambium se comportent aussi les cellules corticales et les poils des racines.

cambium et sur ses produits, c'est-à-dire sur les couches corticales secondaires et sur le bois. Il faut ajouter à cela, que l'anneau ligneux, produit sur la face interne du cambium, s'accroît dans le sens de la tangente plus fortement que les couches libériennes formées par lui sur sa face externe; ces couches libériennes sont donc passivement distendues.

Pendant qu'elle s'accroît en épaisseur, la tige entre donc dans un état de tension transversale tel que chaque couche de son tissu est périphériquement distendue sur sa face externe et radialement comprimée sur sa face interne, en d'autres termes, tel que chaque couche du tissu est tendue négativement sur sa face externe, et positivement sur sa face interne. Si donc on sépare les diverses couches de tissu qui composent un disque transversal de la tige, notamment l'épiderme E, l'écorce primaire E', l'écorce secondaire ou liber L, et le bois B, et si l'on compare la longueur de leurs contours, on obtient ainsi, grâce à cette tension transversale :

$$E < E' < L < B.$$

A mesure qu'augmente l'accroissement en épaisseur, la tension transversale va croissant, comme cela résulte des recherches détaillées de M. Kraus. En d'autres termes, si, sur un disque transversal de la tige ou d'une branche ligneuse, on sépare les divers anneaux du tissu, en fendant d'abord le disque dans sa longueur, puis en isolant les couches dans le sens de la périphérie, on voit ces anneaux se contracter d'autant plus qu'ils sont plus rapprochés de la périphérie, et la contraction, rapportée au contour primitif de l'ensemble, est d'autant plus considérable que le disque transversal est plus âgé.

La traction que les cellules de l'épiderme et de l'écorce primaire subissent pendant cette tension transversale est très-facile à reconnaître au microscope sur la section de l'organe. Il suffit pour cela de prendre des jeunes entre-nœuds chez des plantes à épaississement rapide, comme les *Helianthus, Ricinus, Ribes*, etc., et de les comparer avec d'autres entre-nœuds qui ont déjà formé du bois pendant quelques semaines ou quelques mois. On voit alors, à la forme même des cellules, qu'elles ont été étirées violemment dans le sens de la périphérie (fig. 56), en suite de quoi elles se sont fortement accrues en direction tangentielle; ainsi transformées, ces cellules se sont cloisonnées par des parois radiales. Mais, à la fin, l'épiderme et l'écorce primaire ne peuvent plus obéir à cette traction périphérique, et il se fait des fentes longitudinales dans le tissu cortical, ordinairement après que la formation du liége a déjà commencé. Puis, quand sur les vieilles tiges il s'est formé du périderme et du rhytidome, ce sont ces tissus tégumentaires secondaires qui subissent une continuelle dilatation périphérique, et qui, par conséquent, exercent une pression radiale sur le liber vivant, sur le cambium et sur le bois. La conséquence la plus immédiate de cette distension exercée par les tissus internes en voie d'accroissement est la déchirure des couches du rhytidome, qui s'opère surtout suivant la longueur. La forme des crevasses dépend cependant de la marche des faisceaux libériens qui se trouvent déjà compris dans le rhytidome, et aussi des autres propriétés des tissus.

Quand la tige ne s'accroît pas en cylindre ou en cône élancé, mais prend la forme d'un renflement sphérique, comme chez les *Beaucarnea* et *Testudinaria*, les couches péridermiques se déchirent alors en forme de polygones assez réguliers, qui revêtent la surface sphérique de la tige comme autant d'écussons. Ces derniers exemples montrent en même temps que, chez les Monocotylédones, l'épaississement ultérieur de la tige produit des tensions transversales analogues à celles que l'activité d'un véritable anneau de cambium engendre chez les Dicotylédones ; le cambium y est, en effet, remplacé par un manteau d'épaississement qui produit continuellement de nouvelles couches de faisceaux vasculaires, et du parenchyme pour réunir ces faisceaux (voir p. 145, fig. 91).

Pour que le rhytidome se déchire, ou pour que ses crevasses une fois formées s'élargissent et deviennent plus profondes, il faut évidemment que la tension transversale atteigne une force déterminée et, vu la grande solidité du rhytidome, il faut que cette force soit très-considérable. Mais on voit aussi qu'au moment même de la déchirure une partie au moins de la tension se trouvera annulée. C'est évidemment ce qui explique pourquoi, comme l'a montré M. Kraus, c'est au-dessus du niveau de la tige où l'écaillement de l'écorce commence, que la tension transversale, mesurée comme il a été dit plus haut, atteint son maximum d'intensité. Mais même dans les tiges annuelles à épaississement rapide, comme celles des *Helianthus*, *Dahlia*, etc., si l'on mesure la tension depuis le sommet jusque vers la racine, on voit qu'elle n'augmente pas constamment, mais qu'elle présente à une hauteur moyenne un certain maximum, pour diminuer ensuite à mesure qu'on descend dans la tige. Ce phénomène s'explique si l'on réfléchit, que par la pression longtemps maintenue que l'écorce subit de dedans en dehors, sa limite d'élasticité se trouve peu à peu dépassée et qu'en même temps les membranes cellulaires distendues s'accroissent par intussusception, de façon à équilibrer une partie de leur tension par l'interposition de nouvelles substances.

Dans les entre-nœuds et les pétioles en voie d'accroissement, considérés avant la lignification du bois, c'est la turgescence de la moelle, avons-nous dit, et son énorme force endosmotique, qui est le facteur principal de la tension longitudinale des tissus. Il est probable, au contraire, que la tension transversale doit presque exclusivement son énergie à l'imbibition et au gonflement des membranes cellulaires. Une fois son développement achevé, le bois, d'où procède principalement la tension transversale, est peu propre à une extension par voie de turgescence ; ce phénomène est impossible, en effet, dans les vaisseaux et les cellules ponctuées aréolées, et les cellules ligneuses fermées où il pourrait à la rigueur se manifester ne peuvent pas s'étendre fortement, parce que leur propre paroi et les éléments ligneux qui les entourent sont trop peu extensibles pour se dilater notablement sous l'influence de la pression hydrostatique qui se développe dans ces cellules fermées. Au contraire, nous avons déjà montré plus haut (§ 13), combien sont considérables les changements de dimension que le bois subit par le seul fait de son imbibition, notamment dans le sens de la périphérie et du rayon. Chaque couche de bois nouvellement formée sur la face interne de l'anneau de cambium a une tendance à s'élargir dans le sens de la périphérie, aussi longtemps que sa provision d'eau suffit à y provoquer un nouveau gonflement des membranes. Il en résulte que le tissu générateur se trouve par là distendu suivant la tangente. L'élargissement ainsi amené dans ses cellules y est soutenu par la turgescence, et, vu la minceur des parois des cellules cambiales, on doit admettre que c'est précisément cette turgescence qui empêche le cambium d'être écrasé entre le bois et l'écorce. Les éléments de l'écorce secondaire, c'est-à-dire les fibres du liber et le parenchyme libérien, sont peu propres à subir de grands changements de dimension par suite du gonflement ; les premières ont, il est vrai, leurs parois épaissies, mais elles ne sont pas disposées de façon à former une couche continue augmentant de surface par le gonflement. Finalement le périderme et le rhytidome se dessèchent et se contractent en même temps avec une force considérable, bien que d'une quantité insignifiante.

L'observation de la série des phénomènes qui se reproduisent chaque année notamment sur les gros arbres, montre que vers la fin de l'hiver, en février et mars, les crevasses du rhytidome s'approfondissent et s'élargissent, par suite d'un gonflement énergique du corps ligneux, qui est à cette époque aussi riche en eau que possible, tandis que le rhytidome a eu le temps de se dessécher et de se contracter beaucoup à l'air sec de l'hiver. Une fois les crevasses élargies à la suite de la forte tension ainsi produite, le rhytidome commence à se gonfler sous l'influence du temps humide du printemps, et c'est alors que recommence la formation du bois dans le cambium. En été, à mesure que le corps ligneux devient plus épais, le rhytidome se dessèche de nouveau et se rétrécit ; la tension entre l'extérieur et l'intérieur va donc de nouveau en croissant pour s'annuler encore en partie au printemps suivant. Il y a donc, dans la tension transversale, des variations périodiques annuelles, et en outre ce sont ces variations qui, comme nous le verrons plus loin, déterminent les différences qui existent, dans chaque couche annuelle, entre le bois de printemps et le bois d'automne.

Résumé. — Tout ce que nous venons de dire jusqu'ici dans ce paragraphe peut se résumer brièvement dans les termes suivants. Homogènes au début, les tissus se différencient d'abord de façon à présenter des différences physico-chimiques telles que certaines couches, notamment la moelle, absorbent plus fortement que les autres l'eau qui se trouve dans le tissu et par conséquent s'accroissent plus fortement ; il en résulte que les autres couches, moins turgescentes et douées d'un accroissement plus lent, sont exposées à une extension passive qui favorise leur accroissement. Quand l'allongement a cessé, c'est principalement l'imbibition et le gonflement intense du bois qui compriment les couches de tissu qui l'enveloppent et qui favorisent leur accroissement périphérique.

L'intensité de la tension longitudinale de la première période et de la tension transversale de la seconde dépend donc surtout de la quantité d'eau introduite dans la moelle turgescente et dans le bois qui se gonfle. Toute diminution de turgescence dans la moelle y déterminera un raccourcissement et par conséquent raccourcira aussi et fanera la branche tout entière : résultat entièrement conforme à l'observation, puisque des branches qui perdent leur eau par transpiration et qui se fanent deviennent non-seulement plus courtes, mais aussi plus flasques. De même, toute diminution d'eau d'imbibition dans le bois diminuera la tension transversale et rétrécira la branche tout entière. Au

contraire, une légère perte d'eau dans les tissus périphériques passivement distendus ne déterminera pas immédiatement une notable augmentation dans la
tendance qu'ils ont à se contracter, car les changements de dimension qu'ils
éprouvent par turgescence et imbibition sont beaucoup plus insignifiants que
dans le bois et dans la moelle.

**Oscillations périodiques journalières de l'intensité des tensions longi-
tudinale et transversale.** — Ceci posé, s'il y a des causes qui déterminent
des oscillations périodiques journalières dans la quantité d'eau renfermée dans
les tissus, ces causes provoqueront aussi des oscillations périodiques journalières dans l'intensité de la tension longitudinale et de la tension transversale.
Une semblable période journalière a été effectivement constatée par M. Kraus
dans l'intensité des tensions des divers tissus (1). Ce botaniste a trouvé que, dans
les conditions normales de végétation, la tension longitudinale mesurée par la
différence de longueur de la moelle et de l'écorce, aussi bien que la tension
transversale mesurée par le rétrécissement de l'écorce enlevée aux tiges ligneuses, va diminuant depuis le matin jusqu'à midi ou jusqu'aux premières heures
de l'après-midi ; elle atteint alors un minimum, puis elle augmente de nouveau
pour atteindre le matin de bonne heure un maximum. M. Millardet a confirmé
cette périodicité par une tout autre méthode, comme nous le verrons plus
loin, et comme l'objet de ses observations lui permettait des mesures précises,
il a constaté en outre une élévation de tension, le plus souvent faible, dans
l'après-midi.

Malgré les assertions en partie contraires, mais le plus souvent concordantes
de M. Kraus, j'incline à assigner cette périodicité principalement ou même
exclusivement à des oscillations semblables dans la quantité d'eau contenue
dans la plante aux différentes heures du jour. La transpiration se trouvant fort
amoindrie pendant la nuit, la quantité d'eau contenue dans la plante et avec
elle la tension des tissus doit aller en croissant, et le contraire doit arriver
quand la transpiration augmente jusqu'à acquérir son maximum dans l'après-
midi. L'espace nous manque ici pour examiner avec des détails suffisants les
assertions contraires formulées par divers observateurs, mais nous en retrouverons plus tard l'occasion. Je dois néanmoins ajouter ici que la périodicité
en question, notamment pour ce qui concerne les tensions longitudinales,
peut dépendre aussi de la lumière, agissant directement en tant que lumière,
c'est-à-dire indépendamment de la chaleur qu'elle apporte et de la transpiration qu'elle provoque ; toutefois les recherches de M. Kraus (2) ne démontrent
pas ce résultat.

Quant à admettre, au contraire, une périodicité diurne de tension, indépendante à la fois de la température, de la lumière et de la quantité d'eau,
je ne pourrais m'y résoudre que si toute autre explication des phénomènes
était reconnue impossible ; or tel n'est plus le cas aujourd'hui. Mes recherches (3) ont démontré qu'il existe entre l'accroissement de l'organe et la ten-

(1) *Loc. cit.*, p. 122.
(2) *Loc. cit.*, p. 125.
(3) Sachs : Arbeiten des bot. Instituts in Würzburg 1872, Heft II, p. 168.

sion de ses tissus, une dépendance intime et une nécessaire corrélation, que la période diurne de l'accroissement en longueur coïncide de tous points avec la période diurne de la tension observée par MM. Kraus et Millardet, et qu'enfin cette première période est exclusivement provoquée par les changements de température et de lumière. Je regarde donc comme très-vraisemblable que la seconde période, la période diurne de tension, dépend aussi de ces mêmes agents et de deux façons : d'abord ils influencent l'accroissement et par lui la tension, et ensuite ils changent la quantité d'eau renfermée dans le tissu en modifiant d'une part la transpiration et de l'autre l'absorption d'eau par les racines. Comme tous les autres phénomènes périodiques de la vie végétale, la périodicité de tension exige donc une attentive recherche des causes extérieures qui peuvent la provoquer, avant que l'on soit en droit de supposer qu'il existe une périodicité interne qui, dans l'état actuel de la science, serait absolument inexplicable.

§ 16.

Modification de l'accroissement par pression ou traction.

Il peut arriver de bien des manières différentes que des cellules ou des masses de tissus soient soumises à une pression ou à une traction. D'une part, cela a lieu normalement, comme nous venons de le voir, par la tension des tissus ; d'autre part, des circonstances extérieures et accidentelles peuvent faire, soit que des cellules isolées ou des tissus compactes soient comprimés ou distendus localement par des corps solides externes, soit que des tissus en état de tension se trouvent tout à coup délivrés de la pression ou traction qu'ils subissaient normalement. Toutefois les nombreux phénomènes qui indiquent ou démontrent que, dans ces conditions, l'accroissement se trouve modifié, n'ont été jusqu'à présent étudiés avec précision que dans quelques cas particuliers. Ce paragraphe n'a donc pas d'autre objet que d'attirer l'attention des jeunes botanistes sur une véritable mine de découvertes nouvelles, dont l'exploration contribuera certainement beaucoup à établir la théorie mécanique de l'accroissement.

Influence d'une pression de dedans en dehors. — Aussi longtemps que la cellule à laquelle elle appartient est turgescente, toute membrane cellulaire subit de dedans en dehors une pression qui la distend continuellement. Or c'est un fait d'observation journalière, que toute cellule en voie d'accroissement est turgescente et inversement que toute cellule incapable de turgescence, toute cellule qui a sa membrane perforée ne s'accroît plus désormais. C'est encore un fait, que les entre-nœuds, les feuilles et les racines qui se fanent cessent de s'accroître et qu'au contraire, plus leur accroissement est énergique, plus ces organes sont turgescents. On doit donc admettre que la turgescence est une condition essentielle de l'accroissement de la membrane cellulaire. Cela paraît assez facile à comprendre si l'on se reporte à la théorie de l'accroissement donnée par M. Nägeli et aux recherches faites par M. Traube au moyen de cellules artificielles (voir livre III, § 1). On doit supposer

alors que pendant l'extension de la membrane cellulaire par la pression hydrostatique du suc interne, les intervalles remplis d'eau qui séparent les particules
solides de la membrane s'agrandissent un peu et font place à l'interposition
de nouvelles particules solides ; après quoi l'extension provoquée par la turgescence recommence à nouveau et provoque bientôt le même résultat.

Mais en tout point de la membrane, l'extension qui s'y opère et l'interposition nouvelle qui en est la conséquence vont dépendre étroitement des propriétés internes que la membrane elle-même possède en ce point. Non-seulement
donc les divers points de la membrane se distingueront par leur inégale
extensibilité, mais en un même point l'extensibilité dans le sens de la longueur pourra être différente de l'extensibilité dans le sens de la largeur ou
dans une direction oblique ; c'est ce qu'on reconnaît déjà par les phénomènes
de gonflement des membranes cellulaires. Que l'extensibilité de la membrane
ait ainsi des valeurs différentes suivant les diverses directions, c'est ce dont
on a immédiatement la preuve si l'on considère que les cellules en voie d'accroissement revêtent les formes les plus variées, cylindriques, étoilées, etc.,
tandis que, si l'extensibilité de la membrane était la même dans toutes les
directions, toutes les cellules devraient, sous l'influence de la turgescence, devenir sphériques ou, en se comprimant réciproquement, polyédriques.

Ces quelques notions épuisent à peu près tout ce que nous savons actuellement au sujet des relations qui existent entre l'extensibilité, la turgescence et
l'accroissement par intussusception. Il faut dire encore que plus les cellules
s'accroissent rapidement, plus aussi leurs parois demeurent minces et extensibles ; l'épaississement de la membrane ne commence ordinairement que
lorsque l'accroissement de volume de la cellule est en voie de diminution ou a
complétement cessé.

Ceci posé, si c'est l'extension de la membrane cellulaire provoquée par
la turgescence qui est la cause de son accroissement superficiel, il devra se
produire un accroissement analogue quand, dans un état de faible turgescence,
on distendra cette membrane par une force quelconque extérieure à la cellule. C'est ce qui arrive, par exemple, dans l'épiderme et dans l'écorce des
branches, à la suite de la tension des tissus. Quand, sur les longs entre-nœuds
et sur les longues feuilles, on voit ces cellules s'accroître principalement en
longueur, tandis que sur les organes à large surface elles prennent la forme de
tables polygonales, on ne peut s'empêcher de rapporter ce fait, au moins en
partie, à la traction que les cellules ont subie, suivant la longueur dans le premier cas, également en tous sens parallèlement à la surface dans le second (1).
Nous avons déjà vu que, sur les branches qui s'épaississent rapidement, les
cellules de l'écorce primaire, fortement étirées tangentiellement, s'accroissent
aussi très-vivement dans cette même direction (2).

(1) Pour plus de détails sur l'influence possible exercée par la tension des tissus sur la formation des stomates, voir : Pfitzer : Jahrb für wiss. Bot, VII, p. 542.

(2) Sur la relation qui existe entre la disposition des cellules en séries radiales ou concentriques sur la section transversale, et l'accroissement en épaisseur de l'organe, voir la lucide exposition donnée par M. Nägeli dans son mémoire intitulé : Dickenwachsthum des Stengels bei
den Sapindaceen. München 1864, p. 13.

Influence d'une pression de dehors en dedans sur la membrane cellulaire distendue et turgescente. — Il y a pression exercée du dehors sur la membrane cellulaire distendue par turgescence, et cela sous une forme très-simple, quand une cellule, s'accroissant par son sommet, arrive à rencontrer un corps solide, comme c'est le cas, par exemple, pour les poids radicaux des plantes terrestres vis-à-vis des petits grains de terre du sol (1). Les membranes très-minces et très-extensibles s'appliquent alors intimement sur la surface irrégulière du corps solide, comme lorsqu'on presse un corps anguleux sur la face externe d'une vésicule élastique pleine d'eau ; seulement, la membrane conserve plus tard, même quand la pression a disparu, le contour ainsi déterminé, circonstance qui résulte évidemment d'une interposition de substance solide, qui rend durable la forme irrégulière provoquée exclusivement au début par la seule extension.

C'est le contraire qui arrive si, dans une cellule soumise à une pression extérieure, cette pression se trouve tout à coup supprimée en certains points. Un exemple très-simple de phénomènes de ce genre nous est offert par la formation des tilles dans les vaisseaux (voir p. 36, livre I). Les tilles naissent en général là où la membrane mince non lignifiée et capable d'accroissement d'une cellule de parenchyme ligneux se trouve contiguë à la ponctuation ouverte d'un vaisseau voisin ; la portion de membrane tendue contre l'ouverture est refoulée par la pression du suc cellulaire à travers le pore et proémine en forme de papille dans la cavité du large vaisseau, où elle se dilate puissamment. Aussi longtemps que le jeune vaisseau contenait lui-même du suc cellulaire et était turgescent, sa turgescence faisait équilibre à celle des cellules voisines : mais une fois le suc cellulaire du vaisseau résorbé, la membrane tendue au-dessus du pore obéit à la pression qu'elle subit désormais d'un seul côté et s'accroît fortement dans cette direction. On peut artificiellement provoquer sur une cellule des phénomènes analogues, en supprimant la pression qu'exercent sur elle les tissus qui l'entourent. Ainsi par exemple, sur des branches ligneuses coupées transversalement, on voit le cambium se gonfler et proéminer sur la tranche en forme de bourrelet situé entre le bois et l'écorce, quand on laisse séjourner cette tranche dans du sable humide ou dans de l'air saturé. Cette callosité, comme on l'appelle, est produite par l'accroissement longitudinal des cellules cambiales et des cellules corticales voisines, accroissement qui était empêché auparavant par la portion de tige qu'on a coupée. Une fois parvenues au-dessus de la section, les cellules se développent aussi latéralement avec plus de force qu'auparavant, et bientôt cet accroissement est suivi de divisions par des cloisons longitudinales et transversales (2). Le développement ultérieur d'une pareille callosité aux points où des branches ont été coupées, conduit au recouvrement bien connu des plaies.

Sur des entre-nœuds de plantules de Haricot, devenus accidentellement creux j'ai trouvé en 1854, que les cellules médullaires entourant la cavité s'y étaient développées en forme de papilles sphériques ou de massue, après quoi elles

____

(1) Sachs : Handbuch. der Exper-Physiologie, p. 168 (trad. française, p. 189).

(2) On trouvera plus de détails sur ce point dans un travail en préparation de M. Prantl.

s'étaient cloisonnées et avaient formé des noyaux dans les nouvelles cellules ainsi formées. Les mêmes cellules médullaires qui présentaient cet actif accroissement sur leur face libre bordant la cavité, auraient conservé, si la
moelle fût demeurée solide, leur forme polyédrique, parce que chacune des
faces de la membrane aurait été soumise à la fois à la pression de deux sucs
cellulaires voisins. La production de la cavité a supprimé cette pression sur
l'une des faces, et la cellule s'est trouvée abandonnée de ce côté à la seule pression de son suc cellulaire, pression à laquelle la face libre a obéi en se ren-
flant en dehors et en se développant (1). Ce phénomène et d'autres semblables
montrent qu'il suffit souvent d'écarter simplement la pression que les cellules
isolées ou qu'un tissu massif subissent normalement, pour appeler les faces de
la membrane ainsi délivrées à un accroissement très-vif du côté de l'espace
devenu libre. Quant à la cause de ce nouvel accroissement, elle réside tout au
moins au début, dans la turgescence propre de la cellule, qui n'est plus maintenant équilibrée par la turgescence des cellules voisines, et qui peut désormais
distendre à son aise la membrane sur toute la face libre.

Dans les tissus mous, il suffit d'une pression insignifiante exercée du dehors
pour arrêter l'accroissement au point touché; c'est ce que montrent certains
gros Champignons, qui se développent dans les bois sur le sol couvert de feuilles mortes et dont le chapeau s'accolle par ses bords, entoure et souvent enveloppe complétement des feuilles légères, de petits morceaux de bois, etc. Évidemment, la pression insignifiante exercée ainsi du dehors empêche ici l'accroissement superficiel des membranes cellulaires touchées, tandis que les
cellules voisines s'étalent latéralement et embrassent le corps solide.

Mais c'est sur les vrilles qu'on observe de la manière la plus frappante l'effet
exercé par une faible pression sur l'accroissement d'un organe. Ici, en effet,
quoique les cellules ne soient que bien doucement comprimées par le support,
leur accroissement en longueur y est fort ralenti ou même parfois arrêté, tandis
que les cellules qui occupent le côté libre s'allongent puissamment; c'est ce
que montre au premier coup d'œil, et sans qu'il soit nécessaire de faire des mesures, une section longitudinale d'une vrille enroulée autour d'un mince support. Comment la faible pression ainsi exercée dans la direction du rayon, le
plus souvent accompagnée il est vrai de frottement, agit-elle sur l'accroissement en longueur de l'organe? c'est ce qu'on ignore absolument.

Les racines principales et les radicelles des plantules en germination présentent des phénomènes tout à fait semblables (*Zea, Faba, Pisum,* etc.). Fait-on
développer ces racines dans un espace humide, en s'arrangeant de manière que
la région en voie d'accroissement soit comprimée contre un corps solide, contre
une épingle, par exemple, ou contre une autre racine, on voit la racine s'enrouler comme une vrille autour du corps qui la touche, et cela parce que le
côté touché s'allonge plus lentement que la face libre. C'est évidemment par
suite d'une influence analogue de la pression sur l'accroissement en longueur
que les racines aériennes des Aroïdées et des Orchidées s'appliquent étroite-

____

(1) M. Prantl est parvenu à produire artificiellement des phénomènes analogues sur des tubercules de Dahlia.

ment contre les corps solides et en suivent exactement toutes les inégalités. Mais des tubes unicellulaires eux-mêmes, comme des filaments de Champignons et des tubes polliniques (fig. 448), sont amenés, par leur contact avec un autre corps solide, à s'appliquer étroitement sur lui et à s'y souder. Dans ce cas, le plus simple de tous, où la pression hydrostatique est partout la même dans la cellule et distend la membrane, il ne peut y avoir de doute que c'est la pression du dehors qui agit indépendamment de la turgescence pour ralentir l'accroissement de la membrane, pendant que cet accroissement progresse sans obstacle en tous les points non touchés.

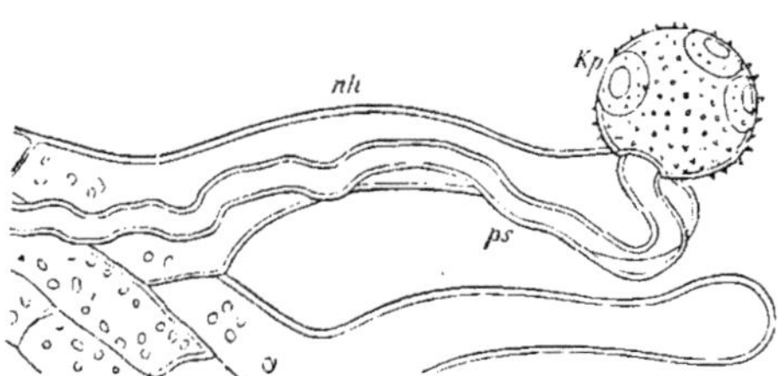

Fig. 448. — Grain de pollen de *Campanula rapunculoides*, en voie de germination; le tube pollinique *ps* s'applique étroitement contre le poil stigmatique *nh*.

On ignore toutefois le mécanisme par lequel une pression exercée sur un organe dans le sens du rayon, arrive à en empêcher de ce côté l'accroissement en longueur. Avant tout, il s'agirait de savoir si la pression agit directement sur la membrane cellulaire, ou si elle intéresse d'abord le protoplasma pour retentir ensuite sur la membrane (1).

Cas où une pression du dehors favorise l'accroissement. — Mais il arrive aussi, qu'en opposition avec le genre d'actions que nous venons de considérer, la pression extérieure provoque l'accroissement de la région où elle agit et qui sans elle ne se serait pas accrue.

Ainsi, M. Pfeffer a montré (2) que certaines cellules superficielles hyalines appartenant aux deux faces planes des propagules des *Marchantia*, possèdent la faculté de s'allonger en poils radicaux tubuleux quand elles sont mises par leur face externe en contact prolongé avec un corps solide imbibé d'eau; le contact direct de ces mêmes cellules avec l'eau ne provoque, au contraire, aucun accroissement de ce genre. Habituellement ces cellules ne se développent en poils radicaux que lorsque leur face externe est tournée vers le bas; celles de la face supérieure du propagule, quand elles ne touchent aucun corps solide, ne s'allongent pas. Il faut voir dans cette différence un effet de la pesanteur, comme nous le montrerons mieux encore plus loin; mais cet effet peut être annulé par une pression légère et prolongée, car il suffit d'exercer une pareille pression sur la face supérieure du propagule pour amener les cellules en question à s'allonger aussi en poils radicaux.

Les suçoirs des *Cuscuta* et *Cassytha* et les disques d'adhésion des vrilles des *Ampelopsis* ne naissent, comme Mohl l'a déjà fait remarquer, que lorsque la surface des organes qui les portent subit le contact prolongé d'un corps solide;

(1) Si l'on connaissait mieux le rôle du protoplasma dans l'accroissement de la membrane cellulaire, on pourrait attacher de l'importance à ce fait, qu'une pression même insignifiante exercée sur la membrane arrête aussitôt le mouvement du protoplasma, et même détermine sa séparation d'avec la membrane (Hofmeister : Pflanzenzelle, p. 51).

(2) Arbeiten des bot. Instituts in Würzburg 1871. Heft I, p. 22.

ce fait a été vérifié par les nouvelles expériences de M. Pfeffer (1). Dans ce cas, le contact ou la légère pression exercée par le corps solide sur l'organe considéré y provoque, en cet endroit même, un accroissement lié à des divisions cellulaires et à une différenciation du tissu, accroissement qui sans cette pression ne se produirait en aucune façon. Or les suçoirs et les disques d'adhésion ainsi formés sont indispensables à la vie de la plante. C'est, en effet, en enfonçant ses suçoirs dans le tissu de la plante hospitalière, que la Cuscute se nourrit et ce sont les disques d'adhésion de ses vrilles, qui permettent à la Vigne vierge de s'élever en grimpant le long des murs. Si les vrilles ne trouvent aucun corps solide où s'attacher, elles ne forment pas de disques d'adhésion, se dessèchent et tombent ; tandis que celles qui trouvent à se fixer développent de ces disques, s'accroissent plus tard en épaisseur et se lignifient.

Influence de la pression sur la formation du bois. — Expériences de M. H. de Vries. — L'influence nuisible exercée sur l'accroissement par une pression dirigée de dehors en dedans sur les cellules, se manifeste de la manière la plus frappante dans la formation des couches annuelles du bois. Déjà, dans la première édition de ce Traité, j'ai fait remarquer que le plus grand diamètre radial des cellules ligneuses dans le bois de printemps et le plus petit diamètre radial de ces mêmes cellules dans le bois d'automne pouvaient dépendre en quelque façon de la pression variable qu'aux diverses époques de l'année le cambium et le bois subissent de la part de l'écorce qui les enveloppe. Comme nous l'avons montré plus haut, cette pression est, en effet, moindre au printemps et va sans cesse en croissant pendant l'été. Cette idée a reçu, des recherches récentes de M. Hugo de Vries, une entière confirmation (2).

Influence d'une augmentation de pression. — Sur des branches de deux à trois ans étudiées au printemps, M. de Vries a augmenté en certaines places, au moyen de ligatures fortement serrées, la pression exercée par l'écorce sur la couche génératrice.

Ce mode de recherches l'a conduit, dans tous les cas, aux résultats suivants : 1° l'épaisseur absolue de la couche annuelle, sous la ligature, est plus petite que l'épaisseur moyenne de la même couche annuelle, considérée à quelque distance au-dessus ou au-dessous de l'endroit comprimé. Sur plusieurs branches, la différence est si considérable, que la région comprimée paraît déjà, à l'œil nu, notablement plus mince, et les bourrelets ligneux qui se forment aux deux extrémités de la ligature rendent le contraste encore plus frappant. 2° L'épaisseur absolue de la couche de bois d'automne, considérée au milieu du mois d'août, époque où cesse l'accroissement en épaisseur dans les espèces étudiées, est plus grande et souvent beaucoup plus considérable dans la région comprimée que l'épaisseur normale. Le bois d'automne de cette région est formé, dans les essences observées (*Acer pseudoplatanus, Salix cinerea, Populus alba, Pavia*), de fibres aplaties en direction radiale, parmi lesquelles se montrent des vaisseaux en nombre moindre que dans le bois normal ; il est donc composé comme le bois d'automne nor-

---

(1) *Loc. cit.*, p. 96.
(2) H. DE VRIES : Flora 1872.

mal. Le bois d'automne normal de l'*Ailanthus glandulosa* consiste presque exclusivement en cellules de parenchyme ligneux, aplaties dans le sens du rayon; mais, sous une ligature faite au mois de mai, le bois d'automne d'une branche de cette plante est formé d'une couche plus épaisse de fibres aplaties, parmi lesquelles se voient un petit nombre de vaisseaux.

Ces résultats prouvent que, sous l'influence d'une pression externe plus forte, le bois d'automne commence à se former déjà à une époque où, sous la pression normale, il se produit encore du tissu ligneux à larges cellules.

Influence d'une diminution de pression. — On obtient, au contraire, une diminution dans la pression exercée par l'écorce sur la zone génératrice, en pratiquant, çà et là, à travers le tissu libérien, des entailles longitudinales dans le sens du rayon. Les bandes libériennes ainsi séparées se contractent un peu latéralement, parce que leur tension se trouve supprimée. Au voisinage même des entailles, la pression de l'écorce sur le bois est totalement annulée; mais, au milieu de l'intervalle de deux entailles consécutives, l'écorce continue à exercer sur le cambium une assez notable pression. On observe que les portions de tissu qui se forment dans le voisinage des blessures ont, le plus souvent, une composition très-différente de celle du bois normal de l'espèce étudiée. Dans les points éloignés des entailles, au contraire, et plus tard aussi en dehors de ces tissus anormaux, le cambium produit une couche de bois, composée comme le bois normal. C'est ce dernier tissu seul, c'est-à-dire le bois formé sous une pression artificiellement amoindrie, qu'il y a lieu de considérer ici.

Ceci posé, les entailles ont été faites, au nombre de 4 à 6 dans la périphérie et longues d'environ 3 centimètres, sur des branches de deux ou trois ans, au milieu de juin et de juillet, c'est-à-dire après que la formation du bois d'automne dans les espèces considérées avait déjà commencé. La section des branches ayant été faite vers le milieu d'août, l'influence de la diminution de pression se manifeste d'abord par un épaississement beaucoup plus grand dans les régions entaillées qu'à quelque distance au-dessus ou au-dessous de ces régions. Sur les coupes transversales, l'épaisseur de la couche annuelle atteint son maximum au voisinage immédiat des entailles et diminue progressivement à partir de ces points jusqu'au milieu de l'intervalle entre deux entailles successives. Dans les premiers points, la couche ligneuse produite depuis l'incision de l'écorce est souvent plus de deux fois plus épaisse que dans les seconds.

Pour l'étude plus précise du phénomène, on n'utilise que les branches où il s'est déjà produit *avant* l'incision une couche de bois d'automne formée de fibres nettement aplaties. Dans tous les cas (*Acer Pseudoplatanus*, *Salix cinerea*, *Populus alba*, *Pavia*), la région extérieure de cette couche de bois d'automne, c'est-à-dire tout le bois formé après la diminution de pression, est formée de fibres qui ne sont pas du tout aplaties dans le sens du rayon, mais possèdent dans cette direction un diamètre égal ou un peu plus grand que les fibres du milieu de la couche annuelle normale; de leur côté les vaisseaux y sont aussi nombreux et même plus nombreux que dans le bois normal. Ainsi donc, à l'époque où dans la région normale de la branche il se produit du bois d'automne, l'influence d'une diminution de pression détermine la formation d'un tissu ligneux qui ressemble par sa composition au bois ordinaire situé dans la partie moyenne de la couche annuelle. Pour que le bois d'automne arrive à se développer normalement, il faut donc que l'écorce et le liber exercent sur le cambium et sur le jeune bois une pression probablement considérable.

Explication des expériences anciennes de Knight. — Les expériences de M. de Vries, que nous venons de résumer, permettent aussi d'expliquer les recherches anciennes de Knight (1801).

Knight attachait de jeunes tiges de pommier d'environ un pouce de diamètre de manière que leur région inférieure, haute d'environ 3 pieds, fût complétement immobile pendant que la partie supérieure de la tige et sa couronne pouvaient se courber sous la pression du vent. Ceci posé, il remarqua que pendant la période végétative les parties supérieures et mobiles de la tige s'étaient beaucoup épaissies, tandis que la région inférieure immobile avait peu gagné en diamètre. Cette différence s'explique facilement, si l'on considère que les flexions en divers sens imprimées par le vent à la partie supérieure de l'arbre ont chaque fois distendu et par conséquent relâché l'écorce sur la face convexe, et qu'ainsi la pression de l'écorce sur le jeune bois a toujours été moindre dans cette partie que dans la région inférieure et immobile du petit arbre. Cette explication reçoit encore une confirmation toute particulière de ce fait, que sur l'un des petits arbres dont la tige ne pouvait s'infléchir sous l'influence du vent que vers le nord et vers le sud, le diamètre du bois augmenta dans cette direction de manière à se trouver, vis-à-vis du diamètre est-ouest, dans le rapport de 13 à 11. Il est évident que l'explication que nous proposons ici est bien plus près de la vérité que celle de Knight lui-même, d'après laquelle le mouvement de la séve dans le bois serait favorisé par les oscillations que le vent imprime à la tige.

Application à la pratique horticole. — Il y a longtemps d'ailleurs que dans la pratique horticole on utilise, pour accélérer l'épaississement des arbres, la grande influence d'une diminution dans la pression de l'écorce sur le cambium. A cet effet, sur les jeunes arbres en pépinière, on fend du haut en bas en été l'écorce de la tige; bientôt il se forme sur les bords de l'entaille des bourrelets ligneux qui ferment la blessure. L'utilité de cette pratique consiste en ce que, par le plus rapide épaississement du corps ligneux, l'ascension de l'eau vers les feuilles est plus abondante et la perte provoquée par la transpiration plus rapidement compensée. La turgescence plus intense des jeunes branches facilitera donc le développement et l'épanouissement des bourgeons et par conséquent la formation des nouveaux organes assimilateurs (1).

____

(1) Cette pratique ne paraît pas connue partout : je l'ai apprise de M. Krutzsch à Tharand, et je la lui ai vu appliquer.

§ 17.

Marche de l'allongement dans des conditions extérieures constantes (1).

Distinction entre l'accroissement terminal et l'allongement ultérieur ou élongation. — Le lecteur a vu déjà, dans la partie morphologique de ce Traité, que les organes d'une plante ne s'accroissent pas en tous leurs points avec la même vitesse et de la même façon. Il sait, en effet, que les racines et les tiges s'accroissent continuellement et lentement à leur sommet, et qu'il en est de même des feuilles tout au moins au début; les cellules de cette extrémité végétative non-seulement se multiplient par des divisions régulières, mais ne dépassent pas dans l'ensemble une certaine dimension toujours petite. Au-dessous de ce sommet, composé de méristème primitif, commence ensuite non-seulement une différenciation de ce tissu homogène en plusieurs couches de propriétés différentes, mais encore un rapide agrandissement des cellules, désormais accompagné de divisions plus rares. Plus bas encore, les divisions cellulaires cessent même tout à fait, bien qu'à des époques différentes dans les divers tissus, tandis que l'accroissement des cellules continue de s'opérer activement; enfin, quand les cellules ont acquis leur grandeur et leur forme définitives, leur accroissement s'éteint. Elles sont alors plusieurs centaines, quelquefois même plusieurs milliers de fois plus grandes qu'au moment de leur naissance dans le cône végétatif.

Dans toute racine, tige ou feuille suffisamment longue, il y a donc trois régions à distinguer : 1° le point végétatif, où se forment principalement les nouvelles cellules et dont le volume augmente à mesure et lentement; 2° la région où s'opère surtout l'accroissement de volume et où il ne se forme plus du tout ou seulement très-peu de nouvelles cellules : c'est la partie en voie d'élongation; 3° enfin la région plus âgée, où il ne s'opère plus d'accroissement, tout au moins en longueur; c'est la partie achevée de l'organe.

Si, à un moment donné, l'accroissement cesse complétement dans le point végétatif, comme c'est le cas ordinaire dans les feuilles, toutes les cellules qui forment le sommet s'allongent ensuite jusqu'à ce que l'organe tout entier soit achevé.

Si la tige produit sur son extrémité végétative un grand nombre de feuilles serrées l'une au-dessus de l'autre, ce qui est le cas habituel, toute sa région principalement consacrée à la division cellulaire est enveloppée de jeunes feuilles qui consistent également en cellules en voie de division; mais, aussitôt que ces feuilles sont entrées dans la seconde phase de leur développement, et qu'elles commencent leur élongation, elles se rabattent en dehors. Si

<hr>

(1) OHLERT : Längenwachsthum der Wurzel (Linnæa 1837, XI, p. 615) — MUNTER : Botanische Zeitung, 1843, p. 125, et Linnæa, 1841, XV, p. 209 — GRIESEBACH : Wiegmann's Archiv., 1843, p. 267 — SACHS : Jahrbücher f. wiss. Botanik, 1860, II, p. 339. — MÜLLER : Botanische Zeitung, 1869. — SACHS : Arbeiten des bot. Instituts in Würzburg 1872, Heft II, p. 102 — SACHS : Medicin.-physikal. Gesellschaft in Würzburg, 16 mars 1872.

la tige est destinée à subir un puissant accroissement intercalaire et à former de longs entre-nœuds, ce qui n'est pas toujours le cas, son élongation commence précisément aux endroits où elle porte les feuilles qui entrent en élongation. Les feuilles âgées et entièrement développées s'insèrent aussi d'ordinaire sur des entre-nœuds dont l'accroissement est terminé.

Si les entre-nœuds de la tige sont très-nettement séparés l'un de l'autre, ce qui arrive particulièment quand les feuilles sont verticillées ou quand leur base est engaînante, chacun de ces entre-nœuds constitue en soi un tout plus ou moins individualisé, le long duquel on distingue, de la base au sommet, des différences d'accroissement qui peuvent se produire de deux façons inverses : tantôt, en effet, c'est la partie la plus haute de l'entre-nœud et tantôt sa région la plus basse qui conserve le plus longtemps l'état de jeunesse, pendant que la région opposée a déjà atteint son complet développement. Cette zone transversale, qui persiste longtemps à l'état de jeunesse, c'est-à-dire dans laquelle les divisions cellulaires continuent de se succéder rapidement, est rarement située à l'extrémité supérieure de l'entre-nœud ; c'est le cas, par exemple, dans les *Phaseolus*. Bien plus souvent, c'est à la base de l'entre-nœud qu'elle se rencontre, surtout si cette base est enveloppée dans une gaîne foliaire ou dans un bulbe ; il en est ainsi, par exemple, dans les Prêles (*Equisetum hyemale*), les Ombellifères, les Liliacées, les Graminées, etc.

Si les entre-nœuds de la tige ne sont pas nettement séparés, ce qui a particulièrement lieu dans les tiges à petites feuilles et dans les axes floraux des Dicotylédones, les divers états d'accroissement que nous venons de signaler dans la tige passent insensiblement l'un dans l'autre. C'est aussi toujours le cas pour les racines.

Si les feuilles, une fois épanouies, continuent de s'accroître pendant longtemps, elles peuvent se comporter comme les tiges et les branches, c'est-à-dire que la partie basilaire du pétiole y est déjà complétement développée, pendant que les portions supérieures présentent des états de plus en plus jeunes à mesure qu'on s'approche du sommet végétatif ; quand enfin les divisions cellulaires cessent de s'opérer dans ce sommet, toutes les parties s'achèvent complétement. Les Fougères réalisent ce phénomène avec une netteté toute particulière ; il est moins accusé dans les feuilles composées pennées des Papilionacées ou dans les feuilles divisées des Araliacées.

Accroissement intercalaire des entre-nœuds et des feuilles ; il est le plus souvent basipète. Zone végétative intercalaire. — Mais il arrive très-fréquemment que l'activité du point végétatif des feuilles ne dure que fort peu de temps et que le tissu tout entier du cône terminal s'allonge et achève son développement, tandis que les divisions cellulaires continuent de s'opérer à la base de l'organe. Les choses sont alors renversées, et c'est en marchant du sommet à la base que l'on rencontre les états de développement de plus en plus jeunes. Il en est ainsi, par exemple, dans les longues feuilles qui s'échappent des bulbes des Liliacées et des Monocotylédones voisines.

Quand il existe ainsi, à la base d'un entre-nœud ou d'une feuille, une zone génératrice de cellules, au-dessus de laquelle s'étend du tissu de plus en plus développé, l'organe tout entier se comporte désormais comme si cette zone était un point végétatif; c'est-à-dire que, si l'on part de cette zone en remontant vers le sommet, on rencontre les divers états d'accroissement dans le même ordre que lorsqu'on descend du sommet à la base dans la première période. On peut donc désigner toute région jeune ainsi intercalée entre deux parties plus âgées sous le nom de zone végétative intercalaire. L'accroissement de l'entre-nœud et de la feuille considérée sera dit désormais basipète, par opposition avec l'accroissement basifuge de la première période, celle où le point végétatif était situé au sommet de l'entre-nœud ou de la feuille.

Dans des conditions extérieures constantes, la vitesse d'allongement varie avec l'âge des cellules. — Ceci posé, suivant que les conditions extérieures qui influent sur l'accroissement, c'est-à-dire la température, l'humidité et la lumière, seront plus ou moins favorables, la marche de ces divers phénomènes sera plus ou moins rapide et plus ou moins régulière. Toute cellule jeune, fraîchement apparue dans le point végétatif, s'accroît en volume et achève le développement de ses diverses parties d'autant plus rapidement que ces circonstances extérieures sont plus favorables.

Mais si l'on observe, dans des conditions extérieures aussi constantes que possible, l'accroissement des organes au sortir du bourgeon, on voit que l'allongement et aussi l'épaississement de l'organe, provoqués par le développement progressif des cellules qui le constituent, ne sont pas uniformes. En d'autres termes, la région en voie d'accroissement, c'est-à-dire en voie d'élongation, d'une racine, d'un entre-nœud de tige ou d'une feuille, ne s'allonge pas de quantités égales dans des intervalles de temps égaux et successifs. Il en est de même si l'on considère une tige complète formée d'un grand nombre d'entre-nœuds, ou même si l'on étudie une petite zone transversale quelconque d'un organe en voie d'élongation. On constate notamment que l'allongement de chaque partie commence d'abord lentement, puis devient de plus en plus rapide et atteint enfin un certain maximum de vitesse; après quoi, il se ralentit de nouveau et enfin s'arrête tout à fait quand l'organe considéré est complétement achevé.

Grande période de l'allongement. — Soient donc T_1, T_2..... T_n, des intervalles de temps égaux et successifs et A_1, A_2..... A_n les allongements correspondants, on pourra dire en général que pour

$$T_1 \quad T_2 \quad T_3 \quad T_4 \quad T_5 \quad T_6 \quad T_7$$

on a

$$A_1 < A_2 < A_3 < A_4 > A_5 > A_6 > 0$$

Cette règle s'applique tout aussi bien à des zones transversales isolées de racines, d'entre-nœuds et de feuilles, qu'à des racines et feuilles entières, qu'à des entre-nœuds complets; elle s'applique encore à la tige tout entière, considérée depuis son origine jusqu'à son complet développement. J'ai désigné cette succession des choses sous le nom de *grande période* (1) ou de *grande courbe* de l'allongement. Il est clair, en effet, que si l'on considère les valeurs A_1,

(1) *Grande période*, par opposition aux oscillations périodiques que l'allongement subit dans des intervalles plus courts et qui, représentées graphiquement, figureraient des dents de feston sur la grande courbe.

$A_2,.....A_n$ comme des ordonnées et les temps successifs $T_1, T_2.... T_n$, comme des abscisses, on obtient une courbe qui s'élève d'abord à partir de la ligne des abscisses, atteint une certaine hauteur et retombe de nouveau vers la ligne des abscisses.

Quelques exemples feront mieux comprendre ce qui vient d'être dit.

M. Köppen a constaté, par une température moyenne à peu près constante, les allongements suivants par 24 heures (1) :

RACINES (2) DE *Lupinus albus*.

	Allongement.	Température moyenne.
Dans les trois premiers jours, par jour....	10 millim.	17°,2
Le quatrième jour........................	18	16 ,6
Le cinquième —	44	17 ,1
Le sixième —	32,6	16 ,9
Le septième —	27,9	17 ,1
Le huitième —	28,0	15 ,4

Sur un entre-nœud de la tige florifère du *Fritillaria imperialis* échappé du bulbe, j'ai constaté les allongements suivants par 24 heures (3) :

Jours.	Dans la plante normale à la lumière.	Dans une plante étiolée à l'obscurité.	Température moyenne du jour.
20 mars.	2,0 millim.	.... millim.	10°,6
21	5,3	....	10 ,5
22	6,1	....	11 ,4
23	6,8	....	12 ,2
24	9,3	7,5	13 ,4
25	13,4	12,5	13 ,9
26	12,2	12,5	14 ,6
27	8,5	11,5	15 ,0
28	10,6	14,2	14 ,3
29	10,3	12,6	12 ,4
30	6,3	15,9	12 ,0
31	4,7	16,6	11 ,2
1 avril.	5,8	18,2	10 ,7
2	4,4	15,5	10 ,2
3	3,8	14,0	9 ,4
4	2,0	13,8	10 ,6
5	1,2	11,9	10 ,7
6	0,7	8,8	11 ,0
7	0,0	4,4	11 ,0
8	...	2,1	11 ,2
9	...	0,6	11 ,5
10	...	0,0	12 ,5

(1) Köppen : *loc. cit.*, p. 48 ; j'ai calculé les accroissements journaliers au moyen des longueurs consignées dans ces tableaux.

(2) C'est-à-dire à la fois racine et tige hypocotylée.

(3) Quelques irrégularités dans la marche de l'allongement s'expliquent ici par l'accélération temporaire que l'arrosage a exercé sur la croissance de la plante. Voir : Arbeiten des bot. Instituts in Würzburg, II, p. 129 et courbe Pl. I.

Un entre-nœud d'*Humulus Lupulus* a donné :

Jours.	Allongement en 24 heures.	Température moyenne du jour.
22 avril.	19,0 millim.	14°,9
23	25,0	14 ,5
24	26,0	14 ,3
25	17,2	13 ,9
26	4,8	14 ,1

M. Harting a trouvé que sur une tige de Houblon composée d'un grand nombre d'entre-nœuds, longue le 15 mai de 0^m,492 et ayant atteint à la fin d'août une longueur de 7^m,263, l'allongement se répartit de la façon suivante sur les divers mois :

$$0^m,492 \text{ pour avril.}$$
$$2 \ ,230 \text{ pour mai.}$$
$$2 \ ,722 \text{ pour juin.}$$
$$1 \ ,767 \text{ pour juillet.}$$
$$0 \ ,052 \text{ pour août.}$$

Ces observations et un grand nombre d'autres montrent que la grande période d'allongement se manifeste encore quand la marche des changements de température agit contre elle, c'est-à-dire quand la température s'élève alors que l'accroissement diminue par suite des causes internes, ou inversement. De grands changements de température peuvent toutefois modifier la marche de l'accroissement à tel point, que la mesure des allongements ne permette plus de reconnaître immédiatement la course de la grande période.

Grande période d'une tranche isolée. — Pour apprendre à connaître la grande période d'une tranche transversale prise dans la région en cours d'allongement d'une racine, d'un entre-nœud de tige ou d'un pétiole, il suffit de limiter par deux traits fins à l'encre de chine un disque transversal de l'organe dans la région où l'élongation va commencer, et de mesurer toutes les 24 heures, ou toutes les 12 heures, la longueur de ce disque jusqu'à ce que son accroissement ait pris fin.

J'ai appliqué ce procédé à la racine principale du *Vicia Faba* se développant dans l'air humide à une température qui oscillait chaque jour entre 18° et 21°,5. Un disque transversal de 1 millim. de longueur situé immédiatement au-dessus du point végétatif de cette racine a présenté par 24 heures les allongements suivants :

Le 1er jour.	1,8 millim. d'allongement.
2e	3,7
3e	17,5
4e	16,5
5e	17,0
6e	14,5
7e	7,0
8e	0,0

J'ai étudié de même le premier entre-nœud de la tige du *Phaseolus multiflorus*, par une température oscillant journellement entre 12°,7 et 13°,7 ; une zone transversale allongée, marquée au-dessous des deux premières feuilles végétatives, et longue de 3^{mm},5 au début, a présenté par 24 heures les allongements suivants :

Le 1er jour.	1,2 millim. d'allongement.
2^e	1,5
3^e	2,5
4^e	5,5
5^e	7,0
6^e	9,0
7^e	14,0
8^e	10,0
9^e	7,0
10^e	2,0

Grande période d'un entre-nœud ou d'une racine. — Ceci posé, comme tout organe en voie d'accroissement se compose de tranches d'âge différent, qui sortent progressivement du méristème primitif du point végétatif ou d'une zone végétative intercalaire, il en résulte que les diverses tranches superposées que l'on a marquées par des traits dans un entre-nœud ou une racine présentent dans des temps égaux des accroissements différents. En effet, au moment où la zone la plus rapprochée du point végétatif commence seulement à s'allonger, la zone suivante est déjà parvenue à une phase plus avancée de sa grande période, une zone plus éloignée présente à ce moment même sa vitesse d'accroissement maximum, une zone un peu plus écartée commence déjà à ralentir son développement, enfin une zone plus éloignée encore cesse à ce moment même de s'accroître. En d'autres termes, il y a en arrière du point végétatif, lieu de formation des cellules nouvelles, un certain nombre de zones qui se trouvent dans la phase ascendante de leurs grandes périodes, tandis qu'un autre nombre de zones situées plus loin sont au contraire dans la phase descendante ; toute tranche se trouve dans une phase d'autant plus tardive de sa période d'accroissement qu'elle est plus éloignée du point végétatif. Si donc l'on désigne par I, II, III, etc., les disques égaux successifs dont la superposition constitue un organe en voie d'accroissement et par A_1, A_2, A_3, les allongements que chacun d'eux subit pendant le même temps, on a pour

les accroissements

$$\text{I} \quad \text{II} \quad \text{III} \quad \text{IV} \quad \text{V} \quad \text{VI} \quad \text{VII} \quad \text{VIII}$$
$$A_1 < A_2 < A_3 < A_4 > A_5 > A_6 > A_7 > 0$$

Il y a donc dans l'organe considéré un endroit où la vitesse d'allongement atteint un maximum. Ainsi, par exemple, dans le premier entre-nœud du *Phaseolus multiflorus*, partagé en 12 tranches de 3^{mm},5. de longueur chacune, j'ai trouvé pour les quarante premières heures :

Numéro d'ordre de la zone transversale compté de haut en bas.	Allongement en 40 heures.
I	2,0 millim.
II	2,5
III	4,5
IV	6,5
V	5,5
VI	3,0
VII	1,8
VIII	1,0
IX	1,0
X	0,5
XI	0,5
XII	0,5

La vitesse maximum d'accroissement se trouvait donc ici dans la zone transversale n° IV, zone éloignée de l'extrémité supérieure de l'entre-nœud d'une longueur de $3 \times 3^{mm},5 = 10^{mm},5$.

Grande période d'une tige complète. Différence dans le mode d'allongement de la tige et de la racine. — Dans une tige, il arrive ordinairement que plusieurs entre-nœuds superposés s'accroissent en même temps et, suivant les circonstances, c'est dans le second, le troisième, le quatrième ou le cinquième entre-nœud à partir du bourgeon, que l'accroissement atteint sa vitesse maximum. Il en résulte que le lieu du plus rapide accroissement est fort éloigné du sommet de la tige, surtout quand les entre-nœuds acquièrent une grande longueur et que plusieurs d'entre eux s'accroissent à la fois.

Dans les racines, au contraire, c'est beaucoup plus près du point végétatif, souvent à quelques millimètres du sommet, que la vitesse d'accroissement atteint son maximum. Il en résulte que dans la racine la région en voie d'accroissement située en arrière du point végétatif ne mesure aussi que quelques millimètres de longueur, tandis que dans la tige cette même région atteint habituellement un grand nombre de centimètres d'étendue. Si donc on imagine une racine et une tige à longs entre-nœuds, divisées à partir du cône végétatif en zones transversales égales, ayant par exemple 1 millim. de longueur, on voit bien, il est vrai, que la loi d'accroissement, dans les termes généraux où nous l'avons formulée plus haut, est la même dans les deux organes, mais avec cette différence cependant que le nombre des zones transversales en voie d'accroissement simultané est beaucoup plus grand dans la tige que dans la racine. Cette différence provient de ce que dans la racine chaque zone transversale accomplit beaucoup plus vite sa période d'accroissement (1), en d'autres termes présente une courbe d'accroissement beaucoup plus courte et plus abrupte.

Ainsi, par exemple, sur une racine principale de *Vicia Faba*, qui se développait dans l'air humide et qui se trouvait, à partir du point végétatif, divisée en disques transversaux de 1 millim. de longueur, j'ai constaté, pour les premières 24 heures et par une température de 20°,5, les allongements suivants :

(1) D'où il ne faut nullement conclure, cependant, que la racine s'accroît plus rapidement que la tige, et acquiert dans le même temps une longueur plus grande.

Numéros d'ordre des disques transversaux comptés à partir du sommet.	Allongement en 24 heures.
X	0,1 millim.
IX	0,2
VIII	0,3
VII	0,5
VI	1,3
V	1,6
IV	3,5
III	8,2
II	5,8
I	1,5

Le maximum de croissance est donc situé ici dans le troisième disque transversal, éloigné de la pointe de $2 \times 1 = 2$ millimètres seulement.

Grande période de chaque cellule considérée isolément. — Il est clair que lorsqu'on divise un organe à partir de son point végétatif en zones transversales de faible longueur, chacune de ces zones contient en général un nombre de cellules d'autant plus grand qu'elle se trouve plus rapprochée du point végétatif; au moment où l'on marque les traits de division, les cellules sont en effet d'autant plus longues qu'elles sont plus éloignées du sommet. Mais à partir du point où l'accroissement vient de cesser, chacune des zones successives comprend désormais le même nombre de cellules, si toutefois l'organe a une structure uniforme. Soient donc encore I, II, III, les disques transversaux successifs et n_1, n_2, n_3..., n_4 le nombre des cellules qu'ils contiennent respectivement, on a :

$$I \quad II \quad III \quad IV \quad V \quad VI \quad VII \quad VIII \quad IX$$
$$n_1 > n_2 > n_3 > n_4 > n_5 > n_6 > n_7 = n_8 = n_9$$

Seulement, ce n'est en aucune façon le nombre différent des cellules constitutives des disques successifs, qui est la cause de l'inégale vitesse d'accroissement qu'on y observe. Pour en avoir la preuve, il suffit de remarquer qu'à partir de la pointe, le nombre des cellules de chaque disque va continuellement en diminuant dans toute la région en voie d'accroissement, pendant que la vitesse d'allongement augmente d'abord, pour diminuer ensuite. Dans la notation déjà employée ce contraste s'exprime ainsi :

$$I \quad II \quad III \quad IV \quad V \quad VI \quad VII \quad VIII \quad IX$$
$$n_1 > n_2 > n_3 > n_4 > n_5 > n_6 > n_7 = n_8 = n_9$$
$$A_1 < A_2 < A_3 < A_4 > A_5 > A_6 > A_7 > 0 = 0$$

Grande période d'une portion de cellule. — S'il était possible de partager de la même façon, par des traits équidistants, un tube de *Vaucheria*, un poil de *Marchantia* ou quelque autre organe unicellulaire en petites zones transversales, nul doute qu'on ne retrouvât sur cette cellule isolée et pourvue d'accroissement terminal la même loi de répartition des vitesses d'allongement. Qu'il s'agisse, en effet, d'une tige ou d'une racine, la loi demeure la même soit que les tranches mesurent 1 millim. ou 2 millim. de longueur, soit même qu'on leur donne dans certaines tiges 1 à 2 centim. de hauteur. On doit donc s'attendre à voir la formule se vérifier encore, si l'on réduisait la hauteur du disque à $0^{mm},1$, ou à $0^{mm},01$, ou à $0^{mm},001$. En d'autres termes, on trouverait que la loi de la grande période s'applique à toute portion de surface, si petite qu'elle soit, de la membrane d'une jeune cellule.

Inégale énergie d'allongement des diverses régions d'un organe et des divers organes latéraux qu'il porte. — Ceci posé, si l'on appelle *énergie* d'accroissement d'une zone transversale quelconque, la faculté que possède cette zone d'atteindre en définitive une longueur déterminée, on dira qu'une zone transversale qui, au moment où l'élongation y prend fin, a atteint une longueur de 10 millim., possède une énergie d'allongement dix fois moindre qu'une zone qui ne cesse de s'accroître qu'après avoir acquis une longueur de 100 millim.

Ainsi, par exemple, dans la plupart des tiges, les divers entre-nœuds superposés, bien qu'ayant eu tous à un certain moment une longueur de 1 millim., arrivent néanmoins à posséder finalement des longueurs très-différentes ; les premiers entre-nœuds formés sont courts, les suivants plus longs, puis vient un entre-nœud qui est le plus long de tous, à partir duquel on rencontre, à mesure qu'on s'avance vers le sommet, des entre-nœuds de plus en plus courts. Soient respectivement e_1, e_2, e_3... les énergies d'accroissement des entre-nœuds I, II, III, nous avons donc la relation :

$$\text{I} \quad \text{II} \quad \text{III} \quad \text{IV} \quad \text{V} \quad \text{VI} \quad \text{VII} \quad \text{VIII}$$
$$e_1 < e_2 < e_3 < e_4 > e_5 > e_6 > e_7 > e_8$$

Corrélativement à cette augmentation, puis à cette diminution dans l'énergie d'accroissement des divers entre-nœuds d'une longue tige, on observe dans les feuilles qu'elle porte des variations de grandeur de même sens. Les feuilles inférieures, en effet, sont petites et sont suivies de feuilles de plus en plus grandes ; puis vient une feuille la plus grande de toutes (ou un verticille de pareilles feuilles) après laquelle on retrouve de nouveau, à mesure qu'on s'approche du sommet, des feuilles de plus en plus petites (1). Les radicelles qui s'échappent d'une même racine principale dans une plante en voie de germination se comportent d'une manière analogue ; les premières radicelles atteignent, en effet, une longueur plus petite que les suivantes, puis vient une radicelle la plus grande de toutes, suivie, à mesure qu'on se dirige vers la pointe, de radicelles qui demeurent de plus en plus courtes. Il en est de même encore dans la succession des branches latérales qui se développent non-seulement sur les tiges annuelles, mais aussi sur les arbres, et en général dans les diverses ramifications de tout système rameux nettement monopodique.

Il est vraisemblable que si l'on étudie à ce point de vue les divers disques

(1) Ce sujet d'études a été trop négligé jusqu'ici. Il est certain que dans certaines tiges, notamment dans les tiges rampantes, une fois qu'une certaine grandeur de feuilles a été atteinte, cette grandeur se maintient constante à travers un longue série de feuilles, avant qu'apparaisse la diminution de grandeur.

transversaux d'une racine, d'une tige ou d'une feuille, on constatera également ment que l'énergie d'allongement de ces disques successifs augmente d'abord, atteint un maximum et enfin diminue de nouveau progressivement. Il est possible aussi que ce soit précisément dans le disque qui présente le maximum d'énergie d'accroissement que les cellules atteignent leur plus grande dimension et par conséquent leur moindre nombre. Cette présomption se trouve d'accord avec les mesures exécutées par M. Sanio sur les cellules ligneuses du *Pinus sylvestris*. Ce botaniste a trouvé, en effet, que la grandeur définitive et constante (1) des cellules ligneuses de cette plante varie le long de la tige et de telle façon, qu'elle augmente d'abord progressivement de bas en haut, atteint son maximum à une certaine hauteur, puis diminue de nouveau à mesure qu'on s'approche du sommet ; il en est de même dans les branches.

Ceci posé, s'il est vrai qu'il faille attribuer ainsi à chaque zone transversale isolée d'un organe une énergie d'accroissement particulière, comme c'est un fait établi que chaque zone possède une période propre de croissance, il est facile de comprendre que l'organe tout entier présente lui-même une grande période d'accroissement. Dans les disques transversaux successifs qui le composent, les maxima de vitesse d'accroissement vont, en effet, en augmentant tout d'abord, passent par un maximum, puis diminuent de nouveau ; de son côté la durée d'accroissement des zones transversales augmente probablement d'abord, passe par un maximum, puis diminue de nouveau. Il en résulte que les mesures de l'organe total n'accusent au début que la somme d'un petit nombre de faibles allongements partiels, que plus tard elles représentent la somme d'allongements partiels plus nombreux et plus grands, enfin que plus tard encore on voit diminuer à la fois le nombre des disques qui s'accroissent en même temps et leur énergie d'accroissement. Les recherches ultérieures apprendront jusqu'à quel point cette conjecture se vérifie ; en tout cas elle est très-près de la vérité.

Inégalités de la grande période, révélées par l'étude des allongements horaires. — Si maintenant l'on compare les allongements successifs d'un entrenœud, d'une racine ou d'une tige dans de courts intervalles de temps, par demi-heure ou par heure, par exemple, on trouve d'ordinaire que les allongements ne croissent pas d'abord uniformément pour décroître ensuite uniformément, mais qu'ils procèdent par sauts brusques. Après de grands allongements, on en constate en effet de petits, puis de nouveau de grands et ainsi de suite. Si donc l'on construit directement avec ces allongements la grande courbe d'accroissement, cette courbe n'est pas continue, mais présente de nombreux petits zigzags. Toutefois ces inégalités se compensent, si, au lieu de considérer les accroissements horaires, on fait la somme de ces accroissements trois par trois ou davantage, en ne considérant les accroissements que pour toutes les trois heures ou pour un temps encore plus long.

<hr>

(1) Sanio : Jahrbücher.f. wiss. Botanik, 1872, VIII, p. 402. J'entends par grandeur constante des cellules ligneuses, celle que ces cellules possèdent quand elles se forment à un âge avancé de la tige ; dans les premières années, en effet, elles deviennent de plus en plus grandes, jusqu'à ce que, dans les couches annuelles suivantes, leur grandeur se maintienne désormais constante.

Je désigne ces oscillations sous le nom de modifications saccadées de l'accroissement (1). Elles me paraissent provoquées par les petits changements de température, d'aération, d'humidité et d'éclairement, auxquels la plante est continuellement soumise, toutes circonstances qui modifient à la fois la turgescence, l'extensibilité et l'élasticité des cellules en voie d'accroissement. J'observe en effet que les modifications saccadées de l'allongement deviennent d'autant plus faibles que la plante est mieux protégée contre les variations de ces diverses conditions extérieures. Pourtant, il se pourrait aussi que des égalisations partielles des tensions de tissus vinssent contribuer au phénomène.

<h2 style="text-align:center">§ 18.</h2>

Périodicité de l'accroissement en longueur, provoquée par l'alternance des jours et des nuits.

Jour et nuit : ce que ces mots signifient pour la plante. — Pour la plante, jour et nuit signifient des combinaisons très-différentes de ses conditions de végétation et spécialement de ses conditions d'accroissement. Le jour et la nuit ne diffèrent pas seulement par la présence et par l'absence de la lumière du soleil, mais aussi par une température plus élevée et plus basse, conséquence du premier fait, et qui, à son tour, détermine des différences dans l'humidité de l'air. Abstraction faite de certains phénomènes météorologiques particuliers, la température baisse chaque jour à mesure que le soleil décline et continue de baisser jusqu'à ce qu'il se lève le lendemain matin ; la température de l'air diminue rapidement, celle du sol plus lentement. Au coucher du soleil l'abaissement de température est brusque, comme à l'aurore son élévation. En général, à mesure que la température baisse, l'atmosphère se rapproche de l'état de saturation, c'est-à-dire que sa différence psychrométrique devient de plus en plus petite ; inversement, cette différence psychrométrique devient de plus en plus grande, à mesure que s'élève la température de l'air.

Ceci posé, ces divers changements, qui se reproduisent chaque jour dans leurs traits généraux, agissent en sens différent et même en sens opposé sur l'accroissement en longueur de la plante. Ainsi l'intensité lumineuse, qui va croissant après le lever du soleil agit sur l'allongement pour le ralentir, tandis que la chaleur du jour, qui croît en même temps, agit pour l'accélérer ; mais cette opposition ne se maintient qu'aussi longtemps que les autres conditions de l'accroissement demeurent les mêmes. Car la température de l'air, à mesure qu'elle s'élève, augmente la différence psychrométrique et par conséquent accélère la transpiration, d'où résulte bientôt une diminution dans la turgescence des tissus et par suite un ralentissement dans l'élongation.

---

(1) Pour plus de détails sur ce point, voir REINKE : Verhandlungen des bot. Vereins für die Provinz Brandenbourg. Jahrg. VII, et SAXIO : Arbeiten des bot. Instituts in Vürzburg, Hef II, p. 103.

Impossibilité d'une périodicité rigoureuse, si la plante vit à ciel libre. — Il s'agit donc de savoir laquelle de ces causes variables agit sur l'accroissement avec le plus d'énergie; on en déduira si c'est le jour ou la nuit que la vitesse d'allongement de la plante atteint son maximum. Or, par une journée sombre, mais chaude et humide, l'action retardatrice de la lumière sera faible, tandis que l'influence accélératrice de la chaleur et de l'humidité s'exercera avec énergie; l'accroissement diurne pourra donc dans ces conditions être plus considérable que dans la nuit suivante, où la profonde obscurité favorisera, il est vrai, l'accroissement, mais où la température plus faible le retardera. Mais les choses pourront tout aussi bien se passer en sens inverse, la plante pourra tout aussi bien s'allonger plus lentement le jour que la nuit; car il y a des jours très-clairs où la température et l'humidité de l'air sont à peine plus élevées que dans la nuit noire qui les précède ou les suit, et où par conséquent la lumière intense retardera l'allongement diurne plus fortement que le léger abaissement de température qui a lieu pendant la nuit ne ralentira l'accroissement nocturne.

D'une façon générale, on peut imaginer ici les combinaisons les plus diverses de causes et d'effets, et comme rien n'est plus variable que le temps, la plante s'accroîtra, dans le même nombre d'heures, tantôt plus fortement pendant le jour, tantôt plus fortement pendant la nuit. Ce phénomène ne présentera donc pas de périodicité rigoureuse. Et c'est ce qui explique que les nombreuses recherches entreprises dans cette direction n'aient pas conduit à une loi générale (1).

Pour un long espace de temps, l'allongement moyen dans ces conditions est plus grand le jour que la nuit. — Cependant il résulte tout au moins de ces observations que, surtout si l'on embrasse de longs espaces de temps, par exemple des jours entiers, c'est l'action des variations de température qui l'emporte sur toutes les autres conditions de l'accroissement, de telle sorte que la vitesse d'allongement augmente en général quand la température s'élève et diminue quand elle s'abaisse. Ainsi M. Rauwenhoff a conclu de mesures nombreuses, faites des mois durant par les temps les plus différents, que dans les 12 heures du jour l'allongement moyen est plus grand que dans les 12 heures de nuit.

Voici les nombres obtenus, exprimés en centièmes de l'accroissement total.

Plantes.	Accroissement diurne.	Accroissement nocturne.
Bryonia	59,0 p. 100	41,0 p. 100
Wisteria	57,8 —	41,2 —
Vitis	55,1 —	44,9 —
Cucurbita	56,7 —	43,3 —
Cucurbita	57,2 —	42,8 —
Dasylirion	55,3 —	44,7 —

De la comparaison de moyennes de ce genre, il résulte donc que l'action accélératrice de la chaleur diurne prédomine sur l'influence retardatrice de la

(1) J'ai exposé ces observations dans le second fascicule des Arbeiten des bot. Instituts in Würzburg, 1872, p. 170.

lumière du jour. En concordance avec ce résultat, les mesures de **M.** Rauwenhoff montrent encore que, pendant les six heures avant midi, l'accroissement moyen est plus faible que durant les six heures après-midi ; l'éclairement moyen étant sensiblement le même, la température de l'après-midi est, en effet, plus élevée que celle de la matinée. Si l'on désigne par 100 l'accroissement de l'après-midi, on a pour l'allongement de la matinée :

Bryonia................. 86
Wisteria............... 71
Vitis.................. 67
Cucurbita............. 79
Cucurbita............. 81

Mais si, au lieu de comparer les résultats des mesures de M. Rauwenhoff pour tout le jour et toute la nuit, ou pour la matinée et l'après-midi, on en déduit les valeurs de l'accroissement pour des intervalles plus courts, où les variations du temps ne s'égalisent plus dans la moyenne, on trouve que l'accroissement nocturne dépasse quelquefois l'allongement diurne, et que l'influence favorable de l'après-midi est très-inégale.

Pour étudier la question, il faut affranchir la plante des variations météorologiques. — Méthode d'observation. — Par tout ce qui vient d'être dit, il est clair que les observations à ciel libre, où les oscillations de la température, de la lumière et de l'humidité sont très-grandes et se combinent tantôt d'une façon, tantôt d'une autre, ne permettent ni d'établir de quelle manière chacune de ces causes agit isolément sur la plante, ni de rechercher si l'alternance périodique du jour et de la nuit entraîne une alternance semblable dans l'accroissement, ou s'il existe peut-être dans la plante elle-même, indépendamment des variations externes, une cause de périodicité journalière pour son accroissement. Pour résoudre ces questions, il est nécessaire de s'affranchir tout d'abord des variations météorologiques, et cela n'est possible qu'en installant les sujets d'observations dans une chambre close où la température est artificiellement maintenue constante ou soumise à des variations régulières, où la lumière peut être à volonté augmentée ou diminuée, où enfin l'humidité de l'air et celle de la terre du pot où l'on cultive la plante peuvent être arbitrairement réglées. Dans ces conditions, il devient possible d'étudier l'action d'une intensité lumineuse croissante ou décroissante sur une plante soumise à une température et à une humidité constantes ; il suffit pour cela de mesurer et de comparer les accroissements produits dans de courts intervalles de temps successifs.

Résultats.— Une série d'observations, longuement poursuivie par cette méthode sur l'allongement des entre-nœuds, m'a conduit aux résultats suivants(1).

1° Plus on parvient, dans une chambre constamment obscure et où l'humidité est constante, à maintenir aussi la température constante, plus l'allongement de la plante aux différentes heures de la journée s'accomplit uniformément.

(1) SACHS : Arbeiten des bot. Instituts in Würzburg 1872, Heft II, p. 168. Les plantes soumises à l'expérience sont principalement les *Fritillaria imperialis, Humulus Lupulus, Dahlia variabilis, Polemonium reptans, Richardia æthiopica.*

Il ne paraît donc pas que l'accroissement suive une période journalière indépendante des influences extérieures. Au contraire, les petites modifications brusques et saccadées que nous avons signalées plus haut peuvent se produire dans ces circonstances.

2° Si l'on fait agir sur la plante, ainsi maintenue dans une obscurité et dans une humidité constantes, de fortes variations de température, si par exemple la température de l'air ambiant oscille de plusieurs degrés par heure, on voit la vitesse d'accroissement des entre-nœuds croître ou diminuer en même temps que la température s'élève ou s'abaisse. Si l'on représente les accroissements horaires par des ordonnées, en marquant les temps correspondants sur la ligne des abcisses, la courbe des allongements ainsi obtenue suit toutes les inflexions de la courbe des températures, sans qu'il y ait cependant une réelle proportionnalité entre les accroissements et les températures ; les deux courbes, en effet, ne courent pas parallèlement l'une à l'autre, seulement leurs accidents se correspondent dans le même sens.

3° Disposons les choses de manière que, dans le temps des observations, la température ne subisse que de faibles et lentes oscillations, que de son côté l'humidité demeure suffisamment constante, mais que l'éclairement varie à la façon ordinaire, c'est-à-dire augmente de l'aurore à midi, pour diminuer de midi jusqu'au soir et devenir nul pendant la nuit. Nous verrons alors que les accroissements horaires vont en augmentant depuis le soir jusqu'au lever du soleil, pour diminuer brusquement après l'aurore et décroître ensuite lentement jusque vers le soir. Dans ces conditions, l'alternance de la lumière du jour et de l'obscurité de la nuit détermine donc une élévation et un abaissement périodique de la courbe des allongements, et de telle sorte que cette courbe présente un maximum le matin vers le lever du soleil, et un minimum le soir avant le coucher du soleil.

Ordinairement la courbe des accroissements présente encore une élévation dans l'après-midi, mais c'est là, comme je l'ai montré, un effet de l'élévation de température qui se produit l'après-midi et qui triomphe de l'influence de la lumière. L'action retardatrice de la lumière est donc assez forte pour vaincre l'influence accélératrice de la faible élévation de température qui se produit dans la matinée, mais elle ne suffit pas à voiler l'action plus énergique de l'élévation de température qui a lieu dans l'après-midi.

Il est particulièrement intéressant de remarquer, qu'après le coucher du soleil si la plante est éclairée pendant le jour, ou bien après qu'on l'a soumise à une obscurité artificielle, la courbe des accroissements ne se relève pas brusquement. En d'autres termes, une fois l'action de la lumière supprimée, l'accroissement ne reprend pas de suite l'énergie propre qui lui appartient et qui est indépendante de la lumière. Au contraire, comme l'atteste la lente et continuelle ascension de la courbe jusqu'au matin, c'est peu à peu et plusieurs heures durant, que la vitesse d'accroissement, ralentie pendant le jour, augmente pendant la nuit et tend à reprendre sa valeur normale. Celle-ci n'est pas encore atteinte, que la lumière du matin vient de nouveau la diminuer, de sorte que la vitesse d'accroissement décroît à son tour d'heure en heure jusqu'au soir, où, si la température est constante, elle acquiert son minimum.

En d'autres termes, cela signifie que les deux états intérieurs de la plante, qui correspondent d'une part à l'obscurité complète, d'autre part à la lumière du jour, empiètent l'un sur l'autre et ne font que se transformer incessamment et progressivement l'un dans l'autre. Il faudrait que la lumière du jour agît plus longtemps pour arriver à supprimer l'état nocturne de l'accroissement; il faudrait également que la nuit fût plus longue pour en annuler l'état diurne. S'il en était autrement, la courbe d'accroissement devrait le soir, ou par un brusque obscurcissement de la chambre, se relever aussitôt verticalement, puis se maintenir à la même hauteur jusqu'au matin, pour s'abaisser aussitôt au retour de la lumière et courir jusqu'au soir parallèlement à l'axe des abscisses; or c'est ce qui n'a lieu en aucune façon.

Appareils pour mesurer l'allongement des tiges dans de courts intervalles de temps. — Pour arriver à connaître plus exactement les modifications qu'éprouve l'accroissement sous l'influence des causes internes, ou la dépendance où il est vis-à-vis des forces extérieures, il est nécessaire de mesurer les allongements produits dans de courts intervalles de temps, toutes les heures par exemple, ou toutes les deux ou trois heures. Dans les entre-nœuds et les feuilles de grandes plantes douées d'un rapide accroissement, comme aussi dans les axes d'inflorescence de l'*Agave*, dans les feuilles des Musacées, etc., on peut déjà faire cette mesure avec quelque précision en se servant simplement d'une règle divisée. Mais, pour des recherches précises, il est préférable d'employer de petites plantes douées d'un lent accroissement, et où l'allongement horaire n'atteint qu'un millimètre environ et souvent beaucoup moins. Dans ce cas, il est évident que la mesure par application directe d'une règle divisée est impossible; il faut recourir à d'autres méthodes. J'en ai employé trois différentes.

Ces trois procédés ont ceci de commun, qu'au sommet de la tige ou de l'entre-nœud à observer, on ajuste un fil de soie mince et solide, qui s'élève verticalement, s'enroule sur un poulie très-mobile et met en mouvement un indicateur fixé soit à l'extrémité libre du fil, soit à la poulie.

1° *Indicateur sur fil.* — Dans la disposition la plus simple, celle que j'appelle *indicateur sur fil*, l'extrémité libre du fil de soie est tendue par un poids de quelques grammes, et porte une aiguille horizontale dont la pointe descend le long d'une règle verticale divisée en millimètres, quand l'autre bout du fil, attaché à la plante, est soulevé par son allongement.

2° *Indicateur sur arc* (fig. 449). — Attaché à la plante *a*, le fil *cf* passe sur la poulie *d* et est assujetti par une petite pointe à une seconde poulie *g*. Dans la direction du rayon de cette seconde poulie, est fixée une longue aiguille *z* taillée dans une paille solide et droite, et dont la pointe se déplace sur un arc *mn* divisé en degrés. Le moment de rotation de l'aiguille est équilibré par le petit poids *i*, qui cherche à tourner la poulie en sens opposé, et l'excès de force sert à tendre le fil *cf*.

Ceci posé, si l'entre-nœud s'allonge au-dessous du petit crochet *b*, le poids *i* descend et une égale portion du fil *cf* s'enroule sur la poulie *g*; l'aiguille s'élève sur l'arc gradué. Si donc l'aiguille indicatrice est 10 fois plus longue que le rayon de la poulie, sa pointe parcourra sur l'arc divisé un chemin dix fois plus grand que l'allongement de l'entre-nœud. Cependant comme il ne s'agit pas le plus souvent d'apprécier la grandeur absolue des accroissements, mais seulement d'estimer leurs rapports numériques à différents moments, il suffit de lire simplement en degrés les déplacements de l'aiguille et de comparer ces déplacements.

Cet instrument permet d'apprécier même de très-faibles allongements, puis-

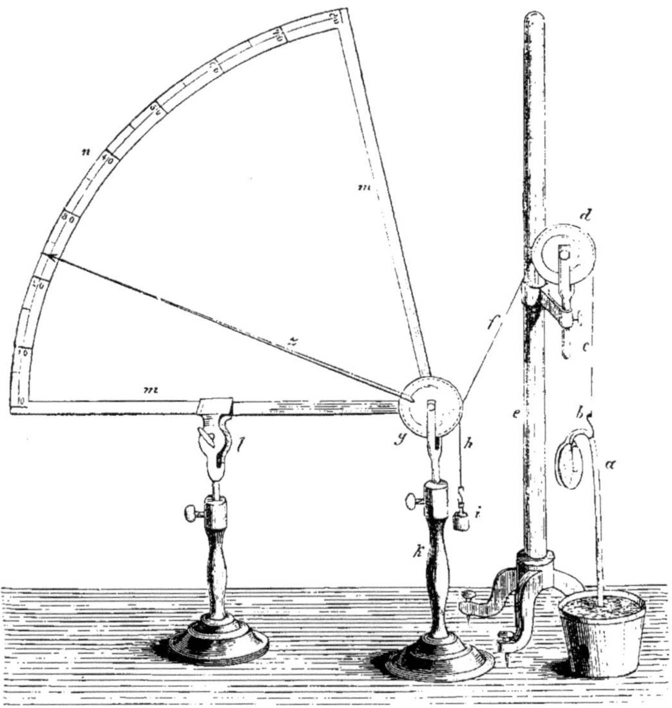

Fig. 449. — Indicateur sur arc. Appareil pour mesurer les allongements des entre-nœuds dans de courts intervalles de temps.

qu'ils sont agrandis par l'aiguille, mais il partage avec le précédent l'inconvénient d'exiger la présence de l'observateur à des moments très-précis, ce qui rend les observations, surtout les observations nocturnes, très-difficiles. Cet inconvénient est évité par le troisième procédé, que nous allons décrire maintenant.

3° *Auxanomètre enregistreur* (fig. 450). — Cet appareil est une forme simplifiée de l'instrument précédent. Le fil attaché à la plante f met, en effet, directement en mouvement la poulie qui porte l'aiguille z; pour cela, il y est fixé en r par une pointe. Déjà obtenue par le mouvement de rotation de l'aiguille, la tension du fil est encore augmentée par le poids g. Dans cette disposition, la pointe de l'aiguille se dirige vers le bas quand la tige s'accroît au-dessous du point d'attache du fil. Un mouvement d'horlogerie D met en rotation lente un cylindre de zinc C assujetti à un axe vertical a ; ce mouvement de rotation peut, à l'aide du pendule l, être réglé de manière que le cylindre fasse exactement un tour

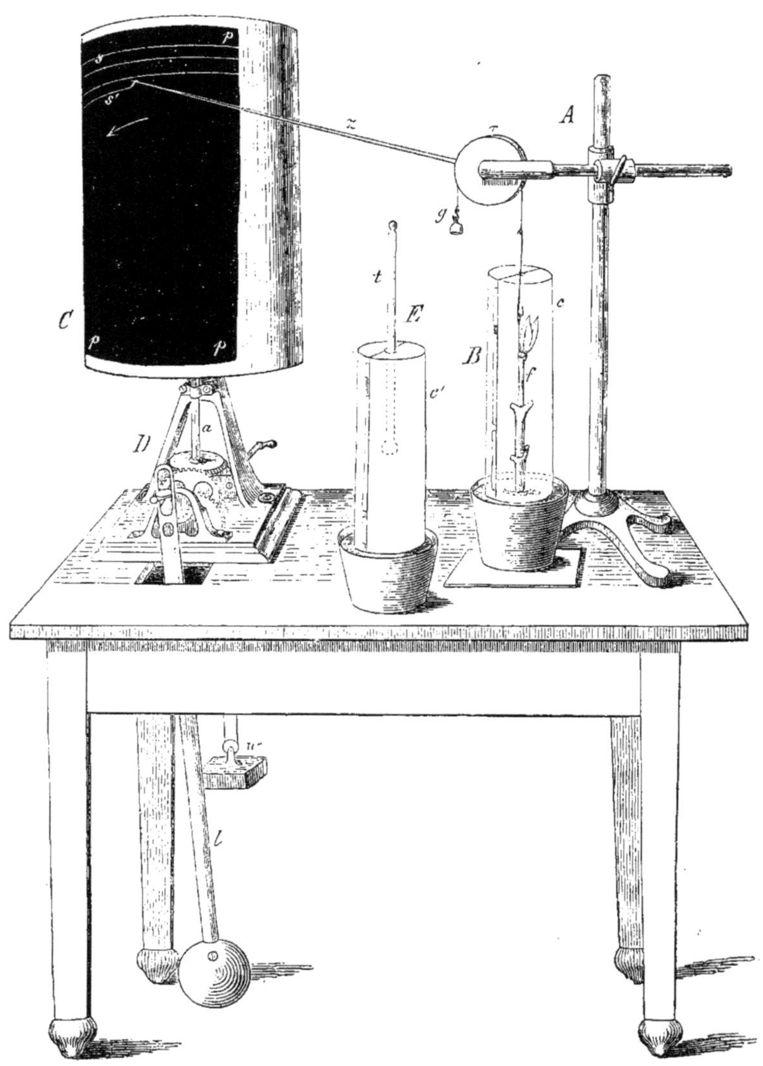

Fig. 450. — Auxanomètre enregistreur. Instrument pour mesurer les allongements horaires des entre-nœuds.

par heure. Toutefois le cylindre est fixé excentriquement à l'axe a, de telle façon que l'un de ses côtés décrit pendant la rotation un cercle plus grand que le côté opposé. Sur ce côté est collé un papier lisse (*pp*), noirci après sa fixation au-dessus d'une flamme de térébenthine.

Cela fait, si l'aiguille est convenablement disposée, sa pointe touche le papier et y trace une ligne blanche en glissant à sa surface par suite du mouvement de rotation du cylindre (s,s'). La rotation continuant, l'aiguille arrive, à cause de la situation excentrique de l'axe, à ne plus toucher la surface du cylindre et elle demeure libre jusqu'à ce que, la rotation ramenant le cylindre en contact avec elle, elle y décrive une nouvelle ligne blanche, qui est située au-dessous de la première si la plante s'est accrue dans l'intervalle. Il est évident que les écartements des lignes ainsi successivement tracées par l'aiguille sont dans un certain rapport avec les allongements horaires de la plante (1).

Quand, après 24 heures par exemple, l'accroissement de la plante a amené l'aiguille au bord inférieur du papier *pp*, on arrête le mouvement d'horlogerie, on enlève le papier que l'on remplace par une nouvelle feuille, puis, en faisant glisser la poulie, on ramène l'aiguille au haut de sa course pour continuer l'expérience. On fixe les raies tracées sur le papier noirci en y étendant une couche de collodion que l'on fait sécher. Après quoi l'on mesure l'écartement des traits successifs et l'on obtient ainsi des valeurs qui sont proportionnelles aux accroissements horaires de l'entre-nœud.

Il est clair que cet appareil, non-seulement agrandit les accroissements, mais les inscrit en l'absence de l'observateur, ce qui ne laisse pas que d'être fort commode, surtout pour les accroissements nocturnes. Toutefois l'estimation des températures et des différences psychrométriques, qu'il est nécessaire de connaître dans ce genre d'expériences, nécessite, au moins du matin au soir, toute l'attention de l'observateur.

Notre figure montre en outre en B un récipient de tôle que l'on peut employer pour couvrir la plante et la mettre à l'obscurité, même après qu'elle est fixée à l'appareil; il se compose, à cet effet, de deux moitiés longitudinales reliées par une charnière. En E, on voit le thermomètre *t* installé à côté de la plante dans un récipient semblable.

§ 19.

Action de la température sur l'accroissement en longueur (2).

Relation qui lie la vitesse d'accroissement à la température. — On a montré déjà au précédent chapitre, § 7, que la vie des plantes en général et leur accroissement en particulier ne peuvent se maintenir et s'opérer qu'entre certaines limites de température, d'une façon générale entre 0° et 50°; que dans chaque espèce végétale chaque fonction présente, pour sa limite

---

(1) Sur ce point consulter : Arbeiten des bot. Instituts in Würzburg, 1872. Heft II.

(2) Fr. Burkhardt : Verhandl. der naturforsch. Gesellsch. Basel, 1858, II, 1, p. 47. — J. Sachs : Jahrb. f. wiss. Botanik, 1860, p. 338. — Alph. de Candolle : Bibliothèque universelle et Revue suisse, 1866. — Hugo de Vries : Archives Néerlandaises, 1870, V. — W. Köppen : Wärme und Pflanzenwachsthum. Dissertation, Moscou, 1870.

inférieure et pour sa limite supérieure, une valeur particulière, de telle sorte que la température la plus basse à laquelle un plant d'Orge s'accroît encore est différente de la température la plus basse à laquelle un plant de Courge se développe, etc. En outre, nous avons déjà dit que, comme d'autres fonctions, l'accroissement est d'autant plus énergique que la température active et constante à laquelle il s'opère est plus élevée, mais qu'il y a toutefois une certaine température élevée à laquelle il atteint son maximum de vitesse, et au-dessus de laquelle toute augmentation nouvelle de température détermine une diminution de plus en plus grande de la vitesse d'accroissement.

Il ne saurait donc y avoir de proportionnalité, au sens mathématique du mot, entre la vitesse d'accroissement et l'élévation de température, et plus on a recherché avec précision le rapport de la fonction avec la variable dont elle dépend, plus il est devenu difficile de l'exprimer par une formule mathématique quelconque. Mais, d'un autre côté, il est indubitable que pour l'établissement futur d'une bonne théorie mécanique de l'accroissement, il y a un intérêt tout particulier à connaître exactement, au moins dans quelques cas, le lien de dépendance qui unit l'accroissement en longueur à la température.

Les difficultés de cette recherche sont cependant bien plus grandes encore qu'on ne le croit communément, et les résultats acquis jusqu'à présent, si grande qu'en soit la valeur, ne nous en apprennent pas beaucoup plus que ce que nous avons déjà rappelé plus haut. Ils ne nous permettent pas une vue plus profonde des choses et ne nous révèlent pas de quelle manière les mouvements de molécules que nous nommons chaleur dépendent de cet autre mouvement des molécules qui provoque l'accroissement.

Tenons-nous-en donc aux résultats actuellement acquis et que nous avons énoncés plus haut, et remarquons qu'outre leur signification théorique, ils ont aussi une grande valeur pratique. La connaissance des points cardinaux de température, notamment, c'est-à-dire des limites extrêmes et de la température *optima* où a lieu le maximum d'accroissement, est indispensable dans des recherches de plus d'une sorte, si l'on veut se faire une idée exacte des phénomènes. C'est pourquoi nous allons citer ici, comme complément au § 7, quelques-unes des observations les plus exactes qui aient été faites sur ce sujet.

Détermination précise des points cardinaux de température. — Pour déterminer les points cardinaux de température dont nous venons de parler, les seules observations dont il faille tenir compte sont évidemment celles où la température a été maintenue à peu près constante, car les nombres moyens déduits de températures très-variables peuvent conduire à de trop grosses erreurs, comme je l'ai montré dans mon mémoire (*loc. cit.*). Mais il n'est pas du tout facile, même par échauffement ou refroidissement artificiel, de maintenir suffisamment constante et des jours durant la température de la chambre d'observation. La chose est particulièrement difficile quand il s'agit de déterminer la limite inférieure, c'est-à-dire la température minima ou le zéro spécifique, parce qu'ici il faut souvent attendre longtemps, plusieurs semaines quelquefois, s'il s'agit de graines mises à germer, pour voir si l'accroissement, c'est-à-dire dans ce cas la germination, ne se produira pas. Il est vrai qu'à l'aide de l'appareil enregistreur décrit au paragraphe précédent il serait possible de constater dans l'espace de quelques heures si une plante s'accroît encore à telle température très-basse, ou à telle température très-élevée, et de déterminer à quelle température elle s'accroît le plus rapidement; mais c'est avec les plus grandes difficultés que l'on arrive à y régler convenablement la température de la plante.

Les observations faites jusqu'ici pour établir les points cardinaux des températures d'accroissement ont eu pour objet des graines germantes ; la température et l'humidité de la terre où s'accomplit la germination sont, en effet, plus faciles à régler que lorsqu'il s'agit d'entre-nœuds situés dans l'air. En outre, les racines des plantules offrent des avantages particuliers, car elles ne sortent pas du sol et leur forme simple et régulière facilite beaucoup les mesures. Aussi les nombres suivants se rapportent-ils exclusivement aux racines germinatives ; toutefois, quand il s'agit de Dicotylédones, la région hypocotylée de la tige est ordinairement comptée comme une partie de la racine.

Que les divers observateurs n'aient pas toujours obtenu exactement les mêmes valeurs pour les points cardinaux, c'est ce qui s'explique par la diversité des méthodes d'observation et de la quantité d'eau employée, par la nature du sol, par le défaut de précision des observations thermométriques, etc.

Points cardinaux pour la germination. — Ceci posé, on peut d'abord se proposer la question de savoir à quelles températures inférieure et supérieure la germination, c'est-à-dire l'accroissement des diverses parties de l'embryon aux dépens des matériaux de réserve de la graine, peut encore s'opérer, et à quelle température ce phénomène s'opère avec le plus de rapidité. J'ai trouvé, à cet égard, les nombres suivants :

Plantes.	Limite inférieure.		Optimum.		Limite supérieure.
Triticum vulgare	5°	....	28°,7	....	42°,5
Hordeum vulgare	5°	....	28°,7	....	37°,7
Cucurbita Pepo	13°,7	....	33°,7	....	46°,2
Phaseolus multiflorus	9°,5	....	33°,7	....	46°,2
Zea Mais	9°,5	....	33°,7	....	46°,2

Si les nombres qu'il renferme sont bien exacts, ce tableau montre : 1° qu'au-dessous de 5° les graines de Blé, au-dessous de 13°,7 les graines de Courge, etc., ne germeront pas, quelque temps qu'on les laisse séjourner dans le sol humide, 2° qu'à toute température supérieure à celles de la 3e colonne, les graines ne germeront pas non plus, mais pourriront rapidement; 3° qu'au contraire, aux températures inscrites dans la 2e colonne, la germination s'opère dans un temps moindre qu'à toute température plus élevée ou plus basse. Cependant, malgré tout le soin avec lequel ces nombres ont été obtenus, il est possible que des observations plus longtemps prolongées conduisent à des valeurs quelque peu différentes, quoique toujours très-voisines. Il est clair, d'ailleurs, que pour déterminer chacun des points cardinaux, il est nécessaire de faire plusieurs séries d'observations.

Les valeurs obtenues par M. Köppen, quand il s'agit des mêmes plantes, s'accordent assez bien avec mes propres observations. Il trouve :

Plantes.	Limite inférieure.	Optimum.
Triticum vulgare.............	7°,5	29°,7
Zea Maïs..................	9°,6	32°,4
Lupinus albus..............	7°,5	28°,0
Pisum sativum.............	6°,7	26°,6

De son côté, M. Hugo de Vries obtient :

Plantes.	Optimum.	Limite supérieure.
Phaseolus vulgaris...........	31°,5	au-dessus de 42°,5
Helianthus annuus...........	31°,5	au-dessous de 42°,5
Brassica Napus.............	31°,5	au-dessous de 42°,5
Cannabis sativa.............	31°,5	au-dessus de 42°,5
Cucumis Melo..............	37°,5	— —
Sinapis alba................	27°,4	au-dessus de 37°,2
Lepidium sativum...........	27°,4	au-dessous de 37°,2
Linum usitatissimum........	27°,4	au-dessus de 37°,2

Parmi les résultats obtenus par M. Alph. de Candolle, ceux qui concernent la limite inférieure méritent assez de confiance, mais on ne peut attacher qu'une médiocre valeur à ceux qui regardent la température optima et la limite supérieure; ces derniers nombres sont certainement trop faibles. M. de Candolle trouve (1) :

Plantes.	Limite inférieure.	Optimum.	Limite supérieure.
Sinapis alba..........	0°,0	21°	28°
Lepidium sativum.....	1°,8	21°	28°
Linum usitatissimum..	1°,8	21°	28°
Collomia coccinea.....	5°,0	17°	vers 28°
Nigella sativa.........	5°,7	au-dessus de 21° (?)	vers 28°
Iberis amara.........	5°,7	—	— —
Trifolium repens......	5°,7	21°,25	au-dessous de 28°
Zea Maïs.............	9°,0	21°,28	vers 35° (2)
Sesamum orientale....	13°,0	25°,28	au-dessus de 45°

Points cardinaux pour l'allongement des racines. — On obtient une connaissance plus précise des phénomènes en recherchant les nombres qui donnent les longueurs acquises par la racine après des temps égaux à diverses températures et qui expriment, par conséquent, les vitesses d'accroissement de la racine aux diverses températures constantes. Ces nombres croissent à partir de la limite inférieure jusqu'à l'optimum, puis diminuent de nouveau jusqu'à la limite supérieure.

(1) Je tire ces nombres du tableau de son mémoire en me servant du texte.

(2) M. de Candolle remarque que les graines de Maïs, de Melon et de Sésame deviennent brunes, les premières même « comme brûlées » vers 40°; ce fait n'a été signalé par aucun autre observateur. Cependant ces graines « comme brûlées » ont germé plus tard à une température plus basse.

J'ai trouvé ainsi, par exemple, pour le Maïs :

Temps.	Température.	Allongement de la racine.
2 × 48 heures	17°,1	2,5 millim.
48 —	26°,2	24,5 —
48 —	33°,2	39,0 —
48 —	34°,0	55.0 —
48 —	38°,2	25,2 —
48 —	42°,5	5,9 —

M. Köppen a obtenu pour des intervalles de 48 heures :

Allongement de la racine.

Température.	Lupinus albus.	Pisum sativum.	Zea Maïs.
14°,1	9,1 millim.	5,0 millim.	0,0 millim.
18°,0	11,6 —	8,3 —	1,1 —
23°,5	31,0 —	30,0 —	10,8 —
26°,6	54,1 —	53,9 —	29,6 —
28°,5	50,1 —	40,4 —	26,5 —
30°,2	43,8 —	38,5 —	64,6 —
33°,5	14,2 —	23,0 —	69,5 —
36°,5	12,6 —	8,7 —	20,7 —

De son côté, M. H. de Vries a trouvé pour des intervalles de 48 heures :

Allongement de la racine.

Température.	Cucumis Melo.	Sinapis alba.	Lepidium sativum.	Linum usitatissimum.
15°,1	— millim.	3,8 millim.	5,9 millim.	1,1 millim.
21°,6	— —	24,9 —	38,0 —	20.5 —
27°,4	18,2 —	52,0 —	71,9 —	44,8 —
30°,7	27,1 —	44,1 —	44,6 —	39,9 —
33°,9	38,6 —	30,2 —	26,9 —	28,1 —
37°,2	70,3 —	10,0 —	0,0 —	9,2 —

Il est nécessaire que dans chaque expérience la température soit maintenue constante. — Pour cette détermination des points cardinaux, il est très-important que la température demeure dans chaque expérience aussi constante que possible. Cette nécessité ressort d'une manière frappante d'une observation faite par M. Köppen. Il a constaté que les mêmes parties de plantes, soumises à la même température moyenne, peuvent s'accroître inégalement vite; c'est ce qui a lieu notamment quand dans un cas la température moyenne demeure sensiblement constante, tandis que dans un autre la température oscille au-dessus et au-dessous de la moyenne. Il est bien clair, en effet, que si la température moyenne est précisément la température optima, toute oscillation au delà ou en deçà apportera un retard à l'accroissement. Mais, en outre, M. Köppen a montré que même au-dessous de l'optimum, l'accroissement est ralenti toutes les fois que la température subit de fortes oscillations.

Ainsi pendant la germination du *Pisum sativum*, il trouve, après 144 heures d'une température constante de 15°,1, un allongement de racine de 110 millim.

Dans le même temps, mais la température oscillant deux fois de 15°,1 à 20°, de manière à avoir pour valeur moyenne 16°, les racines n'acquièrent que 88 millim. Dans le même temps encore, mais la température oscillant de 15°,1 à 30°, de façon à avoir pour valeur moyenne 18°, la racine n'atteint que 56 millim. de longueur.

Ainsi donc, bien que les températures moyennes soient supérieures à 15°,1, l'accroissement se trouve ralenti et d'autant plus que les oscillations sont plus étendues.

J'emprunte encore à un grand tableau publié par M. Köppen, les quelques exemples suivants :

Dans l'espace de 96 heures, la racine a acquis les longueurs que voici :

Température moyenne.	Variation horaire de la température.	*Lupinus albus.*	*Vicia Faba.*
14°,4	0°,06	30,0 millim.	14,0 millim.
14°,1	0°,28	19,0 —	9,8 —
16°,6	0°,04	44,0 —	31,2 —
17°,2	0°,26	31,9 —	17,8 —

Il semble donc par là, que la partie de plante en voie d'accroissement a besoin d'être exposée un temps assez long à l'action d'une température déterminée, pour atteindre la plus grande vitesse d'accroissement correspondant à cette température.

Les résultats ainsi obtenus par M. Köppen ne contredisent qu'en apparence les observations que j'ai exposées au paragraphe précédent et d'après lesquelles, quand la température oscille, l'accroissement oscille de la même manière, de telle façon que les accidents des deux courbes se correspondent dans le même sens. Car il est possible, malgré cela, que l'accroissement total dans un temps donné soit plus grand quand la température conserve pendant ce temps une élévation déterminée, que quand elle oscille autour de cette valeur.

§ 20.

Action de la lumière sur l'accroissement en longueur. Héliotropisme (1).

Nous consacrons ici notre attention exclusive à la question de savoir si et comment la lumière favorise ou empêche l'accroissement superficiel des membranes cellulaires, en d'autres termes si et comment elle agit *quantitativement* sur les organes, et nous laissons de côté pour le moment les cas où elle exerce, ou du moins où l'on peut croire qu'elle exerce aussi une influence qualitative sur la nature physiologique ou morphologique des organes nouvellement formés.

(1) P. DE CANDOLLE : Physiologie végétale, III, p. 1079, Paris, 1832. — J. SACHS : Botanische Zeitung, 1863, Beilage. et 1865, p. 117. — J. SACHS : Handbuch der Experimentalphysiologie (trad. française, § 15). — HOFMEISTER : Lehre von der Pflanzenzelle 1867, § 36. — KRAUS : Jahrb. f. wiss, Botanik, VII, p. 209. — BATALIN : Bot. Zeitung, 1871.

Nous avons déjà, au § 8, indiqué la dépendance générale qui lie l'accroissement à la lumière, et nous avons surtout insisté sur la nécessité qu'il y a de séparer complétement cette question du rôle que joue la lumière dans l'assimilation, sous peine de tomber dans de graves malentendus. Ici encore, c'est exclusivement aux phénomènes de l'accroissement lui-même que nous avons affaire; car dans chaque cas particulier nous supposons toujours que les cellules ou les organes dont il s'agit sont suffisamment et même surabondamment pourvus de matières plastiques assimilées.

Action différente de la lumière sur les divers organes. — Dans ce même paragraphe, nous avons vu que les diverses parties de la fleur subissent, dans une obscurité prolongée, le même accroissement qu'à la lumière. La plupart des entre-nœuds, au contraire, comme cela résulte clairement en particulier du § 18, s'ils sont également éclairés de tous côtés, croissent plus lentement et demeurent plus courts qu'à l'obscurité ; s'ils ne sont éclairés que d'un seul côté, en général ils deviennent concaves de ce côté et s'infléchissent vers la source lumineuse. Mais il y a d'autres entre-nœuds, des poils radicaux et des vrilles qui s'allongent, au contraire, davantage sur la face éclairée, et deviennent par conséquent convexes du côté de la source lumineuse. Nous avons vu enfin que les feuilles des Fougères et des Dicotylédones cessent bientôt de croître à l'obscurité et y demeurent petites. Ces observations attestent tout d'abord que, pour leur accroissement, les diverses cellules et les divers organes des plantes se comportent d'une manière différente vis-à-vis de la lumière. Comme la lumière demeure partout la même, comme il y a partout excès d'aliments, toute explication de cette différence d'action devra chercher à montrer pourquoi, dans chaque cas particulier, l'organisation préexistante et héréditaire de la plante doit être modifiée précisément de telle façon et non de telle autre par les vibrations de l'éther.

Mais, dans l'état actuel de la science, il est totalement impossible de donner une pareille explication (1), parce que la connaissance des phénomènes eux-mêmes laisse encore beaucoup trop à désirer. Bien plus, il n'est même pas encore possible, pour le moment, de rattacher les faits connus à une expression générale, et cela tient principalement à ce que des doutes subsistent encore sur la manière dont les feuilles et les organes négativement héliotropiques se comportent vis-à-vis de la lumière. Si ces doutes, que nous avons déjà signalés au § 8, étaient une fois écartés, on pourrait distinguer sous ce rapport trois espèces d'organes, savoir : 1° ceux dont l'accroissement cellulaire est tout à fait indépendant de la lumière (corolles, étamines, fruits, graines); 2° ceux dont l'accroissement longitudinal est gêné par la lumière (organes positivement héliotropiques, subissant par l'étiolement un allongement notable) ; 3° enfin, ceux dont l'allongement est favorisé par la lumière. A cette dernière catégorie appartiendraient les organes négativement héliotropiques, si l'on était bien fixé sur la manière dont en général l'héliotropisme négatif se com-

---

(1) Quand M. *Müller* (Bot. Untersuchungen, Heidelberg, 1872, Heft 2) se donne l'air d'avoir fourni cette explication et même de s'en être fait un jeu, il ne montre par là qu'une seule chose, c'est combien il s'est écarté de la voie des recherches scientifiques.

porte par rapport à l'héliotropisme positif; s'il n'est pas simplement, comme nous l'avons déjà suggéré plus haut, au moins dans certains cas, une pure modification de l'héliotropisme positif; ou même s'il ne dépend pas des actions chimiques de la lumière qui précèdent le phénomène d'accroissement considéré, ce que les recherches récentes rendent toutefois très-invraisemblable.

Difficultés de la question, même réduite au cas de l'héliotropisme positif. — Ainsi énoncée : Comment la lumière agit-elle sur le mécanisme de l'accroissement des membranes cellulaires ? la question n'a donc, dans l'état actuel de la science, un sens déterminé que pour les organes positivement héliotropiques. Chez ces-derniers, en effet, il est certain que l'allongement des membranes cellulaires dans la direction de l'axe d'accroissement de l'organe est ralenti par la lumière et ramené par elle à une plus faible valeur. Mais même dans ce cas, la question ainsi posée est pour le moment insoluble, parce qu'on n'a pas encore trouvé de réponse à plusieurs autres questions préalables.

Ainsi il faudrait décider, avant toute chose, si la lumière n'agit sur les membranes cellulaires à la manière indiquée plus haut que quand la direction des rayons est oblique par rapport à l'axe d'accroissement. Une semblable question se présente, comme nous le verrons plus tard, quand on étudie l'action de la pesanteur sur l'allongement des organes. Dans le fait, les divers phénomènes manifestés par l'héliotropisme positif permettent de supposer que les rayons lumineux qui traversent la membrane cellulaire dans le sens de sa longueur ne gênent pas son accroissement, tandis que ces rayons agissent avec d'autant plus de force, que l'angle sous lequel ils rencontrent l'axe longitudinal de l'organe se rapproche davantage d'un angle droit, qu'il s'agisse d'ailleurs d'un organe pluricellulaire ou d'un simple tube unicellulaire. L'action de la lumière est donc d'autant plus intense que les vibrations transversales des atomes de l'éther sont plus près d'être parallèles à la surface même de la membrane en voie d'accroissement.

Divers modes d'action possibles de la lumière sur les cellules. — Seulement la solution de cette première question préalable n'impliquerait en aucune façon la vraie nature de l'action de la lumière sur la croissance des membranes cellulaires ; car il faudrait savoir auparavant si la lumière agit bien immédiatement sur la membrane, ou si toute son action sur elle ne s'exerce pas par l'intermédiaire du protoplasma ou même par les modifications chimiques du suc cellulaire. Or, comme la membrane cellulaire ne s'accroît qu'aussi longtemps que sa face interne est en contact intime avec du protoplasma vivant, comme ce dernier est lui-même mis en mouvement par la lumière et vient s'accumuler en conséquence à de certaines places de la membrane, comme enfin ces mouvements du protoplasma sont, aussi bien que l'accroissement de la membrane, provoqués par les rayons lumineux de forte réfrangibilité, l'idée que nous venons d'exprimer ne peut pas être simplement mise de côté, tout au moins sans autre examen.

On peut se demander en outre si la lumière n'agirait pas sur le mécanisme de l'accroissement de la membrane cellulaire par des effets chimiques, qu'elle provoquerait dans le suc cellulaire ou dans le protoplasma ; sans qu'il puisse toutefois être question des phénomènes chimiques de l'assimilation elle-même, car il s'agit ici assez souvent de cellules privées de chlorophylle, comme on le voit par exemple dans les cols positivement héliotropiques du *Sordaria fimiseda*, dans les pédicelles du chapeau des *Claviceps* et dans certaines racines ; et de leur côté, les feuilles des Dicotylédones ont avec la lumière des relations (voir plus loin) qui rendent probable l'hypothèse d'une action chimique sur les substances assimilées, mais nullement sur l'assimilation.

Aussi longtemps que l'on ne considérait que des organes pluricellulaires, et qu'on les envisageait seulement sous le rapport de la différence qui y existe entre les plantes vertes et les plantes étiolées, on pouvait attacher une grande valeur à l'hypothèse d'un changement de turgescence amené par la lumière, changement produit par quelque modification chimique du suc cellulaire et par une modification correspondante de la diosmose (1). Mais ce fait que des tubes unicellulaires, comme les filaments des *Vaucheria* ou les cellules inter-nodales des *Nitella*, sont aussi positivement héliotropiques, exclut totalement cette hypothèse ; car ici la face éclairée croît plus lentement que la face om-bragée, bien que toutes les parties de la membrane supportent de la part du suc cellulaire la même pression hydrostatique (2).

Les exemples que nous venons de citer d'héliotropisme positif dans des tu-bes unicellulaires submergés, aussi bien que les courbures héliotropiques des entre-nœuds multicellulaires plongés sous l'eau prouvent, sans autre explica-tion, qu'on ne saurait invoquer ici l'existence et les effets d'une transpiration plus énergique provoquée par la lumière.

Il semble au contraire qu'il faille accorder une attention plus grande à cette idée, que peut-être la lumière ralentit l'accroissement en longueur des cellules positivement héliotropiques parce qu'elle augmente du côté où elle frappe l'accroissement en épaisseur de la membrane, dont l'extensibilité sous l'in-fluence de la pression du suc cellulaire est ainsi diminuée sur la face éclairée. Cette idée trouverait un appui dans les observations de M. Kraus, d'après lesquelles la cuticularisation de l'épiderme, ainsi que l'épaississement des pa-rois des cellules corticales et libériennes, se trouvent fortement gênés dans les entre-nœuds étiolés ; le manque de lumière augmente donc l'extensibilité des membranes. Cette explication conviendrait, non-seulement à la face éclairée d'un entre-nœud multicellulaire incurvé vers la lumière, mais encore à un tube de *Vaucheria* ou de *Nitella ;* car on pourrait admettre que la paroi de la face éclairée s'épaissit d'abord plus fortement et par conséquent devient moins ex-tensible, obéit moins à la pression du suc cellulaire et par suite s'allonge aussi plus lentement. Toutefois on ne possède pas encore d'observations di-rectes sur les tubes héliotropiques unicellulaires.

Ceci posé, s'il est démontré, comme les recherches récentes de M. Wolkoff permettent de l'espérer, que l'héliotropisme négatif des organes verts repose tout aussi peu que celui des racines sur une assimilation plus forte du côté le

---

(1) Voir Dutrochet : Mémoires pour servir à l'histoire des végétaux et des animaux. Paris, 1837. II, p. 60.

(2) L'un des exemples les plus frappants d'héliotropisme positif dans des tubes unicellulaires est fourni par les filaments sporangifères des *Mucor*, *Phycomyces*, *Pilobolus*, etc. (Trad.)

plus éclairé, il faudra admettre que toutes les actions que nous venons de signaler comme possibles dans un sens peuvent aussi s'exercer en sens inverse, et c'est alors seulement qu'on voit bien apparaître toute la difficulté de ce genre de recherches.

Il est donc impossible aujourd'hui de tracer une exposition complète de la dépendance qui lie l'accroissement à la lumière. Ce qui vient d'être dit à ce sujet doit suffire à attirer l'attention du lecteur sur les principales questions dont il y a à se préoccuper dans ce genre de recherches. Je crois utile cependant de rassembler encore ici quelques-uns des faits les plus importants que l'on connaisse jusqu'à présent sur ce sujet, en les accompagnant de remarques critiques.

Organes positivement héliotropiques; leur allongement est gêné par la lumière. — *Tiges.* — Considérons d'abord les entre-nœuds qui, sous l'influence d'un éclairage unilatéral, s'infléchissent de manière à tourner leur face concave vers la source lumineuse et leur face convexe vers l'obscurité, qui sont en un mot positivement héliotropiques. Tous ces entre-nœuds, tous ceux au moins que l'on a étudiés jusqu'à présent, même les entre-nœuds unicellulaires des *Nitella* d'après M. Hofmeister, manifestent, sous l'action alternative du jour et de la nuit, une périodicité marquée dans leur accroissement en longueur. Ce dernier, en effet, va s'accélérant progressivement du soir au matin; il se ralentit au contraire du matin au soir. A ces deux faits s'en rattache un troisième; dans une obscurité prolongée, ces mêmes entre-nœuds deviennent plus longs, souvent même beaucoup plus longs que dans les conditions normales. Ces trois résultats conduisent inévitablement à cette conclusion, que c'est l'action directe de la lumière (et seulement de ses rayons les plus réfrangibles, § 8), qui ralentit l'allongement de ces entre-nœuds et qui y met fin.

Racines. — En ce qui concerne les racines positivement héliotropiques, comme celles des *Zea Mais, Lemna, Cucurbita, Pistia*, etc., il est à présumer aussi qu'exposées à la lumière du jour, elles présentent la même périodicité que les entre-nœuds; mais ce fait n'est pas encore directement établi. Au contraire, M. Wolkoff a montré déjà pour quelques plantes que si les racines se développent dans l'eau derrière une paroi de verre transparente, elles s'allongent plus rapidement dans l'obscurité prolongée qu'à l'alternance du jour et de la nuit. Ainsi, par exemple, douze racines principales issues de la germination du *Pisum sativum* ont donné :

		Allongements	
Temps.		à l'obscurité.	à la lumière diffuse.
Le 1er jour	....	195 millim.	161 millim.
— 2e —	....	239 —	153 —
— 3e —	....	250 —	210 —
— 4e —	....	126 —	113 —
— 5e —	....	113 —	78 —
Après 5 jours	....	923 millim.	715 millim.

D'autre, part les accroissements de racines principales de *Vicia Faba* ont été :

		à l'obscurité.		à la lumière diffuse.
Pour 5 racines	dans le rapport de 309	......	à 272
— 11 —	—	743	......	- 612
— 9 —	—	612	......	- 416

Dans ces diverses expériences, on a pu remarquer dans les racines une tendance, faiblement exprimée, il est vrai, à prendre des courbures positivement héliotropiques. Les différences d'accroissement inscrites dans ces tableaux auraient sans aucun doute été trouvées plus fortes, si l'on avait comparé pour des temps égaux les allongements obtenus à l'obscurité avec ceux qui s'opèrent pendant les seules heures lumineuses de la journée.

Feuilles des Monocotylédones. — Les feuilles longues et étroites des Monocotylédones se comportent comme les entre-nœuds et les racines. A l'obscurité prolongée, elles acquièrent également une longueur beaucoup plus grande que dans les conditions normales; soumises à un éclairage unilatéral, elles se montrent aussi positivement héliotropiques. Dans ce cas, il peut arriver que le plan de courbure coïncide avec le plan du limbe; l'un des bords de la feuille devient alors notablement plus long que l'autre et l'organe tout entier est dissymétrique. C'est ce que j'ai observé très-nettement sur un plant de *Fritillaria imperialis*, cultivé devant une fenêtre; les feuilles insérées exactement sur la face éclairée de la tige étaient seules symétriques, comme toutes les feuilles le sont à l'air libre. En ce qui concerne la période journalière d'accroissement provoquée par l'alternative de la lumière du jour et de l'obscurité de la nuit, on n'a pas encore fait d'observations sur ce genre de feuilles.

Feuilles des Dicotylédones. — Les observations relatives à l'accroissement des larges feuilles à nervation réticulée des Dicotylédones sont beaucoup plus difficiles à bien comprendre. De ce fait, que dans l'obscurité ces feuilles demeurent plus petites, souvent même beaucoup plus petites que dans les conditions normales, on pourrait vouloir conclure que leur accroissement superficiel s'opère exactement à l'inverse de celui des entre-nœuds et des longues feuilles des Monocotylédones. Seulement, M. Batalin a montré qu'il suffit d'exposer des plantes étiolées à la lumière à plusieurs reprises, et pendant un temps assez court pour qu'elles ne verdissent pas, pour augmenter notablement leur accroissement ultérieur à l'obscurité. Ce résultat porte à croire que la lumière provoque dans les feuilles étiolées une modification chimique, qui ne consiste pas en une assimilation, et par laquelle ces feuilles deviennent ensuite capables de s'accroître davantage à l'obscurité. Quoi qu'il en soit, il résulte de là que s'il y a opposition apparente entre l'accroissement de ces feuilles et celui des entre-nœuds, si ces feuilles deviennent plus grandes dans les conditions d'éclairage normal qu'à l'obscurité prolongée, ce n'est pas parce que la lumière exerce sur l'accroissement des cellules quelque action directement favorable.

Les recherches récentes de M. Prantl parlent au contraire en faveur de l'idée (1) que les feuilles vertes, saines par conséquent et normales, des Dicoty-

(1) PRANTL : Ueber den Einfluss des Lichts auf das Wachsthum der Blätter (Arbeiten der bot. Instituts in Würzburg, Heft III, 1873, p. 371). Voir aussi J. SACHS : Arbeiten des bot. Instituts in Würzburg, II, p. 188. (*Trad.*)

lédones présentent la même période journalière d'accroissement que les entre-nœuds positivement héliotropiques. Par de nombreuses mesures longitudinales et transversales, prises de trois en trois heures sur des feuilles de *Cucurbita Pepo* et *Nicotiana Tabacum*, M. Prantl est parvenu à dresser des courbes d'accroissement. Malgré des oscillations de température en sens contraires, ces courbes montent progressivement du soir au matin, atteignent un maximum d'élévation après le lever du soleil, puis descendent peu à peu pendant le jour jusqu'au soir, absolument comme je l'ai démontré pour les entre-nœuds positivement héliotropiques.

Si la généralité de ce fait se confirme, il en résultera que les larges feuilles rétinerviées des Dicotylédones s'accroissent également plus vite à l'obscurité qu'à la lumière et que, par conséquent, la lumière exerce aussi sur elles une action retardatrice. Si, malgré cela, ces feuilles demeurent plus petites dans une obscurité prolongée, parce qu'elles cessent bientôt de s'accroître dans ces conditions, il y faudra voir un état pathologique, consistant en ce que certains phénomènes de transsubstantiation, qui doivent précéder l'accroissement et qui exigent l'intervention de la lumière, ne peuvent s'opérer à l'obscurité prolongée. Conformément à cette hypothèse, il faudrait donc admettre que dans les feuilles qui s'épanouissent sous l'influence alternative du jour et de la nuit, l'accroissement est immédiatement empêché par la lumière, mais qu'il s'opère en même temps, sous l'influence de cette lumière, certaines modifications chimiques, qui rendent possible l'accroissement en général et qui l'entretiennent dans l'obscurité suivante, tant qu'elle ne dure pas trop longtemps. Cette modification chimique n'a toutefois rien à faire avec l'assimilation, comme on le voit par les recherches de M. Batalin sur des feuilles privées de chlorophylle.

C'est peut-être en augmentant la résistance des tissus externes que la lumière ralentit l'allongement de l'organe. — Demandons-nous maintenant quelles sont les modifications mécaniques que la lumière provoque dans les divers genres d'organes que nous venons de considérer, entre-nœuds, racines et feuilles, et qui ralentissent leur accroissement. Il y a d'abord tout lieu de s'étonner de ce qu'on n'ait point jusqu'ici cherché à les étudier dans le cas le plus simple, c'est-à-dire dans les organes unicellulaires doués d'héliotropisme positif, comme les tubes des *Vaucheria* et les entre-nœuds des *Nitella* (1).

Dans les entre-nœuds des Phanérogames formés de plusieurs couches de tissu en état de tension, M. Kraus a trouvé que, dans l'état étiolé, la tension qui existe entre la moelle et l'écorce est plus faible, et que l'épaississement, la lignification et la cuticularisation des parois cellulaires des tissus passivement distendus par la moelle y est moindre également. Il en résulte que ces tissus sont plus extensibles que dans l'entre-nœud normal, et que par conséquent la puissance d'allongement de la moelle y rencontre moins de résistance. Si l'on admet que, dans les tubes unicellulaires, la lumière augmente aussi la cuticularisation et l'épaississement de la membrane du côté le plus

---

(1) Organes auxquels il faut ajouter, nous l'avons déjà dit, les tubes sporangifères de certaines Mucorinées (*Mucor*, *Phycomyces*, *Pilobolus*, etc.). (Trad.)

fortement éclairé, cette paroi y résistera plus énergiquement à la pression du suc cellulaire, y sera moins distendue et par suite s'allongera plus lentement.

Pour l'intelligence du mécanisme de l'action exercée par la lumière sur l'accroissement, il y a peu de chose à attendre des modifications qui s'opèrent dans la tension des tissus sur la face concave et sur la face convexe des entrenœuds positivement héliotropiques. Si l'on fend dans sa longueur un entrenœud ainsi arqué, de façon à séparer la face éclairée de la face ombragée, la première devient plus fortement concave, tandis que la convexité de l'autre, au contraire, diminue ou même se change en une légère concavité vers l'ombre. En d'autres termes, sur la face concave ou éclairée de l'entre-nœud, la tension antagoniste des couches externes et internes est plus grande que sur la face convexe ou ombragée. Seulement cette manière d'être se rencontre exactement la même dans les entre-nœuds infléchis vers le haut sous l'influence de la pesanteur, dans les organes négativement héliotropiques, enfin dans les vrilles enroulées, et au fond il ne peut pas en être autrement.

Organes négativement héliotropiques (1). — On ne connaît jusqu'à présent qu'un nombre relativement petit d'organes doués d'héliotropisme négatif. Parmi les organes verts, il faut citer la tige hypocotylée de l'embryon du Gui, les entre-nœuds âgés et presque complétement développés du Lierre et de la Capucine, enfin les portions inférieures des vrilles de la Vigne, de l'*Ampelopsis quinquefolia* et du *Bignonia capreolata*. Je passe pour le moment sous silence, comme étant encore douteux pour moi, l'héliotropisme négatif des thalles de Marchantiées, des prothalles de Fougères et de quelques autres organes évidemment bilatéraux.

Parmi les organes dépourvus de chlorophylle, il faut signaler tout d'abord les racines aériennes des Aroïdées et des Orchidées épidendres (2), mais plus particulièrement encore, comme étant très-sensibles même pour un faible éclairage unilatéral, les racines du *Chlorophytum Guayanum*. En outre, on a assigné l'héliotropisme négatif aux racines germinatives de certaines Chicoracées et Crucifères, etc.; il a été certainement constaté tout récemment dans les *Brassica Napus* et *Sinapis alba*, par M. Wolkoff. Parmi les organes unicellulaires dépourvus de chlorophylle, on ne connaît jusqu'ici avec certitude que les poils radicaux du *Marchantia*, comme étant doués d'héliotropisme négatif.

Cette remarque, que la plupart des organes dépourvus de chlorophylle et négativement héliotropiques, et surtout les racines très-sensibles du *Chlorophytum*, sont très-transparents, a conduit M. Wolkoff à supposer que dans ces racines cylindro-coniques, les rayons lumineux peuvent être réfractés de manière à produire, sur la face opposée à la source lumineuse, un éclairage plus intense que sur la face directement éclairée. La courbure concave de cette face opposée à la source devrait donc son existence à un héliotropisme positif.

---

(1) Knight : Philosophical Transactions, 1812, p. 314. — Dutrochet : Mémoires, II, p. 6. Pour les assertions de Payer et de Durand, voir mon Manuel de Physiologie expérimentale (trad. franç., p. 44).

(2) D'après des observations répétées qui me sont propres et d'après les assertions d'autres observateurs.

Dans le fait, les pointes de ces racines, séparées par une section transversale, éclairées de côté et regardées d'en haut par la tranche, présentent des différences d'intensité lumineuse qui sont précisément dans le sens indiqué.

Il ne faut cependant pas oublier que les pointes de certaines racines, qui ne sont pas négativement mais bien plutôt positivement héliotropiques, comme celles du *Vicia Faba*, présentent le même phénomène, quoique peut-être à un moindre degré. D'autre part, on ignore encore s'il est possible d'invoquer une semblable réfraction lumineuse pour les poils radicaux à paroi très-mince et négativement héliotropiques des *Marchantia*. C'est à des recherches ultérieures qu'il appartient de montrer si l'idée, heureuse en soi, de M. Wolkoff doit être maintenue ou non.

Pour les entre-nœuds âgés et très-peu transparents du Lierre, pour les parties inférieures âgées des vrilles de la Vigne, etc., on ne pourra plus invoquer la formation d'une ligne focale réelle sur la face ombragée ; car il faudrait, pour agir, que cette ligne focale contînt de la lumière intense bleue et violette, ce que la chlorophylle renfermée en abondance dans le tissu traversé rend tout à fait improbable. On sait, en effet, que les courbures négativement héliotropiques, tout au moins chez le Lierre, ne s'opèrent, absolument comme celles des racines du *Chlorophytum*, que dans la lumière très-réfrangible, celle qui traverse la solution cupro-ammoniacale, et nullement dans la lumière jaune hétérogène qui traverse la solution de bichromate de potasse. Si c'était, comme M. Wolkoff le suppose, la nutrition plus forte, c'est-à-dire la plus grande accumulation de substances assimilées sur la face éclairée, qui cause l'accroissement plus énergique de cette face dans cette catégorie d'organes négativement héliotropiques, ils devraient se courber en arrière beaucoup plus fortement dans la lumière la moins réfrangible (rouge, orangée, jaune), que dans les rayons les plus réfrangibles. Aussi bien, cette supposition n'expliquerait pas pourquoi les mêmes entre-nœuds qui, dans leur jeunesse, sont nettement doués d'héliotropisme positif, ne présentent que plus tard, quand leur allongement a presque cessé, la réaction opposée à l'égard de la lumière.

Les observations que M. Wolkoff poursuit au laboratoire de Wurtzbourg et qui ne sont pas encore terminées, conduisent donc pour le moment à admettre qu'il y a deux sortes d'organes négativement héliotropiques : à l'une appartiennent les racines, chez lesquelles la flexion négative a lieu près du sommet, à l'endroit même où s'opère le plus rapide accroissement. A l'autre les entre-nœuds signalés plus haut, où la courbure négative ne se produit que passé un certain âge, quand l'accroissement est en voie d'extinction, tandis que dans la jeunesse, alors qu'ils s'allongent vivement, la flexion y est positive. Ces derniers jouissent encore d'une propriété singulière, qui paraît manquer aussi bien aux organes de la première espèce qu'aux organes positivement héliotropiques ; cette propriété consiste en ce que ces parties âgées, quand on a mis fin à l'éclairage unilatéral, continuent encore quelque temps à se courber à l'obscurité, de façon que la face primitivement éclairée devient de plus en plus convexe.

Résumé. — En résumé, on voit qu'il s'agit ici d'un problème non encore résolu. Tout bien pesé, c'est encore l'hypothèse qui admet deux espèces de cellules : les unes, celles des organes positivement héliotropiques, gênées par la lumière dans leur allongement, les autres, celles des organes négativement héliotropiques, favorisées par elle ; c'est encore cette hypothèse, disons-nous, qui est la plus simple et qui correspond le mieux aux faits. Cette opposition de caractères doit d'autant moins surprendre, que dans l'étude de la manière dont les cellules en voie d'accroissement se comportent à l'égard de la pesanteur, nous rencontrerons une opposition toute semblable, et bien plus fortement accusée.

§ 21.

Action de la pesanteur sur l'accroissement en longueur. Géotropisme (1).

Nous avons montré déjà, au § 10, qu'à l'obscurité, ou si l'éclairage est de tous côtés uniforme, c'est-à-dire dans des conditions où l'héliotropisme ne peut se manifester, c'est l'attraction de masse de la terre, la gravitation ou la pesanteur qui dirige certains organes verticalement vers le haut, d'autres verticalement vers le bas, d'autres encore obliquement sur l'horizon. Il ne sera question ici que des directions verticales ascendante et descendante ; car, en ce qui concerne les directions obliques, d'autres causes coopèrent avec la pesanteur pour les amener.

Géotropisme positif. Géotropisme négatif. — Nous avons vu que, suivant leurs propriétés internes, les organes soumis à un éclairage unilatéral s'accroissent tantôt plus lentement, tantôt plus vite sur la face qui regarde la source lumineuse ; de même, selon la nature de l'organe considéré, la pesanteur détermine une accélération ou un ralentissement de l'accroissement en longueur sur la face tournée vers le centre de la terre. Dans le second cas, les organes sont dits positivement géotropiques ; dans le premier, ils sont négativement géotropiques. Les organes doués de géotropisme positif sont donc ceux qui, placés horizontalement ou dans une position oblique par rapport au rayon terrestre, deviennent concaves sur leur face inférieure et tournent leur extrémité libre vers le bas. Le géotropisme est négatif, au contraire, chez les organes qui, dans les mêmes circonstances, deviennent convexes sur leur face inférieure et redressent vers le ciel leur extrémité libre.

On ne sait pas encore si les organes positivement géotropiques, entièrement soustraits à l'action de la pesanteur, présenteraient une vitesse d'accroissement différente de celle qu'ils possèdent quand la pesanteur agit parallèlement à leur axe. Il semble cependant que la gravité n'agit sur l'accroissement en

---

(1) KNIGHT : Philosophical Transactions, 1806, I, p. 99-108 ; traduit par TREVIRANUS : Beiträge zur Pflanzenphysiologie, p. 191-206. — JOHNSON : Edinburgh philos. Journal, 1828, p. 312, et Linnæa, 1830, p. V, 145. — DUTROCHET : Annales des sciences nat., 1833, p. 413. — WIGAND : Botanische Untersuchungen, Brunswick, 1854, p. 133. — HOFMEISTER : Jahrb. f. wiss. Botanik, III, p. 77. — HOFMEISTER : Bot. Zeitung, 1868 et 1869. — FRANK : Beiträge zur Pflanzenphysiologie, Leipzig, 1868, p. 1. — MÜLLER : Bot. Zeitung, 1869 et 1871. — SPESCHENEFF : Bot. Zeitung, 1870, p. 65. — CIESIELSKI : Untersuchungen über die Abwärtskrümmung der Wurzel. Dissertation. Breslau, 1871. — SACHS : Arbeiten des bot. Instituts in Würzburg, 1872, Heft II, *ibid.* 1873, Heft III, p. 386, et Manuel de physiologie expérimentale, p. 530.

longueur, pour l'activer ou le retarder, qu'autant que sa direction, c'est-à-dire
la verticale du lieu, coupe l'axe de l'organe sous un certain angle et que son
action est d'autant plus grande que cet angle se rapproche davantage d'un
angle droit.

Le mode de géotropisme d'un organe dépend tout aussi peu de sa nature
morphologique que son mode d'héliotropisme. Ainsi, par exemple, sont positivement géotropiques : non-seulement toutes les racines principales des plantules phanérogames, et la plupart des racines adventives issues de tiges (tubercules, bulbes, rhizomes), mais encore beaucoup de branches feuillées,
notamment celles qui sont destinées à produire des rhizomes ou à former de
nouveaux bulbes (*Tulipa*, *Physalis*, *Polygonum* et beaucoup d'autres), et même
des organes foliacés, comme les gaines cotylédonaires des *Allium*, *Phœnix* et
de beaucoup d'autres Monocotylédones. Enfin il faut encore rattacher aux
organes positivement géotropiques les lames et les tubes de l'hyménium des
Champignons à chapeau. Au contraire, toutes les tiges dressées et non bilatérales, les pétioles et les pieds de beaucoup de Champignons à chapeau sont
nettement doués de géotropisme négatif.

Divers degrés de géotropisme. — Comme l'héliotropisme, le géotropisme
se manifeste aussi dans les divers organes à des degrés différents. Il est très-
énergique, par exemple, dans les racines principales des plantules et dans leurs
tiges principales dressées ; il est beaucoup plus faible dans les racines adventives qui s'échappent de rhizomes, de tiges grimpantes, etc. Les radicelles de
premier, de second ordre, etc., successivement issues de la racine principale
d'une plantule sont très-inégalement géotropiques. En général, il paraît de
règle, quand un organe verticalement accru et par conséquent énergiquement
géotropique émet des ramifications latérales d'ordre successif, que les branches de premier ordre soient moins géotropiques que l'axe principal et que le
géotropisme aille en diminuant à mesure que la branche considérée appartient à une génération plus élevée ; dans des circonstances particulières, cette
règle peut toutefois souffrir quelques exceptions. Cette diminution graduelle
du géotropisme apparaît très-nettement dans les racines. D'un pivot fortement
doué de géotropisme positif, ou d'une puissante racine insérée sur la tige,
s'échappent des radicelles de premier ordre dont le géotropisme est déjà beaucoup plus faible ; celles-ci, à leur tour, produisent des radicelles de second
ordre, qui semblent bien n'être plus du tout géotropiques et par conséquent
s'accroissent dans toutes les directions, suivant la position accidentelle qu'elles
affectent à l'origine (1).

(1) Ceci résulte de recherches récemment instituées par moi et que je publierai prochaine-
ment dans les « Arbeiten des bot. Instituts in Würzburg. » — Puisque les organes non géotropiques, tels que les radicelles d'ordre élevé dont nous venons de parler, s'accroissent simplement
dans la direction de leur axe primitif, direction morphologiquement donnée par l'origine même
de l'organe, on n'est pas en droit de conclure de la simple direction où s'accroît un organe que
cet organe est géotropique. La question ne sera décidée dans ce sens que si l'organe, écarté avec
force de sa direction primitive, tend à la reprendre en se recourbant.

[La première partie de l'important travail annoncé ici par M. J. Sachs, celle qui traite de la
racine principale, vient d'être publiée. J. SACHS : Ueber das Wachsthum der Haupt-und Neben-

Comme l'héliotropisme, le géotropisme s'exerce indifféremment, que l'organe considéré renferme ou non de la chlorophylle, qu'il soit composé de tissus massifs, ou seulement d'une rangée de cellules, ou plus simplement encore d'une seule cellule allongée. C'est à cette dernière catégorie qu'appartiennent les tubes radicaux positivement géotropiques des Mucorinées et les tubes sporangifères négativement géotropiques de ces mêmes plantes et d'un grand nombre d'autres Moisissures (1). De même les rhizoïdes des *Chara* sont positivement et leurs tiges feuillées négativement héliotropiques ; les premiers sont dépourvus de chlorophylle, les secondes sont vertes, mais les deux organes sont formés d'articles unicellulaires. D'une façon générale, l'héliotropisme et le géotropisme d'un organe, le sens où ils s'exercent et la valeur qu'ils possèdent, dépendent entièrement du rôle que joue cet organe dans l'économie de la plante, et par suite du travail physiologique qu'il a à accomplir.

Le géotropisme est indépendant de l'héliotropisme. — Cette remarquable circonstance, qu'il existe des organes positivement et négativement héliotropiques et géotropiques, jointe à certaines ressemblances que l'héliotropisme présente d'ailleurs avec le géotropisme, porte à se demander si par aventure tous les organes positivement héliotropiques ne jouiraient pas en même temps d'une seule et même espèce de géotropisme soit positif, soit négatif, et *vice versa ;* en d'autres termes, si les deux propriétés n'auraient pas l'une avec l'autre une certaine relation. Hâtons-nous de dire qu'une pareille relation n'existe en aucune façon. Parmi les racines principales, qui sont toutes positivement géotropiques, il y en a, en effet, dont l'héliotropisme est positif et d'autres dont l'héliotropisme est négatif. En outre, les racines aériennes du *Chlorophytum*, des Aroïdées et des Orchidées, quoique très-fortement douées d'héliotropisme négatif, ne sont presque pas géotropiques. Il paraît donc bien qu'il n'existe aucun rapport nécessaire entre ces deux propriétés.

Le géotropisme et l'héliotropisme combinent leurs effets. — Il est clair que les organes à la fois héliotropiques et géotropiques, quand ils seront en même temps situés obliquement sur l'horizon et éclairés d'un seul côté, soit d'en haut, soit d'en bas, subiront dans leur accroissement des modifications provoquées par l'action combinée de la pesanteur et de la lumière. Ainsi par exemple, le redressement d'une tige horizontalement couchée et qui est éclairée par en haut, peut être opéré à la fois par son héliotropisme positif et par son géotropisme négatif. Au contraire, une tige dressée qui, éclairée latéralement, s'infléchit vers la source lumineuse en vertu de son héliotropisme positif, tend à se redresser en vertu de son géotropisme négatif, ce qu'elle fait en réalité

wurzeln (Arbeiten des bot. Instituts in Würzburg. 1873, Heft III, p. 386). Pour ce qui concerne le géotropisme positif, voir les p. 439-474. (*Trad.*)]

(1) Quand, dans les circonstances ordinaires, les filaments radicaux des Mucorinées se dirigent vers le bas dans le milieu nutritif et leurs tubes sporangifères vers le haut dans l'air, ce n'est point là du géotropisme, positif dans le premier cas, négatif dans le second. On en a la preuve en semant les spores à la surface d'une goutte liquide appendue au plafond d'une petite chambre humide ; les filaments radicaux se dirigent alors dans la goutte, c'est-à-dire en haut, et les tubes sporangifères descendent verticalement dans l'air. Il en est de même pour les filaments fructifères des autres moisissures, pour le pied du *Dictyostelium*, etc. (*Trad.*)

quand on supprime l'éclairage unilatéral ; on n'observe donc que la différence des deux actions contraires. Aussi voit-on des tiges, infléchies le soir par leur héliotropisme positif, être verticalement dressées le lendemain matin. Il faut naturellement tenir le plus grand compte de cette remarque, quand on entreprend des observations sur l'héliotropisme et le géotropisme.

L'action de la pesanteur sur l'allongement des membranes cellulaires est-elle directe ou indirecte? — Nous avons vu, dans le paragraphe précédent, qu'on n'est pas encore parvenu jusqu'à présent à se représenter exactement de quelle manière la lumière influence le mécanisme de l'accroissement dans les organes positivement héliotropiques. Nous sommes actuellement tout aussi peu en état de dire comment l'attraction terrestre peut accélérer ou ralentir l'accroissement des membranes cellulaires. Toutes les réflexions que nous avons faites, toutes les considérations auxquelles nous nous sommes livré alors, nous pourrions les reproduire ici, presque dans les mêmes termes. Mais il en est une qui mérite tout particulièrement d'être signalée.

Comme la lumière en effet, la pesanteur détermine dans le protoplasma des mouvements déterminés. Ainsi M. Rosanoff a montré (1) que les plasmodies de l'*Æthalium septicum* sont négativement géotropiques, car sous l'influence de la pesanteur elles s'élèvent en grimpant le long des parois verticales et humides, et sous l'action de la force centrifuge elles se dirigent vers le centre de rotation ; en un mot, elles prennent les directions que, vu leur consistance demi-fluide, on devait le moins s'attendre à y rencontrer. D'autre part, on peut se demander s'il n'y aurait pas aussi du protoplasma qui, sous la même influence, se comporterait exactement en sens inverse.

Ceci posé, vu la dépendance qui existe entre l'accroissement de la membrane cellulaire et l'activité et probablement aussi la disposition du protoplasma dans la cellule, on doit se demander si toutes les actions géotropiques ne sont pas provoquées tout d'abord parce que le protoplasma prend, sous l'influence de la pesanteur, certaines positions déterminées dans les cellules, positions qui à leur tour gênent ou favorisent l'allongement des membranes sur la face inférieure. Toutefois, comme on ne sait rien encore à cet égard, portons toute notre attention sur l'accroissement des membranes cellulaires, en laissant en suspens la question de savoir si la pesanteur agit directement ou indirectement sur ces membranes.

Le géotropisme est provoqué par l'allongement inégal des membranes cellulaires sur la face supérieure et sur la face inférieure de l'organe. — Afin de poser clairement le problème à résoudre (2) quand il s'agit d'étudier l'influence exercée par la pesanteur sur l'accroissement en longueur des membranes cellulaires, considérons d'abord le cas le plus simple, celui d'un tube unicellulaire comme en présentent les *Vaucheria,* dont l'extrémité postérieure se développe en racine douée de géotropisme positif et dont l'extrémité anté-

---

(1) Rosanoff : De l'influence de l'attraction terrestre sur la direction des plasmodies des Myxomycètes (Mémoires de la Soc. des sc. nat. de Cherbourg, XIV).

(2) Les observations de M. Duchartre sur le géotropisme (Observations sur le retournement des Champignons, Comptes rendus, 1870, LXX, p. 781) montrent que ce botaniste ne s'est pas posé très-clairement la question.

rieure s'allonge en tige négativement géotropique. La figure 451 A s'applique à ce cas; on y suppose que le tube tout entier, d'abord allongé verticalement en ligne droite, a été placé ensuite horizontalement comme on le voit en SW. Après un certain temps, l'extrémité radicale s'est courbée vers le bas W', tandis que l'extrémité caulinaire s'infléchissait vers le haut en S'. Il va de soi que chacune de ces courbures n'a pu s'opérer que parce que l'accroissement, égal de tous les côtés dans le tube dressé, est devenu maintenant inégal sur la face supérieure et sur la face inférieure, et parce que aux deux bouts la face convexe s'est accrue relativement plus que la face concave.

Ceci posé, appliquons à ce tube simple les résultats que j'ai obtenus avec des entre-nœuds et des nœuds de Graminées courbés vers le haut (*loc. cit.*), et nous verrons que dans la partie courbée vers le haut, la face inférieure s'accroît plus rapidement et la face supérieure concave plus lentement que si cette partie s'était accrue verticalement en ligne droite. De même nous pouvons admettre, d'après les mesures faites par M. Ciesielski sur des racines, que dans la partie du tube infléchie vers le bas l'accroissement de la face supérieure convexe est plus fort, et celui de la face inférieure concave plus faible que si cette partie s'était allongée verticalement vers le bas. Ainsi donc, le tube étant placé horizontalement, son accroissement se trouve accéléré, dans la partie positivement géotropique, sur la face supérieure, dans la partie négativement géotropique, sur la face inférieure, et il est ralenti dans chaque cas sur la face opposée.

Supposons donc que, dans la figure B, un disque transversal du tube S placé dans la position verticale se soit accru en un certain temps de façon que les deux faces de sa paroi se soient allongées de longueurs égales *oo, uu* et qu'il

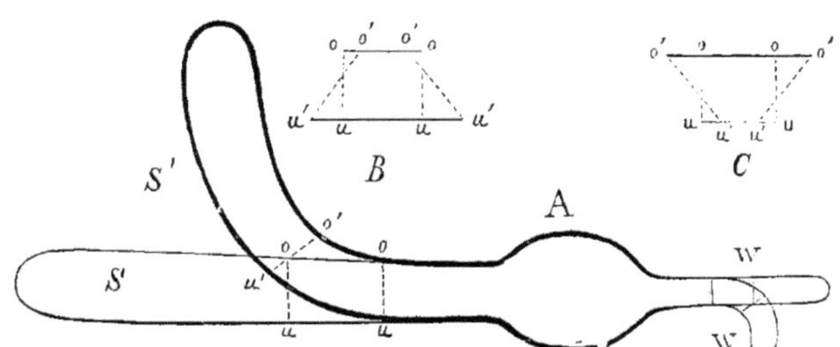

Fig. 451. — Figure théorique pour l'explication des courbures géotropiques vers le haut ou vers le bas.

soit demeuré droit. Si le tube avait été pendant le même temps placé horizontalement, la face inférieure eût acquis la longueur plus grande *u'u'*, et la face supérieure une longueur plus petite *o'o'*; le fragment eût donc été forcé de se courber en proportion.

Ce serait exactement le contraire, comme le montre la figure C, si le fragment de tube considéré avait été découpé dans la région W.

Supposons maintenant ce tube simple A partagé par une foule de cloisons longitudinales et verticales en un massif de tissu composé de nombreuses couches de cellules, ou admettons, ce qui revient ici au même, que nous ayons devant nous, au lieu du tube S une tige germante, et au lieu du tube W une racine germante. Dans chaque cellule des deux régions en voie d'accroissement, il s'opérera, comme l'attestent les observations directes, exactement ce que nous venons de décrire dans notre tube simple. Dans la région S, chaque cellule s'accroîtra plus fortement sur la face inférieure et plus faiblement sur la face supérieure que dans la position verticale; ce sera l'inverse dans la région W. Nous trouverons que dans la région S, toute cellule située plus bas aura sa face inférieure, et aussi sa face supérieure, plus longue que toute cellule située plus haut (1); ce sera l'inverse dans la région W. En d'autres termes, toute cellule d'un organe géotropiquement arqué se comporte comme si, tenant solidement cet organe par les deux bouts, on le courbait avec la main. Le lecteur pourra se représenter la chose plus clairement encore, en traçant dans la figure A, à l'intérieur du contour des régions courbées, d'abord des traits longitudinaux parallèles aux contours droits et courbes, puis des traits transversaux qui dans la partie droite seront perpendiculaires aux premiers et dans la partie courbe seront dirigés suivant les rayons de courbure; ces deux espèces de traits figureront les parois longitudinales et transversales des cellules qui composent l'organe. C'est, en effet, de cette façon, quoique avec beaucoup d'irrégularités, que les cellules se comportent dans toute section longitudinale pratiquée à travers des nœuds de Graminées ou des racines géotropiquement courbées.

On ignore comment la pesanteur provoque cette différence d'allongement. — C'est seulement quand on s'est ainsi représenté clairement ce dont il s'agit quand on étudie le géotropisme au point de vue de l'accroissement des membranes cellulaires, que l'on peut aborder la question de savoir pourquoi, c'est-à-dire par quelle influence, la pesanteur provoque cette différence d'accroissement entre la face supérieure et la face inférieure de toute cellule horizontalement placée et faisant partie d'un organe géotropique. Mais ici, comme pour l'héliotropisme, auquel la représentation que nous venons d'essayer s'applique également avec les changements de mots nécessaires, on ne connaît jusqu'à présent aucune réponse satisfaisante à faire à cette question.

Rôle joué par la tension des tissus dans les organes négativement géotropiques. — L'opinion émise par M. Hofmeister et que j'ai moi-même longtemps partagée, suivant laquelle le géotropisme positif ne se rencontre que dans les organes ou dans les parties d'organes dépourvus de toute tension de tissus, tandis que les organes où règne une forte tension de tissus sont négativement géotropiques, cette opinion repose sur une induction incomplète. D'un côté, en effet, les places capables de s'infléchir vers le bas dans les racines germinatives ne sont pas, comme je le montrerai ailleurs, totalement dépourvues de tension entre l'écorce et le faisceau axile. D'un autre côté, les nœuds des Graminées, quoique jouissant au plus haut degré du géotropisme négatif, ne présentent qu'une tension de tissus très-faible ou même nulle. Bien plus, dans les coussinets moteurs des pétioles de *Phaseolus*, lesquels sont également doués du géotropisme négatif, la tension entre l'écorce et le faisceau axile est

---

(1) Haut et bas dans le sens du rayon terrestre ou du fil à plomb.

de même sens que dans les racines, qui sont positivement géotropiques, mais elle est extrêmement intense.

Toutefois, bien que la tension des tissus et les modifications qu'elle éprouve sous l'influence de la pesanteur ne puissent pas être considérées comme la cause même du redressement vers le ciel des organes horizontaux, on doit admettre cependant que les organes qui s'accroissent verticalement vers le ciel tirent une grande utilité de la forte tension de leurs tissus, car cette tension exalte leur rigidité et leur élasticité et les rend ainsi plus appropriés à la station verticale; cette tension serait tout à fait inutile dans les organes qui se dirigent vers le bas. Le rôle que jouent la rigidité et l'élasticité pour rendre possible la station verticale des organes négativement géotropiques apparaît d'une manière particulièrement frappante dans les pédicelles penchés d'un grand nombre de boutons et de fleurs, et notamment chez ceux où la tendance à se courber vers le haut ne peut pas aboutir, parce que le poids de la fleur suffit à infléchir le pédicelle vers le bas. Si l'on coupe, en effet, le bouton floral, le pédicelle se dresse aussitôt vers le ciel, par l'accroissement prédominant de sa face inférieure : il en est ainsi, par exemple, dans les *Clematis integrifolia*, *Papaver pilosum* et *dubium*, *Geum rivale*, *Anemone pratensis*, etc. (1). La tension de tissus qui se développe dans ces pédicelles ne suffit pas à leur donner la rigidité nécessaire pour leur permettre, par leur redressement géotropique, de triompher du poids de la fleur qu'ils portent; au contraire, c'est ce dernier qui triomphe de la tendance du pédicelle à devenir convexe sur sa face inférieure, tendance qui entre aussitôt en action quand la charge a été enlevée. Il en est de même dans certaines pousses très-longues et insuffisamment rigides, comme celles du Saule pleureur, du Frêne pleureur, etc.

La flexion géotropique n'a lieu que dans la région en voie d'allongement et elle atteint son maximum précisément au point où l'allongement est le plus rapide. — Les courbures géotropiques ne se développant, comme les courbures héliotropiques, que pendant la durée de l'accroissement en longueur (2), la position des régions capables de flexion dans un organe donné est immédiatement connue, lorsqu'on connaît la marche du développement de cet organe (§ 17). Inversement, on peut par cette règle déduire, du lieu de courbure des organes, la région où s'opère actuellement leur allongement.

Par des causes que ce n'est pas ici le lieu d'étudier de près, la courbure ne s'opère ordinairement pas suivant un arc de cercle. Dans les organes de grande longueur infléchis vers le haut, aussi bien que dans ceux qui s'arquent vers le bas, il y a, au contraire, une place où la courbure est le plus forte possible, c'est-à-dire où le rayon de courbure est le plus petit possible ; en avant et en arrière de cette place, les courbures sont plus faibles, c'est-à-dire les rayons de courbure plus grands. Ceci posé, il semble résulter de tout ce l'on connaît jusqu'ici, que la plus forte courbure a toujours lieu précisément au point où, au même moment, l'allongement est le plus rapide. Comme donc

(1) H. DE VRIES : Arbeiten des bot. Instituts in Würzburg, II, p. 229.

(2) Il est à remarquer que certains organes qui ont achevé leur accroissement dans leur position normale, recommencent à s'accroître si l'on vient à les placer horizontalement; il en est ainsi des nœuds des Graminées et des renflements moteurs des *Phaseolus*.

les tiges verticales ont une région assez longue, souvent de 20 cent. et plus, en voie d'accroissement, il se forme dans cette région, quand la tige se redresse en quittant une situation horizontale, un arc étendu et largement ouvert, dont le maximum de courbure est situé assez loin de la pointe de la tige. Les racines principales, au contraire, ne s'allongent que dans une région de quelques millimètres en arrière de la pointe, et c'est là, très-près par conséquent de l'extrémité de l'organe, que s'opère la courbure la plus forte; aussi ces organes quittent-ils la situation horizontale par une très-courte et très-brusque flexion. Il est facile de voir que c'est une condition éminemment favorable à la prompte fixation des racines au sol, qu'elles se courbent ainsi fortement très-près de leur pointe, tandis que pour le redressement des tiges il est mécaniquement utile qu'elles s'infléchissent par un arc plus long et plus doux. Les chaumes articulés des Graminées répartissent le travail de flexion sur un espace de deux ou trois nœuds, dont chacun se courbe pour une part, jusqu'à ce qu'enfin la tige redevienne verticale.

Historique. Opinions de Knight, de MM. Hofmeister, Sachs et Frank. — C'est Knight qui a découvert que la pesanteur détermine les courbures géotropiques. Il expliquait le redressement de la tige horizontale par cette cause, que les substances alimentaires s'y rassemblent plus abondamment sur la face inférieure et y provoquent un plus puissant accroissement. M. Hofmeister, mettant au premier plan l'influence exercée par la tension des tissus sur les diverses courbures des organes végétaux, faisait consister l'action de la pesanteur dans le redressement de la tige, tout d'abord en une augmentation de l'extensibilité des tissus passivement distendus qui appartiennent à sa face inférieure. J'ai affirmé de mon côté que l'accroissement de la face inférieure des organes placés horizontalement et capables de se redresser, est accéléré par la pesanteur, tandis que celui de la face supérieure est en même temps ralenti. Que maintenant cette différence d'accroissement soit due à une répartition correspondante des principes nutritifs, ou à un changement dans l'extensibilité des couches passives du tissu, ou à quelque autre cause encore, c'est ce que pour le moment je laisse indécis.

Knight expliquait, assez peu clairement il est vrai, la flexion vers le bas des racines germinatives par l'état de mollesse et de flexibilité de la pointe en voie d'accroissement, opinion qui a été adoptée par M. Hofmeister sous une forme plus accusée et plus approfondie, et que j'ai moi-même longtemps partagée. Nous admettions alors que le tissu des racines en voie d'accroissement est comparable à une pâte molle, qui par l'effet de son propre poids cherche à se courber vers le bas à son extrémité libre non soutenue. Je me figurais la chose en disant que le poids de l'extrémité libre exerce une traction sur les membranes cellulaires en voie d'accroissement de la région flexible de la face supérieure de l'organe, traction qui favorise de ce côté l'accroissement par interposition de ces membranes, tandis que le contraire arrive naturellement sur la face inférieure. M. Hofmeister, je crois, se représentait le phénomène de la même manière. M. Frank n'a donc pas dû se creuser beaucoup la tête pour déclarer que la courbure vers le bas des pointes de racines est due à un « accroissement », et notamment à un accroissement relativement plus fort de la face supérieure de l'organe; cela, nous le croyions bien aussi. Il convenait bien plutôt de dire pourquoi, dans une pointe de racine placée horizontalement, l'accroissement est plus fort sur la face supérieure que sur la face inférieure.

C'est avec raison, au contraire, que M. Frank a affirmé que notre manière de nous figurer la chose est inexacte, parce que, comme M. Johnson l'avait déjà montré, la pointe de la racine se tourne également vers le bas quand on contre-balance son propre poids par une force égale ou un peu plus grande, et aussi parce que, quand on la place sur un support solide horizontal, elle n'en présente pas moins la série de phénomènes par lesquels sa pointe se dirige vers le bas. L'exposition de M. Frank, et plus tard celle de M. Müller, étaient cependant insuffisantes pour les points décisifs. Quant à moi, si j'abandonne aujourd'hui l'opinion de M. Hofmeister, que je partageais autrefois dans ses traits essentiels, c'est après une longue série de recherches personnelles sur l'allongement des racines en général et sur leur flexion géotropique en particulier (1). Je serais conduit trop loin, si je voulais exposer ici les raisons qui plaident pour ou contre les théories que je viens de rappeler, et il serait tout aussi peu utile d'approfondir la signification de chacun des phénomènes particuliers, par exemple de la pénétration des racines dans le mercure jusqu'à la profondeur de 2 à 3 centimètres, qu'elles rencontrent la surface du liquide obliquement ou verticalement (2).

Il me semble qu'une théorie du géotropisme ne satisfera l'esprit que si elle est en état d'expliquer du même coup le géotropisme positif et le négatif, c'est-à-dire de montrer pourquoi la même cause extérieure, agissant sur des cellules et des organes de structure toute semblable, y provoque des effets opposés, accélère ou ralentit l'accroissement de la face inférieure, ralentit ou accélère en même temps celui de la face inférieure.

Causes qui contrarient le géotropisme : structure bilatérale, humidité.— Beaucoup d'organes croissent dans une direction horizontale ou oblique à l'horizon sans se courber ni vers le haut, ni vers le bas. Cela peut tenir à ce que ces organes ne sont pas géotropiques et continuent simplement de s'allonger en ligne droite dans la direction de leur première origine ; c'est le cas pour les radicelles d'ordre élevé, qui se dirigent vers le haut si elles sont nées sur la face supérieure de la racine mère, vers le bas si elles partent de sa face inférieure, horizontalement si elles s'insèrent sur ses flancs. C'est ici le lieu de signaler un phénomène remarquable observé par moi (*loc. cit.*). J'ai vu des plantes en voie d'accroissement dans un sol uniformément humide, développer hors de terre un grand nombre de fines racines qui tournaient leurs pointes vers le ciel. Ce sont précisément des radicelles de second et de troisième ordre, échappées de la face supérieure de racines-mères horizontales ou obliques et accrues en

---

(1) Ce travail est aujourd'hui publié en partie. J. Sachs : Ueber das Wachsthum der Haupt- und Nebenwurzeln (Arbeiten des bot. Instituts in Würzburg, 1873. Heft III, p. 385. (*Trad.*)

(2) Voir Pinot et Mulder : Annales des sc. nat. 1829, XVII, p. 94, et Bydragen for de natuurkund. Wetenschappen, 1829, VI, p. 429. — Voir aussi Specheneff : Bot. Zeitung, 1870, dont j'ai pu vérifier les principales observations par un grand nombre de recherches personnelles.

ligne droite vers le ciel sans être géotropiques. Si la terre est exposée au libre contact de l'air, sa surface est souvent sèche et les fines radicelles qui tendent à s'y élever meurent bientôt, comme je m'en suis assuré par des cultures dans des vases de verre remplis de terre.

Mais des organes parfaitement géotropiques peuvent aussi s'accroître horizontalement ou obliquement, parce que d'autres causes prédominent sur leur géotropisme, ou agissent en sens contraire. Parmi ces causes, l'une des plus ordinaires est la structure bilatérale, qui détermine l'organe à s'accroître plus fortement d'un côté en vertu de forces internes. Devant revenir sur ce sujet dans le paragraphe suivant, je me borne ici à en citer un exemple. Les radicelles de premier ordre des plantules en voie de développement dans un sol uniformément humide s'échappent assez souvent dans une direction oblique au-dessus de la surface du sol. Je me suis convaincu que dans les cas observés (*Vicia Faba*, etc.), cela est dû à un plus fort accroissement de la face inférieure de ces radicelles, tout à fait indépendant du géotropisme et grâce auquel elles continuent toujours de s'allonger en formant un arc aplati et ouvert en haut.

Mais il peut arriver aussi que des causes externes agissent à l'encontre du géotropisme, même quand il est très-nettement accusé. Ainsi Knight et Johnson avaient montré déjà, ce que j'ai récemment décrit avec plus de détails, que des racines principales énergiquement douées de géotropisme positif, tout aussi bien que les radicelles qui en émanent, quand elles se développent dans un air médiocrement humide, se détournent de leur direction verticale ou oblique toutes les fois qu'elles arrivent dans le voisinage d'une surface humide. Dans ces conditions, on voit se produire dans la région jeune située derrière la pointe et qui est d'ordinaire le siége de la flexion vers le bas, une courbure concave vers la surface humide, ce qui amène bientôt la pointe au contact de cette surface, où elle s'enfonce, ou sur laquelle elle rampe. Pour démontrer ce phénomène, on peut faire usage de l'appareil représenté en

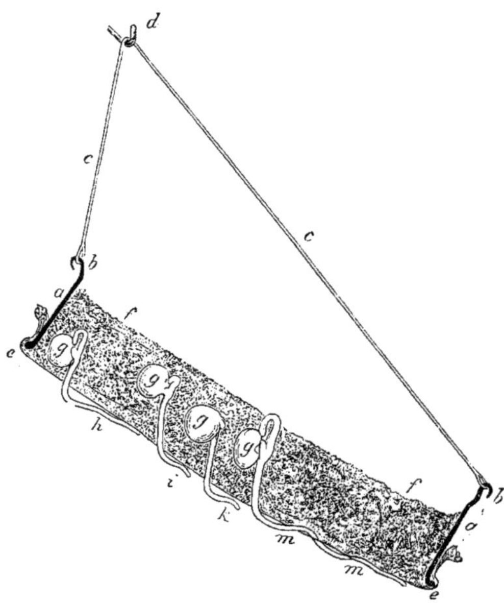

Fig. 452.

coupe longitudinale par la fig. 452. Il consiste en un tambour de zinc fermé en bas par du tulle à larges mailles et qui forme ainsi un tamis, que l'on suspend obliquement après l'avoir rempli de sciure de bois humide *ff*. Dans cette sciure germent des graines *g,g,g*, dont les racines s'accroissent d'abord verticalement vers le bas dans la sciure. Une fois que la pointe d'une racine s'est échappée par une maille dans l'air extérieur, qui ne doit pas être par trop sec, elle se tourne aussitôt vers la surface inférieure humide du tamis (*k m*). Dans ces conditions, le géotropisme se trouve évidemment vaincu.

§ 22.

Allongement inéquilatéral (1).

Nous avons presque exclusivement considéré jusqu'ici les organes qui, comme les tiges dressées vers le ciel, ou les racines plongées vers le centre de la terre, sont constitués de tous les côtés de la même façon, en un mot qui sont multilatéraux ou polysymétriques (voir livre I, p. 250). C'est en effet dans ces organes que l'accroissement se manifeste de la manière la plus simple, puisqu'il y présente les mêmes caractères de tous les côtés. Ils ne constituent cependant qu'une très-faible minorité. Car, non-seulement beaucoup de tiges principales, comme celles des Hépatiques, des Rhizocarpées et des Sélaginellées, mais encore la plupart des pousses latérales issues des tiges dressées, mais encore toutes les feuilles ont une organisation décidément bilatérale, c'est-à-dire possèdent d'un côté de leur axe d'accroissement d'autres propriétés que du côté opposé. A cette organisation bilatérale, se rattache habituellement aussi une différence dans l'accroissement en longueur des deux faces inégales, d'où résultent des courbures qui à leur tour impriment des mouvements au sommet libre de l'organe. En outre, les deux faces inégales des organes bilatéraux doivent réagir d'une façon différente sur les actions extérieures qui modifient l'accroissement, notamment sur la lumière, la pesanteur et la pression.

Nous laissons ici sans réponse la question de savoir, par quelles causes la bilatéralité est provoquée dans chaque cas particulier. Tout ce qu'on peut dire à cet égard, c'est que la bilatéralité des organes latéraux, comme nous l'avons montré déjà au livre I, § 27, est probablement toujours déterminée par des causes internes, qu'elle est indépendante de l'action des influences extérieures. D'une façon générale, cette conséquence découle déjà de ce fait, que le plan médian des organes bilatéraux a toujours une relation géométrique parfaitement déterminée par rapport à l'organe générateur. On peut la déduire aussi de cet autre fait, qu'à l'obscurité et sous l'influence d'une lente rotation autour d'un axe horizontal qui élimine l'action de la pesanteur, la bilatéralité des organes bilatéraux et leur relation par rapport à l'organe générateur se conservent sans changement.

Mouvements de nutation des organes multilatéraux, provoqués par leur

(1) A. B. FRANK : Die natürliche wagerechte Richtung von Pflanzentheilen (Leipzig, 1870). — Les vues exprimées dans le mémoire de M. Frank ont été combattues par M. Hugo de Vries (Arbeiten des bot. Instituts in Würzburg, II, 1871). — Voir aussi HOFMEISTER : Allgemeine Morphologie, Leipzig, 1868, §§ 23 et 24.

allongement inéquilatéral. — Toutefois, avant d'aborder l'étude de l'accroissement longitudinal des organes bilatéraux, nous devons faire remarquer que dans les tiges dressées multilatérales et dans les racines qui plongent vers le centre de la terre, l'accroissement ne s'opère pas non plus toujours avec la même vitesse et de la même façon de tous les côtés de l'axe. C'est au contraire un phénomène assez ordinaire, que tantôt un côté, tantôt un autre s'allonge plus vite que les autres, d'où résultent aussitôt des courbures dont la convexité marque chaque fois la face qui s'est le plus accrue à un moment donné ; si plus tard un autre côté s'accroît davantage, c'est lui qui devient convexe et la direction de la courbure se modifie. On peut, d'une façon générale, appeler *nutations* ces sortes de courbures provoquées par l'allongement inégal des divers côtés d'un organe multilatéral. C'est particulièrement quand l'allongement est très-activement favorisé par les circonstances extérieures, par conséquent dans les très-longs organes, tels qu'ils se constituent à haute température et dans l'obscurité ou à une faible lumière, que les nutations se rencontrent avec le plus de netteté.

Si ce sont deux faces opposées de l'organe qui s'allongent alternativement plus vite et plus lentement, il en résultera des flexions alternatives. L'organe, courbé à un moment donné vers la gauche, par exemple, se redressera plus tard, pour s'infléchir ensuite vers la droite, comme c'est le cas pour les longs pédoncules d'inflorescence de l'*Allium Porrum*, qui finalement se redressent en ligne droite.

Nutation tournante ou mouvement révolutif. — Il est bien plus fréquent de voir des tiges dressées imprimer à leur pointe, située au-dessus de la partie courbée en voie d'accroissement, un mouvement en forme de cercle ou d'ellipse, parce que l'allongement le plus fort se déplace progressivement tout autour de l'axe d'accroissement. A un moment donné, par exemple, c'est le côté nord qui s'accroît le plus vite, puis c'est le côté ouest, puis le côté sud, puis enfin le côté est, après quoi la suprématie passe de nouveau au côté nord pour suivre la même évolution ; cette évolution peut d'ailleurs se produire aussi en sens contraire. On peut désigner cette espèce de nutation sous le nom de *nutation tournante* ou de *mouvement révolutif*. Comme le sommet de l'organe, vu l'allongement continuel de la partie qui le porte, va s'élevant constamment pendant la nutation, il ne décrit pas son mouvement révolutif dans un plan, mais bien sur une hélice ascendante.

Cette forme de nutation se rencontre dans beaucoup de tiges fleuries, avant l'épanouissement des fleurs, par exemple, dans celles du *Brassica Napus*, où le mouvement révolutif s'éteint quand cesse l'allongement lui-même, et où la tige demeure finalement dressée et immobile. La nutation révolutive est un phénomène tout à fait général chez les tiges volubiles et dans presque toutes les tiges dressées qui portent des vrilles. Mais les vrilles bilatérales elles-mêmes, à l'époque où elles sont en état de saisir leur support, accomplissent aussi des mouvements révolutifs.

Nutation des organes bilatéraux ; elle s'opère dans un plan. Hyponastie, épinastie. — Dans les organes bilatéraux, la nutation ne se présente habituellement pas sous forme de mouvements révolutifs ; ou, si cela se produit, c'est seulement d'une façon secondaire, comme dans les vrilles. Ordinairement c'est au contraire la face externe ou dorsale de l'organe qui s'accroît d'abord plus fortement, de façon qu'il se courbe en tournant sa concavité vers l'axe générateur. Plus tard, la face interne commence à son tour à s'accroître plus fortement, de sorte que l'organe se redresse ou même s'infléchit en sens contraire, sa face dorsale devenant concave. Il en est ainsi dans toutes les feuilles végétatives puissamment développées et tout particulièrement dans celles des Fougères, qui sont d'abord enroulées en crosse vers l'axe générateur, puis se déroulent en s'infléchissant souvent en arrière et enfin deviennent droites. C'est de la même manière que se comportent les vrilles des Cucurbitacées, qui, enroulées d'abord en dedans, deviennent droites plus tard pour s'enrouler finalement en dehors. D'autres vrilles sont droites à l'origine, ou faiblement concaves en dedans comme les feuilles dans un bourgeon, mais plus tard elles s'enroulent également en dehors.

Ces mouvements de nutation sont très-fréquents et très-faciles à observer dans les étamines à longs filets, comme celles des *Tropæolum majus*, *Dictamnus Fraxinella* (fig. 453), *Parnassia palustris*, etc., ainsi que dans les longs styles, comme dans le *Nigella sativa*, par exemple. Ils apparaissent au temps de la fécondation et servent à donner aux stigmates et aux anthères les dispositions les mieux appropriées au transport du pollen par les insectes d'une fleur à l'autre (voir plus loin Sexualité).

La plupart des rameaux latéraux se comportent à cet égard comme les feuilles ordinaires. A l'origine, en effet, ils s'accroissent sur leur face externe assez fortement pour être comprimés dans le bourgeon contre l'axe principal ; mais plus tard, l'accroissement prédominant ayant lieu sur la face interne, ils se redressent et s'écartent de la pousse mère jusqu'à former avec elle un angle plus ou moins considérable.

Ces mouvements de nutation des organes bilatéraux insérés sur un axe principal, s'opèrent le plus souvent dans un plan, qui coïncide avec le plan médian de l'organe considéré. Aussi longtemps que l'organe s'accroît plus fortement sur sa face dorsale, il peut, d'après la nomenclature proposée par M. H. de Vries, être dit *hyponastique ;* plus tard, quand il s'allonge davantage sur sa face interne, qui devient sa face supérieure, il peut être appelé *épinastique*. Comme, pendant les phases ultérieures du développement d'un organe, l'accroissement s'éteint à de certaines places, à partir desquelles il passe par des états très-différents, jusqu'à ce qu'enfin il ait

Fig. 453. — Nutation des étamines du *Dictamnus Fraxinella*. Les filets pourvus d'anthères encore fermées sont infléchis vers le bas, ceux qui portent les anthères ouvertes sont courbés vers le haut.

cessé dans tous les points, il est clair que dans un seul et même organe on pourra rencontrer, à côté de places qui ne s'allongent plus et qui sont désormais dépourvues de nutation, des endroits où l'accroissement est hyponastique, d'autres endroits où il est épinastique, jusqu'à ce qu'enfin toute nutation disparaisse en même temps que tout accroissement s'éteint (feuilles de Fougère, par ex.).

Nutation dans un plan des plantules dicotylédonées. — Aux corps bilatéraux doués de nutation dans un plan se rattachent aussi, et d'une façon remarquable, les plantules des Dicotylédones, bien que leur tige et leur racine principale deviennent plus tard multilatérales et s'accroissent verticalement. Les embryons dicotylédonés portent au-dessus de la terre leur tige dressée, terminée par un bourgeon infléchi vers le bas. Cette courbure, le plus souvent très-forte, se montre aussi quand la germination s'opère hors de terre et quand elle a lieu dans un récipient qui tourne lentement autour d'un axe horizontal ; elle est donc indépendante de la lumière et de la gravitation, c'est simplement une flexion de nutation. Cependant les portions plus âgées de la tige, issues de ce sommet infléchi, sont parfaitement droites. A mesure que la tige s'allonge, la portion dressée s'accroît donc et continue de porter à son sommet le bourgeon penché. Si la germination a lieu à une faible lumière ou mieux encore dans un vase qui tourne lentement, il s'opère sur le côté de la tige dressée qui était concave auparavant un allongement plus fort, et ce côté devient convexe. La partie la plus âgée et la partie la plus jeune de la tige forment donc ensemble un S, comme on le voit dans les *Phaseolus*, *Vicia Faba*, *Polygonum Fagopyrum*, et dans les Crucifères.

Mais la racine principale des plantules dicotylédonées possède elle-même une tendance à la bilatéralité. Soumise à une lente rotation autour d'un axe horizontal, on la voit, en effet, s'accroître rarement en ligne droite, mais devenir concave en avant ou en arrière et même parfois s'enrouler. Si ces nutations et d'autres semblables ne se manifestent pas nettement quand le développement s'accomplit dans les conditions normales, cela tient à ce que l'accroissement de la tige de la plantule est ralenti par la lumière, et que les courbures de la tige et de la racine sont empêchées par le géotropisme.

La direction des organes bilatéraux résulte de l'action combinée de l'héliotropisme et du géotropisme avec l'hyponastie et l'épinastie. — La connaissance exacte de la différence qui existe, chez les organes bilatéraux, entre la capacité d'accroissement de la face postérieure et celle de la face antérieure est très-importante. Elle est la base nécessaire pour l'explication de ce fait, que les feuilles, les pousses latérales, certaines racines, tout en étant héliotropiques et géotropiques, affectent cependant des positions déterminées par rapport à l'horizon, sans s'allonger verticalement ni vers le haut, ni vers le bas.

En effet, quand des racines ou des tiges principales et multilatérales s'accroissent verticalement, la cause essentielle en est que leur allongement est le même de tous les côtés de l'axe ; les diverses faces de l'organe se tiennent donc mutuellement en équilibre. Toute déviation de la position verticale à gauche, à droite, en avant ou en arrière sera aussitôt contre-balancée par le géotropisme, sous l'influence duquel la partie en voie d'accroissement s'infléchira aussi longtemps que le sommet libre ne sera pas redevenu vertical, position dans laquelle la force de gravitation devient de nouveau la même de tous les côtés. De même, dans ces sortes d'organes, la lumière agit sur tous les côtés avec la même force. Aussi, quand l'une des faces est frappée par une lumière plus forte, il se produit une courbure héliotropique correspondante, qui amène finalement la région libre et mobile dans une situation telle, qu'elle se trouve de nouveau éclairée de tous les côtés avec une égale intensité ; désormais l'éclairage étant redevenu uniforme, toute flexion nouvelle est interdite.

Il n'en est pas de même des organes bilatéraux, dont les faces postérieure et antérieure possèdent déjà en elles-mêmes une inégale capacité d'accroissement et qui cherchent par conséquent à rendre convexe celui de leurs côtés dont l'allongement est le plus rapide. Si donc l'épinastie ou l'hyponastie est très-forte, la flexion qu'elle tend à déterminer s'opérera réellement, même si l'influence de la lumière et celle de la pesanteur s'exercent en sens contraire, à supposer que les organes soient héliotropiques et géotropiques. Pour arriver à comprendre les diverses directions d'accroissement des organes bilatéraux, il suffit donc, comme M. H. de Vries l'a montré, de remarquer que leur géotropisme et leur héliotropisme se combinent avec leur épinastie ou leur hyponastie, de manière à leur imprimer une direction qui est la résultante de ces diverses forces. A quoi il faut ajouter encore le poids de l'organe latéral, qui tend toujours à lui donner une position plus horizontale ou même infléchie vers le bas, et cela d'autant plus que son élasticité de flexion est plus faible.

Quand donc de grandes feuilles végétatives prennent une position oblique ou horizontale, c'est parce que, pendant leur épanouissement, leur épinastie cherche à les rendre concaves vers le bas, tandis que leur héliotropisme positif tend à les rendre concaves vers le haut. La résultante est par conséquent un aplatissement plus ou moins grand de la feuille, dont la position dépend du rapport qui existe entre le poids du limbe et la flexibilité du pétiole et de la côte médiane. C'est de la même manière que se comportent les rameaux horizontaux ou obliques, chez lesquels cependant la masse plus grande des parties pendantes est souvent contre-balancée par l'hyponastie de l'axe (*Prunus avium, Ulmus campestris, Corylus avellana, Picea nigra*). Une fois que cette position résultante des forces que nous venons de signaler a été acquise, elle est bientôt rendue stable par la lignification des parties qui ont cessé de croître, parties qui deviennent rigides et solides et sont ainsi capables de soutenir la charge de toutes les parties pendantes.

Si, à des feuilles en voie d'épanouissement ou tout au moins encore en voie d'accroissement, on imprime, en retournant ou tordant le rameau qui les porte, une position telle, que leur face inférieure soit tournée vers le haut ou vers la lumière, on voit s'y produire de très-fortes courbures souvent accompagnées de torsions et par lesquelles le limbe reprend enfin plus ou moins complétement sa position normale. Il semble donc que la face inférieure soit beaucoup plus sensible à l'action de la lumière et la face supérieure à l'influence de la pesanteur que la face opposée. Seulement, cette hypothèse est superflue si l'on remarque, que dans ce cas l'épinastie agit dans le même sens que le géotropisme et l'héliotropisme, et que de cet effet combiné il doit résulter des courbures beaucoup plus fortes que dans la position normale, où l'épinastie contrarie à la fois le géotropisme et l'héliotropisme.

Tout ce qui vient d'être dit s'appuie sur les recherches de M. H. de Vries citées plus haut, et auxquelles j'emprunte encore tous les détails complémentaires qui vont suivre.

Épinastie des feuilles. Comment elle se combine avec leur géotropisme et leur héliotropisme. — Dans une feuille encore en voie d'accroissement rapide, isolons la côte médiane puissamment développée, nous la verrons se courber de façon que sa face postérieure devienne concave, d'où il résulte qu'il existait une tension entre cette côte et le mésophylle. M. de Vries a constaté ce fait sur environ 200 espèces, à quelques exceptions près. Cette courbure n'est pas également forte à tout âge; au moment où la feuille sort du bourgeon elle n'existe pas encore, elle augmente ensuite avec l'âge, atteint son maximum quand la feuille est à peu près développée, puis diminue pour s'éteindre de nouveau quand l'accroissement est complétement achevé. A l'origine, cette tendance à s'infléchir en arrière se manifeste dans toute l'étendue de la côte médiane, mais après avoir atteint son maximum, elle s'éteint d'abord à la base, puis progressivement vers le sommet, où la place capable de flexion se réduit de plus en plus.

Si maintenant l'on isole les côtes médianes de feuilles prises à cette dernière phase de l'accroissement, et qu'on les place verticalement dans un espace humide et obscur, par exemple dans du sable mouillé à l'intérieur d'une caisse de zinc spacieuse et fermée, on les voit s'accroître pendant quelque temps et comme l'accroissement est plus fort sur la face interne ou supérieure, elles se courbent et deviennent concaves sur leur face externe ou inférieure ; cette courbure est toutefois en partie compensée par le géotropisme. Si l'on pique horizontalement dans du sable humide des côtes médianes isolées, de façon que le plan médian soit horizontal, la courbure épinastique s'y développe en direction horizontale sans aucun empêchement ; mais en même temps il se fait une courbure géotropique dans le plan vertical, et ces deux courbures se combinent pour imprimer à l'organe une direction oblique et ascendante. Piquons, au contraire, horizontalement dans du sable humide deux côtes médianes isolées et semblables, de telle façon que l'une tourne vers le bas sa face postérieure (position normale) et l'autre sa face antérieure (position inverse). Dans la première, le géotropisme agit en sens contraire de l'épinastie, tandis que dans la seconde les deux actions fléchissantes ont lieu dans le même sens ; aussi dans la première la courbure épinastique est-elle faible ou tout à fait nulle, tandis que l'autre présente une forte flexion vers le haut, due à l'effet combiné de l'épinastie et du géotropisme.

On provoque des phénomènes tout semblables par la combinaison de l'épinastie avec l'héliotropisme, en piquant les côtes médianes verticalement dans du sable humide et en les plaçant dans une caisse fermée, qui admet la lumière par une petite fenêtre placée sur un de ses côtés. Parfois on n'observe pas d'héliotropisme ; mais ordinairement il s'en manifeste un, qui est toujours positif, mais tellement faible dans tous les cas observés, qu'il ne prédomine pas sur l'épinastie.

Tous ces mouvements des côtes médianes se produisent naturellement avec une moindre intensité quand elles sont encore unies au mésophylle. En général les pétioles se comportent comme les côtes médianes ; leurs mouvements sont provoqués à la fois par l'épinastie, le géotropisme et l'héliotropisme.

Épinastie et hyponastie des branches bilatérales. — On a soumis aux mêmes expériences des rameaux bilatéraux, comme des branches d'inflorescence, des pousses feuillées horizontales ou inclinées vers le ciel et des stolons. Se sont montrés épinastiques : les axes d'inflorescence des *Isatis tinctoria*, *Archangelica officinalis*, *Crambe cordifolia* et tous les axes de ce genre que l'on a étudiés ; les branches feuillées horizontales des *Pyrus Malus*, *Asperugo procumbens*, etc.; les stolons des *Fragaria*, *Potentilla reptans*, *Ajuga reptans*, etc. Piqués horizontalement dans du sable humide, tous ces axes se sont courbés vers le haut, et cela, que leur face inférieure fût tournée en bas ou en haut ; mais la courbure est plus forte dans ce dernier cas, parce que l'épinastie et le géotropisme ajoutent leurs effets. Quelques-uns d'entre eux, placés la face inférieure en bas, n'offraient pas de courbure, preuve que chez eux l'épinastie et le géotropisme se faisaient exactement équilibre (*Tilia*, *Philadelphus*).

Se sont montrées, au contraire, hyponastiques, les branches horizontales des *Prunus avium*, *Ulmus campestris*, *Coryllus avellana*. Placées horizontalement avec la face supérieure en haut, ces branches se courbent vers le haut ; mais, si la face supérieure est placée en bas, elles s'infléchissent vers le bas parce que l'hyponastie est plus forte que le géotropisme.

En soumettant les rameaux à l'influence de l'héliotropisme, comme on l'a fait pour les pétioles et les côtes médianes, on a vu que souvent ils en sont dépourvus, les stolons notamment, et que, quand ils en possèdent un, il est toujours positif, mais assez faible pour ne pas pouvoir vaincre l'influence de l'épinastie. Le poids de la branche mérite aussi d'entrer en considération quand on étudie sa direction d'accroissement. En l'effeuillant on y détermine, en effet, une brusque courbure vers le haut (*Corylus*, etc.), et plus tard cette courbure se trouve encore augmentée par le géotropisme et dans quelques cas aussi par l'hyponastie (*Abies*, etc.).

Je laisse maintenant à l'intelligence et à l'observation personnelle de l'élève le soin de s'expliquer, en partant des points de vue généraux et des expériences que nous venons de développer, les diverses directions que prennent les organes dans les divers cas particuliers.

§ 23.

Torsion (1).

Existence des torsions. — Il est très-fréquent que des organes pourvus d'un accroissement en longueur quelque peu considérable présentent des torsions

(1) Hugo de Vries : Arbeiten des bot. Instituts in Würzburg, Heft. II, 1871, p. 272. — Wichura : Flora, 1852, et Jahrb. f. wiss. Botanik, 1860, II. — Braun : Bot. Zeitung, 1870, p. 158.

autour de leur axe d'accroissement. Les lignes superficielles d'un organe cylindrique ou en forme de cône allongé ne sont donc pas parallèles à son axe d'accroissement, mais s'enroulent autour de lui en forme d'hélices plus ou moins roides, comme si, fixant l'organe par une extrémité, on l'avait tordu par son autre bout.

On trouve de ces torsions dans les entre-nœuds unicellulaires des *Nitella;* elles sont très-fréquentes dans les entre-nœuds massifs des tiges dressées des Dicotylédones, principalement dans les longs entre-nœuds des plantes volubiles. Le pédicelle du fruit des Mousses est d'ordinaire très-fortement tordu. Les feuilles aplaties elles-mêmes présentent très-habituellement, comme l'a montré M. Wichura, des torsions dans leur limbe ; ce phénomène est particulièrement frappant dans les feuilles de certaines Graminées, de l'*Allium ursinum*, des diverses espèces d'*Alstrœmeria*, etc., et il a pour résultat de tourner vers le ciel la face inférieure de la région supérieure du limbe.

Les torsions résultent d'une plus longue durée de l'allongement dans les couches périphériques de l'organe. — Puisque les lignes superficielles d'un organe tordu s'enroulent en spirale autour de l'axe d'accroissement, elles doivent être plus longues que cet axe. Si donc la torsion est le résultat de l'accroissement en longueur, il faudra que ce dernier soit plus fort ou dure plus longtemps dans les couches externes des entre-nœuds ou des racines, que dans les couches internes. Dans les feuilles tordues, une semblable différence devra se retrouver entre la nervure médiane et les deux côtés du limbe. Cette circonstance, qu'au temps du plus fort accroissement ce sont ordinairement les couches internes du tissu qui tendent à s'allonger plus vite que les couches externes (§ 13), ce qui rend toute torsion impossible ; cet autre fait, que les torsions n'apparaissent d'ordinaire que vers la fin de l'accroissement, et enfin cette circonstance que sur les entre-nœuds étiolés, qui dans l'état normal ne se tordent pas, il se fait des torsions quand l'allongement est terminé, tout porte à croire que les torsions sont provoquées par une *plus longue durée* de l'accroissement dans les couches périphériques, après que les couches internes ont cessé de s'allonger. Dans les feuilles tordues, notamment dans celles des *Alstrœmeria*, la torsion commence toutefois à se manifester plus tôt.

Si l'accroissement des couches externes était non-seulement plus considérable, mais aussi exactement parallèle à l'axe, et si les résistances à la traction ainsi exercée par les couches externes sur le tissu intérieur s'opéraient exactement en direction longitudinale, il ne se manifesterait évidemment aucune torsion. Il y aurait seulement une tension longitudinale entre les couches externes et les couches internes, tension qui serait précisément opposée à la tension des tissus décrite plus haut. Il est clair toutefois que cela ne pourrait avoir lieu que par une précision mathématique dans la disposition de toutes les parties, mais que toute irrégularité dans cet arrangement, si petite qu'elle puisse être, doit imprimer aux couches externes une direction latérale, qui conduit aussitôt à une torsion (1).

(1) L'élève pourra facilement se représenter la chose de la façon suivante. Que l'on étire fortement un tube de caoutchouc et qu'après l'avoir introduit dans un autre tube à peine plus large que lui, on l'abandonne à lui-même. Il se contracte alors et devient trop court pour le tube

Très-souvent des torsions se montrent aussi comme conséquence de l'accroissement en épaisseur, ou bien elles deviennent de plus en plus nettes à mesure que progresse la formation du bois. C'est ce que, sur les vieilles tiges des Dicotylédones et des Conifères, on reconnaît souvent déjà sur le rhytidome et plus nettement encore à la course oblique des faisceaux vasculaires. On peut admettre que ce phénomène est dû à l'accroissement en longueur des jeunes cellules ligneuses; c'est seulement si elles ne s'allongeaient pas du tout qu'il ne pourrait se faire de torsion.

Torsions dues à des causes extérieures et accidentelles. — Les torsions que nous avons considérées jusqu'ici doivent exclusivement leur existence à des causes internes; aussi la direction dans laquelle les lignes superficielles de l'organe s'enroulent en hélice autour de son axe est-elle habituellement constante pour une espèce donnée. Mais, en outre, on observe souvent des torsions qui doivent leur apparition à des circonstances extérieures et accidentelles. Il est clair, par exemple, qu'une charge latérale quelconque, appliquée à un organe oblique ou horizontal (entre-nœud, feuille ou vrille), et qui tend à le faire tourner autour de son axe, devra imprimer à cet organe une plus ou moins forte torsion. Si l'organe ainsi tordu est très-élastique, il suffira d'enlever la charge pour lui faire reprendre sa position première ; s'il est, au contraire, très-imparfaitement élastique, il conservera indéfiniment la torsion qu'on lui a imposée, comme fait un bâton de cire molle ; c'est ce qui arrive si l'organe tordu se trouvait en voie d'accroissement.

C'est effectivement ainsi que se comportent les entre-nœuds, les pétioles et les nervures médianes en cours de développement. Pique-t-on l'un de ces organes horizontalement dans du sable humide, comme l'a montré M. de Vries, après avoir enfoncé horizontalement dans son sommet une aiguille rendue plus pesante par une goutte de cire à cacheter ; on voit que ce petit moment de torsion suffit à imprimer une torsion permanente à la région en voie d'accroissement. Le même résultat sera produit naturellement si, au lieu d'une aiguille, c'est une feuille ou une branche qui exerce une traction latérale sur la tige. Des branches horizontales pourvues de paires de feuilles décussées présentent ordinairement dans leurs entre-nœuds des torsions telles, que toutes les feuilles soient ramenées à ne former le long de la branche que deux rangées au lieu de quatre. M. de Vries a montré que ce résultat est dû à l'inégalité des moments de torsion des deux feuilles d'une même paire ; si l'on enlève les jeunes feuilles, il n'y a plus de torsion; si des deux feuilles d'une paire on n'en coupe qu'une, la torsion est plus forte que dans le premier cas et due seulement au moment de torsion de la feuille qui reste.

Des torsions de ce genre se manifestent encore très-fréquemment, quand des pousses feuillées quittent leur position horizontale pour se redresser vers le ciel sous l'influence du géotropisme. Cela tient à ce que la répartition inégale du poids des feuilles, jointe à la diversité des courbures héliotropiques et géo-

---

extérieur. Si les deux tubes possédaient en long et en travers exactement la même structure, il n'y aurait entre eux qu'une tension longitudinale. En réalité, il y a en même temps une torsion, parce que les tensions longitudinales sont accompagnées de tensions transversales qui prédominent sur un des côtés.

tropiques de ces feuilles, fait naître des forces latérales qui tordent la tige à mesure qu'elle se redresse. Ce genre de torsion s'observe avec une netteté particulière sur les longs pétioles, notamment chez les *Cucurbita*, quand la tige qui les porte est fixée dans une position renversée. Par le géotropisme, seul ou combiné avec l'héliotropisme, le pétiole se courberait simplement vers le haut dans le plan vertical ; seulement, le poids du limbe qu'il porte n'est presque jamais également réparti des deux côtés du plan de courbure ; le côté le plus chargé détermine donc une inclinaison du plan de courbure dans cette direction, ce qui expose d'autres lignes superficielles du pétiole à l'influence de la gravitation et de l'héliotropisme. Il naît ainsi dans le pétiole et dans le limbe lui-même des courbures et des torsions compliquées, dont le résultat final est de tourner la face interne du limbe vers le ciel et de l'exposer le mieux possible à l'action de la lumière.

Résumé. — D'après ce qui vient d'être dit, on a donc à distinguer deux sortes de torsions : 1° celle des organes dressés et verticaux ; 2° celle des organes obliques ou horizontaux. Dans les premiers, la torsion dépend de causes internes, et avant tout de ce que, sous l'influence de ces causes intérieures, les couches externes du tissu s'allongent plus fortement que les couches internes. C'est l'arrangement des parties internes, et notamment dans les entre-nœuds des plantes supérieures la marche des faisceaux vasculaires, qui détermine le sens de la torsion.

Les torsions de la seconde espèce sont dues à une tout autre cause. Les couches externes de l'organe en voie d'accroissement sont passivement distendues ; il n'y a pas de tendance interne à la torsion. Mais le moment de torsion des parties qui pendent imprime à l'axe qui les porte une torsion qui, par suite de sa faible élasticité et du fait même de son accroissement, devient durable.

§ 24.

Enroulement des plantes volubiles (1).

Sens de l'enroulement. — Composées de longs entre-nœuds, les tiges des plantes volubiles ont la faculté de s'enrouler en hélice autour des supports dressés et suffisamment minces qu'on leur présente. C'est de la même façon que se comportent les longs pétioles des *Lygodium*, genre de la classe des Fougères. Cet enroulement est une conséquence de l'accroissement inéquilatéral, de la nutation révolutive dont ces tiges sont douées. Il n'est pas, comme Mohl nous l'avait appris, provoqué par une excitation que le support exerce-

---

(1) Ludwig Palm : Ueber das Winden der Pflanzen. Preisschrift. Stuttgart, 1827. — H. v. Mohl : Ueber den Bau und das Winden der Ranken und Schlingpflanzen. Tübingen, 1827. — Dutrochet : Comptes rendus, 1844, XIX, et Ann. des sc. nat., 3ᵉ série, II. — Charles Darwin : On the movements and habits of climbing plants (Journal of the Linnean Society. Botany, III. London, 1865). — Il faut y ajouter : H. de Vries : Zur Mecanik der Bewegungen der Schlingpflanzen (Arbeiten des bot. Instituts in Würzburg, 1873, Heft, 3, p. 317).   (*Trad.*)

rait sur les entre-nœuds en voie de développement, et, par là, il se distingue essentiellement de l'enroulement des vrilles, qui a pour cause une sensibilité pour le contact et pour la pression durable exercés par le support (1).

Un petit nombre de plantes seulement s'enroulent *à gauche*, c'est-à-dire de droite à gauche en montant quand on a le support devant soi ; tels sont les *Humulus lupulus*, *Tamus elephantipes*, *Polygonum scandens*, *Lonicera Caprifolium*. La plupart des tiges volubiles s'enroulent *à droite*, comme les *Aristolochia Sipho*, *Thunbergia fragrans*, *Jasminum gracile*, *Convolvulus sepium*, *Ipomœa purpurea*, *Asclepias carnosa*, *Menispermum canadense*, *Phaseolus*, etc.

L'enroulement est précédé d'une nutation révolutive et accompagné d'une torsion dans le même sens. — Les premiers entre-nœuds des tiges volubiles, qu'ils soient issus de la graine comme dans les *Phaseolus*, ou d'un rhizome (*Convolvulus*) ou d'une tige aérienne (*Aristolochia*), ne s'enroulent pas ; ils s'accroissent en ligne droite et sans support. Les entre-nœuds suivants de la même pousse s'enroulent, au contraire ; ils s'allongent d'abord beaucoup, tandis que les feuilles portées par eux ne s'accroissent que lentement. Par suite de leur propre poids, ces longs entre-nœuds se penchent latéralement, et c'est dans cette position que commence à s'opérer en eux la nutation tournante ou mouvement révolutif. La partie infléchie, en effet, est courbée et se meut de manière à faire décrire au bourgeon terminal un cercle ou une ellipse. Ce mouvement circulaire est exclusivement provoqué par des courbures de nutation, comme il est facile de s'en assurer en marquant au vernis noir un trait longitudinal sur les entre-nœuds.

Ordinairement deux à trois des plus jeunes entre-nœuds sont à la fois en voie de nutation circulaire, et, comme ils se trouvent à différents états d'accroissement, la courbure du plus âgé ne coïncide pas le plus souvent avec celle du plus jeune. La courbure de la région mobile tout entière n'est donc ordinairement pas un arc simple, mais souvent un S très-allongé et dont les diverses parties ne sont pas dans le même plan. A mesure que de nouveaux entre-nœuds se développent dans le bourgeon, ils commencent leur nutation, tandis qu'au contraire le troisième ou quatrième entre-nœud à partir du bourgeon cesse de tourner, se dresse et manifeste une autre forme de mouvement; il se tord notamment, jusqu'à ce qu'enfin son accroissement s'éteigne complétement (2).

Dans toutes les plantes volubiles, le sens de la nutation révolutive et de la torsion est le même que le sens où elles s'enroulent autour de leur support.

Mécanisme de l'enroulement. — Ceci posé, si un point de la région termi-

---

(1) Darwin a déjà cherché à montrer que l'opinion de Mohl sur la sensibilité des entre-nœuds volubiles ne peut être maintenue, sans en donner cependant des preuves tout à fait décisives. Ces preuves décisives ont été apportées par M. H. de Vries dans une série de recherches faites au laboratoire de Würzbourg en 1872 (Arbeiten des bot. Instituts in Würzburg. III Heft, 1873). C'est sur les résultats obtenus par ce botaniste, que s'appuie la description que nous donnons ici du mécanisme de l'enroulement.

(2) La torsion n'est donc pas la cause du mouvement circulaire du sommet, comme cela résulte déjà de ce fait, que dans le même temps le nombre des tours de torsion est différent du nombre des tours de nutation.

nale en voie de nutation est empêché de se mouvoir par une cause extérieure (1), parce qu'on le fixe solidement, par exemple, le mouvement circulaire continue encore quelque temps à s'opérer dans la partie libre, mais cette dernière s'accroît ensuite en une hélice ascendante dans le sens même de la nutation. Le mouvement de nutation se combine alors avec une torsion nouvelle de la partie inférieure déjà enroulée en hélice, torsion en sens contraire du mouvement de nutation, et par conséquent aussi en sens inverse de la première torsion qui s'opère à la base de la région mobile. Il est probable que cette torsion secondaire est provoquée par le moment de rotation de la pointe latéralement penchée du rameau ; quoi qu'il en soit, elle a pour résultat d'amener le côté concave de la région mobile à regarder toujours désormais l'axe de l'hélice déjà formée.

Le cas le plus ordinaire d'un pareil obstacle apporté au mouvement révolutif est celui où le sommet de la pousse arrive, par l'effet même de ce mouvement, à se mettre en contact avec un support dressé. Si ce support n'est pas trop gros, c'est lui qui constitue l'axe de l'hélice qui prend naissance à partir de ce moment; quand il est très-mince, l'hélice forme d'abord des tours assez larges pour ne toucher la surface du support en aucun point, ou seulement et par accident, en des points isolés.

Mais on peut aussi empêcher artificiellement le mouvement de nutation, et cela de plusieurs manières. On peut, par exemple, placer un support contre la face postérieure de la région mobile en le fixant par de la gomme au sommet de la pousse, qui sans cela s'éloignerait de lui. Dans ce cas, l'enroulement spiralé se produit absolument comme dans la position normale du support, avec cette différence cependant, qu'ici le support est situé en dehors de l'hélice, qui de son côté n'enveloppe aucun support. Il n'est pas rare d'observer un pareil enroulement spiralé libre, n'embrassant aucun support, quand une tige volubile enroulée autour d'un tuteur arrive à en dépasser le sommet.

Les premiers tours d'une tige enroulée autour d'un support ne le touchent ordinairement pas ; ils sont larges et surbaissés. Les tours plus âgés, au contraire, s'appliquent étroitement contre le support; ils sont plus étroits et plus élancés. Cela prouve que l'étroit embrassement du support par la tige volubile n'est amené qu'ultérieurement et provient simplement de ce que les tours d'abord lâches se resserrent. Ce fait, fondamental pour l'intelligence du mécanisme de l'enroulement, a été mis hors de doute par M. H. de Vries. Il a montré que sur des tiges enroulées sans support interne, comme nous venons de le dire, les tours sont aussi tout d'abord larges et surbaissés; par les progrès de l'âge ils deviennent plus étroits et plus élancés, jusqu'à ce qu'enfin la région de tige considérée se prolonge en ligne droite; il ne reste alors, de chaque tour de spire, qu'un tour de torsion. Il n'est pas improbable que ce redressement des tours d'abord surbaissés et presque horizontaux soit provoqué par le géotropisme.

Il est clair que, plus est grande la force avec laquelle les tours se rétrécissent, ou, ce qui revient au même, plus est grande la force qui les fait devenir

____

(1) Ce qui suit, d'après M. H. de Vries.

plus élancés, plus solidement aussi ils doivent s'appliquer contre leur support. S'il se trouve donc un support au centre de l'hélice en voie de redressement, la partie terminale sera constamment empêchée par lui d'accomplir sa nutation révolutive normale, le sommet s'accroîtra donc toujours suivant une hélice et s'enroulera en montant autour du support, pendant que les tours plus âgés se resserrent de plus en plus et s'appliquent intimement contre le support. Si l'on retire le support aussitôt après qu'il s'est formé autour de lui quelques tours lâches et surbaissés, la pousse conserve pendant quelque temps sa forme spiralée, mais ensuite elle se redresse et recommence de nouveau son mouvement révolutif.

Par des causes purement mécaniques, on voit qu'à chaque tour d'hélice autour du support, correspond un tour de torsion de l'entre-nœud autour de son axe. Mais en outre, notamment quand l'enroulement a lieu autour de supports rugueux et irrégulièrement conformés, il peut s'opérer des torsions secondaires dans les parties déjà enroulées, torsions dirigées tantôt vers la droite, tantôt vers la gauche.

Dans le cours de l'enroulement, les feuilles doivent se trouver placées tantôt sur la face externe, tantôt sur la face interne des tours (1). Dans ce dernier cas, le pétiole est comprimé contre le support, sur lequel il glisse latéralement sous l'influence de la pression exercée par le resserrement de l'hélice ; il tire en même temps l'entre-nœud de côté et y détermine ainsi une torsion locale (M. de Vries).

Durée d'une révolution. — Ce que nous venons de dire renferme à peu près tout ce qu'on sait actuellement sur le mécanisme de l'enroulement des tiges volubiles. Mais il n'est pas inutile de signaler encore, d'après M. Darwin, quelques remarques aphoristiques sur ce genre de plantes.

Le mouvement révolutif du sommet libre conserve souvent, dans la même plante et à égalité de conditions extérieures, une frappante uniformité (*Humulus*, *Micania*, *Phaseolus*). Pour ce qui est du temps nécessaire à l'accomplissement d'une révolution dans des circonstances favorables, on s'en fera une idée par les nombres suivants donnés par M. Darwin.

Scyphanthus elegans	1 heure	17	minutes.
Akebia quinata	1	30	—
Convolvulus sepium	1	42	—
Phaseolus vulgaris	1	57	—
Adhatoda	48	»	—

Constance du sens d'enroulement. — Le sens de l'enroulement est ordinai-

(1) On peut remarquer à cette occasion que, d'après Dutrochet, la spirale d'insertion des feuilles dans les plantes volubiles à feuilles disposées en spirale tourne autour de l'axe dans le même sens que l'enroulement, que la torsion et que la nutation révolutive de la même plante.

[J'ai fait voir (Annales des sc. nat., 5ᵉ série, XVI, 1872, que cette assertion de Dutrochet est inexacte. Il ne peut y avoir de relation fixe entre le sens de la volubilité, qui demeure constant pour tous les individus d'une même espèce et pour tous les axes successifs d'un même individu, et le sens de la spirale foliaire, qui change d'un individu à l'autre dans la même espèce et d'un rameau à l'autre sur le même individu. Ces deux effets ne peuvent donc dépendre d'une même cause.] (*Trad.*)

rement constant pour une espèce donnée ; mais il peut arriver, comme dans le *Solanum Dulcamara* et le *Loasa aurantiaca*, que le sens de l'enroulement varie avec les individus. Bien plus, Darwin a vu dans cette dernière plante, et même dans les *Scyphanthus elegans* et *Hibbertia dentata*, que la même tige peut s'enrouler d'abord dans un sens, puis dans le sens opposé.

Héliotropisme des tiges volubiles. — L'héliotropisme positif des entre-nœuds volubiles est en général faible. Il est d'ailleurs évident qu'un puissant héliotropisme ne ferait que gêner l'enroulement, et notamment la nutation révolutive par laquelle la plante cherche pour ainsi dire son support. Cependant l'héliotropisme se manifeste parfois en ceci, que, dans un éclairage uni-latéral, le mouvement révolutif s'accomplit plus rapidement quand le sommet se rapproche de la source lumineuse que lorsqu'il s'en éloigne ; il en est ainsi, par exemple, dans les *Ipomœa jucunda, Lonicera brachypoda, Phaseolus* et *Humulus*.

Épaisseur maximum du support. — D'après ce qui a été dit plus haut sur le mécanisme de l'enroulement, on peut admettre qu'il y a pour chaque espèce un certain maximum d'épaisseur de support, pour lequel l'enroulement est encore possible. Le support ne devra pas être beaucoup plus gros que la largeur des tours que la pousse est capable de former en l'absence de tout support ; dans le cas contraire, le sommet cherche d'abord à accomplir son enroulement à côté du support trop large, puis cet enroulement s'efface. M. Darwin (*loc. cit.*, p. 22) avoue ne pas connaître la cause pour laquelle l'enroulement ne s'opère pas autour de supports trop gros, mais il me semble que nous venons d'en donner, d'après les recherches de M. de Vries, une raison suffisante.

La volubilité est indépendante de la lumière. — Les mouvements des entre-nœuds volubiles s'opèrent avec d'autant plus d'énergie que les conditions extérieures sont plus favorables à l'accroissement et que ce dernier lui-même est plus accéléré, c'est-à-dire quand la nutrition est abondante, la température élevée et la turgescence considérable. L'influence immédiate de la lumière n'est pas nécessaire à l'enroulement, car les plantes étiolées comme l'*Ipomœa purpurea*, le *Phaseolus multiflorus*, s'enroulent aussi dans l'obscurité autour de leurs supports. Suivant M. Duchartre, il est vrai, le *Dioscorea Batatas* ne s'enroule pas à l'obscurité. Mais il résulte des observations récentes de M. de Vries, que les rameaux normaux et verts de cette plante continuent parfaitement à s'enrouler tout d'abord à l'obscurité ; plus tard seulement, quand ils s'étiolent, ils cessent de manifester le mouvement révolutif et d'être volubiles.

§ 25.

Enroulement des vrilles.

Définition physiologique des vrilles. — Sous la dénomination de *vrilles*, nous pouvons comprendre toutes les parties de plante filiformes ou tout au moins grêles, étroites et longues, qui possèdent la propriété, quand elles arrivent dans le cours de leur accroissement au contact de corps solides et minces, de contracter aussitôt des courbures par le moyen desquelles elles s'enroulent autour du support et y fixent ainsi la plante. Les vrilles se distinguent donc tout d'abord des entre-nœuds volubiles par leur sensibilité pour la pression.

Diverse nature morphologique des vrilles. — Des organes de nature morphologique aussi différente que possible peuvent revêtir cette propriété physiologique. Parfois, ce sont des rameaux métamorphosés, comme dans les *Vitis, Ampelopsis, Passiflora, Cardiospermum Halicacabum*, où les vrilles peuvent plus exactement encore être considérées comme des axes d'inflorescence ou des pédoncules floraux métamorphosés. Dans la Cuscute, la tige tout entière doit plutôt être regardée comme une vrille que comme une tige volubile. Dans d'autres cas, comme dans les *Clematis, Tropæolum* (fig. 454),
Maurandia, Lophospermum, Solanum jasminoides, c'est le pétiole qui est capable de jouer le rôle de vrille. Dans les *Fumaria officinalis, Corydalis claviculata*, la feuille très-divisée est tout entière sensible au toucher et capable d'enrouler ses diverses parties autour de corps minces. Dans le *Gloriosa Plantii* et le *Flagellaria indica*, c'est la nervure médiane prolongée au delà du limbe qui sert de vrille. Beaucoup de *Bignonia*, le *Cobœa scandens*, les *Pisum*, etc., transforment la partie supérieure de leurs feuilles composées pennées en vrilles grêles, filiformes et flexibles, tandis que la partie basilaire de la feuille est rigide et pourvue de folioles ; parfois la feuille tout entière est remplacée par une vrille filiforme, comme dans le

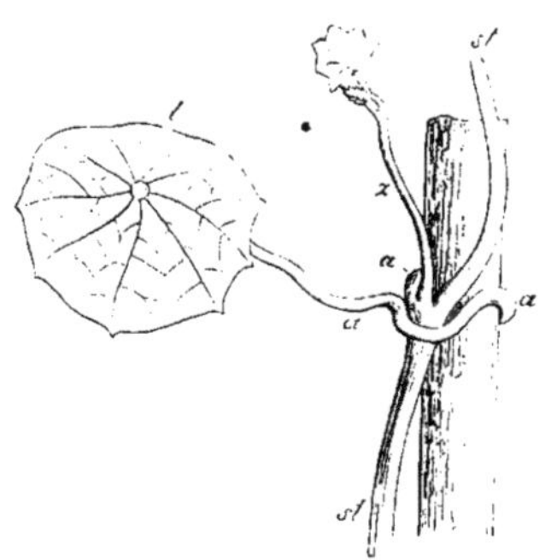

Fig. 454. — *Tropæolum minus*. Le long pétiole *am* de la feuille végétative *l* est sensible à un contact prolongé et s'est enroulé autour d'un support et autour de sa propre tige *st*, de façon que cette tige paraît solidement attachée à ce support ; *z* est la pousse axillaire de cette feuille.

Lathyrus aphaca. La signification morphologique des vrilles des Cucurbitacées est encore douteuse ; il semble cependant qu'elles doivent être regardées comme des branches métamorphosées (1).

Les propriétés distinctives des vrilles sont d'autant plus complétement développées, qu'elles servent plus exclusivement d'organes d'attache, qu'elles conservent moins en elles, par conséquent, de la nature originelle de la feuille ou de la tige, en un mot, que leur métamorphose a été poussée plus loin. Il en est surtout ainsi dans les vrilles simples ou ramifiées des Cucurbitacées, Ampélidées et Passiflorées. La figure 455 montre une vrille de cette sorte, typiquement développée, après qu'elle a embrassé un support par son sommet et qu'elle s'est enroulée autour de lui. Tout ce que nous allons dire maintenant se rapportera à ces sortes de vrilles véritables.

(1) Suivant nous, les vrilles des Cucurbitacées sont des feuilles métamorphosées. L'une des preuves anatomiques que l'on peut en donner, c'est que ces organes n'ont dans leur système vasculaire qu'un seul plan de symétrie, ce qui est le caractère des feuilles, non des tiges. (*Trad.*)

Mouvement révolutif et sensibilité des vrilles. — Les propriétés caractéristiques des vrilles se développent quand elles sont déjà complétement sorties du bourgeon et qu'elles ont acquis environ les trois quarts de leur dimension définitive. A cet état, elles sont étendues en ligne droite ; le sommet du rameau qui les porte accomplit le plus souvent des nutations révolutives, et la vrille elle-même présente ce phénomène, car à part sa base rigide et sa pointe en hameçon elle s'infléchit de façon que tour à tour la face d'en haut, de droite, d'en bas et de gauche, devienne convexe ; de torsions, il ne s'en fait pas. Pendant cette nutation circulaire, la vrille est en voie de rapide allongement et sensible au toucher ; c'est-à-dire que tout contact plus ou moins fort exercé sur sa face sensible détermine d'abord au point touché une courbure concave, qui se propage ensuite vers le haut et vers le bas. Si le contact n'est que passager, la vrille se replace plus tard en ligne droite.

Le degré de sensibilité des vrilles (1) est très-différent suivant les espèces. Dans le *Passiflora gracilis*, il suffit d'une pression d'un milligramme pendant quelques instants (25 secondes) pour déterminer la courbure ; dans d'autres plantes, il faut une pression de 3 à 4 milligrammes, et c'est plus tard seulement (après 30 secondes dans le *Sicyos*) que la courbure se manifeste. Enfin les vrilles d'autres espèces se courbent, après un léger frottement en un point, dans l'intervalle de quelques minutes ; dans le *Dicentra thalictrifolia*, c'est après une demi-heure, dans les *Smilax*, c'est seulement après plus d'une heure, dans l'*Ampelopsis*, c'est plus lentement encore.

La courbure de la face touchée augmente pendant quelque temps, puis s'arrête et après un certain intervalle, souvent de plusieurs heures, la vrille redevient droite, position dans laquelle elle est de nouveau sensible. Des vrilles dont le sommet se courbe facilement ne sont sensibles que sur leur face inférieure concave ; d'autres, celles du *Cobæa* et du *Cissus discolor*, par exemple, le sont de tous les côtés ; dans le *Mutesia Clematis*, la face inférieure et les flancs de la vrille sont sensibles, sa face supérieure ne l'est pas.

Ce que deviennent les vrilles non fixées. — Pendant que dure cet état de nutation révolutive et de sensibilité, la vrille atteint dans l'espace de quelques jours sa dimension définitive. Ses révolutions cessent alors de s'opérer, sa sensibilité s'éteint et, suivant les espèces, on y observe des modifications ultérieures. Dans certaines plantes, les vrilles, complétement développées et devenues immobiles, demeurent droites, s'atrophient et tombent ; il en est ainsi par exemple dans les *Bignonia*, *Vitis*, *Ampelopsis*. Il est plus fréquent de voir les vrilles, après l'extinction de leur accroissement, s'enrouler progressivement et lentement du sommet à la base, en tournant leur concavité vers leur face inférieure, de façon à représenter finalement soit une spirale (*Cardiospermum*, *Mutesia*), soit plus ordinairement une hélice qui va se rétrécissant vers le haut en forme de tire-bouchon ; dans cet état, elles se lignifient ou se dessèchent (Cucurbitacées, Passiflorées, etc.).

Mode d'enroulement des vrilles fixées autour et en dehors du support.

____

(1) Ceci et ce qui suit, d'après M. Darwin, *loc. cit.*, p. 100

— Ces phénomènes doivent cependant être considérés comme anormaux, puisque les vrilles ont par là manqué leur but, qui consiste, tandis qu'elles sont encore en voie d'accroissement et de sensibilité, à s'établir en contact avec un support par le moyen de leur nutation révolutive. Si ce contact a lieu sur une face sensible, il s'opère une courbure en ce point, la vrille s'applique autour de son support et par là de nouveaux points sensibles sont incessamment amenés en contact avec lui, de façon que l'extrémité libre de la vrille s'enroule solidement autour du support en y formant un nombre plus ou moins grand de tours (fig. 455). Plus le premier point de contact est rapproché de la base de la vrille, plus sont nombreux les tours dont elle enveloppe le support, plus solidement elle s'y fixe; cependant il suffit déjà d'un petit nombre de tours accomplis par l'extrémité seule de la vrille pour attacher celle-ci avec une force considérable.

La région de la vrille située entre sa base et son point d'attache ne peut naturellement pas s'enrouler autour du support. L'excitation causée par le contact, et qui se propage aussi dans les parties non touchées, y détermine donc une autre forme de courbure, et l'on voit cette portion de la vrille s'enrouler en tire-bouchon (fig. 455 u, w, w'). Cet enroulement ressemble à l'enroulement spontané que nous avons signalé plus haut chez beaucoup de vrilles non amenées au contact d'un support, notamment par cette circonstance, que c'est toujours la face inférieure de la vrille qui y occupe la concavité de la courbure. Il se distingue cependant de cet enroulement spontané, parce qu'il se produit non pas seulement chez certaines, mais chez toutes les vrilles attachées à un support. Il en diffère encore parce qu'il s'opère peu de temps, 12 à 24 heures après la fixation, à un moment où la vrille est encore complétement sensible et en voie

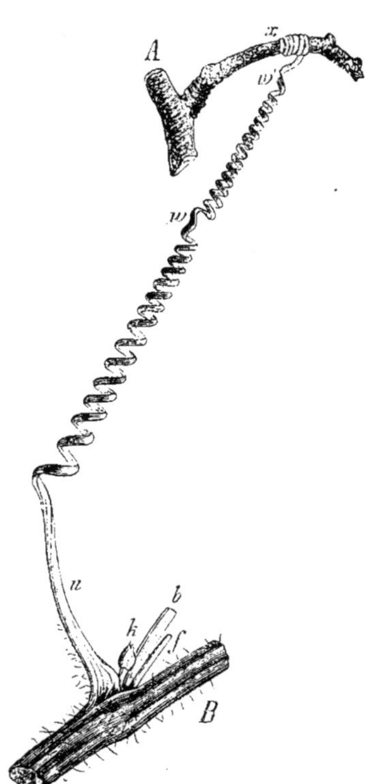

Fig. 455. — *Bryonia dioica*. B un fragment de tige duquel s'échappe, à côté du pétiole *b* et du bourgeon *k*, une vrille, dont la partie basilaire *u* est rigide et dont la portion supérieure *s* s'est enroulée autour d'une branche. La longue région moyenne de la vrille, comprise entre la base *u* et le point d'attache *x*, s'est enroulée en hélice et a en même temps soulevé le fragment de tige B : *w*, *w'* les points où l'hélice change de sens.

de rapide allongement, tandis que l'enroulement spontané ne se manifeste, nous le savons, qu'après l'extinction totale de l'accroissement et de la sensibilité. Enfin, il s'accomplit beaucoup plus rapidement que l'enroulement spontané. On acquiert facilement la preuve de ces deux dernières assertions quand on trouve, sur la même branche, des vrilles âgées non attachées et encore droites, et d'autres vrilles plus jeunes attachées et déjà enroulées en deçà du point d'attache.

L'enroulement de la partie libre des vrilles attachées est donc, tout aussi bien que celui de la partie qui embrasse le support, le résultat d'une excitation, et c'est seulement l'impossibilité mécanique d'embrasser le support qui force cette partie à s'enrouler en tire-bouchon. Tout aussi bien que la courbure d'une longue portion de vrille à la suite du contact d'un seul de ses points, l'enroulement de la région située entre la base et le support est une preuve que l'excitation locale se propage le long de la vrille. Toutefois ces phénomènes n'épuisent pas encore l'action secondaire de l'excitation, car les vrilles ainsi fixées à un support s'accroissent plus tard aussi en épaisseur, parfois même beaucoup comme dans les pétioles du *Solanum jasminoides;* elles se lignifient, deviennent solides et ont une plus longue durée que les vrilles non fixées, que celles-ci soient d'ailleurs ou non spontanément enroulées.

Points de rebroussement des vrilles fixées. — L'enroulement des vrilles attachées diffère par une autre propriété encore de l'enroulement spontané des vrilles libres. Dans ces dernières, en effet, tous les tours de l'hélice ont lieu dans une seule et même direction; les hélices des vrilles fixées présentent au contraire des points de rebroussement (*w w'*) (fig. 455). Les tours de spire qui séparent deux de ces points sont de sens contraire à ceux qui règnent en deçà et au delà. Les vrilles longues et étroitement enroulées ont souvent 5 à 6 points de rebroussement.

M. Darwin a déjà fait voir que ce n'est là ni une propriété particulière des vrilles, ni encore moins une conséquence spécifique de l'excitation ; l'existence des points de rebroussement est bien plutôt une nécessité mécanique. Quand un corps qui tend à s'enrouler est assujetti à ses deux bouts, de façon qu'une de ses extrémités au moins ne puisse pas tourner, il est nécessaire, en effet, qu'il y ait des changements de sens pendant l'enroulement, afin que les torsions nécessairement liées aux tours puissent se neutraliser. On peut imiter cette manière d'être des vrilles fixées, en collant sur une mince bande de caoutchouc préalablement étirée une autre bande non étirée ; laissée à elle-même, la première se contracte et forme la face interne d'une spirale dont la face externe est occupée par la bande non étirée. Si maintenant, prenant par les deux bouts ce double ruban, on l'étire d'abord en ligne droite, puis qu'on rapproche les extrémités, on voit se former des tours d'hélice, les uns vers la droite, les autres vers la gauche comme dans une vrille fixée ; lâche-t-on une des extrémités, le ruban se tord de nouveau et s'enroule en spirale.

L'enroulement des vrilles est indépendant de la lumière. — Tous les mouvements des vrilles dont il vient d'être question ici, étant des conséquences de l'accroissement, ne s'opèrent que lorsque les conditions extérieures sont favorables à l'accroissement, et leur énergie est d'autant plus grande que ces conditions sont plus propices. Ils sont donc activés par une riche nutrition, par une haute température, et par une abondante turgescence due à une forte absorption d'eau et à une faible transpiration. Ces conditions une fois réalisées, les vrilles peuvent, comme je l'ai montré, accomplir dans l'obscurité complète leur nutation, leurs mouvements de sensibilité, embrasser leurs supports et s'enrouler en deçà. Il en est ainsi, par exemple, dans un plant de *Cucurbita Pepo*, dont le sommet continue de s'accroître dans un récipient obscur, nourri par les feuilles vertes qui s'étalent plus bas à la lumière.

Mécanisme de la courbure provoquée par le contact d'un corps solide. — — Considérons maintenant le mécanisme des courbures provoquées par le contact d'un corps étranger sur la face sensible de l'organe (enroulement de la partie fixée et de la partie libre des vrilles attachées), et celui de l'enroulement des vrilles libres. Il n'est pas douteux qu'il n'en faille chercher l'explication dans les phénomènes de l'accroissement en longueur et dans les modifications qu'ils éprouvent par une pression transversalement exercée sur le côté où l'accroissement est le plus faible. Les vrilles ne sont, en effet, sensibles au toucher et à la pression qu'aussi longtemps qu'elles s'accroissent en longueur. Une courbure due à une excitation passagère pourra bien s'effacer dans le cours de l'accroissement, comme il arrive par exemple pour la courbure imprimée par un choc à des branches en voie d'allongement, mais si l'excitation produite par le support est de quelque durée, si elle a provoqué un enroulement, la différence de longueur entre le côté convexe et le côté concave est permanente et désormais irréparable.

Les cellules du côté convexe sont plus longues que celles du côté concave, absolument comme dans les racines infléchies vers le bas ou dans les nœuds de Graminées coudés vers le haut. Dans les vrilles épaisses et enroulées autour de supports grêles, cette différence de longueur est si considérable qu'elle saute aux yeux sans qu'il y ait besoin de mesures, comme je m'en suis convaincu dans divers cas. D'autre part, les récentes recherches de M. H. de Vries, qui traçait des divisions équidistantes sur les vrilles encore droites et les mesurait après l'enroulement, ont montré que l'accroissement est plus grand sur la face convexe et plus petit sur la face concave, que dans les régions de la même vrille situées au-dessus et au-dessous de la courbure et demeurées droites. Une vrille de *Cucurbita Pepo*, par exemple, s'enroulait autour d'un support de $1^{mm},2$ d'épaisseur; la courbure achevée, l'accroissement, pour chaque intervalle primitif de 1 millimètre, fut trouvé sur la face convexe de $1^{mm},4$ et sur la face concave seulement de $0^{mm},1$; l'accroissement moyen de la région demeurée droite était de $0^{mm},2$. Quand l'accroissement de la vrille tout entière, au moment où elle arrive au contact d'un support, se trouve déjà affaibli, on trouve encore, il est vrai, une notable augmentation dans l'allongement de la face convexe, mais sur la face concave il ne se fait plus d'allongement ou même il y a un raccourcissement; dans une vrille de Courge, ce raccourcissement atteignait presque le tiers de la longueur primitive.

De pareilles différences de longueur entre le côté convexe et le côté concave s'observent aussi, soit dans l'enroulement spontané des vrilles libres, soit dans l'enroulement de la portion libre des vrilles fixées. Mais comme, dans ces deux cas, l'accroissement de la vrille tout entière est ordinairement fort affaibli au préalable, le raccourcissement de la face concave est ici aussi, suivant M. de Vries, un phénomène très-général.

L'ensemble des phénomènes que nous venons de décrire conduit donc à ce résultat, que par la pression du support l'accroissement en longueur se trouve exalté sur la face non touchée. En s'étendant, celle-ci fléchit tout d'abord la face touchée qui devient concave, puis la compression que subit cette face concave arrête son accroissement ou même la raccourcit. Il me paraît probable qu'en même temps il y a affaissement du parenchyme sur la face touchée, qui cède son eau au parenchyme de la face convexe, et contraction élastique correspondante de ses parois cellulaires ; au moins est-ce seulement de cette façon que l'on peut expliquer le raccourcissement de la face touchée, dans des vrilles dont l'accroissement est déjà très-ralenti.

Ceci posé, comment la faible pression d'un fil léger sur la vrille, comment le léger contact de la vrille en nutation avec un support peuvent-ils amener de pareilles modifications d'accroissement, non-seulement au point directement touché, mais dans toute la longueur de l'organe ? c'est ce que jusqu'ici l'on ignore absolument.

Mécanisme de l'enroulement spontané des vrilles libres. — L'enroulement spontané des vrilles libres est dû simplement à ce que la face supérieure de l'organe s'allonge encore pendant quelque temps, après que sa face inférieure a déjà cessé de croître. Les cellules de la face supérieure attirent probablement à elles une partie de l'eau des cellules de la face inférieure, ce qui doit raccourcir celle-ci en même temps que celles-là s'allongent.

Une vrille ne s'enroule pas autour d'un support trop mince. — Sans approfondir ici les nombreux problèmes purement mécaniques qui se rattachent à la courbure des vrilles, bornons-nous à rechercher encore pourquoi des vrilles épaisses ne sont pas capables d'embrasser de très-minces supports.

Si l'on compare deux vrilles de même grosseur, enroulées l'une autour d'un support mince, l'autre autour d'un support épais, il est clair que dans la première la différence de longueur entre la face externe et la face interne doit être plus grande que dans la seconde. Si, d'autre part, l'on compare une vrille épaisse et une vrille mince, enroulées autour de supports de même grosseur, on verra que la différence de longueur entre la face externe et la face interne est plus grande dans la première que dans la seconde. Imaginons maintenant que dans ce dernier cas le support devienne de plus en plus mince, il est clair que la différence de longueur croîtra plus vite pour la vrille épaisse que pour la vrille mince. Toute la question est donc de savoir si la différence entre l'accroissement longitudinal des deux faces d'une vrille peut atteindre ou non telle valeur que l'on voudra.

Or, l'expérience montre que la différence de longueur, due à l'inégal accroissement des deux côtés de la vrille, a des limites. Les minces vrilles du *Passiflora gracilis* s'enroulent solidement autour d'un fil de soie ; les grosses vrilles de la Vigne, au contraire, n'embrassent que des supports d'au moins 2 à 3 millimètres d'épaisseur. La vrille de Vigne la plus fortement enroulée que j'aie pu trouver embrassait un support de $3^{mm},5$ d'épaisseur, et ses tours surbaissés étaient presque annulaires ; la grosseur moyenne de la vrille dans cette région était de 3 millimètres. Le côté concave d'un tour avait donc environ 11 millimètres, et son côté convexe environ 29 millimètres de longueur ; le rapport de longueur des deux faces est donc 1 à 2,6. Supposons, au contraire, que cette vrille de 3 millimètres d'épaisseur s'enroule autour d'un support de $0^{mm},5$ de diamètre; la face interne d'un tour presque circulaire aurait alors une longueur de $1^{mm},6$, la face convexe une longueur de $20^{mm},4$; les deux côtés seraient donc dans le rapport de 1 à 13. Or il ne paraît pas possible qu'il puisse y avoir une différence aussi considérable dans l'accroissement des deux faces d'une vrille. Supposons au contraire que la vrille qui s'enroule presque en cercle autour de ce support de $0^{mm},5$ de diamètre, n'ait elle-même que $0^{mm},5$ d'épaisseur, les longueurs des deux côtés d'un tour seraient $1^{mm},6$ et $4^{mm},7$, et leur rapport celui de 1 à 3.

Pour qu'une vrille s'attache solidement à son support, il ne suffit pas que ses tours se posent simplement à sa surface; il faut qu'ils s'y appliquent fortement et qu'ils le compriment. On démontre qu'une pareille compression a effectivement lieu, en faisant enrouler une vrille autour d'un support lisse que l'on enlève ensuite; on voit alors les tours de spire se rétrécir et leur nombre augmenter (M. de Vries). Ce fait prouve en même temps, que par le contact du support la vrille est excitée à contracter une courbure dont le rayon est plus petit que celui du support, pourvu toutefois que le support ne soit pas trop mince, ni la vrille trop épaisse.

Sous le rapport de la pression que les tours d'une vrille exercent sur le support qu'ils embrassent, un intérêt particulier s'attache aux cas où des feuilles sont enveloppées par des vrilles puissantes; leur limbe est alors comprimé et plissé.

Tout ce qui précède est destiné seulement à attirer l'attention de l'élève sur les principaux problèmes mécaniques qui s'offrent à l'esprit quand on étudie la volubilité des vrilles. Il nous est impossible de traiter ici en détail la biologie des tiges volubiles et des vrilles, si riche en remarquables adaptations. Le lecteur trouvera sous ce rapport, dans le mémoire de M. Darwin, une foule de belles observations ingénieusement exposées.

C'est le mouvement révolutif qui amène la vrille à toucher son support. — Le rôle biologique des vrilles étant d'embrasser des supports, c'est-à-dire en général d'autres végétaux, et de permettre ainsi à la plante d'élever peu à peu sa tige grêle, le premier point est d'amener la vrille au contact direct du support. Ce résultat est atteint avec une étonnante perfection par cette circonstance, qu'au temps de leur sensibilité, non-seulement les vrilles elles-mêmes mais aussi le sommet de la pousse qui les porte jouissent d'une nutation révolutive; d'où résulte que tout objet pouvant servir de support, qui se trouve quelque part compris dans l'espace ainsi parcouru par la vrille, se trouve presque à coup sûr atteint et touché par elle. Le sommet de la pousse qui porte les vrilles décrit le plus souvent une ellipse, ou plutôt une hélice ascendante dont un tour s'accomplit dans un intervalle de 1 à 5 heures.

Comme pour les plantes volubiles, un fort héliotropisme positif serait nuisible aux vrilles, qu'il écarterait souvent de leurs supports. Dans le fait, certaines vrilles ne paraissent pas héliotropiques du tout (*Pisum*, d'après M. Darwin); d'autres jouissent d'un faible héliotropisme positif, car la nutation révolutive s'y opère plus rapidement vers la source lumineuse qu'en sens contraire.

Vrilles pourvues de disques d'adhésion. — Certaines vrilles, et au plus haut degré celles de l'*Ampelopsis hederacea* et du *Bignonia capreolata*, ont la singulière faculté de développer aux extrémités de leurs branches, quand elles sont longtemps en contact avec des corps durs, de larges coussinets qui s'appliquent comme des suçoirs sur les surfaces rugueuses et permettent ainsi à la plante de s'élever en grimpant le long de parois verticales où elles ne trouvent pas de minces supports à embrasser. Dans ce cas, il faut évidemment que les vrilles se dirigent d'abord vers la paroi qui leur sert de support, et ce résultat est atteint par un héliotropisme négatif, qui pousse les vrilles vers la paroi ombragée par le feuillage. Là, grâce à leur nutation révolutive, elles se livrent à des mouvements en divers sens, à des tâtonnements pour ainsi dire, et, glissant à la surface de la paroi, elles s'enfoncent de préférence dans les creux et les fentes pour y développer leurs pelotes ou disques d'adhésion.

CHAPITRE CINQUIÈME

MOUVEMENTS PÉRIODIQUES DES ORGANES DÉVELOPPÉS

ET MOUVEMENTS QU'ON PEUT Y EXCITER

§ 26.

Définitions.

Si nous consacrons ici un chapitre spécial au peu que nous savons jusqu'à présent sur le mécanisme des mouvements périodiques des feuilles et autres organes analogues, et des mouvements qu'on peut y exciter, c'est principalement pour respecter la division logique de la science que nous étudions. C'est aussi pour montrer au lecteur, dès notre entrée en matière, qu'il s'agit ici de mouvements qui, malgré de certaines analogies extérieures avec ceux que nous avons décrits dans le chapitre précédent, sont provoqués cependant par de tout autres causes, et n'ont rien à faire avec les phénomènes d'accroissement, différence qui a été jusqu'ici trop peu remarquée.

Caractères qui distinguent les mouvements périodiques et les mouvements excités, des mouvements dus à l'héliotropisme, au géotropisme et à la volubilité. — Les mouvements périodiques et les mouvements excités, dont il s'agit ici, se distinguent tout d'abord de ceux dont il a été question dans le précédent chapitre, parce qu'ils ne s'opèrent pas pendant l'accroissement et sous son influence, parce qu'ils ne font leur première apparition que lorsque l'organe considéré a complétement fini de croître, lorsqu'il a entièrement achevé la structure particulière qui doit servir d'instrument à sa mobilité (1). Les mouvements étudiés plus haut, au contraire, trouvent précisément leur fin dans l'achèvement de l'organe qui les manifeste.

La plupart des mouvements provoqués pendant l'accroissement, comme les courbures dues à l'héliotropisme, au géotropisme, à l'influence des supports

---

(1) On pourrait faire cette objection que les organes excitables et périodiquement mobiles peuvent être aussi héliotropiques et géotropiques, comme je l'ai trouvé dans le *Phaseolus* et dans les filets des étamines des Cynarées. Toutefois, cette objection signifie seulement que des organes entièrement développés peuvent encore, quand on les place dans des conditions anormales, commencer de nouveau à s'accroître. De pareilles conditions anormales se trouvent réalisées par un éclairage inéquilatéral des organes mobiles, ou quand on tourne vers le bas leur face supérieure (*Phaseolus*). De même, nous le savons, des pétioles de Lierre, placés à l'obscurité ou éclairés d'un seul côté, recommencent à s'accroître sur leur face ombragée ; de même encore, des nœuds âgés de Graminées, placés horizontalement, s'allongent de nouveau sur leur face inférieure.

sur les plantes volubiles et sur les vrilles, ont pour conséquence un nouvel état durable, puisque l'accroissement lui-même est par eux modifié. C'est seulement quand l'action exercée a été très-fugitive, que la flexion héliotropique ou géotropique, ou la courbure des vrilles peut s'évanouir plus tard pendant l'accroissement ultérieur. Pendant ces phénomènes, l'organe marche vers son achèvement complet, et dès lors toutes les modifications qui n'ont pas été effacées au cours de l'accroissement sont désormais permanentes et irréparables.

Il en est tout autrement des modifications que nous avons à étudier ici. Celles-ci sont provoquées dans des organes dont l'organisation, entièrement terminée, il est vrai, permet cependant aux tissus de revêtir des états différents, qui passent tour à tour de l'un à l'autre sous l'influence de causes intérieures ou extérieures.

Dans les mouvements qui s'accomplissent pendant l'accroissement, le rôle de la tension des tissus est secondaire, et se réduit à ce que toute variation dans la tension affecte et modifie l'accroissement. Les mouvements périodiques et excités reposent, au contraire, exclusivement et tout entiers, sur les changements de la tension des tissus, tension qui atteint précisément son plus haut degré après que l'organe est parvenu à son entier développement. Mais ces changements dans la tension des tissus n'amènent pas ici de nouveaux états permanents; ils sont au contraire toujours réparables. Aussi longtemps que la structure n'a point subi de dommages, toute modification de ce genre peut être effacée par les forces intérieures, qui ramènent l'organe à son premier état.

Les mouvements provoqués par l'accroissement se manifestent aussi bien dans les plantes et les organes unicellulaires que dans les pluricellulaires. Il semble au contraire que les mouvements dont les organes développés sont le siége ne se rencontrent que s'ils sont formés de tissus massifs. Il est probable que cette différence dépend de ce que les mouvements de la première espèce sont toujours provoqués par l'accroissement des membranes cellulaires, tandis que ceux de la seconde sorte ont pour cause l'échange aqueux, c'est-à-dire les variations de turgescence qui s'opèrent entre les diverses cellules unies en tissu.

§ 27.

Coup d'œil sur les phénomènes présentés par les organes périodiquement mobiles et excitables.

Les organes périodiquement mobiles et excitables sont toujours de nature foliaire et possèdent la même structure anatomique. — Il est remarquable que tous les organes de cette catégorie connus jusqu'à présent soient des organes foliaires, au sens morphologique de ce mot: tantôt de vraies feuilles végétatives vertes, tantôt des pétales, assez souvent des étamines et parfois des portions de carpelles (styles ou stigmates). Il est d'autant plus singulier de voir les tiges ou portions de tige se refuser à ce genre de mouvement, que les parties mobiles des feuilles sont précisément arrondies en cylindre, ou du moins peu aplaties, et affectent ainsi la forme ordinaire aux tiges.

En outre, tous les organes dont il est ici question se ressemblent encore par leur structure anatomique. Une masse de parenchyme très-séveux y enveloppe toujours un faisceau vasculaire axile, ou un petit nombre de faisceaux vasculaires rapprochés, dont les éléments sont peu ou point lignifiés et demeurent par conséquent mous et flexibles, circonstance nécessaire à la possibilité même du mouvement. Car, si l'on met à part les feuilles des *Dionœa* et *Drosera*, le mouvement consiste en flexions dirigées alternativement en haut et en bas, le plus souvent opérées dans le plan médian de l'organe, et pendant lesquelles le faisceau vasculaire contient l'axe de flexion. Souvent développé au dehors et renflé en forme de bourrelet ou de coussinet, le manteau parenchymateux qui enveloppe le faisceau vasculaire renferme dans ses assises internes, notamment au voisinage immédiat du faisceau vasculaire, des espaces intercellulaires le plus souvent élargis; d'après les observations de MM. Morren et Unger, ces espaces ne paraissent manquer que dans les filets staminaux des *Mahonia* et *Berberis*. Les couches externes du parenchyme, au contraire, ne contiennent que de très-petits espaces intercellulaires ou en sont totalement dépourvues. La tension habituellement très-considérable de ces diverses couches du tissu est causée, d'un côté par la forte turgescence des cellules du parenchyme, et de l'autre par l'élasticité du faisceau axile et de l'épiderme. Autant qu'il est permis d'en juger par les observations actuelles, la tendance à s'étendre atteint son maximum dans les couches moyennes du parenchyme, à égale distance du faisceau axile et de l'épiderme, et la résistance élastique est plus faible dans l'épiderme que dans le faisceau vasculaire.

Au point de vue des causes qui les provoquent, il y a trois catégories de mouvements. — Si maintenant nous considérons les mouvements au point de vue des causes qui les provoquent directement, nous pouvons, dans l'état actuel de nos connaissances, y distinguer trois catégories, savoir :

1° Les mouvements périodiques, qui sont exclusivement provoqués par des causes internes, sans qu'aucune impulsion externe appréciable y coopère de quelque façon que ce soit. Je les appellerai mouvements autonomes ou spontanés.

2° La plupart des feuilles végétatives spontanément mobiles sont en outre sensibles à l'influence de la lumière, beaucoup de pétales sont même sensibles à l'action de la chaleur. Je veux dire par là que, entre de certaines limites, toute augmentation d'intensité lumineuse ou de température imprime aux organes mobiles une courbure telle, que les feuilles prennent la position étalée et complétement épanouie ; tandis que toute diminution d'intensité lumineuse ou de température amène une courbure opposée, où les feuilles se couchent et se replient. La position étalée est souvent appelée position de *veille* ou diurne, l'autre, position de *sommeil* ou nocturne. Grâce à cette sensibilité pour les variations de la lumière et de la température, les organes de cette sorte accomplissent, sous l'influence de l'alternance du jour et de la nuit, des mouvements périodiques qui, étant dus à des causes externes, doivent être très-nettement distingués des mouvements périodiques autonomes, lesquels sont provoqués par des causes internes. Et cette distinction est d'autant plus nécessaire, que les deux espèces de mouvements se rencontrent habituellement sur le même organe et s'y combinent de diverses manières (1).

3° Un plus petit nombre de feuilles végétatives périodiquement mobiles, et en outre certains organes sexués qui ne manifestent pas de mouvements périodiques, sont sensibles à l'attouchement ou à l'ébranlement. Que l'on touche légèrement une certaine place déterminée de l'organe, toujours située sur le côté qui devient concave, ou qu'on la frotte doucement avec un corps solide, aussitôt cette face de l'organe se raccourcit, ce qui détermine une courbure du côté touché et sensible (2). Le même effet s'obtient en imprimant à toute autre partie de l'organe sensible un choc un peu plus fort, qui retentit naturellement sur la région sensible. Une fois courbé à la suite de cette excitation mécanique, l'organe se redresse plus tard, reprend sa situation normale et est de nouveau sensible. Ordinairement, surtout dans les filets staminaux irritables des Cynarées, la surface de l'organe est couverte de poils, par le moyen desquels tout léger contact, en particulier tout passage d'un corps solide (par exemple d'une patte d'insecte) sur l'organe s'y transforme aussitôt en un ébranlement local et l'excite avec d'autant plus de force.

Rôle de ces divers mouvements dans l'économie de la plante. — Le rôle que ces diverses formes de mouvement jouent dans l'économie de la plante n'est connu que pour un petit nombre de cas particuliers, pour les filets staminaux irritables, par exemple. Excités par les insectes qui visitent les fleurs, les filets prennent, en effet, la position qui convient au transport du pollen sur le stigmate de la même fleur (*Berberis?*) ou de fleurs différentes (Cynarées).

Les mouvements des pétales provoqués par les changements de lumière et de température ont en général un double résultat : 1° d'ouvrir les fleurs pendant le jour et par conséquent de frayer le chemin aux insectes qui les visitent et les fécondent ; 2° de les fermer au contraire le soir et par les jours froids et humides, c'est-à-dire quand les insectes se reposent, et de protéger pendant ce temps les grains de pollen contre l'humidité et le moisissement.

On ignore encore de quelle utilité peuvent être, dans l'économie de la plante, les mouvements périodiques dont jouissent certaines feuilles végétatives et ceux que les agents extérieurs peuvent y exciter.

Mouvements périodiques spontanés. — Le mouvement périodique spontané se manifeste avec la netteté la plus grande, dans le petit nombre des cas où la période ne dure que quelques minutes et où l'oscillation de l'organe se produit nuit et jour, à supposer pourtant que la température soit suffisamment élevée. Il en est ainsi dans les petites folioles latérales de la feuille ternée de l'*Hedysarum gyrans*, Papilionacée de l'Inde, ainsi que dans le labelle de la fleur du *Megaclinium falcatum*, Orchidée africaine.

Les folioles de l'*Hedysarum gyrans* (3) s'insèrent sur le pétiole général par

(1) Appuyée en partie sur des faits connus depuis longtemps, cette distinction, qui est absolument indispensable si l'on veut se faire une idée claire des phénomènes, a été introduite et justifiée par moi, dès l'année 1863. (Ueber die Starrezustände, etc. Flora, 1863.)

(2) Le raccourcissement n'a été, il est vrai, directement constaté que pour quelques cas, mais il est très-probable pour les autres.

(3) Pour plus de détails, voir MEYEN : Neues System der Pflanzenphysiologie, 1839, III, p. 553.

des pétiolules grêles et longs de 4 à 5 millim. C'est par le mouvement de ces pétiolules que les folioles sont promenées circulairement, décrivant à peu près une surface conique. Suivant la température, qui doit être d'au moins 22°, un tour dure de 2 à 5 minutes environ; le mouvement est souvent irrégulier, parfois interrompu, puis reprenant brusquement.

Le labelle du *Megaclinium* (1) est porté par une portion basilaire étroite, traversée par trois minces faisceaux vasculaires, et ce sont les courbures alternatives de cette région qui impriment au labelle un lent mouvement de bascule dans le sens vertical.

Quant aux autres et beaucoup plus nombreuses feuilles végétatives périodiquement mobiles, leur périodicité autonome est presque entièrement masquée par cette circonstance, que leurs organes mobiles sont en même temps très-sensibles aux excitations lumineuses, de sorte qu'un observateur superficiel n'y aperçoit nettement que la période journalière, c'est-à-dire la position diurne et la position nocturne. Toutefois, si on laisse ces plantes, ou même quelqu'une de leurs branches coupée et placée dans l'eau, séjourner pendant quelques jours à l'obscurité ou dans une lumière artificielle d'intensité constante, on voit que les mouvements périodiques n'y cessent pas, mais continuent à s'exercer, même si la température est constante, c'est-à-dire alors qu'on ne peut invoquer aucune excitation due à quelque oscillation de température. Dans ces conditions, les feuilles sont en mouvement lent et continu, comme on s'en assure en notant leurs positions à de courts intervalles de temps. Il en est ainsi, par exemple, dans les *Mimosa, Acacia lophantha, Trifolium incarnatum* et *pratense, Phaseolus*, diverses espèces d'*Oxalis*, par exemple *O. acetosella*, etc. (2). P. de Candolle a montré aussi que, dans une lumière artificielle d'intensité constante, les feuilles des *Mimosa* exécutent des mouvements périodiques.

La manière différente dont se comportent d'une part les folioles latérales de l'*Hedysarum gyrans* et le labelle du *Megaclinium falcatum*, et d'autre part les feuilles douées d'une position diurne et nocturne, peut donc se formuler ainsi : dans les premières, les causes périodiques internes du mouvement sont plus fortes que la faible excitation lumineuse; dans les autres, les causes internes du mouvement périodique sont de beaucoup surpassées par la forte excitation qu'exercent sur elles les variations d'intensité lumineuse dans les conditions normales de la végétation.

A cette seconde catégorie appartiennent les feuilles végétatives composées des Légumineuses, de beaucoup d'Oxalidées et des *Marsilia*. Dans les Légumineuses, le pétiole principal est souvent lui-même fixé à la tige par un organe mobile de plus grande dimension. Chez toutes les plantes citées, chaque foliole s'insère sur le pétiole commun par un petit organe mobile du même genre; s'il y a, comme dans les *Mimosa*, des pétioles secondaires, c'est-à-dire si la feuille est à deux degrés composée-pennée, les pétioles secondaires s'insèrent aussi sur le pétiole primaire par autant d'organes mobiles. Ces organes mobiles consistent toujours ici en un faisceau vasculaire axile, enveloppé par

(1) Ch. Morren : Ann. des sc. nat., 1843. 2ᵉ Série, XIX, p. 91.
(2) Pour des indications plus détaillées, voir J. Sachs : Flora, 1863, p. 468, où est traité l'historique de la question.

une épaisse couche de parenchyme capable de se gonfler. Les autres parties des feuilles, pétioles et limbes, ne sont pas mobiles par elles-mêmes; elles ne font qu'obéir à l'impulsion que leur impriment les courbures effectuées par les organes moteurs où elles s'insèrent.

Le mouvement est tantôt une flexion alternative vers le haut et vers le bas, comme dans les *Phaseolus, Trifolium, Oxalis*, et dans les pétioles communs des *Mimosa;* mais tantôt il est dirigé d'arrière et d'en bas en avant et en haut, comme dans les folioles des *Mimosa.*

Mouvements de veille et de sommeil. — Le phénomène connu sous le nom de *veille* et de *sommeil* des plantes atteint son plus haut développement dans les feuilles végétatives des Légumineuses, Oxalidées et *Marsilia*. Il y est d'ailleurs accompli précisément par ces organes moteurs qui sont le siége des mouvements périodiques autonomes. On l'observe encore chez beaucoup d'autres feuilles végétatives, chez celles des Scitaminées par exemple, où le limbe est fixé au pétiole par un organe mobile arrondi, semblable à ceux des Légumineuses. Mais, en outre, ce phénomène se manifeste aussi dans un grand nombre de feuilles végétatives (parfois même jusque dans les cotylédons verts), dont le pétiole et le limbe ne sont pas portés par un renflement mobile, nettement limité. C'est alors la portion basilaire du pétiole et sa région supérieure où s'insère le limbe, dont les courbures déterminent les mouvements de veille et de sommeil. On ignore encore si ce dernier genre de feuilles possède aussi une périodicité autonome.

Dans toutes ces feuilles vertes, le mouvement est essentiellement provoqué par les variations périodiques de l'intensité lumineuse, et c'est à l'action des rayons les plus réfrangibles qu'il est dû (1). Toute augmentation d'intensité lumineuse détermine un mouvement dans le sens de la position diurne, toute diminution d'intensité entraîne un déplacement en sens opposé.

La position diurne des feuilles est en général caractérisée par l'épanouissement complet des surfaces foliaires, qui s'étalent dans un plan. Dans la position nocturne, au contraire, les diverses parties de la feuille se replient sur elles-mêmes et se recouvrent de manières très-différentes, se tournant tantôt vers le haut, tantôt vers le bas, et tantôt latéralement. Se tournent vers le haut dans leur position nocturne, les folioles des *Lotus, Trifolium, Vicia, Lathyrus;* vers le bas celles des *Lupinus, Robinia, Glycyrrhiza, Glycine, Phaseolus, Oxalis;* le pétiole général des *Mimosa* s'affaisse vers le bas pendant la nuit, celui des *Phaseolus* se dresse au contraire vers le haut. Les folioles des *Mimosa* et du *Tamarindus indica* prennent leur position nocturne en s'appliquant latéralement en avant le long du pétiole qui les porte; celles du *Tephrosia caribœa* se tournent latéralement en arrière (2).

Quand le pétiole principal et d'autres parties de la même feuille sont à la fois mobiles, les courbures contractées par ces divers organes moteurs peuvent être différentes. Ainsi, par exemple, le pétiole des *Phaseolus* se relève le soir, tandis que ses folioles s'abaissent; le pétiole commun des feuilles de *Mi-*

<hr>

(1) J. Sachs : Botanische Zeitung, 1857, p. 813.
(2) Voir Dassen dans Meyen : Neues System der Pflanzenphys., III, p. 476.

mosa au contraire s'abaisse, pendant que les pétioles secondaires se tournent en avant et que les folioles se tournent en haut et en avant de façon à se recouvrir en partie comme les tuiles d'un toit.

Dans les feuilles végétatives, on distingue, nous l'avons dit, le mouvement périodique autonome et le mouvement de sommeil d'avec le mouvement de nutation qui, causé par l'accroissement, provoque l'épanouissement de ces organes et leur sortie du bourgeon. De même il est nécessaire de distinguer dans les fleurs (ce qu'on n'a pas toujours fait avec assez de soin) (1), l'épanouissement proprement dit du mouvement de sommeil périodique. Les corolles qui, après s'être épanouies et être restées quelque temps ouvertes, tombent simplement ou se fanent, comme celles des *Mirabilis, Cereus grandiflorus, Helianthemum vulgare*, etc., ne doivent donc pas entrer ici en considération. Mais d'autres corolles durent au contraire plusieurs jours, pendant lesquels elles s'ouvrent et se ferment alternativement, le plus souvent sous l'influence du jour et de la nuit ou des changements de temps, comme la corolle des *Tulipa, Crocus, Solanum tuberosum, Oxalis, Mesembryanthemum, Ipomœa, Convolvulus, Hemerocallis, Portulacca*. Les diverses pièces de la corolle se rapprochent et s'écartent ici tour à tour. Dans certaines Composées, les diverses fleurs ligulées font de même et se comportent ainsi par rapport au capitule comme les diverses pièces de la corolle dans une fleur simple; il en est ainsi, par exemple, dans le *Taraxacum officinale*, les *Tragopogon* et beaucoup d'autres Chicoracées, dans le *Bellis perennis*, etc.

Mouvements excités par contact ou ébranlement. — Certaines feuilles végétatives, déjà douées de mouvement périodique spontané, sensibles en outre à l'action de la lumière, sont encore excitées à de nouveaux mouvements par le contact d'un corps solide ou par un ébranlement mécanique. Citons pour exemples les feuilles d'*Oxalis acetosella, stricta, corniculata, purpurea, carnosa, Deppei* (2), de *Robinia pseudo-acacia* (3), de diverses espèces de *Mimosa* (*M. sensitiva, prostrata, casta, viva, asperata, quadrivalvis, dormiens, pernambuca, pigra, humilis, pellita*), d'*Æschinomene sensitiva, indica, pumila*, de *Smithia sensitiva*, de *Desmanthus stolonifer, triquetrus, lacustris*. Dans la majorité de ces plantes, il faut un ébranlement assez fort et souvent répété pour déterminer le mouvement, qui s'accomplit toujours dans le sens de la position nocturne, et la plante qui a ainsi obéi à l'ébranlement présente le même aspect que si elle était en sommeil. D'une façon générale, l'excitation mécanique a donc agi sur elle comme une diminution d'intensité lumineuse. Il en est de même dans l'*Oxalis sensitiva* (*Biophytum sensitivum*) et dans le *Mimosa pudica*, chez qui toutefois il suffit d'un très-faible ébranlement ou du simple attouchement de l'endroit sensible de l'organe mobile, pour provoquer des mouvements vifs et rapides, qui se propagent aussi dans toutes les parties non touchées de la feuille quand la plante est sensible à un haut degré.

Parmi les étamines excitables, il faut citer tout d'abord celles de diverses

<hr>

(1) Voir par ex. Dutrochet : Mémoires pour servir, etc., 1837, I, p. 469.
(2) D'après Unger : Anat. und Physiologie, 1855, p. 417.
(3) Mohl : Flora, 1832, et Vermischte Schriften.

espèces de *Berberis* (1) (par exemple les *B. vulgaris, emarginata, cretica, aristata*) et celles du genre voisin *Mahonia*. Ces étamines sont rabattues en dehors à l'état de repos, et il suffit de toucher légèrement la base de la face interne du filet, pour les voir s'infléchir vers l'intérieur jusqu'à ce que l'anthère arrive au contact du stigmate.

Chez diverses Cynarées (*Centaurea, Onoperdon, Cnicus, Carduus, Cynara*) et Chicoracées (*Cichorium, Hieracium*), un faible choc ou un léger frottement exercé en un endroit quelconque du filet de l'étamine, amène des phénomènes plus compliqués. Les cinq filets qui s'échappent de la base de la corolle portent en haut les cinq anthères accolées fortement l'une à l'autre, mais non soudées; ces anthères forment un tube, par où le style passe en s'accroissant, en même temps que le pollen est mis en liberté. A cette époque, les filets sont sensibles. A l'état de repos ils sont infléchis, la convexité en dehors, autant que le permet la largeur de la corolle; quand on les touche ou qu'on les ébranle, ils se raccourcissent, deviennent droits et viennent s'appliquer le long du style qu'ils entourent, pour s'allonger de nouveau quelques minutes après et reprendre leur forme arquée. Comme chaque filet est sensible pour son propre compte, si l'on n'en touche qu'un ou si le choc imprimé au capitule ne porte que d'un seul côté, un seul filet se raccourcit, ou quelquefois deux ou trois ensemble, et par ce raccourcissement unilatéral l'appareil sexué se trouve tout entier courbé dans une certaine direction. Mais à la suite de la traction ainsi opérée, ou de la pression qui est alors exercée par la corolle sur les autres filets, ceux-ci sont irrités à leur tour et se raccourcissent aussi. Il résulte de là, dans l'appareil sexué de chaque fleur, un mouvement oscillatoire ou tournant assez irrégulier. Si l'on secoue le capitule tout entier ou si l'on souffle dessus, ses nombreuses fleurs entrent donc toutes à la fois en fourmillement. Le phénomène n'a lieu, d'ailleurs, que pendant que le style traverse le tube formé par les anthères et que le pollen se trouve mis en liberté dans ce tube. Par ces mouvements des filets, qui dans la nature sont provoqués par les insectes, le tube formé par les anthères est chaque fois tiré vers le bas et par suite une partie du pollen se trouve mise en liberté vers le haut, où elle est prise par l'insecte et transportée par lui sur les stigmates déjà épanouis d'autres fleurs du même capitule ou de capitules différents (2).

Parmi les organes sexués femelles, on connaît la sensibilité des lobes stigmatiques des *Mimulus, Martynia, Goldfussia anisophylla*, etc., qui, touchés par un insecte, rapprochent leurs faces internes jusqu'au contact, évidemment pour y retenir le pollen que l'insecte y a déposé.

Les mouvements qu'un léger attouchement provoque dans le gynostème des *Stylidium* (par ex. *St. adnatum, graminifolium*), genre d'Orchidées de la Nouvelle-Hollande, sont plus frappants encore. A l'état de repos, le gynostème allongé, portant en haut le stigmate et immédiatement au-dessous deux anthères, est fortement rabattu vers le bas; l'excitation y détermine un relève-

(1) GÖPPERT : Linnæa, 1828, III, p. 234.

(2) Ces phénomènes ont été découverts en 1764 par le comte Battista dal Covolo, et bien décrits par Kölreuter dans ses : Vorläufige Nachrichten von einigen das Geschlecht der Pflanzen betreffenden Versuchen, 3 Fortsetzung, 1766, p. 125.

ment brusque, à la suite duquel il vient même se rejeter contre les autres côtés de la fleur.

On trouvera une description plus détaillée de ces organes mobiles et d'autres encore dans les écrits de M. Ch. Morren cités ci-dessous (1).

§ 28.

États de mobilité et de rigidité des organes moteurs (2).

Les organes périodiquement mobiles et les organes sensibles peuvent, suivant les influences extérieures auxquelles la plante est soumise, affecter alternativement deux états différents. En effet, la faculté de se mouvoir périodiquement et d'être sensible peut y être suspendue pendant un temps plus ou moins long, et faire place à un état de rigidité et d'immobilité qui disparaît à son tour quand les influences extérieures se trouvent ramenées dans les limites normales, pourvu toutefois que l'organe n'ait pas été tué auparavant. Et c'est précisément parce qu'il est transitoire, parce que les changements internes qui le provoquent sont réparables, que cet état de rigidité se distingue de l'état d'immobilité causé par la mort.

Distinction entre les causes qui provoquent les mouvements des organes et celles qui en déterminent la mobilité. — Il est très-important, pour l'intelligence des phénomènes de mouvement, de se représenter très-clairement la distinction que nous établissons ici entre les expressions mouvement et mobilité, et de ne pas confondre les causes qui déterminent un mouvement isolé avec celles dont dépend la mobilité ou la faculté de se mouvoir. L'histoire de la science montre que cette distinction a été négligée par plus d'un auteur, ce qui a répandu l'obscurité sur le fond même des choses.

Cette distinction apparaîtra plus nette encore par les considérations suivantes. La théorie de la marche présuppose l'état *mobile* des muscles et des tendons, l'exact ajustement des os, l'activité des nerfs, enfin la nutrition de toutes ces parties par le sang. Toutes ces choses admises, on entreprend d'expliquer, par l'arrangement des parties dans l'espace, par les modifications qu'elles subissent dans le temps, enfin par leur active coopération, tous les mouvements du corps humain que nous désignons sous le nom de locomotion. Ce problème est purement mécanique, du moment que toutes les parties nécessaires à la marche sont reconnues présentes et normalement disposées pour l'action. C'est d'un tout autre ordre de questions qu'il s'agit, au contraire, si l'on veut montrer pourquoi les organes nécessaires à la marche refusent parfois leurs services, après une grande fatigue, par exemple, après une paralysie des

(1) Ch. Morren : sur le *Stylidium :* Mém. de l'Ac. des sc., de Bruxelles, 1838 ; sur le *Gold-fussia, ibid.,* 1839 ; sur le *Sparmannia africana, ibid.,* 1841 ; sur le *Megaclinium, ibid.,* 1842 ; sur l'*Oxalis,* Bulletin de l'Acad. des sc. de Bruxelles, II ; sur le *Cereus, ibid.,* V et VI.

(2) J. Sachs : Die vorübergehenden Starrezustände periodisch beweglicher und reizbarer Pflanzenorgane (Flora, 1863). — Dutrochet : Mémoires pour servir, etc., I, p. 562. — Kabsch : Botanische Zeitung. 1862, p. 542.

extrémités, etc. Le mécanisme de la locomotion dans l'état normal étant une fois connu, il s'agit alors seulement de montrer en quoi la mobilité est empêchée dans cet état anormal ; or ce résultat peut être amené soit par des causes purement chimiques, soit par une altération de la structure moléculaire des muscles ou des nerfs, etc. : toutes questions qui n'ont directement rien à faire avec le mécanisme de la locomotion.

Il est facile maintenant d'appliquer ces considérations aux organes de mouvement des plantes. L'étude anatomique et physiologique de ces organes, dans leur état de mobilité normale, fournit les bases de l'explication mécanique de chaque mouvement particulier accompli par la feuille. Au contraire, la question de savoir pourquoi les feuilles sont immobiles dans certaines circonstances, pourra bien exiger par occasion des considérations mécaniques, mais en général cependant elle s'en dégagera, et dans l'étude de ce problème on aura à montrer que des modifications chimiques ou moléculaires ont produit dans le contenu ou dans la membrane des cellules un état anormal qui rend ces cellules immobiles et incapables de manifester leurs courbures normales vers le haut ou vers le bas. Le mécanisme d'une montre bien réglée peut être très-exactement connu de l'horloger ; mais si cette montre commence à mal marcher, si elle s'arrête complétement, le fait exige une recherche attentive non du mécanisme de la montre, mais des causes qui y gênent ou y empêchent l'action des forces motrices. Ces causes pourraient être, par exemple, de nature purement chimique, si une goutte d'acide avait altéré le ressort et en avait ainsi diminué la force de tension ; elles pourraient être aussi de nature purement physique, si la montre avait été soumise à une température trop élevée ou trop basse, ou encore placée dans le voisinage d'un fort aimant.

L'étude des états de rigidité transitoire des organes de mouvement, et de leurs causes extérieures n'a donc rien à faire avec le mécanisme des divers mouvements que ces organes sont capables d'accomplir dans leur état normal, mais elle conduit, au contraire, à des problèmes qui intéressent la structure moléculaire et les propriétés chimiques des tissus. Ce fait, qu'une substance vénéneuse rend immobile le tissu d'un organe moteur, ne nous apprend absolument rien au sujet du mécanisme des mouvements que cet organe exécute dans son état normal.

Ces remarques, si évidentes par elles-mêmes, paraîtront peut-être superflues, mais l'état actuel de la littérature qui traite du mouvement des feuilles m'a paru les rendre nécessaires dans l'intérêt des commençants.

Causes des états de rigidité transitoire. — On peut admettre, d'une façon générale, que les états de rigidité transitoire sont provoqués par des modifications chimiques et moléculaires des cellules, modifications qui, développées à un plus haut degré, causeraient la mort des éléments. C'est seulement parce que les influences nuisibles sont encore discontinues, et que les modifications internes n'ont pas encore, par conséquent, atteint le degré où elles tuent les cellules, que tout est réparable et que sous des influences favorables le tissu peut reprendre son état normal et avec lui sa mobilité.

Circonstances où ils se produisent. — Un état de rigidité transitoire se produit : 1° quand la plante est exposée pendant un temps qui n'est pas trop

long à une basse température, supérieure toutefois à 0°, ou à une tempéra‑
ture élevée, mais inférieure à 50° ; 2° dans les feuilles végétatives exposées
à l'obscurité pendant deux jours au plus, ou à une ombre épaisse pendant un
temps plus long ; 3° dans les feuilles sensibles par un manque d'eau, assez
faible cependant pour ne pas les flétrir ; 4° dans tous les organes sensibles,
par une exposition dans le vide, ou dans une atmosphère privée d'oxygène, ou
dans de l'air fortement chargé soit d'acide carbonique, soit de certaines va‑
peurs, notamment de vapeurs de chloroforme. Dans tous ces cas, la mort ar‑
rive si l'action dure trop longtemps, ou si elle dépasse un certain degré.

Exemples. — Le lecteur trouvera dans mon Mémoire cité plus haut des
indications plus détaillées sur ce sujet. Je me borne à y emprunter les quel‑
ques exemples suivants :

Rigidité transitoire causée 1° par le froid. — Il suffit que la tempéra‑
ture ambiante descende pendant quelques heures au-dessous de 15° pour que,
toutes les autres conditions étant d'ailleurs favorables, les organes mobiles du
Mimosa pudica entrent en état de rigidité transitoire. Plus la température s'a‑
baisse au-dessous de ce point, plus la rigidité s'introduit rapidement. C'est
d'abord la sensibilité par l'ébranlement et le toucher qui disparaît, puis la
sensibilité par la lumière, enfin le mouvement périodique spontané s'évanouit
en dernier lieu. D'après M. Kabsch, il suffit que la température s'abaisse
au-dessous de 22°, pour que les folioles latérales de l'*Hedysarum gyrans* de‑
viennent immobiles et rigides.

2° **Par la chaleur.** — Une heure de séjour dans de l'air humide à 40°,
une demi-heure à 45°, quelques minutes seulement à 49°-50° suffisent à faire
entrer en rigidité transitoire les feuilles des *Mimosa*. La sensibilité reparaît au
bout de quelques heures, si la plante est soumise de nouveau à une tempéra‑
ture favorable. Quand les feuilles de *Mimosa* sont placées dans l'eau, leur rigi‑
dité par le froid arrive déjà au bout d'un quart d'heure à 16°-17°, et leur rigi‑
dité par la chaleur se produit déjà en un quart d'heure à 36°-40° (1). Pendant
cette rigidité transitoire, et cela aussi bien dans l'air que dans l'eau, les fo‑
lioles se ferment, comme après une excitation ; mais leurs pétioles communs
se dirigent vers le ciel, tandis qu'après l'excitation ils s'abaissent vers la terre.

3° **Par l'obscurité.** — Place-t-on dans l'obscurité des plantes à feuilles végé‑
tatives périodiquement mobiles et sensibles à la lumière ou à l'ébranlement,
comme les *Mimosa, Acacia, Trifolium, Phaseolus, Oxalis*, les mouvements pé‑
riodiques spontanés, débarrassés ainsi des changements de position déter‑
minés par la lumière, apparaissent avec une netteté d'autant plus grande,
et la sensibilité au choc y demeure aussi inaltérée au début. Seulement,
quand l'obscurité a agi pendant un ou quelques jours, cette sensibilité dispa‑
raît complétement, et il s'établit dans la feuille un état de rigidité causé par

---

(1) Plongé dans l'eau à 19° — 21°,5, le *Mimosa* conserve pendant dix-huit heures et plus sa
sensibilité pour le choc et pour la lumière. — Les observations de M. Bert (Recherches sur les
mouvements de la Sensitive, Paris, 1867, p. 10), d'après lesquelles les *Mimosa* demeurent sen‑
sibles jusqu'à 56° et même jusqu'à 62° sont trop peu précises et, d'après tout ce que nous savons
sur la limite supérieure des températures de végétation, les résultats en sont tout simplement
incroyables.

l'absence de lumière. Éclairée de nouveau, la plante ainsi devenue rigide, reprend, après quelques heures ou parfois seulement après quelques jours, sa mobilité première.

Pour amener cette rigidité, il n'est cependant pas du tout nécessaire d'avoir recours à une très-profonde obscurité. Il suffit, en effet, pour la provoquer, qu'une plante très-avide de lumière, comme sont les *Mimosa*, demeure exposée pendant quelques jours à un éclairage insuffisant, par exemple à la lumière qui règne dans une chambre ordinaire à distance des fenêtres.

Par opposition à l'état de rigidité causé par l'absence de lumière, j'ai appelé *état phototonique* l'état de mobilité où se trouve la plante exposée à l'action prolongée de la lumière. D'après ce que nous venons de dire, une plante en état phototonique, placée à l'obscurité, conserve pendant quelque temps (plusieurs heures ou même quelques jours durant) cet état, qui disparaît ensuite peu à peu ; et même, dans les conditions ordinaires de la végétation, la plante se trouve pendant la nuit en état phototonique. Par contre, une plante amenée à l'état rigide par un séjour prolongé à l'obscurité et placée ensuite à la lumière conserve sa rigidité pendant quelque temps (des heures ou même des jours durant). Les deux états opposés ne se transforment donc qu'avec lenteur l'un dans l'autre.

Pour l'obscurité, comme pour la chaleur et le froid, quand le *Mimosa* entre en rigidité, c'est d'abord sa sensibilité pour le choc qui disparaît, puis ensuite son mouvement périodique spontané. Placée à la lumière, la plante reprend d'abord son mouvement spontané, et plus tard seulement sa sensibilité.

La position qu'affectent les diverses parties des feuilles des *Mimosa* pendant leur rigidité diffère de la position nocturne qu'elles prennent dans l'état phototonique, mais elle diffère aussi de celle de la rigidité calorifique. Dans les *Mimosa* devenues rigides à l'obscurité, les folioles sont, en effet, totalement ouvertes, les pétioles secondaires abaissés, les pétioles primaires presque horizontaux.

Les variations de l'intensité lumineuse n'excitent de mouvements que dans les plantes saines et en état phototonique. Les plantes devenues rigides à l'obscurité se montrent insensibles à la lumière, jusqu'à ce que par un séjour prolongé elles y aient repris l'état phototonique qui leur permet ensuite d'être sensibles aux variations de son intensité. J'ai pu m'en convaincre notamment en étudiant un plant d'*Acacia lophantha*. Il avait séjourné cinq jours à l'obscurité où, depuis quarante-huit heures, il avait perdu jusqu'aux dernières traces de son mouvement spontané. Transporté devant la fenêtre, au bout de deux heures et par un ciel couvert, il abaissa fortement ses folioles, après quoi ses pétioles secondaires eux-mêmes changèrent un peu de position. Mais, dans cet état, la plante était cependant encore rigide ; car, placée vers midi à l'obscurité à côté d'une plante de même espèce en état phototonique, elle ne changea pas la position de ses feuilles et ses folioles demeurèrent ouvertes, tandis qu'au bout d'une heure l'autre plante avait pris sa position nocturne et fermé ses folioles. Replacées ensuite toutes deux devant la fenêtre, la première maintint ses feuilles en place, la seconde les ouvrit en une heure par un ciel couvert. Le soir du même jour, les six feuilles inférieures étaient encore rigides et ouvertes, mais les huit à neuf feuilles d'en haut se fermaient ; le lendemain matin toutes les feuilles de la plante reprenaient ensemble leur position diurne. A quelques différences secondaires près, le *Trifolium incarnatum* se comporte de la même manière.

Il est à remarquer que chez les plantes observées par moi dans cet état de rigidité causée par l'obscurité, les feuilles se rapprochent beaucoup plus de leur position de veille phototonique que de leur position de sommeil.

4° Par la dessiccation. — Je n'ai observé de rigidité produite par la dessiccation que dans le *Mimosa pudica*. La sensibilité de la plante diminue à mesure qu'on laisse se dessécher la terre du pot qui la renferme, puis il s'établit un état de rigidité presque complète, où les pétioles principaux sont horizontaux et les folioles étalées. Cependant ces feuilles, devenues ainsi insensibles à toute excitation, ne sont pas fanées. Il suffit d'arroser la terre du pot pour obtenir, dans l'espace de deux à trois heures, un retour complet de sensibilité.

5° Par des actions chimiques. — Dans cette catégorie, je place avant tout l'état décrit par Dutrochet sous le nom d'asphyxie (1), état où entrent les *Mimosa* quand on les place dans le vide de la machine pneumatique. Pendant qu'on fait le vide, les feuilles se rabattent et se ferment, sans doute sous l'influence de l'ébranlement. Mais plus tard leurs folioles s'étalent, leurs pétioles se dressent et les feuilles prennent la même position que dans l'obscurité prolongée. Elles sont maintenant rigides, tout mouvement périodique, toute sensibilité pour le choc y a disparu. Replacée à l'air, la plante reprend sa mobilité. Il est à peine douteux que le vide agit ici par privation d'oxygène, et que la rigidité est causée par la suspension du phénomène respiratoire.

M. Kabsch (2) a confirmé ces observations et a montré en même temps que les étamines des *Berberis*, *Mahonia* et *Helianthemum* perdent aussi leur sensibilité dans le vide, pour la reprendre de nouveau à l'air.

C'est encore simplement à une suspension du phénomène respiratoire, qu'il faut attribuer la rigidité que, d'après M. Kabsch, ces mêmes étamines contractent dans l'azote ou l'hydrogène, et qui disparaît de nouveau quand l'oxygène de l'air leur est rendu. Au contraire, on pourra regarder comme une action chimique positivement nuisible, comme un véritable empoisonnement, l'effet produit par l'acide carbonique pur ou mêlé à l'air dans une proportion supérieure à 40 p. 100, sur les étamines du *Berberis* dont la sensibilité s'éteint dans ces conditions. Après trois ou quatre heures de séjour dans ce gaz, en effet, il faut plusieurs heures de séjour à l'air ordinaire pour que les étamines reprennent leur mobilité. L'oxyde de carbone, mêlé à l'air dans la proportion de 20 à 25 p. 100, annule la sensibilité, tandis que le protoxyde d'azote se montre indifférent. Dans le protoxyde d'azote pur, au contraire, les étamines se courbent vers le pistil après une minute et demie à deux minutes et perdent leur sensibilité. Le gaz ammoniac paraît amener en quelques minutes une rigidité transitoire.

L'oxygène pur lui-même détermine, d'après M. Kabsch, dans l'espace de une

(1) Dutrochet : Mémoires pour servir, etc., I, p. 552.
2) Kabsch : Botanische Zeitung, 1862, p. 342.

demi-heure à une heure, un état de rigidité dont les étamines reviennent quand on les replace à l'air ordinaire. Les vapeurs de chloroforme frappent de rigidité les feuilles de *Mimosa*, soit dans la position étalée, soit dans l'état replié où elles se trouvent à la suite d'une excitation.

6° **Par l'électricité.** — M. Kabsch (1) a déterminé dans le gynostème du *Stylidium* un état de rigidité transitoire, en y faisant agir l'électricité. Un faible courant excite cet organe comme un ébranlement mécanique; un courant plus fort détruit la sensibilité, mais elle reparaît après une demi-heure. — Dans l'*Hedysarum gyrans*, au contraire, les folioles devenues rigides par l'abaissement de la température au-dessous de 22°, furent remises en mouvement par les courants d'induction.

§ 29.

Mécanisme des mouvements (2).

Supposons que les organes du mouvement se trouvent dans leur état de santé et de mobilité normales, il convient maintenant de montrer *comment*, dans chaque cas particulier, le mouvement y prend naissance. Tout d'abord, il s'agit ici de mettre en évidence les dispositions anatomo-mécaniques du tissu qui sont capables, sous l'influence de certaines forces, d'amener des déplacements ayant pour conséquences les mouvements en question. En second lieu, il faut faire voir d'où viennent les forces qui mettent effectivement en mouvement cet appareil mobile.

Les organes de mouvement sont animés par des forces à l'état de tension. — Les appareils dont il est ici question sont animés par des forces à l'état de tension, qu'une légère impulsion suffit à mettre en jeu. Cela résulte déjà de ce que les mouvements y sont provoqués par des causes qui ne peuvent exercer cet effet que grâce à des dispositions toutes particulières, qui font que l'impulsion au mouvement et le mouvement lui-même sont tout à fait disproportionnés. Quand un faible attouchement, exercé sur la face inférieure du grand organe moteur d'une feuille de *Mimosa*, non-seulement rabat fortement cette feuille tout entière, mais encore met d'autres feuilles en mouvement, on est conduit à penser à une machine à vapeur dont les forces puissantes sont tout à coup mises en action par une faible pression exercée sur une soupape. Quant à l'étonnante transformation des forces de tension en forces vives, que la lumière provoque dans les organes périodiquement mobiles en les faisant passer de la position nocturne à la position diurne et du sommeil à la veille, elle ne se prête pas à une comparaison, même aussi lointaine. On peut se rappeler pourtant que le soleil est capable d'enflammer une certaine quantité de poudre au foyer d'une lentille, et que cette poudre enflammée peut, à son tour, par la force d'expansion des gaz qu'elle produit, soit mettre une machine en mouvement, soit projeter une balle hors du canon.

(1) KABSCH : Botanische Zeitung, 1861, p. 358.

(2) La seule exposition générale du sujet est due à M. Hofmeister (Flora, 1862). Elle diffère en principe de la mienne ; aussi n'entrerai-je pas ici dans la discussion des divergences d'opinion qui se produisent entre nous à propos de chaque phénomène.

Ces forces antagonistes sont l'attraction endosmotique du contenu des cellules pour l'eau du dehors et l'élasticité des membranes cellulaires. — Aussi loin que portent actuellement nos observations, nous pouvons distinguer, dans les organes moteurs des plantes, deux espèces de forces qui, tendues en sens contraire, provoquent l'état sensible comme l'état périodiquement mobile de l'organe. C'est d'une part l'attraction de l'eau vers les substances contenues dans les cellules parenchymateuses du renflement ; c'est d'autre part l'élasticité (1) des membranes cellulaires. Par la première, par la force endosmotique, le parenchyme turgescent est puissamment distendu jusqu'à ce que l'élasticité des parois cellulaires lui fasse équilibre. La disposition même des couches tendues (voir § 7) rend cet équilibre nécessairement instable. Tout accroissement de turgescence d'un côté doit provoquer une courbure concave du côté opposé ; toute diminution de turgescence d'un côté, au contraire, détermine une courbure concave de ce côté.

Ce sont les variations d'intensité de la première force qui déterminent les mouvements. — Comme on ne peut guère admettre que l'élasticité des parois cellulaires subisse des changements périodiques, ou qu'elle soit modifiée par les variations d'intensité de la lumière, ou par un ébranlement insignifiant, il ne reste que les changements de turgescence des cellules du parenchyme auxquels on puisse, dans les conditions données, rapporter les changements de tension qui s'opèrent dans l'intérieur de l'organe moteur, c'est-à-dire les mouvements mêmes de cet organe. Or, ces modifications de turgescence ne peuvent avoir lieu que si de l'eau entre dans l'organe ou en sort, et la question essentielle est maintenant de montrer comment cette entrée ou cette sortie de l'eau est rendue possible par les dispositions anatomiques de l'organe et par quelles forces elle est provoquée.

Pour ce qui est de l'entrée de l'eau, et par conséquent de l'augmentation de turgescence du parenchyme dans tout ou partie de l'organe, il peut suffire pour le moment d'admettre que l'endosmose continue à s'exercer et tend toujours à attirer une nouvelle quantité d'eau dans les cellules. De plus grandes difficultés se présentent, quand on examine la question de savoir pourquoi une partie de cette eau, d'abord si énergiquement absorbée, est expulsée de nouveau sous l'influence d'un faible ébranlement, ou d'une augmentation de lumière, ou de causes internes inconnues comme dans le mouvement périodique spontané, pour être plus tard remplacée une seconde fois par une égale quantité d'eau.

Cette question une fois résolue, le mécanisme de ces mouvements serait connu, tout au moins dans ses traits principaux (2). Jusqu'à quel point est-on parvenu à la résoudre, c'est ce que nous allons brièvement exposer pour quelques-uns des organes moteurs que l'on a étudiés avec le plus de précision.

1. Mécanisme des mouvements provoqués par l'attouchement ou l'ébran-

---

(1) Comme divers auteurs confondent les expressions d'extensibilité et d'élasticité, qu'il soit bien convenu que par élasticité j'entends ici exclusivement la tendance d'un corps distendu à reprendre en se contractant ses dimensions naturelles.

(2) Cette manière de voir est essentiellement celle que M. Brücke a formulée et appuyée dès 1848 pour les *Mimosa*, et que M. Unger a défendue (Anatomie und Phys., 1855, p. 414).

lement. — *a.* **Mouvements des feuilles de la Sensitive** (*Mimosa pudica*) (1). — Complétement développée, la feuille doublement composée-pennée de la Sensitive consiste en un pétiole long de 4 à 6 centimètres qui porte deux paires de pétioles secondaires longs de 4 à 5 centimètres, pourvus chacun de 15 à 25 paires de folioles de 5 à 10 millimètres de longueur et de 1, 5 à 2 millimètres de largeur. Toutes ces parties sont réunies l'une à l'autre par des organes de mouvement. Chaque foliole s'insère immédiatement sur le pétiole secondaire par un renflement moteur long de 4 à 6 millim., et chaque pétiole secondaire se relie au pétiole primaire par un renflement de 2 à 3 millimètres de longueur et d'environ 1 millimètre de largeur. La base du pétiole principal lui-même est conformée en un organe moteur presque cylindrique, long de 4 à 5 millimètres et large de 2 à 2.5 millimètres. Comme ceux des pétioles secondaires, ce renflement est muni sur sa face inférieure d'un grand nombre de longs poils rigides; la face supérieure est peu ou point velue.

Chaque organe moteur consiste en un parenchyme relativement très-épais, revêtu d'un épiderme faiblement développé et privé de stomates; il est traversé par un faisceau fibro-vasculaire axile, mou, mais cependant très-peu extensible, qui se sépare en plusieurs faisceaux en entrant dans le pétiole. Le parenchyme consiste en cellules arrondies, laissant entre elles, dans les huit assises qui entourent le faisceau, de grands espaces intercellulaires, espaces qui vont en décroissant de plus en plus dans les dix-huit à vingt assises externes, et qui manquent complétement dans les assises phériphériques situées sous l'épiderme. A partir du faisceau, jusque dans les couches moyennes, les larges espaces intercellulaires sont remplis d'air et communiquent les uns avec les autres; les très-petits méats des couches externes sont triangulaires, isolés et, sur les sections, c'est-à-dire dans l'état excité, ils sont remplis d'eau.

Les cellules de la face inférieure de l'organe ont leurs parois minces; celles de la face supérieure ont des membranes environ trois fois plus épaisses, mais formées cependant de cellulose pure. Outre un abondant protoplasma contenant un noyau et de petits grains de chlorophylle et d'amidon, les cellules renferment chacune dans leur suc cellulaire une grosse goutte sphérique qui, d'après M. Pfeffer, se compose d'une dissolution concentrée de tannin et qui est entourée d'une mince membrane (2). Dans les jeunes organes, la sensibilité est déjà développée quand les parois cellulaires de la face supérieure ne sont pas encore devenues plus épaisses que celles de la face inférieure et quand les sphères que nous venons de signaler n'existent pas encore.

Un ébranlement quelque peu énergique de la plante tout entière fait courber

(1) Dutrochet : Mémoires pour servir à l'histoire, etc. Paris, 1837, I, p. 545. — Meyen : Neues System der Pflanzenphysiologie, 1839, III, p. 516. — Brücke : Archiv für Anatomie und Physiologie von Müller, 1848, p. 434. — Brücke : Sitzungsberichte der k. Akad. der Wiss. Wien, 1864. Bd. L. — Hofmeister : Flora, 1852. — J. Sachs : Handbuch der experimental Physiologie, 1866 (trad. française, p. 506). — Bert : Recherches sur les mouvements de la Sensitive (Soc. des sc. phys. et nat. de Bordeaux, 1866).

(2) D'après M. Unger, on trouve des sphères analogues dans le *Desmodium gyrans* et le *Glycyrrhiza*.

aussitôt tous les organes de mouvement, ceux des pétioles principaux vers le bas, ceux des pétioles secondaires en avant, enfin ceux des folioles en avant et en haut. D'abord dirigés obliquement vers le ciel, les pétioles primaires se dirigent maintenant horizontalement ou obliquement vers la terre, tandis que les pétioles secondaires et les folioles se ferment. Extérieurement, cet état est identique avec la position nocturne des feuilles, mais intérieurement il en diffère en ce que, dans cette position nocturne, un ébranlement excite encore la plante et notamment y provoque un abaissement plus profond du pétiole primaire. M. Brücke a montré aussi que l'organe moteur excité est devenu flasque, car sous une charge égale il s'infléchit plus après l'excitation qu'avant; dans la position nocturne, au contraire, l'organe est plus rigide et moins flexible que dans la position diurne. Il suffit de toucher légèrement les poils de leur face inférieure, pour exciter au mouvement les organes sensibles des pétioles tant primaires que secondaires; pour que les folioles se replient, il suffit aussi de toucher à peine la surface lisse de leur renflement basilaire. La sensibilité est d'ailleurs fort accrue par une température élevée et une grande humidité de l'air.

D'autre part, toute excitation locale détermine aussi des mouvements dans les organes voisins et souvent même dans toutes les feuilles d'une plante, phénomène que l'on a décrit comme étant une propagation de l'excitation primitive. Coupe-t-on, par exemple, une des folioles antérieures avec un rasoir, touche-t-on son organe moteur, ou l'expose-t-on au foyer d'une lentille, aussitôt elle prend sa position nouvelle; puis la paire de folioles située au-dessous se comporte de même, puis la seconde paire, et ainsi de suite jusqu'à la base du pétiole secondaire. Après une courte pause, le même phénomène s'opère sur un pétiole secondaire voisin, où il progresse de bas en haut, puis il s'étend progressivement aux autres pétioles secondaires; enfin, souvent après un temps assez long, le pétiole primaire s'abaisse à son tour. Plus tard le pétiole primaire de la feuille située immédiatement au-dessous ou au-dessus se rabat de la même manière; ensuite, le long de ce pétiole, les pétioles secondaires d'abord, puis les folioles prennent à leur tour et progressivement de bas en haut leur position de sommeil. Après quelques minutes. le mouvement commencé en un seul point peut ainsi avoir gagné toute la plante; mais parfois aussi l'excitation, en se propageant, saute par-dessus certains organes, qui n'entrent en mouvement que plus tard. La propagation de l'excitation, aussi bien dans les feuilles que dans la tige, semble s'opérer plus facilement de haut en bas qu'en sens inverse. Si la plante est laissée ensuite à elle-même, les folioles et les pétioles secondaires s'étalent de nouveau après quelques minutes, les pétioles primaires se redressent, et les feuilles sont redevenues excitables.

Si du gros organe moteur d'un pétiole principal, on enlève tout le parenchyme de la face supérieure jusqu'au faisceau axile, le pétiole ne s'en redresse pas moins plus tard, et même il devient plus rigide qu'avant. L'organe ainsi mutilé conserve aussi un faible degré de sensibilité. Mais si c'est le parenchyme de la face inférieure qu'on y enlève, le pétiole se rabat vers la terre, devient rigide dans cette position et ne témoigne plus désormais aucune espèce de sensibilité. La face inférieure de l'organe est donc seule sensible : le parenchyme de sa face supérieure ne joue qu'un rôle accessoire dans le mouvement, comme cela ressortira tout à l'heure avec encore plus de netteté.

Coupe-t-on au ras de la tige un des grands organes moteurs, il se courbe vers le bas en même temps qu'il laisse échapper une goutte d'eau par la section. Le fend-on maintenant, par une section longitudinale passant par le milieu du faisceau axile, en une moitié supérieure et une moitié inférieure, la première se courbe plus énergiquement encore vers le bas, tandis que la seconde devient presque droite ou ne conserve qu'une faible flexion vers le bas. Ces courbures sont plus nettes encore, si l'on partage ces deux moitiés par une section longitudinale en croix avec la première ; les quatre fragments montrent alors aussi une faible flexion latérale dirigée en dedans. En outre, si, par deux sections longitudinales, on sépare du faisceau axile le parenchyme supérieur et le parenchyme inférieur, le premier se courbe fortement vers le bas, et le second faiblement vers le haut ; en même temps ils s'allongent tous les deux, au point de dépasser notablement le faisceau axile. Ces expériences et d'autres encore montrent que, même dans l'organe excité et appauvri d'eau, il y a une notable tension entre le parenchyme et le faisceau vasculaire axile, et que, dans cet état, la tension est plus grande entre le parenchyme de la face supérieure et le faisceau, qu'entre le parenchyme de la face inférieure et ce même faisceau.

Place-t-on maintenant dans l'eau un organe ainsi préparé et attenant au pétiole, afin de réparer la perte d'eau qu'il a subie pendant l'opération, et de reproduire ainsi l'état normal, on voit la courbure vers le bas de la moitié supérieure devenir plus forte encore ; mais en même temps la face inférieure se courbe aussi fortement vers le haut, et son tissu, d'abord relâché, devient alors très-raide, presque cartilagineux, comme dans l'autre moitié. Cela prouve que, pendant l'opération et la perte d'eau consécutive, la turgescence avait diminué plus dans le parenchyme de la face inférieure que dans celui de la face supérieure, et qu'en revanche pendant l'absorption d'eau, la première face a gagné plus que la seconde. En d'autres termes, la face inférieure sensible cède son eau plus facilement que la face supérieure, mais elle la reprend aussi plus aisément. Le parenchyme de la face supérieure tend toujours à pousser le faisceau axile vers le bas ; celui de la face supérieure ne tend à le pousser vers le haut que s'il est riche en eau. Quand donc le parenchyme inférieur sera pauvre en eau, l'organe tout entier sera courbé vers le bas ; c'est seulement quand il sera abondamment pourvu d'eau que l'organe pourra être courbé vers le haut.

Inversement, si l'on considère maintenant la feuille attachée à la tige, on pourra conclure que dans sa position dressée l'organe moteur est riche en eau, et que dans la position rabattue qu'il prend après l'excitation, il est pauvre en eau. Cette conséquence se trouve tout d'abord confirmée par l'expérience suivante. Sur une plante très-sensible, on fait à la tige, loin de toute feuille et sans y déterminer d'ébranlement, une incision qui, dès que le couteau a atteint le bois, laisse écouler une grosse goutte d'eau ; on voit aussitôt l'organe moteur principal de la feuille la plus voisine se courber vers le bas, évidem-

ment à la suite de la perte d'eau qu'il a subie (1). En outre, cette conclusion
est conforme à ce fait signalé plus haut et constaté pour la première fois par
M. Brücke, que l'organe excité et rabattu est plus flasque et plus flexible que
l'organe non excité, résultat qui, dans les circonstances présentes, ne peut être
dû qu'à une diminution de turgescence et par conséquent à une perte d'eau.

Des expériences précédentes, on peut conclure encore que la perte d'eau
dans l'organe excité intéresse principalement ou exclusivement le parenchyme
de la face inférieure, ce qui explique aussi pourquoi un organe dont on a
enlevé la face supérieure demeure sensible, tandis que l'ablation de la face
inférieure lui ôte toute sensibilité. Dans ses recherches récentes sur ce sujet,
M. Pfeffer est arrivé à une vue plus nette de ces phénomènes ; j'en consigne ici
les résultats encore inédits, d'après les lettres qu'il m'a écrites sur ce sujet.

Par des mesures linéaires faites avec soin, d'abord sur des organes non excités,
puis ensuite sur ces mêmes organes excités, M. Pfeffer a établi en premier lieu
que le volume du parenchyme inférieur, qui se raccourcit après l'excitation,
diminue, tandis que le volume du parenchyme supérieur, qui s'allonge, augmente. Mais l'augmentation de volume de la moitié supérieure est beaucoup
plus faible que la diminution de volume de la moitié inférieure ; il en résulte
que l'organe tout entier diminue de volume, quand il se courbe vers le bas à la
suite de l'excitation. Cette diminution de volume du parenchyme inférieur a
lieu par une expulsion d'eau, comme le montre l'expérience suivante. Quand
on a coupé transversalement l'organe moteur à la limite du pétiole, là où le
faisceau axile est encore indivis, l'organe n'est tout d'abord ni sensible ni
courbé vers le bas ; mais si on laisse séjourner la plante dans une atmosphère
saturée de vapeur d'eau, il redevient sensible après un temps plus ou moins
long. A chaque excitation, on voit alors de l'eau s'écouler très-rapidement
par la section, et la quantité en est notable si la plante est abondamment
pourvue d'eau. Ce liquide provient du parenchyme, et presque exclusivement
de celui qui entoure le faisceau axile et qui renferme de grands espaces intercellulaires. Le liquide sort parfois exclusivement au-dessous du faisceau axile
et sur ses côtés, mais souvent aussi il s'en échappe en même temps au-dessus de
lui. M. Pfeffer a vu quelquefois la section du faisceau devenir elle-même
humide. Si, après avoir enlevé à un organe moteur le parenchyme de sa face
supérieure, on exerce une puissante excitation sur sa face inférieure, on peut
voir aussi sortir du liquide le long de la section longitudinale horizontale.

Il est donc démontré que, pendant le mouvement, il s'écoule de l'eau hors du
parenchyme de la face inférieure. Ce dernier cède une petite partie de son eau
au parenchyme de la face supérieure ; une portion plus grande découle latéralement dans les espaces intercellulaires, et enfin une petite quantité semble se
rendre dans le faisceau axile. La quantité totale de liquide qui s'échappe ainsi
du parenchyme inférieur est d'ailleurs tellement faible, qu'au moment même
de la courbure excitée, elle trouve certainement à se loger dans les endroits que
nous venons de dire.

Puisque de l'eau s'échappe ainsi des cellules du parenchyme de la face infé-

(1) Pour les autres conséquences à tirer de cette expérience, je renvoie à mon Manuel de
physiologie, p. 482.

rieure de l'organe excité et pénètre dans les espaces intercellulaires, il faut que l'air de ces derniers disparaisse, tout au moins en partie. C'est évidemment par ce phénomène que s'explique l'obscurcissement de la face excitée, déjà remarqué par Lindsay. M. Pfeffer a fixé le pétiole non encore excité, de manière à ce que l'organe ne pût pas se courber à la suite de l'excitation; touchant ensuite un point de la face sensible, il vit l'obscurcissement se propager très-rapidement à partir du point touché. Dans ce cas, la seule explication possible est que l'air a été refoulé hors des espaces intercellulaires, où il a été remplacé par de l'eau; cette substitution de l'eau à l'air diminue la lumière réfléchie par les parties profondes. L'air ainsi refoulé se rend, conformément aux lois de la capillarité, dans les espaces intercellulaires plus grands situés au pourtour du faisceau axile, d'où il parvient ensuite facilement dans les lacunes du pétiole.

Ceci posé, comment se fait-il qu'un léger contact, qu'un faible ébranlement extérieur détermine les cellules fortement turgescentes de la face inférieure de l'organe moteur à faire écouler une partie de leur eau à travers leurs membranes, pour la reprendre un peu plus tard avec une grande énergie? C'est ce qui reste pour le moment inexpliqué.

Dans la position diurne, on voit courir sur les deux côtés de l'organe moteur de petits plis transversaux, qui après l'excitation tendent à s'effacer sur la face supérieure et deviennent au contraire plus profonds sur la face inférieure. Cela prouve que, pendant le mouvement excité, la face inférieure subit aussi une légère compression passive. Elle se raccourcit tout d'abord par sa perte d'eau et par l'élasticité de ses parois cellulaires, mais ensuite elle est en outre comprimée par la face supérieure qui se courbe vers le bas.

b. **Mouvements des feuilles des Oxalides.** — Dans les organes de mouvement des folioles d'*Oxalis acetosella*, où les dispositions anatomiques et mécaniques sont les mêmes que dans la Sensitive (1), cette compression est beaucoup plus forte, et, pendant la flexion, de pareils plis se forment sur la face inférieure de l'organe. Il s'y opère aussi, d'après M. Pfeffer, une diminution de volume; et comme un allongement très-considérable du parenchyme supérieur est ici nécessaire, il faut que le parenchyme inférieur lui cède une plus grande partie de son eau. Contrairement à ce qui a lieu chez les *Mimosa*, les organes de l'*Oxalis* sont encore sensibles après que les espaces intercellulaires s'y sont injectés d'eau; mais, dans cet état d'injection, une excitation les rend plus flasques. Il est donc probable qu'une partie de l'eau émigre de l'organe moteur dans les tissus du pétiole et du limbe. L'abaissement des feuilles d'*Oxalis acetosella* et *stricta,* quand le soleil apparaît brusquement, est lié à un ramollissement des organes moteurs, comme la flexion produite par excitation, avec laquelle elle doit, d'après M. Pfeffer, être identifiée.

Les dispositions anatomiques et mécaniques des étamines des Berbéridées, du gynostème du *Stylidium*, et des feuilles du *Dionœa muscipula* et des *Drosera* sont encore trop peu connues, pour qu'on puisse dire ici en peu de mots quelque chose d'instructif à leur sujet (2).

(1) J. Sachs: Bot. Zeitung, 1857.
(2) Batalin: Flora, 1871.

c. **Mouvements des étamines des Cynarées.** — Au contraire, les étamines des Cynarées ont été l'objet de recherches plus précises, tant au point de vue anatomique que mécanique (1).

Les phénomènes extérieurs produits par leur excitation à l'état normal ont été déjà brièvement décrits plus haut. Pour en faire une étude plus précise, il faut puiser quelques fleurs dans le capitule, en détacher la corolle jusqu'aux points d'origine des filets, ou bien couper à la fois transversalement le tube de la corolle, les étamines et le style au-dessus de l'insertion des filets et fixer avec une aiguille dans l'air humide l'appareil sexué ainsi isolé. Une fois que les filets se sont rétablis de l'excitation produite par l'opération, ils sont convexes en dehors. Ils ne sont pas cylindriques, leur diamètre étant notablement plus petit dans le sens du rayon que dans celui de la tangente. Ils consistent en une couche de parenchyme formée de 3 à 4 assises de cellules longues, cylindriques, séparées par de minces cloisons transverses; cette couche est enveloppée par un épiderme fortement cuticularisé qui, en beaucoup de points, développe ses cellules en poils partagés chacun par une cloison longitudinale. Entre les cellules du parenchyme on voit, d'après M. Unger, d'assez larges espaces intercellulaires. Le centre de l'organe est traversé par un tendre faisceau fibrovasculaire qui est, comme l'épiderme, fortement distendu par le parenchyme turgescent.

Ceci posé, si, sur une préparation de la première espèce, l'on touche un de ces filets convexes en dehors et fixés en bas à la corolle et en haut au tube des anthères, il se redresse aussitôt, se raccourcit et s'applique contre le style; si tous les filets se comportent ainsi, leur raccourcissement s'aperçoit nettement par l'abaissement du tube formé par les anthères. Après quelques minutes, les filets s'allongent de nouveau, redeviennent convexes en dehors et sensibles.

Si l'on utilise la seconde espèce de préparations, celle où les filets coupés transversalement dans leur partie inférieure sont libres de se mouvoir, on se convainc facilement que tout contact y détermine une prompte flexion. Si l'on touche la face externe, elle devient d'abord concave, puis convexe; si l'on irrite la face interne, elle devient concave et ensuite parfois aussi convexe. Le raccourcissement du filet excité commence au moment même de l'attouchement, atteint après quelque temps son maximum, après quoi le filet commence à s'allonger d'abord rapidement, puis de plus en plus lentement. La valeur du raccourcissement d'un filet excité de *Centaurea macrocephala* et *americana* a été estimée par M. Cohn, comme moyenne d'un grand nombre de mesures, à 12 p. 100 de la longueur primitive de l'organe; mais cette valeur, d'après l'avis même de M. Cohn, est probablement trop petite. M. Unger, dont les mesures devraient être plus précises, attribue au raccourcissement une va-

---

(1) Voir Unger : Anat. und Physiologie, 1855, p. 419. — Stringar (über *Drosera*) Vereeniging voor de Flora van Neederland, 1853. — Nitschke (über *Drosera*), Botanische Zeitung, 1860. — Sneizler (sur le *Berberis*), Bulletin de la Société vaudoise des sc. nat., X, 1869. — Kabsch (über *Berberis* und *Mimulus*), Botanische Zeitung, 1861. — Kabsch (über *Stylidium*), Bot. Zeitung, 1861.

(2) F. Cohn : Contractile Gewebe im Pflanzenreich. Breslau, 1861. — Cohn : Zeitschrift f. wiss. Zoologie, XII, Heft 3. — Kabsch : Bot. Zeitung, 1861. — Unger : *ibid.* 1862 et 1863.

leur de 26 p. 100. Ce botaniste trouve aussi que le diamètre tangentiel ne change pas, mais que le diamètre radial augmente de 18 p. 100 de sa valeur primitive; il en conclut que l'excitation ne détermine pas une diminution de volume, mais seulement un changement de forme du filament.

Cependant, d'après une lettre que m'a écrite M. Pfeffer, l'augmentation d'épaisseur du filet est beaucoup plus petite et elle est loin de suffire à compenser la diminution de volume qui résulte du raccourcissement. M. Pfeffer admet donc qu'ici aussi, les cellules du filet excité expulsent une partie de leur eau dans les espaces intercellulaires, et cela d'autant plus qu'il a constaté que le filet se relâche à la suite de l'excitation. Dans la mesure où l'eau s'échappe des cellules du parenchyme, le tissu tout entier se contracte à la fois par l'élasticité des membranes cellulaires du parenchyme, par celle du faisceau axile distendu et par celle de l'épiderme. Si le raccourcissement est aussi considérable, cela tient à la plus grande extensibilité des parois cellulaires du parenchyme et du tendre faisceau axile, faisceau qui, d'après M. Pfeffer, n'est que très peu extensible dans les *Mimosa*.

2. Mécanisme des mouvements provoqués par les variations de température et de lumière. — *a*. Ouverture et fermeture des fleurs. — Abstraction faite de quelques observations de Dutrochet et de cette remarque de M. Hofmeister (1) que les fleurs de Tulipe s'ouvrent quand la température s'élève et se ferment quand elle s'abaisse, on savait jusqu'à présent bien peu de chose sur le mécanisme de ces mouvements. Ce que j'ai à en dire ici est extrait de notes inédites que M. Pfeffer a eu l'obligeance de mettre à ma disposition, bien que ses recherches sur ce sujet ne soient pas encore terminées. Dans les *Crocus*, *Tulipa*, *Leontodon*, *Taraxacum*, l'épanouissement de la fleur est lié à un allongement de sa face interne; la face externe ne s'y allonge pas sensiblement. La région capable de s'infléchir est toujours située à la partie inférieure des pétales.

Dans les conditions ordinaires de la végétation, ce ne sont pas les variations d'humidité de l'air ambiant qui provoquent les mouvements, car ceux-ci ont également lieu sous l'eau. Dans les *Crocus vernus*, *Tulipa Gesneriana* et *sylvestris*, il suffit au contraire d'une faible variation de température pour déterminer des mouvements remarquables. Toute élévation de température ouvre la fleur, tout abaissement la ferme. Le *Crocus* notamment est très-sensible et réagit déjà quand la température varie de $0°,5$ en plus ou en moins. Que l'élévation de température soit lente ou rapide, elle ouvre la fleur de la même manière; sous cette influence, on peut à de courts intervalles fermer et ouvrir alternativement la fleur. Ici, comme dans tout autre phénomène, il y a une température maxima, une température minima, et entre ces deux limites une température optima. Le *Crocus*, par exemple, ne s'ouvre que si la température s'élève au-dessus de 8°, et au delà de 28° toute élévation nouvelle ferme la fleur.

Si la température est constante, un brusque changement de lumière exerce une influence sur les fleurs de *Crocus*, de *Tulipa* et des Composées; toute diminution de lumière tend à fermer la fleur, toute augmentation à l'ouvrir. Toute-

---

(1) Hofmeister: Flora, 1862, p. 517. — Boyer: Ann. des sc. nat. 1868, 5ᵉ série, ix.

fois il suffit, dans les *Crocus* et *Tulipa*, d'une faible variation de température pour que ces résultats se reproduisent en sens inverse.

On observe dans les fleurs de *Crocus* et de *Tulipa* une périodicité spontanée; mais elle y est faible. Elle est plus nette dans les autres plantes que nous avons à signaler.

Les *Ornithogalum umbellatum*, *Anemone nemorosa* et *ranunculoides*, *Ranunculus Ficaria* et *Malope trifida* peuvent être aussi, à toute heure du jour, amenées à ouvrir ou à fermer leurs fleurs sous l'influence des variations de température; mais aucune de ces plantes n'est aussi sensible sous ce rapport que les *Crocus*.

Les *Taraxacum* et autres Composées étudiées, ainsi que l'*Oxalis rosea*, se comportent tout autrement. Le soir, une grande élévation de température, de 9° à 30° par exemple, n'ouvre pas les fleurs, bien qu'elle y détermine une faible courbure vers l'extérieur. Le matin, au contraire, une élévation de température favorise très-énergiquement l'ouverture des fleurs.

Tenues à l'obscurité le jour à une température inférieure à 10°, les fleurs de *Taraxacum* s'ouvrent à peine, mais le soir une élévation de température les épanouit assez rapidement et complétement. Le matin suivant elles sont de nouveau fermées à la température ordinaire, et si la température s'élève, elles ne s'ouvrent pas ou seulement très-peu. Les fleurs de quelques autres Composées et d'Oxalis conservées le jour à une température de 1° à 3°, y demeurent fermées, mais si la température s'élève le soir ou le matin, elles se comportent comme celles du *Taraxacum*. D'ailleurs les fleurs de *Tulipa* et de *Crocus*, fermées toute la nuit, s'ouvrent aussi, sous l'influence d'une élévation de température, le matin plus rapidement que le soir. Ainsi donc, tandis que chez les *Tulipa* et *Crocus* les variations de température déterminent à toute heure du jour les mouvements nécessaires pour ouvrir et fermer la fleur, elles n'agissent, dans les autres plantes que nous venons de nommer, que pour aider les mouvements périodiques spontanés.

La lumière et l'obscurité agissent aussi sur les fleurs des Composées; cependant une brusque obscurité survenant pendant le jour n'y détermine qu'un faible mouvement dans le sens de la fermeture. Des fleurs de *Leontodon hastilis*, *Scorzonera hispanica*, *Hieracium*, laissées tout le jour à l'obscurité, s'ouvrent en vertu de leur périodicité spontanée, mais elles se ferment le soir moins complétement que des fleurs de la même plante tenues à la lumière; le second jour la différence est plus frappante encore. Des fleurs d'*Oxalis rosea*, épanouies sur des rameaux tenus à l'obscurité, s'ouvrent aussi largement qu'à la lumière, mais le soir elles se ferment un peu moins complétement que les fleurs placées à la lumière. Le mouvement périodique spontané se conserve à l'obscurité pendant tout le temps de la floraison, comme à la lumière. Les fleurs de *Bellis perennis*, au contraire, s'étalent dans un plan à l'obscurité et y accomplissent des mouvements périodiques remarquablement faibles.

Comme dans les fleurs nommées tout d'abord, les flexions ont lieu chez les Chicoracées (*Taraxacum*, etc.) dans la région inférieure des pétales, c'est-à-dire dans le tube de la corolle. Les mesures montrent que la face interne s'allonge, tandis que la face externe conserve sa dimension.

La lumière et la chaleur déterminent donc un allongement dans le tissu parenchymateux de la face interne des fleurs : résultat directement opposé à celui qui s'observe dans les feuilles végétatives, dont les organes de mouvement, comme M. Pfeffer s'en est assuré dans les *Phaseolus*, *Oxalis* et *Trifolium*, raccourcissent leurs tissus à la lumière et les allongent à l'obscurité.

Cet allongement de la face interne des pétales pendant l'ouverture de la fleur n'est possible que par un changement de forme ou par une augmentation de volume des cellules; seulement les faits manquent pour décider entre ces deux alternatives. Toujours est-il que la courbure qui détermine l'ouverture de la fleur s'opère aussi sur d'étroites bandes longitudinales découpées dans les pétales et maintenues dans l'air humide. En tout cas, il faut écarter l'hypothèse d'après laquelle l'allongement de la face interne, sous l'influence d'une élévation de température, serait due à une dilatation de l'air contenu dans les espaces intercellulaires ; car il suffirait alors de raréfier l'air ambiant pour déterminer les mouvements, ce qui n'a pas lieu. D'après M. Pfeffer, l'ouverture de la fleur n'est pas accompagnée de relâchement, mais elle n'est pas liée non plus à un accroissement de rigidité des tissus.

b. **Ouverture et fermeture des feuilles végétatives. Veille et sommeil** (1). — Si l'on place brusquement à l'obscurité des plantes à feuilles mobiles, comme les Papilionacées et les Oxalidées, qui ont séjourné pendant un certain temps à la lumière, on voit les feuilles prendre après quelques instants la position nocturne, c'est-à-dire se replier tantôt vers le haut, tantôt vers le bas, suivant les espèces (§ 27). La plante une fois parvenue à cet état de sommeil, il suffit de lui rendre la lumière, pour voir ses feuilles se rouvrir et reprendre leur position diurne. L'ombre agit dans le même sens que l'obscurité.

Ces faits attestent que les variations de l'intensité lumineuse déterminent des courbures dans les organes de mouvement. Si ces derniers sont en même temps sensibles à l'ébranlement, comme cela a lieu pour le *Mimosa* et l'*Oxalis acetosella*, on voit que l'obscurité y donne aux feuilles la même position que l'ébranlement. Malgré cette ressemblance extérieure, nous savons cependant que l'état intérieur est très-différent dans les deux cas. L'abaissement des folioles provoqué par l'obscurité coïncide en effet avec une augmentation de rigidité de l'organe, et par conséquent avec un accroissement dans la quantité d'eau qu'il renferme et dans sa turgescence; celui qui est déterminé par une excitation est, au contraire, accompagné d'une diminution de turgescence, comme M. Brücke l'a montré le premier sur les *Mimosa*. Même dans les feuilles non sensibles à l'ébranlement des *Phaseolus*, M. Pfeffer m'a écrit que la position nocturne est liée à un accroissement de rigidité. Inversement, la position diurne qu'amène l'augmentation d'intensité lumineuse repose sur une diminution de la rigidité et de la turgescence; c'est donc la face de l'organe qui devient concave dans la position diurne (face supérieure pour le pétiole principal des *Mimosa*, face inférieure dans les *Phaseolus*), qui est la plus pauvre en eau et qui se contracte. Mais les modalités de ces phénomènes sont encore in-

____

(1) Dutrochet: Mémoires pour servir..., I, p. 509. — Meyen: Neues System, III, p. 487. — Sachs: Botanische Zeitung, 1857. — Bert: Recherches sur les mouvements de la Sensitive. Paris, 1867.— Millardet: Nouvelles recherches sur la périodicité de la Sensitive. Marbourg, 1869.

connues. Toute élévation de température, au contraire, qui intéresse immédiatement l'organe moteur, est liée dans les *Oxalis* et à un moindre degré aussi dans les *Phaseolus* (d'après M. Pfeffer) à un accroissement de rigidité ou de turgescence et détermine par conséquent un mouvement dans le sens de la position nocturne, c'est-à-dire une turgescence plus forte sur la face supérieure.

Si donc l'intensité lumineuse et la température augmentent à la fois, l'action exercée sur l'organe moteur sera la résultante de ces deux effets inverses. Selon que l'une ou l'autre de ces forces prévaudra, la feuille se rapprochera par conséquent plus de la position diurne ou davantage de la position nocturne.

En outre, la richesse en eau de la plante tout entière, et en même temps jusqu'à un certain point celle de ses organes moteurs dépend du rapport qui y existe entre la transpiration et l'activité des racines. Si la transpiration est faible, la nuit par exemple, tandis que l'activité des racines est énergique dans un sol humide et chaud, la plante tout entière sera plus riche en eau, ses organes moteurs pourront être plus turgescents et plus rigides et, si l'un des côtés de l'organe (la face supérieure dans le *Mimosa*) prend le dessus sous ce rapport, la feuille s'infléchira en sens contraire (vers le bas dans les *Mimosa*) (1). Inversement, tout accroissement de transpiration avec une insuffisante activité dans les racines tendra à rendre les organes de mouvement plus pauvres en eau et par conséquent à déterminer en général la position nocturne. Ces phénomènes devront se combiner avec l'action directe exercée sur les organes moteurs par la lumière et la température. Aussi, dans les conditions normales de la vie, où toutes ces causes sont soumises à de continuelles variations, les organes moteurs devront-ils rarement se trouver en repos, même si l'on fait abstraction des causes internes qui provoquent le mouvement périodique spontané.

C'est dans la Sensitive (*Mimosa pudica*), que l'on a observé avec le plus de précision les mouvements qui s'opèrent sous l'influence complexe de l'alternance du jour et de la nuit. Les folioles de cette plante sont, il est vrai, fermées pendant toute la nuit et le plus souvent étalées pendant le jour; mais jour et nuit, les pétioles primaires sont en mouvement continuel. On doit aux observations détaillées de M. P. Bert et particulièrement à celles de M. Millardet la connaissance de ce fait, que les organes moteurs des pétioles primaires, après s'être le soir fortement infléchis vers le bas, commencent à se relever avant minuit, pour donner aux pétioles, avant le lever du soleil, leur maximum de redressement. Au lever du soleil, le pétiole commence à s'abaisser rapidement, pendant que les autres parties de la fleur prennent leur position diurne étalée. Cet abaissement du pétiole progresse continuellement jusqu'au soir où,

---

(1) Déjà M. Millardet a fait observer, ce qu'il ne faut pas perdre de vue, que dans le *Mimosa* tout changement dans la tension des tissus (c'est-à-dire pour nous toute modification de turgescence) opéré dans l'organe moteur du pétiole principal intéresse plus la face inférieure sensible que sa face supérieure, et que c'est précisément sur cette différence que les mouvements périodiques reposent essentiellement. Quand la position de sommeil est marquée par un redressement des folioles, comme dans les *Mimosa* et les *Trifolium*, on pourra supposer que la même chose y a lieu par la face supérieure.

à la tombée de la nuit, s'observe le maximum d'affaissement, en même temps que les folioles prennent aussi leur position nocturne. L'abaissement du pétiole pendant le jour et les mouvements correspondants des autres parties de la feuille sont, aussi bien dans la matinée que dans l'après-midi, interrompus par une faible élévation.

Ce qui frappe tout d'abord dans cette période réglée par l'alternance du jour et de la nuit, c'est que l'apparition de la lumière détermine un abaissement du pétiole commun, abaissement qui, au milieu du jour, se produit quand on place la plante subitement à l'obscurité. Il est à remarquer aussi que l'intensité lumineuse allant d'abord en croissant, puis en décroissant, le redressement du pétiole ne progresse pas de la même façon, comme on aurait pu s'y attendre d'après ce qui a été dit plus haut. Enfin il faudrait expliquer pourquoi le pétiole, profondément abaissé le soir, se redresse la nuit et pourquoi, deux fois pendant le jour, il se soulève faiblement.

Ceci posé, si nous nous rappelons ce qui a été dit plus haut sur les actions diversement combinées que la température et la lumière exercent d'une part sur la plante tout entière et d'autre part sur ses organes moteurs, nous pourrons nous expliquer à peu près de la manière suivante la période journalière étudiée par MM. Bert et Millardet.

Le profond abaissement du pétiole le soir est déterminé par l'obscurcissement du renflement moteur; il est douteux que la turgescence augmente déjà en lui pendant son affaissement. Toujours est-il que la quantité d'eau contenue dans la plante va en augmentant pendant la nuit, à cause de la moindre transpiration des feuilles; par là l'organe moteur du pétiole devient aussi plus riche en eau, ce qui en intéresse surtout la face inférieure; il se redresse donc de plus en plus fortement. Au lever du soleil, l'action propre de la lumière tend à redresser le pétiole encore davantage; mais la transpiration augmente aussitôt, la plante s'appauvrit en eau, ses organes moteurs aussi, naturellement, et ils deviennent plus flasques, ce qui intéresse surtout leur face inférieure; peut-être aussi cet effet est-il augmenté par l'action que l'élévation de température exerce directement sur le renflement. Cependant les racines, refroidies et devenues ainsi inactives vers la fin de la nuit, se réchauffent de nouveau, et leur absorption plus énergique fournit à la plante une abondante provision d'eau, effet qui s'exprime par le soulèvement des pétioles observé dans la matinée. Mais la température, qui continue à s'élever, détermine de nouveau une diminution d'eau dans toute la plante et dans les organes moteurs, et peut-être agit-elle aussi directement sur ces derniers dans le sens de la position nocturne. Aussi voit-on s'opérer vers midi un abaissement, auquel succède cependant dans le cours de l'après-midi un second relèvement, dû peut-être à l'affaiblissement actuel de la température et de la transpiration. Vers le soir, cependant, la lumière cesse d'agir et l'obscurité frappe directement les organes moteurs dans le sens de la position nocturne.

Des recherches ultérieures montreront jusqu'à quel point cette explication, ébauchée avec une connaissance très-incomplète des diverses causes du mouvement, suffit à rendre compte des phénomènes.

3. **Mécanisme des mouvements périodiques spontanés.** — Sur le mécanisme

des mouvements périodiques spontanés, dont nous avons signalé l'existence au § 27, il y a, dans l'état actuel de la science, moins de choses à dire encore que sur celui des mouvements de veille et de sommeil. Qu'il s'agisse ici aussi d'un allongement et d'un raccourcissement alternatifs du parenchyme de la face supérieure et de la face inférieure de l'organe, cela est évident. Que ces changements de longueur soient amenés, ici aussi, par une expulsion ou une introduction d'eau, cela est plus que vraisemblable. Mais pourquoi, la température, la lumière et le contenu d'eau de la plante tout entière étant constants, la turgescence augmente ou diminue-t-elle tantôt dans l'une, tantôt dans l'autre face de l'organe moteur? C'est ce que l'on ignore, tout autant que l'on ignore pourquoi, dans les tiges et les vrilles en voie d'accroissement et de nutation, c'est tantôt une face tantôt l'autre qui s'accroît plus rapidement.

CHAPITRE SIXIÈME

LA SEXUALITE

§ 30.

Caractères essentiels de la sexualité.

Sexualité. — L'essence de la sexualité réside en ceci, que, dans le cours de son existence, la plante produit deux espèces de cellules, incapables de vivre isolément, mais dont la réunion matérielle engendre un produit capable de développement ultérieur.

Différenciation progressive des deux cellules sexuées. — Dans des cas relativement peu nombreux et seulement chez des plantes de structure très-simple, comme les Desmidiées, les Mésocarpées et les Volvocinées, les deux cellules qui s'unissent ainsi ont même origine, même dimension, même forme et se comportent de la même façon pendant leur réunion (1). Il est probable toutefois que, même dans ce cas, elles diffèrent par quelque caractère intérieur; car sans cela l'on ne concevrait pas la nécessité où elles sont de s'unir pour former un corps capable de développement, corps qu'on appelle ici une *zygospore*. Dans certaines autres Conjuguées, notamment dans les Spirogyres, cette différence interne commence à se manifester au dehors; l'une des cellules qui se conjuguent se déplace, en effet, vers l'autre qui demeure immobile, elle fait tout le chemin pour s'unir à sa congénère.

Le plus ordinairement toutefois, déjà dans un grand nombre d'Algues (*Vaucheria, OEdogonium, Coleochæte, Fucus,* etc.) et de Champignons (Saprolégniées), mais surtout dans toutes les Characées, Muscinées et Cryptogames vasculaires, ainsi que chez les Phanérogames, les cellules sexuées présentent une foule de différences dans leur grandeur, leur forme, leur mobilité, leur origine et dans la part qu'elles prennent dans le produit définitif. Ces différences apparaissent peu à peu, notamment chez les Algues et les Champignons, et elles se développent par les degrés les plus insensibles, de telle sorte qu'entre la conjugaison de cellules de tout point semblables et la fécondation des oosphères par les anthérozoïdes, on observe des transitions sans nombre, qui font que toute limite paraît artificielle et contraire à la nature.

Comme la différenciation extérieure et intérieure du corps de la plante en membres distincts, la différence des cellules sexuées elle-même n'apparaît donc

(1) DE BARY : Die Familie der Conjugaten, p. 57. Leipzig, 1858. — PRINGSHEIM : Monatsberichte der Berliner Akademie, 1869. — PFITZER : Botanische Abhandlungen von Hanstein, 1871. Heft II.

que peu à peu et par degrés, et c'est précisément ce qui rend probable qu'aux derniers échelons du règne végétal, par exemple chez les Nostochinées, il n'y a pas encore de sexualité, ou tout au moins qu'il a existé un jour des plantes de l'organisation la plus simple, chez lesquelles la sexualité n'avait pas encore apparu.

Cellule mâle, cellule femelle. — Partout où l'on observe, entre les deux cellules sexuées, une différence extérieurement appréciable, l'une se montre *active* pendant la réunion, et perd en même temps son existence autonome ; l'autre semble, au contraire, demeurer *passive* pendant la réunion, elle absorbe en elle la substance de la première et, dans le produit immédiat de la fusion, elle constitue la masse ordinairement de beaucoup prédominante. La première est dite *mâle*, la seconde *femelle*. Ces caractères essentiels de la sexualité se retrouvent encore dans la fécondation des Ascomycètes et des Floridées, bien que l'aspect extérieur de l'organe femelle (ascogone ou trichophore) et de l'organe mâle (pollinode ou anthérozoïde immobile), y soit très-différent de ce qu'il est dans les autres classes de plantes (1).

Caractères de la cellule femelle. — Ordinairement la cellule femelle se présente, pendant l'axe sexuel, sous forme d'une cellule primordiale nue, dépourvue de membrane (2). Elle naît, soit par simple contraction du corps protoplasmique d'une cellule déjà revêtue auparavant d'une membrane de cellulose (oogone des Vaucheriées, Œdogoniées, Coléochætées, ainsi que chez les Muscinées et les Cryptogames vasculaires), soit par division du protoplasma d'une pareille cellule avec contraction et arrondissement des cellules filles (Saprolégniées, Fucacées), soit enfin par formation libre (comme dans les corpuscules des Conifères (?) ou dans le sac embryonnaire des Angiospermes). Dans tous ces cas, la cellule femelle est sphérique ou ellipsoïdale ; chez les Angiospermes seuls, elle est parfois allongée. En général, elle a la forme la plus simple que la cellule végétale soit capable de prendre, et cette simplicité de forme est généralement liée à une absence totale de différenciation interne ; tout au moins quand il y existe une pareille différenciation, c'est-à-dire quand la cellule femelle contient des grains de chlorophylle et d'autres formations (*Œdogonium* et autres Algues), ces grains ne jouent qu'un rôle accessoire dans le phénomène fécondateur lui-même.

La cellule femelle n'est jamais activement mobile, même quand elle est, comme chez les Fucacées, expulsée au dehors et mise en rotation par les anthérozoïdes qui viennent s'appliquer à sa surface. Ordinairement même, elle demeure enfermée dans la cellule mère qui l'a produite, que celle-ci soit d'ailleurs un oogone comme dans certaines Algues et certains Champignons, ou une cellule centrale d'archégone comme dans les Muscinées et les Cryptogames vasculaires, ou un corpuscule comme dans les Gymnospermes, ou un sac embryonnaire comme chez les Angiospermes. Là, elle attend la venue de la cellule mâle qui doit la féconder.

Après la réunion des deux cellules sexuées, réunion qui constitue l'acte même de la fécondation, la cellule mâle disparaît en tant que cellule autonome ; la

(1) De Bary : Beiträge zur Morph. und Phys. der Pilze. Heft III.
(2) Il n'en est pas ainsi dans les Floridées et les Ascomycètes.

cellule femelle, au contraire, est amenée à une plus complète individualisation, qui se traduit, tout d'abord et partout, par la formation d'une membrane de cellulose, même quand la cellule femelle est née par la simple contraction du protoplasma tout entier d'un oogone, dans la membrane duquel elle est encore enfermée, comme dans les *OEdogonium* et les *Vaucheria*. Sous ce rapport, la zygospore des Conjuguées et des Mucorinées se comporte aussi comme une cellule femelle fécondée.

Caractères de la cellule mâle. — Les cellules mâles présentent de grandes différences dans leur forme et dans leur manière d'être vis-à-vis de la cellule femelle pendant la fécondation. Elles se meuvent toujours vers la cellule femelle immobile. Passivement portées par les courants de l'eau dans les Floridées, elles nagent activement dans les Fucacées, Vaucheriées, OEdogoniées et autres Algues, chez certaines Saprolégniées, enfin chez toutes les Characées, Muscinées et Cryptogames vasculaires. Ou bien la cellule mâle se soude avec la cellule femelle (tubes anthéridiens de Saprolégniées, pollinodes des Ascomycètes), ou bien encore elle est passivement transportée sur l'organe de la conception comme le grain de pollen des Phanérogames, ou le corps fécondateur des Floridées.

La grande diversité de forme des cellules mâles frappera suffisamment l'esprit, si l'on compare les anthérozoïdes arrondis et analogues à des zoospores des OEdogoniées et des Coléochætées avec les anthérozoïdes filiformes des Characées, des Muscinées et des Cryptogames vasculaires, et avec le tube pollinique des Phanérogames. Évidemment, la forme de la cellule mâle est essentiellement calculée de manière à permettre le genre de mouvement nécessaire pour qu'elle puisse apporter la matière fécondante à la cellule femelle; tandis que, pour la fécondation de celle-ci, la qualité seule de cette matière doit être prise en considération.

La fécondation est un mélange de la substance de la cellule mâle avec la substance de la cellule femelle. — Dans l'état actuel des observations, on peut admettre que la fécondation consiste toujours en un mélange de la substance fécondante de la cellule mâle avec le protoplasma de la cellule femelle.

Dans la conjugaison, ce mélange a lieu par la fusion des deux cellules semblables. Dans la fécondation des OEdogoniées et des Vauchériées, M. Pringsheim a observé directement la pénétration de l'anthérozoïde dans le protoplasma de l'oosphère, où il se dissout. M. Hofmeister a vu les anthérozoïdes des Muscinées et des Fougères, M. Hanstein ceux des Marsiliacées pénétrer dans l'archégone. M. Strasburger a suivi ceux des Fougères jusqu'à l'intérieur même de l'oosphère. Enfin, par analogie, on peut conclure qu'il y a aussi chez les Phanérogames mélange diffusif de certaines substances contenues dans le tube pollinique avec le protoplasma de l'oosphère, et chez les Ascomycètes un mélange du contenu du pollinode avec celui de l'ascogone. On ne s'expliquerait pas, autrement, comment le simple contact du tube pollinique avec le sac embryonnaire, ou du pollinode avec l'ascogone, peut féconder ici l'oosphère, tandis que dans toutes les autres plantes il est nécessaire qu'il y ait fusion complète de la cellule mâle avec la cellule femelle.

Produit de la fécondation. — Ordinairement, le produit engendré par l'acte sexuel est un nouvel individu, en ce sens qu'il n'y a plus aucune dépendance organique entre lui et la plante mère, et qu'il n'est pas soudé avec elle. Il en est ainsi, même chez les Muscinées et les Phanérogames, où sporogone et embryon sont, il est vrai, nourris par la plante mère, mais sans qu'il y ait cependant un lien réel entre leur tissu et le sien. Les Ascomycètes (*Eurotium, Peziza, Erysiphe*) se comportent tout autrement, et il en est de même des Floridées. Là l'organe femelle lui-même, ou certaines cellules reliées à lui, sont excités par l'acte fécondateur à former de nouveaux bourgeons, d'où procède un fruit enveloppant des spores. C'est seulement quand cet acte végétatif compliqué, lequel est une conséquence de la fécondation, s'est totalement accompli, que les spores asexuées sont mises en liberté pour produire autant de nouveaux individus désormais indépendants de la plante mère.

Préparation de plus en plus précoce de la différence sexuelle. — Les différences qui séparent les cellules sexuées d'une même plante ne sont pas seulement extérieures. L'incapacité où chacune d'elles se trouve de se développer pour son propre compte, tandis qu'à elles deux elles engendrent un produit viable, témoigne suffisamment que chacune d'elles manque de certaines propriétés que l'autre possède et qu'elles se complètent l'une l'autre. Cette diversité des cellules sexuées, cette *différence sexuelle*, est préparée par un plus ou moins long chemin et se trouve, en définitive, égalisée par l'acte sexuel; le produit engendré sexuellement doit précisément son existence à cette annulation de la différence sexuelle.

Chez les Conjuguées et autres, où la différence sexuelle extérieure est faible et souvent même inappréciable, les phénomènes de développement qui donnent naissance aux cellules sexuées sont semblables, les cellules mères et les cellules mères primordiales des cellules sexuées ne sont pas différentes à l'extérieur. Mais quand la différence sexuelle devient plus grande, on la voit déjà marquée à l'avance dans les phénomènes du développement des cellules sexuées. Ainsi la cellule mère des anthérozoïdes des *Œdogonium* est autrement conformée que la cellule mère de l'oosphère; cette différence dans les phénomènes préparateurs est beaucoup plus frappante encore chez les diverses espèces d'*Œdogonium* qui sont pourvues d'androspores et de plantules mâles. Dans les *Vaucheria*, les branches qui doivent devenir des anthéridies diffèrent de très-bonne heure de celles qui doivent produire les oogones. La différence sexuelle des Characées est déjà profondément accusée dans la marche si différente du développement de l'oogemme et de l'anthéridie, et la position même qu'occupent ces deux organes sur la feuille est constamment différente. De même, dans les Muscinées et les Cryptogames vasculaires, les cellules mâles et femelles prennent naissance dans des organes très-différemment préparés : les anthéridies et les archégones. Enfin dans les Phanérogames, les grains de pollen et les oosphères sont produits par des organes très-différents : l'anthère et l'ovule, organes dont la diversité est déjà profondément marquée bien avant la formation des cellules sexuées.

Mais cette préparation différente ne se limite pas à la diversité des organes qui produisent immédiatement les cellules sexuées. Elle remonte quelquefois si haut dans les diverses classes de plantes, et elle s'y marque de si bonne heure, que la plante tout entière ne porte que l'une ou l'autre espèce de cellules et qu'elle se caractérise ainsi tout entière comme mâle ou comme femelle. Il en est ainsi déjà dans certaines Algues, Characées, Mousses et dans les prothalles des Cryptogames vasculaires. Chez les Phanérogames, la fleur est souvent mâle ou femelle, ou même la plante tout entière ne porte parfois que des fleurs mâles ou que des fleurs femelles.

Ce retentissement de la différence sexuelle sur des phases très-précoces du développement de la plante, cette préparation lointaine à la sexualité, montre combien grande doit être la différence interne qui existe en définitive entre les propriétés de la cellule mâle et celles de la cellule femelle.

Mais il est surtout très-remarquable de voir que la préparation sexuelle peut remonter assez haut dans le développement de l'individu pour franchir la limite qui y sépare les générations alternantes. Chez les Algues, il est vrai, les Characées, les Mousses, les Fougères et les Prêles, l'alternance des générations s'établit de telle sorte que l'une des générations alternes voie la différence sexuelle apparaître peu à peu dans son propre développement, tandis que cette différence est annulée, au contraire et effacée dans la génération suivante. Le développement de l'individu tout entier comprend donc ici une génération sexuée et une génération asexuée ou neutre. La génération asexuée est le produit de l'annulation de la différence sexuelle de la génération sexuée. Ces deux générations diffèrent essentiellement au point de vue morphologique, notamment chez les Muscinées et les Cryptogames vasculaires. Elles suivent de tout autres lois de développement, et l'une de leurs limites réside toujours dans l'oosphère fécondée et devenue une oospore. Ainsi le prothalle issu de la spore asexuée d'une Prêle ou d'une Fougère, par exemple, est morphologiquement un thalle sans feuilles et sans racines, et son rôle physiologique se borne à produire les anthéridies et les archégones. L'oosphère fécondée dans l'archégone, au contraire, engendre la Fougère ou la Prêle, caractérisée au point de vue morphologique par la différenciation en tige, feuille et racine ; mais sous le rapport sexuel, cette plante morphologiquement différenciée est indifférente, neutre, elle ne développe pas de cellules mâles ou femelles, mais seulement des spores asexuées.

Si maintenant l'on se rappelle la marche du développement chez les Rhizocarpées et les Sélaginellées, on voit que les deux générations, le prothalle et la plante feuillée sporifère, s'y succèdent encore essentiellement de la même manière que chez les Prêles et les Fougères ; seulement la différence sexuelle remonte ici jusqu'à la spore elle-même. Les spores, en effet, sont déjà frappées d'une différence ; elles sont de deux espèces : les grandes, femelles, produisent un petit prothalle femelle ; les petites, mâles, ne forment que des anthérozoïdes. La préparation à la différence sexuelle y retentit donc jusqu'à l'intérieur même de la génération asexuée, et s'y manifeste déjà par ce fait, que certains sporanges ne forment que des spores femelles, et d'autres seulement des spores mâles. Chez le *Salvinia*, la préparation est plus précoce encore, car chaque fruit tout entier ne produit ou que des sporanges femelles, ou que des sporanges mâles.

Ceci posé, nous avons montré plus haut comment, chez les Phanérogames, le sac embryonnaire correspond à la macrospore et le grain de pollen à la microspore des Cryptogames vasculaires hétérosporées, et comment encore l'endosperme correspond au prothalle femelle de ces plantes. L'endosperme ou prothalle femelle n'apparaît donc plus ici comme un organisme autonome, mais seulement comme une partie constitutive de la génération précédente. Chez les Angiospermes il est rudimentaire dès le début; parfois même il y manque complétement et la cellule femelle est alors immédiatement produite par le sac embryonnaire qui correspond à la macrospore. La génération sexuée proprement dite se réduit ainsi de plus en plus, et devient insignifiante comme telle; mais, en revanche, la différence sexuelle envahit la génération sporifère. C'est celle-ci qui forme en elle, c'est-à-dire dans ses étamines et dans ses ovules, les organes sexués, et si la plante phanérogame est dioïque, la différence sexuelle intéresse l'individu tout entier, qui est mâle ou femelle. Chez toutes les Cryptogames, au contraire, il n'y a toujours, dans le cycle du développement de l'individu, qu'une seule génération qui puisse être dioïque.

Ces considérations, que nous ne faisons que rappeler ici, montrent que, suivant les classes de plantes, la différence sexuelle se trouve dans un rapport très-différent avec la différenciation morphologique, qui s'exprime dans l'alternance des générations. Et il en résulte que le produit de l'oosphère fécondée a, chez les diverses plantes, la signification morphologique la plus différente. Chez les Conjuguées, c'est une zygospore d'où procèdent plus tard des générations de cellules, qui ressemblent aux cellules mères des corps protoplasmiques dont la réunion a produit la zygospore. Dans les Vauchériées, Œdogoniées et Coléochætées, le produit des cellules sexuées est une oospore qui engendre une génération asexuée, mais cette génération procède de l'oospore d'une façon différente suivant les cas. Chez les Muscinées, le produit neutre de l'oosphère fécondée est ce qu'on appelle le *fruit* des Mousses; chez les Cryptogames vasculaires et les Phanérogames, c'est la plante pourvue de feuilles et de racines.

Changements opérés dans la plante mère à la suite de la fécondation. — Les phénomènes de développement provoqués par la réunion des cellules sexuées, c'est-à-dire par la fécondation, ne se limitent ordinairement pas au seul embryon produit; mais il s'opère en même temps, dans la plante mère elle-même, des changements variés. Telle est dans les Coléochætées la cortication de l'oospore, chez les Characées l'accroissement des tubes d'enveloppe de l'oogemme qui augmentent leurs tours d'hélice et lignifient leur paroi sur la face interne. Chez les Hépatiques, il naît de la plante mère diverses enveloppes qui entourent le fruit enveloppé dans sa coiffe; dans les Mousses, la vaginule se forme; enfin le développement de la coiffe dans toutes les Muscinées doit aussi être cité ici en exemple. Dans le prothalle des Fougères, le tissu qui enveloppe l'embryon et qui se soude à lui s'accroît d'abord vivement avec lui. Chez les Phanérogames enfin, tout le développement de la graine et du fruit a pour point de départ les changements apportés dans l'oosphère par l'acte fécondateur.

Mais les deux cas les plus remarquables sous ce rapport nous sont offerts d'une part par les Floridées et les Ascomycètes, et d'autre part par les Orchidées. Dans les premières plantes, la fécondation ne détermine pas immédia-

tement la formation d'un embryon, mais elle provoque dans la plante mère
des phénomènes de développement à la suite desquels naissent le cystocarpe
des Floridées et le fruit des Ascomycètes. Chez les Orchidées, au contraire,
c'est dès avant la fécondation que l'action des tubes polliniques se fait sentir
sur la plante mère. M. Hildebrand a montré (1), en effet, que, chez toutes les
Orchidées étudiées à ce point de vue, les ovules ne sont pas encore aptes à être
fécondés au moment où la pollinisation a lieu ; chez certaines de ces plantes
(*Dendrobium nobile*, etc.), ils n'ont même pas encore fait leur apparition. C'est
seulement après que les tubes polliniques ont commencé à s'accroître à travers
le tissu du stigmate et du style, que les ovules se développent assez pour qu'enfin la fécondation puisse s'y opérer. Chez les Orchidées, la naissance de la
cellule femelle ou oosphère est donc le résultat de la pollinisation même; l'oosphère s'y forme à la suite de l'action exercée par le tube pollinique sur le
tissu de la plante mère.

Quand l'embryon se développe à l'intérieur de la plante mère, comme dans
les Muscinées et les Cryptogames vasculaires, il y puise ses aliments, et chez
ces dernières le prothalle s'épuise ainsi et meurt. Chez les Phanérogames,
non-seulement l'embryon acquiert à l'intérieur du fruit un développement
le plus souvent considérable, mais, pour accumuler les aliments mis en réserve
dans la graine et pour former le fruit lui-même, la plante mère a à fournir
une grande masse de produits d'assimilation. Dans un grand nombre de cas,
elle se trouve par là complétement épuisée, elle cède aux graines et aux
fruits tous ses matériaux plastiques disponibles et meurt (plantes monocarpiques). Il est clair que toutes ces transformations, ainsi que les mouvements
corrélatifs des substances plastiques dans le corps de la plante mère, sont des
suites directes de la fécondation, et il est bien remarquable de voir la simple
réunion de deux cellules d'une extrême petitesse et presque impondérables
entraîner des conséquences aussi importantes et aussi lointaines.

§ 31.

Influence de l'origine des cellules sexuées sur le résultat de la fécondation.

Parenté plus ou moins proche des cellules sexuées. — Les cellules mâles
et les cellules femelles, ou les organes qui les produisent, naissent tantôt sur la
même plante soit côte à côte, soit en des points éloignés, tantôt sur des individus
différents de la même espèce. Par leur origine, les cellules sexuées de la même
espèce peuvent donc être plus ou moins proches parentes, elles peuvent se
comporter comme sœurs, ou comme enfants de sœurs, ou comme petits-
enfants ou arrière-petits-enfants de sœurs, etc.

**L'union de cellules sexuées trop proches parentes est préjudiciable à
la conservation de l'espèce.** — La question est maintenant de savoir quelle

(1) HILDEBRAND : Botanische Zeitung, 1863, p. 341.

influence cette plus ou moins proche parenté d'origine des cellules mâles et femelles peut exercer sur le résultat de la fécondation. Dans l'état actuel de la science, on ne peut, il est vrai, formuler sous ce rapport aucune loi générale, mais la très-grande majorité des faits atteste que *la réunion sexuelle des cellules sexuées trop proches parentes est préjudiciable à la conservation des plantes et cela d'autant plus, en général, que la différenciation morphologique et sexuelle y est plus avancée.* C'est seulement dans quelques plantes inférieures, que les cellules dont la réunion produit l'oospore sont des cellules sœurs; il en est ainsi par exemple dans les *Rhynchonema* parmi les Conjuguées. Mais déjà, dans la plupart des autres Algues et des Champignons, les cellules sexuées de la plante sont de parenté plus éloignée (*Spirogyra, Œdogonium, Fucus platycarpus,* etc.); et partout où la fécondation est amenée par des anthérozoïdes mobiles ou passivement entraînés, il est tout au moins possible que ces anthérozoïdes aillent s'unir à des oosphères de famille encore plus éloignée. Ainsi déjà chez les *Vaucheria,* où l'anthéridie est cependant une cellule sœur de l'oogone, la courbure qu'elle présente et la direction où elle émet ses anthérozoïdes attestent que la fécondation n'a pas lieu ordinairement entre les deux organes situés côte à côte, mais bien entre des organes éloignés sur la même plante ou même appartenant à des plantes différentes.

Dispositions qui tendent à ne permettre la fécondation, dans une espèce donnée, qu'entre des cellules sexuées de parenté aussi éloignée que possible. — En général, il existe une tendance à ne permettre la fécondation, dans une espèce donnée, qu'entre des cellules sexuées d'origine aussi différente que possible. Cette tendance se manifeste par les dispositions les plus variées.

Diœcie. — La plus simple de toutes, c'est quand un exemplaire sexué de la plante ne produit que des organes mâles ou que des organes femelles; entre les deux cellules sexuées qui vont se réunir s'étend alors toute la série du développement des deux plantes considérées, si elles sont issues de la même plante mère, et une bien plus longue série si les plantes considérées descendent elles-mêmes de parents différents. Cette séparation des sexes, que nous appelons en général la répartition dioïque, la diœcie, se trouve répandue dans toutes les classes et dans tous les ordres du règne végétal, et cette diffusion même est la preuve que cette disposition est nécessaire à la conservation des espèces les plus différentes. Ainsi, nous rencontrons la diœcie chez beaucoup d'Algues, par exemple dans la plupart des Fucacées, chez certaines Saprolégniées, certaines Characées (*Nitella syncarpa,* etc.), un grand nombre de Muscinées, dans le prothalle de certaines Fougères (*Osmunda regalis*) et de la plupart des Prêles, enfin chez beaucoup de Gymnospermes et d'Angiospermes.

Monœcie. — Si le corps de la plante qui produit les organes sexués est en lui-même déjà grand et richement différencié, il suffira que les organes mâles se développent sur d'autres branches que les femelles, pour qu'il en résulte entre les deux espèces de cellules sexuées une parenté déjà fort éloignée. Cette disposition, que l'on appelle communément la monœcie, est aussi très-répandue dans le règne végétal (certaines Algues, beaucoup de

Muscinées, un très-grand nombre de Gymnospermes et d'Angiospermes) (1).

Fécondation croisée dans les plantes hermaphrodites. — Toutefois on rencontre aussi très-fréquemment dans le règne végétal une autre disposition, en apparence défavorable au but exprimé plus haut; c'est celle où les organes sexués naissent côte à côte au même endroit de la plante et où les cellules sexuées sont par conséquent proches parentes, quoique cette parenté ne soit pas toujours la plus proche possible. Ainsi le même filament cellulaire d'*Œdogonium* produit des cellules mâles et des cellules femelles, le même tube de *Vaucheria* forme côte à côte des anthéridies et des oogones, le même conceptacle de *Fucus platycarpus* produit des oosphères et des anthérozoïdes, l'oogemme de la plupart des Characées naît sur la même feuille tout à côté de l'anthéridie, les archégones et les anthéridies de certaines Mousses (*Bryum*) sont réunis dans des fleurs hermaphrodites, les prothalles de beaucoup de Fougères produisent côte à côte les deux organes sexués, enfin dans les fleurs des Angiospermes l'hermaphrodisme est une disposition typique et très-générale.

Seulement, dans tous ces cas, où il semble au premier abord que l'on ait cherché à favoriser la réunion de cellules sexuelles de proche parenté, il existe en même temps des dispositions qui empêchent les cellules mâles d'entrer en rapport avec les cellules femelles produites dans leur voisinage immédiat, ou du moins les précautions sont prises pour que leur rencontre ne puisse avoir lieu toujours. Ce fait important, d'abord constaté par Kölreuter en 1761 et par Conrad Sprengel en 1793, a été étudié et généralisé dans ces derniers temps par MM. Darwin, Hildebrand et d'autres observateurs (2). C'est précisément dans les fleurs hermaphrodites et dans la répartition analogue des sexes chez les Cryptogames, que l'on voit de la manière la plus frappante combien la combinaison de cellules sexuelles proches parentes doit être préjudiciable à la conservation de la plupart des plantes ; car les moyens les plus divers et souvent les plus étonnants y sont employés pour empêcher la fécondation de s'opérer entre les deux éléments du système hermaphrodite.

Dichogamie. — L'un de ces moyens les plus ordinaires et les plus simples est la *dichogamie*, c'est-à-dire le développement non simultané des deux organes sexués dans un seul et même appareil sexué hermaphrodite. Il en résulte que les cellules sexuelles produites côte à côte et proches parentes arrivent à maturité à des époques différentes et ne peuvent par conséquent pas se combiner ensemble; la cellule mâle d'un appareil doit donc s'unir à la cellule femelle d'un autre

(1) La répartition des sexes que l'on désigne sous le nom de polygamie doit aussi être citée parmi les dispositions qui empêchent la continuelle autofécondation d'une fleur ou d'un individu.

(2) Conrad Sprengel (Das neu entdeckte Geheimniss der Natur im Bau und in der Befruchtung der Blumen. Berlin, 1793, p. 43) a exprimé le premier cette idée féconde: « Puisqu'un très-grand nombre de fleurs à sexes séparés et probablement un nombre tout aussi grand de fleurs hermaphrodites sont dichogames, il semble que la Nature n'ait pas voulu que jamais une fleur soit fécondée par son propre pollen. » — De son côté, M. Darwin (On the various contrivances by which Orchids are fertilised, p. 359) s'exprime ainsi : « La nature nous dit de la manière la plus évidente qu'elle a horreur d'une *perpétuelle* autofécondation » et plus loin : « Aucun hermaphrodite ne se féconde lui-même perpétuellement. »

appareil hermaphrodite. Il en est très-ordinairement ainsi, non-seulement dans les fleurs hermaphrodites des Angiospermes, mais encore dans la plupart des prothalles de Fougères et dans les Characées non dioïques, où l'oogemme se trouve en effet naître tout à côté de l'anthéridie, mais ne parvient à maturité que bien après l'émission des anthérozoïdes ; la chose est très-frappante dans le *Nitella flexilis*, par exemple. Dans les fleurs dichogames des Phanérogames, ce sont les insectes qui sont employés à transporter le pollen d'une fleur sur le stigmate d'une autre fleur ; à cet effet, les diverses parties de la fleur réalisent des dispositions toutes particulières que nous étudierons de plus près dans la suite. Dans les *Nitella* et dans les prothalles de Fougères également dichogames, c'est le mouvement propre dont ils jouissent qui permet aux anthérozoïdes de parvenir facilement aux archégones des prothalles voisins, ou aux oogemmes d'autres feuilles ou même d'autres plantes de même espèce. On ignore encore s'il y a dichogamie dans les Algues et les Muscinées citées plus haut ; toujours est-il que, grâce à leur mobilité, leurs anthérozoïdes ont la possibilité de se transporter sur les oosphères d'autres plantes ou de rameaux différents de la même plante.

Pollinisation par les insectes. — Mais outre la dichogamie, qui y est très-fréquente, les Angiospermes présentent souvent des dispositions toutes différentes, qui visent exclusivement ce but, de permettre aux insectes de transporter le pollen d'une fleur hermaphrodite sur le stigmate d'une autre fleur hermaphrodite soit de la même plante, soit même souvent de plantes différentes. Dans la plupart des Orchidées, Asclépiadées, *Viola*, etc., en effet, les organes sexuels de la fleur se développent simultanément, et il n'y a par conséquent pas dichogamie. Mais au temps de la maturité sexuelle, il se manifeste des dispositions mécaniques qui empêchent que le pollen de la fleur puisse parvenir sur le stigmate de cette fleur, et qui nécessitent son transport par les insectes sur le stigmate d'autres fleurs ; nous reviendrons bientôt sur ce point.

Inactivité du pollen sur le stigmate de la même fleur. — Dans d'autres cas, comme dans le *Corydalis cava* (étudié par M. Hildebrand), le pollen tombe bien sur le stigmate de la même fleur, mais il y demeure sans action. Il n'exerce son influence fécondante que s'il est amené sur le stigmate d'une autre fleur, et même la fécondation n'est complète que s'il est transporté sur les fleurs d'une autre plante de même espèce. Le *Corydalis cava* n'est donc hermaphrodite qu'au point de vue morphologique ; physiologiquement, c'est-à-dire sous le rapport de la fonction des cellules sexuées, il est au contraire dioïque. D'après M. John Scott, l'*Oncidium microchilum* se comporte de la même manière, car son pollen transporté sur le stigmate de la même fleur y demeure inactif, tandis qu'il a le pouvoir de féconder un autre individu, et que le stigmate de son côté peut être fécondé par un pollen étranger (1).

Le pollen et le stigmate de la même fleur sont donc, dans ce cas, sans fonction l'un vis-à-vis de l'autre, mais chacun d'eux peut se combiner à l'organe complémentaire d'une fleur étrangère. Des observations analogues ont été

---

(1) D'après M. Fritz Müller (Botanische Zeitung, 1868), les masses polliniques et les stigmates de divers *Oncidium* agissent même l'un sur l'autre à la façon d'un poison et se tuent.

faites par M. Gaertner sur le *Lobelia fulgens* et le *Verbascum nigrum*, et par M. Fritz Müller sur les *Bignonia* (1).

Hétérostylie. — Un autre phénomène non moins remarquable et qui amène également une fécondation croisée entre des plantes différentes de la même espèce, bien que les fleurs y soient hermaphrodites, c'est l'*hétérostylie*.

Dans ce cas, la même espèce présente, sous le rapport de la disposition relative des organes sexués, des individus de deux sortes : les uns forment exclusivement des fleurs pourvues d'un long style et de courts filets staminaux, c'est-à-dire d'un stigmate haut placé et d'anthères surbaissées ; les autres, au contraire, ne portent que des fleurs à style court et à longs filets, c'est-à-dire à stigmates surbaissés et à anthères surélevées. A l'intérieur de la même espèce, on trouve donc alors des exemplaires à fleurs macrostyles et d'autres à fleurs microstyles. Il en est ainsi, par exemple, dans les *Linum perenne*, *Primula sinensis* et autres Primulacées. Mais il peut arriver aussi, comme chez un grand nombre d'espèces d'*Oxalis* (2) et chez le *Lythrum Salicaria*, que par la disposition relative des organes sexués dans la fleur hermaphrodite, il y ait lieu de distinguer dans la même espèce trois sortes d'individus ; outre les formes macrostyle et microstyle, on y trouve, en effet, des individus à fleurs mésostyles.

Ceci posé, MM. Darwin et Hildebrand ont montré que, dans ces cas d'hétérostylie, la fécondation n'est possible (*Lilium perenne*), ou du moins n'a son plein effet, que lorsque le pollen des fleurs macrostyles est amené sur le stigmate des fleurs microstyles et le pollen des fleurs microstyles sur le stigmate des fleurs macrostyles d'une plante différente. Quand il y a trois longueurs de style, la même règle s'applique en s'élargissant, et la fécondation réussit le mieux possible lorsque le pollen d'une fleur est transporté sur un stigmate situé dans une autre fleur à la même hauteur que l'anthère d'où ce pollen procède.

Cas où la pollinisation s'opère d'une fleur à l'autre sans l'aide des insectes. — Dans les nombreuses plantes diclines et dichogames, ainsi que dans les Phanérogames hermaphrodites que nous venons de signaler, ce sont, nous l'avons dit, les insectes qui portent le pollen d'une fleur à l'autre. Il arrive aussi cependant, bien que la chose soit relativement rare, que la pollinisation puisse s'opérer d'une fleur à l'autre sans l'aide des insectes ; il en est ainsi par exemple chez certaines Urticées (comme les *Pilea*) et Morées (comme les *Broussonetia*). Ici les étamines, se déployant brusquement hors du bouton, projettent dans l'air leur léger pollen comme un nuage de fine poussière, et c'est le vent qui dissémine les grains et les porte sur les organes femelles de fleurs différentes.

La chose est plus simple encore dans le Seigle. Les fleurs de l'épi du Seigle s'ouvrent isolément, et d'ordinaire le matin ; les filets rapidement allongés poussent alors les anthères mûres hors des glumelles. Penchées vers la terre au sommet de leurs longs filets, les anthères s'ouvrent aussitôt et laissent tomber leur lourd pollen sur les stigmates de fleurs situées plus bas sur le même épi ou sur des épis voisins. Les oscillations des chaumes sous l'influence du vent aident d'ailleurs puissamment à ce transport.

(1) Fritz Muller : Botanische Zeitung, 1868.
(2) Hildebrand : Botanische Zeitung, 1871.

Dimorphisme. — Déjà exprimée chez les Cryptogames, cette tendance à empêcher la fécondation de se produire à l'intérieur du même appareil bisexué s'accuse donc bien plus nettement encore chez les Phanérogames. Aussi est-on très-frappé de rencontrer chez les Angiospermes plusieurs plantes qui produisent des fleurs hermaphrodites de deux sortes : les unes grandes, dont la fécondation s'opère ordinairement à l'aide du pollen d'autres fleurs de même sorte ; les autres plus ou moins atrophiées, parfois souterraines, qui ne s'ouvrent jamais et dont le pollen émet directement, de l'anthère vers le stigmate, les tubes polliniques qui vont féconder les ovules. Il y a donc ici sur un même individu végétal des fleurs adaptées à la pollinisation étrangère, à la fécondation croisée, et d'autres fleurs exclusivement consacrées à l'autofécondation ; il y a dimorphisme floral (1). Il en est ainsi, par exemple, dans l'*Oxalis acetosella*, où les petites fleurs cachées dans le sol se forment au moment où les grandes fleurs mûrissent déjà leurs fruits, dans les *Impatiens noli-tangere*, *Lamium amplexicaule*, *Specularia perfoliata*, beaucoup d'espèces de *Viola* (*V. odorata*, *elatior*, *canina*, *mirabilis*, etc.), le *Ruellia clandestina*, certaines Papilionacées (*Amphicarpæa*, *Voandzeia*), le *Commelyna bengalensis*, etc., etc.

Dans les cas de ce genre, quand les grandes fleurs, normalement développées, sont fertiles, il peut et il doit intervenir au moins accidentellement dans le cours des générations des croisements avec d'autres fleurs de la même sorte. Dès lors les petites fleurs atrophiées, qui se fécondent elles-mêmes, n'apparaissent plus que comme un phénomène accessoire, dont le but et la signification nous sont totalement inconnus. Mais on se trouve au contraire en face d'une apparente infraction à la règle générale, quand les grandes fleurs normales ont une tendance marquée à la stérilité (diverses espèces de *Viola*), ou même sont complétement stériles (*Voandzeia*) ; car alors c'est sur l'autofécondation des fleurs anormales que la reproduction de la plante et la conservation de son espèce reposent principalement ou même exclusivement. Toutefois, comme il subsiste ici plusieurs questions à résoudre, on peut considérer que ces faits, très-rares en tous cas, ne détruisent pas la règle générale.

Cas où l'autofécondation est possible. — Dans d'autres plantes, comme chez la plupart des Fumariacées, les *Canna indica*, *Salvia hirta*, *Linum usitatissimum*, *Draba verna*, *Brassica Rapa*, *Oxalis micrantha* et *sensitiva*, grâce à la disposition relative des organes sexués, le pollen parvient immédiatement sur le stigmate de la même fleur et en féconde les ovules. Mais toujours est-il puisque la pollinisation y est opérée par les insectes, qu'un croisement accidentel avec des fleurs différentes peut y avoir lieu.

Parmi les Orchidées elles-mêmes, où d'ailleurs les dispositions mécaniques les plus merveilleuses se trouvent réalisées pour empêcher l'autofécondation, M. Darwin a montré que le *Cephalanthera grandiflora* fait exception, en ce que les grains de pollen y envoient directement, de l'anthère au stigmate, leurs nombreux tubes polliniques. Mais encore est-il, d'après les recherches de M. Darwin, que le poids de bonnes graines est plus faible quand cette plante est isolée et abandonnée à l'autofécondation, que lorsqu'elle est soumise par l'action des insectes à la fécondation croisée.

(1) H. v. Mohl : Einige Beobachtungen über dimorphe Blüthen (Bot. Zeitung, 1863).

Pour arriver à une claire intelligence de tous les faits que nous venons de signaler brièvement, c'est-à-dire des phénomènes de dichogamie et d'hétérostylie, ainsi que des autres dispositions destinées à amener la fécondation des fleurs par un pollen étranger, il est nécessaire d'étudier avec soin un grand nombre de cas particuliers. On consultera sous ce rapport les ouvrages cités ci-dessous (1).

Exemples des dispositions réalisées dans le but d'amener la pollinisation croisée par les insectes. — Plus que toute autre, l'étude de la fécondation dans les fleurs atteste avec quelle précision le développement des organes de la plante est adapté de manière à atteindre une fin entièrement déterminée. Chaque plante réalise, en effet, dans sa fleur des dispositions toutes particulières dans le but d'amener le transport du pollen sur le stigmate d'une fleur différente; aussi est-il difficile de dire à cet égard quelque chose de général. Bornons-nous donc aux quelques considérations suivantes.

Les insectes sont les agents inconscients de la pollinisation croisée. — Il faut remarquer tout d'abord que les insectes (2) sont les agents involontaires et inconscients de la pollinisation ; ils ne visitent les fleurs que pour y puiser le nectar dont ils se nourrissent et qui y est distillé exclusivement dans ce but. Aussi les fleurs qui ne sont pas visitées par les insectes, et les Cryptogames qui n'ont pas besoin de l'aide de ces animaux, ne sécrètent-ils pas de nectar. La position des nectaires, logés le plus souvent au fond même de la fleur, aussi bien que la grandeur, la forme, la disposition et souvent aussi les mouvements des organes floraux au temps de la pollinisation, sont toujours calculés de façon que l'insecte, souvent même qu'un insecte d'espèce déterminée, soit obligé, pendant qu'il cherche à puiser le nectar, de donner à son corps une position déterminée et d'accomplir des mouvements également déterminés, de façon que les grains de pollen demeurent suspendus à ses poils, à ses pattes, à sa trompe, et puissent être ensuite portés sur le stigmate quand l'animal ira prendre sur une fleur différente une position semblable.

Dans les plantes dichogames, les mouvements des étamines, du style ou des lobes stigmatiques viennent en aide aux insectes. Ces mouvements ont lieu souvent de façon que les anthères ouvertes prennent dans la fleur, à un moment donné, la même position que le stigmate récepteur y occupe à un autre instant, de telle sorte que l'insecte, avec la même partie de son corps et par le même mouvement, touche dans une fleur l'anthère ouverte, dans une autre le stigmate étalé. Le même principe s'applique aux fleurs hétérostyles; car chez elles la pollinisation n'a de résultat favorable, que si les anthères et les stigmates qui occupent dans les fleurs différentes la même position (invariable, cette fois) arrivent à se combiner avec l'aide des insectes.

(1) Conrad Sprengel : Das neu entdeckte Geheimniss der Natur im Bau und in der Befruchtung der Blumen ; avec 25 planches (Berlin, 1793). — Darwin : De la fécondation des Orchidées par les insectes et des bons résultats du croisement (Trad. française par Rérolle. Paris, 1870). — Fr. Hildebrand : Das Geschlechtervertheilung bei den Pflanzen und das Gesetz der vermiedenen und unvortheilhaften stetigen Selbsbefruchtung (Leipzig, 1867). — Strasburger : Jenaische Zeitschrift, VI, 1870 et Jahrbücher für wiss. Botanik, VII ; la pollinisation y est étudiée chez les Gymnospermes, les Marchantiées et les Fougères.

(2) C'est Kölreuter, qui a le premier reconnu la nécessité du concours des insectes et qui a le premier décrit, en 1761, quelques dispositions particulières propres à faciliter la pollinisation.

Mais, en outre, la fleur réalise dans ses divers organes les dispositions les plus variées et souvent les plus singulières, dans le but d'amener le transport du pollen par les insectes. Pour fixer les idées, citons-en quelques exemples.

1. Pollinisation croisée dans les plantes dichogames. — Les plantes dichogames (1) sont ou *protandriques*, ou *protogyniques:* Dans les premières, ce sont les étamines qui se développent d'abord, et leurs anthères s'ouvrent à une époque où les stigmates, ou bien ne sont pas encore développés, ou bien sont encore incapables de recevoir utilement le pollen. C'est plus tard seulement, que s'y épanouissent les surfaces stigmatiques, et le plus souvent après que tout le pollen de la même fleur a déjà été extrait des anthères par les insectes; ces stigmates ne peuvent donc plus être désormais pollinisés que par le pollen de fleurs plus jeunes. Ainsi se comportent les *Geranium* et *Erodium*, les *Epilobium*, *Malva*, les Ombellifères, Composées, Campanulacées, Labiées, les *Digitalis*, etc. L'observation des phénomènes, notamment celle des mouvements des étamines et des stigmates dont nous avons parlé plus haut, est si facile à faire ici, par exemple dans les *Geranium* et les *Althœa*, qu'il n'est pas nécessaire d'entrer à ce sujet dans une description détaillée.

Dans les fleurs dichogames protogyniques, le stigmate devient apte à recevoir le pollen à une époque où les anthères de la même fleur ne sont pas encore mûres. Quand ces dernières s'ouvrent plus tard pour émettre leur pollen, le stigmate a déjà été pollinisé par un pollen étranger, ou bien il s'est flétri et desséché (*Parietaria diffusa*). Le pollen de cette fleur ne peut donc plus être employé que pour féconder des fleurs plus jeunes. Il en est ainsi dans les *Scrophularia nodosa*, *Mandragora vernalis*, *Scopolia atropoïdes*, *Plantago media*, *Luzula pilosa*, *Anthoxanthum odoratum*, etc. (d'après M. Hildebrand).

*Pollinisation croisée dans l'***Aristolochia Clematitis***.* — Parmi les plantes dichogames protogyniques, l'*Aristolochia Clematitis* se distingue par des dispositions très-singulières et très-remarquables.

La figure 457 *A* montre en coupe longitudinale une jeune fleur de cette plante; la surface stigmatique *n* vient d'y arriver à maturité, mais les anthères sont encore fermées. Une petite mouche *i*, portant sur le dos un petit amas de pollen provenant d'une fleur plus âgée vient de s'introduire par l'étroite gorge de la fleur et s'agite dans la dilatation *k* du périanthe; il n'est pas rare de rencontrer 6 à 10 de ces mouches dans une seule et même fleur. Elles y sont emprisonnées désormais et font de vains efforts pour s'échapper, car la gorge de la fleur *r* est toute hérissée de longs poils mobiles comme autour d'une charnière, qui permettent bien l'entrée de l'insecte, mais l'empêchent ensuite de sortir et l'enferment comme dans une nasse. Pendant que l'animal s'agite dans sa prison, son dos chargé de pollen effleure la surface stigmatique et y dépose ses grains, après quoi les lobes stigmatiques s'incurvent vers le haut comme le montre la figure 457 *B,n*, Les anthères, jusque-là fermées, s'ou-

---

(1) FEDERIGO DELPINO : Ulteriori osservazioni sulla dicogamia nel regno vegetabile (Atti della società ital. di sc. nat., XIII, 1869 et Botanische Zeitung, 1871). — DELPINO : Bot. Zeitung, 1869, p. 792.

vrent ensuite ; elles sont maintenant découvertes par le relèvement des lobes stigmatiques et rendues accessibles latéralement par la collabescence des poils dans le fond du périanthe qui s'est en même temps élargi. Les mou-

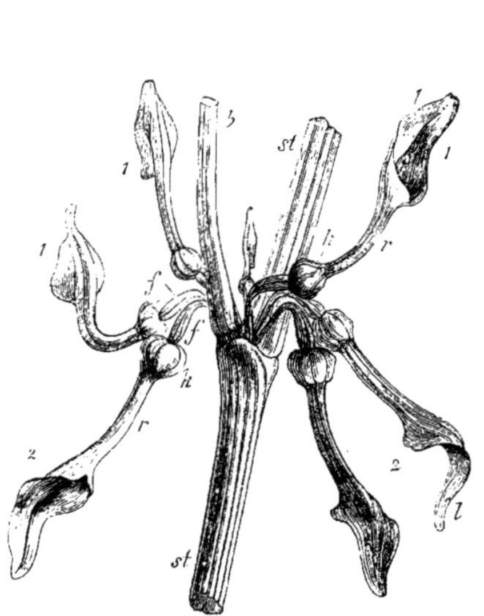

Fig. 456. — *Aristolochia Clematitis.* Un fragment de tige *st* avec un pétiole *b,* ayant côte à côte à son aisselle plusieurs fleurs d'âge différent: 1, 1 fleurs jeunes non encore fécondées ; 2, 2 fleurs fécondées et rejetées vers le bas ; *k* dilatation en forme de bassinet du tube floral *r ; f* l'ovaire infère (grand. nat.).

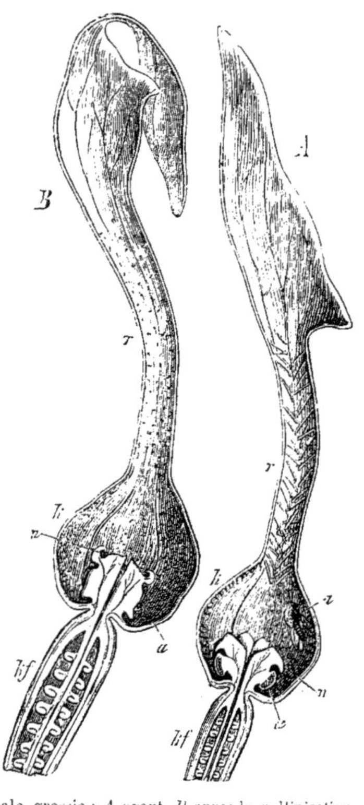

Fig. 457. — *Aristolochia Clematitis.* Fleurs en coupe longitudinale grossie : *A* avant, *B* après la pollinisation. (Voir le texte.)

ches, qui ont déposé sur le stigmate le pollen qu'elles avaient apporté dans la fleur, peuvent donc venir ramper jusqu'au-dessous des anthères ouvertes et dont le pollen ne manque pas de s'attacher à leur corps. Mais à ce moment, le tube du périanthe se trouve librement ouvert vers l'extérieur. A la suite de la pollinisation du stigmate, en effet, les poils feutrés qui formaient nasse se sont flétris et desséchés laissant la voie libre. L'insecte s'échappe donc maintenant avec sa nouvelle charge de pollen et, malgré l'expérience acquise, il s'introduit bientôt dans une fleur plus jeune pour y céder de nouveau son pollen au stigmate encore frais.

Pendant que ces changements s'opèrent dans son intérieur, la fleur change de position. Aussi longtemps que le stigmate y est vierge, le pédicelle floral est dressé, le périanthe béant vers le ciel (fig. 456, 1,1) et les mouches qui arrivent trouvent largement ouverte une porte hospitalière ; mais aussitôt la pollinisation du stigmate opérée, le pédicelle se recourbe brusquement vers le bas au-dessous de l'ovaire et, quand la mouche s'est envolée avec sa nouvelle charge de pollen, le lobe en forme d'étendard se replie sur la bouche du calice (fig. 457 *B*) et en défend l'entrée aux mouches qui n'ont plus rien à y faire désormais.

2. Fleurs pourvues d'anthères et de stigmates ouverts en même temps, mais dont l'autofécondation est rendue impossible ou difficile par la disposition même des organes et par des obstacles mécaniques. — Ici aussi, c'est ordinairement aux insectes qu'est confié le transport du pollen sur le stigmate, et le plus souvent de telle façon que le stigmate d'une fleur ne puisse être touché que par le pollen d'une fleur différente. Parfois cependant, comme chez les Asclépiadées, l'apport sur le stigmate du pollen de la même fleur à côté du pollen étranger n'est pas absolument interdit. Les dispositions destinées à atteindre ce but sont ici extraordinairement variées et parfois si compliquées, qu'il faut une étude approfondie pour en démêler la signification. C'est à cette catégorie qu'appartiennent les *Iris*, *Crocus*, *Pedicularis*, beaucoup de Labiées, de Mélastomacées, de Passiflorées et de Papilionacées. Parmi les plantes les plus intéressantes à ce point de vue, se trouvent les Asclépiadées ; mais comme les phénomènes dont elles sont le siége exigent, pour être clairement compris, de nombreuses figures et de longues descriptions, je renvoie au mémoire que Robert Brown leur a consacré et aux observations de M. Hildebrand (1).

Pollinisation croisée dans le **Salvia pratensis**. — Dans notre *Salvia pratensis*, au contraire, et dans d'autres espèces du même genre, la disposition mécanique par laquelle est évitée l'autofécondation et assuré le croisement entre fleurs différentes de la même espèce, est aussi élégante que facile à comprendre (2).

La figure 458 *A* montre une fleur de cette espèce vue de côté ; *n* est le stigmate bilobé prêt à recevoir le pollen et, à l'intérieur de la lèvre supérieure de la corolle, la position de l'une des deux étamines est indiquée par une ligne ponctuée. Si l'on enfonce une aiguille dans la gorge de la fleur, en suivant la direction de la flèche, les deux étamines se rabattent aussitôt comme en *a*. Qu'un bourdon fasse de même avec sa trompe pour sucer le nectar de la fleur, les anthères ouvertes se rabattent donc sur son dos et y déposent leur pollen en une place déterminée ; si l'insecte pénètre ensuite dans la même position au sein d'une autre corolle, il effleure le stigmate avec son dos chargé de pollen et amène la fécondation des ovules.

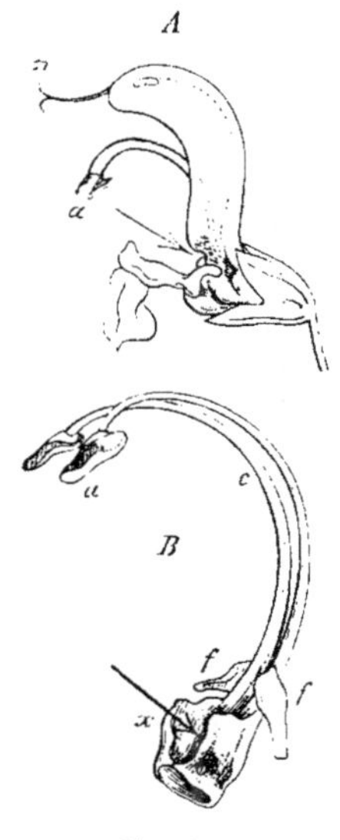

Fig. 458.

(1) ROBERT BROWN : Observations on the organs and mode of fecundation in Orchideæ and Asclepiadeæ (Transactions of the Linnæan Society. London, 1833). — HILDEBRAND : Botanische Zeitung, 1867.

(2) Pour plus de détails, voir HILDEBRAND : Jahrbücher f. wiss. Botanik, IV, 1865, p. 1.

La cause de l'abaissement des anthères est d'ailleurs suffisamment expliquée par la figure 458 *B*. Cette figure montre les courts filets proprement dits *f f*, soudés par leur base aux côtés de la gorge de la corolle; ils portent un long connectif *cx* qui peut osciller autour du point d'attache. Seul, le bras supérieur très-allongé *c* de chaque connectif porte une demi-anthère *a*; le bras inférieur fort court *x* est au contraire dépourvu d'anthère, très-dilaté et accolé à celui de l'autre étamine de manière à former avec lui une sorte de fauteuil. Les choses étant en cet état, si une trompe d'insecte cherchant le nectar vient à pénétrer dans cet appareil suivant la direction de la flèche, les bras élargis se trouvent repoussés en arrière et par conséquent les bras anthérifères se rabattent en avant.

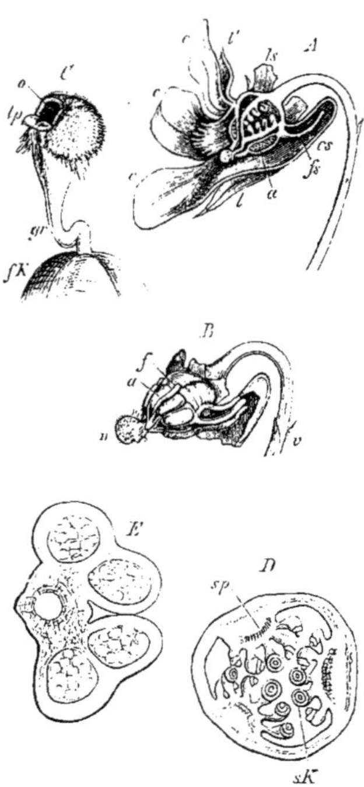

Fig. 459. — *Viola tricolor*. *A* section longitudinale de la fleur (grand. nat.). *B* l'ovaire déjà fécondé et gonflé, avec les anthères qui l'enveloppent, mais débarrassé des sépales et des pétales; les filets se sont déchirés et les anthères ont été soulevées par l'accroissement de l'ovaire. *C* la tête stigmatique avec son orifice *o* et sa languette *lp*, terminant le style *g* (grossi) : — *l* sépales, *ls* appendices des sépales, *c* pétales, *cs* éperon creux du pétale inférieur, formant un réservoir nectarifère; *fs* les appendices des deux étamines inférieures, se prolongeant en arrière dans l'éperon; ce sont ces appendices qui, d'après M. Hildebrand, sécrètent le nectar. *a* les anthères, *n* la tête stigmatique, *v* bractées du pédicelle floral. *D* section transversale de l'ovaire avec les trois placentas *sp* et les ovules *sk*. *E* section transversale d'une anthère non mûre.

Pollinisation croisée dans le **Viola tricolor**. — C'est sur des dispositions mécaniques toutes différentes, que repose l'impossibilité de l'autofécondation dans le *Viola tricolor*.

La figure 459 *A* et *B* montre la situation et la disposition des diverses parties de la fleur de cette plante. Le fond de la fleur est complétement rempli par l'ovaire et par les étamines qui l'entourent, excepté cependant l'éperon du pétale inférieur, dans lequel vient se rassembler le nectar sécrété par les appendices des deux étamines antérieures. L'accès vers ce nectaire, ainsi caché derrière les organes sexués, n'est possible que par un profond sillon garni de poils qui se trouve creusé dans le pétale inférieur; de leur côté, les pétales latéraux et supérieurs se rapprochent en avant de l'ovaire et des anthères qui l'enveloppent et au-dessus du sillon de telle façon, que l'entrée de la fleur soit complétement bouchée par la tête stigmatique *n*. Celle-ci termine un style flexible (*gr* dans *C*), est creuse et s'ouvre par un orifice qui est tourné vers le sillon velu du pétale inférieur; le bord postérieur et inférieur de cette ouverture est pourvu d'un petit appendice en forme de lèvre. Les anthères s'ouvrent d'elles-mêmes et le pollen, s'amassant en dessous et en arrière de la tête stigmatique, forme une poussière jaune entre les poils du sillon.

Ceci posé, un insecte, portant déjà attaché à sa trompe le pollen enlevé à une

autre fleur, vient se poser sur celle-ci, et, pour en atteindre le nectar, il glisse
sa trompe par le sillon sous la tète stigmatique jusque dans l'éperon nectarifère.
Le pollen étranger appendu à la trompe se trouve donc arrêté au passage par
la languette du stigmate ; il y est retenu ensuite par le suc gommeux qui remplit la cavité de la tète et y produit des tubes qui descendent dans le canal
du style pour aller féconder les ovules. D'un autre côté, pendant que l'insecte
aspire le nectar, le pollen situé dans le sillon derrière le stigmate s'attache à
sa trompe et, quand il la retire, les grains ne sont pas arrêtés par le stigmate
parce que la languette *lp* s'est repliée par suite des mouvements de la trompe
et recouvre maintenant l'orifice stigmatique. Ainsi extrait de cette fleur, le
pollen sera maintenant reporté de la mème manière sur le stigmate d'une fleur
différente.

Il est vrai que si l'insecte, après avoir retiré sa trompe, l'enfonçait de nouveau
dans la même fleur, le pollen de cette fleur serait ainsi introduit dans son
propre orifice stigmatique ; mais M. Hildebrand a remarqué que les insectes
ne répètent ordinairement pas leur succion, ils visitent une fleur, en aspirent
le nectar et repartent immédiatement visiter une autre fleur. A l'aide d'une
fine aiguille que l'on insinue dans le sillon sous la tête stigmatique, on
peut reproduire la manipulation des insectes et remplir de pollen la cavité
stigmatique d'une fleur différente.

*Pollinisation croisée dans l'***Epipactis latifolia**. — Dans son livre cité plus
haut, M. Darwin a décrit en détail les dispositions aussi variées que compliquées et ingénieuses, que la nature met en œuvre pour amener chez la plupart
des Orchidées la fécondation par un pollen étranger (1). Citons-en ici brièvement un des exemples les plus simples et les plus ordinaires, celui qui nous
est offert par l'*Epipactis latifolia*.

Au temps de la maturité sexuelle, la fleur est disposée, grâce à une torsion
de son pédicelle, de manière que le pétale postérieur ou labelle pende en
avant ; dans sa région basilaire, ce labelle est creusé en forme de bassinet, où
se rassemble le nectar qu'il sécrète (fig. 460, *B*, *D*, *l*). L'appareil sexué porté
par le gynostème S (dans C) se dresse obliquement au-dessus de ce nectaire ; le
stigmate forme un disque lobé, creusé et glutineux en son milieu, dont la surface est penchée obliquement au-dessus du bassinet nectarifère du labelle. A
droite et à gauche du stigmate, se trouvent les deux étamines avortées et glanduleuses *xx ;* sur le stigmate même, proémine en forme de toit l'unique étamine
fertile, qui à son tour est elle-même recouverte par son connectif en forme de
coussinet *cn*. Les parois latérales des deux moitiés d'anthère se fendent en
long, à droite et à gauche, de manière que les masses polliniques sont partiellement mises en liberté ; dans chaque masse, les grains de pollen sont unis
ensemble par une matière visqueuse. Immédiatement en avant de l'anthère et
au-dessus de la surface stigmatique, se trouve ce qu'on appelle le *rostellum h*,
qui n'est pas autre chose que le lobe stigmatique postérieur métamorphosé
(voir *A*). Le tissu du rostellum est transformé en une substance gommeuse qui
n'est plus revêtue que par une mince membrane.

(1) Voir aussi : WOLFF : Beiträge zur Entwickelungsgeschichte der Orchideenblüthe (Jahrbücher
für wiss. Botanik, IV, 1865).

Laissée à elle-même, la fleur de l'*Epipactis* ne se féconde pas ; les masses polliniques ne tombent pas d'elles-mêmes hors des anthères et ne parviennent pas non plus sur la surface stigmatique. Il faut qu'elles soient extraites de l'anthère par les insectes et portées par eux sur le stigmate d'autres fleurs. Comment ce résultat est-il atteint ? On peut se l'expliquer clairement en introduisant une pointe de crayon dans la fleur, vers le fond du labelle et sous la surface stigmatique. Si l'on presse légèrement la pointe contre le rostellum et qu'on la retire lentement (*D*), la masse gommeuse du rostellum, ce qu'on appelle le *rétinacle*, demeure adhérente au crayon avec les deux masses polliniques qui y sont attachées. A mesure qu'on retire le crayon, ces dernières sont complétement extraites des deux demi-anthères, comme le montrent les figures *E* et *F*. Que l'on introduise maintenant la pointe du crayon portant les pollinies dans une autre fleur, en la dirigeant vers le fond du labelle, les pollinies viennent nécessairement se mettre en contact avec la partie gommeuse du stigmate et s'y attachent solidement ; si l'on retire ensuite le crayon, elles se séparent totalement ou en partie de la pointe et demeurent fixées au stigmate.

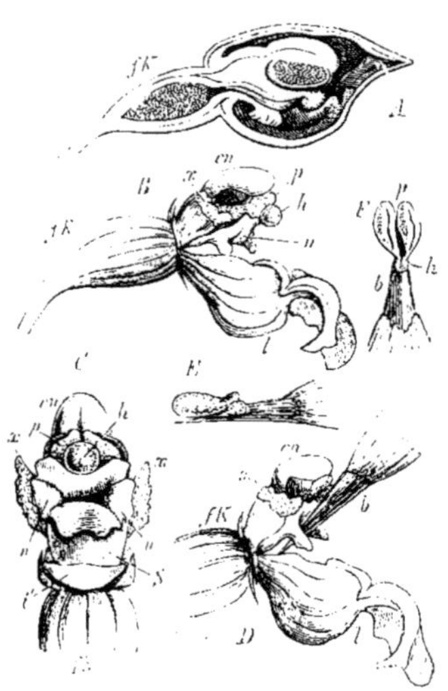

Fig. 460. — *Epipactis latifolia*. A, section longitudinale d'un bouton. *B*. fleur entièrement ouverte et fraîche, dont on a enlevé les pièces du périanthe à l'exception du labelle *l*. *C*, l'appareil sexué, après enlèvement de toutes les pièces du périanthe, vu d'avant et d'en bas. *D*, comme *B*, mais après qu'on y a introduit une pointe de crayon à la manière d'une trompe d'insecte. *E* et *F*, la pointe du crayon retirée, avec les pollinies adhérentes : — *fk* ovaire ; *l* labelle, dont l'excavation en bassinet fonctionne comme nectaire ; *a* le large stigmate ; *cn* le connectif d'une anthère fertile ; *p* les pollinies, *h* le rétinacle, *x x* les deux étamines latérales avortées, transformées en glandes ; *i'* insertion du labelle coupé ; *s* la colonne stylaire dans *C*.

Grâce à la forme et à la disposition des diverses parties de la fleur, un insecte posé sur la partie antérieure du labelle pourra donc se glisser jusqu'au fond du nectaire sans toucher le rostellum ; mais quand il se retirera, après avoir aspiré le nectar, il heurtera le rostellum qui s'appliquera sur lui en entraînant les pollinies ; l'insecte va se poser ensuite sur une autre fleur, sur le stigmate visqueux de laquelle les masses polliniques s'attachent et demeurent fixées. Chez d'autres Orchidées, les phénomènes sont analogues, mais encore bien plus compliqués.

§ 32.

Hybridité (1).

Définitions.—Il n'a été question, dans les deux paragraphes précédents, que

(1) KÖLREUTER : Vorläufige Nachricht von einigen das Geschlecht der Pflanzen betreff. Versu-

de la réunion de cellules sexuelles provenant de la même plante ou de deux
plantes de même nom. Mais l'expérience montre que des plantes de nom différent peuvent aussi combiner avec fruit leurs cellules sexuées. Une pareille
combinaison s'appelle une *hybridation* et le produit qui en résulte est un *hybride*.
Suivant que les deux plantes qui se fécondent appartiennent à deux variétés
différentes d'une même espèce, à deux espèces différentes d'un même genre,
ou à deux genres différents d'une même famille, le produit sera un hybride de
variétés, un hybride d'espèces, ou un hybride de genres.

Hybridité chez les Cryptogames. — Chez les Cryptogames, on ne connaît
jusqu'ici avec certitude qu'un petit nombre d'hybrides. M. Thuret (1) a obtenu
des plantules hybrides, en mêlant dans le même liquide des oosphères de *Fucus
vesiculosus* avec des anthérozoïdes de *Fucus serratus*. Dans quelques autres
classes de Cryptogames, on a trouvé des formes que leurs propriétés permettent
de rapporter à une origine hybride. Ainsi, chez les Mousses, M. A. Braun (2) a
rencontré des hybrides du *Physcomitrium pyriforme* et du *Physcomitrium fas-
ciculare* avec le *Funaria hygrometrica;* chez les Fougères, il a observé des
hybrides du *Gymnogramme chrysophylla* avec le *Gymnogramme calomelana* et
avec le *Gymnogramme distans*, ainsi que de l'*Aspidium filix-mas* avec l'*Aspidium
spinulosum.*

Hybridité chez les Phanérogames. — Toutefois, pour l'étude scientifique
de l'hybrité, étude qui doit aussi jeter une vive lumière sur l'essence même de
la sexualité, il faut surtout tenir compte des hybrides de Phanérogames obtenus
par voie de pollinisation artificielle. M. Nägeli (3) a rassemblé les résultats de
plusieurs milliers d'hybridations réalisées d'abord par Kölreuter au siècle dernier, puis par Knight, par M. Gärtner, Herbert, Wichura et par d'autres observateurs. C'est à cette révision critique de M. Nägeli, que j'emprunte principalement les observations suivantes.

Influence du degré de parenté sur l'hybridation. — Seules, les formes
végétales que leurs affinités rapprochent beaucoup dans le système naturel, qui
sont très-proches parentes, peuvent se croiser pour former des hybrides.
D'ordinaire, c'est entre variétés de la même espèce, que la fécondation croisée
réussit le plus aisément et le plus complétement. Quoique possible dans un
très-grand nombre de cas, la production d'hybrides entre deux espèces différentes du même genre, est déjà plus difficile. Enfin, on ne connaît qu'un petit
nombre d'exemples d'hybrides issus d'espèces classées dans des genres différents, et il est probable que ces sortes d'espèces capables de se féconder mutuellement doivent être placées dans le même genre naturel.

La faculté qu'ont les espèces de former des hybrides se rencontre d'ailleurs

chen und Beobachtungen. Leipzig, 1761, avec continuations en 1763, 1764, 1766. — WILLIAM
HERBERT : Amaryllidaceæ, preceded by... etc , and followed by a Treatise of crossbred vegetables
(London, 1837). — GÆRTNER : Versuche und Beobachtungen über die Bastarderzeugung im Pflan-
zenreiche (Stuttgard, 1869). — WICHURA : Die Bastardbefruchtung im Pflanzenreiche, etc.
(Breslau, 1865).

(1) Ann. des sc. nat., 1855.
(2) Verjüngung in der Natur, p, 329.
(3) NÆGELI : Sitzungsberichte der bayer. Akad. der Wiss. Munich, 1865 et 1866.

à des degrés très-différents dans les divers ordres, familles et genres des Angiospermes. En général, on peut regarder comme se prêtant aisément à l'hybridation les Liliacées, Iridées, Nyctaginées, Lobéliacées, Solanées, Scrophularinées, Gesnériacées, Primulacées, Éricacées, Renonculacées, Passiflorées, Cactées, Caryophyllées, Malvacées, Géraniacées, Œnothérées, Rosacées et Salicinées. La fécondation croisée ne réussit pas, au contraire, ou n'aboutit qu'exceptionnellement chez les Graminées, Urticées, Labiées, Convolvulacées, Polémoniacées, Ribésiacées, Papavéracées, Crucifères, Hypéricinées et Papilionacées.

Les divers genres d'un même ordre ou d'une même famille se comportent même à cet égard d'une façon différente. Parmi les Caryophyllées, les *Dianthus* se croisent aisément, les *Silene* difficilement; chez les Solanées, les *Nicotiana* et les *Datura* sont très-enclins au croisement, mais il n'en est pas de même des *Solanum*, *Physalis*, *Nycandia*. Parmi les Scrophularinées, les *Verbascum* et les *Digitalis* s'hybrident facilement, mais non les *Pentastemon*, *Linaria*, *Antirrhinum*; chez les Rosacées, les *Geum* produisent des hybrides, mais non les *Potentilla*.

L'hybridation entre espèces de genres différents a été observée entre *Lychnis* et *Silene*, entre *Rhododendron* et *Azalea*, entre *Rhododendron* et *Rhodora*, entre *Azalea* et *Rhodora*, entre *Rhododendron* et *Kalmia*, entre *Rhododendron* et *Menziesia*, entre *Ægylops* et *Triticum*, entre *Echinocactus*, *Cereus* et *Phyllocactus*. A quoi il faut ajouter quelques formes sauvages, qui doivent probablement être l'on considérées comme des hybrides de genres.

Influence de l'affinité sexuelle. — Mais la proche parenté naturelle n'est pas le seul élément dont il faille tenir compte dans cette question. La possibilité de l'hybridation dépend encore d'une certaine relation, d'une certaine manière d'être des deux plantes considérées, l'une par rapport à l'autre; cette relation ne s'exprime que par le résultat même de la fécondation croisée, et peut avec M. Nägeli la désigner sous le nom d'*affinité sexuelle*.

L'affinité sexuelle ne va pas toujours de pair avec la ressemblance extérieure des plantes. Ainsi, par exemple, on n'a pas encore réussi à obtenir d'hybride entre le Pommier et le Poirier, entre l'*Anagallis arvensis* et l'*Anagallis cœrulea*, entre le *Primula officinalis* et le *Primula elatior*, entre le *Nigella damascena* et le *Nigella sativa*, et il en est de même de beaucoup d'autres espèces très-voisines d'un même genre. Dans d'autres cas, au contraire, l'hybridation s'opère entre des formes très-dissemblables, comme on le voit entre l'*Ægylops ovata* et le *Triticum vulgare*, entre le *Lychnis dioïca* et le *Lychnis flos-cuculi*, entre le *Cereus speciosissimus* et l'*Epiphyllum phyllanthus*, entre le Pêcher et l'Amandier. Mais la différence qui existe entre l'affinité sexuelle et la parenté naturelle est plus frappante encore, si l'on remarque que parfois les variétés de la même espèce sont totalement ou partiellement infécondes entre elles : ainsi chez le *Silene inflata*, la variété *alpina* ne s'hybride pas avec la variété *angustifolia*, ni la variété *latifolia* avec la variété *littoralis*.

Hybridité réciproque et non réciproque. — Quand la fécondation croisée est possible entre deux espèces A et B, il arrive ordinairement que A fécondé par le pollen de B et B fécondé par le pollen de A donnent également bien des hybrides; on dit alors que l'hybridation est *réciproque*. Mais il y a aussi des cas où l'espèce A ne peut agir que comme père et l'espèce B que comme mère, car la fécondation de A par le pollen de B demeure sans résultat.

Ainsi M. Thuret a vu que les oosphères du *Fucus vesiculosus* sont fécondées par les anthérozoïdes du *Fucus serratus* et forment des hybrides, tandis que, si l'on mélange les ocsphères du *Fucus serratus* avec les anthérozoïdes du *Fucus vesiculosus*, le croisement ne s'opère pas. D'après M. Gärtner, le *Nicotiana paniculata*, fécondé par le pollen du *Nicotiana Langsdorfii*, produit très-aisément des graines hybrides, tandis que le *Nicotiana Langsdorfii*, pollinisé par le *Nicotiana paniculata*, demeure stérile. Kölreuter a pu obtenir facilement des graines en fécondant le *Mirabilis Jalapa* avec le pollen du *Mirabilis longiflora ;* mais plus de deux cents essais de pollinisation du *Mirabilis longiflora* par le pollen du *Mirabilis Jalapa*, tentés par lui dans l'espace de huit années, demeurèrent sans résultat.

Degrés divers de l'affinité sexuelle. — L'affinité sexuelle présente d'ailleurs les degrés les plus différents. L'un des extrèmes s'observe, quand la pollinisation d'une plante par une autre plante de la même variété ou de la même espèce est absolument sans effet, c'est-à-dire quand les tubes polliniques ne pénètrent même pas dans le stigmate et que la fleur pollinisée se comporte sous tous les rapports comme une fleur non pollinisée. L'autre extrème se montre quand la pollinisation donne naissance à de nombreux hybrides, qui non-seulement se développent puissamment, mais aussi se fécondent entre eux et produisent des graines.

Entre ces deux extrèmes, s'étagent une foule de cas intermédiaires et de transitions. Le degré d'action le plus faible qui puisse être exercé sur une fleur par un pollen étranger, c'est quand il s'opère certaines modifications dans les diverses parties de la fleur de la plante mère, quand l'ovaire et les ovules s'accroissent, mais sans qu'il s'y forme cependant aucun embryon. Un degré plus élevé s'observe quand il y a formation de fruits mûrs et normaux, pourvus de graines embryonnées, mais dont les embryons sont incapables de germer. Enfin l'action se montre ensuite de plus en plus profonde, à mesure que le nombre des graines capables de germer va croissant dans le fruit mûr (1).

Apport simultané ou successif de plusieurs pollens différents sur le même stigmate. — Si l'on vient à placer en même temps sur le même stigmate plusieurs pollens différents, l'un d'eux seulement agit pour féconder la fleur, c'est celui qui possède avec cette fleur l'affinité sexuelle la plus grande. Et comme, en général, le pollen a son action la plus favorable quand la fleur où il est amené appartient à la même espèce, en d'autres termes, comme l'affinité sexuelle atteint son maximum entre fleurs ou individus de la même espèce (voir § 13), il en résulte que, si le stigmate reçoit à la fois le pollen de la même espèce et un pollen étranger, c'est le premier seul qui agira sur lui et qui le fécondera. D'autre part, comme l'hybridation de deux variétés différentes donne parfois de meilleurs résultats que la fécondation d'une variété par elle-même, il pourra arriver dans ce cas que, dans la pollinisation simultanée, le pollen étranger devance et annule l'action de l'autre.

(1) Voir HILDEBRAND : Bastadirungsversuche an Orchideen (Botanische Zeitung, 1865).

Quand plusieurs sortes de pollen parviennent successivement sur le même stigmate, si le dernier venu a une affinité sexuelle plus grande que les autres, il ne peut exercer son action fécondante que si les tubes polliniques qui ont pénétré les premiers n'ont pas encore agi soit pour féconder, soit pour détruire. Déjà après deux heures dans les *Nicotiana*, après trois heures dans les *Malva* et *Hibiscus*, après cinq à six heures dans les *Dianthus*, la fécondation croisée ne peut plus être empêchée par l'apport du pollen propre de la plante.

Caractères des hybrides. — Par l'ensemble de ses caractères, l'hybride se montre intermédiaire entre les deux formes qui l'ont produit. Le plus souvent il réalise assez bien une moyenne entre les deux ; plus rarement il est plus rapproché de l'une des formes génératrices que de l'autre, comme cela se voit dans les hybrides de variétés mieux que dans les hybrides d'espèces. Il résulte de là que les hybrides réciproques AB et BA des espèces A et B sont en général semblables ; mais, malgré cette similitude extérieure, ils peuvent cependant présenter des différences internes. Ainsi, d'après M. Gärtner, l'hybride *Nicotiana paniculato-rustica* est plus fécond en graines que l'hybride réciproque *Nicotiana rustico-paniculata* (1). La différence interne entre les deux hybrides réciproques peut se manifester aussi en ce que l'un est beaucoup plus variable que l'autre. Ainsi, d'après M. Gärtner, la postérité du *Digitalis purpureo-lutea* est plus variable que celle du *Digitalis luteo-purpurea*, celle du *Dianthus pulchello-arenarius* plus variable que celle du *Dianthus arenario-pulchellus*.

Supposons que deux espèces A et B s'hybrident et que l'espèce A exerce sur les formes et les propriétés de l'hybride formé une influence plus grande que l'autre espèce B. Fécondé, lui et sa postérité, par l'espèce A, cet hybride se trouvera ramené à la forme originelle A bien plus vite qu'il ne se confondrait avec la forme originelle B s'il était fécondé, lui et sa postérité, par l'espèce B. Ainsi, d'après M. Gärtner, l'hybride du *Dianthus chinensis* et du *Dianthus Caryophyllus*, par une fécondation répétée avec cette dernière espèce, fait retour au *Dianthus Caryophyllus* au bout de 3 à 4 générations, tandis que, si on le féconde par le *Dianthus chinensis*, ce n'est qu'au bout de 5 à 6 générations qu'il reproduit la forme originelle du *Dianthus chinensis*.

Les caractères des générateurs se retrouvent, tantôt fondus, tantôt dissociés dans l'hybride. — Ordinairement les divers caractères des deux formes originelles se trouvent transportés dans l'hybride de telle façon que, dans chacun des caractères de cet hybride, on aperçoive à la fois l'influence des deux générateurs ; en d'autres termes, il s'opère une pénétration réciproque, une fusion individuelle des caractères originels. Cette fusion est plus nettement exprimée toutefois dans les hybrides d'espèces que dans les hybrides de variétés.

Chez ces derniers, il arrive assez souvent, en effet, que certains caractères peu importants des plantes génératrices se retrouvent tels quels, et séparés côte à côte. Si les fleurs ont des couleurs différentes, par exemple, au lieu d'un teinte mixte et uniforme, on observera côte à côte dans les fleurs de l'hybride des bandes et des taches des deux couleurs primitives. M. Sageret a obtenu, du

---

(1) Pour dénommer les hybrides, on convient de placer le nom spécifique du père avant celui de la mère : le *Nicotiana rustico-paniculata* est donc issu de l'action du pollen du *N. rustica* sur le stigmate du *N. paniculata*.

Cucumis Chate femelle fécondé par le pollen d'un *Cucumis Melo Cantalupus* dont les graines avaient le tégument réticulé, un hybride dont le fruit, à chair jaune et à graines réticulées comme le père, avait la saveur acide et les graines blanches comme la mère. Un autre hybride de ces deux mêmes espèces avait, au contraire, la saveur douce et la couleur jaune comme le père, les graines blanches et pourvues d'un tégument lisse comme la mère. C'est à cette catégorie qu'appartient aussi l'hybride du *Cytisus Laburnum* et du *Cytisus purpureus*, dont les branches ressemblent complétement ou du moins en partie, les unes à la première des formes originelles, les autres à la seconde. J'ai rencontré un *Antirrhinum majus* très-probablement hybride, dont l'inflorescence ne portait d'un côté de l'axe que des fleurs uniformément rouge sombre, et de l'autre que des fleurs jaunes. Entre les deux moitiés de l'inflorescence se trouvait une fleur colorée mi-partie rouge, mi-partie jaune.

Les hybrides possèdent aussi des caractères nouveaux. — Leur végétation est luxuriante et leur sexualité affaiblie. — Outre les propriétés qu'il a héritées de ses générateurs, l'hybride possède ordinairement aussi des caractères nouveaux par où il se distingue à la fois des deux formes originelles. L'une de ces propriétés nouvelles, présentée surtout par les hybrides de variétés, c'est la tendance à varier plus fortement que ne le font les types primitifs.

Les hybrides d'espèces sont en général affaiblis dans leur puissance sexuelle. Mais, en revanche, ceux qui proviennent d'espèces très-voisines ont souvent une croissance plus vigoureuse que les formes génératrices, tandis que les hybrides d'espèces éloignées ont, au contraire, un développement végétatif plus ou moins atrophié. La croissance luxuriante des hybrides d'espèces voisines se traduit en général par la formation de feuilles plus nombreuses et plus grandes, de tiges plus hautes et plus puissantes, de racines plus abondamment ramifiées et de branches plus touffues (stolons, etc.). Les hybrides ont aussi une tendance à vivre plus longtemps : de générateurs annuels ou bisannuels naissent, par exemple, des hybrides qui vivent plusieurs et même de nombreuses années, et il est probable que c'est là une conséquence du faible développement des graines. En outre, les hybrides se distinguent des formes primitives par une floraison plus précoce, plus longue et plus abondante. Parfois même ils produisent une quantité de fleurs extraordinaire et ces fleurs sont, en outre, plus grandes, plus odorantes, plus vivement colorées et de plus longue durée. Elles ont aussi une tendance à doubler, c'est-à-dire à multiplier leurs organes sexués et à les transformer en feuilles corollines.

En rapport avec cette croissance luxuriante des hybrides, leur sexualité est en général affaiblie et cela à des degrés très-différents. « Chez les uns, les étamines paraissent bien à l'extérieur être complétement développées, mais elles sont totalement ou en partie stériles, parce que les grains de pollen n'y atteignent pas leur conformation normale ; chez les autres, les étamines sont tout entières atrophiées et réduites à de petits rudiments. Dans la plupart des cas, le gynécée des hybrides ne se distingue pas, par ses caractères extérieurs, de celui des plantes génératrices, mais leurs ovules sont incapables de concevoir : ou bien il ne s'y forme pas d'oosphères ou de vésicules embryonnaires, ou bien l'embryon issu des premiers développements de l'oosphère y meurt un peu plus tôt ou un peu plus tard. Dans le cas le plus favorable, celui où il se forme des graines fécondes, ces graines sont en petit nombre et, par leur lente germinaison et la courte durée de leur période germinative, elles témoignent d'une certaine faiblesse (1). »

À peine sensible chez certains hybrides de variétés, peu marqué chez d'autres, cet affaiblissement de la sexualité s'accuse d'autant plus, en général, que la parenté naturelle et l'affinité sexuelle des générateurs sont plus éloignées. Quand les hybrides d'espèces sont capables de former des graines par auto-fécondation répétée, on voit le plus souvent leur fécondité diminuer de génération en génération ; mais ce phénomène dépend peut-être moins de l'affaiblissement sexuel des hybrides, que de cette circonstance, que l'on a sans doute fécondé souvent la fleur des hybrides avec son propre pollen au lieu de la féconder avec le pollen d'autres fleurs de la même plante ou d'individus différents de la même collection d'hybrides.

C'est une règle générale, suivant M. Nägeli, que chez les hybrides d'espèces, les organes mâles sont affaiblis à un bien plus haut degré que les organes femelles. Il y a cependant des exceptions.

Ils varient plus fortement que leurs générateurs. — « En général, les hybrides varient d'autant moins, dans leur première génération, que les formes primitives ont l'une avec l'autre une parenté plus éloignée ; ainsi les hybrides d'espèces varient moins que les hybrides de variétés. La collection des premiers présente souvent une remarquable uniformité, celle des seconds au contraire se distingue par une grande diversité. Quand ces hybrides de première génération se fécondent eux-mêmes, la variabilité augmente dans la seconde génération et dans les générations suivantes, et cela d'autant plus qu'elle manquait davantage dans la première. Il apparaît ainsi, avec d'autant plus de certitude que les formes originelles étaient plus éloignées, trois variétés différentes : l'une qui correspond au type de première génération, les deux autres qui se rapprochent des formes originelles. Mais, tout au moins dans leurs générations les plus proches, ces variétés ont peu de constance et se transforment facilement l'une dans l'autre. Le retour réel à l'une des deux formes originelles s'opère principalement lorsque ces deux formes étaient très-proches parentes, dans les hybrides de variétés, par conséquent, et d'espèces qui ressemblent à des variétés. Quand un pareil retour a lieu dans d'autres hybrides d'espèces, la chose paraît limitée à ces cas où une espèce a exercé dans la fécondation croisée une influence prépondérante. » (M. Nägeli.)

Hybrides dérivés et hybrides combinés. — Si l'on combine sexuellement un hybride avec l'une de ses deux formes génératrices, ou avec une autre forme primitive, ou encore avec un hybride d'une autre origine, on produit un *hybride dérivé*, que l'on peut à son tour unir sexuellement à l'une des formes souches ou à un hybride d'origine différente.

Si l'on opère le croisement entre un hybride et l'un de ses générateurs, et si l'on combine de nouveau l'hybride dérivé ainsi obtenu avec la même forme primitive et ainsi de suite à plusieurs reprises, on voit les générations

____
(1) NÆGELI : *loc. cit.*

hybrides successives reprendre de plus en plus les propriétés de la forme souche qui a servi à la dérivation et finalement l'hybride dérivé revient complétement à ce type primitif. Suivant que l'on aura choisi, pour opérer la dérivation, l'une ou l'autre des deux formes souches, il faudra un plus ou moins grand nombre de générations pour que l'hybride dérivé lui redevienne semblable. De cette considération, M. Nägeli a déduit des expressions numériques ou formules d'hérédité, qui donnent en nombres la valeur de l'influence qu'une espèce exerce, au point de vue de la transmission héréditaire de ses propriétés par voie de croisement. A mesure que l'hybride dérivé se rapproche ainsi de l'une des deux formes primitives, sa nature hybride s'efface progressivement en même temps qu'augmente sa fécondité.

Si l'on croise un hybride avec une nouvelle forme primitive, ou bien avec un hybride d'une autre espèce, il naît un hybride dérivé, dans lequel se trouvent confondues trois, ou quatre, ou un plus grand nombre d'espèces ou de variétés. M. Wichura a même réuni ainsi six espèces de Saules dans un seul hybride dérivé. Les hybrides de cette sorte, qu'il serait préférable d'appeler *hybrides combinés*, suivent en général, dans leurs formes et dans toute leur manière d'être, les règles que nous avons données plus haut pour les hybrides simples. Les hybrides combinés deviennent d'autant plus stériles qu'il entre en eux un plus grand nombre de formes diverses, d'ordinaire ils sont aussi très-variables. De ses observations et de celles de M. Gärtner, M. Wichura a conclu que les produits engendrés par le pollen hybride sont plus variables, plus polymorphes, que ceux que donne le pollen de véritables espèces.

La fécondation atteint son meilleur résultat quand la différence d'origine des cellules sexuées acquiert une certaine valeur moyenne. — Les résultats des expériences sur l'hybridité sont pour la théorie de la sexualité d'une très-haute importance. Ils établissent, en effet, qu'il n'y a pas de limite, pas de différence essentielle entre la fécondation d'espèces ou de variétés pures avec elles-mêmes et leur fécondation avec d'autres espèces ou variétés; en même temps, ils mettent en évidence certaines propriétés de la différenciation et de la combinaison sexuelles, qui n'apparaissent avec toute leur netteté que dans ce dernier cas, c'est-à-dire quand il y a croisement et hybridation.

Au point de vue de la possibilité d'une réunion féconde de cellules sexuées, les deux extrêmes sont très-éloignés l'un de l'autre, mais se trouvent reliés par un grand nombre d'intermédiaires et de transitions graduées. L'un de ces extrêmes nous est offert par les *Rhynchonema* et certaines Saprolégniées, où l'union sexuelle s'opère régulièrement et avec bon résultat entre cellules sœurs. L'autre extrême s'observe dans les hybrides de genres, où les cellules sexuées qui s'unissent appartiennent à des plantes douées de forme et de propriétés différentes et dont la descendance d'une souche commune remonte à un passé très-reculé. Mais la grande majorité des faits que le règne végétal nous offre à cet égard atteste que l'union sexuelle atteint son meilleur résultat quand la parenté des cellules sexuées n'est ni trop proche ni trop lointaine. Dans presque tous les cas, en effet, l'autofécondation se trouve évitée dans la nature avec autant de soin que la formation d'hybrides entre espèces et genres différents.

Les phénomènes peuvent donc se résumer dans la proposition suivante. Il est probable que la forme primitive de la différenciation sexuelle consiste dans la formation simultanée d'organes mâles et d'organes femelles côte à côte sur la même plante; mais la réunion sexuelle est plus active et plus favorable à la conservation de la vie des plantes, quand ce ne sont pas les cellules sexuées nées ainsi côte à côte qui s'unissent, quand la combinaison a lieu, au contraire, entre cellules d'origine différente. A quoi il faut ajouter que le résultat le plus favorable s'obtient lorsque cette différence d'origine acquiert une certaine valeur moyenne. Cette valeur moyenne de la différence d'origine, qui correspond au maximum d'effet sexuel, est atteint quand les cellules sexuées proviennent d'individus différents d'une seule et même espèce.

Les dispositions organiques étudiées dans le paragraphe précédent et qui trouvent leur expression dans la polygamie, la diclinie, la dichogamie, l'hétérostylie, l'impuissance du pollen à agir sur le stigmate de la même fleur (*Corydalis*, *Oncidium*), l'impossibilité mécanique de l'autofécondation (beaucoup d'Orchidées, *Aristolochia Clematitis*, etc.), ces dispositions, disons-nous, ne sont autre chose en réalité que des moyens divers de favoriser ou de rendre seule possible l'hybridation entre individus différents de la même espèce naturelle.

CHAPITRE SEPTIÈME

GENÈSE DES FORMES VÉGÉTALES

§ 33.

Genèse des variétés.

Ce qu'on entend par variété. — Les propriétés que les plantes possèdent actuellement se transmettent à leurs descendants ; elles deviennent héréditaires. Mais, outre ces propriétés héréditaires, il pourra, chez quelques-uns ou chez un grand nombre des descendants d'une plante, apparaître aussi de nouveaux caractères, non encore aperçus jusque-là chez leurs devanciers. Ainsi, par exemple, dans un semis de graines de *Robinia pseudo-acacia*, Descemet obtint en 1803 un individu dépourvu d'épines (1) ; dans un semis de *Fragaria vesca*, Duchesne observa en 1761 un exemplaire à feuilles simples et non ternées (2) ; parmi de jeunes *Datura Tatula*, M. Godron a observé un individu dont la capsule était entièrement lisse, au lieu d'être épineuse comme toujours dans cette espèce (3).

Ces propriétés nouvelles, ainsi apparues tout à coup chez certains descendants, ne sont souvent qu'individuelles, c'est-à-dire qu'elles ne se transmettent pas à leur postérité. Ainsi, par exemple, les graines du Robinia sans épines dont nous venons de parler ont donné des individus épineux, semblables par conséquent, non à leur mère, mais à leur grand'mère. Dans d'autres cas, au contraire, la nouvelle propriété est héréditaire ; ordinairement, il est vrai, la transmission ne s'en opère qu'imparfaitement, elle ne se maintient que chez un plus ou moins grand nombre des descendants du nouveau type, tandis que les autres font retour à la forme originelle : c'est ce qu'on a observé pour le Fraisier à feuilles simples de Duchesne.

Quand une nouvelle propriété se transmet ainsi aux générations successives, le nombre des individus qui reviennent à la forme primitive va diminuant de génération en génération, en d'autres termes, la transmissibilité du caractère nouveau va en augmentant ; ce caractère devient donc de plus en plus constant et arrive enfin à avoir la même fixité que les propriétés de la forme souche. Le nouveau type végétal ainsi fixé est une *variété* (4).

(1) Voir CHEVREUL : Ann. des sc. nat., 1846, VI, 157.
(2) Pour plus de détails voir USTERI : Annalen der Botanik, V, p. 40.
(3) NAUDIN : Comptes rendus, 1867, LXIV, p. 929.
(4) Pour les exemples, voir HOFMEISTER : Allgemeine Morphologie, p. 565.

Une même espèce peut produire plusieurs variétés. — Une seule et même forme primitive peut produire simultanément ou successivement un plus ou moins grand nombre, parfois même des centaines de variétés, comme cela arrive fréquemment chez les plantes cultivées. Le *Dahlia variabilis* à fleurs simples et jaunes a donné dans les jardins, depuis l'année 1802, un nombre immense de variétés, différant par la couleur, la forme et la grandeur des fleurs, et par le développement végétatif. Pratiquée depuis 1687, la culture de la Pensée a fait sortir du *Viola tricolor* de nos champs les nombreuses variétés qui ornent nos jardins et qui se distinguent surtout par la coloration diverse de leurs fleurs (1). Les variétés de Courge (*Cucurbita Pepo*) sont plus diverses encore, non-seulement par la forme des fruits, mais aussi par tous les autres caractères; il en est de même des Choux (*Brassica oleracea*) et d'un grand nombre d'autres plantes cultivées.

La tendance à varier est fort inégale suivant les plantes. — Certaines formes végétales sont très-enclines à produire des variétés, c'est-à-dire à varier. Parmi les plantes sauvages, nous citerons pour exemples les *Rubus, Rosa, Hieracium*.

D'autres se distinguent, au contraire, par la grande constance de tous leurs caractères, le Seigle par exemple, qui malgré une longue culture n'a encore fourni aucune variété héréditaire, tandis que les Céréales voisines, notamment les *Triticum vulgare, amyleum* et *Spelta*, ont produit un grand nombre de variétés déjà anciennes et continuent toujours à en fournir de nouvelles.

Variation par graines; variation par bourgeons. — La plupart des variétés héréditaires prennent naissance par voie de reproduction sexuée. Ainsi chez les Phanérogames, les nouvelles propriétés apparaissent tout à coup dans certaines plantules venues de graines et qui cessent ainsi de ressembler à la plante mère.

Mais il arrive cependant aussi que certains bourgeons se développent autrement que les autres pousses du même individu, et il faut ici distinguer avec soin deux cas différents et qui ont une signification très-diverse. Tantôt, en effet, la plante appartenant elle-même à une variété, ses pousses aberrantes ressemblent à la forme primitive, à laquelle elles font retour; il ne s'agit donc pas ici de la production d'une nouvelle forme, mais bien de la destruction d'une variété déjà produite. Le jardin botanique de Munich, par exemple, possède un Hêtre à feuilles laciniées, appartenant par conséquent à une variété, et dont une branche porte des feuilles entières et fait ainsi retour au type normal. Tantôt, au contraire, on voit apparaître sur certaines pousses de la plante des caractères réellement nouveaux, non encore aperçus jusqu'ici dans le cours des générations. Ainsi le *Myrtus communis* présente parfois des branches pourvues de feuilles verticillées par trois; mais j'ai observé que ces branches dressées produisent de nouveau, à l'aisselle de leurs feuilles, des branches à feuilles décussées. Knight (2) a remarqué sur un Cerisier une branche dont les fruits, plus allongés, mûrissaient toujours plus tard que les autres. Suivant M. Dar-

_____

(1) DARWIN : De la variation des animaux et des plantes. Trad. française par Moulinié. Paris, 1868, I, p. 3 0.

(2) Id. : *loc. cit.*, p. 370.

win (1), il est probable que le Rosier mousseux est provenu par *variation
gemmaire* du Rosier à cent feuilles. De son côté, le Rosier mousseux panaché
a fait son apparition en 1788, comme simple rejeton d'un Rosier mousseux
rouge ordinaire. D'après M. Rivers, les graines du Rosier mousseux rouge donnent presque toujours des Rosiers mousseux.

La production des variétés est indépendante des causes extérieures. —
Il faut distinguer avec soin, de la variation proprement dite, les divers états que
prennent les plantes sous l'influence d'une nutrition appauvrie ou surabon-
dante et, en général, sous l'action immédiate des causes extérieures. Suivant
qu'ils sont pauvrement ou richement alimentés, en effet, les divers exemplaires
de la même plante se distinguent souvent d'une manière frappante par la grandeur et le nombre des feuilles, des branches, des fleurs et des fruits. Une
ombre épaisse imprime souvent aux plantes qui croissent habituellement en
plein soleil, les modifications de port les plus accusées. Mais ces changements
ne sont pas héréditaires ; normalement nourris et éclairés, les descendants de
pareils individus reprennent bientôt leurs caractères primitifs.

Au contraire, ces propriétés qui sont capables de devenir héréditaires et de
caractériser de nouvelles variétés, apparaissent toujours indépendamment de
l'action immédiate du sol, du climat, de l'exposition et en général de toutes
les influences extérieures. Elles se montrent tout à coup, sans cause apparente.
On doit donc admettre, ou que d'insensibles impulsions extérieures impriment à la marche du développement un écart d'abord imperceptible, mais qui
va s'accusant peu à peu jusqu'à devenir visible au dehors, ou que les phénomènes qui s'opèrent à l'intérieur même de la plante, réagissent l'un sur l'autre
de telle façon qu'il en résulte tôt ou tard une modification extérieure.

Ce fait, que des plantes sauvages, dès qu'on en entreprend la culture, commencent d'ordinaire à former des variétés héréditaires, montre que le changement apporté dans les conditions extérieures de la végétation ébranle de quelque
façon la marche du développement à venir. Mais il ne prouve pas que des
influences extérieures déterminées puissent produire des variétés héréditaires
déterminées et correspondantes. Car, dans les mêmes conditions de culture, on
voit la même forme primitive engendrer simultanément ou progressivement les
variétés les plus différentes, et il en est de même aussi dans les plantes sauvages
vivant en liberté. A la même exposition, dans des conditions de végétation
toutes semblables, on rencontre souvent, à côté de la plante primitive, ses
diverses variétés, et d'autre part on trouve fréquemment une seule et même
variété dans les localités les plus différentes (2).

C'est précisément parce que les variétés sont à un si haut degré indépendantes des influences extérieures, qu'elles sont héréditaires. Une modification
causée dans une plante par l'humidité, ou l'ombre, ou quelque autre cause externe ne devient pas héréditaire, précisément parce que les descendants, placés
dans d'autres conditions d'existence, prennent de nouveau d'autres caractères
transitoires. Mais la preuve la plus nette que les propriétés héréditaires, ou qui

---

(1) DARWIN, *loc. cit.*, p. 389.
(2) Pour plus de détails sur ce très-important sujet, voir NEGELI : Sitzungsberichte d. k. bayer.
Akad. der Wissensch., 1865.

peuvent le devenir, ne sont pas provoquées par des influences extérieures élémentaires, c'est que des graines échappées d'un même fruit reproduisent soit plusieurs variétés différentes, soit une variété en même temps que la forme originelle.

La conservation des variétés produites dépend, au contraire, des conditions extérieures. — Cependant, bien que la naissance et la forme des variétés ne soient pas causées par l'action immédiate des influences externes, il peut arriver que l'existence ultérieure d'une variété dépende de ces conditions extérieures. Une variété une fois produite, il s'agit en effet de savoir si, cultivée dans un sol humide ou sec, à la lumière ou à l'ombre, elle pourra s'y reproduire ou si elle y périra. A cet égard, on arrive à cette conclusion que *les variétés héréditaires prennent naissance indépendamment des influences extérieures, mais que la possibilité de leur existence ultérieure dépend des conditions externes.* Une variété qui ne se rencontre que dans une station déterminée, n'est pas produite par cette station, mais cette station lui offre seule les conditions de végétation qui lui sont nécessaires. Elle s'y conserve donc et disparaît partout ailleurs.

L'hybridité, et aussi le croisement entre individus de même espèce, sont des causes de variation. — Nous avons déjà dit au § 32 que les hybrides sont généralement fort enclins à former des variétés. L'hybride réunissant en lui deux natures héréditaires, il en résulte une impulsion à produire de nouvelles propriétés qui, à leur tour, pourront être plus ou moins transmissibles. L'hybridité est donc pour les plantes un puissant levier qui ébranle la constance des caractères héréditaires et tire, de deux formes fermées chacune, un grand nombre de variétés (1).

Mais, de son côté, l'union sexuelle ordinaire entre individus de la même espèce, telle qu'elle a lieu dans les plantes dioïques, dichogames, hétérostyles, etc., peut être regardée comme une sorte d'hybridité. Ici aussi, en effet, les individus combinés diffèrent sans aucun doute l'un de l'autre, car sans cela leur croisement ne donnerait pas de meilleurs résultats que l'autofécondation. Ici aussi, par conséquent, les descendants réunissent en eux deux natures distinctes, bien qu'assez peu différentes, et puisque l'hybride de deux formes végétales différentes présente une forte tendance à la variation, la fécondation de deux exemplaires différents d'une seule et même forme végétale pourra produire tout au moins une faible tendance à la variation. Il est donc probable que dans l'union sexuelle d'individus différents, telle qu'on la rencontre partout dans la nature, même chez les plantes hermaphrodites, il y a une cause de variation toujours agissante. Cette cause de variation n'est toutefois pas la seule, comme l'atteste déjà l'existence d'une variation gemmaire, et comme cela résulte mieux encore de cette remarque, que la différence des deux individus qui engendrent un produit variable doit provenir elle-même déjà d'une légère variation.

En outre, toute plante a en elle-même une tendance à varier. — Un grand nombre de faits et de raisonnements portent à croire, en effet, que presque toute plante a une tendance intime à varier constamment et dans diverses di-

(1) Voir NAUDIN : Comptes rendus, 1864, LIX, p. 837.

rections, tandis qu'en même temps chaque nouvelle propriété acquise tend à devenir héréditaire. Si, malgré cela, beaucoup de plantes sauvages et certaines plantes cultivées témoignent d'une grande constance et ne produisent pas de variétés extérieurement distinctes, cela tient le plus souvent à ce que les variétés nouvellement produites à chaque instant ne sont pas viables dans les conditions données, ou du moins y périssent bientôt; j'aurai à revenir plus loin sur ce point.

Transmissibilité des propriétés nouvellement acquises. — La transmissibilité des propriétés acquises se manifeste avec une netteté toute particulière quand ces caractères nouveaux, comme c'est le cas pour la variation gemmaire, n'intéressent pas toute l'étendue de la plante génératrice, mais seulement une de ses pousses. M. Kencely Bridgman a constaté un cas plus remarquable encore. Sur les *Scolopendrium vulgare laceratum* et *Scolopendrium vulgare Crista-galli*, il a vu que les spores provenant de la région inférieure et normalement conformée du limbe de la feuille reproduisent constamment la forme originelle, tandis que les spores provenant de la région périphérique et anormalement développée de ce limbe reproduisent toujours la variété correspondante (1).

§ 34.

Accumulation des propriétés nouvelles par la reproduction des variétés.

Les variétés divergent de plus en plus dans le cours des générations. — A l'origine, la différence qui existe entre une variété nouvellement produite et la souche dont elle émane, ou entre deux variétés d'une souche commune, est le plus souvent assez faible, et n'intéresse que quelques caractères. Mais la variété peut à son tour varier elle-même dans sa descendance, et par là, non-seulement les nouveaux caractères peuvent s'accuser davantage, mais des propriétés différentes peuvent prendre naissance et venir s'y ajouter. De la sorte, la différence entre la forme originelle et sa variété, ou entre deux variétés d'un même type, va toujours croissant. Si la transmissibilité des propriétés nouvelles augmente en même temps que cette différence s'accuse, la variété se trouve finalement si éloignée de la forme primitive, que leur communauté d'origine ne peut plus être démontrée qu'en remontant dans l'histoire, ou en étudiant les formes de transition qu'elles peuvent présenter.

Exemples tirés des plantes cultivées. — C'est ce qu'on observe chez un grand nombre de nos plantes cultivées, par exemple chez le Poirier, qui varie déjà volontiers à l'état sauvage, mais dont la culture a transformé la croissance, les feuilles, les fleurs et surtout les fruits à un tel degré, que jamais nous n'aurions pu regarder nos belles variétés de Poiriers comme des descendants du *Pyrus communis* sauvage, si M. Decaisne n'avait pas démontré cette communauté d'origine par l'étude des formes de transition (2).

De même, il est à peine douteux que tous nos Groseilliers épineux dérivent

____

(1) NÆGELI : Berichte d. k. bayer. Akad. der Wissensch., 1866, p. 274.
(2) DARWIN : *loc. cit.*, p. 372.

du *Ribes grossularia* qui croît à l'état sauvage dans le centre et le nord de l'Europe, et pour ces plantes M. Darwin montre, par des preuves historiques, comment la grosseur des fruits s'est constamment accrue par la culture depuis l'année 1786, jusqu'à atteindre en 1852 le poids de 58 grammes, sept à huit fois le poids du fruit sauvage ; c'est le poids d'une petite pomme ayant 6 pouces 1/2 de circonférence.

Les diverses variétés de Chou procèdent peut-être d'une souche unique, peut-être aussi, suivant A. De Candolle, de deux ou trois formes originelles très-voisines qui vivent encore actuellement dans les contrées méditerranéennes ; toutefois, dans ce dernier cas, l'hybridité aurait eu sa part. Ces variétés sont pour la plupart héréditaires, mais encore sans grande constance. Pour se faire une idée de l'étendue de la variation amenée par la culture, il suffit de comparer entre eux le Chou cavalier à tige arborescente, ligneuse et ramifiée de 10, 12 et même 16 pieds de hauteur, le Chou pommé ou cabu pourvu d'une tige courte, à tête sphérique, ou pointue, ou élargie, formée de feuilles emboîtées, le Chou de Milan avec ses feuilles crépues et vésiculeuses, le Chou-rave avec sa tige renflée en sphère à la base, le Chou-fleur avec ses fleurs monstrueuses étroitement serrées, etc., etc. (1).

Pour un grand nombre de plantes cultivées, on ne connaît pas la forme sauvage originelle. Il se peut que dans certains cas celle-ci ait disparu, mais il est plus probable que les variétés produites par la culture ont acquis et accumulé progressivement un si grand nombre de propriétés nouvelles, qu'il nous est devenu impossible aujourd'hui de reconnaître leur ressemblance avec la souche sauvage. Il en est vraisemblablement ainsi pour les Cucurbitacées cultivées : les Courges, Melons, Calebasses, etc.

Les Courges, dont les variétés se comptent par centaines, ont été rapportées par M. Naudin à trois formes originelles, savoir : les *Cucurbita Pepo, maxima* et *moschata ;* mais ces formes ne se rencontrent pas à l'état sauvage dans la nature. Construites en quelque sorte au moyen des ressemblances et des différences de leurs innombrables variétés, elles n'ont qu'une existence idéale. Dès lors, on peut se demander si aucune d'elles a jamais existé réellement, ou si ces souches idéales ne correspondraient pas simplement à trois variétés principales, émanées d'un seul type peut-être encore existant aujourd'hui, ou issues par hybridation de quelques types pareils. Un grand nombre de ces variétés sont entièrement héréditaires et tous les organes y présentent les différences les plus profondes. Pour juger de l'étendue et de la diversité de ces dernières, il suffira de remarquer que M. Naudin répartit l'ensemble des formes qu'il rattache au *Cucurbita Pepo* en sept sections distinctes dont chacune embrasse à son tour des variétés secondaires (2). Le fruit de telle variété est plus de deux mille fois plus grand que celui de telle autre ; la forme originelle du fruit est probablement ovoïde, mais dans certaines variétés, elle s'allonge en un cylindre et dans d'autres elle se raccourcit en un disque aplati. La coloration de l'enve-

---

(1) Voir Metzger : Landwirthschaft. Pflanzenkunde. Francfort, 1843, p. 1000, et Darwin : *loc. cit.*, p. 313.

(2) Darwin : *loc. cit.*, p. 380. — Voir aussi Metzger : Landwirthschaft. Pflanzenkunde. Francfort, 1841, p. 692.

loppe du fruit subit, dans les diverses variétés, des variations presque indéfi-
nies; l'enveloppe est dure chez les unes, molle chez les autres; ici la pulpe du
fruit est amère, là elle est douce et sucrée. Les graines varient entre 6 et 52 millimètres de longueur. Tantôt les vrilles sont monstrueusement développées,
tantôt elles manquent complétement. Il y a telle variété qui transforme ses
vrilles en branches portant des feuilles, des fleurs et des fruits. Des caractères,
qui d'ordinaire se maintiennent constants dans des ordres naturels tout entiers, sont eux-mêmes dans les Courges extrêmement variables; ainsi M. Naudin signale une variété chinoise de *Cucurbita maxima* qui possède un ovaire
entièrement libre et supère, tandis que partout ailleurs dans les Cucurbitacées
et dans les familles voisines l'ovaire est infère (1).

Quant aux variétés de Melons, M. Naudin les répartit en dix sections distinctes; elles diffèrent aussi, non-seulement par les fruits, mais encore par les
feuilles et par l'ensemble du port et de la croissance. Certains fruits de Melon
n'ont que la grosseur de petites prunes, d'autres pèsent jusqu'à 66 livres. Une
variété a le fruit écarlate; chez une autre, le fruit n'a qu'un pouce de diamètre, mais il a trois pieds de long et il s'enroule en serpentant dans toutes les
directions; d'autres organes de cette variété s'allongent d'ailleurs aussi beaucoup. Les fruits d'une certaine variété de Melon peuvent à peine, tant au dedans
qu'au dehors, être distingués du Concombre; un Melon algérien se disloque
brusquement et tombe en morceaux à la maturité (2).

Le genre *Zea* se comporte comme les genres *Cucurbita* et *Cucumis*. Les variétés cultivées du Maïs procèdent probablement d'une seule et unique forme
primitive sauvage, cultivée depuis très-longtemps en Amérique. Mais on peut
se demander si l'espèce sauvage du Brésil, à glumes longues et enveloppant les
grains, et qui est la seule espèce sauvage connue, est bien le type originel. Si ce
n'est pas elle, il faut reconnaître qu'on ne connaît actuellement aucune plante
qu'on puisse considérer comme la souche de nos nombreuses et très-diverses
variétés de Maïs. Ici aussi, une culture prolongée a extraordinairement accru
les différences des variétés entre elles et avec la forme primitive, et ce n'est
plus seulement par quelques propriétés, mais bien par un grand nombre de
caractères, qu'elles se distinguent aujourd'hui. Certaines n'acquièrent que
un demi-pied de hauteur, d'autres 15-18 pieds; suivant les variétés, les fruits
forment de 6 à 20 rangées longitudinales sur l'épi et sont tantôt blancs, tantôt
jaunes, rouges, orangés, violets, rayés de noir, bleus ou rouge cuivreux. Leur
poids varie du simple au septuple; leur forme est très-diverse et il y a des
variétés qui ont dans le même épi trois sortes de fruits de forme et de couleur
différentes. Un grand nombre d'autres différences s'y observent encore (3).

(1) D'après M. Hooker, un *Begonia frigida* a produit à Kew, à côté de fleurs mâles et femelles à ovaire infère, des fleurs hermaphrodites à ovaire supère. Cette variété a été reproduite
par les graines issues des fleurs normales (Darwin : *loc. cit.*).

(2) Darwin : *loc. cit.*, p. 382.

(3) Voir Darwin : *loc. cit.*, p. 340, et Metzger : *loc. cit.*, p. 207. Il n'y a pas grande valeur à
attacher aux résultats des cultures entreprises dans le but d'étudier la variation et la constance
des variétés parce que l'hybridation n'en a pas été exclue. Certaines variétés de Maïs semblent
à la vérité rebelles au croisement.

Ces quelques exemples doivent suffire ici, pour montrer combien la culture peut accroître l'étendue des différences qui existent entre les diverses variétés issues d'une même forme originelle. On trouvera d'abondants détails réunis sur ce sujet, dans les ouvrages cités de M. Darwin et de M. Metzger, ainsi que dans la Géographie botanique de M. A. De Candolle.

A l'état sauvage, les plantes varient tout aussi fortement qu'en domesticité. — Il est beaucoup plus difficile et peut-être même impossible de rechercher directement jusqu'à quel degré l'étendue de la variation peut s'élever chez les plantes sauvages en dehors de la culture. Les preuves historiques manquent, en effet, dans ce cas, ou ne peuvent être acquises que par de grands détours et à l'aide d'hypothèses. Cependant, comme les lois de la variation sont sans aucun doute les mêmes pour les plantes sauvages et pour les plantes cultivées, bien qu'elles agissent dans les deux cas dans des conditions différentes, nous pouvons pour le moment admettre, au moins comme vraisemblable, que les plantes varient, à l'état sauvage, tout aussi fortement qu'en domesticité. Mais dans la suite, après nous être livré à des considérations diverses et très-importantes, nous serons amenés à conclure que dans la genèse des diverses formes végétales sauvages, la variation a exercé des actions infiniment plus grandes que celles que nous pouvons observer dans les variétés cultivées.

Les plantes sauvages qui se ressemblent autant que les diverses variétés d'une espèce cultivée, doivent être regardées comme dérivant aussi d'un type spécifique commun. — L'étude de la variation des plantes cultivées nous montre que la seule et unique cause de la ressemblance héréditaire, tant extérieure qu'intérieure, de plantes appartenant à des variétés différentes, est la descendance commune de ces formes semblables d'un seul et même type originel. Si maintenant nous rencontrons une pareille similitude, entre des formes sauvages, si nous trouvons que là, comme dans les plantes cultivées, un grand nombre de formes diverses sont reliées par des formes intermédiaires, par des transitions graduées, comme celles qui unissent les formes originelles des plantes cultivées à leurs variétés les plus éloignées, nous devrons reconnaître aussi chez ces plantes sauvages une communauté d'origine comme étant l'unique cause des ressemblances de ces diverses formes.

Les formes extraordinairement nombreuses du genre *Hieracium*, par exemple, se comportent sous beaucoup de rapports comme les Courges et les Choux cultivés. A côté de nombreux types, décrits comme autant d'espèces distinctes, on y trouve encore un grand nombre de formes intermédiaires, dont une partie seulement sont des hybrides, les autres des variétés à fécondité complète. M. Nägeli (1), qui a soumis ce genre à une étude minutieuse, s'exprime ainsi : « Si l'on voulait réunir en une seule espèce les types qui sont reliés par des formes de transition jouissant d'une fécondité complète, on n'obtiendrait pour tous les *Hieracium* indigènes que trois espèces, qui ont été déjà séparées par quelques auteurs et regardées par eux comme autant de genres distincts : *Pilosella* (*Piloselloides*), *Hieracium* (*Archieracium*) et *Chlorocrepis* (*Hierac. staticifolium*). Les transitions entre ces trois groupes manquent complétement, tout

____

(1) Nægeli : Sitzungsberichte der k. bayer. Akad. d. Wiss., 1866.

au moins en Europe. C'est à tort que l'on a admis des hybrides entre les *Piloselloides* et les *Archieracium;* ces prétendus hybrides sont ou de purs *Piloselloides* ou de simples *Archieracium*. Dans l'état actuel de la science, continue M. Nägeli, on ne voit d'autre possibilité que de regarder les diverses espèces d'*Hieracium* comme issues par transmutation de formes éteintes ou encore existantes, et d'admettre qu'il subsiste encore une grande partie des intermédiaires qui ont accompagné naturellement la scission de l'espèce primitive en plusieurs espèces nouvelles, ou qui découlent de la transformation d'une espèce encore vivante en une espèce qui s'en détache comme une branche. Dans les *Hieracium*, les espèces ne se seraient donc pas encore séparées, par l'extinction des formes intermédiaires, aussi complétement qu'elles le sont dans la plupart des autres genres. »

Entre les diverses espèces d'un même genre, il y a le même rapport qu'entre les diverses variétés d'une même espèce. — Sous la dénomination d'*espèce*, on embrasse, nous le savons, l'ensemble de tous les individus dont les caractères constants sont identiques et se distinguent des caractères constants d'autres formes analogues. Ceci posé, il résulte clairement de tout ce que nous venons de dire, que la différence entre les variétés devenues constantes d'une même espèce, et les espèces sauvages d'un même genre, réside seulement en ceci, que la descendance des premières est connue, tandis qu'on ignore l'origine des secondes. Une fois devenues constantes, les diverses variétés que la culture dérive d'une forme originelle sont reliées, il est vrai, par des formes intermédiaires, dans lesquelles se révèle la marche progressive de l'accumulation des nouveaux caractères. Mais ces formes de transition peuvent aussi disparaître, et alors il y a une plus ou moins large solution de continuité, d'une part entre les diverses variétés, d'autre part entre elles et la souche dont elles dérivent.

Ces deux circonstances se retrouvent l'une et l'autre si l'on considère les espèces d'un même genre chez les plantes sauvages. Certains genres, en effet, comme l'*Hieracium*, présentent des espèces très-différentes, reliées par de nombreuses formes intermédiaires qui les accompagnent dans la nature. Par analogie avec les variétés de culture, on est fondé à regarder ces formes de transition, toutes celles du moins qui ne sont pas hybrides, comme des variétés en voie de développement progressif, dont quelques descendants ont avancé plus loin que les autres dans la voie de l'accumulation des nouvelles propriétés. Mais ordinairement ces formes intermédiaires, qui constituent en quelque sorte le pont pour passer de la forme originelle aux formes dérivées, ont totalement disparu ; dans ce cas, les espèces d'un même genre sont isolées l'une de l'autre et la différence de leurs caractères procède par sauts brusques. Cependant les espèces d'un genre se ressemblent par de nombreux caractères héréditaires et elles ne se distinguent l'une de l'autre que par quelques caractères constants; l'étendue de leurs ressemblances est bien plus grande que l'étendue de leurs différences.

Il y a donc entre les diverses espèces d'un même genre, quoiqu'à un plus haut degré, le même rapport qu'entre les diverses variétés issues d'une même forme spécifique originelle. Pour ce qui est de ce dernier rapport, on ne lui

connaît pas d'autre explication que la descendance commune, avec variation et
hérédité des nouvelles propriétés acquises; on est donc fondé à regarder les
diverses espèces d'un même genre comme autant de variétés, plus accusées
et devenues constantes, d'une forme originelle commune, forme qui peut, ou
avoir réellement disparu, ou n'être plus reconnaissable comme telle.

Il n'y a pas de limite tranchée entre la variété et l'espèce. — Il n'y a donc
pas de limite naturelle entre la variété et l'espèce; elles ne diffèrent que par la
somme des différences de leurs caractères et par leur degré de constance. De
même qu'un grand nombre de variétés sont comprises dans la définition de
l'espèce, puisque dans l'établissement de l'espèce on fait abstraction des différences des variétés, de même, en leur assignant un maximum de propriétés
communes, on réunit plusieurs espèces en un genre. Ceci posé, comme les
propriétés, même les plus importantes, des plantes ne peuvent être ni mesurées
ni pesées, il est difficile, il est même à peu près impossible d'estimer, c'est-à-
dire d'établir d'un commun accord, quelle somme de différences sera nécessaire et suffisante pour que deux formes végétales différentes, mais analogues,
soient caractérisées, non comme variétés, mais comme espèces. De même,
c'est à un haut degré une affaire d'appréciation personnelle et de tact, que de
décider s'il faut désigner deux groupes de formes semblables, mais différentes,
comme deux espèces pourvues de variétés, ou comme deux genres avec leurs
espèces.

Pour l'observation matérielle et subjective, il n'y a donc que l'individu. Les
expressions variété, espèce, genre, sont des termes abstraits et signifient une
certaine quantité de différences existant entre les individus, quantité qui est
petite dans la variété, plus grande dans l'espèce, plus grande encore dans le
genre. Mais dans les trois cas, à côté des différences, ainsi marquées, il existe
une somme prédominante de ressemblances; et comme l'étude de la variation
nous a appris que de formes identiques il procède, par des écarts progressivement accrus, des formes analogues, mais devenant de plus en plus différentes,
nous admettons que les degrés plus élevés de différence, que nous exprimons
par les termes espèce et genre, ne proviennent, eux aussi, que d'une accumulation de propriétés nouvelles par variation d'une forme primitive.

§ 35.

Causes du développement progressif des variétés.

**Les variétés cultivées répondent exactement au but que l'homme se pro-
pose d'atteindre en les cultivant.** — Les propriétés des diverses variétés cultivées, issues d'une forme souche, présentent toujours, comme M. Darwin l'a signalé le premier, une frappante et remarquable relation avec le but que l'homme
se propose en cultivant la plante considérée.

Les variétés du Froment, par exemple, diffèrent peu par la forme du chaume
et des feuilles, organes qui sont en général assez indifférents à l'homme; mais
elles se distinguent à un haut degré par la forme et la grandeur des grains, par

leur richesse en amidon et en gluten, c'est-à-dire par les propriétés de l'organe en vue duquel le Froment est cultivé, et précisément par le genre de propriétés de cet organe qui ont pour l'homme, suivant les diverses conditions où il se trouve, la plus haute valeur. Les variétés du Chou, au contraire, laissent à peine apercevoir une différence dans leurs graines, ni même dans leurs siliques et dans leurs fleurs, organes dont les propriétés extérieures sont indifférentes à l'homme, et dont les propriétés internes ne l'intéressent qu'en tant que la graine a à reproduire la variété. Mais les diverses variétés de Choux diffèrent beaucoup par le développement de ces organes que l'on savoure comme légumes, et qui sont par conséquent l'objet même de la culture. Il convient ici, tout en conservant une saveur analogue et une action analogue dans la nutrition de l'homme, tantôt d'augmenter la tendreté du tissu, tantôt d'en obtenir une masse aussi grande que possible, tantôt de modifier l'époque où le légume peut être consommé, etc. Or c'est précisément à ces conditions et à d'autres semblables, que les diverses variétés répondent à souhait.

Les variétés de Betterave diffèrent très-peu dans les fleurs, déjà un peu plus dans les feuilles, suivant qu'on les cultive dans les jardins comme plantes à feuillage ornemental, ou dans les champs comme produits agricoles. Dans ce dernier cas, elles s'éloignent l'une de l'autre par la grosseur, la forme et la richesse saccharine de leurs tubercules, propriétés qui les rendent préférables tantôt comme fourrage, tantôt comme matière première pour la fabrication du sucre. Les racines, feuilles, fleurs et tiges des diverses variétés de Houblon ne diffèrent que très-peu, mais la grandeur, la forme, la couleur, le parfum, le goût, l'époque de maturité et la durée des fruits sont ordinairement variés, selon le but spécial et le mode d'emploi de ces fruits.

Enfin, dans les plantes de jardin, ce sont en général les fleurs et surtout les corolles et les inflorescences, qui diffèrent chez les diverses variétés d'une espèce, parce que la plupart des plantes de jardin ne sont cultivées par l'homme qu'en vue de la forme, de la grandeur, de la coloration et du parfum de leurs fleurs.

Cette exacte correspondance s'explique par une sélection dont l'homme lui-même est l'auteur. — Cette relation entre les propriétés des variétés cultivées et les besoins de l'homme s'explique très-simplement. Inconsciemment au début et plus tard à dessein, l'homme, parmi les diverses variétés produites spontanément dans les plantes cultivées, n'a pris pour les soumettre à une culture ultérieure que celles qui se sont trouvées posséder à un plus haut degré que les autres quelque propriété utile. Il a choisi les individus qui correspondaient le mieux à un certain besoin et les a seuls cultivés par la suite. La propriété en question s'étant manifestée plus fortement dans quelques-uns de leurs descendants, ce sont encore ceux-là seuls que l'on a choisis pour reproduire la variété. Ainsi la propriété utile à l'homme s'y est accrue toujours davantage. Cependant d'autres propriétés de la plante variaient en même temps, mais on n'y faisait pas attention et, les exemplaires qui les manifestaient n'étant pas reproduits, leurs caractères particuliers ne pouvaient pas s'accuser de plus en plus de génération en génération.

Les plantes sauvages sont tout aussi exactement adaptées au but de leur

propre conservation, et cette parfaite adaptation s'explique par le combat pour la vie. — C'est le grand mérite de M. Darwin, d'avoir montré que les plantes sauvages sont, elles aussi, continuellement soumises à de pareilles conditions, d'où résulte que, parmi les diverses variétés spontanément produites par une forme originelle, certaines subsistent et développent leurs caractères propres, tandis que les autres disparaissent.

La relation de la plante sauvage en cours de variation vis-à-vis du milieu extérieur, dans le sens le plus large de ce mot, est cependant tout autre que la relation de la plante cultivée vis-à-vis de l'homme. L'homme protége ses nourrissons et leur rend la vie facile, de façon que les propriétés qui lui sont utiles puissent s'y développer librement. La plante sauvage, au contraire, doit se protéger elle-même contre les ennemis du dehors. A tout instant son existence est menacée par d'autres plantes, par des animaux, par les intempéries des éléments et dans ce *combat pour la vie*, comme M. Darwin l'a si excellemment nommé, les individus qui sont le plus capables de résister aux influences nuisibles se conservent seuls, les variétés qui se trouvent accidentellement mieux appropriées aux circonstances se reproduisent seules et développent leurs caractères nouveaux. C'est pour cela, que les propriétés des plantes sauvages, toutes celles au moins qui ne sont pas de nature purement morphologique, ont toujours une relation bien déterminée avec les conditions où ces plantes vivent. Les formes et les autres propriétés des organes tendent essentiellement à assurer l'existence de la plante dans les conditions locales de leur patrie et de leur station ; les variétés et les espèces qui ne sont pas armées de manière à soutenir la lutte pour l'existence périssent sans retour.

En un certain sens, le combat pour la vie agit par conséquent comme le choix, comme la sélection faite par le cultivateur. De même que ce dernier ne propage que ce qui correspond exactement au but qu'il se propose, de même dans la lutte pour l'existence les seules variétés qui se conservent et qui sont capables de se développer, sont celles qui, par quelqu'une de leurs propriétés, se trouvent mieux douées pour soutenir le combat. Ainsi naissent finalement par insensible variation, par destruction des individus trop faibles pour résister, par développement ultérieur des propriétés utiles chez les individus forts, en un mot, par ce qu'on peut appeler métaphoriquement : « la sélection naturelle au moyen du combat pour la vie », ainsi naissent, disons-nous, des formes végétales tout aussi exactement, beaucoup plus exactement même adaptées au but de leur propre conservation, que ne le sont les plantes cultivées au but que l'homme s'est proposé. Ces inconscientes actions et réactions de la plante et du milieu vivant ou inerte qui l'entoure déterminent donc, en définitive, les dispositions organiques les plus utiles que l'on puisse concevoir pour la conservation de l'espèce dans des conditions locales entièrement déterminées, et ces dispositions font sur l'esprit de l'homme la même impression que si elles étaient le résultat du calcul le plus perspicace et le plus prudent.

Pour comprendre clairement comment le combat pour la vie amène les plantes sauvages qui y résistent à être aussi exactement appropriées à leurs conditions de végétation, il faut remarquer que toute plante varie constamment à un très-faible degré, et que la variation intéresse à la fois tous les organes et toutes les propriétés de ces organes, quoiqu'à un degré imperceptible au dehors. Il faut considérer d'autre part que, pour les plantes comme pour les animaux, la lutte pour l'existence est un combat sans trêve ni repos, dans lequel le plus petit avantage que l'être acquiert par variation, sous un rapport quelconque, peut décider de sa vie.

La lutte pour l'existence est double. Il faut que la plante s'adapte au milieu; il faut qu'elle résiste aux autres plantes et aux animaux. — La lutte que la plante soutient, grâce à sa faculté de varier, présente d'ailleurs deux aspects très-différents. D'un côté, il convient que l'organisation du végétal s'adapte de tous points aux conditions de nutrition et d'accroissement qui sont données par le climat et par le sol. Il va de soi, en effet, qu'une plante submergée doit être autrement organisée qu'une plante terrestre, que les organes assimilateurs doivent être autrement disposés chez une plante qui végète à l'ombre épaisse des forêts et chez celle qui est exposée tout le jour à la lumière directe du soleil, etc. Pour toutes les plantes des montagnes élevées et des terres polaires, les conditions de vie sont autres que pour celles qui habitent les vallées des régions tropicales et tempérées. S'il ne s'agissait que de ces conditions générales de la vie des plantes, le combat pour la vie serait un phénomène relativement simple. On peut se représenter comment, parmi les variétés d'une forme originelle qui croît dans l'eau, il s'en trouve qui supportent parfois un abaissement du niveau de l'eau; comment celles-ci produisent des descendants qui peu à peu se comportent d'abord comme des plantes marécageuses, puis enfin comme des plantes terrestres (*Nasturtium amphibium, Polygonum amphibium,* etc.) (1). On peut se figurer aussi que certains descendants d'une plante résistent à la gelée un peu mieux que les autres et que cette propriété aille en croissant, de telle sorte qu'une plante qui ne supporte d'abord qu'un climat doux, produise peu à peu des variétés capables de résister à un climat plus rude et même finalement au climat le plus rigoureux. Bien que relativement simples, ces dispositions conduiront cependant déjà à une grande diversité dans les variétés issues d'une forme fondamentale : car chaque adaptation à un climat nouveau, ou à une station nouvelle, pourra être amenée de plusieurs façons différentes, en d'autres termes, diverses variétés soutiendront également bien, chacune à sa manière, la lutte pour l'existence.

Mais le combat pour la vie et les modifications organiques qu'il amène sont en réalité beaucoup plus compliqués. Chaque plante, en effet, pendant qu'elle cherche à résister aux éléments, doit en même temps se garder contre un grand nombre d'autres plantes et contre les animaux; ou bien, ce qui est plus intéressant encore, la plante utilise, grâce à sa variation, certaines conditions favorables que d'autres plantes ou animaux lui présentent et en tire avantage, comme font les parasites de leurs plantes hospitalières, ou les plantes dichogames et autres de la visite des insectes. Sous ce rapport, la diversité est pour ainsi dire infinie et il faut des exemples pour expliquer les choses.

La concurrence des plantes est d'autant plus faible que leur orga-

---

(1) Un intérêt particulier s'attache, sous ce rapport, aux observations de M. Hildebrand sur les *Marsilia* (Botanische Zeitung, 1870), et de M. Askenasy sur les *Ranunculus aquatilis* et *divaricatus* (Bot. Zeitung, 1870,.

nisation et par conséquent leurs besoins sont plus différents. — Mais il est nécessaire auparavant de faire ici une remarque, due également à M. Darwin. Les individus de la même forme végétale sont vis-à-vis l'un de l'autre des concurrents, des compétiteurs pour la place, la nourriture, la lumière, etc. C'est précisément la conformité de besoins des plantes semblables, qui provoque entre elles une lutte pour l'existence; la même compétition se rencontre à un degré encore très-éminent, quoiqu'un peu affaibli, entre les diverses variétés de la même espèce, entre les diverses espèces d'un même genre, entre les divers genres d'une famille. Il résulte de là, d'une part, que chez les plantes sociales, les plantules les plus vigoureuses arrivent seules à développement complet, tandis que les plus faibles sont étouffées, comme on le voit dans toute jeune futaie; d'autre part, des espèces et des genres très-différents l'un de l'autre peuvent prospérer côte à côte, parce qu'ils ont des besoins différents et que leur concurrence est faible.

C'est cette concurrence qui fait disparaître les formes intermédiaires. — Ainsi donc, des plantes diverses prospéreront d'autant plus facilement côte à côte sur le même sol, que leur organisation est plus différente et, par conséquent, leur concurrence plus faible. M. Darwin a déduit de ce fait la conséquence suivante, aussi importante que féconde. De toutes les variétés produites par une forme originelle à l'état sauvage, ce sont celles qui diffèrent le plus entre elles et du type primitif, qui doivent principalement se conserver, tandis que les formes intermédiaires doivent disparaître peu à peu. C'est là la cause pour laquelle les formes intermédiaires manquent si souvent entre les diverses espèces d'un genre, bien que l'on soit fondé à admettre que ces espèces procèdent toutes d'une même souche originelle par variation et développement ultérieur des variétés.

Combat pour la vie entre les plantes cultivées et les mauvaises herbes. — Dans ses traits les plus grossiers, mais par cela même avec une singulière évidence, le combat pour la vie entre diverses formes végétales, leur concurrence pour l'espace, la nourriture et la lumière se manifeste à nous quand nous considérons l'importune irruption de ce qu'on appelle les *mauvaises herbes* dans les jardins et dans les champs.

Les plantes cultivées dans nos jardins et dans nos champs sont en état de supporter notre climat, et le sol leur offre tout ce qui est nécessaire à leur prospérité. Mais un grand nombre de plantes sauvages sont encore bien mieux appropriées à notre climat, et sur le sol cultivé elles croissent avec plus de vigueur encore, plus rapidement et avec plus d'exubérance que les plantes cultivées; aussi leurs graines ou leurs rhizomes sont-ils répandus partout avec une énorme profusion. Si donc les plantes cultivées ne sont pas rigoureusement protégées contre les mauvaises herbes, celles-ci s'emparent bientôt de l'espace qui était destiné aux premières. Tout pays, tout sol a ses mauvaises herbes particulières; en d'autres termes, dans des conditions extérieures déterminées, ce sont toujours des formes végétales déterminées qui prospèrent avec le plus d'énergie et qui cherchent à gagner de vitesse et à étouffer les plantes cultivées. La somme de travail que l'homme est obligé d'accomplir pour détruire l'action des mauvaises herbes, pour sauver et conserver ses protégés, donne en quelque sorte une mesure de la prédominance des mauvaises herbes sur les plantes cultivées. Les formes primitives de nos plantes cultivées sont le plus souvent originaires d'autres contrées; là, elles sont suffisamment appropriées non-seulement au climat, mais encore pour soutenir avec avantage la concurrence des plantes voisines.

Combat pour la vie entre les plantes sauvages. — Le nombre des espèces de plantes ou d'individus d'une même espèce que l'on rencontre dans une prairie, dans un marais, etc., n'est pas l'œuvre du hasard; en d'autres termes, il ne dépend pas seulement du plus ou moins grand nombre de graines de telle ou telle espèce qui sont parvenues à l'origine à cet endroit, ni du plus ou moins grand nombre de graines que telle ou telle espèce produit, etc. Si elle était seule, en effet, ou si par la culture on la protégeait contre les autres, chacune de ces espèces couvrirait en peu de temps tout l'espace considéré. Mais comme elles sont mélangées à l'origine et abandonnées à elles-mêmes, il s'établit entre elles une relation déterminée, qui dépend de la faculté propre avec laquelle chaque espèce soutient la lutte contre les autres.

Lutte pour l'existence entre deux formes très-voisines sur un sol déterminé. — Même réduite à deux formes végétales, luttant pour l'existence sur un terrain bien déterminé, cette relation est très-compliquée si ces formes sont très-voisines, comme M. Nägeli l'a fait voir avec autant de profondeur que de clarté pour diverses plantes alpines (1). « La guerre d'extermination, dit-il, atteint naturellement sa plus grande violence entre les espèces et les races qu'unit la plus étroite parenté, puisque ces espèces et ces races exigent précisément les mêmes conditions d'existence. L'*Achillea moschata* étouffe l'*Achillea atrata*, ou est étouffé par lui; on les trouve rarement ensemble. Au contraire, ces deux plantes vivent l'une ou l'autre volontiers avec l'*Achillea Millefolium*. Évidemment les *Achillea moschata* et *atrata*, de même qu'ils sont extrêmement analogues par leurs caractères extérieurs, ont les mêmes prétentions vis-à-vis du monde extérieur. L'*Achillea Millefolium*, au contraire, qui est éloigné de ces deux formes, ne leur fait pas concurrence, parce qu'il est destiné à d'autres conditions de végétation. Et la concurrence est moindre encore entre les plantes de genres et d'ordres différents. »

« Dans le Bernina-Heuthal (Engadine supérieure), on trouve abondamment les *Achillea moschata, atrata* et *Millefolium*, les *A. moschata* et *Millefolium* sur le schiste, les *A. atrata* et *Millefolium* sur le calcaire. Là où le schiste passe au calcaire, cesse aussitôt l'*A. moschata* et commence l'*A. atrata*. Les deux espèces sont donc étroitement liées à la nature du sol, et c'est ce que j'ai toujours observé aux divers endroits où elles coexistent. Mais si l'une d'elles manque, l'autre se montre indifféremment sur l'un ou l'autre terrain. Seul, en effet, l'*A. atrata* habite sans distinction le calcaire et le schiste, et il en est de même de l'*A. moschata*, quoique cette espèce ne s'établisse pas aussi volontiers sur le calcaire que celle-là sur le schiste. Dans le Bernina-Heuthal, j'ai pu voir, sur le schiste habité par l'*A. moschata*, un grand bloc calcaire tombé d'en haut, à peine recouvert d'un pouce de terre et sur lequel s'était établie une colonie

---

(1) NÄGELI : Sitzungsberichte der k. bayer. Akad. d. Wiss., 1865,

d'*A. moschata*, parce qu'ici la plante n'avait pas à craindre la concurrence de l'*A. atrata*. »

« Une semblable exclusion d'une espèce par une autre a été observée en certains pays entre le *Rhododendron hirsutum* et le *Rhododendron ferrugineum*, entre le *Saussurea alpina* et le *Saussurea discolor*, enfin entre diverses espèces appartenant aux genres *Gentiana, Veronica, Erigeron, Hieracium*, etc. »

Ici se présente une objection naturelle, mais qui repose sur une conception inexacte des phénomènes. On peut alléguer qu'il ne saurait être question d'un combat pour la vie entre deux formes végétales, aussi longtemps que, dans l'aire considérée, il subsiste un espace vide. M. Nägeli y répond de la manière suivante. « Sur une pente schisteuse, il y a, je suppose, un million de tiges d'*Achillea moschata;* naturellement la plante n'occupe pas tout l'espace, car il y aurait place sur cette pente pour des centaines de millions de tiges; le reste est occupé par d'autres végétaux. C'est là un état d'équilibre, qui s'est établi en conformité avec la nature du sol et les conditions climatériques antérieures. Ce nombre de un million nous donne donc la proportion dans laquelle l'*Achillea moschata* est capable de résister à la végétation étrangère où il est mêlé, et quand on dit que sur ce terrain il y aurait encore beaucoup de place pour l'*Achillea atrata*, on fait une objection dépourvue de sens. Car si la place libre était accessible en général aux *Achillea*, elle serait prise par l'*A. moschata* qui est le premier occupant. Supposons maintenant qu'il se soit trouvé une fois sur cette pente schisteuse, par suite d'une plantation artificielle par exemple, un mélange en proportions égales d'*Achillea moschata* et *atrata*, chaque espèce y comptant 500,000 individus. Dans ces conditions, c'est-à-dire sur un sol pauvre en chaux, l'*A. moschata* prospère beaucoup mieux que l'*A. atrata;* celui-ci est plus faible et ses tissus sont moins complétement développés; en conséquence, il résistera moins bien aux influences nuisibles du milieu extérieur, aux gelées de l'été, aux pluies prolongées, à la sécheresse continue, etc. Supposons, par exemple, qu'il survienne tous les 20 ou tous les 50 ans un forte gelée au temps de la floraison, et que cette gelée tue la moitié des plants d'*Achillea atrata*, tandis que tous les plants plus vigoureux d'*A. moschata* y résistent. Les intervalles ainsi laissés vides sont de nouveau ensemencés; mais il y viendra plus de graines d'*A. moschata* que d'*A. atrata*, puisque la gelée a réduit maintenant à 250,000 le nombre de ces derniers. Dans le million d'*Achillea* qui végètent sur la pente, il y aura donc plus tard quelque chose comme 670,000 individus d'*A. moschata*, pour 320,000 individus d'*A. atrata*. Après une seconde gelée qui anéantit de nouveau la moitié des plants d'*A. atrata*, il y aura environ 800,000 exemplaires d'*A. moschata*, contre 200,000 d'*A. atrata*. A chaque gelée extraordinaire, le nombre de ces derniers va donc diminuant, jusqu'à ce qu'enfin il soit expulsé complétement de ce lieu, où une espèce plus vigoureuse s'est étendue à ses dépens. »

Lutte pour l'existence entre deux espèces dissemblables. — Pour terminer, reproduisons encore ici cette remarque de M. Nägeli: « Du raisonnement qui précède, on pourrait peut-être vouloir conclure qu'un pareil résultat se produira toujours et que, des deux plantes en lutte, l'une devra toujours être éliminée par l'autre, attendu que jamais elles ne seront exactement de force égale.

Cette conclusion serait toutefois inexacte, car le raisonnement ne s'applique qu'aux plantes qui exigent des conditions d'existence aussi semblables que possible. Mais nous pouvons imaginer un autre cas, celui où les deux espèces en présence souffrent dans des conditions extérieures très-différentes, l'une par les gelées du printemps, par exemple, l'autre par la sécheresse de l'été. Alors c'est tantôt l'une, tantôt l'autre, qui voit diminuer le nombre de ses individus. D'autre part, la formation et la germination des graines seront favorisées chez l'une et chez l'autre par des influences externes très-différentes, en sorte que ce sera tantôt l'une, tantôt l'autre, qui se multipliera davantage et qui remplira les places laissées vides. Dans ces conditions, le rapport numérique des deux espèces oscillera sans doute, mais aucune d'elles ne pourra jamais supplanter l'autre. »

La lutte entre deux espèces dépend aussi des qualités physiques du sol. — La lutte entre deux espèces dépend, nous venons de le voir, de leur plus ou moins grande prospérité sur un sol de propriétés chimiques déterminées ; mais elle dépend aussi du besoin qu'elles ont d'une plus ou moins grande quantité d'eau, de lumière, de chaleur, etc. M. Nägeli a donné aussi quelques exemples du premier de ces cas.

Quand le *Primula officinalis* et le *Primula elatior* coexistent dans une contrée, ces deux espèces se séparent très-nettement l'une de l'autre, parce que le *Primula officinalis* cherche parfois les endroits secs, tandis que le *Primula elatior* habite les lieux humides. Dans la station qui lui est propre, chacune acquiert une vigueur plus grande et peut y supplanter l'autre. Mais si l'une des deux espèces existe seule dans la contrée, elle ne se montre pas aussi exigeante. Le *Primula officinalis* peut alors se manifester dans des lieux plus humides et le *Primula elatior* habiter des endroits plus secs que lorsqu'ils vivent en société. Les *Brunella vulgaris* et *grandiflora* se comportent de même, et, sous le rapport d'un sol maigre ou fertile, les *Rhinanthus Alectorolophus* et *Rhinanthus minor*, les *Hieracium Pilosella* et *Hieracium Hoppeanum*.

Ces divers exemples doivent suffire à montrer ce qu'il faut entendre exactement par ces mots : « la lutte pour l'existence ». Mais il ne faut pas perdre de vue que ce combat incessant enveloppe et intéresse toutes les manifestations vitales de la plante et toutes les influences du monde extérieur, y compris l'action du règne animal tout entier ; il ne faut pas oublier que, pour la même plante, la lutte a un autre cours et une autre issue quand elle est placée dans des localités différentes, etc. L'intelligence de la théorie de la descendance, et surtout la connaissance exacte des causes qui font que la plante adapte si parfaitement son organisation à des conditions de végétation entièrement déterminées et souvent purement locales, dépendent essentiellement de l'intelligence du combat pour la vie.

<h2 style="text-align:center">§ 36.</h2>

Relation entre la nature morphologique des organes et leur adaptation aux conditions de végétation des plantes.

Métamorphose, adaptation et utilité désignent un seul et même fait, et

sont des expressions synonymes. — Toute plante est adaptée très-exactement, mais non pas cependant avec une rigueur absolue, aux conditions et aux circonstances au milieu desquelles elle croît et se reproduit ; aussi ses divers organes possèdent-ils la forme, la grandeur, le mode de développement, la mobilité, les propriétés chimiques, etc., qui sont exigés par ces conditions. S'il en était autrement, la plante périrait infailliblement dans le combat pour la vie. Mais ces conditions de végétation sont extraordinairement variées, elles se modifient dans le cours des âges et peuvent se transformer à l'infini. A cette infinie variété des conditions vitales, correspond la non moins grande diversité des propriétés des plantes. Et cependant, même dans les classes où la différenciation de son corps atteint le plus haut degré, la plante ne possède que trois ou quatre membres morphologiquement différents : la tige, la feuille, la racine et le poil ; mais ces membres, tout en conservant constant leur caractère morphologique, subissent dans leurs propriétés physiologiques des modifications sans nombre et suffisent ainsi à satisfaire aux conditions imposées.

Nous avons déjà, au chapitre III du livre I, désigné cette manière d'être par l'expression de « métamorphose des membres », comprenant ainsi par métamorphose le développement physiologique différent des membres de même nom morphologique. Ce développement physiologique différent s'opère dans chaque cas particulier de manière à satisfaire aux conditions de végétation imposées à la plante et, par conséquent, le mot métamorphose est synonyme de ce que nous avons appelé ici adaptation et de ce qu'on pourrait tout aussi bien nommer accommodation. Quand on parle de l'utilité de telle ou telle disposition dans la structure des plantes, en réalité on veut dire aussi seulement que la forme et les autres propriétés de leurs organes sont adaptées aux conditions vitales, ce qui résulte immédiatement et nécessairement de l'existence même de la plante dans le combat pour la vie. Les expressions utilité, adaptation et métamorphose désignent par conséquent un seul et même fait, elles peuvent dès lors être regardées comme synonymes et être employées indifféremment l'une pour l'autre, ce qui nous est déjà arrivé bien des fois dans le courant de ce livre III.

Le même membre de la plante peut s'adapter aux fonctions les plus diverses et la même fonction peut être remplie par les membres les plus différents. — Ceci posé, pour la question que nous aurons à traiter dans le prochain et dernier paragraphe, il est très-important que nous nous fassions une idée aussi claire que possible du rapport qui existe entre la nature morphologique de l'organe et son adaptation, entre la grande constance des caractères morphologiques et l'infinie variété de la métamorphose. Car, c'est précisément ce rapport qui ne s'explique que par la théorie de la descendance, et vis-à-vis duquel tout autre théorie se montre impuissante.

Pour comprendre, dans ses traits les plus généraux, le rapport qui existe entre la nature morphologique des organes et leur adaptation, il suffit de remarquer que tout membre morphologiquement déterminé de la plante peut remplir les fonctions les plus différentes et accomplir chacune d'elles de la façon la plus diverse. En d'autres termes, la nature morphologique des membres de la plante n'est pas déterminée directement par leur fonction, et inversement la fonction d'un organe ne dépend pas directement de sa nature morphologique.

Ainsi, par exemple, le poil se comporte tantôt comme enveloppe protectrice (dans les bourgeons), tantôt comme glande, tantôt comme suçoir (poils radicaux), tantôt comme organe de reproduction asexuée (sporanges des Fougères), etc.

Ainsi la feuille est ordinairement développée en un organe assimilateur riche en chlorophylle; mais ailleurs on la rencontre à l'état d'enveloppe protectrice incolore pour les bourgeons hibernants (la plupart de nos plantes ligneuses indigènes), ou à l'état de réservoir nutritif (dans les plantules et bulbes de Phanérogames). Chez les Cryptogames vasculaires, les feuilles produisent les sporanges; les organes sexués et leurs enveloppes sont, chez les Phanérogames, des feuilles particulièrement développées ou, comme on dit, métamorphosées. Dans un grand nombre d'Angiospermes à tige grêle, les feuilles se transforment en vrilles, qui fixent la tige aux plantes voisines et lui permettent de s'élever ainsi en grimpant; les feuilles des *Nepenthes* produisent à leur sommet un appendice ayant la forme d'une cruche pourvue d'un couvercle mobile et se remplissant de l'eau qu'elle-même a secrétée. Certaines feuilles qui entrent dans la composition de la fleur sont développées en nectaires et jouent par conséquent le rôle physiologique de glandes. Il n'est pas rare non plus de voir des feuilles se transformer en épines ligneuses et dures; ailleurs elles sont sensibles aux excitations extérieures, mobiles, etc.

La tige ne présente pas dans son développement physiologique une moindre diversité. Tantôt elle s'enroule autour de supports dressés; tantôt elle se lignifie et peut se dresser sans aucun appui. Elle forme tantôt un chaume mince et flexible, tantôt une épaisse masse charnue et séveuse (*Cactus*), ou un tubercule arrondi et plein de matériaux de réserve. Ici elle se transforme en vrilles (*Vitis*), là en épines (*Gleditschia*); parfois même elle prend la forme et la fonction des feuilles végétatives (*Ruscus*, *Xylophylla*); etc.

L'adaptation de la racine est moins variée. Le plus souvent grêle, cylindrique et pourvue de poils pour absorber dans le sol l'eau et les substances minérales dissoutes, la racine devient un réservoir nutritif tuberculeux dans la Batate. Son tissu devient lâche, se remplit d'air et elle joue le rôle de vessie natatoire dans le *Jussiæa*; sur la tige du Lierre, du *Ficus repens*, etc., elle se comporte simplement comme un crampon; dans la Vanille, comme une vrille, etc. Mais jamais la racine ne produit de sporanges ou d'organes sexués.

Les dispositions organiques utiles à la plante sont atteintes par les adaptations les plus variées. — D'après la définition donnée plus haut de l'utilité dans l'organisation des plantes, on peut s'expliquer aussi d'une autre façon la relation qui existe entre l'adaptation des organes et leur nature morphologique. Considérant tout d'abord le but à atteindre, c'est-à-dire les avantages à donner à la plante pour qu'elle résiste le mieux possible au combat pour la vie, on peut se proposer de chercher les moyens qui sont employés pour atteindre ce but, en d'autres termes quels sont les membres que la plante y adapte et par quelles métamorphoses l'adaptation a lieu. Quelques exemples rendront ceci plus clair (1).

(1) Dans ces exemples, je dois me borner aux points les plus importants; les adaptations, en

Exemples. — 1° **Croissance verticale de la tige.** — *Son utilité*. — Pour la majorité des Phanérogames, il est évidemment utile, c'est-à-dire avantageux dans la lutte pour l'existence, que leur tige s'élève rapidement vers le ciel jusqu'à une certaine hauteur. C'est, en effet, de cette façon que les conditions de l'assimilation (éclairage, échauffement) seront le plus complétement remplies et, ce qui est peut-être plus important encore, c'est ainsi que les fleurs seront le plus facilement rencontrées et fécondées par les insectes. Même dans le cas où, comme chez beaucoup de Conifères, le léger pollen est apporté par le vent sur les fleurs femelles, ce résultat est plus sûrement atteint quand les fleurs se trouvent situées à une grande hauteur au-dessus du sol. Enfin c'est encore de cette façon que la dissémination des graines, soit par le vent, soit par les oiseaux frugivores, soit par la force de projection des fruits qui éclatent, sera rendue plus facile. Aussi voit-on, chez les nombreuses plantes qui étalent leurs feuilles en rosette à la surface même du sol, ou dont la tige est rampante, une tige dressée se former rapidement quand le temps de la floraison est venu, pour porter les boutons et plus tard les fruits à une certaine distance du sol; la chose est plus frappante encore dans les plantes qui végètent sous terre et qui viennent fleurir au-dessus de la surface, comme les plantes humicoles et parasites (*Orobanche, Neottia*, etc.).

Diverses manières dont elle est obtenue. Tiges dressées sans appui. — Connaissant ainsi la raison d'être de la croissance dressée de la tige, il est maintenant très-intéressant de savoir de quelles façons diverses ce but sera atteint par les différentes espèces de plantes. Chez beaucoup de plantes herbacées, la tige qui s'élève possède une solidité et une élasticité suffisantes pour supporter la charge des feuilles, des fleurs et des fruits; si elle est accidentellement renversée ou si, d'abord rampante, elle ne s'élève que plus tard, c'est alors son géotropisme qui agit et qui, sous l'influence de la pesanteur, la redresse. Toutefois les chaumes des Graminées ne sont pas eux-mêmes pourvus de cette faculté géotropique; mais la région basilaire de chaque gaîne foliaire y forme un anneau épais dont le tissu demeure longtemps capable d'accroissement. Si donc le chaume est couché par le vent ou s'il repose sur la terre dans le jeune âge, son redressement s'opère parce que la face inférieure du nœud s'accroît avec rapidité et vigueur; il s'y forme donc un coude, par le moyen duquel la pointe de la tige se dirige et s'accroît vers le ciel.

Quand la tige est, au contraire, vivace et doit supporter un poids de plus en plus grand de branches, de feuilles et de fruits, les moyens précédents ne suffiraient plus à la tâche; alors le tissu se lignifie. Si le poids de la couronne augmente chaque année, la tige devient aussi chaque année plus épaisse et plus solide (arbres dicotylédonés et Conifères); si le poids de la cime demeure constant, comme dans les Palmiers, la tige conserve aussi sa même épaisseur. Dans tous ces cas, une masse considérable de substance assimilée est nécessaire à la constitution de cette tige solide et massive.

---

effet, sont souvent si multiples et si compliquées, que leur description détaillée, même réduite à une seule plante, exigerait déjà beaucoup d'espace. Que le lecteur veuille bien d'ailleurs se reporter à ce que nous avons dit au chapitre IV au sujet des vrilles des plantes, et au chapitre VI au sujet de la disposition des feuilles florales en vue de la pollinisation étrangère.

Tiges volubiles. — Mais dans un grand nombre d'autres plantes, la direction verticale est obtenue avec une faible provision de matière organique ; il en est ainsi notamment des plantes volubiles et grimpantes, qui se rencontrent dans les familles d'Angiospermes les plus différentes. Les plantes à tige volubile, comme le Houblon, présupposent en général l'existence et la proximité d'autres plantes dressées par elles-mêmes, autour desquelles elles s'enroulent. Et pour saisir plus facilement et plus sûrement la tige qui doit lui servir de support, la tige grêle des plantes volubiles est pourvue d'une nutation révolutive, par laquelle son sommet se promène en cercle jusqu'à ce qu'il ait rencontré par hasard et touché la tige d'une plante dressée, autour de laquelle il s'enroule désormais.

Tiges grimpantes pourvues de vrilles. — La plupart des plantes pourvues de vrilles sont aussi liées au voisinage de tiges dressées. Elles se distinguent par une parcimonie extraordinaire dans l'emploi de substances organiques en vue d'obtenir la croissance verticale. Parfois, comme dans la Vigne, les vrilles sont des rameaux pourvus de petites feuilles à l'aisselle desquelles ils se ramifient; mais bien plus souvent c'est le pétiole (*Clematis, Tropæolum*), ou le limbe divisé en parties étroites (*Fumaria*), ou plus fréquemment encore le sommet métamorphosé de la feuille (*Pisum* et autres Papilionacées, *Cobœa scandens*), qui joue le rôle de vrille en s'allongeant beaucoup. La valeur morphologique des vrilles des Cucurbitacées n'est pas encore établie avec certitude ; mais il est probable que ce sont des rameaux métamorphosés (1).

Les vrilles ne se rencontrent, d'ailleurs, que dans les plantes dont la tige n'est pas en état de supporter sans fléchir le poids du feuillage, des fleurs et des fruits. Dans le genre *Vicia*, par exemple, toutes les espèces à tige grêle ont des vrilles foliaires; mais dans le *Vicia Faba*, dont la tige épaisse se dresse sans appui, ces vrilles sont rudimentaires.

Divers modes d'adaptation des vrilles. — Ceci posé, la fonction des vrilles est de s'enrouler autour des branches minces et des feuilles des plantes voisines, et de fixer ainsi de divers côtés, comme avec des cordes, le sommet de la tige en cours d'accroissement vertical. Sous ce rapport, le développement physiologique de ces organes, comme M. Darwin l'a montré, présente non-seulement une grande diversité, mais encore des degrés de perfection très-inégaux. Ainsi certaines vrilles ne sont que d'une faible utilité pour la plante et parfois elles sont plutôt destinées à venir en aide à l'enroulement imparfait de la tige (certaines espèces de *Bignonia*). Mais quand les plantes grimpantes se sont complétement adaptées à ces conditions d'existence, diverses propriétés viennent contribuer d'une façon merveilleuse à donner à ce mode d'adaptation le maximum d'utilité pour le végétal.

Alors, les vrilles s'allongent dans les diverses directions autour du sommet végétatif, et celui-ci accomplit des mouvements de nutation tournante, par lesquels les vrilles qu'il porte sont successivement amenées dans les positions les plus différentes ; en outre, chacune de ces vrilles est le siége d'une nutation individuelle par laquelle son sommet vient occuper successivement tous les points d'un cercle souvent assez large. Il en résulte que tout support situé à l'intérieur

____

(1) Voir sur ce point la note de la p. 1017 (*Trad.*).

de ce cercle est presque infailliblement rencontré et saisi par la vrille; ce support est, pour ainsi dire, attentivement cherché par la vrille. Une fois que celle-ci a touché le support, elle se courbe sur lui et s'enroule solidement autour de lui en une hélice serrée. Quand plusieurs vrilles se sont ainsi fixées dans diverses directions tout autour de la tige, celle-ci se trouve comme suspendue entre ses divers points d'appui. Toutefois, si les choses demeuraient en cet état, la fixation de la tige serait très-lâche, et son accroissement vertical s'opérerait lentement; mais la disposition se trouve bientôt complétée de la façon la plus intelligente. Une fois les vrilles fixées par leurs extrémités, en effet, elles s'enroulent en spirale, nous l'avons vu, dans toute leur partie non attachée; de la sorte elles raccourcissent la distance qui sépare leur point fixe de la tige où elles sont insérées, et tirent par conséquent la tige vers le support. Plusieurs vrilles se comportant de même dans diverses directions, la tige se trouve bientôt fortement tendue entre ses divers points d'appui, et en même temps la ténacité des vrilles se trouve notablement accrue par leur torsion.

Un grand nombre de vrilles, très-tendres au moment de leur sensibilité, deviennent plus tard solides et ligneuses; certaines s'épaississent même notablement, et cet épaississement est très-frappant dans le *Clematis glandulosa* et le *Solanum jasminoides*. Mais où l'adaptation des vrilles atteint le degré le plus surprenant, c'est dans la Vigne vierge (*Ampelopsis hederacea*), le *Bignonia capreolata* et quelques autres plantes. Elle est réalisée dans toute sa perfection dans l'*Ampelopsis hederacea*.

Les vrilles de cette plante sont, comme celles de la Vigne, des branches ramifiées et, comme dans la Vigne encore, elles sont à un haut degré négativement heliotropiques. Leur faculté de s'enrouler autour des supports minces est très-faible; mais que l'action de leur héliotropisme négatif vienne les mettre en contact avec un mur, ou dans l'état sauvage avec une paroi de rocher, une tige d'arbre, etc., on voit se former sur chaque branche de la vrille, dans l'espace de quelques jours, un renflement en forme de pelote, qui s'élargit plus tard en un disque rouge aplati et qui se soude intimement avec la surface du support. Il est probable que cette pelote adhère tout d'abord par une mince couche de suc gommeux sécrété à sa surface; mais son adhérence au support est due principalement à ce que le disque pénètre dans tous les creux du support et se moule sur toutes ses saillies. Une fois cette fixation opérée, toute la vrille s'épaissit; en même temps elle se contracte en spirale, ce qui attire vers le mur ou le rocher la portion de tige où elle est insérée. Ensuite elle se lignifie, et la solidité de son tissu, ainsi que la force d'adhésion de ses disques, est si grande qu'une vrille pourvue de cinq disques d'adhésion et âgée de plusieurs années a pu, d'après M. Darwin, supporter sans se briser, ni se détacher du mur, un poids de dix livres. Comme chaque branche forme un grand nombre de ces vrilles, elle se trouve fixée au mur avec une force très-grande et capable de soutenir le poids toujours croissant de la tige, qui chaque année s'épaissit et se lignifie. La plante grimpe de la sorte sur les murs et les toits et s'y élève à plus de cent pieds de hauteur.

Il est très-intéressant de remarquer que les vrilles d'*Ampelopsis* qui n'arrivent pas à toucher un mur, ou un arbre, meurent après quelque temps, se réduisent à des filaments grêles et desséchés, et enfin se détachent de la plante. En dehors du contact avec un support, il ne s'y forme jamais de disques d'adhésion. En outre, dans le but d'amener plus facilement ces remarquables vrilles à s'établir en contact avec le mur, la tige dressée est elle-même à peine positivement héliotropique ; si elle l'était à un degré notable, en effet, elle s'éloignerait du support et en écarterait ses vrilles. Les jeunes pousses, quoique si peu accessibles à l'héliotropisme, se dressent au contraire vers le ciel sous l'influence du géotropisme ; sans cet énergique géotropisme des branches, toute la disposition des vrilles serait d'ailleurs sans but.

Tiges grimpantes dépourvues de vrilles. — A voir superficiellement les choses, la manière dont la Vigne vierge grimpe le long des murs, des rochers et des gros arbres, offre une certaine analogie avec la végétation du Lierre. Mais, dans le fait, l'adaptation est très-différente. Nous avons montré plus haut que les branches feuillées du Lierre sont pressées contre le support vertical par leur héliotropisme négatif, mais que le sommet de la branche est doué d'abord d'un faible héliotropisme positif, de sorte qu'il s'applique sur le support par une légère convexité. A cet endroit comprimé naissent plus tard des rangées de racines, qui se soudent intimement à toutes les inégalités de l'écorce ou de la paroi de rocher qui sert de support, et qui fixent ainsi solidement la tige du Lierre. La formation de ces racines n'est pas toutefois une conséquence de la pression exercée sur la tige, car elles se forment aussi sur les branches libres.

D'autres plantes à tiges débiles atteignent ce but, d'élever vers le ciel leurs branches assimilatrices et fertiles, par des moyens en apparence beaucoup plus simples. Il en est ainsi, par exemple, des Ronces, des Rosiers, de certains Palmiers grimpants (*Calamus*), etc., dont les longues pousses se posent simplement sur les plantes voisines et se laissent porter par elles, à quoi les aiguillons crochus ou organes analogues, dont ces plantes sont munies, les aident singulièrement.

2° **Végétation souterraine.** — *Son utilité.* — Pour beaucoup de plantes, il est utile, dans le combat pour la vie, de pouvoir opiniâtrément conserver la place qu'elles ont une fois occupée sur le sol, sans être obligées cependant, comme les arbres et les arbustes, de former pour cela de grandes masses ligneuses. Elles se maintiennent sous terre et, à chaque période végétative, elles envoient à la lumière et à l'air quelques branches dressées qui y assimilent, y fleurissent et y disséminent leurs graines. Cette permanence des parties souterraines a un grand avantage.

Grâce à elle, la plante, bien que n'assimilant et ne croissant qu'à de certaines époques de l'année, n'a pas besoin de chercher chaque année une nouvelle station pour faire germer ses graines, comme cela a lieu pour les plantes annuelles. En accumulant ainsi sous terre des matériaux de réserve, la plante se fortifie et elle peut ensuite former ses bourgeons souterrains et les mener assez loin pour que, le moment venu, ils puissent s'accroître rapidement dans l'atmosphère aux dépens de cette abondante provision de matériaux de réserve. Chaque année, les nouveaux rejetons possèdent donc une grande vigueur, tandis que chez les plantes annuelles il meurt tous les ans un grand nombre de plantules débiles, avant que quelques-unes d'entre elles acquièrent la force nécessaire pour se garantir contre l'envahissement des plantes voisines. Mais surtout les plantes vivaces par leurs parties souterraines ont la faculté de résister aux gelées intenses et prolongées et aux violentes oscillations de la température, parce que ces changements ne se font sentir que lentement dans la profondeur du sol. C'est pour cela, que cette catégorie de végétaux renferme un si grand nombre de plantes alpines et polaires. Ces végétaux peuvent aussi habiter des localités beaucoup trop sèches pour assurer la germination des plantes annuelles, parce que l'humidité se conserve plus longtemps dans les régions profondes du sol. Enfin nous pourrions encore énumérer ici un grand nombre d'autres avantages, qui, chez les plantes annuelles issues chaque année de la germination de graines, sont naturellement compensés par d'autres adaptations.

Diverses manières dont elle est obtenue. — Ceci posé, la permanence sous terre peut être obtenue de bien des manières différentes. Tantôt ce sont des branches grêles qui rampent dans le sol, où se rassemblent les matériaux de réserve et qui, à une époque déterminée, ou bien relèvent leur extrémité et sortent elles-mêmes de terre, comme dans beaucoup de Graminées, ou bien développent leurs bourgeons latéraux en autant de tiges feuillées comme dans les Prêles. Tantôt ce sont de grosses souches robustes, dont les branches font leur apparition chaque année à la même place. Dans certains cas, la plante tout entière se renouvelle tous les ans; les parties qui ont vécu pendant une année, meurent, en effet, toutes ensemble, et il s'accomplit sous la terre un rajeunissement complet de l'individu. Dans la Pomme de terre et le Topinambour, par exemple, il ne reste à l'automne, de toute la plante, que les sommets des branches souterraines, renflés en tubercules et qui l'année suivante se développeront en autant d'individus nouveaux; le corps de la plante formé pendant l'année se détruit tout entier. Beaucoup de nos Orchidées indigènes se rajeunissent chaque année d'une façon analogue à celle qui est décrite à la p. 270. Enfin l'un des cas les plus intéressants de ce rajeunissement annuel nous est offert par le *Colchicum autumnale*, pour lequel il faut se reporter à la fig. 392, p. 710.

Dans tous ces cas, sauf chez les Orchidées, c'est dans des branches souterraines que s'amassent les matériaux de réserve. Mais ailleurs ils s'accumulent dans des racines renflées, et ces racines demeurent rattachées à une portion souterraine de la tige, qui porte les bourgeons de remplacement; il en est ainsi dans le Houblon, le Dahlia et la Bryone. Dans les bulbes, au contraire, les aliments de réserve s'amassent dans les feuilles écailleuses qui enveloppent le bourgeon. Souvent ces écailles sont des feuilles radicales de conformation particulière; mais dans l'*Allium Cepa*, c'est dans les portions basilaires des gaînes des feuilles vertes que s'accumule la réserve nutritive, et ces portions basilaires persistent pendant l'hiver, après que la partie supérieure des feuilles a disparu.

3° **Dissémination des graines.**—Nous avons déjà, dans le chapitre précédent, appelé l'attention sur les dispositions variées qui ont pour but d'empêcher complétement ou en partie l'autofécondation des plantes et d'obtenir, par la combinaison sexuelle d'individus différents, une postérité plus forte et plus nombreuse; nous en avons aussi cité alors quelques exemples. Nous savons donc que la forme extérieure, la grandeur, la coloration, la disposition et le mouvement des diverses parties de la fleur sont presque partout calculés essentiellement, de façon à rendre facile le transport du pollen d'une fleur à l'autre, le plus souvent par l'intermédiaire des insectes, et même souvent à rendre l'autofécondation impossible ; nous savons aussi qu'il résulte de là une grande diversité de structure, même entre des fleurs construites sur un seul et même type morphologique.

Ce n'est pas avec une moindre précision, que les propriétés des graines mûres et de l'enveloppe des fruits sont calculées (1) en vue de la dissémination. Des fruits tout à fait semblables au point de vue morphologique peuvent par conséquent revêtir des propriétés physiologiques très-différentes, et inversement, en s'adaptant aux conditions de la dissémination, des fruits morphologiquement différents pourront devenir physiologiquement semblables.

Diverses manières dont elle est obtenue. — Ce que font les insectes pour la fécondation des fleurs dichogames, diclines, hétérostyles, etc., les oiseaux le réalisent pour la dissémination de beaucoup de graines, qui sont cachées dans des fruits charnus et nourrissants. Dans certains cas, dans le Gui, par exemple, on ne saurait même imaginer un autre mode de dissémination que par les oiseaux qui savourent les fruits.

D'un autre côté, les fruits secs, ou les graines qui s'échappent des fruits secs, sont souvent pourvus d'un appareil de vol, mais la valeur morphologique de cet appareil peut être aussi diverse que possible. L'aile de la graine des *Abies* est formée par une couche superficielle du tissu de l'écaille séminifère ; celle du *Bignonia muricata* provient d'une saillie du tégument de l'ovule ; l'aile du fruit indéhiscent des *Acer* et *Ulmus* est une excroissance du péricarpe. L'aigrette de poils de la graine de l'*Asclepias syriaca* rend évidemment le même service que l'aigrette qui couronne l'akène d'un grand nombre de Composées et qui résulte d'une métamorphose du calice de ces plantes. Dans tous les cas de ce genre, c'est le vent qui dissémine les graines et les fruits.

Ailleurs, ce sont les grands animaux qui sont les instruments inconscients de la dissémination ; les fruits rugueux ou garnis de pointes crochues se fixent momentanément à leur peau et s'en détachent plus loin, etc.

La plupart de ces adaptations laissent facilement apercevoir le but qu'elles ont en vue et les dispositions mécaniques qu'elles emploient pour l'atteindre. Mais il n'est pas rare non plus, que ces dispositions exigent des observations précises et quelque effort de réflexion pour être bien comprises. Parmi les cas de ce genre, bornons-nous à en citer un seul, que chacun pourra facilement étudier soi-même.

Le fruit de l'*Erodium gruinum* et d'autres Géraniacées (2) se sépare à la maturité en cinq méricarpes, dont chacun représente un cône pointu vers le bas, renferme une graine et se prolonge en haut par une longue arête. Cette arête s'étend en ligne droite ; vient-elle à se dessécher quand le fruit est couché à terre, sa face externe se contracte plus fortement, sa région supérieure dé-

---

(1) Il est à peine nécessaire de faire remarquer, qu'au point de vue où nous nous plaçons ici, cette expression n'a qu'un sens métaphorique et n'est employée qu'en raison de sa commodité.

(2) Hanstein : Sitzungsberichte der niederrh. Ges. in Bonn, 1868.

crit un arc et s'appuie par sa pointe contre le sol pendant que le cône se pose
sur son sommet inférieur. Puis, la région inférieure de l'arête commence à
s'enrouler en étroits tours de spire, ce qui fait tourner le cône autour de son
axe, et le visse en quelque sorte dans la terre où les poils qui le revêtent et qui
sont dirigés vers le haut, le retiennent solidement. Après cette pénétration du
cône, la portion de l'arête qui est enroulée en tire-bouchon s'enfonce à son
tour dans le sol en poussant toujours devant elle le cône séminifère qui pénètre
de plus en plus profondément. Si le fruit vient maintenant à être de nouveau
mouillé, la spirale tend à se déployer, mais ses tours étant appuyés et retenus
en haut par les poils qui en revêtent la convexité, ce mouvement de déroule-
ment contribue encore à pousser le cône plus profondément dans le sol. Que
l'humidité augmente ou diminue, le mécanisme agit donc dans le même sens
pour enterrer de plus en plus la portion séminifère du méricarpe.

Il y a des transitions graduées dans les adaptations. — Nous venons de
voir que certaines plantes réalisent des dispositions extrêmement remarquables
par le concours mutuel que s'y prêtent les propriétés les plus différentes, pour
atteindre un but parfaitement déterminé et qui ne correspond qu'à certaines
conditions spécifiques de la vie de la plante. Il en est ainsi dans la Vigne
vierge qui grimpe le long des parois verticales, dans l'*Aristochia Clematitis* pour
sa fécondation, dans le *Momordica Elaterium* pour la déhiscence de ses fruits;
il en est de même de mille autres exemples. Il faut remarquer toutefois que
ces cas particulièrement intéressants sont d'habitude reliés aux phénomènes
ordinaires, ou même à d'autres cas extrêmes, par un grand nombre de transitions ou d'intermédiaires gradués. Ces formes de transition ont été décrites en
détail pour les plantes volubiles et grimpantes et pour la fécondation des Orchidées par M. Darwin dans les ouvrages déjà cités, et pour la fécondation
des Sauges par M. Hildebrand (1).

§ 37.

La théorie de la descendance.

Exposé de la théorie. — Les faits et les conclusions, que nous avons plutôt
signalés qu'exposés dans les paragraphes précédents, constituent les bases de
la *théorie de la descendance.*

Cette théorie consiste à supposer que les formes végétales les plus différentes ont l'une vis-à-vis de l'autre le même rapport que les variétés d'une
même forme originelle ont entre elles et avec cette forme primitive. Les
diverses espèces d'un genre sont alors des variétés développées d'un même
type originel; les divers genres d'une famille doivent de même leurs propriétés communes à l'origine commune qu'elles tirent d'une seule et même
souche plus ancienne, et leurs différences à la variation et à l'accumulation
des propriétés nouvelles des descendants pendant une longue suite de générations. Mais la théorie de la descendance va plus loin, et elle admet encore,
entre les diverses familles d'une classe, entre les diverses classes d'un groupe

(1) Hildebrand : Jahrb. f. wiss. Botanik, IV, 1865.

et enfin entre les divers groupes du règne végétal le même rapport de parenté réciproque. La théorie de la descendance regarde donc la variation par voie de reproduction, comme la cause de toutes les différences qui existent entre les plantes, et l'hérédité des caractères des variétés, comme la cause de toutes les ressemblances que l'on remarque même entre les plantes les plus éloignées.

Ce que nous avons appelé la commune loi d'accroissement d'une classe, ou aussi son *type*, c'est à leur commune descendance d'une même souche primitive (archétype de M. Darwin), que toutes les plantes de cette classe en sont redevables. Ce que depuis bien longtemps l'on désigne, dans un sens purement métaphorique, sous le nom de parenté des formes végétales, est donc pour la théorie de la descendance une parenté véritable, une consanguinité aux degrés les plus différents. Développées dans le cours de très-longues périodes de temps, c'est-à-dire dans la succession d'un très-grand nombre de générations, les différences proviennent d'abord de ce que les divers descendants ont varié de diverses manières, et ensuite de ce que les diverses variétés ainsi produites, dans des conditions climatériques différentes, mais surtout dans les conditions différentes où s'est successivement présenté pour elles le combat pour la vie, ont toujours accusé davantage leurs différences. Elles ont dû forcément les accuser toujours davantage, pour demeurer capables d'existence, tandis que d'innombrables variétés, espèces et genres ont progressivement péri parce que, dans les conditions nouvelles apportées par les modifications géologiques et par l'entrée dans la carrière d'autres espèces mieux pourvues, elles ne se sont plus trouvées suffisamment armées pour soutenir la lutte pour l'existence.

Sa valeur scientifique. Elle ne renferme qu'une seule hypothèse et explique simplement tous les phénomènes. — La théorie de la descendance tire sa raison d'être et sa valeur scientifique de ce qu'elle est la seule théorie en état d'expliquer d'une façon très-simple toutes les relations mutuelles des plantes entre elles, tous leurs rapports avec le règne animal et avec les faits géologiques et paléontologiques, leur distribution à la surface de la terre aux diverses époques, etc. Elle ne présuppose, en effet, que deux choses : 1° la variation avec hérédité; 2° le perpétuel combat pour la vie, qui ne laisse subsister que les formes suffisamment pourvues de propriétés utiles et qui tôt ou tard anéantit les autres. Mais d'autre part, ces deux hypothèses s'appuient sur un nombre incalculable de faits.

La théorie de la descendance ne renferme même, en réalité, qu'une seule hypothèse qui ne se laisse pas immédiatement démontrer comme fait. Cette hypothèse consiste à admettre que la somme des variations peut atteindre toute grandeur que l'on voudra, pourvu que l'on considère un temps suffisamment long. Mais comme la théorie de la descendance, qui enveloppe cette hypothèse, suffit à expliquer tous les faits de la Morphologie et de l'adaptation, et qu'aucune autre théorie scientifique ne permet cette explication, l'hypothèse en question se trouve aussi par cela même justifiée.

Pourquoi les plantes actuelles sont si bien armées pour la lutte. — La théorie de la descendance nous fait comprendre comment les plantes sont arrivées à être armées avec une si extraordinaire convenance pour le combat pour la vie. C'est le combat pour la vie lui-même qui les a ainsi armées, puisque, parmi les variétés nouvelles venues et douées de talents divers, il n'a laissé subsister et se reproduire que celles qui étaient le plus aptes à résister au climat, à la concurrence des compétiteurs, à l'attaque des animaux, etc. Faibles et insensibles au début, les adaptations ont dû se développer ainsi par l'accumulation progressive des propriétés utiles, de manière à paraître en définitive l'œuvre du calcul le plus attentif et de la plus prudente réflexion, mais parfois aussi du caprice le plus cruel, comme dans la fécondation de l'*Apocynum androsœmifolium*, où les mouches qui l'opèrent sont en même temps martyrisées jusqu'à la mort.

Pourquoi des membres de même nature morphologique s'adaptent aux fonctions les plus diverses. — Ce fait, que des membres morphologiquement semblables sont adaptés aux fonctions les plus diverses, s'explique si l'on réfléchit que les caractères morphologiques des diverses parties du corps de la plante sont précisément ceux qui se transmettent le plus sûrement à ses descendants, soit parce qu'ils sont sans importance dans la lutte pour l'existence, soit parce que, dans les conditions de végétation les plus diverses, ils y jouent un rôle utile : telles sont la ramification de la tige, de la feuille et de la racine, la différenciation des tissus en divers systèmes, etc., toutes propriétés par lesquelles la division du travail physiologique et l'acquisition des propriétés les plus diverses se trouvent facilitées. Les Thallophytes, les Characées et les Hépatiques montrent que ces différenciations, ces divisions morphologiques n'existaient pas au début chez les plantes inférieures et les premières apparues, mais qu'elles se sont accusées et développées peu à peu. Une fois acquises, elles ont été conservées ensuite au milieu de toutes les variations ultérieures, parce que jamais elles n'ont été un obstacle à l'adaptation et que souvent au contraire elles y ont apporté un réel avantage.

Pourquoi il y a des organes sans fonction. — Cette constante hérédité des caractères morphologiques conduit à l'un des phénomènes les plus extraordinaires qui se puissent voir, à la production d'organes sans fonction. Il est arrivé, en effet, que certaines propriétés héréditaires n'ont plus trouvé d'emploi dans les conditions nouvelles où les descendants ont été placés, parce que les exigences physiologiques correspondantes se sont trouvées satisfaites par d'autres moyens, par une autre adaptation. A cette catégorie appartiennent, par exemple, les petites feuilles microscopiques des rameaux radiciformes du *Psilotum*, ainsi que la formation de l'endosperme dans le sac embryonnaire d'un grand nombre de Dicotylédones, dont l'embryon se développe plus tard assez fortement pour absorber cet endosperme et pour se remplir lui-même des matériaux de réserve qui ailleurs se trouvent déposés dans ce tissu.

Mais les phénomènes de ce genre les plus frappants sont présentés par les plantes parasites et humicoles dépourvues de chlorophylle, qui se rencontrent d'ailleurs dans les classes les plus différentes. Leurs proches parents produisent de grandes feuilles vertes, riches en chlorophylle, tandis que chez elles les feuilles ne sont ni vertes, ni grandes et même s'atrophient parfois jusqu'à devenir méconnaissables. La théorie de la descendance n'hésite pas à déclarer que ces plantes parasites et humicoles dépourvues de chlorophylle sont les descendants transformés de plantes vertes et feuillées. Celles-ci se sont peu à peu habituées à absorber les substances assimilées par d'autres plantes, ou leurs produits de destruction encore utilisables, et plus elles se sont ainsi nourries, plus leur assimilation propre est devenue superflue ; dès lors les feuilles vertes étant devenues sans objet, la chlorophylle a cessé de s'y développer. Mais les feuilles ainsi décolorées n'ayant pour la forme nouvelle que peu ou point d'utilité, la plante a employé désormais à leur formation le moins possible de matériaux plastiques, et ces membres sont devenus de plus en plus petits.

La classification naturelle exprime les relations actuelles de parenté des plantes. — Considérée au point de vue de la théorie de la descendance, la Classification naturelle des plantes représente les relations actuelles de parenté, c'est-à-dire de généalogie des végétaux. Une espèce se compose de toutes les variétés qui viennent de sortir d'une forme originelle ; un genre se compose de toutes les espèces issues d'une souche plus âgée et qui, dans le cours des temps, ont acquis des différences plus grandes ; une famille embrasse tous les genres qui sont descendus par variation d'un type encore plus ancien, la forme primitive d'une classe, la souche originelle d'un groupe tout entier, appartiennent à un passé beaucoup plus reculé encore, et enfin il y a dû y avoir un temps où une première plante, placée à l'origine de la série des développements du règne végétal, a été le type primordial d'où sont descendues par variation toutes les formes ultérieures.

Arbre généalogique. — Les relations de parenté des groupes et des classes du règne végétal ont été exposées en détail au livre II. On pourrait les représenter par des lignes divergentes, comme on fait pour une généalogie. Dans cette construction, il faudrait, partant des Algues les plus inférieures, tirer plusieurs lignes vers les divers types d'Algues les plus perfectionnées. A partir des Siphonées, se détacherait un rameau qui, commençant par les Phycomycètes et se ramifiant lui-même un grand nombre de fois conduirait aux divers types des Champignons supérieurs. A un groupe d'Algues plus élevé, viendrait se rattacher une ligne représentant les Characées, et dans son voisinage s'échapperait une autre branche qui, se divisant en deux rameaux, figurerait les Muscinées (Mousses et Hépatiques). Non loin de là, viendrait se rattacher la ligne qui nous représente les premiers parents des Cryptogames vasculaires, et c'est de cette branche de l'arbre que procèdent comme autant de rameaux les Fougères, Prêles, Ophioglossées, Rhizocarpées et Lycopodiacées. Du point où s'insère la branche des Cryptogames vasculaires hétérosporées, s'échapperait aussi la souche des Phanérogames, qui, commençant par les Cycadées, se ramifie plus loin et donne les Conifères, les Monocotylédones et les Dicotylédones. Dans cette figure théorique, bien des points sont encore indéterminés, mais plus les recherches avanceront à l'aide d'une méthode plus rigoureuse et à la lumière de la théorie de la descendance, plus on parviendra à compléter cet arbre généalogique des plantes et à en donner une claire représentation.

Apparition succetsive et distribution géographique actuelle des formes végétales. — La théorie de la descendance veut que les diverses formes végétales soient nées successivement à des époques différentes, et que les formes primordiales des divers groupes et des diverses classes aient apparu avant les formes dérivées. Or toutes les recherches paléontologiques, quoique ne reposant jusqu'ici que sur des matériaux insuffisants, conduisent précisément à cette conclusion.

De même, c'est une conséquence nécessaire de la théorie de la descendance, que toute forme végétale a apparu tout d'abord dans un endroit déterminé et qu'elle s'est propagée peu à peu à partir de ce point; qu'elle a voyagé dans le cours des âges; que sa migration a dépendu des conditions climatériques et de la concurrence de ses compétiteurs; enfin qu'elle a été tour à tour arrêtée par des obstacles ou favorisée par des moyens de transport qui en ont accéléré la vitesse (1). Or la géographie botanique a déjà déterminé, pour certaines formes, le lieu précis de la terre d'où leur expansion et leur migration ont rayonné, ce qu'on appelle le centre de diffusion de l'espèce. Elle a montré comment cette expansion a été empêchée tantôt par le climat, tantôt par les chaînes de montagnes, et tantôt par la mer; comment des îles tardivement émergées ont été peuplées par les plantes venues des continents voisins, qui y sont devenues les souches de nouvelles espèces (2); comment certaines espèces introduites sur un sol nouveau pour elles, par exemple des plantes européennes apportées en Amérique ou inversement, ont parfois soutenu victorieusement le combat pour la vie contre les espèces indigènes et y ont acquis un énorme développement. Enfin, dans la répartition des plantes actuellement existantes, par exemple des plantes alpines, on a pu reconnaître encore l'action des derniers grands changements géologiques, notamment du commencement et de la fin de l'époque glaciaire.

Lenteur de l'évolution. — Si l'on réfléchit combien de générations nos plantes cultivées doivent traverser avant que l'on puisse apercevoir dans leurs variétés une somme un peu notable de propriétés nouvelles, combien il faut de temps ensuite pour que ces caractères nouveaux deviennent héréditaires, et si l'on considère la grandeur extraordinaire des différences que présetnent aujourd'hui les caractères héréditaires des plantes, on arrive à conclure que, depuis l'apparition des premiers végétaux sur la terre, il a dû s'écouler un temps d'une inconcevable longueur. Mais la géologie et la physique du globe exigent aussi de pareils espaces de temps pour l'explication de phénomènes d'un autre ordre, et il n'y a pas à se préoccuper de quelques millions d'années en plus ou en moins, quand il s'agit d'expliquer des faits qui ne peuvent s'élever à une grandeur donnée qu'avec le cours des âges.

Historique. — La théorie de la descendance s'applique naturellement tout aussi bien aux animaux qu'aux plantes. On en trouve la première origine dans Lamarck, au commencement de ce siècle (*Philosophie zoologique* (3), 1809).

---

(1) Dans cette direction, voir par exemple, sur la géographie botanique et l'histoire des espèces de *Cytisus* de la souche *Tubocytisus*, A. KERNER : Die Abhängigkeit der Pflanzengestalt von Clima und Boden. Innsbrück, 1869.

(2) Voir DALTON HOOKER : Considérations sur les flores insulaires (Annales des sc. nat., 5e série, IV, p. 266).

(3) LAMARCK : Philosophie zoologique. Nouvelle édition, 1873, publiée par Ch. Martins; avec introduction biographique. 2 vol. in-8.

Elle a été soutenue plus tard par E. Geoffroy Saint-Hilaire, mais ce n'est que par l'ouvrage de M. Darwin intitulé : *De l'origine des espèces* (1859), qu'elle s'est décidément frayé la route et qu'elle est devenue partie intégrante de la science (1).

Le grand mérite de M. Darwin est d'avoir posé en fait le combat pour la vie que tous les êtres vivants ont à soutenir sans cesse, et d'avoir montré l'influence que cette lutte exerce sur la destruction et la conservation des variétés nouvelles. C'est le combat pour la vie qui nous a révélé le principe moteur de l'évolution des formes végétales ; c'est par lui que la théorie de la descendance est devenue capable de résoudre cette grande question, de savoir pourquoi des organismes morphologiquement semblables ont des adaptations si différentes, et inversement ; c'est par lui qu'elle a pu arriver à expliquer en général l'utilité dans l'organisation végétale et en même temps les relations de parenté des plantes entre elles.

M. Darwin regarde la « sélection naturelle » provoquée par la lutte pour l'existence, comme la seule cause de la différenciation croissante des plantes en cours de variation. Il part de cette opinion, que toute plante varie dans toutes les directions, sans avoir aucune tendance déterminée à se développer ultérieurement dans une direction déterminée. Il laisse donc au seul combat pour la vie le soin d'assurer l'existence ultérieure d'une ou de quelques-unes des innombrables variétés qui se produisent sans cesse, et il est convaincu que de cette façon, non-seulement il s'opère une complète adaptation des nouvelles formes, mais encore que la différenciation morphologique va se développant de plus en plus.

M. Nägeli (2) admet, au contraire, que la plante possède déjà en elle-même une tendance à varier dans une direction déterminée et à augmenter sa différenciation morphologigue ou, comme on dit ordinairement, à se perfectionner. Les grandes différences purement morphologiques des classes végétales et de leurs subdivisions pourraient alors devoir leur existence à cette impulsion intérieure vers une différenciation plus élevée et plus diversifiée, tandis que la lutte pour l'existence déterminerait l'adaptation physiologique des formes ainsi produites.

On peut apporter de graves raisons pour et contre l'opinion de M. Nägeli, mais je crois que dans l'état actuel de la science il est encore impossible de se décider pour elle ou contre elle. Dans les deux cas, d'ailleurs, la théorie de la descendance subsiste, car l'hypothèse de M. Nägeli n'exclut pas celle de M. Darwin ; elle y est comprise seulement, comme en étant un cas particulier.

Les premières plantes n'ont pas eu de parents. — Les premières plantes et les plus simples n'ont pas eu de parents, elles ont été le produit d'une formation primordiale ou, comme on dit généralement, d'une *génération spontanée.* Cette génération spontanée n'a-t-elle eu lieu qu'une seule fois au

---

(1) Ch. Darwin : On the origin of species by means of natural selection or the preservation of avoured races in the struggle for life. London, 1859.

(2) Nægeli : Entstehung und Begriff der naturhistorischen Art (Munich, 1865).

début ? n'a-t-elle produit alors qu'une seule plante primitive, ou en a-t-elle formé simultanément un grand nombre qui ont donné lieu à diverses séries de développement ? Ou bien, comme l'admet M. Nägeli, y a-t-il eu à toute époque, et y a-t-il encore aujourd'hui génération spontanée, et par elle formation de plantes primordiales qui seraient les origines d'autant de nouvelles séries de développement ? Toutes questions qui sont encore à résoudre, mais qui ne doivent pas nous arrêter ici.

FIN

TABLE ALPHABÉTIQUE

FIN DE LA TABLE ALPHABÉTIQUE.

ERRATA

Page 72, ligne 15 en descendant, *au lieu de* « phosphate double de chaux et de magnésie » *lisez :* « phosphate copulé (saccharo-phosphate ?) de chaux et de magnésie. »

Page 78, ligne 21 en descendant, *au lieu de* « $C^{20}H^{10}O^{10}$ » *lisez :* « $C^{12}H^{10}O^{10}$. »

Page 762, ligne 5 en descendant, *au lieu de* « Monotropées » *lisez :* Frankéniacées. »